리핀코트의 그림으로 보는

생화학 제8판

Lippincott® Illustrated Reviews: Biochemistry

리핀코트의 그림으로 보는

생화학 제8판

Lippincott® Illustrated Reviews: Biochemistry

저자

Emine Ercikan Abali
Susan D. Cline
David S. Franklin
Susan M. Viselli

대표역자

백형환

Philadelphia • Baltimore • New York • London
Buenos Aires • Hong Kong • Sydney • Tokyo

(주)바이오사이언스출판

리핀코트의 그림으로 보는

생화학 제8판

초판 인쇄: **2023년 1월 25일**
초판 발행: **2023년 1월 30일**

저 자: **Emine Ercikan Abali · Susan D. Cline · David S. Franklin · Susan M. Viselli**
역 자: **백형환 · 윤경식 · 강기성 · 김형석 · 김호식 · 박상규 · 박우재 · 이 완 · 장형진 · 최정혜**
발행인: **문 정 구**
발행처: **(주)바이오사이언스출판**
본 사: **10860 경기도 파주시 탄현면 국화향길 10-56, 1동**
서울 사무소: **06569 서울특별시 서초구 도구로 115, 1층(방배동)**
전 화: (02)581-4057~8
팩 스: (02)581-4059
이메일: inquiry@biosciencepub.com
홈페이지: http://www.biobooks.co.kr
ISBN: 978-89-6824-128-4 93470

등록번호: 제22-3079호
값 47,000원

헌정

우리가 가르치는 학생들과 우리를 가르친 선생님들에게 이 책을 바칩니다.

감사의 글

초판부터 4판까지 이 책을 집필하신 고 Pamela Champe 박사와 고 Richard Harvey 박사께 감사를 표합니다. 또한 5판부터 7판까지 공동저자로 참여해주신 Denise Ferrier 박사에게도 감사를 드립니다. 우리 저자들은 이번 판에서도 기존 판들의 우수한 전통을 이어나가기 위해 노력했습니다.

이번 개정판에 새롭게 소개된 내용들에 대해 날카로운 감수를 해 주신 ABE(생화학 교육자 협회) 회원 여러분께도 깊은 감사를 드립니다.

끝으로, LWW 출판사와 편집팀에 감사를 드립니다. 이 저술 작업 전반에 걸쳐 Lindsey Porambo의 격려와 끊임없는 지원에 감사드리며, Andrea Vosburgh와, Sean Hanrahan의 편집 노고에도 감사를 드립니다.

역자 소개

대표역자

백 형 환 (hhbaik@gmail.com) 경희대학교 의과대학/의학전문대학원 생화학분자생물학교실
대한의사협회 의학용어위원회 위원

역자

윤 경 식 (sky9999@khu.ac.kr) 경희대학교 의과대학/의학전문대학원 생화학분자생물학교실
강 기 성 (dlee@gachon.ac.kr) 가천대학교 한의과대학 한의예과
김 형 석 (hskim85@cnu.ac.kr) 충남대학교 의과대학 생화학교실
김 호 식 (hoshik@catholic.ac.kr) 가톨릭대학교 의과대학/의학전문대학원 생화학교실
박 상 규 (49park@gmail.com) 연세대학교 원주의과대학 정밀의학과
박 우 재 (ooze@gachon.ac.kr) 가천대학교 의과대학 생화학교실
이 완 (wanlee@dongguk.ac.kr) 동국대학교 의과대학/의학전문대학원 생화학교실
장 형 진 (hjjang@khu.ac.kr) 경희대학교 한의과대학 생화학교실
최 정 혜 (jchoi@khu.ac.kr) 경희대학교 약학대학 한약학과

역자의 일러두기

다음과 같은 기준으로 이 책을 번역하였다.

1. 번역에 사용된 용어는 주로 대한의사협회의 2022년 의학용어사전(6판)을 기준으로 하였다.

2. 그 밖의 용어에 대해서는 대체로 대한생화학분자생물학회, 대한화학회, 대한해부학회 등의 사전을 기준으로 하였다.

3. 음차어와 화합물의 명칭은 논란이 없지 않으나, 현실을 고려하여 국립국어원의 외래어표기법과 대한화학회의 화합물명명법 편수자료(2002)를 참고한 발음으로 표기하였고, 특히 효소명은 최대한 우리말을 사용하였다.

4. 기존 용어에 없는 새로운 용어나 일부의 용어는 최대한 원래의 뜻에 맞도록 임의로 번역하였으나 생소하거나 어색할 수도 있을 것이다.

5. 참고로 찾아보기는 독자의 편의를 위하여 한글순 및 영어순으로 각각 병기하였다.

6. 아직 생명과학 용어를 포함한 우리밀 과학 용어는 안타깝게도 통일되지 않은 채 혼란스럽게 사용하면서 시간이 흘러가고 있지만, 이 책의 번역에 있어서 어떤 사소한 오류가 있더라도 모두 역자에게 책임이 있다는 것을 명백히 밝혀둔다.

※ 문의사항이나 오류지적은 역자 메일로 하시기 바랍니다.

2022. 12
백 형 환

서문

생화학은 우리 몸이 식사를 통해 들어온 영양물질을 어떻게 세포에 필요한 구성단위체, 연료, 소통분자 등으로 만들어 사용하는가를 연구하는 학문이다. 여기에는 우리 몸 안에서 화학물질을 변환하고, 화학물질들을 제거하는 과정도 포함된다. 이 책은 이러한 복잡한 기전들에 대한 그림을 통해 간결하고 예시적인 검토를 제공한다. 이를 위해 또한 개념도(concept map)라고 하는 유용한 학습 도구의 예를 제공하고 있다. 여러분이 생화학을 공부할 때 이들을 이용할 수 있도록 또는 여러분만의 개념도를 만들 수 있도록 이에 대한 설명을 하고자 한다.

개념도(concept map)

학생들은 때때로 생화학을 사람의 관점에서 이해해야 할 개념이라기보다 암기해야 할 수식이나 사실로 여기기도 한다. 또한 개념들에 대한 이해를 증진하기 위해 제공된 세부 내용들이 오히려 학생들을 혼란하게 만들기도 한다. 이런 일들을 방지하기 위해서는 다양한 주제들이 하나의 이야기로 어떻게 서로 연결되는지에 대한 맥락을 학생에게 이해시킬 수 있는 가이드, 즉 로드맵이 필요하다. 이 책에서는 생각들 간의 연관성과 개념들 간의 연결성을 그림으로 보여줄 수 있도록 일련의 생화학적 개념도를 제공하고 있다. 이런 정보들이 어떻게 묶이고 체계화되는지를 보여주기 위해 각 장의 마지막 부분에 이런 개념도들을 배치하였다. 따라서 개념도는 개념 간 연결을 시각화하기 위한 일종의 도구인 것이다. 자료들은 계층적 방식으로 조직화되어 있으며 맨 상단에 가장 포괄적이고 가장 일반적인 개념들을 배치하였다. 개념도는 정보를 조직화하기 위한 틀 혹은 안내도로서 이상적인 기능을 갖고 있기 때문에, 이를 통해 학생들은 이미 가지고 있던 지식과 새로운 정보의 통합을 돕는 최선의 방법을 쉽게 찾을 수 있을 것으로 기대한다. 개념도의 구성은 다음과 같다.

A: 개념 상자와 연결성

교육자들은 개념을 "사건이나 사물에서 인지된 규칙성"으로 정의한다. 생화학 개념도에서 개념은 추상화(예: 자유 에너지), 과정(예: 산화인산화), 화합물(예: 6-인산포도당)을 포함한다. 이런 식으로 광범위하게 정의된 개념들은 최상단에 중심 생각과 함께 배치된다. 중심 생각에서 도출된 개념들이 상자에 둘러싸여 그려진다(그림 A 부분 참조). 글꼴의 크기는 각 생각의 상대적 중요성을 나타낸다. 개념 상자 사이에 선이 그려져 관련 항목을 표시한다. 각 선의 표기는 두 개념 사이의 관계를 정의한다(즉, 이런 연결을 통해 의미가 생성된다). 화살표가 있는 선은 읽어야 할 연결의 방향을 나타낸다.

B: 한 지도 내에서 다른 부분과의 연결

선형 흐름도나 개요와 다르게 개념도는 지도의 다른 부분(그림 B 부분 참조) 또는 지도와 이 책의 다른 장(그림 C 부분 참조) 또는 〈리핀코드의 그림으로 보는〉 시리즈의 다른 도서(예를 들어, 리핀코드의 그림으로 보는 면역학 등) 사이에 표현된 개념 간의 복잡한 관계를 시각화할 수 있는 교차 연결을 포함할 수 있다. 이런 연결은 생화학에서 하나 이상의 주제에 핵심적인 개념을 식별하는 데 도움이 될 수 있으며, 통합적 사고가 필요로 되는 시험이나 임상 상황에서도 효과적이다. 이런 식의 연결이 있는 지도는 선

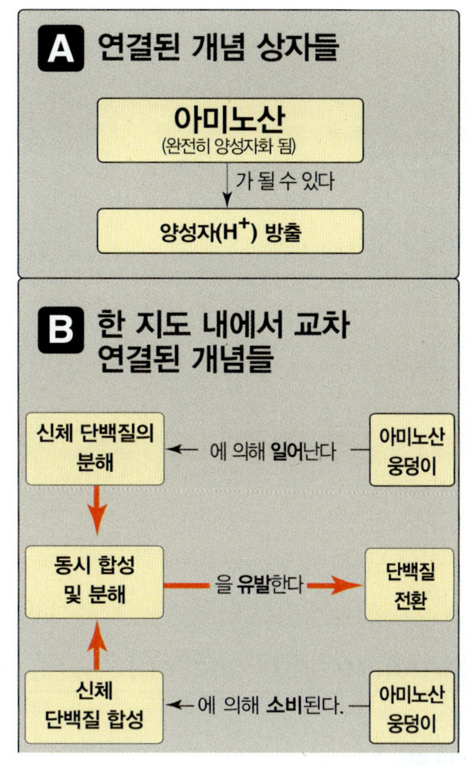

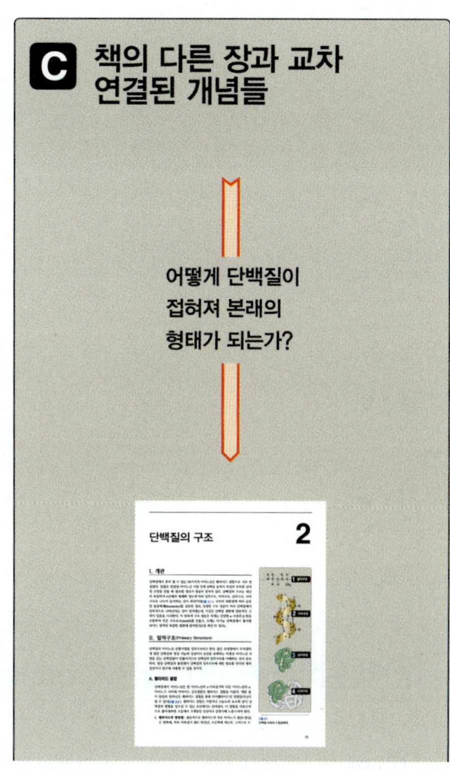

형적인 글과 개념들 내에 상호 참조된 방식과 다르게, 여러 사실들 간의 비선형적인 관계를 시각적으로 보여줄 수 있다. 개념도의 첫 번째 예는 1장(**그림 1.13**)의 끝에서 찾아볼 수 있다.

추가 사항

이 책은 생화학에 대해 포괄적으로 정리하고 있다. 개념도와 그림 외에도 임상적응증 상자가 포함되어 있어, 학생들에게 개념들의 생물학적 또는 의학적 응용사례를 제공한다.

차례

헌정 · 감사의 글 • v

역자 소개 • vi

역자의 일러두기 • vii

서문 • viii

제1단원 단백질의 구조와 기능(Protein Structure and Function)

1장 아미노산과 pH의 역할 (Amino Acids and the Role of pH) • 1

2장 단백질의 구조 (Protein Structure) • 15

3장 공모양 단백질 (Globular Proteins) • 28

4장 섬유모양 단백질 (Fibrous Proteins) • 47

5장 효소 (Enzymes) • 59

제2단원 생체에너지론과 탄수화물 대사(Bioenergetics and Carbohydrate Metabolism)

6장 생체에너지론과 산화인산화 (Bioenergetics and Oxidative Phosphorylation) • 79

7장 탄수화물의 개요 (Introduction to Carbohydrates) • 95

8장 대사의 개요와 당분해 (Introduction to Metabolism and Glycolysis) • 104

9장 트라이카복실산 회로와 파이루브산 탈수소효소 복합체 (Tricarboxylic Acid Cycle and Pyruvate Dehydrogenase Complex) • 125

10장 포도당신생성 (Gluconeogenesis) • 135

11장 당원 대사 (Glycogen Metabolism) • 145

12장 단당 및 이당의 대사 (Monosaccharide and Disaccharide Metabolism) • 159

13장 인산오탄당 경로와 NADPH (Pentose Phosphate Pathway and Nicotinamide Adenine Dinucleotide Phosphate) • 168

14장 아미노당글리칸, 단백글리칸, 당단백질 (Glycosaminoglycans, Proteoglycans, and Glycoproteins) • 181

제3단원 지질 대사(Lipid Metabolism)

15장 음식지질의 대사 (Dietary Lipid Metabolism) • 199

16장 지방산, 트라이아실글리세롤, 케톤체의 대사 (Fatty Acid, Triacylglycerol, and Ketone Body Metabolism) • 209

17장 인지질, 당스핑고지질, 아이코사노이드의 대사 (Phospholipid, Glycosphingolipid, and Eicosanoid Metabolism) • 231

18장 콜레스테롤, 지단백질, 스테로이드의 대사 (Cholesterol, Lipoprotein, and Steroid Metabolism) • 252

제4단원 질소 대사(Nitrogen Metabolism)

19장 아미노산: 질소의 처리 (Amino Acids: Nitrogen Disposal) • 281

20장 아미노산의 분해와 합성 (Amino Acids: Degradation and Synthesis) • 300

21장 아미노산: 특수물질로의 전환 (Amino Acids: Conversion to Specialized Products) • 319

22장 뉴클레오타이드 대사 (Nucleotide Metabolism) • 336

제5단원 대사의 통합(Integration of Metabolism)

23장 인슐린과 글루카곤의 대사 효과 (Metabolic Effects of Insulin and Glucagon) • 355

24장 급식–공복 주기 (The Feed–Fast Cycle) • 371

25장 당뇨병 (Diabetes Mellitus) • 390

26장 비만 (Obesity) • 405

제6단원 의료 영양(Medical Nutrition)

27장 영양 (Nutrition: Overview and Macronutrients) • 415

28장 미량영양소: 비타민 (Micronutrients: Vitamins) • 437

29장 미량영양소: 무기질 (Micronutrients: Minerals) • 462

제7단원 유전정보의 저장과 발현(Storage and Expression of Genetic Information)

30장 DNA의 구조와 복제 및 복구 (DNA Structure, Replication, and Repair) • 475

31장 RNA의 구조와 합성 및 가공 (RNA Structure, Synthesis, and Processing) • 499

32장 단백질 합성 (Protein Synthesis) • 514

33장 유전자 발현의 조절 (Regulation of Gene Expression) • 535

34장 유전공학과 사람의 질병 (Biotechnology and Human Disease) • 552

35장 혈액 응고 (Blood Clotting) • 578

부록 임상증례 (Clinical Cases) • 595

찾아보기 • 631

제 1 단원
단백질의 구조와 기능

아미노산과 pH의 역할 1

I. 개관

단백질은 생물계에 가장 풍부하게 존재하는 분자로서 다양한 기능을 갖고 있다. 실제로 모든 생명현상은 이 거대분자 무리에 의해 좌우된다. 예를 들면, 효소와 폴리펩타이드 호르몬은 몸의 대사를 진행하고 조절하며, 근육의 수축 단백질은 몸을 움직이게 한다. 인산칼슘 결정이 침착하여 뼈대가 만들어질 때, 뼈에서 아교질(collagen)이란 단백질은 철근 콘크리트의 철근과 같은 역할을 한다. 혈류에서 혈색소(hemoglobin)나 혈장 알부민과 같은 단백질은 생명에 필수적인 분자들을 수송하며, 면역글로불린은 감염균과 감염바이러스에 대항한다. 요약하면, 단백질은 믿을 수 없을 정도로 다양한 기능을 나타내며 선형 아미노산 중합체의 구조를 갖는 것이 일반적인 특징이다. 이 장에서 아미노산의 성질과 일반적인 단백질에서 pH의 중요성을 기술하고, 2장에서는 아미노산이라는 간단한 구성단위체(building block)들이 어떻게 독특한 삼차원 구조의 단백질을 만들며, 이 단백질들이 어떻게 특수한 생물학적 기능을 수행할 수 있는가를 밝힐 것이다.

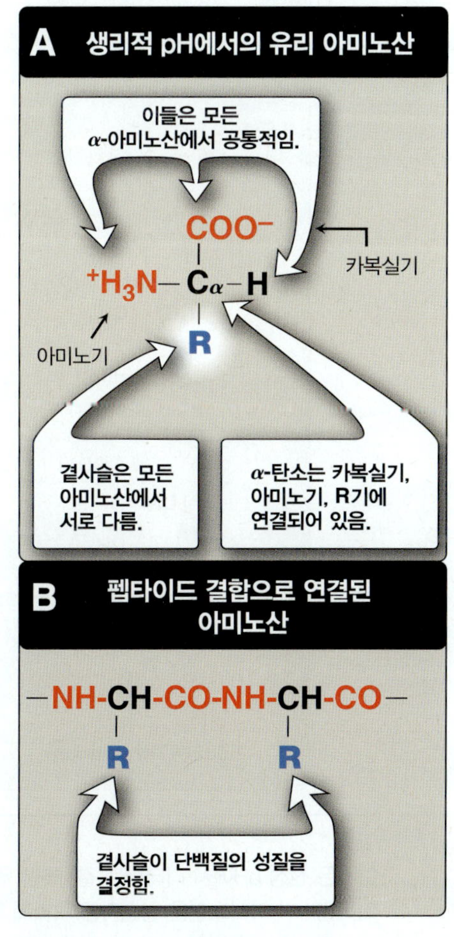

그림 1.1
아미노산 구조의 특징.

II. 구조

300개 이상의 서로 다른 아미노산이 자연계에 존재하는 것으로 알려져 있지만 보통 20개의 아미노산만이 포유동물의 단백질 성분으로 알려져 있다. 이 20개의 표준 아미노산은 세포의 유전물질인 DNA에 의해 유전부호로 지정되는 바로 그 아미노산이다. 비표준 아미노산은 표준 아미노산의 화학적 변형을 통해 생성된다. 각 아미노산은 카복실기, 일차 아미노기(이차 아미노기를 갖고 있는 프롤린은 제외), α-탄소 원자와 결합하고 있는 독특한 곁사슬 또는 R기를 가진다.

생리적 pH(대략 7.4)에서 카복실기는 해리되어 음전하를 띤 카복실산 이온($-COO^-$)으로 바뀌며, 아미노기는 양성자를 받아들인 형태가 된다($-NH_3^+$)(그림 1.1A). 단백질에서 거의 모든 카복실기와 아미노기는 펩타이드 결합으로 연결되어 있으며, 일반적으로 수소결합을 제외한 화학반응에는 사용되지 않는다(그림 1.1B). 펩타이드 사슬 내부의 연이은 아미노산과 펩타이드 결합을 형성하고 남아 있는 잔류 구조에 관하여 단백질 내부의 아미노산을 잔기(*residue*)라고 한다. 단백질에서 곁사슬의 성질로 인해 아미노산의 역할이 좌우된다. 그러므로 이 곁사슬의 성질에 따라, 즉 아미노산이 비극성(즉 전자가 균등한 분포를 하고 있음)인가 또는 극성(산이나 염기처럼 전자가 불균등한 분포를 하고 있음)인가에 따라 분류하는 것이 유용하다(그림 1.2와 1.3).

비극성 곁사슬

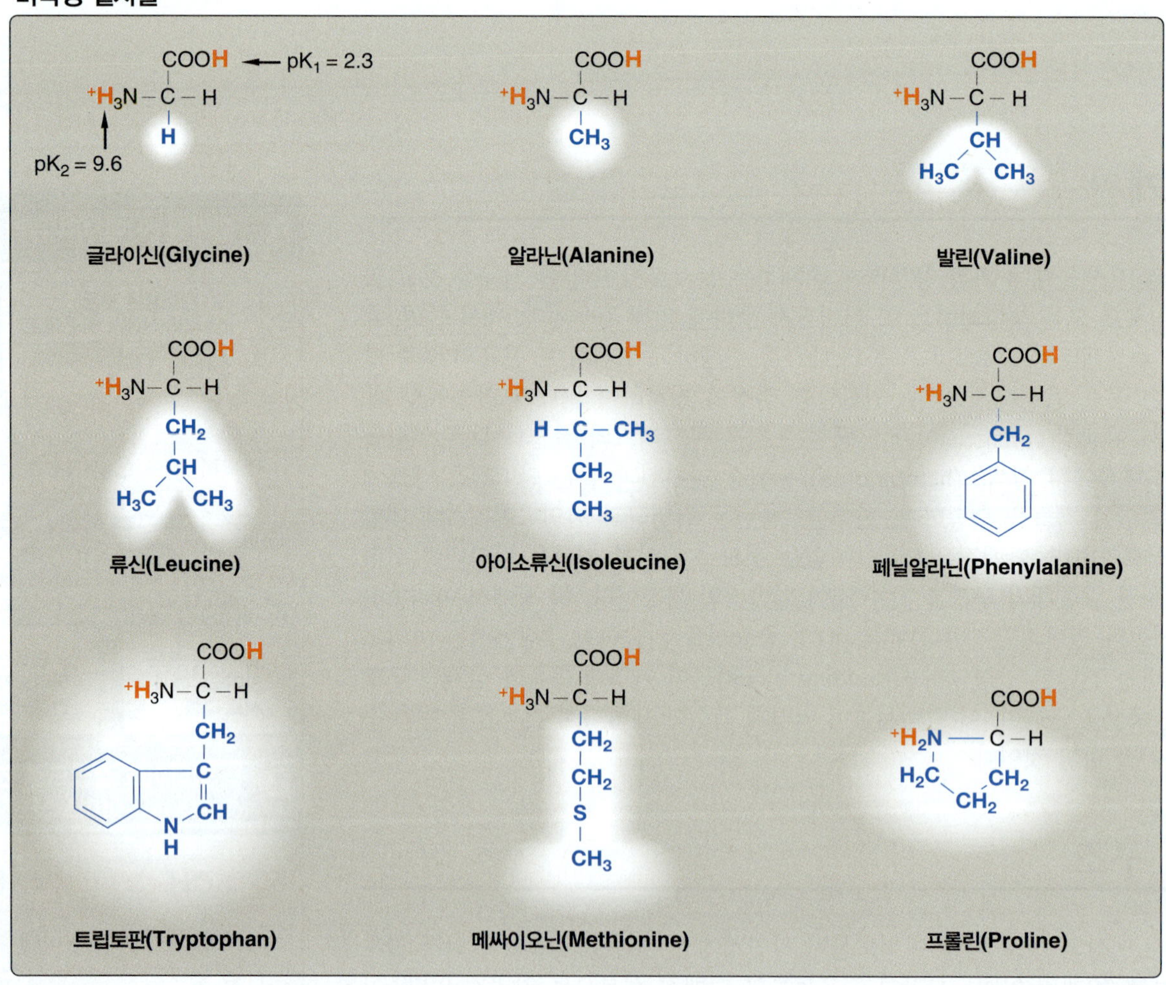

그림 1.2
이것은 산성 pH에서 나타나는 곁사슬의 전하 및 극성에 따라, 단백질에서 흔히 발견되는 20개의 아미노산을 분류한 그림이다(그림 1.3으로 이어짐). 각 아미노산은 양성자를 꽉차게 받아들인 형태로서 수소 이온(빨간색으로 표시)으로 해리될 수 있다는 것을 보여준다. 비극성 아미노산의 α-카복실기와 α-아미노기에 대한 pK 값은 글라이신에서 보여주는 것과 비슷하다.

전하를 띠지 않는 극성 결사슬

세린(Serine)

트레오닌(Threonine)

타이로신(Tyrosine): $pK_1 = 2.2$, $pK_2 = 9.1$, $pK_3 = 10.1$

아스파라진(Asparagine)

글루타민(Glutamine)

시스테인(Cysteine): $pK_1 = 1.7$, $pK_2 = 8.3$, $pK_3 = 10.8$

산성 결사슬

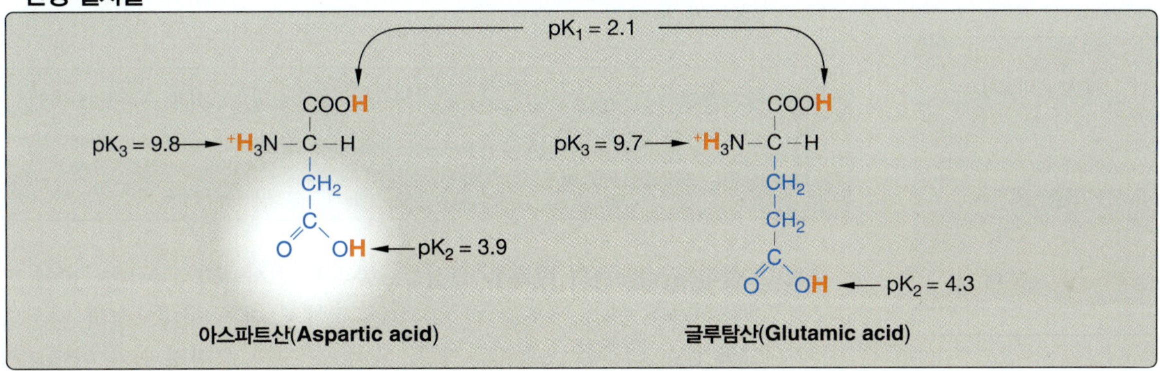

염기성 결사슬

히스티딘(Histidine): $pK_1 = 1.8$, $pK_2 = 6.0$, $pK_3 = 9.2$

라이신(Lysine): $pK_1 = 2.2$, $pK_2 = 9.2$, $pK_3 = 10.5$

아르지닌(Arginine): $pK_1 = 2.2$, $pK_2 = 9.0$, $pK_3 = 12.5$

그림 1.3
산성 pH에서 나타나는 결사슬의 전하 및 극성에 따라 분류한, 단백질에서 흔히 발견되는 20개의 아미노산(그림 1.2에서 이어졌음). (참고: 생리적 pH(7.35~7.45), 산성 결사슬 α-카복실기와 유리 히스티딘 결사슬은 탈양성자화 된다.)

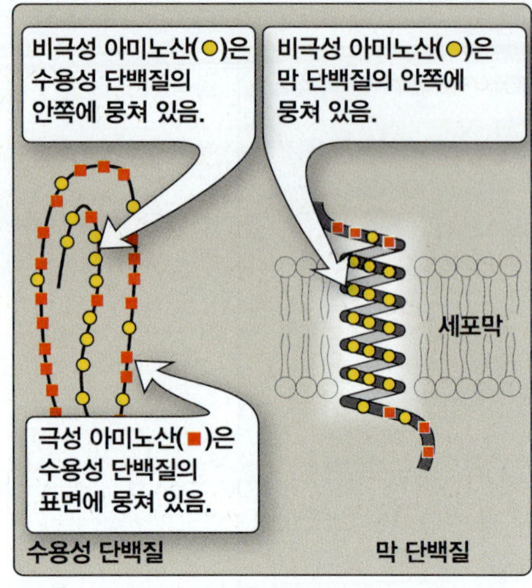

그림 1.4
수용성 단백질과 막 단백질에서 비극성 아미노산의 위치.

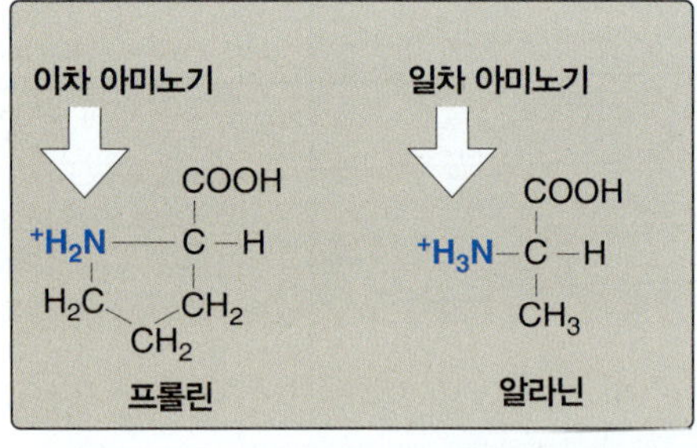

그림 1.5
프롤린에 존재하는 이차 아미노기와 알라닌처럼 다른 아미노산에 존재하는 일차 아미노기의 비교.

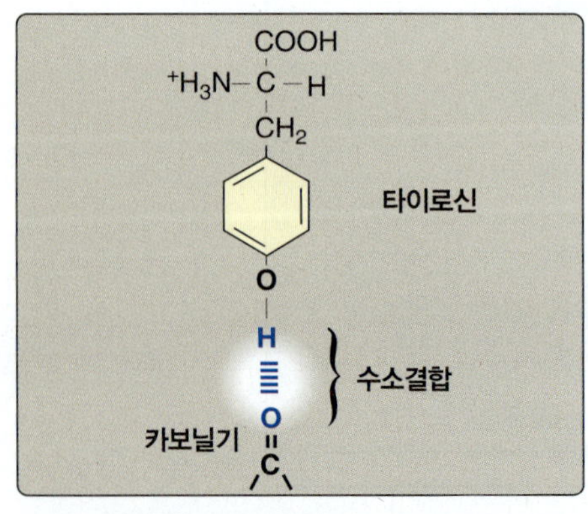

그림 1.6
타이로신의 페놀 수산기와 카보닐기를 갖는 다른 분자 사이의 수소결합.

A. 비극성 결사슬을 가진 아미노산

이 그룹에 속한 각각의 아미노산은 양성자를 얻거나 잃지않고,, 수소결합 또는 이온결합에 참여하지 않는 비극성 결사슬을 가진다(그림 1.2 참조). 이 아미노산들의 결사슬은 소수성 상호작용(hydrophobic interaction)을 촉진하는 성질, 즉 "기름"이나 지질과 비슷한 것으로 생각할 수 있다(그림 2.10 참조).

1. **단백질에서의 위치:** 수용액(극성 환경)에 존재하는 단백질에서 비극성 아미노산의 결사슬은 단백질 내부에서 함께 뭉치려는 경향이 있다(그림 1.4). 소수성 효과로 알려진 이 현상은 비극성 R기의 소수성에 의한 결과이며, 이 작용기는 수용성 환경에서 뭉치는 작은 기름방울처럼 작용한다. 따라서 비극성 R기는 접힌 단백질의 내부를 채우고, 단백질이 삼차원 형태가 되도록 도와준다.

   막과 같은 소수성 환경 속에 놓인 단백질의 비극성 R기는 단백질의 외부 표면에 존재하며 지질 환경과 상호작용을 한다(그림 1.4 참조). 단백질 구조의 안정화에 필요한 소수성 상호작용의 중요성은 2장에 기술되어 있다.

> 낫적혈구빈혈(sickle cell anemia)은 혈색소 A의 β 소단위체에서 6번째 위치의 극성 글루탐산이 비극성 발린으로 치환되어, 적혈구가 뭉쳐져 낫모양으로 바뀌는 병이다(4장 참조).

2. **프롤린(proline)의 독특한 성질:** 프롤린은 결사슬과 α-아미노 N이 단단한 5각형 고리 구조를 형성한다는 점에서 다른 아미노산과 다르다(그림 1.5). 따라서 프롤린은 일차 아미노기보다 오히려 이차 아미노기를 갖는다. 이것은 흔히 이미노산("imino acid")으로 불린다. 프롤린의 독특한 기하학적 구조는 아교질의 섬유구조 형성에 기여하며(4장, II 아교질 B. 구조 참조), 공모양 단백질에 존재하는 α-나선을 흔히 방해한다(2장 III 참조).

B. 전하를 띠지 않은 극성 결사슬을 갖는 아미노산

시스테인과 타이로신의 결사슬은 알칼리성 pH에서 양성자를 잃을 수 있지만, 이 아미노산들은 대략 7.4 정도의 생리적 pH에서 전하가 영(zero)이다(그림 1.3 참조). 세린, 트레오닌, 타이로신은 각각 수소결합에 참여할 수 있는 극성 하이드록실기를 가진다(그림 1.6). 아스파라진과 글루타민의 결사슬은 각기 카보닐기와 아마이드기를 가지며, 이 작용기들은 수소결합에 참여할 수 있다.

1. **이황결합(disulfide bond)의 생성:** 시스테인의 결사슬에는 설프하이드릴기(−SH)가 있으며, 많은 효소의 활성자리를 구성하는 중요한 성분이다. 단백질에서 2개의 시스테인의 −SH기는 산화되어 이합체인 시스틴(cystine)이 되며, 이황결합(disulfide, −S−S−)이라고 불리는 교

차 공유결합을 가지고 있다(이황결합의 형성에 대해 보다 자세한 것은 2장 IV.B. 참조).

> 많은 세포바깥 단백질은 이황결합에 의해 안정화된다. 그 예로서 알부민이 있는데, 이것은 다양한 분자의 수송체 역할을 하는 혈장 단백질이다. 또 다른 예로서 혈장 단백질인 섬유소원(fibrinogen)은 섬유소로 바뀌어 혈전 생성을 안정화한다.

2. 다른 화합물들의 부착자리가 되는 곁사슬: 세린, 트레오닌, 드물게 타이로신은 인산기와 같은 구조물에 대한 결합자리를 제공하는 극성 수산기를 가진다. 인산화효소는 인산화 반응을 촉진하는 효소이다. 인산염분해효소는 인산염 기를 제거하는 효소이다. 특히 효소에서 단백질의 인산화 상태 변화는 (인산화 되던지 안되던지), 효소의 활성 상태를 변화시킨다. 몇몇 효소는 인산화되면 더 활성이 커지는 반면, 더 활성이 작아지는 경우도 있다. 그 밖에 세린이나 트레오닌의 수산기뿐만 아니라 아스파라진의 아마이드기는 당단백질에서 소당 사슬의 결합자리로 작용할 수 있다(4장 VII 참조).

C. 산성 곁사슬을 갖는 아미노산

아스파트산이나 글루탐산과 같은 아미노산은 양성자 주개(proton donor)이다. 생리적 pH에서 이 아미노산들의 곁사슬은 완전히 이온화되어 음전하를 띠는 카복실산염기($-COO^-$)를 가진다. 완전히 이온화된 형태는 글루탐산이나 아스파트산이라고 불린다.

임상적용증 1.1: 천천히, 오래 작용하는 인슐린은 아미노산 교체로 만들어졌다

인슐린 글라진은 2000년 미국에서 첫 승인되어 사용되고 있다. 천천히 작용하는 형태는 인슐린의 A 사슬의 21번째 자리 아스파라진을 글라이신으로 대체하고, 카복시 말단에 추가적인 두 개의 아르지닌 잔기를 연장하는 것으로 연구실에서 개발되었다. 이러한 변화의 결과는 인슐린이 물에 덜 녹는 +0.2 알짜전하를 갖는 결과를 가져왔으며 이 수치는 0에 근접하므로 주사부위에서 천천히 인슐리 글라진이 흡수된다. 글라이신 교체는 중성의 피하층에서 아스파라진의 산성 pH에서의 탈아마이드화를 예방한다. 추가적인 아르기닌 잔기는 등전점을 pH 5.4에서 pH 6.4로 옮겨 산성 pH에서 더 잘 녹게 만들고 중성 pH에서 덜 녹게 만든다. 그러므로 인슐린 글라진은 천천히 효과를 내고 오래 지속되어 자주 주사를 맞을 필요가 없다. 이 형태의 인슐린은 당뇨병 치료에 효과적이며 환자들로 하여금 혈당 수치를 잘 조절할 수 있게 해준다. (23장 인슐린의 구조를 보시오)

D. 염기성 곁사슬을 갖는 아미노산

염기성 아미노산의 곁사슬은 양성자를 받아들인다(그림 1.3 참조). 생리적 pH에서 라이신과 아르지닌의 R기는 완전히 이온화되어 양전하를 띤다. 이에 반해 히스티딘은 약염기성을 띠며, 유리 아미노산은 생리적 pH에서 대부분 전하를 띠지 않는다. 그러나 히스티딘은 단백질에 혼입되었을 때 R기가 양전하를 띠거나(양성자를 받음) 중성이 될 수 있는데, 이것은 단백질에 의해 제공된 이온 환경에 따라 결정된다. 이 점이 히스티딘의 중요한 성질이며, 혈색소와 같은 단백질의 완충작용에 도움을 준다(3장 참조).히스티딘은 생리적 pH 범위(7.35~7.45) 내에서 이온화될 수 있는 곁사슬을 가진 유일한 아미노산이다.

E. 흔하게 존재하는 아미노산의 약자 및 기호

각 아미노산의 이름에는 연관성이 있는 세 글자의 약자와 한 글자의 기호가 있다(그림 1.7). 한 글자 기호는 다음과 같은 규칙에 의해서 정해진다.

1. **하나밖에 없는 첫 글자:** 오직 한 아미노산이 주어진 글자로 시작하는 경우에는 그 글자를 기호로 정한다. 예를 들면 V = valine.
2. **가장 흔하게 존재하는 아미노산이 우선권을 가짐:** 한 개 이상의 아미노산이 특정 글자로 시작하는 경우에는 그 중에 가장 흔한 아미노산이 그 글자를 기호로 정한다. 예를 들어 글라이신은 글루타민보다 더 흔하다. 따라서 G = glycine이다.
3. **비슷한 음을 가진 이름:** 일부의 한 글자 기호는 이들이 나타내는 아미노산과 유사한 음을 나타낸다. 예를 들어 F = phenylalanine이다.
4. **첫 글자에 가까운 글자:** 나머지 아미노산에서 한 글자 기호는 첫 글자의 알파벳에 최대로 가까운 것으로 정한다(예: K = lysine). 나아가 B는 아스파트산이나 아스파라진을 둘 다 의미하는 Asx에 부여하고, Z는 글루탐산이나 글루타민을 다 같이 의미하는 Glx에 부여하며, X는 미확인 아미노산에 부여한다.

1 하나밖에 없는 첫 글자:

Cysteine	=	Cys	=	C
Histidine	=	His	=	H
Isoleucine	=	Ile	=	I
Methionine	=	Met	=	M
Serine	=	Ser	=	S
Valine	=	Val	=	V

2 가장 흔하게 존재하는 아미노산이 우선권을 가짐:

Alanine	=	Ala	=	A
Glycine	=	Gly	=	G
Leucine	=	Leu	=	L
Proline	=	Pro	=	P
Threonine	=	Thr	=	T

3 비슷한 음을 가진 이름들:

Arginine	=	Arg	=	R	("aRginine")
Asparagine	=	Asn	=	N	(N을 포함)
Aspartate	=	Asp	=	D	("asparDic")
Glutamate	=	Glu	=	E	("glutEmate")
Glutamine	=	Gln	=	Q	("Q-tamine")
Phenylalanine	=	Phe	=	F	("Fenylalanine")
Tyrosine	=	Tyr	=	Y	("tYrosine")
Tryptophan	=	Trp	=	W	(분자 안에 두 개의 고리가 있음)

4 첫 글자에 가까운 글자:

Aspartate or asparagine	=	Asx	=	B (A에 가까움)
Glutamate or glutamine	=	Glx	=	Z
Lysine	=	Lys	=	K (L에 가까움)
미확인 아미노산	=			X

그림 1.7
흔하게 존재하는 아미노산의 약자 및 기호.

F. 아미노산의 광학적 성질

아미노산의 α-탄소는 4개의 다른 화학 작용기(비대칭의)와 결합하기 때문에 손대칭적(chiral) 또는 광학적 활성을 가진 탄소 원자이다. 글라이신은 α-탄소가 2개의 수소 치환기를 갖고 있어 광학적 활성을 갖고 있지 않으므로 예외이다. α-탄소에서 비대칭 중심을 가진 아미노산은 D형이나 L형의 2가지 형태로 존재할 수 있으며, 이들은 서로 거울상이다(그림 1.8). (참고: 거울상 이성질체는 광학적으로 활성이다. 만약 D이든 L이든, 이성질체가 편광면을 시계방향으로 회전시키면, [+] 형태로 지정한다.) 포유류 단백질의 모든 아미노산은 L구조이다. 그러나 D-아미노산은 일부 항생제와 세균의 세포벽에서 발견된다(참고: 라세미화효소는 유리 아미노산의 D-와 L-이성질체를 효소작용으로 상호전환시킨다.)

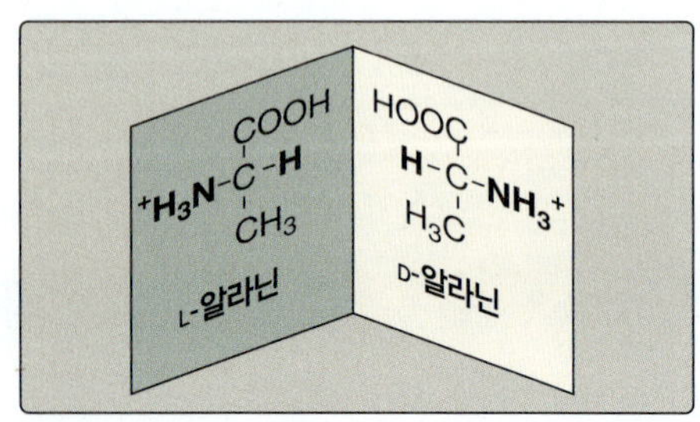

그림 1.8
알라닌의 D형과 L형은 서로 거울상이다.

III. 아미노산의 산성 및 염기성 성질

수용액에서 아미노산은 약산성 α-카복실기와 약염기성 α-아미노기를 갖고 있다. 그 외에 각각의 산성 및 염기성 아미노산은 곁사슬에 이온화할 수 있는 작용기를 갖고 있다. 따라서 유리 아미노산과 펩타이드 결합을 하고 있는 일부 아미노산들은 완충제(buffer)로 작용할 수 있다. 산은 양성자 주개로, 염기는 양성자 받개로 정의할 수 있다. 산(또는 염기)은 한정된 범위 안에서 "약하게" 이온화되는 것으로 표현한다.

A. PH

수용액에서 양성자의 농도는 pH로 표현된다.

$$pH = \log 1/[H^+] \text{ 또는 } -\log [H^+]$$

1. **해리상수(dissociation constant)**: 염 또는 짝염기 A^-는 약산의 이온화 형태이다. 정의에 의하면 약산의 해리상수 K_a는 다음과 같다.

$$K_a = \frac{[H^+][A^-]}{[HA]}$$

K_a가 크면 클수록 보다 강산이다. 왜냐하면 대부분의 HA는 H^+와 A^-로 해리되기 때문이다. 반대로 K_a가 작을수록 적은 양의 산이 해리되기 때문에 점점 더 약산이 된다.

2. **헨더슨-하셀발흐 식(Henderson-Hasselbalch equation)**: 위 식에서 $[H^+]$를 해결하기 위해 식의 양쪽에 로그를 취하고, 양쪽에 −1을 곱하고, 또한 $pH = -\log [H^+]$와 $pK_a = -\log K_a$를 적용함으로써 결국 다음과 같은 헨더슨-하셀발흐 식을 얻는다.

$$pH = pK_a + \log \frac{[A^-]}{[HA]}$$

이 방정식은 용액의 pH와 약산(HA)과 짝염기(A^-)의 농도 사이의 정량적 관계를 보여준다.

B. 완충액(buffer)

완충액은 산이나 염기를 첨가할 때 일어나는 pH의 변화를 견뎌내는 용액이다. 완충액은 약산(HA)과 그것의 짝염기(A^-)를 혼합하여 만들 수 있다. 만일 염산(HCl)과 같은 산을 이 용액에 첨가하면 A^-가 HA로 전환되는 과정에서 그 산을 중화시킬 수 있다. 만일 어떤 염기를 첨가하면 HA가 A^-로 해리되는 과정에서 그 염기를 중화시킬 수 있다.

최대 완충능은 pK_a와 같은 pH에서 나타나지만, 짝산-짝염기 쌍은 용액의 pH가 대략 $pK_a \pm 1$ pH 단위 이내에 있을 때 효과적인 완충액으로 작용한다. 만일 HA와 A^-의 양이 같다면 pH는 pK_a와 같다. 그림 1.9와 같이

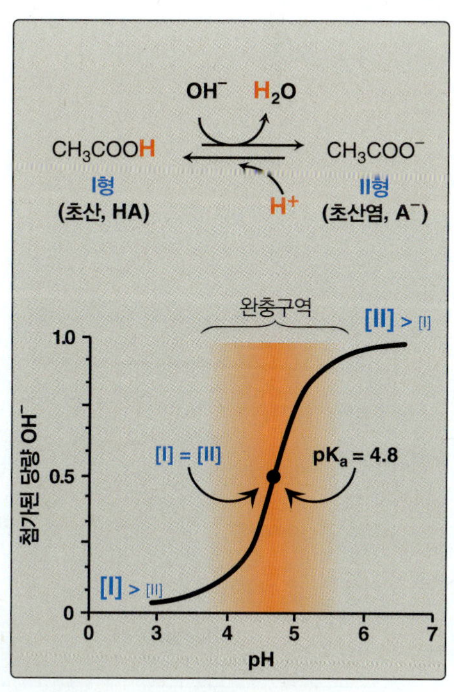

그림 1.9
초산의 적정곡선.

$pK_a = 4.8$인 초산($HA = CH_3-COOH$)과 초산염($A^- = CH_3-COO^-$)이 들어 있는 용액은 pH = 4.8에서 최대 완충능을 가지며, pH 3.8~5.8에서 pH 변화를 견디어 낸다. pK_a보다 낮은 pH 값에서는 양성자를 받아들인 형태(CH_3-COOH)의 화학종이 용액에 더 많이 존재하고, pK_a보다 큰 pH 값에서는 양성자가 이탈한 염기 형태(CH_3-COO^-)의 화학종이 더 많이 존재한다.

1. **카복실기의 해리:** 아미노산 카복실기의 해리상수는 K_a보다 오히려 K_1이라고 부른다. 왜냐하면 이 분자는 이차적으로 적정될 수 있는 작용기를 갖고 있기 때문이다. 헨더슨-하셀발흐 식은 초산에 대해서 기술한 바와 같이 알라닌 카복실기의 해리를 분석할 때 사용할 수 있다.

$$K_1 = \frac{[H^+][II]}{[I]}$$

여기에서 I는 알라닌이 완전히 양성자를 받아들인 형태이며, II는 알라닌의 등전 형태이다(그림 1.10). 이 식을 다시 정리하여 다음과 같은 로그 형태로 변환시킬 수 있다:

$$pH = pK_1 + \log\frac{[II]}{[I]}$$

2. **아미노기의 해리:** 알라닌에서의 이차적 적정이 가능한 작용기는 아미노기($-NH_3^+$)이다. 이것은 $-COOH$기보다 훨씬 약한 산이다. 따라서 훨씬 작은 해리상수 K_2를 갖는다. [참고: 따라서 아미노기의 pK_a는 더욱 크다.] 양성자를 받아들인 II형의 아미노기에서 양성자가 유리되면 알라닌에서 양성자가 완전하게 이탈된 형태의 III형이 된다.

3. **pK와 순차적 해리:** 알라닌의 카복실기와 아미노기로부터 양성자의 순차적 해리(sequential dissociation)에 대한 것이 그림 1.10에 요약되어 있다. 적정할 수 있는 각 작용기는 정확하게 양성자의 절반이 그 작용기로부터 제거되는 pH와 숫자상으로 동일한 pK_a를 가진다. 가장 강한 산성기($-COOH$)에 대한 pK_a는 pK_1인 반면에 그 다음으로 강한 산성

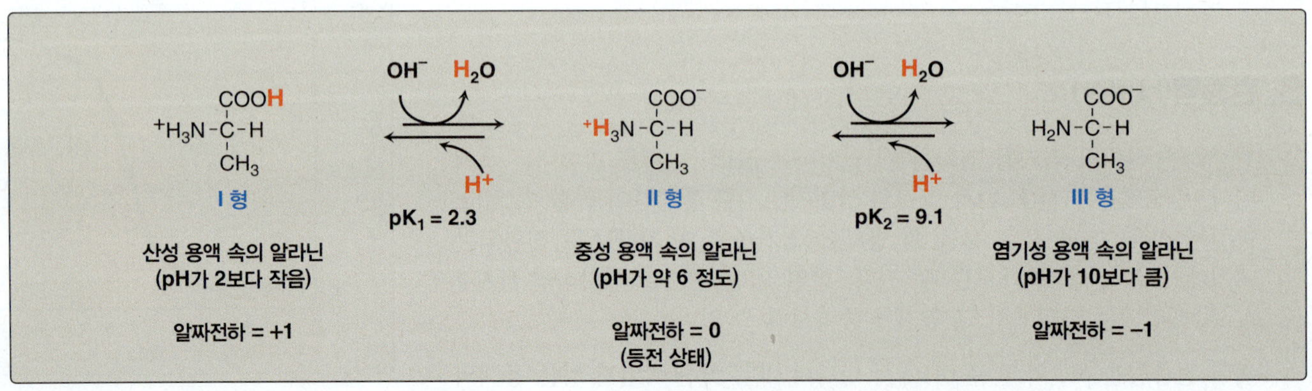

그림 1.10
산성, 중성, 염기성 용액에 존재하는 알라닌의 이온형.

기($-NH_3^+$)에 대한 pK_a는 pK_2이다. [참고: 아미노산 α-카복실기의 pK_a는 약 2인데 비해 α-아미노기의 pK_a는 약 9이다.]

해리될 수 있는 각 산성기에 대해 헨더슨-하셀발흐 식을 적용시킴으로써 약산에 대한 완전한 적정곡선을 산출할 수 있다. 그림 1.11은 알라닌을 완전하게 양성자가 이탈한 형태(III형)로 만들기 위해, 알라닌이 완전하게 양성자를 받아들인 형태(I형)에 염기를 첨가할 때의 pH 변화를 보여준다.

a. **완충 쌍(buffer pair):** $-COOH/-COO^-$ 쌍은 pK_1 근처의 pH 구역에서 완충액으로 작용할 수 있으며, $-NH_3^+/-NH_2$ 쌍은 pK_2 근처의 구역에서 완충작용을 할 수 있다.

b. **pH = pK일 때:** pH가 pK_1(2.3)과 같을 때 알라닌의 I형과 II형이 같은 양으로 용액에 존재한다. pH가 pK_2(9.1)와 같을 때 II형과 III형이 같은 양으로 용액에 존재한다.

c. **등전점(isoelectric point, pI):** 중성 pH에서 알라닌은 아미노기와 카복실기가 이온화된 양극성 II형(dipolar form II)으로 대부분 존재하지만 알짜전하는 영이다. 등전점은 아미노산이 전기적으로 중성인 pH이다. 즉 중성 상태에서 양전하의 합은 음전하의 합과 같다. 알라닌처럼 해리될 수 있는 겨우 2개의 수소(1개는 α-카복실기에서, 다른 1개는 α-아미노기에서 나옴)를 갖는 아미노산의 등전점은 그림 1.11에 보이는 것처럼 pK_1과 pK_2의 평균값($pI = [2.3 + 9.1]/2 = 5.7$)이다. 따라서 pI는 pK_1(2.3)과 pK_2(9.1) 사이의 중간값이다. pI는 II형(알짜전하가 0)이 더 많이 존재하는 pH에 해당되며, 여기에서 또한 I형(+1의 알짜전하)과 III형(−1의 알짜전하)이 같은 양으로 존재한다.

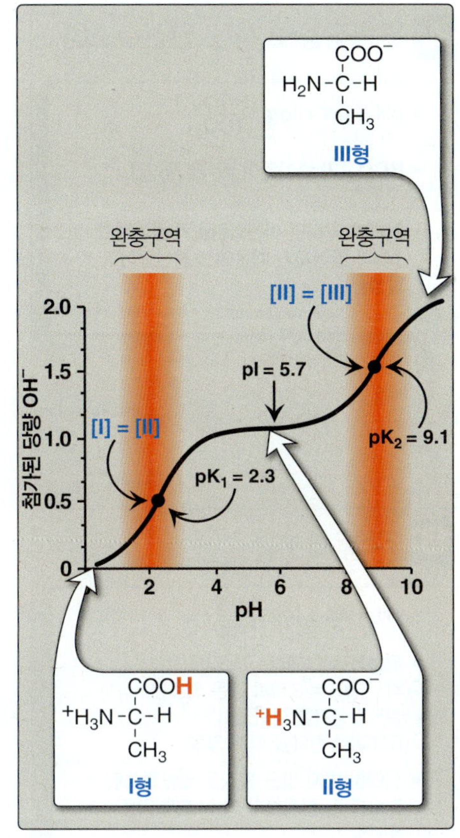

그림 1.11
알라닌의 적정곡선.

> 전하를 이용한 혈장 단백질의 분리검사는 전형적으로 주요 단백질의 pI보다 높은 pH에서 시행되므로 그 단백질의 전하값은 음이다. 전기장에서 단백질은 알짜 음전하에 의해 결정되는 속도로 양극 쪽으로 이동할 것이다. 이동 양상의 변화는 어떤 질병을 암시한다.

4. **중성 pH에서 아미노산의 알짜전하(net charge):** 모든 아미노산은 생리적 pH에서 음전하를 띤 작용기($-COO^-$)와 양전하를 띤 작용기($-NH_3^+$)를 가지며, 둘 다 α-탄소와 결합한다. 글루탐산, 아스파트산, 히스티딘, 아르지닌, 라이신 등은 추가적으로 이 곁사슬에 잠재적 전하를 띠는 작용기를 갖고 있다. 아미노산과 같이 산이나 염기로 모두 작용할 수 있는 물질은 양쪽성(amphoteric)을 갖고 있다라고 정의된다.

C. 혈액의 완충, 탄산수소염 완충계

우리 혈액 속의 pH는 탄산수소염 완충계에 의해 약간 알칼리성 범위인

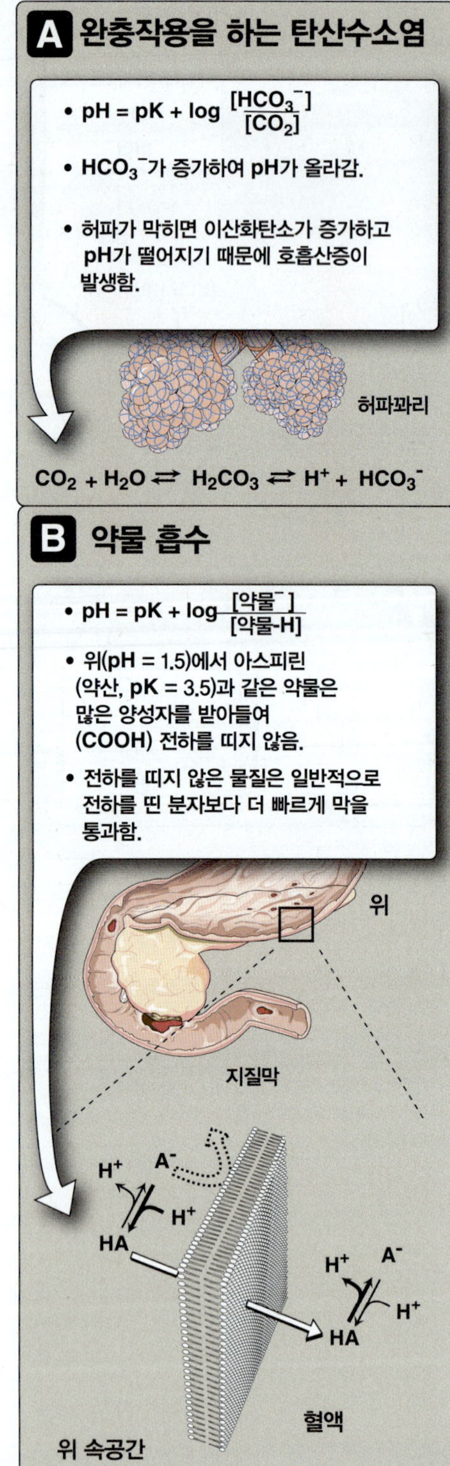

그림 1.12
헨더슨-하셀발흐 식은 다음과 같은 것을 예측할 때 사용한다: (A) HCO_3^- 또는 CO_2의 농도 변화에 따른 pH의 변화; (B) 약물의 이온형.

7.35에서 7.45이다. 대부분의 단백질은 생리학적 pH에서 최적의 기능을 하고 단백질을 구성하는 아미노산이 화학적 형태로 존재한다; 소화효소에서는 예외를 포함하는데 1.5에서 3.5 사이의 산성 pH에서 기능한다. 용해효소 또한 산성 pH 4.5과 5.0 사이에서 작동한다. 동맥의 pH를 7.40 ± 0.5로 유지하는 것은 건강에 중요하다. 일반적으로 탄산수소염 완충계는 허용가능한 범위에서 pH를 유지하는 것이 가능하다.

그림 1.12A에 보이는 것처럼 탄산수소염 이온 농도, $[HCO_3^-]$와, 이산화탄소의 농도 $[CO_2]$가 혈액의 pH에 영향을 준다. 포도당과 지방산의 산화에서 생성되는 무수형태의 H_2CO_3인 CO_2와 대사에 의해 생성되는 유기산(예: 젖산)을 고려하면 완충계의 필요성을 이해할 수 있다. 상대적으로 물에 잘 녹지 않는 CO_2는 탄산 탈수소 효소에 의해 물에 녹는 HCO_3^-(중탄산)으로 전환되는데 이는 혈액에 의해 수송되어 폐에서 CO_2로 배출된다. 그러므로 폐는 호흡 속도를 바꿈으로써 CO_2의 유지와 손실을 조절한다. 신장 또한 산-염기 균형에 매우 중요한 역할을 한다. 신장은 혈액에 존재하는 중탄산, H^+, 암모니아, 그리고 다른 산/염기를 유지하거나 배출한다.

D. pH와 약물 흡수

많은 약들은 경구투여로 이루어지고 혈액으로 흡수되기 위해 반드시 내장의 상피세포를 통과해 운송된다. 대부분의 약들은 약산이거나 약염기이다. 산성 약물(HA)은 양성자(H^+)를 방출하여 음전하를 띤 형태(A^-)가 된다. 약염기(BH^+) 역시 H^+를 방출할 수 있다. 그러나 염기성 약물이 양성자를 받아들인 형태는 대개 전하를 띠며, 양성자를 잃으면 전하를 띠지 않은 염기(B)가 된다.

$$HA \leftarrow \rightarrow H^+ + A^-$$
$$BH^+ \leftarrow \rightarrow B + H^+$$

약물은 결사슬의 해리가 가장 중립적인 분자를 만드는 pH에서 가장 잘 흡수된다. 흡수 부위를 통과하는 각 약물의 투과형의 유효 농도는 전하를 띤 형태(비투과물질)와 전하를 띠지 않은 형태(투과물질)의 상대적 농도에 의해서 결정된다(그림 1.12B). 약물 수송의 체계가 잘 알려지진 않았지만, 약물의 수송은 보통 능동 수송을 통해 이루어진다고 여긴다.

E. 혈액가스와 pH

질병의 경과와 독으로 인해 혈액의 pH는 비정상적일 수 있다. 동맥의 pH가 7.35보다 작을 때 이를 산혈증이라고 하고 동맥의 pH가 7.45보다 클 때 알칼리혈증이라고 한다. 탄산수소염 완충계 내에서, CO_2는 산이며 탄산수소염은 염기이다. 탄산수소염 완충용액은 열린 계이기 때문에 CO_2는 호흡으로 배출되고, 호흡의 변화는 체내의 산-염기 균형에 영향을 준다. 과호흡은 다량의 산을 방출시켜 알칼리증을 유발할 수 있고, 반대로 과량의 대사산(예: 젖산산증, 제1형 당뇨병에서 수반될 수 있는 케톤산증) 생성은 산증을 유발할 수 있다. 구토로 인한 과량의 산 손실은 산-염기 방해

표 1.1 산-염기 균형 방해

pH	$[H^+]$	초기 문제	반응	장애
감소	증가	호흡저하; CO^2의 잔류의 증가 (더 많은 산성)	HCO_3^-의 신장 잔류 증가 (더 많은 염기)	호흡성 산증; 만성폐쇄성폐질환처럼 폐는 충분한 양의 CO_2를 분비하지 않음
증가	감소	과호흡; CO_2 분비 증가(적은 산)	HCO_3^-의 신장 잔류 감소 (적은 염기)	호흡성 알칼리증; 과호흡증과 천식처럼 폐는 과하게 CO_2를 내보냄
감소	증가	더 많은 산 생성	더 적은 양의 CO_2를 호흡으로 내보냄(호흡저하); HCO_3^-가 산을 완충하기에 양이 적음	대사성 산증; 젖산산증, 당뇨병 케톤산증, 산섭취와 같이 폐로 배출할 수 없는 산을 체내에서 생성.
증가	감소	HCO_3^-의 증가	더 많은 양의 CO_2를 호흡으로 내보냄(과호흡); HCO_3^-의 신배설	대사성 알칼리증; 구토로 인한 산의 과량 손실 혹은 염기성 물질의 섭취와 같이 혈액이 알칼리성이고 호흡 불균형으로 야기되지 않을 때.

를 일으킬 수 있다. 만약 과량의 대사산이 생성되면 신보상과 호흡 보상으로 pH를 정상 생리범위로 돌이킬 수 없다. 폐와 신장 둘다 pH 불균형에 완전히 보상하거나 과잉 보상할 수 없다는 것을 명심해야 한다. 환자의 CO_2와 탄산수소염을 pH와 함께 측정하는 것은 산-염기 불균형을 진단하는데 도움을 줄 수 있다(**표 1.1**).

IV. 요약

- 각 아미노산은 **α-카복실기**와 **α-아미노기**를 갖고 있다(**이차 아미노기**를 가진 **프롤린**은 예외)(그림 1.13).
- 각 아미노산의 α-탄소(글라이신은 예외)는 4개의 다른 화학작용기와 결합하여 **손대칭성**(chiral)을 나타내거나 광학적으로 활성을 가지는 탄소 원자이다. 인체에서 합성된 단백질에서 발견되는 것은 모두 L형 아미노산이다.
- 생리적 pH에서 α-카복실기는 해리되어 음전하를 띤 카복실산염 이온($-COO^-$)으로 변환되고, α-아미노기는 양성자를 받아들인다($-NH3^+$).
- 각각의 아미노산은 α-탄소 원자와 결합하는 독특한 20개의 **곁사슬** 중 하나를 갖고 있다.
- 이 **R기**의 화학적 성질은 단백질에서 아미노산의 기능을 결정하며, 아미노산을 **비극성, 전하를 띠지 않은 극성, 산성(극성 음성)** 또는 **염기성(극성 양성)** 등으로 분류할 수 있는 근거를 제공한다.
- 펩타이드 사슬의 전하를 띤 아미노산과 모든 유리 아미노산은 모두 **완충제**로 작용할 수 있다.
- 약산(HA)과 그 짝염기(A^-)의 농도 간 정량적인 관계는 **헨더슨-하셀발흐 식**으로 표현할 수 있다. 완충작용은 $pK_a \pm 1$의 pH 단위의 범위에서 일어나며, $pH = pK_a$일 때 최대이다. 이때의 관계식은 $[A^-] = [HA]$이다.
- 혈액 내의 pH는 중탄산 완충계로 인해 약간 알칼리성인 7.4 ± 0.5의 범위로 유지된다; 폐는 호흡율을 변화시켜 CO_2를 조절하고, 신장은 산과 염기를 유지하거나 방출한다.

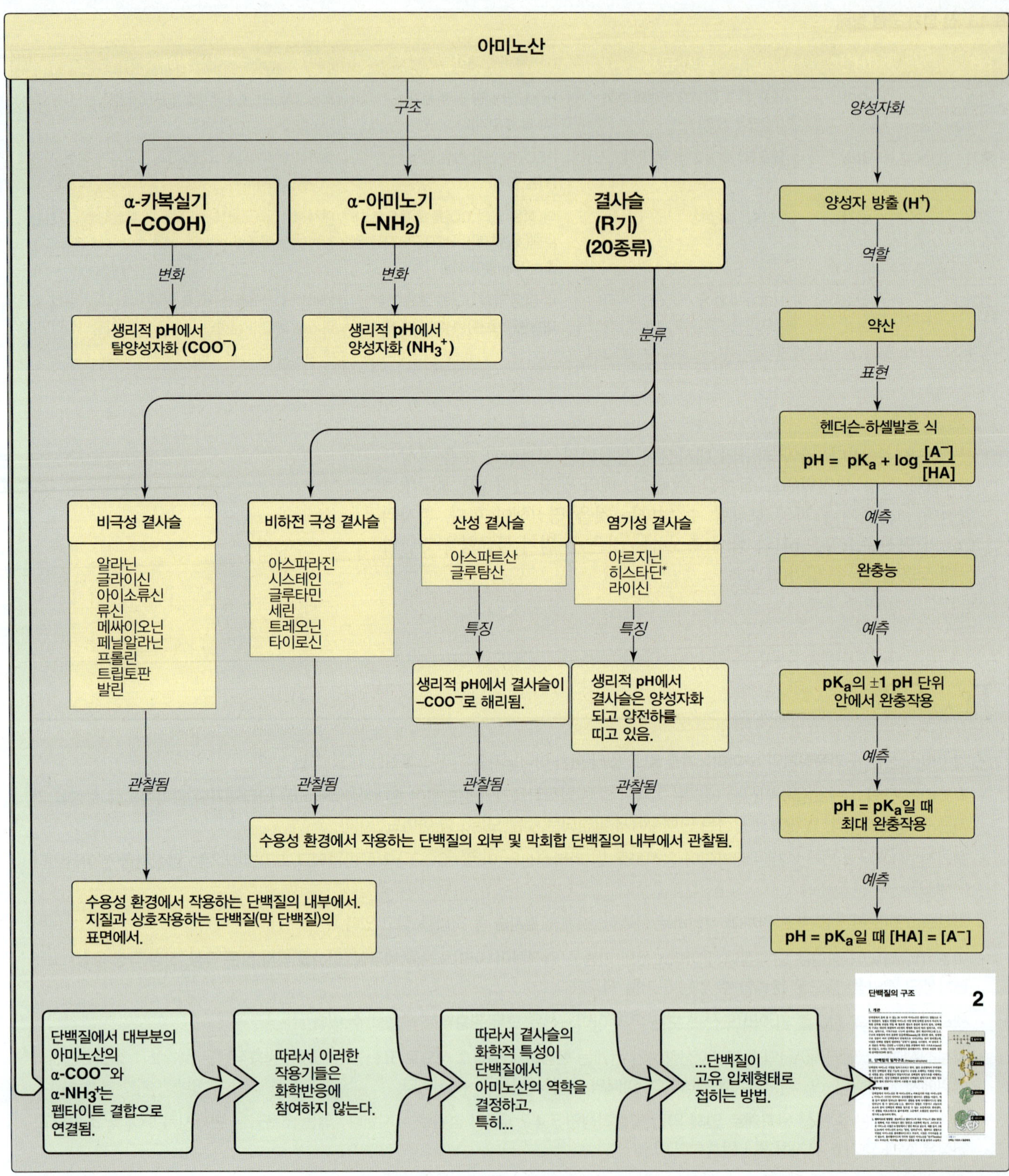

그림 1.13
아미노산의 핵심 개념도.

연습문제

가장 올바른 답을 하나만 고르시오.

1.1 아래의 펩타이드에 대한 설명 중에서 맞는 것은 어느 것인가?

Val-Cys-Glu-Ser-Asp-Arg-Cys

A. 이 펩타이드는 아스파라진을 갖고 있다.
B. 이 펩타이드는 이차 아미노기를 포함하는 곁사슬을 갖고 있다.
C. 이 펩타이드는 인사화될 수 있는 곁사슬을 갖고 있다.
D. 이 펩타이드는 내부 이황결합을 형성할 수 없다.
E. 이 펩타이드는 pH 5에서 전기영동을 할 때 음극(cathod)으로 이동한다.

정답 = C. 세린의 하이드록실기는 인산기를 받아들일 수 있다. Asp는 아스파라진이 아닌 아스파트산이다. 프롤린은 이차 아미노기를 갖고 있다. 두 개의 시스테인 잔기는 산화 조건에서 이황결합(공유결합)을 형성한다. pH 5에서 펩타이드의 알짜전하는 음성이며 양극(anode)으로 이동할 것이다.

1.2 이 아미노산은 알파 나선의 오른손 회전과 기하학적으로 양립할 수 없는 이차 아미노기를 가지고 있다. 아미노산 사슬에 뒤틀림을 부여하고 알파 나선의 부드러운 나선구조를 방해하며, 그리고 아교질에서 높은 농도로 발견된다. 이 아미노산은 무엇인가?

A. Ala
B. Cys
C. Gly
D. Pro
E. Ser

정답 = D. 프롤린은 다른 아미노산과 달리 곁사슬과 α-아미노기가 단단한 5각 고리 구조를 형성하여 이차 아미노기를 갖게 된다. 이는 구형 단백질 알파 나선을 방해하고, 아교질의 구조에 기여하며 높은 농도로 아교질에서 발견된다. 그 어떤 아미노산도 이런 특징을 갖고 있지 않다.

1.3 인산화효소(kinase)의 활성으로 인해 인산화가 가능한 곁사슬을 가진 아미노산은:

A. Arg
B. Cys
C. Gly
D. Thr
E. Val

정답 = D. 세린, 트레오닌, 타이로신에서 발견되는 극성 하이드록실기는 인산기의 부착부위로 작용한다. 인산화효소는 인산화 반응을 촉진하는 효소이다. 그 어떤 아미노산도 인산화효소로 인한 인산화가 가능한 하이드록실기를 가지고 있지 않다.

1.4 비극성 아미노산의 적정곡선에 대한 아래의 설명 중에서 맞는 것은 어느 것인가? 글자 A에서 D는 곡선상의 어떤 지점을 나타낸다.

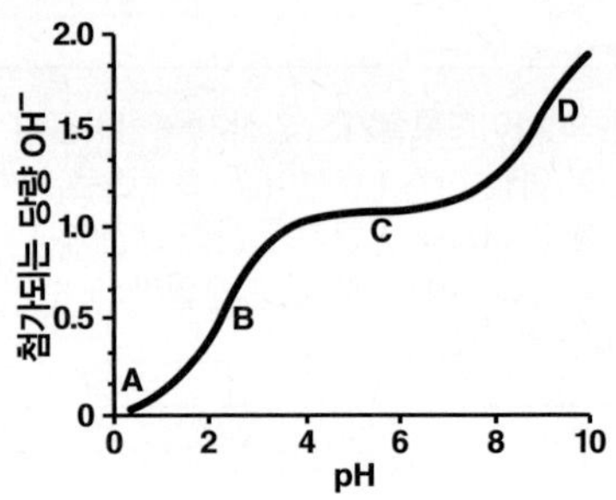

A. 점 A는 이 아미노산에서 양성자가 이탈하는 지점이다.
B. 점 B는 완충능이 최저인 지점이다.
C. 점 C는 이 아미노산의 알짜전하가 0인 지점이다.
D. 점 D는 이 아미노산의 카보실기의 pK를 나타낸다.
E. 이 아미노산은 아마 라이신일 것이다.

정답 = C. C는 등전점 또는 pI를 나타내며 비극성 아미노산의 pK_1과 pK_2의 중간점이 된다. 이 아미노산은 점 A에서 최대로 양성자를 받아들인다. 점 B는 점 D와 마찬가지로 완충능이 최대가 되는 지역이다. 라이신은 염기성 아미노산이며 이온화할 수 있는 α-아미노 및 α-카복실기 이외에 이온화 가능한 곁사슬을 갖고 있다.

1.5 15년간 제1형 당뇨병력이 있는 18살 여성이 구역, 구토, 그리고 의식의 변화로 응급실에 왔다. 그녀의 혈당은 560 mg/dL이었다(임의 혈당 정상범위 < 200 mg/dL). 환자의 동맥혈 pH는 7.15이고(정상범위 7.35에서 7.45 mEq/L), 중탄산 수치는 12 mEq/L였다 (정상범위 22에서 28 mEq/L). 다음 중 환자의 몸에서 어떤 반응으로 산-염기 불균형을 보상할 것으로 보이는가?

A. 호흡 증가
B. 신장의 산 배출 증가
C. 신장의 염기 유지 증가
D. 호흡 감소
E. 신장의 산 배출 감소

정답 = A. 대사성 산증에 대한 반응은 호흡에 의한 보상이다. 증가된 호흡은 CO_2 형태로 되어 있는 산을 몸에서 제거한다. 대사로 인해 산이 만들어지기 때문에 (당뇨병 케톤산증 의심됨) 신장의 산 배출과 염기 유지 변화는 보상이 될 수 없다.

단백질의 구조

2

I. 개관

단백질에서 흔히 볼 수 있는 20가지의 아미노산은 펩타이드 결합으로 서로 연결된다. 일렬로 연결된 아미노산 서열 안에 단백질 분자가 자신의 독특한 삼차원 모양을 만들 때 필요한 정보가 충분히 담겨져 있다. 단백질의 구조는 대단히 복잡하여 4단계의 체계화 정도에 따라 일차구조, 이차구조, 삼차구조, 사차구조로 나누어 분석하는 것이 최선이다(그림 2.1). 구조의 복합성에 따라 분류한 등급체계(hierarchy)를 검토한 결과, 일정한 구조 성분이 여러 단백질에서 반복적으로 나타난다는 것이 알려졌는데, 이것은 단백질 접힘에 일반적인 규칙이 있음을 시사한다. 이 반복적 구조 성분은 작게는 간단한 α-나선과 β-판을 조합하여 작은 구조요소(motif)를 만들고, 크게는 다기능 단백질에서 폴리펩타이드 영역의 복잡한 접힘에 관여한다(2장 IV 참조).

II. 일차구조(Primary Structure)

단백질의 아미노산 선형서열을 일차구조라고 한다. 많은 유전병에서 부적절하게 접힌 단백질과 정상 기능의 상실이나 손상을 초래하는 비정상 아미노산 서열을 갖는 단백질들이 만들어지므로 단백질의 일차구조를 이해하는 것이 중요하다. 정상 단백질과 돌연변이 단백질의 일차구조에 대한 정보를 안다면 병의 진단이나 연구에 사용할 수 있을 것이다.

A. 펩타이드 결합

단백질에서 아미노산은 한 아미노산의 α-카복실기와 다른 아미노산의 α-아미노기 사이에 아마이드 공유결합인 펩타이드 결합을 이룬다. 예를 들어 발린과 알라닌은 펩타이드 결합을 통해 다이펩타이드인 발릴알라닌이 될 수 있다(그림 2.2). 펩타이드 결합은 가열이나 고농도의 요소와 같이 단백질의 변형을 일으킬 수 있는 조건에서도 견뎌낸다. 이 결합을 비효소적으로 끊어내려면 고온에서 오랫동안 강산이나 강염기에 노출시켜야 한다.

1. **펩타이드의 명명법:** 관습적으로 펩타이드의 자유 아미노기 끝(N-말단)은 왼쪽에, 자유 카복실기 끝(C-말단)은 오른쪽에 적는다. 그러므로 모

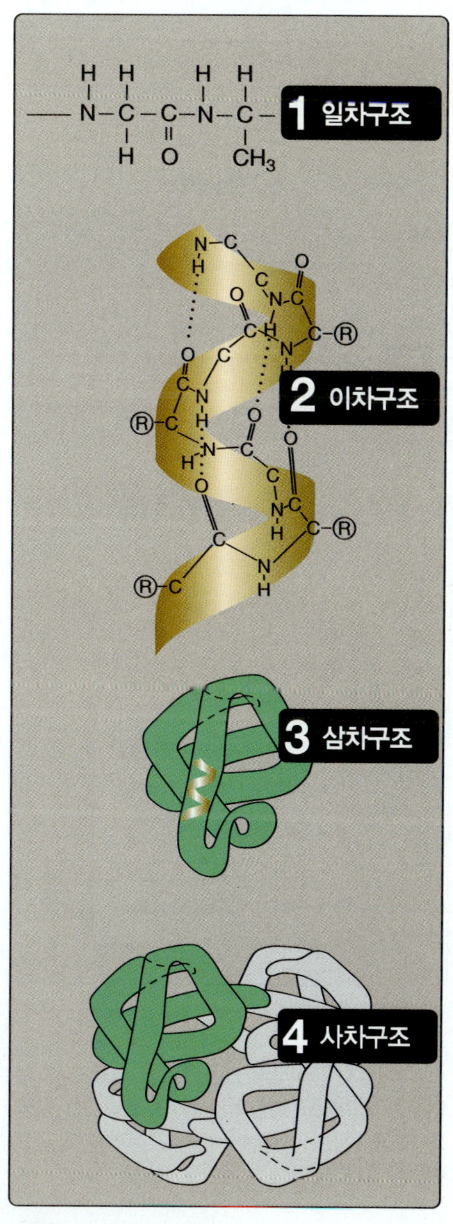

그림 2.1
단백질 구조의 4 등급체계.

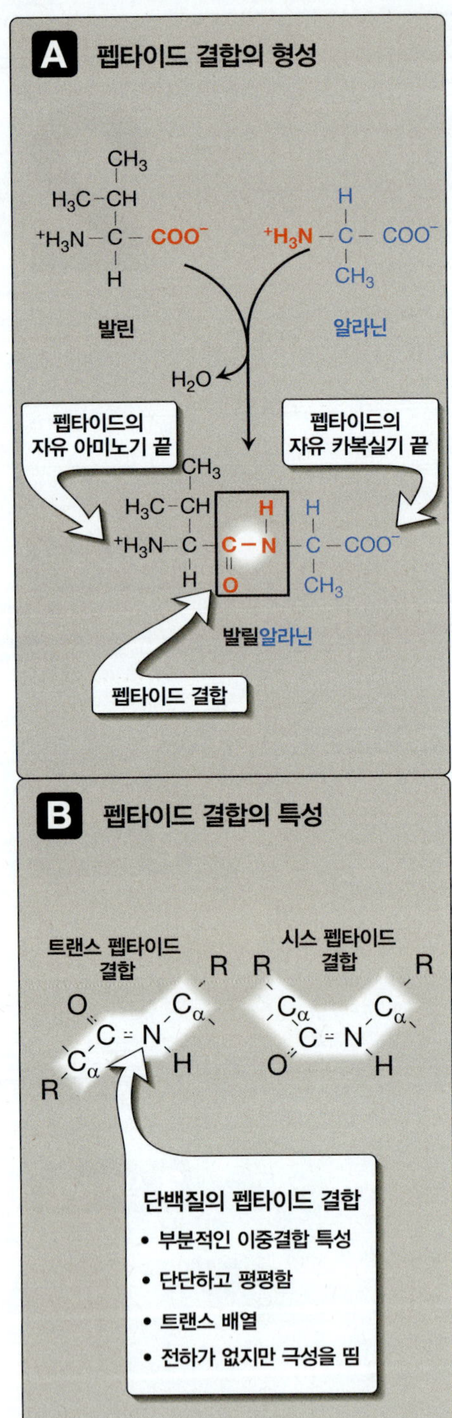

그림 2.2

A. 다이펩타이드 발릴알라닌의 구조를 통해 보여주는 펩타이드 결합의 형성. **B.** 펩타이드 결합의 특징. [참고: 프롤린 펩티드 결합을 가지고 있으면 시스 배열일 것이다.]

든 아미노산 서열은 N-말단에서 C-말단 쪽으로 읽는다. 예를 들어 그림 2.2A에서 아미노산의 순서는 발린, 알라닌이다. 펩타이드 결합으로 연결된 아미노산을 폴리펩타이드라고 부르며, 이것은 가지사슬을 갖지 않는다. 폴리펩타이드의 각각의 성분인 아미노산을 잔기(residue)라고 부르는데, 여기에는 펩타이드 결합을 이룰 때 물 원자가 소실되고 남은 아미노산의 일부분이라는 뜻이 들어 있다. 폴리펩타이드를 명명할 때, 아미노산의 접미사(-ine, -an, -ic 또는 -ate)는 C-말단의 아미노산을 제외하고는 -yl로 바뀐다. 예를 들면 N-말단으로부터 발린, 글라이신, C-말단 류신 아미노산으로 이루어진 트라이펩타이드는 발릴글라이실류신(valylglycylleucine)이라고 부른다.

2. **펩타이드 결합의 특징:** 펩타이드 결합은 부분적 이중결합의 특성을 갖고 있어 단일결합보다 짧고, 단단하고 평편한 구조를 이룬다(그림 2.2B). 이 특성 때문에 펩타이드 결합에서 카보닐 탄소와 질소 사이의 결합은 자유롭게 회전이 되지 않는다. 그러나 α-탄소와 α-아미노기 또는 α-카복실기 사이의 결합은 자유롭게 회전할 수 있다(그러나 R기의 크기와 특성에 따라 회전이 제한된다). 따라서 폴리펩타이드 사슬은 다양한 배열(configuration)을 가질 수 있다. 펩타이드 결합은 거의 항상 트랜스 결합(trans bond)이며(시스 결합이 아님; 그림 2.2B 참조), 그 이유는 시스 위치에 있으면 대부분 R기의 입체간섭을 받기 때문이다.

3. **펩타이드 결합의 극성:** 모든 아마이드 결합과 마찬가지로 펩타이드 결합의 −C＝O기와 −NH기는 전하를 띠지 않으며, 2~12 사이의 pH에서는 양성자를 방출하지도 않고 받아들이지도 않는다. 그러므로 폴리펩타이드에서 전하를 띠는 작용기는 오직 N-말단의 α-아미노기, C-말단의 α-카복실기, 그리고 아미노산 곁사슬에서 전하를 띠는 작용기 외에는 없다. 그러나 펩타이드 결합의 −C＝O기와 −NH기는 극성을 가지며, 18쪽에서 설명하고 있는 것처럼 수소결합(예: α-나선과 β-판의 경우)에 관여한다.

B. 폴리펩타이드의 아미노산 조성의 결정

폴리펩타이드의 일차구조를 결정할 때, 첫 번째 단계는 구성하고 있는 아미노산의 종류와 양을 알아내는 것이다. 분석하기 위해 정제한 폴리펩타이드를 강산에 가수분해시킨다. 이렇게 처리하면 펩타이드 결합이 절단되고 각각의 아미노산으로 방출되기 때문에 이들을 양이온교환 크로마토그래피로 분리할 수 있다. 아미노산은 각각의 하전 상태, 소수성, 그 밖의 특성에 따라 서로 다른 친화력으로 크로마토그래피 컬럼에 부착한다. 각각의 아미노산은 이온세기와 pH를 점차적으로 증가시킨 용액으로 용출시키면 순차적으로 방출되고(그림 2.3), 분리된 아미노산은 분광광도계로 정량한다. 위에 묘사된 분석 방법은 아미노산 분석기로 수행되며, 그림 2.3에서 나온대로 부품들이 자동화된 기계이다.

C. 펩타이드의 N-말단 끝에서부터 시작하는 서열분석

서열분석이란 펩타이드에서 특정 위치의 아미노산을 알아내는 순차적 방법으로서 N-말단 끝으로부터 시작한다. 요즘에는 자동화된 서열분석기를 사용한다; 아미노산 유도체를 만드는 과거의 방법은 그림 2.4에 나와있다.

D. 폴리펩타이드를 더 작은 조각으로 절단하기

많은 폴리펩타이드는 100개 이상의 아미노산으로 구성된 일차구조이다. 이러한 분자는 끝에서 끝으로 직접 배열될 수 없다. 그러나 특정 위치를 잘라 조각으로 만들면 전체 서열을 추적할 수 있다. 따로 실험을 진행하여 각각 다른 절단시약(효소, 화학물질)을 처리하면 서로 겹치는 조각을 만들 수 있고, 이것을 분석하면 큰 분자의 전체 서열을 알아낼 수 있다(그림 2.5). 펩타이드 결합을 가수분해하는 효소를 펩타이드분해효소라고 한다. [참고: 펩타이드말단분해효소는 단백질의 양쪽 끝을 절단하기 때문에 아미노펩타이드분해효소와 카복시펩타이드분해효소로 분류한다. 후자는 C-말단 아미노산을 분석할 때 사용한다. 펩타이드내부분해효소는 단백질의 내부를 절단한다.]

E. DNA 서열분석을 이용한 단백질 일차구조의 결정

단백질 부호가 들어 있는 DNA 부위의 뉴클레오타이드 서열은 폴리펩타이드의 아미노산 서열을 결정한다. 그러므로 뉴클레오타이드의 서열을 알 수 있다면, 유전부호를 이용하여 뉴클레오타이드의 서열을 폴리펩타이드의 아미노산 서열로 번역할 수 있다. 이 방법은 비록 단백질의 아미노산 서열을 얻기 위해 일상적으로 사용하고 있지만, 접힌 사슬에 존재하는 이황화결합의 위치를 예측하는 것은 불가능하며 폴리펩타이드로 합성된 후 변형된 아미노산(번역 후 변형)도 찾아낼 수 없다. 그러므로 직접적인 단백질 서열분석은 많은 폴리펩타이드에서 일차구조의 실제 특성을 규명할 때 아주 중요한 도구가 된다. (관련 기법에 대한 논의는 34장을 참조한다.)

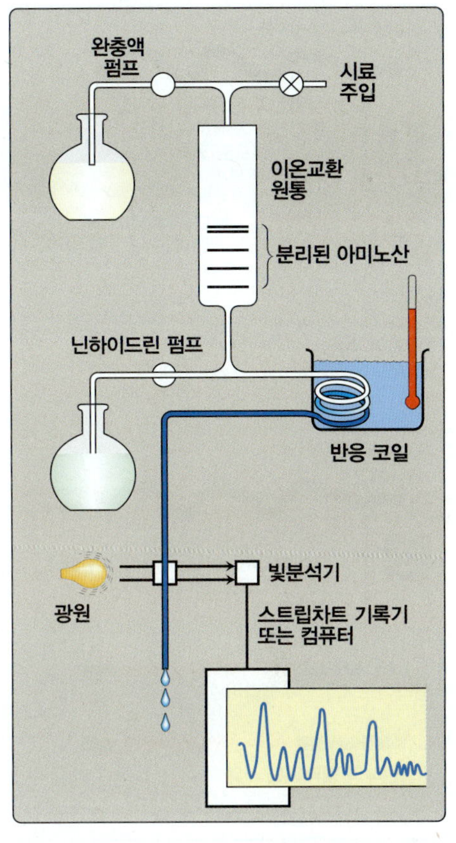

그림 2.3
아미노산 분석기를 이용한 폴리펩타이드의 아미노산 조성의 분석.

1 표지하기
2 산 가수분해에 의한 아미노산 유도체의 방출
H_2N-CH-C(=O)-Lys-His-Leu-Arg-COOH
N-말단 알라닌
펩타이드
페닐 아이소싸이오사이안산염
표지된 펩타이드
짧아진 펩타이드
PTH-알라닌

그림 2.4
에드만 분해법에 의한 폴리펩타이드 아미노말단 잔기의 분석. PTH = 페닐아이소싸이오사이안산염.

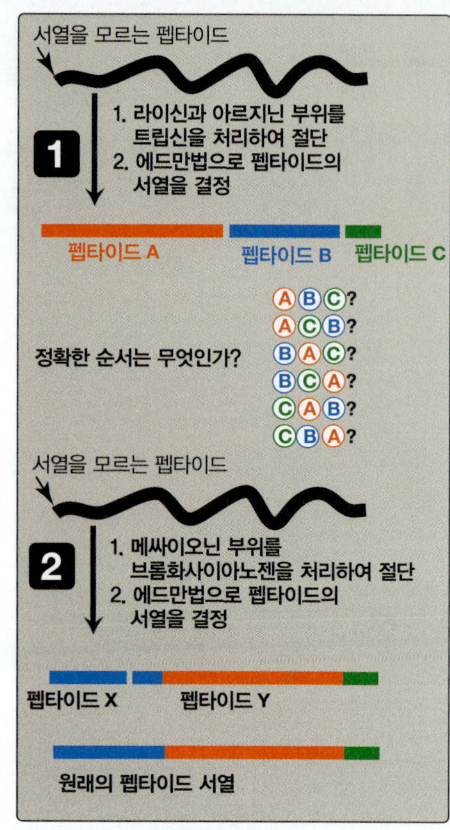

그림 2.5
트립신과 브롬화사이아노젠의 작용에 의해 생성된 펩타이드의 중첩.

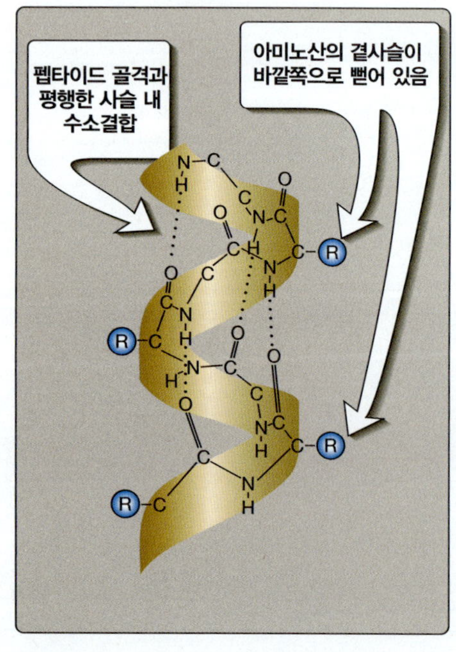

그림 2.6
α-나선의 구조.

III. 이차구조(Secondary Structure)

폴리펩타이드의 뼈대는 아무렇게나 삼차원 구조를 이루는 것이 아니고 일반적으로 같은 선상의 서열 내에서 서로 가까운 아미노산끼리 규칙적인 배열을 한다. 이 배열을 폴리펩타이드의 이차구조라 한다. 단백질에 흔한 이차구조는 α-나선, β-판, β-굽이(β-돌이)이다. 각각은 펩타이드 뼈대의 원자 사이 수소결합을 통해 안정화한다. [참고: 이차구조의 다른 예인 아교질 α 사슬 나선은 4장에서 논의한다.]

A. α-나선(α-helix)

자연계에 존재하는 몇 가지의 폴리펩타이드 중에서 α-나선이 가장 흔하다. 이것은 나선 구조를 하며, 코일모양으로 단단히 오른쪽으로 꼬여 있는 폴리펩타이드 뼈대가 중심에 있고 아미노산의 곁사슬은 중심축으로부터 바깥쪽으로 뻗어 있어 서로 입체 방해를 받지 않는다(**그림 2.6**). 매우 다양한 종류의 단백질이 α-나선을 갖고 있다. 예를 들면 케라틴은 매우 비슷한 단단한 섬유질 단백질이며, 거의 전체가 α-나선으로 구성된다. 케라틴은 머리카락과 피부의 주요 성분이다. 케라틴과 대조적으로 α-나선으로 구성된 근색소는 둥글고 유연한 분자이다(3장 II. B 참조).

1. **수소결합:** α-나선은 펩타이드 결합의 카보닐 산소와 폴리펩타이드 뼈대의 일부인 아마이드 수소 사이에 형성되는 수많은 수소결합에 의해 안정화된다(그림 2.6 참조). 수소결합은 폴리펩타이드 안에서 한 펩타이드의 카보닐 산소와 이로부터 4개 잔기의 앞쪽에 있는 펩타이드 결합의 −NH−기 사이에 이루어진다. 이것 때문에 맨 처음과 마지막을 제외한 모든 펩타이드 결합의 구성 성분은 사슬내 수소결합을 통해 서로 연결된다. 수소결합의 각각의 힘은 약하지만 전체적으로 나선 구조의 안정화에 기여한다.

2. **한 바퀴에 들어 있는 아미노산의 수:** α-나선의 한 바퀴에 아미노산은 3.6개 존재한다. 따라서 일차구조에서 3~4개 정도 떨어진 아미노산들이 α-나선에서 공간적으로 서로 가까이 위치한다.

3. **α-나선을 방해하는 아미노산:** α-나선을 구성하는 아미노산의 R기가 그 성향을 결정한다. 프롤린은 α-나선을 방해한다. 프롤린의 단단한 이차 이미노기는 α-나선의 오른손잡이 나선 구조와 기하학적으로 맞지 않기 때문이다. 오히려 사슬 안에서 자연스럽게 꼬인 나선 구조를 방해하는 걸림돌이 된다. 수소가 R기인 글리신은 높은 유연성을 부여한다. 글루탐산 같이 전하를 띠는 아미노산과 트립토판 같이 R기가 큰 아미노산, 그리고 R기의 첫 번째 탄소인 β-탄소에 곁가지를 가진 아미노산은(예: 발린), α-나선에서 드물게 발견된다.

B. β-판(β-sheet)

β-판은 모든 펩타이드 결합이 수소결합에 참여하는 또 다른 이차구조이다

(그림 2.7A). β-판의 표면은 병풍처럼 "주름"이 잡혀 있어 종종 β-주름판이라고도 부른다. 주름은 연속적인 α-탄소가 판의 평면보다 약간 위 또는 아래에 위치하고 있기 때문에 만들어진다. 단백질의 구조를 그림으로 나타낼 때 β-판은 넓은 화살표로 표시한다(그림 2.7B).

1. **형성:** β-판은 두 개 혹은 그 이상의 펩타이드 사슬이 (β-가닥) 측면으로 배열되고 단일 폴리펩티드에서 멀리 떨어진 카복실기와 아미노기의 수소결합(사슬 내 결합)이나 다른 폴리펩티드 사슬(사슬간 결합)으로 안정화된다. β-가닥은 역평행(그림 2.7B에 보이는 것처럼 N-말단이 번갈아가며 나타남) 또는 서로 평행(그림 2.7C에 보이는 바와 같이 N-말단이 함께 있음)으로 배열되어 있다. 각각의 β-가닥은 근접해 있는 아미노산의 R기가 β-판의 평면에서 위아래로 서로 반대 방향으로 향해 있다. β-판은 평평하지 않고 폴리펩타이드 뼈대를 따라 볼 때 오른손잡이 나선방향으로 구부러지거나 비틀어져 있다.

2. **α-나선과 β-판의 비교:** β-판에서 β-가닥은 거의 완전히 확장된다. 가닥 사이의 수소결합은 폴리펩타이드 뼈대에 대해 수직이라는 점을 주목하라(그림 2.7A 참조). 반면에, α-나선의 경우, 폴리펩타이드는 뼈대 방향과 수소결합이 평행이고 코일모형을 하고 있다(그림 2.6 참조).

> α-나선 및 β-판 모두에서 아미노산 잔기의 R기의 방향은 이러한 이차구조에서 극성 및 비극성 곁가지를 형성하여 아미노산 잔기를 양면성으로 만들 수 있다.

C. β-굽이(되돌이, β-돌이) (β-bend: reverse turn, β-turn)

β-굽이는 되돌이 혹은 β-돌이라고도 불리고, 폴리펩타이드 사슬의 방향을 반대로 돌리는 역할을 하며, 폴리펩타이드의 모양을 치밀하고 둥글게 만든다. β-굽이는 보통 단백질 분자의 표면 쪽에 존재한다. β-굽이는 종종 역평행 β-판의 연속적인 가닥을 연결하기 때문에 그와 같은 이름이 붙여졌다. β-굽이는 보통 4개의 아미노산으로 구성된다. 그 중 하나가 프롤린으로서 폴리펩타이드의 엉킴(kink)을 일으키는 아미노산이다. 가장 작은 R기를 가진 글라이신도 β-굽이에서 종종 볼 수 있다. β-굽이는 첫 번째 잔기와 마지막 잔기의 수소결합에 의해 안정화된다.

D. 비반복적 이차구조

평균적으로 공모양 단백질의 대략 반은 α-나선, β-판과 같은 반복적 구조물이며, 나머지는 고리나 코일 입체형태이다. 후자의 비반복적 이차구조는 아무렇게나 만들어지지는 않지만 앞에 설명한 반복적 이차구조보다 덜 규칙적인 구조이다. "무작위 코일(random coil)"이라 함은 단백질을 변성시켜 얻은 무질서한 구조를 의미한다(2장 IV.D 참조).

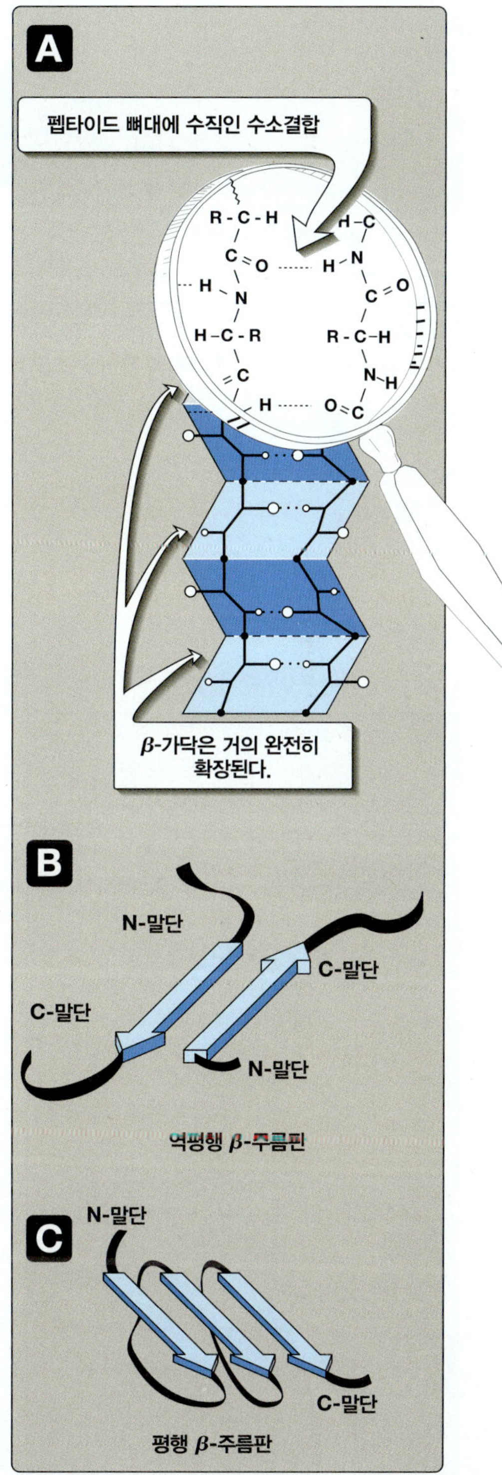

그림 2.7
A. β-판의 구조. B. 넓은 화살표로 표시한 β-가닥을 가진 역평행 β-판. C. 단일 폴리펩타이드 사슬이 되접혀 형성된 평행 β-판.

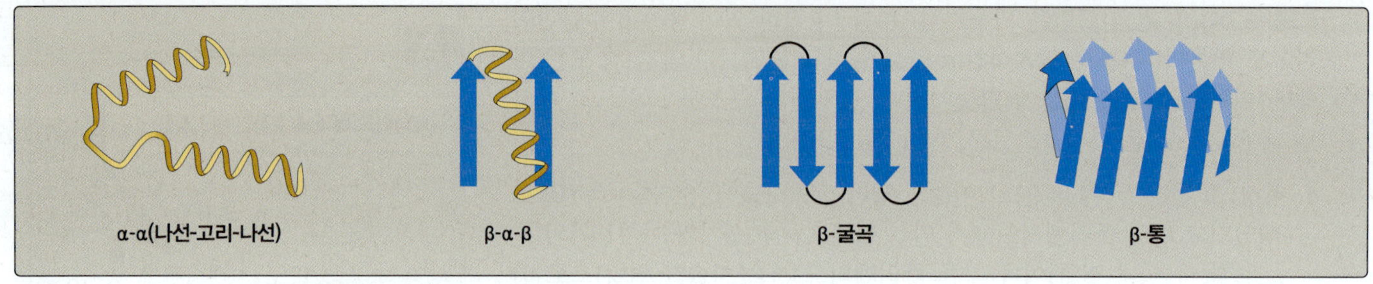

그림 2.8
α-나선과 β-판이 결합한 몇 가지의 흔한 구조요소(motif). 각각의 명칭이 도식적인 모양을 나타낸다.

E. 초이차구조(supersecondary structure) (구조요소, motif)

공모양 단백질은 이차구조 성분(즉, α-나선, β-판, 코일)들이 조합하여 특수한 기하학적 형태나 구조요소를 형성했을 때 완성된다. 이들은 기본적으로 핵심 부위(단백질 분자의 안쪽)를 이룬다. 이들은 단백질의 표면에서 고리 부위(예: β-굽이)와 연결된다. 초이차구조는 서로 가깝게 위치한 이차구조 성분의 곁사슬들이 빽빽하게 채워짐으로써 만들어진다. 예를 들면 아미노산 서열에서 인접한 α-나선과 β-판도 또한 최종적으로 접힘이 끝난 단백질에서 가까이 위치하는 것이 일반적이다. 자주 볼 수 있는 구조요소를 그림 2.8에 도시하였다.

> 구조요소는 특수기능과 관련이 있다. DNA와 결합하는 단백질은 일정한 수의 구조요소를 가진다. 나선-고리-나선 구조요소는 전사인자로 작용하는 수많은 단백질에서 볼 수 있는 일례가 된다(31장 참조).

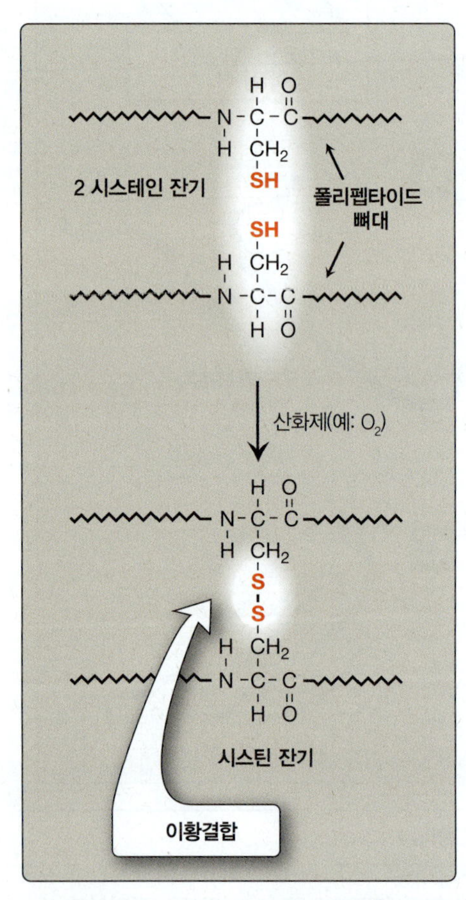

그림 2.9
2개의 시스테인 잔기의 산화에 의한 이황결합의 형성. 따라서 하나의 시스틴 잔기가 만들어진다. O_2 = 산소.

IV. 삼차구조(Tertiary Structure)

삼차구조는 폴리펩타이드 사슬의 일차구조에 의해 결정된다. "삼차"라는 것은 펩타이드에서 영역(domain, 구조와 기능의 기본 단위; 아래 A를 참조)의 접힘과 영역의 최종적인 배열을 모두 일컫는다. 수용액에서 공모양 단백질의 구조는 분자의 핵심에 원자가 고밀도로 존재하여(빽빽하게 채워짐) 치밀해진다. 단백질에서 일반적으로 소수성 곁사슬은 안쪽에, 친수성 작용기는 표면 쪽에 위치한다.

A. 영역(domain)

영역은 폴리펩타이드의 기능적 및 삼차원 구조적 기본 단위이다. 길이가 아미노산 200개 이상인 폴리펩타이드 사슬은 2개 이상의 영역을 갖고 있다. 영역의 핵심은 초이차구조 성분(구조요소)의 조합에 의해 구성된다. 영역 안의 펩타이드 사슬의 접힘은 다른 영역의 접힘과 독립적으로 일어난다. 그러므로 각각의 영역은 폴리펩타이드 안에 존재하는 다른 영역과 독립적인 작고 치밀한 공모양 단백질의 특성을 가진다.

B. 안정화하는 상호작용

개별적인 폴리펩타이드의 독특한 삼차구조는 아미노산 서열에 의해 결정된다. 아미노산 곁사슬 사이의 상호작용에 의해 폴리펩타이드의 접힘이 치밀하게 이루어진다. 공모양 단백질에서 삼차구조의 안정화에 기여하는 상호작용에는 4가지 형태가 있다.

1. **이황결합:** 이황결합(−S−S)은 2개의 시스테인 잔기의 설프하이드릴기(−SH) 사이의 공유결합이며, 그 결과 시스틴 잔기가 생성된다(그림 2.9). 2개의 시스테인 잔기는 폴리펩타이드의 일차구조의 아미노산 서열에서 아주 멀리 떨어져 있으며, 심지어 2개의 다른 폴리펩타이드에 존재하기도 한다. 폴리펩타이드 사슬의 접힘에 의해 2개의 시스테인 잔기는 공간적으로 가까이 위치하기 때문에 그들의 곁사슬 사이에 공유결합을 형성할 수 있다. 이황결합은 단백질 분자의 삼차원 형태의 안정화에 기여하고, 세포 외부의 환경에서도 변성이 일어나지 않도록 방지한다. 예를 들면 세포에서 분비하는 면역글로불린과 같은 단백질에 이황결합이 많이 존재한다. 단백질 이황화물 이성질체화효소는 접힘 과정에서 이황결합의 절단과 재형성을 일으킨다는 것을 주의하라.

2. **소수성 상호작용:** 비극성 곁사슬을 가진 아미노산은 폴리펩타이드 분자의 안쪽에 위치하려는 경향이 있으며, 그곳에서 다른 소수성 아미노산과 회합한다(그림 2.10). 반면에 곁사슬이 극성 또는 전하를 띠는 아미노산은 분자의 표면 쪽에 존재하여 극성 용매와 접하게 된다. 각각의 경우 에너지 차원에서 가장 유리한 쪽으로 R기의 분리(segregation)가 일어난다.

3. **수소결합:** 세린과 트레오닌의 알코올기처럼 산소나 질소에 결합한 수소를 갖는 아미노산 곁사슬은 펩타이드 결합의 카보닐기나 카복실기의 산소처럼 전자가 많은 원자와 수소결합을 이룬다(그림 2.11; 그림 1.6 참조). 단백질 표면의 극성 작용기가 액상의 용매와 수소결합을 하면 단백질의 용해도가 증가한다.

4. **이온 상호작용:** 아스파트산염이나 글루탐산염의 카복실기(−COO−)와 같이 음전하를 띠는 작용기는 라이신의 곁사슬에 있는 아미노기($-NH_3^+$)와 같이 양전하를 띠는 작용기와 상호작용을 할 수 있다(그림 2.11 참조).

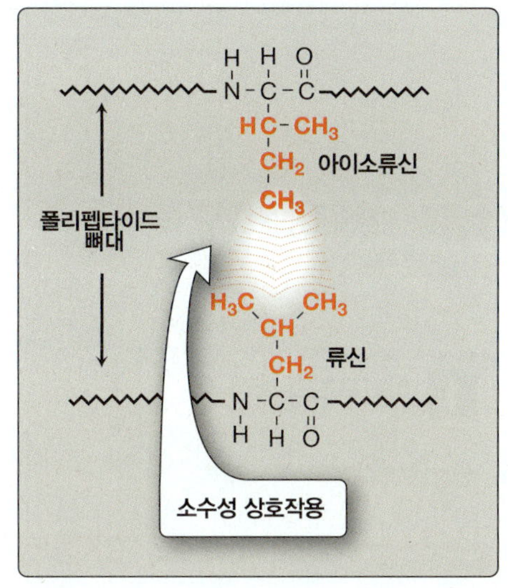

그림 2.10
비극성 곁사슬을 가진 아미노산 사이의 소수성 상호작용.

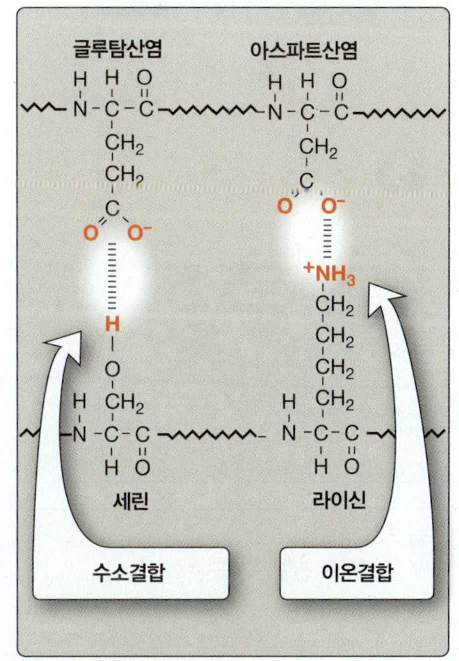

그림 2.11
수소결합과 이온결합을 통한 아미노산 곁사슬 사이의 상호작용(염 다리).

C. 단백질 접힘(protein folding)

단백질은 긴 폴리펩타이드가 접혀 복잡한 삼차원 형태로 바뀌어야 기능을 나타내는데, 그 접히는 방법은 아미노산 곁사슬 사이의 상호작용에 의해 결정된다. 세포속에서 수 초, 수 분 동안에 일어나는 단백질의 접힘은 임의가 아니고 질서있게 일어난다. 펩타이드 접힘이 일어날 때 이차구조는 소수성 효과에 의해 이루어진다. 즉, 소수성 기들은 물이 방출될 때 서로 모인다. 이 작은 구조들이 서로 뭉쳐 좀 더 큰 구조를 만든다. 몇 가지 현

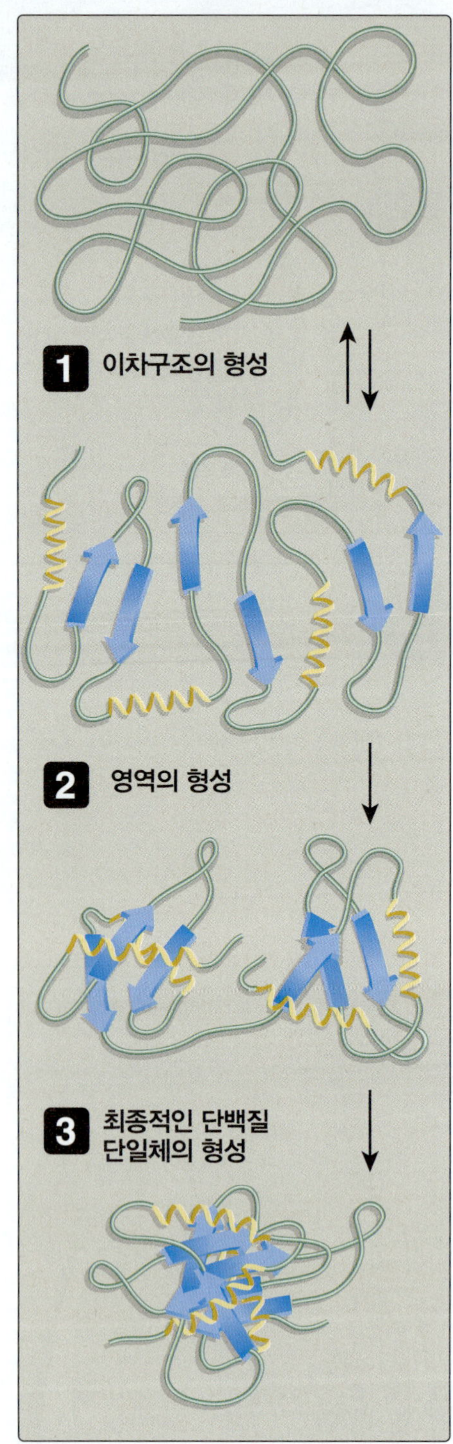

그림 2.12
단백질 접힘의 진행단계(단순화함).

상들이 추가되면 이차구조가 안정화되고 삼차구조의 형성이 시작된다. 마지막 단계에서 펩타이드가 완전하게 접히면 에너지 상태가 낮은 특징을 가진 고유의 (기능적인) 구조가 된다(그림 2.12). 따라서 생물학적 활성을 가진 일부의 단백질이나 분절들은 안정적인 삼차구조를 이루지 않는다. 이들을 내재적으로 무질서한 단백질이라고 부른다.

D. 단백질의 변성

변성은 단백질의 이차구조와 삼차구조의 접힘이 풀리거나 조직화가 해체되는 것인데, 이때 펩타이드 결합은 가수분해되지 않는다. 변성제에는 열, 요소, 유기 용매, 강산 또는 강염기, 세제, 납과 같은 중금속 이온 등이 있다. 변성은 이상적인 조건에서 가역적이기 때문에 변성제가 제거되면 단백질은 원래의 고유 구조로 다시 접힌다. 그러나 대부분의 단백질에 일단 변성이 일어나면 영구적으로 변형된 채로 남는다. 변성된 단백질은 종종 물에 녹지 않으며, 따라서 용액에서 침전한다.

E. 단백질 접힘에서 샤페론(chaperone)

단백질이 적절하게 접히는 과정에 필요한 모든 정보는 폴리펩타이드의 일차구조에 들어 있다. 그러나 대부분의 단백질은 일단 변성되면 환경 조건이 유리하게 바뀌어도 원래의 입체형태로 되돌아오지 않는다. 그 이유는 많은 단백질에서 접힘이란 분자 샤페론인 특수 단백질군과 ATP 가수분해를 요구하는 촉진 과정이기 때문이다. 열충격 단백질(Hsp)이라고도 알려진 샤페론은 접힘 과정이 진행될 때 여러 단계에서 폴리펩타이드와 상호작용을 한다. 일부 샤페론은 합성 중인 펩타이드의 소수성 부위와 결합하여 합성이 끝날 때까지 단백질이 풀리지 않도록 유지할 때 중요하다(예: Hsp70). 두 더미의 고리로 구성된 둥지 모양의 거대분자 구조를 이루는 것도 있다. 부분적으로 접힌 단백질이 둥지 안으로 들어가 소수성 상호작용에 의해 중앙 공간과 결합하여 접힌 다음 다시 빠져나온다(예: 사립체 Hsp60).

따라서 샤페론은 합성 중이거나 변성된 폴리펩타이드에서 노출되거나 잘 뭉쳐지는 소수성 부위에 결합하여 미리 접히지 않도록 안정화하여 단백질이 제대로 접히도록 도와준다.

V. 사차구조(Quaternary Structure)

많은 단백질은 하나의 폴리펩타이드 사슬로 구성되며, 이것이 단일체 단백질이다. 그 밖의 단백질은 구조적으로 같거나 또는 전혀 다른 두 개 이상의 폴리펩타이드로 구성된다. 이 폴리펩타이드 소단위의 배열을 단백질의 사차구조라고 한다. 소단위는 수소결합, 이온결합, 소수성 상호작용과 같은 비공유결합 상호작용으로 서로 붙들고 있다. 소단위는 서로 독립적으로 작용하거나 한 소단위가 산소와 결합하면 다른 소단위의 산소에 대한 친화도를 높여 주는 혈색소처럼 서로 협력하여 작용한다(3장 II. E.1. 참조).

동종형은 같은 작용을 하지만 일차구조가 다른 단백질이다. 이들은 다른 유전자로부터, 또는 한 유전자로부터 조직특이 과정을 통해 다르게 만들어진다. 이 단백질이 효소로 작용하면 동종효소라 부른다(70쪽 참조).

VI. 단백질 잘못접힘(Protein Misfolding)

단백질 접힘은 복잡한 과정이므로 때때로 부적절하게 접힌 분자들이 만들어진다. 이렇게 잘못 접힌 단백질은 보통 꼬리표가 부착되어 세포속에서 분해된다(19장 II. 참조). 그러나 이 품질관리체계가 완벽하지 못하여 특히 나이가 들어감에 따라 잘못 접힌 단백질이 세포 내부나 세포 외부에 쌓여 침착되기도 한다. 잘못 접힌 단백질의 침착은 수많은 병과 관련이 있다.

A. 아밀로이드병(amyloid disease)

단백질의 잘못접힘은 저절로, 또는 변형된 단백질을 생산하는 특정 유전자의 돌연변이에 의해 일어난다. 더구나 몇몇 정상적으로 보이는 단백질은 비정상적인 단백질 가수분해를 거쳐 β-주름판으로 구성된 긴 원섬유형 단백질 조립체를 만들어내는 독특한 입체형태 상태로 변한다. 아밀로이드라 불리는 이 불용성의 자발적인 응집 단백질의 축적은 알츠하이머병, 파킨슨병과 같은 신경퇴행성 질환과 관련이 있다.

알츠하이머병에서 축적되는 아밀로이드 판(amyloid plaque)의 주요 구성 성분은 40~42개의 아미노산 잔기로 이루어진 세포바깥의 펩타이드인 아밀로이드 β(Aβ)이다. 이 펩타이드가 β-주름판 배열로 응집하면 신경독성을 나타내며, 이 병의 특징인 인지장애의 주요 병리기전이 된다. 알츠하이머병에서 뇌에 침착하는 Aβ는 뇌와 다른 조직에서 발현되어 세포막에 존재하는 단일 막횡단 단백질인 더 큰 아밀로이드 전구체 단백질이 효소(분비효소)에 의해 절단되어 생성된다(그림 2.13).

Aβ 펩타이드는 응집하여 뇌실질과 혈관 주위에서 발견되는 아밀로이드를 형성한다. 대부분의 알츠하이머병은 유전되지는 않지만 최소 5%에서 가족력이 있다. 알츠하이머병 발병의 두 번째 생물학적 인자는 신경세포에 신경원섬유 매듭(nuerofibrillary tangle)의 축적이다. 이 매듭 섬유의 핵심 성분은 비정상형의(과인산화, 불용성) 타우(τ) 단백질인데, 이것은 온전한 상태에서 미세소관(microtubule) 구조의 조립에 도움을 준다. 그러나 결함이 있는 타우(τ)는 정상 타우 단백질의 작용을 막는 것으로 보인다. 파킨슨병에서는 아밀로이드가 α-시누클레인 단백질을 형성한다.

B. 프리온병(prion disease)

프리온 혹은 감염성 단백체는 특정 질병과 연관된다. 프리온 단백질(prion protein, PrP)은 전파성 갯솜형 뇌병증(TSE), 사람의 크로이츠펠트-야곱병, 양의 면양떨림병(scrapie), 가축의 소갯솜형뇌병증(대중적으로는 "광

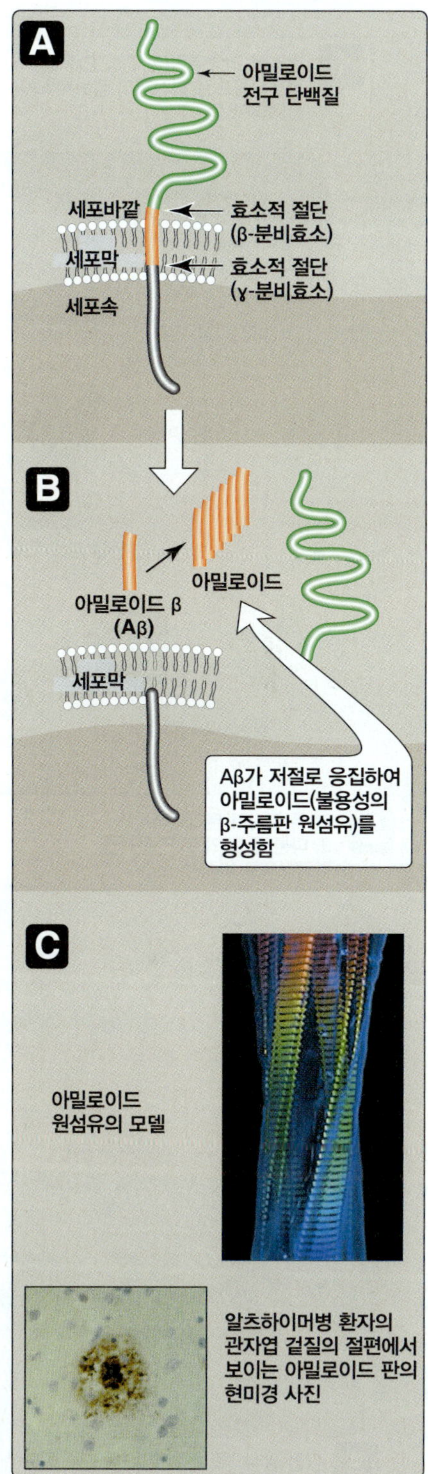

그림 2.13
A~C: 알츠하이머병(AD)에서 보이는 아밀로이드 판의 형성. [참고: 프리세닐린의 돌연변이인 γ-분비효소의 촉매소단위는 기족성 AD의 가장 흔한 원인이다.]

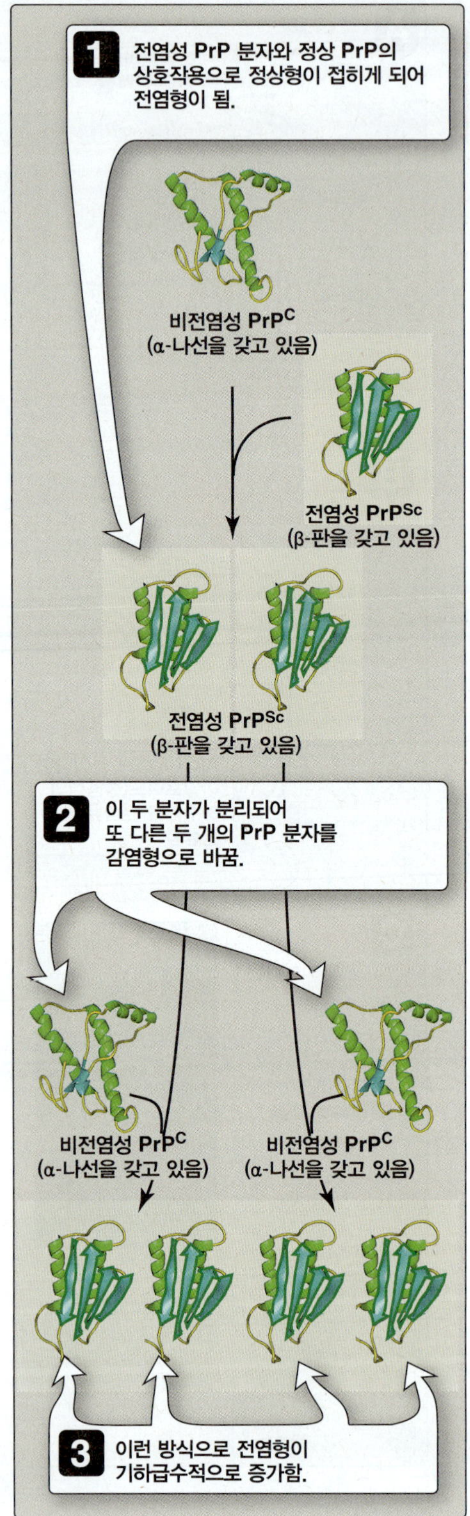

그림 2.14
전염성 프리온 물질의 증식에 대해 제시된 기전. PrP = 프리온 단백질; PrP^c = 세포성 프리온 단백질; PrP^{Sc} = 면양떨림병성 프리온 단백질.

우병"으로 불림) 등과 밀접하게 연관된 원인물질이다. 양에서 스크래피를 일으키는 이 물질의 감염성은 검출 가능한 핵산과 복합체를 형성하지 않은 단일-단백질과 연관되있다. 이 전염성 단백질을 프리온 단백질 PrP^{Sc}(Sc = scrapie)라고 명명하였다. 이것은 가수분해에 대한 저항성이 매우 강하고, 일부의 다른 뇌질환에서 보이는 아밀로이드와 비슷하게 물에 녹지 않는 원섬유 응집체를 형성하려는 경향이 있다. 비전염형인 PrP^C(C = cellular)는 아미노산 서열이 전염형과 같으며, 정상 포유류 뇌의 신경세포와 아교세포의 표면에 존재한다. 그러므로 PrP^C는 숙주 단백질이다. 정상 단백질과 전염성 단백질의 일차구조의 차이나 대체 번역후변형의 차이는 아직 밝혀지지 않았다. 전염성 단백질로 변함에 있어 가장 중요한 요인은 PrP^C 구조의 삼차원적 입체형태의 변화이다. 비전염성 PrP^C 단백질에서 많이 볼 수 있는 α-나선이 전염형에서는 β-판으로 대체되어 있다(그림 2.14). 아마 이러한 구조적 차이로 인하여 전염성 단백질이 단백질 가수분해에 의한 파괴에 비교적 저항성을 갖고, 감염 조직에서 정상 PrP^C와 구분이 될 것이라고 생각한다. 그러므로 전염성 단백질은 정상 단백질이 변형된 것이며, 정상 단백질을 병원성 입체형태를 갖는 단백질로 변형시키는 본틀(template)로서 작용한다. TSE는 변함없이 치명적인 질환이며, 이를 치료할 방법은 아직은 개발되어 있지 않다.

VII. 요약

- 단백질의 구조를 이해할 때 가장 중요한 것은 완벽한 접힘에 의해 기능을 발휘하는 단백질의 고유 입체형태이다(그림 2.15).
- 고유 입체형태의 독특한 삼차원적 구조는 **일차구조**, 즉 아미노산의 서열에 의해 결정된다.
- 아미노산 곁사슬 사이의 상호작용은 폴리펩타이드 사슬의 접힘을 유도하여 **이차구조**, **삼차구조**, (때로는) **사차구조**를 형성하며, 이들은 서로 협력하여 단백질의 고유 입체형태를 유지한다.
- **샤페론**이라는 특별한 단백질군이 많은 종류의 단백질의 적절한 접힘에 필요하다.
- **단백질이 변성**되면 접힘이 풀리고 단백질의 구조가 변형되지만 펩타이드 결합은 가수분해되지 않는다.
- 정상 단백질이 구조적으로 변하여 세포독성을 갖게 되면 병을 유발할 수 있으며, 그 예로서 **알츠하이머병**, **전파성 갯솜형 뇌병증(TSE)**, **크로이츠펠트-야콥병** 등을 들 수 있다.
- 알츠하이머병에서는 정상 단백질이 비정상적인 화학적 과정을 거쳐 독특한 입체형태로 바뀌게 되고, β-주름판으로 구성된 **아밀로이드 β 펩타이드(Aβ)** 조립체를 만들어 신경독성을 나타낸다. TSE에서 전염성 물질(단백질)은 정상 **프리온 단백질**이 변형된 것이며, 정상 단백질을 병을 일으킬 수 있는 입체형태의 단백질로 바꾸는 본틀(template)로 작용한다.

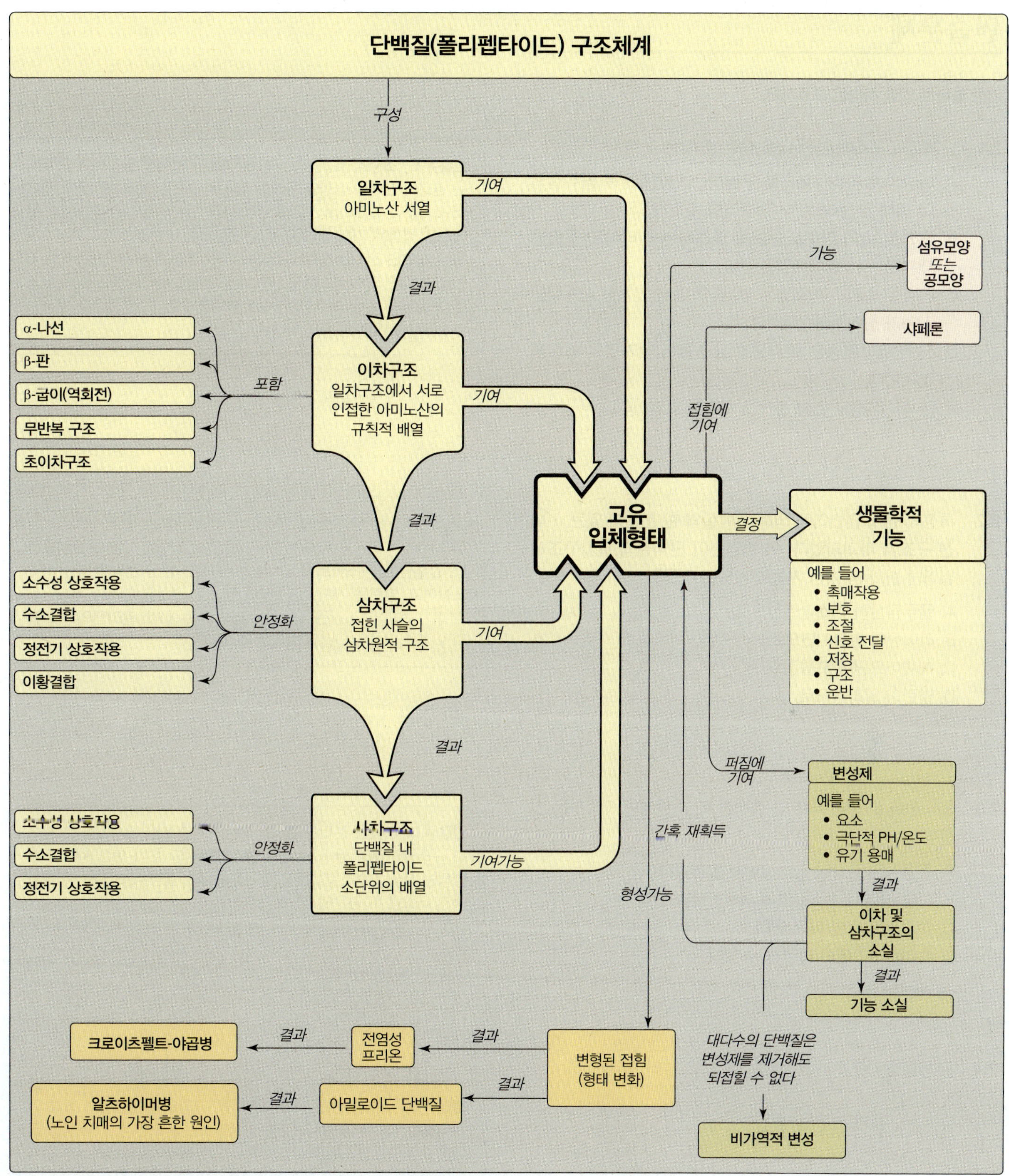

그림 2.15
단백질 구조의 핵심 개념도.

연습문제

가장 올바른 답을 하나만 고르시오.

2.1 단백질의 구조에 관한 다음 설명 중 맞는 것은?

A. 하나의 폴리펩타이드를 구성하는 단백질들은 공유결합에 의해 안정화되는 사차구조를 갖고 있다.

B. 단백질 속의 아미노산들을 연결하는 펩타이드 결합은 대부분 시스 입체배열을 한다.

C. 단백질 속의 이황결합은 일차구조에서 인접한 시스테인 잔기가 참여하여 만들어진다.

D. 단백질의 변성은 이차구조 요소들의 비가역적 소실을 초래한다.

E. 단백질 접힘의 일차 동력은 소수성 효과이다.

정답 = E. 소수성 효과, 즉 극성 환경에서 비극성 물질들의 뭉쳐지는 경향이 단백질 접힘의 동력이다. 사차구조는 여러 개의 폴리펩타이드 사슬이 필요하며, 일차적으로 공유결합에 의해 안정화된다. 펩타이드 결합은 거의 항상 트랜스 배열이다. 이황결합을 이루는 2개의 시스테인 잔기는 일차구조에서 아주 멀리 떨어져 있을 수 있지만(또는 다른 펩타이드에 존재할 수도 있음), 펩타이드 사슬의 삼차원적 접힘에 의해 아주 가까이에 존재하게 된다. 변성은 가역적일 수 있고 비가역적일 수도 있다.

2.2 특정의 점 돌연변이에 의해 단백질의 한 분절에 있는 α-나선 구조가 파괴되었다. 이 돌연변이 단백질의 일차구조에 일어난 변화 중 가장 가능성이 있는 것은?

A. 글루탐산이 아스파트산으로.

B. 라이신이 아르지닌으로.

C. 메싸이오닌이 프롤린으로.

D. 발린이 알라닌으로.

정답 = C. 프롤린은 이차 아미노기를 갖고 있어 α-나선에 부적합하다. 글루탐산, 아스파트산, 라이신, 아르지닌 등은 전하를 띠는 아미노산이고, 발린은 가지달린 아미노산이다. 전하를 띠거나 가지달린(부피가 큰) 아미노산은 α-나선을 파괴할 수 있다. 글리신의 R 그룹(H)의 유연성도 α-나선을 파괴할 수 있다.

2.3 α-나선과 β-판을 비교 및 설명할 때 β-판에만 해당하는 것은?

A. 전형적인 공모양 단백질에서 발견된다.

B. 사슬 사이의 수소결합에 의해 안정화된다.

C. 이차구조의 한 예가 된다.

D. 초이차구조에서 발견될 수 있다.

정답 = B. β-판은 분리된 폴리펩타이드 사슬 사이에 형성되는 사슬간 수소결합에 의해 또한 같은 폴리펩타이드 상의 분절 사이에 형성되는 사슬내 수소결합에 의해 안정화된다. 설명 A, C, D는 이 이차구조 요소인 두 경우에 다 해당된다.

2.4 단백질 삼차구조의 안정화는 무엇으로부터 오나?

A. α-나선

B. 아미노말단펩타이드분해효소

C. β-굴곡

D. 이황결합 형성

정답 = D. 소수성 상호작용, 수소결합, 그리고 이온결합과 함께 이황화결합은 단백질 삼차구조를 안정화하는데 쓰인다. α-나선, β-굴곡은 이차구조를 안정화한다. 아미노말단펩타이드분해효소는 단백질의 N-말단을 자르는 효소이다. 삼차구조를 안정화하지 않는다.

2.5 80세의 남자 환자가 상위지능의 상실과 기분 및 행동의 변화로 내원하였다. 점진적인 방향감각 상실과 기억상실이 지난 6개월 동안 진행되었다고 그의 가족이 말했다. 치매의 가족력은 없었다. 환자는 일단 알츠하이머병으로 진단되었다. 이 병에 대한 다음 설명 중 가장 적절한 답을 하나만 고르시오.

A. 아미노산 서열이 바뀐 비정상 단백질인 β-아밀로이드와 관련이 있다.

B. 임의의 입체구조를 하는 변성 단백질이 축적되어 발생하는 질병이다.

C. 아밀로이드 전구체 단백질의 축적과 관련이 있다.

D. 신경독성을 갖는 아밀로이드 펩타이드 응집체가 축적되는 질환이다.

E. 개인의 유전적 요소에는 영향을 받지 않고 환경적 요인으로 생기는 질환이다.

정답 = D. 알츠하이머병은 뇌와 다른 조직에 β-주름판으로 이루어진 기다란 섬유모양 단백질의 응집체와 관련이 있다. 이 질환은 정상 단백질의 비정상적인 처리 과정와 관련이 있다. 변형된 단백질의 축적은 β-주름판 입체배열을 하고 있으며 신경독성을 나타낸다. 알츠하이머병에서 뇌에 축적되는 아밀로이드 β는 커다란 아밀로이드 전구체 단백질, 즉 뇌와 다른 조직의 세포 표면에 발현되는 단일 막횡단 단백질의 단백질 가수분해에 의해 생성된다. 대부분의 알츠하이머병은 우연히 발생하지만 5%의 경우는 가족력을 갖는다.

3 공모양 단백질 (globular protein)

I. 개관

단백질 구조에서 벽돌과 회반죽 관계라 말할 수 있는 단백질의 이차구조와 삼차구조의 종류에 대해 앞 장에서 기술하였다. 기본 구조요소를 각각 다르게 조합하여 여러 가지의 특별한 기능을 갖는 아주 다양한 단백질을 만들 수 있다. 두 개의 중요한 단백질 구조는 구상 단백질과 섬유 단백질(경단백질)이다. 이름이 함축하고 있듯 구상 단백질의 전반적인 모양은 구형이다(혹은 "공모양"). 이들은 보통 약간 수용성이고 친수성 아미노산을 단백질 바깥쪽에 보유하여 물이 많은 환경과 맞닿아 있다. 비극성 아미노산은 소수성 상호작용으로 단백질 내부에 맞닿아 있어 구형 구조를 안정화한다. 이는 긴 막대모양의 섬유 단백질과는 다른 특징으로 섬유 단백질은 상대적으로 불활성 또는 불용성 성질을 가지며, 또한 세포바깥 환경에서 구조적 지지를 제공한다. 이 장에서는 혈색소와 근색소와 같이 임상적으로 중요한 헴(heme) 단백질의 구조와 기능 사이의 관계에 대해 고찰할 것이다. 아교질 및 탄력소와 같은 섬유구조 단백질은 4장에서 논의할 것이다.

II. 공모양 헴단백질(Globular Hemeprotein)

헴단백질은 단단하게 결합하는 보결단(prosthetic group), 즉 헴을 갖고 있는 특수 단백질군이다(보결단에 대한 설명은 61쪽 참조). 이 헴기의 역할은 단백질의 삼차구조로 조성되는 환경에 의해 좌우된다. 사립체 전자전달계에서 사이토크롬 단백질의 구조는 헴에 배위하고 있는 철의 전자전달 산화-환원이 빠르고 가역적으로 일어나게 하는데, 제일철(Fe^{2+})과 제이철(Fe^{3+})의 가역적 전환을 일으킨다(85쪽 참조). 반면에 효소인 과산화수소분해효소의 헴기는 과산화수소의 분해를 촉진하는 효소 활성자리의 일부분으로서 역할을 한다(171쪽 참조). 혈색소의 단백질 구조는 헴 보결단에서 제일철의 배열에 영향을 준다. 이 배열의 변화는 결합 친화도와, 그리고 폐와 조직 사이의 혈색소에 의한 산소 수송에 영향을 준다.

A. 헴(heme)의 구조

헴은 **그림 3.1**과 같이 평면구조로 포르피린 고리와 포르피린 중앙에 배위된 Fe^{2+}의 복합체이다. 철은 포르피린 고리의 4개의 질소에 결합하는 형태로 헴 분자의 중앙에 존재한다. 헴의 Fe^{2+}는 포르피린 고리 평면의 양옆으로 하나씩 2개의 추가적인 결합이 가능하다. 혈색소에서, 한 자리는 글로빈 분자의 히스티딘 잔기의 곁사슬과 결합하고 다른 한 자리는 산소와 결합한다(**그림 3.2**).

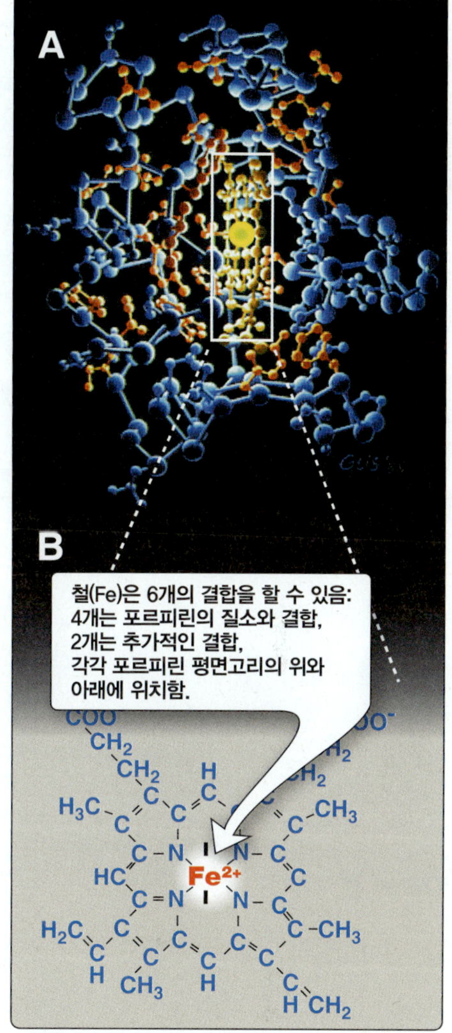

그림 3.1
A. 헴단백질(사이토크롬 c).
B. 헴의 구조.

B. 근색소(myoglobin)의 구조와 기능

근색소는 심장근육과 뼈대근육에 존재하며, 산소 저장체로서, 또한 근육세포에 산소의 전달 속도를 증가시키는 산소 운반자로서의 역할을 한다. 근색소는 사합체인 혈색소 분자의 각각의 소단위 폴리펩타이드 사슬과 유사하게 하나의 폴리펩타이드 사슬로 구성된다. 이와 같은 상동관계 때문에 혈색소의 좀 더 복잡한 특성을 이해할 수 있는 유용한 모델로 근색소를 사용할 수 있다.

1. **α-나선의 내용:** 근색소는 전체 폴리펩타이드 사슬의 거의 80%가 8개의 α-나선으로 접혀진 치밀한 분자이다. 그림 3.2A에 A부터 H까지 표시된 이 α-나선들은 오각형의 고리구조를 갖는 프롤린이 있거나(18쪽 참조) 또는 수소결합과 이온결합에 의해 안정화된 β-굽이와 고리가 존재하면, 나선 구조를 형성하지 못하고 종료된다(20쪽 참조). [참고: 이온결합은 정전기적 상호작용 또는 염다리라는 용어를 사용하기도 한다.]

2. **극성 및 비극성 아미노산 잔기의 위치:** 근색소 분자의 내부는 거의 전부 비극성 아미노산으로 이루어져 있다. 이 아미노산들은 뭉치를 이루는 잔기끼리의 소수성 상호작용에 의해 구조적 안정화를 이루며 서로 가까이 밀집된다(21쪽 참조). 반면에 극성 아미노산은 거의 모두 표면에 존재하며, 이들은 단백질끼리 또는 물과 수소결합을 형성할 수 있다.

3. **헴기의 결합:** 근색소 분자의 헴기는 비극성 아미노산이 나열할 때 생기는 틈새에 존재한다. 거기에는 예외적으로 비극성 아미노산이 아닌

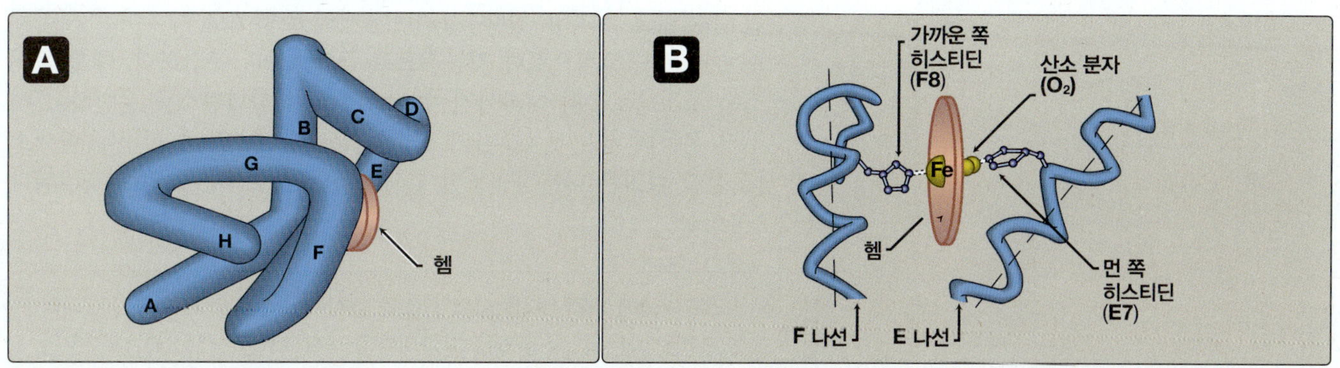

그림 3.2
A. A에서 H까지 나선을 보여주는 근색소 모델. B. 근색소의 산소결합 자리에 대한 모식도.

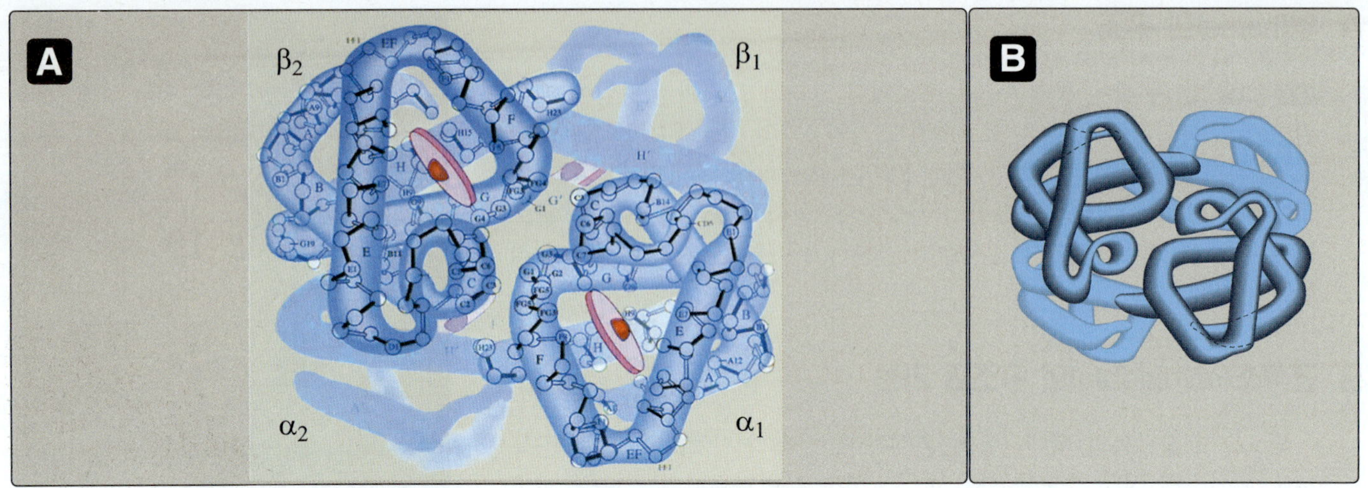

그림 3.3
A. 폴리펩타이드 뼈대를 보여주는 혈색소의 구조. B. 나선들을 단순하게 보여주는 그림.

2개의 히스티딘 잔기가 있다(그림 3.2B). 하나는 가까운 쪽 히스티딘(proximal histidine, F8)으로 헴의 철에 직접 결합한다. 다른 하나는 먼쪽 히스티딘(distal histidine, E7)으로 헴기와 직접적인 상호작용은 없으나 산소가 Fe^{2+}와 결합할 때 결합의 안정화를 도와주는 역할을 한다. 근색소의 한 부분인 글로빈 단백질에서 이처럼 산소 분자의 가역적인 결합(산소화)을 가능하게 하는 헴에 대한 특별한 미세 환경이 조성된다. Fe^{2+}에 의해 동시에 전자가 손실(3가 철로 산화)되는 일은 극히 드물다.

C. 혈색소(hemoglobin)의 구조와 기능

혈색소는 예외 없이 적혈구에서만 발견되며, 허파에서 조직의 모세혈관까지 산소를 운반하는 것이 주요 기능이다. 성인의 주요 혈색소인 혈색소 A (HbA)는 2개의 α 사슬과 2개의 β-사슬이 비공유 상호작용에 의해 결합된 전체 4개의 폴리펩타이드 사슬로 구성되어 있다(그림 3.3). 각각의 사슬(소단위)은 연장된 α-나선 구조와 근색소에서 설명한 것과 유사한 소수성의 헴결합 주머니를 가지고 있다. 그러나 4개의 소단위로 이루어진 사합체 혈색소 분자는 구조적으로나 기능적으로 근색소보다 복잡하다. 예를 들어 혈색소는 조직으로부터 허파까지 수소 이온과 이산화탄소를 운반하고 허파로부터 온몸의 세포에 4분자의 산소를 운반할 수 있다. 더구나 혈색소의 산소결합 성질은 다른자리조절 효과제와의 상호작용에 의해 조절된다 (32쪽 참조).

전적으로 확산에 의해 대기로부터 산소를 섭취하는 것은 개체의 크기에 따라 크게 제한을 받는다. 이 문제는 순환계통이 극복하지만 혈색소와 같은 운반 분자도 또한 필요하다. 왜냐하면 산소는 혈액과 같은 수용액에서 용해성이 아주 낮기 때문이다.

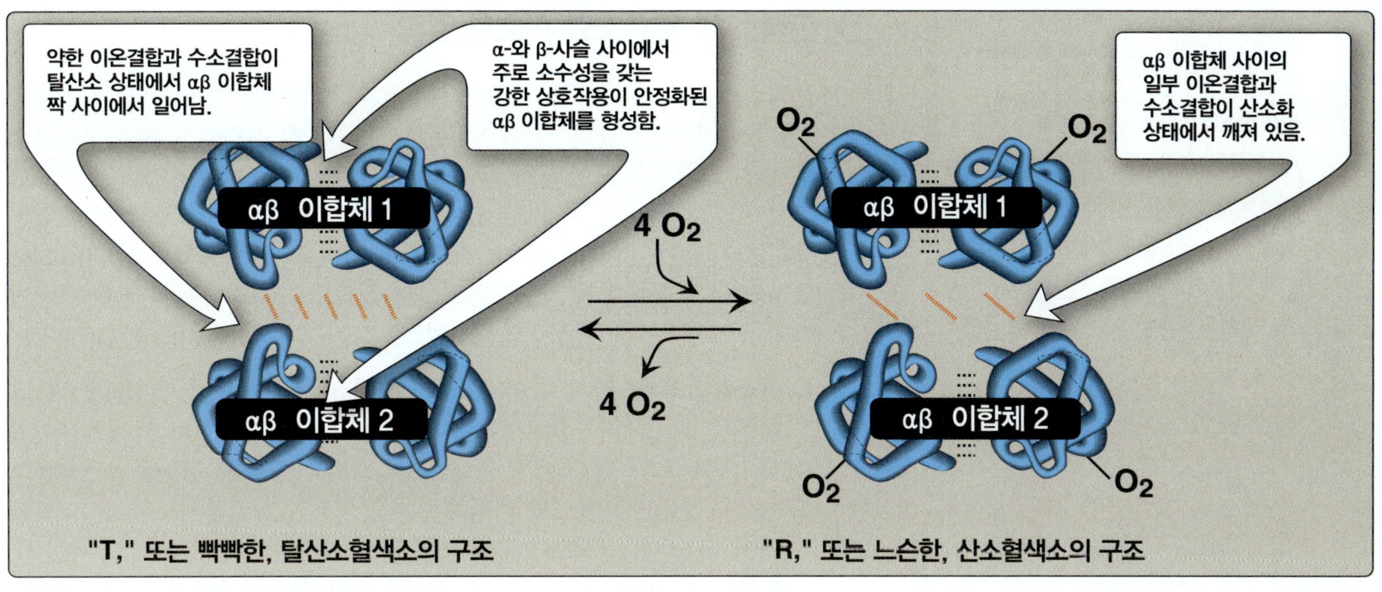

그림 3.4
혈색소의 산소화와 탈산소화에 따른 구조적 변화를 보여주는 개략도.

1. **혈색소의 사차구조:** 혈색소 사합체(tetramer)는 2개의 동일한 이합체, $\alpha\beta_1$과 $\alpha\beta_2$로 구성되어 있다고 볼 수 있으며, 여기에서 숫자는 이합체 1과 2를 나타낸다. 각 이합체 내의 2개의 폴리펩타이드 사슬은 주로 소수성 상호작용에 의해 서로 단단히 붙들고 있다(그림 3.4). [참고: 이와 같은 경우 소수성 아미노산 잔기는 분자 내부뿐만 아니라 각 소단위의 표면에도 존재한다. 여러 개의 사슬간 소수성 상호작용은 이합체에서 α- 및 β-소단위 사이에 강한 회합을 형성한다.] 반면에 2개의 이합체는 극성결합에 의해 함께 뭉친다. 이합체 사이의 더 약한 상호작용에 의해 서로를 향해 이동할 수 있다. 이 이동성에 의해 산소혈색소와 탈산소혈색소에서 두 이합체가 결과적으로 서로 다른 상대적 자리를 자지하게 된다(그림 3.4).

   a. **T형:** 탈산소혈색소 형태는 "T형" 또는 긴장형(tense)이라 부른다. T형에서 2개의 αβ 이합체는 폴리펩타이드 사슬의 움직임을 억제하는 이온결합과 수소결합을 형성하여 상호작용을 한다. 철(Fe^{2+})은 헴의 평면구조에서 밑으로 당겨진다. T형 입체형태는 산소 친화력이 낮은 형태의 혈색소이다.

   b. **R형:** 혈색소에 산소가 결합하면 αβ 이합체 사이의 극성결합의 일부분이 끊어져 헴 구조의 평면으로 Fe^{2+}가 이동이 가능해진다. 구체적으로 말하면 헴의 Fe^{2+}에 산소가 결합하면 철을 헴고리의 평면으로 당긴다(그림 3.5B). 철이 가까운 히스티딘(F8) 잔기와 연결되 있기 때문에, 글로빈 사슬의 이동은 결과적으로 αβ 이합체의 경계면이 변형된다. 이것 때문에 "R형"(또는 느슨한 형)으로 불리는 구조로 바뀐다(그림 3.4 참조). R형 입체형태는 산소 친화력이 높은 형태의 혈색소이다.

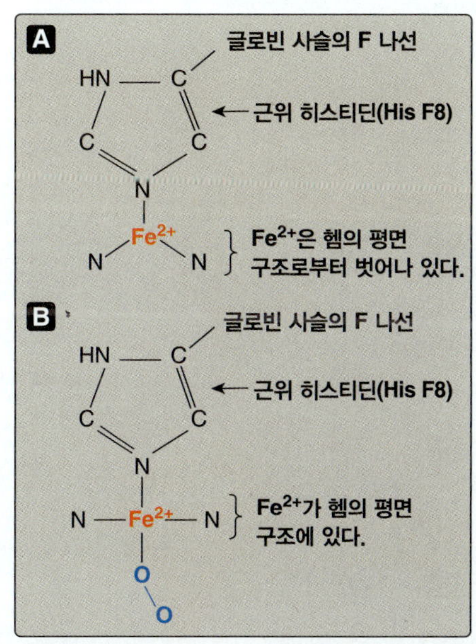

그림 3.5
헴 철(Fe^{2+})의 이동. A: 산소가 결합하지 않을 때 헴의 평면 밖으로 나가 있다. B: 산소가 결합하자 헴의 평면구조에 들어간다.

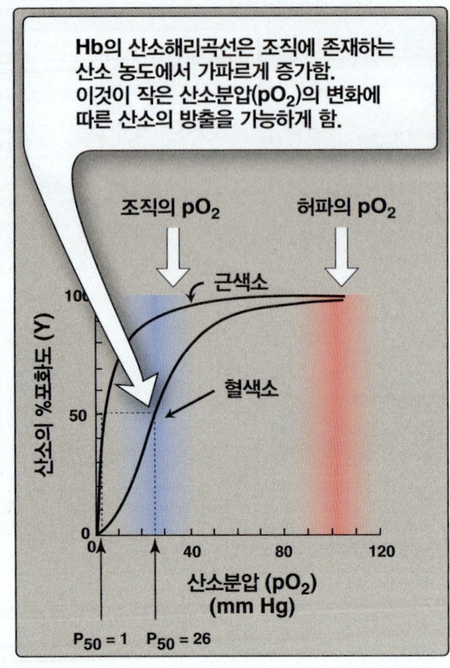

그림 3.6
근색소와 혈색소(Hb)의 산소해리곡선.

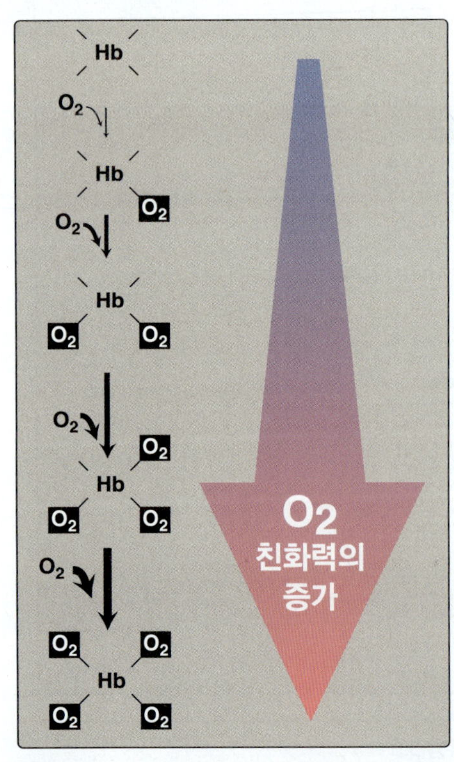

그림 3.7
혈색소(Hb)는 친화력이 증가함에 따라 연속적으로 산소 분자(O_2)와 결합한다.

D. 근색소 및 혈색소와 산소의 결합

근색소는 단지 한 개의 헴기만 가지고 있기 때문에 오직 한 분자의 산소와 결합한다. 반면에 혈색소는 4개의 헴기에 각각 한 분자씩 전체 4개의 산소 분자와 결합한다. 모든 근색소나 혈색소 분자의 산소결합 자리의 포화도(Y)는 0%(모든 자리가 비어 있는 상태)에서 100%(모든 자리가 차 있는 상태)까지 매우 다양하다(그림 3.6 참조). [참고: 산소포화도측정기(pulse oximeter)는 동백혈의 산소포화도를 간접적으로 측정하는 비침습적 방법인데, 산소혈색소와 탈산소혈색소의 빛 흡수도의 차이를 이용한 것이다.]

1. **산소해리곡선:** 각각 다른 산소분압(pO_2)에서 측정된 포화도(Y)의 그래프를 산소해리곡선이라 부른다. [참고: pO_2도 PO_2로 표시할 수 있다.] 근색소와 혈색소의 산소해리곡선에서 중요한 차이를 보인다(그림 3.6 참조). 근색소의 해리곡선은 혈색소의 해리곡선보다 산소 친화력이 더 높다. 근색소의 경우 산소결합 자리가 절반(1/2)이 포화될 때 필요한 산소분압(P_{50})이 1 mmHg인 반면에 혈색소의 경우 26 mmHg이다. 산소 친화력이 높을수록 (즉 산소가 더 단단히 결합할수록) P_{50} 값은 낮다.

   a. **근색소:** 근색소의 산소해리곡선은 쌍곡선 모양(그림 3.6 참조)을 갖는다. 이것은 근색소가 단일 산소 분자와 가역적으로 결합한다는 사실을 반영한다. 그러므로 산소와 결합한 근색소(MbO_2)와 산소와 결합하지 않은 근색소(Mb) 사이에는 아래와 같은 간단한 평형관계가 존재한다.

$$Mb + O_2 \rightleftarrows MbO_2$$

   이 평형은 이 계에 산소가 추가되거나 제거됨에 따라 오른쪽 또는 왼쪽으로 이동한다. [참고: 근색소는 근육에서 볼 수 있듯이 산소분압이 낮을 경우에 혈색소로부터 유리되는 산소와 결합한다. 다음에 근색소는 산소 요구량에 따라 근육세포 속으로 산소를 유리하기도 한다.]

   b. **혈색소:** 혈색소의 산소해리곡선은 S자 모양이며(그림 3.6 참조), 이것은 소단위가 협동적으로 산소와 결합하는 것을 나타낸다. 혈색소의 4개의 소단위에 의한 산소의 협동결합은 산소 한 분자가 헴 하나에 결합하면 같은 혈색소 사합체의 나머지 헴기의 산소 친화력이 증가한다는 것을 의미한다(그림 3.7). 혈색소에 처음 산소 분자가 결합하기는 어렵지만, 20~30 mmHg 분압 근처 범위에서 가파르게 상승하는 곡선에서 볼 수 있듯이 그 다음 산소는 높은 친화력을 갖고 결합한다(그림 3.6 참조).

E. 다른자리조절 효과제(allosteric effector)

혈색소가 가역적으로 산소와 결합하는 능력은 pO_2, 주변 환경의 pH, 이산화탄소의 분압(pCO_2), 2,3-이중인산글리세르산(2,3-bisphosphoglycerate)의 양 등에 의해 영향을 받는다. 혈색소 분자의 한 위치에서 이 상호작용들이 다른 위치에 있는 헴기의 산소결합에 영향을 주기 때문에 이들을 통틀어서 다른자리("other site")조절 효과제라고 부른다. [참고: 단일체 근색소에서 산소의 결합은 혈색소의 다른자리조절 효과제에 의해 영향을 받지 않는다.]

1. **산소:** S자 모양 산소결합곡선은 혈색소의 사합체 구조에서 하나의 헴기로부터 개시되어 다른 헴기로 전달되는 특이적인 구조 변화를 반영한다. 총체적 효과는 마지막 산소결합을 위한 혈색소의 친화력이 처음 산소결합을 위한 친화력보다 대략 300배 더 커진다는 것이다. 산소는 혈색소의 다른자리조절 효과제이다. 이는 R 형태를 안정화한다.

   a. **산소의 올림(loading)과 내림(unloading):** 산소의 협동적 결합에 의해 혈색소는 비교적 작은 산소분압의 변화에 반응하여 조직에 보다 많은 산소를 배달한다. 이 사실은 허파의 허파꽈리와 조직의 모세혈관의 산소분압(pO_2)을 나타내는 그림 3.6에서 볼 수 있다. 예를 들어 허파에서 산소의 농도가 높으면 사실상 혈색소는 산소로 포화된다(또는 "loaded"). 반면에 말초조직에서 산소혈색소는 조직에서 산화대사에 사용하기 위해 대부분의 산소를 방출한다("unloads") (그림 3.8).

   b. **S자 모양 산소해리곡선의 중요성:** 허파와 조직 사이에 존재하는 산소의 농도 범위에서 산소해리곡선의 가파른 경사도는 혈색소가 pO_2가 높은 위치에서 낮은 위치로 능률적인 산소의 운송과 배달을 가능하게 한다. 근색소와 같이 쌍곡선의(hyperbolic) 산소해리곡선을 가진 분자는 이 범위의 산소분압에서 동일한 정도로 산소를 방출할 수 없다. 그 대신에 이들은 이 범위의 산소 압력에서 산소에 대한 최대의 친화력을 가지며, 따라서 조직에 산소를 배달하지 않는다.

2. **보어 효과(Bohr Effect):** 혈색소로부터 산소의 방출은 낮은 pH에서 또는 이산화탄소 분압이 증가할 때 촉진된다. 이 2가지의 현상은 혈색소의 산소 친화력을 감소시키고, 따라서 산소해리곡선이 오른쪽으로 이동하여(그림 3.9) T형(탈산소형)이 안정화된다. 이러한 산소결합의 변화를 보어 효과라고 부른다. 반대로 pH의 상승 또는 이산화탄소의 농도가 저하하면 산소에 대한 친화력이 커지고, 따라서 산소해리곡선이 왼쪽으로 이동하여 R형(산소형)이 안정화된다.

   a. **pH를 낮추는 양성자의 공급원:** 대사가 활발한 조직의 모세혈관의 H^+와 이산화탄소의 농도는 허파의 허파꽈리 모세혈관에서 관찰되는 농도보다 더 높고, 이산화탄소는 날숨으로 방출된다. 조직에서 이산화탄소는 탄산 탈수효소(carbonic anhydrase)에 의해 탄산(carbonic acid)으로 바뀐다.

$$CO_2 + H_2O \rightleftharpoons H_2CO_3$$

   자발적으로 양성자가 소실되고 탄산수소염(중요한 혈액 완충제)이 생성된다.

$$H_2CO_3 \rightleftharpoons HCO_3^- + H^+$$

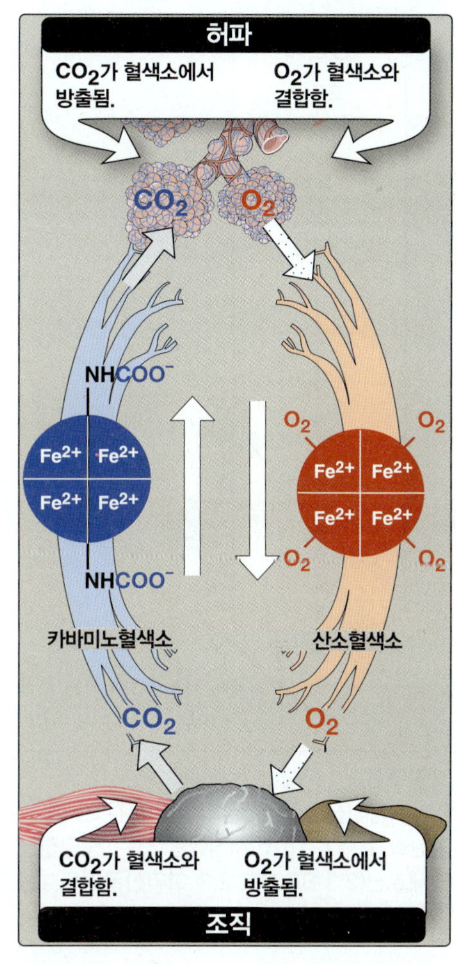

그림 3.8
혈색소에 의한 산소와 이산화탄소의 수송. Fe = 철.

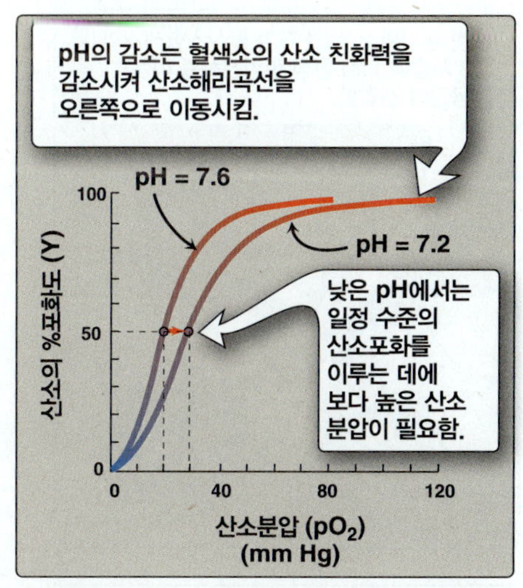

그림 3.9
혈색소의 산소 친화력에 미치는 pH의 영향. 양성자는 혈색소의 다른자리조절 효과제이다.

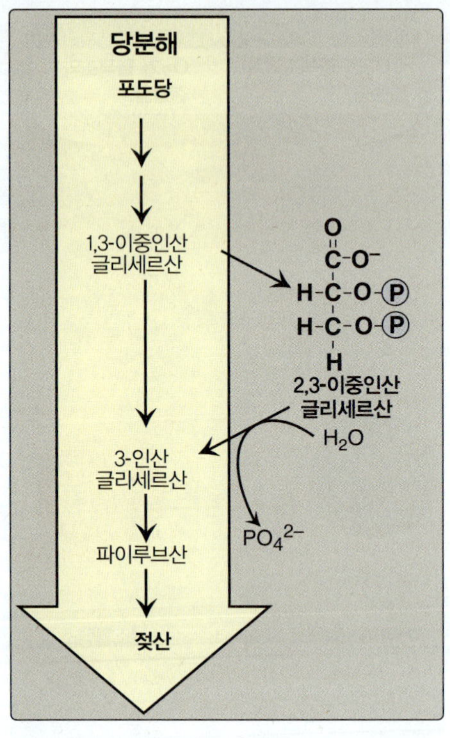

그림 3.10
2,3-이중인산글리세르산의 합성. [참고: Ⓟ는 인산화기, PO_3^{2-}]. 옛 서적에는 2,3-이중인산글리세르산(2,3-BPG)이 2,3-이인산글리세르산(2,3-DPG)으로 언급되었다.

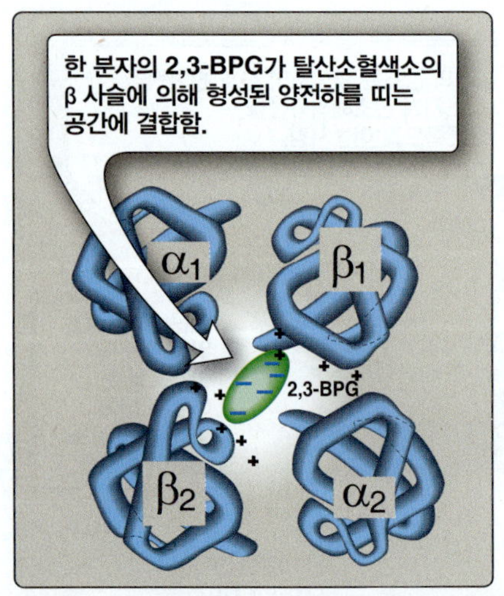

그림 3.11
탈산소혈색소와 2,3-이중인산글리세르산(2,3-BPG)의 결합.

이 한 쌍의 반응에 의해 생성된 양성자가 pH의 하락에 기여한다. 이 pH 경사도의 차이(즉, 허파는 pH가 보다 높고 조직은 pH가 보다 낮다)는 말초조직에서 산소를 내리고 허파에서 산소를 실을 때 유리한 조건을 만든다. 따라서 혈색소 분자의 산소 친화력은 허파와 산소를 소비하는 조직 사이의 작은 pH 변화에도 반응하여 혈색소를 보다 큰 효율성을 가진 산소 수송체로 만든다.

b. 보어 효과의 기전: 보어 효과는 탈산소혈색소가 산소혈색소에 비해 H^+에 대한 친화력이 높다는 것을 반영한다. 이 효과는 산소혈색소보다 탈산소혈색소에서 더 높은 pK_a(7쪽 참조)를 가진 특정 히스티딘 곁사슬과 같이 이온화하는 작용기에 의한 것이다. 따라서 H^+ 농도의 증가(pH 감소로 이어짐)는 이 작용기가 양성자를 얻어(하전됨) 이온결합(염 다리)을 형성할 수 있게 한다. 이 결합들은 혈색소의 탈산소형을 우선적으로 안정시키며, 산소 친화력을 감소시킨다. [참고: 따라서 혈색소는 중요한 혈액 완충제이다.]

보어 효과는 도식적으로 다음과 같이 나타낼 수 있다.

$$HbO_2 + H^+ \rightleftarrows HbH + O_2$$

산소혈색소 탈산소혈색소

여기에서 H^+가 증가하면(또는 낮은 pO_2) 평형이 오른쪽으로 이동하고(탈산소혈색소를 선호함), pO_2가 증가하면(또는 H^+의 감소) 평형이 왼쪽으로 이동한다.

3. 산소 친화력에 대한 2,3-이중인산글리세르산의 효과: 2,3-이중인산글리세르산(2,3-BPG)은 혈색소에서 산소의 결합에 관여하는 중요한 조절인자이다. 이것은 적혈구에 가장 풍부하게 존재하는 유기 인산으로서 그 농도는 혈색소의 농도와 대략 비슷하다. 2,3-BPG는 당분해 경로의 중간대사물로부터 합성된다(그림 3.10; 당분해에서 2,3-BPG 합성에 대한 내용은 34쪽 참조).

a. 탈산소혈색소에서 2,3-BPG의 결합: 2,3-BPG는 산소혈색소와 결합하지 않고 탈산소혈색소와 결합하여 혈색소의 산소 친화력을 감소시킨다. 선호도가 높은 이 결합은 탈산소혈색소의 긴장 구조를 안정화시킨다. 이 2,3-BPG 결합 효과는 다음과 같이 나타낼 수 있다.

$$HbO_2 + 2,3\text{-}BPG \rightleftarrows Hb - 2,3\text{-}BPG + O_2$$

산소혈색소 탈산소혈색소

b. 2,3-BPG의 결합자리: 2,3-BPG 한 분자는 탈산소혈색소 사합체 구조의 중심에 2개의 β-글로빈 사슬에 의해 형성된 주머니와 결합한다(그림 3.11). 이 주머니는 음전하의 2,3-BPG 인산기와 이온결합을 하는 양전하 아미노산을 포함한다. [참고: 이 아미노산의 어느 하나가 대체되면 비정상적으로 높은 산소 친화력을 갖는 변이형 혈색소가 만들어져 보상적으로 RBC 형성이 증가한다(적혈구증가증).] 혈색소에 산소가 결합하면 2,3-BPG는 방출된다.

c. **산소해리곡선의 이동**: 2,3-BPG가 제거된 혈색소는 산소에 대해 높은 친화력을 갖는다. 그러나 적혈구에서 볼 수 있듯이 2,3-BPG의 존재는 산소에 대한 혈색소의 친화력을 현저히 감소시키며, 산소해리곡선은 오른쪽으로 이동시킨다(그림 3.12). 이렇게 친화력이 감소하면 조직에서 볼 수 있듯이 그 분압에서 혈색소가 효과적으로 산소를 방출하게 된다.

d. **만성 저산소증 또는 빈혈증에 대한 2,3-BPG 농도의 반응**: 적혈구의 2,3-BPG 농도는 폐공기증과 같은 만성폐쇄폐질환(COPD)의 만성 저산소증에 대한 반응으로 증가하거나 순환 혈색소에 산소가 부족한 높은 고도에서 증가한다. 정상 적혈구가 몸이 요구하는 산소 필요량보다 훨씬 더 적은 양을 공급하는 만성 빈혈증에서도 세포속 2,3-BPG의 농도는 높다. 2,3-BPG 농도의 증가는 혈색소의 산소 친화력을 감소시켜 조직의 모세혈관에서 산소의 방출을 증가시킨다(그림 3.12 참조).

e. **혈액수혈에서 2,3-BPG의 역할**: 2,3-BPG는 혈색소의 정상적인 산소 수송 기능에 필수적이다. 그러나 현재 사용하는 상업용 용액에 저장된 혈액은 결국 적혈구의 2,3-BPG 양이 감소한다. 결과적으로, 저장 혈액은 비정상적으로 높은 산소 친화력을 보여주며, 결합된 산소를 조직에서 적절하게 방출하는 것이 불가능하다. 따라서 2,3-BPG가 결핍된 혈색소는 산소 수송계의 역할보다 산소 "올가미"로 작용한다. 수혈 받은 적혈구는 혈액에서 고갈된 2,3-BPG를 공급받아 6~24시간 정도가 지나면 회복할 수 있다. 그러나 중환자의 경우에 2,3-BPG 제거 혈액을 다량으로 수혈해야 한다면 진지하게 그 대책을 마련해야 할 것이다. 그러므로 저장된 혈액은 2,3-BPG를 회빠르게 회복할 수 있는 "회춘"용액을 처리해야 한다. [참고: 회춘용액은 저장중 손실된 ATP도 회복해준다.]

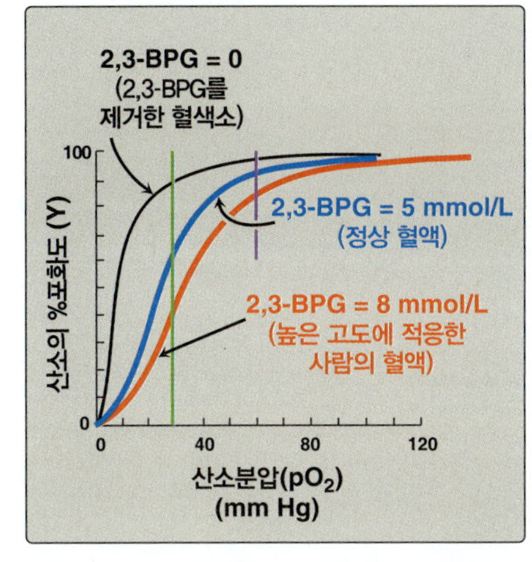

그림 3.12
혈색소의 산소 친화력에 미치는 2,3-이중인산글리세르산(2,3-BPG)의 다른자리조절 효과. 조직에서의 산소분압은 *초록선*으로 표시된다. 고위도의 폐에서의 산소분압은 *보라선*으로 표시된다.

임상적응증 3.1: 2,3-BPG는 조직에 산소를 넘겨준다

2,3-BPG가 조직에 산소를 넘겨주는 것을 보여주기 위해 두 개의 상태를 고려해 보자: 어떤 사람이 5 mmol/L의 2,3-BPG 해수면에 살고 있고 산소분압이 낮은 높은 고도를 여행한다. 그리고 다른 사람은 높은 고도에서 살지만 2,3-BPG를 8 mmol/L로 올림으로써 부족한 산소를 보상한다. 폐의 혈색소는 5 mmol/L 2,3-BPG에서 완전히 포화된다(그림 3.12). 조직에서는 혈색소는 60% 포화돼 있고 (*초록색*으로 표시됨), 결합해 있던 산소의 40%를 전달한다. 2,3-BPG가 5 mmol/L인 높은 고도에서 이 사람의 혈색소는 폐에서 90%만 포화되어(보라색 선으로 표시) 조직으로의 산소 전달은 30%에 불과하다. 그러나 높은 고도에 사는 사람은 8 mmol/L 2,3-BPG의 혈색소로 적응하였다. 이는 산소해리곡선이 오른쪽으로 움직이는 결과를 가져온다. 폐에서 신소의 포화도는 80%이고 (*보라색 선*으로 표시됨) 조직에서의 산소 포화도는 40%이므로 (*녹색 선*으로 표시됨) 2,3-BPG를 증가시켜 조직에 거의 40% 정도의 산소를 공급한다. 산소 결합 친화도의 변화로 조직으로 40%의 산소 전달을 가능하게 한다.

4. **이산화탄소의 결합:** 대사에서 생성된 대부분의 CO_2는 수화되어 탄산수소염 이온의 상태로 수송된다(10쪽 그림 1.12 참조). 그러나 일부 CO_2는 혈색소의 말단 아미노기와 결합한 카밤산염(carbamate) 형태로 운반되며(카바미노혈색소, 그림 3.8 참조), 이 반응은 개략적으로 다음과 같이 나타낼 수 있다.

$$Hb-NH_2 + CO_2 \rightleftarrows Hb-NH-COO^- + H^+$$

CO_2의 결합은 T형 또는 탈산소형 혈색소를 안정화하여 산소의 친화력을 감소시키고(32쪽 참조), 산소해리곡선에서 오른쪽으로 이동시킨다. 허파에서 이산화탄소는 혈색소로부터 해리되어 호흡을 통하여 방출된다.

5. **일산화탄소의 결합:** 일산화탄소(CO)는 혈색소 철에 단단하게(그러나 가역적으로) 결합하여 카복시혈색소(HbCO)를 형성한다. CO가 4개의 헴자리 중 여러 곳에 결합하였을 때 혈색소는 느슨한 형의 입체구조로 변하여 남은 헴자리는 높은 친화력으로 산소와 결합하게 된다. 이로 인해 산소해리곡선은 왼쪽으로 이동하고, 정상의 S자 모양이 쌍곡선 모양으로 변한다. 결국 영향을 받은 혈색소는 조직에서 산소를 방출할 수 없다(그림 3.13). [참고: 일산화탄소에 대한 혈색소의 친화력은 산소의 경우보다 220배 높다. 따라서 환경 속의 미량의 일산화탄소 농도라도 독성이 있는 카복시혈색소를 혈액에서 생성할 수 있다. 예로서 흡연자의 혈액은 CO 농도가 높아진다. CO 독성은 조직의 저산소증과 세포 수준에서 CO가 매개한 직접적인 손상에 의한 결과로 보인다.] CO 중독은 고압의 100% 산소로 치료하는데(고압산소요법), 이 방법은 혈색소로부터 CO의 해리를 촉진시킨다. [참고: CO는 전자수송사슬의 복합체 IV를 억제한다(86쪽 참조).] 산화질소(NO)도 혈색소가 운반한다. NO는 강력한 혈관확장제이다(174쪽 참조). NO는 RBC로부터 회수되거나(회수 경로) 방출되어, 결국 NO 유효성과 혈관의 지름에 영향을 줄 수 있다.

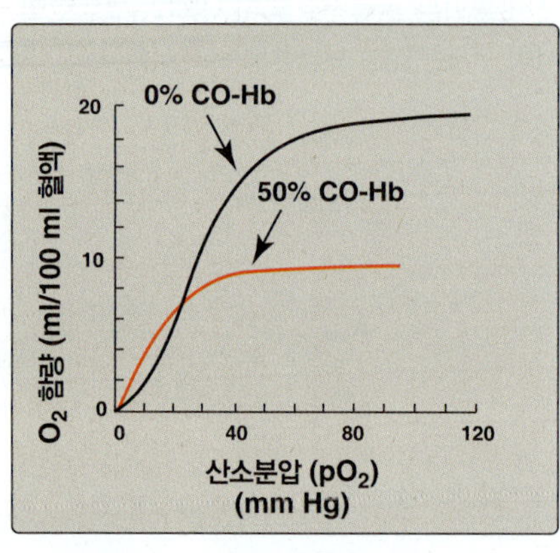

그림 3.13
혈색소의 산소 친화력에 미치는 일산화탄소(CO)의 효과. 일산화탄소는 헴철과 결합하는데 산소와 경쟁한다. CO-Hb = 카복시혈색소(탄소일산소혈색소).

F. 그 밖의 혈색소

사람의 혈색소 A(HbA)는 기능적으로, 또한 구조적으로 연관성 있는 단백질, 즉 혈색소족(family)의 한 구성원이라는 사실이 중요하다(그림 3.14). 이 각각의 산소운반 단백질은 사합체로서, 2개의 α-글로빈과 2개의 β-글로빈(또는 β-글로빈과 유사한) 폴리펩타이드로 구성된다. HbF와 같은 혈색소는 오직 태아 발생 과정에서만 합성되고 성인의 혈액 혈색소의 2% 미만을 구성한다. HbF는 F 세포로 알려진 RBCs에 밀집되있다. 반면에 HbA_2와 같은 다른 혈색소는 비록 HbA에 비해 양은 적지만 성인에서 합성된다. HbA도 육탄당이 공유결합으로 결합하여 변형될 수 있다 (HbA_{1c}, 아래 II.F.3. 참조).

형태	사슬 조성	총혈색소의 분획
HbA	$\alpha_2\beta_2$	90%
HbA_2	$\alpha_2\delta_2$	2%~3%
HbF	$\alpha_2\gamma_2$	<2%
HbA_{1c}	$\alpha_2\beta_2$-포도당	4%~6%

그림 3.14
정상 성인의 혈색소. HbA_{1c}는 HbA의 아형이다(혹은 HbA_1). [참고: 여기의 혈색소에서 α 사슬은 똑같음.] Hb = 혈색소.

1. **태아 혈색소(HbF):** HbF는 HbA와 동일한 2개의 α 사슬과 2개의 γ-사슬로 구성된 사합체이다($\alpha_2\gamma_2$; 그림 3.14 참조). 이 γ-사슬은 β-글로빈 유전자족의 구성원이다(38쪽 참조).

a. **발생 과정의 HbF 합성:** 임신 후 처음 한 달 동안 α와 유사한 2개의 제타(ζ) 사슬과 β와 유사한 2개의 엡실론(ε) 사슬로 구성된 Hb Gower 1과 같은 배아 혈색소($\zeta_2\varepsilon_2$)는 배아 난황주머니(embryonic yolk sac)에 의해 합성된다. 처음에 간에서 합성하다가 임신 5주에 장소가 바뀌어 골수에서 합성하는 것이 HbF이다. HbF는 태아와 신생아에서 발견되는 주요 혈색소로서 태아기의 마지막 달까지 RBC의 전체 혈색소 중 약 60%를 차지한다(그림 3.15). HbA 합성은 임신 8개월에 골수에서 시작되고 점차적으로 HbF를 대체한다. 그림 3.15는 태아기와 출생 후 여러 종류의 혈색소 사슬의 상대적인 생성량을 보여준다.

b. **HbF와 2,3-BPG의 결합:** 생리적 조건에서 HbF는 HbA보다 산소에 대한 친화력이 더 높은데, 이것은 단순히 HbF가 2,3-BPG에 약하게 결합하기 때문이다. [참고: HbF의 γ-글로빈 사슬은 β-글로빈에서 2,3-BPG와 결합하는 양전하 아미노산이 부족하다.] 2,3-BPG가 산소에 대한 혈색소의 친화력을 감소시키기 때문에 HbF와 2,3-BPG 사이의 약한 상호작용은 HbA에 비해 상대적으로 HbF가 높은 산소 친화력을 갖는다. 대조적으로 HbA와 HbF에서 2,3-BPG를 제거하면 산소에 대해 비슷한 친화력을 가진다. HbF가 가진 더 높은 산소 친화력에 의해 모성 혈액순환으로부터 태반을 거쳐 태아의 RBC로 산소가 전달되는 것이 용이해진다.

2. **혈색소 A_2:** HbA_2는 정상 성인 혈색소의 일부를 구성하며, 출생 전에 처음으로 잠시 나타났다가 최종적으로 전체 혈색소의 2%를 차지한다. 이것은 2개의 α-글로빈 사슬과 2개의 δ-글로빈 사슬로 구성된다($\alpha_2\delta_2$; 그림 3.14 참조).

3. **혈색소 A_{1C}:** 생리적 조건에서 HbA는 서서히 비효소적으로 당화(비효소적 당화도 포함)되며, 당화의 정도는 특정 육탄당의 혈장 농도에 의존한다. 가장 많은 형태의 당화 혈색소는 HbA_{1C}이다. 이 혈색소에는 포도당 잔기가 주로 β-글로빈 사슬의 N-말단 발린의 아미노 잔기에 붙는다(그림 3.16). HbA_{1C} 농도의 증가는 당뇨병 환자의 적혈구에서 발견되는데, 이것은 HbA가 적혈구의 수명인 120일 동안 높은 포도당 농도 속에 놓여 있었기 때문이다.

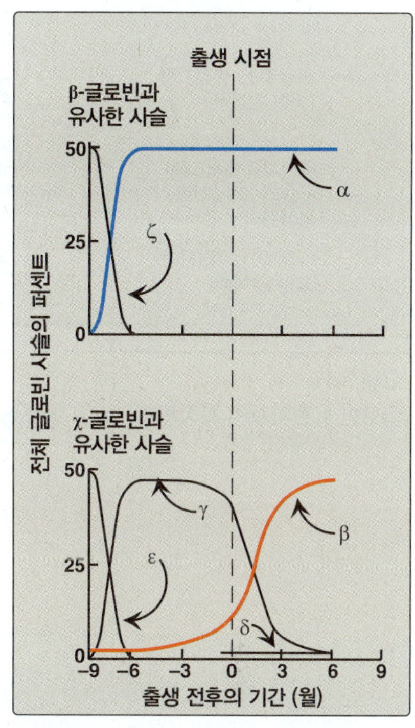

그림 3.15
발생 단계에 따른 혈색소의 변화.

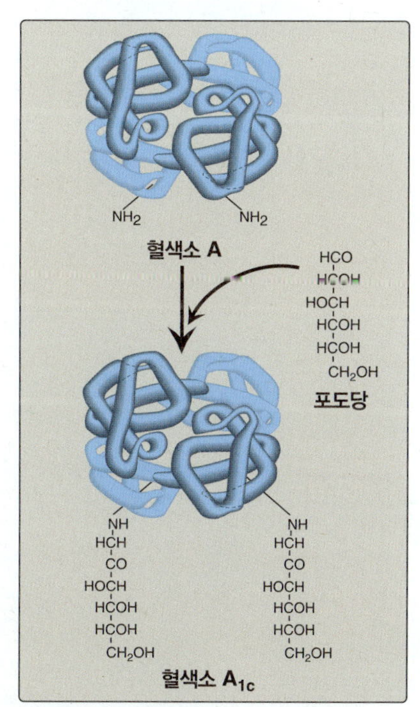

그림 3.16
혈색소에 첨가되는 포도당의 비효소적 결합. 단백질에 당이 비효소적으로 결합하는 현상을 무효소당화(glycation)라고 한다.

III. 글로빈 유전자의 조직체계

혈색소의 합성 또는 구조의 유전적 변이로부터 발생하는 병을 이해하기 위해 서로 다른 글로빈 사슬의 합성을 주도하는 혈색소 유전자가 어떻게 유전자족에서 구조적으로 조직화되는가와 이들이 어떻게 발현되는가를 이해하는 것이 필요하다. 글로빈 유전자의 발현은 유전자를 암호화하고 있는 DNA가 전사되는 적혈구 전구체로부터 시작한다. 두 개의 인트론이 탈리되어 세 개의 엑손이 붙게되어 성숙한 mRNA가 전사된다. 유전자 발현에 관한 자세한 내용은 제7단원, 30, 31, 그리고 32장에 나와 있다.

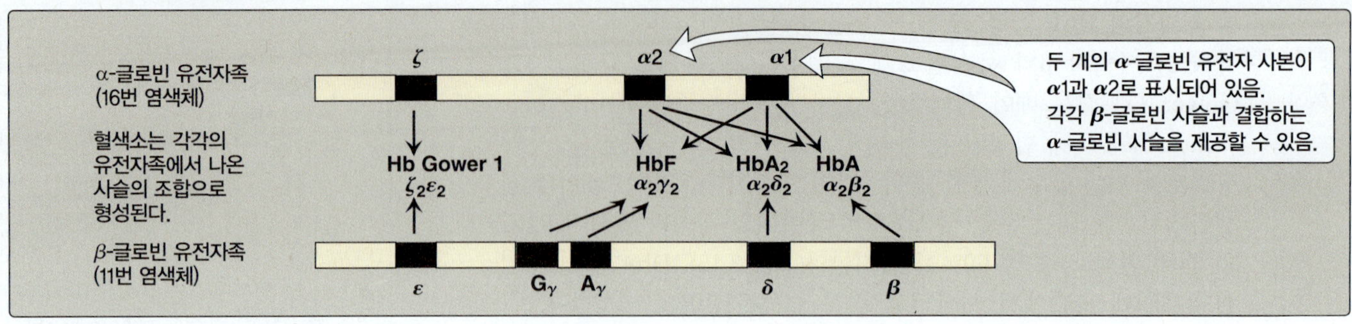

그림 3.17
글로빈 유전자족의 조직체계. Hb = 혈색소.

A. α-유전자족

혈색소 사슬의 α-글로빈 소단위와 β-글로빈 소단위를 부호화하는 유전자는 2개의 다른 염색체에 위치하는 2개의 분리된 유전자 무리(또는 유전자족)로 구성된다(그림 3.17). 16번 염색체에 위치한 α-유전자 무리는 2개의 α-글로빈 사슬을 포함한다. 또한 ζ 유전자도 여기에 포함되며, 이 유전자는 α-글로빈과 유사한 배아 혈색소의 구성 성분으로서 발생 초기에 발현된다. [참고: 글로빈 유전자족은 또한 발현되지 않는 글로빈 유사 유전자를 포함한다(즉 이들의 유전정보가 글로빈 사슬의 생성에 사용되지 않는다). 이것을 거짓유전자(pseudogene)라고 부른다.]

B. β-유전자족

β-글로빈 사슬에 대한 1개의 유전자는 11번 염색체에 위치한다(그림 3.17 참조). 추가적인 4개의 β-글로빈 유사 유전자가 존재한다: ε 유전자(이 유전자는 ζ 유전자처럼 배아발생 초기에 발현됨), 2개의 γ 유전자(HbF에서 발현되는 G_γ와 A_γ), 그리고 소수의 성인 혈색소 HbA_2에서 발견되는 글로빈 사슬을 부호화하는 δ 유전자.

IV. 혈색소병증(Hemoglobinopathy)

혈색소병증은 비정상 구조를 가진 혈색소 분자의 생성, 정상 혈색소의 불충분한 합성, 또는 드물게 둘 다가 원인인 질병군으로 정의된다. 낫적혈구빈혈(HbS), 혈색소C병(HbC), 혈색소SC병(HbS + HbC = HbSC), 지중해빈혈증 등은 대표적인 혈색소병증으로 심각한 임상 결과를 가져올 수 있다. 앞의 세 종류의 질병은 변형된 아미노산 서열(질적 혈색소병증)을 가진 혈색소의 생성에 의한 결과인 반면에 지중해빈혈증은 정상 혈색소의 생산 감소(양적 혈색소병증)에 의해 발생한다.

A. 낫적혈구빈혈(sickle cell anemia, 혈색소S병)

RBC가 낫적혈구화하는 병 중에서 가장 흔한 낫적혈구빈혈은 β-글로빈 유전자에서 모노뉴클레오타이드 변형(점 돌연변이, 465쪽 참조)에 의해 발생하는 유전혈액질환이다. HbS의 아미노산 변화는 정상 적혈구를 나타내는 정상 HbA의 모양인 둥글고 양면이 오목한 모양을 만들지 못하고 낫 혹은 초승달 모양의 적혈구 형태를 만든다. 이 병은 미국에서 가장 흔한 유전혈액질환으로서 약 5만 명이 이 병을 앓고 있다. 주로 아프리카계 미국인에서 발생하며, 새로 태어나는 아프리카계 미국인 신생아 500명당 1명에서 발병한다. 낫적혈구빈혈은 보통염색체 열성 질환이다. 글로빈 분자 β-사슬의 합성에서 부호화하는 2개의 돌연변이 유전자(각각의 부모로부터 한 개씩)를 가진 개체에서 발생한다 [참고: 변이 β-글로빈 사슬은 β^S로 표시하며, 혈색소 $\alpha_2\beta_2^S$는 HbS로 표시한다.] 영아는 HbF가 낫모양으로 변형될 수 있는 HbS로 충분히 대체될 때까지 증상을 보이지 않는다(38쪽 참조). 낫적혈구빈혈은 평생 통증(발작) 삽화, 고빌리루빈혈증(327쪽 참조)을 동반하는 만성용혈빈혈증, 보통 영아기에 시작되는 감염에 대한 감수성의 증가 등이 특징이다. [참고: 정상 적혈구의 수명이 120일인데 비해 HbS 적혈구의 수명은 대략 20일 정도이기 때문에 빈혈이 발생한다.] 다른 증상으로 급성 가슴 증후군, 뇌중풍, 지라와 콩팥의 기능장애, 골수증식에 의한 뼈의 변화 등이 포함된다. 기대 수명이 줄어든다(중위연령으로 40대 중반). 아프리카계 미국인 12명 중 1명에서 나타나는 이종접합자는 각각 1개의 정상세포 유전자와 낫세포 유전자를 가진다. 이종접합자 혈구는 HbS와 HbA를 모두 갖는다. 이 사람들은 낫적혈구 소질을 갖고 있다. 이들은 보통 임상증상을 나타내지 않으며(그러나 탈수를 동반하는 극심한 육체적 과로 상태에서 나타날 수 있음), 정상적인 수명을 누릴 수 있다.

1. **HbS β-사슬의 아미노산 치환:** HbS의 분자는 2개의 정상 α-글로빈 사슬과 6번째 위치의 글루탐산이 발린으로 치환된 2개의 변이형 β-글로빈 사슬(β^S)을 가진다(그림 3.18). 두 개의 β 사슬에서 중성 비극성 발린 잔기에 대한 음전하 극성 글루타메이트 잔기의 결과적인 교환은 HbS를 HbA보다 덜 음전하로 만든다. 따라서 알칼리성 pH 조건에서 전기영동을 하면 HbA보다 양극 방향으로 더 천천히 이동한다(그림 3.19). 이 변화된 HbS 이동성은 두 β-사슬에 음전하 글루탐산 잔기가 없어 HbS가 HbA보다 덜 음성적이기 때문이다. 용해된 적혈구로부터 얻어진 혈색소의 전기영동은 낫적혈구병과 낫적혈구 소질의 진단에 일상적으로 사용한다. DNA 분석도 또한 사용된다(564쪽 참조)

2. **낫적혈구화와 조직의 무산소증:** 전하를 띤 글루탐산이 비극성 발린으로 치환되었기 때문에 β-글로빈은 다른 혈색소 분자인 β-사슬의 상응부위에 꼭 들어맞는 돌출부를 형성한다(그림 3.20). 낮은 산소분압에서 HbS는 적혈구 내에서 중합화하여 처음엔 젤을 형성하고 이어서 세포를 뻣뻣하고 뒤틀리게 만드는 불용성의 실모양 중합체 망으로 조립되고 단단하게 만들어져 적혈구를 일그러뜨린다. 낫모양의 적혈구는 좁은 모세혈관에서 종종 혈액의 흐름을 막는다. 이러한 산소공급의 방해는 조직에서 국소적인 무산소증(산소 박탈)의 유발, 통증 유발, 막힌 곳 근처에 있는 세포의 죽음(infarction, 경색) 등을 일으킨다. 이 무산소증은 또한 탈산소 HbS의 증가를 초래한다. [참고: 적혈구의 평균 지름은 7.5 μm이지만 미세혈관계의 지름은 3~4 μm이다. 낫적혈구는 정상 적혈구에 비해 알맞게 변형되는 능력이 떨어지고 혈관벽에 부착하

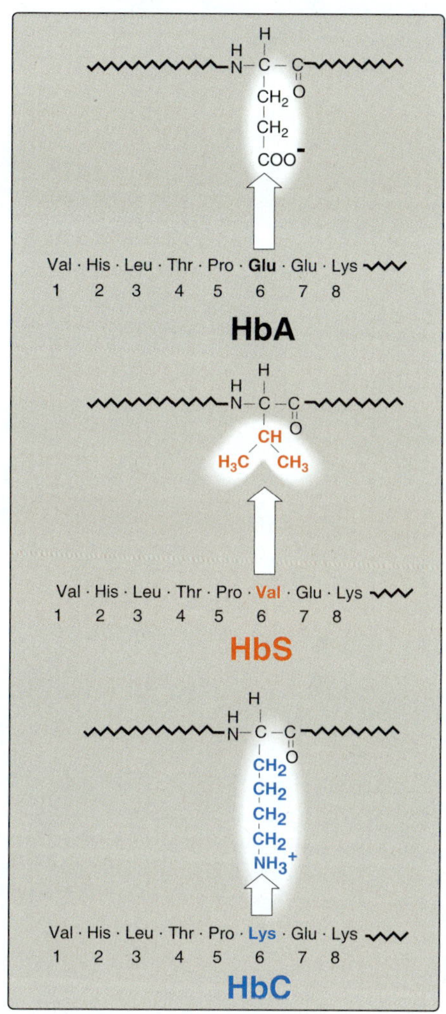

그림 3.18
혈색소S(HbS)와 혈색소C(HbC)의 아미노산 치환.

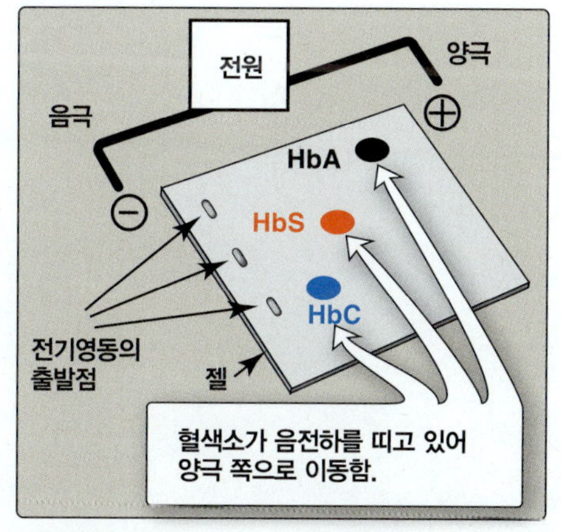

그림 3.19
혈색소 HbA, HbS, HbC의 전기영동 결과.

려는 경향이 증가되어 있기 때문에 작은 혈관을 통과하기가 어렵게 되어, 결국 미세혈관 폐쇄를 유발한다.]

3. **낫적혈구화를 증가시키는 변수:** 낫적혈구화의 정도와 질병의 심각성은 탈산소 상태에서 HbS의 비율을 증가시키는 어떤 변화에 의해서도 강화된다(즉 O_2에 대한 HbS의 친화력을 감소시킨다). 이 변수에는 높은 고도 또는 압력조절이 안 되는 비행기 여행에 의한 pO_2의 감소, pCO_2의 증가, pH의 감소, 탈수, RBC에서 2,3-BPG 농도의 증가 등이 포함된다.

4. **치료:** 치료법에는 적절한 수액공급, 진통제, 감염에 대한 적극적인 항생제 치료, 치명적인 혈관폐쇄의 위험성이 높은 환자에 대한 수혈 등이 있다. 간헐적인 농축적혈구의 수혈은 발작의 위험을 줄이는 장점이 있지만 철의 과다공급(혈철소증, hemosiderosis, 468쪽 참조), 혈액유래 감염, 면역학적 후유증을 포함한 여러 후유증을 초래할 수 있으므로 반드시 장단점을 저울질해야 한다. 항암제인 하이드록시유레아(하이드록시카바마이드)는 RBC의 낫적혈구화를 감소시키는 순환계의 HbF 농도를 증가시키기 때문에 치료제로 유용하게 사용된다. 이것은 통증 발작의 빈도를 줄이고 사망률을 감소시킨다. 줄기세포 이식이 가능하다. [참고: 낫적혈구빈혈와 관련된 이환율과 사망률을 신생아 선별검사표에 포함시켜 감염된 아이가 태어나는 즉시 예방적 항생제 치료를 시행하고 있다.]

5. **이종접합 상태가 선택적인 이점이 될 가능성:** 동종접합 상태에서 손상효과가 있음에도 불구하고 흑인 아프리카인에게 β^S 돌연변이의 빈도가 높다는 것은 이종접합 사람들에게 선택적인 이점이 존재할 것이라는 점을 암시한다. 예를 들면 낫적혈구 유전자가 이종접합체인 사람은 기생충인 열대열원충(*Plasmodium falciparum*)에 의한 중증 말라리아에 덜 감염된다. 이 기생충의 생활사 중 절대적인 기간을 적혈구에서 보낸다. 한 가지 이론은 HbS 동종접합체 세포와 마찬가지로 HbS 이종접합체 세포도 정상 세포보다 짧은 수명을 갖기 때문에 이 기생충은 세포속 발생 단계를 완성할 수 없다는 것이다. 이 사실은 말라리아가 주요 사망 원인인 지역의 이종접합체 사람에게 선택적인 이점을 제공한다. 예를 들면 아프리카에서 낫적혈구병의 지리적 분포가 말라리아의 분포와 유사하다는 것을 보여준다.

B. 혈색소C병

HbS와 같이 HbC는 β-글로빈 사슬의 6번째 위치에 한 개의 아미노산이 치환된 변이형 혈색소이다(그림 3.18 참조). HbC에서 글루탐산이 라이신으로 치환되어 있다(HbS에서는 발린으로 치환됨). [참고: 이 치환에 의해 HbC는 HbA나 HbS보다 양극으로 더 천천히 이동한다(그림 3.19 참조).] HbC에 대한 동종접합체 환자는 희귀하며 일반적으로 증상이 비교적 가벼운 만성용혈빈혈을 갖는다. 이 환자들은 경색 위기를 겪지 않으며, 특별한 치료도 필요하지 않다.

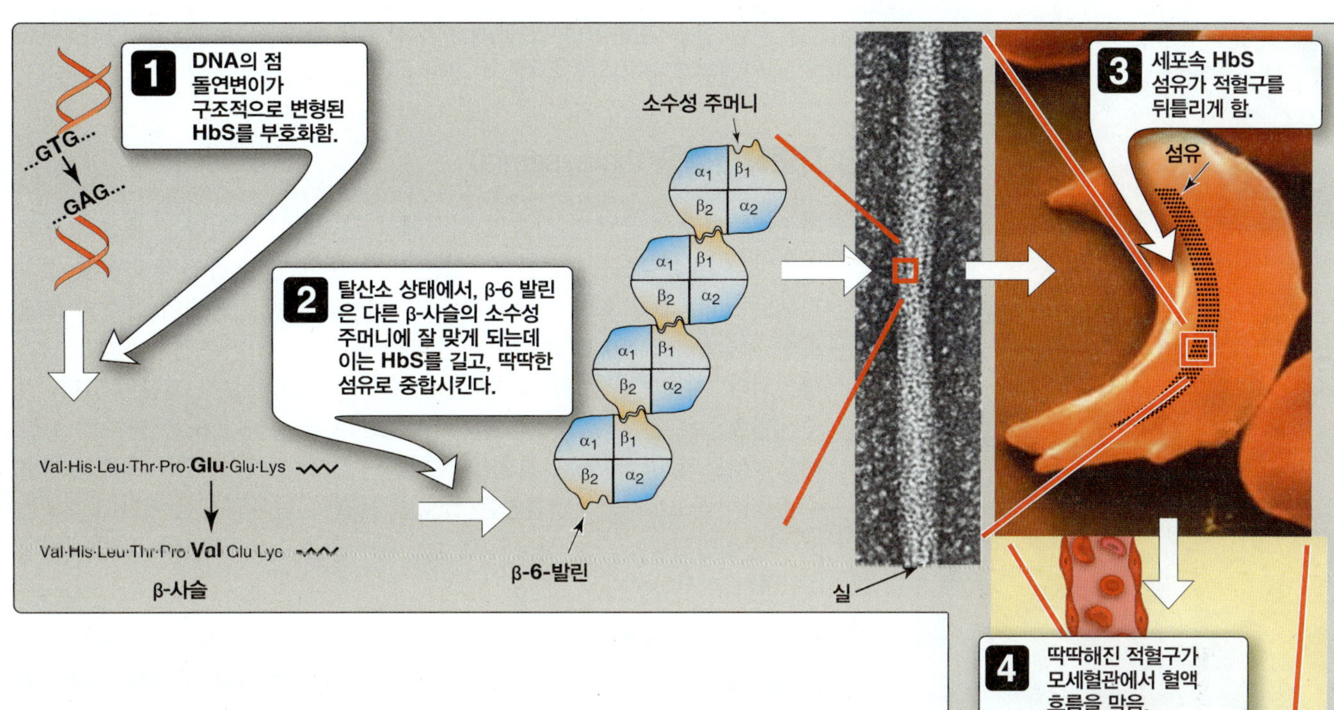

그림 3.20
낫적혈구 발작을 일으키는 분자 및 세포의 변화. HbS = 혈색소S.

C. 혈색소SC병

HbSC병은 RBC가 낫적혈구화하는 병의 다른 형태이다. 이 병에서는 어떤 β-글로빈 사슬에 낫적혈구 돌연변이가 있는 반면에 다른 β-글로빈 사슬에는 HbC병에서 발견되는 돌연변이가 있다. [참고: 이 β-글로빈 유전자 2개는 서로 다르지만 모두 비정상이기 때문에 HbSC병 환자는 이중의 이종접합성을 갖고 있어 복합 이종접합체라고 부른다.] 혈색소 농도는 낫적혈구빈혈보다 HbSC병에서 더 높은 경향을 나타내고, 심지어 정상 범위의 아랫경계까지도 도달할 수 있다. HbSC 빈혈을 가진 성인의 임상 경과는 낫적혈구빈혈과는 달라서 통증 발작과 같은 증상이 덜 빈번하고 덜 심하지만, 임상 양상은 아주 다양하다.

D. 메트혈색소혈증(methemoglobinemia)

혈색소의 헴 철이 Fe^{3+}로 산화하면 산소와 결합할 수 없는 메트혈색소(= 산화혈색소, methemoglobin, HbM)가 형성된다. 이 산화는 질산염과 같은 특정 시약이나 반응성 산소 중간대사물과 같은 내재 생성물의 작용에 의해 일어날 수 있다(171쪽 참조). 또한 산화는 유전적 결함으로부터 초래될 수 있는데, 예를 들어 메트혈색소(Fe^{3+})를 정상 혈색소(Fe^{2+})로 전환시키는 효소인 NADH-사이토크롬 b_5 환원효소(NADH-메트혈색소 환원효소라고도 부름) 결핍은 HbM의 축적을 초래한다(그림 3.21). [참고: 신생아의 RBC는 HbM을 감소시키는 능력이 성인 적혈구의 반 정도이다.] α- 또는 β-글로빈 사슬에 어떤 돌연변이가 생기면 메트혈색소(HbM)의 형성이 촉진될 수 있다. 메트혈색소혈증은 "초콜릿 청색증"(갈색에서 푸른색 정도의 피부와 점막의 색깔 변화)의 특징을 가지며 초콜릿 색깔의 혈액은 검은색의 HbM 때문이다. 증상은 조직 저산소증과 관련이 있으며, 불안, 두통,

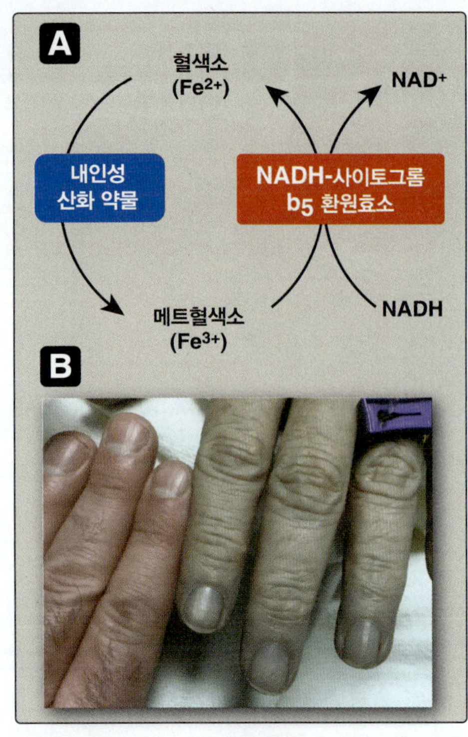

그림 3.21
A: 메트혈색소의 형성과 NADH-사이토크롬 b5 환원효소에 의한 혈색소 환원.
B: 메트혈색소혈증.

호흡곤란 등을 포함한다. 드물게 혼수상태나 사망을 초래할 수 있다. 치료는 메틸렌블루를 사용하는데, 이것이 Fe^{2+}로 산화됨으로써 다시 환원된다.

E. 지중해빈혈증(thalassemia)

지중해빈혈증은 글로빈 사슬의 합성에서 불균형이 일어나는 유전적 용혈병이다. 이것은 사람에서 볼 수 있는 가장 흔한 단일 유전자병이다. 정상적으로 α- 및 β-글로빈 사슬의 합성은 협동적으로 조절되어 각각의 α-글로빈 사슬은 하나의 β-글로빈 사슬 대상을 갖는다. 이로써 $\alpha_2\beta_2$(HbA)가 형성된다. 지중해빈혈증은 α- 또는 β-글로빈 사슬 합성에 결함이 있다. 지중해빈혈증은 전체 유전자의 결손이나 DNA에서 하나 또는 다수의 뉴클레오타이드의 결실 또는 치환을 포함한 다양한 돌연변이에 의해 발생할 수 있다. [참고: 지중해빈혈증은 글로빈 사슬이 생산되지 않거나(α^0- 또는 β^0-지중해빈혈증), 특정 사슬의 합성이 감소되는 (α^+- 또는 β^+- 지중해빈혈증) 병으로 분류한다.]

1. **β-지중해빈혈증:** 이 병은 mRNA 합성에 영향을 주는 점돌연변이의 결과로 β-글로빈 사슬의 합성이 감소되거나 결여된 반면에 α-글로빈 사슬의 합성은 정상이다. α-글로빈 사슬이 안정적인 사합체를 형성할 수 없어 침전하기 때문에 애초에 성숙 적혈구가 될 운명을 가진 세포가 조기에 죽는다. 또한 $\alpha_2\gamma_2$(HbF)와 $\alpha_2\delta_2$(HbA_2)의 증가도 일어난다. 각각의 세포에 2개의 β-글로빈 유전자(각각의 11번 염색체에 한 개씩)의 사본이 있다. 따라서 β-글로빈 유전자 결함이 있는 사람이 하나의 유전자에만 결함이 있을 때 β-지중해빈혈증 소질(즉 경증 β-지중해빈혈증, β-thalassemia minor)을 나타내고, 두 유전자에 다 결함이 있을 때 중증 β-지중해빈혈증(즉 쿨리 빈혈, Cooley anemia)을 나타낸다(그림 3.22). β-글로빈 유전자는 임신 후기까지 태아에게 발현되지 않기 때문에 β-지중해빈혈증의 신체적 증상은 오직 출생 몇 달 후에 나타난다. 경증 β-지중해빈혈증 환자는 β-사슬을 조금 만들 수 있으며, 보통 특별한 치료가 필요하지 않다. 그러나 중증 β-지중해빈혈증(β-thalassemia major) 아기는 출생할 때 건강하게 보이지만 생후 첫 해나 두 번째 해에 심각한 빈혈이 나타나는 슬픈 운명을 갖는다. 골수외 조혈작용으로 골격의 변화도 관찰된다. 이 경우 정기적인 수혈이 필요하다. [참고: 이 치료는 생명을 구하는 것이지만 수혈의 누적 효과로 과다하게 철이 축적되는 혈철소증(hemosiderosis) 증후군이 발생한다. 철(III) 킬레이트화 요법으로 이환율과 사망률을 개선할 수 있다.] 단 한 가지 가능성 있는 치료법은 조혈줄기세포 이식이다.
2. **α-지중해빈혈증:** 이 병은 전형적인 결실 돌연변이의 결과로서 α-글로빈 사슬의 합성이 감소되거나 결여되는 결함을 갖고 있다. 각각의 사람 유전체는 4개의 α-글로빈 유전자 사본(16번 염색체에 각 2개씩)을 포함하고 있기 때문에 α-글로빈 사슬 결핍에는 여러 형태가 있다(그림 3.23). 만약 4개의 유전자 중에 한 개의 결함이 있다면 신체 증상이 나타나지 않기 때문에 그 사람을 α-지중해빈혈증의 "침묵" 보인자라 부른다. 두 개의 α-글로빈 유전자에 결함이 있다면 α-지중해빈혈증 소질을

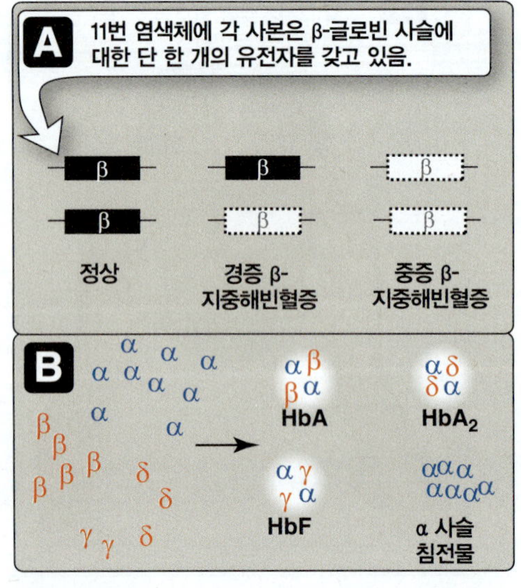

그림 3.22
A. β-지중해빈혈증에서 β-글로빈 유전자의 돌연변이. B. β-지중해빈혈증에서 형성된 혈색소(Hb) 사합체.

가진 것을 의미한다. 세 개의 α-글로빈 유전자에 결함이 있다면 HbH(β_4)병에 걸리는데, 용혈빈혈의 정도가 아주 다양하다. 네 개의 모든 α-글로빈 유전자에 결함이 있다면 태아수종(hydrops fetalis)과 태아 사망을 동반하는 Hb Bart(γ_4) 병이 발생한다. 왜냐하면 α-글로빈 사슬은 HbF의 합성에 필요하기 때문이다. [참고: 말라리아에 대항한 이종접합자의 이점은 α- 와 β- 지중해빈혈증 모두에서 관찰된다.]

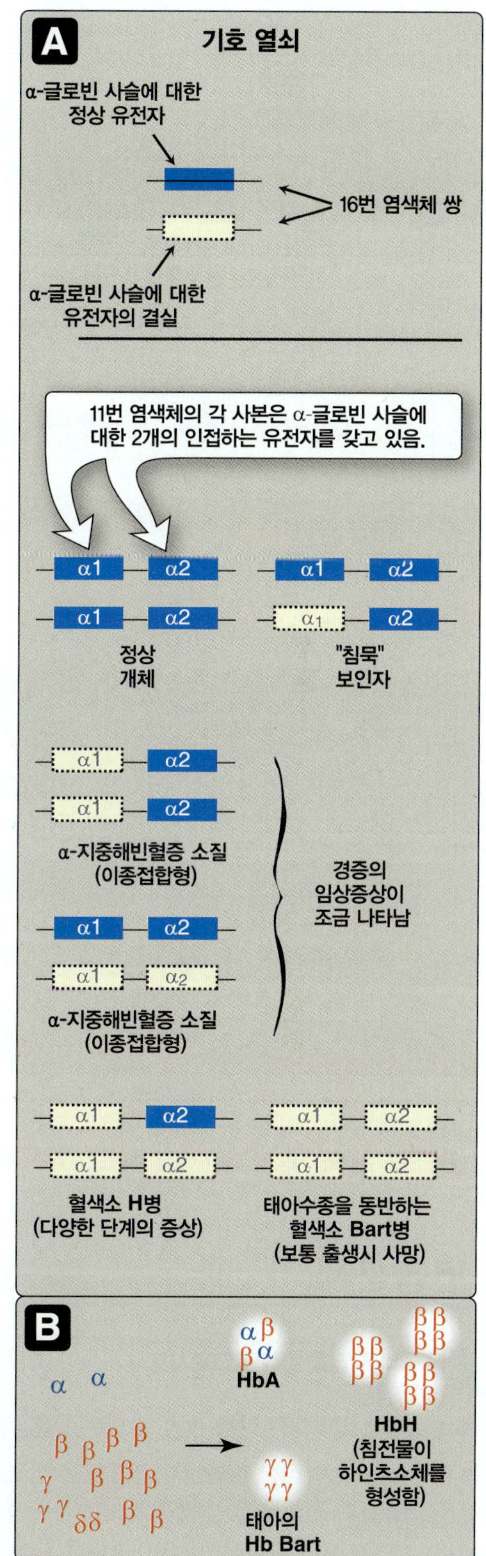

그림 3.23
A. α-지중해빈혈증에서 α-글로빈 유전자의 결실.
B. α-지중해빈혈증에서 형성된 혈색소(Hb) 사합체.

V. 요약

- **혈색소A(HbA)**는 성인의 주요 혈색소로서 비공유상호작용(그림 3.24)에 의해 서로 결합된 4개의 폴리펩타이드 사슬(2개의 α 사슬과 2개의 β-사슬, $\alpha_2\beta_2$)로 구성된다.
- 산소혈색소에 비해 탈산소혈색소의 소단위가 차지하는 상대적 위치는 다르다. 혈색소의 **탈산소형**은 **"T"형** 또는 **긴장형**으로 부른다. 이것은 폴리펩타이드 사슬의 이동을 제한하는 갇힌 구조이다. T형은 **낮은 산소 친화력**을 갖는 혈색소 형태이다.
- 혈색소와 산소의 결합은 이온결합과 수소결합의 파괴를 초래한다. 이것은 **"R"형** 또는 **이완형**으로 부르는 구조를 유도한다. R형 입체형태는 **높은 산소 친화력**을 갖는 혈색소이다.
- 혈색소의 **산소해리곡선**은 **S자 모양(쌍곡선**으로 나타나는 **근색소**와 대조적으로)이며, 이것은 소단위들이 산소결합에서 협동적이라는 것을 나타낸다. 산소의 협동적 결합은 어떤 헴기에 한 개의 산소의 결합했을 때와 같은 혈색소 분자에 남아있는 헴기의 산소 친화력을 증가시킨다는 것을 의미한다(**협동성**).
- 혈색소가 가역적으로 산소와 결합하는 능력은 **pO_2**(헴-헴 상호작용을 통하여), 주변 환경의 **pH, pCO_2, 2,3-이중인산글리세르산(2,3-BPG)**의 이용도 등에 의해 영향을 받는다. 예를 들어 **운동 상태의 근육**과 같이 pH가 낮아지거나 pCO_2가 증가하면(**보어 효과**) Hb으로부터 산소의 방출이 증가되며 Hb의 산소해리곡선은 오른쪽으로 이동한다.
- **만성 저산소증**이나 **빈혈**의 영향에 장기적으로 대처하기 위해 RBC에서는 **2,3-BPG**의 농도가 증가한다. **2,3-BPG**는 Hb과 결합하여 산소 친화력을 감소시키므로 산소해리곡선이 오른쪽으로 이동하게 된다.
- **태아 혈색소 HbF**는 2,3-BPG와의 결합이 HbA 보다 약하고 높은 산소 친화도를 갖는다.
- **일산화탄소(CO)**는 혈색소 철과 단단히(그러나 가역적으로) 결합하여 **카복시혈색소(HbCO)**를 형성한다.
- **혈색소병증**은 구조적으로 비정상 혈색소 분자를 생성하거나 **지중해빈혈**에서와 같이 정상 혈색소 소단위의 양을 불충분하게 합성하여 발생하는 질환이다(그림 3.25).

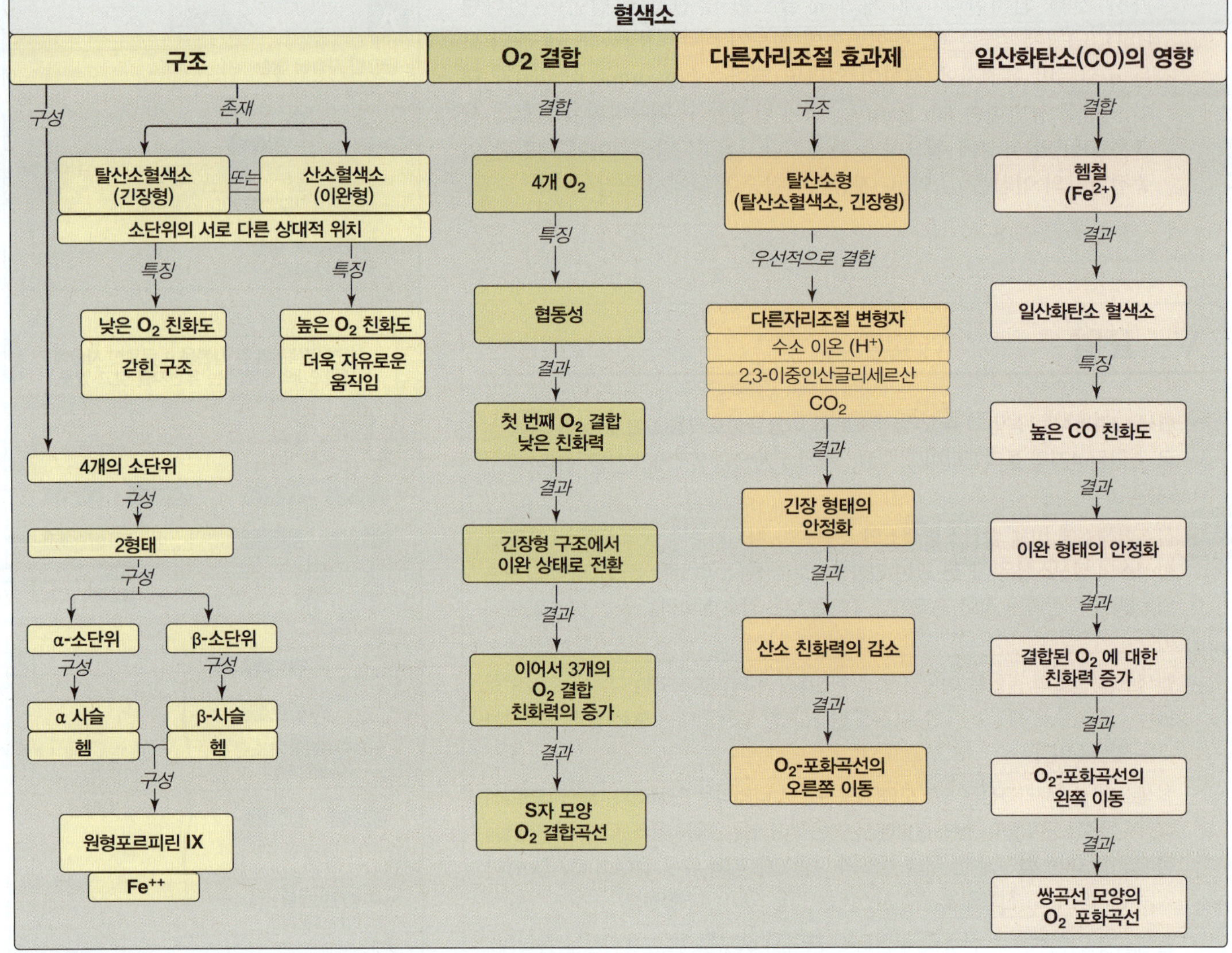

그림 3.24
혈색소의 구조와 기능에 대한 핵심 개념도. Fe^{2+} = 제2가철(ferrous iron).

연습문제

가장 올바른 답을 하나만 고르시오.

3.1 혈색소에 대한 다음 설명 중 맞는 것은 어느 것인가?

A. HbA는 정상 성인에서 가장 많은 혈색소이다.
B. 태아 혈액은 성인 혈액에 비해 산소에 대한 친화력이 낮기 때문에 HbF는 2,3-이중인산글리세르산(2,3-BPG)에 대한 친화력이 증가되어 있다.
C. HbF의 글로빈 사슬의 구성은 $\alpha_2\delta_2$이다.
D. HbA_{1C}가 HbA와 다른 점은 유전적으로 결정된 한 개의 아미노산 치환이다.
E. HbA_2는 태아기 초기에 나타난다.

정답 = A. HbA는 정상 성인 혈색소의 90% 이상을 차지한다. HbA_{1C}까지 포함시키면 그 함량은 약 97%까지 올라간다. 2,3-BPG는 혈색소의 산소 친화력을 감소시키므로 2,3-BPG와 HbF 간의 더 약해진 상호작용은 HbF가 HbA보다 더 높은 산소 친화력을 갖게 한다. HbA와 HbF에서 모두 2,3-BPG를 제거하면 서로 비슷한 산소 친화력을 가진다. HbF는 $\alpha_2\gamma_2$로 구성된다. HbA_{1c}는 HbA가 당화된 것이며 적혈구에서 비효소적으로 형성된다. HbA_2는 정상 성인 혈색소의 소수의 구성 성분으로서 출생 전에 처음으로 잠깐 나타나서 점차 증가하여 생후 6개월에 성인 수준(총 혈색소의 약 2%)까지 도달한다.

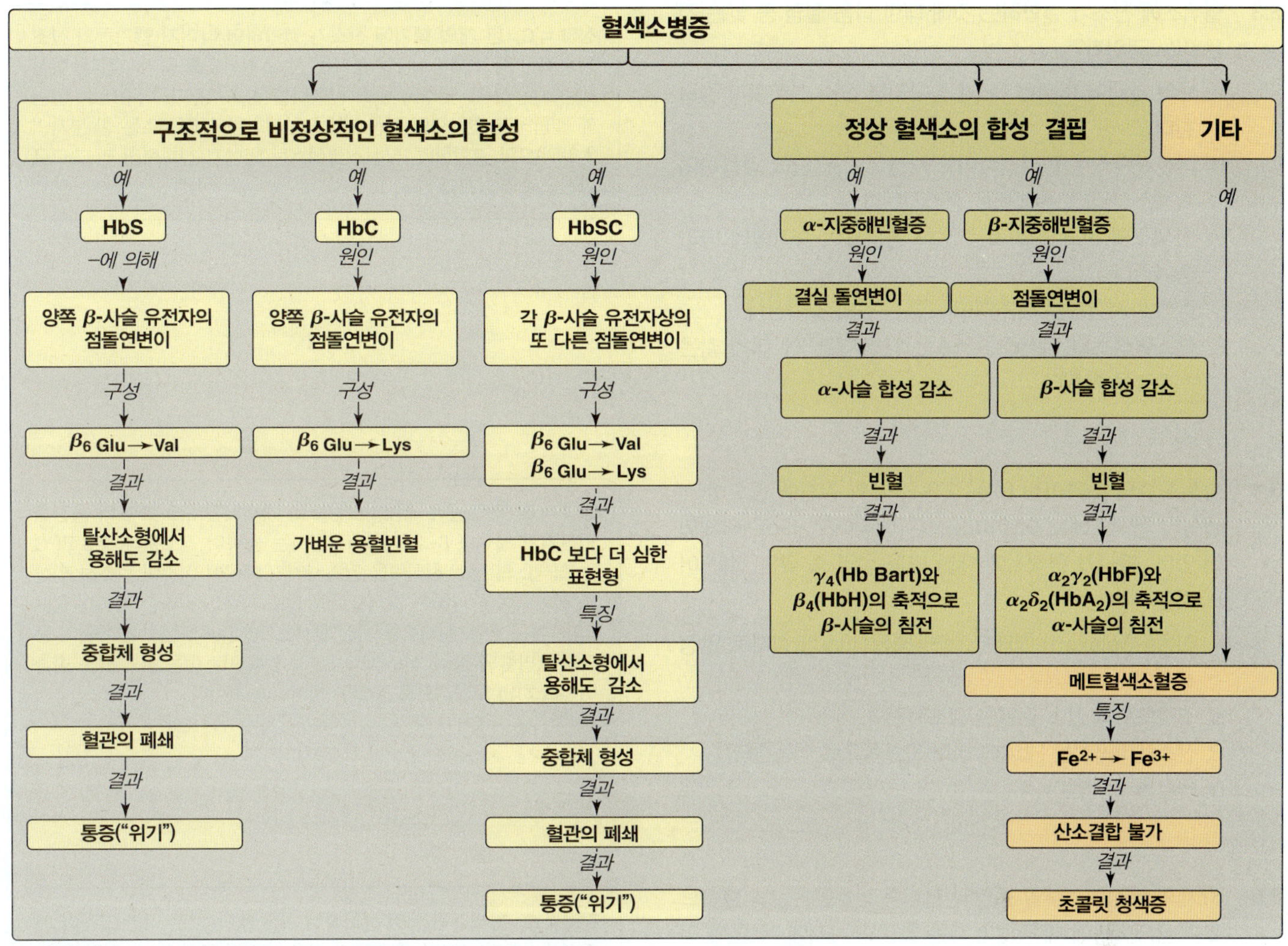

그림 3.25
혈색소병증의 핵심 개념도. Hb = 혈색소, Fe = 철(iron), O_2 = 산소(oxygen).

3.2 낫적혈구빈혈에서 산증(acidosis)이 발작을 악화시키는 작용에 대한 다음 설명 중 맞는 것은 어느 것인가?

A. 산증은 HbS의 용해도를 감소시킨다.
B. 산증은 혈색소의 산소 친화력을 증가시킨다.
C. 산증은 우선적으로 혈색소를 긴장형으로부터 느슨한 형으로 전환시킨다.
D. 산증은 산소해리곡선을 왼쪽으로 이동시킨다.
E. 산증은 2,3-BPG가 혈색소에 결합하는 능력을 감소시킨다.

정답 = A. HbS는 탈산소형에서 산소혈색소S(HbS)에 비해 용해도가 아주 작다. pH의 감소(산증)는 산소해리곡선을 오른쪽으로 이동시키며, 산소 친화력이 감소된 것을 의미한다. 이것은 탈산소형 또는 긴장형 혈색소를 형성하는 쪽으로 기울게 하며, 낫적혈구 발작을 악화시킬 수 있다. 2,3-BPG는 오직 탈산소형 혈색소와 결합하므로 2,3-BPG의 결합이 증가한다.

3.3 혈색소에 산소가 결합하는 것에 대한 다음 설명 중 맞는 것은 어느 것인가?

A. 보어 효과에 따르면 pH가 높아지면 산소 친화력이 감소한다.
B. 이산화탄소는 폴리펩타이드 사슬의 C-말단에 결합하여 혈색소의 산소 친화력을 증가시킨다.
C. 혈색소의 산소 친화력은 포화 백분율이 증가함에 따라 증가한다.
D. 혈색소 사합체는 네 분자의 2,3-BPG와 결합한다.
E. 산소혈색소와 탈산소혈색소는 양성자(H^+)에 대해 같은 친화력을 가진다.

정답 = C. 한 개의 헴기에 산소가 결합하면 나머지 헴기들의 산소 친화력이 증가한다. pH의 증가는 산소 친화도를 증가시킨다. 이산화탄소는 pH를 낮추어 산소 친화력을 감소시킨다. 더구나 N-말단에 결합하면 긴장형인 탈산소형을 안정화한다. 혈색소는 한 분자의 2,3-BPG와 결합한다. 탈산소혈색소는 양성자 친화력이 더 크므로 약산으로 작용한다.

3.4 혈색소 A의 β-라이신 82는 2,3-BPG의 결합에 중요하다. 헬싱키 혈색소에서 이 아미노산은 메싸이오닌으로 대체되어 있다. 헬싱키 혈색소에 대한 다음 설명 중 맞는 것은 어느 것인가?

A. 이완된(relaxed) 형태가 아닌 팽팽한(taut) 형태로 안정화한다.
B. 조직으로의 산소 전달을 감소시킨다.
C. 산소해리곡선은 HbA에 비해 오른쪽으로 이동한다.
D. 빈혈을 초래한다.

정답 = B. 라이신이 메싸이오닌으로 대체되면 2,3-BPG의 음전하 인산기가 혈색소 β-소단위에 결합하는 능력이 감소된다. 2,3-BPG는 혈색소의 산소 친화력을 감소시키기 때문에 이것이 감소하면 산소 친화력이 증가하여 조직으로의 산소 방출이 감소한다. 이완형(R형)은 높은 산소 친화력을 가진 혈색소 형태이다. 산소 친화력이 증가하면(방출의 감소) 산소해리곡선이 왼쪽으로 이동한다. 산소 방출이 감소하면 보상적으로 적혈구 생성이 증가한다.

3.5 67세의 남성이 1주일 동안의 협심증과 호흡곤란의 병력으로 응급의학과에 내원했다. 그는 얼굴과 사지에 "푸른색"이 나타난다고 호소했다. 그의 병력은 이질산 아이소소바이드와 나이트로글리세린으로 치료하여 안정화된 만성협심증을 갖고 있었다. 분석용 혈액은 초콜릿 색깔이었다. 가장 적절한 진단은 어느 것인가?

A. 카복시혈색소혈증
B. 혈색소SC병
C. 메트혈색소혈증
D. 낫적혈구빈혈
E. β-지중해빈혈증

정답 = C. 혈색소의 헴이 산화하여 3가 철(Fe^{3+})로 되면 그것이 메트혈색소이다. 이것은 질산염과 같은 약이 원인이 될 수 있다. 메트혈색소혈증은 초콜릿 청색증(황갈색에서 푸른색까지의 피부 및 점막의 색깔 변화)의 특징을 나타내며, 초콜릿색의 혈액은 검은색의 메트혈색소 때문에 변한 것이다. 증상은 조직 저산소증과 관련이 있으며, 불안, 두통, 호흡곤란 등을 포함한다. 드물게 혼수와 사망이 발생할 수 있다. [참고: 국소마취제로 사용되는 벤조케인(방향족아민)은 후천적 메트혈색소혈증의 원인이 된다.]

3.6 왜 혈색소C병에서는 낫적혈구화가 일어나지 않는가?

HbS에서 극성 글루탐산이 비극성 발린으로 대체된 것과 다르게, HbC에서는 극성 라이신으로 대체되었기 때문이다.

3.7 HbS와 HbF의 유전적 지속성이 있는 사람은 적혈구의 낫적혈구화 현상이 증가할까 아니면 감소할까?

HbF가 HbS 농도를 감소시키기 때문에 낫적혈구화(sickling)가 감소될 것이다. 또한 deoxy(탈산소) HbS의 중합화를 억제한다.

섬유모양 단백질 (fibrous protein)

4

I. 개관

섬유모양 단백질(fibrous protein)은 반복적인 아미노산 서열을 가지며 흔히 긴 실 모양이나 층으로 이루어진 구조로 접힌다. 이들은 상대적으로 불용성이며 결합조직, 힘줄, 뼈, 그리고 근섬유에서 구조적인 기능이나 보호기능을 제공한다. 아교질(collagen)과 탄력소(elastin)는 세포바깥바탕질(ECM)에 흔히 존재하는, 또한 특징이 잘 밝혀진 섬유모양 단백질로서 몸에서 구조적인 기능을 담당한다. 아교질과 탄력소는 피부, 결합조직, 혈관 벽, 눈의 공막 및 각막 등의 구성 성분이다. 모든 섬유모양 단백질은 각각의 독특한 구조에 따라 특별한 기계적 성질을 나타내며, 이 구조는 규칙적인 이차구조 성분이 되도록 특정 아미노산들을 조합함으로써 만들어진다. 이것이 이차구조, 삼차구조, 때로는 사차구조 사이의 복잡한 상호작용의 결과로 입체구조를 만들어내는 공모양 단백질(globular proteins, 3장에서 논의됨)과 대조되는 점이다.

II. 아교질(Collagen)

아교질은 몸에서 가장 흔한 단백질로서 길고 단단한 구조를 하며, 이 구조는 3개의 폴리펩타이드(α 사슬이라고 함)가 서로 감겨져 밧줄과 같은 삼중나선을 이룬다(그림 4.1). 아교질은 몸 전체에서 발견되지만 각 기관에서 담당하는 구조적 역할에 의해 종류와 조직체계를 설명할 수 있다. 세포바깥바탕질이나 눈의 유리체액에서 아교질은 젤처럼 퍼져 있어 구조를 지지하며, 힘줄에서는 단단한 섬유처럼 묶여져 있어 강력한 힘을 제공한다. 눈 각막의 아교질은 빛이 최소로 분산하여 투과될 수 있도록 차곡차곡 겹쳐 있으며, 뼈의 아교질은 모든 방향의 물리적 전단을 방지하도록 비스듬히 서로 얽혀진 섬유 형태로 존재한다.

A. 종류

아교질 대가족(superfamily)은 25종 이상의 아교질뿐만 아니라 아교질유사 영역을 가진 단백질도 포함한다. 3개의 폴리펩타이드 α 사슬은 사슬간 수소결합으로 연결되고, α 사슬의 아미노산 서열의 변화에 따라 전체 크

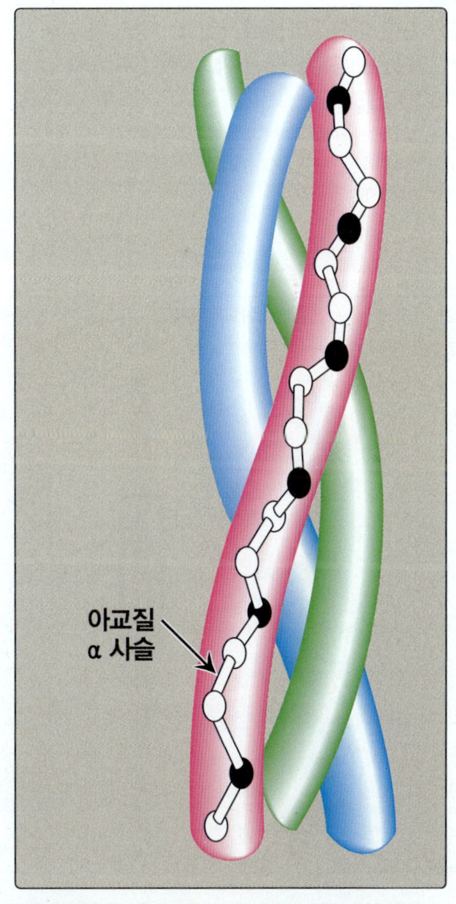

그림 4.1
아교질의 삼중가닥 나선. [참고: α 사슬 자체는 나선구조이다.]

종류	조직 분포
	원섬유형성 아교질
I	피부, 뼈, 힘줄, 혈관, 각막
II	연골, 추간판, 유리체
III	혈관, 피부, 근육
	그물형성 아교질
IV	바닥막
VIII	각막과 혈관의 내피
	원섬유회합 아교질*
IX	연골
XII	힘줄, 인대, 다른 조직 일부

그림 4.2
가장 흔한 아교질의 종류. [참고: *중단된 삼중나선이 있는 섬유소 관련 아교질은 FACIT로 알려져 있다.]

기(약 1,000개의 아미노산 길이)는 같으나 약간 다른 성질을 갖고 있다. 3개의 α 사슬은 조합에 의해 다양한 종류의 아교질을 형성한다. 예를 들면 I형은 2개의 α1 사슬과 1개의 α2 사슬($\alpha1_2\alpha2$)로 구성되며, II형은 3개의 α1 사슬($\alpha1_3$)로 구성된다. 아교질은 몸에서 위치와 기능에 따라 3개의 군으로 나눌 수 있다(그림 4.2).

1. **원섬유 형성 아교질(fibril-forming collagen)**: I, II, III형은 원섬유성 아교질로서 밧줄과 같은 구조를 한다. 전자현미경으로 관찰하면 실모양의 원섬유 중합체에서 특징적인 띠모양을 볼 수 있는데, 이것은 원섬유를 구성하는 각각의 아교질 분자가 규칙적으로 엇걸려 겹쳐 있다는 것을 의미한다(그림 4.3). I형 아교질 섬유는 힘줄이나 각막처럼 높은 인장강도가 필요한 조직에서 발견되고, II형 아교질로 구성된 섬유는 연골 조직에만 존재한다. III형 아교질은 혈관처럼 보다 팽창성이 요구되는 조직에 많이 존재한다.

2. **그물 형성 아교질(network-forming collagens)**: IV형과 VIII형은 고유의 원섬유보다 삼차원의 그물망을 형성한다(그림 4.4). 예를 들어 IV형 아교질 분자는 모여서 바닥막의 주요 부분을 구성하는 얇은 판막이나 그물망으로 조립된다.

> 바닥막은 종이처럼 얇은 구조를 하고 있기 때문에 인접한 세포에 대해 자동적으로 지지체의 역할을 하고, 콩팥과 허파와 같은 기관에서 거대분자에 대한 반투과성 여과 장벽으로 작용할 수 있다.

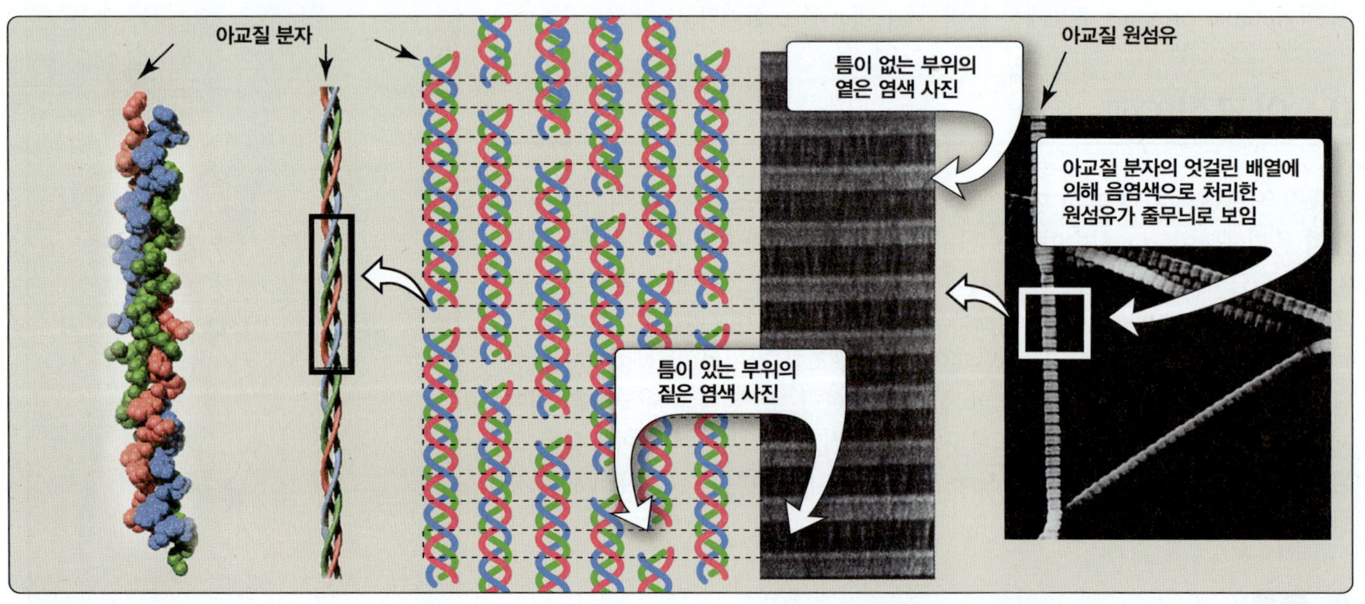

그림 4.3
오른쪽의 아교질 원섬유는 특징적인 띠모양을 보여주는데, 이것은 원섬유에서 각각의 아교질 분자가 규칙적으로 엇걸려 겹쳐 있다는 것을 반영한다.

3. **원섬유 회합 아교질(fibril-associated collagens):** IX형과 XII형은 아교질 원섬유의 표면에 결합하여, 이 원섬유를 원섬유끼리 또는 세포바깥바탕질의 다른 구성 성분과 연결한다(그림 4.2).

B. 구조

촘촘한 구조로 접히는 대부분의 구상 단백질과 다르게, 섬유형 단백질인 아교질은 가늘고 길쭉하고 사슬간 수소결합으로 안정화된 삼중나선을 가진다.

1. **아미노산 서열:** 아교질에는 삼중가닥 나선의 형성에 중요한 프롤린과 글라이신이 풍부하다. 프롤린은 고리 구조가 펩타이드 사슬을 구부러지게 하여 각각의 α 사슬이 나선 입체형태를 쉽게 형성하도록 한다. [참고: 프롤린의 존재는 α 사슬로 만들어진 나선 입체형태가 결코 α 나선이 될 수 없다는 설명을 가능하게 한다(18쪽 참조).] 그기가 가장 작은 글라이신은 폴리펩타이드 사슬에서 3번째 아미노산마다 반복적으로 존재하여 3개의 사슬이 서로 만나는 나선의 좁은 공간에 딱 맞는다. 글라이신 잔기는 반복서열 −Gly−X−Y−의 한 부분인데, 여기에서 X는 대부분 프롤린이고 Y는 종종 하이드록시프롤린 또는 하이드록시라이신이다(그림 4.5). 따라서 대부분의 α 사슬은 서열을 $(-Gly-Pro-Hyp-)_{333}$으로 나타낼 수 있는 폴리펩타이드로 간주될 수 있다.

2. **하이드록시프롤린과 하이드록시라이신:** 아교질은 대부분의 다른 단백질에 존재하지 않는 비표준 아미노산(1쪽 참조)인 하이드록시프롤린과 하이드록시라이신을 함유한다. 이들은 폴리펩타이드 사슬에 결합된 후 프롤린과 라이신이 아교질 사슬을 형성할 때 첨가된 후 수산화되어 생성된다(그림 4.6). 따라서 이 수산화 반응은 번역후 변형(posttranslational modification)의 한 예가 된다(528쪽 참조). [참고: 하이드록시프롤린이 형성되면 사슬 사이의 수소결합 형성을 극대화하기 때문에 삼중나선 구조가 안정화된다.]

3. **당화:** 하이드록시라이신 잔기의 수산기는 효소에 의해 당화되기도 한다. 가장 흔하게 포도당과 갈락토스는 순차적으로 삼중나선 형성 전에 폴리펩타이드 사슬에 부착한다(그림 4.7).

C. 생합성

아교질 분자의 폴리펩타이드 전구체는 섬유모세포(또는 관련성이 있는 뼈의 골모세포와 연골의 연골모세포)에서 합성된다. 이들은 효소에 의해 변형되어 완성된 삼중나선으로서 세포바깥바탕질로 분비된다. 추가적으로 효소에 의해 변형된 후에 세포바깥의 성숙한 아교질 단일체는 뭉쳐지고 교차결합을 이루어 아교질 원섬유를 형성한다.

1. **풋α사슬(pro-α chain)의 형성:** 아교질은 세포바깥에서 정상적으로 작용하는 많은 단백질 중의 하나이다. 대부분의 세포바깥으로 분비되는 단백질처럼 새로 합성되는 풋α사슬의 폴리펩타이드 전구체(prepro-α

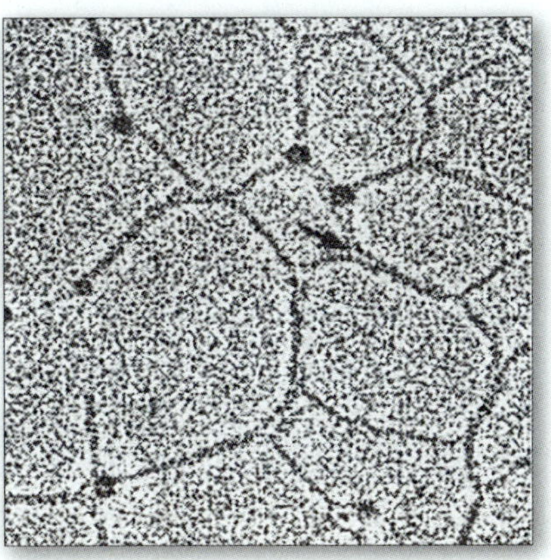

그림 4.4
IV형 아교질 단일체의 회합에 의해 형성된 다각형 그물의 전자현미경 사진.

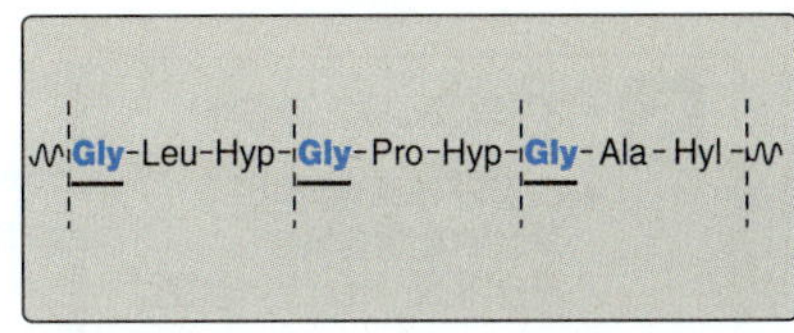

그림 4.5
아교질 α1 사슬에서 어느 부위의 아미노산 서열. Hyp는 하이드록시프롤린, Hyl은 하이드록시라이신.

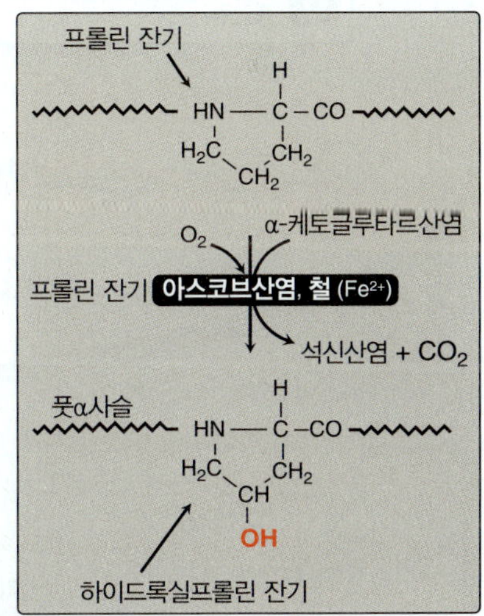

그림 4.6
프롤린 잔기 수산화효소에 의한 아교질 풋α사슬 프롤린 잔기의 수산화. [참고: Fe^{2+}(수산화효소 보조인자)는 아스코브산염[비타민C]으로 인해 Fe^{3+}로 산화가 방지된다.]

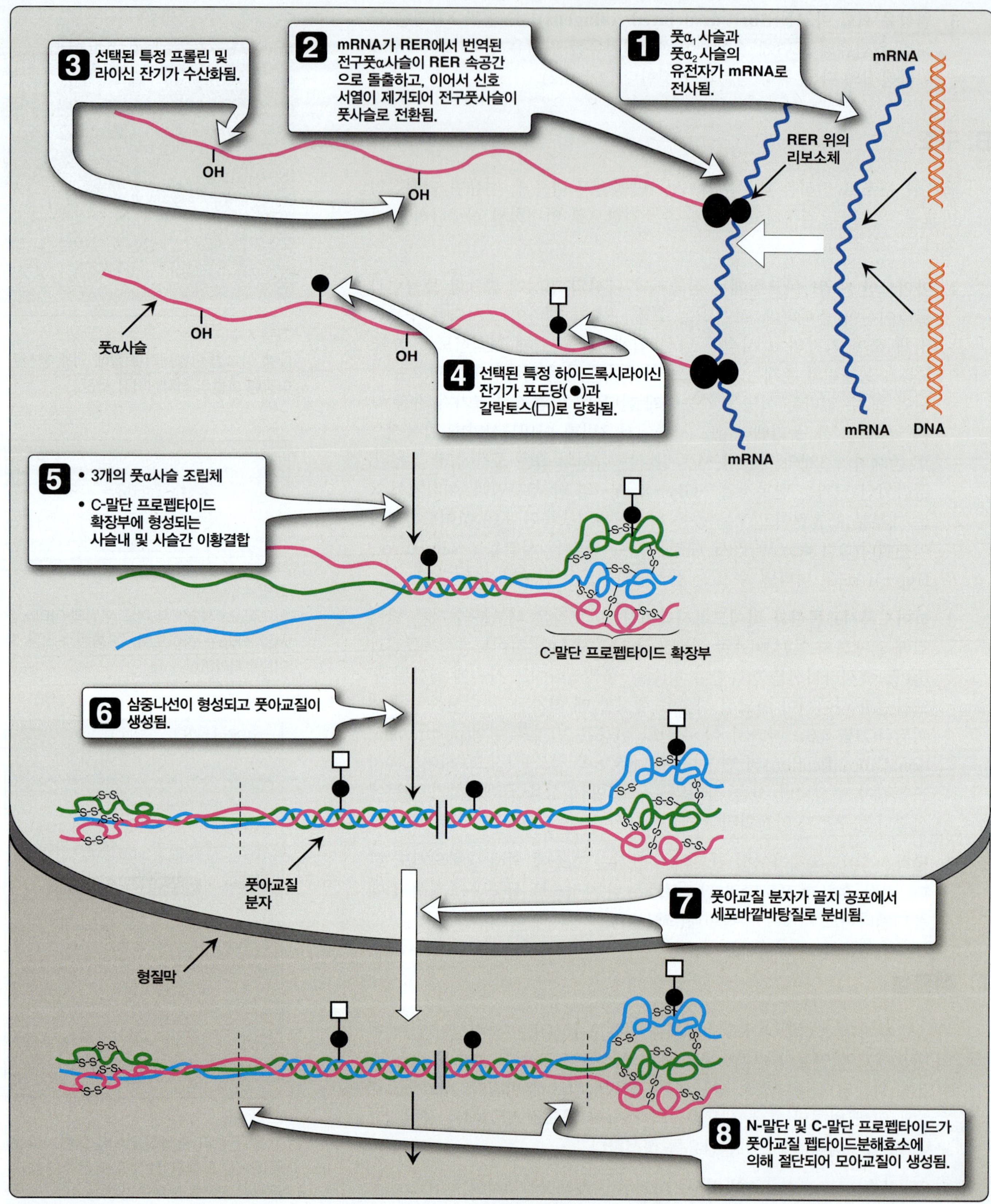

그림 4.7
아교질의 합성. RER = 거친면 세포질그물, mRNA = 전령 RNA.

(뒤쪽에 계속됨)

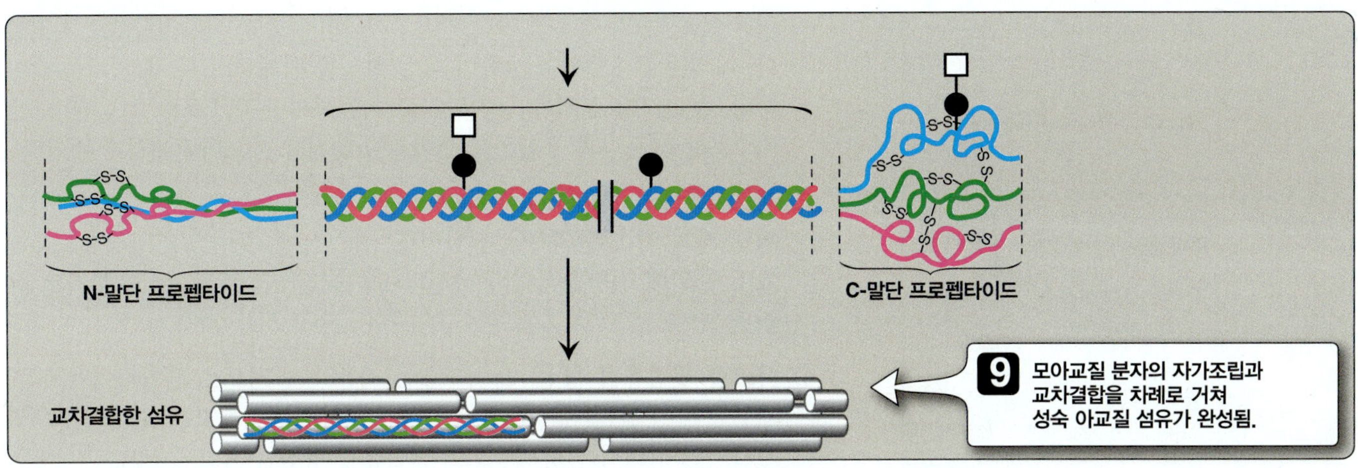

그림 4.7 (앞쪽에서 계속됨)
아교질의 합성.

chain, 전구풋α사슬)는 N-말단 끝에 특정 아미노산 서열을 포함한다. 이 서열은 추가적인 다른 신호가 없으면 합성되는 폴리펩타이드를 세포바깥으로 분비하라는 신호로 작용한다. 또한 이것은 리보소체와 거친면 세포질그물(RER)의 결합을 쉽게 해주고, 폴리펩타이드 사슬이 RER의 수조(cisternae)로 이동하라는 신호가 된다. 신호 서열은 RER에서 빠르게 제거되어 풋α사슬이라는 아교질 전구체가 만들어진다(그림 4.7).

2. **수산화(hydroxylation):** 풋α사슬은 RER의 속공간에서 합성될 때 여러 단계의 효소반응에 의해 가공이 이루어진다(그림 4.7). −Gly−X−Y− 서열의 Y에 위치하는 프롤린과 라이신은 수산화되어 하이드록시프롤린 및 하이드록시라이신 잔기가 된다. 이 수산화반응에는 분자산소와 Fe^{2+}, 그리고 환원제로 작용하는 비타민 C(아스코브산, 441쪽 참조)가 프롤린 잔기 및 라이신 잔기 수산화효소의 작용에 반드시 필요하다(그림 4.6). 아스코브산이 결핍되면(즉 프롤린과 라이신의 수산화가 없으면), 안정적인 삼중나선의 형성에 필요한 사슬간 수소결합이 손상된다. 따라서 아교질 원섬유의 교차결합이 형성되지 않아 (아래 참조) 조립된 아교질 섬유의 인장강도가 크게 감소한다. 이 결과의 결핍병이 괴혈병(scurvy)이다. 아스코브산 결핍 환자는 모세혈관이 취약하므로(그림 4.8) 혈액이 혈관밖 피하조직으로 빠져나가 팔과 다리에 자주 멍이 든다. 그 밖에도 잇몸 질환, 치아 헐거워짐, 그리고 상처가 잘 낫지 않는 증상이 있다.

3. **당화 반응:** 일부 하이드록시라이신 잔기는 포도당 또는 이당인 포도당-갈락토스로 당화되기도 한다(그림 4.7).

4. **조립과 분비:** 풋α사슬이 수산화되고 당화된 후에 3개가 모여 풋아교질(procollagen)이 되며, 이것은 아교질의 전구체로서 프로펩타이드라 불리는 나선 구조가 아닌 아미노 및 카복실 말단의 확장부와 그 사이의 중앙에 위치하는 삼중나선으로 구성된다(그림 4.7). 풋아교질의 형

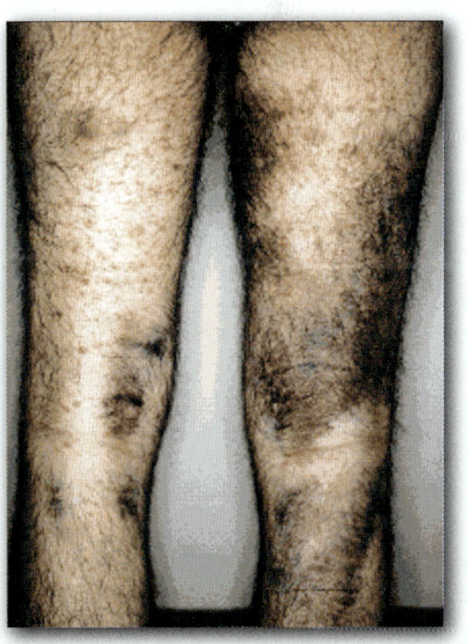

그림 4.8
괴혈병 환자인 46세 남성의 다리.

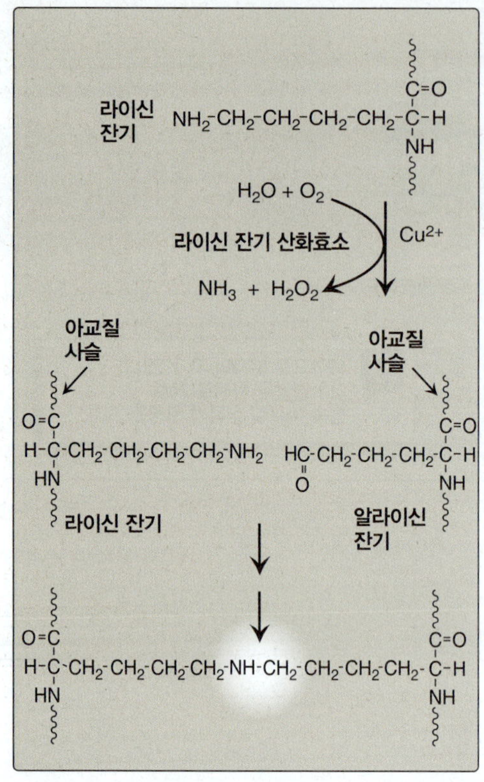

그림 4.9
아교질에서 형성되는 교차결합. [참고: 라이신 잔기 산화효소는 연리초속(*Lathyrus odoratus*)의 독에 의해 비가역적으로 억제된다. 이 중독을 갯완두 중독증(lathyrism)이라고 한다.] Cu^{2+}, copper(구리); NH_3, ammonia(암모니아); H_2O_2, hydrogen peroxide(과산화수소).

성은 풋α사슬의 카복실 말단 확장부끼리의 사슬간 이황결합으로 시작한다. 이 결합은 3개의 α 사슬이 나선 형성을 쉽게 하도록 제 위치를 잡아준다. 풋아교질 분자는 골지장치로 이동하여 분비소포로 포장된다. 분비소포는 세포막과 융합하여 풋아교질 분자를 세포바깥에서 분비한다.

5. **세포바깥에서 풋아교질 분자의 절단:** 세포바깥으로 분비된 후 풋아교질 분자의 각 말단의 프로펩타이드는 N- 및 C-풋아교질 펩타이드분해효소에 의해 절단되어 삼중나선의 모아교질(tropocollagen) 분자로 유리된다.

6. **아교질 원섬유의 형성:** 모아교질 분자는 자발적으로 결합하여 아교질 원섬유를 형성한다. 이들은 인접한 분자와 규칙적으로 길이의 3/4씩 엇걸리면서 겹치는 평행구조로 원섬유를 형성한다(그림 4.7).

7. **교차결합 형성:** 원섬유 배열로 구성된 아교질 분자는 라이신 잔기 산화효소의 기질이다. 이 효소는 구리를 포함하고 세포바깥에 존재하며, 아교질의 라이신과 하이드록시라이신의 산화적 탈아민화를 촉진한다. 그 결과로 생성되는 반응성 알데하이드인 알라이신과 하이드록시알라이신은 주변의 아교질의 라이신 잔기 또는 하이드록시라이신 잔기와 축합하여 공유결합적으로 교차결합을 한다(그림 4.9). [참고: 교차결합은 두 개의 알라이신 잔기 사이에 형성될 수 있다.]

> 라이신 잔기 산화효소는 구리함유 효소이다. 그 밖에 세룰로플라스민(466쪽 참조), 사이토크롬 c 산화효소(86쪽 참조), 도파민 수산화효소(329쪽 참조), 초과산화물 불균등분해효소(172쪽 참조), 타이로신분해효소(313쪽 참조) 등이 있다. 구리 항상성이 파괴되면 구리 결핍증(X연관 멩케스 증후군)이나 과잉증(윌슨병)이 발생한다(465쪽 참조).

D. 분해

정상 아교질은 반감기가 몇 년이 될 정도로 매우 안정적인 분자이다. 그러나 결합조직은 조직의 성장이나 손상에 대한 반응으로 항상 재형성이 역동적으로 일어난다. 아교질 원섬유의 분해는 바탕질 금속단백질분해효소(matrix metalloproteinase) 족의 구성원인 아교질분해효소(collagenase)의 작용에 의존적이다. I형 아교질의 절단 위치는 특이적이어서 항상 3/4과 1/4 길이의 조각이 만들어진다. 이 조각들은 다른 바탕질 단백질분해효소에 의해 좀 더 분해된다.

E. 아교질병증(collagenopathy)

아교질 섬유의 합성에서 어느 한 단계에 결함이 생기면 정확한 아교질 섬유의 형성이 불가능해지므로 정상 아교질에 의한 인장강도를 조직에 제공하지 못하는 유전병이 발생한다. 13가지 종류의 아교질을 부호화하는 23개의 유전자에 생기는 1,000개 이상의 돌연변이가 밝혀져 있다. 다음의 병들이 아교질 합성의 결함으로 발생한다.

1. **엘러스-단로스 증후군(Ehlers-Danlos syndrome, EDS)**: 이 질환은 원섬유성 아교질 분자의 대사에서 유전 결함으로 발생하는 전신적이고 이질적인 결합조직 질환군을 말한다. EDS는 아교질 가공효소(예: 라이신 잔기 수산화효소 또는 N-풋아교질 펩타이드분해효소)의 결핍이나 I형, III형, 또는 V형 아교질의 아미노산 서열의 돌연변이에 의해 발생한다. V형 아교질의 결함으로 발생하는 고전형 EDS는 피부 신장성 및 취약성과 관절 과운동성이 특징이다(그림 4.10). III형 아교질의 결함으로 발생하는 혈관형 EDS는 치명적인 동맥파열의 가능성 때문에 가장 심한 형태이다. [참고: 고전형과 혈관형은 보통염색체 우성 유전을 한다.] 돌연변이 사슬이 들어 있는 아교질은 변형된 구조, 분비, 분포를 갖고 있다. 따라서 쉽게 분해된다. [참고: 돌연변이 사슬이 하나만 혼입되면 삼중나선이 분해될 수 있다. 이것은 우성-열성 효과로 알려져 있다.]

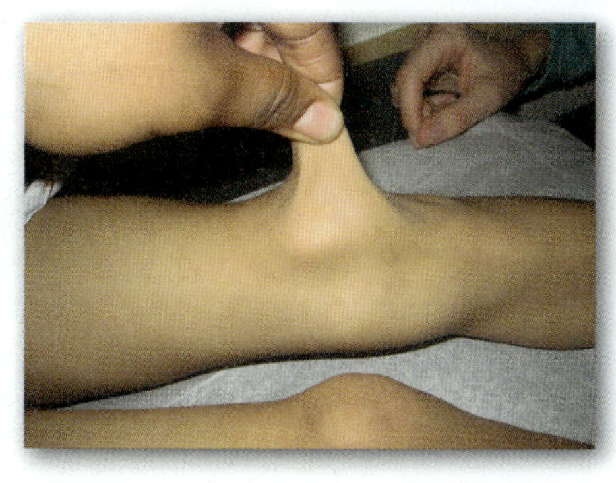

그림 4.10
고전형 엘러스-단로스 증후군 환자의 과도하게 늘어나는 피부.

2. **불완전뼈형성(osteogenesis imperfecta, OI)**: 이 증후군은 파쇄골증후군이라고도 말하며, 외상없이 쉽게 뼈가 골절되는 특징을 갖는 뼈취약성 유전질환이다(그림 4.11). OI의 80% 이상에서 1형 아교질의 α1 사슬이나 α2 사슬 유전자에 생긴 우성 돌연변이에 의해 발병한다. 가장 흔한 돌연변이는 −Gly−X−Y−에서 글라이신이 부피가 큰 아미노산으로 대체된 것이다. 그 결과 비정상적인 구조를 가진 α 사슬이 아교질이 삼중나선 입체형태가 되는 것이 방해한다. 표현형의 정도는 경증으로부터 사망까지 다양하다. 가장 흔한 I형 OI는 경증의 뼈취약성, 청각소실, 청색공막이 특징이다. 가장 심한 II형 OI는 폐 합병증으로 대부분 주산기에 사망한다. 태아에서 골절이 생긴다(그림 4.11, 왼쪽). III형 OI도 심한 편으로, 출생시 다발골절, 작은 키, 척주뒤굽음증(곱추) 모습, 청색공막 등이 특징이다. 치아발생 질환인 불완전상아질발생증도 OI에서 볼 수 있다. OI는 뼈 조직을 파괴시키는 세포인 파골세포를 불활성화하여 효과를 나타내는 비스포스포네이트로 치료한다(그림 4.11,

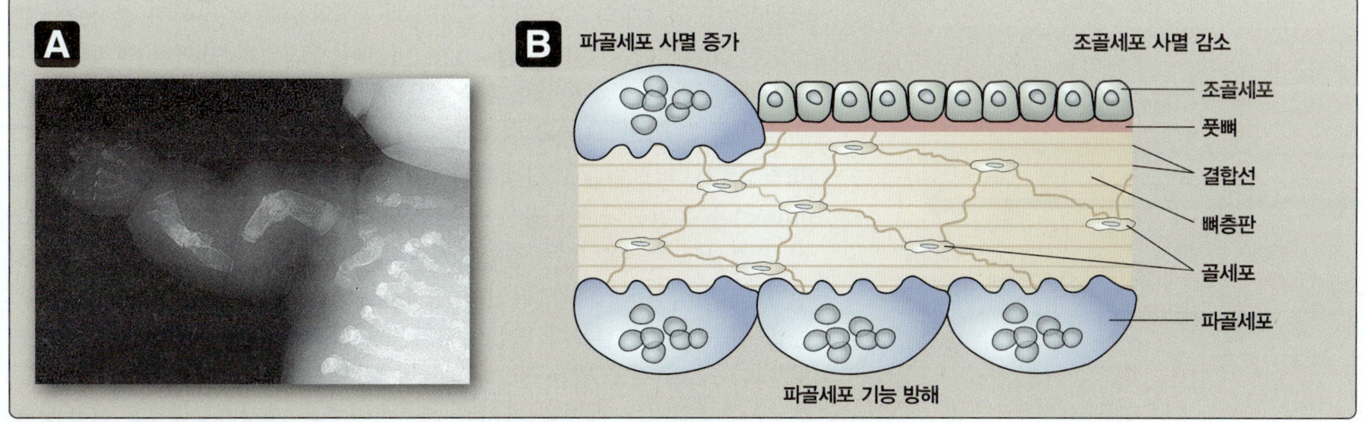

그림 4.11
A: 사산 태아의 방사선 사진에 보이는 것처럼 *자궁내* 골절이 보이는 치사형(II형) 불완전뼈형성(OI). B: OI 환자를 치료하는 비스포스포네이트의 작용기전. (OI = osteogenesis imperfecta).

오른쪽). 비스포스포네이트는 파골세포의 세포자멸사 또한 증가시켜 뼈 재료의 재흡수를 막는다. 비스포스포네이트는 새로운 뼈바탕질을 만드는 세포인 조골세포의 세포자멸사를 막는다.

3. **알포트 증후군(Alport syndrome)**: 이 병은 신장, 그리고 자주 귀, 눈 기저막의 이종 유전 장애에 속하는데, 사구체신염, 혈뇨, 단백뇨, 고혈압, 그리고 말기신장병과 청각상실이 20년에서 40년 동안 진행되는 것이 특징이다. 이 병은 IV형 아교질 유전자의 돌연변이의 결과로 5천 명중 1명 정도의 빈도로 나타난다. 가장 일반적인 형태는 X-연관 보통 염색체 우성으로 유전된다. 유전과 증상의 패턴은 어떤 IV형 아교질 유전자가 포함되어 있는지에 따라 다르다.

III. 탄력소(Elastin)

탄력소는 아교질과 다르게 고무 같은 성질을 가진 결합조직 단백질이다. 탄력소 섬유는 탄력소와 당단백질 미세원섬유로 구성되며 폐, 큰 동맥의 벽, 탄력성 인대에 존재한다. 이들은 정상 길이보다 몇 배 이상 늘어날 수 있으며, 힘이 제거되면 다시 원래 상태로 돌아온다.

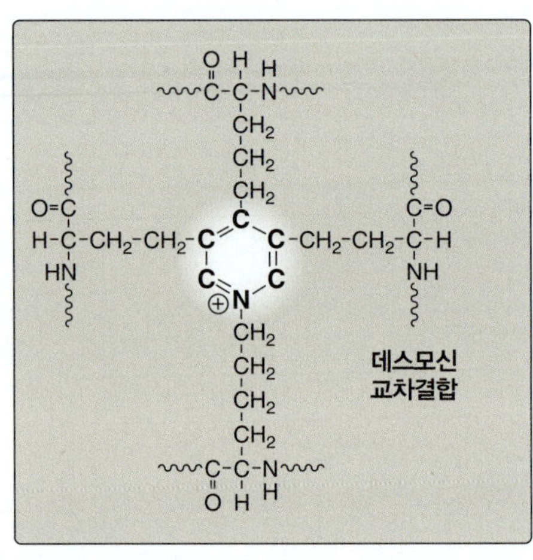

그림 4.12
탄력소의 데스모신 교차결합.

A. 구조

탄력소는 전구체 풋탄력소(tropoelastin)에서 합성되는 불용성의 단백질 중합체이다. 풋탄력소는 주로 약 700개의 작은 비극성 아미노산(글라이신, 알라닌, 발린 등)으로 구성된 섬유모양의 폴리펩타이드이다. 탄력소에도 프롤린과 라이신은 많지만 하이드록시프롤린과 하이드록시라이신은 적다. 풋탄력소는 세포바깥으로 분비되어 지지대로 작용하는 피브릴린(fibrillin)과 같은 특정 당단백질 미세원섬유와 상호작용을 하여 침착한다. 풋탄력소 폴리펩타이드의 일부 라이신 곁사슬은 라이신 잔기 산화효소에 의해 산화적 탈아민화가 일어나 알라이신 잔기가 된다. 같은 또는 이웃 폴리펩타이드의 3개의 알라이신 곁사슬과 1개의 본래의 라이신 곁사슬이 데스모신 교차결합을 한다(그림 4.12). 이것이 광범위하게 서로 연결되어 고무와 같은 그물을 형성함으로써 힘을 받았을 때 모든 방향으로 늘어나고 구부러질 수 있기 때문에 탄력소가 결합조직의 탄력성을 유지할 수 있다(그림 4.13). 피브릴린-1 단백질의 돌연변이가 마르팡 증후군(Marfan syndrome)을 유발한다. 이 병은 특징적으로 뼈대, 눈, 심혈관계통 등의 구조적 안전성에 손상을 받는 결합조직 질환이다, 이 병에서 미세원섬유가 형성될 때 비정상적인 피브릴린이 정상 피브릴린과 함께 혼입되어 정상 기능을 하는 미세원섬유가 만들어지지 않는다. 마르팡 증후군 환자는 대체로 키가 크고, 길고 얇은 팔, 다리, 손가락, 그리고 발가락을 가진다. 이들은 잘 구부러지는 관절을 가지고 척추측만증을 가지기도 한다. 심장과 동맥이 영향 받기도 하고, 승모판막탈출증 혹은 대동맥류의 발생 위험이 증가한다. [참고: 마르팡 증후군, OI, EDS 등의 환자에서 볼 수 있는 청색공막은 조직이 얇아져서 공막 밑부분의 색소가 드러나 파랗게 보이는 것이다.]

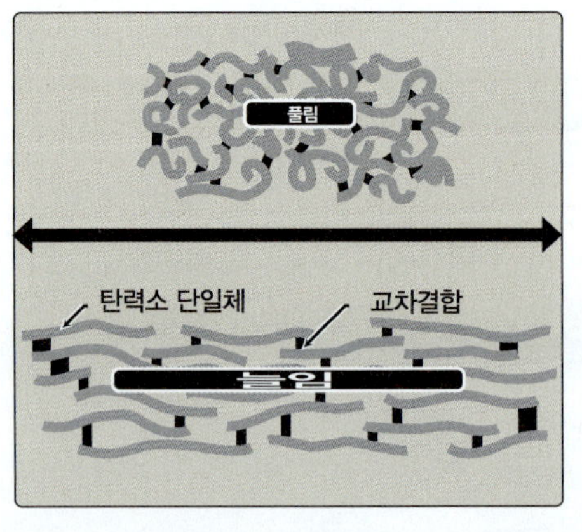

그림 4.13
풀린 상태와 늘인 상태에서 탄력소 섬유의 입체 형태.

B. 탄력소 분해에서 α_1-항트립신(α_1-antitrypsin)

혈액과 그 밖의 다른 체액은 단백질을 가수분해하여 파괴하는 다양한 단백질분해효소(protease 또는 proteinase)들을 억제하는 α_1-항트립신(AAT)을 함유한다. [참고: 이 억업자는 단백질분해효소 트립신(전구체인 트립시노겐이 이자에서 합성됨)의 활성을 억제하기 때문에 항트립신으로 명명됨, 284쪽 참조.] AAT는 세포바깥으로 분비되어 허파꽈리의 탄력소와 다른 조직의 구조 단백질을 분해하는 중성구의 탄력소분해효소를 억제하는 중요한 작용을 한다(그림 4.14). 혈장에 존재하는 대부분의 AAT은 간에서 합성되어 분비된다. 간외합성도 일어난다.

1. **허파에서 α_1-항트립신:** 정상 허파에서 허파꽈리는 활성화된 또는 죽어가는 중성구에서 분비하는 소량의 탄력소분해효소에 만성적으로 노출된다. 중성구 탄력소분해효소의 가장 중요한 억압자 AAT가 이 단백질분해 활성을 막지 못하면 허파꽈리 벽의 탄력소가 파괴될 수 있다(그림 4.14). 허파 조직은 재생할 수 없기 때문에 단백분해효소와 그 억제제의 불균형으로 인해 허파꽈리 벽의 결합조직이 파괴되면, 폐질환이 발생한다.

2. **α_1-항트립신의 결핍으로 발생하는 폐공기증(emphysema):** 미국에서 폐공기증 환자의 2~5%는 AAT의 유전 결함에 의해 발생한다. AAT 유전자의 다양한 돌연변이 중에서 단일 퓨린염기 돌연변이(GAG → AAG, 이 경우 342번 위치의 글루탐산이 라이신으로 대체됨)가 임상적으로 가장 흔하다. [참고: 돌연변이 단백질은 Z 변이라고 한다.] 간세포의 세포질그물에서 돌연변이에 의해 정상적으로 단일체가 중합화하여 간에서 AAT의 분비가 감소하게 된다. 그러므로 AAT 결핍은 잘못 접힌 단백질 질환이다. [참고: 간세포에 중합체의 축적은 간경변을 일으킨다. 이런 간 손상은 간 이식이 필요한 소아 말기 간부전을 일으킨다.] 결과적으로 간에서 AAT의 분비가 줄고, 혈중 농도가 감소하여 허파꽈리로 들어가는 양이 줄어든다. 미국에서 AAT 돌연변이는 북유럽 조상을 가진 백인에서 가장 흔하다. 폐공기증이 발생하려면 2개의 비정상 AAT 맞섬유전자를 가지고 있어야 한다. 이종접합체, 즉 1개의 정상 유전자와 1개의 비정상 유전자를 가지는 사람은 AAT의 농도가 허파꽈리의 파괴를 막기에 충분하다. [참고: AAT의 특정 메싸이오닌(358번 메싸이오닌)이 단백질분해효소에 결합할 때 필요하다. 흡연은 이 메싸이오닌을 산화시켜 불활성화하기 때문에 억압자가 탄력소분해효소를 중화할 수 없게 만든다. 따라서 AAT가 결핍된 흡연자는 같은 결핍이 있는 비흡연자보다 심한 허파조직 파괴와 낮은 생존율을 보여준다.] 혈액의 AAT는 허파로 확산되어 허파 상피세포 주변의 체액을 통해 치료 농도까지 공급될 수 있기 때문에, 탄력소분해효소 억압자가 결핍된 환자가 매주 AAT 정맥주사로 보강요법을 시행하면 치료할 수 있다.

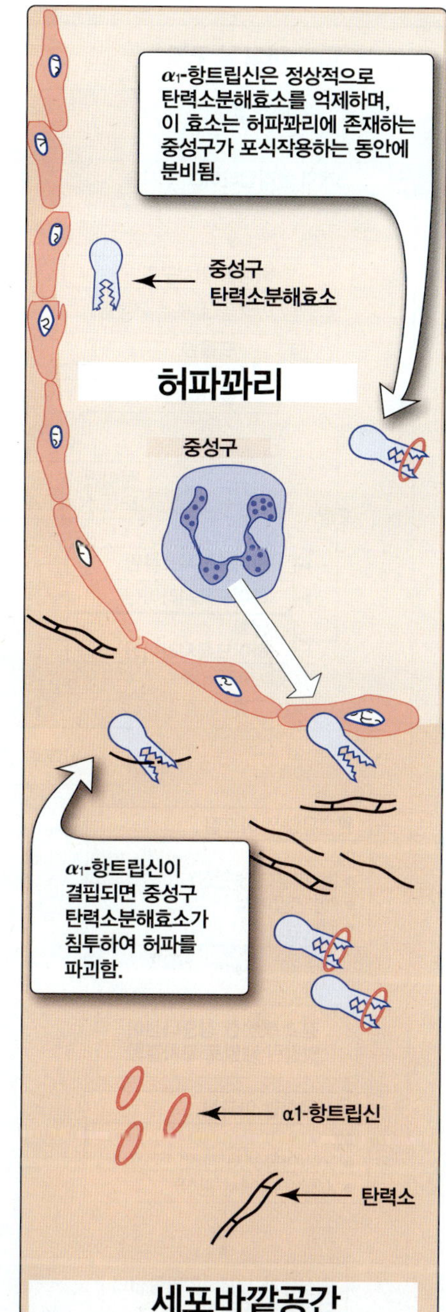

그림 4.14
활성화된 중성구에서 분비한 탄력소분해효소에 의해 허파꽈리 조직이 파괴됨. 이 중성구는 공기매개 병원체에 대한 면역반응의 한 부분으로 활성화된다.

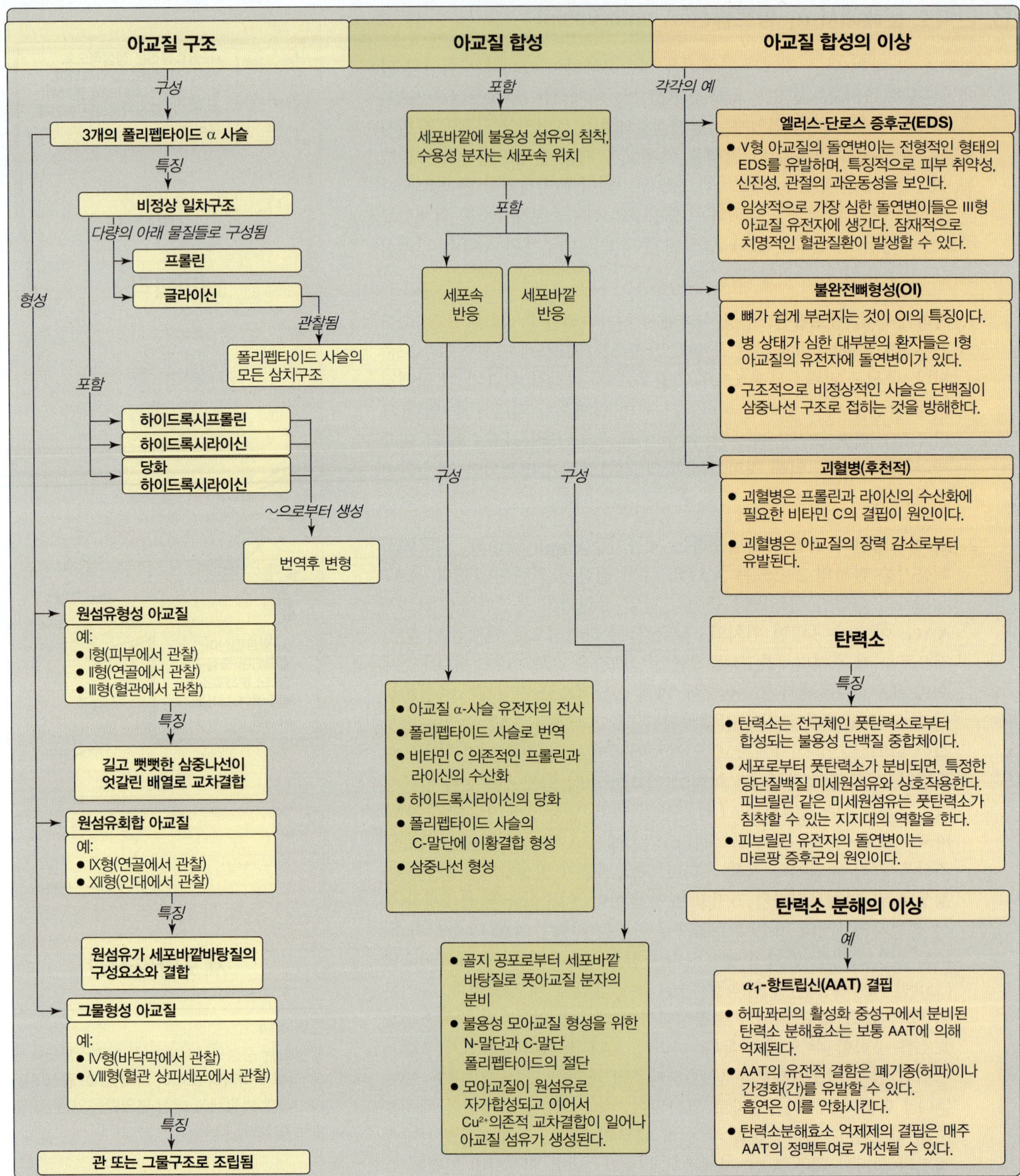

그림 4.15
섬유모양 단백질인 아교질과 탄력소의 핵심 개념도. Cu^{2+} = 구리.

IV. 요약

- 아교질과 세포바깥바탕질에 있는 탄력소는 섬유모양 단백질이다(그림 4.15).
- **아교질** 분자는 많은 양의 **프롤린, 라이신, 글라이신**을 함유하며, 글라이신은 일차구조에서 3번째 위치마다 존재한다. 아교질은 또한 번역후 변형에 의해 생성되는 **하이드록시프롤린, 하이드록시라이신, 당화 하이드록시라이신** 등을 함유한다.
- 아교질 분자는 3개의 아교질 폴리펩타이드 사슬이 서로 꼬여 원섬유를 만드는데, 이것은 **사슬간 수소결합**으로 안정화된 밧줄처럼 길고 단단한 **삼중나선**이다. 아교질 합성 질환은 뼈, 관절, 피부, 그리고 혈관에 영향을 미친다.
- **탄력소**는 허파 같은 조직에서 고무와 같은 성질을 갖는 결합조직 단백질이다. **α1-항트립신(AAT)**은 주로 간에서 생성되며, 허파꽈리 벽에서 **탄력소분해효소**에 의해 촉진되는 탄력소의 분해를 막는다. AAT의 결핍은 **폐공기증**을 일으키며 일부에서 **간경화**의 원인이 된다.

연습문제

가장 올바른 답을 하나만 고르시오.

4.1 북유럽 조상을 둔 30세의 여성이 진행성 호흡곤란(짧은 호흡)을 보였다. 흡연 경력은 없었고, 그녀의 자매도 같은 폐 질환을 앓고 있었다. 다음 중 이 환자의 폐증상을 가장 잘 설명해 줄 수 있는 원인에 해당하는 것은?

A. 음식 비타민 C의 결핍
B. α_1-항트립신의 결핍
C. 프롤린 잔기 수산화효소의 결핍
D. 탄력소분해효소 활성의 감소
E. 아교질분해효소 활성의 증가

정답 = B. α_1-항트립신(AAT) 결핍은 흡연을 하지 않더라도 폐공기증을 일으킬 수 있는 유전질환이다. AAT 결핍은 비흡연자에서도 탄력소분해효소의 활성을 증가시켜 허파꽈리 벽의 탄력소를 파괴한다. 따라서 만성기관지염의 병력이나 흡연 경험이 없이 45세 이하에서 만성 폐쇄성 폐질환(COPD)이 발생했을 때나 어린 시기에 여러 가족들이 폐쇄성 폐질환에 걸리는 경우에 AAT 결핍을 의심해야 한다. 보기의 A, C, E는 탄력소가 아닌 아교질에 관한 사항이다.

4.2 7개월 된 영아가 기어가는 도중에 넘어져 다리가 부었다. 오른쪽 X-선 사진에서 작은 외상에 따른 휜 넙다리뼈의 골절, 얇은 뼈를 보여준다. 청색공막도 보였다. 1개월 되었을 때 다발성 골절(오른쪽 빗장뼈, 오른쪽 위팔뼈, 오른쪽 노뼈)을 당했으나 상처가 아무는 시기는 각각 달랐다. 세밀한 가족력 조사에서도 골절이 일어날만한 비사고 외상(아동학대)의 증거는 없었다. 이 임상소견에 맞는 분자적 결함과 병리상태는 어느 것인가?

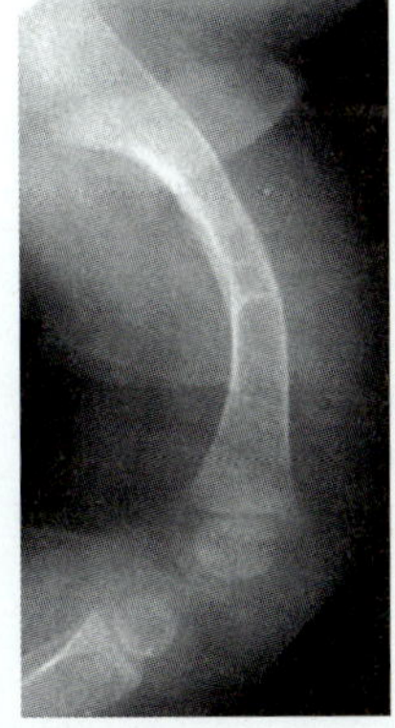

A. 탄력소와 폐공기증
B. 피브릴린과 마르팡병
C. I형 아교질과 불완전뼈형성
D. V형 아교질과 엘러스-단로스 증후군
E. 비타민 C와 괴혈병

정답 = C. 이 아이는 불완전뼈형성 환아일 것이다. 대개 I형 아교질 유전자의 결함으로 발생한다. 환자의 뼈는 얇고 다공성이며 자주 휘고 골절되기 아주 쉽다. 폐에는 별 문제가 없었다. 마르팡 증후군 환자는 뼈대, 눈, 심혈관계의 상태에 구조적인 문제를 갖는다. V형 아교질에 결함이 있으면 고전형 EDS으로서 피부 신장성과 취약성, 관절 과운동성이 특징이다. 비타민 C 결핍은 모세혈관 취약성이 특징이다.

4.3 α_1-AT 결핍에서 간과 허파의 병리소견이 다른 근거는 무엇인가?

> α_1-AT 결핍으로 간경화의 발생원인은 AAT가 합성 장소인 간에서 중합화되고 축적되기 때문이다. 폐손상은 탄력소분해효소(일종의 단백분해효소)를 막지 못하는 경우처럼 축적에 근거하는 AAT(일종의 단백분해효소 억압자)의 결핍에 의한 것이다.

4.4 아교질에서 프롤린의 수산화가 일어나는 방법과 이유를 설명하시오.

> 프롤린은 프롤린 잔기 수산화효소에 의해 수산화된다. 이 효소는 RER 효소로서 O_2, Fe^{2+}, 비타민 C를 필요로 한다. 수산화는 사슬간 수소결합 형성을 증가시키고 아교질의 삼중나선을 강화시킨다. 비타민 C 결핍은 수산화에 손상을 준다.

4.5 60세 남성 노숙자가 응급실에 왔는데, 피로, 다리 통증, 그리고 무기력증을 호소하였다. 그는 혈변, 짧은 호흡, 쉽게 멍듬, 다리 부종, 팔 다리 붉은 발진이 있었다. 그는 아무런 약력이 없다. 그는 대부분 끼니를 빵, 통조림 고기, 그리고 맥주로 해결하였다. 정밀 검사를 통해 그의 하지 발진은 코르크모양 머리카락과 모낭 주위 표피하 적혈구 혈관외유출이 드러났다. 이 환자의 근본적인 문제는 무엇인가?

A. V형 아교질 돌연변이
B. I형 아교질 돌연변이
C. 프롤릴 수산화효소와 리실 수산화효소의 활성 저하
D. 순환 AAT 농도의 저하
E. 피브릴린의 돌연변이

> **정답 = C.** 환자는 비타민C 부족으로 인한 괴혈병이 있다. 비타민 C는 프롤린 수산화효소와 라이신 수산화효소 활성에 필요하다. 아교질 Gly-X-Y 서열에서 프롤린과 라이신의 수산화는 사슬간 수소결합과 안정한 아교질 삼중나선을 형성하는 데 필요하다. V형 아교질 돌연변이는 EDS의 특징이다. I형 아교질 돌연변이는 OI의 특성이다. 순환 AAT 농도의 감소는 폐 손상과 폐기종 증상 혹은 소아 말기 간부전을 일으키는 AAT 결핍의 기반이다. 피브릴린 돌연변이는 파르판 증후군의 특징이다.

효소

5

I. 개관

생체의 거의 모든 반응은 세포속에 있는 단백질 촉매인 효소에 의해 매개되며, 효소는 반응 자체에는 영향을 주지 않으면서 반응속도를 증가시키는 단백질 촉매이다. 에너지가 필요한 많은 생물반응에서 효소는 선택적으로 반응물이나 기질을 유용한 대사 경로로 진행시키는 역할을 한다. 그러므로 효소는 모든 대사를 지휘한다. 이 장에서는 촉매 분자인 효소의 성질과 작용기전을 기술한다.

II. 명명법

보통 효소는 2개의 이름을 가지는데, 첫 번째가 짧은 그리고 권장하는 이름으로서 현재 편리하게 사용하고 있다. 두 번째는 보다 완전한 체계적인 이름인데, 이것은 효소를 모호하지 않게 식별할 때 사용한다.

A. 권장하는 이름

가장 흔하게 사용하는 효소 이름은 접미사가 "-ase"인데, 이것은 반응에 참여하는 기질에 붙이거나(예: glucosidase, urease) 반응의 성질을 표현하기 위해 붙인다(예: lactate dehydrogenase, adenylyl cyclase). 일부 효소는 고유의 통상적인 이름을 갖고 있는데, 이 경우 트립신이나 펩신처럼 효소의 이름과 작용은 전혀 관련이 없다.

B. 체계적인 이름

체계적인 명명체계에서 효소는 6종류로 분류되고(그림 5.1), 각각은 다시 세부적으로 나뉜다. 한 효소에서 접미사 -ase는 촉매가 매개하는 화학반응에서 모든 기질은 물론 반응의 성질을 아주 정확하게 표현할 때 붙인다. (예: lactate:NAD^+ oxidoreductase)[참고: 각 효소는 분류번호가 부여된다. Lactate:NAD^+ oxidoreductase는 1.1.1.27이다.] 체계적인 이름은 모호하지 않고 정보가 많이 들어있지만 일반적으로 사용하기에는 너무 번거로운 면이 있다.

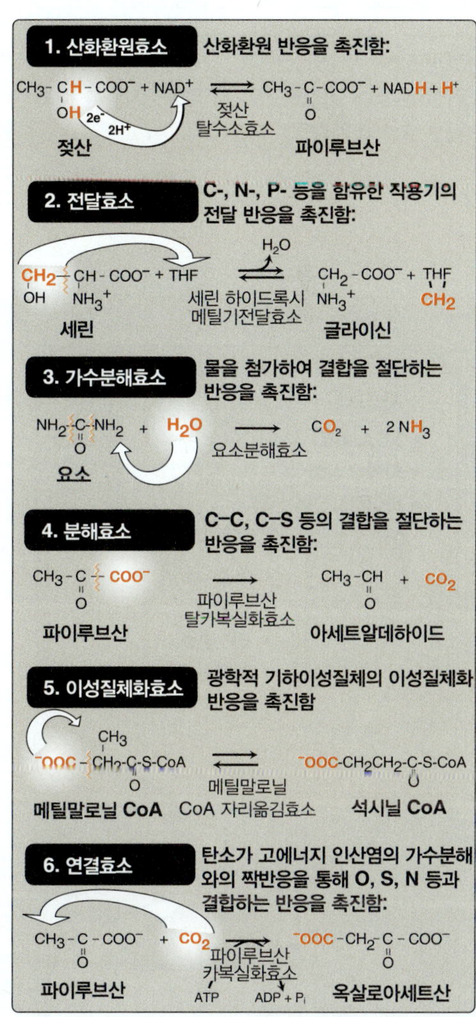

그림 5.1
6종류의 주요 효소와 예.
NAD(H) = nicotinamide adenine dinucleotide (니코틴아마이드 아데닌 다이뉴클레오타이드);
THF = tetrahydrofolate(사수소엽산);
CoA = coenzyme A(보조효소 A).
CO_2 = carbon dioxide(이산화탄소);
NH_3 = ammonia(암모니아);
ADP = adenosine diphosphate(이인산아데노신);
P_i = inorganic phosphate(무기인).

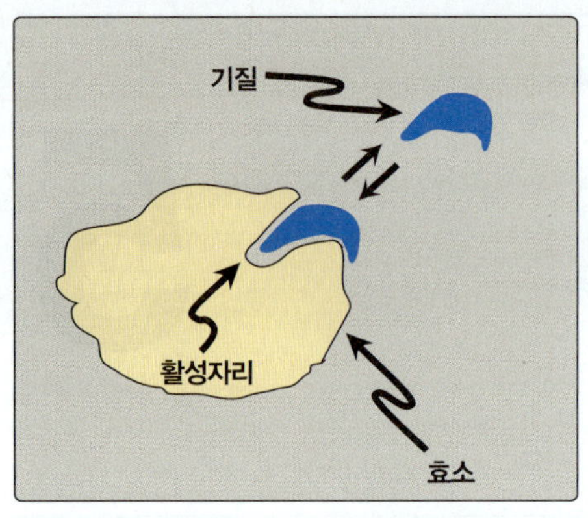

그림 5.2
기질 분자와 결합하는 한 개의 활성자리를 갖고 있는 효소의 개략도.

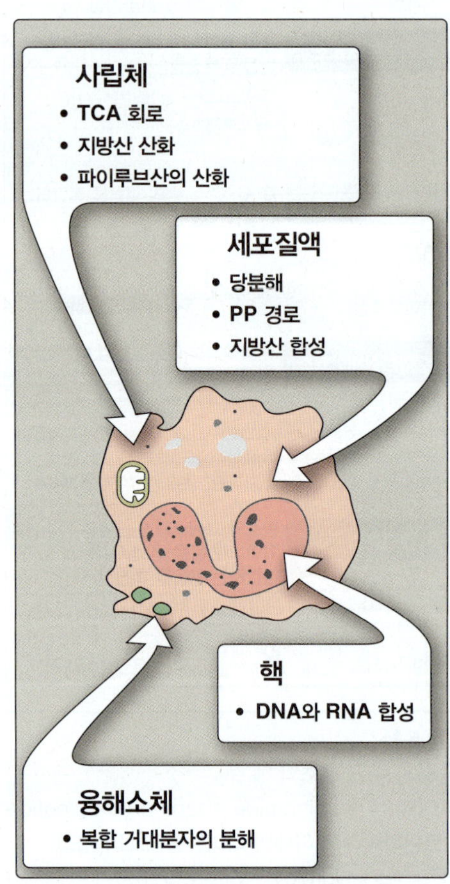

그림 5.3
몇 가지 중요한 생화학 경로의 세포속 위치. TCA = tricarboxylic acid(트라이카복실산), PP = pentose phosphate(인산오탄당).

다음과 같이 혼동을 줄 수 있는 효소 명명법이 있다: synthetase(합성효소, ATP가 필요함), synthase(생성효소, ATP가 불필요함), phosphatase(인산염 분해효소, 인산염기의 제거에 물을 사용함), phosphorylase(가인산분해효소, 무기인산염을 사용하여 결합을 절단하고 인산화 생성물을 생성함), dehydrogenase(탈수소효소, NAD^+/FAD가 산화환원 반응에서 전자 받개로 작용함), oxidase(산화효소, 산소가 전자 받개이지만 산소 원자는 기질로 혼입되지 않음), oxygenase(산소화효소, 한 개 또는 두 개의 산소 원자가 혼입됨).

III. 효소의 성질

효소는 효율적이고 특이적인 단백질 촉매로 효소 활성자리에 기질과 수반하여 반응을 수행하고 기질을 생성물로 전환한다. 체내에서 효소 없이는 생화학적 반응이 생리학적 중요성을 갖을 만큼 빠르게 일어나지 않는다. 효소는 화학반응의 속도를 증가시키는 단백질 촉매이지만 반응에서 소모되지 않는다. [참고: 일부의 RNA도 효소처럼 작용할 수 있는데, 이 경우는 보통 인산다이에스터 결합의 생성과 절단을 촉진한다. 촉매활성을 가진 RNA를 리보자임(ribozyme)이라 부르며, 단백질 촉매에 비해 작용 빈도가 훨씬 적다.]

A. 활성자리(active site)

효소 분자는 활성자리라고 부르는 특별한 공간이나 틈새를 갖고 있다. 활성자리는 기질결합과 촉매작용에 참여하는 아미노산 곁사슬을 함유한다(그림 5.2). 기질은 효소와 결합하여 효소기질(ES) 복합체를 형성한다. 결합에 의해 효소의 입체형태가 변하여(유도적합) 촉매작용이 가능해지는 것으로 보인다. ES는 효소-생성물(EP) 복합체로 전환되어 최종적으로 효소와 생성물로 분리된다.

B. 효율

효소촉매 반응은 매우 효율적이어서 촉매가 없는 반응에 비하여 $10^3 \sim 10^8$배 빠르게 진행한다. 한 개의 효소 분자에 의해 1초 동안 생성물로 전환되는 기질의 분자 수를 전환수 또는 k_{cat}라고 부르며, 그 값은 전형적으로 $10^2 \sim 10^4 s^{-1}$이다.

C. 특이성

효소는 독특한 특이성을 갖고 있어서 한 개 또는 몇 개의 기질과 상호작용을 하며, 한 종류의 화학반응만 촉진한다. 일련의 효소들이 세포에서 만들어져 그 세포의 대사 경로의 방향을 결정한다.

D. 완전효소, 부분효소, 보조인자, 보조효소

일부 효소는 효소활성에 대해 단백질이 아닌 다른 분자를 필요로 한다. **완**

전효소(holoenzyme)라는 용어는 비단백질 성분을 가진 활성형 효소를 말하며, **부분효소(apoenzyme)**는 완전효소에서 비단백질 부분이 빠진 비활성형 효소를 말한다. 단백질이 아닌 분자를 구성요소로 필요로 하는 효소의 경우, 효소가 기능하려면 이런 구성요소가 반드시 있어야 한다.

비단백질 부분이 Zn^{2+} 또는 Fe^{2+}와 같은 금속이온일 때 **보조인자(cofactor)**라고 하고, 작은 유기 분자일 때에 **보조효소(coenzyme)**라고 한다. 단지 일시적으로 효소와 회합하는 보조효소를 보조기질(cosubstrate)이라고 한다. 보조기질은 조건이 달라지면 효소로부터 분리된다(예: NAD^+). 보조효소가 영구적으로 효소와 회합하여 본래의 형태로 돌아오지 않을 때 **보조단(prosthetic group)**이라고 한다(예: FAD). 보조효소는 보통 비타민으로부터 유래한다. 예로서 NAD^+는 나이아신을, FAD는 리보플라빈을 포함한다.

E. 조절

효소 활성은 증가하거나 감소하는 것으로 조절될 수 있어서 생성물의 생성 속도는 세포의 필요성에 따라 달라진다.

F. 세포속 위치

대부분 효소들은 세포막으로 국한된 세포 내부에서 기능한다. 많은 효소들은 세포속 특정 소기관에 존재한다(그림 5.3). 이와 같은 구획화(compartmentalization)는 반응에 참여하는 기질 또는 생성물을 다른 경쟁 반응으로부터 격리시키는 역할을 한다. 구획화는 반응에 적합한 환경을 제공하며, 세포에 존재하는 수천 종류의 효소를 조직화하여 목적에 맞게 대사 경로를 진행시킨다.

IV. 효소 작용기전

효소의 작용기전은 두 가지의 다른 관점에서 관찰할 수 있다. 첫 번째는 반응이 진행될 때 일어나는 에너지 변화량, 즉 효소가 촉매없이 일어나는 반응을 에너지 관점에서 유리한 반응 경로로 대체한다는 관점에서 촉매작용을 살펴보는 것이다. 두 번째는 어떻게 효소의 활성자리가 촉매작용을 화학적으로 쉽게 일어나게 하는가의 관점이다.

A. 반응이 진행하는 동안 일어나는 에너지 변화

사실 모든 반응에는 반응물과 생성물을 구분하는 에너지 장벽이 있다. 활성화에너지(E_a)라고 하는 이 장벽은 반응물과 고에너지 중간 상태(즉 반응물이 생성물로 전환되는 동안 형성되는 전이 상태, T^*) 사이의 에너지 차이이다. 그림 5.4에서 반응물 A가 생성물 B로 전환되는 동안의 에너지 변화량을 보여준다.

$$A \rightleftarrows T^* \rightleftarrows B$$

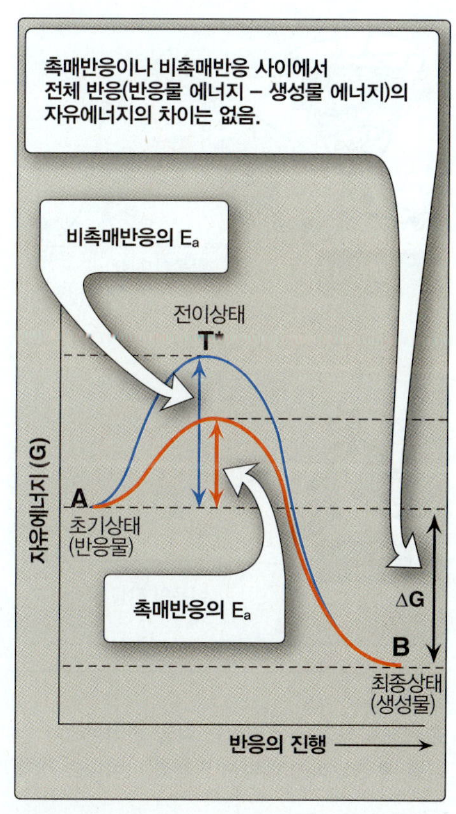

그림 5.4
반응의 활성화에너지(E_a)에 미치는 효소의 영향. ΔG, 자유에너지의 변화가 일어났다.

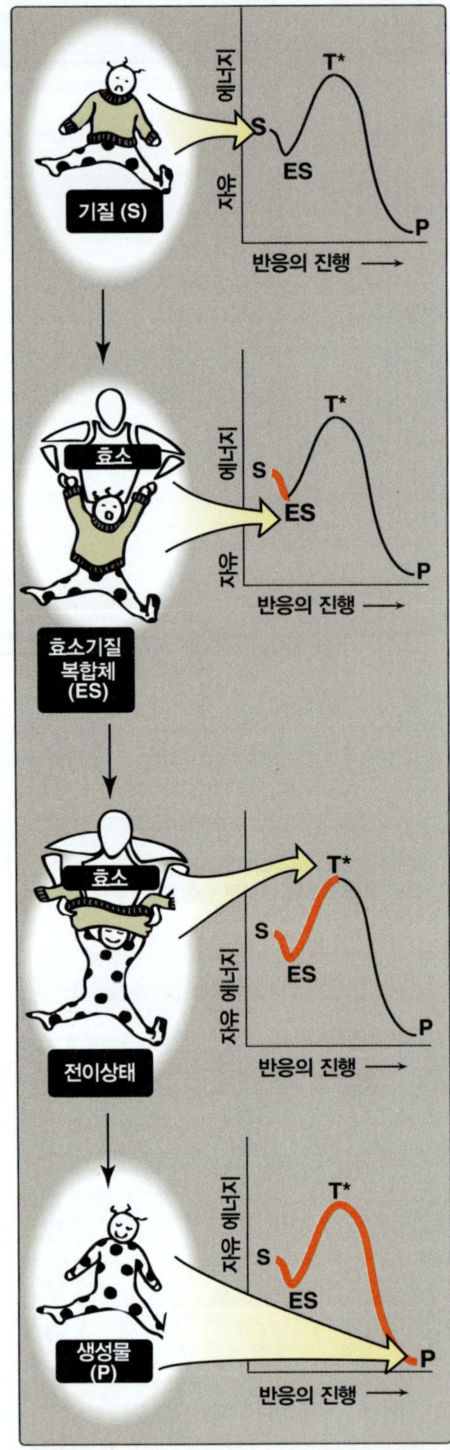

그림 5.5
효소기질 복합체가 형성된 다음 전이상태가 형성될 때 동반하는 에너지 변화를 나타내는 개략도.

1. **활성화에너지:** 그림 5.4에 보이는 에너지 최고치는 반응물과 T^* 사이의 자유에너지의 차이이며, 여기에서 T^*는 반응물이 생성물로 전환되는 과정에서 형성되는 고에너지 중간 상태이다. 높은 활성화에너지 때문에 촉매가 없는 화학반응의 속도는 종종 느린 편이다.

2. **반응속도:** 반응에 참여하는 분자는 전이상태의 에너지 장벽을 극복할 만한 충분한 에너지를 가지고 있어야 한다. 특히 효소없이 일어나는 반응에서 수많은 분자 중의 아주 일부분만이 전이상태를 거쳐서 생성물을 만들 수 있다. 반응속도는 에너지를 함유하는 여러 종류의 분자에 의해서 결정된다. 일반적으로 활성화에너지가 작을수록 전이상태를 거쳐서 진행할 수 있는 충분한 에너지를 가진 반응물들이 많아지고 또한 반응속도도 빨라진다.

3. **대체반응 경로:** 세포속의 반응은 효소가 있는 때 활성화에너지가 낮은 대체반응 경로를 선택하여 빠르게 진행한다(그림 5.4 참조). 효소는 반응물 또는 생성물의 자유에너지 자체에는 변화를 주지 않으므로 반응의 평형상태는 변하지 않는다. 그러나 평형상태에 도달하는 속도를 가속화한다.

B. 활성자리의 화학구조

활성자리는 기질이 결합하는 수동적인 개념이 아니라 기질이 생성물로 전환되는 반응을 촉진시키는 다양한 화학기전을 설명하기에 적합한 복잡한 분자 기구를 의미한다. 다음과 같은 여러 가지 인자들이 관여하여 효소의 촉매 효율성을 높여준다.

1. **전이상태 안정화:** 활성자리는 종종 탄력적인 분자 본틀로 작용하는데, 이 본틀이 기질과 결합하면 기질이 전이상태로 전환되기 시작한다. 전이상태는 결합구조가 기질이나 생성물의 구조와 다르다(그림 5.4에서 곡선의 꼭지에 있는 T^* 참조). 전이상태가 안정화되면 효소는 반응하는 중간대사물의 양을 크게 증가시켜 생성물로 전환시킬 수 있으며, 또한 반응속도를 가속시킨다. [참고: 전이상태는 분리될 수 없다.]

2. **촉매작용:** 활성자리는 촉매 작용기를 제공하여 전이상태가 형성될 가능성을 강화한다. 일부 효소에서 이 촉매 작용기는 아미노산 잔기가 양성자의 주개나 받개로 작용하는 일반적인 산-염기 촉매작용에 참여할 수 있다. 다른 효소의 경우 촉매작용이 일시적인 공유결합성 ES 복합체의 형성에 관여할 수도 있다.

창자에서 단백질 소화에 관여하는 효소인 카이모트립신(chymotrypsin)의 작용기전은 일반 염기, 일반 산, 공유결합성 촉매작용 등을 포함한다. 효소 활성자리의 히스티딘은 생리적 pH 범위에서 pK에 따라 양성자를 얻거나(일반 염기) 잃는다(일반 산). 활성자리의 세린은 기질과 공유결합을 한다.

3. **전이상태의 가시화:** 효소의 촉매작용에 의해 기질이 생성물로 되는 전환 과정은 말 안 듣는 아기로부터 스웨터를 벗기는 것과 비슷한 식으

로 도식화할 수 있다(그림 5.5). 이 과정은 높은 활성화에너지가 필요한데, 그 이유는 겉옷을 벗기는 단 한 가지 타당성 있는 전략이 제멋대로 날뛰는 아기가 두 팔을 머리 위로 쭉 뻗는 상태, 즉 거의 볼 수 없는 자세를 만들어야 하기 때문이다. 우리는 효소라고 하는 부모와 같은 존재를 보게 되는데, 먼저 아기에게 다가가 안고(ES 형성), 다음에 아기의 팔이 위로 뻗쳐진 상태로 만들면 마치 ES 전이상태와 비슷해진다. 이와 같은 아기의 자세(입체형태)는 겉옷을 쉽게 벗길 수 있어 결국 아기의 옷이 벗겨지는 것처럼 생성물(옷 벗은 아기)이 만들어진다. [참고: 효소와 결합한 기질(ES)은 결합하지 않은 상태의 기질(S)보다 에너지 수위가 조금 낮으며, 이것은 곡선에서 약간 꺼진 부위로 나타난다.]

V. 반응속도에 영향을 미치는 인자

효소는 세포에서 분리할 수 있어 시험관 내에서 연구된다(생체외 실험, *in vitro*). 각각의 효소들은 기질 농도, 온도, pH 등의 변화에 따라 각각 다른 반응을 보인다. 이 장은 효소의 반응속도에 영향을 주는 인자들을 기술하고 있다. 이 인자들에 대한 효소 반응은 어떻게 효소가 세포속에서 작용(생체내 실험, *in vivo*)을 하는가에 대한 지표가 된다.

A. 기질 농도

1. **최대속도:** 반응률 또는 반응속도(v)는 단위시간당 생성물로 전환되는 기질 분자의 개수로서 그 속도는 보통 분당 생성되는 생성물의 μmol 단위로 표현된다. 효소에 의한 촉매반응의 속도는 최대속도(V_{max})에 도달할 때까지 기질 농도와 함께 증가한다(그림 5.6). 높은 기질 농도에서 반응속도가 증가하거나 감소하는 것은 효소 분자에 존재하는 모든 결합자리에 대한 기질의 포화 상태를 반영하는 것이다.

2. **효소의 반응속도곡선의 형태:** 대부분의 효소는 미카엘리스-멘텐 반응속도곡선(64쪽 참조)을 보여주는데, 이때 기질 농도[S]에 대한 초기반응속도 v_o의 좌표는 쌍곡선 형태로 나타난다(이것은 근색소의 산소해리곡선의 모양과 유사함. 3장 참조). 반대로 다른자리조절 효소는 미카엘리스-멘텐 반응속도론을 따르지 않으며, S형 곡선(그림 5.6 참조)을 보여주는데, 이것은 혈색소의 산소해리곡선 형태와 유사하다.

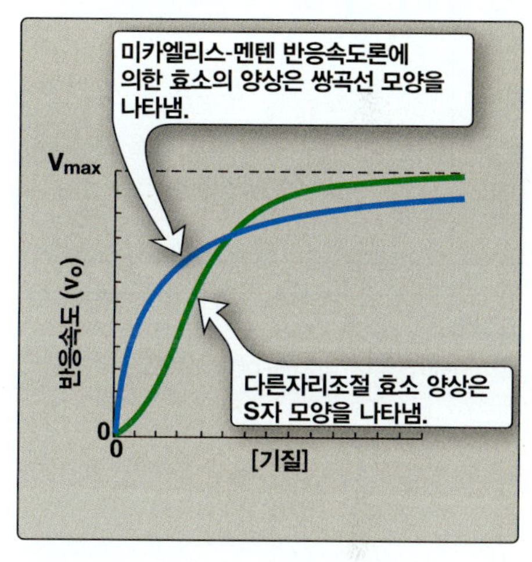

그림 5.6
반응속도에 미치는 기질 농도의 영향.

B. 온도

1. **온도에 따른 반응속도의 증가:** 반응속도는 온도에 따라 최고 속도에 도달할 때까지 증가한다(그림 5.7). 그렇게 증가하는 이유는 에너지 장벽을 넘어서 반응 생성물을 만들 수 있는 충분한 에너지를 가진 분자의 수가 증가하기 때문이다.

2. **고온에 의한 반응속도의 감소:** 온도가 계속 증가하게 되면 오히려 반응속도의 감소가 나타나는데, 그 이유는 고온에 의해 단백질의 변성이 일어나기 때문이다(그림 5.7 참조)

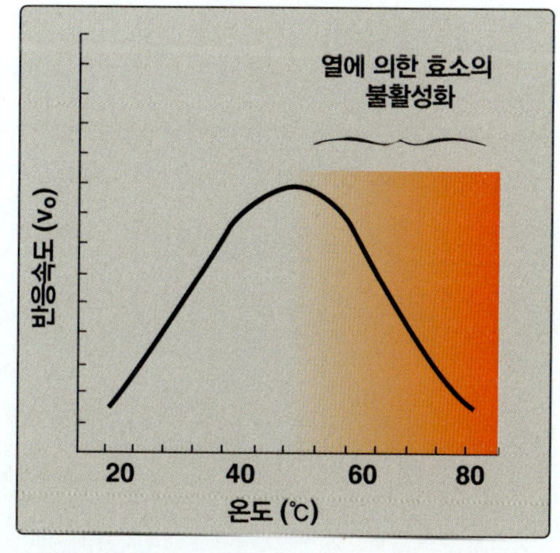

그림 5.7
효소촉매 반응에 미치는 온도의 영향.

정상적인 체온은 37°C이다. 사람에서 대부분의 효소에 대한 최적 온도는 35~40°C이다. 사람의 효소는 40°C 이상에서 변성되기 시작하지만 온천에서 발견되는 호열성 균(thermophilic bacteria)의 경우 70°C 정도가 최적 온도이다.

C. pH

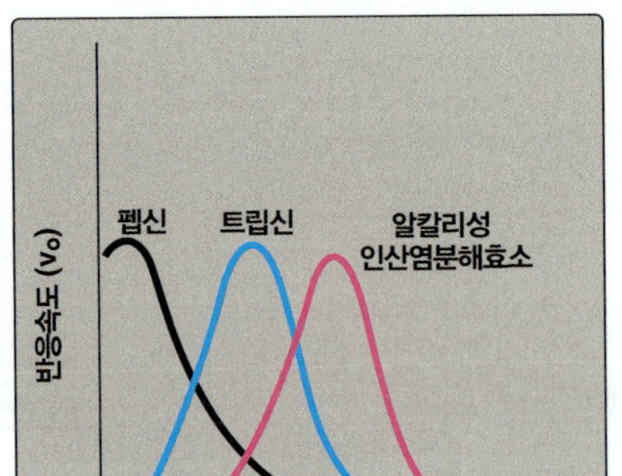

그림 5.8
효소촉매 반응에 미치는 pH의 영향.

1. **활성자리의 이온화에 대한 pH의 영향:** 양성자([H^+])의 농도는 여러 가지 방식으로 반응속도에 영향을 줄 수 있다. 첫째로 촉매 과정에 요구되는 것은 보통 효소나 기질이 상호작용에 필요한 이온화 상태 또는 비이온화 상태의 특정 화학작용기를 갖추는 것이다. 예를 들면 어떤 효소의 촉매활성은 효소의 아미노기에 양성자가 첨가된 형태($-NH_3^+$)가 필요하다. 알칼리성 pH 상태에서 이 아미노기는 양성자가 탈락한 형태이므로 반응속도가 감소한다.
2. **효소 변성에 대한 pH의 영향:** 극단의 pH도 또한 효소의 변성을 초래할 수 있다. 왜냐하면 촉매작용을 하는 활성형 단백질 분자의 구조는 아미노산 곁사슬의 이온 성질에 의존하기 때문이다.
3. **최적 pH 범위의 다양성:** 효소활성이 최대로 나타나는 pH는 효소에 따라 다르며, 이것은 종종 생체에서 작용하는 수소이온 농도 [H^+]를 반영한다. 예를 들면 위의 소화효소인 펩신은 pH 2에서 최대 활성을 나타내는 반면에 중성 pH에서 최적으로 작용하는 다른 효소들은 위처럼 강한 산성 환경에서 변성된다(그림 5.8).

VI. 미카엘리스-멘텐 반응식

1913년에 발표된 논문에서 미카엘리스(Leonor Michaelis)와 멘텐(Maude Menten)은 효소촉매 반응의 대부분의 특징을 나타내는 간략한 모델을 제시하였다. 이 모델에 따르면 효소는 기질과 가역적으로 결합하여 ES 복합체를 형성하고 연속적으로 생성물을 만든 후 자유형 효소로 재생된다. 이 모델은 하나의 기질 분자와 반응하는 효소의 반응식으로 다음과 같이 표현한다:

$$E + S \underset{k_{-1}}{\overset{k_1}{\rightleftarrows}} ES \xrightarrow{k_2} E + P$$

여기에서, S는 substrate(기질),
E는 enzyme(효소),
ES(enzyme-substrate complex, 효소기질 복합체),
P는 product(생성물),
k_1, k_{-1} 및 k_2(k_{cat}) 등은 반응상수를 나타낸다.

A. 미카엘리스-멘텐 반응식(Michaelis-Menten equation)

미카엘리스-멘텐 반응식은 어떻게 반응속도가 기질의 농도에 따라 변하는가를 다음과 같이 설명한다:

$$v_o = \frac{V_{max}\,[S]}{K_m + [S]}$$

여기에서, v_o = 초기반응속도를 의미하고
V_{max} = 최대반응속도,
K_m = 미카엘리스 상수로 이것은 $(k_{-1} + k_2)/k_1$를 의미하며
[S] = 기질의 농도를 나타낸다.

미카엘리스-멘텐 반응식을 유도할 때 다음과 같은 가정을 하였다.

1. **효소와 기질의 상대 농도:** 기질의 농도[S]가 효소의 농도[E]보다 현저히 높은 경우 어느 한 시점에서 효소에 결합한 전체 기질의 백분율은 작다.

2. **항정상태(steady-state) 가정:** 효소기질 복합체의 농도[ES]는 시간에 따라 변화하지 않으며(항정상태를 가정함), 다시 말해 ES의 생성속도와 분해속도가 동일하다는 것을 의미한다(E + S와 E + P). 일반적으로 연속반응에서 어떤 중간대사물의 생성속도와 분해속도가 같을 때 이 물질은 항정상태에 있다고 말한다.

3. **초기 속도:** 초기 반응속도(v_o)는 효소 반응의 분석에 사용된다. 이것은 효소와 기질을 섞자마자 반응속도를 측정할 수 있다는 것을 의미하며, 그 시점에서 생성물의 양은 매우 적고 따라서 생성물로부터 기질로 되돌아가는 역반응 속도는 무시할 수 있다.

B. 중요한 결론

1. **K_m의 특징:** 미카엘리스 상수인 K_m은 효소와 특정 기질의 특징을 나타내며 기질에 대한 효소의 친화력을 반영한다. K_m은 반응곡선에서 반응속도가 V_{max}의 1/2 지점에 상응하는 기질의 농도와 수치적으로 같으며 효소의 농도에 따라 변하지 않는다.

   a. **작은 값의 Km:** 수치적으로 K_m이 작다(낮다)는 것은 기질에 대한 효소의 높은 친화력을 의미하는데, 그 이유는 효소의 절반을 포화시키는 것이 ($1/2V_{max}$에 도달) 낮은 농도의 기질로도 가능하기 때문이다(그림 5.9).

   b. **큰 값의 K_m:** 수치적으로 K_m이 크다(높다)는 것은 기질에 대한 효소의 낮은 친화력을 반영하는데, 그 이유는 효소의 절반을 포화시키기 위해서는 높은 농도의 기질이 필요하기 때문이다.

2. **효소 농도에 대한 반응속도의 연관성:** 반응속도는 대개 모든 기질 농도에서 효소 농도에 직접적으로 비례 관계를 가진다. 예를 들면 효소의 농도가 1/2로 감소하는 경우 초기반응속도(v_o)나 최대반응속도 V_{max} 값은 원래 값의 1/2로 감소한다.

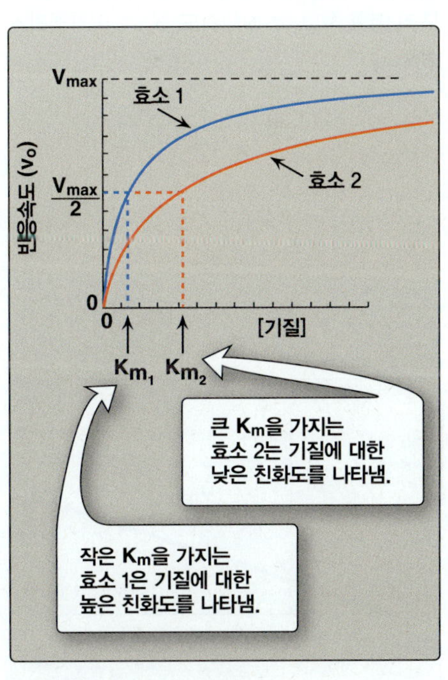

그림 5.9
두 효소의 반응속도에 미치는 기질 농도의 영향: 효소 1은 작은 미카엘리스 상수(K_m) 값을 가짐. 효소 2는 큰 K_m 값을 가짐. V_{max} = 최대속도.

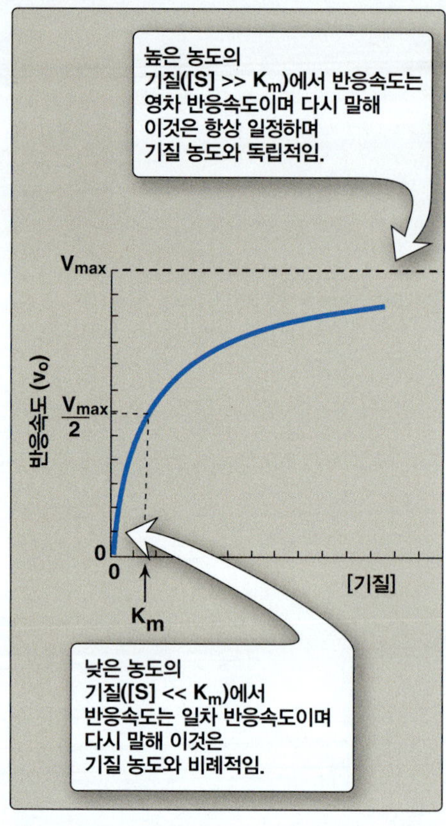

그림 5.10
효소촉매 반응에서 반응속도에 미치는 기질 농도의 영향. V_{max} = 최대속도, K_m = 미카엘리스 상수.

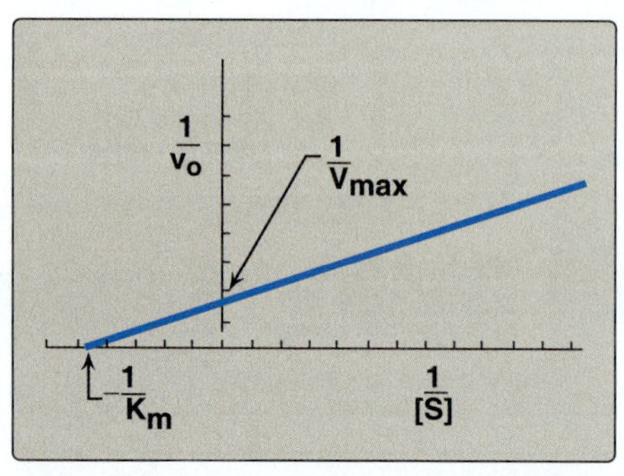

그림 5.11
라인위버-버크 좌표. v_o = 반응속도, V_{max} = 최대속도, K_m = 미카엘리스 상수, [S] = 기질 농도.

3. **반응의 차순(order):** 기질 농도[S]가 K_m보다 낮은 경우의 기질 농도와 반응속도는 비례적으로 증가한다(**그림 5.10**). 이때의 반응속도는 기질에 대해 일차(first order) 반응속도라고 부른다. [S]가 K_m보다 훨씬 더 큰 경우의 반응속도는 일정하며 V_{max}와 같다. 따라서 반응속도는 기질의 농도와 상관이 없으며 기질 농도에 대하여 영차(zero order) 반응속도라고 부른다(그림 5.10 참조)

C. 라인위버-버크 좌표(Lineweaver-Burke plot)

초기반응속도 v_o를 기질 농도[S]에 대해 좌표를 잡을 때 V_{max}에 도달할 시점을 결정하는 것이 항상 가능하지는 않다. 그러나 라인위버(Hans Lineweaver)와 버크(Dean Burk)가 1934년에 처음 기술한 바와 같이 초기반응속도의 역수 $1/v_o$를 기질 농도의 역수 1/[S]에 대해 좌표를 잡으면 직선이 된다(**그림 5.11**). 이러한 좌표를 라인위버-버크 좌표라고 하며(또한 이중역수 좌표(double-reciprocal plot)라고도 함), 이를 이용하여 K_m나 V_{max}를 계산할 수 있다. 또한 효소 억압자의 작용기전을 결정할 때에도 사용된다.

라인위버-버크 좌표를 설명하는 반응식은 다음과 같다:

$$\frac{1}{v_o} = \frac{K_m}{V_{max}[S]} + \frac{1}{V_{max}}$$

여기서 x축의 절편은 $-1/K_m$과 같고, y축의 절편은 $1/V_{max}$와 같다. [참고: 기울기 = K_m/V_{max}.]

VII. 효소 억제

효소촉매 반응의 속도를 감소시킬 수 있는 물질을 **억압자(inhibitor)**라고 한다. 억압자는 가역적이거나 비가역적이다. 비가역 억압자는 효소와 공유결합으로 결합한다. 예로서 납은 효소의 시스테인 설프하이드릴 곁사슬과 공유결합을 한다. 철결합효소는 헴 합성에 관여하는 효소로 납에 의해 비가역적으로 억제된다. 가역 억압자는 효소와 비공유결합으로 결합하며, 따라서 효소-억압자 복합체를 희석하면 가역적으로 억압자가 해리되고 효소 활성이 회복된다. 가장 흔한 2가지의 가역 억제의 유형은 경쟁억제와 비경쟁억제이다.

A. 경쟁억제(competitive inhibition)

경쟁억제는 억압자가 기질이 정상적으로 붙는 결합자리에 가역적으로 결합하여 일어나며, 같은 자리를 놓고 억압자가 기질과 경쟁을 한다.

1. **V_{max}에 대한 영향:** 경쟁억압자의 영향은 [S]를 증가시킴으로써 역전된다. 기질의 농도가 충분히 높은 상태에서 V_{max}에 도달하는 반응속도는 억압자가 없는 경우와 유사하다(**그림 5.12**).

2. **K_m에 대한 영향:** 경쟁억압자는 주어진 기질 농도에 대한 겉보기 K_m

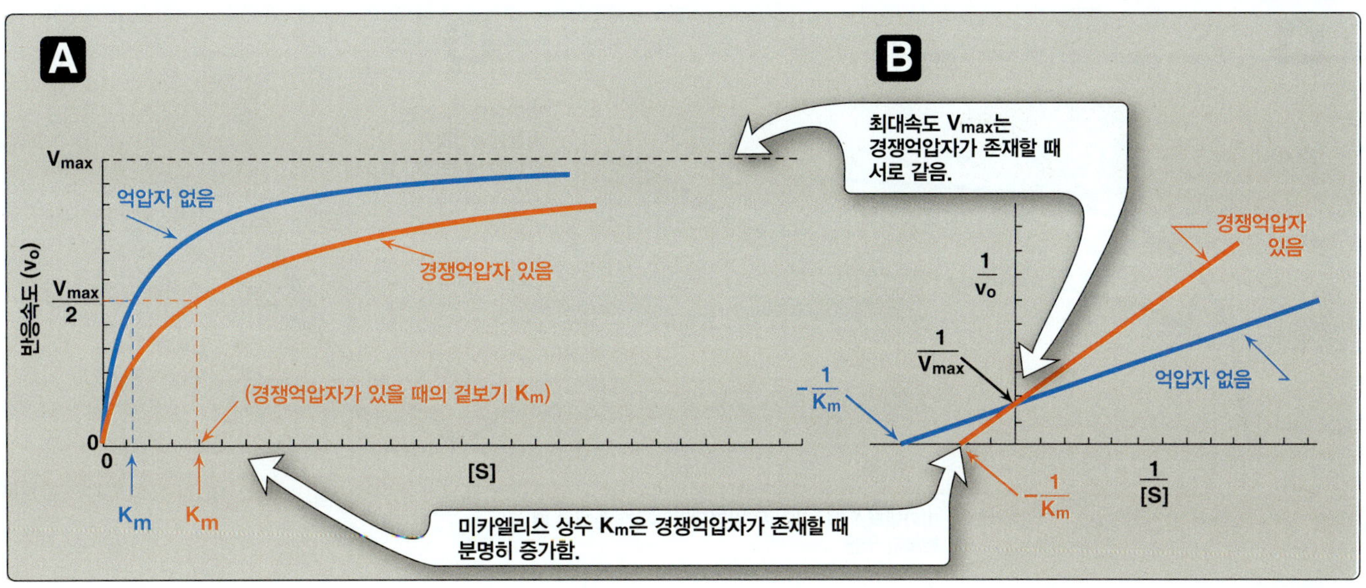

그림 5.12

A. 기질 농도([S])에 대한 반응속도(V_o)의 좌표에 미치는 경쟁억압자의 영향. B. 효소의 경쟁억제에 대한 라인위버-버크 좌표. [참고: 억제제의 농도가 증가하면 기울기가 증가한다.]

을 증가시킨다. 이것의 의미는 경쟁억압자가 있는 상태에서 V_{max}에 도달하려면 더 많은 기질이 필요하다는 뜻이다.

3. **라인위버-버크 좌표에 대한 영향:** 경쟁억제는 특징적인 라인위버-버크 좌표을 보여주며, 억제반응이나 비억제반응과 상관없이 도표에서 $1/V_{max}$가 y축의 절편이 된다(V_{max}는 변하지 않음). 억제반응과 비억제반응에서 x축 절편은 다르며, 이것은 $-1/K_m$이 음의 값으로부터 영에 가깝게 수렴하기 때문에(그림 5.12 참조) 경쟁억압자가 있는 상황에서는 겉보기 K_m이 증가한다는 것을 의미한다. [참고: 경쟁억압자 중 중요한 일단이 전이상태 유사체인데, 이들은 전이상태의 구조와 거의 유사한 안정적인 분자이다. 따라서 기질보다 더 높은 친화력으로 효소와 결합한다.]

4. **경쟁억압자의 예가 되는 스타틴계 약물:** 고지질혈증 치료약인 이 약물들은 콜레스테롤 생합성의 속도제한 단계(가장 느림)를 경쟁적으로 억제한다. 이 반응은 하이드록시메틸글루타릴 CoA 환원효소(HMG-CoA 환원효소, 19장 참조)에 의해 촉진된다. 아토바스타틴과 프라바스타틴과 같은 스타틴계 약물은 HMG-CoA 환원효소의 원래 기질과 구조가 비슷한 유사체로서 경쟁하여 효소를 효과적으로 억제한다. 이렇게 콜레스테롤의 신생합성을 억제함으로써 혈중 콜레스테롤 농도를 떨어뜨린다(그림 5.13).

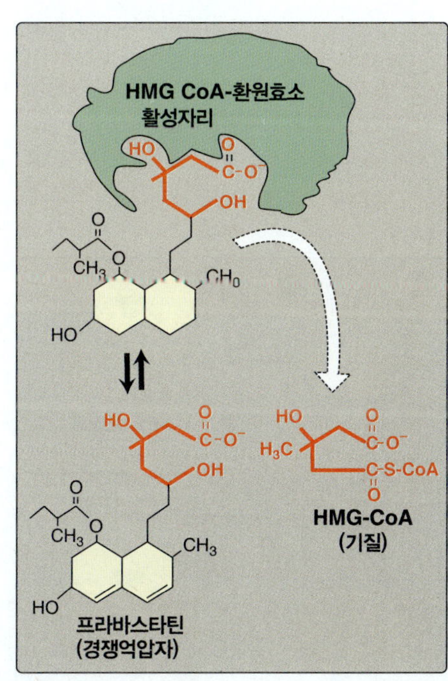

그림 5.13

HMG-CoA 환원효소의 활성자를 놓고 HMG-CoA와 경쟁하는 프라스타틴(pravastatin). HMG-CoA = hydroxymethylglutaryl-coenzyme A(하이드록시메틸글루타릴-보조효소 A)

B. 비경쟁억제(noncompetitive inhibition)

비경쟁억제는 V_{max}에 특징적인 영향을 준다(그림 5.14). 비경쟁억제는 기질과 억압자가 효소의 다른 부위에 따로 결합할 때 일어난다. 비경쟁억압

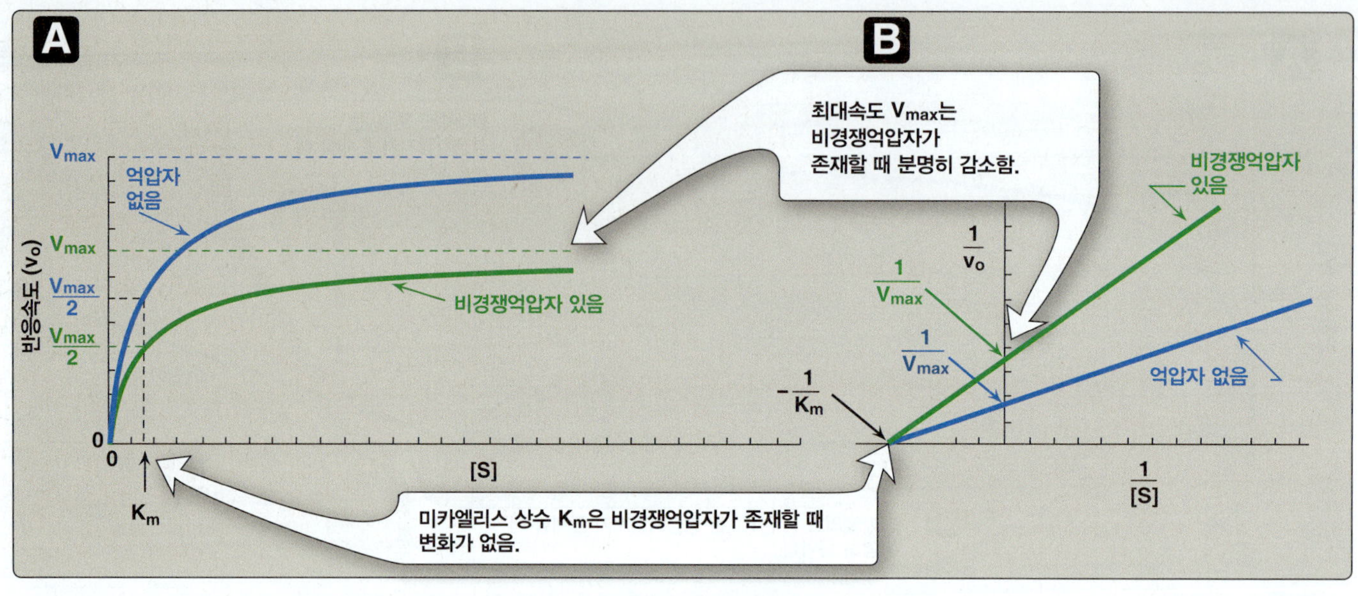

그림 5.14

A. 기질 농도([S])에 대한 반응속도(V_o)의 좌표에 미치는 비경쟁억압자의 영향. B. 효소의 비경쟁억제에 대한 라인위버-버크 좌표. [참고: 억제제의 농도가 증가하면 기울기가 증가한다.]

자는 자유형 효소나 효소-기질 복합체에 결합함으로써 반응이 진행되는 것을 막을 수 있다(그림 5.15).

1. **V_{max}에 대한 영향:** 비경쟁억제는 기질 농도의 증가로는 극복할 수 없다. 따라서 비경쟁억압자는 반응의 겉보기 V_{max}를 감소시킨다.

2. **K_m에 대한 영향:** 비경쟁억압자는 효소와 기질 간의 결합을 방해하지 않는다. 따라서 효소는 비경쟁억압자의 유무에 상관없이 같은 K_m을 보여준다.

3. **라인위버-버크 좌표에 대한 영향:** 비경쟁억제는 라인위버-버크 좌표를 만들거나, 비경쟁억압자에 의해 겉보기 V_{max}는 감소하고 K_m은 변하지 않는다는 것을 보여줌으로써 쉽게 경쟁억제와 구별할 수 있다(그림 5.14 참조).

그림 5.15

자유형 효소와 효소기질(ES) 복합체에 결합하는 비경쟁억압자.

C. 약으로 사용하는 효소 억압자

미국에서 가장 많이 처방되는 약물 중에 적어도 반이 효소 억압자로서 작용한다. 예를 들면 페니실린과 아목시실린과 같이 광범위하게 처방되는 β-락탐(β-lactam)계 항생제는 세균의 세포벽 합성에 관여하는 효소를 억제한다. 일부의 약은 세포바깥의 반응을 억제하는데, 그 예로 앤지오텐신전환효소(angiotensin-converting enzyme, ACE) 억압자를 들 수 있다. 이것은 앤지오텐신 I을 절단하여 강력한 혈관수축제인 앤지오텐신 II로 전환시키는 이 효소의 작용을 막아 혈압을 떨어뜨린다. 이러한 약에는 캅토프릴, 에날라프릴, 리시노프릴 등이 있는데, 이들은 혈관확장과 결과적인 혈압강하 작용을 한다. 비처방약인 아스피린은 프로스타글랜딘(prostaglandin)과 트롬복세인(thromboxane) 합성을 비가역적으로 억제한다.

VIII. 효소 조절

생명체에서 수많은 대사과정이 조화를 이루려면 효소의 반응속도를 조절하는 것이 필수적이다. 대부분의 효소반응속도는 기질 농도의 변화에 따라 반응하는데, 그 이유는 많은 기질의 세포속 농도가 대부분 K_m의 범위 안에 들어 있기 때문이다. 따라서 기질 농도가 증가하면 반응속도가 즉시 증가하며, 이 속도는 기질의 농도를 정상 상태로 되돌리려는 경향을 갖는다. 더구나 특별한 조절기능을 가진 일부 효소들은 공유결합 변형이나 다른자리조절 효과제에 대해 반응한다. 또한 생리적 조건이 변하는 경우에는 효소 합성(또는 분해)의 속도를 변화시키기도 한다.

A. 다른자리조절 효소(allosteric enzymes)

다른자리소절 효소는 미카엘리스-멘텐 동역학을 따르지 않고, **효과제(effector)**라고 하는 분자에 의해 조절되며, 이들은 활성자리가 아닌 다른 자리와 비공유결합을 한다. 이 효소들은 대개 여러 개의 소단위로 구성되고, 효과제가 결합하는 조절(다른자리조절) 자리는 기질이 붙는 자리가 아니고 촉매작용을 하지 않는 소단위에 존재한다.

효소 활성을 억제하는 효과제를 음성 효과제라 하고, 효소 활성을 증가시키는 효과제를 양성 효과제라고 한다. 음성 효과제(negative effector)와 양성 효과제(positive effector)는 기질에 대한 효소의 친화력($K_{0.5}$)을 변화시키거나 효소의 최대 효소활성(V_{max})을 변화시킬 수 있으며, 또한 둘 다 가능하다(그림 5.16). 다른자리조절 효소는 대개 대사 경로 초기의 구속 단계를 촉진한다.

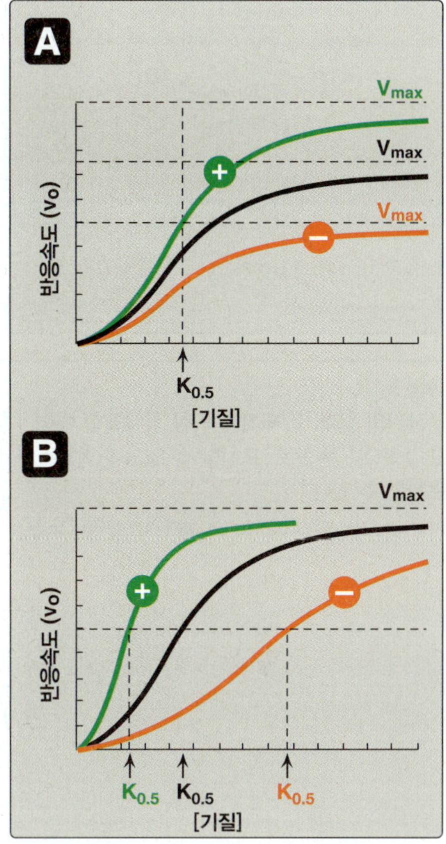

그림 5.16
다른자리조절 효소에 미치는 음성(−) 및 양성(+) 효과제의 영향. A. V_{max}가 변한다. B. 1/2 최대반응속도($K_{0.5}$)에 도달했을 때 기질 농도가 변한다.

1. **동종조절 효과제(homotropic effector)**: 기질 자체가 효과제로 작용할 때 그 효과를 동종조절성이 있다고 한다. 가장 흔한 경우는 다른자리조절 기질이 양성 효과제로 작용하는 것이다. 이 경우 한 효소의 특성 자리에 기질 분자가 결합하면 다른 기질 결합자리의 촉매 성향을 강화시킨다. 즉 이 결합자리들은 기질의 결합을 위해 서로 협력하고 이를 **협동성(cooperativity)**을 보여준다고 말한다. 이 효소들의 특징은 반응속도 v_o를 기질 농도[S]에 대하여 좌표를 잡을 때 S자 모양의 곡선으로 나타난다(그림 5.16 참조). 이것은 이미 기술한 것처럼 미카엘리스-멘텐 반응속도론을 따르는 효소의 특징인 쌍곡선과 대비된다. [참고: 기질결합에서 협동성의 개념은 산소가 혈색소와 결합하는 것과 비슷하다(3장 참조).]

2. **이종조절 효과제(heterotropic effector)**: 효과제가 기질과 다를 경우에 그 효과를 이종조절성이 있다고 한다. 예를 들면 그림 5.17이 보여주는 되먹임 억제를 생각해 보자. D를 E로 전환시키는 효소는 다른자리조절 자리를 갖고 있어서 최종생성물 G와 결합할 수 있다. 만약 G의 농도가 증가하면 (예로서 합성속도보다 빠르게 소비되지 않을 경우) 대사 경로에서 독특한 첫 번째 비가역 단계는 전형적으로 억제된다. 되먹임 억제는 적절한 양의 생성물을 가진 세포가 합성 경로에서 기질 분

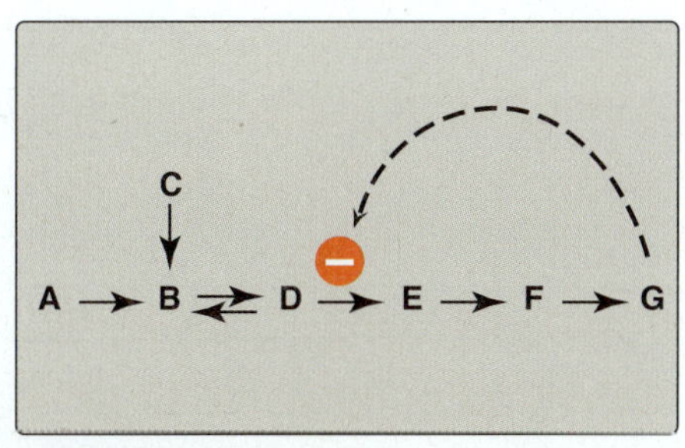

그림 5.17
대사 경로의 되먹임 억제.

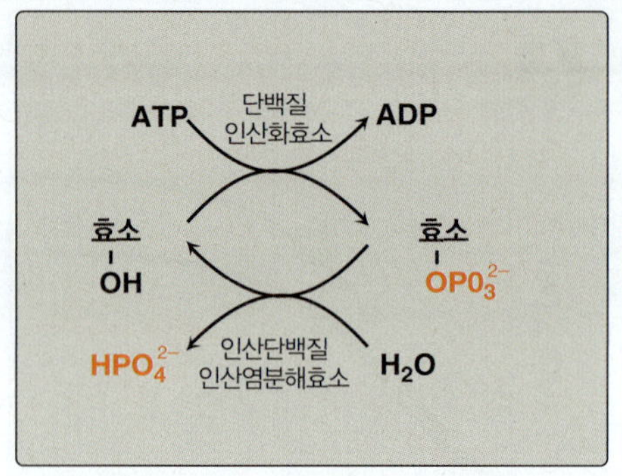

그림 5.18
인산기의 첨가 및 제거에 의한 공유결합 변형. [참고: HPO_4^{2-}는 P_i로 표시할 수 있고 PO_3^{2-}는 P로 표시할 수 있다.]
ADP, adenosine diphosphate(이인산아데노신).

자의 흐름을 조절할 필요가 있을 때 일어난다. 이종조절 효과제는 흔히 볼 수 있으며, 그 예로서 당분해 효소인 인산과당인산화효소-1은 효소의 기질이 아닌 시트르산에 의한 다른자리 조절을 통하여 억제된다.

B. 공유결합 변형(covalent modification)

많은 효소는 공유결합 변형에 의해 조절되며, 거의 대부분 주로 효소의 세린, 트레오닌, 타이로신과 같은 특정 아미노산 잔기에 인산을 첨가하거나 제거하는 방법을 사용한다. 단백질 인산화는 세포의 대사과정을 조절하는 일차 방법 중의 하나로 인식된다.

1. **인산화와 탈인산화:** 인산화 반응은 단백질 **인산화효소**(protein **kinase**)라고 부르는 효소족에 의해 촉진되며, 이 효소는 인산염 주개로 삼인산아데노신(ATP)을 사용한다. 인산기는 인산단백질 **인산염분해효소**(phosphoprotein **phosphatase**)에 의해 인산화된 효소로부터 절단된다(그림 5.18).

2. **인산화에 대한 효소의 반응:** 특정 효소에 의존하는 인산화형은 불인산화형 효소에 비하여 활성이 증가하거나 감소할 수 있다. 예를 들면 당원 가인산분해효소(glycogen phosphorylase; 당원을 분해하는 효소)의 인산화는 활성을 증가시키는 반면에 당원 합성효소(glycogen synthase; 당원을 합성하는 효소)의 인산화는 활성을 감소시킨다(11장 참조).

C. 효소 합성

위에서 언급한 조절기전은 기존의 효소 분자의 활성을 변화시키는 것이다. 그러나 세포는 효소의 양을 조절할 수도 있는데, 이것은 효소의 분해속도나 또는 더 전형적인 경우인 효소의 합성속도를 변화시킴으로써 가능하다. 효소의 합성이 증가(유도)하거나 감소(억제)하면 전체 활성자리의 수에 변동이 온다. 효소의 합성이 조절을 받는 경우는 종종 발생 과정의 어떤 단계에만 오직 필요하거나 어떤 생리적 상태를 선택할 때이다. 예를 들면 고혈당의 결과에 의한 인슐린 농도의 증가는 포도당 대사에 관여하는 주요 효소의 합성을 증가시킨다(23장 참조).

반대로 항상 사용하는 효소들은 보통 효소의 합성속도를 변동시켜도 조절되지 않는다. 단백질 합성의 유도나 억제에 따른 효소 농도의 변동은 느리게 일어나는 (몇 시간에서 며칠 정도) 반면에 다른자리 조절 또는 공유결합 조절에 의한 효소 활성의 변화는 몇 초에서 몇 분밖에 걸리지 않는다. 표 5.1는 흔하게 효소 활성을 조절하는 방법을 정리한 것이다.

IX. 인간 혈액 속의 효소

대부분의 효소들이 세포속에서 기능하지만, 효소는 혈장, 혈액의 유체 부분 같이 세포바깥에서 관찰될 수 있다. 혈장 효소는 2개의 주요 군으로 분류할 수

표 5.1 효소의 활성을 조절하는 기전

조절자 작용결과	전형적인 효과제	결과	변화에 필요한 시간
기질 이용도	기질	속도(v_o)의 변화	즉시
생성물 억제	생성물	V_{max} 그리고/또는 K_m의 변화	즉시
다른자리 조절	최종생성물	V_{max} 그리고/또는 $K_{0.5}$의 변화	즉시
공유결합 변형	다른 효소	V_{max} 그리고/또는 K_m의 변화	즉시~몇 분
효소의 합성 또는 분해	호르몬 또는 대사물	효소 양의 변화	몇 시간~며칠

참고: 대사 경로의 최종생성물에 의한 억제도 또한 되먹임 억제로 간주한다.

있다. 첫 번째 효소군은 비교적 작은 군으로서 어떤 종류의 세포에서 혈액으로 활발하게 분비되며, 그 예로서 간에서 분비하는 효소원(zymogen)은 효소의 불활성형 전구체로서 혈액 응고에 관여한다. 이러한 단백질분해효소는 혈액에 있을 때 활성화되고 효소기능을 가진다. 두 번째의 수많은 효소 종들은 평생동안 정상 세포로부터 분비된다. 이 효소들은 거의 항상 세포 내부에서 작용을 하고 혈장에서는 생리적 기능이 없다. 정상 성인의 경우 이 효소들의 농도는 대개 일정하게 유지되고 항정상태를 나타낸다. 항정상태는 손상된 세포에서 혈장으로 유리되고 또한 제거되는 효소의 양이 일정한 상태를 말한다. 혈장에서 효소의 활성이 증가되는 경우는 세포속 효소의 유리를 증가시키는 조직손상이 있다는 것을 의미한다(그림 5.19).

> 혈장은 혈액에서 세포 성분을 제외한 액체이다. 효소 활성의 실험적 분석은 거의 모두 혈청을 사용하며, 이것은 혈액을 응고시킨 후 전혈을 원심분리해서 얻는다. 혈장은 생리적 액체이고 혈청은 환자의 전혈 샘플로부터 실험실에서 만들어진다.

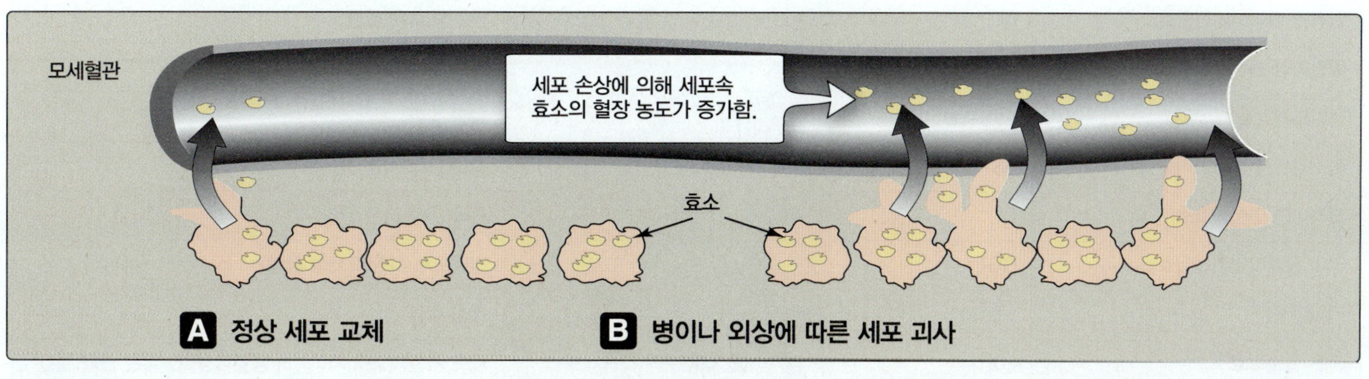

그림 5.19
정상 세포(A)와 병이나 외상이 있는 세포(B)로부터 유리되는 효소.

A. 질병 상태에서 혈장 효소 농도의 변화

많은 질병은 세포막의 파열과 조직세포 용해를 수반한 조직 손상을 일으킨다. 조직 손상을 초래하는 많은 질병에서는 결과적으로 세포속 효소가 혈장으로 많이 유리된다. 이런 효소들은 보통 세포속에 존재하고, 정상적인 세포위치 밖에 존재하면 반응을 촉진할 수 없다. 하지만 많은 이 효소들은 기본적으로 대개 진단 목적으로 측정된다. 혈장에서 특정 효소의 활성 정도는 종종 조직 손상의 정도와 상관관계를 가진다. 따라서 혈장에서 특정 효소 활성의 증가 정도를 검사하는 것은 종종 환자의 예후 평가에 유용하다.

B. 진단 도구로서의 혈장 효소

일부 효소는 단지 소수의 조직에서 비교적 높은 활성을 보인다(표 5.2). 따라서 혈장에서 이 효소의 농도가 증가하는 것은 해당 조직의 손상을 반영하는 것이다. 예를 들면 알라닌 아미노기전달효소(ALT)는 간에 많이 존재하므로 혈장에서 ALT 농도가 증가한다면 간 조직이 손상되었을 가능성을 나타내는 것이다. ALT 측정은 간기능검사판에 포함되어 있다. 광범위한 조직 분포를 보이는 효소의 농도가 혈장에서 증가하면 세포 손상이 일어난 특정 조직에 대한 정보를 제공하지 못한다. 이렇게 조직 특이성이 결핍된 효소의 경우는 혈장 효소의 진단 가치가 제한된다.

C. 동종효소(isoenzyme)

동종효소(isozyme이라고도 함)는 같은 반응을 촉진하는 효소이다. 그러나 유전적으로 결정된 아미노산 서열의 차이 때문에 같은 물리적 성질을 반드시 갖고 있지는 않다. 이러한 이유 때문에 동종효소는 전하를 띠는 다른 수많은 아미노산을 함유하며, 따라서 전기영동으로 각각 분리될 수 있다(그림 5.20).

표 5.2 임상적으로 유용한 효소

효소	약어	주요 생성 조직	평가
알라닌 아미노기전달효소	ALT	간	간손상 혹은 질환
알칼리성 인산염분해효소	ALP	간, 뼈	간과 뼈 질환
녹말분해효소	Amylase	췌장	췌장 질환
아스파트산 아미노기전달효소	AST	간, 근육	간과 근육 질환
크레아틴 인산화효소	CK	근육	근육 손상 혹은 질환
감마 글루타밀기전달효소	GGT	간, 쓸개	간담도계 지환(폐쇄성 황달)
리파아제	Lipase	췌장	췌장 질환
젖산 탈수소효소	LDH	적혈구, 간, 대부분의 근육세포	세포 사멸의 표지자; 특히 용혈작용, 간 혹은 근육 질환
5‘뉴클레오타이드 분해효소	5’NT	간	간담도계 지환 (폐쇄성 황달)

혈액에서 위 효소들의 검출은 효소가 일반적으로 작용하던 세포나 조직에서 손상을 입었다는 것을 암시할 수 있다.

장기들은 종종 다른 동종효소의 특징적인 분포 비율을 갖고 있다. LDH는 대부분의 조직에서 상대적으로 높은 농도로 발견된다. 다섯 개의 LDH 동종효소 형태가 존재하고, LD 1-5이며, LD5는 간과 뼈대근육에 널리 퍼져 있고, LD2는 적혈구에 그리고 LD1은 심근에 주로 존재한다. 따라서 혈장에서 발견되는 동종효소의 형태는 조직 손상의 부위를 확인하는 방법을 제공한다. 혈장에서 다양한 동종효소 형태의 LDH와 크레아틴 인산화효소(CK)는 질병상태에 따라 다르다.

1. **동종효소의 사차구조:** 많은 동종효소는 다양한 조합으로 서로 다른 소단위를 가진다. 예를 들면 LDH는 5개의 동종효소가 있고, 각각은 사합체로 존재하며, 네 개의 소단위를 가지고 있는데 (소단위의 조합은 H와 M으로 부르는데 이는 이들이 처음 발견된 심장과 뼈대근육에서 따온 것이다) LD1 = HHHH, LD2(HHHM), LD3(HHMM), LD4(HMMM), 그리고 LD5(MMMM)으로 표현한다. 크레아틴 인산화효소(CK)의 경우 3가지 동종효소를 가지며 각각 2개의 폴리펩타이드로(각각 B와 M 소단위) 이합체를 구성한다. 이 경우 가능한 조합은 3가지인데 CK1 = BB, CK2 = MB, CK3 = MM의 형태이다. 각각의 CK 동종효소는 독특한 전기영동 이동성을 보여준다(그림 5.20 참조). [참고: 실제로 뇌의 CK는 모두 BB이며, 뼈대근육에서는 MM이다. 장 근육에서 CK의 대부분은 MM이지만 CK MB는 심근에만 존재한다.]
2. **심근경색증의 진단:** 심장 특이성을 갖는 단백질(생물표지자)의 혈액 농도는 심장 단백질 트로포닌(아래를 참조하라) 측정의 출현 전에 심근경색(MI)의 진단에 사용된다. 심장근육은 CK MB(CK2) 동종효소가 전체 CK 활성의 5% 이상을 차지하는 유일한 조직이다. 이 혼합 동종효소가 혈장에서 보인다면 실제로 심근경색에 대한 특이성이 있다. 급성심근경색증(MI 또는 심장 마비)에서 이 동종효소는 대략 흉통의 발생 후 4~8시간 전후에 나타나고, 대략 24시간에 최고치에 도달한고 기저치로 48~72시간 후에 돌아간다(그림 5.21).

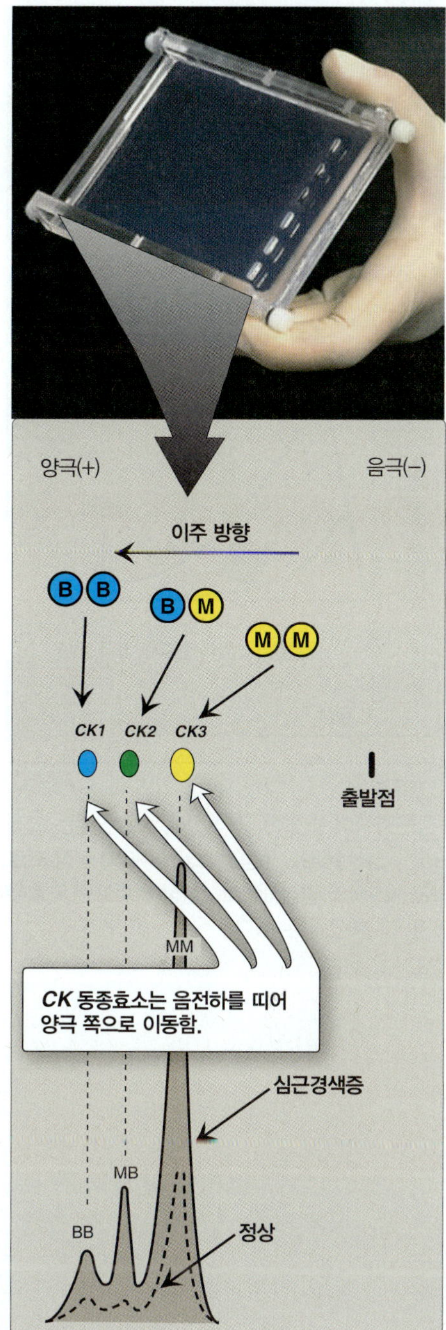

그림 5.20
소단위 조성, 전기영동 이동성, 크레아틴 인산화효소(CK) 동종효소의 효소 활성.

임상적응증 5.1: 트로포닌의 진단적 사용

트로포닌 T(TnT)와 트로포닌 I(TnI)는 심장근육의 수축과 관련된 조절 단백질이다. 심장-특이적 동종형(cTn)은 심근손상에 반응하여 혈장으로 유리된다 심장 조직 손상을 나타내는 높은 민감도와 특이성을 가진 징후가 있다. cTn은 심근경색이 발생한 후 4~6시간 이내에 혈장에 나타나고, 24~36시간에 최고치에 도달하여 3~10일 동안 증가된 상태가 지속된다. 최근에 심근경색증을 진단할 때, 임상소견과 특징적인 심전도의 변화와 함께 cTn의 상승을 추가하는 것이 "절대기준"으로 고려되고 있다. 급성 심근경색 이후에 혈장 cTN의 출현 특징은 CK MB와 비슷하지만 기저치로부터 값의 상승은 cTN이 월등히 높다(그림 5.21 참조).

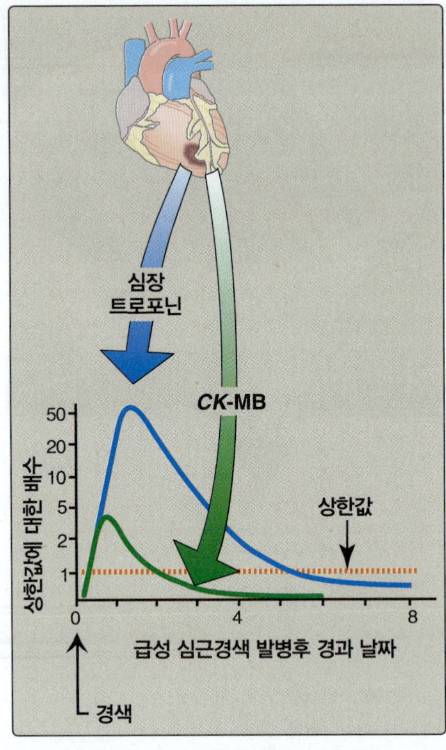

그림 5.21
심근경색이 발생한 후 혈장에서 관찰되는 크레아틴 인산화효소 동종효소 *CK*-MB와 심장 트로포닌(cTn)의 양상. [참고: 심장 트로포닌 T 혹은 I 둘 다 측정될 수 있다.]

X. 요약

- 효소는 **단백질 촉매**로 작용하여 전이상태의 에너지를 낮추어 대체반응 경로를 제공함으로써 화학반응의 속도를 증가시킨다(그림 5.22).
- 효소 분자에서 촉매작용을 담당하는 특별한 주머니 또는 틈새를 **활성자리**라고 한다. 활성자리는 기질과 결합하여 **효소-기질(ES) 복합체**를 형성한다(ES → EP → E + P).
- 대부분의 효소는 **미카엘리스-멘텐 반응속도론**에 따르며, **초기반응속도** V_o와 기질 농도[S]로 좌표를 작성하면, 근색소의 산소해리곡선과 유사한 **쌍곡선** 모양을 보인다. **알로스테릭** 효소는 **S자** 곡선을 나타낸다.
- **라인위버-버크** 혹은 1/v와 1/[S]의 이중역수도표는 쌍곡선 모양을 직선으로 만들어 V_{max}(최대속도)와 K_m(Michaelis constant, which reflects affinity for substrate)을 쉽게 결정하도록 해준다.
- 효소촉매반응에서 속도를 감소시키는 물질은 어떤 것이라도 **억압자**라고 부른다.
- 두 가지의 가장 중요한 억제 형태로는 **경쟁억제**(**겉보기** K_m를 올림)와 **비경쟁억제**(**겉보기** V_{max}를 낮춤)가 있다.
- **다른자리조절 효소**는 **효과제**와 활성자리가 아닌 다른 자리에 비공유결합을 한다.
- 효과제는 **양성**(효소의 촉매반응을 촉진함) 효과제와 **음성**(반응속도를 낮춤) 효과제가 있다.
- 효소는 **공유결합 변형**을 통해 조절될 수 있으며, 대개 단백질 키나아제의 촉매작용인 인산화와 인산염분해효소의 인산기 제거를 통해 이루어진다.
- 조절은 생성 속도와 분해 속도의 변화에 따라 일어날 수 있다.
- 대부분의 효소가 세포속에서 작용하기 때문에, 그들의 혈장으로의 출현은 그에 해당하는 조직의 손상을 가리키며, 이는 효소에 의학적 진단 가치를 부여한다.

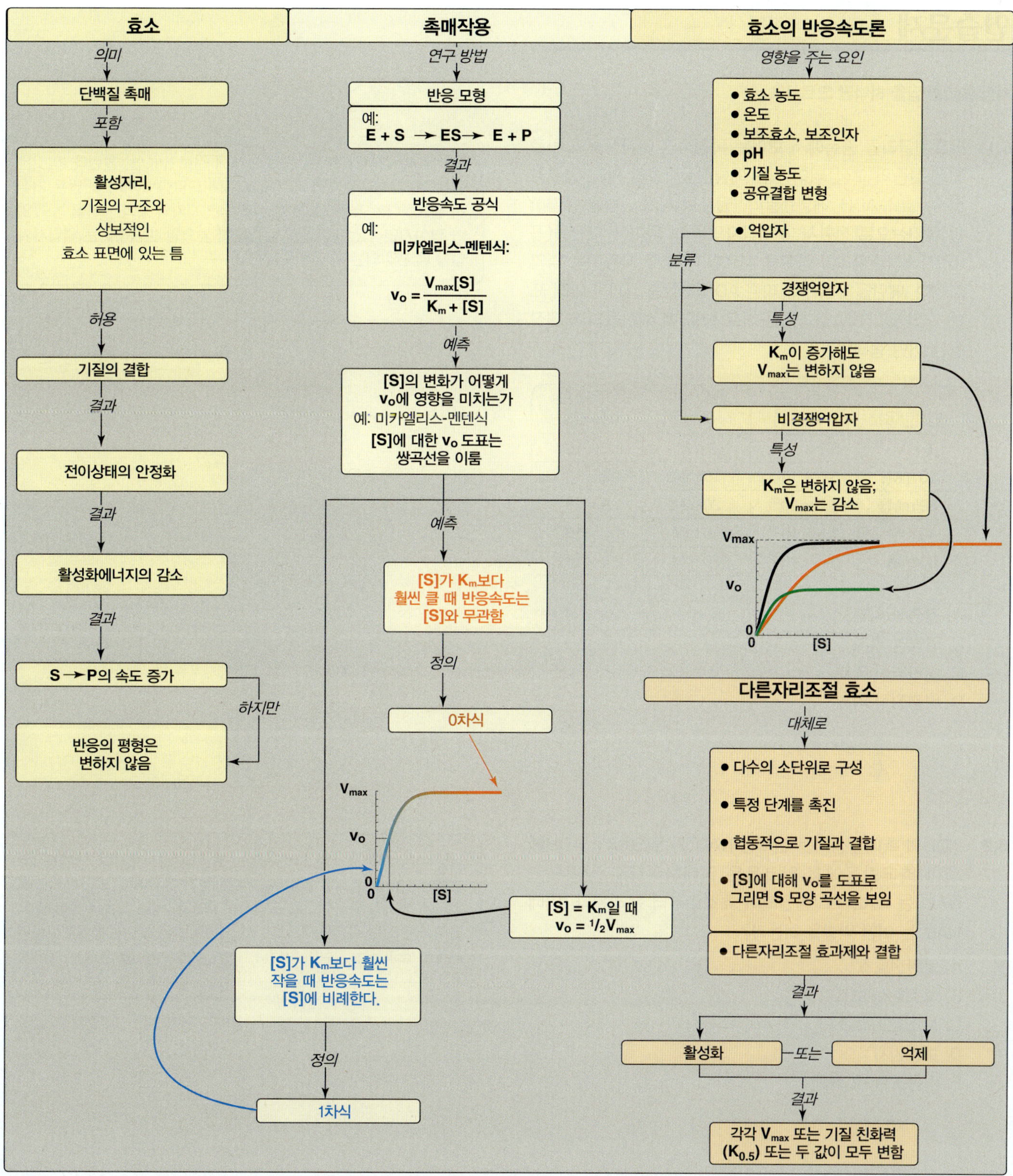

그림 5.22

효소의 핵심 개념도. S = 기질, [S] = 기질 농도, P = 생성물, E = 효소, V_o = 초기반응속도, V_{max} = 최대반응속도, K_m = 미카엘리스 상수, $K_{0.5}$ = 최대반응속도의 1/2일 때의 기질 농도.

연습문제

가장 올바른 답을 하나만 고르시오.

5.1 에틸렌글리콜 중독에서 보이는 특징적인 대사산증의 치료법은 산증의 교정, 남아 있는 에틸렌글리콜의 제거, 알코올 탈수소효소(ADH, 에틸렌글리콜을 산화시켜 산증을 유발하는 유기산으로 전환시킴) 억압자의 투여 등이다. 에탄올(곡주)은 에틸렌글리콜 중독을 치료할 때 자주 사용하는 억압자이다. 에탄올의 유무에 따른 ADH의 실험 결과가 아래 표에 나와 있다. 이 결과를 근거로 했을 때 에탄올의 억제작용은 어떤 형태인가?

기질 농도 (+에탄올)	반응속도 (mol/L/s)	기질 농도 (−에탄올)	반응속도 (mol/L/s)
5 mM	3.0×10^{-7}	5 mM	8.0×10^{-7}
10 mM	5.0×10^{-7}	10 mM	1.2×10^{-6}
20 mM	1.0×10^{-6}	20 mM	1.8×10^{-6}
40 mM	1.6×10^{-6}	40 mM	1.9×10^{-6}
80 mM	2.0×10^{-6}	80 mM	2.0×10^{-6}

A. 경쟁적 억제
B. 되먹임 억제
C. 비가역적 억제
D. 비경쟁적 억제

정답 = A. 경쟁억압자는 기질에 대해 겉보기 K_m을 올린다. 이것은 경쟁억압자가가 존재할 때 1/2 V_{max}에 도달할 때까지 더 많은 기질이 필요하다는 것을 의미한다. 경쟁억압자가의 효과는 기질 농도[S]가 많아지면 역전된다. [S]가 충분히 높으면 반응속도는 억압자가 없을 때 관찰되는 V_{max}에 도달한다.

5.2 ADH의 촉매활성에는 산화형 NAD^+가 필요하다. ADH에 의한 촉매반응에서 알코올은 알데하이드로 산화되고 NAD^+는 NADH로 환원되어 효소로부터 분리된다. 이때 NAD^+는 어떤 역할을 하는가?

A. 불완전효소
B. 보조효소-보조기질
C. 보조효소-보조단
D. 보조인자
E. 이종조절 효과제

정답 = B. 보조효소와 보조기질은 효소와 일시적으로 회합했다가 변형된 형태로 효소와 분리되는 작은 유기 분자이다. 보조효소와 보조단은 효소와 영구적으로 회합하여 효소에 의해 고유의 형태로 되돌아가는 작은 유기 분자이다. 보조인자는 금속 이온을 말한다. 이종조절 효과제는 기질이 아니다.

문제 5.3과 5.4는 아래 그래프를 사용한다. 이 그래프는 어떤 효소의 존재 유무에 따라 반응물이 생성물로 전환될 때 일어나는 자유에너지의 변화를 보여준다. 질문에 대해 가장 잘 표현한 글자(A, B, C, D)를 선택하시오.

5.3 촉매에 의한 정반응의 자유활성화에너지

5.4 자유반응에너지

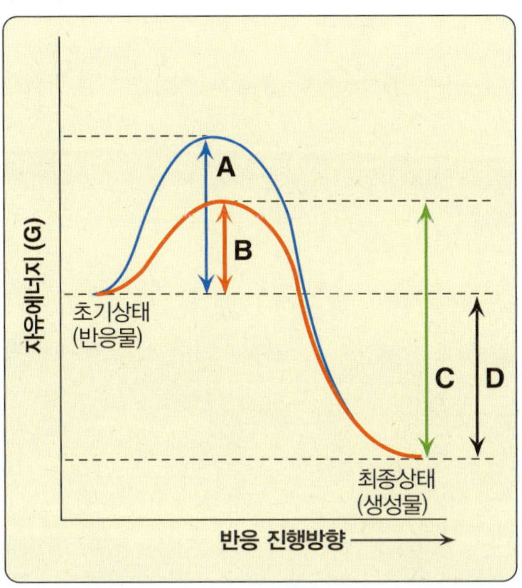

정답 = B, D. 효소(단백질 촉매)는 낮은 자유활성화에너지를 사용하여 대체반응 경로를 제공한다. 그러나 반응물과 생성물의 자유에너지를 바꾸지는 않는다. A는 촉매없는 반응의 자유에너지이고, C는 촉매있는 가역반응의 자유에너지이다.

5.5 비경쟁적 억제제가 만약 효소와 그 효소의 기질과 함께 있다면 어떤 일이 일어나는가?

A. 충분한 기질을 첨가하면 이 억제를 극복할 수 있다.
B. 효소와 기질의 친화력을 낮춰 K_m이 감소할 것이다.
C. 억제제와 기질이 서로 다른 자리에 결합할 것이다.
D. 기질-속도 곡선을 그리면 S자형이 나온다.
E. 억제되지 않은 상황과 같이 V_{max}는 같을 것이다.

정답 = C. 비경쟁적 억제제는 효소의 활성자리에 결합하지 않으므로 다른자리에 결합한다. 기질은 효소의 활성자리에 결합한다. 서로 결합하는 자리가 다르기 때문에 기질의 첨가는 억제를 극복하지 못한다. 기질이 활성자리에 계속 결합하므로 K_m은 일정하다. 그러나 비경쟁적 억제제가 같이 결합할 경우 불활성 복합체가 된다. 미카엘리스-멘텐 동역학을 따르는 효소는 비경쟁적 억제제 존재하에 쌍곡선 모양의 V_{max}가 낮아질 것이다.

5.6 효소촉매 반응에서, 인산화효소 효소 X의 기질은 단백질 Q이다. 이 반응의 생성물은?

A. ATP
B. 탈인산화된 효소 X
C. 인산화된 효소 X
D. 탈인산화된 단백질 Q
E. 인산화된 단백질 Q

정답 = E. 인산화효소의 기질은 반응의 결과 인산화된 형태로 전환된다. ATP가 인산염 주개로 쓰이며 ADP로 가수분해된다. 키나아제 효소 자신은 반응으로 변하지 않는다.

5.7 설파 계열 약물은 인간세포에 독성을 보이지 않으면서 세균 감염의 제한에 효과적이다. 이런 특징을 설명하기 위해 설파 계열 약물은 어떻게 작용하는가?

A. 다른자리조절 효과제가 세균 효소의 촉매활동을 증가시켰다.
B. 분열하는 모든 종류의 세포의 복제를 방해하는 항대사물질이다.
C. 세균이 필요로 하는 효소의 경쟁적 억제제이지만 인간세포에서는 아니다.
D. 해당과정의 몇몇 과정을 조절하는 비경쟁적 억제제이다.
E. 세균 세포벽 합성 효소의 양성 다른자리조절 효과제이다.

정답 = C. 세균만 필요로 하는 효소의 경쟁적 억제제로 작동하는 설파 계열 약물이나 다른 항생제는 인간세포의 손상없이 세균의 성장을 멈출 수 있다. 분열하는 모든 세포를 방해하는 항대사체는 숙주인간세포와 세균 모두에게 피해를 준다. 효소 억제제로 작동하는 대부분의 약물은 경쟁적이다. 그리고 기질과 구조적으로 닮게 만들어 활성자리에 결합할 수 있게 만들었다. 사람과 세균 모두 해당과정을 수행한다. 효소의 촉매활성을 증가시키는 다른자리조절 효과제를 양성 효과제라고 한다. 양성 다른자리조절 효과제는 효소의 활성을 강화시키지 억제하지 않는다.

제 2 단원
생체에너지론과 탄수화물 대사

생체에너지론과 산화인산화

6

I. 개관

생체에너지론은 생물계에서 일어나는 에너지의 전달과 이용에 대해 기술하며, 반응 물질의 초기 및 최종 에너지 상태에 관심을 두고 있다. 생체에너지론은 열역학 분야의 몇 가지 기초적인 개념, 특히 자유에너지 개념을 활용한다. 자유에너지의 변화는 화학반응이 에너지 측면에서 타당한가에 대한 척도를 제공하기 때문에 반응이나 그 과정이 일어날 가능성을 예측할 수 있도록 한다. 요약하면 생체에너지론은 반응이 일어날 가능성을 예측하는 반면에 반응속도론은 반응이 얼마나 빠르게 일어나는가를 측정한다.

II. 자유에너지(Free energy)

화학반응이 진행하는 방향과 정도는 반응하는 동안에 변하는 두 가지 요소의 크기에 의해 결정된다. 이들은 그림 6.1에 나타낸 것처럼 엔탈피(enthalpy, ΔH, 반응물과 생성물의 열함량의 변화값)와 엔트로피(ΔS, 반응물과 생성물의 무작위성 또는 무질서도의 변화값)이다. 이 열역학적 정량값은 어느 것도 스스로 화학반응이 정해진 방향으로 자발적으로 진행할 것인지를 결정하기에는 충분하지 않다. 그러나 수학적으로 조합하면 엔탈피와 엔트로피는 세 번째 정량값인 자유에너지(G)로 정의하여 사용할 수 있으며, 이것으로 반응이 자발적으로 진행하는 방향을 예측할 수 있다.

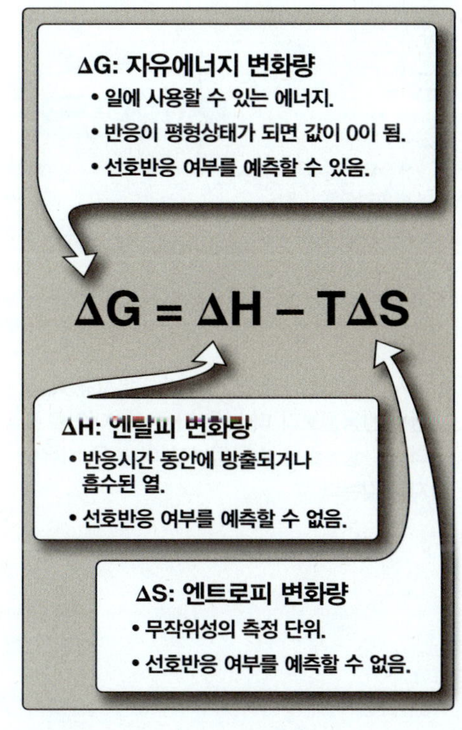

그림 6.1
자유에너지(G), 엔탈피(H), 엔트로피(S)들의 변화 사이의 관계. T는 켈빈온도(K)로 표시한 절대온도임, K = °C + 273.

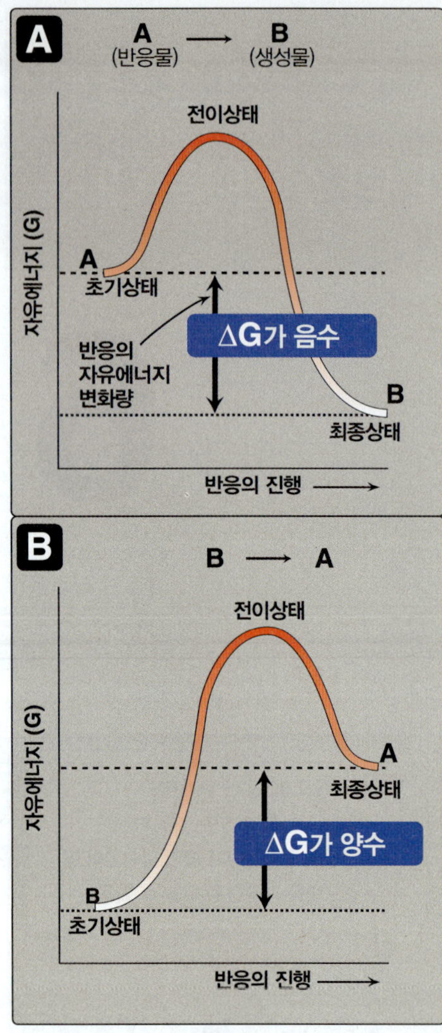

그림 6.2
반응시간에 따른 자유에너지 변화량(ΔG). **A.** 생성물은 반응물보다 더 낮은 자유에너지(G)를 갖는다. **B.** 생성물은 반응물보다 더 높은 자유에너지를 갖는다.

III. 자유에너지 변화량

자유에너지 변화량(change in free energy)은 ΔG와 ΔG°의 두 가지 형태로 나타낸다. 첫째로 ΔG(윗첨자 °이 없음)는 어떤 특정 농도의 반응물과 생성물에서 자유에너지 변화량과 그에 따른 반응의 방향을 예측할 수 있기 때문에 보다 보편적으로 사용된다. 이에 비해 ΔG°(윗첨자 °이 있음)는 표준자유에너지 변화량으로서 반응물과 생성물의 농도가 1mol/l일 때의 에너지 변화량이다. [참고: 양성자 농도는 10^{-7} mol/l (즉 pH = 7)로 가정한다. 이것은 ΔG°′처럼 분 기호[′]를 사용하여 표현한다.] 비록 상수 ΔG°가 비생리적 농도의 반응물과 생성물의 에너지 변화량을 나타내지만 그럼에도 불구하고 다른 반응의 에너지 변화량을 비교할 때 유용하다. 더구나 ΔG°는 평형상수를 측정함으로써 쉽게 얻을 수 있다.

A. ΔG와 반응 방향

자유에너지 변화량 ΔG는 일정한 온도와 압력에서 반응 방향의 예측에 사용할 수 있다. 다음의 반응에서:

$$A \rightleftarrows B$$

만일 ΔG의 값이 음이라면 에너지의 순손실을 수반하는 자유에너지 감소반응(exergonic reaction)이다. 이 경우 반응은 A가 B로 전환된다고 기술된 방향으로 자발적으로 일어난다(그림 6.2A). 만약 ΔG 값이 양이라면 에너지의 순획득이 있는 자유에너지 증가반응(endergonic reaction)이라고 한다. 반응이 B에서 A로 진행되려면 이 반응계에 에너지가 첨가되어야 한다(그림 6.2B). 만약 ΔG 값이 0이라면 반응물은 평형상태에 있다. 자발적으로 진행하는, 즉 자유에너지가 감소할 때의 반응은 ΔG 값이 0에 도달하여 평형상태가 이루어질 때까지 지속된다.

B. 정반응과 역반응의 ΔG

정반응(A → B)의 자유에너지 값은 역반응(B → A)의 자유에너지 값과 같고 부호가 반대로 된다. 예를 들면 만약 정반응의 ΔG가 −5 kcal/mol 이라면 역반응의 값은 +5 kcal/mol이 된다. [참고: ΔG는 kJ/mol로도 표현한다(1 kcal = 4.2 kJ).]

C. ΔG와 반응물 및 생성물의 농도

A → B로 진행하는 반응의 ΔG는 반응물과 생성물의 농도에 의해 결정된다. 일정한 온도와 압력에서 다음의 관계식이 유도된다:

$$\Delta G = \Delta G^{o} + RT \ln \frac{[B]}{[A]}$$

여기서 ΔG°는 표준자유에너지 변화량(아래 D 참조)
R은 기체상수(1.987 cal/mol K)
T는 절대온도(K)

[A]와 [B]는 반응물과 생성물의 실제 농도 값
ln은 자연로그 값을 의미한다.

ΔG° 값이 양일 때의 반응은 생성물과 반응물의 비율([B]/[A])이 충분히 작다면 (즉 생성물에 대한 반응물의 비율이 클 경우) 정반응(전체 ΔG는 음이 됨)으로 진행될 수 있다. 예를 들면 다음의 반응을 살펴보자:

$$\text{6-인산포도당} \rightleftarrows \text{6-인산과당}$$

그림 6.3A는 반응물인 6-인산포도당의 농도가 생성물인 6-인산과당에 비해 상대적으로 높다는 반응을 보여주고 있다. 이것은 반응물에 대한 생성물의 비율이 작다는 것을 의미하고, 여기에서 RT ln([6-인산과당]/[6-인산포도당])의 값은 크고 음이므로 ΔG°가 양이더라도 ΔG를 음으로 만든다. 결론적으로 이 반응은 정반응으로 진행할 수 있다.

D. 자유에너지 변화량

표준상태에서 반응물과 생성물의 농도가 1mol/l일 때, 표준자유에너지 변화량 ΔG°는 자유에너지의 변화량 ΔG와 같다(그림 6.3B). 이 조건에서 반응물에 대한 생성물의 비율의 자연로그 값은 0이다(ln 1 = 0). 따라서 위에 표현한 반응식은 다음과 같이 된다:

$$\Delta G = \Delta G^{\circ} + 0$$

1. **ΔG°와 반응 방향:** 표준상태에서 ΔG°는 반응이 진행하는 방향을 예측할 수 있게 해준다. 그것은 이 조건하에서 ΔG°가 ΔG와 같기 때문이다. 그러나 ΔG°로는 생리적 환경에서 반응의 방향을 예측할 수 없는데, 그 이유는 이것이 절대 상수(R, T, K_{eq} [아래 2. 참조])로 구성되어 있어 생성물이나 기질의 농도에 의해서 변하지 않기 때문이다.

2. **ΔG°와 K_{eq}의 관계:** A ⇄ B의 반응에서 평형점은 전체적으로 화학적 변화가 더 이상 일어나지 않는 점으로서, A가 B로 전환되는 속도와 B가 A로 전환하는 속도가 같은 점이다. 이 상태에서 [A]에 대한 [B]의 비율은 두 화합물의 실제 농도에 상관없이 항상 일정하다:

$$K_{eq} = \frac{[B]_{eq}}{[A]_{eq}}$$

여기에서 K_{eq}는 평형상수이고 $[A]_{eq}$와 $[B]_{eq}$는 평형상태의 A와 B의 농도이다. 만약 반응 A ⇄ B가 일정한 온도와 압력에서 평형상태에 도달하면 그때에는 평형상태에서 전체 자유에너지 변화량(ΔG)은 0이 된다(그림 6.3C). 따라서 다음과 같은 반응식이 성립한다:

$$\Delta G = 0 = \Delta G^{o} + RT \ln \frac{[B]_{eq}}{[A]_{eq}}$$

여기에서 A와 B의 실제 농도는 평형상태에서 관찰되는 반응물과 생성물의 평형농도인 $[A]_{eq}$ 및 $[B]_{eq}$와 같고 그들의 비율은 K_{eq}와 같다. 따라서 다음과 같은 반응식이 성립한다:

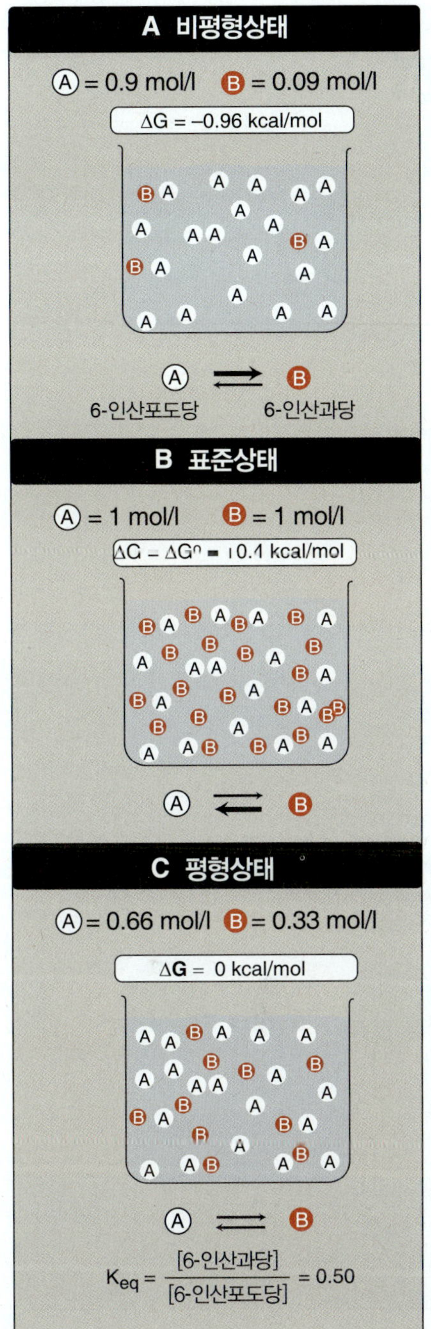

그림 6.3
반응의 자유에너지 변화량(ΔG)은 반응물과 생성물의 농도에 의존한다. 6-인산포도당이 6-인산과당으로 전환될 때 생성물에 대한 반응물의 비율이 높다면(위쪽, **도표 A**) ΔG는 음의 값이 되고, 표준상태에서(중간, **도표 B**) 양의 값이 되고, 평형상태에서(아래, **도표 C**) 그 값이 0이 된다. ΔG° = 표준자유에너지 변화량.

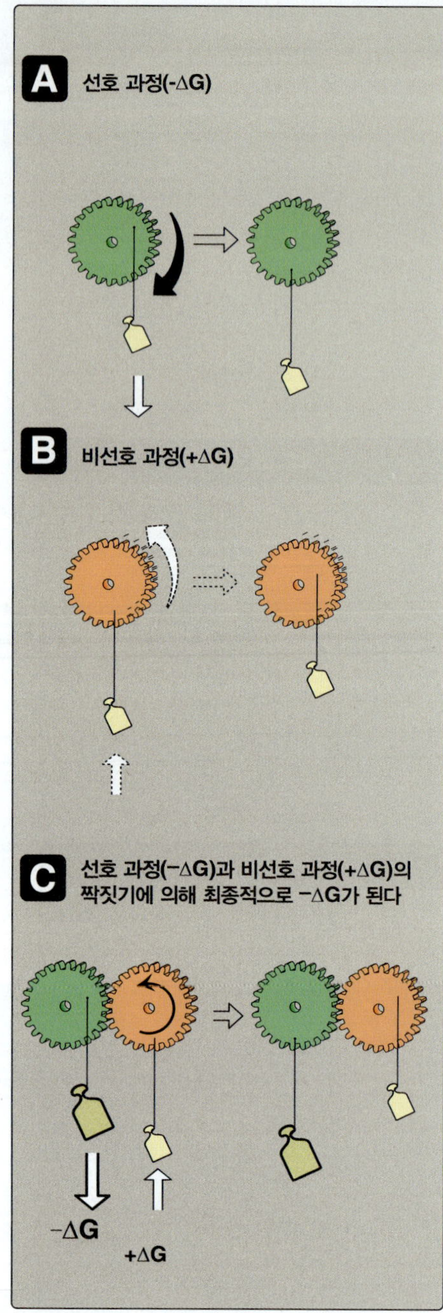

그림 6.4
선호반응과 비선호반응 과정의 짝짓기에 대한 기전 모형. A. 추가 달린 톱니는 저절로 움직여 가장 낮은 에너지 상태에 도달한다. B. 반대 방향으로 움직이는 것은 에너지학적으로 비선호적이다(저절로 일어나지 않음). C. 에너지학적으로 선호 과정이 비선호 과정을 주도할 수 있다. ΔG = 자유에너지 변화량.

$$\Delta G^o = -RT \ln K_{eq}$$

이 반응식으로 몇 가지 간단한 예측이 가능해진다.

$K_{eq} = 1$이면 $\Delta G^o = 0$
$K_{eq} > 1$이면 $\Delta G^o < 0$
$K_{eq} < 1$이면 $\Delta G^o > 0$

3. **연속되는 두 반응의 ΔG°:** ΔG°는 ΔG와 마찬가지로 일련의 어떤 연속 반응에서도 추가적이다. 예를 들면:

포도당 + ATP	→ 6-인산포도당 + ADP	ΔG° =	−4,000 cal/mol
6-인산포도당	→ 6-인산과당	ΔG° =	+ 400 cal/mol
포도당 + ATP	→ 6-인산과당 + ADP	ΔG° =	−3,600 cal/mol

4. **반응 경로의 ΔG:** 자유에너지 변화량의 가산적인 성질은 기질이 특정 방향으로 진행해야만 하는 생화학 경로에서 매우 중요하다(예: A → B → C → D → …). 각각의 반응 ΔG를 합한 값이 음이라면 대사 경로에서 일부의 개별적인 반응이 양의 ΔG° 값을 가질지라도 대사 경로는 기술한 순서대로 진행된다. 물론 반응의 실제 속도는 반응을 촉진하는 효소에 의한 활성화에너지(E_a)의 하락에 의존한다.

IV. 삼인산아데노신(ATP): 에너지 운반체

큰 양의 ΔG 값을 가진 반응은 자유에너지를 증가시키는 이온의 이동과 삼인산아데노신(ATP)의 가수분해처럼 큰 음의 ΔG 값을 가진 두 번째의 자발적인 자유에너지 감소반응의 짝지음을 통해 가능해진다(99쪽 참조). 그림 6.4는 에너지 짝짓기의 기전 모형을 보여준다. 생물 반응에서 관찰되는 에너지 짝짓기의 가장 간단한 예는 에너지를 요구하는 반응과 생산하는 반응이 공통 중간대사물을 가질 때 나타난다.

A. 공통 중간대사물(common intermediate)

두 화학반응이 연속적으로 진행되어 첫 번째 반응의 생성물이 두 번째 반응의 기질로 작용할 때 이 반응들은 중간대사물을 갖는다. 예를 들어 다음의 반응을 보자:

$$A + B \rightarrow C + D$$
$$D + X \rightarrow Y + Z$$

여기서 D는 공통 중간대사물로서 두 반응 사이에서 화학에너지의 운반체 역할을 할 수 있다. [참고: 중간대사물은 효소에 연결될 수 있다.] 많은 짝짓기 반응은 ATP를 사용하여 하나의 공통 중간대사물을 생성할 수 있다. 이 반응들은 ATP를 절단하는 것, 다시 말해 ATP의 인산기를 다른 분자에게 전달하는 반응과 관련이 있다. 다른 반응이 ATP 합성을 선도하는데,

이때 고에너지 중간대사물로부터 이인산아데노신(ADP)에 인산기를 전달함으로써 ATP가 생성된다.

B. 삼인산아데노신(ATP)에 의해 운반되는 에너지

ATP는 3개의 인산기가 부착된 아데노신 분자로 구성되어 있다(그림 6.5). 1개의 인산기가 제거되면 이인산아데노신(ADP)이 만들어지고 2개의 인산기가 제거되면 일인산아데노신(AMP)이 만들어진다. ATP의 경우, 가수분해에 의한 표준자유에너지 변화량 $\Delta G°$는 2개의 말단 인산기 각각에 대하여 대략 −7,3 kcal/mol을 갖는다. 이렇게 가수분해에 따른 큰 음의 $\Delta G°$로 인해서 ATP를 고에너지 인산화합물이라고 부른다. [참고: 아데닌 뉴클레오타이드들은 아데닐산인산화효소(adenylate kinase)에 의해 상호변환 될 수 있다[2 ADP ⇄ ATP + AMP].]

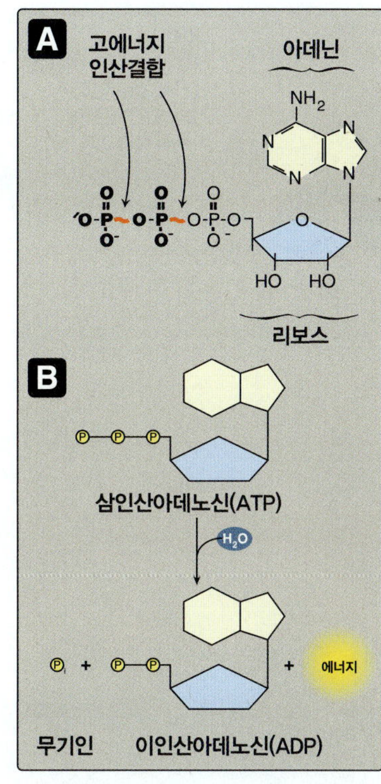

그림 6.5
A: 삼인산아데노신(ATP). B: ATP의 가수분해.

V. 전자수송사슬(Electron Transport Chain, ETC)

포도당과 같은 고에너지 분자는 일련의 산화반응에 의해 대사되어 최종적으로 이산화탄소(CO_2)와 물을 생성한다(그림 6.6). 이 반응의 대사 중간대사물은 특정 보조효소인 니코틴아마이드 아데닌 다이뉴클레오타이드(NAD^+)와 플라빈 아데닌 다이뉴클레오타이드(FAD)에 전자를 제공하여 고에너지의 환원형 보조효소인 NADH와 $FADH_2$를 생성한다. 이어서 이들 환원성 보조효소들은 이 장에서 총칭하여 전자수송사슬(electron transport chain, ETC)이라 부르는 특수화된 일단의 전자운반체에 차례로 전자쌍을 전달한다. 전자들이 ETC를 통과할 때 상당량의 자유에너지를 소실한다. 이 에너지는 양성자(H^+)가 사립체 내막을 통과하여 이동하는 데 사용되어, ADP와 무기인산(P_i)으로부터 ATP를 생성할 수 있는 양성자 기울기를 생성한다. 전자수송과 ATP 합성의 짝짓기 과정을 산화인산화(oxidative phosphorylation)라고 하며, 종종 OXPHOS로 표현한다. 이것은 사립체를 가진 모든 조직에서 연속적으로 진행된다. ATP로 포획되지 않은 남은 자유에너지는 사립체 속으로 칼슘을 수송하거나 열을 발생하는 것과 같은 부수적인 반응들에 사용된다는 점을 참고하자.

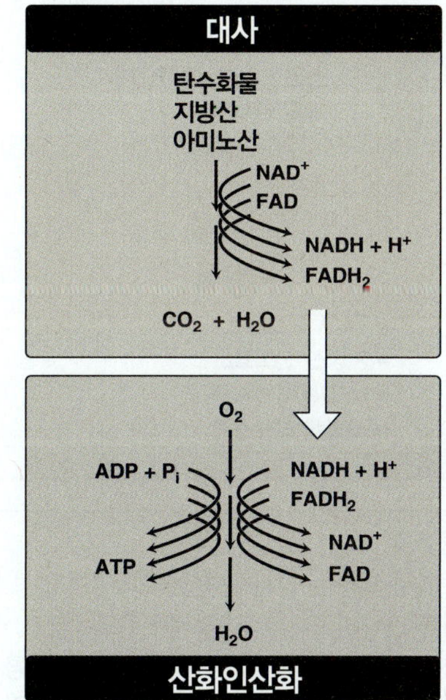

그림 6.6
에너지생성 분자의 대사적 분해. NAD(H) = 니코틴아마이드 아데닌 다이뉴클레오타이드, FAD(H_2) = 플라빈 아데닌 다이뉴클레오타이드, ADP = 이인산아데노신, ATP = 삼인산아데노신, P_i = 무기인산염. CO_2 = 이산화탄소.

A. 사립체의 전자수송사슬

사이토크롬 c 이외의 ETC는 사립체 내막에 위치하며, 체내의 다양한 연료로부터 유래한 전자를 산소에 전달하여 물로 환원하는 마지막 공통 경로이다(그림 6.6 참조).

1. **사립체의 막:** 사립체는 막사이공간으로 분리된 외막과 내막을 가지고 있다. 외막에는 대부분의 이온이나 작은 분자들이 투과할 수 있는 포린 단백질로 구성된 특수 통로가 있다. 내막은 양성자를 포함한 대부분의 이온과 ATP, ADP, 파이루브산 같은 작은 분자, 그리고 사립체 기능에 중요한 역할을 하는 대사물 등이 투과할 수 없는 특수 구조를 갖는다(그림 6.7). 이온이나 분자가 내막을 통과하기 위해서는 특별한 운반체가 필요하다. 사립체 내막에는 특별히 단백질이 많으며, 그 중 절반 이

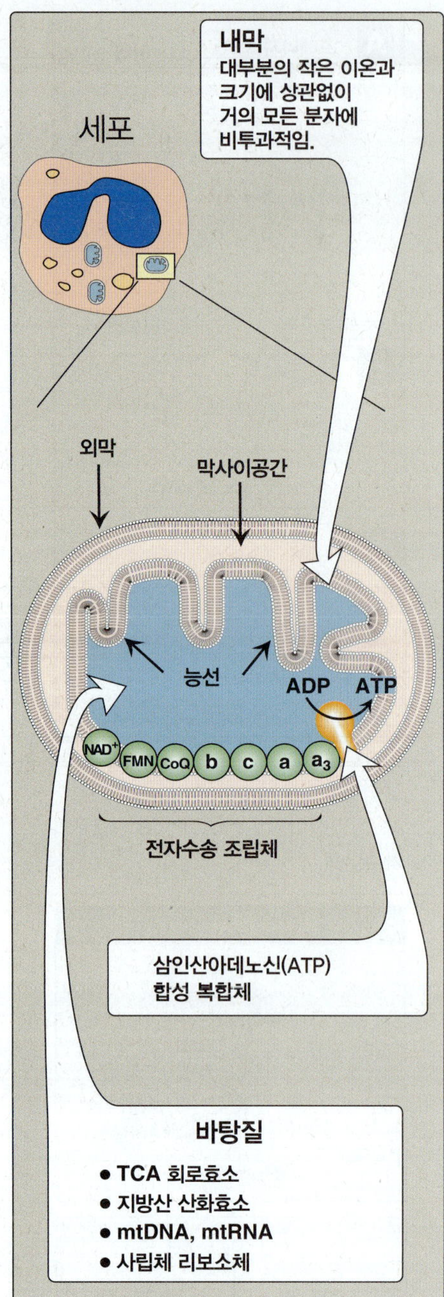

그림 6.7
내막에 존재하는 전자수송사슬과 ATP 합성 복합체를 간략히 묘사한 사립체의 구조. [참고: 내막과는 달리 외막은 투과성이 높고 막사이공간의 환경은 세포질액과 유사하다.] mt = 사립체의; RNA = 리보핵산; ADP = 이인산아데노신; TCA = 트라이카복실산 회로

상이 산화인산화에 직접적으로 관여한다. 사립체 내막은 능선(cristae)이라고 부르는 아주 구불구불한 구조를 이루고 있는데 막의 표면적을 크게 증가시키는 역할을 한다.

2. **사립체의 바탕질:** 사립체 내부의 젤모양의 용액을 바탕질이라 부르는데 역시 단백질이 풍부하다. 이곳에는 TCA 회로의 효소들과 함께 파이루브산, 아미노산, 지방산(β 산화에 의한)의 산화에 관여하는 효소들이 포함되어 있다. 포도당, 요소, 헴 등의 합성도 부분적으로 사립체의 바탕질에서 일어난다. 추가적으로 바탕질은 NAD^+ 및 FAD(전자 받개로서 작용하는 두 보조효소의 산화형)와 ATP 생성에 사용되는 ADP 및 P_i를 함유한다. [참고: 바탕질은 사립체 mtDNA, mtRNA, 사립체 리보소체를 포함한다.]

B. 전자수송사슬의 조직체계

사립체 내막에는 각각 ETC의 일부를 포함하는 복합체 I, II, III 및 IV라고 하는 4개의 분리된 단백질 복합체가 있다(그림 6.8). 각각의 복합체는 어느 정도 이동이 가능한 전자운반체인 보조효소 Q(CoQ)와 **사이토크롬 c(cytochrome c)**에 전자를 주거나 받는다. 전자수송사슬에서 각각의 운반체는 전자 주개로부터 전자를 받은 후 이어서 다음 받개에 전자를 줄 수 있다. 궁극적으로 전자는 산소와 양성자와 결합하여 물을 생성한다. 산소에 대한 요구사항 때문에 전자수송 과정을 호흡사슬이라고 부르며, 신체에서 사용하는 산소의 가장 큰 부분을 차지한다.

C. 반응

지용성 퀴논인 보조효소 CoQ를 제외하면 이 사슬의 모든 구성 성분은 단백질이다. 이들은 플라빈함유 탈수소효소와 같이 효소로 작용하거나, 철-황(Fe-S) 중심부의 한 부분으로서 철을 함유하거나, 사이토크롬처럼 헴의 포르피린 보조단의 한 부분으로 철을 함유하거나, 사이토크롬 $a + a_3$ 복합체처럼 구리(Cu)를 함유하기도 한다.

1. **NADH의 생성:** NAD^+는 기질에서 2개의 수소 원자를 제거하는 탈수소효소에 의해 NADH로 환원된다[참고: 이 반응의 예로서 TCA 회로의 탈수소효소를 설명하고 있는 128쪽을 참조할 것]. 2개의 전자와 단 1개의 양성자(즉 수소음이온의 한 형태, [:H^-])가 NAD^+에 전달되어 NADH와 유리 양성자를 생성한다.

2. **NADH 탈수소효소:** NADH에 의해 운반된 유리 양성자와 수소음이온은 이어서 사립체 내막에 묻혀 있는 단백질 복합체(복합체 I)인 NADH 탈수소효소로 전달된다. 복합체 I은 FAD와 구조적으로 관련이 있는 보조효소인 플라빈 모노뉴클레오타이드(FMN)와 강하게 결합하며, 2개의 수소 원자($2e^- + 2H^+$)를 받아 $FMNH_2$를 생성한다. NADH 탈수소효소도 철-황 중심부를 가진 펩타이드 소단위들을 함유한다(그림 6.9). 복합체 I에서, NADH로부터 FMN으로 이동한 전자가 철-황 중심부로, 이어서 CoQ로 이동한다. 전자가 흐를 때 에너지가 소

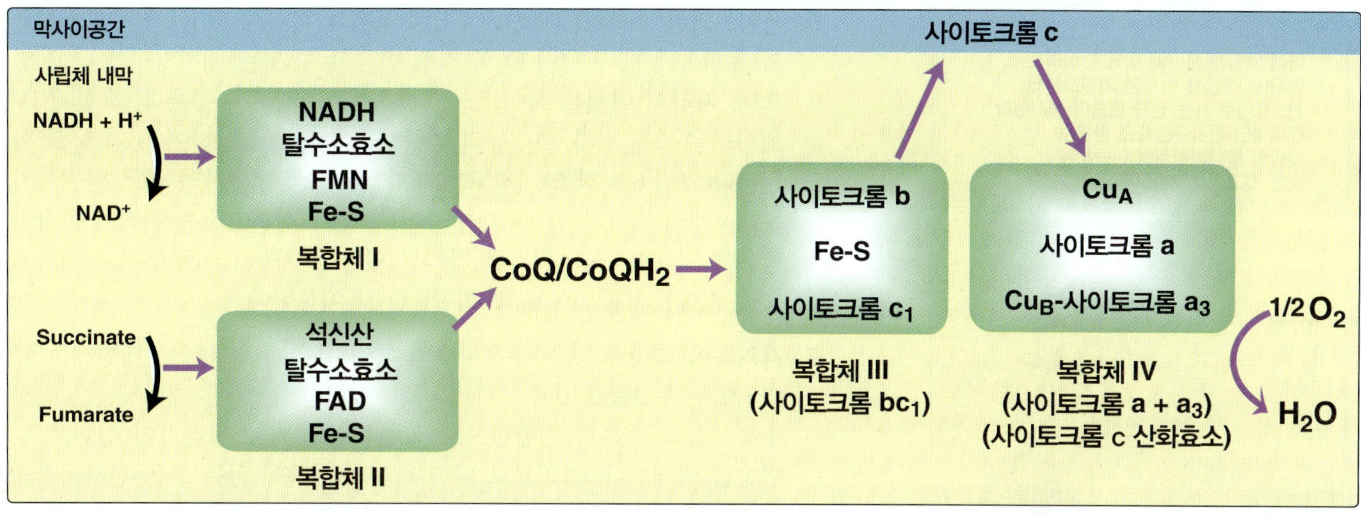

그림 6.8
전자수송사슬. 전자의 흐름은 *자주색 화살표*로 나타내었다. NAD(H) = 니코틴아마이드 아데닌 다이뉴클레오타이드, FMN = 플라빈 모노클레오타이드, FAD = 플라빈 아데닌 다이뉴클레오타이드, Fe-S = 철-황 중심부, CoQ = 보조효소 Q, Cu = 구리.

실된다. 이 에너지는 바탕질에서 사립체막을 통해 막사이공간으로 네 개의 양성자를 퍼 올릴 때 사용된다.

3. **석신산 탈수소효소:** 복합체 II에서, 석신산 탈수소효소가 촉진하는 산화반응에 의해 석신산이 퓨마르산으로 바뀔 때 생기는 전자는 보조효소 **$FADH_2$**로부터 철-황 단백질로, 이어서 CoQ로 이동한다. [참고: 이 과정에서는 소실되는 에너지가 없기 때문에 복합체 II에서 퍼 올리려지는 양성자는 없다.]

4. **보조효소 Q:** 유비퀴논(ubiquinone)이라 불리기도 하는 CoQ는 콜레스테롤 합성 과정의 중간대사물에서 만들어지는데 기다란 소수성 아이소프레노이드 꼬리를 갖고 있는 퀴논계 유도체이다(18장 참조). CoQ는 유동성 전자운반체로서 NADH 탈수소효소(복합체 I), 석신산 탈수소효소(복합체 II), 그리고 3′-인산글리세롤 탈수소효소와 아실 CoA 탈수소효소와 같은 사립체 탈수소효소로부터 수소 원자를 받을 수 있다. CoQ는 전자를 복합체 III(사이토크롬 bc_1)에 전달한다. 즉, CoQ의 기능은 플라보단백질인 탈수소효소와 사이토크롬을 연결하는 것이다.

5. **사이토크롬:** ETC의 나머지 구성원은 사이토크롬 단백질들이다. 각각은 포르피린 고리와 철을 함유하는 헴기를 가지고 있다. 혈색소의 헴기와 달리 사이토크롬의 철은 정상적인 전자 주개와 받개로 작용하여 3가철(ferric) 형태로부터 2가철(ferrous) 형태로 가역적으로 전환된다. 전자는 사슬을 따라 사이토크롬 bc_1(복합체 III), 사이토크롬 c, 그리고 사이토크롬 a + a_3(복합체 IV, 그림 6.8 참조)로 통과한다. 전자의 이동에 따라 사립체 내막을 통과하여 복합체 III에서는 네 개의 양성자가, 복합체 IV에서는 두 개의 양성자가 퍼 올려진다. [참고: 사이토크롬 c는 막사이공간에 위치하여 내막의 바깥면과 느슨하게 회합하며, CoQ처럼 이동이 가능한 전자운반체이다.]

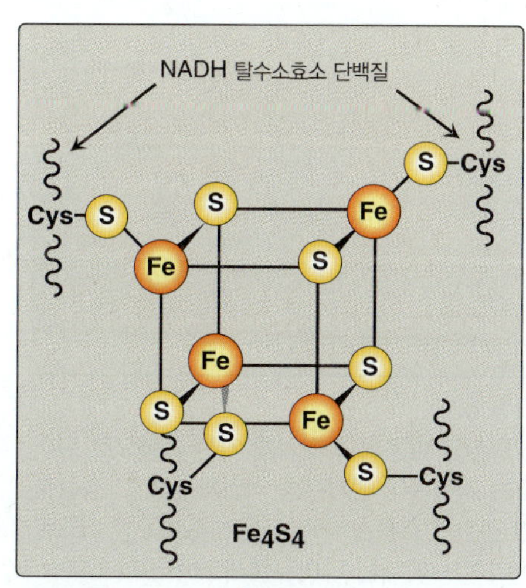

그림 6.9
복합체 I의 철-황 중심. [참고: 복합체 II와 III도 역시 철-황 중심을 갖고 있다.] NADH = 니코틴아마이드 아데닌 다이뉴클레오타이드, Cys = 시스테인.

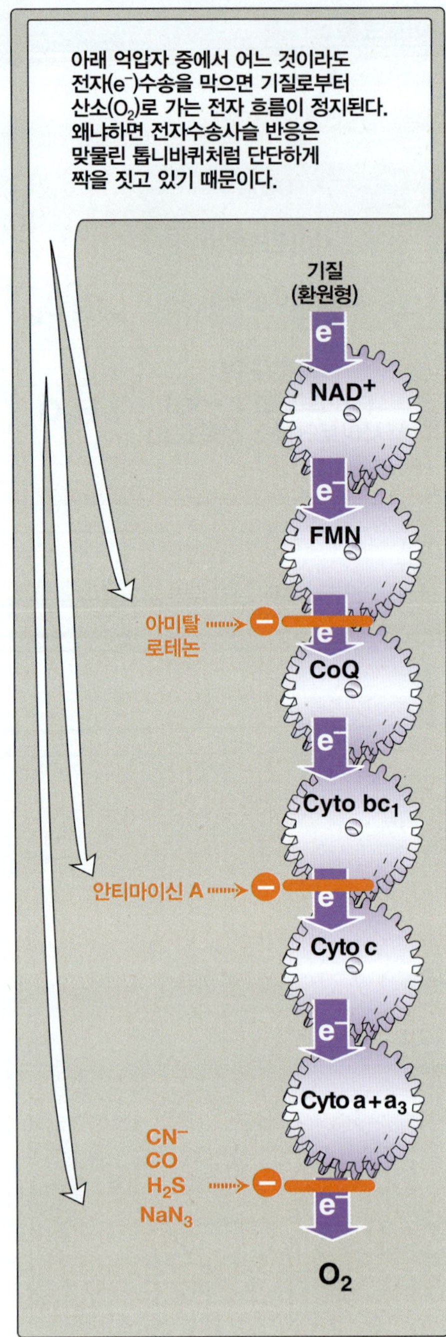

그림 6.10
산화환원 반응의 짝짓기를 기전 모형으로 보여주는 자리특이 전자수송 억압자. [참고: 정상적인 전자의 흐름을 나타내었다.] NAD^+ = 니코틴아마이드 아데닌 다이뉴클레오타이드; CN^- = 사이안화물, CO = 일산화탄소, H_2S = 황화수소, NaN_3 = 소듐아자이드, FMN = 플라빈 모노뉴클레오타이드, CoQ = 보조효소 Q, Cyto = 사이토크롬.

6. **사이토크롬 a + a_3:** 이 사이토크롬 복합체(복합체 IV)는 전자운반체로서 유일하게 헴의 철이 O_2와 직접 반응할 수 있는 배위자리를 갖고 있으며, 따라서 이것을 사이토크롬 c 산화효소라고도 부른다. 복합체 IV에서는 수송된 전자, O_2, 유리 양성자들이 함께 결합하여 O_2가 물로 환원된다(그림 6.8 참조). [참고: 2분자의 산소를 2분자의 물로 환원시키는데 4개의 전자가 필요하다.] 사이토크롬 c 산화효소는 이러한 복잡한 반응에 필요한 구리 원자를 가지고 있다. 전자는 Cu_A로부터 사이토크롬 a, 사이토크롬 a_3(Cu_B와 회합), O_2로 이동한다.

7. **자리특이 대항제:** 전자수송사슬의 특정 부위에 작용하는 대항제는 규명되었는데 그림 6.10에 나타낸 바와 같다. 이들 호흡 대항제들은 전자수송사슬의 성분과 결합함으로써 전자의 통과를 방해하여 산화/환원 반응을 억제한다. 그러므로 막힌 자리의 앞쪽에 있는 모든 전자운반체는 완전히 환원되고, 막힌 자리 이후의 운반체는 모두 산화된다. [참고: 전자수송사슬이 억제되면 이 과정과 밀접하게 짝지어져 있는 ATP 합성도 억제된다.]

전자수송사슬로부터 전자가 유출되면 초과산화물(O_2^-), 수소 과산화물(H_2O_2), 수산기 라디칼(OH)과 같은 반응산소종(ROS)이 생성된다. ROS는 DNA와 단백질에 손상을 주고 지질 과산화를 일으킨다. 초과산화물 불균등분해효소(SOD), 과산화수소분해효소(catalase), 글루타싸이온 과산화효소들은 세포에서 ROS에 대한 방어를 위한 효소이다(171쪽 참조).

D. 전자수송 과정에서 일어나는 자유에너지의 방출

전자가 ETC를 따라 전자 주개(환원시약 또는 환원제)로부터 전자 받개(산화시약 또는 산화제)로 전달되며 방출된 자유에너지는 복합체 I, III, IV에서 양성자를 퍼 올릴 때 사용된다. [참고: 전자는 NAD^+로 들어가는 수소음이온, FMN, CoQ, FAD로 들어가는 수소 원자, 그리고 사이토크롬으로 들어가는 전자의 형태로 전달된다.]

1. **산화환원 쌍(redox pair):** 한 물질의 산화(전자의 소실)는 항상 다른 물질의 환원(전자 획득)을 동반한다. 예로서 그림 6.11은 복합체 I에서 NADH 탈수소효소에 의해 NADH가 NAD^+로 산화될 때 보결분자 FMN이 $FMNH_2$로 환원되는 반응이 동반하는 것을 보여준다. 이러한 산화-환원 반응은 2개의 분리된 반쪽 반응, 즉 하나는 산화반응과 다른 하나는 환원반응의 합으로 쓸 수 있다(그림 6.11 참조). NAD^+와 NADH가 산화환원 쌍을 이루는 것처럼 FMN와 $FMNH_2$도 쌍을 이룬다. 산화환원 쌍들은 전자를 잃는 경향이 다르다. 이 경향은 특정 산화환원 쌍의 특징이며, 상수 E_o(표준환원전위)로 정량적으로 나타낼 수 있고, 단위는 볼트이다.

2. **표준환원전위(E_o):** 여러 산화환원 쌍의 E_o는 음의 값이 가장 큰 E_o로부터 양의 값이 가장 큰 E_o로 나열할 수 있다. 표준환원전위의 음의 값이 클수록 환원반응 짝이 전자를 잃는 경향이 증가한다. 또한 E_o의 양

의 값이 클수록 산화반응 짝이 전자를 받는 경향이 증가한다. 그러므로 전자는 E_o의 음의 값이 더 큰 짝으로부터 양의 값이 더 큰 짝으로 흐르게 된다. 전자수송사슬의 몇 가지 반응 짝의 E_o 값은 그림 6.12에서 알 수 있다. [참고: 전자수송사슬의 반응 짝들은 E_o의 양의 값이 커지는 순서로 정렬되어 있다.]

3. **$\Delta G°$과 ΔE_o의 관련성:** 자유에너지 변화량 $\Delta G°$은 직접적으로 E_o 변화의 크기와 관련이 있다:

$$\Delta G° = -nF\Delta E_o$$

   n = 전달 전자수(사이토크롬은 1개, NADH, $FADH_2$, CoQ는 2개)
   F = 패러데이 상수(Faraday constant, 23,1 kcal/vol·mol)
   ΔE_o = 전자 받개 쌍이 갖고 있는 E_o에서 전자 주개 쌍의 E_o를 뺀 값
   $\Delta G°$ = 표준자유에너지 변화량.

4. **ATP의 $\Delta G°$:** ADP가 ATP로 인산화될 때 $\Delta G°$는 +7.3 kcal/mol이다. NADH로부터 ETC를 통해 O_2로 전자쌍이 이동할 때 52.6 kcal를 생성한다. 그러므로 이 값은 3ADP와 3P_i가 3ATP를 만들 때 필요한 에너지값(3 × 7.3 = 21.9 kcal/mol) 이상으로 활용할 수 있으며. 때로는 3:1의 P:O비(환원된 O 원자에 대한 생성된 ATP의 비)로 표시한다. 남는 열량은 보조반응에 사용되거나 열로 방출된다. [참고: $FADH_2$에 대한 P:O비는 복합체 I을 우회하기 때문에 2:1이다.]

전체 산화환원 반응
NADH + H^+ → NAD^+ ; FMN → $FMNH_2$
성분별 산화환원 반응
NADH + H^+ → NAD^+ + $2e^-$ + $2H^+$
산화환원 쌍 E_o = - 0.32 volt
FMN + $2e^-$ + $2H^+$ → $FMNH_2$
산화환원 쌍 E_o = - 0.22 volt

그림 6.11
FMN에 의한 NADH의 산화, 2개의 구성 성분 반쪽반응으로 분리됨. NAD(H) = 니코틴아마이드 아데닌 다이뉴클레오타이드, FMN(H_2) = 플라빈 모노뉴클레오타이드, e^- = 전자, H^+ = 양성자, E_o = 표준환원전위.

VI. ADP가 ATP로 변환되는 인산화반응

NADH가 강한 전자 주개이고 O_2가 강한 전자 받개이기 때문에 ETC를 따라서 전자가 운반되는 것은 에너지 측면에서 매우 선호되는 반응이다. 그러나 이러한 전자의 흐름만으로 직접적으로 ATP가 합성되는 것은 아니다.

A. 화학삼투설(chemiosmotic hypothesis)

화학삼투설(미첼 가설, Mitchell hypothesis)은 전자가 ETC를 통과하면서 생성한 자유에너지가 어떻게 ADP + P_i로부터 ATP를 생성할 때 사용되는가를 설명한다.

1. **양성자 펌프: 전자수송(electron transport)**은 복합체 I, III, IV에서 사립체 바탕질로부터 내막을 거쳐 막사이공간으로 H^+을 퍼 올림으로써 ADP 인산화와 짝지어져 있다. NADH부터 유래된 2개의 전자가 산소에 전달되면 10개의 양성자가 퍼 올려진다, 이 과정에서 그림 6.13에 나타낸 바와 같이 사립체 내막의 안팎에 전기적 기울기(막의 안쪽보다 바깥쪽에 양전하를 더 많이 띠고 있음)와 pH(화학적) 기울기(막의 안쪽보다 바깥쪽의 pH가 더 낮음)가 만들어진다. 양성자 기울기에 의해 생성된 에너지는 ATP를 합성하기에 충분하다. 따라서 H^+ 기울기는 인산화반응과 산화반응을 짝지어주는 공통 중간대사물로서 작용한다.

2. **ATP 생성효소:** 복합소단위체인 ATP 생성효소(복합체 V, 그림 6.14)는

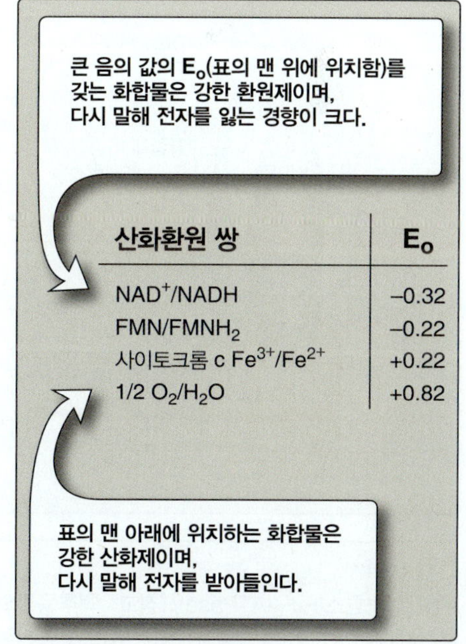

그림 6.12
몇 가지 반응의 표준환원전위(E_o).
NAD(H) = 니코틴아마이드 아데닌 다이뉴클레오타이드, FMN(H_2) = 플라빈 모노뉴클레오타이드. Fe = 철.

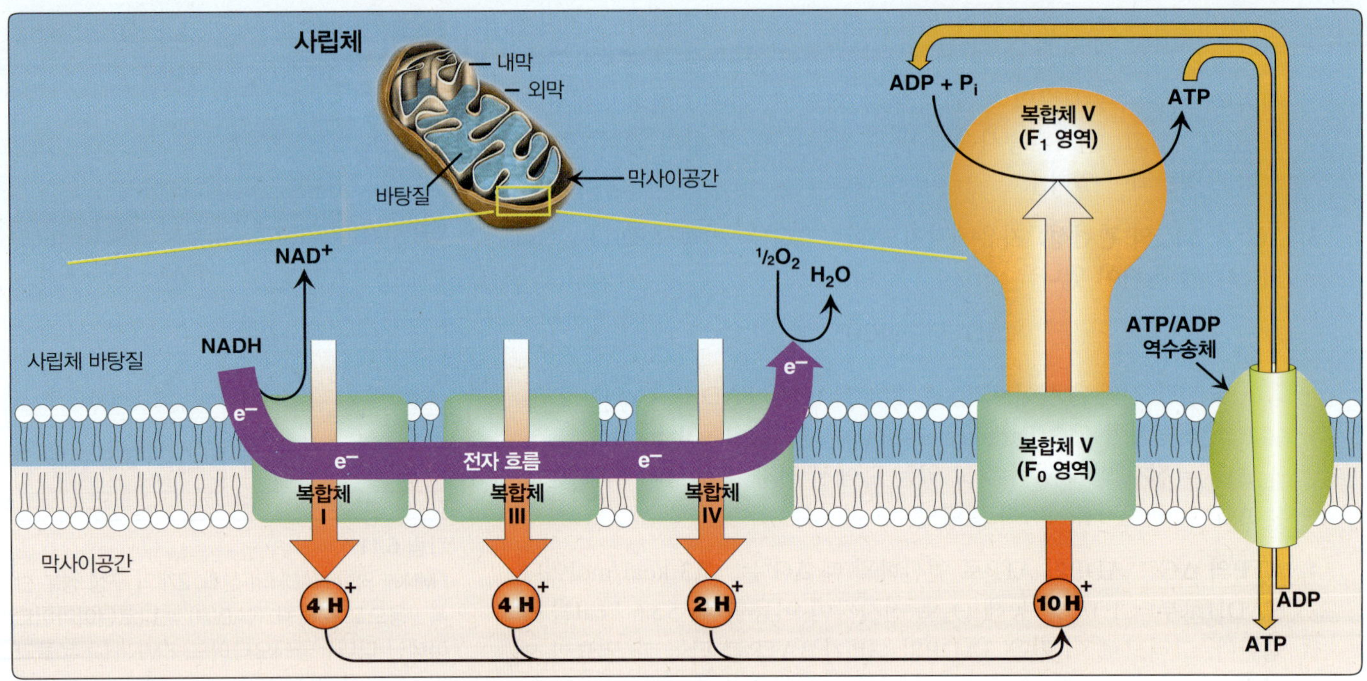

그림 6.13
양성자(H$^+$) 퍼 올림과 관련된 전자수송사슬을 보여주는 그림. 1개의 NADH가 산화될 때 10개의 H$^+$가 퍼 올려짐. (참고: 복합체 II는 H$^+$를 펌프질하지 않음.) e$^-$ = 전자; 복합체 V = ATP 생성효소

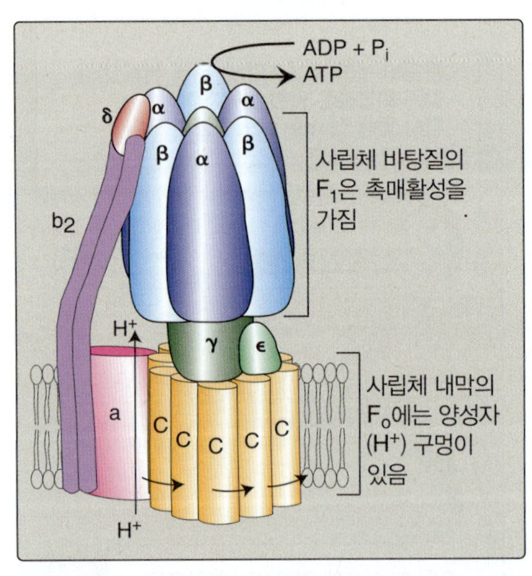

그림 6.14
ATP 생성효소(F_1F_0-ATPase). [참고: 척추동물의 복합체에는 8개의 소단위가 있다. 고리의 완전한 회전은 F_o 영역을 통해 이동하는 8개의 H$^+$(양성자)에 의해 이루어진다. F_1 영역의 3개의 β 소단위의 구조적 변화로 인해 3개의 이인산아데노신(ADP)이 3개의 ATP로 인산화될 수 있다.]
P$_i$ = 무기 인산염.

H$^+$ 기울기의 에너지를 사용하여 ATP를 합성한다. 이 효소는 사립체 내막에 걸쳐 있는 영역(F_o)과 사립체 바탕질로 돌출된 공모양의 영역(F_1)을 갖는다(그림 6.13 참조). 화학삼투설은 H$^+$이 사립체 내막의 세포질 쪽으로 펌프질에 의해 이동한 후에, F_o 영역의 H$^+$ 통로를 통과하여 사립체 바탕질로 다시 들어가면서 F_o의 c 고리의 회전을 일으키는 동시에 pH와 전기기울기를 없애버린다. F_o 회전은 막 바깥쪽의 F_1 영역 β-소단위의 입체형태를 변형시켜, ADP + P$_i$와 결합하고 ADP를 ATP로 인산화하고 ATP를 방출한다. [참고: ATP 생성효소는 ATP를 ADP와 P$_i$로 가수분해하는 반응을 촉진할 수 있기 때문에 F_1/F_o-ATP 분해요소라고도 한다.]

a. 산화인산화의 짝짓기: 정상 사립체에서 ATP 합성은 H$^+$ 기울기를 통한 전자수송과 짝지어져 있다. 한 과정이 증가하거나 감소하는 것은 다른 과정에 같은 효과를 갖는다. 예를 들면 에너지 필요 반응에서 ATP를 ADP와 P$_i$로 만드는 가수분해는 ATP 생성효소에 대한 기질의 이용도를 높이기 때문에 효소로 가는 H$^+$의 흐름이 증가된다. ETC에 의한 전자수송과 H$^+$ 펌프질은 H$^+$ 기울기를 유지하고 ATP 합성을 가능하게 하도록 증가한다.

b. 올리고마이신: 이 약물은 ATP 생성효소의 F_o(o는 oligomycin을 의미함) 영역에 결합하여 H$^+$ 통로를 닫음으로써 H$^+$이 사립체 바탕질로 되돌아가는 것을 막기 때문에 결국 ADP가 ATP로 인산화되는 것을 억제한다. 이 인산화 억제제가 존재하는 상태에서는 pH 기울

기와 전기기울기가 해소될 수 없기 때문에 가파른 기울기에 역행하여 더 이상 H^+을 펴 올릴 수 없으므로 결국 전자수송이 멈춘다. 이렇게 세포호흡이 ADP가 인산화되어 ATP를 만드는 능력에 의존하는 것을 호흡제어라고 하며, 철저한 짝짓기 반응의 결과이다.

c. **짝풀기 단백질(uncoupling protein, UCP):** UCP는 사람을 포함한 포유동물의 사립체 내막에 존재한다. 이 단백질은 에너지가 ATP에 포획되지 않으면서 H^+가 사립체 바탕질로 다시 들어갈 수 있는 통로를 구성해준다(그림 6.15). 에너지는 열로 방출되는데, 이 과정을 떨림이 없는 열발생이라 한다. 터모제닌이라고 부르는 UCP1은 포유동물의 갈색지방세포에서 열 발생을 담당한다. [참고: 추위는 카테콜아민 의존성 UCP1 발현 활성화를 일으킨다.] 몸에 많이 존재하는 백색지방과 다르게 갈색지방은 신생아에서 추위에 대응하여 호흡 에너지의 약 90%를 열발생을 위해 사용한다. 즉 갈색지방은 에너지 소비에 관련되어 있는 데 반하여 백색지방은 에너지 저장과 관련된다. [참고: 갈색지방 저장소는 성인에서도 존재함이 알려져 있다.]

d. **합성 짝풀기제(synthetic uncoupler):** 전자수송과 인산화는 사립체내막을 가로질러 양성자를 운반하여 기울기를 없애버리는 물질에 의해서도 짝풀기가 일어날 수 있다. 그 전형적인 예로서 사립체막을 통해 쉽게 확산되는 친유성 H^+ 운반체(이온운반체, ionophore)인 2,4-다이나이트로페놀이 있다(그림 6.16 참조). 이 짝풀기제는 UCP 단백질의 기능과 아주 비슷하게 H^+ 기울기를 형성하지 않으면서 빠른 속도로 전자수송을 진행시킬 수 있다. 다시 말하자면 에너지는 ATP 합성에 사용되는 것이 아니라 열로 방출된다. [참고: 아스피린이나 다른 살리실산과 같은 약물을 고농도로 사용하는 경우에도 산화인산화의 짝짓기는 일어나지 않는데, 이는 이들 약물의 독성이 나타나는 고농도에서 수반되는 열에 대한 설명이 된다.]

B. 막 수송계

사립체 내막은 전하를 띠거나 친수성인 대부분의 물질에 대하여 비투과적이다. 그러나 이 막에는 특정 분자들을 세포질액에서 사립체 바탕질로 통과시킬 수 있는 많은 수송 단백질이 있다.

1. **ATP-ADP 수송:** ADP와 P_i를 세포질액(많은 에너지 필요 반응에서 ATP가 사용되어 ADP로 전환됨)으로부터 사립체(ATP가 재합성됨)로 수송하려면 사립체 내막에 특별한 운반체가 필요하다. 아데닌 뉴클레오타이드 역수송체는 세포질액에서 사립체로 한 분자의 ADP를 수송하면서 바탕질로부터 세포질액으로 한 분자의 ATP를 외수송한다(그림 16.3 참조). 동시수송체는 무기인산과 H^+를 세포질액으로부터 바탕질로 동시에 운반한다.

2. **환원당량의 이동:** 사립체 내막은 NADH 수송체가 없으며 세포질액에서 생성된 NADH(예: 해당작용, 115쪽 참조)는 직접 바탕질로 들어갈 수 없다. 그러나 NADH의 환원당량은 기질 왕복을 통해 세포질액에서

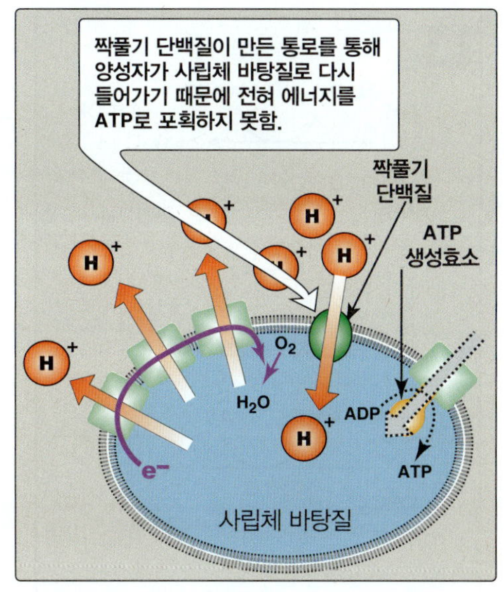

그림 6.15
짝풀기 단백질에 의해 사립체막을 가로지르는 양성자의 수송. ADP = 이인산아데노신, ATP = 삼인산아데노신. e^- = 전자.

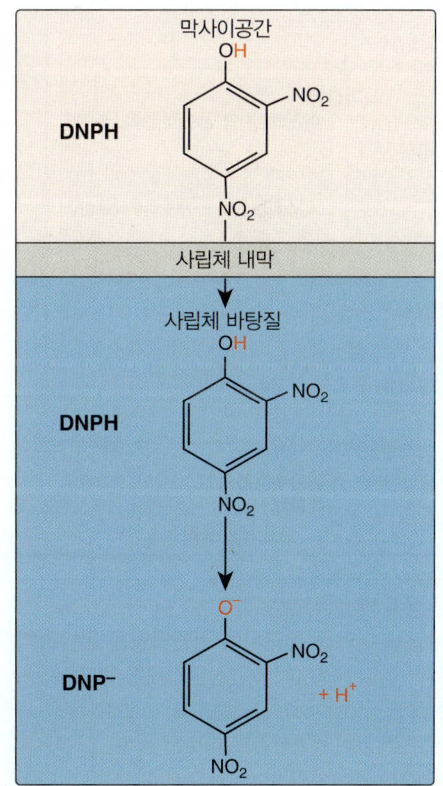

그림 6.16
양성자(H^+) 운반체의 한 종류인 2,4-다이나이트로페놀(DNP)의 환원형(DNPH)과 산화형(DNP^-)을 나타냄.

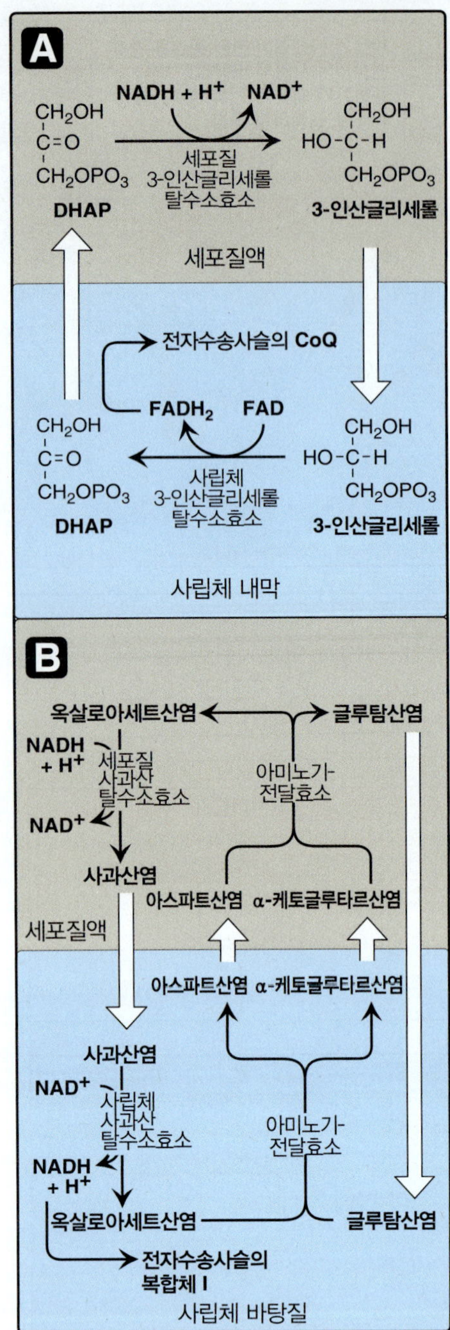

그림 6.17
사립체 내막을 횡단하여 환원당량을 운반하기 위한 기질 왕복. A. 3-인산글리세롤 왕복(glycerol 3-phosphate shuttle). B. malate-aspartate shuttle(사과산-아스파트산 왕복). DHAP = dihydroxyacetone phosphate(인산 인산다이하이드록시아세톤). NAD(H) = nicotinamide adenine dinucleotide(니코틴아마이드 아데닌 다이뉴클레오타이드); H^+ = 양성자; FAD(H_2) = flavin adenine dinucleotide(플라빈 아데닌 다이뉴클레오타이드); CoQ = coenzyme Q(보조효소 Q).

바탕질로 수송된다. 3-인산글리세롤 왕복(그림 6.17A)에서 2개의 전자는 세포질액 3-인산글리세롤 탈수소효소에 의해 NADH로부터 인산다이하이드록시아세톤으로 전달된다. 생성된 3-인산글리세롤은 FAD가 $FADH_2$로 환원될 때 동시에 사립체 동종효소에 의해 산화된다. ETC의 CoQ가 이 $FADH_2$를 산화시킨다. 그러므로 3-인산글리세롤 왕복은 결국 세포질액의 NADH 하나를 산화시켜 ATP 2개를 합성한다. 반면에 사립체 바탕질에서 $FADH_2$ 대신에 NADH를 생성하는 사과산-아스파트산 왕복(그림 6.17B)은 옥살로아세트산이 사과산으로 환원될 때 동시에 사과산 탈수소효소에 의해 산화되는 세포질액의 NADH 하나를 이용하여 ATP 3개를 생성한다. 수송 단백질이 사과산을 사립체 바탕질로 운반한다.

C. 산화인산화 과정의 유전질환

산화인산화를 담당하는 약 90개의 단백질 중에서 13개는 사립체 DNA(mtDNA)에 부호화되어 있어 사립체에서 합성되고, 나머지 단백질들은 세포질액에서 합성되어 사립체로 수송된다. 산화인산화 과정의 결함은 대부분 mtDNA의 이상에 의해 발생하며, mtDNA의 돌연변이는 핵 DNA의 경우보다 10배 이상 높게 발생한다. ATP 요구량이 높은 뇌, 신경, 망막, 뼈대근육 및 심장근육, 그리고 간의 세포는 산화인산화 과정의 결함으로부터 특히 취약하다. 산화인산화의 부전은 일반적으로 젖산 산증의 원인이 되며, 특히 근육, 중추신경계 및 망막에서 현저하다. 산화인산화 장애의 임상 증상에는 발작, 안근마비, 근육 약화 및 심근병증이 포함된다(표 6.1). 일부 약물은 사립체 기능에 영향을 미치는 것으로 알려져 있으며, 사립체 장애가 있는 사람은 이 약물들을 피해야 한다. [참고: 정자의 사립체는 수정 과정에서 살아남지 못하고 오직 난모세포의 사립체만 발달 중인 배아에서 생존하여 성체에 이르기까지 남아 있기 때문에 mtDNA는 모성유전이다.]

D. 사립체와 세포자멸사(apoptosis)

세포속 회복 불가능한 손상에 대한 반응인 세포자멸사나 세포예정사의 과정은 내재적 또는 사립체 매개 경로를 통해 개시된다. 이 과정에서 통로 단백질(Bax 혹은 Bak)이 사립체 외막에 삽입되어 막사이공간에서 사이토크롬 c가 세포질액으로 나올 수 있게 한다. 사이토크롬 c는 세포질액으로 들어와 세포자멸사 전구인자들과 회합하여 세포자멸소체(apoptosome)를 구성한 다음, 일련의 세포자멸단백질분해효소(caspase)들을 활성화하여 단백질들을 분해하고, 결과적으로 세포자멸사에서 특징적으로 나타나는 형태학적, 생화학적 변화를 일으킨다.

표 6.1 사립체 산화인산화 장애질환

질병	특징
컨스-세이어 증후군 (Kearns-Sayre syndrome)	• 처진눈꺼풀을 지닌눈 근육의 쇠약 또는 마비, 시력 상실, 심장 전도 결함,걸을 때 불안정(운동실조), 팔다리의 근력 약화, 콩팥 문제, 인지 기능 저하(치매) 및 저신장 • 특성이 20세 이전에 나타남 • mtDNA의 돌연변이로 인해 발생
레버 유전성 시신경병증 (Leber hereditary optic neuropathy, LHON)	• 망막박리에 의한 양측 중심 시력 상실 • 일반적으로 환자의 20대 또는 30대에 발병 • 모계를 따른 사립체 유전에 의해 발생하지만 남성이 여성보다 4배 더 많이 영향을 받음.
리병 (Lleigh disease)	• 생후 1년에 나타나는 심각한 신경 장애. 진행성 삼키기 문제, 체중 증가 불량, 근긴장저하, 쇠약, 운동실조, 젖산산증을 동반하는 안진 및 시신경 위축 • 일반적으로 2~3세 사이에 호흡 부전으로 사망 • 핵 또는 mtDNA의 돌연변이로 인해 발생
사립체 뇌근육병증, 젖산증 및 뇌졸중 유사 에피소드 (Mitochondrial encephalomyopathy, lactic acidosis and stroke-like episodes, MELAS)	• 진행성 신경변성 • 반복되는 유산산증 및 근육병증 • 세포는 종종 돌연변이 및 야생형 mtDNA를 포함하고 발현은 가변적임.
붉은색 섬유가 있는 근간대성 간질 (Myoclonic epilepsy with ragged-red fibers, MERRF)	• 진행형 상태 • 조절되지 않는 근육 수축, 치매, 운동실조 및 근병증 • mtDNA의 돌연변이로 인해 발생함; 질병의 발현은 다양함.
신경병증, 운동실조 및 색소성 망막염 (Neuropathy, ataxia, and retinitis pigmentosa, NARP)	• 진행형 상태 • 사지의 마비 또는 따끔거림을 동반한 감각 신경병증, 근육 약화, 운동실조 및 시력 상실, 인지 쇠퇴 및 발작 • mtDNA의 돌연변이가 ATP 생성효소를 변경하고 ATP 생성 능력을 감소시켜 발생

VII. 요약

- 반응 중 발생하는 **자유에너지 변화(ΔG)**는 그 반응이 자발적으로 진행될 방향을 예측하게 한다(그림 6.18).
- 만약 ΔG가 **음의 값**이라면 반응은 쓰인데로 **자발적**으로 일어난다. ΔG가 **양의 값**이라면 반응은 **자발적이지 않다.** ΔG가 0이라면 반응은 **평형상태**에 있다.
- 정반응의 ΔG는 역반응에 대해 값은 같고 부호는 반대이다.
- 큰 양의 값의 ΔG를 가지는 반응이나 과정은 **ATP의 가수분해**와 같이 큰 음의 값의 ΔG°를 가지는 반응과 **짝짓기**를 함으로써 가능할 수 있다.
- 환원형 보조효소인 NADH와 $FADH_2$는 각각 전자쌍을 FMN, 철-황 중심부, CoQ, 일련의 헴 함유 **사이토크롬** 등으로 구성된 **전자운반체**들의 특수화된 집합체에 공여하는데 이를 **전자수송사슬(ETC)**이라고 부른다.
- 이 경로는 **사립체 내막**에 존재하며, 여러 다른 대사연료에서 유래한 전자가 큰 양의 값의 **표준환원전위(E_o)**를 지닌 O_2로 흘러가 물로 환원되는 최종 공통 경로이다.
- 마지막 사이토크롬인 **사이토크롬 c 산화효소**는 O_2와 결합하는 유일한 사이토크롬이다.
- 전자수송은 사립체 바탕질로부터 내막을 통과하여 막사이공간으로 H^+를 이동시키며 하나의 NADH가 산화되면 10개의 H^+가 운반된다.

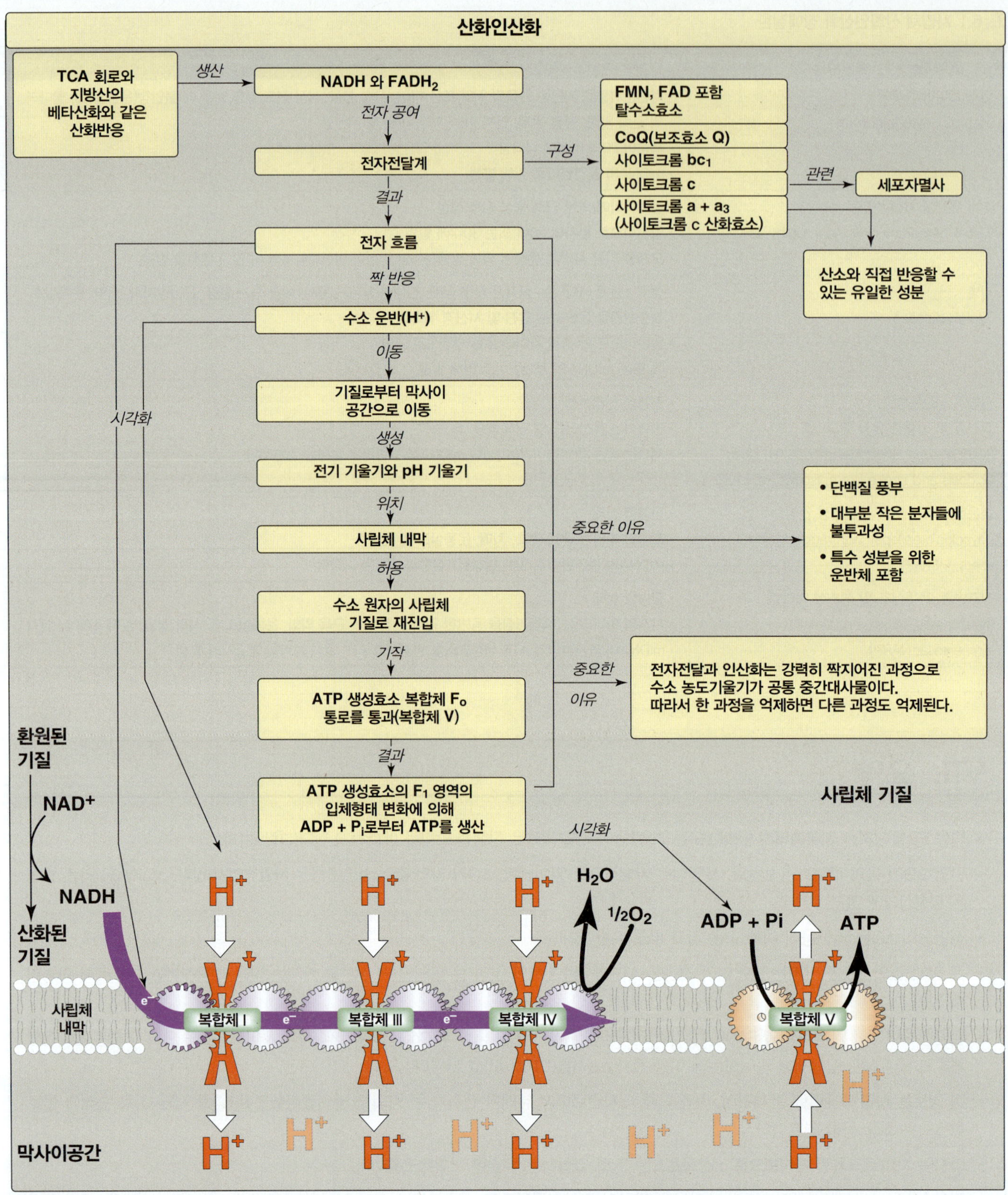

그림 6.18

산화인산화의 핵심 개념도(OXPHOS). [참고: 짝짓기를 강조하기 위해 전자(e^-) 흐름과 ATP 합성을 서로 맞물린 톱니바퀴로 나타냄.] TCA = 트라이카복실산, NAD(H) = 니코틴아마이드 아데닌 다이뉴클레오타이드, FAD(H_2) = 플라빈 아데닌 다이뉴클레오타이드, FMN = 플라빈 모노뉴클레오타이드, ADP = 이인산아데노신.

- 이 과정은 사립체 내막을 경계로 **전기기울기**와 **pH 기울기**를 형성한다. H^+가 막에서 세포질액 쪽으로 수송된 후에 **ATP 생성효소(복합체 V)**의 F_o H^+ 통로를 통하여 사립체 바탕질로 되돌아감으로써 pH 기울기와 전기기울기를 해소하고, 합성효소에 있는 $F_1\beta$ 소단위의 입체형태를 변화시켜 결국 ADP와 무기인산으로부터 ATP가 합성된다.
- **전자수송**과 **인산화**는 **산화인산화** 과정에서 단단하게 짝지어져 있다. 이 과정은 갈색지방의 사립체 내막에 존재하는 **UCP1**과 **2,4-다이나이트로페놀**이나 **아스피린**과 같은 화합물에 의해 짝풀기가 일어날 수 있으며, 이들은 모두 H^+ 기울기를 없애버린다.
- 짝풀기가 일어난 사립체에서 전자수송에 의해 생성된 에너지는 ATP를 합성하는 데 사용되기보다 **열**로 방출된다.
- 산화인산화 과정의 결함은 대부분 mtDNA의 이상에 의해 발생한다. 산화인산화의 부전은 일반적으로 **젖산 산증**의 원인이 되며, 특히 근육, 중추신경계 및 망막에서 현저하다. 산화인산화 장애의 임상 증상에는 발작, 안근마비, 근육 약화 및 심근병증이 포함된다.
- 사립체에서 세포질액으로 유출된 **사이토크롬 c**는 세포자멸소체(apoptosome)의 생성을 촉진하고 단백질을 용해시키는 세포자멸단백질분해효소(caspase)를 활성화함으로써 **세포자멸사**에 의한 세포 사망을 일으킨다.

연습문제

가장 올바른 답을 하나만 고르시오.

6.1 산화인산화의 짝풀기제인 2,4-다이나이트로페놀(DNP)은 1930년대에 체중감량제로 사용되었다. 1939년에 치사량이 보고된 후 사용이 중단되었다. 이 약을 복용하는 사람에 대해 가장 맞는 설명은 어느 것인가?

A. 사립체 내 ATP 농도가 정상보다 더 높다.
B. 대사가 항진되어 체온이 상승해 있다.
C. 사이안화물은 전자 흐름에 효과가 없을 것이다.
D. 사립체 내막의 양성자 기울기는 정상보다 더 크다.
E. 전자수송의 비율이 비정상적으로 낮다.

정답 = B. 인산화와 전자 흐름에 짝풀기가 일어나면 사립체 내막의 양성자 기울기가 감소하기 때문에 ATP 합성에 손상이 올 것으로 예상된다. 에너지 포획의 결함을 보상하기 위해 대사와 산소로 가는 전자 흐름을 증가시킬 것이다. 이 대사항진은 대사연료의 에너지의 많은 부분이 외형상 열로 소비되기 때문에 체온이 올라갈 것이다. 전자수송사슬은 사이안화물에 의해 여전히 억제될 것이다.

6.2 다음 중 전자를 획득하는 경향이 가장 큰 것은?

A. 보조효소 Q
B. 사이토크롬 c
C. 플라빈 아데닌 다이뉴클레오타이드
D. 니코틴아마이드 아데닌 다이뉴클레오타이드
E. 산소

정답 = E. 산소는 전자수송사슬(ETC)에서 최종적인 전자 받개이다. 산소가 가장 높은 (가장 큰 양의 값) 환원준위(E_o)를 갖기 때문에 전자는 ETC에서 산소로 흘러간다. 다른 보기들은 ETC에서 산소를 앞서가고, 낮은 E_0 값을 갖는다.

6.3 사과산-아스파트산 왕복이 환원당량인 NADH를 세포질액에서 사립체 바탕질로 이동시키는 이유와 방법을 설명하시오.

> 사립체 내막에는 NADH 수송체가 없다. 그러나 NADH는 옥살로아세트산이 사과산으로 환원될 때 동시에 세포질의 사과산 탈수소효소 동종효소(OAA)에 의해 NAD^+로 산화된다. 내막을 횡단해 바탕질로 수송된 사과산은 사립체의 NAD^+가 NADH로 환원될 때 동시에 사립체의 사과산 탈수소효소 동종효소에 의해 옥살로아세트산으로 산화된다. 이 NADH가 전자수송사슬의 복합체 I에 의해 산화됨으로써 산화인산화의 짝짓기 과정을 통해 3분자의 ATP를 생성할 수 있다.

6.4 일산화탄소(CO)는 전자수송사슬의 복합체 IV와 결합하여 그것을 억제한다. ADP를 인산화하여 ATP를 생성할 때 이 호흡 억압자가 가지는 효과는 무엇인가?

> 일산화탄소와 같은 호흡 억압자에 의해 전자수송사슬이 억제되면 양성자 기울기를 유지할 수 없다. 따라서 ADP의 인산화에 의한 ATP의 생성은 사립체의 칼슘 섭취처럼 종속적인 반응이고, 또한 양성자 기울기가 필요하기 때문에 억제된다.

6.5 산화인산화에 결함이 있는 사람에 있어서 가장 흔한 발생 원인은?

A. 보통염색체 유전자에 대한 후천적 손상
B. mtDNA의 돌연변이 유전
C. 아버지로부터 물려받은 돌연변이
D. 어머니로부터 물려받은 X-연관 유전

> **정답 = B.** 산화인산화의 결함은 핵 DNA보다 약 10배나 많은 mtDNA의 변이 결과일 가능성이 더 높다. 사립체와 mtDNA는 절대적으로 모성 유전된다. X-연관 유전은 mtDNA가 아니라 핵 DNA와 관련이 있다.

탄수화물의 개요

7

I. 개관

탄수화물은 자연계에서 가장 풍부한 유기 분자이다. 이들은 광범위한 기능을 갖고 있는데, 대부분의 생명체에게 음식 열량의 상당 부분을 제공하고, 체내에서 에너지의 저장형으로 활용되며, 일부 형태의 세포 간 통신을 매개하는 세포막 구성 요소로 역할을 하는 것 등이 포함된다. 또한 탄수화물은 많은 생명체의 구조 성분으로도 작용하며, 여기에 세균의 세포벽, 곤충의 외골격, 식물의 섬유질인 섬유소(cellulose) 등이 포함된다. 많은 단순 탄수화물의 실험식은 "탄소의 수화물"이란 의미에서 $(CH_2O)_n$이며 $n \geq 3$이다.

II. 분류와 구조

단당 또는 단순당은 탄소 원자의 수에 따라 분류된다. **그림 7.1**은 체내에서 흔히 발견되는 대표적인 단당들을 보여준다. 이들은 또한 가지고 있는 카보닐기에 따라 분류될 수 있다. 탄수화물의 카보닐기가 알데하이드(aldehyde)이면 알데하이드당(aldose)이라 하고, 케토(keto)이면 케톤당(ketose)이라고 한다(**그림 7.2**). 예로서 글리세르알데하이드는 알데하이드당이고, 다이하이드록시아세톤은 케톤당이다. 자유 카보닐기를 가진 탄수화물에는 접미사 -ose를 쓴다. [참고: 케톤당은 끝에 "ul"을 덧붙여서 자일룰로스(xylulose)처럼 "-ulose"라고 한다. 이 규칙에는 과당(fructose)과 같은 예외도 있다.] 단당은 당화결합(glycosidic bond)으로 서로 연결되어 더 큰 구조를 만든다(**그림 7.3**). 이당(disaccharide)은 단당 단위를 2개, 소당(올리고당, oligosaccharide)은 3~10개 정도, 다당(polysaccharide)은 10개 이상을 가진 길이가 되며, 다당은 수백 개의 당 단위까지 가질 수 있다.

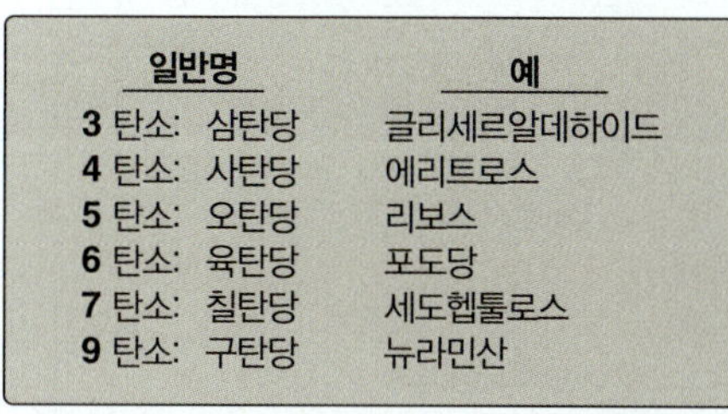

일반명		예
3 탄소:	삼탄당	글리세르알데하이드
4 탄소:	사탄당	에리트로스
5 탄소:	오탄당	리보스
6 탄소:	육탄당	포도당
7 탄소:	칠탄당	세도헵툴로스
9 탄소:	구탄당	뉴라민산

그림 7.1
인체에서 발견되는 단당의 예, 탄소 수에 따라 분류됨.

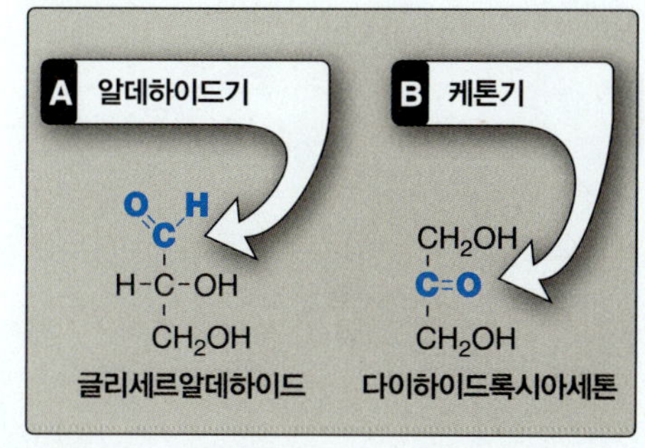

그림 7.2
알데하이드당(**A**)과 케톤당(**B**)의 예.

A. 이성질체(isomer)와 위치이성질체(epimer)

같은 화학식에 다른 구조를 가진 화합물을 서로 이성질체라고 부른다. 예를 들면 과당, 포도당, 마노스(mannose), 갈락토스(galactose) 등은 모두 $C_6H_{12}O_6$이라는 동일한 화학식을 갖지만 구조가 달라 서로 이성질체이다. 탄수화물 이성질체 중 단 하나의 특정 탄소 원자(카보닐 탄소는 제외, 아

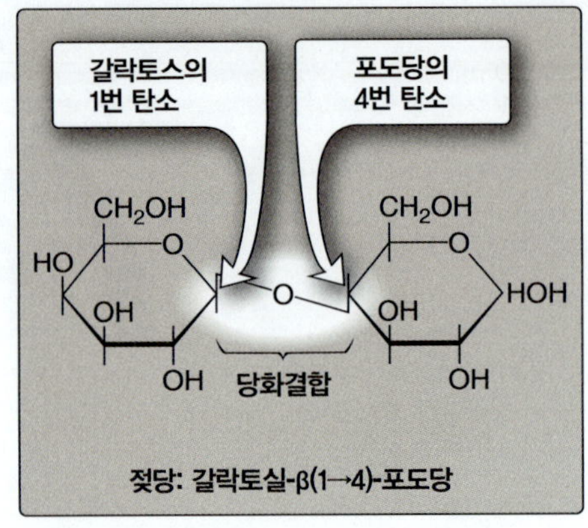

그림 7.3
2개의 육탄당을 결합시켜 이당을 만드는 당화결합.

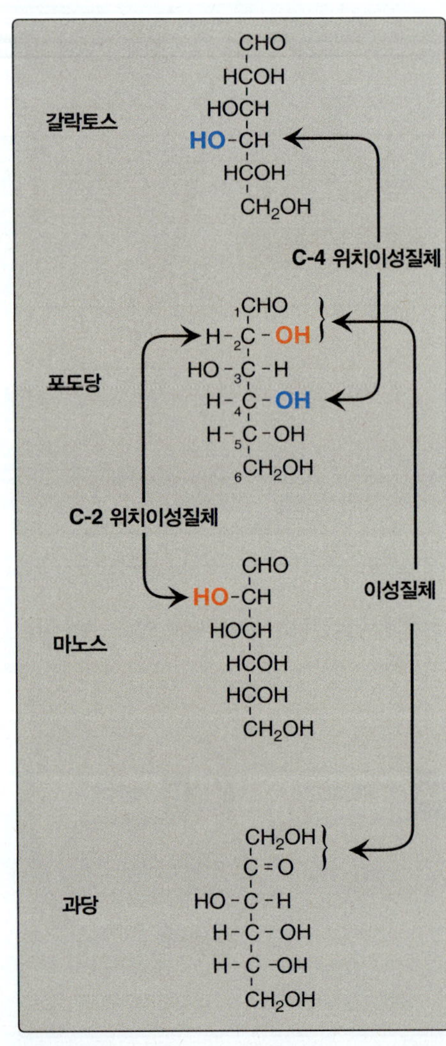

그림 7.4
포도당의 C-2와 C-4 위치이성질체와 이성질체.

래 C. 1. 참조)에서 입체배열(configuration)이 다른 것을 위치이성질체라고 정의한다. 예를 들면 포도당과 갈락토스는 구조적으로 4번 탄소에 위치한 −OH기의 위치만 서로 다르므로 C-4 위치이성질체이다. [참고: 당에서 탄소의 번호는 카보닐 탄소 즉 알데하이드기나 케톤기(그림 7.4)를 가진 끝 쪽에서 시작한다.] 포도당과 마노스는 C-2 위치이성질체이다. 그러나 갈락토스와 마노스는 2개(2번과 4번)의 탄소에서 −OH기의 위치가 다르므로 위치이성질체가 아니라 이성질체로만 정의한다(그림 7.4 참조).

B. 거울상이성질체(enantiomer)

특별한 형태의 이성질 현상이 서로 거울상을 가진 한 쌍의 구조에서 발견된다. 이것을 거울상이성질체로 부르고, 이 두 성분은 D-당과 L-당으로 정의된다(그림 7.5). 체내의 당은 거의 모두 D-당이다. D-이성질체에서 카보닐 탄소로부터 가장 멀리 떨어져 있는 비대칭 탄소(1개의 탄소에 4개의 다른 원자나 작용기가 결합함)에 결합한 OH기는 오른쪽에 위치하고 L-이성질체는 OH기가 왼쪽에 위치한다. 대부분의 효소는 D형이나 L형에 특이성을 갖지만, 이성질체화효소(isomerase)는 D-이성질체와 L-이성질체를 서로 전환시킬 수 있다.

C. 단당 고리화(cyclization)

용액에서 5개 이상의 탄소를 가진 단당은 1% 이하에서 열린 사슬형(또는 비고리형, acyclic)으로 존재한다. 대부분의 당은 고리형으로 존재하는데, 이 고리형 구조에서 알데하이드기(또는 케톤기)가 같은 당의 수산기와 반응하여 카보닐 탄소(알데하이드당은 1번 탄소, 케톤당은 2번 탄소)를 비대칭적으로 만든다. 이 비대칭 탄소를 고리이성질체 탄소라고 한다.

1. **고리이성질체(anomer)**: 고리이성질체 탄소(카보닐 탄소였던)의 생성은 한 쌍의 새로운 이성질체, 즉 α와 β 입체배열의 당(예: α-D-글루코파이란당과 β-D-글루코파이란당; 그림 7.6 참조)을 만들어내는데, 이들은 서로 고리이성질체이다. [참고: α-입체배열에서 고리이성질체 탄소의 OH기는 변형시킨 피셔 투영식에서 고리와 같은 쪽으로 돌출되어 있으며(그림 7.6A), 호워드 투영식에서는 CH_2OH기에 대해 트랜스 위치에 있다(그림 7.6B). α형과 β형은 서로 거울상이 아니므로 이들을 부분입체이성질체(diastereomer)라고 한다.] 효소는 이 고리이성질체를 구별하는 능력이 있어서 어느 한쪽만을 선호하여 기질로 사용한다. 예를 들면 당원은 α-D-글루코파이란당으로부터 합성되고, 섬유소는 β-D-글루코파이란당으로부터 합성된다. 용액에서 당의 α- 및 β-고리이성질체는 자발적으로 (그러나 천천히) 일종의 변광회전(mutarotation)이라는 과정을 통해 평형 혼합물이 된다(그림 7.6 참조). [참고: 포도당의 경우 α형이 혼합물의 36%까지 차지한다.]
2. **환원당(reducing sugar)**: 고리이성질체 탄소의 수산기가 다른 물질과 당화결합(아래 E 참조)으로 연결되어 있지 않으면 고리가 열릴 수 있다. 이런 당은 환원제로 작용할 수 있어 환원당이라고 한다. 이 같은 당

은 발색시약(예: 베네딕트 시약)과 반응하면 비고리형 당의 알데하이드기가 산화되어 카복실기가 되고 결과적으로 시약이 환원되어 발색이 된다. 모든 단당은 환원당이지만 모든 이당이 환원당인 것은 아니다. [참고: 케톤당의 일종인 과당은 알데하이드당 이성질체로 변환이 가능하므로 환원당이다.]

> 비색검사로 소변에서 환원당을 검출할 수 있다. 당은 정상적으로 소변에 없기 때문에 양성반응이 나오면 질병의 존재를 의미하는데, 환원당을 종류를 식별하기 위한 보다 구체적인 검사가 필요할 수 있다.

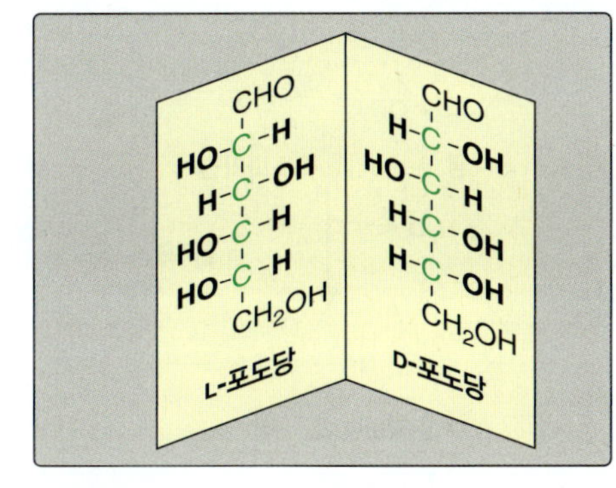

그림 7.5
포도당의 거울상이성질체(거울상). D와 L의 명칭은 삼탄당인 글리세르알데하이드와 비교된다. [참고: 비대칭탄소는 *초록색*으로 보여준다.]

D. 단당(monosaccharide)의 연결

단당을 연결하여 이당(disaccharide), 소당(oligosaccharide), 다당(polysaccharide)을 만들 수 있다. 주요 이당에는 젖당(lactose, 갈락토스 + 포도당), 설탕(sucrose, 포도당 + 과당), 엿당(maltose, 포도당 + 포도당)이 있다. 주요 다당에 포함되는 가지있는 당원(동물성), 가지있는 녹말(식물성), 가지없는 섬유소(식물성)는 모두 포도당 중합체이다.

E. 당화결합(glycosidic bond)

당과 당 사이의 결합을 당화결합이라고 한다. 그들은 기질로 우리딘 이인산 포도당과 같은 뉴클레오티드 당(활성화된 당)을 사용하는 당화기전달효소로 알려진 효소에 의해 형성된다. 당과 당 사이의 당화결합은 연결된 탄소의 번호와 첫 번째로 결합한 당의 고리이성질체 수산기의 위치에 따라 명명된다. 즉 고리이성질체 수산기가 α 입체배열에 있으면 그 연결을 α-결합이라 하고, β 입체배열에 있으면 β-결합이라 한다. 예를 들면 젖당은 β-갈락토스의 1번 탄소와 포도당의 4번 탄소 사이에 당화결합에 의해 합

그림 7.6
A. 변형된 피셔 투영식으로 나타낸 포도당의 α- 및 β-고리이성질체 사이의 상호전환(변광회전). B. 호워드 투영식으로 나타낸 상호전환. 1번 탄소는 고리이성질체 탄소이다. [참고: 육각형 당(5 C + 1 O)은 파이란당이라 하고 오각형 당(4 C + 1 O)을 퓨란당이라 한다. 실제로 모든 포도당은 용액에서 파이란당 형태이다.]

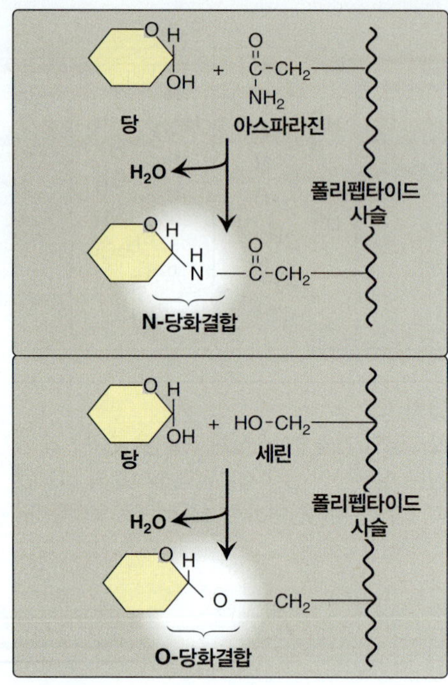

그림 7.7
당단백질에서 N- 및 O-당화결합의 예.

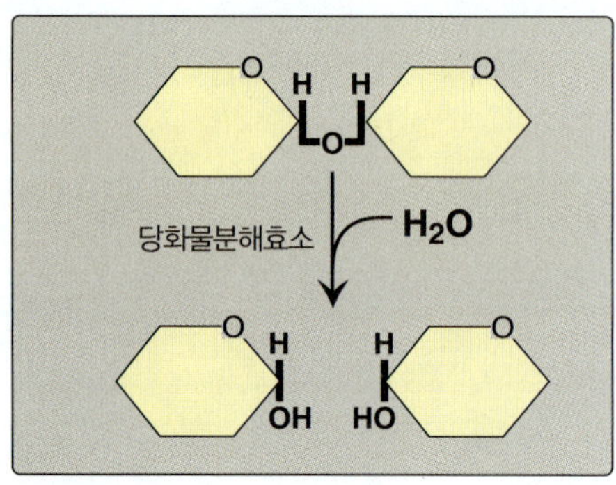

그림 7.8
당화결합의 가수분해.

성된 것이다. 그러므로 이 연결을 β(1→4) 당화결합이라고 한다(그림 7.3). [참고: 젖당은 포도당 잔기의 고리이성질체 끝이 당화결합에 참여하지 않으므로 여전히 환원당이다.]

F. 탄수화물과 비탄수화물의 결합

탄수화물은 핵산의 퓨린 및 피리미딘 염기, 스테로이드, 단백질과 지질에서 발견되는 방향족 고리화합물 등의 비탄수화물 구조물에 당화결합으로 부착하여 당화물(glycoside)을 만든다. 당이 비탄수화물 분자의 $-NH_2$기와 결합하면 N-당화결합이라 하고, 당이 $-OH$기와 결합하면 O-당화결합이라 한다(그림 7.7). [참고: 모든 당과 당의 당화결합은 O-당화결합이다.]

III. 음식 탄수화물의 소화

탄수화물의 소화는 주로 구강과 창자 속공간에서 일어난다. 이러한 소화는 빨리 일어나고, 당화결합을 가수분해하는 당화물 가수분해효소(glycoside hydrolase, glycosidase)에 의해 촉진된다(그림 7.8). 동물성과 식물성이 혼합된 식단에 단당은 거의 존재하지 않기 때문에, 일차적으로 당화물내부분해효소(endoglycosidase)가 소당과 다당을 가수분해하고 이당분해효소(disaccharidase)가 이당과 삼당을 환원당 성분으로 가수분해한다. 당화물분해효소(glycosidase)는 보통 절단되는 결합의 형태뿐만 아니라 분해되는 당 잔기의 구조와 입체배열에 특이적으로 작용한다. 탄수화물 소화의 최종 생성물은 단당인 포도당, 갈락토스, 그리고 과당이며, 이들은 작은창자의 점막세포(enterocyte)에서 흡수된다.

A. 침 α-녹말분해효소(salivary α-amylase)

사람에서 섭취된 음식에 포함된 주요 탄수화물은 식물성 녹말(starch; 아밀로스와 아밀로펙틴으로 구성됨)과 동물성 당원이다. 씹는 과정에서 침 α-녹말분해효소가 녹말과 당원에 짧게 작용하여 무작위로 α(1→4) 결합을 가수분해한다. [참고: 자연계에는 α(1→4)- 및 β(1→4)-글루코사이드내부분해효소(endoglucosidase)가 존재하지만 사람은 β-글루코사이드내부분해효소를 생성하지 않는다. 그러므로 포도당 잔기들이 β(1→4)당화결합으로 연결된 식물성 탄수화물인 섬유소를 분해할 수 없다.] 가지가 있는 아밀로펙틴과 당원도 또한 α(1→6) 결합을 하고 있기 때문에 α-녹말분해효소가 가수분해를 할 수 없으며, 결과적으로 덱스트린(dextrin)으로 알려진 짧은 가지 소당과 가지없는 소당의 혼합물을 포함하는 소화산물이 생성된다(그림 7.9). [참고: 이당도 녹말분해효소에 반응하지 않으므로 그 속에 남아 있을 수 있다.] 위에서는 높은 산도에 의해 침 α-녹말분해효소가 불활성화되어 탄수화물의 소화가 일시적으로 중단된다.

B. 이자 α-녹말분해효소(pancreatic α-amylase)

산성의 위 내용물은 작은창자에 도달했을 때 이자에서 분비한 탄산수소염(bicarbonate)에 의해 중화되고, 이자 α-녹말분해효소가 녹말의 소화 과정을 계속 진행한다.

C. 창자 이당분해효소(intestinal disaccharidases)

최종적인 소화과정은 샘창자와 상부 빈창자의 점막 내피에서 일어나고 여러 종류의 이당분해효소가 작용한다(그림 7.9). 예를 들면 동종엿당분해효소(isomaltase)는 동종엿당의 α(1→6) 결합을, 그리고 엿당분해효소(maltase)는 엿당과 포도당삼당(maltotriose)의 α(1→4) 결합을 절단하여 둘 다 포도당을 생성한다. 설탕분해효소(sucrase)는 설탕의 α(1→2) 결합을 절단하여 포도당과 과당을 생성하며, 젖당분해효소(lactase, β-갈락토사이드분해효소)는 젖당의 β(1→4) 결합을 절난하여 갈락토스와 포도당을 생성한다. [참고: 동종엿당분해효소는 이름이 암시하는 것보다 다양한 기질을 가지며, 따라서 대부분의 엿당을 가수분해한다.] 버섯이나 곰팡이에서 발견되는 포도당의 α(1→1) 이당인 트레할로스(trehalose)는 트레할로스분해효소(trehalase)에 의해 절단된다. 이 효소들은 창자 점막세포의 솔가장자리에 존재하는 막관통 단백질이다.

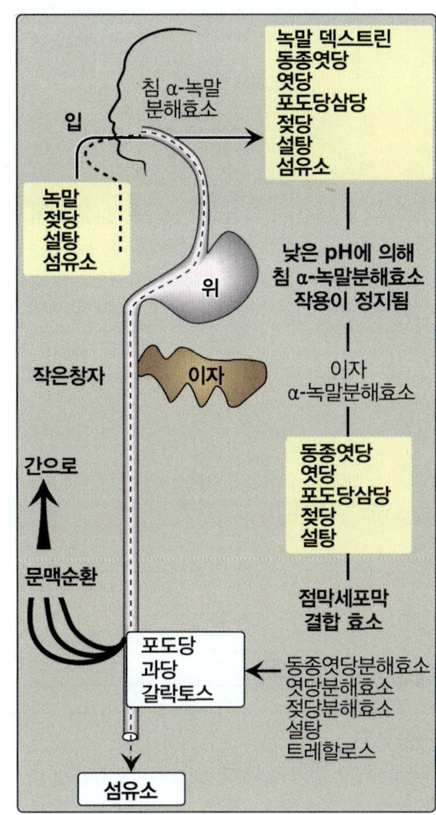

그림 7.9
탄소화물의 소화. [참고: 소화되지 않는 섬유소는 잘록창자를 경유해 배설된다.]

> 설탕분해효소와 동종엿당분해효소는 2개의 기능적 소단위로 분리되는 한 단백질의 효소활성으로서 세포막에서 회합하여 설탕분해효소-동종엿당분해효소(SI) 복합체를 이룬다. 반면에, 엿당분해효소는 한 개의 막단백질인 엿당분해효소-포도당녹말분해효소(MGA)의 2가지 효소활성 중의 하나로서 절단 활성을 갖고 있지 않다. 2번째 효소활성은 포도당녹말분해효소(glucoamylase)로서 덱스트린의 α(1→4) 당화결합을 절단한다.

D. 창자의 단당 흡수

상부 빈창자는 많은 양의 소화된 단당들을 흡수한다. 하지만 각기 다른 종류의 당은 다른 흡수기전을 갖는다(그림 7.10). 예를 들면 갈락토스와 포도당은 소듐(sodium, Na^+) 이온과 동시에 흡수(공동수송, symport)가 요구되는 이차적 능동적인 수송에 의해 점막세포에서 흡수된다. 이를 담당하는 수송 단백질은 소듐 의존 포도당 공동수송체 1(SGLT-1)이다. [참고: 당 수송은 점막세포의 Na^+은 밖으로 포타슘 이온(K^+)은 안으로 이동시키는 Na^+-K^+ ATP 분해효소에 의해 생성된 Na^+ 기울기에 의해 주도된다(그림. 7.10 참조).] 과당 흡수는 에너지의존 및 소듐 비의존 단당 수송 단백질(GLUT-5)을 필요로 한다. 이 3가지 당은 모두 또 다른 수송 단백질, GLUT-2에 의해 점막세포로부터 문맥순환으로 수송된다. [참고: 111쪽의 이들 수송체에 대한 설명.]

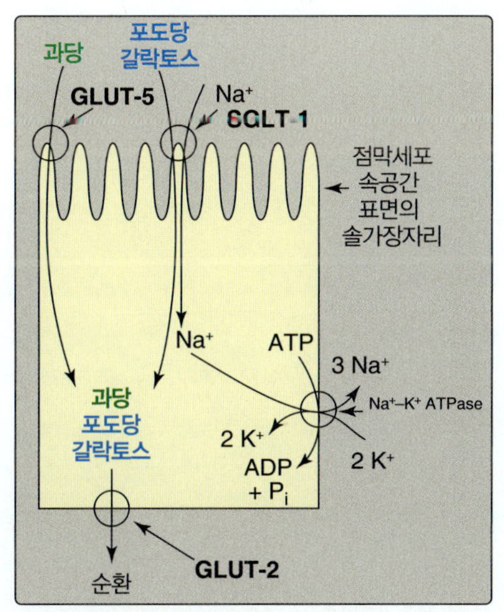

그림 7.10
창자 점막세포에서 탄수화물 소화 생성물인 단당의 흡수. GLUT = 포도당 수송체; SGLT-1 = 소듐(Na^+) 의존 포도당 공동수송체. K^+ = 포타슘.

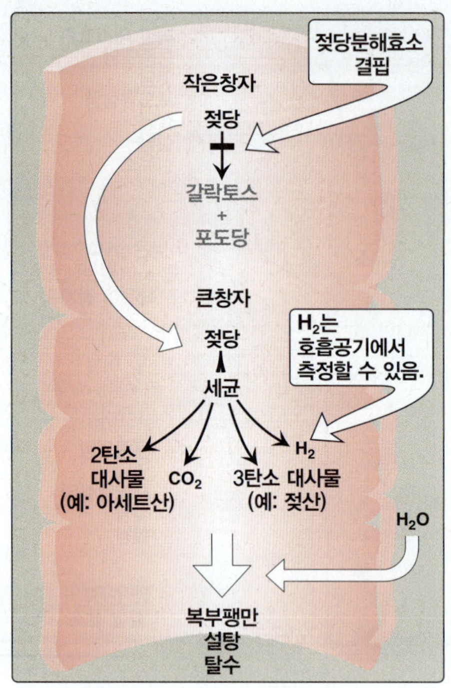

그림 7.11
비정상적인 젖당의 대사. CO_2 = 이산화탄소; H_2 = 수소 가스.

E. 비정상적 이당 분해

건강한 사람의 전체적인 탄수화물의 소화와 흡수 과정은 매우 효율적이어서 일상적으로 소화가 가능한 모든 음식 탄수화물은 음식물이 하부 빈창자에 도달할 때까지 완전히 흡수된다. 그러나 단당 형태만 흡수되기 때문에 작은창자 점막에 있는 특정 이당분해효소의 활성이 결핍되면(선천적이든 후천적이든) 소화되지 않은 채로 탄수화물이 큰창자로 넘어간다. 이들이 큰창자 안에서 삼투적 활성물질로 작용하면 큰창자의 점막으로부터 물을 끌어당겨 삼투설사(osmotic diarrhea)를 유발한다. 이 현상은 남아 있는 탄수화물을 장내세균이 발효할 때 발생되는 이탄소 또는 삼탄소 화합물(이들도 삼투활성물질임)과 다량의 CO_2 및 H_2 가스에 의하여 더 악화되며, 복통, 설사, 그리고 복부팽만감 등을 유발한다.

1. **소화효소의 결핍:** 개별적인 이당분해효소의 유전 결핍증은 이당 못견딤증(disaccharide intolerance)을 초래한다. 이당 분해의 이상은 유전 외에도 다양한 작은창자 질환, 영양실조, 작은창자 점막에 손상을 주는 약물에 의해 발생할 수 있다. 예를 들면 정상인에서도 심한 설사를 하는 경우에 솔가장자리 효소가 급격히 소실되어 일시적으로 후천 효소 결핍이 나타날 수 있다. 그러므로 이 병에 걸리거나 또는 방금 회복된 환자는 유제품이나 설탕을 일정량을 초과하여 섭취하는 것만으로도 설사가 악화될 수 있다.

2. **젖당못견딤증(lactose intolerance):** 전 세계 성인의 60% 이상은 젖당분해효소가 부족하기 때문에 젖당 흡수이상을 경험한다(그림 7.11). 북유럽 계보의 개인은 젖당을 소화하는 능력을 성인이 되어도 유지할 가능성이 가장 높다. 아프리카계와 아시아계 성인의 최대 90%는 젖당분해효소가 결핍되어 있다. 결과적으로, 그들은 북유럽계의 개인보다 유당 대사 능력이 떨어진다. 대략 2세부터 시작되는 젖당분해효소 활성의 연령 의존적 손실은 생성되는 효소 양의 감소에 의한 것이다. 이것은 젖당분해효소의 발현을 제어하는 2번 염색체의 DNA 서열에 작은 변이가 생겨 발생하는 것으로 보인다. 치료는 우유의 섭취를 줄이고, 요구르트나 치즈를 먹고(세균의 작용이나 숙성 과정은 젖당의 함량을 줄여준다.) 적절하게 칼슘을 섭취하기 위해 브로콜리와 같은 녹색 채소를 곁들이거나, 젖당분해효소로 처리한 식품을 먹거나, 식사 전에 젖당분해효소 알약을 복용하는 것이다. 선천성 젖당분해효소 결핍은 드물다.

3. **설탕분해효소-동종엿당분해효소 결핍[sucrase-isomaltase(SI) deficiency]:** SI 결핍은 섭취된 설탕의 못견딤증을 일으킨다. 이 상태는 매우 드문 것으로 간주되나 알래스카와 그린란드의 이누이트 사람들에게 더 일반적으로 발생하고, 현재 유럽계 미국인의 최대 9%가 SI 결핍의 한 형태로 영향을 받는 것으로 추정된다.

처음에는 절대적으로 보통염색체-열성 장애로 간주되었지만 하나의 돌연변이(보인자)가 있는 사람들은 때때로 질병 징후를 나타낸다. 현재, 인간 설탕 유전자에서 25가지의 다른 돌연변이가 알려져 있다. 돌연변이에 대해 동종접합인 개인은 선천적 SI 결핍을 나타내고 설탕 섭취 후 삼투성 설사, 경증 지방변, 과민성 및 구토를 경험한다. 이종접합체 보인자는 종종 만성 설사, 복통 및 팽만감을 포함하는 증상을 보인다. 치료는 설탕이 든 식사의 제한과 효소대체요법이다.

4. **효소 결핍의 진단:** 특이 효소 결핍의 확인은 이당에 대한 경구내성검사에 의해 가능하다. 호흡 가스에서 수소 가스의 양을 측정하는 방법도 창자균무리에 의해 대사된 것이지만 탄수화물이 소화는 되었지만 흡수되지 않은 양을 측정하는 믿을 만한 검사이다(그림 7.11 참조).

IV. 요약

- 알데하이드기를 가진 **단당**(그림 7.12)을 **알데하이드당**, 케톤기를 가진 단당을 **케톤당**이라고 한다.
- **이당, 소당, 다당**은 모두 단당이 **당화결합**에 의해 연결된 것이다.
- 동일한 화학식을 가졌지만 구조가 다른 화합물을 **이성질체**라고 부른다.
- 2개의 단당 이성질체가 특정 탄소 원자(카보닐 탄소는 제외)에서 서로 다른 입체배열을 가지면 이들을 서로 **위치이성질체**라고 정의한다.
- 한 쌍의 당이 서로 거울상을 이룰 때 서로 **거울상이성질체**라고 하고 각각 **D-당**과 **L-당**이라고 표현한다. 발색제가 환원될 때 비고리 당의 알데하이드기가 산화되면 이 당을 **환원당**이라고 한다.
- 당이 고리를 형성하면 알데하이드당의 알데하이드기나 케톤당의 케톤기에 **고리이성질체 탄소**가 생긴다. 이 탄소는 α- 또는 **β-입체배열**을 갖는다.
- 당은 각각 **N-당하물** 또는 **O-당하물 결합**을 통해 다른 구조물의 $-NH_2$ 또는 $-OH$기에 연결된 고리이성질체 탄소를 가질 수 있다.
- **침 α-녹말분해효소**는 **음식 다당**(예: 녹말 혹은 당원)의 소화를 개시하여 소당을 생성한다. **이자 α-녹말분해효소**가 소화 과정을 계속 진행한다. 마지막 소화과정은 **작은창자**의 **점막 내피(mucosal lining)**에서 일어난다.
- 여러 가지 이당분해효소(예: **젖당분해효소[β-갈락토사이드분해효소], 설탕분해효소, 젖당분해효소, 동종엿당분해효소**)가 단당(포도당, 갈락토스, 과당)을 생성한다 이 효소들은 **창자 점막세포**의 **솔가장자리막**에 존재하는 **막횡단 단백질**이다.
- 단당의 흡수는 특이적 **수송 단백질**을 필요로 한다. 탄수화물을 분해하는 기능이 결핍되어 있는 경우 (유전적으로 또는 창자 질환, 영양실조, 작은창자 점막에 손상을 주는 약물 등에 의함) 소화되지 않은 탄수화물이 큰창자로 넘어 들어가서 **삼투설사**를 유발할 수 있다.
- 소화되지 않은 탄수화물을 세균이 발효하면 다량의 이산화탄소와 수소 가스가 발생하여 복통, 설사, 복부팽만감 등을 유발한다. 이런 종류의 결핍 중에서 나이에 따른 **젖당분해효소**의 결핍(**성인 젖당분해효소감소증**)에 의해 발생하는 **젖당 못견딤증**이 아직까지는 가장 흔하다.

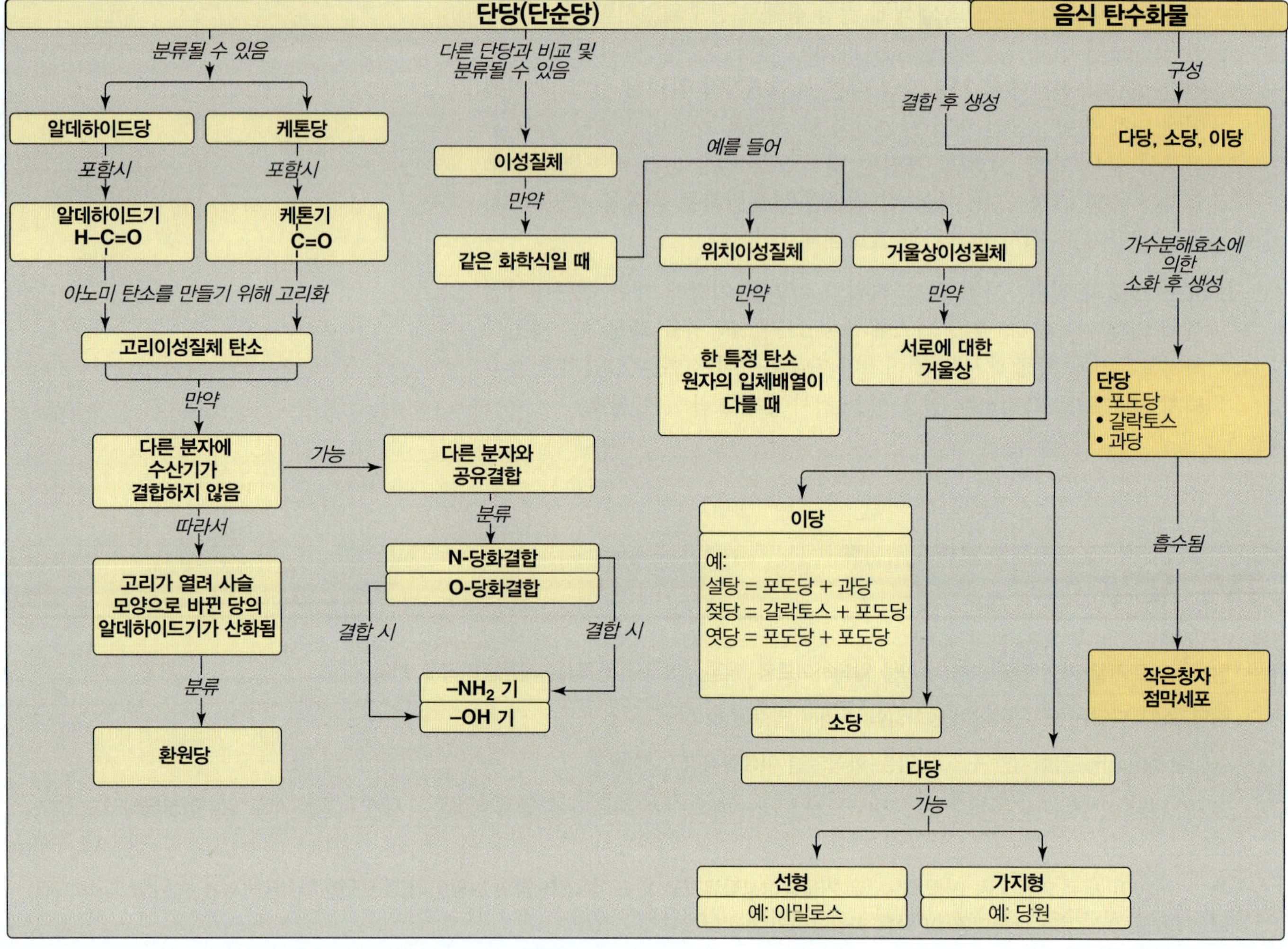

그림 7.12
단당의 분류와 구조 및 음식 탄수화물의 소화를 나타내는 핵심 개념도.

연습문제

가장 올바른 답을 하나만 고르시오.

7.1 다음 문장 중에서 포도당을 가장 잘 설명한 것은 어느 것인가?

A. 갈락토스의 C-4 위치이성질체이다.
B. 케톤당이며, 용액에서 흔히 퓨란당 고리형으로 존재한다.
C. α-녹말분해효소의 작용으로 음식 녹말로부터 생성된다.
D. 생물계에서 오직 L-이성질체 형태만 사용된다.

정답 = A. 포도당과 갈락토스는 단지 4번 탄소의 입체배열만 다르므로 C-4 위치이성질체이며, 위치이성질체화효소의 작용으로 서로 전환될 수 있다. 포도당은 알데하이드당이며 용액에서 파이란당으로 존재한다; 그러나 과당은 퓨란당 고리를 가진 케톤당이다. D-이성질체 형태의 탄수화물은 생물계에서 발견되는 가장 전형적인 형태로서 L-이성질체 형태로 발견되는 아미노산의 경우와 반대이다.

7.2 28세의 남자가 복부팽만과 설사를 호소하며 병원을 찾았다. 그의 눈은 푹 꺼져 있었고 탈수증에 따르는 다른 증상도 보였다. 체온은 정상이었다. 어느 생일파티에서 아이스크림 먹기 대회에 참가한 다음에 이러한 일화를 겪었다고 설명했다. 과거에도 유제품을 많이 먹으면 이와 비슷한 일화를 겪었다고 말했다. 이러한 임상증상의 원인으로 가장 가능성이 있는 효소의 결핍은 어느 것인가?

A. 동종엿당분해효소
B. 젖당분해효소
C. 이자 α-녹말분해효소
D. 침 α-녹말분해효소
E. 설탕분해효소

정답 = B. 임상증상으로 보면 탄수화물을 분해하는 효소의 결핍을 암시하고 있다. 유제품을 섭취한 후 증상들이 관찰되었다는 점으로 보아 이 환자는 나이에 따른 효소의 발현 감소가 원인이 된 젖당분해효소 결핍을 제안해 준다.

7.3 증상이 없는 소아 환자에게 시행한 일상검사에서 클리니테스트(Clinitest; 환원당을 검출하는 일종의 구리 환원법)에서 양성으로 나왔지만 포도당 산화효소 검사에서는 음성으로 나왔다. 이 자료를 이용하여, 다음 당 중에서 어느 것이 이 환자의 소변에 존재하는지를 ○와 ×로 표시하라.

당	○	×
과당		
갈락토스		
포도당		
젖당		
설탕		
자일룰로스		

설탕과 포도당을 제외한 나머지 당들은 이 환자의 소변에 존재할 것이다. 클리니테스트는 소변에 환원성 물질이 있으면 반응을 일으켜 색깔 변화를 나타내는 비특이적인 검사로써 환원당(과당, 갈락토스, 포도당, 젖당, 자일룰로스), 아미노산, 아스코브산, 일부 약물 및 약물 대사물 등에서 양성이 나올 수 있다. 설탕은 환원당이 아니므로 클리니테스트로는 검출되지 않는다. 포도당 산화효소 검사는 포도당만 검출할 뿐 다른 당을 검출할 수 없을 것이다. 환원당 검사에서 양성이지만 포도당 산화효소 검사에서 음성으로 나왔다면, 이 환자의 소변에 존재하는 환원당에는 포도당이 없다는 것을 의미한다.

7.4 음식과 함께 복용하는 아카보스(acarbose)와 마이글리톨(miglitol)과 같은 α-글루코사이드분해효소 억제제를 당뇨병 치료에 사용하는 이유를 설명하시오. 이 약이 젖당의 소화에 어떤 효과가 있는가를 설명하시오.

α-글루코사이드분해효소 억제제는 음식 탄수화물로부터 포도당의 생성을 느리게 한다. 그 결과 식후 혈당의 상승이 감소되고 당뇨병에서 혈당의 조절이 용이해진다. 이 경우 이당인 젖당은 α-형이 아닌 β-당화결합을 하고 있기 때문에 이 약은 젖당 소화에 효과가 없다.

8 대사(metabolism)의 개요와 당분해(glycolysis)

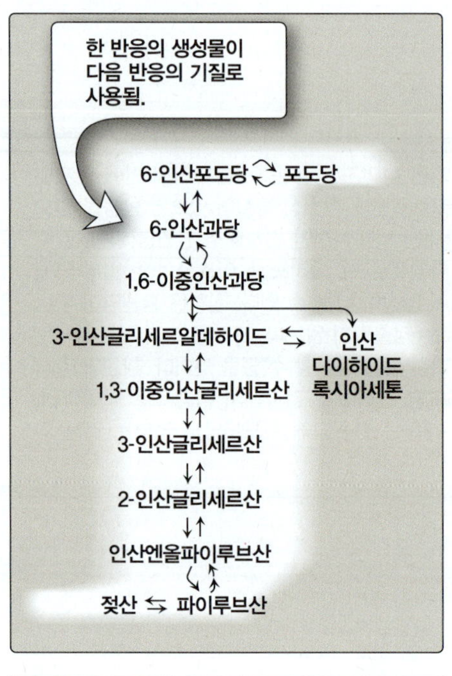

그림 8.1
대사 경로의 예가 되는 당분해. [참고: 파이루브산이 인산엔올파이루브산이 되려면 두 개의 반응이 필요하다.] *곡선 화살표*로 표시한 반응(⟲)은 다른 효소에 의해 촉진되는 정반응과 역반응을 가리킨다.

I. 대사의 개관

5장에서 촉매작용 기전을 설명하기 위하여 각각의 효소반응을 분석하였다. 그러나 세포속에서 이러한 효소반응은 하나하나 독립적으로 일어나는 것이 아니다. 대신, 당분해(glycolysis)(그림 8.1)에서 보는 바와 같이 경로라 불리는 다단계 연속반응으로 구성되어 있다. 경로에서는 한 반응의 생성물이 다음 반응의 기질로 작용한다. 대부분의 대사 경로는 분해 과정(catabolic: 분해)과 합성 과정(anabolic: 합성)으로 분류할 수 있다. 분해 경로는 단백질, 다당, 지질 등과 같은 복잡한 분자를 단순한 물질(예: 물, 이산화탄소, 암모니아)로 분해한다. 합성반응은 포도당으로부터 다당인 당원을 합성하는 것과 같이 단순한 전구체(precursors)로부터 복잡한 최종생성물을 생성한다. 서로 다른 경로들이 교차하여 합목적적으로 통합된 화학반응의 그물망을 형성한다. 세포, 조직, 몸에서 일어나는 모든 화학변화의 총체를 대사(metabolism)라고 한다. 대사물(metabolites)은 대사의 중간 산물이다. 다음 몇 개의 장에서는 탄수화물, 지질, 아미노산의 합성과 분해에 관련된 중심 대사 경로에 대하여 초점을 맞출 것이다.

A. 대사 지도(metabolic map)

대사는 구성 요소의 경로를 조사하여 가장 잘 이해할 수 있다. 각각의 경로는 일련의 여러 효소로 구성되며, 또한 각각의 효소는 중요한 촉매작용과 조절작용의 특징을 갖고 있다. 에너지 대사에서 중요한 중심 경로를 포함하는 대사지도를 그림 8.2에 나타내었다. 대사에 대한 이 “큰 그림” 관점은 경로 간의 연결을 추적하고, 대사물의 목적에 적합한 이동을 가시화하며 약물이나 유전적 효소결핍에 의해 어느 경로가 차단되거나 억제되었을 때 중간대사물의 흐름에 나타나는 효과를 추론하는 데 유용하다. 이 책의 다음 세 단원에서 논의되는 각 경로는 그림 8.2에 표시된 주요 대사 지도의 일부로서 반복적으로 자세히 다루어질 것이다.

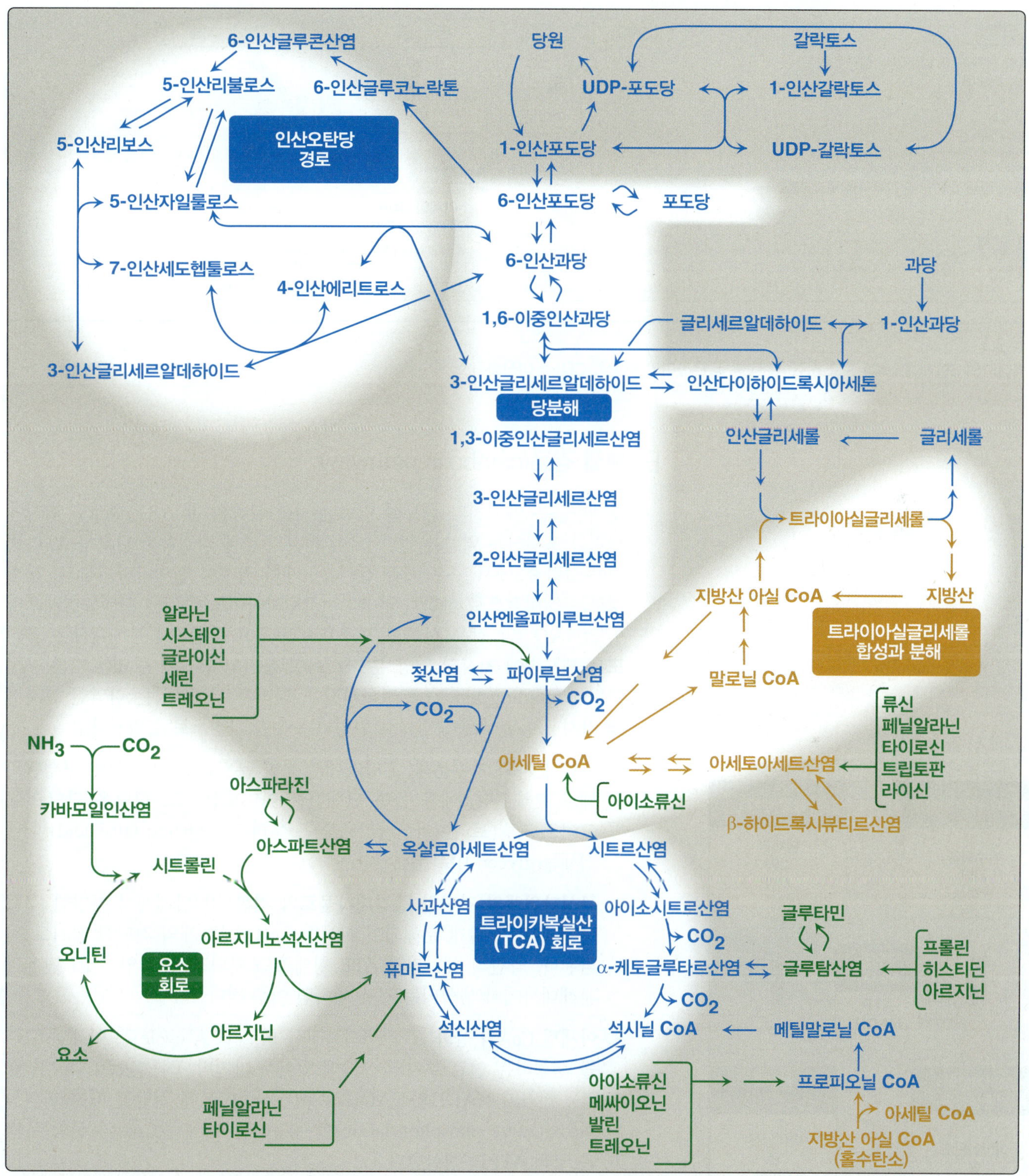

그림 8.2

중개대사의 중요한 반응. 나중에 설명할 여러 중요한 경로들은 밝게 강조되어 있다. *곡선 화살표*로 표시한 반응(↻)은 순방향과 역방향의 반응들이 각각 다른 효소에 의해 촉진되는 것을 가리킨다. *곧은 화살표*(⇆)는 순방향과 역방향의 반응들이 같은 효소에 의해 촉진되는 것을 가리킨다. *청색* = 탄수화물 대사의 중간대사물; *갈색* = 지질 대사의 중간대사물; *녹색* = 단백질 대사의 중간대사물. UDP = 이인산유리딘; CoA = 보조효소 A; CO_2 = 이산화탄소; HCO_3^- = 탄산수소염; NH_3 = 암모니아.

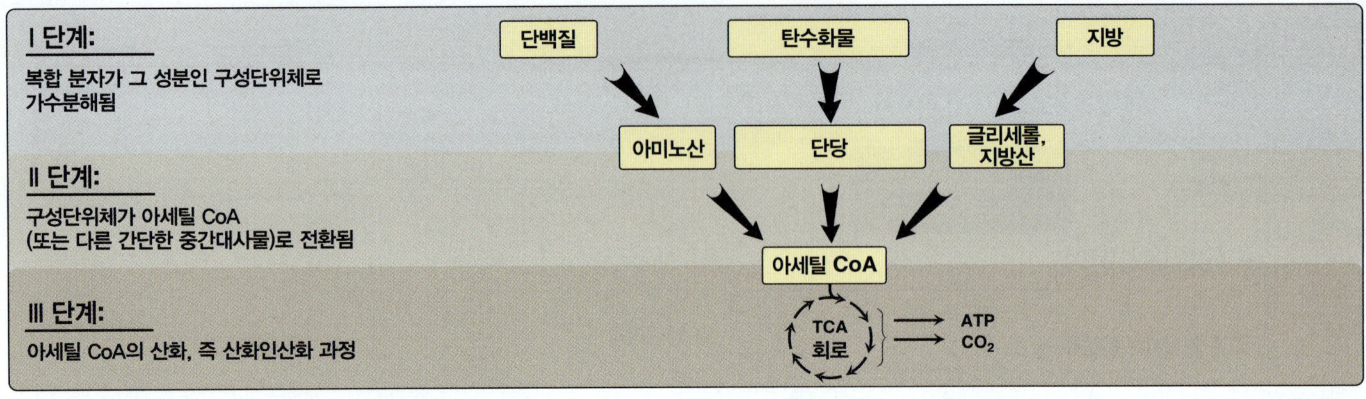

그림 8.3
분해대사의 3단계. CoA = 보조효소 A; TCA = 트라이카복실산; CO_2 = 이산화탄소.

B. 분해 경로(catabolic pathway)

분해반응은 에너지가 풍부한 연료 분자를 분해할 때 APT 형태로 화학에너지를 포획하는 역할을 한다. 복합 분자의 분해 과정에서 나오는 ATP 생성은 그림 8.3에서 보는 바와 같이 3단계를 거쳐서 일어난다. [참고: 분해경로는 전형적으로 산화과정이며 니코틴아마이드 아데닌 다이뉴클레오타이드(NAD^+)와 같은 산화형 보조효소를 필요로 한다.] 분해대사는 음식 또는 세포속에 저장된 영양 분자를 복합 분자의 합성에 필요한 기본 구성단위체(building block)로 전환시킨다. 따라서 분해대사는 다양한 분자가 몇 가지 공통된 최종생성물로 변형되는 수렴 과정으로 설명된다.

1. **복합 분자의 가수분해:** I 단계에서 복합 분자는 구성 성분인 구성단위체로 분해된다. 예를 들면 단백질은 아미노산으로, 다당은 단당으로, 그리고 지방(트라이아실글리세롤)은 유리 지방산(free fatty acid)과 글리세롤(glycerol)로 분해된다.
2. **구성단위체의 간단한 중간대사물로의 전환:** II 단계에서 다양한 구성단위체가 더 작게 분해되어 아세틸 CoA와 몇 개의 간단한 분자로 전환된다. 약간의 에너지가 ATP 형태로 포획되지만 그 양은 III 단계의 분해대사에서 생성되는 것에 비하면 아주 적다.
3. **아세틸 CoA의 산화:** 트라이카복실산 회로(TCA cycle)는 아세틸 CoA를 생성하는 연료 분자의 산화에 있어서 마지막 공통 경로이다(9장 참조). 전자가 NADH와 $FADH_2$로부터 산소(O_2)에 전달될 때 산화인산화(oxidative phosphorylation)를 경유하는 아세틸 CoA의 산화는 많은 양의 ATP를 생산한다.

그림 8.4
분해 경로 및 합성 경로의 비교. ATP = 삼인산 아데노신; NADH = 니코틴아마이드 아데닌 다이뉴클레오타이드.

C. 합성 경로(anabolic pathway)

분해 과정과는 대조적으로 합성 과정은 몇 가지 생합성 전구체(예: 아미노산)가 다양한 중합체 또는 복합적 생성물(예: 단백질, 그림 8.4)을 형성하는 분산 과정이다. 합성반응은 보통 에너지를 필요로 하는데(자유에너지 증가반응), 이 에너지는 ATP를 ADP와 P_i로 가수분해할 때 나오는 에너지로 공급된다. [참고: 분해 과정은 에너지를 생성하는 자유에너지 감소반응이다.] 합성반응은 종종 화학적 환원반응을 포함하며, 이 반응에서 가장 흔한 환원력 제공 물질은 전자 주개인 NADPH(인산화된 NADH, 13장 참조)이다.

II. 대사의 조절

대사 경로는 세포에 필요한 에너지를 생산하거나 최종생성물을 합성하기 위하여 서로 조화를 이루어야 한다. 더구나 각각의 세포는 독립된 것이 아니라 상호작용을 하는 조직의 일부로서 기능을 나타낸다. 그러므로 몸의 기능을 조화시키기 위해 복잡한 소통체계가 발달되어 있다. 몸의 대사 상태에 대한 정보를 각각의 세포에 전달하는 조절 신호물질에는 호르몬, 신경전달물질, 영양소의 이용도 등이 있다. 따라서 이 물질들은 세포속에서 발생한 신호에 영향을 준다 (그림 8.5).

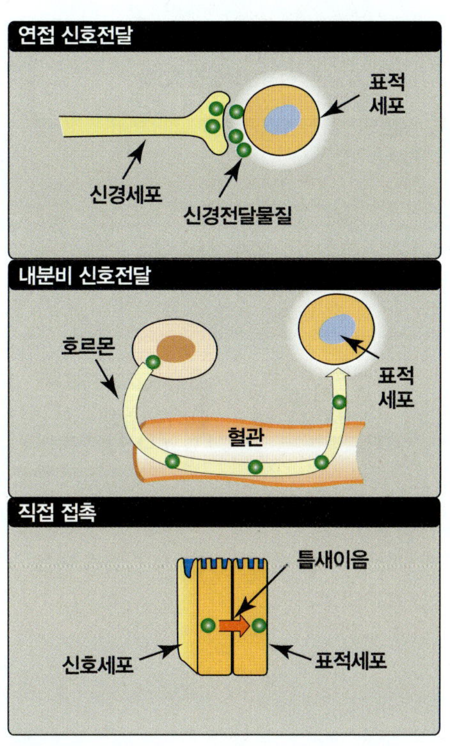

그림 8.5
세포간 조절신호에서 흔히 사용되는 몇 가지의 전달기전.

A. 세포속 소통(intracelluar communication)

대사 경로의 속도는 세포에서 나오는 조절신호에 반응할 수 있다. 예를 들면 속도는 기질의 이용도, 생성물에 의한 억제, 다른자리조절(allosteric) 활성자(activator)나 억압자(inhibitor) 등의 영향을 받는다. 이러한 세포속 신호는 전형적으로 빠른 반응을 보이므로 대사의 순간순간의 조절에 중요하다.

B. 세포간 소통(intercelluar communication)

세포바깥의 신호에 반응하는 능력은 모든 생명체의 발달과 생존에 필수적이다. 세포간의 신호전달은 장기간에 걸쳐 대사의 통합에 기여하며, 유전사 발현의 변화와 같이 일반적으로 세포속 신호보나 너 느린 반응을 보여준다. 세포 사이의 소통은 예를 들어 표면-표면의 접촉과 일부 조직에서 형성된 틈새이음(gap junction)에 의해 매개될 수 있는데, 틈새이음은 이웃 세포들의 세포질 사이의 소통을 직접할 수 있다. 그러나 에너지 대사의 조절에서 가장 중요한 소통의 길은 혈중 호르몬이나 신경전달물질에 의한 세포 사이의 화학적 신호전달이다.

C. G 단백질 연결 수용체(G protein-linked receptor)와 이차전령계(second messenger system)

호르몬과 신경전달물질이 외부의 신호물질이라면 수용체는 그 신호에 대한 검출기로 볼 수 있다. 수용체는 표적 세포의 원형질막에 내장된 단백질로 종종 발견된다. 그들은 궁극적으로 특정 세포속 응답을 일으키는 일련의 반응을 개시함으로써 그들에 결합된 리간드에 반응한다. 대사를 조절하는 많은 수용체는 G 단백질이라고 하는 세포속 GTP 결합 단백질과 관련되어 있으며 G 단백질 연결 수용체(GPCR)로 알려져 있다. 이러한 유

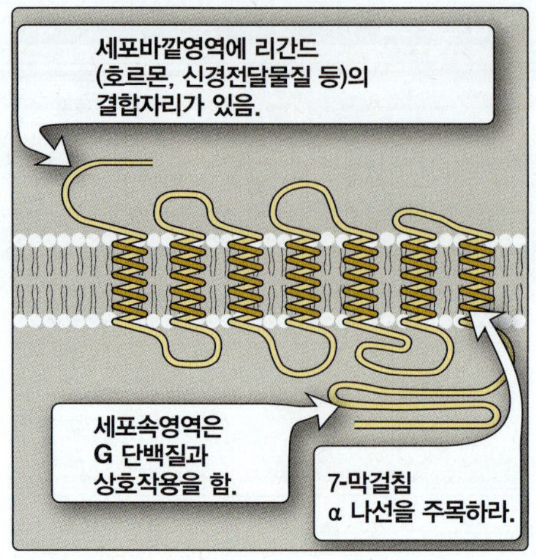

그림 8.6
형질막에 존재하는 전형적인 G 단백질 연결 수용체(GPCR)의 구조.

형의 수용체는 이차전령이라는 분자의 생성을 조절하는데, 이 분자는 원래의 세포바깥 전령(신경전달물질 또는 호르몬)과 궁극적인 세포속 효과 사이에 개입하기 때문에 그렇게 명명되었다. 이차전령은 리간드 결합을 반응으로 변환(transduce)하는 연쇄증폭(cascade) 현상의 일부이다.

G 단백질에 의해 조절되는 가장 널리 알려진 이차전령계는 칼슘/포스파티딜이노시톨계가 관여하는 인지질분해효소 C계와 중간 대사 경로를 조절하는 데 특히 중요한 아데닐기 고리화효소(adenylyl cyclase)계이다. 두 계는 모두 호르몬에 반응할 표적세포의 원형질막에 내장된 특정 GPCR에 에피네프린 또는 글루카곤과 같은 호르몬 리간드가 결합하여 시작된다.

G 단백질 연결 수용체(GPCR)는 세포바깥 리간드 결합 영역, 7개의 막걸침 α-나선(transmembrane α helix), α, β, γ 소단위로 구성된 이종삼합체 G 단백질과 상호작용하는 세포속 영역 등을 갖고 있는 것이 특징이다(그림 8.6). [참고: 대사의 중요 조절자인 인슐린은 GPCR을 경유해 신호를 전달하지 않는 대신 타이로신 인산화효소 활성을 가진 수용체를 통해 작용한다(23장 참조).]

D. 아데닐기 고리화효소(adenylyl cyclase)

β- 또는 α_2 -아드레날린성(adrenergic) 수용체와 같은 GPCR에 호르몬 리간드가 결합하면 아데닐기 고리화효소 활성의 증가 또는 감소를 일으킨다. 이 효소는 활성화되면 ATP를 3′,5′-일인산아데노신(고리AMP 또는 cAMP라고도 함)으로 전환시키는 세포막에 부착된 효소이다.

1. **GTP 의존 조절 단백질 또는 G 단백질:** 리간드가 결합하여 활성화된 GPCR이 이차전령의 형성에 미치는 영향은 세포막에 내면에서 발견되는 특별한 삼합체 단백질(α, β, γ 소단위)에 의해 중재된다. 이 단백질은 활성화되면 그들의 α 소단위가 구아노신 뉴클레오타이드(GTP)와 결합하기 때문에 G 단백질이라 한다. 불활성형 G 단백질에서 α 소단위는 GDP와 결합한다(그림 8.7). 리간드가 결합하면 수용체의 입체형태가 변하여 이 GDP를 GTP로 교체하는 것이 촉발된다. GTP 결합 α 소단위는 βγ 소단위로부터 분리되어 막에 결합되어 있는 아데닐기 고리화효소로 이동함으로써 그 효소 활성에 영향을 준다. 한 분자의 수용체가 활성화됨으로써 많은 분자의 활성형 Gα 단백질이 만들어진다. [참고: 호르몬이나 신경전달물질이 아데닐기 고리화효소를 자극하거나 억제하는 능력은 이 수용체와 결합하는 Gα 단백질의 종류에 따라 결정된다. G_s로 표시하는 단백질은 아데닐기 고리화효소를 자극하고(그림 8.7), 반면에 Gi는 아데닐기 고리화효소를 억제한다(그림 생략).]

   활성화된 아데닐기 고리화효소는 ATP를 이차전령 cAMP로 변환시킨다. 그러면 cAMP는 아래에 기술된 단백질 인산화효소 A로 알려진 세린/트레오닌 단백질 인산화효소를 활성화 한다. Gα-GTP 복합체의 작용 시간은 짧은데, 그 이유는 Gα가 고유의 GTP 분해효소 활성을 갖고 있어서 GTP를 GDP로 빠르게 가수분해하기 때문이다. 이 기전이 Gα가 불활성화되는 원인이며, 이때 Gα는 아데닐기 고리화효소로부터 분리되어 βγ 이합체와 재회합한다.

콜레라균(*Vibrio cholerae*)과 백일해균(*Bordetella pertussis*)의 독소는 다른 G 단백질의 공유결합변형(ADP-리보실화)을 일으켜 아데닐기 고리화효소를 부적절하게 활성화한다. 콜레라 독소는 창자세포에서 $G\alpha_s$의 GTP 분해효소 활성을 억제하고, 백일해에서는 기도 세포의 $G\alpha_i$를 불활성화한다. 두 상황 모두 아데닐기 고리화효소의 활성을 증가시키고 이차전령 cAMP의 과도한 생성을 일으킨다.

2. **단백질 인산화효소:** cAMP 이차전령계에서 다음 단계는 그림 8.8에 보인 바와 같이 PKA를 포함한 cAMP 의존 단백질 인산화효소라 불리는 효소군의 활성화이다. cAMP는 2개의 조절 소단위에 결합함으로써 활성형 촉매 소단위의 방출을 유도하여 PKA를 활성화한다. 활성화된 PKA는 특이 단백질 기질의 특정 세린이나 트레오닌 잔기로 ATP의 인산기를 전달하는 기능을 하므로 세린/트레오닌 인산화효소이다. 인산화된 단백질은 세포의 이온 통로에 직접 작용하거나, 효소일 경우는 활성화되거나 억제된다. [참고: 모든 종류의 단백질 인산화효소가 cAMP에 의존적인 것이 아니며, 예를 들어 인지질분해효소 C의 신호에 따라 활성화되는 단백질 인산화효소 C는 칼슘 의존적이다.]

3. **단백질 인산염분해효소:** 단백질 인산화효소에 의해 단백질에 첨가된 인산기는 인산염 에스터 결합을 가수분해하여 절단하는 효소인 인단백질 인산염분해효소에 의해 제거된다(그림 8.8). 인산염분해효소의 작용은 인산화에 의한 효소 활성의 변화가 영구적인 것이 아니라는 증거이다.

4. **cAMP의 가수분해:** cAMP는 고리형 3′,5′-인산다이에스터 결합을 절단하는 cAMP 인산다이에스터분해효소에 의해 5′-AMP로 빠르게 가수분해된다. 5′-AMP는 세포속 신호물질이 아니므로 신경전달물질이나 호르몬의 매개에 의한 cAMP의 증가 효과는 세포바깥의 신호가 제거되는 즉시 금방 끝이 난다. [참고: cAMP 인산다이에스터분해효소는 메틸잔틴 유도체인 카페인에 의해 억제된다.]

III. 당분해의 개관

당분해 경로는 포도당을 산화시켜 ATP 형태의 에너지를 제공하거나 다른 대사 경로에 필요한 중간대사물을 얻기 위해 모든 조직에서 활용된다. 당분해는 탄수화물 대사의 중심 위치에 있는데, 그 이유는 음식으로부터 섭취되었던 분해반응에서 생성되었던 실제로 체내의 모든 당이 궁극적으로 포도당으로 전환될 수 있기 때문이다(그림 8.9A). 파이루브산은 사립체를 갖고 있고 충분한 산소공급을 받는 세포에서 당분해의 최종생성물이다. 이 일련의 연속적인 10개 반응을 유산소(aerobic) 당분해라고 하며, 3-인산글리세르알데하이드의 산화에서 생성된 NADH를 재산화시킬 때 산소가 필요하기 때문이다(그림 8.9B). 유산소 당분해는 피루브산을 TCA 회로의 주요 연료인 아세틸 CoA로 산화적 탈카복실화를 하기 위한 단계이다. 다른 대체 경로에서 파이루브산은 NADH

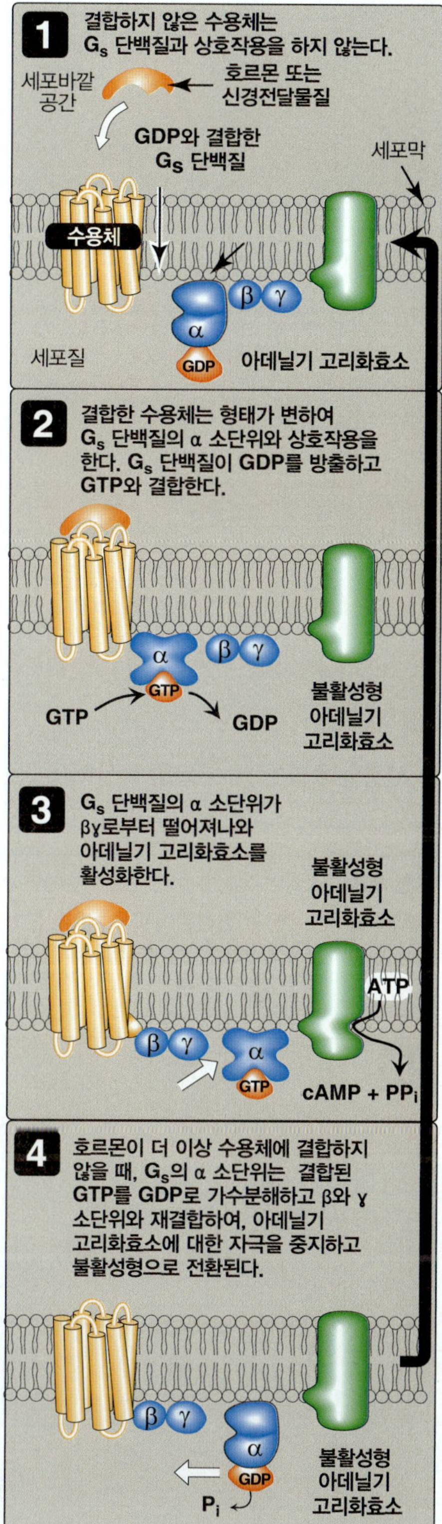

그림 8.7
막 수용체가 화학신호를 인식하면 아데닐기 고리화효소 활성의 증가(가끔은 감소)를 촉발한다. GDP = 이인산구아노신; GTP = 삼인산구아노신; cAMP = 고리AMP.

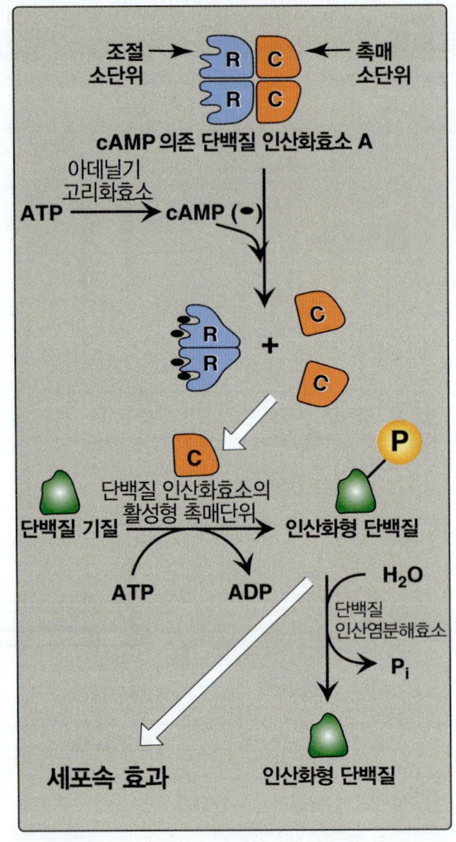

그림 8.8

cAMP의 작용. P = 인산염; ADP = 이인산아데노신; P_i = 무기 인산염.

가 NAD^+로 산화될 때 젖산으로 환원된다(그림 8.9C). 포도당이 젖산으로 전환되는 이 과정은 산소 없이 일어나기 때문에 무산소(anaerobic) 당분해라고 한다. 무산소 당분해는 사립체가 없는 조직(예: 적혈구[RBC]와 눈의 일부)이나 산소를 충분히 공급받지 못하는 세포(저산소증, hypoxia)에서 ATP의 생성이 가능하도록 한다.

IV. 세포속으로의 포도당 수송

포도당은 세포속으로 직접 확산할 수 없고, Na^+과 ATP-비의존 수송계 혹은 Na^+-과 ATP-의존 공동수송계와 같은 2개의 수송계 중 하나를 통해 세포로 들어간다.

A. 소듐-과 ATP-비의존 수송계

이 수동적인 계는 세포막에서 발견되는 14개의 포도당 수송체(GLUT) 동종형 군에 의해 매개된다. 이들은 GLUT-1부터 GLUT-14로 표시된다. 이 수송체들은 서로 다른 2가지의 입체형태로 막에 존재한다(그림 8.10). 세포바깥의 포도당이 수송체와 결합하면 그 입체형태가 변형되어 세포막을 횡단하여 촉진확산을 통해 포도당을 수송한다. GLUT는 한 번에 하나의 분자를 운반하기 때문에 단일방향수송체이다.

1. **조직 특이성:** GLUT는 발현에 있어서 조직 특이성을 보여준다(표 8.1 GLUT들의 예). 예를 들어, GLUT-1은 대부분의 조직에서 풍부하지만 GLUT-4는 근육과 지방조직에 풍부하며, GLUT-5는 과당을 운반한

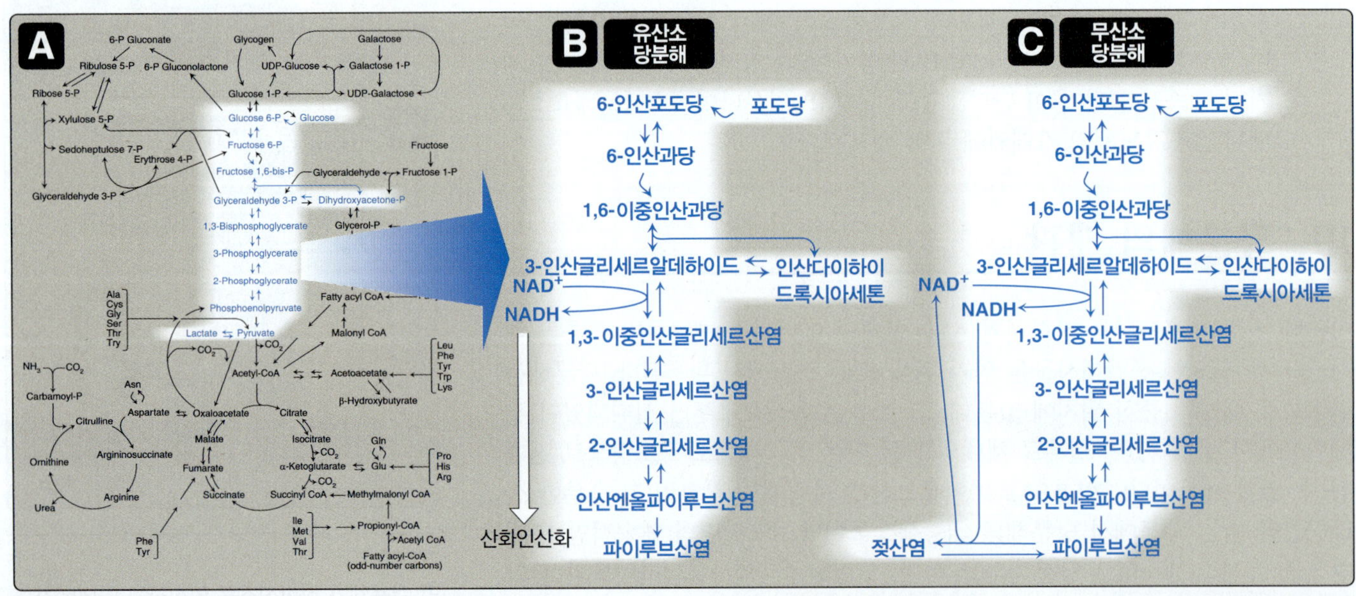

그림 8.9

A. 에너지 대사의 필수 경로로서 보여주는 당분해. B. 유산소 당분해 반응. C. 무산소 당분해 반응. NAD(H) = 니코틴아마이드 아데닌 다이뉴클레오타이드.

표 8.1 **제시된 GLUT들의 조직분포**

	조직	기능	K_m(mM)
GLUT-1	대부분의 조직	기초 포도당 흡수	1
GLUT-2	간, 콩팥, 이자	혈액으로부터 과도한 포도당 제거	15~20
GLUT-3	대부분의 조직	기초 포도당 흡수	1
GLUT-4	근육과 지방	혈액으로부터 과도한 포도당 제거	5
GLUT-5	작은창자, 고환	과당 수송	10

다. [참고: 이 조직들에서 활성형 GLUT-4 수송체의 수는 인슐린에 의해 증가된다(359쪽의 인슐린과 포도당 수송에 대한 설명을 참조).] GLUT-2는 간, 콩팥, 이자 β 세포 등에 풍부하다. 다른 GLUT 동종형도 또한 조직 특이성에 따른 분포를 보인다.

2. **특화된 기능:** 촉진확산에서 수송체에 의한 포도당 이동은 농도기울기를 따라 (즉 에너지가 필요 없이 포도당 농도가 높은 쪽에서 낮은 쪽으로) 이동한다. 예를 들면 GLUT-1, GLUT-3, GLUT-4 등은 주로 혈액에서 포도당을 섭취할 때 관여한다. 반면에 간과 콩팥에서 있는 GLUT-2는 혈당 농도가 높을 때에는 혈액으로부터 세포속으로 포도당을 수송하지만 혈당 농도가 낮을 때(예: 금식 상태)에는 포도당을 세포바깥으로 수송한다. GLUT-5는 작은창자와 고환에서 과당(포도당이 아님)을 주로 수송하는 점이 특이하다.

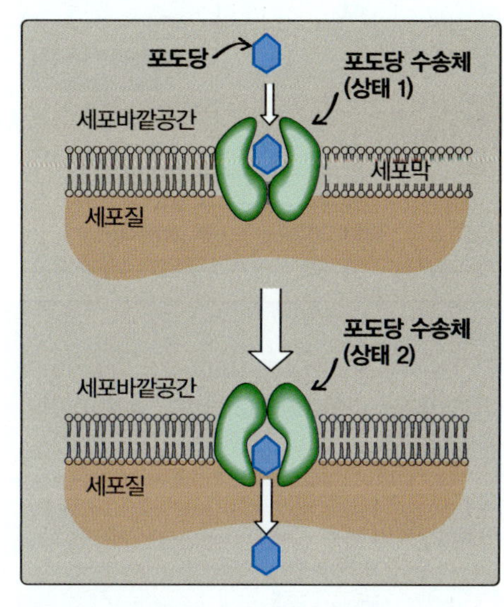

그림 8.10
세포막을 통한 포도당의 촉진 수송을 나타낸 모식도. [참고: 포도당 수송체 단백질들은 12-막 걸침 α-나선을 함유한다.]

B. 포도당의 소듐-과 ATP-의존 공동수송

이 형태의 포도당과 소듐 공동수송은 창자의 상피세포, 콩팥 요세관, 맥락얼기(choroid plexus)에서 일어난다. 이것은 에너지가 필요한 과정으로서 포도당을 농도기울기에 역행하여 농도가 낮은 세포바깥에서 농도가 높은 세포속으로 수송하지만 Na^+은 전기화학 농도기울기에 따라 낮은 곳으로 수송한다. Na^+은 Na^+-K^+ ATP분해효소의 작용으로 세포바깥의 농도가 세포속의 농도보다 훨씬 높다. Na^+ 농도기울기는 포도당이 포도당의 농도기울기를 역행하여 수송되는 동력이 된다; ATP 가수분해는 Na^+ 농도기울기 형성에 필요하기 때문에 간접적인 에너지원이 된다. 이러한 포도당의 이차적인 능동수송은 Na^+의 동시 흡수(symport)가 필요하기 때문에 이 수송체는 소듐 의존 포도당 공동수송체(SGLT)이다. [참고: 혈액뇌 장벽의 한 부분인 맥락얼기 또한 GLUT-1을 가지고 있다.]

소듐 의존 포도당 공동수송체 단백질 2(sodium-dependent glucose cotransporter protein 2, SGLT2)는 콩팥에서 작용하는 데 포도당을 혈액으로 재흡수하기 위한 주된 수송체이다. 글리플로진은 SGLT2 대항제로서 콩팥에서 포도당의 재흡수를 감소시킴으로써 혈당을 낮춘다. SGLT2 대항제는 제2형 당뇨병 환자에서 고혈당을 치료하는 데 사용된다.

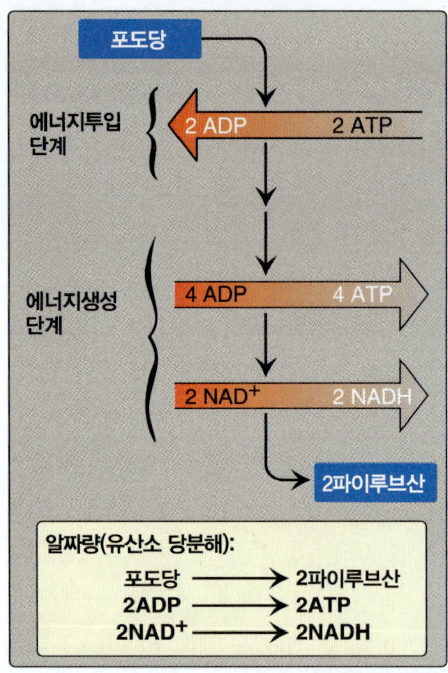

그림 8.11
유산소 당분해의 2단계. NAD(H) = 니코틴아마이드 아데닌 다이뉴클레오타이드; ADP = 이인산아데노신.

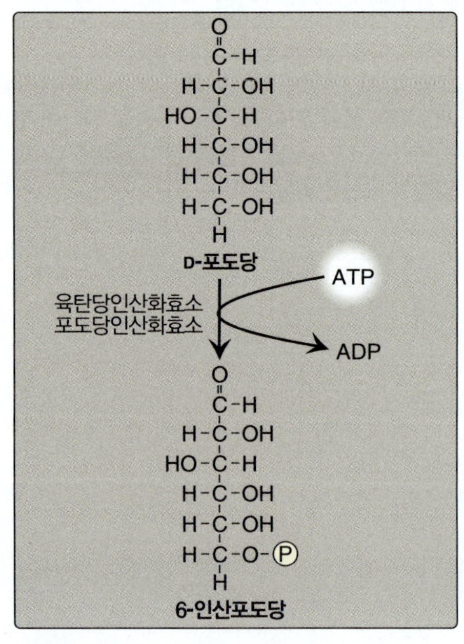

그림 8.12
에너지투입 단계: 포도당의 인산화. [참고: 인산화효소는 2가 금속이온(거의 대부분 마그네슘)과 착화물을 이루는 ATP를 사용한다.] ADP = 이인산아데노신; Ⓟ = 인산염;

V. 당분해 반응

포도당은 2단계를 거쳐 파이루브산으로 전환된다(그림 8.11). 당분해의 처음 5개의 반응은 ATP를 사용하여 인산화된 중간대사체를 만드는 에너지투입 단계에 해당한다. 그 다음 반응들은 포도당 한 분자가 대사될 때 기질수준 인산화를 통하여 순익으로 2분자의 ATP가 생성되는 에너지 생성 단계에 해당한다.

A. 포도당 인산화

인산화된 당 분자는 이들에 대한 특이적 막투과 운반체가 없기 때문에 세포막을 통과할 수 없고, 극성이 너무 강해 세포막을 통과해 확산될 수도 없다. 그러므로 비가역적인 포도당 인산화(그림 8.12)는 포도당을 세포질액에서 6-인산포도당의 형태로 포획하고 다음 단계의 대사에 사용할 수 있게 하는 효과적인 방법이다. 포유류는 포도당을 6-인산포도당으로 변환시키는 반응을 촉진하는 4가지의 육탄당인산화효소 동종효소(I-IV)를 갖고 있다.

1. **육탄당인산화효소(hexokinase) I-III:** 대부분의 조직에서 포도당 인산화는 3가지의 당분해 조절효소(인산과당인산화효소[PFK]와 파이루브산 인산화효소[PK]와 함께) 중 하나인 육탄당인산화효소에 의해 촉진된다. 이 효소들은 인산육탄당의 대사가 감소할 때 축적되는 6-인산포도당에 의해 억제된다. 육탄당인산화효소 I-III는 포도당에 대해 낮은 K_m을 가지므로 높은 친화도(65쪽 참조)를 나타낸다. 이런 이유로 조직의 포도당 농도가 낮을 경우에도 인산화와 다음 단계의 대사가 효과적으로 일어날 수 있다(그림 8.13). 그러나 이 동종효소들은 포도당에 대해 낮은 V_{max} (63쪽 참조)를 갖고 있어서 인산화된 육탄당의 형태로 세포속에 세포 인산염을 가두어 두거나 세포가 사용할 수 있는 양 이상의 당을 인산화할 수 없다. [참고: 이들 동종효소들은 광범위한 기질 특이성을 가지고 있어서 포도당을 포함하여 수종의 육탄당을 인산화할 수 있다.]

2. **육탄당인산화효소 IV:** 간 실질세포와 이자의 β 세포에서 포도당인산화효소(glucokinase; 육탄당인산화효소 IV 동종효소)는 포도당을 인산화하는 주된 효소이다. β 세포에서 포도당인산화효소는 포도당에 대한 감지자로 작용하여 인슐린 분비에 대한 문턱을 결정한다(358쪽 참조). [참고: 육탄당인산화효소 IV도 또한 시상하부의 신경세포에서 포도당 감지자로 작용하여 저혈당에 대한 아드레날린성 반응에서 핵심 역할을 한다(364쪽 참조).] 간에서 이 효소는 고혈당인 동안 포도당의 인산화를 촉진한다. 널리 알려져 있지만 오해의 소지가 있는 포도당인산화효소라는 이름에도 불구하고, 효소의 당 특이성은 다른 육탄당인산화효소 동종효소의 당 특이성과 유사하다.

   a. **반응속도론:** 포도당인산화효소는 여러 중요한 성질에서 육탄당인산화효소 I-III와 다르다. 예를 들면 포도당인산화효소는 훨씬 더 높은 K_m을 가지고 있어 효소 절반을 포화시키기 위해서는 더 높은 포도

당 농도가 필요하다(그림 8.13). 따라서 포도당인산화효소는 탄수화물이 풍부한 식사를 한 직후처럼 잠시 동안 높은 농도의 포도당이 문맥을 통해 간으로 들어갈 때, 즉 간 세포의 포도당 농도가 증가될 때에만 작용을 한다. 포도당인산화효소는 높은 V_{max}를 갖기 때문에 문맥으로부터 유입된 다량의 포도당을 간에서 효과적으로 제거할 수 있게 한다. 이 기전은 탄수화물이 풍부한 식사를 한 후 많은 양의 포도당이 전신순환으로 들어가는 것을 막아 흡수기간 동안 고혈당을 최소화한다. [참고: GLUT-2는 혈액 포도당이 간세포 막을 통과하여 빠르게 평형을 이루도록 한다.]

b. **조절:** 포도당인산화효소 활성은 다른 육탄당인산화효소와 다르게 6-인산포도당에 의해 다른자리조절 억제를 받지 않는다. 대신에 6-인산과당(포도당인산화효소의 생성물인 6-인산포도당과 평형을 이룸)에 의해 간접적으로 활성이 억제되며 포도당(포도당인산화효소의 기질)에 의해 간접적으로 활성이 촉진된다. 간의 포도당인산화효소 조절 단백질(GKRP)은 가역적 결합을 통해 포도당인산화효소를 조절한다. 6-인산과당이 존재하면 포도당인산화효소가 GKRP에 강하게 결합하여 핵 속으로 전위됨으로써 불활성형이 된다(그림 8.14). 혈액의 (또한 간세포의 경우 GLUT-2의 작용에 의해) 포도당 농도가 증가하면, 포도당인산화효소는 GKRP로부터 분리된 후 세포질액으로 다시 들어가 포도당을 6-인산포도당으로 인산화한다. [참고: GKRP는 포도당인산화효소가 사용하는 포도당의 경쟁적 억제제이다.]

> 포도당인산화효소는 혈당 항상성에 있어서 포도당 감지자로 작용한다. 이 효소를 불활성화하는 돌연변이는 희귀한 형태의 당뇨병인 성숙기발병청소년당뇨병(maturity-onset diabetes of the young type 2, MODY 2)을 유발하는데 인슐린 분비 부전과 고혈당이 특징이다.

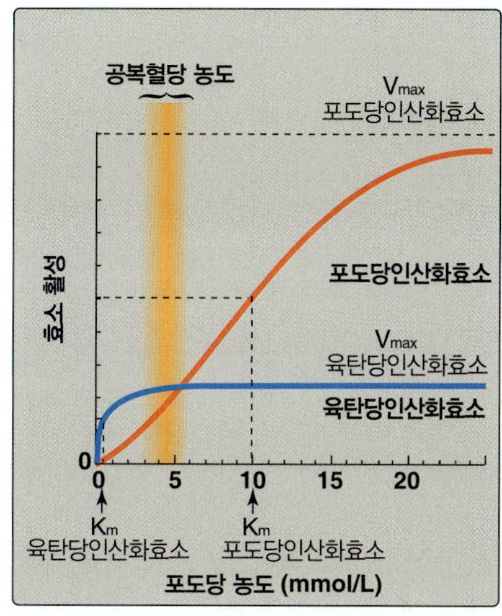

그림 8.13
육탄당인산화효소와 포도당인산화효소의 촉매 반응에 의한 인산화 속도에 미치는 포도당 농도의 영향. K_m = 미카엘리스 상수; V_{max} = 최대속도.

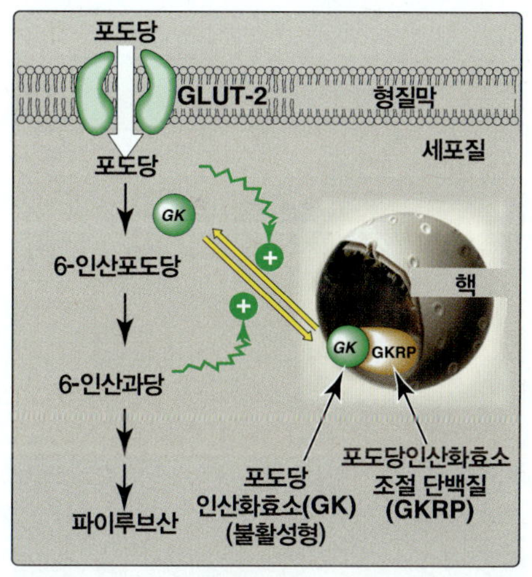

그림 8.14
포도당인산화효소 조절 단백질에 의한 포도당 인산화효소 활성의 조절. GLUT = 포도당 수송체.

B. 6-인산포도당 이성질체화

6-인산포도당의 6-인산과당 이성질체화는 인산포도당 이성질체화효소(phosphoglucose isomerase)에 의해 촉진된다(그림 8.15). 이 반응은 매우 가역적이며 속도제한이나 조절 단계는 아니다.

C. 6-인산과당 인산화

인산과당인산화효소-1(PFK-1)에 의한 비가역적 인산화 반응은 당분해 과정에서 가장 중요한 제어점이며 속도제한 단계 및 구속 단계이다(그림 8.16). PFK-1은 기질인 ATP와 6-인산과당의 농도뿐만 아니라 다른 조절 분자들에 의해 제어된다.

1. **세포속 에너지 수준에 따른 조절:** PFK-1은 고에너지 화합물이 풍부하다는 것을 가리키는 에너지풍부 신호인 상승된 ATP 농도에 의해 다른자리조절을 통하여 억제된다. TCA 회로의 중간대사물인 시트르산이

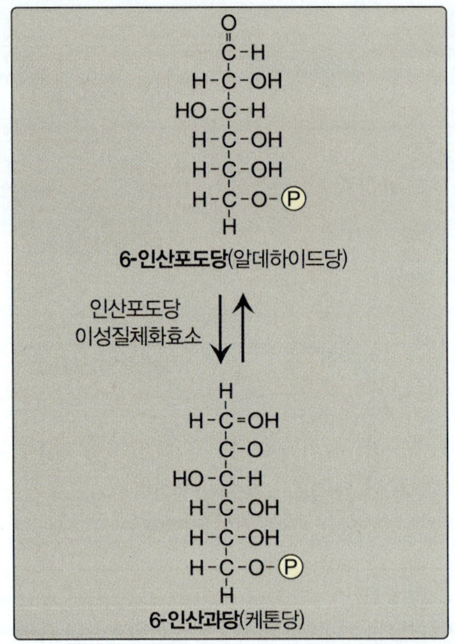

그림 8.15
6-인산포도당이 6-인산과당으로 전환되는 알데하이드당-케토당 이성질체화. Ⓟ = 인산염.

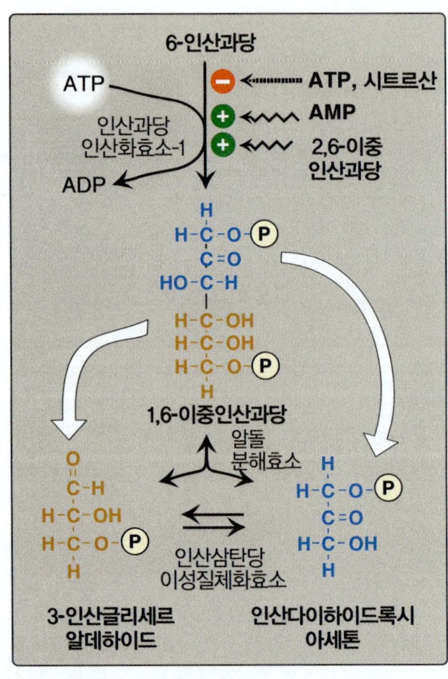

그림 8.16
에너지투입 단계(계속됨): 6-인산과당이 인산삼탄당으로 전환됨. Ⓟ = 인산염; AMP, ADP = 일이산아데노신, 이인산아데노신

증가해도 역시 PFK-1이 억제된다(127쪽 참조). [참고: 시트르산에 의한 억제는 포도당을 당원 합성에 사용하는 데 용이하다(146쪽 참조).] 반면에 PFK-1은 높은 농도의 AMP에 의해 다른자리조절을 통하여 활성화되는데, AMP의 증가는 세포의 에너지 저장이 고갈되었다는 신호이다.

2. **2,6-이중인산과당에 의한 조절:** 2,6-이중인산과당은 가장 강력한 PFK-1의 활성자이며(그림 8.16), 심지어 ATP 농도가 높을 때에도 이 효소를 활성화할 수 있다. 2,6-이중PFK-1과 달리, 인산과당은 인산과당인산화효소-2(PFK-2)에 의해 생성된다. PFK-2는 이중기능 단백질로서 2,6-이중인산과당을 생성하는 인산화효소 활성과 2,6-이중인산과당을 탈인산화하여 6-인산과당으로 재전환시키는 인산염분해효소 활성을 모두 다 갖고 있다. 간 동종효소에서 PFK-2의 인산화는 인산화효소 영역은 불활성형이 되고 인산염분해효소 영역은 활성형이 된다(그림 8.17). 심장의 동종효소에서는 반대이다. [참고: 2,6-이중인산과당은 포도당신생성에 관여하는 1,6-이중인산과당 인산염분해효소의 억제제이다. 2,6-이중인산과당의 당분해(활성화)와 포도당신생성(억제)에 대한 상반적인 작용은 이 두 경로가 동시에 전부 활성화되지 않도록 함으로써 포도당이 파이루브산으로 전환된 다음 파이루브산으로부터 포도당이 재합성되는 무익회로(futile cycle)를 방지한다.]

   a. **포만상태에서:** 탄수화물이 풍부한 식사 후에 일어나는 현상처럼 글루카곤 농도의 감소와 인슐린 농도의 증가는 간에서 2,6-이중인산과당을 증가시켜(PFK-2 탈인산화) 결과적으로 당분해 속도를 증가시킨다(그림 8.17 참조). 그러므로 2,6-이중인산과당은 포도당이 풍부하다는 것을 가리키는 세포속 신호로 작용한다.

   b. **기아상태에서:** 반대로 기아상태에서 일어나는 현상처럼(378쪽 참조) 올라간 글루카곤 농도와 낮은 농도의 인슐린은 간에서 2,6-이중인산과당의 세포속 농도를 감소시킨다(PFK-2 인산화). 이는 당분해 속도를 감소시키고 포도당신생성을 증가시킨다.

D. 1,6-이중인산과당의 절단

알돌분해효소(aldolase)는 1,6-이중인산과당을 절단하여 인산다이하이드록시아세톤(DHAP)과 3-인산글리세르알데하이드를 생성한다(그림 8.16). 이 반응은 가역적이며 조절을 받지 않는다. [참고: 간에 있는 동종형인 알돌분해효소 B도 음식의 과당 대사에서 1-인산과당을 절단한다.]

E. 인산다이하이드록시아세톤 이성질체화

인산삼탄당 이성질체화효소는 DHAP와 3-인산글리세르알데하이드를 상호전환시킨다(그림 8.16 참조). 이렇게 DHAP는 반드시 이성질체화되어야 당분해 경로에서 그 이상의 단계로 넘어갈 수 있다. 이 이성질체화에 의해 결국 한 분자의 1,6-이중인산과당의 절단 생성물로부터 2분자의 3-인산글리세르알데하이드가 생성된다. [참고: DHAP는 트라이아실글리세롤 합성에 사용된다.]

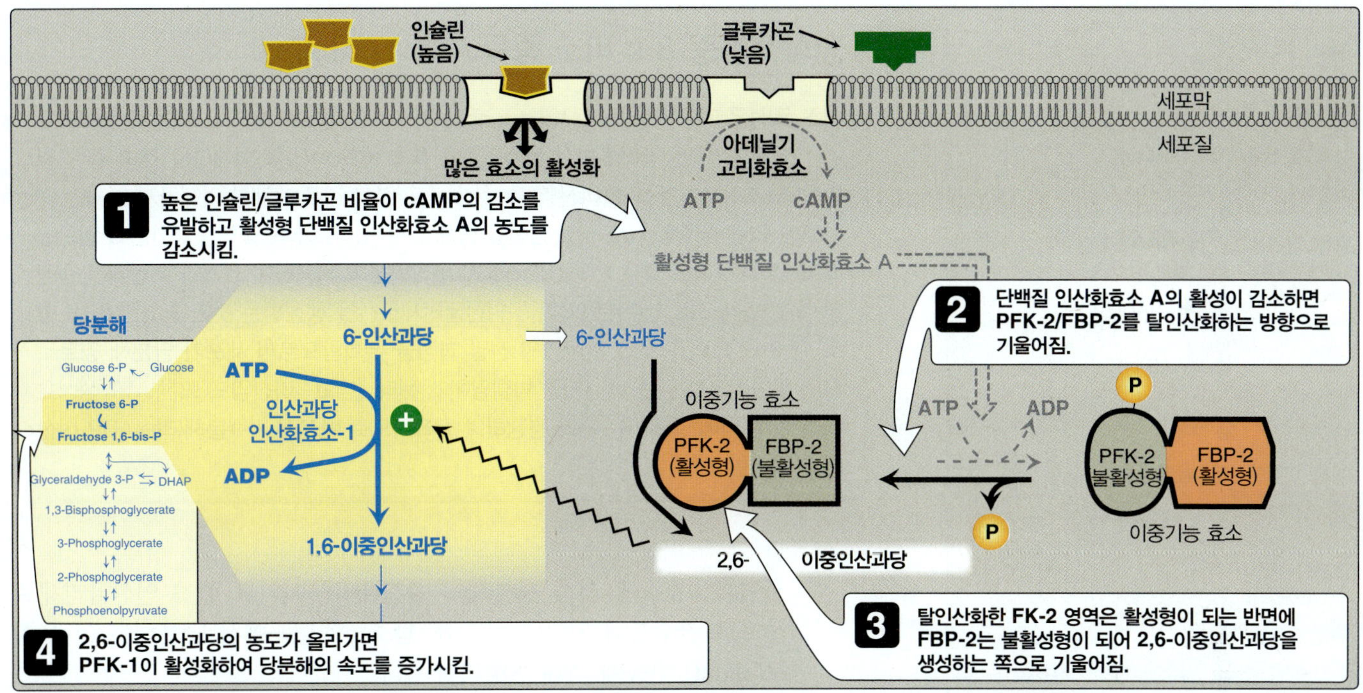

그림 8.17
간에서 증가한 인슐린 농도가 2,6-이중인산과당의 세포속 농도에 미치는 영향. PFK-2 = 인산과당인산화효소-2; FBP-2 = 이중인산과당 인산염분해효소-2. AMP and ADP = 일이산아데노신 and 이인산아데노신; cAMP = 고리 AMP; (P) = 인산염.

F. 3-인산글리세르알데하이드의 산화

3-인산글리세르알데하이드 탈수소효소에 의해 3-인산글리세르알데하이드가 1,3-이중인산글리세르산으로 전환되는 것이 당분해의 첫 번째 산화환원반응이다(그림 8.18). [참고: 세포에 NAD^+의 양이 충분하지 않으므로 당분해가 계속되기 위해서는 탈수소효소 반응에 의해 생성된 NADH가 산화되어야만 한다. NADH를 NAD^+로 산화시키는 두 가지 주요 기전은 젖산 탈수소효소(LDH)에 의해 파이루브산이 젖산으로 되는 무산소 기전과 호흡사슬(ETC)을 통한 유산소 기전이다.] NADH는 사립체 내막을 통과할 수 없기 때문에, NADH 환원 당량을 사립체 바탕질로 이동시키기 위해 ETC는 사과산-아스파트산 및 3-인산글리세롤 기질 왕복을 필요로 한다.

1. **1,3-이중인산글리세르산의 합성:** 3-인산글리세르알데하이드의 알데하이드기를 카복실기로 산화시키는 반응은 카복실기에 P_i를 결합시키는 반응과 짝을 이룬다. 1,3-BPG의 1번 탄소에 연결된 고에너지 인산기는 3-인산글리세르알데하이드의 산화에서 생산되는 자유에너지보다 훨씬 더 큰 에너지를 보유한다. 이 고에너지 인산기가 당분해의 다음 반응에서 ATP 합성을 유도한다.

2. **적혈구의 2,3-이중인산글리세르산:** 1,3-BPG의 일부는 이중인산글리세르산 자리옮김효소의 작용에 의해 2,3-BPG로 전환된다(그림 8.18 참조). 2,3-BPG는 대부분의 세포에는 아주 적지만 적혈구에 매우 높은 농도로 존재하여 산소 운반을 증가시키는 역할을 한다. 2,3-BPG는 인

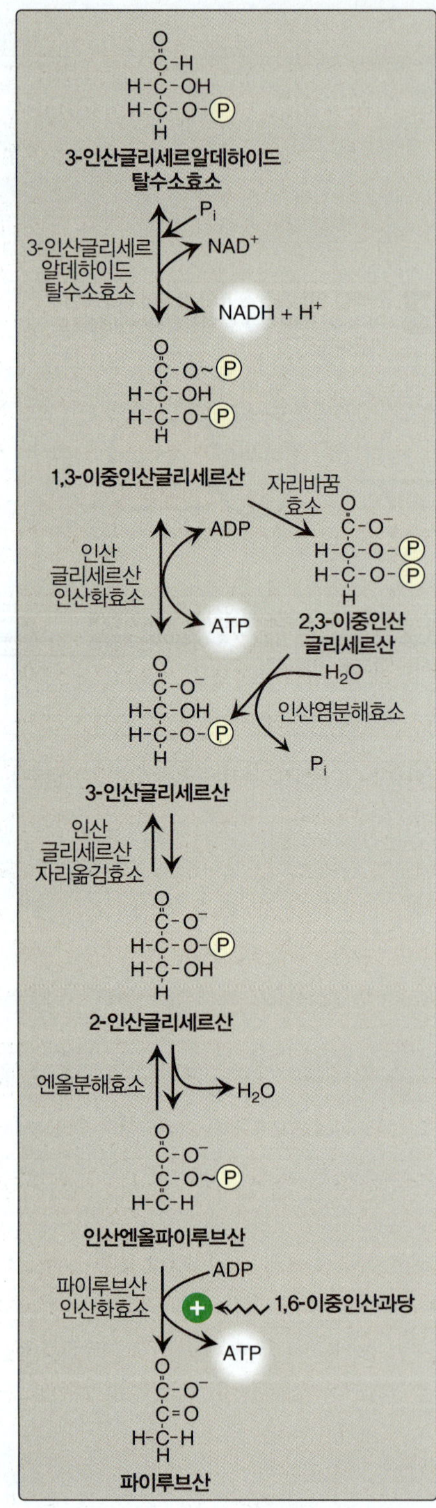

그림 8.18
에너지생성 단계: 3-인산글리세르알데하이드가 파이루브산으로 전환됨. NAD(H) = 니코틴아마이드 아데닌 다이뉴클레오타이드; Ⓟ = 인산염; P_i = 무기인산염; ~ = 고에너지 결합; ADP = 이인산아데노신.

임상적응증 8.1: 비소 중독(Arsenic Poisoning)

비소 독성은 3가 비소(아비산염, arsenite)가 리포산을 보조인자로 사용하는 보조효소(126쪽 참조)인 파이루브산 탈수소효소 복합체(PDHC)를 억제하는 것이 주된 원인이다. 그러나 5가 비소(비산염, arsenate)도 역시 경로 자체를 억제하지 않지만 당분해에 의한 ATP와 NADH의 생성을 방해할 수 있다. 이 독의 작용기전은 3-인산글리세르알데하이드 탈수소효소의 기질인 무기인산과 경쟁하여 효소와 복합체를 형성한 후 자발적으로 가수분해되어 3-인산글리세르산을 생성하는 것이다(그림 8.18 참조). 1,3-BPG의 합성과 인산염의 전달 과정을 우회함으로써 세포가 당분해 경로로부터 일반적으로 얻는 에너지를 박탈당하게 된다. [참고: 비산염도 또한 ATP 생성효소의 F_1 영역에 결합하는 P_i와 경쟁하여 결과적으로 빠르게 가수분해되는 ADP-비산염을 형성한다.]

산염분해효소에 의해 당분해의 중간대사물이기도 한 3-인산글리세르산으로 가수분해 된다(그림 8.18 참조). 적혈구에서 당분해는 이 우회로(shunt) 반응에 의해 변형되어 있다.

G. 3-인산글리세르산의 합성과 ATP 생성

1,3-BPG가 3-인산글리세르산으로 전환될 때 나오는 고에너지 인산기는 ADP로부터 ATP를 합성할 때 사용된다(그림 8.18). 이 반응은 인산글리세르산 인산화효소에 의해 촉진되는데, 대부분의 다른 인산화효소와는 달리 이 효소는 생리적으로 가역적이다. 한 분자의 포도당으로부터 2분자의 1,3-BPG가 형성되기 때문에 이 인산화효소 반응은 6 인산포도당과 1,6 이중인산과당을 생성할 때 소모되었던 2분자의 ATP를 보충한다. [참고: 이것은 기질수준 인산화의 예로서 고에너지 인산기의 생성에 필요한 에너지는 전자수송사슬이 아니라 기질에서 공급된다(다른 예는 아래 J항목 참조).]

H. 인산기의 이동

인산글리세르산의 3번 탄소에서 2번 탄소로 인산기가 이동하는 것은 인산글리세르산 자리바꿈효소(mutase)에 의해 일어나는데, 이 반응은 완전하게 가역적이다.

I. 2-인산글리세르산의 탈수

엔올분해효소에 의한 2-인산글리세르산의 탈수는 기질에 포함된 에너지를 재분배하여 고에너지 엔올인산염을 가진 인산엔올파이루브산(PEP)을 형성한다(그림 8.18). 이 반응은 생성물이 고에너지 화합물임에도 불구하고 가역적이다. [참고: 플루오린화물은 엔올분해효소를 억제하기 때문에 수돗물플루오린화물농도조정(water fluoridation)은 구강 세균에 의한 젖산 생성을 감소시켜 치아우식(dental caries)을 줄인다.]

J. 파이루브산의 합성과 ATP 생성

파이루브산 인산화효소(PK)에 의해 일어나는 PEP의 파이루브산으로 전환은 당분해에서 3번째 비가역반응이다. PEP의 고에너지 엔올인산염은 ADP로부터 ATP를 합성하는 데 사용되며 이 반응은 기질수준 인산화의 또 다른 예가 된다(그림 8.18).

1. **앞먹임(feedforward) 조절:** PK는 PFK-1 반응의 생성물인 1,6-이중인산과당에 의해 활성화된다. 이 앞먹임(일반적인 되먹임 대신) 조절은 2개의 인산화효소를 연결시키는 효과가 있다: 인산과당인산화효소 활성의 증가는 1,6-이중인산과당의 농도를 증가시키고, 이것은 PK를 활성화한다. [참고: PK는 ATP에 의해 억제된다.]
2. **간에서의 공유결합 조절:** cAMP 의존 단백질 인산화효소에 의한 인산화는 간 PK 동종효소의 불활성화를 일으킨다(그림 8.19). 혈당이 낮을 때 글루카곤의 상승은 세포속 cAMP의 농도를 증가시키고, 이것은 간에서만 PK의 인산화와 불활성화의 원인이 된다. 그러므로 PEP는 계속 당분해될 수 없지만 대신에 포도당신생성 경로로 유입된다. 이것은 글루카곤에 의해 간에서 당분해가 억제되고 포도당신생성이 촉진되는 현상을 부분적으로 설명해 준다. 인산염분해효소에 의한 PK의 탈인산화는 이 효소를 재활성화한다.
3. **파이루브산 인산화효소 결핍:** 성숙 적혈구에는 사립체가 없기 때문에 ATP 생성은 전적으로 당분해에 의존한다. ATP는 적혈구의 대사 요구를 충족시키는 데 필요하며, 또한 적혈구가 좁은 모세혈관을 찌그러지면서 통과하는 것을 가능하도록 양면이 오목하고 유연성 있는 모양을 유지하는 데에 필요한 이온 펌프의 연료로도 필요하다. 당분해 효소 결핍이 있을 때 관찰되는 빈혈은 당분해 속도가 감소하고 기질수준 인산화에 의한 ATP 생성이 감소된 결과이다. 그 결과 RBC의 세포막이 변형되어 세포 모양의 변화를 초래하고 궁극적으로 단핵포식세포계의 세포, 특히 비장 큰포식세포에 의한 포식을 유발한다. 적혈구의 조기 사멸 및 용해는 경증에서 중증의 용혈성 빈혈을 유발하며, 중증 형태는 정기적인 수혈이 필요하다. 당분해 효소의 희귀한 유전적 결함이 있는 환자 중 대다수는 PK 결핍증을 가지고 있다. [참고: 간의 PK는 RBC 동종효소와 같은 유전자가 정보를 가지고 있다. 그러나 간세포는 더 많은 PK를 합성할 수 있고 산화인산화를 통해 ATP를 만들 수 있기 때문에 별 영향을 받지 않는다.] 이 질병의 중증도는 효소 결핍의 정도(정상 수준의 5~35% 수준)와 적혈구가 2,3-BPG의 합성을 증가시켜 이 효소 결핍을 보상하는 정도에 의존한다(34쪽 참조). PK 결핍을 가진 거의 모든 환자는 변형된 효소동력학과 저하된 안정성을 보이는 돌연변이 효소를 가지고 있다(그림 8.20). 이종접합성 PK 결핍이 있는 환자들은 가장 심한 형태의 말라리아에 저항성을 갖는다.

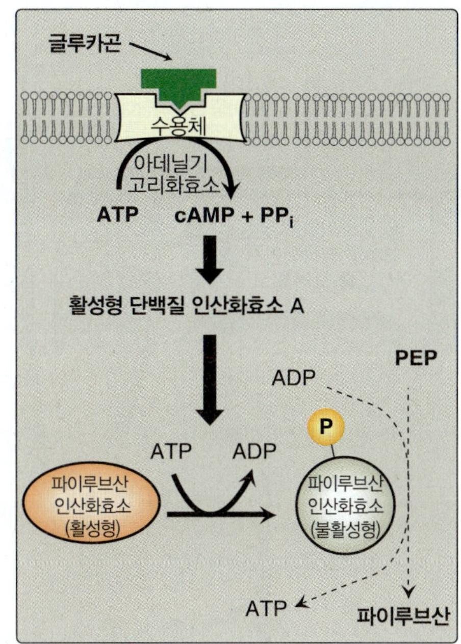

그림 8.19
효소의 불활성화를 보여주는 간 파이루브산 인산화효소의 공유결합 변형. cAMP = 고리 AMP; PEP = 인산엔올파이루브산; P = 인산염; PP_i = 파이로인산염; ADP = 이인산아데노신.

> 적혈구와 간에서 PK 발현은 조직특이성을 갖는데, 이는 동종효소를 부호화하는 유전자를 전사할 때 다른 개시 부위를 사용(489쪽 참조)하기 때문이다.

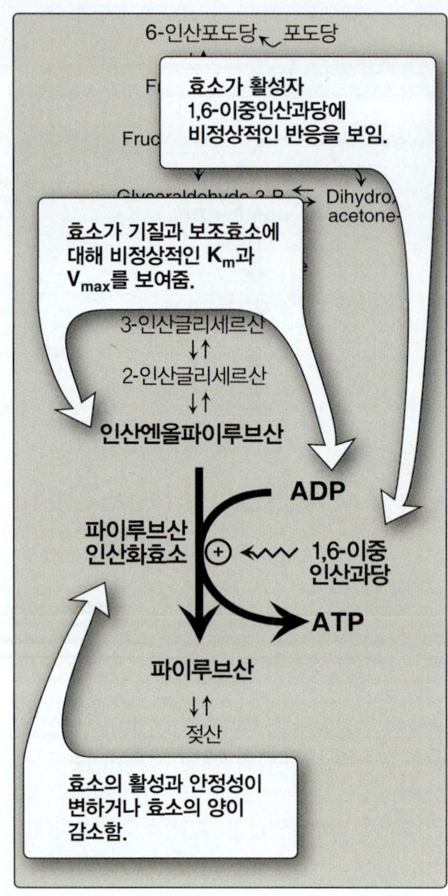

그림 8.20
파이루브산 인산화효소의 다양한 변이형에서 관찰되는 변화. K_m = 미카엘리스 상수; V_{max} = 최대속도; ADP = 이인산아데노신.

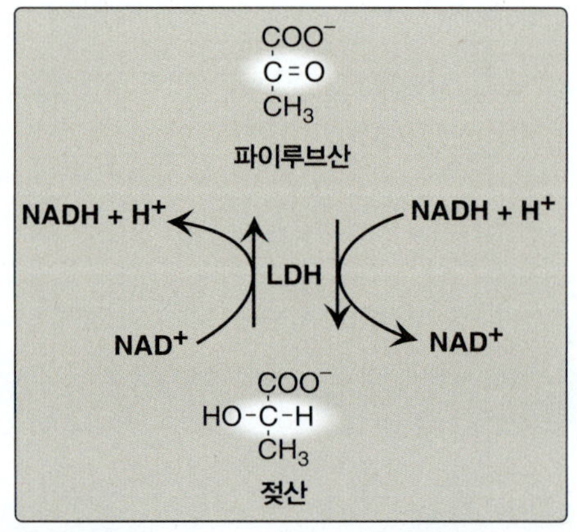

그림 8.21
젖산탈수소효소(LDH)에 의한 파이루브산과 젖산의 상호전환. NAD(H) = 니코틴아마이드 아데닌 다이뉴클레오타이드.

K. 젖산으로 파이루브산의 환원

젖산 탈수소효소(LDH)에 의해 파이루브산으로부터 생성되는 젖산은 진핵세포에서 무산소 당분해 과정의 최종생성물이다(그림 8.21). 젖산으로의 환원은 혈관이 거의 발달되어 있지 않은 조직(예를 들어 눈의 수정체 및 각막, 콩팥의 속질) 혹은 사립체가 없는 RBC에서 파이루브산의 주요 대사 운명이다.

1. **근육의 젖산 생성:** 운동 중인 뼈대근육에서 NADH 생성(3-인산글리세르알데하이드 탈수소효소와 시트르산 회로의 3개의 NAD^+연관 탈수소효소에 의함, 9장 참조)은 크게 증가하여 호흡사슬을 통해 산화될 수 있는 용량을 초과한다. 결국 $NADH/NAD^+$ 비가 증가하고 LDH에 의해 파이루브산이 젖산으로 환원되는 반응이 촉진된다. 따라서 격렬한 운동을 하는 동안 근육에 젖산이 축적되면 세포속 pH가 떨어지고 근육경련을 유발하기도 한다. 대부분의 젖산은 결국 혈류로 확산되고 간에서 포도당을 만드는 데 사용된다.

2. **젖산 활용:** LDH 반응의 방향은 세포속의 파이루브산과 젖산의 상대적 농도, 그리고 $NADH/NAD^+$의 비율에 따라 결정된다. 예를 들면 간과 심장에서 이 비율은 운동 중의 근육에서 보다 낮다. 결과적으로 간과 심장은 젖산(혈액으로부터 얻어짐)을 파이루브산으로 산화시킨다. 간에서 파이루브산은 포도당신생성에 의해 포도당으로 전환되거나 TCA 회로에서 산화되는 아세틸 CoA로 전환된다. 심장근육은 TCA 회로를 통해 젖산을 물과 이산화탄소로 산화시킬 수 있는 예외적인 조직이다.

3. **젖산 산증(lactic acidosis):** 혈장에 젖산의 농도가 증가된 것을 일종의 대사 산증인 젖산 산증이라고 하는데, 심근경색증, 허파색전증, 심한 출혈 등과 같은 순환허탈(collapse)이 있을 때 또는 쇼크에 빠졌을 때 발생한다. 조직으로 적절한 양의 O_2가 공급되지 않으면 산화인산화의 장애가 오고 ATP 합성이 감소한다. 세포는 생존을 위해 ATP 생성에 대한 대비책으로 무산소 당분해를 사용하는데, 최종생성물로 젖산을 생성한다. [참고: 이 정도의 미미한 양의 ATP 합성이라도 조직으로 적절한 혈액이 공급되는 동안에 생명을 유지하게 될 것이다.] O_2 공급이 부족했던 기간으로부터 회복하려면 추가의 O_2가 필요한데, 이를 산소부채(O_2 debt)라고 한다. [참고: 산소부채는 종종 환자의 이환율 또는 사망률과 관련이 있다. 많은 임상 상황에서 젖산의 혈중 농도를 측정하면 환자의 산소부채를 빠르게 조기검출하고 회복 상태를 감시할 수 있다.]

L. 당분해를 통한 에너지 생산

당분해에서 비록 약간의 ATP가 기질수준 인산화를 통해 생성되지만 그 최종생성물인 파이루브산이나 젖산은 원래 포도당에 함유되어 있던 에너지의 대부분을 여전히 갖고 있다. 이 에너지가 완전히 방출되기 위해서는 TCA 회로가 필요하다.

1. **무산소 당분해:** 1분자의 포도당이 2분자의 젖산으로 전환되면 2분자의 ATP가 생성된다(그림 8.22). 이때에는 최종적으로 NADH가 새로 생성되거나 소비되지 않는다.

2. **유산소 당분해:** ATP의 생성은 유산소 당분해의 경우에서도 마찬가지이다(즉 1분자의 포도당에서 2분자의 ATP를 얻는다.) 또한 1분자의 포도당에서 2분자의 NADH가 더 얻어진다. 유산소 당분해가 더 진행되려면 이 NADH가 거의 모두 ETC에 의해 산화되어 각각의 NADH 분자로부터 3분자의 ATP가 생성되어야 한다(87쪽 참조). [참고: NADH는 사립체 내막을 통과할 수 없으므로 기질 왕복이 필요하다.]

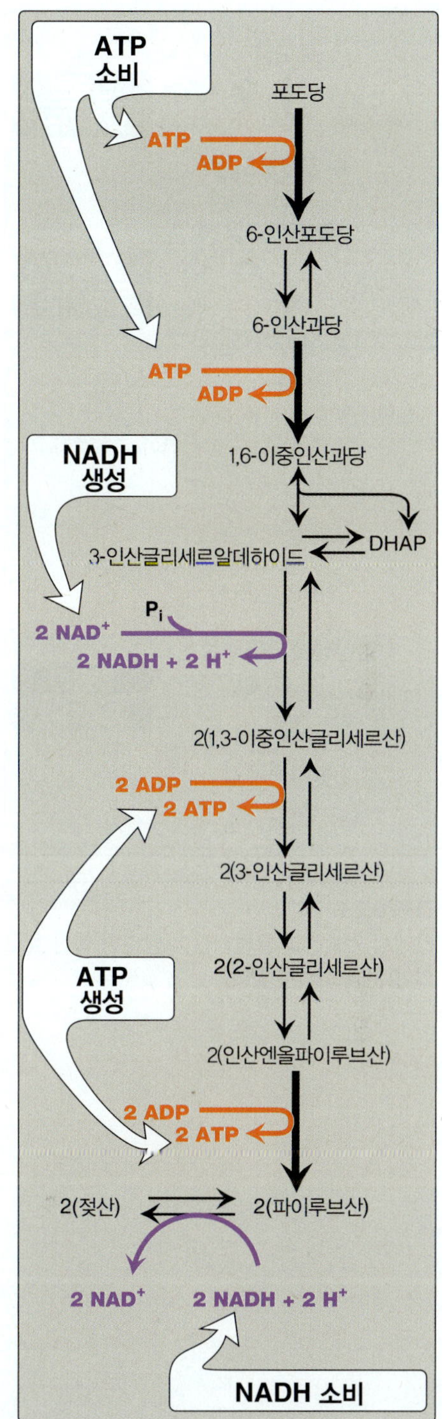

그림 8.22
무산소 당분해의 요약. ATP와 NADH의 생성과 소비에 관여하는 반응들이 표시되어 있다. 비가역적인 3개의 당분해 반응은 *굵은 화살표*로 나타내었다. DHAP = 인산다이하이드록시아세톤; NAD(H) = 니코틴아마이드 아데닌 다이뉴클레오타이드; ADP = 이인산아데노신; P = 인산염.

VI. 호르몬에 의한 당분해의 조절

다른자리조절 활성화/억제 또는 인산화/탈인산화에 의한 비가역적 해당 효소의 활성 조절은 단기적이다(즉, 효과가 몇 분 또는 몇 시간에 걸쳐 발생함). 기존 효소 분자의 활성에 대한 효과에 중첩되는 것은 새로운 효소 분자의 수에 대한 장기적인 호르몬 효과이다. 이러한 호르몬 효과는 일반적으로 수 시간에서 며칠에 걸쳐 발생하는데 효소 합성을 10~20배 증가시킬 수 있다.

일상적으로 탄수화물이 풍부한 식사를 했을 때나 인슐린을 투여했을 때 간에서 포도당인산화효소, 인산과당인산화효소, 파이루브산 인산화효소 등의 양적 증가가 시작된다(그림 8.23). 이러한 변화는 유전자 전사의 증가를 일으켜 효소의 합성 증가를 일으킨다. 이 세 가지 효소의 가용성이 증가하면 흡수 상태의 특징인 포도당에서 피루브산으로의 전환이 잘 일어난다. [참고: 인슐린과 탄수화물(특히 포도당)의 전사 효과는 각각 전사 인자인 스테롤 조절 요소-결합 단백질-1c(sterol regulatory element–binding protein-1c) 및 탄수화물 반응 요소-결합 단백질(carbohydrate response element–binding protein)에 의해 매개된다. 이러한 인자는 또한 지방산 합성에 관여하는 유전자의 전사를 조절한다.] 반대로, 혈장 글루카곤이 높고 인슐린이 낮을 때 세 가지 효소의 유전자 발현이 감소한다(예: 단식 또는 당뇨병에서 볼 수 있음).

VII. 파이루브산의 번갈아 바뀌는 운명 (Alternate Fate)

파이루브산은 젖산 이외의 산물로 대사될 수 있다.

A. 파이루브산의 산화탈카복실화(oxidative decarboxylation)

파이루브산 탈수소효소 복합체(PDHC)에 의한 파이루브산의 산화탈카복실화는 심근과 같이 높은 산화 능력을 가진 조직에서 매우 중요한 경로이다(그림 8.24). PDHC는 당분해의 최종생성물인 파이루브산을 비가역적으로 시트르산 회로의 연료이면서 지방산 합성의 탄소 근원인 아세틸 CoA로 전환시킨다.

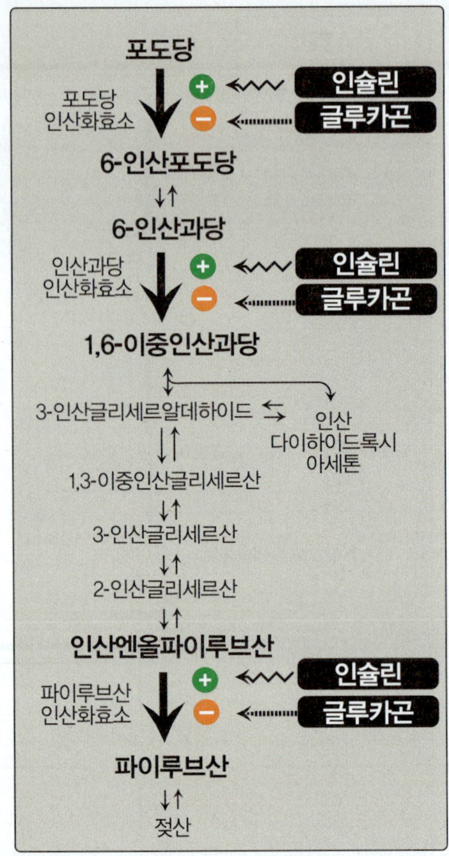

그림 8.23
간에서 인슐린과 글루카곤이 당분해 핵심 효소의 발현에 미치는 영향.

B. 옥살로아세트산으로의 카복실화

파이루브산 카복실화효소의 파이루브산으로부터 옥살로아세트산의 카복실화는 바이오틴 의존 반응이다(그림 8.24). 이 비가역적 반응은 시트르산 회로의 중간대사물을 재충전하고 포도당신생성의 기질을 제공하기 때문에 매우 중요하다.

C. 에탄올로의 환원(미생물)

파이루브산의 환원은 그림 8.24에 요약한 것처럼 2개의 반응에 의해 일어난다. 싸이아민 필요 파이루브산 탈카복실화효소에 의한 파이루브산의 산화탈카복실화는 효모와 어떤 다른 미생물에서 일어나지만 사람에서는 일어나지 않는다.

VIII. 요약

- 대부분의 **대사 경로**는 **분해대사**(복잡한 분자를 **ATP를 생산**하며 간단한 분자로 분해함) 혹은 **합성대사**(**ATP 가수분해**와 함께 간단한 전구체로부터 복잡한 분자를 합성함)로 분류할 수 있다.
- **세포간** 신호전달은 대사의 통합을 제공한다. 이 의사소통의 주된 경로는 **화학적 신호**(예: **호르몬** 또는 **신경전달물질**)이다.
- **이차전령 분자**는 GPCR에 반응하여 조절되고 적절한 세포속 반응자에게 화학적 신호를 전달한다.
- **아데닐기 고리화효소**는 세포막 효소로서 **글루카곤**과 **에피네프린**과 같은 호르몬에 반응하여 **cAMP**를 합성을 촉진한다.
- 생성된 cAMP는 다양한 효소의 세린/트레오닌 잔기에 인산화를 함으로써 활성화 또는 불활성화 작용을 하는 PKA를 활성화한다.
- 인산화는 **인산 단백질 인산염분해효소**에 의해 역으로 전환된다.
- **파이루브산**이 최종생성물인 **유산소 당분해**는 사립체를 가지고 있고 적절하게 산소가 공급되는 세포에서 일어난다(그림 8.25).
- **젖산**이 최종생성물인 **무산소 당분해**는 사립체가 없는 세포와 산소 공급이 차단된 세포에서 일어난다.
- 포도당은 조직특이적 분포를하는 **GLUT들**에 의해 세포막을 횡단하여 수동 수송된다.

- 포도당이 파이루브산이 되는 산화(**당분해**, 그림 8.25 참조)는 ATP를 사용하여 인산화 중간대사물을 합성하는 **에너지투입** 단계와 **기질수준 인산화**를 통해 ATP를 생성하는 **에너지생성** 단계를 거쳐 일어난다.
- **육탄당인산화효소**는 포도당에 대해 **높은 친화력(낮은 K_m)**와 **작은 최대속도(V_{max})**를 가지고 있으며 6-인산포도당에 의해 억제된다. **포도당인산화효소**는 포도당에 대해 높은 K_m과 높은 V_{max}를 가진다. 이 효소는 6-인산과당(억제)과 포도당(촉진)에 의해 GKRP를 통해 간접적으로 조절된다.
- 6-인산포도당은 **6-인산과당**으로 이성질체화되고, 이는 **PFK-1**에 의해 인산화되어 **1,6-이중인산과당**으로 된다. 총 **2분자의 ATP**가 당분해의 에너지투입 단계에서 사용된다.
- 1,6-이중인산과당은 2분자의 삼탄당으로 절단되고 당분해 경로에서 더 대사되어 파이루브산을 생성한다. 이 과정 동안 포도당 한 분자당 **4분자의 ATP**와 **2분자의 NADH**가 생성된다.
- **인산엔올파이루브산**에서 파이루브산을 합성하는 마지막 단계는 **PK**에 의해 촉진된다. **PK 결핍**은 당분해 효소의 모든 유전적 결함의 대부분을 차지한다. 그 영향은 **적혈구**에 국한되며, 경증으로부터 중증까지의 **만성빈혈**과 **용혈빈혈**을 일으킨다.
- 당분해효소 유전자의 **전사**는 인슐린과 포도당에 의해 증가한다.

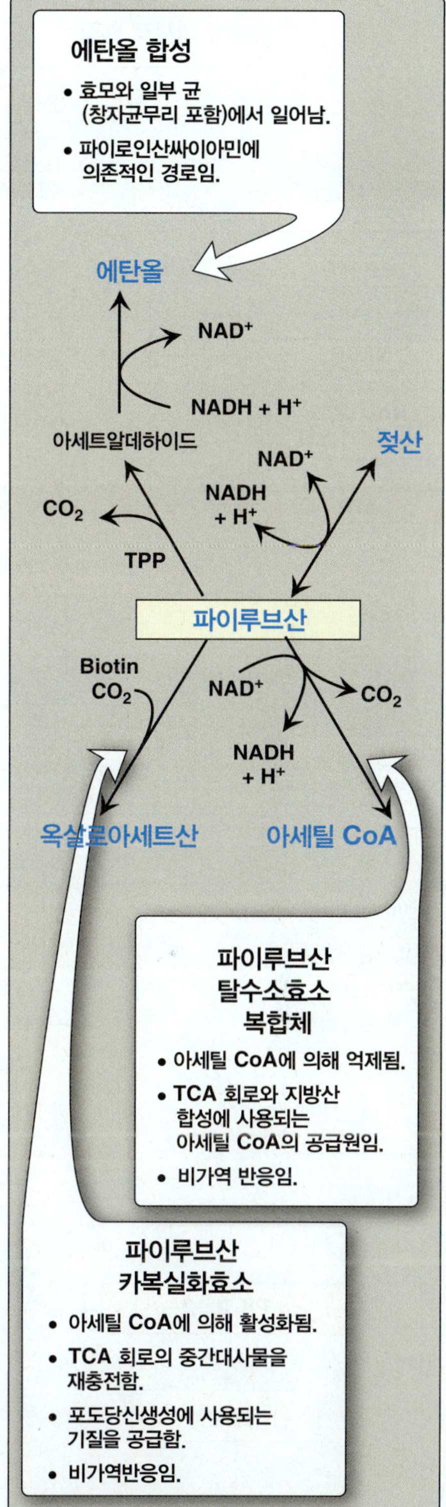

그림 8.24
파이루브산의 대사 운명에 대한 요약. TPP = 파이로인산싸이아민; TCA = 트라이카복실산; NAD(H) = 니코틴아마이드 아데닌 다이뉴클레오타이드; CoA = 보조효소 A; CO_2 = 이산화탄소.

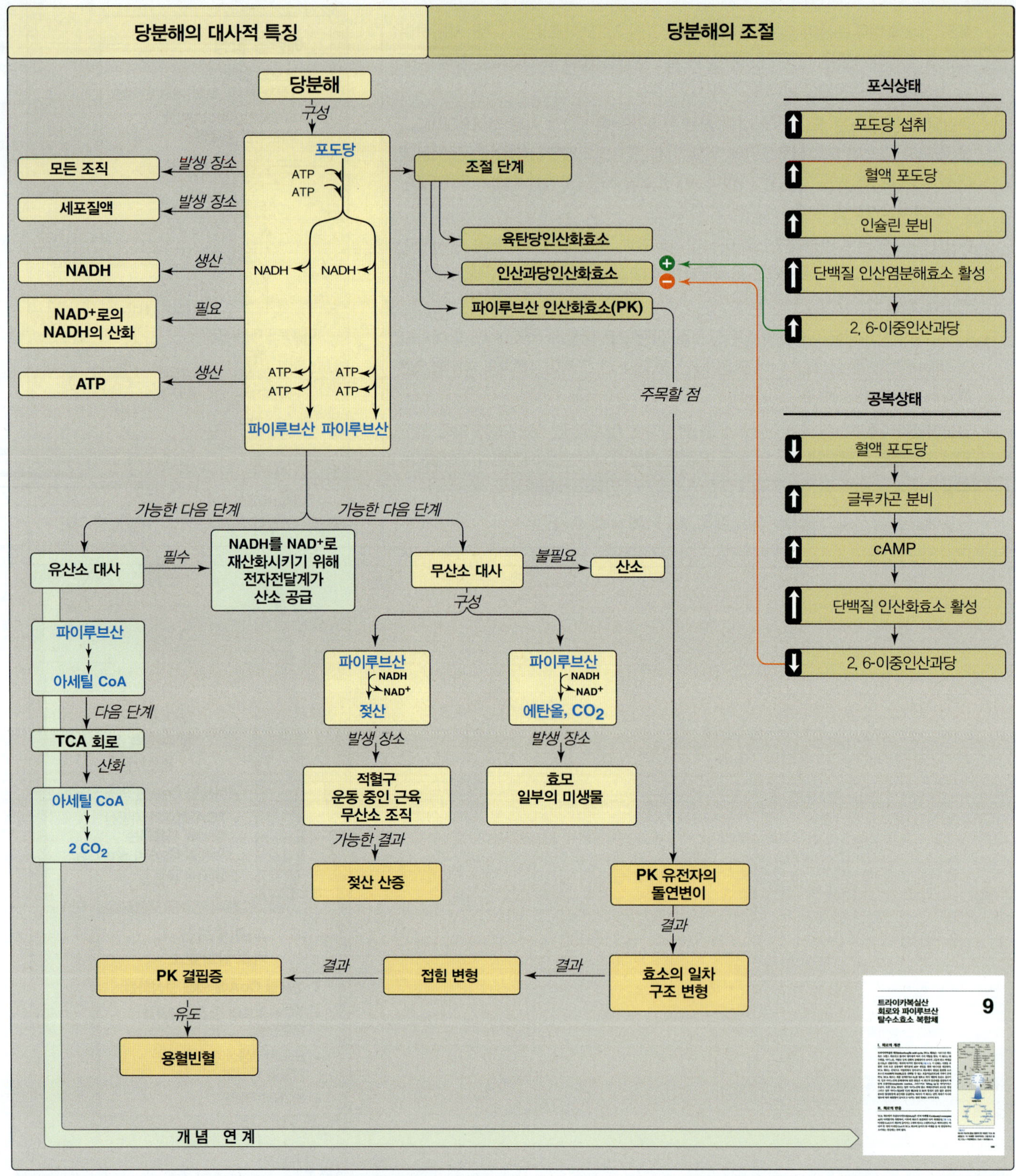

그림 8.25

당분해의 핵심 개념도. NAD(H) = 니코틴아마이드 아데닌 다이뉴클레오타이드; cAMP = 고리일인산아데노신; CoA = 보조효소 A; TCA = 트라이카복실산; CO_2 = 이산화탄소.

연습문제

가장 올바른 답을 하나만 고르시오.

8.1 아래 표에서 한 시간 전에 탄수화물이 풍부한 식사를 마친 사람의 간 효소의 활성도와 인산화 상태를 가장 잘 나타낸 것은 어느 것인가? (PFK-1 = 인산과당인산화효소-1; PFK-2 = 인산과당인산화효소-2; Ⓟ = 인산화; PK = 파이루브산 인산화효소)

보기	PFK-1		PFK-2		PK	
	활성	Ⓟ	활성	Ⓟ	활성	Ⓟ
A.	낮음	×	낮음	×	낮음	×
B.	높음	○	낮음	○	낮음	○
C.	높음	×	높음	×	높음	×
D.	높음	○	높음	○	높음	○

정답 = C. 식사 직후의 당분간은 혈당과 간의 포도당 섭취가 증가한다. 포도당은 6-인산포도당으로 인산화되어 당분해에 사용된다. 혈당의 상승에 반응하여 인슐린/글루카곤의 비가 증가한다. 결과적으로 PFK-2의 인산화효소 영역은 탈인산화되어 활성형이 된다. 2,6-이중인산과당은 그 생성물로서 다른자리조절을 하여 PFK-1을 활성화한다 (PFK-1은 공유결합 조절을 받지 않는다.) 활성형 PFK-1에 의해 생성된 1,6-이중인산과당은 파이루브산 인산화효소의 앞먹임 활성자이다. 간 파이루브산 인산화효소는 공유결합 조절을 받으며, 인슐린의 증가에 의해 탈인산화와 활성화되기 쉽다.

8.2 다음 중 합성대사 경로에만 맞는 것은 어느 것인가?

A. 비가역(비평형) 반응들이 조절된다.
B. 중간대사물을 재생성하면 회로라고 부른다.
C. 수렴적이어서 몇 개의 간단한 생성물을 생성한다.
D. 합성을 하며, 여기에 에너지가 필요하다.
E. 전형적으로 산화형 보조효소가 필요하다.

정답 = D. 합성대사 과정은 합성을 하며 에너지가 필요하다(자유에너지증가반응). A와 B는 합성대사와 분해대사에 둘 다 해당되고, C와 E는 분해대사 과정에만 해당된다.

8.3 휴식 상태의 근육에 비해 격렬하게 운동 중인 근육에 대한 서술로 맞는 것은 어느 것인가?

A. AMP/ATP 비의 감소
B. 2,6-이중인산과당 농도의 감소
C. $NADH/NAD^+$ 비의 감소
D. 산소 이용도의 증가
E. 파이루브산이 젖산으로 되는 환원의 증가

정답 = E. 격렬하게 수축하는 근육은 휴식 상태의 근육에 비해 파이루브산이 젖산으로 환원되는 것이 증가한다. NADH의 농도가 증가하여 전자전달사슬의 산화 능력을 초과하게 된다. 그 결과로 AMP의 양이 증가한다. 2,6-이중인산과당 농도는 뼈대근육에서 핵심적인 조절자가 아니다.

8.4 다음 조직에 있어서 포도당 수송은?

A. 뇌세포에서는 능동수송을 한다.
B. 창자 점막세포의 흡수에는 인슐린을 필요로 한다.
C. 간세포에서는 포도당 수송체가 관여한다.
D. 대부분의 세포는 단순확산을 통해 흡수된다.

정답 = C. 간, 뇌, 근육, 지방조직의 포도당 섭취는 농도기울기에 따라서 낮은 곳으로, 조직특이 포도당 수송체(GLUT)를 통해 촉진 확산이 일어난다. 지방조직과 근육의 포도당 섭취에는 인슐린이 필요하다. 농도기울기를 역행하는 이동에는 에너지가 필요하며, 창자 점막세포는 소듐 의존 포도당 수송체-1(SGLT-1)를 갖고 있다. 일부의 가스를 제외하고 세포로의 막 수송은 단순 확산을 통해 일어나지 않는다. 모든 포도당 수송은 GLUT 수송 단백질을 사용한다.

8.5 포도당에 대한 GK의 K_m이 10 mM이고 HK의 K_m이 0.1 mM일 때, 정상 혈당 농도인 5 mM에서 어느 동종효소가 V_{max}에 더 가깝게 도달하겠는가? (GK = 포도당인산화효소; HK = 육탄당인산화효소)

정답 = 육탄당인산화효소(HK). K_m은 1/2 V_{max}에 해당하는 기질 농도이다. 혈당 농도가 5mM일 때, HK(K_m = 0.1 mM)는 포화에 도달하겠지만 GK(K_m = 10 mM)는 그렇지 않다.

8.6 백일해 환자에서 $G\alpha_i$는 억제된다. 이것은 어떻게 cAMP 의 양을 상승시키는가?

$G\alpha_i$ 형태의 리간드 G 단백질은 아데닐기 고리화효소를 억제한다. $G\alpha_i$가 독소에 의해 억제되면 cAMP 생성하는 아데닐기 고리화효소가 부적절하게 활성화된다.

트라이카복실산 회로와 파이루브산 탈수소효소 복합체

9

I. 회로의 개관

트라이카복실산 회로(tricarboxylic acid cycle; TCA 회로)는 시트르산 회로 혹은 크렙스 회로라고 불리며 대사에서 여러 가지 역할을 한다. 이 회로는 탄수화물, 아미노산, 지방산 등의 산화적 분해대사가 모여서 그들의 탄소 뼈대들을 CO_2로 전환시키는 대사의 마지막 경로이다(그림 9.1). 이 산화는 사람을 포함한 거의 모든 동물에서 대부분의 ATP 생성을 위한 에너지를 제공한다. TCA 회로는 전적으로 사립체에서 일어나므로 회로에서 생성된 환원형 보조효소인 NADH와 $FADH_2$들을 산화할 수 있는 호흡사슬(ETC)에 가까이 존재한다. TCA 회로는 최종 전자 받개로 O_2를 필요로 하기 때문에 유산소 경로이다. 일부 아미노산의 분해대사와 같은 반응은 이 회로의 중간대사물을 생성하기 때문에 보충반응(anaplerotic reaction, 그리스어로 "filling up"을 의미)이라고 부른다. 또한 TCA 회로는 일부 아미노산의 탄소 뼈대로부터의 포도당 생성 그리고 일부 아미노산(20장 V)과 헴(21장 II B)의 합성과 같은 많은 종류의 중요한 합성반응에 중간대사물을 공급한다. 따라서 이 회로는 닫힌 체계가 아니라 필요에 따라 화합물이 들어오고 나가는 열린 체계로 보아야 한다.

II. 회로의 반응

TCA 회로에서 옥살로아세트산(OAA)은 먼저 **아세틸 CoA(acetyl coenzyme A)**의 아세틸기와 축합하며, 이후에 회로가 완결되면 다시 재생된다(그림 9.1). 아세틸 CoA로서 회로에 들어가는 2개의 탄소는 2개의 CO_2로 빠져나간다. 따라서 한 개의 아세틸 CoA가 TCA 회로에 들어가 한 바퀴를 돌 때 생성되거나 소비되는 중간대사물은 전혀 없다.

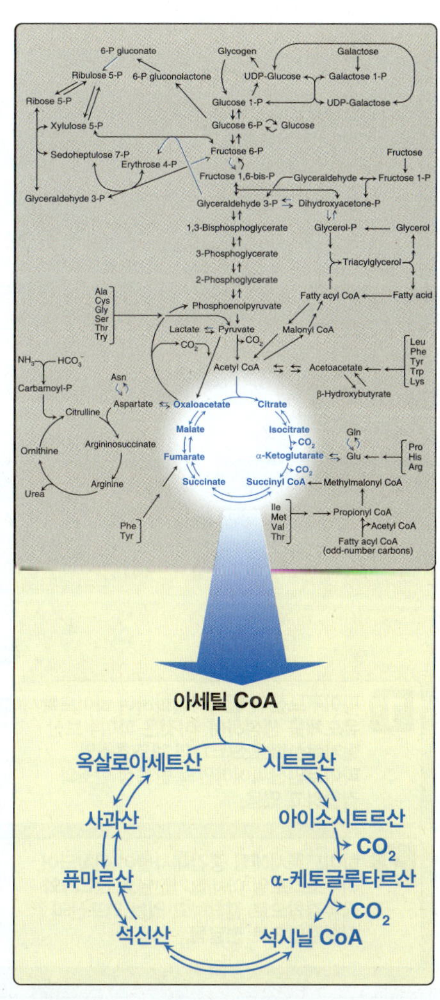

그림 9.1
에너지 대사의 중심 경로의 한 부분인 TCA 회로[참고: 더 자세한 대사지도는 그림 8.2 참조]. CO_2 = 이산화탄소; CoA = 보조효소 A.

A. 아세틸 CoA 생성

TCA 회로에 대한 아세틸 CoA의 주요 공급원은 다효소 복합체인 **파이루브산 탈수소효소 복합체(pyruvate dehydrogenase complex**, PDH complex 또는 PDHC)에 의한 **파이루브산(pyruvate)**의 산화탈카복실화이다. 하지만 PDHC는 TCA 회로의 구성요소는 아니다. 파이루브산은 유산소 당분해의 최종생성물로서 세포질액으로부터 사립체 내막에 위치하는 파이루브산 사립체 수송체에 의해 사립체 바탕질로 수송되어야만 한다. 바탕질에서 PDHC는 파이루브산을 아세틸 CoA로 전환한다. [참고: 지방산 산화는 아세틸 CoA의 또 다른 공급원이다(16장 IV 참조).]

1. **PDHC 구성 효소:** PDH 복합체는 파이루브산 탈카복실화효소([E1] 또는 PDH), 이수소리포일 아세틸기전달효소(E2), 이수소리포일 탈수소효소(E3) 등 3개의 효소로 구성된 다분자 단백질 응집체이다. 각각의 구성 효소는 전체 반응의 한 부분으로서 촉매작용을 한다(그림 9.2). 이 효소들의 물리적 회합에 의해 중간대사물이 유출되지 않고 고유의 연속적인 반응이 연결된다. PDHC는 파이루브산을 아세틸 CoA로 전환하는 반응에 참여하는 효소와 더불어 2개의 조절효소인 **파이루브산 탈수소효소 인산화효소(pyruvate dehydrogenase kinase, PDH kinase)**와 **파이루브산 탈수소효소 인산염분해효소(pyruvate dehydrogenase phosphatase, PDH phosphatase)**를 갖고 있다.

2. **보조효소:** PDH 복합체는 그림 9.2에 나타낸 반응들처럼 중간대사물의 운반체나 산화제로 작용하는 5개의 보조효소를 함유한다. E1은 파이로인산싸이아민(TPP)을, E2는 리포산과 CoA를, E3는 **FAD**와

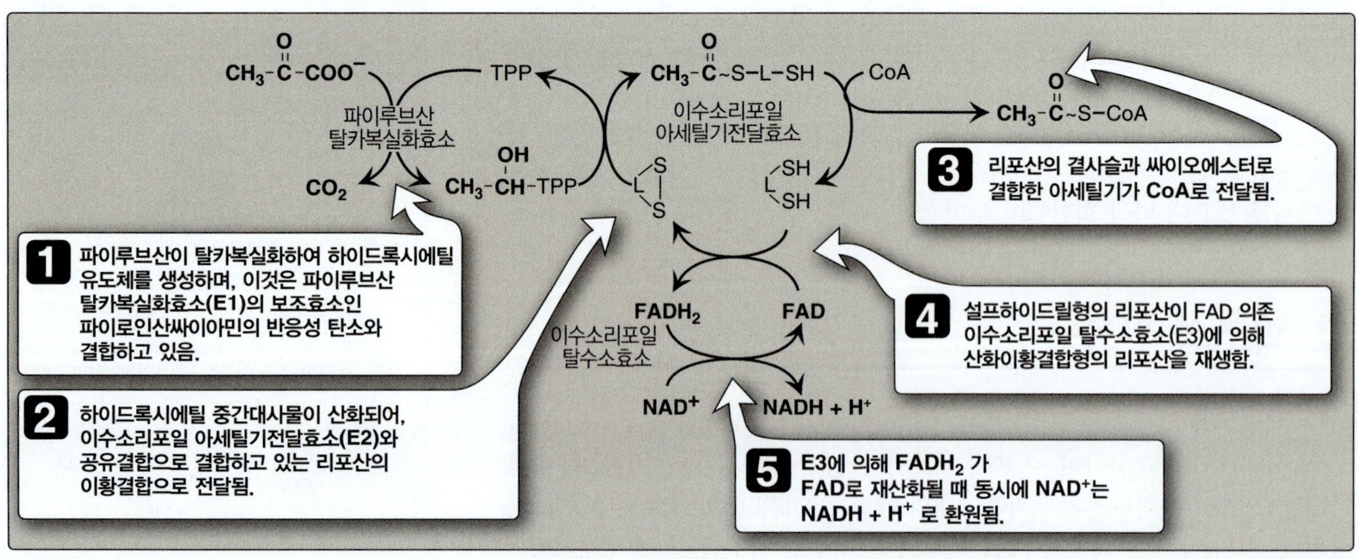

그림 9.2
파이루브산 탈수소효소 복합체의 효소 작용기전. [참고: 리포산을 제외한 모든 보조효소는 비타민으로부터 유래된다. TPP는 싸이아민, FAD는 리보플라빈, NAD는 나이아신, CoA는 판토텐산에서 유래한 것이다.] CO_2 = 이산화탄소; TPP = 파이로인산싸이아민; L = 리포산. CoA = 보조효소 A; FAD(H_2) = 플라빈 아데닌 다이뉴클레오타이드; NAD(H) = 니코틴아마이드 아데닌 다이뉴클레오타이드; ~ = 고에너지 결합.

NAD^+를 필요로 한다. [참고: TPP, 리포산, FAD는 효소에 단단하게 결합하여 보조효소-보결단으로 작용한다(60쪽 참조).]

싸이아민이나 나이아신이 결핍되면 PDHC가 불활성화되어 뇌세포가 TCA 회로를 통하여 충분한 ATP를 생산할 수 없기 때문에 중추신경계통에 심각한 문제를 일으킬 수 있다. 베르니케-코르사코프 증후군은 싸이아민 결핍에 의한 일종의 뇌병증-정신병 증후군으로서 알코올 중독자에서 볼 수 있다.

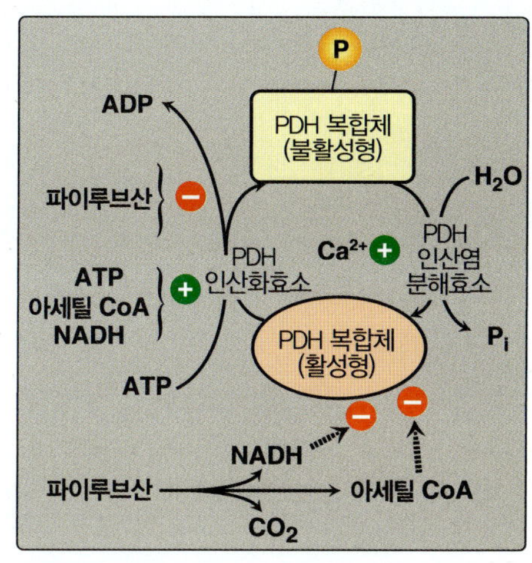

그림 9.3
PDH 복합체의 조절. P = 인산염 (⋯⋯> 생성물 억제를 표시함.)

3. **조절:** PDHC의 2개의 조절효소가 공유결합 변형을 통해 E1을 번갈아 활성화하고 불활성화한다. PDH 인산화효소는 E1을 인산화하여 불활성화하는 반면에 PDH 인산염분해효소는 E1을 탈인산화하여 활성화한다(그림 9.3). 인산화효소 자체는 ATP, 아세틸 CoA, NADH 등의 다른자리조절에 의해 활성화된다. 따라서 이 고에너지 산물들이 존재할 때 PDHC의 활성은 상실된다. [참고: 실제로 효소활성에 영향을 주는 것은 ATP/ADP 비, $NADH/NAD^+$ 비 또는 아세틸 CoA/CoA 비의 상승이다.]

   파이루브산은 강력한 PDH 인산화효소 억압자이다. 그러므로 파이루브산의 농도가 높은 경우 E1은 최대로 활성화된다. 칼슘은 PDH 인산염분해효소의 강력한 활성자로서 E1 효소활성을 자극한다. 이것은 특히 뼈대근육에서 중요한데, 근육이 수축하는 동안 유리되는 Ca^{2+}은 PDHC를 자극하여 에너지 생성을 촉진한다. [참고: 인산화효소와 인산염분해효소에 의한 공유결합 조절이 핵심이지만, PDHC도 또한 생성물(NADH, 아세틸 CoA)에 의한 억제 대상이다.]

4. **결핍증:** PDHC의 사합체 E1 성분의 α 소단위가 결핍되는 경우는 드물긴 해도 선천성 젖산 산증의 가장 흔한 생화학적 원인이다. 이 효소의 결핍은 파이루브산을 아세틸 CoA로 전환하는 능력을 감소시키고 파이루브산을 젖산 탈수소효소에 의해 우회적으로 젖산으로 전환한다(118쪽 참조). 이것은 대부분의 에너지를 TCA 회로에 의존하고 산증에 매우 민감한 뇌에 특히 문제가 된다. 증상은 다양하며, 신경변성, 근육 경직, 그리고 신생아 발병형에서는 조기사망 등을 포함한다. α 소단위의 유전자는 X 염색체에 위치해 있다. 돌연변이가 있는 X 염색체 하나만 유전되면 질병이 발생한다; 유전 패턴은 X-연관 우성이며 남성과 여성 모두 영향을 받는다. PDH 복합체의 결핍에 대한 증명된 치료법은 없지만 탄수화물 제한식사를 하고 싸이아민을 보충하면 일부의 환자에서 증상이 경감된다.

리 증후군(Leigh syndrome, 아급성 괴사성 뇌척수병증)은 PDHC, ETC 또는 ATP 합성 효소의 단백질을 부호화하는 유전자들의 돌연변이의 결과로 사립체에서의 ATP 생산 결함으로 인해 발생하는 진행성 신경퇴화병 장애이다. 핵 및 사립체 DNA에 모두 발생할 수 있다.

5. **비소 중독:** 이미 기술한 바와 같이(116쪽 참조), 5가 비소(arsenate, 비산염)는 당분해의 3-인산글리세르알데하이드 단계를 억제하여 ATP 생성을 감소시킨다. 그러나 **비소 중독(arsenic poisoning)**은 일차적으로 보조효소로 리포산을 사용하는 PDH, α-케토글루타르산 탈수소효소(아래 E 참조), 가지사슬 α-케톤산 탈수소효소(20장 III 참조) 등의 효소 복합체를 억제하는 것이다. 아비산염(arsenite, 비소의 3가형)은 리포산의 싸이올기(−SH)기와 안정적인 복합체를 형성하여 화합물을 보조효소로서 작용할 수 없게 만든다. 아비산염이 PDHC의 리포산에 결합하면 파이루브산(결과적으로 젖산)이 축적된다. PDHC 결핍의 경우처럼 이것은 특히 뇌에 영향을 주어 신경계 장애 또는 사망을 초래한다.

B. 시트르산의 합성

OAA가 아세틸 CoA와 비가역적으로 축합하여 시트르산(일종의 TCA)이 합성되는 반응은 TCA 회로를 개시하는 시트르산 생성효소가 촉진한다(그림 9.4). 이 알돌 축합반응은 높은 음의 값의 표준자유에너지([ΔG°]) 변화량을 가지고 있어 시트르산 합성에 매우 우호적이다. 이 효소는 시트르산에 의해 억제된다(생성물 억제). 기질 이용도는 이 효소를 조절하는 또 다른 수단이다. OAA가 결합하면 아세틸 CoA에 대한 효소의 친화도가 급격히 증가한다. [참고: 시트르산은 TCA 회로의 중간대사물일 뿐만 아니라 세포질액에서 지방산과 콜레스테롤 합성에 필요한 아세틸 CoA의 공급원이기도 하다. 시트르산은 또한 당분해의 속도제한 효소인 인산과당인산화효소-1(PFK-1)을 억제하고, 지방산 합성의 속도제한 효소인 아세틸 CoA 카복실화효소(16장 III 참조)를 활성화한다.]

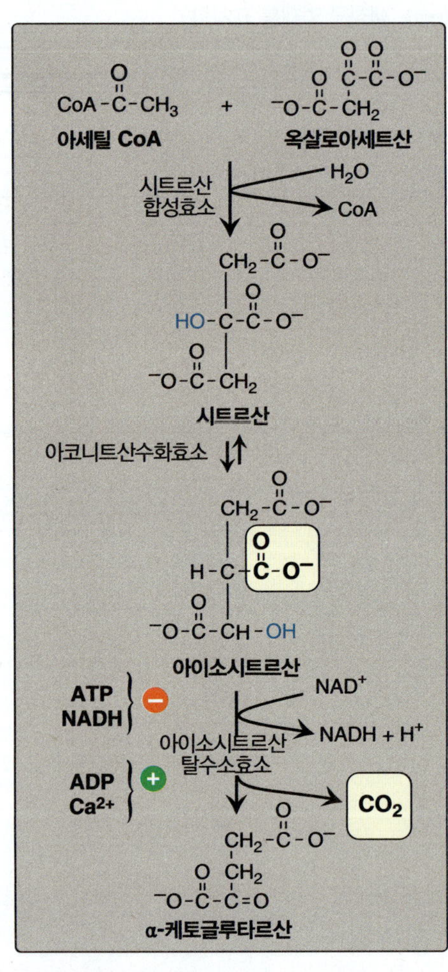

그림 9.4
아세틸 CoA와 옥살로아세트산으로부터 α-케토글루타르산의 생성. NAD(H) = 니코틴아마이드 아데닌 다이뉴클레오타이드; CO_2 = 이산화탄소.

C. 시트르산의 이성질체화

시트르산(citrate)은 철-황 단백질인 **아코니트산효소(aconitase**, 아코니트산 수화효소로도 부름, 그림 9.4)에 의해 수산기 이동이 촉진되어 **아이소시트르산(isocitrate)**으로 이성질체화된다. [참고: 아코니트산효소는 살충제로 사용되는 식물성 독소인 플루오로아세트산염에 의해 억제된다. 플루오로아세트산염은 플루오로아세틸 CoA로 전환되어 OAA와 축합함으로써 플루오로시트르산염을 생성하는데, 이것이 아코니트산효소의 강력한 억압자가 된다.]

D. 아이소시트르산의 산화탈카복실화

아이소시트르산 탈수소효소(isocitrate dehydrogenase)는 아이소시트르산의 비가역적 산화탈카복실화를 촉진하여 **α-케토글루타르산(α-ketoglutarate)**으로 바꾸는데 TCA 회로에서 만들어지는 3 분자의 NADH 중 첫 번째를 생성하고 1 분자의 CO_2를 방출한다(그림 9.4). 이것은 TCA 회로의 속도제한 단계의 하나이다. 이 효소는 다른자리조절 기전으로 ADP(저에너지 신호)와 Ca^{2+}에 의해 활성화되고, 세포가 에너지를 충분히 저장했을 때 농도가 증가하는 ATP와 NADH에 의해 억제된다.

E. α-케토글루타르산의 산화탈카복실화

α-케토글루타르산(α-ketoglutarate)이 **석시닐 CoA(succinyl CoA)**로 전환되는 비가역적 반응은 3개의 효소로 구성된 다분자 응집체인 α-케토글루타르산 탈수소효소 복합체에 의해 촉진된다(그림 9.5). 이 산화탈카복실화의 기전은 파이루브산이 PDHC에 의해 아세틸 CoA로 전환하는 반응의 경우와 매우 유사하다. 이 반응은 회로에서 두 번째의 CO_2를 방출하고, 두 번째의 NADH를 생성한다. 여기에 필요한 보조효소는 파이로인산 싸이아민, 리포산, FAD, NAD^+, CoA이다. 일련의 촉매기전은 PDHC에서 기술된 내용과 거의 동일하다. 반응의 큰 음의 값인 $\Delta G°$는 아세틸 CoA의 경우와 유사하게 고에너지 싸이오에스터(thioester)인 석시닐 CoA를 생성하는 데 용이하다. α-케토글루타르산 탈수소효소 복합체는 생성물인 NADH와 석시닐 CoA에 의해 억제되며, Ca^{2+}에 의해 활성화된다. 그러나 이 효소는 PDHC와는 다르게 인산화/탈인산 반응에 의해 조절되지 않는다. [참고: α-케토글루타르산은 아미노산인 글루탐산의 산화성 아미노기 제거반응 또는 아미노기 전달반응에 의해서도 생성된다.]

F. 석시닐 CoA의 절단

석신산 싸이오인산화효소(succinate thiokinase, 역반응을 의미하여 석시닐 CoA 합성효소라고도 함)는 석시닐 CoA의 고에너지 싸이오에스터 결합을 절단한다(그림 9.5 참조). 이 반응은 이인산구아노신(GDP)이 인산화되어 삼인산구아노신(GTP)을 합성하는 반응과 짝지어 있다. GTP와 ATP는 이인산뉴클레오사이드 인산화효소 반응에 의해 에너지 측면에서 상호 전환이 가능하다.

$$\text{GTP} + \text{ADP} \rightleftarrows \text{GDP} + \text{ATP}$$

석신산 싸이오인산화효소에 의한 GTP의 생성은 **기질수준(substrate-level)** 인산화의 다른 예가 된다(116쪽 참조). [참고: 또한 석시닐 CoA는 홀수의 탄소 원자를 가진 지방산 대사에서 유래한 프로피온일 CoA로부터 또는 몇 종류의 아미노산 대사로부터도 생성된다. 석시닐 CoA는 포도당 신생합성을 위해 파이루브산으로 전환될 수 있으며(10장 참조) 헴 합성에 사용될 수 있다(21장 참조).]

G. 석신산의 산화

석신산 탈수소효소에 의해 석신산이 **퓨마르산(fumarate)**으로 산화되며, 이때 보조효소인 FAD가 $FADH_2$로 환원된다(그림 9.5 참조). 석신산 탈수소효소는 TCA 회로의 효소 중 유일하게 사립체 내막에 자리잡고 있다. 따라서 이것은 ETC의 복합체 II처럼 작용한다(86쪽). [참고: NAD^+가 아닌 FAD가 전자 받개인 이유는 석신산의 환원력이 NAD^+를 환원시키기에 충분하지 않기 때문이다.]

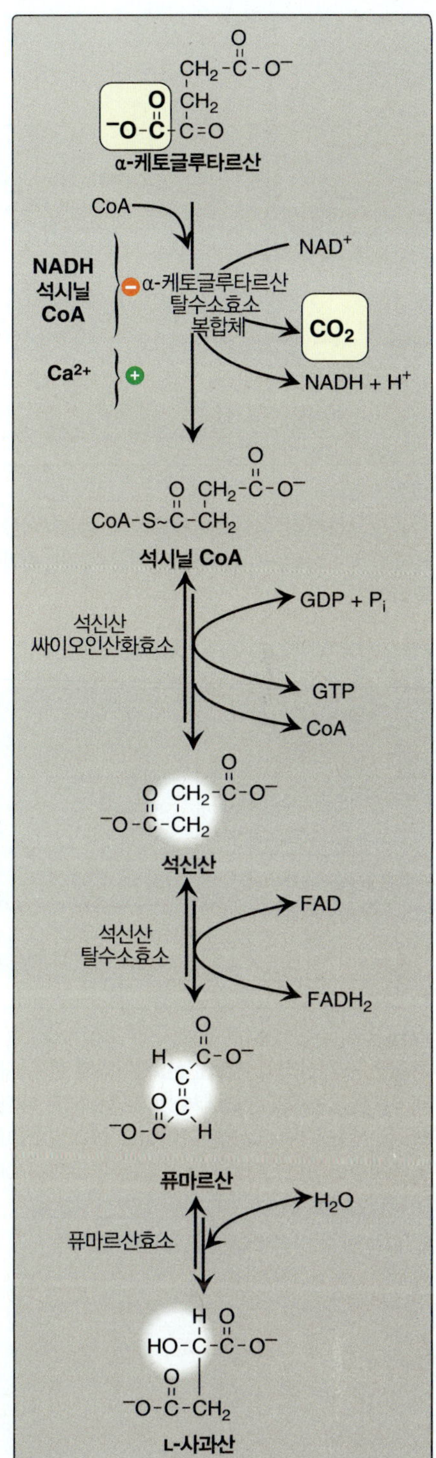

그림 9.5
α-케토글루타르산에서 사과산의 생성.
FAD(H_2) = 플라빈 아데닌 다이뉴클레오타이드; NAD(H) = 니코틴아마이드 아데닌 다이뉴클레오타이드; GDP = 이인산구아노신; GTP = 삼인산구아노신; ~ = 고에너지 결합; CoA = 보조효소 A

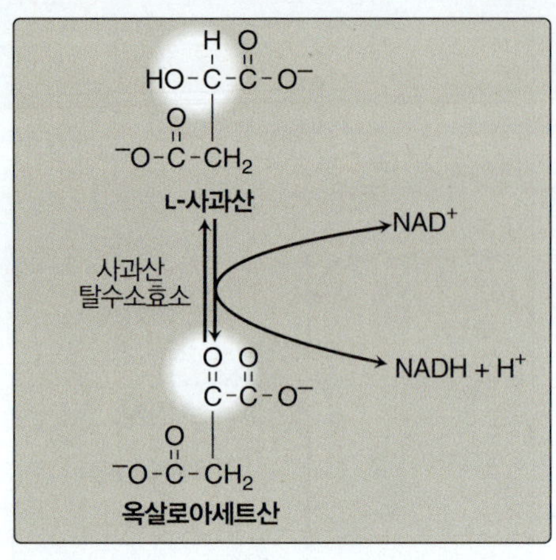

그림 9.6
사과산으로부터 옥살로아세트산의 생성(재생). NAD(H) = 니코틴아마이드 아데닌 다이뉴클레오타이드.

에너지생성 반응	생성된 ATP의 양
3 NADH ⟶ 3 NAD^+	9
$FADH_2$ ⟶ FAD	2
GDP + P_i ⟶ GTP	1
	12 ATP/산화형 아세틸 CoA

그림 9.7
기질수준 인산화와 산화인산화에 의해 한 분자의 아세틸 CoA의 산화에서 생성되는 ATP 분자의 수. NAD(H) = 니코틴아마이드 아데닌 다이뉴클레오타이드; FAD(H_2) = 플라빈 아데닌 다이뉴클레오타이드; GDP = 이인산구아노신; GTP = 삼인산구아노신; P_i = 무기인산염.

H. 퓨마르산의 수화(hydration)

퓨마르산은 **퓨마르산효소(fumarase**, 퓨마르산 수화효소라고도 함, 그림 9.5)에 의해 촉진되는 가역반응을 통하여 **사과산(malate)**으로 전환된다. [참고: 퓨마르산은 또한 요소 회로, 퓨린 합성(그림 22.7 참조), 그리고 아미노산인 페닐알라닌과 타이로신의 분해대사에서도 생성된다.]

I. 사과산(malate)의 산화

사과산은 사과산 탈수소효소에 의해 OAA로 산화된다(그림 9.6). 이 반응은 TCA 회로에서 세 번째이며 마지막 **NADH**를 생성한다. 이 반응의 ΔG°는 양의 값이지만 높은 자유에너지감소반응인 시트르산 생성효소 반응에 의해 OAA가 생성되는 방향으로 반응이 진행된다. [참고: OAA는 또한 아미노산인 아스파트산의 아미노기전달반응에 의해서도 생성된다.]

III. 회로에 의한 에너지 생성

TCA 회로가 한 바퀴 돌 때 4쌍의 전자가 전달되는데, 3쌍의 전자는 NAD^+를 NADH로 환원시킬 때, 그리고 1쌍의 전자는 FAD를 $FADH_2$로 환원시킬 때 사용된다. ETC에 의해 한 분자의 NADH가 산화되면 3 분자의 ATP를 생성하는 반면에 $FADH_2$의 경우에는 2 분자의 ATP를 생성한다. 하나의 아세틸 CoA가 산화되면서 생성되는 ATP의 총량은 그림 9.7에서 보여주고 있다. 그림 9.8은 TCA 회로의 반응들을 요약하고 있다. [참고: 이 회로는 총합에 있어서 중간대사물을 생성하거나 소비하는데 관여하지 않는다. 아세틸 CoA로서 들어가는 두 개의 탄소는 나가는 두 개의 CO_2와 균형을 이룬다.]

IV. 회로의 조절

주로 PFK-1에 의해 조절되는 당분해와 달리 TCA 회로는 여러 효소의 활성을 조절함으로써 제어된다(그림 9.8 참조). 가장 중요하게 조절받는 효소들은 ΔG°가 큰 음수를 갖는 반응을 촉진하는 효소들인데, 시트르산 생성효소, 아이소시트르산 탈수소효소, α-케토글루타르산 탈수소효소 복합체가 여기에 해당된다. 산화인산화에 필요한 환원당량은 PDHC와 TCA 회로에서 생성되며, 두 과정 모두 ATP/ADP 비의 감소에 반응하여 상향 조절된다.

V. 요약

- 시트르산 회로 혹은 **크렙스 회로**라고도 하는 **TCA 회로**에서 **파이루브산**은 PDHC에 의해 산화탈카복실화되어 **아세틸 CoA**를 생성한다(그림 9.9).
- 다효소 복합체 PDHC는 5종류의 보조효소: **파이로인산싸이아민, 리포산, FAD, NAD$^+$, CoA**를 필요로 한다.
- PDHC는 **PDH 인산화효소**와 **PDH 인산염분해효소**에 의한 **E1**의 공유결합 변형에 의해 조절된다: 인산화는 E1을 억제한다.
- PDH 인산화효소는 ATP, 아세틸 CoA, NADH 등의 다른자리조절에 의해 활성화되고 파이루브산에 의해 억제된다. 인산염분해효소는 Ca^{2+}에 의해 활성화된다.
- **PDHC 결핍**은 **선천성 젖산산증**의 가장 흔한 생화학적 원인이다. 뇌는 특히 이 **X 염색체 우성** 질환에 취약하다.
- **비소 중독**은 리포산과 결합하여 PDHC를 불활성형으로 만든다. TCA 회로에서 **시트르산**은 **시트르산 생성효소**에 의해 **OAA**와 **아세틸 CoA**로부터 합성되는데 이 반응은 생성물에 의해 억제된다.
- **시트르산**은 **아코니트산효소(아코니트산 수화효소)**에 의해 **아이소시트르산**으로 이성질체화된다. 아이소시트르산은 **아이소시트르산 탈수소효소**에 의해 산화탈카복실화가 되어 α-**케토글루타르산**으로 전환되면서 CO_2와 **NADH**를 생성한다. 이 효소는 ATP와 NADH에 의해 억제되고 ADP와 Ca^{2+}에 의해 활성화된다.
- α-**케토글루타르산**은 α-**케토글루타르산 탈수소효소 복합체**에 의해 산화탈카복실화가 일어나 **석시닐 CoA**로 전환되면서 역시 CO_2와 NADH를 생성한다. 이 효소는 PDHC와 아주 비슷하여 같은 보조효소들을 사용한다.
- α-케토글루타르산 탈수소효소 복합체는 Ca^{2+}에 의해 활성화되고 NADH와 석시닐 CoA에 의해 억제되지만 공유결합 조절은 받지 않는다. 석시닐 CoA는 **석신산 싸이오인산화효소**에 의해 절단되어 **석신산**과 **GTP**를 생성한다. 이는 **기질수준 인산화**의 한 예가 된다.
- 석신산은 **석신산 탈수소효소**에 의해 **퓨마르산**으로 산화되면서 **$FADH_2$**를 생성한다. 퓨마르산은 **퓨마르산효소(퓨마르산 수화효소)**에 의해 **사과산**으로 수화되고, 사과산은 **사과산 탈수소효소**에 의해 OAA로 산화되면서 **NADH**를 생성한다.
- TCA 회로가 한 바퀴 돌 때 **3개의 NADH**와 **1개의 $FADH_2$**가 생성된다.
- PDHC를 통한 파이루브산 산화에 의한 아세틸 CoA의 생성 또한 1개의 NADH를 생성한다. ETC에 의한 NADH와 $FADH_2$의 산화는 14 ATP를 생성한다. TCA 회로에서 기질 수준 인산화에 의해 생성된 GTP의 말단 인산염은 이인산뉴클레오사이드 인산화효소에 의해 ADP로 옮겨져 또 다른 ATP를 생성할 수 있다.
- 따라서 파이루브산이 사립체에서 CO_2로 완전히 산화되면 총 15개의 ATP가 생성된다.

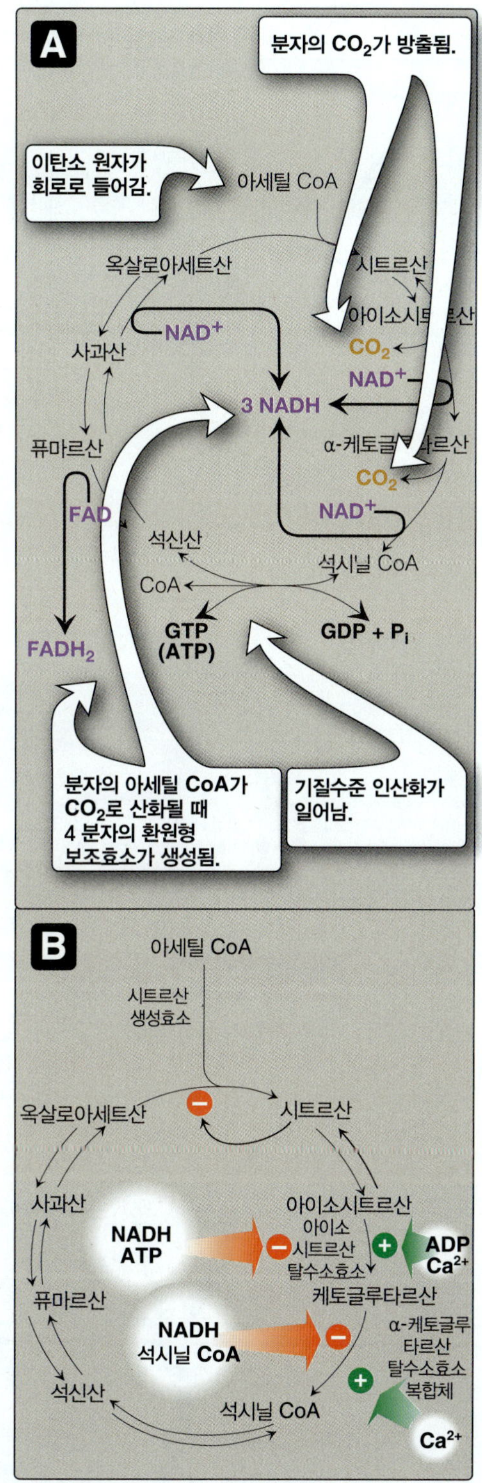

그림 9.8
A. TCA 회로에서 생성되는 환원형 보조효소, ATP와 이산화탄소(CO_2). [참고: 삼인산구아노신(GTP)과 ATP는 이인산뉴클레오사이드 인산화효소에 의해 상호전환된다.] **B.** TCA 회로의 억압자 및 활성자.

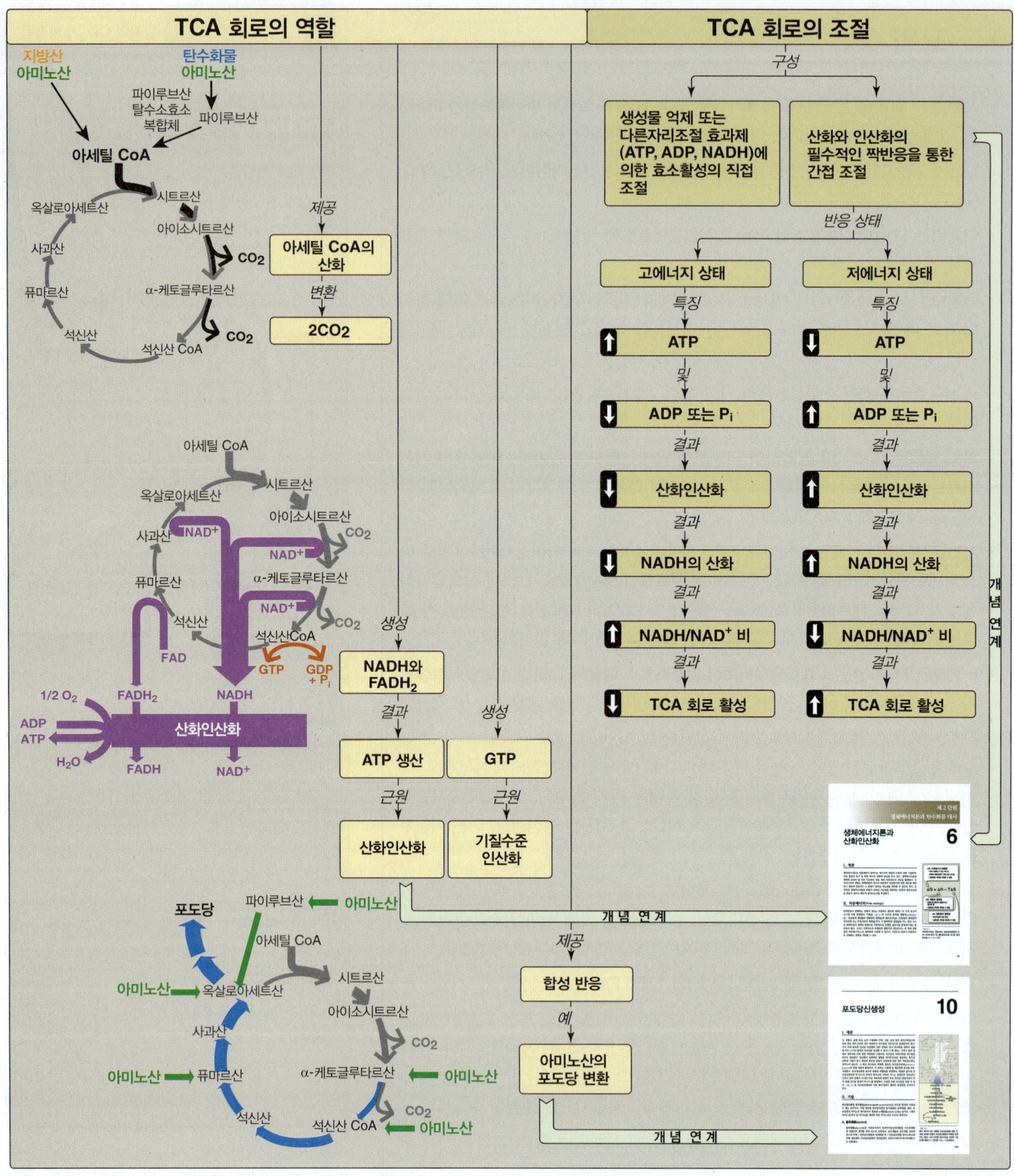

그림 9.9

TCA 회로의 핵심 개념도. PDHC = 파이루브산 탈수소효소 복합체; CoA = 보조효소 A; CO_2 = 이산화탄소; NAD(H) = 니코틴아마이드 아데닌 다이뉴클레오타이드; FAD(H_2) = 플라빈 아데닌 다이뉴클레오타이드; GDP = 이인산구아노신; GTP = 삼인산아데노신; ADP = 이인산아데노신; P_i = 무기인산염.

연습문제

가장 올바른 답을 하나만 고르시오.

9.1 파이루브산이 아세틸 CoA와 CO_2로 전환되는 반응은:

A. 리포산이 참여한다.

B. 파이루브산 탈수소효소 복합체(PDHC)의 파이루브산 탈카복실화효소가 ATP의 존재하에서 PDH 인산화효소에 의해 인산화될 때 이 반응이 활성화된다.

C. 가역적이다.

D. 세포질액에서 일어난다.

E. 보조효소 바이오틴을 필요로 한다.

정답 = A. 리포산은 반응에서 생성된 아세틸기의 중간대사물 받개이다. [참고: E2의 라이신 잔기에 연결된 리포산은 E1 및 E3과의 상호작용을 허용하는 "swinging arm"으로 기능한다.] PDHC는 탈탄산효소 성분(E1)이 인산화될 때 억제되는 비가역적 반응을 촉진한다. PDHC는 사립체 바탕질에 있다. 바이오틴은 탈탄산효소가 아닌 카복실화효소에서 사용된다.

9.2 다음 조건 중의 어느 것이 TCA 회로에서 아세틸 CoA의 산화를 감소시키는가?

A. 높은 칼슘 이용도

B. 높은 아세틸 CoA/CoA 비

C. 낮은 ATP/ADP 비

D. 낮은 NAD^+/ NADH 비

정답 = D. 낮은 NAD^+/NADH 비는 NAD^+ 필요 탈수소효소의 반응속도를 억제한다. 칼슘과 기질의 높은 이용도, 낮은 ATP/ADP 비(또는 GTP/GDP 비)는 회로를 자극한다.

9.3 다음은 시트르산 회로의 3 단계 반응의 합이다.

$$A + B + FAD + H_2O \rightarrow C + FADH_2 + NADH$$

위의 반응식에서 A, B, C에 해당하는 조합의 정답을 고르시오.

반응물 A	반응물 B	반응물 C
A. 석시닐 CoA	GDP	석신산
B. 석신산	NAD^+	옥살로아세트산
C. 퓨마르산	NAD^+	옥살로아세트산
D. 석신산	NAD^+	사과산
E. 퓨마르산	GTP	사과산

정답 = B. 석신산 + NAD^+ + FAD + H_2O → 옥살로아세트산 + NADH + $FADH_2$

9.4 1개월 된 남자 아기가 신경학적 장애와 젖산 산증을 보였다. 피부 섬유모세포의 배양 검사에서 파이루브산 탈수소효소복합체(PDHC)의 활성은 파이로인산싸이아민(TPP)의 농도가 낮을 때 정상 활성의 5%를 보여준 반면에 TPP 농도를 1,000배 이상으로 높였을 때 정상 활성의 80%를 보여주었다. 이 환자에 대한 다음 기술 중에서 가장 옳은 것은?

A. 싸이아민의 투여가 혈청 젖산 농도를 감소시켜 환자의 임상 증상을 개선시킬 것으로 예상한다.

B. 고탄수화물 식사가 환자에게 도움이 될 것으로 예상한다.

C. 무산소 당분해에서 시트르산 생성이 증가할 것으로 예상한다.

D. PDH 복합체의 조절효소인 PDH 인산화효소가 활성화될 것으로 예상한다.

정답 = A. 이 환자는 싸이아민에 반응하는 PDHC 결핍증으로 보인다. PDHC의 E1 성분은 TPP가 낮은 농도에서 결합하기 어렵지만 높은 농도에서는 상당한 활성을 보여주었다. 보조효소에 대한 효소의 K_m에 영향을 주는 이 돌연변이는 PDHC 결핍의 모든 경우가 아닌 일부의 환자에게 존재한다. PDHC가 탄수화물 대사에서 통합적인 부분을 차지하고 있으므로 탄수화물이 적은 식사는 효소 결핍의 영향을 둔화시킬 것으로 예상할 수 있다. 무산소 당분해에서 PDHC의 기질인 파이루브산을 생성한다. 이 복합체의 활성이 감소하면 시트르산 생성효소의 기질인 아세틸 CoA의 생성이 감소한다. PDH 인산화효소는 파이루브산에 의해 다른자리조절 형태로 억제되기 때문에 그것은 불활성이다.

9.5 당분해와 TCA 회로 양쪽의 탈수소효소에 의해 사용되는 <u>보조효소</u>-보조기질은 어느 것인가?

산화형 NAD^+는 당분해의 3-인산글리세르알데하이드 탈수소효소, TCA 회로의 아이소시트르산 탈수소효소, α-케토글루타르산 탈수소효소, 사과산 탈수소효소에 의해 사용된다. [참고: PDHC의 E3는 산화된 FAD 및 NAD^+가 필요하다.]

포도당신생성 (gluconeogenesis)

10

I. 개관

뇌, 적혈구, 콩팥 속질, 눈의 수정체와 각막, 고환, 운동 중인 뼈대근육 등과 같은 여러 조직은 대사 연료로서 포도당을 지속적으로 공급받아야 한다. 식사 후에 중요한 포도당 공급원인 간의 당원은 음식 탄수화물 섭취가 없을 때 겨우 24시간 동안만 포도당을 공급할 수 있다(145쪽 참조). 그러나 공복 상태가 계속되면 간의 당원 저장량은 고갈되며, 포도당은 비탄수화물 전구체로부터 생성된다. 당분해의 전체적인 평형은 파이루브산을 생성하는 쪽으로 심하게 기울어 있기 때문에 포도당 생성이 간단하게 당분해의 역반응으로는 일어나지 않는다. 그 대신 포도당은 특별한 경로인 포도당신생성(gluconeogenesis)에 의해 새롭게 합성되며, 이 경로는 사립체 및 세포질액 효소를 모두 사용한다. 포도당신생성 효소의 결핍은 저혈당을 유발한다. 하룻밤 굶으면 포도당신생성의 약 90%가 간에서 일어나며, 나머지 10%는 콩팥에서 일어난다. 그러나 공복 상태가 48시간 이상 지속되면 콩팥이 주요 포도당 생성기관이 되어 전체 포도당 생성의 약 40%를 담당한다. 소장은 또한 포도당을 만들 수 있다. 그림 10.1은 포도당신생성과 다른 에너지대사 경로의 관련성을 보여주고 있다.

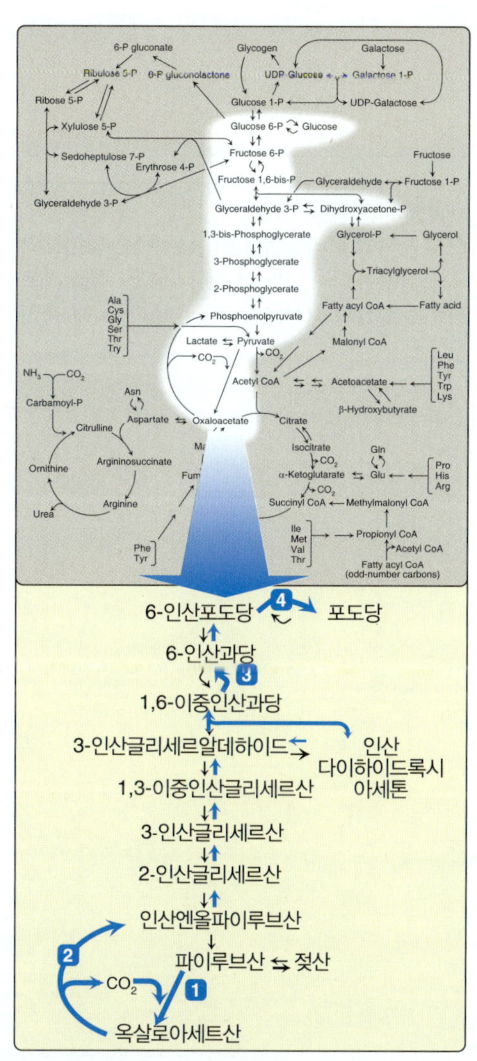

그림 10.1
필수 에너지 대사 경로인 포도당신생성 경로. 번호로 표시한 반응이 포도당신생성의 독특한 부분이다. [참고: 보다 자세한 대사지도는 105쪽 그림 8.2를 참조] P = 인산염; CO_2 = 이산화탄소.

II. 기질

포도당신생성 전구체(gluconeogenic precursors)는 포도당 합성에 사용될 수 있는 분자이다. 가장 중요한 포도당신생성 전구체는 글리세롤, 젖산, 포도당생성 아미노산 대사로부터 생성된 **α-케톤산(α-keto acids)** 등이다. 2개의 아미노산(류신 및 라이신)을 제외한 모든 아미노산은 포도당 생성이다.

A. 글리세롤(glycerol)

글리세롤(glycerol)은 지방조직에서 트라이아실글리세롤을 가수분해할 때 방출되며 혈액을 통해 간으로 운반된다. 글리세롤은 글리세롤 인산화효소에 의해 3-인산글리세롤로 인산화된 후 3-인산글리세롤 탈수소효소에 의해 당분해와 포도당신생성의 중간대사물인 인산다이하이드록시아세톤으로 산화된다.

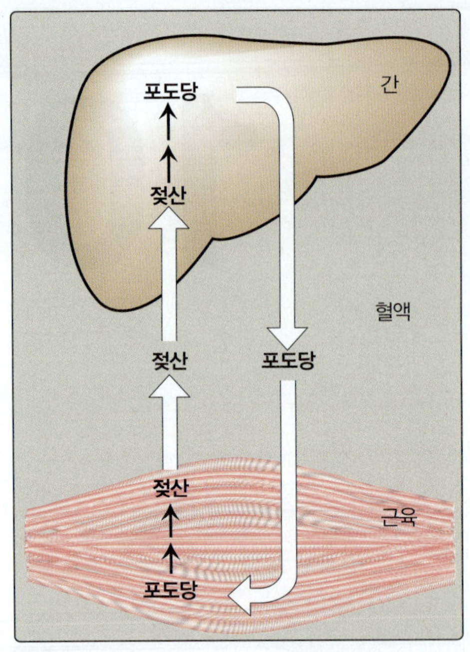

그림 10.2
조직 사이의 코리 회로(Cori cycle)는 당분해와 포도당신생성과 연결되어 있다. [참고: 막을 가로지르는 젖산의 확산은 수송 단백질에 의해 촉진된다.]

B. 젖산(lactate)

혐기성 당분해의 **젖산(lactate)**은 운동 중인 뼈대근육이나 사립체가 결핍된 적혈구에서 혈액 속으로 방출된다. 코리 회로에서 이 젖산은 간으로 흡수된 후 파이루브산으로 산화되어 포도당으로 전환되어 혈액으로 다시 방출된다(그림 10.2).

C. 아미노산(amino acid)

공복 상태에서 조직 단백질의 가수분해에 의해 생성된 아미노산은 포도당의 주요 공급원이다. 그들의 대사는 포도당으로 전환되는 **파이루브산(pyruvate)**과 같은 **α-케톤산(α-ketoglutarate)**을 생성한다. 또한 이 α-케톤산들은 TCA 회로로 들어가 **PEP(phosphoenolpyruvate)**의 일차 전구체인 OAA를 생성할 수 있다. [참고: **아세틸 CoA(acetyl coenzyme A)**와 아세틸 CoA 생성 화합물(예: 아세토아세트산과 류신이나 라이신)은 포도당을 합성할 수 없다. 그 이유는 파이루브산을 아세틸 CoA로 전환시키는 파이루브산 탈수소효소 복합체(PDHC)의 비가역적 특성 때문이다. 대신에 이 화합물들은 케톤체를 생성하기 때문에 케톤생성 아미노산이라고 한다.]

III. 반응

당분해에서 7개의 반응은 가역적이며, 젖산 또는 파이루브산으로부터 포도당이 합성되는 과정에 참여한다. 그러나 3개의 당분해 반응은 비가역적이기 때문에 포도당을 합성하는 쪽으로 에너지 측면에서 선호하는 4개의 대체반응으로 우회해야만 한다. 포도당신생성에서 독특한 이러한 비가역적 반응들은 아래에서 설명한다.

A. 파이루브산의 카복실화(carboxylation of pyruvate)

파이루브산으로부터 포도당을 합성할 때 극복해야 할 첫 번째 걸림돌은 당분해에서 인산엔올파이루브산(PEP)을 파이루브산으로 전환시키는 **파이루브산 인산화효소(pyruvate kinase, PK)**에 의한 비가역 반응이다. 포도당신생성에서 파이루브산은 파이루브산 카복실화효소(PC)에 의해 OAA으로 카복실화되며, 이어서 OAA는 PEP-카복시인산화효소의 작용으로 PEP로 전환된다(그림 10.3).

1. **바이오틴(biotin)**: PC는 라이신 잔기의 ε-아미노기에 공유결합으로 결합하는 보조효소 바이오틴(445쪽)을 포함한다(그림 10.3 참조). ATP의 가수분해에 의해 효소-바이오틴-CO_2 형태의 중간대사물이 생성된다. 이 고에너지 복합체는 계속해서 파이루브산을 카복실화하여 OAA를 생성한다. [참고: HCO_3^-는 CO_2를 공급한다.] 이 반응은 간과 콩팥 세포의 사립체에서 일어나며, 2가지 목적을 달성한다: 포도당신생성에 중요한 기질인 PEP 합성을 허락하는 것과 TCA 회로의 중간대사물을

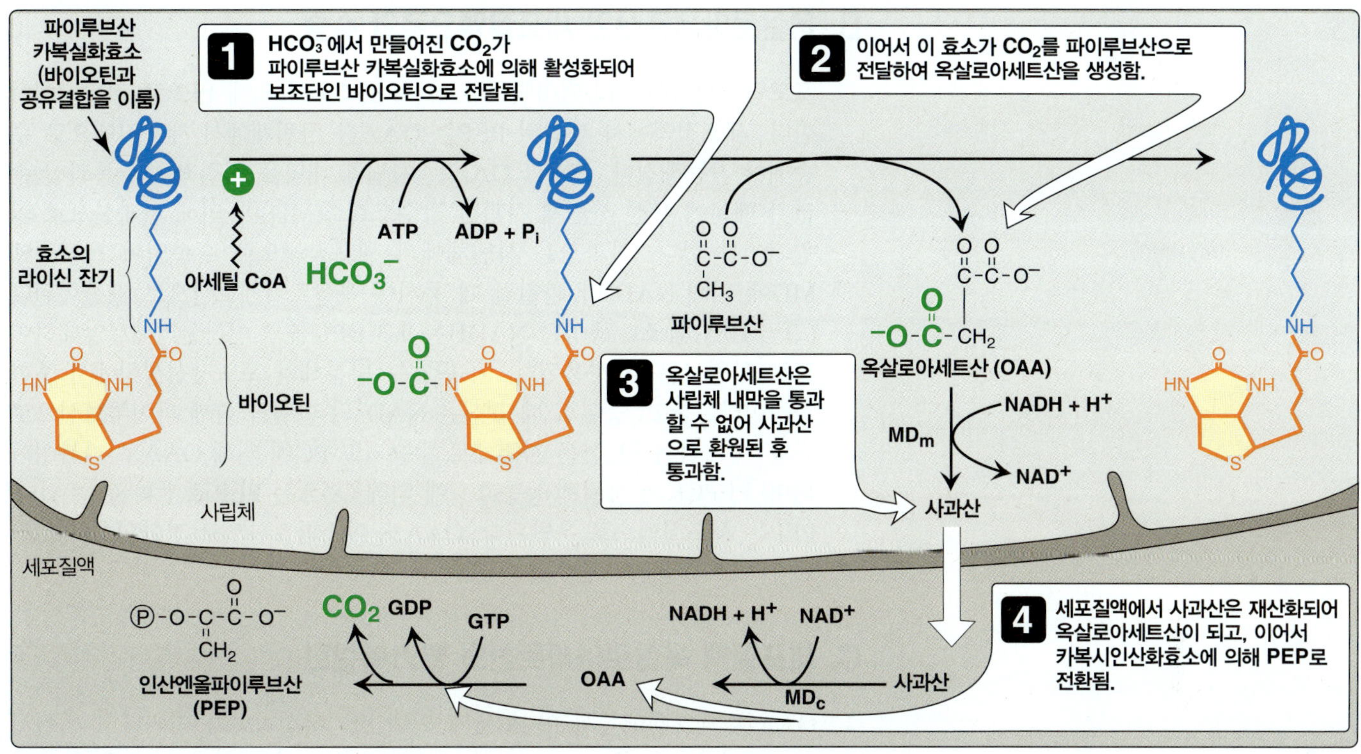

그림 10.3

세포질액에서의 PEP 합성. [참고: 이 과정은 사립체에서 세포질로 포도당신생합성에 필요한 니코틴아마이드 아데닌 다이뉴클레오타이드[NADH] 환원 등가물을 이동시킨다.] MD_m과 MD_c = 사과산 탈수소효소의 사립체와 세포질액 동종효소; GTP와 GDP = 삼인산구아노신과 이인산구아노신; ADP = 이인산아데노신.

보충하는 OAA를 공급하는 것인데, 이 중간대사물은 포도당 합성이 증가하면 고갈될 수 있다. 근육세포도 PC를 갖고 있지만 두 번째의 보충(anaplerotic) 목적으로만 OAA를 사용하기 때문에 결과적으로 포도당을 합성하지 않는다. [참고: 파이루브산 운반체 단백질이 세포질에서 사립체로 파이루브산을 이동한다.]

PC는 바이오틴을 요구하는 카복실화효소이다. 다른 예로는 아세틸 CoA 카복실화효소(211쪽), 프로피오닐 CoA 카복실화효소(223쪽), 메틸크로토닐 CoA 카복실화효소(306쪽)가 있다.

2. **다른자리조절(allosteric regulation):** PC는 아세틸 CoA의 다른자리 조절에 의해 활성화된다. 사립체에서 아세틸 CoA 농도가 증가하면 옥살로아세트산의 합성 요구량이 증가하는 대사 상태가 신호로 나타날 것이다. 예를 들면 공복 상태의 간과 콩팥에서 OAA는 포도당신생성에 사용된다. 이와 반대로 아세틸 CoA 농도가 낮을 때 PC는 대개 불활성형이며, 파이루브산은 주로 파이루브산 탈수소효소 복합체에 의해 일차적으로 산화되어 TCA 회로에서 더 산화될 수 있는 아세틸 CoA로 전환된다.

B. 옥살로아세트산의 세포질액으로의 수송

포도당신생성이 계속되려면 OAA가 PEPCK에 의해 PEP로 전환되어야 한다. 세포질액에서 생성된 PEP는 OAA를 사립체에서 세포질액으로 수송해야 가능해진다. 그러나 OAA는 사립체 내막을 직접적으로 통과할 수 없기 때문에 우선 사립체 사과산 탈수소효소(MD)에 의해 사과산으로 환원되어야 한다. 사과산은 사립체에서 세포질액으로 수송되어 세포질액 MD에 의해 NAD^+가 환원될 때 동시에 옥살로아세트산으로 재산화된다(그림 10.3 참조). 생성된 NADH는 1,3-BPG를 3-인산글리세르알데하이드로 환원시킬 때 사용된다. 이 단계는 당분해와 포도당신생성에서 흔한 과정이다. [참고: 풍부할 때 젖산은 NAD^+의 환원과 함께 파이루브산으로 산화된다. 파이루브산은 사립체로 수송되고 PC에 의해 OAA로 카복실화되며, PEPCK의 사립체 동종효소에 의해 OAA는 PEP로 전환될 수 있다. PEP는 세포질액으로 운반된다. OAA도 아스파트산으로 전환되어 세포질액 안으로 수송된다.]

C. 세포질액 옥살로아세트산의 탈카복실화

OAA는 세포질액에서 PEPCK에 의해 탈카복실기화가 일어나고 이어서 인산화된다. 이 반응은 GTP의 가수분해에 의해 일어난다(그림 10.3 참조). PC와 PEPCK의 공동작용은 에너지적으로 유리한 경로, 즉 파이루브산이 PEP를 합성하는 쪽으로 진행한다. 이어서 PEP는 1,6-이중인산과당이 될 때까지 당분해 과정을 역방향으로 진행한다.

> 포도당신생성에서 볼 수 있듯이 카복실화와 탈카복실기화의 짝짓기는 에너지적으로 불리한 반응을 유리한 반응으로 만든다. 비슷한 대사 전략을 지방산 합성에서도 볼 수 있다.

D. 1,6-이중인산과당의 탈인산

간과 콩팥에서 발견되는 1,6-이중인산과당분해효소에 의한 1,6-이중인 산과당의 가수분해는 비가역적인 PFK-1을 우회하고, 6-인산과당의 생성 반응을 에너지적으로 유리한 쪽으로 이끈다(그림 10.4). 이 반응은 포도당신생성에서 중요한 조절자리이다.

1. **세포속 에너지량의 조절:** 1,6-이중인산과당분해효소는 세포속 에너지가 부족한 상태를 나타내는 신호인 일인산아데노신(AMP)과 ATP의 비율이 증가하면 억제된다. 이와 반대로 AMP가 감소하고 ATP가 증가하면 에너지가 필요한 과정인 포도당신생성을 자극한다.

2. **2,6-이중인산과당에 의한 조절:** 간과 콩팥에 있는 1,6-이중인산과당 분해효소는 혈중 인슐린/글루카곤의 비율에 영향을 받는 농도에서 다른 자리조절 효과제인 2,6-이중인산과당에 의해 억제된다(그림 10.5). [참고: 포도당신생성을 억제하거나(낮은 에너지, 높은 2,6-이중인산과당)

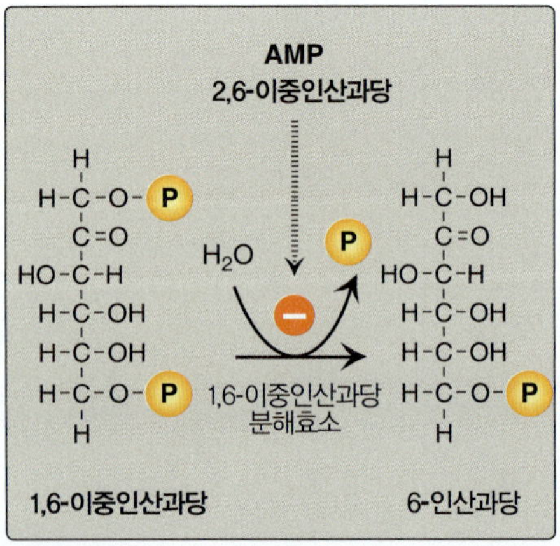

그림 10.4
1,6-이중인산과당의 탈인산반응. AMP = 일인산아데노신; P = 인산염.

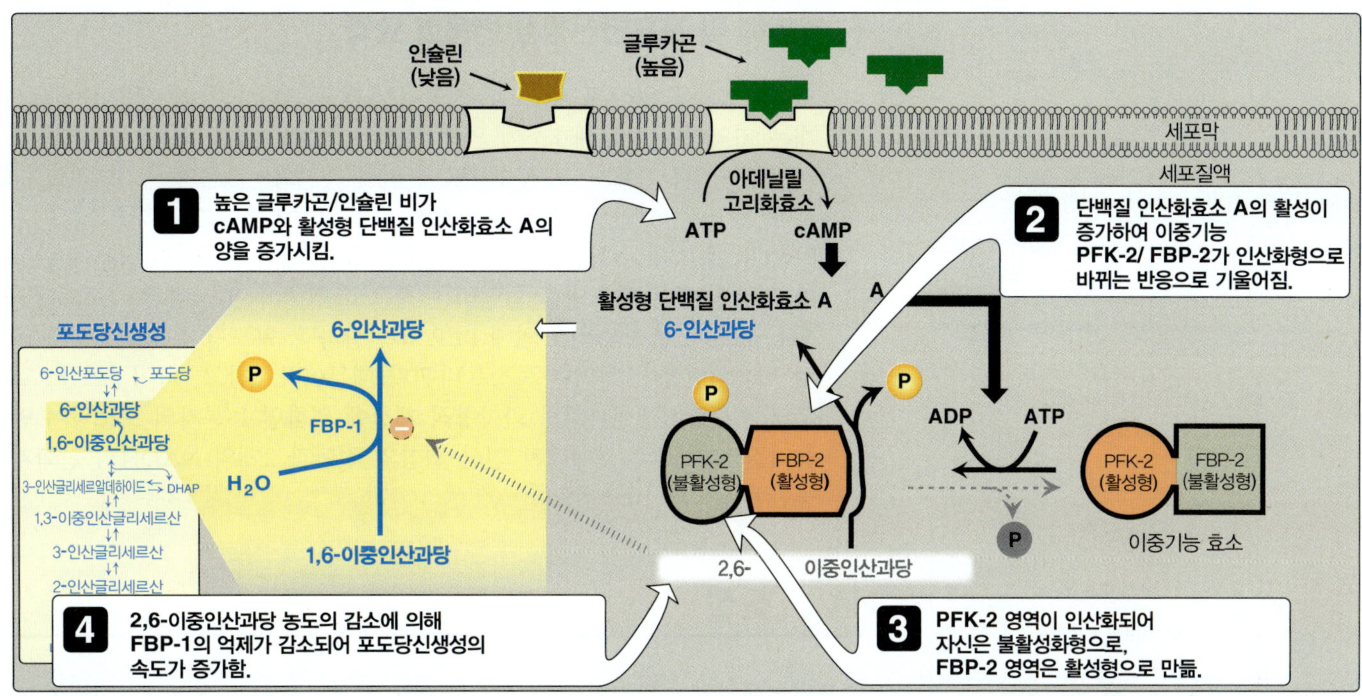

그림 10.5
글루카곤의 증가가 간세포의 2,6-이중인산과당 농도에 미치는 영향. AMP and ADP = 일인산아데노신, 이인산아데노신; cAMP = 고리AMP; PFK-2 = 인산과당인산화효소-2; FBP-2 = 2,6-이중인산과당분해효소; FBP-1 = 1,6-이중인산과당분해효소; Ⓟ와 Ⓟ = 인산염.

또는 선호하는(높은 에너지, 낮은 2,6-이중인산과당) 신호는 당분해에 대해 반대 효과를 나타내면서 포도당을 합성하거나 산화시키는 경로를 상반적으로 조절한다.]

E. 6-인산포도당의 탈인산

6-인산포도당분해효소(glucose 6-phosphatase)에 의한 6-인산포도당의 가수분해를 통해 비가역적인 육탄당인산화효소/포도당인산화효소 반응을 우회하여, 에너지적으로 유리한 경로, 즉 유리 포도당을 생성하는 쪽으로 반응이 진행한다(그림 10.6). 간은 6-인산포도당으로부터 유리 포도당을 생성하는 1차 기관이다. 이 과정은 포도당신생성 조직에서만 발견되는 하나의 복합체를 형성하는 2개의 단백질을 필요로 한다. 하나는 세포질그물(ER) 막을 통과하여 6-인산포도당을 수송하는 6-인산포도당 전위효소이고, 다른 하나는 ER 효소로서 6-인산포도당의 인산을 제거하여 유리 포도당을 생성하는 6-인산포도당분해효소이다(그림 10.6). 이 단백질들은 또한 당원분해의 최종 단계에 필요하다.

Ia형 및 Ib형 당원축적병은 각각 인산염분해효소와 전위효소의 결핍이 원인이며, 공복시 심한 저혈당을 특징으로 하는데, 저혈당은 유리 포도당이 포도당신생성이나 당원분해로부터 생성될 수 없기 때문에 생긴다. 유리 포도당을 세포질액으로, 이어서 혈액으로 유리시키기 위해 특정 포도당 운반체가 필요하다.

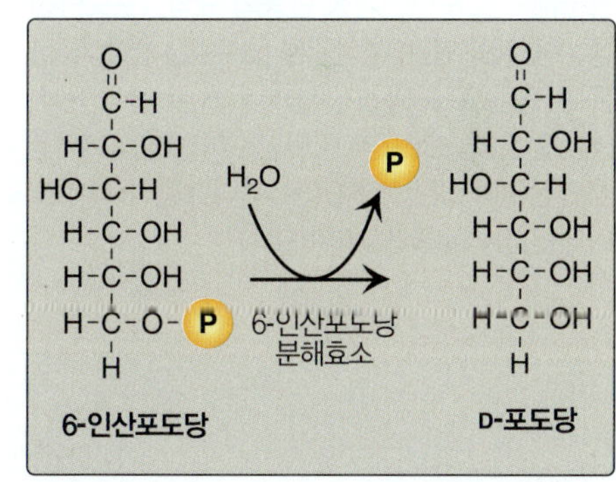

그림 10.6
6-인산포도당의 인산기가 제거되면 포도당신생성 조직들(1차적으로 간)에서 혈액으로 유리 포도당을 내보낸다. Ⓟ = 인산염.

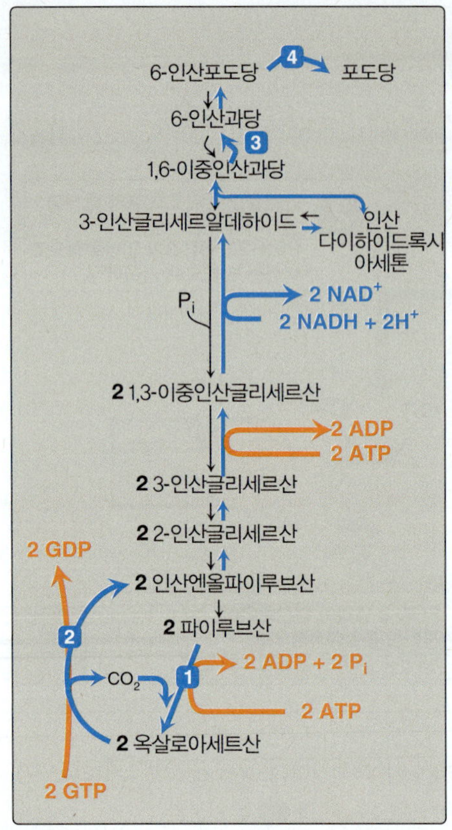

그림 10.7
당분해와 포도당신생성 반응의 요약. (포도당신생성에 사용되는 에너지를 보여줌.) 번호가 붙은 반응은 포도당신생성의 독특한 반응이다. P = 인산염; GDP = 이인산구아노신; GTP = 삼인산구아노신; NAD(H) = 니코틴아 마이드 아데닌 다이뉴클레오타이드.

F. 당분해 및 포도당신생성 반응의 요약

파이루브산을 유리 포도당으로 전환시킬 때 필요한 11개의 반응 중에서 7개는 가역적인 당분해효소에 의해 촉진된다(그림 10.7). 육탄당인산화 효소/포도당인산화효소, PFK-1, PK에 의해 촉진되는 3개의 비가역적인 당분해 반응은 6-인산포도당분해효소, 1,6-이중인산과당분해효소, PC/PEPCK에 의해 우회된다. 포도당신생성에서 7개의 가역적인 당분해 반응에 의해 반응은 포도당을 합성하는 쪽으로 기울어진다. 이것은 포도당신생성 효소의 촉매작용에 의해 PEP, 6-인산과당, 포도당이 생성되는 원래의 비가역반응이 가역반응으로 바뀌기 때문이다. [참고: 파이루브산으로부터 포도당신생성까지의 화학량적 계산에 의하면 1 분자의 포도당이 만들어질 때 6개의 고에너지 인산 결합의 절단과 2개의 NADH의 산화가 동반된다(그림 10.7 참조).]

IV. 조절

포도당신생성의 순간적인 조절은 주로 혈중 글루카곤 농도와 포도당신생성 기질의 이용도에 의해 결정된다. 또한 느리게 진행되는 효소 양의 적응성 변화도 효소 합성 또는 분해속도의 변화에 의존한다. [참고: 포도당조절계의 호르몬 제어는 23장에서 논의한다.]

A. 글루카곤(glucagon)

이자섬(361쪽 참조) α 세포 호르몬인 글루카곤은 3가지 기전으로 포도당신생성을 자극한다.

1. **다른자리조절 효과제의 변화:** 글루카곤은 간의 2,6-이중인산과당의 농도를 낮춤으로써 1,6-이중인산과당분해효소를 활성화하고 PFK-1를 억제시킨다. 따라서 대사 흐름은 당분해보다 포도당신생성 쪽으로 기울어진다(그림 10.5 참조).

2. **효소활성의 공유결합 변형:** 글루카곤이 G단백질연결 수용체와 결합하여 cAMP 농도가 증가하고 cAMP의존 단백질 인산화효소 활성이 증가하면 간의 PK가 불활성형(인산화형)으로 전환된다. 이것은 PEP가 파이루브산으로 전환되는 것을 감소시켜 PEP를 포도당 합성에 사용하는 효과를 얻는다(그림 10.8).

3. **효소 합성의 유도:** 글루카곤은 PEPCK 유전자나 cAMP에 반응하는 CREP 단백질의 전사를 증가시킴으로써 공복 상태에서 기질의 농도가 증가할 때 이 효소의 이용도를 증가시킨다. 코티솔, 포도당부신피질호르몬도 또한 이 유전자의 발현을 증가시키지만 인슐린은 발현을 감소시킨다.

B. 기질 이용도(substrate availability)

포도당신생성 전구체(특히 포도당생성 아미노산)의 이용도는 간의 포 도당 합성속도에 크게 영향을 미친다. 인슐린이 감소하면 근육 단백질로 부터 아미노산을 방출하는 쪽으로 반응이 진행되어 포도당신생성에 필요 한 탄소 뼈대를 공급한다. 또한 포도당신생성에 필요한 보조효소-보조기 질인 ATP와 NADH는 일차적으로 지방산의 산화에 의해 공급된다.

C. 아세틸 CoA에 의한 다른자리조절 활성화 (allosteric activation)

공복 상태에서는 아세틸 CoA에 의해 간 PC의 다른자리조절 활성화가 일어난다. 지방조직에서 중성지방의 분해가 증가되면 간도 지방산으로 넘치게 된다. 이때 β-산화에 의해 아세틸 CoA 생성속도가 지방산을 CO_2와 물로 산화시키는 간의 능력을 초과한다. 결과적으로 아세틸 CoA는 축적되고, PC가 활성화된다. [참고: 아세틸 CoA는 PDHC를 억제한다(PDHK의 활성화에 의해). 이것은 단독으로 파이루브산의 방향을 포도당신생성 쪽으로, 그리고 TCA 회로와 멀어지는 쪽으로 진행시킬 수 있다(그림 10.9).]

D. AMP에 의한 다른자리조절 억제(allosteric inhibition)

1,6-이중인산과당분해효소(fructose 1,6-bisphosphatase)는 AMP에 의해 억제되는데, AMP는 PFK-1을 활성화하는 화합물이다. 이것은 결과적으로 **2,6-이중인산과당(fructose 2,6-bisphosphate)**(128쪽 참조)에서 이미 보여준 당분해와 포도당신생성의 상호조절에 해당한다. [참고: 증가된 AMP가 세포에 에너지를 공급하기 위해 경로를 활성화하고 영양소를 필요로 하는 경로는 저해한다.]

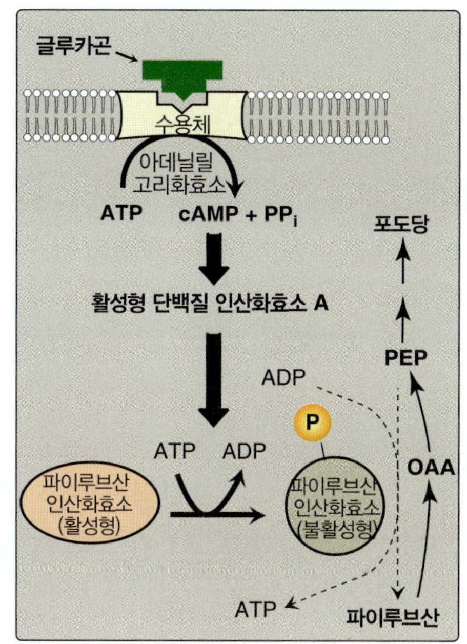

그림 10.8
공유결합 변형에 의한 파이루브산 인산화효소의 불활성화. [참고: 간세포의 동종효소만이 공유결합 조절을 받는다.] OAA = 옥살로아세트산; PEP = 인산엔올파이루브산; PP_i = 파이로인산염; (P) = 인산염; AMP와 ADP = 일인산아데노신, 이인산아데노신; cAMP = 고리AMP.

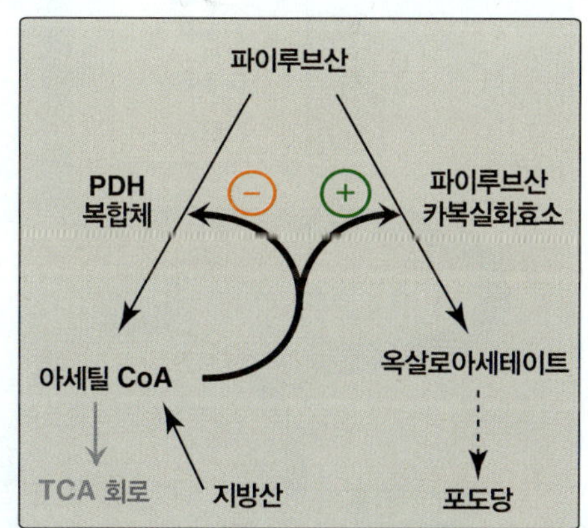

그림 10.9
아세틸 CoA는 파이루브산이 산화되는 방향을 돌려 포도당신생성 과정으로 우회시킨다. PDH = 파이루브산 탈수소효소; TCA = 트라이카복실산.

V. 요약

- **포도당신생성 전구체**에는 당분해와 TCA 회로의 모든 중간대사물, 지방조직의 트라이아실글리세롤에서 유리되는 **글리세롤**, 사립체 결핍 세포와 운동 중인 뼈대근육에서 혈액으로 유리되는 젖산, 포도당생성 아미노산의 대사에서 유래하는 **α-케톤산(α-케토글루타르산**과 **파이루브산)**이 있다(그림 10.10).
- 7개의 당분해 반응은 가역적이며, 간과 콩팥의 포도당신생성에도 필 요하다. 3개의 반응은 생리적 비가역반응이므로 우회해야만 한다.
- 이 반응들은 **PK, PFK-1**, GK/HK에 의해 촉진되며 생리학적으로 비가역적이고 우회될 수 있다.
- **파이루브산**은 **PC**와 **PEPCK**에 의해 **OAA**를 거쳐 **PEP**로 전환된다.
- PC는 **바이오틴**과 **ATP**를 필요로 하며, **아세틸 CoA**의 다른자리조절에 의해 활성화된다. PEPCK는 **GTP**를 필요로 한다.

- 1,6-이중인산과당은 **1,6-이중인산과당분해효소**에 의해 6-인산과당으로 전환된다. 이 효소는 AMP가 증가하면 억제되고 ATP가 증가하면 활성화된다. 또한 당분해의 일차 다른자리조절 활성자인 **2,6-이중인산과당**에 의해 억제된다.
- **6-인산포도당**은 **6-인산포도당분해효소**에 의해 탈인산화되어 **포도당**으로 전환된다. 이 ER막 효소는 당원분해뿐만 아니라 포도당신생성의 최종 단계에서도 필요하다. 이 효소의 결핍은 심한 공복과 저혈당을 유발한다.

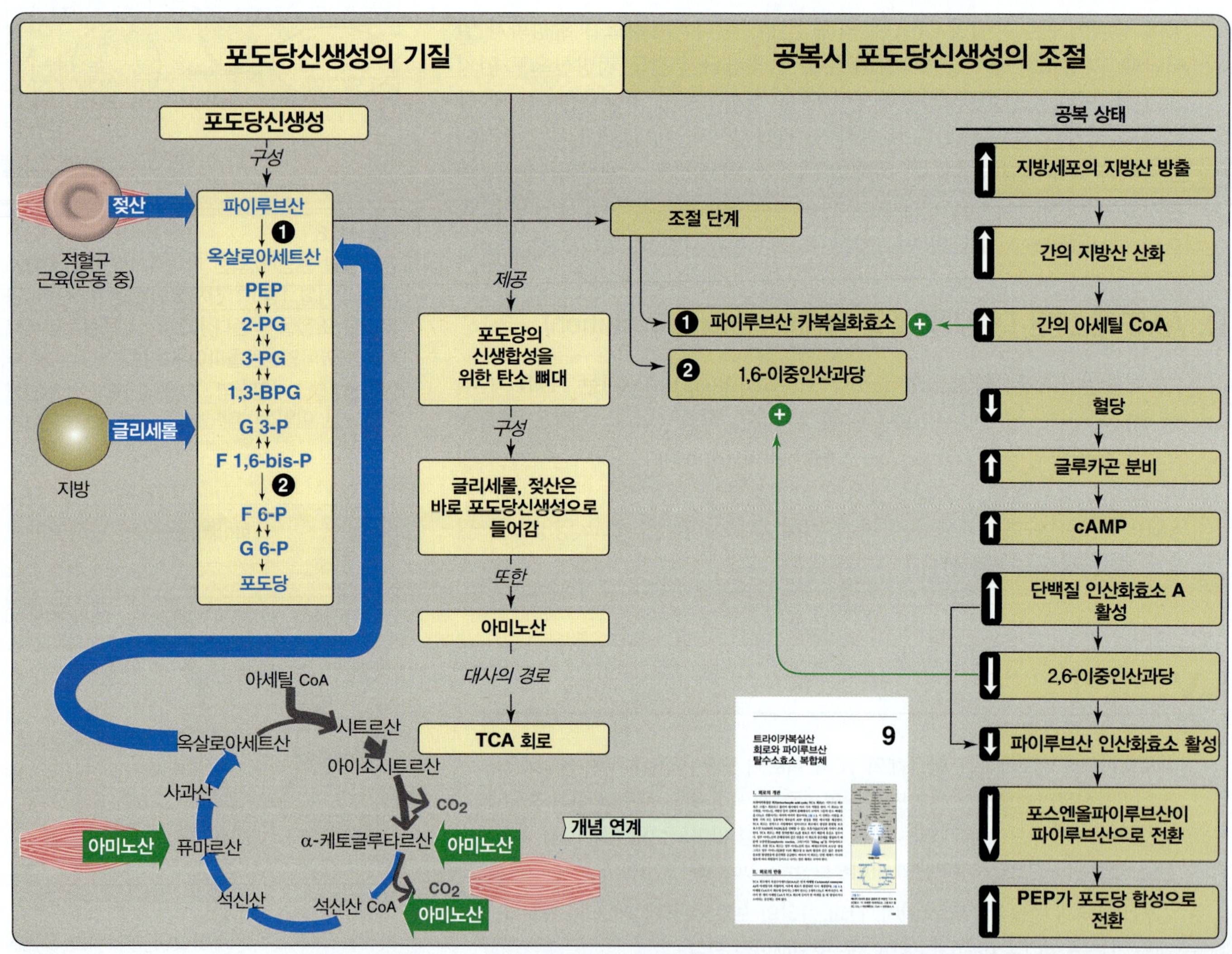

그림 10.10
포도당신생성의 핵심 개념도. TCA = 트라이카복실산; CoA = 보조효소 A; cAMP = 고리일인산아데노신; P = 인산염; (B)PG = (이중)인산글리세르산; G = 글리세르알데하이드; F = 과당; CO_2 = 이산화탄소.

연습문제

가장 올바른 답을 하나만 고르시오.

10.1 포도당신생성에 관한 설명 중 맞는 것은?

A. 에너지 합성(에너지 방출) 과정이다.
B. 공복 상태에서 혈액 포도당을 유지하는 데 중요하다.
C. 인슐린/포도당 비의 감소에 의해 억제된다.
D. 근육세포의 세포질액에서 일어난다.
E. 지방산 분해로부터 나오는 탄소 뼈대를 사용한다.

정답 = B. 공복에서는 저장된 당원이 고갈되며 포도당신생성이 혈당을 유지한다. 포도당신생성은 간에서 일어나는 에너지 필요(에너지흡수) 과정이며(ATP와 GTP가 분해된다), 지속되는 공복에서는 콩팥이 포도당을 생산하는 주요 장기이다. 포도당신생성은 사립체와 세포질 효소를 사용하며, 인슐린/글루카곤 비가 감소할 때 촉진된다. 지방산 분해는 아세틸 CoA를 생산하며, 지방산이 포도당으로 전환될 수 없는 이유는 TCA 회로에서 아세틸 CoA로부터 탄소의 순유입이 없기 때문이며 파이루브산 탈수소효소 반응은 생리적으로 비가역적이기 때문이다. 대부분의 아미노산의 탄소 뼈대는 포도당신생성이 가능하다.

10.2 다음 표에서 달걀흰자 단백질로서 바이오틴과 결합하여 격리시키는 아비딘이 과량으로 존재할 때 억제되는 반응은?

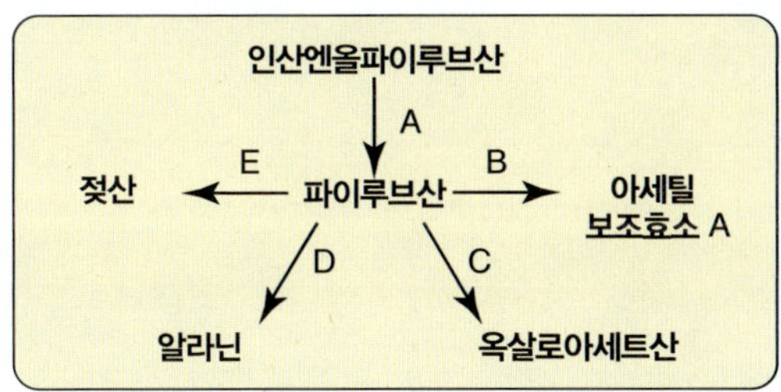

정답 = C. 파이루브산은 바이오틴을 필요로 하는 효소인 파이루브산 카복실화효소에 의해 옥살로아세트산으로 카복실화된다. B (PDH 복합체) 과정은 파이로인산싸이아민, 리포산, FAD과 NAD^+, 그리고 보조효소 A를 필요로 한다. D (아미노기전달효소) 과정은 인산피리독살이 필요하다. E (젖산 탈수소효소)는 NADH가 필요하다.

10.3 다음 반응 중에서 포도당신생성에 독특한 것 하나를 고르시오.

A. 1,3-이중인산글리세르산 → 3-인산글리세르산
B. 젖산 → 파이루브산
C. 옥살로아세트산 → 인산엔올파이루브산(PEP)
D. PEP → 파이루브산

정답 = C. 다른 반응은 포도당신생성과 당분해 모두에 공통적이다.

10.4 다음 표를 사용하여 해당 효소의 포도당신생성과 당 분해에 일인산아데노신(AMP)과 2,6-이중인산과당의 효과를 나타내라.

효소	2,6-이중인산과당	AMP
1,6-이중인산과당		
인산과당인산화효소-1		

2,6-이중인산과당과 AMP 모두 1,6-이인산과당을 억제하고, 인산과당인산화효소-1를 활성화하여 당분해를 촉진시키므로 포도당신생성을 억제한다. 그 결과 두 경로는 상호조절을 한다.

10.5 알코올 탈수소효소에 의한 에탄올 대사는 환원형 니코틴아마이드 아데닌 다이뉴클레오타이드(NADH)를 생성한다. NAD^+/ NADH 비의 변화가 포도당신생성에 어떤 결과를 가져올 것으로 예상하는지를 설명하시오.

에탄올 산화에 의한 NADH의 증가는 옥살로아세트산(OAA)의 이용도를 감소시킨다. 왜냐하면 TCA 회로의 사과산 탈수소효소에 의한 사과산이 OAA으로 바뀌는 가역적 산화는 NADH의 높은 이용도에 의해 역방향으로 진행되기 때문이 다. 또한 당분해 과정 중 젖산 탈수소효소에 의한 파이루브산에서 젖산으로의 역방향 환원은 NADH에 의해 정방향으로 진행된다. 따라서 포도당신생성의 두 가지의 주요 기질인 OAA와 파이루브산은 에탄올 대사에서 증가된 NADH에 의해 감소한다. 이 때문에 포도당신생성이 감소한다.

10.6 아세틸 보조효소 A가 포도당신생성의 기질이 될 수 없다라고 가정한다면 왜 지방산 산화가 포도당신생성에 필수적인가?

아세틸 보조효소 A는 파이루브산 탈수소효소 복합체를 억제하고 파이루브산 카복실화효소를 활성화하여 파이루브산을 포도당신생성 쪽으로 기울게 하고 산화로부터 멀어지게 한다.

당원 대사

11

I. 개관

인간이 생명을 유지하려면 일정한 혈중 포도당 공급원의 확보가 절대적으로 필요하다. 포도당은 뇌가 매우 선호하는 에너지원이며, 사립체가 거의 없는 성숙 적혈구와 같은 세포에 필수적인 에너지원이다. 또한 포도당은 운동 중인 근육의 에너지원으로 필수적이며, 이때 무산소 당분해의 기질로 사용된다. 혈중 포도당은 다음 3가지의 일차 공급원에서 얻는다: 음식, 당원의 분해, 포도당신생성. 포도당과 포도당 전구체(예: 녹말, 단당, 이당)의 음식 섭취는 산발적이며 식사에 의존적이라 언제나 신빙성 있는 혈중 포도당의 공급원은 아니다. 이와 달리 포도당신생성은 지속적으로 포도당을 합성하지만 혈중 포도당의 농도 저하에 대한 대응이 조금 느리다. 그러므로 사람의 몸은 빠르게 대사될 수 있는 포도당의 저장형인 당원(glycogen)을 저장하는 기전이 발달하였다. 포도당은 음식 공급원이 없을 경우에 간의 당원이 혈액으로 빠르게 방출된다. 유사한 경우로 운동 중인 근육에서 당원은 중요한 에너지원으로서 근육에 포도당을 공급하기 위하여 광범위하게 분해된다. 저장된 당원이 고갈되면 포도당신생성의 탄소원으로 체내 단백질의 글리세롤, 젖산, 파이루브산, 그리고 아미노산을 이용하여 특성 조직에서 포도당 신생합성을 한다(10장 참조). 그림 11.1은 에너지 대사의 필수 경로의 일부로서 당원의 합성과 분해반응을 보여준다.

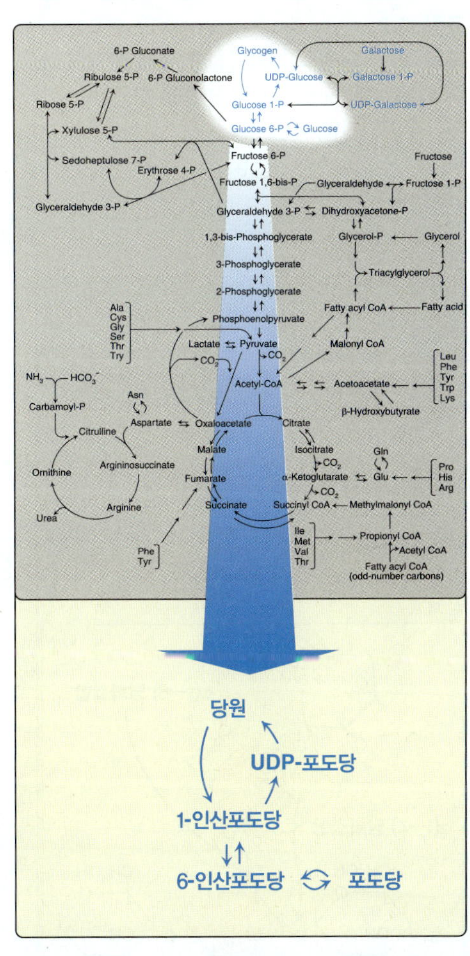

그림 11.1
에너지 대사의 필수 반응 중의 한 부분을 도시한 당원의 합성과 분해. [참고: 전체적인 대사 반응에 대한 자세한 내용은 그림 8.2 참조.]
UDP = 이인산유리딘.

II. 구조와 기능

비록 대부분의 세포가 자신이 사용하기 위하여 소량의 당원을 저장하지만 당원의 주요 저장소는 뼈대근육과 간이다. 근육에 저장된 당원의 기능은 근육수축 동안에 필요한 ATP를 합성할 때 저장 연료를 공급하는 것이다. 간 당원의 기능은 혈중 포도당 농도, 특히 공복 초기의 혈중 포도당 농도를 유지하는 것이다(그림 11.2 참조). [참고: 간 당원은 혈당을 24시간 이하로 유지할 수 있다.]

A. 간과 근육의 양

약 400 g의 당원은 휴식 중의 근육 무게의 1~2%에 해당하며, 약 100 g의 당원은 포만 상태의 성인 간 무게의 약 10%에 해당한다. 양적인 면에서

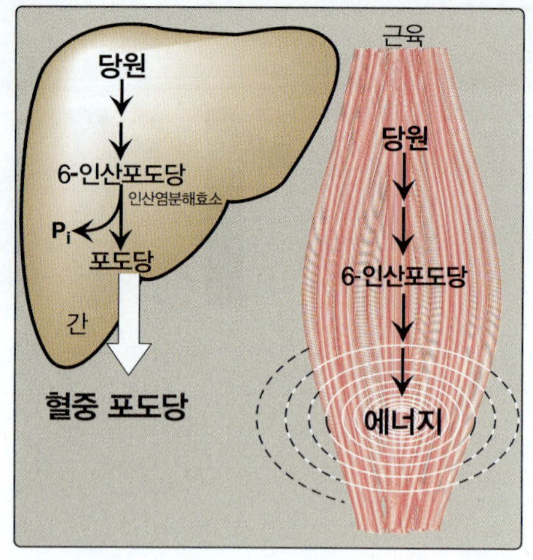

그림 11.2
근육 및 간 당원의 기능. [참고: 포도당 6-포스파타제는 혈액으로 포도당 방출을 허용한다.] P_i = 무기인산염.

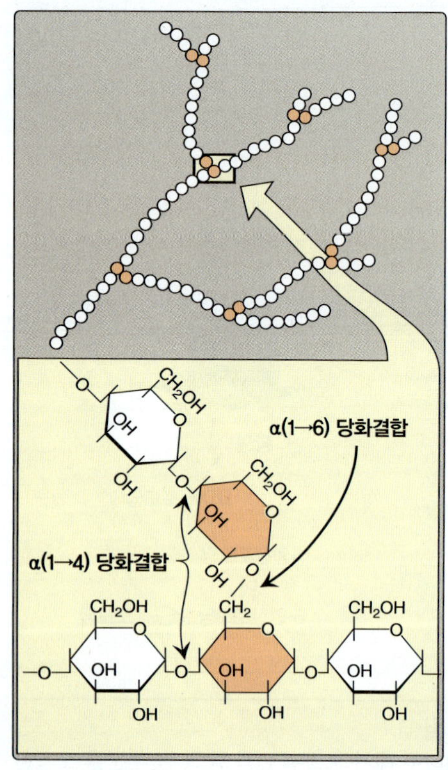

그림 11.3
α(1 → 4) 및 α(1 → 6) 포도당결합을 보여주는 당원의 가지 구조.

보면 당원의 생성을 제한하는 인자가 무엇인지는 분명하지 않다. 그러나 일부 당원축적병(GSDs)(그림 11.8 참조)에서 간 또는 근육의 당원량은 상당히 증가할 수 있다. [참고: 몸에서 근육량은 간보다 크다. 따라서 몸의 당원은 대부분 근육에 존재한다.]

B. 구조

당원은 오직 α-D-포도당으로만 구성된 가지사슬 동종중합체이다. 기본적인 포도당결합은 α(1→4) 결합이다. 평균적으로 8~14개의 포도당 잔기 다음에 α(1→6) 결합을 포함하는 가지가 있다(그림 11.3). 당원 한 분자에는 55,000개의 포도당 잔기를 포함한다. 이 포도당 중합체인 이 분자들은 별도의 커다랗고 둥근 세포질 과립 안에 존재하며, 이 과립은 또한 당원의 합성과 분해에 필요한 대부분의 효소도 함유하고 있다.

C. 당원 저장량의 변동

간 당원의 저장량은 포만 상태에서 증가하고 공복 상태에서는 고갈된다. 근육의 당원은 단기간의 공복 상태에서(2~3일) 별 영향을 받지 않고 지속적인 공복 상태에서(몇 주) 약간 감소될 뿐이다. 예를 들면 근육의 당원은 격렬한 운동 후에 고갈된 근육 저장소를 재충전시키기 위하여 합성된다. [참고: 당원의 합성과 분해는 세포질액에서 연속적으로 일어나는 과정이다. 이 두 과정이 진행되는 속도의 차이에 따라 특정 생리 상태에서의 당원 저장량이 결정된다.]

III. 합성(Glycogenesis, 당원생성)

당원은 α-D-포도당 분자로부터 만들어진다. 이 과정은 세포질액에서 일어나고 ATP(포도당의 인산화에 사용)와 UTP에서 공급되는 에너지를 사용한다.

A. UDP-포도당의 합성

합성 중인 당원 분자에 첨가되는 모든 포도당 잔기의 공급원은 UDP와 결합한 α-D-포도당이다. UDP-포도당(그림 11.4)은 UDP-포도당 가파이로인산분해효소(pyrophosphorylase)에 의해 1-인산포도당과 UTP로부터 합성된다(그림 11.5). 이 반응의 2번째 생성물인 파이로인산염(PP_i)의 고에너지 결합은 파이로인산염분해효소에 의해 2개의 무기인산으로 가수분해되는데, 이 때문에 UDP-포도당 가파이로인산분해효소 반응이 UDP-포도당을 생성하는 쪽으로 진행된다. [참고: 1-인산포도당은 인산포도당자리옮김효소(phosphoglucomutase)에 의해 6-인산포도당으로부터 생성된다. 1,6-이중인산포도당은 이 가역반응에서 필수 중간대사물이다(그림 11.6).]

B. 시발체(primer)의 필요 조건과 합성

당원 생성효소는 당원에 α(1→4) 결합을 촉진하는 효소이다. 이 효소는 UDP-포도당에서 유리되는 포도당 분자의 받개로서 유리 포도당을 사용하는 사슬 합성은 시작할 수 없고, 대신에 이미 존재하는 포도당 사슬은 연장할 수 있다. 그러므로 저장 당원이 완전히 고갈되지 않은 세포에서 당원 조각은 시발체 역할을 할 수 있다. 당원 조각이 존재하지 않은 경우에는 동종이합체 단백질인 글리코제닌(glycogenin)이라는 단백질이 UDP-포도당에서 나오는 포도당의 받개 역할을 한다(그림 11.5 참조). 단백질 속의 타이로신-194 곁사슬의 하이드록실기가 초기 포도당 단위의 결합 부위로 작용한다. 이 반응은 자가포도당반응을 통해 글리코제닌 자체에 의해 촉진된다. 따라서 글리코제닌은 일종의 효소이다. 이어서 글리코제닌은 UDP-포도당에서 나오는 몇 개의 포도당 분자의 전달반응을 촉진하여 짧은 α(1→4) 결합의 포도당 사슬을 형성한다. 이 짧은 사슬은 아래 C에 기술한 바와 같이 글리코제닌을 참여시키는 당원 생성효소에 의해 길이가 연장되는 시발체로 작용한다. [참고: 글리코제닌은 당원 과립과 결합한 채로 남아 그 중심을 형성한다.]

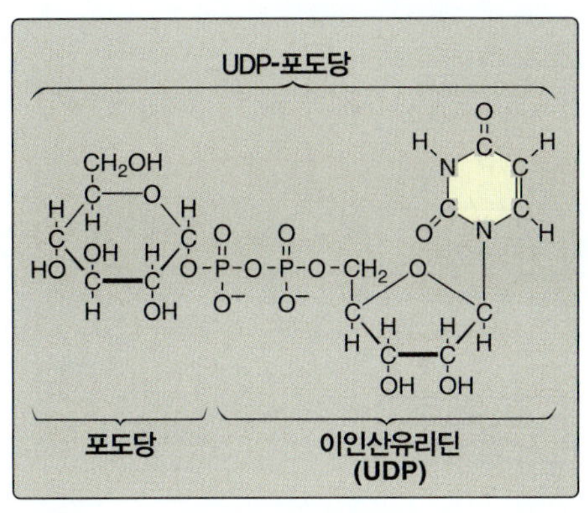

그림 11.4
뉴클레오타이드 당의 일종인 UDP-포도당의 구조.

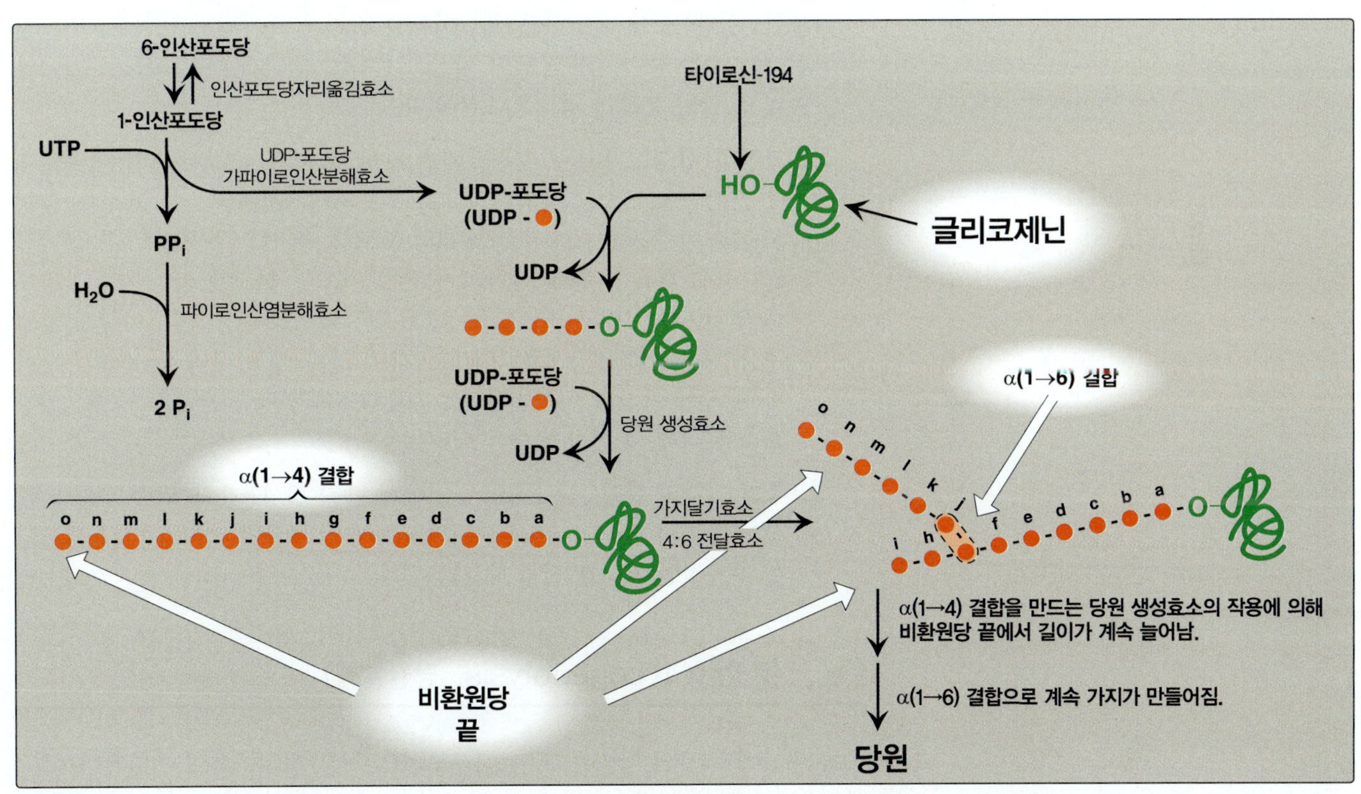

그림 11.5
당원 합성. UDP, UTP = 이인산유리딘, 삼인산유리딘; PP_i = 파이로인산염; P_i = 무기인산염.

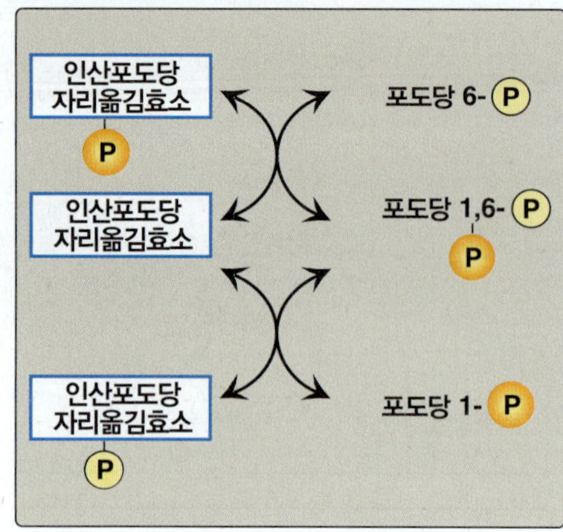

그림 11.6
인산포도당자리옮김효소에 의한 6-인산포도당과 1-인산포도당의 상호전환.
P와 P = 인산염.

C. 당원 생성효소(glycogen synthase)에 의한 당원 사슬의 연장

당원 사슬의 연장은 UDP-포도당에서 포도당을 합성 중인 사슬의 비환원성 말단에 전달하여 활성화된 포도당의 1번 탄소의 고리이성질체 수산기와 받개인 포도당 잔기의 4번 탄소 사이에 포도당결합을 형성하는 것이 포함된다(그림 11.5 참조). [참고: 탄수화물 사슬의 "비환원성 말단"은 말단 당의 고리이성질체 탄소가 다른 당과 포도당결합으로 연결되어 말단 당이 "비환원성"으로 된 것을 말한다.] 당원 내에 α(1→4) 결합을 만드는 효소는 당원 생성효소이다. [참고: 새로운 α(1→4) 포도당결합이 만들어질 때 유리되는 UDP는 이인산뉴클레오사이드 인산화효소에 의해 다시 UTP로 전환된다(UDP + ATP ⇄ UTP + ADP).]

D. 가지 형성

또 다른 합성효소가 작용하지 않으면 당원은 포도당 잔기가 α(1→4) 포도당 결합으로 연결된 선 모양의(가지 없는) 분자로 남을 것이다. 식물조직에 서 발견되는 이 화합물을 아밀로스(amylose)라고 한다. 이와 달리 당원 은 평균적으로 8개의 포도당 잔기가 떨어진 곳에 가지가 있어 가지가 많은 나무 모양으로 보이는데(그림 11.3 참조), 가지가 없은 아밀로스에 비해 훨씬 용해도가 높다. 또한 가지는 새로운 포도당 잔기가 연결되는(또한 아래 IV에 설명하겠지만 이러한 잔기가 제거되기도 하는) 비환원당 끝의 수를 증가시켜 당원의 합성과 분해가 대단히 빠른 속도로 일어날 수 있고, 당원 분자가 극적으로 커진다.

1. **가지의 합성:** 가지는 가지달기효소(branching enzyme)인 아밀로-α(1→4)→α(1→6)-당화기전달효소에 의해 형성된다. 이 효소는 당원 사슬의 비환원당 끝에서 6~8개의 포도당 잔기를 잘라내고, 이 끊어진 α(1→4) 사슬을 원래 사슬의 중간의 포도당 잔기에 α(1→6) 결합으로 연결한다. 따라서 이 효소는 4:6 전달효소로 작용한다. 이렇게 생성된 새로운 비환원당 끝(그림 11.5에서 "i")뿐만 아니라 5~8개의 잔기가 제거된 이전의 비환원당 끝(그림 11.5에서 "o") 모두가 당원 생성효소에 의해 더 연장될 수 있다.

2. **추가 가지의 합성:** 이 2개의 말단에서 당원 생성효소에 의해 사슬의 연장이 완결되면, 연장된 끝 부위의 6~8개의 포도당 잔기가 다시 제거되어 추가적인 가지를 만들 때 사용된다.

IV. 분해(Glycogenolysis, 당원분해)

간과 근육에 저장된 당원을 동원하는 분해 과정은 합성반응의 역반응이 아니다. 대신에 별도의 세포질액 효소 집단이 필요하다. 당원이 분해될 때 기본적인 분해 생성물은 1-인산포도당이며, 이것은 α(1→4) 포도당결합을 절단함으로써 얻어진다. 그리고 α(1→6) 결합으로 연결된 각각의 포도당 잔기(분지점)가 분해될 때마다 유리 포도당이 얻어진다.

A. 사슬의 단축

당원 가인산분해효소는 각 사슬의 분지점 전에 4개의 포도당 단위가 남을 때까지 당원 사슬의 비환원성 말단에 있는 포도당 잔기 사이의 α(1→4) 포도당결합을 단순한 가인산분해로 순차적으로 절단한다(그림 11.7). 결과적으로 남는 생성물을 한계 덱스트린(limit dextrin)이라 부르며, 가인산분해효소는 이것을 더 이상 분해하지 못한다(그림 11.8). [참고: 이 효소는 공유결합으로 결합된 보조효소 인산피리독살(비타민 B_6의 유도체, PLP)을 함유한다.]

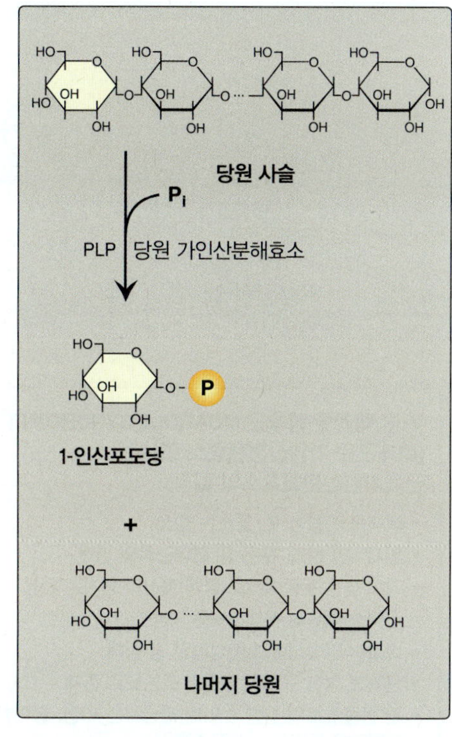

그림 11.7
α(1→4) 포도당결합의 절단. PLP = 인산피리독 살; P_i = 무기인산염; (P) = 인산염.

B. 가지의 제거

가지는 2개의 효소 활성을 가진 이중기능 단백질, 즉 가지떼기효소(debranching enzyme)에 의해 제거된다(그림 11.8 참조). 첫 번째, 올리고-α(1→4)→α(1→4)-글루칸전달효소가 가지에 남아 있는 4개의 포도당 잔기 중 바깥쪽의 3개의 잔기를 제거한다. 그 다음 이 효소는 이들을 다른 사슬 의 비환원성 말단에 전달하여 사슬 길이를 연장한다. 따라서 하나의 α (1→4) 결합이 끊어지고 다른 α(1→4) 결합이 만들어지는데, 이 효소는 4:4 전달효소로 작용을 한다. 두 번째, α(1→6) 결합으로 연결되어 남아있는 1개의 포도당 잔기가 아밀로-α(1→6)-글루코사이드분해효소 활성에 의 해 가수분해되어 유리(인산화되지 않은) 포도당을 생성한다. 이제 포도당 사슬은 다음 가지에서 4개의 포도당 단위 앞에 이를 때까지 당원 가인산분해효소에 의해 분해될 수 있다.

C. 1-인산포도당 이성질체화에 의한 6-인산포도당의 생성

당원 가인산분해효소에 의해 생성된 1-인산포도당은 세포질액에서 인산포도당자리옮김효소에 의해 6-인산포도당으로 이성질체화된다. 이것은 일시적이지만 필수적인 중간대사물로서 1,6-이중인산포도당을 생성하는 반응이 다(그림 11.6 참조). 간에서 6-인산포도당은 6-인산포도당자리바꿈효소에 의해 세포질그물(ER) 안으로 이동한다. ER에서 포도당신생성의 마지막 단계의 효소와 동일한 6-인산포도당 인산염분해효소에 의해 포도당으로 탈인산화된다(138쪽 참조). 그 포도당은 ER에서 세포질액으로 수송된다. 간세포는 포도당을 혈액으로 분비하여 포도당신생성 경로가 활발하게 포도당을 생성할 때까지 혈중 포도당 농도를 유지되는 것을 도와준다. [참고: 근육에는 6-인산포도당 인산염분해효소가 없기 때문에 6-인산포도당을 탈인산화할 수 없고 혈액으로 분비된다. 대신에 당분해를 통하여 근육 수축에 필요한 에너지를 제공한다.]

D. 용해소체의 당원분해

용해소체 효소인 α(1→4)-글루코사이드분해효소(산성 엿당분해효소)에 의해 소량의(1~3%) 당원이 분해된다. 이 자가포식 경로의 목적은 알려져 있지 않다. 그러나 이 효소가 결핍되면 세포질액의 공포(vacuole) 안에 당

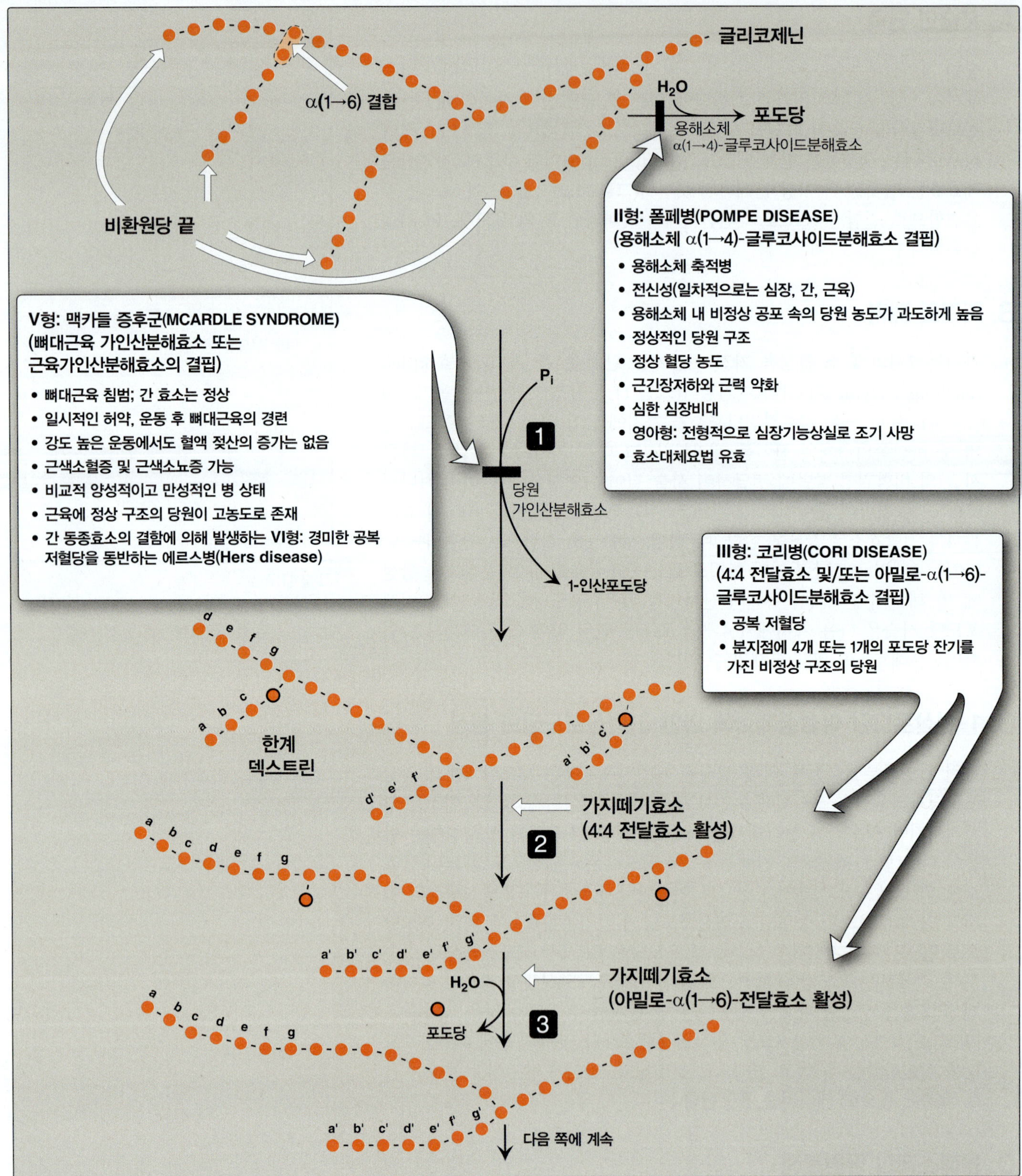

그림 11.8

당원분해. 일부의 당원축적병(GSD)을 보여줌. [참고: IV형 GSD: 안데르센병(Andersen disease)은 합성효소인 가지달기효소의 결함에 의해 발생할 수 있고 소아기 초기에 간경화로 사망한다.] P_i = 무기인산염.

(다음 쪽에 계속)

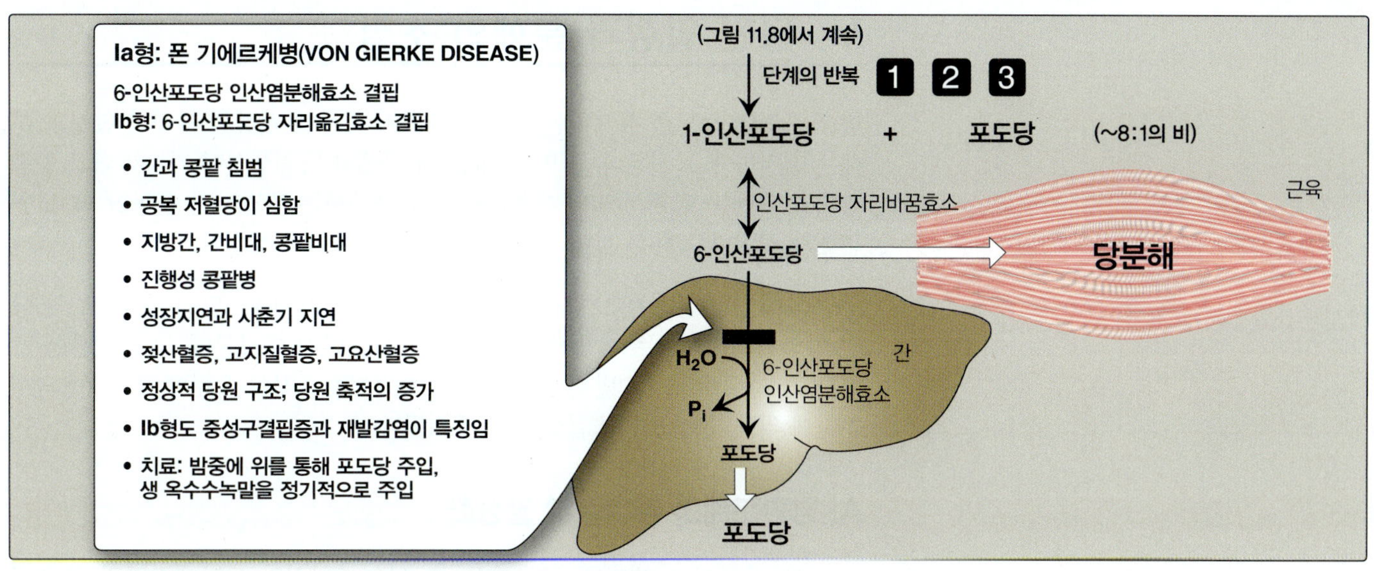

그림 11.8 (앞쪽에서 계속)
당원분해. 일부의 당원축적병(GSD)을 보여줌.

원이 축적되어 아주 심각한 II형 GSD(폼페병; Pompe disease, 표 11.1과 그림 11.8 참조)이 발생한다. [참고: 폼페병은 용해소체 축적병에 속하는 유일한 당원축적병이다.]

> 용해소체 축적병은 유전병으로서 일차적으로 용해소체의 분해작용이 감소하여 탄수화물이나 지질이 비정상적으로 많은 양이 축적되는 것이 특징이다.

표 11.1 당원축적병의 기술

유형[a]	효소 결핍	주요 징후/증상
1형-폰기르케병	6-인산포도당 인산염분해효소	젖산산증, 저혈당, 고요산혈증, 성장장애, 뼈엉성증
2형-폼페병[a]	산성 α-글루코사이드분해효소 (산성 엿당분해효소)	용해소체의 과도한 당원, 정상 혈당. 간 비대 그리고 심장; 심각한 형태의 근육 약화 및 심장 문제
3형-코리병[a]	당원 가지떼기효소 (4:4 전달효소)	간 비대, 성장 지연, 공복 저혈당, 비정상 당원 구조, 혈중 지방 증가, 근육 약화 가능성
4형-앤더슨병	당원 가지달기효소 (4:6 전달효소)	성장 지연, 간 비대, 근육병증; 일반적으로 5세까지 사망
5형-맥아들병[a]	근육 당원 가인산분해효소 (근육가인산분해효소)	운동 후 근육 약화 및 경련; 일반적으로 비교적 양성, 만성 상태
6형-허스병	간 당원 가인산분해효소	간 비대; 저혈당; 발달 지연
7형-타루이병	근육 인산과당인산화효소	운동으로 인한 근육경련, 발달지연, 용혈성 일부의 빈혈

[a] 여기서는 15가지 GSD(당원축적병) 중 7개를 기술하고 있다. 그림 11.3을 참조하시오.

V. 당원 합성과 분해의 조절

혈중 포도당 농도를 유지하는 것이 중요하기 때문에 저장형 당원의 합성과 분해는 철저하게 조절된다. 포만 상태일 때 간에서 당원생성이 가속화되고 공복 상태일 때에는 당원분해가 가속화된다. 근육에서는 활발하게 운동할 때 당원분해가 일어나고 휴식 상태에서는 다시 당원생성이 시작된다.

당원의 합성과 분해는 2가지 수준에서 조절된다. 첫 번째, 당원 생성효소와 당원 가인산분해효소는 전체적으로 몸의 요구에 맞춰 호르몬에 의해(인산화/탈인산화) 조절된다. 두 번째, 같은 효소들이 특정 조직의 요구에 맞춰 (효과제 분자에 의해) 다른자리조절을 받아 제어된다.

A. 당원분해의 공유결합 활성화

글루카곤이나 에피네프린 같은 호르몬이 형질막 G단백질연결 수용체(GPCR)에 결합하면(혈중 포도당 농도를 올리거나 운동 중인 근육에 에너지를 공급하기 위해) 당원분해가 필요하다는 신호가 된다.

1. **단백질 인산화효소 A의 활성화:** 글루카곤이나 에피네프린이 특정 간세포 GPCR에, 또는 에피네프린이 특정 근육세포 GPCR에 결합하면 아데닐릴 고리화효소의 G단백질 매개 활성화가 일어난다. 이 효소는 cAMP 합성을 촉진하고, cAMP는 cAMP의존 단백질 인산화효소 A(PKA)를 활성화한다. cAMP는 조절 소단위 이합체와 결합하여 각각의 촉매 소단위를 활성형으로 유리시킨다(그림 11.9). 그 다음에 PKA는 당원 대사에 관여하는 여러 효소들을 인산화하여 효소활성에 영향을 준다. [참고: cAMP가 제거되면 불활성형의 사합체가 다시 형성된다.]

2. **가인산분해효소 인산화효소의 활성화:** 이 효소는 불활성형 "b"와 활성형 "a"의 두 가지 형태가 존재한다. 활성형 PKA는 가인산분해효소 인산화효소의 불활성형 "b"를 인산화하여 활성형 "a"를 생성한다(그림 11.9 참조).

3. **당원 가인산분해효소의 활성화:** 이 효소도 또한 인산화되지 않은 불활성형 "b"와 인산화된 활성형 "a"의 형태로 존재한다. 활성형 가인산분해효소 인산화효소는 당원 가인산분해효소 b를 인산화하여 활성형 a로 바꾸어 당원분해가 시작되도록 하는 유일한 효소이다(그림 11.9 참조).

4. **신호 증폭:** 위에 열거한 반응들의 연쇄증폭을 거치면 당원분해가 활성화된다. 대부분의 순차적인 단계는 호르몬 신호의 효과를 증폭시키는 작용을 한다. 즉 소수의 호르몬이 GPCR 수용체에 결합하여 수많은 PKA 분자를 활성화하고, 이어서 이들은 결과적으로 각각 다른 많은 가인산분해효소 인산화효소 분자를 활성화한다. 이 결과에 의해 당원을 분해할 수 있는 수많은 활성형 당원 가인산분해효소 a의 많은 분자가 생성된다.

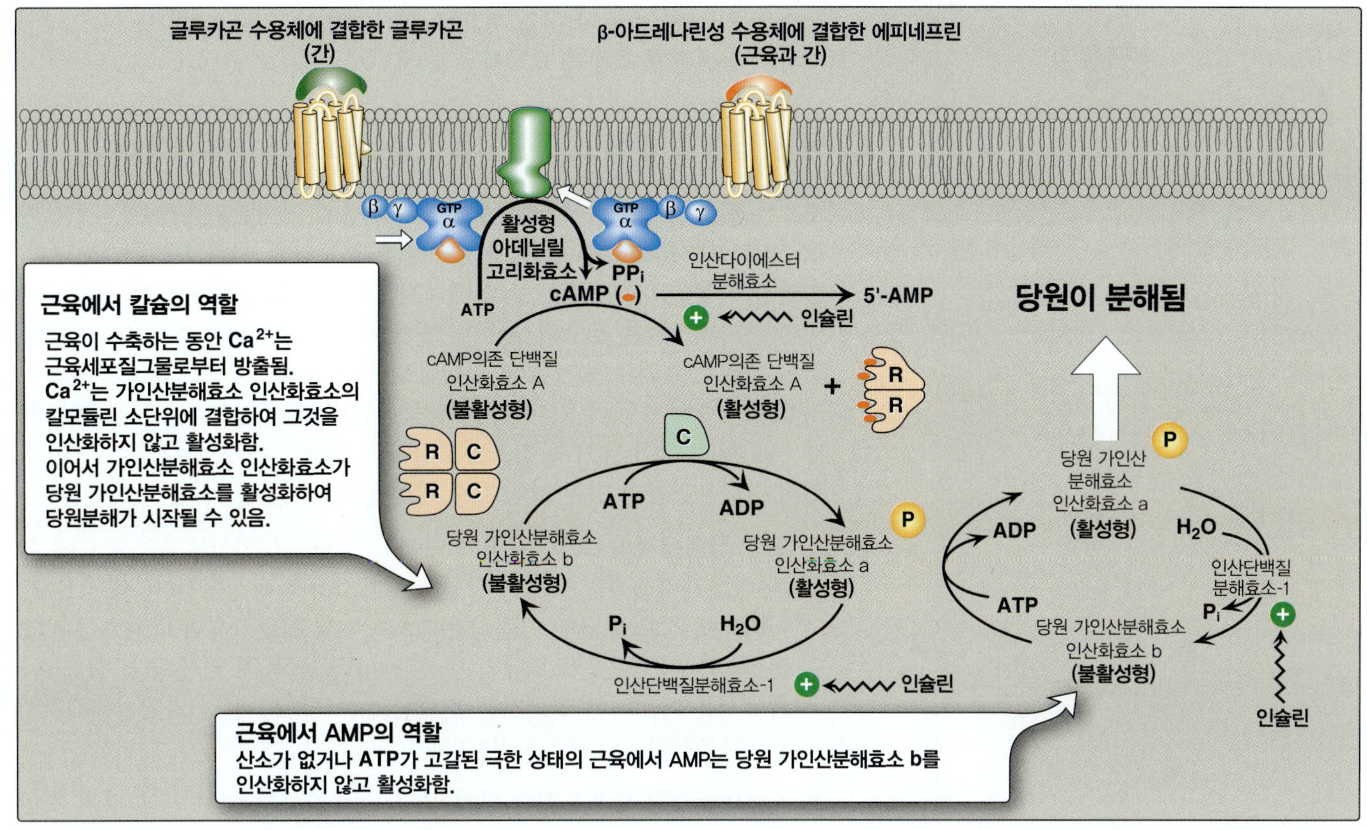

그림 11.9

당원분해의 촉진과 억제. AMP = 일인산아데노신; cAMP = 고리AMP; GTP = 삼인산구아노신; (P) = 인산염; PP_i = 파이로인산염; R = 조절 소단위; C = 촉매 소단위.

5. **인산화 상태의 유지:** CAMP에 대한 반응으로 가인산분해효소 인산화효소와 가인산분해효소에 첨가된 인산기는 인산염을 가수분해하여 제거하는 인산단백질분해효소-1(PP1)이 억압자 단백질(이 또한 CAMP에 의해 인산화되어 활성화됨)에 의해 불활성화되기 때문에 그대로 붙어 있다(그림 11.9 참조). 인슐린도 또한 cAMP를 분해하는 인산다이에스터분해효소를 활성화하기 때문에, 인슐린은 글루카곤과 에피네프린과 반대의 작용을 한다.

B. 당원생성의 공유결합 억제

당원생성의 조절효소는 당원 생성효소이다. 이 효소도 2가지 형태, 즉 활성형 "a"와 불활성형 "b"로 존재한다. 그러나 가인산분해효소 인산화효소와 가인산분해효소와 대조적으로 당원 생성효소의 활성형은 탈인산 형태이고 불활성형은 인산화된 형태이다. 반면에 불활성형은 효소의 여러 부위에서 인산화되며, 인산화 정도에 비례하는 불활성화 수준에 따른다(그림 11.10). 인산화는 cAMP 또는 다른 신호전달 기전의 조절을 받는 여러 가지 다른 단백질 인산화효소에 의해 촉진된다(아래의 C 참조). 당원 생성효

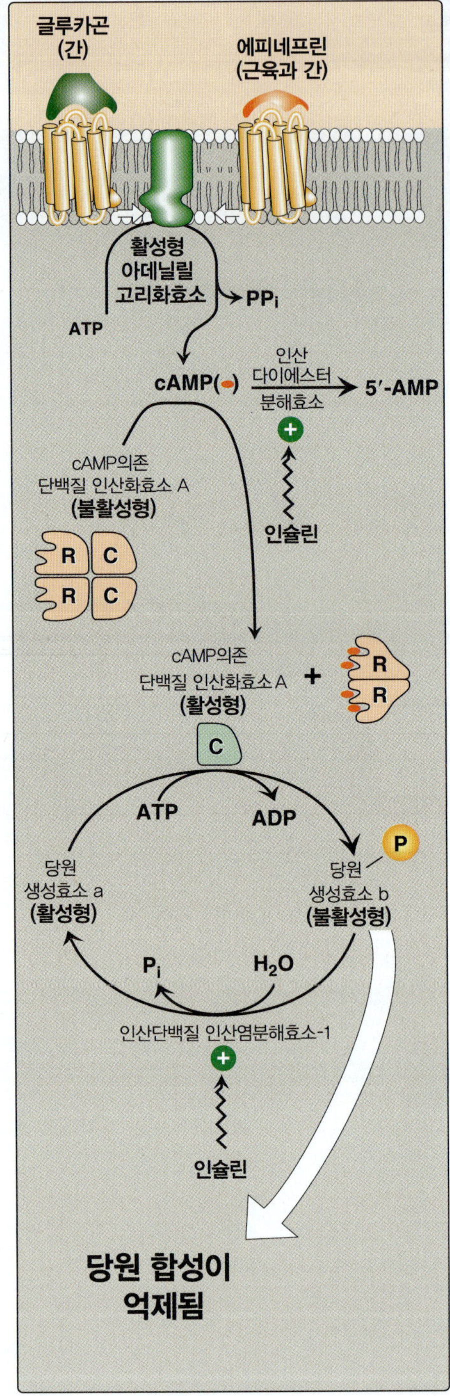

그림 11.10
당원 합성의 호르몬에 의한 조절 [참고: 당원 가인산분해효소와 대조적으로 당원 생성효소는 인산화에 의해 불활성화됨.] cAMP = 고리일인산아데노신; P = 인산염; PP_i = 파이로인산염; R = 조절 소단위; C = 촉매 소단위. ADP = 이인산아데노신.

소 b는 PP1에 의해 다시 "a"형으로 재전환될 수 있다. 그림 11.11은 당원 대사의 공유결합 조절을 요약하고 있다.

C. 당원 합성과 분해의 다른자리조절(allosteric regulation)

호르몬 신호에 추가하여 당원 생성효소와 당원 가인산분해효소는 세포 가 요구하는 대사물과 에너지량에 반응한다. 포도당과 에너지량이 많으면 당원생성이 촉진되지만 포도당과 에너지량이 적으면 당원분해가 증가한다. 이 다른자리조절은 세포의 요구에 대해 빠르게 반응하여 호르몬매개 공유결합 조절의 효과를 능가한다. [참고: 당원 대사에서 다른자리조절 효소의 "a"와 "b" 형태는 각각 R(이완, 더 활동적인)과 T(긴장된, 덜 활동적인) 형태 사이의 평형이다(31쪽 참조). 조절자의 결합은 평형 상태를 바꾸고 직접적인 공유결합의 변형 없이 효소 활성을 변화시킨다.]

1. **포만 상태에서의 조절:** 포만 상태에서는 높은 6-인산포도당 농도에 의해 다른자리조절을 통하여 당원 생성효소 b가 활성화된다(그림 11.12). 이와 대조적으로 당원 가인산분해효소는 세포의 고에너지 신호인 ATP 뿐만 아니라 6-인산포도당의 다른자리조절을 통해 억제된다. 참고: 근육에서는 아니지만 간에서는 비인산화 포도당도 당원 가인산분해효소 a의 다른자리조절 억제물질이다.

2. **AMP에 의한 당원분해의 활성화:** 간 동종효소가 아닌 근육 당원 가인산분해효소(근육가인산분해효소)는 무산소 및 ATP 고갈의 극한 조건에서 발생하는 높은 AMP 농도의 존재 하에서 활성화된다. AMP는 인산화없이 활성화되는 당원 가인산분해효소 b에 결합한다(그림 11.9 참조). AMP는 또한 해당과정의 PFK-1을 활성화하여 당원분해로부터 포도당의 산화를 허용한다는 사실을 상기하라.

3. **칼슘에 의한 당원분해의 활성화:** Ca^{2+}은 근육세포에서는 신경자극에 반응하여, 그리고 간에서는 α_1-아드레날린성 수용체와 결합하는 에피네프린에 반응하여 근육세포질그물로 방출된다. Ca^{2+}은 칼모듈린(CaM)과 결합하는데, 이것은 가장 광범위하게 분포하는 작은 칼슘결합 단백질족의 하나이다. CaM에 4 분자의 칼슘이 결합하여 입체형태 변화를 초래한다. 이렇게 활성화된 Ca^{2+}-CaM 복합체는 단백질 분자에 결합하여 그것을 활성화하지만, 복합체가 없으면 단백질은 불활성형으로 된다(그림 11.13). 따라서 CaM은 많은 복합 단백질의 필수적인 소단위로 작용한다. 그러한 단백질 중 하나가 사합체 가인산분해효소 인산화효소인데, 이것의 b형은 PKA가 인산화할 다른 인산화효소는 필요도 없이 Ca^{2+}이 δ 소단위(CaM)에 결합함으로써 활성화된다. [참고: β-아드레날린성 수용체에서 에피네프린은 칼슘의 증가를 통하지 않고 cAMP를 통하여 신호전달을 한다.]

   a. **칼슘에 의한 근육 가인산분해효소 인산화효소의 활성화:** 근육이 수축할 때에는 당장 급하게 ATP가 필요하다. 이 에너지는 근육에 저장된 당원을 6-인산포도당으로 분해한 후 당분해 과정을 통해 공급된다. 신경 자극은 막 탈분극을 유발하고, 이어서 근육세포의 근육

세포질그물에서 근육세포질로 Ca^{2+}의 유리를 촉진한다. Ca^{2+}은 CaM 소단위와 결합하고, 이 복합체는 근육 가인산분해효소 인산화효소 b를 활성화한다(그림 11.9 참조).

b. **간 가인산분해효소 인산화효소의 활성화:** 생리적 스트레스에서 에피네프린은 부신 속질에서 분비되어 혈액 포도당이 필요하다는 신호를 보낸다. 이 포도당은 처음에는 간 당원분해로부터 나온다. 에피네프린이 간세포의 α_1-아드레날린성 GPCR에 결합하면 인지질의존 연쇄증폭이 활성화되어 Ca^{2+}이 ER로부터 세포질로 이동한다. Ca^{2+}-CaM 복합체는 간 가인산분해효소 인산화효소 b에 결합하여 그것을 활성화한다. 참고: 분비된 Ca^{2+}도 역시 당원 생성효소 a를 인산화하고 불활성화하는 단백질 인산화효소 C의 활성화에 도움을 준다.

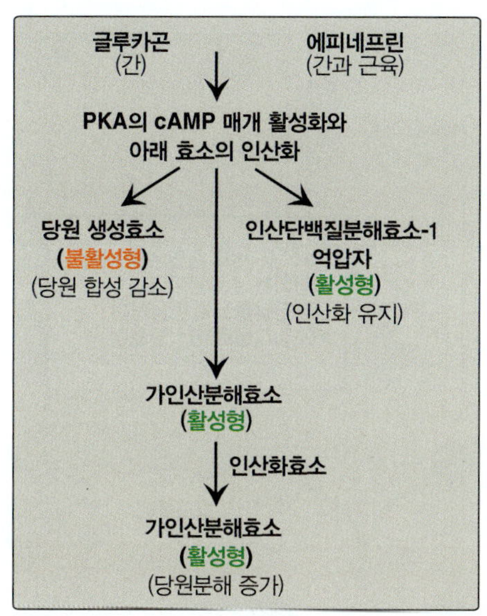

그림 11.11
당원 대사의 호르몬매개 공유결합 조절. cAMP = 고리 AMP; PKA = 단백질 인산화 효소 A.

VI. 당원축적병(Glycogen Storage Disease, GSD)

당원축적병은 당원의 분해 드물게는 합성에 필요한 효소의 결함으로 발생하는 많은 유전병이다. 가장 흔한 증상은 저혈당, 간 확대, 느린 성장, 근육 약화 또는 경련이다. 이 질병은 비정상 구조의 당원이 합성되거나 분해 과정이 잘못되어 특정 조직에 정상 당원이 과다하게 축적되기도 한다. 간(저혈당 초래)이나 근육(근육허약 초래)과 같은 단일 조직에서 특정 효소가 결함을 갖고 있거나, 효소 결함이 많은 심장과 콩팥 조직에 영향을 주기도 한다. 당원축적병(GSD)의 경중도는 유아기의 치명적인 상태부터 생명에 지장없는 경증까지 폭이 넓다. 전반적으로 15개의 인정된 GSD 유형이 있다. 일부는 매우 드물다. 더 널리 퍼진 유형의 GSD는 표 11.1에 설명되어 있으며 가장 일반적인 GSD 세 가지는 그림 11.8에 설명되어 있다.

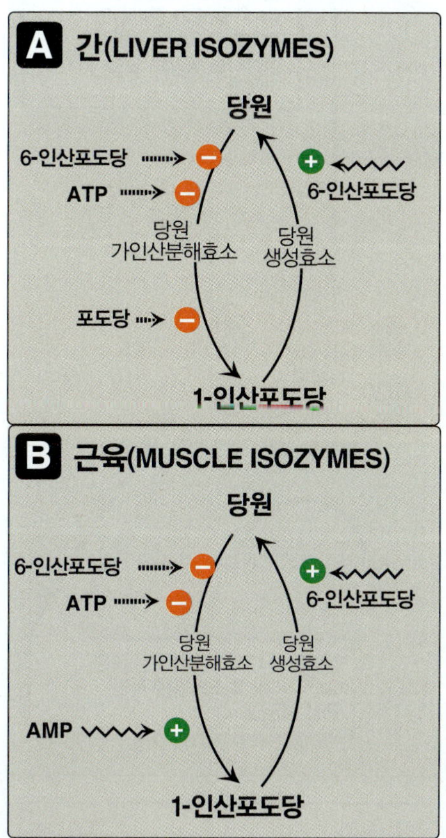

그림 11.12
당원 합성과 분해의 다른자리조절(allosteric regulation). **A.** 간. **B.** 근육.
AMP = 일인산아데노신.

VII. 요약

- 몸에서 주요 **당원** 저장소인 **뼈대근육**은 근육**수축**에 필요한 ATP의 합성을 위한 연료 저장소이며, **간**은 특별히 **공복**의 초기 단계에서 **혈중 포도당** 농도를 유지하기 위해 당원을 사용한다.
- 당원은 **α-D-포도당 가지**가 아주 많은 **중합체**이다.
- 당원의 구성단위체인 **UDP-포도당**은 **UDP-포도당 가파이로인산분해효소**에 의해 **1-인산포도당**과 UTP로부터 합성된다(그림 11.14).
- α(1 → 4) 결합을 만드는 시발체 필요 **당원 생성효소**에 의해 UDP-포도당의 **포도당**이 당원 사슬의 **비환원성 말단**에 전달된다. **시발체**는 **글리코제닌**에 의해 만들어진다. 가지는 **아밀로-α(1 → 4) → α(1 → 6)-글루코사이드분해효소**(일반명 포도포도당기 **4:6 전달효소**)에 의해 만들어지며, 이 효소는 당원 사슬의 비환원성 말단에서 6~8개의 포도당 잔기[α(1 → 4) 결합의 절단]를 같은 사슬의 다른 잔기에 α(1 → 4) 결합으로 전달한다.

그림 11.13
칼모듈린은 세포속 칼슘의 다양한 효과를 조정한다. [참고: Ca^{2+}는 간과 근육의 가인산분해효소를 활성화한다.]

- **당원 가인산분해효소**는 당원 사슬의 비환원성 말단의 포도당 잔기 사이의 α(1 → 4) 결합을 절단하여 **1-인산포도당**을 생성한다.
- 1-인산포도당은 **인산포도당자리옮김효소**에 의해 **6-인산포도당**으로 전환된다.
- **근육**에서 6-인산포도당은 당분해로 들어간다. **간**에서 **6-인산포도당분해효소**에 의해 인산기가 제거되고 유리 포도당이 방출되어 공복 초기에 혈중 포도당 농도 유지에 사용된다.
- 인산염분해효소의 결핍은 Ia형 당원축적병(**폰기에르케병**)의 원인이다. 이 병에 걸리면 공복 상태에서 간은 유리 포도당을 몸에 공급할 능력을 잃는다. 이것은 당원분해와 포도당신생성에 영향을 미친다.
- 당원 합성과 분해는 몸 전체의 요구에 따라 같은 호르몬 신호에 의해 **상호적으로 조절**된다. 즉 **인슐린 농도가 증가**하면 전체적으로 **당원생성이 증가**하고 **당원분해가 감소**하는 반면에 **글루카곤**(또는 **에피네프린**) **농도가 증가**하면 반대효과의 원인이 된다.
- 핵심 효소들은 **단백질 인산화효소족**에 의해 인산화되는데, 이 중 일부는 **cAMP**(글루카곤과 에피네프린에 의해 증가하는 화합물)에 의존적이다. 인산기는 **인산단백질분해효소-1**에 의해 제거된다.
- **당원 생성효소, 가인산분해효소 인산화효소, 가인산분해효소** 등도 또한 조직의 요구에 따라 **다른자리조절**을 받는다.
- 포만 상태에서 당원 생성효소는 6-인산포도당에 의해 활성화되지만 당원 가인산분해효소는 6-인산포도당뿐만 아니라 ATP에 의해서도 억제된다.
- 간에서 포도당도 또한 당원 가인산분해효소의 다른자리조절 억압자로 작용한다.
- 운동 상태의 근육과 에피네프린에 반응하는 간에서 방출된 Ca^{2+}은 효소의 **칼모듈린** 소단위에 결합함으로써 가인산분해효소 인산화효소를 활성화한다. 이렇게 되면 이 효소가 당원 가인산분해효소를 활성화하고, 따라서 당원분해가 일어날 수 있다.

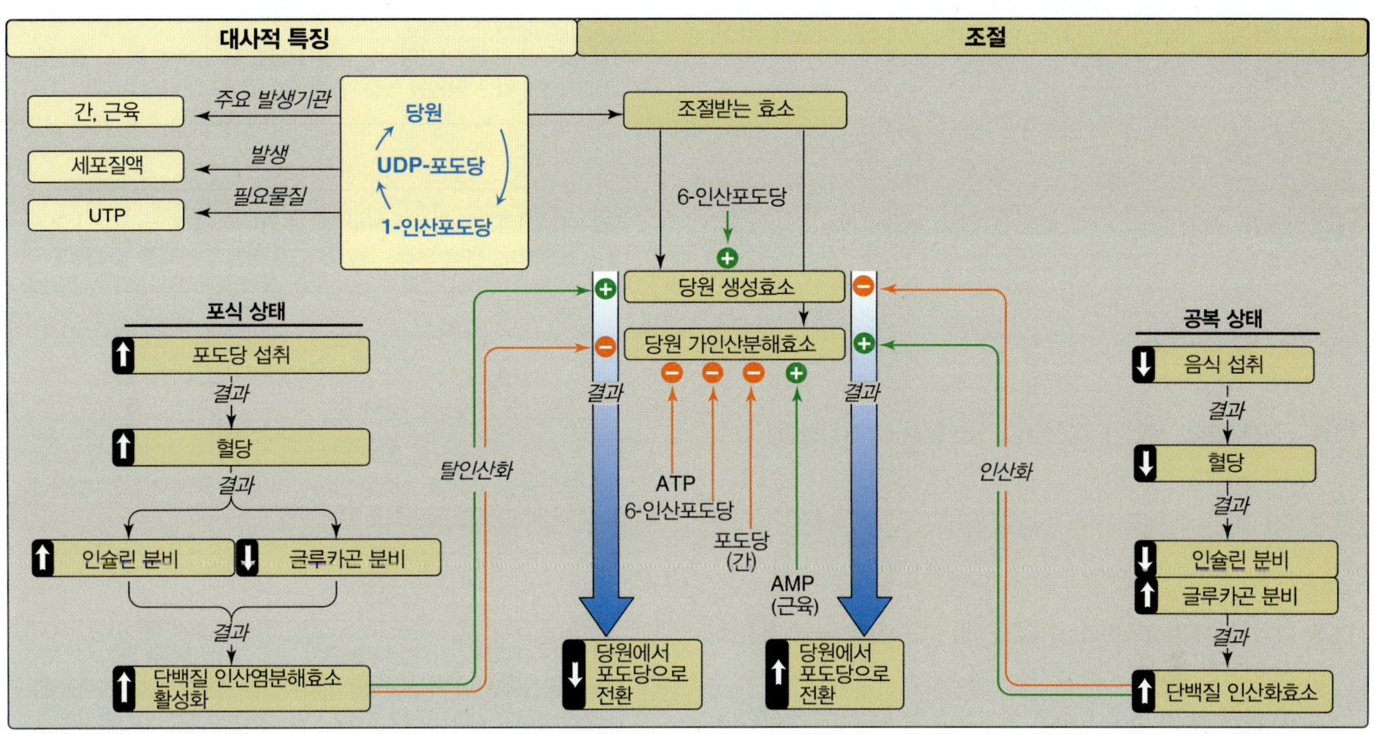

그림 11.14
간의 당원 대사의 핵심 개념도. [참고: 당원 가인산분해효소는 가인산분해효소 인산화효소에 의해 인산화되는데, 이 효소의 b형은 Ca^{2+}에 의해 활성화될 수 있다.] UDP와 UTP = 이인산유리딘, 삼인산유리딘; AMP = 일인산아데노신.

연습문제

가장 올바른 답을 하나만 고르시오.

문제 11.1~11.4 선택된 당원축적병의 임상 증상과 결핍된 효소를 짝지으시오.

보기	당원축적병	결핍효소
A	폰기르케병 1a형	6-인산포도당 인산염분해효소
B	폼페병 2형	산성 엿당분해효소
C	코리병 3형	4:4 전달효소
D	앤더슨병 4형	4:6 전달효소
E	맥아들병 5형	근육가인산분해효소
F	허스병 6형	간 가인산분해효소

11.1 운동 중 혈액 젖산의 증가를 동반하지 않는 운동저항성

정답 = E. 근육가인산분해효소(당원 가인산분해효소의 근육 이종효소) 결핍은 근육의 당원분해를 방해하여 근육의 당원유래 포도당을 고갈시킴으로써 당분해와 무산소 당분해의 생성물인 젖산을 감소시킨다.

11.2 치명적인 진행성 간경화와 정상보다 긴 바깥 사슬을 가진 당원

> **정답 = D.** 당원 합성의 이상인 4:6 전달효소(가지달기효소) 결핍은 가지가 거의 없는 당원을 만들기 때문에 용해도가 낮다.

11.3 당원의 전신 축적, 심한 근육긴장저하, 심부전으로 인한 사망

> **정답 = B.** 산성 엿당분해효소[α(1 → 4)-글루코사이드분해효소] 결핍(또는 폼페병)은 용해소체로 들어온 모든 당원의 분해를 방해한다.

11.4 공복시 심한 저혈당, 젖산혈증, 요산혈증, 고지질혈증

> **정답 = A.** 6-인산포도당 인산염분해효소 결핍은 간에서 혈액으로 유리 포도당을 방출하는 것을 방해하여 심한 공복 저혈당, 젖산산증, 고요산혈증, 고지질혈증을 유발한다.

11.5 다음 중 에피네프린과 글루카곤 둘 다는 간의 당원 대사에서 어떠한 효과를 가지는가?

A. 당원 가인산분해효소와 생성효소 둘 다 모두 인산화에 의해 활성화되지만 매우 다른 속도를 보인다.
B. 칼슘의 증가에 의해 당원 가인산분해효소는 불활성화되지만 당원 생성효소는 활성화된다.
C. 당원 가인산분해효소는 인산화에 의해 활성화되지만 당원 생성효소는 인산화에 의해 불활성화된다.
D. 둘 다 당원의 순합성이 증가한다.

> **정답 = C.** 에피네프린과 글루카곤은 모두 당원분해를 증가시키고, 간에서 당원 대사의 핵심효소들의 공유결합 변형(인산화) 기전을 통해 당원 합성을 감소시킨다. 당원 가인산분해 효소는 인산화되어 활성형 a로 되는 반면에 당원 생성효소는 인산화되어 불활성형 b로 된다. 글루카곤은 칼슘을 증가시키지 않는다.

11.6 수축 중인 뼈대근육에서 세포질액 Ca^{2+} 농도의 급격한 증가는 다음의 결과를 초래한다:

A. 고리 AMP(cAMP) 의존 단백질 인산화효소 A의 활성화
B. 인산다이에스터분해효소에 의한 cAMP의 AMP로의 변환
C. 당원 생성효소 b의 직접적인 활성화
D. 가인산분해효소 인산화효소 b의 직접적인 활성화
E. 인산단백질 인산염분해효소-1에 의한 가인산분해효소 인산화효소 a의 불활성화

> **정답 = D.** 운동하는 동안 근육세포질그물에서 방출된 Ca^{2+}는 가인산분해효소 인산화효소의 칼모듈린 소단위에 결합함으로써 다른자리조절을 통해 이 효소의 탈인산화 b형을 활성화시킨다. 다른 보기들은 세포질액 칼슘의 농도가 증가하여 유발되는 것이 아니다. [참고: Ca^{2+}는 간 가인산분해효소 b를 활성화시킨다.]

11.7 저혈당이 Ia형 당원축적병(6-인산포도당 인산염분해효소 결핍)에서 심하고, VI형 GSD(간 가인산분해효소 결핍)에서는 경미한 이유를 설명하라.

> Ia형 GSD에서 간은 당원분해나 포도당신생성으로부터 유리 포도당을 생성할 수 없다. 그 이유는 두 과정 모두 6-인산포도당을 생성하기 때문이다. VI형 GSD에서 간은 아직까지 포도당신생성으로부터 유리 포도당을 생성할 수 있지만 당원분해는 억제되어 있다.

단당 및 이당의 대사

12

I. 개관

포도당은 사람이 소비하는 가장 흔한 단당이며, 그 대사는 이미 논의되었다. 과당과 갈락토스는 음식(주로 이당에 존재함)에 다량 존재할 뿐 아니라 에너지 대사에도 중요한 기여를 한다. 또한 갈락토스는 당화 단백질들의 중요한 구성 성분이다. 그림 12.1은 몸에서 에너지 대사의 필수 경로의 일부인 과당과 갈락토스의 대사를 보여준다.

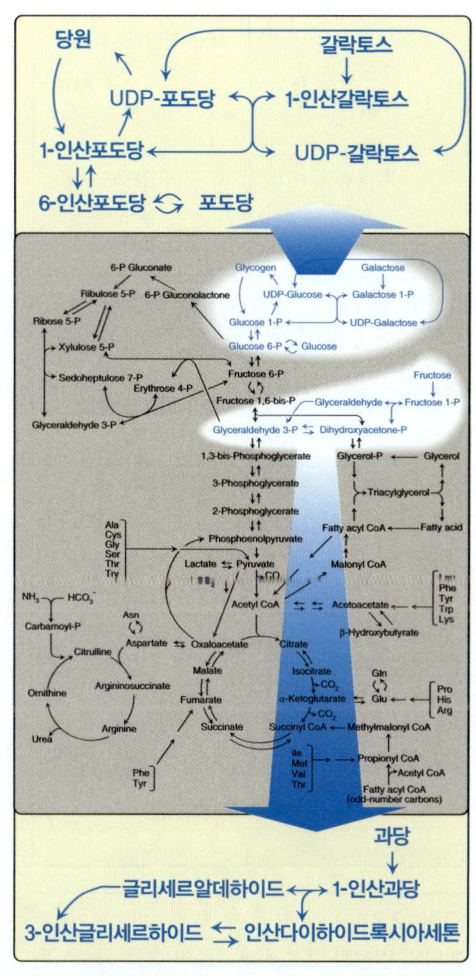

그림 12.1
에너지 대사에서 필수 경로의 일부를 보여주는 갈락토스와 과당의 대사. [참고: 전체 대사반응에 대한 자세한 내용은 그림 8.2 참조.] UDP = 이인산 유리딘.

II. 과당 대사(Fructose Metabolism)

전형적인 서양인의 식사에 포함된 칼로리의 약 10%는 과당(~55 g/1일)에서 공급된다. 과당의 주요 공급원은 이당인 설탕이며, 이것은 창자에서 분해되어 같은 양의 과당과 포도당을 생성한다. 과당은 또한 여러 종류의 과일, 꿀, 고농도의 과당 함유 옥수수 시럽(전형적으로 55% 과당과 45% 포도당) 등에 유리 단당으로 존재하며, 주로 음료수와 음식을 달게 하기 사용한다. 과당은 세포로 들어갈 때 인슐린에 의존하지 않으며(조직으로 포도당이 들어가는 것과 다름), 포도당과 대조적으로 인슐린의 분비를 촉진시키지도 않는다.

A. 인산화

과당이 중개대사 경로에 들어가려면 먼저 인산화되어야 한다(그림 12.2). 이 과정은 육탄당인산화효소 또는 과당인산화효소의 활성에 의해 진행된다. 육탄당인산화효소는 모든 세포에서 포도당을 인산화하며, 몇 개의 육탄당도 이 효소의 기질이 된다. 그러나 이 효소는 과당에 대해 낮은 친화력(즉 높은 K_m)을 갖고 있다.

따라서 세포속 과당의 농도가 현저하게 증가하지 않고 포도당의 농도가 정상적으로 포화되는 것은 과당이 육탄당인산화효소에 의해 6-인산과당으로 거의 인산화되지 않는다는 것을 의미한다. 과당인산화효소는 과당 인산화의 일차적인 기전을 보여준다(그림 12.2 참조). 이 효소는 과당에 대해 낮은 K_m과 높은 V_{max}를 갖는다. 이 효소는 간(대부분의 음식 과당을 처리함), 콩팥, 작은창자 점막 등에서 발견되며, 인산염 주개로 ATP를 사

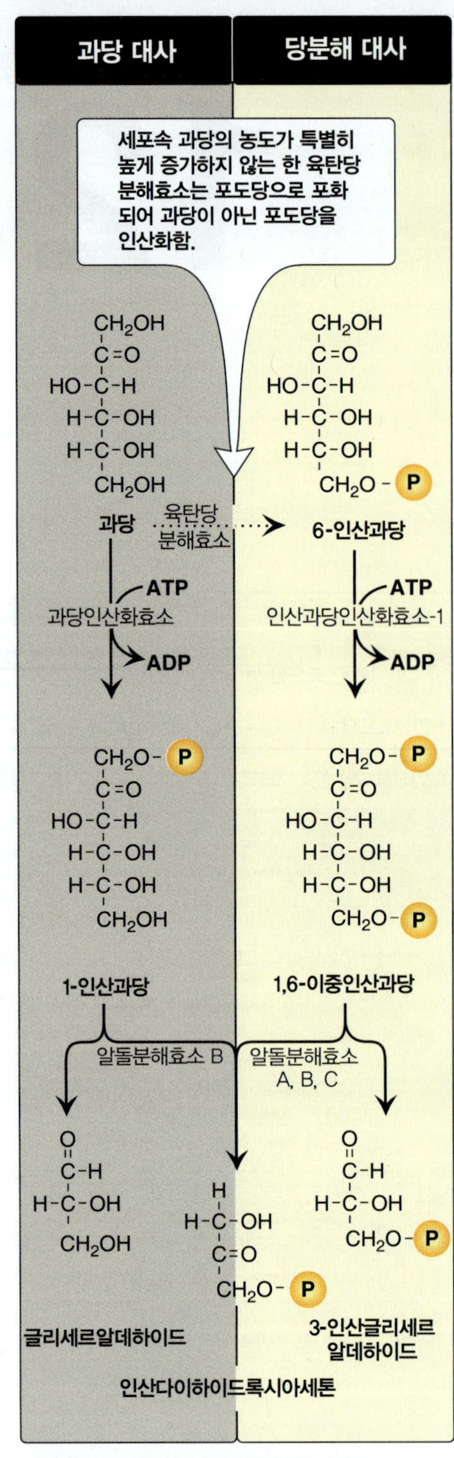

그림 12.2
과당의 인산화 생성물과 그들의 절단. Ⓟ = 인산염; ADP = 이인산아데노신.

용하여 과당을 1-인산과당으로 전환시킨다. [참고: 또한 이 3개의 조직들은 알돌분해효소 B를 함유한다. B항의 설명 참조.]

B. 1-인산과당의 절단

1-인산과당은 6-인산과당처럼 1,6-이중인산과당으로 전환되지 않지만(113쪽 참조) 알돌분해효소 B(1-인산과당 알돌분해효소)에 의해 절단되어 두 개의 삼탄당, 즉 인산다이하이드록시아세톤(DHAP)과 글리세르알데하이드를 생성한다. [참고: 사람은 3종류의 알돌분해효소 A, B, C를 발현하는데, 서로 다른 유전자의 생성물; 대부분의 조직에서 발견되는 알돌분해효소 A형; 주로 간, 콩팥, 작은창자에는 알돌분해효소 B형; 뇌에는 C형이 발현된다. 모두 당분해에서 생성되는 1,6-이중 인산과당을 절단하여 DHAP와 3-인산글리세르알데하이드를 생성한다. 그러나 1-인산과당을 절단하는 것은 알돌분해효소 B뿐이다.] 그림 12.3에 도시된 것처럼 DHAP는 직접적으로 당분해나 포도당 신생성 과정으로 들어갈 수 있는 반면에 글리세르알데하이드는 수많은 경로에서 사용될 수 있다.

C. 반응속도론

1-인산과당으로부터 형성되는 삼탄당이 당분해 과정의 주요 속도제한 단계인 인산과당인산화효소-1을 우회하기 때문에 과당의 대사속도는 포도당보다 빠르다.

D. 장애

대사 경로로 과당이 들어갈 때 필요한 핵심 효소 중에서 과당인산화효소가 결핍되면(본태 과당뇨) 가벼운 장애를 일으키며, 알돌분해효소 B가 결핍되면(유전성 과당못견딤증, HFI) 간과 콩팥 대사에 심각한 장애가 생기는데, HFI는 ~1:20,000 출생의 비율로 발병하는 것으로 추정된다(그림 12.3 참조).

HFI의 첫 번째 증상은 아기가 젖을 떼고 처음으로 설탕이나 과당이 함유된 음식을 먹을 때 시작된다. 1-인산과당이 축적되어 결과적으로 무기인산염(P_i)의 농도가(따라서 ATP의 농도도) 떨어진다. ATP가 떨어지면 AMP는 증가한다. 무기인산염(P_i)이 결핍되면 AMP가 분해되어 고요산혈증과 젖산산증이 발생한다. 간에서 ATP 이용도가 감소하면 포도당신생성(장애시 구토를 동반한 저혈당증을 유발함)과 단백질 합성(장애시 혈액 응고인자와 다른 필수적인 단백질의 감소를 유발함)에 악영향을 준다. 인산염의 콩팥 재흡수도 줄어든다. [참고: P_i가 떨어져도 당원분해를 억제한다.]

HFI의 진단은 소변의 과당을 근거로 하는 측정법, 간 세포의 효소측정법, 또는 DNA 기반 검사법으로 할 수 있다(34장 참조). 알돌분해효소 결핍이 신생아 선별검사의 항목에 들어간다. 이 HFI 환아들은 과당뿐 아니라 설탕의 섭취를 제한하여 간기능상실과 사망을 방지해야 한다. 참고: HFI 환아들은 단맛을 극히 싫어하는 경향이 있다.

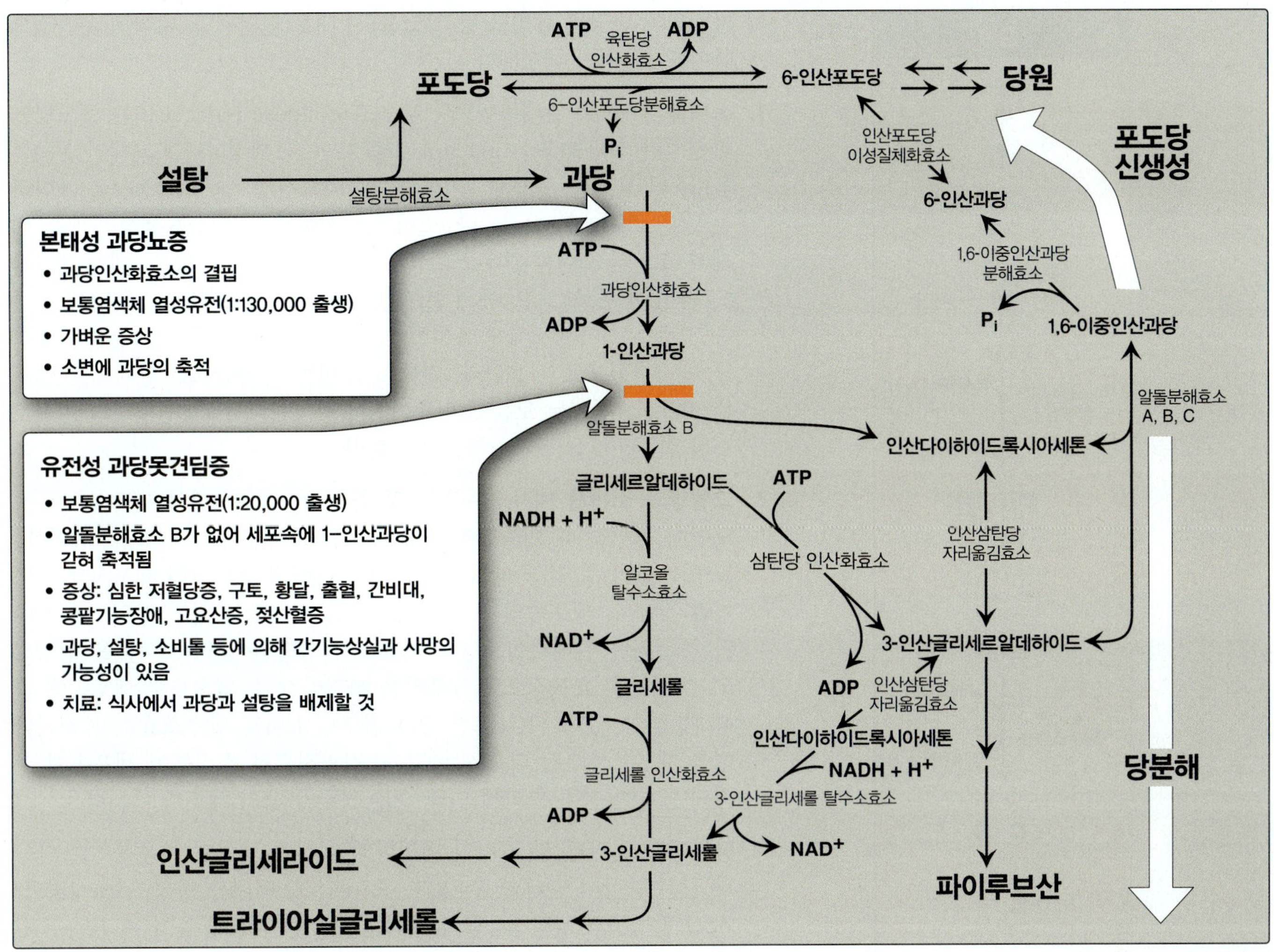

그림 12.3
과당 대사의 요약. P = 인산염; P_i = 무기인산염; NADP(H) = 니코틴아마이드 아데닌 다이뉴클레오타이드 인산염; ADP = 이인산아데노신.

E. 마노스의 6-인산과당으로의 전환

포도당의 C-2 위치이성질체인 마노스(mannose)는 당단백질의 중요한 구성 성분이다. 육탄당인산화효소는 마노스를 인산화하여 6-인산마노스를 생성하고, 이것은 인산마노스 이성질체화효소의 가역반응에 의해 6-인산과당으로 이성질체화된다. [참고: 대부분의 세포속 마노스는 과당으로부터 합성되거나 구조 탄수화물의 분해에 의해 생성되고, 육탄당인산화효소에 의해 회수된다. 음식 탄수화물에는 마노스가 거의 없다.]

F. 소비톨을 경유하는 포도당의 과당으로의 전환

대부분의 당은 세포속으로 들어온 후 빠르게 인산화된다. 유기인산염은 특정 수송체 없이는 자유롭게 막을 통과할 수 없기 때문에 인산화된 당들은 세포속에 갇혀 있다. 단당 대사를 대체하는 기전에 의해 알데하이드기

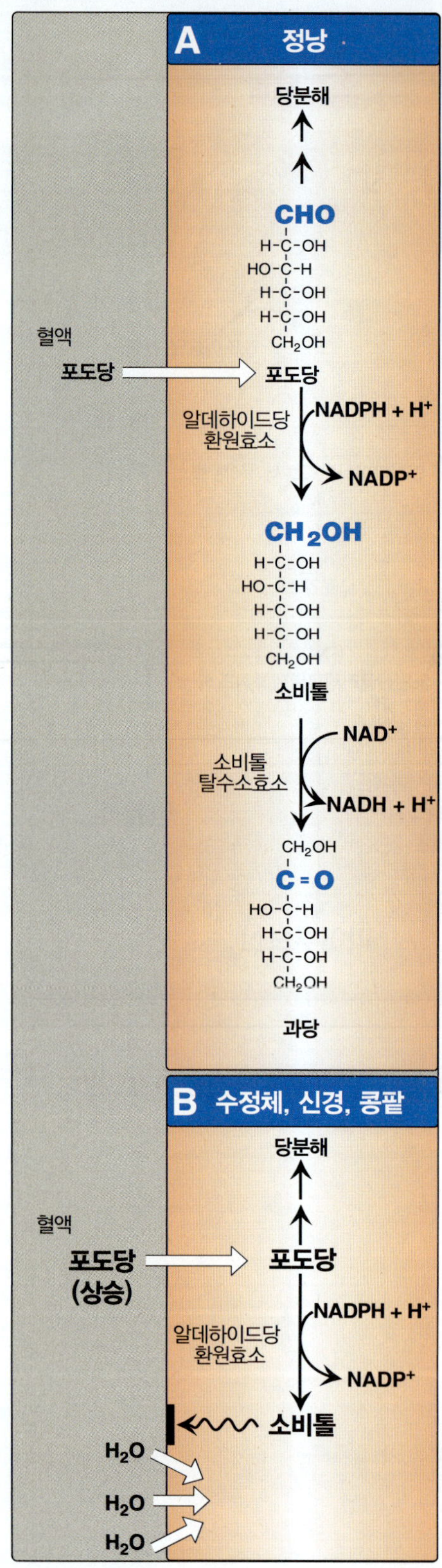

그림 12.4
소비톨의 대사. NAD(H) = 니코틴아마이드 아데닌 다이뉴클레오타이드; NADP(H) = 니코틴아마이드 아데닌 다이뉴클레오타이드 인산염.

가 환원되어 단당이 폴리올(당 알코올) 형태로 전환된다. 따라서 추가적으로 하이드록실기가 생성된다.

1. **소비톨의 합성:** 알데하이드당 환원효소(aldose reductase)는 포도당을 환원시켜 소비톨(또는 glucitol, 그림 12.4)을 생성하나 K_m(해리상수)는 높다. 이 효소는 수정체, 망막, 콩팥, 말초신경, 난소와 정낭을 포함하는 많은 조직에서 발견된다. 소비톨을 산화시켜 과당을 생성하는 두 번째의 효소인 소비톨 탈수소효소는 간, 난소, 정자, 정낭 등 에 존재한다(그림 12.4 참조). 정낭에서 포도당이 과당으로 전환되는 두 단계의 반응 경로는 정자세포에게 유리한데, 이 정자세포는 과당을 주요 탄수화물 에너지원으로 사용한다. 간에서 소비톨이 과당으로 전환되는 경로는 사용할 수 있는 모든 소비톨이 당분해 또는 포도당신생성의 기질로 전환된다는 것을 뒷받침하는 기전이다.

2. **고혈당과 소비톨 대사:** 수정체, 망막, 콩팥, 말초신경의 세포속으로 포도당이 들어갈 때 인슐린이 필요하지 않기 때문에, (제어되지 않은 당뇨병과 같이) 고혈당 상태가 지속되면 다량의 포도당이 세포속으로 들어갈 것이다. 세포속의 포도당 농도가 증가하고 충분한 양의 NADPH가 공급되면 알데하이드당 환원효소가 상당한 양의 소비톨을 생성하고, 소비톨은 효율적으로 세포막을 빠져나갈 수 없으므로 세포속에 갇힌 채 남아 있게 된다(그림 12.4 참조). 소비톨 탈수소효소가 적거나 없을 때 이 상태는 더욱 악화된다. 결과적으로 소비톨이 세포속에 축척되면 강한 삼투 효과에 의해 수분 저류가 생겨 세포가 붓는다.

   당뇨병과 연관된 몇 가지의 병리학적 이상이 생기면 부분적으로 다음과 같은 증상이 나타날 수 있다. 즉 내건성, 백내장 형성, 말초신경 장애, 콩팥병증과 망막병증을 유발하는 미세혈관 장애 등이 나타날 수 있다. 알데하이드당 환원효소 반응에서 NADPH를 사용하면 중요한 항산화제인 환원형 글루타싸이온 생성이 감소되며, 이것은 당뇨병 합병증과 관련이 있을 것이다.

III. 갈락토스 대사(Galactose Metabolism)

갈락토스의 주요 공급원은 우유와 유제품에 들어 있는 젖당(lactose, 갈락토실 β-1,4-포도당)이다. [참고: 젖당분해효소라고도 부르는 β-갈락토사이드분해효소에 의한 젖당의 소화는 100쪽에서 논의됨.] 약간의 갈락토스는 용해소체에서 당단백질이나 당지질(막의 중요한 구성 성분)과 같은 복합 탄수화물을 분해하여 얻을 수 있다. 과당(그리고 마노스)의 경우처럼 갈락토스가 세포속으로 들어가는 수송에도 인슐린에 의존하지 않는다.

A. 갈락토스의 인산화

과당처럼 갈락토스도 먼저 인산화되어야 계속해서 대사될 수 있다. 대부분의 조직은 이 목적을 해결하는 특이적 효소인 갈락토스인산화효소를 갖고 있어 1-인산갈락토스를 생성한다(그림 12.5). 다른 인산화효소의 경우처

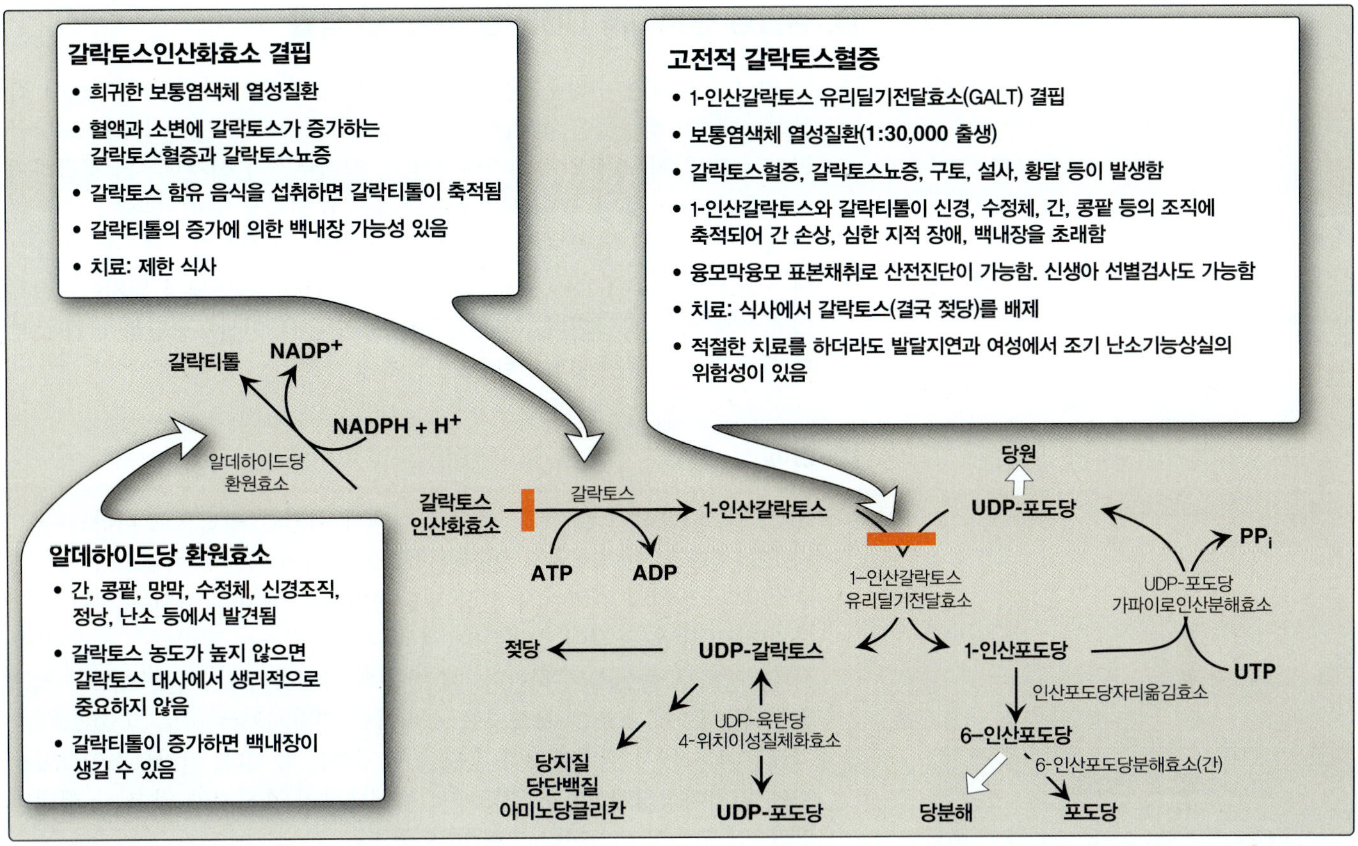

갈락토스인산화효소 결핍
- 희귀한 보통염색체 열성질환
- 혈액과 소변에 갈락토스가 증가하는 갈락토스혈증과 갈락토스뇨증
- 갈락토스 함유 음식을 섭취하면 갈락티톨이 축적됨
- 갈락티톨의 증가에 의한 백내장 가능성 있음
- 치료: 제한 식사

고전적 갈락토스혈증
- 1-인산갈락토스 유리딜기전달효소(GALT) 결핍
- 보통염색체 열성질환(1:30,000 출생)
- 갈락토스혈증, 갈락토스뇨증, 구토, 설사, 황달 등이 발생함
- 1-인산갈락토스와 갈락티톨이 신경, 수정체, 간, 콩팥 등의 조직에 축적되어 간 손상, 심한 지적 장애, 백내장을 초래함
- 융모막융모 표본채취로 산전진단이 가능함. 신생아 선별검사도 가능함
- 치료: 식사에서 갈락토스(결국 젖당)를 배제
- 적절한 치료를 하더라도 발달지연과 여성에서 조기 난소기능상실의 위험성이 있음

갈락티톨
NADP+
NADPH + H+
알데하이드당 환원효소
갈락토스인산화효소
갈락토스
1-인산갈락토스
ATP
ADP
당원
UDP-포도당
PP_i
1-인산갈락토스 유리딜기전달효소
UDP-포도당 가파이로인산분해효소
UTP
젖당
UDP-갈락토스
1-인산포도당
인산포도당자리옮김효소
UDP-육탄당 4-위치이성질체화효소
6-인산포도당
6-인산포도당분해효소(간)
당지질
당단백질
아미노당글리칸
UDP-포도당
당분해
포도당

알데하이드당 환원효소
- 간, 콩팥, 망막, 수정체, 신경조직, 정낭, 난소 등에서 발견됨
- 갈락토스 농도가 높지 않으면 갈락토스 대사에서 생리적으로 중요하지 않음
- 갈락티톨이 증가하면 백내장이 생길 수 있음

그림 12.5
갈락토스의 대사. UDP와 UTP = 이인산유리딘, 삼인산유리딘; PP_i = 파이로인산염; NADP(H) = 니코틴아마이드 아데닌 다이 뉴클레오타이드 인산염; ADP = 이인산아데노신.

럼 ATP는 인산염 주개이다

B. UDP-갈락토스의 형성

1-인산갈락토스가 당분해 경로에 들어가려면 먼저 UDP-갈락토스로 전환되어야 한다(그림 12.6). 이것은 교환반응을 통해 일어난다. 즉, UDP-포도당이 1-인산갈락토스와 반응할 때 UDP-갈락토스와 1-인산포도당을 생성한다(그림 12.5 참조). 이 반응을 촉진하는 효소는 1-인산갈락토스 유리딜기전달효소(GALT)이다. [참고: 1-인산포도당 생성물은 6-인산포도당으로 이성질체화될 수 있으며, 해당과정에 들어가거나 탈인산화될 수 있다.]

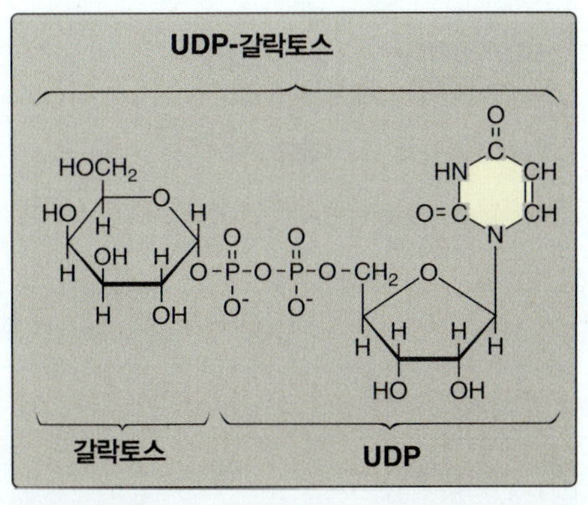

그림 12.6
UDP-갈락토스의 구조. UDP = 이인산유리딘.

C. UDP-갈락토스의 UDP-포도당으로 전환

UDP-갈락토스가 포도당 대사의 본류로 들어가려면 먼저 UDP-육탄당 4-위치이성질체화효소에 의해 C-4 위치이성질체인 UDP-포도당으로 전환되어야 한다. 원래의 UDP-갈락토스로부터 생성된 새로운 UDP-포도당은 앞에서 설명했던 GALT 반응에 사용될 뿐만 아니라 여러 생합성 반응(당원 생성반응)에 참여할 수 있다. (이 상호전환에 대한 요약은 그림 12.5 참조).

D. 생합성 반응에서 UDP-갈락토스의 역할

UDP-갈락토스는 수많은 생합성 경로에서 갈락토스 단위의 주개로서 작용하는데, 이 경로들은 젖당(아래 IV 참조), 당단백질, 당지질, 아미노당글리칸 등의 합성 과정을 포함한다. [참고: 갈락토스가 식사로부터 공급하지 않는다면(예를 들면 젖당못견딤증 환자는 β-갈락토사이드분해효소가 결핍되어 젖당에서 갈락토스를 방출할 수 없음.) UDP-갈락토스를 필요로 하는 모든 조직은 UDP- 포도당에 작용하는 UDP-육탄당 4-위치이성질체화효소에 의해 공급되며, 이때 UDP-포도당은 1-인산포도당과 UTP로부터 효율적으로 생성된다(그림 12.5 참조).]

E. 장애

GALT은 일반적인 갈락토스혈증 환자에서 심각한 결핍으로 나타난다(그림 12.5 참조). 이 병에서 1-인산갈락토스와 이에 따른 갈락토스가 세포에 축적된다. 생리적 결과는 유전성 과당 못견딤증에서 발견되는 것과 유사하지만 더 많은 조직이 침범된다. 축적된 갈락토스는 갈락티톨 생성과 같은 옆 경로로 들어가 우회한다. 이 반응은 알데하이드당 환원효소에 의해 촉진되는데, 이 효소는 포도당을 소비톨로 전환시키는 바로 그 효소이다. 치료는 식사에서 갈락토스와 젖당을 배제하는 것이다. 갈락토스인산화효소와 위치이성질체화효소 결핍에서는 백내장이 흔하지만 덜 심한 형태의 갈락토스혈증이 나타난다(그림 12.5 참조).

IV. 젖당 합성

젖당은 β-갈락토스와 포도당 분자가 β(1→4) 결합으로 연결된 이당이다. 그러므로 젖당은 갈락토실 β(1→4)-포도당이다. 우유의 당으로 알려진 젖당은 포유동물의 유선에서 생성된다. 그러므로 우유와 다른 유제품은 젖당의 음식 공급원이다.

젖당은 UDP-갈락토스에서 젖당 생성효소(UDP-갈락토스:포도당 갈락토실기전달효소)에 의해 골지 기구에서 합성되며, 이 효소는 갈락토스를 포도당으로 운반하면서 UDP를 방출한다(그림 12.7). 이 효소는 2개의 단백질(A와 B)로 구성되어 있다. 단백질 A는 β-D-갈락토실기전달효소이며 많은 신체 조직에서 발견된다. 수유 중인 유선 외의 조직에서 이 효소는 UDP-갈락토스의 갈락토스를 젖당의 경우처럼 β(1→4) 결합을 형성하면서 N-아세틸-D-글루코사민으로 전환하고, 구조적으로 중요한 N-연결 당단백질 성분인 N-아세틸락토사민을 생성한다(192쪽 참조). 대조적으로 단백질 B는 수유 중인 유선에서만 발견된다. 단백질 B는 α-락트알부민이며, 펩타이드 호르몬인 프로락틴(prolactin)의 자극을 받아 합성된다. 단백질 B는 효소인 단백질 A와 복합체를 이루어 이 전달효소(포도당에 대한 K_m값의 감소에 의해)의 특이성을 변화시킴으로써 N-아세틸락토사민이 아닌 젖당을 생성한다(그림 12.7 참조).

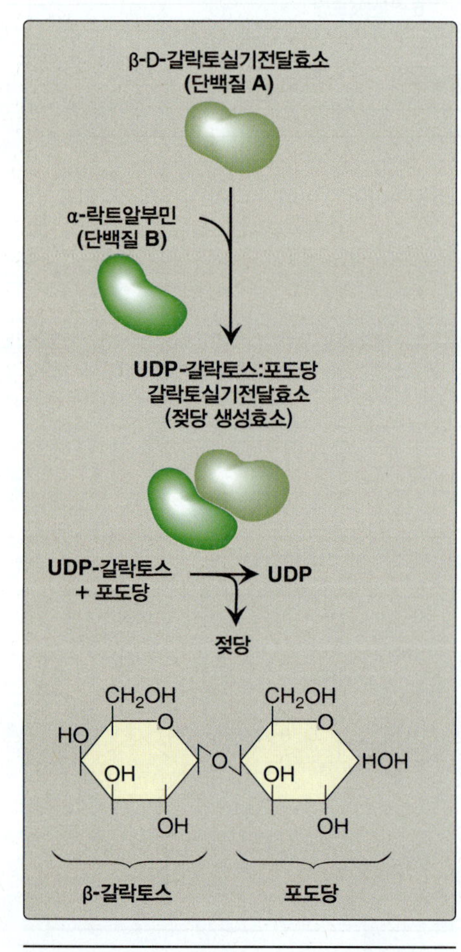

그림 12.7
젖당 합성. UDP = 이인산유리딘.

임상적응증 12.1: 젖당못견딤증(lactose intolerance)

젖당 흡수 장애라고도 하는 젖당못견딤증은 북유럽이 아닌 다른 혈통을 가진 성인의 60% 나타난다. 소장의 β-갈락토사이드분해효소(β-galactosidase) 또는 젖당분해효소(lactase) 결핍으로 인한 결과이다. 젖당분해효소가 부족하면 유제품을 완전히 소화할 수 없음을 상기하자(100쪽과 그림 7.11). 유제품 섭취 후 젖당못견딤증을 가진 사람은 경련, 설사 및 팽만감을 경험할 수 있다. 젖당분해효소 보충제와 유제품 피하기가 효과적인 치료가 될 수 있다.

V. 요약

- 과당의 주요 공급원은 **설탕**이며, 이것이 절단되면 같은 양의 **과당**과 **포도당**이 방출된다(그림 12.8).
- 세포속으로 과당이 들어가는 것은 **인슐린에 비의존적**이다.
- 과당은 먼저 **과당인산화효소**에 의해 **1-인산과당**으로 인산화된다. 그 다음에 **알돌분해효소 B**에 의해 절단되어 **인산다이하이드록시아세톤**(DHAP)과 **글리세르알데하이드**를 생성한다. 이 효소들은 **간, 콩팥, 작은창자** 등에서 발견된다.
- 과당인산화효소 결핍은 가벼운 증상(**본태 과당뇨**)을 보이지만, 알돌분해효소 B의 결핍은 **유전성 과당못견딤증**(HFI)의 원인이며, 이때 **심한 저혈당증**과 **간기능 상실**에 의해 음식에서 과당(과 설탕)의 양을 엄격하게 제한하지 않는다면 **죽음**에 이를 수도 있다.
- **당단백질**의 중요한 성분인 **마노스**는 **육탄당인산화효소**에 의해 **6-인산마노스**로 인산화되고, 이것은 **인산마노스 이성질체화효소**의 가역반응에 의해 **6-인산과당**으로 이성질체화된다.
- 포도당은 **알데하이드당 환원효소**에 의해 **수정체, 망막, 말단신경, 콩팥, 난소, 정낭** 등을 포함하는 여러 조직에서 **소비톨(글루시톨)**로 환원될 수 있다. 간, 난소, 정낭 등의 세포에서 두 번째 효소인 **소비톨 탈수소효소**는 소비톨을 산화시켜 **과당**을 생성할 수 있다.
- **고혈당증**은 소비톨 탈수소효소가 결핍된 세포에 소비톨을 축적한다. 결과적으로 **삼투현상** 때문에 세포 팽창이 일어나고, **당뇨병**에서 나타나는 **백내장, 말초 신경장애, 콩팥병증, 망막병증** 등이 발생할 수 있다.
- **갈락토스**의 주요 영양 공급원은 **젖당**이다. 세포속으로 갈락토스가 들어가는 것은 인슐린에 비의존적이다. 갈락토스는 먼저 **갈락토스 인산화효소**(결핍시 백내장 발생)에 의해 인산화되어 1-인산갈락토스를 생성한다.
- 이 화합물은 **UDP-포도당**에 의해 공급된 뉴클레오타이드와 함께 1-인산갈락토스 유리딜기전달효소(GALT)에 의해 UDP-갈락토스로 전환된다. 이 효소의 결핍은 **고전적 갈락토스혈증**을 초래한다. 1-인산갈락토스가 축적되고 과다한 갈락토스는 **알데하이드당 환원효소**에 의해 **갈락티톨**로 전환된다. 이것은 **간 손상, 심한 정신지연, 백내장** 등을 일으킨다. 치료는 음식에서 갈락토스(와 젖당)를 제거하는 것이다.
- UDP-갈락토스가 포도당 대사의 본류로 들어가기 위해서는 먼저 **UDP-육탄당 4-위치이성질체화효소**에 의해 UDP-포도당으로 전환되어야 한다. 이 효소는 또한 UDP-포도당으로부터 UDP-갈락토스를 생성할 때 사용될 수 있으며, 이때 UDP-갈락토스는 당단백질과 당지질의 합성에 사용된다.
- **젖당**은 **갈락토스**와 **포도당**으로 구성된 이당이다. 우유와 다른 유제품은 젖당의 **영양 공급원**이다. 젖당은 수유 중인 **유선**에서 **젖당 생성효소**에 의해 **UDP-갈락토스**와 **포도당**으로부터 합성된다. 이 효소는 2개의 소단위, 즉 **단백질 A**(거의 모든 세포에 존재하는 **갈락토실기전달효소**로서 **N-아세틸락토사민**을 합성함)와 **단백질 B**(수유 중인 유선에서만 발견되는 **α-락토알부민**으로서 펩타이드 호르몬인 **프로락틴**의 자극을 받아 합성됨)를 갖고 있다. 이 소단위들이 둘 다 존재할 때 이 전달효소는 젖당을 생성한다.

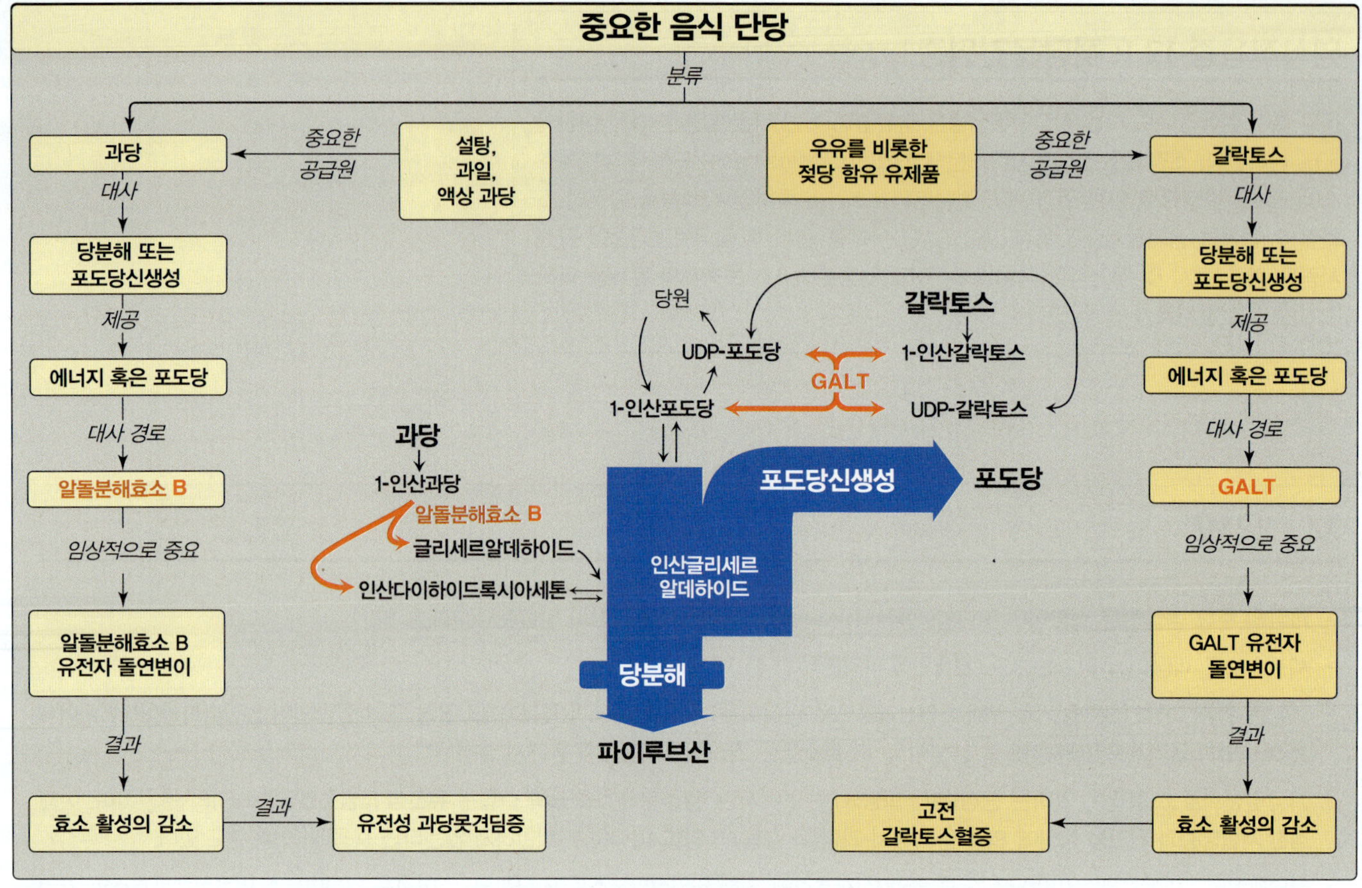

그림 12.8
과당 및 갈락토스 대사의 핵심 개념도. GALT = 1-인산갈락토스 유리딜기전달효소; UDP = 이인산유리딘.

연습문제

가장 올바른 답을 하나만 고르시오.

12.1 갈락토스혈증으로 치료받고 있는 여성이 무갈락토스 식사를 하고 있다. 그녀가 모유에서 젖당을 생산할 수 있는 이유는?

A. 갈락토스는 이성질체화에 의해 과당으로부터 생성될 수 있다.

B. 갈락토스는 위치이성질체화에 의해 포도당 대사로부터 생성될 수 있다.

C. 육탄당인산화효소는 효율적으로 갈락토스를 1-인산갈락토스로 인산화할 수 있다.

D. 갈락토스혈증에서 영향을 받는 효소는 젖샘에서 생산되는 호르몬에 의해 활성화된다.

정답 = B. UDP-육탄당 4-위치이성질체화효소는 UDP-포도당을 UDP-갈락토스로 전환시킴으로써 젖당 합성에 필요한 갈락토스를 적절한 형태로 공급한다. 과당이 갈락토스로 전환되는 이성질체화는 사람 몸에서는 일어나지 않는다. 갈락토스는 육탄당인산화효소에 의해 1-인산갈락토스로 전환되지 않는다. 갈락토스 제한 식사에는 갈락토스가 없다. 갈락토스혈증은 어떤 효소(1-인산갈락토스 유리딜트랜스퍼레이즈)의 결핍에 의해 나타난다.

12.2 6개월 된 남자 아기가 구토, 야간땀, 경련 등으로 내원하였다. 병력에서 이 증상들은 모유를 떼고 이유식으로 과일주스를 먹기 시작했을 때부터 시작된 것으로 나타났다. 진찰에서 간 비대가 주목할 만하였다. 아기의 소변검사에서 환원당이 양성으로 나왔으나 포도당은 음성으로 나왔다. 이 아기는 어떤 병에 걸렸을 가능성이 가장 높은가?

A. 알돌분해효소 b 결핍
B. 과당인산화효소 결핍
C. 갈락토스인산화효소 결핍
D. β-갈락토사이드분해효소 결핍

정답 = A. 과당인산화효소와 갈락토스인산화효소의 결핍은 혈액과 소변에서 과당과 갈락토스의 농도가 증가하는 특징을 보이는 상대적으로 가벼운 질환이다. β-갈락토사이드분해효소(젖당분해효소) 결핍에서는 젖당(우유당)을 분해하는 능력이 감소한다. 선천 젖당분해효소 결핍은 아주 드물기 때문에 이 아기보다 훨씬 더 일찍 발견되고 다른 증상을 보였을 것이다. 전형적인 젖당분해효소 결핍(성인 젖당분해효소감소 증)은 더 늦은 나이에 나타난다.

12.3 젖당 합성은 유선의 젖 생성에서 필수적이다. 젖당 합성 과정에서:

A. α-락트알부민의 발현은 프로락틴 호르몬에 의해서 감소된다.
B. 1-인산갈락토스의 갈락토스는 갈락토실기전달효소에 의해 포도당으로 전달된다.
C. 단백질 A는 젖당 합성에만 오직 사용된다.
D. α-락트알부민은 포도당에 대한 단백질 A의 결합력을 감소시킨다.
E. 단백질 B의 발현은 프로락틴에 의해 자극된다.

정답 = D. α-락트알부민(단백질 B)의 발현은 호르몬인 프로락틴에 의해 증가한다. UDP-갈락토스는 갈락토실기전달효소(단백질 A)에 의해 사용되는 형태이다. 단백질 A는 또한 아미노당인 N-아세틸락토사민의 합성에도 관여한다. 단백질 B는 포도당에 대한 단백질 A의 친화력을 증가시킨다. 따라서 K_m 값이 감소한다.

12.4 3개월 된 여자영아에서 눈이 흐려지고 백내장이 진행되고 있다. 사회적 웃음(배냇짓)이나 물체를 시각적으로 추적하지 못하는 것을 제외하고는 다른 양상들은 검사에서 정상이다. 아이의 소변검사에서 환원당이 양성이었지만 포도당은 검출되지 않았다. 이 여아에서 결핍될 수 있는 효소는?

A. 알돌분해효소 B
B. 과당인산화효소
C. 갈락토스인산화효소
D. 1-인산갈락토스 유리딜기전달효소

정답 = C. 이 아기는 갈락토스인산화효소 결핍으로 갈락토스를 적절하게 인산화할 수 없다. 갈락토스가 혈액(과 소변)에 축적된다. 눈 수정체에서 갈락토스는 알데하이드당 환원효소에 의해 당 알코올인 갈락티톨로 환원된다. 갈락티톨은 삼투압 효과가 있어 백내장을 일으킨다. 1-인산갈락토스 유리딜기전달효소 결핍도 또한 백내장을 일으키지만 간 손상과 신경 증상이 특징이다. 과당인산화효소 결핍은 경미한 상태이다. 알돌분해효소 B 결핍은 여러 조직을 침범하는 중증 상태이다. 백내장이 전형적으로 나타나는 것은 아니다.

12.5 혈당이 높아지고 NADPH가 충분히 공급되는 사람에서는, 다음 중 어떤 것이 고농도로 생성되어 세포에 갇힌 채로 남을 것인가?

A. 과당
B. 갈락토스
C. 젖당
D. 소비톨
E. 설탕

정답 = D. 소비톨이 상승한다. 세포속 포도당 농도 증가와 감소된 NADPH의 적절한 공급은 소비톨의 현저한 증가를 유발하며, 소비톨은 세포막을 효율적으로 통과할 수 없기 때문에 세포속에 갇힌 채로 남는다. 세포에 갇힌 소비톨은 백내장 형성, 말초신경장애, 미세혈관 문제를 포함한 당뇨병 합병증을 일으킨다.

13 인산오탄당 경로와 NADPH

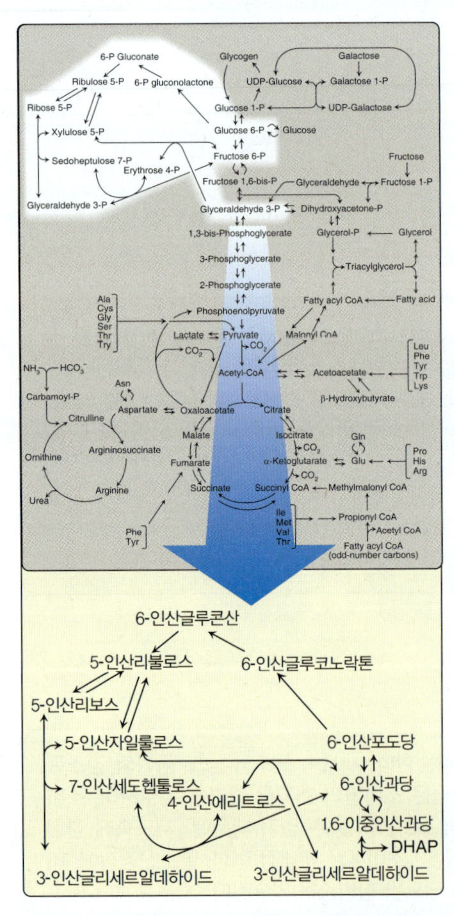

그림 13.1
대사지도의 일부인 인산오탄당 경로. [참고: 대사 경로에 대한 자세한 것은 그림 8.2 참조.] P = 인산염; DHAP = 인산다이하이드록시아세톤.

I. 개관

일인산육탄당 우회로(hexose monophosphate shunt)로 잘 알려져 있는 인산오탄당 경로(pentose phosphate pathway, PPP)는 뉴클레오타이드의 생합성에 필요한 5-인산리보스를 생성하며, 식사를 통해서 또는 몸의 구조 탄수화물 분해로부터 얻어진 5-탄소 당을 대사에 사용하는 기전을 제공한다. NADPH는 지방산과 콜레스테롤 생합성과 산화 스트레스에 대한 반응과 호기성 대사의 부산물로 형성된 과산화수소(H_2O_2) 감소를 위한 환원 당량의 세포 공급원이다. 6-인산포도당 탈수소효소(G6PD)는 경로의 첫 번째 속도 제한 단계를 촉진한다; X 염색체 연결 유전 G6PD 결핍은 특히 산화 스트레스에 반응하여 용해되기 쉬운 적혈구에서 불충분한 NADPH를 초래한다. 이 회로는 직접적으로 ATP를 소비하거나 생성하지 않는다.

인산오탄당 경로의 반응은 세포질액에 일어난다. 이 경로는 비가역적 산화반응을 포함하며, 이어서 일련의 가역 당-인산 상호전환이 일어난다(그림 13.1). 산화반응에서 6-인산포도당의 탄소 1개가 이산화탄소(CO_2)로 방출되고, 1개의 인산오탄당과 2개의 환원형 NADPH 분자가 생성된다. 인산오탄당 경로에서 가역반응의 속도와 방향은 이 회로의 중간대사물의 공급과 수요에 의해 결정된다. 이 경로는 또한 뉴클레오티드 생합성을 위해 필요한 5-인산리보스를 생산하고(22장 III 참조) 오탄당에서 삼탄당과 해당과정의 육탄당 중간대사물로 전환되는 메카니즘을 제공한다.

II. 비가역적 산화반응

인산오탄당 경로의 산화반응 부분은 모두 3개의 비가역적인 반응으로 구성되는데, 1분자의 6-인산포도당이 산화될 때 5-인산리불로스(ribulose 5-phosphate), 이산화탄소, 2분자의 NADPH가 생성된다(그림 13.2). 이산화반응 부분은 NADPH 의존 지방산 생합성(15장 III 참조)이 활발히 일어나는 간, 수유중인 유선, 지방조직 등과, NADPH의존 스테로이드 생합성이 활발히 일어나는 고환, 난소, 태반, 부신피질 등과, 글루타싸이온을 환원 상태로 유지하기 위해 NADPH를 사용하는(18장 참조) 적혈구에서 특별히 중요하다.

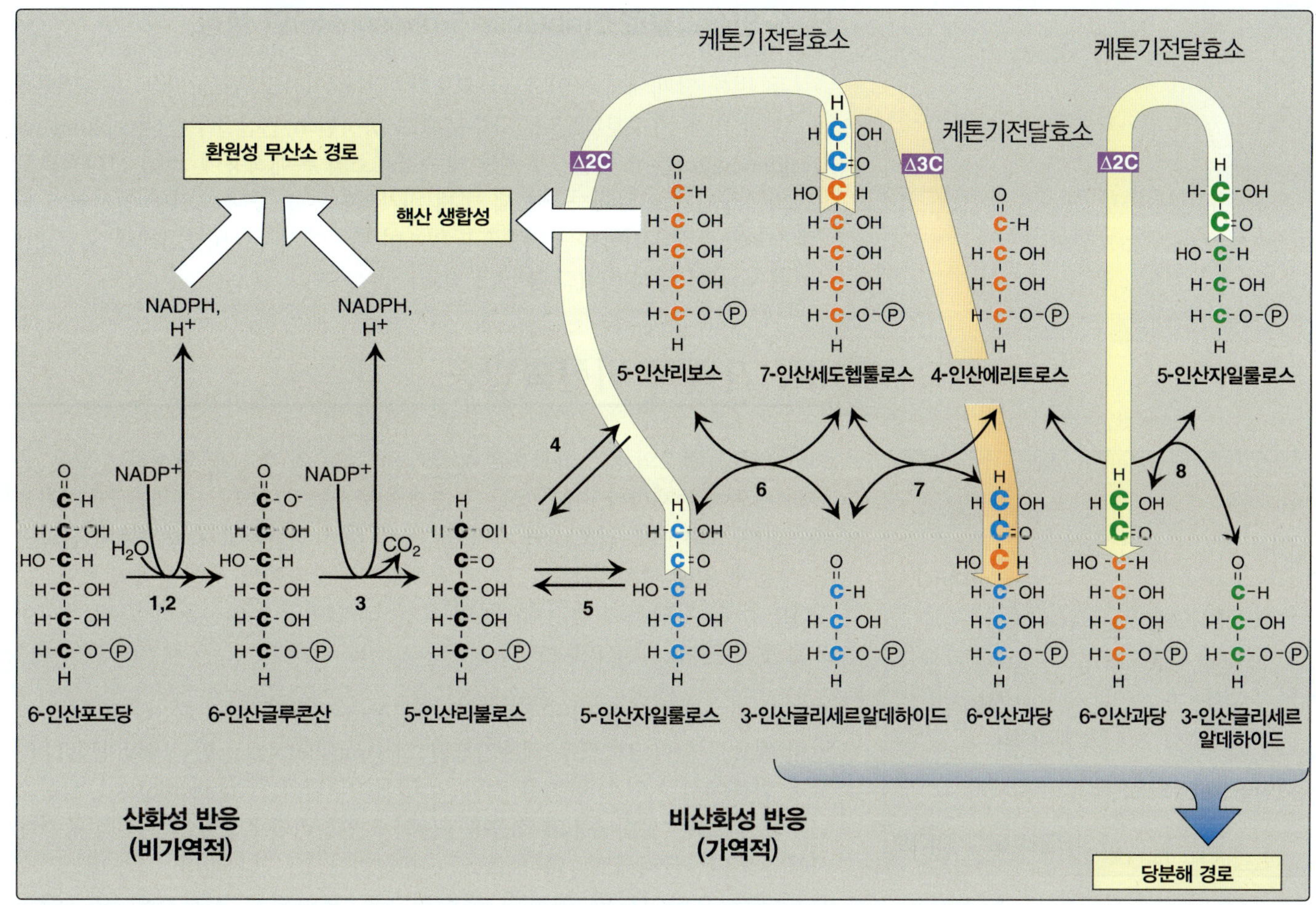

그림 13.2
인산오탄당 경로의 반응. (1, 2) 6-인산포도당 탈수소효소와 6-인산글루코노락톤 가수분해효소, (3) 6-인산글루콘산 탈수소효소, (4) 5-인산리보스 이성질체화효소, (5) 인산오탄당 위치이성질체화효소, (6, 8) 케톤기전달효소(보조효소: 파이로인산싸이아민), (7) 알돌전달효소. Δ2C = 케톤기전달효소 반응에서 케톤당 주개로부터 알데하이드당 받개로 전달되는 2개의 탄소, Δ3C = 알돌전달효소 반응에서 전달되는 3개의 탄소. 전체를 다음과 같이 표현할 수 있다: 5C 당 + 5 당 → 7C 당 + 3C 당 → 4C 당 + 6C 당. NADP(H) = 니코틴아마이드 아데닌 다이뉴클레오타이드 인산염; Ⓟ = 인산염; CO_2 = 이산화탄소.

A. 6-인산포도당의 탈수소화

6-인산포도당 탈수소효소(G6PD)는 비가역적으로 6-인산포도당을 산화시켜 6-인산글루코노락톤을 생성하는 효소로서 NADPH로 환원되는 $NADP^+$를 특정 보조효소로 사용한다. 인산오탄당 경로는 G6PD 반응이 속도 제한 단계이며 일차적으로 조절된다. NADPH는 이 효소의 강력한 경쟁 억제제이며 대부분의 대사 상황에서 NADPH/$NADP^+$ 비는 실질적으로 효소 활성을 억제하기에 충분히 높다. 그러나 NADPH의 소비가 증가함에 따라 NADPH/$NADP^+$ 비가 떨어지고 강화된 G6PD 활성에 반응하여 이 회로의 대사량이 증가한다. 인슐린은 급식 상태에서 G6PD 유전자의 발현을 상향 조절하므로 이 경로의 대사량이 흡수 상태에서 증가한다(24장 III. 참조).

B. 5-인산리불로스(ribulose 5-phosphate)의 생성

두 번째 단계에서 6-인산글루코노락톤은 6-인산글루코노락톤 가수분해효소에 의해 가수분해된다. 가수분해로 생성된 6-인산글루콘산(6-phosphogluconate)은 6-인산글루콘산 탈수소효소의 촉매작용에 의해 산화적으로 카복실기가 이탈된다. 이 세 번째 비가역반응을 통해 오탄당-인산염(5-인산리불로스), 이산화탄소(포도당의 1번 탄소에서 유래), 2번째의 NADPH 분자 등이 생성된다(그림 13.2 참조).

III. 가역적 비산화반응

인산오탄당 경로의 비산화반응은 뉴클레오타이드와 핵산을 합성하는 모든 종류의 세포에 존재한다. 이 반응은 3~7개의 탄소를 가진 당 사이의 상호전환을 촉진한다(그림 13.2 참조). 이 가역반응을 통해 5-인산리불로스(경로의 산화반응 부분에 의해 생성됨)는 5-인산리보스(뉴클레오타이드 생합성에 필요함, 22장 III 참조)나 당분해 중간대사물인 6-인산과당이나 3-인산글리세르알데하이드로 전환된다.

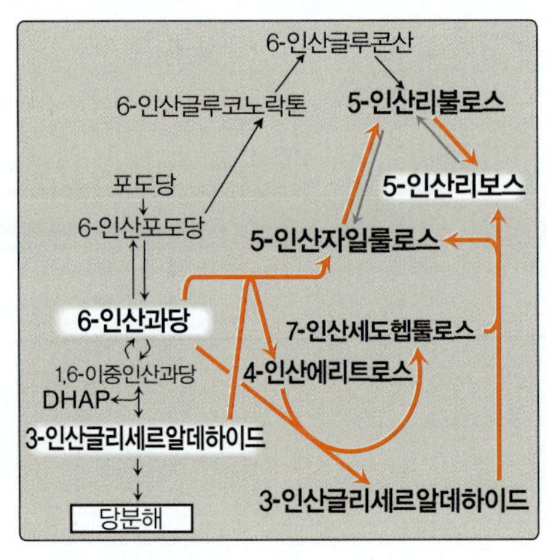

그림 13.3
당분해 과정의 중간대사물로부터 5-인산리보스의 생성. P = 인산염; DHAP = 인산다이하이드록시아세톤.

환원적 생합성 반응이 일어나는 많은 세포는 5-인산리보스보다 NADPH를 더 많이 필요로 한다. 이 경우 케톤기전달효소(transketolase, 인산싸이아민[TPP] 요구 반응에서 이탄소 단위를 전달)와 알돌기전달효소(transaldolase, 삼탄소 단위를 전달)는 산화반응의 최종생성물인 5-인산리불로스를 당분해의 중간대사물인 3-인산글리세르알데하이드와 6-인산과당으로 전환한다. 이와 대조적으로 뉴클레오타이드와 핵산의 생합성으로 혼입되는 리보스의 요구량이 NADPH의 요구량보다 더 많은 상태에서는 이 비산화반응을 통해 산화반응 없이 3-인산글리세르알데하이드와 6-인산과당으로부터 5-인산리보스의 생합성이 일어난다(그림 13.3).

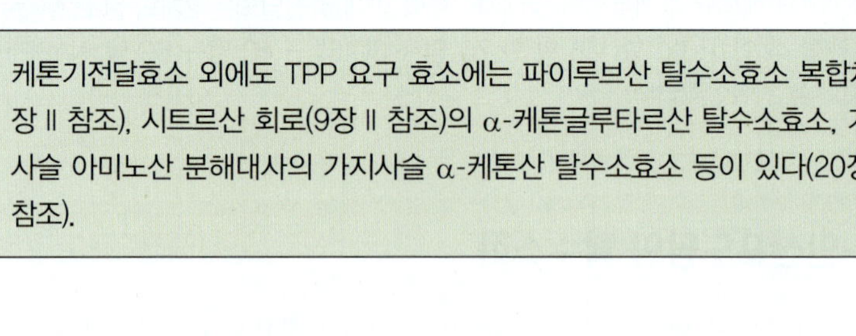
케톤기전달효소 외에도 TPP 요구 효소에는 파이루브산 탈수소효소 복합체(9장 II 참조), 시트르산 회로(9장 II 참조)의 α-케톤글루타르산 탈수소효소, 가지사슬 아미노산 분해대사의 가지사슬 α-케톤산 탈수소효소 등이 있다(20장 III 참조).

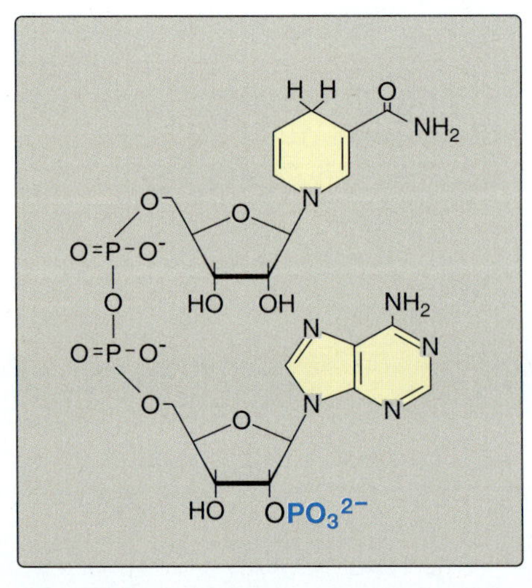

그림 13.4
환원형 NADPH의 구조.

IV. NADPH의 용도

보조효소 NADPH는 NADH와 다르게 리보스 단위마다 인산기를 함유한다(그림 13.4). 작은 차이로 보이는 구조의 변화가 NADPH를 세포에서 독특한 역할을 하는 NADPH 특이 효소와 상호작용할 수 있도록 만든다. 간세포 세포질액 $NADP^+$/NADPH의 항정 상태 비는 ~0.1인데, 이 비율은 환원적 생합성 반응에 NADPH를 사용하도록 진행시킨다. 이와 다르게 NAD^+/NADH의 비가 매우 높을 때에는(~1,000 정도) NAD^+에 대해 산화 작용이 강화된다. 이

장에서는 환원적 생합성과 해독반응에서 몇 가지 중요한 NADPH 특이 작용을 요약한다.

A. 환원적 생합성

NADPH는 NADH와 마찬가지로 고에너지 분자로 생각할 수 있다. 그러나 NADH의 경우에 전자가 산소로 최종적으로 전달되는 것에 반하여(6장 V 참조), NADPH의 전자는 환원적 생합성 반응에 사용되도록 정해져 있다. 따라서 인산오탄당 경로에서 대사변환을 통해 6-인산포도당의 일부 에너지가 NADPH에 보존되며, 이 NADPH는 음성 환원전위(6장 참조)를 갖는 분자로서 전자 주개가 필요한 반응에 사용될 수 있다. 예로서 지방산 합성(16장 III 참조)과 스테로이드 합성(18장 III과 VII 참조)을 들 수 있다.

B. 과산화수소(H_2O_2)의 환원

과산화수소는 분자 산소의 부분적 환원에 의해 생성되는 반응산소종(ROS)의 하나이다(그림 13.5A). ROS는 산소 대사의 부산물로서, 약물이나 환경독소와 반응하거나 항산화제의 양이 감소할 때 지속적으로 생성되어 산화성 손상을 유발한다. 아주 반응성이 높은 산소 중간대사물은 DNA, 단백질, 불포화 지질 등에 심각한 화학적 손상을 유발하여 결국 세포를 죽게 만든다. 이 ROS는 재관류 손상, 암, 염증 질환, 노화 등의 많은 병리 과정에도 관여한다. 세포는 이러한 ROS의 독성을 최소화하려는 여러 가지의 보호기전을 갖고 있다. ROS는 백혈구에 의한 미생물 사멸에서도 생성될 수 있다(173쪽 D항 참조).

1. **항산화 반응을 촉진하는 효소:** 환원형 글루타싸이온은 모든 세포에 존재하며, H_2O_2를 화학적으로 해독할 수 있다(그림 13.5B). 셀레늄을 요구하는 글루타싸이온 과산화효소에 의해 촉진되는 이 반응은 산화형 글루타싸이온(G-S-S-G)으로 만들어 더 이상의 부호작용을 상실한다

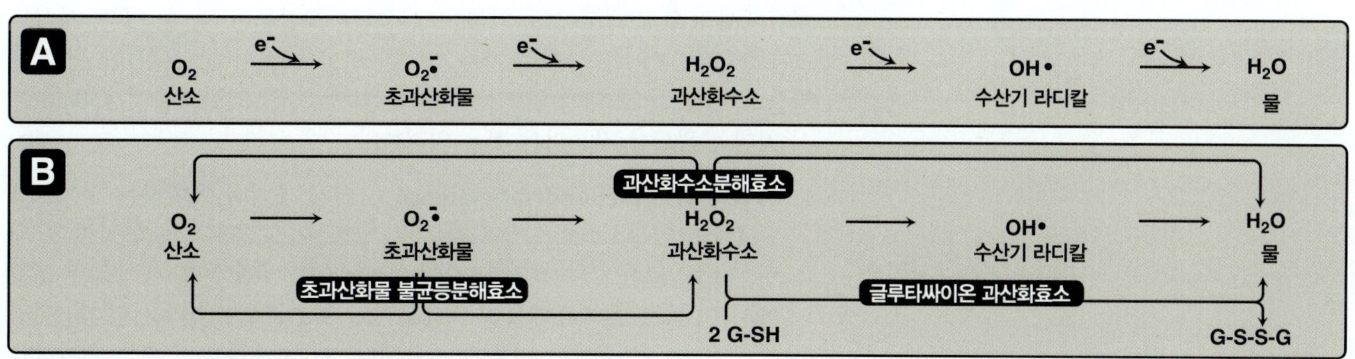

그림 13.5
A: 산소로부터 반응성 중간대사물의 생성. e^- = 전자. B: 항산화 효소의 작용. G-SH = 환원형 글루타싸이온; G-S-S-G = 산화형 글루타싸이온. [참고: G-SH의 재생에 관한 것은 그림 13.6B 참조.]

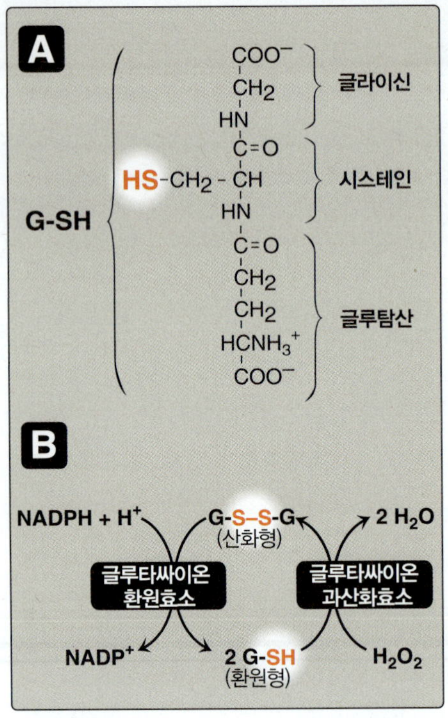

그림 13.6
A: 환원형 글루타싸이온(G-SH)의 구조. [참고: 글루탐산이 α-가 아닌 γ-카복실기를 통해 시스테인에 연결됨.] B: NADPH에 의한 H_2O_2의 글루타싸이온 매개 환원. G-S-S-G = 산화형 글루타싸이온.

세포는 글루타싸이온 환원효소에 의해 환원형 글루타싸이온(G-SH)을 재생하는데, 이때 환원 전자의 공급원으로 NADPH를 사용한다. 따라서 NADPH는 간접적으로 H_2O_2의 환원반응에 전자를 제공한다(그림 13.6). 추가적으로 초과산화물 불균등분해효소(SOD)와 과산화수소분해효소(catalase)는 위험한 산소 중간대사물을 무해 생성물로 전환시키는 반응을 촉진한다(그림 13.5B 참조). 이 효소군은 ROS의 독성에 대한 방어체계로 작용한다.

2. **항산화 화학물질:** 아스코브산, 비타민 C, 비타민 E, β-카로틴 등과 같은 많은 세포속 환원제는 실험실에서 산소 중간대사물을 환원하는 해독제로 사용될 수 있다. 이 항산화 화합물들이 다량 함유되어 있는 음식을 섭취하는 것은 특정 종류의 암 발생률을 낮출 뿐 아니라 다른 여러 가지 만성 질병의 발병률을 감소시키는 것으로 알려져 있다. 따라서 이 화합물의 효과는 부분적으로 산소 중간대사물의 독성을 없애는 작용에서 나올 것이다. 그러나 항산화제를 식사 보조제로서 임상시험을 했을 때 뚜렷하게 유익한 효과가 별로 나타나지 않았다. β-카로틴을 식사 보조제로 섭취했을 때 흡연자의 폐암 발생률이 오히려 증가하는 결과가 나타난다. 따라서 과일이나 채소의 섭취를 통한 건강증진 효과는 아마 자연계에 존재하는 많은 화합물 사이의 복잡한 상호작용에 의한 것이며, 분리된 항산화 화합물을 따로 섭취해서 효과를 보는 것이 아니다(28장 참조).

C. 사이토크롬 P450 일산소화효소계

일산소화효소(복합기능 산화효소)는 분자 산소의 한 산소 원자를 기질에 전달하여 하이드록실기를 생성하고, 다른 산소 원자를 물로 환원시킨다. NADPH는 사이토크롬 P450 일산소화효소계에서 일련의 반응에 소비되는 환원 당량을 제공한다(그림 13.7). 이 계는 세포의 두 장소에서 다른 기능을 수행한다. 사이토크롬 P450 효소에 의해 촉진되는 전반적인 반응은 다음과 같다:

$$R{-}H + O_2 + NADPH + H^+ \rightarrow R{-}OH + H_2O + NADP^+$$

여기에서 R은 스테로이드, 약물, 또는 다른 화합물이 될 수 있다. 사이토크롬 P450(CYP)은 실제로 아주 다양한 반응에 참여하는 유사한 헴 함유 일산소화효소들의 대가족이다. P450이란 이름은 이 단백질이 450 nm에서 최대 흡광도를 갖는다는 것을 의미한다.

1. **사립체계(mitochondrial system):** 사립체 내막과 회합하는 사이토크롬 P450 일산소화효소계의 기능은 스테로이드 호르몬의 합성이다. 태반, 난소, 고환, 부신피질과 같이 스테로이드 호르몬을 생성하는 조직에서 이 계는 콜레스테롤을 스테로이드 호르몬으로 전환시킬 때, 여러 중간대사물의 수산화 반응에 사용된다. 이 반응들은 소수성 화합물을 물에 보다 잘 녹게 만든다(18장 VII 참조). 간도 쓸개즙산을 합성하고(18장 V 참조), 콜레칼시페롤을 수산화하여 25-하이드록시콜레칼시페롤(비타민 D_3, 28장 XII 참조)을 합성할 때 이 계를 사용하며, 콩팥도

비타민 D_3를 수산화하여 생물학적 활성형인 1,25-다이하이드록시 형태를 합성할 때 이 계를 사용한다.

2. **미세소체계(microsomal system)**: 미세소체의 이 계는 매끈면 세포질그물의 막에서 일어나는 외부 화합물(생체이물질, xenobiotic)의 해독반응과 관련되어 있다(특히 간에서 일어남). 생체이물질에는 다양한 약물과 석유제품과 살충제와 같은 오염물질들이 포함된다. 미세소체계의 CYP 효소들, 예를 들면 CYP3A4는 이 독소들을 수산화할 수 있다(1상). 이러한 화학적 변형의 목적은 두 가지이다. 첫 번째는 변형 자체가 약물을 활성화하거나 불활성화하는 것이고, 두 번째는 독성 화합물을 물에 더 잘 녹게 만들어 소변이나 대변으로의 배설을 촉진하는 것이다. 그러나 새로 생성된 하이드록실기는 흔히 글루큐론산(14장 III 참조)과 같은 극성 분자와 접합하는 자리를 제공하며, 따라서 화합물의 수용성을 현저하게 증가시킨다(2상). CYP 효소 유전자의 다형성(34장 참조)에 의해 약물대사가 달라질 수 있다.

D. 백혈구에 의한 포식작용

포식작용은 중성구와 큰포식세포(단핵구)가 수용체 매개 세포내섭취(endocytosis)를 통해 미생물, 외부 미세입자, 세포 파편 등을 섭취하는 과정이다. 이것은 몸의 중요한 방어 기전으로 특히 세균 감염에서 중요하다. 중성구와 단핵구는 세균을 죽이기 위한 기전으로 산소 비의존 기전과 산소의존 기전을 모두 사용한다.

1. **산소 비의존 기전(oxygen-independent mechanism)**: 이 기전은 포식용해소체의 pH 변화와 용해소체 효소를 사용하여 병원균을 파괴한다.

2. **산소의존 기전(oxygen-dependent mechanism)**: 산소의존 기전은 살균작용 에 함께 작용하는 NADPH 산화효소와 골수과산화효소(MPO) 계를 포함한다(그림 13.8). 결국 MPO계는 가장 강력한 살균 기전이다. 체내로 침입한 세균은 면역계에 의해 인식되고 항체의 공격에 의해 포식세포의 수용체에 결합한다. 미생물이 일단 세포속으로 함입되면 백혈구의 세포막에 존재하는 NADPH 산화효소가 활성화되어 주변 조직에 있는 분자 산소를 자유라디칼인 초과산화물(superoxide, O_2^-)로 환원시킨다. 초과산화물 생성과 동반하는 급속한 분자 산소의 소비를 호흡터짐(respiratory burst)이라 한다. [참고: 활성형 NADPH 산화효소는 막 회합 복합체로서 플라보사이토크롬과 백혈구가 활성화될 때 세포질로부터 자리옮김을 하는 추가적인 펩타이드들로 구성된다. 전자들이 NADPH로부터 FAD와 헴을 통해 O_2로 이동하여 O_2^-를 생성한다.]

   NADPH 산화효소의 유전적 결함은 만성육아종증(CGD)을 유발하는데, 이 병의 특징은 지속적인 중증 감염과 파괴되지 않은 세균들이 격리되어 있는 육아종(결절성 염증부위)의 형성이다. 다음에 초과산화물은 자발적으로 또는 초과산화물 불균등분해효소(SOD)의 촉매작용에 의해 H_2O_2(ROS의 한 종류)로 전환된다. 포식용해소체에 들어 있는 헴 함유 용해소체 효소인 MPO가 존재할 때 과산화물(peroxide)과 염소

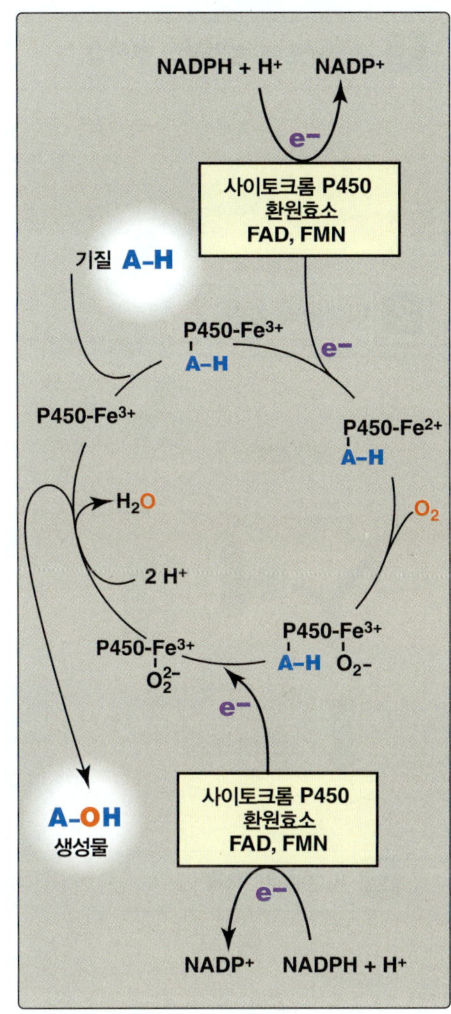

그림 13.7
사이토크롬 P450 일산소화효소의 간단한 회로. 전자(e^-)는 NADPH에서 FAD와 이 환원효소의 FMN를 거쳐 헴의 철까지 차례로 이동한다. [참고: 사립체계에서 전자는 FAD에서 철-황 단백질을 거쳐 P450 효소까지 이동한다.] FAD = 플라빈 아데닌 다이뉴클레오타이드; FMN = 플라빈 모노뉴클레오타이드; NADPH = 환원형 니코틴아마이드 아데닌 다이뉴클레오타이드 인산염.

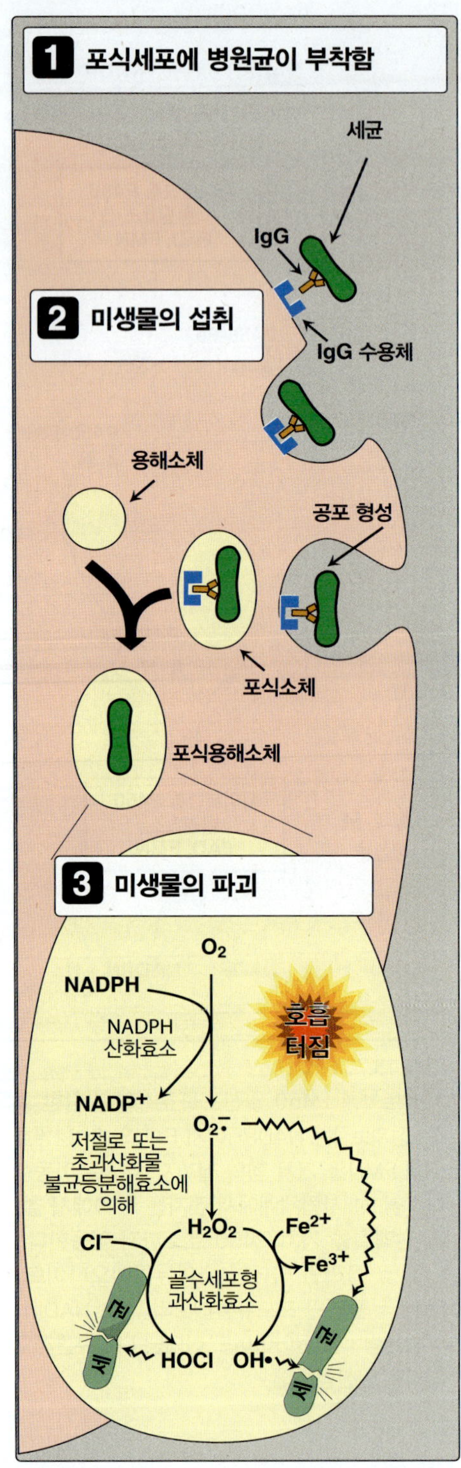

그림 13.8
포식작용과 살균작용의 산소의존 경로. IgG = 항체 면역글로불린 G; NADPH = 환원형 니코틴아마이드 아데닌 다이뉴클레오타이드 인산염; O_2^- = 초과산화물; HOCl = 하이포아염소산; OH• = 수산기 라디칼.

이온은 함께 반응하여 하이포아염소산(HOCl, 가정용 표백제의 주요 성분)으로 전환되기 때문에 세균을 죽일 수 있다. 과산화물도 부분적으로 ROS의 한 종류인 수산기 라디칼(OH•)로 환원되거나 과산화수소 분해효소나 글루타싸이온 과산화효소에 의해 완전하게 물로 환원될 수 있다. MPO 결핍은 감염에 대한 감수성을 증가시키지 않는데, 그 이유는 NADPH 산화효소에 의해 생성된 과산화물이 살균력을 갖고 있기 때문이다.

E. 산화질소의 생성

산화질소(NO)는 생체에서 다양하게 매개체로 작용한다. 이것은 혈관의 민무늬근육을 이완시킴으로써 혈관확장을 일으키는 내피 유래 이완인자이다. 또한 신경전달물질로 작용하여 혈소판 응집을 억제하고 큰포식 세포의 작용에서 중요한 역할을 한다. 산화질소는 산소나 초과산화물과 반응하기 때문에 조직에서 아주 짧은 반감기(3~10초)를 갖는다. 즉시 반응성 질소종(RNS)의 한 종류인 과산화아질산염(O = NOO^-)을 포함하는 질산염이나 아질산염으로 전환된다. 참고: NO는 자유라디칼 가스로서 화학적으로 안정적이지만, 마취제로 사용하는 일명 “웃음 가스”인 아산화질소(N_2O)와 혼동하기 쉽다.

1. **NO의 합성:** 세포질액의 산화질소 생성효소(NOS)는 아르지닌, O_2, NADPH 등을 기질로, FMN, FAD, 헴, 사수소바이오테린(20장 V 참조) 등을 보조효소로 사용하여 산화질소와 시트룰린을 생성한다(그림 13.9). 현재 3개의 NOS가 알려져 있다. 그 중 2개는 생리적 요구와 상관없이 항상 일정한 속도로 합성되는 기본구성 효소로서 Ca^{2+}-칼모듈린 의존 효소이다(11장 V 참조). 주로 내피(eNOS)에서 발견되고, 신경조직(nNOS)에도 존재하며, 지속적으로 적은 양의 NO를 생성하여 혈관확장과 신경 전파를 담당한다. Ca^{2+} 비의존 효소인 유도 산화질소 생성효소(iNOS)는 큰 포식세포와 중성구와 같은 많은 세포에서 발현되어 병원균에 대해 초기 방어를 한다. iNOS의 특이 유도자는 세포의 종류에 따라 다르지만, 종양괴사인자-α(TNF-α)와 인터페론-γ (IFN-γ)와 같은 염증전 사이토카인, 지질다당(LPS)과 같은 세균 내독소를 포함한다. 이 물질들은 iNOS의 합성을 촉진하여 다량의 산화질소가 몇 시간에서 길게는 며칠에 걸쳐 생성된다.

2. **혈관 내피에 대한 NO의 작용:** 산화질소는 혈관 민무늬근육의 긴장을 조 절하는 중요한 매개체이다. 내피세포에서 산화질소는 eNOS에 의해 생성되어 혈관 민무늬근육으로 확산한 후 세포질액 구아닐산 고리화효소(또는 guanylyl cyclase)를 활성화하여 cGMP를 형성한다. 이 반응은 아데닐기 고리화효소에 의해 cAMP가 생성되는 반응과 유사하다(8장 II.D 참조). 그 결과 cGMP의 양이 증가하면 단백질 인산화효소 G의 활성화를 통해 Ca^{2+} 통로가 인산화되어 민무늬근육 세포로 들어오는 Ca^{2+}의 유입이 감소된다. 이것은 마이오신 가벼운 사슬 인산화효소의 Ca^{2+}-칼모듈린 활성화를 감소시켜 민무늬근육의 수축이 감소하고

이완이 증가한다.

나이트로글리세린이나 나이트로프러사이드와 같은 혈관확장제인 질산염은 산화질소로 대사되어 혈관 민무늬근육을 이완시켜 결과적으로 혈압을 낮춘다. 따라서 산화질소는 내재성 질산염 혈관확장제로 간주된다. 참고로 저산소 조건에서, 아질산염(NO_2^-)은 탈산소혈색소에 결합하는 NO로 환원될 수 있다. NO는 혈액으로 방출되어 혈류를 증가하고 혈관확장의 원인이 된다.

3. **큰포식세포 살균작용의 매개과정에서 NO의 역할:** 큰 포식세포에서 iNOS의 활성은 정상적으로 낮지만 세균의 지질다당(LPS)과 감염에 대한 반응으로 분비된 종양괴사인자-α(TNF-α)와 인터페론-γ(IFN-γ)에 의해 효소의 합성이 크게 촉진된다. 활성화된 큰 포식세포는 라디칼을 만들고, 이것은 산화질소와 결합하여 파괴력 있는 중간대사물을 만들면서 살균성억압자이 아주 높은 OH • 라디칼을 생성한다.

4. **다른 기능:** NO는 cGMP 경로의 활성화에 의한 혈소판 부착과 응집의 강력한 억압자이다. 또한 중추신경계통과 말초신경계통에서 신경전달물질로 작용하기도 한다.

V. 6-인산포도당 탈수소효소 결핍증

6-인산포도당 탈수소효소(G6PD) 결핍증은 산화스트레스에 노출되어 발생하는 용혈빈혈이 특징인 주로 남성에서 발견되는 유전병이다. 빈혈의 원인은 적혈구가 산화제를 해독하지 못하는 것이 원인이다. G6PD 결핍 시, 산화 스트레스에 반응하여 생성된 H_2O_2를 해독하기 위해 환원된 글루타싸이온 웅덩이를 유지하는 데 사용할 수 있는 NADPH가 줄어든다.

A. 적혈구에서 6-인산포도당 탈수소효소의 역할

세포에서 G6PD 활성이 감소되면 환원형 글루타싸이온(G-SH) 웅덩이의 유지에 필수적인 NADPH를 생성할 수 없다. G6PD 결핍증은 환자의 모든 세포에서 나타나지만 인산오탄당 경로가 NADPH를 생성하는 유일한 경로인 적혈구에서 가장 심각한 문제를 일으킨다. 적혈구는 핵이나 리보소체가 없기 때문에 이 효소를 재생하거나 새로 생성할 수 없다. 따라서 적혈구는 효소 안정성이 감소되는 효소변이에 크게 취약성을 보인다. 즉 다른 조직은 NADPH를 생성하는 다른 대체 경로($NADP^+$의존 사과산 탈수소효소, 16장 III 참조)를 갖고 있다.

그 결과 세포속에서 생성되는 자유라디칼과 과산화물에 대한 세포의 해독작용이 저하된다(그림 13.10). 글루타싸이온은 또한 혈색소를 포함하는 단백질 설프하이드릴기의 환원상태 유지에도 도움을 준다. 이 설프하이드릴기의 산화는 단백질 변성을 초래하여 불용성 덩어리[하인즈 소체(Heinz body)라 부름]를 형성하고, 적혈구의 세포막에 들러붙는다(그림 13.11). 더구나 막 단백질까지 산화되면 결국 적혈구가 뻣뻣해지고 형태 변형이 불가능해져 지라나 간의 큰 포식세포에 의해 제거된다.

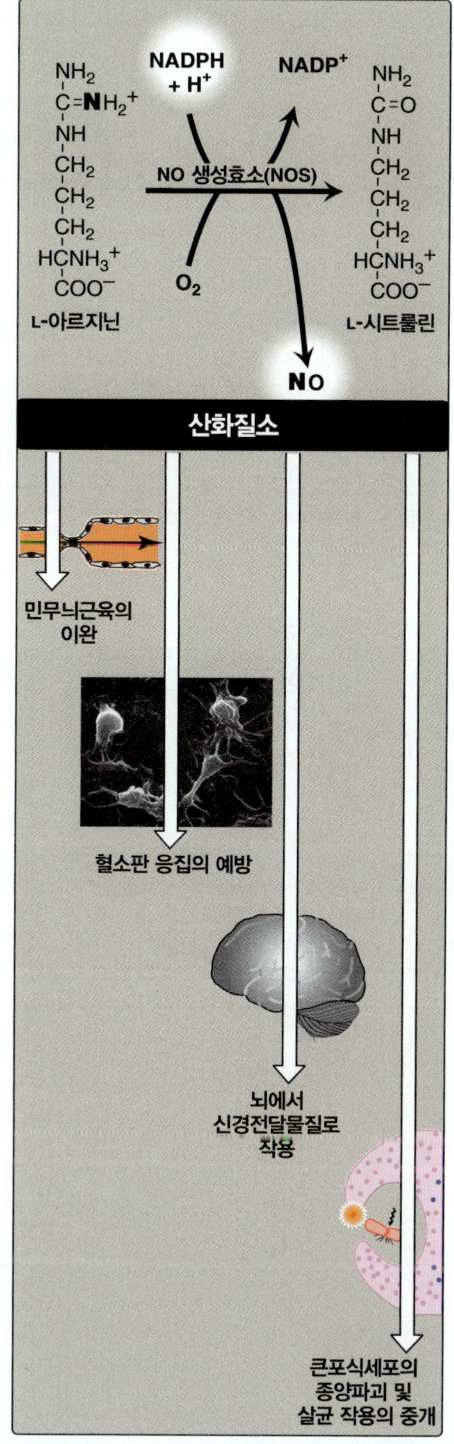

그림 13.9
NO의 합성과 작용. NADPH = 니코틴아마이드 아데닌 다이뉴클레오타이드 인산염. [참고: FMN, FAD, 헴, 사수소바이오테린은 NOS에 추가적으로 필요한 보조효소이다.]

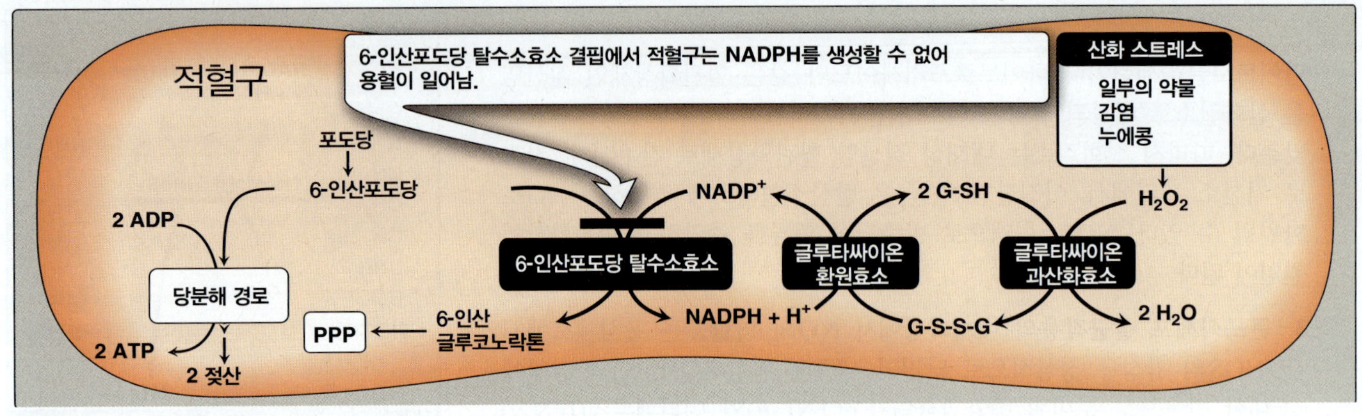

그림 13.10

적혈구의 6-인산포도당 대사 경로. NADP(H) = 니코틴아마이드 아데닌 다이뉴클레오타이드 인산염; G-SH = 환원형 글루타싸이온; G-S-S-G = 산화형 글루타싸이온; H_2O_2 = 과산화수소; PPP = 인산오탄당 경로.

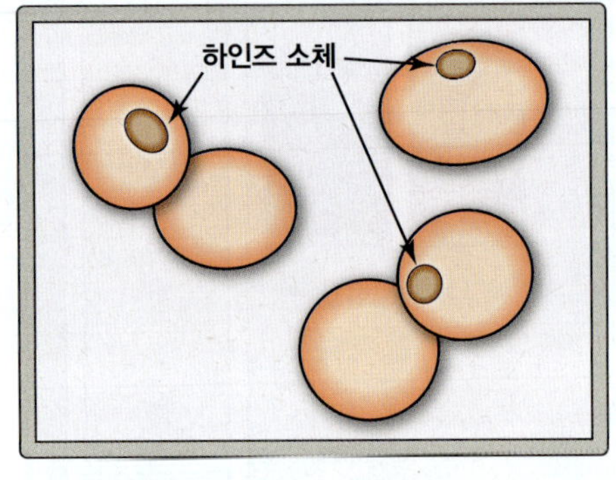

그림 13.11

G6PD 결핍증 환자의 적혈구에서 관찰되는 하인즈 소체(Heinz body).

임상적응증 13.1: G6PD의 결핍 특성

G6PD 결핍증은 X-연관유전을 하며, 대부분 남성에서 나타나며 사람에게 병을 일으키는 가장 흔한 효소이상으로서 세계적으로 4억 이상의 환자가 존재한다. 이 결핍증은 특히 중동, 열대 아프리카, 아시아, 지중해 일부지역 등에서 높은 유병률(prevalence)을 보인다. G6PD 결핍증은 실제로 결핍증 가계의 G6PD 유전자에서 400개 이상의 서로 다른 돌연변이가 확인되었고, 이 중 일부만이 임상증상을 나타낸다.

용혈빈혈 외의 G6PD 결핍증의 임상소견은 생후 1~4일에 나타나는 신생아 황달이다. 이 황달은 매우 심하며, 전형적으로 비결합 빌리루빈 생성의 증가에 의해 발생한다(21장 II 참조). 중증 G6PD 결핍증 환자의 평균수명은 약간 감소하는데, 이것은 만성용혈의 합병증에 의한 것이다. 이러한 G6PD 결핍증의 미미한 부정적 효과는 도리어 생존율을 높이는 긍정적 효과로 진화되었는데, 여성 보인자의 경우 열대열 말라리아(falciparum malaria)에 대한 저항성이 증가한 결과를 보여준다. 낫적혈구 소질(sickle cell trait)과 경증 β-지중해빈혈증(β-thalassemia minor) 또한 말라리아에 저항성을 가진다.

B. 6-인산포도당 탈수소효소 결핍증의 촉발인자

많은 G6PD 돌연변이 중에서 하나만 유전된 남성은 G6PD 결핍에 대해 반접합체로 간주된다. 영향을 받은 개인은 임상소견을 나타내지 않는다. 즉 증상이 없다. 그러나 G6PD 결핍증 환자가 산화제 약물치료를 받거나, 누에콩(fava bean)을 섭취하거나, 또는 심한 감염증을 앓는 일부의 경우에 용혈빈혈이 발생한다. 적혈구의 용혈이나 용혈빈혈은 산화스트레스 유도제에 대한 반응으로 G6PD 결핍증 환자를 초래한다.

1. **산화제 약물:** 흔히 사용하는 약물 중 G6PD 결핍증 환자에게 용혈빈혈을 유발하는 것은 A로 기억하면 된다. 항생제(*antiboitic*)(특히 설파제), 말라리아 치료제(*antimalarial*), 진통제(*analgesics*), 해열제(*antipyretic*)이다. 각 범주의 특정 약물만 관련된다. 처방자를 위한 약제리스트에는 일반적으로 안전한 약들과 G6PD 결핍증 환자가 가장 피해야하는 약들을 포함한다.

2. **누에콩 중독증(favism):** 일부 G6PD 결핍증에서, 특히 지중해 변형의 경우 지중해 연안에서 주로 먹는 누에콩을 섭취했을 때 특히 용혈 현상이 잘 나타난다. 누에콩 중독증에서 누에콩의 섭취에 의한 용혈현상은 모든 G6PD 결핍증 환자에서 나타나지 않지만 누에콩중독 환자는 모두 G6PD 결핍을 갖고 있다.

3. **감염:** 감염은 G6PD 결핍증에서 용혈을 일으키는 가장 흔한 촉발인자이다. 감염에 대한 염증반응으로 큰포식세포에 의해 자유라디칼이 형성되고 적혈구로 확산하여 산화 손상이 발생한다.

등급	임상 증상	잔여 효소의 활성
I	아주 심함 (만성 용혈빈혈)	<10%
*II	심함 (간헐적 용혈빈혈)	<10%
*III	중간 정도	10~60%
IV	없음	>60%

그림 13.12
G6PD 결핍증 변형의 분류. [참고: V급 돌연변이(표에 없음)는 G6PD를 과잉생산함.]
* = 가장 흔함.

C. *G6PD* 유전자 변형체들

G6PD 유전자의 클로닝과 그 DNA의 염기서열분석(34장 참조)을 통해 G6PD 결핍을 일으키는 여러 돌연변이가 규명되었다. 400개 이상의 다른 *G6PD* 변이형이 규명되어 다양한 생화학적 표현형과 임상 표현형을 설명하게 되었다. 효소결핍을 유발하는 대부분의 돌연변이는 부호화 부위의 오인 돌연변이(32장 II 참조)이다; 다른 *G6PD* 돌연변이는 $NADP^+$ 또는 6-인산포도당에 대한 결합 친화력을 변화시키는 반면, 일부는 촉매 활성을 감소시키고, 다른 일부는 안정성을 감소시킨다. 활성 G6PD 효소는 동종이합체 또는 사합체로 존재한다. 소단위 사이의 돌연변이 경계면은 효소 안정성에 영향을 줄 수 있다.

질병의 경중도는 보통 환자 적혈구에 남아 있는 효소활성의 정도와 상관관계를 보인다. 예를 들면 변이형은 그림 13.12에서 보는 바와 같이 분류될 수 있다. G6PD A^-는 이 병의 중등도형(III급)의 원형이다. 이 경우 적혈구는 불안정하지만 정상 동력학을 보이는 G6PD를 갖고 있어 그물적혈구(reticulocyte)나 어린 적혈구에서 대부분의 효소활성이 정상이다(그림 13.13). 그러나 늙은 세포의 경우에는 효소활성이 매우 낮아져 용혈삽화를 통해 우선적으로 제거된다. 지중해 G6PD(G6PD Mediterranean)는 이 병의 고도형(II급)의 원형으로서 효소의 안정성이 감소하여 낮은 효소활성을 나타낸다. 희귀한 I급 돌연변이는 가장 심한 종류로 산화 스트레스 없이도 증상을 보이는 만성 비구형적혈구 빈혈(chronic nonspherocytic anemia)과 연관된다.

G6PD A^- 및 G6PD 지중해성 단백질은 단일 아미노산에 의해 각각 정상 변이체와는 다른 돌연변이 효소를 만든다. 큰 결실 변이나 틀이동 변이는 확인되지 않았는데, 이는 G6PD 효소활성이 완전히 없어지는 경우가 가장 치명적일 것임을 시사한다.

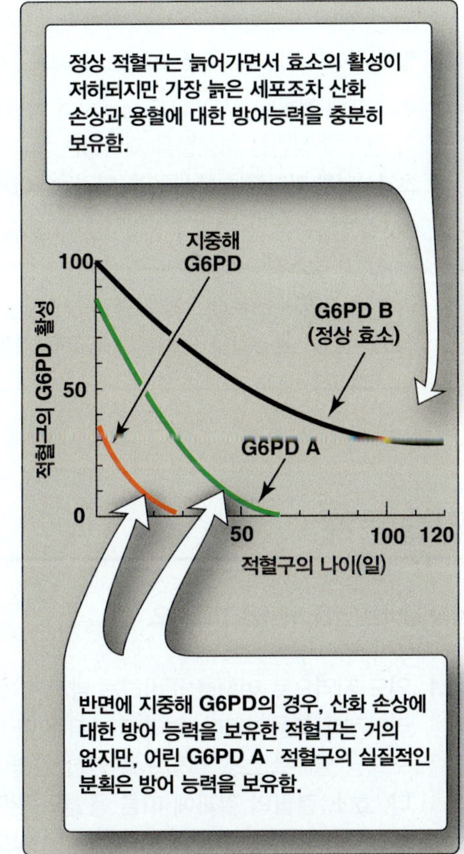

그림 13.13
가장 흔한 3 종류의 적혈구 G6PD에 대한 세포수명과 활성감소 사이의 상관관계.

VI. 요약

- **인산오탄당 경로**는 몸에서 **NADPH**의 주된 공급원이다(그림 13.14).
- **ATP**는 회로에서 직접 소비되거나 생성되지 **않는다.**
- 인산오탄당 경로는 2개의 비가역적 산화반응과 이후의 일련의 가역적 당-인산 상호전환 반응으로 구성된다.
- **가역적 비산화반응**은 당을 상호전환시킨다. 인산오탄당 경로에서 이 비산화반응 부분은 뉴클레오타이드나 핵산합성에 필요한 **5-인산리보스**의 공급원이다. 이 부분의 반응은 가역적이기 때문에 리보스가 필요하거나 6-인산포도당 탈수소효소가 억제되는 경우 **6-인산과당**이나 **3-인산글리세르알데하이드**(당분해 과정의 중간대사물)로부터 시작될 수 있다.
- 인산오탄당 경로의 **산화반응** 부분은 환원적 생합성 및 해독반응에 대한 환원당량을 제공한다.
- **6-인산포도당**은 비가역적으로 **5-인산리불로스**와 **2개의 NADPH**로 전환된다. 이 경로의 조절 단계는 **6-인산포도당 탈수소효소**(G6PD)이며, 이것은 **NADPH/NADP$^+$ 비**에 의해 강하게 억제된다.
- NADPH는 간에서 콜레스테롤, 지방조직, 젖샘에서 지방산 합성이나 태반, 난소, 고환, 부신피질에서 스테로이드 합성과 같은 **환원적 생합성**의 **환원당량**의 공급원이다.
- NADPH는 또한 호기성 대사의 결과로 생성된 H_2O_2의 감소를 위해 적혈구에 의해 요구된다.
- **글루타싸이온**(G-SH)의 환원당량을 제공함으로써 과산화수소의 환원에 기여하기도 한다. 글루타싸이온은 **글루타싸이온 과산화효소**가 과산화물을 물로 환원시킬 때 사용된다. **산화된 글루타싸이온**은 NADPH로부터 전자를 받아 **글루타싸이온 환원효소**에 의해 환원된다.
- NADPH는 스테로이드생성 조직의 **스테로이드 호르몬 합성**, 간의 **쓸개즙산 합성**, 간과 콩팥에서 **비타민 D의 활성화** 등을 담당하는 **사립체 사이토크롬 450 일산소화효소계**에도 환원당량을 제공한다.
- 이 **소포체 체계**는 NADPH를 사용하여 약물과 다양한 오염물질과 같은 외부 화합물(생체이물질)의 **해독**한다. NADPH는 큰포식세포가 신체에 침입한 미생물을 제거하는 과정에도 환원당량을 제공한다. **NADPH 산화효소**는 분자 산소와 NADPH의 전자를 사용하여 **초과산화물 라디칼**을 생성하며, 이것은 SOD에 의해 과산화물로 전환될 수 있다.
- **G6PD 결핍증**은 **X-연관 유전병**으로 주로 남성에서 잘 일어난다. 적혈구가 글루타싸이온 웅덩이의 유지에 필수적인 NADPH를 만들 수 없고, 추가적인 NADPH 공급원이 고갈되어 **적혈구**가 대부분 손상을 받는다. 심한 감염증과 **산화제 약물**이나 **누에콩** 섭취 등을 포함하는 산화제 스트레스에 노출되면 적혈구에서 생성되는 자유라디칼과 초과산화물에 의해 특징적인 **용혈빈혈**이 일어난다. 빈혈의 정도는 잔여 효소량에 의존한다. G6PD 결핍증에 걸린 신생아는 **신생아 황달**에 걸릴 수 있다.

연습문제

가장 올바른 답을 하나만 고르시오.

13.1 인도 지역으로 여행을 준비하는 남자가 예방적으로 항말라리아제를 복용하였다. 얼마 지나지 않아 이 남자는 6-인산포도당 탈수소효소 결핍으로 인한 용혈 현상이 진행되었다. 효소 결핍의 결과에 따른 용혈의 원인으로서 다음 중 정상보다 낮은 농도에 의해 이 현상을 일으킨 것은?

A. 6-인산포도당
B. 산화형 NAD(NAD$^+$)
C. 환원형 글루타싸이온
D. 5-인산리보스

정답 = C. 글루타싸이온(GSH)은 적혈구형태의 유지에 필수 적이며 NADPH의존 글루타싸이온 환원효소에 의해 활성형(환원형)이 유지된다. NADPH는 인산오탄당 경로의 산화부분에서 생성된다. 이 경로의 초기 조절효소인 G6PD가 결핍된 환자는 NADPH 합성능력이 감소하여 글루타싸이온의 기능을 유지하는 능력도 감소한다. 프리마퀸과 같은 산화제 약물을 처방받은 경우에 일부 G6PD 결핍 환자에서 용혈이 발생할 수 있다. 프리마퀸은 6-인산포도당의 농도에 영양을 주지 않는다. NAD$^+$는 인산오탄당 경로에서 생성되지도 않고 G-SH 환원효소의 보조효소로도 사용되지 않는다. 5-인산리보스의 감소는 용혈을 일으키지 않는다.

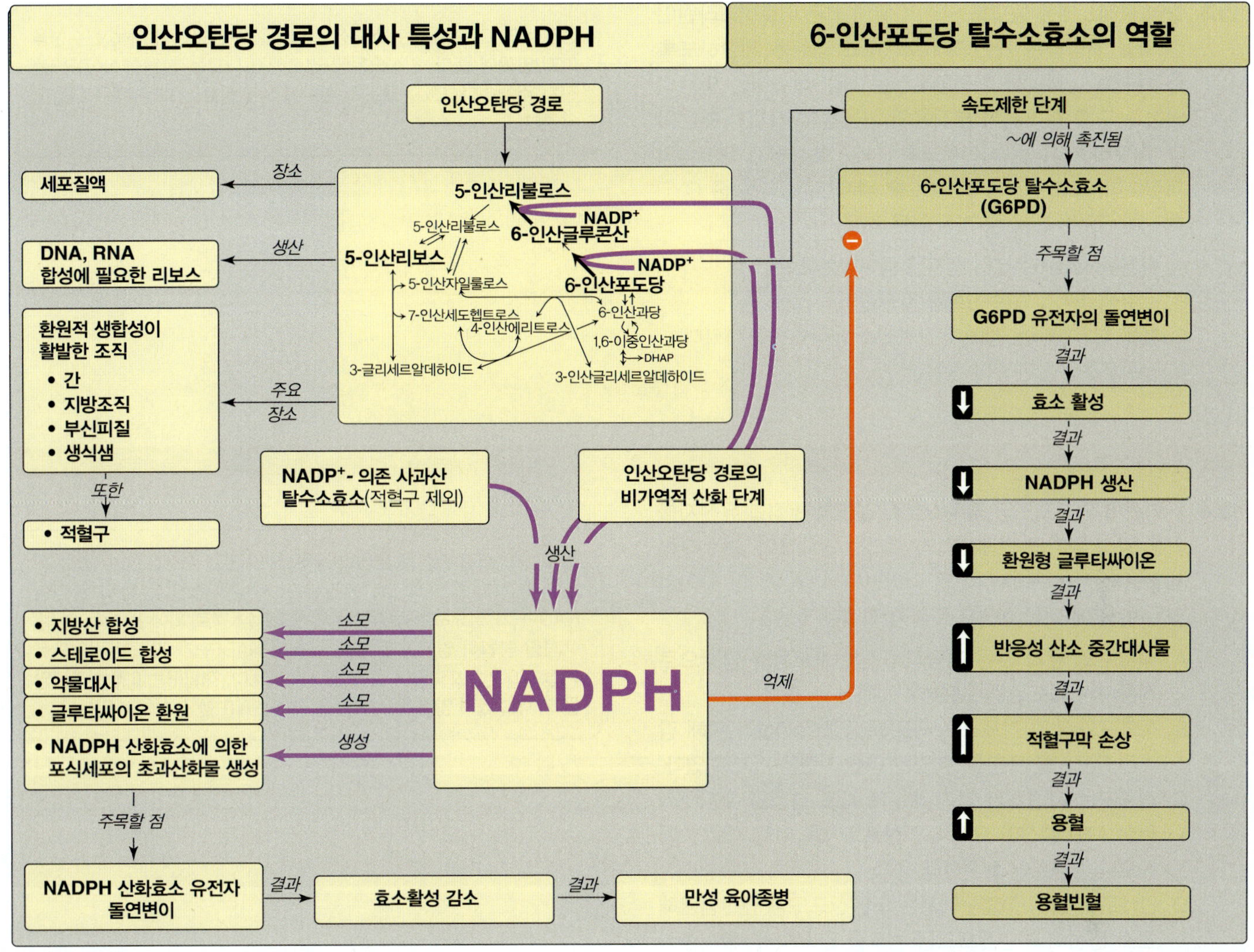

그림 13.14
인산오탄당 경로와 NADPH의 핵심 개념도.

13.2 저혈압(낮은 혈압)은 패혈성 쇼크의 신호이며 세균 감염에 대한 심한 염증반응의 결과이다. 이와 같은 정보에 기초하여 이 저혈압의 원인으로 관련된 내용 중 가장 올바른 것은?

A. 혈관 내피세포의 산화질소 생성효소의 활성화는 산화질소의 증가를 초래한다.

B. 높은 사망률은 산화질소의 긴 반감기에 따른 것이다.

C. 라이신은 산화 질소합성의 질소원으서 세균에 의해 탈아미노화된다.

D. 길슘 비의존 효소에 의한 산화질소의 과다생성이 저혈압을 유발한다.

정답 = D. 칼슘 비의존 iNOS에 의한 반감기가 짧은 산화질소의 과다한 생산은 혈관의 과도확장과 저혈압을 초래한다. 혈관내피 효소(eNOS)는 구성 성분이며 낮은 농도의 NO를 일정한 속도로 생성한다. NOS는 라이신이 아닌 아르지닌을 질소원으로 사용한다.

13.3 혈액 콜레스테롤 농도를 낮추기 위해 최근 아토바스타틴이란 약을 처방받은 개인에게 포도주스 섭취를 제한하도록 충고하였다. 왜냐하면 포도주스를 과량 섭취하면 혈액의 약물 농도를 증가시켜 부작용의 가능성이 커지기 때문이다. 아토바스타틴은 사이토크롬 P450 효소인 CYP3A4의 기질이며, 포도주스가 이 효소를 억제한다. 다음 중 CYP 효소와 관련된 내용 중 가장 옳은 것은?

A. 환원형 NADH로부터 전자를 공여받는다.
B. 소수성 분자들의 수산화를 촉진한다.
C. 헴을 함유한다는 점에서 산화질소 생성효소와 다르다.
D. 산화효소와 관련되어 작용한다.

정답 = B. CYP 효소는 소수성 화합물을 수산화하여 더욱 친수성을 띠게 만들어 준다. 인산오탄당 경로에서 나오는 환원형 NADPH는 전자 주개이다. CYP 효소와 산화질소 생성효소 모두 헴구조를 함유한다.

13.4 X-연관 6-인산포도당 탈수소효소 결핍의 반접합 유전자를 가진 남성 환자의 병태생리적 결과는 간세포와 같은 다른 세포보다 적혈구에서 더 잘 나타난다. 다음 중 이 차이가 있는 반응 에 대한 설명으로 가장 적절한 것은?

A. 적혈구와 달리 간은 과량의 6-인산포도당을 당원으로 전환시켜 세포 손상으로부터 벗어날 수 있다.
B. 적혈구와 달리 간세포는 세포 특성을 유지하기 위해 감소된 NADP를 보충할 수 있는 다른 기전을 가지고 있다.
C. 적혈구는 사립체가 없기 때문에 세포 특성을 유지하기 위한 ATP 생산이 오직 6-인산포도당을 우회 경로인 인산오탄당 경로에 의존한다.
D. 간세포와 달리 적혈구에서는 6-인산포도당 인산염분해효소 활성이 6-인산포도당 농도를 감소시켜 세포 손상을 초래한다.

정답 = B. 세포 손상은 환원형 글루타싸이온을 재생성할 수 있는 세포의 능력과 직접적으로 연관된다. 왜냐하면 많은 양의 환원형 NADPH가 필요하고 적혈구는 인산오탄당 경로 외에 는 NADPH를 생성할 방법이 없기 때문이다. 문제는 NADPH가 감소한 것이므로 기질인 6-인산포도당이 증가한 것은 아니다. 적혈구는 6-인산포도당을 가지고 있지 않다. 인산오탄당 경로는 ATP를 생산하지 않는다.

13.5 대사에 참여하는 일부 효소에 꼭 필요한 보결단은 비타민 싸이아민에서 유래한다. 적혈구의 어떤 효소 활성을 측정하면 몸의 싸이아민 상태를 알 수 있는가?

A. 케톤기전달효소
B. 6-인산포도당 탈수소효소
C. 파이루브산 탈수소효소
D. 글루타싸이온 과산화효소

정답 = B. 적혈구는 사립체가 없기 때문에 파이루브산 탈수소효소와 같이 싸이아민 파이로인산염(TPP)을 필요로 하는 효소들을 가지고 있지 않다. 그러나 케톤기전달효소를 필요로 하는 세포질 TPP를 갖고 있기 때문에 이 효소의 활성은 몸의 싸이아민 상태를 측정할 때 사용될 수 있다.

아미노당글리칸, 단백글리칸, 당단백질

14

I. 아미노당글리칸의 개관

아미노당글리칸(glycosaminoglycan, GAG)은 음전하를 띠는 이종다당 사슬로 이루어진 큰 복합체이다. GAG는 보통 소량의 단백질과 결합하여 단백글리칸(*proteoglycan*)을 형성하는데, 이 경우 전형적으로 95% 이상의 탄수화물로 구성된다. GAG는 다량의 물과 결합하는 특별한 능력을 갖고 있어 체내 바탕물질(ground substance)의 근간을 이루는 젤 형태의 바탕질을 형성한다. 또한 아교질, 탄력소, 피브릴린-1와 같은 섬유형 구조 단백질과 섬유결합소 같은 접착 단백질 등과 함께 세포바깥바탕질(ECM)을 형성한다. 수화된 GAG는 ECM의 탄력적인 지지대 역할을 하여 구조 단백질 및 접착 단백질과 상호작용을 하며, 분자 체(molecular sieve)로 작용하여 ECM을 통과하는 물질운동에 영향을 준다. 점액 분비물의 끈끈하고 미끄러운 성질도 GAG가 존재하기 때문에 나타나며, 이 이유로 이것을 원래대로 점액다당으로도 부른다.

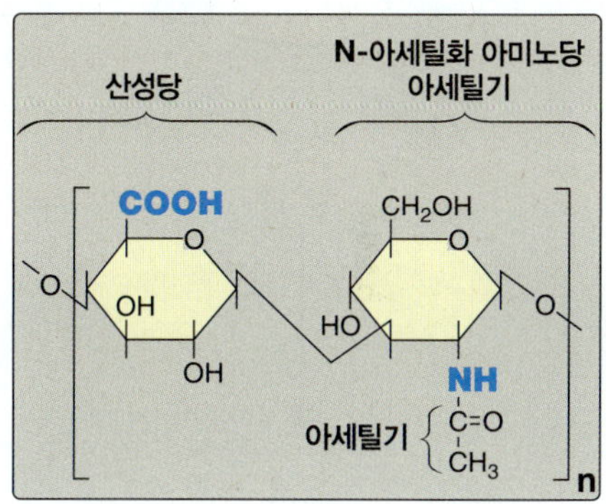

그림 14.1
반복적인 이당 단위.

II. 아미노당글리칸의 구조

GAG는 길고 가지 없는 이종다당 사슬로서 일반적으로 반복되는 이당 단위[*N* 아세틸-아미노당] *N*-아세틸글루코사민이나 *N*-아세틸갈락토사민으로 구성된다(그림 14.1). 한 가지 예외로서 황산케라탄에는 산성당 대신에 갈락토스가 존재한다. 아미노당은 D-글루코사민이나 D-갈락토사민인데, 이때 보통 아미노기가 아세틸화되어 양전하가 소실되어 있다. 아미노당은 또한 4번이나 6번 탄소 또는 아세틸화되지 않은 질소가 황산화될 수도 있다. 산성당은 D-글루큐론산이나 그것의 5번 탄소 위치이성질체인 L-아이듀론산을 포함한다(그림 14.2). 이러한 산성당은 생리적 pH에서 음전하를 띠는 카복실기를 갖는데, 이것은 황산기($-SO_4^{2-}$), 와 함께 GAG가 강한 음전하를 띠게 한다.

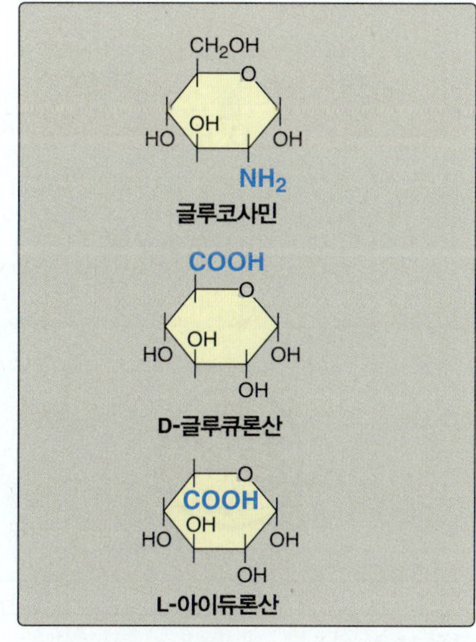

그림 14.2
아미노당글리칸(GAG)에서 발견되는 일부의 단당 단위.

A. 아미노당글리칸의 구조와 기능 간의 관계

이러한 이종다당 사슬은 많은 음전하 때문에 수용액에서 펼쳐지는 경향이 있다. 그들은 서로 반발하고 주위는 물 분자 껍질로 둘러싸인다. 만약 그들을 함께 두면 마치 자석이 같은 극끼리 서로 밀쳐 내는 것처럼 각 분

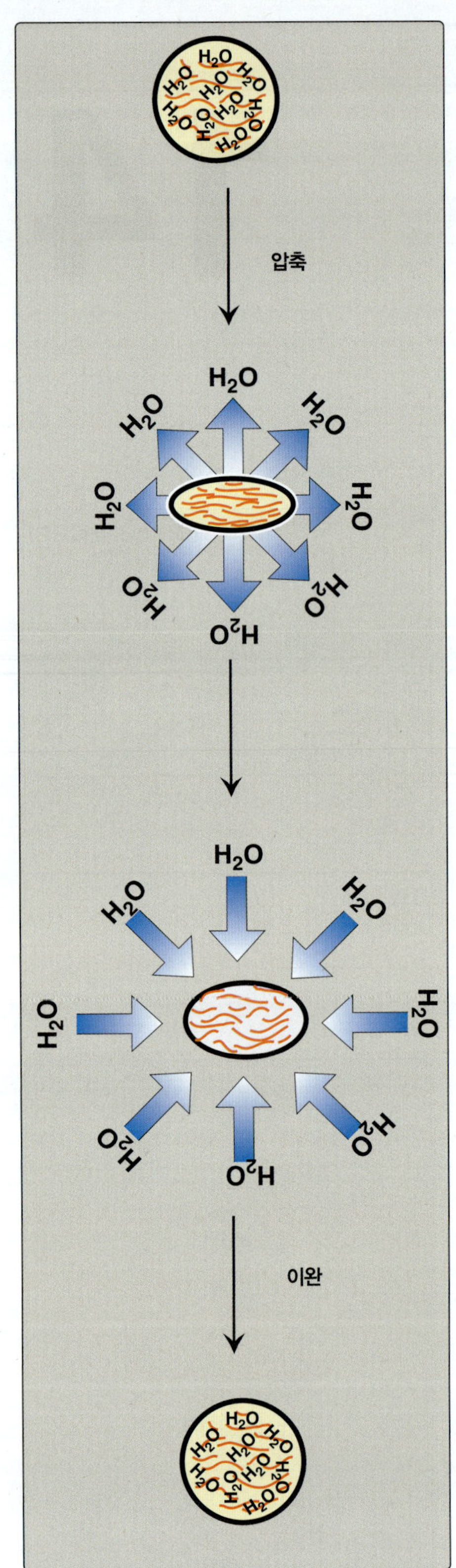

그림 14.3
아미노당글리칸의 탄성.

자가 서로 미끄러져 나가게 된다. 이것은 점액 분비물과 윤활액이 "미끄러운" 성질을 갖도록 한다. GAG 용액을 압축하면 물이 "짜져 나오고" GAG는 더 작은 부피가 된다. 다시 그 압력을 제거하면 GAG는 자체의 음전하들의 반발력 때문에 원래의 수화된 상태의 부피로 튀어 오르듯이 되돌아간다. 이러한 성질 때문에 윤활액과 눈의 유리체액이 탄성을 갖게 된다(그림 14.3).

B. 아미노당글리칸의 분류

아미노당글리칸은 단당 조성, 당화결합 형태, 황산 단위의 양과 위치 등에 따라 크게 6 형태로 나뉜다. 아미노당글리칸의 구조와 체내의 분포를 그림 14.4에 도시하였다. 하이알유론산(hyaluronic acid)을 제외한 모든 아미노당글리칸은 단백질에 공유결합으로 부착하여 단백글리칸 단일체(monomer)를 구성한다

C. 단백글리칸(proteoglycan)

단백글리칸은 ECM과 세포의 바깥면에 존재한다.

1. **단백글리칸 단일체의 구조:** 연골에서 발견되는 단백글리칸 단일체는 핵심 단백질과 이것에 공유결합으로 연결된 선형 아미노당글리칸 사슬로 구성된다. 100개 이상의 단당으로 이루어진 각각의 사슬은 핵심 단백질로부터 뻗어 나와 각각의 전하 반발력으로 인해 서로 분리된 모습을 보인다. 그 결과 마치 "젖병 솔" 같은 구조를 이룬다(그림 14.5). 연골 단백 글리칸을 구성하는 아미노당글리칸의 종류는 황산콘드로이틴과 황산케라탄이다. 참고로 단백글리칸은 현재 공통적인 구조 특징을 갖는 핵심 단백질을 부호화하는 유전자족에 따라 구별된다. 예를 들어 아그레칸족(아그레칸, 버시칸, 뉴로칸, 브레비칸)은 연골에 풍부하다.

2. **아미노당글리칸과 단백질 사이의 연결:** 아미노당글리칸은 단백질 중심에 연결되고 이 공유결합은 가장 흔하게 단백질에서 삼육탄당화물(trihexoside; 갈락토스-갈락토스-자일로스)과 세린 잔기를 통해 각각 이

임상적응증 14.1: 단백글리칸, 연골 및 골관절염

골관절염은 전 세계 수백만 명의 사람들에게 질병을 유발한다. 이 질환에서는 관절 연골이 분해되고 관절에 쿠션 역할을 하는 단백글리칸이 손실된다. 관절을 보호하는 연골의 복원력이 없어지면 통증, 뻣뻣함, 붓기가 생기며, 병적 징후와 증상은 점차 악화한다. 글루코사민과 콘드로이틴은 통증을 완화하고 골관절염의 진행을 멈추는 것으로 보고되었다. 이 화합물들은 미국에서 시판되는 건강보조식품으로 쉽게 구할 수 있다. 잘 계획된 몇몇 임상시험에 따르면, 황산글루코사민과 황산콘드로이틴은 골관절염의 증상을 완화하는 데 작거나 중간 정도의 효과가 있는 것으로 밝혀졌다.

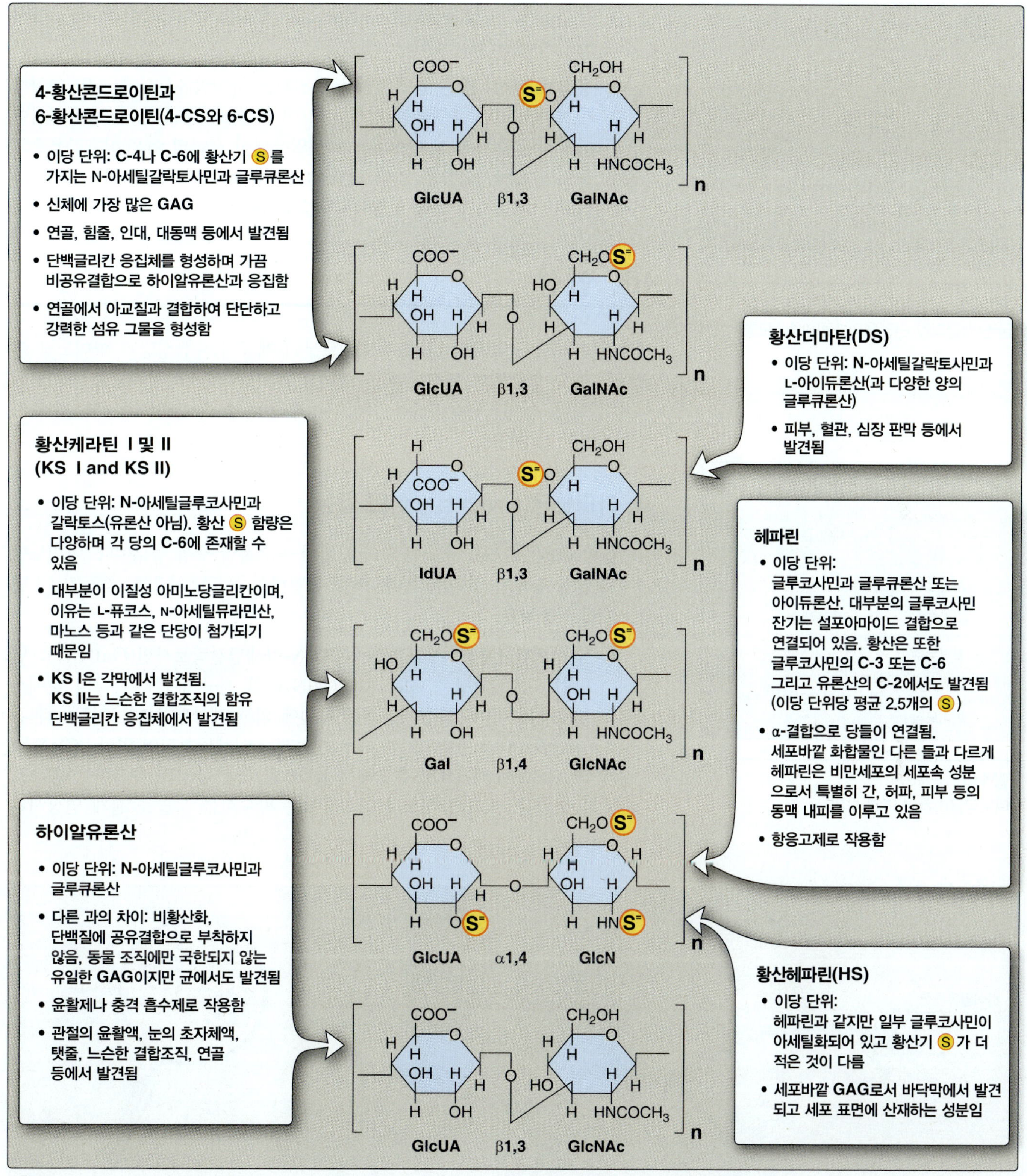

그림 14.4
아미노당글리칸(GAG)의 반복단위 구조와 분포. 황산기(S)는 가능성 있는 모든 부위에 표시하였다. GlcUA = 글루큐론산; IdUA = 아이듀론산; GalNAC = N-아세틸갈락토사민; GlcNAC = N-아세틸글루코사민; GlcN = 글루코사민; Gal = 갈락토스.

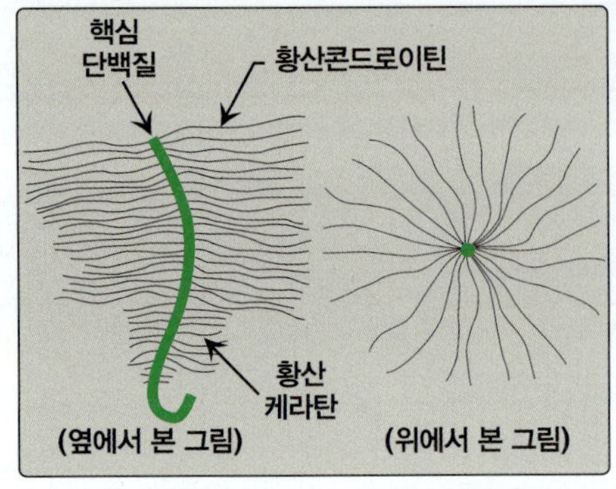

그림 14.5
연골 단백글리칸 단일체의 "젖병 솔" 모형.

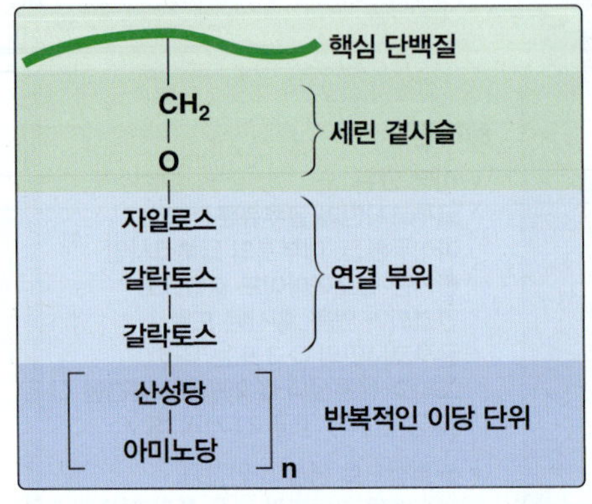

그림 14.6
아미노당글리칸의 연결 부위.

루어진다. O-당화결합은 자일로스와 세린의 하이드록실기 사이 에서 이루어진다(그림 14.6).

3. **응집체 형성:** 많은 단백글리칸 단위체는 하이알유론산 분자와 회합하여 단백글리칸 응집체를 형성한다. 이 회합(association)은 공유결합이 아니지만 주로 핵심 단백질과 하이알유론산 사이의 이온 상호작용으로 일어난다. 이 회합은 연결 단백질(link protein)이라 부르는 추가적인 작은 단백질들에 의해 안정화된다(그림 14.7).

III. 합성

이종다당 사슬은 각각의 UDP-유도체로부터 제공되는 산성당과 아미노당 이 교대로 계속 연결되어 연장된다. 이 반응은 특이적인 당화기전달효소족에 의해 촉진된다. 아미노당글리칸은 합성 후 세포바깥으로 분비되기 때문에 골지 복합체에서 합성된다.

A. 아미노당(amino sugar)의 합성

아미노당은 GAG, 당단백질, 당지질의 필수적인 구성 성분이다. 아미노당의 합성 경로는 결합조직에서 아주 활발하여 포도당의 20% 정도가 이 반응에 사용된다.

1. **N-아세틸글루코사민(GlcNAc)과 N-아세틸갈락토사민(GalNAc):** 단당인 6-인산과당은 GlcNAc, GalNAc의 전구체이다. 각각의 당에서 전구체의 하이드록실기는 글루타민에 의해 제공된 아미노기로 치환된다(그림 14.8). 아미노기는 대부분 언제나 아세틸화되어 있다.] GlcNAc과 GalNAc의 UDP-유도체는 UDP-포도당 합성과 유사한 반응으로 합성된다. 이 뉴클레오타이드 당들은 탄수화물 사슬을 길게 연장시키

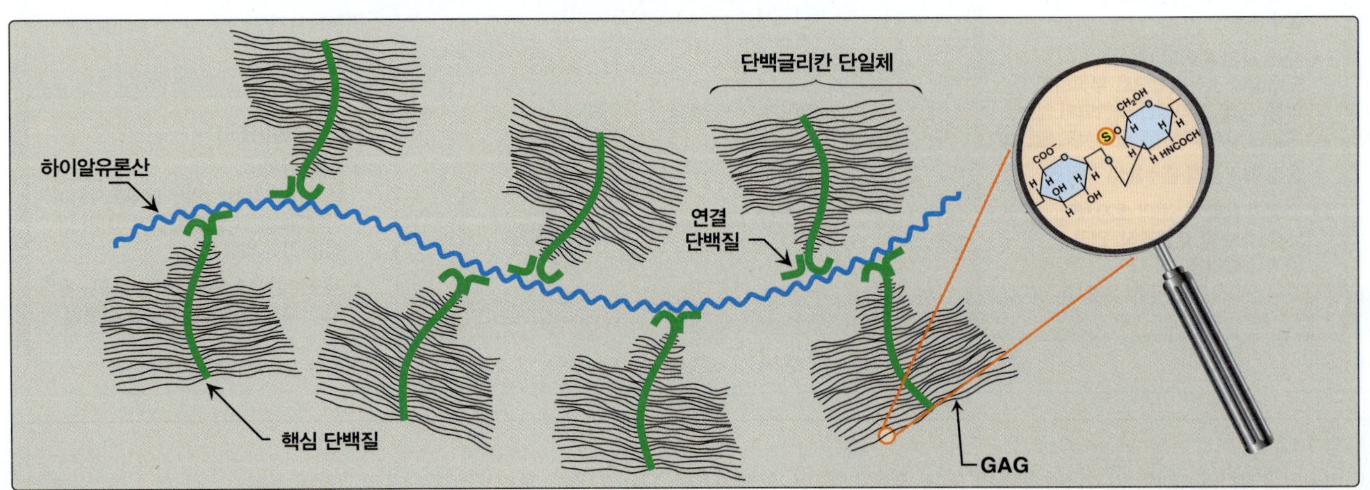

그림 14.7
단백글리칸 응집체. GAGs = 아미노당글리칸.

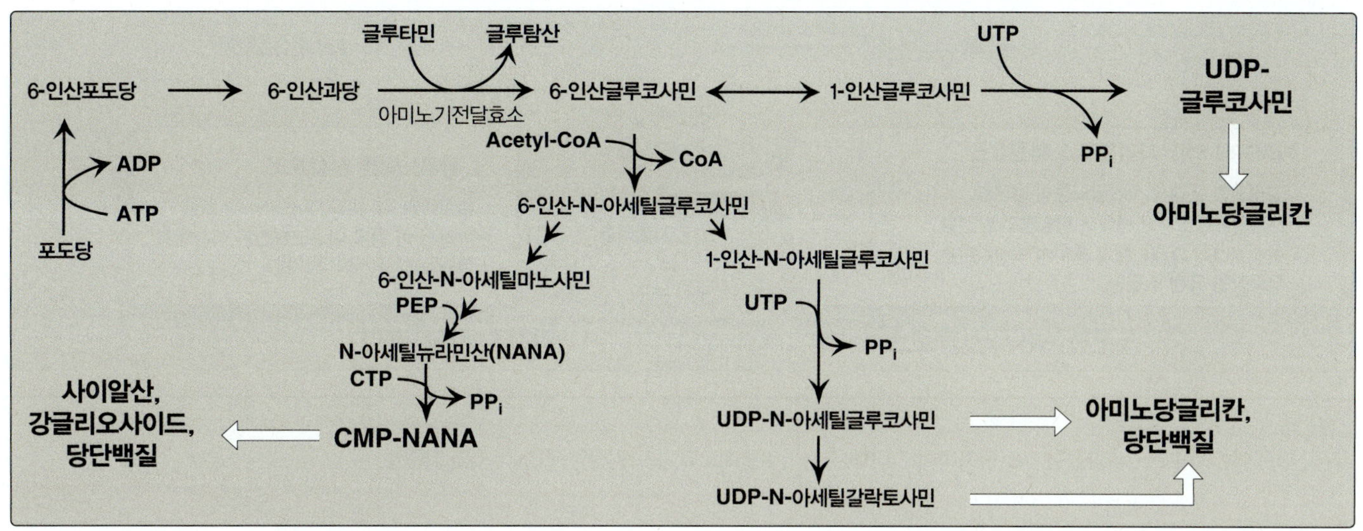

그림 14.8
아미노당의 합성. ADP = 이인산아데노신; UTP = 삼인산유리딘; UDP = 이인산유리딘; CoA = 보조효소 A; PEP = 인산엔올파이루브산; CTP = 삼인산사이티딘; CMP = 일인산사이티딘; PP_i = 파이로인산염.

는 데에 사용되는 단당의 활성형이다.

2. **N-아세틸뉴라민산:** 9-탄소로 이루어진 산성 단당인 NANA(그림 17.15 참조)는 사이알산족의 하나이며, 모두 다른 자리에 아실화되어 있다. 이 화합물들은 주로 당단백질, 당지질, 또는 드물지만 아미노당글리칸의 소당 곁사슬의 말단 탄수화물 잔기로 발견된다. NANA의 탄소와 질소는 N-아세틸마노사민과 인산엔올파이루브산(당 분해 경로의 중간 대사물, 그림 14.8 참조)으로부터 유래한다. NANA는 합성 중인 소당에 붙기 전에 반드시 삼인산사이티딘(CTP)과 반응하여 활성형으로 전환되어야 한다. CMP-NANA 합성효소가 이 반응을 촉진한다. 이것은 사람의 대사에서 운반체 뉴클레오타이드가 이인산이 아닌 일인산인 유일한 뉴클레오타이드 당이다.

B. 산성당(acid sugar)의 합성

6번 탄소가 산화된 포도당 구조($-CH_2OH \rightarrow -COOH$)인 D-글루큐론산과 C-5 위치이성질체인 L-아이듀론산은 아미노당글리칸의 필수적인 구성 성분이다. 글루큐론산은 또한 빌리루빈, 스테로이드, 스타틴계를 포함하는 많은 약물과 같은 불용성 화합물의 해독반응에도 필요하다. 식물과 포유동물[기니픽과 사람을 포함하는 영장류]에서 글루큐론산은 아스코브산(비타민 C)의 전구체가 된다(그림 14.9). 유론산 경로도 또한 음식 D-자이룰로스가 중심 대사 경로로 들어가는 기전을 제공한다.

1. **글루큐론산:** 글루큐론산은 식사로 섭취되는 양이 아주 적고 GAG가 용해소체에서 분해로부터 얻어진다. 또한 유론산 경로의 UTP와 반응하는 1-인산포도당을 통해서도 생성될 수 있고 UDP-포도당으로 변환된다. 아미노당글리칸 합성과 다른 글루큐론화 반응에 당을 제공하는

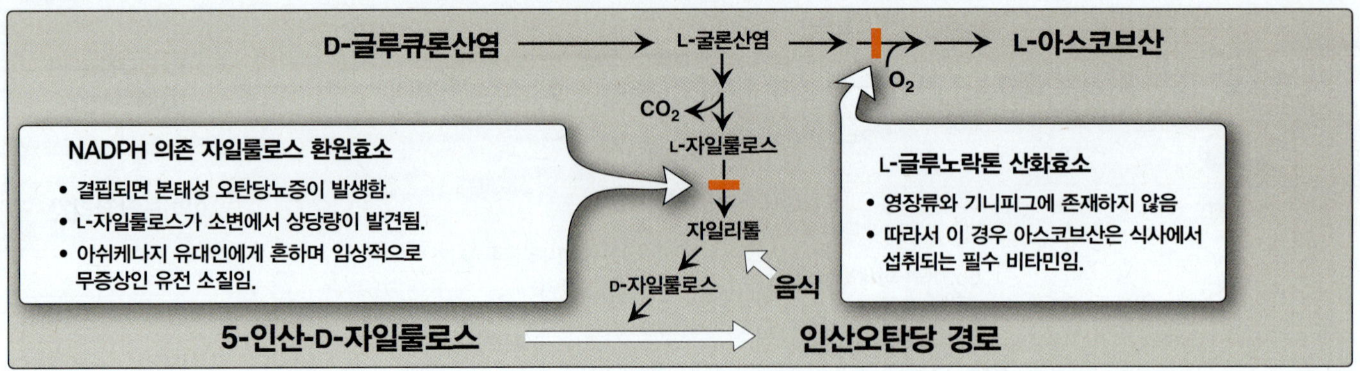

그림 14.9
유론산의 대사. NADPH = 환원형 니코틴아마이드 아데닌 다이뉴클레오타이드 인산염. CO_2 = 이산화탄소.

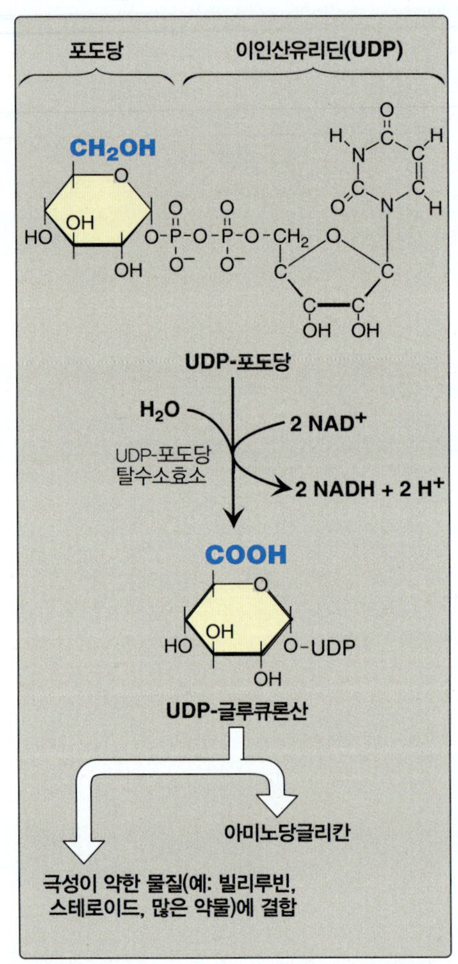

그림 14.10
UDP-포도당의 UDP-글루큐론산으로의 산화. NAD(H) = 니코틴아마이드 아데닌 다이뉴클레오타이드.

활성형 글루큐론산은 UDP-글루큐론산이며, 이것은 UDP-포도당의 산화에 의해 생성된다(그림 14.10). 사람에서 글루큐론산 대사의 최종생성물은 5-인산-D-자이룰로스이며, 이것은 인산오탄당 경로를 통해 당분해 중간대사물인 3-인산글리세르알데하이드와 6-인산과당으로 전환된다(그림 14.9; 그림 13.2 참조).

2. **L-아이듀론산 합성:** L-아이듀론산의 합성은 D-글루큐론산이 탄수화물 사슬에 혼입된 후 일어난다. 유로노실 5-위치이성질체화효소(uronosyl 5-epimerase)가 D-에서 L-당으로의 위치이성질체화를 촉진한다.

C. 핵심 단백질의 합성

핵심 단백질은 거친면 세포질그물(RER) 표면에서 합성되어 ER 안으로 들어간다. 이어서 이 단백질은 골지 복합체의 막에 결합하고 있는 당화기 전달효소에 의해 당화된다.

D. 탄수화물 사슬의 합성

탄수화물 사슬의 합성은 핵심 단백질의 짧은 연결 부위부터 합성이 시작되는데, 이 부위에서 탄수화물 사슬의 합성이 개시된다. 가장 흔한 연결 부위는 자일로실기 전달효소의 촉매작용에 의해 UDP-자일로스로부터 세린(또는 트레오닌)의 하이드록실기로 자일로스가 전달되어 생성된다. 그 후 2개의 갈락토스 분자가 연결되어 삼육탄당화물(trihexoside)가 완성된다. 이 단계 후에 산성당과 아미노당이 번갈아 연속적으로 연결되며(그림 14.11), 일부 D-글루큐론일 잔기가 L-아이듀론일 잔기로 전환된다.

E. 황산기의 첨가

GAG의 황산화는 특정 단당이 합성 중인 탄수화물 사슬에 혼입된 후 일어난다. 황산은 3′-인산아데노실-5′-인산황산(PAPS), 5번 인산에 황산기가 붙어 있는 AMP 분자로부터 제공된다(그림 17.6 참조). 황산기전달효소는 탄수화물 사슬의 특정 부위를 황산화한다. 황산화된 GAG인 황산콘드로

이틴 합성의 예를 그림 14.11에 나타내었다. 참고로 PAPS는 또한 당스핑고지질 합성에서도 황(S) 주개이다.

IV. 아미노당글리칸(GAG)의 분해

GAG는 용해소체에서 분해된다. 용해소체는 보통 pH 5에서 가장 큰 활성을 보이는 가수분해효소들을 갖고 있다. 이 특성 때문에 이들을 산성 가수분해효소라고 부른다. 최적 pH가 낮은 이유는 보호기전으로서, 효소가 세포질액으로 유출되더라도 세포질액의 pH가 중성이기 때문에 활성이 없어져 세포가 파괴되는 것을 방지한다. GAG의 반감기는 몇 분에서 몇 달까지 아주 다양하며 GAG의 형태와 존재 위치에 영향을 받는다

A. GAG와 포식작용

GAG는 세포바깥이나 세포 표면에 존재하기 때문에 먼저 세포막의 함입으로 포식되어(포식작용) 분해가 일어날 소포를 형성해야 한다. 이 소포는 용해소체와 융합되어 단일의 소화소포를 형성함으로써 GAG가 효율적으로 분해된다.

B. 용해소체의 GAG 분해

용해소체에서 GAG가 완전히 분해되려면 많은 산성 가수분해효소가 필요하다. 맨 먼저 당화물내부분해효소가 다당 사슬을 절단하여 소당으로 만든다. 그 후 소당은 각 사슬의 비환원 말단에서부터 순차적으로 분해된다. 합성과정에서 가장 나중에 첨가되었던 황산기나 당이 가장 먼저 제거된다. 이들 효소와 이들에 의해 가수분해되는 결합의 예를 그림 14.12에서 보여준다. [참고로 당화물내부 및 외부분해효소도 역시 당단백질과 당지질의 용해소체 분해에 관여한다. 이 효소들이 결핍되면 덜 분해된 탄수화물들이 축적되어 결국 조직 손상을 초래한다.]

> 다중 황산염분해효소 결핍증(오스틴병)은 모든 황산염분해효소가 작용하지 않는 드문 용해소체 축적 질환이다. 효소 활성 부위에 필요한 아미노산 유도체인 포밀글라이신 형성에 결함이 있기 때문에 발생하는 질환이다.

V. 점액다당증(Mucopolysaccharidosis, MPS)

점액다당증은 황산헤파란이나 황산더마탄 또는 황산케라틴의 분해에 정상적으로 관여하는 용해소체 가수분해 중 어느 한 효소의 결핍에 의해 발생하는 유전병(대략 1:25,000 출생)이다(그림 14.12 요약 참조). 이것은 많은 조직에 GAG가 축적되어 뼈대 이상, 세포바깥바탕질 이상, 지적 장애 등의 다양한 증상이 특징적으로 나타나는 진행성 질환이다. X-연관 유전병인 헌터 증후군

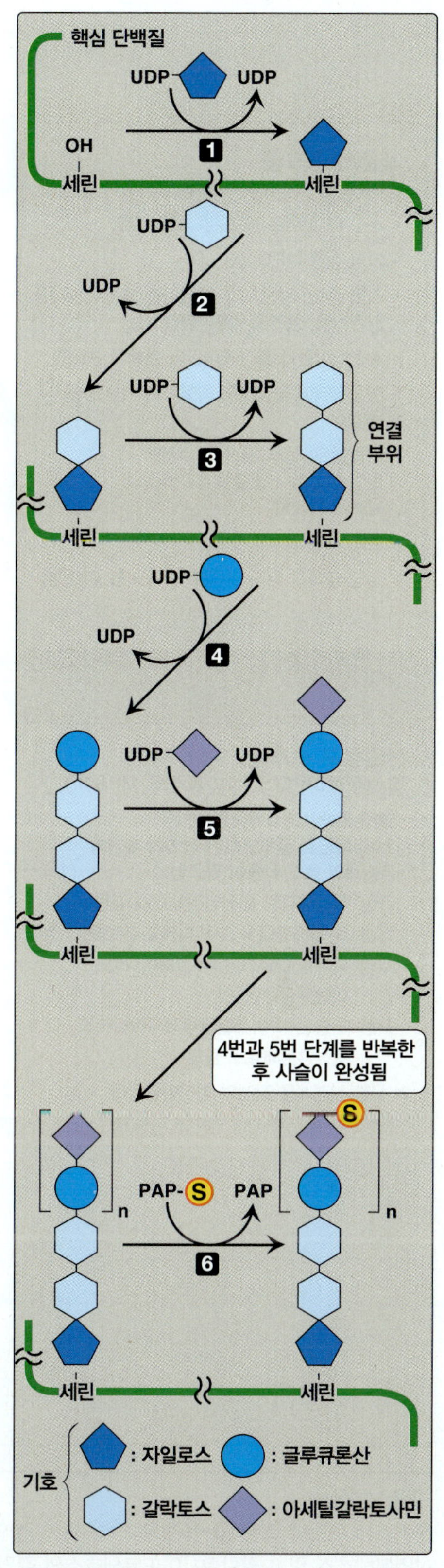

그림 14.11
황산콘드로이틴(CS)의 합성.
PAP-S = 3′-인산아데노실-5′-인산황산.

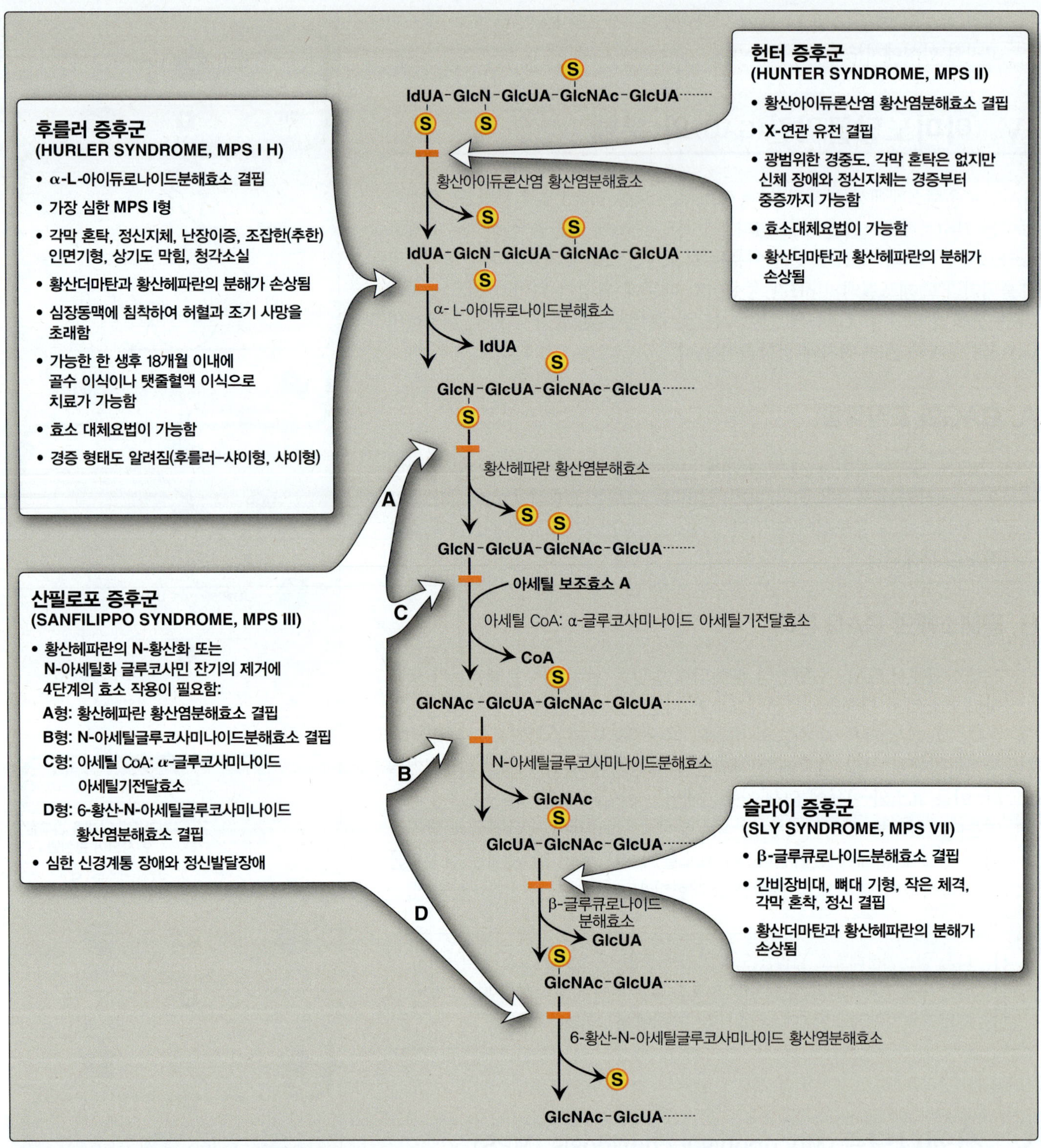

그림 14.12
용해소체 효소에 의한 황산헤파란(GAG의 일종)의 분해. 대표적인 일부 점액다당증(MPS)의 효소 결핍 부위를 표시하였다. [참고: 갈락토사민 6-황산염분해효소 및 β-갈락토사이드분해효소의 결핍은 각각 모르키오 증후군(Morquio syndrome, MPS IV, [A, B])을 초래한다. 황산더마탄을 분해하는 아릴황산염분해효소 B의 결핍은 마로토-라미(Maroteaux-Lamy) 증후군[MPS VI]을 초래한다.] GlcUA = 글루큐론산; IdUA = 아이듀론산; Gal-NAc = N-아세틸갈락토사민; GlcNAc = N-아세틸글루코사민; GlcN = 글루코사민; Ⓢ = 황산염.

(Hunter syndrome)을 제외하면 모두 보통염색체 열성으로 유전된다.

이 병에서 동종접합 어린이의 경우 출생 당시에는 외견상 정상으로 보이다가 이후 점차적으로 악화된다. 심한 결핍의 경우에는 소아기에 사망하기도 한다. 현재는 치료방법이 없다. GAG가 용해소체에서 완전히 분해되지 않아 소당이 소변에서 검출된다. 이 소당 조각을 이용하여 특정 점액다당증을 진단할 수 있는데, 그 원리는 소당의 비환원 말단에 존재하는 잔기의 구조를 밝혀내면 그 잔기가 결핍된 효소의 기질이 되기 때문이다. 진단은 환자의 용해소체 가수분해효소의 세포 농도를 측정함으로써 확진된다. 골수이식이나 탯줄혈액 이식이 후를러 증후군과 헌터 증후군의 치료에 사용되고 있지만 일부에서만 성공하고 있다. 이식된 큰포식세포가 세포바깥 공간에 존재하는 GAG의 분해에 필요한 효소들을 생산한다. 최근에는 효소대체요법(enzyme replacement therapy, ERT)을 두 증후군에 적용하고 있지만 신경학적 손상을 예방하지는 못한다.

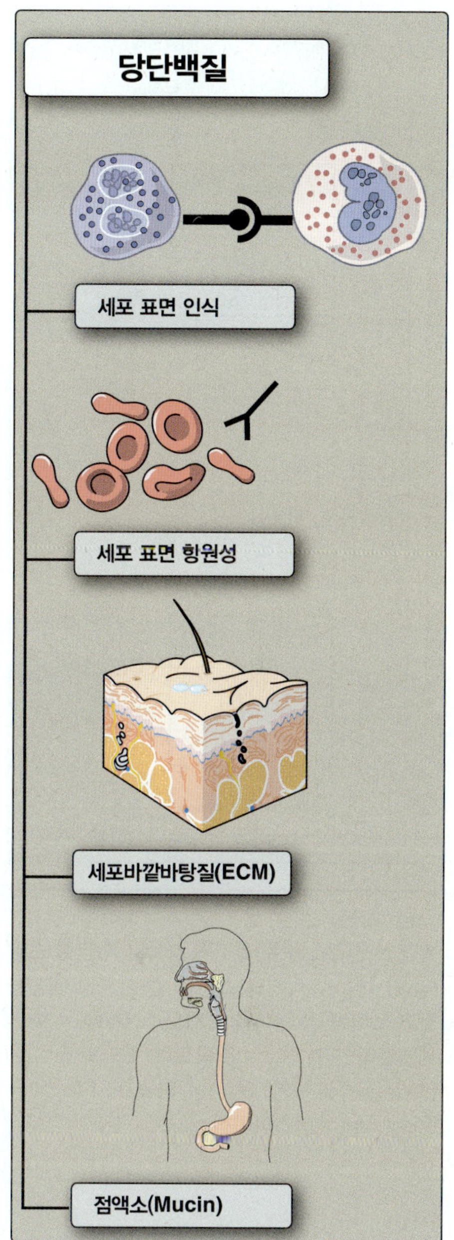

그림 14.13
당단백질의 기능.

VI. 당단백질의 개관

당단백질(glycoprotein)은 소당(oligosaccharide)이 공유결합으로 부착한 단백질이다. 당화(*glycosylation*)는 단백질 합성에서 가장 흔한 번역 후 변형이다. [참고: 단백질에 탄수화물이 효소작용 없이 첨가되는 반응은 당화(glycation)로 알려져 있다.] 당단백질의 탄수화물 함량은 매우 다양해서 예를 들어 면역글로불린 G(IgG)의 경우 전체 무게의 4% 미만이 탄수화물에 해당하는 반면에 단백글리칸인 아그레칸은 80% 이상이 탄수화물이다. 당단백질의 탄수화물 사슬은 비교적 매우 짧고, 보통 2~10개의 당 잔기로 구성되고 직선형보다 가지를 친 경우가 많고, 음전하가 있거나 없을 수도 있다. 막결합 당단백질은 매우 다양한 세포 작용에 관여하는데, 즉 다른 세포, 호르몬, 바이러스 등에 의한 세포표면 인식, 세포표면 항원성(예: 혈액형 항원), ECM과 위창자길이나 비뇨생식길의 점액소의 구성 성분으로서의 방어적인 생물학적 윤활제 등의 기능을 갖고 있다. 또한 비록 알부민은 예외라 할지라도 사람 혈장에 존재하는 거의 모든 공모양 단백질도 당단백질이다. 그림 14.13에는 당단백질의 몇몇 기능을 요약하였다.

VII. 소당(Oligosaccharide)의 구조

당단백질의 소당(글리칸) 성분은 일반적으로 거의 D-육탄당으로 구성된 가지형 이종중합체이며, 일부에서 뉴라민산(neuraminic acid, 구탄당의 일종)이나 6- 탈산소육탄당인 L-퓨코스(L-fucose)가 첨가된 경우도 있다.

A. 탄수화물과 단백질 사이의 연결 부위의 구조

소당은 N- 또는 O-당화결합을 통해 단백질에 부착한다(98쪽 참조). 전자의 경우 당 사슬은 아스파라진 곁사슬의 아미노기에 부착하고, 후자의 경우는 세린이나 트레오닌 곁사슬의 하이드록실기에 붙는다. 아교질의 경우 갈락토스나 포도당이 하이드록시라이신의 하이드록실기에 O-당화결합으로 연결된다.

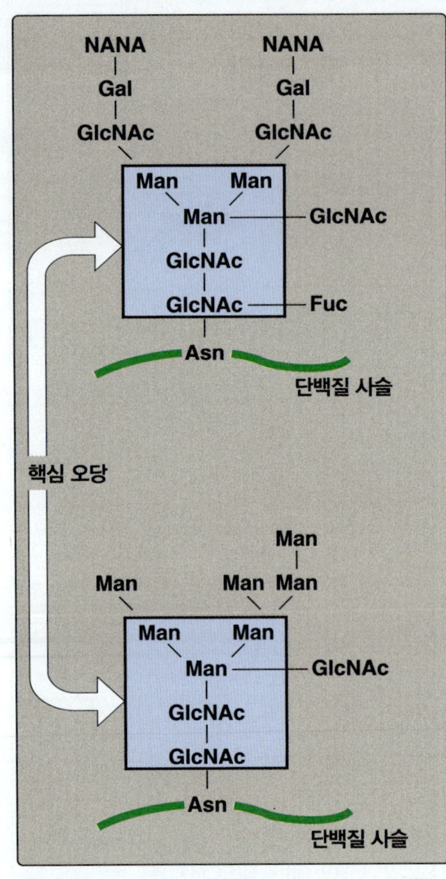

그림 14.14
복합 N-연결소당(**위**)과 마노스풍부 N-연결 소당(**아래**). [참고: 각각의 소당은 같은 오당 핵심을 갖고 있다(박스 안쪽을 보시오)]. NANA = N-아세틸뉴라민산; Gal = 갈락토스; GlcNAc = N-아세틸글루코사민; Man = 마노스; Fuc = 퓨코스; Asn = 아스파라진.

B. N-연결 소당과 O-연결 소당

당단백질은 N- 혹은 O-의 당화결합 중 하나만 또는 한 분자 속에 두 결합이 모두 존재하기도 한다.

1. **O-연결:** O-연결 소당은 선형 또는 가지형으로 배열된 한 개 이상의 다양한 당을 포함한다. 많은 O-연결 소당은 세포바깥의 당단백질에서 막당단백질 성분으로서 발견된다. 일례로 O-연결 소당은 ABO 혈액형 결정소(determinant)를 제공한다. 소당에서 말단의 당이 GalNAc라면, 혈액형은 A형이다. 만약 그것이 갈락토스라면, 혈액형은 B형이다. 만약 GalNAc와 갈락토스 둘 다 아니라면, 혈액형은 O형이다.

2. **N-연결:** N-연결 소당은 크게 복합 소당과 마노스풍부(high-mannose) 소당의 2종류로 나뉜다. 그림 14.14에서처럼 둘 다 같은 핵심 오당을 가지고 있다. 그러나 복합 소당은 N-아세틸글루코사민(GlcNAc), L-퓨코스(Fuc), N-아세틸뉴라민산(NANA) 등의 다양한 첨가당을 가지고 있는 반면 마노스풍부 소당은 주로 마노스(Man)를 첨가당으로 가진다.

VIII. 당단백질의 합성

표적지가 세포질액인 단백질은 세포질의 자유 리보소체에서 합성된다. 그러나 당단백질을 포함하는 많은 단백질은 표적지가 세포막이나 용해소체이며, 또는 세포바깥으로 분비하도록 되어 있어 거친면 세포질그물(RER)에 부착한 리보소체에서 합성된다. 이 단백질들은 N-말단에 분자의 "주소 표지"의 역할을 하는 특정 신호서열을 갖고 있어서 각 단백질을 정확한 표적지로 향하게 한다(526쪽 참조). 맨 처음 소수성 N-말단 서열은 이 단백질을 RER로 향하게 하고, 합성 중인 폴리펩타이드가 RER 속공간으로 뚫고 들어가게 한다. 그 후 단백질은 분비소포를 통해 골지 복합체로 수송된다(그림 14.15). 골지 복합체에서, 세포바깥으로 분비되거나 용해소체로 향할 당단백질은 세포막 또는 용해소체막과 융합한 소포로 포장된 후 그 내용물을 방출한다. 세포막의 구성 성분이 될 당단백질은 골지막에 통합된 후 골지막이 떨어져 나와 막결합 당단백질이 첨가된 소포를 형성하여 세포막으로 향하고 결과적으로 막 당단백질은 탄수화물 부분이 세포 바깥쪽으로 향하게 된다(그림 14.15 참조).

A. 탄수화물 성분

당단백질의 탄수화물 성분의 전구체는 UDP-포도당, UDP-갈락토스, UDP-N-아세틸글루코사민, UDP-N-아세틸갈락토사민 등과 같은 뉴클레오타이드 당(nucleotide sugar)이다. 이외에도 GDP-마노스, GDP-마노스로부터 합성되는 GDP-L-퓨코스, CMP-N-아세틸뉴라민산 등도 합성 중인 당 사슬에 당을 제공한다. 소당에 산성인 NANA가 존재하면 생리적 pH에서 음전하를 띤다. 소당은 단백질의 특정 아미노산 R기에 공유결합으로 부착하며, 단백질의 삼차구조가 특정 아미노산 R기의 당화 여부를 결정한다.

B. O-연결 당화물의 합성

O-연결 당단백질은 GAG의 합성과 거의 비슷한 기전으로 합성된다. 우선 당이 부착될 단백질이 먼저 RER에서 합성되고 그 속공간으로 들어간다. 이어서 당화가 시작되어 UDP-GalNAc의 GalNAc이 특정 세린이나 트레오닌 잔기의 히드록실기에 전달된다. 당화기전달효소(glycosyltransferase)의 역할은 골지막에 결합되어 있는 당화기전달효소는 소당을 순차적으로 합성한다. 이 효소들은 DNA, RNA, 단백질 등의 합성(단원 VII 참조)과 달리 본틀을 사용하지 않고 적합한 기질로서 합성 중에 길어지는 소당의 실제 구조를 인식하여 특별한 순서대로 작용한다.

C. N-연결 당단백질의 합성

N-연결 당단백질은 RER의 속공간에서 합성되며, 이때 ER막 지질인 인산화 형 돌리콜(파이로인산돌리콜, dolichol pyrophosphate)을 필요로 한다 (그림 14.16). 초기 생성물은 RER과 골지기구에서 가공된다.

1. **돌리콜-연결 소당의 합성:** O-연결 당단백질과 마찬가지로 먼저 거친면 세포질그물에서 합성된 단백질은 속공간으로 들어간다. 그러나 단백질 자체는 당단백질 합성의 이 단계에서 각각의 개별 당으로 당화되는 것이 아니라 오히려 지질-연결 소당이 먼저 합성된다. 이것은 파이로인산결합을 통해 연결된 콜레스테롤 합성 중간대사물로부터 만들어진(254 쪽 참조) RER 막 지질인 돌리콜, 마노스 및 포도당을 포함하는 소당으로 구성된다. 막결합 당화기전달효소에 의해 돌리콜에 순차적으로 첨가되는 당은 먼저 GlcNAc이고, 다음으로 마노스와 포도당이 있다(그림 14.16 참조). 이어서 전체 14-당 소당은 돌리콜에서 ER에 존

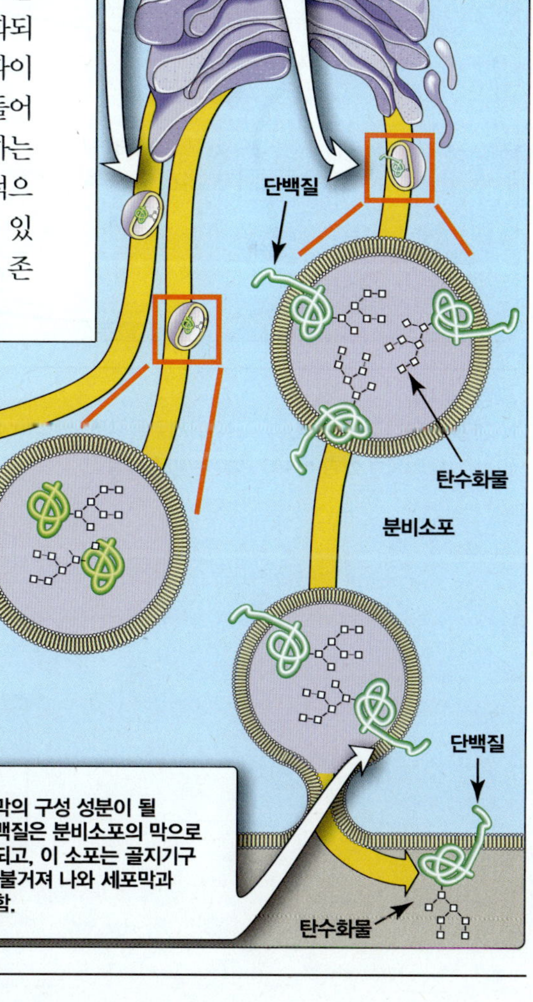

그림 14.15
골지기구를 통한 당단백질의 수송과 그 다음 단계의 분비 또는 용해소체나 세포막으로의 혼입.

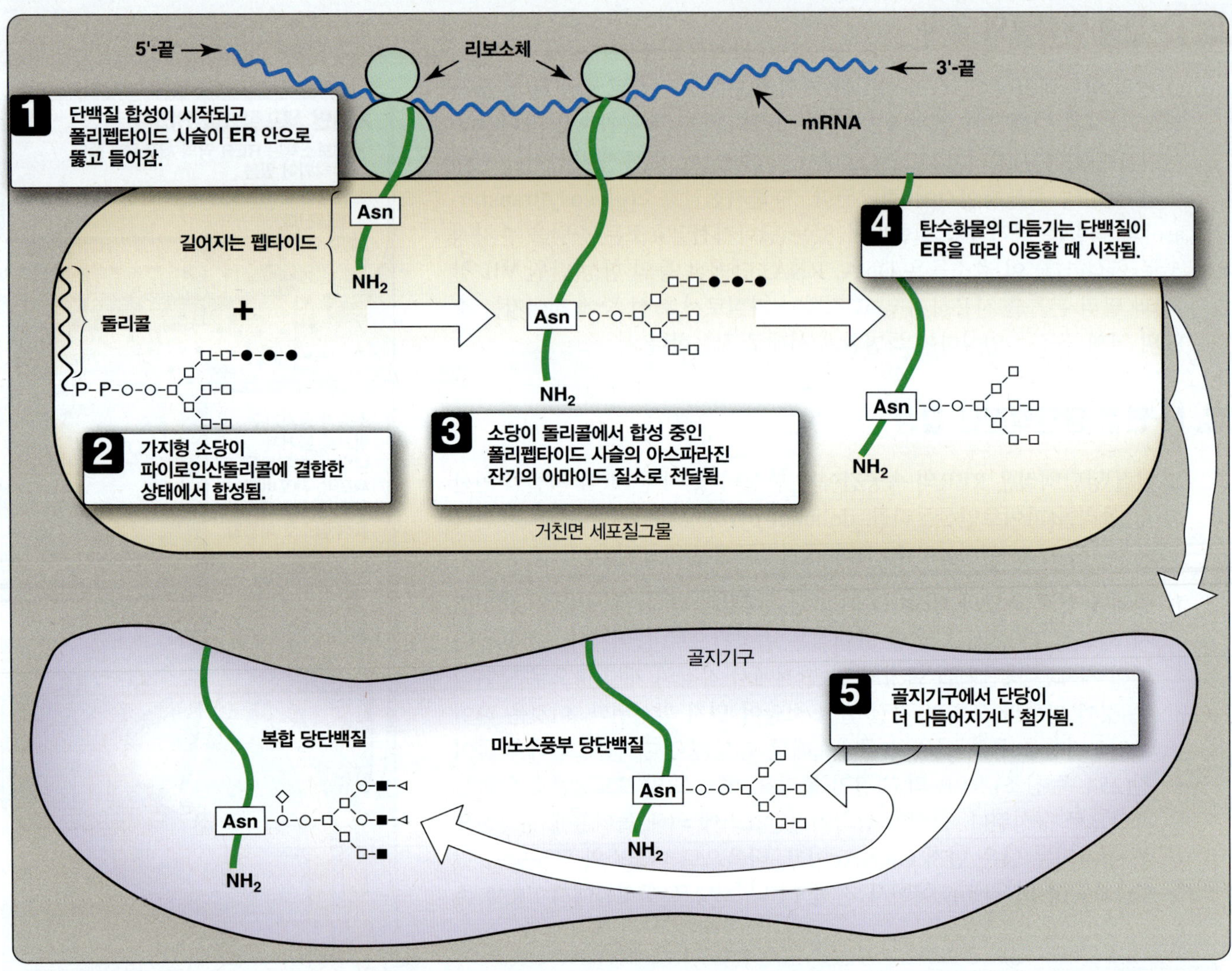

그림 14.16
N-연결 당단백질의 합성. ○ = N-아세틸글루코사민; ▫ = 마노스; ● = 포도당; ▪ = 갈락토스; ◇ 또는 ◁ = 말단기(퓨코스 또 는 N-아세틸뉴라민산); mRNA = 전령 RNA; Asn = 아스파라진.

재하는 단백질-소당 전달효소에 의해 당화된 단백질에 있는 아스파라진의 아마이드 질소로 전달된다. [참고: 항생제인 튜니카마이신(tunicamycin)은 N-연결당화를 억제한다.]

선천성 당화장애(CDG)는 주로 단백질의 N-당화 결합에 의해 발생하는 증후군이다. 예를 들어 소당 조립에 결함이 있은 경우가 I형 CDG이고, 가공과정에 결함의 경우는 II형 CDG이다.

2. **N-연결 소당의 최종 가공과정:** 단백질에 혼입된 후 N-연결 소당은 당단백질이 ER을 따라 이동하면서 특정 마노스 잔기와 포도당 잔기가 제거되는 가공과정을 거친다. 소당 사슬의 합성은 최종적으로 골지에서 종결되는데, 다양한 당(예: N-아세틸글루코사민, N-아세틸갈락토사

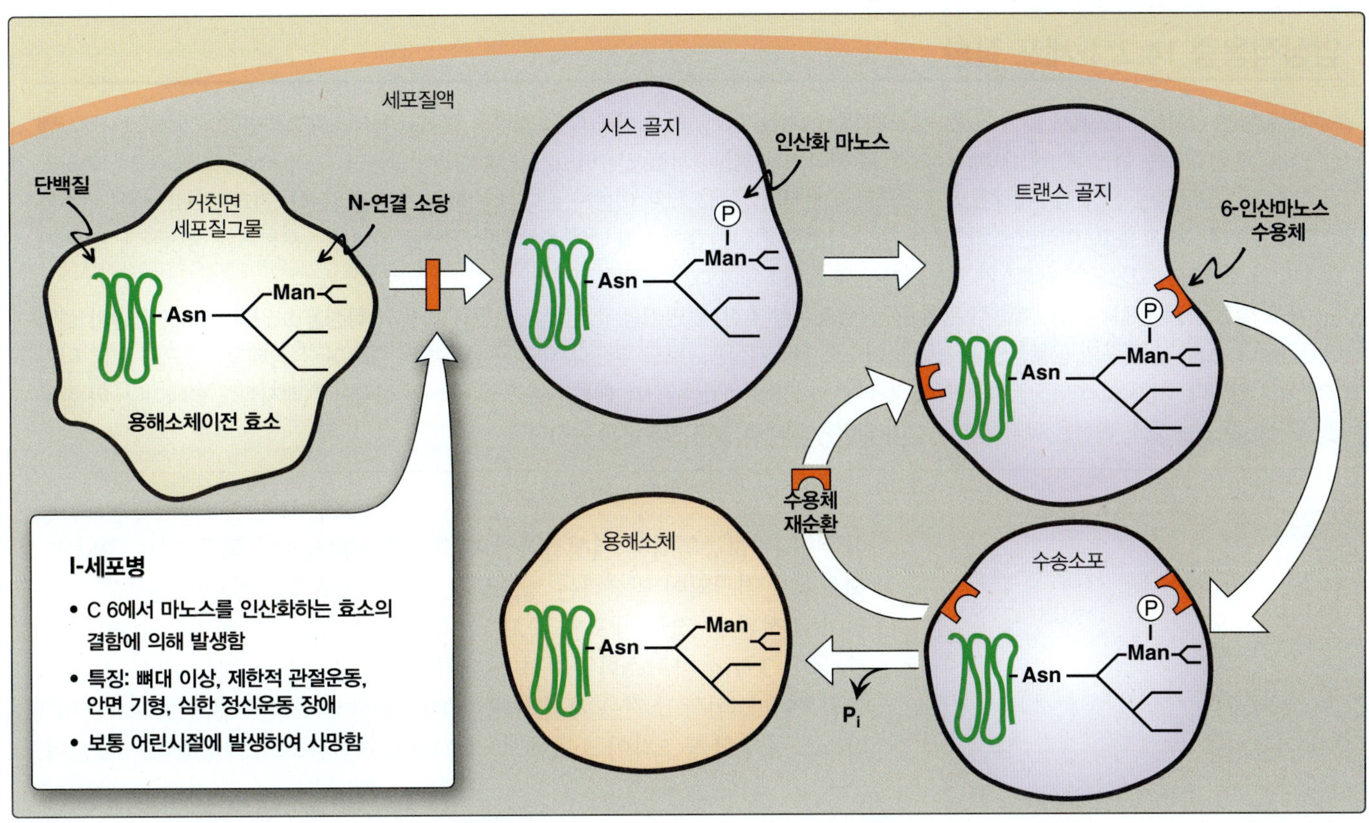

그림 14.17
N-연결 당단백질이 용해소체로 이동하는 수송기전. Asn = 아스파라진; Man = 마노스; Ⓟ = 인산염; P_i = 무기인산염.

민, 추가적인 마노스, 이후의 말단기로서의 퓨코스나 NANA)이 첨가되어 복합 당단백질이 완성되거나, 추가적 가공없이 그대로 가지형 마노스 함유 사슬로 남아 마노스풍부 당단백질이 완성된다(그림 14.16 참조). O-연결 당단백질은 세포에서 분비되거나 세포막의 일부분이 될 수 있다. N-연결 당단백질의 최종 운명은 O-연결 당단백질의 경우와 같으며, 추가로 용해소체로 위치를 옮길 수도 있다.

3. **용해소체 효소들:** 골지에서 가공처리 중인 N-연결 당단백질은 특정 마노실 잔기에 인산화가 일어난다. UDP-GlcNAc는 인산기전달효소에 의해 촉진되는 반응에서 인산염을 제공한다. 골지에 있는 6-인산마노스 수용체는 표적지가 정해진 효소의 6-인산마노스(M6P) 잔기와 결합하고, 이어서 소포로 포장되어 용해소체로 가게 된다(그림 14.17).

IX. 용해소체의 당단백질 분해

당단백질의 분해는 GAG의 분해와 비슷하다(187쪽 참조). 용해소체의 가수분해효소는 보통 당단백질의 성분에 따라 각각 특이적으로 제거한다. 이 효소들은 대부분 각각의 해당 잔기를 혼입되었던 순서와 반대로 제거반응을 끝에서 시작하여 처음에서 끝내는 세포바깥효소(exoenzyme)이다. 만약 어느 하나의 분해효소가 결핍되면 다른 세포바깥효소의 분해가 계속될 수 없다.

임상적응증 14.2: I-세포 질환

I-세포 질환은 환자의 세포에서 볼 수 있는 큰 포함체(inclusion body)의 이름을 따서 명명된 희귀한 용해소체축적병이다. 글루코사헥사엔산 인산기전달효소는 결핍되어 있으며, 용해소체로 향하는 단백질에서 6-인산마노스가 생성되지 않는다. 아미노산 잔기에 6-인산마노스가 부족하면 전구체인 산성 가수분해효소가 막으로 이동하며 용해소체로 이동하는 대신 지속적으로 분비된다. 결과적으로, 산성 가수분해효소는 용해소체에 없고, 이러한 소화효소를 위한 고분자 기질은 용해소체 내에 축적되어 질환을 정의하는 포함체를 생성한다. 또 환자의 혈장과 소변에서 고농도의 용해소체 효소가 발견돼 용해소체에 대한 표적화 과정이 부족한 것으로 나타났다.

I-세포 질환은 뼈대계통 이상, 제한적 관절 운동성, 조잡한(추한) 안면기형, 심한 정신운동장애 등의 특징을 보인다. I-세포 질환이 점액다당증이나 스핑고지질증과 공통적인 모습을 보이므로 점액지질증으로도 부른다. 아직은 치료법이 없으며, 심장폐합병증으로 보통 어린 시절에 사망한다. 거짓-헐러 다중영양증(Pseudo-Hurler polydystrophy, ML III)은 I-세포 질환의 덜 심각한 점액지질증 형태이다. 이 경우 인산기전달효소는 효소 활성을 유지하고, 증상이 경미한 형태의 헐러 증후군과 유사하다.

아주 드문 보통염색체 열성질환인 당단백질축적병(소당증)은 어느 하나의 분해효소가 결핍되어 발생하는 병으로서 용해소체에 부분적으로 분해된 구조물들이 축적된다. 결국 세포가 죽고 나면 소당 조각들이 소변에서 검출된다. 예를 들어 3형 α-마노스화물축적증은 치명적인 진행성 α-마노사이드분해효소 결핍증이다. 임상 소견은 후를러 증후군과 유사하며, 면역결 핍증도 나타난다. 마노스 풍부 소당조각이 소변에서 검출된다. 진단은 효소측정법을 사용한다.

X. 요약

- **아미노당글리칸**(GAG)은 보통 **반복되는 이당 단위**[(산성당-아미노당)$_n$]으로 구성된 **길고, 음전하를 띠며, 가지 없는 이종다당 사슬**이다.
- **아미노당**은 **D-글루코사민**이나 **D-갈락토사민**이며, 그 아미노기가 보통 아세틸화되어 양전하가 소실되어 있다. 또한 아미노당의 4번이나 6번 탄소 또는 아세틸화되지 않은 질소가 황산화되어 있기도 하다. 산성당은 **D-글루큐론산**이거나 5번 탄소 위치이성질체인 **L-아이듀론산**이다.
- GAG는 많은 양의 물과 결합하여 젤 형태의 바탕질을 형성함으로써 몸의 **기저물질**의 근간을 이룬다. 점액성 분비물의 끈끈한 윤활제 같은 특성도 GAG에 의한 것이며, 따라서 이 화합물을 점액다당이라고 명명하였다.
- GAG는 **4-황산콘드로이틴, 6-황산콘드로이틴, 황산케라탄, 황산더마탄, 헤파린, 황산헤파란, 하이알유론산** 등의 6가지로 크게 분류된다.
- 하이알유론산을 제외한 모든 GAG는 핵심 단백질에 공유결합으로 부착하여 **단백글리칸 단일체**를 구성한다. 이것은 한 분자의 **하이알유론산**과 회합하여 **단백글리칸 응집체**를 형성한다.
- 완성된 단백글리칸은 **ECM**으로 분비되거나 세포의 외부 표면과 연결된 상태로 남아 있다.
- GAG는 **용해소체 산성 가수분해효소**에 의해 분해된다. 가수분해효소 중 하나가 부족하면 GAG가 조직에 축적되어 **골격** 및 **ECM 기형 및 지적 장애**와 같은 증상을 일으키는 **점액다당증**이 발생한다. 이러한 유전질환의 예로는 **헌터**(X-염색체 연관)와 **헐러 증후군**이 있다.
- **당단백질**은 RER과 골지(Golgi)**에서 합성되며 소당(글리칸)**이 공유결합으로 부착된 단백질이다.
- **막결합** 당단백질은 다양한 세포현상에 관여하는데, 여기에는 **세포표면 인식**(다른 세포, 호르몬, 바이러스 등에 의한)과 **세포표면 항원성**(혈액형 항원과 같은)이 포함되며, 또한 세포바깥바탕질이나 위창자길과 비뇨생식길의 점액소의 구성 성분이 되어 생물학적 윤활제로서 보호작용을 한다. 또한 사람 혈장에 존재하는 거의 모든 구형단백질도 당단백질이다.
- 당단백질의 탄수화물 성분의 전구체는 **뉴클레오타이드 당**이다. **O-연결 당단백질**은 뉴클레오타이드 운반자로부터 단백질로 당이 순차적으로 전달되어 골지에서 합성된다. **N-연결 당단백질**은 다양한 양의 **마노스**를 포함한다. 이것은 미리 형성된 소당을 ER 막지질

운반자인 **파이로 인산돌리콜**에서 단백질내 아스파라진 잔기의 아마이드 질소에 전달함으로써 합성된다. 여기에는 다양한 양의 **마노스**가 포함되어 있다.

- 용해소체로 향하는 N-연결 당단백질 효소의 탄소 6에서 마노스 잔기를 인산화하는 **N-아세틸글루코사민 인산기전달효소**의 결핍은 **I-세포 질환**을 초래한다.
- 당단백질은 **산성 가수분해효소**에 의해 용해소체에서 분해된다. 이 효소 중에서 어느 하나가 결핍되면 **용해소체 당단백질축적병**(소당증)을 유발하는데, 결과적으로 덜 분해된 구조물들이 용해소체에 축적된다. 용해소체에서 부분적으로 축적되는 결과와 당단백질이 분해되어 골격 기형 및 지적 장애를 포함한 다양한 증상을 유발한다.

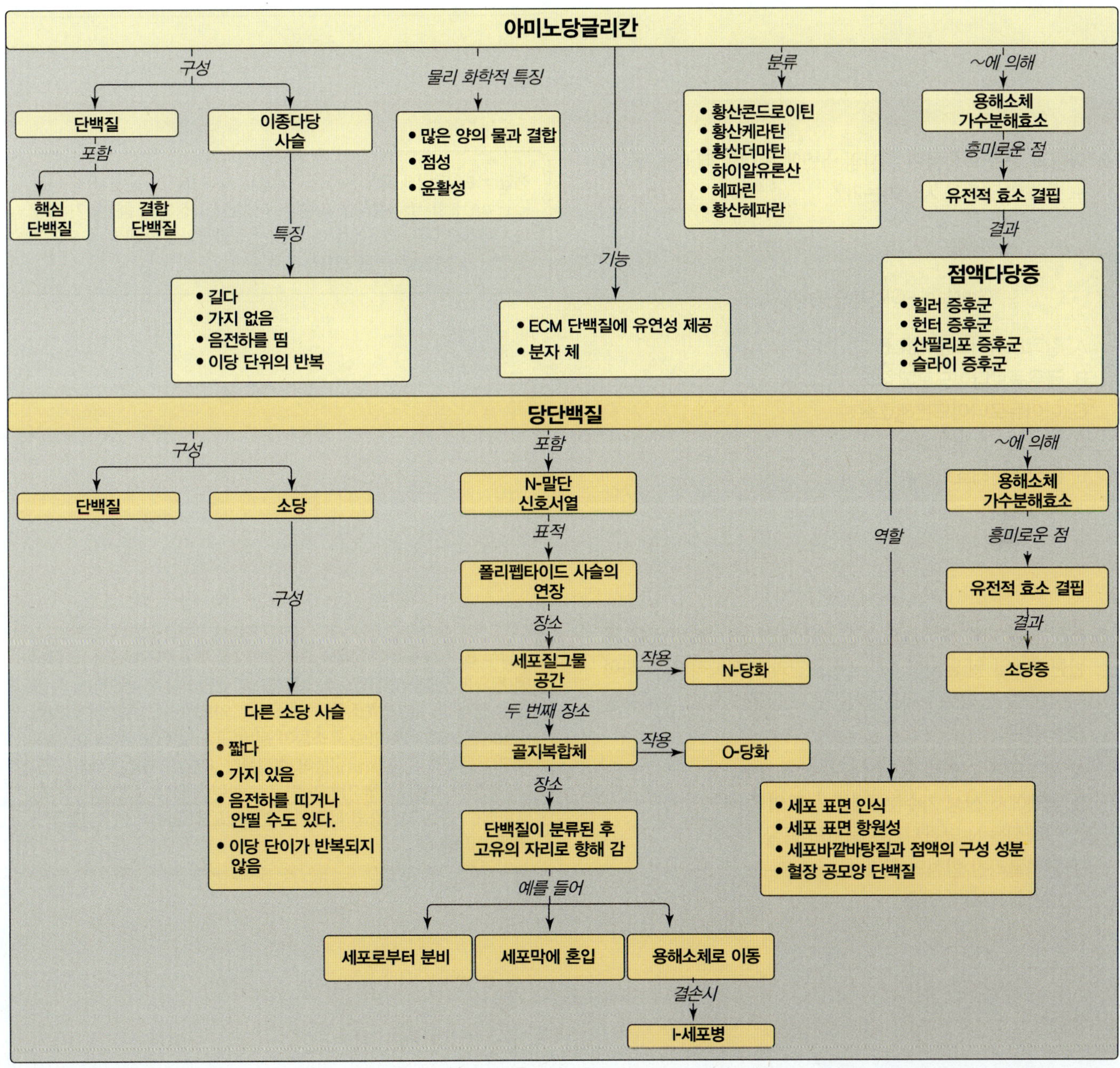

그림 14.18
아미노당글리칸(GAG)과 당단백질의 핵심 개념도. ECM = 세포바깥바탕질.

연습문제

가장 올바른 답을 하나만 고르시오.

14.1 점액다당증은 유전성 용해소체축적병이다. 그 원인은:

A. 아미노당글리칸 분해의 결함.
B. 효소의 용해소체 표적화에 결함.
C. 단백글리칸의 탄수화물 성분의 합성속도의 증가.
D. 단백질분해효소의 불충분한 합성속도.
E. 비정상적으로 적은 양의 핵심 단백질을 합성.

정답 = A. 점액다당증은 아미노당글리칸(단백질이 아님) 분해를 담당하는 전체 용해소체 산성 가수분해효소 중 하나의 결핍으로도 발생할 수 있다. 효소들은 용해소체로 제대로 이동하기 때문에 혈액 효소 농도가 증가하지 않으나 효소 자체가 작용하지 못한다. 이 병에서 단백글리칸의 단백질과 탄수화물 성분의 합성은 구조적인 측면이나 양적 측면에서 영향을 받지 않는다

14.2 다음과 같은 화합물이 환자의 소변에 존재할 때 다음 중 어느 효소의 결핍을 시사하는가?

```
황산염           황산염
  |                |
GalNac—GlcUA—GalNAc—
```

A. 갈락토사이드분해효소
B. 글루큐로나이드분해효소
C. 아이듀로나이드분해효소
D. 마노사이드분해효소
E. 황산염분해효소

정답 = E. 당단백질의 분해는 "끝에서 시작하여 처음에서 끝 나는(last on, first off)" 규칙을 따른다. 이 순차 과정에서 황산화가 가장 마지막 과정이기 때문에 위에 열거된 화합물의 분해의 다음 단계에 필요한 효소는 황산염분해효소이다.

14.3 추한 얼굴기형, 뼈대계통 이상, 성장지연, 정신지체 등을 동반한 8개월 된 남자아기가 임상소견과 조직학적 및 생화학적 검사를 근거로 I-세포병이라는 진단을 받았다. I-세포병의 특징은:

A. 세포표면 O-연결 당단백질 생성의 감소
B. 혈액에서 산성 가수분해효소 농도의 증가
C. 단백질을 N-당화시키는 능력의 상실
D. 단백글리칸 합성의 증가
E. 소변에서 소당 검출

정답 = B. I-세포병은 용해소체축적병으로서 6-인산마노스의 합성에 필요한 인산기전달효소의 결함이 그 원인이다. 6-인산마노스 신호는 산성 가수분해효소를 용해소체로 인도하는 신호로써 이것이 결핍되면 세포에서 이런 효소들이 분비되며, 분해가 감소되어 결과적으로 용해소체 속에 물질들이 축적된다. 다른 보기들은 어느 것도 I-세포병이나 용해소체 기능과 아무런 관련이 없다. 소변 소당은 점액다당증 또는 다당증의 특징이지만 I-세포병(일종의 점액지질증 2형)은 아니다.

14.4 각막 혼탁이 있는 영아의 소변에서 황산더마탄과 황산헤파린이 검출되었다. 다음 중 어느 효소의 활성 감소가 후룰러 증후군(Hurler syndrome)이라는 예상진단을 확진할 수 있는가?

A. α-L-아이듀로나이드분해효소
B. β-글루큐로나이드분해효소
C. 당화기전달효소
D. 황산아이듀론산염 황산염분해효소

정답 = A. 각막 혼탁을 동반하는 후룰러 증후군은 용해소체의 아미노당글리칸(GAG) 분해에 결함이 있는 병으로써 α-L-아이듀로나이드분해효소의 결핍이 원인이다. β-글루큐로나이드분해효소 결핍은 슬라이(Sly) 증후군, 황산아이듀론산염 황산염분해효소 결핍은 헌터(Hunter) 증후군이다. 당화기전달효소는 GAG 합성효소이다.

14.5 67세 남성이 통증 평가를 위해 내원하였다. 왼쪽 무릎의 뻣뻣함과 골관절염 진단을 받았다. 다음 중 그의 증상에 대한 기여도가 떨어지는 것은?

A. 용해소체 산 가수분해효소
B. 연골 당단백질
C. 세포표면 O-연결 당단백질
D. 골지 인산기전달효소

정답 = B. 당단백질은 연골의 탄력성에 기여한다. 골관절염에서는 연골이 퇴화되어 일반적으로 단백글리칸이 제공하는 보호가 손실된다. 이 질병은 밀거래 또는 산 가수분해효소의 기능을 포함 용해소체 결함으로 인한 것이 아니다.

제 3 단원
지질 대사

음식지질의 대사 15

I. 개관

지질이란 불용성(소수성) 유기 분자로 이루어진 이질적 집단이다(그림 15.1). 수용액에서 녹지 않기 때문에 몸의 지질은 일반적으로 막회합 지질이나 백색지방세포의 트라이아실글리세롤 방울처럼 구획화된 형태로, 또는 지단백질 입자처럼 단백질 또는 알부민과 회합하여 혈장에서 수송 중인 상태로 발견된다. 지질은 몸의 주요 에너지원이며, 또한 세포와 세포속 구조물의 수용성 성분을 격리하는 소수성 장벽도 제공한다. 그 외에도 지질은 몸에서 다양한 기능을 갖는데, 예로서 일부 지용성 비타민은 조절기능이나 보조효소 기능을 가지며, 프로스타글랜딘과 스테로이드 호르몬은 신체의 항상성 제어에서 중요한 역할을 한다. 당연히 지질 결핍증이나 지질대사의 불균형은 동맥경화증이나 당뇨, 비만과 같이 의사가 쉽게 접하는 중요한 임상 문제를 초래하기도 한다.

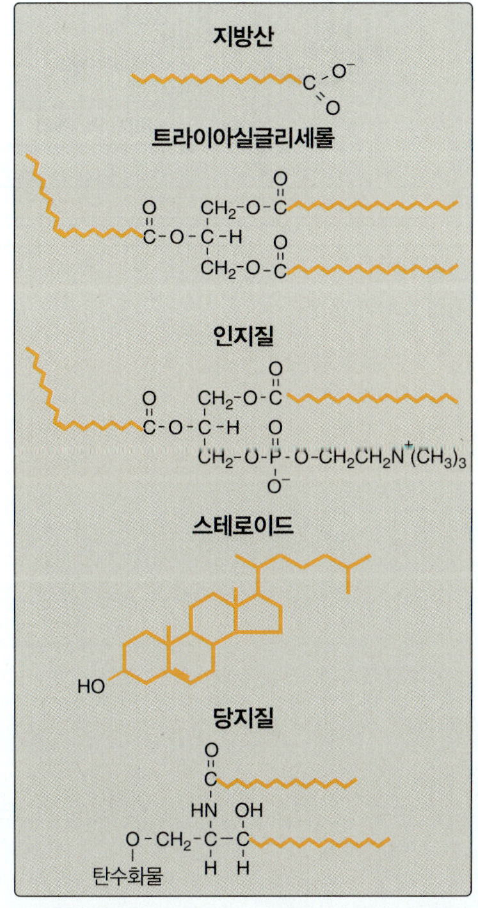

그림 15.1
일부의 흔한 지질의 구조. 분자의 소수성 부위는 오렌지색으로 표시함.

II. 음식지질의 소화, 흡수, 분비, 이용

미국 성인의 지질 일일섭취량은 약 78 g으로써 정상적으로 지질의 90% 이상이 트라이아실글리세롤(TAG) 또는 트라이아실글리세롤(triglyceride, TG)이다. TAG는 글리세롤을 뼈대로 하여 3개의 지방산이 붙어 있는 형태로 구성되어 있다(그림 15.1 참조). 나머지 음식지질은 주로 콜레스테롤, 콜레스테릴에스터, 인지질, 그리고 비에스터화(유리) 지방산으로 구성된다. 음식 지질의 소화는 위에서 시작되고, 소장에서 완결된다. 이 과정은 그림 15.2에 요약되어 있다.

A. 위에서 음식지질의 처리 과정

지질의 소화는 위에서 시작하는데, 혀 뒷부분의 샘에서 분비되는 혀 지질

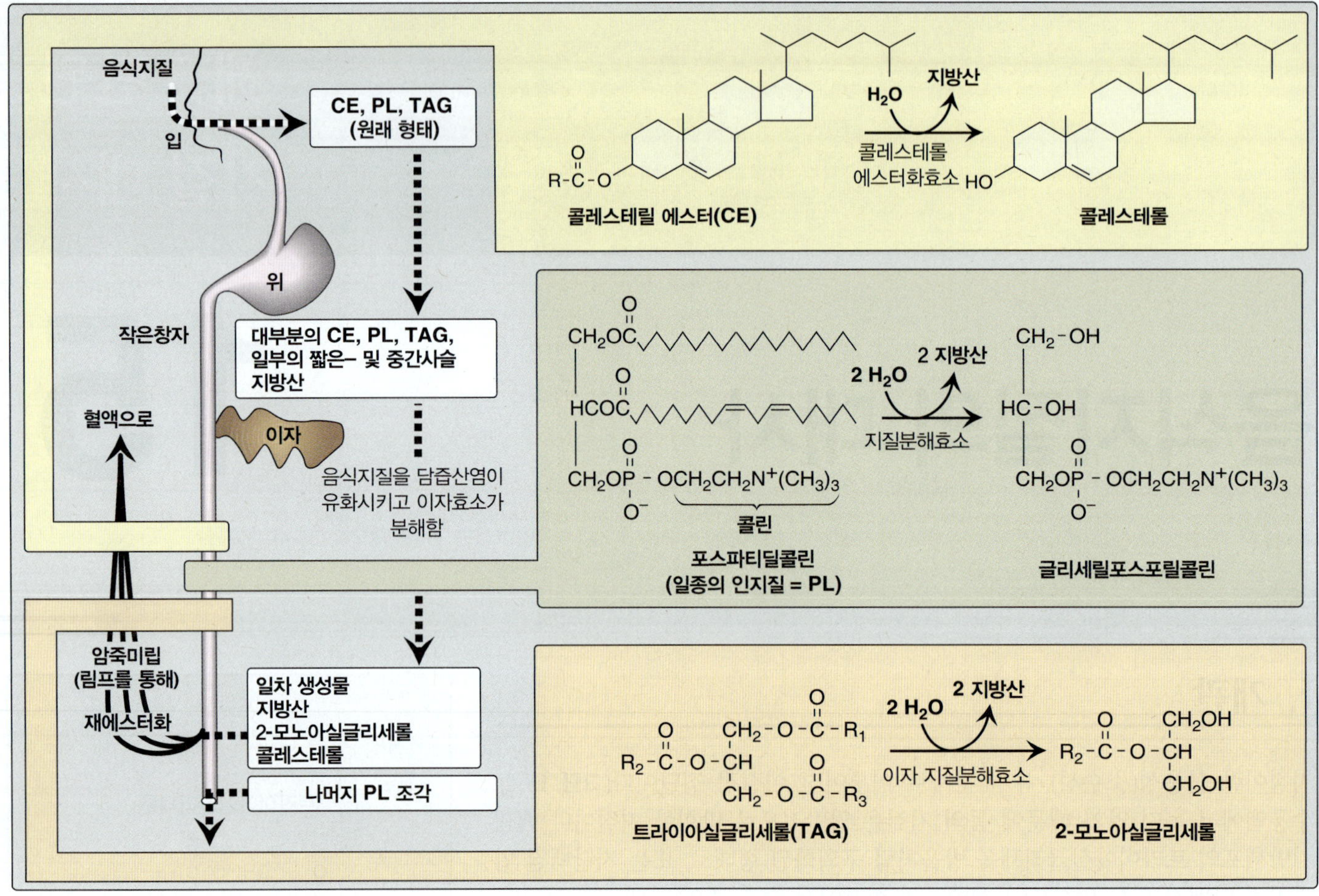

그림 15.2
지질 소화의 개관.

분해효소(lingual lipase)와 위점막에서 분비되는 위 지질분해효소(gastric lipase)에 의해 촉진된다. 두 효소 모두 산성(pH 4~6)에서 안정화되어 있으며, TAG를 가수분해하여 유리지방산을 떼어낸다. 특히 모유 지방에서 발견되는 탄소 12개 이하의 짧은 또는 중간사슬의 지방산을 함유한 TAG가 이 효소의 일차 기질이다. 이 지질분해효소(lipase)는 열량의 주 공급원이 모유지방인 신생아의 지질소화에서 아주 중요한 역할을 한다. 이 효소들은 낭성섬유증(CF)과 같이 이자 기능이 부족한 사람들에게 중요한 소화효소이기도 하다. 혀 지질분해효소와 위 지질분해효소는 이자 지질분해효소가 거의 없거나 전혀 없는 경우에도 이러한 환자의 TAG 분자(특히 짧은 또는 중간사슬 지방산을 함유한 TAG)의 분해를 도와준다(D.1. 참조).

B. 낭성섬유증(cystic fibrosis, CF)

CF는 북유럽 계통의 백인에게 가장 흔하게 나타나는 치명적인 유전병이며, 미국에서 약 1:3,300 출생의 유병률을 갖는다. CF는 보통염색체 열성으로 유전되며 이자, 폐, 고환, 땀샘의 상피에서 염소 이온 통로로 작용하는 CFTR 단백질 유전자의 돌연변이에 의해 발생한다. CFTR 결함은 염소 이온의 분비를 감소시키고 소듐과 물의 흡수를 증가시킨다. 이자에서 수화가 감소되면 분비물이 진득해져 이자효소가 창자에 도달할 수 없기 때문에 췌장부전(pancreatic insufficiency)이 발생할 수 있다. 효소 보충이나 지용성 비타민의 공급이 치료법에 포함된다. [참고: CF도 또한 진행성 폐질환을 동반하는 만성 폐감염과 남성 불임을 초래한다.] [CFTR = cystic fibrosis transmembrane conductance regulator(낭성섬유증 막통과전도도 조절자)]

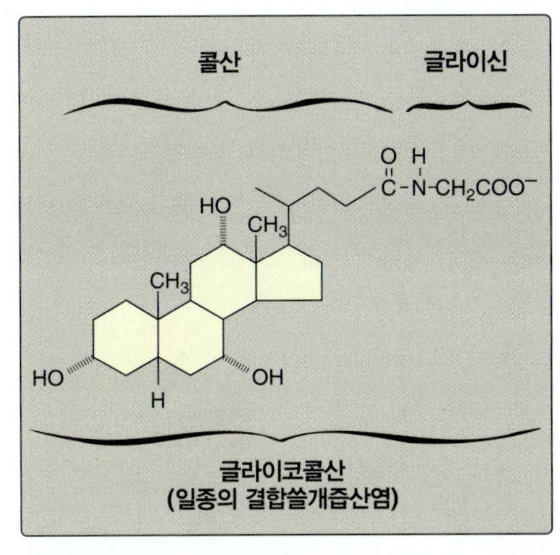

그림 15.3
글라이코콜산(glycocholic acid)의 구조.

C. 작은창자에서 음식지질의 유화(emulsification)

음식지질의 유화에서 가장 중요한 과정은 샘창자에서 진행된다. 유화는 소수성 지질방울의 표면적을 증가시켜서 소화효소가 지질방울 사이의 접촉면과 주위 수용액에서 효과적으로 작용할 수 있게 만든다. 유화는 쓸개즙산염(bile salt)의 세척 성질과 연동운동에 의한 기계적인 혼합이라는 2가지의 상호보완적인 기전에 의해 완성된다. 쓸개즙산염은 간에서 만들어져 쓸개에 저장되는 콜레스테롤의 친양쪽성(amphipathic) 유도체이다. 결합 쓸개즙산염은 수산화 스테롤 고리구조와 글라이신이나 타우린 분자의 곁사슬이 아마이드 결합에 의해 공유결합으로 연결되어 있다(그림 15.3). 이 유화제는 음식지질 입자와 수용성 샘창자 내용물이 상호작용함으로써 지질 입자를 더욱 작게 만들어 안정화하고 서로 융합되는 것을 막아준다. [참고: 쓸개즙산염 대사에 관한 보다 자세한 설명은 18장에서 다룰 것이다.]

D. 이자효소에 의한 음식지질의 분해

음식 TAG, 콜레스테릴에스터, 인지질 등은 소장에서 이자효소에 의해 분해(소화)되는데, 이 효소들의 분비는 호르몬에 의해 제어된다.

1. **트라이아실글리세롤(TAG)의 분해:** TAG 분자는 너무 커서 창자의 융모 점막세포에 의해 효율적으로 흡수될 수 없다. 따라서 일종의 에스터 분해효소인 이자 지질분해효소의 작용에 의해 1번과 3번 탄소에 붙어 있는 지방산이 선택적으로 제거된다. 따라서 일차 생성물은 2-모노아실글리세롤과 유리지방산이 섞인 혼합물이다(그림 15.2 참조). [참고: 이자 지질분해효소는 이자 분비액에 높은 농도(전체 단백질의 2~3%를 차지)로 존재하고 효소 촉매작용이 매우 효율적이므로, 낭성섬유종과 같이 아주 심한 이자 기능상실을 가질 경우에만 심각한 지방 흡수 장애를 일으킨다.] 또한 이자에서 분비되는 두 번째 단백질인 보조지질분해효소는 지질분해효소에 1:1 비율로 결합하여 지질분해효소를 지질-수용액 경계면에 고정시킨다. 보조지질분해효소는 지질미포와 결합하는 쓸개즙산과 같은 억제물질이 존재할 때 지질분해효소 활성을 회복한다. [참고: 보조지질분해효소는 효소원인 풋보조지질분해효소로 분비되는데, 이것은 트립신에 의해 창자에서 활성화된다.] 항비만 약물인 올리스타트는 위 지질분해효소와 이자 지질분해효소를 억제함으로써 지방흡수를 떨어뜨려 체중감소의 효과를 얻게 한다.

2. **콜레스테릴에스터(cholesteryl ester)의 분해:** 대부분의 음식 콜레스테롤은 유리형으로 존재하고 10~15% 정도가 에스터형으로 존재한다. 콜레스테릴에스터는 이자의 콜레스테릴에스터 가수분해효소(콜레스테

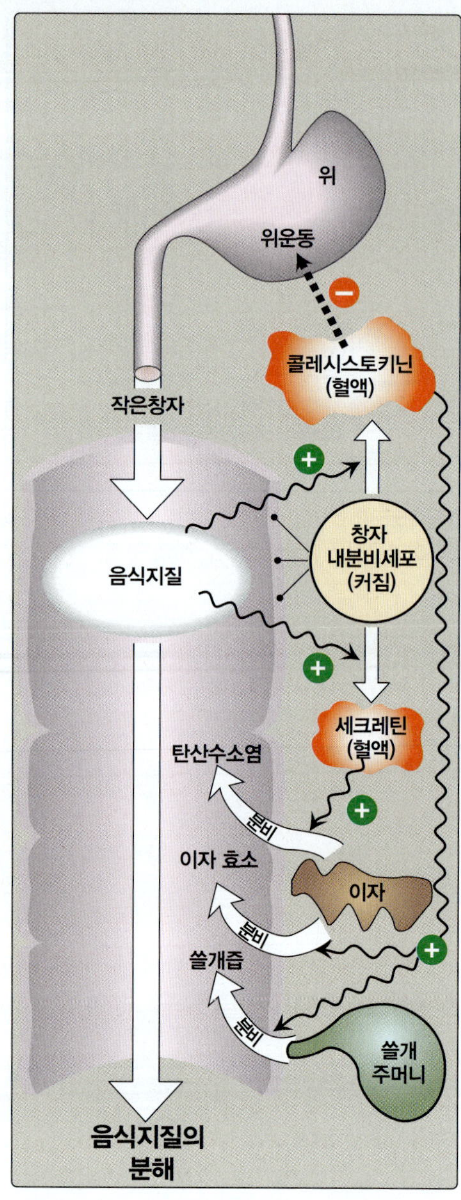

그림 15.4
작은창자에서 호르몬에 의한 지질소화의 제어.
[참고: 작은창자는 세 부분으로 나뉘어 있다. 샘창자(duodenum, 상부 5%), 빈창자(jejunum)와 돌창자(ileum, 하부 55%).]

릴에스터분해효소)에 의해 가수분해되어 콜레스테롤과 유리지방산을 생성한다(그림 15.2 참조). 콜레스테릴에스터 가수분해효소의 활성은 쓸개즙산염이 있을 때 매우 증가된다.

3. **인지질의 분해:** 이자액에는 인지질분해효소 A_2의 픗효소가 풍부한데, 이것은 픗보조지질분해효소처럼 트립신에 의해 활성화되고 콜레스테릴에스터 가수분해효소처럼 적정 활성이 나타나려면 쓸개즙산염이 필요하다. 인지질분해효소 A_2는 인지질의 2번 탄소 지방산 한 분자를 제거하여 절단인지질(lysophospholipid)을 남긴다. 예를 들면 소화 과정에서 가장 많은 인지질인 포스파티딜콜린은 절단포스파티딜콜린이 된다. 남아 있는 1번 탄소의 지방산은 절단인지질분해효소에 의해 제거되고 글리세릴포스포릴콜린(그림 15.2 참조)과 같은 글리세릴인산릴염기를 남기는데, 이것은 대변으로 배설되거나, 더욱 분해되거나, 또는 흡수되기도 한다.

4. **지질소화의 제어:** 작은창자의 음식지질을 분해하는 가수분해효소에 대한 이자의 분비작용은 호르몬에 의해 제어된다(그림 15.4). 작은창자 전체에 존재하는 창자내분비세포(enteroendocrine cell)은 콜레시스토키닌(CCK)와 세크레틴(secretin)을 분비한다. 빈창자와 샘창자 하부의 창자내분비 I 세포는 작은창자의 상부에 지질과 부분적으로 소화된 단백질이 들어오면 이에 반응하여 콜레시스토키닌(CCK)이라는 작은 펩타이드 호르몬을 생산한다. CCK는 쓸개를 수축하여 쓸개즙을, 그리고 이자의 외분비세포에 작용하여 소화효소를 분비하도록 한다. 또한 CCK는 위의 운동성을 감소시켜 위 내용물이 작은창자로 배출되는 속도를 느리게 한다. 다른 창자내분비 S 세포는 창자로 들어오는 미즙의 낮은 pH에 반응하여 또 다른 펩타이드 호르몬인 세크레틴을 분비한다. 세크레틴은 이자와 간에서 탄산수소염이 풍부한 용액을 분비하도록 자극하고, 이 탄산수소염은 창자 내용물의 pH를 중화시켜서 이자효소가 효과적으로 소화활성을 나타낼 수 있는 적당한 pH를 조성한다.

E. 창자점막세포(창자세포)에 의한 지질의 흡수

유리지방산, 유리콜레스테롤, 2-모노아실글리세롤 등은 빈창자에서 분해된 지질의 일차생성물이다. 이들이 쓸개즙산염이나 지용성 비타민(A, D, E, K) 등과 함께 섞여서 혼합 지질미포(micelle)가 만들어지는데, 이것은 원반모양의 친양쪽성 지질(amphipathic lipid) 뭉치로서 안쪽에 소수기가 있고 바깥쪽에 친수기가 있는 융합체이다. 따라서 혼합 지질미포는 창자 속공간의 수용성 환경에서 용해성을 가지게 된다(그림 15.5). 이 입자들은 지질 흡수의 일차 장소인 창자세포(점막세포)의 솔가장자리 막에 도달한다. 이 막은 섞이지 않는 물층(water layer)에 의해 창자 속공간의 액체 내용물과 분리되는데, 이 물층은 덩어리 액체(bulk fluid)와 거의 섞이지 않는다. 지질미포의 소수성 표면은 섞이지 않는 물층을 통과하여 이들이 흡수될 솔가장자리 막까지 이동하는 소수성 지질의 수송을 촉진한다. 쓸개즙산염은 돌창자 끝부분에서 흡수되며, 5% 이하는 대변으로 소실된다. [참고: 콜레스테롤과 식물 스테롤 성분은 창자세포에서 니만-픽C1유사1

단백질에 의하여 흡수된다. 콜레스테롤 저하 약물인 이지티미브(ezetimibe)는 작은창자에서 니만-픽C1유사1 단백질을 억제하여 콜레스테롤 흡수를 감소시킨다.] 짧은 또는 중간사슬 지방산은 물에 녹기 때문에 창자 점막에서 흡수될 때 혼합 지질미포의 도움을 필요로 하지 않는다.

F. 트라이아실글리세롤과 콜레스테릴에스터의 재합성

창자세포에서 흡수된 지질 혼합물은 세포질그물로 이동하여 복합 지질의 생합성에 사용된다. 먼저 긴 사슬 지방산은 지방산 아실 CoA 합성효소(=thiokinase)에 의해 활성형으로 전환된다(그림 15.6). 지방산 아실 CoA 유도체를 사용하여, 창자세포에 의해 흡수된 2-모노아실글리세롤은 2개의 아실기전달효소인 MAG 아실기전달효소와 아실 CoA:다이아실글리세롤 아실기전달효소에 의해 순차적인 재아실화를 통해 TAG로 전환된다. 절단인지질(lysophospholipid)은 아실기전달효소 족에 의해 재아실화되어 인지질을 형성하고, 콜레스테롤은 주로 아실 CoA:콜레스테롤 아실기전달효소에 의해 지방산과 에스터 결합을 이룬다. [참고: 실제로 창자세포에 들어온 모든 긴 사슬 지방산은 트라이아실글리세롤, 인지질, 콜레스테릴에스터 등을 합성하는 방식과 같게 사용된다. 짧은 또는 중간길이 사슬 지방산은 CoA 유도체로 전환되지 않으며 2-모노아실글리세롤로 재에스터화되지 않는다. 대신에 이들은 문맥순환으로 배출되어 혈청 알부민에 의해 간으로 운반된다.]

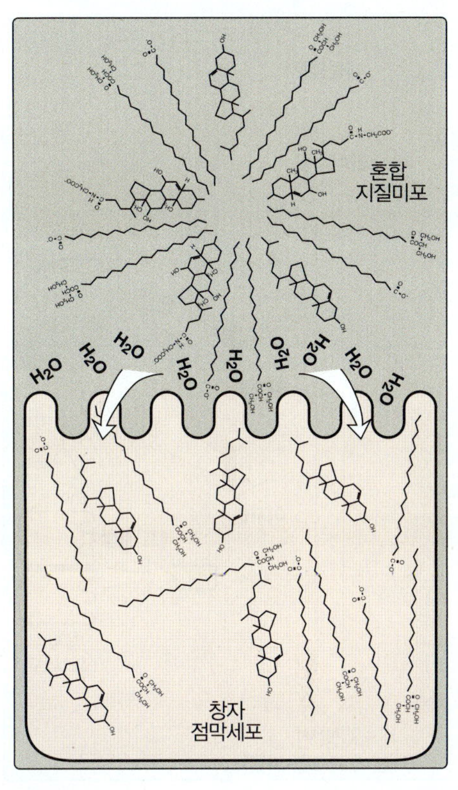

그림 15.5
작은창자 점막세포의 혼합 지질미포에 함유된 지질의 흡수. [참고: 짧은사슬 및 중간사슬 지방산은 미셀에 통합될 필요가 없다.]

G. 창자세포의 지질 분비

새로 합성된 TAG와 콜레스테릴에스터는 소수성을 강하게 띠기 때문에 수용액 환경에서 응집한다. 따라서 이들은 지질방울 입자로 포장될 필요가 있다. 이 지질방울은 인지질, 비에스터화 콜레스테롤, 한 분자의 특별

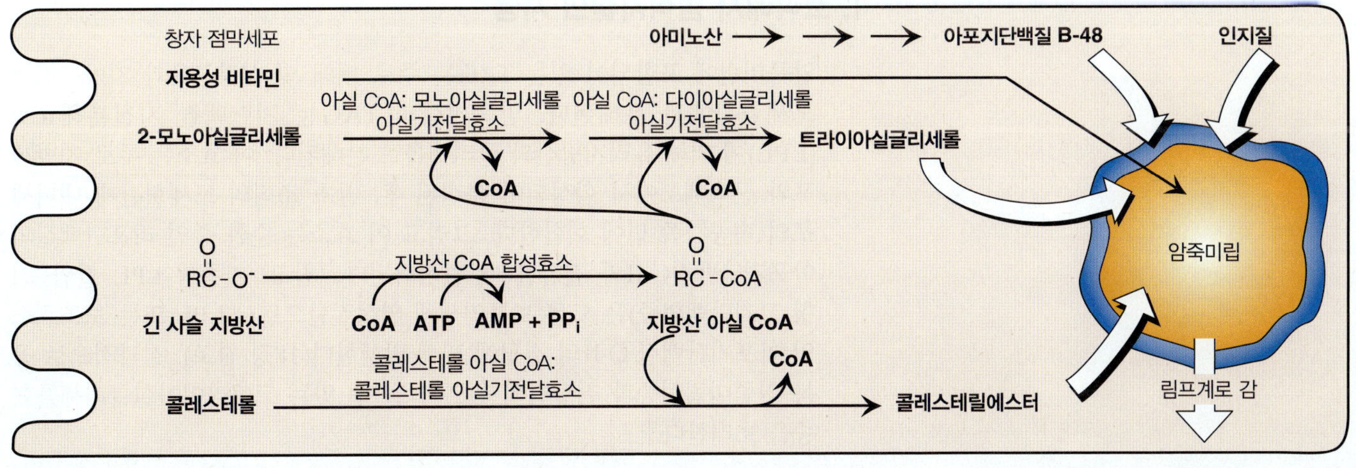

그림 15.6
창자 점막세포에 의한 암죽미립의 조립과 분비. [참고: 짧은 또는 중간길이 사슬 지방산은 지질미포나 암죽미립으로 혼입될 필요가 없어 직접 혈액으로 들어간다.] CoA = 보조효소A; AMP = 일인산아데노신; PP_i = 파이로인산염.

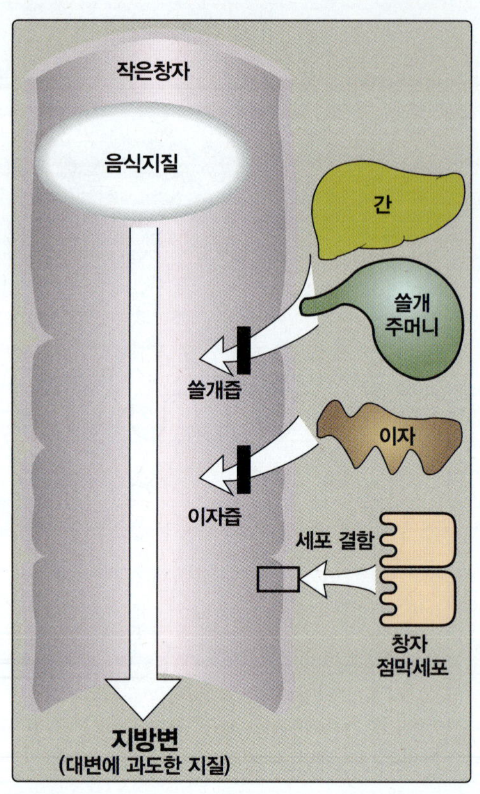

그림 15.7
가능성 있는 지방변의 원인.

한 아포지단백질 B-48 등으로 구성된 얇은 층에 의해 둘러싸여져 있다. 이 층은 지질입자를 안정화하고 용해성을 증가시킴으로써 많은 지방입자들이 융합되는 것을 방지한다. [참고: 미세소체 TAG 전달 단백질은 세포질그물에서 이 지단백질(TAG가 풍부한 아포지단백질 B를 함유함) 입자의 조립에 필수적이다.] 이 입자는 창자세포에서 세포외배출(exocytosis)에 의해 암죽림프관(작은창자 융모에서 시작되는 림프관)으로 분비된다. 지질함량이 높은 식사 후에는 림프에 이 입자가 존재하므로 림프가 우윳빛으로 보인다. 이 림프를 암죽이라 하고, 이 입자를 암죽미립(chylomicron)이라 한다. 암죽(chyle)은 미즙(chyme)과는 다른 용어로써 미즙은 위에서 샘창자로 넘어가는 상태의 부분적으로 소화된 반유동성의 음식덩어리를 지칭한다. 암죽미립은 림프계통을 따라 가슴림프관까지 이동하고, 다시 왼빗장밑정맥으로 운반되어 혈액으로 들어간다. 암죽미립이 형성되는 단계가 그림 15.6에 요약되어 있다. [참고: 암죽미립은 일단 혈액으로 방출되면 아포지단백질 E와 C-II를 끌어들인다. (암죽미립의 구조와 대사에 대한 것은 18장을 참조하라).]

H. 지질 흡수장애(lipid malabsorption)

대변에 지질(비타민과 필수 지방산이 포함됨, 16장 참조)의 함량이 높은 상태, 즉 지방변(steatorrhea)을 일으키는 지질 흡수장애는 지질 소화 또는 흡수장애에 의해 발생할 수 있다(그림 15.7). 소화장애를 일으키는 CF와 흡수를 감소시키는 짧아진 창자 및 이자효소의 분비를 감소시키는 비만 수술도 지질 흡수장애에 속한다.

> 짧은 또는 중간사슬 지방산은 창자세포에서 혼합 지질미포의 도움없이 흡수될 수 있기 때문에 흡수장애 질환에 걸린 환자의 음식조절요법에서 중요하다.

I. 조직에서 음식지질의 사용

암죽미립에 포함되어 있는 TAG는 주로 뼈대 및 심장근육과 지방조직의 모세혈관에서 분해된다. 암죽미립의 TAG는 지단백질 지질분해효소(LPL)에 의해 유리지방산과 글리세롤로 분해된다. 이 효소는 주로 지방세포와 근육세포에서 합성되어 분비된 후, 말초 조직의 모세혈관계 내피세포의 속공간쪽 면에 회합한다. 그리고 이 효소는 순환 중인 리포단백질의 아포지단백질C-II와 결합할 때 활성화된다. [참고: 가족형 LPL 결핍증(I형 고지단백혈증)은 드문 보통염색체 열성질환으로서 LPL 또는 보조효소인 아포지단백질 C-II의 결핍에 의해 발생한다(18장 참조). 결과적으로 공복 암죽미립혈증과 췌장염의 원인이 될 수 있는 고트라이아실글리세롤혈증을 초래한다.]

1. **유리지방산의 운명:** TAG의 가수분해에서 유래된 유리지방산은 인접 근육세포나 지방세포에 직접 들어가거나 혈청 알부민과 회합하여 혈액

으로 수송된 후 세포에 의해 흡수된다. [참고: 인간 혈청 알부민은 간에서 분비되는 큰 단백질로서 주로 많은 소수성 물질(유리지방산과 일부의 약물을 포함)을 순환계통에서 수송한다.] 대부분의 세포는 지방산을 산화시켜 에너지를 생산한다. 지방세포는 또한 유리지방산을 재에스터화하여 TAG 분자를 만들어 저장할 수 있으며, 이 TAG는 몸에 지방산이 필요할 때 사용된다.

2. **글리세롤의 운명:** TAG로부터 유리된 글리세롤은 혈액에서 거의 모두 간으로 섭취되어 간 글리세롤 인산화효소에 의해 3-인산글리세롤로 전환되고, 이것은 다시 인산다이하이드록시아세톤으로 산화되어 당분해 또는 포도당신생성에 사용되거나 TAG 합성에 재사용된다(16장 참조).

3. **남은 암죽미립 성분의 운명:** 대부분의 TAG가 제거된 후 콜레스테릴에스터, 인지질, 아포지단백질, 지용성 비타민, 약간의 TAG 등을 함유하는 암죽미립 잔류체는 간에 존재하는 수용체(아포지단백질 E를 리간드로 이용, 18장 참조)와 결합하여 세포내섭취(endocytosis)를 통해 간세포로 들어간다. 세포속 잔류체는 각각의 구성 성분으로 가수분해된다. 콜레스테롤과 인지질의 질소성 염기(예: 콜린)는 체내에서 재순환될 수 있다. [참고: 간에서 암죽미립 잔류체의 제거에 결함이 있으면 이것이 혈장에 축적된다. 여기에 해당하는 희귀한 병이 III형 고지단백혈증이다(가족형 이상베타지단백혈증라고도 부른다.]

III. 요약

- **음식지질의 소화**는 위에서 시작되어 작은창자에서도 계속된다(그림 15.8).
- **콜레스트릴에스터(CE), 인지질(PL), LCFA 함유 TAG** 등은 **이자에서 분비된 효소**에 의해 **작은창자**에서 분해된다. 이 중에서 가장 중요한 효소가 **이자 지질분해효소, 인지질분해효소** A_2, 그리고 **콜레스테릴에스터 분해효소** 등이다. **낭성섬유증**에서는 끈적한 점액이 이러한 효소가 작은창자로 나가지 못하게 방해한다.
- **우유**에 포함된 트라이아실글리세롤(TAG)은 **짧은사슬** 지방산 또는 **중간사슬 지방산**을 함유하며, 이것들은 **혀 지질분해효소**와 **위 지질분해효소**와 같은 **산성 지질분해효소**에 의해 **위**에서 분해된다.
- 지질의 **소수성** 성질 때문에 음식지질은, 특히 긴 사슬 지방산(LCFA)을 포함하는 음식지질은 먼저 **유화**되어야 효율적으로 분해된다. 음식지질은 작은창자에서 **연동작용**과 계면활성제로 작용하는 **쓸개즙산염(bile salt)**의 작용에 의해 유화된다.
- 효소의 분해작용에 의해 음식지질로부터 유리되는 최초의 생성물은 **2-모노아실글리세롤, 유리콜레스테롤, 유리지방산** 등이다. 이 화합물들은 **지용성 비타민**과 함께 **혼합 지질미포(micelle)**를 형성하여 **창자 점막세포(창자세포)**에서 음식지질의 흡수가 촉진된다. 이 세포는 TAG, 콜레스테릴에스터, 인지질 등을 재합성하고 **아포지단백질 B-48**과 같은 단백질도 합성한다. 이어서 이들은 모두 지용성 비타민과 함께 **암죽미립**으로 조립된다. 짧은 또는 중간사슬 지방산은 혈액으로 직접 들어간다.
- 암죽미립은 **림프**로 분비되어 이어서 **혈액**으로 운반된다. 암죽미립은 **근육과 지방조직의 모세혈관**에서 **지단백질 지질분해효소(LPL)**에 의하여 분해된다. 결국 음식지질은 말초 조직으로 수송된다.
- 암죽미립 성분을 분해하거나 TAG가 제거된 잔류체를 분해하는 능력이 결핍되면 결과적으로 이 입자들이 혈액에 축적된다.
- **지방분해** 또는 지방흡수에 문제가 생기면 **지방변**이 발생한다.

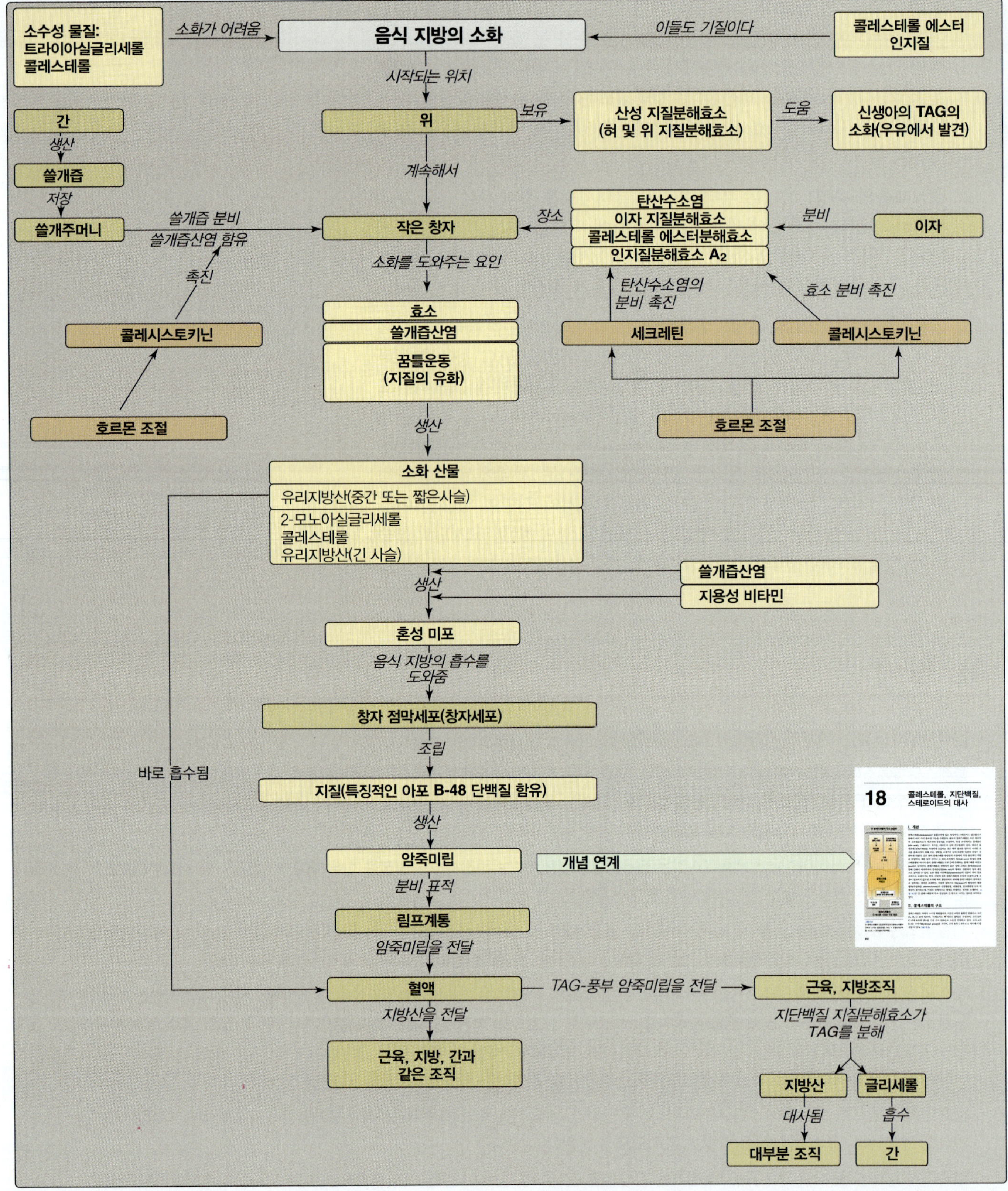

그림 15.8

음식지질 대사의 핵심 개념도. TAG = 트라이아실글리세롤.

연습문제

가장 올바른 답을 하나만 고르시오.

15.1 지질 소화에 대한 다음 설명 중 맞는 것을 고르시오.

A. 큰 지질방울은 입 안에서 씹는 행동(저작운동)에 의해 유화(표면적의 증가)된다.

B. 보조지질분해효소는 쓸개즙산염이 혼합 미포(micelle)에 결합하는 것을 도와 이자 지질분해효소의 활성을 극대화한다.

C. 펩타이드 호르몬인 세크레틴은 쓸개를 수축시켜 쓸개즙을 분비한다.

D. 낭성섬유증 환자는 이자 분비물의 점성이 높아져 대부분의 지질 소화가 이루어지는 샘창자에 도달하기가 더 어렵기 때문에 소화에 어려움이 있다.

E. 트라이아실글리세롤이 과량 함유된 암죽미립의 형성은 소장 점막의 단백질 합성과는 무관하다.

정답 = D. 기능성 염소 이온 수송체 결핍에 의한 유전병인 낭성섬유증 환자의 분비물은 점도가 높아 이자효소가 소장으로 내려가는 것을 저지한다. 유화는 기계적으로 섞어주는 연동운동과 계면활성제 역할을 하는 쓸개즙산염에 의해 일어난다. 보조지질분해효소는 지질미즙과 결합하는 억제성 쓸개즙산염이 존재할 때 이자 지질분해효소의 활성을 회복시킨다. 콜레시스토키닌은 쓸개의 수축시켜 저장된 쓸개즙을 분비시키며, 탄산수소염을 분비시키는 호르몬이다. 암죽미립 형성에는 B-48 아포지단백질의 합성이 필요하다.

15.2 다음 중 창자의 지질 흡수에 관한 설명 중 옳은 것은?

A. 음식 트라이아실글리세롤은 흡수 전에 반드시 유리 지방산과 글리세롤로 가수분해되어야 한다.

B. 암죽미립이 운반하는 트라이아실글리세롤은 지단백질 지질분해효소에 의해 유리 지방산(근육과 지방조직에서 흡수됨)과 글리세롤(간에서 흡수됨)로 분해된다.

C. 12개 이하의 탄소 원자로 이루어진 유리 지방산은 대부분 림프계통을 통해 흡수되어 순환으로 들어간다.

D. 지방 흡수 능력에 결함이 있으면 혈액 암죽미립이 과량 상태가 된다.

정답 = B. 암죽미립의 TAG는 근육과 지방조직의 모세혈관 내피표면에 있는 지단백질 지질분해효소에 의해 유리지방산과 글리세롤로 분해되어, 결국 이 조직들에게 분해 또는 저장용의 지방산 공급원을 제공한다. 샘창자에서 TAG는 1개의 모노아실글리세롤과 2개의 유리지방산으로 분해되어 흡수된다. 짧은 또는 중간길이 사슬 지방산은 직접 혈액(림프가 아님)으로 들어가기 때문에 암죽미립으로 포장되지 않는다. 암죽미립은 이미 소화 및 흡수된 음식지질을 함유하기 때문에 지방흡수에 결함이 있으면 암죽미립의 생성이 감소할 것이다.

15.3 2살 여아가 반복되는 기관지 감염, 체중 감소, 악취가 나는 설사로 병원에 왔다. 이 환자는 다음중에 어느것이 부족한가?

A. 콜레시스토키닌

B. 이자 효소

C. 암죽미립

D. 세크레틴

정답 = B. 이 환자는 낭성섬유증 증상과 유사하다. 낭성섬유증은 CFTR의 변이로 이자 효소의 분비가 결핍되어 있다. 이자 효소는 지질의 소화와 흡수에 매우 중요하다. 콜레시스토키닌과 세크레틴은 창자내분비세포에서 분비된다. 콜레시스토키닌과 세크레틴이 지질의 소화와 흡수에 중요하지만 낭성섬유증에서 결핍되어 있진 않다. 암죽미립 형성과 분비는 림프관으로 일어나며 낭성섬유증과는 연관성이 없다.

15.4 45살 여성이 갑작스러운 통증, 구역, 구토로 병원에 왔다. CT에서 급성췌장염이 발생함을 알았고, 이는 트립신의 과활성화를 야기하였다. 이러한 상황에서 다음 물질 중 어느 것이 활성화되었는가?

A. 위 지질분해효소
B. 이자 지질분해효소
C. 절단인지질분해효소
D. 보조지질분해효소

정답 = D. 보조지질분해효소는 효소원인 풋보조지질분해효소로 분비되며, 트립신에 의하여 활성화된다. 보조지질분해효소는 TAG의 가수분해하는 이자 지질분해효소의 작용에 중요하다. 위 지질분해효소는 우유에 들어 있는 짧은 또는 중간사슬 지방산을 가수분해하므로 영아와 췌장부전 환자에게 중요하다. 절단인지질분해효소는 인지질의 소화에 중요하다.

15.5 22개월의 아이가 음식 거부, 만성 설사, 복부 팽창 및 체중 감소로 병원에 왔다. 그 아이는 암죽미립 잔류병(chylomicron retention disease)으로 진단되었고, 이 병은 암죽미립이 림프관으로 들어가지 못하는 것으로 알려졌다. 이 환자는 다음 중 어느 비타민이 결핍되는가?

A. 아스코브산
B. 베타-카로틴
C. 엽산
D. 피리독신

정답 = B. 암죽미립은 지용성 비타민(비타민 A, D, E, K)의 흡수에 중요하다. 베타-카로틴은 풋비타민 A로써 암죽미립에 의하여 운반된다. 아스코브산은 비타민 C, 엽산은 비타민 B9이고, 피리독신은 비타민 B6이다. 이 세 가지 비타민은 수용성이다.

지방산, 트라이아실 글리세롤, 케톤체의 대사 16

I. 개관

지방산은 체내에서 유리형으로 존재하며 트라이아실글리세롤(TAG)과 같이 더 복잡한 분자에서 지방산 아실 에스터로 발견되기도 한다. 소량의 유리지방산(FFA)은 모든 조직에 존재하지만 가끔 혈장에서 아주 많은 양의 FFA가 (특히 공복상태에서) 발견될 수 있다. 혈청 알부민에 의해 수송되는 혈장 FFA는 지방조직의 TAG나 순환 지단백질과 같은 공급원으로부터 소비 장소인 모든 조직까지 이동한다. FFA는 많은 조직(특히 간과 근육)에서 산화되어 에너지를 생산할 수 있으며, 특히 간에서 케톤체의 생성에 이용될 수 있다. 또한 지방산은 인지질이나 당지질과 같은 막 지질의 구성 성분이기도 하다(17장 참조). 지방산은 어떤 세포속 단백질에 부착하여 그 단백질이 세포막과 회합하는 것을 보강한다. 지방산은 또한 호르몬인 프로스타글랜딘의 전구체이기도 하다(17장 참조). 백색지방세포에 저장된 TAG의 형태 중에서 에스터화된 지방산은 몸의 주요 에너지 저장체 역할을 한다. 지방산 대사의 변형은 비만과 당뇨병과 관련이 있다. 그림 16.1은 지방산 합성과 분해의 대사 경로와 탄수화물 대사와의 관계를 보여준다.

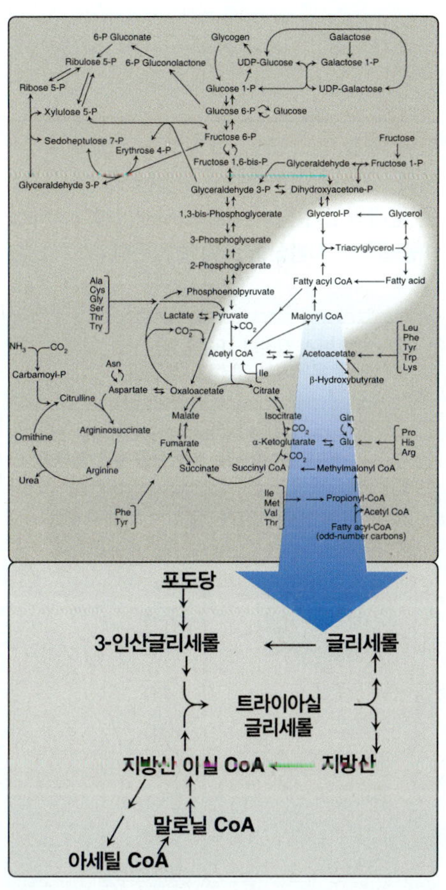

그림 16.1
트라이아실글리세롤의 합성과 분해. CoA = 보조효소 A.

II. 지방산의 구조

FFA는 소수성 탄화수소 사슬과 pK_a(7쪽 참조)가 약 4.8인 말단 카복실기로 구성된다(그림 16.2). 생리적 pH에서 말단 카복실기(−COOH)는 이온화되어 $-COO^-$가 된다. [참고: pH가 pK보다 크면 탈양성자형이 많아진다(7쪽 참조).] 이 음이온기는 물에 친화성을 갖고 있으므로 친수성과 소수성 부위를 둘 다 갖게 되어 지방산은 친양쪽성을 갖는다. 그러나 긴 사슬 지방산(LCFA)은 소수성 부분이 훨씬 우세하여 물에 잘 녹지 않으므로 혈액 순환이 가능하려면 단백질에 결합되어야만 한다. 혈장에서 발견되는 FFA의 90% 이상은 지방산 에스터로서 순환 지단백질 입자에 TAG, 콜레스테릴 에스터, 인지질 등의 형태로 존재한다(18장 참조). 에스터화하지 않은(유리) 지방산은 혈청에 가장 많

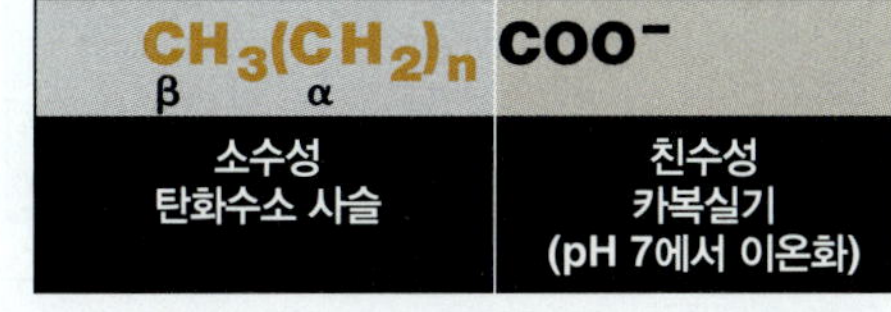

그림 16.2
지방산의 구조. 카보닐기 옆에 있는 탄소는 알파(α)로 표기된다. 다음 탄소는 베타 탄소(β)이다. 사슬이 길면 사슬의 마지막 탄소가 ω 탄소로 지정된다.

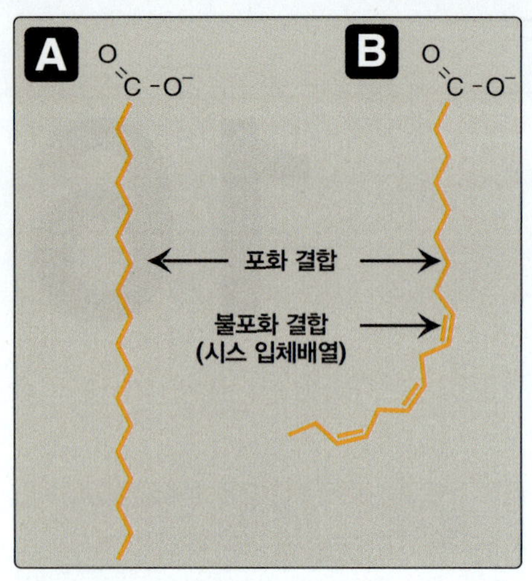

그림 16.3
포화 지방산(A)과 불포화 지방산(B). 오렌지색은 분자의 소수성 부위를 나타냄. [참고: 시스 이중결합이 지방산을 꼬이게 만든다.]

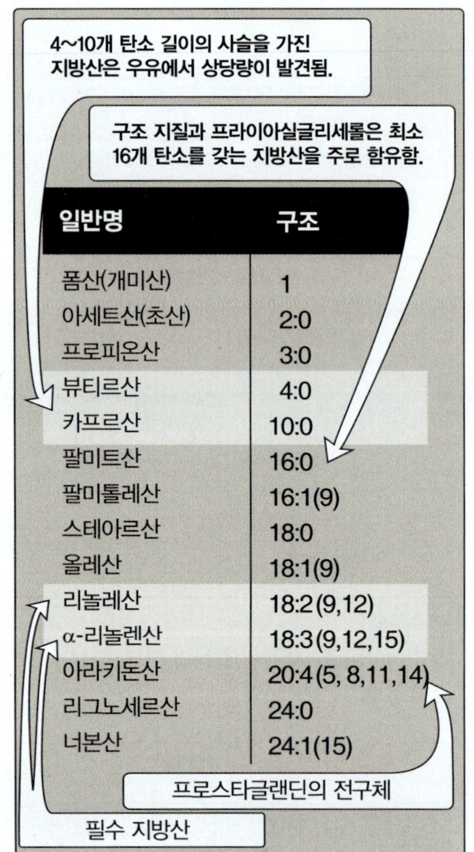

일반명	구조
폼산(개미산)	1
아세트산(초산)	2:0
프로피온산	3:0
뷰티르산	4:0
카프르산	10:0
팔미트산	16:0
팔미톨레산	16:1(9)
스테아르산	18:0
올레산	18:1(9)
리놀레산	18:2(9,12)
α-리놀렌산	18:3(9,12,15)
아라키돈산	20:4(5, 8,11,14)
리그노세르산	24:0
너본산	24:1(15)

그림 16.4
생리적으로 중요한 지방산. [참고: 지방산의 탄소수가 2~4개이면 짧은, 6~12개이면 중간, 14~20개이면 긴, 22개 이상이면 아주 긴 것으로 간주한다.]

은 단백질인 알부민과 회합하여 혈액순환을 통해 수송된다.

A. 지방산의 포화화(saturation)

지방산 사슬은 이중결합을 갖지 않거나(포화된) 하나 이상의 이중결합을 갖고 있어 단불포화 또는 다불포화 구조를 이룬다. 사람은 주로 포화결합과 단불포화 결합을 갖고 있다. 이중결합이 있는 경우 대개 트랜스(trans)형보다 시스(cis)형 입체배열를 이룬다. 시스 이중결합이 있는 지방산은 그 위치에서 구부러지거나 꼬여 있다(그림 16.3). 만일 지방산에 2개 이상의 이중결합이 있는 경우 반드시 탄소 3개의 간격을 두고 배치된다. [참고: 일반적으로 이중결합이 첨가되면 지방산의 융해온도(T_m)가 낮아지고, 사슬의 길이가 길어질수록 T_m이 높아진다. 막 지질은 대개 LCFA를 함유하기 때문에 일부 지방산에 있는 이중결합이 막 지질의 액성 유지에 도움을 준다. 섭취한 지질의 시스형과 트랜스형의 불포화 지방산에 관한 논의는 421쪽을 참조하라.]

B. 지방산의 사슬 길이

생리적으로 중요한 일부 지방산의 일반명과 구조를 그림 16.4에 나열하였다. 사람에게는 주로 탄소 원자수가 짝수(16, 18, 20)인 지방산이 있으며, 뇌에는 22개 이상의 탄소를 가진 긴 지방산이 존재한다. 탄소 원자의 번호는 카복실 탄소를 1번으로 시작하여 번호를 매겼다. 콜론 앞의 숫자는 사슬을 구성하는 탄소수를 가리키고 콜론 뒤의 숫자는 이중결합의 수와 위치(카복실기 끝으로부터의 위치)를 가리킨다. 예를 들면 그림 16.4의 아라키돈산의 20:4(5, 8, 11, 14)는 20개의 탄소로 구성된 사슬에 4개의 이중결합이 5-6, 8-9, 11-12, 14-15번 탄소 사이에 있다는 것을 나타낸다. [참고: 카복실기가 결합되어 있는 탄소, 즉 2번 탄소를 α-탄소라고 하고, 3번 탄소를 β-탄소, 4번 탄소를 γ-탄소라고 한다. 탄소 길이에 관계없이 맨 끝의 메틸기의 탄소를 ω-탄소라고 한다.] 지방산의 이중결합도 사슬의 ω 끝 또는 메틸기 끝으로부터 셀 수 있다. 아라키돈산은 말단 이중결합의 위치가 ω 끝으로부터 6번째 탄소에서 시작하기 때문에 ω-6 지방산이라고 한다(그림 16.5A). [참고: n-6 지방산이라고 부른다(그림 16.5B)]. 또 다른 ω-6 지방산으로 필수 지방산인 리놀레산[linoleic acid, 18:2(9, 12)]이 있다. 한편 α-리놀렌산[α-linolenic acid, 18:3(9, 12, 15)]은 ω-3 필수 지방산이다.

C. 필수 지방산(essential fatty acid)

리놀레산(linoleic acid)은 프로스타글랜딘 생합성의 기질로 사용되는 아라키돈산의 전구체이고, 성장과 발육에 중요한 다른 ω-3 지방산의 전구체인 리놀렌산(linolenic acid)은 필수지방산으로써 사람은 9번 이후 탄소에 이중결합을 만드는 효소가 없기 때문이다. 이 2가지 지방산은 인체 내에서 합성할 수 없기 때문에 필수적으로 음식을 통해 섭취해야 한다. 식물은 필수 지방산을 제공한다. [참고: 음식 리놀레산이 결핍될 경우 아라키돈산이 필수 지방산이 된다. 27장에서 ω-3, ω-6 지방산의 영양학적 차이에 대해 참조하라.]

> 희귀한 병인 필수 지방산 결핍증은 피부에 물 장벽을 제공하는 물질들을 합성할 수 없어 그 결과로 건조성 비늘 피부염이 생길 수 있다(235쪽 참조).

III. 지방산의 신생합성(*De Novo* Synthesis)

몸에서 사용하는 지방산의 많은 부분은 식사를 통해 공급된다. 필요한 양보다 과잉으로 섭취된 탄수화물과 단백질은 지방산으로 전환된 후 TAG로 저장된다. 성인에서 지방산의 합성은 주로 간과 수유 중인 젖샘에서 일어나며, 일부는 지방조직에서도 합성된다. 세포질액에서 진행되는 이 과정은 ATP와 환원형 NADPH를 사용하여 아세틸 CoA에서 나오는 탄소를 합성 중인 지방산 사슬에 혼입한다. (음식으로 섭취된 TAG도 지방산을 제공한다. 잘 먹은 상태의 대사 상태에 대한 논의는 24장을 참조하라.)

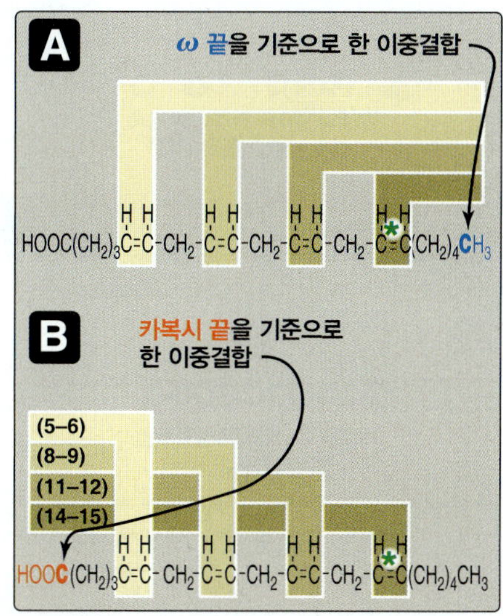

그림 16.5
이중결합의 위치를 보여주는 아라키돈산, 20:4 (5,8,11,14) **A:** 아라키돈산은 ω 끝으로부터 6번째 탄소에 말단 이중결합이 있으므로 ω-6 지방산으로 불린다. **B:** 아라키돈산은 또한 n-6 지방산으로 불리는데, 카복시 끝에서 가장 먼 곳의 이중결합은 탄소 14번째에 존재하므로 20 − 14 = 6 = n이 되어 이러한 이름이 붙게 된다. 결과적으로 "ω"와 "n"은 같은 의미이다(*참조).

A. 세포질액 아세틸 CoA의 생성

지방산 신생합성의 첫 단계는 사립체 아세틸 CoA의 아세트산 단위를 세포질액으로 수송하는 것이다. 사립체 아세틸 CoA는 파이루브산의 산화(9장 참조)에 의해 생성되며, 일부 아미노산(20장 참조)의 분해반응에 의해 생성되기도 한다. 그러나 아세틸 CoA의 CoA 부위는 사립체 막을 통과할 수 없고 단지 아세틸 부위만이 세포질액으로 들어간다. 이 아세틸 부위는 시트르산 생성효소에 의해 옥살로아세트산(OAA)과 아세틸 CoA가 축합하여 생성된 시트르산의 일부분이 된다(그림 16.6). [참고: 사립체에서 세포질액으로 시트르산의 자리옮김 과정은 사립체의 시트르산 농도가 높을 때 일어난다. 이 과정은 다량의 ATP에 의해 아이소시트르산 탈수소효소가 억제되어 시트르산과 아이소시트르산이 축적될 때 나타날 수 있다. 따라서 세포질액 시트르산은 고에너지 신호로도 볼 수 있다. 지방산 합성에는 많은 양의 ATP가 필요하므로 ATP와 시트르산이 증가할 때 이 경로가 강화된다.] 세포질에서 시트르산은 ATP 시트르산 분해효소에 의해 다시 옥살로아세트산(OAA)과 아세틸 CoA로 분해된다.

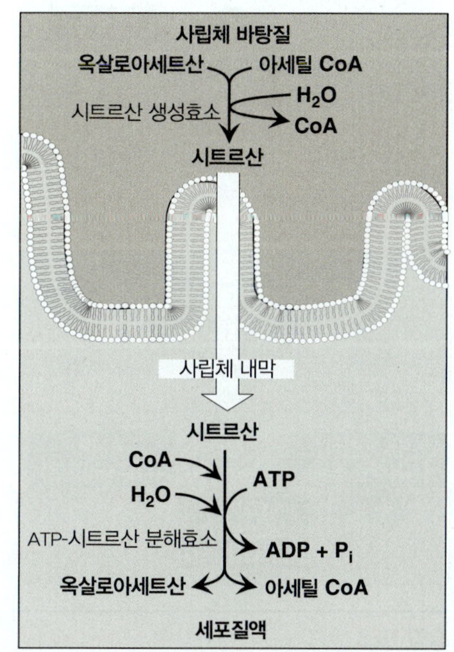

그림 16.6
세포질 아세틸 CoA의 생성. [참고: 시트르산은 트라이카복실산 수송계에 의해 이동한다.] ADP = 이인산아데노신; P_i = 무기인산염.

B. 아세틸 CoA의 카복실화에 의한 말로닐 CoA의 생성

지방산 합성에서 탄소와 탄소 사이의 축합에 필요한 에너지는 세포질액에서 일어나는 아세틸기의 카복실화와 이어지는 아실기의 탈카복실화에 의해 공급된다. 아세틸 CoA의 카복실화에 의한 말로닐 CoA의 생성은 아세틸 CoA 카복실화효소에 의해 촉진되며(그림 16.7), ACC는 ATP 필요 반응에서 탄산수소염(HCO_3^-)으로부터 이산화탄소를 전달한다. 비타민 보조효소인 바이오틴(비타민 B_7)은 카복실화효소의 라이실 잔기에 공유결합으로 연결되어 있다(그림 28.16). ACC가 결합 바이오틴을 카복실화하고, 바이오틴은 활성화된 카복실기를 아세틸 CoA로 전달한다.

1. **아세틸 CoA 카복실화효소(ACC)의 단기간 조절:** 이 카복실화는 지방산 합성의 속도제한 및 조절 단계이다(그림 16.7 참조). ACC는 불활성

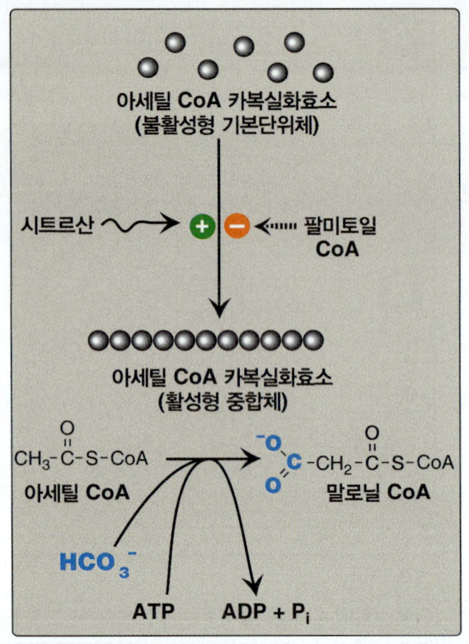

그림 16.7
아세틸 CoA 카복실화효소에 의한 말로닐 CoA 합성의 다른자리조절. 용존 CO_2에 의해 만들어지는 카복실기가 파란색으로 표시됨. P_i = 무기인산염; ADP = 이인산아데노신.

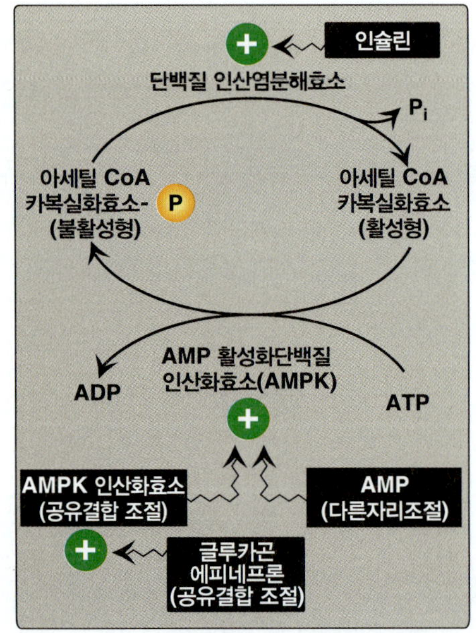

그림 16.8
AMPK에 의한 ACC의 공유결합 조절(인산화). AMPK 자체는 공유결합 조절과 다른자리조절을 받는다. CoA = 보조효소A; ADP = 이인산아데노신; AMP = 일인산아데노신; (P) = 인산염; P_i = 무기인산염.

형이 원형체로서 이합체(2개 이상의 폴리펩타이드의 복합체)이다. 이 효소는 시트르산에 의해 다른자리조절 활성화가 일어나 결국 이합체를 중합체로 만든다. 또한 경로의 최종생성물인 팔미토일 CoA에 의해 다른자리조절 불활성화가 일어나 결국 중합 해체가 일어난다. 단기간 조절의 두 번째 기전은 가역적 인산화에 의한 것이다. AMP 활성화 단백질 인산화효소(AMPK)는 ACC를 인산화하여 불활성형으로 만든다. AMPK 자체는 AMP에 의해 다른자리조절이 활성화되고, 여러 인산화효소를 통한 인산화에 의해 공유결합적으로 활성화된다. AMPK는 고리AMP (cAMP) 의존적 단백질 인산화효소 A에 의해 활성화된다. 따라서 에피네프린과 글루카곤과 같은 역조절 호르몬이 존재하면 ACC는 인산화되어 결국 불활성화된다(그림 16.8). 인슐린이 존재할 때 ACC는 탈인산되어 결국 활성화된다. [참고: 이것은 당원 합성효소의 조절과 유사하다(11장 참조).]

2. **아세틸 CoA 카복실화효소의 장기간 조절:** 과잉의 칼로리를 포함하는 식사(특히 고탄수화물, 저지방 식사)를 계속하면 ACC 합성이 증가되어 지방산 합성이 증가한다. 반대로 저칼로리, 저탄수화물 또는 고지방 식사는 ACC의 합성이 저하되어 지방산 합성이 감소한다. [참고: 이 카복실화효소의 합성은 탄수화물로 증가된 탄수화물 반응요소 결합단백질(ChREBP)과 인슐린으로 증가된 스테롤반응요소 결합 단백질(SREBP-1c)을 통해 상향조절된다. 지방산 생성효소(아래 C 참조)는 ChREBP와 SREBP-1에 의해 비슷하게 조절된다. SREBP의 기능과 조절은 18장에 기술되어 있다.] 2형 당뇨병 치료제로 사용되는 메트포민은 AMPK의 활성화를 통하여 혈청 TAG를 떨어뜨리는데, 결과적으로 인산화에 의해 ACC 활성이 억제되고, SREBP-1c가 감소되어 ACC와 지방산 생성효소 발현이 억제된다. 메트포민은 또한 근육에서 AMPK 매개 포도당 흡수를 증가시켜 혈액 포도당을 떨어뜨린다.

C. 진핵생물에서 지방산 생성효소

진핵생물의 지방산 합성에서 일련의 나머지 반능은 다기능 이합체 효소인 지방산 생성효소(FAS)에 의해 촉진된다. 이러한 과정은 말로닐 CoA로부터 2개의 탄소를 일련의 아실기 받개의 카복실 끝에서 받는다. 각각의 FAS 단일체는 6개의 다른 효소활성과 4′-인산판테테인 분자를 포함하는 아실기 운반 단백질(ACP)을 갖고 있는 다촉매 폴리펩타이드이다. 4′-인산판테테인은 비타민 판토텐산(비타민 B_5, 28장 참조)의 유도체로서 지방산 합성에서 말단 설프하이드릴기(−SH)에 아세틸 단위 또는 아실 단위를 운반한다. 이것은 또한 CoA의 한 성분이기도 하다. 아래 대괄호의 반응번호는 그림 16.9의 번호를 나타낸다.

(1) 한 개의 아세틸기가 아세틸 CoA에서 ACP의 −SH기로 전달된다.

(2) 다음 단계에서 이탄소 조각은 일시적 체류자리인 효소의 시스테인 잔기의 싸이올기(thiol group)로 전달된다.

(3) 현재 비어 있는 ACP는 말로닐 CoA에서 삼탄소 말론산 단위를 받아들인다.

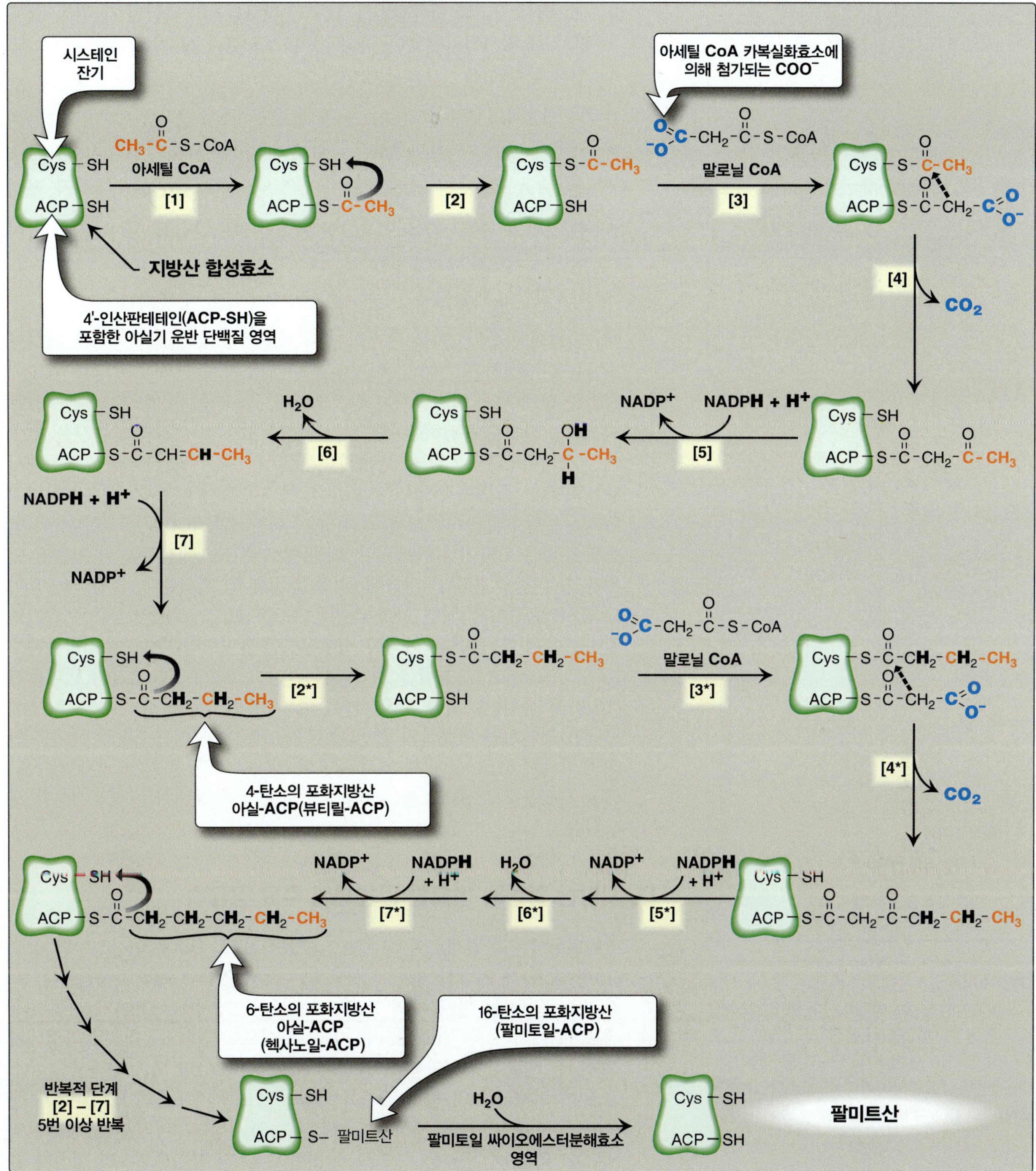

그림 16.9

다기능 지방산 생성효소(FAS)에 의한 팔미트산(16:0)의 합성. [참고: 대괄호 속의 번호는 본문 속의 번호와 일치함. 두 번째 반복되는 단계는 별표(*)를 한 숫자로 표시함. 아세틸 CoA에서 직접 공급되는 탄소는 *빨간색*으로 표시함.] ACP = 아실기 운반 단백질; CO_2 = 이산화탄소; NADP(H) = 니코틴아마이드 아데닌 다이뉴클레오타이드 인산염.

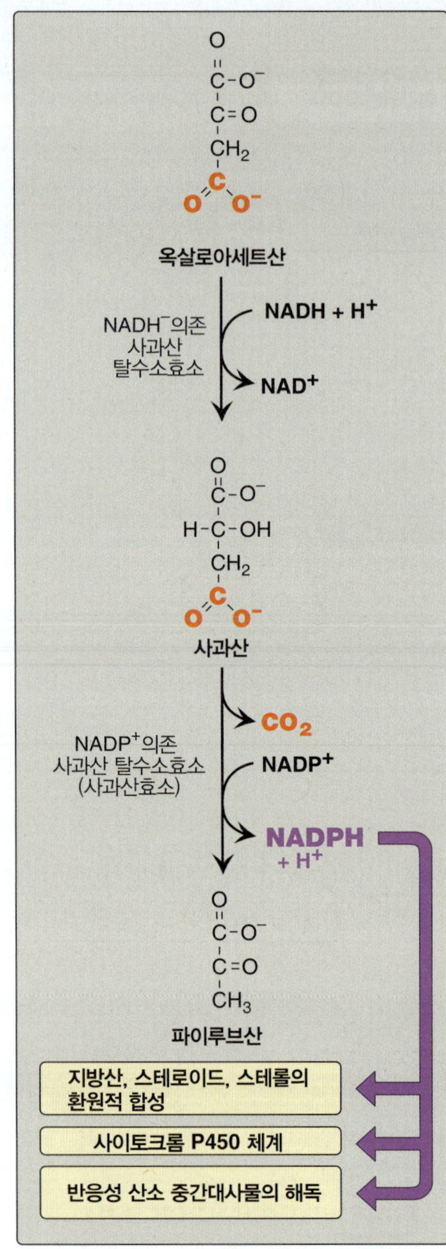

그림 16.10
세포질액에서 옥살로아세트산이 파이루브산으로 전환될 때 NADPH가 생성된다. [참고: 인산오탄당 경로도 또한 NADPH의 공급원이다.] NAD(H) = 니코틴아마이드 아데닌 다이뉴클레오타이드; CO_2 = 이산화탄소.

(4) 시스테인 잔기의 아세틸기가 ACP의 말로닐기와 축합할 때 원래 ACC에 의해 첨가되었던 CO_2가 유리된다. 그 결과 ACP 영역에 사탄소 단위가 부착한다.

그 다음의 3개의 반응, 즉 NADPH를 필요로 하는 1쌍의 환원반응과 1개의 탈수반응에 의해 3-케톤아실기가 각각에 해당하는 포화 아실기로 전환된다.

(5) 케톤기가 알코올로 환원된다.

(6) 한 분자의 물이 제거되면서 2번 탄소와 3번 탄소(α- 및 β-탄소) 사이에 이중결합이 만들어진다.

(7) 이중결합이 환원된다.

이 7단계의 반응의 결과는 3개의 말단 탄소가 모두 포화된 사탄소 뷰티릴 화합물을 생성하는 것이며, 이것은 말단 탄소가 완전히 포화되고 ACP에 결합한 상태이다. 이 7단계는 반복되는데, ACP에 부착한 뷰티릴 사슬을 시스테인 잔기로 전달하는 것으로 시작하여[2*], 한 분자의 말론산을 ACP에 부착시키고[3*], CO_2를 방출하면서 두 분자를 축합한다[4*]. 계속해서 황으로부터 세 번째 탄소인 3번 탄소, 즉 β-탄소에 있는 카보닐기가 환원되고[5*], 탈수되고[6*], 또 환원되어[7*] 헥사노일 ACP를 생성한다. 이 반응의 순환은 5번 이상 반복되며, 매번 말로닐 CoA에서 유래한 이탄소 단위가 합성 중인 지방산 사슬에 (카복실 끝에서) 혼입된다. 일단 지방산이 16 탄소의 길이가 되면 합성 과정은 종결되고, 그 최종생성물은 팔미토일-S-ACP이다. FAS의 마지막 촉매활성인 팔미토일 싸이오에스터분해효소는 싸이오에스터 결합을 절단하여 완전히 포화된 한 분자의 팔미트산(16:0)을 생성한다. [참고: 팔미트산의 모든 탄소는 말로닐 CoA를 통해 공급된 것이지만 지방산의 끝인 메틸기(ω) 끝에 보이는 2개의 탄소는 원래의 아세틸 CoA(첫 번째)에서 제공된 것이다. 이것은 ACC 반응의 속도제한 특성을 강조한다.] 짧은사슬 지방산은 젖을 분비하는 젖샘에서만 생산된다.

D. 지방산 합성에 필요한 환원제의 주요 공급원

팔미트산에는 환원제로써 14개의 NADPH가 요구되며, 인산오탄당 경로(13장 참조)가 지방산 합성에 사용되는 NADPH의 주요 공급원이다. 이 경로로 들어가는 한 분자의 포도당으로부터 2개의 NADPH가 생성된다. 세포질액에서 사과산(malate)이 파이루브산으로 전환되는데, 이 과정에서 사과산은 세포질액 사과산효소(malic enzyme, $NADP^+$의존 사과산 탈수소효소)에 의해 산화와 함께 탈카복실화되고, 또한 세포질액 NADPH가 생성된다. 이때 CO_2도 생성된다(그림 16.10). [참고: 사과산은 세포질액 NADH 의존 사과산 탈수소효소에 의한 OAA의 환원으로부터 생성될 수 있다(그림 16.10 참조). 이 반응에 필요한 세포질액 NADH의 한 가지 공급원은 당분해 경로에서 생성되는 것이다. 한편 OAA는 ATP-시트르산 분해효소에 의해 시트르산으로부터 생성될 수 있다.] 포도당 대사와 팔미트산 합성 사이의 상호관계는 그림 16.11에 요약되어 있다.

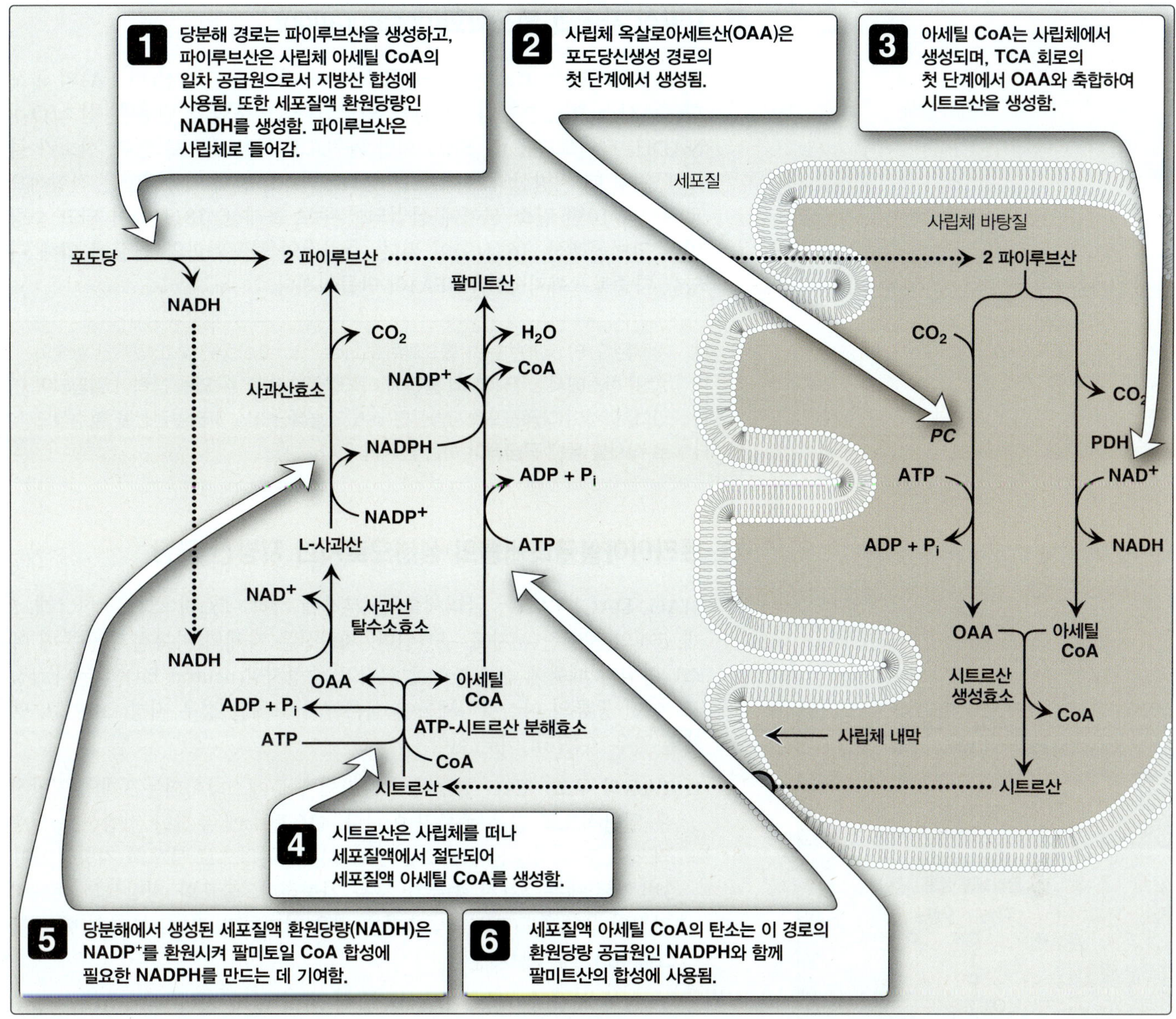

그림 16.11

포도당 대사와 팔미트산 합성의 상호관계. CoA = 보조효소A; NAD(H) = 니코틴아마이드 아데닌 다이뉴클레오타이드; NADP(H) = 니코틴아마이드 아데닌 다이뉴클레오타이드 인산염; ADP = 이인산아데노신; P_i = 무기인산염; CO_2 = 이산화탄소; TCA = 트라이카복실산; PC = 파이루브산 카복실화효소; PDH = 파이루브산 탈수소효소.

E. 추가적인 지방산 사슬의 연장

완전포화 LCFA(16:0)인 16-탄소 팔미트산은 지방산 생성효소 활성의 일차적인 최종생성물이지만 매끈면 세포질그물(SER)에서 이탄소 단위를 첨가하여 더 길어질 수 있다. 이 연장은 다기능효소가 아닌 별도의 효소 체계를 필요로 한다. 말로닐 CoA는 이탄소 주개이고 NADPH는 전자를 제공한다. 뇌는 별도의 연장 기능을 갖고 있어서 뇌 지질의 합성에 필요한 아주 긴 사슬 지방산(VLCFA, 22-탄소 이상)을 생성할 수 있다.

F. 지방산 사슬의 불포화화(desaturation)

SER에 존재하는 효소(불포화화효소)들이 긴 사슬 지방산(LCFA)의 불포화(즉 시스 이중결합의 첨가)를 담당한다. 불포화화 반응은 산소(O_2), NADH, 사이토크롬 b_5, FAD 회합 환원효소 등을 필요로 한다. 산소가 물로 환원될 때 지방산과 NADH는 산화된다. 첫 번째 이중결합은 전형적으로 9번과 10번 탄소 사이에 삽입되어 주로 올레산, 18:1(9)이 되고 소량만이 팔미톨레산, 16:1(9)이 된다. 추가적인 불포화화와 연장에 의해 다양한 다중불포화지방산(PUFA)이 만들어진다.

> 사람은 9, 6, 5, 4번 탄소 불포화화효소(desaturase)들을 갖고 있지만 사슬의 10번 탄소에서 ω 끝까지의 중간에 이중결합을 만들 수 있는 능력이 결핍되어 있다. 이것이 다중불포화지방산인 ω-6 리놀레산과 ω-3 리놀렌산을 필수적으로 식사를 통해 공급해야 하는 근거가 된다.

G. 트라이아실글리세롤의 성분으로서의 지방산 저장

MAG, DAG, TAG는 글리세롤 한 분자에 각각 에스터 결합을 한 1개, 2개, 3개의 지방산 분자로 구성된다. 지방산은 자체의 카복실기를 통해 에스터화되기 때문에 음전하가 없어지고 중성지방(neutral fat)이 된다. [참고: 어떤 종류의 아실글리세롤이 실온에서 고체일 경우 지방(fat)이고, 액체일 경우 기름(oil)이라 한다.]

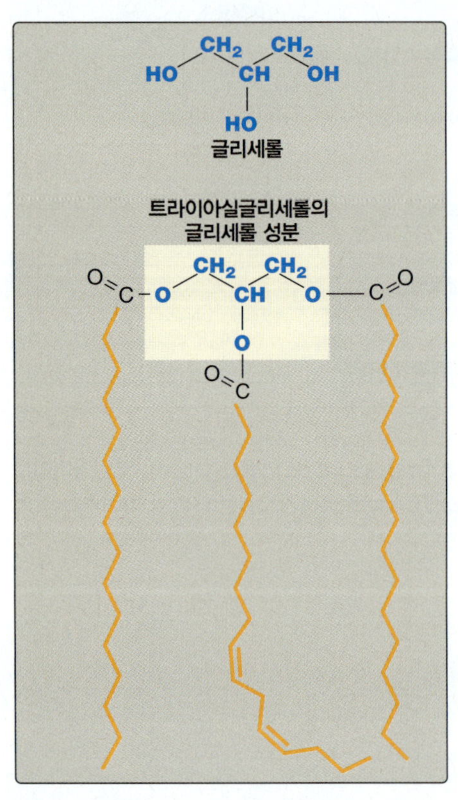

그림 16.12
2번 탄소에 불포화 지방산을 갖고 있는 트라이아실글리세롤. *주황색*은 분자의 소수성 부위를 나타냄.

1. **TAG의 구조:** TAG 합성에서 글리세롤에 에스터화되는 3개의 지방산은 일반적으로 같은 종류가 아니다. 1번 탄소에 부착한 지방산은 전형적으로 포화 지방산이고, 2번 탄소에는 전형적으로 불포화 지방산이며, 3번 탄소에는 2가지 종류가 모두 가능하다. 불포화 지방산의 존재가 지질의 융해온도(T_m)를 낮춘다는 점을 상기하라. TAG 분자의 한 예를 그림 16.12에서 보여준다.

2. **TAG의 저장과 기능:** TAG는 물에 거의 녹지 않아 자체끼리 안정된 지질미포를 형성할 수 없기 때문에 지방세포 속에서 응집하여 거의 물이 없는 기름방울을 형성한다. 세포질액 지질방울은 몸의 주요 에너지 저장소이다. [참고: 갈색지방세포에 저장된 TAG는 떨림없는 열생성(nonshivering thermogenesis)을 통한 열의 공급원이다(6장 참조).]

3. **3-인산글리세롤의 합성:** 3-인산글리세롤은 TAG 합성에서 지방산의 첫 번째 받개이다. 이것은 2가지 경로에서 생성된다(그림 16.13). [참고: 세 번째 경로인 글리세롤신생성은 IV. A.3.에 설명되어 있다.] 간(TAG 합성의 일차장소)과 지방조직에서 포도당으로부터 생성되는 것이 첫 번째인데, 이 경로는 먼저 당분해 경로를 사용하여 DHAP를 생성한다. 이어서 DHAP는 3-인산글리세롤 탈수소효소에 의해 3-인산글리세롤로 환원된다. 두 번째는 간에서 발견되지만 지방조직에 없는 경로로서 글리세롤 인산화효소가 유리 글리세롤을 인산글리세롤로 전환시킨다(그림 16.13 참조). [참고: 지방세포의 포도당 수송체(GLUT-4)는 인슐린 의존적이다(23장 참조). 따라서 지방세포는 혈장 포도당과 인슐린의

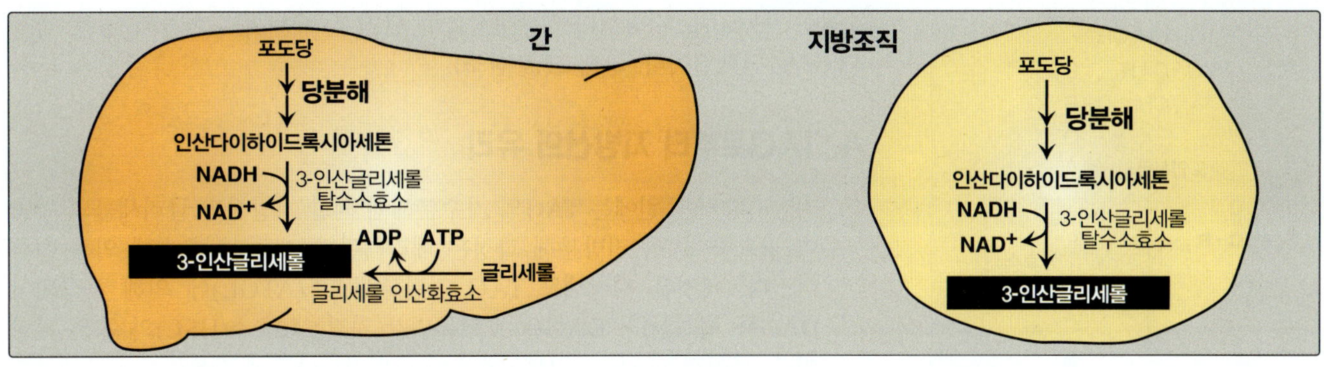

그림 16.13
간과 지방조직의 3-인산글리세롤의 생성 경로. [참고: 3-인산글리세롤은 글리세롤신생성을 통해 생성될 수 있다.] NAD(H) = 니코틴아마이드 아데닌 다이뉴클레오타이드; ADP = 이인산아데노신.

농도가 낮을 때 인산글리세롤을 합성할 수 없어 새로 TAG를 만들 수 없다.]

4. **유리지방산의 활성화:** 지방산은 TAG 합성과 같은 대사과정에 참여하기 전에 CoA와 결합한 활성형으로 전환되어야 한다. 이 반응은 그림 15.6에 도시되어 있으며, 지방산 아실 CoA 합성효소(= 싸이오에스터 합성효소, thiokinase) 족에 의해 촉진된다.
5. **3-인산글리세롤과 지방산 아실 CoA로부터 TAG의 합성:** 이 경로는 3-인산글리세롤로부터 4개의 반응으로 구성되며 그림 16.14에서 볼 수 있다. 이 경로는 지방산 아실 CoA에서 유래한 지방산의 첨가(2회), 인산의 제거, 세 번째 지방산의 첨가 등의 순차적인 반응으로 구성된다.

H. 간과 지방조직에서 TAG의 운명

백색지방조직에서 TAG는 거의 물이 없는 상태로 지방방울로 세포의 세포질액에 저장된다. 지방방울은 페리리핀(perilipins)에 의하여 감싸져 있으며, 이것은 에너지로써 지방산이 필요한 때를 제외하고는 빠져나가지 않도록 보호 또는 분리하는 작용을 한다. (페리리핀은 2형 당뇨, 죽경화증, 심혈관질환과 병리적 연관성이 있다.) 간에 저장된 TAG는 거의 없다. 대신에 TAG는 다른 지질 및 아포지단백질과 함께 포장되어 초저밀도지단백질(VLDL)이라는 지단백질 입자로 된 후 간 밖으로 배출된다. 신생 VLDL은 혈액으로 직접 분비된 후 점차 완성되고 내재성 지질을 말초 조직으로 운반하는 작용을 한다. [참고: 15장에서 논의한 것처럼 암죽미립은 주로 음식지질, 즉 외인성 지질을 운반한다. 혈장 지단백질에 대한 것은 18장에서 논의한다.]

IV. 지방의 동원과 지방산의 산화

중성 TAG 형태로 지방조직에 저장된 지방산은 몸의 주요 연료 저장체이다. TAG는 고도의 환원형으로서 거의 물이 없는 상태이기 때문에 농축된 대사에너지 저장체 역할을 한다. 지방산이 완전히 산화되어 CO_2와 H_2O를 생산하는

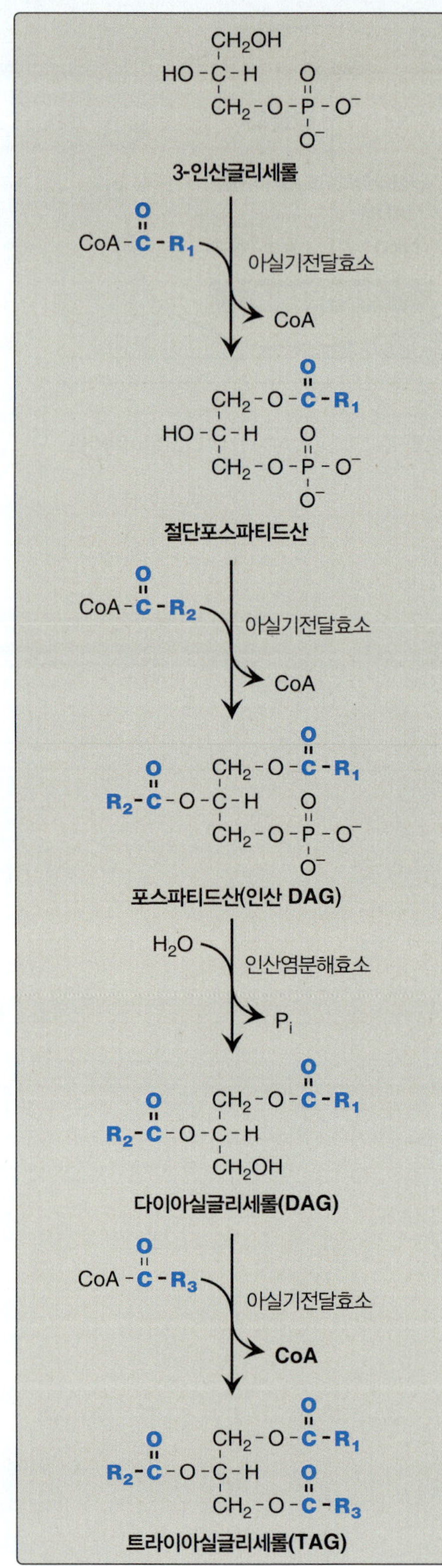

그림 16.14
TAG의 합성. R_1-R_3 = 활성화 지방산; CoA = 보조효소A; P_i = 무기인산염.

수율은 9 kcal/g 지방이다. (상대적으로 단백질 또는 탄수화물의 경우 각각 4 kcal/g 단백질이다. 그림 27.5 참조).

A. TAG로부터 지방산의 유리

저장지방의 동원에는 TAG의 가수분해에 의한 지방산과 글리세롤의 방출이 필요하다. 이 지방분해 과정은 페리리핀과 지질분해효소에 의해 이루어진다. 이것은 지방세포 TAG 지질분해효소(ATGL)에 의해 시작되어 DAG를 생성한다. DAG는 호르몬민감 지질분해효소(HSL)의 좋은 기질이다. 특이적 MAG 지질분해효소가 나머지 MAG에 작용한다.

1. **페리리핀과 호르몬민감 지질분해효소(hormone-sensitive lipase, HSL)의 조절:** 페리리핀과 호르몬민감 지질분해효소는 PKA에 의해 인산화되어 활성화된다. cAMP는 지방세포에서 에피네프린 같은 카테콜아민이 세포막의 β-아드레날린성 수용체에 결합할 때 생성되며, 또한 아데닐릴 고리화효소를 활성화시킨다(그림 16.15). 이 과정은 당원가인산분해효소의 활성화 과정과 유사하다(그림 11.9 참조). PKA에 의한 페리리핀의 인산화는 인산화된(활성화된) 호르몬민감 지질분해효소를 지방방울로 유도한다. [참고: cAMP 매개 연속증폭이 활성화되면(그림 16.8 참조) 호르몬 주도 인산화에 의해 ACC가 억제되기 때문에 TAG 분해가 시작되는 동시에 지방산 합성은 중지된다.] 인슐린의 혈장 농도가 높으면 HSL은 탈인산화되어 불활성화된다. 인슐린도 ATGL의 발현을 억제한다.
2. **글리세롤의 운명:** 지방세포에는 글리세롤 인산화효소가 없으므로 TAG 분해 과정에서 유리되는 글리세롤이 지방세포에서 대사될 수 없다. 오히려 글리세롤은 혈액을 통해 간으로 수송되고, 간에서 인산화된다. 그 결과 3-인산글리세롤은 간에서 TAG 합성에 사용되거나 그림 16.13에 도해되어 있는 3-인산글리세롤 탈수소효소 반응의 역반응에 의해 DHAP로 전환된다. DHAP는 당분해나 포도당신생성에 참여할 수 있다.
3. **지방산의 운명:** 유리(비에스터화) 지방산은 지방세포의 세포막을 통과한 후 혈장 알부민과 결합한다. 이들은 조직으로 수송되어 세포로 들어간 후 활성화되어 CoA 유도체로 전환되고, 이어서 사립체에서 산화되어 에너지를 생산한다. 혈중 농도에 관계없이 혈장 FFA는 사립체가 없는 적혈구에서는 연료로 사용될 수 없다. 또한 뇌에서도 에너지용으로 사용하지 않는데, 그 이유는 분명하지 않다. [참고: 백색지방조직 TAG에서 유리된 지방산의 50% 이상은 3-인산글리세롤로 다시 에스터화된다. 백색지방조직은 글리세롤 인산화효소를 발현하지 않는다. 3-인산글리세롤은 글리세롤신생성에 의해 생성된다. 이 과정은 일종의 불완전한 포도당신생성으로서 파이루브산이 차례로 PEP, OAA, DHAP를 거쳐 3-인산글리세롤을 생성한다. 이 과정은 2형 당뇨병과 비만에서 인슐린 저항성과 관련이 있는 분자, 즉 혈장 FFA를 감소시킨다(25장 참조).]

B. 지방산의 β-산화(β-oxidation)

포화 지방산의 주요 분해 경로는 β-산화라고 부르는 사립체 경로이다. 이 경로에서 이탄소 조각이 지방산 아실 CoA의 카복실 끝에서 연속적으로 제거되어 아세틸 CoA, NADH, $FADH_2$ 등을 생성한다.

1. **긴 사슬 지방산(LCFA)의 사립체로의 수송:** 지방산의 세포속으로의 수송에는 여러 기전이 존재한다. 수동적 확산 외에도 지방산 자리옮김효소(fatty acid translocase), 지방산 결합 단백질(fatty acid-binding protein, FABP), 지방산 수송 단백질(fatty acid transport protein, FATP)에 의하여 세포속으로 수송된다. LCFA는 FATP에 의하여 세포로 들어간 후 세포질액에서 LCFA-CoA 합성효소(싸이오에스터합성효소, 사립체 외막에 존재)에 의해 CoA 유도체로 전환된다. β-산화는 사립체 바탕질에서 일어나므로 지방산은 반드시 CoA가 통과할 수 없는 사립체 내막을 통해 수송되어야 한다. 따라서 특별한 운반체가 긴 사슬 아실기를 세포질액에서 사립체 바탕질로 수송한다. 이 운반체가 카니틴(carnitine)이며, 이 속도제한 수송과정을 카니틴 왕복(carnitine shuttle)이라고 한다(그림 16.16).

   a. **LCFA 자리옮김의 단계:** 첫째, 아실기는 세포질액 CoA로부터 사립체 외막 효소인 카니틴 팔미토일기전달효소 I(CPT-I)에 의해 카니틴으로 이동된다. [참고: CPT-I은 카니틴 아실기전달효소 I을 지칭하는 CAT-I으로도 알려져 있다.] 이 반응으로 아실카니틴이 생성되고 유리 CoA가 재생된다. 둘째, 아실카니틴이 카니틴-아실카니틴 자리옮김효소(translocase)에 의해 유리 카니틴과 교환되면서 사립체로 들어간다. 사립체 내막 효소인 카니틴 팔미토일기전달효소 II(CPT-II 또는 CAT-II)는 아실기를 카니틴으로부터 사립체 바탕질에 있는 CoA로 옮겨주어 유리 카니틴을 재생한다.

   b. **카니틴 왕복의 억압자:** 말로닐 CoA는 CPT-I을 억제하여 긴 사슬 아실기가 사립체 바탕질로 들어가는 것을 방해한다. 따라서 지방산 합성이 세포질액에서 일어날 때 새로 생성된 팔미트산은 사립체로 전달되어 분해될 수 없다. [참고: 근육은 지방산을 합성하지 않지만 아세틸 CoA 카복실화효소의 사립체 동종형(ACC_2)을 갖고 있기 때

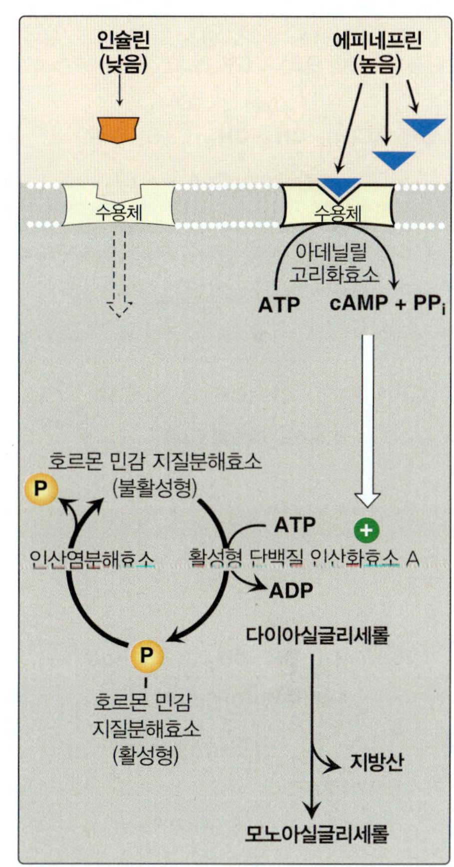

그림 16.15
지방세포에서 지방분해의 호르몬 조절. [참고: TAG는 지방 TAG 지질분해효소에 의해 DAG로 분해된다.] cAMP = 고리AMP; PP_i = 파이로인산염; ADP = 이인산아데노신; P = 인산염.

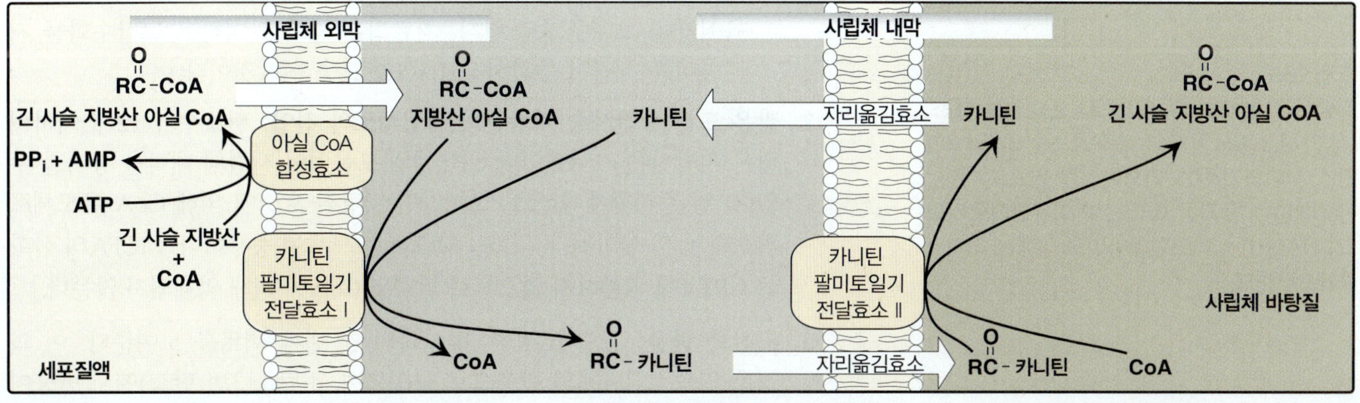

그림 16.16
카니틴 왕복(carnitine shuttle). 전체 결과는 긴 사슬 지방산 아실-CoA가 사립체 밖에서 안으로 수송되는 것이다. AMP = 일인산아데노신; PP_i = 파이로인산염.

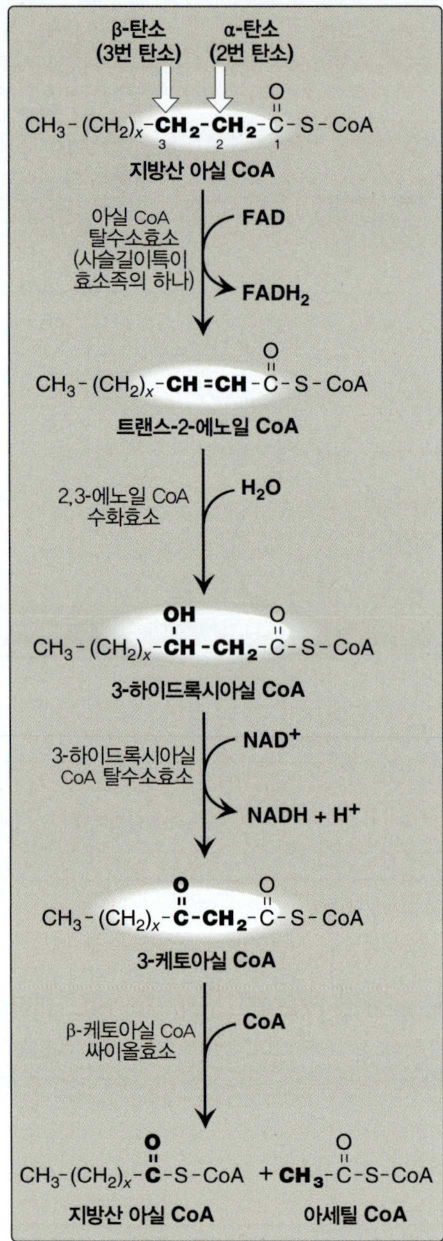

그림 16.17
지방산 아실 CoA의 β-산화에 관여하는 효소. [참고: 2,3-에노일 CoA 수화효소는 2번과 3번 탄소 사이의 트랜스 이중결합을 필요로 한다.] $FAD(H_2)$ = 플라빈 아데닌 다이뉴클레오타이드; NAD(H) = 니코틴아마이드 아데닌 다이뉴클레오타이드.

문에 근육은 β-산화를 조절할 수 있다.] 지방산 산화는 또한 아세틸 CoA/CoA 비에 의해서도 조절된다. 이 비율이 증가하면 CoA 필요 싸이올효소(thiolase) 반응이 감소한다(그림 16.17).

c. **카니틴의 공급원:** 카니틴은 육류 위주의 식사를 통해 섭취할 수 있다. 또한 특정 효소경로가 존재하는 간과 콩팥에서는 카니틴이 아미노산인 라이신과 메싸이오닌으로부터 생성될 수 있다. 그러나 뼈대근육이나 심장근육은 내재성 합성이나 식사에 의해 제공되는 카니틴의 흡수에 전적으로 의존한다. [참고: 몸에서 뼈대근육은 전체 카니틴의 약 97%를 함유한다.]

카르니틴은 카르니틴 수송체에 의하여 세포속으로 들어간다. 심장, 근육 및 콩팥에서는 높은 친화력의 수송체는 유기 양이온 수송체 novel 2(OCTN2)가 있다. 간에는 낮은 친화력이지만 높은 용량을 갖는 카르니틴 수송체가 있다. 일차 카르니틴 결핍은 OCTN2의 결핍에 의한 것이며 카르니틴이 소변으로 유출되어 혈장과 세포에는 아주 낮은 농도로 존재하게 된다.

d. **카니틴 결핍증(carnitine deficiency):** 카니틴이 결핍되면 결과적으로 LCFA를 대사연료로 사용하는 조직의 능력이 감소된다. 일차 카니틴 결핍증은 심장 및 뼈대근육과 콩팥의 섭취를 방지하는 막 수송체에 결함에 의해 발생한다. 치료는 카니틴을 보충하는 것이다. 이차 카니틴 결핍증은 주로 지방산 산화의 결함으로 발생한다. 아실카니틴이 축적되면서 소변으로 배설되어 카니틴 이용도가 떨어진다. 후천성 이차 카니틴 결핍증은 예를 들어 간질환(카니틴 합성의 감소)이나 발프로산(valproic acid) 같은 항경련제를 복용할 때 나타날 수 있다(감소된 신장 재흡수). [참고: 사립체 산화의 결함은 CPT-I과 CPT-II 결핍에 의해 생길 수 있다. CPT-I 결핍은 간에 손상을 주어 LCFA를 연료로 사용할 수 없게 되고, 이로 인해 공복상태에서 포도당을 합성하는 간 조직의 능력이 크게 떨어진다. 이것은 심한 저혈당, 혼수, 사망 등을 초래할 수 있다. CPT-II 결핍은 간과 심장 및 뼈대근육을 침범한다. 가장 흔한 형태는 심하지는 않지만 뼈대근육을 침범한다. 지속적인 운동 후 근색소혈증을 동반하는 근육쇠약을 보여주기도 한다. 치료법은 공복을 피하고 고탄수화물 저지방식을 하면서 중간사슬 TAG를 보충하는 것이다.]

2. **짧은 또는 중간사슬 지방산의 사립체로의 진입:** 탄소수가 12개 이하의 짧은 지방산은 카니틴이나 CPT계의 도움없이 사립체 내막을 통과할 수 있다. 일단 사립체 안으로 들어가면 바탕질 효소에 의해 CoA 유도체로 활성화된 후 산화된다. [참고: MCFA는 모유에 풍부하다. MCFA의 산화는 CPT-I에 의존하지 않으므로 말로닐 CoA에 의해 억제되지 않는다.]

3. **β-산화 반응:** 그림 16.17이 β-산화의 첫 번째 회로를 보여준다. 이 과정은 연속적인 4개의 반응으로 구성되며, β-탄소(3번 탄소)에서 반응이 일어나 결과적으로 이탄소씩 지방산 사슬이 짧아진다. 단계별로 $FADH_2$를 생성하는 산화반응, 수화반응, NADH를 생산하는 두 번째 산화반응, 그리고 한 분자의 아세틸 CoA를 유리하는 가싸이올절단으

로 구성된다. 각 단계는 사슬길이에 특이성 있는 효소에 의해 촉진된다. [참고: 긴 사슬 지방산의 경우 마지막 3개의 단계는 삼중기능 단백질에 의하여 촉진된다.] 이 4단계는 짝수의 탄소사슬을 가진 포화 지방산의 경우 (n/2)−1회만큼 반복된다(n은 탄소수). 매회마다 1 아세틸 CoA, 1 NADH, 1 $FADH_2$를 생성한다. 마지막 가싸이올절단에 의해 2개의 아세틸기가 생성된다. 아세틸 CoA는 산화되거나 간에서 케톤생성에 사용된다(아래 V. 참조). 환원된 보조효소는 전자수송사슬에 의해 산화되는데, NADH는 복합체 I에 의하여, $FADH_2$는 보조효소 Q에 의하여 산화된다(85쪽 참조). [참고: 아세틸 CoA는 파이루브산 카복실화효소(10장 참조)의 양성 다른자리조절 효과제이기 때문에 지방산 산화와 포도당신생성을 서로 연결시킨다.]

4. **지방산 산화로부터 얻는 에너지 수확량:** β-산화 경로의 에너지 수율은 높다. 예로서 1 분자의 팔미토일 CoA가 CO_2와 H_2O로 산화되면 8 아세틸 CoA, 7 NADII, 7 $FADII_2$, 그리고 131 ATP가 생성된다. 하지만 지방산 활성에 2개의 ATP를 소모하기 때문에, 팔미트산에서 나오는 알짜 수확량은 129 ATP이다(그림 16.18). 짝수의 탄소 원자를 가진 긴 사

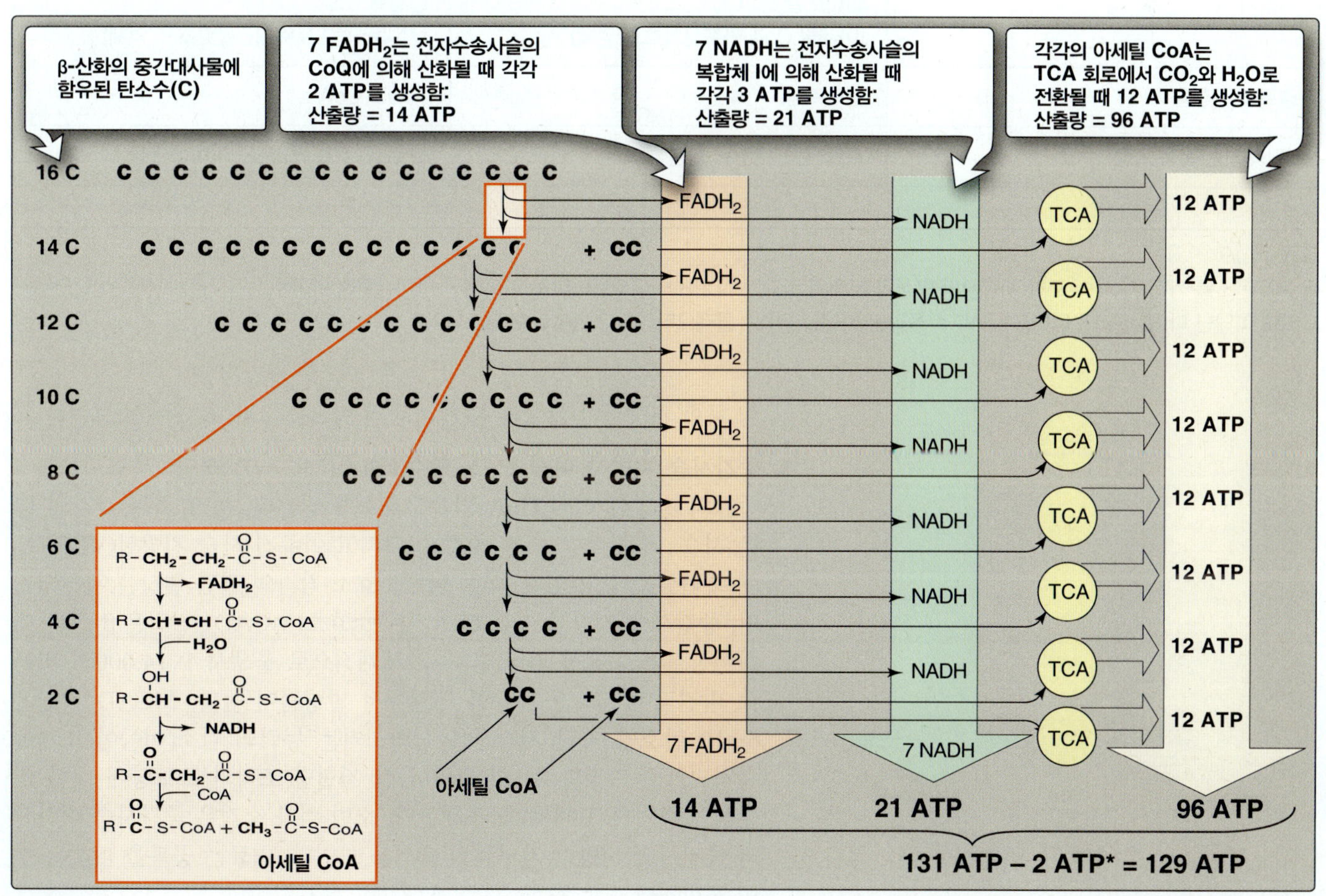

그림 16.18
팔미토일 CoA(16 탄소)의 산화에서 산출한 에너지의 요약. [참고: *팔미트산이 팔미토일 CoA로 활성화되려면 2 ATP가 필요함(ATP → AMP + PP_i).] $FADH_2$ = 플라빈 아데닌 다이뉴클레오타이드; NADH = 니코틴아마이드 아데닌 다이뉴클레오타이드; TCA = 트라이카복실산; CoQ = 보조효소 Q; CO_2 = 이산화탄소.

VARIABLE	합성	분해
경로에 유입 증가	탄수화물이 풍부한 식사 후	기아상태에서
경로를 선호하는 호르몬 상태	높은 인슐린/글루카곤 비	낮은 인슐린/글루카곤 비
주요 조직	주로 간	근육, 간
세포속 위치	세포질	주로 사립체
사립체와 세포질 사이의 아실기/아세틸기의 운반체	시트르산(사립체에서 세포질로)	카니틴(세포질에서 사립체로)
인산판테테인 함유 활성형 운반체	아실기 운반 단백질, CoA	보조효소 A
산화/환원 보조효소	NADPH(환원)	NAD^+, FAD(산화)
이탄소 주개/생성물	말로닐 CoA: 1 아세틸기 주개	아세틸 CoA: β-산화 생성물
활성자	시트르산	–
억압자	팔미토일 CoA (아세틸 CoA 카복실화효소 억제)	말로닐 CoA (카니틴 팔미토일기전달효소-1 억제)
경로의 생성물	팔미트산	아세틸 CoA
4단계의 반복적 과정	축합, 환원, 탈수, 환원	탈수소, 수화, 탈수소, 싸이올분해

그림 16.19
짝수의 탄소를 가진 긴 사슬 포화 지방산의 합성과 분해의 비교. NADPH = 니코틴아마이드 아데닌 다이뉴클레오타이드 인산염; NAD^+ = 니코틴아마이드 아데닌 다이뉴클레오타이드; FAD = 플라빈 아데닌 다이뉴클레오타이드; CoA = 보조효소 A.

슬 포화 지방산의 합성과 분해 과정의 비교를 그림 16.19에서 보여준다.

5. **중간사슬 지방산 아실 CoA 탈수소효소(MCAD) 결핍:** 사립체에는 4종류의 지방산 아실 CoA 탈수소효소가 있는데, 이 효소는 각각의 짧은 사슬-, 중간사슬–, 긴 사슬–, 그리고 아주긴 사슬 지방산(VLCFA)에 특이성을 갖고 있다. 이들 탈수소효소 각각의 결핍 현상은 관찰되지만, 중간사슬 지방산 아실 CoA 탈수소효소(MCAD) 결핍은 β-산화 대사이상질환 중에서 가장 흔하다. 세계적으로 출생시 1:14,000의 비율로 발견되며, 그 중 북유럽 백인에서 발병률이 높다. MCAD 결핍은 6~10 탄소를 가진 지방산을 산화시키는 능력의 감소(이들이 소변에 축적되므로 측정할 수 있음)와 심한 저혈당(조직의 포도당에 대한 의존성이 증가하기 때문)을 초래한다. 소변 검사 소견은 중간사슬 이탄산과 중간사슬 지방산 카니틴의 축적을 보인다. 치료는 공복을 피하는 것이 포함된다.

6. **홀수 탄소를 가진 지방산의 산화:** 홀수의 탄소 원자를 가진 포화 지방산의 β-산화는 최종적으로 삼탄소가 남을 때까지 짝수의 탄소를 가진 지방산의 경우와 같은 반응 단계를 진행한다. 삼탄소 화합물인 프로피

오닐 CoA는 3단계 경로에 의해 대사된다(그림 16.20). [참고: 프로피오닐 CoA는 또한 어떤 종류의 아미노산 대사에서도 생성된다(그림 20.11 참조).]

a. **D-메틸말로닐 CoA의 합성:** 첫째, 프로피오닐 CoA가 카복실화되어 D-메틸말로닐 CoA를 생성한다. 프로피오닐 CoA 카복실화효소는 다른 카복실화효소와 마찬가지로 보조효소 바이오틴과 ATP를 절대적으로 필요로 한다.

b. **L-메틸말로닐 CoA의 생성:** 다음으로 메틸말로닐 CoA 거울상이성질체화효소(methylmalonyl CoA racemase)라는 효소에 의해 D-이성질체가 L-이성질체로 전환된다.

c. **석시닐 CoA의 합성:** 마지막으로 L-메틸말로닐 CoA의 탄소가 재배열하여 석시닐 CoA가 생성되고, 이것은 TCA 회로로 들어갈 수 있다. [참고: 석시닐 CoA는 지방산 산화에서 생성되는 포도당생성 전구체의 유일한 예가 된다.] 메틸말로닐 CoA 자리바꿈효소(mutase)는 보조효소로서 비타민 B_{12}(데옥시아데노실코발아민)를 필요로 한다. 이 자리바꿈효소 반응은 몸에서 비타민 B_{12}를 필요로 하는 2개의 반응 중의 하나이다(28장 참조). 다른 비타민 B_{12}가 필요한 과정은 메싸이오닌 생성효소로써 호모시스테인으로부터 메싸이오닌을 합성한다. 이 과정은 엽산의 재순환 및 비타민 B_{12}의 보조효소 형태로 유지에 중요하다. 결과적으로 엽산과 비타민 B_{12}의 결핍은 초기에는 혈액 이상과 유사하지만, 진행된 이후에는 감각이상, 저림, 조화운동불능 등의 신경학적 증상이 발생한다. 비타민 B_{12} 결핍증 환자에서 프로피온산과 메틸말론산(MMA)이 둘 다 소변으로 배설된다. 증가된 혈청 MMA는 엽산결핍증으로부터 비타민 B_{12} 결핍증을 감별할 수 있는 유용한 수단이다. 유전성 메틸말론산혈증과 메틸말론산뇨증이 메틸말로닐 CoA 자리바꿈효소 또는 메싸이오닌 생성효소의 결핍 또는 부족으로 발생한다.

7. **불포화 지방산의 β-산화:** 불포화 지방산의 산화는 2,3-에노일 CoA 수화효소의 기질로 작용하는게 불가능한 중간대사물을 생성한다(그림 16.17 참조). 따라서 추가적 효소가 필요하다. 18:1(9)(올레산)과 같은 홀수개 탄소의 이중결합의 산화에는 추가적인 효소인 3,2-에노일 CoA 이성질체화효소가 필요하며, 이것은 β-산화가 3회 반복된 후 생성되는 3-시스 유도체를 2-트랜스 유도체로 전환시켜 에노일 CoA 수화효소의 기질이 되도록 한다. 리놀레산[18:2(9, 12)]과 같은 짝수개 탄소의 이중결합 지방산은 이 이성질체화효소뿐만 아니라 NADPH 의존 2,4-다이에노일 CoA 환원효소도 필요로 한다. [참고: 불포화 지방산은 포화지방산에 비해 덜 환원되어 있으므로, 산화에 의해 적은 환원당량이 생성된다.]

8. **과산화소체(peroxisomal)의 β-산화:** 22-탄소 이상인 VLCFA는 과산화소체에서 예비 β-산화를 하는데, 그 이유는 과산화소체가 원래 지방산 길이를 늘이는 합성효소가 있는 곳이기 때문이다. 길이가 짧아진 지방산(카니틴에 결합한 상태)은 사립체로 확산되어 산화가 더 진행된다.

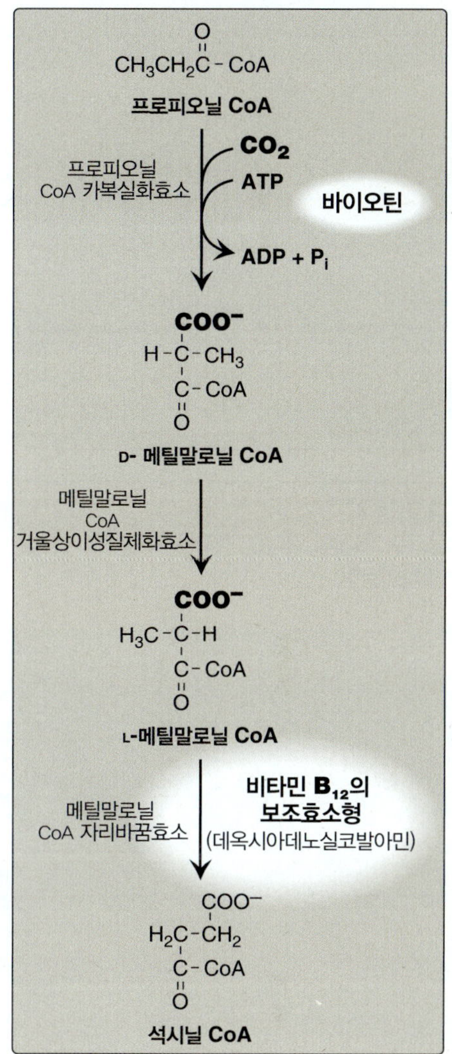

그림 16.20
프로피오닐 CoA의 대사. ADP = 이인산아데노신; (HCO_3^-) = 탄산수소염; P_i = 무기인산염.

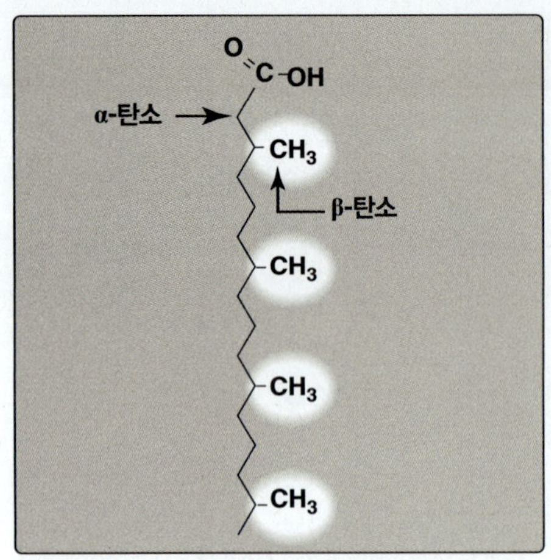

그림 16.21
탄소수 16개의 길이를 가지는 가지사슬 지방산인 파이탄산.

사립체 β-산화와 다르게 과산화소체에서는 FAD 함유 아실 CoA 산화효소에 의해 첫 번째 탈수소가 진행된다. 생성된 $FADH_2$는 분자 산소에 의해 산화되고, 산소는 H_2O_2로 환원된다. 따라서 이 단계에서 생성되는 ATP는 없다. H_2O_2는 과산화수소분해효소(catalase)에 의해 H_2O로 환원된다(13장 참조). [참고: 바탕질 단백질을 그것의 표적 장소인 과산화소체로 보내는 능력에 유전적인 결함이 있거나(과산화소체의 생물발생 질환인 젤웨거 증후군의 원인), 과산화소체 막을 통해 VLCFA를 수송하는 능력에 유전적인 결함이 있으면 (X-연관 부신백색질장애의 원인) 혈액과 조직에 VLCFA가 축적한다.]

C. 과산화소체(peroxisomal)의 α-산화

엽록소 대사의 생성물인 가지사슬 파이탄산(phytanic acid)은 β-탄소의 메틸기 때문에 아실 CoA 탈수소효소의 기질이 될 수 없다(그림 16.21). 그 대신 파이탄산은 파이타노일 α-수산화효소(PhyH)에 의해 α-탄소가 하이드록실화된다. 1번 탄소는 CO_2로 유리되고, 생성물인 15-탄소 프리스탄산은 CoA 유도체로 활성화되어 β-산화 경로로 들어간다. 레프숨병(Refsum disease)은 희귀한 보통염색체 열성질환으로 과산화소체 PhyH의 결핍으로 발생하며, 결과적으로 혈장과 조직에 파이탄산이 축적된다. 증상은 주로 신경학적 증상이며, 치료는 질병의 진행을 막기 위해 식사제한을 하는 것이다. [참고: 메틸 말단에서 일어나는 ω-산화도 또한 가능하여 다이카복실산을 생성한다. 정상적으로 부수적인 SER 경로지만 지방산 β-산화를 제한하는 MCAD 결핍증 같은 질환에서는 상향조절을 보여준다.]

V. 케톤체: 세포에 필요한 대체 연료

간 사립체는 지방산 산화에서 나오는 아세틸 CoA를 케톤체(ketone body)로 전환시키는 능력을 갖고 있다. 케톤체로 분류되는 화합물은 아세토아세트산, 3-하이드록시뷰티르산(과거에 β-하이드록시뷰티르산으로 부름), 아세톤(대사가 불가능한 부산물) 등이다(그림 16.22). [참고: 2개의 기능성 케톤체는 실제로 유기산이다.] 아세토아세트산과 3-하이드록시뷰티르산은 혈액을 통해 말초조직으로 수송되어 아세틸 CoA로 다시 전환된 후 TCA 회로에서 산화될 수 있다. 케톤체는 몇 가지 이유로 말초 조직에서 중요한 에너지원이다. (1) 수용성이므로 다른 지질처럼 지단백질에 혼입되거나 알부민에 결합하여 운반될 필요가 없다. (2) 아세틸 CoA의 양이 간의 산화 능력을 초과하는 양으로 존재하는 동안 간에서 생성된다. (3) 뼈대근육, 심장근육, 창자점막, 콩팥 겉질 등과 같은 간을 제외한 조직에서 혈액 농도에 비례하여 사용된다. 심지어 혈액의 케톤체 농도가 충분히 높을 경우에는 뇌도 에너지의 요구를 충족시키기 위하여 케톤체를 사용하여 포도당을 절약할 수 있다. 이것은 공복상태가 아주 길어질 때 특히 중요하다(24장 참조). [참고: 지방산 산화에서 발생하는 질환은 저케톤증(아세틸 CoA 이용도의 감소가 원인)과 저혈당(에너지에 대한 포도당 의존도의 증가가 원인)이라는 일반적인 소견을 보여준다.]

A. 간의 케톤체 합성: 케톤생성(ketogenesis)

공복상태에서 간은 지방조직에서 동원된 지방산으로 넘친다. 그 결과 지방산 분해에 의해 주로 생성된 간의 아세틸 CoA가 증가하여 파이루브산 탈수소효소를 억제하고 파이루브산 카복실화효소(PC)를 활성화한다. 이렇게 생성된 OAA는 간에서 TCA 회로보다 포도당신생성에 사용된다. 더군다나 지방산 산화는 NAD^+/NADH비를 감소시켜 증가된 NADH가 OAA를 사과산으로 전환시킨다(130쪽 참조). 이것은 아세틸 CoA가 OAA와 축합하는 것을 줄이고, 강제로 케톤생성으로 들어가도록 한다. [참고: 케톤생성에 필요한 아세틸 CoA는 또한 케톤생성 아미노산의 분해대사에 의해서도 생성된다.]

1. **3-하이드록시-3-메틸글루타릴 CoA(HMG CoA)의 합성:** 첫 번째 합성 단계는 아세토아세틸 CoA 생성으로서 지방산 산화의 싸이올효소 반응의 역반응에 의해 일어난다(그림 16.17 참조). 사립체 HMG CoA 합성효소는 3번째 아세틸 CoA 분자와 합쳐져서 HMG CoA를 생성한다. HMG CoA 합성효소는 케톤체 합성에서 속도제한 단계이며, 오직 간에만 충분한 양이 존재한다. [참고: HMG CoA는 또한 콜레스테롤 합성의 중간대사물이기도 하다. 이 경로들은 세포속 위치와 상태에 따라 두 경로로 구별된다.]

2. **케톤체의 합성:** 그림 16.22에서 보여주는 것처럼 HMG CoA 분해효소에 의해 절단된 HMG CoA는 아세토아세트산과 아세틸 CoA를 생성한다. 아세토아세트산은 전자 주개로서 NADH를 사용하여 3-하이드록시뷰티르산으로 환원될 수 있다. [참고: 케톤체는 CoA와 연관성이 없으므로 사립체 내막을 통과할 수 있다.] 또한 이것은 혈액에서 자발적으로 탈카복실화되어 아세톤이 되는데, 이것은 휘발성이 있으며, 생물학적으로 대사되지 않는 화합물이고, 호흡으로 배출될 수 있다. 아세토아세트산과 3-하이드록시뷰티르산 사이의 평형은 NAD^+/NADH 비에 의해 결정된다. 지방산 산화 중에는 이 비가 낮으므로 3-하이드록시뷰티르산 합성이 촉진된다.

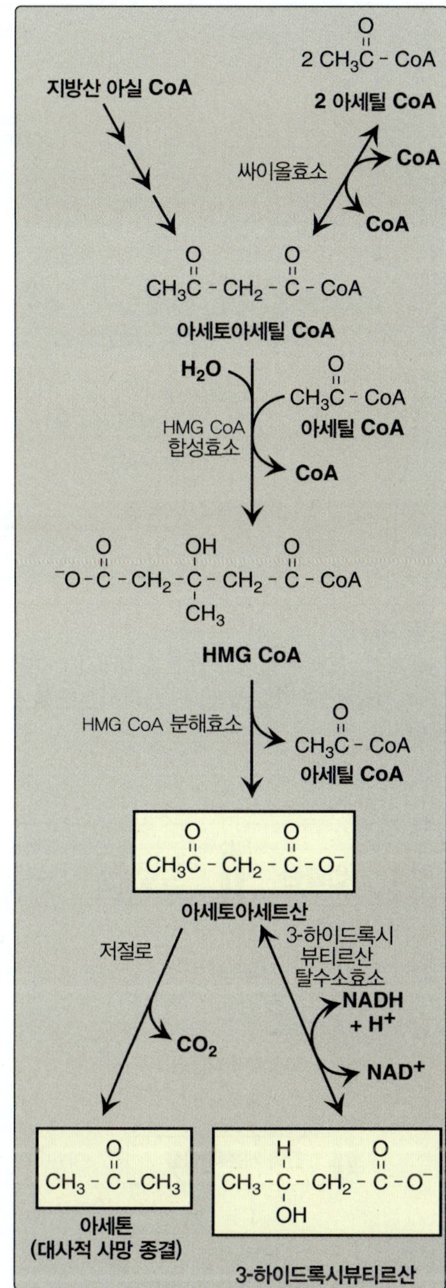

그림 16.22
케톤체의 합성. [참고: 케톤생성에서 방출되는 CoA에 의해 지방산 산화가 지속된다.] CoA = 보조효소 A; HMG = 하이드록시메틸글루타르산; NAD(H) = 니코틴아마이드 아데닌 다이뉴클레오타이드; CO_2 = 이산화탄소.

B. 말초 조직의 케톤체 사용: 케톤분해(ketolysis)

간이 일정하게 합성하는 케톤체의 양이 적더라도 공복상태에서 말초 조직에 에너지를 공급해야 할 상황이 되면 이 생산량은 훨씬 더 중요하게 된다. 3-하이드록시뷰티르산은 3-하이드록시뷰티르산 탈수소효소에 의해 아세토아세트산으로 산화되면서 NADH를 생성한다(그림 16.23). 아세토아세트산은 석시닐 CoA:아세토아세트산 CoA 전달효소(싸이올이동효소, thiophorase)에 의해 석시닐 CoA에서 제공된 CoA와 합쳐진다. 이 반응은 가역적이지만 생성물인 아세토아세틸 CoA가 2개의 아세틸 CoA로 전환되어 활발하게 제거된다. 이것에 의해 반응은 앞으로 진행하게 된다. 적혈구와 같이 사립체가 없는 세포를 제외한 뇌와 같은 간외의 조직은 이러한 방식으로 아세토아세트산과 3-하이드록시뷰티르산을 효율적으로 산화시킨다. 이에 비하면 간은 활발하게 케톤체를 생성하더라도 싸이올이동효소가 없으므로 케톤체를 연료로 사용할 수 없다.

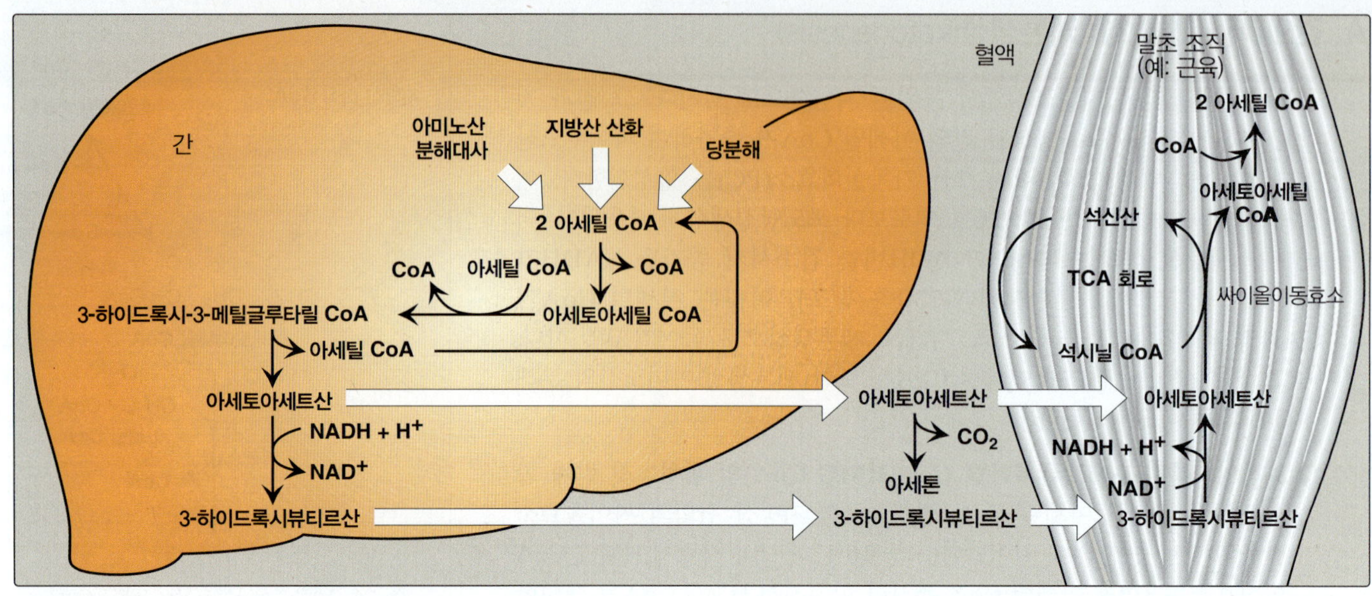

그림 16.23
간에서의 케톤체 합성과 말초 조직에서의 이용. 간과 적혈구는 케톤체를 이용할 수 없다. [참고: 싸이올이동효소는 석시닐 CoA:아세토아세트산 CoA 전달효소라고도 부른다.] CoA = 보조효소 A; NAD(H) = 니코틴아마이드 아데닌 다이뉴클레오타이드; TCA = 트라이카복실산; CO_2 = 이산화탄소.

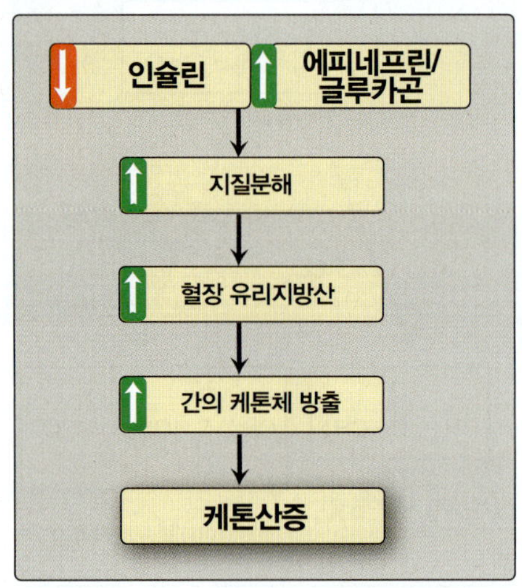

그림 16.24
1형 당뇨병에서 볼 수 있는 당뇨병 케톤산증(DKA)의 기전.

C. 당뇨병에서 케톤체의 과다생성

케톤체의 생성속도가 소비속도보다 빠를 때 혈액의 케톤체 농도가 올라가고(케톤혈증), 결국은 소변으로 배설된다(케톤뇨증). 이것은 제어되지 않은 1형 당뇨병(T1D)에서 가장 흔하게 볼 수 있다. 심한 케톤증을 동반한 당뇨병 환자에서 케톤체의 소변 배설량은 5,000 mg/24 hr 정도로 많고, 혈중 농도가 90 mg/dl에 이를 수도 있다. (정상인의 혈중 농도는 3 mg/dl 이하이다.) 혈중에 케톤체의 농도가 증가하면 산혈증을 초래한다. [참고: 케톤체의 카복실기의 pK_a 값은 4 정도이므로 케톤체가 혈액을 순환할 때에는 H^+를 떨어뜨려 pH를 낮춘다. 또한 제어되지 않는 1형 당뇨병에서 소변으로 포도당과 케톤체가 소실되어 결국 탈수현상이 온다. 따라서 H^+의 수가 증가하고 혈장량이 감소한 채로 순환이 계속되면 심한 산증(케톤산증)이 발생할 수 있다(그림 16.24).] 이러한 증상을 당뇨병 케톤산증(DKA)이라고 하며, 흔한 증상은 아세톤 생성의 증가로 인해 숨쉴 때 과일냄새가 나는 것이다. 케톤산증은 또한 지속되는 공복상태나 과도한 에탄올 섭취에서도 발생할 수 있다.

VI. 요약

- 일반적으로 말단 카복실기를 가진 선형의 탄화수소 사슬인 **지방산**은 **포화** 또는 **불포화 상태**이다.
- **리놀레산**과 **α-리놀렌산**은 필수 지방산으로서 음식에서 섭취해야만 한다.
- 지방산은 과잉의 탄수화물과 단백질을 식사한 후에 **간 세포질액**에서 합성된다.
- 지방산 합성에 필요한 탄소는 **아세틸 CoA**에서, 에너지는 **ATP**에서, 환원당량은 **NADPH**(**인산오탄당 경로**와 **사과산효소**에서 생성)에서 제공된다(그림 16.25).
- **시트르산**은 사립체 바탕질에서 세포질액으로 이탄소 아세틸 단위를 운반한다.
- 지방산 합성의 조절단계는 아세틸 CoA를 **말로닐 CoA**로 카복실화하는 단계이며, 이는 **바이오틴**과 **ATP** 필요 **ACC**에 의해 촉진된다.
- **시트르산**은 ACC의 다른자리조절 활성자이고, **팔미토일 CoA**는 이 과정을 억제한다. 또한 **ACC**는 **인슐린**이 존재할 때 활성화되고, **에피네프린**이나 **글루카곤** 또는 **AMP**의 증가에 반응하는 **AMPK**에 의해 불활성화된다.
- 지방산 합성의 나머지 단계는 다기능 효소인 **지방산 생성효소(FAS)**에 의해 촉진되며, 이 효소는 말로닐 CoA로부터 일련의 아실기 받개에 이탄소 단위를 첨가함으로써 **팔미토일 CoA**를 생성한다.
- 지방산은 **SER**에서 길이가 **연장**되거나 **불포화**될 수 있다.
- 몸의 에너지 요구에 따라 지방산이 필요할 때에는 **지방세포**의 호르몬 민감 지질분해효소(**에피네프린**과 글루카곤에 의해 **활성화**되고 **인슐린**에 의해 **억제**됨)가 저장된 트라이아실글리세롤을 분해하기 시작한다.
- 지방산은 **혈청 알부민**에 의해 간과 말초 조직으로 운반된 후 산화되어 에너지를 공급한다. 트라이아실글리세롤이 분해될 때 유리되는 **글리세롤** 뼈대는 혈류를 통해 **간**으로 운반되어 **포도당신생성**의 중요한 전구체가 된다.
- 지방산 분해(**β-산화**)는 **사립체**에서 일어난다.
- LCFA를 세포질액에서 사립체 바탕질로 수송하려면 **카니틴 왕복**이 필요하다. CPT I은 **말로닐 CoA**에 의해 억제된다. 이것은 세포질액에서 말로닐 CoA로부터 합성된 지방산이 사립체로 수송되어 분해되는 것을 막아준다.
- 지방산의 사립체내 산화과정은 **아세틸 CoA, NADH, $FADH_2$** 등을 생성한다.
- β-산화의 첫 단계는 각각의 사슬길이 지방산에 특이성 있는 4 종류의 아실 CoA 탈수소효소 중의 하나에 의해 촉진된다.
- **MCAD 결핍**은 지방산 산화를 감소시켜 (일단 MCFA 생성 과정이 중단됨) **저케톤혈증**과 심한 **저혈당**을 초래한다.
- **홀수**의 탄소를 가진 지방산의 산화과정은 마지막에 삼탄소 **프로피오닐 CoA**가 남을 때까지 진행하면서 이탄소 아세틸 CoA를 만들어낸다. 프로피오닐 CoA는 **바이오틴** 필요 반응에 의해 **메틸말로닐 CoA**로 전환된 후, **비타민 B_{12} 필요 메틸말로닐 CoA 자리바꿈효소(mutase)**에 의해 석시닐 CoA로 전환된다.
- 이 변위효소의 유전적 이상이나 비타민 B_{12} 결핍에 의해 **메틸말론산혈증**과 **메틸말론산뇨증**이 발생한다. **불포화**지방산의 지방산 분해에는 추가적인 효소가 필요하다.
- **VLCFA**의 β-산화와 **가지사슬** 지방산의 α-산화는 **과산화소체**에서 일어나고,
- 이러한 과정의 결핍은 **X-연관 부신백색질형성장애증**, **레프숨병**을 일으킨다.
- **ω-산화**는 주된 경로는 아니지만 SER에서 일어난다.
- 간 사립체는 지방산 산화에 의해 제공되는 아세틸 CoA를 **아세토아세트산**이나 **3-하이드록시뷰티르산**과 같은 **케톤체**로 전환시킨다.
- 사립체가 있는 말초 조직은 3-하이드록시뷰티르산을 아세토아세트산으로 산화시킬 수 있고, 아세토아세트산은 아세틸 CoA로 다시 전환된 후 세포의 에너지 생성에 사용된다.
- 지방산과 다르게 케톤체는 **뇌**에서도 사용되기 때문에 공복상태에서는 중요한 연료가 된다.
- 간은 케톤체를 분해할 능력이 없으므로 특별히 말초 조직에 공급할 목적으로 케톤체를 합성한다.
- **케톤산증**은 케톤체의 생산 속도가 소비 속도보다 더 빠를 때 발생하며, 제어되지 않은 **1형 당뇨병**의 경우에 나타난다.

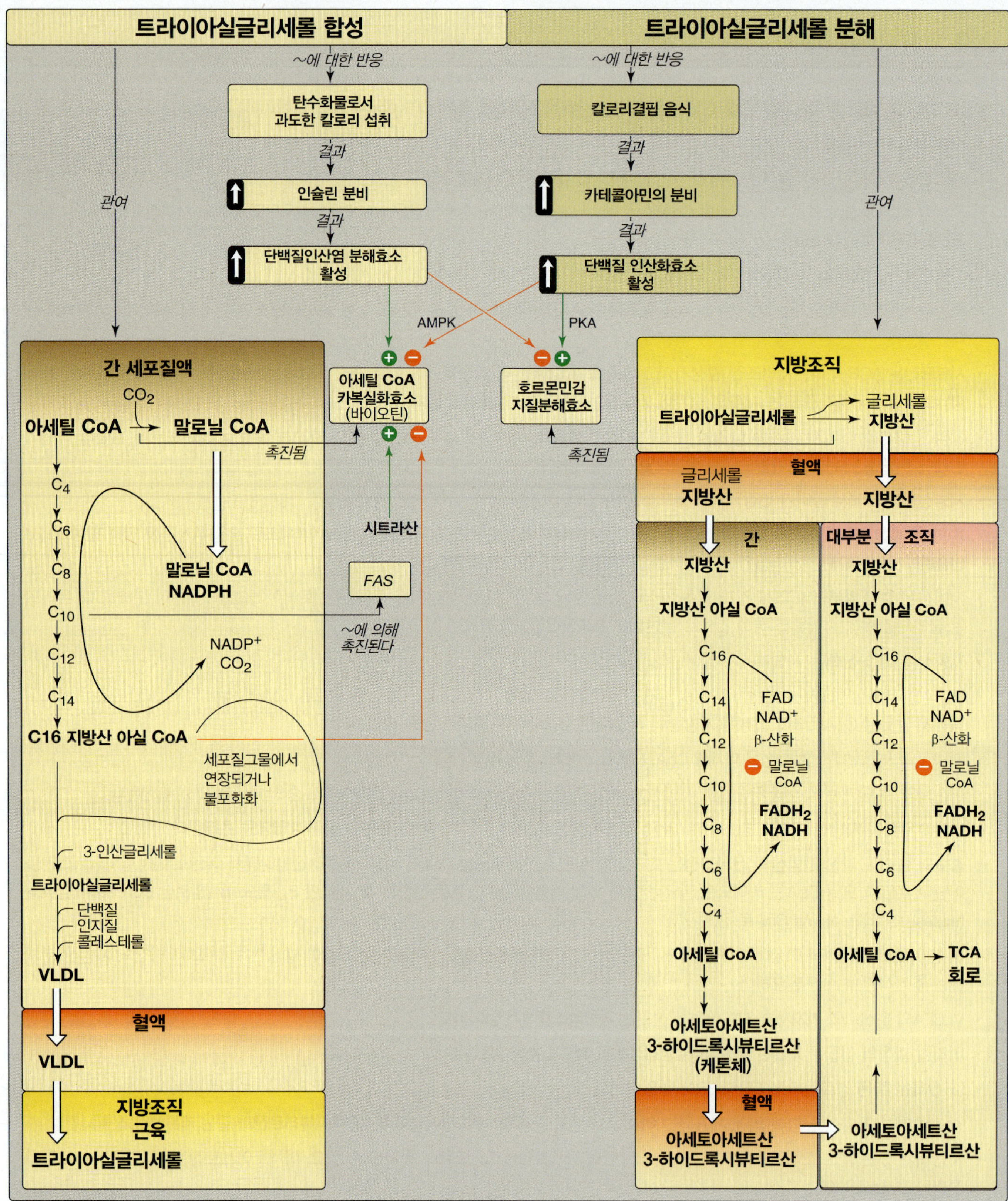

그림 16.25

지방산과 트라이아실글리세롤 대사의 핵심 개념도. AMPK = 일인산아데노신 활성화 단백질 인산화효소; PKA = 단백질 인산화효소 A; CoA = 보조효소 A; NADP(H) = 니코틴아마이드 아데닌 다이뉴클레오타이드 인산염; FAD(H_2) = 플라빈 아데닌 다이뉴클레오타이드; FAS = 지방산 생성효소; CO_2 = 이산화탄소; NAD(H) = 니코틴아마이드 아데닌 다이뉴클레오타이드; TCA = 트라이카복실산; VLDL = 초저밀도지단백질.

연습문제

가장 올바른 답을 하나만 고르시오.

16.1 올레산 18:1(9)이 6번째 탄소에서 불포화화된 후 연장된 다면 그 생성물은?

A. 19:2(7, 9)
B. 20:2 (ω-6)
C. 20:2(6, 9)
D. 20:2(8, 11)

정답 = D. 지방산은 세포질그물에서 이 분자의 카복실 말단(1번 탄소)에서 탄소 2개씩 연장된다. 이것 때문에 6번과 9번 탄소의 이중결합이 1번 탄소로부터 더 멀어진다. 20:2(8, 11)은 n-9(ω-9) 지방산이다.

16.2 4개월 된 아기가 공복 저혈당 검사를 받았다. 내원시 실시된 검사 결과는 케톤체, 유리 카니틴, 긴길이의 아실카니틴 모두 낮은 농도를 보여주었다. 혈액 유리 지방산 농도는 증가된 상태였다. 다음 중 어느 효소의 결핍이 이 결과를 가장 잘 설명하겠는가?

A. 지방조직 트라이아실글리세롤 지질분해효소
B. 카니틴 수송체
C. 카니틴 팔미토일기전달효소 I
D. 긴 사슬 유리 지방산 탈수소효소

정답 = B. 카니틴 수송체의 결함(일차 카니틴 결핍)은 (소변으로 방출이 증가하여) 혈액과 조직에서 낮은 카니틴 농도를 초래한다. 간에서 지방산 산화와 케톤체 합성이 감소된다. 결과적으로 혈액 유리 지방산 농도가 증가한다. 지방조직 트라이아실글리세롤 지질분해효소의 결핍은 유리 지방산의 이용도를 감소시킬 것이다. 카니틴 팔미토일기전달효소 I 결핍은 혈액 카니틴의 상승을 초래한다. β-산화효소 중 어느 한 가지의 결함은 이차 카니틴 결핍을 초래하며, 아실카니틴이 증가한다.

16.3 몸무게를 걱정하는 한 청소년이 몇 주에 걸쳐 무지방식을 유지하려고 노력했다. 다양한 지질을 합성하는 능력을 검사한다면 합성 능력이 가장 결핍된 것으로 발견될 것은?

A. 콜레스테롤
B. 당지질
C. 인지질
D. 프로스타글랜딘
E. 트라이아실글리세롤

정답 = D. 프로스타글랜딘은 아라키돈산으로부터 합성된다. 아라키돈산은 리놀레산으로부터 합성되며, 인간에게 필수 지방산이며, 음식 지방으로부터 얻는다. 이 청소년은 모든 물질을 합성할 수 있지만, 그 양은 감소된 상태이다.

16.4 6개월 된 남자아기가 발작으로 입원하였다. 입원 전 며칠 동안 배탈(stomach virus)을 앓아 식욕이 떨어졌다는 병력이 있었다. 입원시 혈당은 24 mg/dl(나이교정 정상치는 60~100)이었다. 소변 소견에 케톤체는 음성이었지만 여러 종류의 다이카복실산이 양성으로 나왔다. 혈액 카니틴 농도는 정상이었다. 잠정진단은 MCAD 결핍증으로 내려졌다. 이 병에 걸린 환자의 공복 저혈당의 원인은?

A. 아세틸 CoA 생성의 감소
B. 아세틸 CoA를 포도당으로 전환하는 능력의 감소
C. 아세틸 CoA의 아세토아세트산으로의 전환의 증가
D. ATP와 NADH 생성의 증가

정답 = A. 12 탄소보다 짧은 지방산의 산화에 장애가 있는 경우, 파이루브산 카복실화효소의 다른자리 활성자인 아세틸 CoA, 포도당신생성 효소, 포도당 농도가 감소한다. 아세틸 CoA는 포도당 합성에 사용될 수 없다. 아세토아세트산은 케톤체이며, 중간길이 사슬 지방산 아실 CoA 탈수소효소(MCAD) 결핍에서 케톤체 합성은 그 기질인 아세틸 CoA 생산의 감소에 따라 같이 감소된다. 지방산 산화의 장애는 ATP와 니코틴아마이드 아데닌 다이뉴클레오타이드 생산의 감소를 의미하며, 이들은 모두 포도당신생성에 필요하다.

16.5 태어난 지 6주 된 여아가 근긴장장애, 성장저하로 인하여 응급실에 왔다. 진찰 결과 얼굴형태이상과 간비대가 관찰되었다. 혈액검사상에서는 매우 긴 길이의 지방산 및 파이탄산(phytanic acid) 증가가 관찰되었다. 다음 중 진단은 무엇인가?

A. X-연관 부신백질이영양증
B. 레프숨병
C. 젤웨거 증후군
D. 아주긴길이의 지방산 결핍

정답 = C. 젤웨거 증후군은 바탕질 단백질이 과산화소체를 표적화하여 이동하는 능력의 소실로 발생한다. 따라서 과산화소체의 기능이 형성되지 않기 때문에 모든 과산화소체 활성이 영향을 받는다. 결과적으로 혈액검사에서 VLCA와 파이탄산이 증가된다. 레프숨병은 과산화소체 PhyH의 결핍으로 발생한다. X-연관 부신백질이영양증(X-ALD)에서는 아주긴 사슬 지방산(VLCFA)를 과산화소체로 수송하는 능력을 소실하지만 α-산화와 같은 다른 과산화소체 기능은 정상이다.

인지질, 당스핑고지질, 아이코사노이드의 대사

17

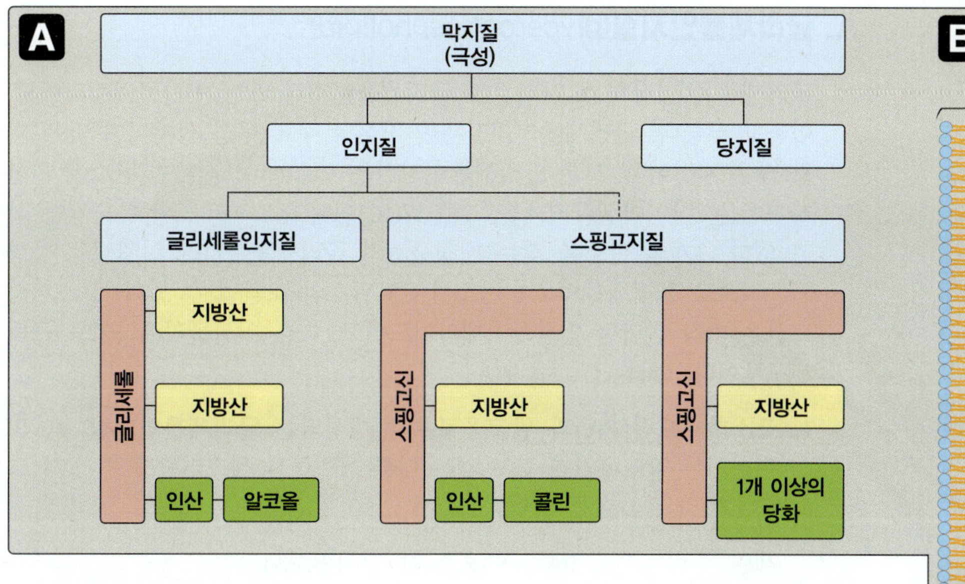

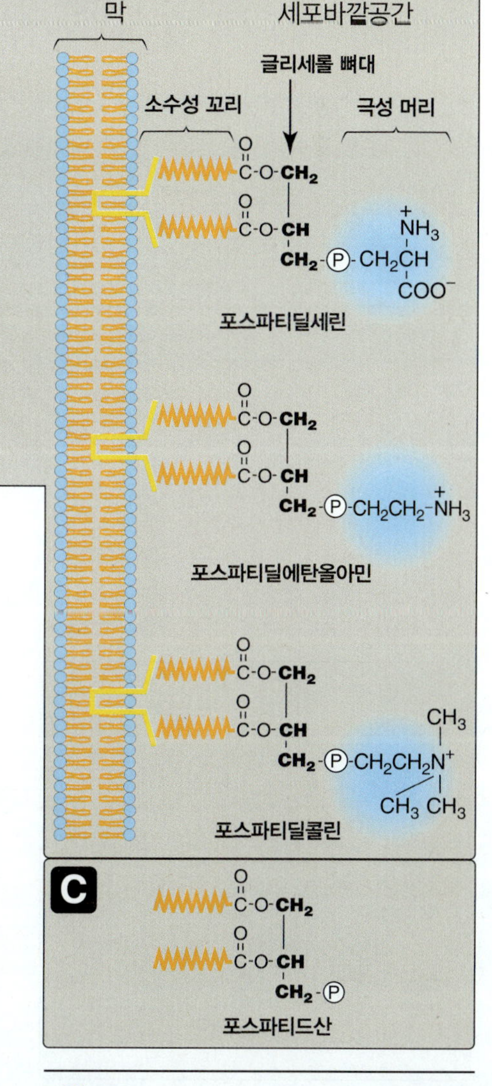

그림 17.1

A: 극성 막 지질들. B: 몇 가지 글리세롤인지질의 구조. C: 포스파티드산. Ⓟ = 인산염(음이온).

I. 인지질의 개관

막지질은 인지질, 스핑고지질, 당지질, 콜레스테롤 4개의 주요 형태로 이루어져 있다. 이번 장에서는 오직 극성 막지질에 대해서 논의할 것이다(그림 17.1A). 인지질(phospholipid)은 다이아실글리세롤(DAG)이나 스핑고신(sphingosine)에 인산다이에스터 결합을 통해 부착한 알코올로 구성된 극성의 이온 화합물이다. 지방산처럼 인지질은 자연계에서 친양쪽성이다(amphipathic). 즉 각각의 인지질은 친수 머리(hydrophilic head, 인산기와 인산기에 부착한 알코올로 구성, 알코올의 예는 그림 17.1B에 파란색으로 강조한 세린, 에탄올아민, 콜린)와 긴 소수 꼬리(hydrophobic tail, 그림 17.1B에 오렌지색으로 나타낸 지방산이나 지방산 유래 탄화수소로 구성)를 가지고 있다. 인지질은 세포막에 가장 많이 존재하는 지질이다. 막에서 인지질 분자의 소수 부위는 당지질, 단백질, 콜레스테롤 등과 같은 다른 세포막 성분의 비극성 부위와 회합하고 있다. 인지질의 친수(극성) 머리는 바깥쪽을 향해 뻗쳐 있고, 세포막 안팎의 수용성 환경과 상호작용을 한다(그림 17.1B 참조). 막 인지질은 또한 세포속 전령의 저장체로 작용하고 인지질은 세포막에서 일부 단백질에 대한 고정체로 작용한다. 막과 결합하지 않는 인지질은 몸에서 추가적인 작용을 하는데, 예를 들면 허파에서 표면활성제(surfactant)의 성분으로 작용하고 간에서 쓸개즙(bile)의 필수 성분이므로 인지질의 계면활성제 성질은 콜레스테롤의 용해성에 도움을 준다.

II. 인지질의 구조

인지질은 두 종류, 즉 뼈대가 글리세롤(포도당에서 만들어짐)인 것과 스핑고신(세린과 팔미트산에서 만들어짐)인 것으로 분류된다. 이 인지질은 둘 다 막의 구조 성분으로서 발견되고 지질 신호분자를 생성하는 역할을 한다.

A. 글리세롤인지질(glycerophospholipid)

글리세롤을 함유하는 인지질은 글리세롤인지질(또는 인산글리세라이드)이라고 부른다. 글리세롤인지질은 인지질의 주요 구성 성분이며 막에 가장 많은 지질이다. 모든 글리세롤인지질은 포스파티드산(3번 탄소에 인산기가 있는 다이아실글리세롤, 그림 17.1C)이나 포스파티드산 유도체를 갖고 있다. 3개의 탄소를 갖는 대칭구조의 글리세롤이지만 인지질은 방향의존적으로 글리세롤의 C1 탄소가 C3 탄소와 교환될 수 없다. 포스파티드산은 가장 간단한 인산글리세라이드이고, 다른 인산글리세라이드 군의 전구체이다.

1. **포스파티드산(PA)과 알코올로부터 생성되는 글리세롤인지질:** PA의 인산기는 알코올기를 갖고 있는 다른 화합물과 에스터화될 수 있다(그림 17.1 참조). 예를 들면;

세린	+	PA	→	포스파티딜세린(PS)
에탄올아민	+	PA	→	포스파티딜에탄올아민(PE)
콜린	+	PA	→	포스파티딜콜린(PC) (레시틴)
이노시톨	+	PA	→	포스파티딜이노시톨(PI)
글리세롤	+	PA	→	포스파티딜글리세롤(PG)

2. **카디오리핀(cardiolipin):** 2분자의 PA가 인산기를 통해 1분자의 글리세롤과 에스터 결합을 한 화합물을 카디오리핀(다이포스파티딜글리세롤, 그림 17.2)이라 부른다. 카디오리핀은 원핵생물과 진핵생물에서 발견된다. 진핵생물에서 이것은 사립체 내막에만 존재하며, 이곳에 있는 전자수송사슬의 어떤 호흡 복합체를 유지시키는 기능이 있는 것 같다. [참고: 카디오리핀은 항원성을 가지며, 매독(syphilis)을 일으키는 매독균에 대한 항체에 의해 인식된다. 바세르만 검사(Wasserman test)는 매독균에 감염된 환자의 혈청에서 카디오리핀을 인지하는 항체를 측정하는 것이다. 카디오리핀을 항원으로 인지하는 과정은 잘 이해되지 않으며, 매독균 또는 조직 파괴에 의한 카디오리핀 방출로 일어날 것으로 추정된다.]

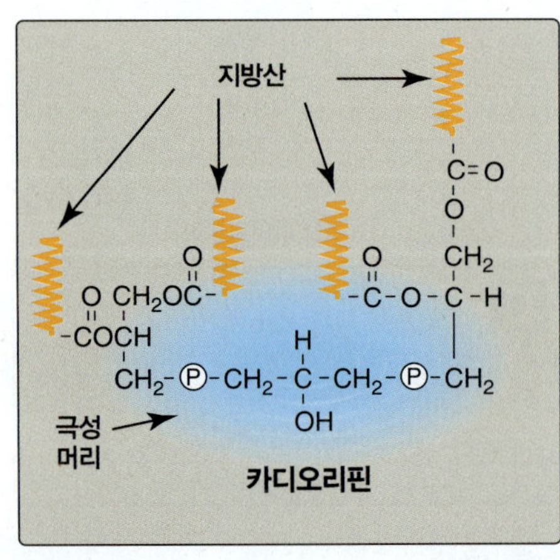

그림 17.2
카디오리핀(diphosphatidylglycerol)의 구조. Ⓟ = 인산염.

3. **플라스마로젠(plasmalogen):** 플라스마로젠은 글리세롤인지질의 1번

탄소에 있는 지방산이 불포화 알킬기로 대체된 것이다. 이 알킬기는 글리세롤 분자의 1번 탄소에 에스터 결합이 아닌 에터 연결(ether linkage)로 부착한다. 예를 들면 포스파티딜에탄올아민(phosphatidylethanolamine, 신경조직에 풍부함, 그림 17.3A)은 포스파티딜에탄올아민과 구조적으로 유사한 플라스마로젠이다. 포스파티딜콜린(phosphatidylcholine, 심장근육에 풍부함)은 포유동물에 상당량 존재하는 또 다른 에터 지질(ether lipid)이다. [참고: 플라스마노젠의 이름에는 "yl"보다 "al"을 더 많이 사용한다.]

4. **혈소판활성화인자(platelet-activating factor, PAF):** 에터 글리세롤 인지질의 두 번째 예가 되는 PAF는 글리세롤 뼈대의 1번 탄소에 포화 알킬기가 에터결합으로 부착하고 2번 탄소에 아세틸 잔기가 부착하고 있는 흔치 않은 에터 글리세롤인지질이다(그림 17.3B). PAF는 여러 세포에서 만들어지고 분비된다. PAF는 표면 수용체와 결합하여 강력한 혈전성 급성 염증을 촉발한다. 예를 들면 PAF는 염증 세포를 활성화히고, 과민성, 급성염증, 초과민반응 등을 매개한다. PAF는 혈소판을 응집시켜 과립을 감소시키고, 호중구와 허파꽈리 큰포식세포가 초과산화물 라디칼을 발생하도록 만든다(균을 죽이는 초과산화물의 작용에 대한 논의는 13장 참조). PAF는 또한 혈압을 낮춘다. [참고: PAF는 알려진 생물활성 분자 중에서 가장 강력한 것으로서 10^{-11} mol/l 정도의 낮은 농도에서도 효과를 나타낸다.]

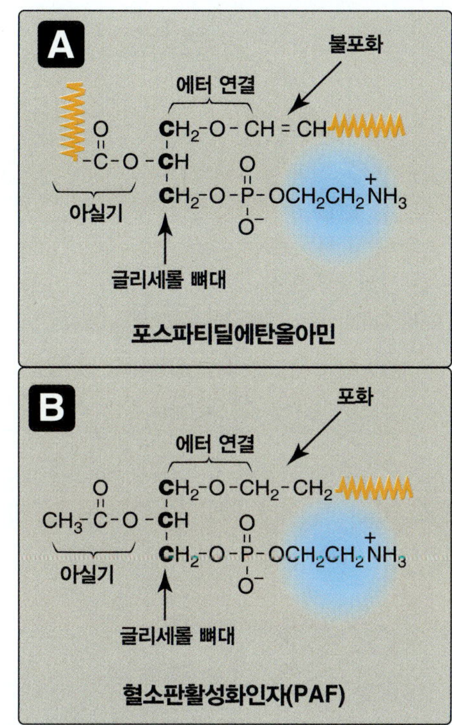

그림 17.3
에터 글리세롤인지질. A: 플라스마로젠 포스파티딜에탄올아민. B: 혈소판활성화인자.
(WWWW 긴 소수성 탄화수소 사슬.)

B. 스핑고인지질: 스핑고마이엘린(sphingomyelin)

스핑고마이엘린의 뼈대는 글리세롤이 아닌 아미노알코올 스핑고신이다(그림 17.4). 긴 사슬 지방산이 아마이드결합을 통해 스핑고신의 아미노기에 부착하여 당지질의 전구체로 사용되는 세라마이드를 생성한다. 스핑고신의 1번 탄소에 있는 알코올기는 포스포릴콜린과 에스터결합을 하여 사람에게 유일하게 중요한 스핑고마이엘린을 생성한다. 스핑고마이엘린은 신경심유의 밀이집을 구성하는 중요한 물질이다. [참고: 층을 이루는 막 구조로 되어 있는 말이집은 중추신경계의 신경섬유를 절연상태로 만들어 보호한다. 또한 축삭을 따라 신경의 빠른 전도를 가능하게 한다.]

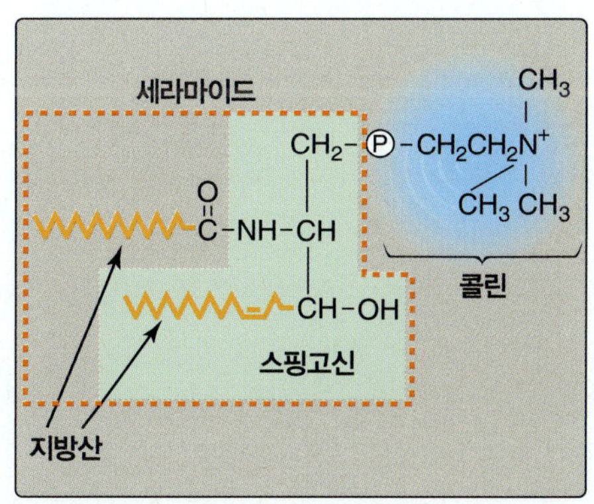

그림 17.4
스핑고신(*녹색 상자* 안)과 세라마이드 성분(*점선 상자* 안)을 보여주고 있는 스핑고마이엘린의 구조. Ⓟ = 인산염.

III. 인지질의 합성

글리세롤인지질의 합성은 CDP-DAG의 포스파티드산을 알코올에 주거나 CDP-알코올에서 알코올의 인산모노에스터를 DAG에 주는 것을 포함한다(그림 17.5). 두 경우 모두 CDP와 결합한 구조는 활성형 중간대사물로 간주되고, CMP는 글리세롤인지질의 합성 과정에서 부산물로서 유리된다. 그러므로 인지질 합성의 핵심 개념은 DAG나 첨가된 알코올이 CDP와 결합함으로써 활성화되는 것이다. [참고: 이것은 당이 UDP에 부착함으로써 활성화되는 것과 비슷하다(11장 참조).] 글리세롤의 알코올기와 에스터 결합을 하는 지방산의 종류는 매우 다양하기 때문에 이 화합물 군은 이질성을 갖게 되며, 보통 글리세롤의 1번 탄소에 포화지방산이 그리고 2번 탄소에 불포화지방산이 결합한

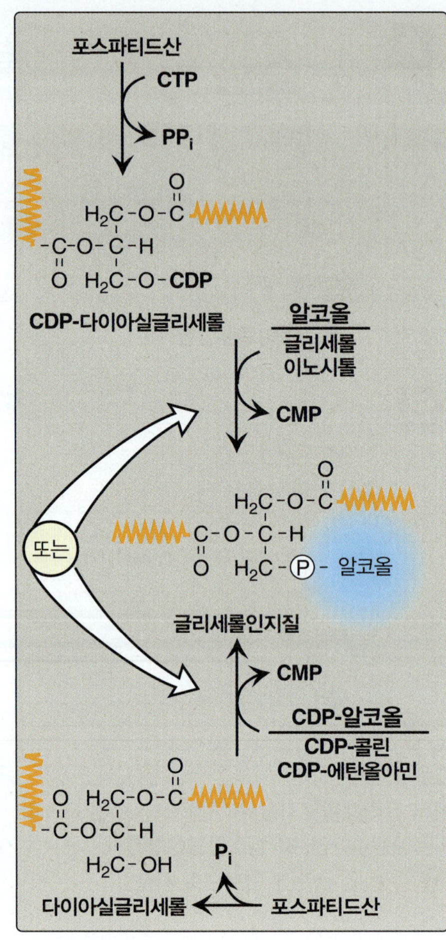

그림 17.5
글리세롤인지질 합성에는 다이아실글리세롤이나 알코올이 CDP와 결합하여 활성화되어야 한다. CMP = 일인산사이티딘; CTP = 삼인산사이티딘; P_i = 인산염; PP_i = 파이로인산염. (지방산 탄화수소 사슬.)

다. 대부분의 인지질은 매끈면 세포질그물(SER)에서 합성된다. SER에서 골지기구로 수송된 인지질은 소기관의 막이나 세포막으로 수송되거나 세포외배출을 통해 분비된다. [참고: 에터 지질의 합성은 과산화소체에서 일어난다.]

A. 포스파티드산(PA)의 합성

PA는 많은 인산글리세라이드의 전구체이다. 그림 16.14는 포스파티드산이 3-인산글리세롤과 2개의 지방산 아실 CoA 분자로부터 합성되는 단계를 도시하고 있다. 포스파티드산은 TAG의 전구체이기도 하다.

> 성숙 적혈구를 제외한 모든 세포는 본질적으로 인지질을 합성할 수 있는 반면에 TAG 합성은 본질적으로 간, 지방조직, 수유 중인 젖샘, 창자 점막세포 등에서만 일어난다.

B. 포스파티딜콜린(PC)과 포스파티딜에탄올아민(PE)의 합성

중성 인지질 PC와 PE는 대부분의 진핵세포에 가장 많이 존재하는 인지질이다. 그들의 합성에서 일차 과정은 음식이나 체내 인지질의 대사전환(turnover)으로부터 얻은 콜린과 에탄올아민을 사용한다. [참고: 간에서 PC는 또한 PS과 PE로부터 합성될 수 있다(아래 2. 참조).]

1. **기존의 콜린과 에탄올아민으로부터 PE와 PC의 합성:** 이 합성 경로는 인산화효소에 의해 인산화된 콜린이나 에탄올아민이 활성형의 CDP-콜린이나 CDP-에탄올아민으로 전환되는 것을 포함한다. 결국 콜린-인산이나 에탄올-인산은 뉴클레오타이드로부터(CMP를 남기고) 한 분자의 DAG로 전달된다(그림 17.5 참조).

   a. **콜린 재사용의 중요성:** 사람이 콜린을 새로(*de novo*) 합성할 수 있더라도 그 양이 충분하지 않기 때문에 콜린의 재사용은 중요하다. 따라서 콜린은 남자는 550 mg, 여자는 425 mg의 충분섭취량(adequate intake, AI)(416쪽 참조)을 섭취해야 하는 필수 음식영양소이다. [참고: 콜린은 또한 신경전달물질인 아세틸콜린의 합성에도 사용된다.] 비록 콜린 결핍은 드물지만, 근육 손상 및 비알코올성 지방간을 유발한다.

   b. **허파 표면활성제(surfactant)에서 PC의 역할:** 위에서 설명한 경로는 다이팔미토일포스파티딜콜린(DPPC; 다이팔미토일레시틴, DPL)의 주요 합성 경로이다. DPPC에서 글리세롤의 1번과 2번 탄소는 팔미트산이 부착하고 있다. II형 허파세포(type II pneumocyte)에서 만들어 분비하는 DPPC는 허파 표면활성제(허파꽈리 내피바깥의 용액층)의 주요 지질 성분이다. 표면활성제는 이 용액층의 표면장력을 감소시켜 허파꽈리가 다시 부풀 때 필요한 압력을 줄여서 허파꽈리 허탈(무기허파)을 방지한다. [참고: 표면활성제는 지질(90%)과 단백질(10%)로 이루어진 복합 혼합물이다. 그 중에 DPPC는 표면장력을 감소시키는 주요 성분이다.]

> 태아의 허파 성숙도는 양수에서 레시틴/스핑고마이엘린 비율(L/S 비)로 판단할 수 있다. 임신 32주 정도에 허파세포의 스핑고마이엘린 합성이 DPPC 합성 쪽으로 이동하기 때문에 그 값이 2 이상일 때 태아의 성숙도에 대한 증거가 된다.

c. **허파 성숙도:** 조산아에서 발견되는 호흡곤란증후군(RDS)은 불충분한 표면활성제의 생성과 분비에 관련이 있고, 서구에서 전체 신생아 사망의 중요한 원인 중의 하나이다. 허파 성숙은 출산 전에 단기간의 포도당부신피질호르몬 투여가 도움이 될 수 있다. 천연 또는 합성 표면활성제의 투여(기관내 점적주입으로)가 신생아 RDS의 예방과 치료에 사용된다. [참고: 모든 연령에 나타나는 급성호흡곤란증후군(ARDS)은 허파꽈리 손상(원인: 감염, 상처, 흡인)의 결과로 발생하며, 액체가 허파꽈리에 축적되어 산소와 이산화탄소의 교환을 어렵게 한다.]

2. **포스파티딜세린(PS)으로부터 PC의 합성:** 간은 상당한 양의 PC를 쓸개즙이나 혈청 지단백질의 성분으로 유출하기 때문에 유리 콜린의 농도가 낮더라도 간은 PC를 생성할 수 있는 기전을 가져야 한다. 필요한 PC를 제공하기 위해 먼저 PS는 PS 탈카복실화효소[보조인자로 인산피리독살(PLP)을 사용]에 의해 PE로 카복실기가 제거된다. 다음에 PE는 그림 17.6에 도시된 것처럼 3번의 메틸화 단계를 거쳐 PC를 생성한다. S-아데노실메싸이오닌(SAM)은 메틸기 주개이다(20장 참조).

C. 포스파티딜세린(PS)

포유동물 조직에서 PS의 합성의 일차 경로는 PE의 에탄올아민이 유리 세린과 교환되는 염기교환 반응(base exchange reaction)에 의해서 이루어진다(그림 17.6 참조). 비록 가역반응일지라도 이 반응은 주로 막 합성에 필요한 PS를 생성하기 위해 사용된다. PS는 음전하를 띠고 있다. (PS의 혈액응고에 대해서는 35장 참조)

D. 포스파티딜이노시톨(PI)

그림 17.5에 보이는 것처럼 PI는 유리 이노시톨과 CDP-DAG로부터 합성된다. 포스파티딜이노시톨은 글리세롤의 1번 탄소에 스테아르산(stearic acid)을, 2번 탄소에 아라키돈산(arachidonic acid)을 종종 가지고 있는 흔하지 않은 인지질이다. 그러므로 포스파티딜이노시톨은 막에서 아라키돈산의 저장체로서 역할을 하면서 필요할 때 프로스타글랜딘 합성에 기질을 제공한다. PS와 마찬가지로 PI도 음전하를 띠고 있다. [참고: 세포막의 지질 조성은 비대칭적이다. 예를 들어 PI와 PS는 주로 안쪽 소엽에 존재한다. 비대칭을 만드는 효소는 "안쪽뒤집기효소(flippase)"와 "바깥쪽뒤집기효소(floppase)"로 알려져 있다.]

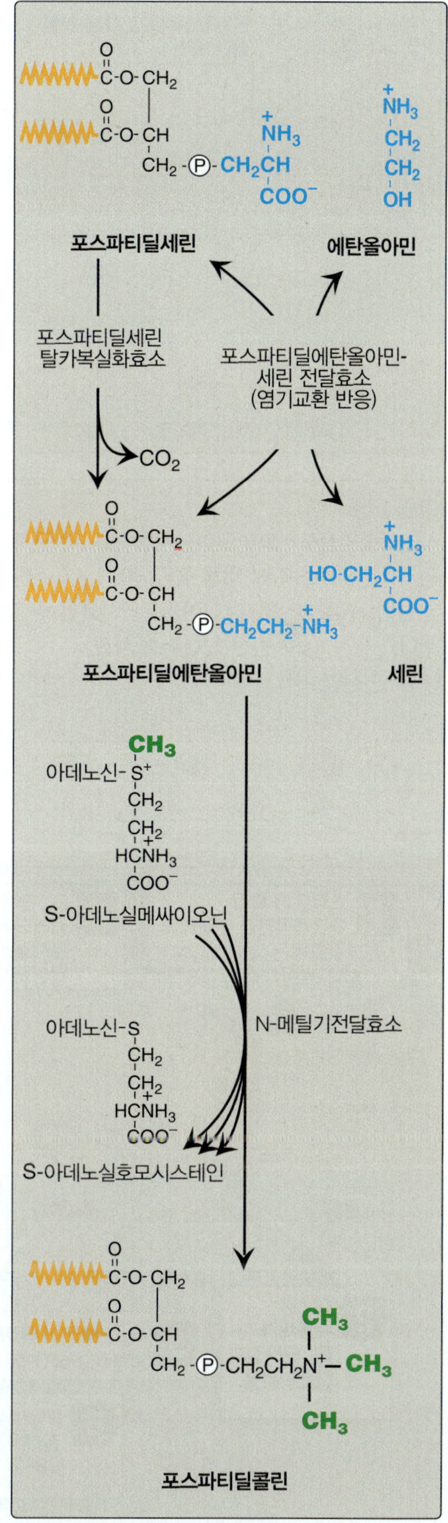

그림 17.6
간의 포스파티딜세린으로부터 포스파티딜콜린의 합성. (지방산 탄화수소 사슬.) Ⓟ = 인산염; CO_2 = 이산화탄소.

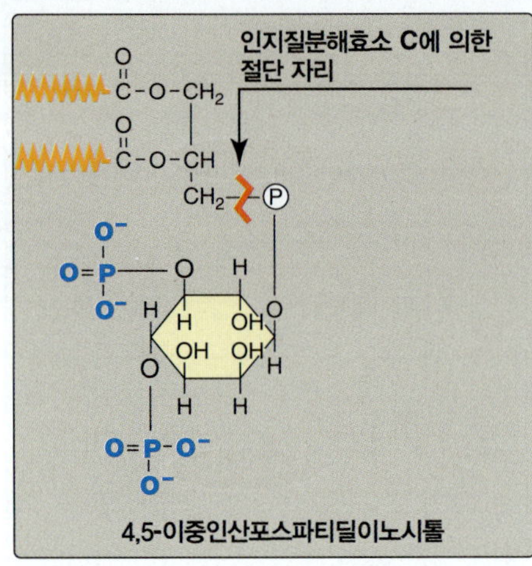

그림 17.7
4,5-이중인산포스파티딜이노시톨(PIP_2)의 구조. *인지질분해효소* C에 의해 절단되어 1,4,5-삼중인산이노시톨(IP_3)과 다이아실글리세롤을 생성한다. (지방산 탄화수소 사슬.) Ⓟ = 인산염.

1. **막을 가로지르는 신호전달에서 PI의 역할:** 막에 있는 PI가 인산화되면 4,5-이중인산포스파티딜이노시톨(PIP_2, 그림 17.7)과 같은 다중인산이노시타이드(polyphosphoinositide)를 생성한다. 인지질분해효소 C(PLC)에 의한 PIP_2 분리는 세포막에서 α_1-아드레날린성 수용체와 같은 G 단백질 결합 수용체(GPCR)에 대한 다양한 신경전달물질, 호르몬 및 성장인자의 결합과 G_q α-소단위 활성화에 반응하여 발생한다(그림 17.8). 분해 생성물인 1,4,5-삼중인산이노시톨(IP_3)과 DAG는 각각 세포속 칼슘의 동원이나 단백질 인산화효소 C(PKC)의 활성화를 매개하고, 서로 협동적으로 작용하여 특별한 세포 반응을 일으킨다. 이렇게 막을 가로지르는 신호전달이 이루어진다.

2. **막단백질 고정에서 PI의 역할:** 특정 단백질은 막에 결합한 PI에 탄수화물 다리를 통해 공유결합으로 부착할 수 있다(그림 17.9). 예를 들어, 지단백질 입자로부터 TAG를 분해하는 지단백질 지질분해효소(263쪽 참조)는 모세혈관 내피세포의 당화포스파티딜이노시톨(GPI)에 고정된 단백질이다. [참고: GPI에 결합한 세포표면 단백질은 기생충인 원생동물에서도 발견된다(예: 파동편모충과 리슈만편모충).] 막 지질에 부착함으로써(막에 내재하기보다는) GPI 고정 단백질이 형질막의 표면에서 빠른 측면이동을 할 수 있다. 이런 단백질은 인지질분해효소 C에 의해 고정체로부터 절단될 수 있다(그림 17.9 참조). [참고: 조혈세포에서 GPI의 합성이 결핍되면 발작야간혈색뇨증(PNH)이란 용혈병이 발

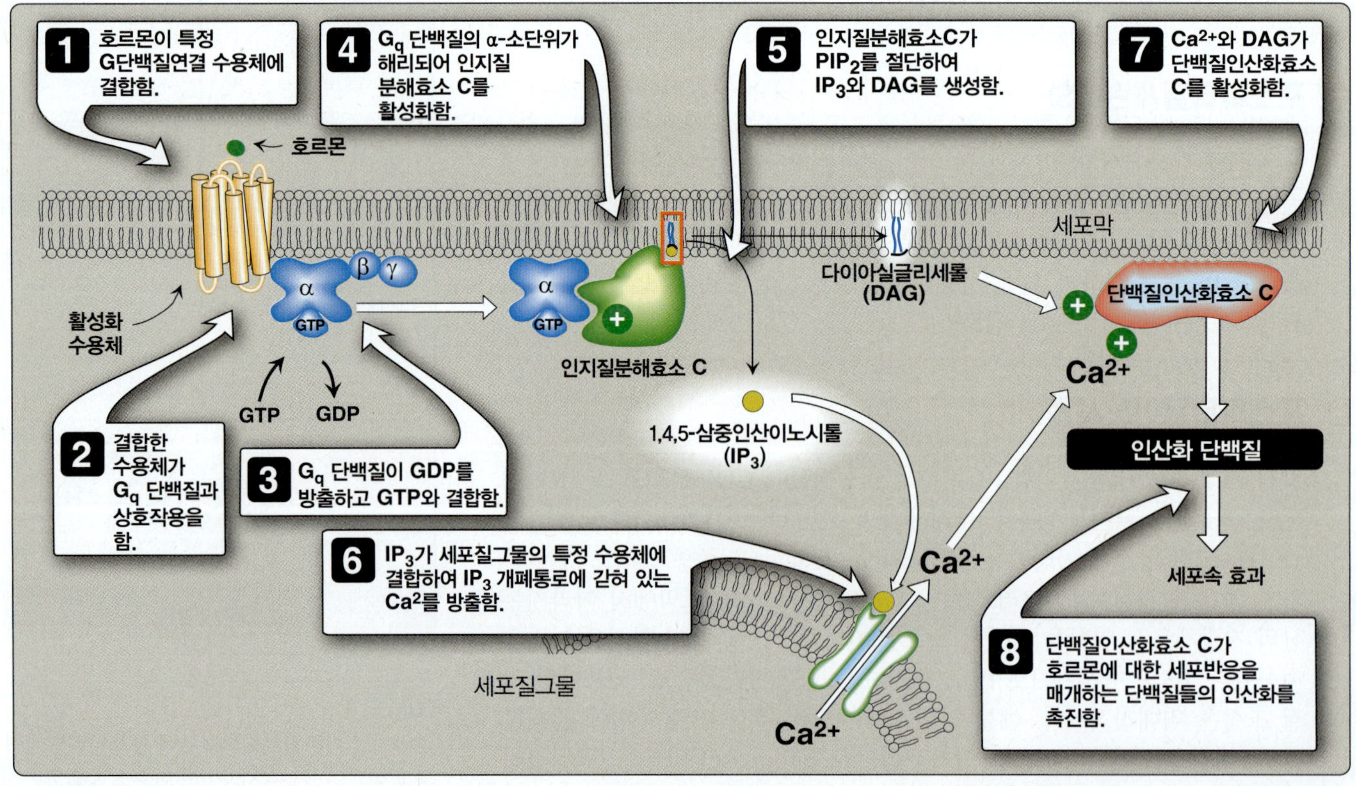

그림 17.8
세포속 신호전달에서 삼중인산이노시톨과 다이아실글리세롤의 역할. GDP = 이인산구아노신; GTP = 삼인산구아노신; Ca^{2+} = 칼슘.

생한다. GPI-고정 단백질은 혈액 세포를 바이러스 또는 세균 같은 외부 물질들은 인지하는 면역계로부터 보호한다. GPI-적혈구의 고정 단백질의 결핍은 더 이상 "자가"로 인식하기 어렵고 보체 의존적 용해에 의하여 파괴된다.]

E. 포스파티딜글리세롤(PG)과 카디오리핀(cardiolipin)

PG는 사립체 막에 비교적 다량으로 존재하는 카디오리핀의 전구체이다. PG는 CDP-DAG와 3-인산글리세롤로부터 합성된다. 카디오리핀(그림 17.2 참조)은 CDP-DAG의 DAG-3인산을 기존의 포스파티딜글리세롤 분자에 전달함으로써 합성된다.

F. 스핑고마이엘린(sphingomyelin)

스핑고신 기반 인지질인 스핑고마이엘린은 신경조직의 막을 구성하는 주요 구조 지질이다. 스핑고마이엘린의 합성은 그림 17.10에 보여준다. 간단히 CoA와 세린의 카복실기(이산화탄소로서)가 소실되면서 팔미토일 CoA와 세린이 축합한다. [참고: PS로부터 PE의 합성과 아미노산으로부터 조절자의 합성에 관련된 탈카복실화 반응(예: 타이로신으로부터 카테콜아민의 합성반응, 21장 참조)과 같이, 이 반응에는 보조효소인 인산피리독살(비타민 B_6의 유도체)이 필요하다.] 이 축합물은 NADPH 필요 반응을 통해 스핑가닌(이수소스핑고신, dihydrosphingosine)으로 환원되는데, 이것의 아미노기에서 긴 사슬 지방산과 아실화를 이룬 후 다시 불포화화 과정을 거쳐 스핑고마이엘린(과 V.에 설명한 다른 스핑고지질)의 직전 전구체인 세라마이드를 생성한다.

> 세라마이드는 피부의 물 투과도(water permeability) 장벽을 유지하는 중요한 역할을 한다. 세라마이드 양이 감소하면 여러 가지 피부병이 생길 수 있다.

PC의 포스포릴콜린(phosphorylcholine)은 세라마이드로 전달되어 스핑고마이엘린과 DAG를 생성한다. [참고: 말이집의 스핑고마이엘린은 눈에 띄게 리그노세르산(lignoceric acid)과 너본산(nervonic acid)과 같은 더 긴 사슬 지방산을 가지고 있는 반면에 뇌의 회색질은 주로 스테아르산을 함유한 스핑고마이엘린을 가지고 있다.]

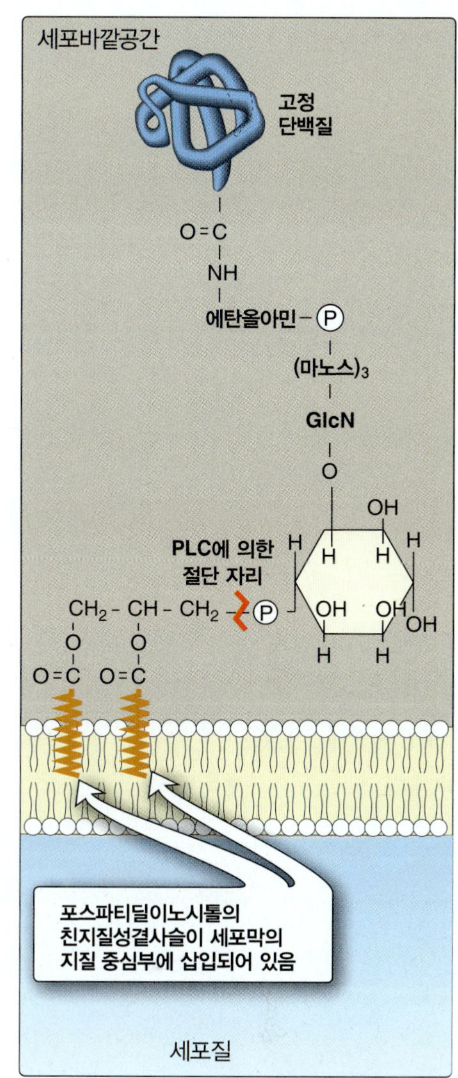

그림 17.9
막에 뿌리를 내린 당화포스파티딜이노시톨(GPI)에 연결되는 단백질 고정의 예. GlcN = 글루코사민; Ⓟ = 인산염; PLC = 인지질분해효소 C.

IV. 인지질의 분해

인산글리세라이드의 분해는 모든 조직과 이자액에 존재하는 인지질분해효소에 의해서 이루어진다(인지질 소화에 대한 논의는 15장 D.3. 참조). 많은 독소와 뱀독은 인지질분해효소 활성을 가지고 있고, 여러 병원균은 세포막을 용해하고 감염을 확산시키는 인지질분해효소를 생산한다. 스핑고마이엘린은 스핑고마이엘린분해효소(sphingomyelinase)라는 용해소체 인지질분해효소에 의해 분해된다(아래 B 참조).

A. 인산글리세라이드

인지질분해효소는 인산글리세라이드의 인산다이에스터 결합을 가수분해하는데, 각각의 효소는 인지질의 특정 자리를 절단한다. 인산글리세라이드의 분해를 담당하는 주요 효소가 그림 17.11에서 보여주고 있다. [참고: 인산글리세라이드의 1번 탄소 또는 2번 탄소에 부착하고 있는 지방산을 제거함으로써 라이소인지질분해효소의 기질인 라이소인산글리세라이드를 생성한다.] 인지질분해효소는 이차 전령(예: DAG, IP_3)으로써 작용할 수 있는 분자나 전령의 합성에 필요한 기질(예: 아라키돈산)을 유리한다. 인지질분해효소는 인지질의 분해뿐만 아니라 그것들의 재형성도 담당한다. 예를 들면 인지질분해효소 A_1과 A_2는 막에 부착하여 있는 인지질의 특정 지방산을 제거하는데, 이 지방산은 지방산 아실 CoA 전달효소에 의해 다른 지방산으로 대체된다. 이 기전은 독특한 허파 표면활성제인 DPPC을 생성하거나, PI(와 가끔 PC)의 2번 탄소가 아라키돈산에 부착하는 것을 확실하게 만드는 하나의 방법으로 사용된다. [참고: 희귀한 X-연관병인 바르트 증후군(Barth syndrome)은 심근병증, 근육쇠약, 중성구감소가 특징이며, 카디오리핀 재형성의 결함이 원인이다.]

B. 스핑고마이엘린

스핑고마이엘린은 스핑고마이엘린분해효소(가수분해를 통해 포스포릴콜린을 제거하는 용해소체 효소)에 의해 분해되어 세라마이드를 남긴다. 이어서 세라마이드분해효소에 의해 절단되어 스핑고신과 유리 지방산을 생성한다(그림 17.12). [참고: 유리된 세라마이드와 스핑고신은 단백질 인산화효소 C의 활성을 자극하여 단백질 기질을 인산화함으로써 부분적으로 신호전달 경로를 조절한다. 그들은 또한 세포자멸사를 촉진한다.] 니만-픽병(Niemann-Pick disease, A형 및 B형)은 스핑고마이엘린을 분해하지 못해서 일어나는 보통염색체 열성병이다. 이 병의 결핍 효소는 스핑고마이엘린분해효소(인지질분해효소 C의 한 종류)이다.

심한 형태인 영아형(A형, 정상 활성의 1% 이하)에서 일차적으로 지질침착이 일어나는 간과 지라는 아주 커진다. 이 지질은 분해되지 않는 스핑고마이엘린이 주요 성분이다(그림 17.13). 그물내피계통의 큰포식세포는 스핑고마이엘린을 탐식하여 조직학적으로 거품모양으로 보이며, 이 용해소체축적병에 걸린 영아는 CNS에 스핑고마이엘린이 침착하기 때문에 신경변성이 빠르게 진행하여 소아기 초기에 사망한다. 그 결과 망막신경절세포속 지질 침착과 부종으로 인해 안구 황반 부위에 선홍색 반점이 생긴다. 덜 심한 변형(B형, 정상 활성의 10% 이상)은 늦은 나이에 발병하며 A형보다 더 오래 생존한다. 신경조직에 손상을 일으키지 않지만 허파, 지라, 간, 골수에 손상을 주어, 성인기까지 사는 만성적인 경과를 보인다. 비록 니만-픽병은 모든 인종에서 발생하지만 A형은 일반 집단보다 아쉬케나지 유대인 집단에서 더 높은 유병률을 보인다. [참고: 니막-픽병 C형은 콜레스테롤 세포내섭취에 중요한 NPC1, NPC2의 돌연변이에 의해 발생하며, 콜레스테롤과 스핑고마이엘린 두 가지 모두 침착이 보인다.]

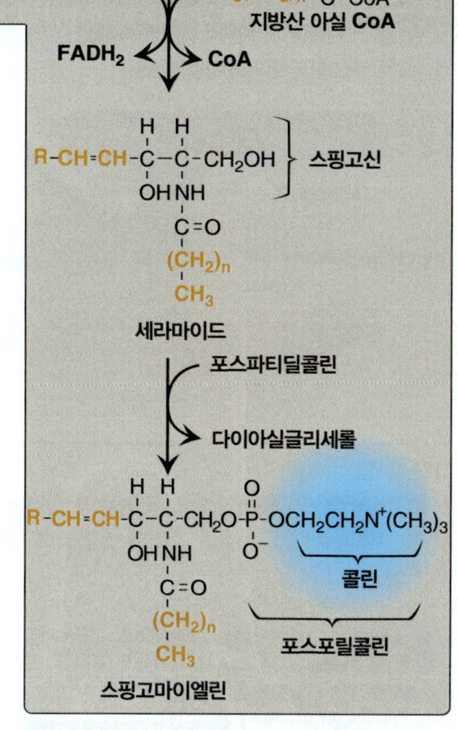

그림 17.10
스핑고마이엘린의 합성. PLP = 인산피리독살; NADP(H) = 니코틴아마이드 아데닌 다이뉴클레오타이드 인산염; FAD(H_2) = 플라빈 아데닌 다이뉴클레오타이드; CoA = 보조효소 A.

V. 당지질의 개관

당지질(glycolipid)은 탄수화물 및 지질로 구성된 분자이다. 인지질인 스핑고마이엘린처럼 당지질은 긴 사슬 지방산이 아미노알코올 스핑고신에 부착하는 세라마이드 유도체이다. 정확하게 당지질은 당스핑고지질(glycosphingolipid, GSL)이라고 한다. [참고: 세라마이드는 인산화 스핑고지질과 당스핑고지질의 전구체이다.] GSL은 인지질처럼 몸에서 모든 막의 필수성분이지만 신경조직은 다량의 GSL을 갖고 있다. GSL은 형질막의 바깥층에 위치하면서 세포바깥의 환경과 상호작용을 한다. 그러므로 GSL은 세포의 상호작용(예: 부착과 인식), 성장, 발달 등을 조절하는 역할을 한다.

> 막 GSL은 콜레스테롤 및 GPI 고정 단백질과 회합하여 지질뗏목(옆으로 움직이는 형질막의 미세영역)을 만들어 막의 신호전달과 교통 기능을 구성하고 조절한다.

GSL은 항원성이 있기 때문에 ABO 혈액형 항원(4장, VII.B), 태아 발달의 특별한 시기에 특이적인 여러 가지 배아 항원, 몇 가지의 종양 항원 등의 원인물질로서 알려져 있다. [참고: 당지질의 탄수화물 부분이 항원결정부위이며, 지

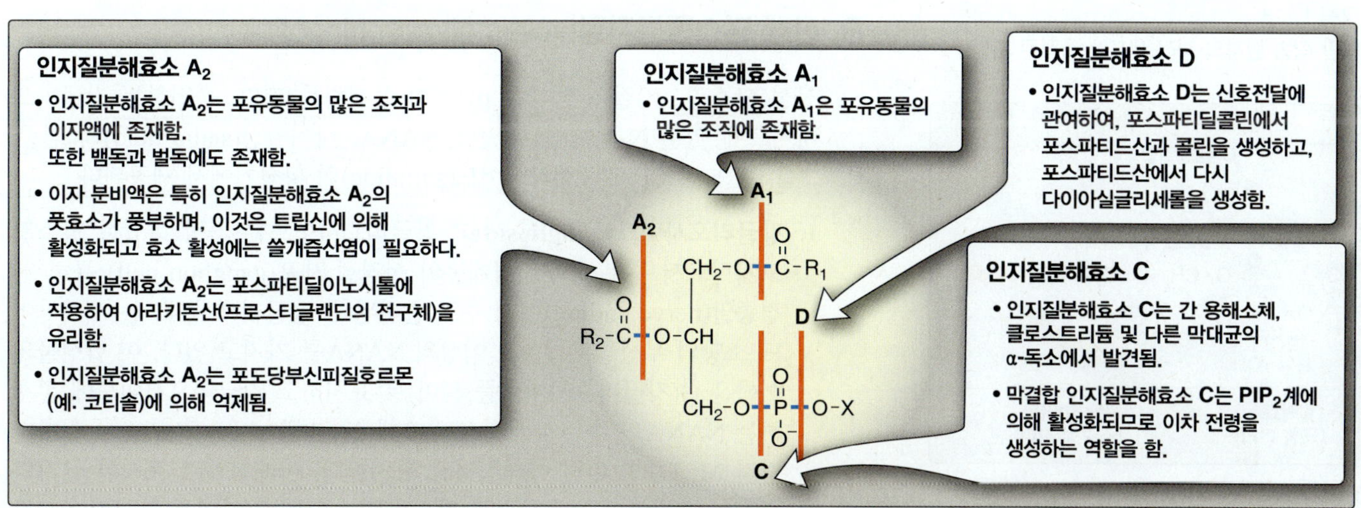

그림 17.11
인지질분해효소에 의한 글리세롤인지질의 분해. PIP_2 = 4,5-이중인산포스파티딜이노시톨; R_1 & R_2 = 지방산; X = 알코올.

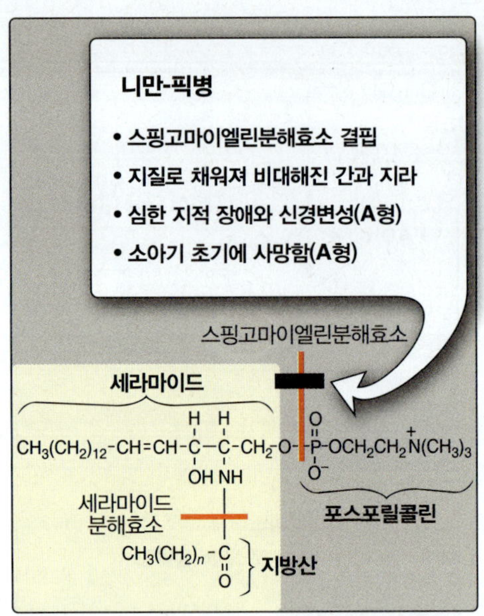

그림 17.12
스핑고마이엘린의 분해. [참고: B형은 비신경병증 형태이다. A형보다 늦은 나이에 발병하며 더 오래 생존한다.]

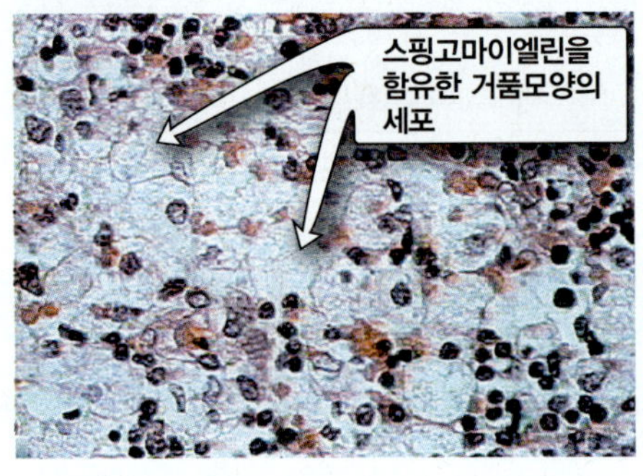

그림 17.13
니만-픽병 환자의 지라 세포에 축적된 지질.

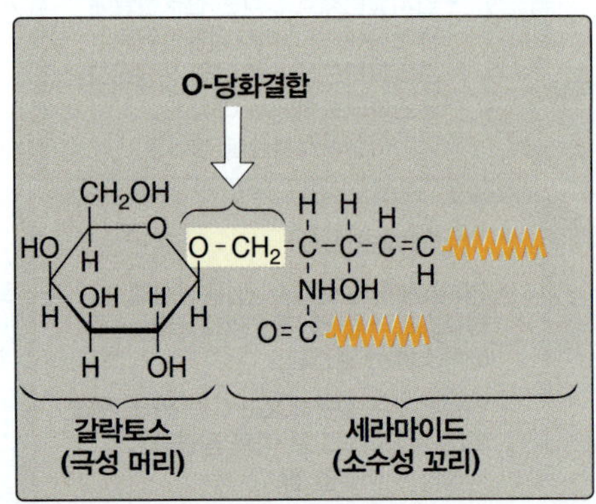

그림 17.14
중성 당스핑고지질인 갈락토스세레브로사이드의 구조. (∧∧∧∧∧ 는 소수성 탄화수소 사슬.)

질 부분은 세포고정 부위이다.] 또한 GSL은 어떤 바이러스나 미생물뿐만 아니라 콜레라 독소와 파상풍 독소의 세포표면 수용체로도 작용한다. 여러 GSL 분해의 결함과 관련된 유전질환에서는 용해소체에 GSL의 축적이 일어난다. [참고: GSL(과 당단백질)의 탄수화물 부분의 변화가 형전환 세포(조절이상 성장을 하는 세포)의 특징이다.]

VI. 당스핑고지질의 구조

GSL은 인산이 없기 때문에 스핑고마이엘린과 다르다. O-당화결합으로 세라마이드에 직접 연결된 단당이나 소당이 극성 머리의 역할을 대신한다(그림 17.14). 당 부분의 수와 종류가 GSL의 종류를 결정한다.

A. 중성 당스핑고지질(GSL)

가장 간단한 중성(비전하의) GSL은 세레브로사이드(cerebroside)이다. 이것은 세라마이드 단당으로서 한 분자의 갈락토스 또는 포도당을 함유한다. 갈락토스가 부착하면 갈락토스세레브로사이드가 되며, 이것은 말이집에서 발견되는 가장 흔한 세레브로사이드이다(그림 17.14 참조). 포도당이 부착하면 포도당세레브로사이드가 되며, 이것은 더 복잡한 당스핑고지질의 합성과 분해에서 주로 중간대사물의 역할을 한다. [참고: 갈락토- 또는 포도당세레브로사이드 군에 속한 종류도 역시 스핑고신에 부착한 지방산의 종류에 따라 서로 다르다.] 이름에서 알 수 있듯이 세레브로사이드는 말이집에 높은 농도로 존재하며 주로 뇌와 말초 신경조직에서 발견된다. 세라마이드 소당(또는 글로보사이드; globoside)은 포도당세레브로사이드에 추가되는 단당이 부착함으로써 만들어진다(예: 젖당세라마이드로 알려진 세라마이드-포도당-갈락토스). 추가적인 단당이 N-아세틸갈락토사민 같은 당을 대체할 수 있다.

B. 산성 당스핑고지질(acidic glycosphingolipid)

산성 당스핑고지질은 생리적 pH에서 음전하를 띤다. 음전하는 강글리오사이드에 있는 N-아세틸뉴라민산[NANA, 사이알산(sialic acid)의 일종, 그림 17.15 참조] 또는 설파타이드(sulfatide)의 황산기에서 제공된다.

1. **강글리오사이드(ganglioside):** 강글리오사이드는 가장 복잡한 당스핑고지질로서 주로 중추신경계통의 신경절 세포(ganglion cell) 특히 신경종말(nerve ending)에서 주로 발견된다. 강글리오사이드는 세라마이드 소당의 부산물로서 1개 이상의 NANA를 가지고 있다. 이 합성물의 이름은 G(강글리오사이드를 의미)로 표시하고 강글리오사이드에 존재하는 NANA의 수는 1개(mono), 2개(di), 3개(tri), 4개(quatro)에 따라 각각 M, D, T, Q의 아래첨자로 표시한다. 아래첨자로 표시한 글자와 숫자는 세라마이드에 부착한 탄수화물의 단일체 서열를 가리킨다(G_{M2}의 구조에 대한 것은 그림 17.15 참조). 강글리오사이드는 의학적으로 관심을 끄는데, 그 이유는 여러 지질축적병이 세포에 NANA를 함유한

당스핑고지질이 축적되는 것과 관련이 있기 때문이다(그림 17.19 참조).

2. **설파타이드(sulfatide)**: 이 황산당스핑고지질(설파타이드)은 황산화된 갈락토실 잔기를 가지는 세레브로사이드이므로 생리적 pH에서 음전하를 띤다. 주로 뇌와 콩팥에서 발견된다.

VII. 당스핑고지질의 합성과 분해

당스핑고지질의 합성은 골지기구에서 UDP-당 주개로부터 받개 분자로 전달되는 당화 단일체의 순차적인 첨가에 의해 이루어진다. 이 기전은 당단백질 합성에 사용된 기전과 유사하다(14장 참조).

A. 합성에 관여하는 효소

GSL의 합성에 관여하는 효소는 각각의 특별한 당 뉴클레오타이드와 수용체 특이 당화기전달효소(glycosyl transferase)이다. [참고: 이 효소들은 당스핑고지질과 당단백질 둘 다 기질로 인식한다.]

B. 황산기(sulfate group)의 첨가

황산기 운반체인 3′-인산아데노신-5′-인산황산(PAPS, 그림 17.16)에 있는 황산기는 황산기전달효소(sulfotransferase)에 의해 갈락토스세레브로사이드에 있는 갈락토스의 3′-하이드록실기에 전달되어 첨가되어 3-황산 설파타이드갈락토스세레브로사이드(sulfatidegalactocerebroside 3-sulfate)를 생성한다(그림 17.17). [참고: PAPS는 또한 아미노당글리칸 합성(186쪽 참조)과 스테로이드 호르몬 이화(18장 참조)에서 황 주개이다.] 스핑고지질 합성의 개관은 그림 17.18에서 보여준다.

C. 당스핑고지질의 분해

당스핑고지질은 아미노당글리칸에서 설명한 것처럼 세포내섭취(endocytosis)에 의해서 내입된다(internalized)(14장 참조). 분해 과정에 필요한 모든 효소는 포식소체(phagosome)와 융합하는 용해소체에 존재한다. 용해소체 효소는 가수분해를 통해 비가역으로 당스핑고지질에 있는 특정 결합을 절단한다. 아미노당글리칸과 당단백질에서 보여준 것처럼 당스핑고지질의 분해는 합성 과정에서 마지막으로 첨가된 작용기가 분해 과정에서 가장 먼저 분해되는 첫 번째 작용기가 되는 "끝에서 시작하여 처음에서 끝나는" 규칙에 따라 차례로 진행된다. 따라서 이 3개의 당결합체의 다당사슬 분해에 결함이 있으면 용해소체축적병이 발생한다.

D. 스핑고지질증(sphingolipidosis)

정상인에서 당스핑고지질의 합성과 분해는 균형을 이루기 때문에 막에 존재하는 스핑고지질의 양은 일정하다. 만약 분해 과정에 필요한 특정 용해

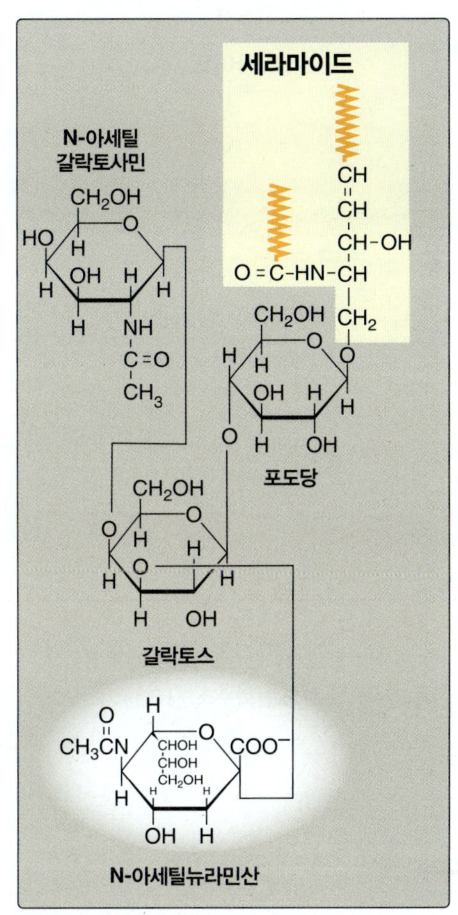

그림 17.15
강글리오사이드 G_{M2}의 구조.
(소수성 탄화수소 사슬.)

그림 17.16
3′-인산아데노신-5′-인산황산염(PAPS)의 구조.

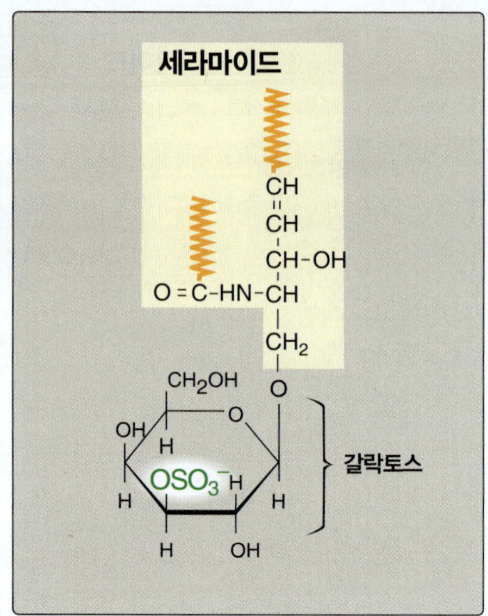

그림 17.17
3-황산갈락토스세레브로사이드의 구조. (소수성 탄화수소 사슬.)

소체 가수분해효소가 부분적이거나 아예 없다면 스핑고지질은 축적된다. 이 효소들의 결핍에 의해 발생하는 용해소체 지질축적병을 스핑고지질증(sphingolipidosis)이라고 부른다. 특정 산성 가수분해효소 결핍의 결과는 신경조직에서 극적으로 나타나는데, 이 경우 신경학적 황폐에 의해 일찍 사망할 수도 있다. 스핑고지질 분해 경로의 개요와 몇 가지 스핑고지질의 설명에 관한 것은 그림 17.19에서 보여준다. [참고: 일부의 스핑고지질증도 용해소체 활성자 단백질(예: 사포신)에 결함에 의해 발생할 수 있다. 사포신(saposin)은 가수분해효소가 탄수화물 분해 도중에 나오는 짧은 탄수화물에 접근하기 쉽게 만든다.]

1. **일반 성질:** 특정 용해소체 가수분해효소가 각각의 질환에서 결핍되어 있다. 그러므로 일반적으로 단 한 가지 스핑고지질(결핍 효소의 기질)이 병에 걸린 기관에 축적된다. [참고: 축적되는 지질의 생합성 속도는 정상이다.] 이 질환은 진행성이며, 비록 많은 경우에 아동기에 사망하지만 광범위한 표현형의 변이성 때문에 니만-픽병의 A와 B형과 같이 임상형으로 다르게 병명을 표현하기도 한다. 또한 특정 질환이 한 개의 유전자에 생기는 다양한 돌연변이 중 어느 하나에 의해 발생할 수 있기 때문에 유전 변이성을 볼 수 있다. 스핑고지질증은 보통염색체열성 질환으로 파브리병만 X연관성이다. 스핑고지질증의 발생률은 대부분의 집단에서 낮은 편이지만 고셰병(Gaucher disease)과 테이-삭스병(Tay-Sachs disease)은 니만-픽병(Niemann-Pick disease)처럼 아쉬케나지 유대인 집단에서 높은 빈도를 보여준다. [참고: 테이-삭스병은 또한 아일랜드계 미국인, 프랑스계 캐나다인, 루이지애나 카준(Cajun, 프랑스계)족에서 빈도가 높다.]

2. **진단과 치료:** 특정 스핑고지질증은 배양 섬유모세포(fibroblast)나 말초 백혈구에서 효소활성을 측정하거나 DNA의 분석에 의해 진단할 수 있다(34장 참조). 병에 걸린 조직의 조직학적 검사도 유용하다. [참고: 조개껍데기 같은 포함체(inclusion body)는 테이-삭스병에서, 구겨진 화장지 같은 모양의 세포질액은 고셰병에서 볼 수 있다(그림 17.20).]

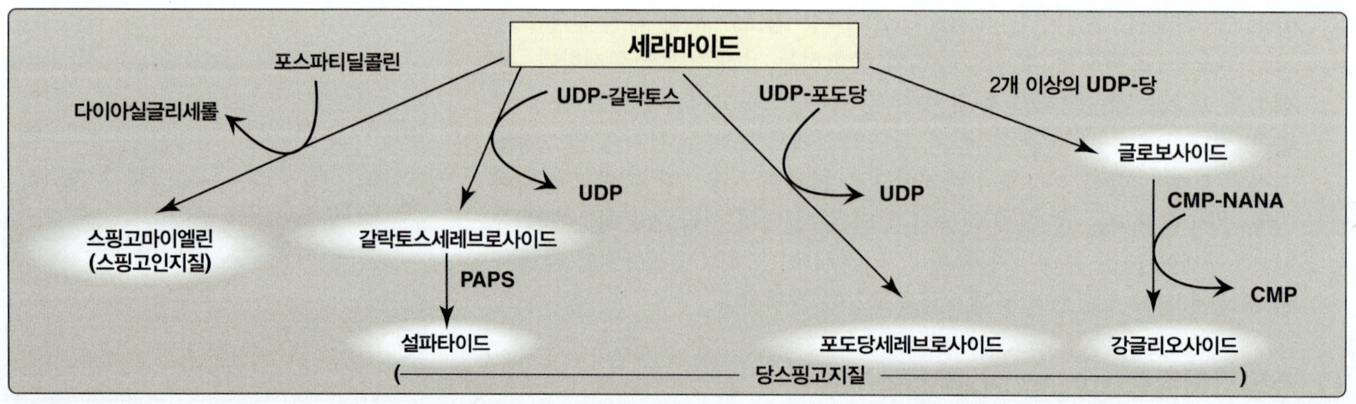

그림 17.18
스핑고지질 합성의 개관. UDP = 이인산유리딘; CMP = 일인산사이티딘; NANA = N-아세틸뉴라민산; PAPS = 3′-인산아데노신-5′-인산황산염.

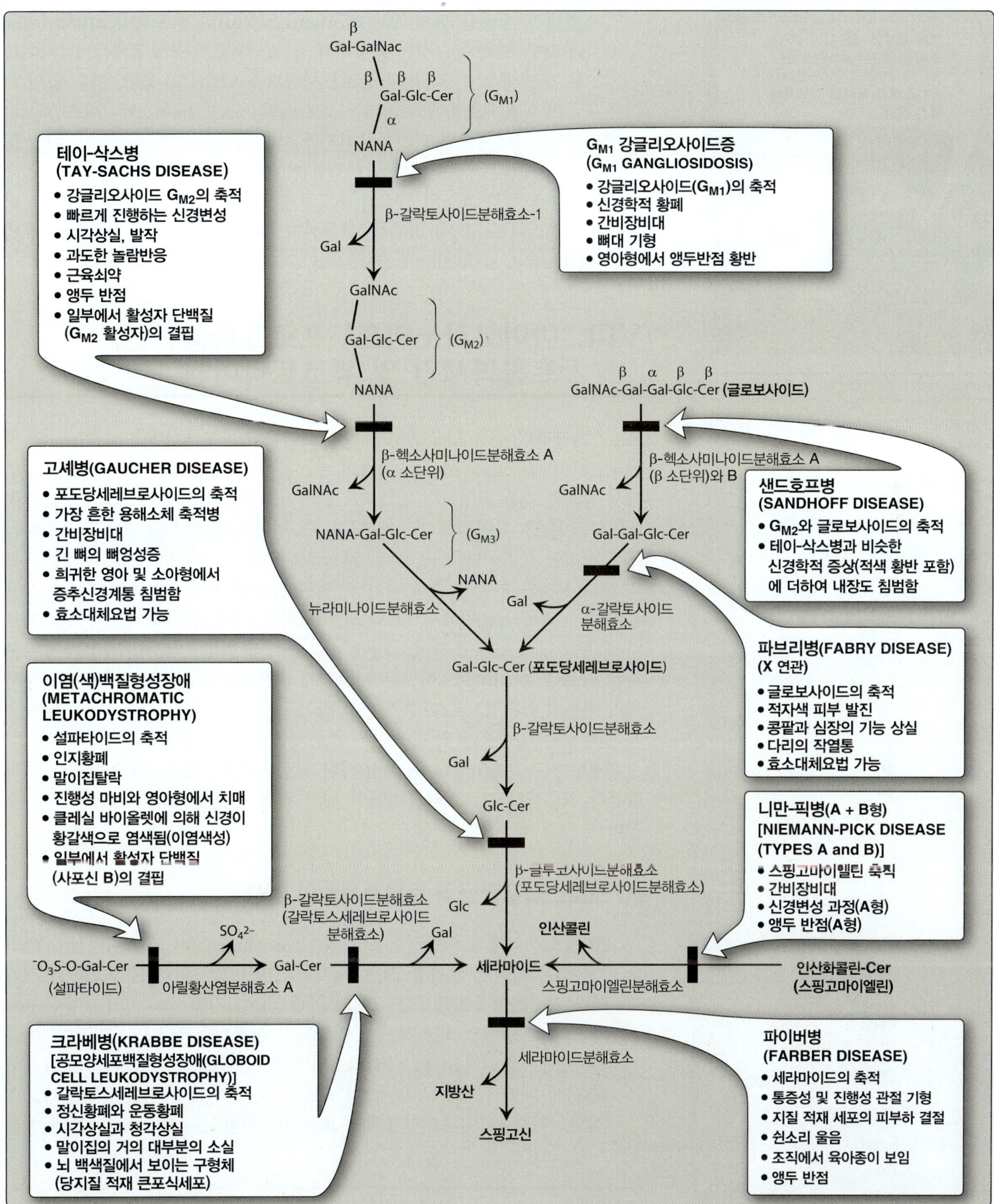

그림 17.19
유전병인 스핑고지질증과 관련하여 소실된 효소를 보여주는 스핑고지질의 분해. X연관 파브리병을 제외한 모든 스핑고지질증은 보통염색체 열성유전을 하며 모두 일찍 사망한다. Cer = 세라마이드; Gal = 갈락토스; Glc = 포도당; GalNAc = N-아세틸갈락토사민; NANA = N-아세틸뉴라민산; CNS = 중추신경계통; SO_4^{2-} = 황산염; ERT = 효소대체요법.

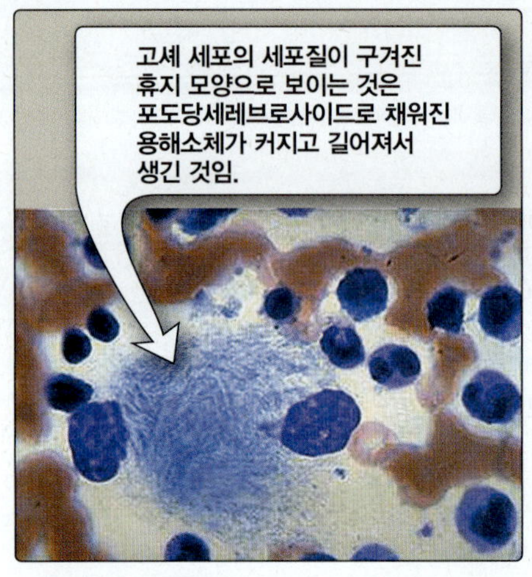

그림 17.20
고셰병(Gaucher disease) 환자에서 흡인한 골수 세포.

출생전 진단은 배양 양수세포(amniocyte)나 융모막융모(chorionic villi)를 사용하는 것이 유용하다. 큰포식세포가 포도당세레브로사이드로 충만해지는 고셰병과 글로보사이드가 뇌, 심장, 콩팥, 피부 등의 혈관내피 용해소체에 축적되는 파브리병(Fabry disease)은 재조합된 사람 효소 대체요법으로 치료되지만 치료비가 극단적으로 많이 든다. 또한 고셰병은 (큰포식세포가 조혈줄기세포에서 유래하기 때문에) 골수 이식과 결핍 효소의 기질인 포도당세라마이드를 약으로 감소시키는 미글루스타트(miglustat)를 사용한다. 이러한 치료법을 기질감소요법(substrate reduction therapy)이라고 한다.

VIII. 아이코사노이드: 프로스타글랜딘, 트롬복세인 및 류코트라이엔

프로스타글랜딘(prostaglandin)과 관련 화합물인 트롬복세인(thromboxane)과 류코트라이엔(leukotriene)은 20개의 탄소를 가진 다불포화 ω-3, ω-6 지방산에서 유래한 것을 반영하여 집합적으로 아이코사노이드(eicosanoid)라고 명명하였다. 이들은 광범위한 생리적(염증) 및 병리학적(과민성) 반응을 유발하는 아주 강력한 물질이다. 이들은 위 완전성과 콩팥기능을 지켜내고, 민무늬근육의 수축(창자와 자궁이 중심 장기)과 혈관 굵기를 조절하고, 혈소판 항상성을 유지한다. 비록 작용면에서 호르몬과 비교되지만 아이코사노이드는 특정 샘보다 오히려 거의 모든 조직에서 아주 소량으로 생성되기 때문에 진정한 호르몬과는 다르다. 아이코사노이드는 저장되지 않으며, 빠르게 불활성형으로 대사되기 때문에 극단적으로 아주 짧은 반감기를 갖고 있다. 이들의 생물학적 작용은 원형질막 GPCR과 짝짓고 있는 수용체에 의해 매개된다(107쪽 참조). 이 수용체는 기관체계(organ system)마다 서로 다르며, 고리 AMP 생산에 따라 바뀐다. 몇 가지 프로스타글랜딘의 예와 관련 구조를 그림 17.21에서 볼 수 있다.

A. 프로스타글랜딘과 트롬복세인의 합성

20-탄소와 4개의 이중결합을 가진(eicosatetraenoic) ω-6 지방산인 아라키돈산은 사람에서 가장 많은 프로스타글랜딘의 전구체이다(그림 17.22에서 보여주듯이 2계열 또는 2개의 이중결합을 가진 것). 이것은 같은 ω-6의 필수 지방산인 리놀레산이 연장되고 불포화화되어 만들어진다. 아라키돈산은 막 인지질(주로 PI)의 2번 탄소에 결합한 후 다양한 신호(특히 칼슘)에 대한 반응으로 인지질분해효소 A_2에 의해 유리된다(그림 17.23). [참고: 이중결합이 1개인 1계열 프로스타글랜딘은 20-탄소와 3개의 이중

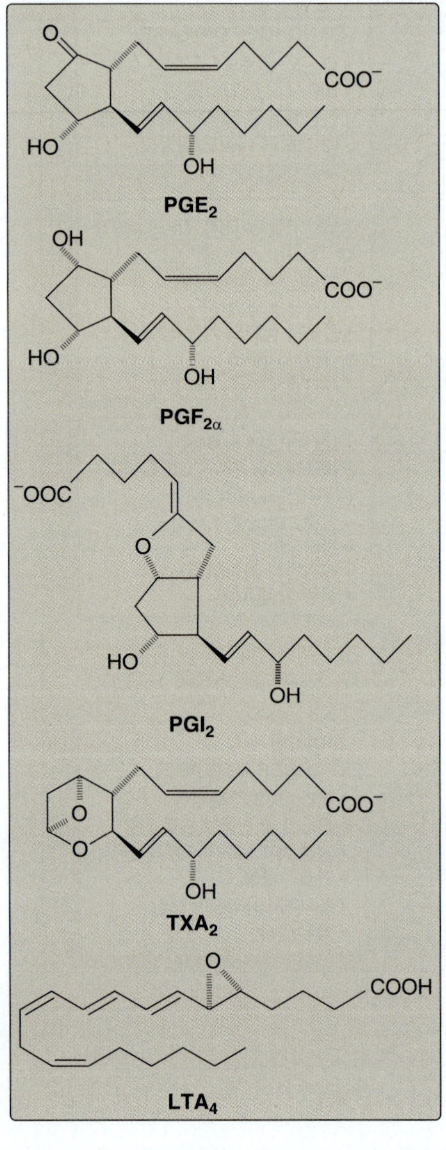

그림 17.21
아이코사노이드 구조의 예. [참고: 프로스타글랜딘의 명명법: PG + 세 번째 문자(예: E)로 나타내며, 각 분자에 있는 작용기의 형태와 배열을 나타낸다. 아래첨자 숫자는 분자에 있는 이중결합의 수를 의미한다. PGI_2는 프로스타사이클린이라고 알려져 있다. 트롬복세인은 TX로 표시하고, 류코트라이엔은 LT로 표시한다.]

결합을 가진 ω-6 지방산인 다이호모-γ-리놀렌산으로부터 만들어지고, 이중결합이 3개인 3계열은 ω-3 지방산인 EPA(eicosapentaenoic acid)로부터 만들어진다(302쪽 참조).]

1. **PGH_2의 합성:** 프로스타글랜딘과 트롬복세인 합성의 첫 단계는 프로스타글랜딘 내부과산화물 생성효소(PGH 생성효소)의 작용으로 유리 아라키돈산의 산화고리화를 통해 PGH_2를 생성한다. 이 효소는 2개의 촉매활성을 갖고 있는 ER 막결합 단백질이다. 하나는 2분자의 O_2를 사용하는 지방산 고리산소화효소(COX)이고 다른 하나는 환원형 글루타싸이온에 의존하는 과산화물분해효소(peroxidase)이다(13장 참조). 그림 17.23에 보이는 것처럼 PGH_2는 세포특이 생성효소에 의해 다양한 프로스타글랜딘과 트롬복세인으로 전환된다. [참고: PG는 5개의 탄소 고리를 포함하며, 반면 TX는 이종고리를 갖는 6원자 옥세인 고리를 포함한다(그림 17.21 참조).] PGH_2 생성효소는 COX-1과 COX-2로 표시하는 2개의 동종효소가 있다. 대부분의 조직은 기본적으로 COX-1을 만들며, 건강한 위 조직, 콩팥의 항상성, 혈소판 응집의 유지에 필요하다. COX-2는 활성화 면역세포와 염증세포의 생성물에 반응하는 제한된 조직에서만 합성된다. [참고: COX-2 유도에 의해 프로스타글랜딘 합성이 증가하면 통증, 열, 발적, 팽윤 등의 염증현상과 감염에 따른 발열이 일어난다.]

2. **PG 합성의 억제:** PG와 TX의 합성은 상관없는 많은 화합물에 의해 억제될 수 있다. 예를 들면 코티솔(스테로이드계 항염제)은 인지질분해효소 A_2 활성을 억제하여(그림 17.23 참조) PG와 TX의 전구체인 아라키돈산을 사용할 수 없게 된다. 아스피린, 인도메타신, 페닐부타존 등은 모두 비스테로이드계 항염제(NSAID)로서 COX-1과 COX-2를 모두 억제함으로써 상위 PG인 PGH_2의 생성을 방해한다. [참고: 온몸의 COX-1를 모두 억제하면 위와 콩팥에 지속적인 손상을 주고 혈액응고에 장애를 일으키는데, 이것이 아스피린의 독성을 설명하는 근거가 된다.] 다른 NSAID와 달리 아스피린은 각각 아라키돈산과 EPA를 원료로 하는 리폭신(LX)과 레졸빈(항염 효과를 나타내는 지질 매개물질)의 합성을 유도한다. COX-2에 특이성 있는 억제제(예: 콕시브)는 COX-1의 생리적 기능을 유지하면서 병리학적 염증과정을 줄이기 위해 고안되었지만, 아마도 PGI_2 합성의 감소로 인한 심장발작의 위험성이 증가하는 것과 관련이 있고 일부에서는 판매를 취소하고 있다. 현재 셀레콕시브만이 유일하게 미국 식약국 허가를 획득한 콕시브 약물이다.

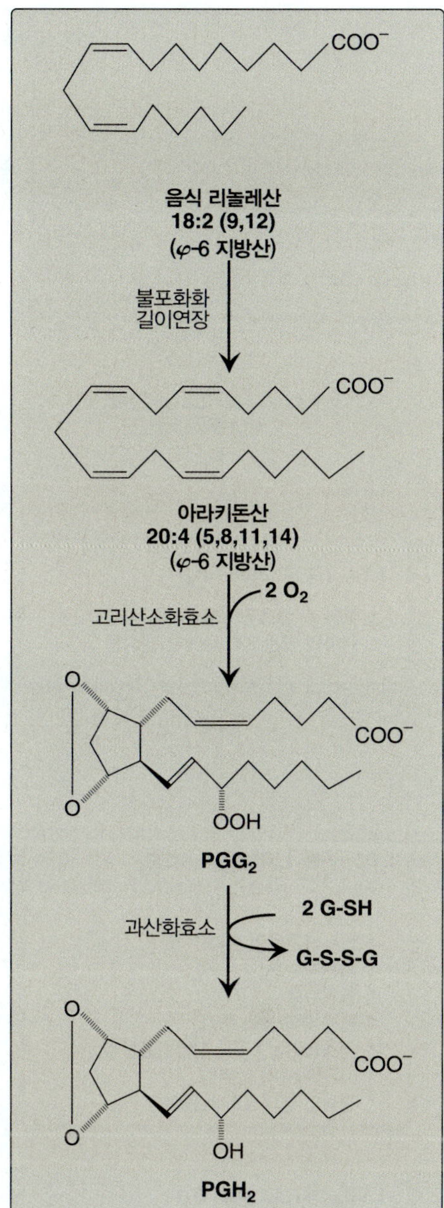

그림 17.22
프로스타글랜딘 내부과산화물 생성효소에 있는 2가지의 촉매 활성(고리산소화효소와 과산화효소)에 의한 아라키돈산의 산화와 고리화. G-SH = 환원형 글루타싸이온; G-S-S-G = 산화형 글루타싸이온; PG = 프로스타글랜딘.

B. 혈소판 항상성에 대한 트롬복세인과 프로스타글랜딘의 역할

트롬복세인 A_2(TXA_2)는 활성화된 혈소판에서 COX-1에 의하여 생성된다. TXA_2는 순환 중인 혈소판의 부착과 응집을 촉진하고 혈관 민무늬근육의 수축을 촉진함으로써 피떵이(혈전)의 형성을 촉진한다(35장 참조). 혈관 내피세포에서 생성되는 프로스타사이클린(PGI_2)은 혈소판 응집을 억제하고 혈관확장을 증가시키므로써 혈전형성을 막아준다. TXA_2와

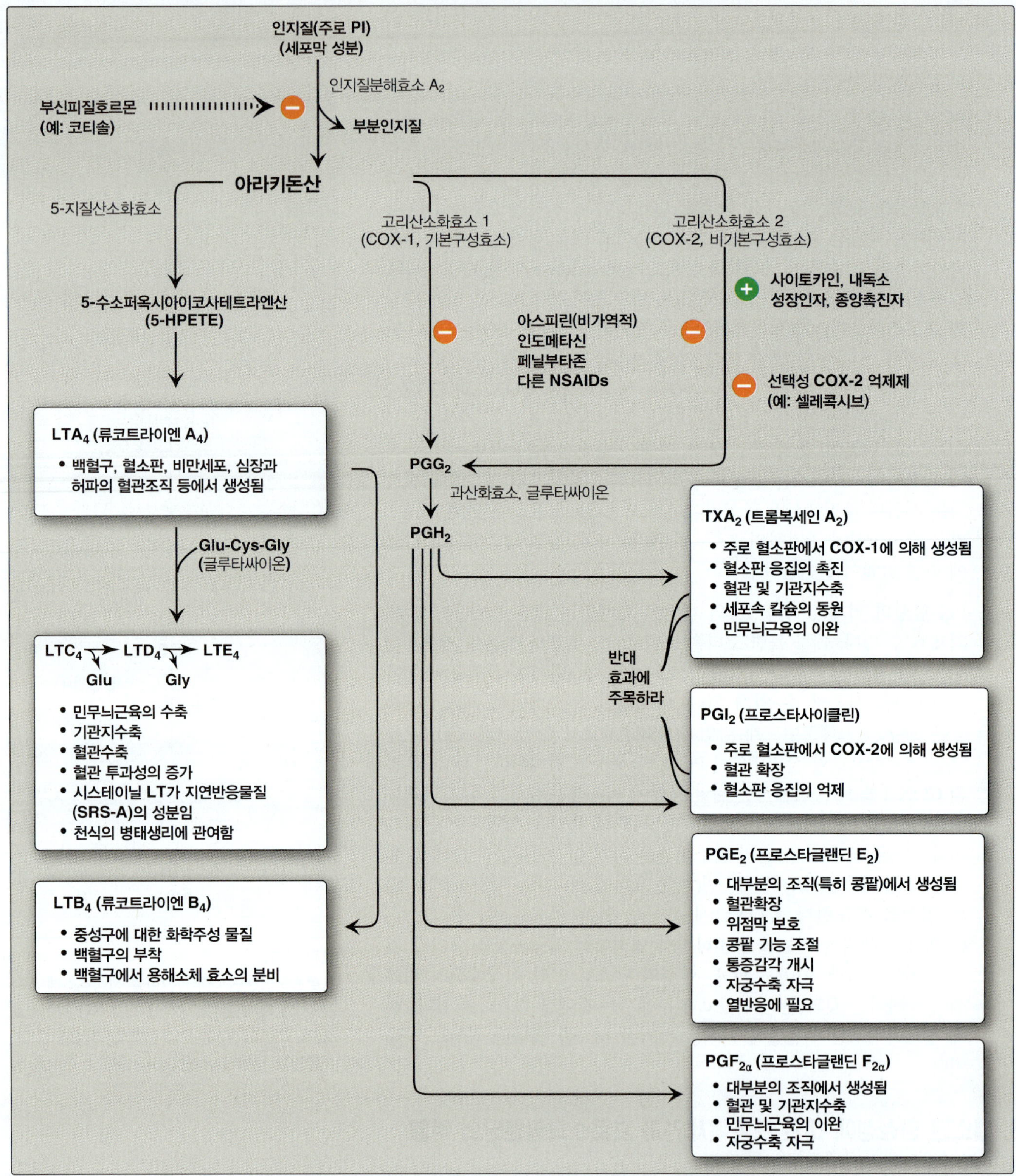

그림 17.23

아라키돈산에서 만들어지는 몇 가지 중요한 프로스타글랜딘(PG), 류코트리아이엔(LT), 트롬복세인(TX)의 생합성과 기능에 대한 개관. [참고: 막 인지질의 아라키돈산은 ω-6 필수 지방산인 리놀레산으로부터 만들어진다.] PI = 포스파티딜이노시톨; NSAID = 비스테로이드항염제; Glu = 글루탐산; Cys = 시스테인; Gly = 글라이신.

PGI_2의 서로 상반되는 효과는 혈관이 손상된 자리에만 혈전형성을 국한시킨다. [참고: 아스피린은 항혈전형성 효과가 있다. 아스피린은 비가역적인 아세틸화 반응과 COX-1의 억제를 통해 혈소판에서 아라키돈산으로부터의 TXA_2 합성을 억제한다(그림 17.24). 아스피린에 의한 비가역적 억제(COX-1을 억제)는 핵이 없는 혈소판에서는 극복할 수 없지만, 내피세포는 핵이 있어서 더 많은 COX-1을 만들면 양적으로 COX-2 억제를 극복할 수 있다. 이런 차이점은 혈전의 형성을 줄임으로써 뇌졸중과 심장발작의 위험성을 낮추는 목적으로 사용하는 저용량 아스피린 요법의 근거가 된다.]

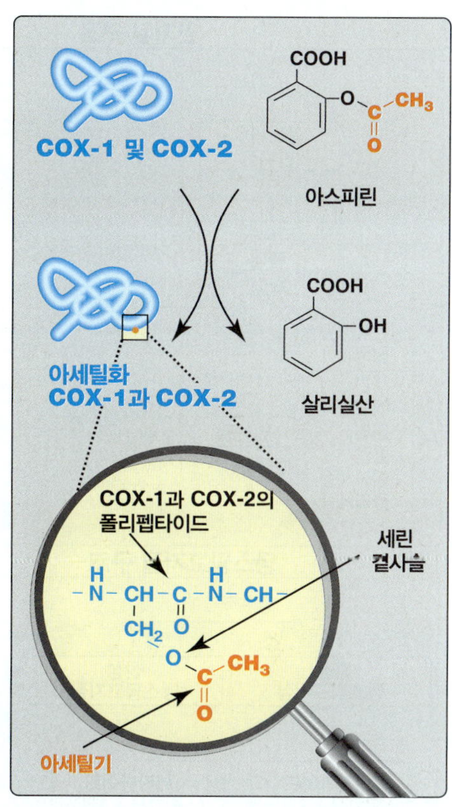

그림 17.24
아스피린에 의한 고리산소화효소 1, 2(COX-1, COX-2)의 비가역적 아세틸화반응.

C. 류코트라이엔(leukotriene, LT)의 합성

아라키돈산은 지질산소화효소(LOX)족이 관여하는 별도의 경로에 의해 다양한 선모양의 과산화수소산(−OOH)으로 전환된다. 예로서 5-LOX는 아라키돈산을 5-수소퍼옥시-6,8,11,14-아이코사테트라엔산(5- HPETE, 그림 17.23 참조)으로 전환시킨다. 5-HPETE는 4개의 이중결합을 가진 일련의 LT(조직에 따라 종류가 달라짐)로 전환된다. LT은 알레르기 반응과 염증의 매개물질이다. 5-LOX의 억제제와 LT 수용체의 대항제는 천식의 치료에 사용한다. (참고: LT 합성은 코티솔에 의하여 억제되며, NSAID에 의해 억제되지 않는다. 아스피린유발 천식은 천식환자의 10% 정도에서 발생되는데, NSAID 복용에 따른 LT 과다생성에 대한 반응이다.)

IX. 요약

- **인지질**은 극성의 이온 화합물로서 알코올(예: **콜린**이나 **에탄올아민**)이 **다이아실글리세롤**(**포스파티딜콜린**이나 **포스파티딜에탄올아민**을 생성함)이나 **스핑고신**과 인산다이에스터 결합을 한 구조이다(그림 17.25).
- 긴 사슬 지방산에 부착된 알코올 스핑고신은 **세라마이드**를 생성한다.
- 세라마이드에 **인산콜린**을 첨가하면 스핑고인지질인 **스핑고마이엘린**이 생성된다.
- 인지질은 **세포막**을 이루는 주요 지질이다.
- 막에 부착하지 않은 인지질은 **허파 표면활성제**와 **쓸개즙**의 성분으로 작용한다.
- **다이팔미토일포스파티딜콜린**[DPPC, **다이팔미토일레시틴**(DPL)으로도 부름]은 **허파 표면활성제**의 주요 지질 성분이다.
- 표면활성제의 생성이 불충분하면 **호흡곤란증후군(RDS)**이 발생한다.
- **포스파티딜이노시톨(PI)**은 막에서 **아라키돈산**의 저장체 역할을 한다.
- 막에 부착된 PI가 인산화되면 **4,5-이중인산포스파티딜이노시톨(PIP_2)**이 생성된다. 이 PIP_2는 신경전달물질, 호르몬, 성장인자 등의 여러 가지 리간드가 막 수용체에 결합하는 것에 따라 작용하는 **인지질분해효소 C**에 의해 분해된다.

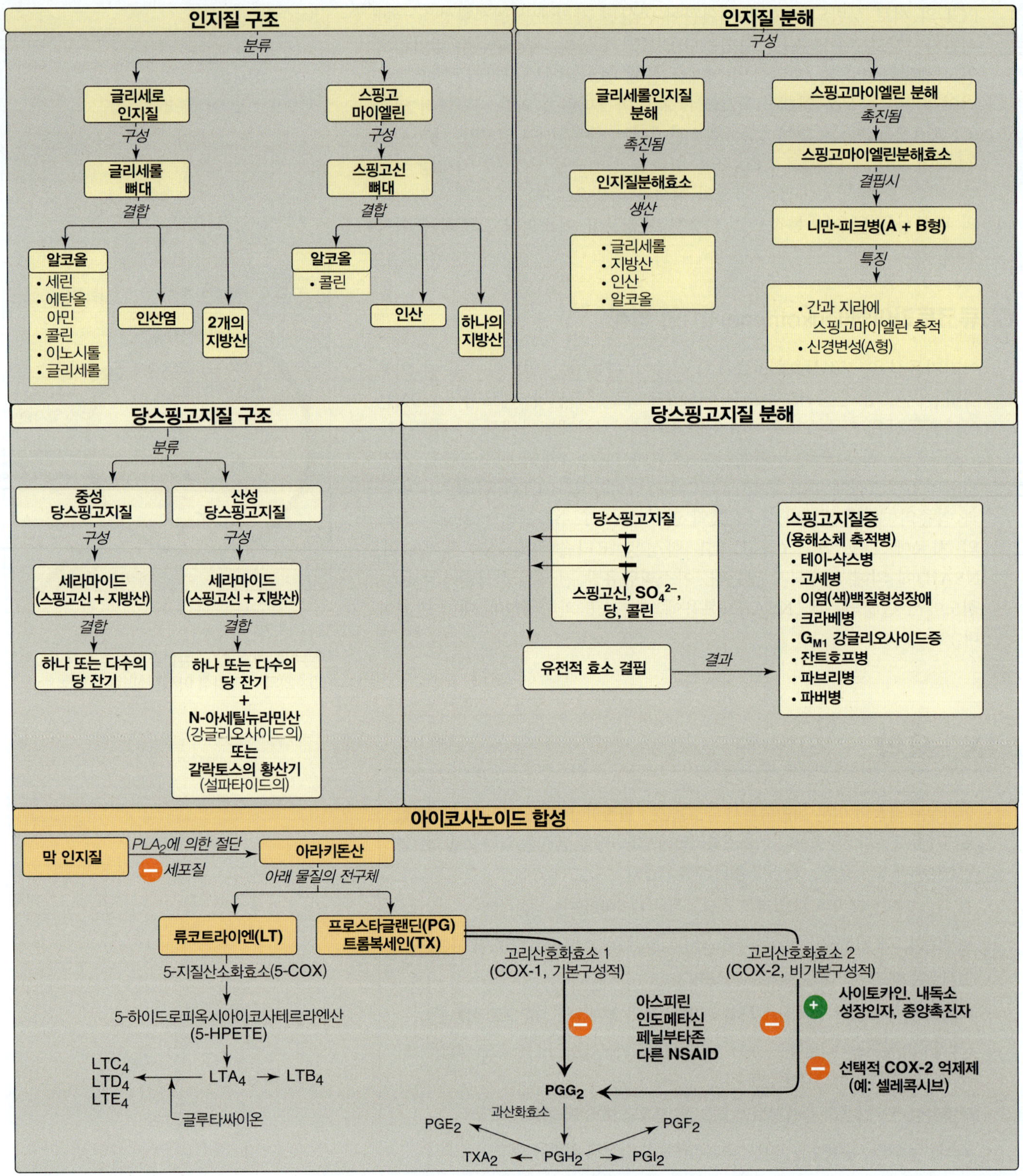

그림 17.25

복합지질(인지질, 당스핑고지질, 아이코사노이드)의 핵심 개념도. PLA_2 = 인지질분해효소 A_2; SO_4^{2-} = 황산염 이온; NSAID = 비스테로이드함염제.

- **인지질분해효소** C에 의한 분해 과정에서 만들어진 생성물인 **1,4,5-삼중인산이노시톨**(IP_3)와 **다이아실글리세롤**은 세포속 **칼슘**의 동원과 세포 반응을 일으키기 위해 협동적으로 작용하는 **단백질 인산화효소 C**의 활성화를 매개한다.
- 특정 단백질이 막에 부착하고 있는 PI와 탄수화물 다리를 통해 공유결합(**GPI 고정**)으로 부착할 수 있다(당화 포스파티딜이노시톨; GPI). 조혈세포에서 GPI의 합성이 결핍되면 **발작야간혈색뇨증**(PNH)이란 용혈병이 일어난다.
- 인산글리세라이드의 분해는 모든 조직과 이자액에서 발견되는 **인지질분해효소**에 의해서 이루어진다.
- **스핑고마이엘린**은 **스핑고마이엘린분해효소**라는 용해소체 효소에 의해 세라마이드와 포스포릴콜린으로 분해된다. 스핑고마이엘린분해효소의 결핍은 **니만-픽병(A형 + B형)**을 일으킨다.
- **당스핑고지질**은 탄수화물이 부착된 **세라마이드**의 유도체이다. 하나의 당 분자가 세라마이드에 첨가되면 **세레브로사이드**가 된다. 소당이 첨가되면 **글로보사이드**가 된다. 세라마이드에 산성 **N-아세틸뉴라민산**(NANA) 분자가 첨가되면 **강글리오사이드**가 생성된다.
- 당스핑고지질은 주로 **뇌**와 **말초 신경조직**의 세포막에서 발견되는데, 특히 **말이집**에 높은 농도로 존재한다. 당지질은 **항원성**이 높다. 당지질은 **산성 가수분해효소**에 의해 **용해소체**에서 분해된다. 이 가수분해효소 중 어느 하나라도 결핍되면 각각의 특징적인 스핑고지질이 축적되는 **스핑고지질증**이 발생한다.
- **아이코사노아드**인 **프로스타글랜딘(PG)**, **트롬복세인(TX)**, **류코트라이엔(LT)** 등은 거의 모든 조직에서 소량으로 생산되고 국소적으로 작용하며 아주 짧은 반감기를 갖고 있다.
- **아이코사노이드**는 **염증 반응**의 매개체 역할을 한다. **아라키돈산**은 인간 PGs(두 개의 이중 결합을 가진 PGs)의 주요 부류의 직접적 전구체이다. 리놀레산은 필수 지방산인 **리놀레산**의 연장 및 탈포화에 의해 유도되며, 인지질(일반적으로 PI)의 구성요소로서 막에 저장된다.
- 아라키돈산은 **인지질분해효소** A_2에 의해 인지질로부터 유리된다(코티솔에 의해 억제된다).
- PG와 TX의 합성은 **프로스타글랜딘 엔도퍼옥사이드 생성효소**에 의해 유리 아라키돈산의 산화고리화로 시작하여 **PGH_2**를 생성하는데, 이 효소는 세포질그물의 막 단백질로서 2가지 촉매활성, **즉 지방산 고리산소화효소(COX)**와 **과산화효소**를 갖고 있다.
- PGH_2 생성효소는 **COX-1**(기본구성적 발현)과 **COX-2**의 2개의 동종효소를 갖고 있다.
- 아스피린은 **COX-1, COX-2** 둘 다 비가역적으로 억제한다. PGI_2와 TXA_2의 상반적인 효과는 피덩이 형성을 저지한다.
- **LT**는 **5-지질산소화효소** 경로에서 생성되는 선모양의 분자이다. 이들은 알레르기 반응을 매개하며, 코티솔에 의해 억제되지만 아스피린에 영향을 받지 않는다.

연습문제

가장 올바른 답을 하나만 고르시오.

17.1 아스피린 악화 호흡기 질환(AERD)은 아스피린 복용 후 30분에서 몇 시간 후 기관지 수축을 특징으로 하는 비스테로이드 소염제에 대한 심각한 반응이다. 다음 중 아스피린 악화 호흡기 질환 환자에서 보이는 증상에 대해 가장 잘 설명한 것은? NSAID는:

A. 낭성섬유증막경유전도조절단백질(CFTR)의 활성을 억제하여 분비물의 점도가 높아져 기도를 막는다.
B. 고리산소화효소를 억제하지만 지질산소화효소는 억제하지 않아 아라키돈산을 류코트라이엔 합성으로 유도한다.
C. PGH_2 생성효소의 고리산소화효소를 활성화하여 혈관확장을 촉진하는 프로스타글랜딘 합성이 증가한다.
D. 인지질분해효소를 활성화하여 다이팔미토일포스파티딜콜린(DPPC)의 양을 감소시키고 허파꽈리 허탈(무기폐)을 일으킨다.

정답 = B. 비스테로이드소염제(NSAID)는 고리산소화효소를 억제하지만 지질산소화효소를 억제하지 않기 때문에 이용할 수 있는 어떤 아라키돈산이라도 기관지 협착을 일으키는 류코트리엔 합성에 사용된다. NSAID는 낭성섬유증 막경유 전도조절 단백질(CFTR)에 아무런 영향을 주지 않으며, 이 단백질에 결함이 있는 경우 낭성섬유증을 일으킨다. NSAID가 아닌 스테로이드는 인지질분해효소 A_2를 억제한다. 고리산소화효소는 NSAID에 의해 활성화되지 않고 억제된다. NSAID는 인지질분해효소에 아무런 영향을 주지 않는다.

17.2 임신 28주에 태어난 영아가 급속히 호흡곤란의 증상을 보였다. 임상검사와 영상(X-선) 검사의 결과로부터 영아호흡곤란증후군(IRDS)으로 진단되었다. 이 증후군에 대한 다음의 설명 중 옳은 것은?

A. 아기의 조산과 관련이 없다.
B. II형 허파세포가 너무 적어서 일어난 것이다.
C. 양수의 레시틴/스핑고마이엘린 비가 2보다 클 것이다.
D. 양수의 다이팔미토일포스파티딜콜린(DPPC)의 농도가 만삭(정상) 아기의 경우에 비해 낮을 것으로 예상된다.
E. 사망률이 낮고 쉽게 치료되는 질환이다.
F. 출산 전에 산모에게 계면활성제를 투여하면 치료한다.

정답 = D. 다이팔미토일포스파티딜콜린(DPPC)은 성숙하고 건강한 허파에서 발견되는 허파 표면활성제이다. RDS는 이 물질이 너무 적은 허파에서 발생할 수 있다. 만약 양수의 레시틴/스핑고마이엘린(L/S)의 비가 2 이상이면 신생아의 허파가 충분히 성숙한 것으로 간주한다. 조산아 허파는 그 비가 2보다 낮을 것으로 예상된다. RDS는 II형 허파세포가 너무 적어서 발생하지는 않는다. 이 세포는 임신 28주에 DPPC보다 단지 스핑고마이엘린을 분비할 뿐이다. 출산 전에 산모에게 계면활성제가 아닌 포도당부신피질호르몬을 투여한다. 계면활성제는 표면 장력을 감소시키기 위해 출생 후 아기에게 투여된다.

17.3 10살 된 남아가 발 작열감과 피부의 작은 자주색 반점 때문에 검사를 받았다. 검사 결과는 소변에서 단백질이 검출되었다. 효소 분석은 α-갈락토사이드분해효소 결핍을 나타내었고, 효소대체요법이 추천되었다. 가장 적절한 진단은?

A. 파브리병(Fabry disease)
B. 파버병(Farber disease)
C. 고셰병(Gaucher disease)
D. 크라베병(Krabbe disease)
E. 니만-픽병(Niemann-Pick disease)

정답 = A. 파브리병은 α-갈락토사이드분해효소 결핍으로 발병하는 유일한 X-연관 스핑고지질병이다. 특징으로는 손발의 통증, 자주색 피부 발진, 콩팥과 심장 합병증이다. 소변에서 단백질은 콩팥 손상을 시사한다. 효소 대체요법이 가능하다.

17.4 5살 된 아이가 다리의 통증과 복부팽만으로 소아과에 왔다. 아이의 어머니는 아들이 점점 걷기 어려워 하고 반복적으로 떨어진다고 말을 하였다. 진찰 결과 발달지연과 간비장비대가 있었다. 안저검사에서 황반에 앵두반점이 관찰되었다. 다음 중 어느 조직학적 소견이 진단에 도움을 주는가?

A. 신경세포에 조개껍데기 같은 포함체
B. 세포질액의 구겨진 화장지 구조
C. 골수 안의 거품모양 큰포식세포
D. 큰포식세포속의 구형체

정답 = C. Type 2 니막 픽병은 간비장비대, 신경학적 결손, 황반의 앵두반점으로 진단된다. 조직학적 소견에서 스핑고마이엘린의 축적으로 인한 그물내피계통의 거품모양 큰포식세포가 보인다.

17.5 흉통을 경험하는 사람들에게 현재 의학적으로 추천하는 것은 응급센터를 부르고, 일반 용량의 피복이 없는 아스피린을 씹는 것이다. 아스피린을 추천하는 근거는?

아스피린은 항응고 효과를 가지고 있다: 심혈관을 폐쇄할 수 있는 혈전의 형성을 방지한다. 아스피린은 혈소판에서 비가역적 아세틸화를 통한 고리산소화효소-1에 의해 트롬복세인 A_2 합성을 억제하여 혈소판 활성과 혈관 수축을 억제한다. 일반 용량의 피복이 없는 아스피린을 씹는 것은 아스피린 흡수율을 증가시킨다.

18 콜레스테롤, 지단백질, 스테로이드의 대사

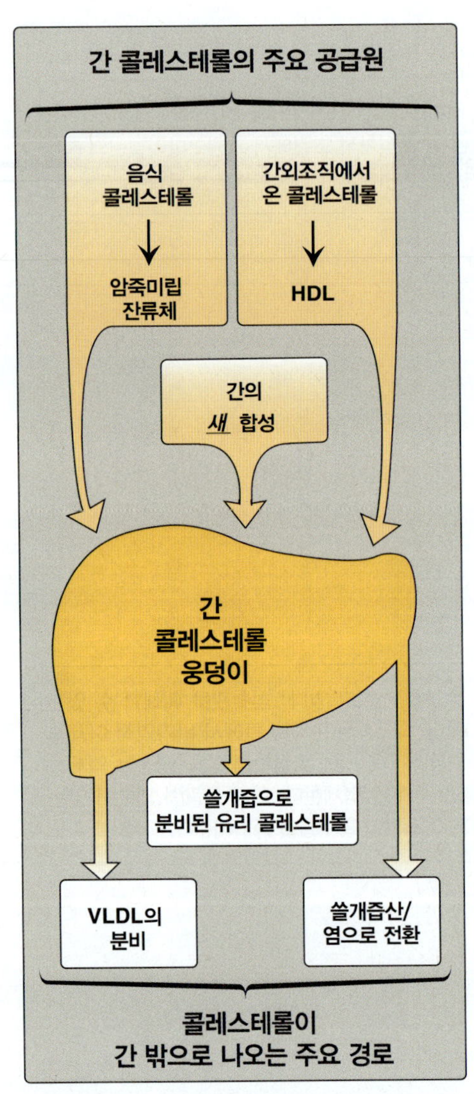

그림 18.1
간 콜레스테롤의 공급원(유입)과 콜레스테롤이 간에서 나가는 경로(유출). HDL = 고밀도지단백질; VLDL = 초저밀도지단백질.

I. 개관

콜레스테롤(cholesterol)은 동물조직에 있는 특징적인 스테로이드 알코올로서 몸에서 여러 가지 중요한 기능을 수행한다. 예로서 콜레스테롤은 모든 세포막의 구조성분으로서 세포막의 유동성을 조절하며, 특정 조직에서는 쓸개즙산(bile acid), 스테로이드 호르몬, 비타민 D 등의 전구체가 된다. 따라서 몸 세포에 콜레스테롤을 적절하게 공급하는 것은 매우 중요한 일이다. 이러한 요구를 충족시키기 위해 수송, 생합성, 조절기전 등의 복잡한 일련의 과정이 진화하게 되었다. 간은 몸의 콜레스테롤 항상성의 조절에서 가장 중심적인 역할을 담당한다. 예를 들면 간이나 그 외의 조직에서 새로(*de novo*) 합성된 콜레스테롤뿐만 아니라 음식 콜레스테롤은 모두 간에 존재하는 콜레스테롤 웅덩이(pool)로 들어간다. 콜레스테롤은 변형되지 않은 상태 그대로 쓸개즙(bile)을 통해 간에서 제거되거나 쓸개즙산염(bile salt)의 형태로 전환되어 창자 속공간으로 분비될 수 있다. 또한 혈장 지단백질(lipoproteins)의 성분이 되어 말초조직으로 보내지기도 한다. 사람의 경우 콜레스테롤의 유입과 유출의 균형 조절이 정교하지 않으면 조직에 특히 혈관내피의 내피에 콜레스테롤이 점차적으로 침착되는 결과를 초래한다. 지질의 침착으로 판(plaque)이 형성되면 혈관협착(죽경화증, atherosclerosis)과 심장혈관병, 뇌혈관병, 말초혈관병 등의 위험성이 증가하는데, 이것은 잠재적으로 생명을 위협하는 결과를 초래한다. 그림 18.1은 간 콜레스테롤의 주요 공급원과 간 밖으로 나가는 경로를 요약하고 있다.

II. 콜레스테롤의 구조

콜레스테롤은 자체가 소수성 화합물이다. 이것은 4개의 융합된 탄화수소 고리(A, B, C, D가 있으며, "스테로이드 핵"이라고 불림)로 구성되며, 고리 D의 C-17에 8개의 탄소를 가진 가지 탄화수소 사슬이 부착하고 있다. 고리 A의 C-3는 수산기(hydroxyl group)를 가지며, 고리 B의 C-5와 C-6 사이에 이중결합이 있다(그림 18.2).

A. 스테롤(sterol)

C-17의 곁사슬에 8~10개의 탄소 원자를, C-3에 수산기를 가지고 있는 스테로이드는 스테롤(sterol)로 분류된다. 콜레스테롤은 동물 조직의 주요 스테롤이다. 새로 합성되거나 음식 콜레스테롤에서 얻어진다. 창자의 콜레스테롤 섭취는 니만-픽 C1 유사 1 단백질에 의해 매개된다. 이것은 음식 콜레스테롤의 흡수를 감소시키는 약물인 이제티마이브(ezetimibe)의 표적 단백질이다(15장 참조). [참고: β-시토스테롤(β-sitosterol)과 같은 식물 스테롤은 몸에 잘 흡수되지 않는다(5% 흡수, 콜레스테롤은 40% 흡수)]. 이들은 창자세포로 들어온 후에 능동수송에 의해 창자 속공간으로 되돌아간다. 수송체(ABCG5/8)의 결함으로 발생하는 시토스테롤혈증은 희귀하며, 식물 스테롤이 혈액과 조직에 저장되어 혈액순환을 줄이고 심정지, 뇌졸중, 돌연사를 유발한다. 일부 콜레스테롤도 또한 이와 유사한 기전으로 수송되므로 식물 스테롤은 음식 콜레스테롤의 흡수를 감소시키는 것으로 보인다. 이러한 기전으로부터 고콜레스테롤혈증(hypercholesterolemia)의 식사치료법이 고안되었다. 식물성 스테로이드 에스터(트랜스 지방산이 없는 마가린 등의 가공식품)를 매일 섭취하는 것이 혈장 콜레스테롤 농도를 낮추는 하나의 음식조절요법 전략이다(27장 참조).

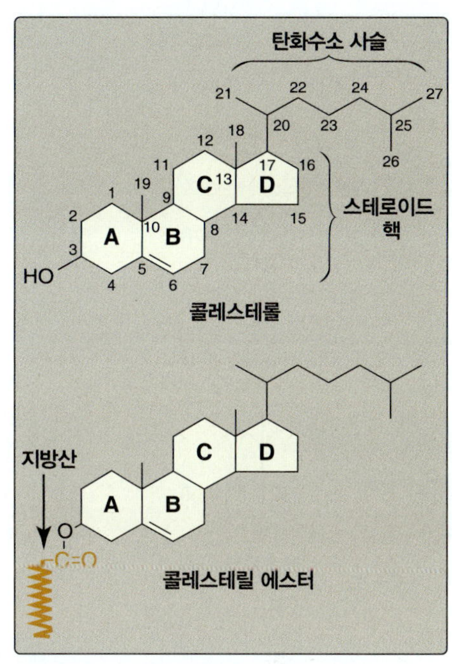

그림 18.2
콜레스테롤과 콜레스테릴 에스터의 구조.

B. 콜레스테릴 에스터(cholesteryl ester, CE)

대부분의 혈장 콜레스테롤은 에스터형(C-3에 지방산이 부착한 형태, 그림 18.2 참조)으로서 유리(비에스터화) 콜레스테롤보다 소수성이 훨씬 강한 구조이다. CE는 세포막에 존재하지 않으며 정상적으로 대부분의 세포에 낮은 농도로만 존재한다. 콜레스테롤과 콜레스테릴 에스터는 소수성 때문에 지단백질 입자의 성분으로서 단백질과 화합하여 운반되거나 쓸개즙에 포함된 인지질과 쓸개즙산염에 의해 용해되어야만 한다.

III. 콜레스테롤 합성

사람의 콜레스테롤은 비록 간, 창자, 부신피질, 생식기관 조직(난소, 고환, 태반) 등이 체내의 콜레스테롤 웅덩이의 가장 큰 공급원이지만 실제로는 모든 조직에서 콜레스테롤이 합성된다. 지방산과 마찬가지로 콜레스테롤 합성에서 모든 탄소 원자는 아세틸 CoA에서, 그리고 환원당량은 NADPH에서 제공된다. 합성 경로는 자유에너지증가반응(endergonic)으로서 아세틸 CoA의 고에너지 싸이오에스터(thioester) 결합과 ATP의 마지막 인산결합(phosphate bond)의 가수분해에 의해 진행된다. 콜레스테롤 합성은 세포질액, 매끈면세포질그물(SER)과 과산화소체 막에 존재하는 효소에 의해 일어난다. 합성 경로는 콜레스테롤 농도변화에 민감하게 반응하고, 조절기전이 있어서 체내의 콜레스테롤 배출속도와 합성속도가 균형을 이룬다. 이 조절의 불균형은 혈장 콜레스테롤의 농도를 증가시켜 잠재적으로 혈관병을 일으킬 수 있다.

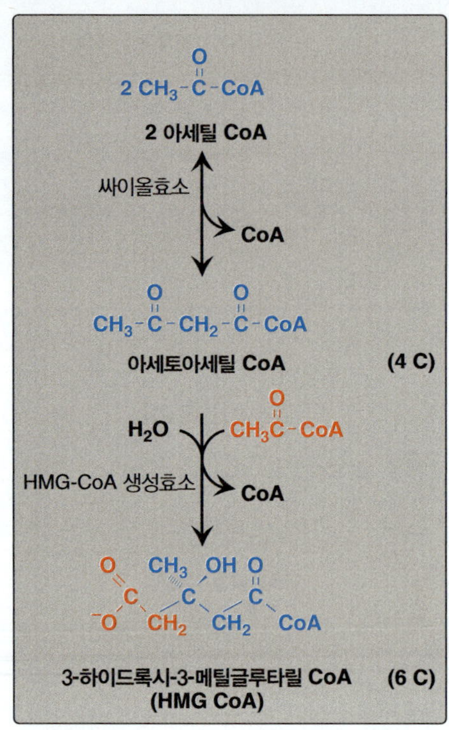

그림 18.3
HMG CoA의 합성. CoA = 보조효소 A.

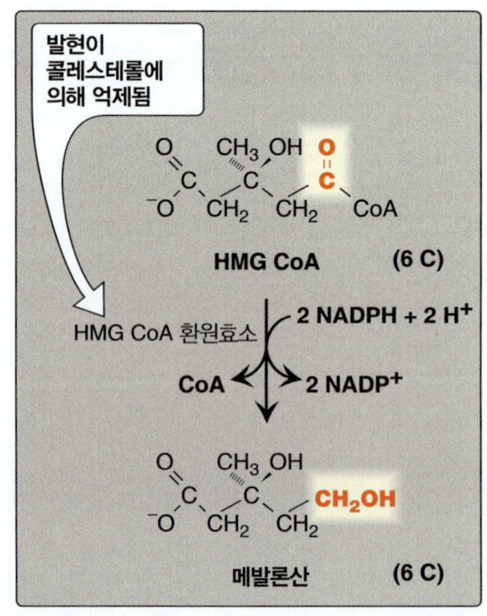

그림 18.4
메발론산의 합성. HMG-CoA = 하이드록시메틸글루타릴 보조효소 A; NADP(H) = 니코틴아마이드 아데닌 다이뉴클레오타이드 인산염.

A. 3-하이드록시-3-메틸글루타릴 CoA(HMG CoA)의 합성

콜레스테롤 합성 경로의 처음 2개의 반응은 케톤체 합성 경로와 유사하다(그림 16.22 참조). 이 반응들을 통해 결과적으로 HMG CoA(그림 18.3)가 생성된다. 먼저 2분자의 아세틸 CoA가 축합하여 아세토아세틸 CoA를 만든다. 다음에 3번째 아세틸 CoA가 첨가되어 육탄소 화합물인 HMG CoA가 생성된다. [참고: 간 실질세포는 2개의 HMG CoA 합성효소의 동종효소를 갖고 있다. 세포질액에 존재하는 효소는 콜레스테롤 합성에 관여하고, 사립체에 존재하는 효소는 케톤체 합성에 참여한다.]

B. 메발론산(mevalonate)의 합성

다음 단계는 HMG CoA가 메발론산으로 환원되는 반응으로서 HMG CoA 환원효소에 의해 촉진되며, 이 반응은 콜레스테롤 합성에서 속도제한 단계로서 핵심 조절단계이다. 이 반응은 세포질액에서 일어나며, 환원제로서 2분자의 NADPH를 사용하고, CoA를 유리하는 비가역반응이다(그림 18.4). [참고: HMG CoA 환원효소는 세포질그물 막에 내재하는 단백질로서 효소의 촉매영역이 세포질액으로 돌출되어 있다. HMG CoA 환원효소의 활성조절은 아래를 참조하라.]

C. 메발론산으로부터 콜레스테롤의 합성

메발론산으로부터의 콜레스테롤 합성에 관여하는 반응과 효소가 그림 18.5에 있다. [참고: 아래 대괄호 속의 번호는 그림 18.5에서 반응의 번호와 일치한다.]

[1] 메발론산은 각각 ATP의 인산기를 운반하는 2단계의 반응에 의해 5-파이로인산메발론산으로 전환된다.

[2] 5-파이로인산메발론산의 카복실기 제거에 의해 5-탄소의 아이소프렌 단위인 아이소펜테닐 파이로인산염(IPP)이 생성된다. 이 반응도 ATP를 사용한다. [참고: IPP는 다양한 기능을 가진 아이소프레노이드 분자족의 전구체이다. 콜레스테롤은 스테롤 아이소프레노이드이다. 비스테롤 아이소프레노이드에는 돌리콜(dolichol)과 유비퀴논(ubiquinone 또는 보조효소 Q)이 있다.]

[3] IPP는 이성질체화에 의해 3,3-다이메틸알릴 파이로인산염(DPP)으로 전환된다.

[4] IPP와 DPP가 축합하여 10-탄소 제라닐 파이로인산염(GPP)을 생성한다.

[5] 두 번째의 IPP가 GPP와 축합하여 15-탄소 파네실 파이로인산염(FPP)이 생성된다. [참고: 단백질에 파네실기가 결합하는 것을 "프레닐화"라고 하며, 이 반응은 단백질을 형질막에 고정시키는 기전 중의 하나이다.]

[6] 2분자의 FPP는 파이로인산을 유리하면서 결합한 후 환원되어 30-탄소 스쿠알렌을 생성한다. [참고: 스쿠알렌은 6개의 아이소프렌 단위로부터 생성된다. 한 분자의 메발론산 잔기가 IPP로 전환되는 반응에

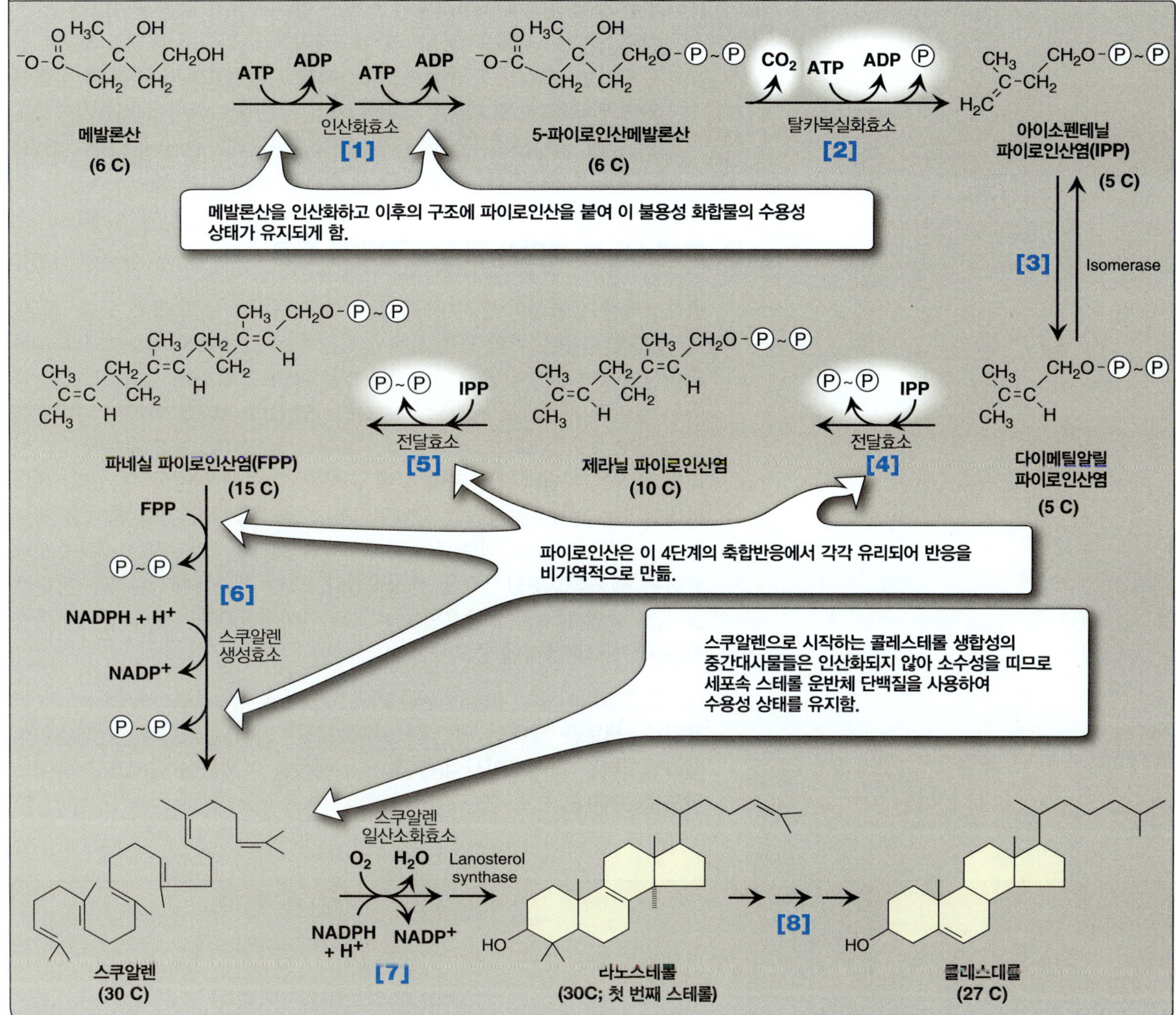

그림 18.5
메발론산으로부터 콜레스테롤의 합성. ADP = 이인산아데노신; Ⓟ = 인산염; Ⓟ~Ⓟ = 파이로인산염; NADP(H) = 니코틴아마이드 아데닌 다이뉴클레오타이드 인산염.

3개의 ATP가 소비되므로 1분자의 스쿠알렌(다중아이소프레노이드)을 합성할 때 18개의 ATP가 소비된다.]

[7] 스쿠알렌은 분자 산소와 NADPH를 사용하는 SER 회합 효소의 촉진되는 일련의 반응을 통해 스테롤인 라노스테롤로 전환된다. 스쿠알렌의 수산화에 의해 라노스테롤의 구조에 고리를 형성하는 것이 촉발된다.

[8] 다단계 과정을 통해 라노스테롤은 콜레스테롤로 전환된다. 이 과정은 ER 회합 과정으로서 곁사슬이 짧아지고, 산화적으로 메틸기가 제거되고, 이중결합이 환원되어 이동한다. 콜레스테롤 생합성에 이상이

있는 보통염색체 열성질환인 스미스-렘리-오피츠 증후군(SLOS)은 7-탈수소콜레스테롤(7-DHC)의 이중결합을 환원시켜 콜레스테롤로 전환시키는 효소인 7-탈수소콜레스테롤-7-환원효소의 부분적 결핍에 의해 발생한다. SLOS는 병변이 여러 기관에 나타나는 배아기형증후군 중의 하나로서 콜레스테롤 합성의 이상과 관련이 있다. [참고: 7-DHC는 피부에서 비타민 D_3로 전환된다(28장 참조)]

D. 콜레스테롤 생합성 과정의 갈래점 반응

콜레스테롤 생합성의 중간대사물들은 다른 물질로 변화될 수 있다. 첫 번째 갈래점 반응은 위의 과정[2]에서 시작하는데, 이는 아이소펜테닐 파이로인산염(IPP, 5C)의 합성 과정이다(그림 18.6). 5-탄소에 아이소프렌을 붙이는 일련의 과정으로 제라닐 파이로인산염(GPP, 10C), 파레닐 파이로인산염(FPP, 15C), 제라닐제라닐 파이로인산염(GGPP, 20C)을 만든다. 이러한 물질들은 단백질을 지방 안에 고정할 수 있게 변경할 수 있다. 헴의 파네실화는 전자수송사슬의 사이토크롬 *a* 안의 특별한 헴인 헴 A를 생산한다. 종양유전자 ras 단백질의 파네실화와 제라닐제라닐화는 세포증식과 관련된 세포신호전달기전을 활성화환다. 또한 제라닐제라닐화는 당단백질 생성 동안 당전달에 중요한 돌리콜과 산화인산화에 지용성 전자운반자인 유비퀴논의 생성에 중요하다.

비스포스포네이트는 뼈엉성증과 파제트병에서 뼈흡수를 억제하는 데 이용된다. 새로운 세대인 비스포스포네이트는 파레닐 파이로인산염(FPP), 제라닐제라닐 파이로인산염(GGPP)의 생성을 억제하여 암세포를 죽이는 것으로 보인다.

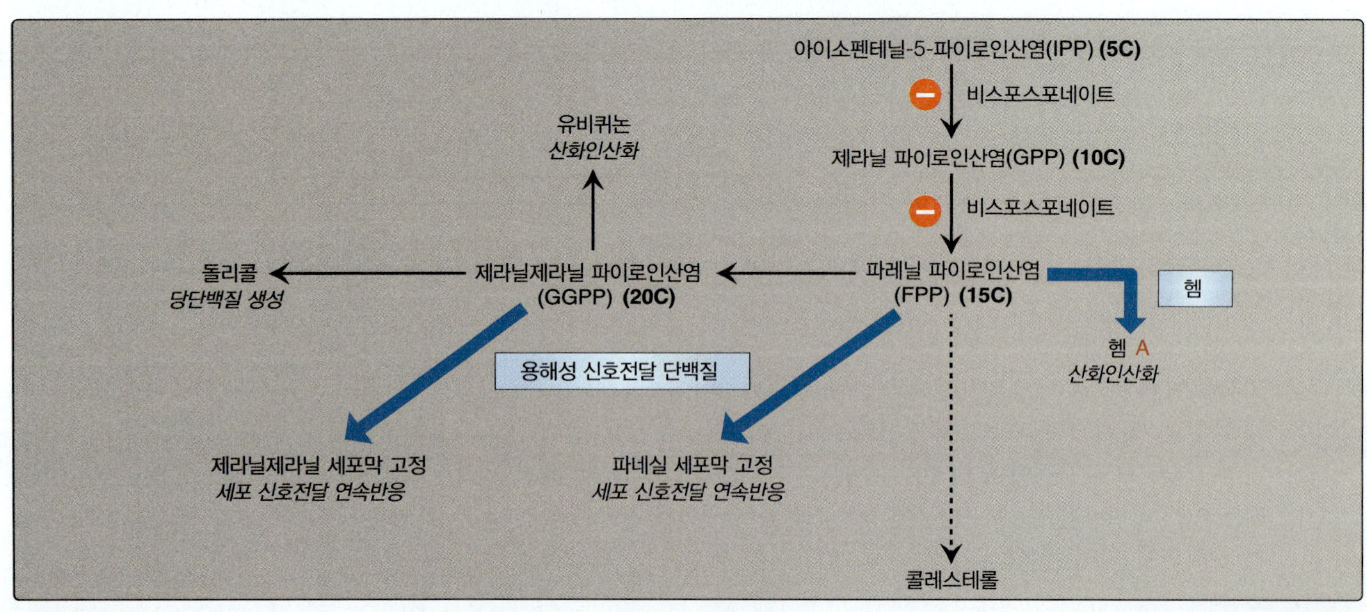

그림 18.6
콜레스테롤 생합성 과정의 갈래점 반응. *가는 화살표*는 효소적 또는 화학적 전환을 의미하며, *두꺼운 화살표*는 단백질 변형을 의미함. 단백질 변형 아래 이탤릭체는 그 단백질이 하는 역할을 의미함. PP = 파이로인산염.

E. 콜레스테롤의 합성 조절

속도제한 효소인 HMG CoA 환원효소는 콜레스테롤 생합성의 주요 조절점으로 아래와 같은 여러 종류의 대사 조절을 받는다.

1. **유전자 발현의 스테롤 의존 조절:** HMG CoA 환원효소 유전자의 발현은 전사인자인 SREBP-2(스테롤조절요소 결합 단백질)에 의해 제어되는데, SREBP-2는 환원효소 유전자의 시스 작용의 스테롤조절요소(SRE)에 결합한다. SREBP-2는 SER 막의 내재성 단백질로서 두 번째 SER 막단백질인 SCAP(SREBP 절단 활성화 단백질)와 회합하고 있다. 세포의 스테롤 농도가 낮으면 SREBP-SCAP 복합체가 ER에서 나와 골지막으로 들어간다. 골지에서 SREBP-2는 2가지의 단백질분해효소의 연속적인 작용으로 수용성 조각으로 되고, 이것이 핵으로 들어가 전사인자로 작용한다. 결과적으로 HMG CoA 환원효소의 합성이 증가하여 콜레스테롤 합성이 증가한다(그림 18.7). 그러나 스테롤 농도가 높으면 자신의 스테롤 감지 영역에 있는 SCAP와 결합하여 SCAP가 또 다른 ER 막단백질(insig 단백질)에 결합하도록 유도한다. 결과적으로 SER에 SREBP-SCAP 복합체가 정체되어 SREBP-2의 활성화가 억제되고 콜레스테롤 합성을 하향조절한다. [참고: SREBP-1c는 인슐린에 반응하여 지방산 합성에 관여하는 효소의 발현을 상향조절한다.]

2. **스테롤가속 효소분해(sterol-accelerated enzyme degradation):** 이 환원효소 자체는 SER 막의 스테롤 감지 내재단백질이다. 세포의 스테롤 농도가 높으면 이 환원효소는 INSIG 단백질과 결합한다(그림 18.7

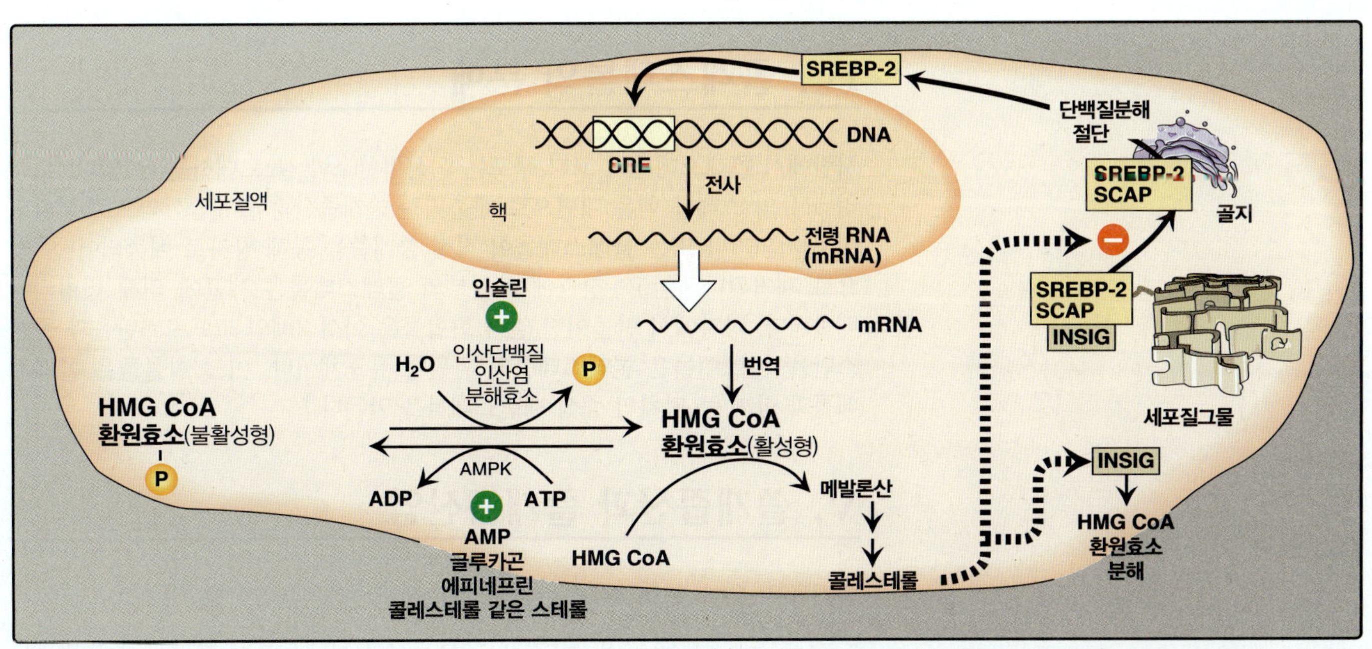

그림 18.7
HMG CoA 환원효소의 조절. SRE = 스테롤 조절요소; SREBP = 스테롤조절요소 결합 단백질; SCAP = SREBP 절단 활성화 단백질; AMPK = 일인산아데노신 활성화 단백질인산화효소; ADP = 이인산아데노신; P = 인산염; mRNA = 전령 mRNA.

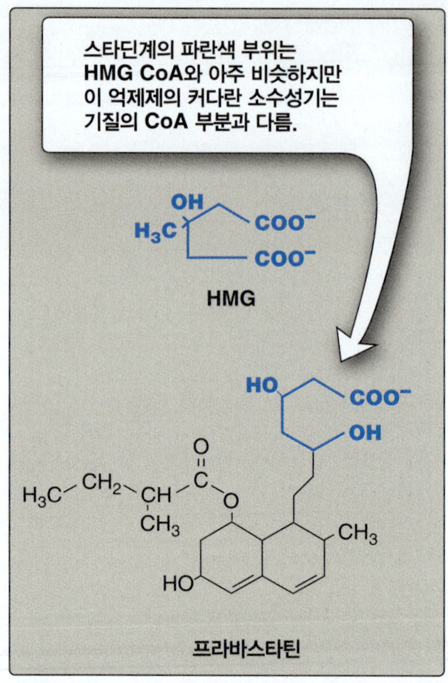

그림 18.8
HMG와 프라바스타틴의 구조적 유사성. 이것은 임상에서 콜레스테롤을 낮추기 위해 사용하는 스타틴계 약물임. CoA = 보조효소 A.

참조). 이 결합에 의해 이 분해효소의 유비퀴틴화와 단백소체 분해가 진행된다(19장 참조).

3. **스테롤 비의존 인산화/탈인산:** HMG CoA 환원효소 활성은 AMP 활성화 단백질 인산화효소(AMPK)와 인산단백질 인산염분해효소를 통해 공유결합적으로 제어된다(그림 18.7 참조). 이 효소가 인산화되면 불활성형이 되는 반면에 탈인산되면 활성형이 된다. [참고: AMPK는 AMP에 의해 활성화되므로 지방산 합성과 같이 콜레스테롤 합성은 ATP 이용도가 감소하면 똑같이 감소한다.]

4. **호르몬에 의한 조절:** HMG CoA 환원효소의 양과 활성도는 호르몬에 의해 제어된다. 인슐린이 증가하면 HMG CoA 환원효소의 탈인산화(활성화)하고, 글루카곤, 에피네프린과 충분한 콜레스테롤은 반대의 효과를 나타낸다(그림 18.7 참조).

5. **약물에 의한 억제:** 아토바스타틴, 플루바스타틴, 로바스타틴, 프라바스타틴, 로수바스타틴, 심바스타틴과 같은 스타틴계 약물은 HMG CoA의 구조 유사체로서 HMG CoA 환원효소의 가역적 및 경쟁적 억제제이다(그림 18.8). 이 약들은 고콜레스테롤혈증의 혈장 콜레스테롤 농도를 낮추기 위해 사용된다. 스타틴계 약물의 주요 부작용은 근육 통증, 피로, 쇠약, 횡문근융해이다. 이러한 부작용은 헴 A와 유비퀴논 합성이 저해되었기 때문으로 두 물질 모두 에너지의 산화인산화에 필수적이기 때문이다(그림 18.6). 유전적 다형성 역시 스타틴계 약물의 생리적 반응에 영향을 준다. 예를 들어, 유기음이온 수송 폴리펩타이드(OATP1B1, SLCO1B1)의 뉴클레오타이드 521번 T>C 다형성은 심바스타틴 근육병의 생물표지자로써 쓰인다.

IV. 콜레스테롤의 분해

사람에서 콜레스테롤의 고리 구조는 이산화탄소와 물로 대사될 수 없다. 오히려 고유의 스테롤 핵은 대변으로 배출되는 쓸개즙산과 쓸개즙산염으로 전환되어 제거되거나 또는 콜레스테롤이 직접 쓸개즙을 통해 창자로 배출되어 몸 밖으로 제거된다. [참고: 창자에서 일부의 콜레스테롤은 세균에 의해 변형되어 배출된다. 창자에서 만들어진 일차 화합물은 이성질체인 코프로스탄올과 콜레스탄올이며, 이들은 콜레스테롤의 환원형 유도체이다. 이 화합물들은 콜레스테롤과 함께 큰 덩치의 중성 대변스테롤을 만든다.]

V. 쓸개즙산과 쓸개즙산염

쓸개즙은 유기 및 무기 화합물이 물속에서 혼합된 것이다. 포스파티딜콜린(PC) 또는 레시틴(17장 참조)과 포함된 결합쓸개즙산은 쓸개즙에 존재하는 양적으로 가장 많은 유기화합물이다. 쓸개즙은 합성 장소인 간에서 온쓸개관(common bile duct)을 통해 샘창자로 직접 배출되거나 소화에 당장 사용되지 않으면 쓸개(gallbladder)에 저장된다.

A. 쓸개즙산(bile acid)의 구조

쓸개즙산은 24-탄소 화합물로서 2~3개의 수산기와 곁사슬 말단에 카복실기를 함유한다(그림 18.9A). 카복실기는 pK_a는 약 6이므로 생리적 pH에서 완전히 이온화되지 않는다. 샘창자(pH가 약 6)에서 이 카복실기는 분자(쓸개즙산)의 반이 양성자를 내놓는다. 그러나 쓸개즙산과 쓸개즙산염이란 용어를 종종 섞어 사용한다. 하지만 두 가지 모두 수산기가 고리 평면의 아래에 α-위치를 하고 메틸기가 고리 평면의 위에 β-위치를 하고 있다. 따라서 극성과 비극성 표면을 모두 가지고 있는 쓸개즙산은 창자에서 유화제로 작용할 수 있어 음식 지방(트라이아실글리세롤)과 다른 복합 지질이 이자 소화효소에 의해 잘 분해될 수 있도록 도와준다(그림 18.9B).

B. 쓸개즙산의 합성

쓸개즙산은 간에서 많은 소기관의 다단계 경로를 통해 합성된다. 이 과정에서 스테로이드 구조의 특정 부위에 수산기가 삽입되고, 콜레스테롤의 B 고리에 있는 이중결합이 환원되고, 탄화수소 사슬은 탄소 3개 길이가 짧아지고, 사슬 끝에 카복실기를 만든다. 가장 흔한 생성물은 콜산(트라이올)과 케노데옥시콜산(CDC, 다이올, 그림 18.9B)으로서, 이들을 "일차(primary)" 쓸개즙산이라 일컫는다. 쓸개즙산 합성의 속도제한 단계는 7-α-수산화효소에 의해 스테로이드 핵의 7번 탄소에 수산기를 만드는 반응이다. 이 효소는 간에만 존재하는 SER 회합 사이토크롬 P450 일산소화효소이다. 이 효소의 발현은 콜레스테롤에 의하여 상향조절되고, 쓸개즙산에 의해 하향조절된다(그림 18.10). 증가된 간의 콜레스테롤은 핵수용체

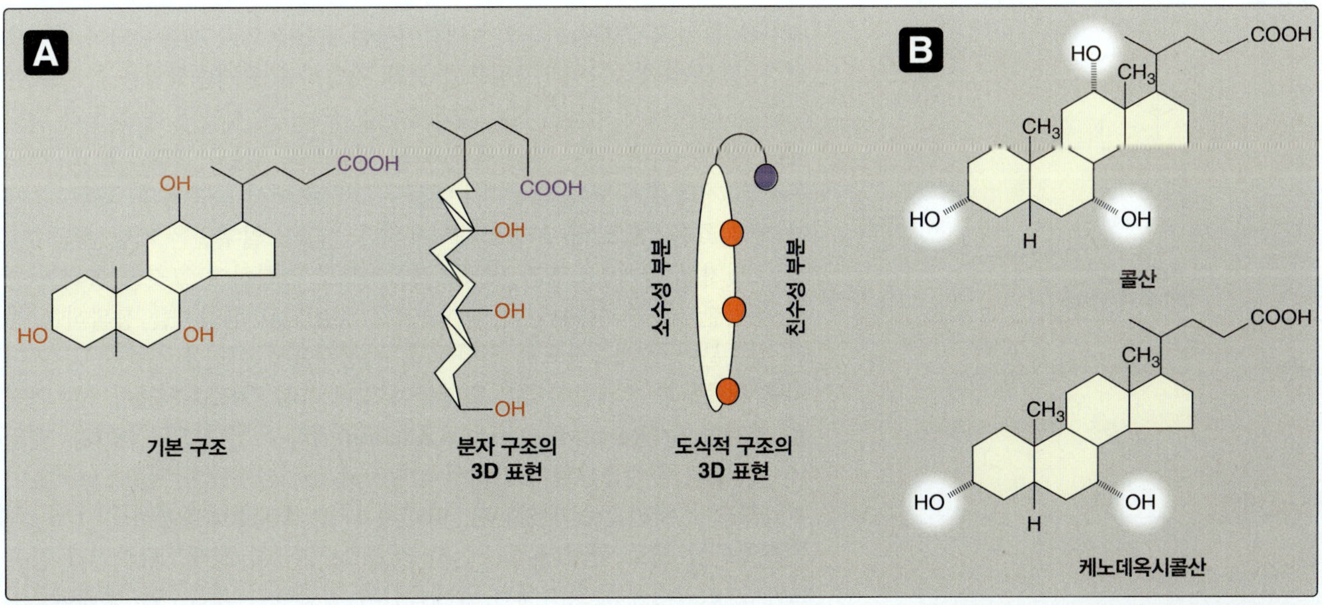

그림 18.9

A: 쓸개즙산의 구조. 소수성(무극성)과 친수성(극성) 표면들이 창자 표면에서 지방유화와 지방소화에 도움을 준다. *타원형 구조물*이 콜레스테롤 기본구조이고, *빨간색 공모양*이 하이드록실기(–OH)를 표현한다. *보라색 공모양*은 카복실기(–COOH)를 표현한다. B: 사람 쓸개즙에 가장 많은 쓸개즙산(콜산과 케노데옥시콜산).

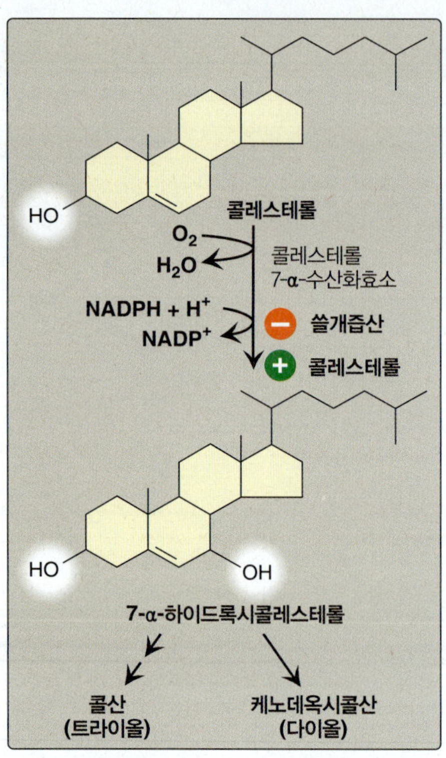

그림 18.10
쓸개즙산인 콜산과 케노데옥시콜산의 콜레스테롤로의 합성과 조절.

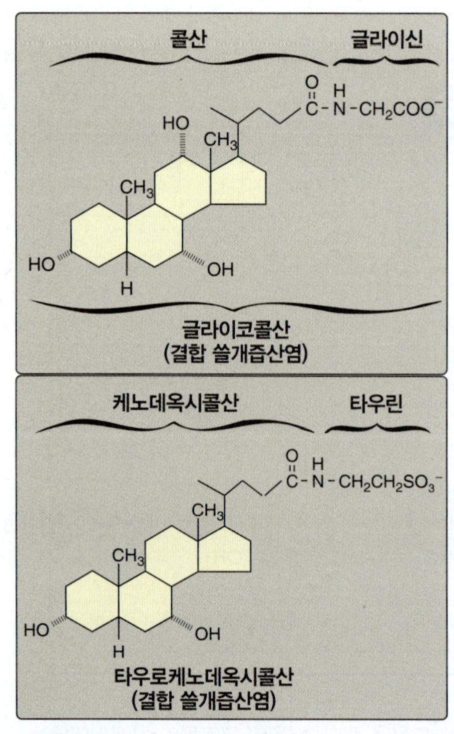

그림 18.11
결합 쓸개즙산염. 명칭에서 "cholic"에 주목하라.

간 X 인자(LXR)를 자극하여 콜레스테롤-7-α-수산화효소의 발현을 증가시킨다. 증가된 쓸개즙산은 다른 핵수용체인 쓸개즙산수용체(BAR, 다른 이름은 FXR)를 통해 콜레스테롤-7-α-수산화효소의 발현을 감소시킨다.

C. 쓸개즙산염(bile salt)의 결합

쓸개즙산은 간에서 나오기 전에 글라이신이나 타우린(시스테인 대사의 최종생성물) 분자와 결합하는데, 이 화합물들의 아미노기와 쓸개즙산의 카복실기 사이에 생기는 아마이드 결합으로 연결된다. 이 새로운 구조에는 글라이코콜산 및 글라이코케노데옥시콜산과 타우로콜산 및 타우로케노데옥시콜산이 포함된다(그림 18.11). 쓸개즙산염의 글라이신계와 타우린계의 비율은 약 3:1이다. 글라이신이 첨가되면 pK_a가 낮은 카복실기가 만들어지고, 타우린이 첨가되면 설폰산기가 만들어지는데, 이들은 모두 생리적 pH에서 완전히 이온화되기(음전하를 띤다) 때문에 이 결합형을 쓸개즙산염이라 부른다. 쓸개즙산염은 강화된 친양쪽성 때문에 쓸개즙산보다 더 효과적인 유화제이다. 따라서 쓸개즙에서는 오직 결합 형태인 쓸개즙산염만이 발견된다. 콜레스테롤이 쓸개즙산으로 전환되는 과정이 유전적으로 결핍된 환자의 치료는 외부에서 케노데옥시콜산을 공급하는 것이다.

> 쓸개즙산염은 콜레스테롤 배출에 대한 아주 중요한 기전을 제공하는데, 이것은 콜레스테롤의 대사 생성물로 그리고 쓸개즙에서 콜레스테롤의 유화제로 작용한다.

D. 창자간 순환(enterohepatic circulation)

창자로 분비된 쓸개즙산염의 95% 이상이 효율적으로 재흡수되어 재사용된다. 간은 쓸개즙산염배출펌프를 통해 활발하게 쓸개즙산염을 쓸개로 분비한다. 창자에서 이들은 Na^+-쓸개즙산염 공동수송체를 통해 돌창자 말단에서 재흡수되고, 다른 수송계를 통해 혈액으로 되돌아간다. [참고: 리토콜산은 거의 흡수되지 않는다.] 이들은 간세포에서 동종형의 공동수송체를 통해 효율적으로 흡수되고 재사용된다. [참고: 알부민은 지방산을 수송하는 것처럼 쓸개즙산염과 비공유결합적으로 결합하여 그것을 혈액을 통해 운반한다.] 쓸개즙산염이 쓸개즙으로 분비되고 샘창자를 통과하는 동안 일부분이 쓸개즙산으로 전환되고, 돌창자에서 이들을 흡수하고, 이어서 쓸개즙산과 쓸개즙산염이 혼합물이 되어 다시 간으로 되돌아가는 과정을 창자간 순환(enterohepatic circulation)이라 부른다(그림 18.12). 매일 15~30 g의 쓸개즙산염이 간에서 샘창자로 분비되지만 단지 0.5 g(3% 미만) 정도가 대변으로 배설된다. 따라서 매일 콜레스테롤에서 약 0.5 g의 쓸개즙산이 새로 합성되어 소실된 것을 보충한다. 콜레스티라민과 같은 쓸개즙산 격리제는 창자에서 쓸개즙산과 결합하여 재흡수를 방해하므로 배설을 촉진한다. 이렇게 쓸개즙산이 제거되면 간에서 쓸개즙산 합성의 억제가 풀려 다시 합성이 증가하고 이 합성 경로에서 사용하는 콜레스테롤이 증가하기 때문에 이것은 고콜레스테롤혈증의 치료에 사용된다. [참고: 음식 섬유질도 쓸개즙산과 결합하여 배설을 증가시킨다(27장 참조).]

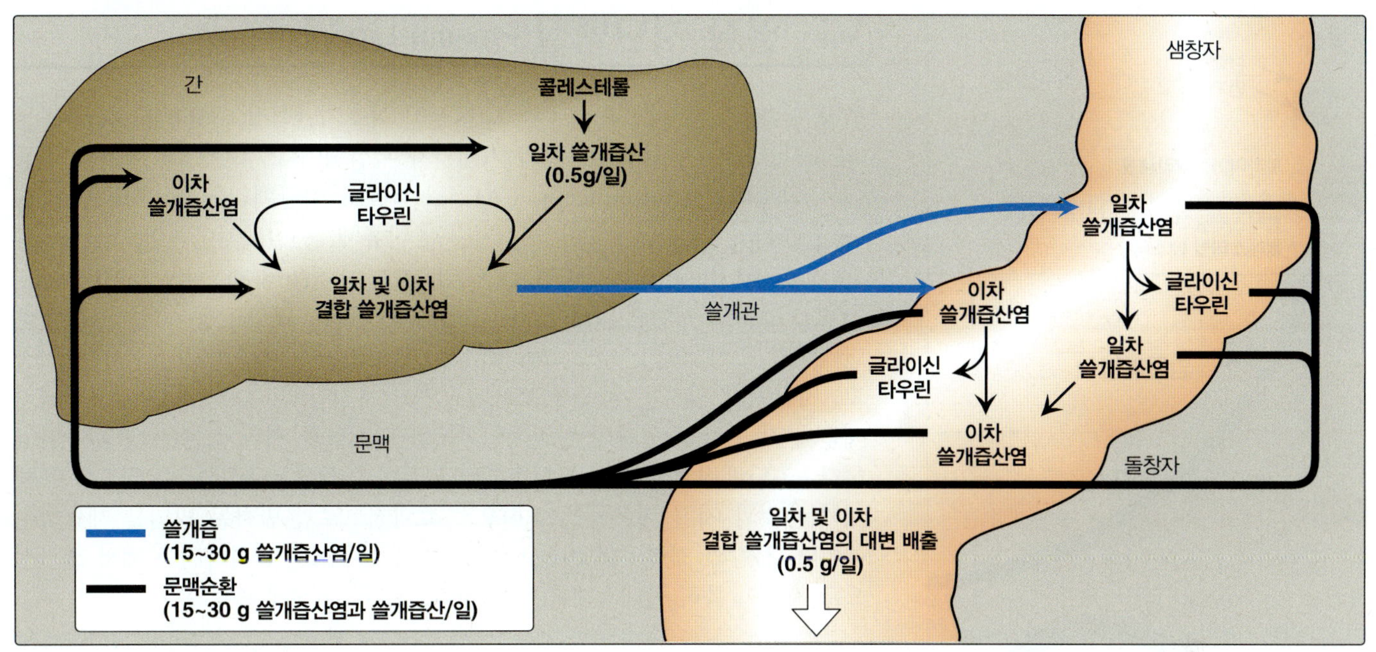

그림 18.12
쓸개즙산염의 창자간 순환. [참고: 일차형은 탈수산화에 의해 이차형으로 전환된다.]

E. 쓸개즙산염에 대한 세균 작용

창자간 순환 이후 일부 쓸개즙산이 잘록창자에 도달하면, 창자 세균무리에 의해 변형될 수 있다. 창자의 세균은 쓸개즙산염에서 글라이신과 타우린을 제거하여 쓸개즙산을 재생시킬 수 있다. 이 세균들은 또한 탄소 7을 일차 쓸개즙산의 수산기를 제거해서 이차(secondary) 쓸개즙산으로 전환시킬 수도 있다. 콜산으로부터 데옥시콜산이, 케노데옥시콜산으로부터 리토콜산이 생성된다. 이러한 이차 쓸개즙산의 일부분이 잘록창자의 상피세포으로 흡수되어 수산기가 합성되어 이차 쓸개즙산염이 된다. 나머지는 대변으로 배출된다.

F. 쓸개즙산염 결핍증: 담석증(cholelithiasis)

콜레스테롤이 간에서 쓸개즙으로 이동할 때 인지질과 쓸개즙산염의 배출이 동반되어야 한다. 두 물질의 동반과정이 중단되고 기존의 쓸개즙산염과 레시틴의 유화 능력보다 더 많은 콜레스테롤이 쓸개즙으로 들어가면 콜레스테롤이 쓸개에서 침전되어 콜레스테롤 담석병(담석증)이 생긴다(그림 18.13). 이 질환은 전형적으로 쓸개즙에 쓸개즙산이 감소할 때 발생한다. 쓸개돌증은 파이브레이트(fibrate)를 복용했을 때 나타나는 것처럼 쓸개관으로 콜레스테롤 배출이 증가할 때에도 발생할 수도 있다. 복강경 쓸개절제술이 현재 가장 좋은 치료법이다. 그러나 수술을 할 수 없는 경우에는 쓸개즙산의 일종인 케노데옥시콜산(CDC)을 장기간 복용한다. 이것은 몸에 쓸개즙산을 공급하여 점차적으로(몇 개월에서 몇 년 동안) 담석을 녹인다. [참고: 콜레스테롤 담석이 85% 이상을 차지하고, 나머지는 빌리루빈 담석과 혼합형이 차지한다.]

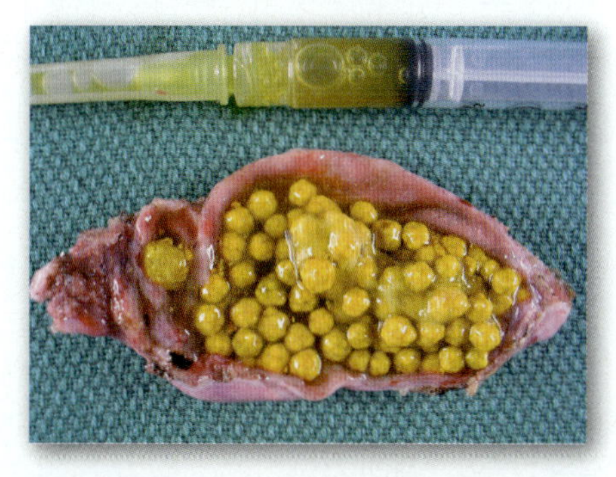

그림 18.13
담석(gallstone)이 들어 있는 쓸개(gallbladder).

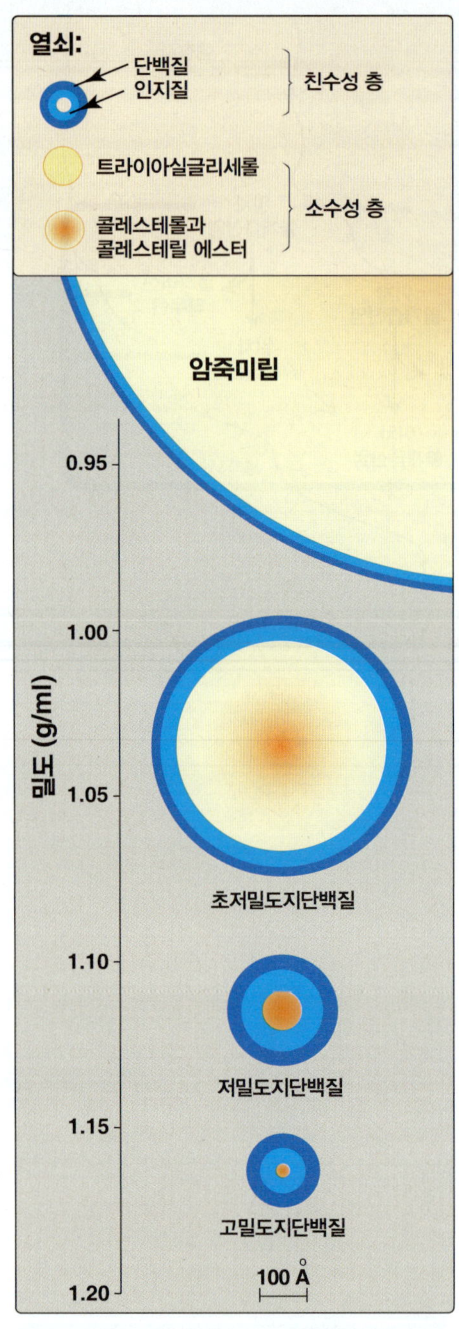

그림 18.14
혈청 지단백질의 대략적 크기와 밀도. 지단백질의 각 성분은 일정 범위의 크기와 밀도를 갖는데, 이 그림은 대표 값을 보여준다. 고리의 폭은 각 성분의 대략적인 양이다. [참고: 콜레스테롤과 그 에스터는 각 입자의 중심에서 한 성분으로 보여주고 있지만 실제로는 콜레스테롤은 표면에 존재하는 성분이고 콜레스테릴 에스터는 지단백질의 안쪽에 존재한다.]

VI. 혈장 지단백질(Plasma Lipoprotein)

혈장 지단백질은 지질과 특수한 단백질인 아포지단백질(apolipoprotein 또는 apoprotein)로 이루어진 구형의 거대분자 복합체이다. 지단백질 입자의 종류에는 암죽미립(chylomicron, CM), 초저밀도 지단백질(very-low-density lipoprotein, VLDL), 초저밀도 지단백 잔류체, 중밀도지단백질(intermediate-density lipoprotein, IDL), 저밀도 지단백질(low-density lipoprotein, LDL), 고밀도 지단백질(high-density lipoprotein, HDL) 등이 있다. 이들은 단백질의 조성, 크기, 밀도(그림 18.14), 합성장소 등에서 지질과 다르다. [참고: 지단백질 입자는 지속적으로 지질과 아포지단백질을 서로서로 교환하기 때문에 각 종류의 입자의 실질적인 아포지단백질과 지질 성분은 상당히 다양하다.] 지단백질의 기능은 구성성분인 지질이 혈장에서 운반될 수 있도록 용해시키는 것과 지질 내용물을 조직으로 효과적으로 운반하는 방법을 제공하는 것이다. 사람의 지질 수송계는 다른 동물의 경우보다 완벽하지 못해서 결과적으로 지질이(특히 콜레스테롤이) 점차적으로 몸 조직에 축적된다.

A. 혈장 지단백질의 구성

지단백질은 중성지질 핵심(TAG와 CE를 함유)과 친양쪽성 아포지단백질, 인지질, 에스터화되지 않은 비에스터화(유리) 콜레스테롤 등을 함유한 외피가 핵심을 둘러싼 형태로 구성된다(그림 18.15). 이러한 친양쪽성 혼합물의 극성 부위는 지단백질의 표면에 노출되어 입자가 수용액에 녹을 수 있다. 지단백질에 의해 운반된 트라이아실글리세롤과 콜레스테롤은 식사로부터 제공되거나(외인성 공급원) 생합성된다(내인성 공급원). [참고: 혈장 지단백질의 콜레스테롤(C) 함량은 일상적으로 공복 혈액에서 측정한다. 프리데발트식(Friedewald equation) [LDL-C = Total C − HDL-C − TAG/5]을 이용하여 혈청 내에서 총콜레스테롤, HDL과 TAG의 농도를 측정하면 LDL-콜레스테롤의 농도를 계산할 수 있다. 이 계산식은 TAG/콜레스테롤의 비율이 VLDL에서 5:1의 비율로 가정하여 계산된 값, 즉 TAG가 VLDL의 20%를 차지한다고 가정한 값이다. 총콜레스테롤의 목표치는 200 mg/ml 이하이다.]

1. **지단백질 입자의 크기와 밀도:** CM은 밀도가 가장 작고, 크기가 가장 크며, 지질의 백분율이 가장 높고, 단백질의 백분율은 가장 낮은 지단백질이다. VLDL과 LDL은 지질에 대한 단백질의 비율이 높아져서 밀도도 높아진다. HDL 입자의 밀도가 가장 높다. 혈장 지단백질은 전기영동 이동성의 차이를 이용하거나(그림 18.16) 밀도 차이에 따른 초고속원심분리법을 이용하여 분리할 수 있다.

2. **아포지단백질:** 지단백질 입자에 결합된 아포지단백질은 여러 가지의 다양한 기능을 수행한다. 예를 들면 세포표면 수용체에 대한 인식 부위를 제공하거나 지단백질 대사에 관련된 효소의 활성자나 보조효소로 작용한다. 일부의 아포지단백질은 입자 구조에 필수적인 성분이므로 절대로 제거될 수 없다(실제로 이 단백질이 없으면 지단백질이 형성될 수 없다.). 반면에 다른 아포지단백질은 지단백질 사이를 자유롭게 이

동한다. 아포지단백질은 구조와 기능에 따라 문자로 표시되는 여러 주요 부류(class)로 분류되며, apo C-1, apo C-II, apo C-II의 예에서 볼 수 있는 것처럼 대부분의 분류는 아류(subclass)를 갖는다. [참고: 모든 아포지단백질의 기능이 아직 잘 모른다.]

B. 암죽미립(CM)의 대사

CM은 창자 점막세포에서 조립되어 음식(외인성) TAG, 콜레스테롤, 지용성 비타민, 콜레스테릴 에스터 등을 주변의 말초 조직으로 운반한다(그림 18.17). [참고: TAG는 암죽미의 90% 정도를 차지하는 지질이다.]

1. **아포지단백질의 합성:** Apo B-48은 암죽미립에만 독특하게 존재하며, 그 합성은 거친면 세포질그물(RER)에서 시작하여 RER과 골지를 경유하여 이동하는 동안 당화가 일어난다. [참고: Apo B-48은 apo B 유전자에 부호화된 단백질의 N-말단 쪽으로 48%의 부분이기 때문에 이 이름이 붙여진 것이다. 한편 apo B-100은 간에서 합성되는 VLDL과 LDL에서 발견되는 아포지단백질로서 apo B 유전자에 부호화된 단백질 전체를 나타낸다. Apo B-48의 경우, 창자의 apo B-100 mRNA가 전사후편집(33장 참조)에서 사이토신에서 유라실로 교체되면서 정지 코돈이 만들어져(33장 참조) mRNA의 48%만이 번역된다.]

2. **암죽미립의 조립:** TAG, 콜레스테롤, 인지질 등의 합성에 필요한 효소는 매끈면 세포질그물(SER)에 존재한다. 아포지단백질과 지질이 암죽미립으로 조립될 때 세포질그물의 TAG 전달 단백질(MTP)이 필요하다. 이 단백질은 apo B-48에 지질을 실어 담는다. 그 다음에 세포질그물에서 골지로 이동하고, 골지에서 입자가 분비소포로 포장된다. 이 소포는 형질막과 융합하여 지단백질로 분비되고 다음에 림프계통을 거쳐 궁극적으로 혈액으로 들어간다. [참고: 암죽미립은 림프계를 떠나 가슴관을 통해 왼쪽빗장밑정맥으로 들어간다.]

3. **신생 암죽미립 입자의 변형:** 창자 점막세포에서 분비된 입자는 기능적으로 불완전하기 때문에 "신생" 암죽미립이라고 부른다. 이 입자가 혈장에 도달하면 재빨리 변형되어 apo E(간에 있는 수용체에 의해 인식됨)와 apo C를 받아들인다. Apo C는 apo C-II를 포함하며, apo C-II는 암죽미립에 함유된 TAG를 분해하는 효소인 지단백질 지질분해효소의 활성화에 필요하다. 이 아포지단백질의 공급원은 순환 중인 HDL이다(그림 18.17 참조). [참고: TAG가 많은 지단백질의 apoC-III는 지단백질 지질분해효소를 억제한다.]

4. **지단백질 지질분해효소(LPL)에 의한 트라이아실글리세롤의 분해:** LPL은 모세혈관 벽에 황산헤파란을 통해 부착되어 있는 효소로서 대부분의 조직에 존재하며, 특히 지방조직, 심근, 뼈대근육 등에 아주 많이 존재한다. 그러나 성인의 간에는 이 효소가 없다. [참고: 간 내피세포의 표면에 간 지질분해효소가 있지만, 이 효소는 암죽미립과 VLDL의 TAG 분해에 일부의 역할을 하며, HDL 대사에 특히 중요하다.] LPL은 순환 중인 지단백질의 apo C-II에 의해 활성화되어 입자에 함유된 TAG를 분해하여 지방산과 글리세롤을 생성한다. 지방산은 저장

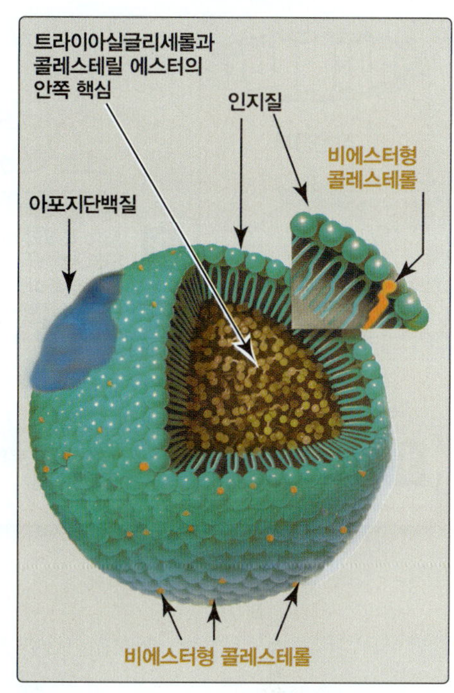

그림 18.15
전형적인 지단백질 입자의 구조.

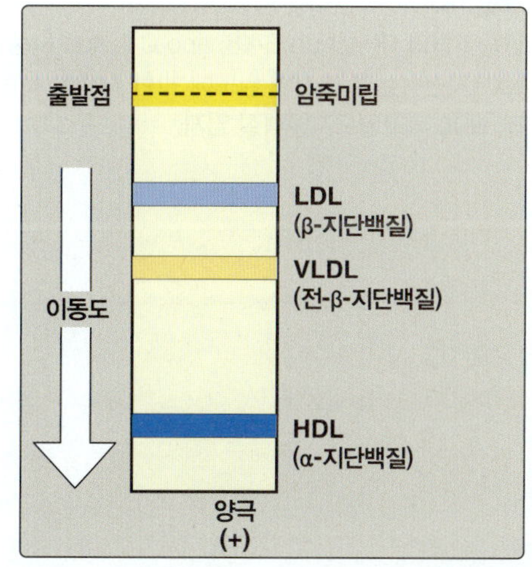

그림 18.16
혈장 지단백질의 전기영동 이동도. [참고: 초원심분리법으로 분리하면 LDL과 VLDL의 순서가 바뀐다.] HDL = 고밀도지단백질.

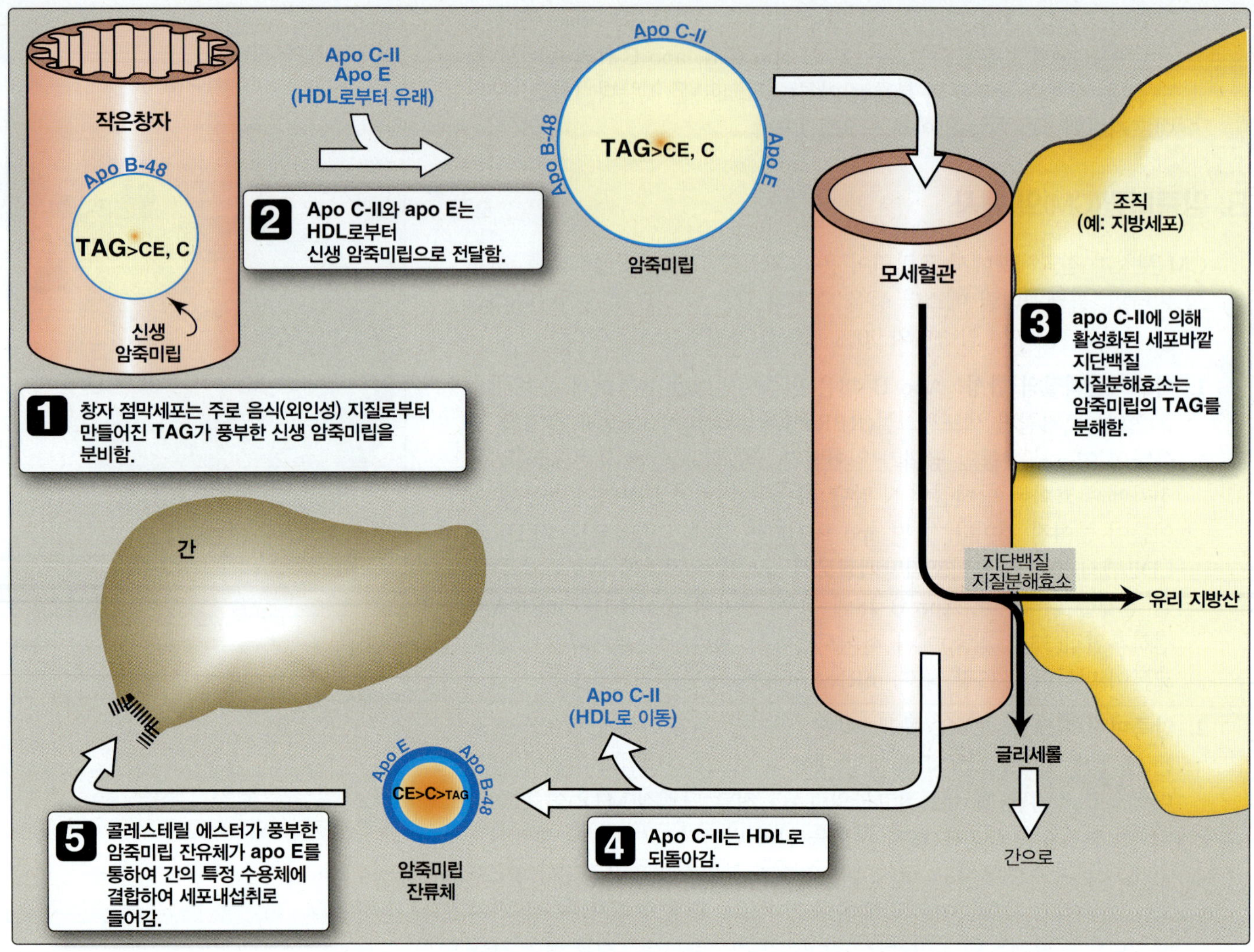

그림 18.17
암죽미립의 대사. Apo B-48, apo C-II, apo E 등은 혈장 지단백질의 특정 성분으로 발견되는 아포지단백질이다. 그림의 지단백질은 실제 크기와 다르다(지단백질의 크기와 밀도에 관한 자세한 것은 그림 18.14를 참조하라). TAG = 트라이아실글리세롤; C = 콜레스테롤; CE = 콜레스테릴 에스터. HDL = 고밀도지단백질 입자.

되거나(지방조직에) 에너지 생성에 사용된다(근육에서). 글리세롤은 간에서 인산다이하이드록시아세톤으로 바뀌어서 지질합성이나 포도당신생성에 사용된다. [참고: LPL이나 apo C-II가 결핍된 환자(I형 고지단백혈증 또는 가족 LPL 결핍증)는 혈장에 암죽미립-TAG가 심지어 공복상태에서도 놀라울 만큼(1,000 mg/dl 이상) 축적된다(고트라이아실글리세롤혈증). 이 사람들은 급성췌장염의 위험도가 증가한다. 치료는 식사 때 지방섭취를 줄이는 것이다.]

5. **지단백질 지질분해효소 활성의 조절:** LPL은 지방조직과 심장근육 및 뼈대근육에서 합성된다. 조직 특이 동종효소의 발현은 영양 상태와 호르몬 농도에 의해 조절된다. 예를 들어 급식 상태(인슐린 농도의 상승)에서 LPL 합성은 지방조직에서 증가하지만 근육조직에서는 감소한다. 공복상태(인슐린 농도의 하락)에서는 심장근육의 LPL 합성이 증가한다. [참고: LPL의 농도가 심장근육에서 가장 높다는 것은 지방산을 사

용해서 심장기능에 필요한 많은 에너지를 공급한다는 것을 반영한다.]

6. **암죽미립 잔류체(chylomicron remnant)의 생성:** 암죽미립이 순환하는 동안 핵심에 존재하는 TAG의 90% 이상이 지단백질 지질분해효소에 의해 분해되어 입자의 크기는 감소하고 밀도는 증가한다. 더구나 apo C(apo B 또는 E가 아님)가 HDL로 되돌아간다. 남은 입자는 "잔류체(remnant)"라 부르며, 이것은 간에 의해 순환계에서 빠르게 제거된다. 간의 세포막에는 apo E를 인식하는 지단백질 수용체가 있다(그림 18.17 참조). 암죽미립 잔류체는 이 수용체에 결합하여 세포내섭취(endocytosis)를 통해 간세포로 들어간다. 세포속으로 함입된 소포는 용해소체와 융합하고, 잔류물의 아포지단백질, 콜레스테릴 에스터, 다른 구성성분들은 가수분해되어 아미노산, 유리 콜레스테롤, 지방산 등으로 유리된다. 수용체는 재순환된다(LDL에 대한 수용체 매개 세포내섭취 기전에 대한 자세한 설명은 그림 18.21에 잘 묘사되어 있다.).

C. 초저밀도지단백질(VLDL)의 대사

VLDL은 간에서 생성된다(그림 18.18). 이것은 주로 내재성 TAG(약 60%)로 구성되어 있으며, 이 지질을 간(합성장소)으로부터 말초 조직으로 운반하는 작용을 한다. CM에서 설명한 것처럼 TAG는 지단백질 지질분해효소에 의해 분해된다. [참고: 간에서 TAG의 합성과 VLDL의 분비 사이에 균형이 무너지면 지방간(fatty liver; hepatic steatosis)이 발생한다. 비만, 제어되지 않은 2형 당뇨병, 만성 알코올섭취 등과 같은 상태가 이에 해당된다(25장 참조).]

1. **간에서의 방출:** VLDL은 아포지단백질 B-100을 함유하는 신생 VLDL 입자로서 간에서 직접 혈액으로 분비된다. 이들은 순환 중인 HDL에서 apo C-II와 apo E를 취해야만 한다(그림 18.18 참조). CM의 경우처럼 apo C-II는 지단백질 지질분해효소의 활성화에 필요하다. [참고: 무베타지단백혈증은 apo B에 지질을 실어 닦는 미세소체 트라이아실글리세롤 전달 단백질(MTP)의 결핍에 의해 생긴 저지단백혈증이다. 결과적으로 CM이나 VLDL이 형성되지 않아서 TAG가 간과 창자에 축적된다. 지용성 비타민의 흡수도 저해되며, LDL은 낮다.]

2. **순환 중의 변형:** VLDL이 순환계를 통과하는 동안 TAG는 지단백질 지질분해효소에 의해 분해되어 크기가 감소하고 밀도는 더욱 높아진다. 입자 표면에 위치한 아포지단백질 C와 E는 HDL로 되돌아가지만 apo B-100은 입자에 남는다. 마지막으로 콜레스테릴 에스터가 HDL에서 VLDL로 이동하는 것과 동시에 교환방식으로 TAG가 VLDL에서 HDL로 이동한다. 이 교환 반응은 콜레스테릴에스터 전달 단백질(CETP)에 의해 완성된다(그림 18.19).

3. **저밀도지단백질로의 전환:** 이 변형에 의해 VLDL은 혈장에서 LDL로 전환된다. 중간 크기의 입자, 즉 중밀도지단백질(IDL)이 선이상태에서 관찰된다. IDL도 또한 apo E를 리간드로 사용하는 수용체 매개 세포내섭취를 통해 간세포로 들어올 수 있다. 아포지단백질 E에는 정상적으로 3개의 동종형, 즉 E-2, E-3(가장 흔한 형태), E-4 등이 존재한다.

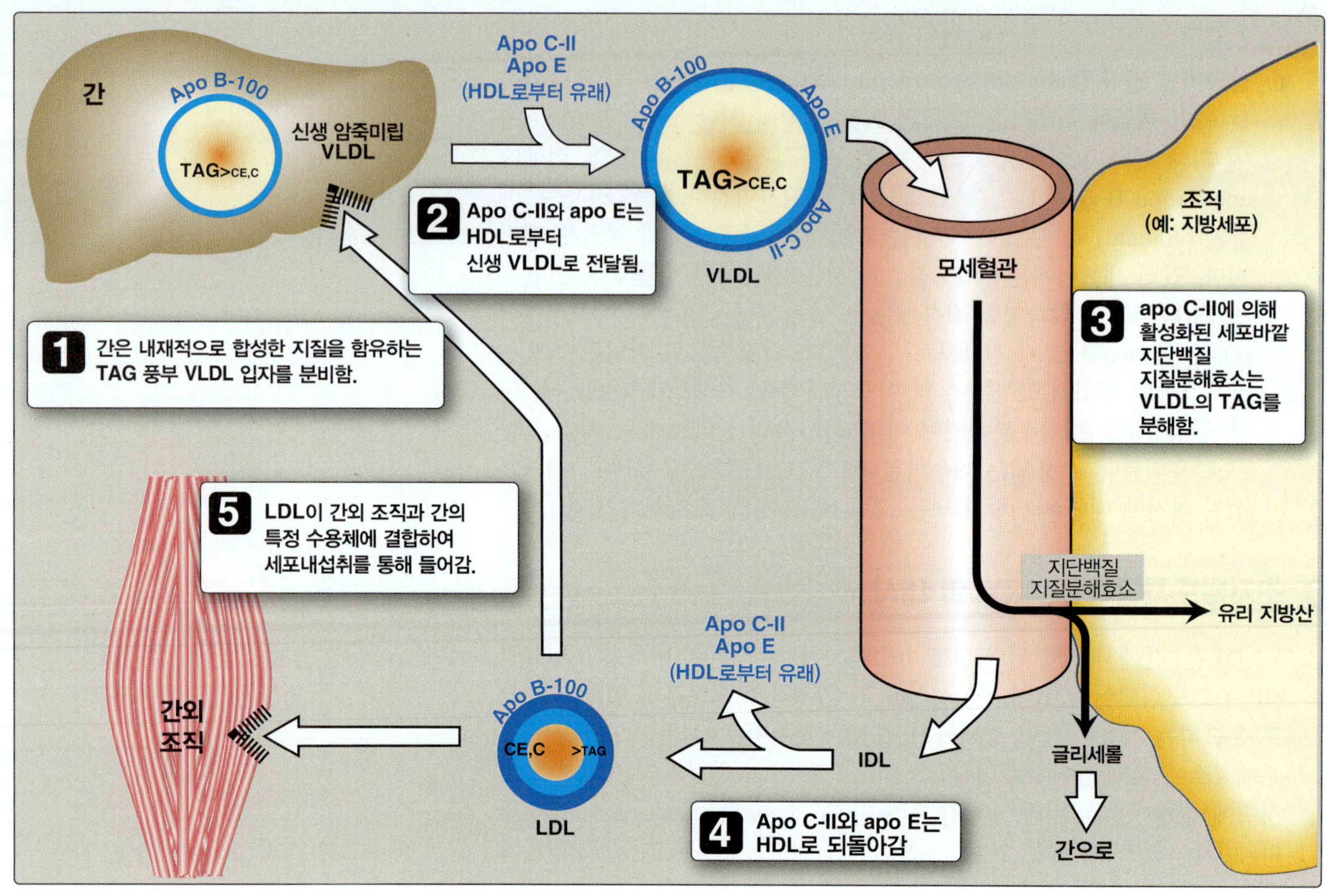

그림 18.18

VLDL과 LDL의 내사. Apo B-100, apo C-II, apo E 등은 혈장 지단백질 입자의 특정 성분으로 발견되는 아포지단백질이다. 지단백질은 실제 크기와 다르다(지단백질의 크기와 밀도에 관한 자세한 것은 그림 18.14를 참조하라). TAG = 트라이아실글리세롤; VLDL = 초저밀도지단백질; LDL = 저밀도지단백질; HDL = 고밀도지단백질; IDL = 중밀도지단백질; C = 콜레스테롤; CE = 콜레스테릴 에스터.

Apo E-2는 수용체에 약하게 결합한다. Apo E2의 동종접합 환자는 CM 잔류체와 IDL의 제거에 결함이 있다. 이 환자는 고콜레스테롤혈증과 조기 죽경화증을 동반하는 가족 III형 고지단백혈증(가족 이상베타지단백혈증 또는 넓은베타띠병)을 갖는다. [참고: E-4 동종형은 알츠하이머병의 발병시기를 낮추는 것으로 알려져 있다. 효과는 용량 의존적이며, 동종접합체가 가장 큰 위험성을 갖는다. 추정 위험도는 다양하다.]

D. 저밀도지단백질(LDL)의 대사

LDL 입자는 선구물질인 VLDL보다 TAG 함량이 더 적으며, 고농도의 콜레스테롤과 콜레스테릴 에스터를 가지고 있다(그림 18.20). 혈장 콜레스테롤의 70% 정도는 LDL에 들어 있다.

1. **수용체 매개 세포내섭취(endocytosis)**: LDL 입자의 일차적인 기능은 주변 말초 조직에 콜레스테롤을 공급하는 것(또는 간으로 콜레스테롤

을 되돌려 보내는 것)이다. 이들은 세포표면에 존재하므로 apo B-100(apo B-48은 아님)을 인식하는 세포막 LDL 수용체에 결합하여 작용을 한다. 이 LDL 수용체는 apo E에도 결합하기 때문에 apo B-100/apo E 수용체라고도 알려져 있다. LDL 입자의 섭취과 분해에 대한 요약은 그림 18.21에 나타나 있다. [참고: 아래 대괄호 안의 숫자는 그림에 표시된 숫자와 일치한다.] 암죽미립 잔류체나 IDL이 간에서 섭취되고 분해될 때에도 이와 유사한 수용체 매개 세포내섭취 기전이 사용된다.

[1] LDL 수용체는 음전하를 띤 당단백질로서 세포막 위의 오목(pit)에 몰려 있다. 오목의 세포질 쪽은 클라트린(clathrin)이라는 단백질로 덮여 있어서 오목의 모양을 안정화한다.

[2] LDL과 수용체는 결합한 후 세포내섭취에 의해 들어간다. [참고: 기능성 LDL 수용체가 결핍되면 혈장 LDL-C와 그에 따른 혈장 콜레스테롤이 상당히 증가한다. 이 결핍증 환자는 IIa형 고지질혈증(가족 고콜레스테롤혈증)과 조기 죽경화증의 소견을 보인다. 보통염색체 우성 고콜레스테롤혈증도 또한 단백질분해효소인 풋단백질 전환효소 서브틸리신/켁신 9형(PCSK9, 수용체의 분해를 촉진함)의 활성 증가와 수용체 결합을 감소시키는 apo B-100에 의해 발생할 수 있다. PSCK9 억제제는 고콜레스테롤혈증의 치료제로 개발되어 있다.]

[3] LDL을 함유하는 소포는 클라트린 외피를 잃고 다른 비슷한 소포와 융합되어 섭취소체(endosome)라는 더 큰 소포를 만든다.

[4] 섭취소체의 pH가 떨어지면(섭취소체 ATPase의 양성자 퍼냄 활성에 의해) LDL이 수용체와 분리된다. 수용체는 섭취소체의 한편으로 몰리지만 LDL은 소포의 속공간에 자유롭게 머문다.

[5] 수용체는 재순환될 수 있지만 소포에 남아 있는 지단백질 잔류물은 용해소체로 운반된 후 산성 가수분해효소에 의해 분해되어 유리 콜레스테롤, 아미노산, 지방산, 인지질 등을 유리한다. 이들은 세포에서 다시 이용된다. [참고: 용해소체의 콜레스테릴 에스터를 가수분해하는 능력이 결핍되거나(월만병 또는 유리 콜레스테롤을 용해소체 밖으로 수송하는 능력이 결핍된 C형 니만-픽병) 희귀한 보통염색체 열성 결핍에 의한 축적병들이 알려져 있다.]

2. **세포내섭취 콜레스테롤과 콜레스테롤 항상성:** CM 잔류체, IDL, LDL 등에 의해 운반된 콜레스테롤은 여러 방식으로 세포속 콜레스테롤의 양에 영향을 미친다(그림 18.21). 첫째, 고농도의 콜레스테롤에 의해 HMG CoA 환원효소의 유전자 발현이 억제되어 콜레스테롤 신생합성이 감소한다. 또한 환원효소의 분해가 가속화된다. 둘째, LDL 수용체 유전자의 발현을 감소시켜 새로운 LDL 수용체 단백질의 합성을 줄이며, 결국 LDL 콜레스테롤이 세포로 들어오는 것을 제한한다. [참고: LDL 수용체 유전자의 조절은 HMG CoA 환원효소 유전자의 경우와 마찬가지로 SRE와 SREBP-2가 관여한다. 이것에 의해 이 단백질들의 발현이 협동조절된다.] 셋째, 일부의 구조나 합성에 쓰이는 콜레스테롤

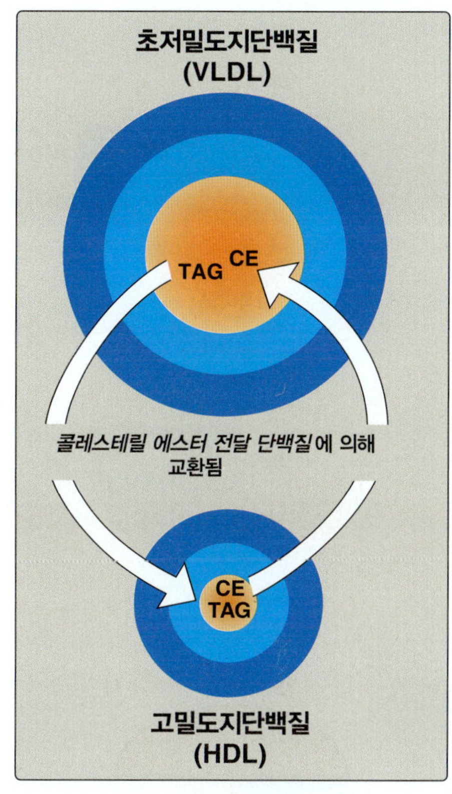

그림 18.19
트라이아실글리세롤(TAG)과의 교환으로 콜레스테릴 에스터(CE)가 HDL에서 VLDL로 전달됨.

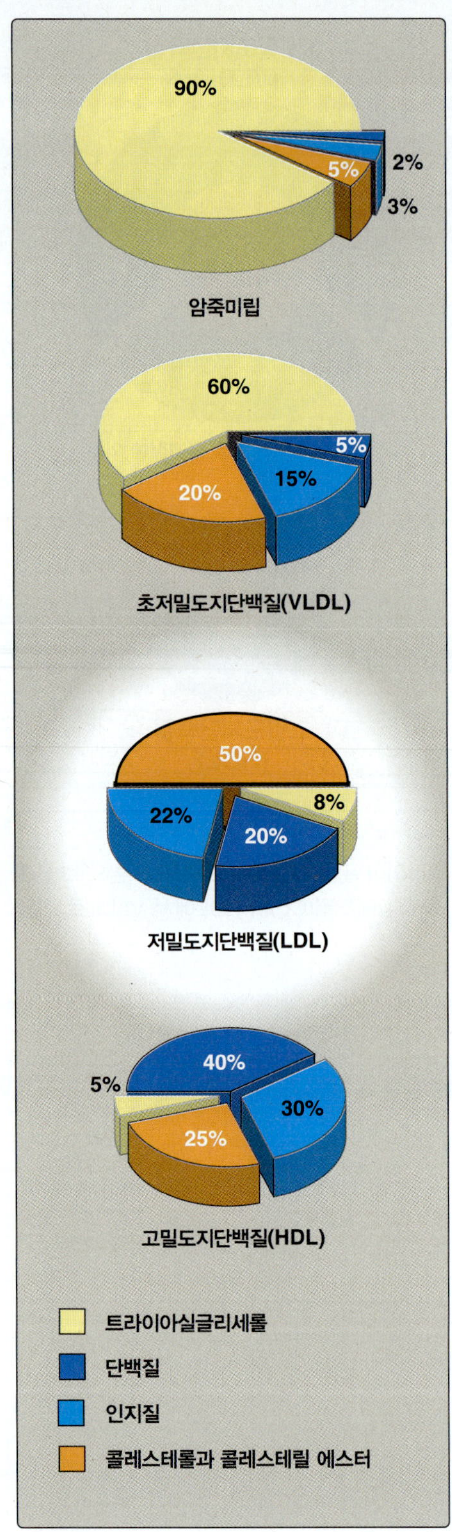

그림 18.20
혈장 지단백질의 조성. LDL에 콜레스테롤과 콜레스테릴 에스터가 고농도로 존재하는 것에 주목하라.

이 당장 필요하지 않다면 콜레스테롤은 아실 CoA:콜레스테롤 아실기전달효소(ACAT)에 의해 에스터화된다. ACAT는 지방산 아실 CoA 유도체에서 지방산을 콜레스테롤로 운반하여 세포에 저장될 수 있는 콜레스테릴 에스터를 만든다(그림 18.22). ACAT의 활성은 세포속 콜레스테롤 농도가 증가하면 강화된다.

3. **큰포식세포 청소 수용체에 의한 LDL의 섭취:** 위에서 설명한 LDL 섭취에 대해 아주 특이성 있게 조절되는 수용체 매개 LDL 경로와 함께 큰포식세포는 고농도의 청소 수용체 활성을 갖고 있다. 이 수용체는 청소 수용체 A(SR-A)로 알려져 있는데, 광범위한 리간드에 결합하여 화학적으로 변형된 LDL의 세포내섭취를 매개한다. 이 변형된 LDL 속의 지질 성분이나 apo B는 산화되어 있다. LDL 수용체와 다르게 청소 수용체는 세포속 콜레스테롤이 증가해도 하향조절되지 않는다. 콜레스테릴 에스터는 큰포식세포에 축적되어 이 세포를 죽경화 소판의 형성에 관여하는 "거품세포"로 변형시킨다(그림 18.23). LDL-C는 죽경화증의 일차 원인이다.

E. 고밀도지단백질(HDL)의 대사

HDL은 아직 완전히 이해되지 않는 복잡한 대사를 하는 이질적인 지단백질 족에 해당한다. HDL 입자는 간과 창자에서 만들어 혈액으로 분비한 apo A-1에 지질을 첨가하는 과정을 통해 혈액에서 형성된다. Apo A-1은 HDL 아포지단백질의 70%를 차지한다. HDL은 아래와 같은 수많은 중요한 기능을 담당한다.

1. **아포지단백질의 공급:** HDL 입자는 혈액에서 apo C-II와 apo E의 순환 서장체이다. apo C-II는 VLDL과 CM으로 운반되어 LPL의 활성자로 작용하는 아포지단백질이고, apo E는 IDL과 CM 잔류물의 수용체 매개 세포내섭취에 필요한 아포지단백질이다.

2. **비에스터화 콜레스테롤의 섭취:** 신생 HDL은 기본적으로 인지질(주로 포스파티딜콜린)과 아포지단백질 A, C, E 등을 포함하는 원반모양의 입자이다. 이들은 간외 조직(말초 조직)으로부터 콜레스테롤을 섭취하고 콜레스테롤 에스터로서 간으로 되돌아오게 한다(그림 18.24). [참고: HDL 입자는 중요한 콜레스테롤 유화제인 인지질을 고농도로 함유하고 있기 때문에 비에스터화 콜레스테롤을 아주 잘 받아들이는 받개이다]

3. **콜레스테롤의 에스터화:** 콜레스테롤이 HDL에 결합하면 혈장 효소인 레시틴:콜레스테롤 아실기전달효소(LCAT; 포스파티딜콜린의 P을 따라 PCAT이라고도 함)에 의해 즉시 에스터화된다. 이 효소는 간에서 합성되어 분비된다. LCAT은 신생 HDL에 결합하여 apo A-1에 의해 활성화된다. LCAT은 포스파티딜콜린의 2번 탄소에 있는 지방산을 콜레스테롤로 운반한다. 이 반응은 소수성 콜레스테릴 에스터와 절단포스파티딜콜린을 생성하는데, 콜레스테릴 에스터는 HDL의 핵심에 모이고 절단포스파티딜콜린은 혈장 알부민에 결합한다. [참고: 에스터화는 콜레스테롤 농도기울기를 유지하여 계속적으로 콜레스테롤을 HDL로 유출할 수 있다.] 원반모양의 신생 HDL에 콜레스테릴 에스터가 축

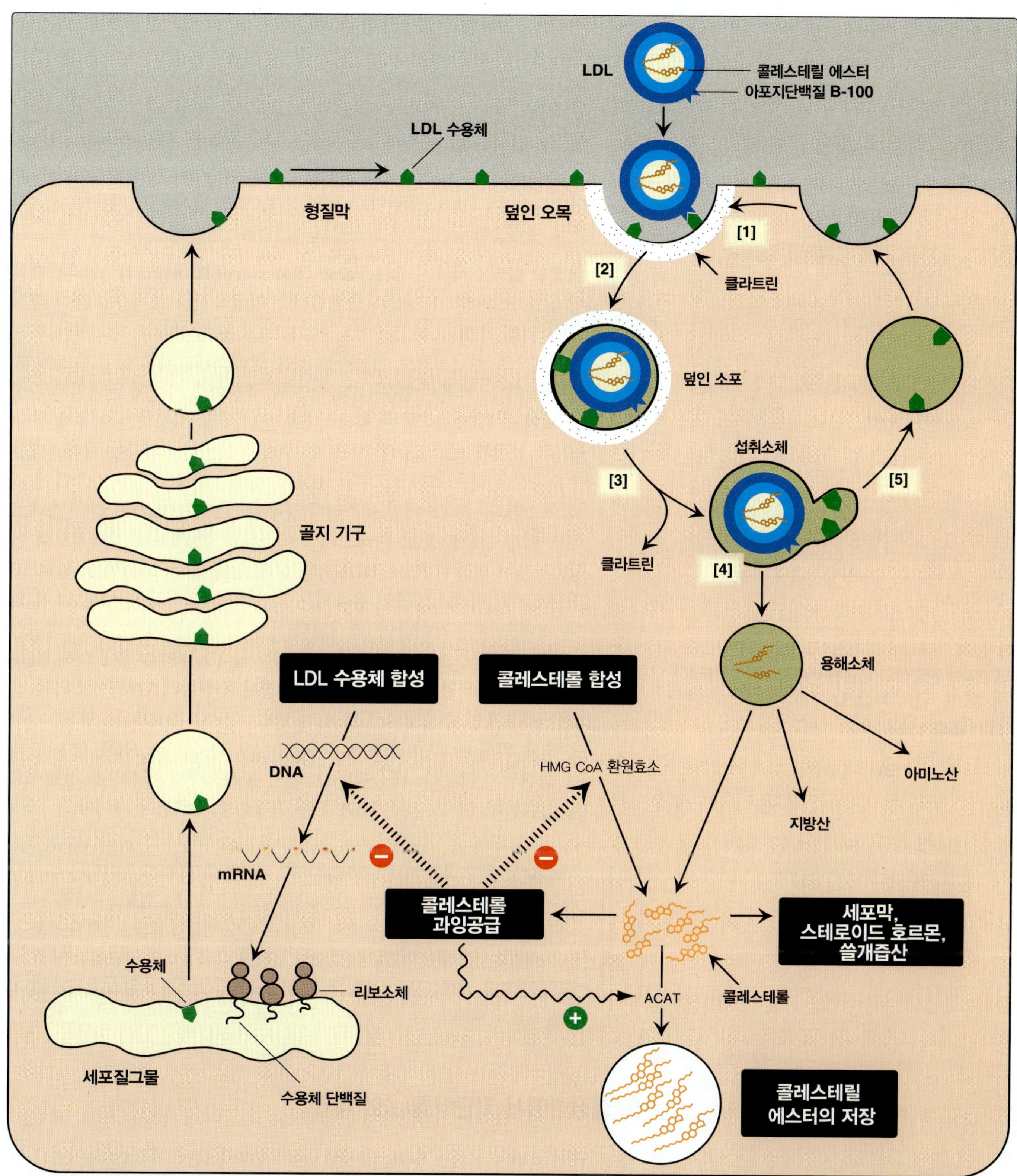

그림 18.21
세포의 LDL의 섭취와 분해. [참고: 콜레스테롤의 과잉공급은 HMG CoA 환원효소의 분해를 가속화한다. 또한 LDL 수용체의 경우처럼 유전자 발현을 억제하여 환원효소 합성을 감소시킨다. ACAT = 아실 CoA:콜레스테롤 아실기전달효소; HMG CoA = 하이드록시메틸글루타릴 보조효소 A; mRNA = 전령 RNA.

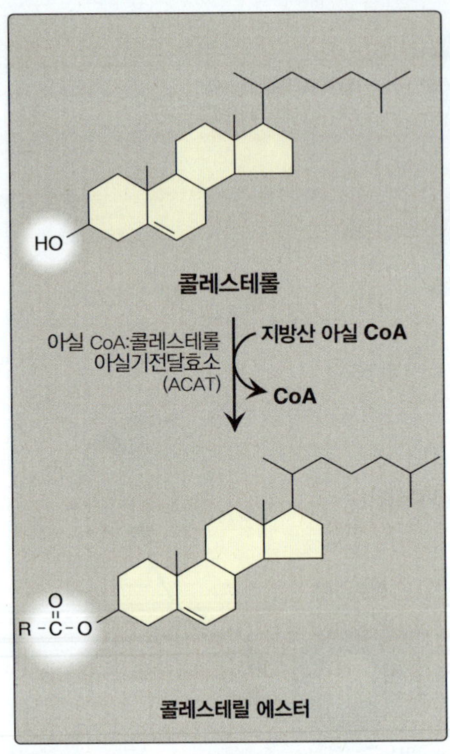

그림 18.22
세포에서 ACAT에 의한 콜레스테릴 에스터의 합성. [참고: 레시틴:콜레스테롤 아실기전달효소(LCAT)는 지방산의 공급원처럼 포스파티딜콜린(레시틴)을 사용하여 콜레스테롤을 에스터화하는 세포바깥 효소이다.] CoA = 보조효소 A.

적됨에 따라 처음에는 상대적으로 콜레스테릴 에스터가 거의 없는 구형의 HDL3가 되고 나중에는 결국 콜레스테릴 에스터가 풍부한 HDL2 입자가 되어 간으로 이 에스터를 운반한다. TAG와 인지질을 분해하는 간 지질분해효소(hepatic lipase)는 HDL2를 HDL3로 바꾸는 데 참여한다(그림 18.24 참조). 콜레스테릴 에스터 전달 단백질(CETP)은 VLDL의 TAG와 교환하여 HDL로부터 일부의 콜레스테릴 에스터를 VLDL로 옮긴다. VLDL은 LDL로 분해되기 때문에 궁극적으로 콜레스테릴 에스터는 간으로 섭취된다.

4. **역방향 콜레스테롤 수송(reverse cholesterol transport)**: 콜레스테롤이 말초 조직에서 HDL로, 쓸개즙산을 합성하거나 쓸개즙을 통해 배설되기 위해 HDL에서 간으로, 그리고 호르몬 합성을 위해 스테로이드 합성세포로 선택적으로 이동하는 것은 콜레스테롤의 항상성 유지에 중요한 일이다. 이것은 혈장 HDL 농도와 죽경화증 사이에 반대의 상관성을 보이고, HDL을 "좋은 콜레스테롤 운반자"로 지칭하는 이유가 된다. [참조: 운동과 에스트로젠은 HDL 수치를 올린다.] 역방향 콜레스테롤 수송과정은 말초 조직으로부터 HDL로 콜레스테롤의 이동, LCAT에 의한 에스터화, 콜레스테릴 에스터가 풍부한 HDL(HDL2)이 간과 스테로이드 합성세포에 결합, 콜레스테릴 에스터가 이 세포로 선택적으로 이동, 지질이 고갈된 HDL(HDL3)의 분비 등을 모두 포함한다. 말초 조직으로부터 콜레스테롤이 유출되는 것은 수송 단백질인 ABCA1에 의해 적어도 부분적이나마 매개된다. [참고: 탠지어병은 아주 희귀한 ABCA1 결핍증으로서 지질이 거의 없는 apo A-1의 분해에 의해 HDL 입자가 실제로 없는 것이 특징이다.] 간세포의 콜레스테릴에스터의 섭취는 세포표면 수용체로서 HDL과 결합하는 SR-B1(B급 1형 청소 수용체)에 의해 매개된다(SR-A 수용체는 VI. D3 참조). HDL 입자 자체는 섭취되지 않는다. 대신에 HDL에서 콜레스테릴 에스터를 선택적으로 섭취한다. [참고: 낮은 HDL-C는 죽경화증의 위험 인자이다.]

ABCA1은 ATP 결합 카세트 단백질(ABC 단백질)이다. ABC 단백질은 ATP 가수분해에서 나오는 에너지를 사용하여 세포의 안팎이나 세포속 구획을 넘나드는 물질(지질 포함)을 수송한다. 특정 ABC 단백질의 결함은 탠지어병뿐만 아니라 X연관 부신백색질형성장애증, 표면활성제 분비의 감소에 의한 호흡곤란증후군, 낭성섬유증, 시토스테롤혈증, 쓸개즙산의 분비 감소에 의한 간 질환 등을 유발한다.

F. 심장병에서 지단백질(a)의 역할

지단백질(a)의 구조는 LDL 입자의 구조와 거의 같다. 뚜렷한 차이점은 딱 한 부위에서 apo B-100에 아포지단백질 apo(a)가 공유결합으로 연결된 점이다. Apo(a)는 플라스미노젠(plasminogen)과 구조적으로 유사하다. 플라스미노젠은 피덩이(clot)의 주요 단백질 성분인 섬유소에 작용하는 혈액 단백질분해효소의 전구체이다(35장 참조). 지단백질(a), 또는 Lp(a)는 혈장에 과량으로 존재할 때 심장동맥심장병 위험도의 증가와 관련이 있는

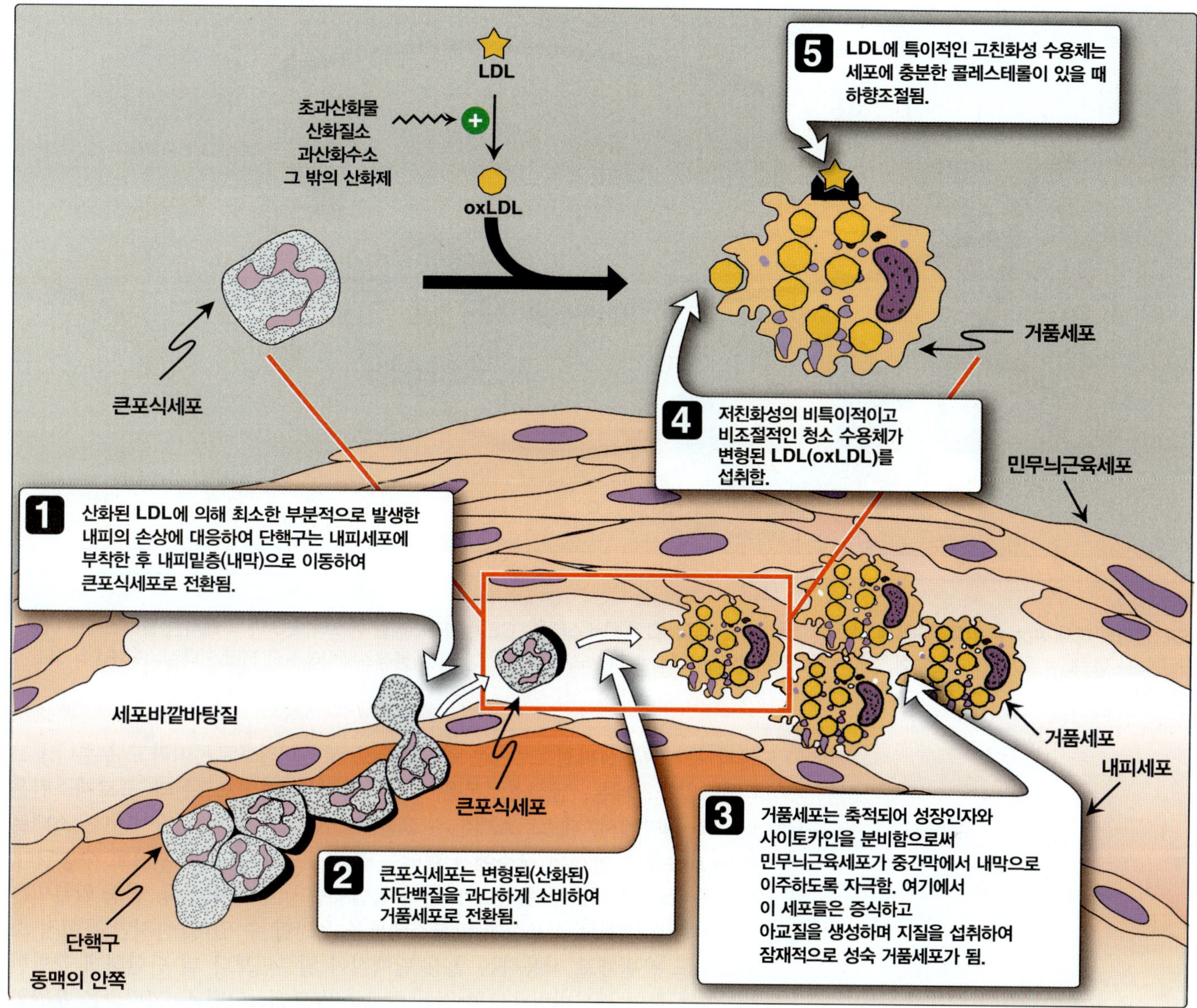

그림 18.23
동맥벽의 소판(plaque) 형성에서 산화형 저밀도지단백질(LDL)의 역할.

입자이다. 순환 중인 Lp(a)의 농도는 주로 유전에 의해 결정된다. 그러나 음식을 포함하는 다른 요인들이 어떠한 역할을 할지도 모른다. 왜냐하면 트랜스 지방산은 Lp(a)를 증가시키기 때문이다. 반대로, 나이아신은 Lp(a), LDL-콜레스테롤, TAG를 감소시키고 HDL을 증가시킨다.

VII. 스테로이드 호르몬

콜레스테롤은 포도당부신피질호르몬[glucocorticoid, 예: 코티솔], 무기질부신피질호르몬[mineralocorticoid, 예: 알도스테론], 성호르몬[예: 남성호르몬(androgen), 여성호르몬(estrogen), 프로제스틴(progestin)]과 같은 모든 종류의 스테로이드 호르몬의 전구체이다(그림 18.25). [참고: 포도당부신피질호르

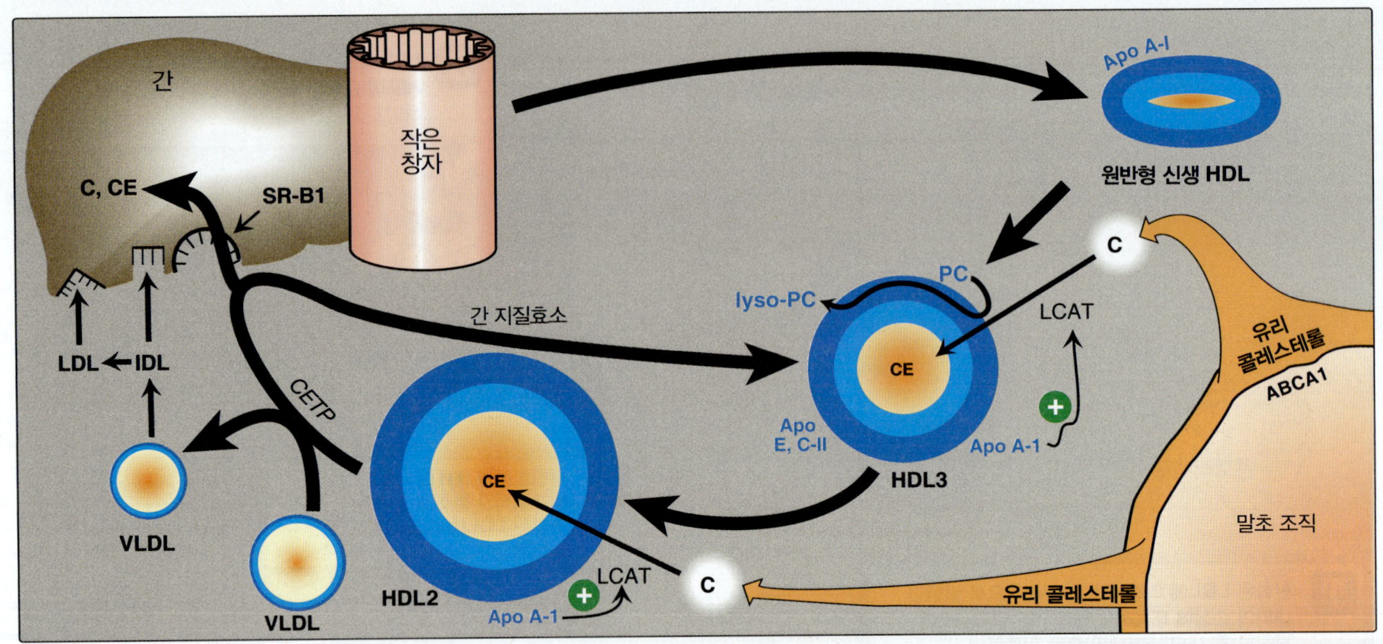

그림 18.24
HDL 입자의 대사. Apo = 아포지단백질; ABCA 1 = 수송단백질; C = 콜레스테롤; CE = 콜레스테릴 에스터; LCAT = 레시틴:콜레스테롤 아실기 전달효소; VLDL = 초저밀도지단백질; IDL = 중밀도지단백질; LDL = 저밀도지단백질; CEPT = 콜레스테릴에스터 전달 단백질; SR-B1 = 청소 수용체 B1.

몬과 무기질부신피질호르몬은 총체적으로 부신피질호르몬이라고 부른다.] 코티솔, 알도스테론, 남성호르몬은 부신피질에서, 여성호르몬과 프로제스틴은 난소와 태반에서, 테스토스테론은 고환에서 합성과 분해가 일어난다. 스테로이드 호르몬은 합성된 장소에서 혈액을 통해 이들의 표적 기관으로 수송된다. 이들은 소수성 때문에 혈장 단백질과 복합체를 이루어야 한다. 혈장 알부민은 비특이적 운반체로 작용하여 알도스테론을 운반할 수 있다. 하지만 특이적 스테로이드 운반체로 작용하는 혈장 단백질이 알부민보다 더 단단하게 결합한다. 예를 들면 부신피질호르몬 결합 글로불린(트랜스코틴)은 코티솔을 운반한다. 수많은 유전병들이 스테로이드 호르몬 생합성 과정의 특정 단계의 결핍에 의해 발생한다. 몇 개의 대표적인 질병이 그림 18.26에 설명되어 있다.

A. 스테로이드 호르몬의 합성

이 합성 과정은 콜레스테롤의 탄화수소 사슬을 짧게 만드는 것과 스테로이드 핵의 수산화 반응을 포함한다. 초기 속도제한 반응은 콜레스테롤을 21-탄소 프레그네놀론으로 전환하는 것이다. 이 반응은 사립체 내막에 있는 일종의 사이토크롬 P450 혼합기능 산화효소인 콜레스테롤 곁사슬 절단효소 복합체[곁사슬절단효소(desmolase), $P450_{SCC}$]에 의해 촉진된다. 이 반응은 NADPH와 분자 산소가 필요하다. 콜레스테롤 기질은 새로 합성되거나, 지단백질로부터 섭취되거나, 또는 스테로이드생성 조직의 세포질액에 저장된 콜레스테릴 에스터로부터 유리될 수 있다. 콜레스테롤은 사립체 바깥막으로 이동한다. 중요한 제어점은 이어서 콜레스테롤이 사립체 바깥막에서 속막으로 들어오는 이동이다. 이 과정은 StAR(스테로이드성 급성 조절) 단백질에 의해 매개된다. 프레그네놀론은 모든 스테로이드 호르몬에 대한 근원이 되는 화합물이다(그림 18.26 참조). 프레그네놀론은 산화되고 이어서 이성질체화되어 프로제스틴의 하나인 프로제스테론으로 전환되고, 이 프로제스테론은 세포질그물과 사립체에서 일어나는 수산화 반응에 의해 다른 스테로이드 호르몬으로 변형된다. 곁사슬절단효소처럼 이 효소들도 CYP 단백질이다. 이 경로에서 한 효소의 활성이나 양에 결함이 있으면 그 단계 이후의 호르몬 합성은 결핍되지만 그 단계 이전에 생성되는 호르몬이나 대사물은 과도하게 된다. 이 경로의 모든 성분은 강력한 생물학적 활성을 갖기 때문에 어느 한 효소라도 결핍된다면 심각한 대사 불균형이 초래될 수 있다(그림 18.26 참조). 집합적으로 이 모든 질환은 선천부신과다형성증(CAH)으로 알려져 있다. [참고: 부신피질의 자가면역적 파괴에 의해 발생하는 애디슨병은 부신피질부전이 특징이다.]

B. 부신피질스테로이드 호르몬의 분비

스테로이드 호르몬은 원래 조직의 요구에 따라 호르몬 신호에 반응하여 분비된다. 부신피질호르몬과 남성호르몬은 부신피질에서 각각 다른 부위에서 만들어지고 다른 신호에 반응하여 혈액으로 분비된다. [참고: 부신속질은 카테콜아민을 생성한다(21장 참조).]

1. **코티솔(cortisol)**: 부신피질의 중간층(zona fasciculata; 다발층)에서 코티솔을 분비하는 것는 뇌하수체가 접하고 있는 시상하부에 의해 조절된다(그림 18.27). 감염과 같은 심한 스트레스에 반응하여 부신피질자극호르몬방출호르몬(CRH)은 시상하부에서 합성된 후 모세혈관을 통해 뇌하수체 앞엽으로 이동하고, 거기에서 부신피질자극호르몬(ACTH)의 합성과 분비를 유도한다. ACTH는 부신피질을 자극하여 스트레스 호르몬인 포도당부신피질호르몬(코티솔)을 합성하여 분비하도록 한다. [참고: ACTH는 막 G단백질 연결 수용체에 결합하여 결과적으로 cAMP를 생성하고 단백질 인산화효소 A(PKA)를 활성화한다. PKA는 콜레스테롤을 콜레스테릴 에스터로 전환하는 에스터화효소를 인산화하고 StAR 단백질의 합성을 자극한다.] 코티솔은 중개대사(예: 포도당신생성의 증가)에 영향을 주고, 염증 및 면역반응을 감소시켜서 몸이 스트레스에 대응하도록 한다. 코티솔의 농도가 높아지면 CRH와 ACTH의 분비는 억제된다. [참고: 선천부신과다형성증에서 코티솔의 감소는 ACTH의 증가로 인해 부신과다형성증이 유발된다.]

2. **알도스테론(aldosterone)**: 혈장 Na^+/K^+비의 감소와 호르몬인 앤지오텐신 II(Ang-II)에 의해

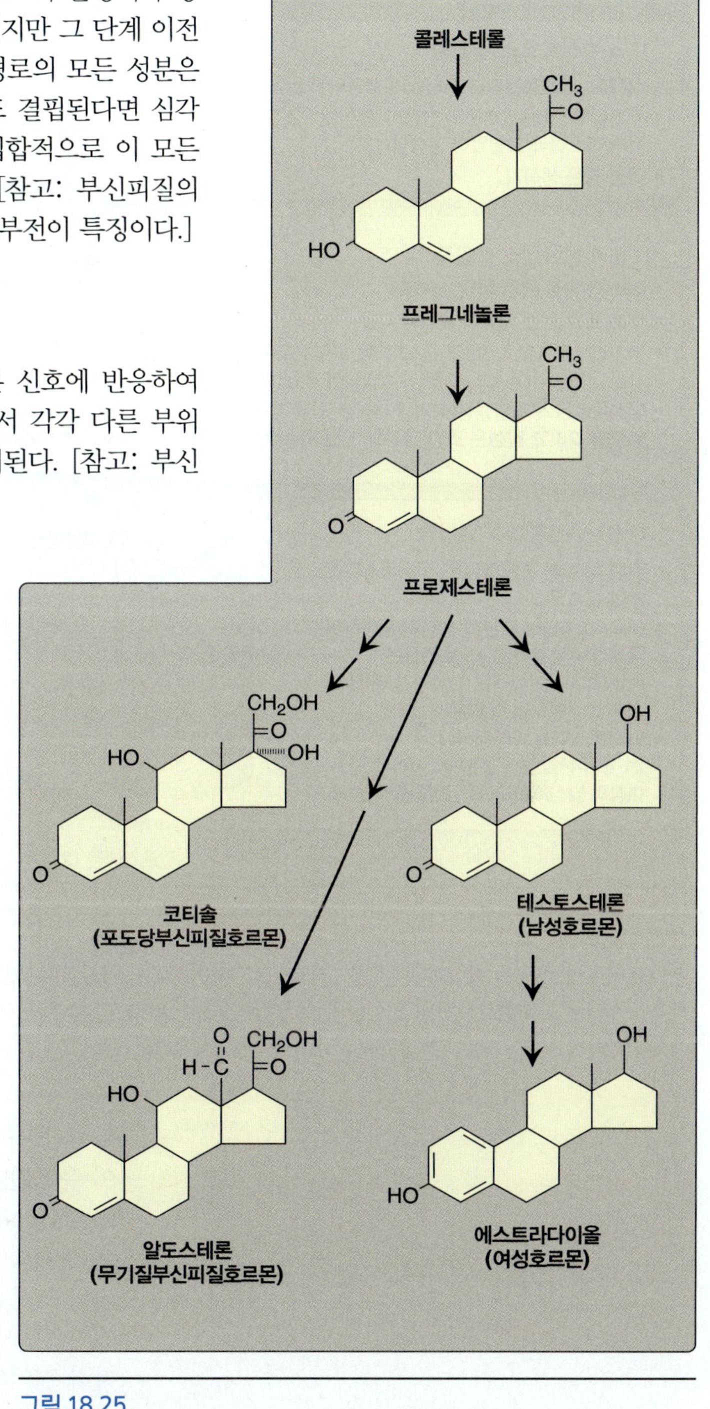

그림 18.25
주요 스테로이드 호르몬.

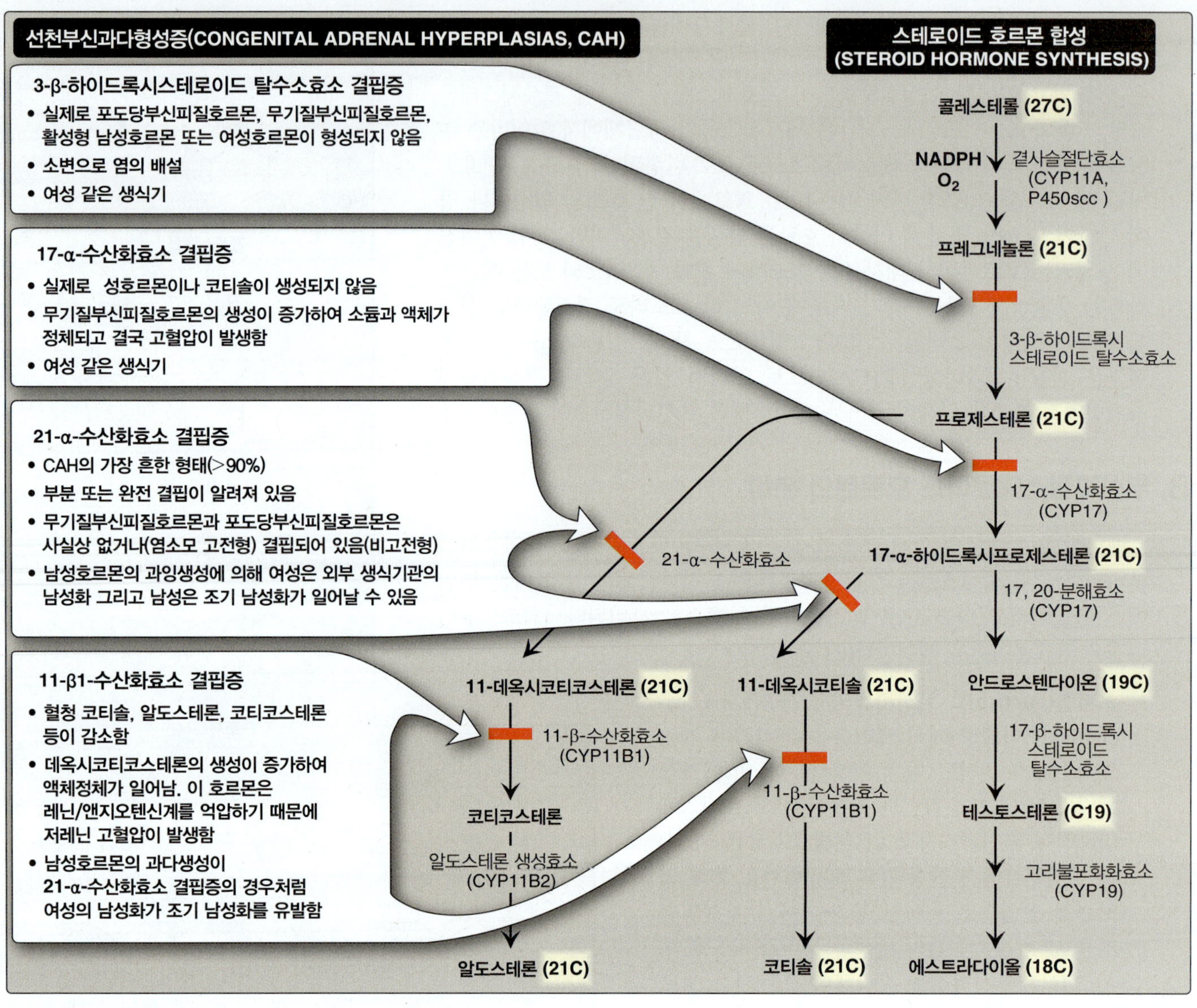

그림 18.26
스테로이드 호르몬의 합성과 관련 병. [참고: 3-β-하이드록시스테로이드 탈수소효소, CYP17, CYP11B2는 이중기능 효소이다. 콜레스테롤로부터 테스토스테론과 여성호르몬의 합성은 주로 부신 밖에서 일어난다.] NADPH = 니코틴아마이드 아데닌 다이뉴클레오타이드 인산염; CYP = 사이토크롬 P450.

부신피질의 외층(zona glomerulosa; 토리층)에서 알도스테론의 생산이 유도된다. 앤지오텐신 II(8펩타이드)는 앤지오텐신 전환효소(angiotensin converting enzyme, ACE)에 의해 앤지오텐신 I(10펩타이드)이 분해되어 생성된다. ACE는 허파에서 가장 흔하게 발견되지만 몸의 거의 모든 조직에서 합성된다. [참고: 앤지오텐신 I은 간에서 분비되는 앤지오텐시노젠(angiotensinogen)이라는 불활성형 전구체가 분해됨에 따라 혈액에서 만들어진다. 이 분해는 콩팥에서 합성되어 분비되는 효소인 레닌(renin)에 의해 일어난다.] 앤지오텐신 II는 세포표면 수용체에 결합한다. 하지만 ACTH와 대조적으로 그 효과는 cAMP가 아니라 PIP_2 경로(phosphatidylinositol 4,5-bisphosphate pathway)를 통해 일어난다. 알도스테론의 일차효과는 콩팥의 요세관에 미치는데, 이곳에서 소듐의 재흡수와 포타슘의 배설을 촉진한다(그림 18.28). [참조: 알도스테론의 효과는 혈압을 증가시키는 것이다. 레닌(renin) 의존 고혈압의 치료에 ACE의 경쟁 억제제가 사용된다.]

3. **남성호르몬(androgen):** 부신피질의 속층(zona reticularis; 그물층)과 중간층에서 안드로젠, 즉 주로 탈수소에피안드로스테론과 안드로스텐다이온이 생성된다. 부신의 남성호르몬은 그 자체로는 약하지만 고리불포화화효소(CYP19)에 의해 고환과 난소에서 테스토스테론(보다 강한 안드로젠)과 에스트로젠으로 전환된다. [참조: 폐경후 여성은 에스트로젠이 생식샘밖의 유방에서 주로 생성된다. 고리불포화화효소 억제제는 폐경기 여성의 여성호르몬 반응성 유방의 치료에 사용된다.]

C. 생식샘(gonad)의 스테로이드 호르몬의 분비

고환과 난소는 성분화와 생식에 필요한 호르몬을 합성한다. 유일한 시상하부 분비인자인 생식샘자극호르몬분비호르몬(GnRH)은 뇌하수체 앞엽을 자극하여 당단백질인 황체형성호르몬(LH)과 난포자극호르몬(FSH)을 분비하도록 한다. ACTH처럼 LH와 FSH는 표면수용체에 결합하여 cAMP를 증가시킨다. LH는 고환을 자극하여 테스토스테론의 생성을, 난소를 자극하여 여성호르몬과 프로제스테론을 생성한다(그림 18.28 참조). FSH는 난소의 난포 성장을 조절하고, 고환의 정자발생을 자극한다.

D. 스테로이드 호르몬의 작용기전

각 스테로이드 호르몬은 표적세포의 세포막을 통과하여 세포질액이나 핵에 존재하는 특정 수용체에 결합한다. 이러한 수용체-리간드 복합체는 핵에 축적되어 이합체화되고, 보조활성자 단백질과 회합하는 특정 DNA 조절 서열인 호르몬반응요소(HRE)에 결합하여 촉진자를 활성화하고 표적 유전자의 전사를 증가시킨다(그림 18.29). HRE는 특정 스테로이드 호르몬에 반응하여 협동적인 조절을 담당하는 유전자의 촉진자[또는 증강자 요소(31장 참조)]에서 발견된다. 수용체-호르몬 복합체는 보조억압자와 회합하여 전사를 억제할 수도 있다. [참고: 수용체에 호르몬이 결합하면 수용체의 입체형태가 변하고 DNA 결합 영역이 노출되어 이 복합체는 아연손가락 구조요소를 통해 적당한 DNA 서열과 상호작용한다. 스테로이드 호르몬 외에도 갑상샘 호르몬, 레티노산, 비타민 D 등에 대한 수용체는 유사한 방식으로 작용하고 구조적으로 서로 관련되어 있는 유전자 조절자라는 거대한 "대가족"의 일원이다.]

E. 스테로이드 호르몬의 그 밖의 대사(further metabolism)

스테로이드 호르몬은 일반적으로 간에서 불활성형 대사배설물로 전환된다. 이것은 불포화 결합의 환원반응과 추가적인 수산기 첨가 반응이 포함한다. 결과적으로 글루큐론산 또는 황산염(PAPS로부터 제공)과 결합하여 더욱 물에 잘 녹는 구조가 만들어진다. 대략 20~30%의 대사물은 쓸개즙

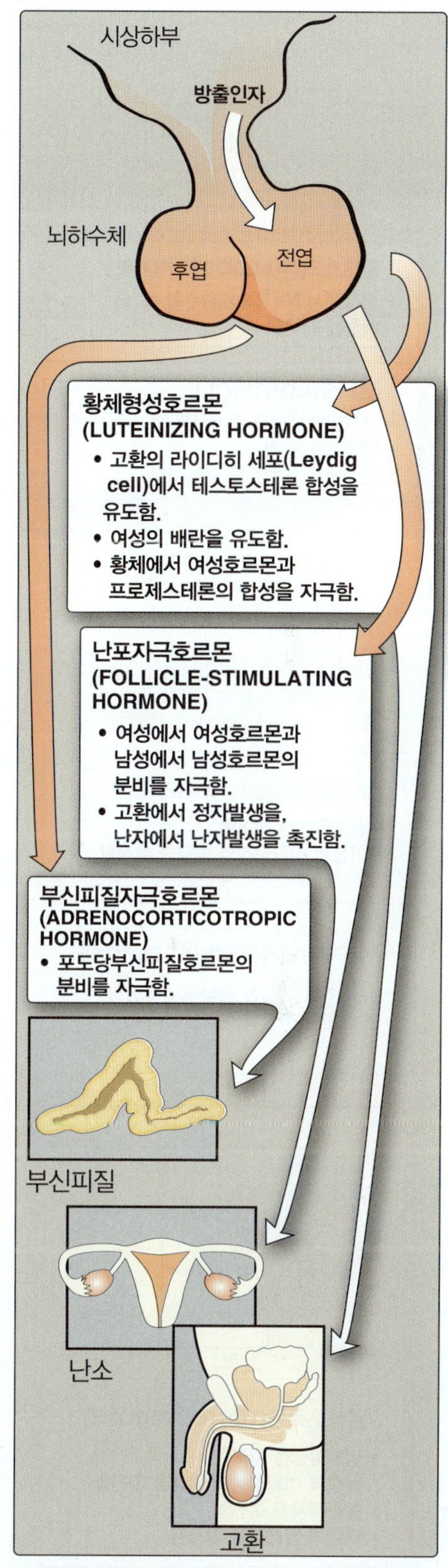

그림 18.27
스테로이드 호르몬의 합성과 분비에 대한 뇌하수체 호르몬의 자극.

으로 분비된 후 대변으로 배설된다. 나머지는 혈액으로 분비된 후 콩팥에서 여과되어 소변으로 배설된다. 이러한 결합 대사물은 물에 잘 녹기 때문에 다른 단백질 운반체가 필요 없다.

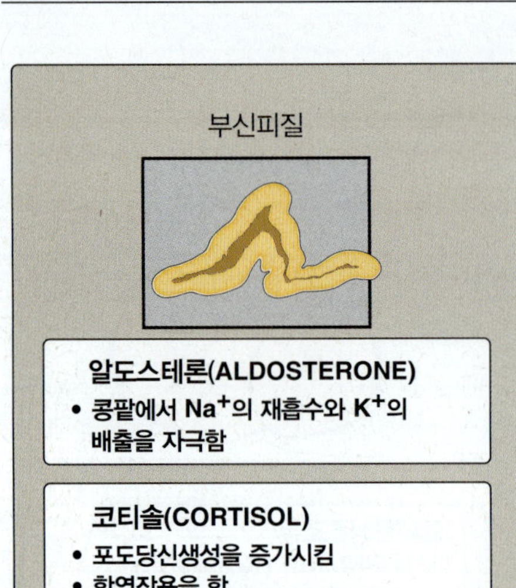

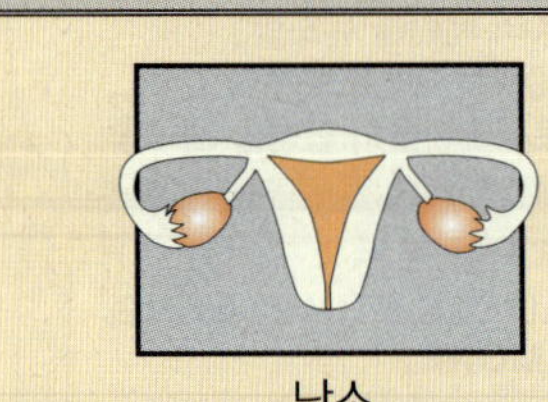

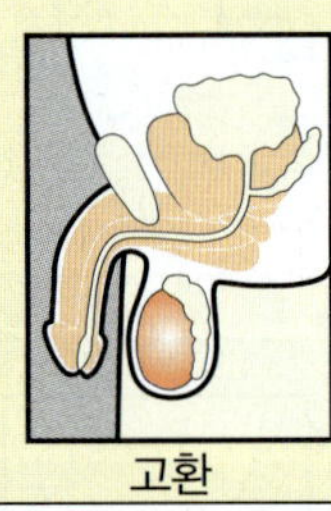

그림 18.28
스테로이드 호르몬의 작용. Na^+ = 소듐(나트륨) K^+ = 포타슘(칼륨).

VIII. 요약

- **콜레스테롤**은 소수성 화합물로서 단 하나의 수산기를 갖고 있으며, 여기에 지방산이 부착하면 **콜레스테릴 에스터**가 되어 훨씬 더 소수성이 증가한다.
- 콜레스테롤은 주로 **간, 창자, 부신피질, 생식조직** 등에서 합성되지만 실제로는 모든 인체 조직에서 합성된다.
- 합성과정은 **세포질, 세포질그물, 과산화소체**에 있는 효소들에 의해 일어난다.
- 콜레스테롤 합성에서 속도제한 및 조절 단계는 **HMG CoA 환원효소**에 의해 촉진되며, 이 효소는 HMG CoA로부터 **메발론산**을 생성한다.
- **HMG CoA 환원효소**는 여러 기전에 의해 조절된다: (1) 전사인자인 **SREBP-2**를 통하여 효소의 양을 증가, (2) 콜레스테롤 농도가 높을 때 **단백질** 분해를 **증가**, (3) **AMPK**에 의한 HMG CoA 환원효소를 인산화(불활성화), (4) 유전자 발현은 **인슐린**에 의해 상향조절되고 **글루카곤**에 의해 하향조절된다.
- **스타틴**계 약물은 HMG CoA 환원효소의 **경쟁 억제제**이다. 이 약물들은 **고콜레스테롤혈증** 환자의 혈장 콜레스테롤 농도를 낮출 때 사용된다.
- 콜테스테롤의 고리 구조는 사람 몸에서 분해될 수 없다. 콜레스테롤은 쓸개즙산염으로 전환되거나 **쓸개즙**으로 직접 분비됨으로써 몸에서 제거될 수 있다.
- 쓸개즙산 합성의 속도제한 단계는 **콜레스테롤-7-α-수산화효소**(**쓸개즙산**에 의해 억제됨)에 의해 촉진된다.
- 쓸개즙산은 간에서 나오기 전에 결합되어 쓸개즙산염이 된다. 쓸개즙산염은 쓸개즙산보다 알칼리 pH에서 더 수용성이고 이온화된다.
- 창자에 있는 **세균**은 쓸개즙산염에서 **이차 쓸개즙산**을 생성한다.
- 쓸개즙산염의 95% 이상이 효율적으로 재흡수되고, 이들은 **창자간 순환**에 의해 간으로 되돌아간다.
- **쓸개즙산염**의 창자간 순환은 쓸개즙산 격리제에 의하여 감소시킬 수 있다.
- 쓸개즙산염과 포스파티딜콜린의 유화 능력보다 더 많은 양의 콜레스테롤이 쓸개즙으로 들어가면 **콜레스테롤 담석병(cholesterol gallstone disease: 담석증, cholelithiasis)**이 발생한다.
- 혈장 지단백질은 **암죽미립(CM), 초저밀도지단백질(VLDL), 저밀도 지단백질(LDL), 고밀도지단백질(HDL)** 등을 포함한다 (그림 18.30). 지단백질의 기능은 지질을 조직 사이로 수송할 때 용해성을 유지하는 것이다.
- 지단백질은 중심부분의 중성지질(TAG, **콜레스테릴 에스터**, 또는 둘 다)과 이것을 둘러싸는 **친양쪽성 아포지단백질, 인지질, 비에스터형 유리 콜레스테롤** 등으로 이루어진 외피로 구성된다.
- **암죽미립(CM)**은 **창자 점막세포**에서 **음식지질**로부터 조립된다. 각각의 신생 CM 입자는 한 분자의 **아포지단백질 B-48**을 가지고 있다.

- **암죽미립**은 사이즈가 크기 때문에 점막세포에서 림프계통로 분비된 후 혈액으로 운반된다. Apo C-II는 내피 **지단백질 지질분해효소(LPL)**를 활성화하여 TAG를 지방산과 글리세롤로 분해한다. **유리된 지방산**은 **지방조직**에 저장되거나 **근육**에서 에너지 생성에 사용된다. **글리세롤**은 **간**에서 대사된다.
- TAG가 대부분 제거되면 대부분의 **음식 콜레스테롤**을 운반하는 **암죽미립 잔류물**은 apo E를 인식하는 간의 수용체에 결합한다.
- 지단백질 지질분해효소(LPL)나 apo C-II가 **결핍**된 환자의 경우 혈장에 암죽미립이 극적으로 축적되는 것을 볼 수 있다(**I형 고지단백혈증** 또는 **가족 암죽미립혈증**).
- 신생 VLDL은 간에서 생성되며 대부분 TAG로 구성된다. VLDL은 단 한 분자의 **아포지단백질 B-100**을 함유한다. VLDL의 기능은 간 TAG를 말초 조직으로 운반하는 것이다. 말초 조직에서 지단백질 지질분해효소가 지질을 분해한다.
- VLDL에서 TAG가 제거될 때 이 입자는 HDL에서 **콜레스테릴 에스터**를 받는다. 이 과정은 **콜레스테릴 에스터 전달 단백질(CEPT)**에 의해 진행된다.
- 혈장의 VLDL은 ILD로 전환된 이후 더 작고 밀도가 높은 입자인 LDL로 전환된다.
- LDL은 apo B-100을 보유하고 있어서 **LDL 수용체**에 의해 인식된 후 **수용체 매개 세포내섭취**를 통해 세포로 들어가서 **용해소체**에서 그 내용물이 분해된다. LDL 수용체는 재순환되지만 **PCSK9**에 의해 재순환이 억제되고 분해된다.
- 암죽미립 잔류물과 IDL의 섭취에 결함이 있으면 **III형 고지단백혈증** 또는 **이상베타지질단백혈증**이 발생한다.
- LDL 수용체의 기능이 결핍되면 **II형 고지질혈증(가족 고콜레스테롤혈증, FH)**이 발생한다.
- HDL은 간과 창자에서 합성된 **apo A-1**의 **지질화**에 의해서 만들어진다. HDL은 다음과 같은 많은 기능을 갖고 있다: (1) CM과 VLDL에 필요한 apo C-II와 apo E의 순환하는 저장체로 작용한다. (2) 세포표면과 다른 지단백질에서 비에스터화 콜레스테롤을 추출(ABCA1을 통해)하고 레시틴:콜레스테롤 아실기전달효소(**LCAT**, 간에서 합성되며 **apo A-1**에 의해 활성화되는 혈장 효소)를 사용하여 이것을 에스터화한다. (3) 이 콜레스테릴 에스터를 **SR-B1**을 통한 섭취에 의해 간으로 운반한다("역방향 콜레스테롤 수송").
- 콜레스테롤은 **포도당부신피질호르몬**, **무기질부신피질호르몬**, 그리고 남성호르몬, 여성호르몬, 프로제스틴 등을 포함하는 **성호르몬** 등 모든 종류의 **스테로이드 호르몬**의 전구체이다. 합성 과정은 주로 **부신피질(코티솔, 알도스테론, 남성호르몬)**, **생식샘** 및 **태반**에서 일어난다.
- 콜레스테롤로부터 **프레그네놀론**의 합성은 속도제한효소인 콜레스테롤 곁사슬 절단효소 복합체($P450_{SCC}$)에 의해 조절된다. 이러한 합성효소의 결핍은 **선천부신과다형성증(CAH)**을 유발한다.
- 각 스테로이드 호르몬은 표적세포의 세포질액이나 핵에 존재하는 특정 수용체에 결합한다. 이러한 **수용체-리간드 복합체**는 핵에 축적되고, 이합체화되고, 보조활성자와 회합하여 특이적인 DNA의 조절 서열(**호르몬 반응요소, HRE**)에 결합함으로써 촉진자를 활성화하여 표적 유전자의 **전사**를 증가시킨다.

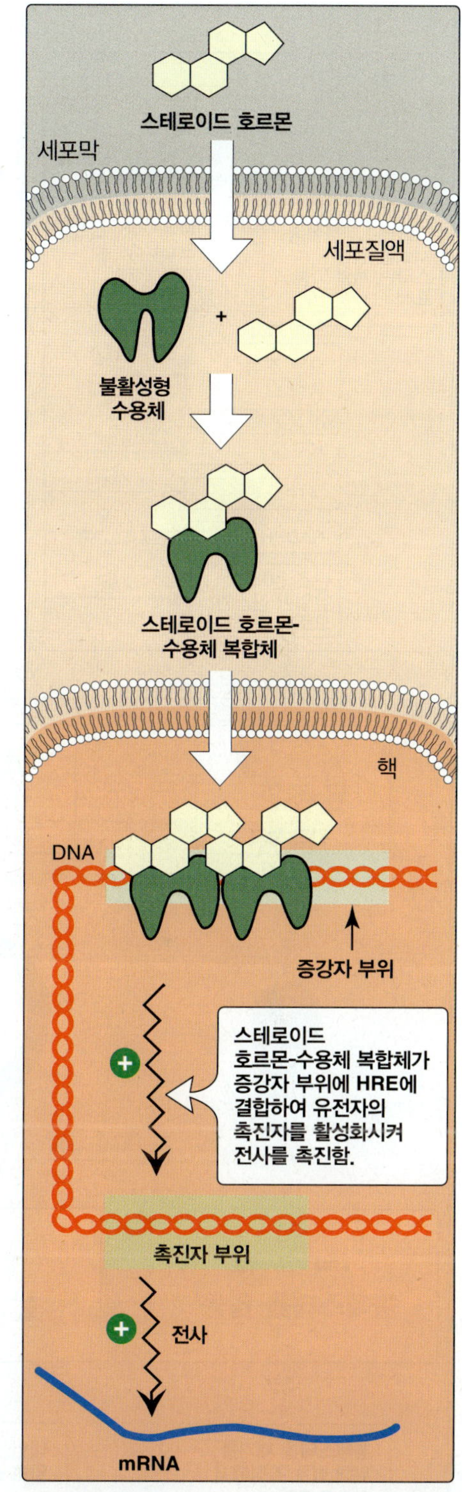

그림 18.29
스테로이드 호르몬-수용체 복합체와 호르몬 반응 요소(HRE)의 상호작용에 의한 전사의 활성화. 이 수용체는 호르몬, DNA, DNA를 풀어주는 단백질과 결합하는 영역을 갖고 있다. mRNA = 전령 RNA.

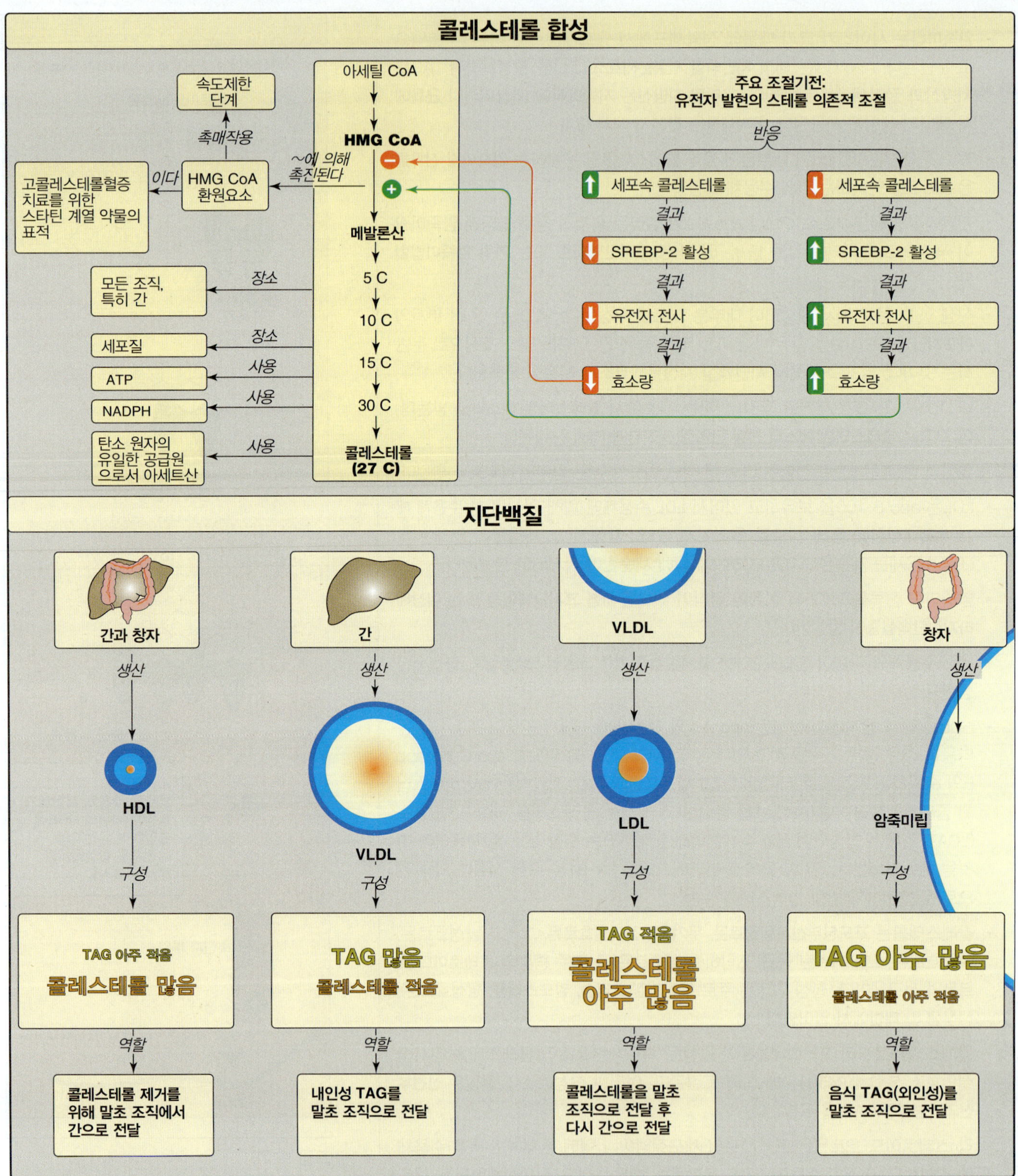

그림 18.30

콜레스테롤과 지단백질의 핵심 개념도. HMG CoA = 하이드록시메틸글루타릴 보조효소 A; SREBP = 스테롤조절효소 결합 단백질; HDL = 고밀도지단백질; VLDL = 초저밀도지단백질; LDL = 저밀도지단백질; TAG = 트라이아실글리세롤; NADP(H) = 니코틴아마이드 아데닌 다이뉴클레오타이드 인산염; C = 탄소.

연습문제

가장 올바른 답을 하나만 고르시오.

18.1 유전공학으로 처리한 생쥐의 하이드록시메틸글루타릴 (HMG) CoA 환원효소는 인산화 자리인 세린 871번이 알라닌으로 교체되었다. 다음 중 변형된 형태의 효소에 관한 내용 중 가장 알맞은 것은?

A. 효소는 ATP 고갈에 반응하지 않는다.
B. 효소는 스타틴계 약물에 반응하지 않는다.
C. 효소는 스테롤반응요소-스테롤반응요소결합 단백질 체계에 반응하지 않는다.
D. 효소는 유비퀴틴-단백소체 체계에 의해 분해되지 않는다.

정답 = A. 환원효소는 공유결합 인산화와 탈인산화에 의해 조절된다. ATP 고갈은 AMP의 증가를 유발하여 AMP 인산화효소(AMPK)가 활성화되고, 이것은 효소를 인산화하여 불활성화한다. 일반적인 인산화 자리인 세린이 없을 경우에 효소는 AMPK에 의해 인산화될 수 없다. 효소는 또한 전사와 분해의 변화를 통해 생리적으로 조절되거나 스타틴 약물들(경쟁 억제제)에 의해 약리적으로 조절되지만, 이들 중 어느 것도 세린 인산화에 의존하지 않는다.

18.2 공복 혈액에서 다음과 같은 혈액지질검사 결과를 보이는 사람의 저밀도지단백질(LDL) 콜레스테롤의 양을 계산하라: 총콜레스테롤 = 300 mg/dl, 고밀도지단백질(HDL) 콜레스테롤 = 25 mg/dl, 트라이아실글리세롤 = 150 mg/dl.

A. 55 mg/dl
B. 95 mg/dl
C. 125 mg/dl
D. 245 mg/dl

정답 = D. 공복상태의 사람의 혈액 총콜레스테롤은 LDL + HDL + VLDL 속의 콜레스테롤의 합과 같다. 공복 혈액에서 VLDL 부피의 1/5은 콜레스테롤이 차지하기 때문에 VLDL 콜레스테롤은 트라이아실글리세롤 값을 5로 나눈 값과 같다.

문제 18.3과 18.4에 대한 공통 본문.

심한 복통의 병력을 가진 소녀가 아침 5시에 심한 고통으로 지역 병원에 내원하였다. 혈액검사에서 혈장은 우윳빛을 띠었으며 트라이아실글리세롤 농도가 2,000 mg/dl을 초과하였다(정상 = 4~150 mg/dl). 이 환자에게 의사는 지방 식사를 철저히 제한하고 중간길이 사슬 트라이아실글리세롤을 보충한 식사를 하도록 처방하였다.

18.3 다음 지단백질 입자들 중에서 이 환자의 혈장 색의 원인으로 가장 적절한 것은?

A. 암죽미립(CM)
B. 고밀도지단백질(HDL)
C. 중밀도지단백질(IDL)
D. 저밀도지단백질(LDL)
E. 초저밀도지단백질(VLDL)

정답 = A. 그녀의 혈액이 우윳빛을 띠는 이유는 트아이아실글리세롤이 많은 암죽미립 때문이다. 새벽 5시는 저녁식사 후 몇 시간이 지났기 때문에 이 환자는 지단백질 입자들을 분해하는 데 어려움을 겪었을 것이다. 중간-, 저-, 고밀도지단백질은 우선적으로 콜레스테릴 에스터를 함유하고 있으며, 이 중에 하나 이상의 입자들의 농도가 상승되었다면 고콜레스테롤혈증을 유발했을 것이다. 초저밀도지단백질은 혈장이 우윳빛을 띠게 하지 않는다.

18.4 다음 단백질 중 어느 것이 환자에서 결핍되었을 것 같은가?

A. Apo A-I
B. Apo B-48
C. Apo C-II
D. 콜레스테릴 에스터 전달 단백질(CETP)
E. 미세소체의 트라이아실글리세롤 전달 단백질

정답 = C. 암죽미립 트라이아실글리세롤은 보조효소 C-II를 필요로 하는 혈관내 지단백질 지질분해효소에 의해 분해된다. 이 효소나 보조효소의 결핍은 암죽미립을 잔류물(간에서 청소됨)로 분해하는 능력을 감소시킨다. Apo A-I은 레시틴-콜레스테롤 아실기전달효소(LCAT)의 보조효소이다. Apo B-48은 암죽미립 잔류물과 결합하는 간 수용체의 리간드이다. 콜레스테릴 에스터 전달 단백질(CEPT)은 고밀도지단백질과 저밀도지단백질 사이에서 콜레스테릴 에스터와 TAG의 교환을 촉진한다. 미세소체의 트라이아실글리세롤 전달 단백질은 암죽미립과 VLDL의 분해가 아닌 생성에 관여한다.

18.5 정상인과 전형적 21-α-수산화효소 결핍을 가진 사람을 비교하여 다음 표를 완성하라.

목록	증가	감소
알도스테론		
안드로스텐다이온		
코티솔		
혈당		
부신피질자극호르몬		
혈압		

이 사람이 21-α-수산화효소 결핍이 아닌 17-α-수산화효소 결핍을 가졌다면 결과가 어떻게 바뀌겠는가?

21-α-수산화효소 결핍은 무기질부신피질호르몬(알도스테론)과 포도당부신피질호르몬(코티솔)이 사실상 없는 상태로 만든다. 알도스테론은 혈압을 높이고 코티솔은 혈당을 증가시키기 때문에 이들의 결핍은 각각 혈압과 혈당감소를 초래한다. 코티솔은 뇌하수체의 부신피질자극호르몬(ACTH) 분비를 보통 되먹임으로 억제하기 때문에 코티솔이 없으면 ACTH가 증가한다. 21-α-수산화효소 소실은 프로제스테론과 프레그네놀론을 안드로젠 합성으로 유도하여 안드로스텐다이온의 농도를 증가시킨다. 17-α-수산화효소 결핍은 성호르몬 합성을 억제시키고, 무기질부신피질호르몬 생산이 증가되어 고혈압을 유발할 것이다.

제 4 단원

질소 대사

아미노산: 질소의 처리

19

I. 개관

지방과 탄수화물과 다르게 아미노산은 체내에 저장되지 않는다. 즉 차후에 아미노산을 공급할 목적으로 저장되어 있는 단백질은 없다. 그러므로 체내에 필요한 아미노산은 음식으로부터 공급되거나, 간단한 분자로부터 생합성되거나, 정상적인 단백질 분해에서 나온 것을 사용해야 한다. 세포의 생합성 요구량을 넘어서는 과잉의 아미노산은 빠르게 분해된다. 분해 과정의 첫 번째 단계는 α-아미노기를 제거(보통 아미노기전달과 계속되는 산화탈아미노화에 의해)하여 암모니아와 상응하는 α-케톤산(아미노산의 탄소뼈대)을 생성한다. 유리 암모니아 부분은 소변을 통하여 배설되고, 대부분은 몸으로부터 질소를 배설하는 양적으로 가장 중요한 경로인 요소의 합성에 사용된다(그림 19.1). 20장에서 설명할 아미노산 분해의 두 번째 단계에서 α-케톤산의 탄소뼈대가 에너지를 생성하는 대사 경로의 공통 중간대사물로 전환된다. 이 물질들은 8~13장과 16장에서 설명한 중심 대사 경로에 의해 CO_2, 물, 포도당, 지방산, 케톤체 등으로 대사된다.

II. 전체 질소 대사(Overall Nitrogen Metabolism)

아미노산의 분해는 질소화합물 대사라는 큰 과정의 한 부분이다. 질소는 음식에 존재하는 다양한 화합물 형태로 체내에 섭취되는데, 그 중 가장 중요한 것이 단백질 아미노산이다. 질소는 아미노산의 대사에서 생성되는 요소, 암모니아, 그 밖의 다른 생성물(크레아틴 같은, 331쪽 참조) 등으로 배설된다. 이러한 변환 과정에서 체내 단백질의 역할은 아미노산 웅덩이(pool)와 단백질 전환(turnover)이라는 2가지의 중요한 개념에 관여하는 것이다.

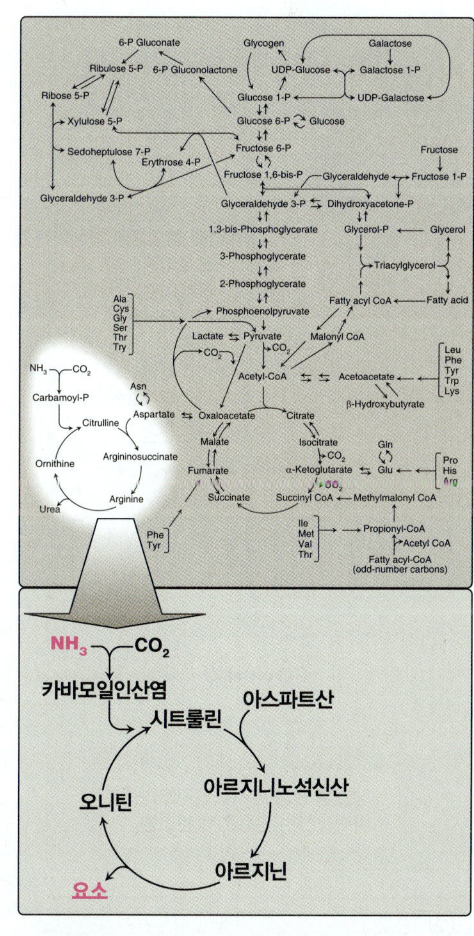

그림 19.1
에너지 대사의 필수적인 반응의 일부로 보여주는 요소회로. [참고: 자세한 대사지도 105쪽 그림 8.2 참조.] NH_3 = 암모니아; CO_2 = 이산화탄소.

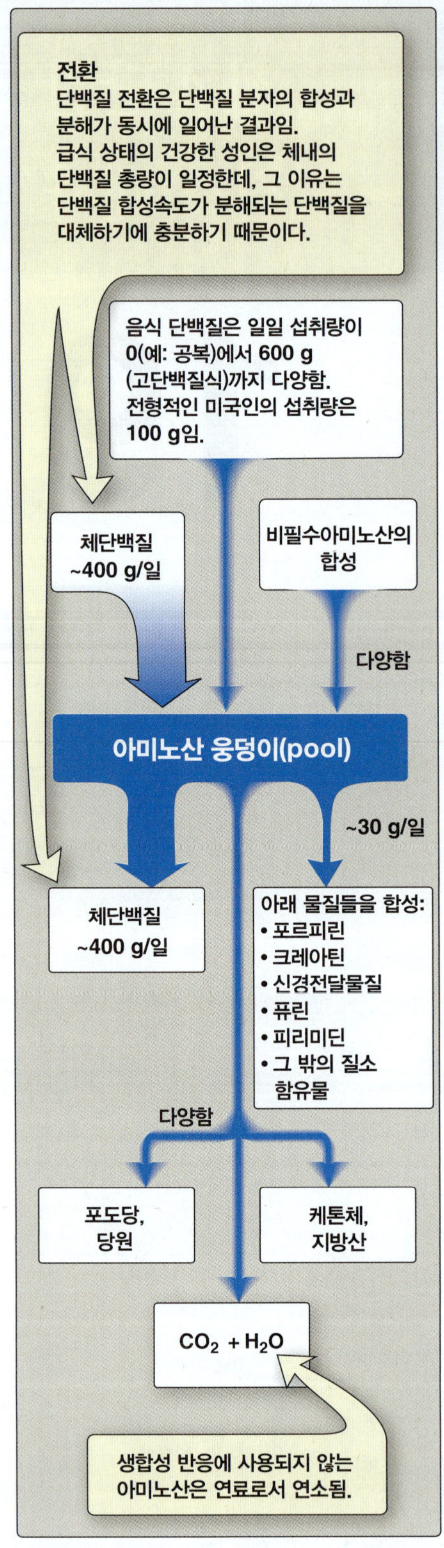

그림 19.2
아미노산의 공급원 및 대사 운명. [참고: 아미노산 분해로 인한 질소는 암모니아로 방출되며, 암모니아는 요소로 전환되어 배설된다.] CO_2 = 이산화탄소.

A. 아미노산 웅덩이(amino acid pool)

유리 아미노산은 전신(예: 세포, 혈액, 세포바깥액)에 존재한다. 설명을 하기 위해 전체 아미노산들이 소속된 하나의 저장소를 가정했을 때 이것을 아미노산 웅덩이(pool)라고 부른다. 이 웅덩이는 3가지 공급원에 의해 채워진다: (1) 체내 내인성 단백질(대부분 재사용됨)의 분해에 의해 공급되는 아미노산, (2) 외인성(음식) 단백질에서 유래한 아미노산, (3) 간단한 대사중간대사물로부터 합성된 비필수 아미노산(그림 19.2). 반대로 아미노산은 3가지 경로에 의해 고갈된다: (1) 체내 단백질의 합성, (2) 작은 질소 함유 분자의 전구체로 소비되는 필수 아미노산, (3) 포도당, 당원, 지방산, 케톤체, CO_2 + H_2O 등으로 전환되는 아미노산(그림 19.2). 아미노산 웅덩이(약 90~100 g의 아미노산에 상응함)가 체내에서 단백질의 양(70 kg 남자의 경우 약 12 kg)에 비해 작지만 이것은 개념적으로 전신의 질소 대사의 중심에 존재한다.

> 건강하고 영양상태가 좋은 사람에서 아미노산 웅덩이로 들어오고 나가는 아미노산의 양이 균형을 이루고 있어 그 속의 아미노산의 양은 항상 일정하다. 아미노산 웅덩이가 일정하면 질소 균형을 이루고 있다고 말한다(426쪽 참조).

B. 단백질 전환(protein turnover)

체내 대부분의 단백질은 일정하게 합성되고 분해되기 때문에 비정상적인 단백질이나 불필요한 단백질이 제거된다. 많은 단백질의 경우 단백질 합성의 조절이 분해 조절보다 비중이 커서 세포의 단백질 농도를 결정한다. 합성의 속도가 일정하거나 상대적으로 일정한 다른 단백질의 경우는 세포의 단백질 농도가 선택적으로 일어나는 분해에 의해 제어된다.

1. **속도:** 건강한 성인에서 단백질 합성의 속도는 분해되는 양을 보충하기에 충분하기 때문에 체내의 전체 단백질의 양은 일정하게 유지된다. 이 과정을 단백질 전환이라 부르는데, 체내에서 매일 300~400 g의 단백질이 가수분해되고 또한 재합성된다. 단백질 전환의 속도는 각각의 단백질마다 다르다. 예를 들면 많은 조절 단백질과 잘못 접힌 단백질과 같은 짧은 수명의 단백질은 빠르게 분해되기 때문에 몇 분에서 몇 시간의 반감기를 갖고 있다. 이에 비해, 긴 수명의 단백질은 반감기가 며칠에서 몇 주인데, 세포 대부분의 단백질이 여기에 속한다. 아교질과 같은 구조 단백질은 대사적으로 안정적이어서 몇 달에서 몇 년의 반감기를 갖고 있다.

2. **단백질 분해:** 단백질을 분해하는 2가지의 중요한 효소계가 있다. 즉, 세포질액의 ATP 의존 유비퀴틴-단백소체(ubiquitin-proteosome)계와 용해소체의 에너지 비의존 분해효소계가 있다. 단백소체는 주로 손상받거나 짧은 수명의 단백질을 선택적으로 분해한다. 용해소체는 산성 가수분해효소(187쪽 참조)를 사용하여 주로 세포속 단백질("자가포식")이나 세포내섭취에 의해 세포속으로 들어온 혈장 단백질 같은 세포바깥 단백질("이종포식")을 비선택적으로 분해한다.

a. 유비퀴틴-단백소체계: 세포질 유비퀴틴-단백소체계에 의해 선택적으로 분해되는 단백질은 먼저 공 모양의 작은 비효소 단백질인 유비퀴틴(Ub)에 공유결합으로 부착한다. Ub는 유핵생물에서 잘 보존되어 있다. 표적 기질의 유비퀴틴화는 3단계의 효소 촉매 과정(ATP 의존과정)을 통해 유비퀴틴 C 말단 글라이신의 α-카복실기가 단백질 기질 라이신의 ε-아미노기에 결합하여 일어난다. [참고: 효소 1(E1, 활성화 효소)은 Ub를 활성화한 다음 E2(포합 효소)로 전달한다. E3(결합효소)는 분해될 단백질을 인식하여 E2-Ub와 상호작용을 한다. E1 또는 E2보다 더 많은 E3 단백질이 있다] 계속적으로 4개 이상의 Ub 분자가 표적 단백질에 첨가되어 폴리유비퀴틴 사슬이 만들어진다. Ub 표지가 달린 단백질은 단백소체(그림 19.3)라고 불리는 큰 통모양의 거대분자 단백질 분해 복합체에 의해 인식된다. 이 단백소체는 표적 단백질의 접힘을 풀고, 유비퀴틴화 복합체를 해체하고, 조각으로 잘라낸다. 이어서 세포질 단백질분해효소가 조각들을 더 분해하여 아미노산을 생성하는데, 이들은 아미노산 웅덩이로 들어간다. Ub는 재순환된다. 단백질분해효소에 의한 단순한 가수분해와 다르게 유비퀴틴-단백소체 복합체에 의한 선택적인 단백질 분해는 ATP 가수분해를 필요로 하는 과정이다.

b. 분해신호: 각각의 단백질이 서로 다른 반감기를 갖고 있기 때문에 단백질의 분해가 아무렇게나 일어나는 것이 아니고 오히려 분해신호로 작용하는 단백질의 몇 가지 구조 양상에 의해 영향을 받는다는 것은 분명하며, 이는 E3에 의해 인식되고 결합된다. 단백질의 반감기는 N-말단 잔기, 소위 N-말단 법칙에 영향을 받으며 수 분에서 수 시간까지 다양하다. 불안정한 N-말단 아미노산에는 아르기닌과 아세틸화 알라닌과 같은 번역 후 변형된 아미노산이 포함된다. 대조적으로 세린은 안정화하는 아미노산이다. 또한 프롤린(P), 글루탐산(E), 세린(S), 트레오닌(T)("PEST")이 함유된 서열이 풍부한 단백질은 빠르게 유비퀴틴화되고 분해되기 때문에 아주 짧은 반감기를 갖는다.

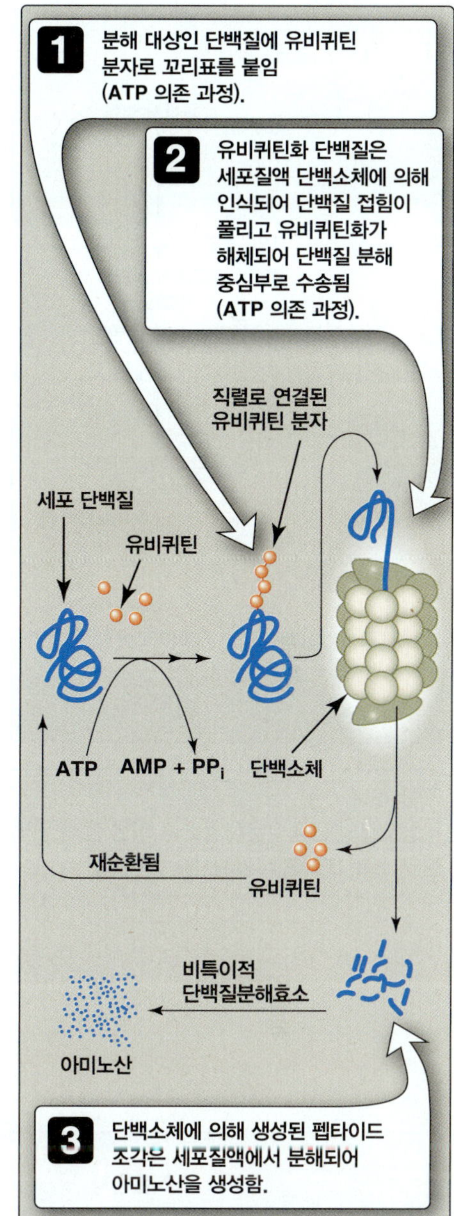

그림 19.3
유비퀴틴-단백소체를 통한 단백질의 분해 경로. AMP = 일인산아데노신; PP_i = 파이로인산염.

III. 음식 단백질의 소화

대부분의 음식 질소는 단백질 형태로 소비되며, 미국 식단의 양은 하루에 70~100 g이다(그림 19.2). 단백질은 창자에서 흡수되기에는 너무 크다. [참고: 예외적으로 신생아는 모유에서 모체의 항체를 섭취할 수 있다.] 단백질은 아미노산뿐만 아니라 다이펩타이드와 트라이펩타이드으로 가수분해된 후 흡수되어야 한다. 단백질을 분해하는 단백질분해효소는 3개의 다른 기관에서 생성된다: 위, 이자, 작은창자(그림 19.4).

A. 위액 분비에 의한 소화

단백질의 소화는 위에서 시작하며, 위는 염산과 풋효소인 펩시노젠(pepsinogen)을 포함하는 독특한 용액인 위액을 분비한다.

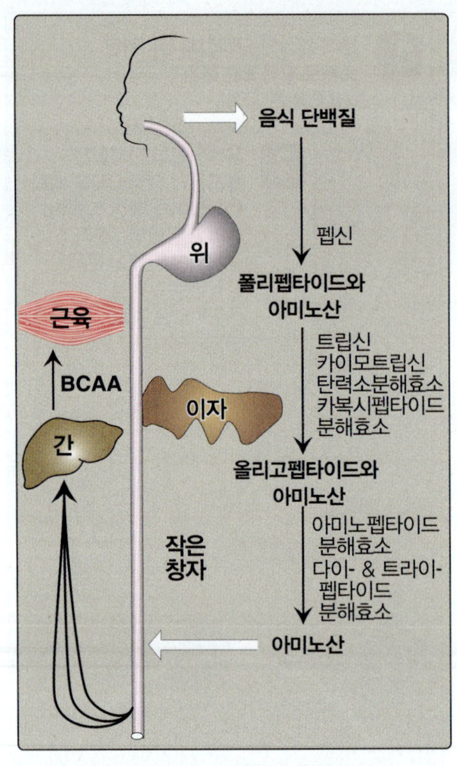

그림 19.4
위창자길의 단백질분해효소에 의한 음식 단백질의 소화. BCAA = 가지사슬 아미노산.

1. **염산:** 위산은 단백질을 가수분해하기에 너무 희석되어 있다(pH 2~3). 대신에 위 벽세포에서 분비하는 위산은 세균을 죽이고 단백질을 변성시키는 작용을 하여 이후에 진행되는 단백질분해효소에 의한 분해가 원활하도록 도와준다.

2. **펩신:** 산에 안정적인 펩타이드내부분해효소인 펩신은 위의 으뜸세포에서 불활성형 효소원(풋효소)인 펩시노젠으로 분비된다. [참고: 보통 효소원은 여분의 아미노산 서열을 갖는데, 이 부분이 촉매작용을 하는 활성형으로 되는 것을 방지한다. 이 아미노산 서열이 제거되면 적절한 형태로 접힘이 일어나 활성형 효소가 된다.] HCl이 존재시, 펩시노젠은 활성화 형태인 펩신(pepsin)으로 스스로 분해(자가촉매)될 수 있는 형태 변화를 겪는데, 펩신은 음식 단백질로부터 폴리펩타이드들과 약간의 유리 아미노산을 생성한다. .

B. 이자효소(pancreatic enzyme)에 의한 단백질의 소화

위에서 펩신에 의해 생성된 큰 크기의 폴리펩타이드가 작은창자로 들어오면, 이자 단백질분해효소(펩타이드내부-와 펩타이드말단분해효소를 포함)에 의해 더 절단되어 올리고펩타이드와 아미노산을 생성한다. [참고: 장내 호르몬인 세크레틴에 반응하여 이자에서 분비되는 탄산수소염 HCO_3^-가 장내 pH를 상승시킨다]

1. **특이성:** 이자효소들은 분해되는 펩타이드 결합의 바로 옆에 있는 아미노산 R기에 대한 특이성을 갖고 있다(그림 19.5). 예를 들면 트립신은 펩타이드 결합의 카보닐기가 아르지닌이나 라이신으로 이루어져 있을 때에만 이 결합을 절단한다. 이 효소들은 위에서 설명한 펩신처럼 불활성형 효소원의 형태로 합성되어 분비된다.

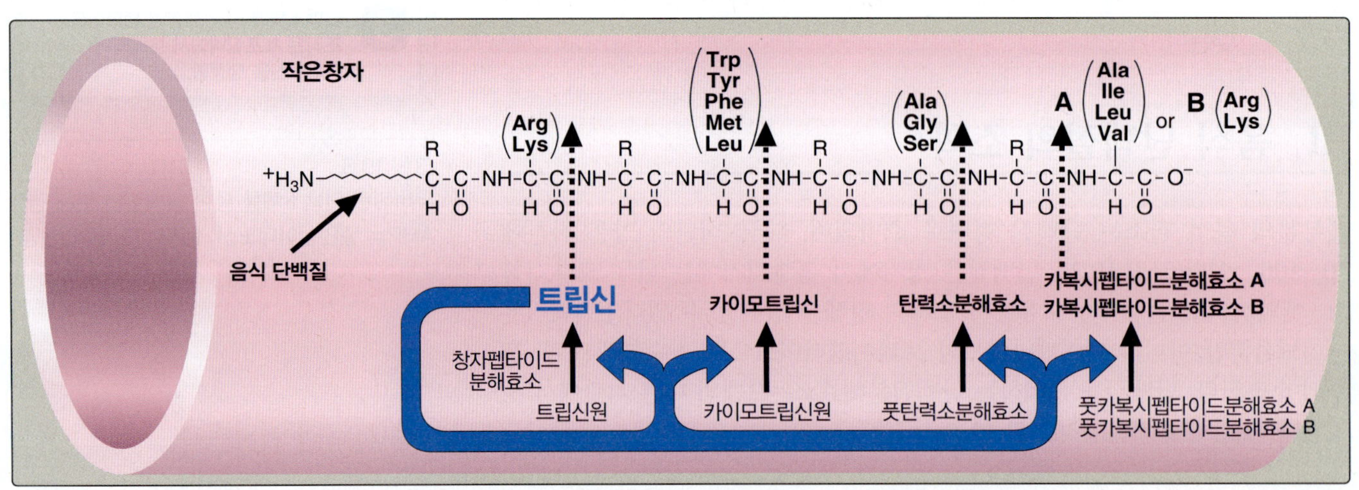

그림 19.5
이자 단백질분해효소에 의한 음식 단백질의 절단. 5개의 주요 이자 단백질분해효소에 의해 가수분해가 잘 일어나는 펩타이드 결합의 위치를 보여줌. [참고: 처음 3개는 펩타이드내부분해효소이고 나중 2개는 펩타이드말단분해효소이다. 이들은 모두 불활성형 효소원 형태로 생성된다.]

2. **효소원의 분비:** 이자 효소원의 분비와 활성화는 소장의 폴리펩타이드 호르몬인 콜레시스토키닌(cholecystokinin)의 분비에 의해 매개된다 (202쪽 참조).

3. **효소원의 활성화:** 창자펩타이드분해효소(enteropeptidase, enterokinase라고도 함)는 솔가장자리막(brush border membrane)의 창자 점막세포(enterocytes)의 속공간(apical) 내피면에서 합성되어 그자리에 존재하는 효소로 트립시노젠의 N-말단으로부터 헥사펩타이드를 제거하여 이자효소원인 트립시노젠을 트립신으로 전환시킨다. 트립신은 효소원에 있는 제한된 숫자의 특이성 있는 펩타이드 결합을 잘라 다른 트립시노젠을 트립신으로 전환시킨다. 트립신이 모든 이자효소원의 공통 활성자이기 때문에 창자펩타이드분해효소는 소화관에서 단백질 분해 활성의 연쇄증폭(cascade)을 열어주는 역할을 한다(그림 19.5).

4. **단백질 소화의 이상:** 이자 분비에 이상(예: 만성췌장염, 낭성섬유증, 췌장절제 등에 의함)이 있는 사람은 지방과 단백질의 소화 흡수가 완벽하지 않다. 결과적으로 지방변("steatorrhea"라 부름, 204쪽 참조)과 소화가 되지 않은 단백질을 대변에서 비정상적으로 관찰할 수 있다.

> 만성소화장애증(celiac disease, 복강스프루)은 밀, 보리, 호밀 등에서 발견되는 단백질인 글루텐(gluten)이나 글루텐 추출 단백질인 글리아딘(gliadin)의 섭취에 대한 반응으로 작은창자에 발생하는 면역 매개 손상에 의한 흡수장애 질환이다.

C. 작은창자 효소에 의한 올리고펩타이드의 소화

창자의 속공간 표면에 존재하는 아미노펩타이드분해효소는 펩타이드말단 분해효소로서 올리고펩타이드의 N-말단 잔기를 하나씩 반복적으로 잘라 아주 더 작은 펩타이드와 유리 아미노산을 생성한다.

D. 아미노산과 작은펩타이드 창자흡수

대부분의 유리 아미노산은 꼭지면 막의 용질 운반체(SLC) 단백질에 의해 소듐 의존 이차 능동수송계를 통해 창자세포로 유입된다. 겹치는 아미노산 특성을 가진 최소 7개의 서로 다른 수송계가 알려져 있다. 그러나 다이펩타이드와 트라이이펩타이드는 양성자회합 펩타이드 수송체(PepT1)에 의해 흡수된다. 펩타이드들은 유리 아미노산으로 가수분해된다. 유리 아미노산은 공급원에 관계없이 염기성 막의 소듐 비의존 수송체에 의해 창자세포에서 문맥계로 방출된다. 따라서 단백질 함유 식사 후에 문맥에서는 오직 유리 아미노산만이 발견된다. 이 아미노산들은 간에서 대사되거나 순환계통으로 분비된다. [참고: 가지사슬 아미노산은 간에서 대사되지 않고, 대신에 간에서 혈액을 통해 주로 근육으로 보내진다(그림 19.4)]

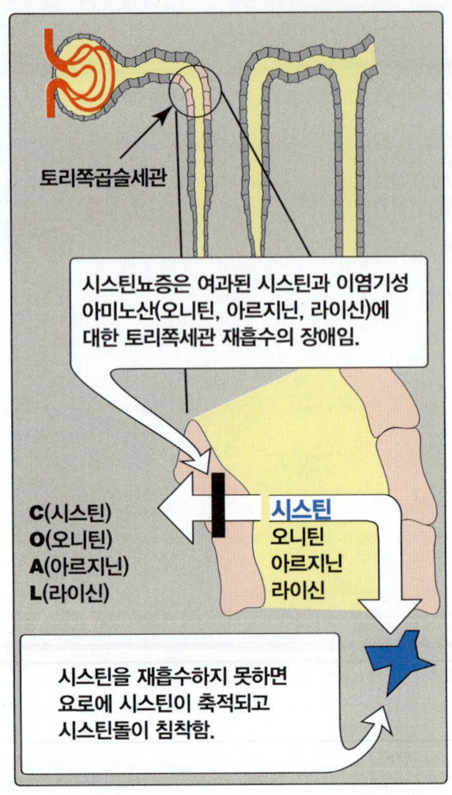

그림 19.6
시스틴뇨증(cystinuria)에서 보이는 유전 결함. [참고: 시스틴뇨증은 시스틴증(cystinosis)과 다르다. 시스틴증은 용해소체 밖으로의 시스틴 수송에 결함이 있어 결과적으로 용해소체 속에 시스틴 결정 형성과 조직 손상을 일으킨다.]

E. 흡수이상

작은창자와 콩팥의 근위세관은 아미노산 흡수를 위한 공통적인 수송계를 가지고 있다. 결과적으로 이러한 수송계 중 어느 하나라도 결함이 있으면 특정 아미노산을 작은창자와 콩팥 요세관으로 흡수할 수 없게 된다. 예를 들면 어떤 수송계는 시스틴과 이염기 아미노산(오니틴, 아르지닌, 라이신 등, "COAL"로 표시)의 섭취를 담당한다. 유전병인 시스틴뇨증(cystinuria)은 바로 이 운반계의 결함으로 발생하며, 소변에서 위의 4가지 아미노산이 발견된다(그림 19.6). 7,000명에 한 명꼴로 발병하는 시스틴뇨증은 가장 흔한 유전병이면서 가장 흔한 유전성 아미노산 수송 이상증이다. 이 병은 임상적으로는 시스틴의 침착으로 콩팥돌(calculus)을 형성하는 임상 증상을 나타내며, 돌이 요로를 막을 수 있다. 치료법으로 수분의 섭취가 중요하다. [참고: 트립토판 수송에 결함이 있으면 하트넙병(Hartnup disaese)과 펠라그라(pellagra, 444쪽 참조)와 유사한 피부학적 및 신경학적 증상을 나타낸다.]

IV. 아미노산 질소의 제거

아미노산에서 α-아미노기가 산화성 분해를 막는 역할을 한다. α-아미노기의 제거는 아미노산에서 에너지를 생성할 때 필수적인 과정이고, 모든 아미노산의 분해 과정에서 절대적인 단계이다. 이렇게 제거되어 나온 아미노기의 질소는 다른 화합물에 혼입되거나 배설된다. 이때 남은 탄소뼈대 부분도 대사된다. 이 장에서 아미노기전달반응과 산화탈아미노화, 즉 요소 질소의 2가지 공급원인 암모니아와 아스파트산이 궁극적으로 생성되는 반응을 설명한다(289쪽 참조).

A. 아미노기전달반응: 아미노기를 글루탐산으로 수집함(funneling)

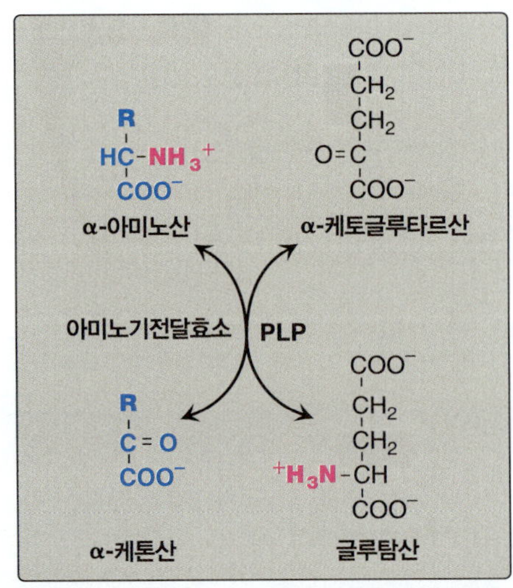

그림 19.7
아미노기 받개로 α-케톤글루타르산을 사용하는 아미노기전달효소 반응. PLP = 인산피리독살.

대부분의 아미노산 분해 과정의 첫 번째 단계는 α-아미노기를 α-케톤글루타르산으로 전달하여(그림 19.7). α-케톤산(원래의 아미노산으로부터 유래)과 글루탐산(α-케톤글루타르산으로부터 유래)을 생성한다. 시트르산 회로 케톤산 중간대사물인 α-케톤글루타르산은 다른 아미노산으로부터 아미노기를 받아들여 구조적으로 비슷한 아미노산인 글루탐산으로 전환되는 데 중요한 역할을 한다. 아미노기전달에 의해 생성된 글루탐산은 산화적으로 아미노기가 제거될 수 있고(아래 B 참조), 비필수 아미노산 합성에서 아미노기 주개의 역할도 한다. 이와 같이 하나의 탄소뼈대에서 다른 탄소뼈대로 아미노기를 전달하는 일은 아미노기전달효소(aminotransferase, 전에는 transaminase라고 부름)라는 효소에 의해 촉진된다. 이 효소들은 전신 세포의 세포질액과 사립체에서 발견되며, 특히 간, 콩팥, 창자, 근육 등에 많이 존재한다. 라이신과 트레오닌을 제외한 모든 아미노산은 분해 과정에서 한번은 아미노기전달 반응에 참여한다. [참고: 라이신과 트레오닌은 탈아미노화반응에 의해 α-아미노기가 제거된다(305쪽 참조).]

1. **기질 특이성:** 아미노기전달효소는 한 개 또는 몇 개의 아미노기 주개에 특이적이다. 이 효소들의 이름은 아미노기 받개가 거의 언제나 α-케

토글루타르산이기 때문에 특정 아미노기 주개의 이름을 따른다. 두 가지의 가장 중요한 아미노기전달효소 반응은 알라닌 아미노기전달효소(ALT)와 아스파트산 아미노기전달효소(AST, 그림 19.8)에 의해 촉진된다. 모든 아미노기전달효소는 효소의 활성 부위에서 특정 라이신 잔기의 ε-아미노 그룹에 공유결합하는 보조효소인 인산피리독살(비타민 B_6의 유도체; 442쪽 참조)을 필요로 한다.

a. **알라닌 아미노기전달효소(ALT):** ALT는 많은 조직에 존재한다. 이 효소는 알라닌의 아미노기를 α-케톤글루타르산으로 전달하는 반응을 촉진하여 파이루브산과 글루탐산을 생성한다. 이 반응은 쉽게 일어나는 가역반응이지만 이 효소는 대부분의 아미노기전달효소와 같이 아미노산 대사에서 글루탐산이 생성되는 방향으로 작용한다. [참고: 글루탐산은 사실상 알라닌으로부터 질소를 끌어 모으는 "수집가"로 작용한다.]

b. **아스파트산 아미노기전달효소(AST):** AST는 다른 아미노기전달효소들이 아미노기를 수집하여 글루탐산을 생성하는 원칙에 예외가 되는 효소이다. 아미노산 분해 과정에서 AST는 글루탐산으로부터 옥살로아세트산으로 아미노기를 이동시켜 α-케톤글루타르산과 아스파트산을 각각 생성한다. 아스파트산은 요소회로에 질소를 공급하는 역할을 한다(290쪽 참조). 다른 아미노기전달처럼, AST 반응은 가역적이다.

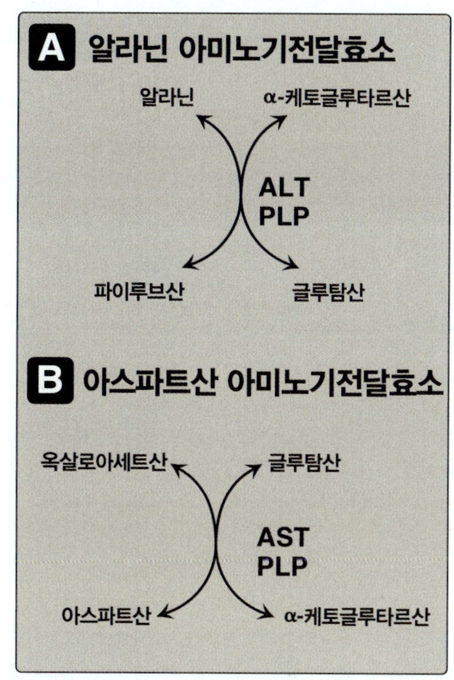

그림 19.8
아미노산 분해 과정에서 촉진되는 반응. **A:** 알라닌 아미노기전달효소(ALT). **B:** 아스파트산 아미노기전달효소(AST). PLP = 인산피리 독살.

2. **기전:** 그림 19.9는 AST에 의한 촉매작용의 아미노기전달의 기계적인 반응을 보여주고 있다. 아미노기전달효소는 아미노산 기질(글루탐산)의 아미노기를 보조효소 피리독살 부분으로 옮겨 인산피리독사민을 생성하여 작용한다. 따라서 아미노산 기질 글루탐산은 α-케톤산 생성물(α-케톤글루타르산)로 전환된다. 보조효소의 피리독사민은 α-케톤산 기질(옥살로아세트산)과 반응하여 아미노산 생성물(아스파트산)을 형성하고, 동시에 보조효소의 원래 알데하이드 형태를 재생성한다.

3. **평형:** 대부분의 아미노기전달 반응에서 평형상수는 1에 가깝다. 이것은 이 전달반응을 α-아미노기의 제거를 통한 아미노산의 분해(예: 단백질이 풍부한 식사 후)와 α-케톤산의 탄소뼈대에 아미노기를 첨가하여 아미노산을 생합성(예: 음식 아미노산으로는 세포의 아미노산 합성에 필요한 양을 충족시키지 못할 때)의 2가지 반응에서 가능하도록 한다.

4. **진단적 가치:** 아미노기전달효소는 정상적으로 세포속 효소이기 때문에 혈장에는 아주 적은 양이 존재하고, 이 양은 정상세포의 전환(turnover)에서 나오는 것이다. 그러나 혈장의 아미노기전달효소 양이 증가하는 것은 이 효소를 많이 함유하고 있는 세포가 손상을 받았다는 것을 의미한다. 예를 들면 외과적인 손상이나 어떤 질병이 진행되면 세포가 손상을 받아 파괴되어 결국 세포의 효소가 혈액으로 나오게 된다. 이 아미노기전달효소, 특히 AST와 ALT는 혈액에서 발견되었을 때 진단적 가치가 크다.

a. **간질환:** 거의 대부분의 간질환에서 혈장 AST와 ALT의 농도가 올

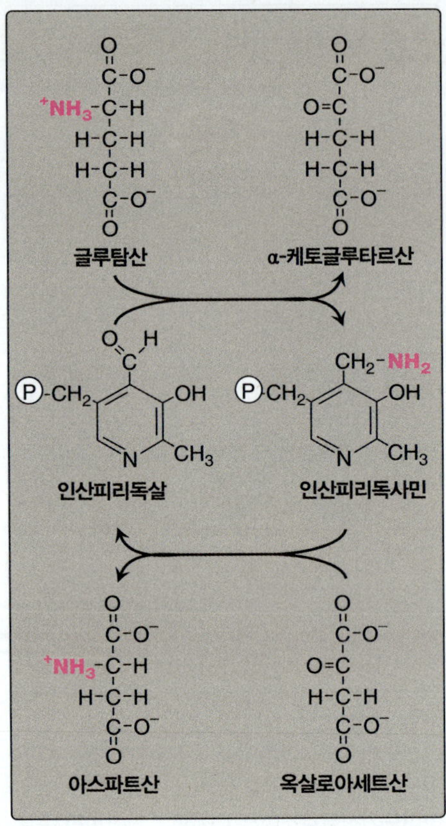

그림 19.9
아스파트산 아미노기전달효소 반응에서 인산피리독살과 인산피리독사민 사이의 고리상호전환. Ⓟ = 인산기.

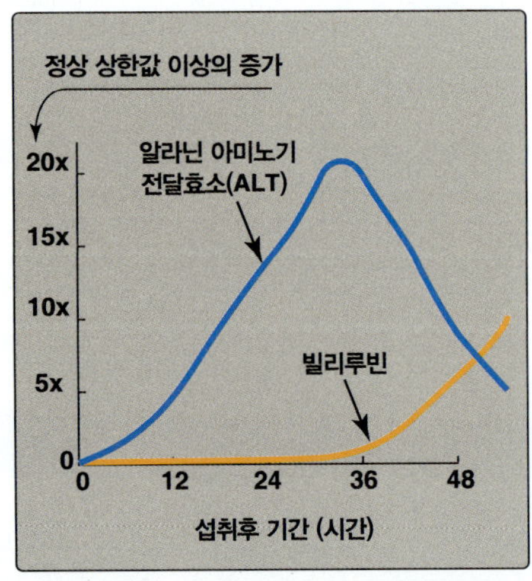

그림 19.10
Amanita phalloides(독버섯) 중독에 따른 혈장 알라닌 아미노기전달효소(ALT)와 빌리루빈의 변화 양상.

라간다. 심한 바이러스 간염, 독성 손상, 지속적인 순환허탈 등과 같이 세포 괴사가 대량으로 일어나는 질환에서 특히 농도가 높다. ALT는 간질환에서 AST보다 더 특이성이 있지만 간은 더 많은 양의 AST를 갖고 있기 때문에 AST가 민감성이 더 높다. 연속적으로 효소 농도를 측정하는 것이 간질환의 진행 과정을 관찰하기에 유용하다. 그림 19.10은 간 독성물질을 섭취하였을 때 혈중 ALT 농도가 빠르게 증가하는 것을 보여준다. [참고: 빌리루빈(bilirubin)의 증가는 빌리루빈의 간 결합과 배출이 감소되는 간세포의 손상에 의해 일어난다(327쪽 참조).]

b. **간질환을 제외한 다른 질환:** 아미노기전달효소의 혈중 농도는 심근경색증이나 근육질환처럼 간질환이 아닌 질환에서 증가되기도 한다. 하지만 이 질환들은 보통 추가적인 검사를 이용해 임상적으로 간질환과 구별할 수 있다. 근육 손상이 의심되면 AST 및 ALT 수치 외에도 크레아틴 인산화효소, 젖산 탈수소효소, 근색소 혈장 수치가 증가할 수 있다. 혈중 요소 질소, 빌리루빈, γ-글루타밀기전달효소(GGT) 및 알칼리성 인산염분해효소(ALP) 수치는 정상 범위일 것이다. 뼈 질환이 의심되면 ALP 수치가 AST, ALT, GGT 수치보다 불균형적으로 높아진다.

B. 글루탐산 탈수소효소: 아미노산의 산화탈아미노화

아미노기를 전달하는 아미노기전달 반응과 다르게 글루탐산 탈수소효소가 촉진하는 산화탈아미노화는 아미노기를 유리 암모니아(NH_3)로 방출한다(그림 19.11). 이 반응은 대부분 간과 콩팥에서 일어난다. 이 반응을 통하여 에너지 대사의 중심 경로로 들어가는 α-케톤산과 요소 합성에 질소를 공급하는 암모니아가 생성된다. [참고: 암모니아는 주로 수용액에서 암모늄 이온(NH_4^+)으로 존재하지만, 막을 통과할 때에는 비이온형(NH_3)이다.]

1. **글루탐산 탈수소효소:** 위에서 설명한 바와 같이 대부분의 아미노산의 아미노기는 아미노기전달 반응을 통해 α-케톤글루타르산으로 전달되어 궁극적으로 글루탐산으로 수집된다. 글루탐산은 글루탐산 탈수소효소(GDH)에 의해 빠르게 산화탈아미노화가 일어나는 단 하나의 독특한 아미노산이다(그림 19.11 참조). 그러므로 연속적인 아미노기전달과 글루탐산의 산화탈아미노화는 대부분의 아미노산의 아미노기가 암모니아로서 유리되는 경로를 제공한다. 이때 아미노기전달 반응은 다른 아미노산의 아미노기를 모아 α-케톤글루타르산으로 전달하여 글루탐산을 생성하고, 글루탐산은 산화탈아미노화를 통해 α-케톤글루타르산을 재생한다.

a. **보조효소:** 사립체 효소인 GDH는 특이하게 보조효소로 NAD^+나 $NADP^+$를 둘 다 사용할 수 있다(그림 19.11). NAD^+는 주로 산화탈아미노화에 사용되고(그림 19.12A 참조), 반면에 NADPH는 환원성 아미노화(reductive amination)에 사용된다(그림 19.12B 참조). 이 경우 산화탈아미노화는 탄소뼈대의 산화와 짝을 이루어 동시에 암

모니아를 잃고, 환원탈아미노화는 탄소뼈대의 환원과 짝을 이루어 동시에 암모니아를 얻는다.

b. 반응의 방향: 반응의 방향은 글루탐산, α-케톤글루타르산, 암모니아 등의 상대적 농도와 보조효소의 산화형/환원형 비에 따라 달라진다. 예를 들면 단백질을 함유한 음식을 섭취하여 간에서 글루탐산 농도가 올라가면 아미노산 분해와 암모니아를 생성하는 방향으로 반응이 진행된다(그림 19.12A). 글루탐산 합성 쪽으로 반응을 돌리려면 고농도의 암모니아가 필요하다.

c. 다른자리조절자(allosteric regulator): GDH에 대해 GTP는 다른자리조절 억압자이고, ADP는 활성자이다. 그러므로 세포의 에너지 준위가 낮을 때 글루탐산 탈수소효소에 의한 아미노산 분해가 증가하여 아미노산에서 유래한 탄소뼈대로부터 에너지를 생성하는 것이 쉬워진다.

2. D-아미노산 산화효소(DAO): D-아미노산(6쪽 참조)은 음식으로 공급되지만 포유류 단백질 합성에는 사용되지 않는다. 그러나 이들은 D-아미노산 산화효소(DAO)에 의해 간과 신장세포의 과산화소체에서 α-케톤산, 암모니아, 과산화수소로 효율적으로 대사된다. α-케톤산은 아미노산 대사의 일반 경로로 들어가 다시 아미노화되어 L-이성질체로 전환되든지 또는 분해되어 에너지에 사용된다. [참고: DAO는 NMDA형 글루탐산 수용체를 조절하는 세린의 이성질체인 D-세린을 분해한다. DAO 활성의 증가는 조현병(schizophrenia)의 감수성의 증가와 관련이 있다. 또한 DAO는 글라이신을 글리옥실산으로 전환시킨다(302쪽 참조).] L-아미노산 산화효소는 뱀독에서 발견된다.

C. 간으로의 암모니아 수송

사람은 말초 조직에서 생성된 암모니아를 간으로 수송하여 궁극적으로 요소로 전환시키는 2개의 기전을 가지고 있다. 대부분의 조직에서 발견되는 첫 번째 수송기전은 글루타민 합성효소에 의해 글루탐산에 암모니아를 결합시켜 암모니아의 무독성 수송 형태인 글루타민을 얻는 것이다(그림 19.13). 글루타민은 혈액에서 간으로 수송되고, 간에서 글루타민분해효소에 의해 절단되어 글루탐산과 유리 암모니아를 생성한다(294쪽 참조). 글루탐산은 GDH에 의해 산화적으로 탈아미노화되어 암모니아와 α-케톤글루타르산이 되고, 암모니아는 요소로 전환된다. 두 번째 수송기전은 유산소 당분해와 BCAA 아이소류신 및 발린의 분해대사에 의해 생성된 석시닐 CoA의 대사 모두에서 생성된 파이루브산의 아미노기전달 과정을 통한 알라닌의 생성을 포함한다. 알라닌은 혈액에서 간으로 수송되고, 간에서 ALT에 의해 파이루브산으로 전환된다. 파이루브산은 혈중으로 들어가서 근육에 의해 사용될 수 있는 포도당을 합성하는 데 사용된다. ALT의 글루탐산 생성물은 GDH에 의해 탈아미노화되어 암모니아를 생성할 수 있다. 따라서 알라닌과 글루타민은 암모니아를 간으로 운반한다.

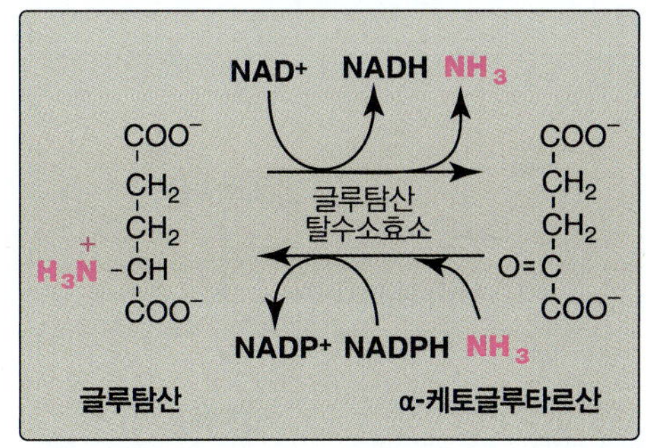

그림 19.11
글루탐산 탈수소효소에 의한 산화탈아미노화. [참고: 이 효소는 특이하게 NAD^+(니코틴아마이드 아데닌 다이뉴클레오타이드)와 NADPH(니코틴아마이드 아데닌 다이뉴클레오타이드인산염)를 둘 다 사용한다.] NH_3 = 암모니아.

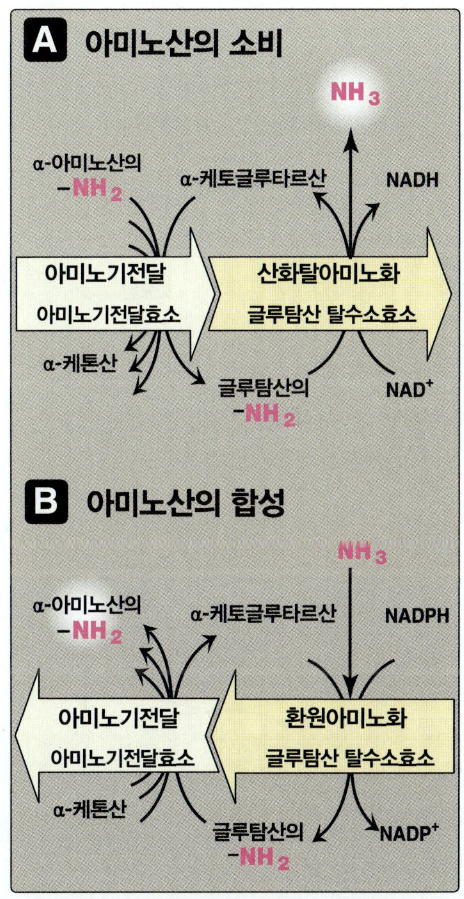

그림 19.12
A, B: 아미노기전달효소와 글루탐산 탈수소효소의 합동 작용. [참고: 환원아미노화는 암모니아(NH_3) 농도가 높을 때에만 일어난다.] NAD(H) = 니코틴아마이드 아데닌 다이뉴클레오타이드; NADP(H) = 니코틴아마이드 아데닌 다이뉴클레오타이드 인산염.

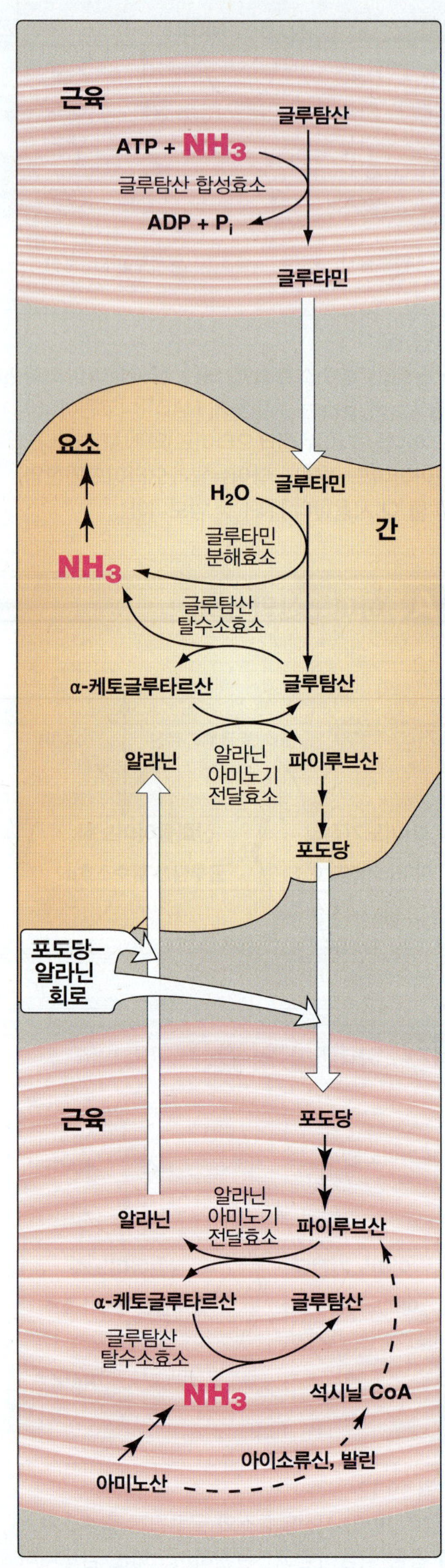

그림 19.13
근육에서 간으로의 암모니아 수송. ADP = 이인산아데노신; P_i = 무기인산염, CoA = 보조효소 A.

V. 요소회로(Urea Cycle)

요소($H_2NC(=O)NH_2$)는 아미노산에서 유래한 아미노기의 주요 배설 형태이며, 소변의 질소 함유 화합물의 약 90%를 차지한다. 요소 분자에 있는 질소 하나는 유리 암모니아에서, 다른 하나는 아스파트산에서 공급된다. [참고: 글루탐산이 암모니아와 아스파트산 질소의 직접적인 전구체이다. 즉 암모니아는 글루탐산 탈수소효소에 의한 산화탈아미노화로 생성되고, 아스파트산은 AST에 의한 옥살로아세트산의 아미노기전달로 생성된다.] 요소에 있는 탄소와 산소는 CO_2에서 유래된다. 요소는 간에서 생성되며, 혈액에서 콩팥으로 수송되어 소변으로 배설된다.

A. 반응

요소의 합성 과정에서 처음 2개의 반응은 사립체 바탕질에서 일어나며 나머지 반응은 세포질액에서 일어난다(그림 19.14). [참고: 포도당신생성(135쪽 참조)과 헴 합성(heme synthesis, 320쪽 참조)도 역시 사립체 바탕질과 세포질액에서 일어난다.]

1. **카바모일인산염(carbamoyl phosphate)의 생성:** 카바모일인산염 합성효소 I(carbamoyl phosphate synthetase I, CPS I)에 의한 카바모일인산염의 생성은 2분자의 ATP가 절단되어 진행된다. 카바모일인산염에 혼입되는 암모니아는 주로 사립체의 글루탐산 탈수소효소에 의한 글루탐산의 산화탈아미노화에 의해 생성된다(그림 19.11 참조). 궁극적으로 이 암모니아로부터 나오는 질소는 요소의 질소 중 하나가 된다. CPS I은 양성 다른자리조절 활성자로서 N-아세틸글루탐산(NAG)을 필요로 한다(그림 19.14). [참고: 카바모일인산염 합성효소 II는 피리미딘 생합성에 참여하는 효소로서(347쪽 참조) NAG을 사용하지 않고 질소 공급원으로서 글루타민을 사용하며 그 반응은 세포질액에서 일어난다.]

2. **시트룰린의 생성:** 카바모일인산염의 카바모일 부분은 고에너지 인산염이 P_i로 유리될 때 오니틴 카바모일기전달효소(OTC)에 의해 오니틴으로 전달된다. 생성물인 시트룰린은 세포질액으로 수송된다. [참고: 오니틴과 시트룰린은 공동수송체를 통해 사립체 내막을 횡단하여 이동한다. 이런 염기성 아미노산은 그에 대한 코돈(codon)이 없기 때문에 세포속 단백질 합성에 혼입되지 않는다(514쪽 참조).] 오니틴은 트라이카복실산(TCA) 회로에서 옥살로아세트산이 재생되는 것(125쪽 참조)과 같은 방법으로 요소회로가 한 바퀴씩 돌 때마다 재생된다.

3. **아르지니노석신산의 생성:** 아르지니노석신산 합성효소는 시트룰린과 아스파트산을 결합시켜 아르지니노석신산을 생성한다. 아스파트산의 α-아미노기는 궁극적으로 요소로 혼입되는 두 번째 질소를 제공한다. 아르지니노석신산의 생성은 ATP의 절단(AMP와 PP_i가 나옴)에 의해 이루어진다. 이것은 요소 생성에서 소비되는 마지막 세 번째 ATP 분자이다.

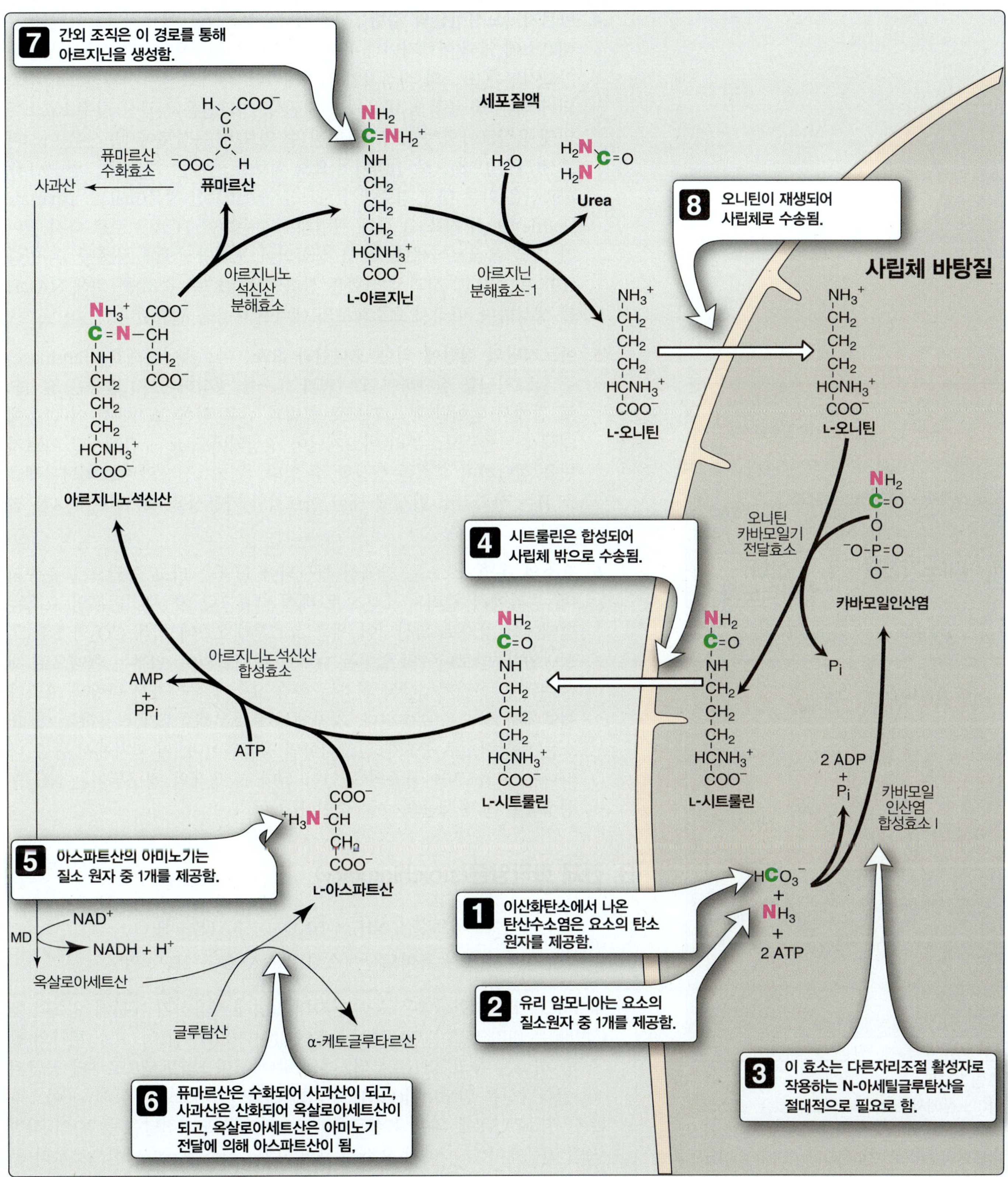

그림 19.14

요소회로의 반응. [참고: 역방향수송체는 사립체 내막을 가로질러 시트룰린과 오니틴을 수송한다.] ADP = 이인산아데노신; AMP = 일인산아데노신; PP_i = 파이로인산염; P_i = 무기인산염; NAD(H) = 니코틴아마이드 아데닌 다이뉴클레오타이드. MD = 사과산 탈수소효소.

4. **아르지니노석신산의 절단:** 아르지니노석신산은 아르지니노석신산 분해효소에 의해 아르지닌과 퓨마르산으로 분해된다. 이 반응에서 생성된 아르지닌은 요소의 직접적인 전구체이다. 퓨마르산은 사과산으로 수화되어 다른 몇 종류의 반응과 연결된다. 사과산은 사과산 탈수소효소에 의해 옥살로아세트산으로 산화될 수 있으며, 옥살로아세트산은 아스파트산(그림 19.8)으로 전이되어 요소 회로로 들어갈 수 있다(그림 19.14). 사과산은 다른 대체 경로에서 사과산-아스파트산 왕복(malate-aspartate shuttle)(90쪽 참조)을 통해 사립체로 수송되어 TCA 회로로 다시 들어간 다음 옥살로아세트산으로 산화되어 포도당신생에 사용될 수 있다(138쪽). [참고: 사과산 산화는 산화인산화(87쪽 참조)를 위해 NADH를 생성하며, 따라서 요소회로의 에너지 비용을 절감한다.]

5. **아르지닌의 절단에 의한 오니틴과 요소:** 아르지닌분해효소(arginase)는 아르지닌을 절단하여 오니틴과 요소를 생성하며, 이 반응은 전적으로 간에서 일어난다. 그러므로 콩팥과 같은 다른 조직에서 이 반응에 의해 시트룰린으로부터 아르지닌이 생성되어도 오직 간에서만 아르지닌을 절단하여 요소를 생산할 수 있다. [참고: 신장의 아르지닌분해효소 II는 산화질소 합성에 대한 아르지닌 가용성을 제어한다(174쪽 참조).]

6. **요소의 운명:** 요소는 간에서 확산되어 혈액을 타고 콩팥으로 수송되며, 콩팥에서 걸러져 소변으로 배설된다(그림 19.19). 일부의 요소는 혈액에서 창자로 확산되어 세균 요소분해효소에 의해 CO_2와 NH_3로 절단된다. 암모니아의 일부는 대변으로 배설되며, 일부는 혈액으로 재흡수된다. 콩팥기능상실 환자는 혈장 요소가 올라가서 다량의 요소가 혈액에서 창자로 수송된다. 창자에서 요소분해효소가 작용하는 이 요소는 임상적으로 중요한 암모니아의 공급원이며, 이 환자에서 종종 나타나는 고암모니아혈증의 원인이 된다. 항생제의 경구투여는 NH_3를 생성하는 창자 세균의 수를 줄인다.

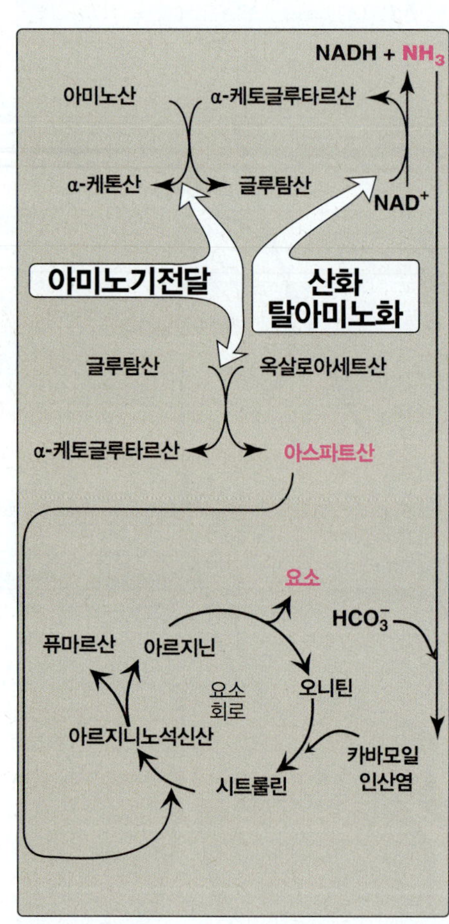

그림 19.15
아미노산에서 요소까지 질소의 흐름. 요소합성에 사용되는 아미노기는 암모니아(NH_3)와 아스파트산의 형태로 수집된다. NAD(H) = 니코틴아마이드 아데닌 다이뉴클레오타이드. HCO_3^- = 탄산수소염.

B. 전체 화학양론(stoichiometry)

$$아스파트산 + NH_3 + HCO_3^- + 3ATP + H_2O \rightarrow$$
$$요소 + 퓨마르산 + 2ADP + AMP + 2P_i + PP_i$$

4개의 고에너지 인산염은 요소 분자의 합성에 사용하기 때문에 요소의 합성반응은 비가역적이고 ΔG는 큰 음의 값이다(80쪽 참조). 요소 분자의 질소 중 하나는 유리 NH_3로부터, 다른 하나는 아스파트산으로부터 공급된다. 글루탐산은 암모니아(GDH에 의한 산화탈아미노화를 통해)와 아스파트산 질소(AST에 의한 옥살로아세트산의 아미노기전달을 통해)의 직접적인 전구체이다. 따라서 요소 분자의 2개의 질소는 글루탐산으로부터 공급된 것이며, 다시 말해 글루탐산은 다른 아미노산의 질소를 끌어모으는 역할을 한다(그림 19.15).

C. 조절

N-아세틸글루탐산(NAG)은 요소회로의 속도제한 단계인 CPS I의 필수 활성자이다. 이것은 ATP에 대한 CPS I의 친화성을 증가시킨다. NAG는 그림 19.16에서 보여주듯이 N-아세틸글루탐산 생성효소(NAGS)에 의해 아세틸 CoA와 글루탐산으로부터 합성되는데, 이 반응에 대해 아르지닌은 활성자이다. 이 회로도 또한 기질 이용도에 의해 조절되고(단기 조절) 효소 유도에 의해 조절된다(장기 조절).

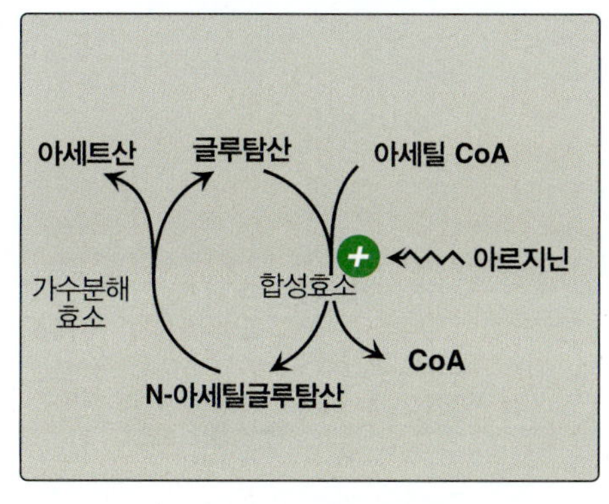

그림 19.16
카바모일인산염 합성효소 I의 다른자리조절 활성자인 N-아세틸글루탐산의 생성과 분해.
CoA = 보조효소 A.

VI. 암모니아의 대사

암모니아는 다양한 화합물의 대사과정으로부터 모든 조직에서 생성되며 주로 간에서 요소를 생성함으로써 처리한다. 그러나 혈중 암모니아의 농도는 아주 낮게 유지되어야 한다. 왜냐하면 암모니아의 혈중 농도가 아주 조금만 올라가도(고암모니아혈증) 중추신경계통(CNS)에 독성을 미치기 때문이다. 그러므로 유리 암모니아의 순환농도를 낮게 유지하면서 요소로 최종 폐기를 위해 말초조직으로부터 간으로 질소를 운반하는 기전이 필요하다.

A. 공급원

대부분의 서양식단은 단백질이 많아 과잉의 아미노산이 나오기 때문에 아미노산은 양적으로 가장 중요한 암모니아의 공급원이다. 이 아미노산은 간으로 가서 아미노기전달제거 반응(transdeamination)[아미노기전달효소과 글루탐산 탈수소효소(GDH)가 연결하는]을 통해 암모니아를 생성한다. [참고: 간은 주로 직선사슬 아미노산을 분해한다.] 그러나 아래의 다른 물질에서도 상당량의 암모니아가 생성된다.

1. **글루타민:** 혈장 글루타민의 중요한 공급원은 뼈대근육의 가지사슬 아미노산(BCAA)의 분해대사이다. 이 글루타민은 창자, 간, 콩팥이 세포에서 받아들인다. 간과 콩팥은 글루타민분해효소(그림 19.17)와 글루탐산 탈수소효소의 작용에 의해 글루타민으로부터 암모니아를 생산한다. 콩팥에서 대부분의 암모니아는 NH_4^+의 형태로 소변으로 배설되며, 이것은 양성자 배출을 통해 체내의 산염기 평형을 유지하는 중요한 기전을 제공한다. 간에서 암모니아는 요소로 해독되어 배설된다. [참고: 글루탐산 탈수소효소의 두 번째 생성물인 α-케톤글루타르산은 간과 콩팥에서 포도당 전구체이다.] 또한 암모니아는 창자 글루타민분해효소에 의해서도 생성된다. 창자세포는 혈액이나 음식 단백질의 소화 과정으로부터 글루타민을 얻는다. [참고: 창자 글루타민 대사도 또한 알라닌(간에서 포도당신생성에 사용됨)과 시트룰린(콩팥에서 아르지닌의 합성에 사용됨)을 생성한다.]

2. **창자 세균:** 암모니아는 창자의 속공간에서 세균 요소분해효소에 의해 요소로부터 생성된다. 이것은 창자로부터 문맥을 통하여 흡수되며, 간에서 요소로 전환되어 대부분 제거된다.

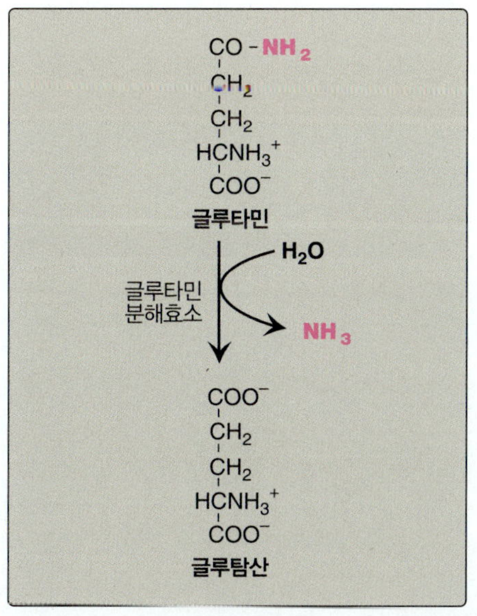

그림 19.17
암모니아(NH_3)를 생성하는 글루타민의 가수분해.

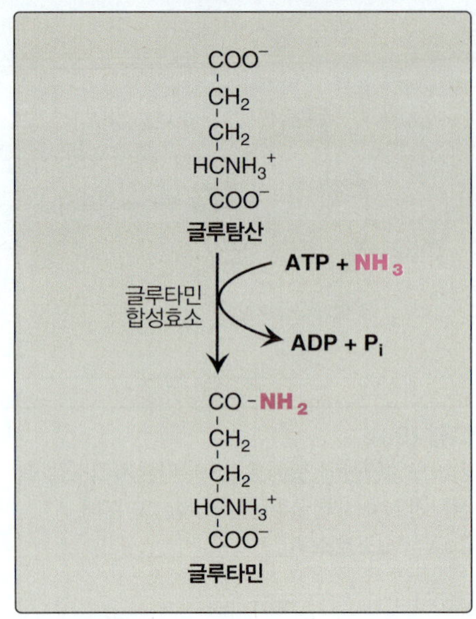

그림 19.18
글루타민의 합성. ADP = 이인산아데노신; P_i = 무기인산염. NH_3 = 암모니아.

3. **아민:** 음식 아민과 호르몬이나 신경전달물질로 작용하는 모노아민은 모노아민 산화효소의 작용으로 암모니아를 생성한다(330쪽 참조).

4. **퓨린과 피리미딘:** 퓨린과 피리미딘의 분해에서 고리 원자에 붙은 아미노기는 암모니아로 유리된다(그림 22.15, 346쪽 참조).

B. 순환 중인 암모니아의 수송

조직에서 암모니아는 일정하게 생성되지만 혈중 농도는 매우 낮다. 왜냐하면 혈중 암모니아는 간에서 빠르게 제거될 뿐 만 아니라 많은 조직(특히 근육)에서 아미노산 질소가 유리 암모니아가 아닌 글루타민이나 알라닌의 형태로 유리되기 때문이다(그림 19.13).

1. **요소:** 간에서 요소의 생성은 양적으로 가장 중요하게 암모니아를 처리하는 방법이다. 요소는 혈액을 타고 간에서 콩팥으로 이동하여 토리거른액(glomerular filtrate)이 된다.

2. **글루타민:** 글루탐산의 아마이드인 글루타민은 암모니아의 무독성 저장체와 수송체 역할을 한다(그림 19.18). ATP를 필요로 하는 글루타민의 생성은 글루타민 합성효소에 의해 글루탐산과 암모니아로부터 생성된다. 이 반응은 대부분 근육과 간에서 일어나지만 뇌에서 암모니아를 제거하는 주요 기전이기 때문에 CNS에서도 또한 중요하다. 글루타민은 다른 아미노산보다 혈장 농도가 높게 나타나는데, 이것은 수송체 기능을 한다는 사실과 일치하는 현상이다. [참고: 간은 문맥주변 간세포의 글루타민분해효소와 요소회로를 통해, 그리고 정맥주변 간세포의 암모니아 청소자로서 글루타민 합성효소를 통해 혈중 암모니아 농도를 낮게 유지한다.] 암모니아의 대사는 그림 19.19에 요약되어 있다.

C. 고암모니아혈증(hyperammonemia)

간 요소회로의 능력은 정상적인 암모니아의 생성 속도보다 크기 때문에 혈청 암모니아 농도는 정상적으로 낮다(5~35 μmol/l). 그러나 요소회로 효소에 유전적인 결함이 있거나 간질환이 있을 때와 같이 간 기능에 이상이 생기면 암모니아의 혈중 농도가 1,000 μmol/l 이상까지 올라간다. 암모니아는 CNS에 직접적인 신경독성을 보이기 때문에 이런 상태의 고암모니아혈증은 내과적 응급상황이다. 예를 들면 혈중에 암모니아 농도가 증가하면 암모니아 중독의 증상을 일으킨다. 그 증상은 떨림, 불분명한 발음, 졸림, 구토, 뇌부종, 시야 흐려짐 등을 포함한다. 높은 농도에서는 혼수와 사망까지 발생할 수 있다. 고암모니아혈증은 다음과 같은 2가지의 주요 형태가 있다.

1. **후천성(acquired):** 성인에서 고암모니아혈증의 가장 흔한 원인은 간질환인데, 예로서 바이러스 간염과 알코올과 같은 간독성 물질에 의해 발생한다. 간경화에 의해 간 주위에 우회 순환이 생길 수 있다. 결과적으로 문맥의 혈액이 우회하여 직접 전신 순환계로 들어가기 때문에 간을 경유하지 않는다. 그러므로 암모니아가 요소로 전환되는 과정이 심하게 손상되면 암모니아의 농도가 증가하게 된다.

2. **선천성(congenital):** 요소회로(그리고 NAGS)의 5개 효소 중 하나라도 유전적인 결함이 있는 경우가 태아 25,000명 중 1명꼴로 보고된다. 오니틴 카바모일기전달효소(OTC) 결핍은 X염색체 연관으로 주로 남성에게 영향을 미치지만 여성보인자가 증상을 보일 수도 있다. 다른 모든 요소회로 장애는 보통염색체 열성 유전양상을 보인다. 어떤 결핍이든지 각각의 경우에 요소가 합성되지 않으므로 출생한 지 첫 주 안에 고암모니아혈증이 나타난다. 고암모니아증(떨림, 불분명한 발음, 졸음, 구토 뇌부종, 시야 흐려짐, 지적 발달 장애, 심각한 고암모니아증, 심지어 혼수상태와 사망)에 공통적으로 나타나는 다른 증상들의 조합도 여러 요소 주기 결핍증에서 볼 수 있다. 진단은 증상, 실험실 검사, 유전자 검사를 기반으로 한다. 역사적으로 선천성 요소 주기 결함은 높은 이환율(신경학적 징후)과 사망률을 가지고 있다. 특정 요소 주기 결함에 대한 추가 정보는 다음 항에 요약되어 있다.

a. **오니틴카바밀기전달효소(OTC) 결핍:** OTC 결핍은 가장 흔한 요소회로 장애이다. 특이적 검사 결과는 반응 감소와 하위 결과물인 시트룰린, 아르기닌의 감소를 포함한다. 흥미롭게도, 검출 가능한 혈청 및 뇨 오로트산 수치도 증가한다. OTC 기질 중 하나인 카바모일인산염은 피리미딘 생합성의 기질이 되어 조절 반응의 하위로 들어간다(그림 22.21, 348쪽 참조). 결과적으로 오로트산은 과생산된 피리미딘 생합성 경로의 중간생성물이다. [참고: UMP 생성효소(UMS)의 피리미딘 생합성 효소 결핍으로 인해 오로트산의 상승은 유전성 오로트산뇨증에서도 나타난다. 유전자 검사와 함께 OTC 결핍은 다른 증상에 근거하여 UMPS 결핍과 다르게 진단될 수 있다. 고암모니아는 OTC 결핍의 증상이지만 UMPS 결핍의 증상은 아니다. 대신, 거대적혈모구 빈혈은 UMPS 결핍의 증상일 수 있다.]

b. **아르지니노석신산 합성효소 결핍:** 이러한 결핍은 혈액과 소변에서 시트룰린 반응의 기질이 축적되기 때문에 1형 시트룰린혈증이라고도 한다. 신생아 급성(클래식) 형태, 가벼운 후기 형태, 임신 중 또는 임신 후에 시작되는 형태, 무증상 형태가 있을 수 있다. 신생아 급성 형태에서 시트룰린은 신생아 검사의 일부로 검출될 수 있다. 이 검출은 고암모니아혈증과 뇌 손상을 예방하는 데 매우 중요하다.

c. **아르지니노석신산 분해효소 결핍:** 아르지노석신산 분해효소 결핍에서 소변에 아르지노석신산염의 반응을 위한 기질이 축적되어 아르지노수신산뇨가 발생한다. 이것은 진단적이며 신생아 검사의 일부이다. 더 심각하고 늦은 형태의 결핍에서 산뇨는 신경학적 이상, 발달 지연, 인지 장애와 관련이 있을 수 있다.

d. **아르지닌분해효소-I 결핍:** 아르지닌분해효소-I 결핍에서는 혈액과 소변에서 아르지닌 반응의 기질이 축적되며, 종종 아르지닌혈증 또는 고아르지닌혈증이라고 한다. 아르지닌분해효소 결핍증에서 보이는 고암모니아는 아르지닌이 2개의 쓸모없는 질소를 포함하고 소변으로 배출될 수 있기 때문에 종종 덜 심각하다. 이와 같이, 이 결핍증을 가진 환자들은 태어날 때 건강해 보일 수 있으며, 처음 1년에

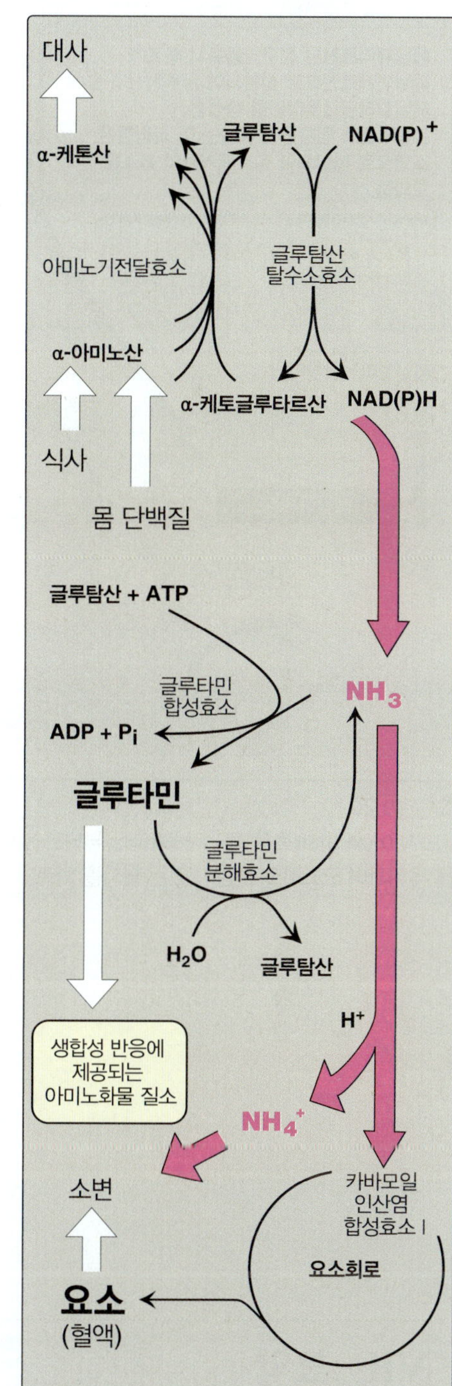

그림 19.19
암모니아(NH_3) 대사. 소변 속의 요소 함량은 뇨 요소 질소 또는 UUN으로 보고되며, 혈액 속의 요소는 BUN(혈액 요소 질소)으로 보고된다. [참고: 글루탐산 탈수소효소, 글루타민 합성효소, 카바모일인산염 합성효소 I은 NH_3를 유기 분자로 고정시킨다.]

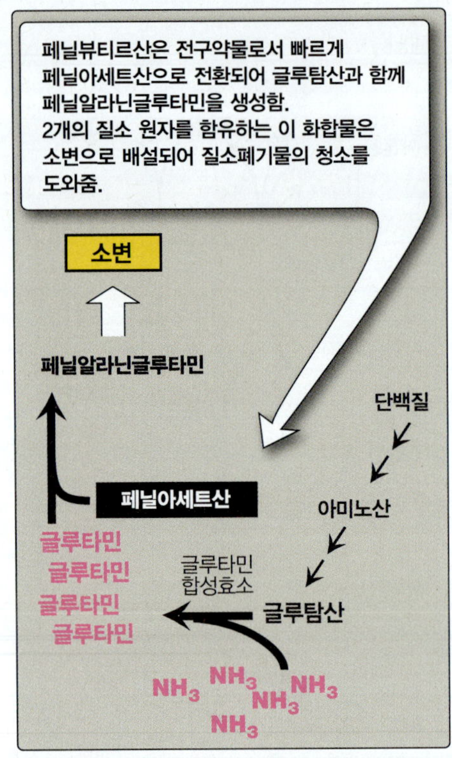

그림 19.20
암모니아(NH_3) 배출을 돕기 위해 페닐뷰티르산을 투여하여 요소회로 결함이 있는 환자를 치료.

서 3년 동안 정상적인 발달을 할 수 있다. 이후 아르지닌분해효소 결핍의 첫 증상은 명백한 발달 지연, 발달 단계의 소실, 지적 장애와 함께 나타날 수 있다. 고암모니아혈증은 일시적인 것일 수 있으며, 고단백질 식사나 질병이나 단식과 같은 스트레스 기간과 관련이 있을 수 있다.

e. **N-아세틸글루탐산 생성효소 결핍:** 아르지닌분해효소-I 결핍과 마찬가지로 NAGS 결핍은 발달 지연 및 지적 장애를 초래할 수 있다. 덜 심각한 형태는 고단백질 식사, 스트레스, 단식 기간과 관련하여 나중에 발생할 수 있다. 카르글륨산(carglumic acid)은 NAGS 결핍에 대해 FDA가 승인한 치료제이다. 그것은 카바모일인산염 합성효소 I의 양성 다른자리조절 활성자인 NAG의 합성품이다.

f. **고암모니아 치료:** 요소회로 효소 결핍에 대한 치료는 단백질의 이화작용을 막기 위해 충분한 칼로리가 존재하는 상태에서 식단에서 단백질 섭취를 제한하는 것과 혈액에서 과도한 암모니아를 제거하는 것을 포함한다. 이는 효소 결핍과 결함 심각도에 따라 달라질 수 있다. 환자들은 건강을 유지하는 데 필요한 최소한의 단백질 수치로 저단백질 식단을 고수한다. 이는 환자의 연령과 몸무게에 따라 달라질 수 있다. 특수 조제식 및/또는 의료용 식품이 포함된 음료를 구매할 수 있는데 환자의 필요에 따라 단백질 수준이 조정된다. 방향산 벤조산과 페닐뷰티르산을 포함한 질소 분해 약물은 혈액 내 암모니아 수치를 감소시킬 수 있다. 벤조산염은 글리신과 결합하여 히포르산을 형성한다. 페닐뷰티르산은 페닐아세트산으로 전환되고 글루타민과 결합하여 페닐아세틸글루타민을 생성한다(그림 19.20). 최종 생성물인 마뇨산(hippurate)과 페닐아세틸글루타민은 소변으로 쉽게 배출된다. 글라이신과 글루타민의 결합 배설과 그에 따른 생합성은 암모니아 수치와 고암모니아혈증의 가능성을 효과적으로 낮춘다. 심각한 고암모니아혈증 동안, 환자들은 혈액 암모니아 수치를 빠르게 낮추고 영구적인 뇌 손상을 예방하기 위해 투석, 정맥 주사액 또는 다른 치료가 필요할 수 있다.

VII. 요약

- **질소**는 음식에 존재하는 다양한 물질의 형태로 체내에 **들어오는데**, 그 중 가장 중요한 것은 **단백질**에 함유된 **아미노산**이다.
- **질소**는 아미노산 대사에서 유래한 **요소, 암모니아,** 몇 가지의 생성물 등의 형태로 체외로 **배설된다**(그림 19.21).
- 체내의 유리 아미노산은 위와 창자의 음식 단백질이 **단백질분해효소**에 의해 가수분해되거나 조직 단백질이 분해되거나 또는 신생합성에 의해 생성된다. 이 **아미노산 웅덩이**는 체내 단백질의 합성에 소비되거나 대사를 통해 에너지를 생성하고 또한 각각의 아미노산은 질소 함유물의 전구체로 사용된다.
- 소화에 의해 생긴 유리 아미노산은 **소듐 의존 이차 능동수송**을 통해 **창자 세포**에서 흡수된다. 작은 펩타이드들은 **양성자-연결 수송**과정을 통하여 흡수된다.

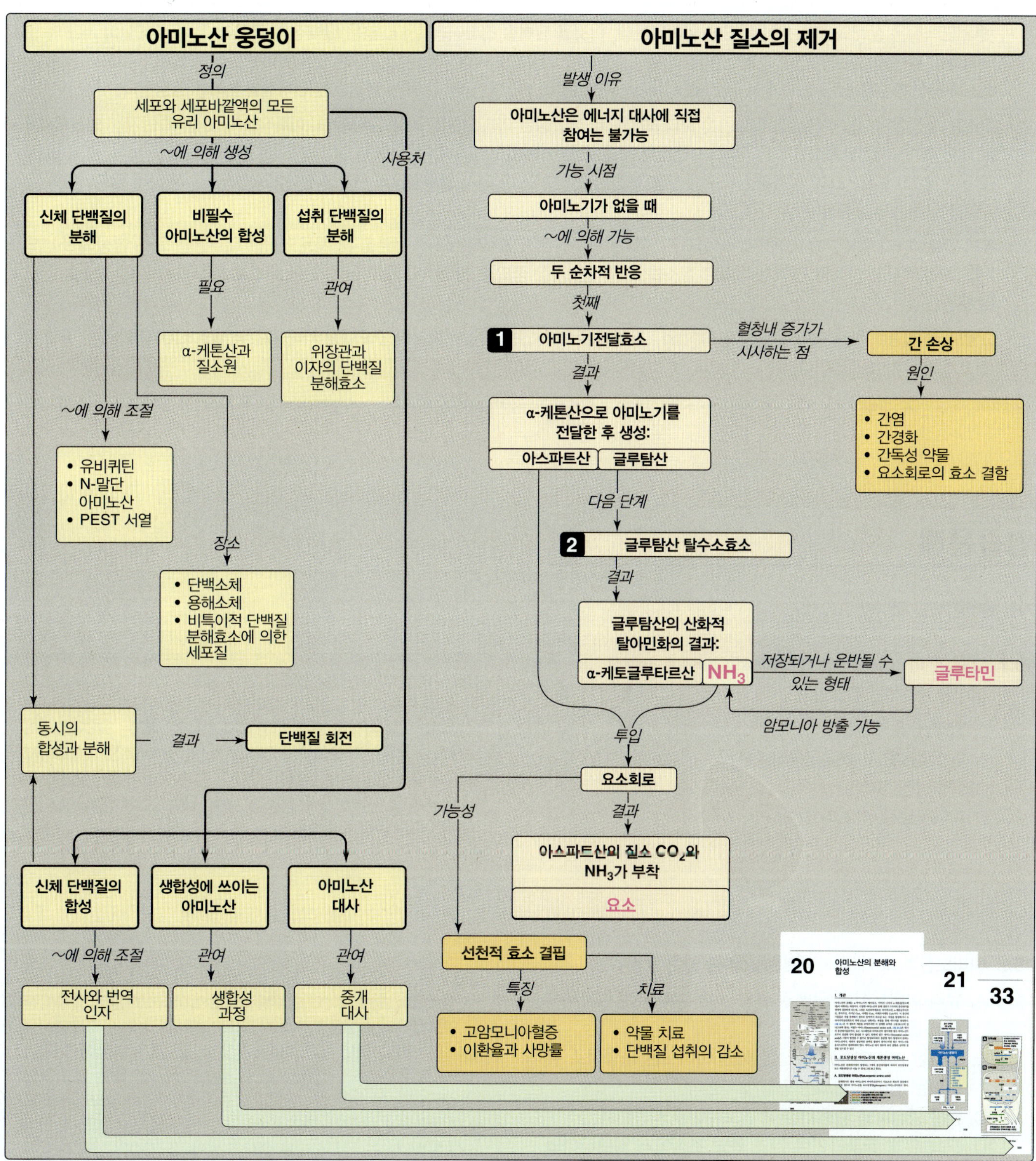

그림 19.21

질소 대사의 핵심 개념도. GI = 위창자; PEST = 프롤린, 글루탐산, 세린, 트레오닌; NH_3 = 암모니아. CO_2 = 이산화탄소.

- 체내 단백질은 분해와 재합성이 동시에 일어나는데, 이것을 **단백질 전환**이라 한다. 많은 단백질의 경우에 합성의 조절이 세포의 단백질 농도를 결정하는 반면에 다른 단백질의 양은 선택적인 분해에 의해 제어된다. ATP 의존 **유비퀴틴/단백소체**와 ATP 비의존 **용해소체 산성 가수분해효소**가 2개의 주요 효소 체계인데, 이것이 손상된 단백질 또는 불필요한 **단백질의 분해**를 담당한다.
- 질소는 저장할 수 없어 세포에 필요한 양보다 과잉으로 생합성된 아미노산은 바로 분해된다. **이화작용**의 첫 번째 단계는 **인산피리독살** 의존 **아미노기전달효소**에 의한 아미노기전달반응을 통한 α-아미노기의 이동, 이어서 GDH에 의한 글루탐산의 산화적 탈아미노화를 통한 암모니아와 그에 상응하는 α-케톤산을 형성을 포함한다. 이어서 **글루탐산의 산화성 탈아미노화반응**을 통하여 **암모니아**와 그것에 상응하는 **α-케톤산**이 생성된다.
- **유리 암모니아**의 일부분은 **소변**으로 배설되고 일부는 글루탐산이 **글루타민**으로 전환될 때 사용되지만 대부분은 요소 합성에 소비되는데, **요소**야말로 양적인 면에서 체외로 질소를 배설하는 가장 중요한 방법이다. **알라닌**은 또한 요소로 배설하기 위해 질소를 간으로 운반한다.
- **고암모니아혈증**(과 신경학적 영향을 포함함)의 2가지의 주요 원인은 간질환과 X연관 **오니틴 카바모일기전달효소(OTC)**와 같은 요소회로 효소의 유전성 결핍이다.

연습문제

가장 올바른 답을 하나만 고르시오.

19.1 그림의 아미노기전달 반응에서 생성물 X와 Y는 무엇인가?

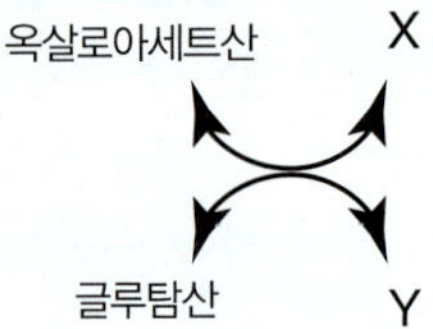

A. 알라닌, α-케톤글루타르산
B. 아스파트산, α-케톤글루타르산
C. 글루탐산, 알라닌
D. 파이루브산, 아스파트산

정답 = B. 아미노기전달 반응은 항상 기질이 아미노산과 α-케톤산이다. 이 반응의 생성물도 아미노산(α-케톤산 기질에 해당)과 α-케톤산(아미노산 기질에 해당)이다. 대사에 보통 나오는 3가지의 아미노산과 α-케톤산 짝은 알라닌/파이루브산, 아스파트산/옥살로아세트산, 글루탐산/α-케톤글루타르산이다. 이 질문에서 글루탐산은 탈아미노화하여 α-케톤글루타르산이 되고, 옥살로아세트산은 탈아미노화하여 아스파트산이 된다.

19.2 아미노산과 그 대사와 관련된 설명 중 옳은 것은?

A. 유리 아미노산은 단백질 결합 수송계에 의해 창자세포에서 흡수된다.
B. 건강한 사람이 음식을 섭취하면 아미노산 웅덩이로 유입되는 양이 방출되는 양을 초과한다.
C. 간은 양성자를 완충시킬 때 암모니아를 사용한다.
D. 근육 유래 글루타민은 간과 콩팥 조직에서 암모니아와 포도당신생성의 전구체로 대사된다.
E. 대부분의 아미노산의 분해대사의 첫 단계는 산화적 탈아미노화이다.
F. 아미노산의 아미노화 질소로부터 생성된 독성 암모니아는 혈액에서 아르지닌 형태로 운반된다.

정답 = D. 글루타민은 근육의 가지사슬 아미노산의 분해대사에 의해 생성되며, 암모니아와 글루탐산으로 탈아미노화된다. 글루탐산은 암모니아와 α-케톤글루타르산으로 탈아미노화되어 포도당신생성에 사용될 수 있다. 유리 아미노산은 소듐 의존 수송계에 의해 창자세포로 흡수된다. 건강한 사람이 충분한 식사를 하면 질소 균형 상태가 되며, 이 상황에서 유입과 방출이 같다. 간은 암모니아를 요소로 전환하고, 콩팥은 암모니아를 양성자의 완충에 사용한다. 아미노산 분해대사는 글루탐산을 생산하는 아미노기전달 반응과 함께 시작한다. 글루탐산은 산화탈아미노화를 거친다. 독성 암모니아는 글루타민과 알라닌 형태로 운반된다. 아르지닌은 간 요소회로에서 합성되어 가수분해된다.

문제 19.3 및 19.4의 공통 지문:

생후 약 24시간까지 잘 지내던 여자 신생아가 졸음증을 보이기 시작했다. 패혈증 검사는 음성이었다. 생후 56시간에 초점성 발작(focal seizure)을 보이기 시작했다. 혈장 암모니아 농도는 887 μmol/l였다(정상은 5~35 μmol/l). 혈장 아미노산의 농도 측정에서 아르지니노석신산이 아닌 시트룰린의 농도가 크게 증가하였다.

19.3 이 환자에서 다음 중 어느 효소의 활성이 결핍되었을 가능성이 가장 높은가?

A. 아르지닌분해효소
B. 아르지니노석신산 분해효소
C. 아르지니노석신산 합성효소
D. 카바모일인산염 합성효소 I
E. 오니틴 카바모일기전달효소

정답 = C. 요소회로의 5가지 효소 중 각각의 유전적 결핍과 N-아세틸글루탐산 생성효소의 결핍을 설명한다. 시트룰린(아르지니노석신산이 아님)이 환자의 혈장에 축적되는 것은 시트룰린을 아르지니노석신산으로 전환하는 효소의 결핍을 의미하며, 아르지니노석신산 분해효소의 절단작용은 정상이다.

19.4 이 환자의 혈액에서 다음 중 어느 것의 농도도 역시 증가되어 있겠는가?

A. 아스파라진
B. 글루타민
C. 라이신
D. 요소

정답 = B. 아르지닌분해효소를 제외한 다른 요소회로 효소가 결핍되면 요소를 합성할 수 없으므로 생후 몇 주 이내에 고암모니아혈증이 나타난다. 글루타민은 독성이 없는 암모니아의 수송 형태이기 때문에 또한 농도가 올라간다. 따라서 글루타민이 올라가면 항상 고암모니아혈증이 생긴다. 아스파라진은 이러한 저장 역할을 할 수 없다. 요소는 요소회로 활성이 손상되어 감소될 것이다. [참고: 이 환자는 알라닌도 증가할 것이다.]

19.5 이 환자에서 아르지닌 처방이 도움이 되는 이유는 무엇인가?

아르지닌은 아르지닌분해효소에 의해 절단되어 요소와 오니틴으로 될 것이다. 오니틴은 오니틴 카바모일기전달효소에 의해 카바모일인산염과 결합하여 시트룰린을 생성한다. 시트룰린은 1개의 폐기 질소를 함유한 채 배설될 것이다.

20 아미노산의 분해와 합성

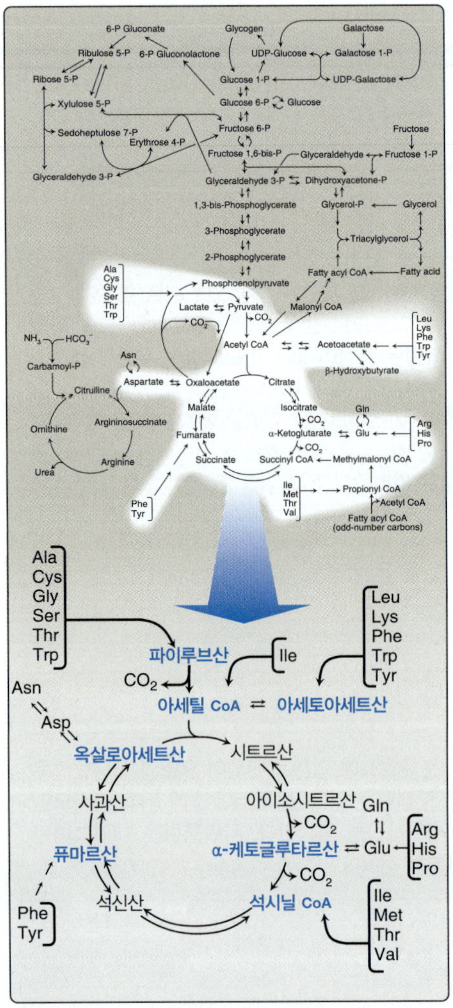

그림 20.1
에너지 대사의 핵심 경로의 일부분을 보여주는 아미노산 대사(더 자세한 것은 그림 8.2를 참조). CoA = 보조효소 A. CO_2 = 이산화탄소.

I. 개관

아미노산의 분해는 α-아미노기가 제거되고, 이어서 나머지 α-케톤산(탄소뼈대)이 이화되는 과정이다. 다양한 아미노산의 분해 경로가 7가지의 중간대사물 생성에 집중하게 되는데, 그것은 옥살로아세트산, 파이루브산, α-케톤글루타르산, 퓨마르산, 석시닐 CoA, 아세틸 CoA, 아세토아세틸 CoA이다. 이 중간대사물들은 직접 중개대사 경로로 들어가서 포도당 또는 지질을 합성하거나 트라이카복실산회로에 의해 CO_2로 산화되는 과정을 통해 에너지를 생성한다. 그림 20.1은 이 경로의 개관을 보여주지만 더 상세한 요약은 그림 20.15에 있다(310쪽 참조). 비필수 아미노산(nonessential amino acid, 그림 20.2)은 대사의 중간대사물로부터, 또는 시스테인과 타이로신의 경우처럼 필수 아미노산으로부터 충분한 양이 합성될 수 있다. 반면에 필수 아미노산(essential amino acid)은 사람이 합성될 수 없거나 합성되더라도 충분한 양이 합성되지 못하는 아미노산이다. 따라서 정상적인 단백질 합성이 일어나려면 필수 아미노산을 음식으로부터 섭취하여야 한다. 아미노산 대사 경로의 유전 결함은 심각한 질병을 일으킬 수 있다.

II. 포도당생성 아미노산과 케톤생성 아미노산

아미노산은 분해대사에서 생성되는 7개의 중간대사물에 따라서 포도당생성 또는 케톤생성으로 나눌 수 있다(그림 20.2 참조).

A. 포도당생성 아미노산(glucogenic amino acid)

분해대사의 생성 아미노산이 파이루브산이나 시트르산 회로의 중간대사물일 경우의 아미노산을 포도당생성(glucogenic) 아미노산이라고 한다.

이 장에서 사용한 색 부호

- 파란색 글자 = 아미노산 대사의 7가지 생성물의 이름
- 빨간색 글자 = 포도당생성 아미노산의 이름
- 갈색 글자 = 포도당생성 및 케톤생성 아미노산의 이름
- 초록색 글자 = 케톤생성 아미노산의 이름
- 하늘색 글자 = 일탄소 화합물

이 중간대사물은 포도당신생성(136쪽 참조)의 기질이 되기 때문에 간과 콩팥에서 포도당의 알짜 합성량을 증가시킬 수 있다.

B. 케톤생성 아미노산(ketogenic amino acid)

이화작용으로 아세틸-CoA(피루브산이 중간생성물로 작용하지 않음) 또는 아세토아세트산(또는 아세토아세틸-CoA 전구체를 생성함)을 생성하는 아미노산은 케톤생성(ketogenic) 아미노산이라고 한다(그림 20.2 참조). 아세토아세트산은 3-하이드록시뷰티르산과 아세톤을 포함하는 케톤체 중의 하나이다(224쪽). 류신과 라이신은 단백질에서 발견되는 절대적인 케톤생성 아미노산이다. 이들의 탄소뼈대는 포도당신생성의 기질이 될 수 없으므로 포도당의 알짜 합성량을 증가시키지 못한다.

	포도당생성	포도당생성 및 케톤생성	케톤생성
비필수 아미노산	알라닌 아르지닌 아스파라진 아스파트산 시스테인 글루탐산 글루타민 글라이신 프롤린 세린	타이로신	
필수 아미노산	히스티딘 메싸이오닌 트레오닌 발린	아이소류신 페닐알라닌 트립토판	류신 라이신

그림 20.2
아미노산의 분류. [참조: 일부 아미노산은 조건에 따라 필수 아미노산이 된다. 예를 들면 외상, 수술후 감염, 면역억제 상태의 환자에게 글루타민과 아르지닌을 보충하면 결과가 개선될 수 있다.]

III. 아미노산 탄소뼈대의 분해대사

아미노산의 분해대사는 위에서 이미 언급한 특정 아미노산으로부터 생성되는 7가지의 중간대사물에 따라 편리하게 분류할 수 있다.

A. 옥살로아세트산을 생성하는 아미노산

아스파라진은 아스파라진분해효소에 의해 가수분해되어 암모늄 이온(NH_4^+)과 아스파트산으로 된다(그림 20.3). 아스파트산은 아미노기전달에 의해 아미노기가 제거되면서 옥살로아세트산을 생성한다(그림 20.3 참조). [참고: 빠르게 분열하는 일부의 백혈병세포는 성장에 필요할 정도로 충분한 양의 아스파라진을 합성하지 못한다. 아스파라진은 이 세포에서 필수 아미노산이기 때문에 혈액으로부터 아스파라진이 공급되어야만 증식을 할 수 있다. 따라서 아스파라진을 가수분해하는 아스파라진분해효소를 백혈병 환자에게 체계적으로 투여하는 치료법이 검토되기도 한다. 아스파라진분해효소는 혈장에서 아스파라진 농도를 감소시키기 때문에 이러한 치료 방법은 암세포가 필요로 하는 영양분의 공급을 억제하는 효과가 있다.]

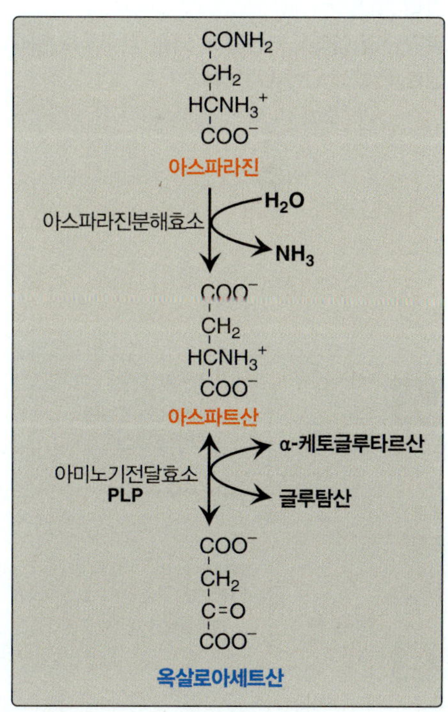

그림 20.3
아스파라진과 아스파트산의 대사.
PLP = 인산피리독살, NH_3 = 암모니아

B. α-케톤글루타르산을 생성하는 아미노산

1. **글루타민:** 이 아미노산은 글루타민분해효소에 의해서 글루탐산과 암모늄으로 전환된다(293쪽 참조). 글루탐산은 아미노기전달에 의해 또는 글루탐산 탈수소효소에 의한 산화탈아미노화에 의해 α-케톤글루타르산이 된다(288쪽 참조).

2. **프롤린:** 이 아미노산은 산화되어 글루탐산이 된다. 글루탐산은 아미노기전달이나 산화 탈아미노화에 의해 α-케톤글루타르산을 생성한다.

3. **아르지닌:** 이 아미노산은 아르지닌분해효소에 의해 절단되어 오니틴(과 요소)을 생성한다. [참고: 이 반응은 요소회로의 일부분으로써 간에서 일어난다(290쪽).] 오니틴은 이후 연속적인 반응을 통해 α-케톤글

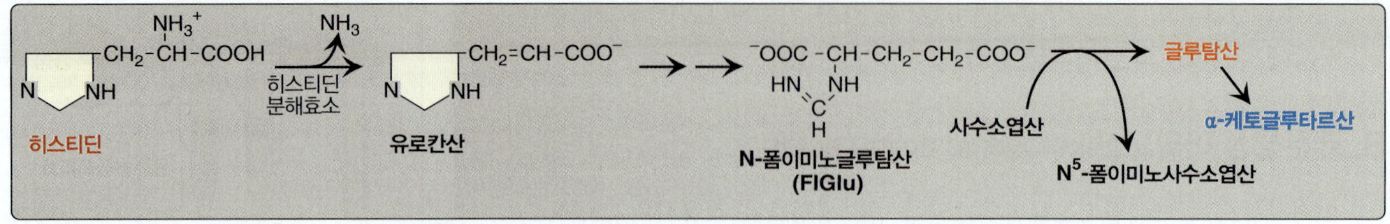

그림 20.4
히스티딘의 분해. NH_3 = 암모니아.

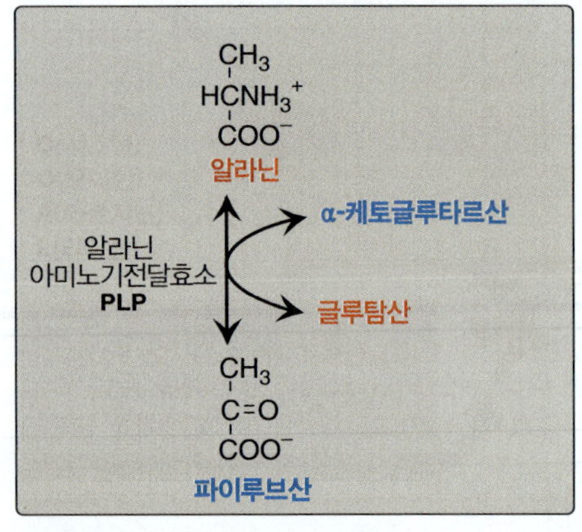

그림 20.5
알라닌의 아미노기전달에 의한 파이루브산의 생성. PLP = 인산피리독살.

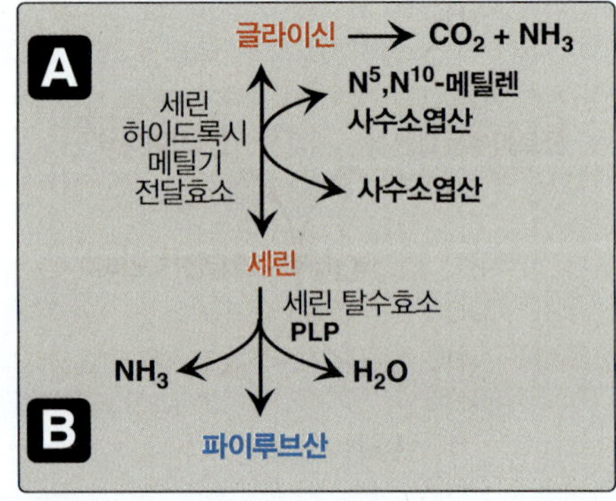

그림 20.6
A: 글라이신과 세린의 상호전환과 글라이신의 산화. B: 세린의 탈수에 의한 파이루브산의 생성. PLP = 인산피리독살. NH_3 = 암모니아.

루타르산으로 전환된다. 글루탐산 세미알데하이드가 중간대사물이다.

4. **히스티딘:** 히스티딘은 히스티딘분해효소에 의해 산화적으로 아미노기가 제거되어 유로칸산이 되고, 이것은 연속적인 반응으로 N-폼이미노글루탐산(FIGlu, 그림 20.4)을 생성한다. FIGlu는 폼이미노기를 사수소엽산(THF)으로 이동시켜 글루탐산을 남기고, 이어서 분해된다. 히스티딘분해효소 결핍은 혈액과 소변에서 히스티딘의 수치가 증가하는 것을 특징으로 하는 대사 히스티딘혈증의 비교적 양성의 선천 오류를 야기한다. [참고: 엽산이 결핍된 환자는 소변에서 FIGlu의 양이 증가하는데, 특히 많은 양의 히스티딘을 섭취하면 그 양이 더욱 증가한다. 따라서 FIGlu 배출 검사는 엽산 결핍의 진단에 사용된다. 엽산, THF, 일탄소 대사 등에 대한 논의는 307쪽을 참조.]

C. 파이루브산을 생성하는 아미노산

1. **알라닌:** 이것은 아미노기전달에 의해 아미노기가 제거된 후 파이루브산을 생성한다(그림 20.5). [참고: 트립토판 이화반응이 알라닌을 생성하고, 따라서 파이루브산을 생성한다(그림 20.10, 305쪽 참조).]

2. **세린:** 이것은 THF가 N^5, N^{10}-메틸렌사수소엽산(N^5, N^{10}-MTHF)이 되면서 글라이신으로 전환될 수 있다(그림 20.6A). 또한 세린은 세린 탈수효소에 의해 파이루브산이 될 수도 있다(그림 20.6B).

3. **글라이신:** 이것은 N^5,N^{10}-메틸렌사수소엽산에서 나온 메틸렌기가 붙어 세린으로 전환되거나(그림 20.6A) 글라이신 분해계에 의해 산화되어 CO_2와 암모니아 H_4^+로 전환된다. 글라이신은 탈아미노화되어 글라이옥실산이 되는데(D-아미노산 산화효소에 의해; 289쪽 참조) , 산화되어 옥살산이 되거나 아미노기전달에 의해 글라이신이 된다. 간 과산화소체의 아미노기전달효소의 결핍은 옥살산 과다생성, 옥살산돌 형성, 콩팥 손상을 일으킬 수 있다(1형 일차 옥살산뇨증).]

4. **시스테인:** 이 황포함 아미노산은 탈황되어 파이루브산이 된다. [참고: 유리된 황산염은 3′-인산아데노신-5′-인산황산염(PAPS)의 합성에 사용된다. PAPS는 다양한 받개에 대한 활성형 황 주개이다.] 시스테인은 산화되어 이황화물 유도체인 시스틴이 된다.

5. **트레오닌:** 이것은 대부분의 생물에서 파이루브산으로 전환되지만 사람에서는 미미한 경로이다.

D. 퓨마르산을 생성하는 아미노산

1. **페닐알라닌과 타이로신:** 페닐알라닌의 수산화에 의해 타이로신이 생성된다(그림 20.7). 이 비가역적 반응은 사수소바이오테린(THB, BH_4) 필요 페닐알라닌 수산화효소(PAH)에 의해 촉진된다. 이 효소에 의해 페닐알라닌의 분해대사가 시작된다. 페닐알라닌과 타이로신 대사는 같은 경로로 합병되며, 궁극적으로 퓨마르산이나 아세토아세트산을 생성하게 된다. 따라서 페닐알라닌과 타이로신은 포도당생성 아미노산이기도 하고 케톤생성 아미노산이기도 하다.

2. **유전적 결핍:** 페닐알라닌과 타이로신의 대사에 참여하는 효소의 유전적 결핍은 페닐케톤뇨증(PKU, 309쪽), 타이로신혈증(314쪽), 알캅톤뇨증(314쪽), 백색증(313쪽)과 같은 병을 일으킨다.

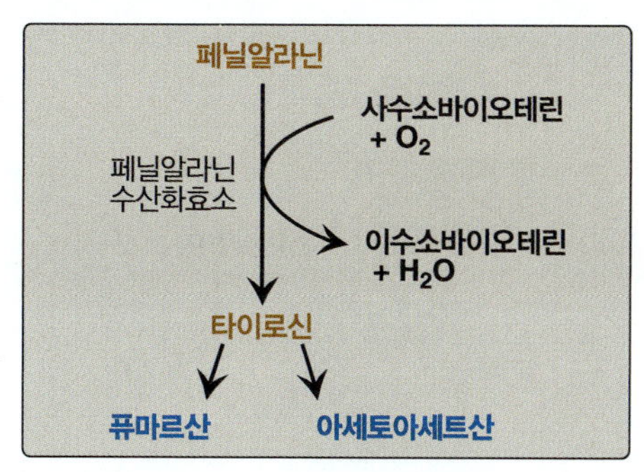

그림 20.7
페닐알라닌의 분해.

E. 석시닐 CoA를 생성하는 아미노산: 메싸이오닌(methionine)

석시닐 CoA를 생성하는 4가지 아미노산 중 하나가 메싸이오닌이다. 이것은 황을 함유하는 아미노산으로서 일탄소 대사에서 주요 메틸기 주개인 SAM으로 전환될 수 있어서 특별한 의미가 있다(그림 20.8). 메싸이오닌은 죽경화혈관병과 혈전증(303쪽 참조)과 관련이 있는 대사물인 호모시스테인(Hcy)의 공급원이기도 하다.

1. **SAM의 합성:** 인산을 포함하지 않는 특별한 고에너지 화합물인 SAM은 메싸이오닌과 ATP가 축합하여 만들어진다. SAM은 사실상 ATP의 3개의 인산결합이 모두 가수분해되어야 생성될 수 있다(그림 20.8 참조).

2. **활성형 메틸기:** 메틸기는 SAM의 3번 위치의 황에 부착함으로써 활성화되고, 메틸기전달효소에 의해 에피네프린 합성 경로의 노르에피네프린과 같은 다양한 받개로 전달될 수 있다. 메틸기는 보통 질소 또는 산소 원자(에피네프린의 합성 및 분해와 같이 330쪽 참조)로 전달되지만 때로는 탄소 원자(사이토신처럼)로 전달되기도 한다. 반응 생성물은 메싸이오닌과 유사한 간단한 싸이오에터(thioether)인 S-아데노실호모시스테인(S-adenosylhomocysteine, SAH)이다. 이 반응은 결과적으로 자유에너지가 소실되므로 메틸기 전달은 근본적으로 비가역적이다.

3. **SAM의 가수분해:** 메틸기를 다른 받개 분자에 제공한 후 SAH는 호모시스테인과 아데노신으로 가수분해된다. 호모시스테인(Hcy)은 2가지 운명이 있다. 메싸이오닌이 부족한 상태에서 Hcy은 메싸이오닌으로 다시 메틸화될 수 있다(그림 20.8 참조). 반면에 메싸이오닌이 충분한 상태에서는 Hcy은 시스테인으로 전환되는 경로인 황전달 경로(transsulfuration pathway)로 들어갈 것이다.

   a. **메싸이오닌의 재합성:** 비타민 B_{12}(439쪽)로부터 유래한 보조효소인 메틸코발아민을 필요로 하는 반응에서 Hcy은 N^5-메틸사수소엽산(N^5-메틸-THF)으로부터 메틸기를 받는다. [참고: 메틸기는 메싸이

오닌 생성효소에 의해 B_{12} 유도체에서 Hcy으로 전달되어 메싸이오닌을 재생성한다. 코발아민은 N^5-메틸사수소엽산으로부터 재메틸화된다.]

b. 시스테인의 합성: 시스타싸이오닌 β 생성효소에 의해 촉진되어, 호모시스테인은 세린과 결합하여 시스타싸이오닌(cystathionine)으로 전환되고, 이것은 가수분해에 의해 α-케톤뷰티르산과 시스테인으로 분리된다(그림 20.8). 비타민 B_6를 필요로 하는 일련의 반응에서 결과적으로 세린이 시스테인으로 전환되고, 호모시스테인이 α-케톤뷰티르산으로 전환되는데, α-케톤뷰티르산은 산화카복실화되어 프로피오닐 CoA가 되고 이어서 석시닐 CoA로 전환된다(그림 16.20 참조). 필수 아미노산인 메싸이오닌에서 호모시스테인이 생성되므로 시스테인은 메싸이오닌이 충분할 때에는 필수 아미노산은 아니다.

4. **호모시스테인과 혈관병의 관계:** 혈장 호모시스테인의 농도가 증가하면 산화 손상, 염증, 내피 기능장애 등이 촉진되며, 또한 이것은 폐쇄혈관병의 독립적인 위험인자이다(그림 20.9). 인구의 약 7%에서 호모시스테인이 약간 증가되어 있다. 역학조사에 의하면 혈장 호모시스테인 농도와 혈장의 엽산, 비타민 B_{12}, 비타민 B_6 등의 농도는 반비례 관계가 있다고 한다. 이 3가지 비타민은 호모시스테인을 메싸이오닌이나 시스테인으로 전환시키는 반응에 관여한다. 이 비타민들을 보충하는 것이

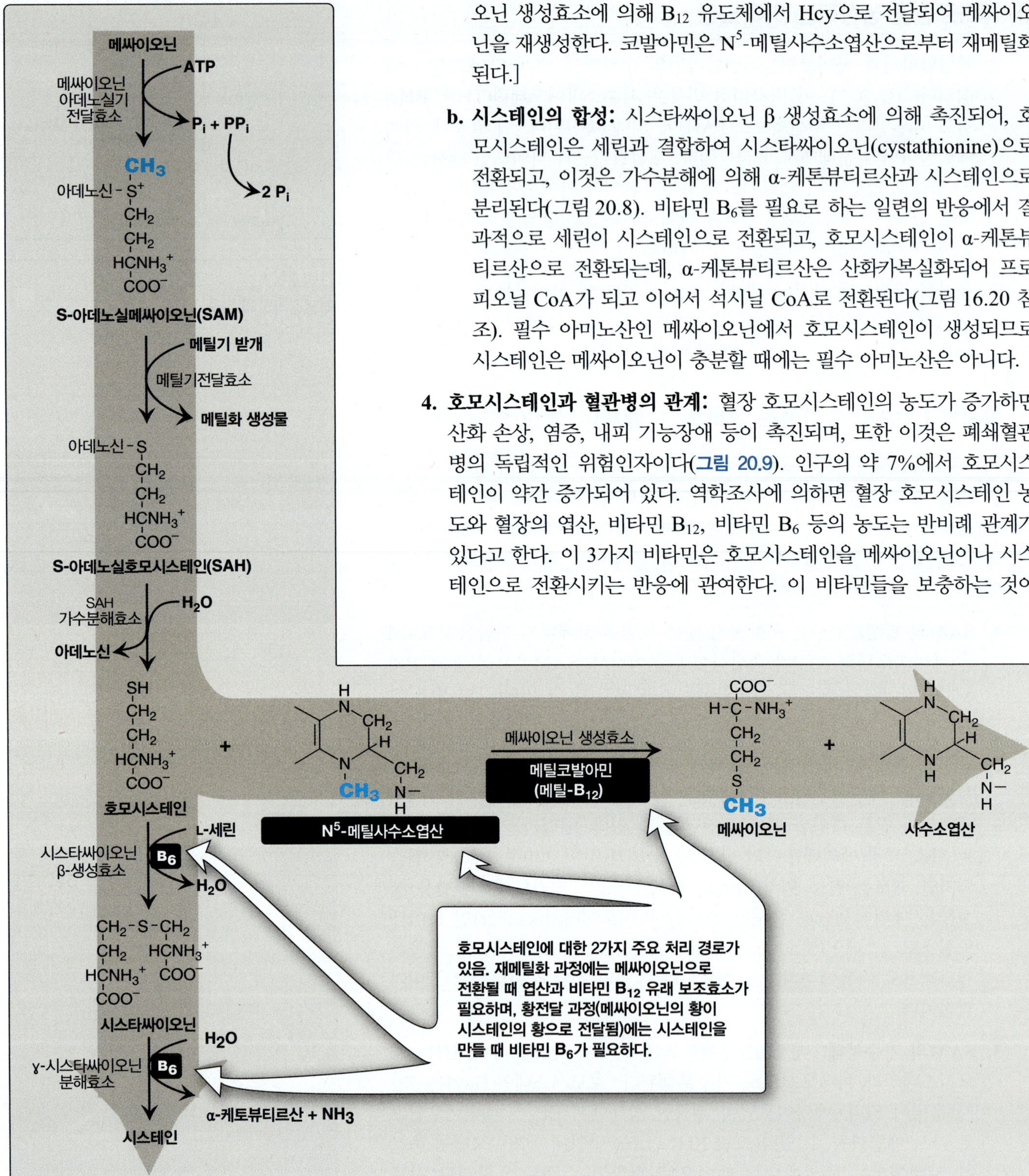

그림 20.8
메싸이오닌의 분해와 재합성. [참조: 호모시스테인으로부터 메싸이오닌의 합성은 THF가 메틸기(–CH_3)를 운반하고 제공하는 유일한 반응이다. 다른 모든 반응에서는 SAM이 메틸기 운반체 및 주개이다.] PP_i = 파이로인산염; P_i = 무기인산염. NH_3 = 암모니아.

혈중 호모시스테인의 농도를 감소시키는 것으로 보인다. 그러나 확진된 심혈관병 환자에서 비타민 요법이 심혈관병의 발병과 사망률을 감소시키지는 않는다. 따라서 호모시스테인이 혈관 손상의 원인인지 또는 단순히 혈관 손상에 대한 지표인지에 대한 의문이 증가한다. [참고: 황전달 경로 시스타싸이오닌 β-생성효소의 드문 결핍의 결과로서 크게 상승한 혈장 Hcy의 농도는 심각한 고호모시스테인혈증(> 100 μmol/l)으로 야기된 전형적 호모시스틴뇨증(classic homocystiuria) 환자에게서 관찰된다(314쪽 참조).

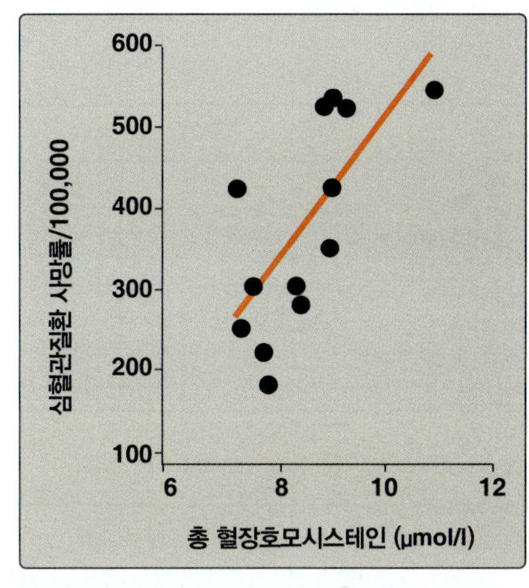

그림 20.9
심혈관질환 사망률과 전체 혈장 호모시스테인 사이의 관계.

> 임산부에서 호모시스테인 증가와 엽산 감소는 태아의 신경관결손[척추갈림증(spina bifida)과 같은 부적절한 닫힘]의 발생과 관련이 있다(439쪽 참조). 엽산을 통한 보충은 그러한 결함의 위험을 감소시킨다.

F. 석시닐 CoA를 생성하는 다른 아미노산

발린, 아이소류신, 트레오닌 등도 분해되어 TCA 회로의 중간대사물이자 포도당생성 화합물인 석시닐 CoA를 생성한다. [참고: 그것은 파이루브산으로 대사된다.]

1. **발린과 아이소류신:** 이들은 바이오틴과 비타민 B_{12}를 필요로 하는 반응에 의해 프로피오닐 CoA와 메틸말로닐 CoA를 거쳐 석시닐 CoA를 생성하는 가지사슬 아미노산(BCAA)이다.

2. **트레오닌:** 이 아미노산은 탈수되어 α-케톤뷰티르산이 된 후 프로피오닐 CoA으로 전환되고 이어서 석시닐 CoA로 전환된다. 따라서 프로피오닐 CoA은 메싸이오닌, 발린, 아이소류신, 트레오닌으로부터 생성된다. [참고: 또한 프로피오닐 CoA는 홀수 지방산의 산화에 의해 생성된다(223쪽 참조).]

G. 아세틸 CoA 또는 아세토아세틸 CoA를 생성하는 아미노산

트립토판, 류신, 아이소류신, 라이신은 파이루브산 탈수소효소에 의해 생성되는 파이루브산을 거치지 않고 곧바로 아세틸 CoA 또는 아세토아세틸 CoA를 생성한다. 앞에서 언급한 바와 같이 페닐알라닌과 타이로신도 역시 분해대사를 통해 아세토아세트산을 생성한다(그림 20.7 참조). 따라서 케톤생성 아미노산은 모두 6가지이다.

1. **트립토판:** 대사에서 알라닌과 아세토아세틸 CoA를 생성하므로 포도당생성 및 케톤생성 아미노산에 해당한다(그림 20.10). [참고: 트립토판 분해대사물인 퀴놀린산은 NAD 합성에 사용된다(444쪽 참조).

2. **류신:** 분해대사에서 전적으로 케톤을 생성하는 아미노산으로서 아세틸 CoA와 아세토아세트산을 생성한다(그림 20.11). 류신과 다른 BCAA인 아이소류신과 발린의 이화작용에서 처음 두 반응은 모든 세

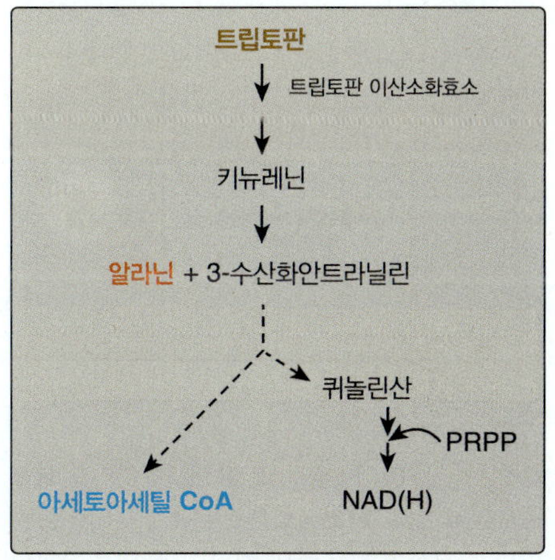

그림 20.10
키뉴레닌 경로에 의한 트립토판의 대사(약칭). CoA = 보조효소 A; PRPP = 인산리보실파이로인산염, NAD(H) = 니코틴아마이드 아데닌 다이뉴클레오타이드.

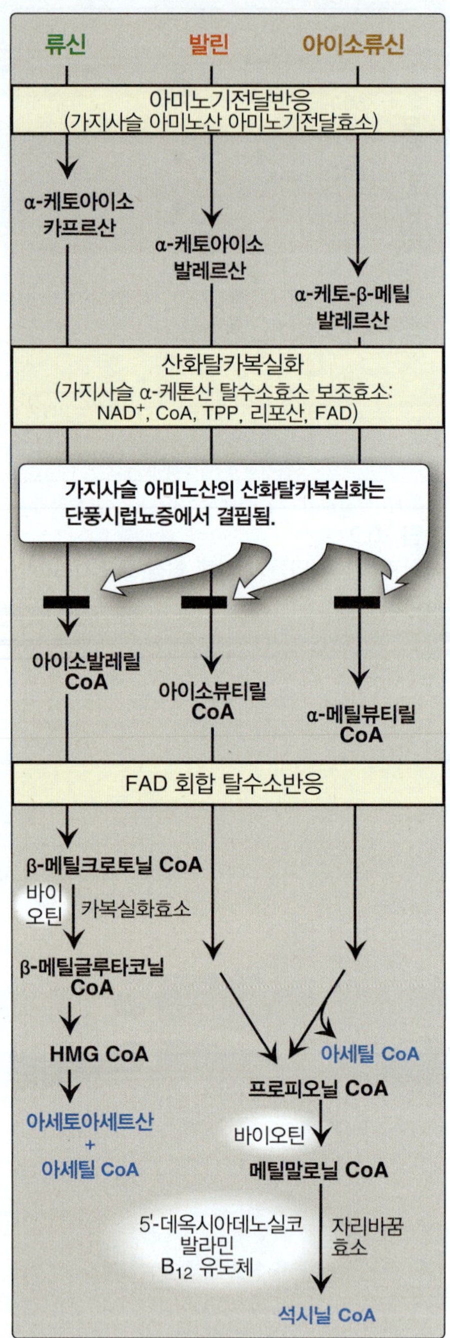

그림 20.11
류신, 발린, 아이소류신의 분해. [참고: β-메틸크로토닐 CoA 카복실화효소는 4개의 바이오틴 필요 카복실화효소 중의 하나이다. 다른 3개의 효소는 파이루브산 카복실화효소, 아세틸 CoA 카복실화효소, 프로피오닐 CoA 카복실화효소이다.] TPP = 파이로인산싸이아민; FAD = 플라빈 아데닌 다이뉴클레오타이드; CoA = 보조효소 A; NAD = 니코틴아마이드 아데닌 다이뉴클레오타이드; HMG = 하이드록시메틸글루타르산염.

가지 BCAA(또는 그 유도체)를 기질로 사용하는 효소에 의해 촉진된다(아래 H 참조).

3. **아이소류신:** 케톤생성 및 포도당생성 아미노산에 해당한다. 아이소류신의 대사물이 아세틸 CoA와 프로피오닐 CoA이기 때문이다.

4. **라이신:** 절대적인 케톤생성 아미노산으로서 라이신의 어떤 아미노기도 대사의 첫 단계에서 아미노기전달이 일어나지 않는다는 면에서 흔하지 않은 아미노산이다. 라이신은 궁극적으로 아세토아세틸 CoA으로 전환된다.

H. 가지사슬 아미노산(BCAA)의 분해

BCAA인 아이소류신, 류신, 발린은 필수 아미노산이다. 다른 아미노산과 다르게 그들은 간보다는 말초 조직(특히 근육)에서 일차적으로 대사된다. 이 3가지의 아미노산은 분해대사가 비슷하므로 같이 묶어 설명하기에 편리하다(그림 20.11 참조).

1. **아미노기전달반응(transamination):** 3종류 BCAA의 아미노기를 α-케톤글루타르산으로 전달할 때 기본적으로 뼈대근육에서 발현하는 비타민 B_6를 필요로 하는 같은 효소인 BCAA 아미노기전달효소가 공통적으로 작용한다.

2. **산화탈카복실화(oxidative decarboxilation):** 류신, 아이소류신, 발린에서 유래한 α-케톤산 카복실기의 제거는 다효소 복합체인 가지사슬 α-케톤산 탈수소효소(BCKD)에 의해 촉진된다. 이 복합체의 효소 결핍은 단풍시럽뇨병(MSUD)을 초래한다(그림 20.11 및 313쪽 참조). 이 복합체는 파이로인산싸이아민, 리포산, FAD, NAD^+, CoA 등을 보조효소로 사용하며, NADH를 생성한다. [참고: 이 반응은 파이루브산 탈수소효소(126쪽 참조)에 의해 파이루브산이 아세틸 CoA로 전환되는 반응과 α-케톤글루타르산 탈수소효소(128쪽)에 의해 α-케톤글루타르산이 석시닐 CoA로 산화되는 반응과 비슷하다.] 이수소리포일 탈수소효소(효소 3 또는 E3) 성분은 세 복합체 모두에서 동일하다.]

3. **탈수소반응(dehydrogenation):** BCKD 반응에서 생긴 생성물이 산화되면 α-β-불포화 아실 CoA 유도체와 $FADH_2$가 생성된다. 이 반응은 지방산의 β-산화에서 기술한 FAD 회합 탈수소반응과 유사하다(220쪽 참조). [참고: 아이소발레릴 CoA에 특이성 있는 탈수소효소의 결핍은 신경학적 장애를 일으키고 몸에서 "땀난 발" 냄새가 동반된다.]

4. **최종생성물:** 아이소류신의 분해대사의 최종생성물은 궁극적으로 아세틸 CoA와 석시닐 CoA이기 때문에 케톤생성 아미노산과 포도당생성 아미노산 둘 다에 해당된다. 발린은 석시닐 CoA를 생성하므로 포도당생성 아미노산이다. 류신은 케톤생성 아미노산으로서 아세토아세트산과 아세틸 CoA으로 대사된다. 추가로 NADH와 $FADH_2$는 각각 탈카복실화와 탈수소 반응에 의해 생성된다. [참고: BCAA의 분해대사에서도 역시 글루타민과 알라닌이 생성되며, 이들은 근육으로부터 혈액으로 보내진다(289쪽 참조)]

IV. 아미노산 대사에서 엽산의 역할

일부의 합성 경로는 단일 탄소기의 첨가를 요구한다. 이 "일탄소 단위"는 다양한 산화 상태로 존재하며, 여기에 포밀기, 메테닐기, 메틸렌기, 메틸기가 포함된다. 이 단일 탄소기는 THF와 SAM과 같은 운반체로부터 합성되거나 변형되는 특정 구조물로 전달될 수 있다. "일탄소 웅덩이"라는 말은 이런 종류의 운반체에 부착한 단일 탄소단위를 지칭하는 것이다. [참고: 탄산의 탈수 형태인 CO_2는 비타민인 바이오틴(445쪽 참조)에 의해 운반되는데, 바이오틴은 대부분의 카복실화 반응의 보조단이지만 일탄소 웅덩이의 구성원으로 취급하지 않는다. 다발성 카복실화효소 결핍증은 카복실화효소에 바이오틴이 붙거나 떨어지는 능력에 결함을 갖고 있다.]

A. 엽산(folic acid)과 일탄소 대사

엽산의 활성형은 THF로서 이수소엽산 환원효소(DHF reductase)에 의해 엽산으로부터 생성되며, 이것은 2단계 반응에서 2 NADPH가 필요하다. THF에 의해 운반되는 일탄소 단위는 N^5, N^{10} 또는 둘 다에 붙는다. THF에 의해 일탄소 화합물은 생합성 효소에 의해 인식되고 조절된다. 그림 20.12는 다양한 THF족 구성원의 구조와 일탄소 단위의 공급원과 특정 구성원이 참여하는 생합성 반응을 보여준다. [참고: 엽산 결핍은 거대적혈모구빈혈을 일으키며. DNA 합성에 필요한 퓨린과 TMP 이용도의 감소에 의해 발생한다(348쪽 참조).]

V. 비필수 아미노산의 생합성

비필수 아미노산은 대사 중간대사물로부터 합성되거나 타이로신과 시스테인의 경우처럼 각각 페닐알라닌과 메싸이오닌과 같은 필수 아미노산으로부터 합성된다. 비필수 아미노산의 합성반응은 아래에 기술되어 있고, 나중에 그림 20.15에 요약되어 있다 [참고: 하이드록시프롤린이나 하이드록시라이신(49쪽 참조)같은 단백질들에서 발견되는 일부 아미노산은 전구체 아미노산이 번역후 변형(단백질로 혼입된 후 변형)으로 생성된다]

A. α-케톤산의 합성

알라닌, 아스파트산, 글루탐산은 각각 α-케톤산인 파이루브산, 옥살로아세트산, α-케톤글루타르산 등으로 아미노기가 전달되어 합성된다. 이 아미노기전달 반응(그림 20.13)은 가장 직접적인 생합성 경로이다. 흔한 것은 아니지만 글루탐산은 암모니아 농도가 높을 때 산화탈아미노화의 역반응(글루탐산 탈수소효소에 의해 촉진됨)에 의해서도 생성될 수 있다(19.11 참조).

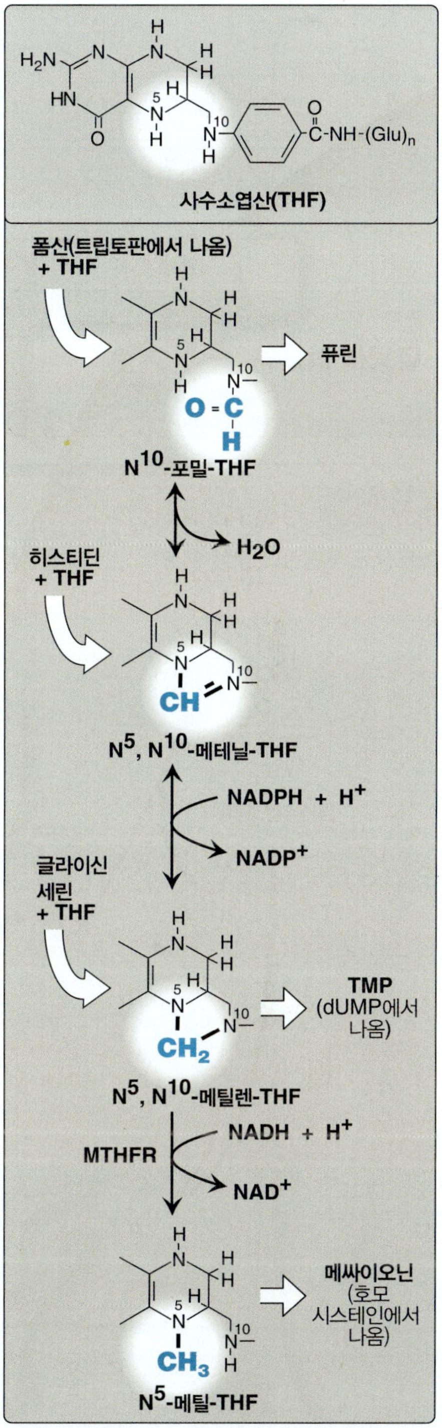

그림 20.12
운반체인 사수소엽산의 상호전환과 이용의 요약. [참고: N^5,N^{10}-메테닐-THF는 N^5-폼이미노-THF에서 나온다(그림 20.4 참조).] NADP(H) = 니코틴아마이드 아데닌 다이뉴클레오타이드 인산염; NAD(H) = 니코틴아마이드 아데닌 다이뉴클레오타이드; TMP = 일인산타이미딘; dUMP = 일인산데옥시유리딘. MTHFR = N^5,N^{10}-메테닐-THF-환원효소.

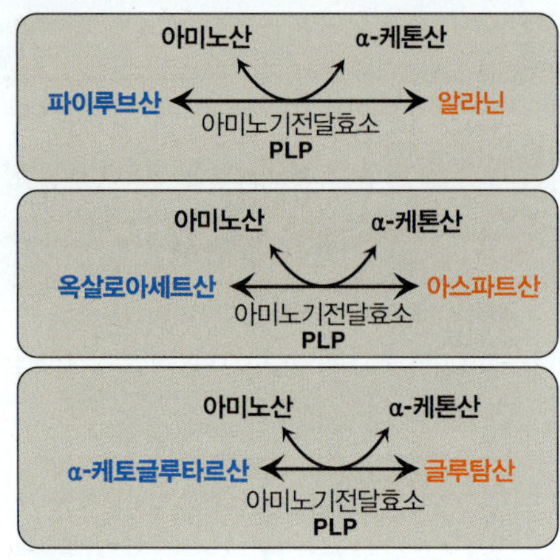

그림 20.13
각각 상응하는 α-케톤산으로부터 알라닌, 아스파트산, 글루탐산의 생성. PLP = 인산피리독살.

B. 아마이드화(amidation)에 의한 합성

1. **글루타민:** 이 아미노산은 γ-카복실기와 암모니아가 연결된 아마이드 결합을 함유하고 있으며, 글루타민 합성효소에 의해 글루탐산으로부터 생성된다(그림 19.18, 294쪽 참조). 이 반응은 ATP의 가수분해에 의해 진행된다. 이 반응은 단백질 합성에 필요한 글루타민을 생성할 뿐만 아니라 암모니아를 비독성 형태로 수송하는 것에 대한 주요 기전을 제공한다(암모니아 대사의 논의는 293쪽 참조).

2. **아스파라진:** 이 아미노산은 β-카복실기와 암모니아가 연결된 아마이드 결합을 함유하고 있으며, 아스파라진 합성효소에 의해 아스파트산으로부터 생성되는데, 이때 글루타민이 아마이드 주개로 사용된다. 이 반응은 ATP를 필요로 하며, 글루타민 합성처럼 아마이드 합성이 일어나는 쪽으로 평형이 훨씬 기울어져 있다.

C. 프롤린

글루탐산은 글루탐산 세미알데하이드를 거쳐 고리화와 환원반응에 의해 프롤린으로 전환된다. [참고: 이 세미알데하이드도 또한 오니틴으로 아미노기가 전달될 수 있다.]

D. 세린, 글라이신, 시스테인

이 아미노산들의 합성 경로는 상호 연관되어 있다.

1. **세린:** 이것은 당분해의 중간대사물인 3-글리세르산에서 만들어지며(그림 8.18 참조), 첫 번째로 산화되어 3-인산파이루브산으로 전환된 후 이어서 아미노기전달을 통해 3-인산세린이 된다. 세린은 인산 에스터가 가수분해되어 생성된다. 세린은 세린 하이드록시메틸기전달효소에 의한 하이드록시메틸기 전달을 통해 글라이신으로부터 생성될 수 있으며, 이때 일탄소 주개로 N^5,N^{10}-메틸렌-THF를 사용한다(그림 20.6A 참조). [참고: 유전자에 부호화된 21번째 아미노산인 셀레노시스테인(Sec)은 세린이 전달 RNA에 부착할 때 세린과 셀레늄(470쪽 참조)으로부터 합성된다. Sec는 글루타싸이온 과산화효소(171쪽 참조)와 싸이오레독신 환원효소(343쪽 참조]를 포함하는 약 25개의 사람단백질에서 발견된다.

2. **글라이신:** 이것도 역시 세린 하이드록시메틸기전달효소에 의한 하이드록시메틸기의 제거를 통하여 세린으로부터 합성된다(그림 20.6A 참조). 이때 THF가 일탄소 받개이다.

3. **시스테인:** 이것은 연속적인 2개의 반응에서 합성되는데, 이 반응은 먼저 호모시스테인이 세린과 결합하여 시스타싸이오닌을 생성하고 곧이어 가수분해를 통해 α-케톤뷰티르산과 시스테인을 생성한다(그림 20.8 참조). [참조: Hcy은 303쪽에 기술된 것처럼 메싸이오닌으로부터 유래된다. 메싸이오닌은 필수 아미노산이므로 시스테인 합성이 유지되려면 적절한 양의 메싸이오닌이 섭취되어야 한다.]

E. 타이로신

타이로신은 페닐알라닌 수산화효소에 의해 페닐알라닌으로부터 생성된다(303쪽 참조). 이 반응은 분자 산소와 보조효소인 사수소바이오테린(BH_4)이 필요하며, BH_4는 몸에서 GTP로부터 합성될 수 있다. 분자 산소에서 한 개의 원자는 타이로신의 수산기가 되고, 다른 한 개의 원자는 환원되어 물이 된다. 반응 중에 BH_4는 산화되어 이수소바이오테린(BH_2)이 된다. BH_4는 NADPH 필요 이수소테리딘 환원효소에 의해 BH_2로부터 재생된다. 타이로신은 시스테인처럼 필수 아미노산으로부터 생성되므로 적절한 양의 페닐알라닌의 섭취를 하는 경우에는 비필수 아미노산이 된다.

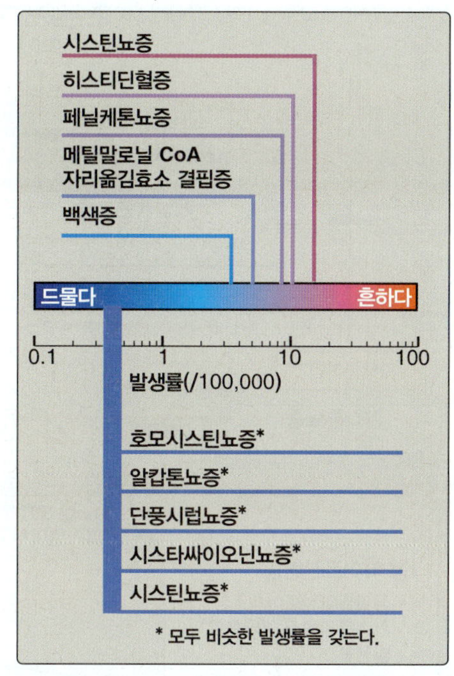

그림 20.14
아미노산 대사 유전질환의 발생률. [참고: 시스틴뇨증은 아미노산 수송에 대한 가장 흔한 유전 장애임.]

VI. 아미노산 대사의 대사장애

대사의 선천적 오류의 한 집합인 이러한 단일 유전자 장애는 일반적으로 아미노산 대사에 관여하는 효소의 기능 상실 돌연변이에 의해 발생한다. 유전장애는 효소의 활성이 완전히 결핍되거나 효소 활성의 부분 결핍에 의해 더 흔하게 나타난다. 치료받지 않으면 아미노산 대사의 유전장애는 거의 모든 경우에 해로운 대사물이 축적되어 정신지연 또는 다른 종류의 발달이상을 일으킨다. 이런 질환은 50가지 이상이 알려져 있지만 대부분 인구 250,000명 중에 하나 정도로 흔하지 않다(그림 20.14). 그러나 종합해 보면 이 장애는 소아 유전병에서 매우 중요한 부분을 이룬다(그림 20.15).

A. 페닐케톤뇨증(phenylketonuria)

PKU는 임상에서 가장 흔히 만날 수 있는 선천성 아미노산 대사장애이다(1:15,000의 유병률). 고전적 PKU는 페닐알라닌 수산화효소(PAH) 유전자 코딩에서 기능 돌연변이 손실로 야기되는 보통염색체 열성 장애이다(그림 20.16). 생화학적으로 PKU는 고페닐알라닌혈증을 특징으로 한다. 페닐알라닌은 혈장뿐만 아니라 소변과 신체 조직에도 고농도로 존재한다. 일반적으로 PAH에 의해 페닐알라닌으로부터 형성되는 타이로신은 결핍되어 있다. 치료에는 페닐알라닌의 섭취 제한 및 타이로신 보충제가 포함된다. [참고: 고페닐알라닌혈증도 역시 사수소바이오테린의 합성에 관여하는 여러 효소 중 어느 것 또는 BH_2로부터 BH_4를 재생시키는 이수소바이오테리딘(BH_2) 환원효소의 결핍에 의해 발생할 수 있다(그림 20.17). 이 결핍들은 간접적으로 페닐알라닌의 농도를 증가시키는데, 그 이유는 페닐알라닌 수산화효소의 작용에 보조효소 BH_4가 필요하기 때문이다. BH_4는 또한 타이로신 수산화효소나 트립토판 수산화효소의 작용에도 필요하며, 이들은 세로토닌이나 카테콜아민과 같은 신경전달물질의 합성반응을 촉진한다. 단순히 페닐알라닌 식사량을 줄여도 신경전달물질의 결핍에 따른 중추신경계(CNS)의 증상들이 회복되지 않는다. BH_4 보충요법과 L-3,4-DOPA(329쪽 참조)나 5-하이드록시트립토판(타이로신 수산화효소와 트립토판 수산화효소가 촉진시키는 반응의 생성물)의 대체요법은 반응 효과를 예측하기 어렵지만 여러 종류의 고페닐알라닌혈증 변이형의 임상 결과를 호전시킨다.]

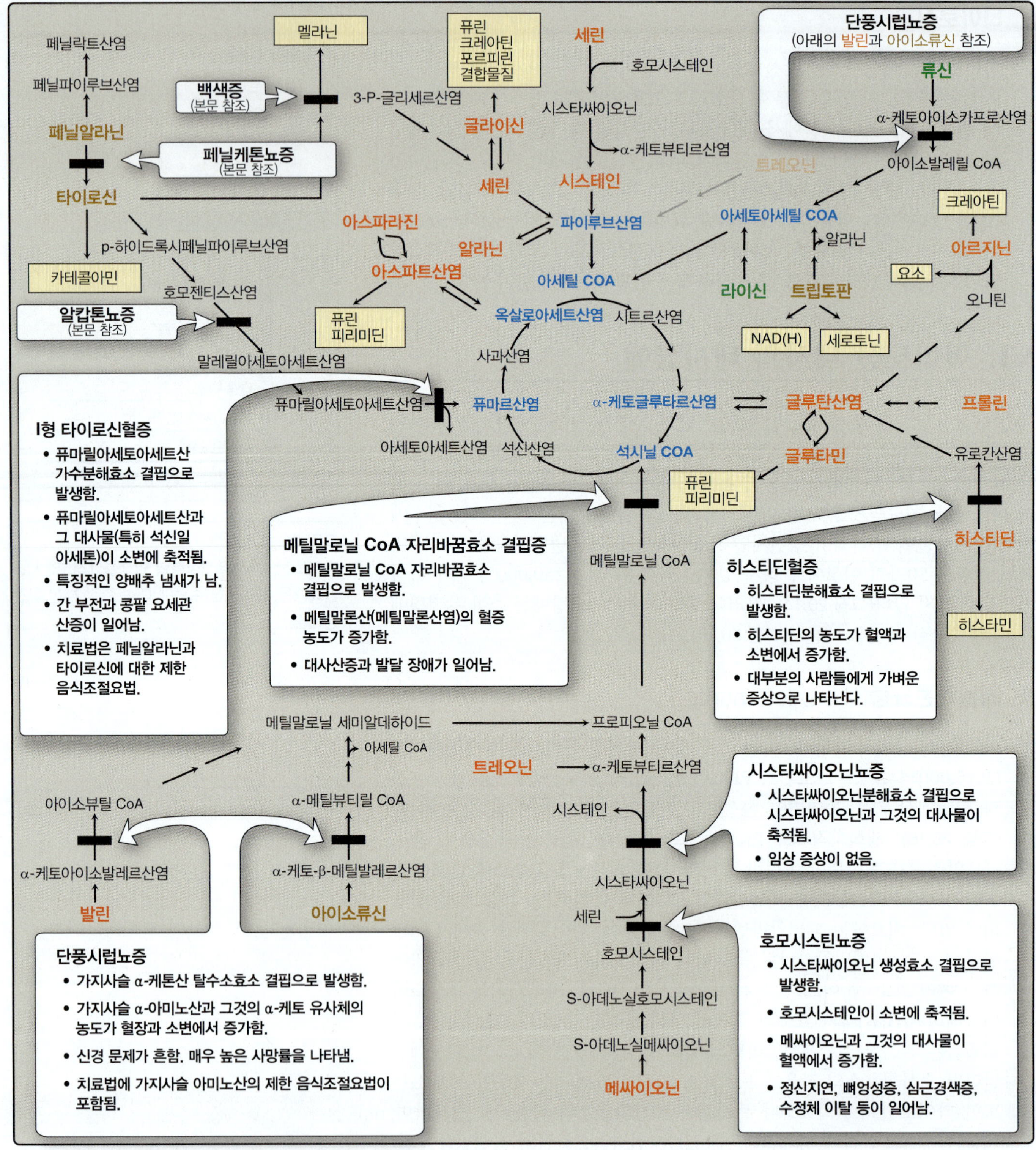

그림 20.15
사람의 아미노산 대사의 요약. 밝혀진 유전성 효소 결핍은 흰색 상자에 요약되어 있다. 아미노산에서 유래한 질소 함유 화합물은 작은 노란색 상자에서 보여주고 있다. 아미노산의 분류는 색으로 나타내었다: **빨간색** = 포도당생성 아미노산, **갈색** = 포도당생성 및 케톤생성 아미노산, **초록색** = 케톤생성 아미노산. **파란색**은 아미노산 대사가 모여드는 7개의 대사물이다. CoA = 보조효소 A; NAD(H) = 니코틴아마이드 아데닌 다이뉴클레오타이드.

신생아의 발꿈치를 살짝 찔러서 얻은 혈액을 일렬질량분광법을 사용하여 치료가능한 수많은 질병(아미노산 대사장애를 포함함)의 선별검사를 한다. 법에 의해 모든 주는 20가지 이상을, 일부 주는 50가지 이상의 질병을 선별검사해야만 한다. 모든 주는 PKU를 선별검사한다.

1. **추가적 특징:** 이름에서 알 수 있듯이, PKU는 소변에서 페닐케톤 수치가 상승하는 것이 특징이다.
   a. **페닐알라닌 대사체의 상승:** 페닐알라닌에 더해서, 페닐파이루브산, 페닐락트산, 페닐아세트산 등은 페닐알라닌 수산화효소 기능이 정상일 때 양이 증가하지 않지만 PKU에서는 증가된다(그림 20.18). 이 대사물들 때문에 소변에서 특징적으로 곰팡이 냄새("쥐 냄새")가 난다.
   b. **중추신경계통 효과:** 정신지연, 걸음 또는 대화의 기능상실, 발작, 과다활동, 떨림, 작은머리증, 성장 기능상실 등이 PKU의 특징적인 소견이다. 그 영향받은 사람은 생후 1년 정도에 전형적으로 정신지연을 보이고, 실제로 IQ가 50을 넘는 경우는 매우 드물다(그림 20.19). [참고: 이러한 임상소견은 이른 진단과 치료를 가능하게 하는 신생아 선별검사 사업이 시행된 이후에 의해 지금은 거의 없어졌다.]
   c. **색소침착저하증:** PKU 환자는 종종 색소 결핍의 소견(금발, 밝은 피부색, 파란 눈)을 나타낸다. 멜라닌 색소의 형성 과정의 첫 단계인 구리 필요 타이로신산화효소에 의한 타이로신 수산화는 타이로신이 감소하기 때문에 PKU에서 감소한다.
2. **신생아 검진과 진단:** PKU의 조기 진단은 이 병이 음식조절요법으로 치료가 가능하기 때문에 중요하다. 이 병은 신생아 증상이 없기 때문에

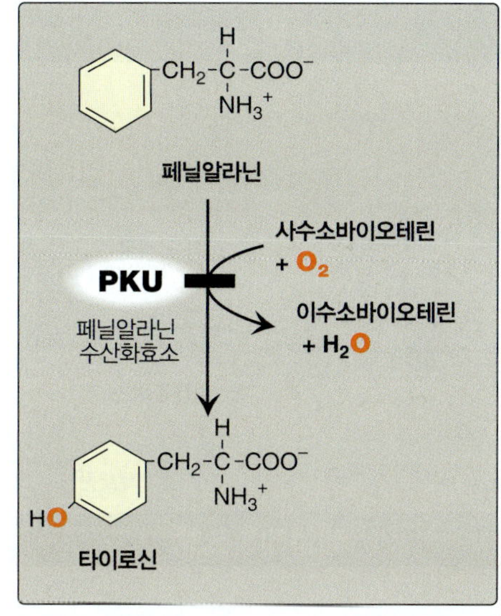

그림 20.16
페닐알라닌 수산화효소의 결핍에 의해 페닐케톤뇨증(PKU)이 발생한다.

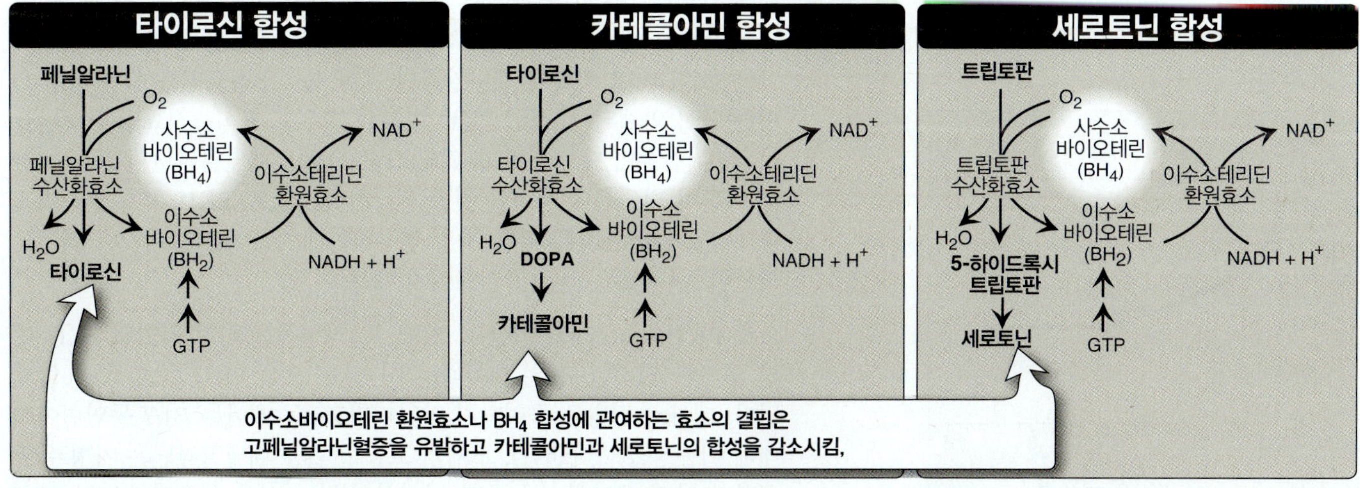

그림 20.17
아미노산과 사수소바이오테린이 관여하는 생합성 반응. [참고: 방향족 아미노산 수산화효소는 BH_4와 인산피리독살(PLP)를 사용한다.] NAD(H) = 니코틴아마이드아데닌 다이뉴클레오타이드; GTP = 삼인산구아노신; DOPA = L-3,4-다이하이드록시페닐알라닌.

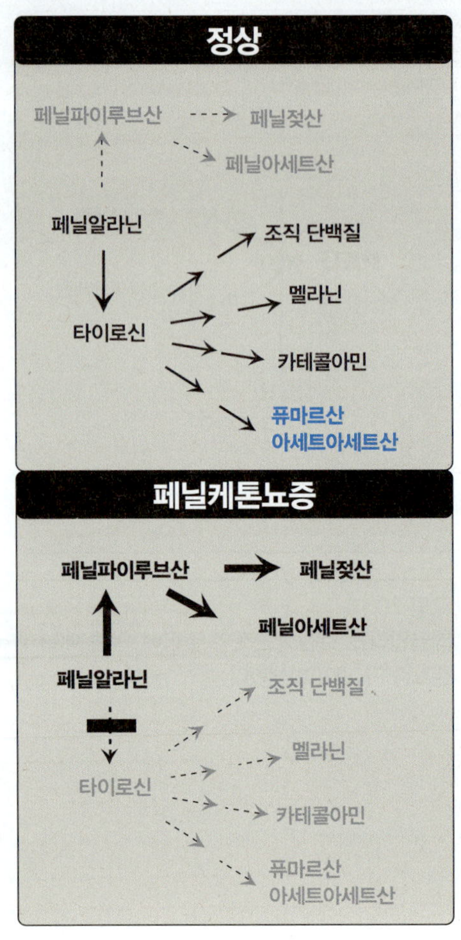

그림 20.18
정상인과 페닐케톤뇨증 환자의 페닐알라닌 대사 경로.

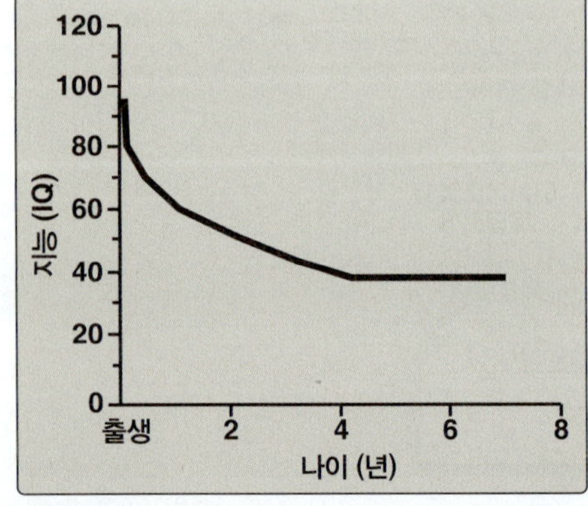

그림 20.19
치료하지 않은 PKU 환자의 나이에 따른 전형적인 지적 능력. IQ = 지능지수.

검출에 있어서 혈중 페닐알라닌 농도의 증가에 대한 검사실 소견이 필수적이다. 그러나 병에 걸린 태아는 증가한 혈중 페닐알라닌이 산모의 태반을 통해 제거될 수 있으므로 검사할 때 빈번하게 정상으로 나타난다. 페닐알라닌의 혈중 농도는 신생아가 24시간에서 48시간까지 단백질을 섭취해도 정상으로 유지될 수 있다. 따라서 선별검사는 거짓음성 반응을 피하기 위해 전형적으로 이 시간이 지난 후에 시행된다. 선별검사에서 양성으로 나온 신생아는 페닐알라닌 농도를 정량적으로 측정하여 확진한다.

3. **PKU의 산전진단:** 전형적 PKU는 페닐알라닌 수산화효소(PAH)를 부호화하는 유전자에 발생하는 100개 이상의 돌연변이 중 하나에 의해 발생하는 질환군이다. 주어진 어떤 돌연변이의 빈도는 인구집단에서 다양하게 나타나고, 이 병은 종종 이중이종접합체 양상을 보이는데, 이것은 PAH 유전자의 각각의 맞섬유전자에 다른 돌연변이가 일어난 것을 말한다. 이러한 복잡성에도 불구하고 PKU의 산전 진단은 가능하다 (564쪽 참조).

4. **PKU의 치료:** 대부분의 천연 단백질이 필수 아미노산인 페닐알라닌을 함유하고 있어서 정상 식사에서 페닐알라닌의 양을 적정 수준으로 제한하면서 체내의 단백질 요구량을 만족시킨다는 것은 불가능하다. 따라서 PKU 환자의 경우 페닐알라닌이 적게 함유된 합성 아미노산 제품을 먹이거나 페닐알라닌이 적게 들어 있는 천연식품(과일, 채소, 어떤 시리얼 등)을 공급해서 혈중 페닐알라닌 농도가 정상 범위 안에 들도록 유지하여야 한다. 섭취량은 혈중 페닐알라닌의 농도를 측정해서 개인별 내성(tolerance)에 따라 조정한다. 치료는 일찍 시작할수록 더 완전하게 신경 손상을 예방할 수 있다. [참고: 치료는 생후 7~10일 이내에 시작해야 인지장애를 막을 수 있다.] 페닐알라닌은 필수 아미노산이기 때문에 과잉의 제한요법에 의해 혈중 페닐알라닌 농도가 정상보다 낮아져서 도리어 성장이 늦어지거나 신경 증상이 일어나지 않도록 유의해야 한다. PKU 환자에서 타이로신은 페닐알라닌으로부터 합성될 수 없으므로 필수 아미노산이 되며, 따라서 식사를 통해 반드시 섭취해야만 한다. 어린 시절에 페닐알라닌 제한 음식조절요법을 중단하면 IQ의 발달이 억제된다. 성인 PKU 환자의 경우도 음식조절요법을 중단할 경우 IQ 점수의 퇴보가 오게 된다(그림 20.20). 페닐알라닌의 음식 제한은 어른이 되어서도 계속할 것을 권장한다. [참고: PKU 환자에게 아스파테임(aspartame)은 피할 것을 권장하는데, 그 이유는 이것이 페닐알라닌이 들어 있는 인공 감미료이기 때문이다.]

5. **모성 PKU(maternal PKU):** 저페닐알라닌식을 하지 않았던 PKU 여성 환자가 임신한 경우 태어나는 아기는 "모성 PKU 증후군"을 앓게 된다. 태아가 질병을 물려받지 않았더라도(즉, 태아는 *PAH* 돌연변이에 대해 이종성을 나타낸다), 모체의 고농도 혈중 페닐알라닌은 기형 유발 효과를 가져 태아의 소두증과 선천성 심장 이상을 일으킨다. 고농도의 페닐알라닌에 따른 이러한 몇 가지의 발달장애는 임신 첫 달부터 시작된다. 따라서 혈중 페닐알라닌에 대한 음식조절은 임신하기 전부터 시작하여 전체 임신기간을 통해 계속해야만 한다.

B. 단풍시럽뇨병(maple syrup urine disease, MSUD)

MSUD는 희귀한 병으로서(1:185,000) 류신, 아이소류신, 발린 등의 카복실기를 제거하는 효소 복합체인 가지사슬 α-케톤산 탈수소효소가 부분적으로 또는 완전하게 결핍되어 발생하는 보통염색체 열성 질환이다(그림 20.11 참조). 이런 BCAA와 이에 상응하는 α-케톤산이 혈액에 축적되면 뇌의 기능을 억제하는 독성 효과가 나타난다. 이 병의 특징은 급식 문제, 구토, 탈수, 케톤산증, 근력의 변화, 혼수까지 이르는 신경학적 문제(주로 류신의 증가로 인함)를 유발한다. 또한 소변에서 특징적인 단풍시럽 냄새가 나는 특징이 있는 데 이는 아이소류신의 증가 때문이다. 만약 치료하지 않는다면 이 병은 치명적인 병이 된다. 치료가 늦어진다면 지적 장애를 유발하게 된다.

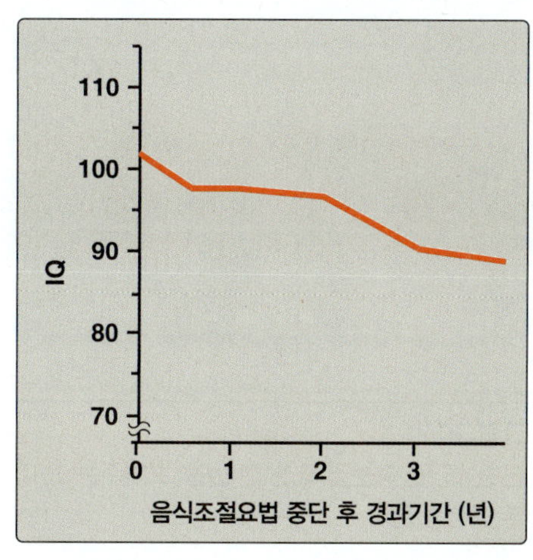

그림 20.20
페닐케톤뇨증 환자에서 저페닐알라닌식을 중단하였을 경우의 지능지수(IQ) 점수의 변화.

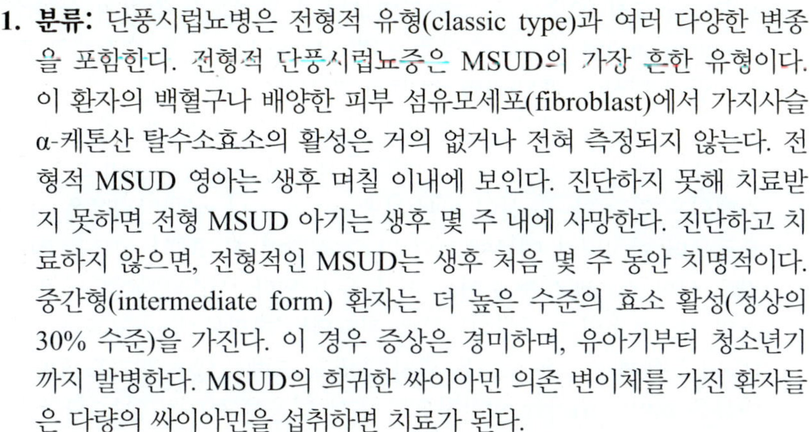

1. **분류:** 단풍시럽뇨병은 전형적 유형(classic type)과 여러 다양한 변종을 포함한다. 전형적 단풍시럽뇨증은 MSUD의 가장 흔한 유형이다. 이 환자의 백혈구나 배양한 피부 섬유모세포(fibroblast)에서 가지사슬 α-케톤산 탈수소효소의 활성은 거의 없거나 전혀 측정되지 않는다. 전형적 MSUD 영아는 생후 며칠 이내에 보인다. 진단하지 못해 치료받지 못하면 전형 MSUD 아기는 생후 몇 주 내에 사망한다. 진단하고 치료하지 않으면, 전형적인 MSUD는 생후 처음 몇 주 동안 치명적이다. 중간형(intermediate form) 환자는 더 높은 수준의 효소 활성(정상의 30% 수준)을 가진다. 이 경우 증상은 경미하며, 유아기부터 청소년기까지 발병한다. MSUD의 희귀한 싸이아민 의존 변이체를 가진 환자들은 다량의 싸이아민을 섭취하면 치료가 된다.

2. **선별검사와 진단:** PKU의 경우처럼 산전 진단과 신생아 선별검사가 가능하며 대부분의 환자는 복합 이종접합체(compound heterozygote)이다.

3. **치료:** 이 병은 류신, 아이소류신, 발린 등의 양이 제한된 합성식품 음식조절요법으로 치료된다. 그러나 가지사슬 아미노산은 정상적인 성장과 발달에 필요하므로 독성이 나타나지 않는 범위 내에서 충분히 섭취하여야 한다. (참고: 류신의 증가는 MSUD의 신경학적 손상의 원인이며, 그 정도는 주의 깊게 관찰되어야 한다.) MSUD 어린이 환자가 정상적으로 발육하고 있다면 조기 진단과 일생 동안의 음식조절요법은 필수적이다. [참고: 가지사슬 아미노산은 대사에서 필요로 할 때의 중요한 에너지원이며, 각각의 MSUD 환자는 단백질 분해대사가 증가할 때 대상부전(decompensation)의 위험에 빠진다.]

C. 백색증(albinism)

백색증은 타이로신 대사의 결함에 의한 멜라닌 생성의 결핍의 결과로 나타나는 일단의 증상을 일컫는다. 이 결함에 의해 피부, 모발, 눈 등에 부분적 또는 완전한 색소의 소실이 일어난다. 백색증은 여러 다른 형태로 나타나며, 다양한 양상으로 유전된다: 보통염색체 열성유전(가장 많음), 보통염색체 우성유전, 성염색체연관 유전 등. 완전 백색증(타이로신산화효소 음성 눈피부 백색증이라 부름, 1형 백색증)은 구리 필요 타이로신산화효

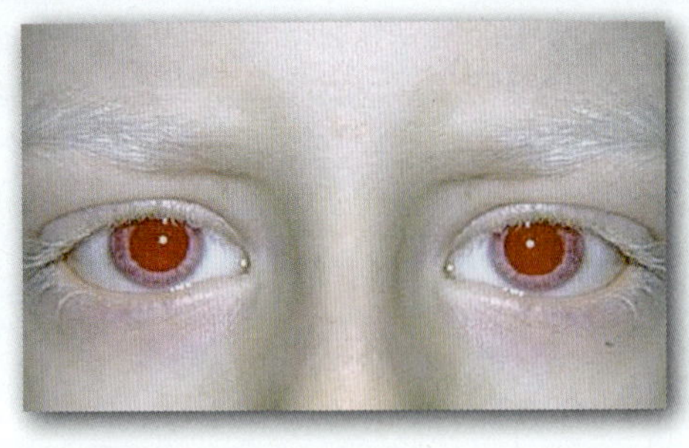

그림 20.21
흰 눈썹 및 속눈썹과 빨간 눈을 보여주는 눈피부 백색증 환자.

소의 활성의 결핍으로 인해 발생하며, 모발, 눈, 피부 등에서 모든 색소가 소실되어 있다(그림 20.21). 이것은 백색증 중에서도 가장 심한 형태이다. 백색증 환자는 색소침착저하증과 더불어 시각결함과 눈부심(photo-phobia, 햇볕에 눈이 손상됨)의 증상을 나타낸다. 이들의 피부암 위험성은 높다.

D. 호모시스틴뇨증(homocystinuria)

호모시스틴뇨증은 호모시스테인 대사의 결함으로 발생하는 질환군이다. 이 병은 보통염색체 열성으로 유전되며, 호모시스테인의 높은 요농도, 호모시스테인과 메싸이오닌의 높은 혈장농도, 그리고 시스테인의 낮은 혈장농도를 특징으로 한다. 호모시스틴뇨증의 가장 흔한 원인은 호모시스테인을 시스타싸이오닌으로 전환하는 효소인 시스타싸이오닌 β-생성효소의 결함이다(그림 20.22). 시스타싸이오닌 β-생성효소 결핍의 동종접합체(homozygote)인 사람은 수정체 편위(ectopia lentis, 눈 수정체의 위치 이상), 골격 이상(긴 팔다리와 손가락), 지적장애, 혈전발생 위험 증가 등의 특징을 보여준다. 혈전증은 이러한 사람들의 조기 사망의 주요 원인이다. 치료에는 메싸이오닌의 제한과 비타민 B_{12} 및 엽산의 보충이 포함된다. 시스테인은 필수 아미노산이 되어 보충되어야 한다. 글루타티온은 시스테인으로부터 합성되기 때문에(그림 13.6) 식단에 시스테인 성분을 첨가하는 것도 산화 스트레스를 줄이는 데 도움이 된다. 시스타싸이오닌 β-생성효소의 보조효소인 인산피리독살로 전환되는 피리독신(pyridoxine, 비타민 B_6)의 복용에 반응을 보이는 환자도 있고 그렇지 않은 환자도 있다. B_6에 반응을 보이는 환자는 일반적으로 B_6에 반응을 보이지 않는 환자에 비해 임상 증상이 보다 가볍고 증상이 나타나는 시기도 보다 늦다. [참고: 메틸코발아민 결핍(그림 20.8 참조) 또는 N^5,N^{10}-MTHF 환원효소(MTHFR, 그림 20.12 참조) 또한 호모시스틴 증가를 야기시킨다.]

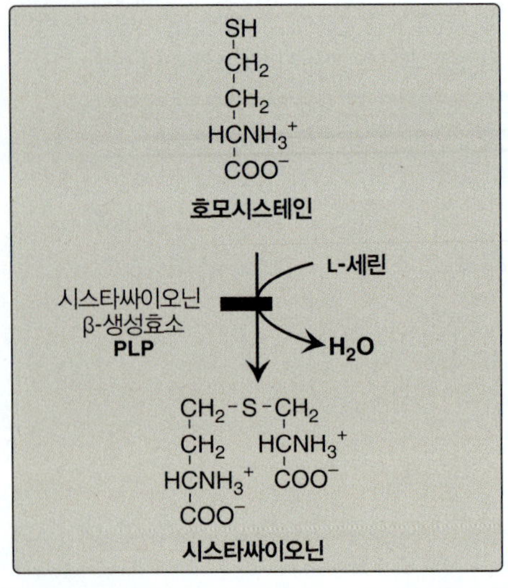

그림 20.22
호모시스틴뇨증의 효소 결핍. PLP = 인산피리독살.

E. 알캅톤뇨증(alkaptonuria)

알캅톤뇨증은 호모젠티스산 산화효소의 결핍에 의해 호모젠티스산이 축적되는 희귀한 유기 산증이며, 타이로신 분해 경로의 중간생성물인 호모젠티스산(HA)이 축적된다(그림 20.15 참조). 이 질환은 3가지의 특징적인 증상을 가지고 있다: 호모젠티스산뇨증(그림 20.23A와 같이 방치했을 때 진한 색소로 산화되는 소변의 HA 수치가 상승), 큰 관절의 관절증 조기발병, 연골과 아교질조직에서 흑색 색소의 퇴적(갈색증, 그림 20.23B). 기저귀가 검게 물드는 것은 유아에서 질병을 나타낼 수 있지만, 보통 40세까지는 증상이 나타나지 않는다. 치료는 HA 수치를 줄이기 위해 페닐알라닌과 타이로신의 섭취 제한을 포함한다. 비록 이 병이 치명적이지 않지만 동반하는 관절염은 심한 장애를 일으킬 수 있다. [참고: 타이로신 대사의 마지막 단계 효소인 푸마릴아세토아세트산 가수분해효소의 결핍은 타이로신혈증 유형 I(그림 20.15 참조)을 유발하고, 소변에서 특징적인 양배추 냄새가 난다.]

F. 메틸말론산혈증

메틸말론산혈증(1:100,000)은 메틸말로닐-CoA 자리바꿈효소의 결핍으로 인해 발생하는 희귀한 보통염색체 열성 장애로, L-메틸말로닐-CoA를 석시닐-CoA로 변환한다. 이 자리바꿈효소는 비타민 B_{12}를 필요로 하기 때문에, 이 질병은 심각한 B_{12} 결핍으로 인해 발생할 수도 있다. 홀수사슬 길이의 지방산, 발린, 아이소류신, 메티오닌, 트레오닌의 분해는 모두 효소 결핍으로 인해 MMA으로 이어질 수 있다. 혈액과 소변에서 메틸말론산의 증가는 대사성 산증을 초래할 수 있다. 또한 프로피오닐-CoA가 증가하여 추가적인 프로피온산이 축적되어 산뇨를 악화시킬 수 있다. 증상은 초기 유아기에 나타나며, 효소 결핍의 정도에 따라 달라지는데, 여기에는 성장 실패, 구토, 탈수, 저혈압, 발달 지연, 발작, 간장 이상, 고암모혈증, 진행성 뇌병증 등이 포함된다. 중증이고 치료없이 방치할 경우 지적 장애, 만성 신장 또는 간 손상, 췌장염, 혼수상태 또는 사망에 이를 수 있다. 치료는 저단백, 고칼로리 식단과 비타민 B_{12} 보충제를 포함한다. 이 아미노산은 이 자리바꿈효소 결핍에 의한 메틸말론산 축적을 야기할 수 있기 때문에 아이소류신, 트레오닌, 메싸이오닌, 발린의 섭취를 제한한다.

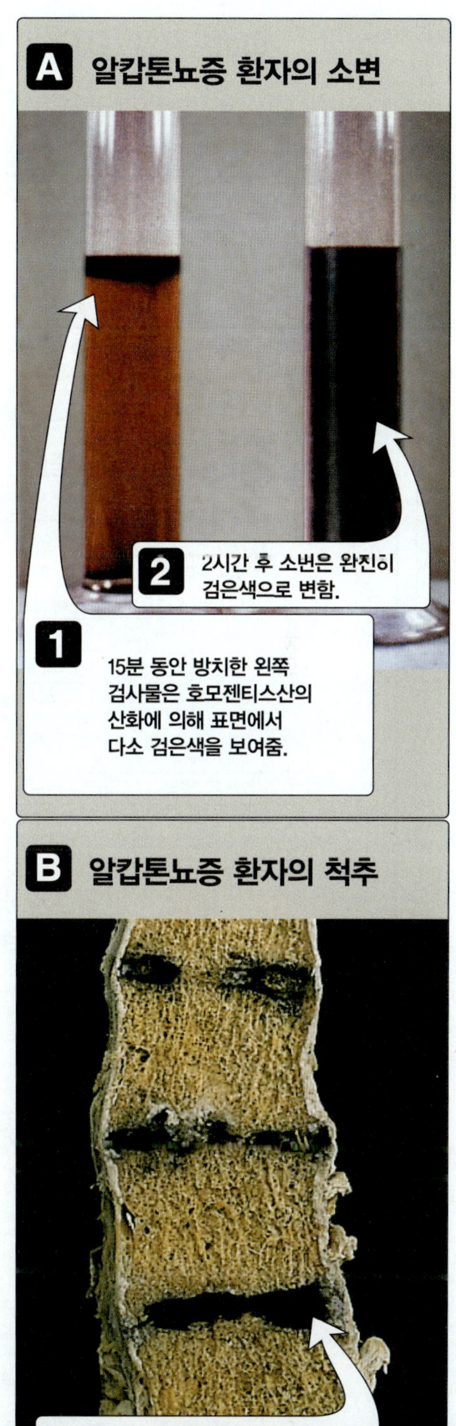

그림 20.23
알캅톤뇨증 환자. A: 소변. B: 척추뼈.

VII. 요약

- 분해대사에서 **파이루브산**이나 TCA **회로의 중간대사물**을 생성하는 **아미노산**을 **포도당생성 아미노산**이라고 한다(그림 20.24). 이들은 **간**과 **콩팥**에서 **포도당**을 생성한다. 절대적 포도당생성 아미노산은 글루타민, 글루탐산, 프롤린, 아르지닌, 히스티딘, 알라닌, 세린, 글라이신, 시스테인, 메싸이오닌, 발린, 트레오닌, 아스파트산, 아스파라진이다.
- 분해대사에서 아세토아세트산이나 그 전구체인 아세틸 CoA나 아세토아세틸 CoA를 합성하는 아미노산을 **케톤생성 아미노산**이라고 한다. 류신과 라이신은 절대적 케톤생성 아미노산이다.
- 타이로신, 페닐알라닌, 트립토판, 아이소류신은 케톤생성 및 포도당생성 아미노산이다.
- **비필수 아미노산**은 대사 중간대사물이나 필수 아미노산의 탄소뼈대로부터 합성될 수 있다.
- **필수 아미노산**은 **식사**를 통해서 얻는다. 히스티딘, 메싸이오닌, 트레오닌, 발린, 아이소류신, 페닐알라닌, 트립토판, 류신, 라이신이 필수 아미노산이다.
- **페닐케톤뇨증(PKU)**은 페닐알라닌을 타이로신으로 전환시키는 **페닐알라닌 수산화효소(PAH)의 결핍**에 의해 발생한다. **고페닐알라닌혈증**도 또한 수산화효소의 보조효소인 **사수소바이오테린(BH_4)**을 합성하거나 환원시키는 효소의 결핍에 의해 발생한다. 치료되지 않은 PKU 환자는 정신지연, 걸음이나 대화 기능상실, 발작, 과다행동, 떨림, 작은머리증, 성장 기능상실, 소변의 특징적인 냄새로 고통을 받는다. 치료는 페닐알라닌의 섭취를 제한하는 것이다. PKU 환자에서 **타이로신**은

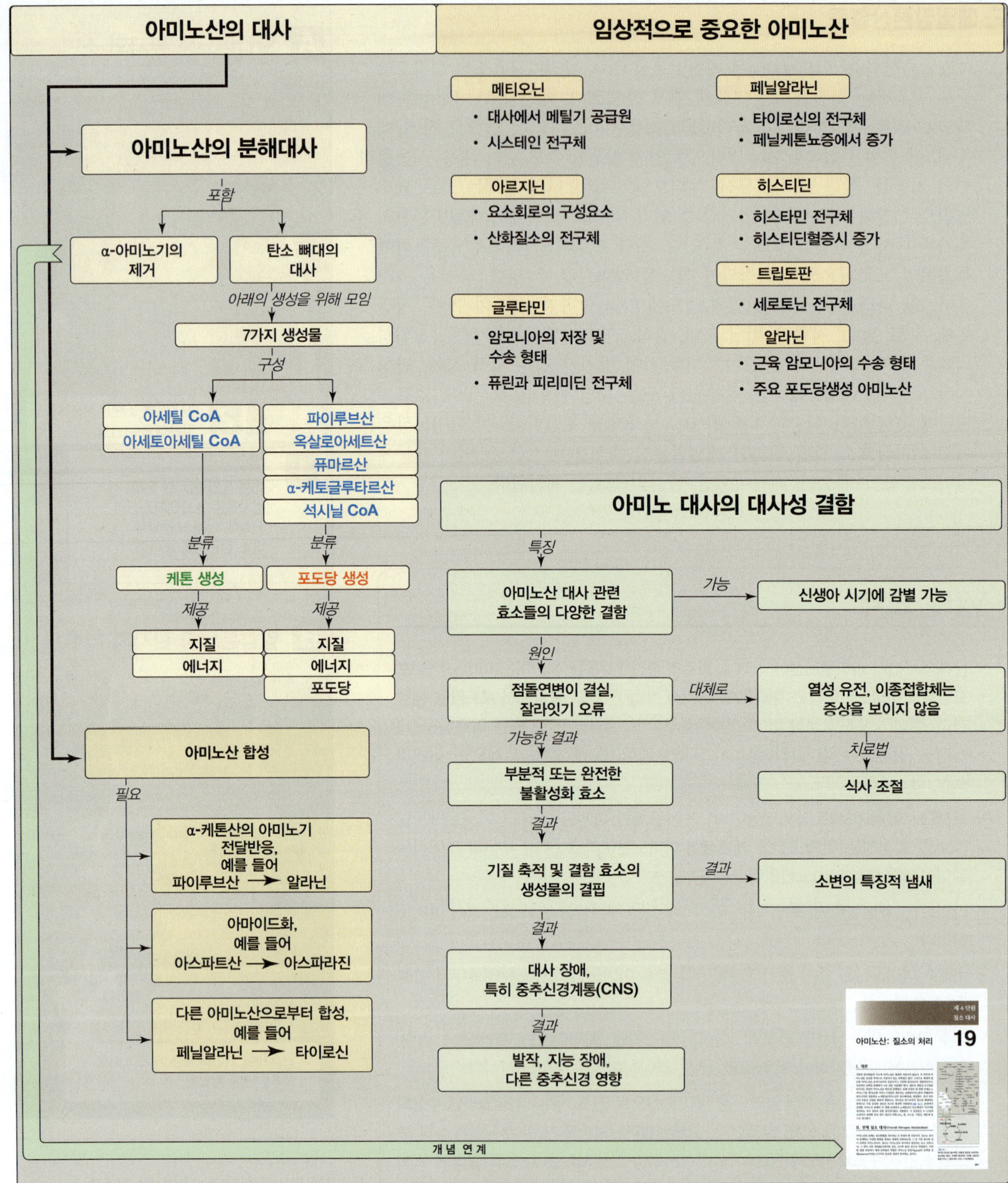

그림 20.24
아미노산 대사의 핵심 개념도. CoA = 보조효소 A.

필수 아미노산이 된다.

- **단풍시럽뇨병**(MSUD)은 **류신, 아이소류신, 발린**의 카복실기를 제거하는 BKCD의 결핍으로 인해 발생하는 열성 유전질환이다. 증상은 급식 문제, 구토, 탈수, 심한 대사산증, 특징적인 소변 냄새이다. 치료하지 않으면 이 병은 신경장애로 죽음까지 일으킨다. 치료법에는 가지사슬 아미노산(BCAA) 섭취조절을 포함한다.
- 아미노산 대사와 관련된 다른 중요한 유전질환에는 **백색증, 호모시스틴뇨증, 메틸말로닐 CoA 자리바꿈효소 결핍(MMA), 알캅톤뇨증, 히스티딘혈증, 타이로신혈증, 시스타싸이오닌뇨증**이 있다.

연습문제

가장 올바른 답을 하나만 고르시오.

문제 20.1~20.3. 결핍된 효소와 연관된 임상징후 또는 소변검사 결과를 짝을 맞춰라.

A. 연골에 검은 색소침착
B. 양배추 냄새나는 액체
C. 소변에 시스틴 결정
D. 하얀 머리과 붉은 눈
E. 가지사슬 아미노산의 증가
F. 호모시스테인의 증가
G. 메싸이오닌의 증가
H. 페닐알라닌의 증가

20.1 시스타싸이오닌 β-생성효소

20.2 호모젠티스산 산화효소

20.3 타이로신산화효소

정답 = F, A, D. 메싸이오닌 분해에서 시스타싸이오닌 β-생성효소 결핍은 호모시스틴 증가를 일으킨다. 타이로신 분해에서 호모젠티스산 산화효소 결핍은 호모젠티스산 증가를 일으키며, 결합조직에 침착되는 검은 색소를 형성한다. 타이로신효소 결핍은 피부, 머리카락, 눈에서 타이로신으로부터 멜라닌 합성을 감소시킨다. 배추 냄새는 아이소발레릴 CoA 탈수소효소 결핍의 특징이다. 소변의 시스틴 결석은 창자와 콩팥의 시스틴 흡수에 결함이 있는 시스틴뇨증에서 나타난다. 가지사슬 아미노산의 증가는 단풍시럽뇨병(MSUD)에서 나타나며, 메싸이오닌의 증가는 호모시스틴 대사 결함에서 나타난다. 페닐알라닌의 증가는 페닐케톤뇨증(PKU)에서 나타난다.

20.4 생후 1주일 된 아직 검출되지 않은 전형 PKU 남자 아기에 대한 설명 중 옳은 것은 무엇인가?

A. 페닐알라닌을 제외한 식사를 바로 시작하여야 한다.
B. 음식 치료는 성인이 되면 중단할 것을 권장한다.
C. 비타민 B_6 보충이 필요하다.
D. 이 아기에게 타이로신은 필수 아미노산이다.
E. 엽산 보충은 PAH 활성을 증가시킬 것이다.

정답 = D. 페닐케톤뇨증 환자에서 타이로신은 페닐알라닌에서 합성될 수 없어서 반드시 필수적으로 음식을 통해 공급되어야 한다. 음식 페닐알라닌은 반드시 관리되어야 하지만 필수 아미노산이기 때문에 완전히 배제할 수는 없다. 식사 치료는 지능 장애를 방지하기 위해 생후 최초 7~10일 사이에 시작되어야 하며, 인지력이 떨어지는 것을 억제하기 위해 추천된다. 또한 페닐알라닌 농도의 상승은 발생 동안에 태아에게 기형을 유발한다. PAH의 보조인자는 사수소바이오테린(BH_4)이다. 효소 결함으로 인한 BH_4 생산 장애 또는 이수소바이오테린으로부터 환원인 경우 BH_4 보충은 페닐알라닌 수치 감소에 도움을 줄 수 있다.

20.5 아미노산과 그 대사와 관련된 설명 중 옳은 것은?

A. 알라닌은 케톤생성 아미노산이다.
B. 아세틸 CoA로 분해대사되는 아미노산은 포도당신생성을 할 수 있다.
C. 가지사슬 아미노산은 먼저 간에서 분해대사된다.
D. 시스테인은 메싸이오닌이 극도로 제한된 식사를 하는 사람에게 필수적이다.
E. 알라닌은 필수 아미노산이다.

정답 = D. 메싸이오닌은 시스틴의 전구체이며, 극도로 제한될 경우에는 필수가 된다. 알라닌은 대표적인 포도당신생성 아미노산이다. 아세틸 CoA는 포도당의 알짜합성에 쓰일 수 없다. 아세틸 CoA로 분해대사된 아미노산은 케톤체 형성이 가능하다. 가지사슬 아미노산은 대부분 뼈대근육에서 분해대사된다. 알라닌은 비필수아미노산이며, 아미노기전달효소에 의해 파이루브산으로부터 합성된다.

20.6 이수소리포일 탈수소효소(E3) 결핍형 단풍시럽뇨병(MSUD)에 걸린 사람에서 왜 젖산 산증을 예상할 수 있는가?

3종류의 α-케톤산 탈수소효소 복합체, 즉 파이루브산 탈수소효소(PDH), α-케톤글루타르산 탈수소효소, 가지사슬 α-케톤산 탈수소효소(BCKD)는 공통적으로 효소3(E3, 이수소리포일 탈수소효소)를 가지고 있다. E3 결핍 단풍시럽뇨병에서, BCKD 활성의 감소에 의해 가지사슬 아미노산과 그들의 α-케톤산 유도체가 축적되고, 여기에 더해서 PDH 활성 감소에 의한 젖산 또한 증가할 것이다.

20.7 아미노산 대사와 같은 대부분의 효소 반응에 필요한 비타민 B_6 유래 인산피리독살과 비교하여, 방향족 아미노산 수산화효소에는 어떤 보조효소가 필요하겠는가?

삼인산구아노신(GTP)에서 만들어진 사수소바이오테린이 문제에서 요구하는 답이다.

아미노산: 특수물질로의 전환

21

I. 개관

아미노산은 단백질의 구성단위체(building block)로 작용하는 것 외에도 중요한 생리적 기능을 갖는 많은 질소 함유 화합물의 전구체로 작용한다(그림 21.1). 여기에 포르피린, 신경전달물질, 호르몬, 퓨린 및 피리미딘 등이 포함된다. [참고: 아르지닌으로부터 일산화질소를 합성하는 방법은 174쪽 참조.]

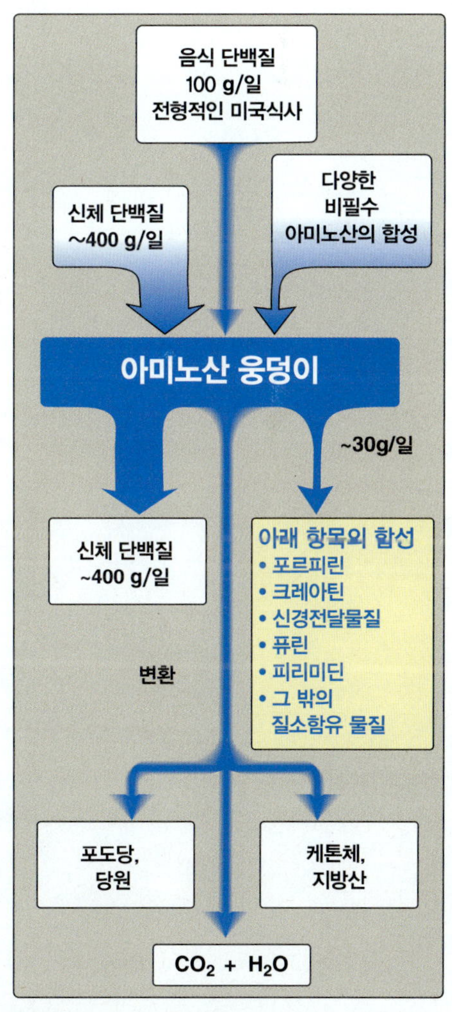

그림 21.1
질소함유 화합물의 전구체인 아미노산.

II. 포르피린 대사(Porphyrin Metabolism)

포르피린은 보통 제일철(Fe^{2+})이나 제이철(Fe^{3+}) 같은 금속 이온과 쉽게 결합하는 고리 화합물이다. 사람의 가장 흔한 금속포르피린은 헴(heme)이며, 헴은 원형포르피린 IX의 테트라피롤(tetrapyrrole) 고리와 그 중심에서 배위결합을 하고 있는 제일철 이온(Fe^{2+})으로 구성된다(321쪽 참조). 헴은 혈색소, 근색소, 사이토크롬, 사이토크롬 P450(CYP) 일산소화효소, 과산화수소분해효소(catalase), 산화질소 생성효소(NOS), 과산화효소(peroxidase) 등의 보조단(prosthetic group)이다. 이 헴단백질들은 빠르게 합성되고 분해된다. 예를 들면, 매일 6~7 g의 혈색소가 합성되어 정상적인 적혈구 전환(turnover)에 의해 소실된 헴을 대체한다. 헴단백질 전환과 조화를 이루어, 회합 포르피린의 합성과 분해가 일어나고 결합 철 이온이 재사용된다.

A. 구조

포르피린은 4개의 피롤 고리가 메텐 다리로 연결된 고리 분자이다(그림 21.2). 이 분자의 3가지 구조적 특성이 의학적 중요성과 연관된다.

1. **곁사슬:** 각각의 포르피린은 4개의 피롤 고리에 각각 부착된 곁사슬의 성질이 다르다. 유로포르피린은 아세트산($-CH_2-COO-$) 곁사슬과 프로피온산($-CH_2-CH_2-COO-$) 곁사슬, 코프로포르피린은 메틸기($-CH_3$)와 프로피온산기, 원형포르피린 IX(와 헴)은 비닐기($-CH=CH_2$), 메틸기, 프로피온산기 등을 함유하고 있다. [참고: 메틸기와 비

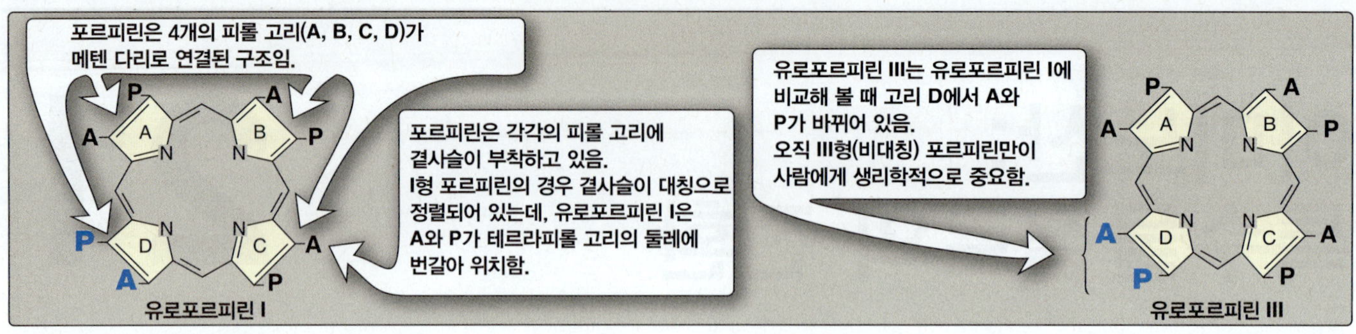

그림 21.2
유로포르피린 I과 유로포르피린 III의 구조.

닐기는 각각 아세트산 곁사슬과 프로피온산 곁사슬의 카복실기 제거에 의해 생성된다.]

2. **곁사슬의 배치:** 포르피린의 곁사슬은 4가지의 다른 방법으로(로마숫자 I, II, III, IV로 표시됨) 테트라피롤 핵 주위에 배열할 수 있다. D 고리에 비대칭 치환기를 갖는 III형 포르피린(그림 21.2 참조)만이 사람에게 생리적으로 중요하다. [참고: 원형포르피린 IX는 III형 계열의 한 구성원이다.]

3. **포르피리노젠(porphyrinogen):** 이 포르피린 전구체(예: 유로포르피리노젠)는 화학적으로 환원형이며 색깔이 없고, 헴 생합성 과정에서 포르포빌리노젠(porphobilinogen)과 원형포르피린(산화형이며 색깔이 있음) 사이의 중간대사물로 작용한다.

B. 헴 생합성

헴 생합성이 일어나는 주요 부위는 간과 골수의 적혈구생성 세포이다. 다수의 헴 단백질(특히 CYP 단백질)을 합성하는 간에서 헴 합성 속도는 매우 가변적이며, 헴 단백질의 수요 변동에 따른 세포 헴 웅덩이의 변화에 반응한다. 이와 대조적으로 적혈구의 헴 합성은 상대적으로 일정하고 글로빈 합성속도와 일치한다. [참고: 모든 헴 합성의 85% 이상이 적혈구계 조직에서 일어난다. 성숙한 적혈구는 사립체가 부족하고 헴을 합성할 수 없다] 포르피린 생성의 시작반응과 마지막 3단계는 사립체에서 일어나지만 생합성 경로의 중간 단계는 세포질액에서 일어난다. [참고: 그림 21.8은 헴합성을 요약한다.]

1. **δ-아미노레불린산(ALA) 생성:** 포르피린 분자의 모든 탄소와 질소 원자는 글라이신(비필수 아미노산)과 석시닐 CoA(시트르산회로의 중간대사물)에 의해 공급된다. 이들은 ALA 생성효소(ALAS)에 의해 축합되어 ALA를 생성한다(그림 21.3). 이 반응은 보조효소로서 인산피리독살(PLP, 442쪽 참조)을 필요로 하며 포르피린 생합성에서 구속 단계 및 속도제어 단계이다. [참고: ALAS는 2개의 동종형 ALAS1과 ALAS2가 있으며, 각각 다른 유전자를 갖고 있어 다른 기전으로 제어된다. ALAS1은 모든 조직에서 발견되고, ALAS2는 적혈구계 조직에

서만 생성된다. ALAS2의 돌연변이로 기능이 소실되면 X-연관 철적혈모구 빈혈이 발생한다.]

a. 헴(헤민)의 영향: 포르피린 생산이 필요량 이상으로 아포단백질의 이용도를 넘어서면 헴이 축적되고, 헴은 Fe^{2+}가 Fe^{3+}로 산화될 때 동시에 헤민으로 전환된다. 헤민은 유전자 전사를 억압하고, mRNA의 분해를 증가시키고, 효소의 사립체 유입을 억제하여 ALAS1의 양(과 활성)을 감소시킨다. [참고: 적혈구계 세포에서 ALAS2는 세포속 철의 이용률에 의해 제어된다(525쪽 참조).]

b. 약물의 영향: 수많은 약물(그리고 특정 식품, 화장품 및 상용제품에 있는 환경적 생체이물질) 중에 어느 것을 복용했을 때 간 ALAS1 활성이 상당히 증가한다. 이 분자들은 간에서 발견되는 헴단백질 산화효소계(172쪽)의 하나인 미세소체 CYP 일산소화효소계에 의해 내사된다. 이 약물에 대한 반응으로 사이토크롬 P450 단백질의 합성이 증가되고, 이에 따라 사이토크롬 P450 단백질의 성분인 헴의 소비가 증가한다. 이것은 간세포의 자유 또는 비결합 헴 농도를 감소시킨다. 세포속 비결합 헴 농도가 낮아지면 ALAS1의 합성이 증가되고, 이에 따라 ALA 합성이 증가한다.

2. 포르포빌리노젠(porphobilinogen)의 생성: 아연 함유 ALA 탈수효소(포르포빌리노젠 생성효소)에 의해 2분자의 세포질액 ALA가 축합하여 포르포빌리노젠을 생성하는데, 이 축합반응은 중금속 이온(예로서 아연 대신 납으로 대체되었을 때, 그림 21.3 참조)에 의해 극도로 민감하게 억제된다. 이 억제는 납중독에서 보이는 ALA의 증가와 빈혈의 부분적인 이유가 된다.

3. 유로포르피리노젠(uroporphyrinogen) 생성: 하이드록시메틸빌레인 생성효소에 의해 촉진되는 4분자의 포르포빌리노젠이 축합은 선모양의 테트라피롤인 하이드록시메틸빌레인을 생성한다. 이 효소의 결핍은 급성 간헐 포르피린증을 초래한다(AIP, 그림 21.4, 다양한 형태의 포르피린증에 대한 자세한 내용은 324쪽 및 21.8 참조). 유로포르피리노젠 III 합성효소는 하이드록시메틸빌레인을 고리화 및 이성질체화하여 비대칭 유로포르피리노젠 III를 생성한다. 이 효소의 결핍은 선천 적혈구형성 포르피린증(CEP)을 초래한다. 유로포르피리노젠 III는 유로포르피리노젠 III 탈카복실화효소(UROD)에 의해 아세트산염 기의 탈카복실화를 거쳐 코프로포르피리노젠 III를 생성한다. 이 효소의 결핍은 지연피부포르피린증(PCT)을 초래한다. 이 세 가지 반응은 세포질에서 일어난다.

4. 헴 생성: 코프로포르피리노젠 III는 사립체로 들어가고, 두 개의 프로피온 곁사슬은 코프로포르피리노젠 III 산화효소에 의해 프로토포르피리노젠 IX를 생성하는 비닐기로 탈카복실화된다. 이 효소가 결핍되면 유전 코프로포르피린증(HCP)이 발생한다. 프로토포르피리노젠 IX는 프로토포르피리노젠 산화효소에 의해 원형포르피린 IX로 산화된다. 이 효소의 결핍은 혼합포르피린증(VP)을 초래한다. 원형포르피린 IX에 철(Fe^{2+})을 도입하면 헴이 생성된다. 이 단계는 자발적으로 발생할 수

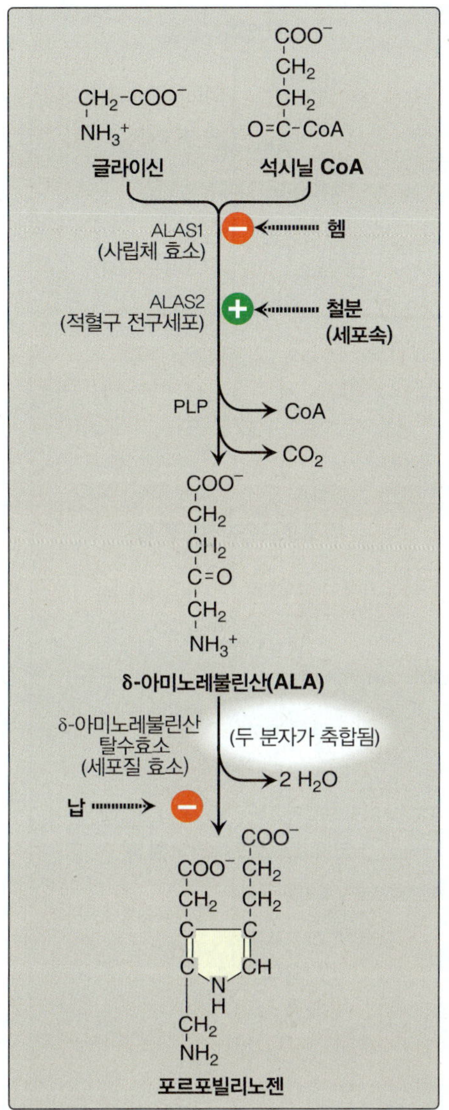

그림 21.3
포르피린의 합성 경로: 포르포빌리노젠의 생성. [참고: ALAS1는 헴에 의해 조절된다. ALAS2는 철에 의해 조절된다.] ALAS, δ-아미노레불린산 생성효소; CoA, 보조효소 A; CO_2, 이산화탄소; PLP, 인산피리독살. (그림 21.4와 21.5에 계속됨).

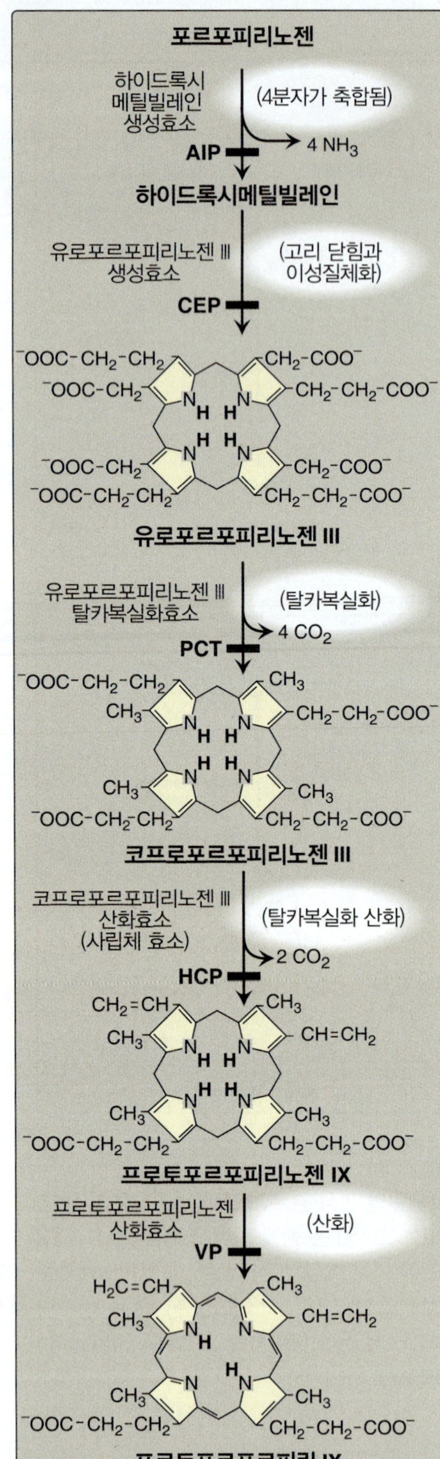

그림 21.4
포르피린의 합성 경로: 원형포르피린 IX의 생성. (그림 21.3에서 계속됨.) 접두사 uro- (urine)와 copro- (feces)는 초기 발견 장소를 반영한다. 포르피린증의 효소결핍은 검은 막대로 나타난다. AIP = 급성 간헐 포르피린증, CEP = 선천 적혈구형성 포르피린증, PCT = 지연피부 포르피린증, HCP = 유전 코프로포르피린증, VP = 혼합 포르피린증. [참고: 유로포르피리노젠 III 생성효소가 결핍되면 이성질체화를 방해하여 I형 포르피린을 생성한다.]

있지만, 속도는 ALA 탈수분해효소처럼 납에 의해 억제되는 효소인 철킬레이트화효소(ferrochelatase)에 의해 증가된다(**그림 21.5**). 이 효소의 결핍은 적혈구형성 원형포르피린증(EPP)을 초래한다.

C. 포르피린증(porphyria)

포르피린증은 드물며, 선천적인(가끔은 후천적인) 헴 합성의 결함이 원인이며, 결국 포르피린이나 포르피린 전구체의 축적과 배출이 증가한다(그림 21.8). [참고: 선천적 포르피린증은 보통염색체 우성(autosomal- dominant, AD) 또는 열성(autosomal-recessive, AR)질환이다.] 포르피린증을 유발하는 돌연변이가 같은 DNA 유전자자리에 있지 않은 이종접합체이며, 이 병에 걸린 거의 모든 가족은 각각 고유의 돌연변이를 갖는다. 각각의 포르피린증은 헴 합성 경로의 한 가지 효소 결핍에 의해 결과적으로 독특한 형태의 중간대사물이 축적된다. [참고: 그리스어 보라색(purple)에서 유래한 "포르피린증"은 헴 합성에 결함이 있는 일부 환자의 소변에서 색소 같은 포르피린에 의해 나타나는 자주색(red-blue)을 의미한다.]

1. **임상 소견:** 포르피린증은 효소 결핍이 골수의 적혈구생성 세포인지 또는 간인지에 따라 적혈구생성 포르피린증 또는 간 포르피린증으로 분

임상적응증 21.1: 납 중독

납 중독은 수개월에서 수년에 걸쳐 몸에서 납이 축적되는 것을 말한다. 납의 일반적인 공급원은 납 함유 페인트와 오래된 건물에서 흔히 볼 수 있는 페인트 분진 또는 얇은 조각에 노출되는 것을 포함한다. 노출은 흡입, 피부나 점막과의 접촉, 섭취를 통해 발생할 수 있다. 납은 단맛이 나며, 섭취 노출은 영유아에게 특히 중요하다. 납 중독의 증상에는 발달 지연, 학습 장애 및 낮은 IQ, 복통, 변비, 신경학적 변화, 과민성이 포함될 수 있다. 납 농도가 매우 높으면 치명적일 수 있다. 납은 헴 합성에 관여하는 ALA 탈수효소와 철킬레이트화효소를 억제하여 헴 합성의 감소를 초래한다. 또한 높은 수준의 납은 철의 활용도를 저하시킨다. 이 결과 철킬레이트화효소에 의한 원형포르피린 IX 킬레이트화의 기질로 철 대신 아연의 사용이 증가한다. 결과적으로 납 중독 환자는 빈혈과 아연 원형포르피린의 수치가 높아질 수 있다. ALA의 증가는 뉴런에 독이 될 수 있다. 납은 또한 혈액-뇌 장벽을 넘을 수 있으며 신경독성을 가지고 있다. 일반적으로 납 오염물질에 노출되는 원인을 제거하는 것이 일반적이지만, 심각한 납 중독(혈청에서 측정된 45 μg/dl 이상)의 경우, 석시머(DMSA, 2,3-다이머캅토석신산), 칼슘 다이소듐 에틸렌다이아민테트라아세트산(EDTA) 등이 혈중 과도한 납 이온 제거를 위해 사용될 수 있다.

류된다. 간 포르피린증은 급성과 만성으로 더욱 분류될 수 있다. 보통 테트라피롤 합성의 이전 단계에 효소 결함을 가진 환자는 복부 징후와 신경정신학적 징후를 나타내는 반면에 테트라피롤 중간대사물의 축적을 유발하는 효소 결함을 가진 환자는 빛감수성, 즉 가시광선에 노출될 때 가렵고 화상을 입는 피부 가려움증을 나타낸다. [참고: 빛감수성은 무색의 포르피리노젠을 산화시켜 유색의 포르피린으로 바꿀 때 발생하는데, 포르피린은 빛감수성을 가진 분자로서 산소로부터 생성되는 초과산화물 라디칼이 참여하는 것으로 보인다. 이 반응산소종(ROS)은 생체막에 산화 손상을 주고, 용해소체에서 파괴효소의 분비를 유도할 수 있다.]

a. **만성 간 포르피린증(chronic hepatic porphyria):** 가장 흔한 지연 피부포르피린증(porphyria cutanea tarda)은 만성 간질환이다. 이 병은 유로포르피리노젠 탈카복실화효소(UROD) 결핍과 연관되지만 임상 소견은 간의 철 과부하, 햇빛 노출, 알코올 섭취, B형 및 C형 간염, HIV 감염 등과 같은 다양한 인자에 의해 영향을 받는다. [참고: UROD에 대한 돌연변이는 영향을 받는 사람의 20%에서만 발견된다. 유전은 보통염색체 우성(AD)이다.] 임상 발병은 전형적으로 40대나 50대에 일어난다. 포르피린 축적은 피부증상(그림 21.6)을 일으키고, 소변은 자연광에서 빨간색-갈색으로(그림 21.7), 형광에서는 분홍색-빨간색으로 보인다.

b. **급성 간 포르피린증(acute hepatic porphyria):** ALA 탈수효소 결핍증, 급성 간헐 포르피린증(AIP), 유전 코프로포르피린증(hereditary coproporphyria, HCP), 혼합 포르피린증(variegate porphyria, VP) 등의 급성 간 포르피린증은 위창자계, 신경정신계, 빛감수성을 동반하는 운동신경계의 증상이 갑자기 발생하는 것이 특징이다(그림 21.8). 급성 간헐 포르피린증과 같이 ALA와 포르포빌리노젠의 축적을 일으키는 포르피린증은 복통과 신경정신 장애(불안에서 섬망까지)를 일으킨다. 급성 간 포르피린증의 증세는 종종 바비튜르산염과 에탄올 등의 약물 투여에 의해 악화되는데, 이 약물들은 헴 함유 사이토크롬 P450 미세소체 약물 산화계의 합성을 유도한다. 이것은 사용할 수 있는 헴의 양을 감소시키고, 이어서 ALAS1 합성의 증가를 촉진한다.

c. **적혈구형성 포르피린증(erythropoietic porphyria):** 이 병[선천 적혈구형성 포르피린증(CEP)과 적혈구형성 원형포르피린증(EPP)]은 소아 초기에 나타나는 피부 발진과 수포를 특징으로 하는 빛민감성을 일으킨다. 합병증은 쓸개즙정체 간경화와 진행성 간 기능상실이다(그림 21.8).

2. **δ-ALA 생성효소 활성의 증가:** 포르피린증의 공통적인 특성 중 하나는 헴 합성의 감소이다. 간에서 헴은 정상적으로 ALAS1의 억압자(repressor)로 작용한다. 그러므로 이 최종생성물의 부재는 결과적으로 ALAS1을 증가시킨다(억제해제, derepression). 이것은 유전자가 차단되기 전에 중간대사물 합성의 증가를 초래한다. 이 독성 중간대사물의 축적이 포르피린증의 주요 병태생리이다.

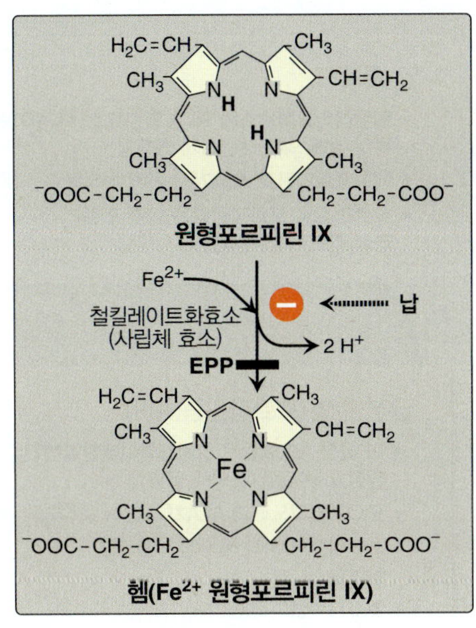

그림 21.5
포르피린의 합성 경로: 헴의 생성(그림 21.3와 21.4에서 계속됨). Fe^{2+} = 제1철. 포르피린증의 효소 결핍은 *검은 막대*로 보여준다. EPP = 적혈구형성 원형포르피린증..

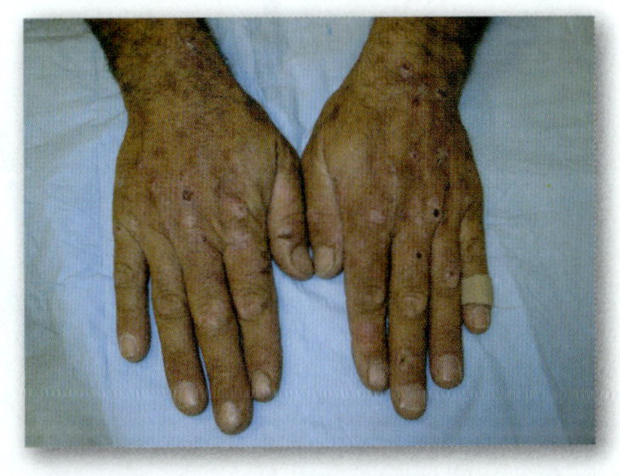

그림 21.6
지연피부포르피린증(porphyriacutanea tarda) 환자의 피부 발진.

그림 21.7
지연피부포르피린증 환자(**오른쪽**)와 정상 포르피린을 배설하는 환자(**왼쪽**)의 소변.

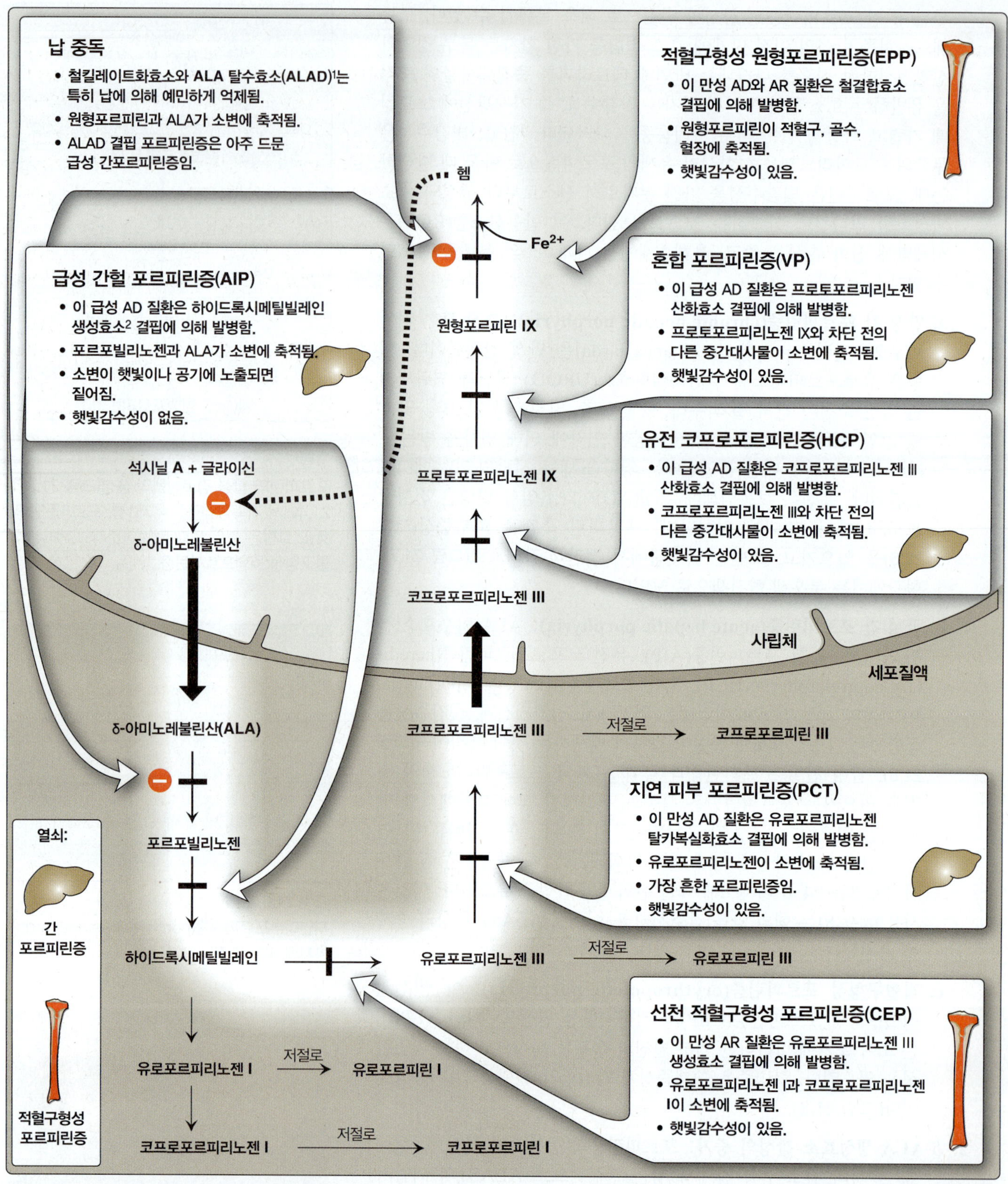

그림 21.8

헴 합성의 요약. [1]포르포빌리노젠 생성효소로도 부른다. [2]포르포빌리노젠 탈아미노화효소로도 부른다. [참고: ALA 생성효소-1(ALAS1)의 증상적 결함은 알려져 있지 않다. X-연관 ALAS2의 결핍은 빈혈을 유발한다.] ALA = γ-리불린산, AD = 보통염색체 우성, AR = 보통염색체 열성, Fe = 철.

3. **치료:** 급성 포르피린증이 발생하면 환자는 의학적 도움, 특히 통증과 구토에 대한 치료가 필요하다. 포르피린증 증상의 중증도는 ALAS1의 합성을 감소시키는 헤민과 포도당의 정맥주사로 완화될 수 있다. 헤민은 염화 이온이 붙은 철(Fe^{3+})을 가진 원형포르피린 구조로 구성된다. 헤민 투여는 포르피린의 부족을 감소시킨다. 이는 결과적으로 ALAS1의 합성을 감소시키고 독성 포르피린 중간대사물의 생성을 최소화한다. 많은 양의 포도당은 또한 간에서 포르피린 생합성을 감소시킬 수 있다. 이러한 치료들은 AIP와 다른 급성 포르피리린증들을 치료하는데 특히 효과적이다. 햇빛으로부터의 보호, 자유라디칼을 청소하는 β-카로틴(프로비타민 A, 446쪽 참조) 섭취, 정맥절제술(포르피린 제거)은 빛감수성을 동반한 포르피린증에 도움이 된다.

D. 헴의 분해

순환계에서 약 120일 후에 적혈구는 단핵포식세포계(mononuclear phagocyte system, MPS), 특히 간과 지라에 흡수되어 분해된다(그림 21.9). 분해되는 헴의 약 85%는 늙은 적혈구로부터 온 것이고(그림 21.10), 나머지는 Hb를 제외한 헴 단백질의 분해에서 유래한다.

1. **빌리루빈(bilirubin) 생성:** 헴 분해의 첫 단계는 MPS 큰포식세포의 미세소체 헴 산소화효소에 의해 촉진된다. 이 효소는 NADPH와 O_2 존재 하에 2개의 피롤고리 사이의 메텐 다리에 수산기를 첨가하는데, 이와 동시에 제일철 이온(Fe^{2+})이 제이철 이온(Fe^{3+})으로 산화된다. 같은 효소계에 의한 두 번째 산화에 의해 포르피린 고리가 절단된다. 제이철 이온(Fe^{3+})과 일산화탄소(CO)가 유리될 때 녹색 색소인 직선형의 빌리버딘이 생성된다(그림 21.9). [참조: CO는 생물학적 기능이 있으므로 신호전달 분자와 혈관확장제로서 작용한다. 철은 29장에서 논의된다.] 빌리버딘은 환원되어 적색-황색의 빌리루빈이 된다. 빌리루빈과 그 유도체들은 모두 쓸개즙 색소라고 한다. [참조: 멍의 색깔이 변하는 것은 헴이 분해되는 동안 중간대사물의 변화를 반영하는 것이다.]

> 포유동물의 독특한 물질인 빌리루빈은 낮은 농도에서 항산화제로 작용한다. 이에 따라 빌리루빈은 산화되어 빌리버딘이 되고, 이어서 빌리버딘 환원효소에 의해 환원되어 빌리루빈으로 재생된다.

2. **간의 빌리루빈 흡수:** 빌리루빈은 혈장에서 아주 조금 녹으므로 알부민에 비공유결합으로 결합하여 간으로 수송된다. [참고: 살리실산이나 설폰아마이드와 같은 특정 음이온 약물은 알부민으로부터 빌리루빈을 분리시켜 빌리루빈이 중추신경계통으로 들어가게 할 수 있다. 이것은 영아에게 신경손상을 초래할 가능성이 있다(328쪽 참조).] 빌리루빈은 운반체인 알부민 분자에서 떨어져 나와 촉진확산에 의해 간세포로 들어간다. 간에서 세포속 단백질, 특히 리간딘(ligandin)이라는 단백질과 결합한다.

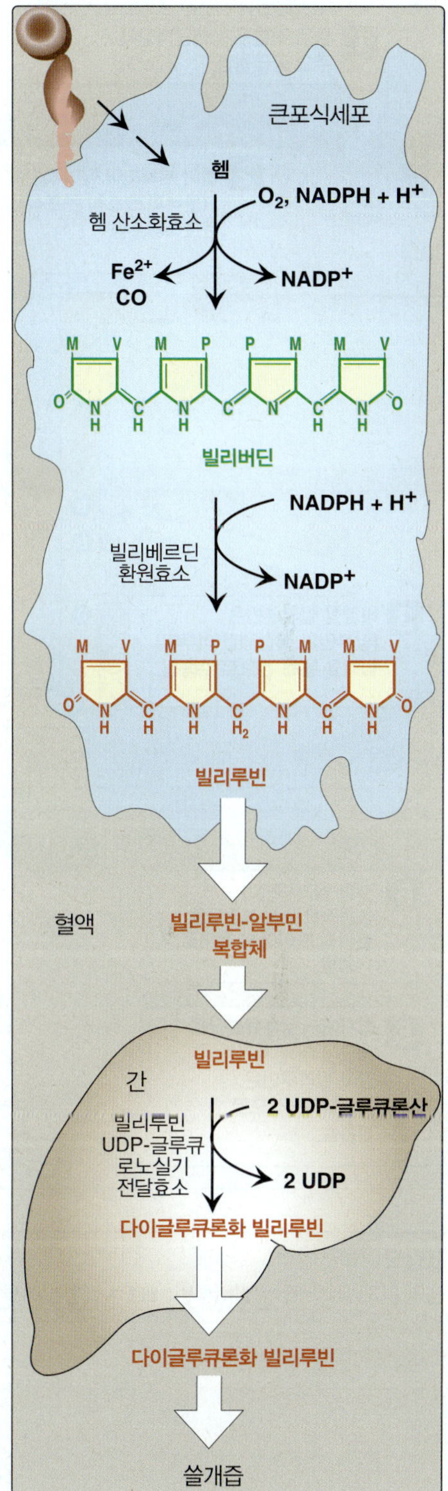

그림 21.9
헴으로부터 빌리루빈의 생성과 다이글루큐론화 빌리루빈으로의 전환. UDP = 이인산유리딘; CO = 일산화탄소; NADP(H) = 니코틴아마이드 아데닌 다이뉴클레오타이드 인산염.

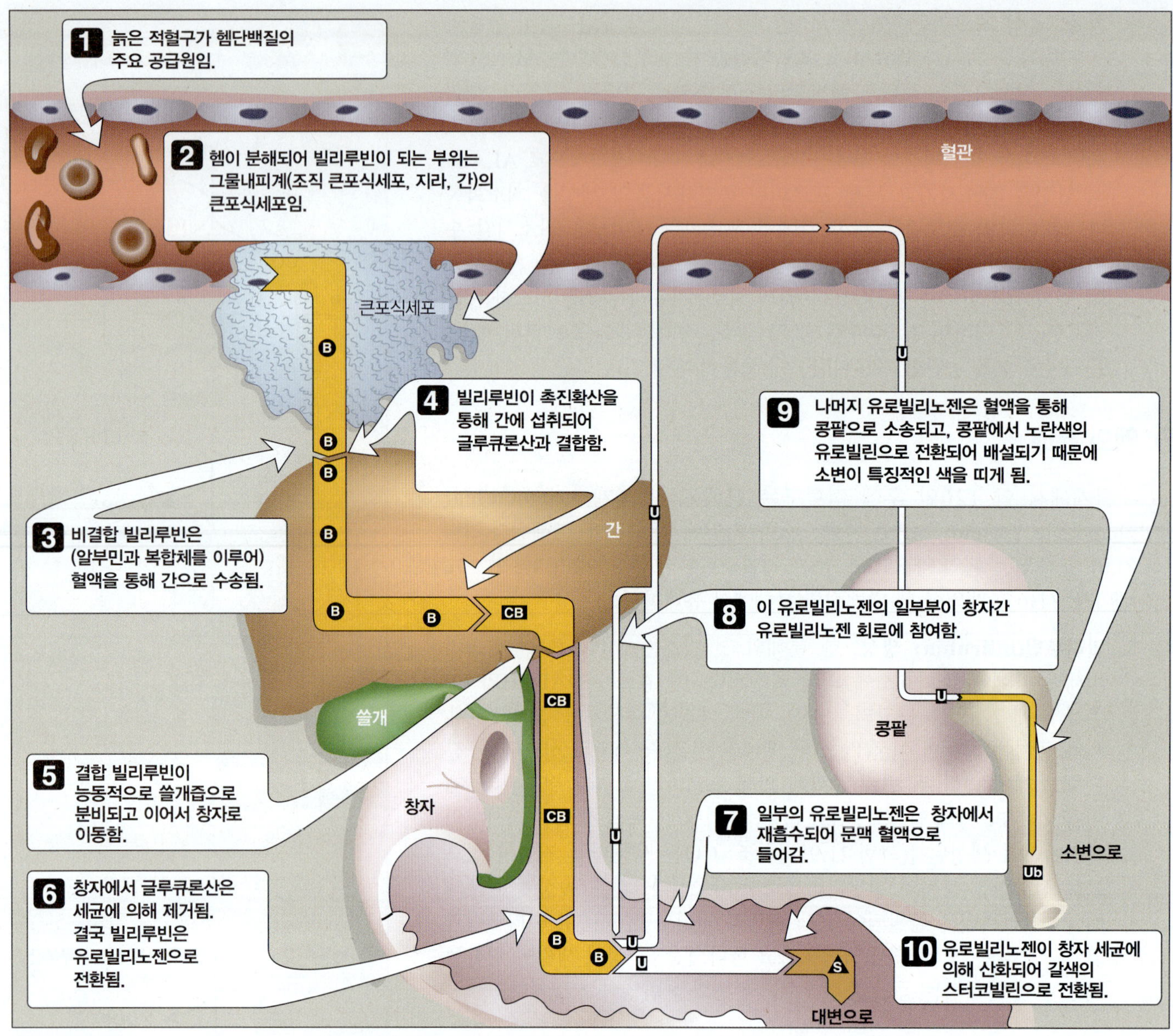

그림 21.10

헴의 분해 대사. B = 빌리루빈; CB = 결합빌리루빈; U = 유로빌리노젠; Ub = 유로빌린; S = 스터코빌린.

3. **다이글루큐론화 빌리루빈(bilirubin diglucuronide)의 생성:** 간세포에서 빌리루빈의 용해도는 결합(conjugation, "포합")이라는 과정으로 2분자의 글루큐론산이 연속적으로 첨가되어 증가한다. 이 반응은 글루큐론산 주개로 UDP-글루큐론산을 사용하는 용해소체 빌리루빈 UDP-글루큐로닐기전달효소(bilirubin-UGT)에 의해 촉진된다. 빌리루빈 다이글루큐로나이드 생성물을 결합 빌리루빈(CB)이라고 한다. [참고: 이 효소의 다양한 결핍에 따라 I형 및 II형 크리글러-나야르 증후군와 질베르 증후군이 발생하는데, 그 중 I형 크리글러-나야르 증후군이 가장 심하다.]

4. **빌리루빈은 쓸개즙으로 분비된다:** 다이글루큐론화 빌리루빈(결합 빌리루빈, CB)은 농도기울기에 역행하여 쓸개모세관으로 능동적으로 수송되고, 이어서 쓸개즙으로 수송된다. 이 에너지 의존 속도제한 단계는 간질환이 있을 때 장애를 받는다. [참고: 간 밖으로 결합 빌리루빈(CB)을 수송할 때 필요한 단백질이 결핍되면 두빈-존슨 증후군이 발생한다.] 비결합 빌리루빈(UCB)은 정상적으로 쓸개로 분비되지 않는다.

5. **창자의 유로빌린(urobilin) 생성:** 다이글루큐론화 빌리루빈(CB)은 창자에서 세균에 의해 가수분해되고 환원되어 무색 화합물인 유로빌리노젠을 만든다. 대부분의 유로빌리노젠은 창자 세균에 의해 산화되어 대변에 특징적인 갈색을 띠게 하는 스터코빌린으로 전환된다. 그러나 어떤 유로빌리노젠은 창자에서 재흡수되어 간문맥 혈액으로 유입된다. 이 유로빌리노젠의 일부분은 간에서 흡수되어 쓸개즙으로 재분비되는 창자간 유로빌리노젠 회로(enterohepatic urobilinogen cycle)에 들어간다. 나머지 유로빌리노젠은 혈액을 통해 콩팥으로 수송되고, 소변에 특징적인 색을 띠게 하는 노란색 유로빌린으로 전환되어 배설된다. 빌리루빈 대사는 그림 21.10에 요약되어 있다.

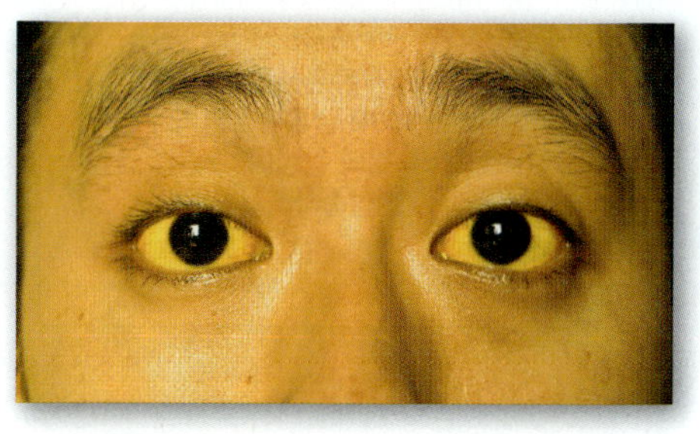

그림 21.11
눈 공막이 노란색으로 나타나는 황달 환자.

E. 황달(jaundice)

황달("icterus"라고도 함)은 그림 21.11에서처럼 혈액 빌리루빈 농도가 증가함에(고빌리루빈혈증) 따라 이차적으로 나타나는 빌리루빈 침착에 의해 피부, 손톱바닥, 공막(눈의 흰자위) 등이 노란색을 띠는 것을 말한다. 이 자체가 병은 아니지만 황달은 보통 선행질환의 한 증상이다. [참고: 정상 혈액의 빌리루빈 농도는 1 mg/dl이다. 황달은 2~3 mg/dl에서 나타난다.]

1. **유형:** 황달은 다음에 기술한 3가지의 주요 유형으로 분류된다. 그러나 임상진료에서 황달은 종종 이렇게 단순하게 분류한 것보다 더 복잡하다. 예를 들어 빌리루빈 축적은 빌리루빈 대사에서 한 곳보다 더 많은 단계의 결합이 원인이 될 수 있다.

   a. **용혈성(prehepatic; 간이전 원인) 황달:** 빌리루빈은 정상적으로 하루 300 mg을 생성되지만 간은 하루에 3,000 mg의 빌리루빈을 포합하고 배설할 수 있다. 이 초과 능력으로 간은 헴 분해의 증가와 다이글루큐론화 빌리루빈 포합과 분비의 증가에 대응할 수 있다. 그러나 적혈구가 다량으로 분해(예: 낫적혈구 빈혈, 파이루브산 인산화효소 결핍, 6-인산포도당 탈수소효소 결핍)될 때 간은 빌리루빈을 포합하는 속도보다 더 빠르게 빌리루빈을 생산한다. 혈액에 UCB의 농도가 증가(고비결합빌리루빈혈증)하여 황달이 발생한다(그림 21.12A). 용혈로 인해, CB 수치는 정상 간 능력의 가장 높은 수준까지 크게 상승되어 담즙으로 배설된다. 장내 순환으로 들어가는 유로빌리노젠의 양도 증가하며, 소변 유로빌리노젠도 증가한다. 여전히, CB, 유로빌리노젠, 스터코빌린, 그리고 유로빌린 수치는 그들의 정상 범위의 높은 쪽에서 나타난다. 용혈성 황달의 경우 혈중 UCB 수치만 비정상적으로 높다.

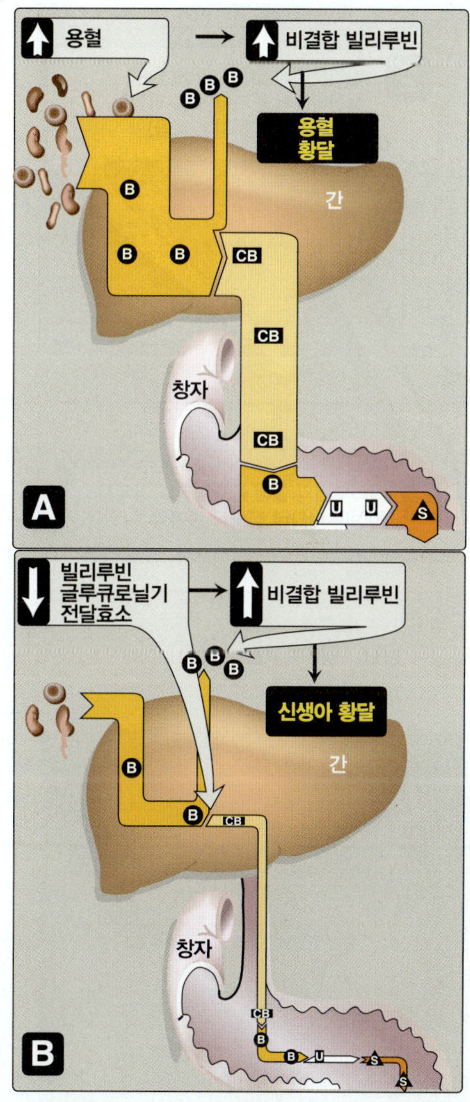

그림 21.12
헴 대사의 변형. A: 용혈 황달. B: 신생아 황달.
CB = 결합 빌리루빈; B = 빌리루빈; U = 유로빌리노젠; S = 스터코빌린. UDP = 유리딘.

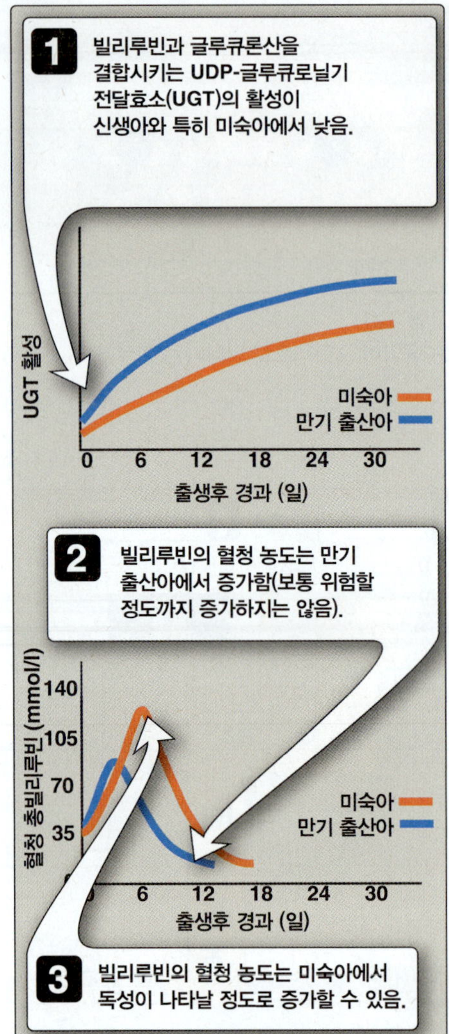

그림 21.13
신생아 황달. UDP = 이인산유리딘.

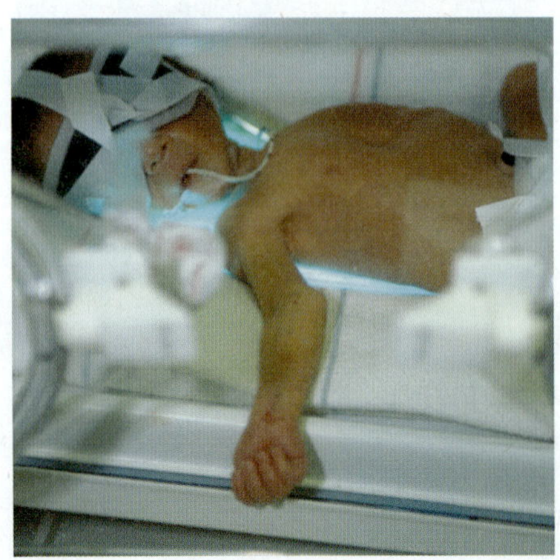

그림 21.14
신생아 황달의 광선요법.

b. **간세포성(hepatic, 간 원인) 황달:** 간세포 손상(예를 들어 간경화나 간염 환자에서)은 포합이 감소하여 고비결합빌리루빈혈증을 유발할 수 있다. 간 손상이 일어나면 유로빌리노젠은 창자간 순환이 감소되어 더 많은 양이 혈액으로 들어가고, 이어서 소변으로 여과되기 때문에 소변의 유로빌리노젠이 증가한다. 따라서 소변의 색은 진해지는 반면에 대변의 색은 옅어지고 연갈색을 띤다. AST와 ALT(287쪽 참조)의 혈장 농도가 증가한다. 만들어진 CB가 간에서 쓸개즙으로 효과적으로 분비되지 못한다면(간내 쓸개즙정체), 혈액으로 확산("누출")되어 고결합빌리루빈혈증을 일으킨다.간성 황달의 경우 혈중 UCB와 CB 수치가 비정상적으로 상승한다.

c. **폐쇄성(posthepatic, 간이후 원인) 황달:** 이 경우 황달의 원인은 빌리루빈의 과다생산이나 포합의 감소가 아니고 그 대신에 온쓸개관의 폐쇄이다(간외 쓸개즙정체). 예로서 간종양이나 담석이 있으면 쓸개관을 막아 CB가 창자로 가는 통로를 차단한다. 폐쇄 황달 환자는 위창자길 통증과 욕지기를 경험하고 옅은 연갈색의 대변을 본다. CB는 혈액으로 역류한다(고비결합빌리루빈혈증). CB는 결국 소변(시간이 지날수록 검어짐)으로 배설되며, 이 CB를 "소변 빌리루빈"이라고 한다. 소변 유로빌리노젠은 없다.

2. **신생아 황달:** 대부분의 신생아(만기출생의 60%, 미숙아의 80%)는 태어날 때부터 간 빌리루빈-UGT 활성이 낮기 때문에 출생 첫 주에 UCB가 증가한다(일시적인 "생리적 황달"). 이 효소활성은 약 4주가 지나야 성인 수준에 도달한다(그림 21.12B, 그림 21.13). 알부민(20~25 mg/dl)의 결합 능력을 넘어설 정도로 UCB가 증가하면 뇌의 바닥핵으로 확산되어 들어가 독성 뇌병증(핵황달, kernicterus)과 병적 황달을 유발할 수 있다. 따라서 빌리루빈 농도가 상당히 증가한 신생아는 청색형광(광선요법, 그림 21.14)으로 치료하는데, 이 형광은 빌리루빈을 더 극성을 띠는 형태로 전환시켜 물에 녹는 이성질체로 만든다. 이 광이성질체는 글루큐론산과 결합하지 않고도 쓸개즙으로 배설될 수 있다. [참고: 용해도 차이로 인해 UCB만 혈액-뇌장벽을 통과하고 CB만 소변에서 나타난다.]

3. **빌리루빈 측정:** 빌리루빈 농도는 흔히 판덴베르흐(van den Bergh) 반응으로 측정하는데, 이 반응에서 다이아조화된 설파닐산이 빌리루빈과 반응하여 생성하는 적색 아조다이피롤을 비색법으로 측정한다. 수용성의 CB는 시약과 빠르게(1분 이내에) 반응하기 때문에 이를 "직접반응"이라 한다. 수용액에서 훨씬 더 잘 녹지 않는 UCB는 더 천천히 반응한다. 그러나 반응이 메탄올에서 진행되면 CB나 UCB가 모두 잘 녹아 시약과 반응하므로 전체 빌리루빈 값을 알아낼 수 있다. UCB에 해당하는 "간접반응" 빌리루빈은 전체 빌리루빈에서 직접반응 빌리루빈을 빼면 값이 얻어진다. [참고: 정상 혈장에서 전체 빌리루빈의 약 4%만이 결합형 또는 직접형으로 측정되는 이유는 대부분이 쓸개즙으로 배설되기 때문이다.]

III. 그 밖의 질소함유 물질

A. 카테콜아민(catecholamine)

도파민, 노르에피네프린(NE), 에피네프린은 생물학적으로 활성이 있는 아민(생체아민)으로서 집합적으로 카테콜아민이라고 불린다. 도파민과 노르에피네프린은 뇌에서 합성되어 신경전달물질로 작용한다. 에피네프린은 부신수질의 NE로부터 합성된다.

1. **기능:** 신경계통 밖에서 노르에피네프린과 이것의 메틸 유도체인 에피네프린은 탄수화물과 지질 대사의 호르몬 조절자이다. 노르에피네프린과 에피네프린은 부신수질에서 놀람, 운동, 추위, 저혈당 등에 대한 반응으로 저장 소포로부터 분비된다. 당원과 TAG의 분해를 증가시킬 뿐만 아니라 혈압과 심장 박출량을 상승시킨다. 이러한 효과는 개체의 스트레스에 대처하는 동조반응의 한 부분으로서 종종 "싸우거나 도망가기" 반응이라고 부른다.

2. **합성:** 카테콜아민은 그림 21.15에서 볼 수 있듯이 타이로신으로부터 합성된다. 타이로신은 먼저 타이로신 수산화효소에 의해 수산화되어 3,4-다이하이드록시페닐알라닌(DOPA)을 생성하는데, 이 반응은 페닐알라닌의 수산화에서 설명한 반응과 유사하다(303쪽 참조). 사수소바이오테린(BH_4) 필요 효소는 중추신경계통, 교감신경절, 부신수질 등에 풍부하며, 합성 경로의 속도조절 단계이다. 그런 다음 DOPA는 DOPA 탈카복실화효소(DDC)에 의해 촉진되고 PLP를 필요로 하는 반응에 의해 탈카복실화되어 도파민을 생성한다. 도파민은 아스코브산(비타민 C)과 구리를 필요로 하는 반응에서 도파민 β-수산화효소에 의해 수산화되어 NE를 생성한다. 에피네프린은 메틸기 주개로서 S-아데노실메싸이오닌(SAM)을 사용하는 N-메틸화 반응에 의해 노르에피네프린으로부터 생성된다(303쪽 참조).

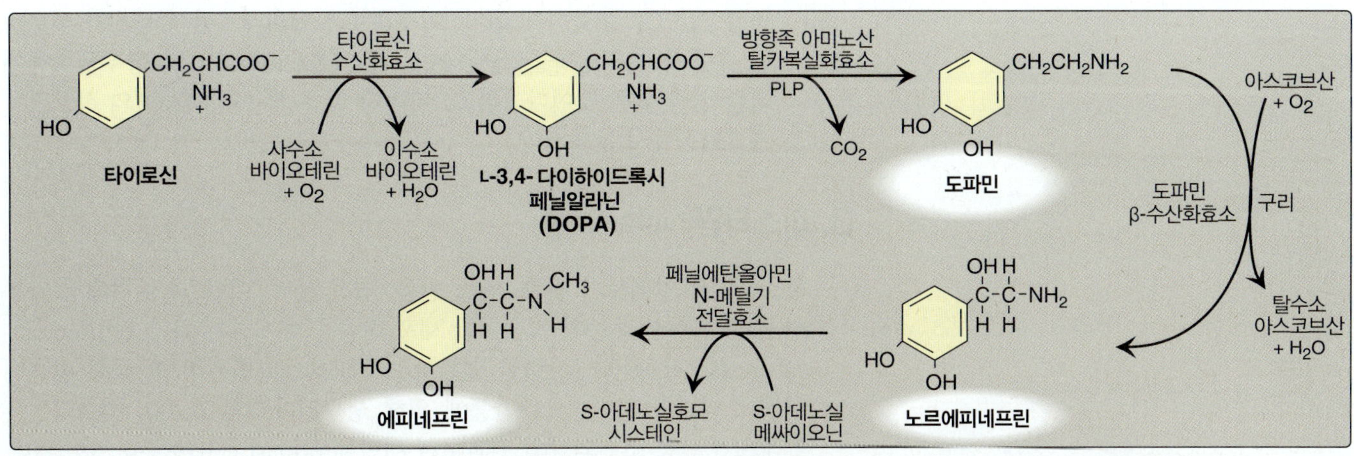

그림 21.15
카테콜아민의 합성. [참고: 카테콜은 2개의 주변 수산기를 가진다.] PLP = 인산피리독살.

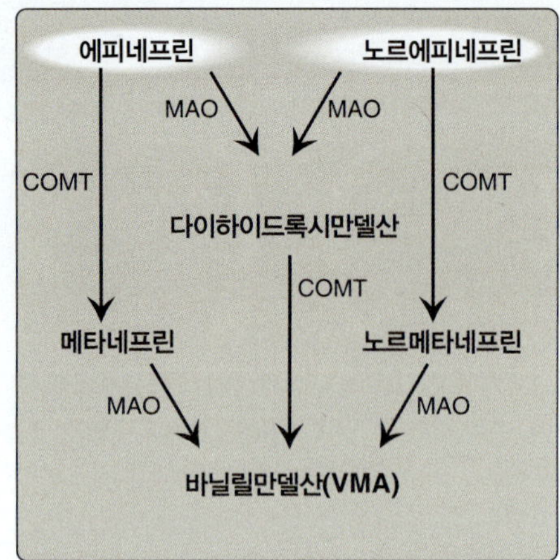

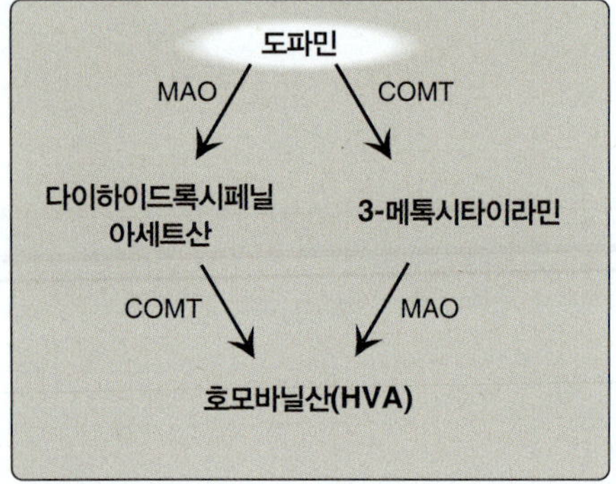

그림 21.16
카테콜-O-메틸기전달효소(COMT)와 모노아민 산화효소(MAO)에 의한 카테콜아민의 대사. [참고: COMT에는 S-아데노실메싸이오닌이 필요하다.]

임상적응증 21.2: 파킨슨병

신경변성 운동장애 질환인 파킨슨병은 뇌 도파민생성 세포의 특발성 소실에 따른 불충분한 도파민 생산에 의해 발생한다. 도파민은 혈액-뇌장벽을 통과할 수 없으므로 레보도파(L-DOPA) 투여가 가장 일반적인 치료법이다. 카비도파는 DDC 활성을 억제해 말초신경계에서 L-DOPA가 도파민으로 전환되는 것을 막는 약이다. 카비도파는 혈액-뇌 장벽을 넘을 수 없으므로, L-DOPA와 함께 사용될 때, 더 많은 말초 L-DOPA가 혈액-뇌 장벽을 넘어 CNS에서 더 치료적인 범위에 도달할 수 있게 한다. BH_4 결핍의 경우, 도파민, NE 및 에피네프린을 생성하기 위한 신경전달물질 보충제로 L-DOPA를 투여할 수 있다.

3. **분해:** 카테콜아민은 메틸기 주개로서 SAM을 사용하는 모노아민 산화효소(MAO)에 의해 촉진되는 산화 탈아미노화반응과 카테콜-O-메틸기전달효소(COMT, 그림 21.16)에 의한 O-메틸화 반응에 의해 불활성화된다. 이 두 반응은 순서에 상관없이 일어날 수 있다. MAO 반응의 알데하이드 생성물은 이에 상응하는 산으로 산화된다. 이 반응들의 대사 생성물은 소변으로 배설되는데, 소변의 바닐릴만델산(VMA)은 에피네프린과 노르에피네프린으로부터, 그리고 호모바닐산은 도파민으로부터 유래한 것이다. [참고: VMA는 카테콜아민의 과다생성을 특징으로 하는 부신 종양인 크롬친화세포종(pheochromocytoma)에서 증가한다.]

4. **모노아민 산화효소 억제제(MAO inhibitor):** MAO는 신경조직과 다른 조직(창자와 간)에서 발견된다. 신경세포(neuron)에서 이 효소는 신경세포가 쉬고 있을 때 연접소포로부터 누출되어 나오는 과다한 신경전달물질(노르에피네프린, 도파민, 세로토닌 등)을 산화 탈아미노화반응을 통해 불활성화한다. MAO 억제제(MAOI)는 비가역적 또는 가역적으로 이 효소를 불활성화함으로써 신경전달물질 분자의 분해가 일어나지 않게 하는데, 그 결과로 이들은 연접전 신경세포 속에 축적되어 연접공간으로 누출하게 된다. 이것은 노르에피네프린 수용체와 세로토닌 수용체의 활성화를 유발하며, 이 약물들(MAOI)의 항우울작용에 대한 설명이 될 것이다. [참고: 티라민 함유 식품과 MAOI의 상호작용은 431쪽에서 논의된다.]

B. 히스타민(histamine)

히스타민은 알레르기 반응, 염증 반응, 위산 분비, 어떤 뇌 부위에서 가능성 있는 신경전달 등의 광범위한 세포 반응을 매개하는 화학 전령(chemical messenger)이다. 강력한 혈관확장제인 히스타민은 PLP 필요 반응에서 히스티딘의 탈아미노화반응에 의해 생성된다(그림 21.17). 히스타민은 알레르기 반응이나 외상의 결과로서 비만세포(mast cell)로부터 분비된다. 히스타민은 임상적으로 사용되지 않지만 히스타민 작용의 방해물질은 중요한 치료제로 사용된다. 항히스타민제는 일반적으로 히스타민 반응을 줄이기 위해 수용체에 히스타민 결합을 차단하는 히스타민 유사체이다.

C. 세로토닌(serotonin)

5-하이드록시트립타민(5-HT)으로도 불리는 세로토닌은 체내의 여러 부위에서 합성되고 저장된다(그림 21.18). 단연 가장 많은 양의 세로토닌은 창자점막에서 발견된다. 혈소판과 신경전달물질로 작용하는 중추신경계통에는 양이 적다(35장 참조). 세로토닌은 페닐알라닌 수산화효소에 의한 촉매반응과 유사한 BH_4 필요 반응에 의해 수산화되어 트립토판으로부터 합성된다. 생성물인 5-하이드록시트립토판은 카복실기가 제거되어 5-HT가 된다. BH_4 결핍의 경우, 세로토닌을 생성하기 위한 신경전달물질 보충제로 5-하이드록시트립토판이 제공될 수 있다. 세로토닌은 통증을 인지하고 수면, 식욕, 온도, 혈압, 인지기능, 기분을 조절을 포함하는 다양한 생리적인 작용을 한다. [참고: 선택적 세로토닌 재흡수 억제제(SSRIs)는 세로토닌 수치를 유지하여 항우울제로 기능한다.] 세로토닌은 MAO에 의해 5-하이드록시-3-인돌아세트산(5-HIAA)으로 분해된다

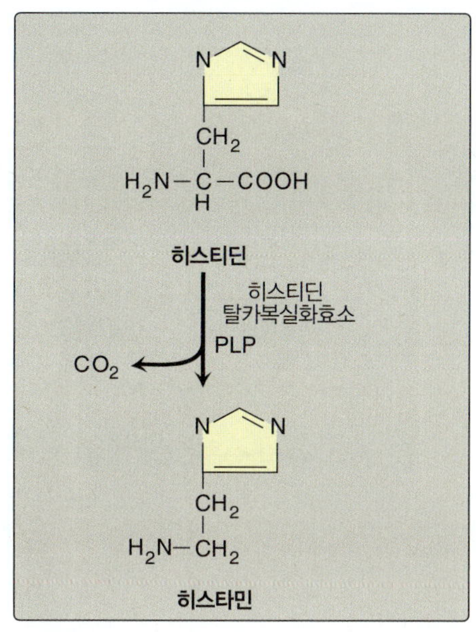

그림 21.17
히스타민의 생합성. PLP = 인산피리독살.

D. 크레아틴(creatine)

크레아틴의 인산화형 유도체인 인산크레아틴(phosphocreatine, creatine phosphate)은 근육에서 발견되는 고에너지 화합물로서 작지만 빠르게 동원하는 고에너지 인산염의 저장체 역할을 한다. 인산크레아틴은 강력한 근육수축에서 인산기를 가역적으로 ADP(그림 21.19)에 전달하여 처음 몇 분 동안 세포속 ATP 농도를 유지한다. [참고: 몸의 인산크레아틴의 양은 근육의 질량에 비례한다.]

1. **합성:** 크레아틴은 간과 콩팥 조직에서 글라이신, 아르지닌의 구아니디노기, SAM의 메틸기 등으로부터 합성된다(그림 21.19). 육가공 식품이 공급원이 된다. 인산염 주개로 ATP를 사용하는 크레아틴 인산화효소에 의해 크레아틴은 가역적으로 인산화되어 인산크레아틴이 된다. [참고: 혈장에 존재하는 크레아틴 인산화효소(MB 동종효소)는 심장 손상의 척도가 되며, 심근경색증의 진단에 사용된다(72쪽 참조).]

2. **분해:** 크레아틴과 인산크레아틴은 자발적으로 서서히 그러나 일정한 속도로 고리화하여 소변으로 배설되는 크레아티닌이 된다. 배설되는 크레아티닌의 양은 체내의 전체 인산크레아틴 양에 비례하며, 따라서 근육 질량을 추정하는 데에 사용할 수 있다. 어떠한 이유이든지(예를 들면 마비나 근육 퇴행위축) 근육의 질량이 줄어들면 소변의 크레아티닌의 양이 줄어든다. 더구나 크레아티닌은 보통 빠른 속도로 혈액에서 제거되어 배설되므로 이유와 관계없이 혈중 크레아티닌의 증가는 콩팥 기능장애의 감도가 높은 척도가 된다. 전형적인 성인 남자는 하루에 1~2 g의 크레아티닌을 배설한다.

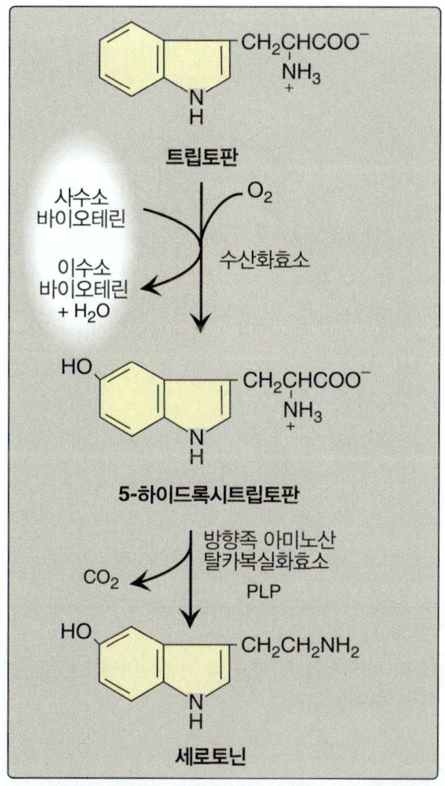

그림 21.18
세로토닌의 합성. [참고: 세로토닌은 솔방울샘에서 멜라토닌으로 전환된다.] PLP = 인산피리독살; CO_2 = 이산화탄소.

E. 멜라닌(melanin)

멜라닌은 체내의 많은 조직(특히 눈, 머리카락, 피부 등)에 존재하는 색소이다. 멜라닌은 표피(epidermis)의 멜라닌세포(melanocyte)라고 하는 색소형성 세포에서 합성된다. 이것의 기능은 태양의 위해효과로부터 고유의

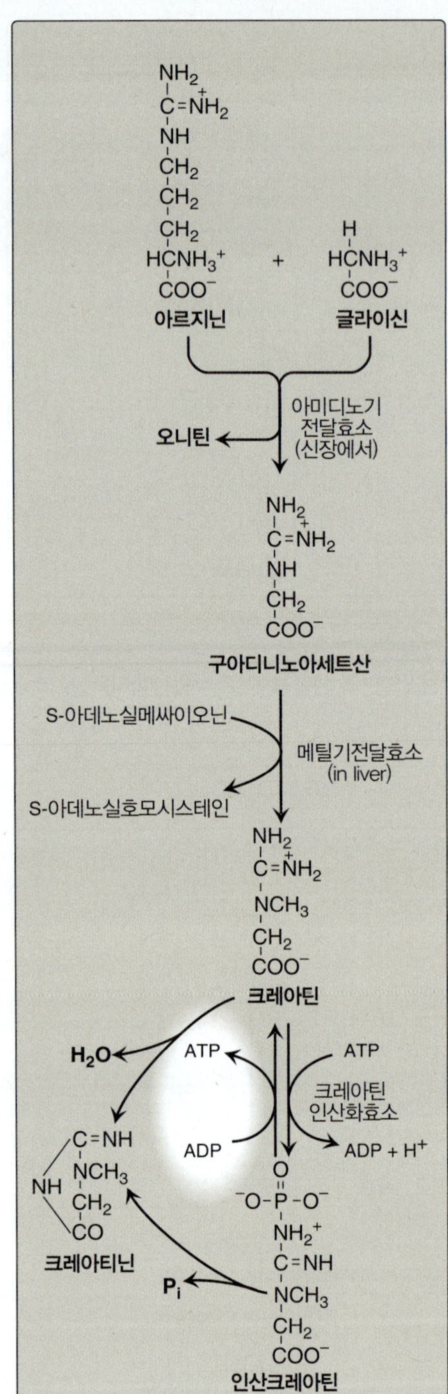

그림 21.19
크레아틴의 합성. ADP = 이인산아데노신; P_i = 무기인산염.

세포들을 보호하는 것이다. [참고: 멜라닌 생성의 결함에 의해 백색증(albinism)이 발생하는데, 백색증은 구리를 함유하는 타이로신산화효소(tyrosinase)의 결함이 원인인 가장 흔한 형태이다(313쪽 참조).]

IV. 요약

- **아미노산**은 많은 질소함유 화합물의 **전구체**인데, 여기에 **제일철(Fe^{2+})**과 함께 **헴**을 생성하는 **포르피린**이 포함된다(그림 21.20).
- **헴을 생합성**하는 주요 부위는 수많은 헴단백질을 합성하는 **간**과 혈색소합성이 왕성한 골수의 **적혈구생성 세포**이다. 간에서 헴의 합성속도는 변화가 아주 심한데, 그 이유는 합성속도가 헴단백질(특히 **CYP 효소**) 수요의 변화에 따라 달라지는 세포속 헴 웅덩이에 반응하기 때문이다. 이와 대조적으로 적혈구계 세포의 헴 합성은 상대적으로 일정하며 Hb의 합성속도와 일치한다.
- 헴 합성은 **글라이신**과 **석시닐 CoA**에서 시작한다. 헴 합성의 **구속 단계**는 **δ-아미노레불린산**(ALA)의 생성 단계이다. 이 사립체 반응은 간에서 **ALA 생성효소-1**(ALAS1)에 의해 촉진되고 **헤민**(헴 사용량이 적을 때 세포에 축적되는 헴의 산화형)에 의해 억제된다. 또한 적혈구계 조직에서는 **ALA 생성효소-2**(ALAS2)에 의해 촉진된다(철에 의해 조절됨).
- **포르피린증**은 헴 합성에 유전적으로(거의 다 보통염색체 우성질환) 또는 후천적으로 결함이 있을 때 발생하며, 포르피린이나 포르피린 전구체가 축적되고 배설이 증가된다. 빌리루빈 합성 경로의 초반에 관여하는 효소에 결함이 생기면 **복통**과 **신경정신의학적 증상**이 나타나고 후반 효소에 결함이 있으면 **빛과민성**이 발생한다.
- 헴의 **분해**는 **그물내피계통(MPS)**, 특히 **간**과 **지라**에서 일어난다. 헴 분해의 첫 단계는 **헴 산소화효소**에 의해 **빌리버딘**의 생성이며, 빌리버딘은 이어서 **빌리루빈**으로 환원된다. 빌리루빈은 **알부민**에 의해 간으로 수송되고, **빌리루빈** UGT에 의해 간에서 2분자의 **글루큐론산**이 첨가되어 용해도가 증가한다. **다이글루큐론화 빌리루빈(CB)은 쓸개모세관**으로 수송되며, 여기에서 먼저 창자에 존재하는 세균에 의해 가수분해되고 환원되어 **유로빌리노젠**이 된 후 창자 세균에 의해 **스터코빌린**으로 산화된다.
- **황달**(icterus)은 빌리루빈의 침착에 의해 피부와 공막이 노란색을 띠는 것을 말하며, 이차적으로 빌리루빈의 혈중 농도가 증가한다. 흔하게 볼 수 있는 황달의 3가지 유형은 **용혈성(prehepatic; 간이전 원인) 황달**, **폐쇄성(posthepatic, 간이후 원인) 황달**, **간세포성(hepatic, 간 원인) 황달**이다(그림 21.20 참조).
- 아미노산으로부터 비롯된 다른 중요한 질소함유 화합물에는 **카테콜아민(도파민, 노르에피네프린, 에피네프린)**, **크레아틴**, **히스타민**, **세로토닌**, **멜라닌**, **산화질소** 등이 있다.

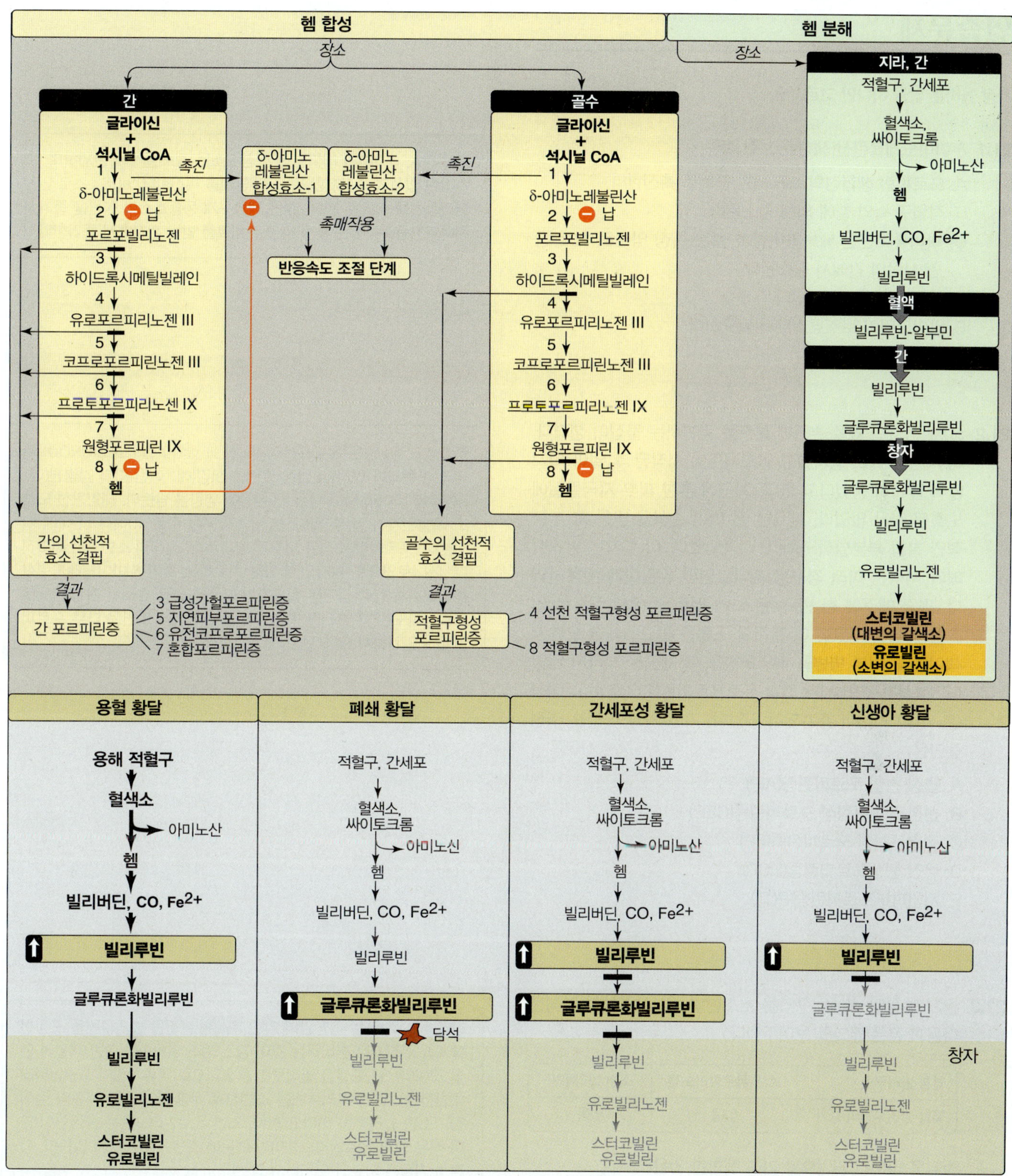

그림 21.20

헴 대사의 핵심 개념도. ▬▬ = 경로 차단. [참고: 간세포 황달은 빌리루빈의 결합이 감소하거나 결합 빌리루빈이 쓸개즙으로 배출되지 못할 때 발생할 수 있다.] CoA = 보조효소 A; CO = 일산화탄소. Fe = 철.

연습문제

가장 올바른 답을 하나만 고르시오.

21.1 δ-아미노레불린산 생성효소 활성은:

A. 포르피린 생합성의 속도제한 단계를 촉진한다.
B. 적혈구 속의 철에 의해 감소된다.
C. 바비튜르산인 페노바비탈과 같은 특정 약물로 치료 중인 사람의 간에서 감소된다.
D. 세포질액에서 일어난다.
E. 바이오틴이 보조효소로서 필요하다.

정답 = A. δ-아미노레불린산 생성효소는 세포질액에 존재하며, 포르피린 합성의 속도제한 및 조절 단계를 촉진한다. 보조효소로 인산피리독살을 필요로 한다. 철은 적혈구계 동종효소의 생산을 증가시킨다. 간 동종효소는 특정 약물로 치료를 받는 환자에서 증가한다.

21.2 50세 남자의 양쪽 손등에 통증을 동반하는 물집이 생겼다. 이 사람은 골프 강사였고 골프시즌이 시작된 후 얼마 되지 않아 물집이 생겼다고 했다. 최근에 흔한 피부 자극물질에 노출된 적은 없었다. 약 3년 전 머리 손상을 받은 후 부분적인 복합 부분발작 장애가 시작되었다. 이 환자는 발작장애가 시작된 이래 경구용 페니토인만 유일하게 복용하였다. 평균 매주에 한 번 12온스 캔 맥주를 18개 정도로 알코올을 섭취하였다. 이 환자의 소변은 불그스레한 오렌지색이었다. 피부 병변을 배양하였을 때 세균은 자라지 않았다. 24시간 소변 채취 결과 유로포르피린(1,000 mg; 정상은 < 27 mg)이 증가되어 있었다. 가장 가능성 있는 추정 진단은:

A. 급성 간헐 포르피린증(AIP)
B. 선천 적혈구형성 포르피린증(CEP)
C. 적혈구형성 포르피린증(EP)
D. 유전 원형포르피린증(HCP)
E. 지연피부포르피린증(PCT)

정답 = E. 이 병은 유로포르피리노젠 III 탈카복실화효소(UROD) 결핍과 관련되어 있지만, 임상 발현은 환경(예: 에탄올)과 감염원(예: B형간염 바이러스)에 의한 간 손상에 영향을 받는다. 태양광선 노출도 촉발인자가 될 수 있다. 임상적 발병은 주로 40대나 50대에 시작한다. 포르피린 축적은 피부 증상과 적색-갈색의 소변으로 이어진다. 페니토인으로 환자의 발작을 치료하는 것이 δ-아미노레불린산 생성효소의 합성 증가를 일으켰기 때문에 결핍 효소의 기질인 유로포르피리노젠 합성도 증가시켰다. 검사과 임상 소견은 다른 포르피린증과 일치하지 않다

21.3 환자가 황달, 복통, 구역을 호소한다. 임상 검사실 분석은 다음과 같은 결과를 보여주었다.

혈청 빌리루빈	소변 유로빌리노젠	소변 빌리루빈
결합 빌리루빈의 증가	없음	있음

황달을 일으킨 원인으로 가장 적합한 것은?

A. 간의 빌리루빈 결합의 감소
B. 간의 빌리루빈 흡수의 감소
C. 창자로 보내는 쓸개즙 분비의 감소
D. 용혈의 증가

정답 = C. 자료는 총담관이 막힌 폐쇄황달(결합 빌리루빈을 포함한 쓸개즙을 창자로 분비하는 것이 감소됨)과 일치한다(대변 색깔이 연할 것이다). 간은 결합 빌리루빈을 혈액으로 역류시킨다(고결합빌리루빈혈증). 결합 빌리루빈은 소변으로 배출되어(소변 색깔이 짙어짐) "소변 빌리루빈"이라고 한다. 소변 유로빌리노젠은 공급원이 양이 적은 창자 유로빌리노젠이기 때문에 소변에 존재하지 않는다. 다른 보기들은 자료와 일치하지 않는다.

21.4 위창자 문제를 검사받기 위해 2살 된 아이를 그를 담당하는 소아과 의사에게 데려왔다. 부모는 남자아기가 지난 몇 주 동안 무기력했다고 말했다. 검사실 결과는 작은 적혈구성 저색소성 빈혈임을 나타내었다. 혈액의 납 농도가 증가되었다. 아래의 효소 중 어느 것이 아이의 간에서 정상보다 높은 활성을 가지겠는가?

A. Δ-아미노레불린산 생성효소
B. 빌리루빈 UDP-글루큐로노실기전달효소
C. 철결합효소
D. 헴 산소화효소
E. 포르포빌리노젠 생성효소

정답 = A. 이 아이는 납 중독으로 인한 후천적 포르피린증을 앓고 있다. 납은 δ-아미노레불린산 생성효소를 억제하기 때문에 헴 합성도 억제한다. 헴의 감소는 δ-아미노레불린산 생성효소-1(ALA-1, 간의 동종효소)를 억제해제(derepression)하여 그 활성을 증가시킨다. 헴의 감소는 또한 혈색소 합성을 감소시켜 빈혈이 나타난다. 철결합효소는 납에 의해 직접적으로 억제된다. 다른 보기들은 헴 분해에 관련된 효소이다.

21.5 50세 남성이 손 떨림, 느린 비틀거리는 걸음걸이, 그리고 뻣뻣함을 보이고 있다. 신경학적 검진과 추가 검사 후 환자는 파킨슨병으로 진단된다. 다음 중 이 환자에게 가장 효과적인 치료법은 무엇입니까?

A. 비오페린
B. 베타-카로틴
C. 헤민
D. 레보도파-카비도파
E. 세로토닌 재흡수 억제제

정답 = D. 레보도파(L-DOPA)는 혈액-뇌 장벽을 통과하여 DOPA 탈카복실화효소의 기질로 사용되어 중추신경계의 도파민 수치를 증가시킬 수 있다. 카비도파는 혈액-뇌 장벽을 넘을 수 없으며 말초 DOPA 탈카복실화효소를 억제한다. 이것은 중추신경계에 더 높은 치료적 L-DOPA 수치를 제공한다. 보조 인자가 부족할 때 방향족 아미노산 하이드록실화효소 반응을 위한 유용한 치료제로 비오페린을 제공할 수 있다. β-카로틴은 활성산소를 고갈시킬 수 있는 산화방지제이다. 그것은 뇌엽절제술과 함께 급성 포르피린증 환자의 감광성에 도움이 될 수 있다. 헤민은 포르피린의 결핍을 줄여준다. 이는 차례로 α-리놀렌산(ALAS1)의 합성을 감소시키고 독성 포르피린 중간생성물의 생성을 최소화한다. 세로토닌 재흡수 억제제는 세로토닌 수치를 유지하고 항우울제로 기능한다.

21.6 환자의 신장 이상은 다음 중 어떤 실험테스트로 나타낼 수 있나?

A. 혈액 크레아틴 키네이스 MB 아이소효소 수치 증가
B. 바닐릴만델산 및 메타네프린 수치 증가
C. 혈중 빌리루빈 다이글루큐로나이드 수치 증가
D. 소변 크레아티닌 수치 감소
E. 혈중 크레아티닌 수치 증가

정답 = E. 크레아티닌은 일반적으로 신장에 의해 혈액에서 매우 빠르게 제거되고 소변으로 배출된다. 혈중 크레아티닌 농도 증가는 신부전을 나타낸다. 혈중 크레아틴 키네이스 MB 동종효소의 증가는 심장 손상 및/또는 심근 경색을 나타낼 수 있다. 소변 바닐릴만델산 및 메타네프린의 증가는 카테콜아민의 생성을 증가시키는 부신의 종양을 나타낸다. 혈중 빌리루빈 다이글루큐로나이드 수치가 증가하면 폐쇄성 황달을 나타낼 수 있다. 소변 크레아티닌 수치가 감소하면 마비로 인한 근육 위축이나 근이영양증과 같은 근육량이 감소한다는 것을 나타낸다. 결핍에서는 그렇지 않을 것으로 예상된다.

22 뉴클레오타이드 대사

I. 개관

뉴클레오타이드의 일종인 리보뉴클레오사이드(ribonucleoside)와 인산데옥시리보뉴클레오사이드(deoxyribonucleoside phosphate)는 모든 세포에 필수적이다. 이들이 없이 데옥시리보핵산(DNA)이나 리보핵산(RNA)이 생성될 수 없기 때문에 단백질이 합성되거나 세포가 증식할 수 없다. 뉴클레오타이드는 또한 일부의 탄수화물, 지질, 결합 단백질(예: UDP-포도당, UDP-콜린) 등의 합성과정에서 활성형 중간대사물의 운반체 역할을 하며, CoA, FAD(H_2), NAD(H), NADP(H) 등과 같은 여러 필수 보조효소의 구조성분이다. 고리 일인산아데노신(cAMP), 고리 일인산구아노신(cGMP)과 같은 뉴클레오타이드는 신호변환 경로에서 이차전령의 역할을 한다. 또한 뉴클레오타이드는 세포에서 에너지 화폐로서 중요한 역할을 담당한다. 마지막으로 뉴클레오타이드는 많은 중개대사 경로의 중요한 조절 물질로 작용하여 핵심 효소들을 억제하거나 활성화한다. 뉴클레오타이드에서 발견되는 퓨린 및 피리미딘 염기는 신생합성(*de novo*)을 통해 합성되거나, 음식 또는 정상세포의 전환(turnover)에서 나오는 이미 생성된 염기를 재사용하는 회수 경로(salvage pathway)를 통해 얻어진다. [참고: 음식에서 공급되는 퓨린과 피리미딘은 사용되는 일이 거의 없고 대신 위장관으로 들어오는 거의 모든 핵산은 분해된다.)

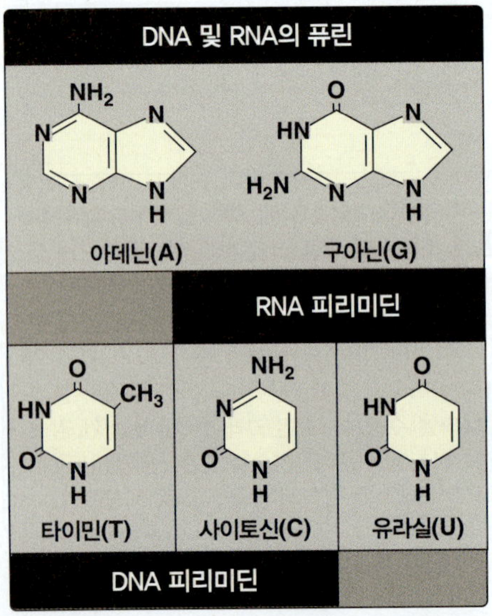

II. 구조

뉴클레오타이드는 질소 염기, 오탄당 단당, 그리고 1개, 2개, 또는 3개의 인산기로 이루어져 있다. 질소함유 염기는 두 부류의 물질인 퓨린과 피리미딘에 들어 있다.

A. 퓨린과 피리미딘의 구조

퓨린은 이중고리 구조인 반면, 피리미딘은 단일 고리를 가지고 있다. DNA와 RNA 모두 같은 퓨린 염기인 아데닌(A)과 구아닌(G)을 함유하고 있다. DNA와 RNA 모두 피리미딘 염기인 사이토신(C)을 함유하지만 두 번째 피리미딘 염기는 다르다. DNA는 타이미딘(T)을 함유하며, 반면에

DNA 및 RNA의 퓨린: 아데닌(A), 구아닌(G)
RNA 피리미딘 / DNA 피리미딘: 타이민(T), 사이토신(C), 유라실(U)

그림 22.1
DNA와 RNA에서 흔히 발견되는 퓨린과 피리미딘.

RNA는 유라실(U)을 함유한다. T와 U는 한 개의 메틸기가 T에만 있다는 점에서 다르다(그림 22.1). [드문(변형된) 염기들이 가끔 일부의 DNA와 RNA(예: 일부의 바이러스 DNA) 또는 전달 RNA(tRNA)에서 발견된다. 염기의 변형에는 메틸화, 당화, 아세틸화, 환원 등이 있다. 드문 염기의 예가 그림 22.2에 있다. [참고: 뉴클레오타이드 서열에 흔하지 않은 염기가 존재함으로써 특정 효소의 인지력에 도움이 되거나 핵산분해효소에 의한 분해로부터 보호될 수 있다.]

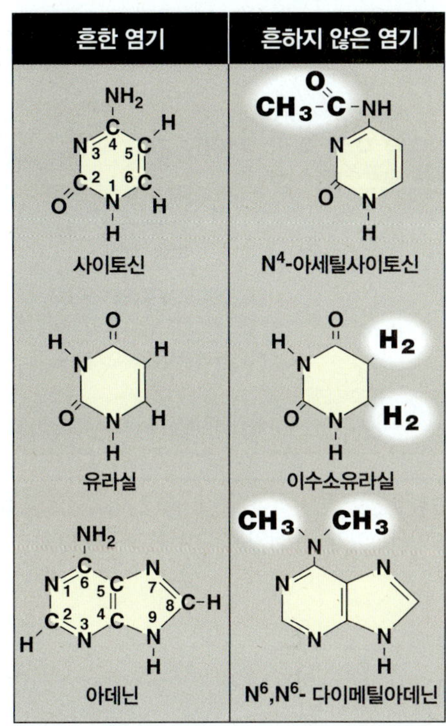

그림 22.2
흔하지 않은 염기의 예.

B. 뉴클레오사이드(nucleoside)

당화결합을 통해 오탄당에 염기에 첨가되면 뉴클레오사이드가 생성된다(97쪽 참조). 당이 리보스일 경우 리보뉴클레오사이드가 생성되고, 당이 2-데옥시리보스이면 데옥시리보뉴클레오사이드가 생성된다(그림 22.3A). A, G, C, U라는 리보뉴클레오사이드는 각각 아데노신(adenosine), 구아노신(guanosine), 사이티딘(cytidine), 유리딘(uridine) 등으로 명명된다. A, G, C, T라는 데옥시리보뉴클레오사이드는 각각 접두사로 데옥시가 더해지는데, 예로서 데옥시아데노신이 있다. [참고: 데옥시타이미딘은 종종 데옥시 접두사가 있는 것으로 간주하여 간단하게 타이미딘으로 부른다. 그 이유는 유일하게 DNA로 혼입되기 때문이다.] 염기와 당의 고리에 있는 탄소와 질소 원자는 번호를 분리해서 붙인다(그림 22.3B). [참고: 오탄당에 있는 탄소는 1′에서 5′까지 번호를 붙이는 것을 주목하라. 따라서 뉴클레오사이드나 뉴클레오타이드의 5′-탄소가 언급될 때의 탄소는 염기에 있는 탄소 원자가 아니라 오탄당에 있는 특정 탄소이다.]

C. 뉴클레오타이드(nucleotide)

뉴클레오사이드에 1개, 2개, 또는 3개의 인산이 첨가되면 뉴클레오타이드가 된다. 첫 번째 인산기는 오탄당의 5′-OH에 에스터 결합으로 부착한다. 이러한 물질을 5′-인산뉴클레오사이드 또는 5′-뉴클레오타이드라고 한다. 오탄당의 유형은 5′-리보뉴클레오타이드와 5′-데옥시리보뉴클레오타이드의 이름에서 보듯이 접두사에 의해 알 수 있다. 오탄당의 5′-탄소에 1개의 인산기가 부착한다면 그 구조는 AMP(또는 아데닐산)처럼 일인산뉴클레오사이드가 된다. 두 번째나 세 번째 인산이 뉴클레오사이드에 첨가하면 이인산뉴클레오사이드[예: 이인산아데노신(ADP)], 또는 삼인산뉴클레오사이드[예: 삼인산아데노신(ATP)]가 된다(그림 22.4). 두 번째와 세 번째 인산은 각각 고에너지 결합으로 뉴클레오타이드에 연결되어 있다. (자유에너지에서 큰 음의 변화를 갖는 결합 [-ΔG, 80쪽 참조] 가수분해) [참고: 인산기가 뉴클레오타이드에 음전하를 부여하기 때문에 DNA와 RNA는 핵산으로 불리게 되었다.]

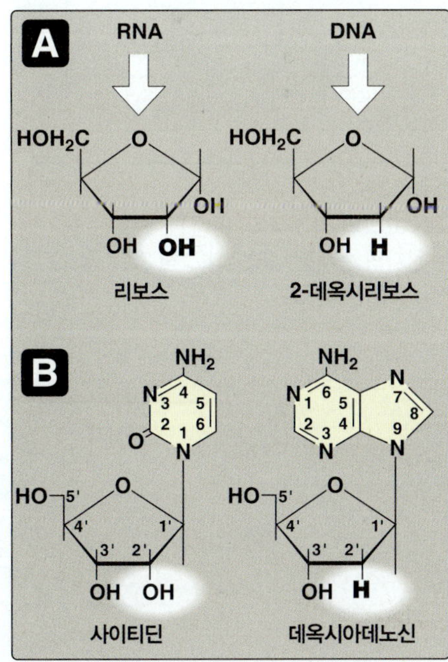

그림 22.3
A: 핵산에서 발견되는 오탄당. B: 퓨린과 피리미딘을 함유하는 뉴클레오사이드의 번호 체계의 예.

III. 퓨린 뉴클레오타이드의 합성

퓨린 고리에 있는 원자는 아미노산(아스파트산, 글라이신, 글루타민), CO_2, N^{10}-포밀사수소엽산(N^{10}-formyl-THF) 등을 포함하는 여러 물질에서 얻은 것

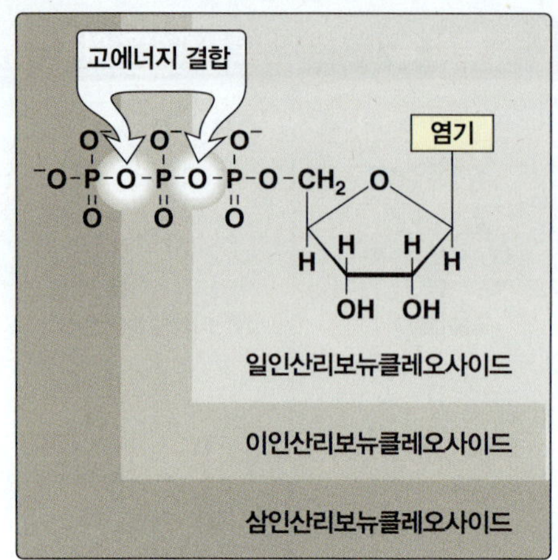

그림 22.4
일인산-, 이인산-, 삼인산리보뉴클레오사이드.

이다(그림 22.5). 퓨린 고리는 미리 생성된 5-인산리보스에 공여 탄소와 질소를 첨가하는 일련의 반응에 의해 주로 간에서 만들어진다(인산오탄당 경로에서 6-인산포도당으로부터 합성되는 5-인산리보스에 관한 논의는 170쪽 참조).

A. 5-인산리보실-1-파이로인산염(PRPP)의 합성

PRPP는 퓨린 및 피리미딘의 합성과 회수에 관여하는 활성형 오탄당이다. PRPP는 PRPP 합성효소(인산리보스 파이로인산염 인산화효소, 그림 22.6)의 촉매작용에 의해 ATP와 5-인산리보스로부터 합성된다. 이 X연관 효소는 무기인산에 의해 활성화되며 퓨린 뉴클레오타이드에 의해 억제된다(최종생성물 억제). [참고: PRPP의 당 부분은 리보스이므로 리보뉴클레오타이드는 신생(*de novo*) 퓨린 합성의 최종생성물이다. 데옥시리보뉴클레오타이드가 DNA 합성에 사용될 때 당 부분인 리보스는 환원된다(342쪽 참조).]

B. 5-인산리보실아민(5-phosphoribosylamine)의 합성

PRPP와 글루타민으로부터 5′-인산리보실아민이 합성되는 과정은 그림 22.7에서 볼 수 있다. 글루타민의 아마이드기는 PRPP의 1번 탄소에 부착하고 있는 파이로인산기를 대체한다. 이것이 퓨린 뉴클레오타이드 생합성의 구속 단계이다. 글루타민:인산리보실파이로인산염 아마이드전달효소(GPAT)는 이 경로의 최종생성물인 5′-뉴클레오타이드(AMP와 GMP)에 의해 억제된다. 반응속도도 또한 PRPP의 세포속 농도에 의해 제어된다. [참고: 세포속 PRPP의 농도는 정상적으로 GPAT의 미카엘리스 상수(K_m)보다 아주 작다. 따라서 PRPP 농도의 작은 변화에 의해서도 반응속도는 비례적으로 변한다(65쪽 참조).]

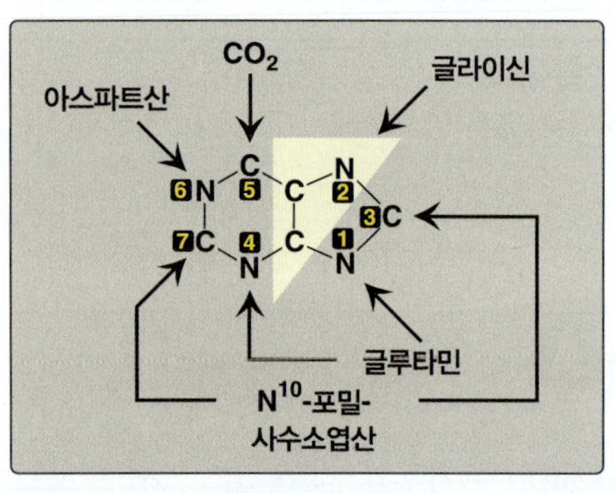

그림 22.5
퓨린 고리의 각 원자의 공급원. 번호는 첨가되는 원자의 순서를 나타낸다(그림 22.7 참조). CO_2 = 이산화탄소.

C. 일인산이노신(IMP)의 합성

퓨린 뉴클레오타이드 생합성에서 IMP(염기가 하이포잔틴임)를 합성하는 9단계는 그림 22.7에 설명되어 있다. IMP는 AMP와 GMP의 모체 퓨린 뉴클레오타이드이다. 이 경로의 4단계에서 에너지원으로 ATP를 필요로

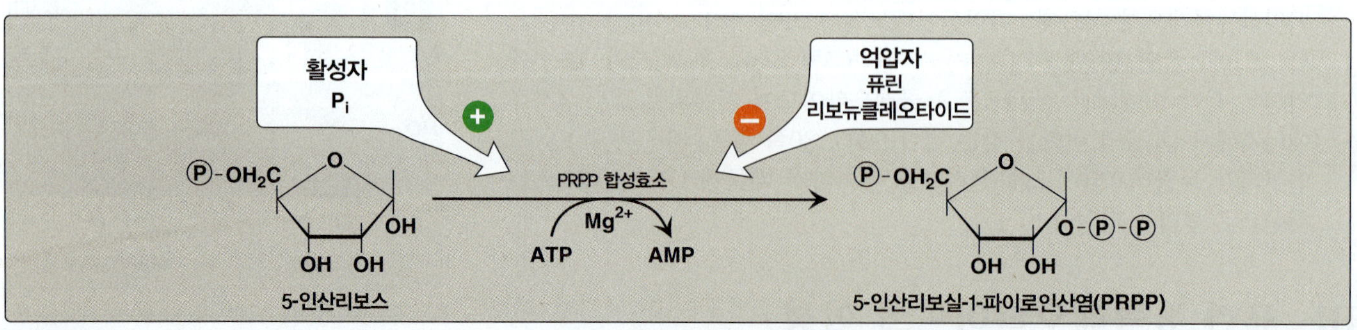

그림 22.6
PRPP의 합성과 여기에 관여하는 활성자와 억압자. [참고: 이것은 PRPP가 다른 경로에 사용되기 때문에 퓨린 합성의 구속 단계가 아니다(341쪽 참조).] Ⓟ = 인산염; P_i = 무기인산염; AMP = 일인산아데노신. Mg = 마그네슘.

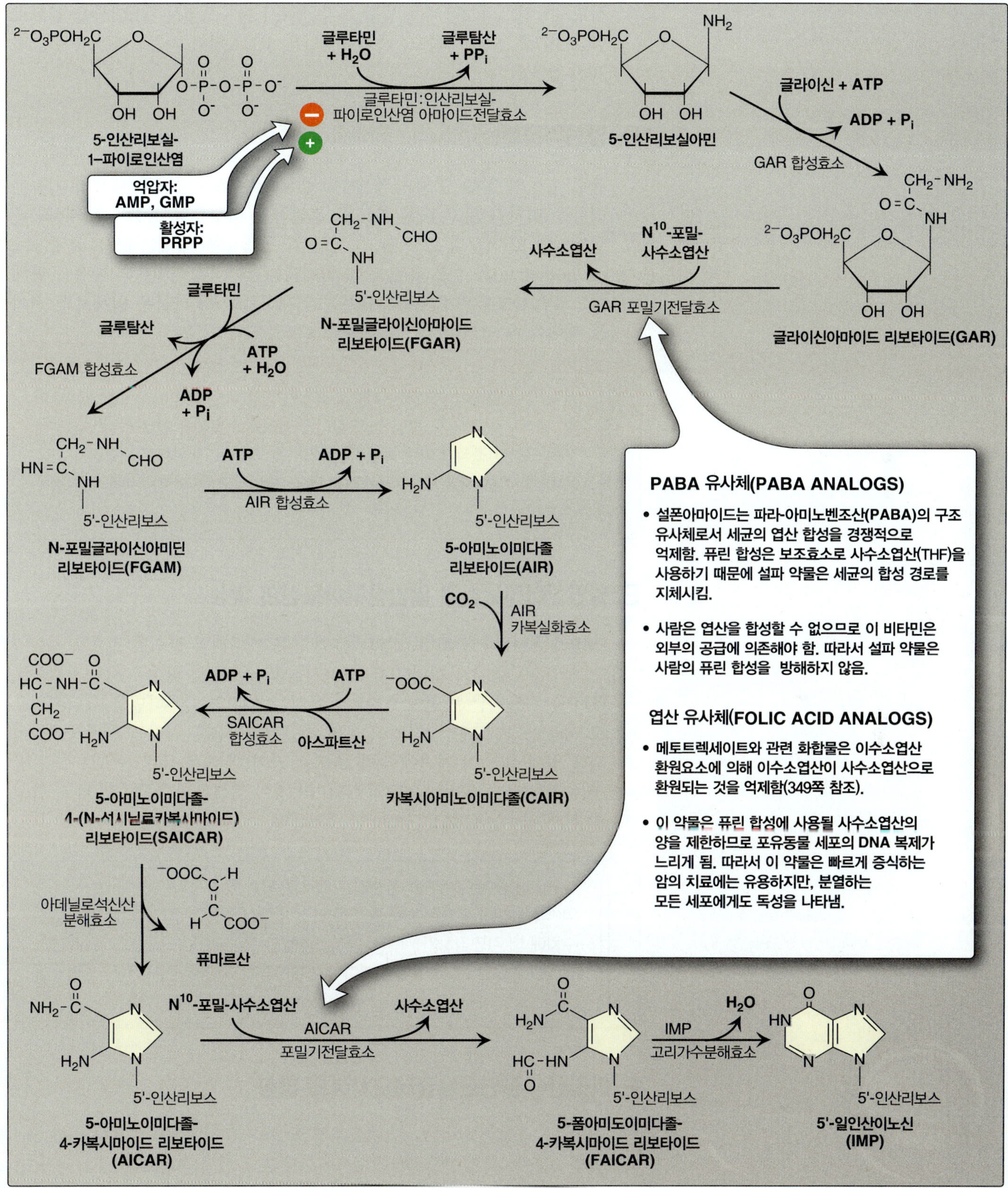

그림 22.7

퓨린 뉴클레오타이드의 신생 합성과 일부의 구조유사체에 의한 억제효과. AMP와 ADP = 일인산아데노신과 이인산아데노신; GMP = 일인산구아노신; PRPP = 5-인산리보실-1-파이로인산염; P_i = 무기인산염; PP_i = 파이로인산염. CO_2 = 이산화탄소.

하고 이 경로의 2단계는 일탄소 주개로서 N^{10}-포밀사수소엽산을 필요로 한다(307쪽 참조). [참고: 하이포잔틴은 tRNA에서 발견된다(521쪽 그림 32.9 참조).]

D. 합성억제제(synthetic inhibitor)

퓨린 합성의 일부 합성 억제제(예: 설폰아마이드)는 사람 세포의 기능에 영향을 미치지 않고 빠른 속도로 분열하는 미생물의 성장을 억제하도록 설계되어 있다(그림 22.7 참조). 엽산의 구조 유사체(예: 메토트렉세이트, methotrexate)와 같은 퓨린 합성 억제제는 뉴클레오타이드의 합성을 방해함으로써 DNA 및 RNA의 합성을 억제하므로 이 약물은 암세포의 전이를 제어할 때 약리학적으로 사용된다(그림 22.7 참조).

> 사람 퓨린 합성의 억제제는 태아조직처럼 발생 중인 조직이나 또는 골수, 피부, 위창자길, 면역계, 모낭 등과 같이 정상적으로 복제가 빠르게 일어나는 세포로 구성된 조직에 아주 독성이 강하다. 결과적으로 항암제로 치료받는 사람은 빈혈, 비늘 피부, 위창자길 장애, 면역결핍, 탈모 등과 같은 부작용을 겪을 수 있다.

E. 일인산아데노신과 일인산구아노신의 합성

IMP가 AMP나 GMP로 전환되는 반응은 에너지와 질소를 필요로 하는 2단계의 경로를 사용한다(그림 22.8). [참고: AMP의 합성은 에너지원으로 GTP를 사용하는 반면에 GMP의 합성은 ATP와 글루타민을 에너지원으로 사용한다.] 또한 각각의 경로의 첫 번째 반응은 각각의 최종생성물에 의해 억제된다. 이 기전에 의해 IMP는 양이 더 적은 퓨린 쪽으로 합성 방향을 전환할 수 있다. AMP와 GMP의 양이 적절하게 존재하면 퓨린 합성의 신생 경로는 GPAT 단계에서 중지된다.

> 마이코페놀산은 GMP를 생성하는 데 사용되는 효소인 IMP 탈수소효소의 가역 억제제이다. T와 B 림프구의 증식은 이 핵심 퓨린 뉴클레오타이드의 낮은 수치에 매우 민감하기 때문에 마이코페놀산은 루푸스나 크론병과 같은 면역장애를 치료할 뿐 아니라, 장기이식 거부반응을 예방하는 효과적인 면역억제이다.

F. 이인산-, 삼인산뉴클레오사이드 합성

이인산뉴클레오사이드는 염기특이성 일인산뉴클레오사이드 인산화효소에 의해 상응하는 일인산뉴클레오사이드로부터 합성된다(그림 22.9). [참고: 이 인산화효소는 기질로서 리보스나 데옥시리보스를 구별하지 않는다.] ATP는 다른 삼인산뉴클레오사이드보다 고농도로 존재하므로 일반적으로 전달되는 인산의 공급원이다. 아데닐산 인산화효소는 특히 간이나 근육에서 활성형으로 존재하는데, 이 기관에서 ATP의 에너지 전환(turnover of

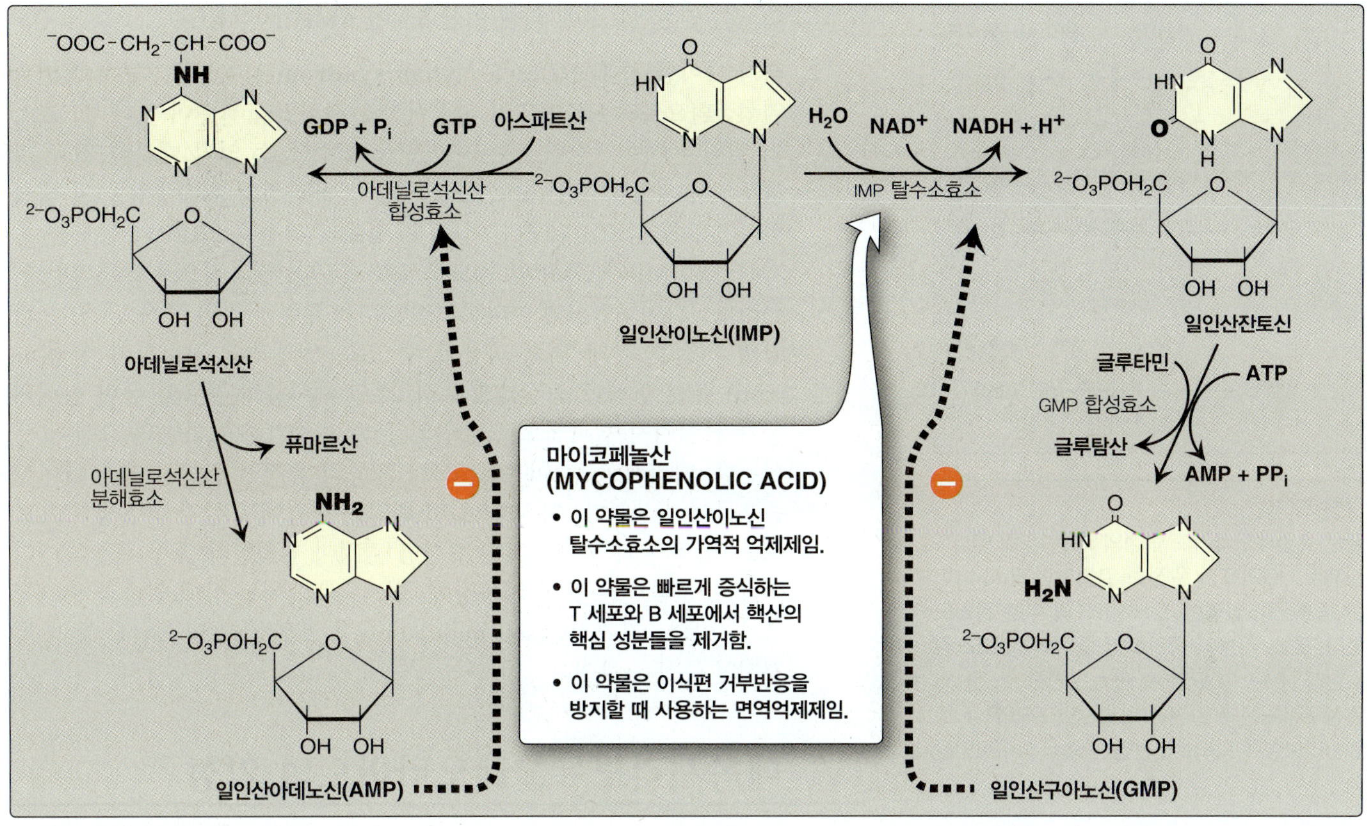

그림 22.8
IMP가 AMP(또는 아데닐산) 및 GMP(또는 구아닐산)로 되는 전환과정과 되먹임 억제. NAD(H) = 니코틴아마이드 아데닌 다이뉴클레오타이드, GDP와 GTP = 이인산구아노신과 삼인산구아노신, P_i = 무기인산염, PP_i = 파이로인산염.

energy)이 높다. 이 효소의 기능은 아데닌 뉴클레오타이드(AMP, ADP, ATP) 사이의 평형을 유지하는 것이다. 이인산- 및 삼인산뉴클레오사이드는 이인산뉴클레오사이드 인산화효소에 의해 상호전환이 일어나는데, 이 효소는 일인산뉴클레오사이드 인산화효소와 다르게 광범위한 기질 특이성을 갖고 있다.

G. 퓨린의 회수 경로(salvage pathway)

세포 핵산의 정상적인 전환(turnover)으로부터 유래되었거나 분해되지 않은 음식 퓨린은 삼인산뉴클레오사이드로 전환되어 체내에서 사용될 수 있다. 이것을 퓨린의 회수 경로로 부른다. [참고: 회수 경로는 특히 뇌에서 중요하다.]

1. **뉴클레오타이드로의 퓨린 염기의 회수:** 이 반응에는 두 효소가 관여한다: 아데닌 인산리보실기전달효소(APRT)와 하이포잔틴-구아닌 인산리보실기전달효소(HGPRT). 두 효소 모두 5-인산리보스의 공급원으로 PRPP를 사용한다(그림 22.10). 파이로인산염분해효소에 의한 파이로인산염의 유리와 연속적인 가수분해는 이러한 반응을 비가역적으로 만든다. [참고: 아데노신은 회수되는 유일한 퓨린 뉴클레오사이드로서 아

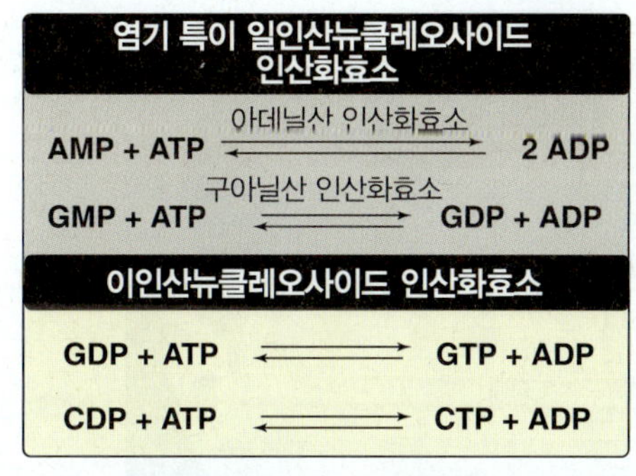

그림 22.9
일인산뉴클레오사이드의 이인산- 및 삼인산뉴클레오사이드로의 전환. AMP와 ADP = 일인산아데노신와 이인산아데노신; GMP, GDP와 GTP = 일인산구아노신, 이인산구아노신과 삼인산구아노신; CDP와 CTP = 이인산사이티딘과 삼인산사이티딘.

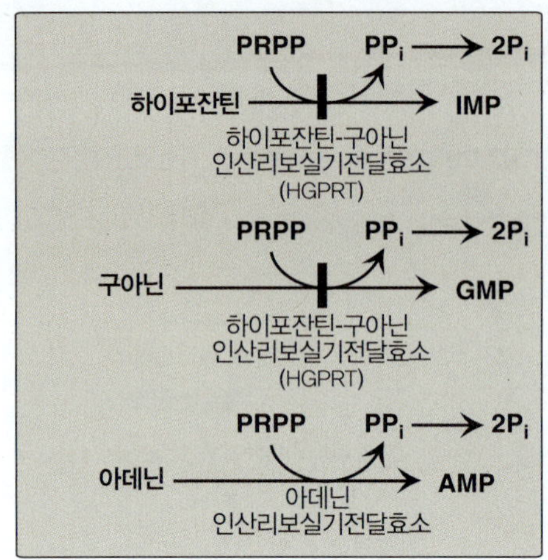

그림 22.10
퓨린 뉴클레오타이드 합성의 회수 경로. [참고: 실제로 HGPRT가 완전히 결핍되면 레시-나이한 증후군이 발생한다. HGPRT의 부분 결핍도 있다. 효소 기능이 증가하면 증상의 정도도 감소한다.] IMP, GMP와 AMP = 일인산이노신, 일인산구아노신과 일인산아데노신; PRPP = 5-인산리보실-1-파이로인산염; PP_i = 파이로인산염.

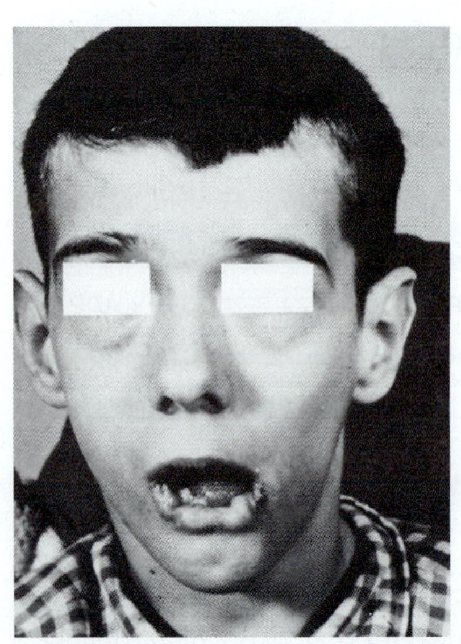

그림 22.11
레시-나이한 증후군(Lesch-Nyhansyn-drome) 환자의 자기절단(self-mutilation)에 의해 생긴 입술 병변.

데노신 인산화효소에 의해 인산화되어 AMP가 된다.]

2. **레시-나이한 증후군(Lesch-Nyhan syndrome):** 이 증후군은 X연관 열성질환으로서 HGPRT의 실질적인 완전결핍과 관련이 있다. 이 효소의 결핍은 하이포잔틴 또는 구아닌을 회수할 수 없기 때문에 결국 그들로부터 과량의 요산(uric acid, 퓨린 분해과정의 최종생성물)이 생성된다(343쪽 참조). 더구나 이 회수 경로의 결핍은 PRPP의 농도를 증가시키고 IMP와 GMP의 농도를 감소시킨다. 결과적으로 글루타민:인산리보실파이로인산염 아마이드전달효소(퓨린 합성의 구속 단계)는 과량의 기질을 갖게 되고 사용할 수 있는 억제제가 감소하여 신생(*de novo*) 퓨린 합성이 증가하게 된다. 퓨린 재사용의 감소와 퓨린 합성의 증가가 합쳐져 결과적으로 퓨린의 분해가 증가하고 다량의 요산이 생성된다. 따라서 이런 이유로 고요산혈증의 유전적 원인인 레시-나이한 증후군이 발생한다. 이 병에 걸린 환자는 콩팥에 요산결석이 생기고(요로돌증), 관절과 물렁조직에 요산염 결정이 침착한다(통풍 관절염). 더구나 이 증후군은 운동 기능장애, 인지 결핍, 행동 장애[입술과 손가락을 물어뜯는 자기절단(self-multilation)을 포함함, 그림 22.11] 등의 특징적인 증상을 보인다.

IV. 데옥시리보뉴클레오타이드의 합성

이미 기술한 뉴클레오타이드는 모두 리보스를 함유한다(리보뉴클레오타이드). 그러나 DNA의 합성에 사용하는 뉴클레오타이드는 2′-데옥시리보뉴클레오타이드인데, 이것은 세포주기의 S기(487쪽)에서 리보뉴클레오타이드 환원효소에 의해 이인산리보뉴클레오사이드로부터 생성된다. [참고: 같은 효소가 피리미딘 리보뉴클레오타이드에도 작용한다.]

A. 리보뉴클레오타이드 환원효소(ribonucleotide reductase)

리보뉴클레오타이드 환원효소(이인산리보뉴클레오사이드 환원효소)는 서로 다른 2개의 소단위 R1(α)와 더 작은 R2(β)로 구성된 이합체이며, 퓨린 이인산뉴클레오사이드(ADP와 GDP)와 피리미딘 이인산뉴클레오사이드(CDP와 UDP)를 특이적으로 환원시켜 각각의 데옥시형(dADP, dGDP, dCDP, dUDP)으로 만든다. 2′-하이드록실기의 환원에 필요한 수소 원자의 즉각적인 주개는 효소 자체(R1 소단위)에 있는 두 개의 설프하이드릴기이며, 이것은 반응 중에 이황결합을 형성한다(21쪽 참조). [참고: R2에는 R1에서의 촉매 작용에 필요한 안정적인 타이로실 라디칼이 포함되어 있다.]

1. **환원된 효소의 재생:** 리보뉴클레오타이드 환원효소가 데옥시리보뉴클레오타이드를 계속적으로 생산하기 위해서는 2′-데옥시 탄소를 생성하는 동안에 형성된 이황결합이 환원되어야 한다. 이 목적으로 사용되는 환원당량은 싸이오레독신인데, 이것은 리보뉴클레오타이드 환원효소의 펩타이드 보조효소이다. 싸이오레독신은 펩타이드 사슬에서 2개의 아미노산에 의해 떨어져 있는 2개의 시스테인 잔기를 가지고 있다. 싸

임상적응증 22.1: 하이드록시유레아

하이드록시유레아(하이드록시카바마이드)는 리보뉴클레오타이드 환원효소를 억제하여 DNA 합성에 사용되는 기질의 생성을 억제한다. 이 약물은 항종양제로서 흑색종과 같은 암의 치료제로 사용되고 있다. 또한 낫적혈구병의 치료제로도 쓰인다(40쪽 참조). 그러나 하이드록시유레아와 함께 보이는 태아 혈색소의 증가는 유전자 발현의 변화 때문이지 리보뉴클레오타이드 환원효소 억제를 위한 것은 아니다.

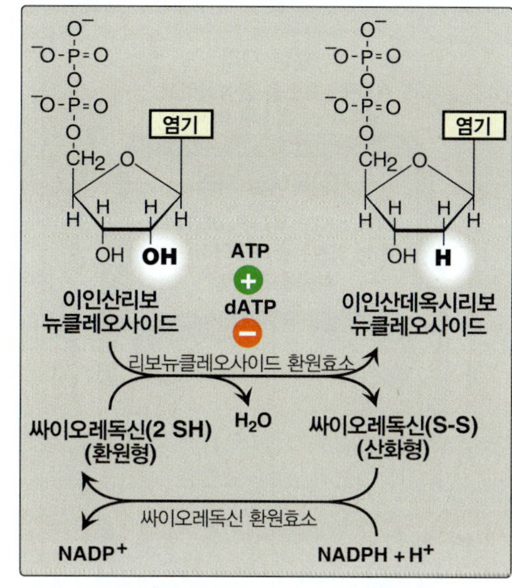

그림 22.12
리보뉴클레오타이드의 데옥시리보뉴클레오타이드로의 전환. NADP(H) = 니코틴아마이드 아데닌 다이뉴클레오타이드 인산염; dATP = 삼인산데옥시아데노신.

이오레독신의 2개의 설프하이드릴기는 자신의 수소 원자들을 리보뉴클레오타이드 환원효소에 제공하여 이황결합을 형성할 수 있게 한다(그림 22.12)

2. **환원된 싸이오레독신의 재생:** 싸이오레독신이 기능을 계속 유지하려면 원래의 환원형으로 전환되어야 한다. 환원당량은 NADPH + H^+에 의해 공급되며, 이 반응은 셀레늄단백질인 싸이오레독신 환원효소에 의해 촉진된다(308쪽 참조).

B. 데옥시리보뉴클레오타이드 합성의 조절

리보뉴클레오타이드 환원효소는 DNA 합성에 사용되는 데옥시리보뉴클레오타이드의 균형적인 공급을 유지한다. 이를 위하여 효소의 조절은 매우 복잡하다. 결과적으로, 효소의 조절은 복잡하다. 촉매 부위 외에도 R1에는 효소 활성 조절에 관련된 두 개의 뚜렷한 다른자리조절 자리가 포함되어 있다(그림 22.13).

1. **활성자리:** R1의 다른자리조절 자리(활성자리로 알려짐)에 dATP가 결합하면 효소의 모든 촉매 활성이 억제되고, 따라서 4개의 이인산뉴클레오사이드 중의 어느 하나의 환원을 방해한다. 이 반응은 DNA 합성을 효과적으로 억제하며, 아데노신 탈아미노화효소 결핍(ADA)과 같은 장애에서 나타나는 고농도의 dATP에 의한 독성을 설명할 수 있다(347쪽 참조). 반대로 이 자리에 결합한 ATP는 효소를 활성화한다.

2. **기질특이성 자리:** 삼인산뉴클레오사이드가 R1의 추가적인 다른자리조절 자리(기질특이성 자리로 알려짐)에 결합하면 기질특이성이 조절되고, DNA 합성에 데옥시리보뉴클레오타이드가 필요할 때 다른 리보뉴클레오타이드가 데옥시리보뉴클레오타이드로 전환되는 것이 증가된다. 예를 들어, ATP가 활성자리에 있을 때, dTTP가 특이성 자리에 결합하면 입체구조의 변화가 일어나 촉매자리에서 GDP가 dGDP로 환원하게 된다.

V. 퓨린 뉴클레오타이드의 분해

음식 핵산의 분해는 작은창자에서 일어나며, 이자 핵산분해효소족이 핵산을 가수분해하여 뉴클레오타이드를 생성한다. 뉴클레오타이드는 장내 효소에 의

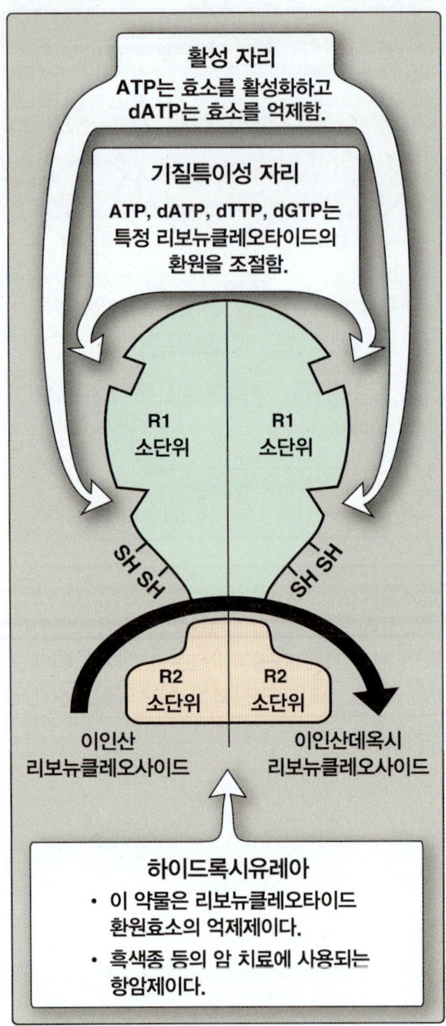

그림 22.13
리보뉴클레오타이드 환원효소의 조절.
[참고: R1 소단위체는 α, R2 소단위체는 β라고 도 한다.] dATP, dTTP와 dGTP = 삼인산데옥시아데노신, 삼인산데옥시타이미딘와 삼인산데옥시구아노신.

해 뉴클레오사이드, 인산화당 및 자유 염기로 순차적으로 분해된다. 요산은 장내 퓨린 분해의 최종생성물이다. [참고: 신생 합성에서 생성된 퓨린 뉴클레오타이드는 일차적으로 간에서 분해된다. 유리형 염기는 간에서 밖으로 내보내 말초조직에서 회수된다.]

A. 작은창자에서의 분해

이자에서 분비하는 리보핵산분해효소와 데옥시리보핵산분해효소는 음식 RNA와 DNA를 일차적으로 올리고뉴클레오타이드로 가수분해한다. 올리고뉴클레오타이드는 이자 인산다이에스터분해효소에 의해 더 분해되어 3′- 및 5′-뉴클레오타이드의 혼합체를 생성한다. 창자 점막세포에서 뉴클레오타이드분해효소들은 가수분해를 통해 인산기를 제거하여 뉴클레오사이드를 유리하며, 더 분해되어 유리형 염기가 된다. 음식 퓨린과 음식 피리미딘은 조직의 핵산합성에 충분할 정도로 쓰이지 않고, 대신에 음식 퓨린은 작은창자세포에서 요산으로 전환된다. 대부분의 요산은 혈액으로 들어가 결국 소변으로 배설된다. 이 경로는 그림 22.14에 요약되어 있다. [참고: 영장류를 제외한 포유류는 요산 산화효소(요산분해효소)를 발현하기 때문에 퓨린 고리를 절단하여 알란토인을 생성한다. 재조합 요산 산화효소는 요산을 낮추는 치료 전략으로 가능성이 있다.]

B. 요산의 생성

요산생성 경로의 요약과 특정 분해효소의 결핍에 의한 유전병을 그림 22.15에서 볼 수 있다. [참고: 괄호 안의 번호는 그림에서 특정 반응을 나타낸다.]

1. 아미노기는 AMP 탈아미노화효소에 의해 AMP에서 제거되면 IMP가 생성되고, 아데노신 탈아미노화효소에 의해 아데노신에서 제거되면 이노신(하이포잔틴-리보스)이 생성된다.
2. IMP와 GMP는 5′-뉴클레오타이드분해효소(nucleotidase)에 의해 뉴클레오사이드 형태인 이노신과 구아노신으로 전환된다.
3. 퓨린 뉴클레오사이드 가인산분해효소(PNP)는 이노신과 구아노신을 각각의 퓨린 염기인 하이포잔틴과 구아닌으로 바꾼다. [참고: 변위효소는 1-인산리보스와 5-인산리보스를 서로 바꾼다.]
4. 구아닌은 탈아미노화에 의해 잔틴(xanthine)이 된다.
5. 하이포잔틴은 몰리브데넘 함유 잔틴 산화효소에 의해 산화되어 잔틴이 되며, 이것은 잔틴 산화효소에 의해 더 산화되어 사람의 경우 퓨린분해의 최종생성물인 요산이 된다. 요산은 소변을 통해 배설된다.

C. 퓨린 분해와 관련이 있는 병

1. **통풍(gout)**: 통풍은 퓨린 분해대사의 최종생성물인 요산이 혈액에 고농도로 존재하는 특징(고요산혈증)을 가진 질환으로서 요산의 과다생산이나 과소배설에 의해 발생한다. 고요산혈증은 관절에 모노소듐 요

산염(MSU) 결정이 침착을 일으킬 수 있고, 이 결정에 대한 염증반응에 의해 먼저 급성 통풍관절염이 발생하고 이어서 만성 통풍관절염으로 진행한다. MSU 결정(통풍결절)으로 이루어진 결절 덩어리가 물렁조직에 침착하면 만성 결절통풍이 발생한다(그림 22.16). 콩팥에서 요산돌이 형성되는 것도 또한 볼 수 있다. [참고: 고요산혈증은 통풍으로 직행하지는 않지만 통풍이 고요산혈증보다 먼저 발생하기도 한다. 전형적으로 증상이 없지만 고혈압처럼 동반질환의 기준이 될 수 있다.] 명확한 통풍의 진단은 병든 관절에서 흡인한 윤활액(그림 22.17)을 (또는 통풍결절에서 나온 물질을) 편광현미경으로 검사하여 바늘 모양의 MSU 결정의 존재를 확인하는 것이다(그림 22.18).

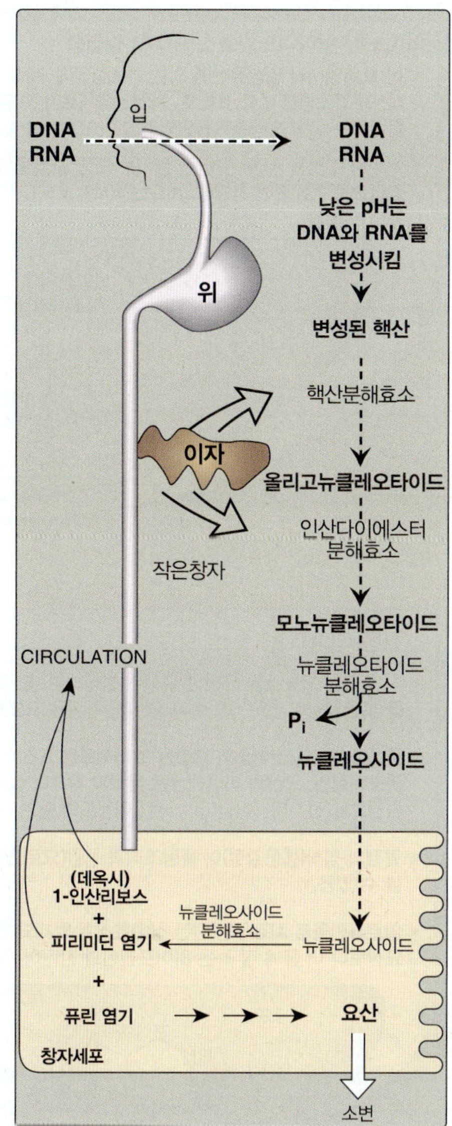

그림 22.14
음식 핵산의 소화. P_i = 무기인산염.

a. **요산의 과소배설:** 90% 이상의 환자의 경우에 통풍을 일으키는 고요산혈증은 요산 배설의 감소에 의해 발생한다. 요산의 과소배설은 일차적으로 아직까지 밝혀지지 않은 유전성 배설 결함에 의해 발생하거나, 이차적으로 콩팥의 요산염 처리 방법에 영향을 주는 알려진 병의 진행과정(예: 젖산 산증에서 젖산은 요산 재흡수를 증가시켜 배설을 감소시킴)과 약물 사용(예: 이뇨제인 싸이아자이드)이나 납에 노출되는 것(납중독 통풍, saturnine gout)과 같은 환경 인자에 의해 발생한다,

b. **요산의 과다생산:** 통풍의 원인 중 덜 흔한 것이 요산의 과다생산에 의한 고요산혈증이다. 일차 고요산혈증(primary hyperuricemia)은 대부분이 원인불명의 특발성이다. 그러나 PRPP 합성효소 유전자에 여러 개의 X연관 돌연변이가 확인되었을 때 PRPP의 생성에 대한 효소의 최대속도(V_{max})가 증가하거나(63쪽 참조), 5-인산리보스에 대한 K_m이 낮아지거나(65쪽 참조), 퓨린 뉴클레오타이드(다른자리 조절 억압자)에 대한 감수성이 감소하는(69쪽 참조) 등의 결과가 나타난다. 각각의 경우에 퓨린의 이용도가 증가하여 결과적으로 혈장의 요산 농도가 올라간다. 레시-나이한 증후군(342쪽 참조)의 경우도 또한 하이포잔틴과 구아닌의 회수가 감소되고, 그에 따른 PRPP의 이용도가 증가하는 결과를 낳아 고요산혈증을 일으킨다. 이차 고요산혈증(secondary hyperuricemia)은 전형적으로 퓨린의 이용도가 증가하는 결과에 의해 발생한다. 예를 들어, 골수증식 질환를 가진 환자나 화학요법에 의해 세포 전환 속도가 아주 빠르게 일어나는 환자에서 발생한다. 통풍을 일으키는 고요산혈증은 또한 폰 기에르케병(von Gierke disease)이나 유전과당못견딤증(hereditary fructose intolerance)과 같이 표면적으로는 관련이 없는 대사질환(150쪽, 그림 11.8 참조)에 의해 발생할 수도 있다(160쪽 참조).

> 육류, 해산물(특히 조개류)이 풍부한 음식과 알코올은 통풍의 위험성의 증가와 관련이 있는 반면에 저지방 우유제품의 섭취는 위험성의 감소와 관련이 있다.

c. **치료:** 급성으로 발병하면 항염증제로 치료한다. 콜치신(colchicine), 프레드니손과 같은 스테로이드 약물, 인도메타신과 같은 비스

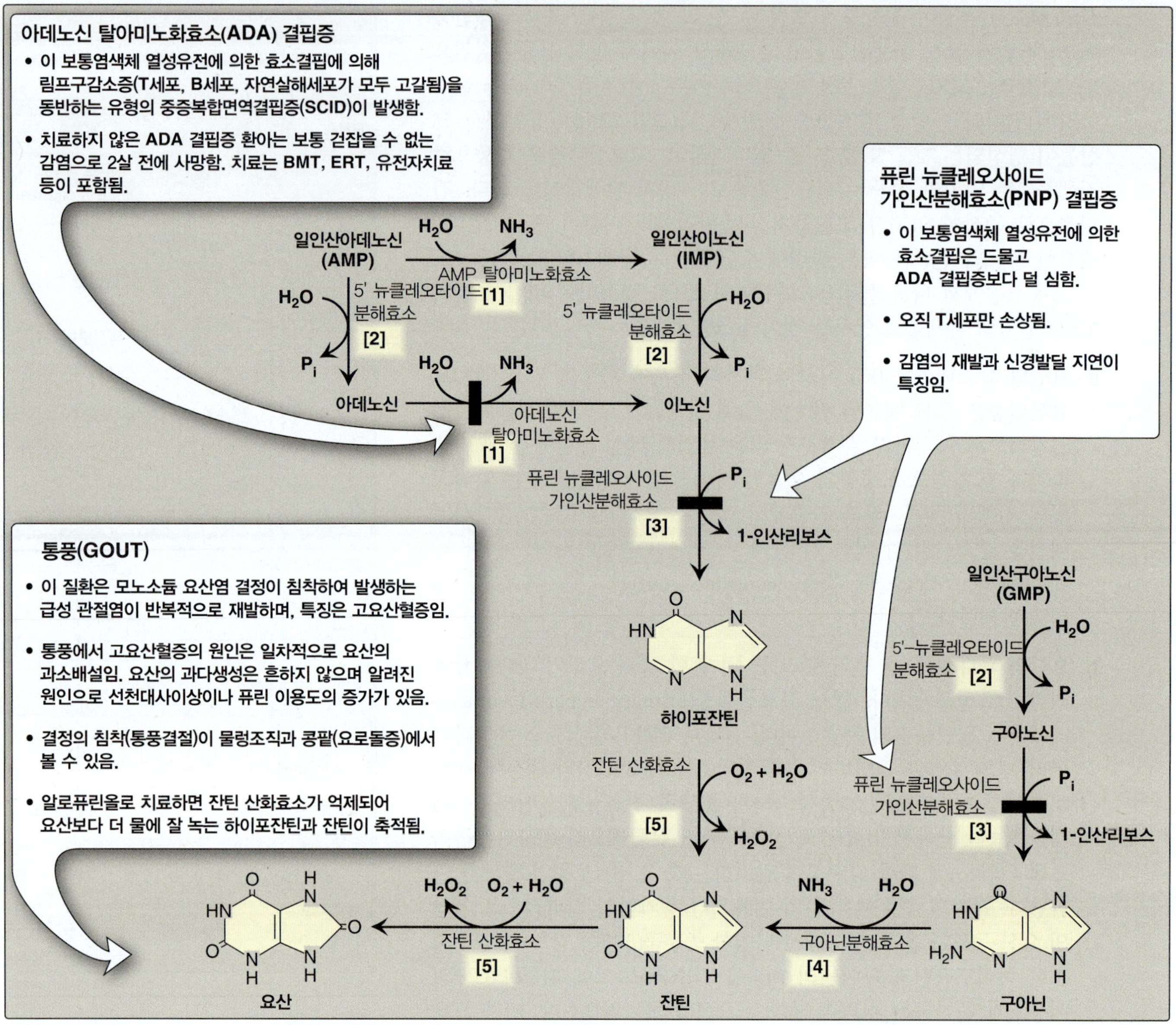

아데노신 탈아미노화효소(ADA) 결핍증

- 이 보통염색체 열성유전에 의한 효소결핍에 의해 림프구감소증(T세포, B세포, 자연살해세포가 모두 고갈됨)을 동반하는 유형의 중증복합면역결핍증(SCID)이 발생함.
- 치료하지 않은 ADA 결핍증 환아는 보통 걷잡을 수 없는 감염으로 2살 전에 사망함. 치료는 BMT, ERT, 유전자치료 등이 포함됨.

퓨린 뉴클레오사이드 가인산분해효소(PNP) 결핍증

- 이 보통염색체 열성유전에 의한 효소결핍은 드물고 ADA 결핍증보다 덜 심함.
- 오직 T세포만 손상됨.
- 감염의 재발과 신경발달 지연이 특징임.

일인산아데노신 (AMP)
H_2O NH_3
AMP 탈아미노화효소 [1]
일인산이노신 (IMP)
H_2O 5′ 뉴클레오타이드 분해효소 [2] P_i
5′ 뉴클레오타이드 분해효소 [2] H_2O P_i
아데노신
H_2O NH_3
아데노신 탈아미노화효소 [1]
이노신
퓨린 뉴클레오사이드 가인산분해효소 [3] P_i 1-인산리보스

통풍(GOUT)

- 이 질환은 모노소듐 요산염 결정이 침착하여 발생하는 급성 관절염이 반복적으로 재발하며, 특징은 고요산혈증임.
- 통풍에서 고요산혈증의 원인은 일차적으로 요산의 과소배설임. 요산의 과다생성은 흔하지 않으며 알려진 원인으로 선천대사이상이나 퓨린 이용도의 증가가 있음.
- 결정의 침착(통풍결절)이 물렁조직과 콩팥(요로돌증)에서 볼 수 있음.
- 알로퓨린올로 치료하면 잔틴 산화효소가 억제되어 요산보다 더 물에 잘 녹는 하이포잔틴과 잔틴이 축적됨.

하이포잔틴
일인산구아노신 (GMP)
5′–뉴클레오타이드 분해효소 [2] H_2O P_i
구아노신
퓨린 뉴클레오사이드 가인산분해효소 [3] P_i 1-인산리보스
잔틴 산화효소 [5] $O_2 + H_2O$ H_2O_2
구아닌
NH_3 H_2O 구아닌분해효소 [4]
잔틴
H_2O_2 $O_2 + H_2O$ 잔틴 산화효소 [5]
요산

그림 22.15
퓨린 뉴클레오타이드의 요산으로의 분해와 이 경로와 관련된 몇 가지 유전병. [참고: 대괄호 안의 숫자는 본문에서 언급한 숫자와 일치함.] BMT = 골수이식; ERT = 효소대체요법; P_i = 무기인산염. H_2O_2 = 과산화수소; NH_3 = 암모니아.

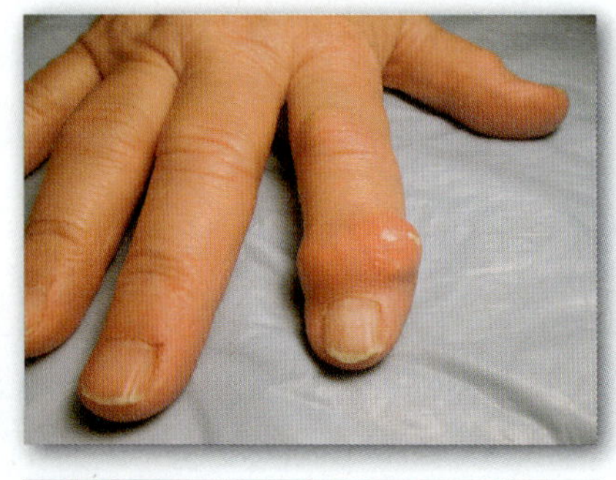

그림 22.16
결절통풍(tophaceous gout).

테로이드 약물들이 사용된다. [참고: 콜치신은 미세관(microtubule) 형성을 방해하여 중성구가 염증부위로 이동하는 것을 감소시킨다. 다른 항염증제와 달리 요산 농도에는 아무런 효과를 나타내지 않는다.] 장기적인 통풍의 치료전략은 요산의 농도를 포화점(6.5 mg/ml)보다 낮춤으로써 요산염 결정의 침착을 방지하는 것이다. 프로베네시드나 설핀피라존과 같은 요산배설촉진제(uricosuric agent)는 요산의 콩팥 배설을 촉진시키므로 요산의 과소배설 환자에게 사용된다. 알로퓨린올(allopurinol)은 요산합성 억제제로서 요산의 과다생산 환자에게 사용한다. 알로퓨린올은 체내에서 옥시퓨린올로 전

환되고, 이것은 잔틴 산화효소(XO)를 억제하여 결과적으로 하이포잔틴과 잔틴이 축적된다(그림 22.15 참조). 이들은 요산보다 용해가 잘 되므로 염증반응을 덜 일으킨다. 정상 농도의 HGPRT를 가진 환자에서 하이포잔틴은 회수될 수 있으므로 PRPP의 농도가 감소되고 따라서 신생 퓨린 합성도 감소된다. 비퓨린 XO 억제제인 페북소스타트(febuxostat)가 최근 사용된다. [참고: 요산의 혈중 농도는 정상적으로 포화점에 가깝다. 이것이 요산이 강한 항산화 효과를 갖는 이유 중에 하나일 것이다.]

2. **아데노신 탈아미노화효소(adenosine deaminase, ADA) 결핍:** ADA는 다양한 조직에서 발현되지만 사람에서는 림프구가 가장 높은 효소 활성을 갖고 있는 세포질 효소이다. ADA가 결핍되면 아데노신이 축적되고, 아데노신은 세포의 인산화효소에 의해 리보뉴클레오타이드나 데옥시리보뉴클레오타이드로 전환된다. dATP의 농도가 증가함에 따라 리보뉴클레오타이드 환원효소는 억제되고, 따라서 모든 데옥시리보스 함유 뉴클레오타이드의 생성이 방지된다(342쪽 참조). 결과적으로 세포에서 DNA의 합성이 중지되고 세포분열도 일어날 수 없다. [참고: ADA가 결핍되면 dATP와 아데노신이 축적되어 림프구의 발달이 정지되고 세포자멸사가 일어난다.] 이 보통염색체 열성 질환의 가장 심한 형태는 T세포, B세포, 자연살해세포가 모두 감소하는 중증복합면역결핍병(SCID) 유형이다. 미국에서 모든 경우의 SCID 중에서 대략 14%가 ADA에 해당하는 것으로 추정하고 있다. 치료는 골수이식(BMT), 효소대체요법(ERT), 유전자 치료가 필요하다(573쪽 참조). 적절한 치료를 하지 않으면 이 병에 걸린 아이는 보통 2살 전에 감염으로 사망한다. [참고: 퓨린 뉴클레오사이드 가인산분해효소(PNP) 결핍은 주로 T세포만 침범하는 덜 심한 면역결핍증을 일으킨다.]

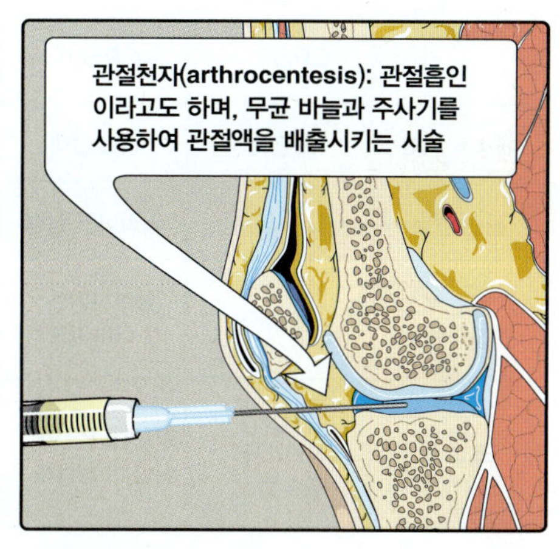

그림 22.17
관절액의 분석은 관절부종과 관절염의 원인(감염, 통풍, 류마티스 등)을 알아낼 때 도움이 된다.

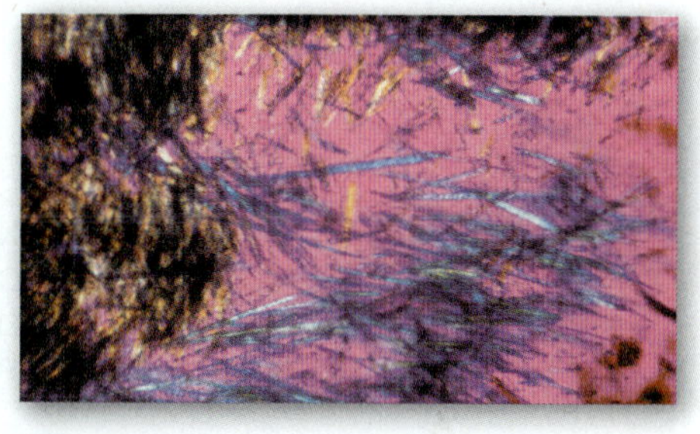

그림 22.18
흡인한 윤활액에서 음성 이중굴절의 모노소듐 요산염 결정이 편광현미경 검사에서 보이면 통풍으로 진단한다. 여기에서 결정은 다형핵 백혈구 안에 있다.

VI. 피리미딘(Pyrimidine)의 합성과 분해

기존의 5-인산리보스 위에서 고리가 만들어지는 퓨린 고리의 합성과 다르게 피리미딘 고리는 먼저 합성된 후에 PRPP에서 제공하는 5-인산리보스에 부착한다. 피리미딘 고리의 합성에 사용되는 원자의 공급원은 글루타민, CO_2, 아스파트산 등이다(그림 22.19).

A. 카바모일인산염(carbamoyl phosphate)의 합성

포유류 세포에서 이 경로의 조절 단계는 글루타민과 CO_2로부터 카바모일인산염을 합성하는 단계인데, 이 반응은 카바모일인산염 합성효소 II(CPS II)에 의해 촉진된다. CPS II는 UTP(이 경로의 최종생성물로서 다른 피리미딘 뉴클레오타이드로 바뀔 수 있음)에 의해 억제되며, ATP와 PRPP에 의해 활성화된다. [참고: CPS I에 의해 합성된 카바모일인산염은 또한 요소의 전구체이기도 하다(290쪽 참조). 요소 회로에서 OTC의 결함은 카바모일인산염의 이용도가 증가하기 때문에 피리미딘 합성이 촉진된다. 그림 22.20에서 두 효소의 비교를 보여준다.]

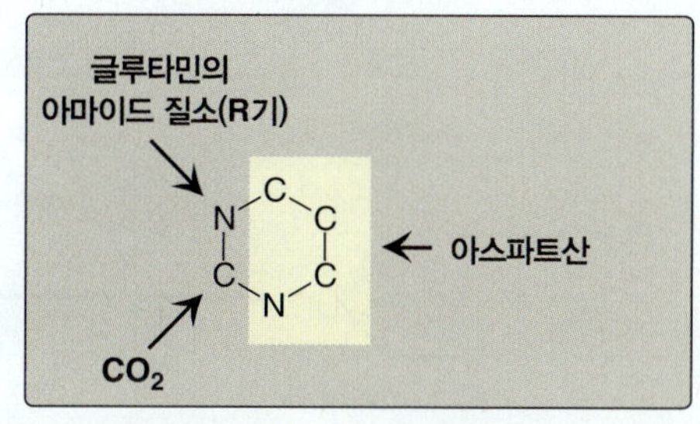

그림 22.19
피리미딘 고리에 있는 각 원자들의 공급원. CO_2 = 이산화탄소.

	CPS I	CPS II
세포속 위치	사립체	세포질액
관련 경로	요소 회로	피리미딘 합성
질소의 공급원	암모니아	글루타민의 γ-아마이드기
조절자	활성자: N-아세틸 글루탐산	활성자: PRPP 억압자: UTP

그림 22.20
카바모일인산염 합성효소 I(CPS I)과 CPS II의 비교 요약. PRPP = 5-인산리보실-1-파이로인산염; UTP = 삼인산유리딘.

B. 오로트산(orotic acid)의 합성

피리미딘 합성의 두 번째 단계에서 카바모일아스파트산이 아스파트산 카바모일기전달효소에 의해 생성된다. 이어서 이수소오로트산분해효소(dihydroorotase)의 가수분해를 통해 피리미딘 고리가 닫히게 된다. 이수소오로트산이 산화되어 오로트산(오로트산염)이 생성된다(그림 22.21). 플라빈 모노뉴클레오타이드(FMN)는 이 반응에서 환원된다.

C. 피리미딘 뉴클레오타이드(pyrimidine nucleotide)의 합성

완성된 피리미딘 고리는 두 번째 단계에서 뉴클레오타이드인 5-일인산오로티딘(OMP)로 전환된다(그림 22.21 참조). 퓨린에서처럼 PRPP가 5-인산리보스 주개이다. 오로트산 인산리보실기전달효소(OPRT)는 OMP를 생성하고 파이로인산을 유리하여 이 반응을 생물학적으로 비가역적으로 만든다. [참고: 따라서 퓨린과 피리미딘 합성은 둘 다 글루타민, 아스파트산, PRPP 등을 필수적인 전구체로 사용한다.] OMP(오로티딜산)는 오로티딜산 탈카복실화효소에 의해 카복실기가 떨어져 일인산유리딘(UMP)이 된다. 인산리보실기전달효소 및 탈카복실화효소 활성은 UMP 생성효소라

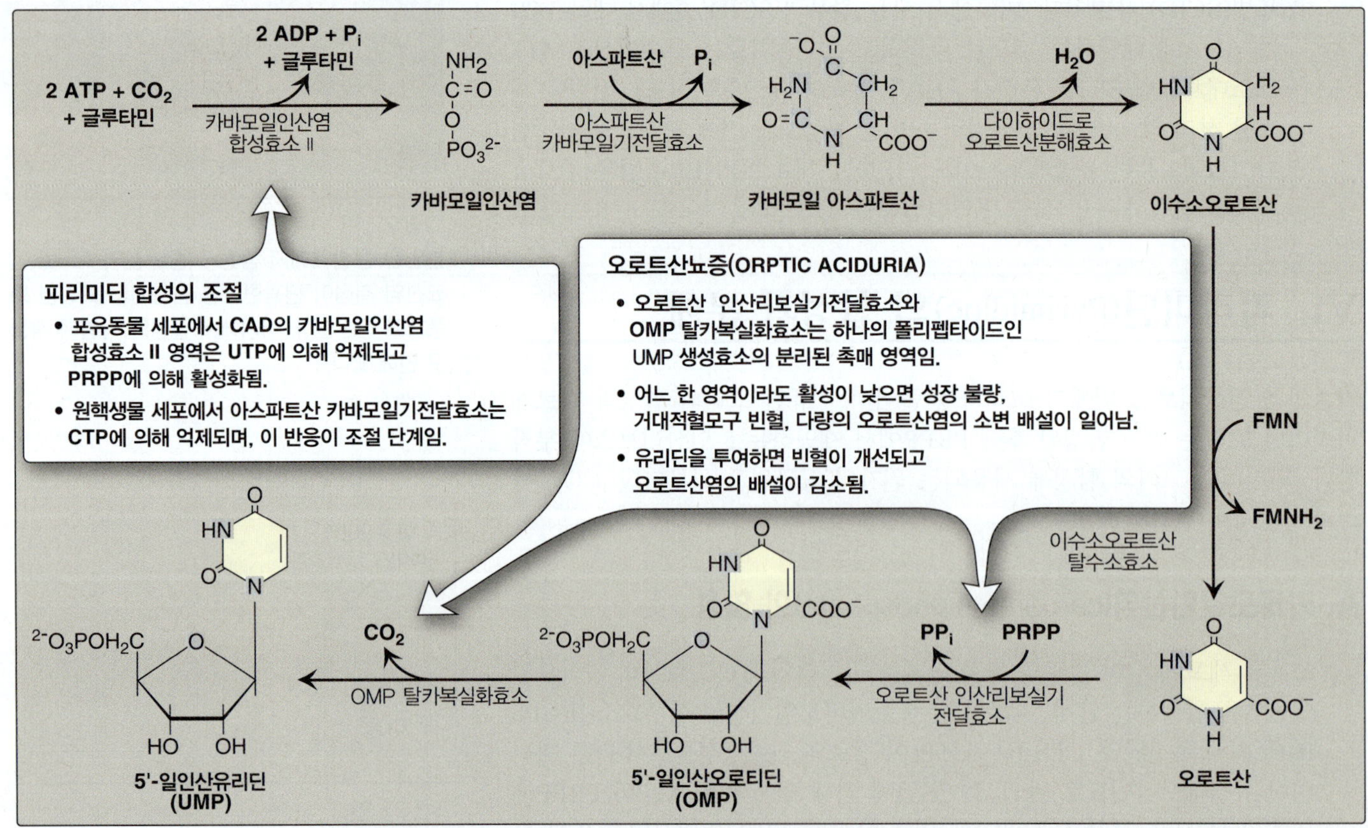

그림 22.21
피리미딘의 신생합성. ADP = 이인산아데노신; P_i = 무기인산염; FMN(H2) = 플라빈 모노뉴클레오타이드; CTP = 삼인산사이티딘;PRPP = 5-인산리보실-1-파이로인산염; PP_i = 파이로인산염.

고 부르는 단일 폴리펩타이드의 개별 촉매 영역이다. 유전성 오로트산뇨증(매우 희귀한 질환)은 이 이중기능 효소의 하나 또는 두 가지 활성의 결핍에 의해 야기될 수 있고, 결과적으로 소변에 오로트산이 존재한다(그림 22.21 참조). 피리미딘 생합성의 첫 번째 반응은 UTP에 의해 억제되는 반응이기 때문에, 유전성 오로트산뇨증과 관련된 빈혈은 유리딘으로 치료된다. 요소 회로에서 OTC가 부족하면 오로트산염의 요 수치가 상승한다는 점을 기억하라(555쪽 참조). 이것은 OTC의 카바모일인산염 기질이 대신 피리미딘 합성으로 유입되기 때문이다. UMP는 순차적으로 인산화되어 UDP와 UTP가 된다. [참고: UDP는 리보뉴클레오타이드 환원효소의 기질로서 dUDP를 생성한다. dUDP는 인산화에 의해 dUTP가 되고, 이것은 삼인산데옥시유리딘분해효소(dUTPase)에 의해 재빨리 가수분해되어 dUMP로 바뀐다. 이런 식으로 dUTPase는 DNA 합성의 기질로서 dUTP의 이용도를 감소시키는 중요한 역할을 하는데, 결국 DNA 합성에 유라실이 실수로 혼입되는 것을 방지한다.]

삼인산유리딘(UTP)
글루타민
ATP
CTP 합성효소
글루탐산
ADP + P_i
삼인산사이티딘(CTP)

그림 22.22
UTP로부터의 CTP 합성. [참고: RNA 합성에 필요한 CTP는 dCTP로 전환되어 DNA 합성에 사용된다.] ADP = 이인산아데노신; P_i = 무기인산염.

D. 삼인산사이티딘(CTP)의 합성

CTP는 글루타민이 제공하는 질소를 사용하여 CTP 합성효소에 의해 UTP가 아미노화되어 생성된다(그림 22.22). 일부의 CTP는 탈인산에 의해 CDP가 되는데, 이 CDP는 리보뉴클레오타이드 환원효소의 기질이다. 이렇게 생성된 dCDP는 인산화되어 dCTP(DNA 합성에 사용됨)가 되거나 탈인산화되어 dCTP(탈아미노화에 의해 dUMP가 됨)가 될 수 있다.

E. 일인산데옥시타이미딘(dTMP)의 합성

dUMP는 타이미딜산 생성효소에 의해 dTMP로 전환되는데, 이 효소는 메틸기 공급원으로서 N^5, N^{10}-메틸렌 사수소엽산을 사용한다(이 보조효소에 관한 것은 307쪽 참조). 이것은 흔하지 않은 반응으로서 사수소엽산(THF)이 네리딘 고리에서 일탄소 단위뿐만 아니라 2개의 수소 원자를 제공하는데, 결과적으로 THF가 산화되어 이수소엽산(DHF)이 된다(그림 22.23). 타이미딜산 생성효소의 억제제는 5-플루오로유라실(이 약은 항종양제임)과 같은 타이민 유사체들을 포함한다. 이것은 대사되어 5-플루오로데옥시유리딘(5-FdUMP)로 전환되는데, 이 물질은 불활성형 타이미딜산 생성효소에 영구적으로 결합하기 때문에 이 약물을 자살 억제제라고 한다(66쪽 참조). DHF는 이수소엽산 환원효소(438쪽, 그림 28.2 참조)에 의해서 THF로 환원될 수 있는데, 이 효소는 메토트렉세이트와 같은 엽산 유사체에 의해 억제된다. THF의 공급이 감소함에 따라 엽산 유사체는 퓨린 합성을 억제할 뿐만 아니라(그림 22.7 참조) dUMP가 dTMP로 전환되는 메틸화를 방지함으로써 DNA 필수 성분의 이용도를 떨어드린다. 따라서 DNA의 합성은 억제되고 세포의 성장은 느려진다. 이 약물들은 암세포의 성장속도를 감소시킬 때 사용한다. [참고: 아사이클로버(acyclovir, 퓨린 유사체)와 AZT(3′-아자이도-3′-데옥시타이미딘, 피리미딘 유사체)는 각각 단순포진 바이러스와 사람면역결핍 바이러스 감염의 치료제이다. 각각 바이러스 DNA 중합효소를 억제한다.]

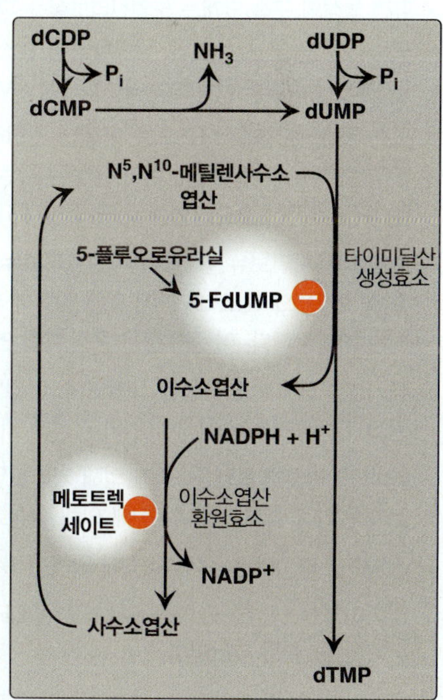

그림 22.23
dUMP로부터의 dTMP 합성과 항암제가 작용하는 자리.

F. 피리미딘의 분해와 회수

인체에서 절단되지 않고 용해도가 나쁜 요산으로 분비되는 퓨린 고리와 다르게 피리미딘 고리는 열려서 높은 가용성 생성물인 β-알라닌(CMP와 UMP의 분해에서 생성됨)과 β-아미노아이소뷰티르산(TMP 분해에서 생성됨)으로 분해되면서 암모니아과 CO_2를 생성한다. 피리미딘 염기는 뉴클레오사이드로 회수된 후 뉴클레오타이드로 인산화될 수 있다. 그러나 높은 가용성에 의해 피리미딘 회수가 가능하기 때문에 임상적으로 퓨린 회수보다 중요성이 떨어진다. [참고: 피리미딘 뉴클레오사이드의 회수는 유전오로트산뇨증(hereditary orotic aciduria)의 치료에 유리딘을 사용하는 근거가 된다(348쪽 참조).]

VII. 요약

- **뉴클레오타이드**는 **질소성 염기**(아데닌 = A, 구아닌 = G, 사이토신 = C, 유라실 = U, 타이미딘 = T), **오탄당**, 그리고 1개, 2개, 3개의 **인산기**로 구성된다(그림 22.24).
- A와 G는 **퓨린**이고 C, U, T 등은 **피리미딘**이다.
- 당이 **리보스**일 때 뉴클레오타이드는 **인산리보뉴클레오사이드**(예: AMP)가 되며, 이것은 세포에서 **RNA**의 구성성분과 같은 여러 기능을 가질 수 있다. 당이 **데옥시리보스**일 때 뉴클레오타이드는 **인산데옥시리보뉴클레오사이드**(예: dAMP)가 되며, 이것은 거의 절대적으로 **DNA**의 구성성분으로서 발견될 것이다.
- **퓨린 합성**의 **구속 단계**는 **5-인산리보실**-1-파이로인산염(**PRPP**, 활성형 오탄당으로 퓨린 및 피리미딘의 신생 합성과 퓨린의 회수에 리보스-인산기를 공급함)과 **글루타민**의 질소를 사용하여 인산리보실아민을 생성하는 단계이다. 이 반응을 담당하는 효소는 **글루타민:PRPP 아마이드전달효소(GPAT)**로서 AMP, GMP, IMP(이 경로의 최종생성물) 등에 의해 억제되고, PRPP에 의해 활성화된다.
- 또한 퓨린 뉴클레오타이드는 아데닌 인산리보실기전달효소(**APRT**)와 하이포잔틴-구아닌 인산리보실기전달효소(**HGPRT**)에 의해 촉진되는 회수반응을 통해 이미 생성된 퓨린 염기로부터 생성된다. 거의 완전하게 HGPRT가 결핍되면 강박적인 자기절단을 동반하는 중증 유전성 고요산혈증 형태의 **레시-나이한 증후군**이 발생한다.
- 모든 데옥시리보뉴클레오타이드는 **리보뉴클레오타이드 환원효소**에 의해 리보뉴클레오타이드로부터 합성된다. 이 효소는 조절이 아주 잘 되며, 그 예로 **dATP**에 의해 강하게 억제된다. dATP는 **아데노신 탈아미노화효소가 결핍**된 환자의 골수세포에서 과다하게 생성되는 화합물이다. 이 증후군은 **중증 복합 면역결핍병(SCID)**을 일으킨다.
- 퓨린분해의 최종생성물은 **요산**이며, 이것이 과다생성되거나 과소배설되면 **고요산혈증**이 발생한다. 더구나 **모노소듐 요산염 결정**이 관절과 물렁조직에 침착하여 이 결정에 대한 염증반응을 동반하면 **통풍**으로 발전한다.
- **카바모일인산염 합성효소 II**에 의해 카바모일인산염이 생성되는 **피리미딘 합성**의 첫 번째 단계가 이 경로의 **조절** 단계이다(이 반응은 **UTP**에 의해 억제되며 PRPP에 의해 활성화된다). 이 경로에서 생성된 UTP는 CTP로 전환된다.
- dUMP는 **타이미딜산 생성효소**에 의해 dTMP로 전환되는데, 이 효소는 **5-플루오로유라실**(5-FU)과 같은 항암제의 표적이 된다.
- 타이미딜산 생성효소 반응에서 생성된 DHF를 **THF**로 재생시킬 때 **이수소엽산 환원효소**가 필요하며, 이 효소는 **메토트렉세이트**와 같은 약물의 표적 자리이다.

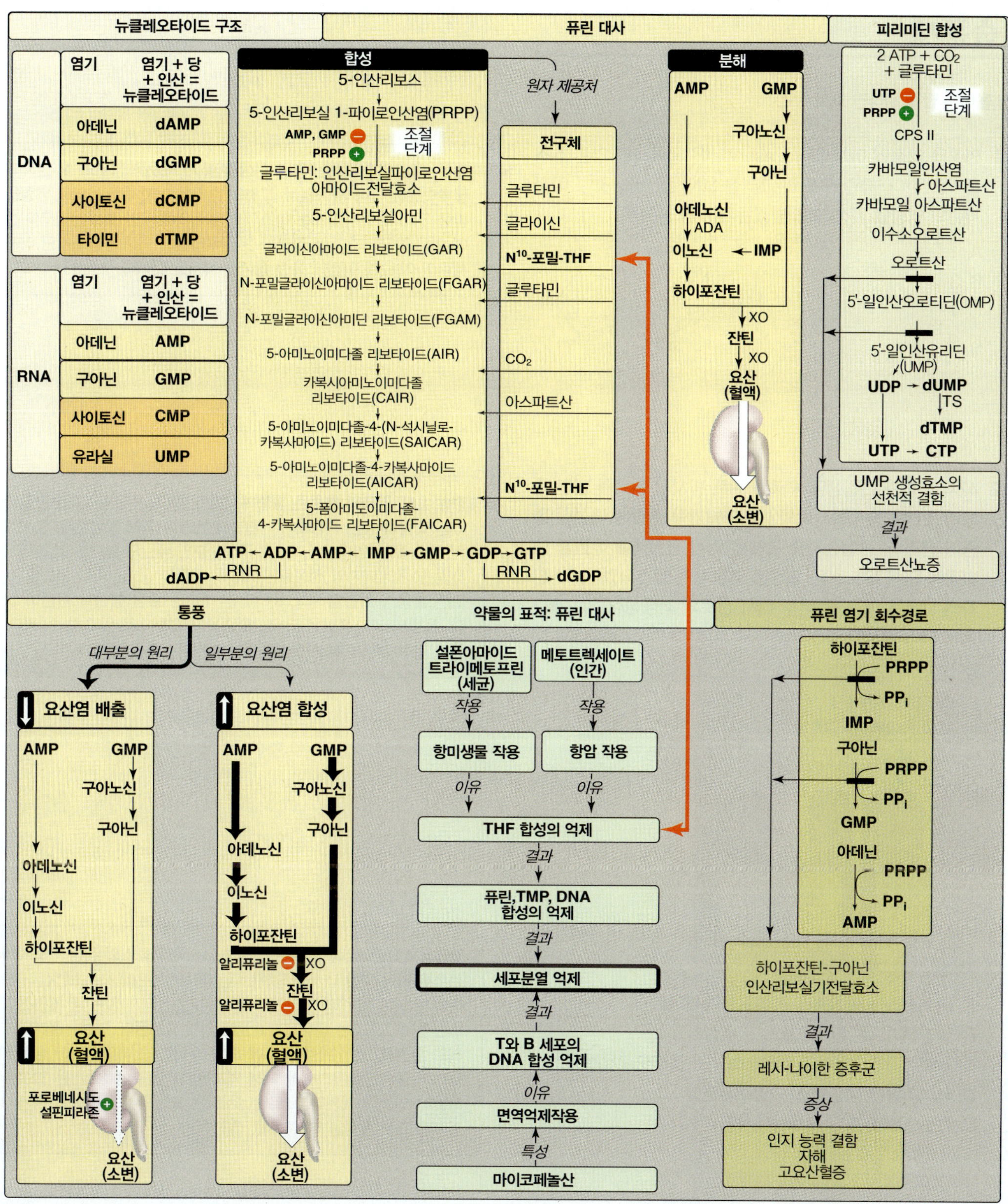

그림 22.24

뉴클레오타이드 대사의 핵심 개념도. THF = 사수소엽산; GPAT = 글루타민:인산리보실파이로인산염 아마이드전달효소; ADA = 아데노신 탈아미노화효소; XO = 잔틴 산화효소; TS = 타이미딜산 생성효소; RNR=리보뉴클레오타이드 환원효소; CPS II = 카바모일인산염 합성효소 II; AMP = 일인산아데노신; GMP = 일인산구아노신; CMP = 일인산사이티딘; TMP = 일인산타이미딘; IMP = 일인산이노신; d = 데옥시; PP_i = 파이로인산염; PRPP = 5-인산리보실-1-파이로인산염.

연습문제

가장 올바른 답을 하나만 고르시오.

22.1 연구용 약물인 아자세린(azaserine)은 글루타민 의존 효소를 억제한다. 퓨린 구조의 고리질소(N) 중 어느 것이 아자세린의 영향을 가장 크게 받겠는가(그림 참조)?

A. 1
B. 3
C. 7
D. 9

정답 = D. 9번 질소는 퓨린 신생합성(*de novo*) 경로의 첫 단계의 글루타민에 의해 제공되며, 그것의 혼입은 아자세린에 의해 영향을 받을 것이다. 1번 질소는 아스파트산에 의해, 7번 질소는 글라이신에 의해 공급된다. 3번 질소 또한 글루타민에 의해 공급되지만 아자세린이 이 단계 이전에 퓨린 합성을 억제할 것이다.

22.2 42세 남자가 전립샘암 치료를 위해 방사선 치료를 받던 중 그의 오른쪽 엄지발가락의 발허리발가락 관절에 극심한 통증이 생겼다. 관절천자를 통해 얻어진 관절액에서 편광 현미경에 의해 모노소듐 요산염 결정체가 발견되었다. 이 환자의 고통은 다음 중 어느 대사 경로의 최종생성물이 과다생산 되어 발생한 것인가?

A. 피리미딘 신생합성
B. 피리미딘 분해
C. 퓨린 신생합성
D. 퓨린 회수
E. 퓨린 분해

정답 = E. 환자의 통증은 통풍에 의한 것이며, 이것은 그의 관절에 있는 과량의 요산 결정체에 대한 염증반응에 의해 발생한다. 방사선 치료는 세포사멸과 핵산 및 그 구성성분인 퓨린의 분해를 일으킨다. 퓨린 분해의 마지막 생성물인 요산은 통풍과 콩팥결석을 일으킬 수 있는 불용성 화합물이다. 피리미딘 대사는 요산 생성과 관련이 없다. 퓨린의 과다생성은 고요산혈증을 간접적으로 일으킬 수 있다. 퓨린 회수 경로는 요산 생산을 감소시킨다.

22.3 다음 뉴클레오타이드 대사 효소 중 어느 것이 약리학적 억제제와 알맞게 짝지어졌는가?

A. 이수소엽산 환원효소 – 메토트렉세이트
B. 일인산이노신 탈수소효소 – 수산화요소
C. 리보뉴클레오타이드 환원효소 – 5-플루오로유라실
D. 타이미딜산 생성효소 – 알로퓨린올
E. 잔틴 산화효소 – 프로베네시드

정답 = A. 메토트렉세이트는 이수소엽산 환원효소의 경쟁적 억제제로 작용하여 엽산 대사를 방해한다. 따라서 세포에 사수소엽산이 부족하게 되며, 퓨린과 일인산타이미딘이 합성되지 않는다. 일인산이노신 탈수소효소는 마이코페놀산에 의해 억제된다. 리보뉴클레오타이드 환원효소는 수산화요소에 의해 억제된다. 타이미딜산 생성효소는 5-플루오로유라실에 의해 억제된다. 잔틴 산화효소는 알로퓨리놀에 의해 억제된다. 프로베네시드는 요산의 콩팥배설을 증가시키지만 요산 합성을 억제하지는 않는다.

22.4 한 살 된 여자아기가 의식이 없고 무기력하며 빈혈을 보인다. 아이의 키와 몸무게는 나이에 비하여 작은 편이다. 아이의 소변은 오로트산이 증가되어 있었다. 일인산유리딘 생성효소의 활성이 낮다. 다음 중 어느 것의 투여가 아이의 증상을 완화시킬 것인가?

A. 아데닌
B. 구아닌
C. 하이포잔틴
D. 타이미딘
E. 유리딘

정답 = E. 증가된 오로트산이 배출과 일인산유리딘 생성효소의 낮은 활성도는 환자가 오로트산뇨증(피리미딘 신생합성에 영향을 주는 희귀한 유전병)을 앓고 있다는 것을 의미한다. UMP 생성효소의 하나 또는 두 개의 촉매자리 결핍에 의해 환자는 피리미딘을 합성할 수 없다. 피리미딘 뉴클레오타이드인 유리딘은 활성 소실을 우회하여 다른 피리미딘으로 전환될 수 있는 UMP로 재사용될 수 있기 때문에 유용한 치료제이다. 타이미딘은 피리미딘 뉴클레오타이드이지만 다른 피리미딘으로 전환될 수 없다. 하이포잔틴, 구아닌, 아데닌은 모두 퓨린 염기이기 때문에 피리미딘으로 전환될 수 없다.

22.5 오니틴 카바모일기전달효소 결핍에 의한 오로트산뇨증과 UMP 생성효소 결핍에 의한 오로트산뇨증을 구별할 때 어떤 검사실 검사의 도움을 받아야 하는가?

오로트산뇨증 및 오니틴 카바모일기전달효소 결핍증 모두에서 소변 오로트산 수치가 상승한다. 혈중 암모니아 농도는 요소회로에 영향을 미치는 오니틴 카바모일기전달효소 결핍에서 상승할 것으로 예상되지만 일인산유리딘 합성효소 결핍에서는 상승할 수 없다.

제 5 단원
대사의 통합

인슐린과 글루카곤의 대사 효과

23

I. 개관

연료대사에서 4개의 주요 조직(간, 지방조직, 근육, 뇌)은 주도적인 역할을 한다. 이러한 조직에는 고유한 효소 세트가 포함되어 있어 각 조직은 특정 연료의 저장, 이용, 생성 등에 대해 전문화되어 있다. 이 조직들은 독자적인 작용을 수행하기보다는 네트워크의 일부로써 작용하여, 한 조직이 다른 조직에 기질을 제공하거나 혹은 다른 조직에서 생산된 화합물을 가공한다. 조직 사이의 커뮤니케이션은 신경계통, 혈중 기질의 가용성, 혈장 호르몬 농도의 변화 등에 의해 매개된다(그림 23.1). 에너지 대사의 통합은 주로 인슐린과 글루카곤 두 가지 펩타이드에 의해 제어되고(혈중 기질 농도 변화에 반응하여 분비), 카테콜아민인 에피네프린과 노르에피네프린이 보조적인 역할은 한다(신경 신호에 반응하여 분비). 우리 몸은 이 호르몬들의 순환 농도 변화를 통해 음식이 충분할 때 에너지를 저장하거나, 혹은 공복이나 생존위기(기아, 심한 손상, "싸우거나 도망가기" 상황) 때 저장된 에너지를 사용할 수 있다. 이 장에서는 에너지 대사에 가장 깊이 영향을 미치는 두 호르몬의 구조, 분비, 대사 효과 등에 대해 기술한다.

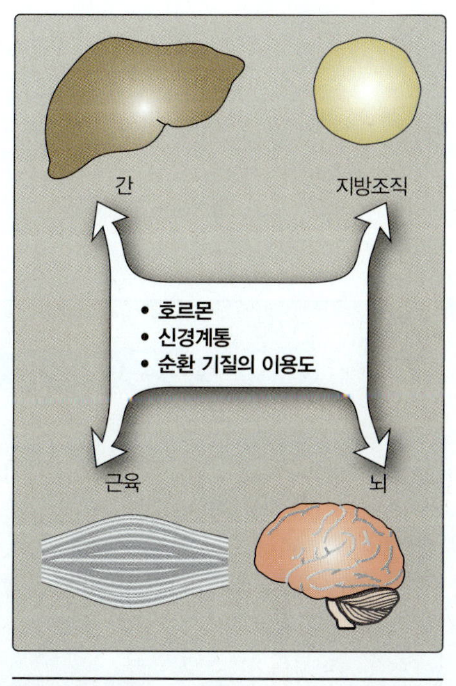

그림 23.1
4개의 주요 조직 간의 소통 기전.

II. 인슐린

인슐린은 이자의 내분비 영역에 존재하는 세포 집단인 랑게르한스 섬의 베타세포에서 생성되는 펩타이드 호르몬이다(그림 23.2). [참고: "인슐린"은 라틴어의 섬에서 유래했다.] 이 섬은 전체 이자세포의 단지 1~2% 정도를 차지한다. 인슐린은 조직의 연료사용을 조정하는 가장 중요한 호르몬이다. 예를 들면 인슐린의 대사효과는 합성대사로 당원, 트라이아실글리세롤(TAG), 단백질의 합성을 선호한다.

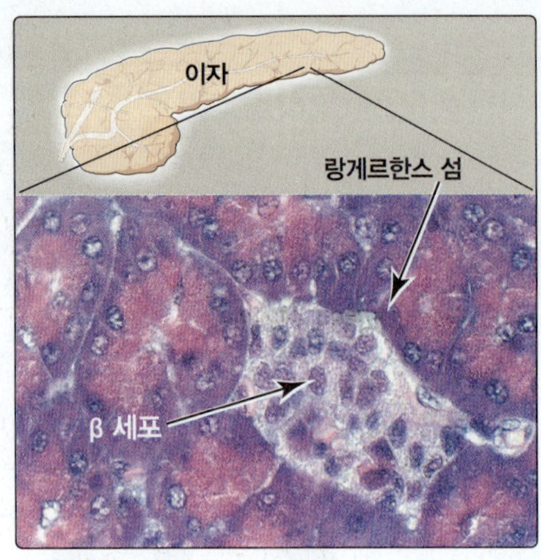

그림 23.2
랑게르한스 섬.

A. 구조

인슐린은 51개의 배열된 아미노산으로 구성되며, 2개의 폴리펩타이드 사슬(A와 B, A의 아미노산이 21개)이 두 개의 이황다리(disulfide bridge)로 서로 연결되어 있다(그림 23.3A). 인슐린 분자는 A 사슬의 시스테인 잔기 사이에서도 분자내 이황다리를 가지고 있다. [참고: 인슐린은 일차 구조가 규명된 최초의 펩타이드이며, 재조합 DNA 기술로 만든 최초의 치료용 분자이다(557쪽)].

B. 합성과 분해

인슐린 합성과정에서 만들어지는 중간대사물의 가공과 수송은 그림 23.3B와 그림 23.4에서 보여준다. 생합성은 두 가지 불활성 전구체인 전구풋인슐린(preproinsulin)과 풋인슐린(proinsulin)의 생산과정을 포함하는데, 이 전구체들은 A 사슬과 B 사슬이 단일 펩타이드를 이루고 있다. 이 전구체들은 순차적으로 절단되어 2개 사슬이 연결된 활성형 호르몬과 C-펩타이드를 1:1 비율로 생성한다. [참고: 인슐린 접힘 과정이 제대로 일어나기 위해서는 C-펩타이드가 필수적이다. 또한, 혈장에서 인슐린보다 긴 반감기를 가지기 때문에 C-펩타이드는 인슐린의 생산과 분비를 대변하는 좋은 지표이다.] 인슐린은 세포질액에 과립으로 저장되었다가 적절한 자극(아래 C.1 참조)이 주어지면 세포외배출로 분비된다(분비될 단백질 합성에 대한 논의는 526쪽 참조). 인슐린은 인슐린-분해효소에 의해 주로 분해되는데 주로 간에 존재하며, 신장에서도 적은 량이 존재한다. 인슐린의 혈장 반감기는 6분 이내이다. 작용기간이 짧기 때문에 인슐린의 순환 농도는 빠르게 변화한다.

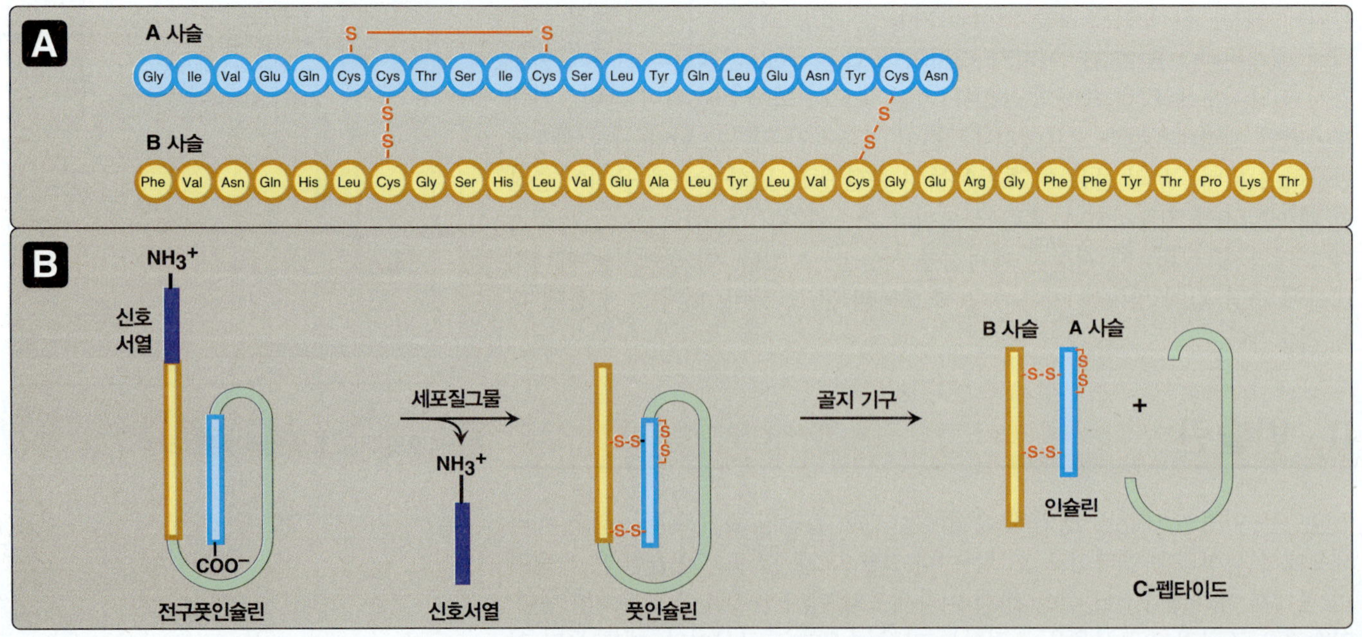

그림 23.3
A: 인슐린의 구조. **B:** 전구풋인슐린으로부터 사람 인슐린의 생성. S-S = disulfide bond(이황결합).

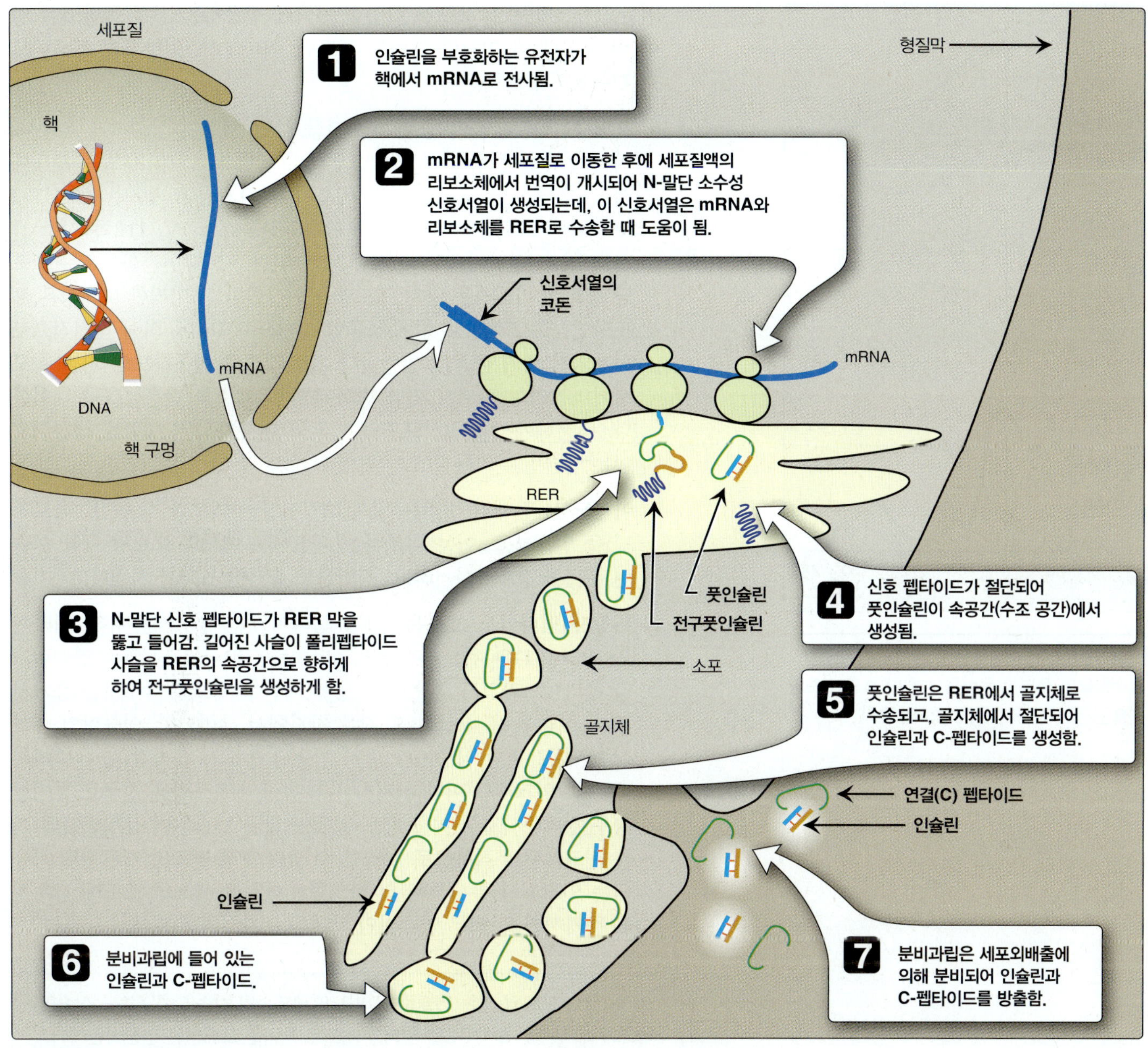

그림 23.4
인슐린과 그 전구체들의 세포속 이동. mRNA = 전령 RNA; RER = 거친면세포질그물.

C. 분비 조절

인슐린 분비는 혈액 유래 연료와 호르몬에 의해 조절된다.

1. **분비 증가:** 이자 β 세포의 인슐린 분비는 이자 α 세포의 글루카곤 분비와 밀접한 조화를 이룬다(그림 23.5). 분비되는 글루카곤과 인슐린의 상대적인 양이 정상적으로 조절되면 간에서 포도당을 생산량이 말초조직에서 포도당을 사용하는 양과 동일하게 유지된다. 이를 통해 혈당을 70~140 mg/dl(3.9~7.8 mmol/l) 범위에서 유지하게 된다. 이 조정

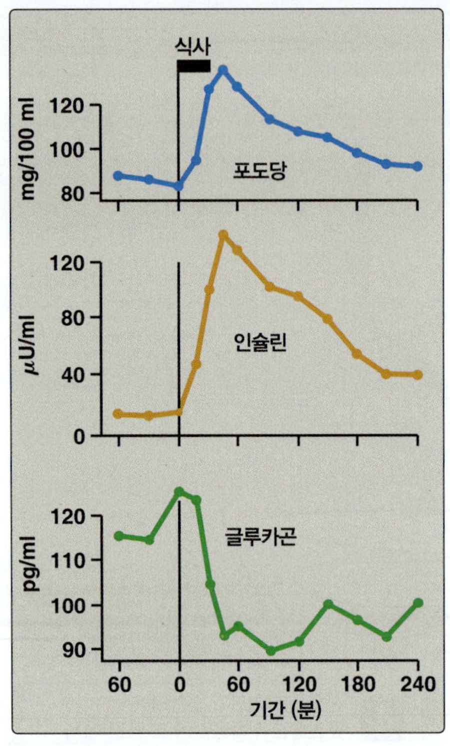

그림 23.5
탄수화물이 풍부한 음식을 섭취한 후의 포도당, 인슐린, 글루카곤의 혈중 농도의 변화.

역할을 고려하면 β 세포가 다양한 자극에 반응하는 것은 놀랄만한 일이 아니다. 특히 인슐린 분비는 포도당, 아미노산, 위창자의 펩타이드 호르몬에 의해 증가된다.

a. 포도당: 탄수화물이 풍부한 식사를 하면 혈당이 상승하게 되는데, 이는 인슐린 분비의 주 자극요인이다(그림 23.5). β 세포는 체내에서 가장 중요한 포도당-감지 세포이다. 간처럼 β 세포는 GLUT-2 수송체와 포도당인산화효소(육탄당인산화효소 IV, 112쪽 참조)를 갖고 있다. 혈당이 45 mg/dl 초과가 되면 포도당인산화효소는 포도당 농도에 비례하는 양의 포도당을 인산화한다. 이러한 비례성은 포도당인산화효소가 반응 생성물인 6-인산포도당에 의해 직접적으로 억제되지 않기 때문에 일어난다. 추가적으로 반응속도와 기질 농도 사이의 S자형 관계가 혈당 변화에 대한 효소의 반응성을 최대화한다. 당분해에서 6-인산포도당 이후의 대사과정은 ATP를 생성하고 이는 인슐린 분비를 일으킨다(아래 상자 참조).

b. 아미노산: 단백질 섭취는 일시적인 혈장 아미노산 상승(예: 아르지닌)을 일으키고, 이는 내분비 이자 β 세포에서의 포도당-자극 인슐린 분비를 강화한다. [참고: 지방산도 유사한 효과를 가진다.]

c. 위창자 펩타이드 호르몬: 창자 펩타이드인 글루카곤-유사 펩타이드-1(GLP-1)과 위산억제 폴리펩타이드(GIP, 포도당-의존 인슐린자극 펩타이드라고도 함)는 포도당에 대한 β 세포의 감수성을 증가시킨다. 이들은 음식 섭취 후 작은 창자에서 분비되며, 인슐린의 예상 상승(역주: 혈당 상승보다 먼저 인슐린 농도가 올라감)을 유발하기 때문에 "인크레틴"이라고 지칭한다. 동량의 포도당을 경구로 투여할 경우 정맥주사로 투여할 때보다 훨씬 많은 인슐린이 분비되는데 이는 인크레틴의 작용으로 설명할 수 있다. 2형 당뇨병 치료제로 사용되는 인크레틴 유사 계열의 항고혈당제는 β 세포의 포도당 감수성을 증가시키고, 이는 인슐린의 분비를 증가시키게 된다.

혈액으로의 포도당-의존 인슐린 분비는 β 세포속의 칼슘(Ca^{2+}) 농도 상승에 의하여 매개된다. GLUT-2를 통해 β 세포로 들어온 포도당은 인산화된 후 대사되며, 결과적으로 세포속의 ATP 상승을 일으킨다. ATP-민감 포타슘(K^+) 통로가 ATP 상승에 반응하여 닫히게 되면, 세포막의 탈분극이 유발된다. 탈분극은 세포막의 전압개폐 Ca^{2+} 통로가 열리도록 매개하며, 이를 통해 Ca^{2+}이 세포속으로 유입된다. 세포질액의 Ca^{2+}의 증가는 β 세포 인슐린 함유 소포의 세포외배출을 일으킨다. 설포닐유레아는 ATP-민감 K^+ 통로를 닫아 인슐린 분비를 일으킨다. 이 약물은 인슐린 분비촉진제로 지칭되며, 2형 당뇨병의 고혈당 치료를 위한 경구제로 사용된다. 메글리티나이드는 설포닐유레아와 유사하게 작용하나, 설포닐유레아보다 ATP-민감 K^+ 통로와의 결합 친화력은 낮고 해리도는 높아 단기작용 인슐린 분비촉진제로 사용한다. 반대로 다이아족사이드는 ATP-민감 K^+ 통로를 열어 인슐린 분비를 감소시킨다. 다이아족사이드는 선천성 고인슐린혈증이나 인슐린종(인슐린-생산 종양)에 의한 저혈당 치료제로 사용된다.

2. **분비 감소:** 음식 연료의 고갈 또는 생리적 스트레스(예: 감염, 저산소증, 격렬한 운동) 상태 시 저혈당을 방지하기 위해 인슐린 합성과 분비가 감소한다. 이러한 효과는 주로 카테콜아민인 노르에피네프린과 에피네프린에 의해 매개되며, 이들은 교감신경계와 부신수질에서 타이로신으로부터 만들어져 분비된다. 분비는 대부분 신경계에 의해 제어된다. 카테콜아민(주로 에피네프린)은 에너지대사에 직접적인 영향을 주어 에너지생산 연료를 빠르게 동원하는데, 이러한 연료는 간의 포도당(당원분해나 포도당신생성에 의해 생산됨, 138쪽 참조)과 지방조직의 지방산(지방분해에서 생성됨, 218쪽 참조)이 포함된다. 또한 이러한 생체 아민들은 정상적인 포도당-자극 인슐린 분비를 무효화할 수 있다. 따라서 응급상황에서는 혈장 포도당 농도가 β 세포의 인슐린 분비에 대해 가졌던 통제력이 상당량 교감신경계로 넘어간다. 인슐린 분비의 조절은 그림 23.6에 요약되어 있다.

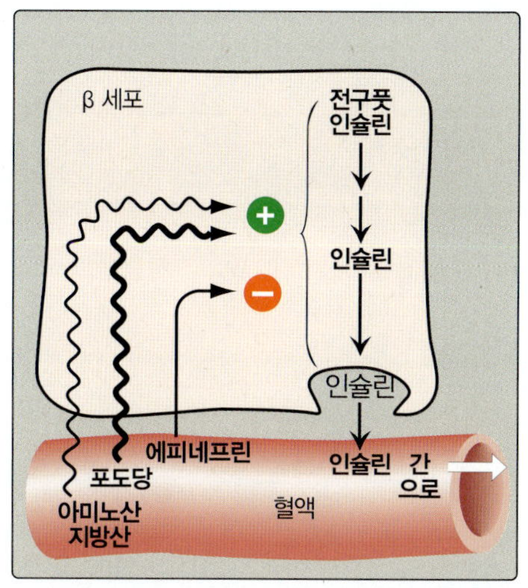

그림 23.6
이자 β 세포의 인슐린 분비의 조절. [참고: 위창자의 펩타이드 호르몬도 또한 인슐린 분비를 자극한다.]

D. 대사 효과

인슐린은 영양소(주로 포도당)를 세포속으로 섭취하는 것을 촉진한다. 또한 당원, TAG, 단백질을 포함하는 영양소들의 저장을 촉진하고, 세포바깥으로 나가는 동원을 억제한다.

1. **탄수화물 대사에 미치는 영향:** 포도당 대사에 미치는 인슐린의 영향은 포도당의 저장을 촉진하는 것으로서 3개의 조직(간, 근육, 지방조직)에서 가장 두드러진다. 간과 근육에서 인슐린은 당원합성을 증가시킨다. 근육과 지방조직에서 인슐린은 세포막에 있는 포도당 수송체(GLUT-4, 110쪽 참조)의 수를 증가시킴으로써 포도당 섭취를 증가시킨다. 따라서 인슐린을 정맥에 주입하면 즉각적으로 혈당 농도가 감소한다. 간에서 인슐린은 당원분해와 포도당신생성의 억제를 통해 포도당의 생성을 감소시킨다. [참고: 인슐린의 효과는 효소 활성뿐만 아니라 인슐린 신호전달에 영향받는 유전자 전사에 의해서는 효소의 양까지 변화시킨다.]

2. **지질 대사에 미치는 영향:** 인슐린의 증가는 지방세포에서 TAG 분해에 핵심 효소인 호르몬민감 지질분해효소의 활성을 억제함으로써 지방조직에서 지방산 유리의 현저한 감소를 빠르게 유발한다. 인슐린은 탈인산화를 촉진함으로써 효소를 불활성화한다(218쪽 참조). 또한 지방세포속으로 포도당을 수송과 대사를 증가시킴으로써 TAG 합성에 필요한 기질인 3-인산글리세롤을 제공한다(216쪽 참조). 인슐린은 또한 순환하는 암죽미립과 초저밀도 지단백질(VLDL, 265쪽 참조)의 TAG를 분해하는 지단백질 지질분해효소(LL)의 유전자 발현을 지방세포에서 증가시킴으로써 글리세롤에 에스터화할 지방산을 제공한다. [참고: 인슐린은 간에서 포도당의 TAG 전환도 촉진한다. 전환된 이 TAG는 VLDL로 분비된다.]

3. **단백질 합성에 미치는 영향:** 대부분의 조직에서 인슐린은 아미노산의 세포속 흡수와 단백질 합성(번역) 모두를 촉진한다. [참고: 인슐린은 번역 개시에 필요한 인자에 공유결합 변화를 통한 활성화를 일으켜 단백질 합성을 촉진한다.]

E. 기전

인슐린은 간, 근육, 지방조직을 포함하는 거의 모든 조직에서 세포막에 존재하는 특이적인 고친화성 수용체와 결합한다. 이것은 인슐린이 궁극적으로 다양한 생물학적 작용을 유도하는 연쇄증폭(cascade) 반응의 첫 번째 단계이다(그림 23.7).

1. **인슐린 수용체:** 한 개의 폴리펩타이드로 합성된 인슐린 수용체는 당화된 후 α 및 β 소단위로 절단된다. 다음에 이 소단위들이 이황결합으로 연결되어 사합체로 조합된다(그림 23.7). 세포바깥쪽에 있는 α 소단위는 인슐린 결합자리를 갖고 있다. 각 β 소단위의 소수성 영역이 형질막에 걸쳐 있다. β 소단위의 세포질쪽 영역은 인슐린에 의해 활성화되는 타이로신 인산화효소이다. 결과적으로 인슐린 수용체는 타이로신-인산화효소 수용체로 분류된다.

2. **신호변환:** 인슐린이 인슐린 수용체의 α 소단위에 결합하면 β 소단위로 신호변환이 전달되어 형태의 변화가 일어난다. 이로 인해 각 β 소단위의 특정 타이로신 잔기에 신속한 자가인산화가 촉진된다(그림 23.7). 자가인산화에 의해 인슐린수용체 기질(IRS)에 속하는 단백질들의 인산화를 포함하는 세포의 신호전달 연쇄증폭이 개시된다. 최소 네 가지의 IRS가 밝혀졌으며, 이들은 구조적으로 유사하지만 분포하는 조직은 다르다. 인산화된 IRS 단백질은 다른 신호전달 분자의 특이적인 영역(SH2로 알려진 영역)과 상호작용하여, 유전자 발현, 세포 대사, 성장에 영향을 주는 여러 경로들을 활성화한다. 인슐린의 작용은 수용체의 탈인산화에 의해 종료된다.

3. **막에 미치는 영향:** 근육과 지방 같은 특정 조직 내부로의 포도당 수송은 인슐린이 존재할 때 증가한다(그림 23.8). 인슐린은 세포속 소포에 있는 웅덩이로부터 세포막으로 인슐린민감 포도당 수송체(GLUT-4)의 이동을 촉진한다. [참고: 이동은 IRS가 인산화효소(인산이노시타이드 3-인산화효소)에 결합하여 활성화한 신호 연쇄증폭의 결과이다. 이 효소는 막 인지질인 4,5-이중인산포스파티딜이노시톨(PIP_2)를 인산화하여 3,4,5-삼중인산염 형태(IP_3)를 만들고, 이 IP_3는 인산이노시타이드 인산화효소 1에 결합한다. 이어서 이 효소가 Akt(아니면 단백질 인산화효소 B)를 활성화하면 GLUT-4의 이동이 일어난다.] 반면 다른 조직들은 인슐린비민감성 포도당 수송 체계를 가지고 있다(그림 23.9). 예를 들면, 간세포, 적혈구, 신경계의 세포, 창자 점막, 콩팥 요세관, 각막은 포도당을 흡수할 때 인슐린이 필요하지 않다.

4. **수용체 조절:** 인슐린이 결합하면 호르몬-수용체 복합체가 세포속으로 내입(internalization)한다. 세포속으로 들어가면 인슐린은 용해소체에서 분해된다. 수용체는 분해되기도 하지만 대부분은 세포 표면으로 가서 재순환된다. [참고: 인슐린 농도가 올라가면 수용체의 분해가 촉진되어 표면수용체의 수가 감소한다. 이것은 하향 조절의 한 형태이다.]

5. **시간 경과:** 인슐린이 결합하면 광범위한 작용이 나타난다. 가장 즉각적인 반응은 지방세포와 뼈대근육, 심장근육 내부로의 포도당 수송이며,

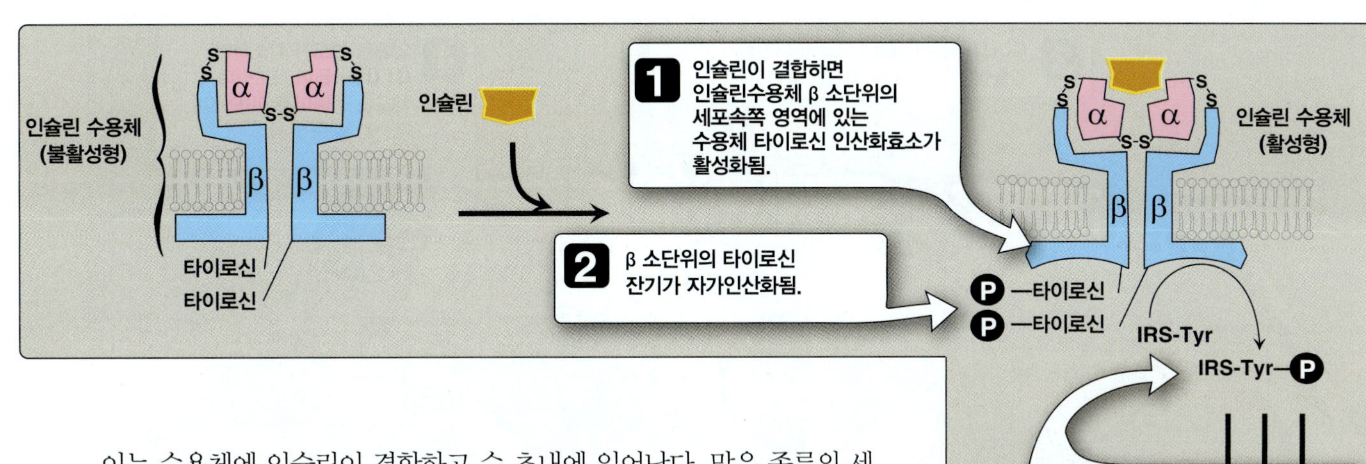

이는 수용체에 인슐린이 결합하고 수 초내에 일어난다. 많은 종류의 세포에서 인슐유도 효소활성 변화는 수 분에서 수 시간 사이에 나타나며 이는 이미 존재하던 단백질의 인산화 변화를 반영한다. 포도당인산화효소, 간 파이루브산 인산화효소, 아세틸 CoA 카복실화효소(ACC), 지방산 생성효소와 같은 효소들은 인슐린에 의해 효소의 양이 증가하는데 이것은 수 시간에서 수 일이 소요된다. 이런 변화들은 전사(SREBP-1에 의해 매개됨, 212쪽 참조) 및 번역 증가로 유전자 발현이 증가한 것을 반영한다.

III. 글루카곤

글루카곤은 이자 랑게르한스 섬의 α 세포에서 분비하는 펩타이드 호르몬이다. 에피네프린, 노르에피네프린, 코티솔, 성장 호르몬("역조절" 호르몬)과 함께 글루카곤은 많은 인슐린 작용에 반대로 작용한다(그림 23.10). 가장 중요한 점은 글루카곤이 간의 당원분해와 포도당신생성을 활성화함으로써 혈당 농도를 유지한다는 점이다. 글루카곤은 하나의 폴리펩타이드 사슬에 배열된 29개의 아미노산으로 구성된다. [참고: 인슐린과 다르게 글루카곤의 아미노산 서열은 지금까지 알려진 모든 포유동물 종에서 서로 같다.] 인슐린 생합성에서 설명한 것과 비슷하게 글루카곤은 일련의 선택적인 단백질 가수분해 절단을 통하여 글루카곤으로 전환되는 커다란 전구체(전구폿글루카곤)로 합성된다(그림 23.3 참조). 인슐린과는 다르게 전구폿글루카곤은 조직마다 다른 생성물로 가공되는데, 예를 들면 창자 L 세포에서는 GLP-1으로 가공된다. 인슐린과 같이 글루카곤도 짧은 반감기를 가진다.

A. 분비 증가

α 세포는 실제 또는 잠재적인 저혈당증의 신호에 해당하는 다양한 자극에 반응한다.(그림 23.11) 특히, 글루카곤은 저혈당, 아미노산, 카테콜아민에 의해 분비가 증가한다.

1. **저혈당:** 혈장 포도당 농도의 감소는 글루카곤 분비의 주된 자극이다. 하룻밤이나 장기간 금식 시 글루카곤 농도가 상승하여 저혈당증을 방지한다(저혈당증에 대한 것은 IV장 참조).

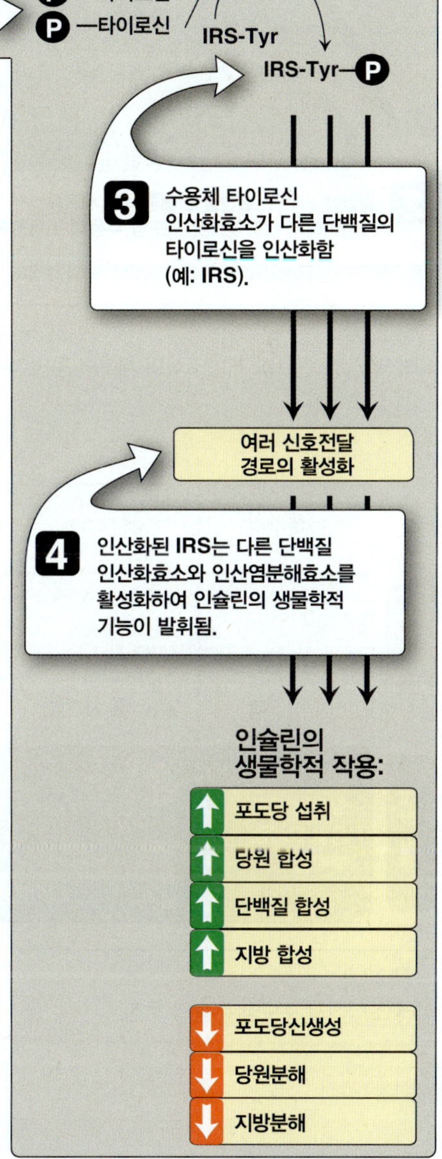

그림 23.7
인슐린 작용기전.
P = 인산염; Tyr = 타이로신; S-S = 이황결합.

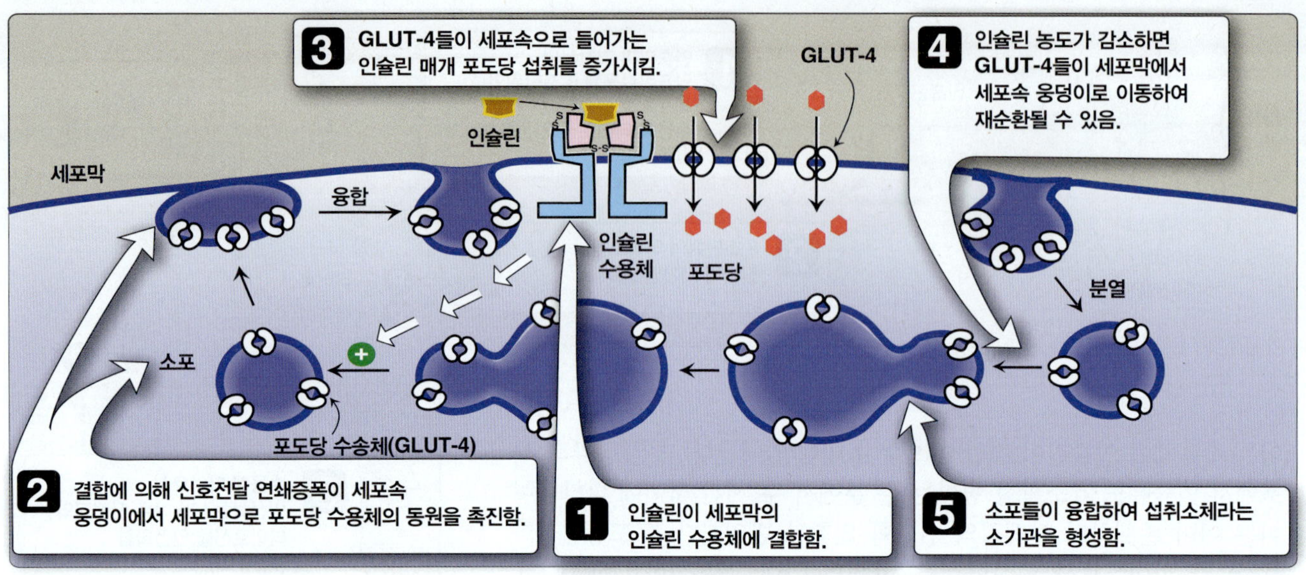

그림 23.8
뼈대 및 심장 근육과 지방조직의 세포속 웅덩이로부터 인슐린매개 포도당수송체(GLUT-4)의 동원. S-S = 이황결합.

	능동수송	촉진수송
인슐린 민감		뼈대 및 심장 근육과 지방조직 (가장 큰 조직 덩어리를 차지함)
인슐린 둔감	창자의 상피 콩팥 요세관 맥락얼기	적혈구 백혈구 눈 수정체 각막 간 뇌

그림 23.9
여러 조직에서 포도당 수송의 특징.

2. **아미노산:** 단백질이 들어 있는 음식에서 유래된 아미노산(예: 아르지닌)은 글루카곤 분비를 자극한다. 글루카곤은 단백질 음식 섭취 후 증가된 인슐린 분비에 의해 발생할 수 있는 저혈당증을 효과적으로 방지해준다.

3. **카테콜아민:** 순환 에피네프린(부신 속질 유래)이나 노르에피네프린(이자 교감신경 유래), 혹은 두 가지 카테콜아민 모두의 증가는 글루카곤 분비를 자극한다. 따라서 생리적 스트레스 상황 동안에는 증가된 카테콜아민 농도는 순환 기질이 α 세포에 미치는 효과를 무효화할 수 있다. 이 상황에서는 혈당 농도와 상관없이 포도당 사용이 증가할 것을 예상하여 글루카곤 농도가 상승한다. 반대로 인슐린 농도는 감소한다.

B. 분비 감소

글루카곤의 분비는 혈당 상승과 인슐린에 의해 현저하게 억제된다. 두 가지 모두 포도당이나 탄수화물이 풍부한 식사 후에 상승한다(그림 23.5). 글루카곤의 분비 조절은 그림 23.11에 요약되어 있다.

C. 대사 효과

글루카곤은 분해대사 호르몬으로 혈당 농도 유지를 촉진한다. 글루카곤의 주 표적 기관은 간이다. 글루카곤은 지방과 근육에서의 지방산의 동원과 이용에 영향을 준다.

1. **탄수화물 대사에 미치는 영향 :** 글루카곤의 정맥 투여는 즉각적인 혈당 상승을 일으킨다. 이것은 간에 저장된 당원의 분해(139쪽 참조)와 포

도당신생성(129쪽 참조)의 증가에 따른 결과이다. 낮 시간 동안 식후 혈당 농도는 주로 간의 당원분해에 의해 유지되고, 포도당신생성이 추가적인 혈당을 공급한다. 수면 시 식간 기간 길어지고 당원의 저장 또한 제한되기 때문에, 밤이 깊어질수록 포도당신생성의 혈당 공급이 증가하게 된다. 글루카곤은 또한 PFK-1의 다른자리조절 활성자인 2,6-이중인산과당(128쪽 참조)의 농도를 낮춰 당분해를 억제한다.

2. **지질 대사에 미치는 영향:** 글루카곤이 지질 대사에 미치는 주 영향은 AMP활성화단백질인산화효소(AMPK)에 의한 ACC의 인산화 및 불활성화를 통한 지방산 합성의 억제이다(212쪽 참조). 그 결과 말로닐 CoA 생산이 감소하여 β 산화를 위해 긴 사슬 지방산을 사립체 기질 내부로 이동시키는 데 필요한 카니틴 팔미토일기전달효소-1에 대한 억제작용이 사라진다(218쪽 참조). 글루카곤도 지방조직에서 지질분해 역할을 하지만 호르몬민감 지질분해효소(단백질 인산화효소 A의 인산화를 통한 작용)의 주요 활성자는 카테콜아민이다. 지방세포에서 동원된 유리 지방산은 간과 근육에 흡수되어 아세틸 CoA로 산화된다. 간은 아세틸 CoA를 케톤체 합성에 사용한다. 근육 세포는 아세틸 CoA를 에너지로 사용한다. 글루카곤과 카테콜아민은 또한 심장근육과 뼈대근육에서 LL을 활성화하여, 공복 시 이 근육들이 VLDL에서 지방산을 가져올 수 있게 한다. 글루카곤이 GLUT-4 세포속 격리를 자극한다는 점을 생각하면 근육 조직이 지방산의 에너지원 활용을 증가시키는 것이 합리적이다.
3. **단백질 대사에 미치는 영향:** 글루카곤은 근육에서 온 아미노산의 간 흡수를 증가시켜, 포도당신생성에 사용할 탄소뼈대의 가용성을 증가시킨다. 결과적으로 혈장 아미노산 농도는 감소한다.

D. 기전

글루카곤은 간세포 세포막의 고친화성 G 단백질연결 수용체(GPCR)에 결합한다. 글루카곤이 결합하는 GPCR은 에피네프린이 결합하는 GPCR과는 구분된다. [참고: 에피네프린 수용체는 뼈대근육에서 발견되나 글루카곤 수용체는 아니다.] 글루카곤 결합은 형질막의 아데닐릴 고리화효소의 활성화를 일으킨다(그림 23.12, 108쪽 참조). 이것은 cAMP 상승을 일으키고, cAMP는 cAMP 의존 단백질인산화효소A를 활성화하여 특정한 효소나 다른 단백질의 인산화를 증가시킨다. 이 효소활성 증가의 연쇄증폭은 탄수화물과 지질 대사에 관여하는 핵심 조절효소의 인산화 매개 활성화나 억제를 유발한다. 이러한 예시로는 153쪽의 그림 11.9에 나오는 당원분해 연쇄증폭이 있다. [참고: 인슐린처럼 글루카곤은 유전자 전사에 영향을 준다. 예를 들면 글루카곤은 인산엔올파이루브산 카복실화효소의 발현을 유도한다(140쪽 참조).]

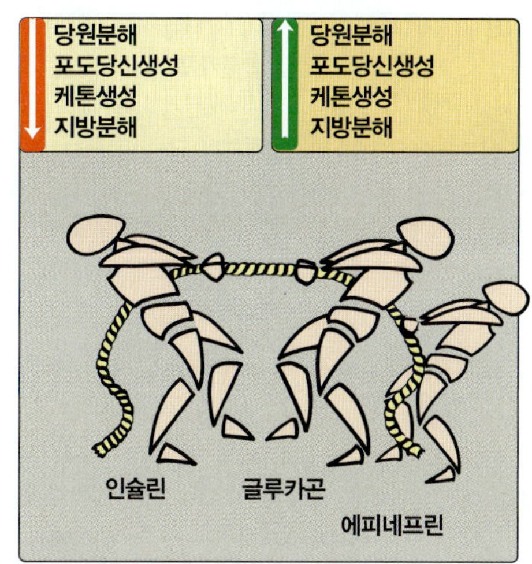

그림 23.10
인슐린 작용에 대한 에피네프린 및 글루카곤의 반대 작용.

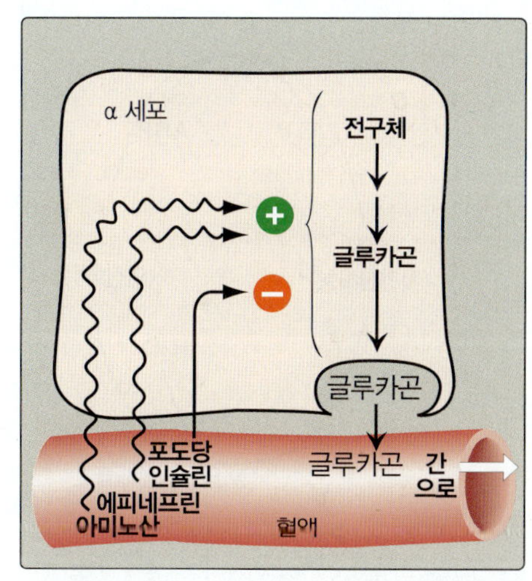

그림 23.11
이자 α 세포에서 글루카곤 분비의 조절. [참고: 아미노산은 인슐린과 글루카곤의 분비를 증가시키는 반면에 포도당은 단지 인슐린만 증가시킨다.]

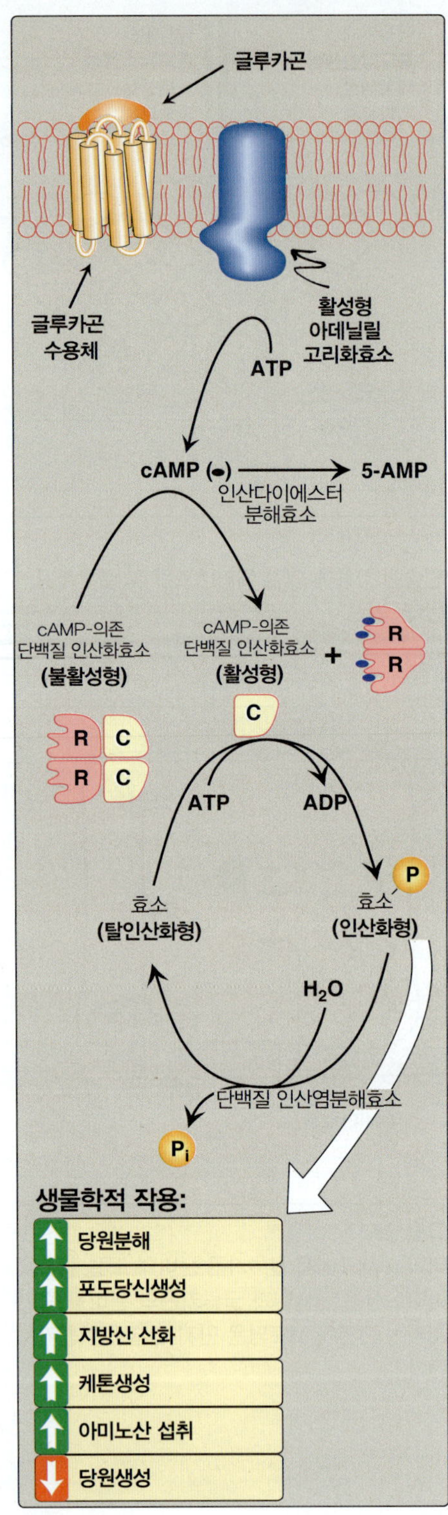

그림 23.12
글루카곤의 작용기전. [참고: 명확하게 하려고 G 단백질에 의한 아데닐릴 고리화효소의 활성화는 생략하였다.] R = 조절 소단위; C = 촉매 소단위; cAMP = 고리일인산아데노신; ADP = 이인산아데노신; P = 인산염.

IV. 저혈당증

저혈당증은 (1) 혼동, 이상행동, 혼수와 같은 중추신경계(CNS) 증상, (2) 50 mg/dl 이하의 혈당 농도의 동반, (3) 포도당 투여 후 몇 분 내에 해결되는 증상(그림 23.13) 을 특징으로 한다. 저혈당증은 의학적 응급상황인데, 이는 중추신경계가 대사 연료로 혈액에서 포도당을 지속적으로 공급받아야 하기 때문이다. 일시적인 저혈당증은 뇌기능 장애를 유발할 수 있고, 지속적인 심한 저혈당증은 뇌 손상을 유발할 수 있다. 따라서 인체가 저혈당증을 방지하거나 교정할 수 있는 여러 중복된 기전들을 가지고 있는 것은 놀라운 일이 아니다. 저혈당증 방지에 가장 중요한 호르몬 변화는 글루카곤과 카테콜아민 분비 증가와 더불어 인슐린 분비 감소가 함께 일어나는 것이다.

A. 증상

저혈당증의 증상은 두 가지로 나누어진다. 불안, 두근거림, 떨림, 발한과 같은 아드레날린성(신경성, 자율신경성) 증상은 저혈당증에 반응한 시상하부에 의해 조절되는 카테콜아민 방출에 의해서 매개된다(주로 에피네프린). 아드레날린성 증상은 일반적으로 혈당 농도가 갑자기 떨어질 때 나타난다. 저혈당증 증상의 두 번째 분류는 신경저당증이다. 포도당의 뇌 전달 장애는 뇌기능 장애, 두통, 혼동, 불분명한 발음, 발작, 혼수, 사망을 유발할 수 있다. 신경저당증 증상은 혈당의 점진적인 하강 시 주로 나타나며, 대체로 50 mg/dl 이하에서 나타난다. 포도당이 천천히 낮아질 경우 CNS의 연료가 고갈되더라도 적절한 아드레날린성 반응이 유발되지 않는다.

B. 포도당조절계

사람은 저혈당증에 의해 활성화되는 두 가지의 중복되는 포도당조절계를 가진다: (1) 글루카곤을 분비하는 α 세포, (2) 비정상적인 저혈당에 반응하는 시상하부의 수용체. 시상하부의 포도당수용체는 카테콜아민의 분비(자율신경계의 교감신경에 의해 매개됨)와 뇌하수체 전엽에서의 부신피질자극호르몬(ACTH)과 성장호르몬 방출을 모두 유발할 수 있다(그림 23.13 참조). [참고: ACTH는 부신피질의 코티솔 합성과 분비를 증가시킨다. (273쪽 참조).] 글루카곤, 카테콜아민, 코티솔, 성장호르몬은 인슐린 반대작용 호르몬(counterregulatory hormone)이라고도 불리는데 이는 포도당 사용에서 인슐린과 반대되는 작용을 하기 때문이다.

1. **글루카곤과 에피네프린:** 이 인슐린 반대작용 호르몬들의 분비는 급성, 단기 혈당 조절에서 가장 중요하다. 글루카곤은 간의 당원분해와 포도당신생성을 자극한다. 에피네프린은 당원분해와 지질분해를 촉진한다. 인슐린 분비는 억제하며, 이로 인해 근육과 지방 조직에서 GLUT-4에 의한 포도당 흡수가 억제된다. 에피네프린은 1형 당뇨병 말기와 같이 글루카곤 분비에 결핍이 있는 경우의 저혈당에서 결정적인 역할을 할 것으로 추정된다(394쪽 참조). 글루카곤과 에피네프린의 분비가 모두 결핍 시 저혈당증의 방지나 교정에 실패한다.

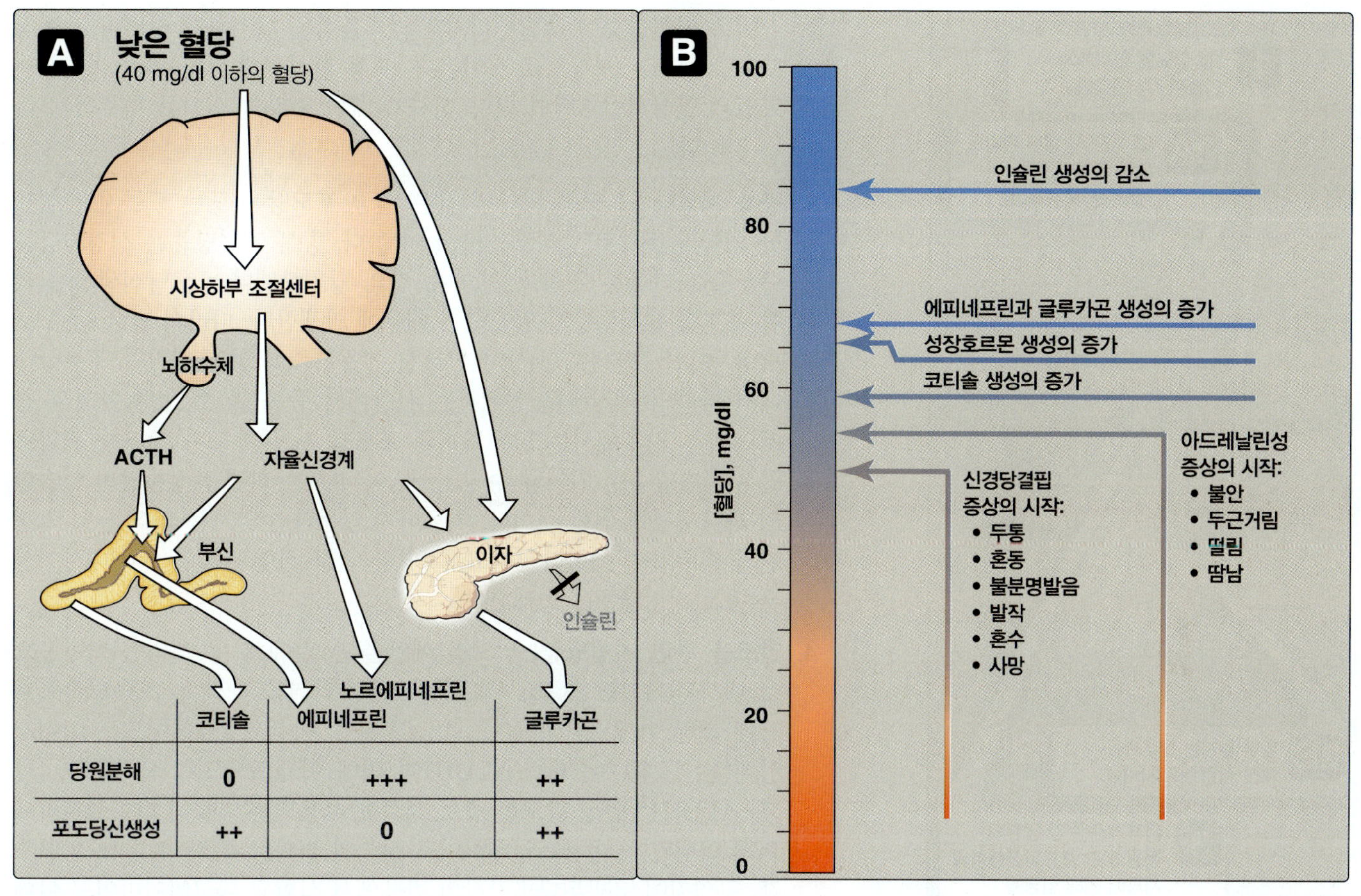

	코티솔	노르에피네프린 에피네프린	글루카곤
당원분해	0	+++	++
포도당신생성	++	0	++

그림 23.13
A: 저혈당에 대한 반응에 의해 나타나는 일부 포도당조절 호르몬의 작용. B: 저혈당증에 대한 여러 반응의 정도를 나타내는 당 문턱. [참고: 정상 공복혈당은 70~99 mg/100 ml이다.] + = 약한 자극; ++ = 적당한 자극; +++ = 강한 자극; 0 = 효과 없음; ACTH = 부신피질자극호르몬.

2. **코티솔과 성장호르몬:** 이 인슐린 반대작용 호르몬들은 단기 혈당 유지에서는 덜 중요하다. 그러나 이들은 포도당 대사의 장기(유전자 전사를 통한) 관리에서는 역할을 한다.

C. 유형

저혈당증은 네 가지 유형으로 나눠진다: (1) 인슐린 유발 저혈당증, (2) 식후 저혈당증(반응성 저혈당증으로도 불린다), (3) 공복 저혈당증, (4) 알코올 관련 저혈당증.

1. **인슐린 유발 저혈당증:** 인슐린 치료를 받고 있는 당뇨병 환자에게서 빈번하게 발생하는 저혈당증으로 특히 혈당을 엄격하게 관리하려고 노력하는 사람들에게서 호발한다. 의식이 온전한 가벼운 저혈당증 환자는 경구 탄수화물 투여로 치료한다. 의식이 없는 환자는 일반적으로 피하주사나 근육내주사로 글루카곤을 투여한다(그림 23.14).

2. **식후 저혈당증:** 저혈당증 중 두 번째로 흔한 유형이다. 음식 섭취 후 과다한 인슐린 분비에 의해서 발생되며, 아드레날린성 증상을 동반한

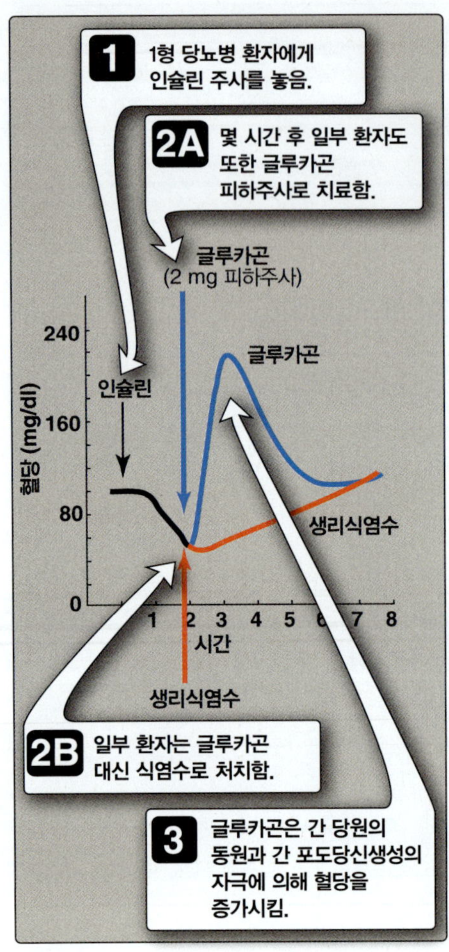

그림 23.14
글루카곤의 피하주사에 의한 인슐린 유도 저혈당증의 역전.

가벼운 저혈당증이 촉발된다. 환자가 음식을 섭취하지 않더라도 혈장 포도당 농도는 정상으로 돌아온다. 보통 환자에게 요구되는 유일한 치료법은 일상적인 3번의 다량 식사가 아닌 소량의 식사를 자주하게 하는 것이다.

3. **공복 저혈당증:** 공복 동안의 낮은 혈중 포도당 농도는 드물지만 심각한 의학적 문제로 나타낼 가능성이 높다. 공복 저혈당증은 신경저당증 증상을 나타내는 경향이 있으며, 간의 당원분해나 포도당신생성에 의한 포도당 생성속도가 감소하기 때문에 발생한다. 따라서 낮은 혈중 포도당 농도는 간세포 손상이나 부신 기능부족이 있는 환자나 공복상태에서 다량의 에탄올을 섭취하는 사람에서 종종 볼 수 있다(아래 4 참조). 다른 경우에서는 말초조직의 포도당 사용 속도가 증가한 결과로 공복 저혈당증이 일어날 수 있는데, 이 경우는 희귀 췌장종양의 인슐린의 과다생성에 의한 것이다. 치료하지 않는다면 환자는 의식을 잃고 경련과 혼수가 발생한다. [참고: 지방산 산화 결함과 같은 선천대사이상은 공복 저혈당증을 초래한다.]

4. **알코올 관련 저혈당증:** 알코올(에탄올)은 간에서 두 개의 산화반응으로 대사된다(그림 23.15). 에탄올은 먼저 아연을 가진 알코올 탈수소효소에 의해 아세트알데하이드로 전환된다. 아세트알데하이드는 이어서 알데하이드 탈수소효소(ALDH)에 의해 아세트산으로 산화된다. [참고: ALDH는 만성 알코올 중독 치료에 사용되는 약물인 다이설피람에 의해 억제된다. 아세트알데하이드 상승의 결과로 홍조, 빠른맥, 과다호흡, 구역질이 유발된다.] 각각의 반응에서 산화된 니코틴아마이드 아데닌 다이뉴클레오타이드(NAD^+)로 전자가 전달되어 NAD^+에 대한 환원형(NADH)의 비가 증가하게 된다. NADH가 풍족하면 파이루브산을 젖산으로, 옥살로아세트산(OAA)을 사과산으로 환원시키는 쪽으로 반응이 진행된다. 136쪽에 기술된 것처럼 파이루브산과 OAA가 포도

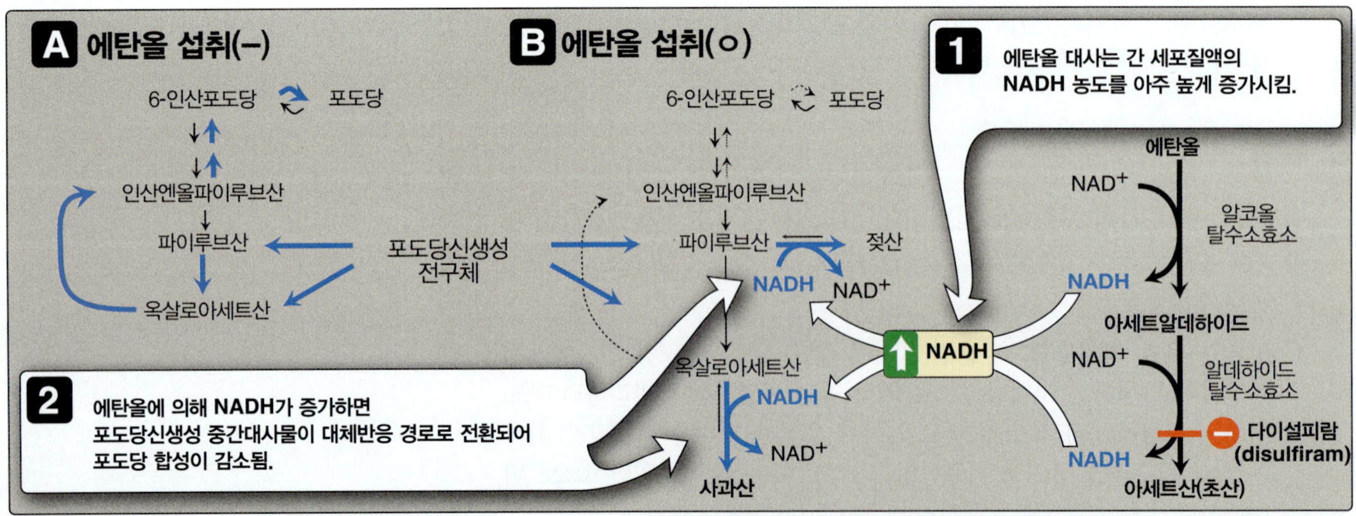

그림 23.15
A: 에탄올 섭취가 없을 때의 정상 포도당신생성. B: 간의 에탄올 대사에 의한 포도당신생성의 억제. NAD(H) = 니코틴아마이드 아데닌 다이뉴클레오타이드.

당 합성과정의 기질인 것을 기억하라. 따라서 NADH의 에탄올 매개 증가는 포도당신생성의 전구체들을 다른 대체 경로로 전환시킴으로써 포도당 합성을 감소시킨다. 이것은 저혈당증의 발생을 촉진할 수 있는데, 특히 간에 저장된 당원이 고갈된 환자에서 흔하다. [참고: OAA 이용도가 감소하면 간에서 아세틸 CoA가 방향을 돌려 케톤체 합성(223쪽 참조)에 참여하여 알코올성 케톤증이 발생할 수 있으며 이는 케톤산증을 초래할 수 있다.] 저혈당증에서 초조, 판단 장애, 공격성과 같은 알코올 중독과 관련이 있는 여러 가지 행동들이 나타날 수 있다. 따라서 취약한 상태의 사람(공복상태이거나 오랜 시간 동안 격렬한 운동)이 알코올을 섭취하는 것은 알코올의 행동효과를 유발하는 저혈당증을 초래할 수 있다. 알코올 섭취는 또한 인슐린을 사용하고 있는 환자에게 저혈당증 발생의 위험성을 증가시킬 수 있다. 따라서 집중 인슐린 치료계획(394쪽 참조)에 따라 치료받는 환자에게는 알코올 섭취 몇 시간 후에 저혈당증이 발생할 위험성이 높다는 충고를 해야 한다.

만성 알코올 소비는 간의 TAG 합성(VLDL의 생성이나 분비의 손상과 연결됨)의 증가에 의한 알코올성 지방간을 초래할 수도 있다. 이때 지방산 산화의 감소는 NAD^+/NADH 비의 하락에 의한 것이고, 지질합성의 증가는 지방산(분해대사의 감소)과 3-인산글리세르알데하이드(이 탈수소효소는 낮은 NAD^+/NADH 비에 의해 억제됨. 115쪽 참조)의 이용도가 증가하여 일어난 것이다. 지속적인 알코올 소비 시 알코올성 지방간은 먼저 알코올성 간염으로, 그 다음에는 알코올성 간경화증으로 진행할 수 있다.

V. 요약

- **에너지 대사**의 통합은 일차적으로 **인슐린**과 인슐린 작용에 반대작용을 하는 **글루카곤**과 카테콜아민(특히 **에피네프린**)에 의해 제어된다(그림 23.16). 이 호르몬들의 순환 농도의 변화에 의해 우리 몸은 음식이 충분할 때 에너지를 저장하고, **생리적 스트레스** 상태(예 : 기아와 같은 생존 위기)에서 저장된 에너지를 사용할 수 있다.
- **인슐린**은 **이자 랑게르한스 섬의 β 세포**가 생산하는 펩타이드 호르몬이다. 인슐린은 이황 연결된 A 사슬과 B 사슬로 구성된다. 혈당의 상승은 인슐린 분비에 대한 가장 중요한 신호이다. 인슐린의 **분비**는 스트레스, 외상, 극심한 운동 등에 반응하여 분비되는 **카테콜아민**에 의해 감소된다.
- 인슐린은 포도당 흡수(근육과 지방조직의 포도당수송체[GLUT-4]를 통해)와 **당원, 단백질,** TAG 합성을 증가시키는 **합성대사** 호르몬이다. 이러한 작용은 인슐린이 **타이로신 인산화효소 수용체**에 결합함으로써 매개된다. 이 결합에 의해 세포신호전달 반응의 연쇄증폭이 개시되며, 여기에는 **인슐린수용체기질(IRS) 단백질**이라는 단백질족의 인산화가 포함된다.
- **글루카곤**은 이자 섬의 **α 세포**가 분비하는 단일체 폴리펩타이드 호르몬이다(인슐린과 글루카곤 모두 합성과정에서 불활성형 전구체이 절단되어 활성형 호르몬이 된다). 글루카곤은 에피네프린, 노르에피네프린, 코티솔, 성장 호르몬(**인슐린 반대작용 호르몬**)과 함께 인슐린의 많은 작용에 반대의 작용을 한다.
- 글루카곤은 저혈당 가능성 시 혈당을 유지하는 역할을 한다. 글루카곤은 **당원분해, 포도당신생성, 지방산 산화, 케톤생성, 아미노산 흡수**를 증가시키는 **분해대사** 호르몬이다. 글루카곤 분비는 저혈당, 아미노산, 카테콜아민에 의해 촉진된다. 또한 혈당의 상승과 인슐린에 의해 억제된다.

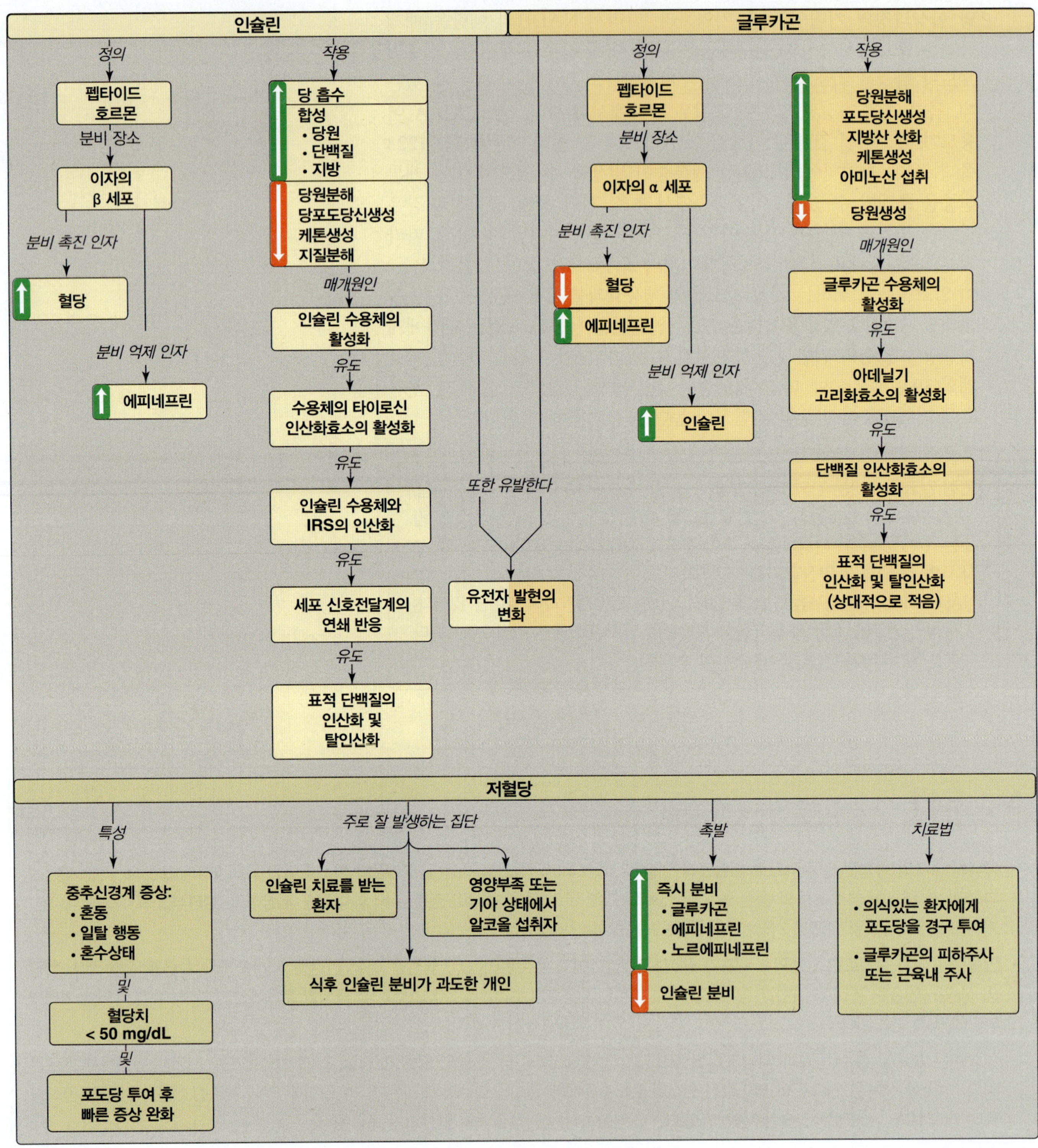

그림 23.16
인슐린과 글루카곤의 대사 효과에 대한 핵심 개념도. IRS = 인슐린 수용체 기질.

- 글루카곤은 간세포의 고친화성 GPCR에 결합한다. 이 결합에 의해 **아데닐기 고리화효소**가 활성화되어 이차전령인 cAMP가 생성된다. 이어지는 **cAMP 의존 단백질 인산화효소** A의 활성화에 의해 탄수화물 대사와 지질 대사에 관여하는 핵심 조절효소가 **인산화**를 매개로 활성화되거나 억제된다. 인슐린과 글루카곤은 둘 다 **유전자 전사**에 영향을 준다.
- **저혈당증**은 포도당 투여서 빠르게 회복되는 **아드레날린성**과 **신경저당성 증후군**을 동반하는 낮은 혈당을 특징으로 가진다. 인슐린 유발 저혈당증, 식후 저혈당증, 공복 저혈당증은 모두 글루카곤과 에피네프린의 분비를 유발한다. **에탄올** 대사에서 동반되는 **니코틴아마이드 아데닌 다이뉴클레오타이드(NADH)**의 환원형 증가는 포도당신생성을 억제하여 저장이 고갈된 사람에게 저혈당증을 유발한다. 알코올 음주도 또한 인슐린을 사용하고 있는 환자에서 저혈당증의 위험성을 증가시킨다. 만성 알코올 소비는 **지방간 질환**의 원인이 될 수 있다.

연습문제

가장 올바른 답을 하나만 고르시오.

23.1 다음 중 인슐린에 맞지만 글루카곤에는 맞지 않은 설명은 어느 것인가?

A. 이자 세포에 의해 분비되는 펩타이드 호르몬이다.
B. 작용은 간세포의 세포막에 있는 수용체에 결합하여 매개한다.
C. 효과는 유전자 발현의 변화를 포함한다.
D. 카테콜아민에 의해 분비가 감소된다.
E. 아미노산에 의해 분비가 증가된다.
F. 절단되어야 기능성이 나오는 비기능성 전구체를 합성한다.

정답 = D. 이자 β 세포의 인슐린 분비는 카테콜아민에 의해 억제되지만, α 세포에 의한 글루카곤의 분비는 자극된다. 다른 서술은 인슐린과 글루카곤 모두에 옳은 내용이다.

23.2 다음 조직 중 세포속으로 포도당 수송할 때 인슐린에 의존하는 조직은?

A. 지방
B. 뇌
C. 간
D. 적혈구
E. 이자

정답 = A. 지방과 근육 조직의 포도당 수송체(GLUT-4)는 인슐린에 의존한다. 인슐린은 GLUT4 수송체를 세포 소포로부터 세포막으로 이동시킨다. 보기에 있는 다른 조직의 GLUT는 항상 세포막에 존재하기 때문에 인슐린에 비의존적인 GLUT들이다.

23.3 39세 여성이 무기력과 어지럼증을 호소하며 응급실로 실려 왔다. 그녀의 기억으로는 아침 일찍 일어나 매주 하던 심부름을 하고 아침을 먹지 않았다. 점심으로 커피 한 잔을 마셨고, 그 날 아무것도 먹지 않았다. 저녁 8시쯤 친구들을 만나 소량의 음주를 하였다. 저녁이 지나면서 금방 무력해지고 어지러워져서 병원으로 실려 왔다. 검사실 결과는 그녀의 혈당이 45 mg/dl(정상치 70~99)으로 나타났다. 그녀에게 오렌지주스를 주었고 즉시 회복됨을 느꼈다. 그녀의 알코올 유도 저혈당의 생화학적 원인은 다음 중 무엇에 증가에 의한 것인가?

A. 지방산 산화
B. NAD의 환원형/산화형 비율
C. 옥살로아세트산과 파이루브산
D. 지방산 합성에서 아세틸 CoA의 사용
E. 당원 합성

정답 = B. 탈수소효소에 의한 에탄올의 아세트산으로의 산화는 니코틴아마이드 아데닌 다이뉴클레오타이드(NAD^+)의 NADH로의 환원을 동반한다. NADH/NAD^+ 비의 증가는 파이루브산을 젖산으로, 옥살로아세트산을 사과산으로 전환시키며, 포도당신생성에 필요한 기질의 이용도를 감소시켜 저혈당을 유발한다. 또한 NADH의 증가는 지방산 산화에 필요한 NAD^+를 감소시킨다. OAA의 감소는 생성된 모든 아세틸 CoA를 케톤생성으로 전환시킨다. 지방산 분해의 억제가 트라이아실글리세롤(지방간을 유발할 수 있음)이 만들어지는 재에스터화를 유발한다는 점을 주의하라. 당원은 저혈당증 상태에서는 합성되지 않는다.

23.4 환자가 대부분 이자 β-세포에서 발생하는 희귀한 신경내분비 종양인 인슐린종으로 진단받았다. 다음 중 어느 것이 이론적으로 인슐린종의 특징인가?

A. 체중 감소
B. 혈중 연결펩타이드의 감소
C. 혈중 포도당의 감소
D. 혈중 인슐린의 감소
E. GLUT-4 활성 감소

정답 = C. 인슐린종은 종양 세포에 의한 지속적인 인슐린(과 C-펩타이드)의 생성을 특징으로 한다. 인슐린의 증가는 인슐린 의존 GLUT-4 포도당 수송체를 가진 근육조직과 지방조직의 포도당 흡수를 유도하여 저혈당을 유발한다. 그러나 저혈당은 인슐린 생성과 분비를 억제하기에는 부족하다. 따라서 인슐린종은 혈중 인슐린의 증가와 혈당의 감소를 특징으로 한다. 합성대사 호르몬인 인슐린은 체중 증가를 유발한다.

23.5 이자 α-세포에서 유래하는 더 희귀한 병인 글루카곤 분비 종양을 가진 환자에서 문제 23.4의 환자의 증상과 어떻게 다를 것으로 예상하는가?

이자의 글루카곤 분비 종양(글루카곤종)은 저혈당증이 아니라 고혈당증을 유발할 것이다. 글루카곤의 지속적인 생성은 지속적인 포도당신생성을 유발할 것이며, 단백질 분해에서 나오는 아미노산을 기질로 사용할 것이다. 이것은 체중 감소를 유발한다.

급식-공복 주기
(feed-fast cycle)

24

I. 흡수상태 개관

흡수(포식)상태는 정상식사 후 2~4시간 동안이다. 이 기간 동안 혈장에서 포도당, 아미노산, 트라이아실글리세롤(TAG) 등이 일시적으로 증가하고, TAG는 창자 점막세포에서 합성되어 분비되는 암죽미립(CM)의 주성분이다(263쪽 참조). 이자의 섬 조직은 창자의 인크레틴 분비와 혈당 상승에 반응하여 인슐린 분비를 증가시키고(358쪽 참조), 글루카곤 분비는 감소시킨다. 인슐린/글루카곤 비의 증가와 사용 가능한 순환 기질의 가용성에 의해 흡수상태는 합성대사 상태가 되는데, 합성대사 상태는 단백질 합성이 증가뿐만 아니라 TAG와 당원의 합성과 저장이 증가하여 연료 저장소를 보충하는 특징을 가진다. 흡수상태 동안 거의 모든 조직은 포도당을 연료로 사용하며, 몸의 대사 반응은 간, 지방조직, 뼈대근육, 뇌의 대사의 변동에 의해 주도된다. 이 장에서는 조직 사이의 대사체 이동을 추적하는 "장기 지도"를 소개하고자 한다. 학습 목표는 전신 대사에 대해 그 개념을 확장하고 임상적으로 유용한 시각을 갖추는 것이다.

II. 조절기전

대사 경로에서 중간대사체의 흐름은 네 가지 기전에 의해서 제어된다: (1) 기질 가용성, (2) 효소의 다른자리조절, (3) 효소의 공유결합 변형, (4) 주로 전사에 의해 조절되는 효소 합성의 유도 및 억제. 이 구도는 처음에 불필요하게 중복적으로 보일 것이지만, 각 기전은 서로 다른 시간대에서 작동하며(그림 24.1) 몸이 다양한 생리적 상황에 적응하도록 한다. 흡수상태에서 이러한 조절기전들에 의해 가용 영양소는 당원, TAG, 단백질 형태로 포획된다.

A. 기질 이용도

흡수기에 포도당은 거의 모든 세포 종류에서 주된 에너지 기질로 사용된다. GLUT 수송체는 포도당 흡수를 촉진하며, 육탄당인산화효소(hexokinase)는 각 효소의 상대적인 동력학(K_m [미하일리스 상수, Michaelis constan])에 따른 인산화를 통해 포도당을 세포속에 가둔다. 흡수기의 높은 포도당 농도와 기질 농도의 상승은 뼈대근육 동종형인 GLUT-4와 육

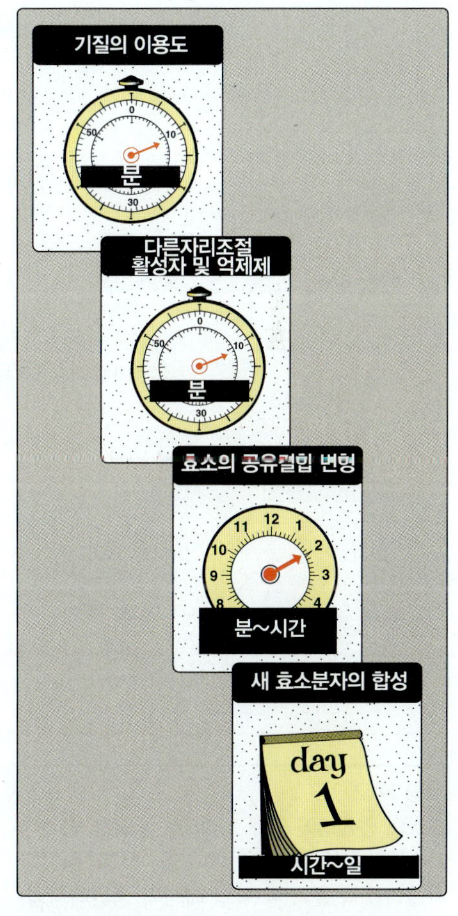

그림 24.1
대사의 제어기전과 몇 가지의 전형적인 반응시간. [참고: 반응시간은 자극의 성질과 조직에 따라 변한다.]

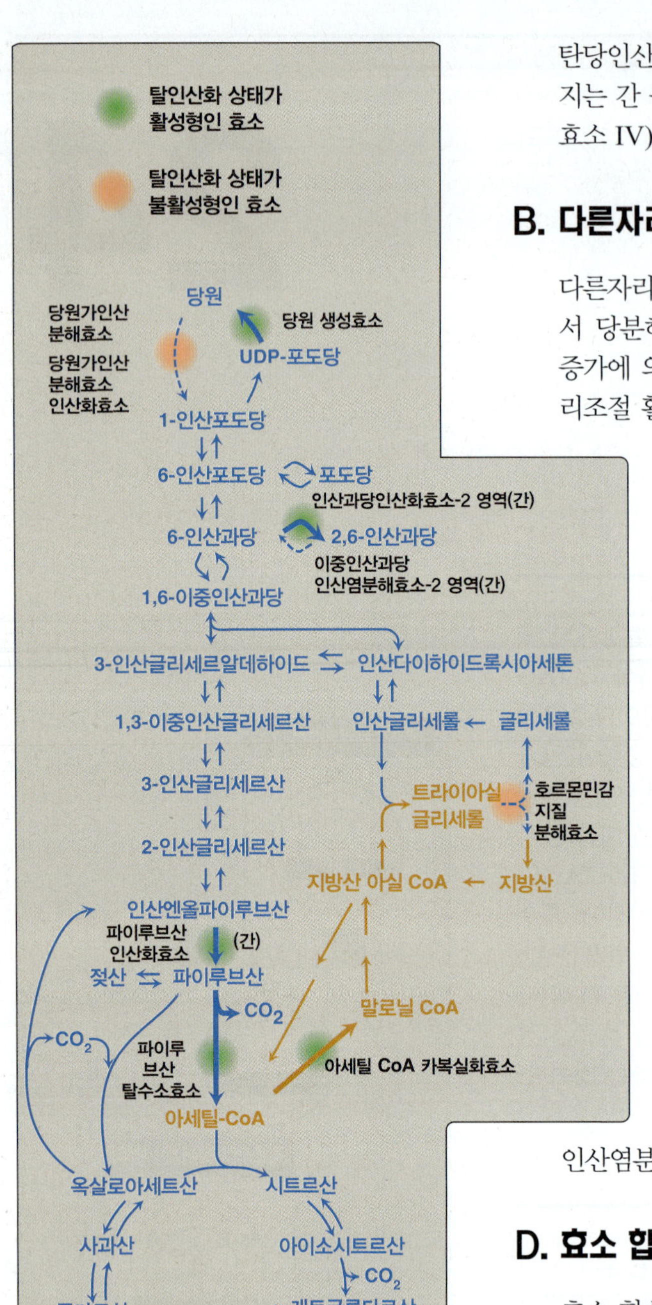

그림 24.2
효소의 인산화에 의해 조절되는 중요한 중개대사 반응. 청색 글자 = 탄수화물 대사의 중간대사물; 갈색 글자 = 지질 대사의 중간대사물. CoA = 보조효소 A; CO_2 = 이산화탄소.

탄당인산화효소 I과 비교하여 상대적으로 높은 K_m 값(낮은 친화력)을 가지는 간 동종형 GLUT-2와 포도당인산화효소(glucokinase, 육탄당인산화효소 IV)에도 충분한 포도당의 공급을 보장한다.

B. 다른자리조절

다른자리조절의 변화는 보통 반응속도 결정에 관여한다. 예를 들면 간에서 당분해는 식사 후에 2,6-이중인산과당(fructose 2,6-bisphosphate)의 증가에 의해 촉진되는데, 이것은 인산과당인산화효소-1(PFK-1)의 다른자리조절 활성자이다([PFK-1], 113쪽 참조). 반면 포도당신생성은 2,6-이중인산과당에 의해 억제되는데, 이것은 1,6-이중인산과당 인산염분해효소의 다른자리조절 억제제이다(140쪽 참조).

C. 공유결합 변형

많은 효소의 활성은 단백질의 특정 세린, 트레오닌, 타이로신 잔기에 인산기가 추가(고리일인산아데노신[cAMP] 의존성 단백질인산화효소 A[PKA]와 일인산아데노신 활성화 단백질 인산화효소[AMPK]와 같은 인산화효소에 의해)되거나 제거(인산염분해효소)되어 조절된다. 흡수상태에서 이 공유결합 변형에 의해 조절되는 대부분의 효소는 탈인산 형태가 활성형이다(그림 24.2). 예외적인 3개의 효소인 당원 가인산분해효소 인산화효소(152쪽 참조), 당원 가인산분해효소(152쪽 참조), 지방조직의 호르몬 민감 지질분해효소(HSL, 218쪽 참조)는 탈인산 형태가 불활성형이다. [참고: 간에서 이중기능 인산과당인산화효소-2(PFK2) 영역의 탈인산 형태는 활성형이고, 다른자리조절 활성자인 2,6-이중인산과당의 생산을 증가시킨다(114쪽 참조). 효소의 다른 영역인 2,6-이중인산과당 인산염분해효소는 탈인산 형태가 불활성형이다.]

D. 효소 합성의 유도와 억제

효소 합성의 증가(유도)나 감소(억제)는 기존 효소 분자의 활성에 영향을 주는 것이 아니라 효소 분자의 숫자에 변화를 준다. 합성 조절의 대상이 되는 효소는 종종 특정한 생리적 조건에서 필요한 효소들이다. 예를 들면 급식상태에서는 인슐린 농도가 상승하여 핵심 효소의 합성이 증가하는데, 여기에는 합성대사에 관여하는 아세틸 CoA 카복실화효소(ACC)와 지방산 생성효소가 해당한다(368쪽 참조). 공복상태에서는 글루카곤이 포도당신생성에서 인산엔올파이루브산 카복시인산화효소(PEPCK)의 발현을 유도한다(384쪽 참조). [참고:두 호르몬은 유전자 전사에 영향을 준다.]

III. 간: 영양소의 분배센터

창자와 이자에서 온 정맥혈은 전신 순환에 들어가기 전 간 문맥을 통과하기 때문에 간은 음식 영양소의 가공과 분배에서 독특한 위치에 있다. 따라서 식사 후 간으로 들어오는 혈액에는 흡수된 영양소와 이자에서 분비된 고농도의 인슐린이 포함되어 있다. 흡수기 동안에 간은 탄수화물, 지질, 대부분의 아미노산을 흡수한다. 그 다음에 이 영양소들은 대사, 저장되거나 다른 조직으로 운반된다. 이런 방식을 통해 간은 말초조직의 영양소 이용도의 큰 변동성을 완화한다.

A. 탄수화물 대사

간은 보통 포도당의 사용보다는 포도당을 생성하는 장기이다. 그러나 탄수화물이 풍부한 식사 후에는 간은 포도당의 알짜 소비자가 되어 문맥계에 존재하는 포도당의 100 g 당 대략 60 g을 간이 차지하게 된다. 이러한 사용의 증가는 간세포에 의한 포도당 흡수 증가를 반영한다. 간세포의 인슐린 비의존 포도당 수송체(GLUT-2)는 높은 K_m 값을 가지기 때문에 혈액 포도당 농도가 높을 때에만 포도당을 섭취한다(112쪽 참조). 간의 포도당이 증가하면 아래 기전들이 상향 조절된다.

1. **포도당 인산화의 증가:** 간세포속 포도당 농도의 상승(세포바깥 농도 상승에 의한 결과)은 포도당인산화효소가 포도당을 6-인산포도당으로 만들도록 한다(그림 24.3). [참고: 포도당인산화효소는 포도당에 대해 높은 K_m 값을 가지고, 직접적인 생성물 억제를 받지 않고, S자형 반응 곡선을 갖고 있다(112쪽 참조).]

2. **당원합성의 증가:** 6-인산포도당이 당원으로 전환되는 반응은 당원 생성효소의 활성화의 도움을 받으며, 이 효소는 탈인산반응과 6-인산포

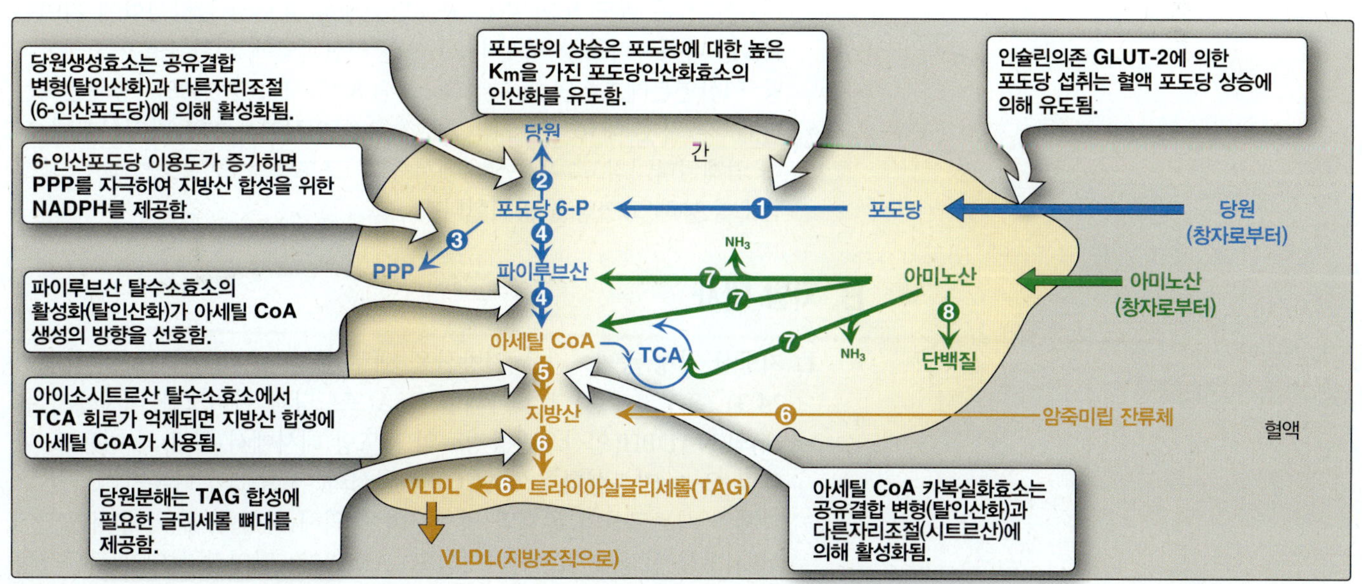

그림 24.3
흡수상태에서 간의 주요 대사 경로. [참고: 아세틸 CoA도 또한 콜레스테롤 합성에 사용된다.] 그림과 본문에서 보이는 *원 안의 숫자*는 중요한 탄수화물, 지방, 단백질의 중요한 경로를 가리킨다. **청색 글자** = 탄수화물 대사의 중간대사물; **갈색 글자** = 지질 대사의 중간대사물; **녹색 글자** = 단백질 대사의 중간대사물. P = 인산염; PPP = 인산오탄당경로; TCA = 트라이카복실산(회로); CoA = 보조효소 A; VLDL = 초저밀도지단백질; GLUT = 포도당 수송체; NADPH = 니코틴아마이드 아데닌 다이뉴클레오타이드 인산염; NH_3 = 암모니아.

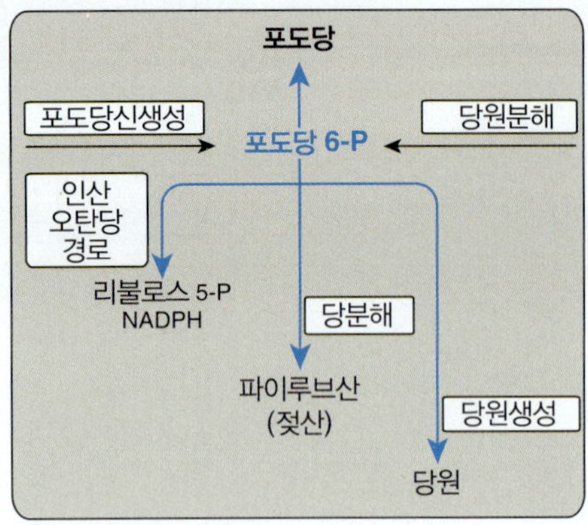

그림 24.4
대사에서 6-인산포도당의 주요 역할. [참고: 간에 6-인산포도당 인산염분해효소의 존재하기 때문에 당원분해와 포도당신생성으로부터 유리 포도당의 생성이 가능하다.] NADPH = 니코틴아마이드 아데닌 다이뉴클레오타이드 인산염; P = 인산염.

도당(이 효소의 다른자리조절 효과제) 이용도 증가에 의해 활성화된다(그림 24.3)

3. **인산오탄당 경로의 활성 증가:** 6-인산포도당 이용도 증가와 간의 지질생성에서 NADPH가 활발하게 사용되는 것이 합쳐지면 인산오탄당 경로가 촉진된다(169쪽 참조). 이 경로는 일반적으로 간에서 대사되는 포도당의 5~10%를 차지한다(그림 24.3).

4. **당분해의 증가:** 간에서 당분해는 탄수화물이 풍부한 식사 후의 흡수기 동안에만 의미를 가진다. 포도당의 파이루브산 전환은 인슐린/글루카곤 비의 증가에 의해 촉진되고 이는 당분해 조절 효소(예: 포도당인산화효소, PFK-1, 파이루브산 인산화효소, 119쪽 참조)의 양을 증가시킨다. 추가적으로, PFK-1은 활성화(탈인산) 이중기능 PFK-2의 인산화효소 영역에 의해 생성된 2,6-이중인산과당에 의한 다른자리조절을 통해 활성화된다. 파이루브산을 아세틸 CoA로 전환시키는 파이루브산 탈수소효소(PDH)는 파이루브산이 PDH 인산화효소(그림 24.3)를 억제하기 때문에 탈인산 형태가 활성형이다. 아세틸 CoA는 지방산 합성의 기질로 사용되거나 TCA 회로에서 산화를 통해 에너지를 제공한다(그림 24.4 6-인산포도당의 핵심 역할).

5. **포도당 생성의 감소:** 흡수상태에서 간의 당분해와 당원합성(포도당 저장을 촉진하는 경로)은 촉진되지만 포도당신생성과 당원분해(포도당을 생성하는 경로)는 억제된다. 포도당신생성의 첫 단계를 촉진하는 파이루브산 카복실화효소(PC)는 이 효소의 다른자리조절 효과제인 아세틸 CoA의 낮은 농도로 인해 대부분이 불활성 상태이다(137쪽 참조). [참고: 아세틸 CoA는 지방산 합성에 사용되고 있는 중이다.] 높은 인슐린/글루카곤 비도 또한 다른 포도당신생성 효소의 불활성화에 기여한다(예: 다른자리조절 억제제 2,6-이중인산과당에 의한 1,6-이중인산과당 인산염분해효소의 불활성화. 그림 8.17, 115쪽 참조). 당원분해는 당원 가인산분해효소와 가인산분해효소 인산화효소의 탈인산화에 의해 억제된다. [참고: 흡수상태에서 혈중 포도당의 흡수 증가와 간 생성 감소를 통해 고혈당을 방지한다.]

B. 지방 대사

1. **지방산 합성 증가:** 간은 지방산을 새로 합성하는 일차 장소이다(그림 24.3). 흡수기에 기질인 아세틸 CoA(포도당과 아미노산 대사에서 유래)와 NADPH(인산오탄당경로의 포도당 대사에서 유래)의 이용도, 아세틸 CoA 카복실화효소(ACC)의 활성화(이 효소의 다른자리조절 효과제인 시트르산의 존재와 탈인산화에 의해 활성화)에 의해 세포질에서 지방산 합성이 일어난다. [참고: AMPK는 탈인산 형태가 불활성형이다.] ACC는 지방산 합성의 속도제한 단계인 아세틸 CoA로부터 말로닐 CoA를 생성하는 반응을 촉진한다(211쪽 참조). [참고: 말로닐 CoA는 지방산 산화의 카니틴 팔미토일기전달효소-1(CPT-1)를 억제한다(219쪽 참조). 따라서 시트르산은 직접적으로 지방산 합성을 활성화하고 간접적으로 지방산 분해를 억제한다.]

a. **세포질 아세틸 CoA의 공급원:** 유산소 당분해에서 나온 파이루브산은 사립체로 들어가 PDH에 의해 탈카복실화된다. 아세틸 CoA 생성물은 TCA 회로의 시트르산 생성효소에 의해 OAA와 결합하여 시트르산이 된다. TCA 회로가 매우 활성화되면 ATP 농도가 상승한다. ATP는 아이소시트르산 탈수소효소를 억제하고 이에 따라 시트르산이 축적된다. 시트르산은 사립체에서 나와 세포질액으로 들어간다. 시트르산은 인슐린에 의해 유도된 ATP 시트르산 분해효소에 의해 절단되어 ACC의 기질인 아세틸 CoA와 OAA를 생성한다.

b. **NADPH의 추가 공급원:** OAA는 사과산으로 환원되고, 사과산이 사과산효소에 의해 파이루브산으로 산화적 탈카복실화되면서 NADPH가 생성된다(그림 16.11, 215쪽 참조).

2. **트라이아실글리세롤 합성의 증가:** TAG 합성이 촉진되는 이유는 신생합싱된 지방산 아실 CoA와 긴세포에 의해 혈액에서 제기된 암죽미립잔유물의 TAG 성분이 가수분해되어 나오는 지방산 아실 CoA를 사용할 수 있기 때문이다(204쪽 참조). TAG 합성의 뼈대인 3-인산글리세롤은 당분해를 통해 공급된다(218쪽 참조). 간은 TAG를 VLDL 입자로 포장하며, 이 입자는 혈액으로 분비되어 간 이외의 조직, 특히 지방조직과 근육조직에서 사용된다(그림 24.3).

C. 아미노산 대사

1. **아미노산 분해의 증가:** 흡수기에는 간이 단백질과 다른 질소 함유 물질의 합성에 사용할 수 있는 것보다 더 많은 아미노산이 존재한다. 과잉 아미노산은 저장되지 않고 혈액으로 분비되어 다른 조직에서 단백질 합성에 사용되거나 또는 아미노기가 제거되어 결과적으로 탄소 뼈대가 되어 간에서 파이루브산, 아세틸 CoA, TCA 회로 중간대사물 등으로 분해된다. 이 대사물들은 산화되어 에너지를 생성하거나 지방산 합성에 사용된다(그림 24.3). 간은 가지사슬 아미노산(BCAA)인 류신, 이소류신, 발린을 분해하는 능력에 제한이 있기 때문에 이들은 간에서는 기본적으로 변화 없이 통과되고 근육에서 대사된다(306쪽 참조).

2. **단백질 합성의 증가:** 신체는 당원이나 TAG의 비축을 유지하는 것처럼 단백질을 에너지원으로 저장할 수 없다. 그러나 흡수기 간에서 일시적인 단백질 합성 증가가 일어나고, 이는 이전 공복 동안에 이미 분해되었던 단백질을 보충하게 된다(그림 24.3).

IV. 지방조직: 에너지 저장소

지방조직은 간 다음으로 연료 물질을 분배하는 능력을 가진다. 70 kg 남자의 경우 백색지방조직(WAT)은 약 14 kg인데, 이것은 전체 근육량의 절반 정도에 해당한다. WAT에서 각 지방세포의 거의 대부분의 부피는 소수성의 열량이 높은 TAG 방울이 차지하고 있다(그림 24.5).

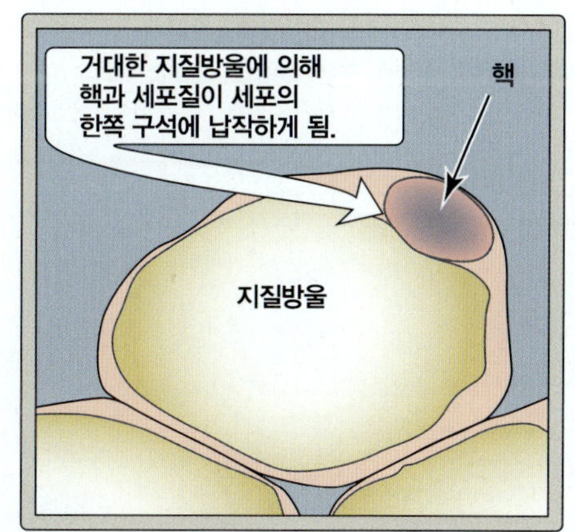

그림 24.5
지방세포의 컬러투과전자현미경 사진.

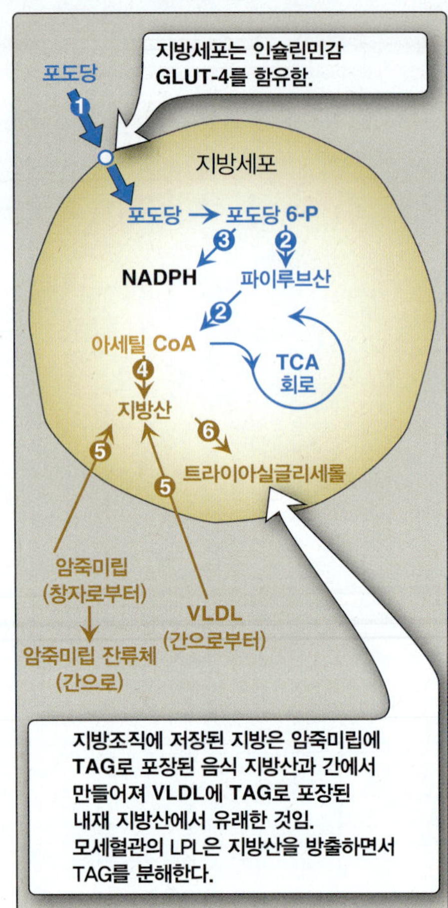

그림 24.6
흡수상태에서 지방조직의 주요 대사 경로. [참조: 그림과 본문에 보이는 *원* 안의 숫자는 지방조직 대사의 중요한 경로를 가리킨다.] GLUT = 포도당 수송체; P = 인산염; NADPH = 니코틴아마이드 아데닌 다이뉴클레오타이드 인산염; CoA = 보조효소 A; TCA = 트라이카복실산; TAG = 트라이아실글리세롤; VLDL = 초저밀도지단백질; LPL = 지단백질 지질분해효소.

A. 탄수화물 대사

1. **포도당 수송의 증가:** 흡수상태에서 순환 인슐린의 농도가 상승하기 때문에 세포속 소포에서 세포 표면으로 이동한 인슐린민감 GLUT-4를 통해 포도당이 지방세포로 유입된다(그림 24.6). 이 포도당은 육탄당인산화효소에 의해 인산화된다.

2. **당분해의 증가:** 세포속의 포도당 이용도가 증가하면 당분해 속도가 촉진된다(그림 24.6). 지방조직에서 당분해는 TAG 합성에 사용되는 3-인산글리세롤을 공급함으로써 합성 기능에 기여한다(216쪽 참조). [참고: 지방조직은 글리세롤 인산화효소가 결핍되어 있다.]

3. **인산오탄당 경로 활성의 증가:** 지방조직은 인산오탄당 경로를 통해 포도당을 대사할 수 있으며, 이를 통해 지방합성에 필수적인 NADPH를 생성한다(그림 24.6). 그러나 사람에서는 이전 공복기 후 재급식을 하는 경우 외에는 신생합성(*de novo* synthesis)은 지방조직 지방산의 주요 공급원이 아니다(그림 24.6).

B. 지방 대사

지질함유 음식을 먹은 후 지방세포의 TAG 저장소에 첨가되는 대부분의 지방산은 창자에서 보내온 암죽미립의 외인성(음식으로부터 온) TAG와 간에서 보내온 VLDL의 내인성 TAG가 분해되어 공급된다(그림 24.6). 지방산은 많은 조직, 특히 지방조직과 근육조직의 모세혈관 벽에 부착된 세포바깥 효소인 지단백질 지질분해효소(LPL)의 작용으로 지단백질로부터 유리된다(263쪽 참조). 지방조직에서 LPL은 인슐린에 의해 상향조절된다. 따라서 급식상태에서는 포도당과 인슐린의 농도가 상승하여 TAG를 저장하는 쪽을 선호하며(그림 24.6), 이때 모든 탄소는 포도당에서 공급된다. [참고: 인슐린이 증가하면 HSL을 탈인산화(불활성형)시키는 쪽을 선호하여(218쪽 참조), 급식상태에서 저장된 TAG의 지질분해를 억제한다.]

V. 휴식 중인 뼈대근육

뼈대근육은 건강한 사람에서 체중의 ~40%를 차지하며, 포도당, 아미노산, 지방산, 케톤체를 연료로 사용할 수 있다. 급식상태에서 근육은 포도당(에너지와 당원합성을 위해, GLUT-4를 통해 흡수)과 아미노산(에너지와 단백질 합성을 위해)을 흡수한다. 간과 반대로 뼈대근육의 PFK-2는 공유결합 조절을 받지 않는다. 그러나 심장근육의 동종효소의 인산화효소 영역은 에피네프린 매개 인산화에 의해 활성화된다(114쪽 참조).

뼈대근육은 근육수축에 따르는 ATP 수요의 상당한 변화에 대응할 수 있다는 점에서 독특하다. 휴식 중인 근육은 전신의 산소 소비량의 약 ~25%를 차지하고, 격렬한 운동을 할 때에는 전체 산소 소비량의 90%까지 사용한다. 이를 통해 일시적인 무산소 당분해 잠재력을 가지더라도 뼈대근육이 산소 대사 조직이라는 사실을 알 수 있다.

A. 탄수화물 대사

1. **포도당 수송의 증가:** 탄수화물이 풍부한 식사를 한 후 혈장 포도당과 인슐린의 일시적인 증가는 GLUT-4에 의한 근육세포 속으로의 포도당 수송을 증가시킨다(그림 24.7). 따라서 혈당이 감소한다. 포도당은 육탄당인산화효소에 의해 6-인산포도당으로 인산화되고, 근육세포에 필요한 에너지로 대사된다.

2. **당원합성의 증가:** 인슐린/글루카곤 비와 6-인산포도당 이용도의 증가는 당원합성을 촉진하며, 특히 운동으로 당원 저장량이 고갈되었을 때에 더 촉진한다(그림 24.7).

B. 지방 대사

지방은 LPL의 작용에 의해 암죽미립과 VLDL로부터 유리된다(263쪽, 266쪽 참조). 그러나 급식상태의 휴식 중인 근육에서 지방산은 연료로서 두 번째로 중요하며, 이때는 포도당이 일차 에너지원이다. 따라서 뼈대근육은 흡수상태에서 기저 수준의 LPL을 분비한다. [참고: 심장근육은 뼈대근육과 비교하였을 때 항상 더 높은 수준의 기저 LPL을 분비한다. 심장근육은 흡수상태에서 에너지의 50~60%를 지방산에서 얻는다. 공복상태에서는 90%까지 증가한다.]

C. 아미노산 대사

1. **단백질 합성의 증가:** 아미노산 흡수와 단백질 합성의 증가는 단백질 함유 음식의 섭취 후 흡수기에서 일어난다(그림 24.7). 이 합성으로 마지막 식사 후 다시 식사를 하기 전까지 분해된 단백질을 보충한다.

2. **가지사슬 아미노산 흡수의 증가:** 근육은 대사에 필요한 아미노기전달효소를 갖고 있기 때문에 BCAA를 분해할 수 있는 주요 장기이다(306쪽 참조). BCAA는 간에서 대사되지 않고 근육에서 흡수되어 단백질 합성(그림 24.7)과 에너지원으로 사용된다.

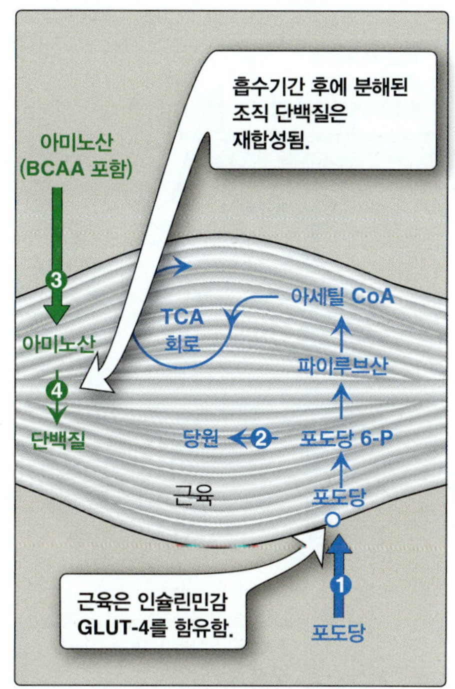

그림 24.7
흡수상태에서 뼈대근육의 주요 대사 경로. [참고: 그림과 본문에 보이는 *원 안의 숫자*는 탄수화물이나 단백질 대사의 중요한 경로를 가리킨다.] CoA = 보조효소 A; P = 인산염; GLUT = 포도당 수송체; BCAA = 가지사슬 아미노산; TCA = 트라이카복실산.

VI. 뇌(Brain)

뇌는 성인체중의 2%만을 차지하지만, 휴식상태에서 기초 산소 소비의 20%를 일관되게 차지한다. 뇌는 모든 기관들이 적절한 기능을 하는데 필수적이므로, 연료 사용에서 특별히 우선권이 부여된다. 에너지를 공급하기 위해 기질은 뇌혈관 안쪽을 덮고 있는 내피세포층(혈액뇌장벽, BBB)을 통과해야만 한다. 급식상태에서 뇌는 전적으로 포도당만을 연료로 사용하며(BBB의 GLUT-1은 인슐린에 비의존적이며 낮은 K_m을 가진다[1~2 mM]), 하루에 약 140 g의 포도당을 완전히 산화시켜 이산화탄소와 물로 만든다. 뇌는 의미 있을 정도의 당원을 저장하고 있지 않으므로 완전하게 혈액 포도당의 이용도에 의존한다(그림 24.8). [참고: 만일 혈당 농도가 약 50 mg/dl 아래로 떨어지면(정상 공복혈당 농도는 70~99 mg/dl), 대뇌 기능이 손상된다(그림 23.13과 364쪽 참조).]

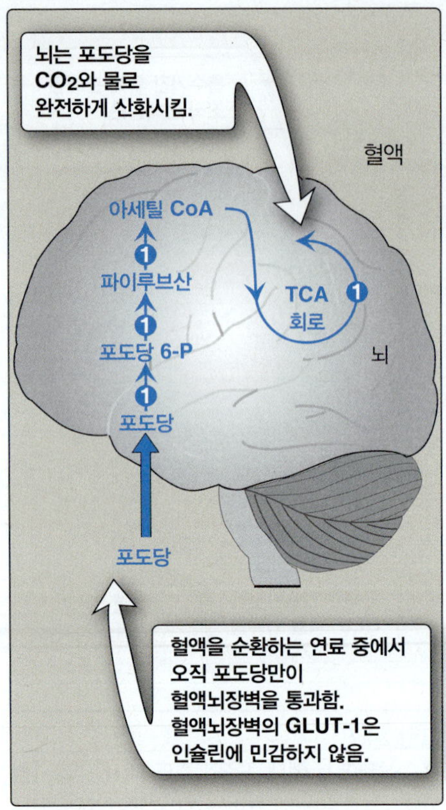

그림 24.8
흡수상태에서 뇌의 주요 대사 경로. [참고: 그림과 본문에 보이는 *원 안의 숫자*는 탄수화물 대사의 중요한 경로를 가리킨다.] CoA = 보조효소 A; TCA = 트라이카복실산; P = 인산염; GLUT = 포도당 수송체.

뇌는 또한 TAG의 의미있는 수준의 저장이 없으며, 혈액에서 순환하는 지방산도 불분명한 이유로 인해 에너지 생산에 거의 기여하지 못한다. 흡수기간에 특징적인 조직 사이의 교환은 그림 24.9에 요약되어 있다.

VII. 공복상태의 개관

흡수기 후에 음식 섭취가 없다면 공복상태가 시작된다. 음식을 얻을 수 없거나, 급속히 체중감량을 원하거나, 먹을 수 없는 임상 상태의 사람(예: 외상, 수술, 암, 화상)에게서 공복상태가 일어날 수 있다. 먹은 음식이 없으면 혈장의 포도당, 아미노산, TAG의 농도가 떨어지고, 이는 인슐린 분비의 감소와 글루카곤, 에피네프린, 코티솔 분비를 유발한다. 인슐린/반대작용 호르몬 비의 감소와 순환 기질의 이용도 감소는 영양소가 결핍된 흡수 후 기간을 TAG, 당원, 단백질 분해를 특징으로 하는 이화 기간으로 만든다. 이것은 간, 지방조직, 뼈대근육, 뇌 사이의 기질의 교환을 두 가지의 우선순위에 따라 움직이게 한다: (1) 뇌, 적혈구, 다른 포도당 필요 조직의 에너지 대사를 지속하기 위해 적절한 혈장 포도당의 농도를 유지할 필요성과 (2) 다른 조직에 에너지를 공급하고 체내 단백질을 아끼기 위해 간에서 케톤체의 생성과 유리가 일어나며 이를 위해 WAT의 TAG에서 지방산을 동원할 필요성. [참고: 포도당 농도 유지에는 포도당신생성에 사용할 수 있는 기질(예: 파이루브산, 알라닌, 글리세롤)이 필요하다.]

A. 연료 저장소

70 kg의 정상 남자에서 공복의 시작 시점에서 이용 가능한 대사 연료는 그림 24.10에 나타나 있다. 당원과 비교하여 TAG 형태의 엄청난 가용성 열량 비축을 주목하라. [참고: 단백질은 에너지원으로 언급할 수 있지만 에너지 대사와 무관한 기능 또한 가지고 있다(예: 신체의 구성 성분, 효소). 따라서 체내 단백질의 1/3만이 생명 기능의 치명적 손상 없이 에너지 생산에 사용할 수 있다.]

B. 효소의 변화

(급식상태처럼) 공복상태에서의 에너지 대사의 경로를 통한 중간대사물의 흐름은 다음 네 가지 기전에 의해 제어된다: (1) 기질의 이용도, (2) 효소의 다른자리조절, (3) 효소의 공유결합 변형, (4) 효소합성의 유도 및 억제. 공복상태에서 관찰되는 대사 변화는 일반적으로 흡수상태에서 설명한 것과 반대이다(그림 24.9). 예를 들면 공유결합 변형에 의해 조절되는 대부분의 효소는 급식상태에서 탈인산 형태가 활성형이지만, 공복상태에서는 인산화 형태가 되어 불활성화된다. 3개의 예외적인 효소는 당원 가인산분해효소(152쪽 참조), 당원 가인산분해효소 인산화효소(152쪽 참조), HSL(218쪽 참조)인데, 이들은 인산화 상태에서 활성형이다. 공복상태에서 기질은 식사를 통해 공급되지 않고 저장체와 조직의 분해로부터 나오는 것을 사용하는데, 간에서 포도당을 유리하는 당원분해, 지방조직의 TAG에서 지방산과 글리세롤을 유리하는 지질분해, 근육에서 아미노산을 유리하는 단백질분해를 통해 기질들이 공급된다. 공복상태에서 일어나는

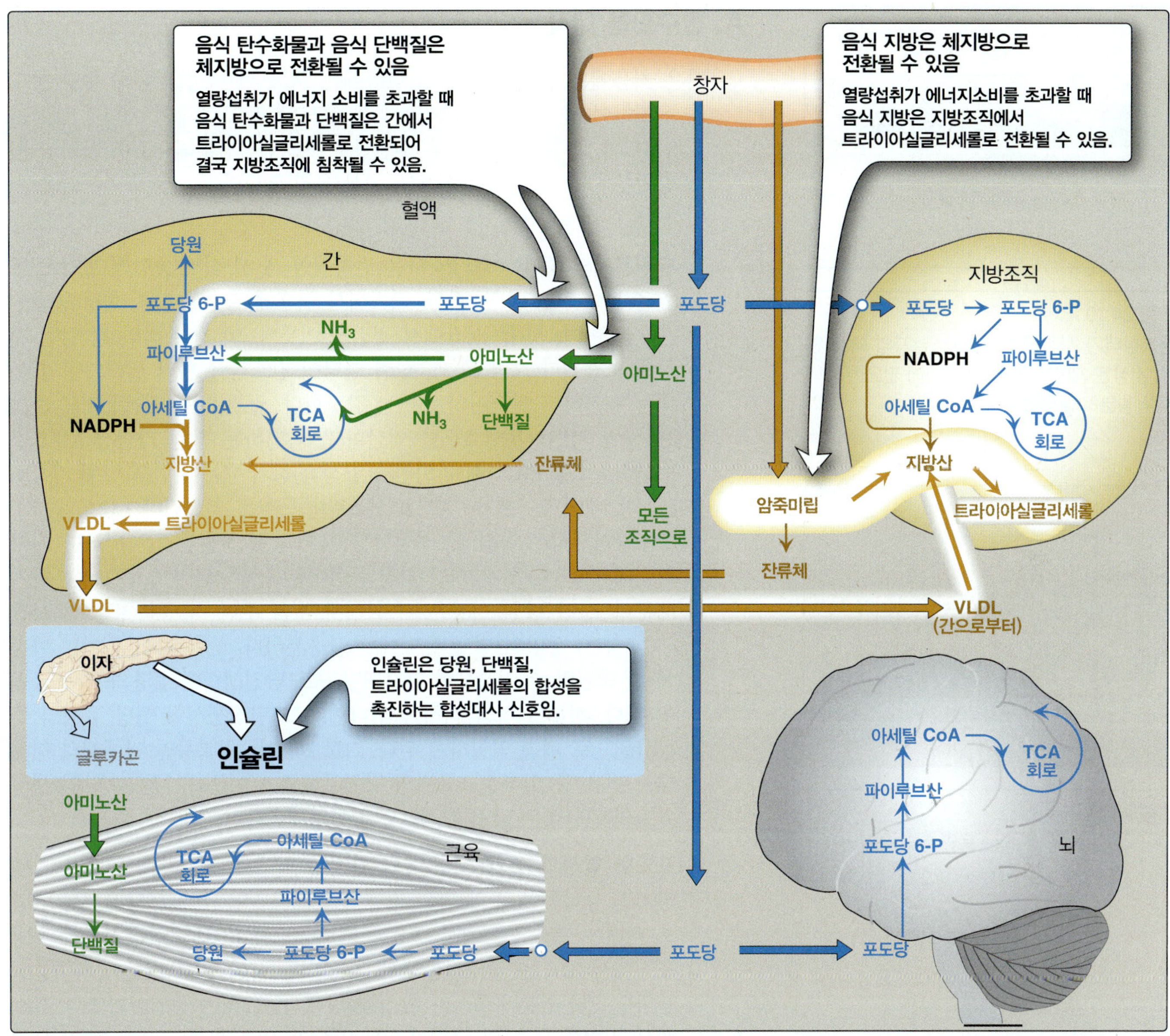

그림 24.9
흡수상태에서 조직 사이의 관계와 호르몬의 촉진 신호. [참고: 근육과 지방세포의 주변에 있는 작은 원들은 인슐린의존 포도당 수송체를 가리킨다.] P = 인산염; CoA = 보조효소 A; NADPH = 니코틴아마이드 아데닌 다이뉴클레오타이드 인산염; TCA = 트라이카복실산; VLDL = 초저밀도 지단백질.

변화는 급식상태의 반대라는 것을 인식하면 대사의 밀물과 썰물을 이해하는 데에 도움이 된다.

VIII. 공복상태의 간

공복상태에서 간의 주 역할은 포도당 필요 조직을 위한 포도당 생성(당원분해와 포도당신생성)을 통한 혈당 유지와 다른 조직에서의 사용을 위한 케톤체 생성이다. 따라서 간 대사는 말초대사(혹은 간외대사)와 차이를 보인다.

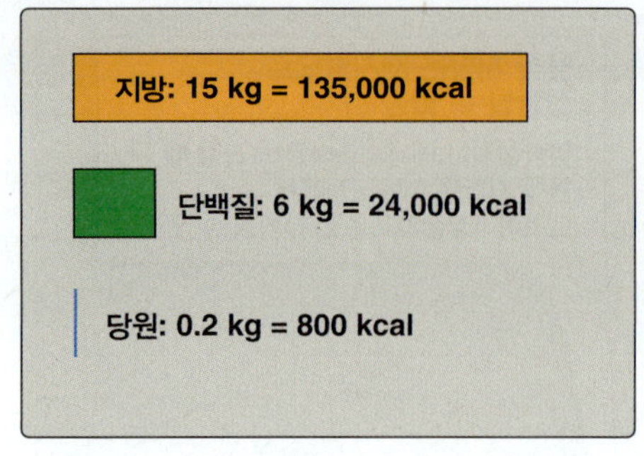

그림 24.10
공복상태가 시작될 때 70 kg 남자의 대사 연료. 저장된 지방은 약 80일 동안에 필요한 에너지를 충분히 공급할 수 있음.

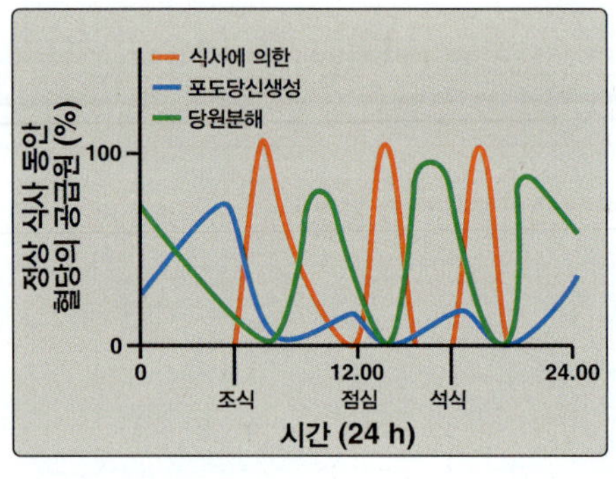

그림 24.11
전형적인 세 끼 식사하는 동안 혈당의 공급원.

A. 탄수화물 대사

간은 처음에는 당원분해를, 그 다음에는 포도당신생성을 통해 혈당 농도를 유지하여 공복상태에서 뇌와 다른 포도당 필요 조직의 에너지 대사가 지속하도록 한다. [참고: 간은 6-인산포도당 인산염분해효소를 가지고 있어 당원분해와 포도당신생성 모두에서 유리 포도당의 생성이 가능함을 기억하라(그림 24.4).]

1. **당원분해의 증가:** 그림 24.11은 전형적인 세 끼 식사 동안의 혈당 공급원을 보여준다. 아침, 점심, 저녁식사 이후에 흡수상태 주 혈당 공급원은 식사이며, 첫 두 시간에서 정점을 이룬다. 이 기간 동안 간 당원 저장이 보충된다(그림 24.3). 섭취 혈당이 감소함에 따라 글루카곤의 분비는 증가하고 인슐린의 분비는 감소한다. 글루카곤/인슐린 비의 증가는 당원 가인산분해효소를 인산화(활성화)하는 당원 가인산분해효소 인산화효소를 PKA-매개 인산화(활성화)하기 때문에 간의 당원 저장소(급식상태에서 ~80 g 저장)의 급속한 동원을 일으킨다(152쪽 참조). 포도당신생성은 아침 및 점심식사 이후의 혈당에는 적은 비율만 기여하는데, 이는 이 짧은 식간 기간 동안에는 당원 저장만으로도 충분하기 때문이다. 간 당원 저장은 저녁 식사 후와 수면 시 공복처럼 긴 시간(~12시간) 동안의 혈당 유지에는 불충분하다. 늦은 밤이나 이른 아침에 간 당원의 주 저장분이 고갈되며, 포도당신생성이 혈당의 주 공급원이 된다. 하루 이상 금식하게 된다면, 포도당신생성이 혈당 유지의 주 공급원으로 계속 역할하게 된다. 그림 24.12는 공복동안 간에서의 전체 대사 반응 중 일부분으로써의 당원분해를 보여준다. [참고: 당원 생성효소의 인산화는 당원생성을 동시에 억제한다.]

2. **포도당 합성의 증가:** 포도당의 합성과 혈액으로의 방출은 단기간 및 장기간 공복동안 간의 필수 기능이다(그림 24.12). 포도당신생성의 탄소 뼈대는 주로 근육에서 나오는 포도당생성 아미노산 및 젖산과 지방조직에서 나오는 글리세롤에서 유래한다. 포도당신생성은 1,6-이중인산과당 인산염분해효소의 활성화(억제제인 2,6-이중인산과당의 감소 때문, 138쪽 참조)와 글루카곤에 의한 PEPCK의 유도(140쪽 참조)에 의해 촉진되는데, 마지막 식사 후 4~6시간이 지나서 시작되고 간의 당원 저장소가 고갈되었을 때 완전히 활성화된다(그림 24.11). [참고: 2,6-이중인산과당이 감소는 동시에 PFK-1의 당분해를 억제한다(113쪽 참조).]

B. 지방 대사

1. **지방산 산화의 증가:** 지방조직의 TAG 가수분해에서 유래한 지방산의 산화는 공복상태에서 간 조직의 주요 에너지원이다(그림 24.12). AMPK에 의해 ACC가 인산화(불활성화)됨으로써 말로닐 CoA의 농도가 떨어지면 CPT-1의 제동을 제거하여 β-산화가 일어난다(219쪽 참조). 지방산 산화는 NADH, 플라빈 아데닌 다이뉴클레오타이드($FADH_2$), 아세틸 CoA를 생성한다. NADH는 TCA 회로를 억제하고

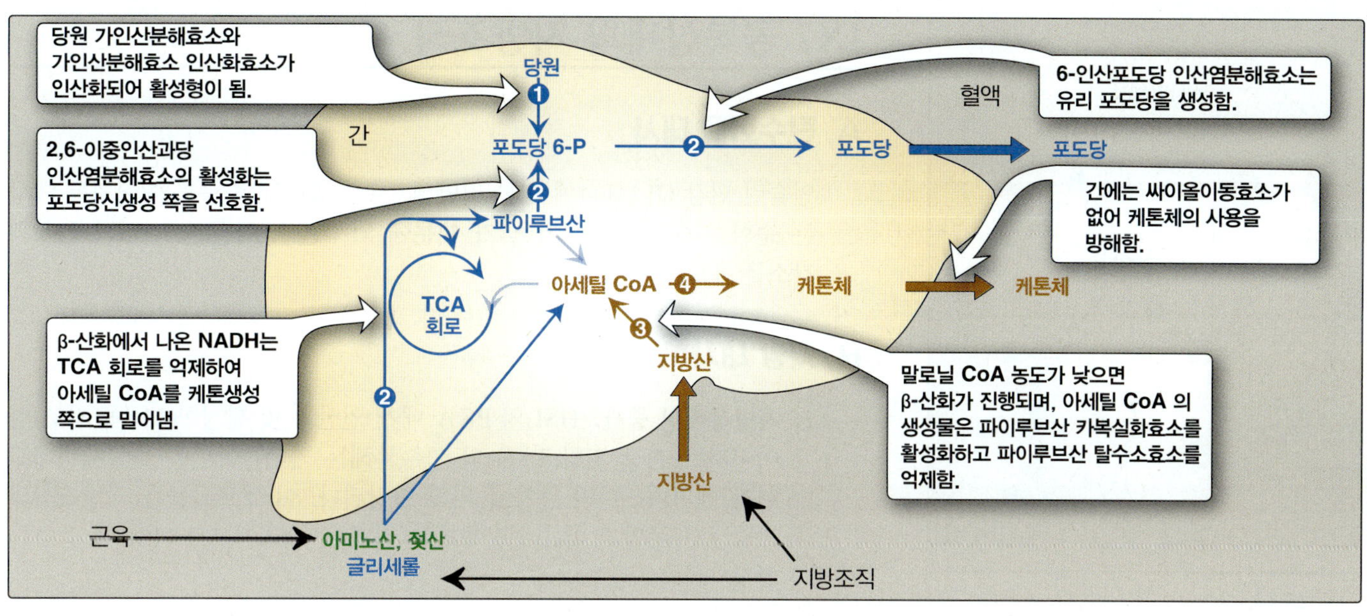

그림 24.12
공복상태에서 간의 주요 대사 경로. [참조: 그림과 본문에서 인용한 *원 안의 숫자*는 탄수화물이나 지방의 중요한 대사 경로를 가리킨다.] P = 인산염; CoA = 보조효소 A; TCA = 트라이카복실산; NADH = 니코틴아마이드 아데닌 다이뉴클레오타이드.

OAA를 사과산으로 바꾼다. 이는 케톤생성에 사용할 수 있는 아세틸 CoA 만든다. 아세틸 CoA는 PC의 다른자리조절 활성자이고 PDH의 다른자리조절 억제제이므로 포도당신생성에서 파이루브산을 사용하는 쪽을 선호한다(그림 10.9, 141쪽 참조). [참고: 아세틸 CoA는 포도당신생성에서 기질로 사용될 수 없는데, 이는 부분적으로는 PDH 반응이 비가역적이기 때문이다.] 산화인산화와 짝지은 NADH 및 $FADH_2$의 산화는 포도당신생성의 PC 및 PEPCK 반응에 필요한 에너지를 공급한다.

2. **케톤체 합성의 증가:** 간은 말초조직이 연료로 사용할 수 있도록 케톤체(주로 3-하이드록시뷰티르산 또는 아세토아세트산)를 합성하여 분비할 수 있는 점에서 독특하다(225쪽 참조). 그러나 간 자체는 싸이올이동효소가 없기 때문에 케톤체를 연료로 사용하지 못한다. 공복 첫째 날부터 시작하는 케톤생성(그림 24.13)은 지방산 산화에 의해 생성된 아세틸 CoA의 농도가 TCA 회로의 산화 능력을 초과할 때 촉진된다. [참고: 케톤생성은 CoA를 유리하여 지속적으로 지방산 산화에 사용될 수 있도록 한다.] 순환 수용성 케톤체의 가용성이 공복상태에서 중요한 이유는 혈중 농도가 충분히 높은 경우 뇌를 포함한 대부분의 조직에서 연료로 사용될 수 있기 때문이다. 공복시 케톤체의 혈중 농도는 ~50 μM에서 ~6 mM까지 증가한다. 이것은 아미노산 탄소 뼈대로부터 만들어지는 포도당신생성의 필요성을 감소시켜 필수 단백질을 보존한다(그림 24.11). 공복에 대한 간의 전체 반응의 일부로써 케톤합성은 그림 24.12에 나타나 있다. [참고: 케톤체는 유기산이며 고농도로 존재할 때 케톤산증을 초래할 수 있다.]

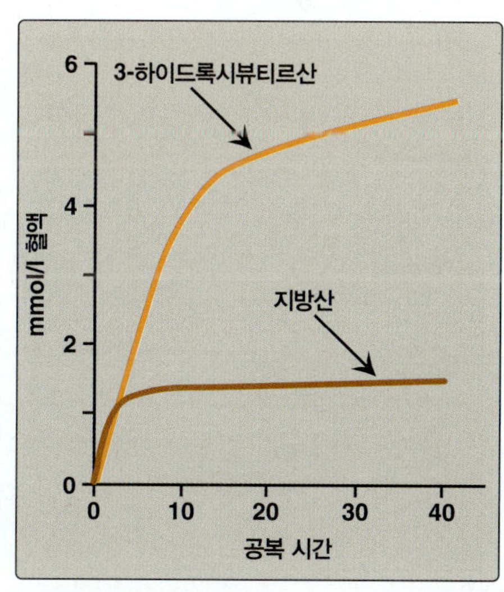

그림 24.13
공복상태의 지방산과 3-하이드록시뷰티르산의 혈액 농도. [참고: 3-하이드록시뷰티르산은 NADH를 필요로 하는 아세토아세트산의 환원에 의해 생성된다.]

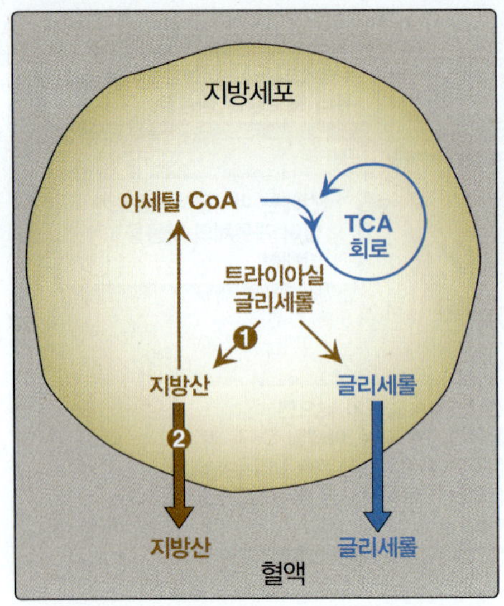

그림 24.14
공복상태에서 지방조직의 주요 대사 경로. [참고: 그림과 본문에서 인용한 *원 안의 숫자*는 지방 대사의 중요한 경로를 가리킨다.] CoA = 보조효소 A; TCA = 트라이카복실산.

IX. 공복상태의 지방조직

A. 탄수화물 대사

인슐린 민감 GLUT-4에 의한 지방세포로의 포도당 수송과 이어지는 대사는 순환 인슐린의 농도가 낮기 때문에 억제된다. 이것은 TAG의 합성의 감소를 유도한다.

B. 지방 대사

1. **지방분해의 증가:** HSL의 PKA 매개 인산화 및 활성화(218쪽 참조)와 이어지는 저장 지방(TAG)의 가수분해는 카테콜아민인 노르에피네프린과 에피네프린의 증가에 의해 향상된다. 이 호르몬들은 지방조직의 교감신경 종말과 부신수질에서 분비되며, 생리적으로 HSL의 중요한 활성자이다(그림 24.14).

2. **지방산 유리의 증가:** 지방세포에 저장된 TAG의 가수분해에서 나온 지방산은 주로 혈액으로 유리된다(그림 24.14), 이들은 알부민에 결합하여 다양한 조직으로 운반되어 연료로 사용된다. TAG 분해에 의해 생성된 글리세롤은 간(글리세롤 인산화효소를 가지고 있음)에서 포도당신생성의 전구체로 사용된다. [참고: 지방산은 또한 아세틸 CoA로 산화되어 TCA 회로로 들어감으로써 지방세포에 필요한 에너지를 생산할 수 있다.]

> 지방산은 지방세포의 글리세롤신생성 과정에서 3-인산글리세롤로 재에스터화될 수 있다(218쪽 참조). 항고혈당제인 싸이아졸리딘다이온은 지방조직에서 PEPCK의 전사를 증가시키는 기능을 하며, 이는 글리세롤신생성과 TAG 재에스터화를 증가시킨다. 근육과 다른 조직들이 에너지를 포도당 산화에 더 의존하게 되기 때문에 혈장 지방산의 감소는 인슐린 저항성을 개선한다.

3. **지방산 흡수의 감소:** 공복시 지방조직의 LPL의 활성은 낮다. 결과적으로 순환 지단백질 TAG의 지방산은 지방조직에서의 가용성이 근육보다 떨어진다.

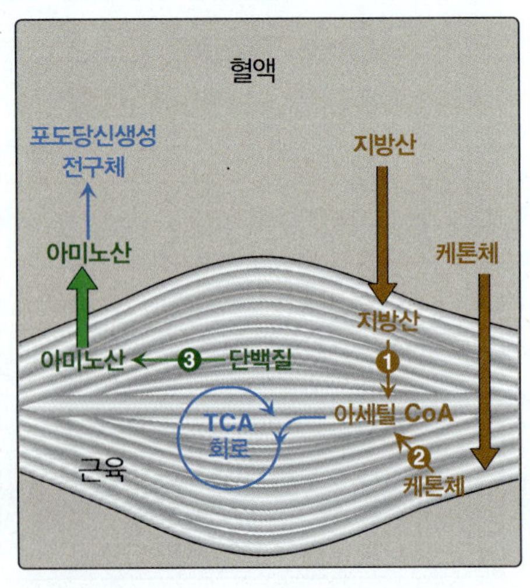

그림 24.15
공복상태에서 뼈대근육의 주요 대사 경로. [참고: 그림과 본문에 서 인용한 *원 안의 숫자*는 지방이나 단백질 대사의 중요한 경로를 가리킨다.] CoA = 보조효소 A; TCA = 트라이카복실산.

X. 공복상태의 휴식 중인 뼈대근육

공복기 휴식 중인 근육은 주요 연료원을 포도당에서 지방산으로 변환한다. [참고: 대조적으로 운동상태의 근육은 처음에는 인산크레아틴과 저장된 당원을 사용한다. 강도 높은 운동상태에서 당원에서 유래한 6-인산포도당은 무산소 당분해에 의해 젖산으로 전환된다(136쪽 참조). 젖산은 간에서 포도당신생성에 사용된다(코리회로, 136쪽 참조). 이 당원 저장소가 고갈됨에 따라 지방조직의 TAG 분해로 만들어진 유리 지방산이 주 에너지원이 된다. 수축에 의한 AMP의 상승은 AMPK(근육의 ACC 동종효소를 인산화하여 불활성형으로 바꿈)를 활성화하여 말로닐 CoA를 감소시키고 지방산 산화가 일어나도록 한다(211쪽 참조).] [참고: 근육세포는 6-인산포도당 인산염분해효소를 가지고 있지 않기 때문에 공복상태의 근육의 당원분해에서 생성된 6-인산포도당은 탈인산화 될 수 없고 혈당 유지에 기여하지 않는다.]

A. 탄수화물 대사

인슐린 민감 GLUT-4(111쪽 참조)를 통해 뼈대근육 세포로 들어가는 포도당 수송과 이어지는 포도당 대사는 순환 인슐린의 농도가 낮기 때문에 억제된다. 따라서 간의 포도당신생성에서 만들어진 포도당은 근육이나 지방조직에서 사용할 수 없다.

B. 지질 대사

초기 공복시 근육은 지방조직에서 온 지방산과 간에서 온 케톤체를 연료로 사용한다(그림 24.15). 공복상태가 지속되면 근육에서 케톤체 사용이 줄고 (뇌를 위해 아낌) 거의 전적으로 지방산 산화만이 일어난다. 공복상태에서 에피네프린 신호는 근육세포에서 LPL 발현을 증가시키고, 이는 VLDL의 TAG로부터 추가적인 지방산 흡수가 가능하게 한다. [참고: 지방산 산화에서 생성된 아세틸 CoA는 간접적으로 PDH를 억제한다(PDH 인산화효소의 활성화를 통해). 파이루브산은 아미노기전달에 의해 알라닌이 되고, 알라닌은 간의 포도당신생성에 사용된다(포도당-알라닌 회로, 그림 19.13).]

C. 단백질 대사

공복상태의 처음 며칠 동안은 근육 단백질(예: 당분해 효소)이 급속도로 분해되어 간의 포도당신생성에 사용되는 아미노산을 제공한다(그림 24.15). 근육은 글루카곤 수용체를 가지고 있지 않기 때문에 근육의 단백질분해는 인슐린의 감소에 의해 시작되고 포도당부신피질호르몬의 증가에 의해 지속된다. [참고: 알라닌과 글루타민은 근육에서 유리되는 양적으로 가장 중요한 포도당생성 아미노산이다. 이들은 BCAA의 분해대사에 의해 생성된다(그림 19.13). 예를 들어 글루타민은 창자세포에서 연료로 사용되며, 창자세포는 간의 포도당신생성에 사용되는 알라닌을 내놓는다(포도당-알라닌 회로).] 공복상태 2주째가 되면 근육의 단백질분해가 감소하는데, 이는 뇌가 에너지원으로 케톤체를 사용하기 시작하여 연료로서의 포도당의 수요가 줄어들기 때문이다.

XI. 공복상태의 뇌

공복 처음 며칠 동안은 뇌는 계속해서 전적으로 포도당만을 연료로 사용한다(그림 24.16). 혈당은 간의 포도당신생성에 의해 유지되는데, 이때의 포도당생성 전구체는 근육의 단백질 분해에서 나오는 아미노산과 지질분해에서 나오는 글리세롤이다. 장기간 공복상태(2~3주 이상)에서 혈장 케톤체(그림 24.12)는 상당한 농도까지 상승하고, 뇌에서 포도당을 대체하여 주 연료로 사용된다(그림 24.16과 그림 24.17). 이는 포도당신생성에 필요한 단백질분해 요구량을 줄

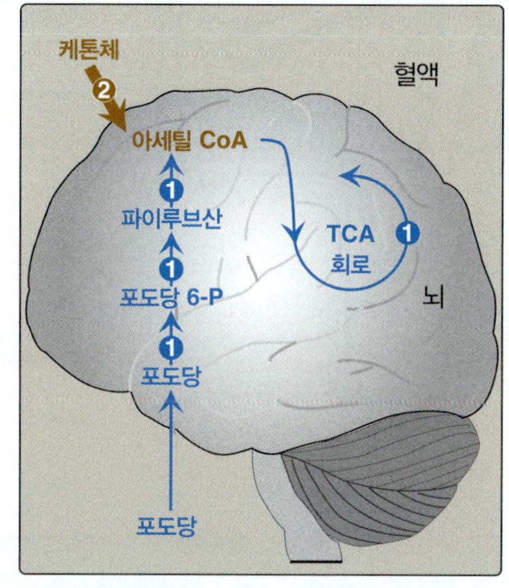

그림 24.16
공복상태에서 뇌의 주요 대사 경로. [참고: 그림과 본문에 사용한 *원 안의 숫자*는 지방이나 탄수화물 대사의 중요한 경로를 가리킨다.] CoA = 보조효소 A; TCA = 트라이카복실산; P = 인산염.

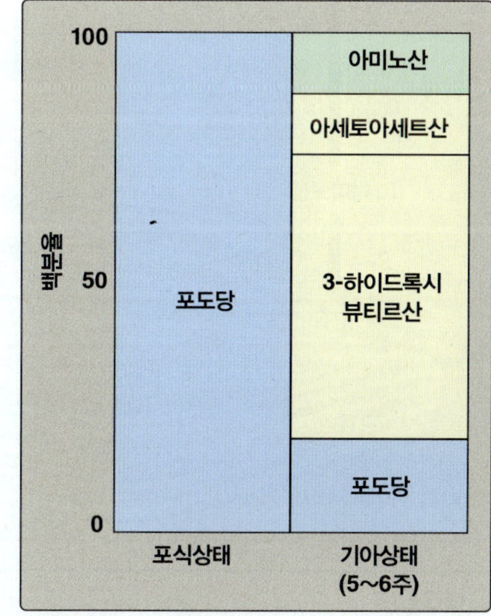

그림 24.17
포식상태와 기아상태의 뇌에 필요한 에너지를 충족시키기 위해 사용되는 연료의 공급원.

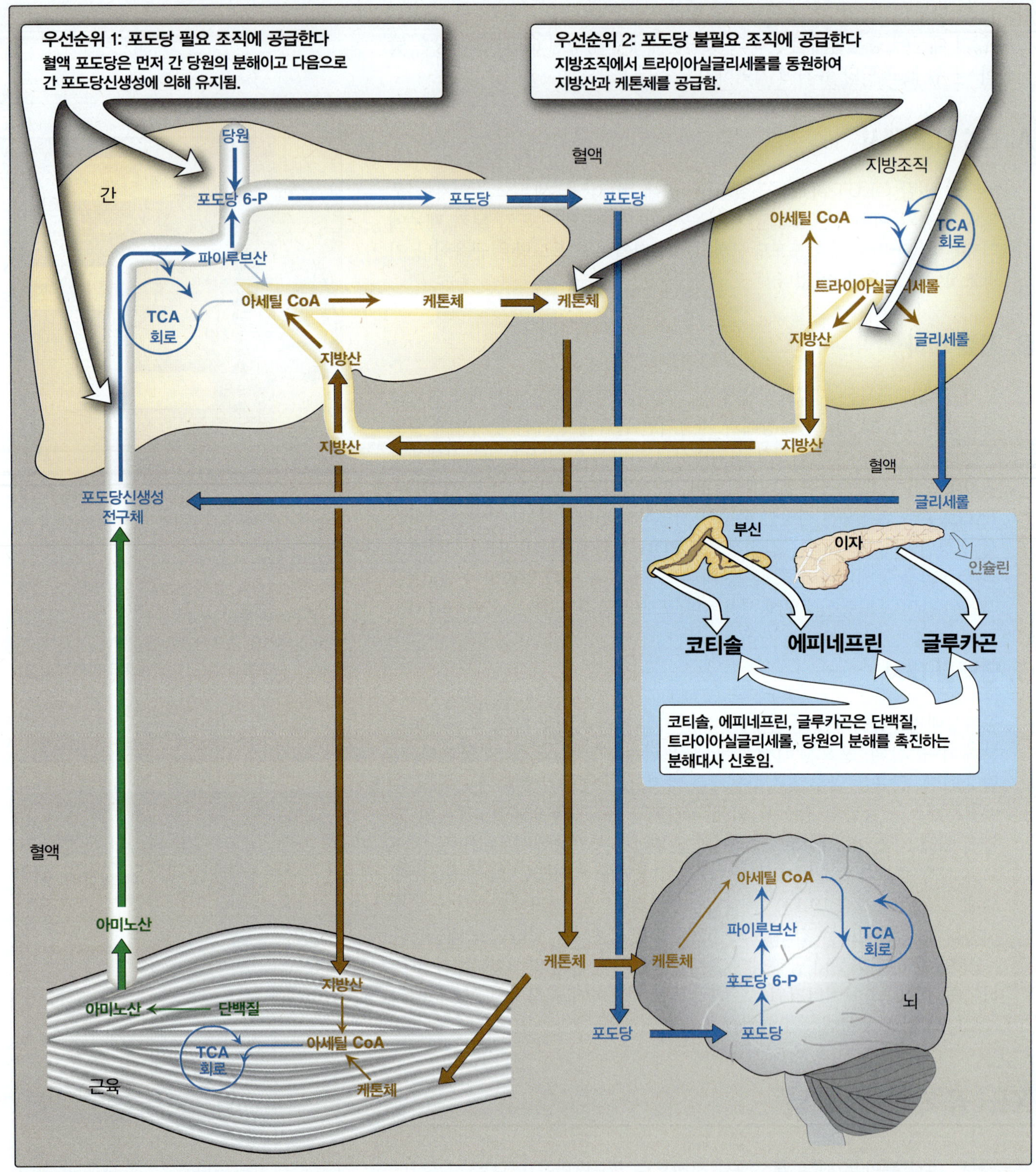

그림 24.18
기아상태에서 조직 사이의 관계와 호르몬의 촉진 신호. P = 인산염; TCA = 트라이카복실산; CoA = 보조효소 A; Ala = 알라닌; Gln = 글루타민.

이고, 케톤체는 포도당과 결국의 근육 단백질을 아껴 보전한다. [참고: 공복 기간이 하룻밤에서 며칠 몇 주로 길어지면 혈당은 초기에 떨어진 후 낮은 농도(65~70 mg/dl)로 유지된다.] 공복기에 일어나는 대사변화는 모든 조직에 연료 물질의 충분한 공급을 보장한다. 공복상태에서 에너지 대사에 관여하는 주요 조직의 반응은 그림 24.18에 요약되어 있다.

XII. 장기간 공복상태의 콩팥

공복기가 초기 기아에서 더 지속되면 콩팥의 역할이 중요해진다. 콩팥 겉질은 6-인산포도당 인산염분해효소를 포함하는 포도당신생성의 효소들을 발현하며, 공복말기에는 포도당신생성의 ~50%를 담당한다. [참고: 이 포도당의 일부분은 콩팥 자체에서 사용한다.] 콩팥은 또한 케톤체(유기산) 생성의 증가에 동반되는 신증에 대한 보상 작용을 한다. 근육의 BCAA 대사에서 유리되는 글루타민은 콩팥에서 흡수되어 콩팥의 글루타민분해효소와 글루탐산 탈수소효소(326쪽 참조)의 작용에 의해 α-케톤글루타르산(포도당신생성의 기질로 사용될 수 있음)과 암모니아(NH_3)를 생성한다. NH_3는 케톤체가 해리될 때 나오는 양성자를 잡아내 암모늄(NH_4^+) 형태로 소변으로 배설하여 체내의 산 부하를 감소시킨다(그림 24.19). 따라서 장기간의 공복에서는 질소 처리가 요소 형태로부터 암모니아 형태로 바뀐다. [참고: 케톤체 농도가 상승하면 일반적으로는 글루타민 소비자였던 창자세포가 케톤체 소비자가 된다. 이로 인해 더 많은 글루타민이 콩팥에서 사용될 수 있다.]

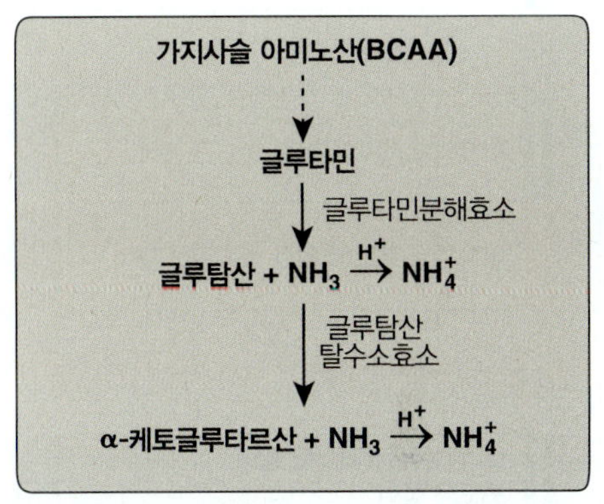

그림 24.19
근육의 BCAA 분해대사에서 나온 글루타민은 암모니아(NH_3)를 생성하고, NH_3는 콩팥에서 암모늄 형태로 양성자(H^+)를 배설한다.

X. 요약

- 대사 경로를 통한 중간대사물의 흐름은 **네 가지 기전**에 의해 제어된다: (1) 기질의 이용도, (2) 효소의 다른자리조절 활성화 및 억제, (3) 효소의 공유결합 변형, (4) 효소 합성의 유도-억제.
- **흡수상태**(식후 2~4시간 동안)에서 이러한 조절기전들은 이용가능한 영양소들을 **당원, TAG, 단백질**로 포획되게 한다(그림 24.20). 이 기간에 포도당, 아미노산, TAG의 혈장 농도가 일시적으로 증가하는데, TAG는 주로 창자 점막세포에서 합성된 **암죽미립**의 성분이다.
- **이자**는 포도당의 농도 상승에 반응하여 인슐린 분비를 증가시키고 글루카곤 분비를 감소시킨다. **인슐린/글루카곤 비**의 증가와 순환 기질의 준비된 가용성은 흡수상태를 **합성대사 기간**으로 만든다. 흡수상태의 기간 동안 거의 모든 조직은 **포도당**을 연료로 사용한다.
- 흡수상태에서 **간**은 당원 저장소를 보충하고, 필요한 만큼 간 단백질을 대체하며, TAG 합성을 증가시킨다. TAG는 **VLDL** 속으로 포장되어 말초조직으로 전달된다.
- 흡수상태에서 **지방조직**은 TAG 합성과 저장을 증가시킨다, 반면 **근육**은 단백질 합성을 증기시켜 이전 식사 이후로 분해되었던 단백질을 보충한다. **뇌**는 전적으로 포도당을 연료로 사용한다.

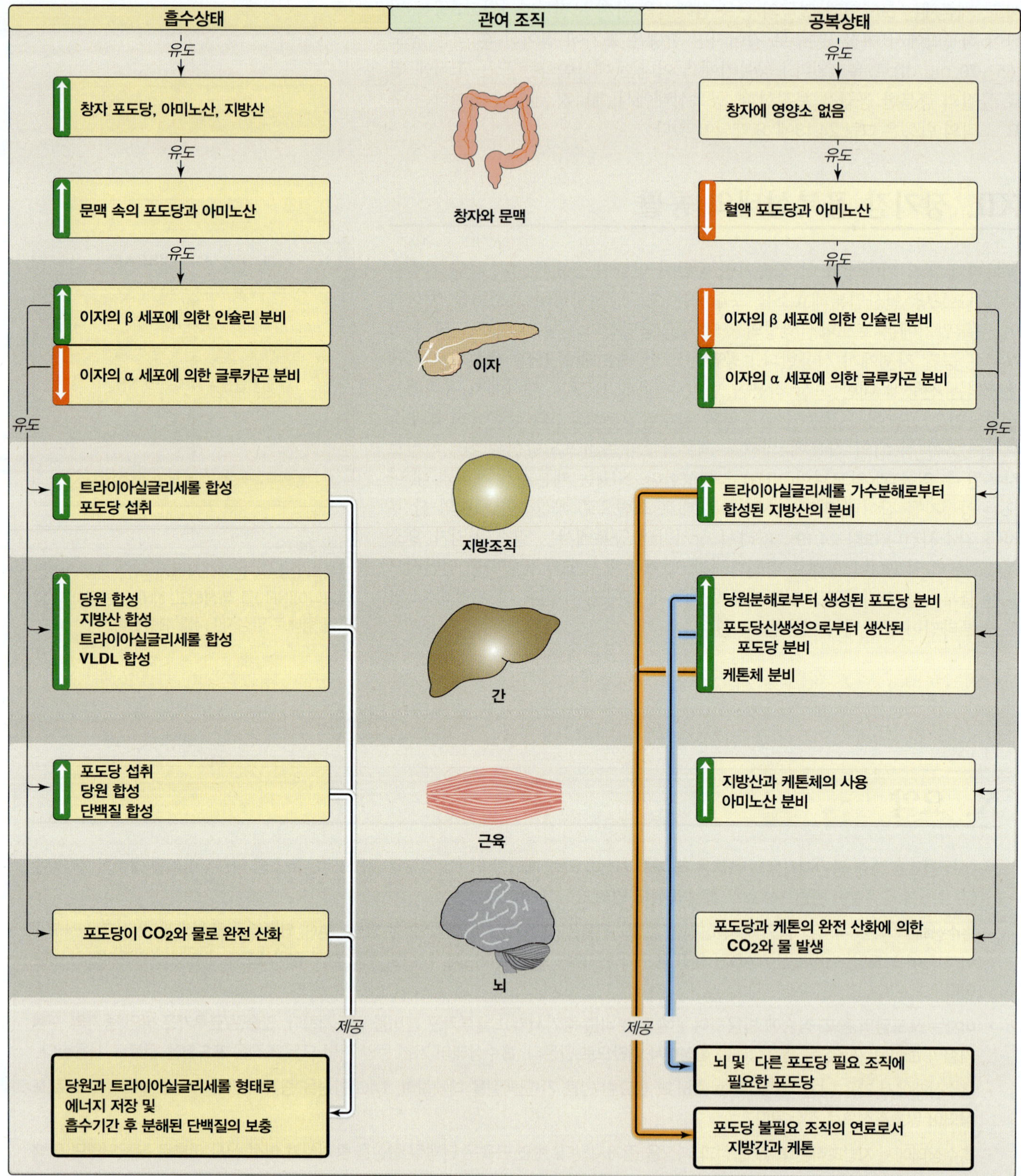

그림 24.20
급식-공복 주기의 핵심 개념도. VLDL = 초저밀도지단백질.

- **공복기**에는 포도당, 아미노산, TAG의 혈장 농도가 떨어져 인슐린 분비의 감소와 글루카곤과 **에피네프린**의 분비를 유발한다. **인슐린/반대작용 호르몬 비**의 감소와 순환 기질의 가용성 감소는 공복 상태를 **분해대사** 기간으로 만든다.
- 간, 지방조직, 뼈대근육, 뇌 사이의 **기질 교환**은 다음 두 가지의 우선순위에 의해 움직인다: (1) 뇌와 다른 포도당 필요 조직의 에너지 대사를 지속시키는데 충분한 혈장 포도당 농도 유지의 필요성과 (2) 다른 조직의 에너지 공급을 위해 지방조직에서 지방산의 동원과 간에서 **케톤체** 유리의 필요성.
- 공복 시 간은 당원을 분해하고 **포도당신생성**을 개시하며, **지방산 산화**의 증가를 통해 포도당신생성에 필요한 에너지원 및 환원당량과 **케톤생성**에 필요한 아세틸 CoA 구성단위체를 공급한다.
- 공복 시 지방조직은 저장된 TAG를 분해하여 간에 지방산과 **글리세롤**을 공급한다. 근육은 간에서 공급한 케톤체뿐 아니라 지방산도 연료로 사용할 수 있다. 간은 글리세롤을 포도당신생성에 사용한다.
- 공복 시 **근육 단백질**은 아미노산으로 분해되어 간에서 포도당신생성에 사용된다. 이것은 케톤체가 증가하면 감소한다. 뇌는 포도당과 케톤체 모두 연료로 사용할 수 있다.
- 말기의 공복상태에서 기아상태로 들어갈 때 **콩팥**은 포도당을 합성하고 케톤체 해리에서 나오는 **양성자**를 NH_4^+로 배설하는 중요한 역할을 한다.

연습문제

가장 올바른 답을 하나만 고르시오.

24.1 다음 중 어느 것이 흡수 후(공복) 상태와 비교하여 흡수(급식) 상태 동안 혈장에서 증가하는가?

A. 아세토아세트산
B. 암죽미립
C. 유리지방산
D. 글루카곤
E. 글리세롤

정답 = B. TAG 풍부 암죽미립은 음식 섭취 후 창자에서 합성되어 분비된다. 아세토아세트산, 유리 지방산, 글루카곤, 글리세롤은 공복상태에서 증가하지만 흡수상태에서는 증가하지 않는다.

24.2 다음 중 흡수상태의 간에 관련된 설명 중 옳은 것은?

A. 2,6-이중인산과당이 증가한다.
B. 인슐린은 포도당의 흡수를 자극한다.
C. 공유결합 변형에 의해 조절되는 대부분의 효소들은 인산화 형태이다.
D. 아세틸 CoA의 산화가 증가한다.
E. 포도당인산화효소의 합성이 억제된다.

정답 = A. 흡수상태의 특징인 인슐린의 증가와 글루카곤의 감소는 당분해의 1-인산과당 인산화효소를 다른자리조절로 활성화하고 포도당신생성의 1,6-이중인산과당 인산염분해효소를 억제하는 2,6-이중인산과당의 합성을 촉진한다. 당원 가인산분해효소 인산화효소, 당원 가인산분해효소, 호르몬 민감 지질분해효소를 제외한 대부분의 공유결합 변형 효소들은 탈인산화 형태로 활성화된다. 급식상태에서 대부분의 아세틸 CoA는 지방산 합성에 사용되기 때문에 산화되지 않는다. GLUT-2에 의해 간으로 들어가는 포도당 흡수는 인슐린과 독립적이다. 포도당인산화효소의 합성은 급식상태에서 인슐린에 의해 유도된다.

24.3 12시간 동안 굶은 사람에서 다음 효소 중 어느 것이 인산화되어 활성화되는가?

A. 아르지닌분해효소
B. 카니틴 팔미토일기전달효소-1
C. 지방산 생성효소
D. 당원 생성효소
E. 호르몬 민감 지질분해효소
F. 인산과당인산화효소-1
G. 파이루브산 탈수소효소

정답 = E. 지방세포의 호르몬 민감 지질분해효소는 에피네프린에 대한 반응으로 단백질 인산화효소 A에 의해 인산화되어 활성화된다. 보기 A, B, C, F는 공유결합으로 조절되지 않는다. 보기 D와 G는 공유결합적으로 조절되지만 인산화되면 불활성화된다.

24.4 70 kg 남자에서, 아래에 나열된 보기 중 어느 시기에 케톤체가 뇌에 필요한 칼로리의 대부분을 공급하겠는가?

A. 흡수 기간
B. 하룻밤 금식
C. 3일 금식
D. 4주 금식
E. 5개월 금식

정답 = D. 지방산 산화의 생성물인 아세틸 CoA에서 만들어지는 케톤체는 공복상태에서 혈액에서 증가하지만 혈액뇌 장벽을 통과하기 위해서는 한계농도에 도달해야 한다. 보통 2주 또는 3주 정도 금식할 때 일어난다. 70 kg 남자에서 지방 저장량은 5개월 동안 필요한 에너지를 공급하지 못할 것이다.

24.5. 지속된 기아 시 콩팥은 요소 분비에 암모늄(NH_4^+)을 분비를 더해 과다한 질소기를 제거한다. 아래 보기 중 이 NH_4^+ 분비의 주요 이득은 어느 것인가?

A. 콩팥 글루타민 흡수 감소
B. 케톤산증 감소
C. 창자세포 글루타민 소비 증가
D. 근육 알라닌 아미노기전달 증가
E. 콩팥 요소 회로 용량 증가

정답 = B. 지속된 기아 시 케톤체 생성 증가에 따라 간 포도당신생성(근육 알라닌을 통한)을 위한 근육 단백질 분해는 감소한다. 콩팥은 케톤체 생성과 해리에 동반되는 산증의 보상작용을 수행한다. 창자세포의 글루타민 소비는 감소하고 콩팥의 글루타민 흡수는 증가한다. 글루타민은 콩팥 조직에 의해 포도당신생성에 사용될 수 있는 α-케톤글루타르산과 암모니아(NH_3)로 전환된다. NH_3는 케톤체에서 해리된 양성자를 포획해 암모늄(NH_4^+) 형태로 소변으로 배출하여 체내 산부하를 감소시킨다(그림 24.19). 장기간 공복은 요소 회로에 의한 질소처리를 감소시키고 NH_4^+ 배설을 증가시킨다.

24.6 아래 도표는 에너지 대사 과정의 중심 분자인 파이루브산으로 들어가고 나오는 물질들을 보여준다.

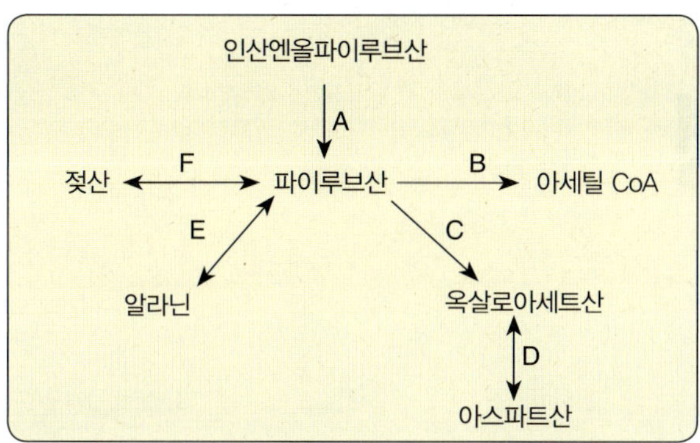

도표의 문자 중 바이오틴을 필요로 하고 아세틸 CoA에 의해 활성화되는 대표적인 반응을 나타내는 것은?

정답 = C. 포도당신생성의 사립체 효소인 파이루브산 카복실화효소는 바이오틴과 ATP를 필요로 하며, 지방산 산화로부터 나오는 아세틸 CoA에 의해 다른자리조절 반응으로 활성화된다. 다른 보기들은 이 기준에 맞지 않다. A = 파이루브산 인산화효소; B = 파이루브산 탈수소효소; D = 아스파트산 아미노기전달효소; E = 알라닌 아미노기전달효소; F = 젖산 탈수소효소.

25 당뇨병

I. 개관

당뇨병은 단일 질병이라기보다는 인슐린의 상대적 또는 절대적 결핍에 의해 혈당이 증가하는 것을 특징으로 하는 다인자, (주로) 다유전자 증후군의 이질적인 집합이다. 3천만 명 이상의 미국인이 당뇨병 환자이다(인구의 ~9.4%). 이 중 800만 명이 아직 진단받지 않은 것으로 추정된다. 추가로 미국 성인의 1/3 이상이 당뇨병전기에 해당하는 것으로 간주되며 대부분은 자신의 건강 상태를 알지 못한다. 당뇨병은 성인 실명과 사지절단의 대표 원인이고, 콩팥 기능상실, 신경손상, 심장마비, 뇌졸중의 주요 원인이다. 당뇨병은 미국 사망원인 중 7위이다. 대부분의 당뇨병은 다음 두 가지 군으로 나눌 수 있다(그림 25.1).

특성	1형 당뇨병	2형 당뇨병
발병 나이	보통 소아기나 사춘기; 빠르게 증상이 진행	흔히 35세 이후, 점차적으로 증상이 진행
발병시 영양상태	흔히 영양부족 상태	일반적으로 비만이 존재
유병률	당뇨병 진단의 <10%	당뇨병 진단의 >90%
유전적 소인	중간 정도	아주 강함
결손 또는 결핍	β 세포가 파괴되어 인슐린 분비 불가	인슐린 저항성과 동반되는 β 세포 결함 (적절한 양의 인슐린 생성이 불가능)
케톤증 빈도	흔함	드묾
혈장 인슐린	낮거나 없음	초기에 높고 장기적으로 낮거나 없음
급성 합병증	케톤산증	고삼투압 고혈당 상태
경구혈당강하제에 대한 반응	반응 없음	반응 있음
치료	항상 인슐린 필요	식사조절, 운동, 경구혈당강하제, 필요하면 인슐린. 위험인자 해결이 중요(체중감량, 금연, 혈압조절, 이상지질혈증 치료)

그림 25.1
1형 당뇨병과 2형 당뇨병의 비교. [참고: 당뇨병이란 병명은 소변에 포도당이 많이 들어 있다는 임상 소견을 반영한 것이다. Diabetes는 그리스어로 "사이펀", mellitus는 라틴어로 "꿀처럼 단"이란 뜻이다.]

1형([T1D], 구어체로는 청소년 혹은 청소년 발병 당뇨병으로 알려짐)과 2형([T2D], 구어체로는 성인 발병 당뇨병으로 알려짐). 두 가지 형태의 당뇨병 모두 성인과 소아에서 발병할 수 있지만, 질병의 발생이 빈번한 연령이 어리거나 나이든 것이 구어체 용어에 반영되었다. 미국의 T2D의 발생률과 유병률은 고령인구의 증가, 비만 유병률의 증가, 좌식 생활양식 때문에 증가하고 있다(405쪽 참조). 소아에서 T2D의 증가는 특히 우려할만한 일이다. 현재 속도로는 20세 미만 T2D 환자 수는 2050년까지 49% 증가할 수 있으며, 속도가 더 증가한다면 이 연령군의 T2D 환자 수는 네 배가 될 수 있다.

II. 1형 당뇨병

미국에서 T1D 환자는 거의 3,000만 명이 되는 전체 당뇨병 환자 중에서 10% 미만을 차지한다. 이 병은 이자의 β 세포에 대한 자가면역 공격에 의해 초래되는 인슐린의 절대적인 결핍을 특징으로 한다. T1D에서 랑게르한스 섬은 활성화된 T 림프구에 침윤되어 췌도염(이자섬염, insulitis)으로 불리는 상태가 된다. β 세포에 대한 수년에 걸친 자가면역적인 공격은 β 세포 수의 점진적인 고갈을 가져온다(그림 25.2). 그러나 증상은 80~90%의 β 세포가 파괴된 후 갑자기 나타난다. 이 시점에서 이자는 포도당 섭취에 충분하게 반응하지 못하기 때문에 생명을 위협하는 케톤산증을 예방하고 대사 조절을 회복하기 위해 인슐린 치료가 필요하다. β 세포의 파괴에는 환경으로부터의 자극요인(예: 바이러스 감염)과 β 세포를 "비 자신(nonself)"으로 오인하게 만드는 유전적인 결정요소가 모두 필요하다. [참고: 일란성 쌍둥이 중 한 명에서 T1D가 발생하였을 때 다른 한 명에서 이 병이 발생할 확률은 단지 30~50%이다. 이것은 T2D와 대조적이며(395쪽 참조), T2D에서의 유전적 영향은 거의 모든 일란성 쌍둥이에서 결국에는 질병이 발병하게 될만큼 강하다.] T1D의 발생률은 인종 간 다를 수 있다. 미국에서 T1D는 비 히스패닉 코카시안/유럽계 미국인에서 가장 흔하며, 다음으로 아프리카계 미국인, 히스패닉 미국인 순서로 흔하다. 아시아계 미국인에서는 흔하지 않으며, 미국 원주민은 T1D의 발생율이 가장 낮다.

A. 진단

T1D의 발병은 전형적으로 소아기나 사춘기에 갑작스럽게 나타나기 때문에 "청소년 발병 당뇨병"으로 분류된다. 최근 몇 년간 T2D를 진단받는 소아가 증가하기는 하나, 이러한 분류의 의미가 크지는 않다. T1D 환자는 보통 다뇨증(과도한 배뇨), 다음증(과도한 갈증), 다식증(과도한 배고픔)의 갑작스러운 발생으로 발병을 알게 되며, 이 증상은 보통 감염과 같은 생리적 스트레스에 의해 유발된다. 이 증상들은 흔히 피로와 체중감소를 동반한다. 임상 진단은 공복혈당(fasting blood glucose, FBG)이 125 mg/dl (정상 70~99) 초과일 때 확진된다. [참고: 공복은 최소 8시간 열량 섭취가 없는 상태로 정의한다.] FBG 100~125 mg/dl는 FBG 장애 혹은 포도당 내성 장애로 분류한다. FBG 장애를 가진 사람은 정상보다 높은 혈당을 가지나 당뇨병이 진단될 만큼 충분히 높지는 않다. 이런 사람들은 당뇨

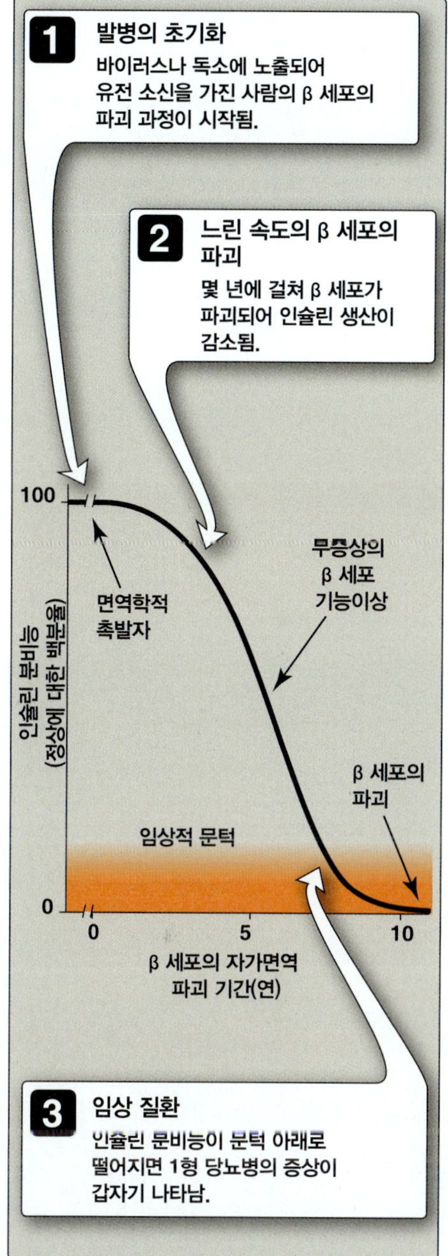

그림 25.2
1형 당뇨병이 발병하는 동안의 인슐린 분비능. [참고: β 세포가 자가면역적으로 파괴되는 속도는 그림에서 보이는 것보다 더 빠를 수도 있고 더 느릴 수도 있다.]

병전기로 간주되며 T2D로 발전할 위험성이 높다. 혈중 당화혈색소(HbA_{1c}, 37쪽 참조)의 비율 측정으로 당뇨병의 진단과 당뇨병 환자의 전반적인 혈당 조절 평가를 모두 할 수 있다. HbA_{1c} 생성 속도는 이전 2~3개월 간의 평균 혈당에 비례한다. 정상 HbA_{1c}은 5.7% 미만; 포도당 내성 장애나 당뇨병전기는 5.7~6.4%; 당뇨병 진단을 위해서는 HbA_{1c} 6.5% 이상이 요구된다. HbA_{1c} 검사는 공복일 필요가 없다. 임상 증상이 있으면서 비공복(무작위)혈당이 200 mg/dl 초과인 경우에도 당뇨병으로 진단할 수 있으나, 비공복 혈당 검사에 의한 진단을 확진하기 위해 FBG나 HbA_{1c} 검사를 처방할 것이다. 75 g의 포도당이 들어 있는 용액을 섭취하고 2시간 동안의 혈당을 측정하는 경구 포도당내성검사도 사용하지만 불편한 방법이다. 이 방법은 주로 임신 3기 초기 임산부에서 임신성 당뇨병을 검사할 때 주로 사용된다(396쪽 참조).

혈당이 180 mg/dl 초과이면 콩팥의 소듐 의존 포도당 수송체(SGLT)의 포도당 회수 능력에 장애가 생겨 포도당이 소변으로 "유출"된다. 포도당 소실은 물의 소실을 동반하여 결과적으로 특징적인 다뇨증(탈수를 동반)와 다음증이 발생한다.

B. 대사 변화

T1D의 대사 이상은 주로 고혈당, 케톤혈증, 고트라이아실글리세롤혈증이며, 이는 간, 뼈대근육, 지방조직 세 가지 조직에 심각한 영향을 미치는 절대적인 인슐린 결핍의 결과이다(그림 25.3).

1. **고혈당과 케톤혈증:** 혈액에서 포도당과 케톤체 농도의 증가는 치료되지 않은 T1D의 특징이다(그림 25.3, 부록 증례 3, 599쪽 참조). 고혈당은 포도당신생성을 통한 간의 포도당 생성 증가에 의해 발생하며, 말초조직의 포도당 활용의 감소를 동반한다(근육 및 지방조직은 인슐린 민감 포도당수송체인 GLUT-4를 갖고 있다, 111쪽 참조). 케톤혈증은 간의 지방산 β-산화 및 3-하이드록시뷰티르산 및 아세토아세트산 합성의 가속화를 동반한 지방조직 트라이아실글리세롤(TAG)에서의 지방산 동원 증가에 의해 발생한다(224쪽 참조). [참고: β-산화에서 나오는 아세틸 CoA는 케톤생성의 기질이며 포도당신생성 효소인 파이루브산 카복실화효소의 다른자리조절 활성자이다.] 대사성 산증의 한 형태인 당뇨병 케톤산증(diabetic ketoacidosis, DKA)은 케톤체의 생산과 사용의 불균형에 의해 유발되며, 새로 진단된 T1D 환자의 25~40%에서 발생한다. 환자가 병에 걸렸을 때(가장 흔한 것은 감염)나 치료에 잘 응하지 않을 때 재발할 수 있다. DKA의 치료는 수액과 전해질을 보충하고 저혈당이 일어나지 않을 정도의 단기작용 인슐린을 투여하여 고혈당을 서서히 교정하는 것이다.

2. **고트라이아실글리세롤혈증:** 간에 넘쳐나는 모든 지방산이 산화나 케톤체 합성을 통해 처리되는 것은 아니다. 이러한 과다 지방산은 트라이아실글리세롤(TAG)로 전환된 후 초저밀도지단백질([VLDL], 264쪽 참

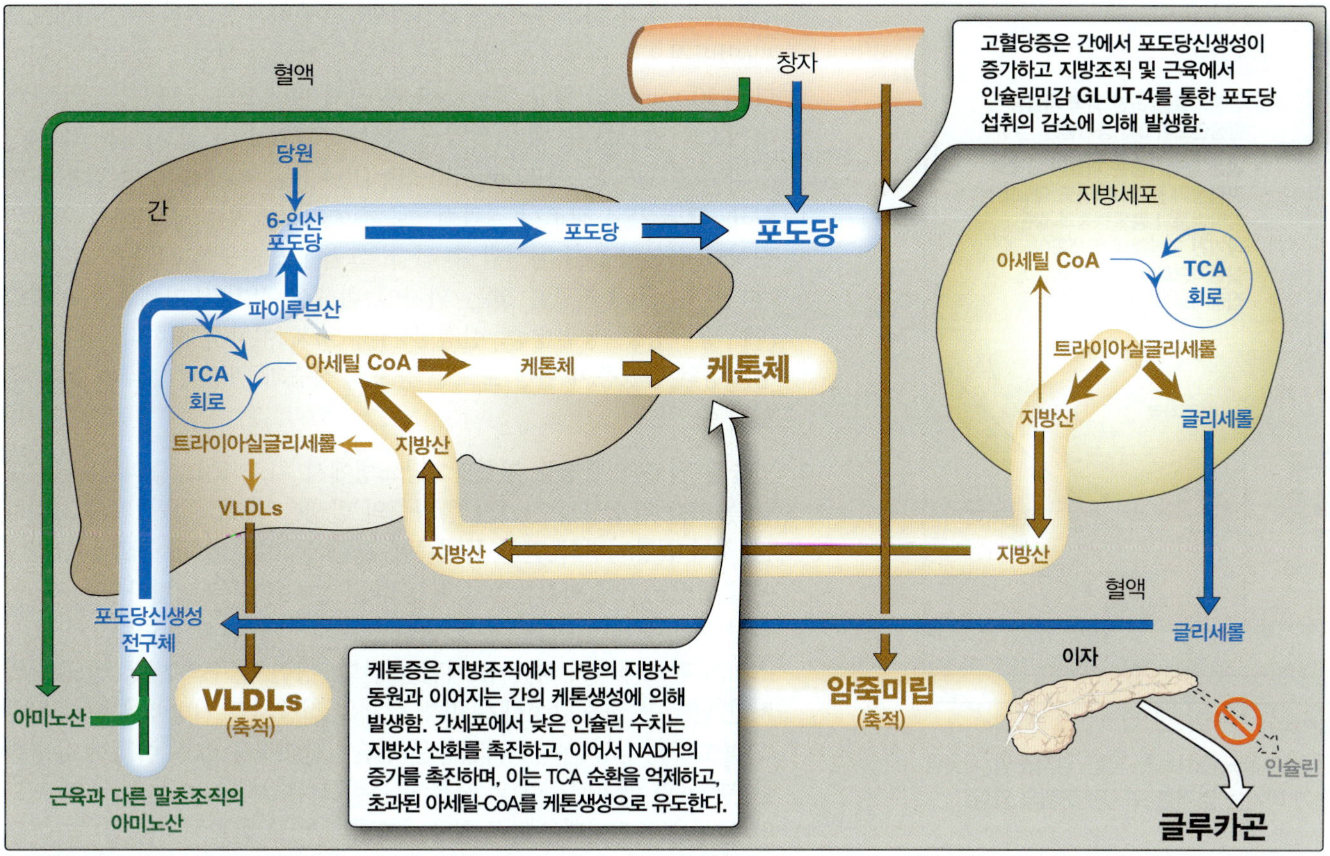

그림 25.3
1형 당뇨병의 조직 사이의 관계. TCA = 트라이카복실산; CoA = 보조효소 A; VLDL = 초저밀도지단백질; GLUT = 포도당 수송체.

조)에 포장되어 간에서 혈류로 분비된다. 식후 섭취된 TAG가 풍부한 암죽미립은 창자 점막 세포에서 포장되어 혈류로 분비된다(262쪽 참조). 지방조직 모세혈관계의 지단백질 지질분해효소에 의해 촉진되는 지단백질의 TAG 분해(263쪽 참조)는 당뇨병 상태에서는 저하되기(인슐린 농도가 낮을 시 효소의 합성이 감소된다) 때문에 혈장 내 암죽미립과 VLDL 농도는 상승하며, 고트라이아실글리세롤혈증을 유발한다(그림 25.3 참조)

C. 치료

T1D 환자는 고혈당과 케톤혈증 조절을 주기적 주사나 연속 펌프 보조 투여에 의해 피하로 공급되는 외인성 인슐린에 의존한다. 현재 두 가지의 치료 방법이 사용된다: 표준치료와 집중치료. [참고: 펌프는 집중치료에서 고려된다.]

1. **표준치료 대 집중치료:** 표준치료는 일반적으로 하루에 2~3회 재조합 사람 인슐린을 주사하는 것이다. 이 치료에 의해 달성되는 평균 혈당 농도는 보통 225~275 mg/dL이고, HbA_{1C}, 농도는 전체 혈색소의 8~9%이다(그림 25.4의 파란색 화살표). 표준치료와는 대조적으로 집

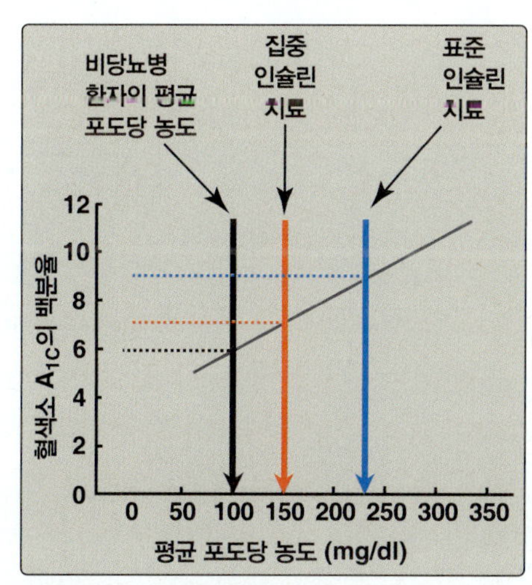

그림 25.4
집중 또는 표준 인슐린 치료를 받는 1형 당뇨병 환자에서 평균 혈당과 당화혈색소(HbA_{1C})의 상호 관계. [참고: 비교를 위해 비당뇨병 환자를 포함한다.]

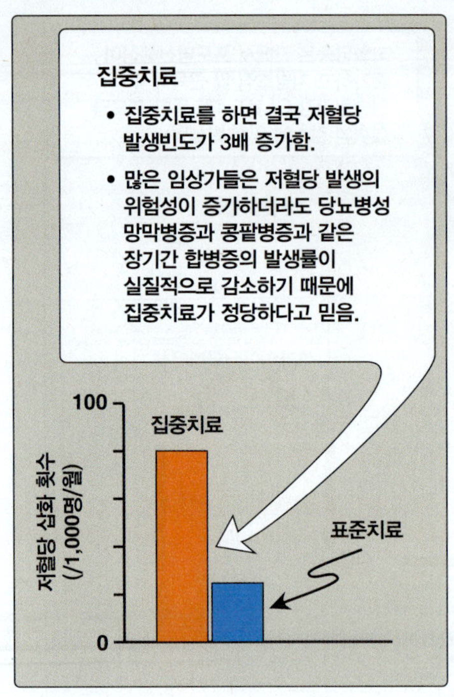

그림 25.5
집중치료나 표준치료를 받은 환자군의 저혈당 삽화에 미치는 엄격한 포도당 조절의 영향.

중치료는 보다 자주 환자를 관찰하고 그에 따른 인슐린을 주사함으로써(일반적으로 하루 4회 이상) 더 정상에 가까운 혈당을 만들려는 것이다. 150 mg/dl의 평균 혈당 농도와 전체 혈색소의 ~7% 정도의 당화혈색소를 달성할 수 있다(빨간색 화살표, 그림 25.4 참조). [참고: 정상인의 평균 혈당은 ~100 mg/dl이고, HbA_{1C}는 6% 이하이다(검은색 화살표, 그림 25.4 참조).] 결과적으로 집중치료를 받는 환자조차 혈당의 정상화(정상혈당)를 달성할 수 없다. 그럼에도 불구하고 집중치료를 받는 환자는 표준치료를 받는 환자에 비해서 장기간 미세혈관 합병증(예: 망막병증, 콩팥병증, 신경병증)이 50% 이상 감소한다. 이것으로 당뇨병의 합병증이 혈장 포도당 농도의 상승과 관련이 있다는 것을 확인할 수 있다.

2. **인슐린 치료의 합병증 저혈당:** 당뇨병에서 치료 목표 중의 하나는 혈당 농도를 감소시켜 장기간 합병증의 발생을 최소화하기 위해 노력하는 것이다(당뇨병의 만성 합병증에 관한 논의는 399쪽 참조). 그러나 이를 달성하기에 적절한 인슐린 용량을 정하는 것은 어렵다. 과다한 인슐린 사용에 의한 저혈당은 인슐린 치료의 가장 흔한 합병증으로 90% 초과의 환자에서 발생한다. 저혈당 삽화, 경련, 혼수의 발생 빈도는 철저한 혈당 조절을 달성하기 위해 설계된 집중치료 처방에서 특히 높다(그림 25.5). 정상인에서 저혈당은 인슐린반대작용 호르몬(특히 유명한 글루카곤과 에피네프린)의 보상적 분비를 유발하고, 이들은 간의 포도당 생성을 촉진한다(364쪽 참조). 그러나 T1D 환자에서는 글루카곤의 분비 결핍 또한 발생한다. 이 결함은 병의 초기에 나타나고 당뇨병 진단 후 4년 동안에 거의 보편적으로 나타난다. 따라서 이 환자들은 심한 저혈당의 방지를 에피네프린 분비에 의존한다. 그러나 병이 진행함에 따라 T1D 환자들은 당뇨병 자율신경병증과 저혈당에 대한 에피네프린의 분비 능력의 손상을 보이게 된다. 글루카곤과 에피네프린의 분비 결함이 동반되면 "저혈당 무감지증(hypoglycemia unawareness)"이라고 불리는 무증상 상태가 발생한다. 따라서 장기간 동안 T1D를 앓고 있는 환자는 저혈당에 특히 취약하다. 저혈당은 또한 격렬한 운동에 의해서도 발생할 수 있다. 운동은 근육에서 포도당 흡수를 촉진하고, 외인성 인슐린의 필요를 감소시키기 때문에 환자들은 저혈당을 방지하거나 중단시키기 위해서 격한 운동 전후에는 혈당 농도를 점검하도록 상담을 받는다.

3. **집중치료(엄격조절) 금기:** 8세 이전의 소아에게는 혈당의 엄격조절 치료를 적용하지 않는데, 저혈당 삽화가 뇌 발달에 부작용을 일으킬 위험이 있기 때문이다. 노인은 일반적으로 엄격조절을 시행하지 않는데 저혈당은 노인에게 뇌졸중과 심장마비를 일으킬 수 있기 때문이다. 또한 엄격조절의 주요 목적는 앞으로의 장기간 동안의 합병증을 예방하는 것이다. 따라서 엄격조절은 최소 10년 이상 생존할 것으로 예상되는 건강한 사람에게 가장 가치가 있는 치료법이다. [참고: 대부분의 비임신성 성인 당뇨병에서 개별적인 치료 전략과 목표는 당뇨병 기간, 나이/기대여명, 알려진 동반이환 상태에 근거한다.]

III. 2형 당뇨병

T2D는 가장 흔한 당뇨병 형태로 미국에서 당뇨병 환자의 90% 이상이 해당된다. 미국에서 T2D는 히스패닉 미국인, 미국 원주민, 아프리카계 미국인에서 가장 흔하며, 다음이 아시아계 미국인이다. 비 히스패닉 코카시안/유럽계 미국인 인구는 T2D 발생률이 가장 낮다. 일반적으로 T2D는 뚜렷한 증상 없이 점진적으로 발병한다. T2D는 일상적인 선별검사에서 종종 발견된다. 그러나 많은 T2D 환자는 몇 주에 걸친 다뇨증과 다음증의 증상을 갖고 있다. 다식증은 나타날 수는 있으나 흔하지는 않다. T2D 환자는 인슐린 저항성과 β 세포의 기능 이상을 함께 가지고 있지만(그림 25.6), 생존을 위해 인슐린이 필요하지는 않다. 그러나 90%가 넘는 환자에서고혈당 조절과 HbA_{1c} 7% 미만 유지를 위해 최종적으로는 인슐린을 필요로 한다. T2D에서 관찰되는 대사 변화가 T1D보다 심하지 않은 부분적인 이유는 충분하지는 않지만 T2D에서 인슐린 분비가 있어 케톤생성을 억제하고 DKA의 발생을 약화시키기 때문이다. [참고: 인슐린은 글루카곤 유리를 억제한다(361쪽 참조).] 진단은 상기 기술한 고혈당 여부에 근거한다. T2D의 발병기전은 바이러스나 자가면역 항체는 관여하지 않으며, 아직 완전히 밝혀지지 않았다. [참고: 노인에서 T2D의 급성 합병증은 심한 고혈당과 탈수, 정신상태의 변화를 특징으로 하는 고삼투압성 고혈당 상태이다.]

> T2D는 고혈당, 인슐린 저항성, 인슐린 분비 장애와 최종적으로는 베타세포 기능상실을 특징으로 한다. 최종적으로는 인슐린 치료가 필요하여 T2D를 인슐린 비의존성 당뇨병이라 지칭하던 명칭이 사라졌다.

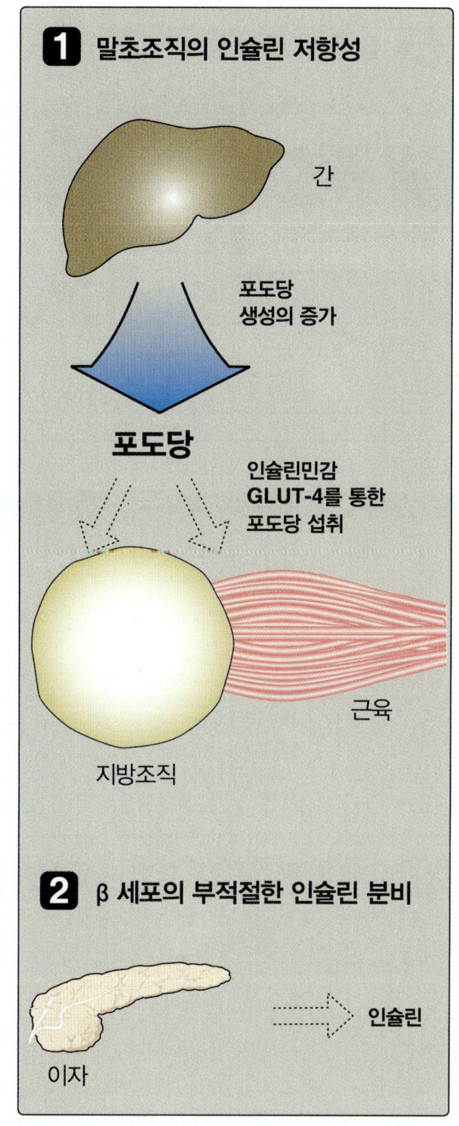

그림 25.6
2형 당뇨병에서 관찰되는 고혈당에 기여하는 주요 인자. GLUT = 포도당 수송체.

A. 인슐린 저항성

인슐린 저항성이란 간, 백색지방, 뼈대근육 같은 인슐린의 표적 조직이 정상(혹은 증가된) 순환 인슐린 농도에 적절하게 반응하는 능력이 떨어진 상태이다. 예를 들면 인슐린 저항성은 간의 포도당 생성 증가, 근육과 지방조직의 포도당 흡수 감소, 유리지방산 생성 증가를 동반한 지방의 지방분해 증가를 특징으로 한다.

1. **인슐린 저항성과 비만:** 비만이 인슐린 저항성과 T2D 발생 위험을 높이는 가장 흔한 원인이지만, 비만과 인슐린 저항성을 가진 대부분의 사람들에서 당뇨병이 발생하는 것은 아니다. β 세포의 기능에 결함이 없다면 뚱뚱한 사람도 증가된 인슐린 농도로 인슐린 저항성을 보상할 수 있다. 예를 들면 그림 25.7A에서 보여주는 바와 같이 인슐린 분비는 마른 사람보다 뚱뚱한 사람에서 두 배 내지 세 배 더 높다. 이렇게 높아진 인슐린 농도가(인슐린 저항성의 결과에 의해) 약화된 인슐린의 효과를 보상하여 마른 사람과 유사한 수준의 혈당을 만든다(그림 25.7B).
2. **인슐린 저항성과 2형 당뇨병:** 인슐린 저항성 단독으로 T2D가 발병하는 것은 아니다. 오히려 T2D는 β 세포 기능 손상을 보이는 인슐린 저

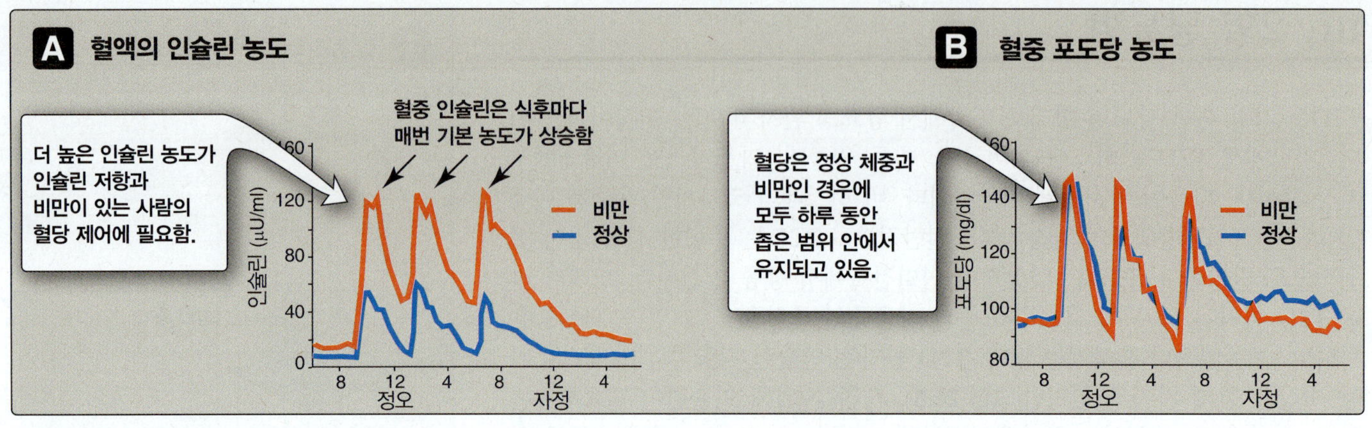

그림 25.7
정상 체중과 비만 피험자의 일일 혈중 인슐린(A), 혈당(B) 수치 변화.

항성이 있는 사람에서 발생한다. 인슐린 저항성과 그에 따른 T2D 발생의 위험은 뚱뚱하고 움직임이 적은 노인이나 임신성 당뇨병이 발병한 3~5%의 임신한 여성에서 흔히 관찰된다. 이 환자들은 증가된 인슐린 분비로는 인슐린 저항성을 충분히 보상할 수 없다. 그림 25.8은 인슐린 저항성, 고혈당, 베타세포 기능 상실 발생에 대한 시간 경과를 보여준다. T2D를 진단 가능한 나이 이전, 인슐린 저항성을 가진 사람은 정상보다 높은 농도(100% 초과)의 인슐린 분비을 분비하여 보상할 수 있다. 결과적으로 이 사람들의 혈당은 정상적으로 유지된다(혈당은 당뇨병전기 상태 범위에 있다). 어느 순간 증가된 인슐린으로 인슐린 저항성을 더 이상 충분히 보상하지 못하게 되며, 혈당이 당뇨병 진단 기준 이상으로 상승하게 된다(> 125 mg/d, ≥ 6.5%). 최초 진단 이후 β세포 결함은 인슐린 분비 감소와 고혈당 악화를 야기한다. 인슐린 분비는 감소하여 결국에는 100% 정상치 이하로 감소하게 된다.

3. **인슐린 저항성의 원인:** 인슐린 저항성은 체중 증가에 따라 증가하고 반대로 체중 감소에 따라 감소한다. 과다한 지방조직(특히 복부지방)이 인슐린 저항성의 발생에 핵심요소이다. 지방조직은 단순한 에너지 저장 기관만이 아니라 또한 분비기관이기도 하다. 비만시 인슐린 저항성을 초래하는 지방조직의 분비물에 변화가 온다(그림 25.9). 여기에는 인터루킨 6과 종양괴사인자 α와 같은 활성화된 큰포식세포에서 온 염증유발 사이토카인 분비(인슐린 저항성과 연관된 염증); 염증 유발 효과를 가진 렙틴 합성의 증가(409쪽 렙틴의 추가적 효과 참조); 항염 효과를 가진 아디포넥틴 분비 감소(406쪽 참조)가 포함된다. 종합적으로 만성적인 낮은 수준의 염증이 나타난다. 인슐린 저항성의 효과 중 하나는 지방분해 증가와 FFA 생성 증가이다(그림 25.9). FFA 가용성은 포도당 사용을 감소시켜 고혈당에 기여하게 되며, 간에 이소성 TAG 축적을 증가시킨다(간 지방증). [참고: 지방증은 비알코올성 지방간 질환을 일으킨다(nonalcoholic fatty liver disease, NAFLD). 염증이 동반된 보다 심각한 상태라면 비알코올성 지방간염(nonalcoholic steatohepa-

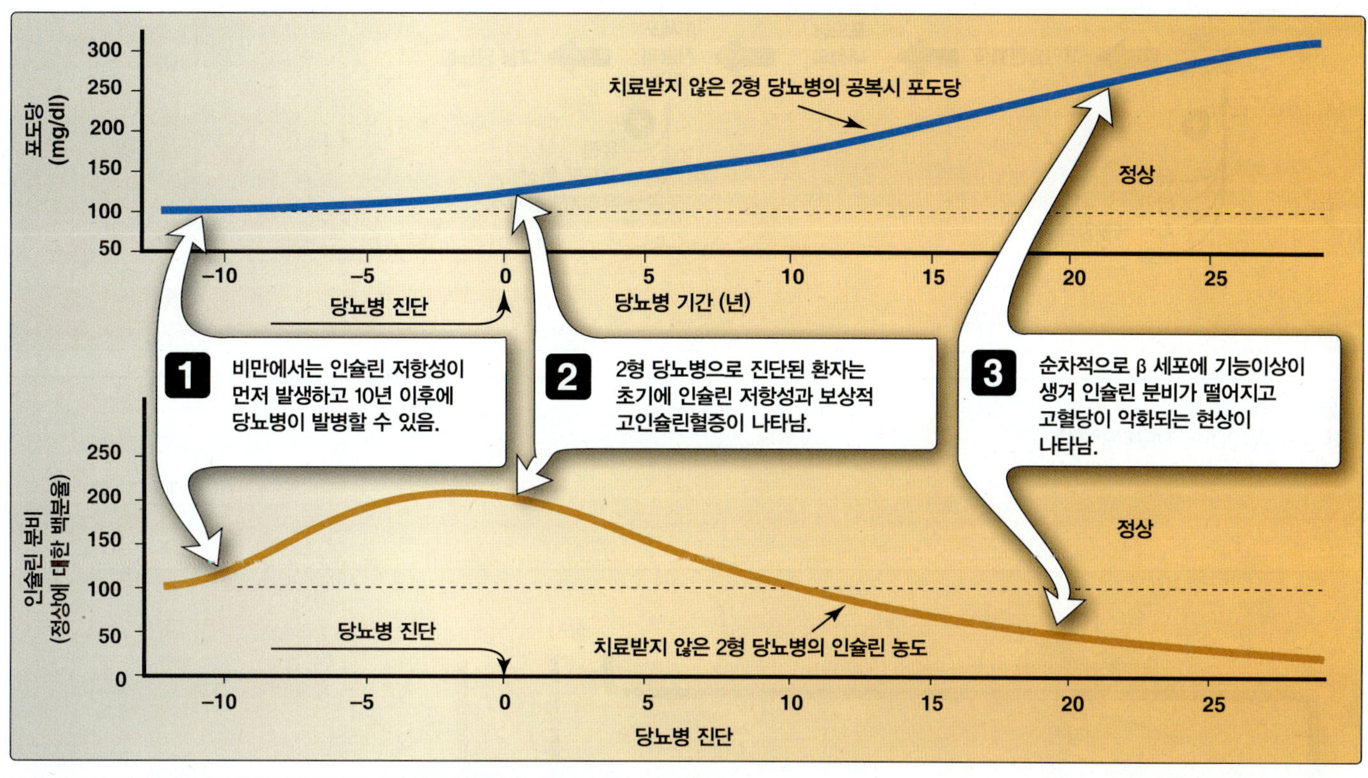

그림 25.8
2형 당뇨병(T2D) 환자에서 병의 진행에 따른 혈중 포도당과 인슐린 농도의 변화.

titis, NASH)으로 발전할 수 있다.] FFA는 염증 유발 효과도 가지고 있다. 장기적으로 FFA는 인슐린 신호전달을 손상시킨다. [참고: 아디포넥틴은 지방산의 β 산화를 증가시킨다(406쪽 참조). 결과적으로 이 지방세포 단백질의 감소는 FFA 가용성에 기여한다.]

B. β 세포의 기능이상

T2D에서 초기에는 이자 β 세포의 능력이 남아 있기 때문에 인슐린 농도는 정상 이상에서 정상 이하까지 다양하다. 그러나 시간이 가면서 β 세포는 점점 더 기능에 이상이 생겨 고혈당을 이겨내서 교정하기에 충분한 양의 인슐린을 분비하지 못한다. 예를 들면 비만과 T2D를 가진 사람의 인슐린 농도는 유사하게 비만을 가지면서 T2D가 없는 사람과 비교할 시 더 높다. 따라서 질병의 자연적인 진행은 인슐린의 내인성 분비로 고혈당을 조절하는 능력을 감소시킨다(그림 25.10). 지속적인 고혈당, FFA의 상승과 염증유발 환경의 독성 효과에 의해 β 세포의 기능 악화는 더 가속화된다.

C. 대사 변화

T2D에서 포도당과 TAG 대사 이상은 주로 간, 뼈대근육, 백색지방조직에서 발생하는 인슐린 저항성의 결과이다(그림 25.11)

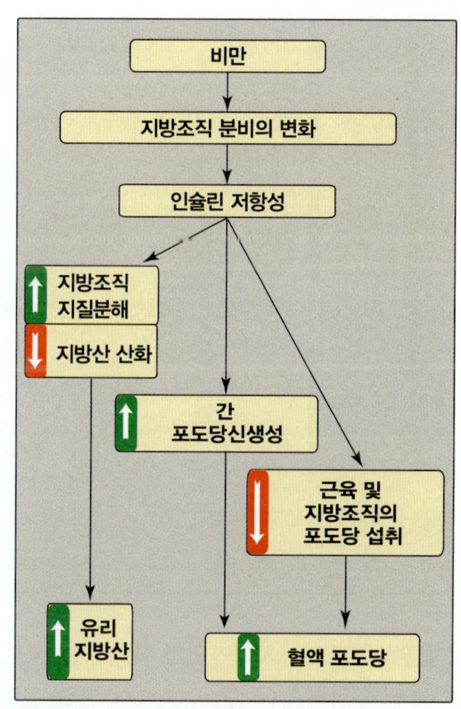

그림 25.9
비만, 인슐린 저항성, 고혈당.
[참고: 염증도 또한 인슐린 저항성과 동반된다.]

인슐린
저항성
고인슐린혈증
포도당
내성의
손상
β 세포
기능의
하락
2형 당뇨병
유전
비만
좌식 생활양식
노화
유전
포도당 독성
유리지방산 독성
미세혈관 합병증(망막병증, 신경병증, 콩팥병증)
큰혈관 합병증(심혈관질환, 뇌졸중)

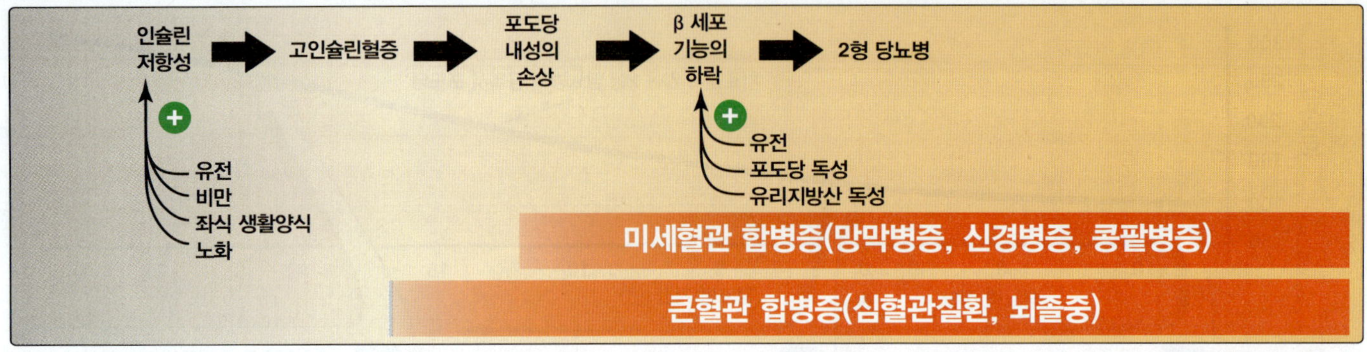

그림 25.10
2형 당뇨병(T2D)의 전형적인 진행.

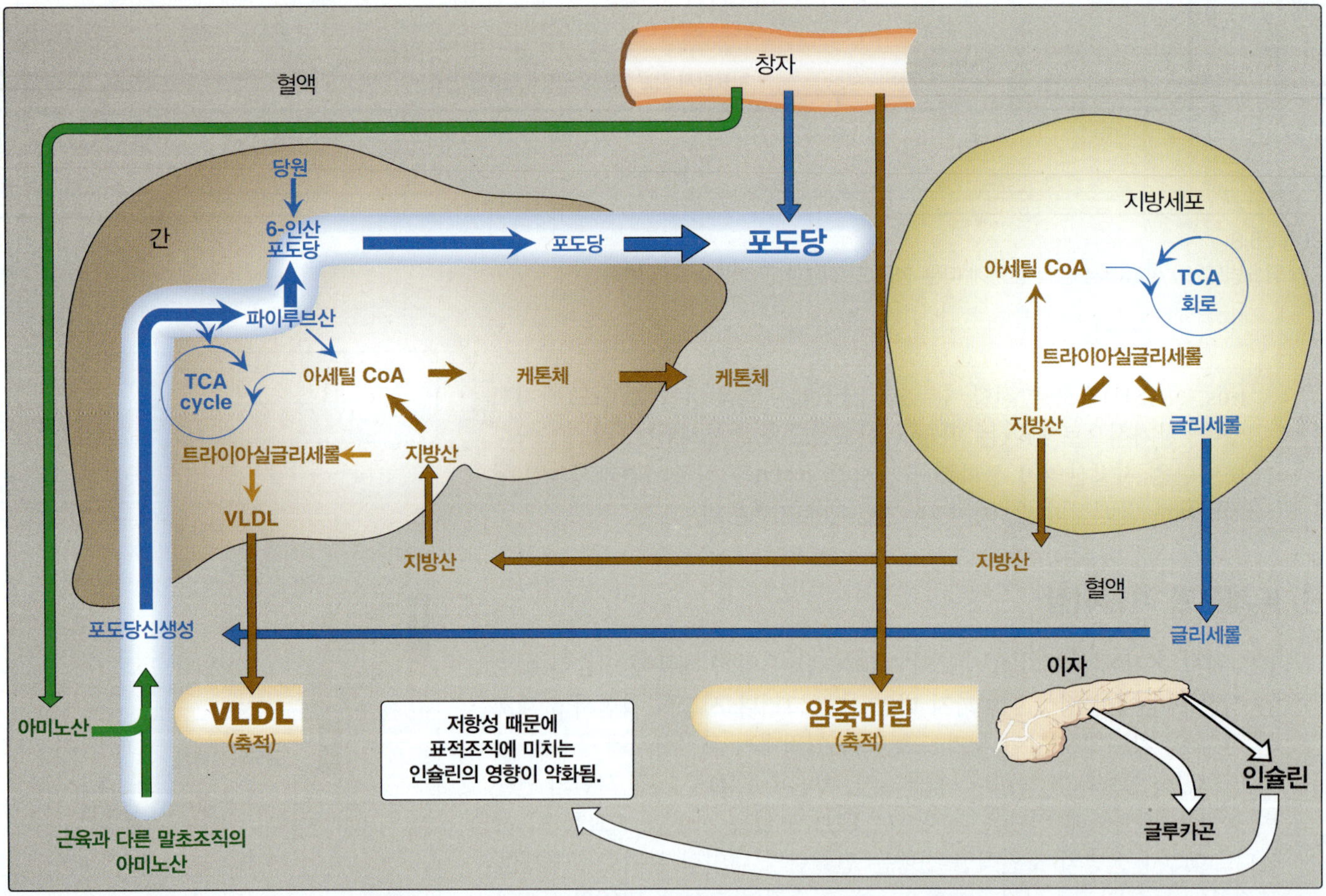

창자
혈액
당원
간
6-인산
포도당
포도당
포도당
지방세포
아세틸 CoA
TCA
회로
파이루브산
TCA
cycle
아세틸 CoA
케톤체
케톤체
트라이아실글리세롤
지방산
글리세롤
트라이아실글리세롤
지방산
VLDL
지방산
지방산
혈액
포도당신생성
글리세롤
이자
아미노산
VLDL
(축적)
저항성 때문에
표적조직에 미치는
인슐린의 영향이 약화됨.
암죽미립
(축적)
인슐린
글루카곤
근육과 다른 말초조직의
아미노산

그림 25.11
2형 당뇨병의 조직 사이의 관계. [참고: 케톤생성은 인슐린 작용이 적절한 한 제한된다.] TCA = 트라이카복실산; CoA = 보조효소 A; VLDL = 초저밀도지단백질.

1. **고혈당:** 고혈당은 간에서 포도당 생성의 증가와 근육과 지방조직에서 포도당 사용량의 저하(인슐린 저항성 때문)가 혼합되어 나타난다. 케톤혈증은 T2D 당뇨병에서 보통 아주 약하거나 거의 발생하지 않는데, 인슐린 저항성이 있어도 인슐린은 존재하므로 간의 케톤생성을 억제하기 때문이다.

2. **이상지질혈증(dyslipidemia):** 간에서 FFA는 TAG로 전환되고, 이것은 VLDL로 포장되어 혈류로 분비된다. 음식 TAG가 풍부한 암죽미립은 식사 후에 창자 점막세포에서 생성되어 분비된다. 지방조직의 지단백질 지질분해효소에 의해 촉진되는 지단백질 TAG 분해는 당뇨병에서는 낮기 때문에 혈장 암죽미립과 VLDL 농도가 상승하여, 결과적으로 고트라이아실글리세롤혈증이 생긴다(그림 25.10). 낮은 농도의 고밀도 지단백질도 T2D와 관련이 있는데, 이것은 분해 증가의 결과로 추정된다.

D. 치료

T2D의 치료 목적은 혈당 농도를 정상 범위 이내로 유지하고 장기간 합병증의 발생을 방지하는 것이다. 체중 감량, 운동, 의학적 음식조절요법(식단 변경)으로 신규 진단받은 T2D에서 고혈당의 교정이 가능하다. 경구 항고혈당 약제는 혈당 강하를 위해 T2D 환자에서 사용할 수 있다. [참고: 항고혈당제는 사용시 저혈당 유발이 가능하기 때문에 저혈당 약제로 불리기도 한다.] 항고혈당 약제는 메트포민과 같은 바이구아나이드(간 포도당 신생성 감소), 설포닐유레아와 메글리티나이드(인슐린 분비 증가, 358쪽 참조), 싸이아졸리딘다이온(FFA 농도 감소, 말초 인슐린 감수성 증가), α 포도당화물분해효소 억제제(음식 탄수화물의 흡수 감소), 인크레틴(글루카곤 분비 감소, 인슐린 분비 증가, 포만감), SGLT 억제제(콩팥 포도당 재흡수 감소)가 포함되며, 인슐린 치료도 만족스러운 혈장 포도당 농도 조절을 위해 필요할 수 있다. [참고: 비만 수술은 병적인 비만을 가진 T2D 환자에서 대부분 증상이 완화된 것으로 나타났지만, 완화가 영구적이지는 않은 것 같다.] 항고혈당 약제와 이 약제들의 조직 특이적인 포도당과 지질 대사 효과들은 그림 25.12에 요약되어 있다.

IV. 당뇨병의 만성적인 영향과 예방

이미 기술한 바와 같이 사용할 만한 치료법들은 당뇨병의 고혈당을 완화시키지만 대사를 완전히 정상화하지는 못한다. 장기간의 혈당 상승은 당뇨병의 만성 혈관 합병증과 연관성이 있는데, 이는 망막병증, 콩팥병증, 신경병증(미세혈관 합병증)뿐만 아니라 심혈관질환(cardiovascular disease, CVD), 뇌졸중(대혈관 합병증)을 포함한다. 집중 인슐린 치료(394쪽 참조) 장기 합병증의 발병을 지연시키고 진행을 느리게 한다. 예를 들면 망막병증의 발생률은 혈당 조절이 호전되고 HbA_{1c} 농도가 감소될 때 감소한다(그림 25.13). [참고: T2D에서 엄격한 조절이 CVD에 미치는 영향에 대한 데이터는 명확하지 않다.] 대부분의 환자에서 혈당의 엄격한 조절에서 얻을 수 있는 이득이 심각한 저혈당

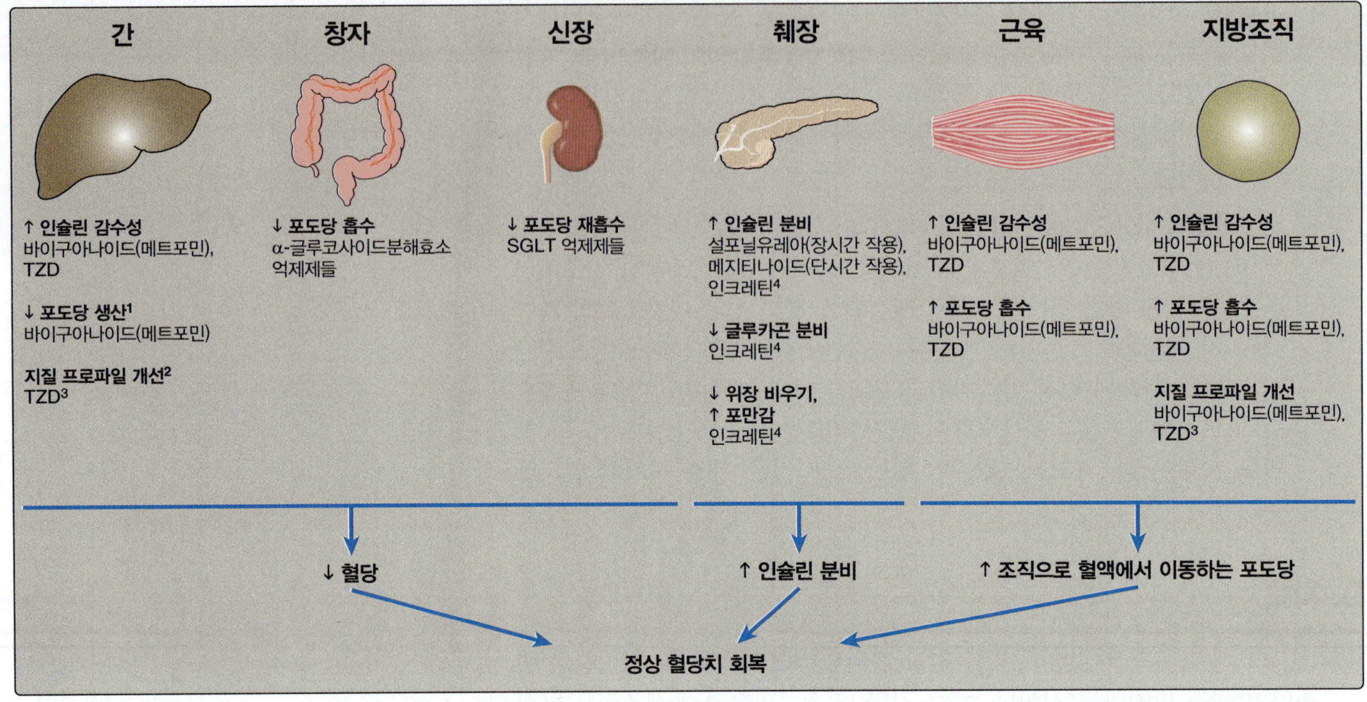

그림 25.12

제2형 당뇨병의 포도당 및 지질 대사에 대한 항고혈당제 및 조직 특이적 영향. **1.** 간 포도당신생성과 당원분해 감소. **2.** HDL 증가, 트라이아실글리세롤 감소 및/또는 지방세포 지방분해 감소의 조합. **3.** 지방세포로부터의 아디포넥틴 방출 증가, β-산화 증가. **4.** 인크레틴과 DPP4 억제제. TZD = 싸이아졸리딘다이온. DPP4 = 다이펩티딜 펩타이드분해효소 4, SGLT = 소듐-포도당 동향수송체.

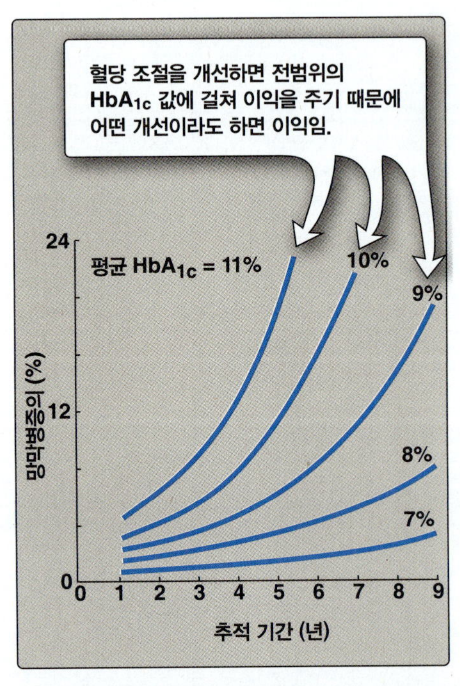

그림 25.13

혈당 조절과 당뇨병 망막병증의 관계. HbA_{1C} = 당화혈색소.

발생의 위험 증가보다 더 크나. 어떻게 고혈당이 당뇨병에서 만성 합병증을 유발하는지는 확실치 않다. 포도당 흡수가 인슐린에 비의존적인 세포에서는 혈당이 증가하면 세포속 포도당과 그 대사물이 증가한다. 예를 들면 세포속 소비톨의 증가는 백내장 형성에 기여한다(162쪽 참조). 더구나 고혈당은 HbA_{1C}의 생성과 유사한 반응으로 세포 단백질의 무효소당화를 촉진한다. 이 무효소당화 단백질은 추가적인 반응에 의해 최종당화생성물(AGE)이 되고, 이는 당뇨병의 초기 미세혈관 변화의 일부를 매개하고 상처치유를 더디게 할 수 있다. 어떤 AGE는 막 수용체(RAGE)에 결합하여 염증 유발 분자를 유리를 일으킨다. T1D에 대한 예방적인 치료법은 현재로서는 없다. T2D의 위험은 의학적 영양치료, 체중 감소, 운동, 고혈압과 이상지질혈증에 대한 적극적인 조절의 복합 요법에 의해 현저하게 감소시킬 수 있다. 예를 들면 그림 25.14는 정상체중과 과체중일 때 운동 정도의 변화에 따른 당뇨병의 발생률을 보여준다.

X. 요약

- **당뇨병**은 인슐린의 상대적 또는 절대적 결핍에 의해 **공복 혈당**이 **증가**하는 특징을 가진 증후군들의 이질적인 집합이다(그림 25.15).
- 당뇨병은 **성인 실명**과 **사지절단**의 첫 번째 원인이며, **콩팥 기능상실, 신경 손상, 심장마비, 뇌졸중**의 주요 원인이다.
- 당뇨병은 **1형 당뇨병(T1D)**과 **2형 당뇨병(T2D)**의 두 군으로 분류된다.
- T1D는 미국의 3000만 명 당뇨병 환자 중 약 10%를 차지한다. 이 병은 **이자 β 세포**에 대한 **자가면역공격**에 의해 발생한 **인슐린**의 **절대적 결핍**이 특징이다. 이러한 파괴에는(바이러스 감염과 같은) **환경적 자극**과 β 세포를 "비자기"로 오인하는 **유전적 결정요소**가 필요하다. T1D의 **대사 이상**은 인슐린 결핍의 결과인 **고혈당, 당뇨병 케톤산증, 고트라이아실글리세롤혈증**을 포함한다. T1D 환자는 고혈당과 케톤산증을 조절하기 위해서 피하주사로 주입하는 **외인성 인슐린**에 의존해야만 한다.
- T2D는 **유전** 요소가 강하다. **인슐린 저항성**과 **β 세포의 기능 이상**이 혼합되어 발생한다. 인슐린 저항성이란 간, 백색지방, 뼈대근육과 같은 인슐린의 표적 조직이 정상(혹은 증가된) 순환 인슐린 농도에 적절하게 반응하는 능력이 떨어진 것이다. **비만**은 인슐린 저항성의 가장 흔한 원인이다. 그러나 비만과 인슐린 저항성을 가진 대부분의 사람이 당뇨병이 되는 것은 아니다. β 세포의 기능에 결함이 없는 경우 비만이 있지만 당뇨병이 없는 사람은 인슐린 농도를 상승시켜 인슐린 저항성을 보상할 수 있다. 인슐린 저항성만으로 T2D가 발생하는 것은 아니다. 오히려 β 세포 기능의 손상과 인슐린 저항성이 함께 있는 사람에게 T2D가 발생한다. T2D에서 관찰되는 급성 **대사 변화**는 완전히 인슐린 의존적인 1형 당뇨병에서 나타나는 것보다는 **경하다**. 이 현상의 부분적인 이유는 T2D에서(충분하지 않더라도) 인슐린 분비가 있어 **케톤생성**을 억제하고 당뇨병 케톤산증의 발생을 약화시키기 때문이다.
- 당뇨병에 사용할 수 있는 치료법들은 고혈당을 완화시키지만 대사를 완전히 정상화할 수는 없다. 장기간의 혈당 상승은 **망막병증, 콩팥병증, 신경병증(미세혈관성)**뿐만 아니라 **CVD, 뇌졸중(대혈관성)**을 포함하는 당뇨병의 **만성 합병증**과 관련이 있다.

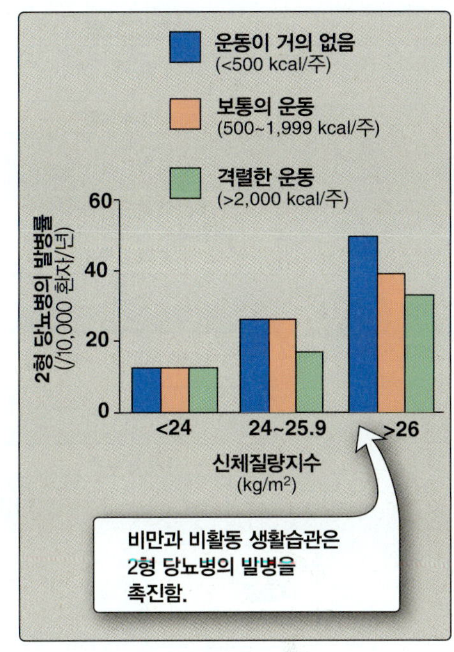

그림 25.14
체중과 운동이 2형 당뇨병의 발생에 미치는 영향.

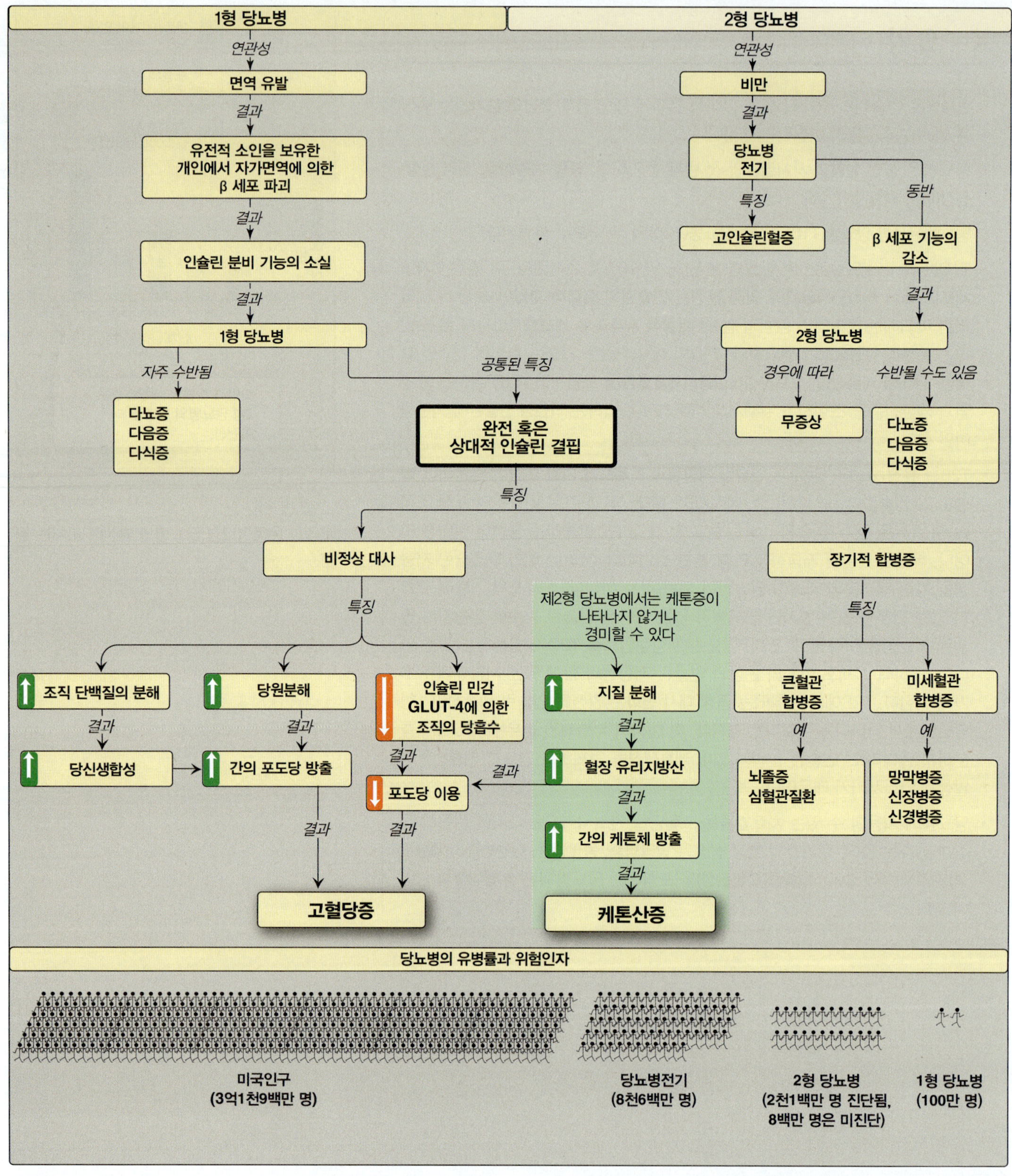

그림 25.15
당뇨병의 핵심 개념도. [참고: 2014년 자료를 참고함.] GLUT = 포도당 수송체.

연습문제

가장 올바른 답을 하나만 고르시오.

25.1 임신 당뇨병을 진찰받던 3명의 환자가 경구 포도당내성 검사를 받았다. 아래의 자료를 보아 어느 환자가 당뇨병전기를 앓고 있는가?

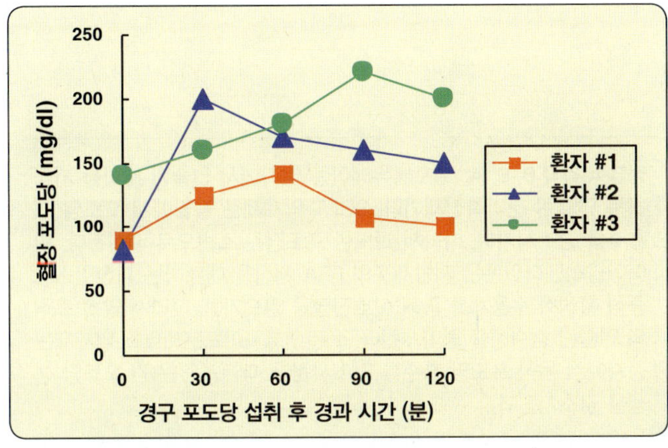

A. 환자 #1
B. 환자 #2
C. 환자 #3
D. 모두
E. 아무도 아님

정답 = B. 환자 #2는 정상 공복혈당(FBG)를 보이나 그녀의 2시간 혈당에 포도당 내성(GT)이 나타나기 때문에 당뇨병전기 상태이다. 환자 #1은 정상 공복혈당과 포도당 내성을 보이고, 환자 #3은 당뇨병이다.

25.2 사람에서 상대적 또는 절대적인 인슐린 결핍은 간에서 다음 반응 중 어느 것을 초래하는가?

A. 호르몬 민감 지질분해효소 활성의 감소
B. 젖산으로부터 포도당신생성의 감소
C. 당원분해의 감소
D. 3-하이드록시뷰티르산 생성의 증가
E. 당원분해의 증가

정답 = D. 낮은 인슐린 농도는 간이 지방조직(간이 아님)의 호르몬 민감 지질분해효소(HSL)에 의해 제공된 지방산의 β-산화로부터 생성된 아세틸 CoA를 사용하여 케톤체를 생성하도록 한다. 낮은 인슐린은 호르몬 민감 지질분해효소의 활성을 유발하고, 당원합성을 감소시키며, 포도당신생성과 당원분해를 증가시킨다.

25.3 종류에 관계없이 치료받지 않은 당뇨병 환자의 특징은 다음 중 무엇인가?

A. 고혈당
B. 케톤산증
C. 낮은 농도의 혈색소 A_{1C}.
D. 정상 농도의 C 펩타이드
E. 비만
F. 단순한 유전형태

정답 = A. 1형 당뇨병(T1D)은 인슐린 결핍에 의해 혈당이 높아진다. 2형 당뇨병(T2D)의 고혈당은 β 세포 기능의 결함과 인슐린 내성의 결과이다. 고혈당은 혈색소 A_{1C} 농도의 증가를 초래한다. 케톤산증은 2형 당뇨병에서 흔하지 않고, 1형 당뇨병에서는 비만이 흔치 않다. 연결펩타이드는 인슐린 합성의 측정에 사용된다. 이것은 1형 당뇨병에서는 거의 없으나 2형 당뇨병에서 초기에 증가한 후 감소한다. 1형, 2형 모두 복잡한 유전 형태를 보여준다.

25.4 2형 당뇨병을 앓는 비만인 사람은 전형적으로:

A. 식사 6시간 후 인슐린 투여가 도움이 된다.
B. 정상인보다 낮은 혈액 글루카곤 농도를 보인다.
C. 이 병의 진행 초반인 정상인보다 낮은 혈액 인슐린 농도를 보인다.
D. 체중을 줄이면 포도당내성이 개선됨을 보여준다.
E. 증상이 갑자기 발병한다.

정답 = D. 대부분의 2형 당뇨병 환자는 비만이며, 체중을 감량하면 거의 모두에서 어느 정도의 혈당 농도 개선을 보여준다. 증상은 대부분 점진적으로 발생한다. 이 환자들은 높은 인슐린 농도를 가지고 있고, 병 말기까지 인슐린을 필요로 하지 않는다(따라서 식사 6시간 후에는 절대로 필요 없을 것이다). 글루카곤 농도는 대부분 정상이거나 낮다.

문제 25.5~25.7번에서 항고혈당 약의 치료 기전에 알맞은 것을 고르시오.

A. FFA의 감소와 말초 인슐린 감수성 증가
B. 인슐린 분비 증가
C. 음식 탄수화물의 흡수 감소
D. 포도당신생성 감소
E. 콩팥 포도당 재흡수 감소

정답 = 각각 B, E, A. 설포닐유레아는 이자에서 인슐린 분비를 자극하는 인슐린 분비촉진제이다. SGLT 억제제는 콩팥에서 포도당 재흡수를 감소시키며, 따라서 과도한 포도당은 소변으로 배설된다. 싸이아졸리딘다이온은 지방세포의 FFA 저장을 매개하는 과산화소체 증식 활성화 수용체를 통해 신호전달을 일으키며, 따라서 말초 조직의 인슐린 감수성을 증가시킨다. α-글루코사이드분해효소 억제제는 창자에서 음식 포도당 흡수를 감소시킨다. 메트포민은 간 포도당 생성을 감소시킨다.

25.5. 설포닐유레아

25.6. SGLT 억제제

25.7. 싸이아졸리딘다이온

비만(obesity)

26

I. 개관

비만은 과다체지방의 축적이 특징인 체중조절 체계의 장애이다. 원시시대에는 일상생활에서 고강도의 육체 활동이 필요했고, 음식은 간헐적으로 공급되었으므로 여분의 열량을 지방으로 저장하려는 유전적 경향이 생존가치였을 것이다. 오늘날 산업화 사회에서 좌식 생활양식, 풍요로움, 맛좋고 비싸지 않은 다양한 음식은 비만의 급격한 확산에 공헌을 하였다. 지방증(adiposity)이 증가함에 따라 2형 당뇨병(T2D), 심혈관질환(CVD), 고혈압, 암, 관절염과 같이 관련된 병들이 발생할 위험성도 증가한다. 특히 우려되는 것은 소아와 청소년 비만의 폭발적인 증가이며, 유병률이 최근 40년 동안 3배나 증가하였다. [참고: 6~19세의 소아와 청소년의 5명 중 1명이 비만이다.] 미국에서 일생 동안 과체중이나 비만이 될 위험성이 각각 약 50%와 25%이다. 비만은 세계적으로 증가하고 있으며, 일부에서는 전 세계에 영양이 결핍된 사람보다 비만 환자가 더 많을 것으로 추정한다.

II. 평가

체지방량을 직접 측정하는 것은 어려우므로 보통 간접적인 방법인 신체질량지수(body mass index, BMI)로 결정한다. BMI는 대부분의 사람에서 체지방량과 상관관계를 보여준다. [참고: 순수근육량이 많은 운동선수는 예외이다.] 허리둘레를 줄자로 재는 것도 또한 비만의 선별검사로 사용된다. 이 방법은 몸의 복부 중심의 지방의 양을 반영한다. 과다한 중심지방은 BMI와 독립적으로 이환율과 사망률에 대한 위험증가와 관계있다. [참고: 허리둘레가 남자는 40인치, 여자는 35인치 이상이면 위험인자로 간주한다.]

A. 신체질량지수

BMI(체중 kg/[키 m]^2)는 키에 대한 상대적 체중의 척도를 나타낸다. 이것은 인구집단 내부 또는 사이의 비교 수단이다. BMI의 건강 범위는 18.5~24.9이다. BMI가 25~29.9인 사람은 과체중으로, 30 이상이면 비만으로, 40 초과이면 심각한(병적) 비만으로 정의한다(그림 26.1). 이 경계선은

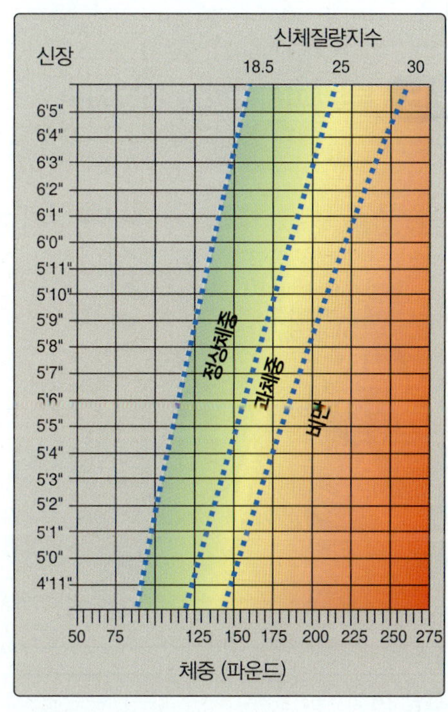

그림 26.1
신체질량지수(BMI) 도표. 왼쪽 줄에서 신장을, 아래쪽 열에서 체중을 찾았을 때 신장과 체중이 만나는 곳이 개인의 BMI 범위에 해당한다. [참고: 인치와 파운드로 BMI를 계산하면 BMI = (체중[파운드]/신장[인치]^2) × 703. 100파운드 이상의 과체중은 누구나 병적 비만으로 간주된다.]

BMI와 조기사망의 상관관계를 조사한 연구에 기초를 두고 있으며, 남녀 차이는 거의 없다. 미국 성인의 거의 2/3는 과체중이고 1/3 이상은 비만이다. 소아에서는 BMI가 연령대의 백분위 95 이상이면 비만으로 간주된다.

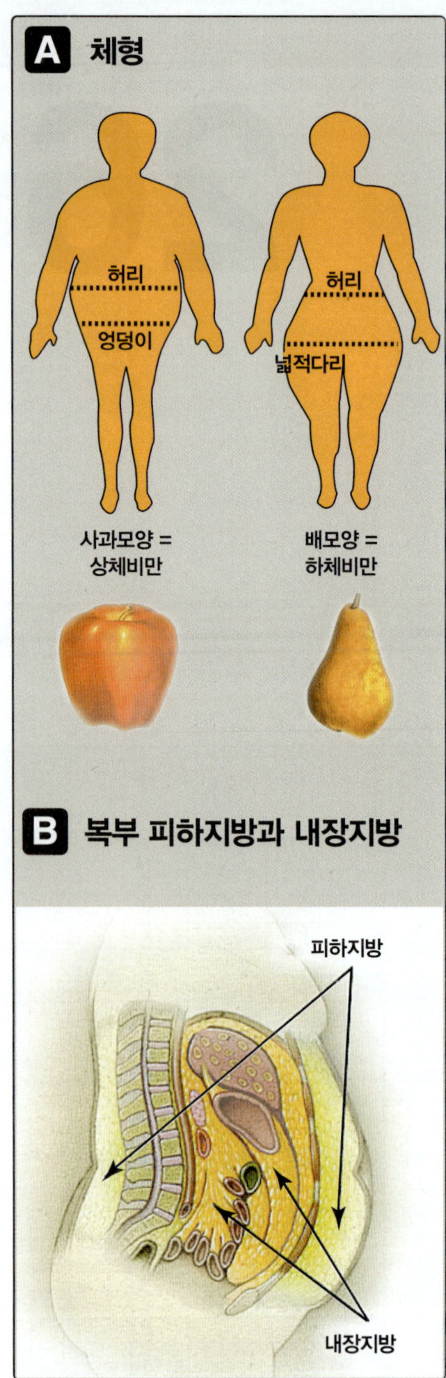

그림 26.2
A: 상체비만 사람(**왼쪽**)은 하체비만 사람(**오른쪽**)보다 질병위험이 더 높다. B: 내장지방은 내부장기 사이에 채워져 복강 안에 들어 있고, 피하지방은 피부 아래에서 발견된다.

B. 지방침착의 해부학적 차이

체지방의 해부학적 분포는 관련된 건강 위험에 중요한 영향을 미친다. 허리/엉덩 비율(waist/hip ratio, WHR)이 여자에서 0.8 초과, 남자에서 1.0 초과이면 남성형, 사과모양, 상체 비만 등으로 정의하며, 몸통에 더 지방이 축적된 것과 관련이 있다(그림 26.2A). 그에 반해서 낮은 WHR은 지방이 엉덩이와 넓적다리에 우세하게 분포하는 것을 반영하며, 여성형, 배(pear)모양, 하체 비만 등으로 부른다. 이것은 WHR이 여자는 0.8 미만, 남자는 1.0 미만으로 정의된다. 여성에서 흔히 발견되는 배모양 비만은 대사질환 위험성이 훨씬 낮은 것으로 나타나며, 몇몇 연구는 실제로 보호적일 수 있다는 것을 보여준다. 따라서 임상가들은 비만과 관련된 대사질환에 대한 위험성이 높은 사람들을 확인할 때 체형에 대한 간단한 지표를 사용할 수 있다.

> 인체 지방의 약 80~90%는 복부(상체)와 볼기-넓적다리(하체) 피하(subq) 저장소에 저장된다. 남은 10~20%는 복강 내 깊은 곳의 내장 저장소에 저장된다(그림 26.2B). 내장 저장소와 복부 피하 저장소의 과다지방은 비만과 관련된 건강 위험성을 증가시킨다.

C. 지방저장 부위에 따른 생화학적 차이

위에서 언급한 지방의 부위별 형태는 생화학적으로 다르다. 특히 여성에서 하체(볼기-넓적다리)의 피하 지방세포는 크고, 지방(트라이아실글리세롤, TAG) 침착이 잘 되고, 상체 피하 저장소의 지방세포보다 느리게 지방산을 동원하는 경향이 있다. 내장 지방세포는 대사적으로 가장 활동적이다. 비만인의 복부피하 및 내장 저장소는 모두 지방분해 속도가 빠르기 때문에 유리지방산(FFA) 가용성의 증가에 기여한다. 이러한 대사의 차이가 상체(복부) 비만인 사람에서 나타나는 더 높은 건강 위험에 일조를 한다. [참고: FFA는 인슐린 신호를 손상시키고 염증을 유발한다(396쪽 참조).]

1. **내분비 기능:** 한때 수동적인 TAG 저장소로 여겨졌던 백색 지방조직은 현재는 체중조절 체계에서 활발한 역할을 하는 것으로 알려져 있다. 예를 들면 지방세포는 렙틴이나 아디포넥틴과 같은 수많은 단백질 조절자(아디포카인)들을 분비하는 내분비세포이다. 렙틴은 대사뿐만 아니라 식욕을 조절한다(409쪽 참조). 아디포넥틴은 혈중 FFA 농도를 감소시키며(근육의 지방산 산화 증가를 통해), 지질분포상 개선, 인슐린 민감도 증가에 의한 혈당조절의 개선, 당뇨병 환자의 염증 감소와 관련이 있다. [참고: 체중이 증가하면 아디포넥틴 농도가 감소하고 렙틴 농도가 증가한다.]

2. **문맥순환의 중요성:** 비만이 있으면 지방조직에서 FFA의 유리와 인터루킨 6(IL-6), 종양괴사인자-α(TNF-α)와 같은 염증유발 사이토카인의 분비가 증가한다. [참고: 사이토카인은 면역계를 조절하는 작은 단백질이다.] 복부 지방 저장소가 비만에서 대사 기능장애에 지대한 영향을 주는 이유에 대한 한 가지 가설은 이 저장소에서 유리된 FFA와 사이토카인이 문맥으로 들어가고, 따라서 간으로 바로 들어가기 때문이라는 것이다. 간에서 이들은 인슐린 저항성(395쪽 참조)과 간 TAG 합성의 증가를 일으키며, 이 TAG는 초저밀도지단백질 입자의 성분으로 분비되어 비만과 연관된 고트라이아실글리세롤혈증에 일조를 한다. 이와 대조적으로 하체의 피하지방 저장소에서 유리된 FFA는 전신순환계로 들어가기 때문에 근육에서 산화될 수 있고, 따라서 낮은 농도로 간에 도달한다.

D. 지방세포의 크기와 수

TAG가 저장됨에 따라 지방세포는 정상보다 약 2~3배 부피가 늘어날 수 있다(그림 26.3). 그러나 지방세포가 확대되는 능력에는 한계가 있다. 과다영양이 지속되면 지방조직 속의 전구지방세포가 자극을 받아 성숙 지방세포로 증식과 분화를 하여 세포 수가 증가한다. 따라서 대부분의 비만은 지방세포의 크기(비대)와 숫자(증식) 증가의 복합으로 인해 발생한다. 비만인의 지방세포 수는 정상인의 5배까지 증가할 수 있다. [참고: 다른 조직과 마찬가지로 지방조직도 지속적으로 재구성된다. 과거의 명제와는 달리 이제는 지방세포도 죽는다는 것이 알려졌다. 지방세포의 추정 평균 수명은 10년이다.] 과잉의 열량이 지방조직 내에 저장될 수 없다면 과잉의 지방산이 근육과 간과 같은 다른 조직으로 "넘쳐흐른다". 이 딴곳 지방의 양은 인슐린 저항성과 밀접하게 관련이 있다. 비만인이 체중감소를 하면 지방세포의 크기는 감소하지만 수는 보통 영향을 받지 않는다. 따라서 지방세포의 크기를 정상 이하로 줄임으로써 체지방의 정상화를 달성한다. 그러나 작은 지방세포는 지방의 재축적에 아주 효율적이며, 따라서 식욕과 체중 회복을 촉진한다.

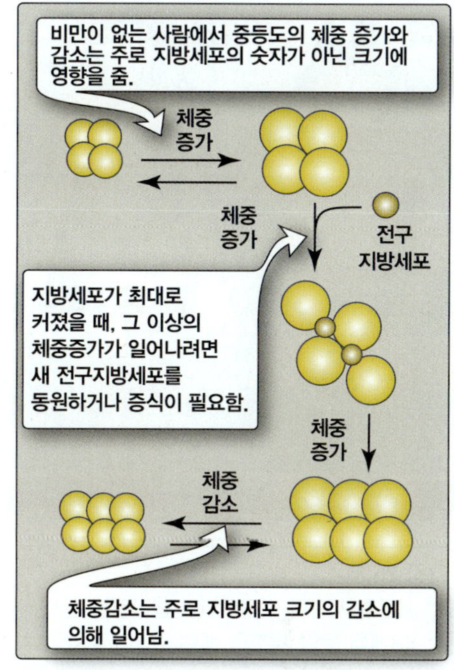

그림 26.3
중증 비만에서 일어나는 비대변화(크기 증가)와 증식변화(숫자 증가).

III. 체중조절

체중은 대부분의 사람에서 시간이 지나면서 상대적으로 안정화되는 경향이 있다. 이 관찰에 의해 사람은 각각 체중에 대해 생물학적으로 미리 정해진 "고정점(set point)"을 갖고 있다는 가설이 설정되었다. 몸은 체중이 고정점 아래로 떨어지면 지방 저장소에 축적하고, 체중이 고정점보다 더 높으면 지방 저장소를 줄이려고 시도한다. 따라서 몸은 고정점을 고수한다. 예를 들면 체중이 감소하면 식욕이 증가하고 에너지 소비가 감소하는 반면에 과다섭취가 있으면 식욕이 감소하고 에너지 소비가 약간 증가한다(그림 26.4). 그러나 엄격한 고정점 모형은 일부의 사람의 경우에 과다섭취 기간 후에 처음 체중으로 복귀하지 못하는 것 뿐만 아니라 오늘날의 비만 확산도 설명하지 못한다.

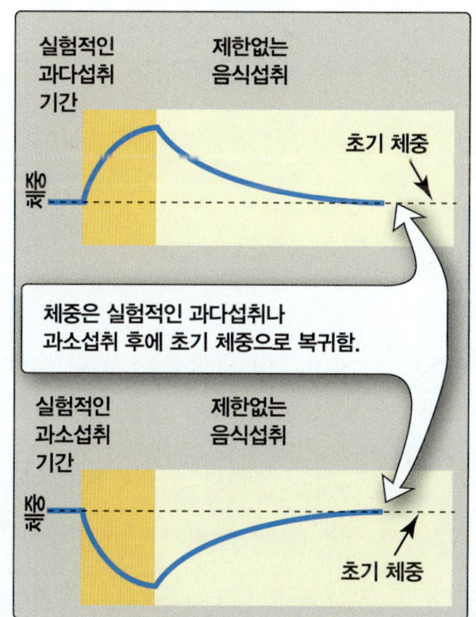

그림 26.4
과다섭취 또는 과소섭취와 그 후의 자유섭취의 삽화에 따른 체중 변화.

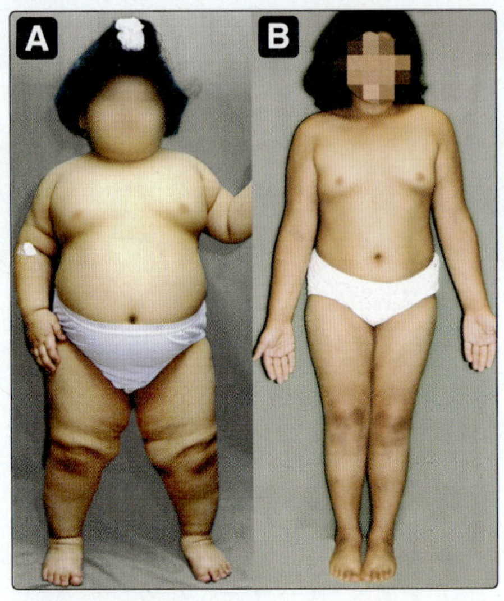

그림 26.5
A: 치료를 시작하기 전의 5살 렙틴결핍 환자.
B: 48개월 동안 재조합 렙틴을 피하주사로 치료받은 9살 환자.

A. 유전적 기여

현재 체중의 결정에 유전적 기전이 주요 역할을 한다는 증거가 있다.

1. **생물학적 기원:** 비만의 결정인자로서 유전적 중요성은 입양된 아이의 체중이 보통 양부모보다 친부모와 관련이 있다는 관찰로도 나타낼 수 있다. 더구나 서로 같은 일란성 쌍둥이는 함께 양육하거나 떨어져 양육하거나 둘 다 아주 비슷한 BMI를 보이며, 이들의 BMI는 서로 같지 않은 이란성 쌍둥이의 경우보다 훨씬 더 비슷하다.

2. **돌연변이:** 드물지만 사람에서 단일 유전자의 돌연변이에 의해 비만이 발생할 수 있다. 예를 들면 렙틴(생성 감소로 인해)이나 그 수용체(기능 감소)에 대한 유전자의 돌연변이는 과식증(식욕과 음식 섭취 증가)과 중증 비만을 유발한다(그림 26.5). 이것을 통해 사람의 체중조절에서 렙틴계의 중요성을 알 수 있다(아래 IV 참조). [참고: 대부분의 비만인은 렙틴 농도가 증가되어 있지만, 이 호르몬의 식욕조절 효과에 대해서 저항성이 있다.]

B. 환경적 및 행동적 기여

최근 수십 년 동안에 일어난 비만의 확산은 이처럼 짧은 기간 동안에는 유전인자가 안정적이기 때문에 유전인자의 변화로 간단하게 설명할 수 없다. 명백히 맛있고 에너지 함량이 높은 음식들을 즉시 먹을 수 있는 상황과 같은 환경인자들이 역할을 하고 있다. 좌식 생활방식은 육체활동을 감소시키고 체중이 증가하는 경향을 강화한다. 1인분의 양, 섭취하는 음식의 다양성, 개인의 음식 취향, 함께 음식을 먹는 사람의 수 등과 같은 식습관도 또한 음식소비에 영향을 준다. 그러나 같은 환경에 있는 많은 사람들이 모두 비만이 되지 않는다는 점에 주목하는 것이 중요하다. 비만에 대한 감수성은 적어도 부분적으로 개인의 유전자와 환경의 상호작용에 의해 설명되는 것으로 보이며, 체지방의 증가와 감소를 방어하는 몸의 조절 체계를 "고정"하는 모성 과소 혹은 과다 영양과 같은 추가적인 요인들이 영향을 줄 수 있다. 적어도 부분적으로 설명할 수 있을 것 같다. 따라서 후성학적 변화(546쪽 참조)도 비만의 위험도에 영향을 주는 것 같다.

IV. 분자적 영향

비만의 원인은 열역학 제1법칙을 간단히 기술한 문장으로 요약할 수 있다: 비만은 에너지(열량) 섭취가 에너지 소비를 초과할 때 나타나는 결과이다. 그러나 이 불균형의 배경기전은 생화학적, 신경학적, 환경적, 심리학적 인자들 사이의 복잡한 상호작용이 관여하고 있다. 식욕, 에너지 소비, 체중 등을 조절하는 기본적인 신경 및 체액 경로는 단기(식사 간)의 음식섭취 조절 체계와 장기(일간, 주간, 연간) 체중조절에 대한 신호 체계에 관여한다(그림 26.6).

A. 장기 신호

장기 신호는 TAG 저장의 상태를 반영한다.

1. **렙틴:** 렙틴은 지방 저장소의 크기에 비례하여 생산 및 분비되는 지방세포 펩타이드 호르몬이다. 렙틴은 뇌에 작용하여 음식 섭취와 에너지 소비를 조절한다. 우리가 필요하는 것보다 많은 열량을 섭취하면 체지방이 증가하게 되고 지방세포의 렙틴 생산도 증가한다. 신체는 에너지 사용의 증가(활동 증가)와 식욕의 감소(식욕억제 효과)를 통해 적응한다. 체지방이 감소하면 반대 효과가 발생한다. 불행하게도 대부분의 비만인은 렙틴 저항성을 가지며 렙틴계는 체중 증가를 방지하는 것보다 체중 감소를 방지하는 것을 더 잘하는 것 같다. [참고: 렙틴의 효과는 렙틴이 시상하부의 활꼴핵의 수용체에 결합함으로써 매개된다.]
2. **인슐린(insulin):** 비만인은 또한 인슐린 저항성에 대한 보상기전에 의해 고인슐린혈증을 보인다(396쪽 참조). 렙틴처럼 인슐린은 시상하부 신경세포에 작용하여 식욕을 떨어뜨린다. (대사에 미치는 인슐린의 효과는 23장을 참조.)

B. 단기 신호

위창자관의 단기간 신호는 공복감과 포만감을 제어하며, 이것은 분이나 시간 단위로 식사의 양과 횟수에 영향을 준다. 음식섭취가 없을 때(식간에) 위는 허기를 몰아내는 식욕유발 호르몬인 그렐린을 분비한다. 음식을 섭취함에 따라, 콜레시스토키닌과 펩타이드 YY를 포함하는 창자 호르몬이 위배출과 시상하부로 가는 신경신호에 작용하여 포만감(식욕억제 효과)을 유도하고 식사를 마치게 한다. 시상하부 내에서 신경펩타이드(예: 식욕유발 신경펩타이드 Y[NPY]와 식욕억제 α-멜라닌세포 자극 호르몬[α-MSH])와 신경전달물질(예: 식욕억제 세로토닌 및 도파민)은 공복감과 포만감의 조절에 중요하다. 장기 및 단기 신호는 상호작용을 하며 렙틴은 α-MSH의 분비를 증가시키고 NPY의 분비를 감소시킨다. 따라서 체지방 저장 상태와 관련하여 식사의 양과 횟수를 제어하는 복잡한 조절고리가 많이 존재한다. [참고: α-MSH는 전구프로피오멜라노코틴의 절단 생성물이며 멜라노코틴-4 수용체(MC4R)에 결합한다. MC4R의 기능상실 돌연변이는 초기발병 비만과 연관성이 있다.]

V. 대사 효과

비만의 주 대사 효과는 이상지질혈증, 포도당불내성(포도당못견딤증), 그리고 주로 간, 뼈대근육, 지방조직에서 나타나는 인슐린 저항성을 포함한다. 이 대사 상애들은 지방세포 크기의 증가로부터 발생하는 분자적 신호를 반영한다(그림 25.9, 397쪽, 그림 26.6 참조). [참고: 대략 30%의 비만인은 대사 이상을 보이지 않는다.]

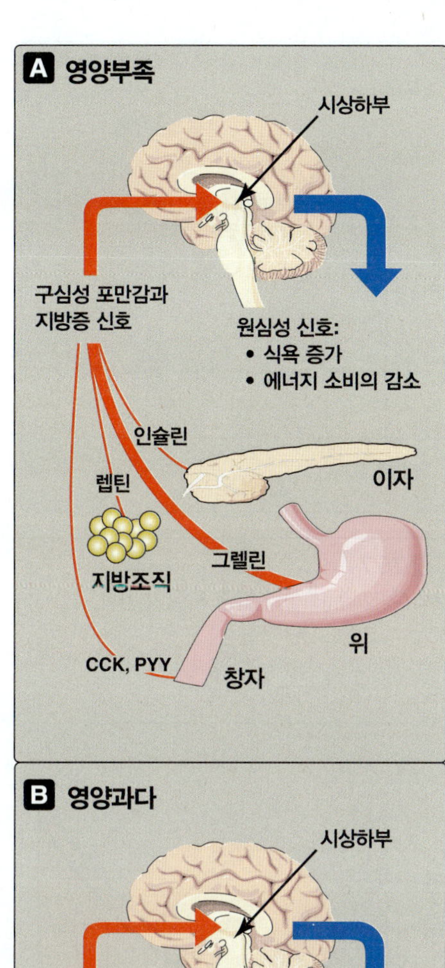

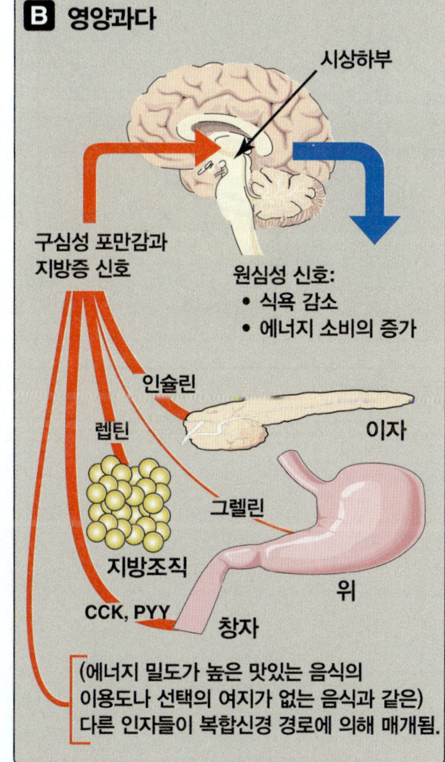

그림 26.6
영양결핍 상태(A)와 영양과다 상태(B)에서 식욕과 포만감에 영향을 미치는 일부 신호들. CCK = 콜레시스토키닌, PYY = 펩타이드 YY.

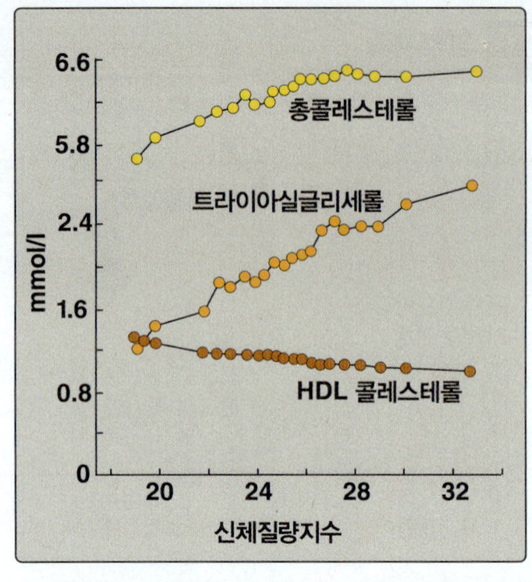

그림 26.7
신체질량지수(BMI)와 혈중 지질의 변화. HDL = 고밀도지단백질.

A. 대사 증후군

복부 비만은 대사 증후군으로 알려진 대사 장애(고혈당, 인슐린 저항성, 고인슐린혈증, 죽종형성 이상지질혈증[고농도 저밀도 지단백질(LDL), 저농도 고밀도 지단백질(HDL), 증가된 TAG], 고혈압) 복합군과 관련이 있다(그림 26.7). 이는 CVD와 T2D 발병의 위험인자이다. 비만에서 보이는 낮은 단계의 만성 전신 염증은 인슐린 저항성과 T2D의 발병기전에 기여하며, 대사증후군에서 역할을 하는 것 같다. 비만에서 지방세포는 IL-6와 TNF-α 같은 염증유발 매개체를 유리한다. 추가로 염증을 약화시키고 조직이 인슐린에 민감하게 만드는 아디포넥틴의 농도는 낮다.

B. 비알코올성 간 질환

비만과 인슐린 저항성은 WAT TAG의 지방분해 및 순환 유리 지방산 증가와 관계 있다. 이것은 간에서 딴곳 TAG 축적(간 지방증)을 일으키고 비알코올성 지방간질환의 위험을 증가시킨다(NAFLD, 396쪽 참조)

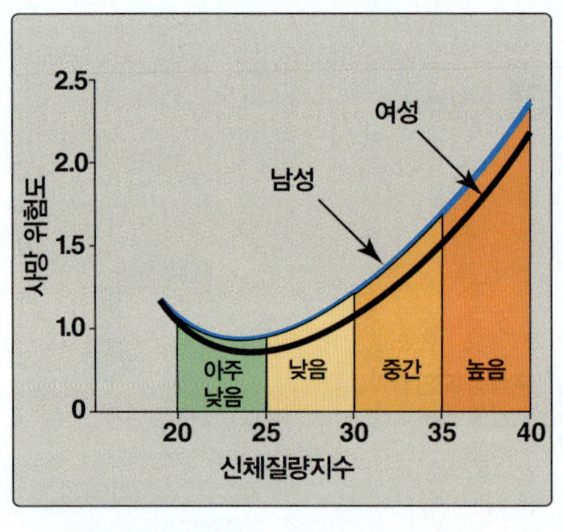

그림 26.8
체질량지수(BMI)와 상대적인 사망 위험도.

VI. 비만과 건강

비만은 사망 위험성의 증가와 상관관계가 있으며(그림 26.8), T2D, 이상지질혈증, 고혈압, CVD, 일부 암, 담석, 관절염, 통풍, 골반바닥질환(예: 요실금), NAFLD, 수면 무호흡증을 포함하는 수많은 만성 상태의 위험인자이다. 비만과 이와 관련된 이환율의 관계는 55세 미만의 사람에서 더 강하게 관련이 있다. 74세 이후에는 BMI 증가와 사망률 간의 관련이 더 이상 없다. [참고: 비만은 또한 사회적 결과를 낳는다(예: 낙인 찍기, 차별).] 비만인이 체중을 감량하면 혈압, 혈장 TAG, 혈당 농도가 감소하고 고밀도지단백질(HDL) 농도는 증가한다.

VII. 체중 감량

체중 감량은 비만 합병증의 감소에 도움을 준다. 체중 감량을 달성하기 위해 비만 환자는 에너지 섭취를 줄이거나 에너지 소비를 늘려야 하지만 에너지 섭취를 줄이는 것이 체중 감소를 유도하는 데 더 많은 기여를 한다고 생각된다. 전형적인 체중 감량에 계획은 식사 변화, 신체활동 증가, 생활방식 변화를 복합한다. 생활방식의 변화에는 영양교육과 식단 계획, 식사일기를 통한 음식섭취의 기록, 과식을 유도하는 요인 교정, 포만감에 대한 신호 재학습을 포함한다. 일단 체중 감량에 성공하면 체중 유지는 별개의 과정이며, 많은 환자들이 체중감량 노력을 더 이상 하지 않아 체중이 회복되기 때문에 경계를 요구한다.

A. 열량 제한

음식조절요법은 체중조절을 위해 가장 보편적으로 시행하는 방법이다. 지방조직 1파운드는 약 3,500 kcal이므로, 열량 제한이 지방조직량에 미치는 효과를 추정할 수 있다. 열량제한 음식조절요법에 의한 체중감소는 주로 에너지 섭취에 의해 결정되는 것이지 영양소의 조성에 의한 것은 아니다. [참고: 그러나 성분적 양상이 혈당 조절과 혈액 지질분포상에 영향을 준다.] 열량 제한은 장기간일 경우 많은 사람에게 비효과적이다. 체중 감소를 시도하는 사람의 90% 이상이 음식조절요법을 중단했을 때 빠졌던 체중이 다시 복구된다. 소수의 사람만이 치료에 의해 이상적인 체중에 도달하지만, 6개월 이상 10%의 체중 감소 시 혈압과 지질 농도가 감소되고 T2D의 조절이 강화된다.

B. 신체 활동

신체 활동이 증가하는 것은 에너지 결손을 유도한다. 비록 저열량 식사에 운동을 병행하는 것이 시작부터 큰 체중 감소를 만들지는 못하지만, 운동은 체중 감소의 유지를 지향하는 계획의 핵심 요소이다. 이에 더해 신체 활동은 체중 감소와 별도로 심폐 건강과 CVD의 위험성을 감소시킨다. 열량 제한과 운동을 행동 치료와 병행한 사람은 4~6개월 동안 초기 체중의 5~10%를 감량할 것으로 예상할 수 있다. 연구 결과에 따르면 운동 프로그램을 유지하는 사람들에서 다시 늘어난 체중은 처음 감량한 체중보다 적다고 한다.

C. 약리학적 치료

미국 FDA는 성인에게 사용 가능한 여러 가지의 체중 감소용 약물을 승인하였다. 이 약물에는 올리스타트(음식 지방의 흡수 감소), 로카세린, 토피라메이트와 병용한 펜터민(세로토닌 신호를 통한 포만감 촉진), 리라글루타이드(인크레틴 유사체, 글루카곤 유사 펩타이드 1(GLP-1) 수용체 활성화를 통한 식욕 감소, 그림 25.12), 날트렉손과 병용한 부프로피온(식욕 감소에 의한 대사 증가)이 포함된다. 이들의 체중 감량 효과는 그리 크지는 않다. [참고: 갈색 지방세포의 약리학적 활성에 대해 분석 중이다(89쪽 참조).]

D. 외과적 치료(surgical treatment)

위 우회술과 제한 수술은 중증 비만 환자의 체중감소에 효과적이다. 비록 기전은 잘 알려지지 않았지만, 이러한 수술은 병적 비만 당뇨 환자에서 혈당 조절을 크게 개선한다. [참고: 미주 신경을 자극하는 전기적 장치 이식은 음식 섭취 감소 목적에서 승인받았다.]

X. 요약

- **비만**(과다 체지방의 축적)은 **에너지(열량) 흡수**가 **에너지 소비**를 초과할 때 나타나는 결과이다(그림 26.9). 비만은 산업화된 국가에서 증가하고 있는데, 그 이유는 일상의 에너지 소비가 감소하고, 맛좋고 값싼 식품을 쉽게 접할 수 있어 에너지 섭취가 증가하기 때문이다.

- BMI는 쉽게 체지방을 측정할 수 있고, 체지방과 상관관계가 아주 높다. 미국 성인의 약 69%는 **과체중**(BMI ≥ 25)이고, 이 중 33% 초과가 **비만**(BMI ≥ 30)이다.
- 체지방의 해부학적 분포는 관련된 건강 위험성에 영향을 준다. **허리 둘레**로 대변되는 **복부**(상체, 사과 모양) 과다지방은 엉덩이와 넓적다리(하체, 배 모양)의 지방과 비교하여 **고혈압, 인슐린 저항성, 당뇨병, 이상지질혈증, 심혈관질환**의 위험성에 더 큰 관련이 있다.
- 사람의 체중은 유전인자와 환경인자에 의해 결정된다.
- **식욕**은 **시상하부**에서 통합되는 구심성 혹은 유입 신호(예: 신경 신호, **렙틴** 같은 순환 호르몬, 대사물)의 영향을 받는다. 이러한 다양한 신호는 시상하부 펩타이드(NPY와 α-MSH)의 유리를 자극하고 신경의 원심성 방출 신경 신호를 활성화한다.
- 비만은 **사망** 위험성의 증가와 상관관계가 있으며, 수많은 **만성 상태**의 위험 인자이다.
- **체중 감량**은 **음의 에너지 평형**에 의해, 다시 말해 열량 섭취의 감소와 신체 활동 증가에 의해 가장 잘 성취된다. 실제로 특정 군의 음식이나 다량영양소를 제한하는 모든 음식조절요법은 단기 체중 감소를 이끌어낸다. 체중 감소의 장기 유지는 달성하기 어렵다.
- 음식섭취를 적당히 줄이는 것은 **약물치료**로 가능하다. 위 우회술과 같은 **수술 요법**은 음식섭취를 제한하기 위해 고안되었으며, 다른 치료법에 반응하지 않는 고도비만 환자에게서 선택할 수 있다.

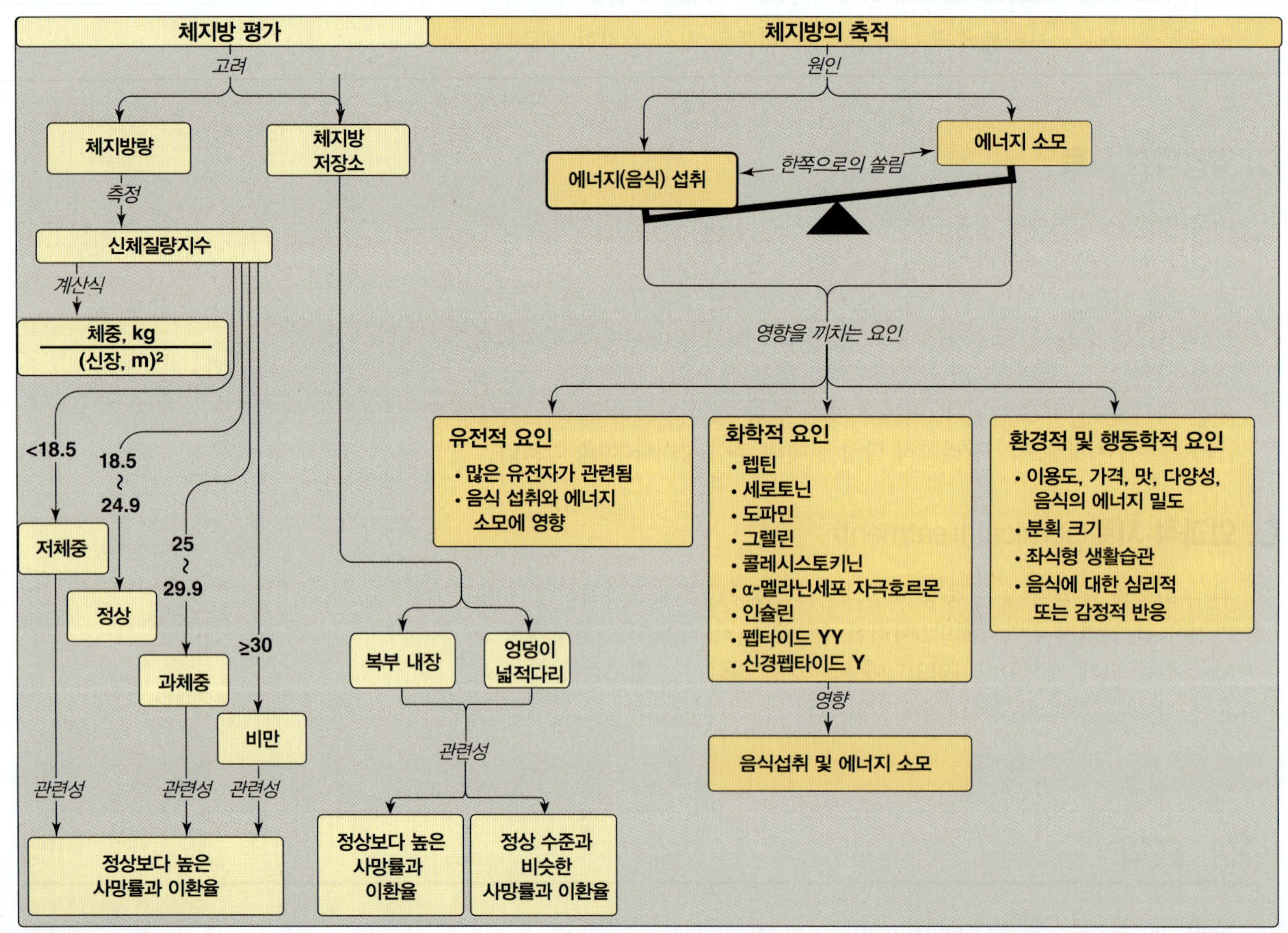

그림 26.9

비만의 핵심 개념도. [참고: 체질량 지수는 파운드/(인치 단위 키)^2 × 703 단위로 계산할 수 있다.]

연습문제

가장 올바른 답을 하나만 고르시오.

문제 26.1과 26.2

키 155 cm(5피트 1인치), 체중 85.5 kg(188파운드)의 40세 여자가 체중감량에 대한 상담을 위해 의사를 찾아왔다. 그녀의 허리는 104 cm(41인치)이고 엉덩이는 99 cm(39인치)였다. 신체검사와 혈액검사 결과는 정상범위 안에 있었다. 그녀의 외동 자녀(14세), 여동생, 부모 두 분은 모두 과체중이었다. 그녀는 어린 시절과 사춘기에도 뚱뚱했었다고 말했다. 과거 15년 이상 그녀는 2주에서 3개월에 걸친 7가지의 다른 음식조절요법을 통해 2.3~11.3 kg(5~25 파운드)의 체중을 감량했었다. 각각의 음식조절요법을 중단하면 체중이 83.9~86.2 kg(185~190파운드)까지 다시 불어났다.

26.1 이 환자의 신체비만지수(BMI)를 계산하고 해석하라.

> BMI = 체중(kg)/키(m^2) = $85.5/(1.55)^2 = 35.6$. 그녀는 BMI가 30보다 크므로 비만으로 분류된다.

26.2 다음 중 어느 것이 이 환자를 가장 잘 설명한 것인가?

A. 정상 체중의 사람과 같은 지방세포 수를 갖지만 각 지방세포의 크기는 더 크다.
B. 사과모양 지방 분포를 보여준다.
C. 아디포넥틴의 농도가 정상보다 더 높을 것이다.
D. 순환 렙틴의 농도가 정상보다 더 낮을 것이다.
F. 순환 트라이아실글리세롤의 농도가 정상보다 더 낮을 것이다.

> **정답 = B.** 그녀의 허리/엉덩이 비는 41/39 = 1.05이다. 사과모양 비만은 허리/엉덩이 비가 여성은 0.8 초과, 남성은 1.0 초과로 정의된다. 따라서 그녀는 남자에게 더 흔한 사과모양의 지방 분포를 갖고 있다. 여성형("배모양") 체형의 다른 여성과 비교할 때, 그녀처럼 내장 또는 복강내 지방조직이 증가하면 당뇨병, 고혈압, 이상지질혈증, 심장동맥 심장병 등의 위험성이 더 커진다. 극단적인 비만과 소아 초기에 비만 병력을 가진 사람은 지방 저장소에 지방세포의 수가 아주 많고 각 세포가 TAG로 꽉 차 있다. 혈장 렙틴은 지방량에 비례하는데, 이것은 사람의 비만에서는 렙틴 결핍보다 렙틴 저항성이 있다는 것을 암시한다. 지방량이 증가하면 아디포넥틴 농도가 감소된다. 비만의 특징인 증가한 순환 지방산은 간으로 운반되어 TAG로 전환된다. TAG는 VLDL의 구성성분으로 분비되기 때문에 혈청 TAG 농도가 올라간다. 혹은 간에 저장되어 간 지방증을 일으킨다.

26.3 다음 중 복부 비만 및 대사증후군과 관련 있는 대사 이상은?

A. 정상보다 높은 포도당 농도
B. 정상보다 높은 HDL
C. 정상보다 낮은 혈압
D. 정상보다 낮은 인슐린 농도
E. 정상보다 낮은 TAG

> **정답 = A.** 복부 비만은 대사 증후군과 관련 있으며, 대사 증후군은 고혈당, 인슐린 저항성, 고인슐린혈증, 죽종형성 이상지질혈증(높은 LDL, 낮은 HDL, 증가된 TAG), 고혈압을 포함하는 대사 이상의 집합으로 정의된다. 대사 증후군은 CVD와 T2D의 발병의 위험 요인이다. 비만에서 보이는 낮은 정도의 만성 전신염증은 인슐린 저항성과 T2D에 기여하며 대사 증후군에서 역할을 하는 것으로 생각된다.

26.4 렙틴에 대한 서술 중 옳은 것은?

A. 렙틴 발현과 분비는 지방 저장량에 반비례한다.

B. 렙틴 신호는 식욕을 감소시키고 에너지 소비를 증가시킨다.

C. 렙틴 신호는 α-MSH의 분비를 감소시킨다.

D. 렙틴 신호는 지방세포의 아디포넥틴 분비를 증가시킨다.

E. 렙틴 신호는 NPY의 분비를 증가시킨다.

정답 = B. 우리가 필요보다 많은 열량을 섭취하면 체지방이 증가한다. 체중이 증가함에 따라 렙틴 농도는 증가하고, 반면 아디포넥틴 농도는 감소한다. 신체는 에너지 사용 증가(활동 증가)와 식욕 감소(식욕억제 효과)를 통해 에너지 증가에 적응한다. 렙틴 신호는 식욕억제 α-MSH 분비를 증가시키고 식욕억제 NPY의 분비를 감소시킨다.

26.5 비만과 비알코올성 지방간 질환 사이의 관계에 대한 서술 중 가장 알맞은 것은?

A. 암죽미립은 간으로의 지방산 전달을 증가시킨다

B. 증가된 순환 유리 지방산은 간의 TAG 축적 증가를 일으킨다.

C. NADH:NAD^+ 비 증가는 3-인산글리세롤 탈수소효소의 활성을 증가시킨다.

D. 인슐린 저항성은 WAT TAG 저장의 지방분해를 감소시킨다.

E. 비만은 간 지방산 합성을 증가시킨다.

정답 = B. 비만과 인슐린 저항성은 WAT TAG의 지방분해 증가와 순환 유리지방산과 관계 있으며, 암죽미립과는 관계 없다. 이것은 간의 딴곳 TAG 축적(간 지방증)을 일으키고 비알코올성 지방간질환(NAFLD) 위험을 증가시킨다. 비만과 인슐린 저항성은 간 지방산 합성을 감소시킨다. NADH:NAD^+ 비 증가는 만성 알코올중독의 결과이다.

제 6 단원
의료 영양

27 영양

I. 개관

영양소란 신체가 정상 기능을 유지할 때 필요한 음식물의 구성 성분을 말한다. 모든 에너지는 3가지 영양소(지방, 탄수화물, 단백질)에서 공급된다(그림 27.1). 에너지가 풍부한 이 물질들은 다른 음식 영양소에 비해(mg 또는 μg 단위) 섭취량이 더 많이(g 단위) 필요하므로 다량영양소(macronutrient)라 부른다. 에너지의 일부는 알코올에서 얻기도 하지만 신체의 성장과 항상성 유지에 관여를 하지 않으므로 영양소에 포함되지 않는다. 이 장에서는 최적의 건강상태를 유지하고 성인의 만성병을 예방하는 데에 필요한 다량영양소의 종류와 양에 대해 주로 다루고, 비타민이나 무기질처럼 소량만이 필요한 미량영양소(micronutirent)에 대해서는 28장과 29장에서 다룰 것이다. 다량영양소와 미량영양소의 의미는 영양소의 상대적 주요성이 아니라 필요한 섭취량에 따라 분류하였으며 미량영양소는 하루에 1 g 미만의 섭취가 필요한 영양소이다.

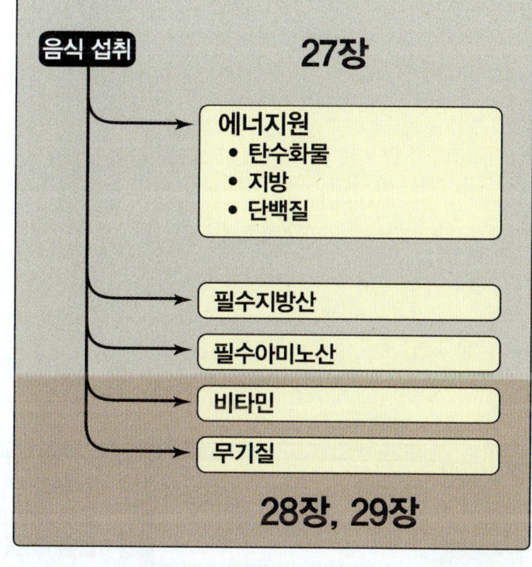

그림 27.1
음식 필수영양소. [참고: 알코올은 사람에 따라서는 일일 열량 섭취량의 큰 부분을 차지하기도 한다.]

II. 영양섭취기준(Dietary Reference Intakes, DRI)

미국국립학술원 의학원의 식품영양위원회가 조직한 미국과 캐나다의 전문가 위원회에서 영양섭취기준(DRI)을 제정하며, DRI는 영양 결핍을 예방하고 최적의 건강과 성장을 유지하는 데에 필요한 영양소의 양을 추정하여 정한 기준이다. DRI는 1941년부터 정기적으로 개정해 오던 영양권장량(RDA)을 확대한 것이다. DRI는 RDA와 달리 일부 영양소의 소비에 대한 상한선을 확정하고, 결핍증 해결만이 아니라 평생 건강을 영양소의 역할로서 통합한 것이다. DRI와 RDA는 둘 다 장기적인 안목으로 평균 일일 영양소 섭취량을 규정하는데, 그 이유는 매일 RDA 기준을 채워서 섭취할 필요가 없기 때문이다.

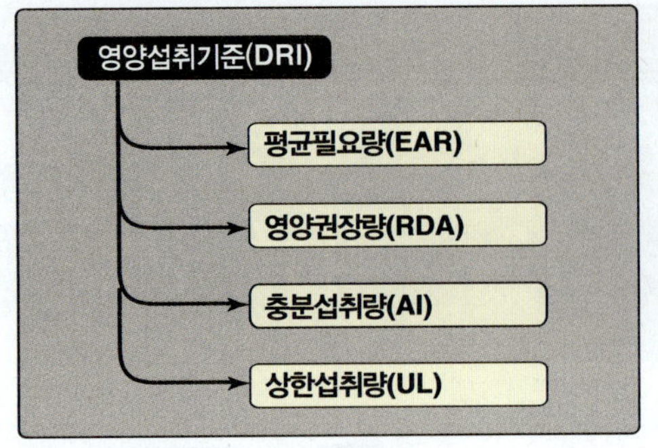

그림 27.2
영양섭취기준(DRI)의 구성 성분.

A. 영양섭취기준의 정의

DRI는 연령대(나이), 생리적 상태, 성별 등에 따라 고안된 4가지의 표준 영양섭취기준으로 구성된다(그림 27.2).

1. **평균필요량(estimated average requirement, EAR)**: EAR은 특정 연령대와 성별에 속한 건강한 집단의 50%에 해당되는 사람들의 필요량을 충족시킬 수 있는 평균 일일 영양소 섭취량이다(그림 27.3). 이것은 집단이나 개인의 실제 필요량을 추정할 때 유용하다.

2. **영양권장량(recommended dietary allowance, RDA)**: RDA는 특정 연령대 및 성별 집단의 거의 모든(97~98%) 사람들의 필요량을 충족시킬 수 있는 평균 일일 영양소 섭취량이다. RDA는 건강한 사람의 최소 필요량이 아니라, 의도적으로 대부분의 사람들에게 안전한 범위를 제공하는 것을 택하고 있다. RDA는 EAR가 기본이 되어 정해진다. EAR의 표준편차(SD)가 정해지고 영양소 필요량이 정상분포를 하면 RDA는 EAR에 SD의 2배를 더한 값, 즉 $RDA = EAR + 2\ SD_{EAR}$이다.

3. **충분섭취량(adequate intake, AI)**: AI는 과학적 자료의 미비로 EAR이나 RDA를 계산할 수 없을 때 RDA 대신 사용되는 기준이다. AI는 적절하다고 판단되는 건강한 구성원 집단의 영양소 섭취를 추정하여 결정한다. 예를 들면, 첫 6개월 동안 모유가 유일한 음식물인 영아의 AI는 정상적으로 태어났으며 모유만 먹는 건강한 영아의 일일 영양소 섭취량을 추정하여 정한다.

4. **상한섭취량(tolerable upper intake level, UL)**: UL은 일반적인 집단에 속한 대부분의 사람에게 건강상 위해가 되지 않는 일일 평균 영양소 섭취량의 상한선이다. UL 이상 섭취하면 건강상 위해성이 증가할 수 있다. 점차 영양 강화식품과 식품 첨가물이 늘어가고 있는 상황에서 UL은 유용한 지표이다. 영양소에 따라서는 UL을 정할 자료가 부족할 수도 있다.

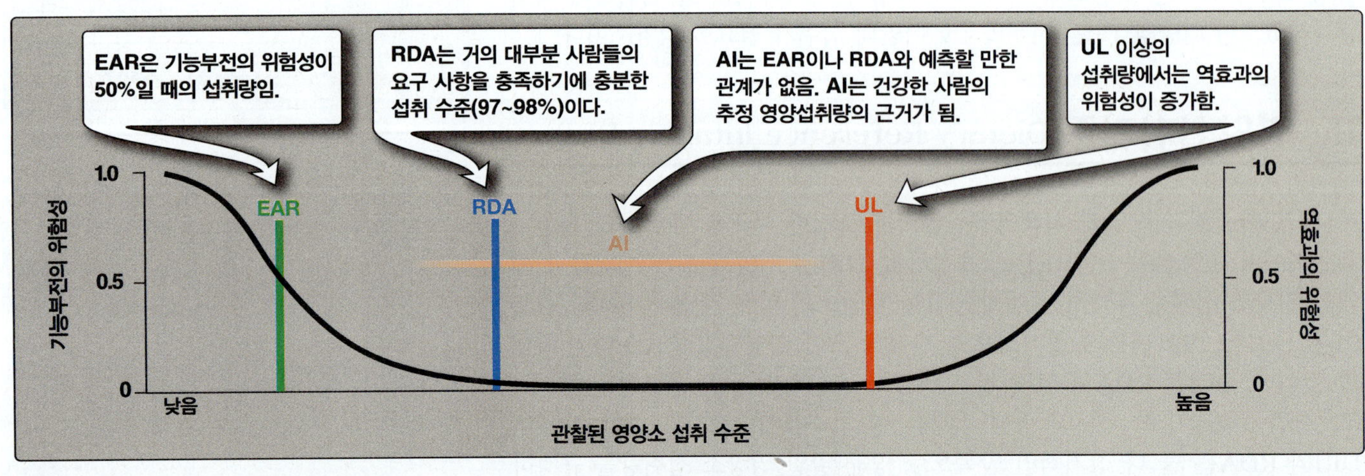

그림 27.3
영양섭취기준(DRI)의 구성 성분의 비교. EAR = 평균필요량; RDA = 영양권장량; AI = 충분섭취량; UL = 상한섭취량.

B. 영양섭취기준(DRI)의 적용

대부분의 영양소는 일련의 DRI를 갖는다(그림 27.4). 영양소는 보통 EAR과 이에 상응하는 RDA를 갖는다. 대부분은 나이와 성별에 의해 정해지고, 임산부와 수유부 같은 특정한 요인에 의해 영향을 받을 수 있다. EAR나 RDA를 추정할 자료가 충분치 않은 경우에는 AI가 고안되어 있다(IX. 참조). EAR 이하로 섭취하는 경우는 영양이 적절할 확률이 50% 이하이므로 섭취량을 늘려주어야 한다(그림 27.3). 섭취량이 EAR과 RDA 사이인 경우에도 적절할 확률이 98% 미만이고, EAR 이상 섭취하는 것이 바람직하므로 섭취량을 늘려주는 것이 좋다. AI 이상으로 먹는 것은 적당하다고 할 수 있다. 섭취량이 RDA 이상이고 UL 이하이면 건강상 위해가 있을 가능성은 없다고 본다. [참고: DRI는 건강한 사람의 영양 필요량을 정하기 위해 고안된 것이기 때문에 어떤 특정 상태의 환자라도 이에 포함되지 않는다.]

미량영양소	EAR, RDA, 또는 AI	UL
싸이아민	EAR, RDA	—
리보플라빈	EAR, RDA	—
나이아신	EAR, RDA	UL
비타민 B_6	EAR, RDA	UL
엽산	EAR, RDA	UL
비타민 B_{12}	EAR, RDA	—
판토텐산	AI	—
바이오틴	AI	—
콜린	AI	UL
비타민 C	EAR, RDA	UL
비타민 A	EAR, RDA	UL
비타민 D	EAR, RDA	UL
비타민 E	EAR, RDA	UL
비타민 K	AI	—
붕소	—	UL
칼슘	EAR, RDA	UL
크로뮴	AI	—
구리	EAR, RDA	UL
플루오르화물	AI	UL
아이오딘	EAR, RDA	UL
철	EAR, RDA	UL
마그네슘	EAR, RDA	UL
망가니즈	AI	UL
몰리브데넘	EAR, RDA	UL
니켈	—	UL
인	EAR, RDA	UL
셀레늄	EAR, RDA	UL
바나듐	—	UL
아연	EAR, RDA	UL

그림 27.4
한 살 이상에서 비타민과 무기질의 영양섭취 기준(DRI). [참고 RDA는 지방을 제외하고 탄수화물과 단백질에 대해서만 표기] EAR = 평균필요량; RDA = 영양권장량; AI = 충분섭취량; UL = 상한섭취량; – = 정해진 값이 없음.

III. 사람의 에너지필요량

에너지필요추정량(Estimated Energy Requirement, EER)은 건강한 성인에서 에너지 균형(즉 섭취한 열량과 소비한 에너지가 동일)을 유지할 때 필요할 것으로 추정되는 평균 음식 에너지 섭취량인데, 이 사람들은 나이, 성별, 신장 등이 뚜렷이 구분되고 체중과 활동량도 좋은 건강상태와 일치하는 집단이다. 개인마다 유전적 요인, 신체 조성, 대사, 활동량 등이 다르기 때문에 각 개인의 열량 요구량을 정확하게 추산하기는 어렵다. 하지만 간단한 추정만으로도 유용한 요구량은 계산할 수 있다. 예를 들면 체중을 유지하기 위해 사용되는 에너지는 좌식생활을 하는 성인에서 약 30 kcal/kg/일, 보통 정도의 활동을 하는 성인에서 35 kcal/kg/일, 아주 활동적인 성인에서 40 kcal/kg/일 정도가 필요하다.

A. 음식물의 에너지 함량

음식물의 에너지 함량은 열량계(칼로리미터)에서 음식물을 완전히 태웠을 때 방출되는 열로부터 계산하며, 사용되는 단위는 kcal 또는 Cal이다. 지방, 단백질, 탄수화물 등의 대사열량 값을 계산하는 표준 전환 인자는 그림 27.5와 같다. 1 cal은 1 g의 물을 1도 올리기 위해 필요한 에너지이며 1 kcal은 1,000 g의 물을 1도 올리기 위해 필요한 에너지로 정의된다. 영양학적으로 1,000 cal는 Kcal(Cal)로 표기한다. 예를 들어, 영양학적으로 1 g의 탄수화물에 해당하는 열량은 4,000 cal, 즉 4 Kcal(혹은 4 Cal)이다.

지방의 에너지 함량은 탄수화물이나 단백질의 2배가 넘으며, 에탄올은 지방과 탄수화물의 중간이다. [참고: 에너지 단위인 줄(joule, J)은 미국 이외의 나라에서 통용된다. 1 cal = 4.2 J; 1 Cal (1 kcal, 1 음식 칼로리) = 4.2 kJ. 미국에서도 칼로리보다는 줄로 통일하려고 노력하고 있으나 아직도 "kcal"가 더 널리 쓰이고 있어 이 책에서도 사용하였다.]

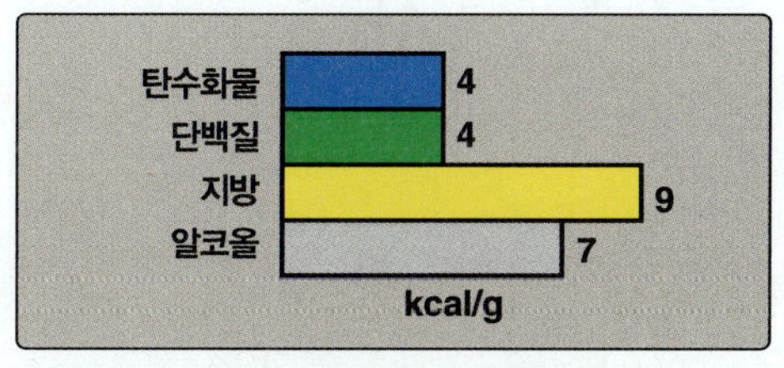

그림 27.5
음식의 주요 성분에서 나오는 평균 에너지.

B. 신체에서 에너지가 소비되는 유형

다량영양소가 대사되어 생성하는 에너지는 체내에서 주로 3가지의 에너지 필요 과정에서 사용되는데, 즉 안정대사율(RMR), 신체활동, 음식섭취의 발열효과(thermic effect of food)이다. 그림 27.7에 포함은 되지 않았으나 열생성에 필요한 에너지 또한 고려해야 한다. 이 과정들을 통해 24시간 동안 사용하는 열량이 총에너지소비량(TEE)이다.

기질	RQ
탄수화물	1.00
단백질	0.84
지방	0.71

그림 27.6
3대 영양소의 호흡지수(RQ). [참고: 단백질의 경우 질소는 배출되며 α-케톤산은 산화됨.]

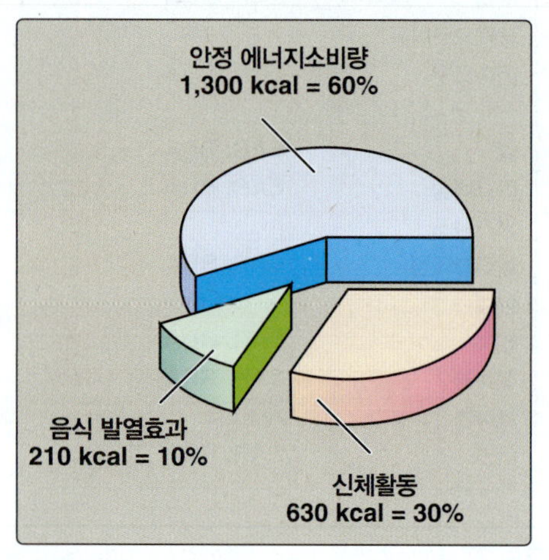

그림 27.7
건강한 20세 여성(키 165 cm, 체중 50 kg)의 추정 총에너지소비량.

1. **안정대사율(resting metabolic rate, RMR)**: RMR은 식후 안정상태에서 소비되는 에너지로 정의되며 호흡, 혈액흐름, 이온수송과 같은 정상적인 신체 기능을 수행할 때 필요한 에너지를 말한다. RMR은 열량계나 이중표지수 또는 수학적 공식에 의해 측정할 수 있다. 이중, 산소 소비량이나 이산화탄소 생성량을 통해 대사율을 측정하는 간접열량계가 가장 많이 사용된다. 이산화탄소 대 산소의 비율(CO_2/O_2)을 호흡지수(respiratory quotient, RQ)라고 하며 조직에서 에너지 생성을 위해 소비된 기질을 나타낸다(그림 27.6). 탄수화물, 단백질 및 지방에 해당하는 RQ는 각각 1.0, 0.84, 0.71이다. 예를 들어 포도당이 완전히 산화되면 6개의 산소가 소비되고 6개의 이산화탄소가 생성되므로 RQ(CO_2/O_2) = 1이며 지방산의 하나인 팔미트산의 경우 산화시 23개의 산소가 소비되고 16개의 이산화탄소가 생성되므로 RQ = 0.7이 된다. RQ가 0.8에 가까우면 지방과 탄수화물이 혼합된 식사로 해석할 수 있다.

   또한 RMR은 신장과 체중뿐만 아니라 성별과 연령(BMR은 남성과 청년에서 가장 높은 순수근육량을 반영함)을 포함하는 방정식을 사용하여 추정할 수 있다. 흔히 사용하는 추정값은 남자는 1 kcal/kg/시간이고, 여자는 0.9 kcal/kg/시간이다. [참고: 기초대사율(BMR)은 보다 엄격한 환경조건에서 측정할 수 있으나 일반적으로 흔히 활용되지는 않는다. RMR은 BMR보다 10% 정도 높다.] 성인에서, 안정에너지소비량(REE)으로 알려진 24시간 RMR은 남성(70 kg)은 1,800 kcal, 여성(50 kg)은 1,300 kcal 정도이다. 좌식생활을 하는 사람의 REE는 TEE의 60~75%를 차지한다(그림 27.7). [참고: 입원환자는 보통 과분해대사 상태이므로 TEE 계산시 1(가벼운 감염)에서 2(심한 화상) 사이값의 손상 인자를 포함한다.]

2. **신체활동(physical activity)**: 근육활동은 TEE 변화의 가장 큰 요인이다. 에너지 소비량은 운동의 기간과 강도에 의존한다. 하루 에너지 소비량은 신체활동 인자를 결정하는 모든 활동의 종류와 기간을 세밀하게 기록하여 추정할 수 있다. 신체활동량은 신체활동률(physical activity ration, PAR)이나 일의 대사등가물(metabolic equivalent of the task, MET)을 반영하는 RMR의 배수(1.1~> 8.0)로 표현된다. 일반적으로 활동량이 적은 사람은 RMR보다 30~50% 정도 더 열량이 필요하고, 활동량이 많은 사람은 RMR보다 100% 이상의 열량이 필요할 수 있다(그림 27.7 참조).

3. **음식섭취의 발열효과(thermic effect of food)**: 음식섭취의 발열효과(식사유발 열발생)는 음식물의 소화와 흡수가 일어나고 있는 동안에는 안정 상태에 비해 30% 정도의 신체 발열량이 증가하는 현상이며 TEE

의 5~10%를 차지한다.

4. **발열:** 발열 과정에는 적응성 및 비운동성 열생성(nonexercise activity thermogenesis, NEAT)의 두 가지 유형이 있다. 적응 발열(adaptive)은 온도와 식생활의 환경 변화에 반응하여 열을 생산하는 것을 말한다. NEAT는 안절부절못하고, 걸어서 출근하고, 전화 통화를 하면서 서 있는 것과 같은 일반적인 일상 활동을 포함한다.

IV. 다량영양소의 허용분포범위(Acceptable Macronutrient Distribution Ranges, AMDR)

AMDR은 만성병의 위험성을 줄이면서 필수영양소는 적절히 공급할 수 있는 특정 다량영양소의 섭취 범위를 의미한다. 성인의 AMDR은 전체 칼로리의 45~65%를 탄수화물로, 20~35%는 지방으로, 그리고 10~35%를 단백질로 섭취하는 것이다(그림 27.8). 식사를 통해 섭취하는 지방, 탄수화물, 단백질 등의 생물학적 특성에 대해서는 아래에서 기술한다.

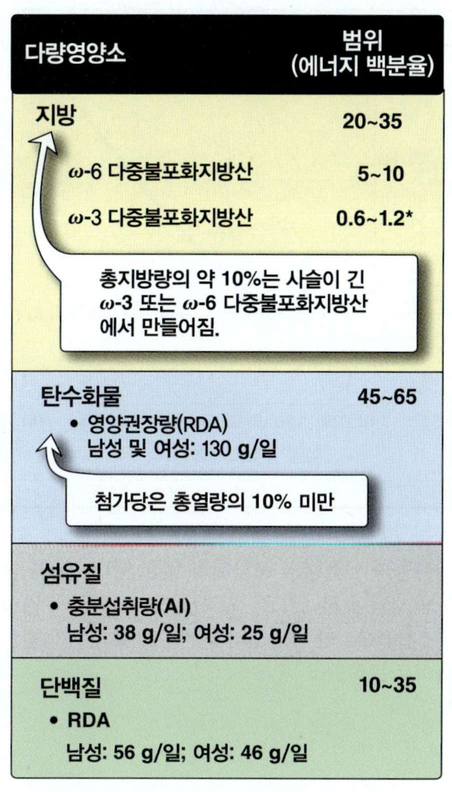

그림 27.8
성인의 다량영양소의 허용분포범위. [참고: *높은 농도의 ω-3 다중불포화지방산이 심장동맥 심장병을 방지한다는 것을 암시하는 증거들이 많아지고 있음.] RDA = 영양 권장량; AI = 충분섭취량.

V. 음식 지방(Dietary Fat)

수많은 만성병의 발생률은 섭취하는 음식물의 종류나 양에 의해 크게 영향을 받는다(그림 27.9). 음식 지방은 가장 강력하게 심장동맥병(CHD)의 발생률에 영향을 준다; 음식 지방과 암이나 비만의 위험성의 관계에 대한 증거는 훨씬 더 미약하다.

> 과거에 권장하던 음식조절요법은 지방의 총섭취량을 줄일 것을 강조하였지만 이는 정제된 곡물과 설탕첨가물의 섭취 증가를 초래했다. 현재는 지방의 총섭취량보다 섭취한 지방의 종류가 더 중요한 위험요인임을 알려주는 연구결과가 제시되고 있다.

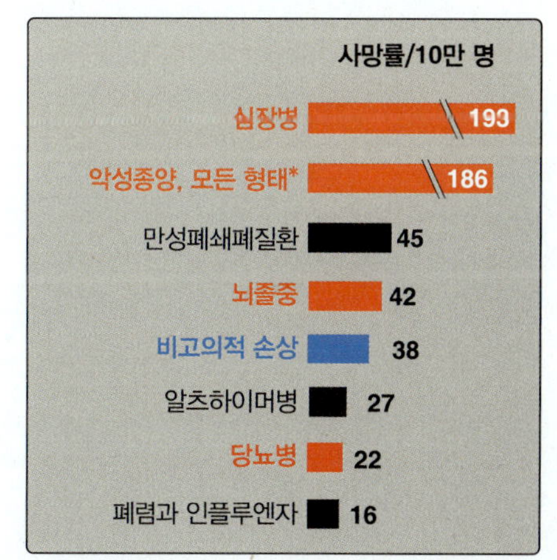

그림 27.9
2010년도 미국의 흔한 사망 원인에 영향이 미치는 영향. 빨간색은 음식이 상당히 영향을 주는 사망 원인을 가리킨다. 파란색은 과다한 알코올 섭취가 부분적으로 영향을 주는 사망 원인을 가리킨다. [참고: *음식은 일부 암에서만 역할을 한다.]

A. 혈장 지질과 심장동맥병(CHD)

혈장 콜레스테롤은 음식물로부터 또는 내인성 합성으로부터 얻어진다. 모든 콜레스테롤은 단백질 및 인지질과 함께 만든 지단백질의 형태로 조직 사이에서 수송된다.

1. **저밀도지단백질(LDL)과 고밀도지단백질(HDL):** 혈장 콜레스테롤의 농도는 정교하게 조절되지 않고 음식물의 섭취에 따라 변동한다. 총콜레스테롤 농도가 상승하면(고콜레스테롤혈증) CHD의 위험성도 증가한다(그림 27.10). 특히, LDL 콜레스테롤(LDL-C)의 농도와 CHD 사이에 매우 강한 상관관계가 있다(LDL-C는 18장 참조). LDL-C가 증가하면 CHD도 증가한다. 반대로 고농도의 HDL-C는 심장병 위험성의 감소와 연관성이 있다(18장 참조). [참고: 혈장 중성지방(TAG)의

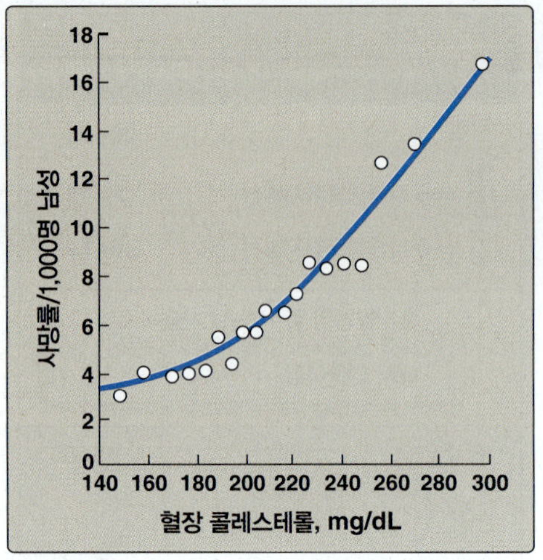

그림 27.10
심장동맥 심장병의 사망률과 혈장 콜레스테롤 농도의 상관관계. [참고: 이 자료는 수년 간의 남성을 대상으로 한 연구에서 얻은 결과로서 사망률은 나이로 보정했다.]

상승은 CHD와 관련이 있지만, 원인관계는 아직 알려지지 않았다.] 혈장 지질의 비정상 농도(이상지질혈증, dyslipidemia)는 흡연, 비만, 비활동적 좌식 생활방식, 인슐린 저항성, 다른 위험 인자들과 복합적으로 작용하여 CHD의 위험성을 증가시킨다.

2. **혈장 콜레스테롤의 감소로 얻는 이점:** 고콜레스테롤혈증의 음식조절요법이나 약물요법은 LDL-C의 감소, HDL-C의 증가, 심혈관질환 위험성의 감소에 효과가 있다고 한다. 음식조절요법에 의한 혈장 지단백질의 변화는 전형적으로 10~20% 정도로 미약하지만, 스타틴(statin)계 약을 사용하면 30~60%까지 혈장 농도가 낮아진다(258쪽 참조). [참고: 음식조절요법과 약물요법은 중성지방의 농도도 낮출 수 있다.]

B. 음식 지방과 혈장 지질

중성지방은 양적으로 가장 중요한 음식 지방이다. 중성지방이 혈중 지질에 미치는 영향은 구성 성분인 지방산의 화학적 성질에 의해 결정된다. 특히 혈중 지질에 영향을 주는 중요한 구조적 특성은 이중결합의 유무와 수(포화 대 불포화, 불포화 결합의 수), 이중결합의 위치(ω-6 대 ω-3), 불포화 지방산의 입체배열(시스 대 트랜스) 등이다.

1. **포화지방(saturated fat):** 탄화수소 사슬에 이중결합이 없는 지방산을 주로 함유하고 있는 중성지방을 포화지방이라고 한다. 포화지방의 섭취는 혈장 총콜레스테롤 및 LDL-C 농도의 상승과 CHD 위험성의 증가와 양의 상관관계가 있다. 포화 지방산의 주요 공급원은 유제품, 육가공품, 코코넛오일이나 야자기름와 같은 식물성 기름이며, 기름야자기름(palm oil)은 미국이 아닌 남미와 아시아 지역에서 지방의 주요 공급원이다. 많은 전문가들은 총섭취열량의 10% 이내로 포화지방의 섭취를 줄이는 대신 불포화지방산과 통곡물 섭취를 늘려야 한다고 권고한다.

> 탄소 사슬의 길이가 14-탄소(미리스트산)나 16-탄소(팔미트산)인 포화지방산이 가장 강하게 혈장 콜레스테롤 농도를 증가시킨다. 스테아르산(초콜릿을 함유하는 많은 음식에서 발견되는 18-탄소)은 혈중 콜레스테롤에 거의 영향을 주지 않는다.

2. **단일불포화지방(monounsaturated fat):** 이중결합이 한 개 있는 지방산을 주로 함유하고 있는 중성지방을 단일불포화지방산(MUFA)이라고 부른다. 이중결합을 두 개 이상 포함하는 지방산은 다중불포화지방산(PUFA)이라 부른다. MUFA는 일반적으로 채소나 생선을 통해 섭취한다. 음식 포화지방산을 단일불포화지방산으로 대체하면 총콜레스테롤과 LDL-C는 둘 다 감소하지만, HDL-C는 유지되거나 증가한다. 올리브기름(단일불포화지방산인 올레산의 함량이 높음)이 풍부한 식사를 하는 지중해 문화권에서 CHD의 발생률이 낮은 현상은 이처럼 단일불포화 지방산이 지단백질 농도를 좋은 방향으로 바꾸는 능력으로 부분적으로 설명할 수 있다. [참고: 단일불포화지방산에 대한 허용분포

범위는 정의되지 않음에도 불구하고 지방섭취의 대부분을 불포화지방산(MUFA, PUFA)으로 섭취할 것을 권고하고 있다.]

a. 지중해식 식단(mediterranean diet): 지중해식 식단은 단일불포화지방산(올리브기름, 올리브, 견과류, 생선에 있음)과 다중불포화지방산(생선 기름, 식물성 기름, 견과류에 있음)이 풍부하고 포화지방이 적은 식단의 한 종류이다. 그림 27.11은 지중해식 식단의 조성을 서구식 식단(미국의 식단과 비슷함)과 전형적인 저지방 식단에 비교하여 보여준다. 지중해식 식단은 계절에 따른 신선한 음식, 풍부한 식물성 재료, 적은 양의 붉은 고기류, 주요 지방 공급원인 올리브기름으로 구성된다. 지중해식 식단은 포화지방이 더 높은 서구식 식단에 비해 혈장 총콜레스테롤과 LDL-C, TAG가 감소되고 HDL-C은 증가하는 효과와 연관이 있다.

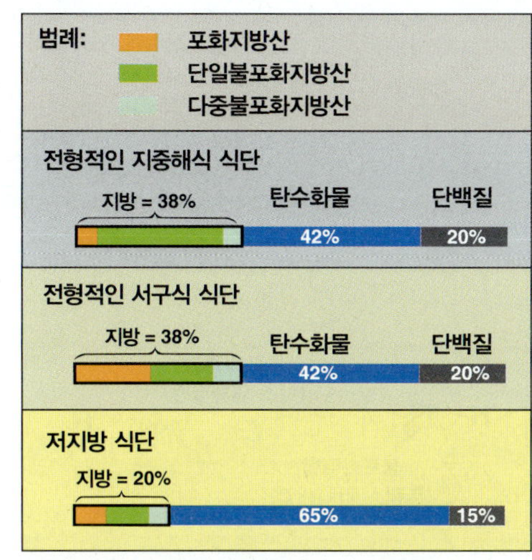

그림 27.11
전형적인 지중해식 식단, 서구식 식단, 저지방 식단의 구성 성분.

3. 다중불포화지방(polyunsaturated fat): 이중결합이 2개 이상 있는 지방산을 주로 함유하고 있는 중성지방을 다중불포화지방이라고 한다. PUFA가 심혈관질환에 미치는 영향은 분자내 이중결합의 위치에 따라 다르다.

a. ω-6 지방산: 첫 번째 이중결합이 지방산 분자의 메틸기(ω) 말단부터 세었을 때 6번째 결합 위치에서 시작하는 긴 사슬의 PUFA이다. [참고: 이들을 n-6 지방산이라고도 한다(16장 참조).] ω-6 PUFA는 주로 리놀레산[18:2(9,12)]으로 이루어져 있는 식물성 기름에 풍부하며 섭취시 혈장 콜레스테롤이 낮아지는 효과가 있다. 혈장 LDL-C도 낮아지지만 CHD를 방지하는 HDL-C도 함께 떨어지며 이로 인해 LDL을 낮추는 강력한 효과는 부분적으로 감소된다. 견과류, 아보카도, 올리브, 콩, 여러 가지 기름(해바라기기름, 옥수수기름) 등은 이러한 지방산의 주요 공급원이다. 리놀레산의 AMDR은 5~10%이다. [참고: MUFA에 비해 PUFA를 적게 권장하는데, 그 이유는 PUFA의 자유 라디칼 매개 산화(과산화)에 의해 해로운 물질을 생성할 우려가 있기 때문이다.]

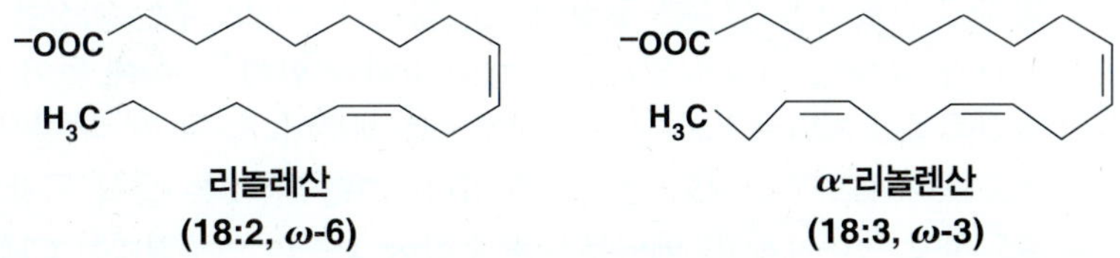

b. ω-3 지방산: 첫 번째 이중결합이 메틸기 말단에서 3번째 결합위치에서 시작하는 긴 사슬 PUFA이다. 음식에 포함된 ω-3 PUFA는 심장 부정맥의 억제, 혈장 중성지방의 감소, 혈전증 경향의 감소, 혈압의 감소, 부차적인 심혈관병 사망률의 감소 등을 일으키지만 LDL-C나 HDL-C 농도에는 별 영향을 주지 않는다. ω-3 PUFA의 항염증 효과에 대한 근거도 제시되고 있다. ω-3 PUFA는 주로 α-리놀렌산[18:3(9,12,15)]으로서 아마씨기름, 유채기름, 견과류기름과 같은 식물성 기름에서 발견된다. α-리놀렌산의 AMDR은 0.6~1.2%이다. 긴 사슬 ω-3 도코사헥사엔산(DHA, 22:6)과 아이코사펜타엔산(EPA, 20:5)은 생선기름에 들어 있다. 일주일에 2번 정도는 생선(예:

연어, 고등어, 멸치, 정어리, 청어) 식사가 권장된다. [참고: DHA는 뇌발달 촉진용으로 영아식 조제에도 들어간다.] 리놀레산과 α-리놀렌산은 막 유동성과 아이코사노이드 합성(17장, VIII 참조)에 필요한 필수지방산(EFA)이다. EFA 결핍은 주로 지방의 흡수장애로 인해 유발되며 비늘피부염이 특징인데, 이 병은 긴 사슬 지방산을 함유하는 피부 세라마이드가 부족해서 발생한다(17장, III. F 참조).

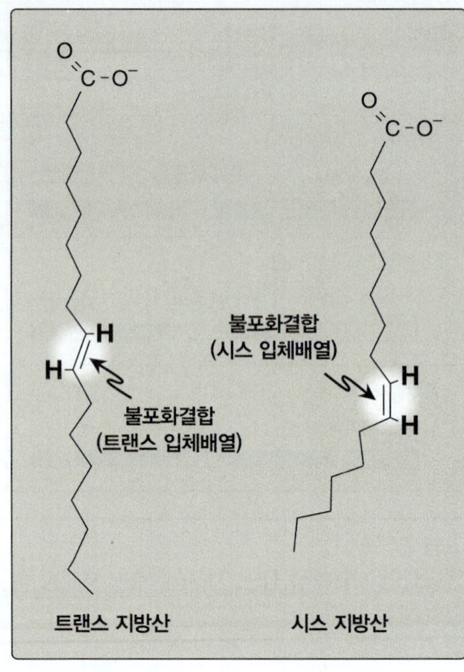

그림 27.12
시스 및 트랜스 지방산의 구조.

4. **트랜스 지방산(trans fatty acid)**: 트랜스 지방산(그림 27.12)은 화학적으로 불포화 지방산으로 분류된다. 하지만 LDL-C를 올리고 HDL-C를 내려서 CHD의 위험을 증가시키므로 체내에서는 포화 지방산처럼 작용한다. 자연상태에서는 동물에만 소량 존재하며 식물에는 존재하지 않는다. 그러나 식물성 기름의 수소화반응(예: 마가린과 부분 수소화 식물성 기름의 제조과정)에서 트랜스 지방산이 생성된다. 이것은 과자같이 구워만든 음식과 대부분의 바짝 튀긴 식품의 주요 성분이다. 많은 공장들이 트랜스 지방이 없는 제품으로 다시 조제하고 있다. 2006년부터 미국 식품의약국(FDA)은 식품성분표(VII. B2 참조)의 영양정보에 트랜스 지방 함량을 표시하도록 요구하고 있으며 점차적으로 가공식품에서 인공적인 트랜스 지방을 제거하기 위한 조취를 취하고 있다.

5. **음식 콜레스테롤**: 콜레스테롤은 동물성 식품에서만 발견된다. 미국심장학회는 2015년 "음식 콜레스테롤을 낮추면 LDL-C가 감소하는지 여부를 판단할 충분한 증거가 없다"고 선언했다. 또한 미국의 식생활지침 자문위원회는 "음식 콜레스테롤의 섭취와 혈청 콜레스테롤 사이에 주목할 만한 관계를 보여주는 명확한 근거는 없다"고 결론을 내렸다.

C. CHD에 영향을 주는 다른 음식 인자

적당한 알코올 섭취와 혈장 HDL-C 농도 사이에는 양의 상관관계가 있기 때문에 적당히(하루에 여성 1잔, 남성 2잔) 알코올(에탄올)을 섭취하면 CHD의 위험성이 감소한다. 그러나 과음의 가능성이 있기 때문에 건강 전문가들은 환자에게 알코올 섭취를 권장하지는 않는다. 적포도주는 심장을 보호하는 효과가 있으며, 이것은 알코올 자체의 효과와 함께 그 속에 들어 있는 페놀화합물들이 지단백질의 산화를 억제효과 때문이다. [참고: 이 항산화제들은 건포도나 포도주스에도 함유되어 있다.] 그림 27.13은 음식 지방의 효과를 요약하고 있다. [참고: 메타분석을 포함한 최근의 연구결과는 CHD 예방에 있어 현재의 '음식 지방에 대한 지침'에 대한 의문을 제기하고 있다.]

VI. 음식 탄수화물

음식 탄수화물의 일차 역할은 에너지 공급이다. 미국에서의 열량 섭취량은 2003년 정점을 찍은 후 점차 감소하고 있으나 비만 발생률은 급격히 증가하였다(26장 참조). 같은 기간에 탄수화물의 섭취가 현저히 증가했기 때문에 일부 사람들은 비만을 탄수화물 섭취와 연결하였다. 그러나 비만은 생활에서 활동량의 감소와 고열량 음식의 1회 섭취분량의 증가와도 관련이 있다. 탄수화물이 본질적으로 살찌게 하는 것은 아니다.

지방 종류	대사 효과	질병예방 효과
트랜스 지방산	↑ LDL ↓ HDL	↑ 심장동맥병 발병률
포화지방산	↑ LDL HDL에 거의 효과 없음	↑ 심장동맥병 발병률; 전립샘암과 잘록창자암의 위험도 증가
단일불포화지방산	↓ LDL 유지 또는 증가	↓ 심장동맥병 발병률
오메가6 다중불포화지방산 (예: 리놀레산)	↓ LDL ↓ HDL 아라키돈산(프로스타글랜딘과 류코트라이엔의 중요한 전구체) 제공	↓ 심장동맥병 발병률
오메가3 다중불포화지방산 (예: DHA)	LDL에 거의 효과 없음 HDL에 거의 효과 없음 심장 부정맥 억제, 혈청 트라이아실글리세롤 감소, 혈전증 경향 감소, 혈압 하락	↓ 심장동맥병 발병률 ↓ 급성심장사 위험도

그림 27.13
음식 지방의 효과. LDL = 저밀도지단백질; HDL = 고밀도지단백질; DHA = 도코사헥사엔산.

A. 탄수화물의 분류

음식 탄수화물은 단순당(단당과 이당), 복합당(다당), 섬유질로 분류한다.

1. **단당(monosaccharide)**: 포도당과 과당(fructose)은 음식물에 함유되어 있는 주요 단당이다. 포도당은 과일, 사탕수수(sweet corn), 옥수수 시럽, 꿀 등에 많이 들어 있다. 유리 과당은 꿀이나 과일(예: 사과)에서 유리 포도당과 함께 발견된다.

   a. **고과당 옥수수시럽(high fructose corn syrup, HFCS)**: HFCS는 효소공정을 거쳐 포도당을 과당으로 전환시킨 후 순수 옥수수시럽(100% 포도당)을 섞어 원하는 대로 당도를 맞춰 제조된다. 미국에서 HFCS 55(55% 과당과 42% 포도당)는 비알코올 음료(탄산수)를 포함한 음료에 설탕 대용으로 흔히 사용된다. HFCS 42는 가공식품에 사용된다. HFCS와 설탕의 성분과 대사는 비슷한데, 큰 차이점은 HFCS는 단당(그림 27.14)의 혼합형태로 섭취된다는 것이다. 대부분의 연구에서 설탕과 HFCS를 섭취한 후 식후의 포도당이나 인슐린의 반응에서 의미있는 차이가 없다는 것을 보여준다. [참고: HFCS 사용이 증가하면 비만도 병행해서 증가하지만 인과관계는 알려지지 않았다.]

2. **이당(disaccharide)**: 가장 흔한 이당은 설탕(sucrose, 포도당 + 과당), 젖당(lactose, 포도당 + 갈락토스), 엿당(maltose, 포도당 + 포도당)이다. 설탕은 흔히 보는 당분으로서 당밀과 단풍시럽에 많이 들어 있다. 젖당은 우유의 주요 당분이다. 엿당은 당원이나 녹말이 소장에서 효소에 의해 분해되어 생성된다. 엿당은 발아되는 곡물에서도 발견되며 이를 활용한 맥주나 맥아로 만든 주류에도 상당량이 들어 있다. "당

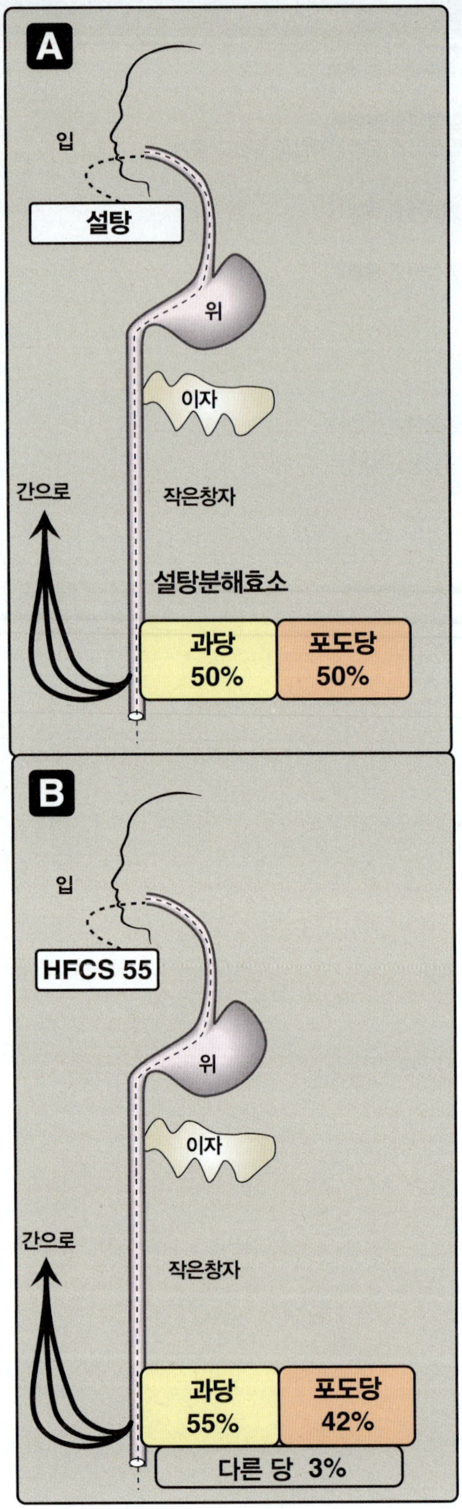

그림 27.14
설탕(A)이나 고과당 옥수수시럽(HFCS 55)(B)의 소화는 포도당뿐 아니라 과당의 흡수를 유도한다.

(sugar)"은 보통 단당과 이당을 말하며, "첨가당(added sugar)"은 음식물 가공이나 조리에 첨가하는 당이나 시럽(예: HFCS)을 말한다.

3. **다당(polysaccharide)**: 복합 탄수화물은 주로 포도당의 중합체로 이루어진 소당과 다당으로 구성되어 있으며 대표적으로 녹말, 당원, 음식 섬유질이 포함된다. 녹말(starch)은 식물에 풍부하게 존재하는 복합 탄수화물의 예이다. 주요 공급원은 밀과 다른 곡류, 감자, 말린 완두콩이나 콩, 채소류이다.

4. **섬유질(fiber)**: 음식 섬유질은 섭취할 수 있는 식물의 한 부분으로 소화가 되지 않으며 녹말이 아닌 탄수화물과 목질소(lignin; 방향성 알코올의 비탄수화물 중합체)로 존재한다. 물에 녹는 섬유질은 사람의 작은창자에서 소화 및 흡수되지 않지만 큰창자의 세균에 의해 완전하게 또는 부분적으로 발효되어 짧은 사슬 지방산을 생성한다. 짧은 사슬 지방산은 체내의 대사, 면역계 및 세포의 증식조절에 관여를 한다. 물에 녹지 않는 섬유질은 대부분 소화기관을 그대로 빠져나간다. 음식 섬유질은 에너지를 거의 생산하지는 않지만 여러 가지 유용한 효과가 있다. 첫째로 음식물의 부피를 늘려준다(그림 27.15). 섬유질은 자체 무게의 10~15배 이상의 물을 흡수하여 창자 속공간으로 수분을 끌어들이고, 창자 운동을 촉진시켜 정상 배변을 촉진한다. 물에 녹는 섬유질은 위를 비우는 시간을 지연시켜 포만감을 갖게 하고, 식후 혈중 포도당이 급격히 증가하지 않도록 한다. 둘째로 물에 녹는 섬유질을 먹으면 대변으로 쓸개즙산 배설을 증가시키고 쓸개즙산의 재흡수를 방해하여 LDL-C을 떨어뜨리는 것으로 보인다(18장 V. 참조). 예를 들면 물에 녹는 섬유질이 풍부한 귀리 시리얼(oat bran)을 섭취하면(25~50 g/일) 총콜레스테롤 및 LDL-C를 떨어뜨려 아주 크지는 않지만 의미 있는 정도로 CHD의 위험성이 감소된다. 또한 섬유질이 풍부한 음식물은 변비, 치질, 곁주머니증 등의 위험성을 낮춘다. 섬유질의 AI는 하루에 여성은 25 g, 남성은 38 g이지만, 대부분의 미국 식단의 섬유질은 약 15 g/일 정도로 꽤 낮은 수준이다. [참고: "기능성 섬유질"은 상업용 섬유질 보충제와 같은 건강상 유효성이 증명된 분리 섬유질을 말한다.] 섬유질 섭취는 복부팽만감, 방귀, 설사 심지어 변비까지 유발할 수 있으므로 적절한 양을 섭취해야 한다.

B. 음식 탄수화물과 혈당

탄수화물 함유 음식물은 혈당 반응(GR)에 따라 혈당을 급속히 올렸다가 바로 가파르게 떨어뜨리기도 하고, 천천히 올렸다가 천천히 떨어뜨리기도 한다(그림 27.16). [참고: 섬유질은 GR을 더디게 만든다.] 혈당지수(glycemic index, GI)는 동일한 양(50 g)의 탄수화물을 식빵이나 포도당의 형태로 섭취한 후 변화하는 GR을 기준으로 탄수화물이 풍부한 음식을 0에서 100까지의 척도로 순위를 매긴 개념이다. GI가 55 미만이면 낮고 GI가 70 이상이면 높다고 정의한다. 낮은 GI 식사가 당뇨병 환자에서 혈당조절을 개선시킨다는 증거들이 있다. GI가 낮은 음식물의 경우는 훨씬 더 오랫동안 배부른 느낌을 갖게 하기 때문에 열량 섭취의 제한에 도움이 될 수 있다. [참고: 전형적으로 제공하는 음식의 크기가 혈당을 얼마나 상승시키는가를 나타내는 지표는 혈당부하(glycemic load, GL)이다. 어떤 음식(예: 당근)은 높은 GI와 낮은 GL을 갖고 있다.]

C. 탄수화물의 요구량

아미노산의 탄소뼈대는 포도당으로 전환되기 때문에 탄수화물은 필수영양소는 아니다(20장 II. A 참조). 그러나 탄수화물의 섭취는 더불어 비타민, 무기질 같은 영양소 섭취와 동반되며 음식 탄수화물이 없으면 케톤체가 생성되고(16장 V. 참조), 체내 단백질의 분해가 일어나 구성 성분인 아미노산의 탄소뼈대가 포도당신생성에 사용된다. 탄수화물의 영양권장량(RDA)은 어른과 아이 모두 130 g/일로 정해져 있는데, 이것은 뇌나 적혈구 같은 탄수화물 의존 조직에서 소비되는 포도당의 양에 근거를 둔 것이다. 그러나 에너지 요구를 충족시키기 위해 보통 초과량을 섭취하게 된다. 성인은 총열량의 약 45~65%를 탄수화물로 섭취해야 한다. 첨가당은 총 에너지의 10% 이내로 제한할 것을 권장하고 있는데, 이는 설탕이 식단에서 영양소가 풍부한 음식물을 대체할 수 있기 때문이다. [참고: 첨가당은 체중증가 및 2형 당뇨병과 연관성이 있다.]

D. 단순당(simple sugar)과 병

단순당의 섭취가 해롭다는 직접적인 근거는 없다. 보통 생각하는 것처럼 설탕이 많이 포함된 음식물이 당뇨나 저혈당을 유발시키지는 않는다. 또한 탄수화물 자체가 비만을 유발하는 것도 아니다. 당은 4 kcal/g(단백질과 비슷하고 지방보다 절반 이하, 그림 27.5 참조) 정도의 에너지를 생산하는데, 몸에 필요한 에너지 이상으로 섭취한 때에만 지방 합성이 일어날 뿐이다. 설탕의 섭취와 치아우식(dental caries)은 연관성이 있는데, 특히 플루오린화물(fluoride) 치료를 하지 않았을 때 더 밀접하다(29장 III. E 참조).

VII. 음식 단백질

단백질의 AMDR은 10~35%이며 음식을 통해 섭취하는 단백질은 필수아미노산을 공급한다(그림 20.2 참조). 20개의 아미노산 중 9개는 사람에서는 합성되지 않지만 단백질의 합성에 꼭 필요하기 때문에 필수 아미노산이다.

A. 단백질의 질

음식에 포함된 단백질의 질은 조직의 항상성 유지에 필요한 필수아미노산의 적절한 제공에 달려 있다. 대부분의 나라는 단백질소화율교정 아미노산 점수(Protein Digestibility-Correct Amino Acid Score, PDCAAS)를 단백질의 질을 평가하는 기준으로 채택하고 있다. PDCAAS는 단백질의 소화능력을 교정한 후에 필수 아미노산의 분포에 근거를 두며, 가능한 최대치는 1.00이다. PDCAAS는 고품질의 단백질 섭취와 저품질의 단백질의 섭취 사이의 균형을 맞추는 방법에 이용할 수 있다.

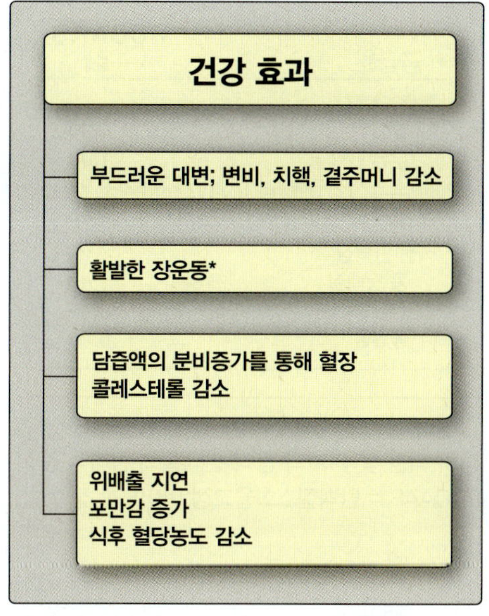

그림 27.15
음식 섬유질의 작용 [참고: *활발한 장운동은 발암물질의 노출을 감소시킴.]

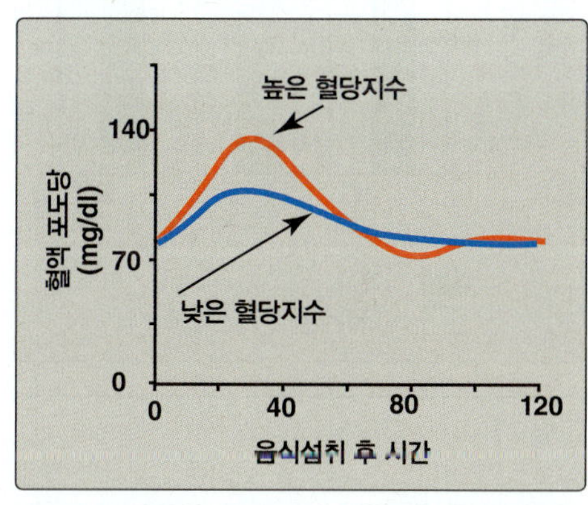

그림 27.16
혈당지수(GI)가 낮거나 높은 음식을 섭취한 후의 혈액 포도당 농도. [참고: GI는 혈당곡선 아래의 면적으로 정의됨.]

공급원	PDCAAS 값
동물 단백질	
달걀	1.00
우유 단백질	1.00
소고기/가금류 고기/생선	0.82~0.92
젤라틴	0.08
식물 단백질	
콩 단백질	1.00
강낭콩	0.68
통밀빵	0.40

그림 27.17
흔히 먹는 몇 가지의 음식 단백질의 상대적 품질. PDCAAS = 단백질소화율교정 아미노산 점수.

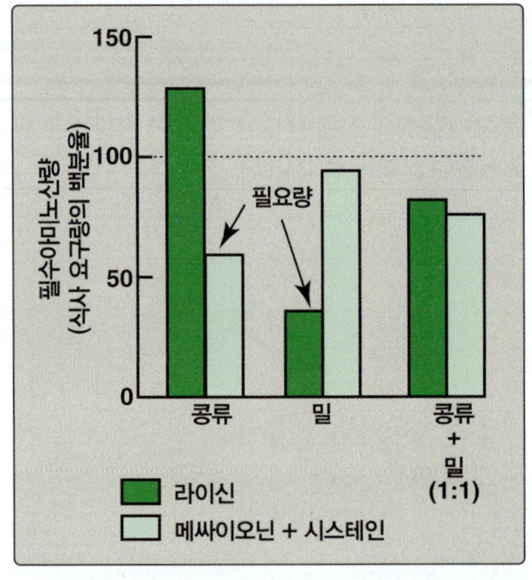

그림 27.18
상보적인 아미노산 결핍을 보이는 2가지의 불완전 단백질을 혼합함으로써 높은 생물가(BV)의 단백질을 얻음.

1. **동물성 단백질:** 동물 공급원에서 유래한 단백질(육류, 가금, 우유, 생선)은 사람의 조직 단백질 합성에 필요한 것과 비슷한 조성의 필수 아미노산을 함유하므로 질이 높은 단백질이며(그림 27.17), 쉽게 소화된다. [참고: 동물의 아교질을 처리해 얻어진 젤라틴의 경우 일부 필수아미노산이 결핍되어 있으므로 생물가(biological value, BV)가 낮은 단백질이다.]

2. **식물성 단백질:** 식물성 단백질은 동물성 단백질에 비해 한가지 이상의 필수아미노산 함량이 적기 때문에 질이 낮으며 불완전 단백질이라고 평가된다. 그에 반해 동물성 단백질은 필수아미노산이 충분하게 포함되기 때문에 완전 단백질로 알려져 있다. 하지만 여러 종류의 식물성 단백질을 섞어 먹는다면 동물성 단백질과 비슷한 정도로 영양가(nutritional value, NV)를 맞출 수 있다. 예를 들면 밀(라이신 부족, 메싸이오닌 풍부)과 강낭콩(메싸이오닌 부족, 라이신 풍부)을 함께 섭취한다면 생물가를 높일 수 있다. 따라서 하루 안에 서로 다른 아미노산이 들어 있는 음식을 함께 섭취하면 각각을 먹는 것보다는 높은 생물가를 얻을 수 있다(그림 27.18). [참고: 동물성 단백질을 보충하는 것도 식물성 단백질의 생물가를 높일 수 있다.]

B. 질소 균형(nitrogen balance)

섭취한 질소의 양과 소변(주로 소변요소질소, UUN), 땀, 대변 등을 통해 배설된 질소의 양이 같을 때 질소 균형을 이루었다고 한다. 건강한 성인은 정상적으로 질소 균형을 유지한다. [참고: 단백질 6.25 g당 평균 1 g의 질소를 포함한다.]

1. **양성 질소균형(positive nitrogen balance):** 섭취한 질소가 배설하는 질소보다 많은 경우로 소아기, 임신, 소모성 질환의 회복기 등 조직 성장이 일어날 때 관찰된다.

2. **음성 질소균형(negative nitrogen balance):** 배설하는 질소가 섭취한 질소보다 많은 경우로 단백질의 섭취부족, 필수 아미노산의 부족, 생리적 스트레스(예: 외상, 화상, 질병, 수술 등) 등과 관련이 있다.

> 24시간 동안의 질소(N) 균형(g N_{in} − g N_{out})은 다음 식으로 계산한다: N 균형 = 단백질 섭취량(g/6.25) − (UUN + 4 g), 여기에서 4 g은 소변으로 소실된 양(UUN이 아닌 것) + 피부와 대변으로 소실된 양이다.

C. 단백질 요구량

식단에 요구되는 음식 단백질의 양은 생물가에 따라 달라진다. 동물성 단백질의 비율이 높을수록 단백질 요구량은 적어진다. 단백질의 영양권장량(RDA)은 단백질의 혼합 생물가를 계산하여 성인의 경우 0.8 g/kg (또는 56 g/70 kg)으로 정한 것이다. 규칙적으로 강도 높은 운동을 하는 사람의 경우 근육량을 유지하기 위하여 단백질이 추가로 필요하며, 운동선수의 경우 1 g/kg 정도의 섭취량이 권장된다. 임신이나 수유 중인 여성은 기본 요구량 외에 하루에 30 g 정도가 더 필요하며, 성장기의 어린이는 하루에 2 g/kg을 섭취해야 한다. [참고: 질병 상태는 단백질 필요성에 영향을 미친다. 신장 질환에서는 단백질 제한이 필요할 수 있지만, 화상에는 단백질 섭취가 증가해야 한다.]

1. **단백질의 과다섭취:** 영양권장량 이상의 단백질을 섭취하는 것은 생리적 이득이 없다. 신체의 요구량 이상 섭취한 단백질은 아미노기를 떼어내고 남은 탄소뼈대의 대사를 통해 에너지로 만들거나 지방산 합성에 필요한 아세틸 CoA를 생성하게 된다. 과잉의 단백질이 소변을 통해 질소 형태로 배설될 때, 칼슘의 배설을 증가시켜 신장결석(nephrolithiasis)과 뼈엉성증(osteoporosis)의 위험성이 높아진다.

2. **탄수화물의 단백질 아낌 효과(protein-sparing effect):** 음식 단백질 요구량은 음식물의 탄수화물 함량에 영향을 받는다. 탄수화물의 섭취가 적으면 아미노산의 탄소뼈대는 포도당신생성을 통해 중추신경계의 에너지원으로 사용된다. 탄수화물의 섭취량이 130 g/일 이하로 떨어지면 상당량의 단백질이 포도당신생성의 전구체로 제공된다. 따라서 적절한 탄수화물의 섭취는 체내 아미노산을 포도당신생성보다 조직 단백질의 복구나 유지에 사용할 수 있도록 해주므로 불필요한 체내 단백질의 분해를 방지할 수 있다.

D. 단백질에너지(열량) 영양실조[protein-energy(calorie) malnutrition, PEM]

선진국에서의 PEM(또는 PEU)은 식욕부진 상태이거나 영양소의 소화 및 흡수가 변화된 환자, 또는 심한 외상이나 감염에 의한 입원 환자에서 가장 흔하게 볼 수 있다. [참고: 심하게 분해대사가 일어나는 환자는 흔히 정맥을 통하거나(parenteral, 비경구영양법) 삽관을 통한(enteral, 장관영양법) 영양공급이 필요하다.] 또한 PEM은 영양실조 상태의 어린이나 노인에서도 볼 수 있다. 개발도상국에서는 단백질이나 열량의 섭취부족이 일차적인 PEM의 원인이다. 이런 환자는 면역력 저하로 인한 감염 저항력의 감소를 포함한 다양한 증상을 보이며 이차 감염에 의한 사망 또한 흔하게 발생한다. PEM에는 광범위한 영양실조 상태가 있는데, 극단적인 2가지 형태의 단백질열량부족증(kwashiorkor)과 소모증(marasmus)이 있다(표 27.1). [참고: 소모성 단백질열량부족증(marasmic kwashiorkor)은 2가지 형태의 특징을 모두 가지고 있다.]

표 27.1 단백질-열량 영양실조(PEM)에서 나타나는 신체증상의 특징

영양실조의 형태	연령별 체중(예상 백분율)	신장별 체중	부종	근육과 지방 비율
단백질열량부족증(kwashiorkor)	60~80	정상 또는 감소	있음	감소
소모증(marasmus)	60 미만	뚜렷하게 감소	없음	뚜렷하게 감소

참고: 단백질열량부족증에서는 지방간, 피부, 머리카락의 변화가 있지만, 소모증에서는 볼 수 없다.

1. **단백질열량부족증(kwashiorkor)**: 이 병은 단백질 부족이 총열량 부족보다 상대적으로 더 클 때 일어난다. 단백질 부족은 내장 단백질의 합성이 심하게 감소되는 것과 관련이 있다. 단백질열량부족증은 개발도상국에서 흔하며 1살 정도의 이유(weaning)시기에 탄수화물 음식만 집중적으로 먹을 때 주로 나타난다. 전형적인 증상으로는 발육저하, 피부 병변, 모발 탈색, 식욕부진, 지방간, 부종 및 혈청 알부민 농도의 감소 등이 있다. 부종(edema)은 혈액과 조직 사이에 물의 분포를 유지하는 혈액 단백질(주로 알부민)의 부족으로 인해 발생한다. 따라서 만성 영양실조는 혈청 알부민의 농도를 반영한다. [참고: 탄수화물로부터 열량섭취가 적절하기 때문에 인슐린이 지방 분해와 단백질 분해를 억제한다. 따라서 단백질열량부족증은 적응이 안 되는 영양실조이다.]

2. **소모증(marasmus)**: 소모증은 열량 부족이 단백질 부족보다 상대적으로 심할 때 일어난다. 이 병은 보통 개발도상국에서 단백질과 열량이 부족한 곡물로 만든 묽은 죽으로 연명하는 엄마의 모유를 먹고 자라는 1살 미만의 아기에게 발생한다. 전형적인 증상으로는 성장 정지, 극심한 근육소모와 피하지방의 소실(emaciation, 수척), 쇠약, 빈혈 등이다(그림 27.19). 소모증 환자에서는 단백질열량부족증에서와는 다르게 부종이 나타나지 않는다. [참고: 탄수화물 중간생성물을 인산화하는데 이용 가능한 인산염이 사용되기 때문에 심각한 영양실조 상태에서는 저인산혈증을 초래할 수 있다(29장 II. A.2 참조). 우유에는 인산염이 풍부하기 때문에 적절한 섭취가 권장된다.]

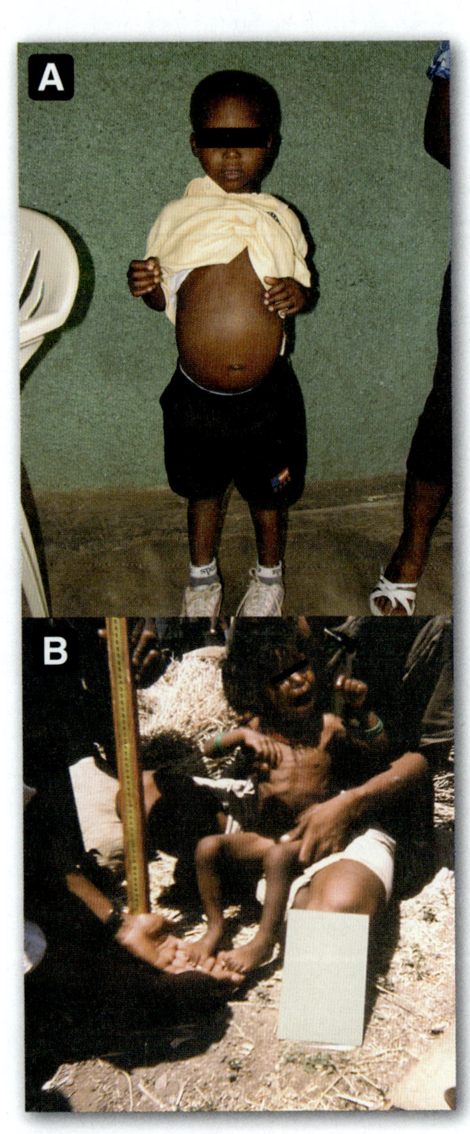

그림 27.19
A: 단백질열량부족증(kwashiorkor)이 있는 어린이. 복부와 하지의 팽만이 특징임.
B: 소모증(marasmus)이 있는 어린이.

> 종말증(cachexia)은 식욕상실과 관례적인 영양공급으로는 유지되지 않는 근육위축(지방분해와 상관없음)이 특징인 소모성 질환으로서, 암과 만성폐질환 또는 만성콩팥병과 같은 수많은 만성병에서 볼 수 있다. 보통 치료에 대한 저항성 증가와 생존기간의 감소가 동반된다.

VIII. 영양 도구(Nutrition Tools)

음식에 포함된 영양학적 정보와 더불어 섭취해야 하는 종류와 양에 대한 정보를 제공하는 일련의 도구들이 개발되었다. 이런 도구를 활용하여 개인의 영양 요구 사항이 충족되고 있는지 여부를 평가할 수 있다.

A. 마이플레이트(MyPlate)

마이플레이트(MyPlate)는 미국 농무부(USDA)가 매일 어떤 식품군을 얼마나 섭취해야 하는지에 대한 권고사항을 그래픽으로 설명하기 위해 고안했다. 다섯 가지 식품군(채소, 곡물, 단백질, 과일 및 유제품)의 상대적인 양은 접시에 있는 부분의 상대적인 크기로 나타낸다(그림 27.20). 1인분 수는 나이와 성별을 포함한 변수에 따라 달라진다. 하버드 공중보건대학원과 하버드 의과대학 전문가들이 만든 건강한 식판(Healthy Eating Plate)도 사용된다. 하버드의 지표는 우유를 제한하고 물로 대체할 것을 권장하는 마이플레이트(MyPlate)와는 차이가 있으며 몸에 좋은 기름 섭취와 신체활동을 권장한다.

B. 영양성분표(nutrition facts label)

대부분의 포장 상품들은 1인분의 크기, 제공하는 열량, 포장당 인분의 수를 포함하는 영양성분표 또는 "식품 라벨"을 가지고 있어야 한다(그림 27.21). 또한 나열된 대부분의 영양소에 대해 일일 백분율(%DV)이 표시된다. [참고: %DV는 건강한 성인에 대한 2,000 Cal 식단을 기반으로 한다.]

1. **일일권장량백분율(%DV)**: %DV는 제품의 1회 제공량에서 주어진 영양소의 양을 해당 영양소의 일일 권장 섭취량과 비교한다. 예를 들어 열거된 미량 영양소와 총 탄수화물 및 섬유질의 %DV는 일일 최소 권장 섭취량을 기준으로 한다. 따라서 라벨에 칼슘 함량이 20%로 표시되어 있는 경우 1회 제공량은 매일 최소 권장 칼슘량의 20%를 제공함을 의미한다. 반면에 포화 지방, 콜레스테롤, 소듐의 %DV는 일일 최대 권장 섭취량을 기준으로 하며, %DV는 1인분이 제공하는 최대 섭취량의 비율을 반영한다. 단백질의 권장 섭취량은 체중에 따라 다르기 때문에 %DV가 제시되지 않는다. [참고: "당분(sugar)"은 단당과 이당으로 표기하며 이외의 탄수화물[총 탄수화물 함량 − (섬유질 + 당분)]은 소당과 다당으로 표기한다.]

2. **영양성분표**: 2014년, 미국 농무부는 영양성분표를 다음과 같이 변경할 것을 제안했다. 첨가당, 비타민 D, 포타슘이 포함되어야 한다; 비타민 A와 C, 총지방, 그리고 지방으로부터의 얻는 열량(지방의 섭취량보다 종류가 더 중요함)은 제거되어야 한다; 그리고 용기당 제공량은 현재 사람들의 섭취량을 반영하기 위해 조정되어야 한다. 또한 라벨의 주요 부분을 강조하기 위해 디자인이 변경되어야 한다(그림 27.22).

C. 영양판정(nutrition assessment)

영양판정은 임상정보를 바탕으로 영양상태를 평가한다. 여기에는 음식섭취 이력, 인체계측 및 실험실 데이터가 포함된다. 평가 결과는 개인 맞춤형 영양 계획을 사용하여 특정 의학적 조건의 치료를 위한 근거 기반 의학적 접근 방식인 임상영양요법(MNT)로 이어질 수 있다. 예를 들어 고지질혈증에 대한 MNT는 지방의 양과 종류, 그리고 종종 식단의 열량을 줄이는 것을 포함한다.

1. **음식섭취 이력(dietary history)**: 일정 기간 동안 음식을 섭취한 기록으로 3일에서 7일 동안 섭취한 음식의 종류와 정확한 양을 식후 "실시간"으로 기록한다. 소급 접근법에는 지난 24시간 동안 섭취한 식품의 종류와 양에 대한 기록과 식품 빈도 설문지(예를 들어, 어떤 과일을 먹었는지, 그리고 얼마나 자주 먹었는지)를 포함한다.

2. **인체계측**: 신체의 물리적인 특징에 대한 측정으로 체중, 키, 체질량 지

그림 27.20
마이플레이트(MyPlate).

Nutrition Facts
Serving Size 1 cup (228 g)
Servings Per Container about 2

Amount Per Serving	
Calories 250	Calories from Fat 110
	% Daily Value*
Total Fat 12 g	**18%**
Saturated Fat 3 g	**15%**
Trans Fat 3 g	
Cholesterol 30 mg	**10%**
Sodium 470 mg	**20%**
Total Carbohydrate 31 g	**10%**
Dietary Fiber 0 g	**0%**
Sugars 5 g	
Proteins 5 g	
Vitamin A	4%
Vitamin C	2%
Calcium	20%
Iron	4%

* Percent Daily Values are based on a 2,000 calorie diet. Your Daily Values may be higher or lower depending on your calorie needs:

	Calories:	2,000	2,500
Total Fat	Less than	65 g	80 g
Saturated Fat	Less than	20 g	25 g
Cholesterol	Less than	300 mg	300 mg
Sodium	Less than	2,400 mg	2,400 mg
Total Carbohydrate		300 g	375 g
Dietary Fiber		25 g	30 g

그림 27.21
영양성분표.

Nutrition Facts

8 servings per container

Serving size 2/3 cup (55 g)

Amount per 2/3 cup

Calories 230

% DV*	
12%	**Total Fat** 8 g
5%	Saturated Fat 1 g
	Trans Fat 0 g
0%	**Cholesterol** 0 mg
7%	**Sodium** 160 mg
12%	**Total Carbs** 37 g
14%	Dietary Fiber 4 g
	Sugars 1 g
	Added Sugars 0 g
	Protein 3 g
10%	Vitamin D 2 mcg
20%	Calcium 260 mg
45%	Iron 8 mg
5%	Potassium 235 mg

* Footnote on Daily Values (DV) and calories reference to be inserted here.

그림 27.22
2018년에 변경된 영양성분표(2014년 미농무부의 지침 반영).

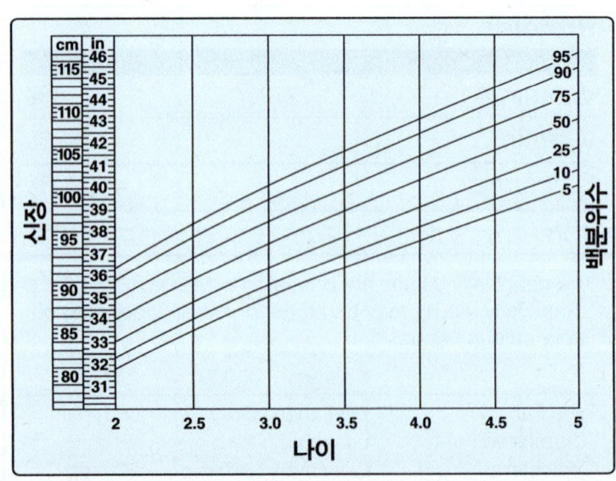

그림 27.23
2세에서 5세 사이 소년들에 대한 키/나이의 임상적 성장도표[미국 질병통제센터의 데이터. (참조: https://www.cdc.gov/growthcharts/). 소녀들에 대한 도표는 분홍색].

수(비만의 지표, 26장 II A 참조), 피부 접힘 두께(피하 지방의 지표), 허리 둘레(복부 지방의 지표, 26장 II 참조). [참고: 이상적인 체중은 Hamwi 방법을 사용하여 계산할 수 있다: [남성] 48 kg(신장 152.4 cm까지) + 1.1 kg/cm ; [여성] 45 kg(신장 152.4 cm까지) + 0.9 kg/cm]

3. **실험실 데이터:** 이들은 체액, 조직, 배설물에 대한 테스트를 통해 얻어진다. 혈장 LDL-C(심혈관 위험), 대변 지방(흡수 불능), 적혈구 지수(비타민 결핍), 질소균형 및 혈청 단백질[예: 알부민 및 트랜스타이레틴(알부민앞위치단백질, prealbumin)이 단백질-에너지 상태에 포함될 수 있다. [참고: 이러한 단백질은 간에서 생성되고 지방산 및 타이록신과 같은 분자를 혈액을 통해 운반한다(29장 IV. A 참조). 낮은 알부민 수치는 입원 시 이환율 및 사망률 증가와 관련이 있다. 트랜스타이레틴은 알부민[20일]에 비해 짧은 반감기(2~3일)로 입원 환자의 경과를 모니터링하는 데 사용된다.

영양 결핍은 부적절한 영양 섭취(예: 섭취불능, 식욕부진, 이용도 감소), 부적절한 흡수, 활용 감소, 배설량 증가 또는 요구량 증가의 결과일 수 있다.

IX. 영양과 생애주기

다량영양소 에너지원, 미세영양소, 필수지방산, 필수아미노산은 생애 전 주기에 걸쳐 필요하다. 또한 각 단계는 특정한 영양 섭취를 필요로 한다.

A. 영아기, 유아기, 청소년기(infancy, childhood, and adolescence)

영아기(생후 1세까지)와 유아기(생후 1세~청소년기)의 빠른 성장과 발달은 이후의 생애 단계에서 요구되는 것보다 신체 크기에 비해 더 많은 에너지와 단백질을 필요로 한다. 청소년기의 키와 몸무게의 급격한 증가는 영양상의 필요를 증가시킨다. 성장도(그림 27.23)는 개인의 키와(또는) 몸무게를 같은 나이(20세 미만) 및 성별의 예상값과 비교하기 위해 사용된다. 나이에 따른 정상 개인들의 데이터에 기초한다. [참고: 성장곡선에서 2개 이상의 백분위수를 벗어나면 비정상이다.]

1. **영아:** 영아시기의 이상적인 영양은 영아에게 적절한 칼로리와 대부분의 미량 영양소를 제공하는 모유를 기반으로 한다. 모유에서 탄수화물, 단백질, 지방은 7:3:1의 비율로 존재한다. [참고: 모유에는 이당인 젖산을 포함해 200여 개에 달하는 소당을 포함한다. 모유를 먹인 영아의 장에서 약 90%의 장내세균은 프로바이오틱스의 한 종류인 비피도박테리움 인판티스(*Bifidobacterium infantis*)라는 한 가지 유형으로 대표되는데, 이 장내세균은 모유의 복합당분을 분해하는데 필요한 모든 효소를 발현한다. 이 당분들은 이 세균의 성장을 돕는 프리바이오틱스 역할

도 한다.] 모유에는 비타민 D가 적기 때문에 모유만 수유한 영아는 비타민 D의 보충이 필요하다. [참고: 모유는 감염의 위험을 낮추는 항체를 비롯한 다양한 단백질도 포함하고 있다.]

> 사람의 몸속과 표면에 존재하는 미생물과 그들의 유전자를 미생물무리유전체라고 한다. 미생물무리유전체는 태어날 때부터 환경에서 얻어지고 생애주기에 따라 변한다. 장에 존재하는 미생물무리유전체는 섭취된 음식의 처리를 용이하게 함으로써 사람의 영양상태에 영향을 미치며, 그 자체가 음식의 영향을 받는다. 미생물무리유전체와 영양실조, 비만, 당뇨와의 관계가 연구 중에 있다.

2. **유아기**: 영아와 마찬가지로, 유아에서도 칼로리와 영양소의 요구량은 증가한다. 이 시기에는 철분과 칼슘의 결핍이 가장 흔하다.

3. **청소년기**: 청소년기에 키와 몸무게의 증가는 칼로리, 단백질, 칼슘, 철분, 인의 요구량을 증가시킨다. 이 시기의 식습관은 지방, 소듐, 당분의 과다 섭취와 비타민 A, 싸이아민, 엽산의 과소 섭취를 초래할 수 있다. [참고: 청소년기에는 섭식장애와 비만이 우려되는 시기다.]

B. 성인

젊은 성인에서는 영양 과잉이 흔하고 노인에게서는 영양 실조가 흔하게 나타난다.

1. **젊은 성인**: 젊은 성인의 영양 섭취는 건강 유지와 질병 예방에 초점을 맞추고 있다. 영양 섭위의 목표는 식물성 식품(섬유와 통곡물)의 풍부한 섭취와 더불어 포화지방과 트랜스지방산의 제한된 섭취, 오메가-3 및 오메가-6 지방산의 균형 잡힌 섭취이다.

2. **임신 및 수유 중인 여성**: 임신과 수유에 따라 칼로리, 단백질 및 대부분의 미세영양성분에 대한 요구량이 증가한다. 보통 엽산(신경관결손 방지, 28장 II.2 참조), 비타민 D, 칼슘, 철, 아이오딘, DHA의 보충이 권장된다.

3. **노인**: 노화의 진행에 따라 영양실조의 위험이 증가한다. 미각(식욕감퇴)과 후각(저혈증)의 감소로 인한 식욕 감소는 영양소 섭취를 감소시킨다. [참고: 치아 문제를 포함한 신체적 한계와 고립과 같은 사회 심리적 요인도 섭취를 감소시키는 역할을 할 수 있다.] 단백질, 칼슘, 비타민 D와 비타민 B_{12}의 적절하지 못한 섭취는 흔하게 발생한다. B_{12} 결핍은 위산분비 감소(28장 IV 참조)로 흡수의 감소로 인해 발생할 수 있다. 노인에서는 뼈대근육의 감소와 지방의 증가가 동반되어 RMR의 감소로 이어진다. [참고: 약물과 영양소간 상호작용은 생애 전주기를 통해 나타날 수 있으나 약물의 복용증가가 일어나는 노령시기에 더 흔하게 나타난다.]

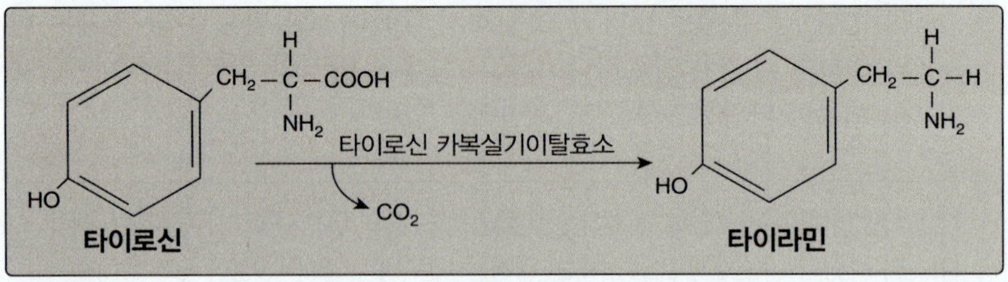

H
$CH_2-C-COOH$
NH_2
HO
타이로신
타이로신 카복실기이탈효소
CO_2
H
CH_2-C-H
NH_2
HO
타이라민

그림 27.24
타이로신에서 탈카복실화에 의한 타이라민의 생성. CO_2 = 이산화탄소.

임상적응증 27.1: 모노아민산화효소 억제제(Monoamine Oxidase Inhibitors, MAOI)

우울증(21장 III. A.4 참조)과 초기 파킨슨병을 치료하는 데 사용되는 모노아민산화효소 억제제(MAOI)는 타이라민(tyramine)을 함유한 음식과 상호작용을 할 수 있다. 타이라민은 음식의 경화, 숙성 또는 발효 과정에서 타이로신(tyrosine)의 탈카복실화로부터 파생된 모노아민이다(그림 27.24). 타이라민은 노르에피네프린의 유리, 혈압 상승과 더불어 심박수를 증가시킨다. MAOI를 복용하고 이러한 음식을 섭취하는 환자는 고혈압에 걸릴 위험이 있다.

X. 요약

- **영양섭취기준(DRI)**은 영양결핍의 예방과 최상의 건강과 성장의 유지에 필요한 영양소의 추정량을 제공한다.
- DRI는 **EAR, RDA, AI** 및 **UL**로 이루어져 있다.
- **평균필요량(EAR)**은 생애에서 특정 시기와 성별군에 속한 건강한 인구집단의 50%에 해당되는 사람의 필요량을 충족시킬 수 있는 평균 일일 영양소 섭취량이다.
- **영양권장량(RDA)**은 생애 시기 및 성별에 따른 인구집단의 거의 모든 사람(97~98%)에게 충분한 평균 일일 영양소 섭취량이다.
- **충분섭취량(AI)**은 영양권장량을 산정할 과학적 자료가 부족할 때 영양권장량 대신 사용하는 기준이다.
- **상한섭취량(UL)**은 일반적인 인구집단에 속한 거의 대부분의 사람에게 건강상 위해가 되지 않는 평균 일일 영양소 섭취량의 상한선이다.
- **다량영양소**(지방에서 9 kcal/g와 탄수화물이나 단백질에서 4 kcal/g)가 대사되어 얻어지는 에너지는 체내에서 주로 3가지 에너지 필요 과정에서 사용된다: **안정대사율, 음식섭취의 발열효과, 신체활동.**
- **다량영양소의 허용분포범위(AMDR)**는 만성병의 위험성을 줄이면서 필수영양소는 적절히 공급할 수 있는 특정 다량영양소의 섭취 범위를 의미한다.
- 성인은 **전체 칼로리**의 **45~65%**를 **탄수화물**로, **20~35%**는 **지방**으로, **10~35%**를 **단백질**로 섭취해야 한다(그림 27.25).
- LDL-C가 올라가면 **심혈관병(CHD)**의 위험성이 증가한다.
- HDL-C가 올라가면 심혈관병의 위험성은 낮아진다.
- **고콜레스테롤혈증**을 조절하는 음식조절요법이나 약물은 효과적으로 LDL-C를 감소시키고 HDL-C를 증가시키며, 심혈관병의 위험성을 감소시킨다.

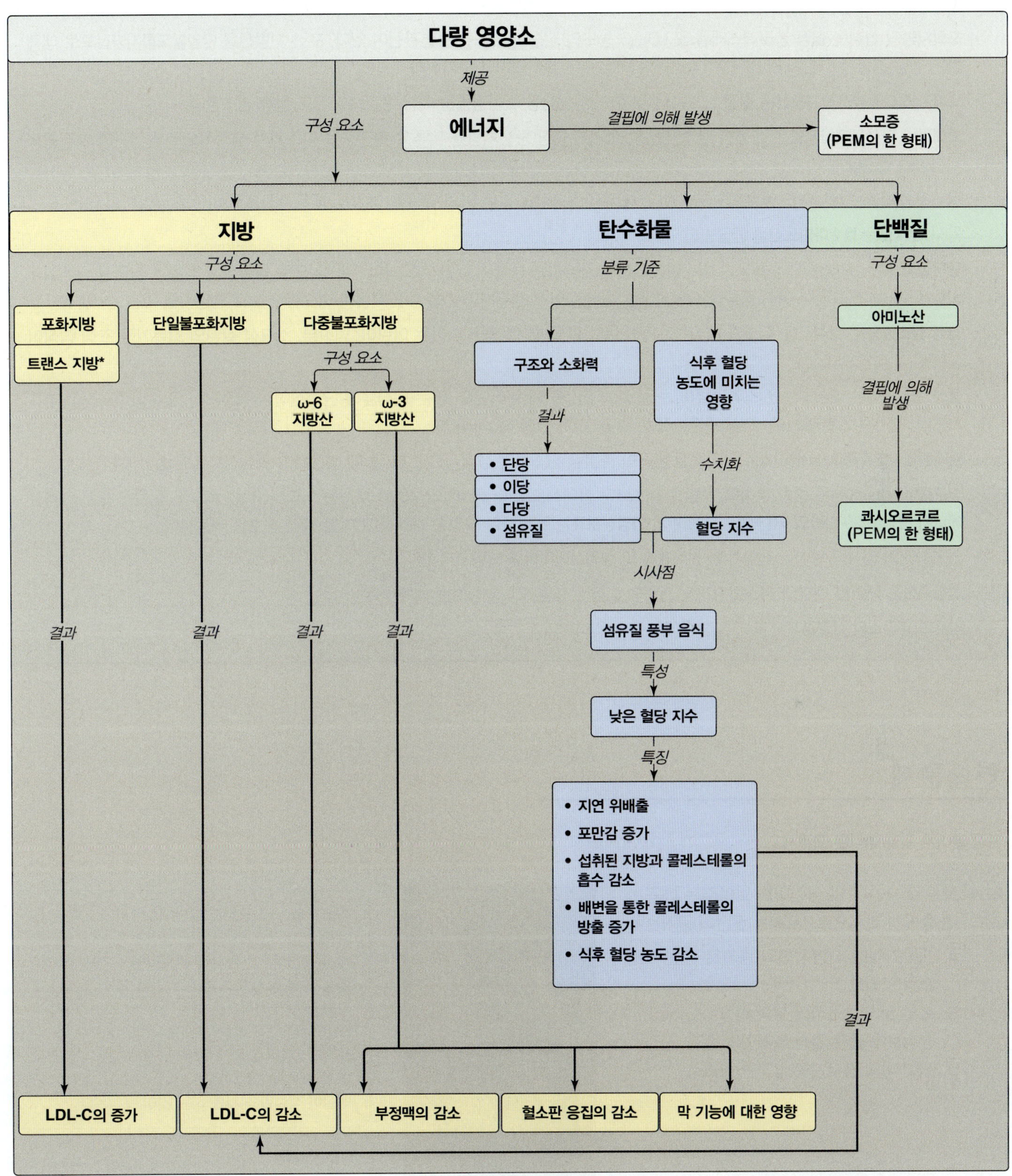

그림 27.25
다량영양소의 핵심 개념도. *[참고: 트랜스 지방산은 화학적으로 불포화지방산으로 분류된다. PEM = 단백질에너지 영양실조; LDL = 저밀도지단백질; C = 콜레스테롤.]

- **포화지방**의 섭취는 혈장 총콜레스테롤 및 LDL-C 농도의 상승과에는 깊은 연관성이 있다. 포화 지방산을 **단일불포화지방산**으로 대체하면 혈장 총콜레스테롤과 LDL-C가 감소하며 HDL-C는 유지되거나 증가한다.
- **오메가-6 다중불포화지방산**은 혈장 LDL-C를 낮추지만, 심장동맥 심장병을 예방하는 HDL-C도 함께 감소한다.
- **오메가-3 다중불포화지방**은 심장의 부정맥을 억제하고, 혈장 중성지방을 낮추고 혈전증을 감소시켜 부차적으로 심혈관병 사망률의 위험성을 낮춘다.
- 음식 **탄수화물**은 **에너지**와 **섬유질**을 제공한다. 에너지 소모량과 같은 양의 열량을 섭취할 때 탄수화물은 비만을 유발하지 않는다.
- 음식 **단백질**은 **필수아미노산**을 공급한다.
- **단백질의 질**은 조직 유지에 필요한 필수아미노산을 공급하는 능력에 대한 척도이다. 일반적으로 동물성 단백질은 식물성 단백질에 비해 질이 높다. 그러나 여러 종류의 식물성 단백질을 섞어서 섭취하면 동물성 단백질과 비슷한 정도로 영양가를 맞출 수 있다.
- **양성 질소균형**은 섭취하는 질소가 배설하는 질소보다 많을 때 일어난다. 이는 어린이, 임산부, 소모성 질환의 회복기등 조직 성장이 일어날 때 나타난다.
- **음성 질소균형**은 배설하는 질소가 섭취하는 질소보다 많을 때 일어난다. 이는 음식물에 단백질이 부족하거나, 필수아미노산이 부족하거나, 생리적 스트레스(예: 외상, 화상, 질병, 수술 등)가 있을 때 나타난다.
- **단백질열량부족증(kwashiorkor)**은 단백질 부족이 총열량 감소보다 상대적으로 더 클 때 발생하며 특징적으로 부종이 나타난다.
- **소모증(marasmus)**은 열량 부족이 단백질 감소보다 상대적으로 더 클 때 발생하며 부종은 나타나지 않는다. 두 질환은 모두 **단백질 에너지 영양실조(PEM)**의 극단적인 형태이다. **영양성분표**는 소비자가 구입한 음식물에 대한 영양 정보를 제공한다.
- 영양상태의 임상적 평가는 **섭취기록**, **신체계측** 및 **실험실데이터**를 바탕으로 한다.
- **성장곡선**은 태어날 때부터 청소년기까지 개인의 성장 유형을 모니터링하는 데 활용된다.
- **약물과 영양소의 상호관계**는 특히 노령층에서 흔히 일어난다.

연습문제

가장 올바른 답을 하나만 고르시오.

27.1 오른쪽 사진 속의 어린이가 보여주는 다음 소견 중에서 콰시오르코르라는 진단의 근거는?

A. 지방조직에 지방침착의 증가로 인한 포동포동한 외모
B. 복부 및 말초조직의 부종 현상
C. 정상보다 높은 혈청 알부민의 증가
D. 키에 비해 몸무게의 급격한 감소

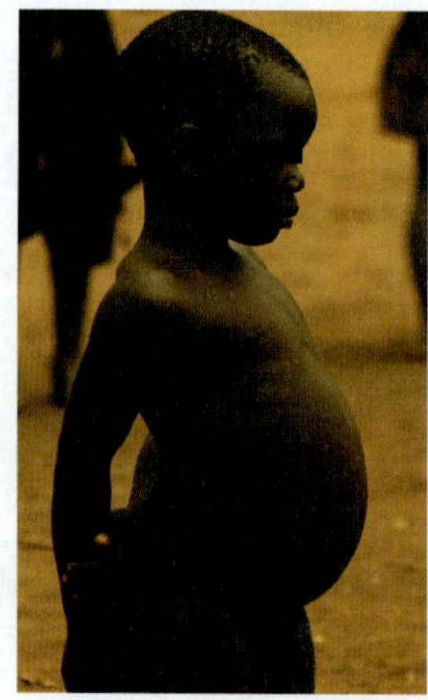

정답 = B. 콰시오르코르(단백질열량부족증)는 에너지(열량) 섭취와 단백질 섭취가 동시에 부족할 때 발생한다. 이 환자의 전형적인 소견은 대부분 혈청 알부민 농도의 감소로 인한 복부 및 말초조직의 부종(특징적으로 어린이의 복부와 다리의 부종이 보임)을 포함한다. 식욕부진이 거의 항상 존재한다. 체내 지방 저장은 고갈되지만 부종으로 인해 몸무게는 정상일 수 있다. 치료는 열량과 단백질이 적절한 식사를 하는 것이 포함된다.

27.2 음식 지방에 관한 내용 중 옳은 것은?

A. 코코넛기름은 단일불포화지방산이 풍부하며 올리브기름은 포화지방이 풍부하다.

B. 이중결합이 들어 있는 지방산은 저절로 생기는 시스 이성질체와는 달리 고밀도지단백질 콜레스테롤 농도를 올린다.

C. 다중불포화지방산인 리놀레산과 리놀렌산은 필요한 구성 성분이다.

D. 식물로부터 얻는 중성지방은 동물의 것보다 더 적은 불포화지방산을 가진다.

정답 = C. 사람은 리놀레산과 리놀렌산을 만들 수 없다. 결과적으로 이 지방산들은 필수적으로 섭취해야만 한다. 코코넛기름은 포화 지방산이 풍부하고 올리브기름은 단일불포화지방산이 풍부하다. 트랜스 지방산은 고밀도지단백질 콜레스테롤이 아니라 저밀도지단백 콜레스테롤의 혈액 농도를 올린다. 식물로부터 얻은 중성지방은 대체로 동물보다 더 많은 불포화지방산을 포함한다.

27.3 70 kg의 남성이 매일 평균적으로 탄수화물 275 g, 단백질 75 g, 지방 65 g을 먹는다면, 다음의 결론 중에서 끌어낼 수 있는 것은 어느 것인가?

A. 약 20%의 열량은 지방에서 유래한 것이다.

B. 식단은 충분한 음식 섬유질을 함유하고 있지 않다.

C. 이 사람은 질소평형이 유지되고 있다.

D. 식단에서 탄수화물, 단백질, 지방의 비율은 전문가가 추천하는 권장기준에 적합하다.

E. 하루의 총에너지 섭취량은 대략 3,000 kcal이다.

정답 = D. 총열량 섭취량은 (275 g 탄수화물 × 4 kcal/g) + (75 g 단백질 × 4 kcal/g) + (65 g 지방 × 9 kcal/g) = 1,100 + 300 + 585 = 1,985 총열량 kcal/하루. 탄수화물로부터 얻는 칼로리의 비율은 1,100/1,985 = 55, 단백질로부터 얻는 칼로리의 비율은 300/1,985 = 15, 지방으로부터 얻는 칼로리의 비율은 585/1,985 = 30이다. 이 농도들은 현재 권장량에 매우 근접하다. 섬유질의 양이나 질소평형은 보여준 자료에서 유추할 수 없다. 만약 단백질이 낮은 생물학적 값이라면 음의 질소평형이 가능하다.

27.4 만성 기관지염에서 과도한 점액 생성은 기도폐쇄를 일으켜 저산소혈증, 호흡곤란, 고이산화탄소혈증을 초래한다. 만성 기관지염으로 인한 만성 폐쇄성 폐질환 환자에게 고지방 저탄수화물 식단이 권장되는 이유는 무엇인가?

A. 지방은 탄수화물보다 상대적으로 탄소나 수소 대비 많은 산소 원자를 포함하고 있다.

B. 지방은 탄수화물보다 칼로리 밀도가 낮다.

C. 지방의 대사는 이산화탄소를 덜 발생시킨다.

D. 지방의 호흡 지수(RQ)가 탄수화물의 RQ보다 높다.

정답 = C. 급성 기관지염에 의해 유발된 만성 폐쇄성 폐질환(COPD)의 치료 목표는 산소 소비량에 대한 이산화탄소(CO_2)생성량 비율인 호흡지수(RQ)를 높이지 않고 적절한 영양을 보장해 CO_2 생성을 최소화하는 것이다. 탄수화물의 이화작용(RQ = 1.0)보다 지방의 대사(RQ = 0.7)에서 생성되는 CO_2가 적다. 지방은 탄수화물에 비해 더 적은 산소 원자를 포함하고 있다. 지방은 탄수화물보다 열량이 더 많다. [참고: RQ는 간접 열량계를 통해 측정된다.]

27.5 32세 남성이 주택의 화재로 인해 전신에 45%가 넘는 화상(심각한 화상)을 입고 병원에 입원했다. 환자의 몸무게는 70 kg이고 키는 183 cm이다. 다음 중 이 환자에게 필요한 일일 열량의 요구량에 대한 적합한 추정치는?

A. 1,345 kcal

B. 1,680 kcal

C. 2,690 kcal

D. 3,360 kcal

정답 = D. 일반적으로 남성의 총에너지소비량(TEE) 추정치는 1 kcal/1 kg/24시간으로 사용된다. [참고: 여성의 TEE는 0.8 kcal]. 이 환자의 경우 TEE는 1,680 kcal(1 kcal/kg/hr × 24시간 × 70 kg)이다. 또한, 심각한 화상의 경우 부상계수 2를 곱해야 하므로 1,680 kcal × 2 = 3,360 kcal이 된다.

27.6 다음 중 영양성분표에 표시된 "%DV"(일일권장량백분율)를 묻는 환자에게 해줄 수 있는 가장 적절한 조언은?

A. 매일 각 영양소에 대해 100%의 권장량을 섭취한다.

B. 모든 영양소에 대해 일일권장량백분율이 가장 높은 음식을 선택한다.

C. 미량 영양소에 대해서는 일일권장량백분율이 낮은 식품을 선택한다.

라. 포화지방에 대한 일일권장량백분율이 낮은 식품을 선택한다.

정답 = D. 일일권장량백분율(%DV)은 한 끼에 해당하는 영양소의 양을 비교한다. 영양성분표에 나열된 총 탄수화물 및 섬유질과 미세 영양소들의 %DV는 최소 1일 권장 섭취량에 기초하는 반면 포화 지방, 콜레스테롤, 소듐의 %DV는 최대 1일 권장 섭취량에 기초한다.

문제 27.7과 27.8

활동량이 적은 80 kg의 50세 남성이 검진을 받으러 왔다. 본인의 말로는 건강상의 문제는 전혀 없다고 한다. 혈액검사상 혈장 총콜레스테롤이 295 mg/dL(정상 < 200 mg)인 것을 제외하고는 특별한 소견은 없었다. 환자는 고콜레스테롤혈증에 대해 약물요법을 거부했다. 기억을 통한 일일 섭취량 조사 결과는 다음과 같다.

열량	3,475 kcal	콜레스테롤	822 mg
단백질	102 g	포화지방	69 g
탄수화물	383 g	총지방	165 g
섬유질	6 g		

27.7 환자의 혈장 콜레스테롤을 낮추기 위해 다음 중 어느 음식 성분을 줄이는 것이 가장 효과가 크겠는가?

A. 탄수화물

B. 콜레스테롤

C. 섬유질

D. 단일불포화지방

E. 다중불포화지방

F. 포화지방

정답 = F. 포화지방의 섭취는 이 식단에서 혈장 콜레스테롤에 가장 강력한 영향을 준다. 이 환자는 고열량 및 42%의 지방이 포화지방인 고지방식을 하고 있다. 가장 중요한 권장 식단은 총열량을 낮추고 포화지방을 단일불포화지방과 다중불포화지방으로 대체하는 것과 음식 섬유질을 증가시키는 것이다. 음식 콜레스테롤의 감소가 도움이 되겠지만 일차 목표는 아니다.

27.8 환자의 총에너지 소모를 추정하기 위해 알아야 하는 것은?

하루 기본 에너지소모량(추정 안정대사율/시간 × 24시간)과 신체활동 종류와 기간을 기반으로 하는 신체활동 비율(PAR)가 필요 변수이다. 음식의 발열효과를 감안해서 추가적인 10%가 더해져야 한다. 만약 환자가 입원한다면 손상 인자(IF)가 계산에 더해지고 PAR이 수정되어야 한다. PAR과 IF에 대한 표를 이용할 수 있다.

미량영양소: 비타민

28

I. 개관

비타민은 사람이 충분히 합성할 수 없는 유기화합물이기 때문에 반드시 음식을 통해 섭취하여야 한다. 수용성 비타민은 9종류(엽산, 코발아민, 아스코브산, 피리독신, 싸이아민, 나이아신, 리보플라빈, 바이오틴, 판토텐산)가 있으며 소변을 통해 배설되기 때문에 독성은 거의 나타나지 않으나 결핍증은 쉽게 나타날 수 있다. 지용성 비타민은 4가지의 비타민(A, D, K, E)이 있으며 음식 지방과 함께 암죽미립(18장 VI. B 참조)을 통해 흡수되고, 수송 및 분리가 된다. 지용성 비타민은 수용성에 비해 쉽게 배설되지 않고 상당량이 간과 지방조직에 저장된다. 비타민 A와 D를 영양섭취기준(DRI, 27장 참조)보다 과다섭취할 경우 축적에 의한 독성이 나타날 수 있다. 비타민은 특별한 세포기능을 수행하는 데에 필요하다. 예를 들면 많은 수용성 비타민은 대사에 필요한 보조효소들의 전구체이다. 이에 비해 지용성 비타민은 비타민 K만 조효소의 기능을 갖고 있다.

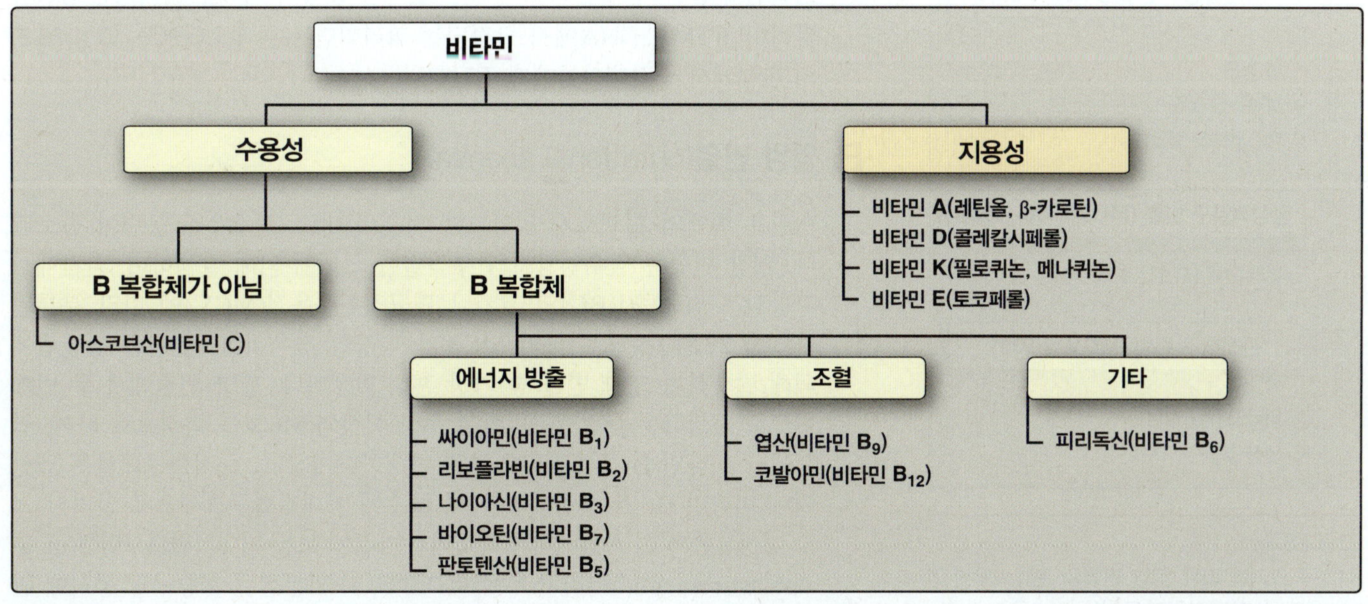

그림 28.1
비타민의 분류. 비타민은 다량영양소(탄수화물, 단백질, 지방)보다 필요량이 적기 때문에 미량영양소라 불린다.

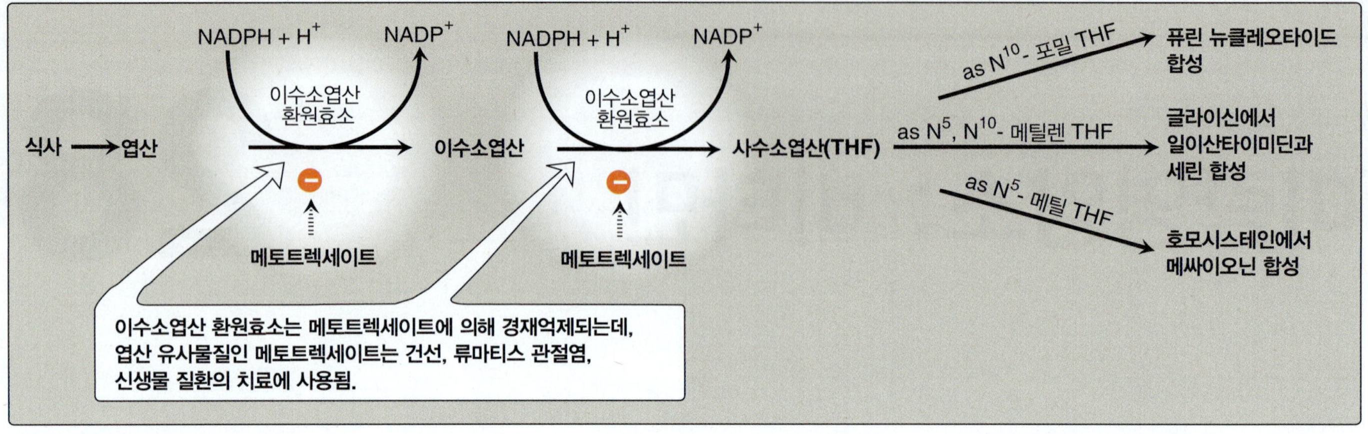

그림 28.2
사수소엽산의 생성과 사용. NADP(H) = 니코틴아마이드 아데닌 다이뉴클레오타이드 인산염.

II. 엽산(Folic Acid, 비타민 B_9)

비타민 B_9는 자연적으로 생성되는 엽산의 다양한 복합체로 존재한다. 엽산은 일탄소 대사에서 중심 역할을 하며 여러 가지 화합물의 생합성에 필수적이다. 엽산 결핍은 미국에서 가장 흔한 비타민 결핍증이며, 임신부나 알코올중독자에서 특히 많이 나타난다. [참고: 잎이 많고 짙은 녹색의 채소는 엽산의 좋은 공급원이다.]

A. 기능

사수소엽산(THF, 환원형)은 엽산의 보조효소형으로서 세린, 글라이신, 히스티딘과 같은 주개로부터 일탄소 조각을 받아서 아미노산, 퓨린, 일인산타이미딘(TMP, DNA에서 발견되는 피리미딘 뉴클레오타이드, 그림 28.2)의 합성에서 중간대사물에게 전달한다.

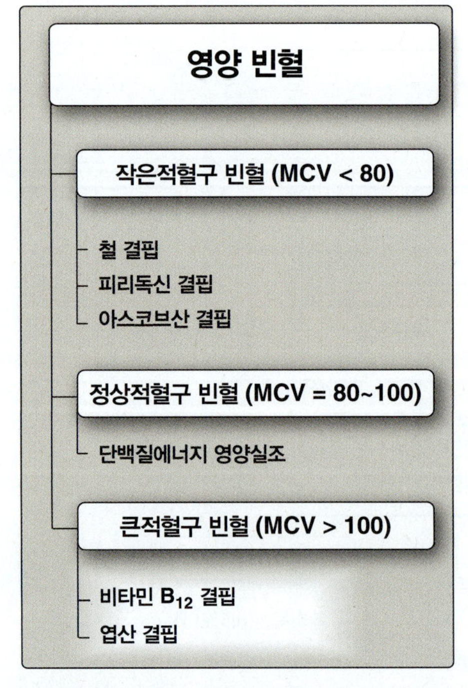

그림 28.3
적혈구 크기에 따른 영양 빈혈의 분류. 18세 이상의 정상 평균적혈구용적(MCV)은 MCV는 80~100 μm^3이다. [참고: 작은적혈구 빈혈은 중금속중독(예: 납중독)에서도 나타난다.]

B. 영양 빈혈(nutritional anemia)

빈혈은 혈액의 혈색소가 정상보다 적은 상태로, 산소운반 능력이 감소된다. 영양 빈혈은 필수영양소의 부적절한 섭취에 의해 발생하며, 환자에서 관찰되는 적혈구(RBC)의 크기나 평균적혈구용적(MCV)에 따라 분류된다(그림 28.3). 정상 이하의 MCV가 특징인 작은적혈구빈혈은 철결핍에 의해 발생하며 영양 빈혈 중 가장 흔히 발생한다. 영양 빈혈에서 두 번째 빈도로 발생하는 큰적혈구빈혈은 정상 이상의 MCV를 특징으로 하며, 엽산이나 비타민 B_{12}의 결핍에 의해 발생한다. [참고: 큰적혈구빈혈은 엽산이나 비타민 B_{12}가 결핍되었을 때 골수에 거대적혈구모세포로 알려진 크고 미성숙한 적혈구 전구체가 축적되기 때문에 보통 거대적혈모구빈혈(megaloblastic anemia)이라고 부르며(그림 28.4) 과분절된 호중구도 동시에 관찰된다.]

1. 엽산과 빈혈: 엽산의 혈청 농도 감소는 필요량의 증가(예: 임신, 수유;

27장 IX. 참조), 소장질환에 의한 흡수장애, 알코올 중독, 이수소엽산 환원효소 억제제(예: 메토트렉세이트)의 치료 등에 의해 발생할 수 있다(그림 28.2). 엽산이 배제된 식사를 하면 수주 내로 결핍이 유발된다. 엽산 결핍은 일차적으로 퓨린과 TMP의 합성 감소에 의한 거대적혈모구빈혈(그림 28.4 참조)을 유발하며, 이것은 RBC 전구세포를 포함하는 세포의 DNA 합성과 이에 따른 세포분열이 불가능해지기 때문에 발생한다.

2. **엽산과 태아의 신경관 결손:** 가장 흔한 신경관 결손(NTD)인 척추갈림증(spina bifida)과 무뇌증(anencephaly)은 미국에서 매년 약 3,000명의 태아에서 발생한다. 임신 직전과 임신 초기(3개월)의 엽산의 보충은 NTD를 상당히 감소시킨다. 따라서 모든 가임 여성은 하루 0.4 mg의 엽산을 섭취하여 NTD를 초래하는 임신의 위험성을 감소시켜야 한다. 이전 임신에서 발병이 있었다면 NTD의 발생 확률이 10배 증가한다. 태아발생 첫 1주에 적절한 엽산의 섭취는 수정시부터 반드시 필요한데, 많은 여성들이 초기에 임신을 인식하지 못하기 때문이다. 1998년부터 미국 식품의약국(FDA)은 곡물 가공품에 엽산을 첨가하거나 영양제 형태로 하루 0.1 mg을 섭취하도록 권고하였다. 이처럼 보충되는 것을 포함한 엽산 공급원에 의해 모든 가임 여성의 약 50%가 하루 0.4 mg의 엽산을 섭취하는 것으로 추정된다.

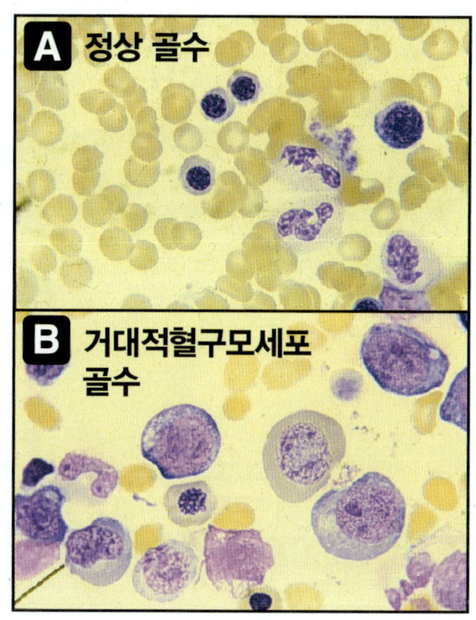

그림 28.4
정상인(A)과 엽산결핍 환자(B)의 골수의 조직학적 소견.

III. 코발아민(Cobalamin, 비타민 B_{12})

비타민 B_{12}는 사람에서 2가지의 효소 반응에 필수적이다. 하나는 호모시스테인(Hcy)의 재메틸화에 의한 메싸이오닌 합성반응이고, 또 하나는 몇 가지 아미노산(아이소류신, 발린, 트레오닌, 메싸이오닌)과 홀수의 탄소 원자를 가진 지방산(FA)의 분해과정에서 생성된 메틸말로닐 CoA의 이성질체화 반응이다(그림 28.5). 코발아민이 결핍되면 흔하지 않은 가지 지방산이 축적되어 세포막(CNS를 포함)에 통합된다. 이것으로 비타민 B_{12} 결핍에서 나타나는 일부 신경 증상을 설명할 수 있다. [참고: N^5-메틸 THF 형태의 엽산은 또한 Hcy의 재메틸화 반응에도 필요하다. 따라서 비타민 B_{12}나 엽산이 결핍되면 Hcy 농도가 상승한다.]

A. 코발아민의 구조와 보조효소 형태

코발아민은 헴(21장 참조)의 포르피린 고리와 유사한 코린(corrin) 고리계를 갖고 있지만, 포르피린처럼 메텐 다리로 연결되어 있지 않고 2개의 피롤 고리가 직접 연결되어 있다. 코발트는 4개의 피롤기과 질소의 배위결합에 의해 코린 고리의 중앙에 고정되어 있다. 코발트의 나머지 배위결합은 5,6-다이메틸벤즈이미다졸의 질소와 사이아노코발아민 형태로 만들어진 사업용 비타민 제품의 사이아나이드와 이루어진다(그림 28.6). 코발아민의 생리적 보조효소 형태는 5′-데옥시아데노실코발아민(사이아나이드가 5′-데옥시아데노신으로 대체)과 메틸코발아민(사이아나이드가 메틸기로 대체)이 있다(그림 28.6 참조).

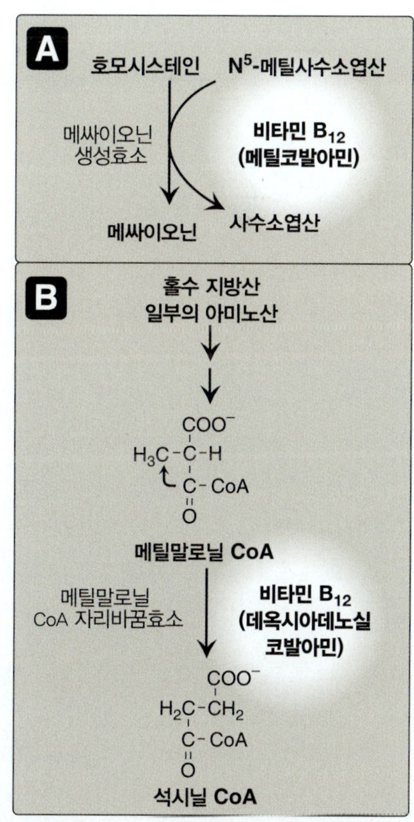

그림 28.5
A, B: 비타민 B_{12}의 보조효소형을 요구하는 반응. CoA = 보조효소 A.

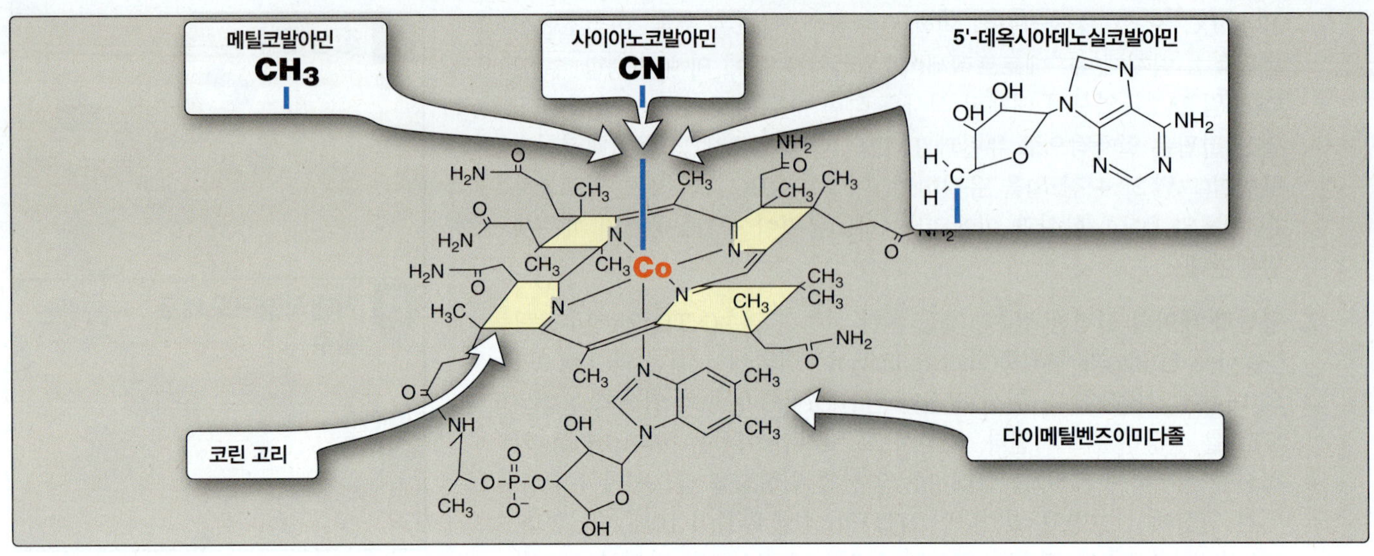

그림 28.6
비타민 B_{12}(사이아노코발아민)와 그것의 보조효소형(메틸코발아민과 5′-데옥시아데노실코발아민)의 구조.

B. 코발아민의 분포

비타민 B_{12}는 오직 미생물에 의해서만 합성되고, 식물에는 존재하지 않는다. 동물은 장내세균에 의해 합성되거나 동물성 식품을 먹음으로써 코발아민을 섭취한다. 코발아민은 간, 붉은 고기, 생성, 달걀, 유제품, 강화곡물에 많은 양이 존재한다.

C. 엽산덫 가설(folate trap hypothesis)

코발아민 결핍의 결과는 골수의 조혈조직과 창자의 점막세포와 같이 급속하게 분열하는 세포에서 뚜렷하게 볼 수 있다. 그 조직들은 DNA 복제에서 뉴클레오타이드의 합성에 필요한 THF의 N^5, N^{10}-메틸렌기와 N^{10}-포밀기를 모두 요구한다(337쪽과 349쪽 참조). 그러나 비타민 B_{12} 결핍에서, 호모시스테인의 메틸화에 의한 메싸이오닌 합성반응에서 THF의 N^5-메틸형은 사용되지 않는다. 왜냐하면 메틸화된 기는 THF의 다른 기로 직접적으로 전환될 수 없어, N^5-메틸기는 축적되고 다른 기는 감소한다. 따라서 코발아민 결핍은 여러 가지 THF 형태의 결핍을 유발한다고 가정할 수 있다. 이들은 퓨린과 TMP 합성에 사용되며, 결핍되면 거대적혈모구빈혈의 증상이 나타나게 된다.

D. 코발아민의 임상적응증

다른 수용성 비타민과 다르게 코발아민은 상당량(2~5 mg)이 체내에 저장된다. 결국 이 비타민의 섭취가 줄어든 사람에게 비타민 B_{12} 결핍의 증상이 나타나려면 몇 년의 시간이 걸린다. [참고: 흡수장애는 빠른 코발아민 결핍을 초래한다.] 비타민 B_{12} 결핍은 혈액의 메틸말론산 농도에 의해 결정할 수 있는데, 메틸말론산은 이 비타민을 적게 먹거나 흡수 장애가 있는 사람에서 상승한다.

1. **악성빈혈(pernicious anemia)**: 비타민 B_{12} 결핍은 창자에서 비타민을 흡수할 수 없는 환자에게 가장 흔하다(그림 28.7). 비타민 B_{12}은 산성 환경인 위에서 음식으로부터 유리된다. [참고: 노인에서 코발아민 흡수장애의 가장 흔한 원인이 위산 분비의 감소이다(무위산증).] 유리된 B_{12}는 당단백질인 R-단백질(합토코린)이라는 당단백질과 결합하고, 이 복합체는 창자로 이동한다. B_{12}는 이자효소에 의해 다시 유리되어 다른 당단백질인 내인 인자(intrinsic factor, IF)와 결합한다. 코발아민-IF 복합체는 회장의 점막세포 표면에서 큐빌린(cubilin)이라는 수용체와 결합한다. 결합된 코발아민은 점막세포 속으로 수송되고, 결국 전신 순환에 들어가서 B_{12} 결합 단백질인 트랜스코발아민에 의해 운반된다. B_{12}는 주로 간에서 섭취되어 저장된다. 이것은 쓸개즙으로 분비되고 회장에서 효과적으로 재흡수된다. 심한 B_{12} 흡수장애는 악성빈혈을 초래한다. 이 병의 원인은 대부분 IF를 합성하는 위의 벽세포가 자가면역적으로 파괴되는 것이다. (IF의 결핍은 B_{12} 흡수를 방해한다.) [참고: 부분 또는 전체 위절제술을 받은 환자는 IF가 결핍되어 B_{12}도 결핍된다.] 코발아민 결핍 환자는 대개 빈혈이 있지만(엽산 재순환이 손상됨), 병이 진행하면서 나중에 신경정신 증상까지 나타난다. CNS 증상은 비가역적이다. 악성빈혈의 치료는 평생 동안 고용량의 비타민 B_{12}를 복용하거나 사이아노코발아민 근육주사를 맞아야 한다. [참고: 심지어 IF가 없더라도 보충요법을 꼭 해야 하는 이유는 B_{12} 흡수의 약 1%는 IF 비의존 확산으로 일어나기 때문이다.]

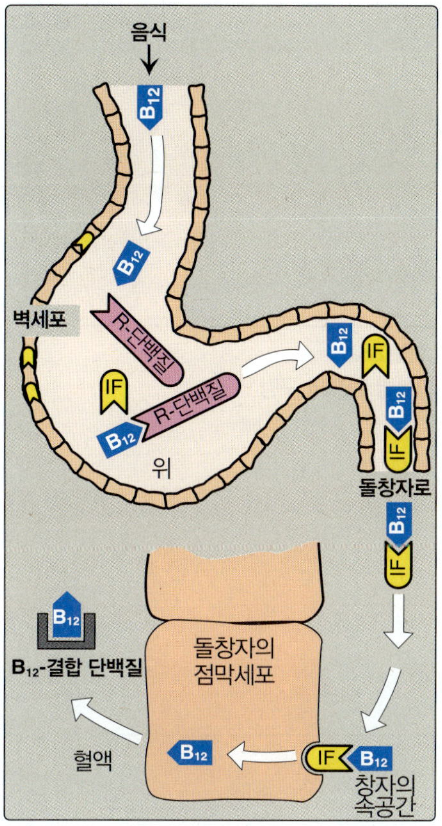

그림 28.7
비타민 B_{12}의 흡수. [참고: 음식으로부터 산-의존적 B_{12}의 유리는 그림에 표시되지 않음.] IF = 내인 인자.

> 엽산 보충은 B_{12} 결핍의 혈액이상 소견은 일부 개선시키지만 코발아민 결핍 증상을 감추게 된다. 따라서 후기에 나타나는 B_{12} 결핍에 의한 CNS 증상을 예방하기 위해서는 거대적혈모구빈혈을 치료시 빈혈의 원인을 알 때까지 엽산과 비타민 B_{12}를 함께 투여한다.

IV. 아스코브산(비타민 C)

비타민 C의 활성형은 아스코브산(ascorbate acid)이며(그림 28.8) 주요 기능은 환원제로 작용하는 것이다. 비타민 C는 수산화 반응에서 **수산화효소(hydroxylases)**의 철이온을 환원형인 제일철(Fe^{2+})로 유지시켜주는 보조효소의 역할을 한다(예: 아교질의 프롤릴 잔기와 라이실 잔기의 수산화, 에피네프린 합성에서 도파민의 수산화를 통한 노르에피네프린 합성). 따라서 비타민 C는 정상 결합조직의 유지뿐만 아니라 상처치유에 필요하다. 또한 제이철(Fe^{3+})을 제일철(Fe^{2+})로 환원시키기 때문에 창자에서 음식 철의 흡수를 용이하게 한다(29장 III. B 참조).

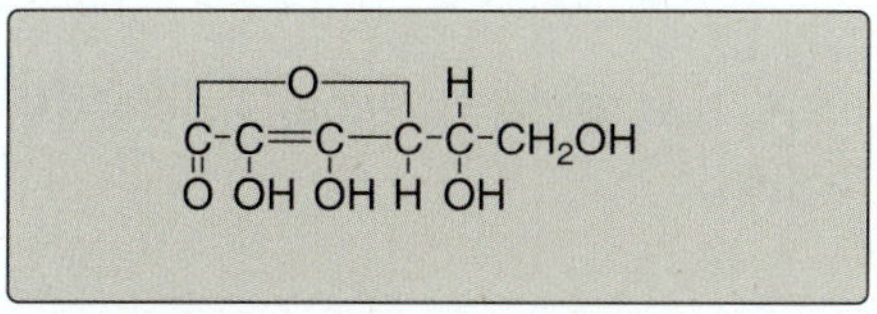

그림 28.8
아스코브산의 구조.

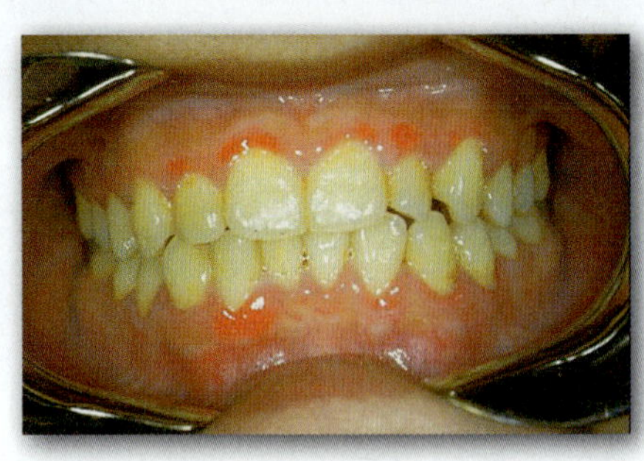

그림 28.9
괴혈병 환자의 구강 소견.

A. 아스코브산 결핍

아스코브산의 결핍은 괴혈병(scurvy)을 초래하여 특징적으로 잇몸의 궤양 및 약화(spongy gum), 이 흔들림(loose tooth), 취약혈관, 출혈, 관절 종창, 전신 피로 등이 나타난다(그림 28.9). 이 결핍 증상의 대부분은 아교질 수산화의 부족에 따른 결합조직의 결함으로 설명할 수 있다. 철 흡수의 감소에 의한 작은적혈구 빈혈도 나타날 수 있다.

B. 만성병의 예방

비타민 C는 비타민 E(458쪽 참조) 및 β-카로틴(XI. A 참조)과 함께 항산화제로 알려진 영양소의 하나이다. [참고: 아스코브산은 기능성의 환원형 비타민 E를 재생성한다.] 비타민 C와 비타민 E의 복용이 다양한 만성질환의 발생을 감소시킨다고 알려져 있으나 이를 뒷받침하는 명확한 근거는 제시되지 않았다.

V. 피리독신(비타민 B_6)

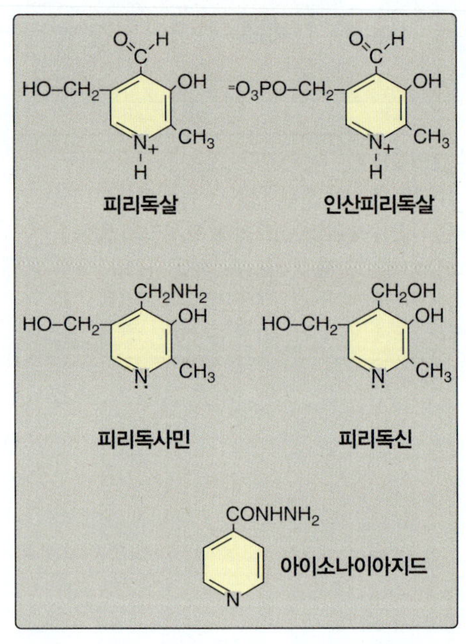

그림 28.10
비타민 B_6와 결핵치료제인 아이소나이아지드의 구조.

비타민 B_6는 피리딘 유도체인 피리독신(pyridoxine), 피리독살(pyridoxal), 피리독사민(pyridoxamine) 등을 통칭하는 말이다. 이들은 고리에 부착하고 있는 작용기의 구조에 따라 구별된다(그림 28.10). 피리독신은 식물에 주로 존재하는 반면에 피리독살과 피리독사민은 동물성 식품에서 발견된다. 이 3가지 화합물은 모두 생물학적 활성형 보조효소인 인산피리독살(pyridoxal phosphate, PLP)의 전구체가 된다. PLP는 많은 효소의 보조효소로 작용하며, 특히 아미노산이 포함되는 반응에 관여한다(예: Hcy로부터 시스데인의 합성에서의 황전달, 도파민과 세로토닌의 합성과정). [참고: PLP도 또한 **당원 가인산분해효소(glycogen phosphorylase**, 11장 참조)]에 필요하다.

반응 형태	예
아미노기전달	옥살로아세트산 + 글루탐산 ⇄ 아스파트산 + α-케톤글루타르산
탈아미노기화	세린 → 파이루브산 + NH_3
탈카복실화	히스티딘 → 히스타민 + CO_2
축합	글라이신 + 석시닐-CoA → δ-아미노레불린산

A. 피리독신(pyridoxine)의 임상적응증

결핵 치료에 자주 쓰이는 아이소나이아지드(isoniazid)는 인산피리독살과 반응하여 불활성형 인산피리독살 유도체를 생성하기 때문에 비타민 B_6의 결핍을 초래할 수 있다. 그러므로 말초신경병의 예방을 위해 일부 환자에서는 비타민 B_6의 섭취가 필수적이다. 그 밖에 피리독신의 영양 결핍은 드물지만 비타민 B_6가 부족한 유아식을 먹는 신생아, 경구피임약을 복용하는 여성, 알코올중독자 등에서 나타날 수 있다.

B. 피리독신의 독성

피리독신은 수용성 비타민 중에서 유일하게 심각한 독성을 나타낸다. 500 mg/일(영양권장량의 400배, 상한섭취량의 5배의 양, 27장 참조) 이상 섭취하면 신경학적 증상(감각 신경병증)이 나타난다. 이 경우 복용을 중단하면 점차 증상이 개선되지만 완전히 회복되지는 않는다.

VI. 싸이아민(비타민 B_1)

파이로인산싸이아민(TPP)은 싸이아민에 ATP의 파이로인산기가 전달되어 생성된 생물학적 활성형 비타민이다(그림 28.11). TPP는 **케톤기전달효소(transketolase)**에 의한 α-케톨체의 생성 또는 분해 반응(그림 28.12A), 또는 α-케톤산의 산화탈카복실화(그림 28.12B)에서 보조효소로 작용을 한다.

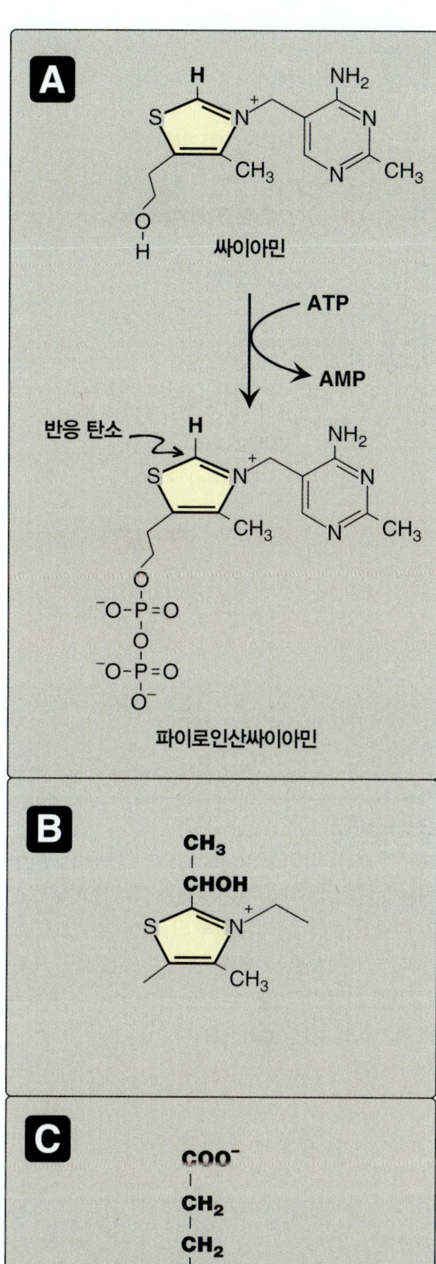

그림 28.11
A: 싸이아민과 보조인자인 파이로인산싸이아민의 구조. B: 파이루브산 탈수소효소의 촉매반응에서 생성된 중간대사물의 구조. C: α-케톤글루타르산 탈수소효소의 촉매반응에서 생성된 중간대사물의 구조. AMP = 일인산아데노신.

A. 싸이아민의 임상적응증

대부분 세포의 에너지 대사에서 중심역할을 하는 파이루브산과 α-케톤글루타르산의 산화탈카복실화는 특히 CNS에서 중요하다. 싸이아민 결핍에서 이 2개의 탈수소효소 반응이 감소하여 결국 ATP 생산이 감소하고 세포기능에 이상이 생긴다. TPP도 또한 근육의 가지사슬 α-케톤산 탈수소효소에 필요하다(306쪽 참조). [참고: 이 복합효소의 각각의 탈카복실화효소에 TPP가 필요하다.] 싸이아민 결핍은 TPP를 넣었을 때 적혈구의 케톤기전달효소 활성이 증가하는 것으로 진단한다.

1. **각기(beriberi)**: 이 병은 극심한 영양실조나 백미 같이 탄수화물은 풍부하나 싸이아민은 적은 식사를 주로 하는 지역에서 볼 수 있는 중증 싸이아민 결핍 증후군이다. 성인 각기는 건성(dry, 특히 다리에서의 말초 신경결손이 특징) 각기와 습성(wet, 확장성 심근병증에 의한 부종이 특징) 각기로 분류한다.

2. **베르니케-코르사코프 증후군(Wernicke-Korsakoff syndrome)**: 미국에서, 주로 만성 알코올중독과 관련된 싸이아민 결핍의 원인은 영양부족이거나 창자에서 비타민 흡수장애이다. 일부 알코올중독자는 베르니케-코르사코프 증후군으로 발전하는데, 이 병은 싸이아민 결핍상태로서 정신혼동, 실조보행, 눈떨림을 나타내는 베르니케 뇌병증과 기억장애와 환각을 나타내는 코르사코프 치매가 동반하는 것이 특징이다. 이 증후군은 싸이아민 보충제로 치료되지만 기억장애의 회복은 전형적으로 불완전하다.

VII. 나이아신(Niacin)

나이아신 또는 니코틴산은 치환형 피리딘 유도체이다. 생물학적 활성형 보조효소는 니코틴아마이드 아데닌 다이뉴클레오타이드(NAD^+)와 이것의 인산화형 유도체인 니코틴아마이드 아데닌 다이뉴클레오타이드 인산염($NADP^+$)이

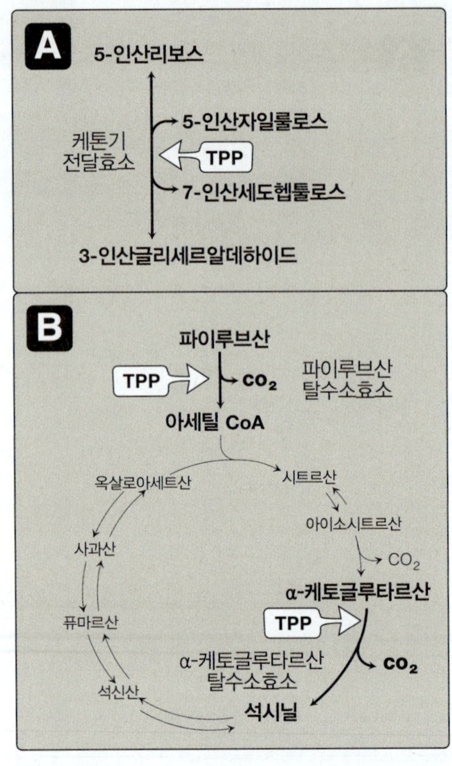

그림 28.12
보조효소인 파이로인산싸이아민(TPP)을 사용하는 반응. A: 케톤기전달효소. B: 파이루브산 탈수소효소와 α-케톤글루타르산 탈수소효소. [참고: 가지사슬 α-케톤산 탈수소효소도 또한 TPP를 사용한다.] P = 인산염; CoA = 보조효소 A; CO_2 = 이산화탄소.

다(그림 28.13). 니코틴아마이드는 카복실기 대신 아마이드기를 갖는 니코틴산의 유도체로서 역시 음식에 존재한다. 이것은 체내에서 쉽게 탈아민화하기 때문에 영양학적으로 니코틴산과 동등하다. NAD^+와 $NADP^+$는 산화환원 반응의 보조효소로 작용하며, 반응과정에서 전자 2개를 수소음이온(hydride ion) 형태로 받아들여 피리딘링을 환원시킨다(그림 28.14). NAD^+와 $NADP^+$의 환원형은 각각 NADH와 NADPH이다. [참고: 트립토판의 대사물인 퀴놀린산은 NAD(P)로 전환될 수 있다. 환산하면 트립토판 60 mg은 나이아신 1 mg과 같다.]

A. 나이아신의 분포

나이아신은 정제하지 않거나 강화한 곡물이나 곡물가공품(cereal), 우유, 살코기(특히 간)에 많이 들어 있다.

B. 나이아신의 임상적응증

1. **나이아신 결핍:** 나이아신 결핍은 피부, 위장관, CNS를 침범하는 펠라그라(pellagra)를 일으킨다. 증상은 3D로서, 빛민감 피부염(dermatitis), 설사(diarrhea), 치매(dementia) 순서로 진행되며 치료하지 않으면 사망한다. 트립토판 흡수장애가 특징인 하트넙병(Hartnup disease)은 펠라그라와 비슷한 증상을 나타낸다. [옥수수는 나이아신과 트립토판을 적게 함유하기 때문에 옥수수를 주식으로 하면 펠라그라에 걸릴 수 있다.]

2. **고지질혈증(hyperlipidemia)의 치료:** 고용량의 나이아신(하루 1.5 g, 또는 영양권장량의 100배)은 순환 유리지방산(FFA)의 주생산원인 지방조직에서의 지방분해를 강력하게 억제한다. 간은 정상적으로 이 FFA를 중성지방 합성의 주요 전구체로 사용한다. 따라서 나이아신은

그림 28.13
산화형 NAD^+와 산화형 $NADP^+$의 구조와 생합성. NAD^+ = 니코틴아마이드 아데닌 다이뉴클레오타이드; $NADP^+$ = 니코틴아마이드 아데닌 다이뉴클레오타이드 인산염; ADP = 이인산아데노신.

간에서 VLDL(266쪽 참조) 생성에 필요한 중성지방의 합성을 감소시킨다. 콜레스테롤이 풍부한 LDL은 혈장의 VLDL에서 유래하기 때문에, 혈장에서 VLDL의 중성지방과 LDL의 콜레스테롤이 모두 감소한다. 그러므로 나이아신은 특히 VLDL과 LDL이 증가하는 IIb형 고지단백혈증의 치료에 유용하다. 고농도의 나이아신 복용은 급성 프로스타글랜딘 매개 홍조를 유발할 수 있다. 아스피린은 프로스타글랜딘 합성(245쪽 참조)을 억제하여 부작용을 줄일 수 있다. 가려움증 또한 나타난다. [참고: 나이아신은 HDL 농도를 상승시키며 Lp[a]는 감소시킨다(272쪽 참조).]

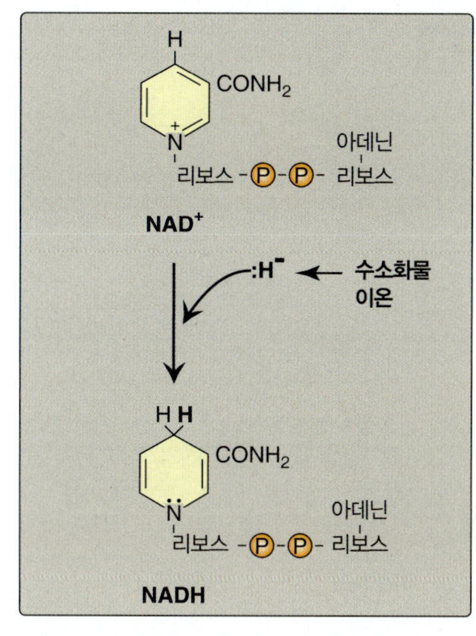

그림 28.14
산화형 NAD^+가 환원형 NADH로 되는 환원반응. [참고: 수소화물 이온은 수소 이온과 전자로 구성.] Ⓟ = 인산염.

VIII. 리보플라빈(Riboflavin, 비타민 B_2)

비타민 B_2의 두 가지 생물학적 활성형은 플라빈 모노뉴클레오타이드(FMN)와 플라빈 아데닌 다이뉴클레오타이드(FAD)이다. FAD는 FMN에 ATP의 AMP 부분이 전달되어 생성된다(그림 28.15). FMN과 FAD는 2개의 수소 원자를 가역적으로 받아들여 각각 $FMNH_2$와 $FADH_2$를 생성한다. FMN과 FAD는 기질의 산화반응과 환원반응을 촉진하는 플라빈효소(예: NADH 탈수소효소; FMN, 석신산 탈수소효소; FAD)에 단단하게 또는 공유결합으로 결합한다. 리보플라빈 결핍은 다른 비타민 결핍과 자주 동반하지만 주요 질환을 동반하지는 않는다. 결핍 증상은 피부염, 입술증(cheilosis, 입 양끝이 갈라짐), 혀염(glossitis, 혀가 매끄럽고 어둡게 보임)이다. [참고: 리보플라민은 빛에 민감하기 때문에 고빌리루빈혈증(328쪽 참조)에서의 광치료시 리보플라빈 보충이 필요하기도 하다.]

IX. 바이오틴(Biotin, 비타민 B_7)

바이오틴은 카복실화 반응의 보조효소이다. 이 반응에서 바이오틴은 활성형 이산화탄소의 운반체로 작용한다. 바이오틴은 바이오틴 의존 효소의 라이신

그림 28.15
플라빈 모노뉴클레오타이드(FMN)와 플라빈 아데닌 다이뉴클레오타이드(FAD)의 구조와 생합성. ADP = 이인산아데노신; PP_i = 파이로인산염.

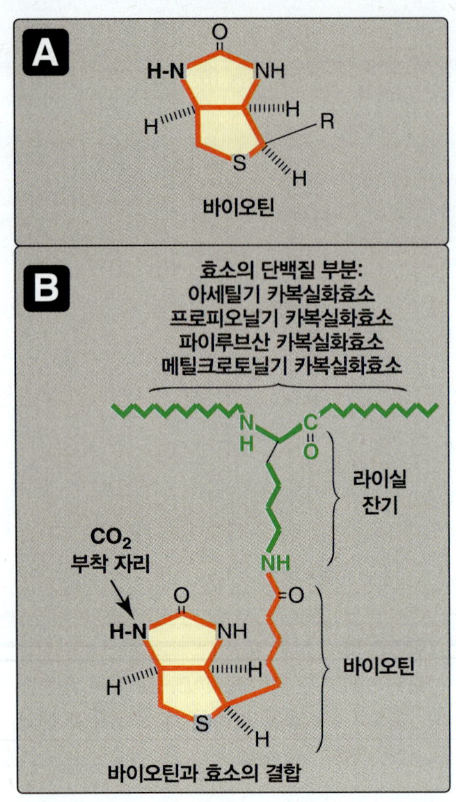

그림 28.16
A: 바이오틴의 구조. B: 바이오틴 의존 효소의 라이실 잔기와 공유결합을 한 바이오틴. CO_2 = 이산화탄소.

잔기의 ε-아미노기에 공유결합으로 연결되어 있다(그림 28.16). 바이오틴은 음식물에 광범위하게 분포되어 있어 일반적으로 결핍이 일어나지 않는다. 또한 사람에게 필요한 바이오틴의 대부분은 창자 정상균에 의해 공급받는다. 그러나 단백질 공급원으로 날달걀의 흰자를 특별히 과식하면, 피부염, 혀염, 탈모, 식욕감소, 메스꺼움 등의 바이오틴 결핍 증상이 나타난다. 날달걀의 흰자에는 당단백질 아비딘(avidin)을 함유하고 있어, 바이오틴과 단단하게 결합하여 창자로부터 흡수되는 것을 방해한다. 정상적인 식사를 통해 바이오틴 결핍 증상이 나타나려면 하루에 20개의 달걀을 섭취해야 하는 것으로 추정된다. [참고: 일반적으로 날달걀 섭취는 살모넬라(*Salmonella enterica*) 감염에 대한 우려로 권장하지는 않는다.]

> 복합 카복실화효소 결핍은 합성과정에서 바이오틴을 카복실화효소에 첨가하거나 또는 분해과정에서 바이오틴을 제거하는 능력에 결함이 생겨 발생한다. 치료는 바이오틴을 보충하는 것이다.

X. 판토텐산(Pantothenic Acid, 비타민 B_5)

판토텐산은 아실기 전달의 기능을 갖는 보조효소 A(CoA)의 성분이다(그림 28.17). CoA는 아실 복합체를 운반하는 활성형 싸이올에스터 형태의 싸이올기를 함유하고 있다. 이와 같은 구조는 석시닐 CoA, 지방산 아실 CoA, 아세틸 CoA 등에서 볼 수 있다. 또한 판토텐산은 **지방산 생성효소(fatty acid synthase)**의 아실기운반단백질(acyl carrier protein, ACP)의 한 성분이다. 판토텐산은 여러 식품에 광범위하게 분포하고 있지만 달걀, 간, 효모 등이 판토텐산의 가장 중요한 공급원이다. 판토텐산 결핍은 사람에게 그 특징이 잘 알려지지 않았으며 영양권장량(RDA)도 확립되어 있지 않다.

판토텐산

그림 28.17
CoA의 구조.

XI. 비타민 A

비타민 A는 레티노이드의 한 종류인 레티놀로 주로 동물성 식품에서 섭취할 수 있는 지용성 비타민이다. 구조적으로 연관된 물질인 레티노이드는 시각, 생식, 성장, 상피조직의 유지, 또한 면역 기능에 중요하다. 레티노산은 레틴올의 산화에 의해 생성되며, 시각 기능을 제외한 레티노이드의 담당기능을 매개한다. 시각은 레틴올의 알데하이드 유도체인 레틴알에 의해 매개된다.

A. 비타민 A의 구조

레티노이드(retinoid)란 용어는 천연물 형태의 비타민 A와 이들의 대사물(그림 28.18), 그리고 합성물 형태의 약물을 모두 지칭한다.

1. **레틴올(retinol)**: 일차 알코올로서 β-이오논(β-ionone) 고리와 불포화 곁사슬을 포함하고 있으며, 동물의 조직에서는 긴 사슬 지방산과 레티닐 에스터로 연결된 형태로 발견된다. 비타민 A의 저장형이다.

2. **레틴알(retinal):** 이것은 레틴올의 산화로 만들어지는 알데하이드이다. 레틴알과 레틴올은 쉽게 상호전환될 수 있다.

3. **레티노산(retinoic acid):** 이것은 레틴알의 산화로 만들어지는 산(acid)이다. 레티노산은 체내에서 환원될 수 없어 레틴알이나 레틴올로 전환될 수 없다.

4. **β-카로틴(β-carotene):** 식물에 들어 있는 β-카로틴(프로비타민 A)은 장내세균에 의해 산화적으로 분해되어 2 분자의 레틴알을 생성한다. 그러나 사람에서는 이 전환이 불충분하다. β-카로틴의 비타민 A 활성은 레틴올의 약 1/12이다.

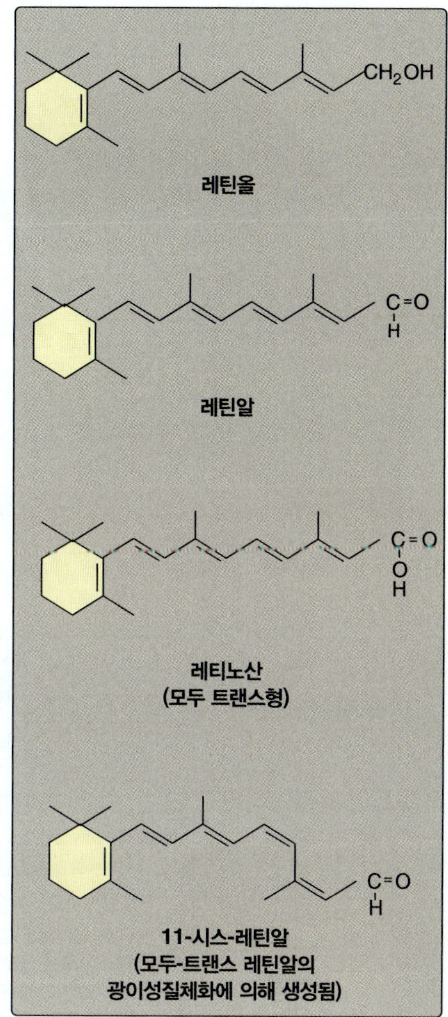

그림 28.18
레티노이드의 구조.

B. 흡수와 간의로의 수송

음식에 포함된 레티닐 에스터는 창자 점막에서 가수분해되어 레틴올과 FFA로 유리된다(그림 28.19). 에스터에서 나온 레틴올과 β-카로틴의 분해와 환원로부터 나온 레틴올은 창자 점막에서 긴 사슬 지방산과 재에스터화하여 암죽미립의 성분이 되고, 이어서 림프계로 분비된다. 암죽미립 잔류물에 함유된 레티닐 에스터는 간에 흡수되어 저장된다. [참고: 모든 지용성 비타민은 암죽미립에 의해 운반된다.]

C. 간으로부터의 분비

필요시 레틴올은 간에서 분비되고 혈장 레틴올결합단백질(retinol binding protein, RBP)-트랜스타이레틴(transthyretin, TTR)에 의해 간외조직으로 수송된다(그림 28.19 참조). 세 개의 복합체는 말초조직 세포표면의 수송단백질에 부착하여 레틴올을 세포속으로 들여보낸다. 레틴올은 세포속의 레틴올결합단백질에 의해 핵으로 운반되고, 핵에서 스테로이드 호르몬과 유사한 방법으로 전사를 조절한다.

D. 레티노산의 작용기전

세포속의 레틴올은 산화되어 레티노산이 된 후 상피세포와 같은 표적조직의 핵에 있는 특정 수용체(레티노산 수용체, RAR)와 높은 친화도로 결합한다(그림 28.20). 활성형 레티노산-수용체 복합체는 DNA의 반응요소와 결합하고 활성자나 억압자를 끌어들여 레티노이드 특이 RNA 합성을 조절함으로써 여러 생리적 기능을 매개하는 특정 단백질들의 생성을 제어한다. 예를 들어 레티노이드는 대부분의 상피조직에서 케라틴 유전자의 발현을 제어한다. [참고: RAR은 전사조절자군의 구성성분이다. 여기에 스테로이드 호르몬, 갑상샘 호르몬, 비타민 D 등이 포함되며, 모두 유사한 방법으로 작용한다(275쪽 참조).]

E. 비타민 A의 기능

1. **시각회로(visual cycle):** 비타민 A는 막대세포와 원뿔세포로 이루어진 시각색소의 한 성분이다. 로돕신은 각막의 막대세포에 존재하는 시각

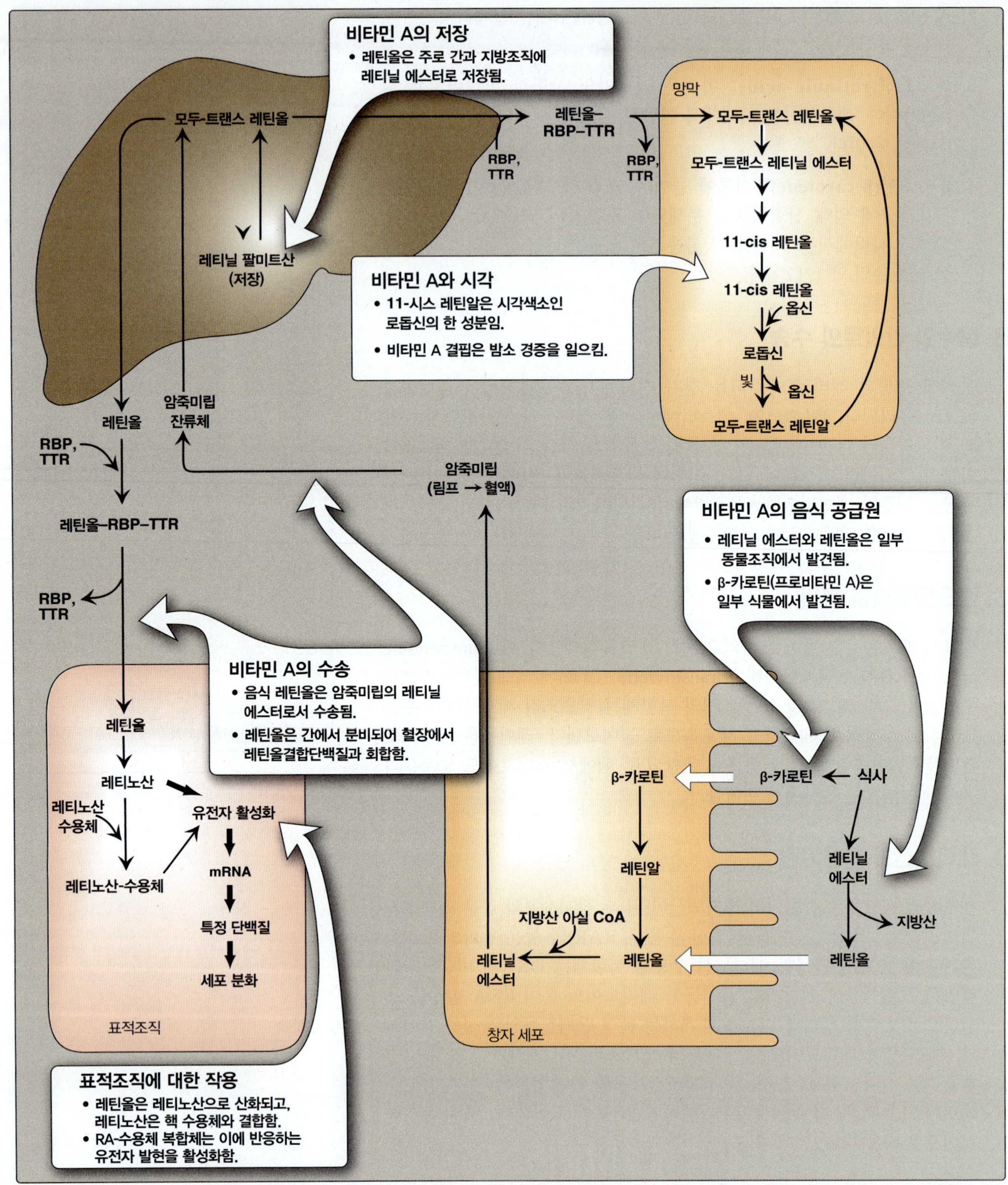

그림 28.19
비타민 A와 그 유도체의 흡수, 수송 및 저장. [참고: β-카로틴은 항산화 활성을 갖는 식물의 카로티노이드 색소임.] RBP = 레티놀결합단백질; TTR = 트랜스타이레틴; RAR: 레티노산 수용체; CoA = 보조효소 A; mRNA = 전령 RNA.

색소로서 옵신 단백질과 이와 결합된 11-시스레틴알로 구성된다(그림 28.19 참조). G단백질짝지음 수용체(GPCR)인 로돕신은 빛에 노출되면 일련의 광화학적 이성질체화가 일어나, 결과적으로 로돕신이 희게 탈색되고 트랜스 레틴알과 옵신이 유리된다. 이 작용으로 G단백질인 트랜스듀신이 활성화되어 신경자극이 유발되고, 시각신경을 통하여 뇌로 전달된다. 로돕신의 재생은 전체-트랜스레틴알이 다시 11-시스레틴알로 이성질체화되어야 한다. 전체-트랜스 레틴알은 전체-트랜스레틴올로 환원된 후 이어서 에스터화와 이성질체화되어 11-시스레틴올이 된 후 산화되어 11-시스레틴알이 된다. 11-시스레틴알은 옵신과 결합하여 로돕신을 재생함으로써 시각회로가 완성된다. 비슷한 반응이 원뿔세포의 색각에서도 일어난다.

2. **상피세포의 유지:** 비타민 A는 상피조직의 정상적인 분화와 점액 분비에 중요하며, 병원체에 대한 신체장벽기반 방어를 지원한다.

3. **생식:** 레틴올과 레틴알은 정상 생식기능에 필수적이어서 남성의 정자발생을 도와주고 여성의 태아흡수를 방지한다. 레티노산은 생식기능 유지나 시각회로의 활성에 작용을 나타내지 않지만 상피세포의 성장과 분화를 촉진시킨다.

F. 분포

간, 콩팥, 크림, 버터, 달걀노른자는 이미 활성을 갖고 있는 비타민 A의 좋은 공급원이다. 노란색, 오렌지색, 흑록색 채소와 과일은 카로틴(프로비타민 A)의 좋은 음식 공급원이다.

G. 필요량

성인의 영양권장량(RDA)은 남성은 900 RAE(retinol activity equivalent, 레틴올 활성 당량), 여성은 700 RAE이다. 1 RAE는 각각 레틴올 1 μg, β-카로틴 12 μg, 카로테노이드 24 μg에 해당한다.

H. 비타민 A의 임상적응증

화학적으로는 관련이 있지만 레티노산과 레틴올은 치료의 적용에 있어서 엄격하게 다르다. 레틴올과 그 전구체는 영양보충제로 쓰이는 반면에 여러 형태의 레티노산은 피부과에서 사용한다(그림 28.21).

1. **결핍:** 비타민 A 결핍 환자의 치료에 레틴올이나 레티닐 에스터 형태로 투여된다. 야맹증은 비타민 A 결핍의 가장 초기 징후 중의 하나이다. 시각문턱이 높아져 희미한 불빛에서 보는 것이 어렵게 된다. 결핍 상태가 지속되면 상당량의 시각세포가 비가역적으로 소실된다. 중증 비타민 A 결핍은 결막과 각막이 병적으로 마르는 눈마름증(xerophthalmia)을 초래하며 부분적으로 케라틴 합성의 증가와 동반된다. 눈마름증을 치료하지 않으면 각막궤양이 진행되어 결국 불투명한 흉터조직을 형성하기 때문에 실명하게 된다. 이 현상은 열대 개발도상국의 어린

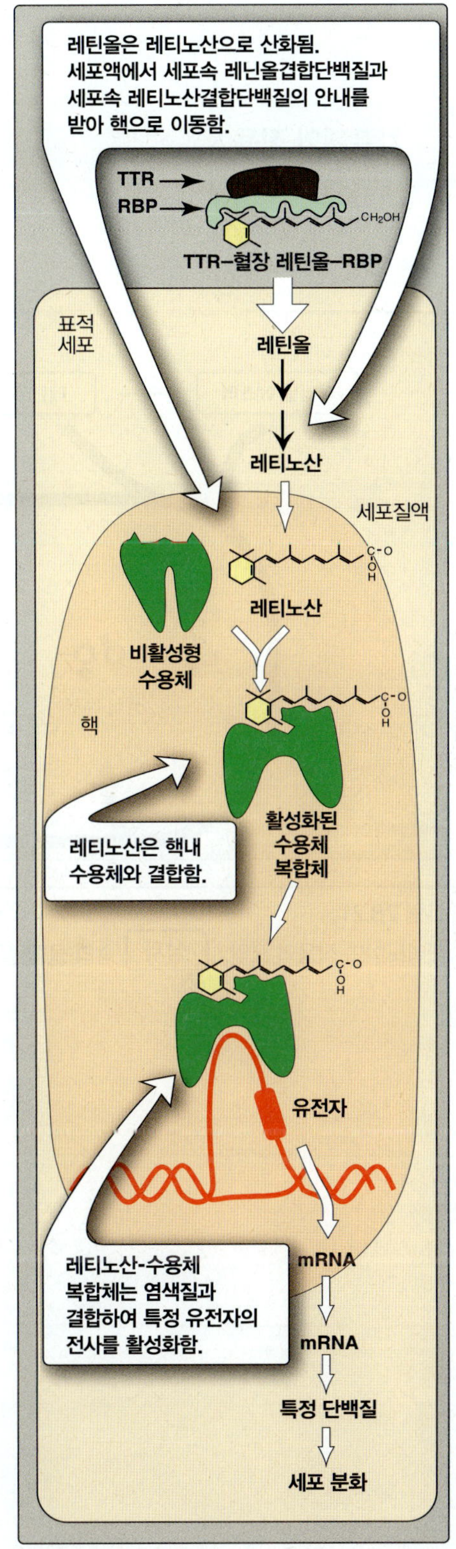

그림 28.20
레티노이드의 작용. [참고: 레티노산-수용체 복합체는 이합체이지만 단순하게 단일체로 나타냈다.] TTR = 트랜스타이레틴; RBP = 레틴올결합단백질; mRNA = 전령 RNA.

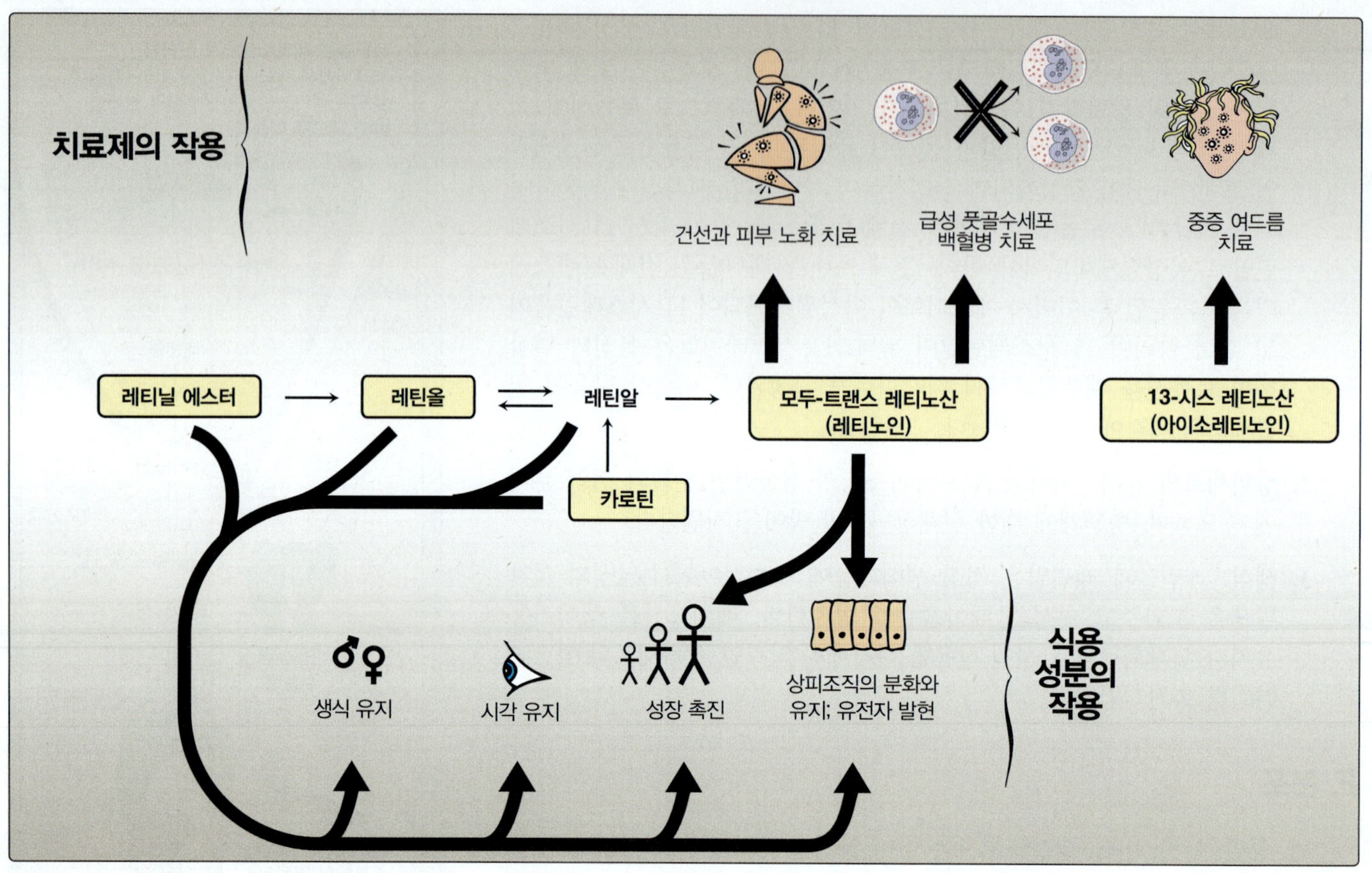

그림 28.21
레티노이드 작용의 요약. 상자 속의 물질들은 식용 성분이나 약제로 사용될 수 있다.

이에게서 가장 흔하다. 매년 전 세계적으로 50만 명 이상의 어린이들이 비타민 A의 섭취 부족으로 생기는 눈마름증에 의해 실명이 진행되고 있다.

2. **피부 조건:** 여드름과 마른비늘증과 같은 피부 문제는 레티노산이나 그 유도체를 사용하여 효과적으로 치료할 수 있다(그림 28.21 참조). 가벼운 여드름이나 피부노화의 치료에는 트레티노인(tretinoin, 전체-트랜스 레티노산)이 사용된다. 트레티노인은 경구투여시 독성이 강하기 때문에 피부도포로만 국한되어 사용된다. [참고: 트레니토인의 경구투여는 급성 전골수세포 백혈병의 치료에 사용된다.] 기존 치료법에 잘 듣지 않는 중증 낭포성 여드름(severe cystic acne) 환자에게는 아이소트레티노인(isotretinoin, 13-시스 레티노산)을 경구투여한다. 마른비늘증의 치료에는 레티노이드를 경구투여한다.

I. 레티노이드의 독성

1. **비타민 A:** 비타민 A(케로틴은 아님)를 과량 섭취하면 비타민 A 과다증이란 독성 증후군이 발생한다. 하루에 7.5 mg 이상의 레틴올 섭취는

피해야 한다. 만성 비타민 A 과다증의 초기 징후는 피부(케라틴 합성의 감소에 의한 건조증과 가려움증), 간(커지고 경화됨), 중추신경계(뇌압이 증가하여 뇌종양 같은 증상을 보임)에 나타난다. 특히 임신부는 태아의 기형발생(태아의 발생과정에서 선천기형의 원인)의 가능성 때문에 과량 복용하면 안 된다. 하루의 상한섭취량(UL)은 3,000 μg이다. [참고: 비타민 A는 뼈의 성장을 촉진하지만 과다복용은 골밀도의 감소와 골절 위험성의 증가와 관련성이 있다.]

2. **아이소트레티노인(isotretinoin):** 레티노산의 이성질체인 이 약은 기형을 발생할 수 있어 가임 여성에게는 절대 금기이기 때문에, 기존 치료법에 전혀 듣지 않는 흉칙한 중증 낭포성 여드름의 경우에도 신중히 사용해야 한다. 약물 치료 전에 임신상태는 반드시 확이해야 하며 임신 확인시 산아 제한을 고려해야 한다. 아이소트레티노인을 지속적으로 복용하면 중성지방과 콜레스테롤의 증가를 초래하기 때문에 심혈관병 위험성의 증가에 주의를 해야 한다.

XII. 비타민 D

비타민 D는 호르몬과 유사한 기능을 갖고 있는 스테롤군이다. 활성형인 1,25-다이하이드록시콜레칼시페롤(1,25-diOH-D_3, 칼시트라이올)은 세포속 수용체 단백질과 결합한다. 1,25-diOH-D_3-수용체 복합체는 비타민 A와 유사한 방법으로 표적세포의 핵에서 DNA의 반응요소와 상호작용하여(그림 28.20 참조) 선택적으로 유전자 전사를 촉진시키거나 억제한다. 칼시트라이올의 가장 뚜렷한 작용은 혈청에서 칼슘과 인의 농도를 조절하는 것이다.

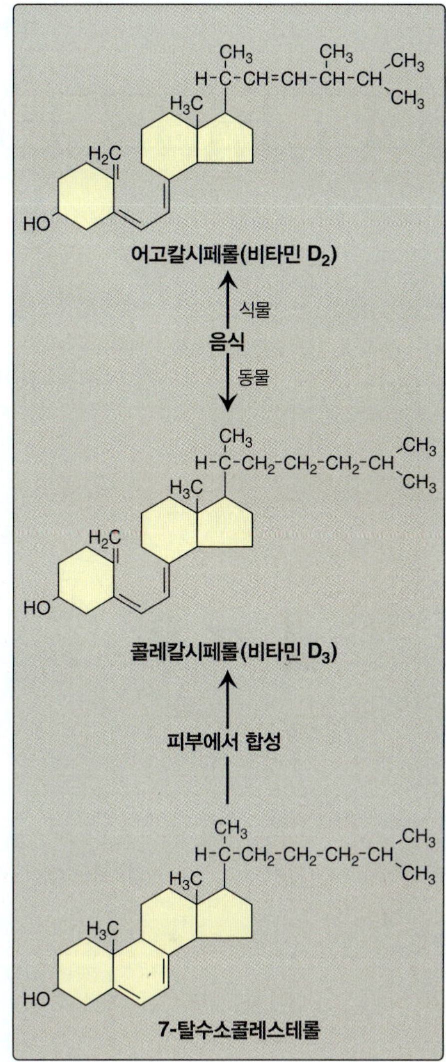

그림 28.22
비타민 D의 공급원. 비타민 D_2와 D_3는 칼시아이올을 거쳐 칼시트라이올(활성형 비타민 D)로 전환됨. [참고: 7-탈수소콜레스테롤(프로비타민 D_3)은 노화가 진행됨에 따라 피부에서 감소함.]

A. 분포

1. **내인성 비타민 전구체:** 콜레스테롤 합성과정의 중간대사물인 7-탈수소콜레스테롤은 햇빛에 의해 사람의 진피와 표피에서 콜레칼시페롤로 전환되고 비타민 D-결합 단백질과 결합하여 간으로 수송된다.

2. **식사:** 식물에서 발견되는 어고칼시페롤(비타민 D_2)과 동물조직에서 발견되는 콜레칼시페롤(비타민 D_3)은 활성형 비타민 D의 공급원이다(그림 28.22). 비타민 D_2는 식물의 스테롤에 이중결합과 메틸기가 추가된 점에서만 비타민 D_3와 화학적으로 다르다. 음식 비타민 D는 암죽미립으로 싸여진다. [참고: 활성형 비타민 D는 햇빛이 부족한 사람에게만 필요한 영양제이다.]

B. 대사

1. **1,25-다이하이드록시콜레칼시페롤의 생성:** 비타민 D_2와 D_3는 생물학적 활성이 없지만 생체에서(*in vivo*) 연속된 2가지의 수산화 반응에 의해 활성형 비타민 D인 칼시트라이올로 전환된다(그림 28.23). 첫 번째 수산화는 간에서 특정 25-수산화효소에 의해 25번 위치에 일어난다. 생성물인 25-하이드록시콜레칼시페롤(25-OH-D_3, 칼시다이올)은 혈청

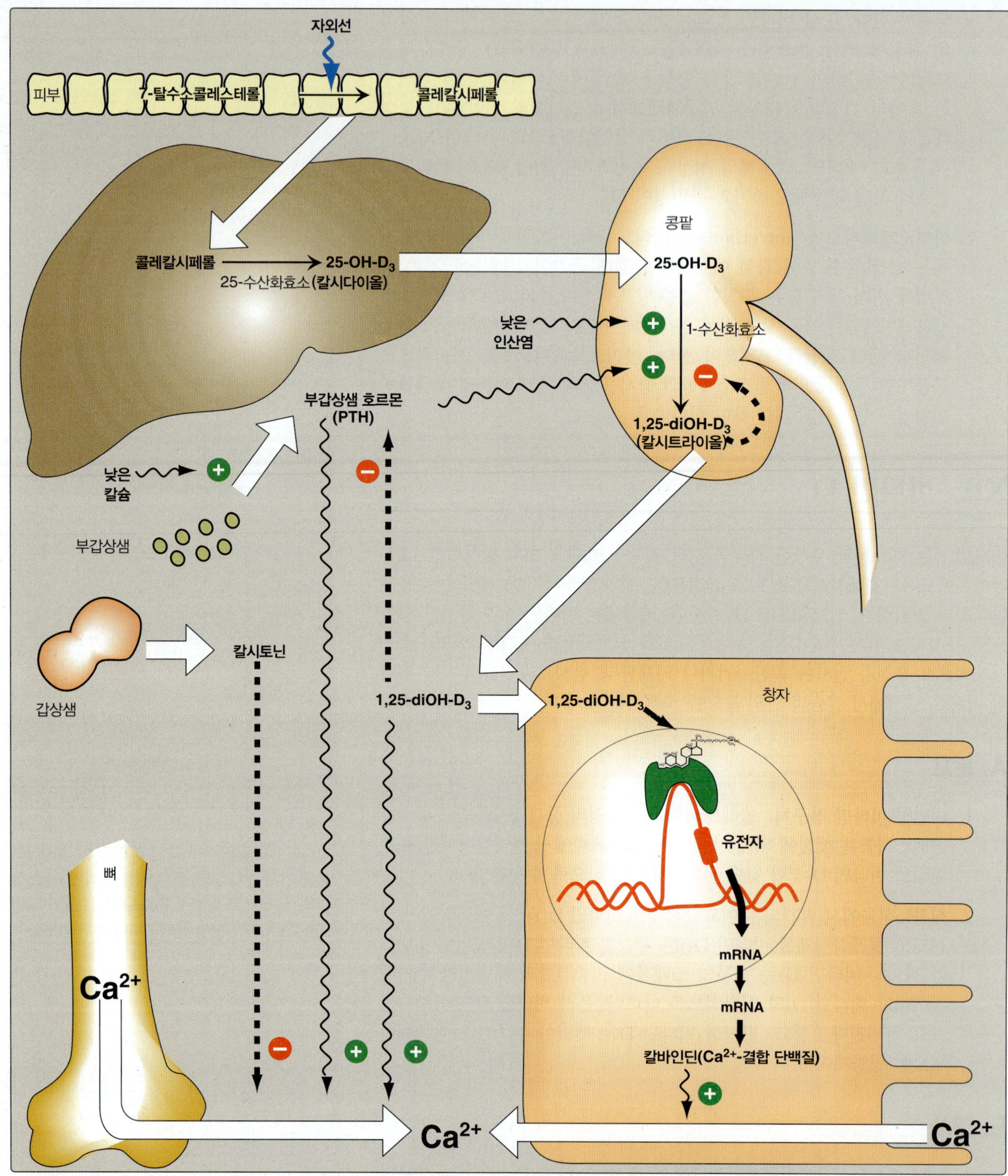

그림 28.23

비타민 D의 대사와 작용. [참고: 갑상샘 호르몬인 칼시토닌은 칼슘의 뼈로부터 동원, 창자의 흡수, 콩팥의 재흡수를 억제하여 혈액 칼슘을 감소시킨다. PTH와 반대작용을 한다.] mRNA = 전령 RNA; 25-OH-D_3 = 25-하이드록시콜레칼시페롤; 1,25-diOH-D_3 = 1,25-다이하이드록시콜레칼시페롤.

내 가장 많은 비타민 D 형태이며 주요 저장형태이다. 25-OH-D_3는 주로 콩팥에서 볼 수 있는 **25-하이드록시콜레칼시페롤 1-수산화효소(25-Hydroxycholecalciferol 1-hydroxylase)**에 의해 1번 자리가 한 번 더 수산화되어 1,25-diOH-D_3(칼시트라이올)가 된다. [참고: 두 개의 수산화효소는 사이토크롬 450(CYP) 단백질이다(13장 참조).]

2. **수산화 반응의 조절:** 칼시트라이올은 가장 강력한 활성을 갖는 비타민 D 대사물이다. 칼시트라이올의 생성은 혈청내 인산 이온과 칼슘 이온 농도에 의해 철저하게 조절된다(그림 28.24). **25-하이드록시콜레칼시페롤 1-수산화효소** 활성은 낮은 혈청 인산 이온에 의해 직접적으로, 낮은 칼슘 이온에 의해 간접적으로 증가하며, 낮은 인산 이온과 칼슘 이온은 부갑상샘의 으뜸세포에서 부갑상샘 호르몬(PTH)의 분비를 촉발한다. PTH는 **1-수산화효소(1-hydroxylase)**를 상향조절한다. 따라서 불충분한 칼슘의 섭취에 의한 저칼슘혈증은 혈청내 1,25-diOH-D_3의 농도를 상승시킨다. [참고: 1,25-diOH-D_3는 음성 되먹임 고리를 통해 PTH 합성을 억제하고 1-수산화효소의 활성을 억제한다.]

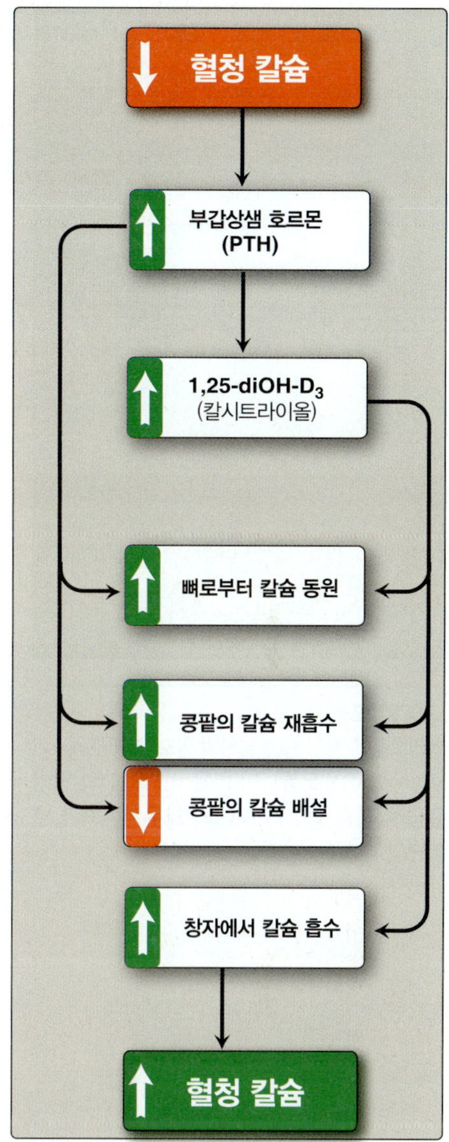

그림 28.24
낮은 혈청 칼슘에 대한 반응. [참고: 칼시트라이올은 또한 인산염의 장내 흡수 및 신장 재흡수를 증가시킨다. 대조적으로, PTH는 인산염의 신장 재흡수를 감소시킨다.] 1,25-diOH-D_3 = 1,25-다이하이드록시콜레칼시페롤.

C. 기능

칼시트라이올의 총괄적인 기능은 혈청내 칼슘 농도를 적절하게 유지하는 것이다. 칼시트라이올은 (1) 창자에서 칼슘 이온의 흡수를 증가시키고, (2) 재흡수의 증가에 의해 콩팥에서 칼슘 이온의 소실을 최소화하고, (3) 혈중 칼슘이 낮을 때 뼈의 재흡수(탈무기질화)를 자극한다(그림 28.23 참조).

1. **창자에 미치는 영향:** 칼시트라이올은 창자에서 장내상피세포로 들어가 세포질내 수용체와 결합함으로써 칼슘의 흡수를 자극한다. 1,25-diOH-D_3-수용체 복합체는 핵으로 이동하여 선택적으로 세포 DNA의 반응요소와 상호작용을 한다. 결과적으로 칼바인딘(칼슘 결합 단백질)의 발현 증가를 통해 칼슘의 흡수가 증가한다. 그러므로 1,25-diOH-D_3의 작용기전은 전형적으로 스테로이드 호르몬과 같다(275쪽 참조).

2. **뼈에 미치는 영향:** 뼈는 아교질과 수산화인회석($Ca_5[PO_4]_3OH$[hydroxylapatite])의 결정으로 이루어져 있다. 1,25-diOH-D_3는 혈중 칼슘 이온이 낮을 때 뼈로부터 칼슘의 재흡수를 촉진하며 이 반응은 PTH에 의해 촉진된다. 1,25-diOH-D_3의 작용에 의해 혈청 칼슘이 증가한다. 따라서 뼈는 혈청 농도를 유지하기 위한 중요한 칼슘 저장소이다. [참고: 또한 PTH와 칼시트라이올은 함께 작용하여 콩팥의 칼슘 소실을 방지한다.]

D. 분포 및 필요량

비타민 D는 자연계에서 지방이 풍부한 생선, 간, 노른자에 존재한다. 우유는 인위적으로 첨가한 것이 아니면 이 비타민의 좋은 공급원은 아니다. 비타민 D의 영양권장량(RDA)은 1~70세는 하루에 15 μg, 70세 이상에서는 하루에 20 μg이다. 그러나 전문가들은 건강 유지에 필요한 비타민 D

의 적정 농도에 동의하지 않는다. [참고: 비타민 D 1 μg = 40 국제단위(IU).] 모유는 비타민 D가 적게 들어 있어 전적으로 수유에 의존하는 아기에게는 보충제를 권장한다.

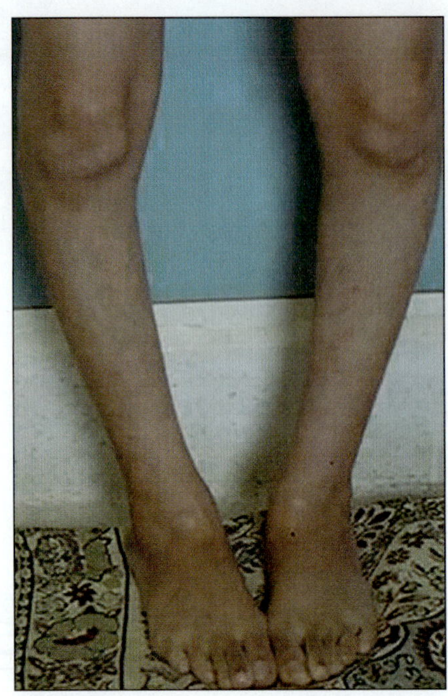

그림 28.25
뼈연화증에 걸린 중년 남자의 활모양다리(bowed leg, = 안쪽휜무릎). 이 병은 비타민 D의 영양결핍에 의한 것으로 뼈대의 탈무기질화가 일어난다.

E. 비타민 D의 임상적응증

1. **영양 구루병(nutritional ricket)**: 비타민 D 결핍은 뼈의 탈무기질화(demineralization)를 초래하여 어린이에게 구루병(ricket), 성인에게 뼈연화증(osteomalacia)을 일으킨다(그림 28.25). 구루병에서는 뼈의 아교질 바탕질(collagen matrix) 생성은 지속되는 반면에 무기질화(mineralization)가 불완전하여 연하고 휘기 쉬운 뼈를 만든다. 뼈연화증에서 기존 뼈의 탈무기질화는 뼈의 골절이 쉽게 일어나게 한다. 주로 영아나 노인에서 햇빛을 적게 쬐거나 비타민 D의 섭취가 부족해지는 경우는 빈번하다. 비타민 D 결핍은 북구에서 더 흔한데, 그 이유는 자외선에 대한 노출이 적어 피부에서 비타민 D 합성이 적게 일어나기 때문이다. [참고: 비타민 D 수용체의 기능 손실성 변이는 유전적 비타민 D 결핍 구루병을 초래한다.]

2. **신장성 골형성장애(renal osteodystrophy)**: 만성 콩팥질환에서는 활성형 비타민 D의 생성 능력이 감소하고 인산염 축적이 증가하여 고인산염혈증과 저칼슘혈증이 발생한다. 혈중 칼슘이 낮으면 PTH가 증가하고, 이와 관련하여 뼈 탈무기질화에 의해 칼슘과 인산염이 유리된다. 비타민 D의 복용이 효과적인 치료법이다. 그러나 비타민 D 복용시 반드시 인산염 감소요법을 병행해야만 추가적인 뼈 소실과 인산칼슘 결정의 침착을 예방할 수 있다.

3. **부갑상샘저하증(hypoparathyroidism)**: PTH의 결핍은 저칼슘혈증과 고인산혈증을 유발한다. [참고: PTH는 인산염의 배설을 증가시킨다.] 이 환자는 비타민 D와 칼슘 복용을 통해 치료받아야 한다.

F. 독성

다른 모든 지용성 비타민과 마찬가지로 비타민 D는 체내에 저장될 수 있고 아주 천천히 대사된다. 고용량(몇 주 또는 몇 개월에 10만 IU)의 비타민 D 섭취는 식욕감퇴, 구역, 갈증, 쇠약 등을 유발할 수 있다. 칼슘 흡수와 뼈의 재흡수가 강화되면 고칼슘혈증을 초래하여 물렁조직에 칼슘이 침착할 수 있다. 상한섭취량(UL)은 9살 이상은 하루에 100 μg(4,000 IU)이고, 9살 이하는 그보다 적다. [참고: 독성은 보충제를 복용했을 때에만 나타나며, 피부에서 만든 과량의 비타민 D는 불활성형으로 전환된다.]

XIII. 비타민 K

비타민 K의 주요 역할은 수많은 단백질의 번역후변형(대부분은 혈액응고와 관련됨)에 있다. 이 과정에서 비타민 K는 단백질의 특정 글루탐산 잔기의 카복실화 반응에서 보조효소로 작용한다. 비타민 K는 여러 형태로 존재하는데,

식물에서는 필로퀴논(비타민 K_1)으로 장내세균에서는 메나퀴논(비타민 K_2)으로 존재한다. 비타민 K의 합성형인 메나다이온(menadione)은 비타민 K_2로 전환될 수 있다.

A. 기능

1. **γ-카복시글루탐산(γ-carboxyglutamate)의 생성:** 비타민 K는 간에서 생성되는 혈액응고인자인 풋트롬빈, FVII, FIX, FX의 번역후변형에 필요하다(35장 참조). 응고인자의 활성화는 여러 글루탐산 잔기가 비타민 K의존 카복실화를 통해 γ-카복시글루탐산(Gla) 잔기로의 생성을 통해 이루어진다(그림 28.26). 이 카복실화 반응에는 **γ-글루타밀기 카복실화효소(γ-glutamyl carboxylase)**, O_2, CO_2, 비타민 K의 하이드로퀴논형(산화되면 에폭사이드형이 됨)이 필요하다. Gla 잔기의 생성은 와파린(warfarin)에 의한 억제에 민감하다. 와파린은 비타민 K의 합성 유사체로 비타민 K 하이드로퀴논형의 재생성에 필요한 **비타민 K 에폭사이드 환원효소(vitamin K epoxide reductase, VKOR)**를 억제한다.

2. **풋트롬빈(prothrombin)과 막의 상호작용:** Gla 잔기는 인접한 2개의 음전하를 띤 카복실산염기를 갖고 있어 양전하를 띤 칼슘 이온의 좋은 킬레이트화제(chelator)가 된다. 예를 들어 풋트롬빈의 경우 풋트롬빈-칼슘 복합체는 손상된 혈관내피와 혈소판 표면의 음전하를 띤 막 인지질(혈액응고에 필수적임)과 결합할 수 있다. 풋트롬빈-칼슘 복합체가 막에 부착하면 단백질 분해에 의해 풋트롬빈이 트롬빈으로 전환되는 속도가 증가한다(그림 28.27).

3. **다른 단백질의 γ-카복시글루탐산(Gla) 잔기:** Gla 잔기는 혈액응고와 관련이 없는 다른 단백질에도 존재한다. 예를 들면 뼈의 오스테오칼신과 바탕질의 Gla 단백질, 단백질 C 및 S(혈액응고 형성을 제한함)도 γ-카복실화 반응을 할 수 있다.

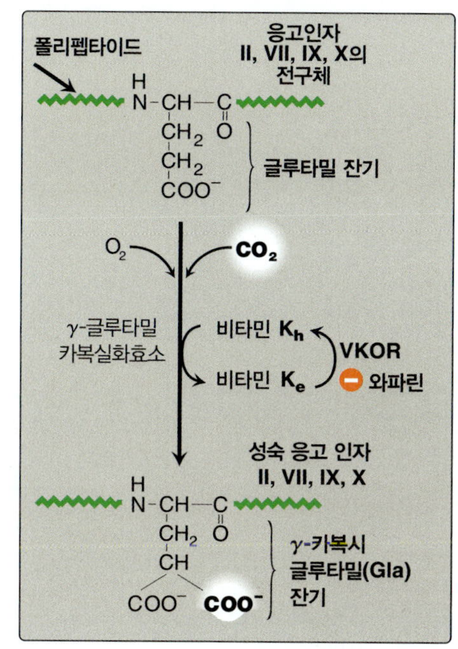

그림 28.26
글루탐산의 카복실화에 의한 γ-카복시글루탐산의 생성. h = 하이드로퀴논; e = 에폭사이드, VKOR = 비타민 K 에폭사이드 환원효소.

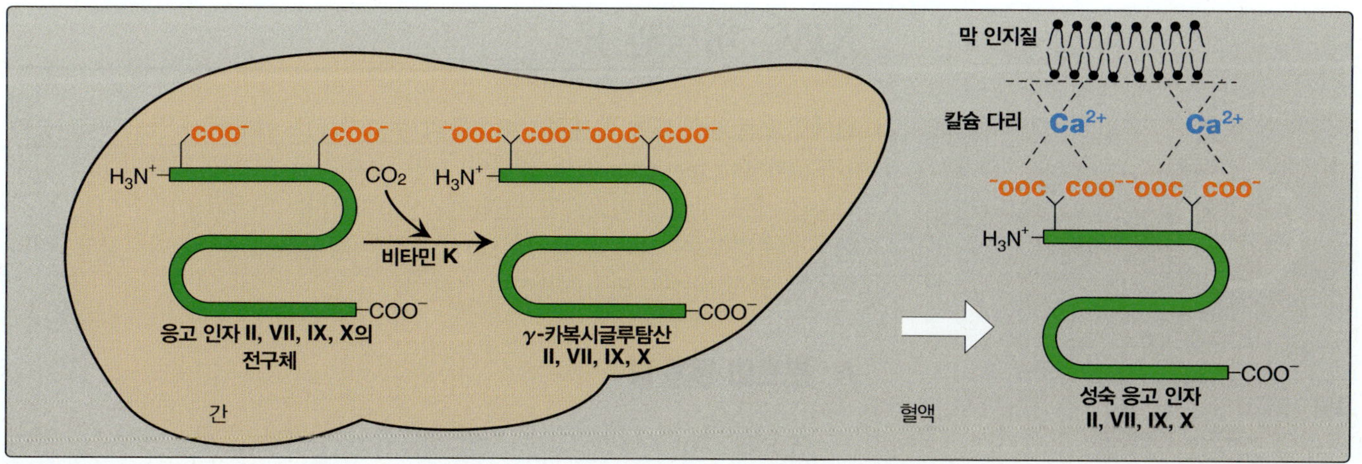

그림 28.27
혈액응고에서 비타민 K의 역할. CO_2 = 이산화탄소.

B. 분포와 필요량

비타민 K는 양배추, 케일, 시금치, 달걀노른자, 간에서 발견된다. 비타민 K의 충분섭취량(AI)은 하루에 성인 남자가 120 μg이고 성인 여자는 90 μg이다. 또한 창자에서 장내세균에 의해 합성된다.

C. 비타민 K의 임상적응증

1. **결핍:** 진성 비타민 K 결핍은 흔하지 않은데, 그 이유는 일반적으로 음식을 통해서나 장내세균에 의해 생성되어 적당량을 섭취할 수 있기 때문이다. 창자에서 장내세균이 감소할 경우(예: 항생제 치료) 내인성 합성이 억제되어 영양부족의 최저 생활자(예: 쇠약한 노인환자)에서 저풋트롬빈혈증(hypoprothrombinemia)이 초래될 수 있다. 이 상태가 되면 비타민 K를 보충하여 출혈 경향을 교정해야 한다. 더구나 어떤 세팔로스포린계 항생제(예: 세파만돌)는 **VKOR**을 억제하는 와파린과 거의 유사한 기전으로 저풋트롬빈혈증을 유발한다. 결론적으로 치료에 이런 항생제를 사용할 때에는 보통 비타민 K를 보충해 주어야 한다. 비타민 K 결핍은 뼈의 상태에도 영향을 끼친다.

2. **신생아에서의 결핍:** 신생아의 창자는 무균 상태이므로 초기에는 비타민 K를 합성할 수 없다. 모유는 하루에 필요한 비타민 K 양의 1/5밖에 제공하지 않으므로, 출혈 질환을 예방하기 위하여 모든 신생아에게 비타민 K를 한 번 근육주사 놓을 것을 권장한다.

D. 독성

대용량의 메나다이온(합성 비타민 K)을 지속적으로 투여하면 적혈구의 막에 독성효과를 나타내어 영아에서 용혈빈혈과 황달이 발생할 수 있다. 따라서 비타민 K 결핍은 치료하지 않는다. 비타민 K의 상한섭취량(UL)은 확립되지 않았다.

XIV. 비타민 E

비타민 E는 자연계에 존재하는 8종류의 토코페롤로 이루어져 있으며 그 중에 α-토코페롤(α-tocopherol)의 활성이 가장 높다(그림 28.28). 비타민 E의 일차 기능은 세포 성분의 비효소적 산화(예: 산소와 자유 라디칼에 의한 LDL의 산화와 다중불포화지방산의 과산화)를 방지하는 항산화제 역할이다. [참고: 비타민 C는 활성 비타민 E를 재생한다.]

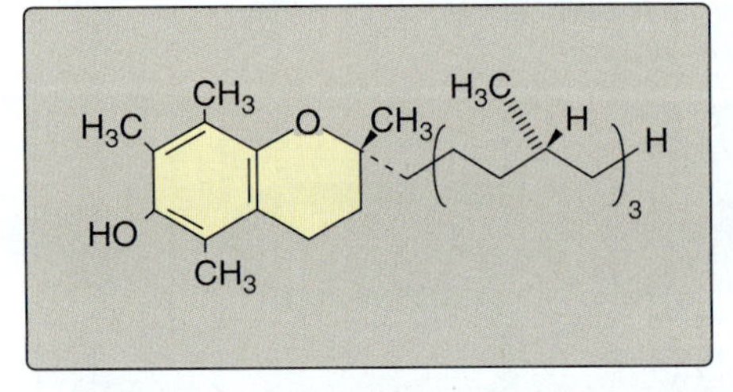

그림 28.28
비타민 E의 구조(α-토코페롤).

A. 분포와 필요량

식물성 기름은 비타민 E를 다량 함유하고 있지만 간이나 달걀에는 적게 함유되어 있다. 성인에서 α-토코페롤의 영양권장량(RDA)은 하루에 15 mg

이다. 비타민 E의 필요량은 다중불포화지방산의 섭취가 증가하여 지방산 과산화를 제한하는 것만큼 증가한다.

B. 결핍

신생아는 비타민 E의 저장소가 작지만 모유(와 분유)에는 비타민 E가 들어 있다. 출산 체중이 매우 적은 신생아는 비타민 E 결핍과 관련된 용혈과 망막병증을 예방하기 위해 보충을 해야 한다. 성인에서의 결핍은 보통 지질 흡수와 수송에 장애가 있는 경우이다. [참고: 암죽미립(과 VLDL) 형성의 결함에 의해 발생하는 무베타지단백혈증(abetalipoproteinemia)은 비타민 E 결핍을 초래한다(266쪽 참조)].

C. 비타민 E의 임상적응증

비타민 E는 심장동맥 심장병이나 암 같은 만성병을 예방하는 용도로는 추천하지 않는다. 비타민 E 복용에 대한 임상시험의 결과는 항상 실망적이기 때문이다. 예로서 고농도의 비타민 E를 복용한 임상시험(베타카로틴 암예방 연구, Beta Carotene Cancer Prevention Study)에서 α-토코페롤을 복용한 사람들은 심혈관병에 대한 이득이 거의 없고 오히려 뇌졸중의 발생이 증가한 것으로 나타났다.

D. 독성

비타민 E는 지용성 비타민 중에 가장 독성이 적으며, 하루에 300 mg의 용량에서 독성이 발견되지 않고 있다(상한섭취량 = 1,000 mg/일).

과일과 채소를 많이 섭취하는 인구집단은 일부 만성병의 발생률이 감소하는 것으로 나타났다. 그러나 엽산, 비타민 A, C, E, 항산화제를 보충한 군에서의 암이나 심혈관병의 예방에 대한 임상시험은 명확한 이득을 보여주는 데에 실패했다.

XV. 요약

비타민에 관한 내용은 그림 28.29에 요약되어 있다.

비타민	다른 이름	활성형	기능
비타민 B_9	엽산	사수소엽산	일탄소 단위를 전달; 메싸이오닌, 세린, 퓨린 뉴클레오타이드, 일인산싸이미딘의 합성
비타민 B_{12}	코발아민	메틸코발아민 데옥시아데노실 코발아민	반응의 보조효소: 호모시스테인 → 메싸이오닌 메틸말로닐산 CoA → 석시닐 CoA
비타민 C	아스코브산	아스코브산	항산화제 수소화 반응의 보조효소, 예를 들어: 풋아교질에서: 프롤린 → 하이드록시프롤린 라이신 → 하이드록시라이신
비타민 B_6	피리독신 피리독사민 피리독살	인산피리독살	효소의 보조효소(특히 아미노산 대사에서)
비타민 B_1	싸이아민	파이로인산싸이아민	다음 반응을 촉진하는 효소의 보조효소: 파이루브산 → 아세틸 CoA α-케토글루타르산 → 석신산 CoA 5-인산리보스 + 5-인산자일룰로스 → 세도헵툴로스 7-P + 3-인산글리세르알데하이드 가지사슬 α-케톤산의 산화
비타민 B_3	나이아신 니코틴산	NAD^+, $NADP^+$	전자 전달
비타민 B_2	리보플라빈	FMN, FAD	전자 전달
비타민 B_7	바이오틴	효소결합 바이오틴	카복실화 반응
비타민 B_5	판토텐산	보조효소 A	아실기 운반체
수용성 비타민			
지용성 비타민			
비타민 A	레틴올 레틴알 레티노산 β-카로틴	레틴올 레틴알 레티노산	생식기능 유지 시각 성장 촉진 상피세포의 분화와 유지 유전자 발현
비타민 D	콜레칼시페롤 에르고칼시페롤	1,25-다이하이드록시 콜레칼시페롤	칼슘 섭취 유전자 발현
비타민 K	메나다이온 메나퀴논 필로퀴논	메나다이온 메나퀴논 필로퀴논	응고 단백질과 기타 단백질에서의 글루탐산 잔기의 γ-카복실화
비타민 E	α-토코페롤	다양한 토코페롤 유도체	항산화제

그림 28.29
비타민의 요약. [참고: 비타민 D와 마찬가지로 콜린도 합성할 수 있음에도 불구하고, 콜린은 인간에게 필수적인 미량 영양소로 여겨지고 있다.]
P = 인산염; NAD(P) = 니코틴아마이드 아데닌 다이뉴클레오타이드 인산염; FMN = 프라빈 모노뉴클레오타이드;
FAD = 플라빈 아데닌 다이뉴클레오타이드; CoA = 보조효소 A.

(다음 쪽에 계속)

결핍증	징후와 증상	독성	참고
거대적혈모구빈혈 신경관 결손	빈혈 선천성 결손	없음	고용량의 엽산 투여는 비타민 B_{12} 결핍을 가릴 수 있음
악성빈혈 치매 척추 퇴행변성	거대적혈모구빈혈 신경정신적 증상	없음	악성 빈혈은 비타민 B_{12}를 근육주사 또는 고용량 경구투여로 치료됨
괴혈병	궤양, 출혈성 잇몸 이가 흔들림 상처치유가 잘 안됨 출혈	없음	보충제의 유효성은 비교군 시험에서 확립되지 않았음
흔하지 않음	허염 신경병증	있음	아이소나이아지드에 의해 결핍을 초래할 수 있음 고용량에서 감각 신경병증을 초래함
각기병 베르니케-코르사코프 증후군 (알코올중독증에서 가장 흔함)	말초신경병증(건성), 부종과 심근병증(습성) 착란, 실조증, 기억소실, 환각, 안구운동 이상조절	없음	—
펠라그라	피부염 설사 치매	없음	고용량의 나이아신이 고지질형증 치료에 사용됨
흔하지 않음	피부염 입꼬리염	없음	—
흔하지 않음	피부염	없음	다량의 날달걀 흰자(바이오틴과 결합하는 아비딘 단백질을 함유) 섭취는 바이오틴 결핍을 초래할 수 있음
흔하지 않음	—	없음	—
			수용성 비타민
			지용성 비타민
붉임 야맹증 성장 지연 안구건조증	시각 문턱의 증가 각막 건조증	있음	β-카로틴은 급성 독성은 없지만 보충제는 권장하지 않음 과량의 비타민 A는 골절 가능성을 증가시킴
구루병(어린이) 골연화증(성인)	연하고 말랑한 뼈	있음	비타민 D는 피부에서 합성될 수 있기 때문에 진정한 비타민은 아님; 선크림이나 어두운 피부색은 이 합성을 감소시킴
신생아 성인은 흔하지 않음	출혈	흔하지 않음	비타민 K는 장자균에 의해 합성됨 비타민 K 결핍은 신생아에서 흔함 출행 후 비타민 K의 근육주사가 권장됨
흔하지 않음	적혈구의 취약성에 의해 용혈성 빈혈이 발생함	없음	보충제의 유효성은 비교군 시험에서 확립되지 않음

그림 28.29 (앞쪽에서 계속됨)
비타민의 요약.

연습문제

가장 올바른 답을 하나만 고르시오.

문제 28.1∼28.5. 비타민 결핍과 임상 소견을 연결하라.

A. 엽산
B. 나이아신
C. 비타민 A
D. 비타민 B_{12}
E. 비타민 C
F. 비타민 D
G. 비타민 E
H. 비타민 K

28.1 출혈

28.2 설사와 피부염

28.3 신경관 결손

28.4 야맹증

28.5 붓고 아픈 해면잇몸과 흔들리는 치아

정답 = H, B, A, C, E. 비타민 K는 혈액 응고에 관여하는 일부의 단백질에서 γ-카복시글루탐산 잔기의 형성에 필요하다. 결과적으로 비타민 K의 결핍은 출혈 성향을 일으킨다. 나이아신 결핍은 "3 D"의 특성을 보인다: 설사(diarrhea), 피부염(dermatitis), 치매(dementia) (추가로 치료하지 않으면 사망[death]). 엽산 결핍은 발생 중인 태아에서 신경관 결손을 초래할 수 있다. 야맹증은 비타민 A 결핍의 첫 번째 증상 중 하나이다. 망막의 막대세포는 흑백 영상들을 탐지하며 밤처럼 빛이 적을 때 가장 잘 작용한다. 막대세포의 시각 색소인 로돕신은 옵신 단백질과 이와 결합된 11-시스 레티날로 이루어져 있다. 비타민 C는 아교질 합성 중 프롤린과 라이신의 수산화에 필요하다. 심한 비타민 C 결핍(괴혈병)은 결합조직의 결함을 초래하며, 붓고 아픈 해면잇몸과 흔들리는 치아, 모세혈관 취약성, 빈혈, 피로감을 특징으로 한다.

28.6 52세 여성이 몇 개월에 걸쳐 피로감을 호소하였다. 혈액검사는 큰적혈구빈혈, 혈색소 농도의 감소, 호모시스테인 농도의 증가, 정상 메틸말론산 농도를 보여주었다. 다음 중 이 여성에게 부족한 것은?

A. 엽산
B. 엽산과 비타민 B_{12}
C. 철분
D. 비타민 C

정답 = A. 큰적혈구빈혈은 엽산, 비타민 B_{12}, 또는 둘 다 결핍되었을 때 관찰된다. 비타민 B_{12}는 몸에서 단 2가지 반응에서만 사용된다: 사수소엽산(THF) 형태의 엽산이 필요한 호모시스테인의 메싸이오닌으로의 재메틸화 반응과 메틸말로닐 CoA의 석시닐 CoA로의 전환 반응(THF는 필요없음)이다. 환자 혈액에서 호모시스테인의 증가와 정상 메틸말론산 농도는 엽산 결핍이 큰적혈구빈혈의 원인이라는 것을 나타낸다. 철 결핍은 비타민 C 결핍과 같이 작은적혈구빈혈을 유발한다.

28.7 최근 메인주에서 버지니아주로 이사한 가족의 10개월 된 흑인 여자아기가 굽은 다리에 대하여 진찰을 받았다. 부모는 아기가 모유수유 중이고 영양보충제는 섭취하지 않는다고 하였다. 방사선 검사에서 비타민 D 결핍 구루병을 확진하였다. 비타민 D에 관한 다음 설명 중 옳은 것은?

A. 결핍은 칼바인딘 분비를 증가시킨다.
B. 만성 콩팥질환은 1,25-다이하이드록시콜레칼시페롤(칼시트라이올)의 과다생성을 유발한다.
C. 25-하이드록시콜레칼시페롤(칼시다이올)은 비타민 D의 활성형이다.
D. 햇빛에 적게 노출되는 사람들은 섭취가 필요하다.
E. G-단백질 연결 수용체와 결합함으로써 활성이 매개된다.
F. 부갑상샘 호르몬의 영향과 반대로 작용한다.

정답 = D. 비타민 D는 메인주와 같이 북쪽 위도에 사는 사람들처럼 햇빛에 적게 노출되거나 어두운 피부색을 가진 사람의 경우에게 필요하다. 모유는 비타민 D 함량이 낮아서 보조영양이 없으면 결핍의 위험성이 증가한다. 비타민 D 결핍은 칼바인딘 합성의 감소를 초래한다. 만성 콩팥질환은 활성형 비타민 형태인 칼시트라이올(1,25-dihydroxycholecalciferol)의 생성을 감소시킨다. 비타민 D는 핵수용체에 결합하여 유전자 전사를 변화시킨다. 이것은 부갑상샘 호르몬과 상승효과를 갖는다.

28.8 비타민 B_6의 결핍이 공복 저혈당을 유발할 수 있는 이유는? 다른 비타민 결핍 중 저혈당을 초래할 수 있는 것은?

비타민 B_6는 당원 가인산분해효소에 의한 당원분해에 필요하며 결핍시 공복 저혈당을 유발한다. 추가적으로 바이오틴(포도당신생성의 파이루브산 카복실화효소에 필요함)의 결핍도 공복 저혈당을 유발할 수 있다.

29 미량영양소(micronutrient): 무기질(mineral)

무기질의 종류	성인기준 영양권장량 (RDA, AI)
다량무기질	
칼슘(Ca)	1,000~2,000 mg
염화물(Cl)	1,800~2,300 mg*
마그네슘(Mg)	310~420 mg
인(P)	700 mg
포타슘(K)	4,700 mg*
소듐(Na)	1,500 mg*
미량무기질(소량)	
크로뮴(Cr)	30~35 mg
구리(Cu)	900 μg
플루오린(플루오라이드 이온[F⁻]으로 존재)	3~4 mg
철(Fe)	8~18 mg
망가니즈(Mn)	1.8~2.3 mg*
아연(Zn)	8~11 mg
미량무기질(극소량)	
아이오딘(요오드, I)	150 μg
몰리브데넘(Mo)	45 μg
셀레늄(Se)	55 μg

그림 29.1
성인이 하루에 섭취해야 하는 무기질 및 권장량 분류. [참고: *충분섭취량(AI)은 영양권장량(RDA)을 계산하기에 충분한 과학적 증거가 없는 경우에 설정된다.]

I. 개관

무기질은 신체에서 소량으로 요구되는 무기 물질이다. 뼈와 치아의 형성, 체액의 균형, 신경 전도, 근육 수축, 신호 전달, 촉매 작용을 포함한 여러 가지 과정에서 다양하게 작용한다. (주: 몇몇 무기질은 필수 효소의 보조인자이다.) 유기 비타민들(28장 참조)과 마찬가지로 무기질은 mg 또는 μg 단위로 요구되는 미량 영양소이다. 성인에게 가장 많은 양(하루 100 mg 이상)이 요구되는 것을 다량무기질(macromineral)이라고 한다. 하루에 1~100 mg의 무기질이 필요한 것들은 미량무기질(micromineral)이다. 초경량의 미량무기질은 하루에 1 mg 미만의 양이 필요하다(그림 29.1). [참고: 특정 무기질을 이러한 범주로 분류하는 것은 출처마다 다를 수 있다.] 체내 무기질 농도는 흡수율과 배설률에 의해 영향을 받는다.

II. 다량무기질(Macromineral)

다량무기질에는 칼슘(Ca^{2+}), 인([P]을 무기인산염[P_i 또는 PO_4^{3-}]), 마그네슘(Mg^{2+}), 소듐(Na^+), 염소 이온(Cl^-), 포타슘(K^+)이 포함된다. [참고: 유리 이온 형태는 전해질이다.]

A. 칼슘과 인

이 두 가지 다량무기질은 뼈와 치아를 구성하는 수산화인회석($Ca_5[PO_4]_3OH$)의 성분이기 때문에 함께 고려해야 한다.

1. **칼슘:** Ca^{2+}는 우리 몸에서 가장 풍부한 무기질로, 약 98%가 뼈에서 발견된다. 나머지는 신호 전달, 근육 수축, 혈액 응고와 같은 여러 생체내 과정에 관여한다. Ca^{2+}는 칼모듈린(제11장 참조), **인지질분해효소 A_2(phospholipase A_2**, 244쪽 참조), **단백질인산화효소 C(protein kinase C**, 236쪽 참조)를 포함한 다양한 단백질과 결합하여 활성을 변화시킨다. [참고: 칼바인딘(calbindin)은 장에서 Ca^{2+} 흡수에 관여하는 비타민 D 유도 세포속 Ca^{2+} 결합 단백질이다[453쪽 참조]. 유제품, 많은 녹색 채소(예: 브로콜리, 그러나 시금치는 아님) 및 강화 오렌지 주

스는 칼슘의 좋은 음식 공급원이다. 영양결핍 증후군은 잘 알려지지 않지만, 미국인들의 평균 Ca^{2+} 섭취는 최적의 뼈 건강을 위해서는 불충분하다. 칼슘의 독성은 보충제([UL] 허용 상한 = 성인의 경우 1일 2,500 mg)를 과량 복용하는 상황에서만 볼 수 있다. 고칼슘혈증(hypercalcemia)은 부갑상샘 호르몬(PTH)의 과잉생산으로 인해서 발생할 수 있다. 이것은 변비와 신장결석의 원인이 될 수 있다. 저칼슘혈증(hypocalcemia, 낮은 혈청 Ca^{2+})은 PTH 또는 비타민 D의 결핍과 같은 이유로 발생할 수 있다. 이러한 결핍은 뼈의 탈무기질화(demineralization)를 초래할 수 있다. [참고: 혈청 Ca^{2+} 수치의 호르몬 조절은 28장의 비타민 D 부분에 제시되어 있으며 아래 3항에서 정리하였다.]

> 뼈의 질량은 유아기부터 사춘기에 걸쳐 증가하며, 연령과 관련된 손실은 남성과 여성 모두에게 골절의 위험을 증가시킨다. 이러한 손실은 폐경후 여성에게서 가장 크다. 일부 연구는 Ca^{2+}와 비타민 D의 보충을 통해 이러한 위험을 줄일 수 있다는 것을 보여주었다.

2. **인:** 유리 인산염(P_i)은 세포속 음이온 중 가장 풍부하다. 그러나 인의 85%는 무기 수산화인회석의 형태이며, 나머지 대부분은 인지질, 핵산, ATP, 크레아틴 인산염과 같은 세포속 유기 화합물에 있다. 인산기는 **인산화효소(kinases)**의 작용에는 ATP로 제공되고, **가인산분해효소(phosphorylases)**의 경우 무기질인산(Pi)으로 공급된다(예: **당원 가인산분해효소[glycogen phosphorylase]**, 11장 참조). [참고: **인산화효소**에 의한 첨가, 또는 **인산염분해효소**에 의한 인산기 제거는 효소의 공유조절에 있어서 중요한 수단이다(24장 참조).] 인은 식품에 널리 분포되어 있으며(우유가 좋은 공급원이다), 영양 결핍은 드물다. 저인산(염)혈증은 영양실조 환자에게 탄수화물을 재급식하거나(재영양재개 증후군[refeeding syndrome], 427쪽 참조), 알루미늄 함유 제산제(알루미늄이 인산염을 침착)의 과다사용, 또는 PTH 생성 증가에 따른 반응으로 소변으로 손실되는 인산염의 증가로 인해 발생할 수 있다. 근육 약화는 흔한 증상이다. 고인산(염)혈증은 주로 PTH 수치의 감소에 의해 발생한다. 과량의 P_i는 Ca^{2+}와 결합하여 물렁조직에 축적되는 결정을 형성할 수 있다. [참고: Ca^{2+}/P_i 비율은 뼈의 약 2/1)에 중요하며, 일부 전문가들은 Ca^{2+}가 풍부한 우유를 Ca^{2+}가 부족한 우유로 대체하는 것을 우려하고 있다. P_i가 많은 청량음료는 뼈 건강에 영향을 미칠 수 있다.]

3. **호르몬 조절:** Ca^{2+}와 P_i의 혈청 수준은 주로 칼시트라이올(calcitriol, 비타민 D의 활성 형태인 1,25-다이하이드록시콜레칼시페롤)과 PTH에 의해 조절되며, 둘 다 혈청 Ca^{2+}의 감소에 반응한다. 신장에서 생산되는 칼시트라이올은 뼈의 재흡수와 장을 증가시켜 혈청 Ca^{2+}와 P_i를 증가시킨다. Ca^{2+}및 P_i의 흡수 및 신장 재흡수(그림 29.2). 부갑상샘호르몬인 PTH는 뼈의 재흡수를 증가시키고, Ca^{2+}의 신장 재흡수를 증가시키며, 칼시다이올(calcidiol, 25-OH-D3)로부터 칼시트라이올을 생성하는 신장 **1-수산화효소(1-hydroxylase)**를 활성화하여 혈청 Ca^{2+}를

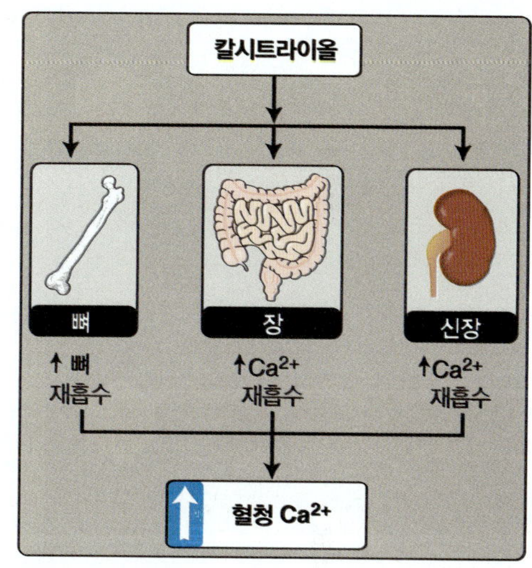

그림 29.2
칼시트라이올이 혈청 칼슘에 미치는 영향(Ca^{2+})

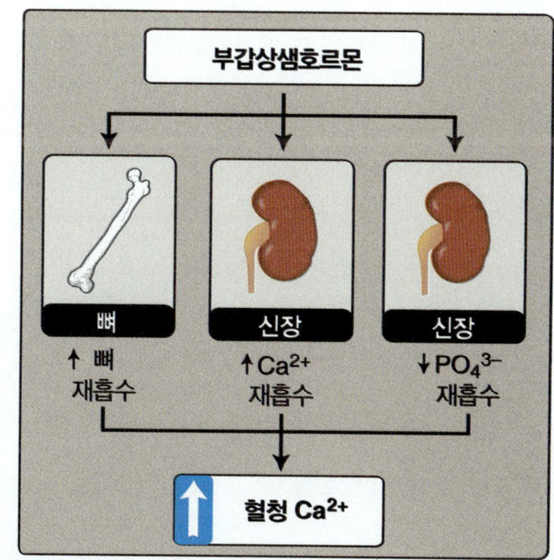

그림 29.3
부갑상샘호르몬이 혈청 칼슘(Ca^{2+})에 미치는 영향. PO_4^{3-} = 인산염.

증가시킨다(그림 29.3). 칼시트라이올과 달리 PTH는 신장에서 P_i 재흡수를 감소시켜 혈청 P_i를 낮춘다. [참고: 높은 혈청 P_i는 PTH를 증가시키고 칼시트라이올을 감소시킨다.] 세 번째 호르몬인 칼시토닌(calcitonin, 갑상샘의 C 세포로부터)은 뼈의 무기질화를 촉진하고 Ca^{2+}(그리고 P_i)의 신장 배설을 증가시킴으로써 혈청 Ca^{2+} 수치에 반응한다.

B. 마그네슘

인체의 Mg^{2+} 중 약 60%가 뼈에 있지만, 뼈 전체 무게의 1%만을 차지한다. **인산화효소**(마그네슘[Mg^{2+}]은 ATP 보조기질과 결합한다)에 의한 인산화와 **DNA** 및 **RNA 중합효소(RNA polymerase)**에 의한 인산다이에스터 결합 형성을 포함한 다양한 효소 반응에서 무기질이 필요하다. Mg^{2+}는 식품에 널리 분포되어 있지만, 미국의 평균 섭취량은 권장량 이하이다. 저마그네슘혈증은 Mg^{2+}의 흡수가 감소하거나 배설이 증가하여 발생할 수 있다. 증상으로는 뼈대근육과 신경의 과민성, 심장 부정맥 등이 있다. 고마그네슘혈증의 경우 저혈압이 관찰된다. [참고: 황산마그네슘은 임신 중 고혈압성 질환인 자간증, 자간전증(preeclampsia)의 치료에 사용된다.]

C. 소듐(= 나트륨), 염소 이온, 포타슘(= 칼륨)

이 다량무기질들은 여러 생리학적 과정에서 중요한 역할을 해서 함께 고려된다. 예를 들어 이들은 신경(뉴런)과 근세포의 기능에 필수적인 물 균형, 삼투압 평형, 산-염기 균형(pH), 세포막에 걸친 전위차(막전위)를 유지한다. [참고: 이러한 과정은 "리핀코트의 그림으로 보는 생리학"에서 설명한다.]

1. **소듐 및 염소 이온:** Na^+와 Cl^-는 주로 세포바깥 전해질이다. 이들은 소금(NaCl)을 함유한 음식에서 쉽게 흡수되며, 대부분은 가공 식품에서 나온다. [참고: 소듐은 포도당과 갈락토스(7장 참조)의 장내 흡수(및 신장 재흡수)와 Na^+ 결합 운반체에 의한 유리 아미노산(285쪽 참조) 흡수에 필요하다. Cl^-는 소화에 필요한 염산을 형성하기 위해 사용된다(284쪽 참조). 미국에서 NaCl의 하루 평균 섭취량은 하루 3.8 mg(UL = 5.8 g/일)의 1.5배에서 3배이다. 영양 결핍은 드물다.

   a. **고혈압:** 소듐 섭취는 혈압(blood pressure, BP)과 관련이 있다. 소듐을 섭취하면 뇌의 갈증 중심(thirst center)부위가 자극되고 뇌하수체에서 항이뇨호르몬(antidiuretic hormone)이 분비돼 수분 유지로 이어진다. 이것은 혈장 부피의 증가를 초래하고 결과적으로 혈압 증가를 초래한다. 만성 고혈압은 심장, 신장, 그리고 혈관을 손상시킬 수 있다. 소듐 섭취의 완만한 감소는 혈압의 완만한 감소를 초래하는 것으로 나타났다.

   b. **고나트륨혈증 및 저나트륨혈증:** 일반적으로 과도한 수분 손실로 인한 고나트륨혈증, 그리고 일반적으로 수분 배출능력 저하로 발생하는 저나트륨혈증은 심각한 뇌 손상을 유발할 수 있다. [참고: 만성 저나트륨혈증은 Ca^{2+} 배설을 증가시키고 뼈엉성증을 일으킬 수 있다.]

2. **포타슘:** 소듐과 달리 포타슘(K^+)은 주로 세포속 전해질이다. [참고: 세포막을 가로지르는 Na^+와 K^+의 농도차는 **Na^+/K^+ ATPase**에 의해 유지된다(그림 29.4).] Na^+와 Cl^-와는 달리, K^+(Mg^{2+}와 마찬가지로)는 서양식 식단에서 적게 섭취되는데, 이는 주요 공급원인 과일과 채소를 덜 섭취하기 때문이다. [참고: 음식 K^+의 증가는 Na^+ 배설을 증가시켜 혈압을 감소시킨다.] 정상 혈청 K^+ 수치의 범위는 좁으며, 약간의 변화(위나 아래로 고칼륨혈증 또는 저칼륨혈증을 초래함)도 심장 부정맥과 뼈대근육의 약화를 초래할 수 있다. [참고: 저칼륨혈증은 체중 감량을 위한 설사제의 부적절한 사용으로 인해 발생할 수 있다.] K^+에 대한 UL은 설정되지 않았다.

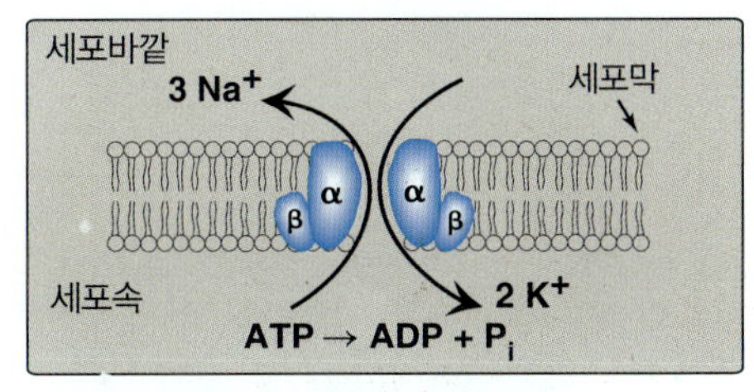

그림 29.4
Na^+/K^+ ATP효소. Na^+ = 소듐; K^+ = 포타슘, ADP = 이인산아데노신; P_i = 인산.

III. 소량의 무기질(미량무기질)

미량무기질에는 구리(Cu), 철(Fe), 망가니즈(Mn), 아연(Zn) 등이 있다. 성인은 하루에 1~100 mg을 섭취해야 한다.

A. 구리

구리는 신체 중요 기능을 하는 여러 효소들의 핵심 성분이다(그림 29.5). 여기에는 철(Fe^{2+})을 혈액을 통한 세포속 저장 또는 수송에 필요한 철(Fe^{3+})로 산화시키는 데 관여하는 **세룰로플라스민(ceruloplasmin)**과 **헤파이스틴(hephaestin)**과 같은 **철산화효소(ferroxidase)**가 포함된다. 고기, 조개, 견과류, 그리고 통곡물은 구리의 좋은 식이 공급원이며, 식이로 인한 결핍은 흔하지 않다. 결핍이 발생하면 철(Fe)대사에 영향을 미쳐 빈혈이 나타날 수 있다. 음식 공급원의 독성은 드물다(UL = 10 mg/day). 멘케(Menkes) 증후군과 윌슨병(Wilson disease)은 각각 구리 결핍과 구리 과부하를 유발하는 유전질환이다.

1. **멘케스 증후군(Menkes syndrome):** 멘케스 증후군("엉킨머리카락" 병)은 희귀한 X-연관 질환(1:140,000 남성)으로, 장내 세포에서 구리 운반 *ATP*효소(*ATP7A*)에 의해 혈액으로 섭취된 구리가 유출되어 혈액순환의 장애가 발생하는 질환이며, 전신 구리 결핍을 초래한다. 따라서 소변이나 및 혈청-유리(무결합)형 구리의 농도는 낮은 편이며, 순환계의 구리 90% 이상을 운반하는 **세룰로플라스민**의 농도도 낮다(그림 29.6). 진행성 신경변성(Progressive neurologic degeneration)과 결합조직 질환(connective tissue disorders), 모발 변화 등이 관찰된다. 구리를 비경구 투입하는 방법을 통해 치료제로 사용되어 왔다. 멘케스 증후군의 가장 증상이 경미한 형태로는 후두각 증후군(occipital horn syndrome)이 있다.

2. **윌슨병(Wilson disease):** 윌슨병은 1:35,000명의 빈도로 발생하는 일반염색체-열성(AR) 질환이며, **ATP7B**에 의한 간의 구리 유출이 손상되어 나타나는 질환이다. 구리는 간에 축적되고, 혈액으로 유출되며, 뇌, 눈, 신장, 피부 등에 축적된다. 멘케스 증후군과 대조적으로, 소변

구리 필요 효소	기능
사이토크롬 c 산화효소(Cytochrome c oxidase)	사이토크롬 c에서 ETC의 산소로 전자 전달
도파민-β 수산화효소	도파민을 노르에피네프린으로 수산화한다.
철산화효소 (Ferroxidase)	철을 산화시킨다.
라이신산화효소 (Lysyl oxidase)	아교질과 엘라스틴의 교차결합 형성
타이로신(산화)효소 (Tyrosinase)	멜라닌을 합성
초과산화물 불균등 분해효소(Superoxide dismutase) (비사립체 형태; 아연도 필요)	초과산화물을 과산화수소로 변환

그림 29.5
구리(Cu)를 필요로 하는 효소의 예.
ETC = 전자 수송 사슬.

변수	멘케스 증후군	윌슨병
전신 구리의 양	낮다	높다
혈청 유리 구리	낮다	높다
소변 배출 구리	낮다	높다
유전양식	X-연관	AR
구리-수송 ATPase 관여	ATP7A	ATP7B

그림 29.6
멘케스 증후군과 윌슨병의 비교.
Cu = 구리, AR = 일반염색체 열성.

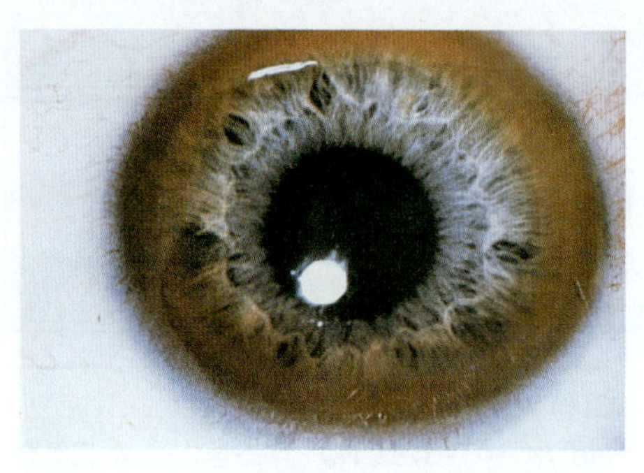

그림 29.7
카이저-플라이셔 고리(Kayser-Fleischer rings).

과 혈청-유리 구리의 농도는 높다(그림 29.6 참조). 간기능 장애와 신경 및 정신질환 증상이 나타난다. 카이저-플라이셔 고리(Kayser-Fleischer rings, 구리의 각막 퇴적물)가 존재할 수 있다(그림 29.7). 페니실라민(penicillamine)과 같은 킬레이트화제(chelating agent)를 평생 사용하는 것이 치료법이다.

> 무기질의 생체 이용률은 다른 무기질에 의해 영향을 받을 수 있다. 예를 들어 아연(Zn)이 과량 존재하면 구리 흡수가 감소하고, 펄의 흡수에는 구리가 필요하다.

B. 철(Fe, iron)

성인 신체에는 일반적으로 3~4 g의 철이 함유되어 있다. 철은 촉매 단백질(예: **프롤릴 수산화효소**와 같은 **수산화효소**)이나 비촉매 단백질 모두에 많이 들어 있는 구성성분이다. 철은 전자전달계의 Fe-S 단백질에서 볼 수 있듯이 황(S)과 결합하거나, 혈색소(전체 Fe의 약 70%), 근색소, 사이토크롬과 같은 단백질에서 헴 보결분자단의 일부분이 될 수 있다. [참고: 유리 이온 Fe는 반응산소종(ROS)인 하이드록실기 라디칼의 생성을 유발할 수 있기 때문에 독성이 있다.] 음식 철(Fe)은 헴(동물 공급원)에서 Fe^{2+}로, 비헴 공급원(식물)에서 Fe^{3+}로 사용할 수 있다. 헴철은 풍부하지는 않지만 흡수력이 더 좋다. 고기, 가금류, 일부 조개류, 아침 시리얼과 곡물과 같은 철분 강화 식품, 렌즈콩, 녹색 잎이 많은 채소는 Fe의 좋은 음식 공급원이다. 섭취된 철의 약 10%가 흡수된다. 이 양은 대략 하루에 1~2 mg으로 체내에서 주로 세포의 분리에 의해 손실된 철을 대체하기에 충분하다.

1. **흡수, 보관 및 운반:** 헴의 장내 흡수는 헴운반단백질에 의한 것이다(그림 29.8). 창자세포 속에서 헴 산소화효소는 헴으로부터 Fe^{2+}를 방출한다(325쪽 참조). 비헴(nonheme) Fe는 정점막 단백질 2가 금속 이온 전달체-1(DMT-1)을 통해 흡수된다. [참고: 비타민 C는 Fe^{3+}를 Fe^{2+}로 환원시키는 **철(III)환원효소(ferrireductase)**인 **샘창자 사이토크롬 b(duodenal cytochrome b, Dcytb)**의 보조효소이기 때문에 비헴 Fe의 흡수를 촉진한다.] 헴과 비헴 공급원으로부터 흡수된 Fe^{2+}는 두 가지 가능한 운명을 가진다. (1) Fe^{3+}로 산화되고, 세포속 단백질 페리틴(ferritin, 최대 4,500 Fe^{3+}/페리틴)에 의해 저장되거나, (2) 운반될 수 있다. 그림 29.8에서 볼 수 있듯이, 염기성 막단백질 페로포틴(ferroportin)에 의해 창자세포 바깥으로 나와, Cu 함유 막단백질 **헤파이스틴(hephaestin)**에 의해 산화되고, 혈장 수송단백질 트랜스페린(transferrin, 2 Fe^{3+}/트랜스페린)에 의해 흡수된다. [참고: 창자세포 이외의 세포는 구리 함유 단백질 **세룰로플라스민(culoplasmin)**을 사용한다.] 정상인의 경우 트랜스페린(Tf)은 Fe^{3+}로 1/3이 포화되어 있다. 사람 세포에서 혈액으로 철을 배출하는 유일한 단백질인 페로포틴은 페로포틴의 내부화와 용해소체 분해를 유도하는 간 펩타이드 헵시딘(hepcidin)에 의해 조절된다. 따라서 헵시딘은 철 항상성의 중심 분자이다. [참고: 철

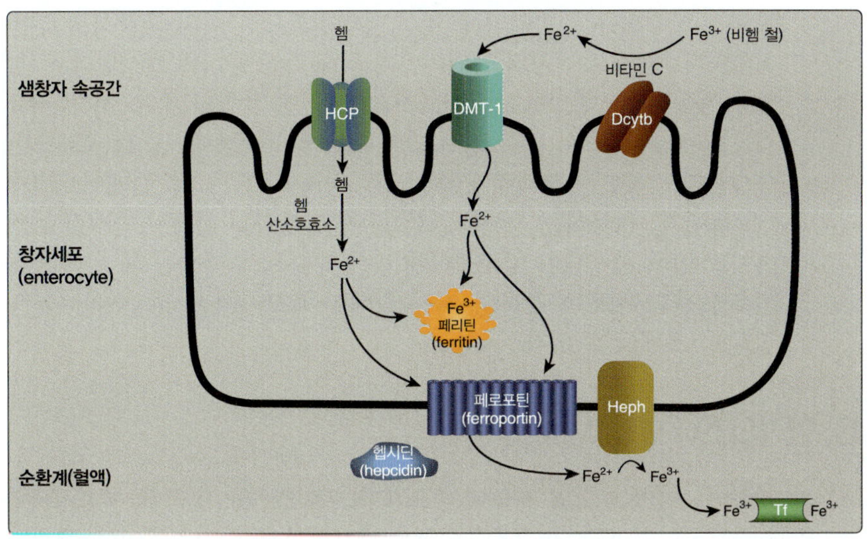

그림 29.8
음식 철(Fe)의 흡수, 저장 및 운반. HCP = 헴 운반체 단백질, DMT = 2가 금속이온 수송체, Dcytb = 샘창자 사이토크롬 b(철환원효소, ferrireductase), Heph = 헤파이스틴; Tf = 트랜스페린.

이 결핍된 경우 헵시딘의 전사는 억제된다.]

2. **재순환(recycling):** 큰포식세포는 오래되거나 손상된 적혈구(RBC)를 분해하여 헴철을 세포바깥으로 보내고, 이는 **세룰로플라스민**에 의해 산화되고 Tf에 의해 운반되어 헴철(heme Fe)를 방출한다. 이 재순환 Fe는 주로 적혈구생성(erythropoiesis)에 필요한 일일 수요량의 약 90%를 감당한다.

3. **섭취(uptake):** 창자세포(enterocytes) 및 큰포식세포의 Tf 결합 Fe^{3+}는 적혈구 및 기타 철 필요 세포의 수용체(TfR)에 결합하고 수용체 매개 세포내섭취에 의해 흡수된다. Fe^{3+}는 Tf로부터 사용(또는 페리틴에 저장)하기 위해 방출되며, TfR(및 Tf)은 저밀도 지단백질 입자에서 보이는 수용체 매개 세포내섭취(endocytosis)와 유사한 과정을 통해 재순환된다(266쪽 참조). [참고: 철 조절 단백질과 철 반응 요소에 의한 페리틴과 TfR에 대한 전령 RNA의 번역에 대한 조절은 33장에서 논의된다.]

4. **결핍:** 철 결핍은 혈색소 합성의 감소와 결과적으로 RBC 크기의 감소의 결과로 미국에서 가장 흔한 빈혈인 작은적혈구저혈색소 빈혈(microcytic, hypochromic anemia 그림 29.9)을 유발할 수 있다. 치료는 빈혈의 심각도에 따라 다양한 방법으로 철을 투여하는 것이다.

5. **초과:** 철 과부하는 우발적인 섭취로 발생할 수 있다. [참고: 급성 철중독은 연령 6세 아동의 중독 사망의 가장 흔한 원인이다(UL = 소아 40 mg/일, 성인 45 mg/일).] 치료는 철 킬레이트화제(chelater)를 사용하는 것이다. 과부하는 유전적 결함으로도 발생할 수 있다. 예를 들어 유전성 혈색소증(hereditary hemochromatosis, HH)은 주로 북유럽 혈

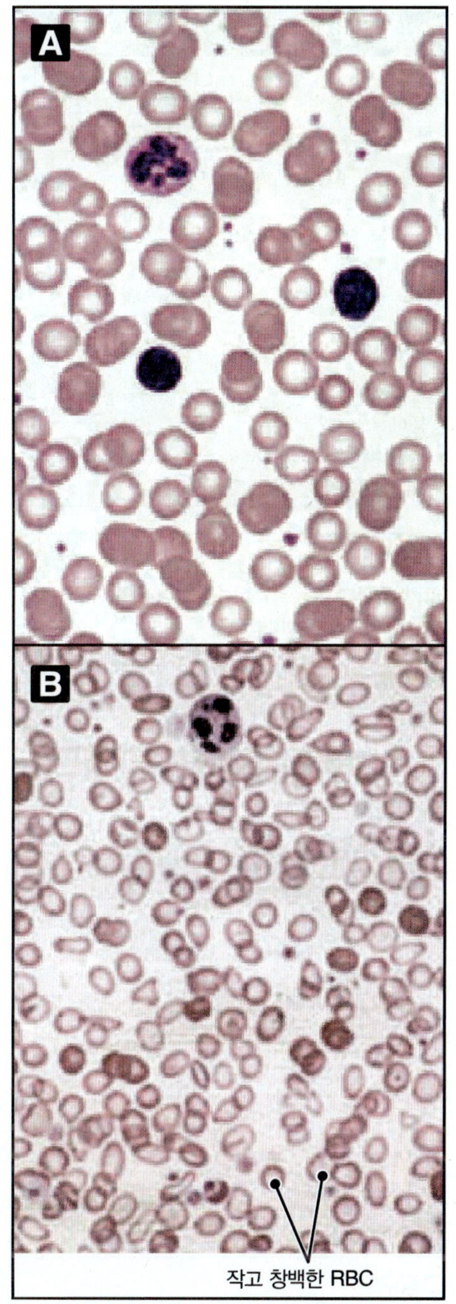

그림 29.9
A: 정상 적혈구(RBC). B: 작은적혈구 빈혈에서 작고 색이 옅은 적혈구(RBC)가 특징적이다.

망가니즈 필요 효소	기능
아르지닌분해효소-I (Arginase-I)	요소회로에서 아르지닌을 요소 + 오니틴으로 가수 분해
당화기전달효소 (Glycosyltransferases)	단백글리칸 합성에 당 전달
파이루브산 카복실화효소 (Pyruvate carboxylase)	포도당신생성에서 파이루브산을 OAA로 카복실화한다.
초과산화물 불균등분해효소 (Superoxide dismutase, 사립체형)	초과산화물을 과산화수소로 변환한다.

그림 29.10
망가니즈(Mn)를 필요로 하는 효소의 예.
OAA = 옥살로아세트산.

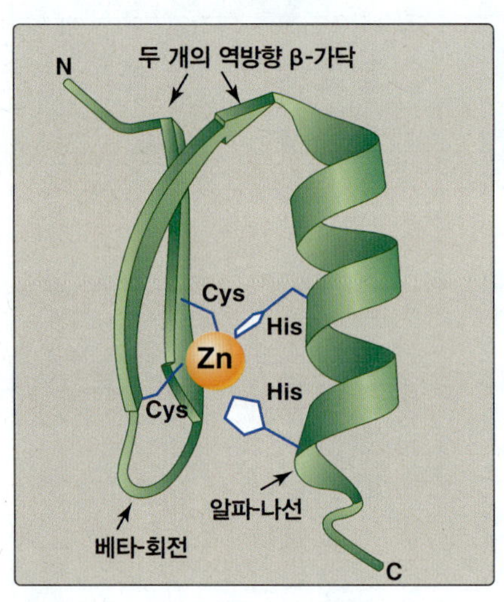

그림 29.11
아연 손가락 구조는 DNA 결합 단백질에서 일반적인 구조요소이다.
Cys = 시스테인; His = 히스티딘.

통에서 발견되는 일반염색체 열성 유전질환으로 철의 과부하로 인한 질환이다. HFE 유전자의 돌연변이에 의해 가장 흔하게 발생한다. 고혈당증(청동색당뇨병, bronze diabetes)과 간손상(철의 주요 저장부위), 췌장, 심장의 손상이 관찰될 수 있다. HH에서 혈청 철 및 Tf 포화도는 상승한다. 치료는 정맥절개술(phlebotomy) 또는 철 킬레이트화제(chelater)를 사용하는 것이다. [참고: 철 과부하는 철대사 단백질 돌연변이로 인해 헵시딘이 부적절하게 낮은 수준으로 생성될 때 나타난다. 혈우병(철의 세포속 불용성 저장 형태인 헤모시데린, hemosiderin의 침착)을 초래할 수 있다.]

C. 망가니즈(= 망간, Mn)

망가니즈는 여러 효소의 기능에 중요하다(그림 29.10). 통곡물, 콩과류(예: 콩과 완두콩), 견과류, 차(특히 녹차)가 무기질의 좋은 재료들이다. 결과적으로, 인간의 망가니즈 결핍은 드물다. 식품 및 보충제로 인한 독성 또한 드물다(성인의 경우 UL = 11 mg/day).

D. 아연(Zn)

아연은 신체에서 중요한 구조 및 촉매 기능을 수행한다. 아연 손가락(zinc finger)은 DNA에 결합하여 유전자 발현을 조절하는 단백질(예: 전사인자)의 2차구조이다(그림 29.11). 수백 개의 효소가 아연을 필요로 한다. 예로는 에탄올을 아세트알데하이드로 산화시키는 **알코올 탈수소효소(alcohol dehydrogenase**, 366쪽 참조); 탄산수소염 완충계(bicarbonate buffer, 3장 참조)의 **탄산 탈수효소(carbonic anhydrase)**가 있다. 또한 납에 의해 억제되는 헴 합성의 **ALA 탈수효소(ALA dehydratase**, 포르포빌리노젠 생성효소), (납은 아연을 대신한다; 321쪽 참조); Cu를 필요로 하는 **초과산화물 불균등분해효소(superoxide dismutase, SOD)**의 비사립체 동종형(isoform, 그림 29.5 참조) 등이 포함된다. 아연의 영양 공급원은 고기, 생선, 달걀, 유제품 등이다. 파이트산염(phytate, 곡식, 씨앗, 콩과류, 일부 견과류와 같은 식물의 인산 저장 분자)은 장에서 아연과 비가역적으로 결합하여 흡수를 감소시키고 결핍을 초래할 수 있다. 피테이트는 또한 칼슘과 비헴철을 결합할 수 있다.) 여러 약물(예: 페니실라민)들은 금속을 킬레이트화하기 때문에 이들을 사용하면 아연 결핍을 유발할 수 있다. [참고: 장병증말단피부염(acrodermatitis enteropathica)에서 볼 수 있는 심각한 아연 결핍은 아연의 장내 수송체 결함으로 인해 발생하는 일반염색체 열성질환인 장내막염에서 나타난다. 증상은 입주변과 팔다리의 발진, 성장 및 발달 둔화, 설사, 면역 결핍 등이 포함된다. 비타민 A의 대사에 아연이 필요하기 때문에 시력 문제도 발생할 수 있다.]

> 세균에 감염된 진핵세포는 필수 미량 영양소인 Fe, Mn, Zn을 병원체에 의해 이용이 제한될 수 있다. 이것은 병원체의 세포속 생존을 감소시키므로 "영양 면역(nutritional immunity)"으로도 알려져 있다.

E. 기타 미량무기질

크로뮴(Cr)과 플루오린(F)도 체내에서 역할을 한다. 크롬은 알려지지 않은 기전에 의해 인슐린의 작용을 촉진한다. 이는 과일, 채소, 유제품, 그리고 육류에서 발견된다. 플루오린(플루오린 이온[F-]로서)은 치아에 생기는 충치 발생을 줄이기 위해 전세계 많은 지역에서 상수도에 첨가된다(그림 29.12). F^-는 수산화인회석의 수산기를 대체하여 구강 세균에 의해 생성되는 사기질-용해(enameldissolving) 산에 더 강한 플루오로아파타이트를 형성한다.

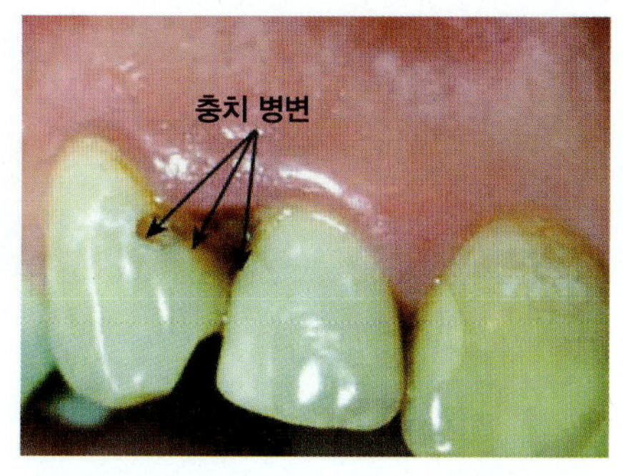

그림 29.12
치과용 충치(공동, cavities)

IV. 극미량 무기질

극미량 무기질에는 아이오딘(I), 셀레늄(Se), 몰리브데넘(Mo)이 있다. 성인에게는 하루에 1 mg 미만의 양만 필요하다.

A. 아이오딘(= 요오드, iodine)

아이오딘은 발달, 성장 및 대사에 필요한 갑상샘호르몬인 트라이아이오도타이로닌(triiodothyronine, T_3)과 타이록신(thyroxine, T_4)의 합성에 사용된다. 순환 아이오딘 이온(I^-)은 갑상샘의 상피 소포세포(follicular cell)에서 농축된다. 이후 그림 29.13과 같이 소포 속공간(lumen)의 콜로이드로 보내져 **타이로과산화효소(thyroperoxidase, TPO)**에 의해 아이오딘(I_2)으로 산화된다. 다시 *TPO*는 I_2를 사용하여 타이로글로불린(thyroglobulin,

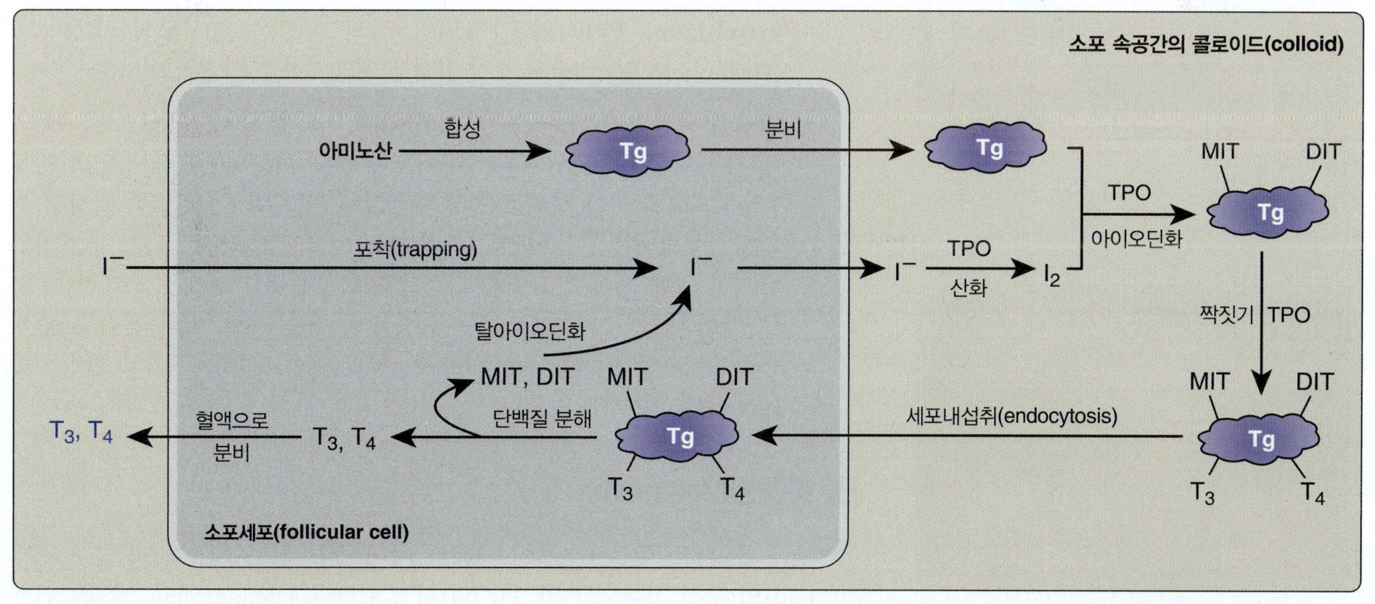

그림 29.13
갑상샘 호르몬 합성. Tg = 타이로글로불린; I^- = 아이오다이드 이온, I_2 = 아이오딘, TPO = 갑상샘과산화효소, MIT = 모노아이오딘화 타이로신, DIT = 다이아이오딘화 타이로신, T_3 = 트라이아이오도타이로닌, T_4 = 타이록신.

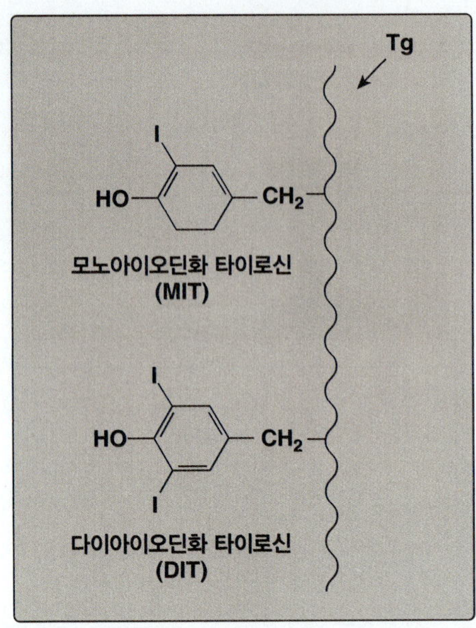

그림 29.14
갑상샘글로불린(Tg)의 아이오딘화와 MIT 및 DIT 생성.

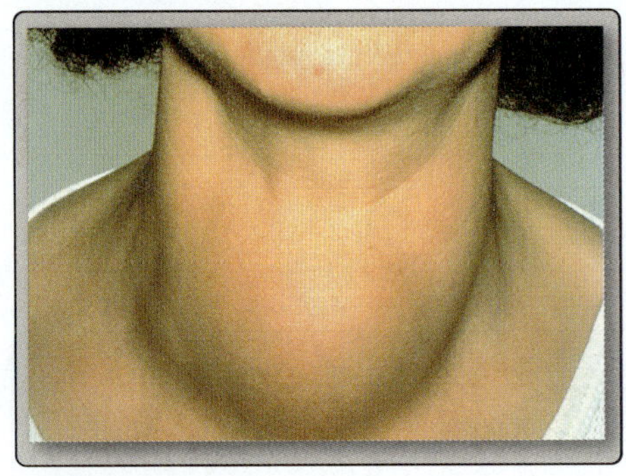

그림 29.15
갑상샘종(goiter).

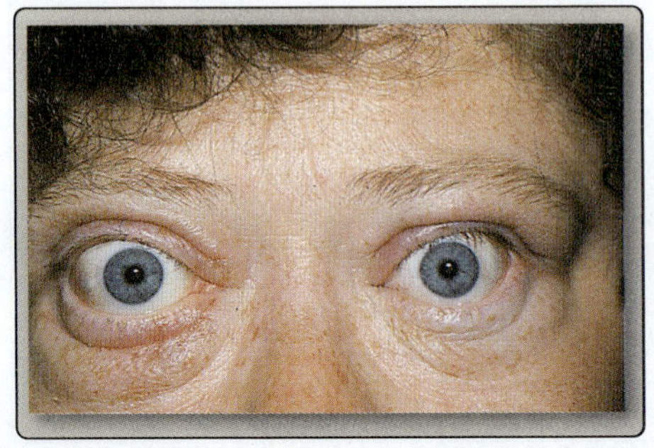

그림 29.16
안구돌출증(exopthalmos).

Tg)에서 선택된 타이로신 잔기를 아이오딘화하여 그림 29.14와 같이 모노아이오딘화 타이로신(MIT) 및 다이아이오딘화 타이로신(DIT)을 생성한다. [참고: Tg는 소포세포에 의해 콜로이드로 합성되고 분비된다.] Tg에서 두 개의 DIT의 결합은 T_4를 생성하는 반면, 한 개의 MIT와 한 개의 DIT를 결합하면 T_3를 생성한다. 아이오딘화된 Tg는 세포속으로 들어가서 필요할 때까지 소포세포에 저장되며, 단백질 분해가 일어나면 순환계로 분비되는 T_3와 T_4를 방출한다(그림 29.13 참조). 정상적인 조건에서 분비되는 갑상샘호르몬의 약 90%는 트랜스타이레틴(transthyretin)에 의해 운반되는 T_4이다. 표적 조직(예: 간 및 발달 중인 뇌)에서 T_4는 셀레늄(Se) 함유 **탈아이오딘화효소(deiodinase)**에 의해 T_3로 전환된다. T_3는 갑상샘 반응 요소에서 DNA를 결합하는 핵수용체에 결합하고 전사 인자로 기능한다. [참고: 갑상샘호르몬(thyroid hormone)의 생성은 뇌하수체 전방에 있는 갑상샘자극호르몬(thyroid-stimulating hormone, TSH)에 의해 조절된다. TSH 분비는 시상하부에서 나오는 갑상샘자극호르몬 방출 호르몬(thyrotropin-releasing hormone. TRH)에 의해 조절된다.]

1. **갑상샘 기능저하증(hypothyroidism):** 그림 29.15와 같이 아이오딘(I)을 충분히 섭취하지 못하면 TSH의 과도한 자극에 반응하여 갑상샘이 커질 수 있다. 더 심각하게 결핍되는 경우 피로, 체중 증가, 열발생 감소, 대사율 감소로 특징지어지는 갑상샘 기능저하증 질병을 유발한다(418쪽 참조). 태아와 영아 발달 과정에서 호르몬 결핍이 발생하면(선천성 갑상샘 기능저하증, congenital hypothyroidism), 회복 불가능한 지적 장애(과거 "크레틴병[cretinism]"으로 불림), 청력 손실, 근육 경련, 작은 키 등의 증상이 나타날 수 있다. 미국에서는 유제품, 해산물, 고기가 아이오딘의 주요 공급원이다. 아이오딘화 소금의 사용은 음식 아이오딘의 결핍을 크게 감소시켰다. [참고: 타이로과산화효소(thyroperoxidase, TPO)의 자가면역 파괴 현상은 하시모토 갑상샘염(Hashimoto thyroiditis, 1차 갑상샘 기능저하증)의 원인이다.]

2. **갑상샘 기능항진증(hyperthyroidism):** 이 상태는 갑상샘호르몬의 과잉 생산의 결과로 나타난다. 아이오딘 함유 보충제(UL = 성인의 경우 1일 1.1 g)의 과다 섭취로 인해 발생할 수 있지만, 가장 흔한 갑상샘 기능항진증의 원인은 그레이브스병(Graves disease)으로 TSH의 효과와 유사한 항체 생산으로 인해 갑상샘호르몬의 생산 장애를 초래한다. 이로 인해 나타나는 증상으로는 신경쇠약, 체중 감소, 땀과 심박수 증가, 돌출된 눈(안구돌출증[exophthalmos], 그림 29.16), 그리고 갑상샘종(goiter)을 유발할 수 있다.

B. 셀레늄(Selenium)

셀레늄(Se)은 세린으로부터 유래된 아미노산 셀레노시스테인(selenocysteine)의 구성 성분으로 약 25개의 사람 단백질(selenoprotein, 셀레늄단백질)에 존재한다(308쪽 참조). 셀레늄단백질은 과산화수소를 물로 환원시키는 **글루타싸이온 과산화효소(glutathione peroxidase**, 13장 참조), **리**

보뉴클레오타이드 환원효소(ribonucleotide reductase)의 보조효소인 싸이오레독신(thioredoxin)을 감소시키는 **싸이오레독신 환원효소(thioredoxin reductase**, 342쪽 참조), 갑상샘호르몬에서 아이오딘을 제거하는 **탈아이오딘화효소(deiodinase)**를 포함한다. 고기, 유제품, 그리고 곡물은 중요한 셀레늄의 영양 공급원이다. 중국에서 처음 확인된 케샨병(Keshan disease)은 셀레늄 결핍 토양에서 생산된 식품을 섭취해서 발생하는 심근병증이다. 영양제 과다섭취로 인한 독성(셀레늄증, selenosis)은 손톱과 머리카락이 잘 부서지는 원인이 된다. 피부 및 신경학적 영향도 나타날 수 있다(성인의 경우 UL = 400 μg).

C. 몰리브데넘(= 몰리브덴, Molybdenum)

몰리브데넘(Mo)은 소수의 포유류 산화효소 보조인자로 작용한다(그림 29.17). 콩과류는 중요한 영양 공급원이다. 영양 결핍 증후군은 알려져 있지 않다. Mo는 사람에게 거의 독성을 나타내지 않는다(UL = 성인의 경우 1일 2 mg).

몰리브데넘 필요 효소	기능
알데하이드 산화효소	약물을 대사한다.
아황산화물 산화효소 (Sulfite oxidase)	황을 함유한 아미노산인 메싸이오닌과 시스테인 대사 과정에서 황산(sulfate)을 아황산화물(sulfite)으로 전환한다.
잔틴 산화효소 (Xanthine oxidase)	퓨린 분해에서 하이포잔틴을 잔틴으로 산화시키고 잔틴은 요산으로 산화시킨다.

그림 29.17
몰리브데넘(Mo)을 필요로 하는 효소(산화효소).

초미량무기질인 코발트(Co)는 비타민 B_{12}(코발아민, 439쪽 참조)의 구성성분으로, 호모시스테인을 메싸이오닌으로 재메틸화(remethylation)하는 과정에서 메틸코발아민으로(304쪽 참조), 또는 메틸말로닐 보조효소(CoA)을 석시닐 보조효소로 이성질체화(isomerization)하는 과정에서 아데노실코발아민으로 필요하다(223쪽 참조). Co에 대한 영양권장량 또는 영양섭취기준(417쪽 참조)은 설정되어 있지 않다.

V. 요약

무기질은 그림 29.18에 요약되어 있다.

분류	기능	참고 사항
다량무기질: 성인의 경우 1일 100 mg 이상		
칼슘(Ca)	뼈와 치아의 수산화인회석 성분 ($Ca_5[PO_4]_3OH$), 근육 수축, 신호 전달, 혈액 응고	영양 결핍은 알려지지 않았고, 건강기능식품의 독성, PTH 또는 비타민 D 결핍을 동반한 저칼슘혈증, PTH 증가를 동반한 고칼슘혈증 등이 뼈의 재흡수를 유발한다.
염소 이온(Cl)	균형(Na, K와 함께), 소화	영양 결핍은 드물게 나타나며, NaCl로 과다 흡수됨
마그네슘(Mg)	뼈의 성분(소량); 효소 활성(기질 또는 효소와 결합) 조절	미국인 평균 섭취량은 영양권장량 이하, 저마그네슘혈증에서 보이는 과잉반응성(hyperexcitability)과 부정맥, 고마그네슘혈증을 동반한 저혈압
인(P, phosphorus)	뼈와 치아의 수산화인회석 성분, 에너지 저장, 막구조, 조절	영양 결핍은 드물다; 재영양 증후군의 근력 약화, PTH 증가, 알루미늄 함유 제산제 사용과 동반된 저인산혈증; PTH 결핍에서 전이 석회화를 동반한 고인산혈증(hyperphosphatemia)
포타슘(옛 용어, 칼륨, K)	막 전위, 혈압	미국인 평균 섭취량은 권장치 이하; 혈청 수치의 상승 또는 하락은 부정맥과 근육의 약화를 초래한다.
소듐(옛 용어, 나트륨 Na)	막 전위, 혈액량 및 혈압; 포도당, 갈락토스 및 아미노산의 흡수	영양 결핍은 드물며, NaCl로 과다섭취. 과도한 수분 손실로 인한 저나트륨혈증, 수분 정체가 있는 고나트륨혈증(hypernatremia)
미량무기질(소량): 1일 1~100 mg		
크로뮴(크롬, Cr)	인슐린 작용을 촉진	기전은 알려지지 않았다.
구리(Cu)	효소 보조인자	영양 결핍은 드물다; 멘케스 증후군(유전적 전신 구리 결핍) 및 윌슨병(유전적 전신 구리 과부하)
플루오린(플루오린 이온[F^-]으로서)	입안 세균의 사기질(enamel) 분해산에 대한 저항력 강화	영양 결핍은 충치를 초래한다.
철(Fe)	효소의 보조인자, 산소 결합, Fe-S 단백질	영양 결핍은 작은적혈구 빈혈을 유발한다; 철 과부하의 유전적 질병인 유전성 혈색소증; 청동색당뇨병(고혈당증, 과다색소침착)을 동반
망가니즈(Mn)	효소 보조인자	영양 결핍은 드물다.
아연(zn)	효소 보조인자, 단백질 구조(아연 손가락 구조)	피테이트(phytate) 및 일부 약물은 흡수를 감소시킨다; 전달체 결함을 동반한 심각한 결핍증(장병증말단피부염, acrodermatitis enteropathica)
미량무기질(극소량): < 1 mg/일		
아이오딘(요오드, I)	갑상샘호르몬 (T_3, T_4) 합성	과소섭취는 갑상샘종 유발; 피로와 함께 갑상샘기능저하증, 체중증가, 대사율 저하; 선천성 결핍을 동반한 신경 손상; 그레이브스병에서 갑상샘 기능항진증(T_3, T_4의 과다생산)을 유발한다.
몰리브데넘(Mo)	효소 보조인자	영양 결핍은 알려지지 않았다.
셀레늄(Se)	셀레늄 단백질에서 (셀레노시스테인처럼) 발견됨	영양 결핍은 드물다(셀레늄이 결핍된 토양에서 발생하는 케샨병), 보충제로 인한 독성

그림 29.18

무기질 요약. PTH = 부갑상샘 호르몬, Cl^- = 염소 이온, S = 황, T_3 = 트라이아이오도타이로닌, T_4 = 타이록신.

연습문제

질문 29.1∼29.7의 경우 무기질을 가장 적절한 설명과 일치시키시오.

A. 칼슘
B. 염소 이온(chloride)
C. 구리
D. 아이오딘
E. 철
F. 마그네슘
G. 망가니즈
H. 몰리브데넘
I. 인
J. 포타슘
K. 셀레늄
L. 소듐
M. 아연

29.1 어떤 무기질이 특정 집단에서 고혈압을 일으킬 수 있는가?

29.2 주요 세포바깥 음이온(major extracellular anion)은 어떤 무기질인가?

29.3 재영양 증후군(refeeding syndrome) 및 알루미늄 함유 제산제의 과다 복용 시 나타나는 무기질의 감소는?

29.4 항산화 방어, 갑상샘호르몬 대사 및 산화환원 반응에 관여하는 단백질에서 발견되는 일부 아미노산의 구성 요소는 무엇인가?

29.5 DNA와 결합할 수 있는 2차 단백질 구조를 형성하기 위해 필요한 무기질은 무엇인가? (결핍되면 피부염이 발생할 수 있다)

29.6 어떤 무기질이 부족하면 뼈의 통증, 사지경련(tetany, 간헐적 근육 경련, intermittent muscle spasms), 감각이상(paresthesia, 핀과 바늘에 찔리는 느낌의 감각), 출혈경향 증가 등을 일으킬 수 있나?

29.7 어떤 무기질의 결핍으로 인해 갑상샘종의 형성 및 대사율 저하가 유발될 수 있는가?

정답 = L, B, I, K, M, A, D. 고나트륨혈증은 염분-민감성 사람들(예: 아프리카계 미국인)에서 고혈압을 유발할 수 있는 수분 보유를 유발할 수 있다. 염소 이온은 주요 세포바깥 음이온이다. (주: 소듐은 주요 세포바깥 양이온이고, 포타슘은 세포속 양이온이며, 인산염은 주요 세포속 음이온이다. 막 전체의 농도 차이는 능동수송에 의해 유지된다.) 탄수화물 대사는 인산화된 중간생성물의 생성을 포함한다. 심각한 영양실조 환자에게 투여하는 재영양은 인산염을 붙들어서 저인산혈증을 유발하게 된다. 근육 약화는 흔한 증상이다. 세린과 셀레늄으로부터 형성된 아미노산인 셀레노시스테인(seleno-cysteine)은 글루타싸이온 과산화효소, 탈아이오딘화효소, 싸이오레독신 환원효소와 같은 단백질에서 발견된다. 아연 집게(zinc finger)는 DNA 결합 단백질(예: 전사인자)에서 발견되는 구조적 구조 요소의 유형이다. 장내 수송체 돌연변이로 인한 아연의 심각한 결핍은 피부염, 설사, 탈모증을 특징으로 하는 장병증말단피부염(acro-dermatitis enteropathica)을 유발할 수 있다. 칼슘은 뼈의 무기질화, 근수축, 신경전도, 혈액 응고에 필요하다. 칼슘의 결핍은 이 모든 과정에 영향을 미치게 된다. 갑상샘호르몬은 타이로글로불린의 단백질 분해에 의해 방출되는 아이오딘화 타이로신이다. 아이오딘 섭취 부족은 호르몬 합성을 증가시키기 위해 갑상샘을 크게 만들 수 있다. (참고: 그레이브스병처럼 호르몬이 너무 많이 만들어지거나 하시모토병처럼 너무 적게 만들어졌을 때도 갑상샘종이 발생할 수 있다. 둘 다 자가면역질환이다.) 갑상샘 호르몬은 휴식기의 신체 대사율을 높인다.

29.8 디조지(DiGeorge) 증후군은 흉선과 부갑상샘의 구조적 손상과 발달장애를 초래하는 유전질환이다. 임상적 증세로는 T세포 결핍의 결과로 인한 감염의 재발이 포함된다. 다음 중 어느 것이 부갑상샘호르몬 결핍으로 인한 예상되는 임상 결과인가?

A. 뼈의 흡수 증가
B. 신장 내 칼슘 재흡수 증가
C. 혈청 칼시트라이올(calcitriol) 증가
D. 혈청 인산염 증가

정답 = D. 부갑상샘호르몬(PTH)은 뼈의 재흡수(탈무기질화, de-mineralization)를 증가시켜 칼슘과 인산염의 방출을 초래한다. 또한 PTH는 칼시다이올을 칼시트라이올로 변환하는 신장 수산화효소를 활성화하기 때문에 칼슘의 신장 재흡수를 증가시킨다. PTH도 마찬가지로 인산염의 신장 배설을 증가시킨다. 디조지 증후군의 부갑상샘기능 저하증의 경우 PTH의 모든 활동이 손상된다. 결과적으로 저칼슘혈증과 고인산혈증이 나타난다.

질문 29.9와 29.10의 경우 징후와 증상을 질병과 일치시키시오.

A. 그레이브스병(Graves disease)
B. 유전성 혈색소증(Hereditary hemochromatosis)
C. 고칼슘혈증(Hypercalcemia)
D. 고인산혈증(Hyperphosphatemia)
E. 케샨병(Keshan disease)
F. 멩케스 증후군(Menkes syndrome)
G. 셀레늄증(Selenosis)
H. 윌슨병(Wilson disease)

29.9 28세 남성이 최근 심각한 오른쪽 위쪽-오른쪽 사분위 부위 통증을 호소하고 있다. 그는 또한 미세한 운동 업무에서도 약간의 어려움을 호소하고 있다. 신체검사에서 황달은 관찰되지 않았다. 실험실 검사에서 간기능 검사(혈청 아스파트산 및 알라닌 아미노기전달효소)상 지표들의 상승과 소변 내 칼슘 및 인산염 배출 상승이 주목할 만했다. 안과 상담 결과 각막에 카이저-플라이셔 고리가 있었다 환자는 페니실라민과 아연을 복용하는 치료를 시작했다.

정답 = H. 환자는 간 구리 수송단백질 ATP7B의 돌연변이 때문에 간에서 구리의 유출이 감소하는 일반염색체 열성 질환인 윌슨병을 앓고 있다. 어떤 구리는 혈액으로 새어나가 뇌, 눈, 신장, 그리고 피부에 축적된다. 이것은 간과 신장의 손상, 신경학적 증상, 그리고 과도한 구리로 인한 각막의 변화를 초래한다. 금속 킬레이트화제(chelator)인 페니실라민을 투여하는 것이 치료법이다. (참고: 아연도 침착되기 때문에, 아연 보충이 일반적이다.) 그레이브스병은 갑상샘 기능항진증을 일으킨다. 유전성 혈색소증은 철분 과부하 질환이다. 케샨병은 셀레늄 결핍의 결과인 반면 셀레늄증(selenosis)은 셀레늄 과다로 인한 결과이다. 멩케스 증후군은 장내 구리 수송단백질인 ATP7A에 돌연변이가 발생하여 구리가 전신적으로 결핍된 결과이다.

29.10 52세 여성의 피부에서 검게 그을린 것처럼 보이는 예상치 못한 피부색소 변화가 관찰되었다. 신체검사에서 과다색소침착(hyperpigmentation), 간비대(hepatomegaly), 가벼운 공막 황달(scleral icterus)이 관찰된다. 실험실 검사결과는 혈청 아미노기전달효소(간기능 검사)와 공복 혈당 증가가 주목할 만하다. 다른 검사 결과는 보류 중이다.

정답 = B. 환자는 주로 HFE(높은 철농도) 유전자 돌연변이로 인해서 부적절한 낮은 수준 헵시딘(hepcidin) 농도가 되고, 이로 인해 발생하는 철 과부하 질병인 유전성 혈색소증(hereditary hemo-chromatosis)을 유발한다. 헵시딘은 인간의 유일한 철 배출 단백질인 페로포틴(ferroportin)의 분해를 증가시켜 조절한다. 헵시딘 결핍으로 철분이 증가하면 과다색소침착과 고혈당증(청동색당뇨병, bronze diabetes)이 발생한다. 정맥절제술이나 철 킬레이트화제(chelater)를 사용하는 것이 치료법이다. (참고: 대기 중인 검사실 결과에서는 혈청 철분 및 트랜스페린 포화도의 증가가 나타난다.)

제 7 단원
유전정보의 저장과 발현

DNA의 구조와 복제 및 복구

30

I. 개관

핵산은 유전정보의 저장과 전달에 필요하다. 핵산에는 화학적으로 상이한 두 가지가 존재한다: 데옥시리보핵산(deoxyribonucleic acid, DNA)과 리보핵산(ribonucleic acid, RNA 31장 참조). 유전정보(유전체)의 저장소인 DNA는 진핵생물의 핵 속의 염색체에만 존재하는 것이 아니라, 사립체와 식물세포의 엽록체에도 존재한다. 핵이 없는 원핵생물은 단 하나의 염색체를 가지며, 플라스미드 형태의 비염색체 DNA(non-chromosomal DNA)도 갖는다. DNA의 유전정보는 DNA 복제를 통해 복사되고 딸세포로 전달된다. 각 세포는 생명체를 유지하는 데에 필요한 기능을 수행하기 위해 필요한 유전자만을 발현하도록 특화된다. 수정란 속의 DNA는 개체의 발달을 지시하는 정보를 부호화하여 담고 있다. 이러한 발달은 수십억의 세포의 생성과 관련된다. 따라서 DNA는 각 세포가 분열할 때마다 정확히 복제되어야 할 뿐만 아니라 DNA가 담고 있는 유전정보가 선택적으로 발현되고 가공되어 세포 기능에 필요한 기능성 RNA와 단백질 산물을 생산하도록 하는 정보도 갖고 있어야 한다. 전사(RNA 합성)는 유전정보의 발현의 첫 번째 단계이다(31장 참조). 다음으로 전령 RNA(messenger RNA)의 뉴클레오타이드 서열에 들어 있는 유전부호가 번역되어(32장 참조) 유전자의 발현이 완성된다. 유전자 발현의 조절은 33장에서 다룬다.

DNA로부터 RNA를 거쳐 단백질로 가는 정보의 흐름을 분자생물학의 "중심원리(central dogma)"라 하는데(그림 30.1), 이것은 유전정보의 저장소가 RNA인 일부 바이러스를 제외하고 모든 생명체에 적용된다.

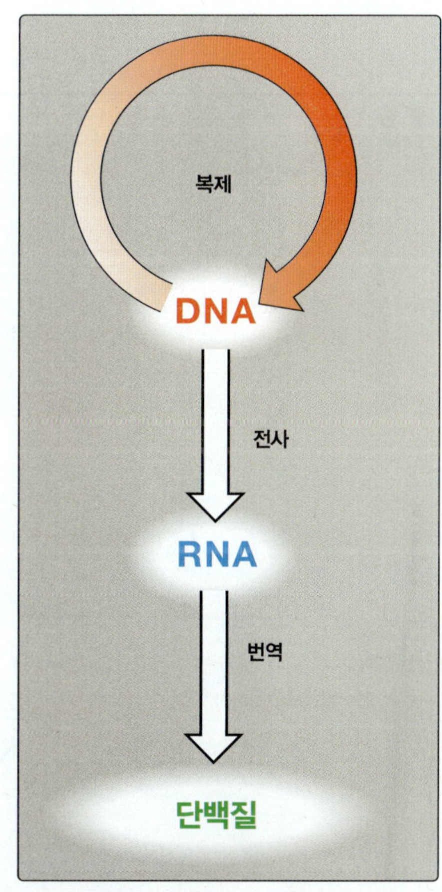

그림 30.1
분자생물학의 "중심원리(central dogma)".

II. DNA의 구조

DNA는 뉴클레오타이드로 불리는 일인산데옥시리보뉴클레오사이드(dNMP)가 3′→5′-인산다이에스터 공유결합으로 연결된 중합체이다. 일부 단일-가닥 DNA(single-stranded DNA, ssDNA)를 갖는 바이러스의 경우를 제외하면, DNA는 두 개의 가닥이 서로 감기면서 이중나선(double helix)을 형성하는 이중-가닥(double-stranded DNA, dsDNA)으로 존재한다. [참고: 이중나선은 이차구조이지만 연결된 dNMP의 서열은 일차서열이다.] 원핵생물의 단백질-DNA 복합체는 막에 의해 구별되지 않는 뉴클레오이드(nucleoid) 형태로 존재하는 반면, 진핵생물 DNA는 핵에 존재하는 여러 종류의 단백질(총칭하여 핵산단백질로 알려진)과 결합하고 있다,

A. 3′→5′-인산다이에스터 결합(phosphodiester bond)

인산다이에스터 결합은 뉴클레오타이드의 탈산소오탄당의 3′-수산기를 인접한 뉴클레오타이드의 탈산소오탄당의 5′-수산기에 인산기를 통해 연결한다(그림 30.2). 그 결과 생성되는 길고 곁가지가 없는 DNA의 사슬은 극성을 띠며 다른 뉴클레오타이드와 결합하지 않은 5′-끝(자유 인산기를

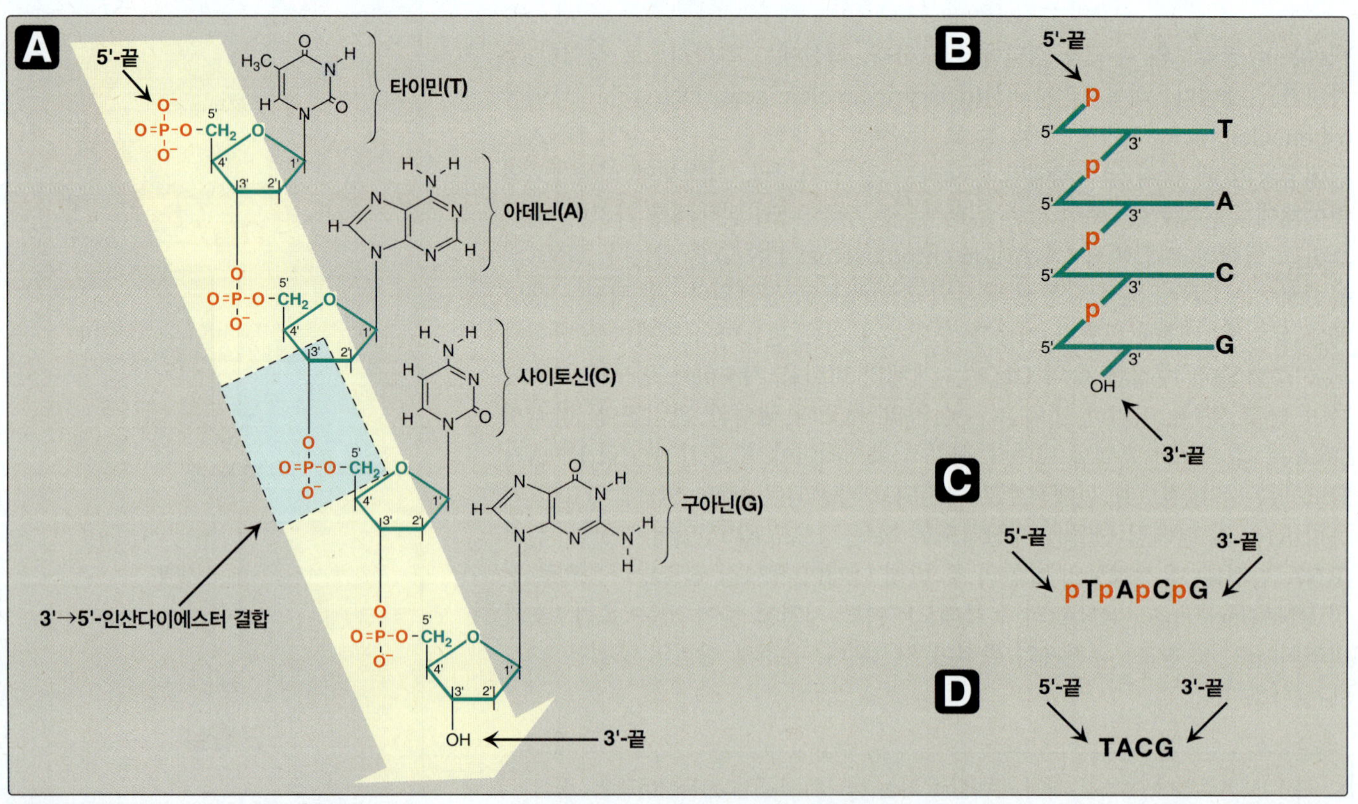

그림 30.2
A: 5′→3′ 방향을 표시하여 보여주는 뉴클레오타이드 서열을 가진 DNA 사슬. 3′→5′ 인산다이에스터 결합은 *파란 상자*로 강조되어 있다. 데옥시리보스-인산 뼈대는 *노란색*으로 채워져 있다. **B:** 데옥시리보스-인산 뼈대를 강조하여 보다 격식을 차린 형태로 표시한 DNA 사슬. **C:** 뉴클레오타이드 서열의 더 간단한 표시법. **D:** 가장 간단한 (또한 가장 흔한) 표시 방법으로서 관습에 의해 염기는 5′→3′ 방향으로 표시한다.

갖는 말단)과 3′-끝(자유 수산기를 갖는 말단)을 갖게 된다. 데옥시리보스-인산 뼈대에 존재하는 염기의 배열은 관습적으로 5′-끝에서 3′-끝 방향으로 기술된다. 예를 들면 그림 30.2A의 DNA 염기서열 TACG는 "타이민, 아데닌, 사이토신, 구아닌"으로 읽는다. 뉴클레오타이드 사이의 인산다이에스터 결합은 핵산분해효소군의 효소작용에 의해 가수분해된다: DNA는 데옥시리보핵산분해효소에 의해, RNA는 리보핵산분해효소에 의해, 또는 화학물질에 의해 가수분해된다. [참고: 오직 RNA만 알칼리에 의해 절단된다.]

B. 이중나선(double helix)

이중나선에서 두 개의 사슬은 나선축이라 부르는 공통의 축을 중심으로 감겨 있다. 각각의 사슬은 그림 30.3에서처럼 역평행으로 염기쌍을 형성한다. 즉, 사슬의 5′-끝은 반대편 사슬의 3′-끝과 쌍을 이룬다. 각 사슬의 친수성 데옥시리보스-인산 뼈대는 DNA의 나선구조에서 바깥쪽을 향하고 있다. 반면에 소수성 염기는 안쪽에 층을 이루며 쌓여 있다. 전체적인 구조는 뒤틀린 사다리 모양이다. 나선구조에서 두 개 가닥의 공간적 배치에 의해 큰(넓은) 고랑과 작은(좁은) 고랑이 생긴다. 이 고랑들은 DNA 사슬을 따라서 존재하는 각종 조절 단백질의 특정 서열에 대한 인식과 결합을 위한 접근을 가능하게 한다. [참고: 닥티노마이신(악티노마이신 D)과 같은 항암제는 DNA 이중나선의 좁은 고랑 사이로 끼어들어서 DNA(와 RNA)의 합성을 방해하여 그 효과를 나타낸다.]

1. **염기쌍 형성(base pairing):** DNA의 한쪽 가닥의 염기는 다른 가닥(자매 가닥)과 염기쌍을 형성한다; 아데닌(A)은 타이민(T)과 사이토신(C)은 구아닌(G)과 항상 염기쌍을 형성한다. [참고: 염기쌍은 항상 나선축에 수직이다(그림 30.3 참조).] 따라서 DNA 이중나선에서 하나의 폴리뉴클레오타이드 사슬은 항상 다른 사슬과 상보적이다. 하나의 사슬의 염기서열로부터 상보적인 사슬의 염기서열을 알 수 있다(그림 30.4). [참고: DNA에서 염기쌍의 형성은 샤가프 법칙(Chargaff's rule)을 따른다. 모든 이중가닥 DNA에서 A의 양은 T 양과 일치하고 G의 양은 C의 양과 일치하며, 전체 퓨린 염기의 양(A + G)은 피리미딘 염기의 양(T + C)과 일치한다고 설명한다.] 염기쌍들은 수소결합을 통하여 서로 결합한다: A와 T 사이에는 2개의 수소결합이 G와 C 사이에는 3개의 수소결합이 있다(그림 30.5). 염기쌍은 또한 염기의 고리면이 평행해지도록 축을 따라서 쌓인다. 염기쌍의 수소결합은 층층이 쌓인 염기 사이의 소수성 상호작용과 더불어 이중나선 구조를 안정화한다.

2. **DNA 가닥의 분리:** 이중나선의 두 DNA 가닥의 분리는 짝진 염기간의 수소결합이 교란될 때 일어난다. 수소결합의 교란은 DNA 용액의 pH를 변화시켜 뉴클레오타이드의 염기를 이온화하거나 가열을 하는 등의 실험적 방법으로 유발될 수 있다. [참고: 인산다이에스터결합은 이러한 처리에서 끊어지지 않는다.] DNA를 가열하여 전체 나선구조의 절반이 소실되는 온도를 융해점(T_m)이라 정의한다. DNA 나선구조의 상실을 변성(denaturation)이라 부르며, 260 nm에서 흡광도의 변화를

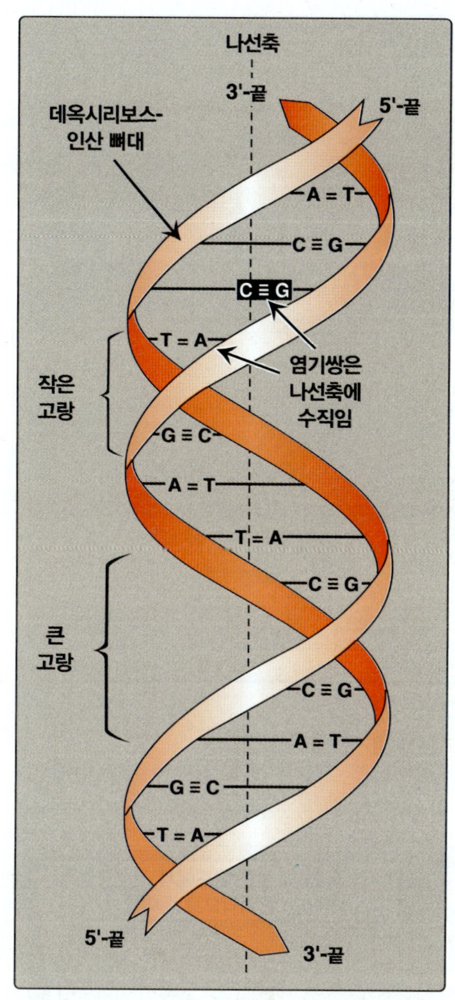

그림 30.3
구조의 주요 특징을 일부 보여주는 DNA 이중나선. T = 타이민; A = 아데닌; C = 사이토신; G = 구아닌.

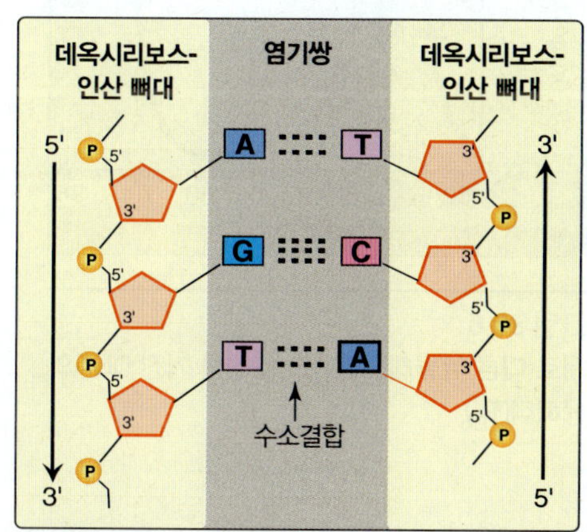

그림 30.4
두 개의 상보적인 DNA 서열. T = 타이민; A = 아데닌; C = 사이토신; G = 구아닌.

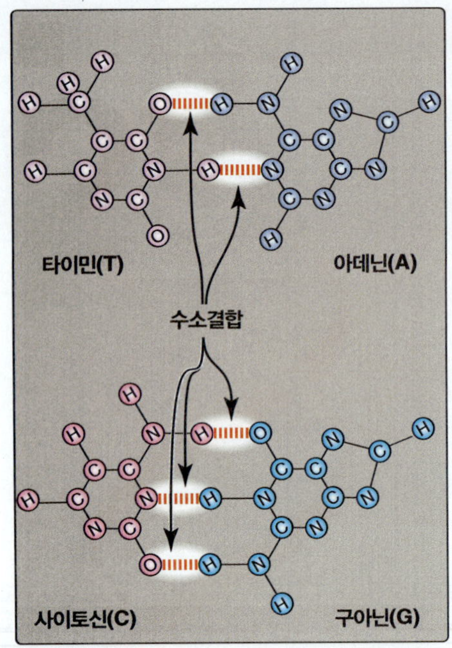

그림 30.5
보상적 염기간의 수소결합.

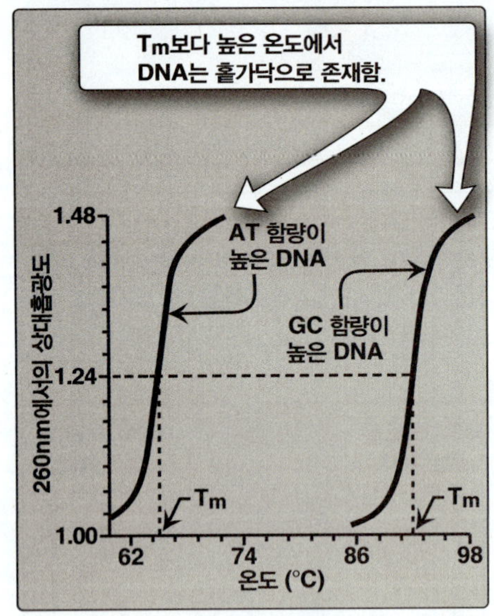

그림 30.6
서로 다른 뉴클레오타이드 조성을 가진 DNA의 융해점(T_m).

통하여 측정할 수 있다. [참고: ssDNA는 dsDNA보다 이 영역의 파장에서 높은 흡광도를 보인다.] G와 C 염기 사이에는 3개의 수소결합이 존재하고, A와 T 염기 사이에는 2개의 수소결합이 존재하기 때문에 A와 T 염기의 함량이 높은 DNA는 G와 C 염기가 풍부한 DNA에 비하여 낮은 온도에서 변성된다(그림 30.6). DNA 용액의 온도가 떨어지거나 중성 pH로 적정되면 상보적인 DNA 가닥은 복원(renaturation 또는 reannealing)이라 불리는 과정을 통하여 원래의 이중나선 구조로 되돌아올 수 있다. (참고: 짧은 부분의 두 가닥의 분리가 DNA와 RNA 합성과정에서 일어난다.)

3. **구조적 형태:** DNA에는 세 가지의 주요 형태가 존재한다: 왓슨과 크릭이 1953년에 제안한 B형을 포함해서, A형 그리고 Z형이 있다. B형은 오른손감기 나선형의 DNA로 360° 회전(비틀림)마다 10개 염기쌍이 들어 있다. 그리고 염기가 형성하는 평면은 나선의 축에 대하여 수직이다. 염색체의 DNA는 주로 B-DNA이다(그림 30.7에 B-DNA의 공간-채우기 모델이 제시되어 있음). A형은 B형 DNA를 조금 탈수시키면 생성된다. A형 DNA도 오른손감기 나선 형태이나, 한 바퀴 회전에 11개의 염기쌍이 들어가며, 염기쌍이 형성하는 평면은 나선 축의 수직으로부터 20도 가량 기울어져 있다. DNA-RNA 혼성체(hybrid, 482쪽 참조)나 RNA-RNA 겹가닥 영역은 아마도 A형과 매우 유사할 것으로 추정된다. Z-DNA는 왼손감기 나선형 DNA로서 한 바퀴 회전마다 12개 염기쌍이 들어 있다(그림 30.7 참조). [참고: 데옥시리보스-인산 뼈대가 "지그재그" 형태를 하여 "Z"-DNA라 명명되었음.] 퓨린과 피리미딘 염기가 반복되는 서열(예: poly GC)에서 Z-DNA의 형태가 생길 수 있다. DNA의 B 나선형과 Z 나선형 사이의 전이(transition)는 유전자 발현의 조절에 어떤 역할을 할 것이다.

C. 선형과 원형 DNA 분자(linear and circular DNA molecule)

진핵생물의 핵에 존재하는 각각의 염색체는 하나의 긴 선형 분자의 겹가닥 DNA로 복잡한 단백질 혼합물(히스톤과 비히스톤, 490쪽 참조)과 결합하여 염색질(chromatin)을 형성한다. 진핵생물은 식물의 엽록체와 마찬가지로 사립체에 닫힌, 원형의 dsDNA 분자를 갖고 있다. 원핵생물은 전형적으로 단일 원형 dsDNA를 갖고 있다. 각각의 원핵생물 염색체는 비히스톤 단백질과 연합하여 DNA가 빽빽하게 뭉쳐진 뉴클레오이드를 형성한다. 추가적으로 대부분의 세균은 플라스미드라는 작은 원형의 염색체외 DNA(extrachromosomal DNA)를 갖고 있다. 플라스미드 DNA는 유전정보를 갖고 있으며 스스로 복제하는데, 이것은 염색체 복제와 동기화되기도 하고 되지 않기도 한다. [참고: 재조합 DNA 기술(recombinant DNA technology)에 사용되는 벡터로서의 플라스미드에 관한 것은 34장에 기술되어 있다.]

> 플라스미드는 숙주 세균에게 항생제 내성을 부여하는 유전자를 갖고 있으며, 세균 사이의 유전정보 전달을 용이하게 할 수 있다.

III. 원핵생물 DNA 복제의 단계

dsDNA의 겹가닥 사슬이 분리되면 각각의 가닥은 새로운 상보적 가닥 복제(합성)의 본틀로 사용된다. 이 과정을 통하여 2개의 DNA 가닥(하나는 헌 것, 다른 하나는 새것)이 서로 역평행 방향으로 있는 2개의 딸 분자가 생성된다(그림 30.3 참조). 이 과정을 반보존적 복제라 하는데, 부모 겹가닥이 2개의 가닥으로 분리되므로 하나의 실체로서 보존되지는 않지만, 복제 이후 각각의 홑가닥 부모 가닥은 새로 생성된 2개의 겹가닥 속에 온전히 남아 있기 때문이다(그림 30.8). DNA 복제과정에 관여하는 효소는 본틀 주도의 마그네슘 필요 중합효소로서 뛰어난 정확도를 가지고 본틀 사슬에 대한 상보적인 사슬을 합성한다. 여기서 언급되는 반응은 대장균(*E. coli*)에서 처음으로 알려진 것이며, 이후 기술하는 내용도 원핵생물에서 일어나는 과정이다. 고등생물의 DNA 합성과정은 더 복잡하지만 같은 형태의 기전을 통하여 일어난다. 어느 경우건 일단 DNA 복제가 시작되면 유전체(genome) 전체가 복제될 때까지 계속된다.

그림 30.7
B-DNA와 Z-DNA의 구조.

A. 상보적 가닥의 분리

DNA 중합효소는 ssDNA만을 본틀로 사용하기 때문에 부모 dsDNA의 두 가닥이 복제되기 위해서는 적어도 작은 영역에서 먼저 분리(또는 "융해")가 되어야 한다. 원핵생물의 DNA의 복제는 그림 30.9A에 표현된 것처럼 복제 개시점(origin) 또는 ori(대장균에서는 oriC)라는 독특한 모노뉴클레오타이드 서열에서 시작한다. [참고: 다양한 세균에서 이 자리의 뉴클레오타이드 서열이 본질적으로 같기 때문에 이 서열을 공통서열이라 한다.] ori는 짧고 AT가 풍부한 분절을 포함하고 있어 융해가 쉽게 일어난다. 진핵생물의 복제는 각 염색체에서 여러 부위에서 시작된다(그림 30.9B). 여러 개의 복제 개시점에서 DNA 복제가 시작되기 때문에 진핵생물의 DNA와 같이 아주 긴 DNA도 빠른 속도로 복제될 수 있다.

B. 복제갈래(replication fork)의 형성

두 가닥이 풀리고 분리되면, 복제 개시점에서 반대 방향으로(양쪽 방향으로) 이동하면서 복제방울(replication bubble)을 형성하고(그림 30.9 참조) 두 개의 복제갈래에서 합성이 일어난다. [참고: "복제갈래"(replication fork)라는 용어는 분리된 가닥을 포크의 날로 표현한 Y 모양의 구조에서 유래한 것이다.]

1. **DNA 가닥의 분리에 필요한 단백질:** DNA 복제의 개시과정에는 전구시발 복합체(prepriming complex)를 형성하는 단백질 무리에 의해 복제 개시점을 인식하는 과정이 필요하다. 이 단백질들은 ori에서 융해를 담당하며 진행하는 복제갈래의 전방에서 부모 가닥의 분리 상태를 지속하고 이중나선의 풀림(unwinding)에 관여한다. 대장균에서 이러한 단백질들에는 다음과 같은 단백질이 포함된다.

   a. **DnaA 단백질:** DnaA 단백질은 OriC 안에서 특정 뉴클레오타이드 서열(DnaA 상자)에 결합하여 복제를 시작한다. 결합은 복제 개시

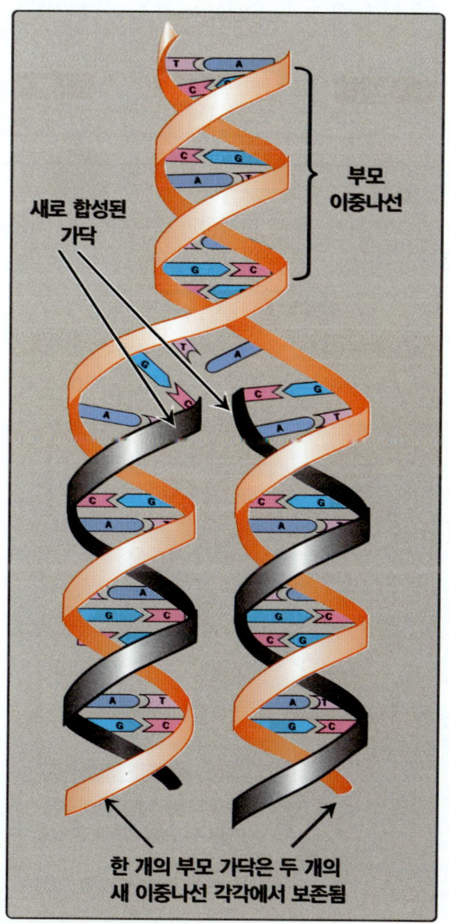

그림 30.8
반보존적 DNA 복제. T = 타이민; A = 아데닌; C = 사이토신; G = 구아닌.

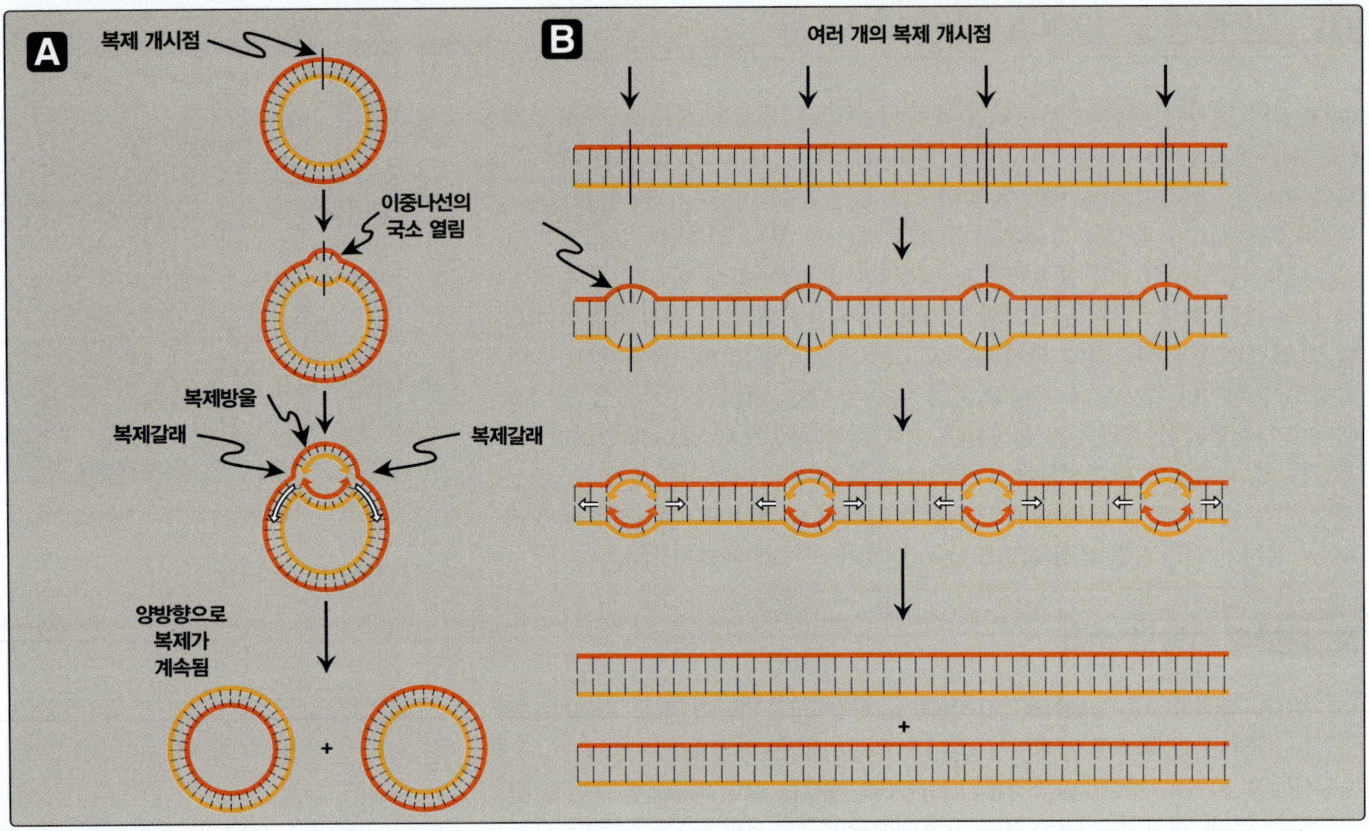

A
복제 개시점
이중나선의 국소 열림
복제방울
복제갈래
복제갈래
양방향으로 복제가 계속됨
+

B
여러 개의 복제 개시점
+

그림 30.9
DNA의 복제: 복제 개시점과 복제갈래. A: 작은 원핵생물의 원형 DNA. B: 매우 긴 진핵생물의 DNA.

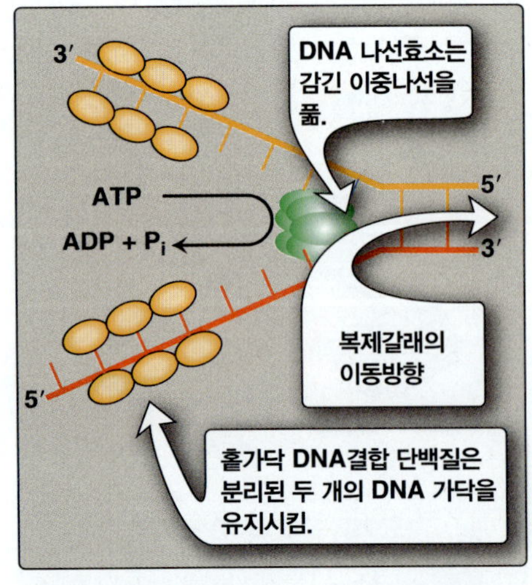

그림 30.10
분리된 부모 가닥을 유지하고 복제갈래의 앞쪽에서 감긴 이중나선을 푸는 단백질.
ADP = 이인산아데노신; P_i = 무기인산염.

점의 AT-풍부 구역(DNA 풀림 요소)이 융해되도록 한다. 융해(가닥 분리)는 짧고 국소적인 ssDNA를 형성한다.

b. **DNA 나선효소(helicase)**: 이 효소는 복제갈래 가까이에서 ssDNA에 결합하여 인접한 이중나선의 이중-가닥 영역으로 이동하면서 DNA 가닥을 분리시킨다(즉, 이중나선의 감김을 풀어준다). 나선효소는 ATP 가수분해에 의해 제공되는 에너지를 필요로 한다(그림 30.10 참조). 복제갈래에서 DNA가 풀리면 다른 부위의 배배꼬임을 유발한다. [참고: DnaB는 대장균의 복제과정에 사용되는 주요 나선효소이다. 이 육합체 단백질이 DNA와 결합할 때에는 DnaC가 필요하다.] 배배꼬임은 염색체의 이중나선이 자신을 한 번 또는 그 이상 가로질러 DNA 분자에서 비틀림 변형(torsional strain)을 완화하는 3차 구조의 한 형태이다.

c. **홑가닥 DNA 결합(single-stranded DNA-binding protein, SSB) 단백질**: 이 단백질은 나선효소에 의해 형성된 ssDNA와 결합한다(그림 30.10 참조). 이들의 결합은 협동적이며, 다시 말하면 단일 분자의 SSB가 결합하면 다음의 SSB 분자가 ssDNA에 결합하기가 더 용이해진다. SSB 단백질은 효소가 아니며, ssDNA와 dsDNA 사이의 평형을 홑가닥 형태의 방향으로 이동시키는 작용을 한다. 이

단백질들은 복제 개시점에서 두 가닥의 DNA를 분리된 상태로 유지시켜 중합효소에 필요한 홑가닥 본틀을 제공할 뿐 아니라, ssDNA를 분해하는 핵산분해효소의 작용으로부터 DNA를 보호한다.

2. **배배꼬임(supercoil) 문제의 해결:** 배배꼬임은 DNA가 과도하게 감기(양성 배배꼬임)거나 덜 감겨서(음성 배배꼬임) 발생할 수 있다. DNA 이중나선의 두 가닥이 분리되면서 복제갈래의 앞쪽 영역에서 과도하게 감겨 양성 배배꼬임이 생기고, 또한 갈래의 뒤쪽 영역에서는 음성 배배꼬임이 생기는 문제가 있다(그림 30.11). 양성 배배꼬임이 심해지면 더 이상 이중나선이 풀어지기가 곤란해진다. [참고: 배배꼬임은 나선모양 전화줄의 한쪽을 잡고 반대쪽을 감았을 때 그 실체를 확인할 수 있다. 만약 전화줄이 계속 감겨 전화줄이 스스로 다시 감기게 되면 양성 배배꼬임이 생긴 것이다. 전화줄이 반대 방향으로 감겨서 꼬임이 풀리면 전화줄은 반대방향으로 감싸면서 음성 배배꼬임이 생긴다.] 이 문제를 해결하기 위해 DNA 국소이성질체화효소라는 효소군이 한 가닥 또는 두 가닥의 DNA를 일시적으로 절단해 나선의 배배꼬임를 제거하는 역할을 한다.

   a. **I형 DNA 국소이성질체화효소(type I DNA topoisomerase):** 이 효소는 이중나선의 한 가닥을 가역적으로 절단하여 틈이 생긴 가닥의 끝에 공유결합을 형성한다. 이 효소는 가닥절단 활성과 가닥연결 활성을 모두 갖고 있다. 이 효소의 반응에는 ATP가 필요하지 않으며 인산다이에스터 결합의 절단 과정에서 생성되는 자유에너지를 저장하였다가 가닥의 재연결에 사용하는 것으로 여겨진다(그림 30.12). 매 단계마다 일시적인 틈(nick)이 DNA 홑가닥에서 생성되며 온전한 DNA 가닥은 틈이 연결되기 전에 그 사이를 통과하여 배배꼬임이 심해지지 않게 된다[이완(relaxing)]. I형 국소이성질체화효소는 대장균에서 음성 배배꼬임(이완된 DNA보다 나선 회전수가 적음)을 완화하고, 많은 원핵생물(대장균은 제외)과 진핵생물에서는 양성 배배꼬임(이완된 DNA보다 나선 회전수가 많음)과 음성 배배꼬임을 모두 완화한다.

   b. **II형 DNA 국소이성질체화효소(type II DNA topoisomerase):** 이 효소들은 DNA의 이중나선에 단단히 결합한 상태에서 양쪽 가닥 모두를 일시적으로 절단한다. 이 효소는 절단부위를 통해 두 번째 DNA 이중나선 줄을 통과시킨 후 절단부위를 다시 연결한다(그림 30.13). 결과적으로 ATP를 소비하는 과정을 통해 양성 배배꼬임과 음성 배배꼬임을 모두 완화한다. 세균과 식물에 존재하는 국소이성질체화효소 II인 DNA 선회효소(DNA gyrase)는 ATP를 가수분해하여 얻은 에너지를 사용하여 이완된 원모양 DNA(relaxed circular DNA)에 음성 배배꼬임을 도입할 수 있는 특별한 능력을 갖고 있다. 이 과정은 DNA의 복제과정 중 이중나선이 열리면서 생기는 양성 배배꼬임의 증가를 음성 배배꼬임의 생성을 통하여 중화시키기 때문에 DNA 복제를 용이하게 한다. 그리고 이 과정은 또한 전사과정에서 일시적인 가닥의 분리를 도와준다(502쪽 참조).

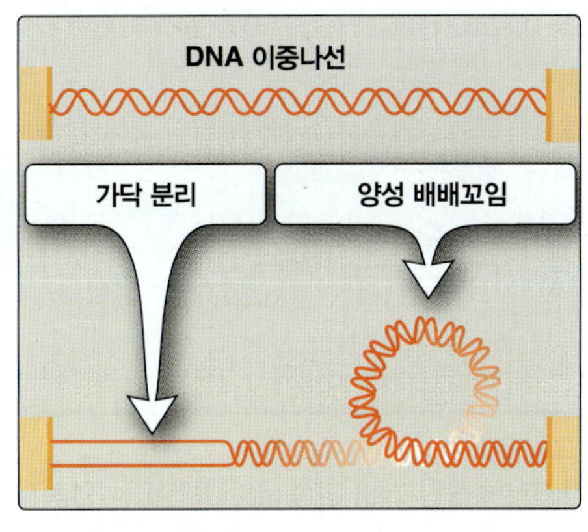

그림 30.11
DNA 가닥 분리는 양성 배배꼬임을 형성한다.

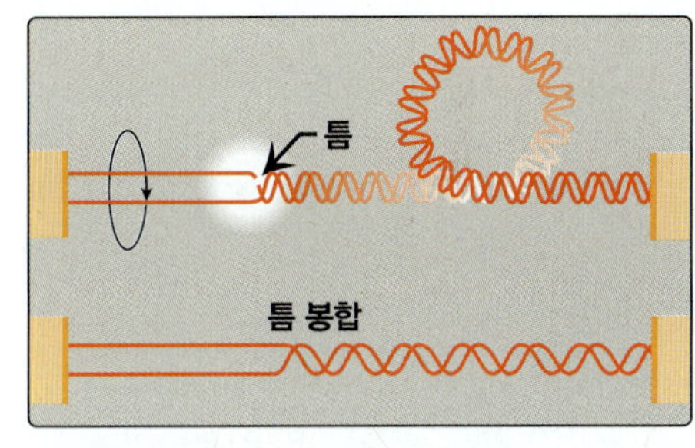

그림 30.12
I형 DNA 국소이성질체화효소의 작용.

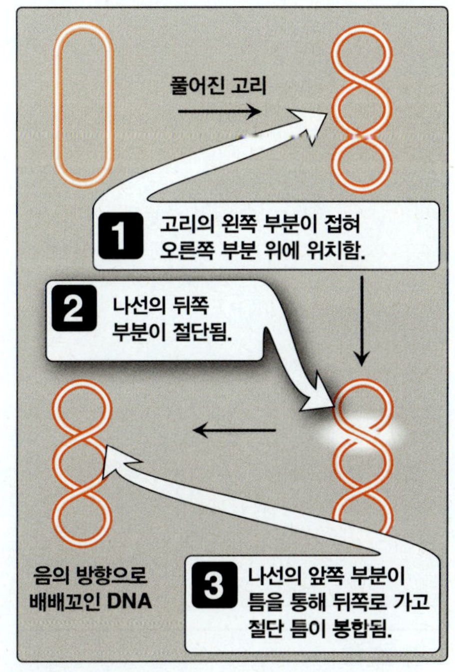

그림 30.13
II형 DNA 국소이성질체화효소의 작용.

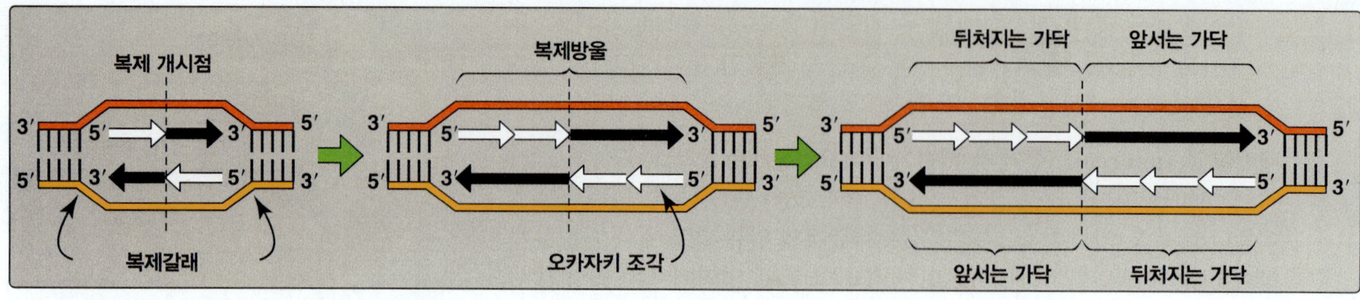

그림 30.14
반불연속적인 DNA 합성. *검은 화살표* = 연속적인 합성, *흰 화살표* = 불연속적인 합성.

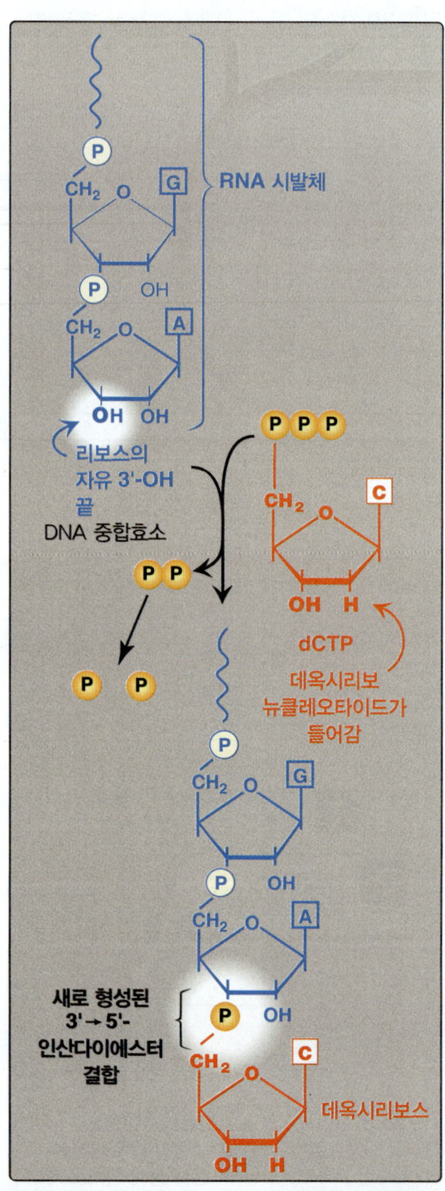

그림 30.15
DNA 합성을 초기화하는 RNA 시발체의 용도. Ⓟ와 Ⓟ = 인산염; dCTP = deoxycytidine triphosphate(삼인산데옥시사이티딘).

희수나무에서 추출한 캄프토테신(camptothecin)과 같은 항암제는 사람의 I형 국소이성질체화효소를, 에토포사이드(etoposide)는 II형 국소이성질체화효소를 표적으로 한다. 세균의 DNA 선회효소는 시플로플록사신(ciprofloxacin)과 같은 플루오로퀴놀론(fluoroquinolone)계 항생제의 독특한 표적이다.

C. DNA 복제의 방향

DNA 중합효소(DNA polymerases, DNA pols)는 부모 뉴클레오타이드 서열을 3′→5′ 방향으로만 읽어서 DNA 본틀을 복사하며, 오직 5′→3′의 방향으로만[DNA 본틀을 읽는 방향과 반대이므로 역평행(antiparallel)이라고 한다] 새로운 DNA 가닥을 합성한다. 따라서 하나의 부모 이중나선으로부터 새로 합성되는 2개의 뉴클레오타이드 사슬은 반드시 서로 다른 방향으로 길어진다: 하나는 5′→3′의 방향으로 복제갈래를 향하고 다른 하나는 5′→3′으로 복제갈래의 반대방향으로 향한다(그림 30.14). 이러한 과정은 각각의 가닥에 대하여 약간 다른 기전을 통하여 수행된다.

1. **앞서는 가닥(leading strand)**: 복제갈래의 진행방향으로 DNA의 복제가 일어나는 가닥을 앞서는 가닥이라 하며, 거의 지속적으로 복제가 일어난다.

2. **뒤처지는 가닥(lagging strand)**: 복제갈래 진행의 반대방향으로 DNA가 복제되는 가닥은 복제갈래 가까이에서 작은 DNA 조각들이 복제되기에 불연속적으로 복제가 일어난다. 불연속적인 작은 조각의 DNA 복제물인 오카자키 조각(Okazaki fragment)은 궁극적으로 연결되어 하나의 연속적인 DNA 가닥을 만든다. 이러한 기전을 통하여 새로 합성되는 DNA 가닥을 뒤처지는 가닥이라 한다.

D. RNA 시발체(RNA primer)

DNA 중합효소는 홑가닥의 본틀만을 가지고는 상보적인 가닥의 합성을 시작할 수 없다. 오히려 이 효소는 RNA 시발체를 필요로 한다. 이 시발체는 3′-끝의 자유 수산기를 갖는 짧은 RNA 가닥으로 DNA 본틀과 상보적 염기쌍을 형성하여 겹가닥의 DNA-RNA 혼성체를 형성한다(그림 30.15).

이 수산기는 DNA 중합효소의 작용으로 데옥시뉴클레오타이드의 최초의 받개로 작용한다. [참고: 당원 생성효소(glycogen synthase)도 짧은 당원 분자 형태의 시발체가 필요하다는 점을 기억하라(147쪽 참조).]

1. **시발효소(primase):** 시발효소(또는 DnaG)라 불리는 특이적인 RNA 중합효소(RNA polymerase)는 DNA 본틀에 역평행으로 상보적인 짧은 길이의 RNA(10여 개의 뉴클레오타이드 길이)를 합성한다. 결과적으로 생성되는 혼성 겹가닥(hybrid duplex)에서 DNA의 A가 RNA의 U(유라실)와 염기쌍을 형성한다. 그림 30.16에서 보는 바와 같이 뒤처지는 가닥은 짧은 RNA 서열이 복제갈래에서 계속적으로 합성되며, 앞서는 가닥은 복제 개시점에서 만들어진 최초의 RNA 서열로 충분하다. 이 과정의 기질은 5′-삼인산 리보뉴클레오사이드이고, 각각의 일인산 리보뉴클레오사이드로가 추가되면서 3′→5′ 인산다이에스터 결합을 형성하는 과정 중에 파이로인산이 유리된다. [참고: RNA 시발체는 아래 F에서 언급된 바와 같이 나중에 제거된다.]
2. **시발소체(primosome):** 시발효소를 첨가하면 DNA 가닥의 분리에 필요한 단백질의 전구시발복합체가 시발소체로 전환된다(479쪽 참조). 시발소체는 앞서는 가닥 합성에 필요한 RNA 시발체를 만들고, 뒤처지는 가닥 합성에서 오카자키 조각의 형성을 시작한다. DNA 합성과정처럼 시발체의 합성 방향은 5′→3′이다.

E. 사슬의 연장(chain elongation)

원핵생물(과 진핵생물)의 DNA 중합효소는 합성되는 사슬의 3′-끝에 데옥시리보뉴클레오타이드를 한 번에 하나씩 첨가함으로써 새로운 DNA 가

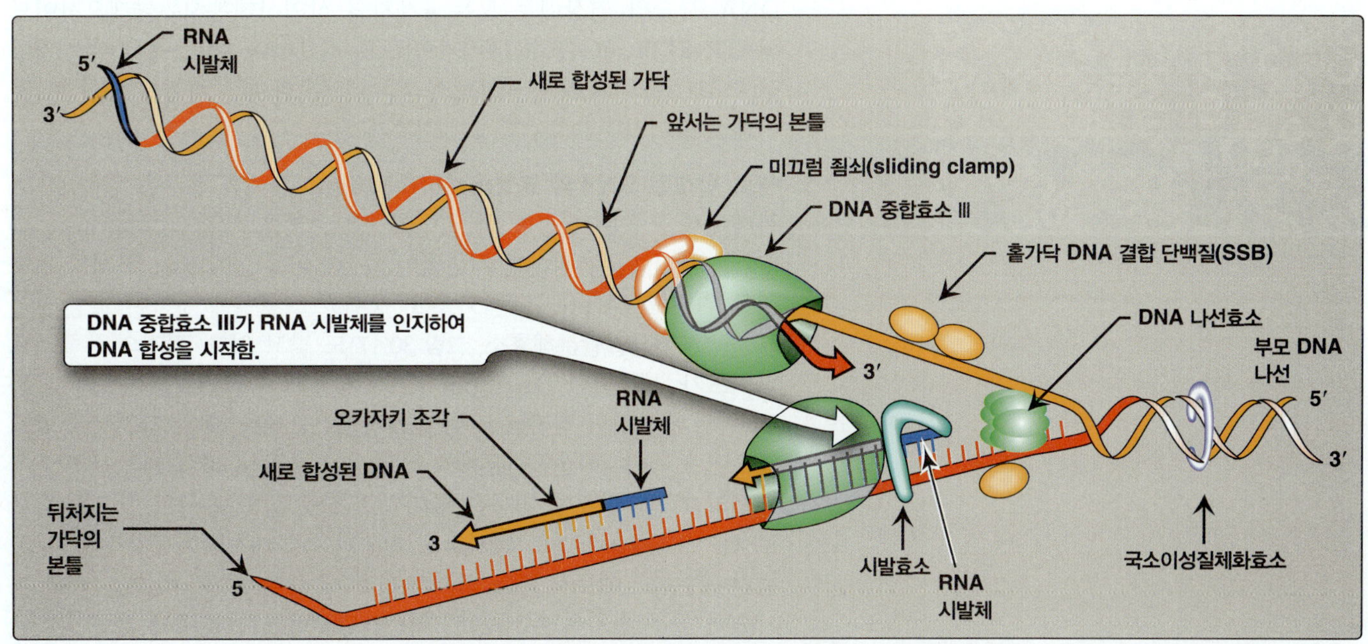

그림 30.16
앞서는 가닥과 뒤처지는 가닥의 길이 연장. [참고: DNA 미끄럼 죔쇠(DNA sliding clamp)는 나타내지 않았다.]

닥을 연장시킨다(그림 30.16 참조). 첨가되는 뉴클레오타이드는 본틀 가닥의 염기서열에 의해 결정되며, 이에 따라 차례로 염기쌍이 만들어진다.

1. **DNA 중합효소 III:** DNA 사슬의 연장은 다중소단위 효소인 DNA 중합효소 III(DNA pol III)에 의해 촉진된다. DNA pol III는 첫 번째 데옥시뉴클레오타이드의 받개로서 RNA 시발체의 3′- 수산기를 사용하여 새로 합성되는 사슬의 염기서열을 지정하는 홑가닥 본틀을 따라 뉴클레오타이드를 첨가하기 시작한다. DNA pol III는 매우 진행적인 효소이다. 즉 이것은 본틀 가닥을 따라 붙어 있는 상태로 이동하면서, 새로운 뉴클레오타이드를 첨가하기 전에 다시 결합하여 계속 결합한 상태를 유지한다. DNA pol III의 진행성은 β 소단위가 고리를 형성하여 DNA 본틀 가닥을 따라 일주하면서 미끄럼 DNA 죔쇠(sliding DNA clamp)로 작용하기 때문에 나타난다. [참고: 죔쇠의 형성은 단백질 복합체, 죔쇠적재 인자(clamp loader)와 ATP 가수분해에 의해 용이해진다.] 새(딸) 가닥은 5′→3′ 방향으로 합성되며 부모 가닥과 역평행이다(그림 30.16 참조). 뉴클레오타이드 기질은 5′-삼인산데옥시리보뉴클레오사이드이다. 길어지는 사슬에 새로운 일인산데옥시뉴클레오사이드가 첨가될 때마다 파이로인산(PPi)이 유리된다(그림 30.15 참조). PP_i가 2개의 P_i로 가수분해된다는 사실은 각 뉴클레오타이드를 첨가하는 데에 2개의 고에너지 결합이 소비됨을 의미한다.

> DNA 복제에서 볼 수 있듯이 PP_i를 생성하고 이어서 $2P_i$로 가수분해하는 과정은 생화학에서 흔한 주제이다. PP_i를 제거하는 것은 PP_i를 생성하는 반응이 정방향으로 진행하게 하여 본질적으로 비가역적 반응이 되게 한다.

DNA 사슬의 연장에는 모두 4가지의 삼인산데옥시뉴클레오사이드(dATP, dTTP, dCTP, dGTP)가 반드시 필요하다. 이 중에서 어떤 것이라도 그 농도가 DNA 중합효소의 뉴클레오타이드 결합에 대한 K_m값 아래로 떨어지면 DNA 합성이 멈추게 된다.

2. **새로 합성된 DNA의 교정(proofreading):** 개체의 생존을 위해 DNA 복제에서 오류는 가능한 한 없어야 한다. 본틀 서열의 오독(misreading)은 해가 되는, 심하면 치명적인 돌연변이를 일으킨다. 복제의 정확성을 위해 DNA pol III는 5′→3′ 중합효소 활성에 덧붙여 교정 활성(3′→5′ 핵산말단분해효소, 그림 30.17)도 갖고 있다. 각각의 뉴클레오타이드가 첨가되면 DNA pol III는 첨가된 뉴클레오타이드가 본틀 DNA의 상보적인 염기와 맞는 염기쌍인가를 확인한다. 염기쌍이 맞지 않으면 3′→5′ 핵산말단분해효소 활성이 오류를 교정한다. [참고: 이 효소의 핵산말단분해 기능은 염기쌍이 잘못된 3′-수산기 말단을 필요로 하기 때문에 제대로 염기쌍을 형성한 뉴클레오타이드 서열을 분해하지 않는다.] 예로서 본틀 염기가 C일 때 중합효소가 G 대신 A를 새 사슬에 잘못 첨가하면 3′→5′ 핵산말단분해효소 활성이 잘못 첨가된 염기를 가수분해하여 제거한다. 이후 5′→3′ 중합효소 활성이 뉴클레오타이드 첨가 단계를 반복하여 G를 함유하는 정확한 뉴클레오타이드

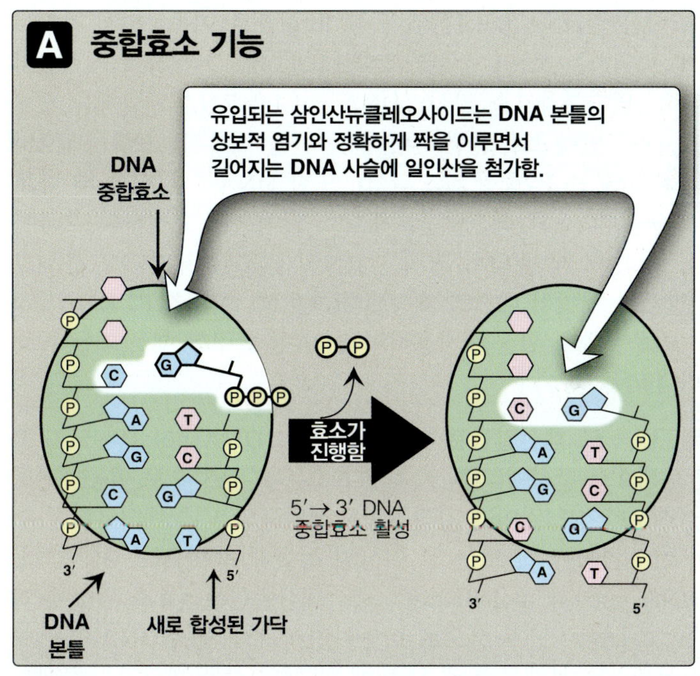

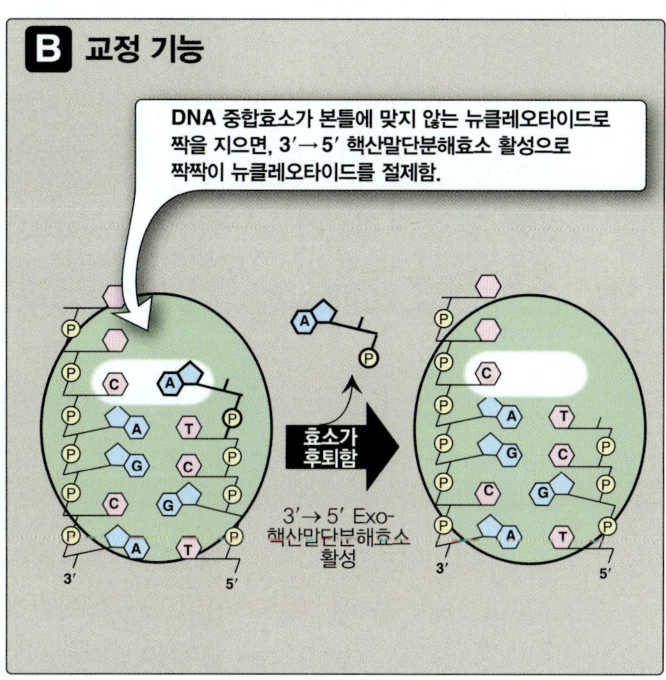

그림 30.17
DNA 중합효소 III의 3′ → 5′ 핵산말단분해효소 활성은 새로 합성된 DNA 가닥에 대한 교정을 한다.

를 삽입한다(그림 30.17 참조). [참고: 5′ →3′ 중합효소와 3′ →5′ 핵산말단분해효소 영역 DNA pol III의 서로 다른 소단위에 위치한다.]

낫적혈구빈혈은 베타-글로빈 유전자에서 A 대신에 T를 잘못 삽입하는 모노뉴클레오타이드 변화로 발생한다. 이 돌연변이는 베타-글로빈 단백질에 잘못된 아미노산(글루탐산 자리에 발린)이 끼어들어가게 해서 적혈구의 기능을 변화시킨다.

F. RNA 시발체의 절제와 DNA로의 대체

뒤처지는 가닥에서 DNA pol III는 다른 RNA 시발체의 5′-말단에 가까이 갈 때까지 합성을 계속한다. RNA 시발체를 만나면 RNA는 절제되고 오카자키 절편사이의 틈새는 DNA pol I에 의해 채워진다.

1. **5′ →3′ 핵산말단분해효소 활성:** DNA pol I는 DNA를 합성하는 5′ →3′ 중합효소 활성과 DNA pol III가 갖는 교정기능인 3′ →5′ 핵산말단분해효소 활성 외에도 RNA 시발체를 가수분해를 통해 제거할 수 있는 5 →3′ 핵산말단분해효소 활성을 갖는다. [참고: 이 활성들은 핵산내부분해효소처럼 DNA를 안에서 절단하지 않고 DNA 사슬의 끝에서 뉴클레오타이드를 하나씩 제거하기 때문에 핵산말단분해효소이다(그림 30.18).] 먼저 DNA pol I은 DNA pol III에 의해 만들어진 DNA의 3′-끝에 인접한 RNA 시발체의 5′-끝 부분 사이의 틈(nick)에

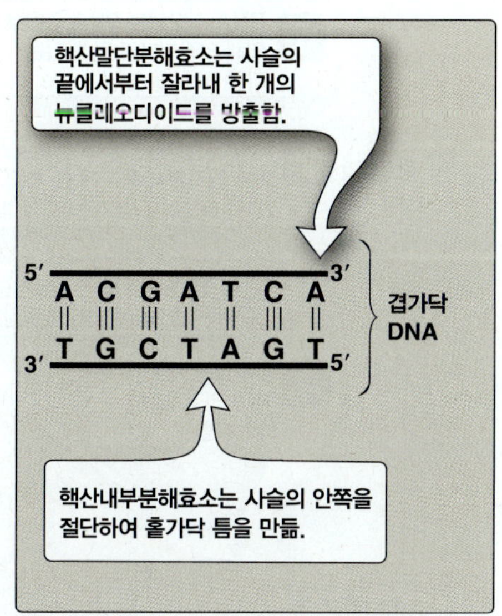

그림 30.18
핵산내부분해효소와 핵산말단분해효소의 비교. [참고: 제한핵산내부분해효소(552쪽 참조)는 두 가닥을 모두 절단한다.]

위치한다. 다음에 DNA pol I은 5′→3′ 방향으로 이동하면서 자신보다 앞쪽에 위치하는 RNA 뉴클레오타이드를 가수분해하여 제거한다(5′→3′ 핵산말단분해효소 활성). DNA pol I은 RNA 시발체를 제거하면서 5′→3′ 방향으로 진행하며, 빈 공간을 데옥시리보뉴클레오타이드로 채운다(5′→3′ 중합효소 활성). 또한 DNA를 합성할 때 새로 합성된 사슬을 3′→5′ 핵산말단분해효소 활성으로 교정하여 오류를 제거한다. 이러한 제거/합성/교정은 RNA가 모두 제거되고 틈새가 DNA 시발체로 채워질 때까지 계속된다(그림 30.19). [참고: DNA pol I은 5′→3′ 중합효소 활성을 사용하여 DNA를 복구할 때 생기는 틈새를 채운다(496쪽 참조).]

2. **5′→3′과 3′→5′ 핵산말단분해효소의 차이:** DNA pol I의 5′→3′ 핵산말단분해효소 활성에 의해 이 중합효소는 5′→3′으로 이동하면서 ~10 뉴클레오타이드 길이를 가진 RNA 시발체의 5′-끝에서부터 가수분해하여 한 번에 한 개 또는 그 이상의 뉴클레오타이드를 제거한다. 반면에 DNA pol I과 pol III의 3′→5′ 핵산말단분해효소 활성에 의해 이 중합효소들은 3′→5′으로 이동하면서 길어지는 DNA 가닥의 3′-끝에서부터 가수분해를 통해 한 번에 한 개의 잘못 끼워진 뉴클레오타이드를 제거하여 복제의 정확도를 높이는데, 이 때문에 새로 합성된 DNA는 10^7 뉴클레오타이드에 1개의 오류가 생길 뿐이다.

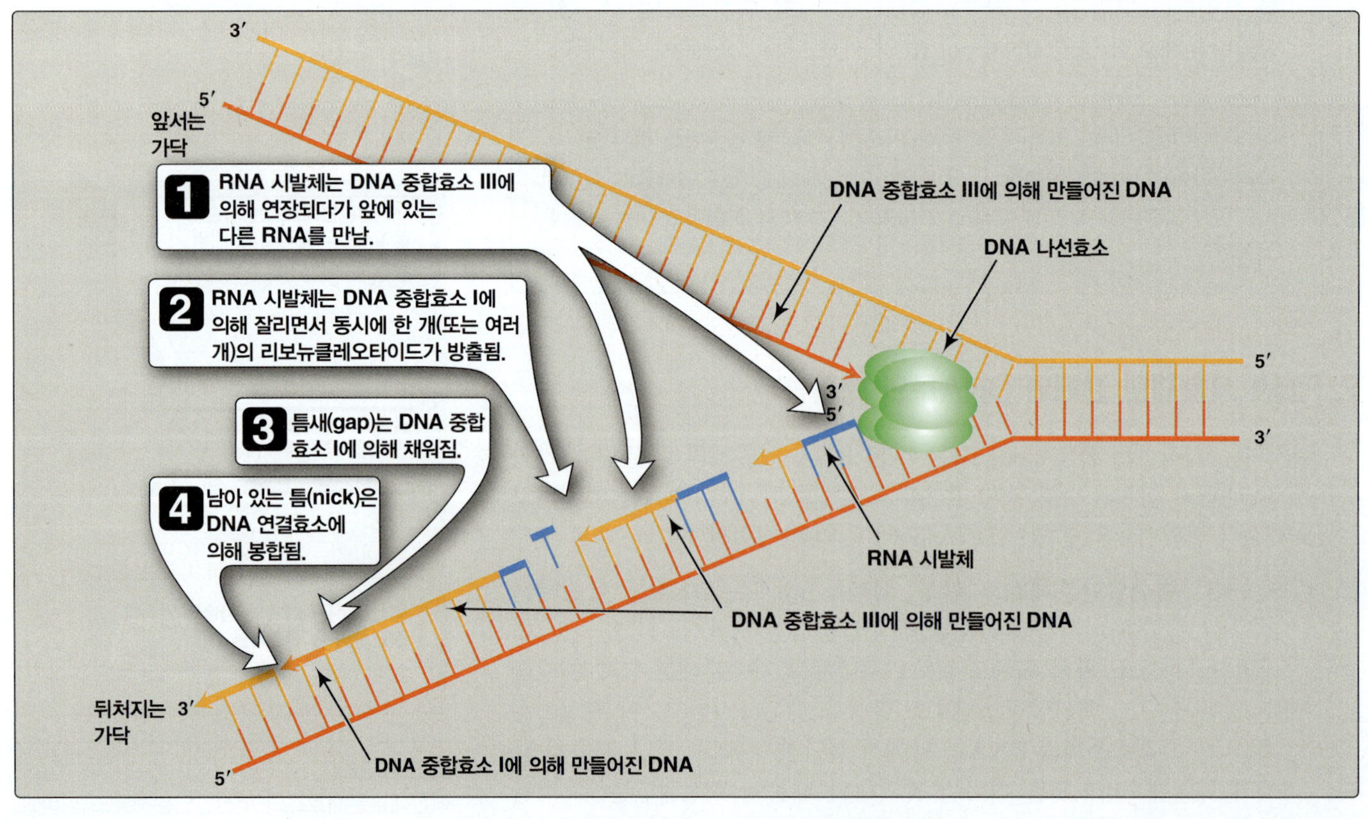

그림 30.19
DNA 중합효소 I에 의한 RNA 시발체의 제거와 결과적으로 만들어진 빈틈 채우기.

G. DNA 연결효소(DNA ligase)

DNA pol은 DNA 가닥과 한 개의 뉴클레오타이드 사이의 인산다이에스터 결합 형성만을 촉진할 수 있으며 DNA 가닥의 두 부분을 연결하지는 못한다. DNA pol III에 의해 생성된 DNA의 5′-인산기와 DNA pol I에 의해 생성된 DNA의 3′ 수산기 사이의 마지막 인산다이에스터 결합의 생성은 DNA 연결효소에 의해 촉진된다(그림 30.20). 두 사슬의 연결(ligation) 과정에는 에너지가 필요하며 생체에서는 ATP가 AMP와 PP_i로 분해되는 과정에서 제공된다.

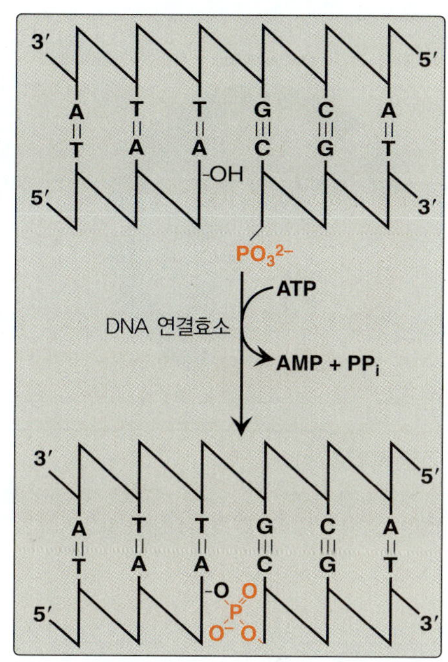

그림 30.20 DNA 연결효소에 의한 인산다이에스터 결합의 형성.

H. 종료(termination)

대장균의 복제 종료는 서열 특이 결합단백질인 종료자리사용물질(terminus utilization substance, Tus)에 의해 매개된다. Tus는 복제종류자리(ter) 결합하여 복제갈래의 이동을 중지시킨다.

IV. 진핵생물의 DNA 복제

진핵생물의 DNA의 복제는 원핵생물의 DNA의 복제와 거의 유사하다. 진핵생물은 다수의 복제 개시점을 이용하고 원핵생물은 하나의 복제 개시점을 이용한다는 등 몇 가지 차이점은 이미 언급하였다. 진핵생물의 ssDNA-결합 단백질과 ATP-의존 DNA 나선효소는 그 존재가 확인되었고, 원핵생물의 단백질과 기능적으로 매우 유사하다. 반면에 RNA 시발체는 DNA 중합효소가 아니라 RNase H와 끝자락 핵산내부분해효소-1(flap endonuclease-1, FEN1)에 의해 제거된다(그림 30.21).

기능	단백질
개시점 인식	ORC
나선효소 활성	*MCM*
ssDNA 보호	RPA
시발체 합성	Pol a/시발효소
미끄럼 죔쇠 역할	PCNA
시발체 제거	RNase H, FEN 1

그림 30.21
진핵생물 복제의 단백질과 그 기능. ORC = 개시점 인식 복합체; MCM = 소형염색체유지 복합체; RPA = 복제단백질A; PCNA = 증식세포 핵항원; FEN = flap endonuclease(끝자락 핵산내부분해효소).

A. 진핵생물의 세포주기(cell cylce)

진핵생물 DNA의 복제와 세포분열(유사분열)에서 일어나는 일들은 서로 조화를 이루어 세포주기를 완성한다(그림 30.22). DNA 복제가 일어나기 전의 중간시기를 G_1기(Gap 1 phase, 합성전기, 틈새 1)라 한다. DNA의 복제는 S기(synthesis phase, 합성기)에 일어난다. DNA 복제 후 또 다른 중간시기인 G_2기(합성후기, 틈새 2)가 있고 다음 세포분열기인 M기(mitosis phase, 유사분열기)로 진행한다. 세포분열을 완전히 정지한 세포(예: 성숙한 T 림프구)는 세포주기에서 빠져나와 G_0기(정지기)로 들어간다. 이러한 정지세포가 자극을 받으면 G_0기를 나와 G_1기로 다시 들어가 세포분열을 재개할 수 있다. [참고: 세포주기는 선행기가 완결될 때까지 다음 기로 진행하는 것을 막는 일련의 검사점(checkpoint)에 의해 조절된다. 두 종류의 단백질이 세포주기의 진행을 조절하고 있는데, 그 예로 싸이클린과 싸이클린-의존 인산화효소(Cdk)가 있다.]

B. 진핵생물의 DNA 중합효소

적어도 5가지의 고충실도의 진핵생물 DNA 중합효소가 알려져 있으며,

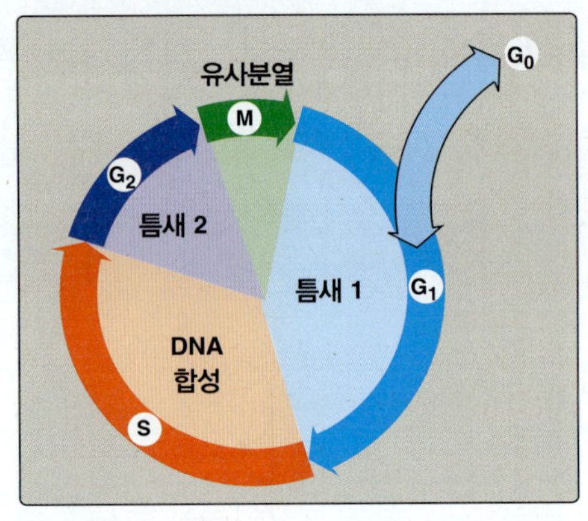

그림 30.22
진핵생물의 세포주기. [참고: 세포는 세포주기를 떠나 G_0라는 가역적인 휴지상태로 들어간다.]

중합효소	기능	교정*
Pol α (알파)	• 시발효소 포함 • DNA 합성의 개시	−
Pol β (베타)	• 복구	−
Pol δ (델타)	• 뒤처지는 가닥의 오카자키 조각의 연장	+
Pol ε (엡실론)	• 앞서는 가닥의 연장	+
Pol γ (감마)	• 사립체 DNA 복제	+

그림 30.23
진핵생물 DNA 중합효소(pol)의 활성. [참고: *3′→5′ 핵산말단분해효소 활성.]

분자량, 세포속 분포, 억제제에 대한 감수성, 작용하는 기질과 본틀에 따라 분류된다. 이들은 로마 숫자가 아닌 그리스 글자로 표시된다(그림 30.23).

1. **Pol α:** pol α은 다중소단위 효소이다. 그 중 한 소단위가 시발효소의 활성을 갖고 앞서는 가닥에서, 또한 뒤처지는 가닥의 오카자키 조각의 시작 부위에서 가닥 합성을 시작한다. 시발효소 소단위는 짧은 RNA 시발체를 합성하고, 이것은 pol α의 5′→3′ 중합효소 활성에 의해 연장되어 짧은 길이의 DNA 단편을 생성한다. 이 DNA 단편은 곧 pol ε과 Pol Δ와 같은 더 진행적인 DNA pol에 의해 연장된다. [참고: pol α는 또한 pol α/시발효소라고도 불린다.]

2. **Pol ε과 Pol δ:** pol ε은 앞서는 가닥의 DNA 합성을 완성하기 위해 동원되고, pol δ는 뒤처지는 가닥의 오카자키 조각을 연장한다. 각각의 효소는 3′→5′ 핵산말단분해효소 활성을 사용하여 새로 합성되는 DNA를 교정한다. [참고: DNA pol ε은 증식세포핵항원(PCNA)과 결합하는데, 이것은 대장균의 DNA pol III의 β 소단위와 동일한 방법으로 미끄럼 DNA 죔쇠로 작용함으로써 높은 진행성을 보장한다.]

3. **Pol β와 pol γ:** pol β는 DNA 복구에서 틈새 채우기에 관여한다(아래 참조). Pol γ는 사립체 DNA를 복제한다.

C. 끝분절(telomere)

끝분절은 선형의 염색체 양 끝에 위치하는 비부호화 DNA와 보호단백질(집합적으로 shelterin으로 알려짐)로 구성된 복합체이다. 그들은 염색체의 구조의 통합성을 유지하여 핵산분해효소의 공격을 막고, 복구체계가 dsDNA에 생긴 틈과 원래의 진짜 끝을 구별할 수 있도록 한다. 사람에서는 반복되는 AACCCT 서열에 염기쌍을 형성하는 AGGGTT라는 비부호화 육합체 서열이 수천 개 직렬로 반복되어 있다. AGGGTT 반복서열을 갖는 가닥("G가 풍부한 가닥")은 이에 상보적인 AACCCT 반복서열 가닥("C가 풍부한 가닥")보다 길어서 3′-끝에 길이가 수백 뉴클레오타이드인 ssDNA가 남아 있다. 홑가닥 영역은 스스로 접혀져 단백질에 의해 안정화될 수 있는 올가미(loop) 구조를 형성한다.

1. **끝분절 단축(telomere shortening):** 진핵생물은 선형 DNA 분자의 끝을 합성하는 방법이라는 특별한 문제에 봉착한다. 뒤처지는 가닥에서 최종 5′-끝의 RNA 시발체가 제거되면 DNA의 빈 틈새를 채울 수 있는 방법이 없다. 결과적으로 대부분의 사람 체세포의 경우는 세포분열을 할 때마다 끝분절의 길이가 짧아진다. 끝분절의 길이가 임계길이까지 짧아지면 더 이상 세포분열을 할 수 없으며, 이 상태를 노화되었다고 말한다. 암세포는 물론이고 생식세포나 줄기세포는 끝분절이 짧아지지 않으며, 세포가 노화되지 않는다. 그 이유는 끝분절복원효소라는 리보핵산단백질을 가지고 있어 그 길이가 유지되기 때문이다.

2. **끝분절복원효소(telomerase):** 이 효소 복합체는 역전사효소로 작용하는 단백질(TERT)과 본틀로 작용하는 작은 RNA 단편(TERC)을 갖고

있다. C가 풍부한 RNA 본틀은 G가 풍부한 홑가닥 끝분절 DNA의 3′-끝과 염기쌍을 형성한다(그림 30.24). 역전사효소는 RNA 본틀을 사용해서 보통의 5′→3′ 방향으로 DNA를 합성하여 이미 긴 상태인 3′-끝을 연장시킨다. 끝분절복원효소는 새로 합성된 끝으로 자리를 이동하여 동일한 과정을 반복한다. 일단 G가 풍부한 가닥이 길어지면 DNA pol α의 시발효소 활성이 이를 본틀로 사용하여 RNA 시발체를 합성할 수 있다. RNA 시발체는 DNA pol α에 의해 연장되고 다음에 시발체는 제거된다.

> 끝분절은 대부분의 세포가 분열을 한 횟수에 따라 역비례하여 길이가 짧아지므로 세포분열시계(mitotic clock)로 볼 수 있다. 끝분절에 대한 연구는 노화와 암의 생물학에 대한 통찰을 제공한다.

D. 역전사효소(reverse transcriptase)

역전사효소는 끝분절복원효소에서 보여주는 것처럼 RNA 주도 DNA 중합효소이다. 사람 면역결핍 바이러스(HIV)와 같은 레트로바이러스는 홑가닥의 RNA 분자가 자신의 유전체이다. 레트로바이러스가 숙주세포를 감염시키면 바이러스의 역전사효소가 자신의 RNA를 본틀로 사용하여 5′→3′ 방향으로 바이러스 DNA를 합성한다. 합성된 DNA는 숙주세포의 염색체에 통합된다. 역전사효소 활성은 유전체를 돌아다닐 수 있는 DNA 요소인 이동유전자(transposon)에서도 발견된다(547쪽 참조). 진핵생물에서 대부분의 이동유전자는 RNA로 전사되고, 이 RNA를 본틀로 사용하여 이동유전자가 부호화하고 있는 역전사효소가 DNA를 합성한다. [참고: RNA 중간대사물을 갖는 이동유전자를 역이동유전자(retrotransposon, retroposon)라고 한다.]

E. 뉴클레오사이드 유사체에 의한 DNA 합성의 억제

DNA 사슬의 연장은 뉴클레오사이드의 당 부위를 변화시킨 특정 뉴클레오사이드 유사체의 혼입을 통하여 정지시킬 수 있다(그림 30.25). 예를 들면 데옥시리보스 고리의 3′-탄소의 수산기를 제거한 2′, 3′-다이데옥시이노신(ddI라고도 함)이나 데옥시리보스의 다른 당(예: 아라비노스)으로 치환은 사슬의 연장을 정지시킨다. 이 화합물들은 DNA 복제를 방해함으로써 빠르게 성장하는 세포나 바이러스의 분열을 느려지게 한다. 예를 들면 사이토신 아라비노사이드(araC)는 항암 화학요법에 사용되고 있다. 반면 아데닌 아라비노사이드(araA)는 항바이러스제이다. 자이도부딘(AZT)과 같이 당 부분을 대체하면 또한 DNA 사슬의 연장을 종료시킨다. [참고: 이 약들은 일반적으로 뉴클레오사이드로서 제공되고 세포의 인산화효소에 의해 활성형 뉴클레오타이드로 전환된다.]

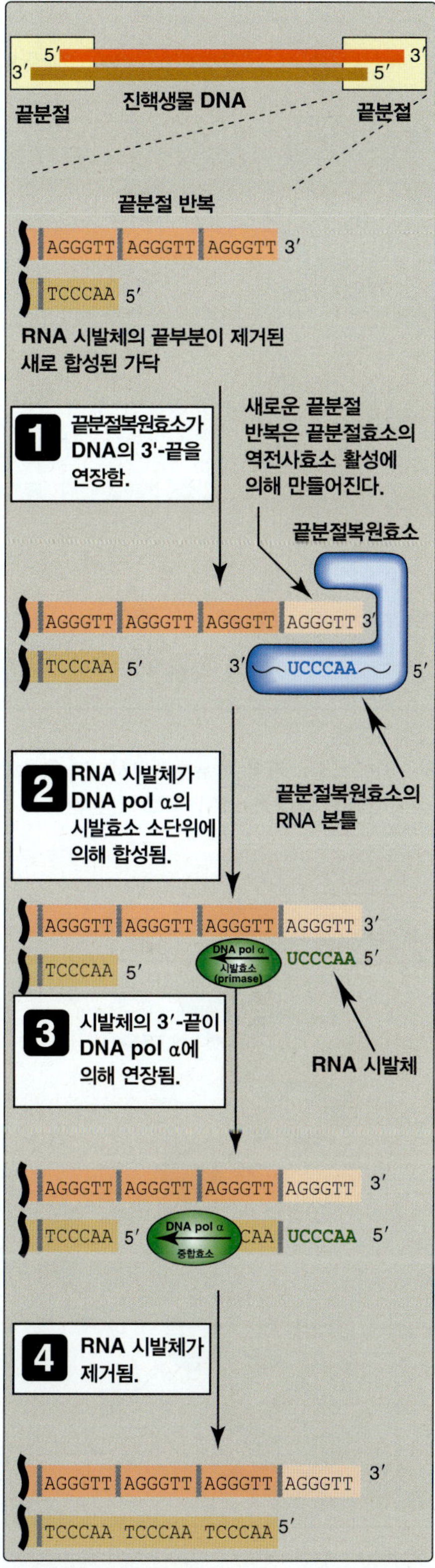

그림 30.24
끝분절복원효소의 작용기전. pol = 중합효소.

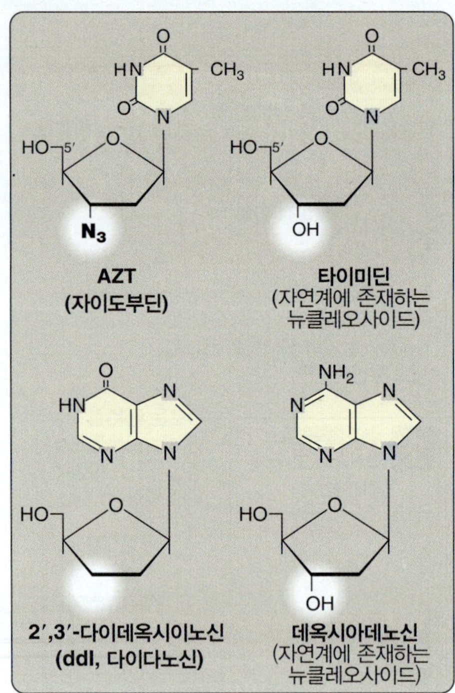

그림 30.25
3′-하이드록실기가 없는 뉴클레오사이드 유사체. [참조: ddI는 활성형(ddATP)으로 전환된다.]

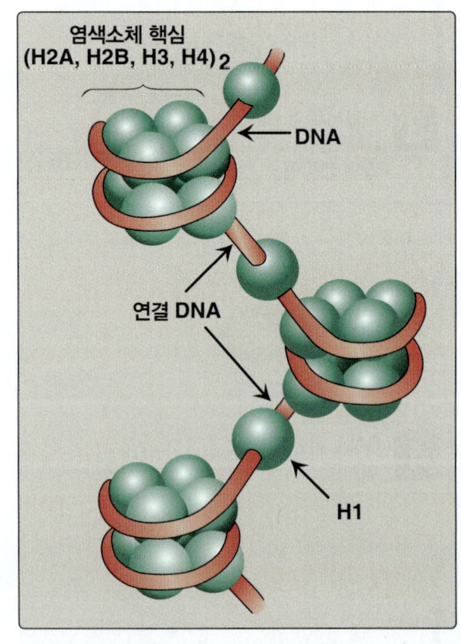

그림 30.26
염색소체의 구조를 보여주는 사람 DNA의 조직화. H = 히스톤.

V. 진핵생물 DNA의 조직화(Organization)

전형적인 사람 세포는 46개의 염색체를 가지고 있으며, 이 DNA의 전체 길이는 2미터 정도이다. 어떻게 이 거대한 유전물질이 세포핵 정도의 작은 부피로 효과적으로 꾸려져(packaging) 효율적으로 복제되고 유전정보가 발현되는가는 상상하기 어려울 정도이다. 이 과정을 위하여 DNA는 각각 자신과 같은 긴 분자를 질서 정연하게 꾸려지도록 특화된 기능을 수행하는 많은 수의 단백질과 상호작용한다. 진핵생물의 DNA는 히스톤이라 불리는 염기성 단백질과 강하게 결합하고 있다. 이들은 DNA를 기본적인 구조 단위인 염색소체(nucleosomes, 줄에 꿰인 염주알과 유사)로 정돈한다. 염색소체는 더 모여서 점점 복잡한 구조가 되고 이 과정은 거대한 DNA 분자를 응집 정렬하여 염색체로 만든다. 이 염색체는 세포분열과정에서 분리가 이루어진다. [참고: 진핵세포 핵 안에 존재하는 DNA와 단백질의 복합체를 염색질(chromatin)이라고 부른다.]

A. 히스톤과 염색소체의 형성

히스톤(histone)에는 5종류가 존재하며, 이를 H1, H2A, H2B, H3, H4로 표시한다. 이 작고 진화적으로 보존된 단백질들은 아르지닌과 라이신이 풍부하여 생체의 pH에서 양전하를 띤다. 이 양전하에 의해 음전하를 띠는 DNA와 이온결합을 이룬다. 히스톤은 Mg^{2+}과 같은 이온과 함께 음으로 하전된 DNA의 인산기의 중화에 도움을 준다.

1. **염색소체(nucleosome):** 각각 2분자의 H2A, H2B, H3, H4가 개별적인 염색소체 "염주(bead)"의 팔합체 핵심을 이룬다. 구조적 핵심을 중심으로 dsDNA 분절이 거의 두 바퀴를 감는다(그림 30.26). 감김은 나선형 회선을 제거하여 음의 배배꼬임(supecoiling)을 일으킨다 [참고: 히스톤의 N-말단 끝은 아세틸화, 메틸화, 또는 인산화될 수 있다. 이러한 가역적인 공유결합 변형은 DNA에 결합하는 히스톤의 결합 정도에 영향을 주어 특정 유전자의 발현에 영향을 줄 수 있다. 히스톤 변형은 후성유전학(epigenetics) 또는 뉴클레오타이드 서열의 변형없이 일어나는 유전자 발현의 유전적 변화의 예가 된다.] 서로 인접하는 염색소체는 대략 50 염기쌍 길이의 연결 DNA(linker DNA)에 의해 이어진다. 히스톤 H1은 여러 종류의 유사한 히스톤이 있지만 염색소체 핵심에서 발견되지 않고 염색소체 사이의 연결 DNA에 결합한다. H1은 가장 조직 특이적이면서 종(species)에 특이적인 단백질이다. 이 단백질은 염색소체를 보다 치밀한 구조로 압축하는 것을 용이하게 한다. [주의: 우리말 용어인 핵소체(nucleolus)와 혼동하지 말 것].

2. **고도의 조직화:** 염색소체는 더 치밀하게 꾸려져 핵 잔섬유(nucleofilament)를 형성한다. 이 구조는 코일의 모양을 하며, 30 nm 섬유라고도 한다. 이 섬유는 올가미 모양으로 조직화되고, 다양한 단백질을 포함하고 있는 핵 지지대에 결합한다. 조직화가 더 진행되면 최종적으로 염색체가 된다(그림 30.27).

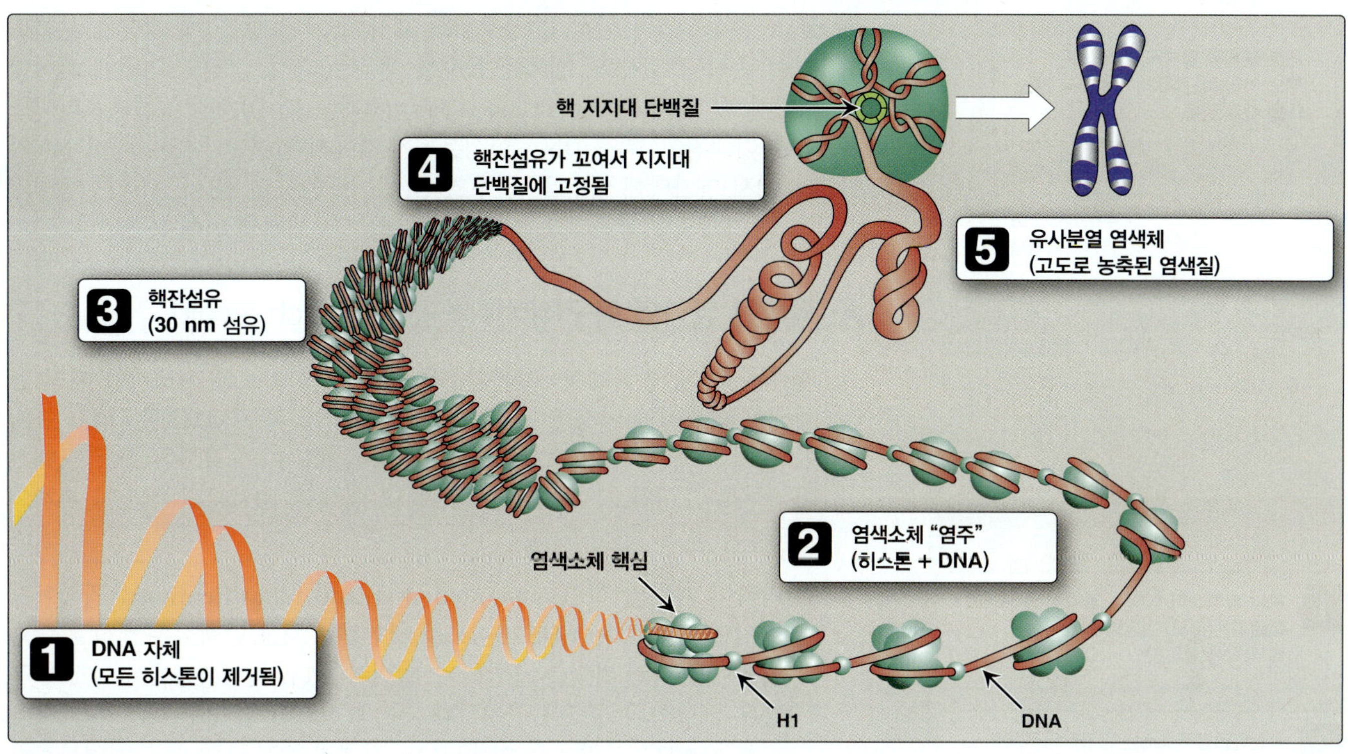

그림 30.27
진핵생물 DNA 구조의 조직화. [참고: 1~5까지 10^4배로 압축되는 과정을 보여준다.] H = 히스톤.

B. DNA 복제에서 염색소체의 운명

부모 염색소체는 복제되는 동안 DNA에 접근할 수 있도록 이완되어야 한다. 일단 DNA 합성이 시작되면 염색소체들이 재빨리 형성된다. 이때 히스톤 단백질은 새로 합성된 것이거나 기존의 부모 히스톤에서 전달된 것이다.

VI. DNA의 복구(DNA Repair)

정교한 교정 체계가 DNA 합성에 적용되더라도 부정확한 염기쌍 형성 또는 몇 개의 별도 뉴클레오타이드의 삽입과 같은 오류가 일어날 수 있다. 더구나 DNA는 지속적으로 환경으로부터 많은 손상을 받아 뉴클레오타이드 염기에 변이가 생기거나 염기가 제거될 수 있다. 손상 인자에는 화학물질(예: 아질산은 염기를 탈아미노화할 수 있음)과 방사선(예를 들면 비이온화 자외선은 DNA에서 인접한 두 피리미딘을 융합하고, 고에너지의 이온화 방사선은 겹가닥을 절단함)이 있다. 포유동물의 DNA는 하루에 세포당 수천 개씩 자연적으로 염기의 변경 또는 소실이 일어나고 있다. 만약 이러한 손상이 복구되지 않는다면 영구적인 돌연변이가 생겨 수많은 유해한 결과를 초래할 수 있다. 예를 들면 돌연변이 세포의 증식이 제어되지 않아 암세포로 발전할 수 있다. 다행히도 세포가 DNA 손상을 복구하는 것은 매우 능률적이다. 대부분의 복구 체계

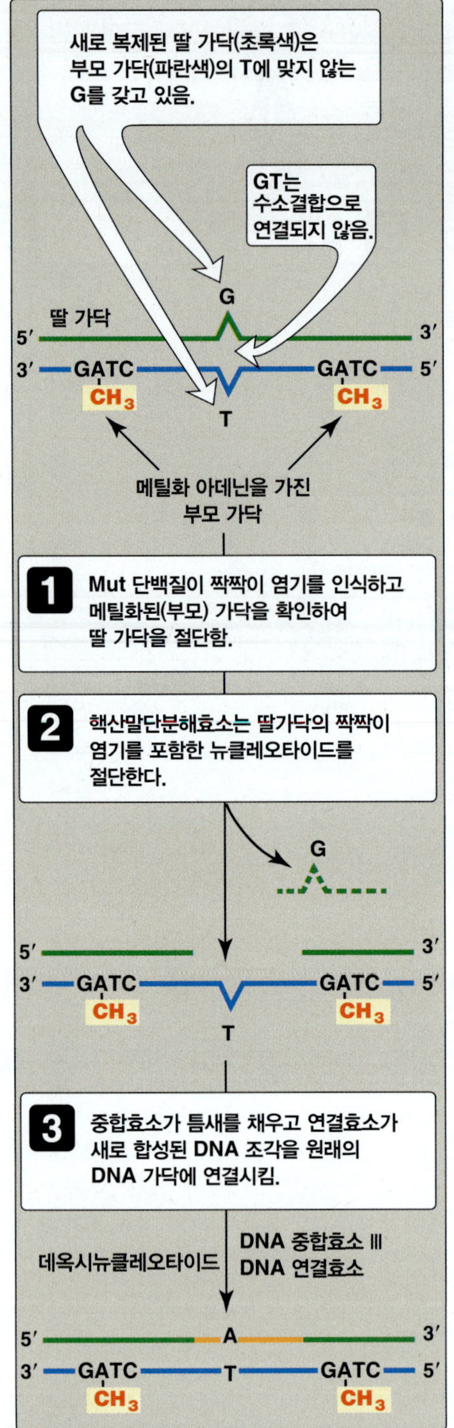

그림 30.28
대장균에서 메틸기주도 짝짝이 복구. [참고: 단백질 Mut S와 Mut L이 짝짝이를 인식하고 부모(메틸화된) 가닥을 확인하면, Mut H가 딸 가닥을 절단한다.]

는 DNA 손상부위의 인식, 손상부위의 제거 또는 절제, 자매 가닥을 본틀로 사용하여 손상된 DNA의 절제된 틈새를 채우는 과정, 그리고 연결에 관여한다. 따라서 이 절제 복구(excision repair) 체계는 1~10개의 뉴클레오타이드를 제거한다. [참고: 복구 DNA 합성은 S기 밖에서 일어난다.] 손상은 DNA의 한 장소에서 양가닥에 영향을 줄 수 있다(예: 이중-가닥 절단). 이러한 형태의 손상은 한 가닥의 손상을 제거하는 것과 다른 복구체계에 의해 복구된다.

A. 짝짝이 염기의 복구(짝짝이 복구, mismatch repair)

때로는 DNA 합성에서 교정 기능을 벗어나 복제 오류가 생기면 여러 염기에서 짝짝이가 발생한다. 대장균에서 짝짝이 복구(MMR)는 Mut 단백질 군에 의해 매개된다(그림 30.28). 사람에게도 이와 유사한 상동 단백질이 존재한다. [참고: MMR은 천만분의 일에서 10억분의 일까지 복제의 오류율을 감소시킨다.]

1. **짝짝이 가닥의 확인(mismatched strand identification):** 짝짝이가 생기면 짝짝이 뉴클레오타이드를 확인하는 Mut 단백질은 정상 가닥과 짝짝이를 가진 가닥을 구별할 수 있어야 한다. 원핵생물에서 이것의 구별은 메틸화의 정도에 근거한다. 천 개 정도의 염기마다 한 번씩 나타나는 GATC 서열에서 아데닌(A) 잔기가 DNA 아데닌 메틸화효소(DNA adenine methylase, DAM)에 의해 메틸화된다. 이 메틸화는 DNA 합성이 일어난 후 곧바로 일어나지 않으므로 새로 합성된 DNA는 반쪽만 메틸화되어 있다(hemimethylated). 즉 부모 가닥은 메틸화되어 있지만 새로 합성된 딸 가닥은 메틸화 되어 있지 않다. 메틸화가 되어 있는 부모 가닥이 옳은 것으로 추측하고 딸 가닥에서 복구가 일어난다. [참고: 진핵생물의 경우는 딸 가닥을 확인하는 정확한 기전이 밝혀져 있지 않지만 새로 합성된 가닥의 틈을 인식하는 것이 관여할 것 같다.]

2. **복구과정:** 새로 합성된 가닥에 짝짝이의 존재가 확인되면 어떤 핵산내부분해효소(endonuclease)가 짝짝이 가닥에 틈을 만들고, 핵산말단분해효소(exonuclease)가 짝짝이 뉴클레오타이드를 제거한다. 이때 짝짝이 부위보다 5′ 끝과 3′ 끝으로 더 넓은 부위가 제거된다. 뉴클레오타이드가 제거된 틈새(gap)는 DNA 중합효소(전형적으로 DNA pol III)가 자매 가닥을 본틀로 사용하여 다시 채워진다. 새로 합성되는 DNA의 3′-수산기는 DNA 연결효소의 작용으로 원래의 DNA 가닥의 5′ 인산기에 연결된다.

> 사람에서 짝짝이 복구에 관여하는 단백질의 돌연변이는 유전성 비용종 대장암[hereditary nonpolyposis colorectal cancer(HNPCC), 린치(Lynch) 증후군이라고도 함]과 관련이 있다. MSH2와 MLH1(세균의 Mut 단백질의 사람 상동유전자)의 돌연변이가 린치증후군 환자의 90%와 관련이 있다. HNPCC가 있으면 (다른 암과 마찬가지로) 대장암이 발생할 위험이 커지지만, 전체 대장암에서 짝짝이 복구의 돌연변이가 원인인 경우는 5% 정도에 불과하다.

B. 뉴클레오타이드 절제 복구(nucleotide excision repair, NER)

세포가 UV에 노출되면 인접한 2개의 피리미딘 염기(주로 타이민) 사이에 공유결합에 의한 이합체가 형성된다. 타이민 이합체 뒤쪽의 DNA 가닥에서는 DNA 중합효소에 의한 DNA 복제가 방해를 받는다. 세균에서 타이민 이합체는 그림 30.29에서 보여준 것처럼 뉴클레오타이드 절제 복구로 알려진 과정으로 UvrABC 단백질에 의해 절제된다. 사람에게도 유사한 복구 경로가 존재한다(아래 2 참조). NER은 두 가지의 DNA 손상인식 기전을 갖고 있다. 전유전체 복구는 염색체 전체에서 손상을 찾고 전사-연합 복구는 RNA 중합효소가 만나는 DNA 손상부위를 찾아낸다.

1. **UV에 특이적인 핵산내부분해효소에 의한 이합체의 인식 및 제거:** 우선 UV 특이 핵산내부분해효소(uvrABC 핵산절제효소)가 이합체를 인식하고 손상된 사슬에서 이합체의 5′쪽과 3′쪽의 손상된 가닥을 절단한다. 이합체를 포함하고 있는 짧은 올리고뉴클레오타이드는 유리되고, 이합체가 있던 DNA 가닥에는 틈새가 생긴다. 이 틈새는 DNA pol I과 DNA 연결효소에 의해 채워진다. 사람의 NER 경로는 피부세포에 형성된 피리미딘 이합체를 제거하고 화학물질 노출에 의한 DNA 손상[예: 담배연기의 벤조피렌(benzo[a]pyrene)에 의한 BP-G(benzo[a]pyrene-guanine adduct) 첨가생성물]을 복구하기 위하여 추가적으로 다른 단백질들을 사용한다.

2. **자외선 조사와 암 발생:** 사람의 피부세포가 태양광에 직접 노출되면 피리미딘 이합체가 생길 수 있다. 희귀한 색소성건피증(xeroderma pigmentosum, XP)이라는 병은 손상된 DNA를 세포가 복구할 수 없어 돌연변이가 광대하게 축적되어 결국 일찍 수많은 피부암이 발생한다(그림 30.30). XP는 사람에서 UV 손상의 뉴클레오타이드 절제 복구에 필요한 XP 단백질 부호를 갖는 여러 유전자 중 어느 하나라도 결함이 있으면 발생할 수 있다.

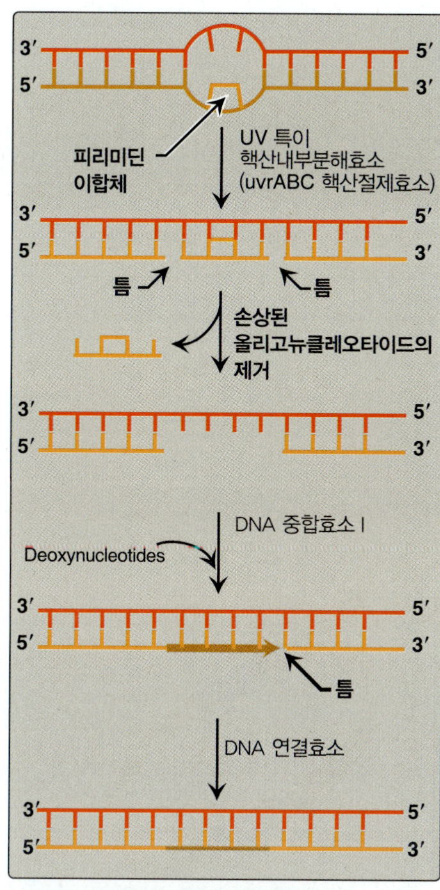

그림 30.29
대장균 DNA에서 피리미딘 이합체의 뉴클레오타이드 절제 복구. UV = 자외선.

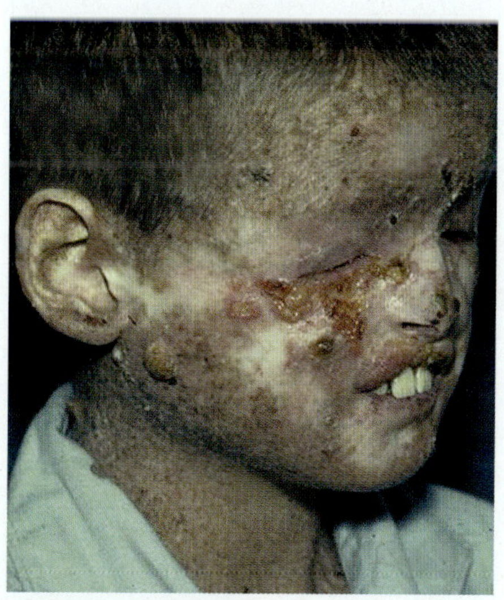

그림 30.30
색소성건피증 환자.

C. 염기절제 복구(Base excision repair, BER)

DNA의 염기는 사이토신의 경우에서 볼 수 있는 것처럼 서서히 아미노기가 제거되어(deamination; 아미노기의 소실) 유라실로 바뀌듯이 저절로 변이가 생길 수도 있고, 탈아미노화제나 알킬화제 등에 의해 변이가 생길 수도 있다. 예를 들면 아질산(nitrous acid)은 세포속에서 나이트로사민(nitrosamine), 아질산염(nitrite), 질산염(nitrate) 등과 같은 전구체로부터 생성되는데, 이것은 사이토신, 아데닌(하이포잔틴으로)), 구아닌(잔틴으로) 등의 아미노기를 제거하는 강력한 화합물이다. 염기는 또한 데옥시리보스 당 뼈대의 가수분해에 의해 저절로 소실될 수도 있다. 예를 들면 하루에 세포당 약 10,000여 개의 퓨린 염기가 소실된다. 염기의 변이나 소실이 일어난 손상부위는 염기절제 복구(BER)를 통해 회복된다(그림 30.31).

1. **비정상 염기의 제거:** BER에서, 사이토신의 탈아미노화에 의하거나 또는 DNA 합성에서 dTTP 대신 dUTP가 잘못 들어가 DNA에 생기는 유라실과 같은 비정상 염기는 DNA 가닥의 데옥시리보스-인산 뼈대로

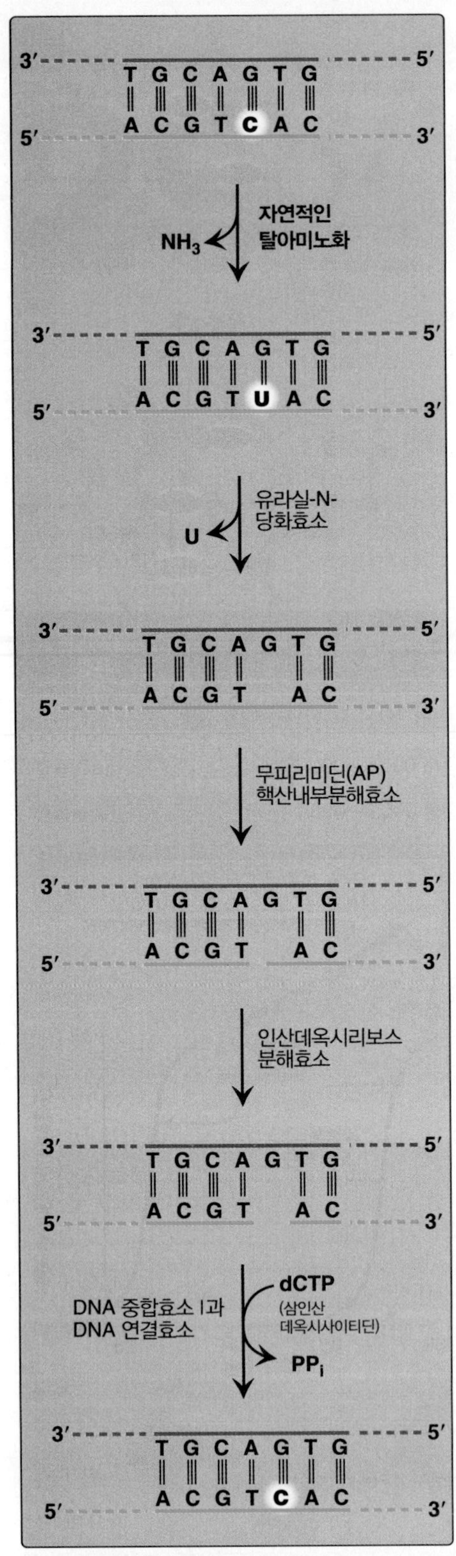

그림 30.31
염기절제 복구에 의한 염기 변형의 교정.
C = 사이토신; U = 우라실; NH_3 = 암모니아;
PP_i = 파이로인산염.

부터 손상된 염기만을 가수분해하여 제거하는 특정 당화효소에 의해 인식되어 제거된다. 이 과정을 통하여 피리미딘이나 퓨린이 제거된 무피리미딘 자리 또는 무퓨린 자리가 생긴다. 무피리미딘 자리와 무퓨린 자리를 모두 AP 자리라고 한다.

2. **AP 자리의 인식과 복구:** 특정 AP-핵산내부분해효소가 염기소실 부분을 인식하고 AP 자리의 5′ 위치의 인산다이에스터 결합을 절단한다. 인산데옥시리보스 분해효소(deoxyribose phosphate lyase)가 염기가 없는 인산당 잔기를 제거한다. DNA pol I과 DNA 연결효소가 남은 복구과정을 완성한다.

D. 겹가닥 절단틈의 복구(double-strand break repair)

이온화 방사선이나 독소루비신(doxorubicin)과 같은 화학요법제 및 산화성 자유 라디칼(171쪽 참조)은 DNA 겹가닥의 절단틈을 만들 수 있는데, 이것은 세포에 매우 치명적이다. [참고: 이 겹가닥 절단틈은 유전자의 재조합과정에서도 정상적으로 일어난다.] 겹가닥 절단틈은 앞에서 기술한 복구 전략(한쪽 가닥의 손상된 부위를 절제하고 남은 가닥을 본틀로 사용하여 뉴클레오타이드가 소실된 부분을 대체함)으로는 복구할 수 없다. 그 대신 겹가닥 절단틈은 다음 2가지 체계 중의 하나를 통하여 복구된다. 첫째는 비상동성 끝부위연결(nonhomologous end joining, NHEJ) 복구로서 일련의 단백질이 틈의 인식, 복구 진행, 두 DNA 조각 끝의 연결을 매개한다. 그러나 일부 DNA는 이 과정 중에 소실된다. 결과적으로 이 복구 기전은 오류가 빈발하고 돌연변이를 유발한다. 이러한 복구 체계의 이상은 암 발생 및 면역결핍증후군과 관련이 있다. 둘째는 상동성 재조합(homologous recombination, HR) 복구로서 감수분열 시기의 정상적인 상동 염색체간의 유전자 재조합과정을 담당하는 효소들을 사용한다. 이 복구 체계는 소실된 어떤 DNA라도 본틀로 상동성 DNA를 사용하여 대체할 수 있기 때문에 NHEJ 복구에 비해 오류의 가능성이 훨씬 적다. NHEJ는 어느 때나 일어날 수 있지만, HR은 후기 S와 G2 시기에 일어난다. [참고: HR과 관련이 있는 BRCA1과 BRCA2 단백질의 돌연변이에 의해 유방암과 난소암의 발병 위험성이 증가한다.]

VII. 요약

- DNA는 일인산데옥시리보뉴클레오타이드가 3′ → 5′ 인산다이에스터 결합에 의해 공유결합으로 연결된 중합체이다. 그 결과 생성된 길고 가지없는 사슬은 5′-끝과 3′-끝과 함께 **극성**을 띤다. 뉴클레오타이드는 5′에서 3′ 방향으로 읽는다(그림 30.32).
- DNA는 두 사슬이 **역평행**으로 쌍을 형성하며, 서로 감기는 **이중나선**의 겹가닥 분자로 존재한다. **아데닌**은 **타이민**과 쌍을 이루고 **사이토신**은 **구아닌**과 쌍을 이룬다.
- 각각의 DNA 가닥은 **상보적인** 딸 가닥의 합성에 **본틀**로 작용한다(**반보존적 복제**). DNA 복제는 세포주기의 S기에 **복제 개시점**에서 시작한다. 두 가닥이 풀려 분리되면 합성이 두 개의 **복제갈래**에서 일어나 개시점에서 반대방향으로(양방향으로) 진행한다. **나선효소는 이중나선을 풀어준다**. 이중나선의 두 가닥이 분리되면 복제갈래 앞쪽의 DNA 부위에서 양성 **배배꼬임**이 생기고, 복제갈래 뒤쪽에서는 음성 배배꼬임이 생긴다. **1형** 및 **제2형 국소이성질체화효소**가 배배꼬임을 제거한다.
- **DNA 중합효소(pol)**는 새 DNA 가닥을 **5′ → 3′** 방향으로만 합성하고 **시발효소**에 의해 합성되는 짧은 단편의 RNA **시발체**를 필요로 한다. 따라서 새로 생성되는 뉴클레오타이드 사슬의 하나는 복제갈래로 향하는 5′ → 3′ 방향으로 길어지고(**앞서는 가닥**), 다른 하나는 복제갈래에서 멀어지는 3′ → 5′ 방향으로 길어진다(**뒤처지는 가닥**). 앞서는 가닥 합성은 하나의 RNA 시발체로부터 연속적이지만 뒤처지는 가닥은 수많은 시발체를 필요로 한다(**오카자키 절편**이 관여하는 **불연속적** 합성).
- 대장균에서 DNA 사슬의 연장은 **DNA pol III**에 의해 **5′-삼인산데옥시리보뉴클레오사이드**를 기질로 사용하여 이루어진다. 이 효소는 **교정** 기능이 있어서 말단의 짝짝이 뉴클레오타이드를 **3′ → 5′ 핵산말단분해효소** 활성으로 제거한다. RNA 시발체는 **DNA pol I**의 **5′ → 3′ 핵산말단분해효소** 활성에 의해 제거되고, 이때 생성되는 틈새는 합성하면서 교정을 하는 DNA pol I에 의해 DNA로 다시 채워진다. 최종 인산다이에스터 결합은 **DNA 연결효소**에 의해 생성된다.
- **진핵생물**에는 적어도 5가지 이상의 고충실도 **DNA 중합효소**가 존재한다. **Pol α**는 여러 개의 소단위를 갖는 효소로서 그중에 한 소단위는 **시발효소**이다. pol α 5′ → 3′ 중합효소 활성은 RNA 시발체에 짧은 길이의 DNA를 첨가한다. **Pol ε**는 앞서는 가닥에서 DNA 합성을 완성하고, **pol δ**는 각각의 뒤처지는 가닥을 연장한다. **Pol β**는 DNA의 복구에 관여하며 **pol γ**는 사립체 DNA의 복제에 관여한다. Pol ε, δ, γ는 3′ → 5′ 핵산말단분해효소 활성으로 교정을 한다.
- 변형된 당을 갖는 **뉴클레오사이드 유사체**는 DNA 합성을 차단한다. 이들은 항암 및 항바이러스 화학요법에 사용된다.
- **끝분절**은 선형 염색체의 양 **말단**을 보호하는 단백질과 복합체를 이루는 **고도의 반복서열**을 갖는 **DNA**이다. 세포가 분열하고 노화되면서 이 서열은 짧아지고, 이것은 세포의 노화를 초래한다. 노화되지 않는 세포(예: 생식세포계나 암세포)에서는 **끝분절복원효소**가 자체의 **역전사효소** 활성으로 자신의 **RNA**를 **본틀**로 하여 짧아지는 끝분절을 연장한다.
- 양전하의 히스톤(H) 단백질 H2A, H2B, H3, H4는 각각 두 개씩 팔합체 구조의 핵심을 형성하고 DNA가 이를 감으면서 **염색소체**를 형성한다. 염색소체들을 연결하는 DNA를 **연결 DNA**라고 부르며, 이것은 H1과 결합한다. 염색소체는 치밀하게 꾸려져 핵 잔섬유를 형성한다. 더 이상 조직화가 진행되면 염색체가 된다.
- 세 가지 형태의 DNA 복구과정이 염색체에서 발생하는 DNA 손상의 대부분을 교정한다: NER, BER, MMR. 각각이 특정 형태의 DNA 손상을 제거한다(그림 30.33). NER은 UV 조사에 의한 **피리미딘 이합체**를 제거하고 BER은 비정상적인 염기와 AP 자리를 대체하고 MMR은 DNA pol 오작동에 의한 짝짝이 염기를 교정한다. 사람의 NER에 필요한 **XP 단백질**의 결함은 **XP(색소정 건피증)**를 일으킨다. 사람에서 주로 MSH2와 MLH1의 결함에 의해 발생하는 비정상적인 MMR은 **HNPCC**와 관련되어 있다.
- DNA의 겹가닥 절단틈은 **비상동성 끝부위연결 복구**(오류가 잘 일어남, error-prone)와 본틀을 필요로 하는 **상동성 재조합 복구**(오류가 생기지 않음, "error-free")를 통해 복구된다.

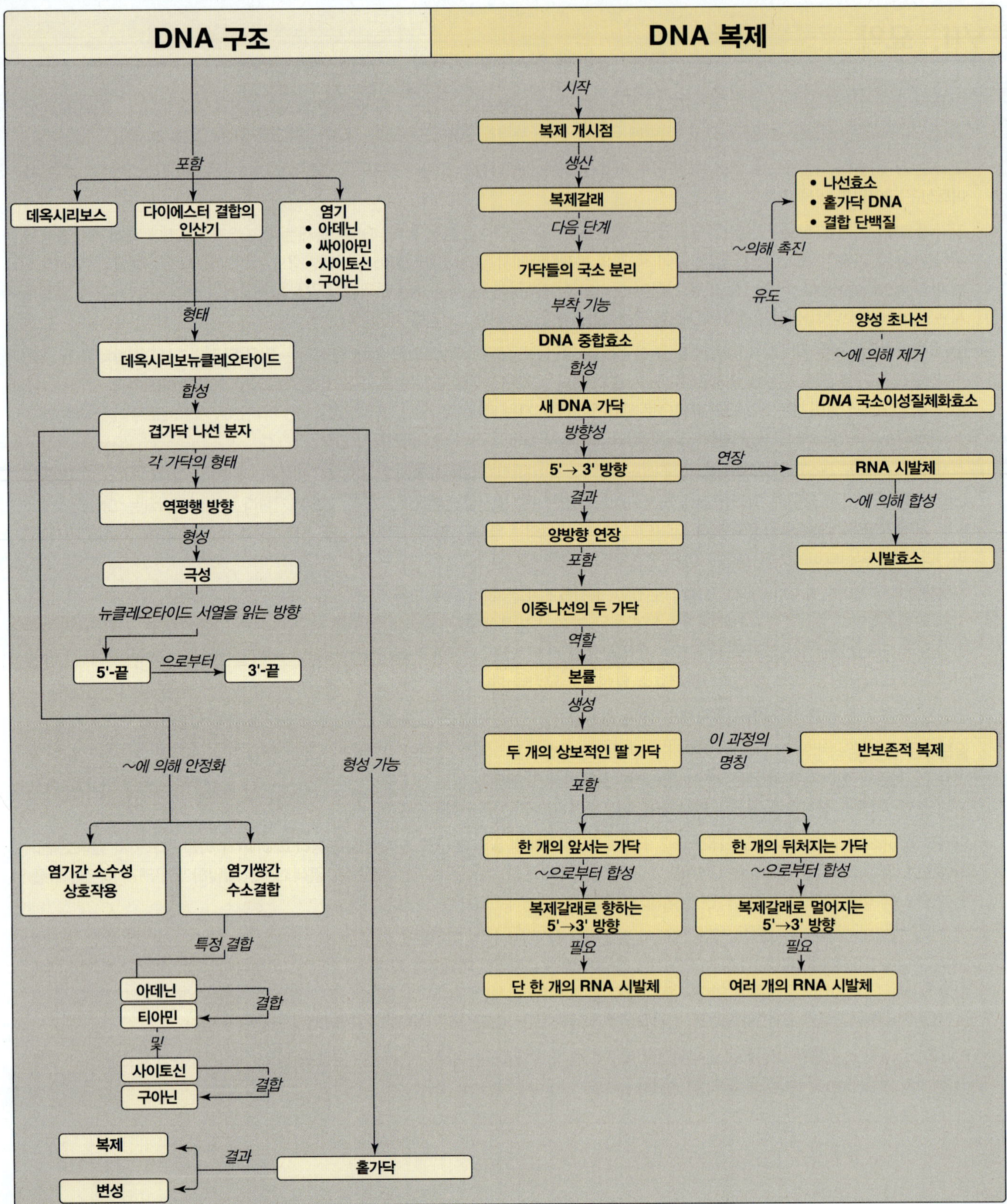

그림 30.32
DNA의 구조, 복제, 복구 등의 핵심 개념도.

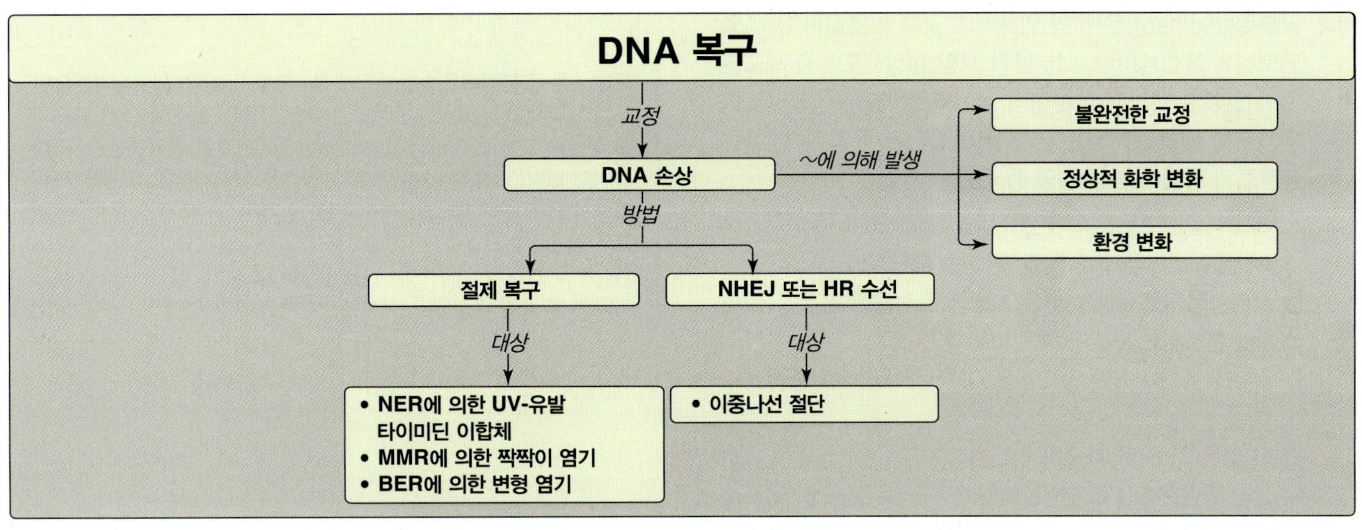

그림 30.33
DNA의 구조, 복제, 복구 등의 핵심 개념도. NHEJ = 비상동성 끝부위 연결 복구; HR = 상동성 재조합 복구; UV = 자외선; NER = 뉴클레오타이드 절제 복구; MMR = 짝짝이 복구; BER = 염기절제 복구.

연습문제

가장 올바른 답을 하나만 고르시오.

30.1 10세 여아가 부모와 함께 피부과 의사를 찾아왔다. 아이는 얼굴, 목, 팔, 손에 많은 주근깨를 가지고 있으며, 부모에 의하면 아이는 햇빛에 더욱 민감하다고 한다. 아이의 얼굴에서 바닥세포암종(basal cell carcinoma)이 확인되었다. 임상 양상에 기반을 두었을 때 다음 과정 중 이 환자에서 결핍된 것은 무엇인가?

A. 오류가 많은 상동재조합에 의한 겹가닥 틈 수선
B. 메틸기 주도 과정에 의한 오카자키 조각의 3′-끝으로부터 불일치 염기의 제거
C. 뉴클레오타이드 절제 복구를 통한 DNA로부터 피리미딘 이합체의 제거
D. 염기 절제 복구를 통한 DNA로부터 유라실의 제거
E. 3′ → 5′ 핵산외부 분해효소 활성을 가지는 Pol ε에 의한 부정확하게 짝지은 뉴클레오타이드의 제거

정답 = C. 햇빛에 민감하고 노출된 신체 부위의 광범위한 주근깨, 젊은 나이에 걸린 피부암은 환자가 색소성 건피증(XP)을 앓고 있다는 것을 나타낸다. 이 환자들은 UV 광선에 손상받은 DNA의 피리미딘 이합체를 뉴클레오타이드 절제 복구에 필요한 몇몇 XP 단백질 중 어느 하나가 결핍되어 있다. 겹가닥 틈은 비상동 끝결합(오류가 많은)이나 상동재조합(오류가 없는)에 의해 복구된다. 진핵생물의 짝짝이 복구에서 메틸화는 가닥 식별에 쓰이지 않는다. 유라실은 염기절제복구 중 특정한 당화효소에 의해 DNA 분자로부터 제거되지만, 이 문제의 결핍상황에서 XP를 일으키지는 않는다.

30.2 끝분절(telomere)은 선형 염색체의 끝을 보호하는 DNA와 단백질의 복합체이다. 대부분의 사람 정상세포에서 세포분열이 일어날 때마다 끝분절의 길이가 짧아진다. 그러나 줄기세포나 암세포에서는 끝분절의 길이가 유지된다. 다음 끝분절의 합성에 관한 설명 중 옳은 것은?

A. 리보핵산단백질인 끝분절복원효소(telomerase)는 합성에 필요한 RNA와 단백질 둘 다를 제공한다.
B. 끝분절복원효소의 RNA는 시발체로 작용한다.
C. 끝분절복원효소의 RNA는 리보자임이다.
D. 끝분절복원효소의 단백질은 DNA 주도 DNA 중합효소이다.
E. 더 짧은 3′ → 5′ 가닥이 연장된다.
F. 합성 방향은 3′ → 5′ 방향이다.

정답 = A. 끝분절복원효소는 끝분절 유지에 필요한 리보뉴클레오단백질 입자이다. 끝분절복원효소는 역전사효소 활성에 의해 합성되는 끝분절 DNA를 위해 시발체가 아니라 본틀로 작용하는 RNA를 가지고 있다. 끝분절 RNA는 촉매 활성을 가지지 않는다. 역전사효소로서 끝분절복원효소는 RNA 본틀을 가지고 DNA를 합성하기 때문에 끝분절복원효소는 RNA 주도 DNA 중합효소이다. 모든 DNA 합성처럼 합성의 방향은 5′ → 3′ 방향이며, 이미 더 긴 G가 풍부한 가닥의 3′ 끝이 연장된다.

30.3 사람유전체사업(HGP)에서 염기서열이 결정된 작은 유전자들의 구조에서 한 연구자가 DNA 분자의 한 가닥이 20 A와 25 G, 30 C, 22 T를 가지고 있다는 것을 알아냈다. 완전한 겹가닥에 각각 염기가 몇 개씩 있겠는가?

A. A = 40, G = 50, C = 60, T = 44
B. A = 42, G = 55, C = 55, T = 42
C. A = 44, G = 60, C = 50, T = 40
D. A = 45, G = 45, C = 52, T = 52
E. A = 50, G = 47, C = 50, T = 47

정답 = E. 2개의 DNA 가닥은 서로 상보적이며, A 염기와 T 염기, G 염기와 C 염기끼리 서로 상보적이다. 예를 들어 첫 가닥의 A 20개는 2번째 가닥의 T 20개와 짝지을 것이고, 첫 가닥의 G 25개는 2번째 가닥의 C 25개와 짝지을 것이다. 이 모든 염기들을 더한다면 각 염기의 정확한 숫자는 E.와 같다. 정답에서 A = T, G = C인 점을 주목하라.

30.4 다음 효소들이 원핵생물 복제에 참여하는 순서대로 나열하시오.

A. 연결효소
B. 중합효소 I (3′ → 5′ 핵산말단분해효소 활동)
C. 중합효소 I (5′ → 3′ 핵산말단분해효소 활동)
D. 중합효소 I (5′ → 3′ 중합효소 활동)
E. 중합효소 III
F. 시발효소

정답 = F, E, C, D, B, A. 시발효소가 RNA 시발체를 만든다. 중합효소 III는 DNA와 함께 시발체를 연장하고 교정한다. 중합효소 I은 5′ → 3′ 핵산말단분해효소 활성으로 시발체를 제거하고, 5′ → 3′ 방향 중합효소 활성으로 절제 사이를 메우며, 3′ → 5′ 방향 핵산말단분해효소 활성으로 오류들을 제거한다. 연결효소는 5′ → 3′ 인산다이에스터 결합을 생성하여 중합효소 I과 III에 의해 생성된 DNA들을 연결한다.

30.5 다이데옥시뉴클레오타이드는 3′-수산기가 없다. 왜 DNA에 다이데옥시뉴클레오타이드를 혼입하는 것이 복제를 멈추게 하는가?

3′-수산기의 결손은 1개의 뉴클레오타이드를 DNA의 다음 것에 연결하는 3′-수산 → 5′-인산 결합이 만들어지는 것을 막는다.

RNA의 구조와 합성 및 가공

31

I. 개관

생명체의 유전적 종합계획은 DNA의 데옥시리보뉴클레오타이드 서열에 담겨 있다. 그러나 그 유전정보는 DNA의 "활동 복사본"인 리보핵산(RNA)을 통해 발현된다(그림 31.1). RNA 합성의 본틀로 DNA 가닥을 사용하는 이 복사과정을 전사(transcription)라고 한다. 전사는 아미노산 서열(폴리펩타이드 사슬 또는 단백질)로 번역되는 전령 RNA(mRNA), 리보소체 RNA(rRNA), 전달 RNA(tRNA), 추가적인 작은 RNA 등을 생성하는데, 이 작은 RNA는 특별한 구조, 촉매, 조절의 기능을 수행하지만 번역은 되지 않는다. 즉, 이들은 비부호화 RNA(ncRNA)이다. [참고: 단지 유전체의 약 2%만이 단백질 부호를 갖는다.] 따라서 유전자 발현의 최종 생성물은 유전자에 따라 RNA나 단백질이 될 수 있다. 전사의 중요한 특징은 아주 선택적이라는 것이다. 한 예로 DNA의 일부 부위에서는 많은 전사물이 만들어지지만 다른 부위에서는 적은 전사물이 만들어지거나 전혀 만들어지지 않는다. 이 선택성은 적어도 부분적으로 DNA의 뉴클레오타이드 서열 속에 있는 신호에 의한 것이다. 이런 신호들은 RNA 중합효소가 어디에서 전사를 시작하고, 얼마나 자주 시작하고, 어디에서 중시할 것인지를 지시해 준다. 다양한 조절 단백질도 또한 이런 선택과정에 관여한다. 한 생명체 조직의 생화학적 분화는 궁극적으로 전사과정의 선택성에 따른 것이다. [참고: 이러한 전사의 선택성은 유전체 복제의 "전부 아니면 전무(all-or-none)"의 특성과는 대조적이다.] 전사과정의 다른 중요한 특징은 근본적으로 겹가닥 DNA의 한쪽 가닥의 확실한 복사물인 RNA 전사물이 말단첨가, 염기변형, 다듬기, 내부분절 제거와 같은 다양한 변형을 수행한다는 것이다. 이 변형과정을 거쳐 활성이 없던 일차 전사물이 기능성 분자로 바뀐다. 전사체는 유전체에 의해 발현되는 RNA 전사물의 완전한 세트이다.

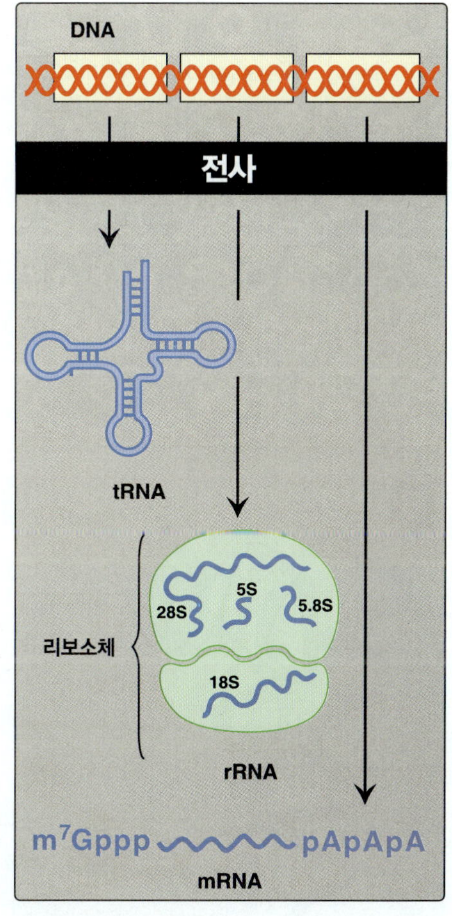

그림 31.1
전사에 의한 유전정보의 발현. [참고: 이 그림은 진핵생물의 RNA이다.] tRNA = 전달 RNA; rRNA = 리보소체 RNA; me-^{7}Gppp =삼인산-7-메틸구아노신 모자; pApApA = 다중-A 꼬리; p = 인산염.

II. RNA 구조(RNA Structure)

단백질 합성에는 3가지 형태의 RNA가 주로 관여한다: rRNA, tRNA, mRNA. DNA처럼 RNA도 3′→5′ 인산다이에스터 결합(476쪽 참조)으로 연결된 일인산뉴클레오사이드로 구성된 가지없는 중합체 분자이다. 그러나

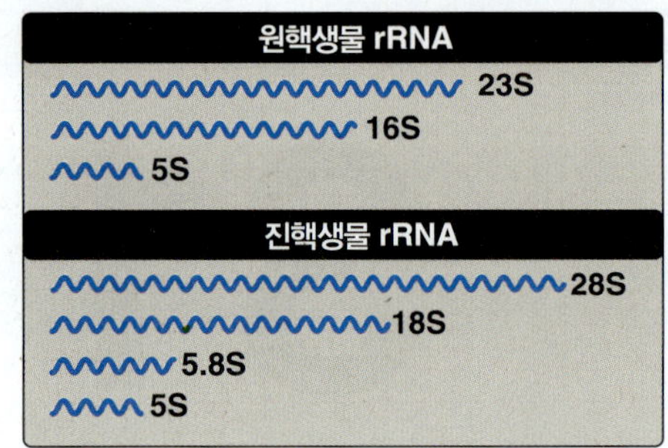

그림 31.2
원핵생물과 진핵생물의 리보소체 RNA(rRNA). S = 스베드베리 단위.

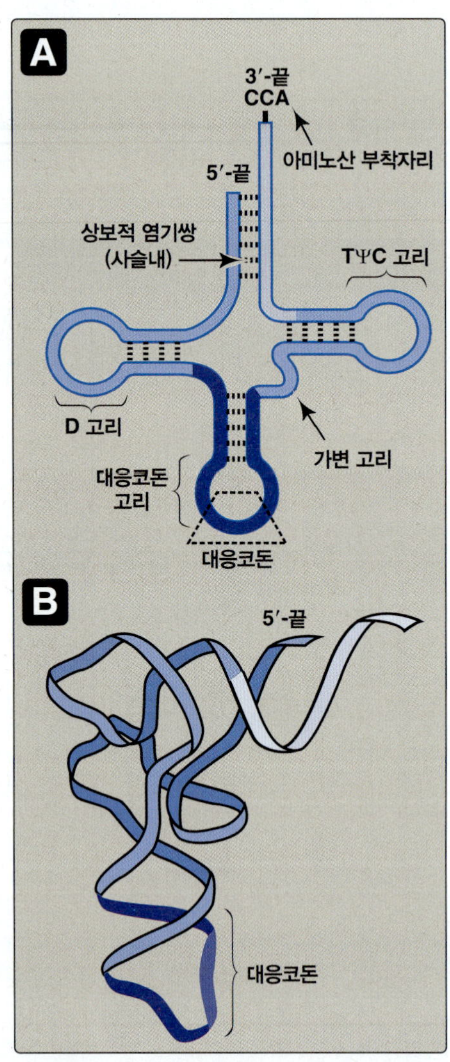

그림 31.3
A: 특징적인 tRNA의 이차구조(토끼풀잎 모양).
B: 세포에서 발견되는 접힌(삼차) 구조의 tRNA.
D = 이수소유라실. Ψ = 슈도유라실;
T = 싸이아민; C = 사이토신; A = 아데닌.

RNA는 여러 면에서 DNA와 다른데, 예를 들면 DNA보다 상당히 작으며, 데옥시리보스 대신에 리보스를, 그리고 타이민 대신에 유라실을 가지고 있다. 또한 대부분의 RNA는 복잡한 구조로 접힐 수 있는 홑가닥으로 존재한다. 3가지의 주요 RNA도 또한 서로의 크기, 기능, 특별한 구조적 변형이 다르다. [참고: 진핵생물의 핵소체(small nucleolar RNA, snoRNA), 핵(small nuclear RNA, snRNA), 세포질(microRNA, miRNA)에서 발견되는 작은 비부호 RNA (small ncRNA) 분자들은 507, 545쪽에 기술한 대로 특수한 기능을 갖는다.]

A. 리보소체 RNA(ribosomal RNA, rRNA)

rRNA는 리보소체의 한 성분으로서 여러 단백질과 회합한 형태로 발견되는데, 이 리보소체는 단백질 합성의 장소로 작용하는 복잡한 구조를 하고 있다(518쪽 참조). 원핵생물은 3종류의 다른 크기의 rRNA(23S, 16S, 5S)를 갖는다(**그림 31.2**), 여기서 S는 분자량과 분자의 모양과 관련이 있는 스베드베리 단위(Svedberg unit)이다. 진핵생물의 세포질액은 4종류의 다른 크기의 rRNA(28S, 18S, 5.8S, 5S)와 사립체 DNA에 의해 부호화되는 2종류의 rRNA(12S와 16S)를 함유한다. rRNA는 모두 합쳐 세포의 전체 RNA의 약 80%를 차지한다. [참고: 일부의 RNA는 단백질 합성에서 촉매(예: rRNA)로 작용한다(522쪽). 촉매 활성을 갖는 RNA를 "리보자임(ribozyme)"이라고 한다.]

B. 전달 RNA(transfer RNA, tRNA)

3종류의 주요 RNA 중에서 크기가 가장 작다(4S). 단백질에서 흔히 발견되는 20가지의 아미노산 각각에 대해 특이적 형태의 tRNA가 최소한 한 개씩 대응한다. 모두 합쳐 tRNA는 세포 전체 RNA의 15%를 차지한다. tRNA 분자는 흔하지 않은 염기(예: 이수소유라실, 337쪽, 그림 22.2 참조)를 가지며, 특징적인 이차구조와 삼차구조를 만드는 광범위한 사슬내 염기쌍을 갖고 있다(**그림 31.3**). 각 tRNA는 3′-끝에 공유결합으로 부착한 특정 아미노산을 단백질 합성 자리로 운반하는 접합자(adaptor) 역할을 한다. 그곳에서 tRNA는 mRNA의 유전부호 언어를 인식하여 합성이 진행되고 있는 펩타이드 사슬에 tRNA에 결합된 아미노산을 특이적으로 첨가한다(514쪽 참조). 진핵세포에서 tRNA는 핵과 사립체 염색체 모두에 부호화되어 있다.

사람의 사립체 염색체는 22개의 tRNA 유전자를 갖고 있다. 이 유전자의 돌연변이는 질환을 유발할 수 있다. $tRNA^{Lys}$ 사립체 유전자의 돌연변이는 뼈대근육의 구조와 기능에 영향을 미치는 질환인 머프(불균일적색근섬유근병증 동반 근간대뇌전증, MERRF), 뇌와 신경계 및 근육에 영향을 미치는 멜라스(사립체 뇌근병증-젖산산증-뇌졸중유사삽화, MELAS)와 연관된다. MELAS는 사립체 $tRNA^{Leu}$ 유전자의 돌연변이에 의해서도 발생한다.

C. 전령 RNA(messenger RNA, mRNA)

mRNA는 세포 RNA의 경우 5% 정도 차지하지만, 크기와 염기서열에서 가장 다양한 이질적인 형태를 갖고 있다. mRNA는 단백질 합성을 위해 DNA의 유전정보를 운반한다. 진핵생물에서 이것은 mRNA를 핵에서 세포질액으로 운반하는 데 관여한다. mRNA는 단백질 합성의 본틀로 사용된다. 1개의 mRNA가 1개 이상의 유전자의 정보를 운반할 때 그것을 다중시스트론(polycistron, cistron = gene)이라고 한다. 다중시스트론 mRNA는 원핵생물의 특징이다. 한 개의 mRNA가 단 한 개의 유전자의 정보를 운반할 때 그것을 단일시스트론(monocistron)이라고 하며, 이것은 진핵생물의 특징이다. 진핵생물 mRNA의 특별한 구조적 특징은 (원핵생물 mRNA와 다르게) RNA 사슬의 5′-끝과 3′-끝(**그림 31.4**)에 긴 아데닌 뉴클레오타이드 서열, 즉 다중-A 꼬리를 갖고, 또한 5′-끝에 7-메틸구아노신으로 구성된 모자를 갖고 있는 점이다. 이 7-메틸구아노신은 흔하지 않은 5′→5′ 삼인산 연결을 통해 부착한다. mRNA를 변형시켜 이처럼 특별한 구조적 특징을 만드는 기전은 507쪽과 508쪽에서 기술한다.

그림 31.4
진핵생물 mRNA의 구조. G = 구아닌; A = 아데닌.

III. 원핵생물 유전자의 전사(Transcription)

마그네슘을 필요로 하는 RNA 중합효소(RNA pol)의 구조, 전사를 제어하는 신호, RNA 전사물이 수행하는 변형의 다양성 등은 개체마다 다르며, 특히 원핵생물과 진핵생물은 큰 차이가 있다. 따라서 원핵생물과 진핵생물의 전사에 대한 것을 분리하여 설명한다.

A. 원핵생물 RNA 중합효소

세균에서는 한 종류의 RNA pol이 DNA 복제에 필요한 RNA 시발체를 제외하고 모든 종류의 RNA를 합성한다. [참고: RNA 시발체는 시발효소(primase)라는 특수한 효소에 의해 합성된다(483쪽 참조).] RNA pol은 다중소단위(multisubunit) 효소 복합체로서 DNA에서 전사가 시작되는 뉴클레오타이드 서열(촉진자 부위, promoter region)을 인식한다. 다음에 DNA 본틀 가닥의 상보적인 RNA 복사본을 만들고 이어서 전사되는 DNA 서열의 끝(종료부위)을 인식한다. RNA는 5′-끝에서 3′-끝의 방향으로 DNA 본틀 가닥에 역평행으로 합성된다(479쪽 참조). DNA 본틀은 DNA 합성에서 DNA의 G는 RNA의 C로, DNA의 C는 G로, DNA의 R는 RNA의 A로 전사된다. 그러나 RNA 합성에서 DNA 본틀의 A는 U(T 대신)로 전사된다(**그림 31.5**). RNA는 DNA 본틀 가닥(반의미가닥, anti-sense, minus)에 상보적이며, T가 U로 대체되는 것을 제외하고 부호가닥(의미가닥, sense, plus)과 일치한다. DNA 분자에서 두 가닥은 모두 전사의 본틀이 될 수 있다. 그러나 주어진 유전자에서는 단 하나의 가닥만이 본틀로 사용된다. 어느 가닥이 사용되는가는 그 유전자에 대한 촉진자의 위치에 의해 결정된다. RNA pol에 의한 전사는 다음과 같은 핵심효소와 여러 개의 보조 단백질들이 관여한다.

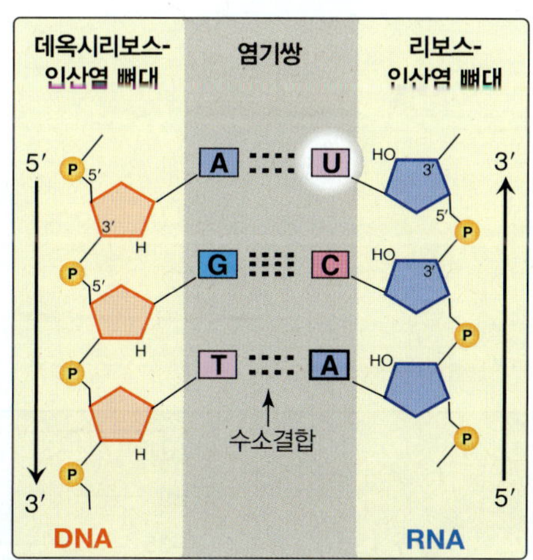

그림 31.5
DNA와 RNA 사이의 역평행의 상보적 염기쌍. T = 타이민; A = 아데닌; C = 사이토신; G = 구아닌; U = 유라실.

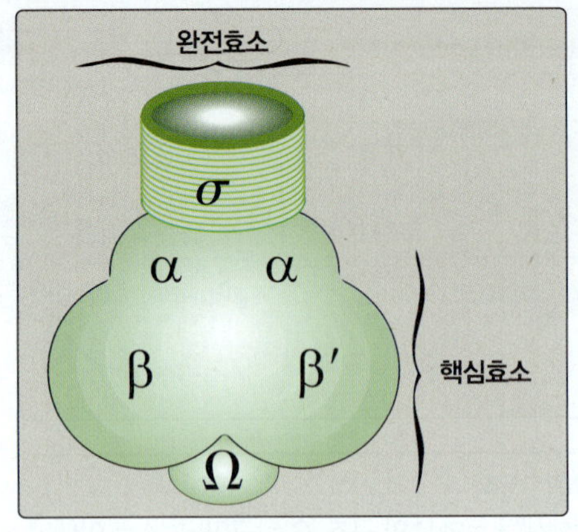

그림 31.6
원핵생물 RNA 중합효소의 구성 성분.

1. **핵심효소(core enzyme):** 이 효소의 5개의 펩타이드 소단위(2α, 1β, 1β′, 1Ω)는 효소 조립(α, Ω), 본틀 결합(β′), 5′→3′ RNA 중합효소 활성(β)에 필요하므로 이것을 핵심효소라고 부른다(그림 31.6). 그러나 이 효소는 특이성이 없다(즉, 이것은 본틀의 촉진자 부위를 인식하지 못한다).
2. **완전효소(holoenzyme):** RNA 중합효소의 σ 소단위(시그마 인자)는 RNA pol이 촉진자 부위를 인식하도록 만든다. σ 소단위와 핵심효소가 합쳐져 완전효소를 만든다. [참고: σ^{70}이 주된 역할을 수행하며 다른 σ 인자들은 각각 다른 유전자 군을 인식한다.]

B. RNA 합성의 단계

전형적인 대장균 유전자의 전사과정은 개시, 연장, 종료의 세 단계로 나눌 수 있다. 전사단위는 촉진자 부위에서 종료 부위까지의 범위이고 RNA 중합효소에 의한 전사과정의 초기 생성물은 일차 전사물이라고 한다.

1. **개시(initiation):** 전사는 RNA pol 완전효소가 전사되지 않는 촉진자(promoter)로 알려진 DNA 부위에 결합함으로써 시작된다. 원핵생물의 촉진자는 특징적인 공통서열(consensus sequence)을 함유한다(그림 31.7). [참고: 공통서열은 각각의 유전자 서열에서 특정 자리의 염기가 가장 흔하게 (항상 필요한 것은 아님) 나타나는 염기를 포함하는 이상적인 서열이다.] 원핵생물 RNA 중합효소 σ 인자에 의해 인식되는 서열에는 다음과 같은 것들이 있다:
   a. **−35 서열:** 전사 개시자리의 왼쪽으로 35번째 염기가 중심(그림 31.7 참조)인 공통서열(5′-TTGACA-3′)은 완전효소에 대한 초기 접촉점이 되고 닫힌 복합체가 형성된다. [참고: 전사를 세어하는 조절서열은 관습적으로 비본틀 가닥(nontemplate strand)의 5′→3′ 뉴클레오타이드 서열로 표시된다. 촉진자 부위의 염기는 전사 개시자리 앞에 (~의 왼쪽에, ~의 5-끝 쪽으로, ~의 "상류[upstream]"에) 나오면 음의 숫자를 붙인다. 따라서 TTGACA 서열은 대략적으로 −35 위치의 염기에 중심이 있다. 전사 개시자리의 첫 번째 염기는 +1이며, 0으로 표시되는 염기는 없다.]
   b. **프리브나우 상자(Pribnow box):** 완전효소는 이동하여 두 번째 공통서열(5′-TATAAT-3′)을 감싸면서 약 −10 위치에 중심을 둔다(그림 31.7 참조). 이 공통서열이 DNA 융해가 개시되는 자리이다. 이

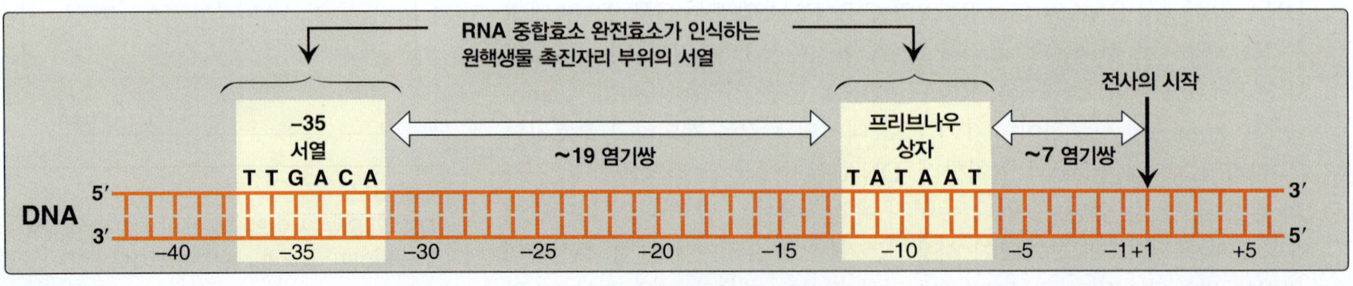

그림 31.7
원핵생물 촉진자(promoter) 부위의 구조. T = 타이민; G = 구아닌; A = 아데닌; C = 사이토신.

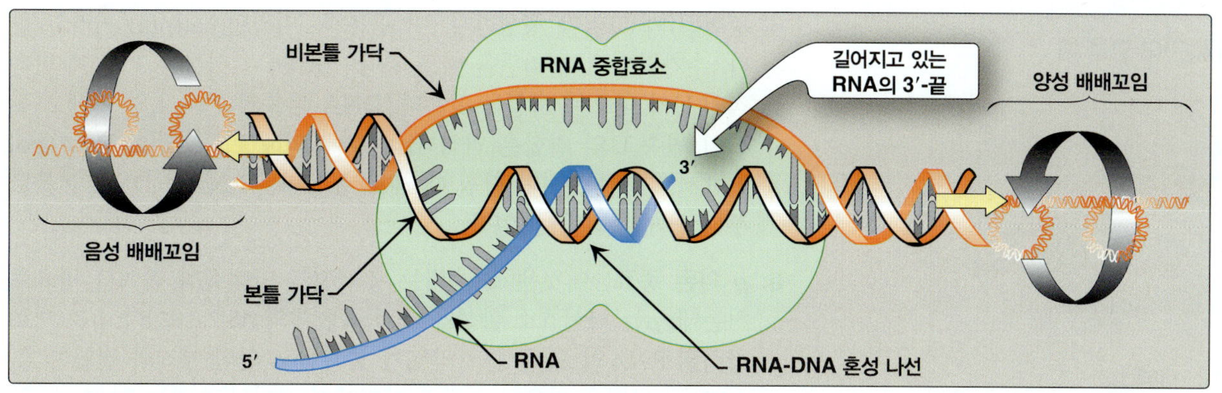

그림 31.8
RNA 중합효소에 의한 DNA 나선의 부분적인 풀림과 열린 개시 복합체의 형성.

짧은 길이(약 14 염기쌍)의 융해에 의해 닫힌 복합체가 전사 방울(transcription bubble)로 알려진 열린 복합체로 전환된다. [참고: −10 서열이나 −35 서열의 돌연변이는 변이 촉진자에 의해 제어되는 유전자의 전사에 영향을 준다.]

2. **연장(elongation):** 일단 완전효소가 촉진자 부위를 인식하여 결합하면 국소적으로 감겨 있던 DNA 나선이 이 중합효소에 의해 계속해서 풀리게 된다(그림 31.8). [참고: 이 과정에서 DNA에 형성되는 슈퍼코일은 DNA 국소이성질체화효소에 의해 완화된다(481쪽 참조).] RNA pol은 DNA 서열의 전사물을 합성하기 시작하고, 여러 개의 짧은 RNA 단편이 만들어진 후 버려진다. 전사물이 10-뉴클레오타이드 길이를 넘어설 때 연장기가 시작되었다고 말한다. 이어서 σ 소단위가 유리되고 핵심효소는 촉진자를 비우고 본틀 가닥을 따라 미끄럼 죔쇠(sliding clamp)에 의해 연속적인 방식으로 이동한다. 복제가 진행되는 동안 짧은 DNA-RNA 혼성 나선이 형성된다(그림 31.8 참조). DNA pol와 마찬가지로 RNA pol은 삼인산뉴클레오사이드를 기질로 사용하고, 길어지는 사슬에 일인산뉴클레오사이드가 첨가될 때마다 파이로인산염이 유리된다. 복제할 때처럼 항상 5′→3′ 방향으로 전사가 진행된다. DNA pol과 대조적으로 RNA pol은 시발체가 필요하지 않으며, 3′→5′ 핵산말단분해효소(교정) 영역을 갖고 있지 않다. [참고: 리보뉴클레오타이드가 잘못 삽입되면 RNA pol은 멈추고 뒤로 와서 전사물을 자르고 다시 시작하게 한다. 이런 과정이 있음에도 불구하고 전사는 복제보다 상당히 높은 오류율을 갖는다.]

3. **종료(termination):** 홑가닥 RNA 사슬의 연장은 종료 신호가 나올 때까지 계속된다. 종료는 내인성이거나(저절로 끝나거나) ρ(rho)인자로 알려진 단백질의 참여에 의존하여 완료된다.

   a. **ρ 비의존 종료:** 대부분의 원핵생물 유전자에서 보이는 것처럼, 이것은 DNA 본틀의 서열을 따라 새로 합성된 RNA 서열이 자체 보상적인 서열이 되어야 가능한 종료 방법이다(그림 31.9). 이것에 의해 RNA가 스스로 되접히어 GC가 풍부한 줄기(수소결합에 의해 안

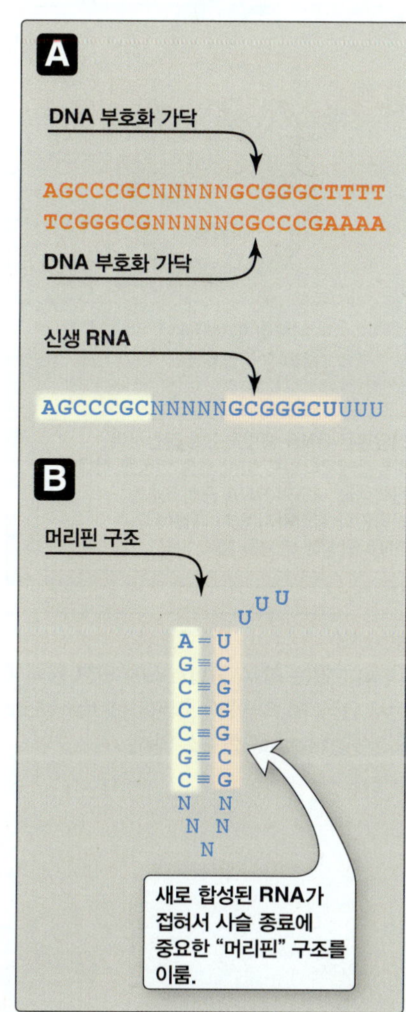

그림 31.9
원핵생물 전사의 ρ-비의존 종료. **A:** DNA 본틀 서열은 신생 RNA에 자체 상보적인 서열을 형성한다. **B:** RNA에 의해 형성된 머리핀 구조. N은 비상보적인 염기를 나타낸다. A = 아데닌; T = 타이민; G = 구아닌; C = 사이토신; U = 유라실.

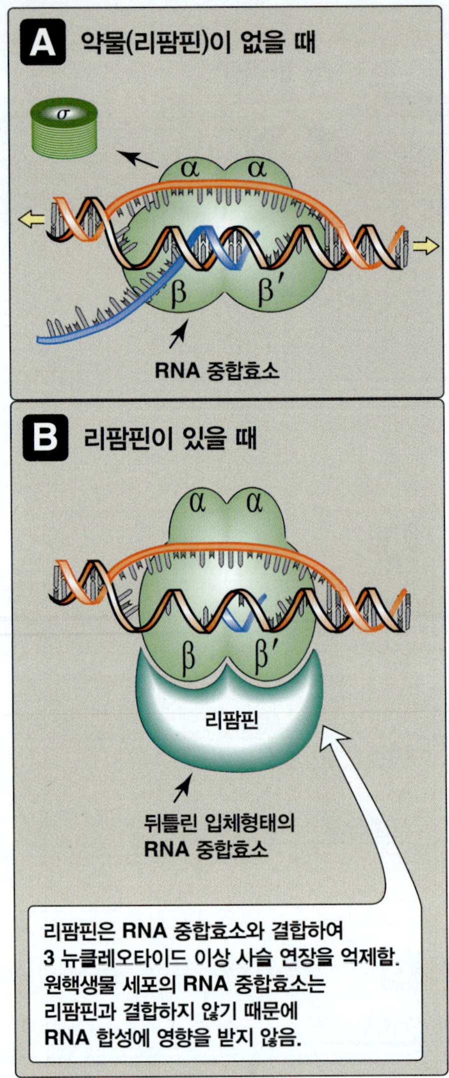

그림 31.10
A: 약물이 없는 RNA 중합효소에 의한 원핵생물 전사 연장. B: 리팜핀(= 리팜피신, rifampicin)에 의한 원핵 RNA 중합효소 억제.

정화됨)와 고리를 형성한다. 이 구조를 "머리핀(hairpin)"이라고 한다. 추가적으로, 머리핀을 바로 지나면 RNA 전사물은 3′-끝에 연속적인 U가 나오는 서열을 갖는다. DNA 본틀의 연속 A와 이에 보상적인 연속 U의 결합은 약하다. 이것에 의해 이중나선이 RNA pol 뒤에서 "지퍼를 올려" 닫힐 때 새로 합성되는 RNA가 DNA 본틀로부터 쉽게 분리될 수 있다.

b. **ρ 의존 종료:** 이것은 로(ρ)라는 추가적인 단백질의 참여를 필요로 하는데, ρ는 나선효소 활성을 가진 육합체의 ATPase이다. ρ는 새로 합성된 RNA의 5′-끝 근처의 C가 풍부한 ρ 인식 자리와 결합한 후, ATPase 활성을 이용하여 종료 자리에서 정지하고 있는 RNA pol을 만날 때까지 RNA를 따라 이동한다. ρ의 ATP 의존 나선효소 활성은 RNA-DNA 혼성 나선을 분리하여 RNA를 유리한다.

4. **항생제:** 일부의 항생제는 RNA 합성을 억제하여 세균 세포의 성장을 방지한다. 예를 들면 리팜핀(rifampin)은 원핵생물 RNA pol의 β 소단위에 결합함으로써 전사를 억제하여 3 뉴클레오타이드 이상의 사슬 연장을 방지한다(그림 31.10). 리팜핀은 결핵의 치료에 중요하다. 닥티노마이신(dactinomycin, 생화학자에게는 actinomycin D로 알려짐)은 종양 화학요법에서 치료에 적용된 첫 번째 항생제이다. 이것은 암세포의 DNA 염기 사이에 삽입되어 전사개시와 연장을 억제한다.

IV. 진핵생물 유전자의 전사

진핵생물 유전자의 전사는 원핵생물보다 훨씬 더 복잡하다. 진핵생물의 전사는 rRNA, tRNA, mRNA 등의 합성에 대해 각각의 중합효소가 관여한다. 더구나 전사인자(TF)라고 불리는 아주 많은 단백질도 참여한다. TF는 촉진자 내부이든, 가까이에 있든, 멀리 떨어져 있든지 별도의 DNA 자리에 결합한다. 이들은 핵심 촉진자 부위에서 전사 복합체의 조립이나 전사될 유전자의 결정에 필요하다. [참고: 진핵생물 RNA pol은 각각 고유의 촉진자와 핵심 촉진자 서열에 결합하는 TF를 갖고 있다.] TF가 특정 DNA 서열을 인식하고 결합하기 위해서는 DNA에 접근할 수 있도록 그 부위의 염색질 구조가 반드시 변형(풀림)되어야 한다. 유전자 발현의 조절에서 전사의 역할은 33장에서 논의한다.

A. 염색질의 구조와 유전자 발현

염색소체(490쪽 참조)를 만들기 위한 DNA와 히스톤의 회합은 전사기구가 전사될 DNA에 접근하는 능력에 영향을 준다. 가장 활동적으로 전사되는 유전자는 퍼진염색질(euchromatin)이라는 비교적 느슨한 형태의 염색질에서 발견되고, 가장 비활동적인 DNA 단편은 뭉친염색질(= 이종염색질, heterochromatin)이라는 고도로 압축된 형태로 발견된다. [참고: 두 형태가 활동성과 비활동성 사이에서 상호전환되는 것을 염색질의 재구성(chromatin remodeling)이라고 한다.] 염색질 재구성의 주요 성분은 히스톤의 변형이다(예: 히스톤 단백질의 아미노 말단에 있는 라이신 잔기의 아세틸화, 그림 31.11). 히스톤 아세틸기전달효소(HAT)에 의해 매개되는 아세틸화는 라이신의 양전하를 제거하므로 히스톤과 음전하를 띠는 DNA 사이의 상호작용을 감소시킨다. 히스톤 탈아세틸화효소(HDAC)에 의한 아세틸기의 제거는 양전하를 회복시켜 히스톤과 DNA 사이의 상호작용을 더 강하게 만든다. [참고: 염색소체의 ATP 의존 위치복원도 또한 DNA 접근에 필요하다.]

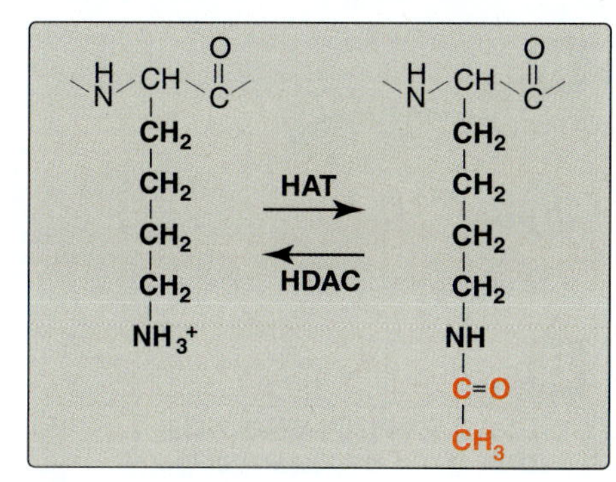

그림 31.11
히스톤 단백질의 라이신 잔기의 아세틸화/탈아세틸화 반응. HAT = 히스톤 아세틸기전달효소; HDAC = 히스톤 탈아세틸화효소.

B. 핵 RNA 중합효소(nuclear RNA polymerase)

진핵생물 핵에는 3종류의 다른 RNA pol이 있다. 모두 다중소단위의 큰 효소이다. 각각의 RNA pol은 다른 형태의 유전자를 인식한다.

1. **RNA 중합효소 I:** 이 효소는 핵소체(nucleolus)에서 28S, 18S, 5.8S rRNA의 전구체를 합성한다.

2. **RNA 중합효소 II:** 이 효소는 단백질로 번역될 mRNA의 핵 전구체를 합성한다. 또한 snoRNA, snRNA, miRNA와 같은 작은 비부호 RNA(noncoding RNA, ncRNA)도 합성한다.

   a. **RNA 중합효소 II의 촉진자(promoter):** RNA pol II에 의해 전사되는 일부 유전자에서 프리브나우 상자(Pribnow box, 502쪽 참조)와 거의 동일한 뉴클레오타이드 서열(TATAAA)은 전사 시작 자리의 상류에 약 25 뉴클레오타이드의 중앙에서 발견된다. 이 핵심 촉진자의 공통서열을 TATA 상자 또는 호그네스 상자라고 한다. 그러나 대부분의 유전자에는 TATA 상자가 존재하지 않는다. 대신에 Inr(개시자리)이나 DPE(하류 촉진자 요소)와 같은 다른 핵심촉진자 요소들이 존재한다(그림 31.12). [참고: 모든 핵심촉진자에서 발견되는 공통서열은 하나도 없다.] 이 DNA 서열은 전사될 유전자처럼 같은 DNA 가닥에 존재하므로 이들을 시스작용 유전자 요소라고 부른다. 이 서열은 일반 전사인자(GTF)들이 결합하는 자리를 제공하는데, GTF는 서로 상호작용을 하고 또한 RNA pol II와도 상호작용을 한다.

   b. **일반전사인자(general transcription factor, GTF):** 이들은 촉진자 인식, 촉진자로 RNA pol II의 동원, 기본수준의 전사개시 등에 최소한으로 필요한 것이다(그림 31.13A). GTF는 다른 유전자에 부

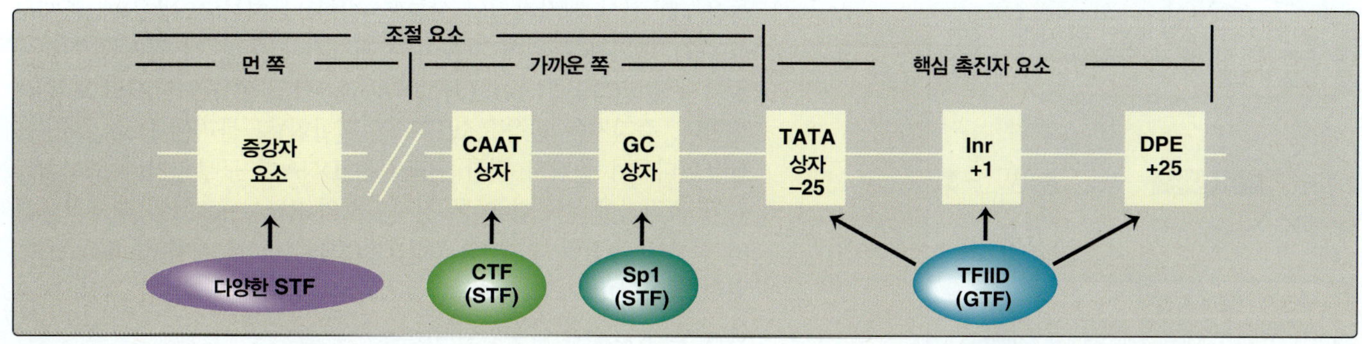

그림 31.12
진핵생물 유전자의 시스작용 촉진자(promoter)와 조절요소 및 그들의 트랜스작용 일반 전사인자(GTF)와 특수 전사인자(STF).
Inr = 개시자; DPE = 하류 촉진자 요소.

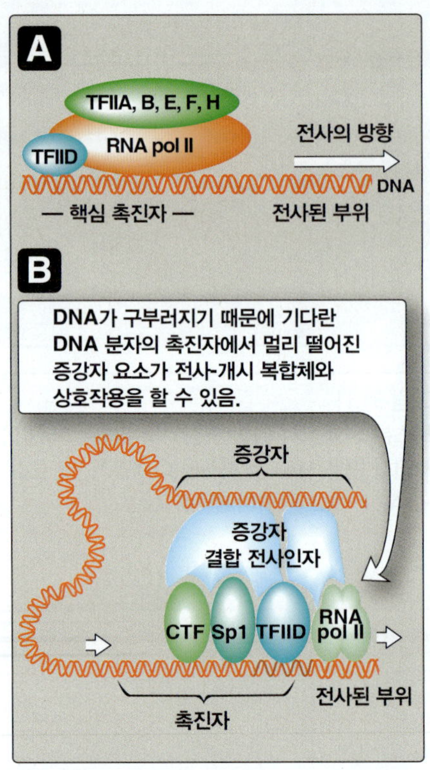

그림 31.13
A: 핵심 촉진자에서의 일반 전사인자(TFII)와 RNA 중합효소 II(RNA pol II)의 회합. [참고: 로마 숫자 II는 RNA pol II에 대한 TF를 나타낸다.] B: 전사에 대한 증강자의 자극. CTF = CAAT 상자 전사인자; Sp1 = 특이성 인자-1.

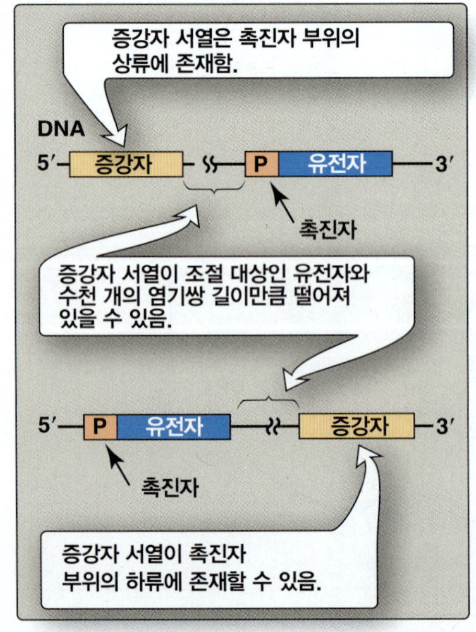

그림 31.14
증강자 서열이 존재할 만한 위치.

호화되어 있어 세포질액에서 합성된 후 작용 부위로 이동하므로 이들을 트랜스작용 요소(trans-acting element)라고 한다. [참고: 원핵생물의 완전효소와 다르게 진핵생물 RNA pol II는 혼자 촉진자를 인식하여 결합하지 않는다. 대신에 TATA결합 단백질과 TATA 회합 인자를 가진 GTF인 TFIID가 TATA 상자(와 다른 핵심 촉진자 요소)를 인식하여 결합한다. 또 다른 GTF인 TFIIF는 이 중합효소를 촉진자로 인도한다. TFIIH의 나선효소 활성은 DNA를 융해하고, 인산화효소 활성은 중합효소를 인산화하여 촉진자를 비운다.]

c. **조절요소(regulatory elememt)와 전사 활성자(transcriptional activator):** 핵심 촉진자의 상류 쪽으로 추가적인 공통서열이 있다(그림 31.12 참조). 이들은 핵심 촉진자에 가까이 있는 근위 조절요소(예: CAAT 상자와 GC 상자)이다. 멀리 떨어져 있는 것들은 원위 조절요소(예: 증강자, enhancer)이다(아래 d 참조). 전사 활성자 또는 특수 전사인자(STF)로 알려진 단백질들은 이 조절요소들과 결합한다. 근위 조절요소에 결합한 STF는 전사개시의 빈도를 조정하고, 원위 조절요소에 결합한 STF는 호르몬과 같은 신호에 대한 반응을 매개하여(542쪽 참조) 주어진 지점에서 제 시간에 유전자 발현이 되도록 조절한다. 단백질 부호가 들어 있는 전형적인 진핵생물 유전자는 이와 같은 많은 인자들이 결합하는 자리이다. STF에는 2개의 결합 영역이 있다: DNA 결합 영역과 전사 활성화 영역. 전사 활성화 영역은 핵심 촉진자로 GTF는 물론 염색질 변형에 관여하는 HAT 효소와 같은 보조활성자(coactivator) 단백질까지 끌어들인다. [참고: RNA pol II-촉매 전사의 다중소단위인 매개자(mediator)는 중합효소, GTF, STF와 결합하여 전사 개시를 조절한다.]

전사 활성자는 나선-고리-나선, 아연 손가락, 류신 지퍼와 같은 다양한 구조요소(motif)를 통하여 DNA와 결합한다(20쪽 참조).

d. **증강자(enhancer)의 역할:** 증강자는 RNA pol II에 의한 전사개시의 속도를 증가시키는 특별한 DNA 서열이다. 전형적으로 전사를 촉진하는 유전자와 같은 염색체상에 존재해야 한다(그림 31.13B). 이들은 (1) 전사 시작자리의 상류(5′-방향)나 하류(3′-방향)에 존재하고; (2) 촉진자 부위에 가까이 존재하거나 수천 개 염기쌍 거리에 떨어져 있고(그림 31.14); (3) DNA 겹가닥의 어느 가닥에도 모두 존재한다. 증강자는 반응요소(STF와 결합함)로 불리는 DNA 서열을 함유한다. 이 증강자 결합 단백질은 DNA를 구부리거나 고리처럼 감아 촉진자에 결합한 다른 전사인자와 RNA pol II와 상호작용하여 전사를 촉진할 수 있다(그림 31.13B). [참고: 침묵자(silencer)는 멀리 떨어져 있어도 작용한다는 점에서 증강자와 비슷하지만, 이것은 유전자 발현을 감소시킨다.]

e. **RNA 중합효소 II의 억제제:** 알광대버섯(*Amanita phalloides*, "죽음의 모자"로도 부름)의 α-아마니틴(α-amanitin, 독성이 아주 강함)은 RNA pol II와 단단한 복합체를 이루어 mRNA 합성을 억제하고 결

국은 단백질의 합성을 억제한다.

3. **RNA 중합효소 III:** tRNA, 5S rRNA, 일부 snRNA, snoRNA를 합성한다.

V. RNA의 전사후변형

일차 전사물은 전사단위(개시서열과 종료서열 사이의 DNA 분절)의 처음에 만들어진 선형의 RNA 복사물이다. 원핵생물과 진핵생물의 tRNA와 rRNA의 일차 전사물은 전사된 후에 리보핵산분해효소의 절단에 의해 변형된다. tRNA는 이후에 더 변형되어 각각의 특유의 성질을 갖는다. 이와 다르게 원핵생물 mRNA는 일반적으로 일차 전사물과 동일하지만, 진핵생물 mRNA는 전사 중이나 전사후에 대폭적으로 변형된다.

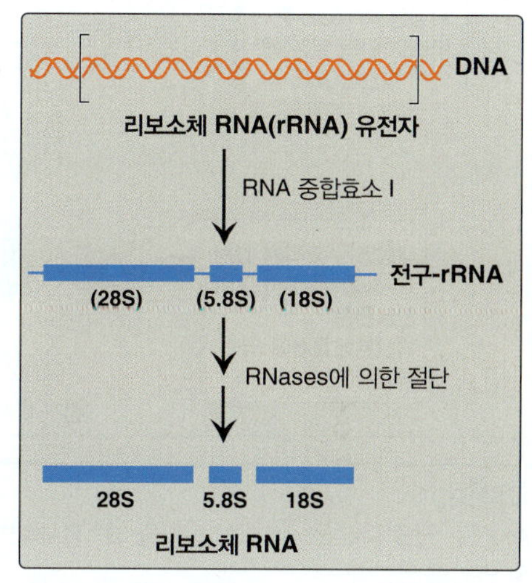

그림 31.15
리보핵산분해효소(RNase)에 의한 진핵생물 rRNA의 전사후변형 과정. S = 스베드베리 단위.

A. 리보소체 RNA(ribosomal RNA, rRNA)

원핵생물과 진핵생물의 rRNA는 전구리보소체 RNA(전구-rRNA)라고 하는 긴 전구체 분자로부터 합성된다. 원핵생물의 23S, 16S, 5S rRNA는 진핵생물의 28S, 18S, 5.8S rRNA처럼 단일 전구-rRNA로부터 만들어진다(그림 31.15). [참고: 진핵생물 5S rRNA는 RNA pol III에 의해 합성되고 별도의 과정으로 변형이 일어난다.] 전구-rRNA는 리보핵산분해효소에 의해 절단되어 중간 크기의 rRNA 조각이 된 후 더 가공과정(핵산말단분해효소에 의해 다듬고, 일부의 염기와 리보스를 변형시키는 과정)을 거쳐 필요한 rRNA 종을 생성한다. [참고: 진핵생물에서 rRNA 유전자는 기다란 직열의 배열에서 발견된다. rRNA 합성과 가공은 작은 핵소체 RNA(snoRNA)에 의해 촉진되는 염기 및 당의 변형과 함께 핵소체에서 일어난다. 리보소체의 성분이 될 예정인 일부의 단백질은 전사후변형 이전이나 변형이 일어나는 동안에 전구-rRNA와 회합한다.]

B. 전달 RNA(transfer RNA)

원핵생물과 진핵생물의 tRNA도 긴 전구체 분자가 변형되어 생성된다(그림 31.16). 분자 양 끝의 서열이 제거되는데, 만약 남아 있다면 인트론(아래 참조)은 대응코돈 고리에서 핵산분해효소에 의해 제거되어야 한다. 다른 전사후변형에서 뉴클레오티딜기전달효소에 의해 tRNA의 3′ 말단 끝에 −CCA 서열이 첨가되고 특정 위치의 염기가 변형되어 tRNA의 특징인 흔하지 않은 염기를 생성한다(337쪽 참조).

C. 진핵생물 전령 RNA(eukaryotic messenger RNA)

RNA 중합효소 II에 의해 핵에서 만들어지는 모든 일차 전사물들을 모두 합하여 이종핵 RNA(hnRNA)라고 한다. hnRNA의 전구-mRNA 성분은 핵에서 대폭적으로 전사중변형과 전사후변형이 일어난다. 이 변형은 보통 다음과 같은 것들을 포함한다. [참고: Pol II가 스스로 변형에 필요한 단백질을 동원한다.]

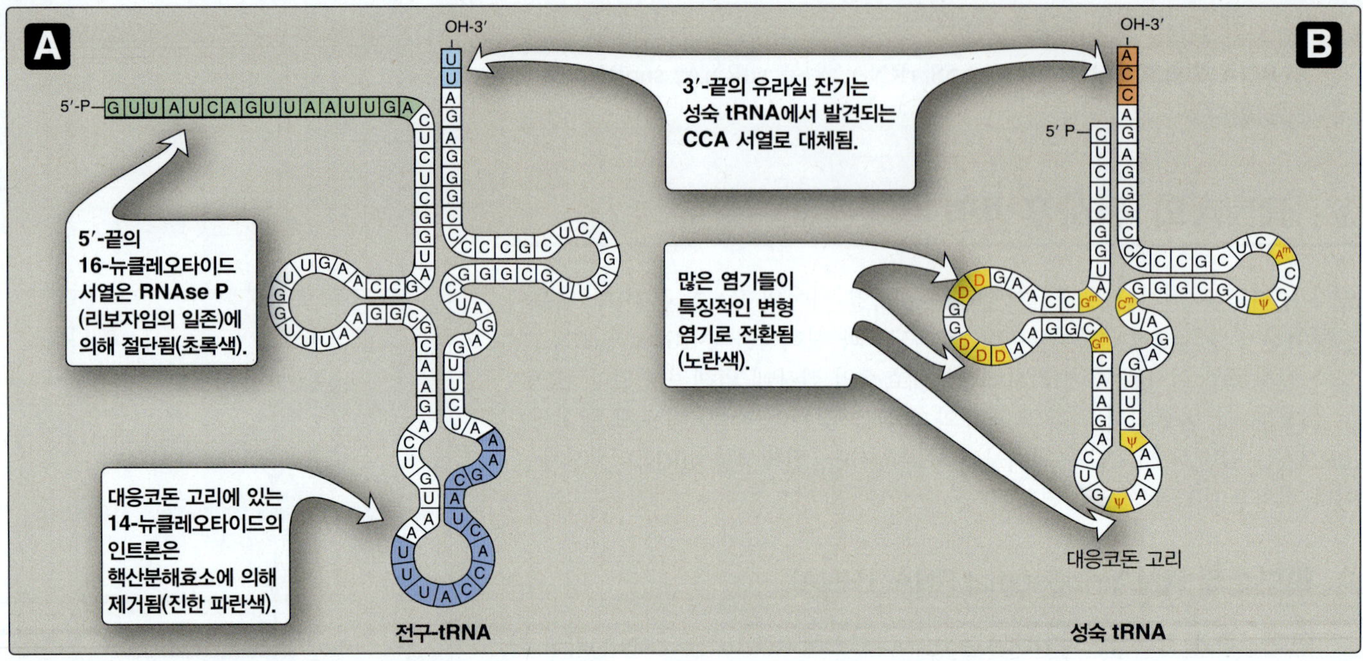

그림 31.16

A: 전구 전달 RNA(pre-tRNA) 전사물. B: 전사후변형 후의 기능성 tRNA. 변형된 염기는 D(이수소유리딘)와 Ψ(슈도유리딘)을 포함하며, ^{m}은 메틸화된 염기를 뜻한다.

1. **5′ 모자의 첨가(addition of 5′ cap)**: 이것은 전구-mRNA에 대한 첫 번째 가공 반응이다(그림 31.17). 모자는 mRNA 5′-말단 끝에 거꾸로 부착한 7-메틸구아노신이며, 흔하지 않은 5′→5′ 삼인산 결합(대부분의 핵산분해효소에 저항성이 있음)을 이룬다. 모자가 만들어지려면 전구-mRNA의 5′-삼인산염으로부터 γ-인산화기(phosphoryl group)가 제거되고, 핵 효소인 구아닐릴기전달효소에 의해 GTP로부터 GMP가 첨가될 필요가 있다. 이 말단 구아닌의 메틸화 반응은 세포질액에서 구아닌-7-메틸기전달효소에 의해 촉진된다. S-아데노실메싸이오닌이 메틸기를 제공한다(302쪽 참조). 추가적인 메틸화 과정이 일어날 수 있다. 이 7-메틸구아노신 모자의 첨가는 mRNA의 안정화를 도와주고 번역의 개시를 가능하게 한다(522쪽 참조).

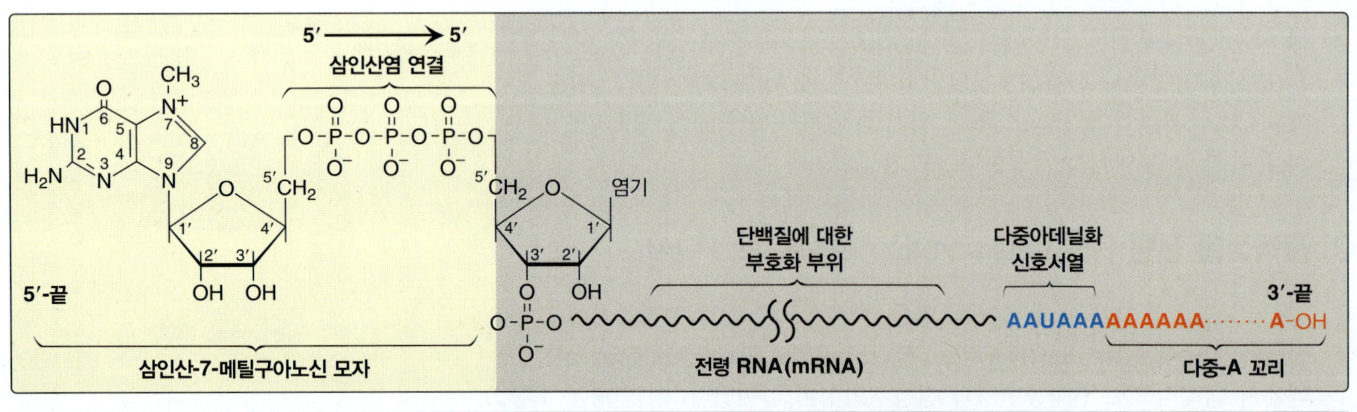

그림 31.17

7-메틸구아노신 모자와 다중-A 꼬리를 보여주는 전령 RNA(mRNA)의 전사후변형.

2. **다중-A 꼬리의 첨가(addition of poly-A tail):** 대부분의 진핵생물 mRNA(히스톤 부호를 가진 mRNA를 포함하여 유명한 몇 종류는 예외임)는 3′-끝에 40~250개 정도의 아데닌 뉴클레오타이드 사슬을 갖는다(그림 31.17 참조). 이 다중-A 꼬리는 DNA로부터 전사가 되는 것이 아니라, 전사 후 핵 효소인 다중아데닐산 중합효소에 의해 첨가된다. 이 효소는 ATP를 기질로 사용한다. 이 mRNA는 RNA의 3′-끝 근처의 다중아데닐화 신호서열(AAUAAA)이라고 불리는 공통서열의 하류에서 절단되어 다중-A 꼬리가 새로 생긴 3′-끝에 첨가된다. 이 꼬리는 mRNA의 안정화를 도와주고, 핵으로부터 쉽게 빠져나가게 하고, 번역을 도와준다. mRNA가 세포질액으로 들어온 후에 다중-A 꼬리는 점점 짧아진다.

3. **잘라잇기(splicing):** 진핵생물 mRNA의 성숙과정은 보통 일차 전사물로부터 단백질 부호를 갖지 않는 RNA 서열(인트론 또는 개재서열)의 제거를 포함한다. 나머지 부호 서열(발현됨)인 엑손(exon)은 서로 이어져 성숙 mRNA가 된다. 인트론을 제거하고 엑손을 이어주는 과정을 잘라잇기라고 한다. 이것을 수행하는 분자 복합체는 잘라잇기소체(spliceosome)로 알려져 있다. 일부의 진핵생물 일차 전사물은 인트론이 없다(예: 히스톤 유전자). 일부의 경우는 몇 개의 인트론을 가지고 있는 반면에, 아교질의 α 사슬의 일차 전사물과 같은 경우는 성숙한 전령 RNA가 번역되기 전에 제거되어야 할 개재서열을 50개 이상 갖고 있다.

   a. **작은 핵 RNA(snRNA)의 역할:** 유라실이 풍부한 snRNA는 여러 단백질과 회합하여 작은 핵 리보핵산단백질 입자(snRNP, "snurp", U1, U2, U4, U5, U6로 표기함)를 형성한다. 이들은 잘라잇기 과정을 매개하며, 인트론의 양끝에 있는 공통서열과 염기쌍을 형성하여 인트론의 제거를 쉽게 해준다(그림 31.18). [자가면역질환인 전신홍반루푸스(SLE) 환자는 snRNP와 같은 자신의 핵산단백질에 대한 항체를 생산한다.]

   b. **잘라잇기의 기전:** snRNP의 결합에 의해 인접한 엑손 서열들이 정확하게 배열된 잘라잇기 자리로 이동하여 두 개의(U2, U5와 U6 RNA에 의해 촉진되는) 에스터교환 반응이 일어난다. 인트론에서 가지자리 A(branch site A)로 알려진 아데노신(A) 잔기의 2′-OH기가 인트론의 5′-끝(잘라잇기 주개자리)의 인산염을 공격하여 흔하지 않은 2′→5′ 인산다이에스터 결합을 만들어 "올가미(lariat)" 구조를 형성한다(그림 31.18 참조). 새롭게 노출된 엑손 1의 3′-OH가 잘라잇기 받개자리에 있는 5′-인산을 공격하여 엑손 1과 엑손 2를 연결하는 인산다이에스터 결합을 형성한다. 절제된 인트론은 "올가미" 구조로 방출되어 전형적으로 분해된다. [참고: 가지자리의 GU와 AG 서열은 각각 인트론의 시작과 끝에서 항상 일정하다.] 인트론이 제거되고 엑손이 연결된 후에 성숙한 mRNA 분사는 핵막의 구멍을 통해 세포질액으로 들어온다. [참고: tRNA의 인트론(그림 31.16 참조)은 잘라잇기와 다른 기전으로 제거된다.]

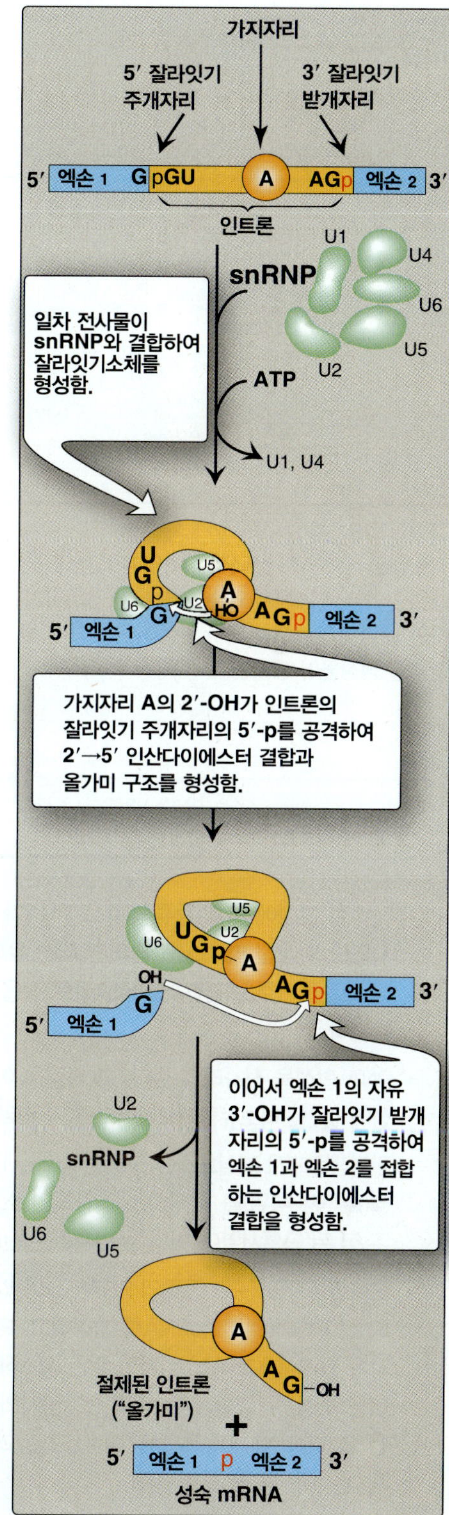

그림 31.18
잘라잇기(splicing). [참고: U1이 5′주개자리에, U2가 가지 A와 3′받개자리에 결합하고 U4-U6가 첨가되면 복합체가 완성된다.] snRNP = 작은핵리보핵산단백질입자.

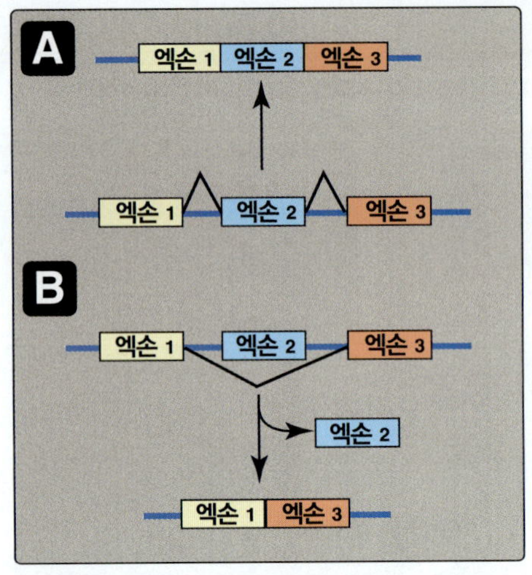

그림 31.19
진핵생물 mRNA의 선택적 잘라잇기의 형태. 패널 B의 mRNA에서 엑손 2를 제거(건너뛰기)하면 패널 A의 mRNA에서 만들어진 것과 다른 단백질 생성물이 생성된다.

c. 잘라잇기 자리 돌연변이의 효과: 잘라잇기 자리의 돌연변이는 잘못된 잘라잇기를 유발하여 이상한 단백질을 만들 수 있다. 모든 유전병 중 약 20%는 RNA 잘라잇기에 영향을 주는 돌연변이에 의한 것으로 추정한다. 한 예로 β 글로빈 mRNA의 잘못된 잘라잇기를 유발하는 돌연변이가 일부의 β 지중해빈혈증(β-thalassemia)을 일으키는데, 이 병은 β 글로빈 단백질의 합성에 결함이 있다(41쪽 참조). 잘라잇기 자리에 돌연변이가 생기면 엑손이 건너뛰거나(제거) 인트론이 남아 있게 된다. 또한 숨어 있던 잘라잇기 자리가 활성화될 수 있는데, 이 자리는 원래 5′ 또는 3′ 공통서열이 들어있지만 정상적으로 사용되지 않는다.

4. **선택적 잘라잇기(alternative splicing):** 90% 이상의 사람 유전자의 전구-mRNA 분자는 다른 조직에서 선택적 방법으로 잘라잇기가 될 수 있다. 이 과정은 다양한 mRNA와 그에 따른 다양한 단백질의 종류를 만든다(그림 31.19). 이것은 제한된 수의 유전자에서 다양한 수많은 종류의 단백질을 만드는 기전으로 보인다. 예를 들면 진핵세포에서 트로포마이오신(tropomyocin, TM, 세포뼈대와 근육세포 수축기구의 액틴 잔섬유 결합 단백질) mRNA는 대폭적인 조직 특이 선택적 잘라잇기가 일어나 여러 가지 동종형의 TM 단백질을 생성한다.

X. 요약

- 단백질 합성에는 세 종류의 주요 RNA가 참여한다: **리보소체 RNA(rRNA)**, **전달 RNA(tRNA)**, **전령 RNA(mRNA)**. DNA와 다르게 데옥시리보스 대신 **리보스**를, 타이민 대신 **유라실**을 갖고 있다. **rRNA**는 리보소체의 구성성분이다. **tRNA**는 특정 아미노산을 단백질 합성 장소로 옮겨주는 **접합자(adaptor)**로 작용한다. **mRNA**(부호화 RNA, coding RNA)는 DNA의 유전정보를 운반하여 단백질 합성에 사용한다.
- RNA 합성을 **전사**라고 한다. 그 기질은 이다. RNA를 합성하는 효소는 **RNA 중합효소(RNA pol)**이다. RNA pol은 **5′→3′ 중합효소 활성**에 **삼인산리보뉴클레오사이드**를 기질로 사용한다. 원핵과 진핵생물 모두에서 RNA pol은 시발체를 필요로 하지 않는다.
- **원핵생물**에서 **핵심효소**는 5 소단위(2α, 1β, $1\beta'$, 1Ω)로 구성된다, 이 효소는 전사가 될 DNA의 시작부위에 있는 뉴클레오타이드 서열(**촉진자** 부위)을 인식하는 추가적인 소단위(σ **인자**)가 필요하다. 이 부위에는 **−10 프리브나우 상자**와 **−35 서열**과 같이 보존이 아주 잘 된 **공통서열**이 있다. ρ **인자**라는 단백질이 일부 유전자의 **전사종료**에 필요하다.
- **진핵생물** 핵에는 3 종류의 RNA pol이 있다. **RNA pol I**은 핵소체에서 rRNA의 전구체를 합성한다. 핵형질에서 **RNA pol II**는 mRNA의 전구체와 일부 ncRNA를 합성하고, **RNA pol III**는 tRNA의 전구체를 합성한다. **RNA pol II**에 의해 전사되는 유전자들의 핵심 **촉진자**는 **TATA(호그네스) 상자**와 같은 **시스작용** 공통서열을 포함한다. 이 상자는 **트랜스작용 일반 전사인자**가 결합하는 자리를 제공한다. 이들의 상류에 CAAT 상자와 GC 상자와 같은 **근위** 조절요소가 있고, 하류에 **증강자**와 같은 **원위** 조절요소가 있다. **전사 활성자(특수 전사인자)**와 **매개체 복합체**가 이 요소들과 결합하여 유전자 발현을 조절한다. 진핵생물 전사는 **염색질 리모델링**이라는 **염색질**이 느슨해지는 과정을 필요로 한다.
- **일차 전사물**은 개시서열과 종료서열 사이의 DNA 분절인 **전사단위**의 일차 복사물이다. 원핵생물 mRNA는 보통 일차 전사물과 동일하고, 진핵생물 **pre-mRNA**는 전사 중이나 전사 후에 대폭적으로 변형된다. 한 예로 **7-메틸구아노신 모자**는 mRNA의 5′-말단 끝에 5′→5′ 결합으로 부착한다. DNA로부터 전사가 되지 않는 **긴 다중-A 꼬리**가 대부분의 mRNA의 3′-말단 끝에 결합한다. 대부분의 진핵생물 mRNA는 활성화를 위해 제거해야 할 **개재서열(인트론)**을 포함하고 있다. 인트론의 제거에는 **발현서열(엑손)**뿐만 아니라 **잘라잇기**를 매개하는 **작은 핵 리보핵산단백질** 입자들로 구성된 **잘라잇기소체**가 필요하다. 진핵생물 mRNA는 단 하나의 유전자에 정보를 담고 있는 **단일시스트론**이며 원핵생물 mRNA는 **다중시스트론**이다(그림 31.20).

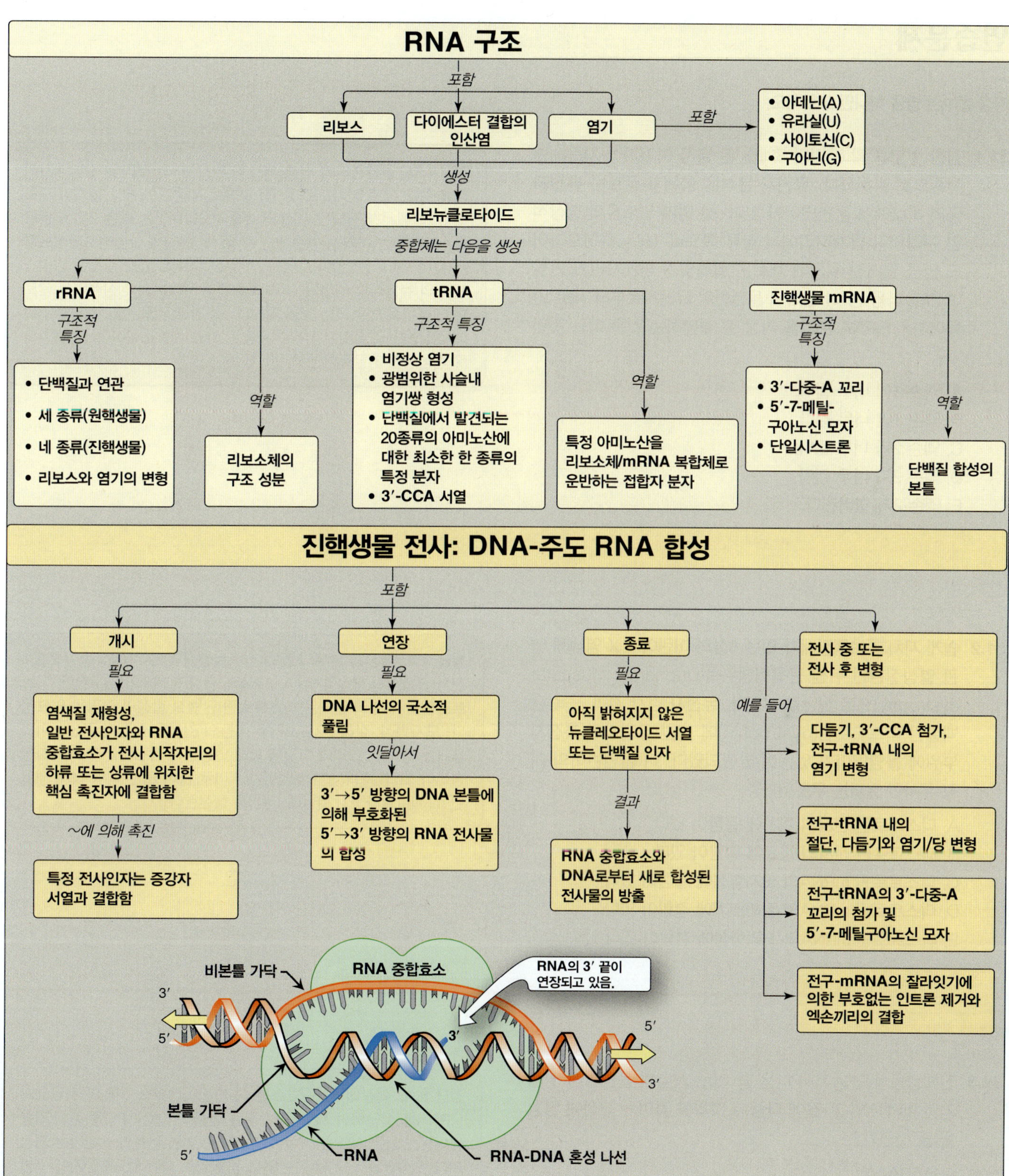

그림 31.20
RNA 구조와 합성의 핵심 개념도. rRNA = 리보소체 RNA; tRNA = 전달 RNA; mRNA = 전령 RNA.

연습문제

가장 올바른 답을 하나만 고르시오.

31.1 심한 빈혈을 앓고 있던 8개월 된 남자 아기가 β-지중해빈혈증으로 밝혀졌다. 유전자 분석을 통해 β-글로빈 유전자 중의 하나에서 돌연변이가 있어, 첫 번째 인트론의 정상적인 잘라잇기 받개자리에서 상류 쪽으로 19-뉴클레오타이드 만큼 떨어진 위치에 새로운 잘라잇기 받개자리가 만들어졌다. 다음 중 이 환아의 돌연변이 유전자로부터 새로 만들어지는 mRNA 분자를 가장 잘 설명하는 것은 어느 것인가?

A. 엑손 1이 너무 짧다.
B. 엑손 1이 너무 길다.
C. 엑손 2가 너무 짧다.
D. 엑손 2가 너무 길다.
E. 엑손 2가 없어진다.

정답 = D. 돌연변이에 의해 새로운 인트론1의 잘라잇기 받개자리 상류 쪽에 새로 생기므로(3′-끝) 보통 절제된 인트론 1 올가미 구조의 3′-끝에서 발견되는 19개의 뉴클레오타이드는 엑손 2의 부분으로 남게 된다. 따라서 엑손 2는 5′-끝에 19개의 뉴클레오타이드를 더 갖게 된다. 돌연변이 mRNA의 유전 부호에 있는 잘못된 잉여의 19개의 뉴클레오타이드는 리보소체에서 mRNA가 정상적이 β-글로빈 단백질로 번역되는 것을 막는다. 첫 번째 인트론을 제거하기 위해 정상적인 잘라잇기 자리가 사용된 mRNA는 정상이며, 그 번역으로 정상적인 β-글로빈 단백질이 만들어진다.

31.2 쉽게 지치고 보행장애가 있는 4살의 어린이가 X-염색체 연관 열성질환인 뒤셴 근육퇴행위축(Duchenne muscular dystrophy)으로 진단을 받았다. 유전자 검사 결과 근육 단백질인 디스트로핀(dystrophin)에 대한 유전자의 촉진자 부위에 돌연변이가 있음이 발견되었다. 이 돌연변이의 가장 유사한 결과는 무엇인가?

A. 디스트로핀 전사의 개시에 결함이 있다.
B. 디스트로핀 전사의 종료에 결함이 있다.
C. 디스트로핀 mRNA의 모자형성에 결함이 있다.
D. 디스트로핀 mRNA의 잘라잇기에 결함이 있다.
E. 디스트로핀 mRNA의 꼬리형성에 결함이 있다.

정답 = A. 촉진자 부위의 돌연변이는 전형적으로 RNA 중합효소 II 전사 복합체의 형성을 막아 mRNA의 합성의 개시가 감소한다. 디스트로핀 mRNA의 결핍은 디스트로핀 단백질 합성의 결핍을 일으킨다. 모자형성, 잘라잇기, 꼬리달기 등의 결함은 촉진자 돌연변이의 결과는 아니다. 그러나 그것에 의해 안정성이 감소된 mRNA(모자형성이나 꼬리달기의 결함에 의함)나 너무 많이 또는 너무 적게 제거된 mRNA(잘라잇기 결함에 의함)를 생산한다.

31.3 진핵생물 mRNA에서 다음 중 어느 서열에 돌연변이가 생기면 mRNA의 3′-끝에 다중-A 꼬리를 붙이는 과정에 영향을 줄 것인가?

A. AAUAAA
B. CAAT
C. CCA
D. GU... A ... AG
E. TATAAA

정답 = A. 핵산내부분해효소는 이 다중아데닐화 신호의 하류에서 mRNA를 절단하여 새로운 3′-끝을 만들고, 여기에 다중-A 꼬리를 붙이는 반응은 ATP를 기질로 사용하며, 이는 본틀과 상관없는 과정이다. CAAT와 TATAAA는 RNA 중합효소 II에 대한 촉진자에서 발견되는 서열이다. CCA는 뉴클레오티딜기전달효소에 의해 tRNA의 3′-끝에 첨가된다. GU... A ... AG는 인트론을 나타낸다.

31.4 다음 중 어느 단백질 인자가 진핵생물에서 단백질 부호화 유전자의 촉진자를 인식하는가?

A. 프리브나우 상자
B. Rho
C. Sigma
D. TFIID
E. U1

정답 = D. 일반 전사인자 TFIID는 진핵생물 단백질 부호화 유전자의 TATA 유사 상자와 같은 핵심 촉진자 요소를 인식하여 결합한다. 이 유전자들은 RNA 중합효소 II에 의해 전사된다. 프리브나우 상자는 원핵생물 촉진자에 있는 시스작용 요소이다. Rho는 원핵생물의 전사 종료에 관여한다. Sigma는 원핵생물 촉진자를 인식하여 결합하는 RNA 중합효소의 소단위이다. U1은 진핵생물의 전구-mRNA의 잘라잇기에 관여하는 리보뉴클레오단백질이다.

31.5 DNA 본틀의 GATCTAC 서열에서 생성되는 RNA의 서열은 무엇인가?

정답 = 5′-GUAGAUC-3′. 핵산 서열은 일반적으로 5′에서 3′ 방향으로 기록된다. 본틀가닥(template strand, 5′-GATCTAC-3′)은 3′-CATCTAG-5′로 사용된다. RNA 생성물은 본틀가닥과 상보적인 서열을 가지며, 단지 T가 U로 치환되어 있다.

32 단백질 합성

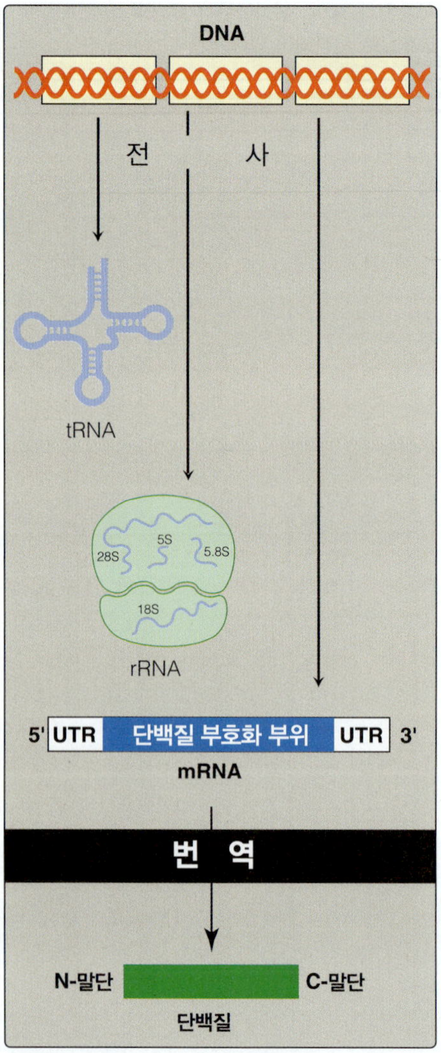

그림 32.1
단백질 합성 또는 번역. tRNA = 전달 RNA; rRNA = 리보소체 RNA; mRNA = 전령 RNA; UTR = 비번역 부위.

I. 개관

유전정보는 염색체에 저장되고 DNA 복제를 통하여 딸세포로 전달된다. 유전정보는 전사를 통하여 RNA로 발현되고, 이어서 mRNA의 경우에 단백질(폴리펩타이드 사슬)로 번역된다(그림 32.1). [참고: 단백체(proteome)는 세포에서 발현되는 단백질의 완전한 세트를 말한다.] 단백질 합성 경로를 번역(translation)이라고도 하는데, 이것은 mRNA의 뉴클레오타이드 서열의 "언어"가 아미노산 서열이라는 언어로 바뀌기 때문이다. 번역의 과정에는 유전부호가 필요하며, 이것을 통하여 핵산 서열 속에 담긴 정보가 특정의 아미노산 서열로 바뀌게 된다. 핵산 서열에서 어떤 사소한 변화라도 폴리펩타이드에 부정확한 아미노산을 삽입하여 결과적으로 개체에게 질병이나 심지어 죽음을 초래할 수도 있다. 새로 만들어진 단백질은 많은 가공과정을 거쳐 기능을 발휘하는 구조로 완성된다. 이들은 적절하게 접혀야 하는데, 만일 잘못 접히면 단백질이 응집되거나 분해가 초래될 수 있다. 많은 단백질은 합성된 후에 공유결합 변형을 통해 활성화되거나 활성이 변한다. 결국 단백질은 단백질 자체에 존재하는 신호에 의해 세포 안팎의 최종 표적지를 향해 운반된다.

II. 유전부호(Genetic Code)

유전부호는 뉴클레오타이드 염기서열과 아미노산 서열 사이의 교신을 동일화하는 "사전"이다. 유전부호의 각각의 "단어"는 3개의 뉴클레오타이드 염기로 구성되며, 이 유전 단어를 코돈(codon)이라고 한다.

A. 코돈(codon)

코돈은 아데닌(A), 구아닌(G), 사이토신(C), 유라실(U) 등의 mRNA의 언어로 표시된다. 이 뉴클레오타이드 서열은 항상 5′-끝으로부터 3′-끝으로 기술한다. 4개의 뉴클레오타이드 염기를 사용하여 3-염기 코돈을 형성한다. 따라서 그림 32.2에서 보여주는 것처럼 한 번에 3개(triplet code; 삼중자 부호)를 취하여 64가지의 다른 염기조합이 이루어진다.

1. 코돈이 번역되는 방법: 이 표는 모든 코돈 서열의 번역에 사용되며, 따

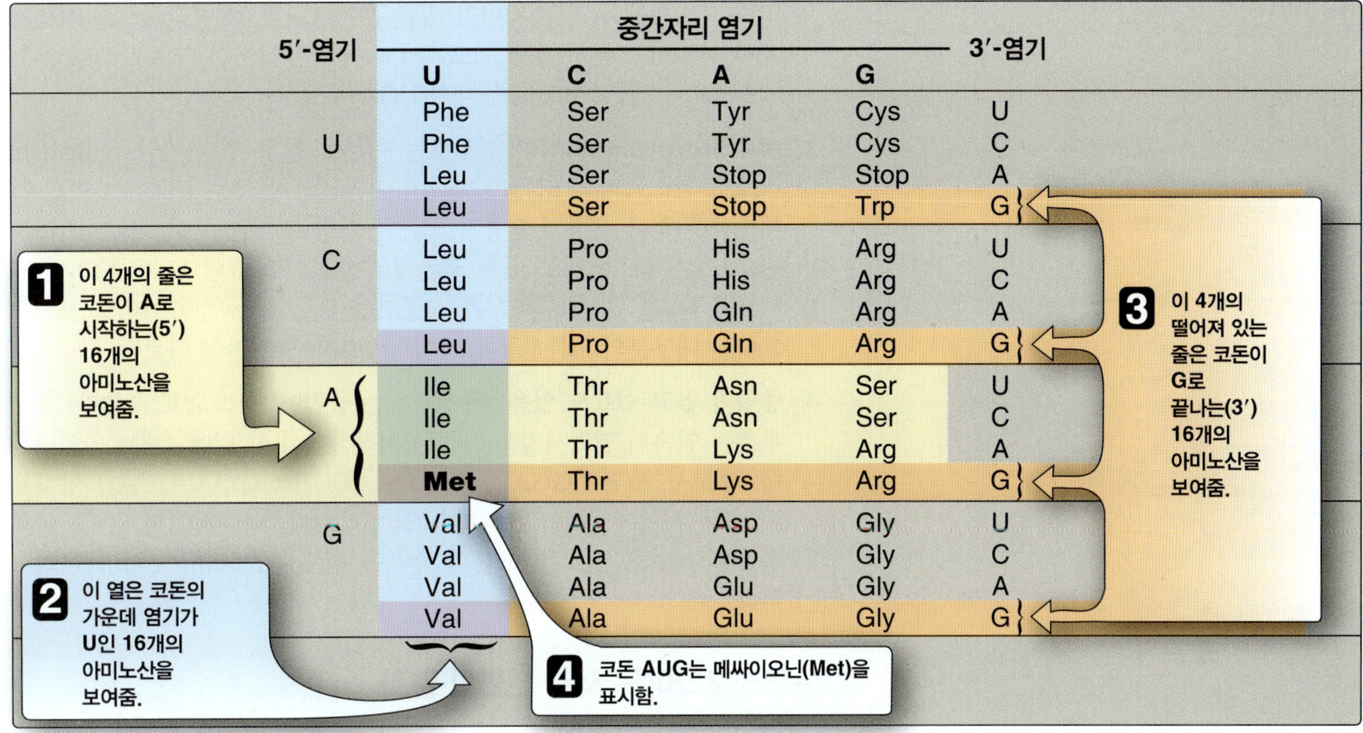

그림 32.2
유전부호표에서 코돈 AUG를 찾는 법. A = 아데닌; G = 구아닌; C = 사이토신; U = 유라실. 흔한 아미노산들의 약자를 보기로 들었다.

라서 mRNA 서열에 부호화된 아미노산을 결정할 수 있다. 예를 들면 유전부호 5′-AUG-3′은 메싸이오닌을 부호화한다(그림 32.2 참조). [참고: AUG는 개시(시작) 코돈으로 번역된다.] 64개의 코돈 중에서 61개는 20개의 흔한 아미노산을 부호화한다(1쪽 참조).

2. **종료 코돈(termination codon)**: UAG, UGA, UAA 등의 3개의 코돈은 아미노산을 부호화하지 않고 종료(termination, 또는 stop 혹은 nonsense) 코돈이다. mRNA 서열에 이 코돈들이 나타나면, mRNA에 부호화된 단백질의 합성이 멈춘다.

B. 유전부호의 특성

유전부호의 사용은 모든 개체에 있어서 거의 동일하다. 일단 태초의 원시 생물이 표준 유전부호로 진화된다면, 본래의 뜻를 변경시키는 어떠한 돌연변이도 전부는 아니지만 대부분은 단백질 서열에 변경을 일으켜 그 개체에 치명적이었을 것이다. 유전부호는 다음과 같은 특징을 갖는다.

1. **특이성(specificity)**: 유전부호는 아주 특이성(모호성이 없음)이 있어서 특정의 코돈은 항상 같은 아미노산을 부호화한다.

2. **보편성(universality)**: 유전부호는 실제로 보편적이다. 즉 유전부호의 특이성은 아주 초기의 진화 단계에서 이미 확립되었고 단지 부호가 번

역되는 방식에서 작은 차이가 있을 뿐이다. [참고: 예외적으로 사립체에서 일부의 코돈이 그림 32.2에서 보여주는 것처럼 다르게 나타난다; 예를 들면 트립토판(Trp)에 대한 UGA 부호.]

3. **여유성(degeneracy):** 유전부호는 여분을 갖고 있다(가끔 redundant라고도 함). 각각의 코돈은 하나의 아미노산에 상응하지만, 주어진 아미노산은 하나 이상의 삼중자 코돈을 가질 수 있다. 예를 들면 아르지닌(Arg)은 6개의 서로 다른 코돈에 부호화된다(그림 32.2 참조). 단지 Met와 Trp는 단 하나의 부호 삼중자를 갖는다. 동일한 아미노산을 부호하는 대부분의 코돈은 삼중자에서 마지막 염기만이 다르다.

4. **중첩이 없고 쉼표도 없음:** 유전부호는 중첩이 없고 쉼표도 없다. 유전부호는 연속된 염기서열을 고정된 시작점에서 한 번에 3개씩 읽어나간다. 예로서 AGCUGGAUACAU는 AGC/UGG/AUA/CAU 방식으로 코돈 사이에 쉼표 없이 계속 읽어야 한다. 단백질에서 아미노산의 올바른 서열을 만드는 코돈의 순서를 판독틀(reading frame)이라고 한다.

C. 뉴클레오타이드 서열 변화의 결과

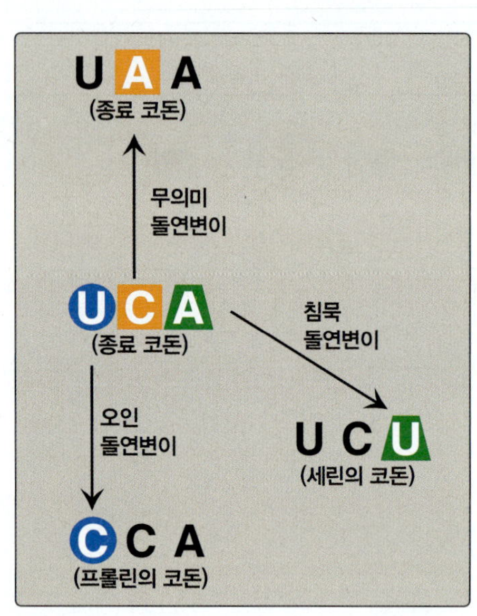

그림 32.3
mRNA 사슬의 부호 부위에서 모노뉴클레오타이드 염기의 변화가 미치는 영향. A = 아데닌; C = 사이토신; U = 유라실.

mRNA 사슬에서 하나의 뉴클레오타이드 염기의 변화(점 돌연변이, point mutation)는 다음 3가지 결과 중에 하나를 초래한다(그림 32.3).

1. **침묵 돌연변이(silent mutation):** 염기가 변한 코돈은 같은 아미노산을 부호화할 수 있다. 예를 들면 세린 코돈 UCA의 세 번째 염기가 U로 바뀐 UCU 코돈도 여전히 세린을 부호화한다. 이런 경우를 침묵 돌연변이라고 한다.

2. **오인 돌연변이(missense mutation):** 염기가 바뀐 코돈은 다른 아미노산 부호를 가질 수 있다. 예로서 세린 코돈 UCA의 첫 번째 염기가 C로 바뀐 CCA 코돈은 프롤린 부호(Pro)를 가질 것이다. 이렇게 다른 아미노산으로 치환되는 경우를 오인 돌연변이라고 한다.

3. **무의미 돌연변이(nonsense mutation):** 염기가 변경된 코돈은 종료코돈이 될 수 있다. 예를 들면 세린 코돈 UCA의 두 번째 염기가 A로 바뀐 UAA 코돈은 그 지점에서 번역이 종료되어 길이가 짧아진(잘려진) 단백질이 합성된다. 이렇게 부적절한 자리에 종료(정지) 코돈이 생기는 것을 무의미 돌연변이라고 한다. [참고: 무의미-매개 분해 경로는 미성숙 종료 코돈을 갖는 mRNA를 분해할 수 있다.]

4. **다른 돌연변이:** 이들은 번역으로 생성되는 단백질의 양이나 구조를 변경시킨다.

   a. **트라이뉴클레오타이드 반복 확장(trinucleotide repeat expansion):** 가끔 일렬로 반복되는 3-염기의 서열이 그 수가 증폭되면 너무 많은 삼중자 복사본이 존재하게 된다. 이 증폭이 어떤 유전자의 부호 부위에서 일어나면, 이로부터 생성되는 단백질은 원래보다 특정 아미노산이 많이 포함된 단백질이 될 것이다. 예를 들면 CAG 코돈이 증폭되어 헌팅틴(Huntingtin) 단백질에 불필요하게 많은 글

루타민 잔기가 삽입된다면, 신경변성 질환인 헌팅톤병(Huntington disease)이 발생한다(그림 32.4). 추가된 과잉의 글루타민에 의해 이차구조가 변하여 단백질 응집체가 축적한다. 트라이뉴클레오타이드 반복 확장이 유전자의 비번역 부위(UTR)에서 일어나면 결국 단백질 생성량이 감소될 수 있는데, 이 현상은 취약 X 증후군(fragile X syndrome)과 근긴장디스트로피(myotonic dystrophy)에서 볼 수 있다. 20 삼중자 확장병이 알려져 있다. [참고: 취약 X 증후군에서 지적 무능력의 가장 흔한 원인인 트라이뉴클레오타이드 반복 확장은 DNA 과다메틸화를 통해 유전자를 침묵하게 만든다(546쪽 참조).]

b. **잘라잇기 자리의 돌연변이:** 전구-mRNA 분자에서 잘라잇기 자리(509쪽 참조)에 돌연변이가 있으면 인트론이 제거되는 방법이 변경되어 이상 단백질이 만들어진다. [참고: 근육병인 근긴장디스트로피에서 유전자 침묵은 삼중자 확장에 따른 잘라잇기 변형의 결과이다.]

c. **틀이동 돌연변이(frame shift mutation):** 하나 또는 두 개의 뉴클레오타이드가 mRNA의 부호 부위에 첨가되거나 결실된다면 틀이동 돌연변이가 생기고 단백질 번역을 위한 판독틀(reading frame)이 변경된다. 이것은 결과적으로 완전히 다른 아미노산 서열을 가진 단백질이 생성되거나 종료코돈의 발생에 의해 잘려나간 생성물이 만들어진다(그림 32.5). 만약 3-뉴클레오타이드가 첨가되면 새로운 아미노산 한 개가 펩타이드에 첨가되고, 3-뉴클레오타이드가 결실되면 아미노산 한 개가 소실된다. 이 경우에는 판독틀은 영향을 받지 않지만 심각한 병리 상태가 발생할 수 있다. 예를 들면 낭성섬유증(cystic fibrosis, CF)은 호흡계통과 소화계통을 일차적으로 침범하는 만성 진행성 유전병으로서 가장 흔한 원인은 유전자의 부호 부위에 생긴 3-뉴클레오타이드의 결실에 의해 생성된 단백질의 508번째 위치(ΔF508)의 페닐알라닌(Phe, 또는 F; 6쪽 참조)의 소실이다. 이 ΔF508 돌연변이는 CF 막횡단 전도 조절자(CFTR) 단백질의 정상적인 접힘을 방해하여 단백소체가 파괴하도록 만든다(283쪽 참조). CFTR은 정상적으로 상피세포의 염소 이온 통로로서 작용하기 때문에 이것이 소실되면 허파와 지라의 분비물을 걸쭉하고 끈적끈적하게 만들어 허파의 손상과 소화 결핍이 초래된다(200쪽). CF 발생률은 북구 유럽계에서 가장 높다(1/3,300). 백인 CF 환자의 70% 이상에서 ΔF508 돌연변이가 이 병의 원인이다.

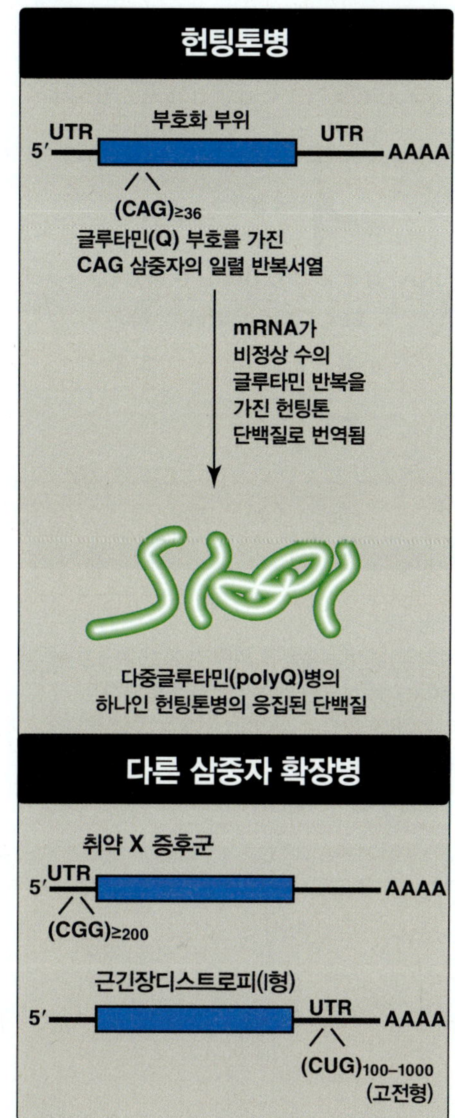

그림 32.4
헌팅톤병과 다른 삼중자 확장병을 유발하는 mRNA의 일렬 삼중자 반복서열의 역할. [참고: 일반인에서 반복서열의 수는 헌팅톤 단백질은 27개 이하, 취약엑스정신지체 단백질은 5~44개, 근긴장디스트로피 단백질인산화효소는 5~34개이다.] UTR = 비번역 부위; A = 아데닌; C = 사이토신; G = 구아닌; U =유라실; Q = 글루타민의 한 글자 약자.

III. 번역에 필요한 구성성분

단백질 합성에는 수많은 구성성분이 필요하다. 여기에 폴리펩타이드 사슬 합성의 개시, 연장, 종료에 필요한 비촉매 단백질 인자들을 포함하여 최종생성물에서 발견되는 모든 아미노산, 번역 대상인 mRNA, 각각의 아미노산에 대한 tRNA, 기능성 리보소체, 에너지원, 효소가 포함된다.

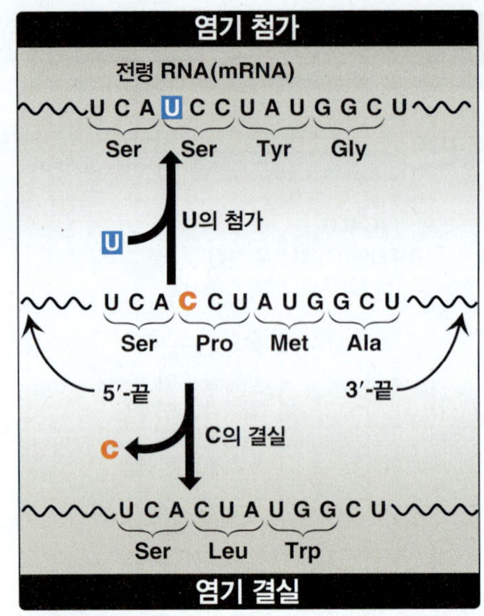

그림 32.5
염기의 첨가나 결손에 의해 생성된 틀이동 돌연변이는 mRNA 판독틀의 변경을 일으킨다. A = 아데닌; C = 사이토신; G = 구아닌; U = 유라실.

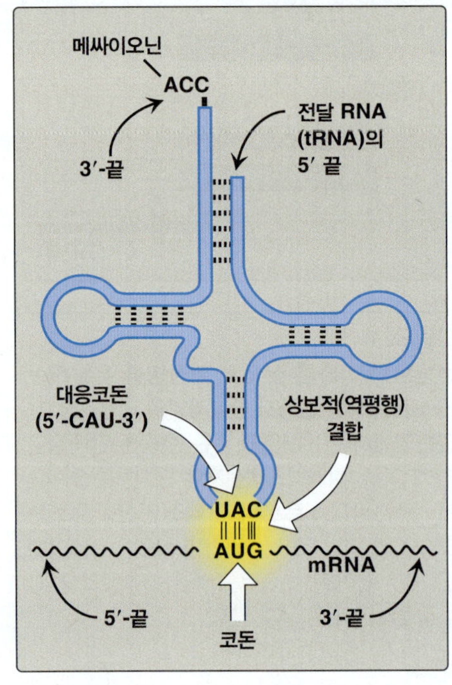

그림 32.6
번역의 개시코돈 메싸이오닌(AUG)에 대한 mRNA 코돈과 메싸이오닐-tRNA(CAU)에 대한 대응코돈의 상보적인 역평행 결합.

A. 아미노산

궁극적으로 최종생성물에 남아 있는 모든 아미노산은 단백질 합성에 반드시 필요하다. 특정 아미노산이 부족하다면(예를 들어 음식에 필수 아미노산이 결핍된다면), 번역은 이 아미노산을 부호화한 코돈에서 정지한다. [참고: 이것은 충분한 양의 모든 필수 아미노산(301쪽 참조)을 음식을 통해 섭취하는 것이 단백질 합성을 유지하는 데에 중요하다는 것을 보여준다.]

B. 전달 RNA(tRNA)

하나의 아미노산에 대하여 적어도 하나 이상의 특정 tRNA가 존재한다. 사람의 경우 적어도 50종류 이상의 tRNA가 존재하는 반면에 세균의 경우에 최소 30종류의 tRNA가 존재한다. 단지 20종류의 아미노산만이 보통 tRNA에 의해 운반되기 때문에 일부 아미노산은 하나 이상의 특이성 있는 tRNA 분자를 가지고 있다. 이 사실은 여러 개의 코돈을 갖는 아미노산의 경우 특히 더 그러하다.

1. **아미노산 부착자리:** 각각의 tRNA 분자는 3′-끝에 특정 아미노산이 부착하는 자리를 갖고 있다(그림 32.6). 아미노산의 카복실기는 tRNA의 3′-끝의 −CCA 서열에 있는 아데닌(A) 뉴클레오타이드의 리보스 부위의 3′-수산기와 에스터 결합을 이룬다. [참고: 공유결합으로 대응 아미노산에 부착한 tRNA를 충전 tRNA라고 하고, 아미노산이 결합하지 않은 tRNA를 방전 tRNA이라고 한다. tRNA에 결합한 아미노산은 활성화된 아미노산이라고 한다.]

2. **대응코돈(anticodon):** 각각의 tRNA 분자는 또한 대응코돈이라 불리는 3-염기 뉴클레오타이드 서열을 가지고 있으며, 이 서열은 mRNA의 특정 코돈을 인식한다(그림 32.6 참조). 이 코돈은 합성되고 있는 펩타이드 사슬에 삽입될 아미노산을 지정하는데, 이 아미노산은 그 tRNA에 의해 운반된다.

C. 아미노아실 tRNA 합성효소(aminoacyl tRNA synthetase)

이 효소족은 아미노산을 이에 상응하는 tRNA에 부착시키는 역할을 한다. 이 효소족의 각 효소는 특정 아미노산과 이에 상응하는 tRNA(동종수용자 tRNA, 아미노산당 5개까지)를 인식한다. 아미노아실 tRNA 합성효소는 아미노산의 카복실기를 이에 상응하는 tRNA(동족체 tRNA)의 3′-끝에 공유결합시키는 2단계의 반응을 촉진한다. 전체의 반응에는 ATP가 필요하며, 이 ATP는 AMP와 PP_i로 절단된다(그림 32.7). 아미노산과 이에 상응하는 특정 tRNA를 둘 다 인식하는 이 합성효소의 고도의 특이성은 유전정보의 번역에서 높은 정확도에 기여를 한다. 더구나 이 합성효소는 합성 활성 외에도 교정(proofreading) 또는 편집(editing)을 하는 활성도 갖고 있어서 이 효소나 tRNA 분자로부터 맞지 않는 아미노산을 제거할 수 있다.

D. 전령 RNA(mRNA)

특정 폴리펩타이드 사슬의 합성을 위한 본틀에 필요한 특이적인 mRNA는 단백질 합성에 반드시 필요하다.

E. 기능을 잘 발휘하는 리보소체 (functionally competent ribosome)

리보소체는 단백질과 rRNA의 거대 복합체(그림 32.8)인데, rRNA가 더 많이 들어 있다. 이것은 크고 작은 2개의 소단위(subunit)로 구성되는데, 이 소단위의 상대적 크기는 보통 침강계수 또는 S값(스베드베리 값, svedberg value)으로 나타낸다. [참고: S값은 분자량과 분자의 모양에 의해 결정되기 때문에 이 수적인 값은 엄격하게 합산의 개념이 아니다. 예를 들면 원핵생물의 50S와 30S 소단위가 합쳐지면 S값이 70S인 리보소체가 만들어진다. 진핵생물의 60S와 40S 소단위가 모이면 80S 리보소체가 만들어진다.] 진핵생물과 원핵생물의 리보소체는 구조적으로 서로 유사하며, 이름하여 단백질 생합성이 일어나는 거대분자 복합체로서 같은 기능을 담당한다.

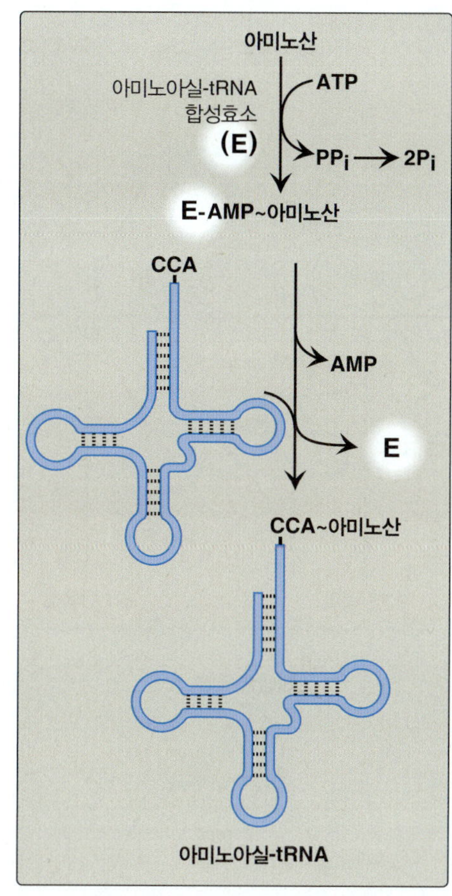

그림 32.7
아미노아실-tRNA 합성효소(E)에 의한 특정 아미노산과 그에 상응하는 tRNA의 부착.
PP_i = 파이로인산염; P_i = 무기인산염; A = 아데닌; C = 사이토신; AMP = 일인산아데노신; ~ = 고에너지 결합.

> 작은 리보소체 소단위는 mRNA와 결합하고 mRNA의 코돈과 tRNA의 대응코돈 사이의 정확한 염기쌍 형성을 확인함으로써 번역의 정확도에 책임을 진다. 큰 리보소체 소단위는 단백질의 아미노산 잔기를 연결하는 펩타이드 결합의 형성을 촉진한다.

1. **리보소체 RNA(rRNA):** 500쪽에서 논의한 바와 같이 원핵생물의 리보소체는 크기가 다른 3개의 rRNA 분자를, 반면에 진핵생물의 리보소체는 4개의 rRNA 분자를 가지고 있다(그림 32.8 참조). rRNA는 리보핵산분해효소의 작용에 의해 단일 전구-rRNA로부터 생성되고 일부의 염기와 리보스가 변형된다.
2. **리보소체 단백질:** 리보소체 단백질은 원핵생물보다 진핵생물에서 훨씬 더 많은 수가 존재한다. 이 단백질들은 리보소체의 구조 및 기능에서, 그리고 단백질 합성계의 다른 구성 성분과의 상호작용에서 다양한 역할을 한다.
3. **리보소체의 A, P, E 자리:** 리보소체는 tRNA와 결합하는 3개의 자리(A, P, E 자리)를 가지며, 각각의 자리는 두 소단위에 걸쳐 존재한다. 이들은 공동으로 3개의 인접하는 코돈을 감싼다. 번역하는 동안 A 자리는 이 자리에 현재 존재하는 코돈에 의해 결정된 아미노아실 tRNA가 새로 진입하여 채워지고 결합된다. 이 코돈은 길어지는 폴리펩타이드 사슬에 첨가될 다음 아미노산을 결정한다. P 자리는 펩티딜-tRNA에 의해 채워지며, 이 펩티딜-tRNA는 이미 합성된 아미노산 사슬을 운반한다. E 자리는 방전 tRNA에 의해 채워지며 곧 이 tRNA는 리보소체에서 유리된다(번역 과정에서 A, P, E 자리의 역할을 보여주는 그림 32.13을 참조하라).

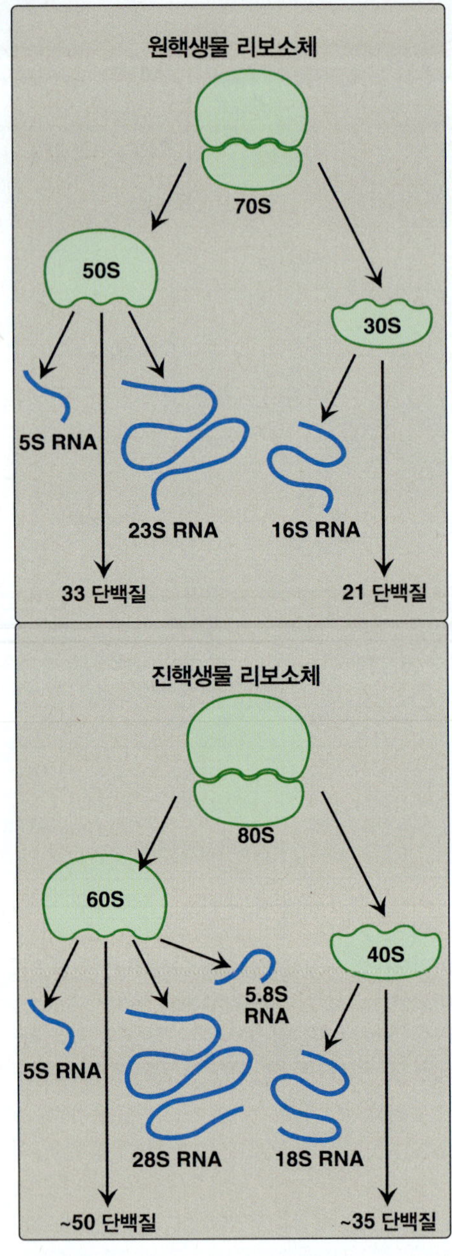

그림 32.8
리보소체의 조성. [참고: 진핵생물에서 리보소체 소단위의 수는 종에 따라 약간씩 차이가 있다.] S = 스베드베리 단위.

4. **세포속 위치:** 진핵생물에서 리보소체는 세포질액에 유리형(free)으로 존재하거나 세포질그물(ER)과 회합하고 있는데, 이것을 "거친면" 세포질그물(rough endoplasmic reticulum, RER)라고 한다. RER과 회합한 리보소체는 형질막, ER막, 골지막 등으로 혼입되거나 또는 용해소체로 유입될(이 과정에 대한 개관은 193쪽 참조) 단백질뿐만 아니라 세포바깥으로 유출될(exported) 단백질(당단백질을 포함하여; 190쪽 참조)의 합성을 담당한다. 세포질액 리보소체는 세포질 자체에 필요하거나 핵, 사립체, 과산화소체(peroxisome) 등으로 들어갈 단백질을 합성한다. [참고: 사립체는 자체의 일련의 리보소체(55S)와 자체의 독특한 원형의 DNA를 가지고 있다. 그러나 대부분의 사립체 단백질은 핵 DNA에 부호화되어 있고, 세포질액에서 합성되며, 번역 후에는 사립체로 이동된다.]

F. 단백질 인자(protein factor)

개시, 연장, 종료(또는 유리) 등에 관여하는 인자들이 펩타이드 합성에 필요하다. 이 단백질 인자들의 일부는 효소의 촉매작용을 하는 반면에 일부는 단백질 합성 기구를 안정화하는 것으로 보인다. [참고: 수많은 인자들은 단일체 G 단백질이기 때문에 GTP와 결합하면 활성형이고 GDP와 결합하면 불활성형이 된다(이종삼합체인 G 단백질에 관한 설명은 108쪽 참조).]

G. 에너지원

4개의 고에너지 결합을 절단하는 반응이 길어지고 있는 폴리펩타이드 사슬에 하나의 아미노산을 첨가할 때에 필요하다: 두 개는 아미노아실 tRNA 합성효소에 의해 ATP(하나는 PP_i의 제거될 때, 다른 하나는 PP_i가 파이로인산염분해효소[pyrophosphatase]에 의해 무기인산염[Pi]으로 가수분해될 때 나옴)로부터, 다른 두 개는 2분자의 GTP(하나는 아미노아실 tRNA가 A 자리에 결합할 때, 다른 하나는 자리옮김[translocation] 단계에 사용됨)로부터 나온다(그림 32.13 참조). [참고: 추가적인 ATP 및 GTP 분자가 진핵생물의 개시 과정에 필요한 반면에, 진핵생물과 원핵생물의 종료 과정에 둘 다 추가적인 GTP 분자가 필요하다.] 즉 번역이 에너지의 주요 소비자이다.

IV. tRNA의 코돈 인식

mRNA의 코돈과 tRNA의 대응코돈이 정확하게 쌍을 이루는 것은 정확한 번역에 필수적이다(그림 32.6 참조). 일부의 tRNA(동종수용자 tRNA)는 주어진 아미노산에 대한 하나 이상의 코돈을 인식한다.

A. 코돈과 대응코돈의 역평행 결합

tRNA 대응코돈과 mRNA 코돈은 상보적이고 역평행결합의 원리에 따라 결합한다. 즉 mRNA 코돈은 대응코돈에 의해 5′→3′ 방향으로 읽혀져 뒤집힌 3′→5′ 방향으로 쌍을 이룬다(**그림 32.9**). [참고: 뉴클레오타이드 서열은 다른 언급이 없으면 항상 5′→3′ 방향으로 표시한다. 두 줄의 뉴클레오타이드 서열의 방향이 역평행을 이룬다.]

B. 흔들림 가설(wobble hypothesis)

tRNA가 특정 아미노산에 대한 코돈들을 인식하는 기전은 흔들림 가설로 설명하는데, 이 가설에 의하면 코돈-대응코돈 염기쌍 형성에서 코돈의 처음 두 염기는 전통적인 왓슨-크리크 법칙(C는 G와 A는 U와 짝을 지음)을 따르지만 마지막 염기는 덜 엄격하게 쌍을 이룬다. 대응코돈의 5′-끝 염기(대응코돈의 첫 번째 염기)는 다른 2개의 염기와 다르게 공간제약을 받지 않는다. 대응코돈의 첫 번째 염기는 움직일 수 있으므로 코돈의 3′-염기(코돈의 마지막 염기)와 전통적인 염기쌍을 이루지 않아도 된다(덜 엄격하다). 이 움직임을 흔들림(wobble)이라고 부르며, 한 개의 tRNA가 하나 이상의 코돈을 인식하도록 만든다. 이렇게 유연성 있는 코돈-대응코돈 쌍을 형성하는 예가 그림 32.9에 나타나 있다. 이 흔들림의 결과에 의하면 아미노산을 부호화하는 61개의 코돈을 읽기 위해 61개의 tRNA가 꼭 필요한 것은 아니다.

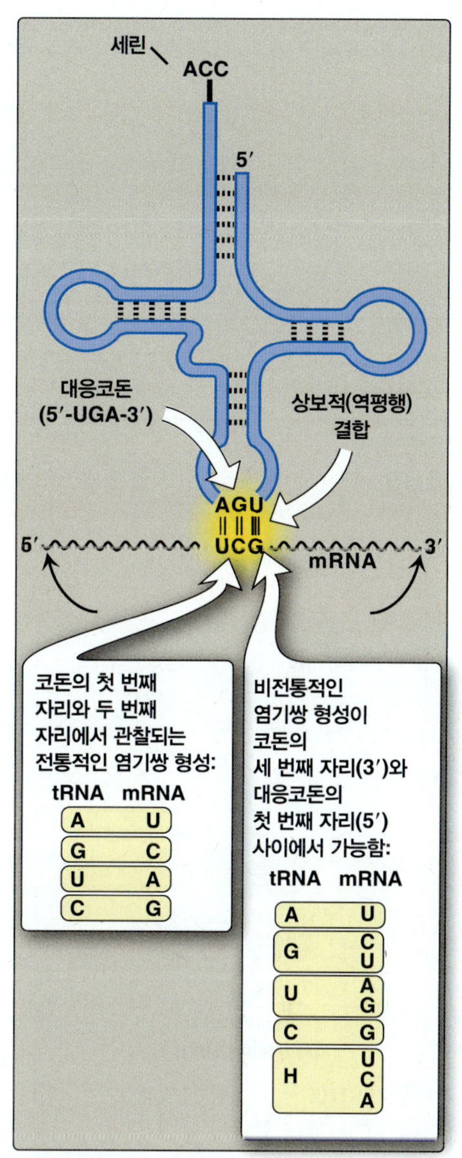

그림 32.9
흔들림: 코돈의 3′-뉴클레오타이드(마지막 뉴클레오타이드)와 대응코돈의 5′-뉴클레오타이드(첫 번째 뉴클레오타이드) 사이의 비전통적인 염기쌍 형성. 하이포잔틴(H)은 아데닌 탈아미노화의 생성물이며 뉴클레오타이드인 IMP의 염기이다. A = 아데닌; G = 구아닌; C = 사이토신; U =유라실; tRNA = 전달 RNA; mRNA = 전령 RNA.

V. 번역 단계

단백질 합성의 경로는 mRNA 뉴클레오타이드 서열의 세 글자(three-letter) 알파벳을 단백질을 구성하는 아미노산의 20-글자 알파벳으로 번역하는 것이다. mRNA는 5′-끝에서 3′-끝으로 번역되어 단백질이 아미노(N)-말단 끝에서 카복실(C)-말단 끝으로 합성된다. 원핵생물 mRNA는 종종 여러 부호 부위를 갖고 있는데, 이 부위들을 다중시스트론(polycistronic)이라 한다. 하나의 mRNA에 있는 각각의 부호 부위는 고유의 개시코돈과 종료코돈을 가지며, 서로 다른 종류의 폴리펩타이드를 생성한다. 반면에 하나의 진핵생물 mRNA는 하나의 부호 부위를 가지며, 이 부위를 단일시스트론(monocistronic)이라 한다. 번역의 과정은 독립적인 3단계로 구분된다. 개시, 연장, 종료. 진핵생물의 단백질 합성은 대부분 원핵생물과 세세한 내용까지 유사하다. 각각의 차이점은 본문에 언급되어 있다.

> 원핵세포에서 전사와 번역이 일시적으로 짝을 이루고 있고 핵막이 없기 때문에 전사가 완성되기 전에 번역을 시작한다는 점이 중요한 차이점이다.

A. 개시(initiation)

단백질 합성의 개시는 펩타이드 결합이 형성되기 전에 번역 체계의 성분들의 조립에 관여한다. 이 구성성분에는 2개의 리보소체 소단위, 번역될 mRNA, mRNA의 첫 번째 코돈에 의해 지정되는 아미노아실-tRNA, GTP(과정에 필요한 에너지를 제공), 개시 복합체(그림 32.13 참조)의 조립을 촉진하는 개시 인자 등이 포함된다. [참고: 원핵생물에서 3개의 개시

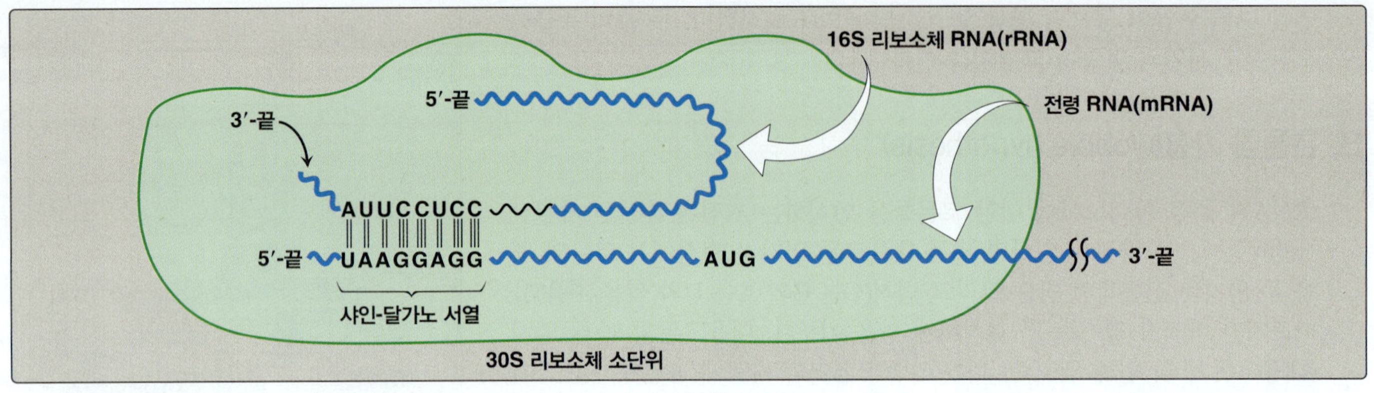

그림 32.10
원핵생물 mRNA의 샤인-달가노 서열과 16S rRNA의 상보적 결합. S = 스베드베리 단위.

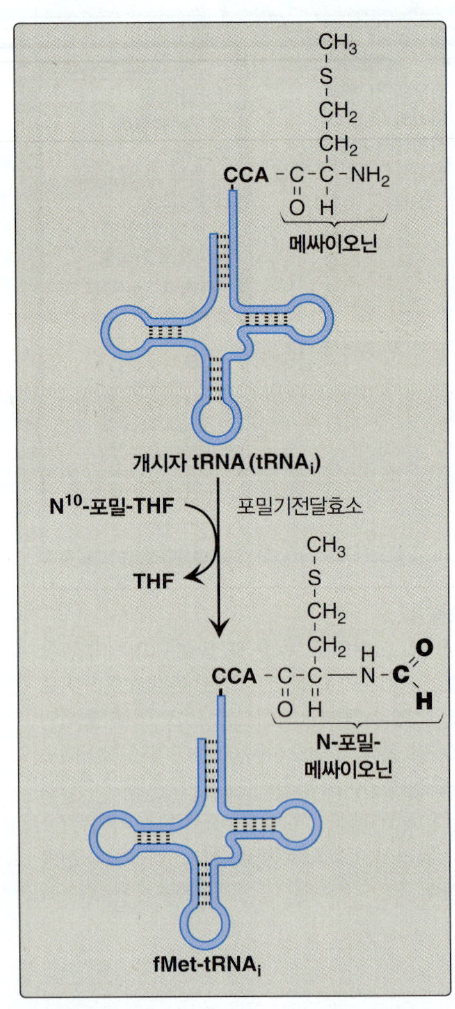

그림 32.11
개시자 N-포밀메싸이오닐-tRNA(fMet-tRNA)의 생성. THF = 사수소엽산; C = 사이토신; A = 아데닌.

인자(IF-1, IF-2, IF-3)가 알려져 있는 반면에 진핵생물에서는 적어도 10개 이상의 개시 인자(eukaryote의 첫 글자를 따라 eIF로 표시함)가 있다. 진핵생물도 또한 개시에 ATP가 필요하다.] 리보소체가 번역을 개시하는 뉴클레오타이드 서열(AUG)을 인식하는 기전에는 두 가지가 있다.

1. **샤인-달가노 서열(Shine-Dalgarno sequence):** 대장균에서 샤인-달가노(SD) 서열로 알려진 퓨린이 풍부한 뉴클레오타이드 염기서열은 mRNA 분자의 AUG 개시코돈에서 상류로 6~10 염기 위치(5′-끝 근처)에 존재한다. 작은(30S) 리보소체 소단위의 성분인 16S rRNA는 SD 서열과 일부 또는 전체에 상보적인 3′-끝 근처에 뉴클레오타이드 서열을 갖고 있다. 따라서 mRNA의 5′-끝과 16S rRNA의 3′-끝은 상보적인 염기쌍을 형성할 수 있기 때문에 작은 리보소체 소단위가 위치를 잡는 것이 쉬워진다(그림 32.10).

2. **5′ 모자(5′ cap):** 진핵생물의 mRNA에는 SD 서열이 없다. 진핵생물에서 작은(40S) 리보소체 소단위(eIF 단백질 족의 구성성분들이 도와줌)는 mRNA의 5′-끝에 존재하는 모자 구조와 단단하게 결합하고 개시코돈 AUG를 만날 때까지 3′ 방향으로 이동한다. 이 주사(scanning) 과정에는 ATP가 필요하다. [참고: 진핵생물 mRNA에서 모자 결합 eIF-4 단백질과 다중-A 꼬리 결합 단백질 사이의 상호작용은 mRNA의 원형화를 매개하고 불완전하게 가공된 mRNA가 번역에 사용되는 것을 방지하는 것 같다.]

3. **개시코돈(initiation codon):** 개시코돈 AUG는 특수한 개시자 tRNA(initiator tRNA)에 의해 인식된다. 이 인식과정은 원핵생물에서 IF-2-GTP에 의해, 진핵생물에서는 eIF2-GTP(와 다른 eIF)에 의해 촉진된다. 아미노산이 충전된 개시자 tRNA가 작은 소단위의 P 자리로 들어가고 GTP는 GDP로 가수분해된다. 개시자 tRNA는 (e)IF-2에 의해 인식되는 유일한 tRNA이고, P 자리로 직접 들어가는 유일한 tRNA이다. 세균과 사립체에서 개시자 tRNA는 N-포밀화 메싸이오닌(fMet)을 운반한다(그림 32.11). Met가 개시자 tRNA에 부착한 후에 포밀기전달효

소에 의해 포밀기가 Met에 첨가되는데, 이 효소는 N^{10}-포밀사수소엽산을 탄소 주개로 사용한다(307쪽 참조). 진핵생물에서는 개시자 tRNA는 포밀화되지 않은 Met를 운반한다. 원핵생물과 사립체에서 둘 다 이 N-말단 Met는 보통 단백질 합성이 완결되기 전에 제거된다. 이어서 큰 리보소체 소단위는 이 복합체와 결합하여 P 자리의 충전된 개시자 tRNA와 함께 기능적 리보소체를 형성하고 A 자리는 비워진다. [참고: 특정 (e)IF는 항회합 인자로 작용하여 큰 소단위의 조기 첨가를 방지한다.] (e)IF-2에 있는 GTP는 가수분해되어 GDP가 된다. 구아닌 뉴클레오타이드 교환 인자는 GDP를 GTP로 대체하여 (e)IF-2-GDP의 재활성화를 촉진한다.

B. 연장(elongation)

폴리펩타이드 사슬의 연장은 길어지는 사슬의 카복실 끝에 아미노산을 첨가하는 과정이다. 연장 동안에 리보소체는 번역 중인 mRNA의 5′-끝에서 3′-끝으로 움직인다. 코돈이 리보소체 A 자리의 mRNA 본틀에서 다음 차례에 나타나는(해독으로 알려진 과정) 아미노아실-tRNA의 배달은 대장균에서 연장 인자 EF-Tu-GTP와 EF-Ts에 의해 촉진되며, GTP 가수분해를 필요로 한다. [참고: 진핵생물에서 이에 상응하는 연장 인자는 EF-1α-GTP와 EF-1βγ이다. EF-T와 EF-1βγ는 모두 구아닌 뉴클레오타이드 교환 인자로 작용한다.] P 부위에서 아미노산의 α-카복실기와 A 부위에서 아미노산의 β-아미노기 사이의 펩타이드 결합 형성은 큰 소단위체 rRNA의 고유한 활성인 펩티딜기전달효소에 의해 촉진된다(그림 32.12). [참고: 이 rRNA가 반응을 촉진하기 때문에 리보자임(ribozyme)이라고 한다.] 펩타이드 결합이 형성된 후에 P 자리의 tRNA에 부착한 것이 A 자리의 tRNA에 있는 아미노산에 이제 연결된다. 따라서 리보소체는 mRNA의 3′-끝 방향으로 3-뉴클레오타이드 길이만큼 앞으로 진행한다. 이 과정이 자리옮김(translocation)인데, 대장균에서는 EF-G-GTP(진핵세포는 EF-2-GTP를 사용함)의 참여와 GTP 가수분해가 필요하다. 자리옮김은 유리되기 전에 P 자리에서 E 자리로 방전 RNA를 이동시키고, 펩티딜-tRNA를 A 자리로부터 P 자리로 이동시킨다. 이 과정은 반복되다가 종료코돈을 만나면 정지된다. [참고: 대부분의 mRNA의 길이 때문에 한 번에 하나 이상의 리보소체가 mRNA를 번역할 수 있다. 하나의 mRNA와 몇 개의 리보소체의 복합체를 다중소체 또는 다중리보소체라고 한다.]

C. 종료(termination)

세 가지 종료코돈 중의 하나가 리보소체의 A 자리로 이동하면 종료가 된다. 이 코돈들은 대장균에서는 다음과 같은 유리 인자(RF)에 의해 인식된다: RF-1은 종료코돈 UAA와 UAG를 인식하고, RF-2는 UGA와 UAA를 인식한다. 이 유리 인자가 결합하면 펩타이드를 P 자리의 tRNA에 연결하는 결합의 가수분해가 진행되어 새로 합성된 단백질이 리보소체로부터 유리된다. 세 번째 유리 인자인 RF-3-GTP는 GTP가 가수분해될 때 RF-1과 RF-2를 유리한다(그림 32.13 참조). [참고: 진핵생물이 갖고 있는

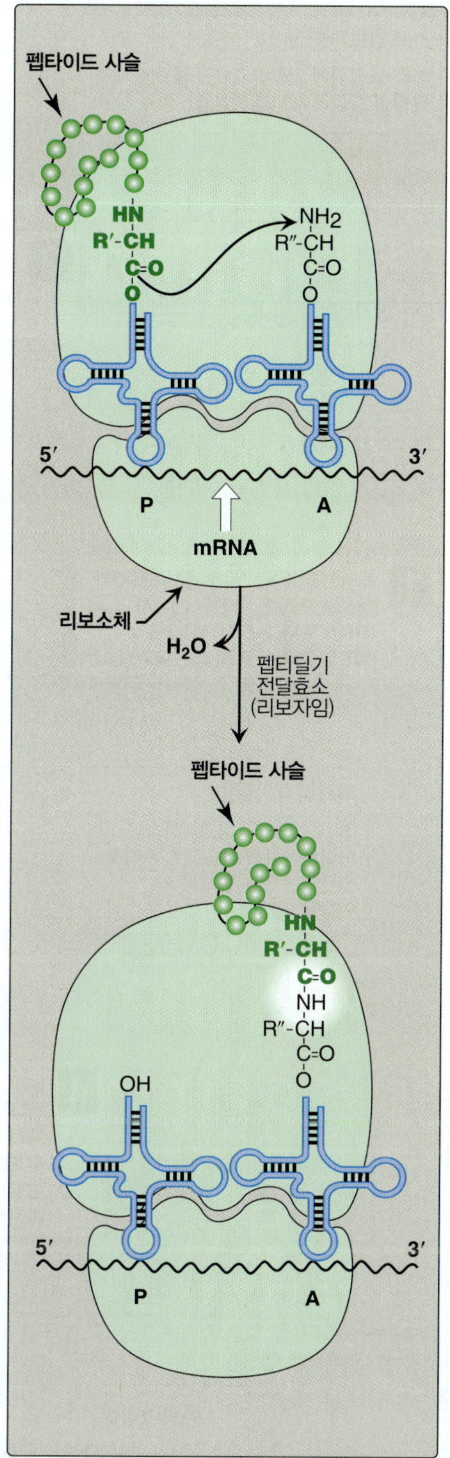

그림 32.12
펩타이드 결합의 형성. 펩타이드 결합 형성은 P 자리에 있는 tRNA의 펩타이드를 A 자리에 있는 tRNA의 아미노산으로의 전달(펩디딜기 전달)에 관여한다. mRNA = 전령 RNA. R′, R″ = 다른 아미노산 곁사슬.

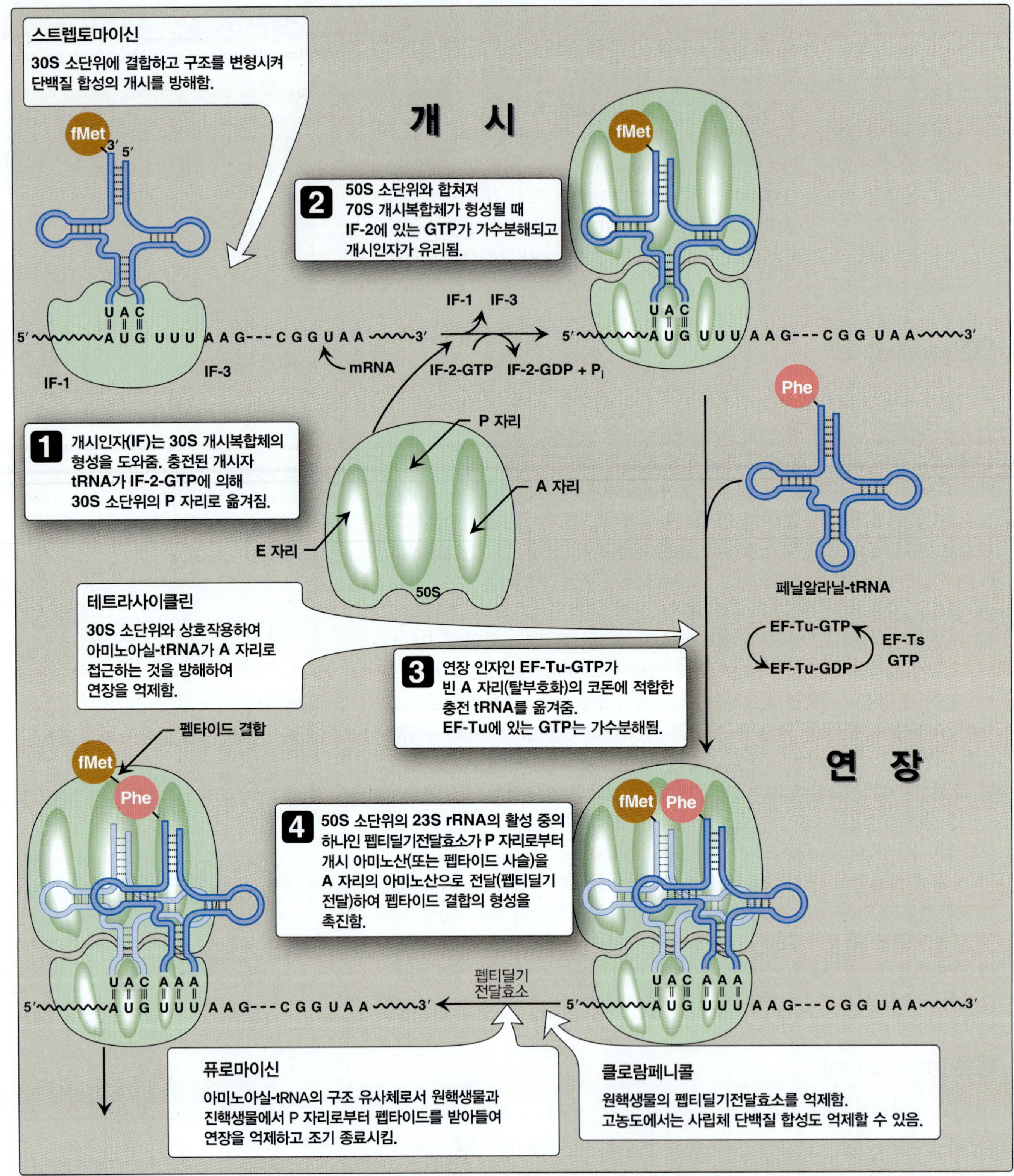

그림 32.13

원핵생물의 단백질 합성(번역)의 단계와 항생제에 의한 억제. [참고: EF-Ts는 구아닌 뉴클레오타이드 교환 인자. 이것에 의해 쉽게 GDP가 제거되어 GTP가 대체할 수 있다. 진핵생물에 해당하는 것은 EF-1βγ이다.] fMET = 포밀화 메싸이오닌; S = 스베드베리 단위; Phe = 페닐알라닌; Lys = 라이신; Arg = 아르지닌; tRNA = 전달 RNA; mRNA = 전경 RNA.

(다음 쪽으로 계속됨)

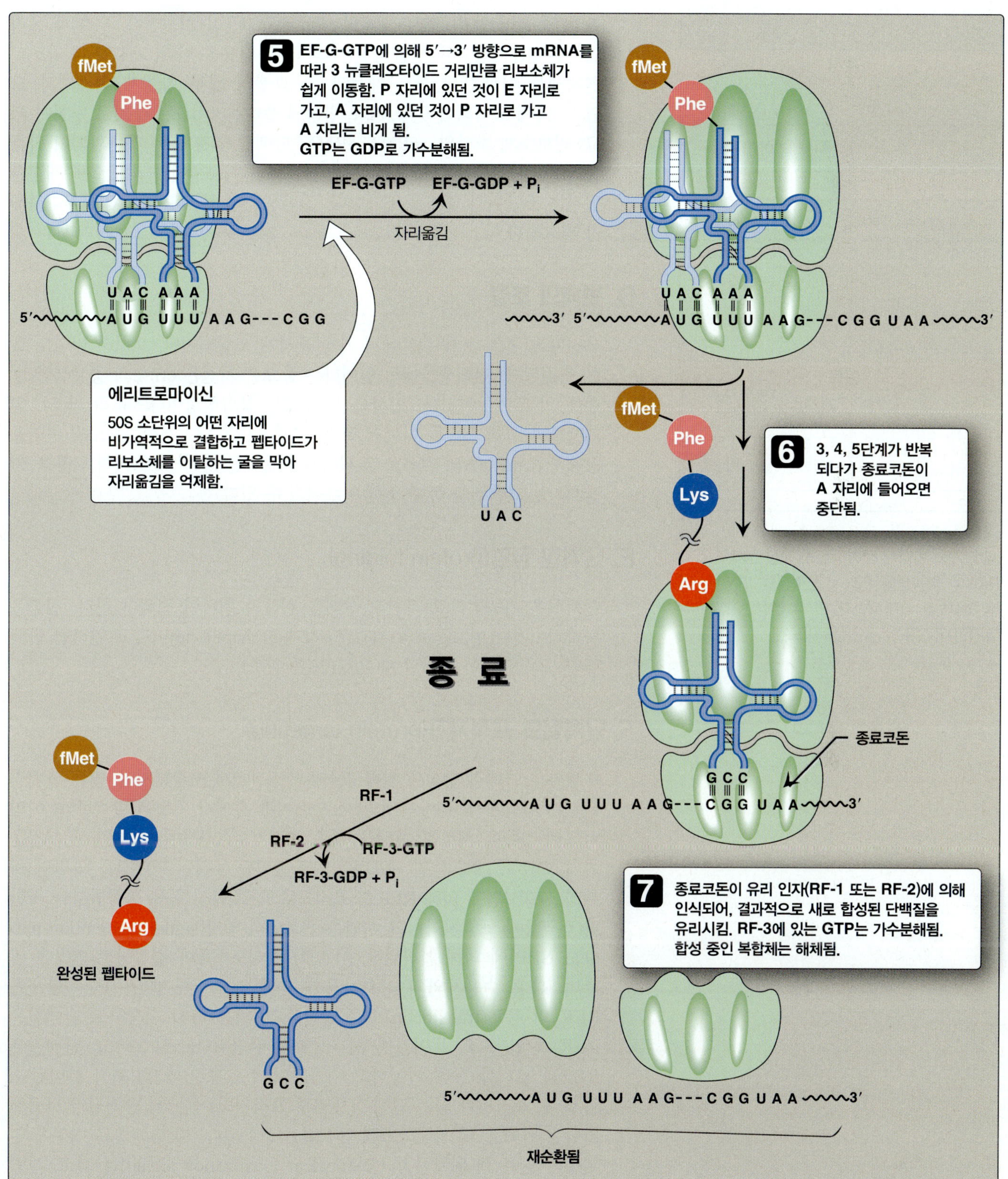

그림 32.13 (앞쪽에서 계속됨)
[참고: 진핵생물에서 디프테리아 독소는 EF-2[원핵생물 EF-G와 동등한 물질]를 불활성화하여 연장의 자리옮김 단계를 억제한다. 피마자콩의 독소인 리신(ricin)은 진핵생물 리보소체의 큰 소단위의 28S rRNA로부터 A(아데닌)를 제거하여 그들의 기능을 억제함.]

세포	인자	기능
개시		
Prok Euk	IF-2-GTP eIF-2-GTP	충전된 개시 tRNA를 P 자리로 옮김
Prok Euk	IF-3 eIF-3	소단위의 회합을 예방
연장		
Prok Euk	EF-Tu-GTP EF1α-GTP	다른 충전 tRNA를 A 자리로 옮김
Prok Euk	EF-Ts EF-1βγ	구아닌 뉴클레오타이드 교환 인자
Prok Euk	EF-G-GTP EF-2-GTP	자리옮김
종료		
Prok Euk	RF-1, 2 eRF	정지 코돈을 인식
Prok Euk	RF-3-GTP eRF-3-GTP	다른 RF들을 유리함

그림 32.14
세 단계의 번역에 관여하는 단백질 인자. Prok = 원핵생물; Euk = 진핵생물; tRNA = 전달 RNA; IF = 개시인자; EF = 연장인자; RF = 유리인자; GTP = 삼인산구아노신.

한 개의 유리 인자 eRF는 3개의 모든 종료코돈을 인식한다. 두 번째 유리 인자인 eRF-3는 원핵생물의 RF-3와 같은 작용을 한다(그림 32.14 참조).] 원핵생물 단백질 합성 단계들과 그 과정의 일부 항생제 억제제가 그림 32.13에 요약되어 있다. 새로 합성된 폴리펩타이드는 추가로 변형이 되고, 리보소체 소단위, mRNA, tRNA, 단백질 인자 등은 재순환되어 다른 폴리펩타이드의 합성에 사용된다. [참고: 원핵생물에서 리보소체 재순환 인자는 소단위의 해체를 매개한다. 진핵생물에서는 eRF와 ATP 가수분해가 필요하다.]

D. 번역의 조절

유전자 발현은 전사 수준에서 가장 흔하게 조절되지만, 오히려 번역도 또한 조절된다. 진핵생물에서 일어나는 중요한 기전은 eIF-2의 공유결합 변형에 의해 이루어진다: 인산화된 eIF-2는 불활성형이다(546쪽 참조). 원핵생물과 진핵생물 둘 다에서 조절기전은 mRNA에 결합함으로써 번역을 방해하여 mRNA의 사용을 억제하거나 분해를 막아 mRNA의 사용을 확장시키는 단백질을 통해 또한 이루어질 수 있다.

E. 단백질 접힘(protein folding)

단백질은 기능적이고 자연적 상태를 취하기 위하여 접혀야 한다. 접힘은 자발적이거나(일차구조의 결과로) 샤페론(chaperone)이라고 알려진 단백질의 도움을 받아 일어날 수 있다(22쪽 참조).

F. 단백질의 표적지화(protein targeting)

대부분의 단백질 합성은 진핵생물의 세포질에서 시작되지만, 많은 단백질은 세포바깥에서 또는 특정의 세포 소기관 속에서 기능을 발휘한다. 이러한 단백질들은 대부분 자신을 최종 표적지로 인도하는 아미노산 서열을 가지고 있다. 예를 들면 세포바깥으로 분비될 예정인 단백질은 N-말단 소수성 신호서열에 의해 RER을 표적으로 하여 합성 중에 이동방향을 정한다(번역동시 표적지화). 그 서열은 신호인식 입자(signal recognition particle, SRP)에 의해 인식된다. 이 입자는 리보소체에 결합하고 연장을 멈추며 RER 수용체와의 상호작용을 통해 리보소체-펩타이드 복합체를 RER 막 통로(translocon)로 운반한다. 번역은 다시 시작하고 단백질은 RER 속공간으로 들어가며 신호서열이 절단된다(그림 32.15). 단백질은 RER과 골지를 통해 이동하고 가공되어 소포체로 패키징되어 분비된다. 합성 후 표적지화 되는 단백질(번역후 표적지화)에는 핵 단백질과 사립체 바탕질 단백질 및 과산화소체 단백질이 포함된다. 핵 단백질은 내부에 염기성의 짧은 핵 위치선정 신호(nuclear localization signal)를 갖고, 사립체 바탕질 단백질은 N-말단에 친양쪽성의 α-나선형 사립체 진입 서열(mitochondria entry sequence)을 갖는다. 과산화소체 단백질들은 C-말단 트라이펩타이드 신호를 갖는다.

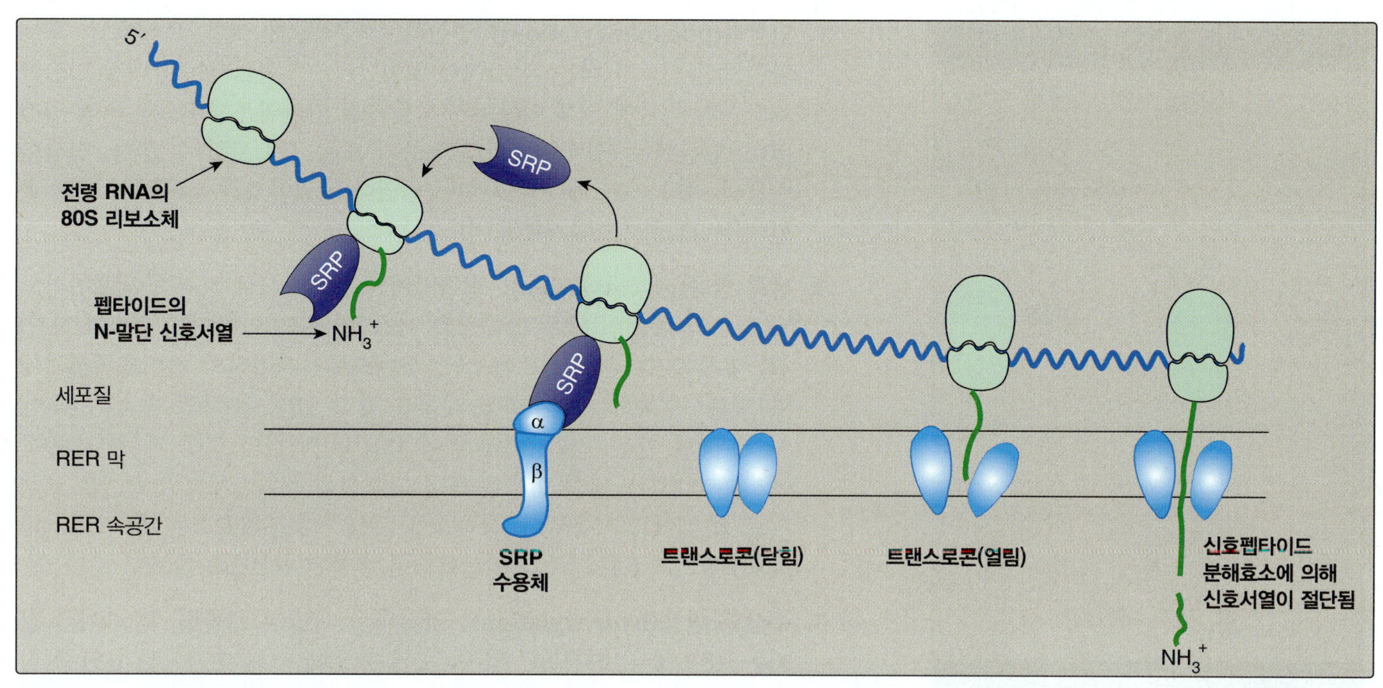

그림 32.15
번역과 동시에 일어나는 단백질의 거친 세포질그물(RER)로의 표적지화. SRP = 신호인식입자.

VI. 번역동시 및 번역후 변형

많은 폴리펩타이드 사슬은 리보소체에 결합한 상태에서(번역과 동시에) 또는 합성이 종료된 후에(번역후) 공유결합 변형이 일어난다. 이 변형에는 번역된 서열의 부분적 제거, 또는 단백질 활성에 필요한 하나 이상의 화학 작용기의 공유결합적 첨가 등이 포함된다.

A. 다듬기(trimming)

세포바깥으로 분비될 많은 단백질은 초기에 활성이 없는 커다란 전구체 분자로 만들어진다. 단백질 사슬의 어떤 부분이 특정 단백질내부분해효소에 의해 제거되어야 활성형이 되어 분비된다. 절단반응이 일어나는 세포 속의 부위는 변형되는 단백질에 따라 다르다. 일부 단백질은 세포질그물(ER)이나 골지 장치에서 절단되며 다른 일부는 발달 중인 분비소포(secretory vesicle)에서 절단되고(예: 인슐린, 357쪽, 그림 23.4 참조), 다른 단백질 예를 들면 아교질은 분비된 후에 절단된다(51쪽 참조).

B. 공유결합 부착(covalent attachment)

단백질은 각종 화학 작용기의 공유결합적 부착에 의해 활성화되거나 불활성화된다(그림 32.16). 그 예는 다음과 같다.

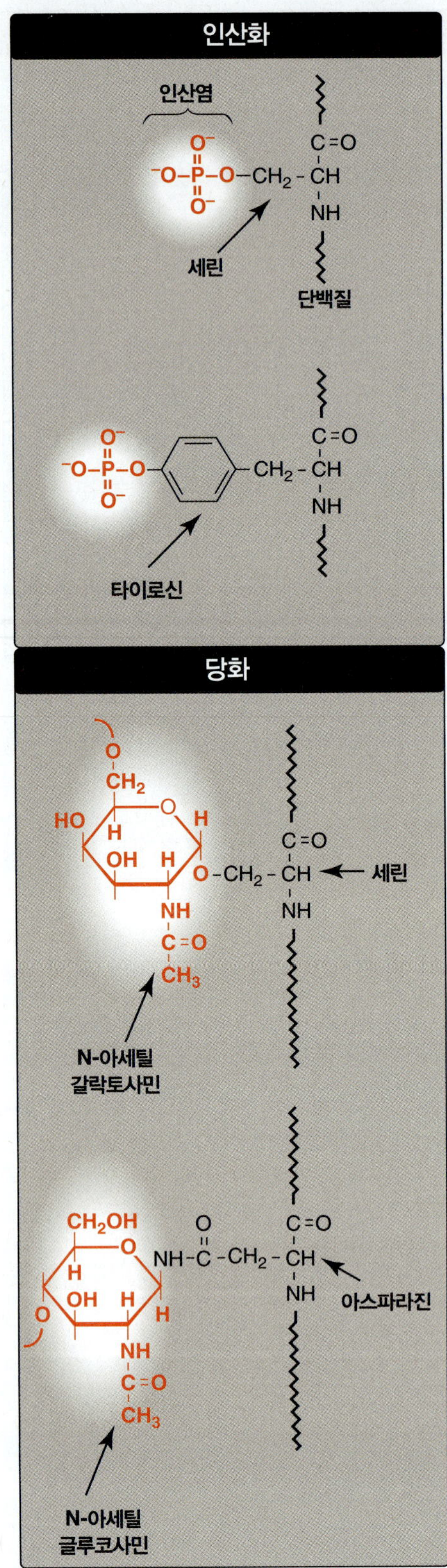

그림 32.16
일부 아미노산 잔기의 공유결합 변형.
(뒤쪽으로 계속됨)

1. **인산화(phosphorylation):** 인산화는 단백질의 세린, 트레오닌, 또는 타이로신(빈도가 적음) 잔기에서 일어난다. 이 인산화는 단백질 인산화효소족의 하나에 의해 이루어지며 단백질 인산염분해효소에 의해 역전된다. 인산화는 단백질의 활성을 증가 또는 감소시킬 수 있다. 인산화 반응의 여러 가지 예는 이미 언급하였다(당원합성과 분해의 조절에 관한 예는 11장, 152쪽 참조).

2. **당화 반응(glycosylation):** 형질막이나 용해소체로 가거나 세포바깥으로 분비될 예정인 많은 단백질은 아스파라진의 아마이드 질소에(N-연결) 부착하거나 세린, 트레오닌, 하이드록시라이신의 하이드록실기에(O-연결) 부착하는 탄수화물 사슬을 갖고 있다. N-당화 반응은 ER에서, O-당화 반응은 골지에서 일어난다(당단백질의 생성 과정은 189쪽에서 논의된다). 당화 반응은 또한 단백질을 용해소체의 바탕질을 표적지로 할 때에도 사용된다. 용해소체 산성 가수분해효소는 마노스(mannose) 잔기의 6번 탄소가 인산화되어 변형된다(192쪽 참조).

3. **수산화 반응(hydroxylation):** 아교질 α 사슬의 프롤린 및 라이신 잔기는 RER에서 비타민 C-의존 수산화효소에 의해 수산화된다(51쪽 참조).

4. **그 밖의 공유결합 변형:** 이 반응은 단백질 기능의 활성에 필요하다. 예로서 카복실기는 비타민 K-의존 카복실화 반응을 통해 글루탐산 잔기에 첨가된다(454쪽). 이렇게 만들어진 γ-카복시글루탐산(Gla) 잔기는 여러 혈액응고 단백질의 활성에 필수적이다(35장 참조). 바이오틴은 바이오틴 의존 효소의 라이신 잔기의 ε-아미노기에 공유결합으로 연결되는데, 이 효소는 카복실화를 촉진하며 그 예로 파이루브산 카복실화효소가 있다(137쪽의 그림 10.3 참조). 파네실기(farnesyl group)와 같은 지질의 부착은 막에 단백질을 고정시키는 것을 도와준다(229쪽 참조). 많은 진핵생물 단백질은 동시번역적으로 N-끝에서 아세틸화된다. [참고: 히스톤 단백질의 가역적 아세틸화는 유전자 발현에 영향을 준다(546쪽 참조).]

C. 단백질의 분해

결함(잘못 접히거나)이 있거나 빠르게 대사회전이 될 예정인 단백질은 유비퀴틴화 반응에 의해 파괴 표지가 붙게 되는데, 이 반응에서 유비퀴틴(ubiquitin)이라 불리는 진화적으로 고도로 잘 보전된 작은 크기의 단백질이 부착한다(283쪽의 그림 19.3 참조). 이러한 방식으로 유비퀴틴이 표지된 단백질은 단백소체(proteasome)라는 세포의 구성성분에 의해 빠르게 분해된다. 예를 들어 CFTR 단백질(517쪽)의 잘못접힘(misfolding)은 단백소체 분해를 일으킨다. [참고: 접힘이 방해를 받으면 접히지 않은 단백질들이 RER에 축적되어 접히지 않은 단백질 반응을 유도하는 스트레스를 일으킨다. 접히지 않은 단백질 반응에서는 샤페론의 발현이 증가하고 eIF-2 인산화에 의해 전체적인 번역이 감소하며 접히지 않은 단백질은 세포질로 보내져 유비퀴틴이 붙어서 단백소체에서 분해된다. 이 과정을 ER 연관 분해라고 한다.]

VII. 요약

- **코돈**은 3개의 뉴클레오타이드 염기로 구성되며 mRNA 언어인 **A, G, C, U**로 표현된다. 이들은 항상 **5′→3′** 방향으로 기술한다.
- 64개의 가능한 3-염기 조합 중 61개는 20가지의 공통 아미노산을 부호화하며, 3개는 단백질 합성(**번역**)의 종료신호를 부호화한다. 생명체에서 유전부호는 특이적(각각의 코돈이 하나의 아미노산을 지시함)이고 관용적(한 개 이상의 코돈이 각 아미노산을 부호화할 수 있음)이다.
- 코돈의 뉴클레오타이드 서열의 변경은 **침묵 돌연변이**(변경된 코돈이 같은 아미노산을 부호화 함), **오인 돌연변이**(변경된 코돈이 다른 아미노산을 부호화함), **무의미 돌연변이**(변경된 코돈이 종료코돈임) 등을 일으킨다. 염기의 첨가 또는 소실로 발생하는 틀이동 돌연변이는 mRNA 판독틀의 변동을 일으킬 수 있다.
- 단백질 **번역**에 필요한 요소로는 생성물인 단백질에 최종적으로 도입되는 **아미노산**, 각각의 아미노산에 대한 한 가지 이상의 **tRNA**, 각각의 아미노산에 대한 **아미노아실-tRNA 합성효소**, 합성될 단백질을 부호화하는 **mRNA**, 충분히 기능을 발휘하는 **리보소체**(원핵생물에서는 70S, 진핵생물에서는 80S), 개시, 연장, 종료 등에 필요한 **단백질 인자**, 에너지원인 **ATP**와 **GTP** 등이 포함된다.
- 리보소체는 **단백질**과 **rRNA**의 거대한 복합체이다. 리보소체는 원핵생물에서는 30S와 50S 소단위, 진핵생물에서는 40S와 60S 소단위로 구성된 것처럼 **2개의 소단위**로 구성된다. 각각의 리보소체는 tRNA 분자와 결합하는 3개의 결합자리, 즉 인접하는 3개의 코돈을 품는 A, P, E 자리를 가지고 있다. **A 자리**는 **진입하는 아미노아실-tRNA**와 결합하며, **P 자리**는 **펩티딜-tRNA**가 채우며, **E 자리**는 **방전 tRNA**가 충전된 후에 리보소체에서 방출된다.
- mRNA 코돈의 인식은 tRNA **대응코돈**에 의해 이루어진다. 코돈과 대응코돈의 결합은 **상보성**과 **역평행** 결합의 원칙에 따른다. **흔들림 가설**은 대응코돈의 첫 번째(5′) 염기가 다른 2개의 염기와 다르게 공간적인 제약을 덜 받는다는 것을 주장한다. 첫 번째 염기의 움직임은 코돈 세 번째의 마지막 염기와 비전통적인 염기쌍을 형성할 수 있도록 하여 하나의 tRNA가 특정 아미노산을 지정하는 하나 이상의 코돈을 인식할 수 있도록 한다.
- 단백질 **번역**의 개시에서 번역체계의 구성성분이 조립되면 mRNA는 리보소체의 작은 소단위와 회합한다. 이 과정에는 **개시 인자**가 필요하다. **원핵생물**에서 mRNA의 퓨린이 풍부한 부위(**샤인-달가노 서열**)와 16S rRNA의 상보적인 서열이 염기쌍을 형성하면 mRNA에 작은 소단위가 자리를 잡아 번역이 시작된다. 진핵생물 mRNA의 **5′-모자**(eIF-4족 단백질과 결합함)는 mRNA에 작은 소단위가 자리를 잡도록 도와준다. **개시코돈**은 **AUG**이며, 원핵생물에서 개시 아미노산은 **N-포밀메싸이오닌**이고 진핵생물에서는 **메싸이오닌**이다. 충전된 개시 tR-NA(tRNAi)는 **(e)IF-2**에 의해 P 자리로 이동한다.
- 폴리펩타이드 사슬은 길어지는 사슬의 카복실 끝에 새로운 아미노산을 첨가함으로써 **연장**된다. 이 과정은 **연장 인자**를 필요로 한다. 연장 인자에 의해 쉽게 아미노아실-tRNA가 A 자리에 결합할 뿐만 아니라 mRNA를 따라 리보소체가 이

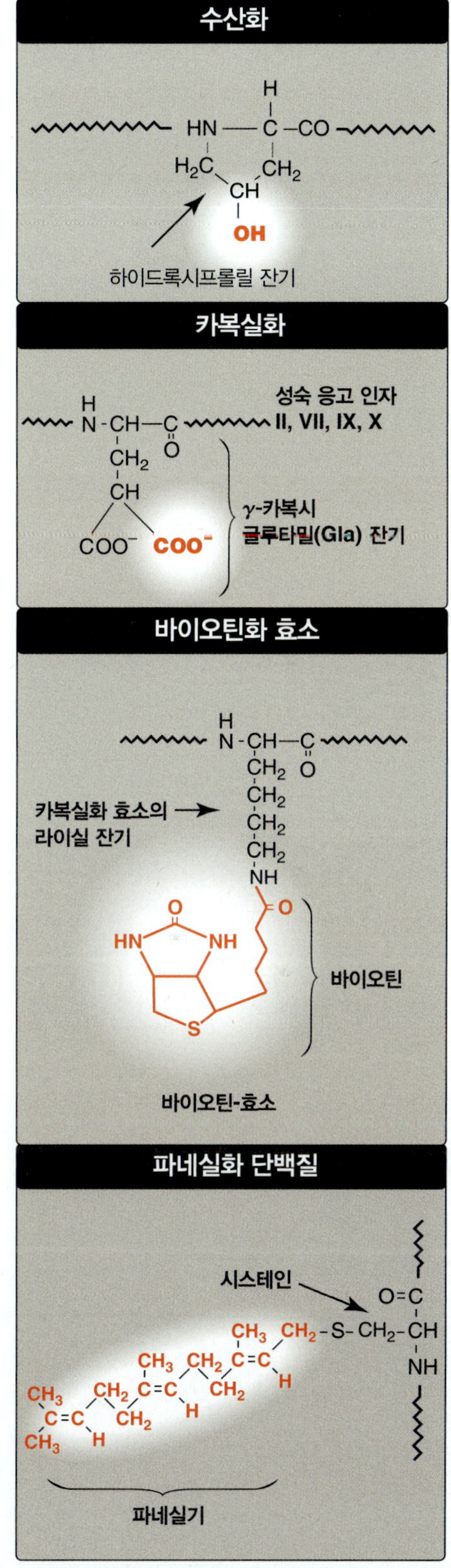

그림 32.16 (앞쪽에서 계속됨)
일부 아미노산 잔기의 공유결합 변형.

동한다. 펩타이드 결합의 형성은 **펩티딜기전달효소**에 의해 촉진되며, 이 효소의 활성은 큰 소단위의 rRNA에 내재하고 있기 때문에 이를 **리보자임(ribozyme)**이라고 한다. 펩타이드결합 형성 후에 리보소체는 mRNA를 따라 **5′ → 3′ 방향**으로 진행하여 다음 코돈으로 이동한다(**자리옮김**). 대부분의 mRNA는 길이 때문에 하나 이상의 리보소체가 동시에 결합하여 **다중리보소체(polysome)**를 형성한다.

- **종료**는 3개의 종료코돈 중의 하나가 리보소체의 A 자리에 자리를 잡을 때 시작된다. 이 코돈들은 **유리 인자**에 의해 인식된다. 새로 합성된 단백질은 리보소체 복합체에서 유리되고 리보소체는 mRNA에서 분리된다.
- 수많은 **항생물질**이 원핵생물의 단백질 합성과정을 방해한다.
- 폴리펩타이드 사슬이 번역 후에 공유결합적으로 변형되기도 한다. 이러한 변형에는 아미노산의 **제거**, 단백질을 활성화 또는 불활성화하는 **인산화**, **단백질의 표적지화**에서 한 역할을 하는 **당화반응**, 아교질에서 볼 수 있는 **수산화 반응** 등이 포함된다.
- 단백질의 표적지화는 번역과 **동시**에(분비 단백질의 경우) 또는 **번역후**에(사립체 바탕질 단백질의 경우) 일어날 수 있다.
- 단백질은 **접힌** 구조가 되어 기능을 발휘한다. 접힘은 저절로 일어나거나 **샤페론(chaperone)**에 의해 촉진될 수 있다. 결함이 있거나(예: 잘못 접힘) 빠르게 대사전환이 될 예정인 단백질은 작고 고도로 보존적인 단백질인 **유비퀴틴(ubiquitin)**의 연속적인 부착에 의해 파괴대상이란 표지가 달린다. 유비퀴틴화된 단백질은 **단백소체(proteosome)**로 알려진 세포질액 복합체에 의해 빠르게 분해된다(그림 32.17).

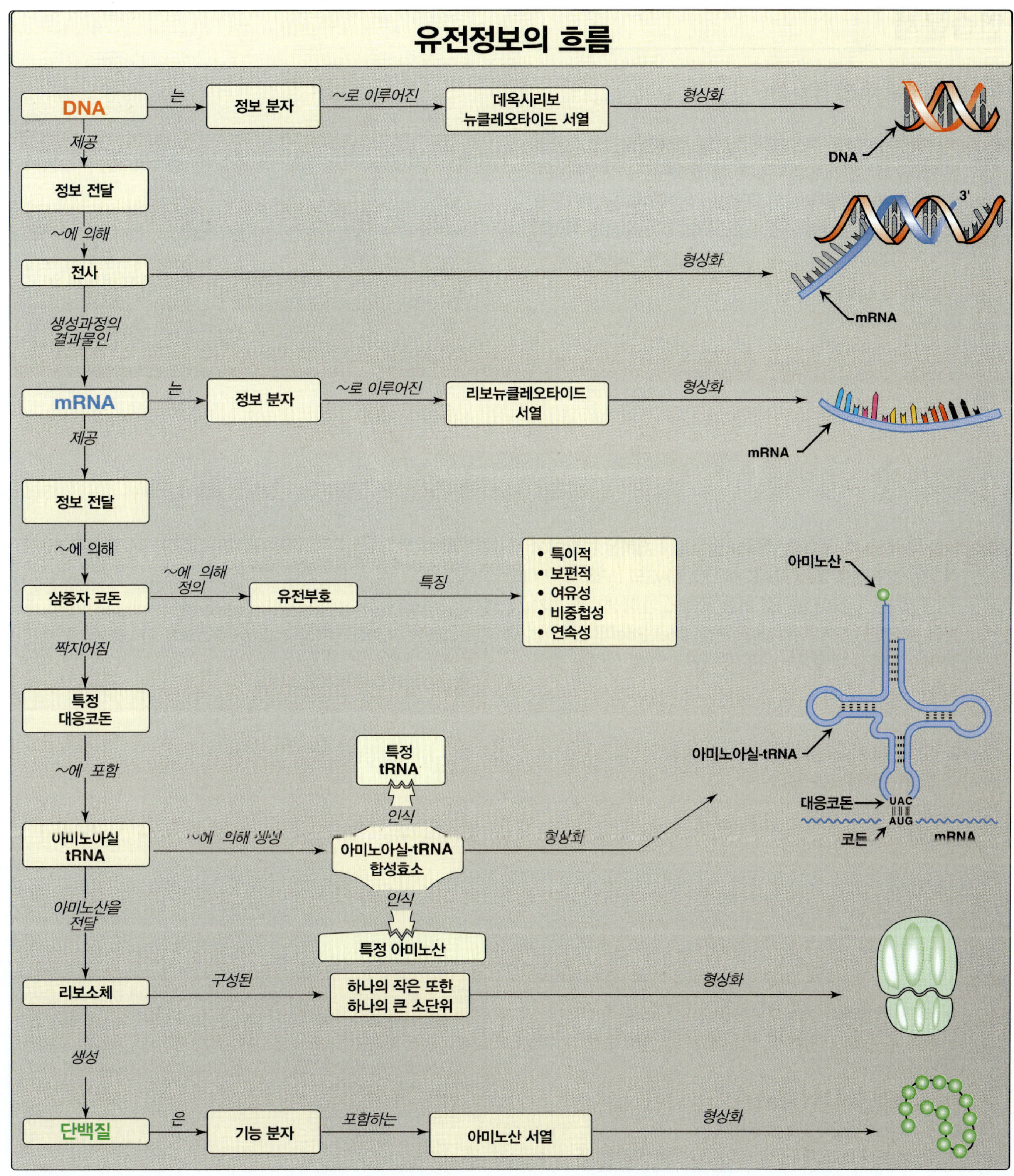

그림 32.17

단백질 합성의 핵심 개념도. mRNA = 전령 RNA; tRNA = 전달 RNA; A = 아데닌; G = 구아닌; C = 사이토신; U = 유라실.

연습문제

가장 올바른 답을 하나만 고르시오

32.1 작은적혈구빈혈을 앓는 20세 남자에서 비정상정인 β-글로빈 형태(Hb CS)가 발견되었다. 이 글로빈은 172개의 아미노산으로 구성되어 정상의 글로빈 141개 아미노산보다 길었다. 다음 점 돌연변이 중 어느 것이 이 비정상과 관련이 있는가? 질문에 답하기 위하여 그림 32.2를 활용하시오.

A. CGA → UGA
B. GAU → GAC
C. GCA → GAA
D. UAA → CAA
E. UAA → UAG

정답 = D. β 글로빈의 정상적인 종료(정지)코돈인 UAA가 CAA로 돌연변이가 생기면 리보소체는 종료코돈 위치에 글루타민을 대신 삽입한다. 단백질 합성은 종료되지 않고 다음 종료코돈이 나타날 때까지 계속되어 정상보다 긴 단백질이 합성된다. CGA(아르지닌)가 UGA(종료)로 치환되면 아주 짧은 단백질이 합성된다. GAU와 GAC는 모두 아스파트산을 부호화하므로 단백질에는 변화가 없다. CGA(알라닌)가 GAA(글루탐산)로 바뀌면 생성된 단백질의 전체 크기를 변화시키지 않는다. UAA가 UAG로 바뀌면 같은 종료코돈으로 변한 것이므로 단백질에는 변화가 없다.

32.2 어떤 제약회사가 세균의 단백질 합성을 억제하는 항생제에 대하여 연구하고 있다. AUGUUUUUUUAG의 mRNA 서열을 번역하는 시험관 단백질 합성 체계에 이 항생제를 첨가하면 생성물은 오직 다이펩타이드인 fMet-Phe이다. 이 항생제는 단백질 합성에서 다음의 어떤 단계를 억제할 것인가?

A. 개시
B. 리보소체 A 자리에 충전 tRNA의 결합
C. 펩티딜기전달효소 활성
D. 리보소체 자리옮김
E. 종료

정답 = D. fMet-Phe이 생성되었기 때문에 리보소체는 개시 과정을 완결하고, Phe-tRNA를 A 자리에 결합시키고, 펩티딜기전달효소 활성을 사용하여 첫 번째 펩타이드 결합을 만든 것임에 틀림없다. 리보소체가 더 이상 진행할 수 없어서 리보소체 움직임(자리옮김)이 억제된 단계에 있는 것 같다. 따라서 리보소체는 mRNA의 종료코돈에 도달하기 전에 정지된 것이다.

32.3 시스테인을 운반하는 RNA 분자($tRNA^{Cys}$)에 잘못 들어온 알라닌($Ala\text{-}tRNA^{Cys}$)이 결합되었다. 단백질 합성 과정에서 교정이 없었다고 가정하면 이 알라닌 잔기의 운명은 다음 중에서 어느 것인가?

A. 알라닌이 단백질에 혼입된다.
B. 시스테인이 단백질에 혼입된다.
C. 알라닌이 리보소체 E 자리의 $tRNA^{Ala}$로 전이된다.
D. 알라닌이 tRNA에 부착되어 있으므로 단백질 합성이 일어나지 않는다.
E. 세포 효소에 의해 화학반응을 통해 시스테인으로 전환된다.

정답 = A. 일단 아미노산이 tRNA 분자에 부착하면 아미노산 혼입의 특이성은 오직 그 tRNA의 대응코돈에 의해 결정된다. 따라서 잘못 첨가된 알라닌은 시스테인 코돈에 의해 결정된 단백질의 자리로 혼입될 것이다. 잘못 첨가된 tRNA는 DNA의 돌연변이에 의한 것이 아닌 단백질의 변화를 일으킨다.

32.4 낭성섬유증 환자는 CFTR 단백질의 돌연변이(ΔF508)로 비정상적인 접힘이 일어난다. 이 환자의 세포는 이러한 비정상적인 단백질에 유비퀴틴을 첨가하여 변형시킨다. 이렇게 변형된 CFTR 단백질의 운명은 다음 중 어느 것인가?

A. 이 단백질은 단백소체에 의해 분해된다.
B. 이 단백질은 저장 소포로 들어간다.
C. 이 단백질은 세포의 효소에 의해 복구된다.
D. 이 단백질은 용해소체로 표적지화된다.
E. 이 단백질은 세포바깥으로 분비된다.

정답 = A. 유비퀴틴화는 주로 오래되거나 손상되거나, 잘못 접힌 단백질에 단백소체에 의한 파괴 표지를 단다. 손상된 단백질에 대한 복구기전은 알려진 것이 없다. 단백질은 6-인산마노스 잔기에 의해 용해소체로 표적지화된다.

32.5 많은 항생물질은 단백질 번역을 억제한다. 다음 중 어떤 항생물질이 작용기전과 정확하게 일치하는가?

A. 클로람페니콜은 포밀기전달효소를 억제한다.
B. 에리트로마이신은 리보소체의 60S 소단위와 결합한다.
C. 퓨로마이신은 EF-2를 불활성화한다.
D. 스트렙토마이신은 리보소체의 30S 소단위와 결합한다.
E. 테트라사이클린은 펩티딜기전달효소를 억제한다.

정답 = D. 스트렙토마이신은 30S 소단위와 결합하여 번역 초기화를 억제한다. 클로람페니콜은 50S 소단위의 23S rRNA(리보자임) 펩티딜기전달효소 활성을 억제한다. 에리트로마이신은 리보소체의 50S 소단위(60S는 진핵생물)와 결합하여 펩타이드가 리보소체를 떠나는 굴을 막는다. 퓨로마이신은 아미노아실 tRNA과 유사한 구조를 하고 있다. 원핵생물과 진핵생물 모두에서 연장되는 사슬에 삽입되어 연장을 억제하고 조기에 종료시킨다. 테트라사이클린은 리보소체 30S 소단위에 결합하여 A 자리로 접근을 막아 연장을 억제한다.

32.6 무세포(cell-free) 단백질 합성계에서 반복 서열인 CAA를 포함하는 합성 폴리리보뉴클레오타이드의 번역은 다음과 같은 3가지의 동종폴리펩타이드를 생성한다: 다중글루타민, 다중아스파라진, 다중트레오닌. 만약 글루타민과 아스파라진에 대한 코돈이 각각 CAA와 AAC라고 한다면, 다음 중 어떤 삼중자가 트레오닌에 대한 코돈인가?

A. AAC
B. ACA
C. CAA
D. CAC
E. CCA

정답 = B. 합성 폴리펩타이드 서열은 CAACAACAACAA...이다. 이것은 시험관 단백질 합성계에서 처음의 C, A, A 등의 자리에서 시작점을 읽을 수 있다. 첫 번째 C에서 삼중자 코돈 CAA를 번역하면 글루탐산이 되고, 두 번째 A에서 시작하는 삼중자 코돈은 AAC이므로 아스파라진을 부호화한다. 마지막 A의 경우 가능한 삼중자 코돈은 ACA이므로 트레오닌을 부호화한다.

32.7 다음 중 어떤 것이 원핵생물과 진핵생물의 단백질 합성에 모두 필요할 것인가?

A. 샤인-달가노 서열에 작은 리보소체 소단위의 결합
B. fMet-tRNA
C. 핵에서 세포질로 mRNA의 이동
D. 개시 인자에 의한 5′-모자의 인식
E. A 자리에서 P 자리로 펩티딜-tRNA의 자리옮김

정답 = E. 원핵생물 및 진핵생물 모두에서 지속적인 번역(연장)은 펩티딜-tRNA가 A 자리에서 P 자리로 이동해야 다음에 오는 아미노아실-tRNA가 A 자리로 들어오게 된다. 오직 원핵생물만이 샤인-달가노(Shine-Dalgarno) 서열을 가지며, fMet를 사용한다. 반면에 진핵생물만이 핵과 mRNA에 대한 전사중- 및 전사후 가공과정을 갖고 있다.

32.8 α1-항트립신(AAT) 결핍은 세린 단백질분해효소인 탄력소분해효소의 작용이 저지되 않기 때문에 허파질환인 폐공기증(emphysema)을 일으킬 수 있다. 허파에서 AAT 결핍이 발생하는 것은 AAT가 합성 장소인 간에 정체되기 때문이다. 분비될 예정으로 생성되는 AAT와 같은 단백질의 가장 큰 특징은 다음 중 어느 것인가?

A. 이들의 합성은 매끈면 세포질그물에서 시작한다.
B. 이들은 6-인산마노스 표적지화 신호를 함유한다.
C. 이들의 N-말단 아미노산은 항상 메싸이오닌이다.
D. 이들은 N-말단 소수성 신호서열을 가진 번역 생성물로부터 생성된다.
E. 이들은 합성될 때 골지기구를 거치지 않으므로 O-당화 연결로 결합한 당을 함유하지 않는다.

정답 = D. 분비단백질의 합성은 자유(세포질액) 리보소체에서 시작한다. 펩타이드의 N-말단 신호서열이 리보소체로부터 빠져나올 때, 신호인식입자에 인식되어 결합하고, RER에 부착하고, 그 속공간으로 실처럼 들어가고, 번역이 더 진행된 후 제거된다. 이 단백질은 RER과 골지를 통과하면서 N-당화(RER)와 O-당화(골지)와 같은 과정을 거친다. 골지에서 그들은 분비소포로 포장되어 세포바깥으로 분비된다. SER은 리보소체가 부착하지 않은 ER로서 단백질이 아닌 지질의 합성과 관련이 있다. 당단백질의 말단 마노스 잔기의 6번 탄소가 인산화되면 이 단백질은 용해소체(산성 가수분해효소)를 표적지로 한다. N-말단 메싸이오닌은 가공과정에서 대부분의 단백질로부터 제거된다.

32.9 유전부호에 대해 여유성(degeneracy)과 명료성(unambiguous)으로 표현하는 이유는?

하나의 특정 아미노산을 부호화하는 코돈은 하나 이상의 여러 개일 수 있지만(degeneracy codon), 하나의 특정 코돈은 오직 하나의 특정 아미노산을 부호화한다(unambiguous codon).

유전자 발현의 조절

33

I. 개관

유전자 발현은 궁극적으로 기능성 유전자 생성물인 RNA나 단백질을 생성하는 여러 단계의 과정을 말한다. DNA를 사용하여 RNA를 합성하는 전사는 유전자 발현의 첫 번째 단계로 원핵생물과 진핵생물에서 일차적인 조절자리이다. 그러나 진핵생물에서 유전자 발현은 원핵생물과 다르게 광범위한 전사후과정과 번역후과정뿐만 아니라 DNA의 특정 부위에 영향을 끼치는 작용까지 포함된다. 각 단계는 기능성 생성물의 양과 종류에 대한 추가적 제어를 통해 조절될 수 있다.

모든 유전자가 정교하게 조절되는 것은 아니다. 예를 들면, 기본적인 생물의 기능에 필요한 유전자는 생성물을 '지속적'으로 부호화함으로써 항상 일정한 수준으로 발현되며 이들 유전자는 "살림유전자(housekeeping gene)"로 알려져 있다. 그러나 조절되는 유전자는 어떤 특정 조건에서만 발현된다. 그들은 모든 세포에서 발현되기도 하고, 특정 세포군에서만 발현되기도 한다. 예를 들어, 섬유소원 알파 체인을 생성하는 유전자는 간세포에서만 발현된다. 세포는 유전자 발현을 조절하는 능력(예, 특정 유전자 생성물이 만들어지는 양과 시기를 결정하는 능력)을 통해 구조와 기능을 제어한다. 이는 세포 분화, 형태 발생, 어떤 유기체의 적응력 등에 대한 기반이다. 유전자 발현의 제어기전은 원핵생물에서 가장 잘 밝혀졌지만, 진핵생물에서의 많은 기전도 원핵생물과 동일하다. 그림 33.1은 유전자발현 조절이 일어나는 위치를 보여준다.

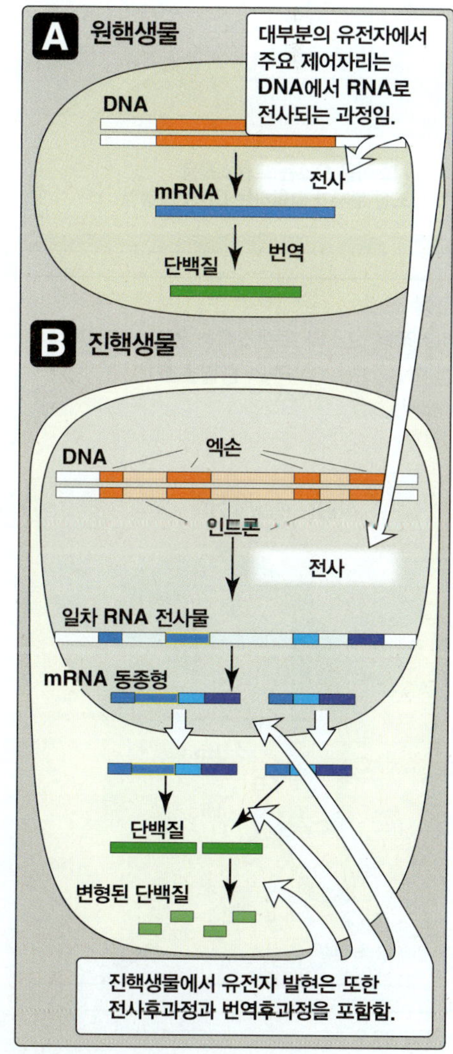

그림 33.1
유전자 발현의 제어. mRNA = 전령 RNA.

II. 조절 서열과 조절 분자

모든 유전자 발현의 시작 단계인 전사는 보통 유전체의 비부호 부위에 끼어 있는 DNA의 조절 서열에 의해 제어된다. 이 DNA 분절과 전사인자와 같은 조절 분자 사이의 상호작용은 전사 기구의 활성화나 억제를 통해 생성되는 생성물의 양과 종류에 영향을 미친다. DNA의 조절 서열은 같은 염색체에 위치하는 유전자 발현에 영향을 주기 때문에 시스작용 요소(cis-acting element)라 한다(505쪽 참조). 조절 분자는 세포속의 합성부위로부터 DNA 결합부위까지 확산될 수 있기 때문에 트랜스작용 인자(trans-acting factor)라 불린다(그림 33.2). 예를 들면 6번 염색체의 유전자를 조절하는 단백질 전사인자(트랜스작

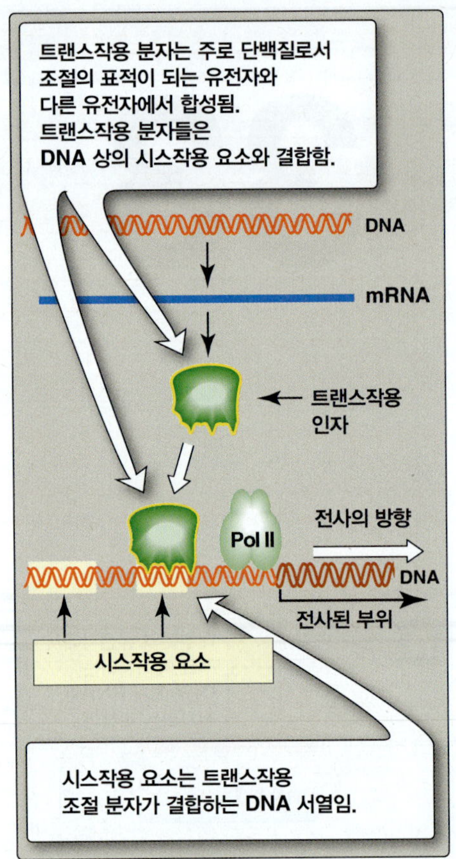

그림 33.2
시스작용 요소와 트랜스작용 인자. mRNA = 전령 RNA; Pol II = RNA 중합효소 II.

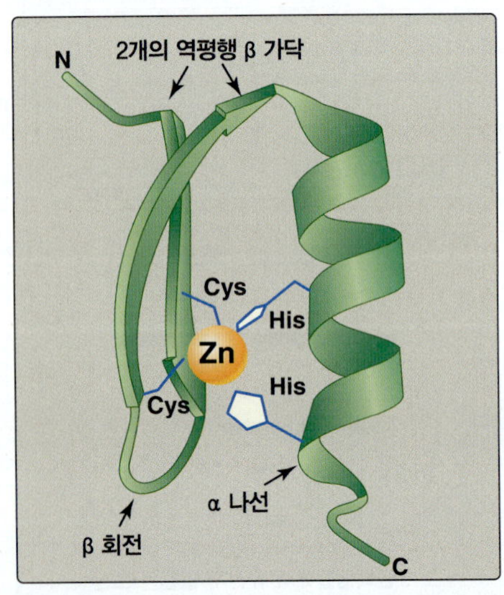

그림 33.3
아연 손가락(zinc finger)은 DNA에 결합하는 단백질 중에서 흔한 요소이다. Cys = 시스테인; His = 히스티딘.

용 분자)는 11번 염색체의 유전자에서 전사된다. DNA에 단백질이 결합하는 것은 단백질에 있는 아연 손가락(zinc finger, 그림 33.3), 류신 지퍼(leucine zipper), 나선-회전-나선(helix-turn-helix)과 같은 구조요소(motif)를 통해 이루어진다.

III. 원핵생물에서 유전자 발현의 조절

대장균 같은 원핵생물에서 유전자 발현의 조절은 일차적으로 전사 수준에서 일어나며, 보통 단일 DNA 분자(염색체)의 시스작용 조절요소와 트랜스작용 단백질의 결합을 통해 매개된다. [참고: 필요없는 유전자 생성물을 만들기 위한 에너지가 낭비되지 않기 때문에 유전자의 발현에서 첫 번째 단계를 조절하는 것은 능률적인 접근 방법이다.] 원핵생물에서 전사의 제어는 전사의 개시나 조기 종결에 관여할 수 있다.

A. 세균의 오페론(operon)에서 mRNA의 전사

세균에서 특정 대사 경로에 관여하는 단백질을 부호화하는 전사물은 종종 이 유전자들의 전사를 결정하는 시스작용 조절요소에 따라 염색체에서 순차적인 무리로 발견된다. 전사 생성물은 한 개의 다중시스트론 mRNA이다(500쪽 참조). 그러므로 유전자는 한 단위로서 발현되거나 발현되지 않도록 협동적으로 제어되며, 이를 가리켜 오페론(operon)이라 한다.

B. 원핵생물의 전사에서 작동자(operator)의 역할

세균의 오페론에 존재하는 DNA 분절인 작동자(operator)는 억압자(repressor)에 가역적으로 결합함으로써 오페론의 구조적 유전자의 활성을 조절한다. 작동자에 억압자가 결합하지 않으면 RNA 중합효소는 작동자를 통과해서 단백질을 부호화하는 유전자에 도달하여 전사를 통해 mRNA를 생성한다. 억압자가 작동자에 결합하면 중합효소는 차단되어 mRNA를 생성하지 않는다. 억압자가 작동자에 결합되어 있는 동안에는 mRNA 생성이 안되고 결국 단백질도 생성되지 않는다. 그러나 유도자 분자(inducer molecule)가 존재하여 억압자에 결합하면 억압자는 모양이 변하여 작동자와 결합하지 못하게 되어 결과적으로 RNA 중합효소가 전사를 시작할 수 있다. 가장 이해가 잘 된 예로서 양성조절과 음성조절을 둘 다 그림 33.4에 도시한 대장균의 유도성 젖당 오페론(lactose operon)을 들 수 있다.

C. 젖당 오페론(lactose operon)

젖당 오페론(*lac* 오페론)은 이당인 젖당의 분해대사에 관여하는 다음의 3개의 단백질을 부호화하는 유전자로 구성된다: *lacZ* 유전자는 젖당을 갈락토스와 포도당으로 가수분해하는 β-갈락토사이드분해효소(β-galactosidase)를 부호화하고, *lacY* 유전자는 세포속으로 젖당의 이동을 촉진하는 투과효소(permease)를 부호화하고, *lacA* 유전자는 젖당을 아세틸화하는 싸이오갈락토사이드 아세틸기전달효소(thiogalactoside transacetylase)를 부호화한다. [참고: 이 아세틸화의 생리적 기능은 잘 모른다.] 이 모든 단백질은 세포에서 포도당이 아닌 젖당만을 사용해야 할 때에 최대로 생성된다. [참고: 세균은 다른 어떤 당보다 포도당을 연료로서 선호한다.] 오페론의 조절 부분은 3개의 구성유전자의 상류에 위치하며, RNA 중합효소가 결합하는 촉진자 부위와 조절 단백질이 결합하는 2개의 첨가자리인 작동자(O) 자리와 CAP(분해대사물 활성 단백질) 자리로 구성된다. *lacZ*, *lacY*, *lacA* 유전자는 O 자리가 비어 있고, CAP 자리에 cAMP(108쪽 참조)와 CAP의 복합체가 결합할 때만 최대로 발현된다(CAP는 cAMP 조절 단백질[CRP]라고도 부름). 조절 유전자인 *lacI* 유전자는 친화성이 높은 O 자리에 결합하는 억압자 단백질(트랜스작용 인자)을 부호화한다. [참고: *lacI* 유전자는 자신의 촉진자를 가지며 젖당 오페론의 구성성분은 아니다.]

1. **포도당만 사용할 수 있을 때:** 이 경우에 *lac* 오페론은 억제된다(꺼진 상태). 억제는 촉진자 자리(그림 33.4A 참조)의 하류에 있는 O 자리에 억압자 단백질이 나선-회전-나선구조요소(그림 33.5)를 통해 결합함으로써 매개된다. 억압자의 결합은 RNA 중합효소와 촉진자의 결합 방해를 통해 구성유전자의 전사를 억제한다. 이것은 음성조절(negative regulation)의 예이다.

2. **젖당만 사용할 수 있을 때:** 이 경우에는 *lac* 오페론이 유도된다(최대 발현 또는 켜진 상태). 젖당의 일부는 이성질체인 동종젖당(allolactose)으로 전환된다. 동종젖당은 억압자 단백질에 결합하는 유도자로서, 억압자의 입체형태 변화를 통해 억압자가 작동자에 결합할 수 없게 된다. 포도당이 없는 상태에서 아데닐기 고리화효소는 활성화되어 충분한 양의 cAMP를 만들고 CAP 단백질에 결합한다. cAMP-CAP 트랜스작용 복합체는 CAP 결합자리에 결합하여 촉진자 자리에서 RNA 중합효소가 전사를 더욱 능률적으로 개시하게 한다(그림 33.4B 참조). 이것은 양성조절(positive regulation)의 예이다. 전사물은 3조의 시작코돈과 정지코돈을 포함하는 한 개의 다중시스트론 mRNA 분자다. mRNA의 번역은 3개의 단백질을 생성하여 세포가 젖당을 에너지생성에 사용할 수 있게 한다. [참고: 발현이 조절되는 유도성 *lacZ, lacY, lacA* 유전자와 다르게 *lacI* 유전자는 항상 발현된다. *lacI* 유전자 생성물인 억압자 단백질은 유도자가 존재할 때는 항상 만들어지고 활성형이다.]

3. **포도당과 젖당 둘 다 사용이 가능할 때:** 젖당이 높은 농도로 존재할지라도 이 경우에는 *lac* 오페론의 활성화가 유도되지 않고 전사는 미미하게 일어난다. 아데닐기 고리화효소는 포도당 존재하에서 불활성형이 됨으로써 cAMP-CAP 복합체는 형성되지 않고 CAP 자리는 빈 상태로 남는다. 그러므로 억압자가 O 자리에 결합하지 않더라도 RNA 중합효소는 능률적으로 전사를 개시할 수 없다. 결과적으로 오페론의 3개의 구성 유전자는 기본적인 수준으로 매우 낮게 발현된다(그림 33.4C 참조). [참고: 오페론은 유도를 통해서는 기본적인 발현 수준의 50배 넘게 발현된다.]

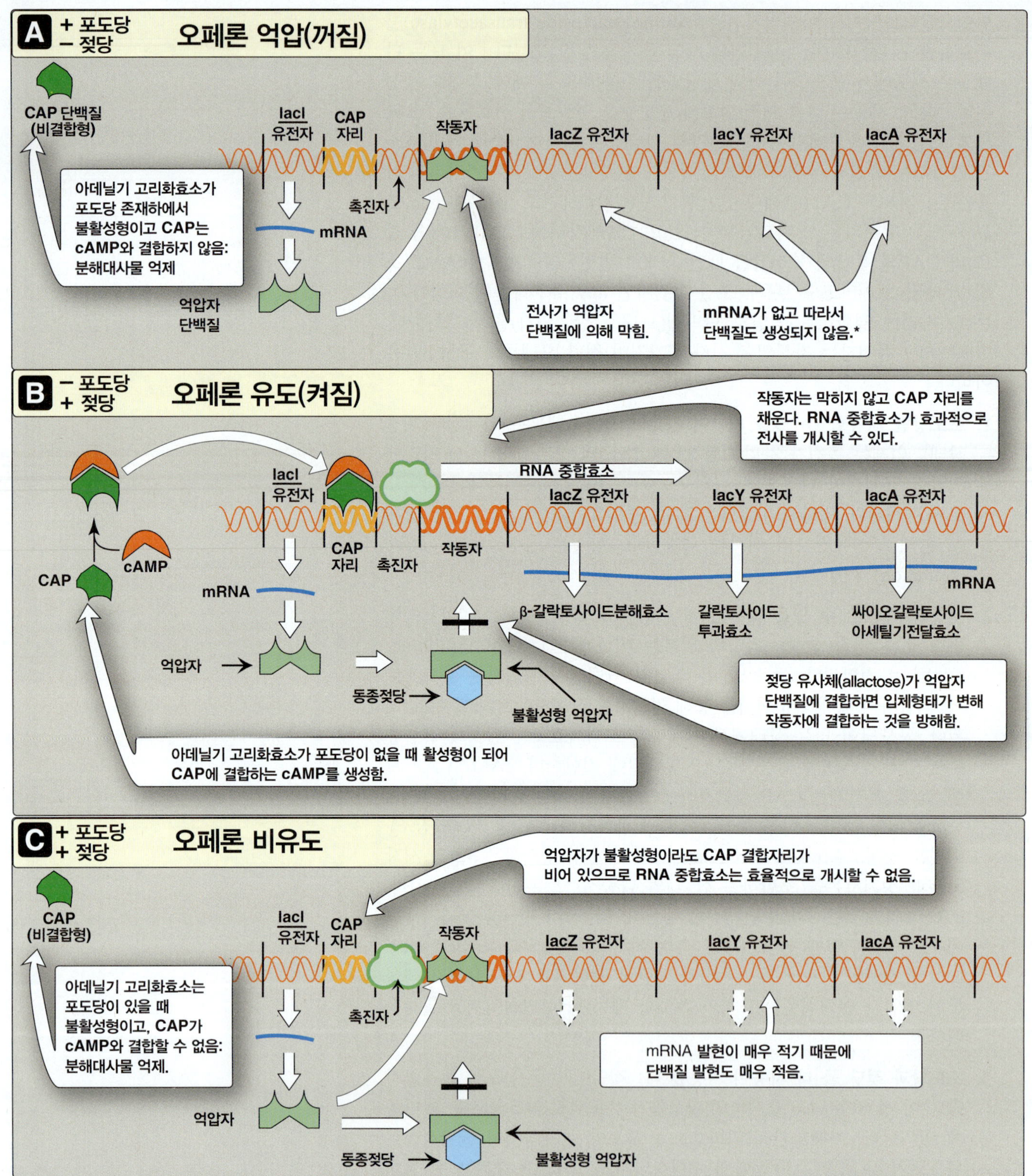

그림 33.4

대장균의 젖당(*lac*) 오페론. (A) 포도당만 존재, (B) 젖당만 존재, (C) 포도당과 젖당 존재. *[참고: 심지어 오페론이 작동하지 않을 때에도 억압자는 일시적으로 느린 속도로 작동자로부터 분리되어 아주 낮은 수준의 발현이 일어난다. 적은 양이라도 투과효소(와 β-갈락토사이드분해효소)를 합성하여 포도당을 사용할 수 없는 상황에서도 유기체(미생물)가 빠르게 대응할 수 있도록 한다.] CAP = 분해대사물 활성 단백질; cAMP = 고리 일인산 아데노신; mRNA = 전령 RNA.

D. 트립토판 오페론(tryptophan operon, *trp* operon)

트립토판(*Trp*) 오페론은 아미노산인 트립토판(Trp)의 합성에 필요한 효소들을 부호화하는 5개의 유전자로 구성되어 있다. *lac* 오페론처럼 *trp* 오페론도 주로 음성제어를 받는다. 그러나 trp 오페론을 억제할 때 음성제어는 Trp 자신이 억압자 단백질에 결합하여 억압자와 작동자의 결합을 촉진하는 것을 포함한다. Trp는 보조억압자이다. 그러나 *trp* 오페론에서 트립토판에 의한 억제는 항상 완전한 것이 아니어서 *lac* 오페론에서와는 달리 감쇠(attenuation)라는 과정에 의해서도 조절된다. 감쇠와 함께 전사는 시작되지만 미처 다 완료되기 전에 종결된다(그림 33.6) 만약 Trp가 풍부하다면 Trp에 의한 억제로부터 빠져나온 전사개시는 mRNA 5′-끝에 ρ-비의존 종결에서 보여주었던 것처럼 머리핀(hairpin, 또는 stem-loop) 구조가 형성됨으로써 감쇠(정지)된다(503쪽 참조). [참고: 전사와 번역은 원핵생물에서 일시적으로 연결되므로(521쪽 참조) 감쇠에 의해 잘려나가 기능이 없는 펩타이드가 만들어지나 빠르게 분해된다.] 만약 Trp가 부족하다면 오페론은 발현된다. mRNA의 5′-끝은 Trp에 필요한 2개의 인접한 코돈을 포함한다. Trp의 결여는 감쇠 머리핀의 형성에 필요한 mRNA의 부위를 포함하는 이 코돈에서 리보소체가 지체되도록 만든다. 이것은 감쇠를 억제함으로써 지속적인 전사를 가능하게 한다.

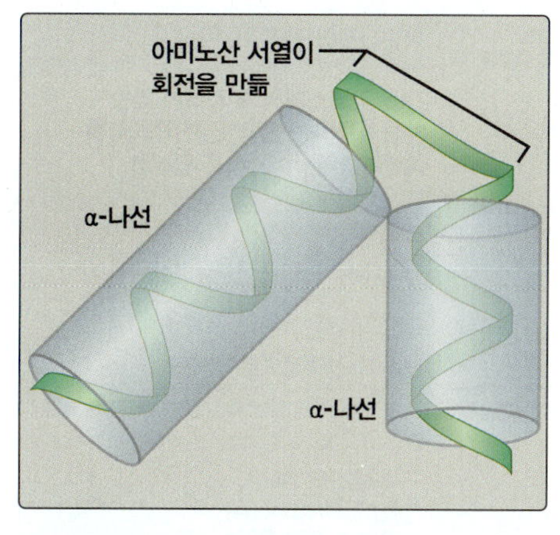

그림 33.5
lac 억압자 구조요소의 나선-회전-나선구조요소(helix-turn-helix motif).

> 원핵생물에서의 단백질 합성은 mRNA 전사가 완료되기 전에 시작하기 때문에 전사 감쇠가 일어날 수 있다. 반면 진핵세포에서는 핵이 막으로 둘러싸고 있어 전사와 번역이 공간적 및 시간적으로 분리되기 때문에 감쇠가 일어나지 않는다.

E. 원핵생물에서 전사와 번역의 조직화

세균에서는 mRNA 생성의 전사단계기 조절에 기장 우선적이지만 rRNA

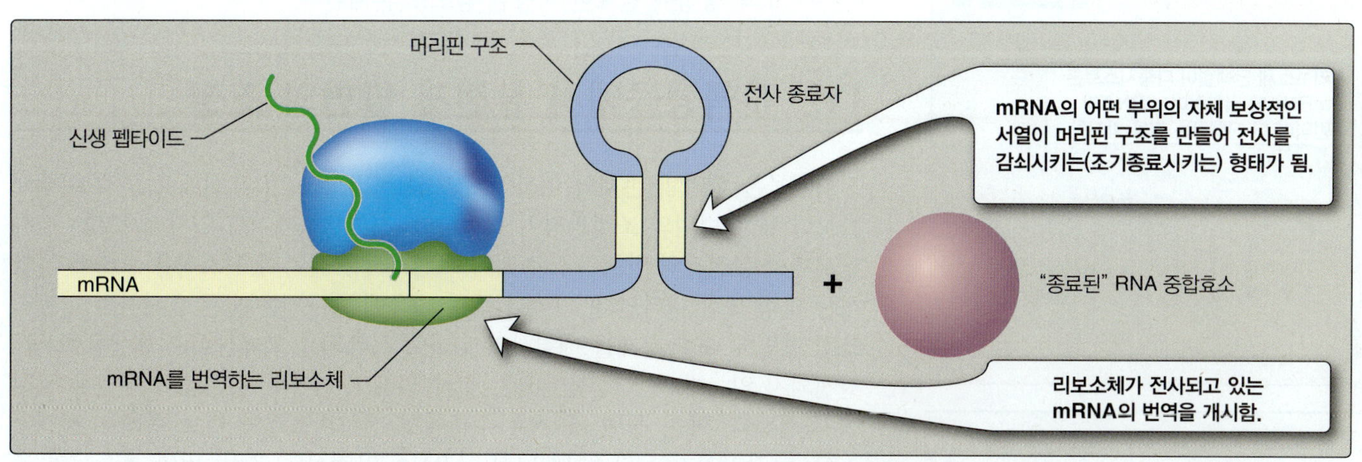

그림 33.6
트리프토판이 풍부할 때 *trp* 오페론 전사의 감쇠. mRNA = 전령 RNA.

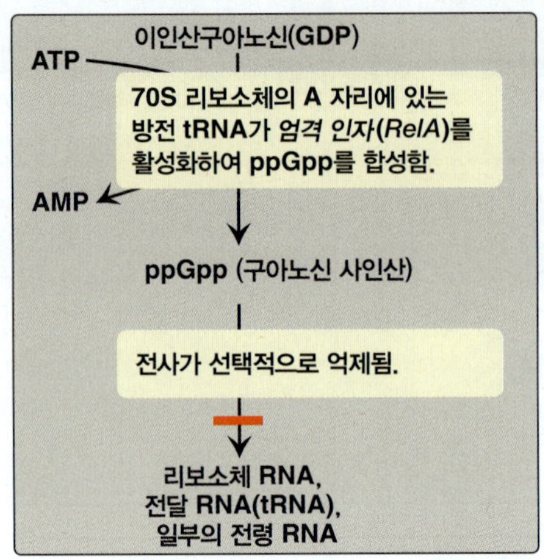

그림 33.7
아미노산 고갈상태에서 엄격한 대응에 의한 전사의 조절. S = 스베드베리 단위.

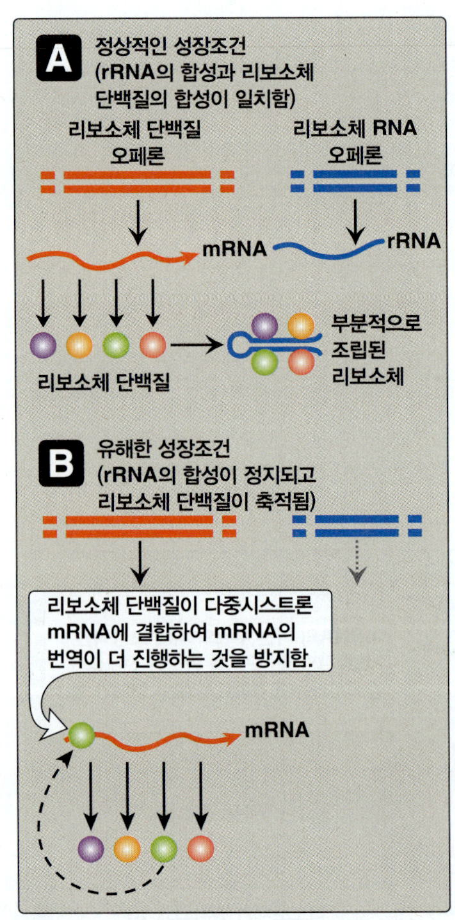

그림 33.8
과잉의 리보소체 단백질에 의한 번역의 조절. mRNA = 전령 RNA; rRNA = 리보소체 RNA.

와 단백질 합성 조절도 환경적인 스트레스에 적응하는데 중요한 역할을 한다.

1. **엄격한 대응(stringent response)**: 대장균은 리보소체 조립에 필요한 rRNA를 합성하는 7개의 오페론을 가지며, 각 오페론은 환경 조건의 변화에 대응하여 조절된다. 아미노산 결핍에 대응하는 조절을 엄격한 대응이라고 한다. 리보소체 A 부위(519쪽)에 아미노산이 결합하지 않은 tRNA의 결합은 알라몬(alarmone, ppGPP[구아노신 사인산])의 생성을 유발한다. 흔하지 않은 GDP의 인산화 유도체인 ppGpp의 합성은 리보소체와 연관된 효소인 엄격 인자(stringent factor, RelA)에 의해 촉진된다. ppGpp 농도의 상승은 rRNA 합성의 억제를 초래한다(그림 33.7). ppGpp는 RNA 중합효소에 다른 σ 인자를 사용하여 촉진자 선택을 변경한다(501쪽 참조). rRNA와 더불어 tRNA 합성과 일부의 mRNA 합성(예: 리보소체 단백질)도 억제된다. 그러나 아미노산 생합성에 필요한 효소에 대한 mRNA 합성은 억제되지 않는다. 엄격한 대응은 과도한 리보소체가 불필요하게 합성과는 것을 방지하고 결핍된 아미노산을 합성을 촉진한다.

2. **조절 리보소체 단백질(regulatory ribosomal protein)**: 리보소체 단백질(r-protein)에 대한 오페론은 자신의 단백질 생성물이 과잉일 때 억제된다. 각 오페론에 대해 하나의 특정 리보소체 단백질은 오페론으로부터 다중시스트론 mRNA의 전사를 억제하는 작용을 한다(그림 33.8). 이러한 리보소체 단백질의 기능은 첫 번째 개시 AUG 코돈 상류에 mRNA에 위치한 샤인-달가노(SD) 서열에 결합하고(515쪽 참조), 작은 리보소체 소단위가 SD 서열에 결합할 때 물리적 장애로 작용함으로써 매개된다. 그러므로 하나의 리보소체 단백질은 오페론의 모든 리보소체 단백질의 합성을 저해하게 된다. 또한 동일한 리보소체 단백질은 mRNA보다 더 높은 친화력을 가지고 rRNA에 결합한다. 만일 rRNA의 농도가 감소하면 리보소체 단백질은 자신의 mRNA에 결합하여 단백질 번역을 억제한다. 이러한 협동적인 조절에 의해 리보소체 단백질의 합성이 rRNA의 전사와 균형을 이루며, 그 결과 각각은 리보소체 형성에 필요한 적당한 양으로 존재한다.

IV. 진핵생물에서 유전자 발현의 조절

진핵생물은 핵막의 존재와 더불어 고도의 복잡성을 띤 유전체로 인해 원핵생물보다 넓은 범위의 조절과정이 필요하다. 진핵생물에서도 일차적으로는 전사 단계에서 유전자의 발현이 조절되며 트랜스작용 분자가 시스작용 요소에 결합하는 과정 또한 나타난다. 그러나 특정 대응에 요구되는 모든 유전자의 협동적 조절 방법에 대한 문제를 해결하기 위하여 사용되는 오페론이 진핵생물에서는 발견되지 않는다. 진핵생물에서는 전사 외에도 다양한 수준에서 유전자 발현이 조절된다. 예를 들면 mRNA 수준에서 전사후조절의 주요 형태는 선택적 mRNA 잘라잇기와 다중아데닐화, mRNA 안정성의 조절, 번역 효율성의 조절 등이다. 단백질 수준에서 추가적인 조절은 또한 단백질의 안정성, 활성, 단백질의 표적화 등을 조절하는 기전에 의해 일어난다.

A. 협동적 조절

하나 이상의 염색체를 가진 생물에서 특정 반응을 일으키기 위해서는 유전자군을 유기적으로 조절하는 것이 중요하다. 기저 반응이 반복적으로 일어난다: 트랜스작용 단백질은 특이적 전사인자로 작용하여 유전자군에 속해 있는 유전자의 시스작용 부위에 결합한다(479쪽 참조). [참고: 전사인자는 DNA-결합영역(DBD)과 전사활성영역(TAD)을 포함한다. TAD는 히스톤아세틸기전달효소(504쪽 참조) 같은 보조활성자와 일반전사인자(505쪽 참조)를 동원하여 RNA중합효소와 함께 촉진자 부위에서 전사개시복합체를 형성한다. 비록 TAD가 다양한 단백질을 동원하지만, 특정한 효과는 복합체의 단백질 구성에 따라 달라진다. 이를 조합제어라 한다.] 유기적 조절의 예로서는 갈락토스 회로(galactose circuit)와 호르몬 반응계가 있다.

1. **갈락토스 회로:** 이 회로는 포도당을 사용할 수 없을 때 갈락토스를 활용하기 위해 작용한다. 효모에서 갈락토스 대사에 관여하는 유전자들은 다른 염색체에 각각 위치하고 있다. 유기적 발현은 Gal4 단백질이라는 특이 전사인자에 의해 매개된다. Gal4가 각 유전자의 상단에 위치하는 DNA 부위에 결합하는데 이 부위를 Gal 상류활성화 서열(upstream activating sequence, UAS_{Gal})이라 부른다. 갈락토스의 농도와 상관없이 Gal4의 DBD는 아연손가락(zinc finger)을 통해 UAS_{Gal}에 결합한다. 당이 없을 때는 조절단백질인 Gal80가 Gal4의 TAD에 결합하여 유전자의 전사를 억제한다(그림 33.9A). 당이 있을 때

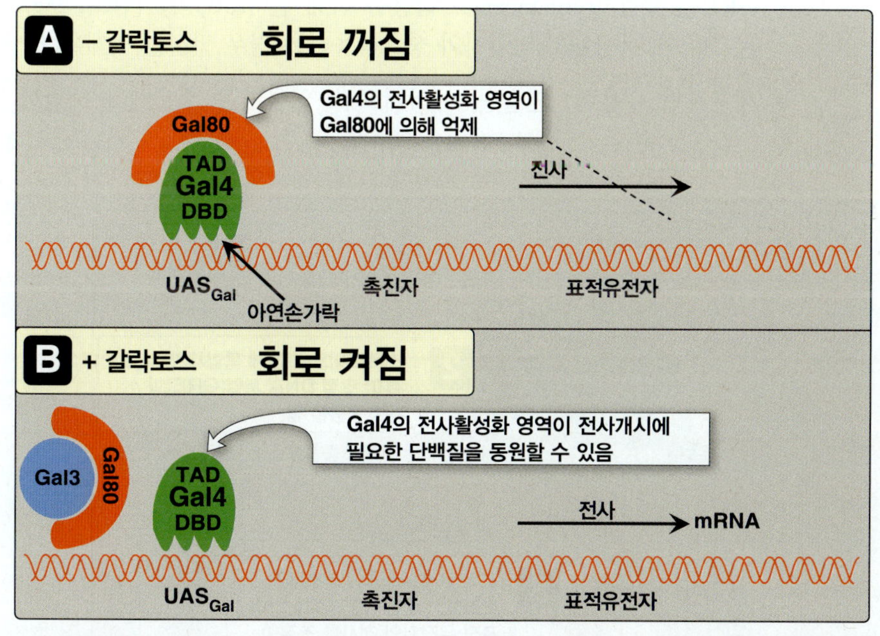

그림 33.9
효모의 갈락토스 회로. (A) 갈락토스 없음. (B) 갈락토스 존재. [참고: 표적유전자는 같은 염색체에 존재하거나 다른 염색체에 존재할 수 있으며 각각 갈락토스 상류활성화서열(UAS_{Gal})을 가짐.] TAD = 전사활성화영역; DBD = DNA 결합영역; mRNA = 전령 RNA

는 갈락토스가 Gal3 단백질을 활성화하고 Gal3는 Gal80에 결합함으로써 Gal4에 의한 유전자 발현 활성화가 일어난다(그림 33.9B). [참고: 포도당은 Gal4 발현의 억제를 통해 갈락토스의 사용을 막는다.]

2. **호르몬 반응계:** 호르몬반응요소(HRE)는 다세포생물에서 호르몬의 신호에 반응하여 트랜스작용 단백질이 DNA에 결합하는 부위로 유전자의 발현조절에 관여한다. 호르몬은 세포속 수용체(예: 스테로이드 호르몬; 그림 18.28 참조)나 세포표면 수용체(예, 글루카곤; 그림 23.12 참조)에 결합한다.

   a. **세포속 수용체:** 핵수용체에는 스테로이드 호르몬(포도당부신피질호르몬, 무기질부신피질호르몬, 안드로젠, 에스트로젠,), 비타민D, 레티노산, 갑상샘 호르몬의 수용체들이 속하며 특이전사인자로 작용한다. 이들 수용체는 DNA-결합영역(DBD)과 전사활성영역(TAD) 외에 리간드결합영역(LBD)도 포함한다. 예를 들어 스테로이드 호르몬인 코티솔은 리간드결합영역을 통해 세포속 수용체와 결합한다(그림 33.10). 결합은 수용체의 형태적 변형을 유도한 후 활성화한다. 수용체-호르몬 복합체는 핵속으로 들어가 이합체(dimer)를 형성한 후 아연손가락 구조요소를 통해 DNA의 조절요소 부위에 결합한다(코티솔의 경우 포도당부신피질호르몬 반응요소[GRE]가 HRE에 해당함). 이후 보조활성자가 수용체의 TAD에 결합하여 코티솔에 반응하는 유전자들의 발현이 시작된다. 수용체-호르몬 복합체는 표적 유전자들이 다른 염색체상에 존재하더라도 동시에 발현을 시킬 수 있다. GRE는 조절되는 유전자의 상류나 하류 모두에 위치할 수 있으며 유전자의 거리가 상당히 먼 경우도 존재한다. 이럴 경우 GRE는 증강자(enhancer)로 작용을 하게 된다(506쪽). [참고: 호르몬-수용체 복합체가 억압자와 상호작용하는 경우 전사는 억제된다.]

   b. **세포표면 수용체:** 인슐린, 에피네프린, 글루카곤 수용체가 해당한

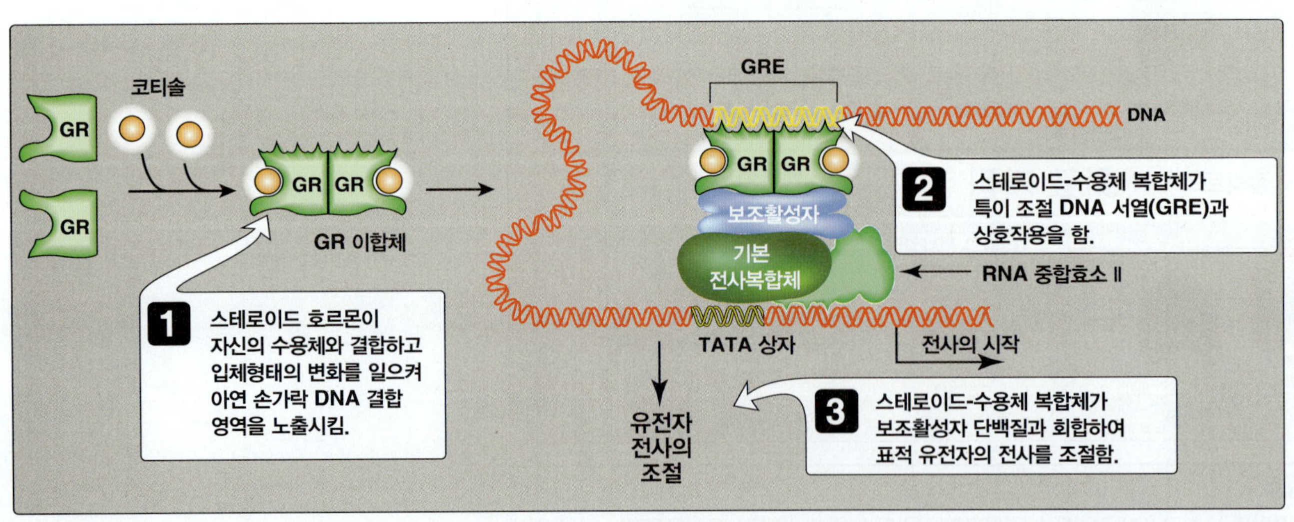

그림 33.10
세포속 스테로이드 호르몬 수용체에 의한 전사 조절. GRE = 포도당부신피질호르몬 반응요소(예: HRE); GR = 포도당부신피질호르몬 수용체.

다. 예를 들어 글루카곤은 펩타이드 호르몬으로 글루카곤에 반응하는 세포의 세포막에 위치한 G 단백질 짝짓기 수용체(GPCR)와 결합한다. 이후 세포바깥의 신호는 세포속의 이차전령(그림 33.11; 그림 8.7 참조)인 cAMP로 전달되며 단백질 인산화효소 A 매개 인산화에 의해 단백질의 발현과 활성을 조절한다. 세포속 cAMP 농도가 증가하면 트랜스작용 인자인 CREB 단백질(cAMP response element-binding[CREB] protein)이 인산화되어 활성화된다. 활성화된 CREB은 류신-지퍼 요소를 통해 표적유전자의 촉진자 내에 존재하는 시스작용 요소인 CRE와 결합하여 표적유전자의 전사를 유도한다. [참고: 당신생(140쪽 참조)에 관여하는 대표적 효소인 인산엔올파이루브산 카복실화효소와 6-인산포도당 인산염분해효소는 cAMP/CRE/CREB 신호체계에 의해 발현이 증가한다.]

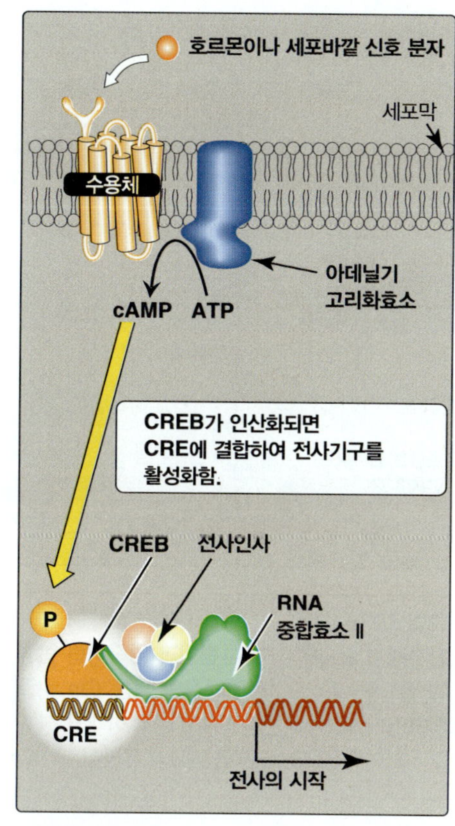

그림 33.11
세포막에 존재하는 수용체에 의한 전사조절. [참고: cAMP는 단백질 인산화효소 A를 활성화하고, 이것은 CREB 단백질을 인산화한다.] CREB = cAMP 반응요소.

B. mRNA의 가공과 이용

진핵생물의 mRNA는 단백질 합성에 사용되기 전에 핵에서 여러 변형과정을 거친 후 세포질로 이동한다. 5′-끝의 모자형성(508쪽), 3′-끝의 다중아데닐화(509쪽), 잘라잇기(splicing, 509쪽) 등은 진핵생물에서 대부분의 전구-mRNA로부터 기능을 가진 mRNA를 생성하기 위한 필수적인 과정이다. 잘라잇기와 다중아데닐화에서의 변형들은 유전자 발현에 영향을 미칠 수 있다. 또한 mRNA의 안정성도 유전자 발현에 영향을 줄 수 있다.

1. **선택적 잘라잇기(alternative splicing)**: 이 과정에는 엑손건너뛰기, 인트론 잔류, 선택적 잘라잇기 주개자리 및 받개자리 등이 관여한다. 조직 특이 단백질 동종형은 같은 전구-mRNA로부터 선택적 잘라잇기를 통해 만들어질 수 있다(그림 33.12). 예를 들어, 트로포마이오신(TM)의 전구-mRNA는 조직 특이 선택적 잘라잇기를 통해 수많은 TM 동종형을 생성한다(509쪽 참조). [참고: 사람유전자의 90% 이상에서 선택적 잘라잇기가 일어난다.]

2. **선택적 다중아데닐화(alternative polyadenylation)**: 일부 전구-mRNA는 절단 및 다중아데닐화 부위가 한 개 이상이 존재한다. 대체 다중아

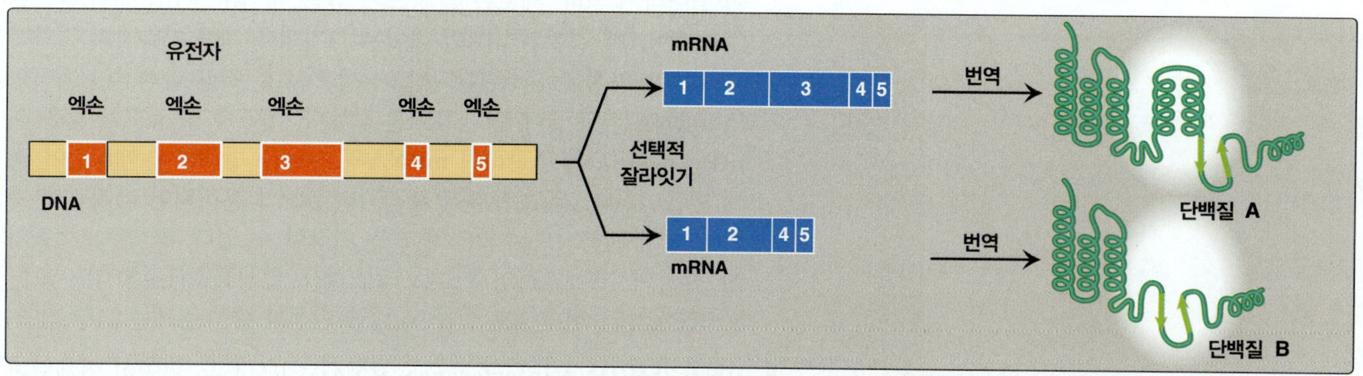

그림 33.12
조직 특이 선택적 잘라잇기는 단일 유전자로부터 다양한 단백질이나 동종체를 생성한다. mRNA = 전령 RNA.

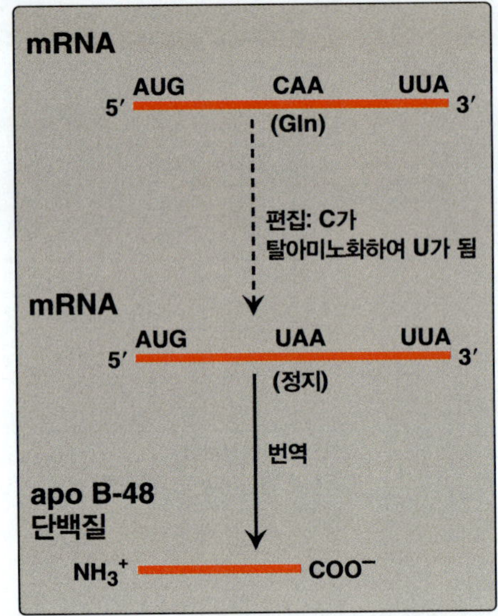

그림 33.13
창자에서 apoB의 RNA-편집과 암죽미립 합성에 필요한 apo B-48 단백질의 생성. Gln = 글루타민; mRNA = 전령 RNA; A = 아데닌, C = 사이토신; G = 구아닌; U = 유라실.

데닐화(APA)는 다른 3′-말단을 갖는 mRNA를 생성하여 미번역영역(UTR) 및 부호서열을 변경한다. [참고: APA는 면역글로불린 M의 막결합형태와 분비형태의 생성에 관여한다.]

선택적 전사개시자리뿐만 아니라 선택적 잘라잇가와 다중아데닐화 자리를 사용함으로써 부분적으로 최소한 어떻게 20,000~25,000개의 유전자로부터 10만 개 이상의 단백질이 생겨날 수 있는가를 설명한다.

3. **mRNA 편집(RNA editing):** 심지어 mRNA의 형성과정이 완전히 진행된 후에도 mRNA의 염기가 변경되는 추가적인 전사후변형이 일어나는데 이 과정을 RNA 편집이라 한다. 사람에서 중요한 예로서 암죽미립(263쪽)과 VLDL 지단백질(265쪽)의 필수 단백질 성분인 아포단백질 B(apo B)의 전사물이 있다. Apo B mRNA는 간과 작은창자에서 만들어진다. 창자에서는 글루타민에 대한 CAA 코돈의 C 잔기가 U로 탈아미노화되어 의미 코돈이 무의미 코돈 또는 종결코돈(UAA)으로 변한다(그림 33.13). mRNA 편집의 결과로 창자에서 만들어지는 단백질(apo B-48, 여기에서 48은 mRNA의 48% 길이를 의미함)은 간에서 만들어지는 단백질(apo B-100, 전체 길이, VLDL로 혼입됨)보다 더 짧다.

4. **mRNA의 안정성:** mRNA가 분해되지 않고 세포질액에 남아 있는 시간은 mRNA로부터 만들어지는 단백질의 양에 영향을 미친다. 철 대사의 조절과 RNA 간섭(RNAi)에서 유전자 침묵 과정은 유전자 발현의 조절에서 mRNA 안정성을 보여주는 좋은 예이다.

   a. **철 대사:** 트랜스페린(transferrin)은 철을 수송하는 혈장 단백질이다. 트랜스페린은 세포표면 수용체인 트랜스페린 수용체(TfR)에 결합한 뒤 내재화되어 적혈구모세포 같은 표적세포에 철을 공급한다. TfR mRNA는 3′-끝에 여러 개의 시스작용 철반응요소(IRE)를 가진다. IRE는 트랜스작용 철조절단백질(IRP, 그림 33.14)에 의해 결합될 수 있는 짧은 줄기-고리 구조를 갖는다. 세포속 철 농도가 낮을 때 IRP는 3′-IRE에 결합하고 TfR mRNA를 안정화하여 TfR 합성이 일어나게 된다. 세포속 철 농도가 높을 때 IRP는 IRE에서 분리된다. mRNA에 결합된 IRP의 결여는 그것의 분해를 가속시켜 결과적으로 TfR 합성이 감소된다. [참고: 세포속 철 저장 단백질인 페리틴의 mRNA는 5′-끝에 단일 IRE를 갖는다. 세포속 철 농도가 낮을 때 IRP는 5′-IRE에 결합하여 mRNA의 사용을 방해하여 페리틴이 적게 만들어진다. 세포에 철이 축적되면 IRP가 분리되어 페리틴 분자의 생성이 진행되므로 과잉의 철을 저장할 수 있다. 적혈구모세포의 헴 합성의 조절효소인 아미노레불린산 합성효소(LAS2)도 또한 5′-IRE를 함유한다(320쪽 참조).] (헴 합성과 관한 주제는 21장 참조)

   b. **RNA 간섭(RNA interference, RNAi):** RNAi는 번역이 억제되거나 분해가 증가하여 mRNA 발현이 감소됨으로써 일어나는 유전자 침묵의 기전이다. 이것은 세포의 증식, 분화, 세포자멸사와 같은 기

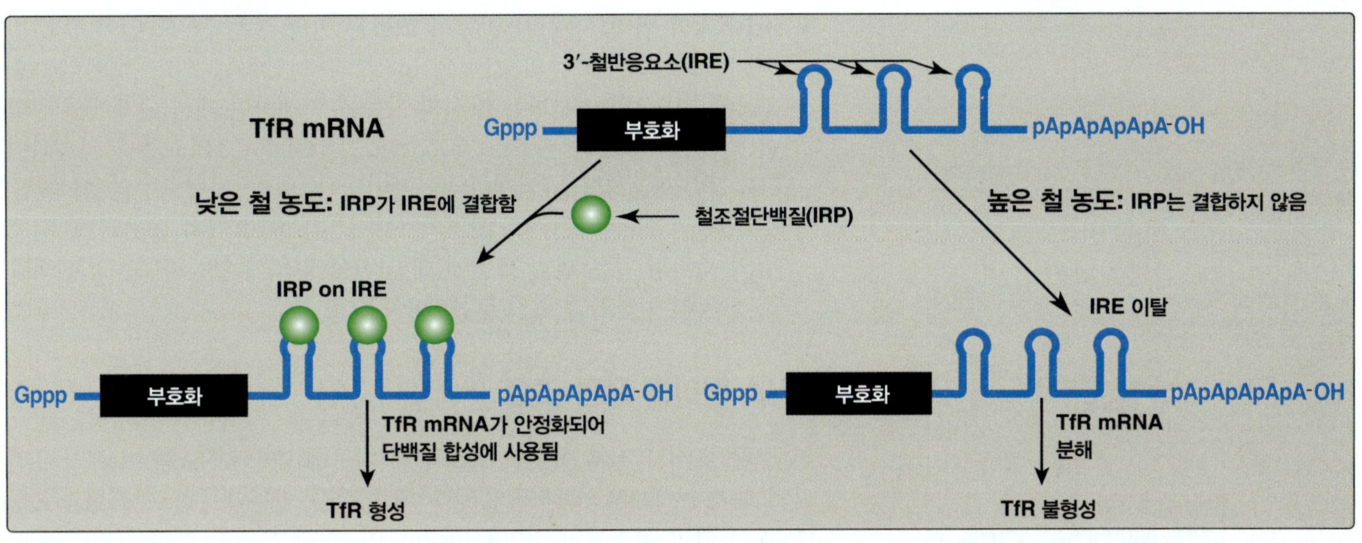

그림 33.14
트랜스페린 수용체(TfR) 합성의 조절. [참고: IRE는 TfR mRNA의 3′-UTR(비번역 부위)에 위치한다.] Gppp = 7-메틸구아노신모자; $p(Ap)_nA$-OH = 다중아데닐화 꼬리.

본 과정에서 열쇠 역할을 한다. RNAi는 초미세 RNA(miRNA)라고 하는 작은(~22개의 뉴클레오타이드) 비부호화 RNA에 의해 매개된다. miRNA는 훨씬 길고 유전체 상에서 부호화된 핵 전사물로부터 만들어진다. 이 일차 miRNA(pri-miRNA)은 핵에서 핵산내부분해효소인 드로샤(Drosha)에 의해 부분적으로 가공되어 전구-miRNA(pre-miRNA)로 된 후에 세포질로 수송된다. 세포질에서 핵산내부분해효소인 다이서(Dicer)가 가공을 완성하여 짧은 겹가닥의(ds) miRNA를 생성한다. miRNA의 한쪽 가닥(안내가닥 또는 반의미가닥)은 RNA 유도 침묵복합체(RISC)로 알려진 세포질액 단백질 복합체와 연결된다. 안내가닥은 표적 mRNA의 전체 길이에서 상보적인 서열과 부합화하여 RISC를 mRNA로 가져온다. 이것에 의해 mRNA 번역이 억제되고 RISC의 핵산내부분해효소(Argonaute/Ago/Slicer)에 의해 mRNA가 분해될 수 있다. 결국 상보성의 범위가 결정인자인 것 같다(그림 33.15). 또한 RNAi는 세포속으로 주입된 겹가닥의 외인성 짧은 간섭 RNA(siRNA)에 의해 촉발될 수 있으며 siRNA는 치료에 활용될 수 있는 막대한 잠재력을 가지고 있다.

1) **RNAi 기반 치료제(RNAi-based therapeutics)**: 유전형 아밀로이드증 환자에서 동반되는 말초신경병증 치료를 위해 RNAi 기반 치료제가 2018년 처음으로 승인되었다. 유전형 아밀로이드증은 트랜스타이레틴(TTR) 유전자의 변형으로 발생한다. SiRNA 기반의 파티시란은 비정상적인 트랜스타이레틴 단백질의 생성을 억제하고 말초신경과 심장에서 트랜스타이레틴을 함유한 아밀로이드의 침착을 감소시킨다. RNAi를 활용한 다른 치료법도 임상시험 중이다.

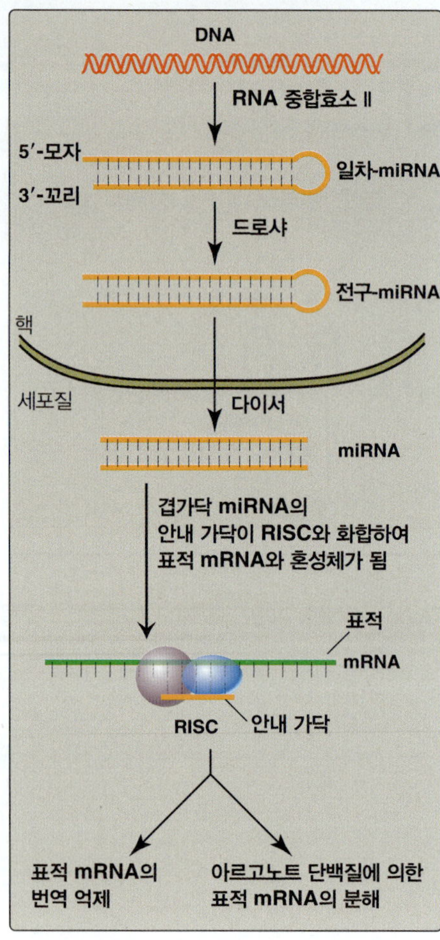

그림 33.15
초미세 RNA(miRNA)의 생성과 작용. [참고: 표적 전령 RNA(mRNA)와 miRNA 사이의 상보성 정도가 최종 결과를 결정한다. 완전한 상보성은 mRNA의 분해를 유발한다.] Pri = 일차; RISC = RNA 유도 침묵 복합체.

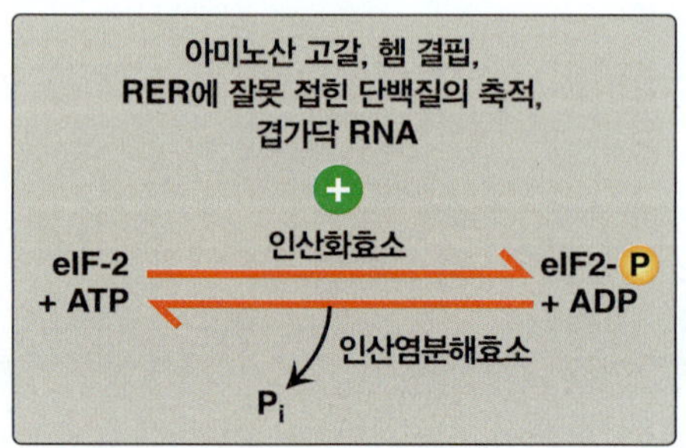

그림 33.16
진핵생물 번역개시 인자 eIF-2의 인산화에 의한 진핵생물의 번역개시의 조절. RER = 거친면 세포질그물; ADP = 이인산아데노신; P_i = 무기인산염; P = 인산염.

5. **mRNA의 번역:** 유전자 발현의 조절은 번역 수준에서도 일어난다. 번역이 조절되는 하나의 기전은 eIF-2의 인산화에 의한 것이다(그림 33.16). eIF-2의 인산화는 자신의 기능을 억제하여 개시 단계에서 번역을 억제한다(526쪽 참조). [참고: eIF-2는 GDP-GTP 교환을 억제하여 eIF-2의 재활성화를 억제한다.] 아미노산 고갈, 적혈모구의 헴 결핍, dsRNA의 존재(바이러스 감염의 신호전달), RER에서 잘못 접힌 단백질의 축적과 같은 환경 조건에 대한 반응에 의해 활성화되는 인산화효소에 의해 인산화가 촉진된다(528쪽 참조).

C. DNA 변이를 통한 조절

진핵생물에서 유전자 발현도 또한 전사 기구에 대한 DNA의 이용도, 유전자의 복제수, DNA의 배열 등에 의해 영향을 받는다. [참고: B형과 Z형 DNA 사이의 국소적인 전이(transition)도 또한 유전자 발현에 영향을 미칠 수 있다(478쪽 참조).]

1. **DNA에 대한 접근:** 진핵생물에서 DNA는 염색질을 형성하는 히스톤과 비히스톤 단백질의 복합체로 발견된다(490쪽 참조). 덜 응축되고 전사과정에서 활성형인 염색질(퍼진염색질, euchromatin)은 더 응축되고 전사과정에서 불활성형인 염색질(뭉친염색질, heterochromatin)과 여러 가지 면에서 다르다. 활성형 염색질은 아미노 말단 끝에서 가역적으로 메틸화, 아세틸화 및 인산화에 의해 공유결합적으로 변형된 히스톤 단백질을 함유한다(히스톤 아세틸기전달효소와 히스톤 탈아세틸화효소에 의한 히스톤의 아세틸화/탈아세틸화 반응에 관한 논의는 504쪽을 참조). 이와 같은 변형을 통해 염기성 단백질인 히스톤의 양전하를 감소시켜 음전하를 띤 DNA와의 결합 강도가 감소되며 염색소체(nucleosome)를 이완시켜(490쪽 참조), 전사인자가 DNA의 특정 부위에 접근할 수 있도록 한다. 염색소체도 또한 염색질 재형성(chromatin remodeling)이라는 ATP 필요 과정처럼 재구성될 수 있다. 전사적으로 활성형인 염색질과 불활성형인 염색질 사이의 또 다른 차이는 많은 유전자의 촉진자 부위의 CG가 풍부한 부위(CpG 섬)에 있는 사이토신 염기에서의 메틸화 증가이다. 메틸화는 메틸기 주개로 SAM (S-adenosylmethionine)을 사용하는 메틸기전달효소에 의해 일어난다(그림 33.17). 전사가 활성화된 유전자는 불활성형보다 메틸화가 덜 되어 있으며(hypomethylated) 이는 DNA의 과다메틸화는 유전자 발현을 중지시킴을 의미한다. 히스톤의 변형과 DNA의 메틸화는 DNA 자체의 기본 서열은 변경하지 않고 유전자 발현만 변경하기 때문에 후성학적(epigenetic) 변화이다

2. **유전자의 복사본:** 유전자 복사본 수의 증감에 의해 생성되는 유전자 생성물의 양에 영향을 줄 수 있다. 유전자 증폭과 같은 복사본 수의 증가는 유전체 복잡성의 증가에 기여하며, 여전히 비포유류 종에서는 정상 발생과정이기도 하다. 그러나 포유류에서의 유전자 증폭은 일부의 질환이나 세포에서 특정 화학치료제에 대한 저항성이 생기는 기전에 관여한다. 메토트렉세이트(methotrexate)는 피리미딘 생합성 경로에서

삼인산타이미딘(TTP)의 합성에 필요한 효소인 이수소엽산 환원효소(DHFR)의 억제제이다(348쪽, 그림 28.2 참조). TTP는 DNA 합성에 필수적이다. DHFR 유전자의 증폭은 DHFR 효소의 발현 증가를 유도하여 유전자의 수와 약에 대한 내성을 증가시켜 TTP를 만들게 한다.

3. **DNA의 배열(arrangement of DNA):** B 림프구에 의해 면역글로불린(항체)이 생성되는 과정은 이 세포에서의 영구적인 DNA의 재배열을 포함한다. 면역글로불린(예: IgG)은 각각 2개의 가벼운 사슬(light chain)과 2개의 무거운 사슬(heavy chain)로 구성되고, 각각의 사슬은 가변(variable)이나 불변(constant) 아미노산 서열 부위를 포함한다. 가변 부위는 가벼운 사슬과 무거운 사슬의 유전자 내에서 분절이 체세포 재배열을 한 결과이다. B 림프구의 발생에서 하나의 가변(variable, V), 다양성(diversity, D), 연결(joining, J) 유전자 분절은 임의적인 유전자 재배열을 통해 함께 모여 항체 고유의 가변 부위를 형성한다(그림 33.18). 이 과정은 하나의 유전자로부터 10^9~10^{11}개의 다른 면역글로불린을 생성하며, 수많은 항원의 인식에 필요한 다양성을 제공한다. [참고: 병리학적 DNA 재배열(rearrangement)은 두 개의 다른 염색체가 DNA 분절을 교환하는 과정인 유전자 전위(translocation)와 함께 보인다.]

4. **이동성 DNA 요소:** 이동유전자(transposon, Tn)는 같은 염색체나 다른 염색체의 다른 자리로 무작위의 방식으로 움직이는 이동성 DNA 분절이다. 이동은 Tn 자신에 부호화되어 있는 유전자전위효소(transposase)에 의해 매개된다. 이동은 유전자전위효소가 자르고 새로운 자리에 Tn을 삽입하는 것처럼 직접적이기도 하고, 이동유전자가 복사되어 다른 장소에 삽입되고 원형은 그 장소에 남는 것처럼 복제적이기도 하다. 인간을 포함한 진핵생물에서 복제 전위는 역전사효소에 의해 매개되어 생성되는 RNA 중간대사물이 관여한다(489쪽 참조). 전위는 유전체가 확장되어 구조적인 다양성을 제공하거나 유전자 발현이 변하고 심지어 질환발생의 원인이 되기도 한다. 사람의 유전체에서 이동유전자의 비율은 50%에 달하며 이중 90%는 역이동유전자이다. 비록 인간 유전체에서 역이동유전자의 대다수가 이동하는 능력을 잃었지만,

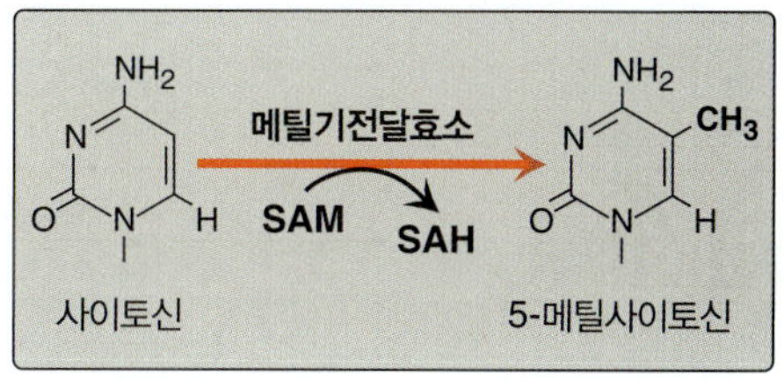

그림 33.17
진핵생물 DNA에서 사이토신의 메틸화. SAM = S-아데노실메싸이오닌; SAH = S-아데노실호모시스테인.

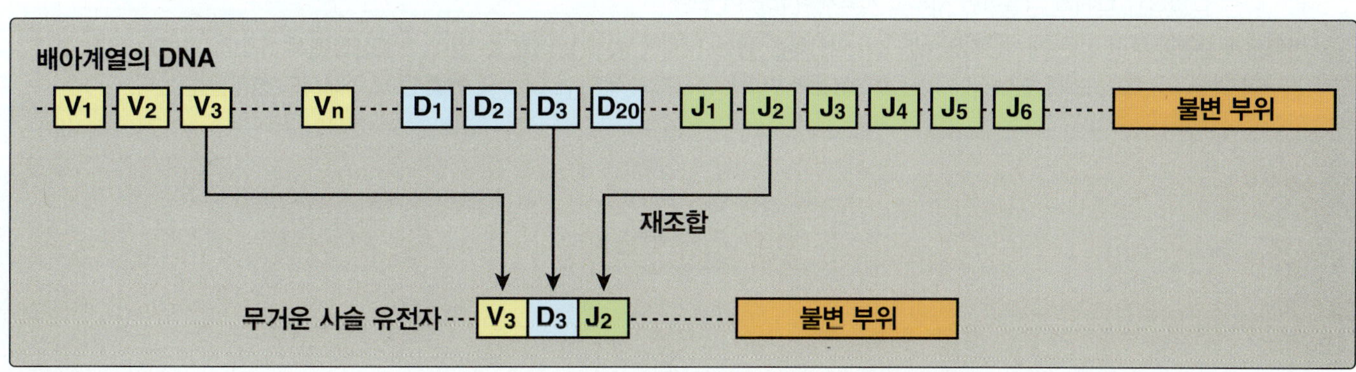

그림 33.18
면역글로불린의 생성에서 DNA의 재배열. V = 가변; D = 다양성; J = 연결.

극히 일부는 여전히 활성형 상태이다. 그들의 전위는 A형 혈우병과 뒤셴 근육 퇴행위축과 같이 휘귀한 질환의 바탕을 이룬다고 생각한다. [참고: 항생제에 내성을 가진 세균에 대해 점점 커지는 문제는 적어도 부분적으로 세균 사이의 플라스미드 교환의 결과이다. 만약 플라스미드가 항생제 내성 유전자를 지니는 이동유전자를 갖고 있다면, 내성 유전자는 플라스미드에서 세균의 염색체로 이동이 되어 세균은 플라스미드를 소실한다하더라도 하나 이상의 항균성 약물에 내성을 유지한다.]

V. 요약

- **유전자 발현**을 통하여 기능적 유전자 생성물(RNA나 단백질)이 생성된다.
- **유전자**는 **구성적**이거나(항상 발현되는 살림유전자) **조절적**이다(모든 세포나 세포의 일부에서 단지 어떤 조건하에서만 발현되는 유전자).
- 원핵생물과 진핵생물 모두 유전자 발현의 조절은 우선적으로 **전사** 수준에서 일어나며, **DNA의 시스작용 조절요소**에 결합하는 **트랜스작용 단백질**을 통하여 매개된다(그림 33.19).
- **진핵생물**에서 조절은 또한 DNA의 **변형**을 통해 일어난다. 이뿐만 아니라 **전사 및 번역후의 변형**을 통하여 일어나기도 한다.
- **원핵생물**에서 특별한 경로에 사용되는 단백질 생성물을 위한 유전자의 통합적 조절은 **오페론**(그들의 전사를 결정하는 조절요소를 따라서 서열로 염색체에 배열된 기능적으로 연관된 유전자 무리)을 통하여 이루어진다. **대장균**의 예에서 ***lac* 오페론**은 구조 유전자인 *Z*, *Y*, *A*를 포함하며 단백질 생성물은 젖당의 분해대사에 필요하다. ***trp* 오페론**은 트립토판의 합성에 필요한 유전자들의 무리로 이루어진다. trp 오페론은 감쇠에 의해서도 조절되는데, Trp에 의한 억압이 풀린 mRNA 합성은 완결되기 전에 종료된다.
- 원핵생물에서 **rRNA**와 **tRNA**의 전사는 아미노산 결핍에 반응하는 **엄격 대응**에 의해 선택적으로 억제된다. **번역** 또한 원핵생물에서 유전자 조절의 한 부위이다: 리보소체 단백질이 과다하면 그들은 자신의 다중시스트론 mRNA의 **샤인-달가노 서열**에 결합하여 리보소체를 방해한다.
- 진핵생물에서 호르몬은 트랜스 작용 단백질(예; 스테로이드 호르몬)로 작용하는 세포속 수용체에 결합하거나 세포 표면의 수용체에 결합하여 세포속 트랜스작용 단백질을 활성화하는 **이차전령**에 신호를 전달함으로써 유전자의 발현을 조절한다. 각각의 경우 트랜스작용 단백질은 **아연-손가락**이나 **류신-지퍼** 같은 구조요소를 통하여 DNA의 특정 반응요소를 인식한다.
- **전사중**- 및 **전사후조절** 과정은 또한 진핵생물에서도 볼 수 있으며, **선택적 mRNA 잘라잇기와 다중아데닐화**, mRNA **편집**, mRNA **안정성**의 변화 등이 포함된다. **트랜스페린 수용체** 합성은 세포속 철 농도가 낮을 때 mRNA의 안정성에 의해 증가한다. **RNA 간섭**은 mRNA의 안정성과 번역을 조절하며 새로운 치료제의 근본이 된다.
- **번역단계 수준**에서 조절은 개시인자인 **eIF-2**의 **인산화**를 통한 억제에 의해 일어날 수 있다. **진핵생물**에서 유전자 발현은 또한 **전사** 기구의 DNA 이용도(히스톤 단백질에 의한 **후성유전학** 변화), 유전자의 복제수, DNA의 **배열** 등에 의해서도 영향을 받는다.

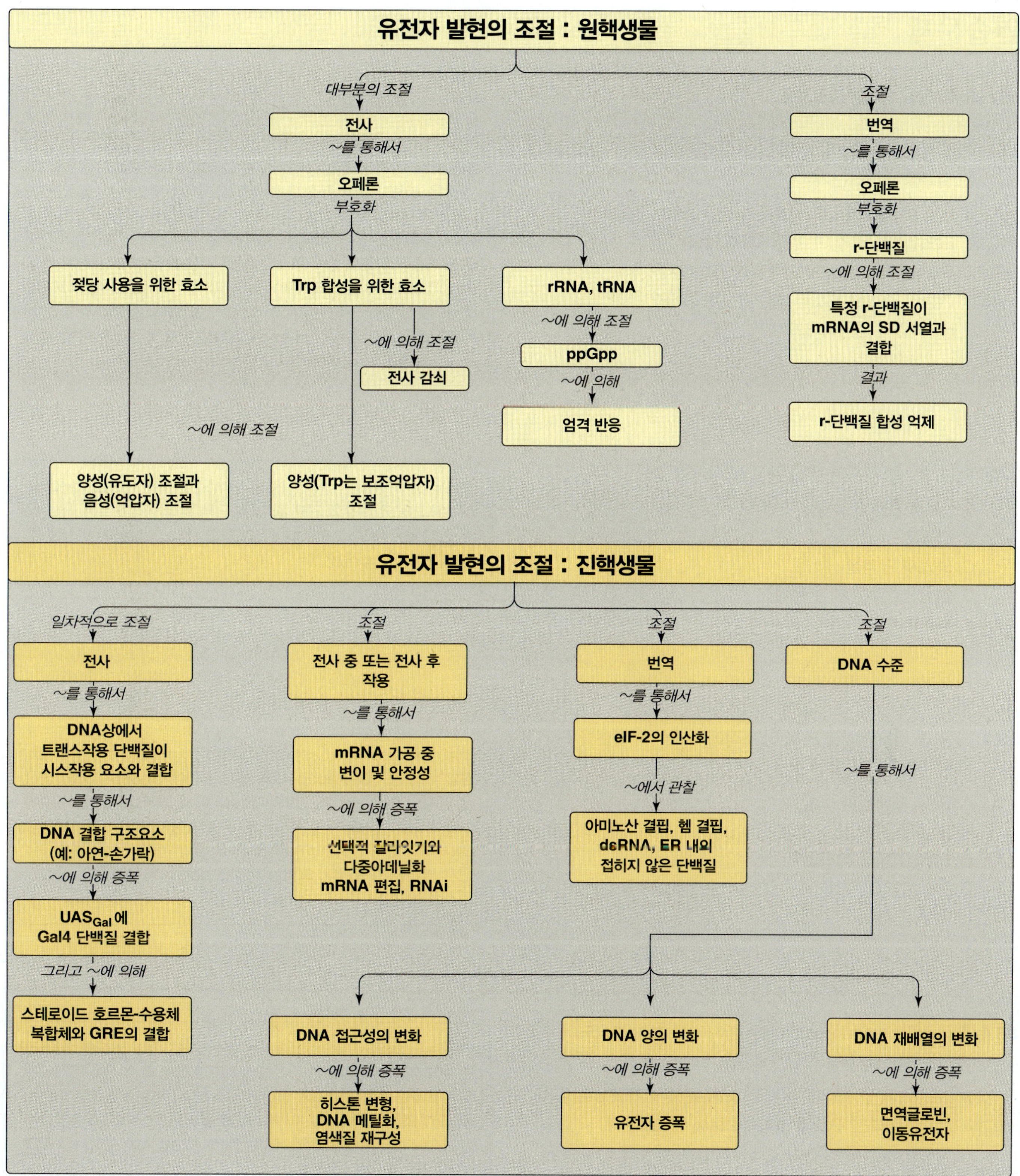

그림 33.19

유전자 발현의 조절에 대한 핵심 개념의 요약. Trp = 트립토판; RNA, tRNA, mRNA = 리보소체-, 전달-, 전령 RNA; ppGpp = 구아노신 사인산; r-단백질: 리보소체 단백질; SD = 샤인-달가노(Shine-Dalgarno); Gal = 갈락토스; UAS = 상류활성화서열; GRE = 포도당부신피질호르몬 반응요소; RNAi = RNA 간섭; eIF = 진핵생물 개시인자; ds = 이중 나선형; ER = 세포질그물.

연습문제

가장 올바른 답을 하나만 고르시오.

33.1 다음 돌연변이 중 어느 것이 *lac* 오페론의 발현을 감소시키는 결과를 초래하는가?

A. cya^-(아데닐기 고리화효소가 만들어지지 않음)
B. i^-(억압자 단백질이 만들어지지 않음)
C. O^c(작동자는 억압자 단백질과 결합하지 못함)
D. 기능이 손상된 포도당 흡수를 만드는 돌연변이
E. $relA^-$(엄격 대응이 일어나지 않음)

> **정답 = A.** 포도당 결핍시 아데닐기 고리화효소는 cAMP를 만들고, 이것은 분해대사물 활성자 단백질(CAP)과 복합체를 형성한다. cAMP-CAP 복합체는 DNA의 CAP 부위에 결합하여 *lac* 오페론에 RNA 중합효소가 더 효율적으로 결합할 수 있도록 한다. 결과적으로 오페론의 발현이 증가한다. Cya^-를 가진 돌연변이에서는 아데닐기 고리화효소가 만들어지지 않는다. 따라서 오페론은 작동하지 않는다. 심지어 포도당이 부재하고 젖당이 존재해도 작동하지 않는다. 억압자 단백질의 부재나 작동자에 결합한 다른 억압자의 능력 감소는 *lac* 오페론의 구조유전자의 지속적인 발현을 유발한다.

33.2 다음 중 시스작용에 대해 가장 잘 묘사한 것은?

A. cAMP 반응요소 결합 단백질
B. 작동자
C. 억압자 단백질
D. 갑상샘호르몬 핵 수용체
E. 히스톤 변형

> **정답 = B.** 작동자는 DNA 자체의 일부이며, 따라서 시스작용이다. cAMP 반응요소 결합 단백질, 억제 단백질, 갑상샘호르몬 핵 수용체 단백질은 DNA로 이동하여 결합하고 DNA의 발현에 영향을 주기 때문에 트랜스작용이다.

33.3 다음 중 아포단백질 B-48이 소장에서 특이적 발현을 하기 위한 기본적 조건은?

A. DNA 재배열과 소실
B. DNA 전위
C. RNA 선택적 잘라잇기
D. RNA 편집
E. RNA 간섭

> **정답 = D.** 창자에서 apoB-48의 생산과 간에서 apoB-100의 생산은 창자의 RNA 편집의 결과이다. 창자에서 의미코돈은 전사 후에 C에서 U로 아미노기가 제거되어 무의미(정지) 코돈으로 바뀐다. DNA 재배열과 전위뿐 아니라 RNA 간섭과 선택적 잘라잇기는 유전자 발현을 조절한다. 그러나 이것은 apoB-48 조직특이 생성의 근간은 아니다.

33.4 혈색소증(hemochromatosis) 환자에서 철이 축적되어 발생하는 결과로 가장 적당한 것은?

A. 트랜스페린 수용체(TfR)의 mRNA는 IRP가 IRE로 알려진 3′ 머리핀 구조에 결합함으로써 안정화된다.
B. TfR의 mRNA는 IRP가 결합하지 않아 빠르게 분해된다.
C. 페리틴의 mRNA는 5′ 머리핀 IRE에 있는 IRP가 결합하지 않아 번역된다.
D. 페리틴의 mRNA는 IRP가 결합하여 번역이 되지 않는다.
E. B와 C 둘 다 맞다.

> **정답 = E.** 몸에서 철의 함유량이 많아 혈색소증이 있다면, 철저장 분자와 페리틴의 합성이 증가하고 세포에서 철의 섭취를 매개하는 트랜스페린 수용체(TfR)의 합성이 감소된다. 이러한 효과는 트랜스작용 철 조절 단백질(IRP)이 시스작용 철반응요소(IRE)에 결합하지 않아 TfR mRNA의 감소와 페리틴 mRNA의 번역을 증가시킨 결과로 나타난다.

33.5 에스트로젠 수용체 양성(호르몬 반응성) 유방암 환자들은 에스트로젠 핵 수용체를 활성화하지 않고 결합하는 타목시펜으로 치료받을 수 있다. 타목시펜 사용의 가장 논리적인 결과는 다음 중 무엇인가?

A. 에스트로젠 반응 유전자 아세틸화의 증가
B. 에스트로젠 수용체 양성 유방암세포 성장의 증가
C. cAMP 생산의 증가
D. 에스트로젠 오페론의 억제
E. 에스트로젠 반응 유전자 전사의 억제

정답 = E. 타목시펜은 에스트로젠 핵 수용체에 결합하기 위해 에스트로젠과 경쟁한다. 타목시펜은 수용체의 활성화를 막음으로써 에스트로젠 반응 유전자를 상향조절하는 DNA 서열에 수용체가 붙는 것을 방지한다. 그 다음 타목시펜은 이 유전자들의 성장 유도 효과를 막고, 에스트로젠 의존 유방암세포들의 성장을 억제한다. 아세틸화는 염색소체(nucleosome)를 이완시켜 전사가 증가된다. cAMP는 핵 수용체보다 세포표면 수용체에 의해 매개되는 조절 신호이다. 포유류 세포들은 오페론을 가지고 있지 않다.

33.6 *lac* 오페론의 *ZYA* 부위는 다음의 어떤 상황에서 최대로 발현될 것인가?

A. cAMP 농도가 낮을 때
B. 포도당과 젖당을 둘 다 이용할 때
C. 감쇠 줄기-고리의 형성이 가능할 때
D. CAP 자리가 채워졌을 때
E. 샤인-달가노 서열에 결합할 수 없을 때

정답 = D. 포도당이 없고 젖당만 있을 때 cAMP 농도가 증가되고, cAMP 분해대사물 활성자 단백질(CAP) 복합체가 CAP 자리에 붙으면서 오페론이 최대로 발현(유도)된다. 포도당이 존재하면 분해대사물의 억제에 의해 오페론이 작동하지 않는다. *lac* 오페론은 감쇠에 의해 조절되지 않으며, 감쇠는 트립토판 오페론과 같은 일부 오페론에서 전사를 감소시키는 기전이다.

33.7 X-염색체 불활성화는 X-연관 유전자의 과다발현을 막기 위해 여성의 X-염색체 둘 중 하나가 응축되면서 불활성화되는 과정이다. 불활성화된 X-염색체의 DNA 메틸화와 히스톤 아세틸화의 정도에 관한 사실은 무엇일까?

CpG 섬에 존재하는 사이토신들은 과다메틸화되고 히스톤 단백질들은 탈아세틸화되어 있다. 두 조건 다 유전자 발현의 감소와 연관되어 있고, X 불활성화의 유지에 중요하다.

34 유전공학과 사람의 질병

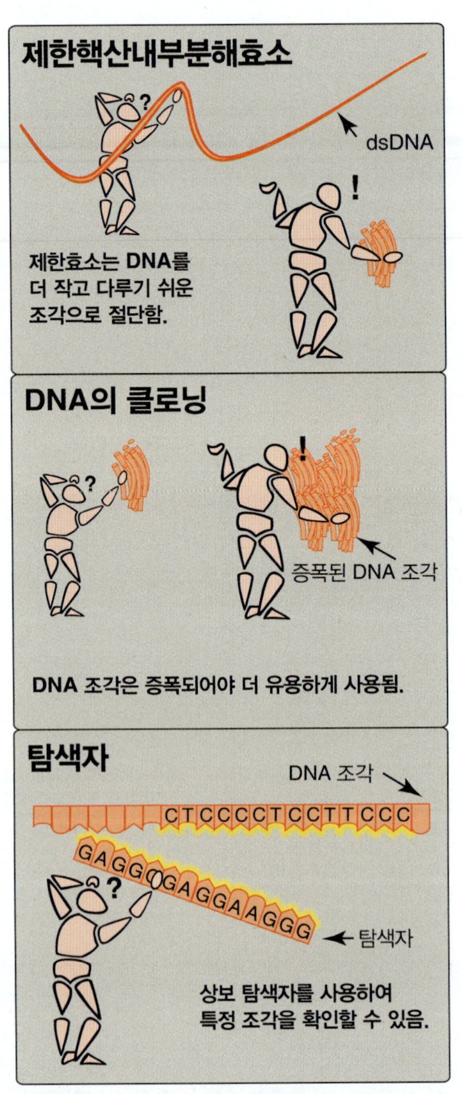

그림 34.1
사람의 DNA를 쉽게 분석할 수 있는 3가지 기술. dsDNA = 이중가닥 DNA.

I. 개관

과거에 유전자와 그 발현을 이해하려는 노력은 사람 DNA의 거대한 크기와 복잡성 때문에 어려움을 겪어왔다. 사람의 유전체는 약 30억(3×10^9)개의 염기쌍(bp)을 함유하며, 이 염기쌍들은 홑배수체(haploid) 유전체로 23쌍의 염색체에 존재하는 20,000~25,000개의 단백질 부호를 함유한 유전자를 부호화한다. 지금은 긴 길이의 DNA 뉴클레오타이드 서열을 결정하는 것이 가능해져서 전체 사람 유전체의 서열이 밝혀졌다. 2003년에 완성된 인간유전체사업(Human Genome Project)과 같은 이러한 작업은 많은 유전병을 이해하기 위해 이미 사용하고 있는 다양한 기술에 의해 가능해졌다(그림 34.1). 여기에 포함되는 것은 (1) 제한핵산내부분해효소로, 이것으로 거대한 크기의 DNA 분자를 작은 조각으로 절단할 수 있다. (2) 유전자 클로닝 기술은 관심있는 뉴클레오타이드 서열을 증폭하는 기전을 제공할 수 있다. (3) 특정 탐색자(probe)를 합성하는 능력은 관심 있는 뉴클레오타이드 서열을 확인하고 조작할 수 있다. 이러한 여러 가지 실험방법으로 DNA의 정상 또는 돌연변이 뉴클레오타이드 서열의 확인이 가능하게 되었다. 이러한 지식에 의해 유전병의 진단법을 개발하였고, 환자의 치료에서 유전자 치료법으로 일부 성공을 거두었다. [참고: 여러 종류의 바이러스, 원핵생물, 사람을 제외한 진핵생물들의 유전체도 또한 서열이 밝혀졌다.]

II. 제한핵산내부분해효소(Restriction Endonuclease, 제한효소; Restriction Enzyme)

유전체 DNA의 분자 수준의 분석에서 주요 장애 중의 하나는 대상 분자의 거대한 크기이다. 제한핵산내부분해효소(제한효소)라는 특별한 세균 효소군의 발견으로 DNA 분석의 길이 열렸는데, 이 효소는 이중가닥형의 DNA(dsDNA)를 조작이 가능한 더 작은 조각으로 절단한다. 각각의 효소가 특정 뉴클레오타이드 서열에서 DNA를 절단하기 때문에 제한효소를 실험에 사용하여 제한효소처리 조각이라는 정교하게 지정 DNA 분절을 얻을 수 있다.

A. 특이성

제한효소는 4개에서 8개의 짧은 염기서열로 이루어진 특정 제한부위를 인식한다. 각 제한효소마다 다른 이 서열은 회문(palindrome) 구조, 즉 이중의 회전대칭을 보여준다(그림 34.2). 이는 제한부위에 해당하는 이중가닥 구역에서 두 가닥의 뉴클레오타이드 서열을 각각 5′→3′ 방향으로 읽으면 서로 동일하다는 것을 의미한다. 그러므로 거꾸로 보아도, 즉 대칭축을 중심으로 180도 회전시켜도 그 서열은 동일하다.

> 세균에서 제한효소는 비세균(외래의) DNA의 절단을 통해 그 발현을 제한한다. 세균 DNA는 제한효소 자리에 위치한 아데닌 염기가 메틸화에 되어 제한효소에 의해 인식되고 절단되는 것을 방지한다.

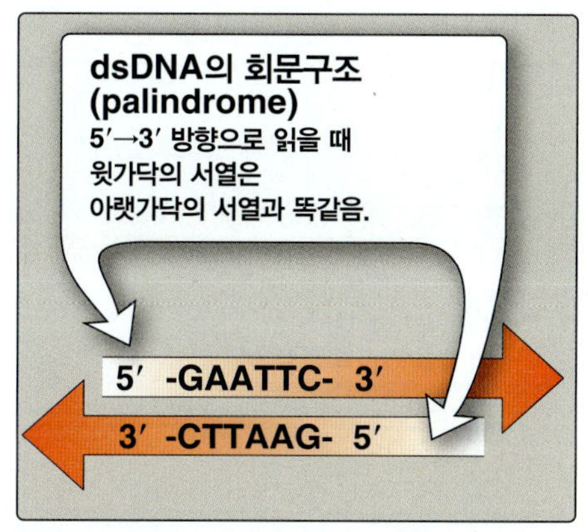

그림 34.2
제한핵산내부분해효소 EcoRI의 인식서열이 이중 회전대칭이라는것을 보여준다. dsDNA = 이중가닥 DNA; A = 아데닌; C = 사이토신; G = 구아닌, T = 타이민.

B. 명칭(nomenclature)

제한효소의 이름은 그것이 분리된 개체명에 따라 명명된다. 이름의 첫 번째 글자는 세균의 속명(genus)에서 나온 것이다. 그 다음의 두 글자는 종명(species)에서 유래한다. 형태나 균주에 따라 추가로 글자가 부여되고, 그 특정 개체에서 효소가 발견된 순서에 따라 마지막에 로마숫자를 붙인다. 예를 들면 HaeIII는 세균 *Haemophilus aegyptius*에서 세 번째로 분리한 제한 효소이다.

C. 끈끈한 끝(sticky end)과 뭉툭한 끝(blunt end)

제한효소가 DNA를 절단하면 한쪽 끝은 3′-수산기를, 다른 한쪽은 5′-인산기를 형성한다. TaqI과 같은 일부 제한효소는 끈끈한 끝 또는 점착성 끝을 가진 서로 엇갈린 단면을 만든다(즉 절단된 DNA 조각은 서로에 대해 상보적인 홑가닥의 서열을 가진다.)(그림 34.3). HaeIII와 같은 일부 제한효소는 이중가닥의 뭉툭한 끝을 가지는 조각을 생성하므로 이들은 서로 수소결합을 이루지 못한다. DNA 연결효소(DNA ligase, 487쪽 참조)를 사용하면 대상이 되는 DNA 조각의 끈끈한 끝은 동일한 제한효소에 의해 절단되어 생성된 끈끈한 끝을 갖고 있는 다른 DNA 조각과 공유결합으로 연결될 수 있다(그림 34.4). [참고: 박테리오페이지 T4(bacteriophage T4)에 부호화되어 있는 다른 연결효소는 뭉툭한 끝을 가진 조각끼리도 서로 공유결합으로 연결할 수 있다.]

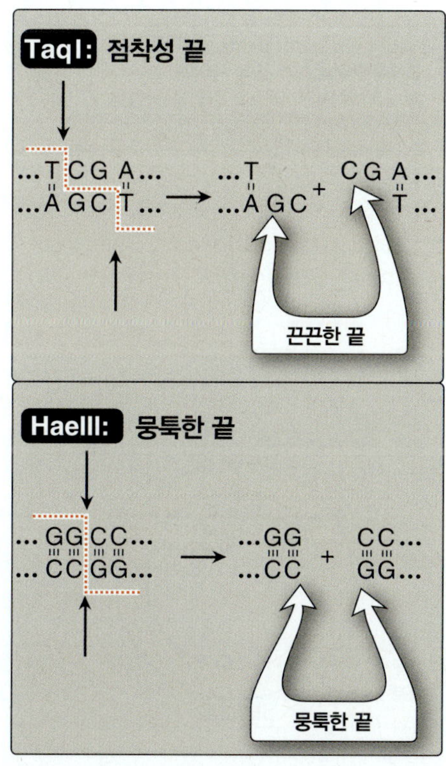

그림 34.3
TaqI과 HaeIII 제한핵산내부분해효소의 특이성. A = 아데닌; C = 사이토신; G = 구아닌, T = 타이민.

D. 제한효소조각

제한효소는 인식하는 서열의 크기에 따라 다른 크기의 조각(제한효소조각)으로 dsDNA를 절단한다. 예를 들면 특이적인 4 bp를 인식하는 효소는 DNA 분자를 많은 조각(4^4 bp마다 1개)으로 만든다. 이와 반대로 특이적 6 bp를 인식하는 효소는 적은 수의 조각(4^6 bp마다 1개)을 만들기 때문에 더 긴 조각이 생성된다. (뉴클레오타이드 서열과 인식 자리의 길이가 모두

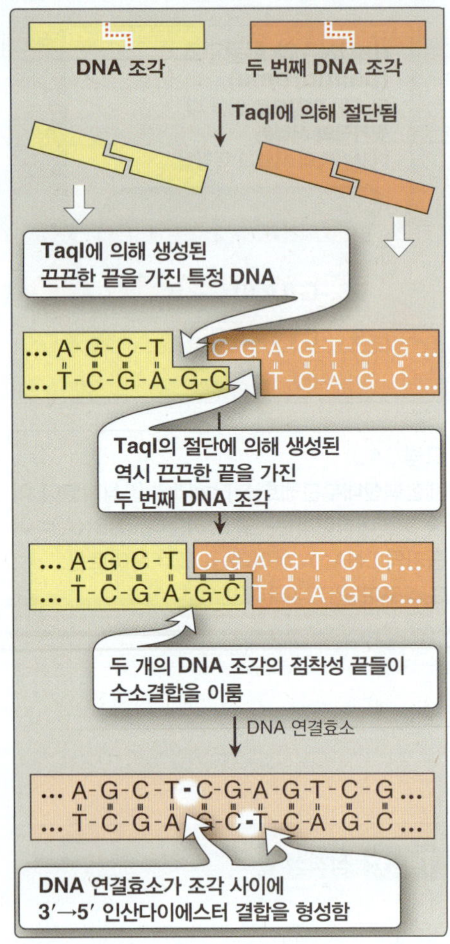

그림 34.4
끈끈한 끝을 가진 제한효소 조각을 이용한 재조합 DNA의 제작. A = 아데닌; C = 사이토신; G = 구아닌, T = 타이민.

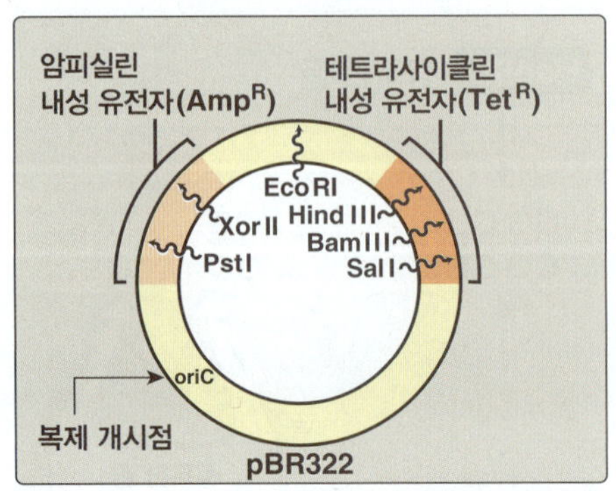

그림 34.5
항생제 내성 유전자의 위치와 특정 제한핵산내부분해효소에 의해 인식되는 40개 이상의 특정 자리 중에서 6개를 보여주는 플라스미드 pBR322의 부분적인 지도. p = 플라스미드.

다양한) 각각 다른 절단 특이성을 가진 이러한 수백 개의 효소는 분석시약으로서 상업적으로 이용이 가능하다.

III. DNA 클로닝(DNA Cloning)

복제되고 있는 세포속으로 외부의 DNA 분자가 도입되면 DNA의 클로닝이나 증폭(많은 동일 복사물의 생성)이 가능하게 된다. 몇몇의 경우에 단일 DNA 조각을 클로닝에 앞서 확인하고 분리할 수 있다. 일반적으로 관심이 있는 염기서열을 클로닝하기 위해서는 먼저 전체 세포 DNA를 특정 제한효소로 절단하여 수십만 개의 조각을 만든다. 잘려진 DNA 조각은 각각 DNA 벡터분자(클로닝 벡터)에 결합되어 혼성 분자 또는 재조합 DNA 분자가 형성된다. 각각의 재조합 DNA 분자는 단일 숙주세포(예: 세균)로 옮겨져 복제된다. [참고: 세포속으로 외부 DNA를 도입하는 과정을 세균과 효모에서는 형질전환(transformation), 고등 진핵생물에서는 형질주입(transfection)이라고 부른다.] 숙주세포가 증식함에 따라 각각의 세균은 같은 삽입 DNA 조각의 복제물을 가진 클론을 생성한다. 재조합 분자는 숙주세포의 세포막을 파괴하여 유리될 수 있다. 클로닝된 DNA는 적절한 제한효소를 사용하여 벡터로부터 절단되고 이후 추출기술을 활용하여 분리될 수 있다. 이 기전에 의해 대상이 되는 DNA의 많은 동일 복사물이 생성될 수 있다. 생물학적 클로닝에 의한 증폭에 대한 대체 방법인 중합효소사슬반응(polymerase chain reaction, PCR)은 VII에 기술하였다. 의학에서는 산전진단이나 유전질환을 감별하기 위해 유전자분석을 할 때 PCR이 선호되는 유전자 증폭방법이다. 클로닝이나 PCR에 활용된 사람의 DNA는 혈액, 침, 조직 등에서 얻을 수 있다.

A. 벡터(vector)

벡터는 클로닝한 DNA의 조각이 결합하는 DNA 분자이다. 벡터의 기본적인 특성은 다음과 같다: (1) 숙주세포 속에서 자율적으로 복제할 수 있는 능력, (2) 제한효소에 의해 인식되는 한 개 이상의 특정 뉴클레오타이드 서열, (3) 항생제 내성 유전자와 같은 벡터를 선별하는 능력을 부여하는 최소한 한 개 이상의 유전자이다. 흔히 사용되는 벡터에는 플라스미드와 바이러스가 있다. 바이러스를 벡터로 활용하는 경우 DNA를 세포속으로 삽입하는 과정은 형질도입(transduction)이라 부른다.

1. **원핵생물 플라스미드:** 원핵생물은 전형적으로 1개의 큰 원형 염색체를 갖고 있다. 또한 대부분의 세균 종도 정상적으로 플라스미드라는 작은 원형의 염색체외 DNA 분자를 갖고 있다(그림 34.5). 플라스미드 DNA는 염색체 분열과 동시에 또는 분열과 상관없이 복제를 한다. 플라스미드는 숙주 세균에게 항생제 내성을 부여하는 유전자를 함유할 수 있고, 한 세균에서 다른 세균으로 유전정보를 전달하는 것을 쉽게 만들 수 있다. 플라스미드는 세균 세포로부터 쉽게 분리되고, 이 원형의 DNA는 제한효소에 의해 특정 자리가 절단되어 15 kb까지의 외부 DNA(같은 제한효소로 절단)를 삽입할 수 있다. 재조합 DNA 분자가 세균 안으로 도입되면 세균은 생존, 증식하여 수많은 플라스미드 복사물을 만

들 수 있다. 만약 플라스미드가 항생제 내성을 제공하면 세균이 항생제의 존재하에서 자라기 때문에 항생제 내성을 갖는 혼성 플라스미드를 내포한 세포를 선택할 수 있다(그림 34.6). 인공 플라스미드는 일상적으로 만들어진다. 예로서 pRB322(그림 34.5)는 복제 개시점, 2개의 항생제 내성 유전자, 40개 이상의 제한효소 자리를 갖고 있다. 플라스미드를 클로닝에 사용할 때는 삽입할 DNA의 크기에 제한을 받는다.

2. **다른 벡터:** 큰 DNA 분절을 더 효율적으로 삽입하거나 다른 종류의 세포에서 삽입된 유전자를 더 효율적으로 발현하는 개량 벡터의 개발은 분자유전학 연구와 치료제 개발을 뒷받침한다. 위에서 언급한 원핵생

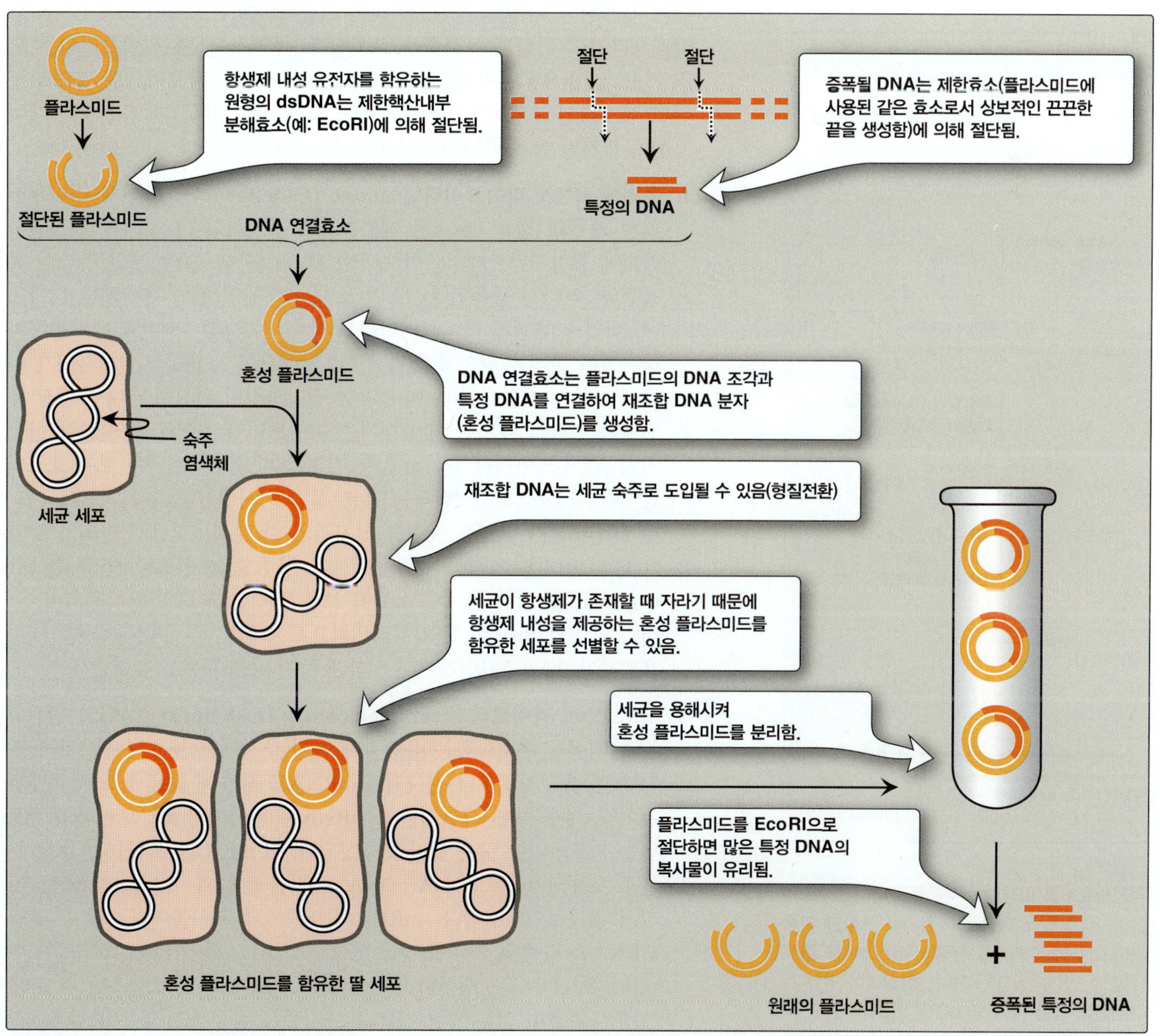

그림 34.6
유전자 클로닝의 요약. [참고: 형질전환은 일부의 세포만 재조합 플라스미드를 획득하기 때문에 비효율적임.] dsDNA = 이중가닥 DNA.

물 플라스미드외에 세균(예: 박테리오페이지 λ)이나 포유류 세포(예: 레트로바이러스)를 감염시키는 자연계에 존재하는 바이러스, 코스미드(cosmid)와 세균이나 효모의 인공염색체(각각 BAC와 YAC)와 같은 인공 구조체 등이 현재 사용하는 클로닝 벡터이다. [참고: BAC와 YAC은 각각 100~300 kb와 250~1,000 kb 길이의 DNA 조각을 삽입할 수 있다.]

B. DNA 라이브러리(DNA library)

DNA 라이브러리는 한 생명체에서 DNA의 제한효소 처리 조각을 클로닝한 모음을 의미한다. 유전체 라이브러리와 cDNA 라이브러리 2가지가 흔하게 사용된다. 유전체 라이브러리는 이상적으로 유전체의 모든 DNA 뉴클레오타이드 서열의 복사물을 포함한다. 반면, cDNA 라이브러리는 오직 가공된 mRNA 분자에만 나타나는 DNA 서열을 함유하므로 세포의 종류와 환경적인 조건에 따라 달라진다. cDNA는 인트론과 유전자의 제어 부위가 없지만 유전체 라이브러리에는 이들이 존재한다.

1. **유전체 DNA 라이브러리(genomic DNA library)**: 유전체 라이브러리는 개체의 전체 DNA를 제한효소로 절단하고 그 조각들을 적절한 벡터에 결합시켜 만든다. 이 재조합 DNA 분자는 숙주 세균 안에서 복제된다. 따라서 증폭된 DNA의 조각은 개체의 전체 유전체를 나타내며, 이것을 유전체 라이브러리라고 한다. 사용되는 제한효소의 종류와 상관없이 관심 대상인 유전자에 한 개 이상의 제한효소 인식자리가 있으면 가능성이 높아진다. 이 경우에 절단과정이 완전히 끝나면 대상 유전자가 조각이 나므로 이 유전자는 라이브러리의 어느 한 클론에 들어가지 않는다. 이러한 원하지 않는 결과를 피하기 위해서는 보통 효소의 양이나 작용시간을 제한하는 부분 절단을 시행한다. 결과적으로 어느 한 DNA 분자에 있는 제한효소 자리의 한 분획에서만 절단되므로 약 20 kb의 염기쌍 조각들이 만들어진다. 아주 높은 빈도로 잘라내는 (즉 4 bp 서열을 인식하는) 효소들이 보통 이러한 목적으로 사용되며, 그 결과 유전자 조각을 거의 무작위적으로 수집할 수 있다. 이것은 대상 유전자가 어느 조각인가에 온전하게 들어 있을 확률을 높여준다.

2. **상보 DNA 라이브러리(complementary DNA library)**: 만약 관심있는 단백질을 부호화하는 유전자가 특정 조직에서 높은 수준으로 발현되면 이 유전자로부터 전사되는 mRNA도 세포에 높은 농도로 존재할 것이다. 예를 들면 그물적혈구 mRNA는 혈색소의 α-글로빈과 β-글로빈을 부호화하는 많은 분자로 구성된다. 이 mRNA는 역전사효소의 본틀로 사용되어 상보 DNA(cDNA) 분자를 만들 수 있다(그림 34.7). 따라서 결과물인 cDNA는 mRNA의 이중가닥 복사물이다. [참고: 본틀 mRNA는 다중-A 꼬리를 갖고 있으므로 tRNA와 rRNA로부터 분리할 수 있다.] cDNA는 생물학적 클로닝 또는 PCR에 의해 증폭될 수 있다. 그것은 관련이 없는 많은 DNA 조각들을 함유하고 있는 혼합물에서 원래의 mRNA(또는 유전자의 조각)를 부호화하고 있는 유전자의 위치를 찾아내는 탐색자로 사용된다. 만약 본틀로 사용된 mRNA가 다른

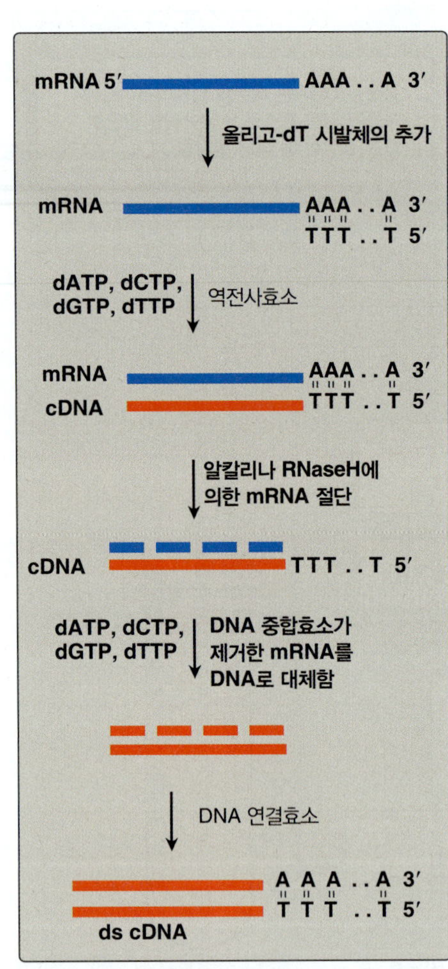

그림 34.7
역전사효소를 이용한 mRNA로부터의 cDNA의 합성. 각 말단에 제한효소 위치를 포함한 이중가닥 DNA(ds DNA)를 연결하면 cDNA를 클로닝할 수 있다. [참고: DNA는 알칼리에 의한 가수분해에 강함.] dATP, dCTP, dGTP, dTTP = 삼인산 데옥시아데노신, 삼인산 데옥시사이토신, 삼인산 데옥시구아노신, 삼인산 데옥시타이민.

크기의 많은 종류의 혼합물이었다면, 생성된 cDNA는 이질적으로 된다. 이러한 혼합물은 클로닝되어 cDNA 라이브러리를 만들 수 있다. cDNA에는 인트론이 없기 때문에 이것을 발현 벡터 안에 클로닝하면 세균을 이용하여 진핵생물 단백질을 합성할 수 있다(그림 34.8). 이 특별한 플라스미드는 cDNA의 전사에 필요한 세균의 촉진자와 세균 리보소체가 mRNA 분자의 번역을 개시하기 위해 인식하는 샤인-달가노(SD) 서열(522쪽 참조)을 함유한다. 이 cDNA는 촉진자의 하류와 세균(예: *lacZ*, 536쪽 참조)에서 발현된 단백질에 대한 유전자 내에 삽입된다. 이렇게 생성된 mRNA는 SD 서열, 세균 단백질에 대한 몇 가지의 코돈, 진핵생물 단백질에 대한 모든 코돈을 함유한다. 이것에 의해 더 효율적으로 발현할 수 있어 융합 단백질을 생성할 수 있다. [참고: 치료용 사람 인슐린은 이 기술을 이용해 세균으로부터 만들어진다. 하지만 대부분의 사람 단백질(예: 혈액응고인자)은 광범위한 번역중변형과 번역후변형이 필요하기 때문에 진핵세포(심지어 포유동물까지도 포함)를 숙주로 사용해야 한다.]

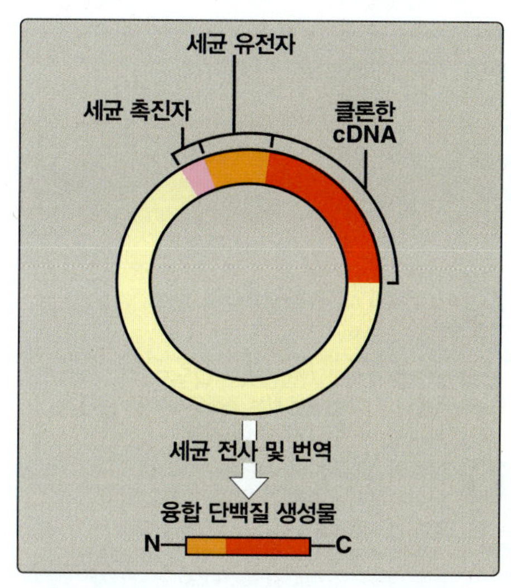

그림 34.8
발현 벡터. 생성물은 세균 단백질 ■의 일부 아미노산과 cDNA 해독 단백질 ■의 모든 아미노산을 포함하는 융합 단백질이다. [참고: 단백질은 N-말단에서 C-말단순서로 표기함.]

C. 클로닝한 DNA 조각의 서열분석(sequencing)

클로닝한 DNA 조각의 염기서열을 알아내는 방법이 있다. 이 목적으로 시행하던 원래의 과정은 그림 34.9에 있는 생어 다이데옥시뉴클레오타이드 사슬종료법(Sanger dideoxynucleotide chain termination method)이다. 이 방법에서는, 서열분석에 사용될 홑가닥 DNA(ssDNA)가 DNA 중합효소에 의해 DNA를 합성하는 본틀로 사용된다. 표적 DNA의 3′-끝에 상보적인 방사성 시발체가 4종류의 dNTP와 함께 추가된다. 시료를 4개로 나누어 반응 시험관에 옮긴 후 4종류의 삼인산다이데옥시리보뉴클레오사이드(ddNTP) 중 한 종류를 각각 4개의 시험관에 조금씩 첨가한다. ddNTP는 3′-수산기가 없기 때문에 ddNTP가 혼입되면 그 자리에서 연장반응이 종료된다. 따라서 이 반응의 생성물은 다른 길이의 DNA 가닥의 혼합물이며, 각각의 DNA는 특정 염기에서 반응이 종료되어 있다. 폴리아크릴아마이드 젤 전기영동(PAGE)을 이용한 전기장에서 크기에 따라 다양한 DNA 생성물을 분리한 후 자가방사선사진법(autoradiography)을 사용하면 띠 형태로 나타나는데, 이것으로 DNA 염기서열을 읽을 수 있다. 조각이 짧을수록 젤에서 더 멀리 이동하는데, 가장 짧은 조각은 첫 번째로 만들어진 것, 즉 5′-끝을 의미한다. 생어 방법보다 현대적인 접근법에서는 서로 다른 형광 염색제와 결합된 4종류의 ddNTP와 ssDNA가 한 개의 반응 시험관에서 혼합된다. 시료는 모세관 전기영동으로 분리되고 각각의 형광 라벨이 검출되며 염기서열에 대한 색상 판독이 생성된다(그림 34.10). 인간유전체사업은 이러한 방법들에 대한 개량 기술을 사용하여 13년에 걸쳐 인간 유전체의 염기서열분석을 완성하였다(2003년 완성). 염기서열분석 기술의 발전(차세대 또는 고효율 염기서열분석 기술)은 많은 DNA 조각들에 대한 동시(평행)서열분석을 통해 유전체 전체에 대한 신속한 서열 분석은 물론 정확도 증가와 함께 비용 감소를 가능하게 했다. 현재는 단백질은 부호화하는 유전체의 부분인 엑솜(exome)에 대한 선택적 서열 분석도 가능하다.

IV. 탐색자(Probe)

제한효소로 긴 DNA 분자를 절단하면 매우 많은 조각들이 만들어진다. 어떻게 관심있는 DNA 서열을 조각들의 혼합물에서 골라낼 수 있을까? 그 대답은 탐색자를 사용하는 것으로, 짧은 ssDNA 또는 RNA 조각인 탐색자는 ^{32}P와 같은 방사성동위원소로 표지되거나 바이오틴(biotin)이나 형광염색제와 같은 비방사성 분자에 의해 표지된 짧은 홑가닥 DNA 조각이다. 탐색자의 서열은 표적 DNA라고 불리는 특정 DNA의 서열에 대하여 상보적이다. 탐색자는 선별검사(screening)라는 과정을 통해 표적 DNA를 포함하는 라이브러리의 클론이나 젤의 띠를 확인할 때 사용된다.

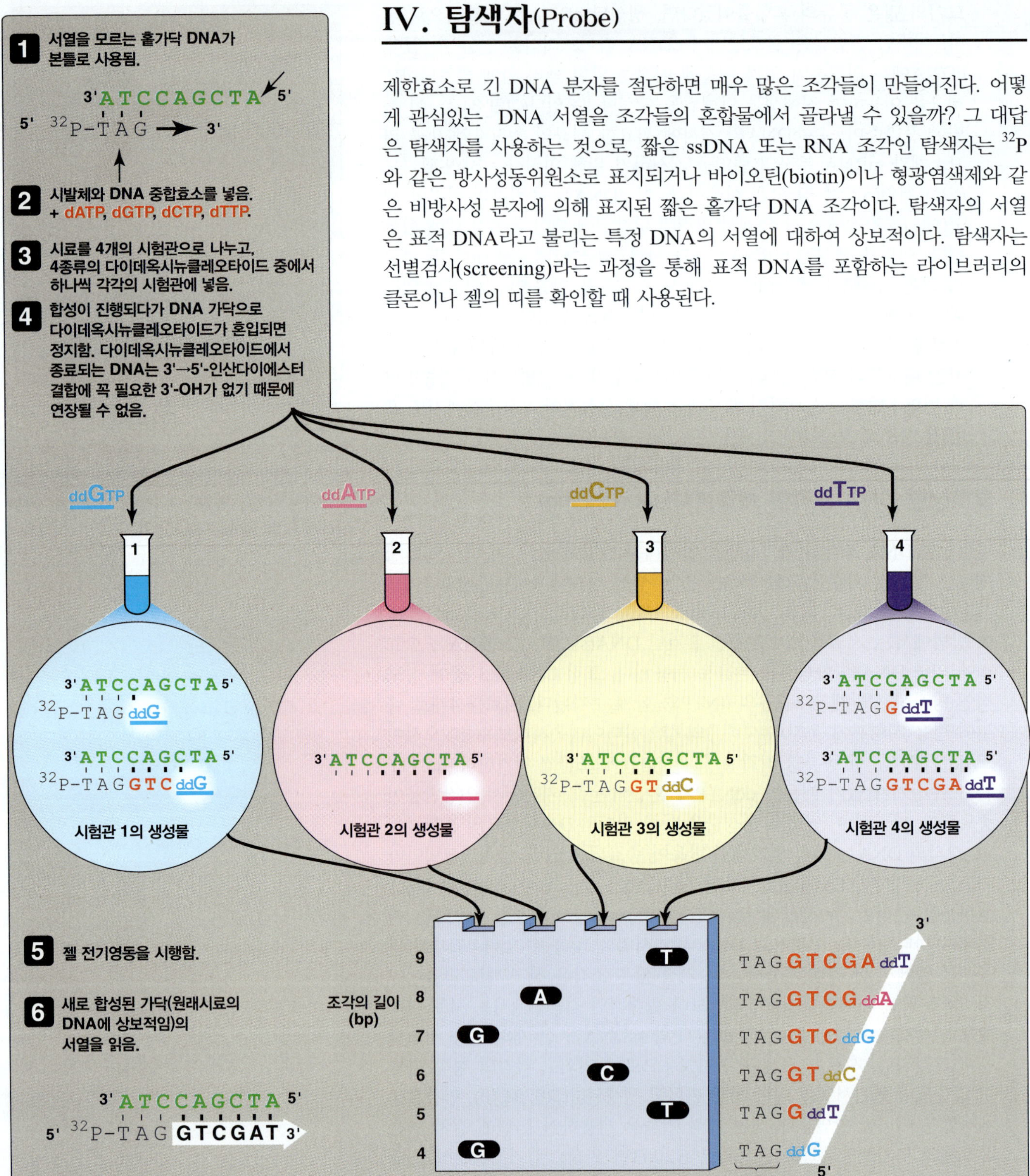

그림 34.9
생어 다이데옥시 뉴클레오타이드 방법(Sanger dideoxy nucleotide method)에 의한 DNA 서열분석. [참고: 원래 방법은 방사선표지 시발체를 사용하였다. 현재는 형광염색 표지 ddNTP가 주로 사용된다.] A = 아데닌; C = 사이토신; G = 구아닌; T = 타이민; d = 데옥시; dd = 다이데옥시.

A. DNA 조각과 부합화(hybridization)

탐색자의 유용성은 상보적인 서열을 가진 탐색자가 표적 DNA의 홑가닥 서열과 결합하는 부합화(또는 열풀림) 현상에 달려 있다. 이중가닥 DNA를 알칼리법으로 변성시켜 분리된 홑가닥 DNA를 먼저 나이트로셀룰로스 막과 같은 고형 지지물에 부착시킨다. 이렇게 고착된 DNA 가닥은 서로 열풀림이 일어나지 않지만 외인성 방사선 표지 ssDNA 탐색자와 부합화가 일어날 수 있다. 부합화의 정도는 막에 남아 있는 방사능의 양에 따라 측정된다. 부합화되지 않고 남아 있는 과잉의 탐색자 분자는 막 세척을 통해 제거된다.

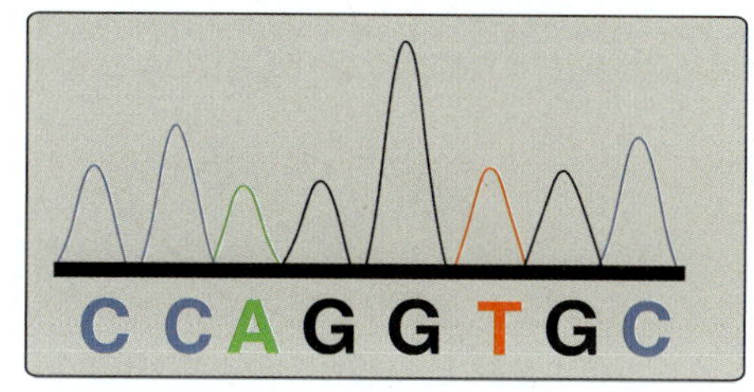

그림 34.10
DNA 서열의 색상 판독.

B. 합성 올리고뉴클레오타이드 탐색자

만약 표적 DNA의 전부 또는 일부의 서열을 알고 있다면, 관심이 있는 유전자의 작은 부위에 상보적인 짧은 홑가닥 올리고뉴클레오타이드 탐색자를 합성할 수 있다. 만약 유전자의 서열을 모르면, 최종적인 유전자 생성물인 단백질의 아미노산 서열을 길잡이로 유전부호를 사용하는 핵산 탐색자를 제작할 때 사용할 수 있다. 유전부호의 여유성(degeneracy) 때문에 (516쪽 참조) 여러 개의 올리고뉴클레오타이드를 합성하는 것이 필요하다. 반면에 수천 개의 염기를 가지는 cDNA 탐색자는 단일염기에 변화가 있는 표적 DNA와 결합할 때 영향을 받지 않는다.

1. **β^S-글로빈 돌연변이의 검출:** 올리고뉴클레오타이드는 상보적인 서열에서 1개의 염기변화를 검출할 수 있다. 맞섬유전자 특이 올리고뉴클레오타이드(allele-specific oligonucleotide, ASO) 합성 탐색자는 β-글로빈 유전자의 낫적혈구 돌연변이의 존재를 검출할 때 사용될 수 있다(그림 34.11). 백혈구에서 분리하여 증폭된 DNA를 변성시켜 막에 부착시킨다. 방사선 표지를 한 올리고뉴클레오타이드 탐색자를 막에 부착시킨다. 이 탐색자는 β^S유전자를 가진 환자에서 6번 위치에 있는 점돌연변이(GAG→GTG, 글루탐산→발린)에 상보적인 서열을 갖고 있다. 이종접합 보인자(낫적혈구 소질)나 동종접합 환자(낫적혈구병)로부터 분리한 DNA는 탐색자에 상보적인 서열을 갖고 있다. 따라서 이중가닥 혼성체는 전기영동으로 검출될 수 있는 형태이다. 반면에 정상인으로부터 얻은 DNA는 6번 위치에서 상보적이지 않아서 서로 부합화가 일어나지 않는다(그림 34.11 참조), 한 쌍의 ASO 탐색자(하나는 정상의 맞섬유전자에 특이적이고 다른 하나는 돌연변이 맞섬유전자에 특이적임)를 사용하면 동종접합 정상인, 이종접합 보인자, 동종접합 돌연변이의 가능한 3가지 유전형을 구별할 수 있다(그림 34.12). [참고: ASO 탐색자는 돌연변이와 그 위치가 알려졌을 때에만 유용하다.]

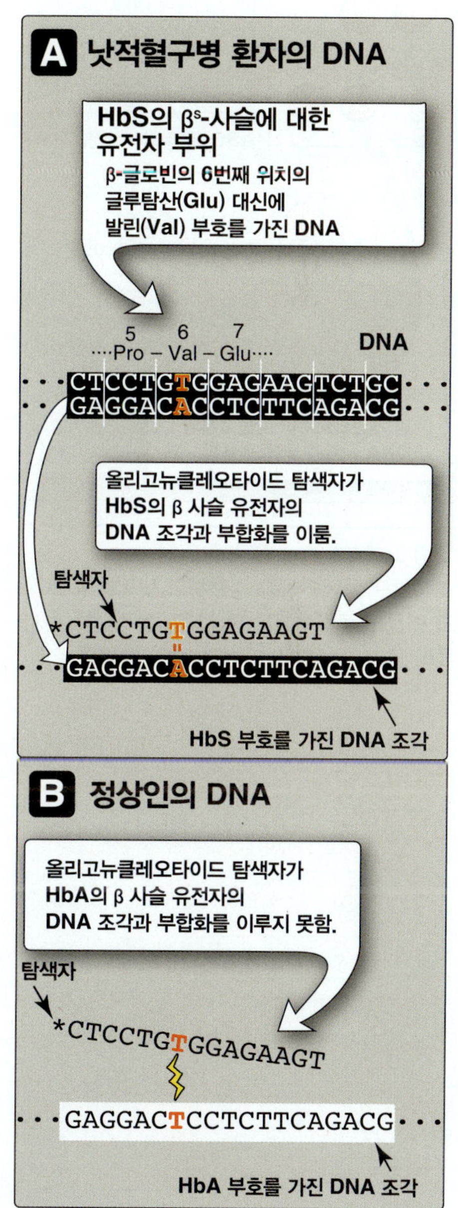

그림 34.11
HbS 맞섬유전자를 검출하기 위한 맞섬유전자 특이 올리고뉴클레오타이드 탐색자. [참고: *는 ^{32}P 방사선표지를 나타냄.]

C. 바이오틴화 탐색자(biotinylated probe)

방사능 폐기물의 처리 비용이 점점 증가함에 따라 비방사성 탐색자가 개발되고 있다. 그 중 가장 성공적인 것 중의 하나는 비타민 바이오틴(biotin, 445쪽 참조)에 기반을 둔 것인데, 바이오틴은 탐색자의 합성에 사용되는

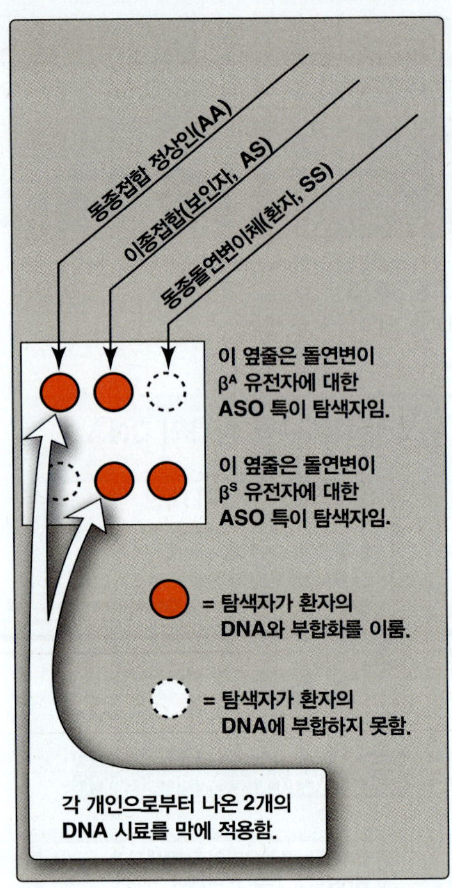

그림 34.12
낫적혈구 돌연변이를 검출하고 낫적혈구 소질과 병을 분류하기 위하여 사용하는 맞섬유전자 특이 올리고뉴클레오타이드(ASO) 탐색자.

뉴클레오타이드에 화학적으로 연결할 수 있다. 바이오틴은 아비딘(avidin)과 매우 강력하게 결합하기 때문에 선택되었는데, 아비딘은 주로 달걀 흰자에 존재하며 쉽게 얻을 수 있다. 아비딘은 광학적으로 아주 민감하게 검출할 수 있는 형광 색소에 부착될 수 있다. 따라서 바이오틴화 탐색자와 부합화하는 DNA 조각(예를 들어 젤 전기영동에서 나타나는)은 색소와 결합한 아비딘이 들어 있는 용액에 젤을 담그면 가시적으로 관찰할 수 있다. 과잉의 아비딘을 세척한 후에 탐색자에 결합한 DNA 조각은 형광을 띤다. [참고: 표지된 탐색자는 세포나 조직표본의 DNA 또는 RNA 서열을 검출하고 위치를 알아낼 수 있도록 한다. 이 과정을 제자리 부합화(*in situ* hybridization, ISH)라고 한다. 탐색자가 형광[F]으로 표지되었을 때 이 기술을 형광 제자리 부합화(FISH)라고 한다.]

D. 항체(antibody)

아미노산 서열에 대한 정보가 없어 관심이 있는 DNA의 직접적인 검출에 필요한 탐색자의 합성에 도움을 받을 수 없는 경우에는 발현 벡터에 들어 있는 클로닝한 cDNA의 전사와 번역을 시행하여 원하는 유전자를 간접적으로 확인할 수 있다. 표지된 항체를 이용하여 관심있는 cDNA로부터 합성된 단백질을 발현하는 세균 군락을 동정할 수 있다.

V. 서던 블로팅(Southern Blotting)

서던 블로팅은 제한효소, 전기영동, DNA 탐색자 등을 복합적으로 사용하여 DNA 절편을 만들고 분리하고 검출할 수 있는 기술이다.

A. 실험과정

이 방법은 발명자(Edward Southern)의 이름에서 명명되었으며, 그 단계는 다음과 같다(그림 34.13). 첫째, 세포(예: 환자의 백혈구)로부터 DNA를 추출한다. 둘째, 제한효소를 사용하여 DNA를 많은 조각으로 절단한다. 셋째, 잘려진 조각들(모든 조각은 음전하를 띰)을 전기영동으로 크기에 따라 분리한다. [참고: 큰 조각은 더 작은 조각보다 느리게 움직인다. 따라서 보통 조각의 길이는 염기쌍 수이므로 이미 크기를 알고 있는 표준조각의 띠와 비교하여 그 염기쌍 수를 계산할 수 있다.] 분석을 위해 젤 내의 DNA 조각을 변성시켜 나이트로셀룰로스 막으로 옮긴다(블로팅). 원래의 DNA가 전체 유전체를 나타낸다면 효소에 의해 분해된 조각의 수는 백만 개 이상이다. 대상이 되는 유전자는 이 중에서 단 하나의 조각(또는 만약 유전자 자체가 조각났다면 몇 개)에 있다. 모든 DNA 조각을 비특이적인 방법으로 관찰한다면 띠들이 서로 겹치게 되어 전혀 분리되지 않은 덩어리로 나타날 것이다. 이런 현상을 피하기 위한 서던 블로팅의 마지막 과정으로 대상이 되는 유전자를 확인하기 위한 탐색자가 사용된다. 서던 블로팅 분석에서 관찰되는 형태는 특정 제한효소와 절단된 조각을 검출하기 위해 사용되는 탐색자에 의해 결정된다. [참고: 서던 블롯의 변형된 형태

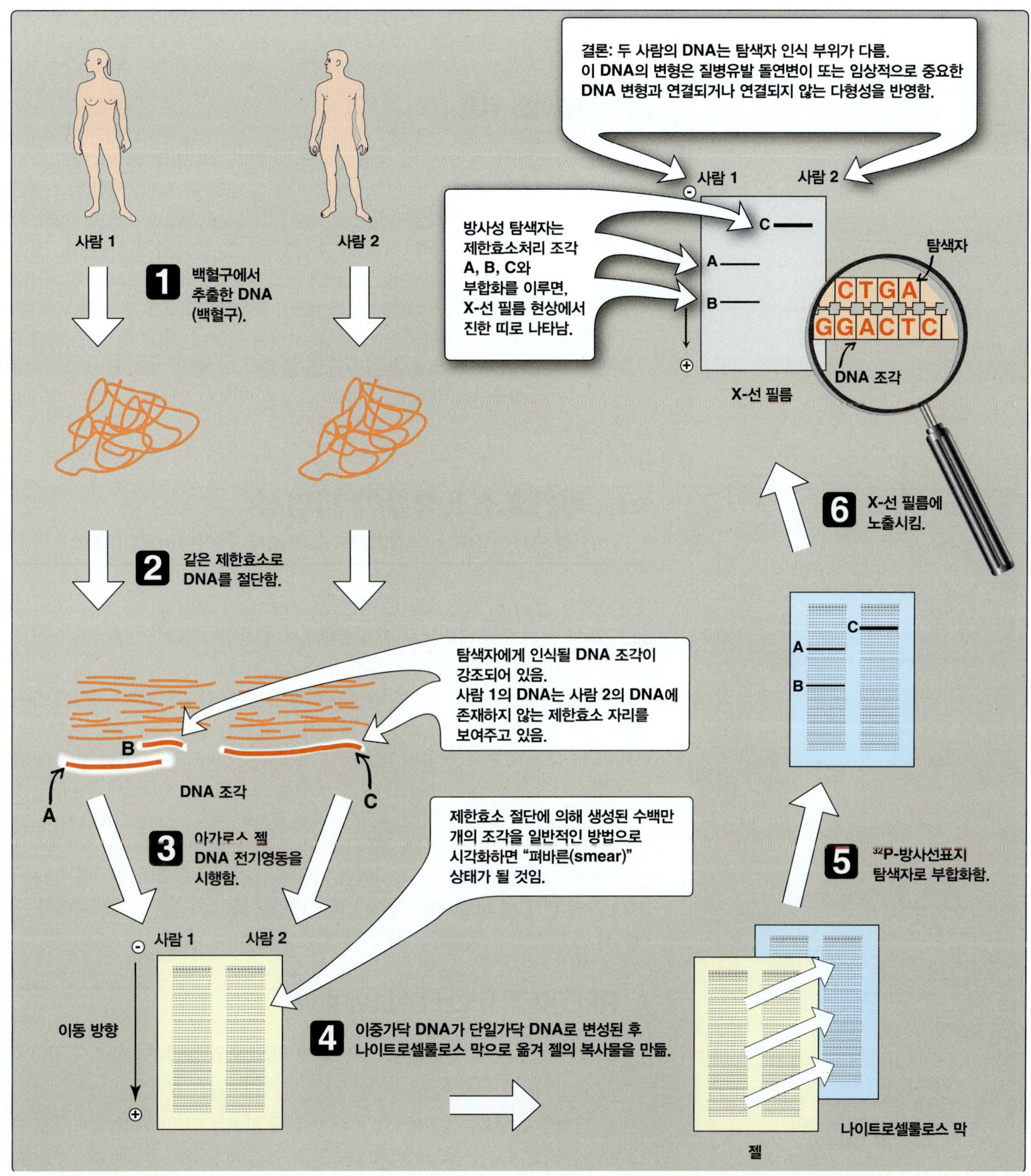

그림 34.13
서던 블로팅의 과정. [참고: 지금은 방사선을 표지하지 않는 탐색자를 흔히 사용한다.]

로서 RNA의 검출을 위해서는 노던 블롯(Northern blot, 571쪽 참조)과 단백질 검출을 위한 웨스턴 블롯(Western blot, 572쪽 참조)이 있다.]

B. 돌연변이의 검출

서던 블롯은 뉴클레오타이드의 삽입 또는 결실, 트라이뉴클레오타이드 반복 확장, 재배열과 같은 DNA 돌연변이를 검출할 수 있다. 제한효소 절단자리가 새로 생기거나 없어지는 점 돌연변이(뉴클레오타이드 한 개가 다른 것으로 대체됨, 516쪽 참조)도 검출할 수 있다. 이런 돌연변이는 정상 유전자에서 보이는 것과 다른 형태의 띠를 보여준다. 제한효소 자리가 없어지면 더 긴 조각이 생긴다. 예를 들면 그림 34.13에서 두 번째 사람은 첫 번째 사람에게 존재하는 제한효소 자리를 갖고 있지 않다. 다른 경우로서 점 돌연변이는 새로운 절단자리를 만들어 더 짧은 조각이 생길 수 있다. [참고: 대부분의 제한효소 자리의 서열 차이는 DNA의 해가 없는 변이이다.]

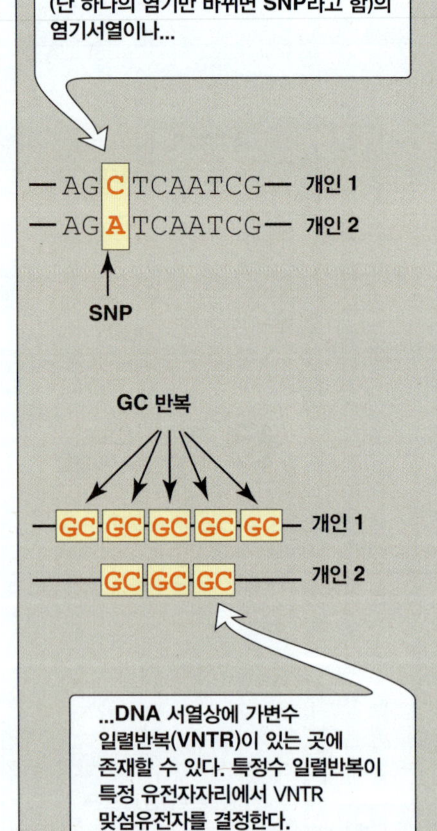

그림 34.14
유전자 다형성의 일반적인 양상. SNP = 모노뉴클레오타이드 다형성; A = 아데닌; C = 사이토신; G = 구아닌; T = 타이민.

VI. 제한효소조각길이 다형성 (Restriction Fragment Length Polymorphism)

혈연관계가 없는 두 사람 사이의 유전체는 99.5%가 동일한 것으로 추정된다. 60조 개의 염기의 두배수체 사람유전체에서 약 3천만 염기의 변이가 나타난다. 이 유전체 변이는 다형성(polymorphism)을 초래하는 돌연변이의 결과이다. 다형성은 전통적으로 모집단의 1% 이상에서 주어진 유전자자리(맞섬유전자)에 생긴 서열 변이로 정의한다. 다형성은 표현형에 변화가 없는 유전형의 변화 또는 해가 없는 표현형의 변화이나 발병 가능성이 높아지거나 드물게 발병을 일으킨다. 다형성의 98%는 주로 단백질 부호가 없는 유전체 부위(즉 인트론과 유전자 사이 부위)에 존재한다. 제한효소조각길이 다형성(RFLP)은 제한효소에 의해 절단되는 DNA 조각(제한효소처리 조각)을 관찰할 수 있는 유전자 변이이다. 조각의 길이는 제한효소가 인식하는 자리를 만들거나 없애는 DNA의 변이에 따라 변화된다. RFLP는 발병의 우려가 있는 부모나 태아 조직에서 사람 유전자 결함을 검색할 때 사용할 수 있다.

A. RFLP를 가져오는 DNA의 변이

보통 두 종류의 DNA 변이가 RFLP를 일으킨다: 뉴클레오타이드 서열에서 단일염기 변화와 DNA 서열의 일렬반복이다.

1. **단일염기 변화:** 약 90%의 인간 유전체 변이는 단 한 개의 염기에만 변이가 발생하는 모노뉴클레오타이드 다형성(SNP, “스닙”으로 발음함) 형태이다(그림 34.14). 제한효소 자리에서 뉴클레오타이드 한 개의 치환은 특정 제한효소에 의해 인식되지 않는 자리로 만들 수 있다. 새로운 제한효소 자리도 같은 기전으로 만들어질 수 있다. 같은 원리로 제한효소에 의한 절단에 의해 만들어지는 정상과 다른 크기의 조각을 DNA 부합화에 의해 검출할 수 있다. 두 경우 모두 제한효소 처리에

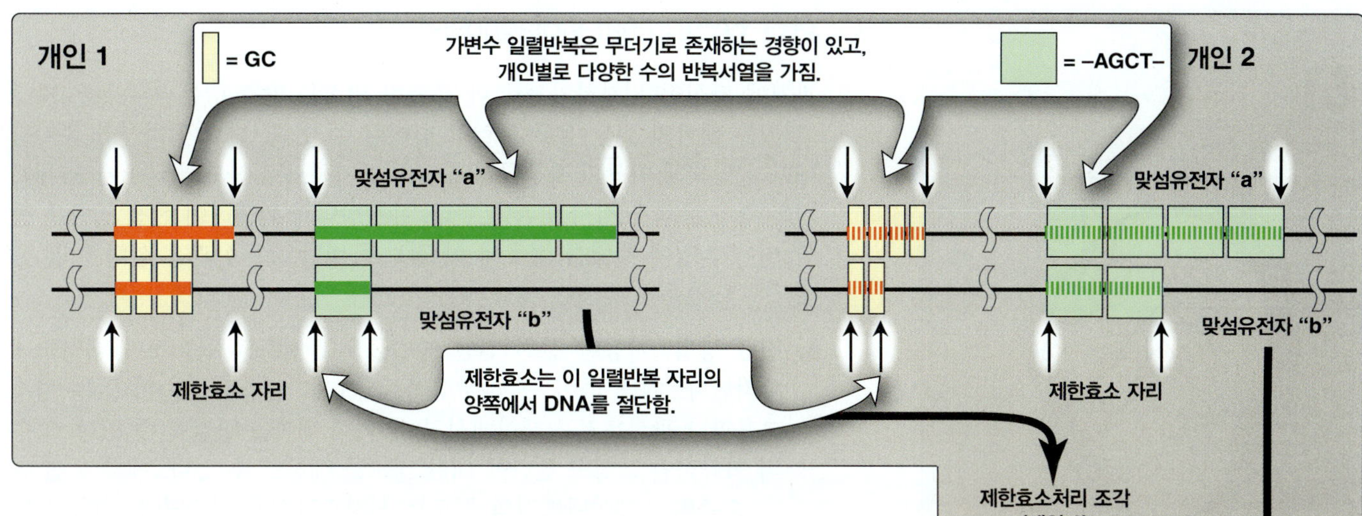

따른 절편의 길이는 정상과 다르기 때문에 DNA 부합화에 의해 검출될 수 있다(그림 34.13 참조) 변형된 제한효소 자리는 드물긴 하지만 질병유발 돌연변이 자리이거나 돌연변이로부터 조금 떨어진 자리일 수 있다. [참고: 국제햅맵프로젝트(IHMP)에서 개발한 햅맵(=사람 유전자 변이지도, HapMap)은 사람 유전체에서 흔한 SNP를 정리한 목록이다. 전체유전체연관성연구(GWAS)에서 이 자료를 사용하여 건강인과 질병에 영향을 주는 맞섬유전자를 확인한다.]

2. **일렬반복(tandem repeat)**: 염색체 DNA의 다형성은 가변수 일렬반복서열(VNTR, 그림 34.14 참조)에 의해서도 생길 수 있다. VNTR은 DNA의 짧은 염기서열이 일렬로(차례로) 반복되어 나타나며 유전체에 산재되어 있다. 반복단위의 수는 개인별로 차이가 있지만 사람마다 독특하기 때문에 분자 "지문(fingerprint)"으로 사용할 수 있다. 제한효소의 절단에 의해 생기는 조각들은 그 조각 내에 얼마나 많은 반복된 단위를 갖고 있는가에 따라서 그 크기가 다양하다(그림 34.15). 일렬 반복서열 수의 변화는 다양성을 초래할 수 있다. 많은 수의 다양한 VNTR 유전자자리가 확인되었고, 이것은 법의학과 친자감별에 유용하게 쓰인다. SNP나 VNTR같은 다형성은 단순한 표지자일 뿐, 대부분의 경우 특정 단백질의 구조, 기능과 생성 속도에는 영향을 주지 않는다.

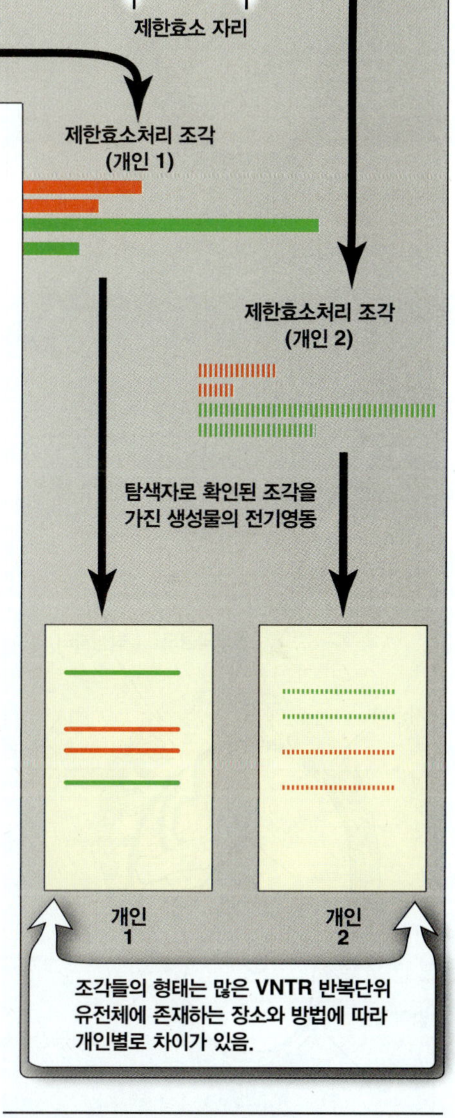

그림 34.15
가변수 일렬반복(VNTR)의 제한효소처리 조각길이 다형성(RFLP). 각 사람에 대하여 한 쌍의 상동염색체를 보여준다.

B. 부모로부터 자손에게 전달된 염색체의 추적

염기의 치환에 의해 개인의 DNA에 새로운 제한효소 자리가 생기면 그 효소에 의해 최소한 한 개의 추가적인 조각이 얻어진다. 이와 반대로 변이에 의해 제한효소 자리가 없어지면 효소의 절단에 의한 조각의 수는 감소한다. 하나의 다형성에 대해 이종접합(heterozygous)인 사람은 한 개의 염색체에 DNA 서열의 변화가 있지만, 상동 염색체의 DNA에는 변화가 없다(예: 어머니한테 받은 염색체에 변이가 있으면 아버지한테 받은 염색체에는 변이가 없으며, 반대의 경우도 마찬가지임). 이러한 사람의 경우에 다형성의 존재 유무에 따라 부모에게서 자녀에게로 어떠한 염색체가 전달되었는지를 추적할 수 있다.

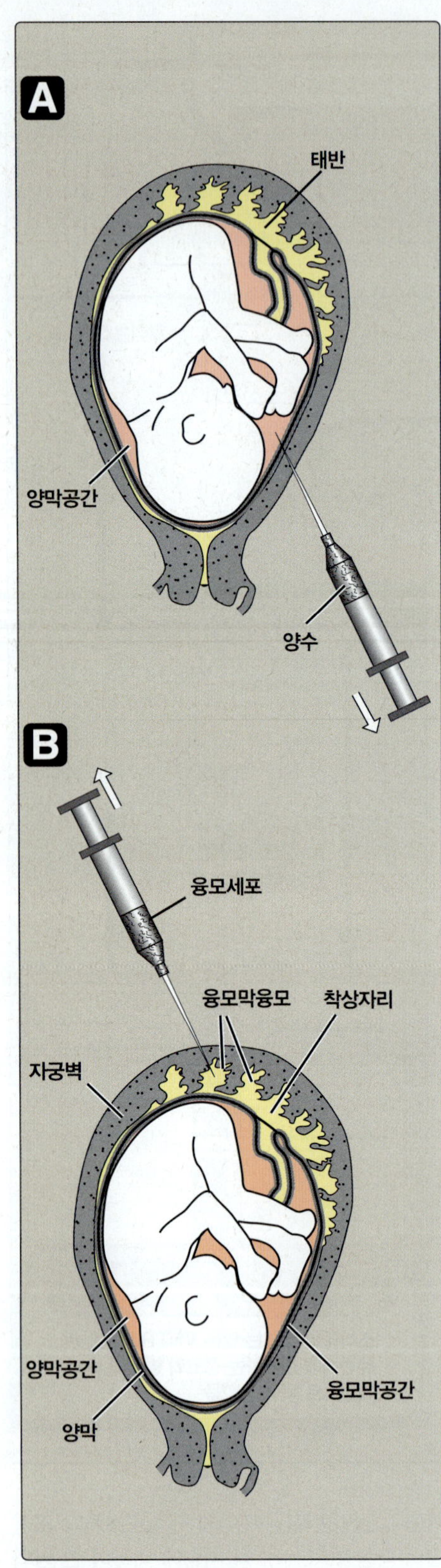

그림 34.16
태아 세포의 시료채취. A: 양수; B: 융모막융모.

C. 산전 진단(prenatal diagnosis)

과거에 자식이나 친척의 심각한 유전병 병력을 알고 있는 가족들은 자라고 있는 태아의 질환 유무를 알고 싶어할 수 있다. 산모의 나이가 증가함에따라 염색체 이상의 발생할 가능성이 증가하므로 산모의 나이가 35세가 넘는 경우 유전자 검사를 흔히 한다. 유전상담과 관련하여 산전 진단은 만약 태아가 병에 걸렸을 경우에 이 정보를 바탕으로 산과적 선택을 할 수 있도록 도와준다.

1. **진단 방법:** 가능한 산전 진단 방법들은 민감도와 특이도가 다양하게 나타난다. 예를 들어 큰 해부학적 결함(예: 신경관결손)이 있는 경우 초음파나 광섬유기구(태아내시경)에 의해 태아를 관찰할 수 있다. 양수의 화학적인 조성도 진단에 대한 정보를 제공할 수 있다. 예를 들면 높은 수준의 α-태아단백질의 농도는 신경관결손과 연관되어 있다. 산모의 혈액에서 분리한 태아의 DNA를 통해서는 다운증후군(trisomy 21) 같은 염색체 이상을 검출할 수 있다. 양수나 융모막의 생검에 의해 얻는 태아세포는 중기 염색체를 분석함으로써 핵형분석(karyotyping)을 할 수 있도록 해준다. 세포의 염색이나 분류기술은 삼염색체성(trisomy)의 존재나, 잉여 염색체나 비정상적인 염색체 길이를 초래하는 자리옮김(translocation)을 신속하게 검출할 수 있게 한다. 그러나 태아 DNA의 분자적 분석이 가장 자세한 유전학적 양상을 제공한다.

2. **DNA의 공급원:** 임신 중에 태아의 DNA는 산모의 혈액(세포가 아닌 태아의 DNA), 태아의 혈구세포, 양수나 융모막으로부터 얻을 수 있다(그림 34.16). 양수의 경우 분석에 필요한 충분한 양의 DNA를 얻기 위하여 2~3주간의 세포 배양이 필요하다. 중합효소사슬반응(PCR)을 통한 DNA 증폭기술은 DNA 분석에 필요한 시간을 극적으로 단축시켰다.

3. **RFLP를 이용한 낫적혈구병의 직접적인 진단:** 혈색소(Hb)의 유전병은 인간의 유전병 중에서 가장 흔하다. 낫적혈구병(sickle cell disease)의 경우(그림 34.17), 질병을 일으키는 돌연변이(38쪽 참조)는 실제로 하나이며, 다형성을 일으키는 돌연변이와 동일하다. 그러나 점 돌연변이로 생기는 병에 대해 RFLP를 통한 직접적인 검출은 현재 단지 몇 개의 유전병에 제한되어 행해지고 있다.

   a. **진단에 활용된 초기의 방법:** 과거에 행해졌던 혈색소병증(hemoglobinopathy)의 산전 진단은 태아의 혈액으로부터 얻은 적혈구에서 합성되는 혈색소(Hb)의 종류와 양을 측정하는 것이었다. 그러나 태아의 혈액을 얻기 위한 침습적인 시술은 높은 사망률을 가져왔고(약 5%), HbA와 변이형인 HbS가 생성되는 임신 6개월까지는 진단할 수 없었다.

   b. **RFLP 분석:** 낫적혈구빈혈증은 점 돌연변이에 의해서 변경된 서열은 제한효소인 MstII의 인식자리(CCTNAGG, 여기에서 N은 모든 뉴클레오타이드가 가능함, 그림 34.17 참조)를 없애버린다. 따라서 β^S글로빈 유전자의 6번째 코돈에서 A가 T로 바뀐 돌연변이는 효소

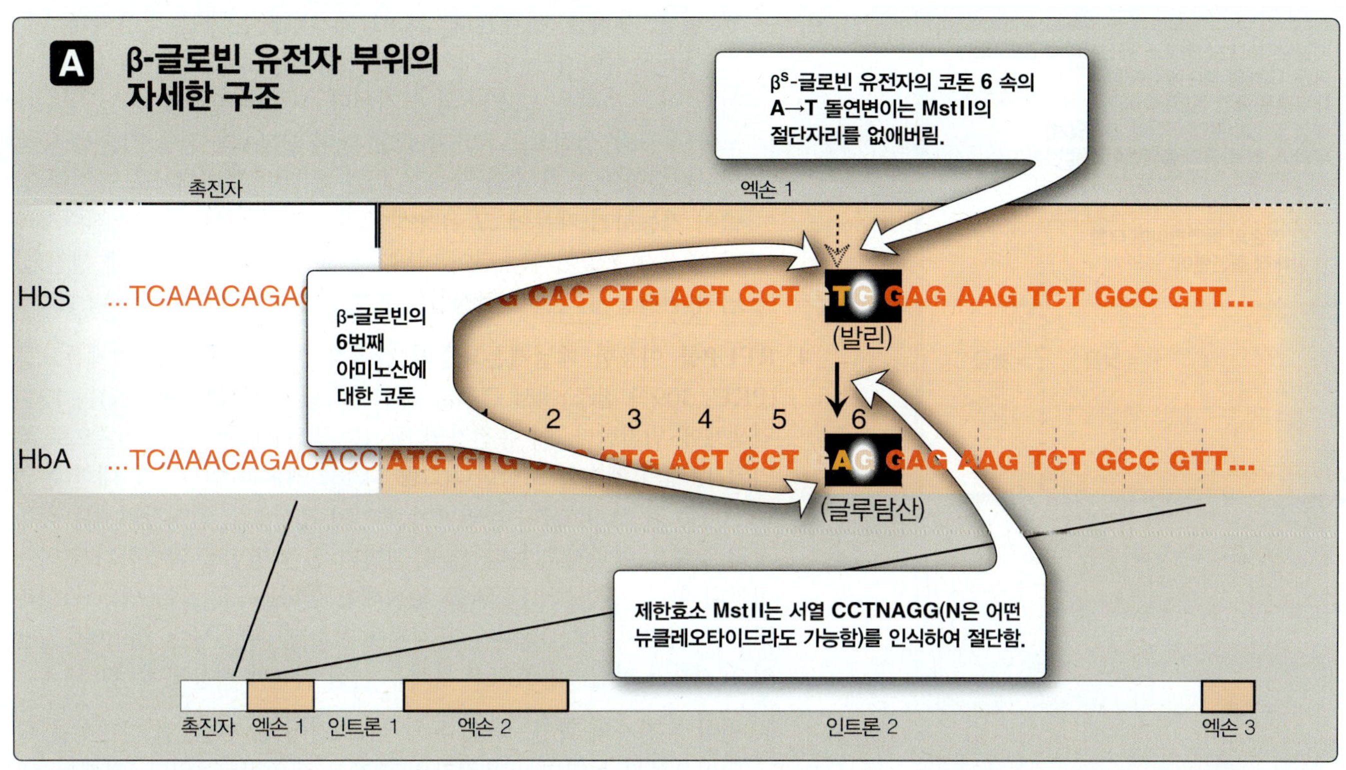

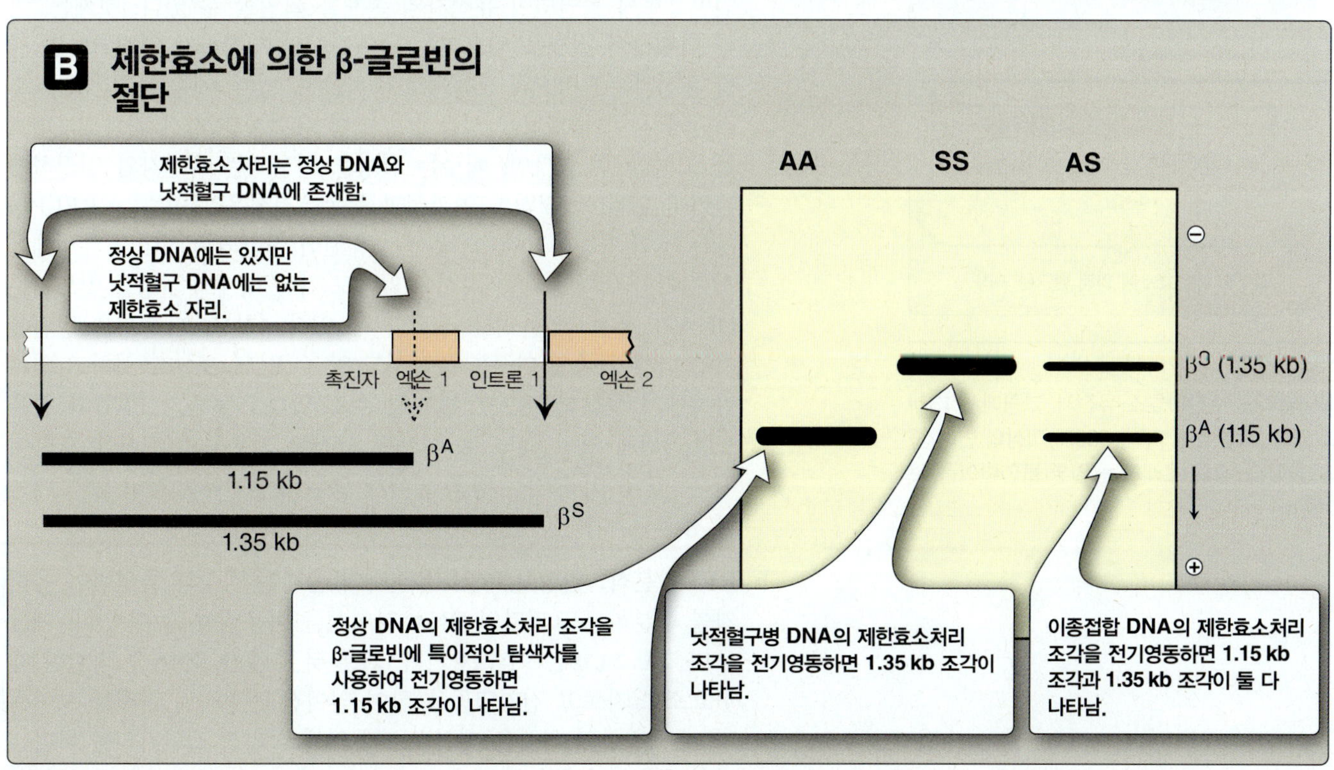

그림 34.17
$β^S$글로빈 돌연변이의 검출. kb = 킬로염기(1 kb = 이중가닥 DNA에서 1,000 염기쌍); Hb = 혈색소.

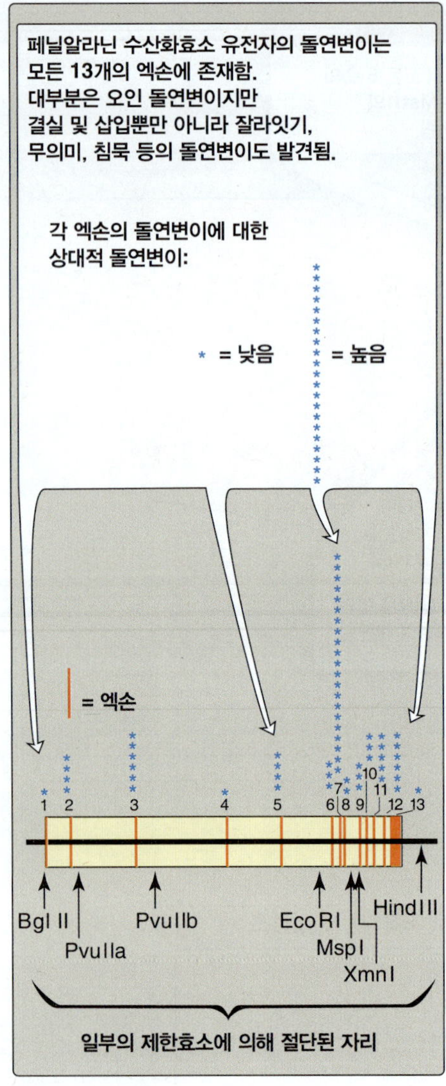

그림 34.18
페닐알라닌 수산화효소 유전자. 그림에서 13개의 엑손, 제한효소 자리, 500개 이상의 변이 중 페닐케톤뇨증을 초래하는 일부 돌연변이를 보여준다.

의 절단 자리를 제거한다. MstII에 의해 분해된 정상 DNA는 1.15 kb 조각이지만, 한 개의 MstII 절단 자리가 소실된 β^S유전자에서 얻어진 조각은 1.35 kb의 크기이다. 태아의 혈액이 아닌 양수세포나 융모막 생검으로부터 추출한 태아 DNA의 진단 기술은 낫적혈구빈혈증의 조기 검출은 물론 다른 유전병에 대해서도 안전한 검출이 가능하기 때문에 그 유용성이 증명되고 있다. [참고: 절단자리가 생기거나 없어지는 것이 아닌, 두 제한효소 자리 사이에 생긴 삽입이나 결실에 의한 유전질환도 또한 RFLP에 검출될 것이다.]

4. **RFLP를 이용한 페닐케톤뇨증의 간접적인 산전 진단:** 페닐케톤뇨증(PKU, 309쪽 참조)에서 결핍된 페닐알라닌 수산화효소(PAH)는 12번 염색체에 위치한다. 이 유전자의 길이는 약 90 kb이며, 인트론으로 분리된 13개의 엑손을 포함한다(그림 34.18; 엑손과 인트론에 대한 논의는 509쪽 참조). PAH의 돌연변이는 어떤 제한효소 인식자리에도 직접적인 영향을 미치지 않는다. 이 유전병의 진단 방법을 확립하기 위하여 이환된 환자 가족들의 DNA를 분석해야 한다. 목표는 이 병의 특성과 밀접한 관련이 있는 유전자 표지자(RFLP)를 확인하는 것이다. 일단 이 표지자가 확립되면 RFLP 분석은 산전 진단에 사용될 수 있다.

   a. **변이 유전자의 확인:** 다음 두 가지 조건이 만족된다면 다형성을 확인함으로써 돌연변이 유전자의 존재를 확인할 수 있다. 첫째는, 만약 다형성이 질병을 일으키는 돌연변이와 밀접하게 연결된다면 결함 유전자는 RFLP의 검색으로 추적할 수 있다. 예를 들면 제한효소 절단과 서던 블로팅을 사용하여 발병 유전자를 가진 가족의 DNA를 조사할 수 있다면, 때로는 질병을 일으키는 유전자와 일정하게 관련이 있는(즉 밀접한 연관성과 공동유전성을 보여주는) RFLP를 찾는 것이 가능해진다. 그 후에는 유전적 결함의 특성이나 유전체에서 정확한 위치에 대한 지식이 없어도 가족 내에서 질병을 일으키는 DNA가 유전되었는지를 추적할 수 있다. [참고: 다형성은 질환을 가진 다른 가족의 연구를 통해서도 알 수 있고, 또는 조사하고 있는 가족에서 독특한 것으로 발견될 수도 있다.] 둘째는, PKU와 같은 보통염색체 열성질환으로 이환된 환자는 가족들의 진단에 도움이 될 수 있다. 이 환자는 양쪽 염색체 모두 돌연변이를 갖고 있기 때문에 유전질환과 연관된 RFLP의 확인을 가능하게 한다.

   b. **RFLP 분석:** 비정상 PAH 유전자의 존재는 정상과 돌연변이 유전자를 구분하는 표지자인 DNA 다형성을 이용해서 알 수 있다. 예를 들면 그림 34.19는 이환된 가족으로부터 추출한 DNA를 적절한 제한효소로 자르고 전기영동을 하여 얻어진 전형적인 형태를 보여준다. 수직방향의 화살은 제한효소에 의해 잘려진 절단자리를 나타낸다. 다형성 자리가 존재하면(방사선표지 PAH-cDNA와 부합화 반응 후) 자가방사선사진에서 "b" 조각을 만들지만, 이 부위가 없으면 단지 "a" 조각만 만든다. "b" 조각이 존재하는 검사대상자 II-2는 다형성이 PAH변이 유전자와 관련이 있음을 입증한다. 따라서 이 가족의 경우 "b" 조각의 존재는 비정상 PAH 유전자의 존재를 표시하

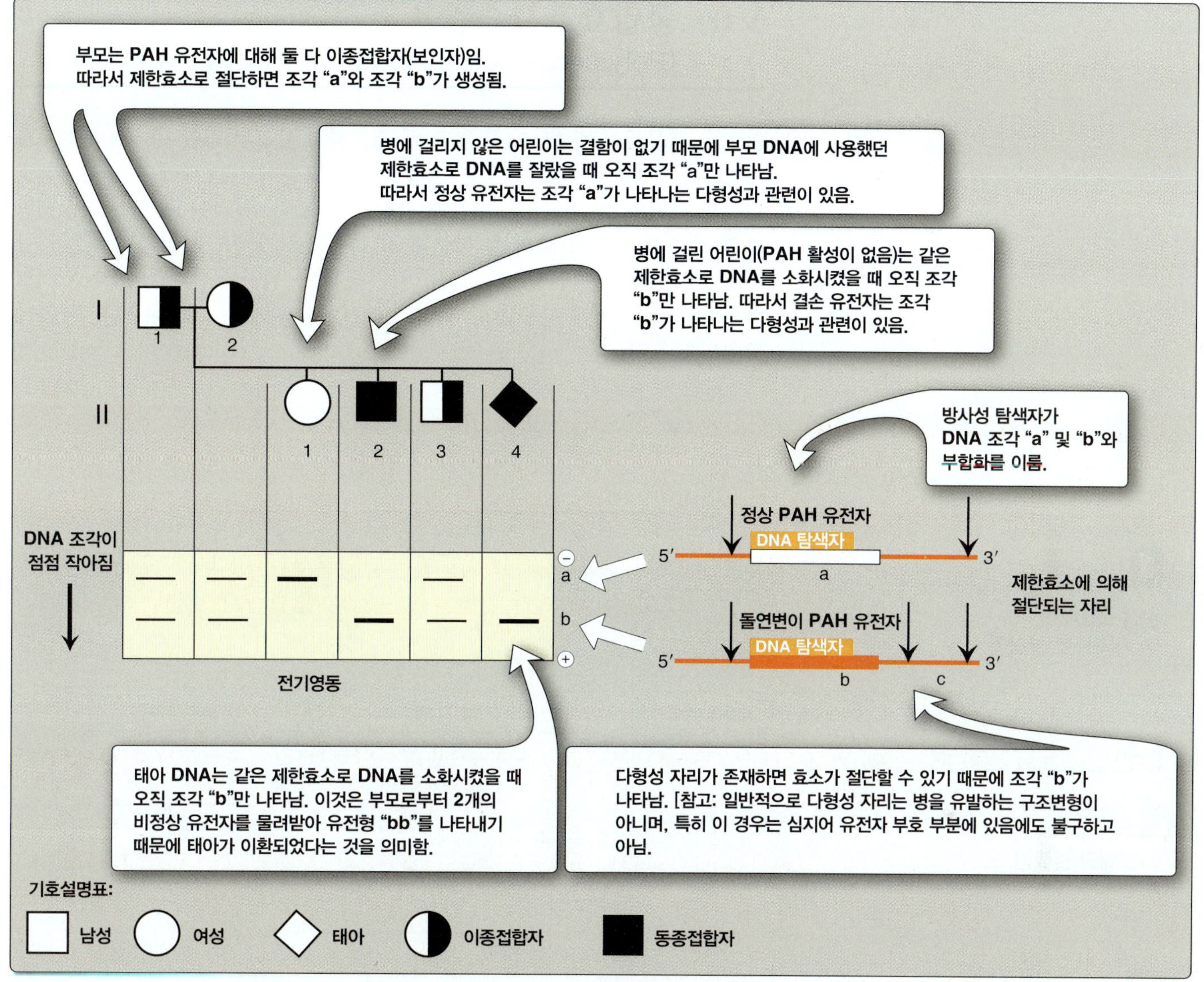

그림 34.19
보통염색체 열성질환인 페닐케톤뇨증(PKU)에 걸린 어린이와 그 가족의 제한효소처리 조각 길이 다형성(RFLP)의 분석. 여기서 페닐알라닌 수산화효소(PAH) 유전자의 분자적 결함은 알 수 없다. 그들은 지금 임신 중인 태아가 PKU에 걸렸는지를 알고 싶어한다.

는 다형성 자리가 존재함을 의미한다. 조각 "b"가 없다는 것은 정상 유전자만 갖고 있음을 의미한다. 그림 34.19에서 태아 DNA의 검사는 태아(대상자 II-4)가 부모로부터 2개의 비정상 유전자를 전달받아서 PKU 환자가 되었음을 보여준다.

c. **DNA 검사의 가치:** DNA를 기반으로 한 선별검사는 태어나지 않은 태아가 PKU에 이환되었는지를 검사하는 것뿐만 아니라 가족계획에 도움이 되는 돌연변이 유전자를 가진 보인자를 확인할 때에도 유용하다. [참고: PKU는 페닐알라닌의 식사제한으로 치료가 가능하다. 조기 진단과 치료는 환자의 중증 신경학적 손상을 방지하는 데에 필수적이다.]

VII. 중합효소사슬반응 (Polymerase Chain Reaction, PCR)

PCR은 생물학적 방법(554쪽 참조)에 의존하지 않고 시험관 내에서 선택적으로 DNA 서열을 증폭할 수 있는 방법이다. PCR은 수시간 내에 특정 뉴클레오타이드 서열의 복사물을 수백만 개 합성할 수 있다. 심지어 표적 서열이 백만 개의 전체 초기 시료 중의 한 부분에 지나지 않을 때에도 서열의 증폭을 가능하게 한다. PCR은 바이러스, 세균, 식물, 동물 등 원천에 관계없이 DNA 서열을 증폭시키는 데에 사용할 수 있다. PCR의 각 단계는 그림 34.20과 34.21에 요약되어 있다.

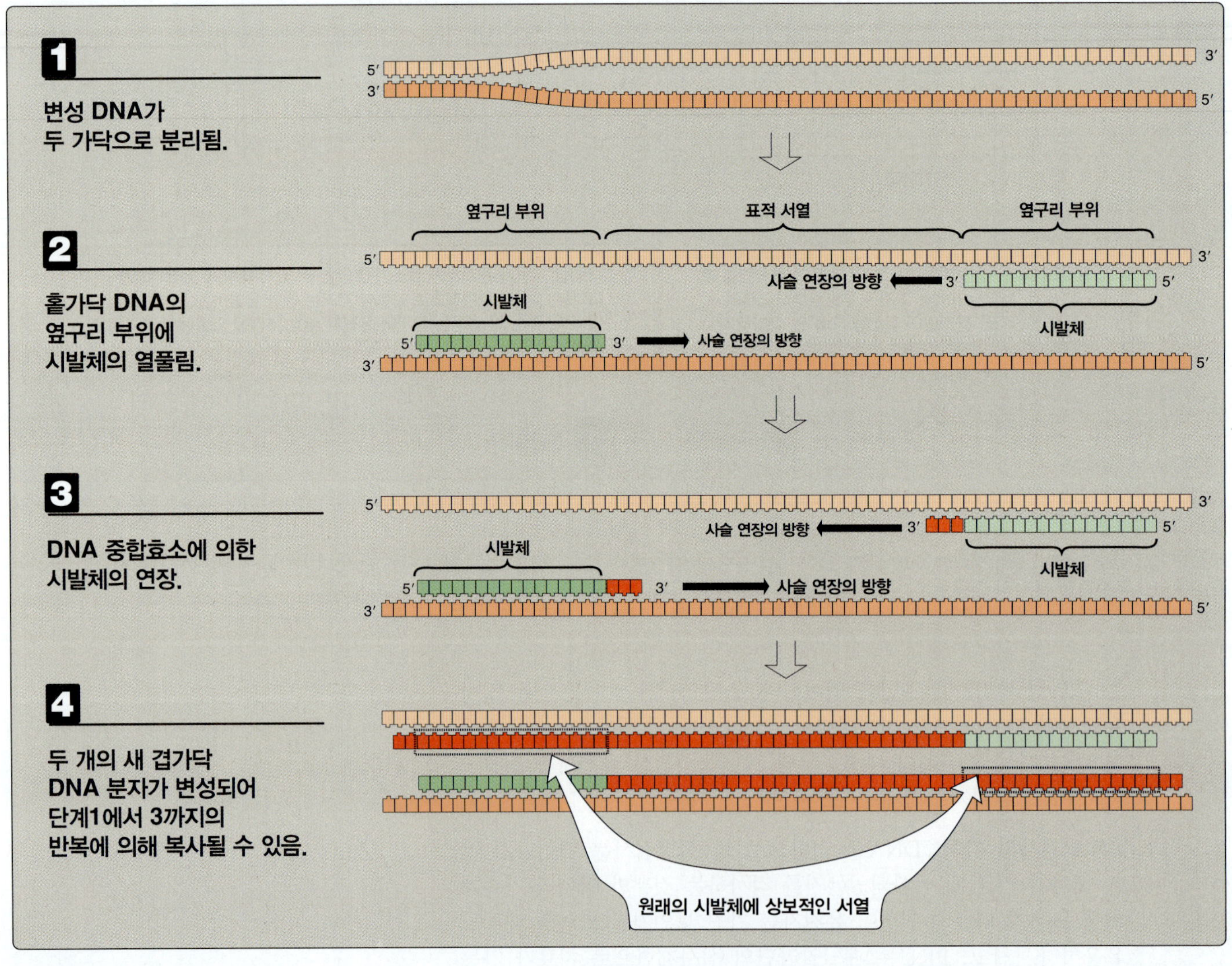

그림 34.20
중합효소사슬반응의 한 주기의 단계(변성, 열풀림, 확장).

A. 단계

PCR은 DNA 중합효소를 사용하여 유전체 또는 cDNA의 표적 부분을 반복적으로 증폭한다. 증폭마다 시료의 DNA양이 2배로 증가하여 반복적인 증폭주기에 의해 DNA의 양은 기하급수적으로 증가한다(2^n, 여기서 n은 주기 수). 증폭된 DNA 생성물은 젤 전기영동으로 분리하여 서던 블로팅 및 부합화와 서열결정으로 검출할 수 있다.

1. **시발체(primer) 제작:** PCR 방법에서 표적 DNA의 뉴클레오타이드 서열을 알 필요는 없다. 그러나 표적 DNA 양쪽 말단의 짧은 분절의 뉴클레오타이드 서열은 알아야 한다. 옆구리 서열(flanking sequence)로 불리는 이 연장 부위는 관심이 옆구리 서열이 있는 DNA 서열을 괄호로 묶는다. 인접 부위의 뉴클레오타이드 서열은 각각의 옆구리 서열과 상보적인 보통 20~35 뉴클레오타이드 길이를 가진 2개의 홑가닥 올리고뉴클레오타이드를 제작할 때 사용된다. 각 시발체의 3′-수산기 끝은 표적 서열 쪽을 향한다(그림 34.20 참조). 이렇게 합성된 올리고뉴클레오타이드는 PCR 반응에서 시발체로 작용한다.
2. **증폭시료준비:** 분석을 위한 시료는 DNA(유전체 DNA나 cDNA), 시발체, 과량의 dNTP, 열에 안정적인 DNA 중합효소, 반응에 적절한 완충액으로 이루어진다.
3. **DNA의 변성:** 증폭될 DNA에 95도 정도의 열을 가하면 이중가닥의 DNA가 홑가닥(ssDNA)으로 분리된다.
4. **시발체의 열풀림(annealing primers):** 시료의 온도를 50도 정도로 낮추면 2개의 시발체는 염기서열이 상보적인 ssDNA 가닥(각 가닥에 하나씩)에 결합한다(anneal).
5. **시발체 연장(extending primers):** 시료의 온도를 72도로 높이면 원래의 DNA 가닥에 상보적인 2개의 새로운 가닥의 합성이 시작된다. DNA 중합효소(과다한 양의)와 삼인산데옥시리보뉴클레오사이드를 반응액에 첨가하여 원래의 DNA 가닥에 상보적인 2개의 새로운 가닥의 합성을 시작한다. DNA 중합효소는 시발체의 3′-수산기 끝에 뉴클레오타이드를 첨가함으로써 표적 DNA를 가로질러 가닥의 길이를 확장시키고 표적 유전자에 상보적인 복사물을 만든다. PCR 생성물은 수천 염기쌍의 길이가 될 수 있다. 복제의 한 주기가 끝나면 반응 혼합액은 다시 열이 가해져 DNA 가닥(이제는 4가닥)이 분리된다. 각각의 가닥에 상보적인 시발체가 결합되어 시발체 연장의 주기가 반복된다. 열에 안정적인 DNA 중합효소(예: Taq 중합효소, 이 효소는 높은 온도에서 정상적으로 살고 있는 세균[*Thermus aquaticus*]에서 추출한 것임)을 사용하기 때문에 중합효소는 변성되지 않으며, 따라서 각 주기마다 중합효소를 첨가해야 할 필요가 없다. 전형적으로 20~30주기가 이 과정 중에서 실행되며 DNA는 수백만 배(2^{20})에서 수십억 배(2^{30})로 증폭된다. [참고: 각각의 연장 생성물은 시발체에 상보적인 5′-끝의 서열을 포함하고 있다(그림 34.20 참조). 따라서 새로 합성된 각각의 가닥은 계속되는 주기에서 본틀로 작용할 수 있다(그림 34.21 참조). 이는 각 주

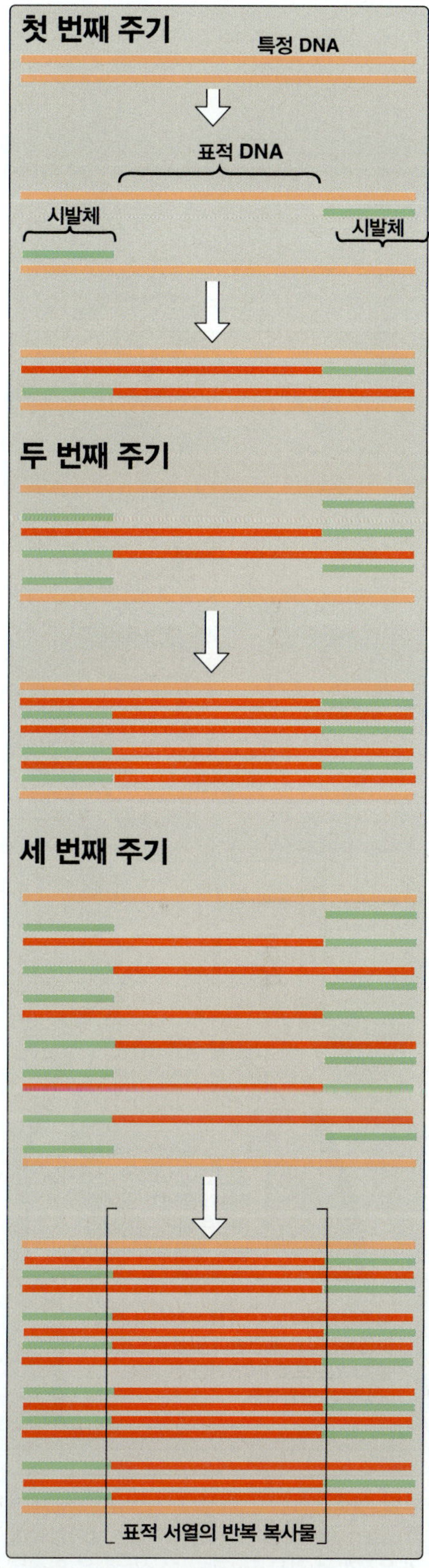

그림 34.21
중합효소사슬반응의 연속적인 주기.

기에서 표적 DNA의 양을 기하급수적으로 증가시키므로 "중합효소사슬반응(PCR)"이라고 한다.] 탐색자는 마지막 몇 번의 주기에 표지된 뉴클레오타이드를 첨가하므로써 PCR 동안에 만들어질 수 있다.

B. PCR의 장점

특정 DNA 서열을 증폭하는 기전으로서의 클로닝과 비교시 PCR의 주요 장점은 민감도와 속도이다. 극히 미량의 DNA 서열도 PCR을 통해 엄청난 양으로 증폭된다. PCR은 매우 민감해서 각각의 세포에 존재하는 DNA 서열을 증폭하여 연구할 수 있도록 해준다. PCR에 의한 특정 DNA 서열의 분리와 증폭은 재조합 DNA 기술에서 사용하는 전통적인 클로닝 방법보다 빠르고 기술적으로 덜 어렵다.

C. 응용

PCR은 연구, 법의학, 임상 진단 등의 분야에서 사용되는 아주 흔한 도구이다.

1. **정상 유전자와 돌연변이 유전자형의 비교:** PCR은 DNA를 클로닝할 필요도 없이 서열 분석에 필요한 충분한 양의 돌연변이 DNA를 합성할 수 있다.

2. **DNA 시료의 법의학적(forensic) 분석:** PCR을 사용하는 DNA 지문은 범죄 현장의 증거 분석에서 혁명을 가져오고 있다. 단 한 개의 사람의 모발, 작은 방울의 혈액, 정액 시료 등에서 분리한 DNA는 시료가 누구 것인지를 알아내기에 충분하다. 그러한 지문의 분석에 사용되는 DNA 표지자는 거의 대부분 짧은 일렬 반복서열(short tandem repeat, STR) 다형성이다. STR은 VNTR과 매우 유사하지만(563쪽 참조) 크기가 더 작다. [참고: 친자감별도 같은 기술을 사용한다.]

3. **적은 양의 핵산 서열의 검출:** HIV와 같은 긴 잠복기를 가진 바이러스의 경우에 기존의 전통적인 방법을 사용하면 감염의 초기 단계를 검출하기는 어렵다. PCR은 세포에 단지 적은 양의 바이러스만 존재할 경우에도 바이러스 DNA 서열을 검출할 때 신속하고 민감도가 높은 방법을 제공한다. [참고: 정량중합효소사슬반응(quantitative polymerase chain reaction 혹은 실시간중합효소사슬반응[real-time PCR])은 최종 생성물의 양이 아닌 증폭 주기마다 표적 DNA의 양(복제수)을 정량할 수 있게 한다. 이는 바이러스 감염정도(바이러스의 양)를 결정할 때 유용하다.]

4. **낭성섬유증의 산전 진단과 보인자 검출:** 낭성섬유증(cystic fibrosis)은 낭성섬유증 막전위전도도 조절자(CFTR) 단백질에 대한 유전자의 돌연변이에 의해 발병하는 보통염색체 열성 유전병이다. 가장 흔한 돌연변이는 3-염기 결실로서, CFTR 단백질에서 페닐알라닌 잔기가 소실된다(517쪽 참조). 돌연변이 맞섬유전자(allele)는 정상 맞섬유전자보다 3-염기 길이만큼 더 짧기 때문에 그 부분의 DNA를 증폭하였을 때 얻어지는 PCR 생성물의 길이를 비교하면 서로 구별하는 것이 가능하다. 그림 33.22는 PCR 검사로 동종접합 정상인, 이종접합 보인자, 돌연변

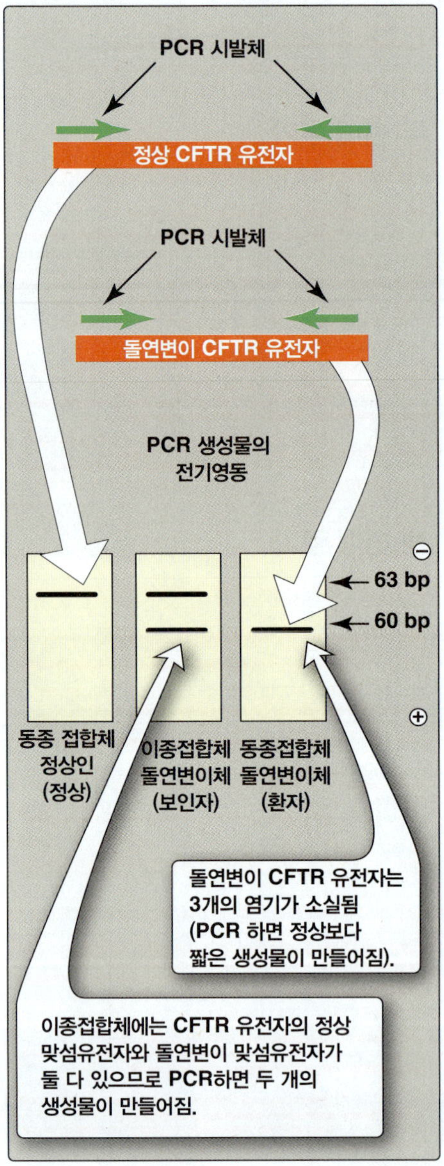

PCR 시발체
정상 CFTR 유전자
PCR 시발체
돌연변이 CFTR 유전자
PCR 생성물의 전기영동
⊖
63 bp
60 bp
⊕
동종 접합체 정상인 (정상)
이종접합체 돌연변이체 (보인자)
동종접합체 돌연변이체 (환자)
돌연변이 CFTR 유전자는 3개의 염기가 소실됨 (PCR 하면 정상보다 짧은 생성물이 만들어짐).
이종접합체에는 CFTR 유전자의 정상 맞섬유전자와 돌연변이 맞섬유전자가 둘 다 있으므로 PCR하면 두 개의 생성물이 만들어짐.

그림 34.22
중합효소사슬반응(PCR)을 이용한 낭성섬유증의 유전학적 검사. [참고: 낭성섬유증은 맞섬유전자 특이적 올리고뉴클레오타이드 분석을 통해서도 진단됨(559쪽)] CFTR = 낭성섬유증 막전위전도도 조절자; bps = 염기쌍.

이 동종접합 돌연변이(환자) 등을 구별할 수 있는지를 보여준다.

> 다중 PCR(multiplex PCR)은 다수의 시발체 쌍을 사용하여 표적 DNA의 여러 부위를 동시에 증폭하는 방법이다. 이것은 많은 엑손을 가진 유전자(예: CFTR은 27개의 엑손이 있음)에서 단 한 개의 엑손이라도 결실되어 있으면 이를 검출할 수 있다.

VIII. 유전자 발현의 분석

생명공학은 단지 유전자의 구조를 연구하는 도구일 뿐만 아니라 유전자 발현의 생성물인 mRNA와 단백질을 분석하는 방법도 제공한다.

A. mRNA 양의 측정

mRNA의 양은 보통 mRNA 자체나 mRNA로부터 만들어진 cDNA에 방사선 표지 탐색자를 붙이는 부합화(hybridization)에 의해 결정된다. [참고: 레트로바이러스의 역전사효소(RT)를 사용하여 mRNA로부터 만든 cDNA를 증폭하는 것을 RT-PCR이라고 한다.]

1. **노던 블롯(Northern blot):** 노던 블롯은 mRNA 분자의 혼합물을 원래의 시료로 사용한다는 것을 제외하고는 서던 블롯(그림 34.13 참조)과 매우 유사하며, 그 과정은 mRNA를 전기영동으로 분리하고 막으로 옮긴 후에 방사선표지 탐색자로 부합화하는 것이다. 자가방사선사진법에 나타나는 띠를 통해 시료의 mRNA의 양과 크기를 알 수 있다.

2. **미세칩배열(microarray):** DNA 미세칩배열은 현미경 슬라이드보다 크지 않은 면적에 수천 개의 고정된 ssDNA 서열을 함유한다. 이러한 미세칩배열은 유전자의 차이나 돌연변이의 존재에 대한 시료를 분석하거나(유전형 분석) 또는 mRNA 생성의 양상을 결정하여(유전자 발현 분석) 동시에 수천 개의 유전자를 분석할 때 사용한다. 유전형 분석을 위한 세포의 시료는 유전체 DNA이다. 발현 분석을 위해서 특정 세포형의 mRNA 분자 무리를 cDNA로 전환시키고 형광 꼬리표로 표지를 한다(그림 34.23). 이어서 이 혼합물은 유전자(DNA) 칩에 노출되는데, 이 칩은 각각 다른 유전자와 일치하는 수천 개의 작은 DNA 점(spot)을 갖고 있는 유리 슬라이드나 막이다. 각 점에 부착되어 있는 형광의 양을 측정하여 시료에 들어 있는 특정 mRNA의 양을 알 수 있다. DNA 미세칩배열은 2개의 다른 형태의 세포(예를 들어 정상세포와 암세포)에서 유전자 발현 양상의 차이를 알아내는 경우에도 사용된다(그림 34.23 참조). DNA 미세칩배열을 암(예: 유방암)의 세부 분류에 사용하여 최적의 치료법을 찾을 수 있다. [참고: 단백질과 항체 또는 이를 인식하는 다른 단백질과 관련이 있는 미세칩배열은 환자의 단백질 발현 양상을 기반으로 질병의 진단, 예후, 치료에 도움이 되는 생명표지자(biomarker)를 확인할 때 사용되고 있다. 단백질(과 DNA) 미세칩

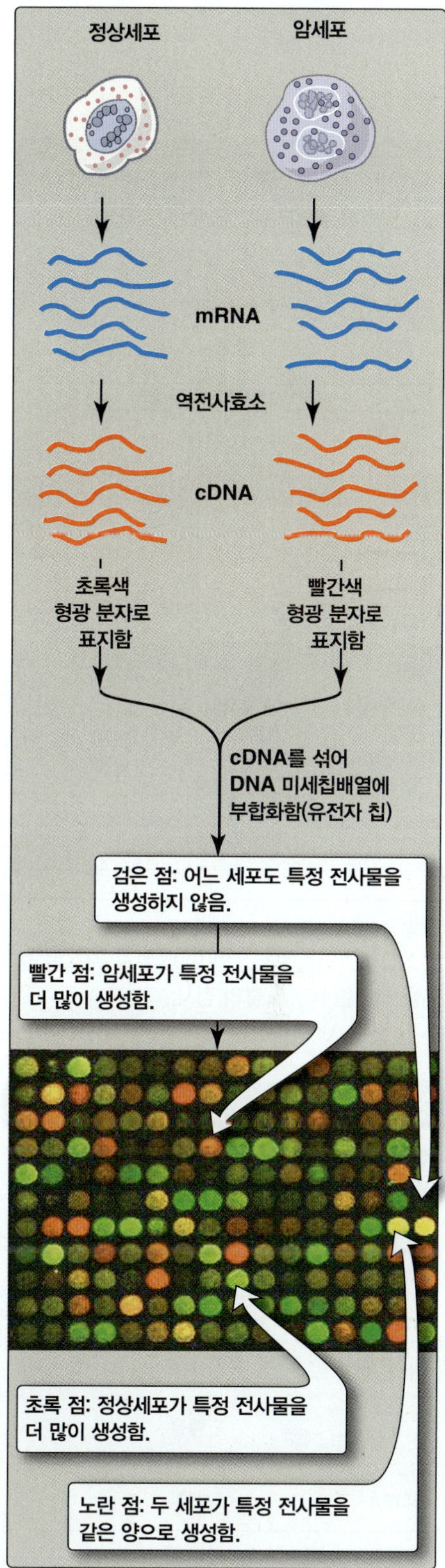

그림 34.23
DNA(유전자) 칩을 이용한 유전자 발현의 미세칩배열 분석. [참고: 단백질 칩도 사용된다.] mRNA = 전령 RNA; cDNA = 상보 DNA.

배열은 개인간의 유전적, 환경적 생활습관의 차이를 반영하여 예방과 치료방법을 고려하는 개인 맞춤의학의 발전에 중요하다.]

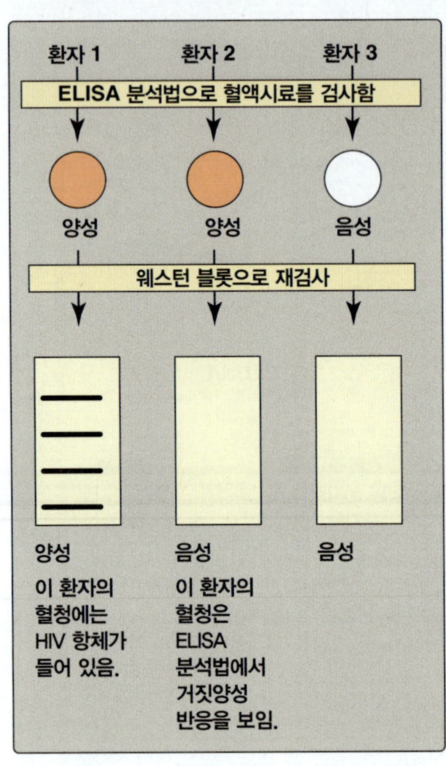

그림 34.24
효소결합면역흡착측정법(ELISA)과 웨스턴 블롯을 이용한 HIV 노출의 검사.

분석법	분석시료
서던 블롯	DNA
노던 블롯	RNA
웨스턴 블롯	단백질
ASO	DNA
미세칩배열	cDNA 또는 유전체 DNA
	단백질
ELISA	단백질

그림 34.25
DNA, RNA, 단백질 분석에 사용되는 기술. [참고: 세 종류의 블롯 기술은 젤(gel)을 사용함.]
ASO = 맞섬유전자 특이 올리고뉴클레오타이드; ELISA = 효소면역측정법; cDNA = 상보 DNA.

B. 단백질의 분석

세포의 단백질 종류와 양은 존재하는 mRNA의 양과 항상 직접적으로 일치하지는 않는다. 어떤 mRNA는 다른 것보다 더 효과적으로 번역되고, 어떤 단백질은 번역후변형 과정을 거친다. 수많은 세포 단백질의 양과 상호작용의 분석에는 질량분광법(mass spectrometry)과 이차원 전기영동과 같이 다양한 기술을 사용하는 자동화 방법을 사용한다. 한 개나 또는 몇 개의 단백질을 분석할 때는 표지된 항체를 특정 단백질의 검출과 정량, 번역후변형을 확인하기 위해 사용된다.

1. **효소면역측정법(enzyme-linked immunosorbent assay, ELISA):** 이 방법은 플라스틱 미량역가 접시(microtiter dish)의 홈(well)에서 시행된다. 항원(단백질)이 플라스틱 접시에 부착되어 있다. 탐색자는 측정하려는 단백질에 특이적인 항체로 구성된다(73쪽 참조). 항체에 공유결합으로 결합된 효소는 기질에 노출되면 색깔이 있는 생성물을 만들어낸다. 만들어진 발색물질의 양은 항체의 양에 비례하기 때문에 간접적으로는 검사 시료의 단백질의 양과 비례한다.

2. **웨스턴 블롯(Western blot):** 이것(또는 면역블롯)은 분석 시료가 핵산 분자 대신 단백질인 점을 제외하고 서던 블롯과 비슷하다. 단백질 분자는 전기영동에 의해 분리되고 막으로 옮겨진다. 표지된 항체가 탐색자로 사용되어 항원이 있는 자리에 띠를 형성한다.

3. **HIV 노출 검색:** ELISA 분석과 웨스턴 블롯은 환자의 혈액 시료에 존재하는 항HIV 항체의 양을 측정함으로써 HIV에 대한 노출을 검출할 때 자주 사용된다. ELISA 분석은 매우 민감하기 때문에 일차 선별검사용으로 많이 사용된다. 이 방법은 가끔 거짓양성을 나타내기 때문에 확진 검사로 특이성이 더 높은 웨스턴 블롯을 시행한다(그림 34.24). [참고: ELISA와 웨스턴 블롯은 오직 혈류에 면역계에서 생성된 항HIV 항체가 존재할 때에만 HIV의 검출이 가능하다. 그러나 PCR을 기반으로 한 검사는 바이러스의 핵산을 직접 검출하기 때문에 HIV에 노출된 지 처음 몇 개월 안에도 검출이 가능하다.]

C. 단백체학(proteomics)

유전체에 의해 발현되는 모든 단백질 또는 단백체(proteome)의 상대적인 양, 분포, 번역후변형, 기능, 다른 거대분자와 상호작용 등을 연구하는 학문을 단백체학(proteomics)이라고 한다. 인간의 유전체에 있는 약 20,000~25,000개의 단백질 부호를 가진 유전자는 전사후변형과 번역후변형을 거쳤을 때 10만 종 이상의 단백질로 번역된다. 비록 유전체는 본질적으로 그대로 있어도 특정 세포에서의 단백질 발현 양상과 발현량은 유전자의 발현 유무에 따라 극적으로 변한다. [참고: 단백체학(과 유전체학)은 생체 자료를 컴퓨터 기반으로 체계화하고, 보관하고, 분석하는 생물정

보학의 동등한 발전을 필요로 한다.] 그림 34.25는 이 장에서 논의한 일부의 분석 기술을 비교한 것이다.

IX. 유전자 치료(Gene therapy)

유전자 치료의 목표는 발병 돌연변이의 결과로 유전자 결함을 가진 환자의 체세포에 정상기능을 가진 유전자(일반적으로 정상적인 유전자의 DNA를 클로닝)를 전달하여 질병을 치료하는 것이다. 체세포 유전자 치료는 표적 체세포만 변화시키기 때문에 그 변화가 다음 세대로 유전되지 않는다. [참고: 종자계열(germline) 유전자 치료에서는 종자세포(germ cell)가 변형됨으로 변화가 유전된다. 종자세포 유전자 치료의 장기간의 중지사태는 세계적인 파급효과가 있다.] 유전자 전달에는 두 가지 형태가 있다: (1) 시험관외(*ex vitro*), 환자의 세포를 떼어내어 형질도입시키고(transduction) 다시 주입하는 방법과, (2) 시험관내(*in vitro*), 환자 세포에 직접 형질도입시키는 방법이다. 두 가지 방법은 모두 표적세포에 DNA를 전달할 때 바이러스 벡터가 필요하다. 유전자 치료에서의 과제는 벡터 개발, 장기간 발현의 실현, 면역반응과 같은 부작용의 방지 등이다. 최초의 성공적인 유전자 치료는 아데노신 탈아미노화효소(ADA) 유전자(347쪽 참조)의 돌연변이에 의해 발병한 두 명의 중증복합면역결핍병(SCID) 환자의 경우이다. 이 경우는 바이러스 벡터를 시험관외 형질도입한 성숙 T 림프구가 사용되었다(그림 34.26). [참고: 현재는 사람 *ADA* 유전자에 대한 cDNA가 사용됨.] 1990년 이래 적은 수의 환자(혈우병, 암, 일부 형태의 시각상실과 같은 다양한 질병)만이 유전자 치료를 받았지만 성공률은 들쑥날쑥한 편이다.

유전자 전달과는 달리 유전자 편집은 변이된 유전자의 교정이 가능하다. DNA 결합 분자(단백질이나 RNA)와 핵산내부분해효소(endonuclease)의 조합은 돌연변이 염기서열을 식별하고 절단하는 데 사용된다. 절단은 상동재조합에 의한 교정을 활성화하여 dsDNA 절단부위(494쪽 참조)에 교정된(정상) 염기서열을 포함하는 DNA가 삽입된다. 인간세포의 유전자 편집에는 맞춤형으로 제작된 RNA에 의해 핵산내부분해효소가 특정 DNA 서열로 유도되는 기전이 활용된다. 이 기술에는 세균에서 외부의 DNA를 인식하여 절단하는 원핵세포의 CRISPR-Cas9 단백질계에 기반을 두고 있다. 인간 세포의 유전자 편집을 위해 사용되는 CRISPR-Cas9 기술(그림 34.27)은 낫적혈구빈혈 환자의 치료를 위해 혈구형성줄기세포에서 글로빈유전자를 교정하는데 임상적으로 시험중에 있다.

X. 형질전환 동물(Transgenic Aanimal)

형질전환 동물은 수정란에 클로닝한 외부 유전자를 주입함(transgene)으로써 탄생한다. 유전자가 무작위로 안정적으로 염색체에 삽입되면, 이 유전자는 태어난 동물의 생식세포에서도 나타나고 세대를 거쳐 전달된다. "슈퍼마우스"라고 불리는 거대한 마우스는 이러한 방법으로 쥐의 성장호르몬 유전자를 수정

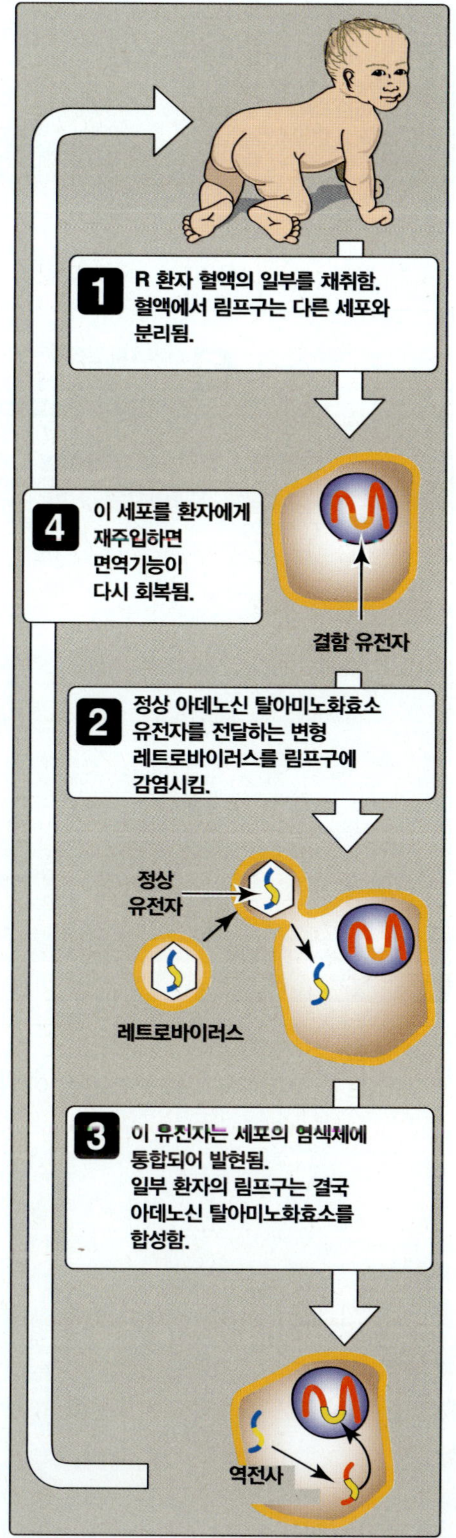

그림 34.26
아데노신 탈아미노화효소 결핍으로 발병한 중증복합면역결핍병(SCID) 환자의 유전자 치료. [참고: 골수 줄기세포와 변형된 레트로바이러스 벡터가 사용되었다.]

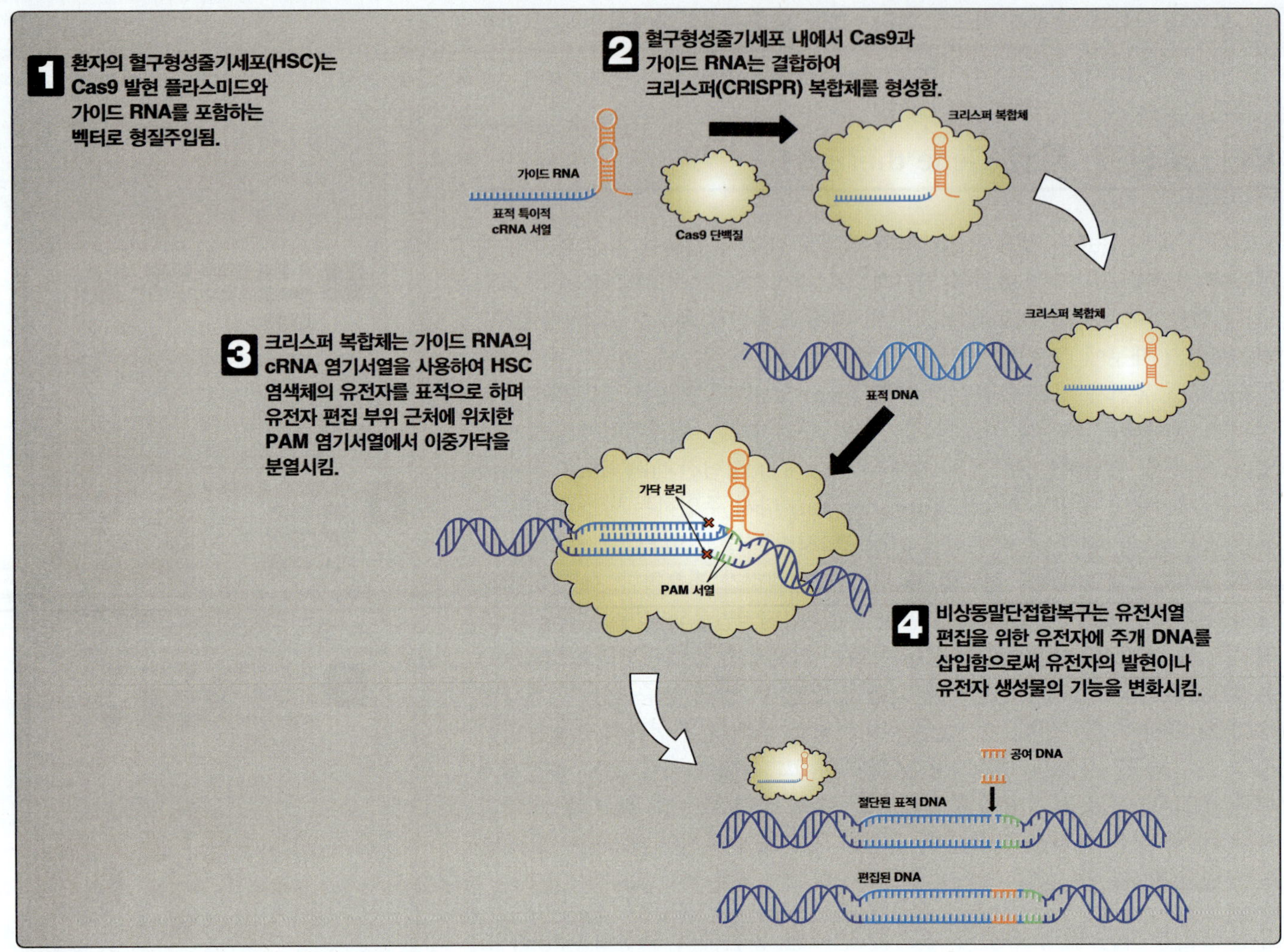

그림 34.27
형질도입된 사람세포에서 CRISPR-Cas9을 이용한 유전자 편집 기전.

란에 주입하여 제작되었다. 형질전환 동물들은 치료에 사용될 사람의 단백질을 동물의 모유를 통해 생산하도록 설계("유전자조작제약농, pharming")되기도 한다. 항응고 단백질인 항트롬빈은 형질전환 염소에서 생산되어 2009년에 임상용 제품으로 승인을 받았다. 만약 유전자가 무작위적이 아닌 표적된 위치에 삽입이 되면 유전자삽입(knock-in) 동물이라 부른다. 유전자제거(knock-out, KO) 동물은 무기능적인 유전자를 표적 삽입하여 정상적으로 유전자가 발현되지 않는다. 이러한 유전공학적인 방법으로 제작된 동물들은 상응하는 사람 질병의 연구 모형으로 제공된다.

XI. 요약

- **제한효소**는 이중가닥 DNA를 **회문(palindrome)** 구조를 가진 특정 서열(**제한효소 자리**)에서 절단한다. 같은 **제한효소 자리**에서 절단된 DNA 조각은 다시 연결되어 **재조합 DNA 분자**를 형성할 수 있다.
- DNA 클로닝을 통해 DNA의 **증폭**(많은 복사물의 생성)이 일어나는 데 클로닝을 위해서는 **벡터**와 관심있는 작은 DNA조작으로부터 생성된 **재조합 DNA 분자**가 필요하다.
- 벡터는 숙주세포에서 **자발적으로 복제**할 수 있는 능력이 있어야 하고, 최소한 한 개의 제한효소 자리가 있어야 하며, **항생제 내성 유전자**와 같은 벡터를 선택적으로 구분할 수 있는 능력을 부여하는 유전자를 최소한 한 개는 갖고 있어야 한다. 원핵생물은 **플라스미드**는 벡터로 사용될 수 있다.
- **유전체 DNA 라이브러리**는 어떠한 개체의 전체 DNA를 포함하고 있어며 이론적으로는 개체의 유전체의 모든 뉴클레오타이드 서열을 포함한다. 대조적으로 **cDNA 라이브러리**는 세포에 존재하는 mRNA 분자에 상보적인 DNA 서열만을을 포함한다. 인간 유전자에 대한 cDNA에는 **발현 벡터**로 클로닝할 수 있으며 세균이나 진핵세포에서 단백질 합성에 활용될 수 있다.
- **서던 블로팅**은 DNA에 존재하는 특정 유전자를 검출할 때 사용하는 기술이다. DNA를 제한효소로 절단한 후에 각 조각을 **젤 전기영동**으로 분리하고, 유전자를 변성시킨 후에 **나이트로셀룰로스 막**으로 옮겨(블롯) 분석을 한다. 대상이 되는 특정 유전자는 특이 ssDNA나 RNA에 의해 검출된다.
- 인간 유전체의 **다형성**(DNA 서열의 변이)은 단일염기의 변화나 일렬반복에 의해 발생할 수 있다. 다형성은 가족에서 전달되는 유전자 표지자로 사용할 수 있다.
- **제한효소조각길이다형성(RFLP)**은 제한효소를 사용하여 DNA를 제한효소 조각으로 절단한 후에 그 변화를 분석할 때 나타나는 유전자 변이이다. 제한효소 자리의 뉴클레오타이드가 하나 이상 치환되면 특정 제한효소가 인식하지 못하거나 새로운 제한효소 자리가 생기기도 하여 예상한 것과 다른 길이를 가진 DNA 조각이 생성된다. **RFLP 분석**은 유전병을 진단할 때 사용할 수 있다.
- **중합효소사슬반응(PCR)**은 특이적 시발체를 활용하여 선택한 DNA 서열을 빠르게 **증폭**시키는 방법이다. PCR 기술의 응용 범위는 (1) 정상 유전자와 돌연변이 유전자 형의 비교, (2) DNA 시료의 법의학적 분석, (3) 미량의 핵산 서열의 검출, (4) 유전질환에 대한 산전 진단과 보인자 검출 등이다.
- 유전자 발현의 생성물인 mRNA는 **노던 블롯**과 **미세칩배열**을 통해 측정할 수 있다. 노던 블롯은 mRNA 혼합물이 포함된 시료를 전기영동으로 분리하여 막으로 이동시킨후, 방사성 탐색자로 부합화하여 검출하는 것이다. **미세칩배열**은 두 가지 다른 형태의 세포(예를 들어 정상 세포와 암세포)에서 발현되는 유전자의 발현 양상을 비교하고 분석할 때 사용된다.
- **효소면역측정법(ELISA)**과 **웨스턴 블롯(면역블롯)**은 항체를 이용하여 특정 단백질을 검출할 때 사용한다.
- **단백체학(proteomics)**은 유전체에서 발현한 모든 단백질을 연구하는 학문이다.
- **유전자 치료(gene therapy)**의 목적은 클로닝한 정상 유전자를 체세포에 삽입하여 결함 유전자를 대체하는 것이다. 반면 **유전자 편집(gene editing)**의 목적은 변이유전자를 직접 교정하거나 유전자 발현을 변경하는 것이다. 크리스퍼(CRISPR)-Cas9 기술은 낫적혈구빈혈 환자의 치료를 위해 혈구형성줄기세포에서 글로빈유전자를 교정하는 데 임상적으로 시험 중에 있다.
- 외부의 유전자(transgene)를 종자세포에 삽입하여 치료용 단백질을 생성하는 **형질전환 동물(transgenic animal)**을 제작하거나 인간 질환에 대한 모델로 **유전자삽입(KI)**, **유전자결손(KO)** 동물모델을 제작할 수 있다.

연습문제

가장 올바른 답을 하나만 고르시오.

34.1. HindIII는 제한효소이다. 다음 중 어느 서열이 이 효소에 의해 인식될 것인가?

A. AAGAAG
B. AAGAGA
C. AAGCTT
D. AAGGAA
E. AAGTTC

정답 = C. 대부분의 제한효소들은 이중가닥 DNA의 회문을 인식하며, 보기 중 AAGCTT만이 회문이다. 오직 단일가닥 DNA 서열만 보여줬기 때문에 상보가닥의 염기서열을 알아야 한다. 회문이 되기 위해서는 5′→3′ 방향으로 서로 읽을 때 두 가닥이 동일한 서열이어야 한다. 따라서 5′-AAGCTT-3′의 상보 또한 5′-AAGCTT-3′이다.

34.2 한 유대인 부모가 6개월 된 아들을 당신에게 데리고 와서 무기력, 미숙한 머리 가누기, 고정된 시선 등의 증상에 대하여 평가를 받고자 한다. 당신은 그 아이가 보통염색체 열성 유전병인 테이-삭스(Tay-Sachs)병에 걸렸다고 진단하였다. 이 부부는 딸도 있었다. 아래의 그림은 그 가족의 가계도와 함께 헥소사민화물분해효소 A 유전자와 밀접하게 관련되어 있는 RFLP의 서던 블롯을 나타내고 있다. 아래 중 딸의 상태에 대한 가장 정확한 기술은 어느 것인가?

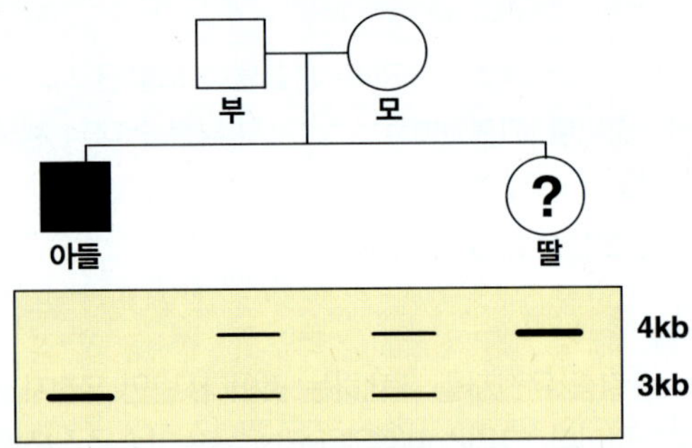

A. 그녀가 테이-삭스병에 걸릴 확률이 25%이다.
B. 그녀가 테이-삭스병에 걸릴 확률이 50%이다.
C. 그녀는 테이-삭스병에 걸려 있다.
D. 그녀는 테이-삭스병의 보인자다.
E. 그녀는 동종접합 정상인이다.

정답 = E. 아들이 걸렸기 때문에 생물학적으로 부모 둘 다 이 병의 보인자이다. 아들은 부모로부터 각각의 돌연변이 맞섬유전자를 받았을 것이다. 아들의 서던 블롯에서 단지 3 kb의 띠만을 보이기 때문에 이 병의 돌연변이 맞섬유전자는 부모의 3 kb 띠와 연관되어 있다. 정상 맞섬유전자는 양쪽 부모의 4 kb 띠와 연관되어 있다. 딸은 단지 양쪽 부모로부터 4 kb의 띠만을 받았기 때문에 헥소사민화물분해효소 A 유전자에 대해 동종접합 정상인이다.

34.3 어떤 의사가 각 환자에게 가장 적합한 화학요법을 개발하기 위하여 2가지의 다른 종양세포 유전자의 전반적인 발현 양상에 대해 분석하고자 한다. 다음 중 어떤 기법이 이 목적을 위해서 가장 적절한 것인가?

A. 효소면역측정법
B. 미세칩배열
C. 노던 블롯
D. 서던 블롯
E. 웨스턴 블롯

정답 = B. 미세칩배열 분석은 수천 개의 유전자 중 mRNA의 생성물(유전자 발현)을 한 번에 밝혀낼 수 있다. 노던 블롯은 단지 한 번에 하나의 유전자에서 생산된 mRNA를 측정한다. 웨스턴 블롯과 효소면역측정법은 단백질 생산과 유전자 발현을 측정하지만 한 번에 한 유전자만 가능하다. 서던 블롯은 DNA를 분석하기 위해 이용되며 DNA 발현과는 상관없다.

34.4 생후 2주 된 영아가 요소회로 결함으로 진단을 받았다. 효소분석 검사에서 요소회로 효소인 오니틴 카바모일기전달효소(OTC)의 활성이 보이지 않았다. 분자분석 검사에서 OTC에 대한 mRNA 생성물이 정상인과 동일하다는 것을 보여주었다. 다음 중 어느 분석기법을 사용하면 이 mRNA의 크기와 양을 가장 잘 분석할 수 있겠는가?

A. 다이데옥시 사슬 종료법
B. 노던 블롯
C. 중합효소사슬반응(PCR)
D. 서던 블롯
E. 웨스턴 블롯

정답 = B. 노던 블롯은 특정 세포나 조직에 존재하는(발현된) mRNA의 분석에 사용한다. 서던 블롯은 DNA 분석에 사용하고, 웨스턴 블롯은 단백질 분석에 사용한다. 다이데옥시 사슬 종료법(dideoxy chain termination)은 DMA 서열분석에 사용한다. PCR은 시험관에서 DNA 서열과 동일한 복사물을 증폭할 때 사용한다.

34.5 위의 환자는 중심원리(central dogma)의 어느 시기가 가장 영향을 받았겠는가?

정답 = 번역(translation). 정상적으로 mRNA가 생성되므로 유전자의 존재와 발현은 정상이다. 효소 활성의 결핍은 단백질 합성과정이 영향을 받았음을 의미한다.

35 혈액 응고

I. 개관

혈액 응고(coagulation)는 혈액량을 일정하게 유지하기 위해 손상된 혈관의 출혈을 빠르게 멈추도록 계획되어 있다. 혈액 응고는 혈소판 마개(clot, 일차 지혈)와 이 마개를 안정화하는 단백질 섬유소의 그물(meshwork)(이차 지혈)로 구성된 혈전(thrombus)의 형성을 통해 이루어진다. 혈소판 표면의 막 및 손상된 혈관과 관련하여 응고가 발생한다(그림 35.1). [참고: 속공간, lumen, 이 막히고 혈류가 방해되는 등 온전한 혈관 내 응고 발생시 혈전증, 심각한 조직 손상, 심지어 사망까지 발생할 수 있다. 예를 들어 심근경색(myocardial infarction, MI) 동안 일어나는 현상이다.] 혈관 복구가 진행되면 혈전 형성을 손상 부위로 제한하고 혈전을 제거하는 과정도 지혈의 필수적인 역할이다. [참고: 혈소판 마개와 섬유소그물(meshwork)의 형성에 대한 별도의 논의를 통해 나단계, 다성분 과정에 관해서 설명할 것이다. 그러나 이 둘은 지혈을 유지하기 위해 함께 작동한다.]

그림 35.1
혈관 손상부위에서 활성화된 혈소판 마개와 섬유소그물(meshwork)에 의해 형성된 혈전.

II. 이차지혈 섬유소그물 형성

섬유소그물(meshwork)의 형성은 혈소판 참여가 필요하며, 공통 경로를 형성하기 위해 수렴하는 외적 경로와 내적 경로인 두 가지 고유한 경로를 포함한다(그림 35.2). 각 경로에서 주요 구성 요소는 로마 숫자로 지정된 단백질(인자, factor[F]라고 함)이다. 일부 인자에는 추가 이름이 있다. 예를 들어 인자 I(FI)은 섬유소원(fibrinogen)이고 인자 II(FII)는 풋트롬빈(prothrombin)이다. 이러한 혈액 응고 인자들은 주로 간에서 합성되고 분비되는 당단백질이다.

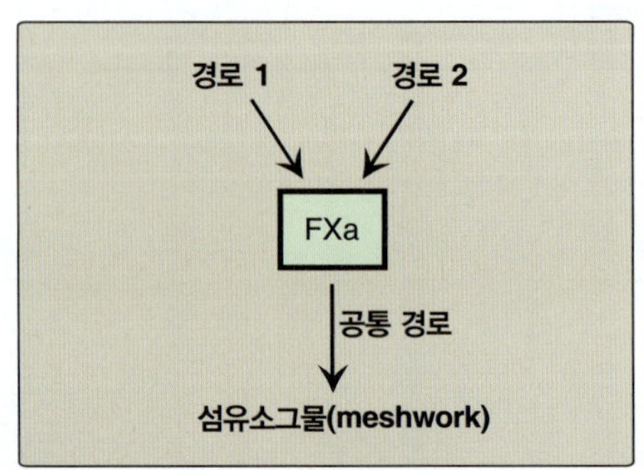

그림 35.2
섬유소그물(meshwork) 형성에 관련된 세 가지 경로. F = 인자; a = 활성.

A. 단백질분해 연쇄증폭(proteolytic cascade)

혈관 손상에 반응하여 불활성 효소원(zymogen) 단백질분해효소인 인자들은 단백질분해 절단과정을 통해 순차적으로 활성형으로 전환된다. 하나의 활성화 반응 단백질 생성물은 연쇄증폭에서 다음 절단과정을 시작한다. F의 활성형은 숫자 뒤에 소문자 "a"로 표시된다. 활성 단백질 FIIa (thrombin, 트롬빈이라고도 함)는 세린 단백질분해효소 계열 효소이며,

폴리펩타이드에서 아르지닌 또는 라이신 잔기의 카복실기 펩타이드 결합을 절단한다. 예를 들어 FIX는 FXIa에 의해 아르지닌 145 및 아르지닌 180에서 절단을 통해 활성화된다(그림 35.3). 하나의 활성 단백질분해효소가 많은 활성 생성물을 생산할 수 있고, 차례로 연쇄증폭에서 많은 다음 단백질 분자를 활성화할 수 있어서 단백질 분해 연쇄증폭반응은 엄청난 속도의 가속화를 초래한다. 단백질 분해가 없는 경우에는 단백질 형태 변화로 활성화될 수도 있다. 비단백질분해(nonproteolytic) 단백질은 경로에서 보조 단백질(cofactors, 보조인자)의 역할을 한다. FIII(조직 인자 [TF]라고도 함), FV, FVIII도 보조 단백질들이다.

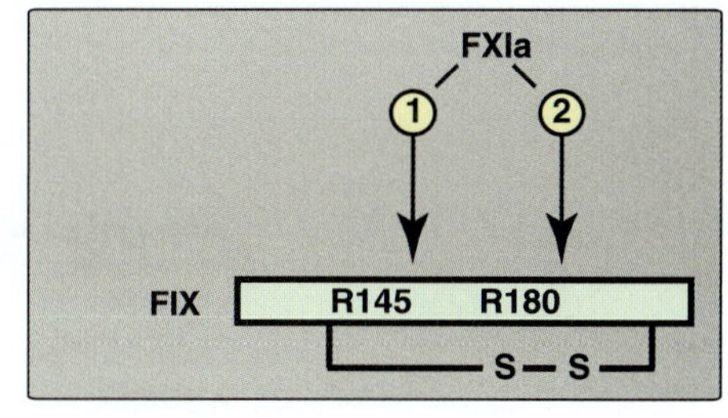

그림 35.3
세린 단백질분해효소 FXIa에 의한 단백질 분해를 통한 FIX 활성화. [참고: 활성화는 일부 요소의 구성 변화에 의해 발생할 수 있다.] F = 인자, a = 활성, R = 아르지닌.

B. 포스파티딜세린(phosphatidylserine)과 칼슘의 역할

음전하를 띤 인지질 포스파티딜세린(PS)과 양전하를 띤 칼슘 이온(Ca^{2+})의 존재는 응고 단계에서 일부 난계의 속도를 가속화한다.

1. **포스파티딜세린:** PS는 주로 혈장막의 세포속(세포질액의, cytosolic) 표면에 위치한다. 이것의 노출은 혈관을 따라 늘어선 내피세포에 대한 손상을 의미한다. PS 또한 활성화된 혈소판 표면에 노출된다.

2. **칼슘 이온:** Ca^{2+}는 혈액 응고 관련 세린 단백질분해효소(FII, FVII, FIX, FX) 중 네 가지에 존재하는 음전하를 띤 γ-카복시글루탐산염(γ-carboxyglutamate, Gla) 잔기와 결합하여 이들 단백질이 노출된 인지질에 결합하는 것을 촉진한다(그림 35.4). Gla 잔기는 인접한 두 음전하 카복실산 그룹 때문에 Ca^{2+}의 좋은 킬레이트화제(chelator)이다(그림 35.5). [참고: 시트르산소듐(= 구연산나트륨)과 같은 킬레이트화제는 채혈관이나 채혈 백에서 Ca^{2+}를 결합시켜 혈액 응고를 막는다.]

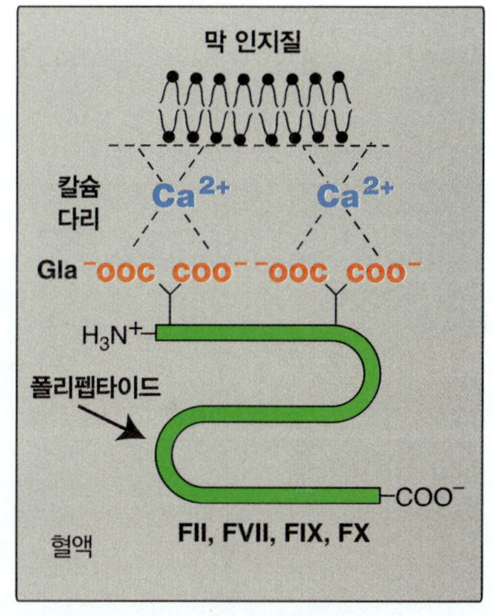

그림 35.4
Ca^{2+}는 γ-카복시글루탐산염(Gla) 함유 인자의 막 인지질 결합을 촉진한다. F = 인자.

C. γ-카복시글루탐산 잔기의 형성

γ-카복실화 형성은 9~12개의 글루탐산 잔기(표적 단백질의 아미노[N] 말단에서)가 γ 탄소에서 카복실화되어 Gla 잔기가 생성되는 번역후 변형(posttranslational modification)이다. 이 과정은 간세포의 거친면 세포질그물(RER) 내에서 일어난다.

1. **γ-카복실화:** 이 카복실화 반응은 단백질 기질, 산소(O_2), 이산화탄소(CO_2), γ-글루타밀 카복실화효소 및 보조효소로서 비타민 K의 하이드로퀴논형을 필요로 한다(그림 35.6). 반응에서 비타민 K의 하이드로퀴논 형태는 O_2가 물로 환원됨에 따라 에폭사이드 형태로 산화된다. 지용성 비타민인 음식 비타민 K(437쪽 참조)는 비타민 K 환원효소에 의해 퀴논 형태에서 하이드로퀴논 보조효소 형태로 환원된다(그림 35.7).

2. **와파린에 의한 억제:** Gla 잔기의 형성은 비타민 K 에폭사이드 환원효소(VKOR)를 억제하는 비타민 K의 합성 유사체인 와파린의 억제에 민감하다. RER 막의 필수 단백질인 환원효소는 γ-카복실화 반응에서 생성된 에폭사이드 형태로부터 기능성 하이드로퀴논 형태의 비타민 K를 재생하기 위해 필요하다. 따라서 와파린과 관련 약물들은 비타민 K

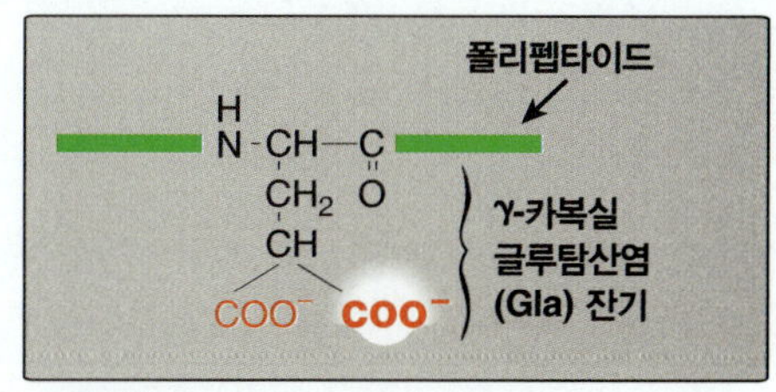

그림 35.5
Gla 잔기.

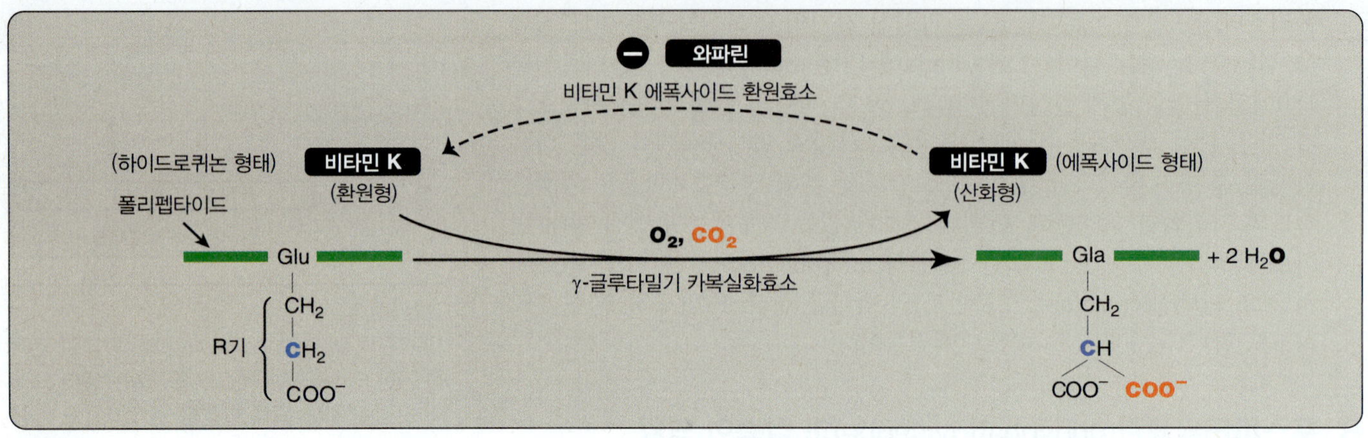

그림 35.6
γ-글루타밀기 카복실화효소를 필요로 하는 비타민 K에 의해 글루탐산(Glu) 잔기를 γ-카복실화(Gla)로 전환한다. γ 탄소는 *파란색*으로 표시되어 있다. O_2 = 산소, CO_2 = 이산화탄소.

대항제 역할을 함으로써 응고를 억제하는 항응고제 역할을 한다. 와파린은 응고(clot) 형성을 제한하기 위해 치료용으로 사용된다. [참고: 와파린은 또한 쥐약에도 상업적으로 사용된다. 위스콘신 대학교 동문 연구 재단(Wisconsin Alumni Research Foundation)에 의해 개발되어 Warfain 이름이 붙여졌다.]

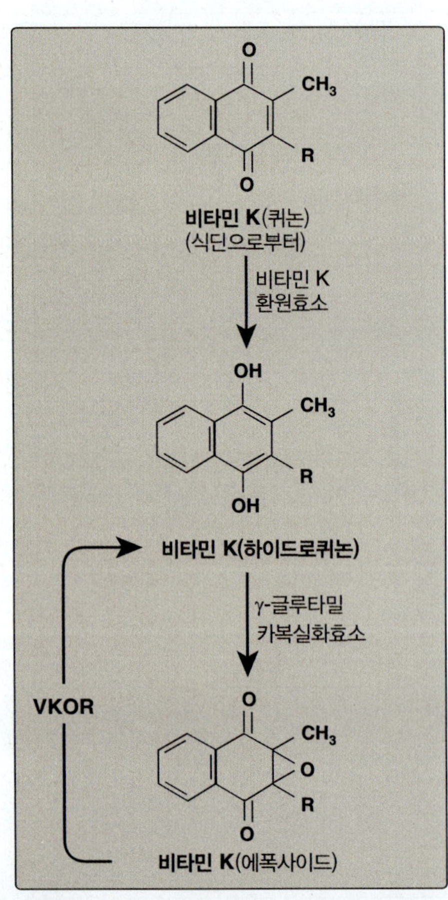

그림 35.7
비타민 K 순환. VKOR = 비타민 K 에폭사이드 환원효소.

D. 경로(pathways)

두 가지 경로가 섬유소그물(meshwork)의 형성을 시작할 수 있다: 외인성 경로와 내인성 경로는 섬유소 응고를 생성하기 위해 공통 경로로 수렴한다. 외인성 경로와 내인성 경로 모두에 의한 FXa의 생성은 공통 경로를 유발한다(그림 35.2 참조).

1. **외인성(extrinsic) 경로:** 이 경로는 일반적으로 혈액에 있지 않지만, 혈관이 손상되었을 때 노출되는 단백질인 TF를 포함한다. TF 또는 FIII는 혈관 내피밑(subendothelium)에 풍부한 막통과 당단백질이다. 이는 혈관외 부속단백질(accessory protein)이지 단백질분해효소는 아니다. TF를 혈액에 빠르게 노출시키는 모든 손상은 외인성 또는 TF 경로를

임상적응증 35.1: 와파린 반응

VKOR(VKORC1)의 촉매 소단위 1에 대한 유전자의 유전적 차이(유전형)는 와파린에 대한 환자 반응에 영향을 미친다. 예를 들어, 유전자 촉진자 부위 다형성(562쪽 참조)은 유전자 발현을 감소시켜 VKOR을 덜 만들어 치료 수준을 얻기 위한 와파린을 더 적게 필요로 한다. 와파린을 대사하는 사이토크롬 P450 효소(CYP2C9)의 다형성도 알려져 있다. 2010년 미국 식품의약국(FDA)은 와파린 약품 표지에 유전형을 기반으로 한 복용량 표를 추가했다. 약물에 대한 개인 반응에 대한 유전적 영향은 약물유전학(pharmacogenetics)으로 알려져 있다.

개시한다. 일단 노출되면, TF는 순환 Gla-함유 단백질인 FVII와 결합하여 입체형태 변화를 통해 활성화한다. [참고: FVII는 트롬빈(아래 3. 참조) 또는 다른 세린 단백질분해효소에 의해 단백질 분해로 활성화될 수도 있다.] FVII-TF 복합체 활성화에는 Ca^{2+}와 인지질이 필요하다. 그런 다음 TF-FVIIa 복합체는 단백질 분해를 통해 FX를 결합하고 활성화한다(그림 35.8). 따라서 외인성 경로에 의한 FX의 활성화는 세포막과 관련하여 일어난다. FXa는 FIIa(트롬빈)를 생성하기 위해 FII(픗트롬빈)의 공통 경로 활성화를 촉진한다. 외인성 경로는 FXa 의존적 과정에서 TF-FVIIa 복합체에 결합하고 FXa의 추가 생성을 방지하는 조직인자 경로 억제제(TFPI)에 의해 빠르게 불활성화된다.

2. **내인성(intrinsic) 경로:** 내인성 경로에 관련된 모든 단백질 인자는 혈액에 존재하므로 혈관 내의 반응이다. 내인성 경로에 의해 FX에서 FXa의 활성화로 이어지는 일련의 사건들은 트롬빈에 의해 시작된다. 트롬빈은 FXI를 FXIa로 전환하고, FXIa는 Gla를 함유한 세린 단백질분해효소인 FIX를 활성화한다. FIXa는 FVIIIa(혈액-유래 부속단백질)와 결합하며, 이 복합체는 또 다른 Gla-함유 세린 단백질분해효소인 FX를 활성화한다(그림 35.9). [참고: FIXa, FVIIIa, FX를 포함하는 복합체는 노출된 음전하 막영역을 형성하며, 여기서 FX는 FXa로 활성화된다. 이 복합체를 Xase라고 부르기도 한다. 복합체가 막 인지질에 결합하려면 Ca^{2+}가 필요하다.]

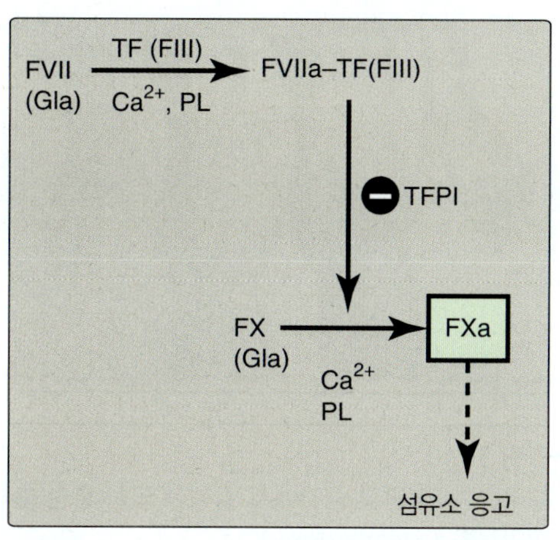

그림 35.8
외인성 또는 조직 인자(TF) 경로. 노출된 TF(FIII)에 FVII가 결합하면 FVII가 활성화된다. [참고: 경로는 조직 인자 경로 억제제(tissue factor pathway inhibitor(TFPI)] F = 인자, Gla = γ-카복시글루탐산염, Ca^{2+} = 칼슘, PL = 인지질, a = 활성.

> TFPI에 의한 외인성 경로의 불활성화는 FXa의 지속적인 생산을 위한 내인성 경로 의존을 유발한다. 이는 혈우병 환자가 온전한 외인성 경로를 가지고 있음에도 불구하고 피를 흘리는 이유를 설명하고 있다.

3. **공통 경로:** 내적 경로와 외적 경로 모두에 의해 생성된 FXa는 공통 경로를 개시하고, 그림 35.11에 보인 것과 같이 연속 반응으로 섬유소(FIa)의 생성을 유발한다. FXa는 FVa(혈액-유래 보조단백질)와 결합하며, Ca^{2+} 및 인지질이 존재하는 곳에서 픗트롬빈분해효소라고 하는

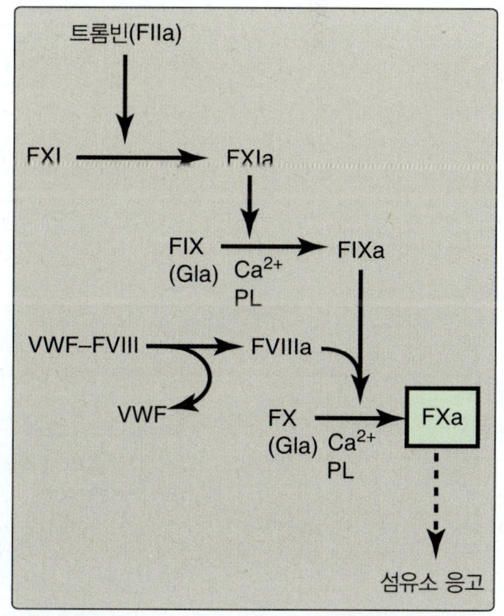

그림 35.9
내인성 경로의 FX 활성화 단계. [참고: 본빌레브란드 인자(VWF)는 순환 중 FVIII를 안정화한다.] Gla = γ-카복시글루탐산염, PL = 인지질, a = 활성, F = 인자, Ca^{2+} = 칼슘.

임상적응증 35.2: 혈우병(Hemophilia)

혈우병은 응고 능력 결함으로 인한 응고병증(coagulopathy)이다. 전체 혈우병의 80%를 차지하는 A형 혈우병은 FVIII의 결핍에서 비롯되는 반면, FIX의 결핍은 B형 혈우병을 유발한다. 각각의 결핍은 응고 능력이 저하되거나 지연되는 것으로 특징지어지며 비정상적으로 부서지기 쉬운 응고를 형성된다. 이는 예를 들어 관절에 출혈을 일으켜 나타날 수 있다(그림 35.10). 인자 결핍 정도가 질병 심각성을 결정한다. 현재 혈우병에 대한 치료법은 FVIII 또는 FIX를 사용한 응고 인자 대체 치료법이다. 그러나 응고 인자에 대한 항체는 변화될 수 있다. 유전자 치료가 최종 목표이다. 두 단백질의 유전자는 X 염색체에 존재하기 때문에 혈우병은 X-연관 질환이라고 한다. [참고: FXI 결핍은 때때로 혈우병 C라고 불리는 출혈질환을 초래한다.]

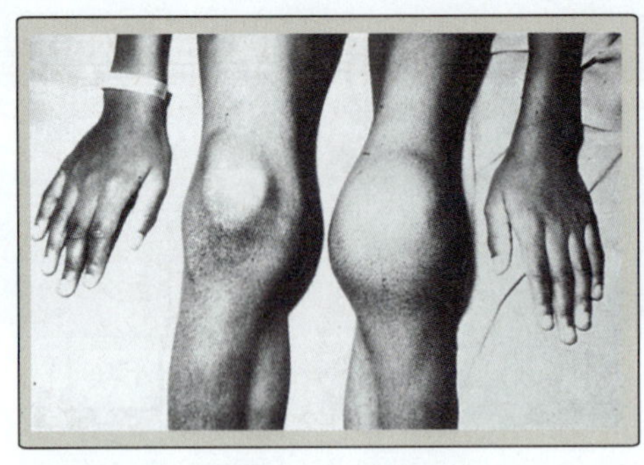

그림 35.10
혈우병 환자 관절 공간에서 발생한 급성 출혈(출혈관절증, hemarthrosis).

막결합 복합체를 형성한다. 복합체는 풋트롬빈(FII)을 트롬빈(FIIa)으로 절단한다. [참고: FVa는 FXa의 단백질 분해 활성을 강화한다.] FII에서 Gla 잔기에 Ca^{2+}의 결합은 FII가 막과 풋트롬빈분해효소 복합체에 결합하는 것을 촉진하고, 이후 FIIa로 절단된다. 절단은 Gla를 함유한 부위를 잘라내어 막에서 FIIa를 방출하여 혈액에서 섬유소원(FI)을 활성화시킨다. [참고: 이것은 Gla-함유 펩타이드 방출을 초래하는 Gla 단백질 절단의 유일한 예이다. 펩타이드는 간으로 이동하며, 그곳에서 응고 단백질의 생성을 증가시키는 신호로 작용하는 것으로 생각된다.] FXa에 대한 구강 복용하는 직접 억제제는 항응고제로 임상적응증이 승인되었다. 이 약물은 와파린과는 달리, 더 빠른 작용과 더 짧은 반감기를 가지고 있으며, 일상적 감시가 필요하지 않은 장점이 있다.

> FII에 대한 유전자의 3′ 비번역 영역에 있는 뉴클레오타이드 20210 자리에서 아데닌(A)이 구아닌(G)을 대체하는 공통 점돌연변이(G20210A)는 혈액내 FII 수치를 증가시킨다. 이로 인해 혈전성향(thrombophilia)이 나타나는데, 이 질환은 혈전생성 성향의 증가가 특징이다.

a. 섬유소원이 섬유소(fibrin)로 절단됨: 섬유소원(때때로 FI라고 지칭함)은 간에서 만들어지는 수용성 당단백질이다. 이 당단백질은 이황화결합에 의해 N 말단에서 함께 결합된 3개의 다른 폴리펩타이드 사슬([αβγ]$_2$)의 이합체로 구성되어 있다. α 및 β 사슬의 N 말단은 세 개의 구형 영역 중심에서 "뭉치(tufts)"를 형성한다(그림 35.12). 뭉치는 음전하를 띠며 섬유소원 분자 사이에 반발력을 일으킨다. 트롬빈(FIIA)은 하전된 뭉치(섬유소 펩타이드 A와 B를 방출)를 절단하고 FIa(섬유소)가 된다. 전하 손실의 결과로, 섬유소 단일체는 엇갈린 배열로 비공유결합할 수 있고, 부드러운(용해성) 섬유소 응고(clot)를 형성된다.

b. 섬유소 교차결합: 연관된 섬유소 분자는 공유결합되어 부드러운 응

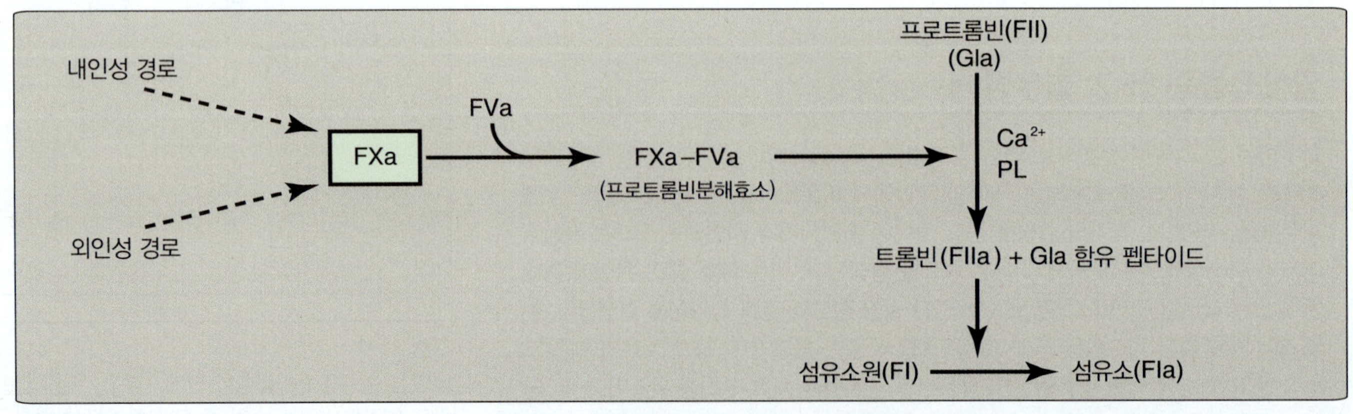

그림 35.11
FXa에 의한 섬유소 생성과 공통 경로(common pathway). F = 인자, Gla = γ-카복시글루탐산염, PL = 인지질, a = 활성, Ca^{2+} = 칼슘.

고를 단단한 응고로 전환시킨다. 글루타민라이신결합효소인 FXIIIa는 아이소펩타이드 결합 형성 및 암모니아 방출을 통해 한 섬유소 분자 글루타민 잔기의 γ-카복사마이드를 다른 섬유소 분자내 라이신 잔기의 ε-아미노기와 공유결합한다(그림 35.13). [참고: FXIII는 트롬빈에 의해서도 활성화된다.]

c. **트롬빈의 중요성:** 외인성 경로에 의한 FX의 활성화는 트롬빈의 초기 활성화를 초래하는 FXa의 "점화(spark)"를 제공한다. 그런 다음 트롬빈(FIIa)은 공통(FV, FI, FXIII), 내인성(FXI, FVIII), 외인성(FVII) 경로의 인자들을 활성화한다(그림 35.14). 외인성 경로는 FXa의 생성에 의해 응고를 시작하고, 내인성 경로는 외인성 경로가 TFPI에 의해 억제된 후 응고를 증폭 및 유지한다. [참고: 히루딘, Hirudin,은 약용 거머리 침샘에서 분비되는 펩타이드로서 강력한 직접 트롬빈 억제제(direct thrombin inhibitor, DTI)이다. 주입식 재조합 히루딘은 임상용으로 승인되었다. 다비가트란(dabigatran)은 구강 복용 DTI이다.] 응고 경로 사이의 추가적인 상호작용(cross talk)은 FVIIa-TF 매개 내인성 경로 및 FXIIa-매개 외인성 경로 활성화에 의해 이루어진다. 단단한 섬유소 응고 형성을 통한 생리적 혈액 응고의 전체 그림은 그림 35.15와 같다. 응고 연쇄증폭 인자들은 그림 35.16에 기능별로 정리되어 있다.

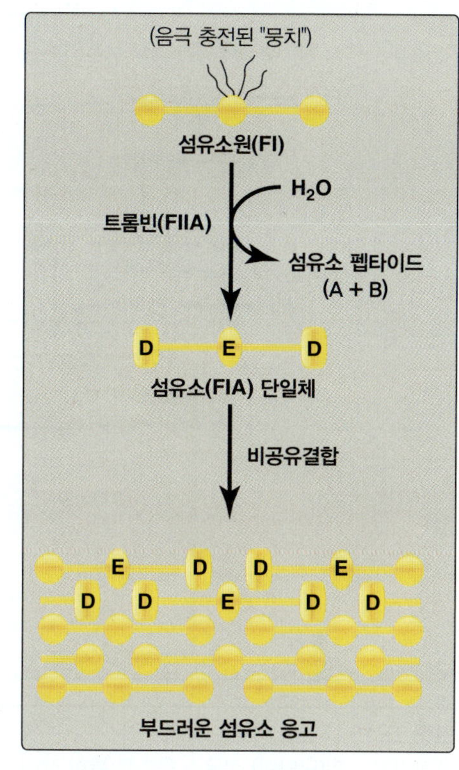

그림 35.12
섬유소원을 섬유소로 전환하고 부드러운 섬유소 응고가 형성된다. [참고: D 및 E는 단백질에 있는 결절 영역 참조.]

임상 검사실 검사들은 공통 경로를 통한 외인성 경로의 기능을 평가할 수 있다. 공통 경로는 트롬보플라스틴을 활용한 풋트롬빈 시간(PT), 국제 표준 비율(international normalized ratio, INR) 및 공통 경로를 통한 내인성 경로(활성형 트롬보플라스틴시간, aPTT)를 통해 평가할 수 있다. 트롬보플라스틴은 인지질 + FIII의 조합이다. 유도체인 부분 트롬보플라스틴은 FIII가 내인성 경로를 활성화하는 데 필요하지 않기 때문에 인지질 부분만 포함한다.

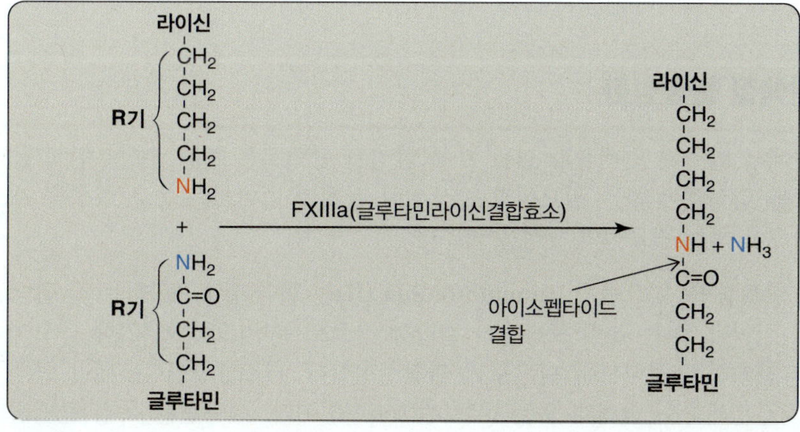

그림 35.13
섬유소의 교차결합. FXIIIa는 라이신과 글루타민 잔기 사이에 공유 아이소펩타이드 결합을 형성한다. F = 인자, NH_3 = 암모니아.

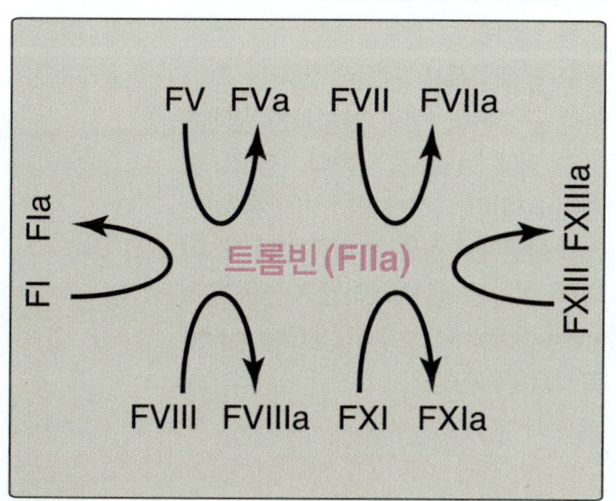

그림 35.14
섬유소 응고 형성에 있어 트롬빈의 중요성 a = 활성, F = 인자.

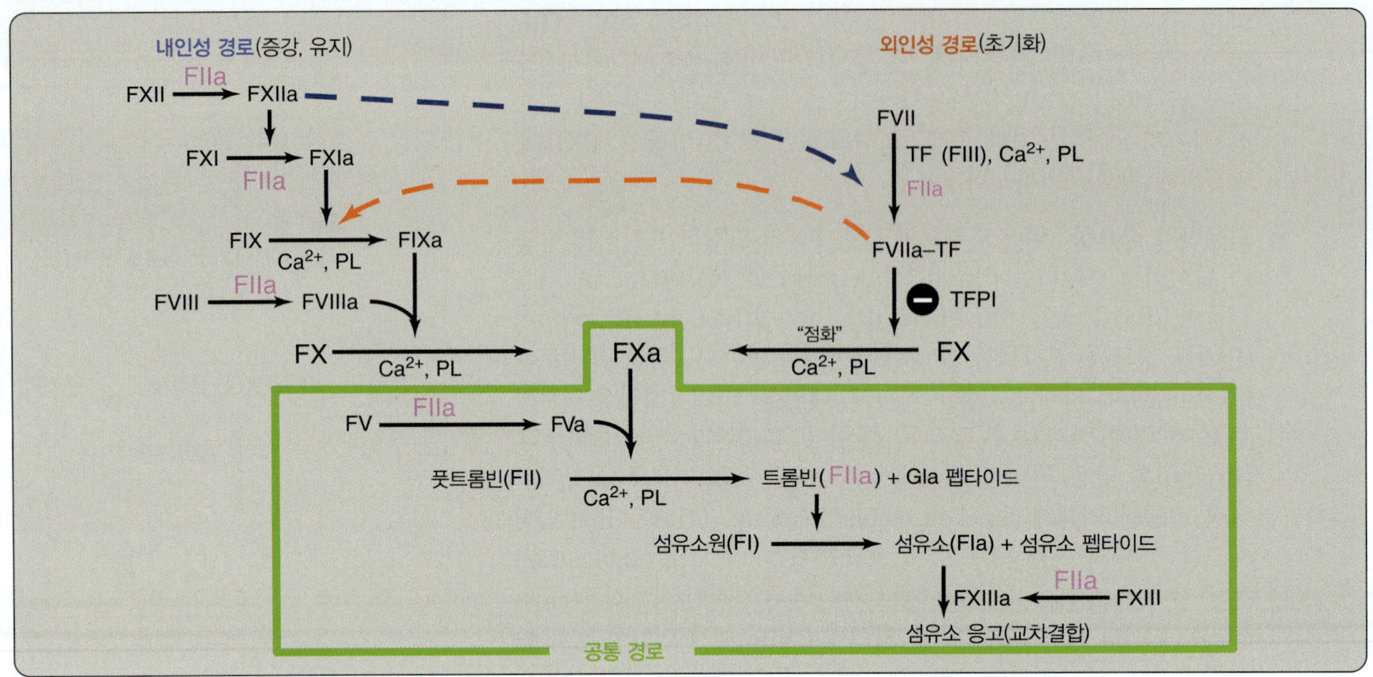

그림 35.15
교차결합을 한(단단한) 섬유소 응고를 통한 생리적 혈액 응고의 전체 그림. a = 활성, F = 인자, TF = 조직 인자, TFPI = 조직 인자 경로 억제제, PL = 인지질, Ca^{2+} = 칼슘; Gla = γ-하이드록시글루탐산염.

세린 단백질분해효소
II, VII, IX, X, XI, XII

Gla를 함유한 단백질분해효소
II, VII, IX, X

부속 단백질
III, V, VIII

그림 35.16
응고 연쇄증폭의 단백질 인자는 기능별로 구성되어 있다. 활성화된 형태는 숫자 뒤에 "a"로 표시된다. [참고; 칼슘이 IV이다. VI는 없다. I(섬유소)는 단백질분해효소도 부속 단백질도 아니다. XIII는 글루타미닐기전달효소(transglutaminase)이다.] Gla = γ-카복시글루탐산염.

III. 응고 제한

복구과정이 진행되면 손상부위 내 응고 제한(항응고) 및 응고 제거 능력(섬유소분해)은 지혈의 매우 중요한 측면이다. 이러한 작용은 응고 인자에 결합하거나 혈액에서 제거하여 분해함으로써 응고 인자를 불활성화하는 단백질에 의해 수행된다. 또한 섬유소그물 구조를 분해시키는 단백질에 의해서도 수행된다.

A. 단백질 불활성화

간에서 합성된 단백질과 혈관 자체 합성된 단백질은 혈관 손상부위에 응고를 형성해야 하는 필요성과 손상부위 경계를 넘어서는 응고 형성을 제한해야 하는 필요성의 균형을 맞춘다.

1. **항트롬빈:** 항트롬빈 III(antithrombin III)는 혈액에서 순환하는 간 단백질이다. 이는 유리 트롬빈과 결합해 간으로 운반(그림 35.17)해 응고에 참여하지 못하도록 함으로써 불활성화한다. [참고: ATII는 세린 단백질분해효소 억제제 또는 "세르핀(serpin)"이다. 세르핀은 특정 단백질분해효소가 결합하는 반응성 고리(loop)를 포함한다. 일단 결합되면, 단백질분해효소는 세르핀에서 펩타이드 결합을 절단하여 공유 복합체에 효소를 가두는 입체형태 변화를 일으킨다. α1-항트립신(55쪽 참조)

FIIa ATIII, 헤파린 → FII–ATIII–헤파린 → FII–ATIII + 헤파린
(혈액으로) (간으로)

그림 35.17
항트롬빈 III(ATIII)의 결합 및 간으로의 이송에 의한 FIIa(트롬빈)의 불활성화. [참고: 헤파린은 FIIAa에 대한 ATIII의 친화력을 증가시킨다.] a = 활성, F = 인자.

도 세르핀이다.] ATIII가 혈관 관련 비만세포(mast cell)가 손상 반응으로 방출되는 세포속 아미노당글리칸(181쪽 참조)인 황산헤파란에 결합할 때 트롬빈에 대한 ATII의 친화력은 크게 증가한다. 항응고제인 헤파린은 응고 형성을 제한하기 위해 치료용으로 사용된다. [참고: 작용이 느리고, 반감기가 길며, 경구투여를 하는 항응고제 와파린과 달리 헤파린은 작용이 빠르고 반감기가 짧아 정맥주사가 필요하다. 두 가지 약물은 혈전증 치료 및 예방에 일반적으로 중복적으로 사용된다.] ATIII는 또한 FXa 및 다른 혈전형성 세린 단백질분해효소들인 FIXa, FXIa, FXIIa, FVIIa 및 FVIIa-TF 복합체를 불활성화한다. [참고: ATIII는 헤파린의 소당 형태 내에서 특정 오당(pentasaccharide)에 결합한다. FIIA의 억제는 소당 형태를 필요로 하는 반면, FXa의 억제는 오당 형태만을 필요로 한다. 오당의 합성 버전인 폰다파리눅스(fondaparinux)는 FXa를 억제하기 위해 임상적으로 사용된다.]

2. **단백질 C-단백질 S 복합체:** 단백질 C는 간에서 만들어진 순환형 Gla-포함 단백질이며, 트롬보모듈린(thrombomodulin)과 복합체를 형성한 트롬빈에 의해 활성화된다. 내피세포의 일체형 막 당단백질인 트롬보모듈린은 트롬빈에 결합하여 섬유소원에 대한 트롬빈의 친화력을 감소시키고 단백질 C에 대한 친화력을 증가시킨다. Gla-함유 단백질인 단백질 S와 복합체를 이루는 단백질 C는 FXa의 최대 활성에 필요한 부속 단백질 FVa와 FVIIIa를 절단하는 활성 단백질 C(activated protein C, APC) 복합체를 형성한다(그림 35.18). 단백질 S는 APC를 응고에 고정하도록 돕는다. 트롬보모듈린은 트롬빈 활성을 조절해 응고 단백질에서 항응고 단백질로 전환해 응고 정도를 제한한다. 응고 인자 V 라이덴은 506번 위치에서 아르지닌을 대체하는 글루타민과 APC에 대한 내성을 가진 FV의 돌연변이 형태이다. 백인 인구에서 가장 높은 빈

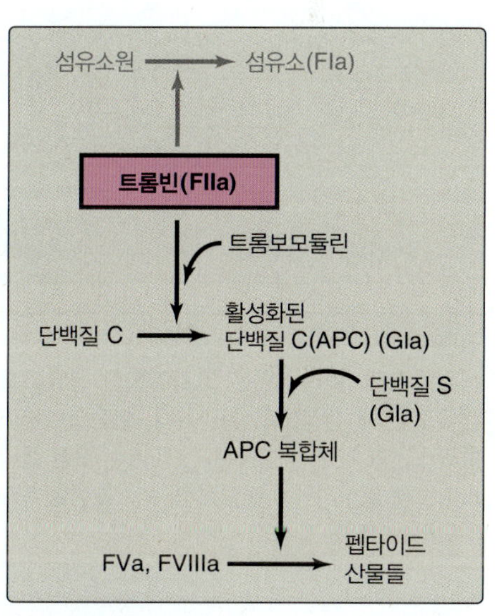

그림 35.18
APC 복합체 형성 및 작용. Gla = γ-카복시글루탐산염, a = 활성, F = 인자.

임상적응증 35.3: 혈전성향(Thrombophilia)

혈전성향(과다응고경향)은 단백질 C, S, ATIII의 결핍뿐만 아니라 FV 라이덴의 존재 및 트롬빈의 과잉 생성(G20210A 돌연변이)으로 인해 발생할 수 있다. 혈전성향의 또 다른 형태는 항인산지질 항체에 의해 유발된다. 루푸스(lupus)와 같은 자가면역질환을 가진 사람들에게서도 나타난다. [참고: 다리의 깊은정맥혈전증(deep venous thrombosis, DVT)은 혈전 또는 일부 혈전 조각이 잘려져 폐로 이동하며 순환을 차단할 경우 폐색전증(pulmonary embolism, PE)을 유발할 수 있다.]

도를 가진 미국내 혈전성향(thrombophilia)의 가장 흔한 유전적 원인이다. 이종접합자는 정맥 혈전증 위험이 7배 증가하는 것으로 추정되며, 동종접합자는 최대 50배까지 증가한다. [참고: FV 라이덴을 가진 여성은 임신 중이나 에스트로젠을 복용할 때 혈전증의 위험이 훨씬 더 크다.]

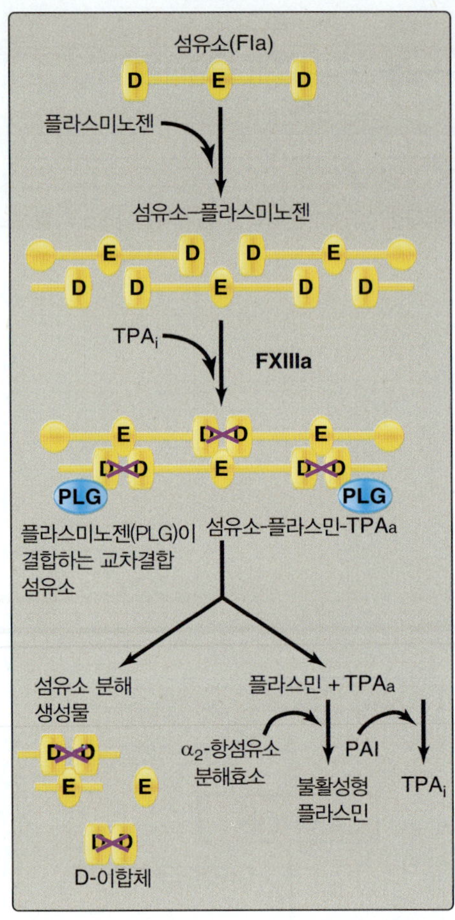

그림 35.19
섬유소분해. 플라스민은 교차결합한 섬유소를 섬유소 분해 생성물로 절단한다. 혈전으로부터 플라스민과 TPA가 방출된다. TPA = 조직 플라스미노젠 활성자, i = 불활성형, a = 활성형, PAI = 플라스미노젠 활성자 억제제.

B. 섬유소분해(fibrinolysis)

혈액 응고물은 일단 상처 치료가 시작되면 제거되어야 하는 일시적인 패치이다. 섬유소 피떡은 단백질분해효소인 플라스민(섬유소분해효소, plasmin)에 의해 섬유소 분해 생성물로 절단된다(그림 35.19). (참고: 플라스민의 작용에 의해 방출되는 두 개의 교차결합 D 영역을 포함하는 섬유소 분해 생성물인 D-dimer의 측정을 통해 응고 정도를 검사할 수 있다.) 플라스민은 플라스미노젠(plasminogen) 활성자에 의해 플라스미노젠으로부터 생성되는 세린 단백질분해효소이다. 간에 의해 순환계로 분비되는 플라스미노젠은 섬유소에 결합하고 혈액응고가 되면서 피떡에 결합된다. 혈관 내피세포에 의해 만들어지고 트롬빈에 반응하여 불활성 형태로 분비되는 조직 플라스미노젠 활성자(tissue plasminogen activator, TPA, t-PA)는 섬유소-플라스미노젠에 결합할 때 활성화된다. 결합한 플라스민 및 TPA_a는 각각 억제제인 α_2-항플라스민 및 플라스미노젠 활성자 억제제로부터 보호된다. 섬유소 피떡이 용해되면 플라스민 및 TPA_a를 억제제로 사용할 수 있게 된다. 치료용 섬유소분해는 때때로 재조합 DNA 기술에 의해 만들어진 상업적 이용이 가능한 TPA로 치료할 수 있다. 이는 현재 허혈성 뇌졸중(ischemic stroke)에 주로 사용된다. 기계적 응고 제거(thrombectomy, 혈진제거술)가 심근경색증, MI, 치료를 위해 더 일반적으로 사용된다. 요로인산화효소(urokinase)는 다양한 조직에서 만들어진 플라스미노젠 활성자[u-PA]이며, 원래 소변에서 분리되었다. 세균로부터 사슬알균인 산화효소(streptokinase)는 유리형 및 섬유소-결합 플라스미노젠을 모두 활성화한다.

> 플라스미노젠은 단백질-단백질 상호작용을 매개하는 영역(크린글, kringle)으로 알려진 구조적 구조요소를 포함한다. 지단백질(a)(Lp[a])은 크링글 영역도 포함하고 있기 때문에 Fla에 결합하기 위해 플라스미노젠과 경쟁한다. 섬유소 분해를 억제할 수 있는 잠재력은 심혈관 질환의 위험 증가와 상승된 Lp(a) 연관성의 기초가 될 수 있다(262쪽 참조).

적혈구
백혈구
혈소판

그림 35.20
혈소판, 혈구 및 백혈구의 크기 비교.

IV. 일차 지혈-혈소판 마개(Plug) 형성

혈소판(thrombocytes)은 손상된 내피의 노출된 아교질에 달라붙어 활성화되고 응집되어 혈소판 마개를 형성하는 거대핵세포들의 파편이다(그림 35.20 및 그림 35.1 참조). 혈소판 마개 형성은 출혈에 대한 첫 번째 반응이기 때문에 일차 지혈이라고 불린다. 건강한 성인의 경우 혈액 μL당 혈소판이 15만~45만

개 있다. 이들의 수명은 최대 10일이며, 이후 간과 비장에 의해 흡수되어 파괴된다. 혈소판 수와 활동을 측정하기 위한 임상 검사실 검사가 제공된다.

A. 접착(adhesion)

혈소판이 혈관 손상부위에서 노출된 아교질에 부착되는 것은 단백질인 본빌레브란드 인자(VWF, von Willebrand factor)에 의해 매개된다. VWF는 아교질에 결합하고, 혈소판은 혈소판 표면의 막 수용체 복합체(GPIb-V-IX)의 구성 요소인 당단백질 Ib(GPIb)를 통해 VWF에 결합한다(그림 35.21). VWF에 결합하면 혈소판의 전방 이동이 중지된다. [참고: VWF 수용체 결핍은 혈소판 접착 감소로 인한 질환인 베르나르-술리에(Bernard-Soulier) 증후군을 초래한다.] VWF는 혈소판에서 방출되는 당단백질이다. 이는 또한 내피세포에 의해 만들어지고 분비된다. 혈소판이 아교질에 결합하는 것을 매개하는 것 외에도, VWF는 또한 FVIII에 결합하고 안정화한다. 핏줄 VWF의 결핍은 가장 흔한 유전성 응고병증인 본빌레브란드병(VWD)을 초래한다. VWD는 혈소판이 아교질에 결합하는 것이 감소하고 FVIII의 결핍으로 인해 발생한다. 혈소판은 또한 막 수용체 당단백질 VI(Glocoprotein VI, GPVI)를 통해 아교질에 직접 결합할 수 있다. 일단 접착하면 혈소판이 활성화된다. [참고: 내피 손상도 TF를 노출하여 혈액 응고 및 FX 활성화의 외인성 경로를 개시한다(그림 35.8 참조).]

B. 활성화(activation)

일단 손상부위에 달라붙으면 혈소판은 활성화된다. 혈소판 활성화는 혈소판이 α 및 δ(또는 촘촘한) 저장 과립의 내용물을 분비하는 과정인 형태(모양) 변화와 분해 과정을 포함한다. 활성화된 혈소판은 또한 PS를 표면에 노출시킨다. PS의 외부 노출은 뒤섞기효소(scramblase)로 알려진 Ca^{2+} 활성 효소에 의해 매개되며, 이 효소는 안쪽뒤집기효소(flippase, 235쪽 참조)에 의해 생성된 막 비대칭을 파괴시킨다. 트롬빈은 가장 강력한 혈소판 활성제이다. 트롬빈은 혈소판 표면에 있는 G단백질-결합 수용체(GPCR)의 일종인 단백질분해효소 활성화 수용체에 결합하고 활성화한다(그림 35.22). 트롬빈은 주로 Gq 단백질과 관련이 있으며(236쪽 참조), 인지질분해효소 C의 활성화와 다이아실글리세롤(DAG) 및 삼인산이노시톨(IP_3)의 증가를 초래한다. [참고: 트롬보모듈린은 트롬빈의 결합을 통해 혈소판 활성화를 위한 트롬빈의

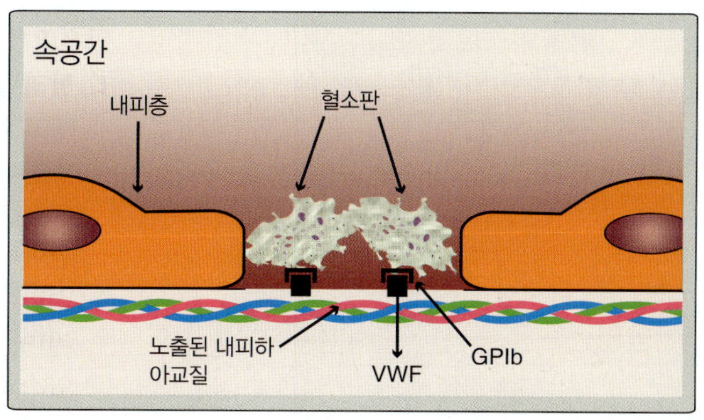

그림 35.21
당단백질 Ib 수용체(GPIb)를 통한 혈소판의 본빌레브란드 인자(VWF) 결합. VWF는 손상부위의 노출된 아교질에 결합되어 있다.

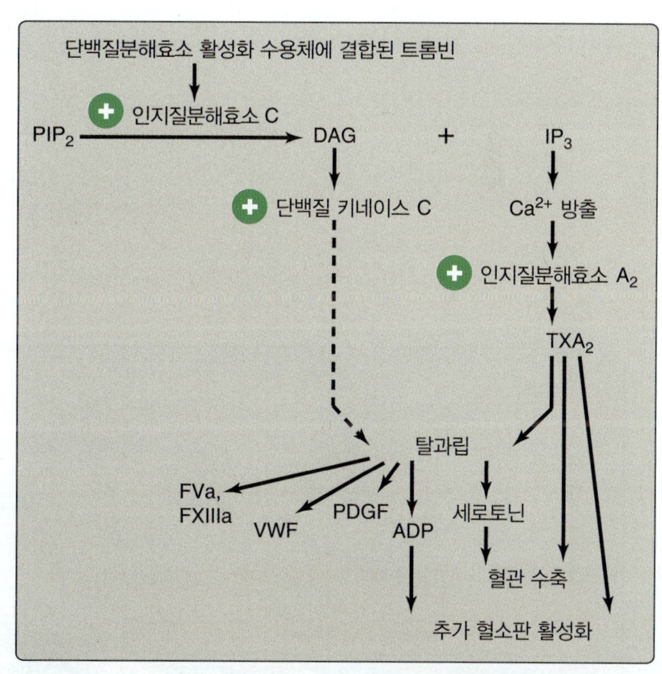

그림 35.22
트롬빈에 의한 혈소판 활성화. [참고: 단백질 가수분해효소 활성화 수용체는 G 단백질 결합 수용체의 한 종류이다.] PIP_2 = 4,5-이중인산포스파티딜이노시톨, DAG = 다이아실글리세롤, IP_3 = 삼인산이노시톨, Ca^{2+} = 칼슘, TXA_2 = 트롬복세인 A_2, ADP = 이인산아데노신, PDGF = 혈소판 유래 성장 인자, VWF = 본빌레브란드 인자.

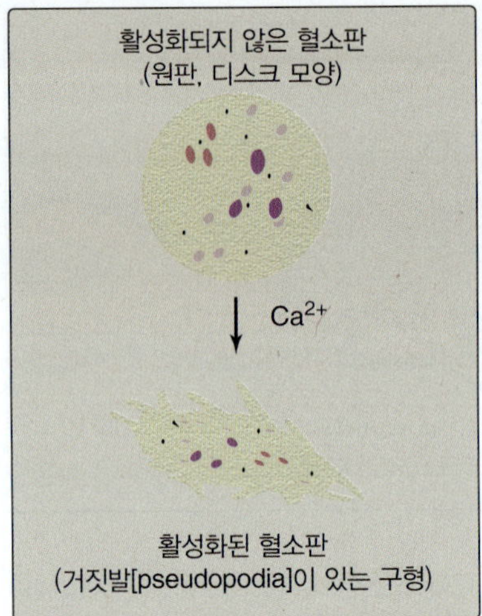

그림 35.23
활성화된 혈소판은 칼슘(Ca^{2+})이 개시한 형태 변화를 겪는다.

가용성을 감소시킨다(그림 35.18 참조).]

1. **탈과립(degranulation)**: DAG는 탈과립의 주요 과정인 단백질 인산화효소 C를 활성화한다. IP_3는 (밀집 과립으로부터) Ca^{2+}의 방출을 유발한다. Ca^{2+}는 인지질분해효소 A_2를 활성화하여 막 인지질을 절단하고 고리산소화효소-1(cyclooxygenase, COX-1)에 의해 활성화된 혈소판에서 트롬복세인 A_2(TXA_2)의 합성을 위한 기질인 아라키돈산을 생성한다(244쪽 참조). TXA_2는 혈관수축을 유발하고, 탈과립을 증가시키며, 혈소판 GPCR에 결합하여 추가적인 혈소판 활성화를 유발한다. 아스피린이 불가역적으로 COX를 억제하고 결과적으로 TXA_2 합성을 억제하며 항혈소판제로 지칭된다는 것을 기억하라. 또한 탈과립은 고밀도 과립으로부터 세로토닌과 이인산아데노신(ADP)을 방출한다. 세로토닌은 혈관수축을 일으킨다. ADP는 혈소판의 표면에 있는 GPCR에 결합하여 추가적인 혈소판을 활성화한다. (참고: 클로피도그렐과 같은 일부 항혈소판제는 ADP 수용체 대항제이다.) 혈소판 유래 성장 인자(상처 치유에 관여), VWF, FV, FXIII 및 섬유소원은 α-과립에서 방출되는 다른 단백질들 중 하나이다. [참고: 내피세포와 혈소판을 포함한 다양한 유형의 세포에 의해 합성되는 에터 인지질[ether phospholipid, 233쪽 참조]인 혈소판 활성화 인자(PAF)는 혈소판 표면에 PAF 수용체(GPCR)를 결합하여 활성화한다.]

2. **형태 변화:** 혈소판-혈소판 및 혈소판-표면 상호작용을 용이하게 하는 거짓발(pseudopod)-유사 과정을 통해 활성화된 혈소판의 원판모양에서 구형모양으로 변화시키는 모양 변화는 조밀한 과립에서 Ca^{2+}가 방출되면서 시작된다(그림 35.23). 칼모듈린에 결합된 Ca^{2+}(153쪽 참조)는 마이오신 가벼운 사슬을 인산화하여 혈소판 세포골격의 주요한 재구성을 초래하는 마이오신 가벼운사슬 인산화효소의 활성화를 매개한다.

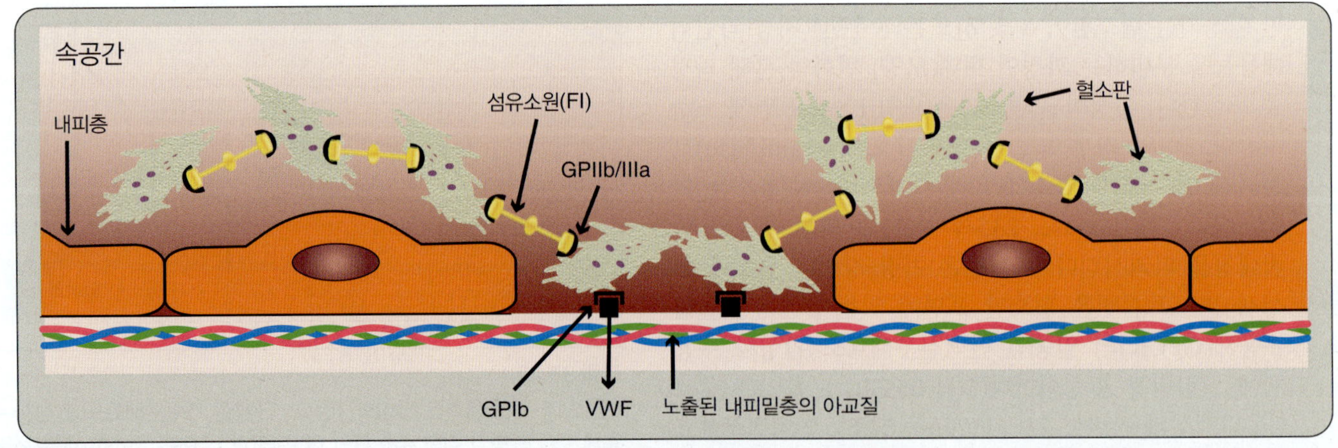

그림 35.24
당단백질(GP) IIb/IIIa 수용체를 통한 섬유소원에 의한 혈소판 연결. [참고: 섬유소원 분자의 모양은 2개의 D 영역과 1개의 E 영역을 나타낸다.] GPIb = 당단백질 Ib 수용체, VWF = 본빌레브란드 인자.

C. 응집(aggregation)

활성화는 혈소판의 극적 변화를 일으켜 응집을 유도한다. 표면 수용체(GPIIb/IIIa)의 구조적 변화는 섬유소원의 결합부위를 노출시킨다. 결합된 섬유소원 분자는 활성화된 혈소판을 서로 연결하며(그림 35.24) 단일 섬유소원은 두 개의 혈소판을 결합할 수 있다. 섬유소원은 트롬빈에 의해 섬유소로 전환된 후 혈액과 혈소판 둘 다에서 나오는 FXIIIa에 의해 공유결합적으로 교차결합을 한다. [참고: 활성화된 혈소판의 표면에 PS 노출은 Xase 복합체(VIIIa, IXa, X, Ca^{2+})가 형성되고 이후 FXa가 형성되며, FIIa를 생성한다.] 섬유소 형성(이차 지혈)은 혈소판 마개를 강화한다. [참고: 섬유소원용 혈소판 수용체 내 희귀결손은 글란츠만 혈소판기능저하증(Glanzmann thrombasthenia)을 초래하는 반면, 해당 수용체에 대한 자가항체는 면역 혈소판 감소(혈소판 숫자의 감소)의 원인이다.]

혈소판의 불필요한 활성화는 (1) 온전한 혈관벽이 내피세포 단일층에 의한 혈액으로부터 분리되어 아교질과 혈소판의 접촉을 방해하기 때문에 방지된다. (2) 내피세포는 각각 혈관확장을 유발하는 프로스타글랜딘 I_2(prostacyclin, PGI_2)와 산화질소를 합성한다. (3) 내피세포는 ADP를 일인산아데노신으로 전환시키는 세포 표면 ADPase를 가지고 있다.

V. 요약

- **혈액 응고(coagulation)**는 일정한 혈액량(지혈, **hemostasis**)을 유지하기 위해 손상된 혈관의 출혈을 신속하게 멈추게 한다. 응고는 혈소판의 마개(plug)와 단백질 **섬유소(fibrin)** 그물(meshwork)로 구성된 **피떡**(혈전, **thrombus**)의 형성을 통해 이루어진다(그림 35.25).
- **응고 연쇄증폭**에 의한 **섬유소그물**의 형성은 **FXa**에서 수렴하여 **공통 경로**를 형성하는 단백질 인자(F)를 포함하는 **외인성** 및 **내인성 경로**를 포함한다. 많은 단백질 인자는 **세린 단백질분해효소**이다.
- **γ-글루타밀기 카복실화효소** 및 그 보조효소인 **비타민 K**는 응고 단백질 분해효소 **FII, FVII, FIX** 및 **FX**에서 γ-카복시글루탐산염(Gla) 잔기를 형성하기 위해 필요하다. 칼슘과 Gla 잔기는 혈소판의 표면과 혈관 손상 부위에서 음전하를 띤 **PS**에 단백질 결합을 촉진한다.
- 카복실화효소 반응에서 비타민 K는 비기능성 에폭사이드 형태로 산화된다. 혈전을 줄이기 위해 임상적으로 사용되는 비타민 K의 합성 유사체인 **와파린(warfarin)**은 환원된 비타민 K를 재생시키는 **VKOR** 효소를 억제한다.
- 혈관 하피에 있는 부속 단백질인 **FIII(TF)**의 노출에 의해 외인성 경로가 시작된다. 순환하는 FVII는 **TF-FVIIa**를 형성하며 단백질 분해를 통해 FX를 활성화한다. FXa는 공통 경로를 통해 **트롬빈**(FIIa)을 생성할 수 있다. 그런 다음 트롬빈은 내인성 경로의 성분을 활성화한다. 외인성 경로는 **TFPI**에 의해 빠르게 억제된다.
- 내인성 경로는 FXI에서 FXIa를 활성화하는 **트롬빈**에 의해 개시된다. FXIa가 FIX을 FIXa로 활성화한다. 그리고 FIXa는 FVIIIa와 결합하고, 복합체는 FX를 활성화한다. FVIII 결핍은 **혈우병 A**를 발생시키는 반면 FIX 결핍은 **혈우병 B**를 발생시킨다.
- 공통 경로에서 FXa는 **FVa**(부속 단백질)와 결합하여 **풋트롬빈(FII)**을 **트롬빈(FIIa)**으로 절단하는 **풋트롬빈분해효소**를 형성한다. 그런 다음 트롬빈은 **섬유소원(FI)**을 **섬유소(FIa)**으로 절단한다.
- 섬유소 단일체가 결합되어 **수용성(부드러운) 섬유소 응고**를 형성한 후 **FXIIIa**에 의해 **교차 결합**되어 **불용성(단단한)** 섬유소 응고를 형성한다. 섬유소 응고는 **TPA**(또는 **t-PA**)와 같은 **플라스미노젠 활성화**에 의해 **플라스미노젠**에서 생성되는 세린 단백질분해효소인 단백질 **플라스민**에 의해 절단된다. 재조합 TPA는 허혈성 뇌졸중에 치료적으로 사용된다.

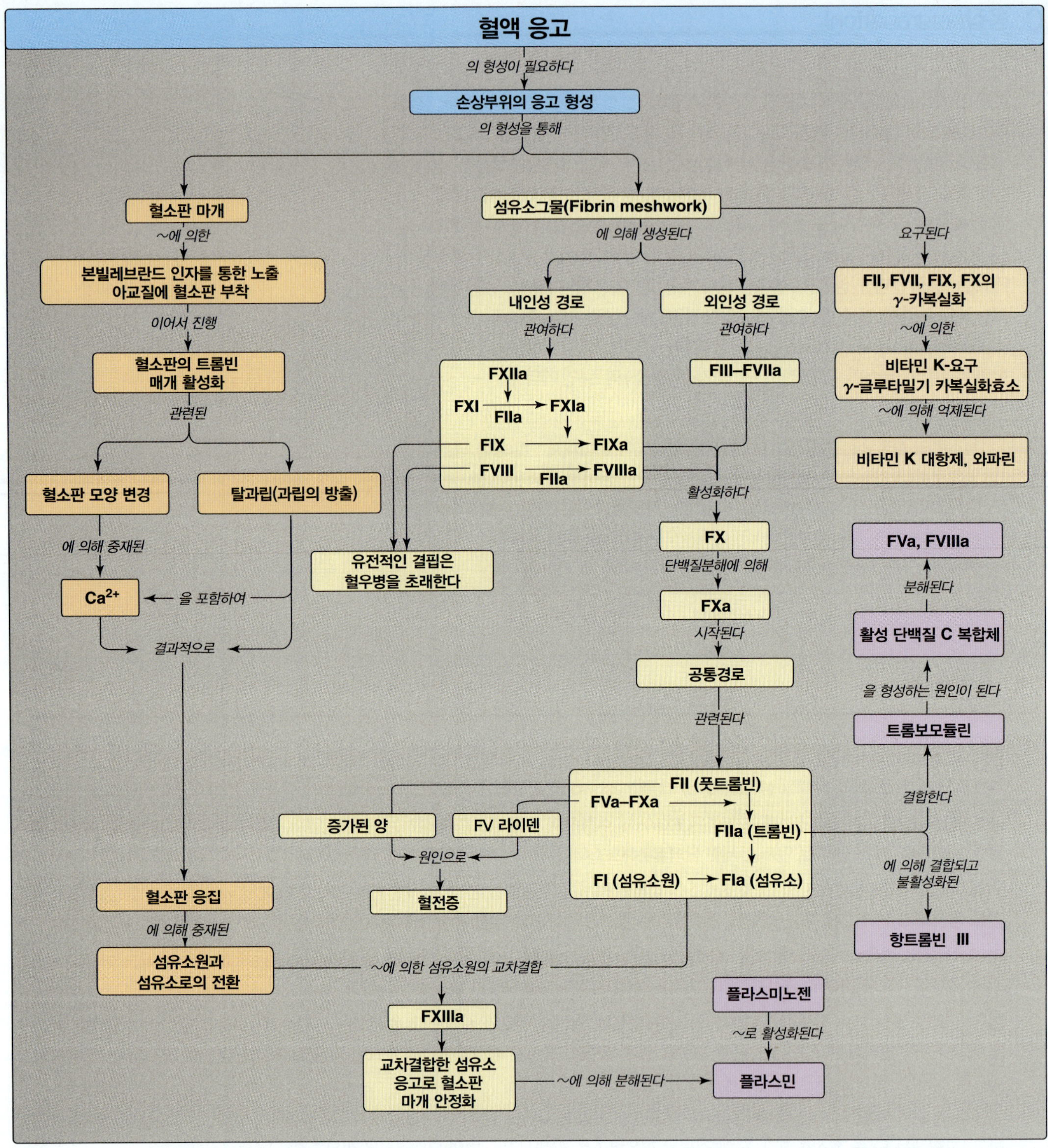

그림 35.25

혈액 응고를 위한 핵심 개념도. a = 활성, F = 인자, Ca^{2+} = 칼슘.

- 간과 혈관은 응고를 제한하는 항응고 단백질을 생성한다. **AT** 세린 단백질분해효소 억제제 또는 **세르핀**은 황산헤파란(또는 항응고제 헤파린)에 의해 활성화되며, 혈액에서 트롬빈과 FXa를 결합시키고 제거한다. **단백질 C**는 **트롬빈-트롬보모듈린** 복합체에 의해 활성화되고, **단백질 S**와 복합체를 형성하여 **APC**를 생성한다. **FV 라이덴**은 APC에 저항성이 있으며 미국에서 가장 흔히 유전되는 **혈전성** 질환을 유발한다.
- **혈소판 마개(platelet plug)** 형성은 조직의 상처가 혈관을 손상시키고, 혈관 피하 아교질이 혈관 속공간에 노출되었을 때 시작된다. 혈소판(thrombocytes)은 표면의 GPIb와 내피 하부에서 아교질에 결합하는 VWF 사이의 상호작용을 통해 노출된 아교질에 달라붙는다. VWF 결핍은 가장 흔한 유전성 응고병증인 VWD를 초래한다.
- 혈소판이 접착되면 혈소판이 활성화되고 손상된 부위에 집적된다. 활성화는 혈소판이 저장 과립의 내용물을 방출하는 과정인 모양 변화와 탈과립을 수반한다. 트롬빈은 혈소판의 가장 강력한 활성제이다.
- 활성화된 혈소판은 혈관수축을 유발하는 물질을 방출하고, 다른 혈소판을 모집 및 활성화하며, 섬유소 응고 형성을 지원한다. 표면 수용체 GPIIb/IIIa의 구조 변화는 활성화된 혈소판을 서로 연결하여 혈소판의 초기 부드러운 응고(일차 지혈)를 만드는 섬유소원의 결합 부위를 노출시킨다.
- 섬유소원은 트롬빈에 의해 섬유소로 전환된다. 섬유소는 혈액과 혈소판 둘 다에서 나오는 FXIIIa에 의해 교차결합을 한다. 이것은 섬유소그물 구조를 강화하고 혈소판 마개(이차 지혈)를 안정화한다.
- 혈소판과 응고 단백질의 장애는 응고 능력을 손상시킬 수 있다. PT와 aPTT는 혈액응고 연쇄증폭을 평가하기 위해 사용되는 임상 검사실 검사들이다.

연습문제

가장 좋은 답안을 하나 고르시오.

질문 35.1～35.5의 경우 가장 적절한 응고 인자(F)를 설명에 일치시키시오.

A. FI	F. FVIII
B. FII	G. FIX
C. FIII	H. FX
D. FV	I. FXI
E. FVII	J. FXII

35.1 이 인자는 내인성 경로, 외인성 경로 및 공통 경로 구성요소를 활성화한다.

35.2 이 인자는 수용성 피떡을 불용성 피떡으로 전환시킨다.

35.3 이 인자는 공통 경로를 개시한다.

35.4 이 인자는 Xa 인자의 활성을 촉진하는 부속 단백질이다.

35.5 이 인자는 외인성 경로의 γ-카복시글루탐산염 함유 세린 단백질분해효소이다.

정답 = B, J, H, D, E. 트롬빈(FII)은 공통 경로에서 형성되며 응고 연쇄증폭의 세 가지 경로 각각에서 성분을 활성화한다. 글루타민라이신결합효소인 FXII는 관련 섬유소 단일체를 공유결합시켜 수용성 피떡(응고)을 불용성 피떡으로 전환시킨다. 내인성 경로와 외인성 경로에 의한 FXa의 생성은 공통 경로를 개시한다. FV는 FXa의 활동을 증가시킨다. 세 가지 부속(단백질분해효소가 아닌) 단백질 중 하나이다. 다른 것들은 FIII(조직 인자)와 FVIII(FX를 활성화하기 위한 FIX와 복합체)이다. FVII는 γ-카복시글루탐산염 함유 세린 단백질분해효소로, 외인성 경로에서 FIII와 결합한다.

35.6 퓻트롬빈 시간(PT)이 영향을 받지 않고 활성형 부분 트롬보플라스틴시간(aPTT)이 길어지는 환자는 누구인가?

A. 아스피린 치료를 받고 있는 환자
B. 말기 간질환 환자
C. 혈우병 환자
D. 혈소판감소증 환자

정답 = C. PT는 공통 경로를 통한 외인성 활성을 측정하고, aPTT는 공통 경로를 통한 내인성 활성을 측정한다. 혈우병 환자는 FVIII(혈우병 A)나 FIX(혈우병 B)가 결핍되어 있다. 그들은 온전한 외인성 경로를 가지고 있다. 따라서 PT는 영향을 받지 않으며, APTT는 연장된다. 아스피린 치료와 혈소판감소증 환자는 혈소판 기능과 수에서 각각 변화가 있으며, 응고 연쇄증폭 단백질에서는 변화가 없다. 따라서 PT와 aPTT는 모두 영향을 받지 않는다. 말기 간질환 환자는 혈액응고 단백질 합성능력이 떨어졌고, PT와 aPTT 시간의 연장을 보여준다.

35.7 다음 중 혈전병증(thrombophilia) 환자에게서 배제될 수 있는 것은?

A. 항트롬빈의 결핍
B. FIX의 결핍
C. 단백질 C의 결핍
D. 퓻트롬빈 과잉
E. FV 라이덴의 발현

정답 = B. 응고 인자의 결핍으로 인한 증상은 응고 능력의 저하를 초래할 것이다. 그러나 혈전병증은 응고 경향이 증가하는 것이 특징이다. A, C, D, E를 선택할 경우 혈전병증이 발생한다.

35.8 급성 허혈성 뇌졸중(뇌에 혈액을 공급하는 혈관을 막는 혈전으로 인한 뇌졸중) 환자의 치료에 대한 현재의 지침은 증상 발생 직후 조직 플라스미노젠 활성자(TPA)를 사용할 것을 권고하고 있다. TPA 권장사항의 근거는 다음과 같다.

A. 항트롬빈
B. 활성 단백질 C 복합체
C. 본빌레브란드 인자의 수용체
D. 섬유소를 분해하는 세린 단백질분해효소
E. 트롬보모듈린

정답 = D. TPA는 플라스미노젠을 플라스민으로 변환한다. 플라스민(세린 단백질분해효소)은 섬유소그물을 분해하여 혈류 방해물을 제거한다. 항트롬빈 III는 헤파린과 결합하여 트롬빈을 간으로 운반하여 혈액에서 트롬빈 활용을 감소시킨다. 활성화된 단백질 C 복합체는 보조 단백질 FV 및 FVIII를 분해한다. 본빌레브란드 인자의 혈소판 수용체는 TPA의 영향을 받지 않는다. 트롬보모듈린은 트롬빈을 결합시키고, 섬유소원의 활성화를 줄이며 단백질 C의 활성화를 증가시킴으로써 응고 단백질에서 항응고 단백질 중 하나로 전환시킨다.

35.9 혈소판의 접착, 활성화 및 응집은 혈관 손상부위에 초기 응고를 제공한다. 다음 중 이 혈소판 응고의 형성에 관한 올바른 설명은 무엇인가?

A. 활성화된 혈소판은 표면적이 줄어드는 형태 변화를 겪는다.
B. 혈소판 마개(plug) 형성은 내피세포에 의한 트롬복세인 A_2 생성으로 인해 온전한 혈관에서 방지된다.
C. 활성화 단계에서는 고리일인산아데노신의 생성이 필요하다.
D. 접착 단계는 당단백질 Ib를 통해 혈소판이 본빌레브란드 인자에 결합함으로써 매개된다.
E. 트롬빈은 단백질분해효소 활성화 G 단백질 결합 수용체에 결합하여 혈소판을 활성화하고, 단백질 인산화효소 A의 활성화를 유발한다.

정답 = D. 혈소판 응고 형성의 접착 단계는 본빌레브란드 인자가 혈소판 표면 수용체(당단백질 Ib)에 결합함으로써 시작된다. 거짓발이 있는 원반형에서 구형으로 모양이 바뀌면 혈소판의 표면적이 증가한다. 트롬복세인 A_2는 혈소판에 의해 만들어진다. 그것은 혈소판 활성화와 혈관수축을 유발한다. 이인산아데노신은 활성화된 혈소판에서 방출되고, 그 자체로 혈소판을 활성화한다. 트롬빈은 주로 G_q 단백질과 결합된 수용체를 통해 인지질분해효소 C의 활성화를 유발한다.

35.10 신증후군(nephrotic syndrome)은 부종을 동반하는 소변 내 단백질 손실(3 g 이상/일)이 특징인 신장 질환이다. 단백질 손실은 과응고(hypercoagulable) 상태를 초래한다. 다음 중 어떤 단백질 배설이 신증후군에서 보이는 혈전성향를 설명할 수 있는가?

A. 항트롬빈
B. FV
C. FVIII
D. 풋트롬빈

정답 = A. 항트롬빈 III(ATIII)는 외인성, 내인성 및 공통 경로를 활성화하는 혈전 단백질인 트롬빈(FIIa)의 작용을 억제한다. 신증후군에서의 ATIII의 분비는 FIIa의 작용을 계속하여 과응고 상태를 초래한다. 다른 선택은 응고에 필요한 단백질이다. 소변에서의 배설은 응고를 감소시킬 것이다.

35.11 다음 중 어떤 단백질의 작용을 차단하는 것이 혈우병 B를 위한 합리적인 치료인가?

A. FIX
B. FXII
C. 단백질 C
D. 조직 인자 경로 억제제(tissue factor pathway inhibitor)

정답 = D. 혈우병 B는 내인성 경로 FIX의 결핍으로 인해 공통 경로에 의한 트롬빈 생성 감소로 인해 발생하는 응고병증이다. 외인성 경로는 트롬빈 생성을 유발할 수 있기 때문에, 이 경로의 억제제(조직 인자 경로 억제제) 차단은 원칙적으로 트롬빈 생성을 증가시킨다.

35.12 신생아에서 비타민 낮은 수치에 의해 유발되는 비타민 K 결핍 출혈을 막기 위해 출생 직후 비타민 K 주사를 신생아에게 투여할지 여부를 놓고 부모가 고민하고 있다. 만약 아이가 주사를 맞지 않는다면, 응고에 관련된 다음 중 어떤 단백질 인자의 활동이 줄어들까?

A. FV
B. FVII
C. FXI
D. FXIII

정답 = B. FVII는 γ-카복시글루탐산염(Gla) 함유 응고 단백질이다. γ-글루타밀기 카복실화효소에 의한 Gla 잔기의 생성에는 보조효소로서 비타민 K가 필요하다. 응고를 제한하는 단백질 C와 S뿐만 아니라 FII, FIX, FX도 Gla 잔기를 포함하고 있다. 다른 선택 사항은 Gla 잔기를 포함하지 않는다.

35.13 일반적인 공통 경로에서 생성되는 트롬빈은 응고촉진 활성과 항응고 활성 모두를 가지고 있다. 다음 중 트롬빈의 항응고 활성은 무엇인가?

A. FXIII 활성화
B. 트롬보모듈린에 결합
C. 일산화질소(nitric oxide) 생산량 증가
D. FV 및 FVIII 억제
E. 혈소판 활성화 억제

정답 = B. 트롬보모듈린에 결합된 트롬빈은 단백질 C를 활성화하여 보조 단백질 FV와 FVIII를 분해하여 응고를 억제한다. 트롬빈에 의한 FXIII 활성화는 섬유소 응고를 강화시킨다. 내피세포에 의해 만들어진 혈관확장제인 산화질소는 응고 형성을 감소시킨다. 이는 트롬빈의 영향을 받지 않는다. 트롬빈은 혈소판의 강력한 활성제이다.

35.14 다음 중 FXII 결핍이 있는 환자에게 예상되는 결과는 무엇인가?

A. 풋트롬빈(PT) 시간과 활성형 부분트롬보플라스틴시간이 모두 감소한다.
B. 풋트롬빈(PT) 시간과 활성형 부분트롬보플라스틴시간이 모두 증가한다.
C. 풋트롬빈(PT) 시간과 활성형 부분트롬보플라스틴시간은 모두 변하지 않는다.
D. 풋트롬빈(PT) 시간만 영향을 받는다.
E. 활성형 부분트롬보플라스틴시간만 영향을 받는다.

정답 = C. FXIII는 부드러운 응고에서 섬유소 분자를 교차시켜 단단한 응고를 형성하는 글루타민라이신결합효소(transglutaminase)이다. 이것의 결핍은 PT 또는 aPTT 테스트에 영향을 미치지 않는다. [참고: 응고 용해성 검사로 평가함.]

35.15 혈소판 뒤섞기효소(scramblase)의 돌연변이로 인한 희귀 질환인 스콧증후군(Scott syndrome)은 왜 피를 흘리는 경향이 있는가?

뒤섞기효소는 포스파티딜세린(PS)을 세포바깥으로부터 세포막 내막으로 이동시킨다. 이는 막 인지질 ATP 의존 안쪽뒤집기효소(flippase, PS를 세포바깥으로부터 세포질 전단으로 이동) 및 바깥쪽뒤집기효소(floppase, 포스포파티딜콜린[PC] 반대 방향으로 이동)에 의해 생성된 막 인지질의 비대칭 위치 파악을 방해한다. 혈소판막의 외부 표면에 PS를 갖는 것은 단백질 응고 인자가 상호작용하고, 트롬빈을 활성화하는 장소를 제공한다. 만약 뒤섞임효소가 불활성화되면 PS를 사용할 수 없으며 출혈이 발생한다.

35.16 쥐의 침입에 대해 집에서 대응한 지 며칠 후, 3세 여자아이의 부모는 아이가 독이 포함된 펠릿(알갱이)을 섭취한 것 같다고 걱정하였다. 독성 긴급전화를 통해 전화한 후, 그들은 아이를 응급실로 데려갔다. 혈액 검사에 따르면 풋트롬빈과 활성형 부분트롬보플라스틴 시간이 길어지고 트롬빈, FVII, FIX 및 FX의 농도가 감소하는 것으로 나타났다. 왜 비타민 K를 투여하는 것이 이 환자의 치료에 대한 합리적인 접근법일까?

많은 설치류 독은 체내에서 긴 반감기를 가진 약물인 강력한 와파린이다. 와파린은 γ-카복실화(γ-카복시글루탐산염 또는 Gla 잔기의 생성)를 억제하며, 감소된 것으로 보고된 응고 단백질은 응고 연쇄증폭의 Gla를 함유한 단백질분해효소이다. [참고: 항응고 단백질 C와 S도 Gla-함유 단백질들이다.] 와파린은 비타민 K 대항제 역할을 하기 때문에, 비타민 K를 투여하는 것이 합리적인 치료법이다.

부록 | 임상증례(Clinical Cases)

I. 통합 증례

초기에 독립적으로 제시된 대사 경로는 사실 상호 연결된 네트워크를 형성하며 연결되어 있다. 다음의 네 가지 통합 사례 연구는 한 대사 경로의 문제가 네트워크상 다른 경로에 문제를 유발할 수 있는 상황을 보여준다

증례 1: 가슴통증(Chest pain)

환자 양상: 35세 남성이 대략 2시간 동안 지속하는 심한 가슴통증을 호소하며, 새벽 5시에 구급차로 지역병원에 실려 왔다. 통증과 함께 호흡곤란, 발한, 메스꺼움을 동반하였다.

관련 병력: 환자는 지난 몇 달간 운동성 흉통이 있었지만, 통증이 그리 심하지 않았고 지속시간은 짧았다고 한다. 그는 흡연을 하였고(2~3갑/일), 술은 거의 마시지 않았다. "일반적인" 식습관을 가지고 있었고, 주말에는 대개 부인과 산책을 한다고 한다. 혈압은 정상이다. 환자의 아버지와 고모가 각각 45세와 39세에 심장병으로 사망한 가족력이 있고, 어머니와 남동생(31세)은 건강하다고 한다.

진찰(관련 소견): 환자는 창백하고 축축하며 가슴통증으로 고통스러워한다. 혈압과 호흡수는 상승하였다. 환자 각막 주변(각막고리; 왼쪽 그림)과 눈꺼풀 주변 피부 아래(xanthelasma, 황색판종; 오른쪽 그림)에서 지방 침착물이 발견되었다. 인대(tendon)에서 지방 침착물은 발견되지 않았다.

각막 고리(corneal arcus)

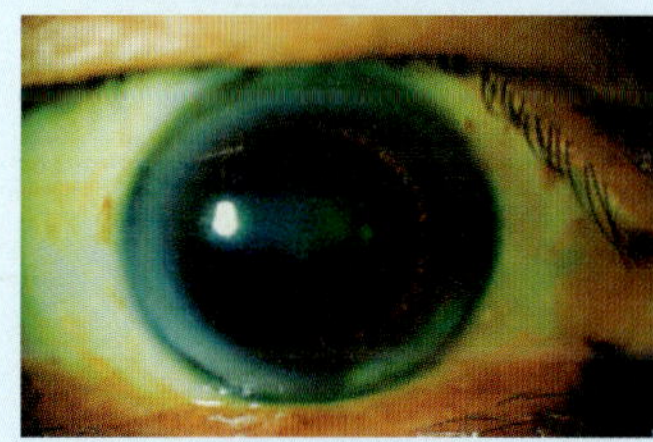

황색판종(xanthelasma)

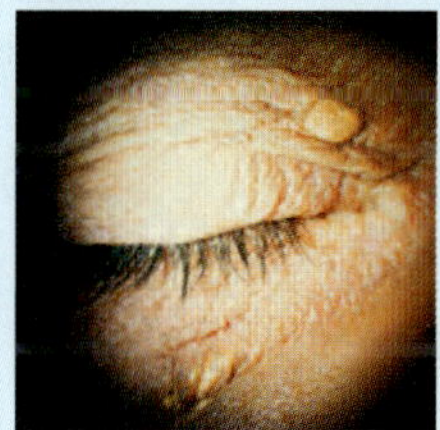

진단검사 결과: 환자의 심전도는 심근경색증(MI)과 일치하였다. 혈관조영술은 여러 관상동맥에서 심한 협착(좁아짐)들을 보여주었다. 첫 임상검사 결과는 다음과 같다:

	환자	정상 범위
트로포닌	0.5 ng/mL	0.04 ng/mL 이하
총콜레스테롤	365 mg/dL**(H)**	<200
저밀도지단백질(LDL) 콜레스테롤	304 mg/dL**(H)**	<130
고밀도지단백질(HDL) 콜레스테롤	38 mg/dL**(L)**	>45
트라이글리세라이드(트라이아실글리세롤)	115 mg/dL	<150

H = 높음; L = 낮음. [참고: 환자는 검사용 혈액채취 전 8시간 동안 금식하였다.]

진단: 급성심근경색(MI)은 허혈(혈액공급 감소)에 의한 심장근육의 회복 불가능한 괴사(죽음)로 혈관의 폐색(차단)에 의해 발생한다. 결국 이 환자는 IIa형 고지질혈증으로도 알려진 이종접합성 가족고콜레스테롤혈증(FH)으로 진단되었다.

즉시 치료: 환자에게 산소, 혈관확장제, 진통제, 혈전용해제, 항혈전제가 투여되었고 스텐트를 배치해 관류를 회복하는 시술을 받는다.

장기적 치료: 지질강하제(고역가 스타틴, 쓸개즙산[BA] 격리제, 나이아신), 아스피린, β-차단제 영양 상담, 운동, 금연 등은 장기적 치료계획에 포함될 수 있다.

예후: 이종접합성 FH 환자의 50% 정도는 정상적인 기능성 LDL 수용체의 수와 조기 관상동맥질환에 대한 높은 위험성(>50% 위험성)을 나타내는 고콜레스테롤혈증을 갖고 있다(정상인의 2~3배). 그러나 고콜레스테롤혈증 환자의 5% 이하가 FH를 가지고 있다.

음식조절요법(영양 너겟): 이종접합성 FH를 가진 사람의 영양권장량은 다음과 같다: 포화 지방이 총 칼로리의 7% 이하, 콜레스테롤 200 mg/일 이하, 포화지방을 불포화지방으로 대체, 저콜레스테롤 효과를 가진 용해성 섬유질(10~20 g/일)과 식물성 스테롤(2 g/일). 섬유질은 쓸개즙산(BA) 분비를 촉진한다. 섬유질은 쓸개즙산(bile acid, BA) 합성에 필요한 기질을 공급하기 위해 간에서 콜레스테롤이 풍부한 LDL의 흡수를 증가시킨다. 식물성 스테롤은 창자의 콜레스테롤 흡수를 감소시킨다.	유전학(중요함): 가족고콜레스테롤혈증(FH)은 19번 염색체의 LDL 수용체 유전자에 발생하는 수백 개의 서로 다른 돌연변이에 의해 발생하며, 이것은 수용체의 수와 기능에 영향을 미친다. FH는 동종접합자가 이종접합자보다 더 심각하게 영향을 받는 보통염색체 우성질환이다. 이종접합성 FH는 보통 인구에서 ~1:500 정도의 확률로 나타난다. 심혈관계 질환의 가능성을 증가시킨다. 환자와 일촌관계에 있는 사람들의 유전자를 선별검사하면 보인자를 찾아내어 치료할 수 있다.

복습문제(RQ): 가장 알맞은 답을 하나만 고르시오.

RQ1. 트라이아실글리세롤은 글리세롤을 기반으로 하는 지질이다. 다음 중 어느 것이 글리세롤 지질에 포함되는가?

A. 강글리오사이드 GM_2 B. 포스파티딜콜린 C. 프로스타글랜딘 PGI_2
D. 스핑고마이엘린 E. 비타민 D

RQ2. 스타틴은 고콜레스테롤혈증 환자에게 효과적이다. 그 이유는?

A. 신생 콜레스테롤 생합성의 속도제한 및 조절 단계를 감소시킨다.
B. LDL 수용체 유전자의 발현을 감소시킨다.
C. 콜레스테롤이 이산화탄소와 물로 산화되는 것을 증가시킨다.
D. 창자간 순환을 통한 쓸개즙산염의 흡수를 방해한다.
E. 스테로이드 호르몬과 비타민 D 합성을 증가시켜 콜레스테롤을 감소시킨다.

RQ3. 스타틴은 HMG CoA 환원효소의 경쟁 억제제이다. 다음 중 경쟁 억제제에 대하여 맞는 설명은?

A. 경쟁 억제제는 비가역 억제제의 한 종류이다.
B. 경쟁 억제제는 미카엘리스 상수 K_m과 최대 반응속도 V_{max}를 모두 증가시킨다.
C. 경쟁 억제제는 미카엘리스 상수 K_m은 증가시키지만 최대 반응속도 V_{max}에는 영향을 미치지 않는다.
D. 경쟁 억제제는 미카엘리스 상수 K_m과 최대 반응속도 V_{max}를 모두 감소시킨다.
E. 경쟁 억제제는 미카엘리스 상수 K_m과 최대 반응속도 V_{max} 모두에 영향을 미치지 않는다.

RQ4. 조직 관류의 감소는 저산소증(산소 이용도의 감소)을 유발한다. 정상 상태와 비교하여 저산소증에서 나타나는 상황은?

A. 삼인산아데노신(ATP) 합성에 양성자를 제공하는 전자수송계의 활성화
B. 산화형 니코틴아마이드 아데닌 다이뉴클레오타이드(NAD^+)와 환원형(NADH) 비율의 증가
C. 파이루브산 탈수소효소 복합체의 활성화
D. 세포질액에서 기질수준 인산화의 활성화
E. 트라이카복실산 회로(TCA 회로)의 상향조정

사고력 문제(TQ)

TQ1. 가족성 LDL 수용체 결함을 가진 사람들에서 가족성 아포단백질 B-100 결함을 가진 사람의 표현형은 무엇인가? 수용체와 잘 결합하지 못하는 동종형의 E-2 아포단백질을 가진 경우는 어떠한가?

TQ2. 왜 아스피린이 처방되었는가? **힌트:** 아스피린에 의해 영향을 받는 지질대사 경로는 무엇인가?

TQ3. 심장근육은 에너지 수요를 충족하기 위해 유산소 대사를 사용한다. 그러나 저산소증의 경우 무산소 당분해가 증가한다. 여기에 관여하는 다른자리조절 활성자는 무엇인가? 저산소증의 경우 당분해의 최종생성물은 무엇인가?

TQ4. 환자에게 금연과 운동을 권장하는 이유 중 하나는, 그 효과가 HDL 농도를 증가시키며 증가한 HDL은 만성심장질환의 위험성을 감소시키기 때문이다. HDL 증가에 의해 만성심장질환의 위험성이 감소하는 이유는 무엇인가?

증례 2: 중증 공복저혈당(Severe fasting hypoglycemia)

환자 양상: 환자는 생후 4개월 된 남아로서 그의 엄마는 아이가 식전에 경련을 보인 것에 대하여 걱정을 하고 있다. 그녀에 의하면 이러한 움직임이 1주 전부터 시작되었으며, 특히 아침에 증상이 심하고 식사 후 바로 없어진다고 한다.

관련 병력: 환자의 임신과 출산 과정은 정상이었으며 출생 직후에도 정상으로 보였다. 출산 후 키와 몸무게가 30% 정도 증가하였으며 현재까지 모든 예방접종을 한 상태이다. 현재 환자는 몇 시간 전에 식사를 한 상태다.

진찰(관련 소견): 환자는 졸린 상태이며 만져보니 축축한 상태이다. 그는 호흡수가 증가한 것으로 보이며 온도는 정상이다. 복부는 팽만하고 딱딱한 상태이며, 만졌을 때 통증은 없었다. 간은 우측 갈비뼈 모서리 4 cm 아래에서 만져지며 말랑말랑하다. 콩팥은 대칭으로 비대하였다.

진단검사 결과:

	환자	소아 정상 범위
포도당	50 mg/dL(L)	60~105
젖산	3.4 mmol/L(H)	0.6~3.2
요산	5.6 mg/dL(H)	2.4~5.4
총콜레스테롤	220 mg/dL(H)	<170
트라이글리세라이드(트라이아실글리세롤)	280 mg/dL(H)	<90
pH	7.30(L)	7.35~7.45
HCO_3^-	12 mEq/L(L)	19~25

H = 높음; L = 낮음.

환자는 정밀검사를 위해 근처 어린이 병원으로 이송되었다. 초음파 검사를 통해 간비대와 콩팥비대를 확인하였고 종양 증거는 발견되지 않았다. 간 생검이 실시되었다. 간세포들은 팽만한 상태였으며 염색 결과 많은 양의 지질(대

부분 트라이아실글리세롤)과 탄수화물이 발견되었다. 간 당원의 양은 증가한 상태였고 구조는 정상이었다. 계면활성제를 처리한 간 균질액을 이용하여 효소 측정 결과, 6-인산포도당 인산염분해효소(간과 콩팥의 세포질그물막에 위치한 효소)가 정상 상태의 10% 이하의 활성을 나타내었다.

진단: 6-인산포도당 인산염분해효소 결핍증(당원축적병[GSD] Ia형, 폰 기에르케병[von Gierke disease])

치료(즉시): 정맥을 통하여 환자에게 포도당이 주입되었으며, 포도당의 혈액 농도가 정상으로 회복되었다. 하지만 시간이 지나면서 다시 정상 농도 아래로 떨어졌으며, 글루카곤을 투여함에도 불구하고 혈당 농도에는 영향을 끼치지 못하고 혈액 젖산 농도만 증가하였다. 환자의 혈당 농도는 지속적인 포도당 투입에 의해서 유지될 수 있었다.

예후: 6-인산포도당 인산염분해효소 결핍 환자의 경우 20대에 간샘종(hepatic adenoma)이 자라기 시작하며 높은 확률로 간암종이 발생한다. 콩팥의 토리(사구체) 기능이 점차 감소하여 콩팥기능상실에 빠질 수 있다. 환자들은 통풍 발생이 증가할 가능성이 있지만, 사춘기 이전에 나타나는 경우는 드물다.

음식조절요법(영양 너겟): 환자를 위한 장기적인 영양요법이 혈당 농도를 정상으로 유지하기 위해 고안되었다. 매 2~3시간마다 탄수화물이 풍부한 영양 섭취(조리되지 않은 녹말가루를 물에 천천히 섞어서 제공)가 필요하며 밤에는 포도당의 코-위 투여(펌프에 의한)를 권고하였다. 당분해 중간대사물과 젖산으로 대사되는 과당과 갈락토스를 피해야 하며, 이들을 섭취하면 대사 문제를 악화시킬 수 있다. 칼슘과 비타민 D 보충제가 처방되었다.	유전학(중요함): 당원축적병(GSD) Ia형은 17번 염색체에 위치한 6-인산포도당 인산염분해효소 유전자에 대한 100가지가 넘는 돌연변이에 의해 발생하는 열성유전병으로서, 발생빈도는 1:100,000이며 미국 내에서 당원축적병의 25%를 차지한다. 신생아에서 저혈당을 초래하는 드문 유전질환이다. 당원축적병(GSD) Ia형은 신생아 정규 검사항목이 아니다. [참고: GSD Ib형의 원인은 6-인산포도당 인산염분해효소를 세포질로부터 세포질그물로 이동시키는 자리옮김효소의 결핍이다.]

복습문제(RQ): 가장 알맞은 답을 하나만 고르시오.

RQ1. 이 환자에게 저혈당이 일어나는 원인은?:

A. 6-인산포도당 인산염분해효소의 결핍에 의해 유리 포도당(비인산화 상태)이 당원분해 또는 포도당신생성로부터 생성되지 못함.

B. 당원 가인산분해효소가 탈인산화되어 불활성형이 되기 때문에 당원을 분해하지 못함.

C. 호르몬 민감 지질분해효소가 탈인산화되어 불활성형이 되기 때문에 포도당신생성에 필요한 지방산 기질이 생성되지 못함.

D. 인슐린/글루카곤 비의 감소가 간과 콩팥에서 포도당 수송체의 활성 증가를 유도하기 때문에 혈당의 흡수가 증가함.

RQ2. 만성 산증은 뼈의 탈염을 일으켜 골 감소증을 유발할 수 있기 때문에 환자는 칼슘 보충제를 처방받았다. 그렇다면 비타민 D를 처방하는 이유는 무엇인가?

A. 비타민 D는 G_q 단백질 결합 막수용체와 결합하여 삼중인산이노시톨의 증가와 세포속 저장 칼슘의 분비를 유발한다.

B. 비타민 D는 체내 합성이 불가능하여 섭취로만 충당이 가능하다.

C. 비타민 D는 지용성 비타민으로서 창자의 칼슘 흡수를 증가시킨다.

D. 비타민 D는 창자 칼슘 수송체인 칼바인딘(calbindin)의 보조효소-보결단이다.

RQ3. 환자의 간비대와 콩팥비대는 이런 장기에 당원이 증가하기 때문이다. 이 장기들에 당원이 축적되는 원인은 무엇인가?

A. 포도당을 당원으로 전환하는 당분해가 하향조절되었다.

B. 지방산 산화의 증가는 당원합성을 위한 포도당을 보존한다.

C. 6-인산포도당은 당원 합성효소 b의 다른자리조절 활성자이다.
D. 인슐린/글로카곤 비의 증가는 당원합성의 증가를 유도한다.

RQ4. 6-인산포도당 인산염분해효소는 세포질그물 막의 내재 단백질이다. 다음 중 이 단백질에 대하여 맞는 설명은?
A. 당화된 경우 탄수화물은 세포질로 뻗어 나온 단백질 부분에 위치한다.
B. 세포질의 유리 리보소체에서 합성된다.
C. 세포막 통과 영역은 소수성 아미노산으로 구성된다.
D. 초기 표적신호는 아미노기 말단의 소수성 신호서열이다.

사고력 문제(TQ)

TQ1. 환자의 단일수축성 움직임(twitching movement)의 원인은 무엇인가?

TQ2. 간 균질액에 계면활성제(detergent)를 처리한 이유는 무엇인가? **힌트:** 효소가 위치한 장소를 생각해 볼 것.

TQ3. 왜 환자의 혈당 농도가 글루카곤의 영향을 받지 않았는가? **힌트:** 혈당이 감소된 정상인의 경우에 글루카곤의 역할은?

TQ4. 당원대사 이상이 있을 때 왜 요산과 젖산이 증가되어 있는가? **힌트:** 무기인산염의 감소에 의한 결과인데, 왜 무기인산염이 감소되었는가?

TQ5. 왜 트라이아실글리세롤과 콜레스테롤 농도가 상승하였는가? **힌트:** 포도당은 이들의 합성에 필요한 주요 탄소원이다.

증례 3: 고혈당과 고케톤혈증(Hyperglycemia and Hyperketonemia)

환자 양상: 지남력장애(disoriented)와 혼란(confused)상태에 빠진 40세 여성이 남편의 도움으로 내원하였다.

관련 병력: 그녀의 팔찌에는 24년간 1형 당뇨병을 앓고 있다고 적혀 있었다. 그녀의 남편은 이런 응급 상황이 2년 만에 처음이라고 하였다.

진찰(관련 소견): 환자는 탈수증상(점막과 피부의 건조, 피부 긴장도의 감소, 낮은 혈압)과 산증(깊고 빠른 호흡[쿠스마울 호흡])을 보였다. 숨 쉴 때 과일 냄새가 났으며 체온은 정상이었다.

진단검사 결과: 임상 실험실에서 진행된 혈액검사 결과는 다음과 같다.

	환자	정상 범위
포도당	414 mg/dL(23 mmol/L)**(H)**	70~99 (3.9~5.5)
혈액요소질소	8 mmol/L**(H)**	2.5~6.4
3-하이드록시뷰티르산	350 mg/dL**(H)**	0~3
HCO_3^-	12 mmol/L**(L)**	22~28
Na^+	136 mmol/L	138~150
K^+	5.3 mmol/L	3.5~5.0
Cl^-	102 mmol/L	95~105
pH	7.1**(L)**	7.35~7.45

H = 높음; L = 낮음.

현미경 검사에 의하면 그녀의 소변에서 요로감염(UTI) 의심 소견인 백혈구가 발견되었고 소변 배양검사에 의해서 요로감염이 나중에 확인되었다.

진단: 환자는 요로감염에 의해 악화된 당뇨병 케톤산증(diabetic ketoacidosis, DKA)에 빠져 있다. [참고: 당뇨병은 요로감염(UTI)과 같은 감염질환의 위험성을 증가시킨다.]

즉시 치료: 환자에게 정맥 생리식염수 주입을 통하여 수분을 보충하였고 정맥을 통하여 인슐린을 투여하였다. 혈당, 케톤체, 전해질은 주기적으로 측정되었으며 요로감염증에 대한 항생제를 투여받기 시작하였다.

장기적 치료: 당뇨병은 큰 혈관 합병증(관상동맥질환과 뇌졸중)과 미세혈관 합병증(망막병증, 콩팥병증, 신경병증)의 위험을 증가시킨다. 이 합병증들에 대한 감시가 지속되어야 한다.

예후: 당뇨병은 미국에서 7번째로 높은 사망 원인이다. 당뇨병을 가진 사람은 정상인보다 기대수명이 낮다.

음식조절요법(영양 너겟): 총 탄수화물 섭취를 관찰하는 것이 혈당 조절의 첫 단계이다. 곡물, 채소, 콩, 과일에서 유래한 탄수화물을 섭취해야 한다. 저지방 유제품, 견과류, ω-3 지방산이 풍부한 물고기를 섭취하는 것이 권장되며, 포화 지방 및 트랜스 지방의 섭취를 제한해야 한다.	유전학(중요함): 췌장의 β-세포에 대한 자가면역 파괴가 1형 당뇨병의 특징이다. 1형 당뇨병의 가능성을 나타내는 여러 유전자 부위 중 6번 염색체에 위치한 사람백혈구항원(HLA)이 가장 큰 연관성을 갖고 있다. HLA 부위의 대다수 유전자가 면역반응과 관련되어 있다.

복습문제(RQ): 가장 알맞은 답을 하나만 고르시오.

RQ1. 1형 당뇨병에 관한 내용 중 옳은 것은?

A. 혈당 또는 당화 혈색소(glycated hemoglobin, HbA_{1C}) 농도를 측정하여 진단이 가능하다.
B. 육체적인 스트레스를 받는 동안은 1형 당뇨병 환자의 소변에서 환원당에 대한 검사결과가 음성일 확률이 높다.
C. 1형 당뇨병은 비만과 앉아서 일하는 생활양식과 연관되어 있다.
D. 1형 당뇨병에서 보인 대사이상의 특징은 인슐린과 글루카곤에 대한 무감응의 결과이다.
E. 외인성 인슐린 투여는 혈당 농도를 정상치로 낮춘다(euglycemia).

RQ2. 케톤체는:

A. 포도당의 산화로 인해 생성되는 아세틸 보조효소 A(CoA)에 의해 만들어진다.
B. 아세틸 CoA로 변환된 후 간을 비롯한 많은 조직에서 사용된다.
C. 숨 쉴 때 나는 과일 냄새의 원인인 아세토아세트산을 포함한다.
D. 혈액에서 이동할 때 알부민이 필요하다.
E. 에너지 대사에 사용되며 몸의 양성자 부하에 추가될 수 있는 유기산이다

RQ3. 지방조직의 지방분해에서 나오는 생성물인 지방산의 β-산화는 케톤체 생성에 필요하다. 지방산 합성과 사용에 대한 내용 중 옳은 것은?

A. 지방산의 사립체 β-산화는 말로닐 CoA에 의해 억제된다.
B. 지방분해로부터 나오는 지방산 생성은 인슐린에 의해 촉진된다.
C. 지방산 β-산화의 아세틸 CoA 생성물은 파이루브산 탈수소효소 복합체 활성에 의한 포도당신생성에 파이루브산의 사용을 선호한다.
D. 지방산의 β-산화는 포도당신생성에 의해 생성된 환원당량을 사용한다.
E. 지방분해에 의해 생성된 지방산은 뇌로 흡수되어 에너지로 산화된다.

사고력 문제(TQ)

TQ1. 내원 직후 환자는 저인슐린혈증을 보여서 인슐린을 투여받았다. 왜 환자의 저인슐린혈증이 고혈당증을 유발하였을까?
힌트: 포도당 대사에서 인슐린의 역할은 무엇인가?

TQ2. 왜 포도당이 환자의 소변에서 검출되었는가? 어떻게 포도당뇨가 환자의 탈수증상과 관련되어 있는가?

TQ3. 왜 지방산의 β-산화로부터 나오는 대부분의 아세틸 CoA가 TCA 회로에 쓰이지 않고 케톤생성에 쓰이는가?

TQ4. 환자가 내원하였을 때 양성 또는 음성 질소평형 중 어느 상태에 있었는가?

TQ5. 당뇨병성 케톤산증(암)에 대한 환자의 반응은? 콩팥에서 어떠한 반응을 보이는가? **힌트:** 요산과 결합하는 것 외에 어떻게 독성 암모니아가 몸에서 제거되는가?

TQ6. 지방산 산화 장애를 가진 사람이 생리적 스트레스를 겪고 있는 동안의 케톤체와 포도당 농도의 변화는 무엇이 사실인가?

증례 4: 저혈당증, 고케톤혈증, 간 기능장애 (Hypoglycemia, Hyperketonemia, and Liver dysfunction)

환자 양상: 불분명한 발음, 조화운동불능(뼈대근육조화[skeletal muscle coordination] 소실), 복통을 동반한 59세 남자가 응급실(ED)에 후송되었다.

관련 병력: 응급실 요원들은 환자의 과거 방문으로 그를 알고 있다. 심각한 만성 알코올중독을 6년 정도 앓고 있으며 불법 약물을 사용 중인지는 알려진 바 없다. 응급실에서 환자는 지난 며칠 동안 술을 많이 마셨다고 하였으며 그 기간 동안 무엇을 먹었는지 기억할 수 없었다. 최근 구토를 한 흔적이 있었으나 혈액이 보이지는 않았다.

진찰(관련 소견): 수척한 환자 상태에 비해 매우 좋은 신체검사 결과가 나왔다. (추후 신체비만지수는 17.5로 저체중 항목에 해당되는 것으로 밝혀짐.) 확장된 피부혈관으로 양쪽 볼이 붉게 상기되어 있었다. 눈 움직임은 정상이었다. 황달이나 부종의 소견은 보이지 않았다. 간은 약간 커진 상태였다. 병상 검사에서 저혈당과 고케톤혈증이 확인되었다. 채취된 혈액은 진단검사의학과로 전달되었다.

진단검사 결과:

	환자	정상 범위
에탄올	180 mg/dL (**H**)	(>80이면 DUI* 양성)
포도당	58 mg/dL (**L**)	70~99
젖산	23 mg/dL (**H**)	5~15
요산	7.0 mg/dL	2.5~8.0
3-하이드록시뷰티르산	50 mg/dL (**H**)	0~3.0
총빌리루빈	1.5 mg/dL (**H**)	0.3~1.0
직접 빌리루빈	0.5 mg/dL (**H**)	0.1~0.3
알부민	3.0 g/dL (**L**)	3.5~5.8
아스파트산 아미노기전달효소(AST)	130 U/L (**H**)	0~35
알라닌 아미노기전달효소(ALT)	75 U/L (**H**)	0~35
풋트롬빈시간	15.5 sec (**H**)	11.0~13.2

*음주운전(DUI); **H** = 높음; **L** = 낮음.

추가 검사: 전체혈구계산(CBC)과 혈액펴바른표본(blood smear)에서 큰 적혈구빈혈증(macrocytic anemia)으로 진단하였다. 엽산과 B_{12} 수치 검사를 시행하였다.

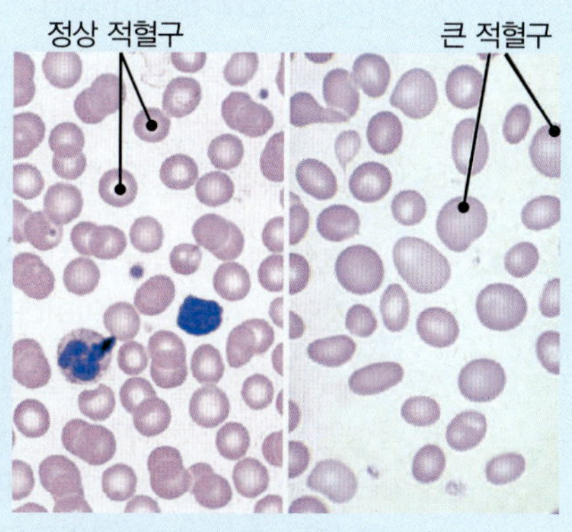

진단: 알코올중독과 알코올성 케톤산증으로 진단되었다.

치료(즉시): 싸이아민(thiamine)과 포도당을 정맥을 통하여 주사하였다.

예후: 알코올중독은 미국에서 3번째로 높은 사망원인이다. 알코올중독에 걸린 사람은 비타민 결핍, 간경화증, 췌장염, 위창자출혈과 다른 암에 대한 위험도가 증가되어 있다.

음식조절요법(영양 너겟): 알코올중독에 걸린 사람들은 음식 섭취 감소와 흡수감소로 인한 비타민 결핍증의 위험에 노출되어 있다. 싸이아민(비타민 B_1) 결핍이 흔하며, 신경에 영향을 주는 베르니케-코르사코프 증후군과 같은 심각한 결과를 초래할 수 있다. 보조효소 형태의 파이로인산싸이아민(TPP)은 탈수소효소가 매개하는 α-케톤산의 산화(예: 파이루브산)에 필요하며, 인산오탄당 경로에서 일어나는 당의 가역적 상호변환에서 케톨기전달효소에 의한 이탄소 케톨기의 전달에도 필요하다.	유전학(중요함): 간 세포질에서 니코틴아마이드 아데닌 다이뉴클레오타이드(NAD^+)를 필요로 하는 알코올 탈수소효소(ADH)에 의해 생성되는 에탄올 산화의 생성물인 아세트알데하이드는 사립체에서 NAD^+를 필요로 하는 알데하이드 탈수소효소(ALDH2)에 의해 아세트산으로 산화된다. 동아시아계 혈통을 가진 사람의 대부분(유럽이나 아프리카인이 아닌)은 ALDH2를 불활성형으로 만드는 모노뉴클레오타이드다형성(SNP)을 갖고 있다. 이것으로 인해 에탄올을 약간만 섭취해도 알데하이드에 의해 유발되는 안면홍조와 경증에서 중등도까지 중독이 생긴다.

복습문제(RQ): 가장 알맞은 답을 하나만 고르시오.

RQ1. 만성적으로 과량의 알코올을 섭취하는 환자에서 보인 많은 대사 결과들은 세포질과 사립체에서 환원형 니코틴아마이드 아데닌 다이뉴클레오타이드(NADH)에 대한 산화형 NAD의 비율 증가에 의한다. 사립체 NADH의 증가에 의한 영향 중 옳은 것은?

A. 지방산 산화의 증가
B. 포도당신생성의 증가
C. 지방분해의 억제
D. TCA 회로의 억제
E. 사과산-아스파트산 왕복에서 사과산의 환원에 의한 옥살로아세트산 생성의 증가

RQ2. 에탄올은 사이토크롬 P450(CYP) 효소에 의해 산화될 수 있으며, CYP2E1이 중요한 예이다. 에탄올에 의해 유도되는 CYP2E1은 에탄올 대사과정에서 반응산소종(ROS)을 생산한다. CYP 단백질에 대한 설명 중 옳은 것은?

A. CYP 단백질은 헴을 포함하는 이산소효소이다.
B. 사립체 내부의 CYP 단백질은 해독 반응과 관련이 있다.
C. 매끈면 세포질그물 막의 CYP 단백질은 스테로이드 호르몬, 쓸개즙산, 칼시트라이올의 합성에 관여한다.
D. CYP2E1에 의해 생성되는 과산화수소와 같은 ROS는 글루타싸이온 과산화효소에 의해 산화될 수 있다.
E. 인산오탄당 경로는 니코틴아마이드 아데닌 디뉴클레오타이드 인산염(NADPH)의 중요한 공급원이며 CYP 단백질의 활성 및 글루타싸이온 재생산에 필요한 환원당량을 제공한다.

RQ3. 알코올은 중추신경계의 신경전달물질인 세로토닌의 농도에 변화를 주는 것으로 알려져 있다. 세로토닌에 관한 내용 중 옳은 것은? 세로토닌은:

A. 불안과 우울에 관련이 있다.
B. 카테콜아민들을 분해하는 모노아민 산화효소의 메틸화에 의해 분해된다.
C. 활성화된 혈소판에서 분비된다.
D. 타이로신으로부터 합성된다.

RQ4. 만성 알코올 과다섭취는 췌장효소의 조기 활성화에 의한 분비샘의 자가소화로 발생하는, 통증이 극심한 염증상태인 급성 췌장염의 가장 큰 원인이다. 췌장에 대한 내용 중 옳은 것은?

A. 혈액 췌장 단백질의 감소는 췌장의 자가소화의 결과이다.
B. 급성에서 만성으로 췌장염이 진행되는 사람에서 췌장 기능이 감소되는 구조 변화, 당뇨, 지방변을 예상할 수 있다.
C. 세크레틴에 대한 반응으로 외분비 장기로서 췌장는 창자 속공간의 pH를 낮추기 위해 양성자를 분비한다.
D. 췌장염은 고콜레스테롤혈증을 가진 사람에서도 관찰될 수 있다.

사고력 문제(TQ)

TQ1. A. 에탄올 대사와 관련하여 세포질액 NADH의 증가는 당분해에 어떤 영향을 주는가? **힌트:** 당분해에 필요한 보조효소는 무엇인가?

B. 알코올중독증에 걸린 사람에서 보인 지방간과 어떻게 연관되는가?

TQ2. 통풍 병력을 가진 환자에게 왜 에탄올 섭취를 줄이라고 충고하겠는가?

TQ3. 알코올중독자의 풋트롬빈 시간이 왜 영향을 받겠는가?

TQ4. 엽산과 비타민 B_{12} 결핍은 알코올중독 환자에서 큰적혈구빈혈을 초래할 수 있다. 큰적혈구빈혈 환자에게 엽산 보조제를 섭취하기 전에 왜 비타민 B_{12} 농도를 먼저 측정하라고 하겠는가?

II. 통합 증례의 답

증례 1: 복습문제(RQ)의 답

RQ1. 답 = B. 포스파티딜콜린은 인산다이아실글리세롤(포스파티드산)과 이인산사이티딘-콜린에서 유도된 글리세롤 기반 인지질이다. 강글리오사이드는 스핑고신 뼈대를 가진 지질인 세라마이드에서 유도된다. 2 계열의 프로스타글랜딘은 20 탄소-다중불포화 지방산인 아라키돈산으로부터 유도된다. 스핑고마이엘린은 세라마이드가 전구체인 스핑고인지질이다. 비타민 D는 스테롤인 콜레스테롤 생합성 경로의 중간대사물로부터 유도된다.

RQ2. 답 = A. 스타틴은 하이드록시메틸글루타릴 보조효소 A(HMG CoA) 환원효소를 억제한다. 따라서 HMG CoA가 메발론산으로 환원되는 것을 방지하며 콜레스테롤 생합성을 감소시킨다(그림 참조). 스타틴에 의해 콜레스테롤이 감소함에 따라 스테롤조절요소결합 단백질-2(SREBP-2)와 SREBP 절단 활성화 단백질(SCAP) 복합체가 세포질그물 막에서 골지막으로 이동하여 SREBP-2가 절단되는 후 다시 핵으로 이동하여 HMG CoA 환원효소 유전자와 저밀도지단백질(LDL) 수용체 유전자 상류의 스테롤조절요소에 결합하는 전사인자를 생산하여 이들의 발현을 증가시킨다. 사람은 스테로이드 핵을 탄소와 물로 분해하는 것이 불가능하다. 콜레스티라민과 같은 쓸개즙 격리제는 간에 의한 쓸개즙산염 흡수를 방지하여 쓸개즙 분비를 증가시킨다. 간은 LDL 수용체를 통하여 콜레스테롤을 흡수하여 쓸개즙산을 합성하며, 이것은 혈액 콜레스테롤 농도를 감소시킨다. 스테로이드 호르몬은 콜레스테롤로부터 합성되며, 비타민 D는 콜레스테롤 생합성 경로의 중간대사물인 7-탈수소콜레스테롤로부터 합성된다. 따라서 콜레스테롤 합성이 억제되면 스테로이드 합성이 감소된다는 것을 유추할 수 있다.

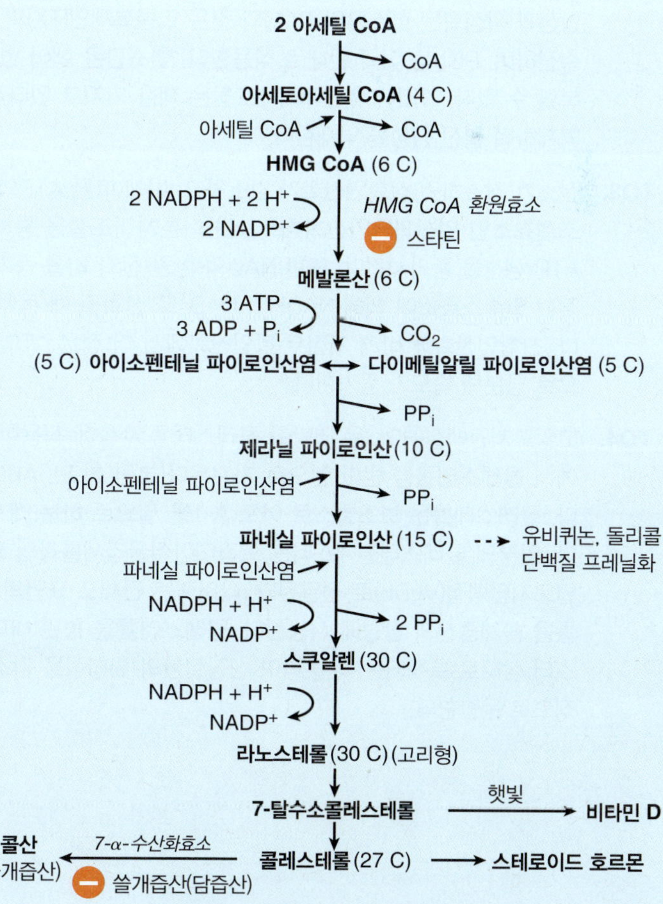

RQ3. **답 = C.** 경쟁 억제제는 기질이 결합하는 같은 자리에 결합하며, 한 번 결합하면 기질이 결합하는 것을 방해한다. 이것으로 인해 최대속도(V_{max})의 1/2에서 기질농도 K_m 값이 증가한다. 그러나 기질을 추가하면 억제가 역전되어 최대속도는 변하지 않는다(그림 참조). 비경쟁적 억제제는 최대속도를 감소시키며 K_m 값에 대한 영향이 없다.

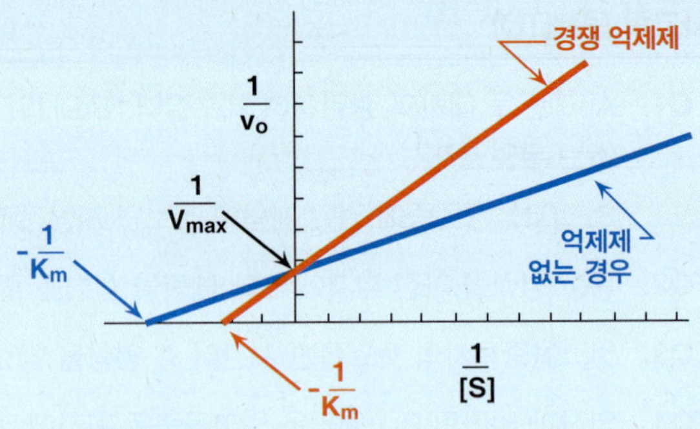

RQ4. **답 = D.** 저산소증에서는 당분해의 기질수준 인산화에 의해 삼인산아데노신(ATP)을 공급한다. 산화인산화는 산소가 부족하면 억제된다. 산화인산화에 의한 ATP 합성속도가 세포 호흡속도를 조절하기 때문에 전자수송이 억제된다. NADH에 대한 NAD 비의 증가는 TCA 회로와 파이루브산 탈수소효소 복합체를 억제한다.

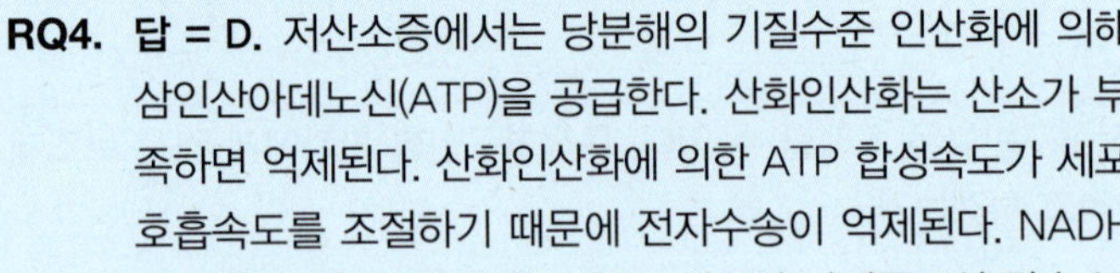

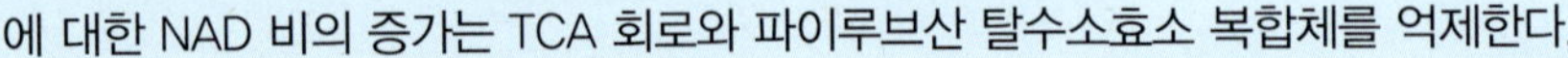

증례 1: 사고력 문제(TQ)의 답

TQ1. 표현형은 동일할 것이다. 선천성 아포지단백질(apolipoprotein, apo) B-100 결함이 있는 경우, LDL 수용체는 수와 기능에서 정상이지만 수용체에 대한 리간드의 수용체 결합능력이 감소하였다. 감소된 리간드-수용체 결합은 고콜레스테롤혈증에서 LDL 농도의 증가를 초래한다. [참고: LDL 수용체의 재순환을 감소시키는 단백질분해효소인 PCSK9에 기능획득 돌연변이가 있어 수용체의 분해가 증가한 사람들의 표현형은 동일할 것이다.] 아포지단백질 E-2 동종형과 함께 암죽미립 잔류물과 중밀도지단백질이 혈액에 축적될 것이다.

TQ2. 아스피린은 비가역적으로 고리산소화효소(COX)를 억제하며, 따라서 혈관내피세포의 PGI_2와 같은 프로스타글랜딘의 합성과 활성화된 혈소판의 TXA_2와 같은 트롬복세인(TX)의 합성을 억제한다. TXA_2는 혈관 수축과 혈소판 마개 형성을 촉진하며, PGI_2는 이와 반대로 작용한다. 혈소판은 핵이 없기 때문에 COX를 더 생산하지 못하여 이런 억제기전을 극복할 수 없다. 그러나 혈관내피세포들은 핵을 가지고 있다. 따라서 아스피린은 혈소판이 살아 있는 동안 TXA_2 생산을 억제하여 혈전 생성을 억제한다.

TQ3. 산소가 감소하면 산화인산화가 감소하고, 이에 따른 ATP의 감소는 AMP의 증가로 이어진다. AMP는 당분해의 중요한 조절효소인 인산과당인산화효소-1을 다른자리조절을 통해 활성화한다. 당분해의 증가는 기질수준 인산화를 통하여 ATP 생산을 증가시킨다. 또한 NAD의 환원/산화 비를 증가시킨다. 무산소 상태에서 당분해에서 생성된 파이루브산은 젖산 탈수소효소에 의해 NADH가 NAD^+로 산화될 때 동시에 젖산으로 환원된다. NAD^+는 지속적인 당분해에 필요하다. 산화인산화에 비해 기질수준 인산화에서 더 적은 ATP 분자가 생성되므로 무산소 상태에서는 그에 대한 보상작용으로 당분해 속도가 증가한다.

TQ4. 고밀도지단백질(HDL)은 역방향 콜레스테롤 수송에 작용한다. 간이 아닌 조직(말초조직, 예로서 동맥의 혈관내피세포)에서 콜레스테롤을 받아 간으로 가져온다(그림 참조). ABCA1 수송체가 콜레스테롤을 HDL로 유출하는 것을 매개한다. 콜레스테롤은 보조효소로 아포 A-1을 필요로 하는 레시틴-콜레스테롤 아실기전달효소(LCAT)에 의해 에스터화된다. 일부의 콜레스테릴에스터는 트라이아실글리세롤과의 교환으로 콜레스테릴에스터 전달단백질(CETP)에 의해 초저밀도지단백질(VLDL)로 전달된다. 나머지는 간세포 표면의 청소 수용체(SR-B1)에 의해 흡수된다. 간은 HDL 콜레스테롤을 쓸개즙산의 합성에 사용한다. 콜레스테롤을 혈관 내피세포로부터 제거하는 것은 콜레스테롤 또는 콜레스테릴에스터 상태로 축적되는 것을 막아 심장질환의 위험성을 감소시킨다. [참고: 반대로 LDL은 콜레스테롤을 간에서 말초조직으로 운반한다.]

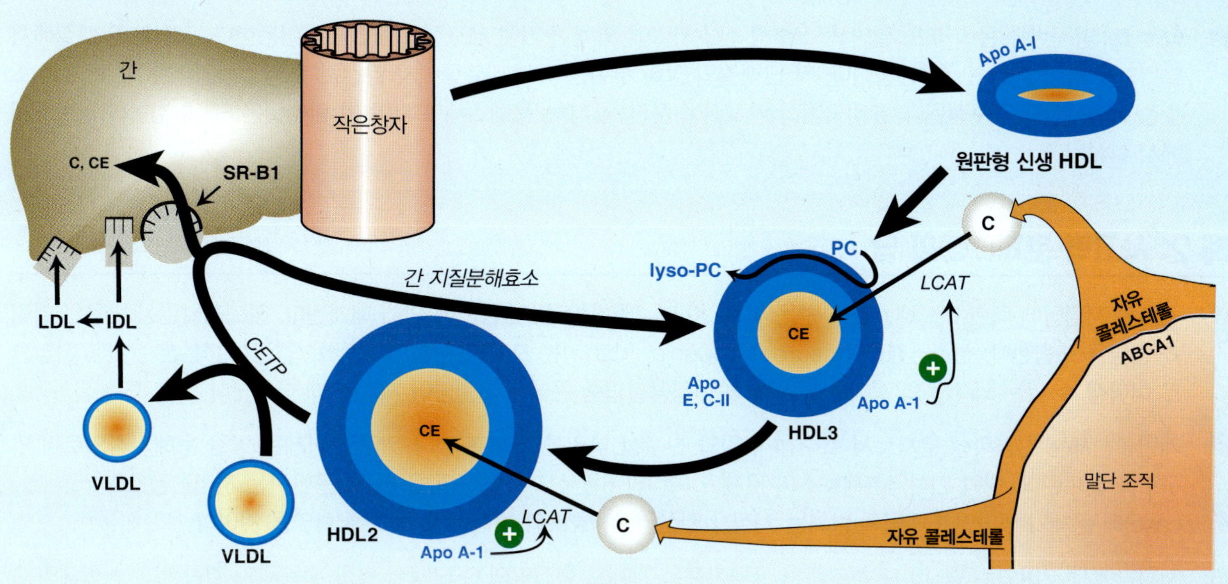

증례 2: 복습문제(RQ)의 답

RQ1. 답 = A. 6-인산포도당 인산염분해효소의 결핍은 당원분해와 포도당신생성에서 생성되는 6-인산포도당의 탈인산화와 혈액으로의 유출을 막는다(아래 그림 참조). 혈당 농도가 감소하고 심한 공복 저혈당이 발생한다. [참고: 환자의 증상이 최근에(4개월 때) 나타난 이유는 수유의 간격이 길어졌기 때문이다.] 저혈당은 글루카곤의 분비를 촉진시키며, 글루카곤은 당원 가인산분해효소 인산화효소를 인산화하여 활성형으로 만들고, 이것은 이어서 당원 가인산분해효소를 인산화하여 불활성화한다. 또한 에피네프린도 분비되어 호르몬 민감 지질분해효소를 인산화하여 활성형으로 만든다. 그러나 전형적인 지방산은 포도당신생성의 기질로 이용될 수 없다. 간과 콩팥의 포도당 수송체들은 인슐린에 민감하지 않다.

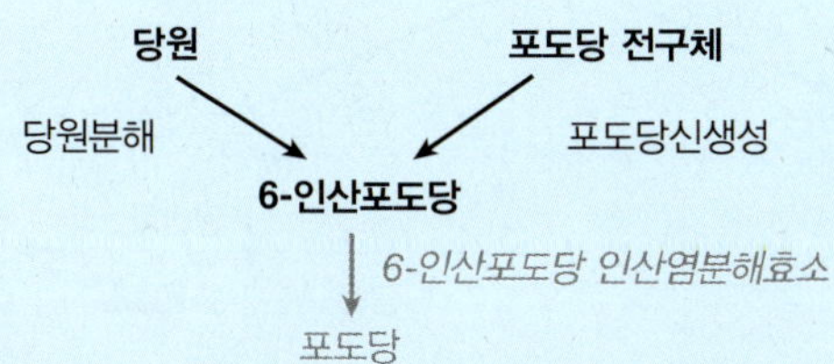

RQ2. 답 = C. 비타민 D는 스테로이드 호르몬으로 작용하는 지용성 비타민이다. 세포의 핵 수용체와 결합하여 창자에 있는 칼슘 수송체 단백질인 칼바인딘(calbindin) 유전자의 전사를 증가시킨다(그림 참조). 비타민 D는 막 수용체에 결합하지 않으며 이차전령을 생성하지 않는다. 비타민 D는 콜레스테롤 합성의 중간대사물인 7-탈수소콜레스테롤로부터 자외선의 작용에 의해 피부에서 합성된다. 지용성 비타민(A, D, E, K)에서 비타민 K만이 보조효소로 작용한다.

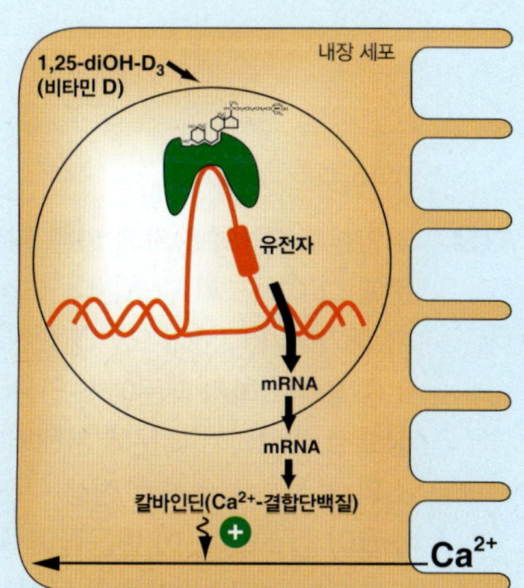

RQ3. 답 = C. 6-인산포도당은 공유결합으로 억제된(인산화된) 당원 합성효소 b의 양성 다른자리조절 효과제이다. 6-인산포도당의 증가에 따라 당원 합성이 활성화되고, 또한 간과 콩팥에서 저장이 증가된다. 이용도가 증가한 6-인산포도당에 의해 당분해가 유도된다. 당분해의 증가는 지방합성에 필요한 기질을 제공하여 지방산과 트라이아실글리세롤의 합성을 증가시킨다. 저혈당 상태에서 인슐린/글루카곤 비는 높지 않고 오히려 낮다.

RQ4. **답 = D.** 막 단백질은 아미노 말단의 소수성 신호서열에 의해 초기에 세포질그물(ER)로 이동한다. 당화는 단백질에서 발견되는 가장 흔한 번역후변형이다. 막 단백질의 당화 부위는 막의 바깥쪽에서 발견된다. 막걸침영역은 약 22개의 소수성 아미노산으로 구성된다. 분비되거나 막, ER 속공간, 골지체, 용해소체로 가야 할 단백질은 ER과 결합한 리보소체에서 합성된다.

증례 2: 사고력 문제(TQ)의 답

TQ1. 경련은 저혈당에 대한 아드레날린성 반응의 결과이며, 에피네프린의 증가에 의해 매개된다. 아드레날린성 반응은 떨림과 땀남을 포함한다. 신경당결핍증(neuroglycopenia, 뇌로 가는 포도당 수송의 장애)은 경련, 발작, 혼수상태, 사망으로 이어질 수 있는 뇌 기능의 장애를 유발한다. 신경당결핍증 증상은 고혈당이 지속될 때 나타난다.

TQ2. 계면활성제는 친양쪽성 분자로서 소수성 부위와 친수성 부위를 가지고 있다. 계면활성제는 막을 용해시킴으로써 막 구조를 흩뜨린다. 만약 인산염분해효소의 문제가 아니라 6-인산포도당 기질을 ER로 운반하는 자리옮김효소(translocase)에 문제가 있다면, ER 막의 방해는 기질을 인산염분해효소와 접촉할 수 있도록 하였을 것이다.

TQ3. 저혈당에서 분비되는 펩타이드 호르몬인 글루카곤은 간세포 형질막의 G 단백질 결합 수용체와 결합한다. 삼합체인 G 단백질의 소단위는 이인산구아노신(GDP)이 삼인산구아노신(GTP)으로 교체되면서 활성화되고, β-와 γ-소단위에서 분리되어 ATP로부터 cAMP를 생성하는 아데닐기 고리화효소를 활성화한다. cAMP는 단백질 인산화효소 A(PKA)를 활성화하고, PKA는 당원 가인산분해효소 인산화효소를 인산화하여 활성형으로 만들고, 이것은 당원 가인산분해효소를 인산화시켜 활성형으로 만든다. 가인산분해요소는 당원을 분해하여 6-인산포도당으로 전환될 1-인산포도당을 생성한다. 6-인산포도당 인산염분해효소 결핍에서는 분해과정이 여기서 멈춘다(그림 참조). 이 경우 결과적으로 글루카곤 투여는 혈당 농도를 증가시킬 수 없다. [참고: 에피네프린도 비슷하게 효과가 없을 것이다.]

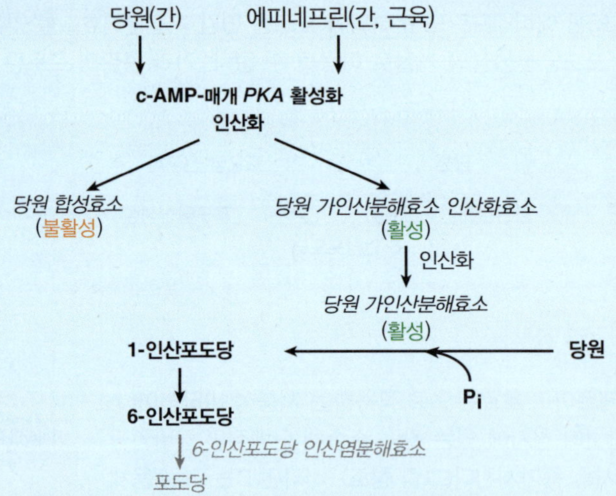

TQ4. 6-인산포도당의 증가에 따른 당분해의 상향조절에 의해 당분해에서 무기인산은 인산화된 중간대사물로 고정되기 때문에 그 이용도가 감소한다. 고정된 무기인산은 ADP를 ATP로 인산화하는 능력을 감소시키고 ATP가 감소하면 AMP가 증가하기 때문에 요산염(요산) 농도가 증가한다. AMP는 요산염으로 분해된다. 또한 6-인산포도당이 오탄당인산 경로를 활성화하기 때문에 5-인산리불로스로부터 5-인산리보스 생성과 결과적인 퓨린 합성이 증가한다. 퓨린이 필요 이상으로 생성되기 때문에 분해되어 요산염이 생성된다(아래 그림 참조). [참고: 무기인산의 감소는 당원 가인산분해효소의 활성을 감소시켜 정상 구조를 가진 당원의 저장을 증가시킨다.] ADP가 ATP로 인산화되는 것이 감소하면 세포호흡이 감소하며, 이 반응들이 서로 연결되어 있기 때문에 젖산이 증가한다. 결과적으로 당분해로부터 생성된 환원형 NADH는 전자수송사슬의 복합체 I에 의해 산화될 수 없다. 그 대신 파이루브산이 젖산으로 환원될 때 세포질의 젖산 탈수소효소에 의해 보조효소인 NADH가 산화된다. [참고: 파이루브산은 당분해가 증가하면 같이 증가한다.] 젖산이 이

온화되면서 양성자를 방출하여 대사산증을 유발한다. (이때의 낮은 pH는 산 생산의 증가에 의한 것이다.) 호흡 보상으로 호흡속도가 증가한다.

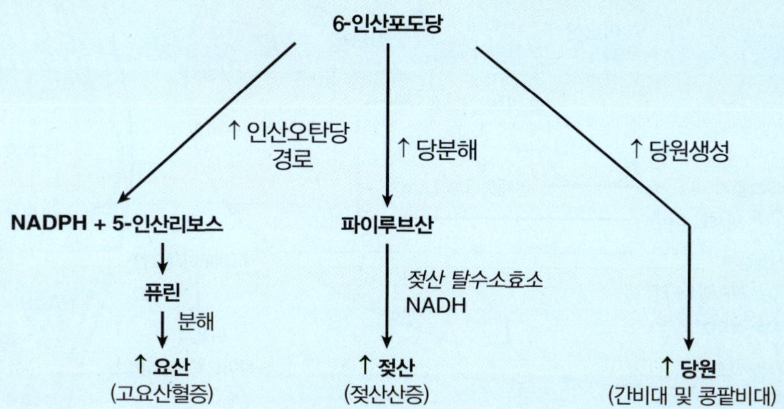

TQ5. 당분해가 증가하면 간에서 TAG 합성에 필요한 3-인산글리세롤의 이용도가 증가한다. 또한 당분해에서 생성된 파이루브산의 일부는 산화적으로 탈카복실화되어 아세틸 보조효소 A(CoA)로 전환한다. 그러나 TCA 회로가 NADH 증가에 의해 억제되며, 아세틸 CoA는 시트르산 형태로 세포질로 수송된다. 세포질의 아세틸 CoA가 증가하면 지방산 합성이 증가한다. 시트르산이 아세틸 CoA 카복실화효소(ACC)의 다른자리조절 활성자라는 것을 기억하라. 카니틴 팔미토일기전달효소 I 단계에서 ACC의 말로닐 생성물은 지방산 산화를 억제한다. 사립체의 지방산 산화가 간 케톤생성에 필요한 아세틸 CoA 기질을 합성하기 때문에 케톤체 농도는 증가하지 않는다. 지방산은 글리세롤 뼈대로 에스터화되면서 VLDL 형태로 간에서 유출되는 TAG가 증가한다. [참고: 저혈당은 에피네프린 분비, TAG 지방분해의 활성, 혈액으로의 유리 지상산의 방출을 유도한다.] 아세틸 CoA는 콜레스테롤 합성에 필요한 기질이기도 하다. 따라서 당분해가 증가하면 환자에게 고지질혈증을 유발할 수 있다(그림 참조).

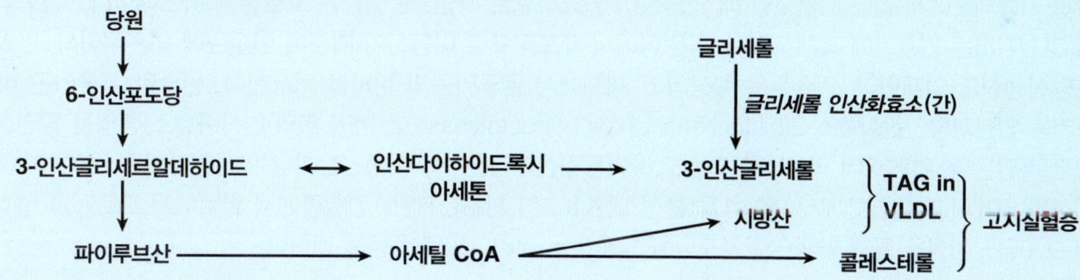

증례 3: 복습문제(RQ)의 답

RQ1. **답 = A.** 당뇨병은 고혈당이 특징이다. 만성 고혈당은 혈색소에 무효소 당화(glycation)를 일으켜 HbA_{1c}를 생성한다. 그러므로 포도당이나 HbA_{1c}의 혈액 농도를 측정하는 것이 당뇨병 진단에 필요하다. 생리적 스트레스(예: 비뇨기계 감염)에 반응하여, 카테콜아민과 같은 인슐린 반대작용 호르몬의 분비는 혈당을 올린다. 포도당은 환원당이다. 비만과 좌식생활에 관계가 있고 인슐린 저항성으로 발생하는 당뇨병은 2형 당뇨병(T2D)이다. 1형 당뇨병(T1D)은 췌장 β-세포가 자가면역적으로 파괴된 결과로 인슐린이 부족하여 발생한다. 이 경우는 엄격하게 당 제어 치료를 받는 사람조차 정상혈당(euglycemia)에 도달하지 못한다.

RQ2. **답 = E.** 3-하이드록시뷰티르산과 아세토아세트산은 유기산이며, 그들이 이온화되면 몸에 양성자의 양을 증가시킨다. 케톤체는 간세포의 사립체에서 지방산의 β-산화를 통해 생성된 아세틸 CoA로부터 만들어진다(아래 그림 참조). 이들은 친수성이므로 수송체가 필요하지 않다. 간에는 석시닐 CoA의 CoA를 아세토아세트산으로 옮겨 2분자의 아세틸 CoA를 생성하는 싸이올이동효소(thiophorase)가 없어서 케톤체를 이용할 수 없다. 호흡할 때 과일 냄새가 나는 원인은 아세톤이다.

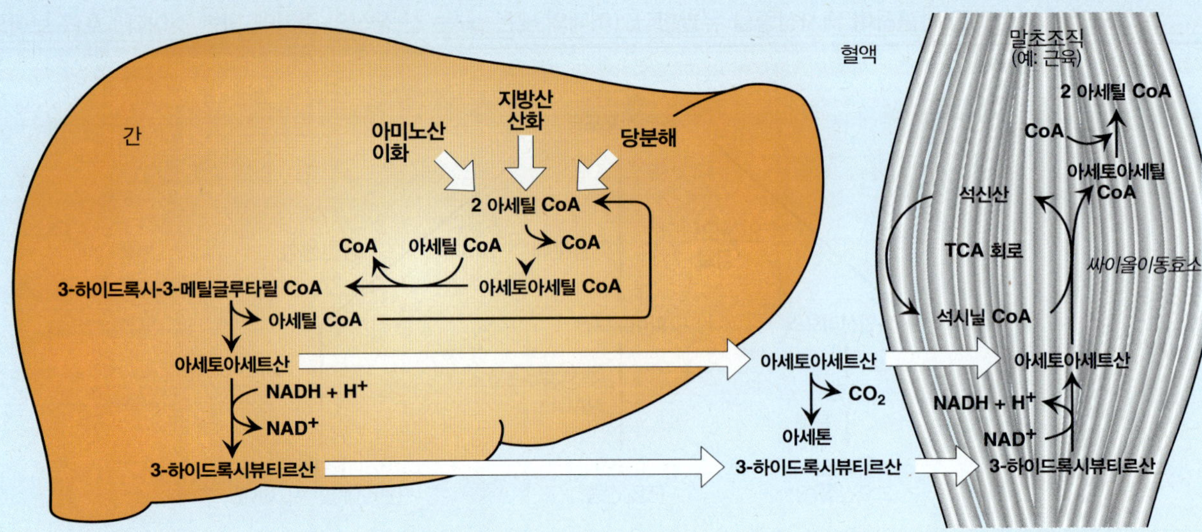

RQ3. 답 = A. 말로닐 CoA는 지방산 합성의 중간대사물로서 카니틴 팔미토일기전달효소 I을 억제하고, 따라서 지방산의 β-산화를 억제한다. 지질분해는 인슐린/반대작용 호르몬의 비가 감소할 때 일어난다. 아세틸 CoA는 지방산의 β-산화의 생성물이며, 파이루브산 탈수소효소(PDH)를 억제하는데, PDH 인산화효소와 파이루브산 카복실화효소를 활성화하여 PDH를 억제한다. 따라서 아세틸 CoA에 의해 파이루브산이 포도당신생성으로 들어간다. β-산화는 환원형 니코틴 아마이드 아데닌 다이뉴클레오타이드(NADH)를 생성하고, 이 NADH가 포도포도당신생성에 필요한 환원당량이다. 혈관뇌 장벽은 뇌의 지방산 사용을 억제한다.

증례 3: 사고력 문제(TQ)의 답

TQ1. 근육과 지방세포에서 혈당을 흡수할 때 인슐린이 필요하므로 저인슐린혈증은 고혈당증을 초래한다. 그들의 포도당 수송체(GLUT-4)는 인슐린에 의해 세포속 웅덩이에서 세포막으로 이동하기 때문에 인슐린에 의존적이다. 인슐린은 간의 포도당신생성도 억제한다. 인슐린은 췌장의 α-세포에서 글루카곤의 분비를 억제한다. 인슐린/글루카곤 비의 증가는 이중기능 인산과당인산화효소-2(bifunctional phosphofructokinase-2, PFK-2)의 인산화효소 영역을 탈인산화하여 활성형으로 만든다. PFK-2에 의해 생성되는 2,6-이중인산과당은 1,6-이중인산과당 인산염분해효소를 억제하여 포도당신생성을 억제하고, 당분해에서 PFK-1을 활성화한다(그림 참조). 저인슐린혈증에서 혈액에서 포도당을 섭취하지 못하면서 포도당신생성을 통해 혈액으로 포도당을 방출하는 것이 고혈당증을 초래한다.

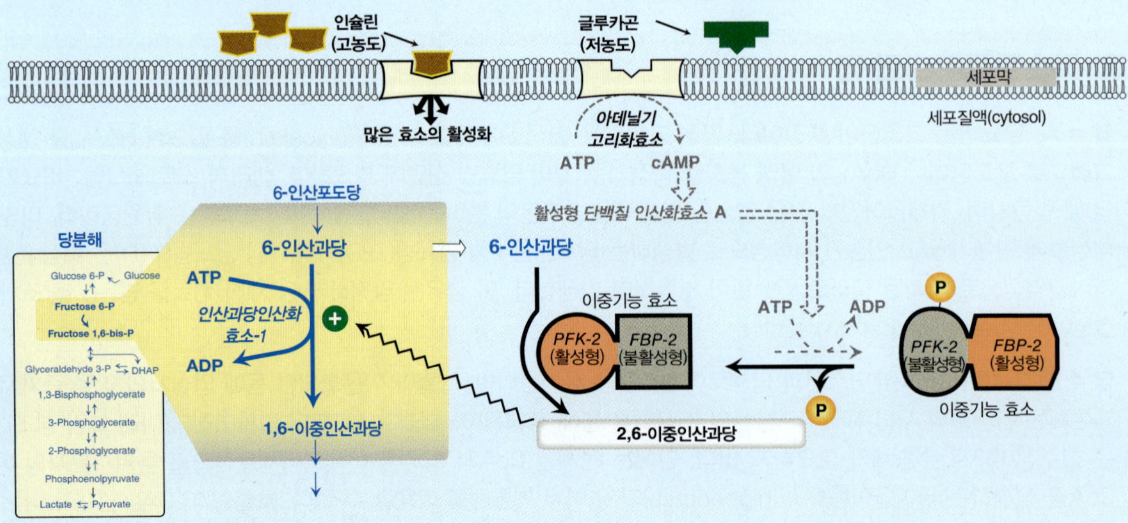

TQ2. 혈당 농도가 콩팥에서 (소듐 의존 포도당 수송체[SGLT]를 이용하여) 포도당을 재흡수할 수 있는 한계를 초과하였다. 소변의 포도당 농도가 높으면 삼투압이 크게 올라가 몸으로부터 수분을 흡수한다. 이로 인해 배뇨를 증가시켜(polyuria) 수분이 소실되고 탈수가 일어난다.

TQ3. 지방산의 β-산화로 생성되는 NADH는 세 번의 NADH 생성 탈수소효소 단계에서 트라이카복실산(TCA) 회로를 억제한다. 이 이유로 아세틸 CoA는 TCA 회로에서 산화되지 않고 간에서 케톤생성의 기질로 전환된다.

TQ4. 환자는 음성 질소균형 상태이다. 질소가 들어오는 것보다 더 많이 배출되었다. 이것이 환자에서 나타난 혈액요소질소(BUN)의 증가를 반영한다. [참고: BUN 값은 또한 탈수 정도도 반영한다.] 근육의 단백질분해와 아미노산 분해대사는 인슐린 감소에 의해 일어난다. (뼈대근육은 글루카곤 수용체를 발현하지 않는다는 것을 기억하라.) 아미노산 분해대사는 암모니아(NH_3)를 생성하고, 이것이 간에서 요소회로를 거쳐 요소로 전환되어 혈액으로 방출된다. [참고: 소변의 요소는 소변 요소질소(UUN)으로 나타낸다.]

뼈대근
단백질분해
아미노산
이화
NH_3
요소회로
요소
혈액
BUN

TQ5. 환자에서 보이는 쿠스마울(Kussmaul) 호흡은 대사산증에 대한 호흡 반응이다. 과다환기는 이산화탄소(CO_2)와 수분을 방출하여 양성자(H^+)와 탄산수소염(HCO_3^-)의 농도를 감소시킨다. 다음의 평형식을 참고하라.

$$H^+ + HCO_3^- - H_2CO_3(\text{카본산}) \leftrightarrow CO_2 + H_2O$$

콩팥의 반응에는 암모늄(NH_4^+) 형태로 양성자를 배출하는 것을 부분적으로 포함한다. 뼈대근육의 가지사슬 아미노산의 분해는 혈액으로 다량의 글루타민을 방출한다. 콩팥은 글루타민을 흡수하고 분해하여 암모니아를 생성한다. 암모니아는 유리된 양성자가 붙어 암모늄으로 바뀌어 배출된다(그림 참조). [참고: 케톤체가 넘쳐나면, 창자세포는 글루타민 대신 그것을 연료로 사용한다. 이 때문에 콩팥으로 가는 글루타민의 양이 증가된다.]

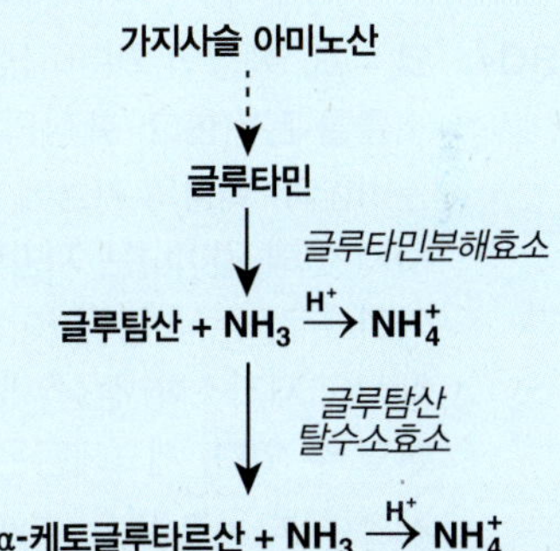

TQ6. 지방산의 β-산화가 케톤생성의 기질인 아세틸 CoA를 제공하기 때문에, β-산화가 일어나지 못할 경우 케톤체를 생성할 수 있는 능력이 감소한다. 케톤체는 포도당의 대체물로 사용할 수 있고, 포도당 증가에 의존적이다. 지방산의 β-산화가 포도당신생성에 필요한 NADH와 NTP를 공급하기 때문에, 포도당의 생성이 감소한다. 결과적으로 저케톤성 저혈당증이 발생한다. 이것은 중간사슬 아실 CoA 탈수소효소(MCAD) 결핍에서도 나타났던 것을 기억하라.

증례 4 : 복습문제(RQ)의 답

RQ1. **답 = D.** 환원형 니코틴아마이드 아데닌 다이뉴클레오타이드(NADH)가 사립체에서 증가하면 TCA 회로, 지방산 산화, 포도당신생성이 감소한다. NADH는 TCA 회로의 중요 단계인 아이소시트르산 탈수소효소 반응을 억제하고 α-케톤글루타르산 탈수소효소 반응도 억제한다(그림 참조). 또한 옥살로아세트산이 사과산으로 환원되는 것(사과산이 옥살로아세트산으로 되는 것이 아님)을 촉진하여 TCA 회로와 포도당신생성에서 옥살로아세트산이 아세틸 CoA와 축합하는 것을 감소시킨다. 지방산의 산화에서 NAD^+는 3-하이드록시아실 CoA 탈수소효소 단계에 필요하며, 이 단계는 NADH가 증가하면 억제된다. 지방산 산화의 감소는 포도당신생성에 필요한 ATP와 아세틸 CoA(파이루브산 카복실화효소의 다른자리조절 활성자)의 생성을 감소시킨다. 지질분해는 공복상태에서 인슐린의 감소와 카테콜아민의 증가에 의해 활성화되는데, 결과적으로 호르몬민감 지질분해효소를 활성화한다.

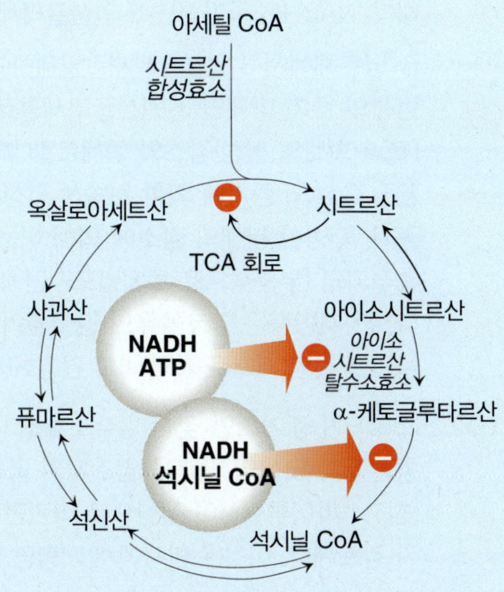

RQ2. **답 = E.** 인산오탄당 경로의 비가역적 산화 부분은 니코틴아마이드 아데닌 다이뉴클레오타이드 인산염(NADPH)을 공급한다. 이 분자는 사이토크롬 P450(CYP) 단백질의 활성과 기능적인(환원된) 글루타싸이온의 재생에 필요한 환원당량을 제공한다. 이것은 또한 세포질에서 지방산이나 콜레스테롤 합성과 같은 환원성 생합성 과정에 중요한 NADPH의 공급원이다. CYP 단백질은 일산소화효소(혼합기능 산소화효소)이다. 이 효소는 산소 분자로부터 하나의 산소 원자를 옮겨 기질에 붙이고, 다른 산소 원자는 물 분자로 환원시킨다. 매끈면 세포질그물 막의 CYP 단백질은 해독 반응에 관여한다. 사립체 내막의 CYP 단백질은 스테로이드 호르몬, 쓸개즙산, 칼시트라이올 합성에 관여한다. 반응산소종은 글루타싸이온 과산화효소에 의해 글루타싸이온이 산화될 때 같이 환원된다.

RQ3. **답 = C.** 세로토닌은 활성화된 혈소판에 의해 분비되어 혈관 수축과 혈소판 응집을 일으킨다. [참고: 혈소판은 세로토닌을 합성하지 않지만, 창자에서 만들어져 혈액으로 분비된 세로토닌을 흡수한다.] 세로토닌은 행복감과 연관이 있다. 이 호르몬은 모노아민 산화효소(MAO)에 의해 분해된다. 카테콜-O-메틸기전달효소가 카테콜아민 분해에서 메틸화 단계를 촉진한다. 세로토닌은 트립토판으로부터 두 단계를 거쳐 합성된다: 사수소바이오테린(BH_4) 필요 트립토판 수산화효소와 인산피리독살 필요 탈카복실화효소가 작용한다(그림 참조).

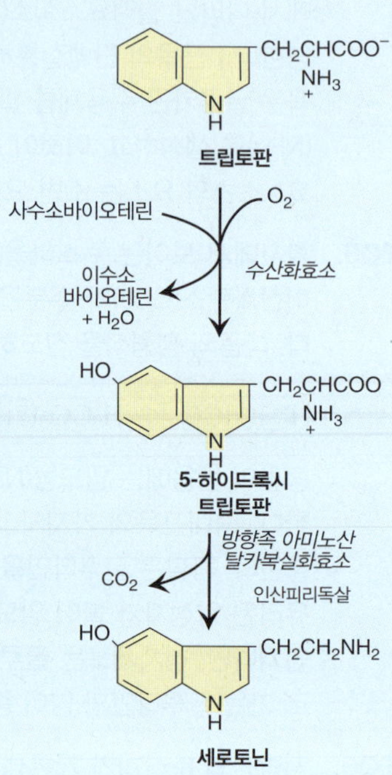

RQ4. **답 = B.** 췌장의 외분비샘은 섭취한 탄수화물, 단백질, 지방의 소화에 필요한 효소들을 분비한다. 췌장의 내분비샘은 펩타이드 호르몬인 인슐린과 글루카곤을 분비한다. 췌장의 기능에 영향을 주는 손상에 의해 당뇨병이나 음식 지방을 소화하지 못해 일어나는 지방변이가 나타날 수 있다. 심근경색증에서 트로포닌이 증가하고 간 손상에서 아미노기전달효소가 증가하듯이, 세포 구조가 파괴되면(예: 췌장의 자가소화) 정상 세포의 단백질이 혈액에서 높은 농도로 나타나는 것을 관찰할 수 있다. 세크레틴은 췌장에서 탄산수소염(bicarbonate)을 방출하여 위에서 창자로 오는 미즙(chyme)의 pH를 증가시킨다. 췌장의 효소는 중성이거나 약알칼리의 pH에서 최대 활성을 나타낸다. 지단백질 지질분해효소나 그것의 보조효소인 아포지단백질 C-II가 결핍되어 고트라이아실글리세롤혈증이 나타난 환자에서 췌장염이 관찰된다.

증례 4 : 사고력 문제(TQ)의 답

TQ1. A. 에탄올 대사에서 세포질의 NADH 농도의 상승이 당분해를 억제한다. 3-인산글리세르알데하이드 탈수소효소 단계는 기질이 산화될 때 함께 환원되는 NAD^+가 필요하다. NADH의 증가하면 3-인산글리세르알데하이드가 축적된다.

B. 당분해에서 3-인산글리세르알데하이드는 트라이아실글리세롤(TAG) 합성에서 지방산의 초기 받개인 3-인산글리세롤로 전환된다(그림 참조). 지방산은 합성의 증가(TCA 회로의 활성 감소와 아세트알데하이드의 생성물인 아세트산의 증가에 따른 아세틸 CoA의 증가에 의한 지방산 합성이 증가), 지방조직의 지질 합성에서 이용도의 증가, 지방산 분해의 감소에 의해 이용도가 증가한다. 간으로부터 생성되는 TAG가 축적되면 (부분적으로 초저밀도지단백질의 생산이 감소하기 때문) 지방간을 유발한다. 간 지방증은 알코올유도 간질환의 초기 단계이다(가역적). 그 다음 단계는 알코올관련 간염(때때로 가역적)과 간경화(비가역적)로 진행한다.

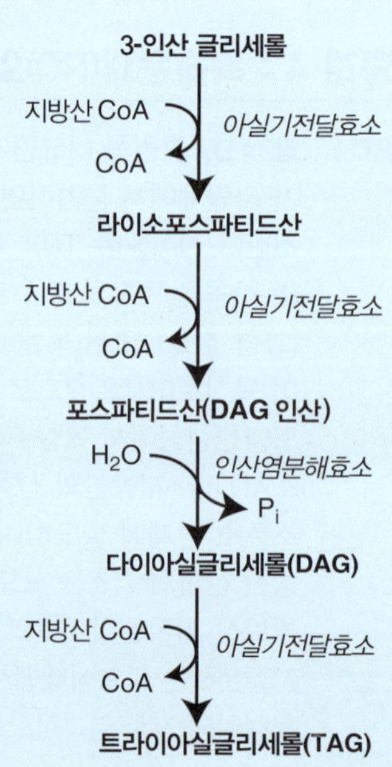

TQ2. NADH가 증가하면 젖산 탈수소효소가 파이루브산을 젖산으로 환원시킨다. 젖산은 콩팥에서 요산의 방출을 감소시켜 급성 통풍의 주요 단계인 요산혈증을 일으킨다. [참고: 파이루브산이 젖산으로 바뀌면 포도당신생성의 기질인 파이루브산의 이용도가 감소된다. 이것은 환자에서 저혈당 발생에 기여한다.]

TQ3. 풋트롬빈시간(PT)은 혈장에 조직인자(FⅢ)를 추가한 후 응고되는 시간이다. 조직인자는 응고의 외인성 경로를 증가시킨다(그림 참조). 외인성 경로에서 FⅢ은 FⅦ을 활성화한다. 대부분의 응고 단백질처럼 FⅦ는 간에서 만들어진다. 알코올유도 간손상에 의해 이 단백질의 합성이 감소될 수 있다. 또한 FⅦ는 γ-카복시글루탐산을 함유한 단백질로서 반감기가 짧으며, 그 합성에 비타민 K가 필요하다. 영양상태가 좋지 않으면 비타민 K의 이용도가 감소되어 혈액응고가 감소할 수 있다. [참고: 중증 간질환에서는 PT와 활성형 부분트롬보플라스틴시간(aPPT)이 길어진다.]

FVII (Gla) —TF (FIII), Ca^{2+}, PL→ [*FVIIa*–TF/FIII]
FX (Gla) → *FXa*
섬유소 피떡(fibrin clot)

TQ4. 엽산의 투여는 혈액의 결핍성 소견을 역전시켜 비타민 B_{12}의 결핍을 가릴 수 있다. 그러나 엽산은 B_{12} 결핍에 의한 신경 손상에는 효과가 없다. 그러므로 신경손상은 심각하고 비가역적일 수 있다. 엽산은 B_{12}의 결핍을 가리고 신경병증이 명백하게 드러날 때까지 치료를 막을 수 있다.

III. 관련 증례

증례 1: 작은적혈구빈혈(Microcytic anemia)

환자 양상: 24살의 남자는 새로운 직업을 시작하기 전 검강검진을 받기 위해 검사를 받고 있다.

관련 병력: 그는 심각한 의학적 문제는 없다. 그의 가족력은 특별한 것이 없으나 그리스에 남은 그들의 가족의 건강상태에 대해서는 거의 모른다.

관련 소견: 진찰에서 정상이었다. 그의 혈액검사는 다음과 같다:

	환자	정상 범위
적혈구	4.8×10^6/mm^3	4.3~5.9
혈색소	9.6g/dL **(L)**	13.5~7.5 (남자)
평균적혈구용적	70 μm^3 **(L)**	80~100
혈청 철	150 μg/dL	50~170

사료에 근거하여, 혈색소(Hb)를 전기영동하였다. 결과는 다음과 같다:

	환자	정상 범위
HbA	90% **(L)**	96~98
HbA_2	6% **(H)**	<3
HbF	4% **(H)**	<2

H = 높음; L = 낮음. [참고: HbA는 HbA_{1c}를 포함.]

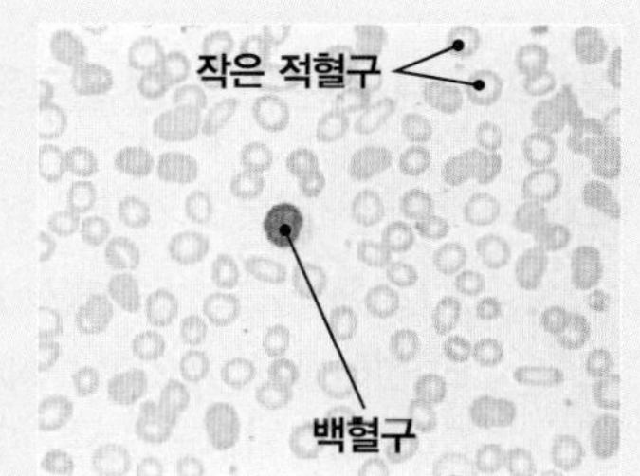

진단: JS는 작은적혈구빈혈을 유발하는 β-지중해빈혈 소질(경증 β-지중해빈혈)을 갖고 있다(그림 참조). 인종혈통(지중해 출신과 같은)이 지중해빈혈 위험도에 영향을 미친다.

치료: 지금은 아무것도 필요하지 않다. 환자는 철분을 보충해도 빈혈을 막지 못한다는 조언을 듣는다.

예후: β-지중해빈혈은 사망이나 치명적인 질병을 일으키지 않는다. 환자가 가족계획을 고려해서 보통염색체 열성 상태의 유전적 특징을 숙지해야 하는 이유는 동종접합성 β-지중해빈혈(쿨리 빈혈, Cooley anemia)이 심각한 장애이기 때문이다.

증례와 관련된 문제: 가장 알맞은 답을 하나만 고르시오.

Q1. β-글로빈 유전자의 돌연변이에 의해 단백질 생성이 감소하는 것이 β-지중해빈혈의 원인이다. 돌연변이는 유전자 전사나 mRNA의 전사후 과정에 주로 영향을 미친다. mRNA에 관련된 것 중 어느 것이 옳은 것인가?

A. 진핵생물의 mRNA는 다중시스트론(polycistron)이다.
B. mRNA 합성은 시스작용 요소에 붙는 트랜스작용 인자를 포함한다.
C. mRNA 합성은 DNA 염기서열 타이민-아데닌-구아닌(TAG)에서 종료된다.
D. 진핵생물 mRNA의 5′끝의 다중아데닐화에는 메틸기 주개가 필요하다.
E. 진핵생물의 mRNA의 잘라잇기(splicing)는 단백소체에 의한 엑손의 제거와 인트론의 연결이 포함된다.

Q2. 혈색소 A(HbA)는 2개의 α 및 2개의 β-사슬로 이루어진 사합체이며 허파에서 조직으로 산소를 운반하고 조직에서 허파로 이산화탄소와 양성자를 운반한다. 다음 중 어느 것의 농도가 증가할 때 HbA의 산소운반능력이 떨어지는가?

A. 2,3-이중인산글리세르산 B. 이산화탄소
C. 일산화탄소 D. 양성자

Q3. β-지중해빈혈에서 HbA_2와 HbF의 증가되는 기반은 무엇인가?

Q4. 왜 맞섬유전자 특이 올리고뉴클레오타이드(ASO) 중합기술은 모든 낫적혈구병의 진단에 유용하지만, 모든 β-지중해빈혈에는 해당되지 않은가?

증례 2: 피부 발진(Skin rash)

환자 양상: 34세의 여성 환자는 가렵지 않은 붉은 발진이 왼쪽 허벅지에 있고 독감과 같은 증상이 나타난다.

관련 병력: 이 여성은 발진이 처음 나타난 것이 약 2주 전이라고 했다. 처음에는 작았으나 점점 커졌다고 한다. 그녀도 또한 독감에 걸렸다고 생각했는데, 이유는 그녀의 근육과 관절에 통증을 느꼈고, 지난 며칠간 두통을 느꼈다고 했다. 상담에서 KL은 그녀의 남편이 지난 달에 뉴잉글랜드로 캠핑 여행을 떠났다고 했다.

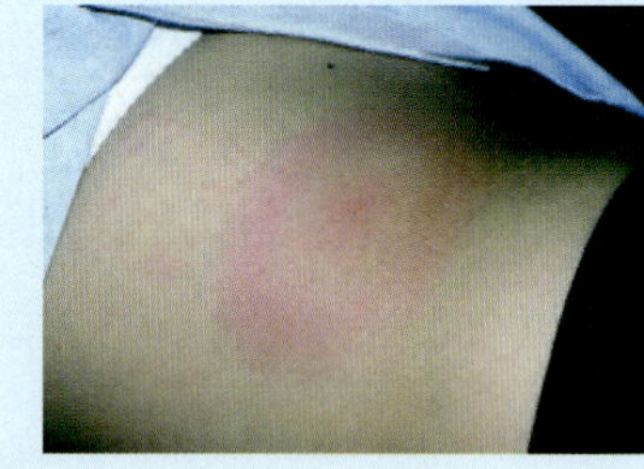

관련 소견: 진찰에서 붉고, 동그랗고, 평평한 약 11 cm 크기의 뚜렷한 황소 눈과 같은 병터(이동홍반)가 있었다(그림 참조). 그녀는 또한 미열이 있었다.

진단: 그녀의 병은 보렐리아균(*Borrelia burgdorferi*)에 의한 라임병(Lime disease)이었다. 진드기(*Ixodes* 종)에 물려서 전염된 것이며, 감염된 진드기에 의한 이 병은 미국의 북동부 지역의 풍토병이다.

치료: 환자는 독시사이클린을 처방받았는데, 이 약은 테트라사이클린 계열의 항생제이다. KL의 모든 증상이 해결될 때까지 관찰은 계속될 것이다. 임상검사를 위해 혈액을 채취하였다.

예후: 적절한 항생제를 처방받은 라임병 초기 단계의 환자는 전형적으로 빠르게 완전히 회복한다.

증례와 관련된 문제: 가장 알맞은 답을 하나만 고르시오.

Q1. 테트라사이클린 계열의 항생제는 단백질 합성(번역)을 초기 단계에서 억제한다. 다음 설명 중 번역에 관하여 옳은 것은?

A. 진핵생물의 번역에서 초기화 아미노산은 포밀화 메싸이오닌이다.
B. 전하를 띤 초기화 tRNA만 직접 A 자리로 들어간다.
C. 펩티딜기전달효소는 두 아미노산 사이에 펩타이드 결합을 만드는 리보자임(ribozyme)이다.
D. 원핵생물 번역은 개시인자 2의 인산화에 의해 억제될 수 있다.
E. 번역의 종결은 GTP 분해와 독립적이다.
F. 샤인-달가노 서열은 큰 리보소체 소단위가 진핵생물의 mRNA에 결합하도록 도와준다.

Q2. 질병관리예방본부(CDCP)는 라임병 검사에서 이중검사(two-tier test), 즉 선별검사용 ELISA에서 양성이 나오거나 판정이 모호할 때 다시 확인용 웨스턴 블롯를 시행하라고 권고한다. 이 검사 과정에 대해 옳은 것은?

A. 두 기술 모두 특정 mRNA를 찾을 때 사용된다
B. 두 기술 모두 항체를 사용한다.
C. ELISA는 전기영동이 필요하다.
D. 웨스턴 블롯은 PCR 과정이 필요하다.

Q3. 왜 진핵생물 세포는 테트라사이클린 항생제 계열에 영향을 받지 않는가?

증례 3: 칫솔에 묻은 혈액(Blood on the toothbrush)

환자 양상: 84세의 노인 환자는, 몇 달 동안 잇몸에서 출혈이 있었다.

관련 병력: 환자는 홀아비이고, 부인이 죽은 11개월 전부터 고립되어 있어서 집 밖을 나가기가 힘들었다. 그는 식욕이 변했으며, 시리얼, 커피, 봉지스낵을 좋아한다. 씹는 것도 불편하다.

관련 소견: 부어오른 어두운 색의 잇몸이 관찰되었다(그림 참조). 환자의 치아는 몇 개가 흔들렸고, 계속가공의치(dental bridge)에 고정된 치아 하나도 흔들렸다. 다리에 몇 개의 검고 붉은 반점(얼룩출혈)이 있었고, 오른쪽 팔목에 아물지 않은 궤양이 있었다. 그의 두피를 진찰한 결과, 아주 작은 붉은 점(출혈점)이 일부의 털주머니(모낭)에서 보였다. 혈액을 채취해 검사를 실시하였다.

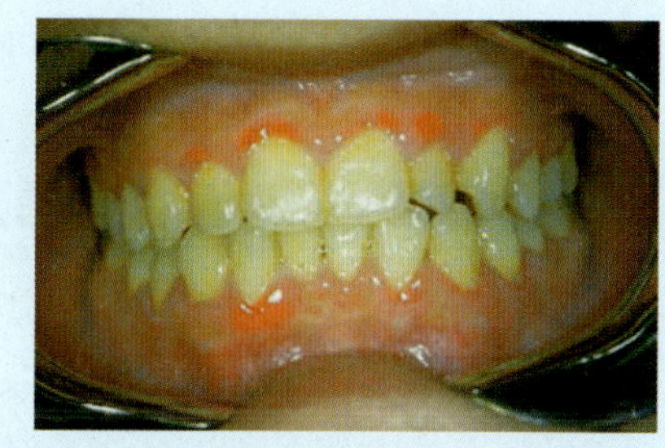

검사 결과는 다음과 같다:

	환자	정상 범위
적혈구	4.0×10^6/mm^3(L)	4.3~5.9
혈색소	10 g/dL(L)	13.5~17.5(남자)
평균적혈구용적	78 μm^3(L)	80~100
혈청 철	40 μg/dL(L)	50~170
혈청 페리틴	20 μg/L(L)	40 160 μg/L
총 철-결합능	375 μg/dL(H)	300-360 μg/dL
혈소판	250×10^9/L	150~350 $\times 10^9$

대변의 혈액검사(잠혈 검사)는 음성이었다.

추적 검사(진료예약 후 며칠 동안 시행)의 결과는 다음과 같다:

	환자	정상 범위
비타민 C(혈장)	0.16 mg/dL(L)	0.2~2

H = 높음; L = 낮음.

진단: 비타민 C 결핍과 작은적혈구성 저색소성 빈혈이다.

치료: LT는 비타민 C(경구용 아스코브산)와 철(경구용 황산철[II]) 보충제를 처방받았다. 그는 또한 사회보장제도의 혜택을 받을 것이다.

예후: 치료에 대한 예후는 아주 좋았다.

증례와 관련된 문제: 가장 알맞은 답을 하나만 고르시오.

Q1. 비타민 C에 대하여 다음 중 옳은 것은?

A. 소장에서 철 흡수의 경쟁자이다.
B. 지방 조직에 저장되어 3달 동안 공급되는 지용성 비타민이다.
C. 프롤린의 수산화반응과 같은 몇 가지 효소반응의 보조효소이다.
D. 아교질(collagen)의 교차결합에 필요하다

Q2. 작은적혈구빈혈의 특징인 철 결핍(노인에게 흔함)과는 다르게 큰적혈구빈혈은 비타민 B_{12}와 엽산의 결핍에서 나타난다. 이 비타민들에 관한 설명 중 옳은 것은?

A. B_{12}를 흡수하지 못하면 악성빈혈이 나타난다.
B. 두 비타민 모두 유전자 발현을 변화시킨다.
C. 엽산은 대부분의 세포에서 에너지 대사에 중요한 역할을 한다.
D. 메토트렉세이트를 사용하면 엽산의 보조효소 형태가 독성을 나타내는 수준으로 변한다.
E. 비타민 B_{12}는 아미노산의 탈아미노화반응, 탈카복실화반응, 아미노기전달반응을 촉진하는 효소들의 보조효소이다.

Q3. 용혈빈혈은 영양성 빈혈과 어떻게 다른가?

증례 4: 빠른 심장박동수, 두통, 땀남(Rapid heart rate, Headache, and Sweating)

환자 양상: BE 는 45세의 여성이며, 갑작스럽고(발작성) 강하고 짧은 두통과, 발한, 두근거림이 나타났다.

관련 병력: BE는 3주 전에 증상이 시작되었다고 했다. 그녀가 심한 불안 상태일 때 2~10분간 지속된다. 증상이 나타나는 동안 그녀의 심장이 건너뛰는 것(부정맥)처럼 느껴졌고, 최근 업무에 대한 스트레스와 폐경에 관련이 있을 것이라고 생각했다. 가장 최근에 증상이 나타났을 때, 그녀는 약국에 있었기 때문에 혈압을 측정하였다. 그녀의 혈압은 165/110 mmHg이었다. BE는 식욕이 좋았음에도 불구하고 이 기간 동안에 3.6 kg 정도 체중이 빠졌다는 것을 알았다.

관련 소견: 진찰에서 환자의 마르고 창백한 외모가 특징이었다. 혈압은 높았고(150/100 mmHg), 맥박도 빨랐다(110~120회/분). 환자 병력을 근거로 노르메타네프린과 메타네프린의 혈액 농도를 검사하였다. 그 결과 혈액 농도가 상승된 것을 확인하였다.

진단: 크롬친화세포종(pheochromocytoma), 이것은 희귀한 부신수질의 카테콜아민 분비 종양이다.

치료: 복부 영상촬영이 종양의 위치를 찾기 위해 실시되었다. 종양에 대한 외과적 절제가 시행되었다. 종양은 양성이었다. 혈액 메타네프린의 측정이 2주 후에 시행 되었고, 결과는 정상 범위에 들어갔다.

예후: 양성 크롬친화세포종의 5년 생존율은 95% 이상이다.

증례와 관련된 문제: 가장 알맞은 답을 하나만 고르시오.

Q1. 크롬친화세포종은 노르에피네프린과 에피네프린을 분비한다. 두 가지 생체아민의 합성과 분해에 관하여 옳은 설명은?

A. 그들의 합성과 분해에 대한 기질은 트립토판이다. 사수소바이오테린을 사용하는 트립토판 수산화효소에 의해 수산화되어 3,4-하이드록시페닐알라닌(DOPA)이 된다.
B. DOPA에서 도파민으로의 전환은 인산피리독살을 사용하는 카복실화효소가 촉진한다.
C. 노르에피네프린에서 에피네프린으로의 전환에 비타민 C가 필요하다.
D. 분해는 카테콜-O-메틸기전달효소에 의한 메틸화를 포함하며, 또한 노르에피네프린에서 노르메타네프린을 생성하고, 에피네프린에서 메타네프린을 생성한다.
E. 노르메타네프린과 메타네프린은 모노아민 산화효소에 의해 산화적 탈아미노화되어 호모바닐산이 생성된다.

Q2. 에피네프린이나 노르에피네프린의 활성에 대한 것 중 옳은 것은?

A. 노르에피네프린은 신경전달물질과 호르몬의 기능을 갖고 있다.
B. 그들은 수용체의 타이로신 잔기의 자가인산화에 의해 초기화된다.
C. 그들은 아드레날린성 수용체에 결합함으로써 매개되는데, 이 수용체는 핵 수용체 계열이다.
D. 그들은 당원과 트라이아실글리세롤의 합성을 활성화한다.

Q3. 어떤 수용체에 결합한 노르에피네프린(NE)은 혈관수축을 일으키고 혈압의 상승을 일으킨다. 왜 임상에서 노르에피네프린을 패혈성 쇼크의 치료에 사용하는가?

증례 5: 햇빛 과민성(Sun sensitivity)

환자 양상: 환자는 6살의 소년이며, 그의 얼굴, 목, 아래팔, 다리아래쪽에 주근깨와 비슷한 과다색소침착이 나타났다.

관련 병력: 환자의 아버지는 소년이 항상 햇빛에 상당히 민감했다고 했다. 소년이 햇빛에 노출될 때마다 그의 피부는 붉게 변하고 그의 눈이 아팠다.

관련 소견: 진찰 결과, 햇빛의 자외선에 노출된 피부에 두꺼워진 비늘 같은 부위(광선각화증)와 과다색소침착이 된 부위가 있었다. 작고 확장된 혈관(모세혈관확장)도 있었다. 그의 얼굴에서 몇 부분을 생검한 결과 두 부분이 편평세포암종이라고 확진되었다.

진단: DNA의 뉴클레오타이드 절제 복구의 결함인 색소피부건조증이다(희귀함).

치료: 자외선을 흡수하는 화학물질이나 반사하는 보호 의류와 같은 햇빛을 차단하는 도구들을 사용하여, 햇빛으로부터 보호하는 것이 필수적이다. 잦은 피부와 눈 검사가 권고된다.

예후: 색소피부건조증을 가진 대부분의 환자는 어린 나이에 피부암으로 죽는다. 그러나 중년 이상까지 생존하는 것도 가능하다.

증례와 관련된 문제: 가장 알맞은 답을 하나만 고르시오.

Q1. DNA 복구 기전과 관련하여 옳은 설명은?

A. DNA 복구는 진핵생물에서만 일어난다.
B. 겹가닥 끊김의 DNA 복구는 실수가 없다.
C. 짝짝이 염기의 DNA 복구는 부모가닥의 복구를 포함한다.
D. 자외선 유도 피리미딘 이합체는 이합체를 포함한 짧은 올리고뉴클레오타이드 가닥의 제거를 포함한다.
E. 사이토신의 탈아미노화로 만들어진 유라실의 DNA 복구에서 유라실 염기를 제거하려면 핵산내부분해효소와 핵산말단분해효소의 활성이 필요하다.

Q2. DNA 합성에 관하여 다음 중 옳은 설명은?

A. 진핵생물과 원핵생물은 모두 RNA 시발체가 필요하다.
B. 진핵생물에서 염색질의 응축이 필요하다.
C. 원핵생물에서 한 개의 DNA 중합효소에 의해 수행된다.
D. 유전체의 임의 지점에서 시작한다.
E. dNMP의 중합체가 5′ → 3′ 인산다이에스터 결합으로 연결되어 있다.

Q3. DNA 교정과 복구의 차이점은 무엇인가?

증례 6: 짙은 소변과 노란 공막(Dark urine and Yellow sclerae)

환자 양상: 63세의 노인 남자환자는 피로와 노란 공막이 나타난다.

관련 병력: 환자는 4일 전부터 설폰아마이드 항생제와 요로 진통제로 요로감염에 대한 치료받았다. 그는 소변이 진통제 때문에 붉게 변한 것 같다고 했으며, 지난 2일 동안 더 갈색으로 어둡게 변했다고 말했다. 어제 밤 그의 아내는 그의 눈에 노란 착색이 있음을 확인했다. 환자는 자기가 에너지가 없는 것처럼 느껴진다고 했다.

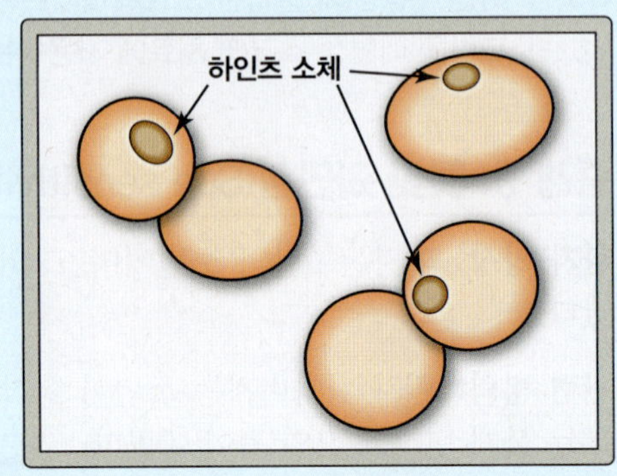

관련 소견: 환자의 창백한 외모, 공막의 약간의 황달, 약간의 비장비대, 빈맥이 특징이었다. 그의 소변 검사가 혈색소에 양성반응을 보였다. 말초혈액 펴바른표본에서 정상보다 적은 적혈구 수, 혈색소의 침전(하인츠 소체, 그림 참조), 정상보다 많은 수의 그물적혈구(미성숙적혈구)가 나타났다. 전체혈구계산(CBC)와 혈액화학검사 결과를 기다리고 있다.

진단: 적혈구 용혈을 일으키는 X-염색체 연관 질환인 6-인산포도당 탈수소효소(G6PD) 결핍이다.

치료: G6PD 결핍은 산화제에 노출된 환자에서 용혈빈혈이 발생한다. 그는 다른 항생제로 변경 처방될 것이며 특정 물질을 피하도록 조언받

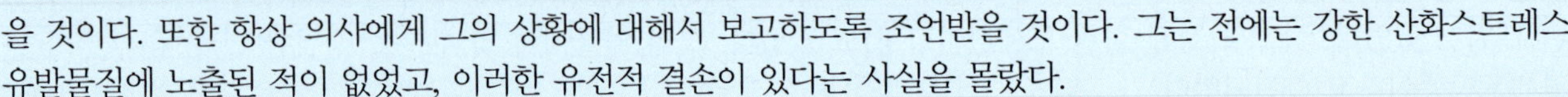
을 것이다. 또한 항상 의사에게 그의 상황에 대해서 보고하도록 조언받을 것이다. 그는 전에는 강한 산화스트레스 유발물질에 노출된 적이 없었고, 이러한 유전적 결손이 있다는 사실을 몰랐다.

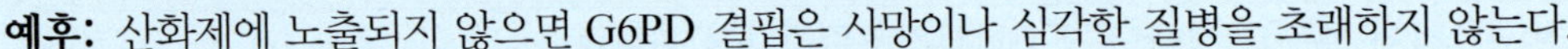
예후: 산화제에 노출되지 않으면 G6PD 결핍은 사망이나 심각한 질병을 초래하지 않는다.

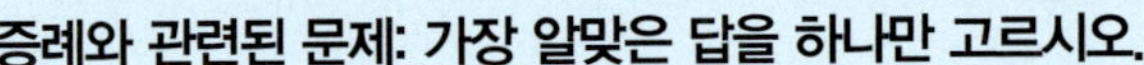
증례와 관련된 문제: 가장 알맞은 답을 하나만 고르시오.

Q1. 6-인산포도당 탈수소효소(G6PD)는 인산오탄당 경로의 조절 단계를 촉진한다. 다음 중 G6PD와 인산오탄당 경로에 관한 설명 중 옳은 것은?

A. G6PD의 결핍은 적혈구에서만 일어난다.
B. G6PD의 결핍은 글루타싸이온을 활성화된 환원형으로 유지하는 능력을 잃는다.
C. 인산오탄당 경로는 하나의 가역적인 환원 반응과 이어지는 인산화된 당의 상호전환을 포함한다.
D. 인산오탄당 경로의 생성물인 환원형 니코틴아마이드 아데닌 다이뉴클레오타이드 인산염(NADPH)은 지방산의 산화와 같은 과정에 사용된다.

Q2. 전체혈구계산의 결과는 용혈빈혈을 나타내었다. 혈액 화학검사는 빌리루빈의 증가를 나타내었다. 빌리루빈에 관하여 옳은 설명은?

A. 고빌리루빈혈증은 빌리루빈이 피부와 공막에 침착되어 황달을 나타낼 수 있다.
B. 빌리루빈의 용해도는 간에서 2분자의 아스코브산과 결합하면서 증가한다.
C. 용혈빈혈에서 빌리루빈의 결합형이 혈액에서 증가한다.
D. 광치료는 포르피린증에서 생산된 과량의 빌리루빈의 용해도를 증가시킬 것이다.

Q3. 왜 소변의 유로빌리노젠은 용혈황달에서 증가하고 폐쇄황달에서는 나타나지 않는가?

증례 7: 관절 통증(Joint pain)

환자 양상: 환자는 22세의 남자이며, 그의 엄지손가락의 바닥에 심한 염증이 있어 응급실에서 치료받고 10일이 지난 후 상태를 알아보기 위해 내원하였다.

관련 병력: 환자가 심한 관절 통증을 겪은 것은 이번이 처음이다. 응급실에서 그는 소염제를 처방받았다. 엄지손가

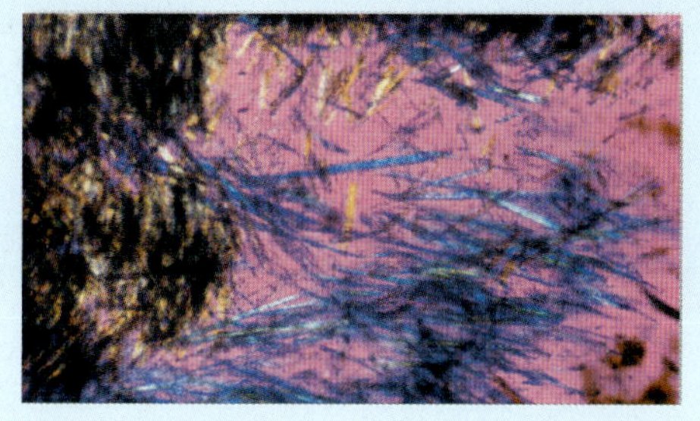

락의 손목손허리 관절에서 빼낸 체액에서 감염에는 음성이었으나, 바늘모양의 모노소듐 요산염(MSU) 결정에는 양성반응을 보였다(그림 참조). 염증 증상은 해결되었다. 환자는 그동안 건강상의 큰 문제가 없었고, 건강상태는 좋다고 하였다. 그의 체질량지수(BMI)는 31이다. 통풍결절(tophi, 피부밑에 MSU 결정의 침착)은 발견되지 않았다.

관련 소견: 24시간 소변 시료와 진찰 전에 실시한 혈액검사의 결과에서 그는 요산을 과소분비하는 것은 아니었다. 그의 혈액 요산염은 8.5 mg/dL이었다(정상 범위: 2.5~8.0). 드물게 젊은 나이의 요산염이 증가하는 것은 퓨린 대사에 관련된 효소질환으로 추정된다. 추가적인 검사가 지시되었다.

진단: 통풍(Gout, MSU 결정이 침착하는 병)은 염증성 관절염의 일종이다.

치료: 환자는 알로퓨린올과 콜히친을 처방받았다. 치료의 목적은 그의 혈액 요산염 수치를 6.0 mg/dL 이하로 줄일 것이고 추가적인 발병을 막는 것이다. 그는 과체중이나 비만이 통풍에 위험 요인이기 때문에 체중을 줄이라는 권고를 받았다. 그의 BMI = 31은 비만에 속한다. 그는 식사조절과 통풍의 관계에 대한 정보를 서면으로 받았다.

예후: 통풍은 콩팥결석의 위험을 증가시킨다. 또한 고혈압, 당뇨, 심장질환과도 관계가 있다.

증례와 관련된 문제: 가장 알맞은 답을 하나만 고르시오.

Q1. 알로퓨린올은 몸에서 옥시퓨린올로 전환되고, 퓨린 대사에 관여하는 효소에 비경쟁적 억제제로 작용한다. 퓨린 대사와 그 조절에 관련하여 옳은 것은?

A. 비경쟁 억제제로서 옥시퓨린올은 표적 효소의 미하엘리스 상수(K_m)를 증가시킨다.
B. 콜히친은 퓨린 분해에 관여하는 효소인 잔틴 산화효소를 억제한다.
C. 글루탐산은 퓨린 고리에 2개의 질소 원자를 제공한다.
D. 퓨린 뉴클레오타이드 합성에서 고리계가 먼저 합성되고 이어서 5-인산리보스에 결합한다.
E. 옥시퓨린올은 퓨린 고리계의 분해를 초기화하는 아마이드기전달효소를 억제한다.
F. 퓨린 염기 회수 경로에 부분적이거나 완전한 효소의 결핍이 있으면 고요산혈증이 나타난다.

Q2. 퓨린은 뉴클레오타이드 중 질소함유 염기의 한 종류이다. 피리미딘은 다른 물질이다. 피리미딘에 관한 설명 중 옳은 것은?

A. 카바모일인산염 합성효소 Ⅰ은 피리미딘 고리 합성에서 효소 활성이 조절된다.
B. 메토트렉세이트는 피리미딘 뉴클레오타이드인 TMP의 합성을 감소시킨다.
C. 오로트산뇨증은 피리미딘 분해에 장애가 있는 병이다.
D. 피리미딘 뉴클레오타이드 합성은 PRPP와 무관하다.

Q3. 환자는 계속적으로 PRPP 합성효소의 활성이 증가한 것으로 나타났다. 왜 이것에 의해 고요산혈증이 일어나는가?

증례 8: 장운동이 없음(No bowel movement)

환자 양상: 환자는 태어난 지 48시간이 된 여자 신생아인데 아직 창자운동이 일어나지 않았다.

관련 병력: 환자는 정상적으로 만삭이 되어 출산한 신생아이다. 그녀는 태어날 때 정상처럼 보였다. 환자는 북유럽 계통 부모의 첫아기이다. 부모는 둘 다 건강이 양호하고, 가족력은 특별한 것이 없다.

관련 소견: 아기 환자의 배가 부풀어 올랐다. 그녀는 최근에 쓸개즙이 섞인 물질을 조금 토했다.

진단: 태변장폐색증(신생아가 처음 생산한 대변인 태변으로 돌창자가 막힘)이 복부 X-선을 통해 확인되었다. 태변장폐색증이 있는 만기출산 신생아의 약 98%는 낭성섬유증(CF)을 동반한다. CF 진단은 추가적인 염소이온 땀 검사로 확인되었다.

치료: 장폐색증은 비수술적 방법으로 치료되었다. 가족들은 CF의 관리를 위해 지역 어린이병원의 CF 센터의 도움을 받을 것을 권고받았다.

예후: CF는 백인에서 가장 흔한 생명을 위협하는 보통염색체 열성 질환이다. CF는 미국에서 대략 출생 3,300명당 1명의 비율로 발생한다.

증례와 관련된 문제: 가장 알맞은 답을 하나만 고르시오.

Q1. 다음 중 CF에 관하여 옳은 것은?

A. CF의 임상 증상은 염소이온의 축적의 결과이다 수분 재흡수가 증가하여 상피표면에 과다하게 되고 끈끈한 점액이 나타난다.
B. 췌장의 과다한 인슐린 분비는 저혈당을 초래한다.
C. 일부의 돌연변이는 CFTR 단백질에 유비퀴논으로 표지를 붙인 다음 단백소체 매개 단백질분해를 통해 조기 분해를 초래한다.
D. 가장 흔한 돌연변이인 ΔF508은 페닐알라닌의 코돈이 소실되기 때문에 틀이동 돌연변이로 분류한다.

Q2. CFTR 단백질은 내재성 세포막 당단백질이다. 막의 구성성분으로 작용하도록 결정된 단백질의 목표지점은:

A. 골지체로의 이동을 포함한다.
B. 기능성 단백질에 남아 있는 아미노 말단 신호서열을 포함한다.
C. 단백질이 완벽히 합성된 후(번역후)에 일어난다.
D. 6-인산마노스 잔기가 단백질에 필요하다.

Q3. 왜 지방변이가 CF에서 나타날까?

증례 9: 암모니아의 증가(Elevated ammonia)

환자 양상: 환자는 출생 후 40시간이 지난 남자 신생아이며, 뇌부종의 증상이 보인다.

관련 병력: 환자는 정상적인 만기 분만된 신생아로서 출산 당시 정상처럼 보였다. 36시간 후 그는 과민, 졸음, 저체온증을 보였다. 아주 조금 수유를 했지만 토했다. 또한 빠른 호흡과 신경학적 자세를 취했다. 출생 후 38시간에 발작이 일어났다.

관련 소견: 호흡산증(pH증가, 이산화탄소 감소), 암모니아 농도의 증가, 혈액요소질소(BUN) 농도의 감소가 관찰됐다. 아미노산 선별검사에서 아르지니노석신산이 기본 농도보다 60배 이상 증가하였고, 시트룰린이 4배 이상 증가하였다. 글루타민은 증가되어 있었고, 아르지닌은 정상보다 감소했다.

진단: 신생아의 요소회로에 관여하는 효소의 결핍이다.

치료: 혈액투석을 실시하여 암모니아를 제거하였다. 페닐아세트산소듐과 벤조산소듐이 질소 노폐물과 아르지닌의 방출을 증가시키기 위해 투여되었다. 장기간의 치료는 오랜 평생 섭취하는 단백질 제한이 포함되고, 필수아미노산의 공급, 아르지닌과 페닐아세트산소듐과 벤조산소듐이 처방이 포함된다.

예후: 성인이 될 때까지 생존은 가능하다. 신경학적 장애는 고암모니아혈증의 정도와 관계가 있다.

증례와 관련된 문제: 가장 알맞은 답을 하나만 고르시오.

Q1. 관찰 소견에 따라 이 환자는 요소 회로의 어느 효소가 결핍되었을 가능성이 가장 높은가?

A. 아르지닌분해효소
B. 아르지니노석신산 분해효소
C. 아르지니노석신산 합성효소
D. 카바모일인산염 합성효소 I
E. 오니틴 카바모일기전달효소

Q2. 왜 아르지닌 공급이 이 환자의 경우에 도움이 되는가?

Q3. 요소 회로의 효소가 부분적으로(약하게) 결핍된 사람에서 생리학적 스트레스 기간에 어떤 것이 감소할 것으로 예상하는가?

A. 알라닌
B. 암모니아
C. 글루타민
D. 인슐린
E. pH

증례 10: 장딴지 통증(Calf pain)

환자 양상: 환자는 19세의 여자이며, 오른쪽 장딴지에 통증과 부어오른 것이 관찰된다.

관련 병력: 10일 전에 환자는 자전거 사고에서 정강융기가 골절되어 오른쪽 무릎을 고정할 필요가 있었고, 이후 비장이 제거되었다. 그녀는 수술 후에 잘 회복하고 있었다. 환자는 더 이상 진통제를 복용하지 않지만 경구피임약은 먹고 있다.

관련 소견: 환자의 오른쪽 장딴지는 붉고, 만지면 따뜻하며, 눈에 띄게 부어 있는 상태이다. 왼쪽 장딴지는 겉으로 정상처럼 보이며 통증이 없다. 초음파 검사가 예정되었다.

진단: 환자는 깊은정맥혈전(DVT)이 있다. 경구 피임약은 DVT의 위험인자이며 수술과 고정 상태에도 위험인자이다.

치료: 헤파린은 항응고제로서 투여된다.

예후: DVT 후 10년 동안에 환자의 1/3은 재발한다.

증례와 관련된 문제: 가장 알맞은 답을 하나만 고르시오.

Q1. 다음 중 어느 것이 혈전증의 위험을 증가시킬 것인가?

A. 항트롬빈의 과다생성
B. 단백질 S의 과다생성
C. FV 레이던(FV의 돌연변이)의 발현
D. 저풋트롬빈혈증
E. 본빌레브란드병

Q2. 헤파린과 와파린의 작용을 비교하라.

IV. 관련 증례: 증례에 기반을 둔 문제의 답

증례 1: 경증 β-지중해빈혈에 의한 빈혈

Q1. **답 = B.** 전사(겹가닥 DNA로부터 홑가닥 RNA를 합성)는 DNA 서열(시스작용 요소)에 단백질(트랜스작용 요소)이 결합해야 한다. 진핵생물의 전령 RNA(m-RNA)는 단지 하나의 유전자(시스트론) 정보만을 가진 단일시스트론이다. DNA 부호화 가닥의 염기서열 TAG(싸이민-아데닌-구아닌)는 mRNA에서 UAG이다. UAG는 번역 종료의 신호이다(전사가 아니다). 진핵생물의 5′-모자 형성에는 mRNA의 3′-다중아데닐화가 아니라 메틸화(S-아데노실메싸이오닌을 사용함)가 필요하다. 잘라잇기는 인트론이 진핵생물의 mRNA에서 제거되고 엑손들이 이어지는 잘라잇기소체 매개 과정이다.

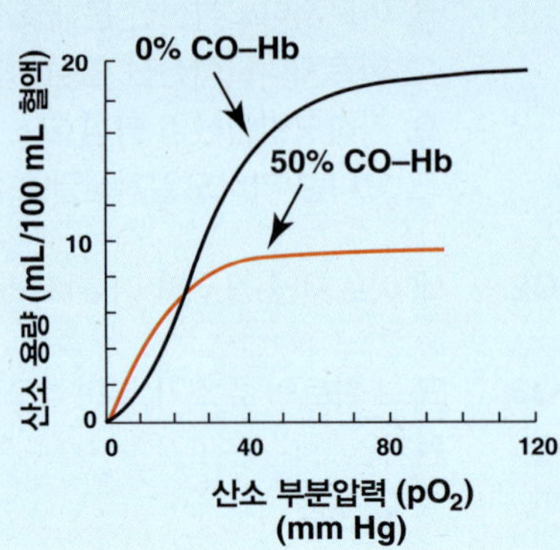

Q2. **답 = C.** 일산화탄소(CO)는 혈색소 A의 산소 친화력을 증가시킨다. 따라서 혈색소가 조직에 산소를 공급하는 능력을 감소시킨다. CO는 R(이완 형태) 또는 산화 형태를 안정화하고, 산소해리곡선을 왼쪽으로 이동시킨다(그림 참조). 나머지 다른 선택은 산소의 친화력을 감소시키고, T(긴장 형태) 또는 탈산소 형태를 안정화하여 곡선을 오른쪽으로 이동시킨다.

Q3. HbA_2와 HbF는 β-글로빈이 없다. β-글로빈 생성이 감소하면 $HbA_2(\alpha_2\delta_2)$ 와 $HbF(\alpha_2\gamma_2)$ 생성이 증가한다.

Q4. 낫적혈구빈혈은 β-글로빈 유전자에 생긴 한 개의 점 돌연변이(A → T)로부터 발생한다. 따라서 단백질의 6번째 아미노산 위치의 글루탐산이 발린으로 대체된다. 돌연변이 분석은 돌연변이(β^S)와 정상 서열(β^A)에 대한 맞섬유전자 특이 올리고뉴틀레오타이드(ASO) 탐색자를 이용하여 이루어지며, 이것이 진단에 활용된다(그림 참조). 반대로 β-지중해빈혈은 수백 개의 다른 돌연변이에 의해 발생한다. ASO 탐색자를 이용한 돌연변이 분석은 위험군(예: 그리스인들의 후손)의 점 돌연변이를 포함한 일반적인 돌연변이들을 검사할 수 있다. 그러나 흔하지 않은 돌연변이들은 종종 포함되지 않으며, 이들은 DNA 서열결정을 통해서만 검출될 수 있다.

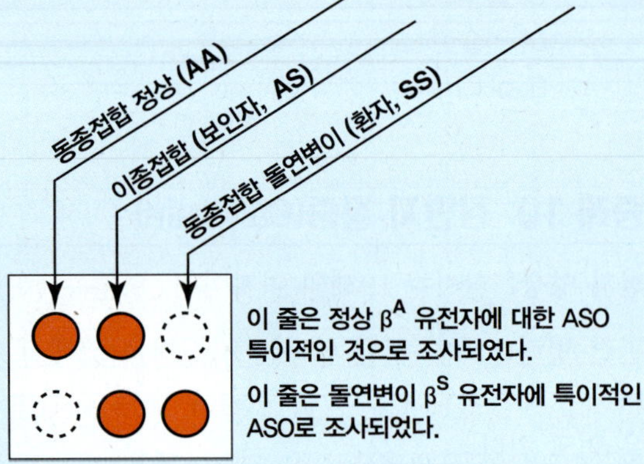

증례 2: 라임병에서의 피부발진(Skin rash with Lyme disease)

Q1. **답 = C.** 리보소체의 A 자리에 있는 아미노산과 P 자리에서 합성되는 펩타이드의 마지막 아미노산 사이의 펩타이드 결합 형성은 큰 리보소체 소단위의 RNA에 의해 촉진된다. 촉매 활성을 가진 RNA는 리보자임이라고 한다(아래 그림 참조). 포밀화된 메싸이오닌은 진핵생물의 번역을 시작할 때 사용된다. 아미노산이 붙은 개시 전달 RNA(tRNA)는 P 자리로 직접 들어가는 유일한 tRNA이며, 합성되는 단백질의 다음 아미노산이 A 자리에 들어오도록 비워둔다. 진핵생물의 번역은 개시인자(eIF-2)의 인산화로 억제된다. 샤인-달가노(SD) 서열은 진핵생물의 전령 RNA(mRNA)에서 나타나고 mRNA와 작은 리보소체 소단위와의 상호작용을 돕는다. 진핵생물에서 모자결합 단백질(cap-binding protein)이 그 역할을 한다.

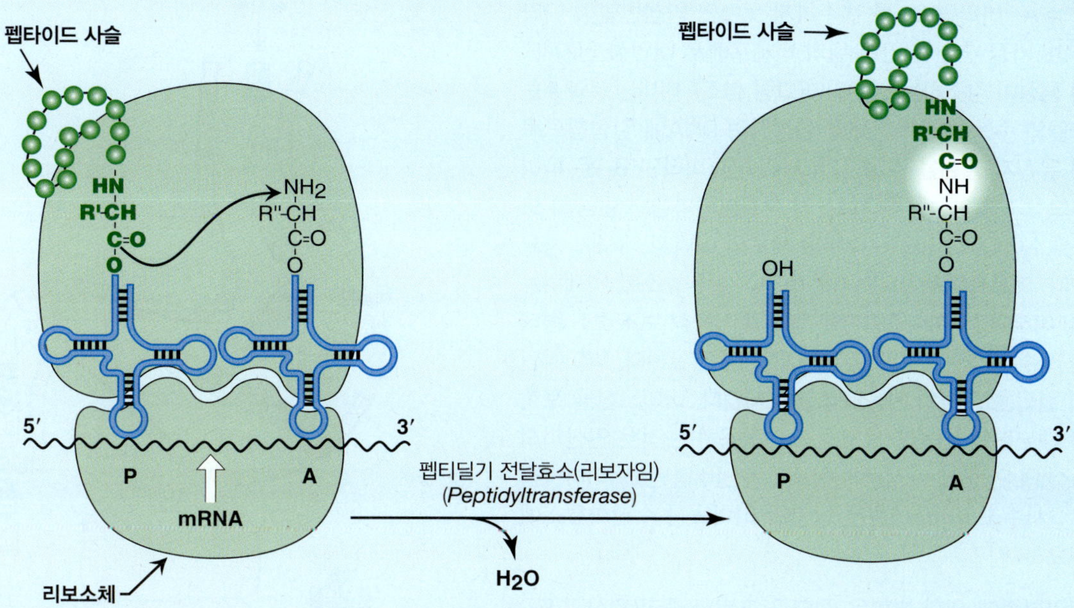

Q2. **답 = B.** 효소결합면역흡착측정법과 웨스턴 블롯은 단백질을 분석할 때 사용한다. 둘 다 표적 단백질을 찾고 정량화하기 위해 항체를 사용한다. 전기영동을 활용하는 것이 웨스턴 블롯이다. PCR은 DNA를 증폭할 때 사용한다.

Q3. 테트라사이클린 계열의 항생제는 진핵생물의 작은 리보소체 소단위(30S)의 A 자리에 결합하고 막음으로써 단백질 합성을 억제한다. 테트라사이클린은 30S 소단위의 16S 리보소체 RNA(rRNA)와 특이적으로 상호작용하여 번역 개시를 억제한다. 진핵생물은 16S rRNA를 포함하지 않는다(그림 참조). 그들의 작은 소단위(40S)는 테트라사이클린이 붙지 않는 18s rRNA를 포함한다.

증례 3: 비타민 C 결핍에서의 칫솔에 묻은 혈액 (Blood on the toothbrush with vitamin C deficiency)

Q1. **답 = C.** 비타민 C(아스코브산)는 세포바깥바탕질의 섬유 단백질인 아교질의 합성에서 프롤린과 라이신의 수산화에서 보조효소로 작용한다. 비타민 C는 음식 철분인 제이철이온(Fe^{3+})을 흡수할 수 있는 제일철이온(Fe^{2+})으로 환원시킨다. 비타민 C의 결핍에서 음식 철분의 흡수장애가 있어 작은적혈구성 저색소성 빈혈이 나타난다. 수용성 비타민인 비타민 C는 체내에 저장되지 않는다. 라이실기산화효소에 의한 아교질의 교차결합은 비타민 C가 아니라 구리가 필요하다.

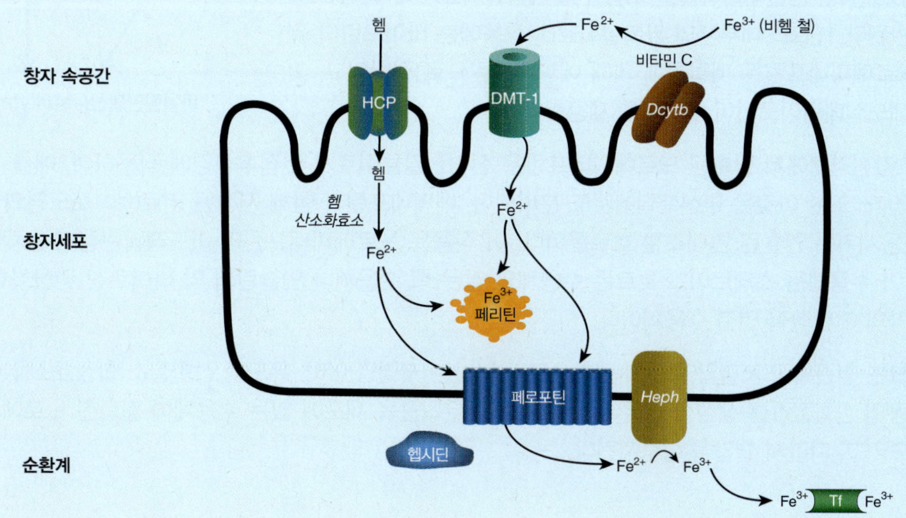

Q2. **답 = A.** 비타민 B_{12}를 흡수하지 못하면 악성빈혈이 나타나며, 가장 흔한 원인은 위의 벽세포에서 내인성 인자(IF)의 생성이 감소하는 경우이다(그림 참조). 비타민 D와 A는 그들의 수용체와 복합체를 형성하여 DNA에 결합함으로써 유전자 발현을 조절한다. 싸이아민(비타민 B_1)은 파이루브산과 α-케톤글루타르산의 산화탈카복실화 반응의 보조효소이다. 그러므로 대부분 세포의 에너지 대사에 중요하다. 메토트렉세이트는 이수소엽산 환원효소를 억제하는데, 이 효소는 이수소엽산을 엽산의 기능성 보조효소 형태인 사수소엽산(THF)으로 환원시킬 때 필요하다. 싸이아민의 결핍은 THF의 이용도를 감소시킨다. 아미노산을 포함한 대부분의 반응에 보조효소로 작용하는 것은 인산피리독살(PLP) 형태로 작용하는 피리독신(비타민 B_6)이다. [참고: 사수소바이오테린은 방향족 아미노산 수산화효소에 필요하다.]

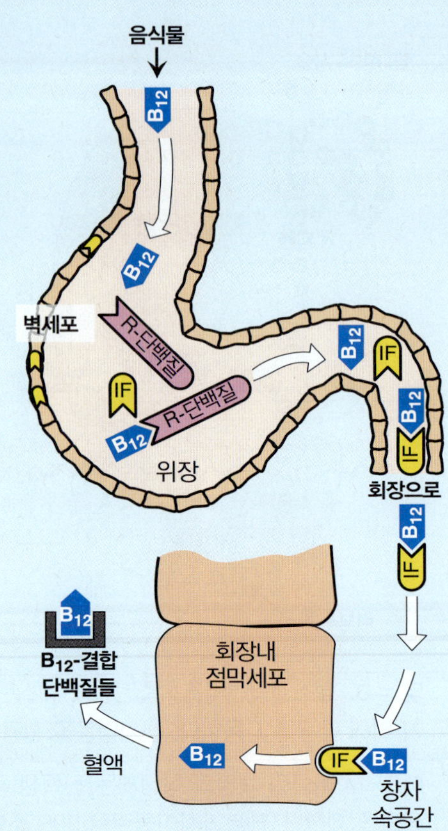

Q3. 영양부족에 의한 빈혈은 적혈구 크기의 증가(엽산과 B_{12}의 결핍)나 적혈구 크기의 감소(철분과 비타민 C 결핍)를 보여준다. G6PD나 파이루브산 인산화효소의 결핍에서 보이는 용혈빈혈과 낫적혈구빈혈에서 적혈구의 크기는 전형적으로 정상이고 적혈구 수는 감소한다.

증례 4: 크롬친화세포종에서의 빠른 심방박동수, 두통, 땀남
(Rapid heart rate, Headache, and Sweating with a pheochromocytoma)

Q1. **답 = D.** 에피네프린과 노르에피네프린의 분해는 카테콜-O-메틸기전달효소(COMT)에 의한 메틸화를 포함한다. 이들은 분해되어 메타네프린과 노르메타네프린을 생성한다(그림 참조). 이 두 생성물 모두 모노아민 산화효소에 의해 탈아미노화되어 바닐릴만델산으로 전환된다. 카테콜아민 합성의 기질은 타이로신이며, 이것은 사수소바이오테린 필요 타이로신 수산화효소에 의해 수산화되어 3,4-다이하이드록시페닐알라닌(DOPA)으로 전환된다. DOPA는 인산피리독살을 포함한 탈카복실화효소에 의해 도파민으로 전환된다. [참고: 대부분의 카복실화효소 작용에는 바이오틴이 필요하다.] 노르에피네프린은 메틸화에 의해 에피네프린으로 전환되고, 이때에 S-아데노실메싸이오닌이 메틸기를 제공한다.

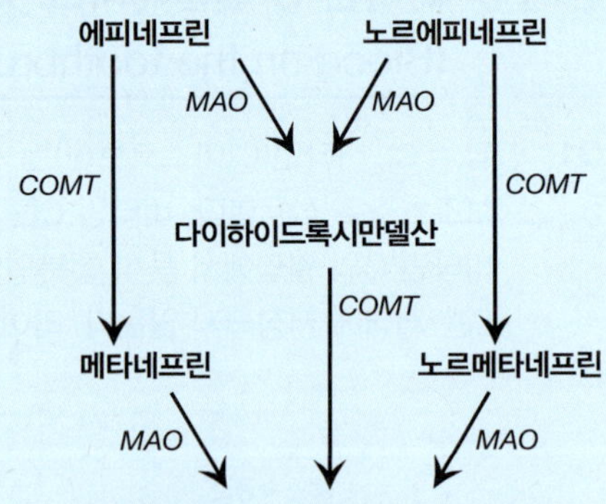

Q2. **답 = A.** 교감신경계에서 방출된 노르에피네프린은 신경전달물질로서 연접후신경에 작용하여, 예를 들어 심장박동수를 증가시킨다. 또한 이것은 부신수질에서도 분비되며, 에피네프린과 함께 저장된 연료(예: 포도당과 트라이아실글리세롤)를 이동시키는 인슐린 반대조절 호르몬이다. 이 작용은 노르에피네프린이 아드레날린성 수용체에 결합함으로써 매개되며, 이 수용체는 스테로이드 호르몬 수용체와 같은 핵 수용체나 인슐린의 막 타이로신 인산화효소 수용체가 아니고 세포막의 G 단백질 연결 수용체이다.

Q3. 패혈성 쇼크는 혈관확장 저혈압(혈관의 팽창으로 일어나는 저혈압)이며, 유도성 산화질소 합성효소(iNOS)가 감염에 반응하여 다량의 산화질소를 생성할 경우에 나타난다. 민무늬근육 세포에 있는 수용체에 결합한 노르에피네프린은 혈관 수축을 일으키고, 따라서 혈압을 상승시킨다.

증례 5: 색소피부건조증에서의 햇빛 과민성(Sun sensitivity with xeroderma pigmentosum)

Q1. **답 = D.** 피리미딘 이합체는 자외선에 의한 특징적인 DNA 병터이다. 이들의 복구는 뉴클레오타이드 절제 복구라고 알려진 과정으로 이합체를 포함한 올리고뉴클레오타이드를 절제하는 과정이다(원핵생물의 과정을 나타낸 그림을 참고하라). DNA 복구 체계는 원핵생물과 진핵생물에서 모두 관찰된다. 오류가 없는 것은 없다. 그러나 겹가닥 끊김의 상동재조합 방법은 비상동 끝 결합 방식보다 오류가 덜 발생하는데, 잃어버린 DNA가 대체되기 때문이다. 짝짝이 염기 복구는 새로 합성된 DNA 가닥의 확인과 복구를 포함한다. 원핵생물에서 가닥의 메틸화 정도는 가닥 사이에서 구분할 때 사용된다. 염기 절제 복구는 유라실이 DNA에서 제거되는 기전인데, 염기를 제거하여 아피리미딘, 아퓨린 자리(AP)를 만들 때 당화효소를 사용한다. 인산-당은 핵산내부분해효소와 핵산말단분해효소에 의해 제거된다.

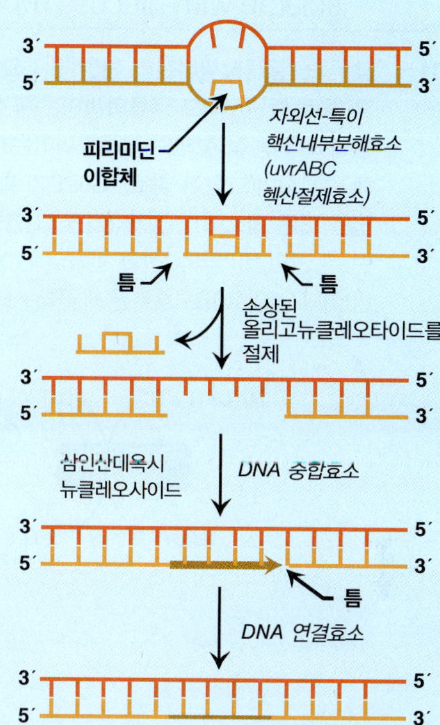

Q2. **답 = A.** 모든 복제는 RNA 시발체가 필요한데, 그 이유는 DNA 중합효소가 DNA 합성을 시작하지 못하기 때문이다. 진핵생물의 염색질은 복제를 위해 풀어진다. 풀어짐은 예를 들면, 히스톤 아세틸기전달효소(HAT)에 의한 아세틸화를 통해 가능하다. 원핵생물은 하나 이상의 DNA 중합효소를 갖고 있다. 예로서 중합효소 Ⅲ는 RNA 시발체를 DNA로 연장하고 중합효소 I은 시발체를 제거하고 DNA로 대체한다. 복제는 특별한 지점에서 시작한다(원핵생물에서는 하나, 진핵생물에서는 여러 곳). 이곳은 단백질에 의해 인식된다(예: 원핵생물의 DnaA 단백질). 일인산데옥시뉴클레오사이드(dNMP)는 마지막 dNMP의 3′-수산화기와 새로 들어오는 뉴클레오타이드의 5′-인산기가 인산다이에스터 결합으로 연결되고, 파이로인산이 방출되면서 3′→5′ 인산다이에스터 결합이 형성된다.

Q3. 교정은 세포주기의 S기에서 복사가 일어나는 동안 진행되고, 일부 DNA 중합효소에 의한 3′→5′ 핵산말단분해효소 작용이 관여한다(그림 참조). 복구는 복제와 무관하게 일어날 수 있고, 따라서 S기가 아니더라도 일어날 수 있다.

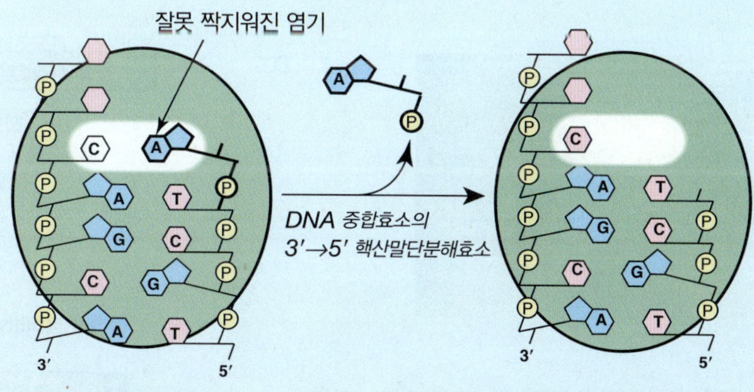

증례 6: 6-인산포도당 탈수소효소 결핍에서의 짙은 소변과 노란 공막(Dark urine and Yellow sclerae with glucose 6-phosphate dehydrogenase deficiency)

Q1. **답 = B.** 글루타싸이온의 환원형(G-SH)은 중요한 항산화제이다. 글루타싸이온 과산화효소는 과산화수소(반응산소종)를 물로 환원시키고 글루타싸이온을 산화시킨다(G-S-S-G). 환원형 NADPH를 요구하는 글루타싸이온 환원효소는 환원되고, 기능적 형태의 글루타싸이온으로 되돌려 놓는다(그림 A 참조). NAPDH는 인산오탄당 경로의 산화 반응에 의해 공급되며(그림 B 참조), G6PD가 촉진하는 단계에서 NADPH의 이용도에 의해 조절으 받는다(첫 단계). G6PD의 결핍은 모든 세포에서 일어나지만 그 영향은 인산오탄당 경로가 유일한 NADPH 공급원인 적혈구에서 나타난다. 이 경로는 두 번의 비가역적 산화 반응이 관여하고, 두 반응 모두 NADPH를 생성한다. NADPH는 지방산 합성(산화과정이 아님)이나 스테로이드 호르몬과 콜레스테롤 합성과 같은 환원과정에 사용된다.

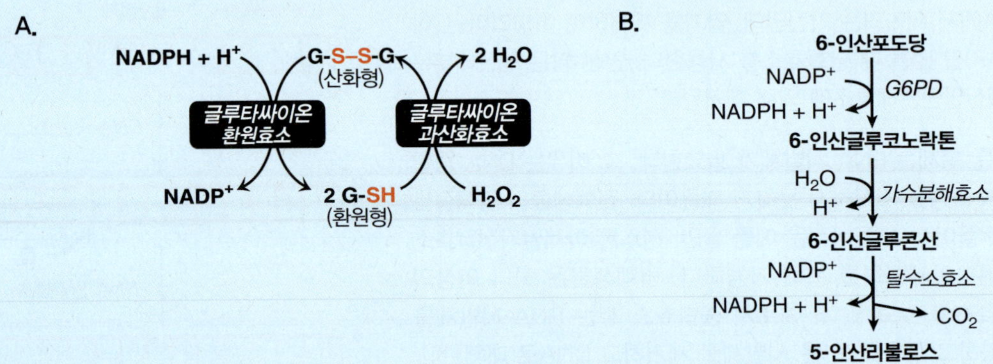

Q2. **답 = A.** 황달은 빌리루빈의 혈액 농도가 올라가 침착된 결과에 의해 피부, 손톱바닥, 공막 등에 노란색이 나타나는 것을 말한다(고빌리루빈혈증, 그림 C 참조). 빌리루빈은 수용액에서 잘 녹지 않으며, 간에서 UDP-글루큐론산을 결합시켜 다이글루큐론산화빌리루빈이나 결합빌리루빈(CB)으로 만들었을 때 용해도가 증가된다. G6PD 결핍과 같이 용혈빈혈 상태에서 결합- 또는 비결합빌리루빈이 둘 다 증가하지만, 비결합빌리루빈(UCB)이 혈액에서 관찰된다. 결합빌리루빈은 작은창자로 들어간다. 광선요법이 비결합고빌루빈혈증을 치료하기 위해 사용되는데, 그 이유는 광선이 빌리루빈을 물에 더 잘 녹는 이성질체 형태로 전환시키기 때문이다. 빌리루빈은 특히 간과 지라에 존재하는 그물내피계 세포에서 헴을 분해한 생성물이다. 포르피린증은 헴의 합성에 관한 병이므로 고빌루빈혈증과 관계없다.

C.

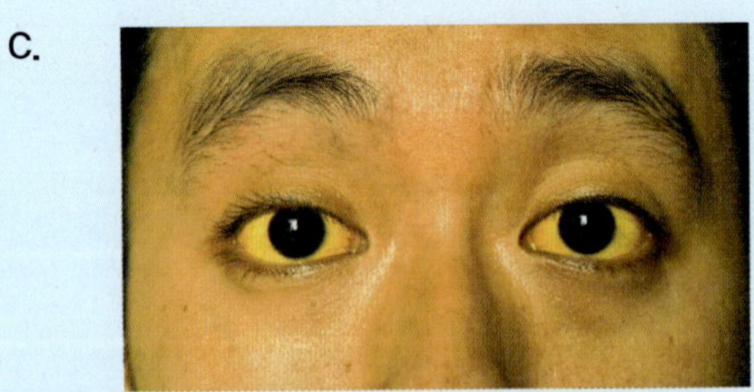

Q3. 용혈이 일어나면 더 많은 빌리루빈이 생성되고 결합된다. 결합빌리루빈은 작은창자로 들어가 유로빌리노젠으로 전환되어 일부는 재흡수되고, 문맥으로 가고, 콩팥으로 간다. 소변 유로빌리노젠은 작은창자에서 만든 유로빌리노젠이기 때문에 소변 유로빌리노젠은 폐쇄황달에서는 양이 적은데, 그 이유는 작은창자의 유로빌리노젠은 온쓸개관의 폐쇄로 양이 적기 때문이다(그림 D 참조).

D.

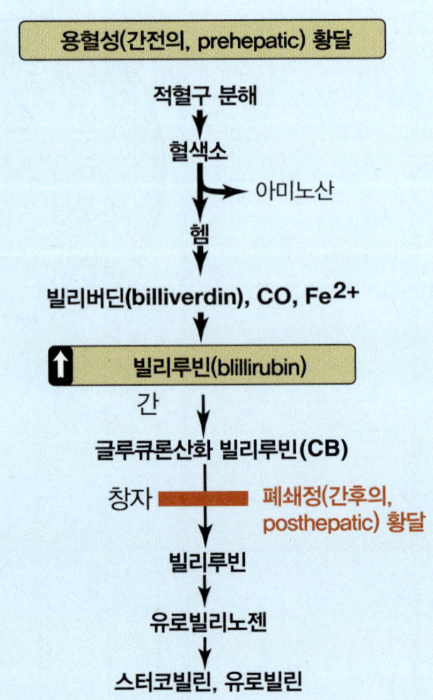

증례 7: 통풍에서의 관절통증(Joint pain with gout)

Q1 **답 = F.** 하이포잔틴-구아닌 인산리보실기전달효소(HGPRT)에 의해 퓨린 염기인 하이포잔틴과 구아닌을 퓨린 뉴클레오타이드인 일인산이노신(IMP)과 일인산구아노신(GMP)으로 회수할 때 5-인산리보실-1-파이로인산염(PRPP)이 1-인산오탄당의 공급원으로 필요하다. 회수는 요산의 분해에 사용되는 기질의 양을 감소시킨다. 그러므로 회수의 장애는 고요산혈증을 초래한다(그림 참조). 비경쟁 억제제인 옥시퓨린올과 같은 것은 미카엘리스 상수(K_m)에 영향이 없지만 최대속도(V_{max})를 감소시킨다. 콜히친은 소염제이다. 이것은 퓨린 합성이나 분해에 관한 효소에는 영향을 주지 않는다. 글루타민(글루탐산이 아님)은 퓨린 고리 합성의 질소 공급원이다. 퓨린 뉴클레오타이드 합성에서 퓨린 고리는 PRPP에 의해 제공된 5-인산오탄당을 뼈대로 형성된다. 알로퓨린올과 그 대사물인 옥시퓨린올은 퓨린 분해에 관여하는 잔틴 산화효소를 억제한다. 아마이드기전달효소는 퓨린 합성에 관여하는 효소이다. 그 활성은 퓨린 뉴클레오타이드에 의해 감소하고 PRPP에 의해 증가한다.

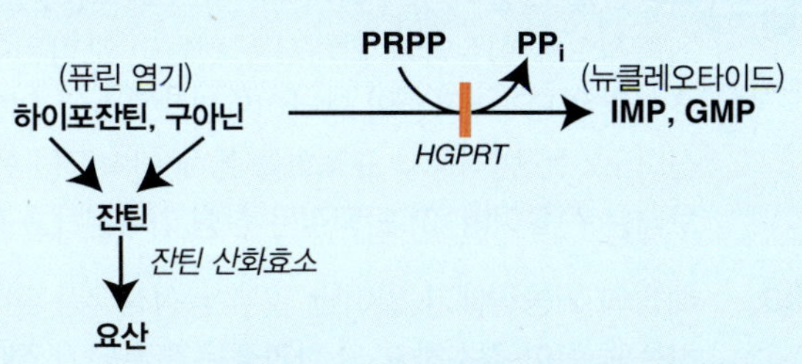

Q2. **답 = B.** 메토트렉세이트는 이수소엽산 환원효소를 억제한다. 일인산데옥시유리딘에서 일인산데옥시타이미딘(dTMP) 합성에 필요한 N^5, N^{10}-메틸렌사수소엽산의 이용도를 감소시킨다(그림 참조). 카바모일인산염 합성효소(CPS) II는 사람에서 피리미딘 생합성의 속도조절 단계 효소이다. CPS I은 요소회로의 효소이다. 오로트산뇨증은 이중기능 효소인 일인산유리딘 합성효소의 하나 또는 둘 다의 활성이 결핍되었을 때 나타나는 피리미딘 합성에 관한 드문 병이다. 피리미딘 뉴클레오타이드 합성은 퓨린의 합성과 회수처럼 PRPP가 필요하다.

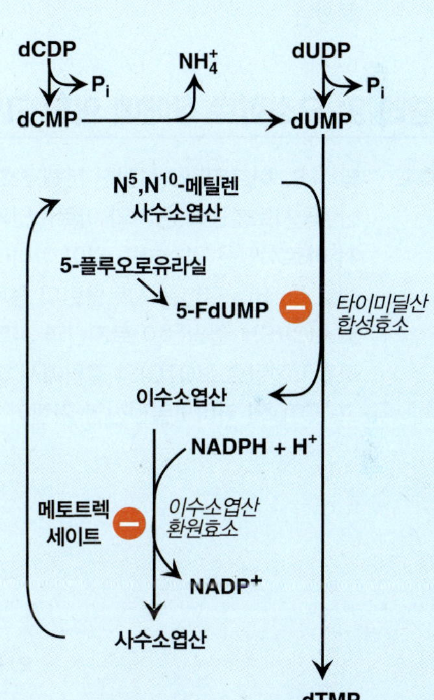

Q3. 증가된 PRPP 합성효소 활성이 PRPP 합성의 증가로 이어진다. 이것은 퓨린 뉴클레오타이드 합성을 필요 이상으로 증가시킨다. 과다한 퓨린 뉴클레오타이드는 요산으로 분해되며, 따라서 고요산혈증을 초래한다.

증례 8: 낭성섬유증에서 창자운동이 없음(No bowel movement with cystic fibrosis)

Q1. **답 = A.** 낭성섬유증(CF)의 임상 소견은 염소이온 축적으로 물의 재흡수가 증가하여 상피세포 포면의 점액이 과도하게 짙고 끈끈한 상태가 되어 나타나는 결과이다. 따라서 위창자와 허파에 문제를 일으켜 호흡기 감염이나 췌장의 내분비 및 외분비 기능장애와 같은 질환이 나타난다. 췌장의 내분비 기능장애는 고혈당과 관련된 당뇨병으로 이어질 수 있다. CF의 진단에 사용된 유전 검사 기술은 맞섬유전자 특이 올리고뉴클레오타이드(ASO)를 활용한다. 일부의 돌연변이는 CFTR 단백질의 분해를 증가시키며, 단백질 분해는 유비퀴틴 꼬리를 단백질에 붙이는 것으로 시작된다. 틀이동 돌연변이는 판독틀을 바꾸며, 3의 배수가 아닌 수의 뉴클레오타이드가 첨가되거나 제거됨으로써 일어난다. ΔF509 돌연변이는 CFTR 단백질에서 509번 위치의 페닐알라닌(F)을 부호화한 3개의 뉴클레오타이드가 결실될 때 일어나기 때문에 틀이동 돌연변이는 아니다.

Q2. **답 = A.** 세포막의 구성요소로 결정된 단백질의 표적화는 번역동시 표적화의 한 예이다. 여기에는 세포질 리보소체의 번역 개시, 단백질의 아미노말단 신호서열의 인식, 단백질 합성 복합체의 세포질그물(ER) 막 바깥쪽으로의 이동, 단백질 합성이 지속되어 ER 속공간으로 들어가고 여기에서 소포에 싸여 골지체로 이동하여 최종적으로 형질막과 합쳐지는 것들이 포함된다. 아미노말단 신호서열은 ER 속공간의 펩타이드분해효소에 의해 제거된다. 6-인산마노스는 번역동시 표적화를 통해 단백질을 용해소체 바탕질로 보내는 신호이며, 이 단백질은 산성 가수분해효소 작용을 한다.

Q3. 췌장의 기능장애가 일어난 일부 낭성섬유증 환자는 음식을 소화하는 능력이 감소하고, 소화과정은 흡수되기 전에 필요하다. 음식의 지방은 소장으로 이동하여 대변으로 배출되는데, 불쾌한 냄새가 나며 부피가 있고 물에 뜬다(그림 참조). 이 환자는 영양부족과 지용성 비타민의 결핍의 위험성이 있다. 췌장 효소의 복용으로 치료한다.

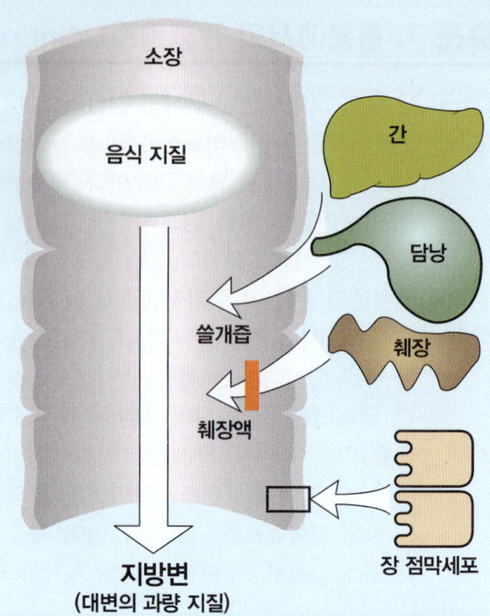

증례 9: 요소회로 장애에 의한 고암모니아혈증 (Hyperammonemia with a urea cycle defect)

Q1. **답 = B.** 아르지니노석신산 분해효소(ASL)는 아르지니노석신산을 아르지닌과 퓨마르산으로 분해한다. 아르지니노석신산 및 시트룰린의 증가와 아르지닌의 감소는 환자에서 ASL의 결핍을 의미한다(그림 참조). 아르지닌분해효소 결핍에서 아르지닌은 감소하는 것이 아니라 증가할 것이다. 또한 고암모니아혈증이 덜 심각한 것이다. 아르지니노석신산 합성효소(ASS) 결핍은 시트룰린의 증가를 일으키기 때문에 아르지니노석신산은 적게 만들 것이다. 카바모일인산염 합성효소(CPS) I 결핍은 아르지닌과 시트룰린 농도가 낮은 것이 특징이다. 요소회로의 유일한 X-연관 효소인 오니틴 카바모일기전달효소(OTC)의 결핍에서 아르지닌과 시트룰린 농도의 감소와 소변의 오로트산 농도의 증가가 나타난다. [참고: OTC의 카바모일인산염 기질이 세포질에서 피리미딘 합성의 기질로 사용되기 때문에 오로트산이 증가한다.]

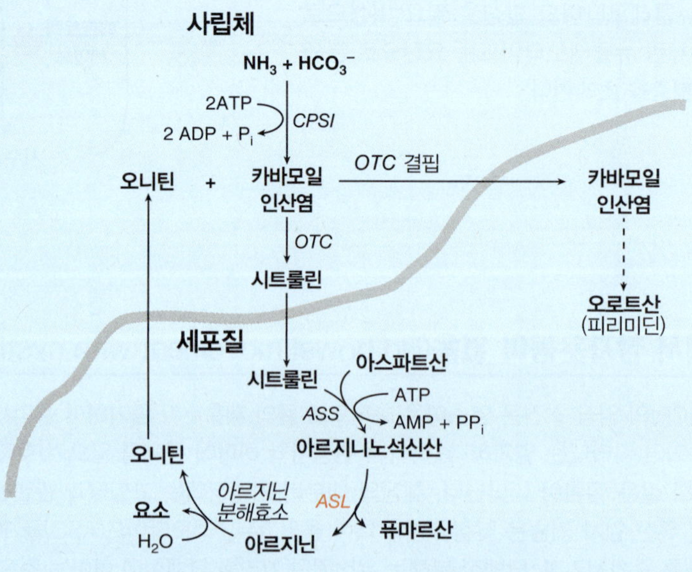

Q2. 아르지닌이 아르지닌분해효소에 의해 요소와 오니틴으로 가수분해되기 때문에 아르지닌 보충은 도움이 된다. 오니틴은 카바모일인산염과 결합하여 시트룰린을 생성한다(그림 참조). ASL과 ASS 결핍에서 시트룰린이 축적되고, 또한 배설되어 질소 노폐물을 몸 밖으로 내보낸다.

Q3. **답 = D.** 요소회로에서 경미한(부분적인) 효소 결핍이 있을 경우에 고암모니아혈증이 생리적 스트레스(예: 병이나 장기간의 공복)에 의해 발생할 수 있고, 인슐린/인슐린반대작용 호르몬의 비를 감소시킨다. [참고: 고암모니아혈증의 정도는 신생아에서 나타나는 것보다 일반적으로 덜 심각하다.] 비율의 변화가 부분적으로 뼈대근육의 단백질분해를 일으켜 아미노산이 방출된 후 분해된다. 분해에는 인산피리독살 필요 아미노기전달효소가 참여하고, 아미노산에 글루탐산을 첨가하여 α-케톤산 유도체를 생성한다. 글루탐산은 산화탈아미노화를 거쳐 α-케톤글루타르산과 암모니아로 전환되고, 이 반응은 글루탐산 탈수소효소(GDH)에 의해 촉진된다(그림 참조). [참고: GDH는 니코틴아마이드 아데닌 다이뉴클레오타이드(NAD)와 니코틴아마이드 아데닌 다이뉴클레오타이드 인산염(NADP)을 둘 다 보조효소로 사용한다는 점에서 특별하다.]

암모니아(독성이 있음)는 글루타민과 알라닌으로써 간으로 수송된다. 글루타민은 글루탐산을 ATP 필요 글루타민 합성효소가 아미노화하여 생성된다. 간에서 글루타민 분해효소는 암모니아를 제거하는데, 이것은 요소회로를 통해 요소로 전환된다. 글루타민은 혈액에서 암모니아 수송할 때 독성이 없는 운반체이다. 알라닌은 뼈대근육에서 가지사슬 아미노산의 분해대사 반응으로부터 생성된다. 간에서 알라닌은 아미노기전달에 의해 파이루브산(포도당신생성에 사용됨)과 글루탐산으로 전환된다. 알라닌은 질소를 간으로 옮겨 요소로 전환시킨다. 그러므로 요소회로의 장애에서 암모니아, 글루타민, 알라닌이 증가된다. 증가된 암모니아는 호흡을 촉진하고, 과호흡은 pH를 상승시킨다(호흡알칼리증). [참고: 고암모니아혈증은 신경계에 독성을 나타낸다. 정확한 기전은 모르지만 뇌의 별아교세포에서 다량의 암모니아가 글루타민으로 대사되기 때문에 삼투 효과를 나타내어 뇌부종을 일으킨다고 알려져 있다. 또한 글루타민의 증가는 흥분성 신경전달물질인 글루탐산의 이용도를 감소시킨다.]

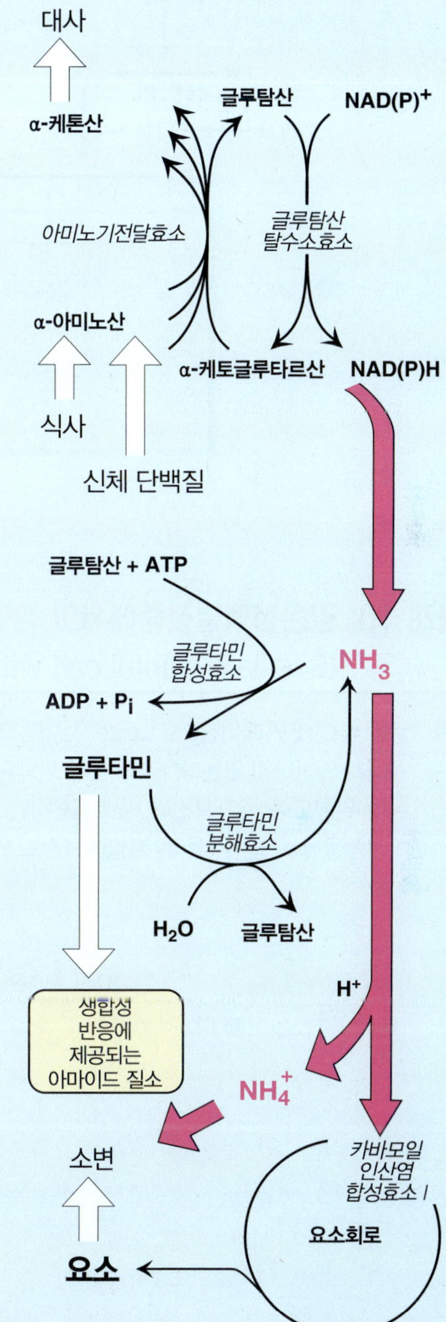

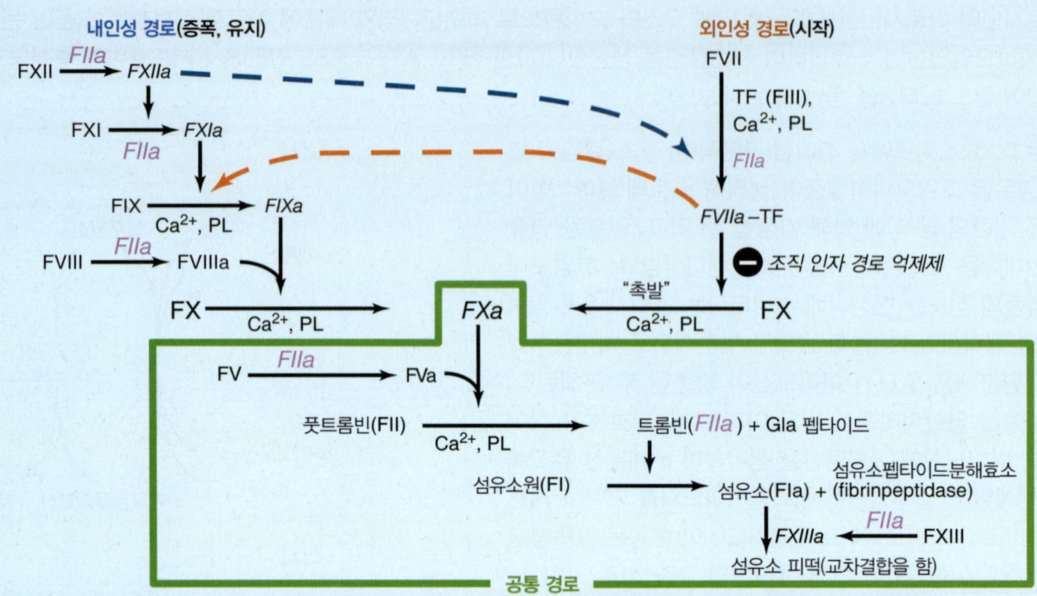

증례 10: 깊은정맥혈전증에서의 장딴지의 부종과 통증 (Swollen, painful calf with deep venous thrombosis)

Q1. **답 = C.** FV 레이던(FV Leiden)은 FV의 돌연변이 형태이며, 이 경우에는 활성화된 단백질 C 복합체에 의한 단백질분해가 일어나지 않는다. FV의 분해 능력이 감소하면 활성화된 트롬빈이 계속 생성되어 응집이나 혈전성향(thrombophilia)의 위험도를 증가시킨다. 항트롬빈 Ⅲ(ATⅢ)와 단백질 S는 항응고 단백질이다. 푸트롬빈의 증가(감소가 아님)는 혈전성향을 일으킬 수 있다. 본빌레브란드 인자의 결핍은 응고병증이나 FVⅢ와 혈소판의 효과에 의해 응고 장애를 일으킨다.

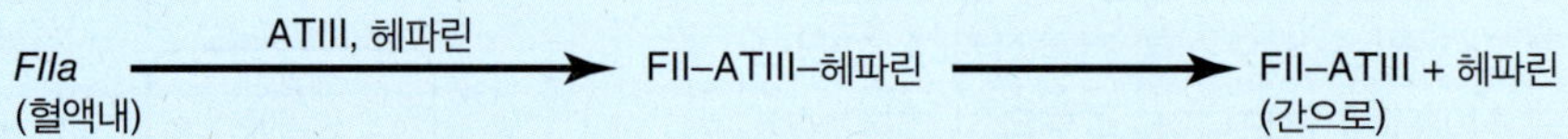

Q2. 헤파린은 아미노당글리칸(GAG)인 항응고제이다. 헤파린은 항트롬빈(때때로 AT III 라고 부름)을 활성화하고, 트롬빈과 FX를 저해하여 항트롬빈을 촉진한다. 항트롬빈의 기능은 트롬빈과 FXa를 절단하여 불활성화한다. 와파린은 비타민 K의 합성 유사체로서 비타민 K를 억제한다. 비타민 K는 FII, FVII, FIX, FX의 글루탐산 잔기를 γ-카복실화하여 감마-카복시글루탐산 잔기를 생성할 때 보조효소로 필요하다(그림 참조).

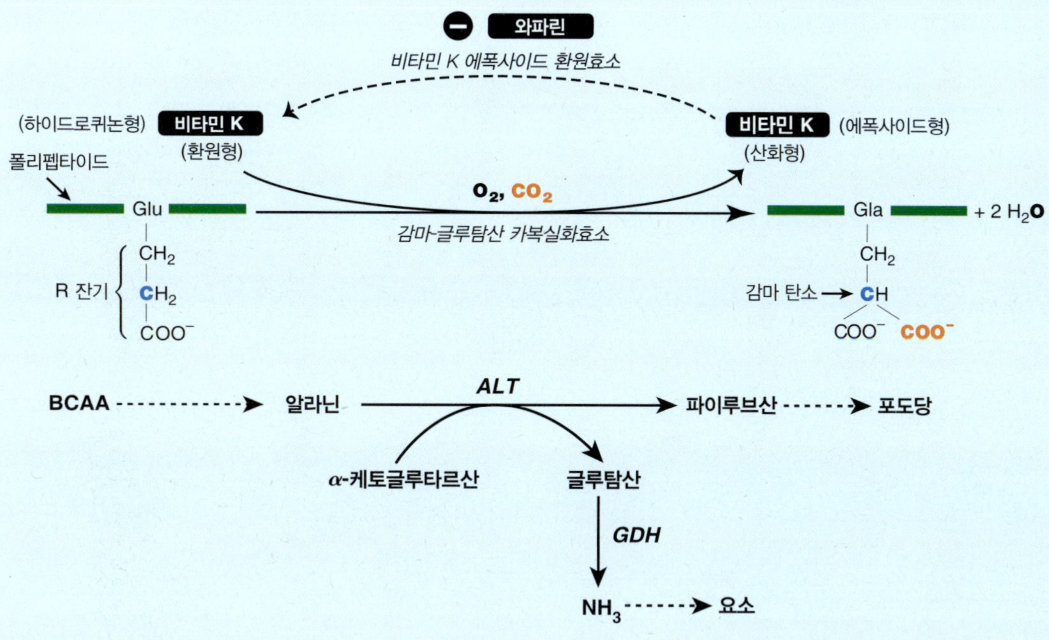

찾아보기

참조: f 와 t 는 각각 그림과 표를 나타냄.

ABC순

A

ABO blood group [ABO 혈액형], 190
Abetalipoproteinemia [무베타지단백혈증], 266, 457
Abdominal obesity [복부비만], 409-410, 〈참조〉 비만 (Obesity)
Absorptive state [흡수상태], 371, 386f
metabolic pathways in liver [간의 대사경로], 372-375, 373f
amino acid metabolism [아미노산대사], 373f, 375
fat metabolism [지방대사], 373f, 374-375
carbohydrate metabolism [탄수화물대사], 373-374, 373f, 374f
overview [개관], 371
metabolic pathways in brain [뇌의 대사경로], 377-378, 378f
metabolic pathways in skeletal muscle [뼈대근육의 대사경로], 376-377, 377f
amino acid metabolism [아미노산대사], 377, 377f
fat metabolism [지방대사], 377
carbohydrate metabolism [탄수화물대사], 377, 377f
regulatory mechanisms [조절기전], 371, 371f
covalent modification [공유결합 변형], 372, 372f
availability of substrates [기질 이용도], 371-372
allosteric effectors [다른자리조절 효과제], 372
induction and repression of enzyme synthesis [효소합성의 유도와 억제], 372
metabolic pathways in adipose tissue [지방조직의 대사경로], 375-376, 376f
fat metabolism [지방대사], 376, 376f
carbohydrate metabolism [탄수화물대사], 376, 376f
glucose [포도당], 371-372
ACC (Acetyl coenzyme A carboxylase) [아세틸보조효소A 카복실화효소]
Acceptable macronutrient distribution range (AMDR) [다량영양소 허용분포범위]
for adults [성인], 419, 419f
defined [정의], 419
ACE (Angiotensin-converting enzyme) [앤지오텐신전환효소]
Acetic acid [아세트산], 210f
Henderson-Hasselbalch equation [헨더슨-하셀발흐식], 7
titration curve of [적정곡선], 8-9, 7f
Acetoacetate [아세토아세트산(염)], 224, 301, 305-306
formation of [생성], 225-226, 225f
use in peripheral tissues [말초조직 사용], 226, 226f
Acetoacetyl CoA [아세토아세틸 CoA], 305
Acetone [아세톤], 224
production of [생성], 225, 225f
Acetyl coenzyme A (CoA) [아세틸보조효소 A], 136
amino acids catabolism and [아미노산 분해대사], 301, 305-306
carboxylation, to malonyl CoA [카복실화, 말로닐 CoA], 211-212
and cholesterol synthesis [콜레스테롤 합성], 253, 253f
cytosolic production of [세포질액 생성], 211, 211f
in FA synthesis [지방산 합성], 211
and gluconeogenesis [포도당신생성], 141-142 141f
mitochondrial, production of [사립체-, 생성], 211
Acetyl coenzyme A carboxylase (ACC) [아세틸보조효소 A 카복실화효소], 372
Acetyl CoA-ACP transacylase [아세틸CoA-ACP 아실기전달효소], 372
Acetyl CoA carboxylase (ACC) [아세틸CoA 카복실화효소], 137, 212, 212f
ACC_2 [ACC_2], 219-220
regulation of [조절]
long-term [장기간-], 212
short-term [단기간-], 211-212
N-Acetylgalactosamine (GalNAc) [N-아세틸갈락토사민], 184, 185f, 240
in complex oligosaccharides [복합소당(= 복합올리고당)], 190, 190f
N-Acetylglucosamine-6-sulfatase, deficiency of [6-황산-N-아세틸글루코사민 황산염분해효소, 결핍], 188
N-Acetylglucosaminidase, deficiency of [N-아세틸글루코사미나이드분해효소, 결핍], 188
N-Acetylglutamate (NAG) [N-아세틸글루탐산(염)], 291f, 290, 282
N-Acetylglutamate synthase (NAGS) [N-아세틸글루탐산(염) 합성효소], 293
deficiency [결핍], 295
N-Acetylneuraminic acid (NANA) [N-아세틸뉴라민산], 185, 185f, 240-241, 242f
Acid [산]
definition of [정의], 6
weak acid [약산], 6
Acid-base balance, disturbances in [산염기 균형, 장애], 11
Acid dissociation constant (Ka) [산 해리상수], 7
Acid hydrolase [산성 가수분해효소]
deficiency of [결핍], 193-194, 194f
in glycoprotein degradation [당단백질 분해], 193-194
Acid lipase [산성 지질분해효소], 199-200
Acidic glycosphingolipids [산성 당스핑고지질], 240, 240f
Acidic sugar, of glycosaminoglycan [산성 당, 아미노당글리칸], 181, 181f
Aconitase [아코니트산효소], 128, 131
inhibition of [억제], 128
Acrodermatitis enteropathica [장병증말단피부염], 468, 472-473
ACTH (Adrenocorticotropic hormone) [부신피질자극호르몬]
Activated partial thromboplastin time (aPTT) [활성형 부분트롬보플라스틴 시간], 583
Activated protein C (APC) complex [활성형 단백질 C 복합체], 585, 585f
Activation energy (E_a) [활성화에너지], 61, 61f
Acute intermittent porphyria (AIP) [급성간헐포르피린증], 321, 321f, 323, 324f
Acyclovir [아사이클로버], 349

Acyl CoA:cholesterol acyltransferase (ACAT) [아실CoA:콜레스테롤 아실기전달효소], 195, 267-268, 269f, 270f
Acyl CoA dehydrogenase [아실CoA 탈수소효소], 85
Acyl CoA:diacylglycerol acyltransferase [아실CoA:다이아실글리세롤 아실기전달효소], 203, 203f
Acyl CoA:monoacylglycerol acyltransferase [아실CoA:모노아실글리세롤 아실기전달효소], 203
Acyl CoA oxidase [아실CoA 산화효소], 223-224
Acyltransferase [아실기전달효소], 203, 203f
ADA (Adenosine deaminase deficiency) [아데노신 탈아미노화효소]
Adaptive thermogenesis [적응열생성], 419
Addison disease [애디슨병], 272-273
Adenine arabinoside(= araA), (Vidarabine) [아데닌아라비노사이드(= 바이다라빈)], 489
Adenine phosphoribosyltransferase (APRT) [아데닌 인산리보실기전달효소], 341
Adenosine deaminase (ADA) deficiency [아데노신 탈아미노화효소 결핍], 343, 347-348
Adenosine diphosphate (ADP) [이인산아데노신], 82-83, 546-547
  and PDH complex activity [PDH 복합체 활성], 127, 127f
  phosphorylation of, to ATP [가인산(= 인산화), ATP 생성], 87-89
Adenosine monophosphate (AMP) [일인산아데노신], 80-83
  and gluconeogenesis [포도당신생성], 139
  glycogenolysis activation [당원분해 활성화], 153f, 154-155
  in muscle [근육], 153f
  and regulation of PFK-1 [PFK 조절], 113-114
Adenosine monophosphate-activated protein kinase (AMPK) [일인산아데노신활성화 단백질인산화효소], 211-212, 212f, 258
Adenosine triphosphate (ATP) [삼인산아데노신], 82, 82f
  for polyisoprenoid squalene [다중아이소프레노이드 스쿠알렌], 254-255
  for protein synthesis [단백질 합성], 520
  in catabolism [분해대사], 106, 106f
  consumption, aerobic glycolysis [소비, 유산소당분해], 118-119
  and gluconeogenesis [포도당신생성], 139
  in glycogenesis [당원생성], 146-148
  in glycolytic pathway [당분해 경로], 109-110, 110f
  and PDH complex activity [PDH 복합체 활성], 126, 126f
  and regulation of PFK-1 [PFK-1 조절], 113-114
  standard free energy change ($\Delta G°$) of [표준자유에너지 변화량], 86-87
  synthesis of [합성], 83-84
    in aerobic glycolysis [유산소당분해], 119
    in anaerobic glycolysis [무산소당분해], 119, 119f
    chemiosmotic hypothesis [화학삼투가설], 87-89
    in glycolysis [당분해], 118-119, 119f
    in TCA cycle [TCA 회로], 125, 130, 131f
Adenosine triphosphate (ATP) synthase [삼인산아데노신 생성효소], 87-88, 88f
S-Adenosylhomocysteine (SAH) [S-아데노실호모시스테인], 304, 304f
S-Adenosylmethionine (SAM) [S-아데노실메싸이오닌], 304, 304f, 329-330, 329f, 508
Adenylate kinase [아데닐산(염) 인산화효소], 340-341
Adenylyl cyclase (AC) [아데닐기 고리화효소], 59, 107-109, 218, 219f, 537
  activation of [활성화], 143 152
    GTP-dependent regulatory proteins and [GTP의존 조절단백질], 108-109, 109f
  inhibition of [억제], 108-109
  stimulation of [자극], 108-109, 109f
Adequate intake (AI) [충분섭취량], 416, 416f
Adipocytes [지방세포]
  in obese individuals [비만인], 409
Adipokines [아디포카인], 406
Adiponectin [아디포넥틴], 395-396, 406
Adipose tissue [지방조직]
  absorptive state in, metabolic pathways in [흡수상태, 대사경로], 378, 379f
    carbohydrate metabolism [탄수화물대사], 375-376, 376f
    fat metabolism [지방대사], 376, 376f
  in fasting [공복]
    carbohydrate metabolism [탄수화물대사], 382
    fat metabolism [지방대사], 382, 382f
  glycerol 3-phosphate synthesis in [3-인산글리세롤 합성], 216, 216f
  and insulin resistance [인슐린 저항성], 396-397, 396f
  pentose phosphate pathway and [인산오탄당경로], 168
  white, TAG storage in [백색-, TAG 저장], 209
Adipose triglyceride lipase (ATGL) [지방조직 트라이아실글리세롤 지질분해효소], 217-218
ADP (Adenosine diphosphate) [이인산아데노신]
ADPase [이인산아데노신분해효소], 589
AGE 최종당화생성물 [Advanced glycation end product]
Adrenal cortex, pentose phosphate pathway and [부신피질, 인산오탄당경로], 168
Adrenal cortical steroid hormones [부신피질 스테로이드호르몬], 273-273
  aldosterone [알도스테론], 273-275
  androgens [안드로젠], 275
  cortisol [코티솔], 273
Adrenaline [아드레날린], 329, 〈참조〉 에피네프린 (Epinephrine)
Adrenocorticotropic hormone (ACTH) [부신피질자극호르몬], 272-273
Adrenoleukodystrophy, X-linked [부신백질형성장애, X-연관], 224
Advanced glycation end product (AGE) [최종당화생성물], 400
Aggrecan family, of proteoglycans [아그레칸족, 단백글리칸], 182
AI (Adequate intake) [충분섭취량]
AIP (Acute intermittent porphyria) [급성간헐포르피린증]
ALA (δ-Aminolevulinic acid) [델타-아미노레불린산]
Alanine [알라닌], 2f, 4f, 6, 289
  amino group of, dissociation of [아미노기, 해리], 8
  carboxyl group of, dissociation of [카복실기, 해리], 7-7
  D and L forms of [D형 및 L형], 6f
  dissociation of the carboxyl group of [카복실기 해리], 7-8f
  ionic forms of [이온형], 8f
  isoelectric form of [등전형], 7, 7f
  pKs of [pK], 7f, 8
  titration curve of [적정곡선], 8, 8f
  transamination of [아미노기전달], 302, 302f
Alanine aminotransferase (ALT) [알라닌 아미노기전달효소], 286-287, 287f
ALAS (δ-Aminolevulinic acid synthase) [델타-아미노레불린산 생성효소]
Albinism [백색증], 303, 313-314, 314f
Albumin [알부민], 4, 430
  serum [혈청], 204-205
Alcohol consumption [알코올 소비]
  and alcoholic fatty liver [알코올 지방간], 366
  and hypoglycemia [저혈당], 366, 366f
Alcohol dehydrogenase [알코올 탈수소효소], 468
Alcoholism, and thiamine deficiency [알코올중독, 싸이아민 결핍], 443
Aldehyde dehydrogenase (ALDH) [알데하이드 탈수소효소], 366
ALDH (Aldehyde dehydrogenase) [알데하이드 탈수소효소]
Aldolase [알돌분해효소], 113f, 114
Aldolase A [알돌분해효소 A], 160, 160f
Aldolase B [알돌분해효소 B], 114, 160
  deficiency of [결핍], 160, 161f

Aldolase C [알돌분해효소 C], 160, 160f
Aldose [알데하이드당], 94, 94f
Aldose reductase [알데하이드당 환원효소], 161-162, 162f-163f, 164
Aldosterone [알도스테론], 271, 272f, 275
Alkaline phosphatase, pH optimum of [알칼리성 인산염분해효소, pH 적정성], 64f
Alkaptonuria [알캅톤뇨증], 303, 314, 315f
Allantoin [알란토인], 344
Allele-specific oligonucleotide (ASO) probe [맞섬유전자특이 올리고뉴클레오타이드 탐색자], 557-558, 560f
Allolactose [이종젖당], 537
Allopurinol [알로퓨린올], 345-346
Allosteric regulators [다른자리조절자], 289
Allysine [알라이신], 52, 52f
ALT (Alanine aminotransferase) [알라닌 아미노기전달효소]
Alternative polyadenylation (APA) [선택적 다중아데닐화], 543
Alternative splicing [선택적 잘라잇기], 543, 543f
 in eukaryotic messenger RNA [진핵생물 전령RNA], 510, 510f
Alveolus(-li), lung destruction by neutrophil elastase [폐꽈(= 허파꽈리), 중성구 탄력소분해효소의 폐 파괴], 55, 55f
Alzheimer disease [알츠하이머병], 24, 24f, 265-266
AMDR (Acceptable macronutrient distribution range) [다량영양소 허용분포범위]
Amines [아민]
 ammonia from [암모니아], 294
Amino acid [아미노산]
 ammonia from [암모니아], 293, 〈참조〉 암모니아 (Ammonia)
 branched-chain [가지사슬-], 285
 catabolism [분해대사], 281
 catabolism and intermediate products [분해대사 및 중간 생성물], 300, 300f, 301
  acetyl CoA or acetoacetyl CoA [아세틸CoA 또는 아세토아세틸CoA], 305
  BCAAs degradation [BCAA 분해], 305-306, 306f
  fumarate [퓨마르산(염)], 303, 303f
  α-ketoglutarate [알파-케토글루타르산(염)], 301-302, 302f
  oxaloacetate [옥살로아세트산(염)], 301
  pyruvate [파이루브산(염)], 302, 302f
  succinyl CoA [석시닐CoA], 303-305, 303f
 degradation [분해], 301
 dietary protein digestion [음식단백질 소화], 283-285, 284f
  abnormalities in [이상], 285
  and amino acid absorption [아미노산 흡수], 285-286, 285f
 essential [필수-], 300, 301f, 425
 free [유리-], 281, 285
 glucogenic [포도당생성-], 300, 301f
 glucogenic and ketogenic [포도당생성- 및 케톤생성-], 301f
 and insulin secretion [인슐린 분비], 358
 ketogenic [케톤생성-], 301, 301f
 metabolism [대사], 301, 301f
  disorders [장애], 309-314, 309f, 310f
  folic acid and [엽산], 307, 307f
  Inborn errors of amino acid metabolism screening for [선천아미노산대사이상 검사], 311
 nitrogen metabolism [질소대사], 281-282, 282f
  amino acid pool [아미노산 웅덩이], 281-282, 282f
  concept map for [개념도], 297f
  protein turnover [단백질 전환], 282-283
 nitrogen removal from [질소제거], 286-289
  oxidative deamination [산화탈아미노화], 288-289, 288f
  transamination [아미노기전달], 286-288, 286f, 287f
  transport of ammonia to liver [간으로 암모니아 수송], 289
 nonessential [비필수-], 300, 301f
  biosynthesis of [생합성], 37-308
 overview [개관], 281
 in pool [웅덩이], 281-282, 282f
 as precursors of N-containing compounds [질소포함물질의 전구체], 319, 319f
  catecholamines [카테콜아민], 329-330
  creatine [크레아틴], 331
  histamine [히스타민], 330
  melanin [멜라닌], 331-332
  porphyrins [포르피린], 319-328
  serotonin [세로토닌], 331
 sources and fates of [공급원 및 운명], 282f
 at time of protein synthesis [단백질합성 시점], 518
 urea cycle and [요소회로], 281, 281f, 〈참조〉 요소회로 (Urea cycle)
Aminoacyl-tRNA synthetases [아미노아실-tRNA 합성효소], 518, 518f
δ-Aminolevulinic acid (ALA) [델타-아미노레불린산]
 drugs effects [약물효과], 321
 formation of [생성], 320-321
 hemin effects [헤민 효과], 321
δ-Aminolevulinic acid synthase (ALAS) [델타-아미노레불린산 생성효소], 320
 ALAS1 [ALAS1], 320-321
 ALAS2 [ALAS2], 320-321
  loss-of-function mutations in [기능소실 돌연변이], 320-321
Amino acids [아미노산], 136, 292
D-Amino acids [D-아미노산], 6, 279
D-Amino acid oxidase (DAO) [D-아미노산 산화효소], 279, 292
Amino acid analyzer [아미노산 분석기], 15, 15f
Amino group [아미노기], 1, 1f
Amino group dissociation [아미노기 해리], 8
Amyloid diseases [아밀로이드병], 23
Aminopeptidase [아미노펩타이드분해효소], 5, 285
Aminotransferase [아미노기전달효소], 286, 286f, 〈참조〉 아미노기전달 (Transamination)
 alanine [알라닌], 286-287, 286f
 aspartate [아스파르트산(염)], 286f, 287
 diagnostic value [진단가치], 287-288, 287f
  hepatic diseases [간질환], 287
  nonhepatic disease [간외질환], 287-288
Ammonia [암모니아], 293
 blood levels of [혈액농도], 292, 293
 hyperammonemia [고암모니아혈증], 294-296
  acquired [후천-], 295
  congenital [선천-], 295-296
 intoxication symptoms [중독 증상], 295
 metabolism [대사], 293-297, 295f
 oxidative deamination and [산화탈아미노화], 288-289, 288f
 sources of [공급원], 293
  amines [아민], 294
  amino acids [아미노산], 292
  glutamine [글루타민], 293, 293f
  intestinal bacteria [장 세균], 293
  purines and pyrimidines [퓨린 및 피리미딘], 294
 transport in circulation [순환계 수송], 293
  glutamine [글루타민], 293, 293f
  urea [요소], 293
 transport of, to liver [수송, 간], 289, 289f

Amphipathic [친양쪽성-], 19
AMPK (Adenosine monophosphate-activated protein kinase) [일인산아데노신활성화 단백질 인산화효소]
α-Amylase [알파-녹말분해효소]
pancreatic [췌장-], 97
salivary [침-], 97, 98f
Amyloid diseases [아밀로이드병], 23, 23f
Amyloid plaques [아밀로이드판], 23, 23f
Amylose [아밀로스], 148
Anabolism [합성대사], 106-107, 106f
Andersen disease [앤더슨병], 150f
Androgens [안드로젠], 275
Anemia [빈혈], 438
cobalamin deficiency and [코발아민 결핍], 441
folate and [엽산(염)], 438
iron deficiency and [철 결핍], 467
nutritional [영양-], 438-439, 438f
pernicious [악성-], 441
Anencephaly [무뇌증], 439
Angiotensin-converting enzyme (ACE) [앤지오텐신전환효소], 273-275
Angiotensin I (Ang-I) [앤지오텐신 I], 273-275
Angiotensin II (Ang-II) [앤지오텐신 II], 273-275
Animal protein [동물성 단백질], 426, 〈참조〉 단백질 (Protein)
Anomers, of sugars [고리이성질체, 당], 95, 96f
mutarotation of [변광회전], 95, 96f
Anthropometric measures [인체계측], 429-430
Anticodon [대응코돈], 518, 518f
Antihyperglycemic agents [항고혈당제]
in type 2 diabetes [2형당뇨병], 398-399, 400f
Antioxidant enzyme, activity of [항산화효소, 활성], 172, 172f
Antiporter [역수송체], 89
Antithrombin (AT) [항트롬빈], 574, 〈참조〉 항트롬빈 III (Antithrombin III, ATIII)
Antithrombin III (ATIII) [항트롬빈 III], 584-585, 585f
APA (Alternative polyadenylation) [선택적 다중아데닐화]
APC 복합체 [APC complex (Activated protein C complex)]
Apo A-1 [아포지단백질(= 아포) A-1], 270
Apo B-48 [아포지단백질(= 아포) B-48], 263-264
Apo B-100 [아포지단백질(= 아포) B-100], 264, 267
Apo E [아포지단백질(= 아포) E], 257
Apolipoprotein (apo) B [아포지단백질(= 아포) B], 544
apo C-II [아포지단백질(= 아포) C-II], 204-205
apo E [아포지단백질(= 아포) E], 204-205
Apoptosis, mitochondria and [세포자멸사, 사립체], 89
aPTT (Activated partial thromboplastin time) [활성형 부분트롬보플라스틴 시간]
Arabinose [아라비노스], 489
Arachidonic acid [아라키돈산], 210, 210f-211f, 244-245, 245f, 246f, 〈참조〉 아이코사노이드 (Eicosanoid)
Arginase [아르지닌분해효소], 301
Arginase-I, deficiency [아르지닌분해효소-I, 결핍], 292, 295
Arginase-II [아르지닌분해효소-II], 292
Arginine [아르지닌], 5, 9, 292
degradation of [분해], 291
Argininemia [아르지닌혈증], 295
Argininosuccinate [아르지니노석신산(염)]
cleavage of [절단], 291f, 292
to ornithine and urea [오니틴 및 요소의 생성], 292
formation of [생성], 291f, 292
Argininosuccinate lyase [아르지니노석신산(염) 분해효소], 291f, 292
deficiency [결핍], 295
Argininosuccinate synthetase [아르지니노석신산(염) 합성효소], 291f, 292
deficiency [결핍], 295
Argininosuccinic aciduria [아르지니노석신산뇨], 295
Aromatase inhibitors [고리불포화화효소 억제제], 275
Arsenate [비산(염)], 116, 127
Arsenic poisoning [비소 중독], 116, 127-128
Arsenic toxicity, mechanism of [비소 독성, 기전], 116
Arsenite [아비산(염)], 116, 127
Arylsulfatase B [아릴황산염분해효소 B], 188f
Ascorbic acid (Vitamin C) [아스코브산(= 비타민 C)], 441-442
in chronic disease prevention [만성병 예방], 442
deficiency [결핍], 442, 442f
function of [기능], 441-442
structure of [구조], 441, 441f
synthesis of [합성], 185, 185f
ASO probe, (Allele-specific oligonucleotide probe) [맞섬유전자특이 올리고뉴클레오타이드 탐색자]
Asparaginase [아스파라진분해효소], 3f, 4, 301, 301f
Asparagine [아스파라진], 4
metabolism of [대사], 301, 301f
side chains as site of attachment for other compounds [다른 물질이 부착하는 곁사슬 역할], 4
synthesis of [합성], 308
Asparagine synthetase [아스파라진 합성효소], 308
Aspartate [아스파트산(염)], 5, 9
metabolism of [대사], 301, 301f
synthesis of [합성], 308, 308f
Aspartate aminotransferase (AST) [아스파트산(염) 아미노기전달효소], 286f, 287
Aspartic acid [아스파트산], 5
Aspirin [아스피린], 588
Aspirin-exacerbated respiratory disease [아스피린악화 호흡기병], 247
Asthma [찬식], 237
AT (Antithrombin) [항트롬빈]
Atherosclerosis [죽경화증], 252, 268
premature [조기-], 265-266
Atorvastatin [아토바스타틴(= 리피터)], 258
ATP (Adeosie triphosphate) [삼인산아데노신]
ATPase, sodium(Na^+)-potassium(K^+) [ATP 분해효소, Na-K-ATPase], 98, 98f, 111
ATP hydrolysis [ATP 가수분해], 22
ATP-citrate lyase [ATP-시트르산(염) 분해효소], 214
ATP7B [ATP7B], 465-466
ATP-binding cassette(= ABC) protein (ABCA1) [ATP결합카세트 단백질], 271, 272, 272f
Attenuation, transcriptional [감쇠, 전사-], 539, 539f
Austin disease [오스틴병], 187
Autophagy [자가포식], 282
Autosomal dominant hypercholesterolemia [보통염색체우성 고콜레스테롤혈증], 267
Avidin [아비딘], 559-560
3′-Azido-3′-deoxythymidine [3'-아자이도-3'-데옥시타이미딘], 349
Azidothymidine (AZT) [아자이도타이미딘], 489

B

Bacterial artificial chromosomes (BAC) [세균인공염색체], 555-556
Bacterial DNA gyrase [세균DNA 선회효소], 481
Bacterial operons [세균 오페론], 537, 538f

BAR (Bile acid receptor) [쓸개즙산(= 담즙산) 수용체]
Barth syndrome [바르트 증후군], 238
Basal metabolic rate (BMR) [기초대사율], 418
Base [염기]
 definition of [정의], 6
 weak base [약염기], 6
Base excision repair (BER) [염기절제 복구], 493-494, 494f
Basement membrane [바닥막], 48
Base pairs (bps), DNA [염기쌍], 477, 477f, 478f
β-bends [베타-굽이], 18-19
BCAA (Branched-chain amino acid) [가지사슬아미노산]
BER (Base excision repair) [염기절제복구]
Beriberi [베리베리], 443
Bernard-Soulier syndrome [베르나르-술리에 증후군], 587
Bicarbonate [탄산수소염], 33
 as buffer [완충액], 9, 9f
Bifidobacterium infantis [비피도박테리움 인판티스(= 유산균)], 430-431
Bile [쓸개즙(= 담즙)], 258
Bile acid receptor (BAR) [쓸개즙산(= 담즙산) 수용체], 259
Bile acid [쓸개즙산(= 담즙산)], 258-261
 primary [일차-], 259
 secondary [이차-], 260
 structure of [구조], 258, 259f
 synthesis of [합성], 173, 259, 259f
  in liver [간], 259
  rate-limiting step in [속도제한단계], 259
Bile acid sequestrants [쓸개즙산(= 담즙산) 차단제], 260
Bile salts [쓸개즙산염(= 담즙산염)], 258-261
 absorption of [흡수], 202
 bacterial action on [세균작용], 260
 and cholesterol excretion [콜레스테롤 배출], 260
 conjugated [결합-], 201, 201f, 259-260, 260f
 deficiency [결핍], 261
 enterohepatic circulation [창자간 순환], 260, 261f
 excretion of [배출], 260
 intestinal microbiota and [창자미생물집합체], 260
 in lipid emulsification [지질유화], 202f, 201
Bile salt export pump [쓸개즙산염(= 담즙산염) 배출펌프], 260
Bilirubin [빌리루빈], 〈참조〉 황달 (Jaundice)
 as antioxidant [항산화제], 325
 binding with albumin [알부민결합], 328
 conjugated [결합-], 325
 formation [생성], 325
 measurement of [측정], 317
 metabolism of [대사], 326f
 secretion into bile [쓸개즙(= 담즙)으로 분비], 325
 unconjugated [비결합-], 325
 uptake by liver [간 섭취], 325
Bilirubin UDP-glucuronosyltransferase (UGT), bilirubin UGT [빌리루빈 UDP-글루큐로노실기전달효소(= 빌리루빈 UGT)], 325
Biliverdin [빌리버딘], 325
Bioenergetics, definition of [생물에너지학, 정의], 79
Biotin [바이오틴], 445-446, 528, 560
 as coenzyme [보조효소], 126-127
 deficiency [결핍], 445-446
 structure of [구조], 445, 446f
 supplementation [보충], 446
1,3-Bisphosphoglycerate, synthesis of [1,3-이중인산글리세르산(염), 합성], 115-116, 116f
2,3-Bisphosphoglycerate (2,3-BPG) [2,3-이중인산글리세르산(염)]
 allosteric effect of [다른자리조절 효과], 35, 35f
 binding to deoxyhemoglobin [탈산소혈색소 결합], 34, 34f
 binding to HbF [HBF 결합], 37
 levels in RBCs [적혈구 농도]
 synthesis of [합성], 34, 34f
 in transfused blood [수혈혈액], 35
Bisphosphoglycerate mutase [이중인산글리세르산(염) 자리바꿈효소], 115-116, 116f
Biotinylated probes [바이오틴화 탐색자], 559-560
Biphosphonates [비스포스포네이트], 256
Blindness, vitamin A deficiency and [시각상실(= 실명), 비타민 A 결핍], 449-450
Blood clotting [혈액응고], 578, 578f, 584f
 concept map for [개념도], 590f
 fibrin meshwork formation [섬유소그물 형성], 578, 584f
  calcium ions, role of [칼슘이온, 역할], 579, 579f
  γ-carboxylation [γ-카복실화], 579-80, 580f
  common pathway [공통경로], 581-583, 582f, 583f
  extrinsic pathway [외인성 경로], 578, 578f, 580-581, 581f
  Gla residue formation [Gla잔기 형성], 579, 579f
  intrinsic pathway [내인성 경로], 578, 578f, 581, 581f
  pathways in [경로], 578, 578f, 580-583
  phosphatidylserine, role of [포스파티딜세린, 역할], 579
  proteolytic cascade [단백질분해 연쇄증폭], 578-579, 579f, 584f
 limiting [제한], 584-586
  fibrinolysis [섬유소분해], 586, 586f
  inactivating proteins [불활성화 단백질], 584-586, 585f
 primary hemostasis [일차지혈], 578, 586-589
  adhesion of platelets [섬유소접착], 586-587, 587f
  aggregation [응집], 588, 588f
  change in shape of activated platelets [활성화혈소판형태 변화], 588, 588f
  platelet activation [혈소판 활성화], 587-588, 587f
 protein factors of clotting cascade [응고연쇄증폭의 단백질인자], 584f
Blood pressure (BP) [혈압], 68, 174-175
Blood urea nitrogen [혈액요소질소], 290
Blue sclera [청색공막], 53
BMI (Body mass index) [신체질량지수]
BMR (Basal metabolic rate) [기초대사율]
Body mass index (BMI) [신체질량지수], 405, 405f, 〈참조〉 비만 (Obesity)
 healthy range for [건강범위], 405
 obese [비만인], 405, 405f
 overweight [과체중], 405
Bohr effect [보어효과], 33-34
Bovine spongiform encephalopathy (mad cow disease) [소 해면모양뇌병증(= 광우병)], 23-24
Brain [뇌], 377-378
 absorptive state in, metabolic pathways in [흡수상태, 대사경로], 377-378, 378f
 in fasting [공복], 383, 383f
Branched-chain amino acids (BCAAs) [가지사슬아미노산], 285
 degradation of [분해], 305-306, 306f
  dehydrogenations [탈수소화], 306
  end products [최종생성물], 306
  oxidative decarboxylation [산화탈카복실화], 306
  transamination [아미노기전달], 306
Branched-chain α-keto acid dehydrogenase (BCKD) [가지사슬α-케톤산 탈수소효소]
 arsenic poisoning and [비소중독], 128
Branching enzyme, defects [가지달기효소, 결함], 150f

Broad beta disease [넓은베타띠병], 265-266
Bronze diabetes (hemochromatosis) [청동색당뇨병(혈색소증)], 467
Brown fat, heat production in [갈색지방, 열생성], 88
Buffer [완충액], 6, 7-9
    maximum buffering capacity [최대완충능], 7
Butyric acid [뷰티르산], 210f

C

Cachexia [종말증], 428
CAH (Congenital adrenal hyperplasia) [선천부신과다형성증]
Calbindin [칼바인딘], 462
Calcidiol [칼시다이올], 451
Calcitriol [칼시트라이올], 451, 463, 463f, 〈참조〉 비타민 D (Vitamin D)
Calcium (Ca^{2+}) [칼슘], 462-463
    activation of glycogenolysis [당원분해 활성화], 152
    activation of muscle phosphorylase kinase [근육가인산분해효소인산화효소 활성화], 154-155
    in blood clotting [혈액응고], 578
    in bones [뼈-], 462
    calmodulin binding [칼모듈린결합-], 154
    serum [혈청-]
        calcitriol on, effect of [칼시트라이올, 효과], 463f
        elevated [상승], 463
        low [낮은-], 463
    in muscle [근육-], 153f
        parathyroid hormone on, effect of [부갑상샘호르몬, 효과], 463f
    and PDH complex activity [PDH복합체 활성], 127, 127f
Calmodulin [칼모듈린], 462
cAMP (Cyclic adenosine monophosphate) [고리일인산아데노신]
cAMP regulatory protein (CRP) [고리AMP 조절 단백질], 537
cAMP response element (CRE) [고리AMP 조절요소], 543, 543f
CREB protein (cAMP response element-binding protein) [고리AMP반응요소결합 단백질]
cAMP response element-binding protein (CREB protein) [고리AMP조절요소결합 단백질], 543, 543f
Camptothecins [캄프토테신], 482
Capric acid [카프르산], 210f
Carglumic acid [카글룸산], 296
Carbaminohemoglobin [카바미노혈색소], 33f, 36
Carbamoyl phosphate [카바모일인산(염)], 293f, 290, 295
    synthesis of [합성], 347
Carbamoyl phosphate synthetase I (CPS I) [카바모일인산(염) 합성효소 I], 290, 293
Carbamoyl phosphate synthetase II (CPS II) [카바모일인산(염) 합성효소 II], 347
Carbidopa [카비도파], 330
Carbohydrate [탄수화물], 95-102
    anomers of [고리이성질체], 96
    classification of [분류], 94, 94f
    dietary [음식], 422-425
        and blood glucose [혈액포도당], 424-425, 425f
        disaccharides [이당], 423
        and disease [병], 425
        fiber [섬유질], 424
        glycemic response [혈당반응], 424
        monosaccharides [단당], 423
        polysaccharides [다당], 424
        primary role of [일차역할], 422
        requirements [필요량], 425
    digestion of [소화], 97-99, 98f
        concept map for [개념도], 102f
    epimers [위치이성질체], 94-95, 95f
    functions of [기능], 94
    isomers [이성질체], 95, 96f
    linkage to noncarbohydrates [비탄수화물 결합], 98
    metabolism [대사], 〈참조〉흡수상태; 공복 (Absorptive state; Fasting)
        insulin and [인슐린], 360
    intermediates [중간대사물], 105f
    and obesity [비만], 422-423
    protein-sparing effect of [단백질절약 효과], 427
    respiratory quotient for [호흡계수], 418, 418f
    synthesis [합성], 186
Carbon dioxide (CO_2) [이산화탄소]
    production of [생성]
        in pentose phosphate pathway [인산오탄당 경로], 168f, 169, 169f
        in TCA cycle [TCA 회로], 128f, 129-130, 131f
    transport, by hemoglobin [수송, 혈색소-], 33, 33f, 35
Carbonic acid [탄산], 33
Carbonic anhydrase [탄산 탈수효소], 33, 468
Carbon monoxide (CO) [일산화탄소]
    binding to hemoglobin [혈색소 결합], 35, 35f
    toxicity [독성], 36
γ-Carboxyglutamate [감마-카복시글루탐산(염)], 455, 455f
Carboxyhemoglobin [카복시혈색소], 36
Carboxylation [카복실화], 528, 529f
γ-Carboxylation [감마-카복실화], 579, 580f
Carboxylate ion [카복실산 이온], 1
Carboxylation-decarboxylation, in gluconeogenesis [카복실화-탈카복실화, 포도당신생성], 138
Carboxypeptidases [카복시펩타이드분해효소], 17
Cardiolipin [카디오리핀], 232, 232f, 237
Cardiovascular disease (CVD), total plasma homocysteine and [심혈관질환, 총혈장호모시스테인], 304, 305f
Carnitine palmitoyltransferase-I (CPT-I) [카니틴 팔미토일기전달효소-I], 219, 219f
    deficiency of [결핍], 220
Carnitine palmitoyltransferase-II (CPT-II) [카니틴 팔미토일기전달효소-II], 219, 219f
    deficiency of [결핍], 220
Carnitine shuttle [카니틴 왕복], 219, 219f
    inhibitor of [억제제], 219
β-Carotene (Provitamin A) [베타-카로틴(= 풋비타민 A)], 447
    as antioxidant [항산화제], 172
Cas9 (CHRIPR-associated protein 9) [카스9(= 크리스퍼회합 단백질 9)], 573
Catabolism [분해대사], 106, 106f
    stages of [단계], 106f
Cataract [백내장]
    classic galactosemia and [고전갈락토스혈증], 163f, 164
    galactitol and [갈락티톨], 163f
    galactokinase deficiency and [갈락토스인산화효소 결핍], 163f
Catecholamines [카테콜아민], 329
    degradation of [분해], 330
    fight-or-flight reactions [싸우거나도망가기 반응], 329
    function of [기능], 329
    synthesis of [합성], 329, 329f
Catechol-O-methyltransferase (COMT) [카테콜-O-메틸기전달효소], 330, 330f

CB (Conjugated bilirubin) [결합빌리루빈]
CDP (Cytidine diphosphate) [이인산사이티딘]
Celiac disease (celiac sprue) [복강질환(= 복강스프루)], 285
Cell-cell communication, in metabolic regulation [세포-세포 소통, 대사조절], 107-108, 108f
Central dogma of molecular biology [분자생물학 중심명제], 459, 459f, 〈참조〉 데옥시리보핵산, 리보핵산 (Deoxyribonucleic acid, DNA; Ribonucleic acid, RNA)
Cellulose [셀룰로스], 〈참조〉 섬유소 및 셀룰로스 (fibrin and cellulose)
indigestible [소화안되는-], 99f
unbranched [가지없는-], 97
CEP (Congenital erythropoietic porphyria) [선천적혈구형성포르피린증]
CETP (Cholesteryl ester transfer protein) [콜레스테릴에스터 전달단백질]
Ceramide [세라마이드], 237, 238-239
Cerebroside [세레브로사이드], 240, 〈참조〉 당스핑고지질 (Glycosphingolipid)
Ceruloplasmin [세룰로플라스민], 52, 465, 467
CF (Cystic fibrosis) [낭성섬유증]
CFTR protein [CFTR 단백질], 〈참조〉 낭성섬유증 막전위전도도 조절자 단백질 (Cystic fibrosis transmembrane conductance regulator protein), 517
Chaperones [샤페론], 22
Chaperonins [샤페로닌], 22
Chargaff rule [샤가프법칙], 477
CHD (Coronary heart disease) [관상동맥심장병]
Chelating agents, to prevent coagulation [킬레이트화제, 응고방지-], 579
Chemical reaction [화학반응]
with common intermediates [공통중간대사물], 82
coupled [짝짓기-], 82
Chemiosmotic hypothesis [화학삼투가설], 87
Chenodeoxycholic acid [케노데옥시콜산], 259-260, 259f, 261, 〈참조〉 쓸개즙산(= 담즙산) (Bile acid)
Chloride (Cl^-) [염소 이온], 173-174, 200, 462f, 464
Cholecalciferol (Vitamin D_3) [콜레칼시페롤(비타민 D_3)], 451
Cholecystokinin [콜레시스토키닌], 285
Cholelithiasis [담석증], 261
Cholera [콜레라], 109
Cholesterol [콜레스테롤], 202, 252, 272
in cell membranes [세포막], 252
deposition, and plaque formation [침착, 판형성], 252
dietary [음식-], 253, 422
digestion of [소화], 199, 200f
esters [에스터], 253, 253f
functions of [기능], 252
homeostasis, liver in [항상성, 간-], 252
intestinal uptake of [창자 섭취], 253
liver [간-]
elimination of [제거], 252, 252f
sources of [공급원], 252, 252f
plasma, and coronary heart disease [혈장-, 관상동맥심장병], 419-420, 420f
steroid nucleus [스테로이드 핵], 252
sterols [스테롤], 252-253
plant [식물성], 253
structure [구조], 200f, 252-253, 262f
synthesis [합성], 253-258
acetyl coenzyme A, CoA in [아세틸보조효소 A, CoA], 253
branch-point reactions in [갈래점 반응], 255-256, 256f
concept map for [개념도], 278f
endergonic pathway [자유에너지증가 경로], 254
3-hydroxy-3-methylglutaryl CoA production [3-하이드록시-3-메틸글루타릴CoA 생성], 254-255, 254f
from mevalonate [메발론산(염)], 254, 255f
regulation of [조절], 257, 257f
synthesis of mevalonate [메발론산(염) 합성], 254f
Cholesterol esterase [콜레스테롤 에스터화효소], 201
Cholesteryl ester [콜레스테릴에스터], 209
in chylomicrons [암죽미립], 204
degradation by pancreatic enzymes [췌장효소의 분해], 201
digestion of [소화], 199
structure of [구조], 201f
Cholesterol-7-α hydroxylase [콜레스테롤-7-α-수산화효소], 260
Cholesterol gallstone disease [콜레스테롤담석병], 261
Cholesterol stones [콜레스테롤결석], 261
Cholesteryl esters [콜레스테릴에스터], 253, 253f
Cholesteryl ester transfer protein (CETP) [콜레스테릴에스터 전달단백질], 267, 267f
Cholestyramine [콜레스티라민], 260
Cholic acid [콜산], 259, 259f, 〈참조〉 쓸개즙산(= 담즙산) (Bile acid)
Choline [콜린]
deficiency [결핍], 234
phosphorylation of [가인산(= 인산화)], 234
reutilization of [재사용], 234
Chondroitin sulfate [황산콘드로이틴], 182
Chondroitin 4-sulfate [4-황산콘드로이틴]
distribution in body [체내분포], 183f
structure of [구조], 183f
Chondroitin 6-sulfate [6-황산콘드로이틴]
distribution in body [체내분포], 183f
structure of [구조], 183f
Chromatin [염색질], 478, 490, 546
euchromatin [퍼진염색지(= 진정염색질)], 504-505, 546
heterochromatin [뭉친염색징(-이질염색질)], 504-505, 546
remodeling [재구성], 504-505, 504f
Chromium (Cr) [크로뮴(= 크롬)], 469
Chronic granulomatous disease (CGD) [만성육아종병], 173-174
Chyle [암죽], 204
Chylomicrons [암죽미립], 217, 262, 272, 〈참조〉 혈장 지단백질 (Plasma lipoproteins)
assembly of [조립], 203-204, 203f, 235
components of [구성성분], 203-204, 203f, 235
metabolism of [대사], 263-265, 264f
apolipoprotein synthesis [아포지단백질 합성], 262-263
chylomicron assembly [암죽미립 조립], 263
chylomicron remnant formation [암죽미립잔류체 형성], 264-265
lipoprotein lipase expression [지단백질지질분해효소 발현], 263-264
nascent chylomicron modification [신생암죽미립 변형], 263
triacylglycerol degradation [트라이아실글리세롤 분해], 263
nascent [신생-], 263
secretion of, by intestinal mucosal cells [분비, 창자점막세포], 203-204, 203f
size and density [크기 및 밀도], 262
Chylomicron remnants [암죽미립 잔류체], 205
Chyme [미즙], 204
Chymotrypsin [카이모트립신]
mechanism of action of [작용기전], 62
Cirrhosis of liver [간경화], 294
Citrate [시트르산염(= 구연산염))]
cytosolic [세포질액-], 211
and regulation of PFK-1 [PFK-1 조절], 113-114

synthesis of [합성], 128, 128f
isomerization [이성질체화], 128
Citrate synthase [시트르산 생성효소], 128-130, 128f, 131f, 211, 211f
Citrulline [시트룰린], 291f, 290
Citrullinemia type 1 [시트룰린혈증], 295
Cloning of DNA [클로닝, DNA 클로닝], 554-558
from blood, saliva, and solid tissue [혈액, 침, 단단조직], 554
DNA libraries [DNA 라이브러리], 556-557, 556f, 557f
sequencing cloned DNA fragments [클로닝DNA조각 서열분석], 557
vectors [벡터], 554-556
commonly used [많이 사용되는], 554
other vectors [그밖의 벡터], 555-556
prokaryotic plasmids [원핵생물 플라스미드], 554-555, 554f, 555f
properties of [특성], 554
transduction [형질도입], 554
Clopidogrel [클로피도그렐], 588
CMP (Cytidine monophosphate) [일인산사이티딘]
Coagulation [응고], 〈참조〉 혈액응고 (Blood clotting)
Cobalamin (Vitamin B_{12}) [코발아민(= 비타민 B_{12})], 439-441
absorption of [흡수], 441, 441f
clinical indications for [임상적응증], 440-441
coenzyme forms [보조효소 형태], 440, 440f
deficiency [결핍], 439, 441
CNS effects of [중추신경계 효과], 441
dietary sources of [음식공급원], 440
distribution [분포], 440
enzymatic reactions requiring [효소반응], 439, 439f
and folate trap hypothesis [엽산(염)덫 가설], 440
malabsorption of [흡수장애], 441
and megaloblastic anemia [거대적혈모구빈혈], 440
and pernicious anemia [악성빈혈], 441
Schilling test for [실링검사], 440-441
structure and coenzyme forms [구조 및 보조효소 형태], 439-440, 440f
Cobalamin-intrinsic factor (IF) complex [코발아민 내인인자], 441
Coenzyme A [보조효소 A]
in α-ketoglutarate dehydrogenase complex [알파-케토글루타르산(염) 탈수소효소 복합체], 129, 129f
Coenzyme Q [보조효소 Q], 83-84, 84f
Colchicine [콜히친(= 콜치신)], 345-346
Colipase [보조지질분해효소], 201
Collagen [아교질], 47-56
amino acid sequence [아미노산 서열], 49, 49f
concept map for [개념도], 56f
cross-links, formation of [교차결합, 형성], 51f, 52, 52f
degradation of [분해], 52
fibril-associated [원섬유회합-], 48, 48f
fibrils, formation of [원섬유, 형성], 48, 48f, 51f, 52
network-forming [그물형성], 48, 49f
pro-α chains, formation of [풋α사슬], 49, 50f
structure of [구조], 47, 47f, 49, 49f, 190
synthesis of [합성], 49-52, 50f-51f
triple-helical structure of [삼중나선 구조], 47, 47f
type I [I형], 47-48, 46f
type II [II형], 47-48 48f
type III [III형], 48, 48
type IV [IV형], 48, 48f
type IX [IX형], 48, 48f
type VIII [VIII형], 48, 48f
type XII [XII형], 48, 48f
Collagenase [아교질분해효소], 52
Collagenopathy(ies) [아교질병증], 52-53
Complementary DNA libraries [상보 DNA 라이브러리], 556-557, 556f
COMT (Catechol-O-methyltransferase) [카테콜-O-메틸기전달효소]
Congenital adrenal hyperplasia (CAH) [선천 부신과다형성증], 272-273, 274f
Congenital erythropoietic porphyria (CEP) [선천 적혈구형성 포르피린증], 322, 322f, 324f
Congenital lactic acidosis [선천 젖산산증], 127
Congenital hypothyroidism [선천 갑상샘저하증], 470
Conjugated bilirubin (CB) [결합빌리루빈], 326
Conjugation [결합(= 포합)], 326
Coordinate regulation, in eukaryotes [협동조절, 진핵생물], 541
galactose circuit [갈락토스 회로], 541, 541f
hormone response system [호르몬반응계], 542
Copper (Cu) [구리], 465, 465f
deficiency [결핍], 465
dietary sources of [음식공급원], 465
enzymes requiring [필요 효소], 465, 465f
Menkes syndrome [멩케스 증후군], 465, 465f
Wilson disease [윌슨병], 465-466, 465f
Coproporphyrinogen III [코프로포르피리노젠], 321-322, 322f
Core protein synthesis [핵심단백질], 186
Corneal ulceration [각막궤양(형성)], 449-450
Coronary heart disease (CHD) [관상동맥심장병]
dietary fats and [음식 지방], 419-420, 420f
moderate alcohol consumption and [중등도 알코올소비], 422
Corticosteroid-binding globulin [부신피질스테로이드호르몬결합 글로불린], 273
Corticosteroid [부신피질스테로이드호르몬], 271-272, 〈참조〉 스테로이드 호르몬 (Steroid hormones)
Corticotropin-releasing hormone (CRH) [부신피질자극호르몬방출 호르몬], 274
Cortisol [코티솔], 245, 271, 273f, 273
Counterregulatory hormones [역조절 호르몬], 364
CRE (cAMP response element) [cAMP 반응요소]
Creatine [크레아틴], 331
degradation [분해], 331
synthesis [합성], 331, 331f
Creatine phosphate [인산크레아틴], 331
Creutzfeldt-Jakob disease [크로이츠펠트-야코프병], 23-24
CRH (Corticotropin-releasing hormone) [부신피질자극호르몬방출호르몬]
Crigler-Najjar I and II [크리글러-낫자르 I 및 II], 326
CRISPR-Cas9 technology, for gene editing [크리스퍼-카스9(= 유전자가위) 기술, 유전자 편집], 573, 574f
CTP (Cytidine triphosphate) [삼인산사이티딘]
Cyclic adenosine monophosphate (cAMP) [고리일인산아데노신], 543, 543f
Cyclooxygenase (COX)-1 [고리산소화효소-1], 245
inhibition of [억제], 245
irreversible acetylation of, by aspirin [비가역 아세틸화, 아스피린], 247f
Cyclooxygenase (COX)-2 [고리산소화효소-2], 245
inhibition of [억제], 245
irreversible acetylation of, by aspirin [비가역 아세틸화, 아스피린-], 247f
Cystathionine-β-synthase [시스타싸이오닌-베타-생성효소], 314, 314f
Cysteine [시스테인]
degradation of [분해], 302
synthesis of [합성], 304, 309
Cystic fibrosis (CF) [낭성섬유증], 517

genetic testing for [유전자 검사], 569, 570f
Cystic fibrosis transmembrane conductance regulator (CFTR) protein [낭성섬유증 막전위전도도 조절자 단백질], 570-571
Cystinuria [시스틴뇨증], 286, 286f
Cytidine diphosphate (CDP) [이인산사이티딘], 233, 234f
Cytidine monophosphate (CMP) [일인산사이티딘], 233
Cytidine triphosphate (CTP) [삼인산사이티딘], 349, 349f
Cytochrome P450 enzyme (CYP2C9) [사이토크롬 P450 효소], 580
Cytokines, in obesity [사이토카인, 비만], 407
Cytosine arabinoside (Cytarabine) [사이토신 아라비노사이드(= 사이타라빈)], 489
Cytosolic G proteins [세포질액 G 단백질], 502

D

Dabigatran [다비가트란], 563
DAG (Diacylglycerol) [다이아실글리세롤]
DAM (DNA adenine methylase) [DNA 아데닌 메틸화효소]
Deep venous thrombosis (DVT) [깊은정맥혈전증(= 심부정맥혈전증)], 565
Debranching enzyme, defects [가지떼기효소, 결함], 141f
Degranulation [탈과립], 587-588
7-Dehydrocholesterol [7-탈수소콜레스테롤], 454
7-Dehydrocholesterol-7-reductase [7-탈수소콜레스테롤-7-환원효소], 255-256
Deiodinases [탈아이오딘화효소(= 탈요오드화효소)], 470-471
Dehydrogenase [탈수소효소], 60
mitochondrial [사립체], 83-84, 84f
Dental caries [충치(= 치아우식)], 469, 469f
Denaturation, of proteins [변성], 22
Denatured proteins [변성단백질], 21-22
De novo Synthesis [새합성(= 신합성)], 211
Dentinogenesis imperfecta [불완전 상아질발생], 53
Deoxyadenosylcobalamin [데옥시아데노실코발아민], 223
Deoxyadenosine triphosphate (dATP) [삼인산데옥시아데노신], 484
5′-Deoxyadenosylcobalamin [5′-데옥시아데노실코발아민], 439
structure of [구조], 439
Deoxycytidine triphosphate (dCTP) [삼인산데옥시사이티딘], 484
Deoxyguanosine triphosphate (dGTP) [삼인산구아노신], 484
Deoxyhemoglobin [탈산소혈색소]
Bohr effect and [보어효과], 33-34
2,3-BPG binding to, 34, 34f2,3,-BPG 결합
structure of (T, taut structure) [구조], 31f
Deoxyribonucleic acid (DNA) [데옥시리보뉴클레오타이드], 475, 552, 〈참조〉 진핵- 및 원핵생물 DNA복제 (Eukaryotic and prokaryotic DNA replication)
base pairing in [염기쌍], 477, 477f, 478f
B form [B형-], 478, 479f
chromosomal [염색체], 478
circular [고리형], 478
cloning of [클로닝], 554-558, 555f
DNA libraries [DNA 라이브러리], 556-557
sequencing cloned DNA fragments [클로닝DNA조각 서열분석], 557
vectors [벡터], 554-556
complementary DNA (cDNA) [상보 DNA], 556-557, 556f
damage to [손상], 492
denaturation [변성], 477-478
double helix [이중나선], 476, 477, 477f
major(wide) groove [큰(넓은) 고랑], 477, 477f
minor(narrow) groove [작은(좁은) 고랑], 477, 477f
double-stranded DNA (dsDNA) [겹가닥 DNA], 476, 553
Chargaff rule [샤가프 법칙], 477
eukaryotic cells [진핵생물세포], 476
organization in [조직화], 490-491, 491f
replication in [복제], 487-489
fetal [태아-], 563-564
A form [A형-], 478
histones and nucleosome formation [히스톤 및 염색소체 형성], 490, 490f
human DNA, tools for analysis of [사람 DNA, 분석용 도구], 552, 552f
cloning of DNA [DNA 클로닝], 554-558
probes [탐색자], 558-560
restriction endonucleases [제한핵산내부분해효소], 552-553
hybrid/recombinant [혼성체/재조합체], 554
hydrogen bonds of bps [염기쌍 수소결합], 477-478, 478f
hypermethylation [과메틸화], 546
linear [선형-], 478
linker [연결자], 490, 490f
melting temperature [융해온도], 477, 478f
methylation of [메틸화], 547
bacterial DNA [세균 DNA], 553
microarrays [미세칩배열(법)], 571-572
nucleotides in [뉴클레오타이드], 476
plasmid [플라스미드], 478, 554
primary structure [일차구조], 476
in prokaryotes [원핵생물-], 476
replication of [복제], 479-487
renaturation [재생], 478
repair [복구], 491-494
base excision repair [염기절제 복구], 493-494, 494f
concept map for [개념도], 497f
double-strand break repair [겹가닥절단틈 복구], 494
mismatch repair [짝짝이 복구], 492, 492f
nucleotide excision repair [뉴클레오타이드절제 복구], 493, 493f
replication of [복제], 475
concept map for [개념도], 496f
in eukaryotic cell [진핵생물세포-], 487-489
in prokaryotes [진핵생물-], 462-471
semiconservative [반보존-], 478-479, 479f
secondary structure [이차구조], 476
single-stranded DNA (ssDNA) [홑가닥 DNA], 476, 557, 558
strand separation [가닥분리], 477-478, 478f
structure of [구조], 476-478
concept map for [개념도], 496f
telomeric [끝분절-], 488
3′-to-5′-phosphodiester bonds of [3′-to-5′-인산다이에스터 결합], 476-477, 476f
in transcription [전사-], 535, 〈참조〉 유전자 발현 (Gene expression)
Z form [Z형], 478
Deoxyribonucleoside monophosphates (dNMP) [일인산데옥시리보뉴클레오사이드], 476
5′-Deoxyribonucleoside triphosphates [삼인산-5′-데옥시리보뉴클레오사이드], 483, 484
Deoxyribonucleotide synthesis [데옥시리보뉴클레오타이드 합성], 342, 342f
regulation [조절], 343, 344f
ribonucleotide reductase [리보뉴클레오타이드 환원효소], 342
Deoxythymidine monophosphate (DTMP) [일인산데옥시타이미딘], 349, 349f
Deoxythymidine triphosphate (dTTP) [삼인산데옥시타이미딘], 484

Dermatan sulfate [황산더마탄]
distribution in body [분포], 183f
lysosomal degradation of [용해소체 분해], 188f
structure of [구조], 183f
Desaturase [불포화화효소], 216
Desmosine cross-links, in elastin [데스모신 교차결합, 탄력소], 54, 54f
Dextrin, digestion of [덱스트린, 소화], 99f
DHFR (Dihydrofolate reductase) [이수소엽산 환원효소]
Diabetes mellitus (DM) [당뇨(병)]
chronic effects of [만성효과], 399-400
concept map for [개념도], 402f
HbA1c levels in [혈색소A1c 농도], 37
insulin deficiency in [인슐린 결핍], 390
obesity and [비만], 410
overview [개관], 390-391
prevention of [예방], 400, 401f
sorbitol metabolism in [소비톨 대사], 162
type 1 [1형-], 390-391, 390f
age of onset of [발병나이], 390f, 391
β-cell destruction in [베타-세포 파괴], 391, 391f
concept map for [개념도], 402f
diagnosis of [진단], 391-392
genetic predisposition [유전소인], 390f, 391
hyperglycemia in [고혈당], 392, 393f
hypertriacylglycerolemia in [고트라이아실글리세롤혈증], 392-393, 393f
incidence of [발생률], 391
insulin secretory capacity during onset of [인슐린분비능, 발병중-], 391, 391f
insulin therapy for [인슐린치료], 393-394, 394f
intertissue relationships in [조직사이 관계], 393f
ketonemia in [케톤혈증], 392, 393f
metabolic changes in [대사변화], 392-393, 393f
pathophysiology of [병태생리학], 391, 391f
prevalence of [유병률], 390f, 391
signs and symptoms of [징후 및 증상], 391
treatment of [치료], 390f, 393-394, 393f
type 2 [2형-], 390f, 391, 395
age of onset [발병나이], 390f
antihyperglycemic agents in [항고혈당제], 399-400, 400f
blood glucose and insulin levels in [혈액포도당 및 인슐린 농도], 397f
body mass index and exercise on, effect on [신체질량지수 및 운동, 효과], 400, 401f
concept map for [개념도], 402f
diagnosis of [진단], 395
dysfunctional β cells in [기능이상 β 세포], 395, 395f, 397, 398f
genetic predisposition [유전소인], 390f
hyperglycemia in [고혈당], 395, 395f, 399
hypertriacylglycerolemia in [고트라이아실글리세롤혈증], 399, 398f
insulin resistance in [인슐린 저항성], 395, 395f, 396-397, 397f
intertissue relationships in [조직사이 관계], 397, 398f
metabolic changes in [대사변화], 397, 398f
prevalence of [유병률], 390f, 395
progression of [진행], 398f
symptoms in [증상], 395
treatment of [치료], 390f, 399
Diabetic ketoacidosis (DKA) [당뇨병 케톤산증], 226, 226f
treatment of [치료], 392
in type 1 diabetes [1형 당뇨병], 392
Diabetic retinopathy [당뇨병 망막병증], 399
glycemic control and [혈당조절], 399, 400f
Diacylglycerol (DAG) [다이아실글리세롤], 223, 567, 〈참조〉 인지질 (Phospholipid)
in glycerophospholipid synthesis [글리세롤인지질], 233
role in cell signaling [세포신호전달 역할], 236f
Diazoxides [다이아족사이드], 358
Didanosine [다이다노신], 489
2,4-Dienoyl CoA reductase [2,4-다이에노일CoA 환원효소], 223
Diet [음식조절(= 다이어트)]
calorie-restricted [칼로리제한-], 410-411
carbohydrates in [탄수화물], 427
folate-free [엽산없는-], 438-439
Mediterranean [지중해식-], 421
raw eggs in [날달걀], 446
Dietary history [식이력], 429
Dietary reference intakes (DRI) [영양섭취기준], 415
components of [구성성분], 415, 415f, 416f
adequate intake (AI) [충분섭취량], 416, 416f
estimated average requirement (EAR) [평균필요량], 416, 416f
recommended dietary allowance (RDA) [영양권장량], 416, 416f
tolerable upper intake level (UL) [상한섭취량], 416, 416f
definition of [정의], 415
for minerals [무기질], 417f
using [사용], 417, 417f
for vitamins [비타민], 417f
Diet-induced thermogenesis [음식유도 열발생], 418-419, 418f
Dihydrofolate reductase (DHFR) [이수소엽산(염) 환원효소], 438f, 439, 546-547
Dihydrolipoyl dehydrogenase [이수소리포일기 탈수소효소], 126, 126f
Dihydrolipoyl transacetylase [이수소리포일기 아세틸기전달효소], 126, 126f
Dihydroxyacetone [다이하이드록시아세톤], 94, 94f
Dihydroxyacetone phosphate (DHAP) [인산다이하이드록시아세톤], 205
formation of [생성], 114, 114f
isomerization of [이성질체화], 115f, 114
metabolism of [대사], 150f
2,4-Dinitrophenol (2,4-DNP) [2,4-다이나이트로페놀], 89, 89f
L-3,4-Dihydroxyphenylalanine (DOPA) [L-3,4-다이하이드록시페닐알라닌], 329, 329f
Dipalmitoylphosphatidylcholine (DPPC) [다이팔미토일포스파티딜콜린], 234
Direct thrombin inhibitor (DTI) [직접 트롬빈억제제], 583
Disaccharide(s) [이당(류)], 98, 423-424
intestinal [창자-], 98-99, 99f
abnormal [비정상-], 99-100
deficiency of [결핍], 99
digestion of [소화], 99, 99f
Dissociation constants [해리상수], 7
Disulfide bond formation [이황결합 형성], 4
Disulfide bonds [이황결합], 20-21, 20f
Disulfiram [다이설피람], 366
DKA (Diabetic ketoacidosis) [당뇨병 케톤산증]
DM (Diabetes mellitus) [당뇨병]
DNA (Deoxyribonucleic acid) [데옥시리보핵산]
DNA adenine methylase (DAM) [DNA 아데닌메틸화효소], 492
DNA fingerprinting [DNA 지문법], 563, 570
DNA gyrase [DNA 선회효소], 481
DNA libraries [DNA 라이브러리], 556-557
complementary [상보-], 556-557, 556f

genomic [유전체-], 556
DNA ligase [DNA 연결효소], 487, 486f, 553
DNA pol (DNA polymerase) [DNA 중합효소]
DNA polymerases (DNA pol) [DNA 중합효소], 484
DNA pol I [DNA중합효소I], 485-486
DNA pol III [DNA중합효소II], 484
polα [중합효소α], 488, 488f
polβ [중합효소β], 488, 488f
polδ [중합효소δ], 488, 488f
polε [중합효소ε], 488, 488f
polγ [중합효소γ], 488, 488f
proofreading function [교정기능], 484-485, 485f
DNA repair [DNA 복구]
base excision repair [염기절제 복구], 494, 494f
concept map for [개념도], 497f
double-strand break repair [겹가닥절단틈 복구], 494
homologous recombination [상동재조합], 494
nonhomologous end joining [비상동끝결합], 494
mismatch repair [짝짝이 복구], 491-492, 492f
mismatched strand identification [짝짝이가닥 확인], 492-493
procedure [절차], 493
nucleotide excision repair [뉴클레오타이드절제 복구], 493, 493f
global genomic repair [절체유전체 복구], 493
transcription-coupled repair [전사연합 복구], 493
UV-induced dimers, recognition and excision of [자외선유도 이합체, 인지 및 절제], 493
UV radiation and cancer [자외선조사 및 암], 493, 493f
UV radiation, exposure of [자외선조사, 노출], 493
DNA sequencing [DNA 서열분석], 17
DNA sequencing, by Sanger dideoxynucleotide method [DNA 서열분석, 생어 다이데옥시뉴클레오타이드법], 557, 558f
DNA topoisomerases [DNA 국소이성질체화효소], 481
type I [I형-], 481, 481f
type II [II형-], 481, 481f
Dolichol pyrophosphate, in oligosaccharide synthesis [파이로인산돌리콜, 소당(= 올리고당) 합성], 191-192, 193f
Dominant-negative effect [우성음성 효과], 53
Dopamine hydroxylase [도파민 수산화효소], 52
Dopamine [도파민], 329, 〈참조〉 카테콜아민 (Catecholamine)
Double-strand break repair [겹가닥절단틈 복구], 494
Downstream promoter element (DPE) [하류 촉진자요소], 505, 505f
DPE (Downstream promoter element) [하류촉진자요소]
DPPC (Dipalmitoylphosphatidylcholine) [다이팔미토일포스파티딜콜린]
DRI (Dietary reference intake) [영양섭취기준]
Drug [약(= 약물)]
metabolism of, hepatic, cytochrome P450 monooxygenase system and [대사, 간-, 사이토크롬 P450 일산소화효소계], 172
oxidant, and G6PD deficiency [산화제, G6PD 결핍], 177
Drug-nutrient interactions [약물-영양소 상호작용], 431
DTI (Direct thrombin inhibitor) [직접 트롬빈억제제]
Dubin-Johnson syndrome [두빈-존슨 증후군], 327
Dysbetalipoproteinemia, familial [이상베타지단백혈증, 가족-], 205
Dyslipidemia [이상지질혈증]
in type 2 diabetes [2형 당뇨병-], 398, 399f

E

EAR (Estimated average requirement) [평균필요량]
Ecchymosis(-es) [얼룩출혈(= 반(상)출혈)], 51, 613
Edman degradation [에드만 분해], 17, 17f
Edman reagent [에드만 시약], 17
EER (Estimated energy requirement) [에너지필요추정량]
EFA (Essential fatty acid) [필수지방산]
Ehlers-Danlos syndrome (EDS) [얼러스-단로스 증후군], 52-53, 52f, 56f
Eicosanoid [아이코사노이드], 244-247, 422, 〈참조〉 류코트라이엔, 프로스타글랜딘, 트롬복세인 (Leukotrienes, LT; Prostaglandins, PG; Thromboxane, TX)
concept map for [개념도], 248f
leukotriene synthesis [류코트라이엔 합성], 247, 246f
local action [국소작용], 244
in platelet homeostasis [혈소판 항상성], 245-247
prostaglandin and thromboxane synthesis [프로스타글랜딘 및 트롬복세인 합성], 244-245, 246f
responses [반응], 244
short half-life [짧은 반감기], 244
structures, examples of [구조, 예], 244, 244f
Elastase [탄력소분해효소]
neutrophil, AAT and [중성구, AAT], 55
Elastin [단력소], 47, 54-56
concept map for [개념도], 56f
conformation of [입체구조]
relaxed [풀린-], 53, 53f
stretched [늘인-], 53, 53f
degradation of, AAT and [분해], 54, 54f
structure of [구조], 53-54, 53f
Electron transport chain (ETC) [전자수송사슬], 83-87, 124
Complex V [복합체 V], 87, 88f
Complexes I-IV [복합체 I-IV], 83, 85f, 86, 87, 88f
iron-sulfur centers in [철-황 중심], 84, 85f
organization of [조직화], 84, 85f
and proton pump [양성자 펌프], 87, 88f
reactions of [반응], 84-86
site-specific inhibitors of [자리특이 억제제], 86, 86f
Electrophoresis [전기영동], 39, 39f
ELISA (Enzyme-linked immunosorbent assay) [효소면역측정법]
Emphysema, in α1-antitrypsin deficiency [공기증(= 기종), α1-항트립신결핍-], 54, 54f-55f
Emulsificiation, of dietary lipids [유화, 음식지질-], 201
Enantiomers, d, l [거울상이성질체, d형-, l형-], 6, 96, 97f
Endoglycosidase [당화물내부분해효소], 98
deficiency of [결핍], 189
in glycosaminoglycan degradation [아미노당글리칸 분해], 189, 190f
Endopeptidase [펩타이드내부분해효소], 17
Endosomes [섭취소체], 267
Endothelium, nitric oxide and [내피, 산화질소], 174-175, 175f
Energy [에너지]
in anabolism [합성대사-], 106-107
in glycolytic pathway [당분해경로-], 109
intracellular levels, and regulation of gluconeogenesis [세포속 농도, 포도당신생성의 조절], 138
production of [생성]
in catabolism [분해대사-], 106, 106f
in TCA cycle [TCA회로-], 130, 130f
Energy coupling [에너지 짝짓기], 82, 82f
Energy requirement, in humans [에너지 필요량, 사람-], 417-419
energy content of food [음식물 에너지함량], 417, 417f
energy-requiring processes in body [신체 에너지필요과정], 418-419, 418f
moderately active adults [일상생활 성인], 417
sedentary adults [좌식생활 성인], 417

very active adults [활발생활 성인], 417
Enhancers [증강자], 506, 506f
Enolase [엔올분해효소], 116f, 116
inhibition by fluoride [플루오린화물의 억제], 116
Enoyl CoA hydratase [에노일 CoA 수화효소], 223
3,2-Enoyl CoA isomerase [3,2-에노일 CoA 이성질체화효소], 223
Enoyl-ACP reductase [에노일-ACP 환원효소], 214
Enterocytes, absorption of lipids [창자세포(= 장세포), 지질흡수], 202-203, 203f
Enterohepatic circulation, of bile salts [창자간순환, 쓸개즙산염(= 담즙산염)], 260, 261f
Enterokinase [창자(= 장)인산화효소], 〈참조〉 창자(= 장)펩타이드분해효소 (Enteropeptidase)
Enteropeptidase [창자(= 장)펩타이드분해효소], 285
Enthalpy (H) [엔탈피], 79
change in, ΔH [변화, ΔH], 79, 79f
Entropy (S) [엔트로피], 79
change in, ΔS [변화, ΔS], 79, 79f
Enzyme [효소], 59-76
active site of [활성자리], 60, 60f
chemistry of [화학], 62
ionization of, pH and [이온화], 64
allosteric [다른자리조절-]
heterotropic effectors [이종조절 효과제], 69, 69f
homotropic effectors [동종조절 효과제], 69
negative effectors [음성 효과제], 69
positive effectors [양성 효과제], 69
regulation of [조절], 68, 69f
substrate binding, cooperativity of [기질결합, 협동성], 69
catalytic groups [촉매 작용기], 62
classes of [분류], 59, 59f
classification numbers of [분류번호], 59
concept map for [개념도], 75f
copper-containing [구리함유-], 52
covalent modification of [공유결합 변형], 69, 69f
denaturation [변성]
pH and [pH], 64
temperature and [온도], 64
dephosphorylation of [탈인산화], 70, 70f
digestive, deficiencies of [소화-, 결핍], 100
efficiency [효율], 60
functions of [기능], 64
inhibitors of [억제제], 66-68
competitive [경쟁-], 66-67, 66f
definition of [정의], 66f
irreversible [비가역-], 66
noncompetitive [비경쟁-], 67-68, 67f-68f
reversible [가역-], 66
suicide [자살], 66
transition state analogs as [전이상태 유사체], 67
location within cell [세포속 위치], 60f, 61
mechanism of action [작용기전], 61-63
nomenclature for [명명법], 59
pH optimum of [적정 pH], 64
phosphorylation of [가인산(= 인산화)], 70, 70f
plasma levels of [혈장 농도], 70, 71f
as diagnostic tools [진단 도구], 72
in disease [병-], 71
properties of [특성], 60-61
recommended names of [권장이름], 59
regulation of [조절], 61, 68-70, 70f
specificity of [특이성], 60
substrate binding by [기질결합], 60, 60f
substrates for [기질], 59
synthesis of [합성]
induction of [유도], 69
repression of [억제], 69-70
systematic names of [계통이름], 59, 59f
temperature optimum of [적정온도], 63
and transition-state stabilization [전이-상태 안정화], 61f, 62
Enzyme-linked immunosorbent assays (ELISAs) [효소면역측정법], 572
Enzyme reaction [효소반응]
activation energy (E_a) [활성화에너지], 61, 61f
alternate pathways for [대체반응 경로], 61-62, 61f
energy changes during [에너지 변화], 61-62, 62f
first-order [일차-], 65, 65f
kinetics curve, shape of [반응속도 곡선, 형태], 63, 〈참조〉 미하엘리스-멘텐 반응속도론 (Michaelis-Menten kinetics)
maximal velocity of [최대속도], 63, 63f
Michaelis-Menten model for [미하엘리스-멘텐 모형], 64
rate/velocity of [속도], 62
enzyme concentration and [효소농도], 65
factors affecting [영향인자], 62-64
initial (V_o) [초기-], 64f-65f, 65
substrate concentration and [기질농도], 63, 63f, 64-65, 64f-65f
temperature and [온도], 63, 63f
temperature and [온도], 63, 63f
transition state [전이상태], 61f, 62, 62f
zero order [영차-], 66, 66f
Enzyme replacement therapy (ERT) [효소대체요법], 150f
Enzyme-product (EP) complex [효소-생성물 복합체], 60, 62, 62f
Enzyme-substrate (ES) complex [효소-기질 복합체], 60, 62, 62f
steady-state assumption for [안정-상태 가정], 65
Epinephrine [에피네프린], 329, 359, 〈참조〉 카테콜아민 (Catecholamine)
hypoglycemia, role in [저혈당, 역할], 365
EPP (Erythropoietic protoporphyria) [적혈구형성원형포르피린증]
Ergocalciferol (Vitamin D_2) [어고칼시페롤(= 비타민 D_2)], 451
Erythropoietic porphyrias [적혈구형성포르피린증], 322, 323, 324f, 〈참조〉 포르피린증 (Porphyria)
Erythropoietic protoporphyria (EPP) [적혈구형성원형포르피린증], 321-322, 324f
Escherichia coli (*E. coli*) [대장균(= *E. coli*)], 479, 〈참조〉 원핵생물 DNA복제 (Prokaryotic DNA replication)
methyl-directed mismatch repair in [메틸기주도 짝짝이복구], 492, 492f
nucleotide excision repair in [뉴클레오타이드절제 복구], 493, 493f
regulation of gene expression in [유전자발현 조절], 536-540, 538f, 〈참조〉 유전자 발현 (Gene expression)
Essential amino acids, EAAs from dietary protein [필수아미노산], 425
Essential fatty acids (EFAs) [필수지방산], 422
deficiency [결핍], 422
Estimated average requirement (EAR) [평균필요량], 416, 416f
Estimated energy requirement (EER) [추정에너지필요량], 417
Estradiol [에스트라다이올], 273f
Ethanol metabolism, and NADH concentration [에탄올 대사, NADH 농도], 366, 366f
Etoposide [에토포사이드], 482
Eukaryotic cell [진핵생물 세포]
cycle [세포주기], 487, 488f
DNA in [DNA], 475

nucleoprotein in [핵산단백질], 476
Eukaryotic DNA polymerases [진핵생물 DNA중합효소], 487-488, 488f
polα [중합효소α], 488, 488f
polβ [중합효소β], 488, 488f
polδ [중합효소δ], 488, 488f
polε [중합효소ε], 488, 488f
polγ [중합효소γ], 488, 488f
Eukaryotic DNA replication [진핵생물 DNA복제], 487-489, 〈참조〉 원핵생물 DNA복제 (Prokaryotic DNA replication)
cell cycle and [세포주기], 487, 487f
DNA pols [DNA 중합효소], 487-488, 487f
inhibition by nucleoside analogs [뉴클레오사이드유사체의 억제], 489
proteins and function in [단백질 및 기능], 487, 487f
reverse transcriptases [역전사효소], 489
telomeres [끝분절], 488-489
Excinuclease, uvrABC excinuclease [핵산절제효소, uvrABC 핵산절제효소], 493
Exopeptidases [펩타이드말단분해효소], 17
Extrinsic pathway [외인성 경로], 578, 578f, 580-581, 581f
Ezetimibe [에제티마이브], 253

F

Fabry disease [파브리병], 242, 243f
Factor I (FI) [응고인자I], 578
Factor II (FII) [응고인자II], 578
Factor replacement therapy, for hemophilia [응고인자대체요법, 혈우병], 581
Factor V Leiden [응고인자V], 585
FAD (Flavin adenine dinucleotide) [플라빈 아데닌 다이뉴클레오타이드]
Familial dysbetalipoproteinemia [가족 이상베타지단백혈증], 266
Familial hypercholesterolemia (FH) [가족 고콜레스테롤혈증], 267
Farber disease [파버병], 243f
Farnesoid X receptor (FXR) [파네소이드X 수용체], 260, 〈참조〉 쓸개즙산(= 담즙산) 수용체 (Bile acid receptor, BAR)
Farnesylated protein [파네실화단백질], 529f
Farnesylation [파네실화], 256
Farnesyl pyrophosphate (FPP) [파네실파이로인산염], 254, 255f
Fat mobilization, chain desaturation [지방동원, 사슬 불포화화], 215
Fatty acids [지방산], 209
chain desaturation [사슬 불포화화], 216
de novo Synthesis [새합성(= 신합성)], 211
reductant sources [환원제 공급원], 214
structure [구조], 209-210
Fatty acid β-oxidation [지방산 베타-산화]
β-oxidation energy yield [베타-산화 에너지생산], 221
β-oxidation reactions [베타-산화 반응], 220
carnitine deficiencies [카니틴 결핍], 220
carnitine shuttle inhibitor [카니틴왕복 억제제], 219
carnitine sources [카니틴 공급원], 220
long-chain fatty acid transport, into cytosol and mitochondria [긴사슬지방산 수송, 세포질액 및 사립체], 219
medium-chain fatty acyl CoA dehydrogenase deficiency [중간사슬지방산아실CoA 탈수소효소 결핍], 222
oxidation of fatty acids, with an odd number of carbons [지방산 산화, 짝수탄소-], 222
succinyl CoA synthesis [석시닐CoA 합성], 223
translocation steps [자리옮김 단계], 219
Fasting [공복]
adipose tissue in [지방조직]
carbohydrate metabolism [탄수화물대사], 382
fat metabolism [지방대사], 382, 382f
brain in [뇌], 383, 383f
concept map for [개념도], 386f
enzymic changes in [효소변화], 378-379
fuel stores at beginning of [시작시 연료저장], 378, 380f
kidney in [콩팥], 385, 385f
liver in [간], 379
carbohydrate metabolism [탄수화물대사], 380, 381f
fat metabolism [지방대사], 380-381, 381f
overview of [개관], 378
skeletal muscle in [뼈대근육], 382-383
carbohydrate metabolism [탄수화물대사], 383
lipid metabolism [지질대사], 382f, 383
protein metabolism [단백질대사], 383
tissues response, in energy metabolism during [조직반응, 에너지대사 중-], 384f
Fasting blood glucose (FBG), in diabetes [공복혈액포도당, 당뇨병], 391
Fasting hypoglycemia [공복저혈당], 366
Fat [지방]
dietary [음식-], 419-422
and coronary heart disease [관상동맥심장병], 419-420, 420f
effects of [효과], 423f
and plasma lipids [혈장지질], 420-422
monounsaturated [단일불포화-], 420
respiratory quotient for [호흡계수], 418, 418f
saturated [포화-], 420
ω-6 fatty acids [오메가-6 지방산], 421
Fatty acid (FA) [지방산]
absorption in intestine [창자 흡수], 202
carbon atoms in, numbering of [탄소원자, 번호매김], 210
catabolism [분해대사], 218-224
and gluconeogenesis [포도당신생성], 140
chain elongation [사슬연장], 210
chain lengths of [사슬길이], 210, 210f
cis [시스-], 210, 210f
desaturation of [불포화화], 216
double bonds in [이중결합], 210, 210f
positions of [위치], 210
as energy source [에너지 공급원], 210
essential (EFA) [필수-], 202
deficiency of [결핍], 211
esterified [에스터화-], 209, 〈참조〉 트라이아실글리세롤 (Triacylglycerol, TAG)
fate of [운명], 218
functions of [기능], 209
hydrophilic portion [소수부분], 209, 210f
hydrophobic portion [친수부분], 209, 210f
long-chain [긴사슬-], 214
degradation of [분해], 222f
desaturation of [불포화화], 216
metabolism, in enterocytes [대사, 창자세포(= 장세포)], 209
synthesis of [합성], 222f
transport, into mitochondria [수송, 사립체], 219
medium-chain [중간길이사슬-], 210f
entry into mitochondria [사립체 진입], 220
intestinal uptake of [창자(= 장) 섭취], 202
metabolism [대사], 209
concept map for [개념도], 228f
nonesterified [비에스터화-], 209

activation of [활성화], 218
plasma [혈장-], 209
with odd number of carbons, oxidation of [짝수탄소-, 산화], 222-223
omega-3 [오메가-3-], 210
omega-6 [오메가-6-], 210
oxidation of [산화]
disorders of [장애], 224
and gluconeogenesis [포도당신생성], 220-221
β-oxidation of [베타-산화], 218-224
energy yield from [에너지생산], 221-222, 221f-222f
enzymes involved in [관여 효소], 212, 212f
in peroxisome [과산화소체], 223-224
reactions of [반응], 220-221, 220f
regulation of [조절], 221
peroxisomal α-oxidation [과산화소체 알파-산화], 224
plasma [혈장-], 209
release [방출]
from fat [지방-], 218
saturated [포화-], 210
short-chain [짧은사슬-], 210f
entry into mitochondria [사립체 진입], 220
intestinal uptake of [창자(= 장) 섭취], 205
storage, as components of triacylglycerol [저장, 트라이아실글리세롤 구성성분], 194
structure of [구조], 209-210
synthesis of [합성], 211-214
NADPH-dependent [NADPH의존-], 168
reductant for, sources of [환원제, 공급원], 214
transport of [수송], 209
unesterified (Free) [비에스터화(= 유리)-]
digestion of [소화], 199
use of, by tissues [사용, 조직-], 204
unsaturated [불포화-], 210, 210f
oxidation of [산화], 224
very-long-chain [아주긴사슬-], 215
oxidation of [산화], 224
production of, in brain [생성, 뇌-], 214
Fatty acid ester [지방산 에스터], 216
Fatty acid (FA) synthase [지방산 생성효소], 212
Fatty acyl CoA dehydrogenase [지방산아실CoA 탈수소효소], 222
Fatty acyl CoA, in triacylglycerol synthesis [지방산 아실CoA, 트라이아실글리세롤 합성], 218f
Fatty acyl CoA transferase [지방산 아실CoA전달효소], 218
Fatty acyl coenzyme A (CoA) synthetase [지방산 아실보조효소A 생성효소], 203
Favism [누에콩중독증], 177
Febuxostat [페북소스타트], 347
Fe chelators [철 킬레이트화제], 467
Feed-fast cycle [급식-공복 주기], 〈참조〉 흡수상태; 공복 (Absorptive state; Fasting)
FEN1 (Flap endonuclease 1) [끝자락 핵산내부분해효소-1]
Ferrireductase [철(III)환원효소], 466
Ferrochelatase [철(II)킬레이트화효소], 321-322
Ferrochelatase [철(II)산화효소], 465
Ferroportin [페로포틴], 466-467
Fetal DNA, molecular analysis of [태아 DNA, 분자분석], 564
Fetal lung maturity [태아 허파(= 폐) 성숙도], 235
Fetoscopy [태아경검사], 564
FFA (Free fatty acid) [유리지방산]
FH (Familial hypercholesterolemia) [가족고콜레스테롤혈증]
Fiber, dietary [섬유질, 음식-], 424
AI for [충분섭취량(AI)], 424
beneficial effects [유익효과], 423, 424f
Fibrin (FIa) [섬유소], 〈참조〉 혈액응고 (Blood clotting)
conversion of fibrinogen to [섬유소원 전환], 582, 583f
cross-linking [교차결합-], 582-583, 583f
generation of [생성], 581-582, 582f
Fibrinogen [섬유소원], 4, 582
cleavage to fibrin [절단되어 피브린 생성], 582, 583f
Fibrinolysis [섬유소분해], 586, 586f
FIGlu excretion test [N-폼이미노글루탐산(염)배출 검사], 302
FISH (Fluorescent in situ hybridization) [형광 제자리부합화]
Flap endonuclease 1 (FEN1) [끝자락 핵산내부분해효소 1], 487, 487f
Flavin adenine dinucleotide (FAD) [플라빈 아데닌 뉴클레오타이드], 445, 445f
Flavin mononucleotide (FMN) [플라빈 모노뉴클레오타이드], 445, 445f
Fluorescent in situ hybridization (FISH) [형광 제자리부합화], 559-560
Fluorine (F) [플루오린(= 불소)], 469
5-Fluorodeoxyuridine monophosphate (5-FdUMP) [5-플루오로일인산데옥시유리딘], 349
Fluoroquinolones [플루오로퀴놀론], 482
5-Fluorouracil [5-플루오로유라실], 349
Fluvastatin [플루바스타틴], 258
FMN (Flavin mononucleotide) [플라빈 모노뉴클레오타이드]
Folate deficiency [엽산(염) 결핍], 307
Folate trap hypothesis [엽산(염)덫 가설], 440
Folic acid (Vitamin B_9) [엽산, 비타민 B_9], 438-439, 438f
and anemia [빈혈], 438-439, 439f
deficiency [결핍], 438
bone marrow histology in [골수 조직학], 439, 439f
in pregnancy [임신-], 439
function of [기능], 438
and neural tube defects [신경관결손], 439
and one-carbon metabolism [일탄소 대사], 307, 307f
sources of [공급원], 438
supplementation [보충], 439, 441
Follicle-stimulating hormone (FSH) [난포자극 호르몬], 275
Fondaparinux [폰다파리눅스], 585
Food label [식품성분표], 429, 429f, 430f
changes to [변화], 429, 430f
percent daily value, %DV [일일권장량백분율], 429
Food, with low GI [음식, 낮은 혈당지수-], 425, 425f
N-Formiminoglutamate (FIGlu) [N-폼이미노글루탐산(염)], 302
FPP (Farnesyl pyrophosphate) [파네실 파이로인산염]
Fragile X syndrome [취약X 증후군], 517
Frameshift mutations [틀이동 돌연변이], 4517, 518f
Free energy (G) [자유에너지], 79
change in, ΔG [변화, ΔG], 80
in biochemical pathways [생화학경로-], 80
and concentration of reactants and products [반응물 및 생성물 농도], 80
of forward and back reactions [정반응 및 부반응], 80
negative [음성-], 80
positive [양성-], 80
at zero, equilibrium [영(0), 평형상태], 80
release, during electron transport [방출, 전자수송중-], 79
standard change in, ΔG^o [표준변화, ΔG^o], 81
of ATP [ATP-], 87
and direction of reaction [반응 방향], 81
and K_{eq} [평형상수], 80

relationship to ΔG° [표준자유에너지변화량 관계], 80
of two consecutive reactions [두 연속반응], 81
Free fatty acids (FFA) [유리지방산]
insulin resistance and production of [인슐린 저항성 및 생성], 397
in obese individuals [비만인-], 405, 406
Friedewald equation [프리데발트식], 262
Fructokinase [과당인산화효소], 159, 160f
deficiency of [결핍], 160f
Fructose [과당], 423
dietary sources of [음식공급원], 162
digestion of [소화], 99
glucose conversion to, via sorbitol [포도당 전환, 소비톨경유-], 161-162
intestinal absorption of [창자(= 장) 흡수], 99
metabolism of [대사], 159-162
concept map for [개념도], 166f
disorders of [장애], 160
kinetics of [반응속도론], 160
phosphorylation of [가인산(= 인산화)], 159-160
reducing sugar [환원당], 96-97
transport of, GLUT-5 and [수송, GLUT-5], 111
Fructose 1,6-bisphosphatase [1,6-이중인산과당 인산염분해효소], 138
allosteric inhibitor of [다른자리조절 억제제], 154
regulation of [조절]
by energy levels in cell [세포 에너지수준], 138
by fructose 2,6-bisphosphate [2,6-이중인산(염)-], 138, 139
Fructose 1,6-bisphosphate [1,6-이중인산(염)], 138
cleavage of [절단], 114
dephosphorylation of [탈인산화], 138-139
formation of, in gluconeogenesis [생성, 포도당신생성-], 138
Fructose 2,6-bisphosphate [2,6-이중인산(염)], 113-114
and gluconeogenesis [포도당신생성], 132f
in fasting state [공복상태], 114
and glycolysis, in well-fed state [당분해, 포만상태-], 114, 114f
regulation of PFK-1 [조절], 113
Fructose 1-phosphate, cleavage of [1-인산과당, 절단], 160, 161f
Fructose 6-phosphate [6-인산과당]
formation of [생성], 160
inhibition of glucokinase [포도당인산화효소 억제], 112
phosphorylation of [가인산(= 인산화)], 112
in synthesis of amino sugars [아미노당 합성], 184
Fructose metabolism [과당 대사]
disorders [장애], 160
glucose conversion to, via sorbitol [과당으로 포도당 전환, 소비톨경유-], 161-162
hyperglycemia and sorbitol metabolism [저혈당 및 소비톨대사], 162
kinetics [반응속도론], 160
mannose conversion to fructose 6-phosphate [6-인산과당으로 마노스 전환], 161
phosphorylation [가인산(= 인산화)], 159-160
sorbitol synthesis [소비톨 합성], 162
FSH (Follicle-stimulating hormone) [난포자극호르몬]
Fumarate [퓨마르산(염)], 292
Fumarate hydration [퓨마르산(염) 수화], 130
Fumarase [퓨마르산효소], 130
Fumarylacetoacetate hydrolase [퓨마릴아세토아세트산(염) 가수분해효소], 314
Functional fiber [기능성 섬유질], 424
Fusion protein [융합단백질], 557, 557f
FXIIIa (Transglutaminase) [응고인자 FXIIIa (= 글루타민라이신결합효소)], 583, 583f

G

G6PD [6-인산포도당 탈수소효소]
deficiency [결핍], 175
gene variants [유전자 변이체], 177
precipitating factors [촉발인자], 176
role [역할], 175
Galactocerebroside [갈락토스세레브로사이드], 241, 241f, 〈참조〉 당스핑고지질 (Glycosphingolipid)
Galactokinase [갈락토스인산화효소], 162-163
deficiency of [결핍], 163f
Galactosamine 6-sulfatase [6-황산갈락토사민], 188f
Galactose [갈락토스], 162
dietary source of [음식공급원], 162
digestion of [소화], 99, 99f
intestinal absorption of [창자(= 장) 흡수], 99, 99f
metabolism of [대사], 159, 159f
concept map for [개념도], 166f
disorders of [장애], 163f
phosphorylation of [가인산(= 인산화)], 162-163
Galactose circuit [갈락토스 회로], 541, 541f
Galactose metabolism [갈락토스 대사]
disorders [장애], 164
phosphorylation [가인산(= 인산화)], 162-163
UDP-galactose [이인산유리딘-갈락토스], 163
UDP-galactose conversion [이인산유리딘-갈락토스 전환], 163-164
uridine diphosphate (UDP)-galactose [이인산유리딘-갈락토스], 163
Gallstones [담석], 261, 261f
Gangliosides [강글리오사이드], 240, 241f
Gastric inhibitory polypeptide (GIP) [위억제 폴리펩타이드], 358
Gastric juice [위액], 283
Gastrointestinal peptide hormones [위장(관) 펩타이드호르몬], 358
Gaucher disease [고셰병], 242, 243f
GDH (Glutamate dehydrogenase) [글루탐산(염) 탈수소효소]
Gelatin [젤라틴], 426
Gene editing [유전자 편집], 573
Gene expression [유전자 발현], 535
analysis [분석], 571-573
mRNA levels, determination of [전령RNA 농도, 측정], 571, 572f
protein analysis [단백질 분석], 572
proteomics [단백체학], 572-573
control of [조절], 535, 535f
in eukaryotes [진핵생물-], 535, 535f, 540
accessibility of DNA to transcriptional apparatus [전사기구에 대한 DNA 접근성], 546
arrangements of DNA [DNA 배열], 547, 547f
combinatorial control [조합조절], 541
coordinate regulation [협동조절], 540-543
gene copy number [유전자 복사수], 546-547
mobile DNA elements [이동 DNA요소], 547-548
mRNA processing and use [전령RNA 가공 및 사용], 543-546
in prokaryotes [원핵생물], 535f, 536-540
lactose operon [젖당 오페론], 536-538, 537f
mRNA transcription from operon [오페론에서 전령RNA 전사], 536
operators in bacterial operons [세균오페론 작동자], 536, 537f
transcription and translation coordination [전사 및 번역 협동], 539-540, 540f

tryptophan operon [트립토판 오페론], 539, 539f
regulatory sequences and molecules [조절 서열 및 분자], 535-536, 536f
cis-acting [시스작용-], 535, 536f
trans-acting [트랜스작용-], 535, 536f
Zinc (Zn) finger for proteins binding to DNA [단백질의 DNA 결합에서 아연손가락], 536, 536f
General transcription factors (GTFs) [일반 전사인자], 505-506, 506f
Gene [유전자], 〈참조〉 유전자 발현 (Gene expression)
amplification [증폭], 546-547
constitutive [기본구성-], 535
expression [발현], 535, 535f
housekeeping [살림-], 535
regulated [조절-], 535
Gene therapy [유전자 치료], 573
Genetic code [유전부호], 514, 〈참조〉 번역 (Translation)
characteristics of [특징], 515
degeneracy [여유성], 516
nonoverlapping and commaless [중첩없고 쉼표없음], 516
reading frame [판독틀], 516
specificity [특이성], 515
universality [보편성], 515-516
codons [코돈], 514, 515f
table to translate codon, use of [코돈 번역표, 사용], 514-515, 515f
termination codons [종료코돈], 515
three-base codons [삼염기 코돈], 514
nucleotide sequence alteration, consequences of [뉴클레오타이드서열 변화, 결과], 516, 516f
frameshift mutations [틀이동 돌연변이], 517, 518f
missense mutation [오인 돌연변이], 516, 516f
nonsense mutation [무의미 돌연변이], 516, 516f
silent mutation [침묵 돌연변이], 516, 516f
splice site mutations [잘라잇기자리 돌연변이], 517
trinucleotide repeat expansion [트라이뉴클레오타이드반복 확장], 516-517
Gene transfer [유전자 전달], 573
Genome-wide association studies (GWASs) [전체유전체 연관성연구], 563
Genomic DNA libraries [유전체 DNA 라이브러리], 556
Geranylgeranylation [제라닐제라닐화], 256
Germline gene therapy [생식세포 유전자치료], 573
Gestational diabetes [임신당뇨병], 396
GI (Glycemic index) [혈당지수]
Gilbert syndrome [질베르 증후군], 326
GIP (Gastric inhibitory polypeptide) [위산억제 폴리펩타이드]
Glanzmann thrombasthenia [글란츠만 혈소판기능저하증], 589
Globin chains, synthesis of [글로빈 사슬, 합성], 38
Globin genes [글로빈 유전자]
expression of [발현], 38
α-gene [알파-유전자], 38
β-gene [베타-유전자], 38
α-globin gene family [알파-글로빈 유전자군], 38
β-globin gene family [베타-글로빈 유전자군], 38
organization of [조직화], 38
pseudogenes [거짓유전자], 38
β-globin protein [베타-글로빈 단백질], 510
Globoid cell leukodystrophy [공모양세포 백질형성장애], 243f
Globular proteins [공모양단백질], 20
GLP-1 (Glucagon-like peptide-1) [글루카곤유사펩타이드-1]
Glucagon [글루카곤], 361, 363f, 542-543
concept map for [개념도], 368f
and gluconeogenesis [포도당신생성], 362-363
hypoglycemia prevention by [저혈당 예방], 362, 364
and insulin [인슐린], 361
mechanism of action of [작용기전], 363-364, 364f
metabolic effects [대사효과], 362
on carbohydrate metabolism [탄수화물대사], 362-363
on lipid metabolism [지질대사-], 363
on protein metabolism [단백질대사-], 363
secretion of [분비]
amino acids and [아미노산], 362
catecholamines and [카테콜아민], 362
decreased [감소], 362
increased [증가], 361
low blood glucose and [낮은혈액포도당], 361
regulation of [조절], 362-363, 363f
synthesis of [합성], 361
Glucagon-like peptide-1 (GLP-1) [글루카곤유사 펩타이드-1], 358
Glucocerebroside [포도당세레브로사이드], 240, 〈참조〉 당스핑고지질 (Glycosphingolipid)
Glucocorticoid response element (GRE) [포도당부신피질호르몬 반응요소], 542
Gluconeogenesis reactions [포도당신생성 반응], 135-142
cytosolic oxaloacetate decarboxylation [세포질액 옥살로아세트산(염) 탈카복실화], 138
fructose 1,6-bisphosphate dephosphorylation [1,6-이중인산과당 탈인산화], 138-139
glucose 6-phosphate dephosphorylation [6-인산포도당 탈인산화], 139
oxaloacetate transport to the cytosol [세포질액으로 옥살로아세트산(염) 수송], 138
pyruvate carboxylation [파이루브산 카복실화], 135-142
summary of [요약], 140
Gluconeogenesis regulation [포도당신생성 조절]
allosteric activation by acetyl CoA [아세틸CoA의 다른자리조절 활성화], 141
allosteric inhibition by AMP [AMP의 다른자리조절억제], 141
glucagon [글루카곤], 140
substrate availability [기질 이용도], 141
Gluconeogenic precursors [포도당신생성 전구체], 135
Glucogenic amino acid [포도당생성 아미노산], 300, 301f, 〈참조〉 아미노산 (Amino acid)
Glucokinase [포도당인산화효소], 358, 373
as glucose sensor [포도당 감지자], 113
hormonal regulation of [호르몬 조절], 119
inhibition of, by fructose 6-phosphate [억제, 6-인산과당], 113
kinetics of [반응속도론], 112-113
regulation of [조절], 113
stimulation of, by glucose [자극, 포도당-], 118, 154
Glucokinase regulatory protein (GKRP) [포도당인산화효소 조절단백질], 113
Gluconeogenesis [포도당신생성], 118
acetyl CoA and [아세틸 CoA], 141
adenosine monophosphate and [일인산아데노신], 138
adenosine triphosphate and [삼인산아데노신], 83
Glucuronic acid [글루큐론산], 185-186
Glucose [포도당]
in food [음식-], 423
and insulin secretion [인슐린 분비], 357-358
metabolism [대사]
glucagon and [글루카곤], 363

insulin and [인슐린], 359
Glucose-alanine cycle [포도당-알라닌 회로], 289
Glucose 6-phosphate [6-인산포도당], 358, 373-374
role in metabolism [대사 역할], 374, 374f
Glucose 6-phosphate dehydrogenation [6-인산포도당 탈수소(화)], 169
Glutamate [글루탐산(염)], 5, 9, 17, 286, 288, 289, 301, 〈참조〉 아미노산, 아미노기전달 (Amino acid; Transamination)
synthesis of [합성], 308, 308f
Glutamate dehydrogenase (GDH) [글루탐산(염) 탈수소효소], 288, 288f
allosteric regulators [다른자리조절자], 288
coenzymes [보조효소], 288
reaction direction [반응 방향], 289, 289f
Glutamic acid [글루탐산], 5
Glutaminase [글루타민효소], 293
Glutamine [글루타민], 4, 289, 289f
ammonia from [암모니아], 293-294, 294f
degradation of [분해], 301
synthesis of [합성], 294f, 307
transport of ammonia [암모니아 수송], 294f
Glutamine:phosphoribosylpyrophosphate amidotransferase (GPAT) [글루타민:인산리보실파이로인산염 아마이드전달효소], 338
Glutamine synthetase [글루타민 합성효소], 289
γ-Glutamyl carboxylase [감마-글루타밀카복실화효소], 455, 455f, 579, 580f
Glutathione peroxidase [글루타싸이온 과산화효소], 470
Glycemic index (GI) [혈당지수], 424-425, 425f
Glycemic load (GL) [혈당부하], 424-425
Glycemic response (GR) [혈당반응], 424-425
Glycerol [글리세롤], 135
Glycerophospholipids [글리세롤인지질], 232
structure of cardiolipin [구조], 232, 233f
phosphatidic acid and alcohol [포스파티드산 및 알코올], 231f, 232
plasmalogen [플라스미노젠], 232-233, 233f
platelet-activating factor [혈소판활성화 인자], 233f, 233
synthesis of [합성], 233, 234f
cardiolipin [카디오리핀], 237
phosphatidic acid [포스파티드산], 234
phosphatidylcholine and phosphatidylethanolamine [포스파티딜콜린 및 포스파티딜에탄올아민], 234-235, 234f
phosphatidylglycerol [포스파티딜글리세롤], 237
phosphatidylinositol [포스파티딜이노시톨], 235-237, 236f
phosphatidylserine [포스파티딜세린], 235, 235f
in smooth endoplasmic reticulum (SER) [매끈면 세포질그물], 233-234
Glycine [글라이신], 6
and δ-aminolevulinic acid formation [델타-아미노레불린산 생성], 320-321
synthesis of [합성], 309
Glycocholic acid [글라이코콜산], 260, 260f
Glycogen [당원]
branched [가지있는], 97
degradation of [분해], 〈참조〉 당원분해 (Glycogenolysis)
dietary, digestion of [음식-, 소화], 98-100
hepatic [간-], 146
in liver [간-], 146
in muscle [근육-], 146
store fluctuation [저장 변동], 146
structure [구조], 146
synthesis of [합성], 96, 〈참조〉 당원생성 (Glycogenesis)
Glycogen degradation [당원분해]
branch formation [가지형성], 148-151
descriptions of [기술], 151f
Glycogenesis [당원생성]
activation by AMP [AMP의 활성화], 154
activation by calcium [칼슘의 활성화], 154
allosteric regulation of [다른자리조절], 154
covalent inhibition of [공유결합 억제], 153-154
Glycogenesis and glycogenolysis regulation [당원생성 및 당원분해 조절]
covalent activation of [공유결합 활성화], 152-153
glycogen phosphorylase activation [당원가인산분해효소 활성화], 152
phosphorylase kinase activation [가인산분해효소인산화효소 활성화], 152
phosphorylated state maintenance [인산화상태 유지], 153
protein kinase A activation [단백질인산화효소 A 활성화], 152
signal amplification [신호증폭], 152
Glycogen metabolism [당원 대사]
overview [개관], 145
structure and function [구조], 145-146
Glycogen storage diseases [당원저장병], 155
Glycogen synthesis [당원합성]
branch formation [가지형성], 148
elongation [연장], 148, 148f
primer requirement and synthesis [시발체 필요성 및 합성], 147
uridine diphosphate-glucose synthesis [이인산유리딘-포도당 합성], 146
Glycogen phosphorylase a [당원 가인산분해효소 a], 152
Glycogen phosphorylase b [당원 가인산분해효소 b], 152
Glycogenin [글리코제닌], 127, 127f
Glycogen phosphorylase [당원 가인산분해효소], 372, 442
Glycogen phosphorylase kinase [당원가인산분해효소 인산화효소], 372
Glycogen synthase [당원 합성], 373-374, 482-483
Glycolipid [당지질], 〈참조〉 당스핑고지질 (Glycosphingolipid)
Glycoprotein Ib (GPIb) [당단백질 Ib], 587
Glycoprotein (GP) IIb/IIIa receptor [당단백질II/IIIb 수용체], 589, 588f
Glycoprotein VI (GPVI) [당단백질 Ⅵ], 587
Glycoprotein synthesis [당단백질 합성], 189-194
Glycosaminoglycans (GAGs) [아미노당글리칸], 181
acidic sugar synthesis [산성당 합성], 185
amino sugar synthesis [아미노당 합성], 184
classification [분류], 182
degradation [분해], 187-188
GAGs-protein linkage [아미노당글리칸-단백질 결합], 182
glycoproteins [당단백질], 189
mucopolysaccharidoses [점액다당], 187
N-Acetylneuraminic acid [N-아세틸뉴라민산], 185
oligosaccharide [소당(= 올리고당)], 189
proteoglycans [단백글리칸], 182
structure-function relationship [구조-기능 관계], 181
Glycosphingolipids [당스핑고지질]
acidic [산성-], 240
antigenic nature [항원 특성], 239
concept map for [개념도], 248f
degradation of [분해], 241, 243f
in nerve tissue [신경조직-], 239
neutral [중성-], 240, 240f
overview [개관], 239
role of [역할], 239
structure of [구조], 240f
synthesis of [합성], 241
enzymes involved in [관여 효소], 241

sulfate group addition [황산(염)기 첨가], 241
Glycosylation [당화], 528, 528f
Glycosyl phosphatidylinositol (GPI) [당화포스파티딜이노시톨], 236
Glycosyltransferases [당화기전달효소], 241
Gangliosidosis, GM_1 gangliosidosis [강글리오사이드증, GM_1 강글리오사이드증], 243f
Gonadal steroid hormones [생식샘 스테로이드호르몬], 275
Gout [통풍], 344-346
diagnosis of [진단], 345
hyperuricemia and [고요산혈증], 344-346
monosodium urate (MSU) crystals, deposition of [모노소듐요산(염) 결정, 침착], 344
tophaceous [결절-], 345, 346f
treatment of [치료], 345
uric acid overproduction and [요산 과다생성], 345
uric acid underexcretion and [요산 과소배출], 345
GPAT (Glutamine:phosphoribosylpyrophosphate amidotransferase) [글루타민:인산리보실파이로인산염 아마이드전달효소]
GPI (Glycosyl phosphatidylinositol) [당화포스파티딜이노시톨]
GPI-anchored proteins [당화포스파티딜이노시톨고정 단백질], 236-237
GR (Glycemic response) [혈당반응]
Graves disease [그레이브스병], 470
GRE (Glucocorticoid response element) [포도당부신피질호르몬반응요소]
Growth charts [성장 도표], 430, 430f
GTF (General transcription factor) [일반전사인자]
Guanine-7-methyltransferase [구아닌-7-메틸기전달효소], 508
Guanosine 5′-diphosphate 3′-diphosphate (ppGpp) [3'-이인산-5'-이인산구아노신]
Guanosine triphosphate [삼인산구아노신], 289
Guanylyltransferase [구아닐기전달효소], 508
Gut microbiome [창자(= 장) 미생물무리유전체], 431
GWAS (Genome-wide association study) [전체유전체연관성연구]

H

Haemophilus aegyptius [헤모필루스 에집티쿠스 〈속〉], 553
HapMap [햅맵(= 사람 유전자변이지도)], 563
Hartnup disease [하트넙병], 286, 444
Hashimoto thyroiditis [하시모토 갑상샘염], 470
HAT (Histone acetyltransferase) [히스톤아세틸기전달효소]
HCP (Hereditary coproporphyria) [유전코프로포르피린증]
HDAC (Histone deacetylase) [히스톤 탈아세틸화효소]
HDL-C (High-density lipoprotein cholesterol) [고밀도지단백질 콜레스테롤]
HDL (High-density lipoprotein) [고밀도지단백질]
Healthy Eating Plate [건강식판], 428-429
Heat-shock protein (HSP) [열충격 단백질], 22
α-helices [알파-나선]
amino acids in [아미노산], 18
comparison with β-sheets [베타-판과 비교], 19
hydrogen bonds [수소결합], 18
structure of [구조], 18f
Heme [헴], 319, 〈참조〉 포르피린증 (Porphyria)
biosynthesis [생합성], 320, 321f
δ-aminolevulinic acid formation [델타-아미노레불린산 생성], 320-321
in erythroid cells [적혈구-], 319
heme formation [헴 생성], 321-322
in liver [간-], 319
porphobilinogen formation [포르포빌리노젠 생성], 321
uroporphyrinogen formation [유로포르피리노젠 생성], 321
degradation [분해], 325, 325f, 333f
bilirubin diglucuronide formation [빌리루빈다이글루큐로나이드 생성], 326
bilirubin formation [빌리루빈 생성], 325
bilirubin secretion into bile [쓸개즙(= 담즙)으로 빌리루빈 분비], 327
bilirubin uptake by liver [간의 빌리루빈 섭취], 325
urobilin formation [유로빌린 생성], 327, 326f
metabolism of [대사]
alterations in [변형], 327f, 〈참조〉 황달 (Jaundice)
concept map for [개념도], 333f
proteins [단백질], 319
Heme oxygenase [헴 산소화효소], 466
Hemin [헤민], 321, 325
Hemolytic jaundice [용혈 황달], 327, 327f, 〈참조〉 황달 (Jaundice)
Hemophilia [혈우병], 581
bleeding into joint spaces in [관절공간 출혈], 582f
hemophilia A [혈우병 A], 581
hemophilia B [혈우병 B], 581
treatment for [치료], 581
Hemosiderosis [혈철소증], 467-468
Hemostasis [지혈], 578, 〈참조〉 혈액응고 (Blood clotting)
primary [일차-], 578, 586-589
secondary [이차-], 578-584
Henderson-Hasselbalch equation [헨더슨-하셀발흐식], 7-8
Heparan sulfate [황산헤파란], 584-585
Heparin [헤파린], 585
Hepatic lipase [간 지질분해효소], 268-270
Hepatic steatosis [간지방증], 265, 396-397
Hepcidin [헵시딘], 466
Hephaestin [헤파이스틴], 465-466
Hereditary coproporphyria (HCP) [유전코프로포르피린증], 321-322, 322f, 323, 324f
Hereditary hemochromatosis (HH) [유전혈색소증], 467-468
Hereditary nonpolyposis colorectal cancer (HNPCC) [유전비용종대장암], 〈참조〉 린치 증후군 (Lynch syndrome)
Hereditary orotic aciduria [유전오로트산뇨증], 348-349
Hereditary transthyretin-mediated amyloidosis (hATTR) [유전트랜스타이레틴매개아밀로이드증], 545
Heterogeneous nuclear RNA (hnRNA) [이종핵 RNA], 507
Heterophagy [이종포식], 282
HFCS (High-fructose corn syrup) [고과당 옥수수시럽]
HH (Hereditary hemochromatosis) [유전혈색소증]
5-HIAA (5-Hydroxy-3-indoleacetic acid) [5-하이드록시-3-인돌아세트산]
High-density lipoprotein cholesterol (HDL-C) [고밀도지단백질 콜레스테롤]
and coronary heart disease [관상동맥심장병], 419
moderate alcohol consumption and [중등도 알코올소비], 422
High-density lipoprotein (HDL) [고밀도지단백질], 262, 268, 〈참조〉 혈장지단백질 (Plasma lipoprotein)
metabolism of [대사], 268-270, 272f
apolipoprotein supply [아포지단백질 공급], 268
cholesterol esterification [콜레스테롤 에스터화], 268-270
nonesterified cholesterol uptake [비에스터화콜레스테롤 섭취], 268
reverse cholesterol transport [역방향 콜레스테롤수송], 270
High-fructose corn syrups (HFCSs) [고과당 옥수수시럽], 423
and sucrose [설탕], 423, 424f
High-throughput sequencing (HTS) technology [고효율 염기서열분석 기술], 557
Hirudin [히루딘], 583

histamine [히스타민], 330
synthesis of [합성], 331, 331f
Histidine [히스타민], 5, 9
degradation of [분해], 301-302, 302f
Histidinemia [히스티딘혈증], 302
Histone acetyltransferases (HATs) [히스톤 아세틸기전달효소], 504, 505f
Histone deacetylases (HDACs) [히스톤 탈아세틸화효소], 505
Histones [히스톤], 490
HMG CoA reductase [HMG CoA 환원효소], 〈참조〉 하이드록시메틸글루타릴보조효소 A 환원효소 (Hydroxymethylglutaryl coenzyme A (HMG CoA) reductase)
HMG CoA synthase [HMG CoA 생성효소], 254, 254f
hnRNA (Heterogeneous nuclear RNA) [이종핵 RNA]
Homocystinuria [호모시스틴뇨증], 314, 314f
Homologous recombination (HR) [상동 재조합], 494
Homovanillic acid (HVA) [호모바닐산], 330
Hormone response elements (HREs) [호르몬 반응요소], 273-276, 277f, 542
cell-surface receptors [세포표면 수용체], 542-543, 543f
intracellular receptors [세포속 수용체], 542, 542f
Hormone-sensitive lipase (HSL) [호르몬민감 지질분해효소], 372
5-HPETE (5-Hydroperoxy-6,8,11,14-eicosatetraenoic acid) [5-하이드로퍼옥시-6,8,11,14-아이코사테트라엔산]
HR (Homologous recombination) [상동재조합]
HRE (Hormone response element) [호르몬반응요소]
HSL (Hormone-sensitive lipase) [호르몬민감지질분해효소]
Human genome [사람 유전체], 552
Human Genome Project [사람유전체사업], 552, 557
Human immunodeficiency virus (HIV) testing for [사람면역결핍바이러스 검사], 571, 572f
Human insulin, therapeutic [사람인슐린, 치료용-], 537
Human purine synthesis, inhibitors of [사람퓨린합성, 억제제], 340
Huntington disease [헌팅턴병], 516-517, 517f
HVA (Homovanillic acid) [호모바닐산]
Hydrochloric acid (HCl) [염산], 283, 284, 284f
Hydrogen bonds [수소결합], 4-4f, 21
Hydrophobic effect [소수 효과], 4
Hydrophobic interactions [소수 상호작용], 21-21f
Hyperventilation [과호흡(= 잦은숨)], 10
5-Hydroperoxy-6,8,11,14-eicosatetraenoic acid (5-HPETE) [5-하이드로퍼옥시-6,8,11,14-아이코사테트라엔산], 247
25-Hydroxycholecalciferol [25-하이드록시콜레칼시페롤], 451-453
5-Hydroxy-3-indoleacetic acid (5-HIAA) [5-하이드록시-3-인돌아세트산], 331
Hydroxylapatite [하이드록시아파타이트], 462
1-Hydroxylase [1-수산화효소], 453 452f, 463
25-Hydroxylase [25-수산화효소], 451, 452f
Hydroxylases [수산화효소], 441
Hydroxylation [수산화], 528, 531f
Hydroxymethylbilane synthase [하이드록시메틸빌레인 생성효소], 321
3-Hydroxy-3-methylglutaryl CoA, in cholesterol synthesis [3-하이드록시-3-메틸글루타릴 CoA, 콜레스테롤합성-], 253, 254f
Hydroxymethylglutaryl coenzyme A (HMG CoA) reductase [하이드록시메틸글루타릴보조효소A 환원효소], 254, 254f
drug inhibitors of [약물 억제제], 258, 258f
regulation of [조절], 257-258, 257f
5-Hydroxytryptamine, 5-HT [5-하이드록시트립타민], 〈참조〉 세로토닌 (serotonin)
Hydroxyurea (Hydroxycarbamide) [하이드록시요소(하이드록시카바마이드)], 343
Hyperammonemia [고암모니아혈증], 294-296
acquired [후천-], 294
congenital [선천-], 295
N-acetylglutamate synthase deficiency [N-아세틸글루탐산(염)생성효소 결핍], 296
arginase-I deficiency [아르지닌분해효소-1 결핍], 295
argininosuccinate lyase deficiency [아르지니노석신산염 분해효소 결핍], 295
argininosuccinate synthetase deficiency [아르지니노석신산염 합성효소 결핍], 295
ornithine transcarbamylase deficiency [오니틴 카바모일기전달효소 결핍], 295
liver disease and [간질환], 294
and medical emergency [의학적 응급상황], 294
severe [심한-], 296
toxicity to CNS [중추신경계 독성], 293, 295
treatment for [치료], 296, 296f
Hyperargininemia [고아르지닌혈증], 295-296
Hypercalcemia [고칼슘혈증], 463
Hypercholesterolemia [고콜레스테롤혈증], 260
and coronary heart disease [관상동맥심장병], 419-420, 420f
Hyperglycemia [고혈당]
in type 1 diabetes [1형당뇨병], 392, 393f
in type 2 diabetes [2형당뇨병], 383
Hypermagnesemia [고마그네슘혈증], 448
Hypernatremia [고나트륨혈증], 448
Hyperphagia [과식(증)], 393
Hyperphenylalaninemia [고페닐알라닌혈증], 298
Hyperphosphatemia [과식(= 다식)(증)], 447
Hypertension [고혈압], 448
Hyperthyroidism [갑상샘항진(증)], 454
Hypertriacylglycerolemia [고트라이아실글리세롤혈증]
in type 1 diabetes [1형당뇨병], 377-378, 378f
in type 2 diabetes [2형당뇨병], 397, 398f
Hypervitaminosis A [과다비타민A증], 450-451
Hypocalcemia [고칼슘혈증], 465
Hypoglycemia [저혈당], 364
alcohol-related [알코올연관성], 366-367, 366f
CNS effects [CNS 효과], 364
concept map for [개념도], 368f
exercise and [운동], 394
fasting [공복-], 366
glucoregulatory systems and [포도당조절계], 364-365, 365f
cortisol and growth hormone [코티솔 및 성장호르몬], 365
counterregulatory hormones [역조절 호르몬], 364
epinephrine [에피네프린], 364
glucagon [글루카곤], 364
insulin-induced [인슐린유도-], 365, 366f
insulin therapy and [인슐린치료], 394, 394f
low blood glucose and [낮은혈액포도당], 365, 365f
as medical emergency [의학적 응급상황], 364
postprandial [식후-], 365-366
severe, prolonged [심한-, 지속-], 364
symptoms of [증상], 364
adrenergic [아드레날린-], 364
neuroglycopenic [신경저당증-], 364
transient [일시-], 364
Hypoglycemia unawareness [저혈당 무감지증], 394
Hypokalemia [저칼륨혈증], 465
Hypomagnesemia [저마그네슘혈증], 464
Hyponatremia [저나트륨혈증], 464

Hypoparathyroidism [부갑상샘저하증], 454
Hypophosphatemia [저인산염혈증], 463
Hypoprothrombinemia [저푯트롬빈혈증], 456
Hypothyroidism [갑상샘저하증], 470

I

I-Cell disease [I-세포병], 194
Icterus [황달], 〈참조〉 황달 (Jaundice)
IDL (Intermediate-density lipoprotein) [중밀도지단백질]
Iduronate sulfatase, deficiency of [황산아이듀론산분해효소, 결핍], 188f
L-Iduronic acid [아이듀론산], 181, 181f
in glycosaminoglycans [아미노당글리칸], 181
synthesis of [합성], 181
IF (Initiation factor) [개시인자]
Imino acid [이미노산], 4
Immune thrombocytopenia [면역혈소판감소증], 589
Immunoblot [면역블롯], 〈참조〉 웨스턴블롯 (Western blot)
Immunoglobulins [면역글로불린], 547
DNA rearrangements in generation of [DNA 재조합, 생성], 547, 547f
Indirect calorimetry, for resting metabolic rate [간접열량측정, 안정대사율-], 418
Inhibitor, enzyme [억제제, 효소-], 66
Inosine monophosphate (IMP([일인산이노신], 338, 339f
Inositol trisphosphate (IP_3) [삼인산이노신], 588
Inositol 1,4,5-trisphosphate (IP_3) [1,4,5-삼인산이노신], 236, 236f
In situ hybridization (ISH) [제자리부합화], 560
Insulin [인슐린], 355
concept map for [개념도], 368f
degradation of [분해], 356
and glucagon [글루카곤], 357-358, 361
and gluconeogenesis [포도당신생성], 359
and glycogenolysis [당원분해], 359
half-life of [반감기], 356
by islets of Langerhans [랑게르한스섬-], 355, 356f
mechanism of action of [작용기전], 360-361, 361f
insulin receptor [인슐린 수용체], 360
membrane effects [막 효과], 360, 362f
receptor regulation [수용체 조절], 360
signal transduction [신호변환], 360
time course [시간경과], 360-361
metabolic effects [대사효과], 359
on carbohydrate metabolism [탄수화물대사], 359
on lipid metabolism [지질대사], 359
on protein metabolism [단백질대사], 363
precursors [정구체], 356, 356f
secretion of [분비]
amino acids and [아미노산], 358
decreased [감소-], 359
gastrointestinal peptide hormones and [위장(관) 펩타이드호르몬], 358
Glucose and [포도당], 358, 358f
increased [증가-], 356-358
regulation of [조절], 356-359, 359f
storage of [저장], 356
structure of [구조], 355-356, 356f
synthesis of [합성], 356, 356f
intracellular movements [세포속 이동], 356, 357f
Insulin glargine [인슐린 글라진], 5
Insulin-induced gene proteins (INSIGs) [인슐린유도 유전자단백질], 257
Insulin-induced hypoglycemia [인슐린유도 저혈당], 365
Insulin receptor substrates (IRSs) [인슐린수용체 기질], 360
Insulin resistance [인슐린 저항성], 395
causes of [원인], 396
obesity and [비만], 395, 396f, 397f
and type 2 diabetes [2형 당뇨병], 395-396, 397f
Insulin secretagogues [인슐린 분비촉진제], 358
Insulin-sensitive glucose transporters (GLUT-4) [인슐린민감 포도당수송체], 360
Insulin therapy [인슐린 치료]
in type 1 diabetes [1형 당뇨병], 393-394, 393f
complications of [합병증], 394, 394f
contraindications to [금기], 394
hypoglycemia [저혈당], 394, 394f
intensive therapy [집중치료], 394
standard treatment [표준치료], 393-394
Insulitis [췌도염(= 이자섬염)], 391
Interleukin 6 (IL-6) [인터루킨6]
in obesity [비만], 407
The International Haplotype Map (HapMap) Project [국제햅맵사업], 563
International normalized ratio (INR) [국제표준화비율], 583
Intestinal bacteria [창자(= 장)균], 293
Intestine [창자(= 장)]
cholesterol absorption in [콜레스테롤 흡수], 202-203
disaccharidases [이당], 99
exopeptidases [펩타이드말단분해효소], 17
FA absorption in [지방산 흡수], 202
FA uptake in [지방산 섭취], 212
fructose absorption in [과당 흡수], 99
galactose absorption in [갈락토스 흡수], 99
glucose absorption in [포도당 흡수], 99
lipid emulsification in [지질 유화], 201
monosaccharide absorption in [단당 흡수], 95
mucosal cells [점막세포], 201
Intrinsic pathway [내인성 경로], 578, 578f, 581, 581f
Iodine (I) [아이오딘(= 요오드)], 462f, 469-470
hyperthyroidism [갑상샘항진증], 470
hypothyroidism [갑상샘저하증], 470
in thyroid hormones synthesis [갑상샘호르몬 합성], 469-470, 469f
IPP (Isopentenyl pyrophosphate) [아이소펜테닐 파이러인산염]
IRE (Iron-responsive element) [철반응요소]
Iron (Fe) [철], 462f, 466-468, 467f
absorption, storage, and transport of [흡수, 저장, 수송], 466-467, 467f
in body [체내-], 466
deficiency [결핍], 467, 467f
dietary sources of [음식공급원], 466
metabolism [대사], 544
poisoning [중독], 467
recycling [재순환], 467
uptake [섭취], 467
Iron-responsive elements (IREs) [철 반응요소], 544, 545f
Irreversible oxidative reactions [비가역 산화반응], 168-170
overview [개관], 168
reactions [반응], 168, 169f
IRS (Insulin receptor substrate) [인슐린수용체 기질]
Islets of Langerhans [랑게르한스섬], 355, 356f
Isocitrate dehydrogenase [아이소시트르산(염) 탈수소효소], 128
Isoelectric point (PI) [등전점], 8-9
Isoleucine [아이소류신]
degradation of [분해], 305, 306, 306f

Isopentenyl pyrophosphate (IPP) [아이소펜테닐 파이로인산(염)], 254-256, 255f, 256f
Isoprenoids [아이소프레노이드], 254
Isotretinoin (13-cis retinoic acid, 13-시스레티노산) [아이소트레티노인], 451
toxicity [독성], 450

J

Jaundice [황달], 327-328
bilirubin measurement [빌리루빈 측정], 328
hemolytic, prehepatic [용혈-, 간이전-], 327, 327f
hepatocellular, hepatic [간세포-, 간-], 327
hyperbilirubinemia in [고빌리루빈혈증], 327, 327f
in newborns [신생아-], 327f, 328, 328f
obstructive, posthepatic [폐쇄-, 간이후-], 328

K

Kayser-Fleischer rings [카이저-플라이셔 고리], 466, 466f
Keratan sulfate (KS) [황산케라탄], 182
KS I, distribution in body [황산케라탄 I, 체내분포], 183f
KS II, distribution in body [황산케라탄 II, 체내분포], 183f
lysosomal degradation of [용해소체 분해], 185
structure of [구조], 185
Keratin, structure of [케라틴(= 각질소)], 17
α-Keto acid dehydrogenase [알파-케톤산 탈수소효소], 444
Ketogenesis [케톤생성], 425
Ketogenic amino acids [케톤생성 아미노산], 301, 301f
α-Ketoglutarate [알파-케토글루티르산(염)], 286, 286f, 292
α-ketoglutarate dehydrogenase [알파-케토글루티르산(염) 탈수소효소], 444
Ketonemia, in type 1 diabetes [케톤혈증, 1형당뇨병], 392, 393f
Kidney, in fasting [콩팥, 공복-], 385, 385f
Kilocalorie [킬로칼로리], 417
Kinases [인산화효소], 5
Kinky hair disease [엉킨곱슬머리병], 465, 〈참조〉 멩케스 증후군 (Menkes syndrome)
Krabbe disease [크라베병], 243f
Kwashiorkor [단백질열량부족증], 427, 427f, 428, 428f

L

Lactate [젖산(염)], 136
Lactose operon [젖당 오페론], 536-538
both glucose and lactose available [포도당 및 젖당 둘 다 사용가능], 537
helix-turn-helix motif of [나선-회전-나선 구조요소], 537, 537f
lacA gene [lacA 유전자], 536, 538f, 537
lacI gene [lacI 유전자], 537
lacY gene [lacY 유전자], 536, 538f, 537
lacZ gene [lacZ 유전자], 536, 538f, 537
only glucose available [포도당만 사용가능], 537
only lactose available [젖당만 사용가능], 537
Lactose synthesis [젖당 합성], 164
Lanosterol [라노스테롤], 255-256, 255f
Laparoscopic cholecystectomy [복강경 담낭절제], 261
LCAT (Lecithin:cholesterol acyltransferase) [레시틴:콜레스테롤 아실기전달효소]
LDL-C (Low-density lipoprotein cholesterol) [저밀도지단백질 콜레스테롤]
LDL (Low-density lipoprotein) [저밀도지단백질]
Lead poisoning [납 중독], 322, 324f
symptoms of [증상], 322
treatment of [치료], 322
Lecithin [레시틴(= 포스파티딜콜린)], 258
Lecithin:cholesterol acyltransferase (LCAT) [레시틴:콜레스테롤 아실기전달효소], 268
Lecithin/sphingomyelin (L/S) ratio [레시티/스핑고마이엘린 비(율)], 235
Leptin [렙틴], 409
function of [기능], 406
mutations in gene for [유전자 돌연변이], 408
in obese humans [비만인-], 408
Lesch-Nyhan syndrome [레시-나이한 증후군], 342, 342f, 342f, 345
Leucine [류신]
degradation of [분해], 305-306, 306f
as ketogenic amino acids [케톤생성 아미노산], 301, 301f
Leukemia [백혈병], 301
Leukotriene (LT) [류코트라이엔], 244-248, 〈참조〉 아이코사노이드 (Eicosanoid)
synthesis [합성], 247, 246f
Levodopa (L-DOPA) [레보도파], 330
Linoleic acid [리놀레산], 421
ω-Linoleic acid [감마-리놀레산], 421-422
Lipase [지질분해효소], 359
Lipid [지질]
absorption of, by intestinal mucosal cells [흡수, 창자점막세포], 203
dietary [음식], 199
degradation by pancreatic enzymes [분해], 201
emulsification of, in small intestine [유화, 작은창자(= 소장)-], 205
gastric processing of [위 처리과정], 200
intake of [섭취], 199
metabolism of [대사], 199
concept map for [개념도], 206f
use of, by tissues [사용법, 조직-], 206
digestion of [소화], 199
distribution in body [체내분포], 199
functions of [기능], 199
malabsorption of [흡수장애], 204
metabolism of [대사]
disorders of [장애], 120
intermediates [중간대사물], 105f
secretion of, from enterocytes [분비, 창자세포-], 49
structure of [구조], 199
Lipoic acid [리포산]
in branched-chain α-keto acid dehydrogenase complex [가지사슬α-케톤산 탈수소효소 복합체-], 128
in α-ketoglutarate dehydrogenase complex [알파-케토글루타르산(염) 탈수소효소 복합체-], 129
in PDH complex [PDH 복합체-], 126
Lipids metabolism [지질 대사], 199-206
absorption by enterocytes [창자세포 흡수], 202-203
cystic fibrosis [낭성 섬유증], 200-201
degradation by pancreatic enzymes [분해], 201
digestion in stomach [위 소화], 199-200
effects of glucagon on [글루카곤 효과], 362-363
effects of insulin on [인슐린 효과], 359
malabsorption [흡수장애], 204
mulsification [유화], 201
Lipoprotein lipase (LL) [지단백질 지질분해효소], 236, 264-265, 266f, 359
expression [발현], 264-265
synthesis [합성], 263

triacylglycerol degradation by [트라이아실글리세롤 분해], 263-264
Lipoprotein (a) [Lp(a)] [지단백질 (a)], 262, 270-271, 〈참조〉 혈장 지단백질 (Plasma lipoprotein)
and heart disease [심장병], 270-271
Lipoprotein [지단백질]
concept map for [개념도], 278f
plasma [혈장-], 262-271
apolipoproteins [아포지단백질], 262-263
cholesterol content [콜레스테롤 내용물], 262
chylomicrons [암죽미립], 263-265, 264f
composition [조성], 262
electrophoretic mobility of [전기영동 이동성], 262, 263f
function of [기능], 262
high-density lipoprotein [고밀도지단백질], 268-270, 272f
lipoprotein (a) [지단백질 (a)], 270-271
lipoprotein particles in [지단백질 입자], 262
low-density lipoprotein [저밀도지단백질], 266-268, 269f
sizes and densities [크기 및 밀도], 262, 262f
structure of [구조], 263, 263f
very-low-density lipoprotein [초저밀도지단백질], 265-266, 266f, 267f
Lipoxygenases (LOXs) [지질산소화효소], 247
Liver [간]
in fasting [공복], 379
carbohydrate metabolism [탄수화물대사], 380, 381f
fat metabolism [지방대사], 381f, 382
metabolic pathways in, in absorptive state [대사경로, 흡수상태-], 372-375, 373f
amino acid metabolism [아미노산대사], 373f, 375
carbohydrate metabolism [탄수화물대사], 373-374, 373f, 374f
fat metabolism [지방대사], 373f, 374-375
as nutrient distribution center [영양소분배 센터], 372-375
Liver X factor (LXR) [간 X인자], 259-260
LL (Lipoprotein lipase) [지단백질 지질분해효소]
Lovastatin [로바스타틴], 258
Low-density lipoprotein cholesterol (LDL-C) and coronary heart disease [저밀도지단백질 콜레스테롤 및 관상동맥심장병], 419-420
Low-density lipoprotein (LDL) [저밀도지단백질], 261, 266, 〈참조〉 혈장 지단백질 (Plasma lipoprotein)
metabolism of [대사], 266-268, 269f
apo B-100/apo E receptors [아포B-100/아포E 수용체], 265
endocytosed cholesterol and cholesterol homeostasis [세포내섭취 콜레스테롤 및 콜레스테롤 항상성], 267-268, 270f
receptor-mediated endocytosis [수용체매개 세포내섭취], 266-267
uptake by macrophage scavenger receptors [큰포식세포 청소수용체의 섭취], 268
LT (Leukotriene) [류코트라이엔]
Lung maturity [허파(폐) 성숙도], 235
Luteinizing hormone (LH) [황체형성호르몬], 275
Lynch syndrome [린치 증후군], 492
Lysine [라이신], 9
degradation of [분해], 306
as ketogenic amino acids [케톤생성 아미노산], 301, 301f
Lysosomal enzymes [용해소체 효소], 9
Lysosomal glycoprotein degradation [용해소체 당단백질분해], 193-194
Lysosomal storage diseases [용해소체축적병], 241, 267

M

Macrocytic anemia [큰적혈구빈혈], 438, 438f
Macrominerals [다량무기질], 462, 462f
calcium (Ca^{2+}) [칼슘], 462 - 463
chloride (Cl^-) [염소이온], 464
hormonal regulation [호르몬 조절], 463-464
magnesium (Mg) [마그네슘], 464
phosphorus (P) [인], 463
potassium (K) [포타슘], 465
RDA for adults [성인 영양권장량], 462f
sodium (Na^+) [소듐], 464
Macronutrients [다량영양소], 415, 〈참조〉 영양소, 영양 (Nutrients; Nutrition)
acceptable macronutrient distribution ranges (AMDR) [다량영양소 허용분포범위], 491, 419f
concept map for [개념도], 433f
dietary carbohydrates [음식 탄수화물], 422-425
dietary fats [음식 지방], 419-422
dietary protein [음식 단백질], 425-428
Magnesium (Mg) [마그네슘], 462f, 464
in bone [뼈-], 463
hypermagnesemia [고마그네슘혈증], 464
hypomagnesemia [저마그네슘혈증], 464
Magnesium sulfate, in preeclampsia [황산마그네슘], 464
Malate [사과산염(= 말산염)], 292
Malate dehydrogenase [사과산염(= 말산염) 탈수소효소], 291
Malate oxidation [사과산염(= 말산염) 산화], 130
Maltose [엿당(= 맥아당)], 423-424
Manganese (Mn) [망가니즈(= 망간)], 462f, 468, 468
MAO (Monoamine oxidase) [모노아민 산화효소]
MAOI (Monoamine oxidase inhibitor) [모노아민산화효소 억제제]
Maple syrup urine disease (MSUD) [단풍시럽뇨병], 306, 313
classification [분류], 313
screening and diagnosis [선별검사 및 진단], 313
treatment [치료], 313
Marasmus [소모증], 427, 427f, 428, 428f
MCV (Mean corpuscular volume) [평균적혈구용적]
Mean corpuscular volume (MCV) [평균적혈구용적], 438
Medical nutrition therapy (MNT) [임상영양요법], 429
Mediterranean diet [지중해식 음식조절], 421
low-fat diet [저지방 음식조절], 421, 421f
Western diet [서양식 음식조절], 421, 421f
Megaloblastic anemia [거대적혈모구 빈혈], 〈참조〉 큰적혈구 빈혈(Macrocytic anemia)
Megaloblasts, in bone marrow [거대적혈모구, 골수-], 439, 439f
Melanin [멜라닌], 331-332
MELAS (Mitochondrial encephalomyopathy, lactic acidosis, and stroke-like episode) [멜라스(= 사립체 뇌근병증-젖산산증-뇌졸중유사삽화)]
Membrane lipids [막지질], 231
polar [극성-], 231, 231f
Menadione [메나다이온], 454-455 , 〈참조〉 비타민 K (Vitamin K)
Menaquinone (Vitamin K_2) [메나퀴논], 454-455, 〈참조〉 비타민 K (Vitamin K)
Menkes syndrome [멩케스 증후군], 465, 465f
MERRF (Myoclonic epilepsy with ragged red fiber myopathy) [머프(= 불균일적색근섬유근병증 동반 근간대뇌전증)]
Messenger RNA (mRNA) [전령 RNA], 499, 501, 501f
eukaryotic [진핵생물-], 507-510
monocistronic [단일시스트론], 501
polycistronic [다중시스트론], 501
posttranscriptional processing of [전사후가공], 507-510
addition of 5′-cap [5′-모자 첨가], 508, 508f
alternative splicing [선택적 잘라잇기], 510, 510f

3′-poly-A tail and cap addition [3′-다중-A 꼬리 및 모자 첨가], 509 , 509f
splicing [잘라잇기], 509-510, 509f
processing and use in eukaryotes [진핵생물 가공 및 사용], 543
alternative polyadenylation [선택적 다중아데닐화], 543-544
alternative splicing [선택적 잘라잇기], 543, 543f
mRNA stability [mRNA 안정성], 544-545
RNA editing [RNA 편집], 544, 544f
structure of [구조], 501, 501f
synthesis of complementary DNA (cDNA) from [상보DNA 합성], 556-557, 556f
transcription from bacterial operons [세균 오페론의 전사], 536, 〈참조〉 유전자 발현 (Gene expression)
translation [번역], 518, 546, 546f, 〈참조〉 번역 (Translation)
mRNA (Messenger RNA) [전령 RNA]
Metabolic equivalent of the task (MET) [대사등가물], 418
Metabolic syndrome [대사증후군], 410
Metachromatic leukodystrophy [이염(색)백질형성장애], 243f
Methionine [메싸이오닌]
degradation and resynthesis of [분해 및 재합성], 304, 304f
succinyl CoA from [석시닐 CoA], 303
Methotrexate [메토트렉세이트], 546-547
Methylcobalamin [메틸코발아민], 439-440, 440f
Methylmalonic acidemia (MMA) [메틸말론산혈증], 315
Mevalonate [메발론산(염)], 254, 254f
synthesis of cholesterol from [콜레스테롤 합성], 254-256, 255f
Michaelis constant (Km) [미하엘리스 상수], 64-66
competitive inhibition and [경쟁억제], 66-67
noncompetitive inhibition and [비경쟁억제], 67-68
Michaelis-Menten equation [미하엘리스식], 64
Michaelis-Menten kinetics [미하엘리스-멘텐 반응속도론], 64-66
Microarray analysis, of gene expression [미세칩배열 분석, 유전자 발현], 571, 571f
Microbiome [미생물무리유전체], 431
Microcytic anemia [작은적혈구빈혈], 438
Microcytic, hypochromic anemia [작은적혈구저혈색소 빈혈], 467, 467f
Micronutrients [미량영양소], 415, 〈참조〉 무기질, 영양소, 영양, 비타민 (Minerals; Nutrients; Nutrition; Vitamins)
MicroRNA (miRNA) [미세RNA], 499-500 544-545
Microsomal CYP monooxygenase system [미세소체 CYP 일산소화효소계], 320-321
Microsomal heme oxygenase [미세소체 헴산소화효소], 325
Miglustat [미글루스타트], 242-244
Minerals [무기질], 462
bones and teeth formation [뼈 및 치아 형성], 462
catalysis [촉매작용], 462
classification of [분류], 462, 462f
definition of [정의], 446
fluid balance [체액 균형], 462
function of [기능], 446
macrominerals [미량무기질], 462, 462f
calcium [칼슘], 462-463
magnesium [마그네슘], 464
phosphorus [인], 463
potassium [포타슘], 465
sodium and chloride [소듐 및 염소이온], 464
microminerals, trace minerals [미량무기질, 소량 무기질], 462, 462f
chromium (Cr) and fluorine (F) [크로뮴 및 플루오린], 469
copper (Cu) [구리], 465, 465f
iron (Fe) [철], 466-468, 467f
manganese (Mn) [망가니즈], 468, 468f
requirement [필요량], 468
zinc (Zn) [아연], 468, 468f
muscle contraction [근육수축], 462
nerve conduction [신경전도], 462
signaling [신호전달], 462
summary of [요약], 472
ultratrace minerals [극소량 무기질], 469, 472f
iodine (I) [아이오딘], 469-470
molybdenum (Mo) [몰리브데넘], 471
selenium (Se) [셀레늄], 470-471
Mismatch repair (MMR) [짝짝이(= 불일치) 복구], 492, 492f
Missense mutation [오인 돌연변이], 516, 516f
Mitochondrial encephalomyopathy, lactic acidosis, and stroke-like episodes (MELAS) [사립체 뇌근병증-젖산산증-뇌졸중유사삽화], 500
MMA (Methylmalonic acidemia) [메틸말론산 산증]
MMR (Mismatch repair) [짝짝이 복구]
MNT (Medical nutrition therapy) [임상영양요법]
Molybdenum (Mo) [몰리브데넘(= 몰리브덴)], 462, 471, 471f
Monoamine oxidase (MAO) [모노아민 산화효소], 330, 330f, 330
Monoamine oxidase inhibitors (MAOIs) [모노아민산화효소 억제제], 330, 432
and tyramine-containing foods [타이라민함유 음식], 432
Mononuclear phagocyte system (MPS) [단핵포식세포계], 325
Monosaccharides [단당(류)], 423-424
Monounsaturated fats [단일포화지방], 421-422
Monounsaturated fatty acids (MUFA) [단일포화지방산], 406
MPS (Mononuclear phagocyte system) [단핵포식세포계]
MSUD (Maple syrup urine disease) [단풍시럽뇨병]
MUFA (Monounsaturated fatty acid) [단일포화지방산]
Mut 단백질 [Mut protein], 495, 495f
Mycophenolic acid [마이코페놀산], 341, 340
Myocardial infarction (MI) [심근경색증], 578
Myoclonic epilepsy with ragged red fibers (MERRF) [근간대뇌전증], 500
Myotonic dystrophy [근긴장디스트로피], 517
MyPlate [마이플레이트], 428-429, 429f

N

Na^+/K^+-ATPase [소듐/포타슘-ATPase], 465, 465f
NAD^+ (Nicotinamide adenine dinucleotide) [니코틴아마이드 아데닌 다이뉴클레오타이드]
$NADP^+$ (Nicotinamide adenine dinucleotide phosphate) [니코틴아마이드 아데닌 다이뉴클레오타이드 인산염]
NAFLD (Nonalcoholic fatty liver disease) [비알코올 지방간질환]
NASH (Nonalcoholic steatohepatitis) [비알코올 지방간염]
NEAT (Nonexercise activity thermogenesis) [비운동열생성]
Neonatal jaundice [신생아 황달], 327f, 328, 328f
NER (Nucleotide excision repair) [뉴클레오타이드절제 복구]
Neural tube defects (NTDs) [신경관결손], 564
folate and [엽산(염)], 439
Neutral glycosphingolipid [중성 당스핑고지질], 240, 240f
NHEJ (Nonhomologous end joining) [비상동성 끝부위연결]
Niacin (Vitamin B_3) [나이아신], 443-445
clinical indications for [임상적응증], 444-445
coenzyme forms [보조효소 형태], 443, 444f
deficiency of [결핍], 444
dietary sources of [음식공급원], 444
and hyperlipidemia treatment [고지질혈증 치료], 444-445
and prostaglandin-mediated flushing [프로스타글랜딘매개 홍조], 445
Nicotinamide [니코틴아마이드], 443-444

Nicotinamide adenine dinucleotide (NAD⁺) [니코틴아마이드 아데닌 다이뉴클레오타이드], 443-444, 444f
in oxidative deamination [산화탈아미노화], 288, 288f
reduction of [환원], 444, 445f
structure and biosynthesis of [구조], 444, 444f
Nicotinamide adenine dinucleotide (NADH) [니코틴아마이드 아데닌 다이뉴클레오타이드], 170, 366
Nicotinamide adenine dinucleotide phosphate (NADP⁺) [니코틴아마이드 아데닌 뉴클레오타이드 인산염], 443-444, 444f
and cholesterol synthesis [콜레스테롤 합성], 253
in reductive amination [환원성 아민화], 288, 288f
Niemann-Pick C1-like 1 protein [니만-픽C1유사1 단백질], 253
Niemann-Pick disease [니만-픽병], 238, 240f, 242, 243f
type C [C형], 267
Night blindness (nyctalopia), vitamin A deficiency and [야맹(증), 비타민A 결핍], 449-450
Nitric oxide [산화질소], 589
Nitric oxide (NO) synthesis [산화질소 합성]
and macrophage bactericidal activity [큰포식세포 살균력], 175
nitric oxide and vascular endothelium [산화질소 및 혈관내피], 174
nitric oxide synthase [산화질소 생성효소], 174
Nitrogen [질소], 〈참조〉 아미노산 (Amino acid)
metabolism [대사], 281-282, 282f
amino acid pool [아미노산 웅덩이], 282, 282f
concept map for [개념도], 297f
protein turnover [단백질 전환], 282-283
removal from amino acids [아미노산에서 제거], 286-289
oxidative deamination [산화탈아미노화], 288-289, 288f
transamination [아미노기전달], 286-288, 286f, 287f
transport of ammonia to liver [간으로 암모니아 수송], 290
in urea [요소], 290, 〈참조〉 요소회로 (Urea cycle)
Nitrogen (N) balance [질소균형], 426
determination of [측정], 426
negative [음성], 426
positive [양성], 426
Nitrogen-scavenging medications [질소제거제 투약], 296
Nonalcoholic fatty liver disease (NAFLD) [비알코올 지방간질환], 265, 396-397
obesity and [비만], 410
Nonalcoholic steatohepatitis (NASH) [비알코올 지방간염], 397
Nonessential amino acids [비필수아미노산], 300, 301f, 〈참조〉 아미노산 (Amino acid)
biosynthesis of [생합성], 307-309, 310f
alanine, aspartate, and glutamate [알라닌, 아스파트산(염), 글루탐산(염)], 308, 308f
asparagine [아스파라진], 308
cysteine [시스테인], 308
glutamine [글루타민], 308
glycine [글라이신], 308
proline [프롤린], 308
serine [세린], 308
tyrosine [타이로신], 309
Nonexercise activity thermogenesis (NEAT) [비운동성 열생성], 419
Nonhomologous end joining (NHEJ) [비상동끝부위 연결], 494
Nonpolar R groups [비극성 R기], 4
Nonsense mutation [무의미 돌연변이], 516, 516f
Nonstandard amino acids [비표준아미노산], 1
Norepinephrine (NE) [노르에피네프린], 329, 359, 〈참조〉 카테콜아민 (catecholamines)
Northern blots [노던블롯], 571
NTD (Neural tube defect) [신경관결손]
Nucleic acids [핵산], 475, 〈참조〉 데옥시리보핵산, 리보핵산 (Deoxyribonucleic acid, DNA; Ribonucleic acid, RNA)
Nucleofilament [핵잔섬유], 490, 491f
Nucleoprotein [핵산단백질], 476
Nucleoside diphosphates [이인산뉴클레오사이드], 340-341
Nucleoside triphosphates [삼인산뉴클레오사이드], 340-341
Nucleosomes [염색소체], 490
fate, during DNA replication [운명, DNA복제중-], 490-491
nucleofilament [핵잔섬유], 490, 490f
structure of [구조], 490, 491f
Nucleotide excision repair (NER) [뉴클레오타이드절제 복구], 493, 493f
Nucleotide [뉴클레오타이드], 337, 〈참조〉 퓨린 뉴클레오타이드 (Purine nucleotide)
concept map for metabolism of [개념도], 351f
nucleosides [뉴클레오사이드], 337, 337f
deoxyribonucleoside [데옥시리보뉴클레오사이드], 337
nucleotide from [뉴클레오타이드], 337, 338f
ribonucleoside [리보뉴클레오사이드], 337
purine and pyrimidine bases in [퓨린 및 피리미딘 염기], 336-337, 336f
role/function of [역할/기능], 336
structure of [구조], 336-337
unusual bases in [희귀 염기], 336-337, 337f
Nutrients [영양소]
and chronic diseases [만성병], 419, 419f
defined [정의], 415
dietary reference intakes (DRI) [영양섭취기준], 415-417, 417f
essential [필수-], 415, 415f
macronutrients [다량영양소], 415, 433f
micronutrients [미량영양소], 415
Nutrition [영양]
in adolescents [청소년기-], 431
assessment [판정], 429
anthropometric measures [인체계측], 429-430
dietary history [식이력], 429
laboratory data [실험실 데이터], 430
in children [유아기-], 431
in infancy [영아기-], 430-431
in older adults [노인-], 431
in pregnant/lactating women [임신/수유중 여성-], 431
tools [도구], 428
MyPlate [마이플레이트], 428-429, 429f
Nutrition facts label [영양성분표], 429, 429f, 430f
in young adults [젊은 성인-], 431
Nutritional anemias [영양빈혈], 438-439
classification of [분류], 438, 438f
macrocytic [큰적혈구-], 438-439
microcytic [작은적혈구-], 438
Nutritional immunity [영양 면역], 468
Nutritional insufficiency [영양부족], 430

O

Obesity [비만]
adipocyte size and number [지방세포 크기 및 수], 407
assessment of [판정], 405-407
behavioral factors and [행동 인자], 408
body mass index and [신체질량지수], 405-406, 405f
caloric restriction in [열량 제한], 410-411
concept map for [개념도], 412f

defined [정의], 405
environmental factors and [환경 인자], 408
fat deposition, anatomic differences in [지방침착, 해부학적 차이], 406, 406f
genetics and [유전학], 408
biologic origin [생물학적 기원], 408, 408f
gene mutations [유전자 돌연변이], 408, 408f
health risks of [건강 위험성], 410
and insulin resistance [인슐린 저항성], 395-396, 396f, 397f, 410
lower-body [하체-], 406, 406f
metabolic effects of [대사 효과], 409, 409f
and metabolic syndrome [대사 증후군], 410, 410f
molecular influences [분자적 영향], 408-409, 409f
long-term signals [장기 신호], 409
short-term signals [단기 신호], 409
and nonalcoholic fatty liver disease [비알코올 지방간질환], 410
overfeeding and weight change [과다섭취 및 체중변화], 407, 407f
overview [개관], 405
pharmacologic treatment for [약리학적 치료], 411
physical activity in [신체활동], 411
prevalence [유병률], 390
regional fat depots, biochemical differences in [부위별 지방침착, 생화학적 차이], 406
endocrine function [내분비 기능], 406
portal circulation and [문맥순환], 407
and risk of death [사망 위험성], 410, 410f
severely, morbidly obese [심하고 병적인 비만], 405
social consequences [사회적 영향], 410
surgical treatment for [외과적 치료], 411
upper-body, and health risks [상체-, 건강 위험성], 406, 406f
weight reduction for [체중감량], 410-411
Obstructive jaundice [폐쇄황달], 328
Occipital horn syndrome [후두부 경련 증후군], 465
Oculocutaneous albinism [눈피부백색증], 332
Okazaki fragment [오카자키 조각], 483, 483f
OMP (Orotidine monophosphate) [일인산오로티딘]
Operons [오페론], 536, 538f
Opsin [옵신], 449
Oral glucose tolerance test [경구포도당내성 검사], 392
for gestational diabetes [임신당뇨병-], 392
Organic anion transporting polypeptide (OATP1B1) [유기음이온수송 폴리펩타이드], 258
Ornithine [오니틴], 290, 301
Ornithine transcarbamylase (OTC) [오니틴 카바모일기전달효소], 290, 347
deficiency [결핍], 295
Orotic acid [오로트산], 295
synthesis of [합성], 347
OTC (Ornithine transcarbamylase) [오니틴 카바모일기전달효소]
Orotidine monophosphate (OMP) [일인산오로티딘], 348
Orotidylate decarboxylase [오로티딜산(염) 탈카복실화효소], 348
Osteomalacia, vitamin D deficiency and [골연화증(= 뼈연화증), 비타민D 결핍], 454, 454f
Oxalate stones [옥살산(염) 결석], 302
Oxidative deamination [산화탈아미노화], 288-289, 289f
amino group removal in [아미노기 제거], 288
by glutamate dehydrogenase [글루탐산(염) 탈수소효소], 288, 288f
in liver and kidney [간- 및 콩팥-], 288
Oxygen (O_2) [산소]
binding to hemoglobin [혈색소 결합], 31-32, 31f
allosteric effectors and [다른자리조절 효과제], 32
binding to myoglobin [근색소 결합], 32
debt [부채], 118
and electron transport chain [전자수송사슬], 36
partial pressure of (PO_2) [분압], 32
and respiratory burst [호흡터짐], 173, 174f
transport, by hemoglobin [수송, 혈색소-], 36
Oxygenase [산소화효소], 60
Oxygen-dissociation curve [산소해리곡선], 32
2,3-BPG and [2,3-이중인산글리세르산(염)], 32
CO and [일산화탄소], 36, 36f
hyperbolic [쌍곡선-], 32
sigmoidal [S자형-], 32
Oxyhemoglobin [산소혈색소], 33
Bohr effect and [보어 효과], 33
structure of, R(= relaxed) structure [구조, R형(= 이완형) 구조], 31f

P

PA (Phosphatidic acid) [포스파티드산]
PAF (Platelet-activating factor) [혈소판활성화 인자]
PAH (Phenylalanine hydroxylase) [페닐알라닌 수산화효소]
Pancreatic phosphodiesterases [인산다이에스터분해효소], 345
Pancreatic proteases [췌장(= 이자) 단백질분해효소], 284
Pantothenic acid (Vitamin B_5) [판토텐산(= 비타민B_5)], 446
coenzyme A, structure of [보조효소 A, 구조], 446, 446f
sources of [공급원], 446
PAPS (3′-Phosphoadenosine-5′-phosphosulfate) [3'-인산아데노신-5'-인산황산염]
Parathyroid hormone (PTH) [부갑상샘호르몬], 453, 452f
Parkinson disease [파킨슨병], 22, 330
Paternity testing [친자확인검사], 570
Patisiran [파티시란], 545
PBG (Porphobilinogen) [포르포빌리노겐]
PC (Phosphatidylcholine) [포스파티딜콜린]
PC (Pyruvate carboxylase) [파이루브산(염) 카복실화효소]
PCR (Polymerase chain reaction) [중합효소사슬반응]
PCSK9 (Proprotein convertase subtilisin/kexin type 9) [풋단백질 전환효소 서브틸리신/켁신 9형]
PCT (Porphyria cutanea tarda) [지연피부포루피린증]
PDCAAS (Protein Digestibility-Corrected Amino Acid Score) [단백질소화율보정 아미노산 점수]
PDH (Pyruvate dehydrogenase) [파이루브산(염) 탈수소효소]
Pellagra [펠라그라], 444
PEM (Protein-energy malnutrition) [단백질에너지 영양실조]
Pentose phosphate pathway [인산오탄당 경로], 168
stimulation of [자극], 374
PEPCK (Phosphoenolpyruvate carboxykinase) [인산엔올파이루브산(염) 카복시인산화효소]
Pepsin [펩신], 283, 284
Pepsinogen [펩시노젠], 283, 284
Peptide bond [펩타이드 결합], 15f
characteristics [특징], 15
cis [시스-], 15, 15f
naming peptides [펩타이드 명명(법)], 14-15
polarity [극성], 15
trans [트랜스-], 15, 15f
Peptide linkage [펩타이드 결합], 1, 1f
PGH_2 생성효소(= 프로스타글랜딘 내부과산화물 생성효소) [PGH_2 synthase (prostaglandin endoperoxide synthase)], 245, 245f, 246f
PG (Prostaglandin) [프로스타글랜딘]

pH [수소이온농도 지수], 6-7
of blood [혈액-], 9
blood gases and [혈액가스], 10
drug absorption and [약물흡수], 9-10
isoelectric point (pI) [등전점], 8-9
net charge at neutral [중성상태의 알짜전하량], 9
separation of plasma proteins at [혈장단백질 분리], 9
Pharming [유전자조작제약농], 574
Phenylacetylglutamine [페닐아세틸글루타민], 296, 296f
Phenylalanine [페닐알라닌]
degradation of [분해], 302, 302f
Phenylalanine hydroxylase (PAH) [페닐알라닌 수산화효소], 303, 303f, 564-566
Phenylbutyrate [페닐뷰티르산(염)], 296, 296f
Phenylketonuria (PKU) [페닐케톤뇨증], 303, 309, 310f, 309-312
central nervous system effects [중추신경계(통) 효과], 311
elevated phenylalanine metabolites in [알라닌대사물 증가], 311, 312f
hypopigmentation in [저색소증], 311
maternal [모계-], 312
newborn screening and diagnosis [신생아 선별검사 및 진단], 311-312
phenylalanine hydroxylase in, deficiency in [페닐알라닌 수산화효소, 결핍], 311f
prenatal diagnosis [산전진단], 312, 564, 566, 566f, 567f
treatment [치료], 312
Phlebotomy [정맥절개], 468
Phosphatases [인산염분해효소], 5
Phosphatidic acid (PA) [포스파티드산], 231f, 232, 〈참조〉 글리세롤인지질 (Glycerophospholipids)
Phosphatidylcholine (PC) [포스파티딜콜린], 234, 234f, 258
in lung surfactant [허파(= 폐) 표면활성제], 234
synthesis from phosphatidylserine [포스파티딜세린에서 합성], 235, 235f
Phosphatidylethanolamine [포스파티딜에탄올아민], 234
Phosphatidylglycerol [포스파티딜글리세롤], 237
Phosphatidylinositol (PI) [포스파티딜이노시톨], 235-236, 236f
Phosphatidylinositol 4,5-bisphosphate (PIP2) [4,5-이중인산포스파티딜이노시톨], 236, 236f
Phosphatidylserine (PS) [포스파티딜세린], 235, 235f
in clotting cascade [응고 연쇄증폭-], 579
3′-Phosphoadenosine-5′-phosphosulfate (PAPS) [3'-인산아데노신-5'-인산황산(염)], 241, 241f
Phosphocreatine [인산크레아틴], 〈참조〉 인산크레아틴 (creatine phosphate)
Phosphodiester bonds, DNA [인산다이에스터 결합, DNA-], 476-477, 476f
Phosphoenolpyruvate carboxykinase (PEPCK) [인산엔올파이루브산(염) 카복실화효소], 372
Phosphoglycerides [인산글리세라이드], 〈참조〉 글리세롤인지질 (Glycerophospholipids)
degradation of [분해], 237-238, 239f
Phospholipase A_2 [인지질분해효소 A_2], 462
Phospholipase C [인지질분해효소 C], 587
Phospholipases [인지질분해효소], 237-238, 239f
Phospholipid (phosphatide) [인지질(= 포스파타이드)]
amphipathic nature [친양쪽성 성질], 231
concept map for [개념도], 248f
degradation of [분해], 237
function of [기능], 231-232
with glycerol as backbone [뼈대 글리세롤], 〈참조〉 글리세롤인지질 (glycerophospholipids)
hydrophilic (polar) head of [친수성(= 극성) 머리], 231, 231f
hydrophobic portion of [소수성 부위], 231, 231f
membrane [막-], 231
nonmembrane [막외-], 231-232
overview [개관], 231-232, 231f
with sphingosine as backbone [뼈대 스핑고신], 〈참조〉 스핑고마이엘린 (Sphingomyelin)
structure of [구조], 232-233, 232f, 233f
synthesis of [합성], 233-237
5-Phosphoribosylamine [5-인산리보실아민], 338, 339f
5-Phosphoribosyl-1-pyrophosphate (PRPP) [5-인산리보실-1-파이로인산염], 338, 347
5-phosphoribosylamine from [5-인산리보실아민 형태], 338, 339f
synthesis of [합성], 337-338, 338f
Phosphorus (P) [인]
in body [체내-], 463
hyperphosphatemia [고인산염혈증], 463
hypophosphatemia [저인산염혈증], 463
Phosphorylation [가인산(= 인산화)], 528, 528f
Photosensitivity [빛민감성(= 빛감수성)], 322-323
Phototherapy, in neonatal jaundice [빛요법(= 광선요법), 신생아황달-], 328, 328f
Phylloquinone (Vitamin K_1) [필로퀴논(= 비타민 K_1)], 454, 〈참조〉 비타민 K (Vitamin K)
Physical activity [신체 활동]
energy expenditure in [에너지 소비], 418, 418f
obesity and [비만], 411
for weight reduction [체중감소], 411
Physical activity ratio (PAR) [신체활동률], 418
Physiologic stress, and insulin secretion [생리적 스트레스, 인슐린 분비], 359
Phytates [파이트산염], 468
PI (Phosphatidylinositol) [포스파티딜이노시톨]
PIP_2 (Phosphatidylinositol 4,5-bisphosphate [4,5-이중인산포스파티딜이노시톨]
PKA (Protein kinase A) [단백질인산화효소 A]
PKU (Phenylketonuria) [페닐케톤뇨증]
Plant sterols [식물 스테롤], 253
Plaque formation [판 형성], 252, 〈참조〉 콜레스테롤 (Cholesterol)
Plasma lipoproteins [혈장 지단백질], 262-272
apolipoproteins [아포지단백질], 262-263
cholesterol content of [콜레스테롤 내용물], 262
chylomicrons [암죽미립], 263-265, 264f
composition [조성], 262
electrophoretic mobility of [전기영동 이동성], 262, 263f
function of [기능], 262
high-density lipoprotein [고밀도지단백질], 268-270, 272f
lipoprotein (a) [지단백질(a)], 270-271
lipoprotein particles in [지단백질 입자], 261
sizes and densities [크기 및 밀도], 262, 262f
low-density lipoprotein [저밀도지단백질], 266-268, 269f
structure of [구조], 263, 263f
very-low-density lipoprotein [초저밀도지단백질], 265-266, 266f, 267f
Plasmids [플라스미드], 478, 554-555, 554f, 555f
plasmid, pBR322 plasmid [플라스미드, pBR322 플라스미드], 554f, 555
Plasmin [플라스민(= 섬유소분해효소)], 586
Plasminogen [플라스미노젠(= 섬유소분해효소원)], 232-233, 233f, 586
Platelet-activating factor (PAF) [혈소판활성화 인자], 233f, 233, 588
Platelet-derived growth factor [혈소판유래 성장인자], 588
Platelet plug [혈소판마개], 586, 586f, 〈참조〉 혈액응고 (Blood clotting)
formation of [형성], 586-589
Platelets [혈소판], 586, 586f
activation [활성화], 587-588, 587f
adhesion [부착], 587, 587f

aggregation [응집], 589, 588f
unnecessary activation of [불필요 활성화], 589
PLP (Pyridoxal phosphate) [인산피리독살]
Polydipsia [다음(다갈)증]
in type 1 diabetes [1형당뇨병-], 391
in type 2 diabetes [2형당뇨병-], 395
Polyisoprenoid squalene [폴리아이소프레노이드 스쿠알렌], 255
Polymerase chain reaction (PCR) [중합효소사슬반응], 554, 568
advantages of [이점], 570
applications of [적용], 570-571
detection of low-abundance nucleic acid sequences [소량핵산서열 검출], 570
forensic analysis [법의학적 분석], 570
prenatal diagnosis and cystic fibrosis [산전진단 및 낭성섬유증], 570-571
in research [연구-], 570
procedure [절차], 569-570, 568f
annealing primers [시발체 열풀림], 569
constructing primer [시발체 세소], 569
denaturing DNA [DNA 변성화], 569
extending primers [시발체 연장], 569-570
sample preparation [시료 준비], 569
Polymorphisms [다형성], 562, 562f
in cytochrome P450 enzyme [사이토크롬P450 효소], 580
Polypeptides [폴리펩타이드], 16, 19
Polyphagia, in type 1 diabetes [다식증, 1형당뇨병], 391
Polysaccharides [다당(류)], 424
Polyunsaturated fats [다중불포화지방], 421
Polyunsaturated fatty acids (PUFA) [다중불포화지방산], 420, 421
ω-3 fatty acids [오메가-3 지방산], 421-422
ω-6 fatty acids [오메가-6 지방산], 421
Polyuria [다뇨증]
in type 1 diabetes [1형당뇨병-], 391
in type 2 diabetes [2형당뇨병-], 395
Porphobilinogen (PBG) [포포빌리노젠], 321, 321f, 322, 322f
Porphobilinogen synthase [포포빌리노젠 생성효소], 468
Porphyria cutanea tarda (PCT) [지연피부포르피린증], 321, 322f, 323, 323f
skin eruptions in [피부발진], 323, 323f
Porphyrias [포르피린증], 322-324
ALAS activity in, increase in [ALAS 활성, 증가], 323
clinical manifestations [임상적응증], 322-323
erythropoietic [적혈구형성-], 322, 323f
hepatic [간-], 322-323
acute [급성-], 322-323, 323f
chronic [만성-], 322-323, 323f
inherited [유전-], 345
treatment of [치료], 345-346
porphyrins [포르피린], 319-328
binding with metal ions [금속이온 결합], 319
heme biosynthesis [헴 생합성], 320-322, 321f, 322f, 324f
heme degradation [헴 분해], 325-327
jaundice [황달], 327-328
pathway of synthesis [합성경로], 320f-323f
porphyrias [포르피린증], 322-324
structure of [구조], 319-330, 320f
porphyrinogens [포르피리노젠], 320
side chain distribution [곁사슬 분포], 320
side chains [곁사슬], 319-320
type III porphyrins [III형 포르피린], 320
Postprandial hypoglycemia [식후 저혈당], 365-366
Potassium (K) [포타슘(= 칼륨)], 462f, 465
PP_i (Pyrophosphate) [파이로인산염]
Pravastatin [프로바스타틴], 258, 258f
Prediabetes [당뇨병전단계], 391-392
Pregnant women, elevated Hcy levels in [임신여성, 호모시스테인 농도 증가], 305
Pregnenolone [프레그네놀론], 273, 273f
Prenatal diagnosis [산전진단], 564
diagnostic methods [진단방법], 564
DNA sources [DNA 공급원], 564, 564f
phenylketonuria [페닐케톤뇨증], 566, 567, 566f, 567f
sickle cell anemia [낫적혈구빈혈], 564-566, 565f
Prenylation [프레닐화], 254
Preproinsulin [전구폿인슐린], 356
Primary amino group [일차아미노기], 4f
Prion diseases [프리온병], 23-24
Prion protein (PrP) [프리온 단백질], 23
Probes [탐색자], 558-560
antibodies [항체], 560
biotinylated probes [바이오틴화 탐색자], 559-560
hybridization to DNA [DNA 제자리부합화], 559
synthetic oligonucleotide probes [합성올리고뉴클레오타이드 탐색자], 559, 559f
use of [사용], 558-559
Progesterone [프로제스테론], 273f
Proinsulin [폿인슐린], 356
Proline [프롤린], 4
Prokaryotes [원핵생물], 475
DNA in [DNA], 475
gene expression in, regulation of [유전자 발현, 조절], 535f, 536-540, 〈참조〉 유전자 발현 (Gene expression)
lactose operon [젖당 오페론], 536-538, 537f
mRNA transcription, from operon [전령RNA 전사, 오페론-], 536
operators in bacterial operons [세균오페론 작동자], 536, 537f
stringent response to amino acid starvation [아미노산 기근에 대한 엄격대응], 539-540, 540f
transcription and translation coordination [전사 및 번역 협동], 539-540, 540f
tryptophan operon [트립토판 오페론], 539, 539f
protein-DNA complex in [단백질-DNA 복합체], 476
transcriptional attenuation in [전사 감쇠], 540
Prokaryotic DNA replication [원핵생물 DNA 복제], 479-487
chain elongation [사슬연장], 483-485, 483f
DNA polymerase III in [DNA 중합효소 III], 484, 483f
proofreading new DNA [새 DNA 교정], 484-485, 485f
complementary strand separation [상보가닥 분리], 479, 480f
direction of [방향], 482, 482f
lagging strand [뒤처지는 가닥], 482
leading strand [앞서는 가닥], 482
DNA ligase [DNA 연결효소], 487, 487f
origins of replication [복제 개시점], 479, 480f
replication bubble [복제방울], 479, 480f
replication fork formation [복제갈래 형성], 479, 480f
DnaA protein [DnaA 단백질], 479-480
DNA helicases [DNA 나선효소], 480, 480f
single-stranded DNA-binding protein [홑가닥DNA결합 단백질], 480-481
supercoiling in [배배꼬임], 481, 481f
RNA primer excision and replacement by DNA [RNA시발체 절제 및 DNA 대체], 485-486

3′→5′exonuclease activity [3′→5′ 핵산말단분해효소 활성], 486
5′→3′exonuclease activity [5′→3′ 핵산말단분해효소 활성], 485-486, 485f, 486f
RNA primer in [RNA 시발체], 482-483, 482f, 483f
primase (DnaG) [시발효소], 483
primosome [시발소체], 483
termination [종료], 487
Proline [프롤린]
degradation of [분해], 301
synthesis of [합성], 307
Prolyl hydroxylase [프롤릴(기) 수산화효소], 466
Propionyl CoA [프로피오닐 CoA], 306
Proprotein convertase subtilisin/kexin type 9 (PCSK9) [풋단백질 전환효소 서브틸리신/켁신 9형], 267
Prostacyclin (PGI_2) [프로스타사이클린(= PGI_2)], 245
Prostaglandin I_2 (PGI_2) [프로스타글랜딘 I_2], 589
Prostaglandins (PGs) [프로스타글랜딘], 244-246, 〈참조〉 아이코사노이드 (Eicosanoids)
in platelet homeostasis [혈소판 항상성-], 245-247
synthesis [합성], 244-245, 246f
inhibition [억제], 237
Proteasomes [단백소체(= 단백분해소체)], 282, 283, 283f, 528
protein [단백질]
denaturation [변성], 22
domains [영역], 20-21
folding [접힘], 21-22, 22f
chaperones in [샤페론], 22
misfolding [잘못접힘], 23-24
nonrepetitive secondary structure [비반복 이차구조], 19
primary structure of [일차구조], 15-17
quaternary structure of [사차구조], 22-23
secondary structure of [이차구조], 18-20
supersecondary structures (Motifs) [초이차구조(= 구조요소)], 20, 20f
tertiary structure of [삼차구소], 20-22
Protein C [단백질 C], 585-586
Protein Digestibility-Corrected Amino Acid Score (PDCAAS) [단백질소화율보정 아미노산점수], 425-426, 426f
Protein-energy malnutrition (PEM) [단백질-에너지 영양실조], 427
in children [아동기-], 427, 427f
in developing countries [개발도상국-], 427
kwashiorkor [단백질열량부족증], 427, 427f, 428, 428f
marasmus [소모증], 427, 427f, 428, 428f
Protein-energy undernutrition (PEU) [단백질-에너지 영양실조], 〈참조〉 단백질-에너지 영양실조 (Protein-energy malnutrition, PEM)
Protein folding [단백질 접힘], 526
Protein kinase A (PKA) [단백질인산화효소 A], 273
Protein kinase C [단백질인산화효소 C], 236, 462, 587, 587f
Protein microarrays [단백질 미세칩배열(법)], 571
protein(s) [단백질]
amino acids from [아미노산], 281-282, 〈참조〉 아미노산 (Amino acid)
analysis [분석], 572
from animal sources [동물성 공급원], 426
blood clotting, role in [혈액응고, 역할], 578-579
complete [완전-], 426
degradation [분해], 282-283, 528
signals [신호], 283
ubiquitin-proteasome system [유비퀴틴-단백소체계], 283, 283f
dietary [음식-], 425-428
and carbohydrates in diet [음식조절 탄수화물], 427
essential amino acids from [필수아미노산], 425
excess, consumption of [과다-, 소비], 427
high-quality [고품질-], 426
inadequate intake of [불충분섭취], 427-428, 427f, 428f
incomplete, combination of [불완전-, 조합], 426, 426f
and nitrogen balance [질소균형], 426
quality of [(품)질], 425-426, 426f
requirements [필요량], 426-427
restriction [제한], 427
digestion of [소화], 283
by gastric secretion [위액분비-], 283-284, 284f
by pancreatic enzymes [췌장효소-], 284-285, 284f
by small intestine enzymes [작은창자효소-], 284f, 285
half-life of [반감기], 283
incomplete [불완전-], 426, 426f
long-lived [장수-], 282
metabolism [대사]
effects of glucagon on [글루카곤 효과], 363
effects of insulin on [인슐린 효과], 360
microarrays [미세칩배열(법)], 571
nonproteolytic [비단백질분해-], 579
from plant sources [식물성 공급원], 426
respiratory quotient for [호흡계수], 418, 418f
ribosomal [리보소체-], 519
short-lived [단명-], 282
structural [구조-], 282
targeting [표적화], 526, 527f
trimming [다듬기], 527
turnover [전환], 282-283
rate of [전환율], 282
Protein synthesis [단백질 합성], 514, 514f, 〈참조〉 번역 개념도 (Translation concept map)
Proteolytic cascade [단백질분해 연쇄증폭], 578-579, 579f
Proteomics [단백체학], 572-573
Proton-linked peptide transporter (PepT1) [양성자결합펩타이드 수송체], 285
Protoporphyrin IX [원형포르피린 IX], 320, 321-322, 322f
Protoporphyrinogen IX [프로토포르피리노겐 IX], 321-322, 322f
Protoporphyrinogen oxidase [프로토포르피리노겐 산화효소], 321-322, 322f
PrPC 연구 [PrPC research], 24, 24f
PRPP (5-Phosphoribosyl-1-pyrophosphate) [5-인산리보실 파이로인산염]
PRPP 합성효소 [PRPP synthetase], 338
PS (Phosphatidylserine) [포스파티딜세린]
PTH (Parathyroid hormone) [갑상샘 호르몬]
PUFA (Polyunsaturated fatty acid) [다중불포화지방산]
Pulmonary embolism (PE) [폐색전증], 585
Purine nucleotide [퓨린 뉴클레오타이드]
degradation of [분해], 343
diseases associated with [연관 질환], 344-347
in small intestine [작은창자(= 소장)-], 343-344, 345f
synthesis of [합성], 337-342
adenosine and guanosine monophosphate synthesis [일인산아데노신 및 일인산구아노신 합성], 340, 341f
inosine monophosphate synthesis [일인산이노신 합성], 338-340, 339f
nucleoside di- and triphosphate synthesis [이인산- 및 삼인산뉴클레오사이드], 340-341, 341f
5-phosphoribosylamine synthesis [5-인산리보실아민 합성], 338, 338f
5-phosphoribosyl-1-pyrophosphate synthesis [5-인산리보실-1-파이로인산(염) 합성], 338, 338f
salvage pathways of [회수경로], 341-342, 342f

synthetic inhibitors of purine synthesis [퓨린합성 인조억제제], 340, 339f
Purine ring [퓨린 고리], 337-338
atoms in [원자], 337, 338f
Purines [퓨린], 336-337
ammonia from [암모니아], 293
in DNA and RNA [DNA 및 RNA-], 336, 336f
Purine synthesis inhibitors [퓨린합성 억제제], 340, 339f
Pyridoxal phosphate (PLP) [인산피리독살], 320, 442
Pyridoxine (Vitamin B_6) [피리독신(= 비타민 B_6)], 442-443
clinical indications for [임상적응증], 442
isoniazid, deficiency of [아이소나이아지드, 결핍], 442
and sensory neuropathy [감각신경병증], 442-443
sources of [공급원], 442
structures of [구조], 442, 442f
toxicity [독성], 443
Pyrimidines [피리미딘], 336, 347, 347f
ammonia from [암모니아], 293
in DNA and RNA [DNA 및 RNA-], 336, 336f
salvage and degradation [회수 및 분해], 350
synthesis of [합성], 347-350
carbamoyl phosphate synthesis [카바모일인산(염) 합성], 347
cytidine triphosphate synthesis [삼인산사이티딘 합성], 349, 349f
deoxythymidine monophosphate synthesis [일인산데옥시타이미딘 합성], 349, 349f
orotic acid synthesis [오로트산 합성], 348
pyrimidine nucleotide synthesis [피리미딘뉴클레오타이드 합성], 335, 336f, 348-349, 349f
Pyrophosphate (PP_i) [파이로인산(염)], 483, 484
hydrolysis to 2 P_i [2 P_i로 가수분해], 483
Pyruvate [파이루브산(염)], 383
Pyruvate carboxylase (PC) [파이루브산(염) 카복실화효소], 374
Pyruvate dehydrogenase (PDH) [파이루브산(염) 탈수소효소], 374, 444f
Pyruvate kinase (PK) [파이루브산(염) 인산화효소], 136

Q

Quinolinate [퀴놀린산(염)], 305

R

R groups of lysine and arginine [라이신 및 아르지닌 R기], 5
RAR (Retinoic acid receptor) [레티노산 수용체]
ras 종양유전자 [ras oncogene], 256
RDA (Recommended dietary allowance) [영양권장량]
RDS (Respiratory distress syndrome) [호흡곤란증후군]
Reading frame [판독틀], 516
Receptor-hormone complex [수용체-호르몬 복합체], 542
Recommended dietary allowance (RDA) [영양권장량], 415, 416, 416f
Redundant code [여유 코돈], 516
Red wine [적포도주], 422
REE (Resting energy expenditure) [안정에너지소비량]
Release factors [방출인자]
RF-1 [방출인자-1], 523
RF-2 [방출인자-2], 523
RF-3-GTP [방출인자-3], 523
Renal osteodystrophy [신(장)성 골형성장애], 454
Repressor [억압자], 536
RER (Rough endoplasmic reticulum) [거친면 세포질그물]
Residues [잔기], 1
Respiratory distress syndrome (RDS) [호흡곤란증후군], 235
Respiratory quotient (RQ) [호흡계수], 418, 418f
Resting energy expenditure (REE) [안정에너지소비량], 418
Resting metabolic rate (RMR) [안정대사율], 418, 418f
restriction endonucleases [제한핵산내부분해효소], 552-553
HaeIII [제한효소 HaeIII], 553, 553f
nomenclature [명명법], 553
palindromes [회문], 553, 553f
restriction fragments [제한효소조각], 553
specificity [특이성], 552-553, 553f
sticky and blunt ends [뭉툭한- 및 끈끈한 끝], 553, 553f
TaqI [제한효소 TaqI], 553, 553f
use of [사용], 552
Restriction enzymes [제한효소(= 제한핵산내부분해효소)], 〈참조〉 제한핵산내부분해효소 (Restriction endonucleases)
Restriction fragment length polymorphism (RFLP) [제한효소조각길이다형성], 562
DNA variations resulting in [DNA 변이-], 562
single-base changes [단일염기 변하], 562, 563
tandem repeats [일렬반복], 563, 563f
prenatal diagnosis [산전진단], 564
diagnostic methods [진단 방법], 564
DNA sources [DNA 공급원], 564, 565f
phenylketonuria [페닐케톤뇨증], 566-567, 566f
sickle cell anemia [낫적혈구빈혈], 564, 565f
tracing chromosomes, from parent to offspring [염색체 추적, 부모-자손 전달-], 563
use of [사용], 560
Restriction fragments [제한효소조각], 552 〈참조〉 제한핵산내부분해효소 (restriction endonucleases)
Retinal [레틴알], 447
all-trans [모두-트랜스-], 445
11-cis [11-시스-], 445, 446f
for normal reproduction [정상 재생성], 449
structure of [구조], 446, 447f
Retinoic acid [레티노산], 447
for dermatologic problems [피부문제], 450
structure of [구조], 446, 447f
Retinoic acid-RAR complex [레티노산-RAR 복합체], 447, 448f
Retinoic acid receptors (RARs) [레티노산 수용체], 447, 448f
Retinoids [레티노이드], 446, 〈참조〉 비타민 A (Vitamin A)
action of [작용], 447, 449f
function of [기능], 446
structure of [구조], 446, 447f
summary of actions of [작용 요약], 450f
toxicity [독성], 450
Retinol [레틴올], 446
11-cis [11-시스-], 447
from esters [에스터-], 447
for normal reproduction [정상 재생성], 449
structure of [구조], 446, 447f
Retinol activity equivalents (RAE) [레틴올활성 당량체], 449
Retinyl esters [레티닐에스터], 447, 449
Retrotransposons or Retroposons [역이동유전자], 489, 547-548
Retroviruses, replication of [레트로바이러스, 복제], 489
Reverse transcriptases [역전사효소], 472-473
Reversible nonoxidative reactions [가역적 비산화반응], 168-170
RFLP (Restriction fragment length polymorphism) [제한효소조각길이다형성]
Rhodopsin [로돕신], 447
Riboflavin (Vitamin B_2) [리보플라빈(= 비타민 B_2)], 445

active forms of [활성형], 445, 445f
deficiency [결핍], 445
Ribonucleic acid (RNA) [리보핵산], 475, 499, 499f
eukaryotic gene transcription [진핵생물유전자 전사]
chromatin remodeling [염색질 재구성], 504, 505f
chromatin structure and gene expression [염색질 구조 및 유전자 발현], 504-505, 505f
concept map for [개념도], 511f
enhancers in, role of [증강자, 역할], 506, 506f
general transcription factors in [일반 전사인자], 505-506
regulatory elements and transcriptional activators in [조절요소 및 전사활성자], 506
RNA polymerase III in [RNA중합효소III], 507
RNA polymerase II in [RNA중합효소II], 505, 505f
RNA polymerase II inhibitor and [RNA중합효소II 억제제], 506-507
RNA polymerase I in [RNA중합효소I], 505
transcription factors (TFs) in [전사인자], 504
messenger [전령-], 501, 501f
noncoding RNA (ncRNA) [비부호화 RNA], 499
posttranscriptional modification [전사후 변형], 507-510
prokaryotic gene transcription [원핵생물유전자 전사], 501-504
antibiotics inhibiting [항생제의 억제], 504, 504f
core enzyme for [핵심 효소], 502, 502f
elongation [연장], 503, 504f
holoenzyme for [완전효소], 502, 502f
initiation [개시], 502-503, 503f
rho-dependent termination [로-의존 종료], 504
rho-independent termination [로-비의존 종료], 503f
RNA pol in [RNA 중합효소], 505
termination [종료], 503-504, 503f
ribosomal [리보소체-], 500, 500f
structure [구조], 499-501, 500f
concept map for [개념도], 511f
synthesis of [합성], 535, 〈참조〉 유전자 발현 (Gene expression)
transfer [전달-], 500, 500f
Ribonucleotide reductase [리보뉴클레오타이드 환원효소], 342, 471
Ribose 5-phosphate [5-인산리보스], 338
Ribosomal proteins, regulation of translation by [리보소체 단백질, 번역 조절], 540, 540f
Ribosomal RNA (rRNA) [리보소체 RNA], 499, 519
in eukaryotic cells [진핵생물세포-], 500
posttranscriptional processing of [전사후가공], 612
in prokaryotic cells [원핵생물세포-], 510
structure of [구조], 501, 501f
Ribosomes [리보소체], 519
A, P, and E sites [A-, P-, E 자리], 519
cellular location [세포속 위치], 520
cytosolic [세포질액-], 520
eukaryotic [진핵생물-], 519, 520f
prokaryotic [원핵생물-], 519, 520f
RER-associated [RER회합-], 520
ribosomal proteins [리보소체 단백질], 519
rRNA [리보소체 RNA], 519
Ribozyme [리보자임(= 리보핵산효소)], 500
Ribulose 5-phosphate formation [5'-인산리불로스 생성], 170
Rickets, vitamin D deficiency and [구루병, 비타민D 결핍], 454
Rifampin (rifampicin), inhibition of prokaryotic RNA polymerase by [리팜핀(= 리팜피신), 원핵생물 RNA중합효소 억제], 504, 504f
RISC (RNA-induced silencing complex) [RNA유도 침묵복합체]
RMR (Resting metabolic rate) [안정대사율]
RNA (Ribonucleic acid) [리보핵산]
RNA 유도 침묵복합체 [RNA-induced silencing complex], 545, 546f
RNA 간섭 [RNA interference (RNAi)], 544-545
RNA 간섭기반 치료제 [RNA interference-based therapeutic)], 545
RNA pol (RNA polymerase (RNA pol)) [RNA 중합효소]
RNA 중합효소 [RNA polymerase (RNA pol)], 499, 501-502, 502f, 536
eukaryotic [진핵생물-], 505-506
prokaryotic [원핵생물-], 501-502, 502f
RNA pol I [RNA 중합효소 I], 505
RNA pol II [RNA 중합효소 II], 505, 506f, 506
RNA pol III [RNA 중합효소 III], 507
RNA 시발체 [RNA primer], 482-483, 483f, 486, 489
RNA 중합효소 H [RNase H], 487, 487f
Rosuvastatin [로수바스타틴], 258
Rough endoplasmic reticulum (RER) [거친면 세포질그물], 520, 526
rRNA (Ribosomal RNA)[리보소체 RNA]
RQ (Respiratory quotient) [호흡계수]

S

Salmonella enterica [살모넬라 엔테리카], 446
Salvage pathway for purines [퓨린 회수경로], 341-342, 342f
Sandhoff disease [잔트호프병], 243f
Sanger dideoxynucleotide chain termination method [생어 다이데옥시뉴클레오타이드사슬 종료법], 557, 558f
Saturated fats [포화지방], 420
SCAP (SREBP cleavage-activating protein) [SREBP절단활성화 단백질]
Scavenger receptor class A (SR-A) [청소수용체 A류], 268
SCFA (Short-chain fatty acid) [짧은사슬 지방산]
Schilling test [실링검사], 441
Schizophrenia [조현병], 289
SCID (Severe combined immunodeficiency disease) [중증복합면역결핍병]
Scrapie [면양떨림병], 23-24
Scurvy [괴혈병], 442, 442f, 〈참조〉 아스코브산, 비타민 C (Ascorbic acid, Vitamin C)
Secondary amino group [이차아미노기], 4f
Se-containing deiodinases [셀레늄함유 탈아이오딘화효소], 470
Selective serotonin reuptake inhibitors (SSRIs) [선택적 세로토닌재흡수 억제제], 331
Selenium (Se) [셀레늄], 462f, 470-471
Selenoproteins [셀레늄단백질], 470-471
Semiconservative replication, of DNA [반보존복제, DNA-], 478-479, 479f
sequencing [서열분석], 17
Sequential dissociation [순차적 해리], 8-9
Serine [세린], 4
degradation of [분해], 302, 302f
synthesis of [합성], 307
Serine protease [세린 단백질분해효소], 578-579, 579f
serotonin [세로토닌], 331, 588
synthesis of [합성], 331, 331f
Serpin (Serine protease inhibitor) [세르핀(= 세린단백질분해효소 억제제)], 584
Severe combined immunodeficiency disease (SCID) [중증 복합면역결핍병], 347, 573
gene therapy for [유전자 치료], 573f
β-sheets [베타-판], 18-19, 19f
comparison with α-helices [알파-나선과 비교], 18
formation [형성], 17-18, 18f
Shelterin [쉘터린], 488, 〈참조〉 끝분절 (Telomere)

siRNA, (Short interfering RNA) [짧은 간섭 RNA]
Shine-Dalgarno (SD) sequence [샤인-달가노 서열], 522, 522f, 540, 557
Short-chain fatty acids (SCFA) [짧은사슬 지방산], 424
Short interfering RNA (siRNA) [짧은간섭RNA], 544-545
Sickle cell anemia [낫적혈구빈혈], 485
    prenatal diagnosis of [산전진단], 564-565, 565f
Signal recognition particle (SRP) [신호인식입자], 526
Signal transduction across membrane [신호변환, 막통과-], 236
Silent mutation [침묵 돌연변이], 516, 516f
Simvastatin [심바스타틴], 258
Single nucleotide polymorphisms (SNPs) [모노뉴클레오타이드다형성], 560, 562f
Single-stranded binding (SSB) protein [홑가닥DNA결합 단백질], 480
Sitosterolemia [시토스테롤혈증], 253
Skeletal muscle [뼈대근육(= 골격근)]
    absorptive state in, metabolic pathways in [흡수상태, 대사경로], 376-377, 377f
        amino acid metabolism [아미노산대사], 377, 377f
        carbohydrate metabolism [탄수화물내사], 377, 377f
        fat metabolism [지방대사], 377
    in fasting [공복-], 376-377
        carbohydrate metabolism [탄수화물대사], 377
        lipid metabolism [지질대사], 376f, 377
        protein metabolism [단백질대사], 377
    resting [안정상태-], 376-377
Small nuclear ribonucleoprotein particles (snRNP) [작은 핵 리보핵산단백질 입자], 509
Small nuclear RNA (snRNA) [작은 핵RNA], 500
Small nucleolar RNA (snoRNA) [작은 핵소체RNA], 500
Smith-Lemli-Opitz syndrome (SLOS) [스미스-렘리-오피츠 증후군], 255-256
SOD (Superoxide dismutase) [초과산화물 불균등분해효소]
Sodium (Na^+) [소듐(= 나트륨)], 462f, 464
    hypernatremia [고나트륨혈증], 464
    hypertension [고혈압], 464
    hyponatremia [저나트륨혈증], 464
Sodium citrate [시트르산소듐(= 구연산나트륨)], 579
Solute carrier (SLC) proteins [용질운반체 단백질], 285
Somatic gene therapy [체세포 유전자치료], 573
Southern blotting [서던 블로팅], 560, 561f
    mutation detection [돌연변이 검출], 562
    procedure [절차], 560-562
Specific transcription factors (STFs) [특수 전사인자], 506, 541
    DNA-binding domain (DBD) [DNA-결합영역], 541
    transcription-activation domain (TAD) [전사활성화 영역], 541
Sphingolipidoses [스핑고지질증], 241-242, 243f
Sphingolipids, synthesis of [스핑고지질, 합성], 241, 242f, 〈참조〉 당스핑고지질 (Glycosphingolipids)
Sphingomyelin [스핑고마이엘린], 238
    degradation of [분해], 238, 240f
    structure of [구조], 233, 233f
    synthesis of [합성], 237, 239f
Sphingomyelinase [스핑고마이엘린분해효소], 238, 240f
Sphingophospholipids [스핑고인지질], 〈참조〉 스핑고마이엘린 (Sphingomyelin)
Spina bifida [척추갈림증(= 이분척추)], 439
Spliceosome [잘라잇기소체], 509
Splice site mutations [잘라잇기자리 돌연변이], 510, 517
Splicing [잘라잇기], 509-510, 509f
SREBP-2 (Sterol regulatory element-binding protein-2) [스테롤조절요소결합 단백질-2]
SREBP절단활성화 단백질 [SREBP cleavage-activating protein (SCAP)], 257, 257f
SRP (Signal recognition particle) [신호인식 입자]
Starch [녹말], 97, 98, 423-424
    dietary [음식-], 102
        digestion of [소화], 102
Statins, and lowering of cholesterol [스타틴, 콜레스테롤 하락], 258, 258f
Stercobilin [스터코빌린], 326
Steroid hormones [스테로이드호르몬], 271-272, 273f
    adrenal cortical [부신피질-], 273
        aldosterone [알도스테론], 273-275
        androgens [안드로젠], 275
        cortisol [코티솔], 273
    gonadal [생식샘-], 275, 277f
    mechanism [기전], 275-276
    metabolic excretion products [대사물배출 생성물], 275-276
    steroid-carrier plasma proteins [스테로이드운반체 혈장단백질], 273
    synthesis of [합성], 273
        diseases associated with [연관 질환], 273, 274f
    transportation of [수송수단], 273
Steroidogenic acute regulatory (StAR) protein [스테로이드생성 급성조절단백질], 272-273
Sterol regulatory element-binding protein-2 (SREBP-2) [스테롤조절요소결합 단백질], 257, 257f
Sterols [스테롤], 253
    plant [식물-], 253
STF (Specific transcription factor) [특수전사인자]
Streptokinase [사슬알균인산화효소], 586
Stringent response, to amino acid starvation [엄격대응, 아미노산 기근-], 540, 540f
Substrate reduction therapy [기질감소요법], 244
Succinate oxidation [석신산(염) 산화], 129
Succinate thiokinase [석신산 싸이오인산화효소(= 싸이오에스터합성효소)], 129
Succinyl coenzyme A (CoA) [석시닐 CoA], 289
    and δ-aminolevulinic acid formation [델타-아미노레불린산 생성], 321
Sucrose [설탕], 423, 424
    and dental caries [치아우식], 425
    digestion of [소화], 424f
Sugar [당(질)], 424
    added [첨가-], 424
Sulfatidegalactocerebroside 3-sulfate [3-황산설파타이드갈락토세레브로사이드], 241, 242f
Sulfatides [설파타이드], 240
Supercoiling, of DNA [배배꼬임, DNA-], 480-481
    DNA topoisomerases for removal of [DNA 국소이성질체화효소의 제거], 481, 481f
    negative [음성-], 480-481
    positive [양성-], 480-481, 481f
Supersecondary structures (Motifs) [초이차구조(= 구조요소)], 20, 20f
Superoxide dismutase (SOD) [초과산화물 불균등분해효소], 468
Sympathetic nervous system (SNS) [교감신경계], 359
Syphilis [매독], 232
Systemic lupus erythematosus [전신 홍반루푸스], 509

T

TAG (Triacylglycerol) [트라이아실글리세롤]
Tangier disease [탠지어병], 270
Taurochenodeoxycholic acid [타우로케노데옥시콜산], 260, 260f

Tau (τ) protein [타우 단백질], 23
Tay-Sachs disease [테이-삭스병], 242, 243f
TEE (Total energy expenditure) [총에너지소비량]
Telomerase [끝분절복원효소], 488-489, 489f
Telomeres [끝분절], 488-489
shortening [짧아짐], 488-489
telomerase action [끝분절복원효소 작용], 488, 489f
Termination codons [종료코돈], 515, 523
Testosterone [테스토스테론], 273, 273f
Tetrahydrofolate (THF) [사수소엽산(염)], 307, 307f, 438, 〈참조〉 엽산, 비타민 B_9 (Folic acid, Vitamin B_9)
production and use of [생성 및 사용], 438, 438f
TF (Tissue factor) [조직인자]
TF (Transcription factor) [전사인자]
TF pathway inhibitor, (TFPI) [조직인자경로 억제제], 581
β-Thalassemia [베타-지중해빈혈], 510
Thermic effect of food [음식의 발열효과], 418, 418f
Thermogenesis [열발생], 418, 419
adaptive [적응-], 419
nonexercise activity [비운동-], 419
Thermus aquaticus [테르무스 아쿠아티쿠스], 569
THF (Tetrahydrofolate) [사수소엽산]
Thiamine (Vitamin B_1) [싸이아민(= 비타민 B_1)], 443
clinical indications for [임상적응증], 443
coenzyme form [보조효소 형태], 443, 443f
deficiency [결핍], 443
structure of [구조], 443, 443f
Thiamine pyrophosphate (TPP) [싸이아민 파이로인산(염)], 443, 443f
role of [역할], 443, 444f
Thioredoxin [싸이오레독신], 342-343
Thioredoxin reductase [싸이오레독신 환원효소], 471
Threonine [트레오닌], 4, 21, 305
degradation of [분해], 303, 306
Thrombectomy [혈선 절제(= 제거)], 586
Thrombin [트롬빈], 578, 582, 587
importance of, in fibrin formation [중요성, 섬유소 형성], 583, 583f
platelet activation by [혈소판 활성화], 587-588, 567f
Thrombocytes [혈소판], 〈참조〉 혈소판 (Platelets)
Thrombomodulin [트롬보모듈린], 585, 587
Thrombophilia [혈전성향], 582, 585
Thromboplastin [트롬보플라스틴], 583
Thrombosis [혈전증], 578
Thromboxane A_2 (TXA_2) [트롬복세인 A_2], 587-588, 587f
Thromboxanes (TXs) [트롬복세인], 244-247, 〈참조〉 아이코서노이드 (Eicosanoids)
in platelet homeostasis [혈소판 항상성-], 245-246
synthesis [합성], 244-245, 246f
inhibition [억제], 245, 246f
Thymidine triphosphate (TTP) [삼인산타이미딘], 546-547
Thymidylate synthase [타이미딜산(염) 생성효소], 349
inhibitors of [억제제], 349-350
Thyroid-stimulating hormone (TSH) [갑상샘자극 호르몬], 470
Thyroperoxidase (TPO) [갑상샘과산화효소], 469, 469f
Tissue factor (TF) [조직인자], 586
TF-FVIIa complex [조직인자 TF-FVIIa 복합체], 560-561
TF pathway [조직인자 경로], 558, 558f, 560-561, 561f
Tissue plasminogen activator (TPA) [조직플라스민원 활성자], 566
Tns (Transposon) [이동유전자]
α-Tocopherol [알파-토코페롤], 458, 〈참조〉 비타민 E (Vitamin E)
Tolerable upper intake level (UL) [상한섭취량], 416, 416f
Total energy expenditure (TEE) [총에너지소비량], 418
TPA (Tissue plasminogen activator) [조직플라스민원 활성자]
TPP (Thiamine pyrophosphate) [파이로인산싸이아민]
Trace minerals [소량 무기질], 462, 462f
chromium (Cr) and fluorine (F) [크로뮴(= 크롬) 및 플루오린(= 불소)], 469
copper (Cu) [구리], 465, 465f
iron (Fe) [철], 466-467, 467f
manganese (Mn) [망가니즈(= 망간)], 468, 468f
requirement [필요량], 465
zinc (Zn) [아연], 468, 468f
Transaminases [아미노기전달효소], 〈참조〉 아미노기전달효소 (Aminotransferase)
Transamination [아미노기전달], 286-288, 286f, 287f, 〈참조〉 아미노산 (Amino acid)
alanine aminotransferase [알라닌 아미노기전달효소], 286-287
aminotransferases in [아미노기전달효소], 286
aspartate aminotransferase [아스파트산(염) 아미노기전달효소], 287
diagnostic value [진단적 가치], 287-288, 287f
equilibrium constant [평형상수], 287
mechanistic reactions for [기계적 반응], 287, 287f
substrate specificity [기질 특이성], 286-287
Transcortin [트랜스코틴], 272
Transcription [전사], 499, 535, 〈참조〉 유전자 발현 (Gene expression)
defined [정의], 499
eukaryotic [진핵생물-]
chromatin structure and gene expression [염색질 구조 및 유전자 발현], 504-505, 505f
enhancers in, role of [증강자, 역할], 506, 506f
general transcription factors in [일반 전사인자], 505-506
regulatory elements and transcriptional activators in [조절 요소 및 전사 활성자], 506
RNA polymerase III in [RNA 중합효소 III], 506
RNA polymerase II in [RNA 중합효소 II], 505, 505f
RNA polymerase II inhibitor and [RNA중합효소 II 억제제], 490, 506
RNA polymerase I in [RNA 중합효소 I], 488, 505
transcription factors (TFs) in [전사인자], 504
expression of genetic information by [유전정보 발현], 499, 499f
features of [특징], 499
prokaryotic [원핵생물-], 501-504
antibiotics inhibiting [항생제의 억제], 504, 504f
consensus sequences [공통서열(= 일치서열)], 502-503
core enzyme for [핵심 효소], 501-502, 502f
elongation [연장], 503, 503f
hairpin [머리핀구조-], 503
holoenzyme for [완전효소], 502, 502f
initiation [개시], 502-503, 502f
rho-dependent termination [로-의존 종료], 504
rho-independent termination [로-비의존 종료], 503-507, 503f
RNA pol in [RNA 중합효소], 501-502
termination [종료], 503-504, 503f
transcription bubble [전사방울], 503
regulation of [조절], 535
selectivity of [선택성], 499
tRNA, (Transfer RNA) [전달 RNA]
Transcriptional activators [전사 활성자], 506
Transcription factors (TFs) [전사인자], 504, 535
Transcriptome [전사체], 499
Transduction [형질도입, (신호)변환], 554

Trans fatty acids [트랜스지방산], 422, 422f
Transfection [형질주입], 554
Transferrin (Tf) [트랜스페린], 544
Transferrin receptor (TfR) synthesis [트랜스페린 수용체], 544, 544f
Transfer RNA (tRNA) [전달 RNA], 499
codon recognition by [코돈 인식], 520-521, 521f
mutations in mitochondrial gene for [사립체유전자 돌연변이], 500
posttranscriptional processing of [전사후가공], 507, 507f
structure of [구조], 500, 500f
in translation [번역-], 518, 518f, 〈참조〉 번역 (Translation)
amino acid attachment site [아미노산 부착], 518, 518f
anticodon [대응코돈], 518, 518f
Transformation [형질전환], 554
Transgenic animals [유전자삽입 동물], 573-574
Transketolase [케톨기전달효소], 443, 444f
Translation [번역], 514, 514f
codon recognition by tRNA [전달RNA의 코돈인식], 520
antiparallel binding between codon and anticodon [코돈과 대응코돈 사이의 역평행결합], 520-521, 521f
wobble hypothesis [흔들림 가설], 521, 521f
components required for [필요 구성성분], 517-520
amino acids [아미노산], 518
aminoacyl-tRNA synthetases [아미노아실-tRNA 합성효소], 518, 518f
energy sources [에너지 공급원], 520
messenger RNA [전령 RNA], 519
protein factors [단백질], 520
ribosomes [리보소체], 519-520, 520f
transfer RNA [전달 RNA], 518, 518f
concept map for [개념도], 531f
cotranslational and posttranslational modifications [번역동시- 및 번역후 변형], 527
carboxylation [카복실화], 528, 529f
covalent attachments [공유결합 부착], 527, 528f, 529f
glycosylation [당화], 528, 528f
hydroxylation [수산화], 528, 529f
phosphorylation [가인산(= 인산화)], 528, 528f
protein degradation [단백질 분해], 528
trimming [다듬기], 527
genetic code in [유전부호], 514-517
altering nucleotide sequence, consequences of [뉴클레오타이드 서열 변화, 결과], 516-517, 516f
codons [코돈], 514-515, 515f
degeneracy [여유성], 516
nonoverlapping and commaless [중첩없고 쉼표없음], 516
specificity [특이성], 515
universality [보편성], 515-516
steps in [단계], 521-527, 524f-525f
elongation [연결], 523, 524f
initiation [개시], 521-523, 522f
protein folding [단백질 접힘], 526
protein targeting [단백질 표적화], 526, 527f
termination [종료], 523, 524f
translation regulation [번역 조절], 526
Translocation [자리옮김], 547
Transposase [유전자전위효소], 547
Transposons (Tns) [이동유전자], 489, 547-548
Transthyretin (TTR) [트랜스타이레틴], 430, 545
Treponema pallidum [매독균], 232
Tretinoin, all-trans retinoic acid [트레티노인, 모두-트랜스레티노산], 450
Triacylglycerol (TAGs) [트라이아실글리세롤]
and plasma lipids [혈장 지질], 420-422
Tricarboxylic acid (TCA) cycle [트라이카복실산 회로], 84, 105f, 106, 132f
activators of [활성자], 131f
concept map for [개념도], 132f
cycle regulation [회로 조절], 137
energy production [에너지 생성], 127, 130
functions of [기능], 132f
inhibitors of [억제제], 132f
mechanism of action of [작용기전], 126f
overview [개관], 125-133
regulation of [조절], 130
reactions [반응], 125-130
acetyl CoA production [아세틸 CoA 생성], 125-126
coenzymes [보조효소], 126
PDHC component enzymes [파이루브산탈수소효소복합체 구성요소 효소], 126
Trinucleotide repeat expansion [트라이뉴클레오타이드반복 확장], 516-517
Tropomyosin (TM) [트로포미이오신], 543
Trypsin [트립신], 284, 284f, 285
Tryptophan (Trp) [트립토판], 18, 444
degradation of [분해], 306
operon [오페론], 537-539, 539f
TTP (Thymidine triphosphate) [삼인산타이미딘]
TTR (Transthyretin) [트랜스타이레틴]
Tumor necrosis factor-α (TNF-α) [종양괴사인자-α]
in obesity [비만], 407
TX (Thromboxane) [트롬복세인]
TXA_2 (Thromboxane A_2) [트롬복세인 A_2]
Type II DNA topoisomerases [II형 DNA 국소이성질체화효소], 481, 482f
Type I topoisomerases [I형 국소이성질체화효소], 481, 482f
Tyramine [타이라민], 432, 432f
Tyrosine [타이로신], 4
and catecholamines synthesis [카테콜라민 합성], 329-330, 329f
degradation of [분해], 302, 302f
synthesis of [합성], 309
Tyrosine hydroxylase [타이로신 수산화효소], 329, 329f
Tyrosinemia [타이로신혈증], 303

U

Ubiquitin [유비퀴틴], 528
Ubiquitin-proteasome degradation pathway, of proteins [유비퀴틴-단백소체 분해 경로, 단백질-], 283, 283f
UCB (Unconjugated bilirubin) [비결합빌리루빈]
UDP (Uridine diphosphate) [이인산유리딘]
Ultratrace minerals [극소량 무기질], 462, 462f
iodine (I) [아이오딘(= 요오드)], 469-471
molybdenum (Mo) [몰리브데넘(= 몰리브덴)], 470, 470f
selenium (Se) [셀레늄], 470
UMP (Uridine monophosphate) [일인산유리딘]
Uridine monophosphate (UMP) synthase [일인산유리딘 생성효소], 349
Uridine monophosphate synthase (UMPS) deficiency [일인산유리딘 생성효소 결핍], 295
Unconjugated bilirubin (UCB) [비결합빌리루빈], 327
in jaundice [황달-], 327
Urate oxidase [요산(염) 산화효소], 331-332
Urea cycle [요소회로], 281, 281f, 290-293
arginine cleavage to ornithine and urea [아르지닌 절단으로 오니틴과 요소 생성], 290

argininosuccinate cleavage [아르지니노석신산(염) 절단], 291f, 290
argininosuccinate formation [아르지니노석신산(염) 생성], 291f, 290
carbamoyl phosphate formation [커바모일인산(염) 생성], 291f, 290
citrulline formation [시트룰린 생성], 291f, 290
deficiencies [결핍], 295-296
fate of urea [요소 운명], 292
mitochondrial matrix and cytosol [사립체 바탕질 및 세포질액], 290, 291f
overall stoichiometry [전체화학량론], 292, 292f
reactions of [반응], 290-293, 291f
regulation of [조절], 293, 293f
Urease [요소분해효소], 59
Uric acid [요산], 343-344, 〈참조〉 통풍 (Gout)
production of [생성], 345, 346f
Uricosuric agents [요산배설촉진제], 346
Uridine diphosphate (UDP) [이인산유리딘], 233, 349
phosphorylation of [가인산(= 인산화)], 133
Uridine diphosphate(UDP)-galactose, in biosynthetic reactions [이인산유리딘-갈락토스, 생합성 반응-], 179
conversion to UDP-glucose [UDP-포도당으로 전환], 185
formation of [생성], 165
structure of [구조], 166
Uridine monophosphate (UMP) [일인산유리딘], 348
Uridine triphosphate (UTP) [삼인산유리딘], 347
Urinary urea nitrogen (UUN) [소변요소질소], 426
Urobilin formation, in intestine [유로빌린 생성, 장(창자)], 327
Urobilinogen [유로빌리노젠], 327
UROD (Uroporphyrinogen III decarboxylase) [유로포르피리노젠 탈카복실화효소]
Urokinase [요로(플리스미노젠)인산화효소], 586
Uroporphyrinogen [유로포르피리노젠], 321
Uroporphyrinogen III [유로포르피리노젠 III], 321, 322f
Uroporphyrinogen III decarboxylase (UROD) [유로포르피리노젠 III 탈카복실화효소], 321, 322f
deficiency of [결핍], 323
Uroporphyrinogen III synthase [유로포르피리노젠 III 생성효소], 321, 322f
UTP (Uridine triphosphate) [삼인산유리딘]
UUN (Urinary urea nitrogen) [소변요소질소]

V

Valine [발린], 305
degradation of [분해], 306-307, 306f
Van den Bergh reaction [판덴베르흐 반응], 328
Vanillylmandelic acid (VMA) [바닐릴만델산], 330
Variable number of tandem repeats (VNTRs) [가변수 일렬반복], 563, 563f
Variegate porphyria (VP) [혼합포르피린증], 322, 322f, 323, 324f
Vectors [벡터], 554
commonly used [많이 사용되는], 554
other [그밖의], 555-556
prokaryotic plasmids [원핵생물 플라스미드], 554-555, 554f, 555f
properties of [특성], 554
transduction [형질도입], 554
viral [바이러스], 554, 556
Very-low-density lipoprotein (VLDL) [초저밀도지단백질], 262, 〈참조〉 혈장 지단백질 (Plasma lipoprotein)
composition and function [조성 및 기능], 266
metabolism of [대사], 266-267, 266f, 267f
conversion to low-density lipoproteins [저밀도지단백질로 전환], 267
modification in circulation [순환중 변환], 267, 267f
release from liver [간 방출], 266-267, 266f
production in liver [간 생성], 266, 266f
in type 1 diabetes [1형당뇨병], 393, 393f
Visceral adipocytes [내장 지방세포], 406
Vision, vitamin A and [시각, 비타민 A], 447, 449f, 450
Vitamin A [비타민 A], 432-436 446-451
absorption and transport to liver [간으로 흡수 및 수송], 447, 447f
clinical indications for [임상적응증], 450-451, 451f
deficiency [결핍], 450
for epithelial cell maintenance [상피세포 유지], 450
functions of [기능], 447, 450
mechanism of action [작용기전], 447, 450f
in normal reproduction [정상생식], 450
in pregnancy [임신], 451
release from liver [간 방출], 447, 448f
requirement [필요량], 450
in skin conditions [피부상태], 450
sources of [공급원], 450
structure of [구조], 446-447, 447f
toxicity [독성], 451
in visual cycle [시각회로-], 447, 450
Vitamin B_1 [비타민 B_1], 〈참조〉 싸이아민 (Thiamine)
Vitamin B_2 [비타민 B_2], 〈참조〉 리보플라빈 (Riboflavin)
Vitamin B_3 [비타민 B_3], 〈참조〉 나이아신 (Niacin)
Vitamin B_5 [비타민 B_5], 〈참조〉 판토텐산 (Pantothenic acid)
Vitamin B_6 [비타민 B_6], 〈참조〉 피리독신 (Pyridoxine)
Vitamin B_9 [비타민 B_9], 〈참조〉 엽산 (Folic acid)
Vitamin B_{12} [비타민 B_{12}], 〈참조〉 코발아민 (Cobalamin)
Vitamin B_{12} deficiency, in older adults [비타민 B_{12} 결핍, 노인], 431-432
Vitamin C [비타민 C,] 〈참조〉 아스코브산 (Ascorbic acid)
Vitamin D [비타민 D], 437-440
clinical indications for [임상적응증], 453-454
deficiency [결핍], 453
distribution [분포], 451
function of [기능], 452
low serum calcium, response to [저혈청칼슘, 반응], 453, 453f
metabolism and actions of [대사 및 작용], 451, 452f
preformed [전구체], 451
requirement [필요량], 453
sources of [공급원], 451, 451f, 453
toxicity of [독성], 454
Vitamin D-deficient rickets [비타민 D 결핍 구루병], 454
Vitamin E [비타민 E], 456
clinical indications for [임상적응증], 457
deficiency [결핍], 457
distribution and requirements [분포 및 필요량], 457
function of [기능], 457
structure of [구조], 456, 456f
toxicity [독성], 457
Vitamin K [비타민 K], 454-456
active forms [활성형], 454
blood clotting, role in [혈액응고, 역할], 579, 580f
clinical indications for [임상적응증], 456
deficiency [결핍], 456
distribution [분포], 456
function of [기능], 454-455
γ-Carboxyglutamate formation [감마-카복시글루탐산(염) 생성], 454, 454f
prothrombin interaction with membranes [프로트롬빈과 막의 상

호작용], 454, 455f
newborns and [신생아], 455
requirement [필요량], 455
synthetic form [합성형], 454
toxicity of [독성], 455-456
Vitamin K epoxide reductase (VKOR) [비타민 K 에폭사이드 환원효소]
Vitamin [비타민], 437-438, 〈참조〉 특수형 (specific type)
classification of [분류], 437, 437f
definition of [정의], 437
fat-soluble [지용성], 437, 437f
functions of [기능], 437-438
summary of [요약], 458f-459f
water-soluble [수용성], 437, 437f
VKOR (Vitamin K epoxide reductase) [비타민 K 에폭사이드 환원효소]
VLDL (Very-low-density lipoprotein) [초저밀도지단백질]
VMA (Vanillylmandelic acid) [바닐릴만델산]
VNTR (Variable number of tandem repeat) [가변수 일렬반복서열]
von Gierke disease [폰기에르케병], 156, 158, 345
von Willebrand disease (VWD) [본빌레브란느병], 587
von Willebrand factor (VWF) [본빌레브란드 인자], 587
VP (Variegate porphyria) [혼합포르피린증]
VWF (von Willebrand factor) [본빌레브란드인자]

W

Warfarin [와파린], 579-580
Wasserman test [바세르만 검사], 232
Weight reduction [체중감량]
calorie-restricted diets [열량제한 음식조절요법], 410-411
medications for [투약], 411
physical activity for [신체활동], 411
plan for [계획], 410
surgical treatment for [외과적 치료], 411
Wernicke-Korsakoff syndrome [베르니케-코르사코프 증후군], 443
Western blots [웨스턴 블롯], 572
Whooping cough [백일해], 109
Wilson disease [윌슨병], 52, 465, 465f
Wobble hypothesis [흔들림 가설], 521, 521f
Wolman disease [월만병], 267

X

Xanthine [잔틴], 345
Xeroderma pigmentosum (XP) [색소피부건조증], 493, 493f
Xerophthalmia [안구건조증], 449
X-linked hypoxanthine-guanine phosphoribosyltransferase (HGPRT) [X-연관 하이포잔틴-구아닌 인산리보실기전달효소], 341
XP (Xeroderma pigmentosum) [색소피부건조증]
Xylosyl transferase [자일로실기전달효소], 186
D-Xylulose 5-phosphate [5-인산-D-자일룰로스], 186, 186f
Xylulose 5-phosphate, formation of [5-인산자일룰로스, 생성], 186f
Xylulose reductase, NADPH-dependent, deficiency of [자일룰로스 환원효소, NADPH 의존, 결핍], 186f

Y

Yeast artificial chromosomes (YAC) [효모 인공염색체], 556

Z

Zidovudine (ZDV) [자이도부딘], 489
Zinc (Zn) [아연], 462f, 468, 468f
Zn finger, for binding of proteins to DNA [아연 손가락 구조요소, 단백질의 DNA 결합], 536, 536f
Zymogen proteases [효소원 단백질분해효소], 578
Zymogens [효소원], 71, 201, 285
activation of [활성화], 285
release of [방출], 285

ㄱㄴㄷ순

A–Z

ABO 혈액형 [ABO blood group], 190
ACC, 아세틸보조효소A 카복실화효소 [Acetyl coenzyme A carboxylase]
ACE, 앤지오텐신전환효소 [Angiotensin-converting enzyme]
ACTH, 부신피질자극호르몬 [Adrenocorticotropic hormone]
ADA, 아데노신 탈아미노화효소 [Adenosine deaminase deficiency]
ADP, 이인산아데노신 [Adenosine diphosphate]
AGE 최종당화생성물 [Advanced glycation end product]
AI, 충분섭취량 [Adequate intake]
AIP, 급성간헐포르피린증 [Acute intermittent porphyria]
ALA, 델타-아미노레불린산 [δ-Aminolevulinic acid]
ALAS, 델타-아미노레불린산 생성효소 [δ-Aminolevulinic acid synthase]
ALDH, 알데하이드 탈수소효소 [Aldehyde dehydrogenase]
ALT, 알라닌 아미노기전달효소 [Alanine aminotransferase]
AMDR, 다량영양소 허용분포범위 [Acceptable macronutrient distribution range]
AMPK, 일인산아데노신활성화 단백질 인산화효소 [Adenosine monophosphate-activated protein kinase]
APA, 선택적 다중아데닐화 [Alternative polyadenylation]
APC 복합체 [APC complex], 활성형 단백질 C 복합체 [Activated protein C complex]
aPTT, 활성형 부분트롬보플라스틴 시간 [Activated partial thromboplastin time]
AT, 항트롬빈 [Antithrombin]
ATP 가수분해 [ATP hydrolysis], 22
ATP 분해효소, Na-K-ATPase [ATPase, sodium(Na^+)-potassium(K^+)], 98, 98f, 111
ATP, 삼인산아데노신 [Adeosie triphosphate]
ATP7B [ATP7B], 465-466
ATP결합카세트 단백질 [ATP-binding cassette(= ABC) protein (ABCA1)], 271, 272, 272f
ATP-시트르산(염) 분해효소 [ATP-citrate lyase], 214

BAR, 쓸개즙산(= 담즙산) 수용체) [Bile acid receptor]
BCAA, 가지사슬아미노산 [Branched-chain amino acid]

BER, 염기절제복구 [Base excision repair]
BMI, 신체질량지수 [Body mass index]
BMR, 기초대사율 [Basal metabolic rate]

CAH, 선천부신과다형성증 [Congenital adrenal hyperplasia]
cAMP, 고리일인산아데노신 [Cyclic adenosine monophosphate]
Cas9, 카스9(= 크리스퍼회합 단백질 9) [CHRIPR-associated protein 9], 573
CB, 결합빌리루빈 [Conjugated bilirubin]
CDP, 이인산사이티딘 [Cytidine diphosphate]
CEP, 선천적혈구형성포르피린증 [Congenital erythropoietic porphyria]
CETP, 콜레스테릴에스터 전달단백질 [Cholesteryl ester transfer protein]
CF, 낭성섬유증 [Cystic fibrosis]
CFTR 단백질 [CFTR protein], 〈참조〉 낭성섬유증 막전위전도도 조절자 단백질 (Cystic fibrosis transmembrane conductance regulator protein), 517
CHD, 관상동맥심장병 [Coronary heart disease]
CMP, 일인산사이티딘 [Cytidine monophosphate]
COMT, 카테콜-O-메틸기전달효소 [Catechol-O-methyltransferase]
CRE, cAMP 반응요소 [cAMP response element]
CRH, 부신피질자극호르몬방출호르몬 [Corticotropin-releasing hormone]
CTP, 삼인산사이티딘 [Cytidine triphosphate]

DAG, 다이아실글리세롤 [Diacylglycerol]
DAM, DNA 아데닌 메틸화효소 [DNA adenine methylase]
DHFR, 이수소엽산 환원효소 [Dihydrofolate reductase]
DKA, 당뇨병 케톤산증 [Diabetic ketoacidosis]
DM, 당뇨병 [Diabetes mellitus]
DNA 국소이성질체화효소 [DNA topoisomerases], 481
  I형- [type I], 481, 481f
  II형- [type II], 481, 481f
DNA 라이브러리 [DNA libraries], 556-557
  상보- [complementary], 556-557, 556f
  유전체- [genomic], 556
DNA 복구 [DNA repair]
  개념도 [concept map for], 497f
  겹가닥절단틈 복구 [double-strand break repair], 494
    비상동끝결합 [nonhomologous end joining], 494
    상동재조합 [homologous recombination], 494
  뉴클레오타이드절제 복구 [nucleotide excision repair], 493, 493f
    자외선유도 이합체, 인지 및 절제 [UV-induced dimers, recognition and excision of], 493
    자외선조사 및 암 [UV radiation and cancer], 493, 493f
    자외선조사, 노출 [UV radiation, exposure of], 493
    전사연합 복구 [transcription-coupled repair], 493
    절체유전체 복구 [global genomic repair], 493
  짝짝이 복구 [mismatch repair], 491-492, 492f
    절차 [procedure], 493
    짝짝이가닥 확인 [mismatched strand identification], 492-493
  염기절제 복구 [base excision repair], 494, 494fDNA 서열분석 [DNA sequencing], 17
DNA 서열분석, 생어 다이데옥시뉴클레오타이드법 [DNA sequencing, by Sanger dideoxynucleotide method], 557, 558f
DNA 선회효소 [DNA gyrase], 481
DNA 아데닌메틸화효소 [DNA adenine methylase (DAM)], 492
DNA 연결효소 [DNA ligase], 487, 486f, 553
DNA 중합효소 [DNA pol], DNA 중합효소 [DNA polymerase]
DNA 중합효소 [DNA polymerases (DNA pol)], 484
  DNA중합효소I [DNA pol I], 485-486
  DNA중합효소II [DNA pol III], 484
  중합효소α [polα], 488, 488f
  중합효소β [polβ], 488, 488f
  중합효소δ [polδ], 488, 488f
  중합효소ε [polε], 488, 488f
  중합효소γ [polγ], 488, 488f
  교정기능 [proofreading function], 484-485, 485f
DNA 지문법 [DNA fingerprinting], 563, 570
DNA, 데옥시리보핵산 [Deoxyribonucleic acid]
DPE, 하류촉진자요소 [Downstream promoter element]
DPPC, 다이팔미토일포스파티딜콜린 [Dipalmitoylphosphatidylcholine]
DRI, 영양섭취기준 [Dietary reference intake]
DTI, 직접 트롬빈억제제 [Direct thrombin inhibitor]

EAR, 평균필요량 [Estimated average requirement]
EER, 에너지필요추정량 [Estimated energy requirement]
EFA, 필수지방산 [Essential fatty acid]
ELISA, 효소면역측정법 [Enzyme-linked immunosorbent assay]
EPP, 적혈구형성원형포르피린증 [Erythropoietic protoporphyria]

FAD, 플라빈 아데닌 다이뉴클레오타이드 [Flavin adenine dinucleotide]
FEN1, 끝자락 핵산내부분해효소-1 [Flap endonuclease 1]
FFA, 유리지방산 [Free fatty acid]
FH, 가족고콜레스테롤혈증 [Familial hypercholesterolemia]
FISH, 형광 제자리부합화 [Fluorescent in situ hybridization]
FMN, 플라빈 모노뉴클레오타이드 [Flavin mononucleotide]
FPP, 파네실 파이로인산염 [Farnesyl pyrophosphate]
FSH, 난포자극호르몬 [Follicle-stimulating hormone]

GDH, 글루탐산(염) 탈수소효소 [Glutamate dehydrogenase]
GI, 혈당지수 [Glycemic index]
GIP, 위산억제 폴리펩타이드 [Gastric inhibitory polypeptide]
GLP-1, 글루카곤유사펩타이드-1 [Glucagon-like peptide-1]
GPAT, 글루타민:인산리보실파이로인산염 아마이드전달효소 [Glutamine:-phosphoribosylpyrophosphate amidotransferase]
GPI, 당화포스파티딜이노시톨 [Glycosyl phosphatidylinositol]
GR, 혈당반응 [Glycemic response]
GRE, 포도당부신피질호르몬반응요소 [Glucocorticoid response element]
GTF, 일반전사인자 [General transcription factor]
GWAS, 전체유전체연관성연구 [Genome-wide association study]

HAT, 히스톤아세틸기전달효소 [Histone acetyltransferase]
HCP, 유전코프로포르피린증 [Hereditary coproporphyria]
HDAC, 히스톤 탈아세틸화효소 [Histone deacetylase]
HDL, 고밀도지단백질 [High-density lipoprotein]
HDL-C, 고밀도지단백질 콜레스테롤 [High-density lipoprotein cholesterol]
HFCS, 고과당 옥수수시럽 [High-fructose corn syrup]
HH, 유전혈색소증 [Hereditary hemochromatosis]
5-HIAA, 5-하이드록시-3-인돌아세트산 [5-Hydroxy-3-indoleacetic acid]
HMG CoA 생성효소 [HMG CoA synthase], 254, 254f
HMG CoA 환원효소 [HMG CoA reductase], 〈참조〉 하이드록시메틸글루타릴보조효소 A 환원효소 (Hydroxymethylglutaryl coenzyme A (HMG CoA) reductase)
hnRNA, 이종핵 RNA [Heterogeneous nuclear RNA]
5-HPETE, 5-하이드로퍼옥시-6, 8, 11, 14 아이코사테트라엔산 [5-Hydroperoxy-6, 8, 11, 14 eicosatetraenoic acid]
HR, 상동재조합 [Homologous recombination]
HRE, 호르몬반응요소 [Hormone response element]
HSL, 호르몬민감지질분해효소 [Hormone-sensitive lipase]
HVA, 호모바닐산 [Homovanillic acid]

IDL, 중밀도지단백질 [Intermediate-density lipoprotein]

IF, 개시인자 [Initiation factor]
II형 DNA 국소이성질체화효소 [Type II DNA topoisomerases], 481, 482f
IPP, 아이소펜테닐 파이러인산염 [Isopentenyl pyrophosphate]
IRE, 철반응요소 [Iron-responsive element]
IRS, 인슐린수용체 기질 [Insulin receptor substrate]
I-세포병 [I-Cell disease], 194
I형 국소이성질체화효소 [Type I topoisomerases], 481, 482f

LCAT, 레시틴:콜레스테롤 아실기전달효소 [Lecithin:cholesterol acyltransferase]
LDL, 저밀도지단백질 [Low-density lipoprotein]
LDL-C, 저밀도지단백질 콜레스테롤 [Low-density lipoprotein cholesterol]
LL, 지단백질 지질분해효소 [Lipoprotein lipase]
LT, 류코트라이엔 [Leukotriene]

MAO, 모노아민 산화효소 [Monoamine oxidase]
MAOI, 모노아민산화효소 억제제 [Monoamine oxidase inhibitor]
MCV, 평균적혈구용적 [Mean corpuscular volume]
MELAS, 멜라스[= 사립체 뇌근병증-젖산산증-뇌졸중유사삽화 [Mitochondrial encephalomyopathy, lactic acidosis, and stroke-like episode]
MERRF, 머프[= 불균일적색근섬유근병증 동반 근간대뇌전증 [Myoclonic epilepsy with ragged red fiber myopathy]
MMA, 메틸말론산 산증 [Methylmalonic acidemia]
MMR, 짝짝이 복구 [Mismatch repair]
MNT, 임상영양요법 [Medical nutrition therapy]
MPS, 단핵포식세포계 [Mononuclear phagocyte system]
MSUD, 단풍시럽뇨병 [Maple syrup urine disease]
MUFA, 단일포화지방산 [Monounsaturated fatty acid]
Mut 단백질 [Mut protein], 495, 495f

NAD^+, 니코틴아마이드 아데닌 다이뉴클레오타이드 [Nicotinamide adenine dinucleotide]
$NADP^+$, 니코틴아마이드 아데닌 다이뉴클레오타이드 인산염 [Nicotinamide adenine dinucleotide phosphate]
NAFLD, 비알코올 지방간질환 [Nonalcoholic fatty liver disease]
NASH, 비알코올 지방간염 [Nonalcoholic steatohepatitis]
NEAT, 비운동열생성 [Nonexercise activity thermogenesis]
NER, 뉴클레오타이드절제 복구 [Nucleotide excision repair]
NHEJ, 비상동성 끝부위연결 [Nonhomologous end joining]
NTD, 신경관결손 [Neural tube defect]

OMP, 일인산오로티딘 [Orotidine monophosphate]
OTC, 오니틴 카바모일기전달효소 [Ornithine transcarbamylase]

PA, 포스파티드산 [Phosphatidic acid]
PAF, 혈소판활성화 인자 [Platelet-activating factor]
PAH, 페닐알라닌 수산화효소 [Phenylalanine hydroxylase]
PAPS, 3′-인산아데노신-5′-인산황산염 [3′-Phosphoadenosine-5′-phosphosulfate]
PBG, 포르포빌리노젠 [Porphobilinogen]
PC, 파이루브산(염) 카복실화효소 [Pyruvate carboxylase]
PC, 포스파티딜콜린 [Phosphatidylcholine]
PCR, 중합효소사슬반응 [Polymerase chain reaction]
PCSK9, 풋단백질 전환효소 서브틸리신/켁신 9형 [Proprotein convertase subtilisin/kexin type 9]
PCT, 지연피부포루피린증 [Porphyria cutanea tarda]
PDCAAS, 단백질소화율보정 아미노산 점수 [Protein Digestibility-Corrected Amino Acid Score]
PDH, 파이루브산(염) 탈수소효소 [Pyruvate dehydrogenase]
PEM, 단백질에너지 영양실조 [Protein-energy malnutrition]
PEPCK, 인산엔올파이루브산(염) 카복시인산화효소 [Phosphoenolpyruvate carboxykinase]

PG, 프로스타글랜딘 [Prostaglandin]
PGH_2 생성효소(= 프로스타글랜딘 내부과산화물 생성효소) [PGH_2 synthase (prostaglandin endoperoxide synthase)], 245, 245f, 246f
PI, 포스파티딜이노시톨 [Phosphatidylinositol]
PIP_2, 4,5-이중인산포스파티딜이노시톨 [Phosphatidylinositol 4, 5-bisphosphate]
PKA, 단백질인산화효소 A [Protein kinase A]
PKU, 페닐케톤뇨증 [Phenylketonuria]
PLP, 인산피리독살 [Pyridoxal phosphate]
PP_i, 파이로인산염 [Pyrophosphate]
PrPC 연구 [PrPC research], 24, 24f
PRPP 합성효소 [PRPP synthetase], 338
PRPP, 5-5-인산리보실 파이로인산염 [5-Phosphoribosyl-1-pyrophosphate]
PS, 포스파티딜세린 [Phosphatidylserine]
PTH, 갑상샘 호르몬 [Parathyroid hormone]
PUFA, 다중불포화지방산 [Polyunsaturated fatty acid]

RAR, 레티노산 수용체 [Retinoic acid receptor]
ras 종양유전자 [ras oncogene], 256
RDA, 영양권장량 [Recommended dietary allowance]
RDS, 호흡곤란증후군 [Respiratory distress syndrome]
REE, 안정에너지소비량 [Resting energy expenditure]
RER, 거친면 세포질그물 [Rough endoplasmic reticulum]
RFLP, 제한효소조각길이다형성 [Restriction fragment length polymorphism]
RISC, RNA유도 침묵복합체 [RNA-induced silencing complex]
RMR, 안정대사율 [Resting metabolic rate]
RNA pol, RNA 중합효소 [RNA polymerase (RNA pol)]
RNA 간섭 [RNA interference (RNAi], 544-545
RNA 간섭기반 치료제[RNA interference-based therapeutic], 545
RNA 시발체 [RNA primer], 482-483, 483f, 486, 489
RNA 유도 침묵복합체 [RNA-induced silencing complex], 545, 546f
RNA 중합효소 [RNA polymerase (RNA pol)], 499, 501-502, 502f, 536
  RNA 중합효소 I [RNA pol I], 505
  RNA 중합효소 II [RNA pol II], 505, 506f, 506
  RNA 중합효소 III [RNA pol III], 507
  원핵생물- [prokaryotic], 501-502, 502f
  진핵생물- [eukaryotic], 505-506
RNA 시발체 [RNA primer], 482-483, 483f, 486, 489
RNA 중합효소 H [RNase H], 487, 487f
RNA, 리보핵산 [Ribonucleic acid]
RQ, 호흡계수 [Respiratory quotient]
rRNA, 리보소체 RNA (Ribosomal RNA)]

SCAP, SREBP절단활성화 단백질 [SREBP cleavage-activating protein]
SCFA, 짧은사슬 지방산 [Short-chain fatty acid]
SCID, 중증복합면역결핍병 [Severe combined immunodeficiency disease]
SOD, 초과산화물 불균등분해효소 [Superoxide dismutase]
SREBP-2, 스테롤조절요소결합 단백질-2 [Sterol regulatory element-binding protein-2]
SREBP절단활성화 단백질 [SREBP cleavage-activating protein (SCAP)], 257, 257f
SRP, 신호인식 입자 [Signal recognition particle]
STF, 특수전사인자 [Specific transcription factor]

TAG, 트라이아실글리세롤 [Triacylglycerol]
TEE, 총에너지소비량 [Total energy expenditure]
TF, 전사인자 [Transcription factor]
TF, 조직인자 [Tissue factor]
THF, 사수소엽산 [Tetrahydrofolate]
Tns, 이동유전자 [Transposon]
TPA, 조직플라스미원 활성자 [Tissue plasminogen activator]

TPP, 파이로인산싸이아민 [Thiamine pyrophosphate]
TTP, 삼인산타이미딘 [Thymidine triphosphate]
TTR, 트랜스타이레틴 [Transthyretin]
TX, 트롬복세인 [Thromboxane]
TXA_2, 트롬복세인 A_2 [Thromboxane A_2]

UCB, 비결합빌리루빈 [Unconjugated bilirubin]
UDP, 이인산유리딘 [Uridine diphosphate]
UMP, 일인산유리딘 [Uridine monophosphate]
UROD, 유로포르피리노젠 탈카복실화효소 [Uroporphyrinogen III decarboxylase]
UTP, 삼인산유리딘 [Uridine triphosphate]
UUN, 소변요소질소 [Urinary urea nitrogen]

VKOR, 비타민 K 에폭사이드 환원효소 [Vitamin K epoxide reductase]
VLDL, 초저밀도지단백질 [Very-low-density lipoprotein]
VMA, 바닐릴만델산 [Vanillylmandelic acid]
VNTR, 가변수 일렬반복서열 [Variable number of tandem repeat]
VP, 혼합포르피린증 [Variegate porphyria]
VWF, 본빌레브란드인자 [von Willebrand factor]

XP, 색소피부건조증 [Xeroderma pigmentosum]
X-연관 하이포잔틴-구아닌 인산리보실기전달효소 [X-linked hypoxanthine-guanine phosphoribosyltransferase (HGPRT)], 341

ㄱ

가변수 일렬반복 [Variable number of tandem repeats (VNTRs)], 563, 563f
가역적 비산화반응 [Reversible nonoxidative reactions], 168-170
가인산(= 인산화) [Phosphorylation], 528, 528f
가족 고콜레스테롤혈증 [Familial hypercholesterolemia (FH)], 267
가족 이상베타지단백혈증 [Familial dysbetalipoproteinemia], 266
가지달기효소, 결함 [Branching enzyme, defects], 150f
가지떼기효소, 결함 [Debranching enzyme, defects], 141f
가지사슬α-케톤산 탈수소효소 [Branched-chain α-keto acid dehydrogenase (BCKD)]
  비소중독 [arsenic poisoning and], 128
가지사슬아미노산 [Branched-chain amino acids (BCAAs)], 285
  분해 [degradation of], 305-306, 306f
    산화탈카복실화 [oxidative decarboxylation], 306
    아미노기전달 [transamination], 306
    최종생성물 [end products], 306
    탈수소화 [dehydrogenations], 306
각막궤양(형성) [Corneal ulceration], 449-450
간 [Liver]
  공복 [in fasting], 379
    지방대사 [fat metabolism], 381f, 382
    탄수화물대사 [carbohydrate metabolism], 380, 381f
  대사경로, 흡수상태- [metabolic pathways in, in absorptive state], 372-375, 373f
    아미노산대사 [amino acid metabolism], 373f, 375
    지방대사 [fat metabolism], 373f, 374-375
    탄수화물대사 [carbohydrate metabolism], 373-374, 373f, 374f
  영양소분배 센터 [as nutrient distribution center], 372-375
간 X인자 [Liver X factor (LXR)], 259-260
간경화 [Cirrhosis of liver], 294
간 지질분해효소 [Hepatic lipase], 268-270
간접열량측정, 안정대사율- [Indirect calorimetry, for resting metabolic rate], 418
간지방증 [Hepatic steatosis], 265, 396-397
갈락토스 [Galactose], 162
  가인산(= 인산화) [phosphorylation of], 162-163
  대사 [metabolism of], 159, 159f
    개념도 [concept map for], 166f
    장애 [disorders of], 163f
  소화 [digestion of], 99, 99f
  음식공급원 [dietary source of], 162
  창자(= 장) 흡수 [intestinal absorption of], 99, 99f
갈락토스 대사 [Galactose metabolism]
  가인산(= 인산화) [phosphorylation], 162-163
  이인산유리딘-갈락토스 [UDP-galactose], 163
  이인산유리딘-갈락토스 [uridine diphosphate (UDP)-galactose], 163
  이인산유리딘-갈락토스 전환 [UDP-galactose conversion], 163-164
  장애 [disorders], 164
갈락토스 회로 [Galactose circuit], 541, 541f
갈락토스세레브로사이드 [Galactocerebroside], 241, 241f, 〈참조〉 당스핑고지질 (Glycosphingolipid)
갈락토스인산화효소 [Galactokinase], 162-163
  결핍 [deficiency of], 163f
갈색지방, 열생성 [Brown fat, heat production in], 88
감마-글루타밀카복실화효소 [γ-Glutamyl carboxylase], 455, 455f, 579, 580f
감마-리놀레산 [ω-Linoleic acid], 421-422
감마-카복시글루탐산(염) [γ-Carboxyglutamate], 455, 455f
감마-카복실화 [γ-Carboxylation], 579, 580f
감쇠, 전사- [Attenuation, transcriptional], 539, 539f
갑상샘과산화효소 [Thyroperoxidase (TPO)], 469, 469f
갑상샘자극 호르몬 [Thyroid-stimulating hormone (TSH)], 470
갑상샘저하증 [Hypothyroidism], 470
갑상샘항진(증) [Hyperthyroidism], 454
강글리오사이드 [Gangliosides], 240, 241f
강글리오사이드증, GM_1 강글리오사이드증 [Gangliosidosis, GM_1 gangliosidosis], 243f
거대적혈모구 빈혈 [Megaloblastic anemia], 〈참조〉 큰적혈구 빈혈 (Macrocytic anemia)
거대적혈모구, 골수- [Megaloblasts, in bone marrow], 439, 439f
거울상이성질체, d형-, l형- [Enantiomers, d, l], 6, 96, 97f
거친면 세포질그물 [Rough endoplasmic reticulum (RER)], 520, 526
건강식판 [Healthy Eating Plate], 428-429
결합(= 포합) [Conjugation], 326
결합빌리루빈 [Conjugated bilirubin (CB)], 326
겹가닥절단틈 복구 [Double-strand break repair], 494
경구포도당내성 검사 [Oral glucose tolerance test], 392
  임신당뇨병- [for gestational diabetes], 392
고과당 옥수수시럽 [High-fructose corn syrups (HFCSs)], 423
  설탕 [and sucrose], 423, 424f
고나트륨혈증 [Hypernatremia], 448
고리AMP 조절요소 [cAMP response element (CRE)], 543, 543f
고리AMP반응요소결합 단백질 [CREB protein (cAMP response element-binding protein)]
고리AMP조절 단백질 [cAMP regulatory protein (CRP)], 537
고리AMP조절요소결합 단백질 [cAMP response element-binding protein (CREB protein)], 543, 543f
고리불포화화효소 억제제 [Aromatase inhibitors], 275
고리산소화효소-1 [Cyclooxygenase (COX)-1], 245
  비가역 아세틸화, 아스피린 [irreversible acetylation of, by aspirin], 247f
  억제 [inhibition of], 245
고리산소화효소-2 [Cyclooxygenase (COX)-2], 245
  비가역 아세틸화, 아스피린 [irreversible acetylation of, by aspirin], 247f
  억제 [inhibition of], 245
고리이성질체, 당 [Anomers, of sugars], 95, 96f

변광회전 [mutarotation of], 95, 96f
고리일인산아데노신 [Cyclic adenosine monophosphate (cAMP)], 543, 543f
고마그네슘혈증 [Hypermagnesemia], 448
고밀도지단백질 [High-density lipoprotein (HDL)], 262, 268, 〈참조〉 혈장지단백질 (Plasma lipoprotein)
대사 [metabolism of], 268-270, 272f
비에스터화콜레스테롤 섭취 [nonesterified cholesterol uptake], 268
아포지단백질 공급 [apolipoprotein supply], 268
역방향 콜레스테롤수송 [reverse cholesterol transport], 270
콜레스테롤 에스터화 [cholesterol esterification], 268-270
고밀도지단백질 콜레스테롤 [High-density lipoprotein cholesterol (HDL-C)]
관상동맥심장병 [and coronary heart disease], 419
중등도 알코올소비 [moderate alcohol consumption and], 422
고셰병 [Gaucher disease], 242, 243f
고아르지닌혈증 [Hyperargininemia], 295-296
고암모니아혈증 [Hyperammonemia], 294-296
간질환 [liver disease and], 294
선천- [congenital], 295
N-아세틸글루탐산(염)생성효소 결핍 [N-acetylglutamate synthase deficiency], 296
아르지니노석신산염 분해효소 결핍 [argininosuccinate lyase deficiency], 295
아르지니노석신산염 합성효소 결핍 [argininosuccinate synthetase deficiency], 295
아르지닌분해효소-1 결핍 [arginase-I deficiency], 295
오니틴 카바모일기전달효소 결핍 [ornithine transcarbamylase deficiency], 295
심한- [severe], 296
의학적 응급상황 [and medical emergency], 294
중추신경계 독성 [toxicity to CNS], 293, 295
치료 [treatment for], 296, 296f
후천- [acquired], 294
고칼슘혈증 [Hypercalcemia], 463
고칼슘혈증[Hypocalcemia], 465
고콜레스테롤혈증 [Hypercholesterolemia], 260
관상동맥심장병 [and coronary heart disease], 419-420, 420f
고트라이아실글리세롤혈증 [Hypertriacylglycerolemia]
1형당뇨병 [in type 1 diabetes], 377-378, 378f
2형당뇨병 [in type 2 diabetes], 397, 398f
고페닐알라닌혈증 [Hyperphenylalaninemia], 298
고혈당 [Hyperglycemia]
1형당뇨병 [in type 1 diabetes], 392, 393f
2형당뇨병 [in type 2 diabetes], 383
고혈압 [Hypertension], 448
고효율 염기서열분석 기술 [High-throughput sequencing (HTS) technology], 557
골연화증(= 뼈연화증), 비타민D 결핍 [Osteomalacia, vitamin D deficiency and], 454, 454f
공기증(= 기종), α1-항트립신결핍- [Emphysema, in α1-antitrypsin deficiency], 54, 54f-55f
공모양단백질 [Globular proteins], 20
공모양세포 백질형성장애 [Globoid cell leukodystrophy], 243f
공복- [Fasting]
간 [liver in], 379
지방대사 [fat metabolism], 380-381, 381f
탄수화물대사 [carbohydrate metabolism], 380, 381f
개관 [overview of], 378
개념도 [concept map for], 386f
뇌 [brain in], 383, 383f
뼈대근육 [skeletal muscle in], 382-383
단백질대사 [protein metabolism], 383
지질대사 [lipid metabolism], 382f, 383
탄수화물대사 [carbohydrate metabolism], 383
시작시 연료저장 [fuel stores at beginning of], 378, 380f
조직반응, 에너지대사중- [tissues response, in energy metabolism during], 384f
지방조직 [adipose tissue in]
지방대사 [fat metabolism], 382, 382f
탄수화물대사 [carbohydrate metabolism], 382
콩팥 [kidney in], 385, 385f
효소변화 [enzymic changes in], 378-379
공복저혈당 [Fasting hypoglycemia], 366
공복혈액포도당, 당뇨병 [Fasting blood glucose (FBG), in diabetes], 391
과다비타민A증 [Hypervitaminosis A], 450-451
과당 [Fructose], 423
가인산(= 인산화) [phosphorylation of], 159-160
대사 [metabolism of], 159-162
개념도 [concept map for], 166f
반응속도론 [kinetics of], 160
장애 [disorders of], 160
소화 [digestion of], 99
수송, GLUT-5 [transport of, GLUT-5 and], 111
음식공급원 [dietary sources of], 162
창자(= 장) 흡수 [intestinal absorption of], 99
포도당 전환, 소비톨경유- [glucose conversion to, via sorbitol], 161-162
환원당 [reducing sugar], 96-97
과당 대사 [Fructose metabolism]
6-인산과당으로 마노스 전환 [mannose conversion to fructose 6-phosphate], 161
가인산(= 인산화) [phosphorylation], 159-160
과당으로 포도당 전환, 소비톨경유- [glucose conversion to, via sorbitol], 161-162
반응속도론 [kinetics], 160
소비톨 합성 [sorbitol synthesis], 162
장애 [disorders], 160
저혈당 및 소비톨대사 [hyperglycemia and sorbitol metabolism], 162
과당인산화효소 [Fructokinase], 159, 160f
결핍 [deficiency of], 160f
과식(= 다식)(증) [Hyperphosphatemia], 447
과식(증) [Hyperphagia], 393
과호흡(= 잦은숨) [Hyperventilation], 10
관상동맥심장병 [Coronary heart disease (CHD)]
음식 지방 [dietary fats and], 419-420, 420f
중등도 알코올소비 [moderate alcohol consumption and], 422
괴혈병 [Scurvy], 442, 442f, 〈참조〉 아스코브산, 비타민 C (Ascorbic acid, Vitamin C)
교감신경계 [Sympathetic nervous system (SNS)], 359
구루병, 비타민D 결핍 [Rickets, vitamin D deficiency and], 454
구리 [Copper (Cu)], 465, 465f
결핍 [deficiency], 465
멩케스 증후군 [Menkes syndrome], 465, 465f
윌슨병 [Wilson disease], 465-466, 465f
음식공급원 [dietary sources of], 465
필요 효소 [enzymes requiring], 465, 465f
구아닌-7-메틸기전달효소 [Guanine-7-methyltransferase], 508
구아닐기전달효소 [Guanylyltransferase], 508
국제표준화비율 [International normalized ratio (INR)], 583
국제햅맵사업 [The International Haplotype Map (HapMap) Project], 563
그레이브스병 [Graves disease], 470

극소량 무기질 [Ultratrace minerals], 462, 462f
몰리브데넘(= 몰리브덴) [molybdenum (Mo)], 470, 470f
셀레늄 [selenium (Se)], 470
아이오딘(= 요오드) [iodine (I)], 469-471
근간대뇌전증 [Myoclonic epilepsy with ragged red fibers (MERRF)], 500
근긴장디스트로피 [Myotonic dystrophy], 517
글라이신 [Glycine], 6
델타-아미노레불린산 생성 [and δ-aminolevulinic acid formation], 320-321
합성 [synthesis of], 309
글라이코콜산 [Glycocholic acid], 260, 260f
글란츠만 혈소판기능저하증 [Glanzmann thrombasthenia], 589
글로빈 사슬, 합성 [Globin chains, synthesis of], 38
글로빈 유전자 [Globin genes]
거짓유전자 [pseudogenes], 38
발현 [expression of], 38
베타-글로빈 유전자군 [β-globin gene family], 38
베타-유전자 [β-gene], 38
알파-글로빈 유전자군 [α-globin gene family], 38
알파-유전자 [α-gene], 38
조직화 [organization of], 38
글루카곤 [Glucagon], 361, 363f, 542-543
개념도 [concept map for], 368f
대사효과 [metabolic effects], 362
단백질대사- [on protein metabolism], 363
지질대사- [on lipid metabolism], 363
탄수화물대사 [on carbohydrate metabolism], 362-363
분비 [secretion of]
감소 [decreased], 362
낮은혈액포도당 [low blood glucose and], 361
아미노산 [amino acids and], 362
조절 [regulation of], 362-363, 363f
증가 [increased], 361
카테콜아민 [catecholamines and], 362
인슐린 [and insulin], 361
작용기전 [mechanism of action of], 363-364, 364f
저혈당 예방 [hypoglycemia prevention by], 362, 364
포도당신생성 [and gluconeogenesis], 362-363
합성 [synthesis of], 361
글루카곤유사 펩타이드-1 [Glucagon-like peptide-1 (GLP-1)], 358
글루큐론산 [Glucuronic acid], 185-186
글루타민 [Glutamine], 4, 289, 289f
분해 [degradation of], 301
암모니아 [ammonia from], 293-294, 294f
암모니아 수송 [transport of ammonia], 294f
합성 [synthesis of], 294f, 307
글루타민 합성효소 [Glutamine synthetase], 289
글루타민:인산리보실파이로인산염 아마이드전달효소 [Glutamine:phosphoribosylpyrophosphate amidotransferase (GPAT)], 338
글루타민효소 [Glutaminase], 293
글루타싸이온 과산화효소 [Glutathione peroxidase], 470
글루탐산 [Glutamic acid], 5
글루탐산(염) [Glutamate], 5, 9, 17, 286, 288, 289, 301, 〈참조〉 아미노산, 아미노기전달 (Amino acid; Transamination) 합성 [synthesis of], 308, 308f
글루탐산(염) 탈수소효소 [Glutamate dehydrogenase (GDH)], 288, 288f
다른자리조절자 [allosteric regulators], 288
반응 방향 [reaction direction], 289, 289f
보조효소 [coenzymes], 288
글리세롤 [Glycerol], 135
글리세롤인지질 [Glycerophospholipids], 232
구조 [structure of cardiolipin], 232, 233f
포스파티드산 및 알코올 [phosphatidic acid and alcohol], 231f, 232
플라스미노겐 [plasmalogen], 232-233, 233f
혈소판활성화 인자 [platelet-activating factor], 233f, 233
합성 [synthesis of], 233, 234f
매끈면 세포질그물 [in smooth endoplasmic reticulum (SER)], 233-234
카디오리핀 [cardiolipin], 237
포스파티드산 [phosphatidic acid], 234
포스파티딜글리세롤 [phosphatidylglycerol], 237
포스파티딜세린 [phosphatidylserine], 235, 235f
포스파티딜이노시톨 [phosphatidylinositol], 235-237, 236f
포스파티딜콜린 및 포스파티딜에탄올아민 [phosphatidylcholine and phosphatidylethanolamine], 234-235, 234f
글리코제닌 [Glycogenin], 127, 127f
급성간헐포르피린증 [Acute intermittent porphyria (AIP)], 321, 321f, 323, 324f
급식-공복 주기 [Feed-fast cycle], 〈참조〉 흡수상태; 공복 (Absorptive state; Fasting)
기능성 섬유질 [Functional fiber], 424
기질감소요법 [Substrate reduction therapy], 244
기초대사율 [Basal metabolic rate (BMR)], 418
깊은정맥혈전증(= 심부정맥혈전증) [Deep venous thrombosis (DVT)], 565
끝분절 [Telomeres], 488-489
끝분절복원효소 작용 [telomerase action], 488, 489f
짧아짐 [shortening], 488-489
끝분절복원효소 [Telomerase], 488-489, 489f
끝자락 핵산내부분해효소 1 [Flap endonuclease 1 (FEN1)], 487, 487f

ㄴ

나이아신 [Niacin (Vitamin B_3)], 443-445
결핍 [deficiency of], 444
고지질혈증 치료 [and hyperlipidemia treatment], 444-445
보조효소 형태 [coenzyme forms], 443, 444f
음식공급원 [dietary sources of], 444
임상적응증 [clinical indications for], 444-445
프로스타글랜딘매개 홍조 [and prostaglandin-mediated flushing], 445
난포자극 호르몬 [Follicle-stimulating hormone (FSH)], 275
납 중독 [Lead poisoning], 322, 324f
증상 [symptoms of], 322
치료 [treatment of], 322
낫적혈구빈혈 [Sickle cell anemia], 485
산전진단 [prenatal diagnosis of], 564-565, 565f
낭성섬유증 [Cystic fibrosis (CF)], 517
유전자 검사 [genetic testing for], 569, 570f
낭성섬유증 막전위전도도 조절자 단백질 [Cystic fibrosis transmembrane conductance regulator (CFTR) protein], 570-571
내인성 경로 [Intrinsic pathway], 578, 578f, 581, 581f
내장 지방세포 [Visceral adipocytes], 406
내피, 산화질소 [Endothelium, nitric oxide and], 174-175, 175f
넓은베타띠병 [Broad beta disease], 265-266
노던블롯 [Northern blots], 571
노르에피네프린 [Norepinephrine (NE)], 329, 359, 〈참조〉 카테콜아민 (catecholamines)
녹말 [Starch], 97, 98, 423-424
음식- [dietary], 102
소화 [digestion of], 102

뇌 [Brain], 377-378
공복 [in fasting], 383, 383f
흡수상태, 대사경로 [absorptive state in, metabolic pathways in], 377-378, 378f
누에콩중독증 [Favism], 177
눈피부백색증 [Oculocutaneous albinism], 332
뉴클레오타이드 [Nucleotide], 337, 〈참조〉 퓨린 뉴클레오타이드 (Purine nucleotide)
개념도 [concept map for metabolism of], 351f
구조 [structure of], 336-337
뉴클레오사이드 [nucleosides], 337, 337f
뉴클레오타이드 [nucleotide from], 337, 338f
데옥시리보뉴클레오사이드 [deoxyribonucleoside], 337
리보뉴클레오사이드 [ribonucleoside], 337
역할/기능 [role/function of], 336
퓨린 및 피리미딘 염기 [purine and pyrimidine bases in], 336-337, 336f
희귀 염기 [unusual bases in], 336-337, 337f
뉴클레오타이드절제 복구 [Nucleotide excision repair (NER)], 493, 493f
니만-픽C1유사1 단백질 [Niemann-Pick C1-like 1 protein], 253
니만-픽병 [Niemann-Pick disease], 238, 240f, 242, 243f
니만-픽병 [Niemann-Pick disease], 238, 240f, 242, 243f C형 [type C], 267
니코틴아마이드 [Nicotinamide], 443-444
니코틴아마이드 아데닌 뉴클레오타이드 인산염 [Nicotinamide adenine dinucleotide phosphate ($NADP^+$)], 443-444, 444f
콜레스테롤 합성 [and cholesterol synthesis], 253
환원성 아민화 [in reductive amination], 288, 288f
니코틴아마이드 아데닌 다이뉴클레오타이드 [Nicotinamide adenine dinucleotide (NAD^+)], 443-444, 444f
구조 [structure and biosynthesis of], 444, 444f
산화탈아미노화 [in oxidative deamination], 288, 288f
환원 [reduction of], 444, 445f
니코틴아마이드 아데닌 다이뉴클레오타이드 [Nicotinamide adenine dinucleotide (NADH)], 170, 366

ㄷ

다뇨증 [Polyuria]
1형당뇨병- [in type 1 diabetes], 391
2형당뇨병- [in type 2 diabetes], 395
다당(류) [Polysaccharides], 424
다량무기질 [Macrominerals], 462, 462f
마그네슘 [magnesium (Mg)], 464
성인 영양권장량 [RDA for adults], 462f
소듐 [sodium (Na^+)], 464
염소이온 [chloride (Cl^-)], 464
인 [phosphorus (P)], 463
칼슘 [calcium (Ca^{2+})], 462-463
포타슘 [potassium (K)], 465
호르몬 조절 [hormonal regulation], 463-464
다량영양소 [Macronutrients], 415, 〈참조〉 영양소, 영양 (Nutrients; Nutrition)
개념도 [concept map for], 433f
다량영양소 허용분포범위 [acceptable macronutrient distribution ranges (AMDR)], 491, 419f
음식 단백질 [dietary protein], 425-428
음식 지방 [dietary fats], 419-422
음식 탄수화물 [dietary carbohydrates], 422-425
다량영양소 허용분포범위 [Acceptable macronutrient distribution range (AMDR)]
성인 [for adults], 419, 419f
정의 [defined], 419
다른자리조절자 [Allosteric regulators], 289
다비가트란 [Dabigatran], 563
다식증, 1형당뇨병 [Polyphagia, in type 1 diabetes], 391
다음(다갈)증 [Polydipsia]
1형당뇨병- [in type 1 diabetes], 391
2형당뇨병- [in type 2 diabetes], 395
2,4-다이나이트로페놀 [2,4-Dinitrophenol (2,4-DNP)], 89, 89f
다이다노신 [Didanosine], 489
다이설피람 [Disulfiram], 366
다이아실글리세롤 [Diacylglycerol (DAG)], 223, 567, 〈참조〉 인지질 (Phospholipid)
글리세롤인지질 [in glycerophospholipid synthesis], 233
세포신호전달 역할 [role in cell signaling], 236f
다이아족사이드 [Diazoxides], 358
2,4-다이에노일CoA 환원효소 [2,4-Dienoyl CoA reductase], 223
다이팔미토일포스파티딜콜린 [Dipalmitoylphosphatidylcholine (DPPC)], 234
다이하이드록시아세톤 [Dihydroxyacetone], 94, 94f
L-3,4-다이하이드록시페닐알라닌 [L-3,4-Dihydroxyphenylalanine (DOPA)], 329, 329f
다중불포화지방 [Polyunsaturated fats], 421
다중불포화지방산 [Polyunsaturated fatty acids (PUFA)], 420, 421
오메가-3 지방산 [ω-3 fatty acids], 421-422
오메가-6 지방산 [ω-6 fatty acids], 421
다형성 [Polymorphisms], 562, 562f
사이토크롬P450 효소 [in cytochrome P450 enzyme], 580
단당(류) [Monosaccharides], 423-424
단백소체(= 단백분해소체) [Proteasomes], 282, 283, 283f, 528
단백질 [protein(s)]
구조- [structural], 282
다듬기 [trimming], 527
단명- [short-lived], 282
대사 [metabolism]
글루카곤 효과 [effects of glucagon on], 363
인슐린 효과 [effects of insulin on], 360
동물성 공급원 [from animal sources], 426
리보소체- [ribosomal], 519
미세칩배열(법) [microarrays], 571
반감기 [half-life of], 283
변성 [denaturation], 22
분석 [analysis], 572
분해 [degradation], 282-283, 528
신호 [signals], 283
유비퀴틴-단백소체계 [ubiquitin-proteasome system], 283, 283f
불완전- [incomplete], 426, 426f
비단백질분해- [nonproteolytic], 579
비반복 이차구조 [nonrepetitive secondary structure], 19
사차구조 [quaternary structure of], 22-23
삼차구조 [tertiary structure of], 20-22
소화 [digestion of], 283
위액분비- [by gastric secretion], 283-284, 284f
작은창자효소- [by small intestine enzymes], 284f, 285
췌장효소- [by pancreatic enzymes], 284-285, 284f
식물성 공급원 [from plant sources], 426
아미노산 [amino acids from], 281-282, 〈참조〉 아미노산 (Amino acid)
영역 [domains], 20-21
완전- [complete], 426
음식- [dietary], 425-428
(품)질 [quality of], 425-426, 426f
고품질- [high-quality], 426

과다-, 소비 [excess, consumption of], 427
불완전-, 조합 [incomplete, combination of], 426, 426f
불충분섭취 [inadequate intake of], 427-428, 427f, 428f
음식조절 탄수화물 [and carbohydrates in diet], 427
제한 [restriction], 427
질소균형 [and nitrogen balance], 426
필수아미노산 [essential amino acids from], 425
필요량 [requirements], 426-427
이차구조 [secondary structure of], 18-20
일차구조 [primary structure of], 15-17
잘못접힘 [misfolding], 23-24
장수- [long-lived], 282
전환 [turnover], 282-283
전환율 [rate of], 282
접힘 [folding], 21-22, 22f
샤페론 [chaperones in], 22
초이차구조(= 구조요소) [supersecondary structures (Motifs)], 20, 20f
표적화 [targeting], 526, 527f
혈액응고, 역할 [blood clotting, role in], 578-579
호흡계수 [respiratory quotient for], 418, 418f
단백질 C [Protein C], 585-586
단백질 미세칩배열(법) [Protein microarrays], 571
단백질 접힘 [Protein folding], 526
단백질 합성 [Protein synthesis], 514, 514f, 〈참조〉 번역 개념도 (Translation concept map)
단백질분해 연쇄증폭 [Proteolytic cascade], 578-579, 579f
단백질소화율보정 아미노산점수 [Protein Digestibility-Corrected Amino Acid Score (PDCAAS)], 425-426, 426f
단백질-에너지 영양실조 [Protein-energy malnutrition (PEM)], 427
개발도상국- [in developing countries], 427
단백질열량부족증 [kwashiorkor], 427, 427f, 428, 428f
소모증 [marasmus], 427, 427f, 428, 428f
아동기- [in children], 427, 427f
단백질-에너지 영양실조 [Protein-energy undernutrition (PEU)], 〈참소〉 단백질-에너지 영양실조 (Protein-energy malnutrition, PEM)
단백질열량부족증 [Kwashiorkor], 427, 427f, 428, 428f
단백질인산화효소 A [Protein kinase A (PKA)], 273
단백질인산화효소 C [Protein kinase C], 236, 462, 587, 587f
단백체학 [Proteomics], 572-573
단일포화지방 [Monounsaturated fats], 421-422
단일포화지방산 [Monounsaturated fatty acids (MUFA)], 406
단풍시럽뇨병 [Maple syrup urine disease (MSUD)], 306, 313
분류 [classification], 313
선별검사 및 진단 [screening and diagnosis], 313
치료 [treatment], 313
단핵포식세포계 [Mononuclear phagocyte system (MPS)], 325
담석 [Gallstones], 261, 261f
담석증 [Cholelithiasis], 261
당(질) [Sugar], 424
첨가- [added], 424
당뇨(병) [Diabetes mellitus (DM)]
1형- [type 1], 390-391, 390f
개념도 [concept map for], 402f
고트라이아실글리세롤혈증 [hypertriacylglycerolemia in], 392-393, 393f
고혈당 [hyperglycemia in], 392, 393f
대사변화 [metabolic changes in], 392-393, 393f
발병나이 [age of onset of], 390f, 391
발생률 [incidence of], 391
베타-세포 파괴 [β-cell destruction in], 391, 391f
병태생리학 [pathophysiology of], 391, 391f
유병률 [prevalence of], 390f, 391
유전소인 [genetic predisposition], 390f, 391
인슐린분비능, 발병중- [insulin secretory capacity during onset of], 391, 391f
인슐린치료 [insulin therapy for], 393-394, 394f
조직사이 관계 [intertissue relationships in], 393f
진단 [diagnosis of], 391-392
징후 및 증상 [signs and symptoms of], 391
치료 [treatment of], 390f, 393-394, 393f
케톤혈증 [ketonemia in], 392, 393f
2형- [type 2], 390f, 391, 395
개념도 [concept map for], 402f
고트라이아실글리세롤혈증 [hypertriacylglycerolemia in], 399, 398f
고혈당 [hyperglycemia in], 395, 395f, 399
기능이상 β 세포 [dysfunctional β cells in], 395, 395f, 397, 398f
대사변화 [metabolic changes in], 397, 398f
발병나이 [age of onset], 390f
신체질량지수 및 운동, 효과 [body mass index and exercise on, effect on], 400, 401f
유병률 [prevalence of], 390f, 395
유전소인 [genetic predisposition], 390f
인슐린 저항성 [insulin resistance in], 395, 395f, 396-397, 397f
조직사이 관계 [intertissue relationships in], 397, 398f
증상 [symptoms in], 395
진단 [diagnosis of], 395
진행 [progression of], 398f
치료 [treatment of], 390f, 399
항고혈당제 [antihyperglycemic agents in], 399-400, 400f
혈액포도당 및 인슐린 농도 [blood glucose and insulin levels in], 397f
개관 [overview], 390-391
개념도 [concept map for], 402f
만성효과 [chronic effects of], 399-400
비만 [obesity and], 410
소비톨 대사 [sorbitol metabolism in], 162
예방 [prevention of], 400, 401f
인슐린 결핍 [insulin deficiency in], 390
혈색소A1c 농도 [HbA1c levels in], 37
당뇨병 망막병증 [Diabetic retinopathy], 399
혈당조절 [glycemic control and], 399, 400f
당뇨병 케톤산증 [Diabetic ketoacidosis (DKA)], 226, 226f
1형 당뇨병 [in type 1 diabetes], 392
치료 [treatment of], 392
당뇨병전단계 [Prediabetes], 391-392
당단백질 Ib [Glycoprotein Ib (GPIb)], 587
당단백질 VI [Glycoprotein VI (GPVI)], 587
당단백질 합성 [Glycoprotein synthesis], 189-194
당단백질II/IIIb 수용체 [Glycoprotein (GP) IIb/IIIa receptor], 589, 588f
당스핑고지질 [Glycosphingolipids]
개관 [overview], 239
개념도 [concept map for], 248f
구조 [structure of], 240f
분해 [degradation of], 241, 243f
산성- [acidic], 240
신경조직- [in nerve tissue], 239
역할 [role of], 239
중성- [neutral], 240, 240f
합성 [synthesis of], 241

관여 효소 [enzymes involved in], 241
황산(염)기 첨가 [sulfate group addition], 241
항원 특성 [antigenic nature], 239
당원 [Glycogen]
가지있는 [branched], 97
간- [hepatic], 146
간- [in liver], 146
구조 [structure], 146
근육- [in muscle], 146
분해 [degradation of], 〈참조〉 당원분해 (Glycogenolysis)
음식-, 소화 [dietary, digestion of], 98-100
저장 변동 [store fluctuation], 146
합성 [synthesis of], 96, 〈참조〉 당원생성 (Glycogenesis)
당원 가인산분해효소 [Glycogen phosphorylase], 372, 442
당원 가인산분해효소 a [Glycogen phosphorylase a], 152
당원 가인산분해효소 b [Glycogen phosphorylase b], 152
당원 대사 [Glycogen metabolism]
개관 [overview], 145
구조 [structure and function], 145-146
당원 합성 [Glycogen synthase], 373-374, 482-483
당원가인산분해효소 인산화효소 [Glycogen phosphorylase kinase], 372
당원분해 [Glycogen degradation]
가지형성 [branch formation], 148-151
기술 [descriptions of], 151f
당원생성 [Glycogenesis]
AMP의 활성화 [activation by AMP], 154
공유결합 억제 [covalent inhibition of], 153-154
다른자리조절 [allosteric regulation of], 154
칼슘의 활성화 [activation by calcium], 154
당원생성 및 당원분해 조절 [Glycogenesis and glycogenolysis regulation]
가인산분해효소인산화효소 활성화 [phosphorylase kinase activation], 152
공유결합 활성화 [covalent activation of], 152-153
단백질인산화효소 A 활성화 [protein kinase A activation], 152
당원가인산분해효소 활성화 [glycogen phosphorylase activation], 152
신호증폭 [signal amplification], 152
인산화상태 유지 [phosphorylated state maintenance], 153
당원저장병 [Glycogen storage diseases], 155
당원합성 [Glycogen synthesis]
가지형성 [branch formation], 148
시발체 필요성 및 합성 [primer requirement and synthesis], 147
연장 [elongation], 148, 148f
이인산유리딘-포도당 합성 [uridine diphosphate-glucose synthesis], 146
당지질 [Glycolipid], 〈참조〉 당스핑고지질 (Glycosphingolipid)
당화 [Glycosylation], 528, 528f
당화기전달효소 [Glycosyltransferases], 241
당화물내부분해효소 [Endoglycosidase], 98
결핍 [deficiency of], 189
아미노당글리칸 분해 [in glycosaminoglycan degradation], 189, 190f
당화포스파티딜이노시톨 [Glycosyl phosphatidylinositol (GPI)], 236
당화포스파티딜이노시톨고정 단백질 [GPI-anchored proteins], 236-237
대사등가물 [Metabolic equivalent of the task (MET)], 418
대사증후군 [Metabolic syndrome], 410
대응코돈 [Anticodon], 518, 518f
대장균(= *E. coli*) [*Escherichia coli* (*E. coli*)], 479, 〈참조〉 원핵생물 DNA복제 (Prokaryotic DNA replication)
뉴클레오타이드절제 복구 [nucleotide excision repair in], 493, 493f
메틸기주도 짝짝이복구 [methyl-directed mismatch repair in], 492, 492f
유전자발현 조절 [regulation of gene expression in], 536-540, 538f, 〈참조〉 유전자 발현 (Gene expression)
데스모신 교차결합, 탄력소 [Desmosine cross-links, in elastin], 54, 54f
데옥시리보뉴클레오타이드 [Deoxyribonucleic acid (DNA)], 475, 552, 〈참조〉 진핵- 및 원핵생물 DNA복제 (Eukaryotic and prokaryotic DNA replication)
3′-to-5′-인산다이에스터 결합 [3′-to-5′-phosphodiester bonds of], 476-477, 476f
A형- [A form], 478
B형- [B form], 478, 479f
Z형 [Z form], 478
가닥분리 [strand separation], 477-478, 478f
겹가닥 DNA [double-stranded DNA (dsDNA)], 476, 553
샤가프 법칙 [Chargaff rule], 477
고리형 [circular], 478
과메틸화 [hypermethylation], 546
구조 [structure of], 476-478
개념도 [concept map for], 496f
끝분절- [telomeric], 488
뉴클레오타이드 [nucleotides in], 476
메틸화 [methylation of], 547
세균 DNA [bacterial DNA], 553
미세침배열(법) [microarrays], 571-572
변성 [denaturation], 477-478
복구 [repair], 491-494
개념도 [concept map for], 497f
겹가닥절단틈 복구 [double-strand break repair], 494
뉴클레오타이드절제 복구 [nucleotide excision repair], 493, 493f
염기절제 복구 [base excision repair], 493-494, 494f
짝짝이 복구 [mismatch repair], 492, 492f
복제 [replication of], 475
개념도 [concept map for], 496f
반보존- [semiconservative], 478-479, 479f
진핵생물- [in prokaryotes], 462-471
진핵생물세포- [in eukaryotic cell], 487-489
사람 DNA, 분석용 도구 [human DNA, tools for analysis of], 552, 552f
DNA 클로닝 [cloning of DNA], 554-558
제한핵산내부분해효소 [restriction endonucleases], 552-553
탐색사 [probes], 558-560
상보 DNA [complementary DNA (cDNA)], 556-557, 556f
선형- [linear], 478
손상 [damage to], 492
연결자 [linker], 490, 490f
염기쌍 [base pairing in], 477, 477f, 478f
염기쌍 수소결합 [hydrogen bonds of bps], 477-478, 478f
염색체 [chromosomal], 478
원핵생물- [in prokaryotes], 476
복제 [replication of], 479-487
융해온도 [melting temperature], 477, 478f
이중나선 [double helix], 476, 477, 477f
작은(좁은) 고랑 [minor(narrow) groove], 477, 477f
큰(넓은) 고랑 [major(wide) groove], 477, 477f
이차구조 [secondary structure], 476
일차구조 [primary structure], 476
재생 [renaturation], 478
전사- [in transcription], 535, 〈참조〉 유전자 발현 (Gene expression)
진핵생물세포 [eukaryotic cells], 476
복제 [replication in], 487-489
조직화 [organization in], 490-491, 491f
클로닝 [cloning of], 554-558, 555f
DNA 라이브러리 [DNA libraries], 556-557

벡터 [vectors], 554-556
클로닝DNA조각 서열분석 [sequencing cloned DNA fragments], 557
태아- [fetal], 563-564
플라스미드 [plasmid], 478, 554
혼성체/재조합체 [hybrid/recombinant], 554
홑가닥 DNA [single-stranded DNA (ssDNA)], 476, 557, 558
히스톤 및 염색소체 형성 [histones and nucleosome formation], 490, 490f
데옥시리보뉴클레오타이드 합성 [Deoxyribonucleotide synthesis], 342, 342f
리보뉴클레오타이드 환원효소 [ribonucleotide reductase], 342
조절 [regulation], 343, 344f
5'-데옥시아데노실코발아민 [5'-Deoxyadenosylcobalamin], 439
구조 [structure of], 439
데옥시아데노실코발아민 [Deoxyadenosylcobalamin], 223
덱스트린, 소화 [Dextrin, digestion of], 99f
델타-아미노레불린산 [δ-Aminolevulinic acid (ALA)]
생성 [formation of], 320-321
약물효과 [drugs effects], 321
헤민 효과 [hemin effects], 321
델타-아미노레불린산 생성효소 [δ-Aminolevulinic acid synthase (ALAS)], 320
ALAS1 [ALAS1], 320-321
ALAS2 [ALAS2], 320-321
기능소실 돌연변이 [loss-of-function mutations in], 320-321
도파민 [Dopamine], 329, 〈참조〉 카테콜아민 (Catecholamine)
도파민 수산화효소 [Dopamine hydroxylase], 52
동물성 단백질 [Animal protein], 426, 〈참조〉 단백질 (Protein)
두빈-존슨 증후군 [Dubin-Johnson syndrome], 327
등전점 [Isoelectric point (PI)], 8-9

ㄹ

라노스테롤 [Lanosterol], 255-256, 255f
라이신 [Lysine], 9
분해 [degradation of], 306
케톤생성 아미노산 [as ketogenic amino acids], 301, 301f
라이신 및 아르지닌 R기 [R groups of lysine and arginine], 5
랑게르한스섬 [Islets of Langerhans], 355, 356f
레보도파 [Levodopa (L-DOPA)], 330
레시-나이한 증후군 [Lesch-Nyhan syndrome], 342, 342f, 342f, 345
레시티/스핑고마이엘린 비(율) [Lecithin/sphingomyelin (L/S) ratio], 235
레시틴(= 포스파티딜콜린) [Lecithin], 258
레시틴:콜레스테롤 아실기전달효소 [Lecithin:cholesterol acyltransferase (LCAT)], 268
레트로바이러스, 복제 [Retroviruses, replication of], 489
레티노산 [Retinoic acid], 447
구조 [structure of], 446, 447f
피부문제 [for dermatologic problems], 450
레티노산 수용체 [Retinoic acid receptors (RARs)], 447, 448f
레티노산-RAR 복합체 [Retinoic acid-RAR complex], 447, 448f
레티노이드 [Retinoids], 446, 〈참조〉 비타민 A (Vitamin A)
구조 [structure of], 446, 447f
기능 [function of], 446
독성 [toxicity], 450
작용 [action of], 447, 449f
작용 요약 [summary of actions of], 450f
레티닐에스터 [Retinyl esters], 447, 449
레틴알 [Retinal], 447
11-시스- [11-cis], 445, 446f
구조 [structure of], 446, 447f
모두-트랜스- [all-trans], 445
정상 재생성 [for normal reproduction], 449
레틴올 [Retinol], 446
11-시스- [11-cis], 447
구조 [structure of], 446, 447f
에스터- [from esters], 447
정상 재생성 [for normal reproduction], 449
레틴올활성 당량체 [Retinol activity equivalents (RAE)], 449
렙틴 [Leptin], 409
기능 [function of], 406
비만인- [in obese humans], 408
유전자 돌연변이 [mutations in gene for], 408
로돕신 [Rhodopsin], 447
로바스타틴 [Lovastatin], 258
로수바스타틴 [Rosuvastatin], 258
류신 [Leucine]
분해 [degradation of], 305-306, 306f
케톤생성 아미노산 [as ketogenic amino acids], 301, 301f
류코트라이엔 [Leukotriene (LT)], 244-248, 〈참조〉 아이코사노이드 (Eicosanoid)
류코트라이엔 [Leukotriene (LT)], 244-248, 〈참조〉 아이코사노이드 (Eicosanoid)합성 [synthesis], 247, 246f
리놀레산 [Linoleic acid], 421
리보뉴클레오타이드 환원효소 [Ribonucleotide reductase], 342, 471
리보소체 [Ribosomes], 519
A-, P-, E 자리 [A, P, and E sites], 519
RER회합- [RER-associated], 520
리보소체 RNA [rRNA], 519
리보소체 단백질 [ribosomal proteins], 519
세포속 위치 [cellular location], 520
세포질액- [cytosolic], 520
원핵생물- [prokaryotic], 519, 520f
진핵생물- [eukaryotic], 519, 520f
리보소체 RNA [Ribosomal RNA (rRNA)], 499, 519
구조 [structure of], 501, 501f
원핵생물세포- [in prokaryotic cells], 510
전사후가공 [posttranscriptional processing of], 612
진핵생물세포- [in eukaryotic cells], 500
리보소체 단백질, 번역 조절 [Ribosomal proteins, regulation of translation by], 540, 540f
리보자임(= 리보핵산효소) [Ribozyme], 500
리보플라빈(= 비타민 B_2) [Riboflavin (Vitamin B_2)], 445
결핍 [deficiency], 445
활성형 [active forms of], 445, 445f
리보핵산 [Ribonucleic acid (RNA)], 475, 499, 499f
구조 [structure], 499-501, 500f
개념도 [concept map for], 511f
리보소체- [ribosomal], 500, 500f
비부호화 RNA [noncoding RNA (ncRNA)], 499
원핵생물유전자 전사 [prokaryotic gene transcription], 501-504
RNA 중합효소 [RNA pol in], 505
개시 [initiation], 502-503, 503f
로-비의존 종료 [rho-independent termination], 503f
로-의존 종료 [rho-dependent termination], 504
연장 [elongation], 503, 504f
완전효소 [holoenzyme for], 502, 502f
종료 [termination], 503-504, 503f
항생제의 억제 [antibiotics inhibiting], 504, 504f
핵심 효소 [core enzyme for], 502, 502f
전달- [transfer], 500, 500f
전령- [messenger], 501, 501f

전사후 변형 [posttranscriptional modification], 507-510
진핵생물유전자 전사 [eukaryotic gene transcription]
RNA중합효소I [RNA polymerase I in], 505
RNA중합효소II [RNA polymerase II in], 505, 505f
RNA중합효소II 억제제 [RNA polymerase II inhibitor and], 506-507
RNA중합효소III [RNA polymerase III in], 507
개념도 [concept map for], 511f
염색질 구조 및 유전자 발현 [chromatin structure and gene expression], 504-505, 505f
염색질 재구성 [chromatin remodeling], 504, 505f
일반 전사인자 [general transcription factors in], 505-506
전사인자 [transcription factors (TFs) in], 504
조절요소 및 전사활성자 [regulatory elements and transcriptional activators in], 506
증강자, 역할 [enhancers in, role of], 506, 506f
합성 [synthesis of], 535, 〈참조〉 유전자 발현 (Gene expression)
리팜핀(= 리팜피신), 원핵생물 RNA중합효소 억제 [Rifampin (rifampicin), inhibition of prokaryotic RNA polymerase by], 504, 504f
리포산 [Lipoic acid]
PDH 복합체- [in PDH complex], 126
가지사슬α-케톤산 탈수소효소 복합체- [in branched-chain α-keto acid dehydrogenase complex], 128
알파-케토글루타르산(염) 탈수소효소 복합체- [in α-ketoglutarate dehydrogenase complex], 129
린치 증후군 [Lynch syndrome], 492

ㅁ

마그네슘 [Magnesium (Mg)], 462f, 464
고마그네슘혈증 [hypermagnesemia], 464
뼈- [in bone], 463
저마그네슘혈증 [hypomagnesemia], 464
마이코페놀산 [Mycophenolic acid], 341, 340
마이플레이트 [MyPlate], 428-429, 429f
막지질 [Membrane lipids], 231
극성- [polar], 231, 231f
만성육아종병 [Chronic granulomatous disease (CGD)], 173-174
망가니즈(= 망간) [Manganese (Mn)], 462f, 468, 468
맞섬유전자특이 올리고뉴클레오타이드 탐색자 [Allele-specific oligonucleotide (ASO) probe], 557-558, 560f
맞섬유전자특이 올리고뉴클레오타이드 탐색자 [ASO probe, (Allele-specific oligonucleotide probe)]
매독 [Syphilis], 232
매독균 [*Treponema pallidum*], 232
메나다이온 [Menadione], 454-455 , 〈참조〉 비타민 K (Vitamin K)
메나퀴논 [Menaquinone (Vitamin K_2)], 454-455, 〈참조〉 비타민 K (Vitamin K)
메발론산(염) [Mevalonate], 254, 254f
콜레스테롤 합성 [synthesis of cholesterol from], 254-256, 255f
메싸이오닌 [Methionine]
분해 및 재합성 [degradation and resynthesis of], 304, 304f
석시닐 CoA [succinyl CoA from], 303
메토트렉세이트 [Methotrexate], 546-547
메틸말론산혈증 [Methylmalonic acidemia (MMA)], 315
메틸코발아민 [Methylcobalamin], 439-440, 440f
멜라닌 [Melanin], 331-332
멩케스 증후군 [Menkes syndrome], 465, 465f
면양떨림병 [Scrapie], 23-24
면역글로불린 [Immunoglobulins], 547
DNA 재조합, 생성 [DNA rearrangements in generation of], 547, 547f
면역블롯 [Immunoblot], 〈참조〉 웨스턴블롯 (Western blot)
면역혈소판감소증 [Immune thrombocytopenia], 589
모노뉴클레오타이드다형성 [Single nucleotide polymorphisms (SNPs)], 560, 562f
모노아민 산화효소 [Monoamine oxidase (MAO)], 330, 330f, 330
모노아민산화효소 억제제 [Monoamine oxidase inhibitors (MAOIs)], 330, 432
타이라민함유 음식 [and tyramine-containing foods], 432
몰리브데넘(= 몰리브덴) [Molybdenum (Mo)], 462, 471, 471f
무기질 [Minerals], 462
극소량 무기질 [ultratrace minerals], 469, 472f
몰리브데넘 [molybdenum (Mo)], 471
셀레늄 [selenium (Se0], 470-471
아이오딘 [iodine (I)], 469-470
근육수축 [muscle contraction], 462
기능 [function of], 446
미량무기질 [macrominerals], 462, 462f
마그네슘 [magnesium], 464
소듐 및 염소이온 [sodium and chloride], 464
인 [phosphorus], 463
칼슘 [calcium], 462-463
포타슘 [potassium], 465
미량무기질, 소량 무기질 [microminerals, trace minerals], 462, 462f
구리 [copper (Cu)], 465, 465f
망가니즈 [manganese (Mn)], 468, 468f
아연 [zinc (Zn)], 468, 468f
철 [iron (Fe)], 466-468, 467f
크로뮴 및 플루오린 [chromium (Cr) and fluorine (F)], 469
필요량 [requirement], 468
분류 [classification of], 462, 462f
뼈 및 치아 형성 [bones and teeth formation], 462
신경전도 [nerve conduction], 462
싱호전달 [signaling], 462
요약 [summary of], 472
정의 [definition of], 446
체액 균형 [fluid balance], 462
촉매작용 [catalysis], 462
무뇌증 [Anencephaly], 439
무베타지단백혈증 [Abetalipoproteinemia], 266, 457
무의미 돌연변이 [Nonsense mutation], 516, 516f
미글루스타트 [Miglustat], 242-244
미량영양소 [Micronutrients], 415, 〈참조〉 무기질, 영양소, 영양, 비타민 (Minerals; Nutrients; Nutrition; Vitamins)
미생물무리유전체 [Microbiome], 431
미세RNA [MicroRNA (miRNA)], 499-500 544-545
미세소체 CYP 일산소화효소계 [Microsomal CYP monooxygenase system], 320-321
미세소체 헴산소화효소 [Microsomal heme oxygenase], 325
미세칩배열 분석, 유전자 발현 [Microarray analysis, of gene expression], 571, 571f
미즙 [Chyme], 204
미하엘리스 상수 [Michaelis constant (Km)], 64-66
경쟁억제 [competitive inhibition and], 66-67
비경쟁억제 [noncompetitive inhibition and], 67-68
미하엘리스-멘텐 반응속도론 [Michaelis-Menten kinetics], 64-66
미하엘리스식 [Michaelis-Menten equation], 64

ㅂ

바닐릴만델산 [Vanillylmandelic acid (VMA)], 330
바닥막 [Basement membrane], 48

바르트 증후군 [Barth syndrome], 238
바세르만 검사 [Wasserman test], 232
바이오틴 [Biotin], 445-446, 528, 560
결핍 [deficiency], 445-446
구조 [structure of], 445, 446f
보조효소 [as coenzyme], 126-127
보충 [supplementation], 446
바이오틴화 탐색자 [Biotinylated probes], 559-560
반보존복제, DNA- [Semiconservative replication, of DNA], 478-479, 479f
발린 [Valine], 305
분해 [degradation of], 306-307, 306f
방출인자 [Release factors]
방출인자-1 [RF-1], 523
방출인자-2 [RF-2], 523
방출인자-3 [RF-3-GTP], 523
배배꼬임, DNA- [Supercoiling, of DNA], 480-481
DNA 국소이성질체화효소의 제거 [DNA topoisomerases for removal of], 481, 481f
양성- [positive], 480-481, 481f
음성- [negative], 480-481
백내장 [Cataract]
갈락토스인산화효소 결핍 [galactokinase deficiency and], 163f
갈락티톨 [galactitol and], 163f
고전갈락토스혈증 [classic galactosemia and], 163f, 164
백색증 [Albinism], 303, 313-314, 314f
백일해 [Whooping cough], 109
백혈병 [Leukemia], 301
번역 [Translation], 514, 514f
개념도 [concept map for], 531f
단계 [steps in], 521-527, 524f-525f
개시 [initiation], 521-523, 522f
단백질 접힘 [protein folding], 526
단백질 표적화 [protein targeting], 526, 527f
번역 조절 [translation regulation], 526
연결 [elongation], 523, 524f
종료 [termination], 523, 524f
번역동시- 및 번역후 변형 [cotranslational and posttranslational modifications], 527
가인산(= 인산화) [phosphorylation], 528, 528f
공유결합 부착 [covalent attachments], 527, 528f, 529f
다듬기 [trimming], 527
단백질 분해 [protein degradation], 528
당화 [glycosylation], 528, 528f
수산화 [hydroxylation], 528, 529f
카복실화 [carboxylation], 528, 529f
유전부호 [genetic code in], 514-517
뉴클레오타이드서열 변화, 결과 [altering nucleotide sequence, consequences of], 516-517, 516f
보편성 [universality], 515-516
여유성 [degeneracy], 516
중첩없고 쉼표없음 [nonoverlapping and commaless], 516
코돈 [codons], 514-515, 515f
특이성 [specificity], 515
전달RNA의 코돈인식 [codon recognition by tRNA], 520
코돈과 대응코돈 사이의 역평행결합 [antiparallel binding between codon and anticodon], 520-521, 521f
흔들림 가설 [wobble hypothesis], 521, 521f
필요 구성성분 [components required for], 517-520
단백질 [protein factors], 520
리보소체 [ribosomes], 519-520, 520f
아미노산 [amino acids], 518
아미노아실-tRNA 합성효소 [aminoacyl-tRNA synthetases], 518, 518f
에너지 공급원 [energy sources], 520
전달 RNA [transfer RNA], 518, 518f
전령 RNA [messenger RNA], 519
베르나르-술리에 증후군 [Bernard-Soulier syndrome], 587
베르니케-코르사코프 증후군 [Wernicke-Korsakoff syndrome], 443
베리베리 [Beriberi], 443
베타-굽이 [β-bends], 18-19
베타-글로빈 단백질 [β-globin protein], 510
베타-지중해빈혈 [β-Thalassemia], 510
베타-카로텐(= 풋비타민 A) [β-Carotene (Provitamin A)], 447
항산화제 [as antioxidant], 172
베타-판 [β-sheets], 18-19, 19f
알파-나선과 비교 [comparison with α-helices], 18
형성 [formation], 17-18, 18f
벡터 [Vectors], 554
그밖의 [other], 555-556
많이 사용되는 [commonly used], 554
바이러스 [viral], 554, 556
원핵생물 플라스미드 [prokaryotic plasmids], 554-555, 554f, 555f
특성 [properties of], 554
형질도입 [transduction], 554
변성 [Denaturation, of proteins], 22
변성단백질 [Denatured proteins], 21-22
보어효과 [Bohr effect], 33-34
보조지질분해효소 [Colipase], 201
보조효소 A [Coenzyme A]
알파-케토글루타르산(염) 탈수소효소 복합체 [in α-ketoglutarate dehydrogenase complex], 129, 129f
보조효소 Q [Coenzyme Q], 83-84, 84f
보통염색체우성 고콜레스테롤혈증 [Autosomal dominant hypercholesterolemia], 267
복강경 담낭절제 [Laparoscopic cholecystectomy], 261
복강질환(= 복강스프루) [Celiac disease (celiac sprue)], 285
복부비만 [Abdominal obesity], 409-410, 〈참조〉 비만 (Obesity)
본빌레브란드 인자 [von Willebrand factor (VWF)], 587
본빌레브란드병 [von Willebrand disease (VWD)], 587
부갑상샘저하증 [Hypoparathyroidism], 454
부갑상샘호르몬 [Parathyroid hormone (PTH)], 453, 452f
부신백질형성장애, X-연관 [Adrenoleukodystrophy, X-linked], 224
부신피질 스테로이드호르몬 [Adrenal cortical steroid hormones], 273-273
안드로겐 [androgens], 275
알도스테론 [aldosterone], 273-275
코티솔 [cortisol], 273
부신피질, 인산오탄당경로 [Adrenal cortex, pentose phosphate pathway and], 168
부신피질스테로이드호르몬 [Corticosteroid], 271-272, 〈참조〉 스테로이드 호르몬 (Steroid hormones)
부신피질스테로이드호르몬결합 글로불린 [Corticosteroid-binding globulin], 273
부신피질자극호르몬 [Adrenocorticotropic hormone (ACTH)], 272-273
부신피질자극호르몬방출 호르몬 [Corticotropin-releasing hormone (CRH)], 274
분자생물학 중심명제 [Central dogma of molecular biology], 459, 459f, 〈참조〉 데옥시리보핵산, 리보핵산 (Deoxyribonucleic acid, DNA; Ribonucleic acid, RNA)
분해대사 [Catabolism], 106, 106f

단계 [stages of], 106f
불완전 상아질발생 [Dentinogenesis imperfecta], 53
불포화화효소 [Desaturase], 216
뷰티르산 [Butyric acid], 210f
비가역 산화반응 [Irreversible oxidative reactions], 168-170
개관 [overview], 168
반응 [reactions], 168, 169f
비결합빌리루빈 [Unconjugated bilirubin (UCB)], 327
황달- [in jaundice], 327
비극성 R기 [Nonpolar R groups], 4
비만 [Obesity]
개관 [overview], 405
개념도 [concept map for], 412f
건강 위험성 [health risks of], 410
과다섭취 및 체중변화 [overfeeding and weight change], 407, 407f
대사 증후군 [and metabolic syndrome], 410, 410f
대사 효과 [metabolic effects of], 409, 409f
부위별 지방침착, 생화학적 차이 [regional fat depots, biochemical differences in], 406
내분비 기능 [endocrine function], 406
문맥순환 [portal circulation and], 407
분자적 영향 [molecular influences], 408-409, 409f
단기 신호 [short-term signals], 409
장기 신호 [long-term signals], 409
비알코올 지방간질환 [and nonalcoholic fatty liver disease], 410
사망 위험성 [and risk of death], 410, 410f
사회적 영향 [social consequences], 410
상체-, 건강 위험성 [upper-body, and health risks], 406, 406f
신체질량지수 [body mass index and], 405-406, 405f
신체활동 [physical activity in], 411
심하고 병적인 비만 [severely, morbidly obese], 405
약리학적 치료 [pharmacologic treatment for], 411
열량 제한 [caloric restriction in], 410-411
외과적 치료 [surgical treatment for], 411
유병률 [prevalence], 390
유전학 [genetics and], 408
생물학적 기원 [biologic origin], 408, 408f
유전자 돌연변이 [gene mutations], 408, 408f
인슐린 저항성 [and insulin resistance], 395-396, 396f, 397f, 410
정의 [defined], 405
지방세포 크기 및 수 [adipocyte size and number], 407
지방침착, 해부학적 차이 [fat deposition, anatomic differences in], 406, 406f
체중감량 [weight reduction for], 410-411
판정 [assessment of], 405-407
하체- [lower-body], 406, 406f
행동 인자 [behavioral factors and], 408
환경 인자 [environmental factors and], 408
비산(염) [Arsenate], 116, 127
비상동끝부위 연결 [Nonhomologous end joining (NHEJ)], 494
비소 독성, 기전 [Arsenic toxicity, mechanism of], 116
비소 중독 [Arsenic poisoning], 116, 127-128
비스포스포네이트 [Biphosphonates], 256
비알코올 지방간염 [Nonalcoholic steatohepatitis (NASH)], 397
비알코올 지방간질환 [Nonalcoholic fatty liver disease (NAFLD)], 265, 396-397
비만 [obesity and], 410
비운동성 열생성 [Nonexercise activity thermogenesis (NEAT)], 419
비타민 [Vitamin], 437-438, 〈참조〉 특수형 (specific type)
기능 [functions of], 437-438
분류 [classification of], 437, 437f
수용성 [water-soluble], 437, 437f
요약 [summary of], 458f-459f
정의 [definition of], 437
지용성 [fat-soluble], 437, 437f
비타민 A [Vitamin A], 432-436 446-451
간 방출 [release from liver], 447, 448f
간으로 흡수 및 수송 [absorption and transport to liver], 447, 447f
결핍 [deficiency], 450
공급원 [sources of], 450
구조 [structure of], 446-447, 447f
기능 [functions of], 447, 450
독성 [toxicity], 451
상피세포 유지 [for epithelial cell maintenance], 450
시각회로- [in visual cycle], 447, 450
임상적응증 [clinical indications for], 450-451, 451f
임신 [in pregnancy], 451
작용기전 [mechanism of action], 447, 450f
정상생식 [in normal reproduction], 450
피부상태 [in skin conditions], 450
필요량 [requirement], 450
비타민 B_1, [vitamin B_1] 〈참조〉 싸이아민 (Thiamine)
비타민 B_{12} 결핍, 노인 [Vitamin B_{12} deficiency, in older adults], 431-432
비타민 B_{12}, [vitamin B_{12}] 〈참조〉 코발아민 ()Cobalamin)
비타민 B_2, [vitamin B_2] 〈참조〉 리보플라빈 (Riboflavin)
비타민 B_3, [vitamin B_3] 〈참조〉 나이아신 (Niacin)
비타민 B_5, [vitamin B_5] 〈참조〉 판토텐산 (Pantothenic acid)
비타민 B_6, [vitamin B_6] 〈참조〉 피리독신 (Pyridoxine)
비타민 B_9, [vitamin B_9] 〈참조〉 엽산 (Folic acid)
비타민 C, [vitamin C] 〈참조〉 아스코브산 (Ascorbic acid)
비타민 D [Vitamin D], 437-440
결핍 [deficiency], 453
공급원 [sources of], 451, 451f, 453
기능 [function of], 452
대사 및 작용 [metabolism and actions of], 451, 452f
독성 [toxicity of], 454
분포 [distribution], 451
임상적응증 [clinical indications for], 453-454
저혈청칼슘, 반응 [low serum calcium, response to], 453, 453f
전구체 [preformed], 451
필요량 [requirement], 453
비타민 D 결핍 구루병 [Vitamin D-deficient rickets], 454
비타민 E [Vitamin E], 456
결핍 [deficiency], 457
구조 [structure of], 456, 456f
기능 [function of], 457
독성 [toxicity], 457
분포 및 필요량 [distribution and requirements], 457
임상적응증 [clinical indications for], 457
비타민 K [Vitamin K], 454-456
결핍 [deficiency], 456
기능 [function of], 454-455
감마-카복시글루탐산(염) 생성 [γ-Carboxyglutamate formation], 454, 454f
프로트롬빈과 막의 상호작용 [prothrombin interaction with membranes], 454, 455f
독성 [toxicity of], 455-456
분포 [distribution], 456
신생아 [newborns and], 455
임상적응증 [clinical indications for], 456

필요량 [requirement], 455
합성형 [synthetic form], 454
혈액응고, 역할 [blood clotting, role in], 579, 580f
활성형 [active forms], 454
비타민 K 에폭사이드 환원효소 [Vitamin K epoxide reductase (VKOR)], 454, 454f, 579, 580f
비표준아미노산 [Nonstandard amino acids], 1
비피도박테리움 인판티스(= 유산균) [*Bifidobacterium infantis*], 430-431
비필수아미노산 [Nonessential amino acids], 300, 301f, 〈참조〉 아미노산 (Amino acid)
생합성 [biosynthesis of], 307-309, 310f
글라이신 [glycine], 308
글루타민 [glutamine], 308
세린 [serine], 308
시스테인 [cysteine], 308
아스파라진 [asparagine], 308
알라닌, 아스파트산(염), 글루탐산(염) [alanine, aspartate, and glutamate], 308, 308f
타이로신 [tyrosine], 309
프롤린 [proline], 308
빈혈 [Anemia], 438
악성- [pernicious], 441
엽산(염) [folate and], 438
영양- [nutritional], 438-439, 438f
철 결핍 [iron deficiency and], 467
코발아민 결핍 [cobalamin deficiency and], 441
빌리루빈 [Bilirubin], 〈참조〉 황달 (Jaundice)
간 섭취 [uptake by liver], 325
결합- [conjugated], 325
대사 [metabolism of], 326f
비결합- [unconjugated], 325
생성 [formation], 325
쓸개즙(= 담즙)으로 분비 [secretion into bile], 325
알부민결합 [binding with albumin], 328
측정 [measurement of], 317
항산화제 [as antioxidant], 325
빌리루빈 UDP-글루큐로노실기전달효소(= 빌리루빈 UGT) [Bilirubin UDP-glucuronosyltransferase (UGT), bilirubin UGT], 325
빌리버딘 [Biliverdin], 325
빛민감성(= 빛감수성) [Photosensitivity], 322-323
빛요법(= 광선요법), 신생아황달- [Phototherapy, in neonatal jaundice], 328, 328f
뼈대근육(= 골격근) [Skeletal muscle]
공복- [in fasting], 376-377
단백질대사 [protein metabolism], 377
지질대사 [lipid metabolism], 376f, 377
탄수화물대사 [carbohydrate metabolism], 377
안정상태- [resting], 376-377
흡수상태, 대사경로 [absorptive state in, metabolic pathways in], 376-377, 377f
아미노산대사 [amino acid metabolism], 377, 377f
지방대사 [fat metabolism], 377
탄수화물대사 [carbohydrate metabolism], 377, 377f

ㅅ

사과산염(= 말산염) [Malate], 292
사과산염(= 말산염) 산화 [Malate oxidation], 130
사과산염(= 말산염) 탈수소효소 [Malate dehydrogenase], 291
사람 유전체 [Human genome], 552
사람면역결핍바이러스 검사 [Human immunodeficiency virus (HIV) testing for], 571, 572f
사람유전체사업 [Human Genome Project], 552, 557
사람인슐린, 치료용- [Human insulin, therapeutic], 537
사람퓨린합성, 억제제 [Human purine synthesis, inhibitors of], 340
사립체 뇌근병증-젖산산증-뇌졸중유사삽화 [Mitochondrial encephalomyopathy, lactic acidosis, and stroke-like episodes (MELAS)], 500
사수소엽산(염) [Tetrahydrofolate (THF)], 307, 307f, 438, 〈참조〉 엽산, 비타민 B_9 (Folic acid, Vitamin B_9)
생성 및 사용 [production and use of], 438, 438f
사슬알균인산화효소 [Streptokinase], 586
사이토신 아라비노사이드(= 사이타라빈) [Cytosine arabinoside (Cytarabine)], 489
사이토카인, 비만 [Cytokines, in obesity], 407
사이토크롬 P450 효소 [Cytochrome P450 enzyme (CYP2C9)], 580
산 [Acid]
약산 [weak acid], 6
정의 [definition of], 6
산 해리상수 [Acid dissociation constant (Ka)], 7
산성 가수분해효소 [Acid hydrolase]
결핍 [deficiency of], 193-194 194f
당단백질 분해 [in glycoprotein degradation], 193-194
산성 당, 아미노당글리칸 [Acidic sugar, of glycosaminoglycan], 181, 181f
산성 당스핑고지질 [Acidic glycosphingolipids], 240, 240f
산성 지질분해효소 [Acid lipase], 199-200
산소 [Oxygen (O_2)]
근색소 결합 [binding to myoglobin], 32
부채 [debt], 118
분압 [partial pressure of (PO_2)], 32
수송, 혈색소- [transport, by hemoglobin], 36
전자수송사슬 [and electron transport chain], 36
혈색소 결합 [binding to hemoglobin], 31-32, 31f
다른자리조절 효과제 [allosteric effectors and], 32
호흡터짐 [and respiratory burst], 173, 174f
산소해리곡선 [Oxygen-dissociation curve], 32
2,3-이중인산글리세르산(염) [2,3-BPG and], 32
S자형- [sigmoidal], 32
쌍곡선- [hyperbolic], 32
일산화탄소 [CO and], 36, 36f
산소혈색소 [Oxyhemoglobin], 33
구조, R형(= 이완형) 구조 [structure of, R(= relaxed) structure], 31f
보어 효과 [Bohr effect and], 33
산소화효소 [Oxygenase], 60
산염기 균형, 장애 [Acid-base balance, disturbances in], 11
산전진단 [Prenatal diagnosis], 564
DNA 공급원 [DNA sources], 564, 564f
낫적혈구빈혈 [sickle cell anemia], 564-566, 565f
진단방법 [diagnostic methods], 564
페닐케톤뇨증 [phenylketonuria], 566, 567, 566f, 567f
산화질소 [Nitric oxide], 589
산화질소 합성 [Nitric oxide (NO) synthesis]
산화질소 및 혈관내피 [nitric oxide and vascular endothelium], 174
산화질소 생성효소 [nitric oxide synthase], 174
큰포식세포 살균력 [and macrophage bactericidal activity], 175
산화탈아미노화 [Oxidative deamination], 288-289, 289f
간- 및 콩팥- [in liver and kidney], 288
글루탐산(염) 탈수소효소 [by glutamate dehydrogenase], 288, 288f
아미노기 제거 [amino group removal in], 288

살모넬라 엔테리카 [*Salmonella enterica*], 446
삼인산-5′-데옥시리보뉴클레오사이드 [5′-Deoxyribonucleoside triphosphates], 483, 484
삼인산데옥시구아노신 [Deoxyguanosine triphosphate (dGTP)], 484
삼인산구아노신 [Guanosine triphosphate], 289
삼인산뉴클레오사이드 [Nucleoside triphosphates], 340-341
삼인산데옥시사이티딘 [Deoxycytidine triphosphate (dCTP)], 484
삼인산데옥시아데노신 [Deoxyadenosine triphosphate (dATP)], 484
삼인산데옥시타이미딘 [Deoxythymidine triphosphate (dTTP)], 484
삼인산사이티딘 [Cytidine triphosphate (CTP)], 349, 349f
삼인산아데노신 [Adenosine triphosphate (ATP)], 82, 82f
  PDH 복합체 활성 [and PDH complex activity], 126, 126f
  PFK-1 조절 [and regulation of PFK-1], 113-114
  다중아이소프레노이드 스쿠알렌 [for polyisoprenoid squalene], 254-255
  단백질 합성 [for protein synthesis], 520
  당분해 경로 [in glycolytic pathway], 109-110, 110f
  당원생성 [in glycogenesis], 146-148
  분해대사 [in catabolism], 106, 106f
  소비, 유산소당분해 [consumption, aerobic glycolysis], 118-119
  포도당신생성 [and gluconeogenesis], 139
  표준자유에너지 변화량 [standard free energy change (ΔG^0) of], 86-87
  합성 [synthesis of], 83-84
    TCA 회로 [in TCA cycle], 125, 130, 131f
    당분해 [in glycolysis], 118-119, 119f
    무산소당분해 [in anaerobic glycolysis], 119, 119f
    유산소당분해 [in aerobic glycolysis], 119
    화학삼투가설 [chemiosmotic hypothesis], 87-89
삼인산아데노신 생성효소 [Adenosine triphosphate (ATP) synthase], 87-88, 88f
삼인산유리딘 [Uridine triphosphate (UTP)], 347
1,4,5-삼인산이노신 [Inositol 1,4,5-trisphosphate (IP_3)], 236, 236f
삼인산이노신 [Inositol trisphosphate (IP_3)], 588
삼인산타이미딘 [Thymidine triphosphate (TTP)], 546-547
상동 재조합 [Homologous recombination (HR)], 494
상보 DNA 라이브러리 [Complementary DNA libraries], 556-557, 556f
상한섭취량 [Tolerable upper intake level (UL)], 416, 416f
새합성(= 신합성) [De novo Synthesis], 211
색소피부건조증 [Xeroderma pigmentosum (XP)], 493, 493f
생리적 스트레스, 인슐린 분비 [Physiologic stress, and insulin secretion], 359
생물에너지학, 정의 [Bioenergetics, definition of], 79
생식샘 스테로이드호르몬 [Gonadal steroid hormones], 275
생식세포 유전자치료 [Germline gene therapy], 573
생어 다이데옥시뉴클레오타이드사슬 종료법 [Sanger dideoxynucleotide chain termination method], 557, 558f
샤가프법칙 [Chargaff rule], 477
샤인-달가노 서열 [Shine-Dalgarno (SD) sequence], 522, 522f, 540, 557
샤페로닌 [Chaperonins], 22
샤페론 [Chaperones], 22
서던 블로팅 [Southern blotting], 560, 561f
  돌연변이 검출 [mutation detection], 562
  절차 [procedure], 560-562
서열분석 [sequencing], 17
석시닐 CoA [Succinyl coenzyme A (CoA)], 289
  델타-아미노레불린산 생성 [and δ-aminolevulinic acid formation], 321
석신산 싸이오인산화효소(= 싸이오에스터합성효소) [Succinate thiokinase], 129
석신산(염) 산화 [Succinate oxidation], 129
선천 갑상샘저하증 [Congenital hypothyroidism], 470
선천 부신과다형성증 [Congenital adrenal hyperplasia (CAH)], 272-273, 274f
선천 적혈구형성 포르피린증 [Congenital erythropoietic porphyria (CEP)], 322, 322f, 324f
선천 젖산산증 [Congenital lactic acidosis], 127
선택적 다중아데닐화 [Alternative polyadenylation (APA)], 543
선택적 세로토닌재흡수 억제제 [Selective serotonin reuptake inhibitors (SSRIs)], 331
선택적 잘라잇기 [Alternative splicing], 543, 543f
  진핵생물 전령RNA [in eukaryotic messenger RNA], 510, 510f
설탕 [Sucrose], 423, 424
  소화 [digestion of], 424f
  치아우식 [and dental caries], 425
설파타이드 [Sulfatides], 240
섬유소 [Fibrin (FIa)], 〈참조〉 혈액응고 (Blood clotting)
  교차결합- [cross-linking], 582-583, 583f
  생성 [generation of], 581-582, 582f
  섬유소원 전환 [conversion of fibrinogen to], 582, 583f
섬유소분해 [Fibrinolysis], 586, 586f
섬유소원 [Fibrinogen], 4, 582
  절단되어 피브린 생성 [cleavage to fibrin], 582, 583f
섬유질, 음식- [Fiber, dietary], 424
  유익효과 [beneficial effects], 423, 424f
  충분섭취량(AI)) [AI for], 424
섭취소체 [Endosomes], 267
성장 도표 [Growth charts], 430, 430f
세균DNA 선회효소 [Bacterial DNA gyrase], 481
세균오페론[Bacterial operons], 537, 538f
세균인공염색체 [Bacterial artificial chromosomes (BAC)], 555-556
세라마이드 [Ceramide], 237, 238-239
세레브로사이드 [Cerebroside], 240, 〈참조〉 당스핑고지질 (Glycosphingolipid)
세로토닌 [serotonin], 331, 588
  합성 [synthesis of], 331, 331f
세룰로플라스민 [Ceruloplasmin], 52, 465, 467
세르핀(= 세린단백질분해효소 억제제) [Serpin (Serine protease inhibitor)], 584
세린 [Serine], 4
  분해 [degradation of], 302, 302f
  합성 [synthesis of], 307
세린 단백질분해효소 [Serine protease], 578-579, 579f
세포-세포 소통, 대사조절 [Cell-cell communication, in metabolic regulation], 107-108, 108f
세포자멸사, 사립체 [Apoptosis, mitochondria and], 89
세포질액 G 단백질 [Cytosolic G proteins], 502
셀레늄 [Selenium (Se)], 462f, 470-471
셀레늄단백질 [Selenoproteins], 470-471
셀레늄함유 탈아이오딘화효소 [Se-containing deiodinases], 470
셀룰로스 [Cellulose], 〈참조〉 섬유소 및 셀룰로스 (fibrin and cellulose)
  가지없는- [unbranched], 97
  소화안되는- [indigestible], 99f
소 해면모양뇌병증(= 광우병) [Bovine spongiform encephalopathy (mad cow disease)], 23-24
소듐(= 나트륨) [Sodium (Na^+)], 462f, 464
  고나트륨혈증 [hypernatremia], 464
  고혈압 [hypertension], 464
  저나트륨혈증 [hyponatremia], 464
소듐/포타슘-ATPase [Na^+/K^+-ATPase], 465, 465f
소량 무기질 [Trace minerals], 462, 462f
  구리 [copper (Cu)], 465, 465f
  망가니즈(= 망간) [manganese (Mn)], 468, 468f
  아연 [zinc (Zn)], 468, 468f

철 [iron (Fe)], 466-467, 467f
크로뮴(= 크롬) 및 플루오린(= 불소) [chromium (Cr) and fluorine (F)], 469
필요량 [requirement], 465
소모증 [Marasmus], 427, 427f, 428, 428f
소변요소질소 [Urinary urea nitrogen (UUN)], 426
소수 상호작용 [Hydrophobic interactions], 21-21f
소수 효과 [Hydrophobic effect], 4
수산화 [Hydroxylation], 528, 531f
1-수산화효소 [1-Hydroxylase], 453 452f, 463
25-수산화효소 [25-Hydroxylase], 451, 452f
수산화효소 [Hydroxylases], 441
수소결합 [Hydrogen bonds], 4-4f, 21
수소이온농도 지수 [pH], 6-7
등전점 [isoelectric point (pI)], 8-9
약물흡수 [drug absorption and], 9-10
중성상태의 알짜전하량 [net charge at neutral], 9
혈액- [of blood], 9
혈액가스 [blood gases and], 10
혈장단백질 분리 [separation of plasma proteins at], 9
수용체-호르몬 복합체 [Receptor-hormone complex], 542
순차적 해리 [Sequential dissociation], 8-9
쉘터린 [Shelterin], 488, 〈참조〉 끝분절 (Telomere)
스미스-렘리-오피츠 증후군 [Smith-Lemli-Opitz syndrome (SLOS)], 255-256
스타틴, 콜레스테롤 하락 [Statins, and lowering of cholesterol], 258, 258f
스터코빌린 [Stercobilin], 326
스테로이드생성 급성조절단백질 [Steroidogenic acute regulatory (StAR) protein], 272-273
스테로이드호르몬 [Steroid hormones], 271-272, 273f
기전 [mechanism], 275-276
대사물배출 생성물 [metabolic excretion products], 275-276
부신피질- [adrenal cortical], 273
안드로젠 [androgens], 275
알도스테론 [aldosterone], 273-275
코티솔 [cortisol], 273
생식샘- [gonadal], 275, 277f
수송수단 [transportation of], 273
스테로이드운반체 혈장단백질 [steroid-carrier plasma proteins], 273
합성 [synthesis of], 273
연관 질환 [diseases associated with], 273, 274f
스테롤 [Sterols], 253
식물- [plant], 253
스테롤조절요소결합 단백질 [Sterol regulatory element-binding protein-2 (SREBP-2)], 257, 257f
스핑고마이엘린 [Sphingomyelin], 238
구조 [structure of], 233, 233f
분해 [degradation of], 238, 240f
합성 [synthesis of], 237, 239f
스핑고마이엘린분해효소 [Sphingomyelinase], 238, 240f
스핑고인지질 [Sphingophospholipids], 〈참조〉 스핑고마이엘린 (Sphingomyelin)
스핑고지질, 합성 [Sphingolipids, synthesis of], 241, 242f, 〈참조〉 당스핑고지질 (Glycosphingolipids)
스핑고지질증 [Sphingolipidoses], 241-242, 243f
시각, 비타민 A [Vision, vitamin A and], 447, 449f, 450
시각상실(= 실명), 비타민 A 결핍 [Blindness, vitamin A deficiency and], 449-450
시스타싸이오닌-베타-생성효소 [Cystathionine-β-synthase], 314, 314f
시스테인 [Cysteine]
분해 [degradation of], 302
합성 [synthesis of], 304, 309
시스틴뇨증 [Cystinuria], 286, 286f
시토스테롤혈증 [Sitosterolemia], 253
시트룰린 [Citrulline], 291f, 290
시트룰린혈증 [Citrullinemia type 1], 295
시트르산 생성효소 [Citrate synthase], 128-130, 128f, 131f, 211, 211f
시트르산소듐(= 구연산나트륨) [Sodium citrate], 579
시트르산염(= 구연산염)) [Citrate]
PFK-1 조절 [and regulation of PFK-1], 113-114
세포질액- [cytosolic], 211
이성질체화 [isomerization], 128
합성 [synthesis of], 128, 128f
식물 스테롤 [Plant sterols], 253
식이력 [Dietary history], 429
식품성분표 [Food label], 429, 429f, 430f
변화 [changes to], 429, 430f
일일권장량백분율 [percent daily value, %DV], 429
식후 저혈당 [Postprandial hypoglycemia], 365-366
신(장)성 골형성장애 [Renal osteodystrophy], 454
신경관결손 [Neural tube defects (NTDs)], 564
엽산(염) [folate and], 439
신생아 황달 [Neonatal jaundice], 327f, 328, 328f
신체 활동 [Physical activity]
비만 [obesity and], 411
에너지 소비 [energy expenditure in], 418, 418f
체중감소 [for weight reduction], 411
신체질량지수 [Body mass index (BMI)], 405, 405f, 〈참조〉 비만 (Obesity)
건강범위 [healthy range for], 405
과체중 [overweight], 405
비만인 [obese], 405, 405f
신체활동률 [Physical activity ratio (PAR)], 418
신호변환, 막통과- [Signal transduction across membrane], 236
신호인식입자 [Signal recognition particle (SRP)], 526
실링검사 [Schilling test], 441
심근경색증 [Myocardial infarction (MI)], 578
심바스타틴 [Simvastatin], 258
심혈관질환, 총혈장호모시스테인 [Cardiovascular disease (CVD), total plasma homocysteine and], 304, 305f
싸이아민 파이로인산(염) [Thiamine pyrophosphate (TPP)], 443, 443f
역할 [role of], 443, 444f
싸이아민(= 비타민 B1) [Thiamine (Vitamin B1)], 443
결핍 [deficiency], 443
구조 [structure of], 443, 443f
보조효소 형태 [coenzyme form], 443, 443f
임상적응증 [clinical indications for], 443
싸이오레독신 [Thioredoxin], 342-343
싸이오레독신 환원효소 [Thioredoxin reductase], 471
쓸개즙(= 담즙) [Bile], 258
쓸개즙산(= 담즙산) [Bile acid], 258-261
구조 [structure of], 258, 259f
이차- [secondary], 260
일차- [primary], 259
합성 [synthesis of], 173, 259, 259f
간 [in liver], 259
속도제한단계 [rate-limiting step in], 259
쓸개즙산(= 담즙산) 수용체 [Bile acid receptor (BAR)], 259
쓸개즙산(= 담즙산) 차단제 [Bile acid sequestrants], 260
쓸개즙산염(= 담즙산염) [Bile salts], 258-261
결핍 [deficiency], 261
결합- [conjugated], 201, 201f, 259-260, 260f
배출 [excretion of], 260
세균작용 [bacterial action on], 260

지질유화 [in lipid emulsification], 202f, 201
창자간 순환 [enterohepatic circulation], 260, 261f
창자미생물집합체 [intestinal microbiota and], 260
콜레스테롤 배출 [and cholesterol excretion], 260
흡수 [absorption of], 202
쓸개즙산염(= 담즙산염) 배출펌프 [Bile salt export pump], 260

ㅇ

아교질 [Collagen], 47-56
I형 [type I], 47-48, 46f
II형 [type II], 47-48, 48f
III형 [type III], 48, 48
IV형 [type IV], 48, 48f
VIII형 [type VIII], 48, 48f
IX형 [type IX], 48, 48f
XII형 [type XII], 48, 48f
교차결합, 형성 [cross-links, formation of], 51f, 52, 52f
구조 [structure of], 47, 47f, 49, 49f, 190
그물형성 [network-forming], 48, 49f
분해 [degradation of], 52
삼중나선 구조 [triple-helical structure of], 47, 47f
아미노산 서열 [amino acid sequence], 49, 49f
원섬유, 형성 [fibrils, formation of], 48, 48f, 51f, 52
원섬유회합- [fibril-associated], 48, 48f
풋α사슬 [pro-α chains, formation of], 49, 50f
합성 [synthesis of], 49-52, 50f-51f
아교질병증 [Collagenopathy(ies)], 52-53
아교질분해효소 [Collagenase], 52
아그레칸족, 단백글리칸 [Aggrecan family, of proteoglycans], 182
아데노신 탈아미노화효소 결핍 [Adenosine deaminase (ADA) deficiency], 343, 347-348
S-아데노실메싸이오닌 [S-Adenosylmethionine (SAM)], 304, 304f, 329-330, 329f, 508
S-아데노실호모시스테인 [S-Adenosylhomocysteine (SAH)], 304, 304f
아데닌 인산리보실기전달효소 [Adenine phosphoribosyltransferase (APRT)], 341
아데닌아라비노사이드(= 바이다라빈) [Adenine arabinoside(= araA), (Vidarabine)], 489
아데닐기 고리화효소 [Adenylyl cyclase (AC)], 59, 107-109, 218, 219f, 537
억제 [inhibition of], 108-109
자극 [stimulation of], 108-109, 109f
활성화 [activation of], 143 152
GTP의존 조절단백질 [GTP-dependent regulatory proteins and], 108-109, 109f
아데닐산(염) 인산화효소 [Adenylate kinase], 340-341
아드레날린 [Adrenaline], 329, 〈참조〉 에피네프린 (Epinephrine)
아디포넥틴 [Adiponectin], 395-396, 406
아디포카인 [Adipokines], 406
아라비노스 [Arabinose], 489
아라키돈산 [Arachidonic acid], 210, 210f-211f, 244-245, 245f, 246f, 〈참조〉 아이코사노이드 (Eicosanoid)
아르지니노석신산(염) [Argininosuccinate]
생성 [formation of], 291f, 292
오니틴 및 요소의 생성 [to ornithine and urea], 292
절단 [cleavage of], 291f, 292
아르지니노석신산(염) 분해효소 [Argininosuccinate lyase], 291f, 292
결핍 [deficiency], 295
아르지니노석신산(염) 합성효소 [Argininosuccinate synthetase], 291f, 292
결핍 [deficiency], 295
아르지니노석신산뇨 [Argininosuccinic aciduria], 295
아르지닌 [Arginine], 5, 9, 292
분해 [degradation of], 291
아르지닌분해효소 [Arginase], 301
아르지닌분해효소-I [Arginase-I], 292
결핍[deficiency], 295
아르지닌분해효소-II [Arginase-II], 292
아르지닌혈증 [Argininemia], 295
아릴황산염분해효소 B [Arylsulfatase B], 188f
아미노기 [Amino group], 1, 1f
아미노기 해리 [Amino group dissociation], 8
아미노기전달 [Transamination], 286-288, 286f, 287f, 〈참조〉 아미노산 (Amino acid)
기계적 반응 [mechanistic reactions for], 287, 287f
기질 특이성 [substrate specificity], 286-287
아미노기전달효소 [aminotransferases in], 286
아스파트산(염) 아미노기전달효소 [aspartate aminotransferase], 287
알라닌 아미노기전달효소 [alanine aminotransferase], 286-287
진단적 가치 [diagnostic value], 287-288, 287f
평형상수 [equilibrium constant], 287
아미노기전달효소 [Aminotransferase], 286, 286f, 〈참조〉 아미노기전달 (Transamination)
아스파트산(염) [aspartate], 286f, 287
알라닌 [alanine], 286-287, 286f
진단가치 [diagnostic value], 287-288, 287f
간외질환 [nonhepatic disease], 287-288
간질환 [hepatic diseases], 287
아미노기전달효소 [Transaminases], 〈참조〉 아미노기전달효소 (Aminotransferase)
아미노당글리칸 [Glycosaminoglycans (GAGs)], 181
N-아세틸뉴라민산 [N-Acetylneuraminic acid], 185
구조-기능 관계 [structure-function relationship], 181
단백글리칸 [proteoglycans], 182
당단백질 [glycoproteins], 189
분류 [classification], 182
분해 [degradation], 187-188
산성당 합성 [acidic sugar synthesis], 185
소당(= 올리고당) [oligosaccharide], 189
아미노당 합성 [amino sugar synthesis], 184
아미노당글리칸-단백질 결합 [GAGs-protein linkage], 182
점액다당 [mucopolysaccharidoses], 187
아미노산 [Amino acid]
가지사슬- [branched-chain], 285
개관 [overview], 281
공급원 및 운명 [sources and fates of], 282f
단백질합성 시점 [at time of protein synthesis], 518
대사 [metabolism], 301, 301f
선천아미노산대사이상 검사 [Inborn errors of amino acid metabolism screening for], 311
엽산 [folic acid and], 307, 307f
장애 [disorders], 309-314, 309f, 310f
분해 [degradation], 301
분해대사 [catabolism], 281
분해대사 및 중간 생성물 [catabolism and intermediate products], 300, 300f, 301
BCAA 분해 [BCAAs degradation], 305-306, 306f
석시닐CoA [succinyl CoA], 303-305, 303f
아세틸CoA 또는 아세토아세틸CoA [acetyl CoA or acetoacetyl CoA], 305
알파-케토글루타르산(염) [α-ketoglutarate], 301-302, 302f

옥살로아세트산(염) [oxaloacetate], 301
파이루브산(염) [pyruvate], 302, 302f
퓨마르산(염) [fumarate], 303, 303f
비필수- [nonessential], 300, 301f
생합성 [biosynthesis of], 37-308
암모니아 [ammonia from], 293, 〈참조〉 암모니아 (Ammonia)
요소회로 [urea cycle and], 281, 281f, 〈참조〉 요소회로 (Urea cycle)
웅덩이 [in pool], 281-282, 282f
유리- [free], 281, 285
음식단백질 소화 [dietary protein digestion], 283-285, 284f
아미노산 흡수 [and amino acid absorption], 285-286, 285f
이상 [abnormalities in], 285
인슐린 분비 [and insulin secretion], 358
질소대사 [nitrogen metabolism], 281-282, 282f
개념도 [concept map for], 297f
단백질 전환 [protein turnover], 282-283
아미노산 웅덩이 [amino acid pool], 281-282, 282f
질소제거 [nitrogen removal from], 286-289
간으로 암모니아 수송 [transport of ammonia to liver], 289
산화탈아미노화 [oxidative deamination], 288-289, 288f
아미노기전달 [transamination], 286-288, 286f, 287f
질소포함물질의 전구체 [as precursors of N-containing compounds], 319, 319f
멜라닌 [melanin], 331-332
세로토닌 [serotonin], 331
카테콜아민 [catecholamines], 329-330
크레아틴 [creatine], 331
포르피린 [porphyrins], 319-328
히스타민 [histamine], 330
케톤생성- [ketogenic], 301, 301f
포도당생성- [glucogenic], 300, 301f
포도당생성- 및 케톤생성- [glucogenic and ketogenic], 301f
필수- [essential], 300, 301f, 425 아미노산 [Amino acids], 136, 292
D-아미노산 [D-Amino acids], 6, 279
D-아미노산 산화효소 [D-Amino acid oxidase (DAO)], 279, 292
아미노산 분석기 [Amino acid analyzer], 15, 15f
아미노아실-tRNA 합성효소 [Aminoacyl-tRNA synthetases], 518, 518f
아미노펩타이드분해효소 [Aminopeptidase], 5, 285
아민 [Amines]
암모니아 [ammonia from], 294
아밀로스 [Amylose], 148
아밀로이드병 [Amyloid diseases], 23
아밀로이드병 [Amyloid diseases], 23, 23f
아밀로이드판 [Amyloid plaques], 23, 23f
아비딘 [Avidin], 559-560
아비산(염) [Arsenite], 116, 127
아사이클로버 [Acyclovir], 349
아세토아세트산(염) [Acetoacetate], 224, 301, 305-306
말초조직 사용 [use in peripheral tissues], 226, 226f
생성 [formation of], 225-226, 225f
아세토아세틸 CoA [Acetoacetyl CoA], 305
아세톤 [Acetone], 224
생성 [production of], 225, 225f
아세트산 [Acetic acid], 210f
적정곡선 [titration curve of], 8-9, 7f
헨더슨-하셀발흐식 [Henderson-Hasselbalch equation], 7
아세틸CoA 카복실화효소 [Acetyl CoA carboxylase (ACC)], 137, 212, 212f
ACC_2 [ACC_2], 219-220
조절 [regulation of]
단기간- [short-term], 211-212
장기간- [long-term], 212
아세틸CoA-ACP 아실기전달효소 [Acetyl CoA-ACP transacylase], 372
N-아세틸갈락토사민 [N-Acetylgalactosamine (GalNAc)], 184, 185f, 240
N-아세틸갈락토사민 [N-Acetylgalactosamine (GalNAc)], 184, 185f, 240
복합소당(= 복합올리고당 [in complex oligosaccharides], 190, 190f
N-아세틸글루코사미나이드분해효소, 결핍 [N-Acetylglucosaminidase, deficiency of], 188
N-아세틸글루탐산(염) [N-Acetylglutamate (NAG)], 291f, 290, 282
N-아세틸글루탐산(염) 합성효소 [N-Acetylglutamate synthase (NAGS)], 293
결핍 [deficiency], 295
N-아세틸뉴라민산 [N-Acetylneuraminic acid (NANA)], 185, 185f 240-241, 242f
아세틸보조효소 A [Acetyl coenzyme A (CoA)], 136
사립체-, 생성 [mitochondrial, production of], 211
세포질액 생성 [cytosolic production of], 211, 211f
아미노산 분해대사 [amino acids catabolism and], 301, 305-306
지방산 합성 [in FA synthesis], 211
카복실화, 말로닐 CoA [carboxylation, to malonyl CoA], 211-212
콜레스테롤 합성 [and cholesterol synthesis], 253, 253f
포도당신생성 [and gluconeogenesis], 141-142 141f
아세틸보조효소 A 카복실화효소 [Acetyl coenzyme A carboxylase (ACC)], 372
아스코브산(= 비타민 C) [Ascorbic acid (Vitamin C)], 441-442
결핍 [deficiency], 442, 442f
구조 [structure of], 441, 441f
기능 [function of], 441-442
만성병 얘방 [in chronic disease prevention], 442
합성 [synthesis of], 185, 185f
아스파라진 [Asparagine], 4
다른 물질이 부착하는 곁사슬 역할 [side chains as site of attachment for other compounds], 4
대사 [metabolism of], 301, 301f
합성 [synthesis of], 308
아스파라진 합성효소 [Asparagine synthetase], 308
아스파라진분해효소 [Asparaginase], 3f, 4, 301, 301f
아스파트산 [Aspartic acid], 5
아스파트산(염) [Aspartate], 5, 9
대사 [metabolism of], 301, 301f
합성 [synthesis of], 308, 308f
아스파트산(염) 아미노기전달효소 [Aspartate aminotransferase (AST)], 286f, 287
아스피린 [Aspirin], 588
아스피린악화 호흡기병 [Aspirin-exacerbated respiratory disease], 247
아실CoA 산화효소 [Acyl CoA oxidase], 223-224
아실CoA 탈수소효소 [Acyl CoA dehydrogenase], 85
아실CoA:다이아실글리세롤 아실기전달효소 [Acyl CoA:diacylglycerol acyltransferase], 203, 203f
아실CoA:모노아실글리세롤 아실기전달효소 [Acyl CoA:monoacylglycerol acyltransferase], 203
아실CoA:콜레스테롤 아실기전달효소 [Acyl CoA:cholesterol acyltransferase (ACAT)], 195, 267-268, 269f, 270f
아실기전달효소 [Acyltransferase], 203, 203f
아연 [Zinc (Zn)], 462f, 468, 468f
아연 손가락 구조요소, 단백질의 DNA 결합 [Zn finger, for binding of proteins to DNA], 536, 536f
아이듀론산 [L-Iduronic acid], 181, 181f
아미노당글리칸 [in glycosaminoglycans], 181
합성 [synthesis of], 181
아이소류신 [Isoleucine]
분해 [degradation of], 305, 306, 306f
아이소시트르산(염) 탈수소효소 [Isocitrate dehydrogenase], 128

아이소트레티노인 [Isotretinoin (13-cis retinoic acid, 13-시스레티노산)], 451
독성 [toxicity], 450
아이소펜테닐 파이로인산(염) [Isopentenyl pyrophosphate (IPP)], 254-256, 255f, 256f
아이소프레노이드 [Isoprenoids], 254
아이오딘(= 요오드) [Iodine (I)], 462f, 469-470
갑상샘저하증 [hypothyroidism], 470
갑상샘항진증 [hyperthyroidism], 470
갑상샘호르몬 합성 [in thyroid hormones synthesis], 469-470, 469f
아이코사노이드 [Eicosanoid], 244-247, 422, 〈참조〉 류코트라이엔, 프로스타글랜딘, 트롬복세인 (Leukotrienes, LT; Prostaglandins, PG; Thromboxane, TX)
개념도 [concept map for], 248f
구조, 예 [structures, examples of], 244, 244f
국소작용 [local action], 244
류코트라이엔 합성 [leukotriene synthesis], 247, 246f
반응 [responses], 244
짧은 반감기 [short half-life], 244
프로스타글랜딘 및 트롬복세인 합성 [prostaglandin and thromboxane synthesis], 244-245, 246f
혈소판 항상성 [in platelet homeostasis], 245-247
3′-아자이도-3′-
아자이도타이미딘 [Azidothymidine (AZT)], 489
아코니트산효소 [Aconitase], 128, 131
억제 [inhibition of], 128
아토바스타틴(= 리피터) [Atorvastatin], 258
아포지단백질(= 아포) A-1 [Apo A-1], 270
아포지단백질(= 아포) B [Apolipoprotein (apo) B], 544
아포지단백질(= 아포) C-II [apo C-II], 204-205
아포지단백질(= 아포) E [apo E], 204-205
아포지단백질(= 아포) B-100 [Apo B-100], 264, 267
아포지단백질(= 아포) B-48 [Apo B-48], 263-264
아포지단백질(= 아포) E [Apo E], 257
안구건조증 [Xerophthalmia], 449
안드로젠 [Androgens], 275
안정대사율 [Resting metabolic rate (RMR)], 418, 418f
안정에너지소비량 [Resting energy expenditure (REE)], 418
알데하이드 탈수소효소 [Aldehyde dehydrogenase (ALDH)], 366
알데하이드당 [Aldose], 94, 94f
알데하이드당 환원효소 [Aldose reductase], 161-162, 162f-163f, 164
알도스테론 [Aldosterone], 271, 272f, 275
알돌분해효소 [Aldolase], 113f, 114
알돌분해효소 A [Aldolase A], 160, 160f
알돌분해효소 B [Aldolase B], 114, 160
결핍 [deficiency of], 160, 161f
알돌분해효소 C [Aldolase C], 160, 160f
알라닌 [Alanine], 2f, 4f, 6, 289
D형 및 L형 [D and L forms of], 6f
pK [pKs of], 7f, 8
등전형 [isoelectric form of], 7, 7f
아미노기, 해리 [amino group of, dissociation of], 8
아미노기전달 [transamination of], 302, 302f
이온형 [ionic forms of], 8f
적정곡선 [titration curve of], 8, 8f
카복실기 해리 [dissociation of the carboxyl group of], 7-8f
카복실기, 해리 [carboxyl group of, dissociation of], 7-7
알라닌 아미노기전달효소 [Alanine aminotransferase (ALT)], 286-287, 287f
알라이신 [Allysine], 52, 52f
알란토인 [Allantoin], 344
알로퓨린올 [Allopurinol], 345-346
알부민 [Albumin], 4, 430
혈청 [serum], 204-205
알츠하이머병 [Alzheimer disease], 24, 24f, 265-266
알칼리성 인산염분해효소, pH 적정성 [Alkaline phosphatase, pH optimum of], 64f
알캅톤뇨증 [Alkaptonuria], 303, 314, 315f
알코올 소비 [Alcohol consumption]
알코올 지방간 [and alcoholic fatty liver], 366
저혈당 [and hypoglycemia], 366, 366f
알코올 탈수소효소 [Alcohol dehydrogenase], 468
알코올중독, 싸이아민 결핍 [Alcoholism, and thiamine deficiency], 443
알파-나선 [α-helices]
구조 [structure of], 18f
베타-판과 비교 [comparison with β-sheets], 19
수소결합 [hydrogen bonds], 18
아미노산 [amino acids in], 18
알파-녹말분해효소 [α-Amylase]
췌장- [pancreatic], 97
침- [salivary], 97, 98f
알파-케토글루티르산(염) [α-Ketoglutarate], 286, 286f, 292
알파-케토글루티르산(염) 탈수소효소 [α-ketoglutarate dehydrogenase], 444
알파-케톤산 탈수소효소 [α-Keto acid dehydrogenase], 444
알파-토코페롤 [α-Tocopherol], 458, 〈참조〉 비타민 E (Vitamin E)
암모니아 [Ammonia], 293
고암모니아혈증 [hyperammonemia], 294-296
선천- [congenital], 295-296
후천- [acquired], 295
공급원 [sources of], 293
글루타민 [glutamine], 293, 293f
아미노산 [amino acids], 292
아민 [amines], 294
장 세균 [intestinal bacteria], 293
퓨린 및 피리미딘 [purines and pyrimidines], 294
대사 [metabolism], 293-297, 295f
산화탈아미노화 [oxidative deamination and], 288-289, 288f
수송, 간 [transport of, to liver], 289, 289f
순환계 수송 [transport in circulation], 293
글루타민 [glutamine], 293, 293f
요소 [urea], 293
중독 증상 [intoxication symptoms], 295
혈액농도 [blood levels of], 292, 293
암죽 [Chyle], 204
암죽미립 [Chylomicrons], 217, 262, 272, 〈참조〉 혈장 지단백질 (Plasma lipoproteins)
구성성분 [components of], 203-204, 203f, 235
대사 [metabolism of], 263-265, 264f
신생암죽미립 변형 [nascent chylomicron modification], 263
아포지단백질 합성 [apolipoprotein synthesis], 262-263
암죽미립 조립 [chylomicron assembly], 263
암죽미립잔류체 형성 [chylomicron remnant formation], 264-265
지단백질지질분해효소 발현 [lipoprotein lipase expression], 263-264
트라이아실글리세롤 분해 [triacylglycerol degradation], 263
분비, 창자점막세포 [secretion of, by intestinal mucosal cells], 203-204, 203f
신생- [nascent], 263
조립 [assembly of], 203-204, 203f, 235
크기 및 밀도 [size and density], 262
암죽미립 잔류체 [Chylomicron remnants], 205
애디슨병 [Addison disease], 272-273

앤더슨병 [Andersen disease], 150f
앤지오텐신 I [Angiotensin I (Ang-I)], 273-275
앤지오텐신 II [Angiotensin II (Ang-II)], 273-275
앤지오텐신전환효소 [Angiotensin-converting enzyme (ACE)], 273-275
야맹(증), 비타민A 결핍 [Night blindness (nyctalopia), vitamin A deficiency and], 449-450
약(= 약물) [Drug]
대사, 간-, 사이토크롬 P450 일산소화효소계 [metabolism of, hepatic, cytochrome P450 monooxygenase system and], 172
산화제, G6PD 결핍 [oxidant, and G6PD deficiency], 177
약물-영양소 상호작용 [Drug-nutrient interactions], 431
양성자결합펩타이드 수송체 [Proton-linked peptide transporter (PepT1)], 285
어고칼시페롤(= 비타민 D_2) [Ergocalciferol (Vitamin D_2)], 451
억압자 [Repressor], 536
억제제, 효소- [Inhibitor, enzyme], 66
얼러스-단로스 증후군 [Ehlers-Danlos syndrome (EDS)], 52-53, 52f, 56f
얼룩출혈(= 반(상)출혈) [Ecchymosis(-es)], 51, 613
엄격대응, 아미노산 기근- [Stringent response, to amino acid starvation], 540, 540f
엉킨곱슬머리병 [Kinky hair disease], 465, 〈참조〉 멩케스 증후군 (Menkes syndrome)
에너지 [Energy]
당분해경로- [in glycolytic pathway], 109
생성 [production of]
TCA회로- [in TCA cycle], 130, 130f
분해대사- [in catabolism], 106, 106f
세포속 농도, 포도당신생성의 조절 [intracellular levels, and regulation of gluconeogenesis], 138
합성대사- [in anabolism], 106-107
에너지 짝짓기 [Energy coupling], 82, 82f
에너지 필요량, 사람- [Energy requirement, in humans], 417-419
신체 에너지필요과정 [energy-requiring processes in body], 418-419, 418f
음식물 에너지함량 [energy content of food], 417, 417f
일상생활 성인 [moderately active adults], 417
좌식생활 성인 [sedentary adults], 417
활발생활 성인 [very active adults], 417
에노일 CoA 수화효소 [Enoyl CoA hydratase], 223
3,2-에노일 CoA 이성질체화효소 [3,2-Enoyl CoA isomerase], 223
에노일-ACP 환원효소 [Enoyl-ACP reductase], 214
에드만 분해 [Edman degradation], 17, 17f
에드만 시약 [Edman reagent], 17
에스트라다이올 [Estradiol], 273f
에제티마이브 [Ezetimibe], 253
에탄올 대사, NADH 농도 [Ethanol metabolism, and NADH concentration], 366, 366f
에토포사이드 [Etoposide], 482
에피네프린 [Epinephrine], 329, 359, 〈참조〉 카테콜아민 (Catecholamine)
저혈당, 역할 [hypoglycemia, role in], 365
엔올분해효소 [Enolase], 116f, 116
플루오린화물의 억제 [inhibition by fluoride], 116
엔탈피 [Enthalpy (H)], 79
변화, ΔH [change in, ΔH], 79, 79f
엔트로피 [Entropy (S)], 79
변화, ΔS [change in, ΔS], 79, 79f
여유 코돈 [Redundant code], 516
역수송체 [Antiporter], 89
역이동유전자 [Retrotransposons or Retroposons], 489, 547-548
역전사효소 [Reverse transcriptases], 472-473
역조절 호르몬 [Counterregulatory hormones], 364
열발생 [Thermogenesis], 418, 419
비운동- [nonexercise activity], 419
적응- [adaptive], 419
열충격 단백질 [Heat-shock protein (HSP)], 22
염기 [Base]
약염기 [weak base], 6
정의 [definition of], 6
염기쌍 [Base pairs (bps), DNA], 477, 477f, 478f
염기절제 복구 [Base excision repair (BER)], 493-494, 494f
염산 [Hydrochloric acid (HCl)], 283, 284, 284f
염색소체 [Nucleosomes], 490
구조 [structure of], 490, 491f
운명, DNA복제중- [fate, during DNA replication], 490-491
핵잔섬유 [nucleofilament], 490, 490f
염색질 [Chromatin], 478, 490, 546
뭉친염색징(-이질염색질) [heterochromatin], 504-505, 546
재구성 [remodeling], 504-505, 504f
퍼진염색지(= 진정염색질) [euchromatin], 504-505, 546
염소 이온 [Chloride (Cl^-)], 173-174, 200, 462f, 464
엽산(염) 결핍 [Folate deficiency], 307
엽산(염)덫 가설 [Folate trap hypothesis], 440
엽산, 비타민 B_9 [Folic acid (Vitamin B_9)], 438-439, 438f
결핍 [deficiency], 438
골수 조직학 [bone marrow histology in], 439, 439f
임신- [in pregnancy], 439
공급원 [sources of], 438
기능 [function of], 438
보충 [supplementation], 439, 441
빈혈 [and anemia], 438-439, 439f
신경관결손 [and neural tube defects], 439
일탄소 대사 [and one-carbon metabolism], 307, 307f
엿당(= 맥아당) [Maltose], 423-424
영양 [Nutrition]
노인- [in older adults], 431
도구 [tools], 428
마이플레이트 [MyPlate], 428-429, 429f
영양성분표 [Nutrition facts label], 429, 429f, 430f
영아기- [in infancy], 430-431
유아기- [in children], 431
임신/수유중 여성- [in pregnant/lactating women], 431
젊은 성인- [in young adults], 431
청소년기- [in adolescents], 431
판정 [assessment], 429
식이력 [dietary history], 429
실험실 데이터 [laboratory data], 430
인체계측 [anthropometric measures], 429-430
영양 면역 [Nutritional immunity], 468
영양권장량 [Recommended dietary allowance (RDA)], 415, 416, 416f
영양부족 [Nutritional insufficiency], 430
영양빈혈 [Nutritional anemias], 438-439
분류 [classification of], 438, 438f
작은적혈구- [microcytic], 438
큰적혈구- [macrocytic], 438-439
영양섭취기준 [Dietary reference intakes (DRI)], 415
구성성분 [components of], 415, 415f, 416f
상한섭취량 [tolerable upper intake level (UL)], 416, 416f
영양권장량 [recommended dietary allowance (RDA)], 416, 416f
충분섭취량 [adequate intake (AI)], 416, 416f
평균필요량 [estimated average requirement (EAR)], 416, 416f

무기질 [for minerals], 417f
비타민 [for vitamins], 417f
사용 [using], 417, 417f
정의 [definition of], 415
영양소 [Nutrients]
다량영양소 [macronutrients], 415, 433f
만성병 [and chronic diseases], 419, 419f
미량영양소 [micronutrients], 415
영양섭취기준 [dietary reference intakes (DRI)], 415-417, 417f
정의 [defined], 415
필수- [essential], 415, 415f
오니틴 [Ornithine], 290, 301
오니틴 카바모일기전달효소 [Ornithine transcarbamylase (OTC)], 290, 347
결핍 [deficiency], 295
오로트산 [Orotic acid], 295
합성 [synthesis of], 347
오로티딜산(염) 탈카복실화효소 [Orotidylate decarboxylase], 348
오메가-6 지방산 [ω-6 fatty acids], 421
오스틴병 [Austin disease], 187
오인 돌연변이 [Missense mutation], 516, 516f
오카자키 조각 [Okazaki fragment], 483, 483f
오페론 [Operons], 536, 538f
옥살산(염) 결석 [Oxalate stones], 302
옵신 [Opsin], 449
와파린 [Warfarin], 579-580
완충액 [Buffer], 6, 7-9
최대완충능 [maximum buffering capacity], 7
외인성 경로 [Extrinsic pathway], 578, 578f, 580-581, 581f
요로(플리스미노젠)인산화효소 [Urokinase], 586
요산 [Uric acid], 343-344, 〈참조〉 통풍 (Gout)
생성 [production of], 345, 346f
요산(염) 산화효소 [Urate oxidase], 331-332
요산배설촉진제 [Uricosuric agents], 346
요소분해효소 [Urease], 59
요소회로 [Urea cycle], 281, 281f, 290-293
결핍 [deficiencies], 295-296
반응 [reactions of], 290-293, 291f
사립체 바탕질 및 세포질액 [mitochondrial matrix and cytosol], 290, 291f
시트룰린 생성 [citrulline formation], 291f, 290
아르지니노석신산(염) 생성 [argininosuccinate formation], 291f, 290
아르지니노석신산(염) 절단 [argininosuccinate cleavage], 291f, 290
아르지닌 절단으로 오니틴과 요소 생성 [arginine cleavage to ornithine and urea], 290
요소 운명 [fate of urea], 292
전체화학량론 [overall stoichiometry], 292, 292f
조절 [regulation of], 293, 293f
커바모일인산(염) 생성 [carbamoyl phosphate formation], 291f, 290
용질운반체 단백질 [Solute carrier (SLC) proteins], 285
용해소체 당단백질분해 [Lysosomal glycoprotein degradation], 193-194
용해소체 효소 [Lysosomal enzymes], 9
용해소체축적병 [Lysosomal storage diseases], 241, 267
용혈 황달 [Hemolytic jaundice], 327, 327f, 〈참조〉 황달 (Jaundice)
우성음성 효과 [Dominant-negative effect], 53
원핵생물 [Prokaryotes], 475
DNA [DNA in], 475
단백질-DNA 복합체 [protein-DNA complex in], 476
유전자 발현, 조절 [gene expression in, regulation of], 535f, 536-540, 〈참조〉 유전자 발현 (Gene expression)
세균오페론 작동자 [operators in bacterial operons], 536, 537f
아미노산 기근에 대한 엄격대응 [stringent response to amino acid starvation], 539-540, 540f
전령RNA 전사, 오페론- [mRNA transcription, from operon], 536
전사 및 번역 협동 [transcription and translation coordination], 539-540, 540f
젖당 오페론 [lactose operon], 536-538, 537f
트립토판 오페론 [tryptophan operon], 539, 539f
전사 감쇠 [transcriptional attenuation in], 540
원핵생물 DNA 복제 [Prokaryotic DNA replication], 479-487
DNA 연결효소 [DNA ligase], 487, 487f
RNA 시발체 [RNA primer in], 482-483, 482f, 483f
시발소체 [primosome], 483
시발효소 [primase (DnaG)], 483
RNA시발체 절제 및 DNA 대체 [RNA primer excision and replacement by DNA], 485-486
3′→5′ 핵산말단분해효소 활성 [3′→5′exonuclease activity], 486
5′→3′ 핵산말단분해효소 활성 [5′→3′exonuclease activity], 485-486, 485f, 486f
방향 [direction of], 482, 482f
뒤처지는 가닥 [lagging strand], 482
앞서는 가닥 [leading strand], 482
복제 개시점 [origins of replication], 479, 480f
복제갈래 형성 [replication fork formation], 479, 480f
DNA 나선효소 [DNA helicases], 480, 480f
DnaA 단백질 [DnaA protein], 479-480
배배꼬임 [supercoiling in], 481, 481f
홑가닥DNA결합 단백질 [single-stranded DNA-binding protein], 480-481
복제방울 [replication bubble], 479, 480f
사슬연장 [chain elongation], 483-485, 483f
DNA 중합효소 III [DNA polymerase III in], 484, 483f
새 DNA 교정 [proofreading new DNA], 484-485, 485f
상보가닥 분리 [complementary strand separation], 479, 480f
종료 [termination], 487
원형포르피린 IX [Protoporphyrin IX], 320, 321-322, 322f
월만병 [Wolman disease], 267
웨스턴 블롯 [Western blots], 572
위액 [Gastric juice], 283
위억제 폴리펩타이드 [Gastric inhibitory polypeptide (GIP)], 358
위장(관) 펩타이드호르몬 [Gastrointestinal peptide hormones], 358
윌슨병 [Wilson disease], 52, 465, 465f
유기음이온수송 폴리펩타이드 [Organic anion transporting polypeptide (OATP1B1)], 258
유로빌리노젠 [Urobilinogen], 327
유로빌린 생성, 장(창자) [Urobilin formation, in intestine], 327
유로포르피리노젠 [Uroporphyrinogen], 321
유로포르피리노젠 III [Uroporphyrinogen III], 321, 322f
유로포르피리노젠 III 생성효소 [Uroporphyrinogen III synthase], 321, 322f
유로포르피리노젠 III 탈카복실화효소 [Uroporphyrinogen III decarboxylase (UROD)], 321, 322f
결핍 [deficiency of], 323
유리지방산 [Free fatty acids (FFA)]
비만인- [in obese individuals], 405, 406
인슐린 저항성 및 생성 [insulin resistance and production of], 397
유비퀴틴 [Ubiquitin], 528
유비퀴틴-단백소체 분해 경로, 단백질- [Ubiquitin-proteasome degradation pathway, of proteins], 283, 283f
유전부호 [Genetic code], 514, 〈참조〉 번역 (Translation)
뉴클레오타이드서열 변화, 결과 [nucleotide sequence alteration, consequences of], 516, 516f

무의미 돌연변이 [nonsense mutation], 516, 516f
오인 돌연변이 [missense mutation], 516, 516f
잘라잇기자리 돌연변이 [splice site mutations], 517
침묵 돌연변이 [silent mutation], 516, 516f
트라이뉴클레오타이드반복 확장 [trinucleotide repeat expansion], 516-517
틀이동 돌연변이 [frameshift mutations], 517, 518f
코돈 [codons], 514, 515f
삼염기 코돈 [three-base codons], 514
종료코돈 [termination codons], 515
코돈 번역표, 사용 [table to translate codon, use of], 514-515, 515f
특징 [characteristics of], 515
보편성 [universality], 515-516
여유성 [degeneracy], 516
중첩없고 쉼표없음 [nonoverlapping and commaless], 516
특이성 [specificity], 515
판독틀 [reading frame], 516
유전비용종대장암 [Hereditary nonpolyposis colorectal cancer (HNPCC)], 〈참조〉 린치 증후군 (Lynch syndrome)
유전오로트산뇨증 [Hereditary orotic aciduria], 348-349
유전자 [Gene], 〈참조〉 유전자 발현 (Gene expression)
기본구성- [constitutive], 535
발현 [expression], 535, 535f
살림- [housekeeping], 535
조절- [regulated], 535
증폭 [amplification], 546-547
유전자 발현 [Gene expression], 535
분석 [analysis], 571-573
단백질 분석 [protein analysis], 572
단백체학 [proteomics], 572-573
전령RNA 농도, 측정 [mRNA levels, determination of], 571, 572f
원핵생물 [in prokaryotes], 535f, 536-540
세균오페론 작동자 [operators in bacterial operons], 536, 537f
오페론에서 전령RNA 전사 [mRNA transcription from operon], 536
전사 및 번역 협동 [transcription and translation coordination], 539-540, 540f
젖당 오페론 [lactose operon], 536-538, 537f
트립토판 오페론 [tryptophan operon], 539, 539f
조절 [control of], 535, 535f
조절 서열 및 분자 [regulatory sequences and molecules], 535-536, 536f
단백질의 DNA 결합에서 아연손가락 [Zinc (Zn) finger for proteins binding to DNA], 536, 536f
시스작용- [cis-acting], 535, 536f
트랜스작용- [trans-acting], 535, 536f
진핵생물- [in eukaryotes], 535, 535f, 540
DNA 배열 [arrangements of DNA], 547, 547f
유전자 복사수 [gene copy number], 546-547
이동 DNA요소 [mobile DNA elements], 547-548
전령RNA 가공 및 사용 [mRNA processing and use], 543-546
전사기구에 대한 DNA 접근성 [accessibility of DNA to transcriptional apparatus], 546
조합조절 [combinatorial control], 541
협동조절 [coordinate regulation], 540-543
유전자 전달 [Gene transfer], 573
유전자 치료 [Gene therapy], 573
유전자 편집 [Gene editing], 573
유전자삽입 동물 [Transgenic animals], 573-574
유전자전위효소 [Transposase], 547
유전자조작제약농 [Pharming], 574
유전체 DNA 라이브러리 [Genomic DNA libraries], 556
유전코프로포르피린증 [Hereditary coproporphyria (HCP)], 321-322, 322f, 323, 324f
유전트랜스타이레틴매개아밀로이드증 [Hereditary transthyretin-mediated amyloidosis (hATTR)], 545
유전혈색소증 [Hereditary hemochromatosis (HH)], 467-468
유화, 음식지질- [Emulsificiation, of dietary lipids], 201
융합단백질 [Fusion protein], 557, 557f
음식, 낮은 혈당지수- [Food, with low GI], 425, 425f
음식유도 열발생 [Diet-induced thermogenesis], 418-419, 418f
음식의 발열효과 [Thermic effect of food], 418, 418f
음식조절(= 다이어트) [Diet]
날달걀 [raw eggs in], 446
엽산없는- [folate-free], 438-439
지중해식- [Mediterranean], 421
칼로리제한- [calorie-restricted], 410-411
탄수화물 [carbohydrates in], 427
응고 [Coagulation], 〈참조〉 혈액응고 (Blood clotting)
응고인자 FXIIIa (= 글루타민라이신결합효소) [FXIIIa (Transglutaminase)], 583, 583f
응고인자I [Factor I (FI)], 578
응고인자II [Factor II (FII)], 578
응고인자V [Factor V Leiden], 585
응고인자대체요법, 혈우병 [Factor replacement therapy, for hemophilia], 581
이당(류) [Disaccharide(s)], 98, 423-424
비정상- [abnormal], 99-100
결핍 [deficiency of], 99
소화 [digestion of], 99, 99f
창자- [intestinal], 98-99, 99f
이동유전자 [Transposons (Tns)], 489, 547-548
이미노산 [Imino acid], 4
이산화탄소 [Carbon dioxide (CO_2)]
생성 [production of]
TCA 회로 [in TCA cycle], 128f, 129-130, 131f
인산오탄당 경로 [in pentose phosphate pathway], 168f, 169, 169f
수송, 혈색소- [transport, by hemoglobin], 33, 33f, 35
이상베타지단백혈증, 가족- [Dysbetalipoproteinemia, familial], 205
이상지질혈증 [Dyslipidemia]
2형 당뇨병- [in type 2 diabetes], 398, 399f
이수소리포일기 아세틸기전달효소 [Dihydrolipoyl transacetylase], 126, 126f
이수소리포일기 탈수소효소 [Dihydrolipoyl dehydrogenase], 126, 126f
이수소엽산(염) 환원효소 [Dihydrofolate reductase (DHFR)], 438f, 439, 546-547
이염(색)백질형성장애 [Metachromatic leukodystrophy], 243f
3′-이인산-5′-이인산구아노신 [Guanosine 5′-diphosphate 3′-diphosphate (ppGpp)]
이인산뉴클레오사이드 [Nucleoside diphosphates], 340-341
이인산사이티딘 [Cytidine diphosphate (CDP)], 233, 234f
이인산아데노신 [Adenosine diphosphate (ADP)], 82-83, 546-547
PDH 복합체 활성 [and PDH complex activity], 127, 127f
가인산(= 인산화), ATP 생성 [phosphorylation of, to ATP], 87-89
이인산아데노신분해효소 [ADPase], 589
이인산유리딘 [Uridine diphosphate (UDP)], 233, 349
가인산(= 인산화) [phosphorylation of], 133
이인산유리딘-갈락토스, 생합성 반응- [Uridine diphosphate(UDP)-galactose, in biosynthetic reactions], 179
UDP-포도당으로 전환 [conversion to UDP-glucose], 185
구조 [structure of], 166
생성 [formation of], 165
이종젖당 [Allolactose], 537

이종포식 [Heterophagy], 282
이종핵 RNA [Heterogeneous nuclear RNA (hnRNA)], 507
1,6-이중인산(염) [Fructose 1,6-bisphosphate], 138
  생성, 포도당신생성- [formation of, in gluconeogenesis], 138
  절단 [cleavage of], 114
  탈인산화 [dephosphorylation of], 138-139
2,6-이중인산(염) [Fructose 2,6-bisphosphate], 113-114
  당분해, 포만상태- [and glycolysis, in well-fed state], 114, 114f
  조절 [regulation of PFK-1], 113
  포도당신생성 [and gluconeogenesis], 132f
    공복상태- [in fasting state], 114
1,6-이중인산과당 인산염분해효소 [Fructose 1,6-bisphosphatase], 138
  다른자리조절 억제제 [allosteric inhibitor of], 154
  조절 [regulation of]
    2,6-이중인산(염)- [by fructose 2,6-bisphosphate], 138, 139
    세포 에너지수준 [by energy levels in cell], 138
2,3-이중인산글리세르산(염) [2,3-Bisphosphoglycerate (2,3-BPG)]
  HBF 결합 [binding to HbF], 37
  다른자리조절 효과 [allosteric effect of], 35, 35f
  수혈혈액 [in transfused blood], 35
  적혈구 농도 [levels in RBCs]
  탈산소혈색소 결합 [binding to deoxyhemoglobin], 34, 34f
  합성 [synthesis of], 34, 34f
이중인산글리세르산(염) 자리바꿈효소 [Bisphosphoglycerate mutase], 115-116, 116f
1,3-이중인산글리세르산(염), 합성[1,3-Bisphosphoglycerate, synthesis of], 115-116, 116f
4,5-이중인산포스파티딜이노시톨 [Phosphatidylinositol 4,5-bisphosphate (PIP_2)], 236, 236f
이차아미노기 [Secondary amino group], 4f
이황결합 [Disulfide bonds], 20-21, 20f
이황결합 형성 [Disulfide bond formation], 4
인 [Phosphorus (P)]
  고인산염혈증 [hyperphosphatemia], 463
  저인산염혈증 [hypophosphatemia], 463
  체내- [in body], 463
5-인산-D-자일룰로스 [D-Xylulose 5-phosphate], 186, 186f
6-인산과당 [Fructose 6-phosphate]
  기인산(= 인산화) [phosphorylation of], 112
  생성 [formation of], 160
  아미노당 합성 [in synthesis of amino sugars], 184
  포도당인산화효소 억제 [inhibition of glucokinase], 112
1-인산과당, 절단 [Fructose 1-phosphate, cleavage of], 160, 161f
인산글리세라이드 [Phosphoglycerides], 〈참조〉 글리세롤인지질 (Glycerophospholipids)
  분해 [degradation of], 237-238, 239f
인산다이에스터 결합, DNA- [Phosphodiester bonds, DNA], 476-477, 476f
인산다이에스터분해효소 [Pancreatic phosphodiesterases], 345
인산다이하이드록시아세톤 [Dihydroxyacetone phosphate (DHAP)], 205
  대사 [metabolism of], 150f
  생성 [formation of], 114, 114f
  이성질체화 [isomerization of], 115f, 114
5-인산리보스 [Ribose 5-phosphate], 338
5-인산리보실-1-파이로인산염 [5-Phosphoribosyl-1-pyrophosphate (PRPP)], 338, 347
  5-인산리보실아빈 형태 [5-phosphoribosylamine from], 338, 339f
  합성 [synthesis of], 337-338, 338f
5-인산리보실아민 [5-Phosphoribosylamine], 338, 339f
5′-인산리불로스 생성 [Ribulose 5-phosphate formation], 170
3′-인산아데노신-5′-
인산엔올파이루브산(염) 카복실화효소 [Phosphoenolpyruvate carboxykinase (PEPCK)], 372
인산염분해효소 [Phosphatases], 5
인산오탄당 경로 [Pentose phosphate pathway], 168
  자극 [stimulation of], 374
5-인산자일룰로스, 생성 [Xylulose 5-phosphate, formation of], 186f
인산크레아틴 [creatine phosphate], 331
인산크레아틴 [Phosphocreatine], 〈참조〉 인산크레아틴 (creatine phosphate)
6-인산포도당 [Glucose 6-phosphate], 358, 373-374
  대사 역할 [role in metabolism], 374, 374f
6-인산포도당 탈수소(화) [Glucose 6-phosphate dehydrogenation], 169
6-인산포도당 탈수소효소 [G6PD]
  결핍 [deficiency], 175
  역할 [role], 175
  유전자 변이체 [gene variants], 177
  촉발인자 [precipitating factors], 176
인산피리독살 [Pyridoxal phosphate (PLP)], 320, 442
인산화효소 [Kinases], 5
인슐린 [insulin], 355
  개념도 [concept map for], 368f
  구조 [structure of], 355-356, 356f
  글루카곤 [and glucagon], 357-358, 361
  당원분해 [and glycogenolysis], 359
  대사효과 [metabolic effects], 359
    단백질대사 [on protein metabolism], 363
    지질대사 [on lipid metabolism], 359
    탄수화물대사 [on carbohydrate metabolism], 359
  랑게르한스섬- [by islets of Langerhans], 355, 356f
  반감기 [half-life of], 356
  분비 [secretion of]
    감소- [decreased], 359
    아미노산 [amino acids and], 358
    위장(관) 펩타이드호르몬 [gastrointestinal peptide hormones and], 358
    조절 [regulation of], 356-359, 359f
    증가- [increased], 356-358
    포도당 [Glucose and], 358, 358f
  분해 [degradation of], 356
  작용기전 [mechanism of action of], 360-361, 361f
    막 효과 [membrane effects], 360, 362f
    수용체 조절 [receptor regulation], 360
    시간경과 [time course], 360-361
    신호변환 [signal transduction], 360
    인슐린 수용체 [insulin receptor], 360
  저장 [storage of], 356
  정구체 [precursors], 356, 356f
  포도당신생성 [and gluconeogenesis], 359
  합성 [synthesis of], 356, 356f
    세포속 이동 [intracellular movements], 356, 357f
인슐린 글라진 [Insulin glargine], 5
인슐린 분비촉진제 [Insulin secretagogues], 358
인슐린 저항성 [Insulin resistance], 395
  2형 당뇨병 [and type 2 diabetes], 395-396, 397f
  비만 [obesity and], 395, 396f, 397f
  원인 [causes of], 396
인슐린 치료 [Insulin therapy]
  1형 당뇨병 [in type 1 diabetes], 393-394, 393f
    금기 [contraindications to], 394
    저혈당 [hypoglycemia], 394, 394f
    집중치료 [intensive therapy], 394

표준치료 [standard treatment], 393-394
합병증 [complications of], 394, 394f
인슐린민감 포도당수송체 [Insulin-sensitive glucose transporters (GLUT-4)], 360
인슐린수용체 기질 [Insulin receptor substrates (IRSs)], 360
인슐린유도 유전자단백질 [Insulin-induced gene proteins (INSIGs)], 257
인슐린유도 저혈당 [Insulin-induced hypoglycemia], 365
인지질(= 포스파타이드) [Phospholipid (phosphatide)]
개관 [overview], 231-232, 231f
개념도 [concept map for], 248f
구조 [structure of], 232-233, 232f, 233f
기능 [function of], 231-232
막- [membrane], 231
막외- [nonmembrane], 231-232
분해 [degradation of], 237
뼈대 글리세롤 [with glycerol as backbone], 〈참조〉 글리세롤인지질 (glycerophospholipids)
뼈대 스핑고신 [with sphingosine as backbone], 〈참조〉 스핑고마이엘린 (Sphingomyelin)
소수성 부위 [hydrophobic portion of], 231, 231f
친수성(= 극성) 머리 [hydrophilic (polar) head of], 231, 231f
친양쪽성 성질 [amphipathic nature], 231
합성 [synthesis of], 233-237
인지질분해효소 [Phospholipases], 237-238, 239f
인지질분해효소 A_2 [Phospholipase A_2], 462
인지질분해효소 C [Phospholipase C], 587
인체계측 [Anthropometric measures], 429-430
인터루킨6 [Interleukin 6 (IL-6)]
비만 [in obesity], 407
일반 전사인자 [General transcription factors (GTFs)], 505-506, 506f
일산화탄소 [Carbon monoxide (CO)]
독성 [toxicity], 36
혈색소 결합 [binding to hemoglobin], 35, 35f
일인산데옥시리보뉴클레오사이드 [Deoxyribonucleoside monophosphates (dNMP)], 476
일인산데옥시타이미딘 [Deoxythymidine monophosphate (DTMP)], 349, 349f
일인산사이티딘 [Cytidine monophosphate (CMP)], 233
일인산아데노신 [Adenosine monophosphate (AMP)], 80-83
PFK 조절 [and regulation of PFK-1], 113-114
근육 [in muscle], 153f
당원분해 활성화 [glycogenolysis activation], 153f, 154-155
포도당신생성 [and gluconeogenesis], 139
일인산아데노신활성화 단백질인산화효소 [Adenosine monophosphate-activated protein kinase (AMPK)], 211-212, 212f, 258
일인산오로티딘 [Orotidine monophosphate (OMP)], 348
일인산유리딘 [Uridine monophosphate (UMP)], 348
일인산유리딘 생성효소 [Uridine monophosphate (UMP) synthase], 349
일인산유리딘 생성효소 결핍 [Uridine monophosphate synthase (UMPS) deficiency], 295
일인산이노신 [Inosine monophosphate (IMP(], 338, 339f
일차아미노기 [Primary amino group], 4f
임상영양요법 [Medical nutrition therapy (MNT)], 429
임신당뇨병 [Gestational diabetes], 396
임신여성, 호모시스테인 농도 증가 [Pregnant women, elevated Hcy levels in], 305

ㅈ

자가포식 [Autophagy], 282
자리옮김 [Translocation], 547
자유에너지 [Free energy (G)], 79
방출, 전자수송중- [release, during electron transport], 79
변화, ΔG [change in, ΔG], 80
반응물 및 생성물 농도 [and concentration of reactants and products], 80
생화학경로- [in biochemical pathways], 80
양성- [positive], 80
영(0), 평형상태 [at zero, equilibrium], 80
음성- [negative], 80
정반응 및 부반응 [of forward and back reactions], 80
표준변화, ΔG^o [standard change in, ΔG^o], 81
ATP- [of ATP], 87
두 연속반응 [of two consecutive reactions], 81
반응 방향 [and direction of reaction], 81
평형상수 [and K_{eq}], 80
표준자유에너지변화량 관계 [relationship to ΔG^o], 80
자이도부딘 [Zidovudine (ZDV)], 489
자일로실기전달효소 [Xylosyl transferase], 186
자일룰로스 환원효소, NADPH 의존, 결핍 [Xylulose reductase, NADPH-dependent, deficiency of], 186f
작은 핵RNA [Small nuclear RNA (snRNA)], 500
작은 핵 리보핵산단백질 입자 [Small nuclear ribonucleoprotein particles (snRNP)], 509
작은 핵소체RNA [Small nucleolar RNA (snoRNA)], 500
작은적혈구빈혈 [Microcytic anemia], 438
작은적혈구저혈색소 빈혈 [Microcytic, hypochromic anemia], 467, 467f
잔기 [Residues], 1
잔트호프병 [Sandhoff disease], 243f
잔틴 [Xanthine], 345
잘라잇기 [Splicing], 509-510, 509f
잘라잇기소체 [Spliceosome], 509
잘라잇기자리 돌연변이 [Splice site mutations], 510, 517
장병증말단피부염 [Acrodermatitis enteropathica], 468, 472-473
저나트륨혈증 [Hyponatremia], 464
저마그네슘혈증 [Hypomagnesemia], 464
저밀도지단백질 [Low-density lipoprotein (LDL)], 261, 266, 〈참조〉 혈장 지단백질 (Plasma lipoprotein)
대사 [metabolism of], 266-268, 269f
세포내섭취 콜레스테롤 및 콜레스테롤 항상성 [endocytosed cholesterol and cholesterol homeostasis], 267-268, 270f
수용체매개 세포내섭취 [receptor-mediated endocytosis], 266-267
아포B-100/아포E 수용체 [apo B-100/apo E receptors], 265
큰포식세포 청소수용체의 섭취 [uptake by macrophage scavenger receptors], 268
저밀도지단백질 콜레스테롤 및 관상동맥심장병 [Low-density lipoprotein cholesterol (LDL-C) and coronary heart disease], 419-420
저인산염혈증 [Hypophosphatemia], 463
저칼륨혈증 [Hypokalemia], 465
저풋트롬빈혈증 [Hypoprothrombinemia], 456
저혈당 [Hypoglycemia], 364
CNS 효과 [CNS effects], 364
개념도 [concept map for], 368f
공복- [fasting], 366
낮은혈액포도당 [low blood glucose and], 365, 365f
식후- [postprandial], 365-366
심한-, 지속- [severe, prolonged], 364
알코올연관성 [alcohol-related], 366-367, 366f
운동 [exercise and], 394
의학적 응급상황 [as medical emergency], 364
인슐린유도- [insulin-induced], 365, 366f

인슐린치료 [insulin therapy and], 394, 394f
일시- [transient], 364
증상 [symptoms of], 364
신경저당증- [neuroglycopenic], 364
아드레날린- [adrenergic], 364
포도당조절계 [glucoregulatory systems and], 364-365, 365f
글루카곤 [glucagon], 364
에피네프린 [epinephrine], 364
역조절 호르몬 [counterregulatory hormones], 364
코티솔 및 성장호르몬 [cortisol and growth hormone], 365
저혈당 무감지증 [Hypoglycemia unawareness], 394
적응열생성 [Adaptive thermogenesis], 419
적포도주 [Red wine], 422
적혈구형성원형포르피린증 [Erythropoietic protoporphyria (EPP)], 321-322, 324f
적혈구형성포르피린증 [Erythropoietic porphyrias], 322, 323, 324f, 〈참조〉 포르피린증 (Porphyria)
전구푯인슐린 [Preproinsulin], 356
전기영동 [Electrophoresis], 39, 39f
전달 RNA [Transfer RNA (TRNA)], 499
구조 [structure of], 500, 500f
번역- [in translation], 518, 518f, 〈참조〉 번역 (Translation)
대응코돈 [anticodon], 518, 518f
아미노산 부착 [amino acid attachment site], 518, 518f
사립체유전자 돌연변이 [mutations in mitochondrial gene for], 500
전사후가공 [posttranscriptional processing of], 507, 507f
코돈 인식 [codon recognition by], 520-521, 521f
전달 RNA [tRNA, (Transfer RNA)]
전령 RNA [Messenger RNA (mRNA)], 499, 501, 501f
구조 [structure of], 501, 501f
다중시스트론 [polycistronic], 501
단일시스트론 [monocistronic], 501
번역 [translation], 518, 546, 546f, 〈참조〉 번역 (Translation)
상보DNA 합성 [synthesis of complementary DNA (cDNA) from], 556-557, 556f
세균 오페론의 전사 [transcription from bacterial operons], 536, 〈참조〉 유전자 발현 (Gene expression)
전사후가공 [posttranscriptional processing of], 507-510
3′-나중-A 꼬리 및 모자 첨가 [3′-poly-A tail and cap addition], 509 , 509f
5′-모자 첨가 [addition of 5′-cap], 508, 508f
선택적 잘라잇기 [alternative splicing], 510, 510f
잘라잇기 [splicing], 509-510, 509f
진핵생물- [eukaryotic], 507-510
진핵생물 가공 및 사용 [processing and use in eukaryotes], 543
mRNA 안정성 [mRNA stability], 544-545
RNA 편집 [RNA editing], 544, 544f
선택적 다중아데닐화 [alternative polyadenylation], 543-544
선택적 잘라잇기 [alternative splicing], 543, 543f
전령 RNA [mRNA (Messenger RNA)]
전사 [Transcription], 499, 535, 〈참조〉 유전자 발현 (Gene expression)
선택성 [selectivity of], 499
원핵생물- [prokaryotic], 501-504
RNA 중합효소 [RNA pol in], 501-502
개시 [initiation], 502-503, 502f
공통서열(= 일치서열) [consensus sequences], 502-503
로-비의존 종료 [rho-independent termination], 503-507, 503f
로-의존 종료 [rho-dependent termination], 504
머리핀구조- [hairpin], 503
연장 [elongation], 503, 503f
완전효소 [holoenzyme for], 502, 502f
전사방울 [transcription bubble], 503
종료 [termination], 503-504, 503f
항생제의 억제 [antibiotics inhibiting], 504, 504f
핵심 효소 [core enzyme for], 501-502, 502f
유전정보 발현 [expression of genetic information by], 499, 499f
전사인자 [transcription factors (TFs) in], 504
정의 [defined], 499
조절 [regulation of], 535
진핵생물- [eukaryotic]
RNA 중합효소 I [RNA polymerase I in], 488 , , 505
RNA 중합효소 II [RNA polymerase II in], 505, 505f
RNA 중합효소 III [RNA polymerase III in], 506
RNA중합효소 II 억제제 [RNA polymerase II inhibitor and], 490, 506
염색질 구조 및 유전자 발현 [chromatin structure and gene expression], 504-505, 505f
일반 전사인자 [general transcription factors in], 505-506
조절 요소 및 전사 활성사 [regulatory elements and transcriptional activators in], 506
증강자, 역할 [enhancers in, role of], 506, 506f
특징 [features of], 499
전사 활성자 [Transcriptional activators], 506
전사인자 [Transcription factors (TFs)], 504, 535
전사체 [Transcriptome], 499
전신 홍반루푸스 [Systemic lupus erythematosus], 509
전자수송사슬 [Electron transport chain (ETC)], 83-87, 124
반응 [reactions of], 84-86
복합체 I-IV [Complexes I-IV], 83, 85f, 86, 87, 88f
복합체 V [Complex V], 87, 88f
양성자 펌프 [and proton pump], 87, 88f
자리특이 억제제 [site-specific inhibitors of], 86, 86f
조직화 [organization of], 84, 85f
철-황 중심 [iron-sulfur centers in], 84, 85f
전체유전체 연관성연구 [Genome-wide association studies (GWASs)], 563
정맥절개 [Phlebotomy], 468
젖당 오페론 [Lactose operon], 536-538
lacA 유전자 [lacA gene], 536, 538f, 537
lacI 유전자 [lacI gene], 537
lacY 유전자 [lacY gene], 536, 538f, 537
lacZ 유전자 [lacZ gene], 536, 538f, 537
나선-회전-나선 구조요소 [helix-turn-helix motif of], 537, 537f
젖당만 사용가능 [only lactose available], 537
포도당 및 젖당 둘 다 사용가능 [both glucose and lactose available], 537
포도당만 사용가능 [only glucose available], 537
젖당 합성 [Lactose synthesis], 164
젖산(염) [Lactate], 136
제라닐제라닐화 [Geranylgeranylation], 256
제자리부합화 [In situ hybridization (ISH)], 560
제한핵산내부분해효소 [restriction endonucleases], 552-553
명명법 [nomenclature], 553
뭉툭한- 및 끈끈한 끝 [sticky and blunt ends], 553, 553f
사용 [use of], 552
제한효소 HaeIII [HaeIII], 553, 553f
제한효소 TaqI [TaqI], 553, 553f
제한효소조각 [restriction fragments], 553
특이성 [specificity], 552-553, 553f
회문 [palindromes], 553, 553f
제한효소(= 제한핵산내부분해효소) [Restriction enzymes], 〈참조〉 제한핵산내부분해효소 (Restriction endonucleases)

제한효소조각 [Restriction fragments], 552 〈참조〉 제한핵산내부분해효소 (restriction endonucleases)
제한효소조각길이다형성 [Restriction fragment length polymorphism (RFLP)], 562
DNA 변이- [DNA variations resulting in], 562
단일염기 변화 [single-base changes], 562, 563
일렬반복 [tandem repeats], 563, 563f
사용 [use of], 560
산전진단 [prenatal diagnosis], 564
DNA 공급원 [DNA sources], 564, 565f
낫적혈구빈혈 [sickle cell anemia], 564, 565f
진단 방법 [diagnostic methods], 564
페닐케톤뇨증 [phenylketonuria], 566-567, 566f
염색체 추적, 부모-자손 전달- [tracing chromosomes, from parent to offspring], 563
젤라틴 [Gelatin], 426
조직인자 [Tissue factor (TF)], 586
조직인자 TF-FVIIa 복합체 [TF-FVIIa complex], 560-561
조직인자 경로 [TF pathway], 558, 558f, 560-561, 561f
조직인자경로 억제제 [TF pathway inhibitor, (TFPI)], 581
조직플라스민원 활성자 [Tissue plasminogen activator (TPA)], 566
조현병 [Schizophrenia], 289
종료코돈 [Termination codons], 515, 523
종말증 [Cachexia], 428
종양괴사인자-α [Tumor necrosis factor-α (TNF-α)]
비만 [in obesity], 407
죽경화증 [Atherosclerosis], 252, 268
조기- [premature], 265-266
중성 당스핑고지질 [Neutral glycosphingolipid], 240, 240f
중증 복합면역결핍병 [Severe combined immunodeficiency disease (SCID)], 347, 573
유전자 치료 [gene therapy for], 573f
중합효소사슬반응 [Polymerase chain reaction (PCR)], 554, 568
이점 [advantages of], 570
적용 [applications of], 570-571
법의학적 분석 [forensic analysis], 570
산전진단 및 낭성섬유증 [prenatal diagnosis and cystic fibrosis], 570-571
소량핵산서열 검출 [detection of low-abundance nucleic acid sequences], 570
연구- [in research], 570
절차 [procedure], 569-570, 568f
DNA 변성화 [denaturing DNA], 569
시료 준비 [sample preparation], 569
시발체 연장 [extending primers], 569-570
시발체 열풀림 [annealing primers], 569
시발체 제조 [constructing primer], 569
증강자 [Enhancers], 506, 506f
지단백질 (a) [Lipoprotein (a) (Lp[a])], 262, 270-271, 〈참조〉 혈장 지단백질 (Plasma lipoprotein)
심장병 [and heart disease], 270-271
지단백질 지질분해효소 [Lipoprotein lipase (LL)], 236, 264-265, 266f, 359
발현 [expression], 264-265
트라이아실글리세롤 분해 [triacylglycerol degradation by], 263-264
합성 [synthesis], 263
지단백질[Lipoprotein]
개념도 [concept map for], 278f
혈장- [plasma], 262-271
고밀도지단백질 [high-density lipoprotein], 268-270, 272f
구조 [structure of], 263, 263f
기능 [function of], 262
아포지단백질 [apolipoproteins], 262-263
암죽미립 [chylomicrons], 263-265, 264f
저밀도지단백질 [low-density lipoprotein], 266-268, 269f
전기영동 이동성 [electrophoretic mobility of], 262, 263f
조성 [composition], 262
지단백질 (a) [lipoprotein (a)], 270-271
지단백질 입자 [lipoprotein particles in], 262
초저밀도지단백질 [very-low-density lipoprotein], 265-266, 266f, 267f
콜레스테롤 내용물 [cholesterol content], 262
크기 및 밀도 [sizes and densities], 262, 262f
지방 [Fat]
단일불포화- [monounsaturated], 420
음식- [dietary], 419-422
관상동맥심장병 [and coronary heart disease], 419-420, 420f
혈장지질 [and plasma lipids], 420-422
효과 [effects of], 423f
포화- [saturated], 420
호흡계수 [respiratory quotient for], 418, 418f
지방동원, 사슬 불포화화 [Fat mobilization, chain desaturation], 215
지방산 [Fatty acid (FA)]
과산화소체 알파-산화 [peroxisomal α-oxidation], 224
구조 [structure of], 209-210
기능 [functions of], 209
긴사슬- [long-chain], 214
대사, 창자세포(= 장세포) [metabolism, in enterocytes], 209
분해 [degradation of], 222f
불포화화 [desaturation of], 216
수송, 사립체 [transport, into mitochondria], 219
합성 [synthesis of], 222f
대사 [metabolism], 209
개념도 [concept map for], 228f
방출 [release]
지방- [from fat], 218
베타-산화 [β-oxidation of], 218-224
과산화소체 [in peroxisome], 223-224
관여 효소 [enzymes involved in], 212, 212f
반응 [reactions of], 220-221, 220f
에너지생산 [energy yield from], 221-222, 221f-222f
조절 [regulation of], 221
분해대사 [catabolism], 218-224
포도당신생성 [and gluconeogenesis], 140
불포화- [unsaturated], 210, 210f
산화 [oxidation of], 224
불포화화 [desaturation of], 216
비에스터화- [nonesterified], 209
활성화 [activation of], 218
혈장- [plasma], 209
비에스터화(= 유리)- [unesterified (Free)]
사용, 조직- [use of, by tissues], 204
소화 [digestion of], 199
사슬길이 [chain lengths of], 210, 210f
사슬연장 [chain elongation], 210
산화 [oxidation of]
장애 [disorders of], 224
포도당신생성 [and gluconeogenesis], 220-221
소수부분 [hydrophilic portion], 209, 210f
수송 [transport of], 209
시스- [cis], 210, 210f

아주긴사슬- [very-long-chain], 215
산화 [oxidation of], 224
생성, 뇌- [production of, in brain], 214
에너지 공급원 [as energy source], 210
에스터화- [esterified], 209, 〈참조〉 트라이아실글리세롤 (Triacylglycerol, TAG)
오메가-3- [omega-3], 210
오메가-6- [omega-6], 210
운명 [fate of], 218
이중결합 [double bonds in], 210, 210f
위치 [positions of], 210
저장, 트라이아실글리세롤 구성성분 [storage, as components of triacylglycerol], 194
중간길이사슬- [medium-chain], 210f
사립체 진입 [entry into mitochondria], 220
창자(= 장) 섭취 [intestinal uptake of], 202
짝수탄소-, 산화 [with odd number of carbons, oxidation of], 222-223
짧은사슬- [short-chain], 210f
사립체 진입 [entry into mitochondria], 220
창자(= 장) 섭취 [intestinal uptake of], 205
창자 흡수 [absorption in intestine], 202
친수부분 [hydrophobic portion], 209, 210f
탄소원자, 번호매김 [carbon atoms in, numbering of], 210
포화- [saturated], 210
필수- [essential (EFA)], 202
결핍 [deficiency of], 211
합성 [synthesis of], 211-214
NADPH의존- [NADPH-dependent], 168
환원제, 공급원 [reductant for, sources of], 214
혈장- [plasma], 209
지방산 [Fatty acids], 209
구조 [structure], 209-210
사슬 불포화화 [chain desaturation], 216
새합성(= 신합성) [de novo Synthesis], 211
환원제 공급원 [reductant sources], 214
지방산 베타-산화 [Fatty acid β-oxidation]
긴사슬지방산 수송, 세포질액 및 사립체 [long-chain fatty acid transport, into cytosol and mitochondria], 219
베타-산화 반응 [β-oxidation reactions], 220
베타-산화 에너지생산 [β-oxidation energy yield], 221
석시닐CoA 합성 [succinyl CoA synthesis], 223
자리옮김 단계 [translocation steps], 219
중간사슬지방산아실CoA 탈수소효소 결핍 [medium-chain fatty acyl CoA dehydrogenase deficiency], 222
지방산 산화, 짝수탄소- [oxidation of fatty acids, with an odd number of carbons], 222
카니틴 결핍 [carnitine deficiencies], 220
카니틴 공급원 [carnitine sources], 220
카니틴왕복 억제제 [carnitine shuttle inhibitor], 219
지방산 생성효소 [Fatty acid (FA) synthase], 212
지방산 아실CoA, 트라이아실글리세롤 합성 [Fatty acyl CoA, in triacylglycerol synthesis], 218f
지방산 아실CoA전달효소 [Fatty acyl CoA transferase], 218
지방산 아실보조효소A 생성효소 [Fatty acyl coenzyme A (CoA) synthetase], 203
지방산 에스터 [Fatty acid ester], 216
지방산아실CoA 탈수소효소 [Fatty acyl CoA dehydrogenase], 222
지방세포 [Adipocytes]
비만인 [in obese individuals], 409
지방조직 [Adipose tissue]
3-인산글리세롤 합성 [glycerol 3-phosphate synthesis in], 216, 216f
공복 [in fasting]
지방대사 [fat metabolism], 382, 382f
탄수화물대사 [carbohydrate metabolism], 382
백색-, TAG 저장 [white, TAG storage in], 209
인산오탄당경로 [pentose phosphate pathway and], 168
인슐린 저항성 [and insulin resistance], 396-397, 396f
흡수상태, 대사경로 [absorptive state in, metabolic pathways in], 378, 379f
지방대사 [fat metabolism], 376, 376f
탄수화물대사 [carbohydrate metabolism], 375-376, 376f
지방조직 트라이아실글리세롤 지질분해효소 [Adipose triglyceride lipase (ATGL)], 217-218
지연피부포르피린증 [Porphyria cutanea tarda (PCT)], 321, 322f, 323, 323f
피부발진 [skin eruptions in], 323, 323f
지중해식 음식조절 [Mediterranean diet], 421
저지방 음식조절 [low-fat diet], 421, 421f
서양식 음식조절 [Western diet], 421, 421f
지질 [Lipid]
개념도 [concept map for], 206f
사용법, 조직- [use of, by tissues], 206
구조 [structure of], 199
기능 [functions of], 199
대사 [metabolism of]
장애 [disorders of], 120
중간대사물 [intermediates], 105f
분비, 창자세포- [secretion of, from enterocytes], 49
소화 [digestion of], 199
음식 [dietary], 199
대사 [metabolism of], 199
분해 [degradation by pancreatic enzymes], 201
섭취 [intake of], 199
위 처리과정 [gastric processing of], 200
유화, 작은창자(= 소장)- [emulsification of, in small intestine], 205
체내분포 [distribution in body], 199
흡수, 창자점막세포 [absorption of, by intestinal mucosal cells], 203
흡수장애 [malabsorption of], 204
지질 대사 [Lipids metabolism], 199-206
글루카곤 효과 [effects of glucagon on], 362-363
낭성 섬유증 [cystic fibrosis], 200-201
분해 [degradation by pancreatic enzymes], 201
위 소화 [digestion in stomach], 199-200
유화 [mulsification], 201
인슐린 효과 [effects of insulin on], 359
창자세포 흡수 [absorption by enterocytes], 202-203
흡수장애 [malabsorption], 204
지질분해효소 [Lipase], 359
지질산소화효소 [Lipoxygenases (LOXs)], 247
지혈 [Hemostasis], 578, 〈참조〉 혈액응고 (Blood clotting)
이차- [secondary], 578-584
일차- [primary], 578, 586-589
직접 트롬빈억제제 [Direct thrombin inhibitor (DTI)], 583
진핵생물 DNA복제 [Eukaryotic DNA replication], 487-489, 〈참조〉 원핵생물 DNA복제 (Prokaryotic DNA replication)
DNA 중합효소 [DNA pols], 487-488, 487f
끝분절 [telomeres], 488-489
뉴클레오사이드유사체의 억제 [inhibition by nucleoside analogs], 489
단백질 및 기능 [proteins and function in], 487, 487f
세포주기 [cell cycle and], 487, 487f

역전사효소 [reverse transcriptases], 489
진핵생물 DNA중합효소 [Eukaryotic DNA polymerases], 487-488, 488f
중합효소α [polα], 488, 488f
중합효소β [polβ], 488, 488f
중합효소γ [polγ], 488, 488f
중합효소δ [polδ], 488, 488f
중합효소ε [polε], 488, 488f
진핵생물 세포 [Eukaryotic cell]
DNA [DNA in], 475
세포주기 [cycle], 487, 488f
핵산단백질 [nucleoprotein in], 476
질베르 증후군 [Gilbert syndrome], 326
질소 [Nitrogen], 〈참조〉 아미노산 (Amino acid)
대사 [metabolism], 281-282, 282f
개념도 [concept map for], 297f
단백질 전환 [protein turnover], 282-283
아미노산 웅덩이 [amino acid pool], 282, 282f
아미노산에서 제거 [removal from amino acids], 286-289
간으로 암모니아 수송 [transport of ammonia to liver], 290
산화탈아미노화 [oxidative deamination], 288-289, 288f
아미노기전달 [transamination], 286-288, 286f, 287f
요소 [in urea], 290, 〈참조〉 요소회로 (Urea cycle)
질소균형 [Nitrogen (N) balance], 426
양성 [positive], 426
음성 [negative], 426
측정 [determination of], 426
질소제거제 투약 [Nitrogen-scavenging medications], 296
짝짝이(= 불일치) 복구 [Mismatch repair (MMR)], 492, 492f
짧은 간섭 RNA [siRNA, (Short interfering RNA)]
짧은간섭RNA [Short interfering RNA (siRNA)], 544-545
짧은사슬 지방산 [Short-chain fatty acids (SCFA)], 424

ㅊ

찬식 [Asthma], 237
창자(= 장) [Intestine]
갈락토스 흡수 [galactose absorption in], 99
과당 흡수 [fructose absorption in], 99
단당 흡수 [monosaccharide absorption in], 95
이당 [disaccharidases], 99
점막세포 [mucosal cells], 201
지방산 섭취 [FA uptake in], 212
지방산 흡수 [FA absorption in], 202
지질 유화 [lipid emulsification in], 201
콜레스테롤 흡수 [cholesterol absorption in], 202-203
펩타이드말단분해효소 [exopeptidases], 17
포도당 흡수 [glucose absorption in], 99
창자(= 장) 미생물무리유전체 [Gut microbiome], 431
창자(= 장)균 [Intestinal bacteria], 293
창자(= 장)인산화효소 [Enterokinase], 〈참조〉 창자(= 장)펩타이드분해효소 (Enteropeptidase)
창자(= 장)펩타이드분해효소 [Enteropeptidase], 285
창자간순환, 쓸개즙산염(= 담즙산염) [Enterohepatic circulation, of bile salts], 260, 261f
창자세포(= 장세포), 지질흡수 [Enterocytes, absorption of lipids], 202-203, 203f
척추갈림증(= 이분척추) [Spina bifida], 439
철 [Iron (Fe)], 462f, 466-468, 467f
결핍 [deficiency], 467, 467f
대사 [metabolism], 544
섭취 [uptake], 467
음식공급원 [dietary sources of], 466
재순환 [recycling], 467
중독 [poisoning], 467
체내- [in body], 466
흡수, 저장, 수송 [absorption, storage, and transport of], 466-467, 467f
철 반응요소 [Iron-responsive elements (IREs)], 544, 545f
철 킬레이트화제 [Fe chelators], 467
철(II)산화효소 [Ferrochelatase], 465
철(II)킬레이트화효소 [Ferrochelatase], 321-322
철(III)환원효소 [Ferrireductase], 466
청동색당뇨병(혈색소증) [Bronze diabetes (hemochromatosis)], 467
청색공막 [Blue sclera], 53
청소수용체 A류 [Scavenger receptor class A (SR-A)], 268
체세포 유전자치료 [Somatic gene therapy], 573
체중감량 [Weight reduction]
계획 [plan for], 410
신체활동 [physical activity for], 411
열량제한 음식조절요법 [calorie-restricted diets], 410-411
외과적 치료 [surgical treatment for], 411
투약 [medications for], 411
초과산화물 불균등분해효소 [Superoxide dismutase (SOD)], 468
초이차구조(= 구조요소) [Supersecondary structures (Motifs)], 20, 20f
초저밀도지단백질 [Very-low-density lipoprotein (VLDL)], 262, 〈참조〉 혈장 지단백질 (Plasma lipoprotein)
1형당뇨병 [in type 1 diabetes], 393, 393f
간 생성 [production in liver], 266, 266f
대사 [metabolism of], 266-267, 266f, 267f
간 방출 [release from liver], 266-267, 266f
순환중 변환 [modification in circulation], 267, 267f
저밀도지단백질로 전환 [conversion to low-density lipoproteins], 267
조성 및 기능 [composition and function], 266
총에너지소비량 [Total energy expenditure (TEE)], 418
최종당화생성물 [Advanced glycation end product (AGE)], 400
추정에너지필요량 [Estimated energy requirement (EER)], 417
충분섭취량 [Adequate intake (AI)], 416, 416f
충치(= 치아우식) [Dental caries], 469, 469f
췌도염(= 이자섬염) [Insulitis], 391
췌장(= 이자) 단백질분해효소 [Pancreatic proteases], 284
취약X 증후군 [Fragile X syndrome], 517
친양쪽성- [Amphipathic], 19
친자확인검사 [Paternity testing], 570
침묵 돌연변이 [Silent mutation], 516, 516f

ㅋ

카글룸산 [Carglumic acid], 296
카니틴 왕복 [Carnitine shuttle], 219, 219f
억제제 [inhibitor of], 219
카니틴 팔미토일기전달효소-I [Carnitine palmitoyltransferase-I (CPT-I)], 219, 219f
결핍 [deficiency of], 220
카니틴 팔미토일기전달효소-II [Carnitine palmitoyltransferase-II (CPT-II)], 219, 219f
결핍 [deficiency of], 220
카디오리핀 [Cardiolipin], 232, 232f, 237
카바모일인산(염) [Carbamoyl phosphate], 293f, 290, 295
합성 [synthesis of], 347
카바모일인산(염) 합성효소 I [Carbamoyl phosphate synthetase I (CPS I)],

290, 293
카바모일인산(염) 합성효소 II [Carbamoyl phosphate synthetase II (CPS II)], 347
카바미노혈색소 [Carbaminohemoglobin], 33f, 36
카복시펩타이드분해효소 [Carboxypeptidases], 17
카복시혈색소 [Carboxyhemoglobin], 36
카복실산 이온 [Carboxylate ion], 1
카복실화-
카복실화 [Carboxylation], 528, 529f
카비도파 [Carbidopa], 330
카이모트립신 [Chymotrypsin]
작용기전 [mechanism of action of], 62
카이저-
카테콜-O-메틸기전달효소 [Catechol-O-methyltransferase (COMT)], 330, 330f
카테콜아민 [Catecholamines], 329
기능 [function of], 329
분해 [degradation of], 330
싸우거나노망가기 반응 [fight-or-flight reactions], 329
합성 [synthesis of], 329, 329f
카프르산 [Capric acid], 210f
칼모듈린 [Calmodulin], 462
칼바인딘 [Calbindin], 462
칼슘 [Calcium (Ca^{2+})], 462-463
PDH복합체 활성 [and PDH complex activity], 127, 127f
근육- [in muscle], 153f
부갑상샘호르몬, 효과 [parathyroid hormone on, effect of], 463f
근육가인산분해효소인산화효소 활성화 [activation of muscle phosphorylase kinase], 154-155
당원분해 활성화 [activation of glycogenolysis], 152
뼈- [in bones], 462
칼모듈린결합- [calmodulin binding], 154
혈액응고 [in blood clotting], 578
혈청- [serum]
낮은- [low], 463
상승 [elevated], 463
칼시트라이올, 효과 [calcitriol on, effect of], 463f
칼시다이올 [Calcidiol], 451
칼시트리이올 [Calcitriol], 451, 463, 463f, 〈참조〉 비타민 D (Vitamin D)
캄프토테신 [Camptothecins], 482
케노데옥시콜산 [Chenodeoxycholic acid], 259-260, 259f, 261, 〈참조〉 쓸개즙산(= 담즙산) (Bile acid)
케라틴(= 각질소) [Keratin, structure of], 17
케톤생성 [Ketogenesis], 425
케톤생성 아미노산 [Ketogenic amino acids], 301, 301f
케톤혈증, 1형당뇨병 [Ketonemia, in type 1 diabetes], 392, 393f
케톨기전달효소 [Transketolase], 443, 444f
코발아민 내인인자 [Cobalamin-intrinsic factor (IF) complex], 441
코발아민(= 비타민 B_{12}) [Cobalamin (Vitamin B_{12})], 439-441
거대적혈모구빈혈 [and megaloblastic anemia], 440
결핍 [deficiency], 439, 441
중추신경계 효과 [CNS effects of], 441
구조 및 보조효소 형태 [structure and coenzyme forms], 439-440, 440f
보조효소 형태 [coenzyme forms], 440, 440f
분포 [distribution], 440
쉴링검사 [Schilling test for], 440-441
악성빈혈 [and pernicious anemia], 441
엽산(염)덫 가설 [and folate trap hypothesis], 440
음식공급원 [dietary sources of], 440
임상적응증 [clinical indications for], 440-441
효소반응 [enzymatic reactions requiring], 439, 439f
흡수 [absorption of], 441, 441f
흡수장애 [malabsorption of], 441
코티솔 [Cortisol], 245, 271, 273f, 273
코프로포르피리노젠 [Coproporphyrinogen III], 321-322, 322f
콜레라 [Cholera], 109
콜레스테롤 [Cholesterol], 202, 252, 272
공급원 [sources of], 252, 252f
제거 [elimination of], 252, 252f
간- [liver]
구조 [structure], 200f, 252-253, 262f
기능 [functions of], 252
세포막 [in cell membranes], 252
소화 [digestion of], 199, 200f
스테로이드 핵 [steroid nucleus], 252
스테롤 [sterols], 252-253
식물성 [plant], 253
에스터 [esters], 253, 253f
음식- [dietary], 253, 422
창자 섭취 [intestinal uptake of], 253
침착, 판형성 [deposition, and plaque formation], 252
합성 [synthesis], 253-258
3-하이드록시-3-메틸글루타릴CoA 생성 [3-hydroxy-3-methylglutaryl CoA production], 254-255, 254f
갈래점 반응 [branch-point reactions in], 255-256, 256f
개념도 [concept map for], 278f
메발론산(염) [from mevalonate], 254, 255f
메발론산(염) 합성 [synthesis of mevalonate], 254f
아세틸보조효소 A, CoA [acetyl coenzyme A, CoA in], 253
자유에너지증가 경로 [endergonic pathway], 254
조절 [regulation of], 257, 257f
항상성, 간- [homeostasis, liver in], 252
혈장-, 관상동맥심장병 [plasma, and coronary heart disease], 419-420, 420f
콜레스테롤 에스터화효소 [Cholesterol esterase], 201
콜레스테롤-7-α-수산화효소 [Cholesterol-7-α-hydroxylase], 260
콜레스테롤결석 [Cholesterol stones], 261
콜레스테롤담석병 [Cholesterol gallstone disease], 261
콜레스테릴에스터 [Cholesteryl ester], 209
구조 [structure of], 201f
소화 [digestion of], 199
암죽미립 [in chylomicrons], 204
췌장효소의 분해 [degradation by pancreatic enzymes], 201
콜레스테릴에스터 [Cholesteryl esters], 253, 253f
콜레스테릴에스터 전달단백질 [Cholesteryl ester transfer protein (CETP)], 267, 267f
콜레스티라민 [Cholestyramine], 260
콜레시스토키닌 [Cholecystokinin], 285
콜레칼시페롤(비타민 D_3) [Cholecalciferol (Vitamin D_3)], 451
콜린 [Choline]
가인산(= 인산화) [phosphorylation of], 234
결핍 [deficiency], 234
재사용 [reutilization of], 234
콜산 [Cholic acid], 259, 259f, 〈참조〉 쓸개즙산(= 담즙산) (Bile acid)
콜히친(= 콜치신) [Colchicine], 345-346
콩팥, 공복- [Kidney, in fasting], 385, 385f
퀴놀린산(염) [Quinolinate], 305
크라베병 [Krabbe disease], 243f
크레아틴 [creatine], 331
분해 [degradation], 331

합성 [synthesis], 331, 331f
크로뮴(= 크롬) [Chromium (Cr)], 469
크로이츠펠트-야코프병 [Creutzfeldt-Jakob disease], 23-24
크리글러-낫자르 I 및 II [Crigler-Najjar I and II], 326
크리스퍼-카스9(= 유전자가위) 기술, 유전자 편집 [CRISPR-Cas9 technology, for gene editing], 573, 574f
큰적혈구빈혈 [Macrocytic anemia], 438, 438f
클로닝, DNA 클로닝 [Cloning of DNA], 554-558
DNA 라이브러리 [DNA libraries], 556-557, 556f, 557f
벡터 [vectors], 554-556
그밖의 벡터 [other vectors], 555-556
많이 사용되는 [commonly used], 554
원핵생물 플라스미드 [prokaryotic plasmids], 554-555, 554f, 555f
특성 [properties of], 554
형질도입 [transduction], 554
클로닝DNA조각 서열분석 [sequencing cloned DNA fragments], 557
혈액, 침, 단단조직 [from blood, saliva, and solid tissue], 554
클로피도그렐 [Clopidogrel], 588
킬레이트화제, 응고방지- [Chelating agents, to prevent coagulation], 579
킬로칼로리 [Kilocalorie], 417

ㅌ

타우 단백질 [Tau (τ) protein], 23
타우로케노데옥시콜산 [Taurochenodeoxycholic acid], 260, 260f
타이라민 [Tyramine], 432, 432f
타이로신 [Tyrosine], 4
분해 [degradation of], 302, 302f
카테콜라민 합성 [and catecholamines synthesis], 329-330, 329f
합성 [synthesis of], 309
타이로신 수산화효소 [Tyrosine hydroxylase], 329, 329f
타이로신혈증 [Tyrosinemia], 303
타이미딜산(염) 생성효소 [Thymidylate synthase], 349
억제제 [inhibitors of], 349-350
탄력소 [Elastin], 47, 54-56
개념도 [concept map for], 56f
구조 [structure of], 53-54, 53f
분해 [degradation of, AAT and], 54, 54f
입체구조 [conformation of]
늘인- [stretched], 53, 53f
풀린- [relaxed], 53, 53f
탄력소분해효소 [Elastase]
중성구, AAT [neutrophil, AAT and], 55
탄산 [Carbonic acid], 33
탄산 탈수효소 [Carbonic anhydrase], 33, 468
탄산수소염 [Bicarbonate], 33
완충액 [as buffer], 9, 9f
탄수화물 [Carbohydrate], 95-102
고리이성질체 [anomers of], 96
기능 [functions of], 94
단백질절약 효과 [protein-sparing effect of], 427
대사 [metabolism], 〈참조〉흡수상태; 공복 (Absorptive state; Fasting)
인슐린 [insulin and], 360
분류 [classification of], 94, 94f
비만 [and obesity], 422-423
비탄수화물 결합 [linkage to noncarbohydrates], 98
소화 [digestion of], 97-99, 98f
개념도 [concept map for], 102f
위치이성질체 [epimers], 94-95, 95f
음식 [dietary], 422-425
다당 [polysaccharides], 424
단당 [monosaccharides], 423
병 [and disease], 425
섬유질 [fiber], 424
이당 [disaccharides], 423
일차역할 [primary role of], 422
필요량 [requirements], 425
혈당반응 [glycemic response], 424
혈액포도당 [and blood glucose], 424-425, 425f
이성질체 [isomers], 95, 96f
중간대사물 [intermediates], 105f
합성 [synthesis], 186
호흡계수 [respiratory quotient for], 418, 418f
탈과립 [Degranulation], 587-588
탈산소혈색소 [Deoxyhemoglobin]
2,3,-BPG 결합 [2,3-BPG binding to, 34, 34f
구조 [structure of (T, taut structure)], 31f
보어효과 [Bohr effect and], 33-34
7-탈수소콜레스테롤 [7-Dehydrocholesterol], 454
7-탈수소콜레스테롤-7-환원효소 [7-Dehydrocholesterol-7-reductase], 255-256
탈수소효소 [Dehydrogenase], 60
사립체 [mitochondrial], 83-84, 84f
탈아이오딘화효소(= 탈요오드화효소) [Deiodinases], 470-471
탐색자 [Probes], 558-560
DNA 제자리부합화 [hybridization to DNA], 559
바이오틴화 탐색자 [biotinylated probes], 559-560
사용 [use of], 558-559
합성올리고뉴클레오타이드 탐색자 [synthetic oligonucleotide probes], 559, 559f
항체 [antibodies], 560
태아 DNA, 분자분석 [Fetal DNA, molecular analysis of], 564
태아 허파(= 폐) 성숙도 [Fetal lung maturity], 235
태아경검사 [Fetoscopy], 564
탠지어병 [Tangier disease], 270
테르무스 아쿠아티쿠스 [*Thermus aquaticus*], 569
테스토스테론 [Testosterone], 273, 273f
테이-삭스병 [Tay-Sachs disease], 242, 243f
통풍 [Gout], 344-346
결절- [tophaceous], 345, 346f
고요산혈증 [hyperuricemia and], 344-346
모노소듐요산(염) 결정, 침착 [monosodium urate (MSU) crystals, deposition of], 344
요산 과다생성 [uric acid overproduction and], 345
요산 과소배출 [uric acid underexcretion and], 345
진단 [diagnosis of], 345
치료 [treatment of], 345
트라이뉴클레오타이드반복 확장 [Trinucleotide repeat expansion], 516-517
트라이아실글리세롤 [Triacylglycerol (TAGs)]
혈장 지질 [and plasma lipids], 420-422
트라이카복실산 회로 [Tricarboxylic acid (TCA) cycle], 84, 105f, 106, 132f
개관 [overview], 125-133
개념도 [concept map for], 132f
기능 [functions of], 132f
반응 [reactions], 125-130
보조효소 [coenzymes], 126
아세틸 CoA 생성 [acetyl CoA production], 125-126
파이루브산탈수소효소복합체 구성요소 효소 [PDHC component enzymes], 126
억제제 [inhibitors of], 132f

에너지 생성 [energy production], 127, 130
작용기전 [mechanism of action of], 126f
조절 [regulation of], 130
활성자 [activators of], 131f
회로 조절 [cycle regulation], 137
트랜스지방산 [Trans fatty acids], 422, 422f
트랜스코틴 [Transcortin], 272
트랜스타이레틴 [Transthyretin (TTR)], 430, 545
트랜스페린 [Transferrin (Tf)], 544
트랜스페린 수용체 [Transferrin receptor (TfR) synthesis], 544, 544f
트레오닌 [Threonine], 4, 21, 305
분해 [degradation of], 303, 306
트레티노인, 모두-트랜스레티노산 [Tretinoin, all-trans retinoic acid], 450
트로포마이오신 [Tropomyosin (TM)], 543
트롬보모듈린 [Thrombomodulin], 585, 587
트롬보플라스틴 [Thromboplastin], 583
트롬복세인 [Thromboxanes (TXs)], 244-247, 〈참조〉 아이코서노이드 (Eicosanoids)
합성 [synthesis], 244-245, 246f
억제 [inhibition], 245, 246f
혈소판 항상성- [in platelet homeostasis], 245-246
트롬복세인 A_2 [Thromboxane A_2 (TXA_2)], 587-588, 587f
트롬빈 [Thrombin], 578, 582, 587
중요성, 섬유소 형성 [importance of, in fibrin formation], 583, 583f
혈소판 활성화 [platelet activation by], 587-588, 567f
트립신 [Trypsin], 284, 284f, 285
트립토판 [Tryptophan (Trp)], 18, 444
분해 [degradation of], 306
오페론 [operon], 537-539, 539f
특수 전사인자 [Specific transcription factors (STFs)], 506, 541
DNA-결합영역 [DNA-binding domain (DBD)], 541
전사활성화 영역 [transcription-activation domain (TAD)], 541
틀이동 돌연변이 [Frameshift mutations], 4517, 518f

ㅍ

파네소이드X 수용체 [Farnesoid X receptor (FXR)], 260, 〈참조〉 쓸개즙산(= 담즙산) 수용체 (Bile acid receptor, BAR)
파네실파이로인산염 [Farnesyl pyrophosphate (FPP)], 254, 255f
파네실화 [Farnesylation], 256
파네실화단백질 [Farnesylated protein], 529f
파버병 [Farber disease], 243f
파브리병 [Fabry disease], 242, 243f
파이로인산(염) [Pyrophosphate (PP_i)], 483, 484
2 P_i로 가수분해 [hydrolysis to 2 P_i], 483
파이로인산돌리콜, 소당(= 올리고당) 합성 [Dolichol pyrophosphate, in oligosaccharide synthesis], 191-192, 193f
파이루브산(염) [Pyruvate], 383
파이루브산(염) 인산화효소 [Pyruvate kinase (PK)], 136
파이루브산(염) 카복실화효소 [Pyruvate carboxylase (PC)], 374
파이루브산(염) 탈수소효소 [Pyruvate dehydrogenase (PDH)], 374, 444f
파이트산염 [Phytates], 468
파킨슨병 [Parkinson disease], 22, 330
파티시란 [Patisiran], 545
판 형성 [Plaque formation], 252, 〈참조〉 콜레스테롤 (Cholesterol)
판덴베르흐 반응 [Van den Bergh reaction], 328
판독틀 [Reading frame], 516
판토텐산(= 비타민 B_5) [Pantothenic acid (Vitamin B_5)], 446
공급원 [sources of], 446
보조효소 A, 구조 [coenzyme A, structure of], 446, 446f
페닐뷰티르산(염) [Phenylbutyrate], 296, 296f
페닐아세틸글루타민 [Phenylacetylglutamine], 296, 296f
페닐알라닌 [Phenylalanine]
분해 [degradation of], 302, 302f
페닐알라닌 수산화효소 [Phenylalanine hydroxylase (PAH)], 303, 303f, 564-566
페닐케톤뇨증 [Phenylketonuria (PKU)], 303, 309, 310f, 309-312
모계- [maternal], 312
산전진단 [prenatal diagnosis], 312, 564, 566, 566f, 567f
신생아 선별검사 및 진단 [newborn screening and diagnosis], 311-312
알라닌대사물 증가 [elevated phenylalanine metabolites in], 311, 312f
저색소증 [hypopigmentation in], 311
중추신경계(통) 효과 [central nervous system effects], 311
치료 [treatment], 312
페닐알라닌 수산화효소, 결핍 [phenylalanine hydroxylase in, deficiency in], 311f
페로포틴 [Ferroportin], 466-467
페북소스타트 [Febuxostat], 347
펠라그라 [Pellagra], 444
펩시노젠 [Pepsinogen], 283, 284
펩신 [Pepsin], 283, 284
펩타이드 결합 [Peptide bond], 15f
극성 [polarity], 15
시스- [cis], 15, 15f
트랜스- [trans], 15, 15f
특징 [characteristics], 15
펩타이드 명명(법) [naming peptides], 14-15
펩타이드 결합 [Peptide linkage], 1, 1f
펩타이드내부분해효소 [Endopeptidase], 17
펩타이드말단분해효소 [Exopeptidases], 17
평균적혈구용적 [Mean corpuscular volume (MCV)], 438
평균필요량 [Estimated average requirement (EAR)], 416, 416f
폐색전증 [Pulmonary embolism (PE)], 585
폐쇄황달 [Obstructive jaundice], 328
폐포(= 허파꽈리), 중성구 탄력소분해효소의 폐 파괴 [Alveolus(-li), lung destruction by neutrophil elastase], 55, 55f
포도당 [Glucose]
대사 [metabolism]
글루카곤 [glucagon and], 363
인슐린 [insulin and], 359
음식- [in food], 423
인슐린 분비 [and insulin secretion], 357-358
포도당부신피질호르몬 반응요소 [Glucocorticoid response element (GRE)], 542
포도당생성 아미노산 [Glucogenic amino acid], 300, 301f, 〈참조〉 아미노산 (Amino acid)
포도당세레브로사이드 [Glucocerebroside], 240, 〈참조〉 당스핑고지질 (Glycosphingolipid)
포도당신생성 [Gluconeogenesis], 118
삼인산아데노신 [adenosine triphosphate and], 83
아세틸 CoA [acetyl CoA and], 141
일인산아데노신 [adenosine monophosphate and], 138
포도당신생성 반응 [Gluconeogenesis reactions], 135-142
1,6-이중인산과당 탈인산화 [fructose 1,6-bisphosphate dephosphorylation], 138-139
6-인산포도당 탈인산화 [glucose 6-phosphate dephosphorylation], 139
세포질액 옥살로아세트산(염) 탈카복실화 [cytosolic oxaloacetate decarboxylation], 138
세포질액으로 옥살로아세트산(염) 수송 [oxaloacetate transport to the cytosol], 138

요약 [summary of], 140
파이루브산 카복실화 [pyruvate carboxylation], 135-142
포도당신생성 전구체 [Gluconeogenic precursors], 135
포도당신생성 조절 [Gluconeogenesis regulation]
AMP의 다른자리조절억제 [allosteric inhibition by AMP], 141
글루카곤 [glucagon], 140
기질 이용도 [substrate availability], 141
아세틸CoA의 다른자리조절 활성화 [allosteric activation by acetyl CoA], 141
포도당-알라닌 회로 [Glucose-alanine cycle], 289
포도당인산화효소 [Glucokinase], 358, 373
반응속도론 [kinetics of], 112-113
억제, 6-인산과당 [inhibition of, by fructose 6-phosphate], 113
자극, 포도당- [stimulation of, by glucose], 118, 154
조절 [regulation of], 113
포도당 감지자 [as glucose sensor], 113
호르몬 조절 [hormonal regulation of], 119
포도당인산화효소 조절단백질 [Glucokinase regulatory protein (GKRP)], 113
포르피린 [porphyrins], 319-328
구조 [structure of], 319-330, 320f
곁사슬 [side chains], 319-320
곁사슬 분포 [side chain distribution], 320
포르피리노젠 [porphyrinogens], 320
금속이온 결합 [binding with metal ions], 319
포르피린증 [porphyrias], 322-324
합성경로 [pathway of synthesis], 320f-323f
헴 분해 [heme degradation], 325-327
헴 생합성 [heme biosynthesis], 320-322, 321f, 322f, 324f
황달 [jaundice], 327-328
III형 포르피린 [type III porphyrins], 320
포르피린증 [Porphyrias], 322-324
ALAS 활성, 증가 [ALAS activity in, increase in], 323
간- [hepatic], 322-323
급성- [acute], 322-323, 323f
만성- [chronic], 322-323, 323f
유전- [inherited], 345
임상적응증 [clinical manifestations], 322-323
적혈구형성- [erythropoietic], 322, 323f
치료 [treatment of], 345-346
포스파티드산 [Phosphatidic acid (PA)], 231f, 232, 〈참조〉 글리세롤인지질 (Glycerophospholipids)
포스파티딜글리세롤 [Phosphatidylglycerol], 237
포스파티딜세린 [Phosphatidylserine (PS)], 235, 235f
응고 연쇄증폭- [in clotting cascade], 579
포스파티딜에탄올아민 [Phosphatidylethanolamine], 234
포스파티딜이노시톨 [Phosphatidylinositol (PI)], 235-236, 236f
포스파티딜콜린 [Phosphatidylcholine (PC)], 234, 234f, 258
포스파티딜세린에서 합성 [synthesis from phosphatidylserine], 235, 235f
허파(= 폐) 표면활성제 [in lung surfactant], 234
포타슘(= 칼륨) [Potassium (K)], 462f, 465
포포빌리노젠 [Porphobilinogen (PBG)], 321, 321f, 322, 322f
포포빌리노젠 생성효소 [Porphobilinogen synthase], 468
포화지방 [Saturated fats], 420
폰기에르케병 [von Gierke disease], 156, 158, 345
폰다파리눅스 [Fondaparinux], 585
폴리아이소프레노이드 스쿠알렌 [Polyisoprenoid squalene], 255
폴리펩타이드 [Polypeptides], 16, 19
N-폼이미노글루탐산(염) [N-Formiminoglutamate (FIGlu)], 302
N-폼이미노글루탐산(염)배출 검사 [FIGlu excretion test], 302
풋단백질 전환효소 서브틸리신/켁신 9형 [Proprotein convertase subtilisin/kexin type 9 (PCSK9)], 267
풋인슐린 [Proinsulin], 356
퓨린 [Purines], 336-337
DNA 및 RNA- [in DNA and RNA], 336, 336f
암모니아 [ammonia from], 293
퓨린 고리 [Purine ring], 337-338
원자 [atoms in], 337, 338f
퓨린 뉴클레오타이드 [Purine nucleotide]
분해 [degradation of], 343
연관 질환 [diseases associated with], 344-347
작은창자(= 소장)- [in small intestine], 343-344, 345f
합성 [synthesis of], 337-342
5-인산리보실-1-파이로인산(염) 합성 [5-phosphoribosyl-1-pyrophosphate synthesis], 338, 338f
5-인산리보실아민 합성 [5-phosphoribosylamine synthesis], 338, 338f
이인산- 및 삼인산뉴클레오사이드 [nucleoside di- and triphosphate synthesis], 340-341, 341f
일인산아데노신 및 일인산구아노신 합성 [adenosine and guanosine monophosphate synthesis], 340, 341f
일인산이노신 합성 [inosine monophosphate synthesis], 338-340, 339f
퓨린합성 인조억제제 [synthetic inhibitors of purine synthesis], 340, 339f
회수경로 [salvage pathways of], 341-342, 342f
퓨린 회수경로 [Salvage pathway for purines], 341-342, 342f
퓨린합성 억제제 [Purine synthesis inhibitors], 340, 339f
퓨마르산(염) [Fumarate], 292
퓨마르산(염) 수화 [Fumarate hydration], 130
퓨마르산효소 [Fumarase], 130
퓨마릴아세토아세트산(염) 가수분해효소 [Fumarylacetoacetate hydrolase], 314
프레그네놀론 [Pregnenolone], 273, 273f
프레닐화 [Prenylation], 254
프로바스타틴 [Pravastatin], 258, 258f
프로스타글랜딘 [Prostaglandins (PGs)], 244-246, 〈참조〉 아이코사노이드 (Eicosanoids)
합성 [synthesis], 244-245, 246f
억제 [inhibition], 237
혈소판 항상성- [in platelet homeostasis], 245-247
프로스타글랜딘 I_2 [Prostaglandin I2 (PGI_2)], 589
프로스타사이클린(= PGI_2) [Prostacyclin (PGI_2)], 245
프로제스테론 [Progesterone], 273f
프로토포르피리노젠 IX [Protoporphyrinogen IX], 321-322, 322f
프로토포르피리노젠 산화효소 [Protoporphyrinogen oxidase], 321-322, 322f
프로피오닐 CoA [Propionyl CoA], 306
프롤린 [Proline]
분해 [degradation of], 301
합성 [synthesis of], 307
프롤린 [Proline], 4
프롤릴(기) 수산화효소 [Prolyl hydroxylase], 466
프리데발트식 [Friedewald equation], 262
프리온 단백질 [Prion protein (PrP)], 23
프리온병 [Prion diseases], 23-24
플라빈 모노뉴클레오타이드 [Flavin mononucleotide (FMN)], 445, 445f
플라빈 아데닌 뉴클레오타이드 [Flavin adenine dinucleotide (FAD)], 445, 445f
플라스미노젠(= 섬유소분해효소원) [Plasminogen], 232-233, 233f, 586
플라스미드 [Plasmids], 478, 554-555, 554f, 555f

플라스미드, pBR322 플라스미드 [plasmid, pBR322 plasmid], 554f, 555
플라스민(= 섬유소분해효소) [Plasmin], 586
플루바스타틴 [Fluvastatin], 258
5-플루오로유라실 [5-Fluorouracil], 349
5-플루오로일인산데옥시유리딘 [5-Fluorodeoxyuridine monophosphate (5-FdUMP)], 349
플루오로퀴놀론 [Fluoroquinolones], 482
플루오린(= 불소) [Fluorine (F)], 469
피리독신(= 비타민 B_6) [Pyridoxine (Vitamin B_6)], 442-443
감각신경병증 [and sensory neuropathy], 442-443
공급원 [sources of], 442
구조 [structures of], 442, 442f
독성 [toxicity], 443
아이소나이아지드, 결핍 [isoniazid, deficiency of], 442
임상적응증 [clinical indications for], 442
피리미딘 [Pyrimidines], 336, 347, 347f
DNA 및 RNA- [in DNA and RNA], 336, 336f
암모니아 [ammonia from], 293
합성 [synthesis of], 347-350
삼인산사이티딘 합성 [cytidine triphosphate synthesis], 349, 349f
오로트산 합성 [orotic acid synthesis], 348
일인산데옥시타이미딘 합성 [deoxythymidine monophosphate synthesis], 349, 349f
카바모일인산(염) 합성 [carbamoyl phosphate synthesis], 347
피리미딘뉴클레오타이드 합성 [pyrimidine nucleotide synthesis], 335, 336f, 348-349, 349f
회수 및 분해 [salvage and degradation], 350
필로퀴논(= 비타민 K_1) [Phylloquinone (Vitamin K_1)], 454, 〈참조〉 비타민 K (Vitamin K)
필수아미노산 [Essential amino acids, EAAs from dietary protein], 425
필수지방산 [Essential fatty acids (EFAs)], 422
결핍 [deficiency], 422

ㅎ

하류 촉진자요소 [Downstream promoter element (DPE)], 505, 505f
하시모토 갑상샘염 [Hashimoto thyroiditis], 470
5-하이드로퍼옥시-6,8,11,14-아이코사테트라엔산 [5-Hydroperoxy-6,8,11, 14-eicosatetraenoic acid (5-HPETE)], 247
3-하이드록시-3-메틸글루타릴 CoA, 콜레스테롤합성- [3-Hydroxy-3-methylglutaryl CoA, in cholesterol synthesis], 253, 254f
5-하이드록시-3-인돌아세트산 [5-Hydroxy-3-indoleacetic acid (5-HIAA)], 331
하이드록시메틸글루타릴보조효소A 환원효소 [Hydroxymethylglutaryl coenzyme A (HMG CoA) reductase], 254, 254f
약물 억제제 [drug inhibitors of], 258, 258f
조절 [regulation of], 257-258, 257f
하이드록시메틸빌레인 생성효소 [Hydroxymethylbilane synthase], 321
하이드록시아파타이트 [Hydroxylapatite], 462
하이드록시요소(하이드록시카바마이드) [Hydroxyurea (Hydroxycarbamide)], 343
25-하이드록시콜레칼시페롤 [25-Hydroxycholecalciferol], 451-453
5-하이드록시트립타민 [5-Hydroxytryptamine, 5-HT], 〈참조〉 세로토닌 (serotonin)
하트넙병 [Hartnup disease], 286, 444
합성대사 [Anabolism], 106-107, 106f
항고혈당제 [Antihyperglycemic agents]
2형당뇨병 [in type 2 diabetes], 398-399, 400f
항산화효소, 활성 [Antioxidant enzyme, activity of], 172, 172f
항트롬빈 [Antithrombin (AT)], 574, 〈참조〉 항트롬빈 III (Antithrombin III, ATIII)
항트롬빈 III [Antithrombin III (ATIII)], 584-585, 585f
해리상수 [Dissociation constants], 7
핵산 [Nucleic acids], 475, 〈참조〉 데옥시리보핵산, 리보핵산 (Deoxyribonucleic acid, DNA; Ribonucleic acid, RNA)
핵산단백질 [Nucleoprotein], 476
핵산절제효소, uvrABC 핵산절제효소 [Excinuclease, uvrABC excinuclease], 493
핵심단백질 [Core protein synthesis], 186
핵잔섬유 [Nucleofilament], 490, 491f
햅맵(= 사람 유전자변이지도) [HapMap], 563
허파(폐) 성숙도 [Lung maturity], 235
헌팅턴병 [Huntington disease], 516-517, 517f
헤모필루스 에집티쿠스 〈속〉 [*Haemophilus aegyptius*], 553
헤민 [Hemin], 321, 325
헤파린 [Heparin], 585
헤파이스틴 [Hephaestin], 465-466
헨더슨-하셀발흐식 [Henderson-Hasselbalch equation], 7-8
헴 [Heme], 319, 〈참조〉 포르피린증 (Porphyria)
단백질 [proteins], 319
대사 [metabolism of]
개념도 [concept map for], 333f
변형 [alterations in], 327f, 〈참조〉 황달 (Jaundice)
분해 [degradation], 325, 325f, 333f
간의 빌리루빈 섭취 [bilirubin uptake by liver], 325
빌리루빈 생성 [bilirubin formation], 325
빌리루빈다이글루큐로나이드 생성 [bilirubin diglucuronide formation], 326
쓸개즙(= 담즙)으로 빌리루빈 분비 [bilirubin secretion into bile], 327
유로빌린 생성 [urobilin formation], 327, 326f
생합성 [biosynthesis], 320, 321f
간- [in liver], 319
델타-아미노레불린산 생성 [δ-aminolevulinic acid formation], 320-321
유로포르피리노젠 생성 [uroporphyrinogen formation], 321
적혈구- [in erythroid cells], 319
포르포빌리노젠 생성 [porphobilinogen formation], 321
헴 생성 [heme formation], 321-322
헴 산소화효소 [Heme oxygenase], 466
헵시딘 [Hepcidin], 466
혈당반응 [Glycemic response (GR)], 424-425
혈당부하 [Glycemic load (GL)], 424-425
혈당지수 [Glycemic index (GI)], 424-425, 425f
혈소판 [Platelets], 586, 586f
부착 [adhesion], 587, 587f
불필요 활성화 [unnecessary activation of], 589
응집 [aggregation], 589, 588f
활성화 [activation], 587-588, 587f
혈소판 [Thrombocytes], 〈참조〉 혈소판 (Platelets)
혈소판마개 [Platelet plug], 586, 586f, 〈참조〉 혈액응고 (Blood clotting)
형성 [formation of], 586-589
혈소판유래 성장인자 [Platelet-derived growth factor], 588
혈소판활성화 인자 [Platelet-activating factor (PAF)], 233f, 233, 588
혈압 [Blood pressure (BP)], 68, 174-175
혈액요소질소 [Blood urea nitrogen], 290
혈액응고 [Blood clotting], 578, 578f, 584f
개념도 [concept map for], 590f
섬유소그물 형성 [fibrin meshwork formation], 578, 584f
Gla잔기 형성 [Gla residue formation], 579, 579f
γ-카복실화 [γ-carboxylation], 579-80, 580f

경로 [pathways in], 578, 578f, 580-583
공통경로 [common pathway], 581-583, 582f, 583f
내인성 경로 [intrinsic pathway], 578, 578f, 581, 581f
단백질분해 연쇄증폭 [proteolytic cascade], 578-579, 579f, 584f
외인성 경로 [extrinsic pathway], 578, 578f, 580-581, 581f
칼슘이온, 역할 [calcium ions, role of], 579, 579f
포스파티딜세린, 역할 [phosphatidylserine, role of], 579
응고연쇄증폭의 단백질인자 [protein factors of clotting cascade], 584f
일차지혈 [primary hemostasis], 578, 586-589
섬유소접착 [adhesion of platelets], 586-587, 587f
응집 [aggregation], 588, 588f
활성화혈소판형태 변화 [change in shape of activated platelets], 588, 588f
혈소판 활성화 [platelet activation], 587-588, 587f
제한 [limiting], 584-586
섬유소분해 [fibrinolysis], 586, 586f
불활성화 단백질 [inactivating proteins], 584-586, 585f
혈우병 [Hemophilia], 581
관절공간 출혈 [bleeding into joint spaces in], 582f
치료 [treatment for], 581
혈우병 A [hemophilia A], 581
혈우병 B [hemophilia B], 581
혈장 지단백질 [Plasma lipoproteins], 262-272
고밀도지단백질 [high-density lipoprotein], 268-270, 272f
구조 [structure of], 263, 263f
기능 [function of], 262
아포지단백질 [apolipoproteins], 262-263
암죽미립 [chylomicrons], 263-265, 264f
저밀도지단백질 [low-density lipoprotein], 266-268, 269f
전기영동 이동성 [electrophoretic mobility of], 262, 263f
조성 [composition], 262
지단백질 입자 [lipoprotein particles in], 261
크기 및 밀도 [sizes and densities], 262, 262f
지단백질(a) [lipoprotein (a)], 270-271
초저밀도지단백질 [very-low-density lipoprotein], 265-266, 266f, 267f
콜레스테롤 내용물 [cholesterol content of], 262
혈전 절제(= 제거) [Thrombectomy], 586
혈전성향 [Thrombophilia], 582, 585
혈전증 [Thrombosis], 578
혈철소증 [Hemosiderosis], 467-468
협동조절, 진핵생물 [Coordinate regulation, in eukaryotes], 541
갈락토스 회로 [galactose circuit], 541, 541f
호르몬반응계 [hormone response system], 542
형광 제자리부합화 [Fluorescent in situ hybridization (FISH)], 559-560
형질도입, (신호)변환 [Transduction], 554
형질전환 [Transformation], 554
형질주입 [Transfection], 554
호르몬 반응요소 [Hormone response elements (HREs)], 273-276, 277f, 542
세포속 수용체 [intracellular receptors], 542, 542f
세포표면 수용체 [cell-surface receptors], 542-543, 543f
호르몬민감 지질분해효소 [Hormone-sensitive lipase (HSL)], 372
호모바닐산 [Homovanillic acid (HVA)], 330
호모시스틴뇨증 [Homocystinuria], 314, 314f
호흡계수 [Respiratory quotient (RQ)], 418, 418f
호흡곤란증후군 [Respiratory distress syndrome (RDS)], 235
혼합포르피린증 [Variegate porphyria (VP)], 322, 322f, 323, 324f
홑가닥DNA결합 단백질 [Single-stranded binding (SSB) protein], 480
화학반응 [Chemical reaction]
공통중간대사물 [with common intermediates], 82
짝짓기- [coupled], 82
화학삼투가설 [Chemiosmotic hypothesis], 87
활성형 단백질 C 복합체 [Activated protein C (APC) complex], 585, 585f
활성형 부분트롬보플라스틴 시간 [Activated partial thromboplastin time (aPTT)], 583
활성화에너지 [Activation energy (E_a)], 61, 61f
황달 [Icterus], 〈참조〉 황달 (Jaundice)
황달 [Jaundice], 327-328
간세포-, 간- [hepatocellular, hepatic], 327
고빌리루빈혈증 [hyperbilirubinemia in], 327, 327f
빌리루빈 측정 [bilirubin measurement], 328
신생아- [in newborns], 327f, 328, 328f
용혈-, 간이전- [hemolytic, prehepatic], 327, 327f
폐쇄-, 간이후- [obstructive, posthepatic], 328
6-황산-N-아세틸글루코사민 황산염분해효소, 결핍 [N-Acetylglucosamine-6-sulfatase, deficiency of], 188
6-황산갈락토사민 [Galactosamine 6-sulfatase], 188f
황산더마탄 [Dermatan sulfate]
구조 [structure of], 183f
분포 [distribution in body], 183f
용해소체 분해 [lysosomal degradation of], 188f
황산마그네슘 [Magnesium sulfate, in preeclampsia], 464
3-황산설파타이드갈락토세레브로사이드 [Sulfatidegalactocerebroside 3-sulfate], 241, 242f
황산아이듀론산분해효소, 결핍 [Iduronate sulfatase, deficiency of], 188f
황산케라탄 [Keratan sulfate (KS)], 182
구조 [structure of], 185
용해소체 분해 [lysosomal degradation of], 185
황산케라탄 I, 체내분포 [KS I, distribution in body], 183f
황산케라탄 II, 체내분포 [KS II, distribution in body], 183f
4-황산콘드로이틴 [Chondroitin 4-sulfate]
구조 [structure of], 183f
체내분포 [distribution in body], 183f
6-황산콘드로이틴 [Chondroitin 6-sulfate]
구조 [structure of], 183f
체내분포 [distribution in body], 183f
황산콘드로이틴 [Chondroitin sulfate], 182
황산헤파란 [Heparan sulfate], 584-585
황체형성호르몬 [Luteinizing hormone (LH)], 275
효모 인공염색체 [Yeast artificial chromosomes (YAC)], 556
효소 [Enzyme], 59-76
가인산(= 인산화) [phosphorylation of], 70, 70f
개념도 [concept map for], 75f
계통이름 [systematic names of], 59, 59f
공유결합 변형 [covalent modification of], 69, 69f
구리함유- [copper-containing], 52
권장이름 [recommended names of], 59
기능 [functions of], 64
기질 [substrates for], 59
기질결합 [substrate binding by], 60, 60f
다른자리조절- [allosteric]
기질결합, 협동성 [substrate binding, cooperativity of], 69
동종조절 효과제 [homotropic effectors], 69
양성 효과제 [positive effectors], 69
음성 효과제 [negative effectors], 69
이종조절 효과제 [heterotropic effectors], 69, 69f
조절 [regulation of], 68, 69f
명명법 [nomenclature for], 59
변성 [denaturation]
pH [pH and], 64
온도 [temperature and], 64

분류 [classes of], 59, 59f
분류번호 [classification numbers of], 59
새포속 위치 [location within cell], 60f, 61
소화-, 결핍 [digestive, deficiencies of], 100
억제제 [inhibitors of], 66-68
가역- [reversible], 66
경쟁- [competitive], 66-67, 66f
비가역- [irreversible], 66
비경쟁- [noncompetitive], 67-68, 67f-68f
자살 [suicide], 66
전이상태 유사체 [transition state analogs as], 67
정의 [definition of], 66f
작용기전 [mechanism of action], 61-63
적정 pH [pH optimum of], 64
적정온도 [temperature optimum of], 63
전이-상태 안정화 [and transition-state stabilization], 61f, 62
조절 [regulation of], 61, 68-70, 70f
촉매 작용기 [catalytic groups], 62
탈인산화 [dephosphorylation of], 70, 70f
특성 [properties of], 60-61
특이성 [specificity of], 60
합성 [synthesis of]
억제 [repression of], 69-70
유도 [induction of], 69
혈장 농도 [plasma levels of], 70, 71f
병- [in disease], 71
진단 도구 [as diagnostic tools], 72
활성자리 [active site of], 60, 60f
이온화 [ionization of, pH and], 64
화학 [chemistry of], 62
효율 [efficiency], 60
효소-기질 복합체 [Enzyme-substrate (ES) complex], 60, 62, 62f
안정-상태 가정 [steady-state assumption for], 65
효소대체요법 [Enzyme replacement therapy (ERT)], 150f
효소면역측정법 [Enzyme-linked immunosorbent assays (ELISAs)], 572
효소반응 [Enzyme reaction]
대체반응 경로 [alternate pathways for], 61-62, 61f
미하엘리스-멘텐 모형 [Michaelis-Menten model for], 64
반응속도 곡선, 형태 [kinetics curve, shape of], 63, 〈참고〉 미하엘리스-멘텐 반응속도론 (Michaelis-Menten kinetics)
속도 [rate/velocity of], 62
기질농도 [substrate concentration and], 63, 63f, 64-65, 64f-65f
영향인자 [factors affecting], 62-64
온도 [temperature and], 63, 63f
초기- [initial (V_o)], 64f-65f, 65
효소농도 [enzyme concentration and], 65
에너지 변화 [energy changes during], 61-62, 62f
영차- [zero order], 66, 66f
온도 [temperature and], 63, 63f
일차- [first-order], 65, 65f
전이상태 [transition state], 61f, 62, 62f
최대속도 [maximal velocity of], 63, 63f
활성화에너지 [activation energy (E_a)], 61, 61f
효소-생성물 복합체 [Enzyme-product (EP) complex], 60, 62, 62f
효소원 [Zymogens], 71, 201, 285
방출 [release of], 285
활성화 [activation of], 285
효소원 단백질분해효소 [Zymogen proteases], 578
후두부 경련 증후군 [Occipital horn syndrome], 465
흔들림 가설 [Wobble hypothesis], 521, 521f
흡수상태 [Absorptive state], 371, 386f
간의 대사경로 [metabolic pathways in liver], 372-375, 373f
아미노산대사 [amino acid metabolism], 373f, 375
지방대사 [fat metabolism], 373f, 374-375
탄수화물대사 [carbohydrate metabolism], 373-374, 373f, 374f
개관 [overview], 371
뇌의 대사경로 [metabolic pathways in brain], 377-378, 378f
뼈대근육의 대사경로 [metabolic pathways in skeletal muscle], 376-377, 377f
아미노산대사 [amino acid metabolism], 377, 377f
지방대사 [fat metabolism], 377
탄수화물대사 [carbohydrate metabolism], 377, 377f
조절기전 [regulatory mechanisms], 371, 371f
공유결합 변형 [covalent modification], 372, 372f
기질 이용도 [availability of substrates], 371-372
다른자리조절 효과제 [allosteric effectors], 372
효소합성의 유도와 억제 [induction and repression of enzyme synthesis], 372
지방조직의 대사경로 [metabolic pathways in adipose tissue], 375-376, 376f
지방대사 [fat metabolism], 376, 376f
탄수화물대사 [carbohydrate metabolism], 376, 376f
포도당 [glucose], 371-372
히루딘 [Hirudin], 583
히스타민 [histamine], 330
합성 [synthesis of], 331, 331f
히스티딘 [Histidine], 5, 9
분해 [degradation of], 301-302, 302f
히스톤 [Histones], 490
히스톤 아세틸기전달효소 [Histone acetyltransferases (HATs)], 504, 505f
히스톤 탈아세틸화효소 [Histone deacetylases (HDACs)], 505
히스티딘혈증 [Histidinemia], 302